निवेदन

जालसाज़ी का विरोध करें और सफलता के लिए एक मजबूत आधार तैयार करें।

पुस्तकें हमारी सबसे अच्छी दोस्त होती हैं, यही वह कहावत है जिसे सुन कर हम सब बड़े हुए हैं हालांकि पायरेसी के चोर लगातार 'हमारे सबसे अच्छे दोस्त' के साथ जालसाज़ी कर रहे हैं। हमारी सभी पुस्तकों और उनसे संबंधित ऑनलाइन पूरक संसाधनों का कॉपीराइट हमारे पास सुरक्षित हैं, और हम किसी को भी इन्हें कॉपी करने का कोई अधिकार नहीं देते हैं, पायरेसी पुस्तकों की चोरी करने जैसा है। ज्ञान वास्तविकता से आता है, आइए इस जालसाज़ी को हतोत्साहित करें। इसलिए, हम अपने सभी पाठकों से पायरेटेड पुस्तकों को रोकने और प्रमाणिक पुस्तकों को **चुनने का निवेदन करते हैं।**

AF659873

पायरेटेड पुस्तकों की पहचान कैसे क

1 पुस्तक का ट्रांसपेरेंसी कोड

Scan with the Transparency app XXXXXXXX

आप बधाई के पात्र हैं! आपने जो पुस्तक खरीदी है, वह ट्रांसपेरेंसी के द्वारा सुरक्षित है। अमेज़न द्वारा ट्रांसपेरेंसी एक इकाई-स्तरीय उत्पाद क्रमवार सेवा है जो एक ईकाई की प्रमाणिकता की पुष्टि करती है और आपको खरीदे गए उत्पाद के बारे में समग्र जानकारी प्राप्त करने में सक्षम बनाती है। कृपया पुस्तक के पिछले कवर पर ट्रांसपेरेंसी लोगो और कोड देखें (ट्रांसपेरेंसी बारकोड एक चौकोर कोड है जो "T" प्रतीक के बगल में पाया जाता है)। पुस्तक की प्रमाणिकता सत्यापित करने के लिए आप ट्रांसपेरेंसी ऐप के साथ बारकोड को स्कैन कर सकते हैं। बस App Store या Google Play से ट्रांसपेरेंसी ऐप डाउनलोड करें और ऐप के साथ बारकोड को स्कैन करें। पुस्तक के प्रमाणिक होने के रूप में सत्यापित होने पर ऐप एक हरे रंग का चेकमार्क दिखाएगा।

2 कवर और स्पाइन

- देखें और महसूस करें (नई या इस्तेमाल की गई पुस्तक)
- कवर पर धुंधली तस्वीरें
- सामने चिपकाया गया होलोग्राम
- खराब स्पाइन (सिकुड़न) या इसके निचले भाग पर एयर पॉकेट
- अस्पष्ट ISBN/बार कोड
- पूरक ऑनलाइन या ई-लर्निंग सामग्री के लिए मिटा हुआ/गैर-कार्यात्मक एक्सेस कोड

3 टेक्स्ट/प्रिंटिंग/बाइंडिंग

- पृष्ठों की असमान स्याही
- खराब गुणवत्ता या धुंधली तस्वीरें/छवियां/चार्ट
- निम्न स्तरीय गुणवत्ता और अपारदर्शिता
- गलत सरेखण वाले पृष्ठ
- पृष्ठों का गायब होना
- निम्न स्तरीय जिल्द गुणवत्ता

आप इस वीडियो पर जाकर देख सकते हैं कि पायरेटेड पुस्तक की पहचान कैसे करें।

पायरेसी की पहचान करने के बारे में अधिक जानकारी के लिए, https://www.mheducation.co.in/piracy पर जाएं। पायरेटेड पुस्तक की रिपोर्ट करने के लिए, बैक कवर पर दिए गए व्हाट्सएप कोड पर 'Hi' भेजे या हमें support.india@mheducation.com पर लिखें।

रिपोर्ट की गई पायरेटेड पुस्तकों की जांच उनकी चोरी से निपटने के लिए की जाती है।

आइए पायरेसी के चोरों से लड़ें और असली पुस्तक का इस्तेमाल करने का संकल्प करें!

लेखक के विषय में

प्रो. माजिद हुसैन का जन्म 2 जुलाई 1938 को ग्राम बनहेरा टांडा, जिला हरिद्वार में हुआ था। उन्होंने अपनी प्रारंभिक शिक्षा नेहरू इंटर कॉलेज, मंगलौर जिला हरिद्वार, उत्तराखंड से पूरी की। अलीगढ़ मुस्लिम विश्वविद्यालय, अलीगढ़ से उन्होंने भूगोल में एमए (गोल्ड मेडलिस्ट), एलएलबी और भूगोल में पीएच.डी. की डिग्री प्राप्त की थी। स्वानसी विश्वविद्यालय (वेल्स) और स्कूल ऑफ ओरिएंटल एंड अफ्रीकन स्टडीज, लंदन से भी उन्होंने उच्च शिक्षा प्राप्त की।

प्रो. हुसैन जामिया मिलिया इस्लामिया, नई दिल्ली के भूगोल विभाग के अध्यक्ष रहे और 2003 में प्रोफेसर के पद से सेवनिवृत्त हुए थे। भूगोल में कठिन अवधारणाओं को स्पष्ट और सरल बनाने की उत्कृष्ट क्षमता रखने के कारण उन्होंने चार दर्जन से अधिक पुस्तकों का लेखन और संपादन किया। प्रो. हुसैन अंतर्राष्ट्रीय ख्याति के एक भारतीय भूगोलवेत्ता थे। वे कई विश्वविद्यालयों अध्यापन, उच्च कोटि के प्रकाशनों, और शोध कार्यों के माध्यम से भूगोल में उनके अपार योगदान के लिए जाने जाते थे। उनकी अनूठी शिक्षण शैली ने छात्रों को सबसे जटिल विषयों को भी आत्मसात करने में मदद की। उन्होंने भूगोल को एक वैकल्पिक विषय के तौर पर, प्रारंभिक परीक्षा के लिए, पर्यावरण और पारिस्थितिकी की तैयारी के लिए एक पूरे मॉड्यूल के तहत पढ़ाया, और अपने छात्रों को व्यक्तित्व परीक्षण के लिए भी सलाह दी। उनके द्वारा पढ़ाए गए कई छात्र IAS, IPS, IFS और अन्य विशिष्ट सेवाओं में रहकर देश की सेवा कर रहे हैं। उनकी क्षमताएं केवल शोध और शिक्षण तक ही सीमित नहीं थी, बल्कि उन्होंने यूपीएससी और अन्य प्रतियोगी परीक्षाओं के लिए कई उपयोगी पुस्तकें भी लिखी हैं।

उनके द्वारा लिखी गई पुस्तकों को पेन्सिलवेनिया विश्वविद्यालय एवं अन्य कई विदेशी विश्वविद्यालयों में पाठ्यपुस्तक के रूप में भी पढ़ाया जाता है। उनके द्वारा लिखी गई कुछ पुस्तके जैसे भारत का भूगोल, विश्व का भूगोल, भौतिक भूगोल के मूल सिद्धांत, भूगोल: 3000 नियम और अवधारणाएँ, भारत और विश्व भूगोल, पर्यावरण और पारिस्थितिकी – जैव विविधता, जलवायु परिवर्तन और आपदा प्रबंधन, मानव भूगोल, भौगोलिक विचारधारा का विकास, जनसंख्या भूगोल (मानव भूगोल में परिप्रेक्ष्य), भूगोल में मॉडल, व्यवस्थित कृषि भूगोल, जैव-भूगोल (भौतिक भूगोल के परिप्रेक्ष्य में) भारत में सबसे अधिक बिकने वाली पुस्तकों में शामिल हैं।

उन्होंने जिन शिक्षा संस्थानों की सेवाएं दी उनमें जामिया मिलिया इस्लामिया, नई दिल्ली, नॉर्थ ईस्ट हिल यूनिवर्सिटी, शिलांग; और कश्मीर विश्वविद्यालय, श्रीनगर शामिल हैं। अपने 43 वर्ष के लंबे सेवाकाल में वह कई अन्य पदों पर भी आसीन रहे हैं जिनमें पूर्व-अध्यक्ष इंडियन नेशनल कार्टोग्राफिक एसोसिएशन, पूर्व-उपाध्यक्ष-इंटरनेशनल एसोसिएशन ऑफ लैंडस्केप इकोलॉजी (दो कार्यकाल) आदि शामिल है।

प्रो. माजिद हुसैन भारत में भूगोल के सबसे वरिष्ठ संकायों में से एक थे, जिन्हें भूगोल के क्षेत्र में उनके अमूल्य शोध के लिए कई पुरस्कारों और विशिष्टताओं से भी सम्मानित किया गया था।

उन्हें 1997 में अमेरिकन बायोग्राफिकल सोसाइटी द्वारा "मैन ऑफ द ईयर अवार्ड" से सम्मानित किया गया था।

दिल्ली सरकार ने उन्हें 1997 में "सर्वश्रेष्ठ भूगोल शिक्षक" अवार्ड दिया था। उन्हें 2008 में "भूगोल भूषण पुरस्कार" और 2011 में "शिक्षा रत्न पुरस्कार" डेक्कन जियोग्राफिकल सोसाइटी इंडिया द्वारा दिया गया था।

प्रो. माजिद हुसैन को भारत के एक प्रतिष्ठित शिक्षाविद के रूप में हमेशा याद किया जाएगा।

संपादक के बारे में

डॉ तसव्वुर हुसैन ज़ैदी, जामिया मितिया इस्लामिया, नई दिल्ली में भूगोल और आपदा प्रबंधन पढ़ाते हैं। डॉ ज़ैदी ने भूगोल में स्नातकोत्तर डिग्री, रिमोट सेंसिंग और जीआईएस अनुप्रयोगों में उन्नत डिप्लोमा, और भूगोल में डॉक्टरेट की डिग्री भी इसी विश्वविद्यालय से पूरी की है। उनकी अनुसंधान रुचि मुख्य रूप से भौगोलिक जटिलताओं, घटनाओं और प्रक्रियाओं को आपदा प्रबंधन और सतत विकास के परिप्रेक्ष्य में समझने और सहसंबंधित करने में हैं। वह आपदा/जोखिम प्रबंधन, पर्यावरण प्रबंधन और वैश्विक स्थिरता को भौगोलिक अध्ययन का सबसे उचित लक्ष्य मानते हैं। इन्होंने पर्यावरण विकास, आर्थिक विकास और कृषि स्थिरता के मुद्दों पर कई शोध पत्र प्रकाशित किए हैं। उनके मोनोग्राफ, The 2010 Pakistan Floods: Environmental and Economic Impact, को शिक्षाविदों, योजनाकारों और नीति निर्माताओं ने बहुत सराहा है।

10वाँ संस्करण

माजिद हुसैन

भारत का भूगोल

संपादित
तसव्वुर हुसैन ज़ैदी

McGraw Hill Education (India) Private Limited

Published by McGraw Hill Education (India) Private Limited
Anjana Complex No: 5/90 A, Butt Road, St. Thomas Mount, Chennai – 600016, Tamil Nadu, India

Bharat Ka Bhugol, 10e

First reprint

Print Edition:
ISBN-(13): 978-93-5532-239-5
ISBN-(10): 93-5532-239-9

e-Book Edition:
ISBN-(13): 978-93-5532-240-1
ISBN-(10): 93-5532-240-2

02 03 04 05 06 SAI 26 25 24 23 22

Typeset at Bharati Composers, 159-A, Pkt-D-6, Sector – 6, Rohini, Delhi-85 and printed and bound in India at Sai Printo Pack Pvt. Ltd., A-102/4, Okhla Industrial Area, Phase-II, New Delhi – 110 020

Cover Image Source: DAL

Cover Designer: Kapil Gupta

Visit us at: www.mheducation.co.in

Write to us at: info.india@mheducation.com

CIN: U80302TN2010PTC111532
Toll Free Number: 1800 103 5875

मेरी बहन

स्वर्गीय सईदा बानो

को समर्पित

दसवें संस्करण हेतु प्राक्कथन

भूगोल पृथ्वी तंत्र के परिवर्तनशील चरित्र और प्रक्रियाओं का व्यवस्थित अध्ययन और अभिलेख है। भारत के भूगोल के विभिन्न संस्करणों में इस प्रथा का सबसे अच्छा पालन किया गया है। 2008 में अपने पहले प्रकाशन के बाद से, यह पुस्तक छात्रों और शिक्षकों के बीच समान रूप से बेहद लोकप्रिय रही है। वास्तव में, यह भारतीय प्रशासनिक सेवाओं, राज्य सेवाओं और यूजीसी राष्ट्रीय शैक्षिक परीक्षण (नेट) परीक्षाओं के उम्मीदवारों के लिए ज्ञान का एक अनिवार्य स्रोत बन गया है। इस पुस्तक ने मैकग्रा हिल के "फ्लैग-शिप" शीर्षक का दर्जा भी हासिल किया है, जो उनकी सबसे ज्यादा बिकने वाली किताबों में से एक है। इसमें यूपीएससी वैकल्पिक पेपर 2 (भारत का भूगोल) के पाठ्यक्रम के सभी निर्धारित विषयों को भी शामिल किया गया है। यह अनिवार्य सामान्य अध्ययन पेपर II (विश्व का भूगोल) की तैयारी करने और प्रारंभिक परीक्षा के भूगोल और पारिस्थितिकी से संबंधित प्रश्नों को हल करने में समान रूप से सहायक है। इसके अलावा, इसमें सामान्य अध्ययन पेपर IV के विषय शामिल हैं जैसे- भारत के संसाधन, विभिन्न प्रकार की सिंचाई, भारत की फसल प्रणालियां, परिवहन और सार्वजनिक वितरण प्रणाली, खाद्य सुरक्षा, बुनियादी ढांचा विकास, पर्यावरणीय मुद्दे, आपदा प्रबंधन और विभिन्न समकालीन मुद्दे। यह भारत के लगभग सभी विश्वविद्यालयों और कई विकासशील देशों में स्नातकोत्तर और स्नातक छात्रों के लिए एक पाठ्य पुस्तक है।

वर्तमान संस्करण को संशोधित करने के लिए गंभीर और प्रतिबद्ध छात्रों और शिक्षकों से प्राप्त सभी रचनात्मक सुझावों को शामिल किया गया है। वर्तमान संस्करण में मानचित्र, डेटा और सांख्यिकी के रूप में सभी जानकारियां सम्मिलित की गयीं हैं।

संशोधित संस्करण की मुख्य विशेषताएं इस प्रकार हैं:

- स्पष्ट सैद्धांतिक अवधारणाओं के साथ विषयों, विशेष रूप से यूपीएससी पाठ्यक्रम का स्पष्ट एवं व्यापक कवरेज, मूल मानचित्र और आरेख पूरक के रूप में दिए गए हैं।
- भारत के कई विश्वविद्यालयों, राज्य लोक सेवा आयोगों और यूजीसी नेट के पाठ्यक्रम को भी वर्तमान संस्करण में शामिल किया गया है।
- वर्तमान संस्करण के सभी अध्यायों में वर्तमान जानकारी और उपलब्ध डेटा को शामिल किया गया है और उचित रूप से चर्चा की गई है।
- अंतर्देशीय जल निकासी व्यवस्था पर नया विषय शामिल किया गया है।
- सूखे के सामाजिक-आर्थिक प्रभाव को जोड़ा और समझाया गया है।

- प्राकृतिक संसाधनों के उत्पादन, खपत और वितरण के आंकड़े और सूचना को अद्यतन किया गया है। भारत में कृषि, बुनियादी ढांचे और औद्योगिक विकास के मूलपाठ में भी इसी तरह के बदलाव किए गए हैं।
- भू-स्थानिक प्रौद्योगिकियों के अनुप्रयोग द्वारा एकत्र किए गए वर्तमान डेटा और जानकारी के आधार पर भारत में मृदा क्षरण और भूमि संसाधनों का विश्लेषण किया गया है।
- भारतीय विमानन उद्योग और दिल्ली मेट्रो में हाल के विकास को वर्तमान संस्करण में शामिल किया गया है।
- नीति आयोग के गठन, संरचना और उपलब्धियों के बारे में विस्तृत जानकारी भी जोड़ी गई है।
- आपदाओं के प्रकार और उनके प्रबंधन के लिए एनडीएमए दिशानिर्देशों के बारे में अतिरिक्त जानकारी जोड़ी गई है।
- भारत-नेपाल, भारत-अफगान और क्वाड देशों के साथ भारत के बढ़ते सहयोग के बारे में अद्यतन जानकारी शामिल की गई है।
- उपरोक्त के अलावा वर्तमान संस्करण में कई नए मानचित्र, तालिका और रेखाचित्र भी जोड़े गए हैं।

यह आशा है कि सरल और स्पष्ट शैली में लिखी गई इस पुस्तक का गहन पुनरीक्षण विषय में रुचि रखने वालों के लिए बहुत मददगार होगा और उन्हें आगे की खोज और अधिक जानने के लिए भी प्रोत्साहित करेगा। पुस्तक में और सुधार के लिए सुझाव और रचनात्मक आलोचना कृतज्ञतापूर्वक आमंत्रित हैं।

***लेखक* - माजिद हुसैन**
***संपादक* - तसव्वुर हुसैन ज़ैदी**

प्रथम संस्करण हेतु प्राक्कथन

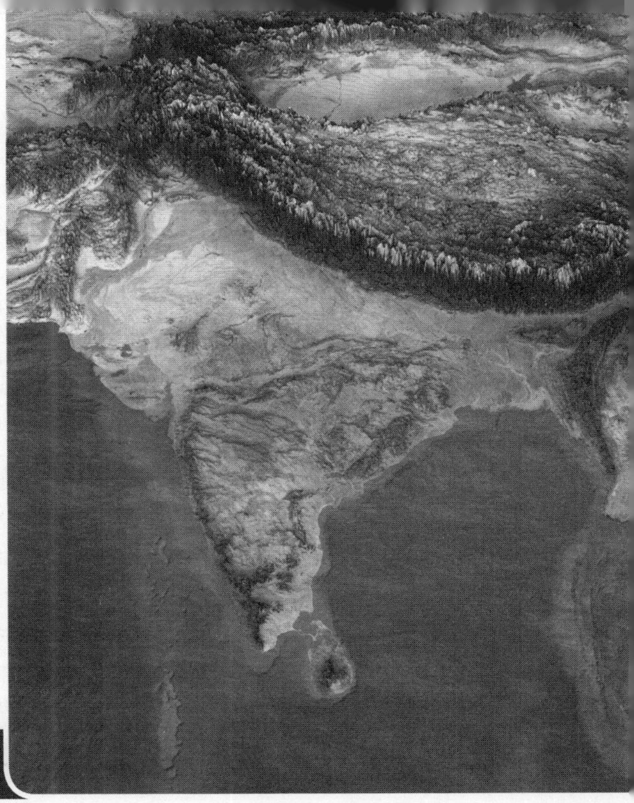

'भारत का भूगोल' सभी भारतीय विश्वविद्यालयों एवं स्वायत्त महाविद्यालयों के स्नातक तथा स्नातकोत्तर स्तरों के भूगोल के पाठ्यक्रम का अनिवार्य पत्र है। संघ लोक सेवा आयोग द्वारा आयोजित की जाने वाली सिविल सेवा परीक्षा में भूगोल का ऐच्छिक विषय के पाठ्यक्रम में 50 प्रतिशत भाग है जो 250 अंकों के बराबर होता है। इसके अतिरिक्त भारत के सभी सिविल सेवा परीक्षाओं में सामान्य अध्ययन की प्रारंभिक एवं मुख्य परीक्षाओं में भारत के भूगोल से प्रश्न पूछे जाते हैं। परीक्षाओं में अच्छे अंकों की प्राप्ति के लिए इस विषय पर एक सरल एवं सूचनायुक्त पुस्तक काफी उपयोगी है जिसमें मानचित्रों, आरेखों तथा तालिकाओं के युक्ति-युक्त उद्धरण शामिल किए गए हों। इसके साथ ही पुस्तक संघ लोक सेवा आयोग तथा विश्वविद्यालयों के निर्धारित पाठ्यक्रमों को संपूर्णता में शामिल करे यह भी अत्यावश्यक है।

भारत में इस विषय पर कई विदेशी एवं भारतीय लेखकों की पुस्तकें उपलब्ध हैं, लेकिन जहां कई पुस्तकों में नवीन आंकड़ों एवं सूचनाओं की कमी है, वहीं कई संपूर्ण पाठ्यक्रम को शामिल नहीं करतीं। परीक्षापयोगी प्रस्तुतीकरण एवं सटीक 'टू-द-प्वाइंट' दृष्टिकोण की कमी से युक्त पुस्तकें छात्र की आवश्यकता पूरी नहीं कर पातीं।

प्रस्तुत पुस्तक हमारे उपरोक्त अवलोकन एवं दशकों के शैक्षणिक एवं अनुसंधान के अनुभवों पर आधारित है। भूगोल के छात्रों के लिए भारत के भूगोल पर एक ऐसी 'मूलभूत पुस्तक' उपलब्ध कराना हमारा लक्ष्य है, जो विश्वविद्यालयों के स्नातक एवं स्नातकोत्तर स्तरों के साथ-साथ सिविल सेवा परीक्षाओं में पूछे जाने वाले किन्हीं भी प्रश्नों के 'सटीक' एवं 'सारगर्भित' उत्तर निर्माण में उनकी सहायक सिद्ध हो सके।

उल्लेखनीय है, संघ लोक सेवा आयोग द्वारा दिसंबर 2007, भूगोल ऐच्छिक के पाठ्यक्रम में संशोधन किया गया। इस पुस्तक की एक खास विशेषता यह है कि इसमें संशोधित सभी विषयों को विशेष सजगता से शामिल किया गया है। इस श्रेणी में यह भारत की प्रथम प्रामाणिक पुस्तक है। संशोधित पाठ्यक्रम के नये क्षेत्र जिन्हें पुस्तक में यथोचित स्थान दिया गया है, निम्न प्रकार हैं:

- वर्षा प्रतिरूप।
- वन एवं वन्य जीवन संसाधन एवं उनका संरक्षण।
- कृषि-जोत, भू-धारण एवं भूमि सुधार।
- जल कृषि; रेशम कीटपालन; मधुमक्खीपालन एवं कुक्कुटपालन।

- कृषि-जलवायविक प्रदेश।
- कृषि-आधारित उद्योग; एल्यूमिनियम उद्योग; सार्वजनिक क्षेत्र उपक्रम; औद्योगिक घराने औद्योगिक संकुल; विशेष आर्थिक क्षेत्र; पर्यटन तथा पारिस्थितिक पर्यटन।
- भारतीय अंतरिक्ष कार्यक्रम।
- भारतीय समाज का ऐतिहासिक परिप्रेक्ष्य; भाषिक एवं नृजातीय विविधताएं धार्मिक अल्पसंख्यक; सांस्कृतिक प्रदेश।
- जनसंख्या समस्याएं एवं नीतियां, स्वास्थ्य सूचक।
- नगरीकरण की समस्याएं एवं उपचार।
- प्रादेशिक योजना एवं द्वीप क्षेत्रों का विकास।
- सीमापार आतंकवाद; वैश्विक मामले में भारत की भूमिका; दक्षिण एशिया एवं हिन्द महासागर परिमंडल की भू-राजनीति।
- सुनामी; पर्यावरणीय संचेतना/जागरूकता, नदियों का संवर्द्धन तथा भूमंडलीकरण एवं भारतीय अर्थव्यवस्था।

पुस्तक में सम्मिलित **मानचित्र प्रविष्टियां** (Map Entries) इसकी एक दुर्लभ विशिष्टता है। भारत की प्रमुख पर्वत श्रेणियों, पर्वत शिखरों, दर्रों, नदियों, झीलों, राष्ट्रीय उद्यानों, बाघ प्रारक्षित क्षेत्रों, खनिजों, औद्योगिक केन्द्रों, पर्यटन स्थलों एवं सागरीय पुलिनों (sea-beaches) इत्यादि को न सिर्फ मानचित्रों पर दर्शाया गया है, बल्कि उनकी भौगोलिक विशेषताओं को '30 शब्दों' में वर्णित भी किया गया है। यह विशेषता इस पुस्तक को संघ लोक सेवा आयोग की मुख्य परीक्षा में भूगोल के द्वितीय पत्र के एक अनिवार्य प्रश्न (25/50 अंक) की तैयारी में छात्रों को विशेष रूप से सहायता प्रदान करता है।

स्पष्ट एवं समीचीन मानचित्रों तथा आरेखों से परिपूर्ण इस पुस्तक का अध्याय-विन्यास निम्न प्रकार है:

अध्याय 1-6 के अंतर्गत भारत के भौतिक चरित्र का वर्णन है जिनमें भू-संरचना, भू-आकृति, जलवायु, ऊर्जा, प्राकृतिक वन संपदा, मृदा तथा जैविकीय एवं अजैविकीय संसाधनों की चर्चा की गयी है।

अध्याय 7-12 के अंतर्गत कृषि के आकाशीय वितरण तथा संबद्ध गतिविधियों, कृषि-जलवायु तथा कृषि-पारिस्थितिकी प्रदेशों, उद्योगों, परिवहन, संचार तथा सेवाओं के भू-भाग पर पड़ने वाले प्रभावों की चर्चा शामिल की गयी है।

भारत के सांस्कृतिक विन्यास संबंधी अन्यान्य विषयों को **अध्याय 13** में वर्णित किया गया है। इसके अंतर्गत भारतीय समाज का ऐतिहासिक परिप्रेक्ष्य; प्रजातीय एवं नृजातीय विविधताएं प्रमुख जनजातियों सांस्कृतिक प्रदेश तथा इसके निर्माण में भाषा, धर्म एवं परंपराओं की भूमिका; जनसांख्यिकीय गुण, इसकी समस्याओं, नीतियों एवं स्वास्थ्य सूचक इत्यादि विषयों की चर्चा की गयी है।

अध्याय 14 के अंतर्गत जहां ग्रामीण एवं नगरीय बस्तियों के प्रकार, प्रतिरूपों एवं आकारिकी का वर्णन है, वहीं **अध्याय 15** आयोजना एवं प्रादेशिक विकास के विभिन्न पहलुओं की चर्चा करता है।

भारत के राजनीतिक परिप्रेक्ष्य को **अध्याय-16** में शामिल किया गया है जिसके अंतर्गत भारतीय संघवाद के भौगोलिक आधार, राज्य पुनर्गठन, प्रादेशिकतावाद, राष्ट्रीय एकता, सीमा विवादों, जल विवादों, सीमापार आंतकवाद, भारत की वैश्विक मामलों में भूमिका तथा दक्षिण एशिया एवं हिन्द महासागर की भू-राजनीति की समसामयिक चर्चा प्रस्तुत की गयी है।

अंतिम अध्याय में भारत के भूगोल से संबद्ध अन्यान्य समसामयिक मुद्दों को शामिल किया गया है, जिनमें पर्यावरणीय आपदाओं, भूकंप, सुनामी, भूस्खलन, जनसंख्या विस्फोट तथा खाद्य सुरक्षा, महामारियों, पर्यावरणीय प्रभाव मूल्यांकन, पर्यावरणीय संचेतना, नदियों की सह-बद्धता, सतत् विकास तथा भूमंडलीकरण एवं भारतीय अर्थव्यवस्था इत्यादि पर विस्तृत एवं समसामयिक विवरण प्रस्तुत किया गया है।

आशा है कि भारत के भूगोल के प्रति समेकित एवं विद्वतापूर्ण दृष्टिकोण रखने वाले शिक्षकगणों एवं छात्रों दोनों को ही इस क्षेत्र में यह पुस्तक विशेष, सटीक और विस्तृत सूचनाएं उपलब्ध कराएगी।

सारगर्भित एवं युक्तियुक्त सलाहों का हम स्वागत करते हैं, ताकि इस पुस्तक के आगामी संस्करणों में उन्हें शामिल किया जा सके।

माजिद हुसैन

आभारोक्तियां

मैं उन सभी लेखकगणों का सच्चा आभार व्यक्त करता हूं जिनकी पुस्तकों से मुझे किसी भी प्रकार की सहायता प्राप्त हुई है।

मैं अपने शिक्षक और पर्यवेक्षक प्रो. मोहम्मद शफ़ी का विशेष रूप से धन्यवाद ज्ञापन करता हूं जिनकी शिक्षण एवं अनुसंधान के प्रति कटिबद्धता ने मुझे अपने अलीगढ़ मुस्लिम विश्वविद्यालय के छात्र जीवन से ही प्रेरित किया है। इसके अतिरिक्त मैं प्रो. एस.एम. ताहिर रिज़वी, प्रो. एस.एम. अली, प्रो. सी.डी. देशपाण्डे, प्रो. गुरूदेव सिंह गोसाल, प्रो. मुनिस रज़ा, प्रो. मुहम्मद अनस, प्रो. एस.एम. रफ़ीउल्ला, जनाब मुख़्तार अहमद, प्रो. इनायत अहमद, प्रो. एस. मंजूर आलम, प्रो. फ़खरूद्दीन अहमद, प्रो. नसीरूद्दीन अहमद, प्रो. नियाज़.ए. सिद्द्की, प्रो. मेहदी रज़ा, प्रो. ए. अजीज टोंकी, प्रो. जेड.यू. अल्वी, प्रो. काजी मोहम्मद अहमद, प्रो. एजाजुद्दीन अहमद, प्रो. आर.सी. शर्मा, प्रो. एम. फ़ारूक सिद्दीक़ी तथा प्रो. के.जेड. अमानी के प्रति उनके द्वारा किए गए शैक्षणिक उत्साहवर्द्धन के लिए सदा आभारी रहूंगा। इस पुस्तक की योजना का विचार वर्ष 1977 में आया जब मैंने नॉर्थ ईस्टर्न हिल यूनिवर्सिटी, शिलांग में स्नातकोत्तर स्तर का शिक्षण कार्य प्रारंभ किया। वैसे इसकी पांडुलिपि टुकड़ों में एवं अपरिष्कृत स्थितियों में थी। यह सिविल्स इंडिया के निदेशक डॉ. रमेश सिंह की निरंतर और अथक विश्वासोत्पादक और अनुरोध का परिणाम है कि यह पुस्तक स्वप्न एवं विचार से वास्तविकता में परिणत हो सकी है। मैं उनकी इस कोशिश एवं सिविल्स इंडिया के सभी कार्मिकों का सदा आभारी रहूंगा जिन्होंने इस पुस्तक को अंतिम स्वरूप देने में हरसंभव सहायता प्रदान की है। सर्वश्री राजेश कुमार बघेल, राकेश कुमार एवं मो. इश्तियाक को उनके सहयोग के लिए मैं धन्यवाद ज्ञापन करता हूं। मैं मैक्ग्राहिल के सदस्यों का उनके समर्पण और कम समय में सावधानीपूर्वक पुस्तक का प्रकाशन करने की प्रतिबद्धता हेतु सुश्री ज्योति नागपाल (पोर्टफोलियो मैनेजर), मौसमी मुखर्जी (कंटेंट डेवलपर), और धर्मेंद्र शर्मा (अस्सिटेंट मैनेजर प्रोडक्शन सर्विसेज) का विशेष रूप से आभारी हूं।

अपनी पत्नी के प्रति मैं विशेष रूप से आभारी हूं जिसकी सहनशक्ति और धैर्य का मैं हमेशा इम्तिहान लेता रहा हूं तथा जो मेरी शक्ति का एक स्रोत रही है। मैं अपनी पुत्री डॉ. शगुफ्ता बानो हुसैन, अपने पुत्रों जावेद आलम और मंसूर माजिद, अपने दामाद अब्दुल रहमान मेंहदी असद, मेरी पुत्र-वधुएं शाहिदा नाज़ और सैफी ज़का तथा मेरे प्रपौत्रों (माजिद अब्दुल रहमान, मदीहा जावेद, जिबरान मंसूर, रशाद अब्दुल रहमान, फरीहा जावेद, अरीब मंसूर, हिबा अब्दुल रहमान एवं उज़ैर-आलम) का धन्यवाद ज्ञापन करता हूं जिन्होंने इस पुस्तक के लेखन में प्रेरक वातावरण बनाये रखा। ईश्वर इन सभी का जीवन सुखी रखे।

माजिद हुसैन

सिविल सेवा परीक्षा के विषय में

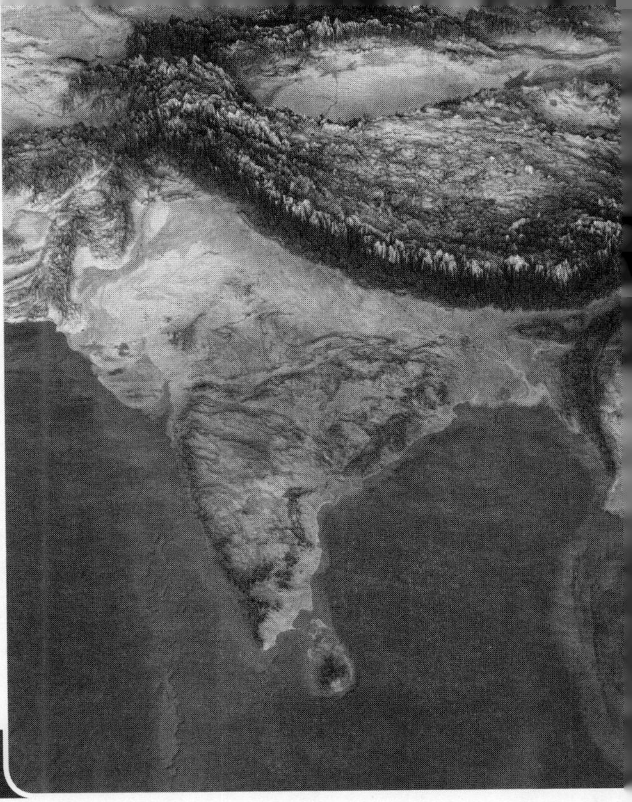

इस प्रतियोगिता परीक्षा में दो क्रमिक चरण हैं:

1. मुख्य परीक्षा के लिए उम्मीदवारों के चयन हेतु सिविल सेवा (प्रारंभिक) परीक्षा (वस्तुपरक) तथा
2. विभिन्न सेवाओं तथा पदों पर भर्ती हेतु उम्मीदवारों का चयन करने के लिए सिविल सेवा (मुख्य) परीक्षा (लिखित तथा साक्षात्कार)

प्रारंभिक तथा मुख्य परीक्षा की रूपरेखा तथा विषय

क. प्रारंभिक परीक्षाः परीक्षा में दो अनिवार्य प्रश्न पत्र होंगे जिसमें प्रत्येक प्रश्न-पत्र 200 अंकों का होगा।

नोटः

(i) दोनों ही प्रश्न-पत्र वस्तुनिष्ठ (बहुविकल्पीय) प्रकार के होंगे।

(ii) सिविल सेवा (प्रारंभिक) परीक्षा का सामान्य अध्ययन प्रश्न पत्र II अर्हक प्रश्न पत्र होगा जिसके लिए न्यूनतम 33% अर्हक अंक निर्धारित किए गये है

(iii) प्रश्न पत्र हिन्दी और अंग्रेजी दोनों ही भाषाओं में तैयार किए जाएंगे।

(iv) पाठ्यक्रम संबंधी विवरण खंड-III के भाग-क में दिया गया है।

(v) प्रत्येक प्रश्न पत्र दो घंटे की अवधि का होगा। तथापि, नेत्रहीन तथा गतिमान विकलांगता और प्रमस्तिष्क पक्षाघात से अत्यधिक पीड़ित उम्मीदवारों को प्रत्येक प्रश्न पत्र में बीस मिनट का अतिरिक्त समय दिया जाएगा।

ख. मुख्य परीक्षाः लिखित परीक्षा में निम्नलिखित प्रश्न पत्र होंगेः

अर्हक प्रश्न पत्र

प्रश्न पत्र क

(संविधान की 8वीं अनुसूची में सम्मिलित भाषाओं में से उम्मीदवारों द्वारा चुनी गई कोई एक भारतीय भाषा)	**300 अंक**

प्रश्न पत्र ख

अंग्रेजी	**300 अंक**

प्रश्न पत्र : I

निबंध	**250 अंक**

प्रश्न पत्र : II

सामान्य अध्ययन-I (भारतीय विरासत और संस्कृति, विश्व का इतिहास एवं भूगोल और समाज)	**250 अंक**

प्रश्न पत्र : III

सामान्य अध्ययन-II (शासन व्यवस्था, संविधान, शासन-प्रणाली, सामाजिक न्याय तथा अंतर्राष्ट्रीय संबंध)	**250 अंक**

प्रश्न-पत्र : IV

सामान्य अध्ययन-III (प्रौद्योगिकी, आर्थिक विकास, जैव विविधता, पर्यावरण, सुरक्षा तथा आपदा प्रबंधन)	**250 अंक**

प्रश्न-पत्र : V

सामान्य अध्ययन-IV (नीतिशास्त्र, सत्यनिष्ठा और अभिरूचि	**250 अंक**

प्रश्न-पत्र : VI

वैकल्पिक विषय प्रश्न-पत्र-I	**250 अंक**

प्रश्न-पत्र : VII

वैकल्पिक विषय प्रश्न-पत्र-II	**250 अंक**
उपयोग (लिखित परीक्षा)	**1750 अंक**
व्यक्तित्व परीक्षण	**275 अंक**
कुल योग	**2025 अंक**

उम्मीदवार निम्नलिखित दी गई सूची में से किसी एक वैकल्पिक विषय का चयन कर सकते हैं:

मुख्य परीक्षा के लिए ऐच्छिक विषयों की सूची:

1. कृषि विज्ञान
2. पशुपालन एवं पशु चिकित्सा विज्ञान
3. नृविज्ञान
4. वनस्पति विज्ञान
5. रसायन विज्ञान
6. सिविल इंजीनियरिंग
7. वाणिज्य तथा लेखा विधि
8. अर्थशास्त्र
9. विद्युत इंजीनियरिंग
10. भूगोल
11. भू-विज्ञान
12. इतिहास

13. विधि
14. प्रबंधन
15. गणित
16. यांत्रिक इंजीनियरिंग
17. चिकित्सा विज्ञान
18. दर्शन शास्त्र
19. भौतिकी
20. राजनीति विज्ञान तथा अन्तर्राष्ट्रीय संबंध
21. मनोविज्ञान
22. लोक प्रशासन
23. समाज शास्त्र
24. सांख्यिकी
25. प्राणी विज्ञान

समूह-2

निम्नलिखित भाषाओं में से किसी एक भाषा का साहित्यः

असमिया, बंगाली, बोडो, डोगरी, गुजराती, हिन्दी, कन्नड़, कश्मीरी, कोंकणी, मैथिली, मलयालम, मणिपुरी, मराठी, नेपाली, उडिया, पंजाबी, संस्कृत, संथाली, सिंधी, तमिल, तेलुगू, उर्दू और अंग्रेजी।

नोटः (i) परीक्षा के प्रश्न पत्र पारंपरिक (विवरणात्मक) प्रकार के होगें।

(ii) प्रत्येक प्रश्न पत्र तीन घंटे की अवधि का होगा।

(iii) अर्हक भाषा प्रश्न पत्रों, प्रश्न पत्र क और ख को छोड़कर सभी प्रश्नों के उत्तर भारत के संविधान की 8वीं अनुसूची में शामिल किसी भी भाषा या अंग्रजी के देने का विकल्प होगा।

मुख्य परीक्षा के लिए भूगोल का पाठ्यक्रम

प्रश्न-पत्र : I

भूगोल के सिद्धांत

प्राकृतिक भूगोल

1. **भूआकृति विज्ञानः** भूआकृति विकास के नियंत्रक कारण; अंतर्जात एवं बहिर्जात बल; भूपर्पटी का उद्‌गम एवं विकास; भू-चुंबकत्व के मूल सिद्धांत; पृथ्वी के अंतरंग की प्राकृतिक दशाएं भू-अभिनति; महाद्वीपीय विस्थापन; समस्थिति; प्लेट विवर्तनिकी; पर्वतोत्पत्ति के संबंध में अभिनव विचार; ज्वालामुखीयता; भूकंप एवं सुनामी; भूआकृतिक चक्र एवं दृश्यभूमि विकास की संकल्पनाएं, अनाच्छादन कालानुक्रम; जलमार्ग आकृति विज्ञान; अपरदन पृष्ठ; प्रवणता विकास; अनुप्रयुक्त भूआकृति विज्ञान; भूजलविज्ञान, आर्थिक भूविज्ञान एवं पर्यावरण
2. **जलवायु विज्ञानः** विश्व के ताप एवं वायु दाब कटिंबध, पृथ्वी का तापीय बजट; वायुमंडल परिसंचरण, वायुमंडल स्थिरता एवं अनस्थिरता, भूमंडलीय एवं स्थानीय पवन; मानसून एवं जेट प्रवाह; वायु राशि एवं वाताप्रजनन; शीतोष्ण एवं उष्ण कटिबंधीय चक्रवात; वर्षण के प्रकार एवं वितरण; मौसम एवं जलवायु कोपेन; थॉर्नवेट एवं त्रेवार्धा का विश्व जलवायु परिवर्तन वर्गीकरण; जलीय चक्र; वैश्विक जलवायु परिवर्तन एवं जलवायु परिवर्तन में मानव की भूमिका एवं अनुक्रिया, अनुप्रयुक्त जलवायु विज्ञान एवं नगरी जलवायु
3. **समुद्र विज्ञानः** अटलांटिक, हिंद एवं प्रशांत महासागरों की तलीय स्थलाकृति; महासागरों का ताप एवं लवणता; ऊष्मा एवं लवण बजट, महासागरी निक्षेप; तरंग धाराएं एवं ज्वार-भाटा; समुद्री संसाधन; जीवीय, खनिज एवं ऊर्जा संसाधन, प्रवाल भित्तियां प्रवाल विरंजन; समुद्र तल परिवर्तन; समुद्र नियम एवं समुद्री प्रदूषण
4. **जीव भूगोलः** मृदाओं की उत्पत्ति; मृदाओं का वर्गीकरण एवं वितरण; मृदा परिच्छेदिका; मृदा अपरदन; न्यूनीकरण एवं संरक्षण; पादप एवं जंतुओं के वैश्विक वितरण को प्रभावित करने वाले कारक; वन अपरोपण की समस्याएं एवं संरक्षण के उपाय; सामाजिक वानिकी; कृषि वानिकी; वन्य जीवन; प्रमुख जीन पूल केंद्र
5. **पर्यावरणीय भूगोलः** पारिस्थितिकी के सिद्धांत; मानव पारिस्थितिक अनुकूलनः पारिस्थितिकी एवं पर्यावरण पर मानव का प्रभाव; वैश्विक एवं क्षेत्रीय पारिस्थितिक परिवर्तन एवं असंतुलन; पारितंत्र उनका प्रबंधन एवं सरंक्षणः पर्यावरणीय निम्नीकरण, प्रबंध एवं सरंक्षणः जैव विविधता एवं संपोषणीय विकासः पर्यावरणीय शिक्षा एवं विधान

मानव भूगोल

1. **मानव भूगोल के संदर्भ:** क्षेत्रीय विभेदन; प्रादेशिक संश्लेषण; द्विभाजन एवं द्वैतवाद; पर्यावरणवाद; मात्रात्मक क्रांति एवं अवस्थिति विश्लेषण: उग्रसुधार, व्यावहारिक, मानवीय एवं कल्याण उपागम: भाषाएं, धर्म एवं निरपेक्षीकरण; विश्व के सांस्कृतिक प्रदेश; मानव विकास सूचक
2. **आर्थिक भूगोल:** विश्व आर्थिक विकास: माप एवं समस्याएं विश्व संसाधन एवं उनका वितरण: ऊर्जा संकट: संवृद्धि की सीमाएं, विश्व कृषि: कृषि प्रदेशों की प्रारूपता: कृषि निवेश एवं उत्पादकता; खाद्य एवं पोषण समस्याएं खाद्य सुरक्षा; दुर्भिक्ष; कारण, प्रभाव एवं उपचार, विश्व उद्योग; अवस्थानिक प्रतिरूप एवं समस्याएं विश्व व्यापार के प्रतिमान
3. **जनसंख्या एवं बस्ती भूगोल:** विश्व जनसंख्या की वृद्धि और वितरण; जनसांख्यिकी गुण; प्रवासन के कारण एवं परिणाम; अतिरेक-अल्प एवं अनुकूलतम जनसंख्या की संकल्पनाएं जनसंख्या के सिद्धांत; विश्व जनसंख्या समस्याएं और नीतियां सामाजिक पूंजी के रूप में जनसंख्या, ग्रामीण बस्तियों के प्रकार एवं प्रतिरूप; ग्रामीण बस्तियों में पर्यावरणीय मुद्दे नगरीय बस्तियों का पदानुक्रम; नगरीय आकारिकी; प्रमुख शहर एवं श्रेणी आकार प्रणाली की संकल्पना; नगरों का प्रकार्यात्मक वर्गीकरण; नगरीय प्रभाव क्षेत्र; ग्राम नगर उपांत; अनुषंगी नगर नगरीकरण की समस्याएं एवं समाधान; नगरों का संपोषणीय विकास
4. **प्रादेशिक आयोजना:** प्रदेश की संकल्पना; प्रदेशों के प्रकार एवं प्रदेशीकरण की विधियां वृद्धि केन्द्र तथा वृद्धि ध्रुव; प्रादेशिक असंतुलन; प्रादेशिक विकास कार्यनीतियां प्रादेशिक आयोजना में पर्यावरणीय मुद्दे संपोषणीय विकास के लिए आयोजना
5. **मानव भूगोल मे मॉडल, सिद्धांत एवं नियम:** मानव भूगोल में प्रणाली विश्लेषण; माल्थस का, मार्क्स का और जनसांख्यिकीय संक्रमण मॉडल; क्रिस्टालर एवं लॉश का केन्द्रीय स्थान सिद्धांत; पेरू एवं बूदेविले वॉन थूनेन का कृषि अवस्थान मॉडल, वेबर का औद्योगिक अवस्थान मॉडल; रास्तव का वृद्धि अवस्था मॉडल, अंत: हृदय स्थल एवं सीमांत स्थल का सिद्धांत; अंतर्राष्ट्रीय सीमाएं एवं सीमांत क्षेत्र के नियम।

प्रश्न-पत्र : II

भारत का भूगोल

1. **भौतिक विन्यास:** पड़ोसी देशों के साथ भारत का अंतरिक्ष संबंध; संरचना एवं उच्चावच; अपवाहतंत्र एवं जल विभाजक; भू-आकृतिक प्रदेश: भारतीय मानसून एवं वर्षा प्रतिरूप, उष्णकटिबंधीय चक्रवात एवं पश्चिमी विक्षोभ की क्रिया विधि; बाढ़ एवं अनावृष्टि; जलवायवी प्रदेश; प्राकृतिक वनस्पति; मृदा प्रकार एवं उनका वितरण
2. **संसाधन:** भूमि, सतह एवं भौमजल, ऊर्जा, खनिज, जीवीय एवं समुद्री संसाधन; वन एवं वन्य जीवन संसाधन एवं उनका संरक्षण; ऊर्जा संकट
3. **कृषि:** अवसंरचना: सिंचाई, बीज, उर्वरक, विद्युत; संस्थागत कारक: जोत भू-धारण एवं भूमि सुधार: शस्यन प्रतिरूप, कृषि उत्पादकता, कृषि प्रकर्ष, फसल संयोजन, भूमि क्षमता: कृषि एवं सामाजिक वानिकी; हरित क्रांति एवं इसकी सामाजिक आर्थिक एवं पारिस्थितिक विवक्षा; वर्षाधीन खेती का महत्व; पशुधन संसाधन एवं श्वेत क्रांति; जल कृषि, रेशम कीटपालन, मधुमक्षिपालन, एवं कुक्कुट पालन; कृषि प्रादेशीकरण; कृषि जलवायवी क्षेत्र; कृषि पारिस्थतिक प्रदेश
4. **उद्योग:** उद्योगों का विकास: कपास, जूट वस्त्रोद्योग, लोह एवं इस्पात, एल्युमिनियम, उर्वरक, कागज, रसायन एवं फार्मास्युटिकल्स, आटोमोबाइल, कुटीर एवं कृषि आधारित उद्योगों के अवस्थिति कारक; सार्वजनिक क्षेत्र के उपक्रमों सहित औद्योगिक घराने एवं संकुल; औद्योगिक प्रादेशिकरण; नई औद्योगिक नीतियां बहुराष्ट्रीय कंपनियां एवं उदारीकरण; विशेष आर्थिक क्षेत्र; पारिस्थितिकी-पर्यटन समेत पर्यटन
5. **परिवहन, संचार एवं व्यापार:** सड़क, रेलमार्ग, जलमार्ग, हवाई मार्ग एवं पाइपलाइन, नेटवर्क एवं प्रादेशिक विकास में उनकी पूरक भूमिका; राष्ट्रीय एवं विदेशी व्यापार वाले पत्तनों का बढ़ता महत्व; व्यापार संतुलन; व्यापार नीति; निर्यात प्रक्रमण क्षेत्र; संचार एवं सूचना प्रोद्योगिकी में आया विकास और अर्थव्यवस्था तथा समाज पर उनका प्रभाव; भारतीय अंतरिक्ष कार्यक्रम

6. **सांस्कृतिक विन्यास:** भारतीय समाज का ऐतिहासिक परिप्रेक्ष्य; प्राजातीय, भाषिक एवं नृजातीय विविधताएं, धार्मिक अल्पसंख्यक; प्रमुख जनजातियां, जनजातियां क्षेत्र तथा उनकी समस्याएं सांस्कृतिक प्रदेश; जनसंख्या की संवृद्धि, वितरण एवं घनत्व; जनसांख्यिकीय गुण: लिंग अनुपात, आयु संरचना, साक्षरता दर, कार्यबल, निर्भरता अनुपात, आयुकाल: प्रवासन (अंत:प्रादेशिक, प्रदेशांतर तथा अंतर्राष्ट्रीय) एवं इससे जुड़ी समस्याएं, जनसंख्या समस्याएं एवं नीतियां स्वास्थ्य सूचक
7. **बस्ती:** ग्रामीण बस्ती के प्रकार, प्रतिरूप तथा आकारिकी; नगरीय विकास; भारतीय शहरों की आकारिकी; भारतीय शहरों का प्रकार्यात्मक वर्गीकरण; सत्रनगर एवं महानगरीय प्रदेश; नगर स्वप्रसार; गंदी बस्ती एवं उससे जुड़ी समस्याएं नगर आयोजना; नगरीकरण की समस्या एवं उपचार
8. **प्रादेशिक विकास एवं आयोजना:** भारत में प्रादेशिक आयोजना का अनुभव; पंचवर्षीय योजनाएं समन्वित ग्रामीण विकास कार्यक्रम; पंचायती राज एवं विकेंद्रीकृत आयोजना; कमान क्षेत्र विकास; जल विभाजन प्रबंध; पिछड़ा क्षेत्र, मरुस्थल, अनावृष्टि प्रबंण, पहाड़ी, जनजातीय क्षेत्र विकास के लिए आयोजना; बहुस्तरीय योजना; प्रादेशिक योजना एवं द्वीप क्षेत्रों का विकास
9. **राजनैतिक परिप्रेक्ष्य:** भारतीय संघवाद का भौगोलिक आधार; राज्य पुनर्गठन; नए राज्यों का आविर्भाव; प्रादेशिक चेतना एवं अतर्राज्य मुद्दे भारत की अंतर्राष्ट्रीय सीमा और संबंधित मुद्दे सीमापार आंतकवाद; वैश्विक मामलों में भारत की भूमिका; दक्षिण एशिया एवं हिंदी महासागर परिमंडल की भू-राजनीति
10. **समकालीन मुद्दे:** पारिस्थितिक मुद्दे: पर्यावरणीय संकट: भू-स्खलन, भूकंप, सुनामी, बाढ़ एवं अनावृष्टि, महामारी; पर्यावरणीय प्रदूषण से संबंधित मुद्दे भूमि उपयोग के प्रतिरूप में बदलाव; पर्यावरणीय प्रभाव आकलन एवं पर्यावरण प्रबंधन के सिद्धांत; जनसंख्या विस्फोट एंव खाद्य सुरक्षा; पर्यावरणीय निम्नीकरण, वनोन्मूलन, मरुस्थलीकरण एवं मृदा अपरदन: कृषि एवं औद्योगिक अशांति की समस्याएं आर्थिक विकास में प्रादेशिक असमानताएं संपोषणीय वृद्धि का विकास की संकल्पना; पर्यावरणीय संचेतना; नदियों का सहवर्द्धन भूंमडलीयकरण एवं भारतीय अर्थव्यवस्था

टिप्पणी: *अभ्यर्थियों को इस प्रश्न-पत्र में लिए गए विषयों से संगत एक अनिवार्य मानचित्र-आधारित प्रश्न का उत्तर देना अनिवार्य है।*

विषय सूची

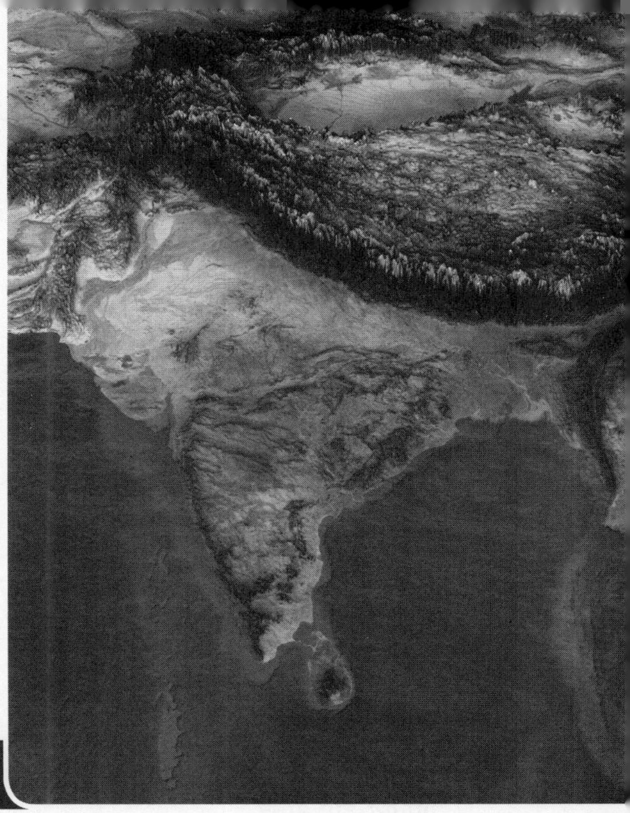

1 भारत की भूवैज्ञानिक सरंचना एवं गठन (Geological Structure and Formations of India)

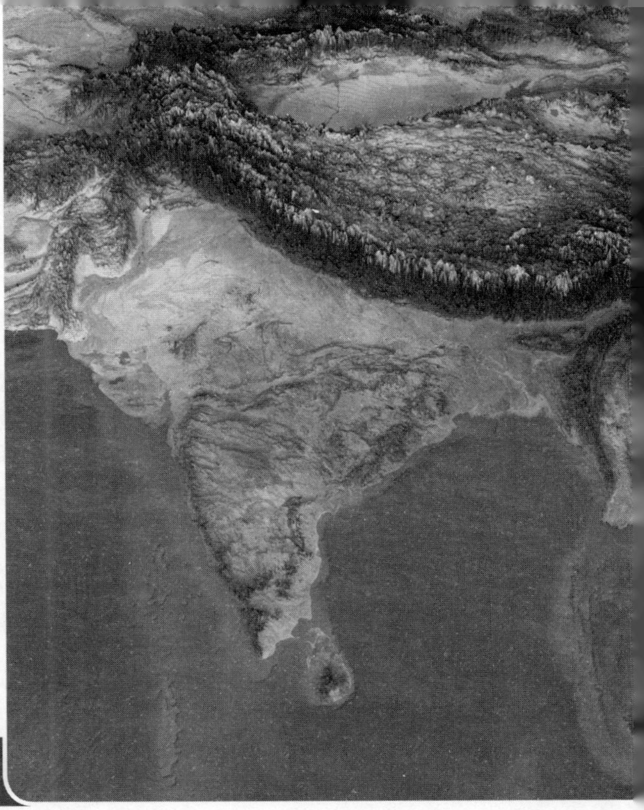

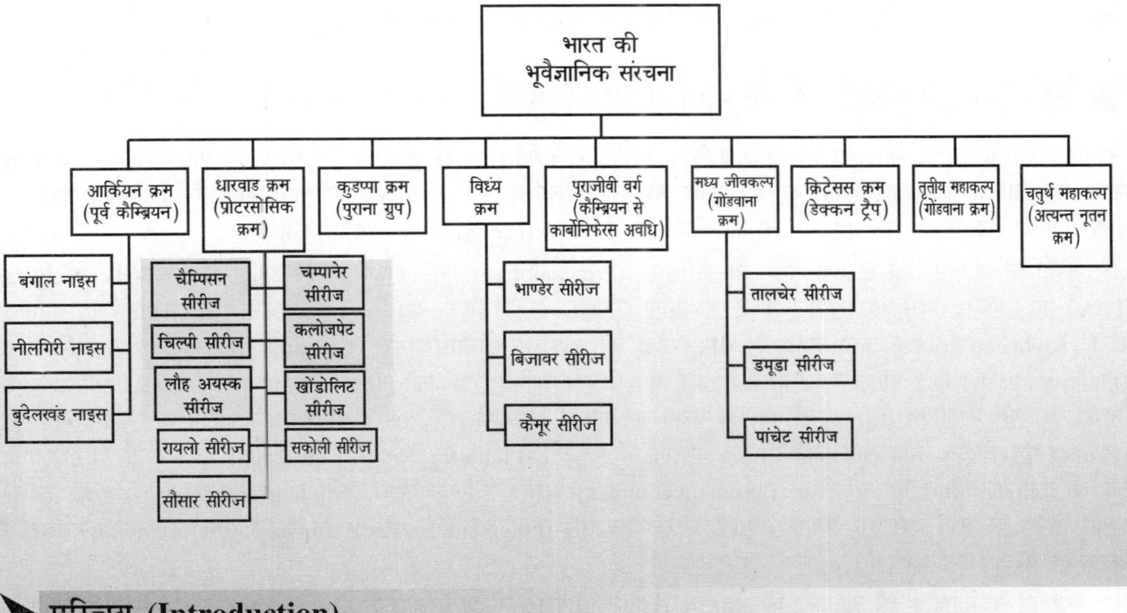

परिचय (Introduction)

भूवैज्ञानिक संरचनाएं विवर्तनिक बलों और पृथ्वी की विभिन्न हलचलों के परिणामस्वरूप पैदा हुई असंगततायें, भ्रंश, चट्टानीय दरारें, और वलन हैं। जबकि एक भूवैज्ञानिक गठन चट्टानों की एक ऐसी इकाई होती है जो भौतिक विशेषताओं सेट के कारण आसपास की चट्टान की परतों से दिखने में काफी विशिष्ट होता है।

किसी देश की भूगर्भिक संरचना हमें कई तथ्यों को समझने में सहायता करती है, जैसे-चट्टानों के प्रकार, उनके स्वरूप तथा ढलान, मृदा की भौतिक एवं रासायनिक विशेषताएं, खनिजों की उपलब्धता तथा पृष्ठीय एवं भूमिगत जल संसाधनों का ज्ञान, इत्यादि। इन सभी संसाधनों का किसी देश-प्रदेश के लोगों के सामाजिक-आर्थिक विकास पर प्रत्यक्ष प्रभाव पड़ता है।

भूवैज्ञानिक काल मापनी (Geological Time Scale)

भूवैज्ञानिक काल मापनी कालानुक्रमिक तिथि-निर्धारण की एक प्रणाली द्वारा वैज्ञानिक रूप से विकसित पृथ्वी का एक स्तरीकृत इतिहास है जो भूवैज्ञानिक स्तरों को समय इकाइयों में वर्गीकृत करता है। भूवैज्ञानिक इतिहास में घटनाओं के समय और संबंधों का वर्णन करने के लिए भूवैज्ञानिकों, जीवाश्म विज्ञानियों और अन्य पृथ्वी वैज्ञानिकों द्वारा इसका उपयोग किया जाता है।

भू-विज्ञानी और शोधकर्ताओं द्वारा पृथ्वी की आयु का अनुमान रेडियोमेट्रिक डेटिंग से 4.6 बिलियन वर्ष लगाया गया है। इस दौरान हुई घटनाओं के आधार पर पृथ्वी के भूतकाल को कई खंडों में विभाजित किया गया है। भूगर्भिक समय की इकाई का आधार भूतत्व विज्ञान की तहों के आधार पर है कल्प (Aeon) आधा बिलियन वर्षों से अधिक का समय होता है जबकि युग (Era) कल्प का उपभाग है जो मिलियन वर्षों के बराबर है। भूवैज्ञानिक कालमापी को चित्र 1.1 में दर्शाया गया है।

भूगर्भिक रूप से, भारतीय उपमहाद्वीप, गोंडवानालैंड (Gondwanaland) के अर्थात दक्षिणी महाद्वीप का भाग था। भारत का भूगर्भिक इतिहास अनूठा (Unique) है। भू-पटल (Earth-crust) की उत्पत्ति के समय से ही, भारतीय प्रायद्वीप (Peninsular India) पुराने प्रायद्वीप (गोंडवानालैंड) का एक भाग था। अल्पाइन-पर्वतोत्पत्ति (Orogeny) के उपरान्त तृतीयक काल (Tertiary Period) में हिमालय पर्वत का उत्थान आरंभ हुआ और प्लीस्टोसीन (Pleistocene) युग में उत्तरी भारत के मैदान की उत्पत्ति आरम्भ हुई। गंगा के मैदान के निचले भाग, जैसे–हुगली नदी के बेसिन का अवसादों के द्वारा आज भी उत्थान हो रहा है। भारत का भूगर्भीय इतिहास जटिल है। भू-पटल (Earth-crust) की उत्पत्ति के साथ ही भारत की चट्टानों की उत्पत्ति आरम्भ होती है। इसकी बहुत-सी चट्टानों (rocks) की रचना अध्यारोपण (Superimposition) के फलस्वरूप हुई। भारत की भूगर्भिक रचना का संक्षिप्त वर्णन आगे प्रस्तुत किया गया है तथा ***चित्र 1.1*** में उनके वितरणों को दर्शाया गया है।

आर्कियन शैल-समूह (Archaean or Pre-Cambrian Formations)

आर्कियन अथवा पुरातन महाकल्प (Archaean Era) को प्री-कैम्ब्रियन (Pre-cambrian) युग भी कहा जाता है। प्री-कैम्ब्रियन युग पृथ्वी के इतिहास का सबसे पुराना युग है। पृथ्वी की उत्पत्ति लगभग 4.6 अरब वर्ष पूर्व मानी जाती है। पृथ्वी की उत्पत्ति से लेकर लगभग 57 करोड़ वर्ष पूर्व तक के समय को प्री-कैम्ब्रियन (Pre-cambrian) कहा जाता है।

पृथ्वी के इतिहास का 87.6% समय प्री-कैम्ब्रियन (Pre-cambrian) युग माना जाता है। आर्कियन शब्दावली (Archaean Term) का उपयोग सबसे पहले 1782 में जे. डी. डाना (J.D. Dana) ने किया था। विश्व की सबसे पुरानी चट्टानों को आर्कियन शैल (Archaean Rocks) कहा जाता है। वायुमण्डल की उत्पत्ति, कीमोसिंथेसिस (Chemosynthesis) एवं फोटोसिंथेसिस (Photosynthesis) जिन पर जीव आधारित हैं, इसी युग में हुई। आर्कियन युग की चट्टानों में जीवाश्म (Fossils) नहीं पाये जाते अर्थात उस युग में जीवन (Life) नहीं था। आर्कियन चट्टानों में क्रिस्टलों (Crystals) की भरमार होती है तथा उनमें भारी भ्रंश (Faults) एवं विकृत मरोड़ पाये जाते हैं। इन चट्टानों में प्लूटोनी (Plutonic) अन्तर्वेध (Intrusion) पाया जाता है। इस प्रकार की चट्टानों के आधार को संश्लिष्ट (Basement complex) अथवा मौलिक नाइस (Fundamental Gnesiss) कहते हैं। इस प्रकार विश्व के सभी वलनदार पर्वतों आधार जटिल शैल संघ (Folded mountains) एवं पठारों (Plateaus) की तलहटी में आर्कियन चट्टानें पाई जाती हैं।

भारतीय उपमहाद्वीप की चट्टानों के भूगर्भीय इतिहास के लिये टी. एस. हॉलैंड (T.S. Holland) ने एक विशेष भूगर्भिक समय मापक (Geological Time Scale) तैयार किया था। इस समय मापक के अनुसार भारतीय चट्टानों को (i) आर्कियन (Archaen), (ii) पौराणिक (Puranic), (iii) द्रविड़ियन (Dravidian) तथा आर्यन (Aryan) युगों में विभाजित किया था। इस भूगर्भीय समय मापक के अनुसार अरावली, धारवाड़, कुड़प्पा, विंध्यन, मेघालय पठार तथा मिकिर की पहाड़ियाँ आर्कियन युग की बनी हुई हैं। इनको आर्कियन नाम से भी जाना जाता है। इन चट्टानों में विशेष रूप से ग्रेनाइट (Granite) से लेकर गैब्रो (Gabbro)

तक की चट्टानें पाई जाती हैं इनमें पाये जाने वाले खनिजों में आर्थोकलेज (Orthoclase), ओलिगोकलेज (Oligoclase), क्वार्ट्ज (Quartz), मस्कोवाइट (Musovite), बायोटाइट (Biotite) और हॉर्नब्लेण्ड (Hornblend) सम्मिलित हैं। भारतीय प्रायद्वीप के लगभग

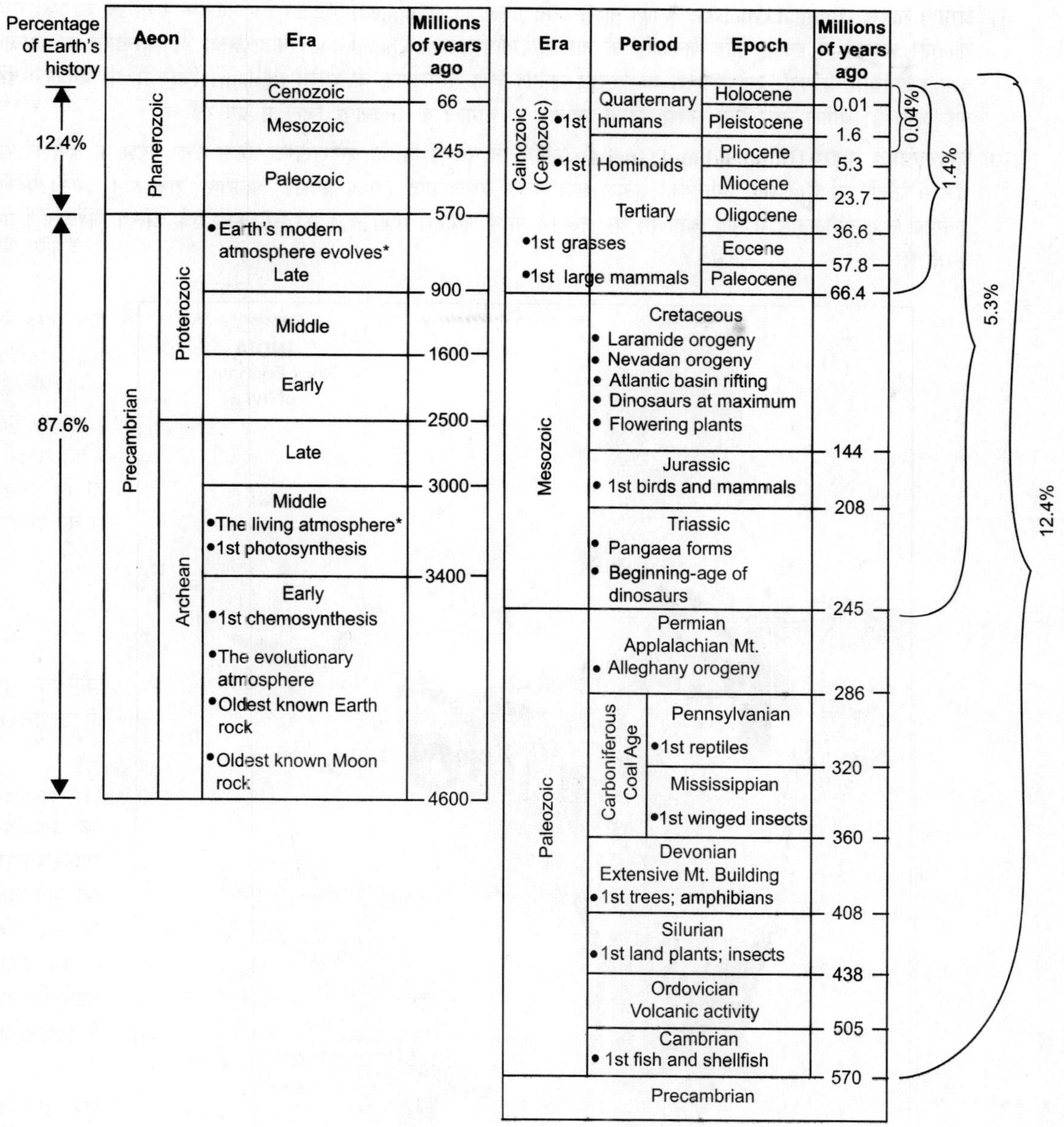

चित्र 1.1 भूवैज्ञानिक काल मापनी

स्रोत: अंतर्राष्ट्रीय स्ट्रैटिग्राफी आयोग (आईसीएस, 2021)

दो-तिहाई भाग पर आर्कियन शैल (Archaen-rocks) फैली हुई हैं। हिमालय पर्वतमाला, जांस्कर (Zanskar), लद्दाख, काराकोरम तथा अरुणाचल के पर्वतों के नीचे भी आर्कियन चट्टानें फैली हुई हैं ***(चित्र 1.2 तथा 1.3)***।

भारतीय प्रायद्वीप में फैली हुई आर्कियन चट्टानों को निम्न तीन वर्गों में विभाजित किया जाता है:

(i) **बंगाल नाइस (Bengal Gneiss):** बंगाल नाइस अति पल्लवित (Foliated) चट्टानें हैं। ओडिशा राज्य के कोरापुट तथा बोलंगीर जनपदों में इनको खोंड जनजाति के नाम पर खोंडोलाइट (Khondolite) कहा जाता है। झारखण्ड के धनबाद तथा हजारीबाग जनपदों, आन्ध्र प्रदेश के नैल्लोर जनपद तथा तमिलनाडु के सलेम (Salem) जिले में भी बंगाल नाइस पाई जाती है। बंगाल नाइस की सबसे पहली पहचान प. बांगाल के मिदनापुर जिले में की गई थी।

(ii) **बुन्देलखण्ड नाइस (Bundelkhand Gneiss):** आर्कियन युग में निर्मित बुन्देलखण्ड नाइस उत्तर प्रदेश के बुन्देलखण्ड क्षेत्र में फैली हुई है। इसके अतिरिक्त बुन्देलखण्ड नाइस बघेलखण्ड (मध्य प्रदेश), महाराष्ट्र, राजस्थान, आन्ध्र प्रदेश, तेलंगाना तथा तमिलनाडु में पाई जाती है। बुन्देलखण्ड नाइस क्वार्ट्ज (Quartz) की नलिकायें एक अलग विशेषता प्रदान करती हैं।

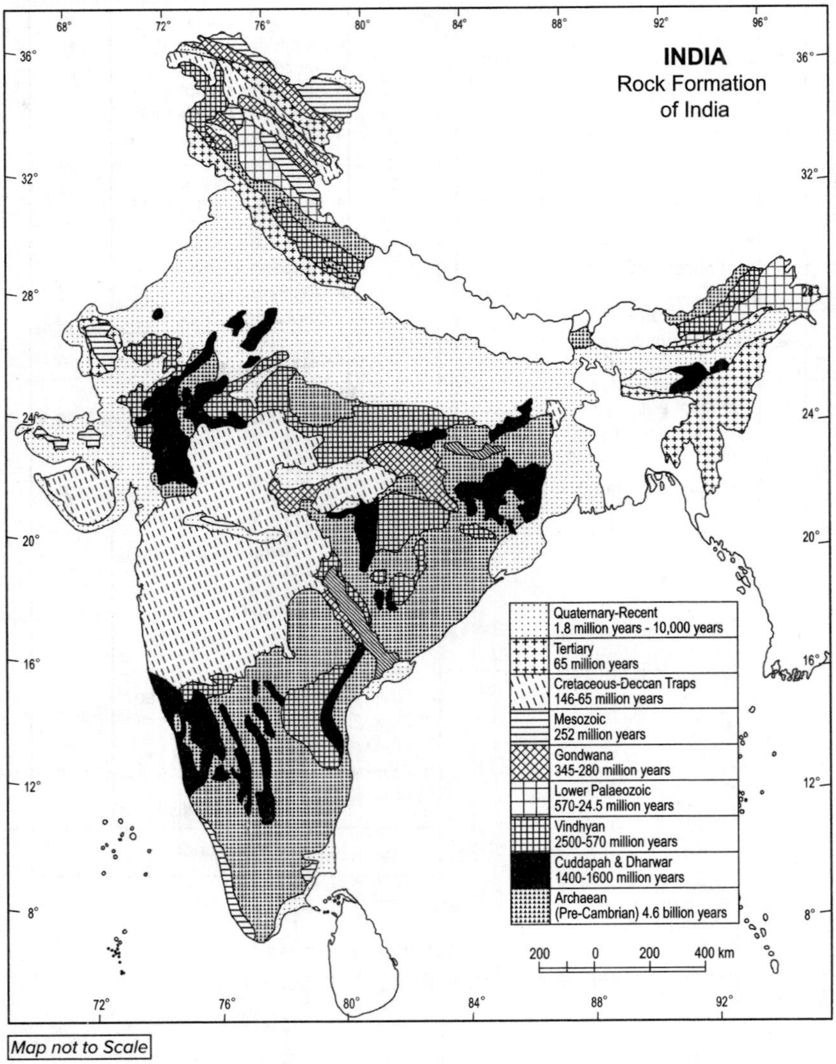

चित्र 1.2 भूगर्भिक तंत्र

(iii) **नीलगिरि नाइस (Nilgiri Gneiss):** अतिविशाल आकार की नीलगिरि नाइस गहरे रंगों की उद्‌गारी चट्टानों के समान हैं। इनका नामकरण जॉब कारनक (Job Charnok) के सम्मान में किया गया है, जिनकी समाधी कोलकाता स्थित इसी चट्टान से बनी है। नीलगिरि चट्टान का रंग नीले-भूरे से लेकर गहरे काले रंग तक पाया जाता है। नीलगिरि नाइस में मोटे-सघन दाने (Crystals) पाये जाते हैं। इनमें प्लूटोनी-नाइस (Plutonic Gneiss) का समावेश पाया जाता है। द. आर्काट (South Arcot), पालनी, शिवराय पहाड़ियों तथा नीलगिरि पर्वतमाला में यह विस्तृत रूप से फैली हुई है। इनके अतिरिक्त नीलगिरि नाइस ओडिशा के बालासोर जिले के अतिरिक्त, कर्नाटक, केरल, झारखण्ड, छत्तीसगढ़ तथा राजस्थान की अरावली पर्वतमाला में भी पाई जाती है।

आर्कियन चट्टानें (Archean Rocks) भारत की खनिज संपदा का भंडार हैं। इन चट्टानों में लोहा, ताँबा, मैंगनीज, अभ्रक, डोलोमाइट, सीसा, जस्ता, सोना, चाँदी जैसे धात्विक और अधात्विक खनिजों की प्रचुरता है।

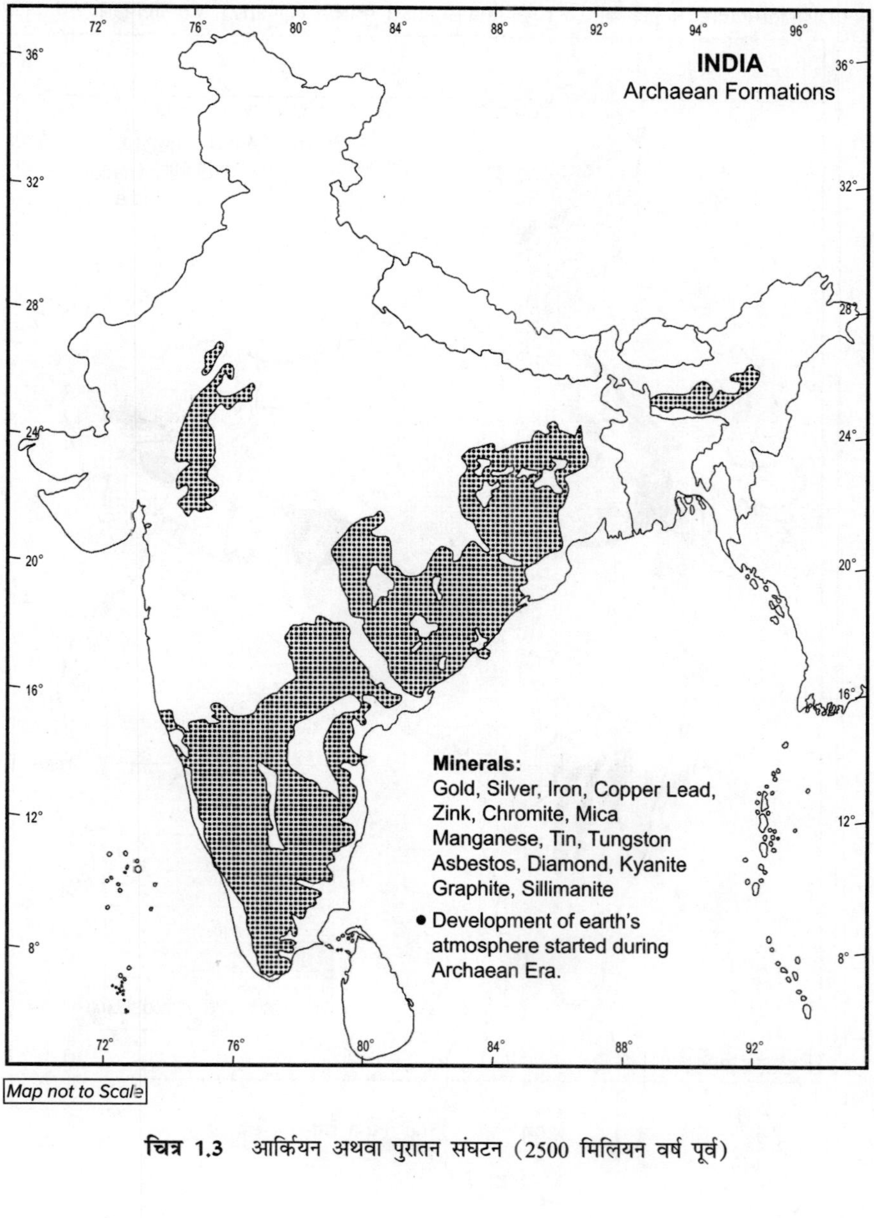

चित्र 1.3 आर्कियन अथवा पुरातन संघटन (2500 मिलियन वर्ष पूर्व)

धारवाड़ तंत्र अथवा प्रोटेरोजोइक संरचनाएं (Dharwar System or Proterozoic Formations)

इस भूगर्भिक समय काल का विस्तार 2500 मिलियन वर्ष पूर्व से लेकर 1800 मिलियन वर्ष पूर्व तक है। ये भारत की प्रथम रूपांतरित (परतदार) चट्टानें हैं, जो भारतीय भूगर्भिक समय सारणी में धारवाड़ तंत्र के नाम से जानी जाती हैं। भारत में इनका प्रथम अध्ययन प्रो. डी. एन. वाडिया (D. N. Wadia) ने कर्नाटक के धारवाड़ जिले में किया था। इनका निर्माण ज्यादातर आग्नेय निक्षेपों, शिष्ट और नाइस से हुआ है। धारवाड़ चट्टानें मूलतः तीन बिखरे हुए क्षेत्रों में पायी जाती हैं–(i) कर्नाटक के धारवाड़ और बेल्लारी जिलों में जहां से इनका विस्तार तमिलनाडु के नीलगिरि तथा मदुरई जिले तक हुआ है, (ii) छोटानागपुर पठार के मध्य और पूर्वी हिस्सों, मेघालय पठार तथा मिकिर पहाड़ियां, और; (iii) दिल्ली के अरावली, रीयोलो श्रेणी (दिल्ली श्रेणी) से लेकर अलवर के दक्षिण प्रदेश तक ***(चित्र 1.4)***। धारवाड़ प्रणाली की कुछ महत्वपूर्ण श्रेणियां (Series) निम्न प्रकार हैं:

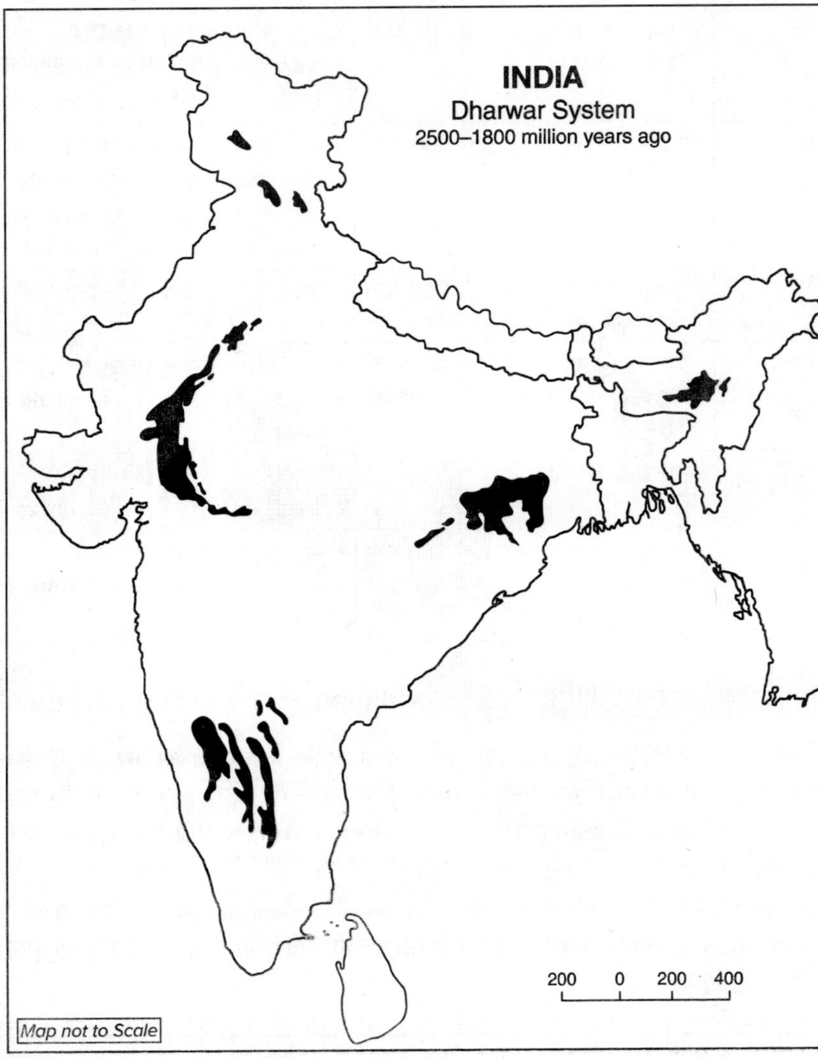

चित्र 1.4 धारवाड़ तंत्र (2500-1800 मिलियन वर्ष पूर्व)

धारवाड़ प्रक्रम का नाम	भारत में वितरण	महत्वपूर्ण तत्व
चैम्पियन सीरीज	• मैसूर नगर के उत्तर पूर्व से बंगलौर के पूर्व में • कर्नाटक के कोलार और रायचूर जिलों में है।	• विश्व की सर्वाधिक गहरी सोना खानों में से एक • 3.5 कि.मी. से अधिक गहरी • स्वर्ण राशि 5.5 ग्राम प्रति टन अयस्क • खनिकों के राष्ट्रीय खनिक स्वास्थ्य संस्थान का मुख्यालय यहां स्थित है।
चम्पानेर सीरीज	• अरावली प्रक्रम में वडोदरा के किनारे में मैदानी भाग में स्थित है।	• क्वार्टजाइट्स, कोन्गलोमेरेट्स, फ़ाइलाइट्स स्लेट, चूना पत्थर और संगमरमर • हरे संगमरमर की क़िस्म के लिए विख्यात
शिल्पी सीरीज	• बालाघाट का भाग मध्य प्रदेश के जबलपुर, छिन्दवाड़ा जिलों में	• ग्रिट, फाइलाइट, क्वार्टजाइट, हरे पत्थर एवं आवर्धक चट्टानें
कलोजपेट सीरीज	• मध्य प्रदेश के बालाघाट और छिन्दवाड़ा जिलों में वितरित	• यह एक धारवाड़ संरचना है • क्वार्टजाइट, तांबा, पाइराइट, आवर्धक चट्टानें • मलंजखंड तांबा संयंत्र को अयस्क की आपूर्ति
लौह अयस्क सीरीज	• सिंहभूम, बोनाई, मयूरभंज, क्योंझर में श्रेणी रूप में वितरित	• यह लगभग 65 कि.मी. लम्बी है • इसमें लगभग 3000 मिलियन टन लौह अयस्क का भंडार है • यहां से जमशेदपुर, दुर्गापुर, राउरकेला और बोकारो इस्पात सयंत्र को लौह अयस्क भेजा जाता है
खोण्डो-लाइट सीरीज	• कृष्णा घाटी के उत्तरी भाग में पूर्वी घाटी के विशाल क्षेत्र में विस्तृत	• प्रमुख चट्टान का प्रकार खोन्डोलाइट, कोडूराइट्स, चारनोकाइट, नाइस
रियालो सीरीज (दिल्ली सीरीज)	• दिल्ली (मजनू का टीला) से अलवर (राजस्थान में उत्तर-पूर्व से दक्षिण-पश्चिमी दिशा में)	• चूना पत्थर, मकराना संगमरमर में धनी • मकराना और भगवानपुर उच्च गुणवत्ता के संगमरमर के लिए प्रसिद्ध
सकोली सीरीज	• जबलपुर और रीवा जिलों में विस्तृत	• यह धारवाड़ सरंचना से संबंधित है • अभ्रक, डोलोमाइट शिष्ट और संगरमर में धनी
सौसर सीरीज	• सीरीज महाराष्ट्र के नागपुर, भण्डारा; मध्य प्रदेश के छिन्दवाड़ा जिलों में विस्तृत	• यह धारवाड़ ग्रुप से संबंधित है • अभ्रक, शिष्ट, कवार्टजाइट संगमरमर और मैग्नीफरेस चट्टान मुख्य खनिज

कुड़प्पा तन्त्र अथवा पुराना समूह [The Cuddapah System (The Purana Group)]

कुड़प्पा तन्त्र शैल (Shale), स्लेट, चूना-पत्थर तथा क्वाट्ज चटानों से निर्मित है। कुड़प्पा की चट्टानों में जीवाश्म (Fossils) नहीं पाये जाते हैं। परतदार चट्टानों नें परिवर्तित होने वाली इन चट्टानों का नामकरण आन्ध्र प्रदेश के कुड़प्पा जिले के नाम पर किया गया था। कुड़प्पा तन्त्र (Cuddapah System) की चट्टानें (i) आन्ध्र प्रदेश के कुड़प्पा एवं कुर्नूल जिलों में, (ii) छत्तीसगढ़ (iii) राजस्थान में अलवर से दिल्ली, तथा; (iv) लघु हिमालय में पाई जाती हैं **(चित्र 1.5)**।

बहुत-से स्थानों पर कुड़प्पा चट्टानों की मोटाई 600 मीटर तक है। चट्टानों की इतनी अधिक मोटाई से सिद्ध होता है कि भू-सन्नंतियों (Geosynclines) में अवसाद निरन्तर बढ़ते गये और उनकी परतें मोटी होती गईं, जिससे कुड़प्पा चट्टानों की मोटाई इतनी अधिक हो गई।

कुड़प्पा चट्टानों में मुख्यत: बालू-पत्थर, शैल, क्वाट्ज, स्लेट, घटिया प्रकार के लोह-अयस्क, मैंग्नीज, एस्बेस्टस (Asbestos) तांबा, निकिल (Nickel), कोबाल्ट (Cobalt) संगमरमर, जास्पर (Jasper) भवन निर्माण पत्थर तथा सजावटी पत्थर विशेष हैं। कुड़प्पा चट्टानों में धातुएं कम पाई जाती हैं। इस तन्त्र की प्रमुख श्रेणी है:

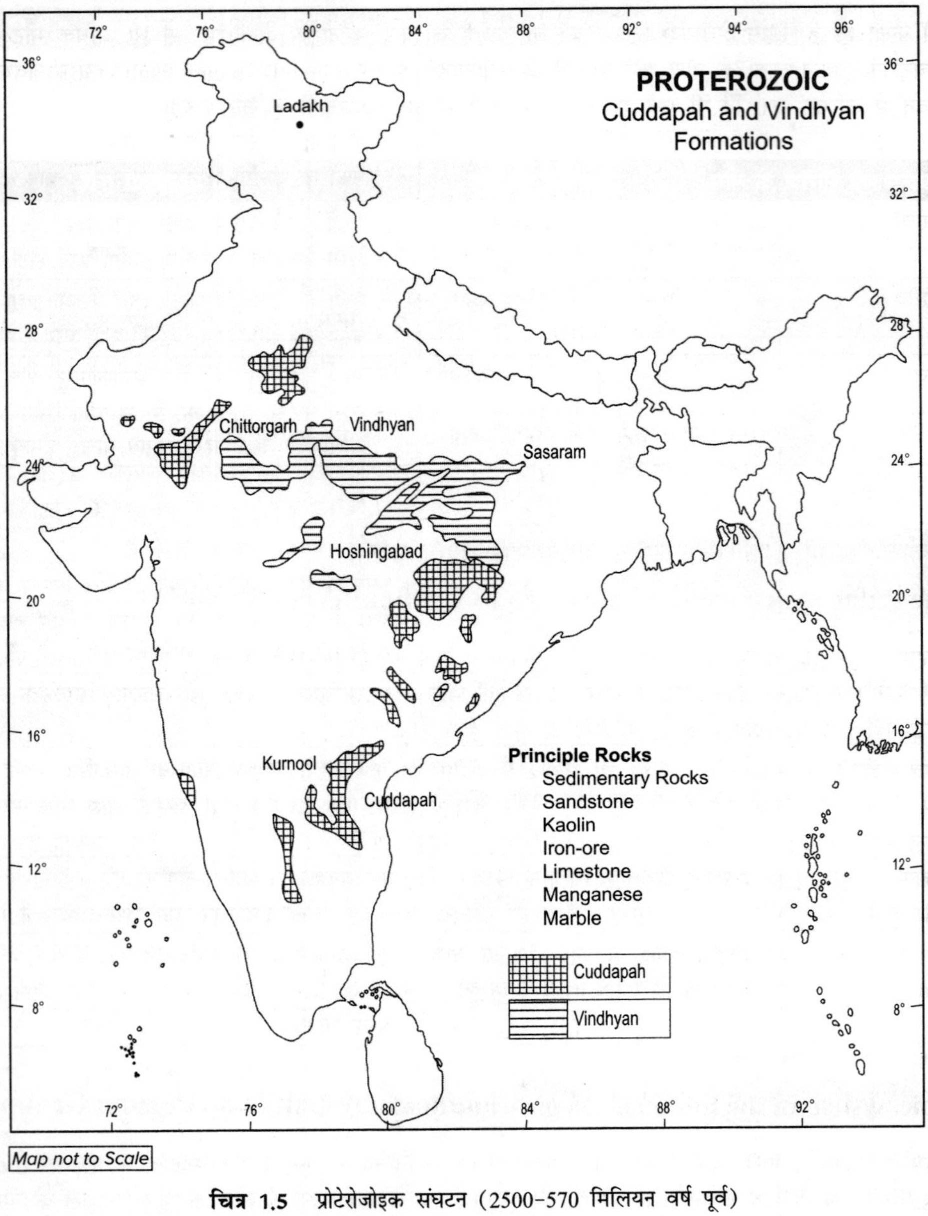

चित्र 1.5 प्रोटेरोजोइक संघटन (2500-570 मिलियन वर्ष पूर्व)

- **पापाघानी श्रेणी (Papaghani Series):** इसका नामकरण आंध्र प्रदेश की पापाघानी नदी से हुआ है, जिसकी घाटी में ये चट्टानें देखी जा सकती हैं। इसकी प्रमुख चट्टानें क्वार्ट्ज, बालू पत्थर, शैल, स्लेट, चूना-पत्थर और संगमरमर हैं। इस श्रेणी में मैग्मा (Megma) का 'डाइक' (Dyke) और 'सिल' (Sill) रूपों में अंतर्भेदन (intrusion) हुआ है, जिसने चूना-पत्थर को संगमरमर, टॉल्क, स्लेट और सर्पगतिक में रुपांतरित किया है।

विंध्यन तंत्र (The Vindhyan System)

इसका नामकरण विंध्य पर्वत से हुआ है। यह पर्वतमाला गंगा के मैदान और दक्कन के पठार के बीच एक विभाजक रेखा (dividing line) बनाती है। विंध्यन तंत्र प्रणाली राजस्थान के चित्तौड़गढ़ से लेकर बिहार के सासाराम तक 103,600 वर्ग कि.मी. के बहुत

बड़े भाग में फैली हुई है। इसमें अवसादी निक्षेपों की बहुलता है जो कई स्थानों पर 4000 मी. से भी अधिक मोटे हैं। कई क्षेत्रों में विंध्यन चट्टानें दक्कन लावा के नीचे दबी पड़ी हैं। ग्रेट बाउण्डरी फाल्ट (Great Boundary Fault - GBF) विंध्यन पर्वत को अरावली पर्वत से लगभग 800 कि.मी. की दूरी तक एक-दूसरे से अलग करता है ***(चित्र 1.5)***।

विंध्यन प्रक्रम की सीरीज के नाम	भारत में वितरण	महत्वपूर्ण तत्व
भाण्डेर सीरीज	विंध्यन तंत्र के पश्चिमी भाग	• मुख्य चट्टानें बलुआ पत्थर, चूना पत्थर • इससे उत्तम भवन निर्माण सामग्री प्राप्त होती है
बिजवार सीरीज	मध्य प्रदेश के छत्तरपुर और पन्ना जिलों में विस्तृत	• मुख्य चट्टानें बलुआ पत्थर, लाल बलुआ पत्थर, कर्वाटजाइट • बेसाल्टिक पाया गया जिसकी रंगाई हीरे में समृद्ध है
कैमूर सीरीज	बुंदेलखण्ड (उ.प्र.), बघेलखण्ड (म.प्र.) में विस्तृत	• मुख्य चट्टानें बलुआ पत्थर कांगोलोमेरेट, शैल • लाल बलुआ पत्थर का प्रयोग ऐतिहासिक इमारतों जैसे-लालकिला, हवा महल, कुतब मीनार, हुमायूं का मकबरा

पुराजीवी समूह (कैंब्रियन से कार्बनीफेरस काल तक) [The Palaeozoic Group (Cambrian to Carboniferous Period)]

पुराजीवी महाकल्प के अंतर्गत मानक भूगर्भिक समय मापक्रम के कई कल्प आते हैं, यथा-ओर्डोविशन (Ordovician), सिलूरियन (Silurian), डेवोनियम (Devonian), कार्बनीफेरस (Carboniferous) और परमियन (Permian)। भारतीय भूगर्भिक समय मापक्रम में इसे द्रविड़ महाकल्प (Dravidian Era) के नाम से जाना जाता है।

पुराजीवी महाकल्प (Palaeozoic Era) की अवधि 570 मिलियन वर्ष से 24.5 मिलियन वर्ष पूर्व तक मानी गयी है। इस महाकल्प में ही पृथ्वी पर जीवन के प्रथम संकेत मिलते हैं। मध्य प्रदेश के रीवा जिले के उमरिया के आस-पास को छोड़कर इस काल के शैल-समूह (Formations) प्रायद्वीपीय भारत में लगभग अनुपस्थित हैं। इस क्रम की चट्टानों का विस्तार हमें जम्मू-कश्मीर के पीर-पंजाल (Pir-Panjal). हंद्वारा, लिदर घाटी (अनंतनाग); हिमाचल प्रदेश के स्पीति, कांगड़ा, शिमला तथा उत्तराखंड के गढ़वाल और कुमाऊं क्षेत्रों में मिलता है। इसी महाकल्प में पेन्जिया (Pangaea) का विभाजन हुआ तथा टेथिस सागर (Tethys) अस्तित्व में आया। शैल, बालू पत्थर, मृत्तिका (clay), क्वार्ट्ज, स्लेट, नमक तथा खड़िया मिट्टी (मार्ल), इत्यादि प्रमुख कैम्ब्रियन (Cambrain) चट्टानें हैं।

भारतीय भूगर्भिक समय मापक्रम में पुराजीवी तंत्र (Palaezoic System in the Indian Geologic Time Scale)

गोंडवाना क्रम नदीय और सरोवरीय प्रकृति का है। इनका निर्माण प्रवर कार्बनीफेरस काल एवं जुरेसिक काल (Upper Carboniferous and Jurassic Periods) में नदी बेसिनों और झीलों में हुए निक्षेपण से हुआ है। बाद में इनका भ्रंशों के सहारे, गोंडवानालैंड नामक महान दक्षिणी महाद्वीप की प्राचीन चट्टानों में धंसान आरंभ हुआ। इन चट्टानों का निर्माण प्रवर कार्बनीफेरस और जुरेसिक काल (मेसोजोइक महाकल्प) में हुआ है।

मेसोजोइक महाकल्प (गोंडवाना तंत्र) (The Mesozoic Era [The Gondwana System])

मेसोजोइक का अर्थ है–'मध्य जीवन।' भूगर्भिक समय मापक्रम की वह अवधि, जिसमें चट्टानों में अकशेरूकी जीवाश्मों (invertebrate fossils) का आधिपत्य/वर्चस्व मिलता है उसे ही 'मोसोजोइक' शब्द से सूचित किया जाता है। मेसोजोइक महाकल्प के अंतर्गत तीन उपमहाकल्प/उपकाल आते हैं- ट्राइऐसिक (Triassic), जुरेसिक (Jurassic) और क्रिटेशस (Cretaceous)। भारतीय भूगर्भिक समय मापक्रम के अनुसार यह अवधि प्रवर कार्बनीकाल (upper carboniferous) से लेकर कैनोजोइक या आर्यन काल (cainozoic) के प्रारंभ तक मानी जाती है। गोंडवाना तंत्र की प्रमुख श्रेणियां निम्न प्रकार हैं:

(i) **तलचर श्रेणी (Talchar Series):** गोंडवाना तंत्र की इस श्रेणी का नामकरण ओडिशा के ढेंकनाल जिले के तलचर नामक स्थान से हुआ है। इस श्रेणी में अच्छी गुणवत्ता वाले कोयले की प्रचुरता है, जिसे प्रगलन (पिघलाना) और ताप विद्युत् संयंत्रों में उपयोग में लाया जाता है।

तलचर कोयला क्षेत्र में भारत का सर्वाधिक कोयला भण्डार-38.65 बिलियन टन है। यह कोयला क्षेत्र पांच उत्पाद क्षेत्र तलचर, जगन्नाथ, कलिंग, लिंगराज और हिंगुला में विभाजित है। तलचर में उद्योग ब्राह्मणी नदी के किनारे अवस्थित है यह नदी उत्तर-पश्चिम से दक्षिण-पूर्व की ओर प्रवहित होती है।

(ii) **दामुदा श्रेणी (Damuda Series):** दामुदा श्रेणी मध्य गोंडवाना युग की हैं, जिनमें कोयला निक्षेप की परतें (seams) प्रचुरता में पायी जाती हैं। इन कोयले की परतों की मोटाई और फैलाव पश्चिम की अपेक्षा पूर्व में अधिक है। इस श्रेणी का कोयला क्षेत्र काफी विस्तृत है, जो झारखंड के दामोदर बेसिन में रानीगंज, झरिया, कर्णपुरा और बोकारो; मध्य प्रदेश और छत्तीसगढ़ के सिंगरौली, कोरबा, पेंच घाटी; मध्य प्रदेश के सतपुड़ा बेसिन में सिंगरौली तथा ओडिशा के महानदी बेसिन के तलचर में पाये जाते हैं। झिंगुर्दा कोयला परत (Jhingurda coal seam), जिसकी मोटाई 131 मीटर है, इसी श्रेणी में है। यह भारत की सबसे मोटी कोयला परत है। गोंडवाना क्रम की चट्टानें कश्मीर, हिमाचल प्रदेश तथा पूर्वांचल जैसे हिमालय क्षेत्रों में भी पाई जाती हैं। इस क्षेत्र की कोयला परतें रूपांतरित हैं। गोंडवाना क्रम की चट्टानें सौराष्ट्र, कच्छ, पश्चिमी राजस्थान, कोरोमंडल तट तथा राजमहल की पहाड़ियों में भी पायी जाती हैं ***(चित्र 1.6)***।

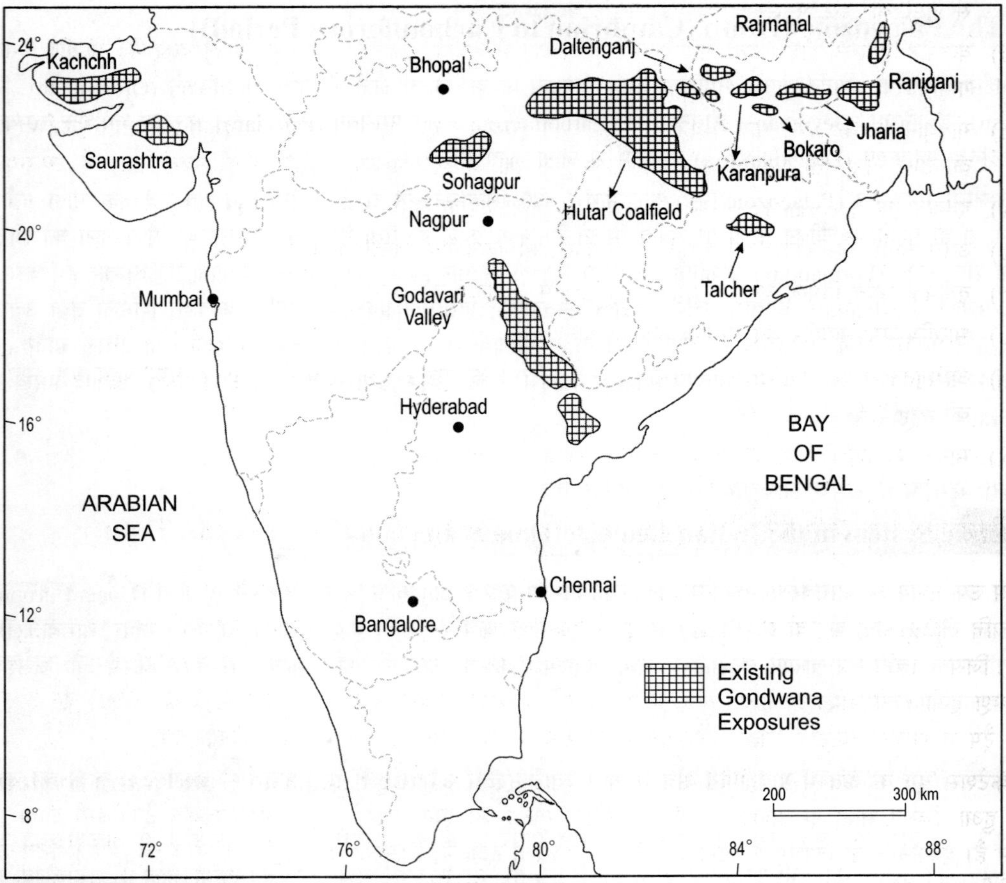

चित्र 1.6 गोंडवाना तंत्र (345-280 मिलियन वर्ष पूर्व)

(iii) **पांचेत श्रेणी (Panchet Series):** यह अवर गोंडवाना (Upper Gondwana) प्रणाली की सबसे नवीन श्रेणी है, जिसका नामकरण रानीगंज के दक्षिण स्थित पांचेत पहाड़ी से हुआ है। इस श्रेणी में हरा रंग लिए हुए बालू पत्थर और शैल (स्लेटी पत्थर) की प्रचुरता है। इस श्रेणी में कोयले की परतें नहीं पाई जाती हैं।

अवर गोंडवाना प्रणाली की लौह-अयस्क शैलों का विशेषकर पश्चिम बंगाल के रानीगंज कोयला क्षेत्र में अच्छा विस्तार है। लेकिन इनमें सिडेराइट और लिमोनाइट जैसे निम्न कोटि के लौह-अयस्क ही पाये जाते हैं। निम्न कोटि के होने के कारण इन लौह-अयस्कों का लौह उत्पादन के लिए उत्खनन नहीं किया जाता है। गोंडवाना प्रणाली की चट्टानों से भारत के 95% कोयले की प्राप्ति होती है। इसके अतिरिक्त इनसे लौह-अयस्क, चूना-पत्थर, बलूआ पत्थर और चीनी मिट्टी उद्योग के लिए कच्चे माल की आपूर्ति भी होती है।

भारत का सर्वोत्तम कोयला और इसका सर्वाधिक भंडार गोंडवाना प्रणाली में ही पाया जाता है, जो मुख्यतया पश्चिम बंगाल की दामोदर घाटी, झारखंड, ओडिशा की महानदी घाटी, छत्तीसगढ़, आंध्र प्रदेश की गोदावरी घाटी और मध्य प्रदेश के सतपुड़ा बेसिन में विस्तृत हैं ***(चित्र 1.6)***।

जैसा कि ऊपर कहा गया है कि प्रवर कार्बनीफेरस काल (Upper Carboniferous Period) को आर्य काल कहा गया है। आर्य काल की संरचना/बनावट की प्रमुख विशेषताएं निम्न प्रकार हैं:

(i) प्रवर कार्बनीफेरस में हिमालय पर्वत के स्थान पर एक वृहत्त भू-अभिनति (Geosynclime) थी, जो पूरब में चीन होते हुए प्रशांत महासागर और पश्चिम में अफगानिस्तान, ईरान और लघु एशिया होते हुए अंधमहासागर तथा वर्तमान भूमध्यसागर से जुड़ी थी। इस भू-सन्नति का परिणाम टेथिस सागर था।

(ii) कश्मीर हिमालय क्षेत्र (उत्तर-पश्चिम में पीर पंजाल से हजारा तक तथा उत्तर-पूर्व में लद्दाख में) में तीव्र ज्वालामुखीय गतिविधियां हुईं।

(iii) गोंडवानालैंड के ऊपरी भाग में कई दरारें पड़ीं और इसके टूटे हुए भाग एक-दूसरे से विलग होने लगे। भारतीय उपमहाद्वीप का उत्तर और उत्तर-पूर्व की ओर विस्थापन हुआ, जो अंततः एशियाई भू-खण्ड (यूरेशियन प्लेट) से टकराया।

(iv) दक्कन ट्रैप (Deccan Trap) में बड़े पैमाने पर लावा उद्‌गार हुए।

(v) अरब सागर और बंगाल की खाड़ी का विकास, सीमांकन एवं विस्तार हुआ।

(vi) तृतीयक पर्वत निर्माण युग (Tertiary Period) में हिमालय की उत्पत्ति हुई।

(vii) भारतीय उप-महाद्वीप को वर्तमान आकृति प्राप्त हुई।

(viii) अभिनूतन काल (Pleistocene Period) के हिम युग का प्रारंभ हुआ, जिसमें पृथ्वी के एक बहुत बड़े भाग पर बर्फ की परत (Ice-sheet) जमी।

(ix) मानव का उद्‌भव तथा विश्व के विभिन्न हिस्सों में इसका प्रसार हुआ।

क्रिटेशस तंत्र (दक्कन ट्रैप) [The Cretaceous System (The Deccan Trap)]

क्रिटेशस उप-महाकल्प का विस्तार लगभग 146 मिलियन वर्ष पूर्व से 65 मिलियन वर्ष पूर्व तक माना जाता है। क्रिटेशस शब्दावली की उत्पत्ति लैटिन भाषा के 'क्रेटा' (Creta) से हुई है, जिसका अर्थ है–'खड़िया' (चाक)। यह भारत का वृहत्त रूप से वितरित तंत्र है, जिसके विविध संलक्षणी (Facies) निक्षेप देश के विविध भागों में विद्यमान हैं। इस काल में सागरों का भूखंडों पर अतिक्रमण हुआ (कोरमंडल तट तथा नर्मदा घाटी) और उच्च लावा उद्‌गारों से दक्कन ट्रैप (Deccan Trap) का निर्माण हुआ। दक्कन ट्रैप में पाताली चट्टानों 'गैब्रो' और ग्रेनाइट के रूप में स्पष्ट अंतर्भेदन (intrusion) दिखता है।

क्रिटेशस युग के अंत में प्रायद्वीपीय क्षेत्र में भारी ज्वालामुखीय उद्‌गार हुये। इस अवधि में बेसाल्टिक लावा का उच्चस्तरीय उद्‌गार हुआ, जिसने सतह पर 3000 मी. से भी अधिक मोटाई की परत बनाई। लावा पठार (दक्कन ट्रैप) इसी लावा प्रवाह का परिणाम है। दक्कन लावा लगभग 5 लाख वर्ग कि.मी. में फैला हुआ है, जिसका विस्तार गुजरात के कच्छ और काठियावाड़ जिलों के अतिरिक्त, महाराष्ट्र, मध्य प्रदेश के मालवा पठार, छत्तीसगढ़, झारखंड, उत्तरी आंध्र प्रदेश तथा उत्तर-पश्चिम कर्नाटक तक है ***(चित्र 1.7)***।

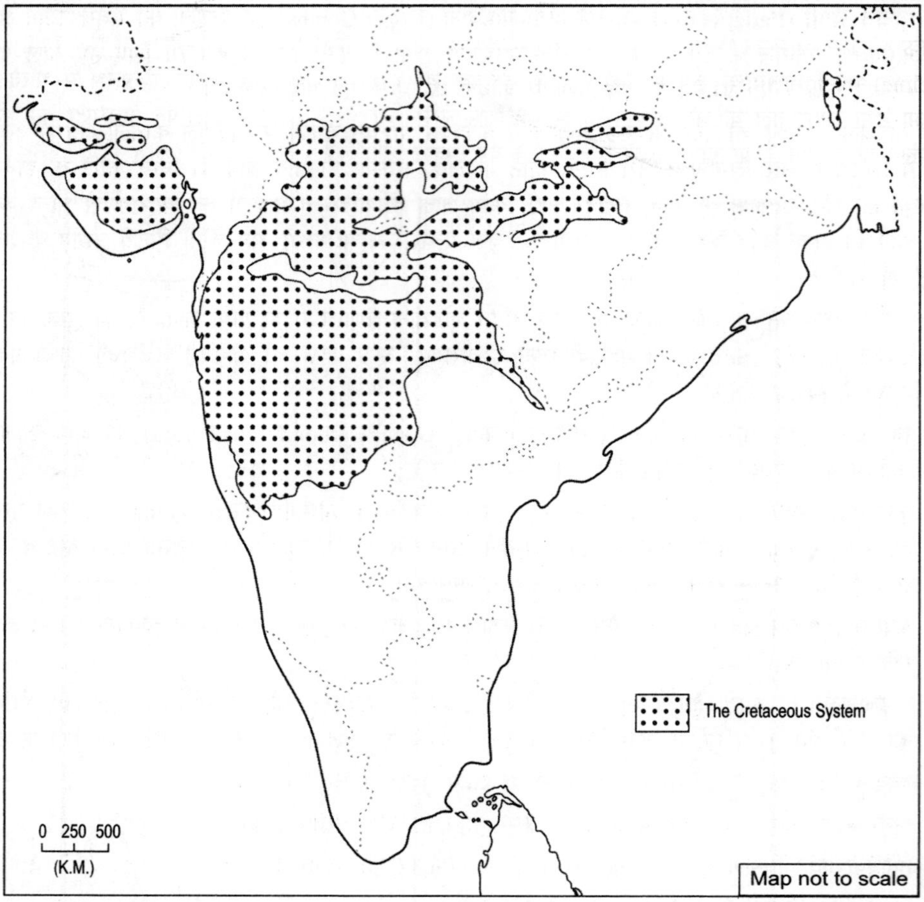

चित्र 1.7 क्रिटेशस तंत्र (दक्कन ट्रैप) - 146-65 मिलियन वर्ष पूर्व

भारत के लावा पठार (दक्कन ट्रैप) की अधिकतम मोटाई (लगभग 3000 मी.) मुंबई तट के सहारे मिलती है, जहां से पूरब और दक्षिण दिशाओं में यह मोटाई घटती जाती है। इसके लावा की मोटाई कच्छ में लगभग 800 मी., अमरकंटक में 150 मी. तथा बेलगाम (कर्नाटक) में 60 मी. है। विशिष्ट लावा प्रवाह की औसत मोटाई लगभग 5 मी. से 29 मी. तक है। महाराष्ट्र के भुसावल में 'बोरिंग' के अंतर्गत इन लावा प्रवाहों की पहचान की गयी है। ये लावा प्रवाह परतों के रूप में अंतर-संस्तरित (interbeded) हैं, जिन्हें 'अंतर-ट्रैपियन संस्तर' (inter-trappean beds) कहा जाता है।

दक्कन ट्रैप के बेसाल्ट का उपयोग सड़क एवं भवन निर्माण में किया जाता है। इसके अतिरिक्त इसमें क्वार्ट्ज, बॉक्साइट, मैग्नेटाइट, अगेट तथा अर्द्ध-बहुमूल्य पत्थर भी पाये जाते हैं। यह मैग्नेशियम, कार्बोनेट, पोटाश आरै फास्फेट खनिजों में भी धनी है।

तृतीयक तंत्र (सेनोजोइक महाकल्प) [Tertiary System (The Cenozoic Era)]

सेनोजोइक का अर्थ है– 'नूतन' जीवन। तृतीयक काल (Tertiary Period) का प्रारंभ लगभग 66 मिलियन वर्ष पूर्व से माना गया है। इस तंत्र की चट्टानों में कई प्रकार के जीवाश्म पाये गये हैं, जो आधुनिक जीव रूप के काफी समानता रखते हैं, जैसे–स्तनपायी जीव, पौधे और अकशेरुकी जीव। सेनोजोइक महाकल्प के अंतर्गत दो उपमहाकल्प/उपकाल हैं–तृतीयक काल और चतुर्थ काल।

तृतीयक काल में दो महान घटनाएं घटीं- (i) पुराना गोंडवाना महाद्वीप अंतिम बार टूटा, और (ii) टेथिस (Tethys) भू-अभिनति (Geosyncline) का हिमालय के रूप में उत्थान हुआ। तृतीयक युग (Tertiary Period) काल के प्रारंभ में भारत का तिब्बत से टकराव हुआ तथा सागर तल के मंद उत्थान के साथ टेथिस बेसिन (Tethys Sea) में निक्षेपित अवसादों का भी उत्थान शुरू हुआ। हिमालय के उत्थान ने प्रायद्वीप के पुराने उच्चावच को विकृत कर दिया ***(चित्र 1.8, 1.9)***।

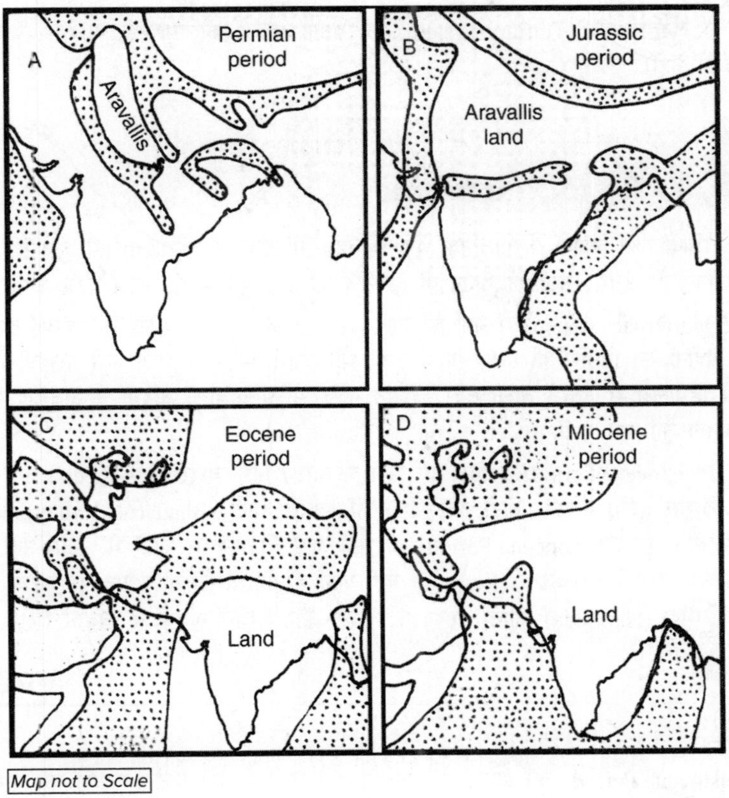

चित्र 1.8 उपमहाद्वीपीय स्थलाकृति में परिवर्तन

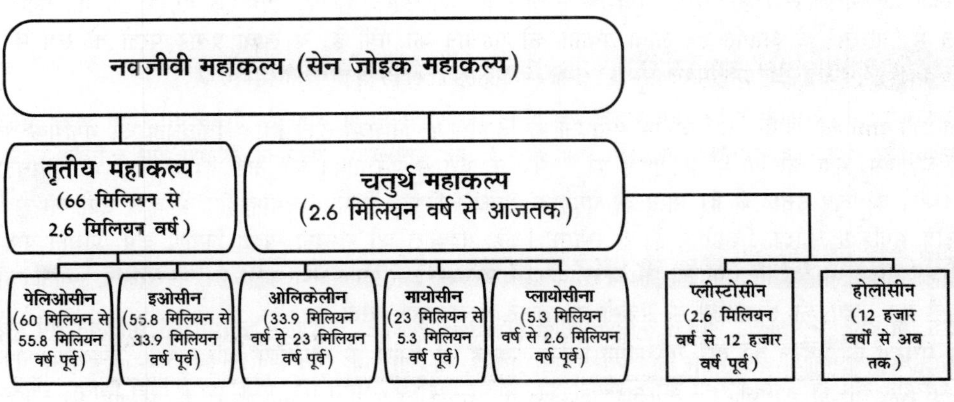

चित्र 1.9 तृतीयक प्रणाली का भूवैज्ञानिक समय पैमाना

हिमालय के उत्थान के तीन स्पष्ट चरण और जिसमें माने जाते हैं- (i) **प्रथम चरण** (इयोसीन युग-Eocene-65 मिलियन वर्ष पूर्व), जो ओलीगोसीन युग (Oligocene) में संपन्न हुआ, महान हिमालय का उत्थान हुआ, (ii) इस चरण के बाद का **दूसरा चरण** तीव्र संचालन से परिपूर्ण रहा, जिसकी अवधि लगभग 45 मिलियन वर्ष पूर्व की रही (मध्य-मायोसीन Middle Miocene), इस काल में लघु हिमालय में वलन पड़े, और; (iii) **तीसरे चरण** की अवधि उत्तर-प्लायोसीन युग (Post-pliocene) की है (1.4 मिलियन वर्ष पूर्व) जब शिवालिक अथवा बाह्य हिमालय में वलन पड़े।

प्रायद्वीपीय भाग में टर्शियरी तंत्र (Tertiary System) की घटना कच्छ, काठियावाड़, कोंकण, मालाबार, नीलगिरि और पूर्वी घाट के तटीय हिस्सों में घटी।

चतुर्थ महाकल्प की संरचनायें (The Quaternary Period - Pleistocene and Recent Formations)

चतुर्थ महाकल्प के अवसादों तथा निक्षेपों में आधुनिक युग के बहुत-से जीवों के जीवाश्म पाये जाते हैं, जिनमें दूध देने वाले जीवों के जीवाश्म भी सम्मिलित हैं। उत्तरी भारत के मैदान की उत्पत्ति भी इसी युग में हुई थी **(चित्र 1.10)**।

चतुर्थ उपकाल (Quarternary period) में बर्फ की चादरें (ice-sheets) 1500 मीटर की ऊँचाई तक फैल गई थीं। सिंधू-गंगा तथा ब्रह्मपुत्र नदी के मैदानों का निर्माण भी इसी युग में हुआ था। उत्तरी भारत के मैदान की तलहटी (Bottom) एक महाखड्ड के समान थी, जिसमें हिमालय से उतरने वाली और विंध्यन पर्वत से आने वाली नदियों ने अवसाद एवं निक्षेप एकत्रित करके इसको एक समतल मैदान का रूप दे दिया।

प्लीस्टोसीन युग (Pleistocene Period) में हिम युग आने के कारण हिम-चादरों (Ice Sheets) तथा पर्वतीय हिमनदों (Valley Glaciers) का भारी विस्तार हुआ। कश्मीर घाटी और जम्मू की भदरवा घाटी (Bhadarwa Valley) के करेवा निक्षेप (Karewa Deposits) भी प्लीस्टोसीन युग (Pleistocene Period) के माने जाते हैं। कश्मीर घाटी में झेलम नदी के दोनों ओर, पीरपंजाल (Pir-Panjal) की निचली ढलानों पर करेवा (Karewa) पाये जाते हैं। किसी-किसी स्थान पर करेवा निक्षेपों की गहराई 1400 मीटर तक पाई गई है। नर्मदा (Narmada), ताप्ती, गोदावरी, कृष्णा और कावेरी नदियों के चबूतरे (River Terraces) भी इस युग के हैं।

करेवा (Karewas)

प्लीस्टोसीन युग (Pleistocene Period) की झीलों में एकत्रित होने वाले निक्षेपों एवं अवसादों को करेवा (Karewa) कहते हैं। करेवा निक्षेपों में रेत, बालू, दोमट, कंकड़, सिल्ट (Silt) तथा बोल्डर इत्यादि का मिश्रण होता है और ये पीर-पंजाल की पर्वतमाला की निचली ढलानों पर पाये जाते हैं। कश्मीर घाटी का प्रसिद्ध पाम्पूर करेवा (Karewa) केसर (Saffron), बादाम तथा अख़रोट की खेती के लिए प्रसिद्ध है। यहाँ केसर की खेती करने वाले किसानों का जीवन स्तर तुलनात्मक रूप से बेहतर है।

भू-विविधता और भू-पर्यटन (Geodiversity and Geotourism)

विविधता की सम्पन्नता जैवीय और जलीय संसाधनों के विकास पर निश्चित होती है। भू-विविधता को भूगर्भिक तत्वों जैसे- शैल खनिज, जीवाश्म, मृदा की किस्मों के पृथ्वी पर उद्भव के रूप में परिभाषित की जाती है। देश की भू-विविधता विभिन्न तरह के भू-स्थानों के लिए उत्तरदायी है। भारत के भूगर्भिक सर्वेक्षण विभाग ने भारत उपमहाद्वीप के कुछ क्षेत्रों की सूची तैयार की है जो राष्ट्रीय भूगर्भिक स्मारक चिन्हों में हैं। ये स्मारक चिन्ह भूतकाल की संरचना, पर्वत निर्माण क्रम, प्राचीन पर्यावरण, वनस्पति और जीव जन्तुओं के विदेशी संकलनों के अवलोकन में महत्वपूर्ण भूमिका अदा करते हैं। भू-संरक्षण, स्थानों की पहचान और परीक्षण है एवं पृथ्वी की संरचनाओं के प्रक्रमों को जानने में सहायता करता है।

भू-पर्यटन को पर्यटन की तरह परिभाषित किया जाता है जो स्थानों के भौगोलिक चरित्र जैसे- पर्यावरण, प्राकृतिक विरासत, सौंदर्य, संस्कृति और इसके निवासियों की कुशलता को जीवित रखता है। भारत एक ऐसा देश है जहाँ विविध भौतिक गुण, सम्पन्न सांस्कृतिक विरासत और प्राचीन इतिहास की घटनाएं समृद्ध और सर्वव्याप्त हैं। अत: पर्यटन महत्वपूर्ण जरिया है जो भारत की विरासत को विश्व में प्रक्षेपित करता है।

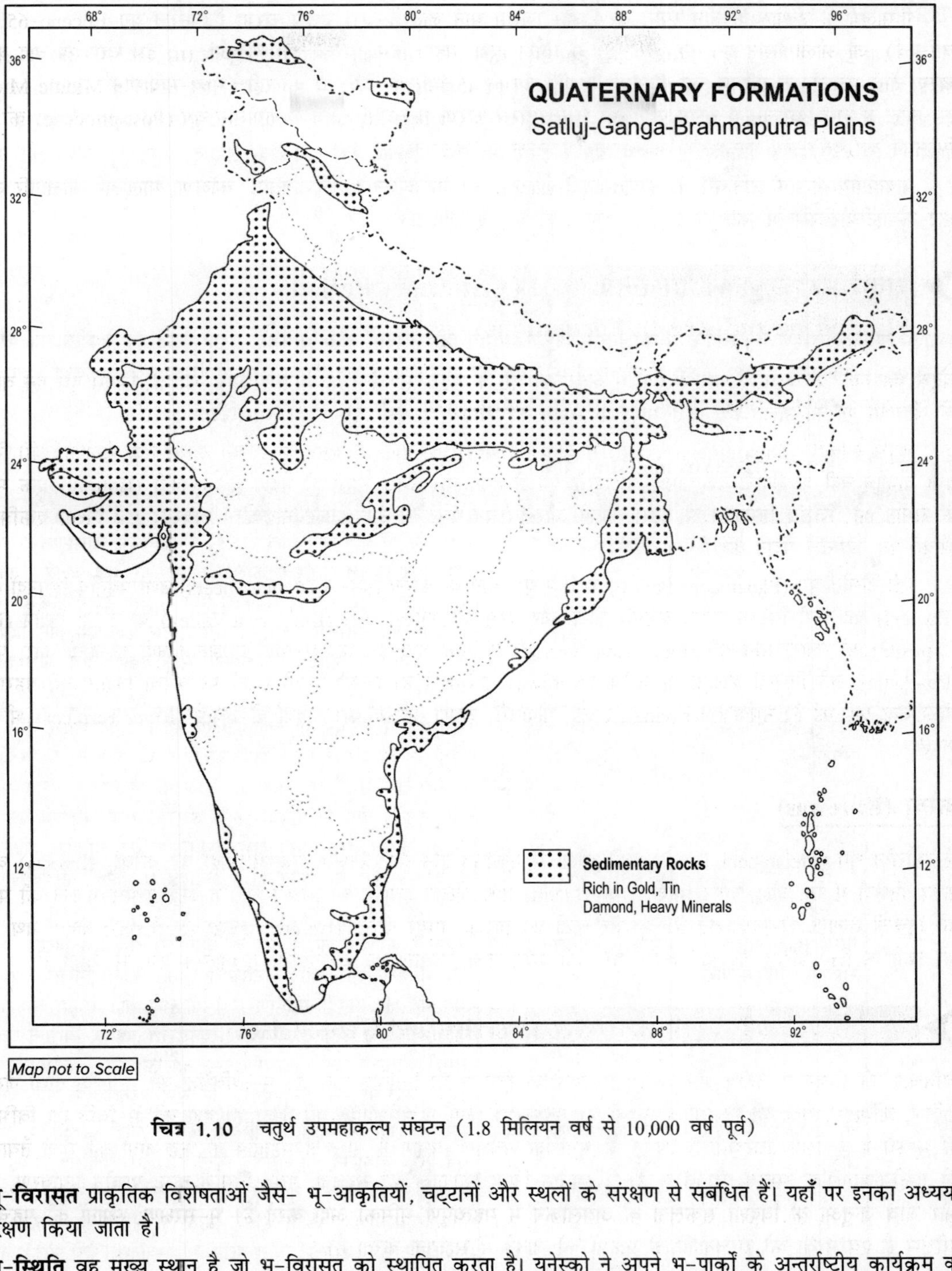

चित्र 1.10 चतुर्थ उपमहाकल्प संघटन (1.8 मिलियन वर्ष से 10,000 वर्ष पूर्व)

भू-विरासत प्राकृतिक विशेषताओं जैसे- भू-आकृतियों, चट्टानों और स्थलों के संरक्षण से संबंधित हैं। यहाँ पर इनका अध्ययन एवं संरक्षण किया जाता है।

भू-स्थिति वह मुख्य स्थान है जो भू-विरासत को स्थापित करता है। यूनेस्को ने अपने भू-पार्कों के अन्तर्राष्ट्रीय कार्यक्रम को वर्णित करते हुए कहा है कि यह एक प्रदेश है जो एक या अधिक वैज्ञानिक महत्व के भू-पार्क से घिरा है। एक भू-पार्क पुरातत्व पारिस्थितिकी और संस्कृतिक मूल्य के महत्व का होता है। कुछ प्राकृतिक भू-स्थिति निम्नलिखित हैं-

प्राकृतिक झरने और हिमनद झीलें

आर.डी. ओल्डहम ने अपने पिता टी. आर. डी ओल्डम (1882) के काम को प्रकाशित किया जिसमें भारत में 300 थर्मल स्प्रिंग्स अथवा उष्ण झरनों की सूची मिलती है। बिजली और सिंचाई मंत्रालय ने 1963 में उष्ण झरनों की क्षमता के व्यावसायिक उपयोग का अध्ययन और पता लगाने के लिए "हॉट स्प्रिंग्स" पर एक समिति का गठन किया था। भारत के सात भौगोलिक प्रांतों में लगभग 340 हॉट स्प्रिंग्स वितरित हैं। जम्मू और कश्मीर के उत्तर पश्चिमी हिमालय क्षेत्र, लद्दाख, हिमाचल प्रदेश और उत्तराखंड में 300 से अधिक गर्म झरने हैं। वे ज्यादातर नदी घाटियों के साथ वाली 30–50 कि.मी. चौड़ी उष्णपट्टियों के साथ केंद्रित हैं। नागा-लुसाई और पश्चिमी तट भी प्रांत गर्म झरनों की एक शृंखला प्रकट करते हैं।

जीवाश्म पार्क (Fossil Parks)

जीवाश्म पार्क महत्वपूर्ण हैं, क्योंकि ये कालनुसार जीवन उद्गम की सूचनाएँ और विविधता प्रदान करते हैं। ये जीवाश्मों के संरक्षण में सहायता प्रदान करते हैं और जनता में जीवाश्मों के मूल्य की जानकारी फैलाते हैं। भारतीय भूगर्भिक सर्वेक्षण विभाग द्वारा संरक्षित क्षेत्रों में चट्टानों, खनिजों, जीवाश्मों और उल्काओं को संरक्षित किया जाता है।

जीवाश्म और स्ट्रोमेटो लाईट (Stromatolite) पार्क

क्रमांक	जीवाश्म पार्क	स्थान	विशेषताएँ
1.	अकाल काष्ठ जीवाश्म पार्क	जैसलमेर, राजस्थान	इस पार्क में पाए जाने वाले लकड़ी के जीवाश्म लगभग 180 मिलियन वर्ष पहले निचले जुरासिक काल की गर्म और आर्द्र जलवायु को दर्शाते हैं। यह क्षेत्र 21 हेक्टेयर में फैला हुआ है और इसमें लकड़ी के लॉग (पेट्रोफिलम, पाइलोफिलम, इक्विसेटाइटिस प्रजातियां और द्विबीजपत्री लकड़ी और गैस्ट्रोपोड) के जीवाश्म यादृच्छिक क्षैतिज अभिविन्यास में पड़े हैं।
2.	राष्ट्रीय जीवाश्म पार्क, घुघुआ	डिंडोरी, मध्य प्रदेश	इस पार्क में लगभग 65 मिलियन वर्ष पूर्व लेट क्रेटेशियस काल के 18 पौधों के परिवारों की 31 पीढ़ी के पौधों के जीवाश्म हैं। ये जीवाश्म लकड़ी वाले पौधों और बेलों के हैं जिनमें बहुतायत में डाइकोटाइलडॉन और ताड़ के पेड़ हैं। पत्तियों, फूलों और बीजों के जीवाश्म युक्त चट्टानें भी हैं। कवच धारण करने वाले जानवरों के कुछ जीवाश्म भी पाए गए हैं जो इस बात का संकेत देते हैं कि यह क्षेत्र आर्द्र और बहुत अधिक वर्षा वाला था।
3.	कराई Badlands संरचना जीवाश्म पार्क	पेरंबलूर, तमिलनाडु	कराई - कुलक्कलनाट्टम खंड के बैडलैंड्स अथवा अनुपजाऊ मिट्टी के क्षेत्र में मध्य और नवीन क्रेटेशियस (100 से 60 मिलियन वर्ष पहले जब यह क्षेत्र समुद्री संक्रमण से घिरा हुआ था) समुद्री अकशेरूकीय जीवों का एक उत्कृष्ट जीवाश्म रिकॉर्ड है। यहाँपर विभिन्न प्रकार के समुद्री जीवाश्म जैसे- अम्मोनाइट्स, नॉटिलॉइड्स , बेलेमनाइट्स, वर्म ट्यूब्स, पेलेसिपोड्स, गैस्ट्रोपोड्स और सीप बहुतायत में पाए जाते हैं।
4.	मंडला पादप जीवाश्म पार्क	धनगांव, मंडला, मध्य प्रदेश	इस पार्क को 10 पौधों के परिवारों की 15 पीढ़ी के 40-65 मिलियन वर्ष पुराने जीवाश्मों को संरक्षित करने के लिए विकसित किया जा रहा है। यहाँ पर मेडागास्कर, गार्सिनिया , स्टेरकुलिया (चेस्ट नट्स), सोनारटिया, मेडागास्कर पॉलीआल्थिया, हेनिया (महोगनी), ड्रायपेट्स, आर्टोकार्पस के हाइफेनोकार्पोन (हथेली) के जीवाश्म हैं। कम्युनिस (रोटी फल), नीलगिरी और अन्य के जीवाश्म भी हैं।

क्रमांक	जीवाश्म पार्क	स्थान	विशेषताएँ
5.	समुद्री गोंडवाना जीवाश्म पार्क	मनेन्द्रगढ़, जिला कोरिया, छत्तीसगढ़	यहाँ पर हसदेव नदी और हाशिया नाले के दाहिने किनारे पर तालचिर संरचना (280-240 मिलियन वर्ष पुरानी) की जीवाश्म समुद्री पर्मियन चट्टानें हैं। इन चट्टानों में समुद्री जीवों का प्रतिनिधित्व करने वाले ब्रायोजोअन्स, क्रिनोइड्स और फॉर्मिनिफर्स के अलावा पेलेसीपोड्स/लैमेलीब्रांच जैसे ईरीडेस्मा और एविकुलोपेक्टन भी हैं।
6.	राष्ट्रीय जीवाश्म काष्ठ पार्क, सथानुर	जिला पेरम्बलुर, तमिलनाडु	इस पार्क में अपर क्रेटेशियस काल का 120 मिलियन वर्ष पुराना पत्थर बनचू का पेड़ कातना) पेट्रीफाइड ट्री ट्रंक, शंकुधारी) है। सथानूर के 10 किलोमीटर की परिधि के भीतर स्थित सभी स्थानों में भी इसी तरह के जीवाश्म पेड़ के तने पाए गए हैं। ये पेड़ गैर-फूल वाले थे और भूमि वनस्पति पर हावी और प्रमुखता से फैले हुए, थे। इन जीवाश्मों को इस क्षेत्र में क्रिटेशियस काल के दौरान समुद्र की उपस्थिति का प्रमाण माना जाता है।
7.	राष्ट्रीय जीवाश्म काष्ठ पार्क, तिरुवक्करै	जिला विल्लुपुरम, तमिलनाडु	कुड्डालोर बलुवा पत्थरों में निहित विभिन्न आकारों के मियो-प्लियोसीन युग (लगभग 20 मिलियन पुराने) के पेड़ों के 200 जीवाश्म हैं। यह 1 km^2. के क्षेत्र में फैला हुआ है। वैज्ञानिकों का मानना है कि ये पेड़ उस जगह पर नहीं उगते थे बल्कि पत्थर होने से पहले वहां ले जाया जाता था।
8.	पादप जीवाश्म पार्क	मंडरो, जिला साहिबगंज, झारखंड	यहाँ पर ऊपरी गोंडवाना अनुक्रम के राजमहल संरचना के इंटरट्रैपियन बेड हैं जिनमें कई पौधों के जीवाश्म हैं।
9.	शिवालिक जीवाश्म पार्क	सुकेती, जिला, सिरमौर, हिमाचल प्रदेश	इस पार्क का निर्माण जीवाश्म हड्डियों के विनाश को रोकने के लिए किया गया था। इसमें कशेरुकियों के जीवन आकार के मॉडल हैं जो लगभग 1.5 से 2.5 मिलियन वर्ष पहले प्लियो-प्लीस्टोसिन युग में शिवालिक पहाड़ियों में निवास करते थे। यह क्षेत्र सिरमौर जिले की मारकंडा घाटी में लगभग 1.5 वर्ग कि.मी. के क्षेत्र को कवर करता है। यह एशिया का सबसे बड़ा जीवाश्म पार्क है।
10.	स्ट्रोमेटोलाइट पार्क	भोजुंडा, चित्तौड़गढ़, राजस्थान	चित्तौड़गढ़-उदयपुर राज्य राजमार्ग के दोनों ओर आठ एकड़ के क्षेत्र में फैला हुआ है। लगभग 800 साल पहले यह जगह समुद्र हुआ करती थी। यहां पाए जाने वाले भौतिक अवशेषों को स्ट्रोमेटोलाइट्स कहा जाता है, जिन्हें पृथ्वी पर जीवन के शुरुआती रूपों में से एक के रूप में जाना जाता है। स्ट्रोमेटोलाइट्स नीले हरे शैवाल द्वारा उत्पादित कार्बोनेट चट्टानों के स्ट्रैटिफॉर्म, कॉलमर और नोडुलर संरचनाएं हैं । उनका गठन उथले पानी में होता है जहां ज्वार तैरती तलछटी सामग्री लाते हैं और इसे कार्बोनेट कणों के माध्यम से प्रवाहित करते हैं।
11.	स्ट्रोमेटोलाइट पार्क	झामरी कोटरा, उदयपुर, राजस्थान	यह स्थान पृथ्वी पर प्रारंभिक जीवन के साक्ष्य को संरक्षण और सुरक्षा प्रदान करता है क्योंकि इसमें फॉस्फोराइट का सबसे बड़ा और सबसे समृद्ध भंडार है। ये साक्ष्य चट्टानों के प्रीकैम्ब्रियन अरावली सुपर-ग्रुप के भीतर रॉक फॉस्फेट में 15 कि.मी. की लंबाई में फैले हुए हैं। रॉक फॉस्फेट डोलोमाइट चूना पत्थर में होता है जो स्ट्रोमेटोलाइट्स से जुड़ा होता है जो नीले भूरे रंग के होते हैं।
12.	स्ट्रोमेटोलाइट पार्क	मामली नामची, जिला दक्षिण सिक्किम, सिक्किम	बक्सा संरचनाएं और अन्य चट्टानों के डोलोमिटिक चूना पत्थर स्ट्रोमेटोलिटिक (शैवाल) संरचनाओं को संरक्षित करते हैं। यह पार्क लगभग 1000 मिलियन वर्ष पुराने कोनोफाइटन की कॉलोनी का प्रतिनिधित्व करते हैं और सिक्किम हिमालय में पृथ्वी पर प्रारंभिक जीवन के दुर्लभ उदाहरण हैं।

तालिका 1.1 भारतीय सर्वेक्षण की भूगर्भिक विरासत स्थल/राष्ट्रीय भूगर्भिक इमारतों का राज्यवार विवरण

राज्य	भूगर्भिक विरासत स्थल/राष्ट्रीय भूगर्भिक इमारतें
आन्ध्र प्रदेश	वेराइट की ज्वालामुखी परतें, मनगमपेटा, कुडप्पा जिला एपीचियन असंगति, चितूर जिला राष्ट्रीय भूगर्भिक, मेहराव, तिरूमाला पहाड़ियाँ, चितूर जिला ऐरो माही डिब्बालू स्थायी तटीय लाल अवसाद विशाखापटनम्, भिमुनीपटनम्
केरल	लेटराइट अगंदिपुरम, मालापुरम जिले के पास वरकला भृगु सेक्सन, तिरूवन्तपुरम जिला
तमिलनाडु	काष्ठ जीवाश्य तिरूवक्काराय, दक्षिण अर्काट जिले के पास राष्ट्रीय काष्ठ जीवाश्म पार्क, सल्तानपुर, तिरूचिरापल्ली जिला चारनोकाइट, सेंट थोमस पर्वत, मद्रास कराई संरचना की निष्फल भूमि क्रेटेशियरस जीवाश्मों के साथ, कराई परामलोर जिला
गुजरात	अवसादी संरचना भंवर चिन्ह कदम बांध पचंमहल जिला
राजस्थान	सन्ड्रा ग्रेनाइट, पाली जिला स्टोमेटोलाइट पार्क, भोजुन्डा, चितौड़गढ़ जिला स्ट्रोमेटोलाइट पार्क, झारखण्ड, उदयपुर जिला अकल काष्ट जीवाश्म पार्क, जैसलमेर जिला किशनगढ़ नेफेलाइन स्पेनाइट, अजमेर जिला वेल्डेड टफ्फी, जोधपुर जिला मलानी आग्नेय सूट सम्पर्क, जोधपुर जिला सतूर का विशाल सीमा तरार, बूंदी जिला
महाराष्ट्र	लोनार झील, भुल्डाना जिला
छत्तीसगढ़	निन्न परनियन सागरीय धरातल, मनेन्द्रगढ़ सरगुजा जिला
कर्नाटक	गांठदार लावा सेन्ट मेरी द्वीप, उदुपी जिला प्रायद्वीपीय नीस, लालबाग, बगंलौर पिराकलस्टिकस और लाणात किये, कोलार स्वर्ण फील्ड कौलार
हिमाचल प्रदेश	शिवालिक पार्क, सकेती, सिरमुर
ओडिशा	लौह अयस्क के लावा तकिया नोमीरा, क्योंझर जिला
झारखण्ड	पौधा जीवाश्म राजमहल प्रकम के इण्डर-ट्रपीयन स्तर
नगालैण्ड	नगापहाड़ी, ओकिलाइट स्थल, पुन्ग्रों के पास
सिक्किम	डोलोमाइट संबंधित स्ट्रोमैटालाइट/ बक्सा बाचूना पत्थर संरचना मामले निकट नाम्ची, दक्षिणी जिला

स्रोत: खनन मंत्रालय, भारत सारकार 2016

संदर्भ सूची (References)

- Ahluwalia, A. D., "Indian Geoheritage, Geodiversity: Geosites and Geoparks." *Current Science*, Vol. 91, No. 10 (2006).
- Geological Survey of India, Geothermal Atlas of India, GSI Publication No. 19 (2001).
- Ahmad, E., ''Geomorphic Regions of Peninsular India." Journal of Ranchi University, Vol. I, No. 1 (1962): 1–29.

- Burrard, S. G., *A Sketch of the Geology and Geography of the Himalaya Mountains and Tibet*. 2nd ed. New Delhi: Government of India, 1933.
- Chatterji, S. P., "Gneissisic Topography of the Ranchi Plateau." *Geographical Review,* Kolkata, No. 1 (1940): 45–48.
- Chugh, R. S., and Bhattacharji, J. C., *Study of Isostasy in the Himalayan Region, Himalayan Geology*. New Delhi: Wadia Institute of Himalayan Geology, 1974, Vol. IV: 453–464.
- Dey, A. K., *Geology of India*. New Delhi: National Book Trust, 1968.
- Gansser, A., *Geology of Himalayas*. London: John Wiley & Sons, 1964.
- Holmes, A., *Physical Geology*. India: Nelson, 1965.
- Jhingran, A. G., *Geology of the Himalayas*. Oxford University Press, 1981 .
- Krishnan, M. S., *Geology of India and Burma*. 6th ed. New Delhi: CBS Publishers, 1982.
- Mathur, S. M., *Physical Geology of India*. New Delhi: National Book Trust of India, 1978.
- Mukerji, A. B., ''Alluvial Morphology of the Upper Ganga Yamuna Doab." *Deccan Geographer*, Vol. 2, No. 2 (1964): 100–126.
- Nag, P., and Sengupta, S., *Geography of India*. New Delhi: Concept Publishing Co., 1990.
- Raza, M., and Ahmad, A., *General Geography of India*. New Delhi: NCERT, 1978.
- Singh, R. L., *India—A Regional Geography*. Varanasi: The National Geographical Society of India, 1971.
- Singh, S., *Geomorphology*. Allahabad: Prayag Pustak Bhawan, 1998.
- Spate, O. H. K., and Learmonth, A. T. A., *India and Pakistan—A General and Regional Geography*. London: Methuen & Co. Ltd., 1967.
- Wadia, D. N., *Geology of India*. New Delhi: Tata McGraw-Hill Publishing Co., 1975.
- J. S. Lall (ed.). Geology of the Himalaya. 1981. "The Himalaya-Aspects of change." New Delhi, India International Centre: Oxford Univ. Press, pp. 77–98.

भू-आकृति (Physiography)

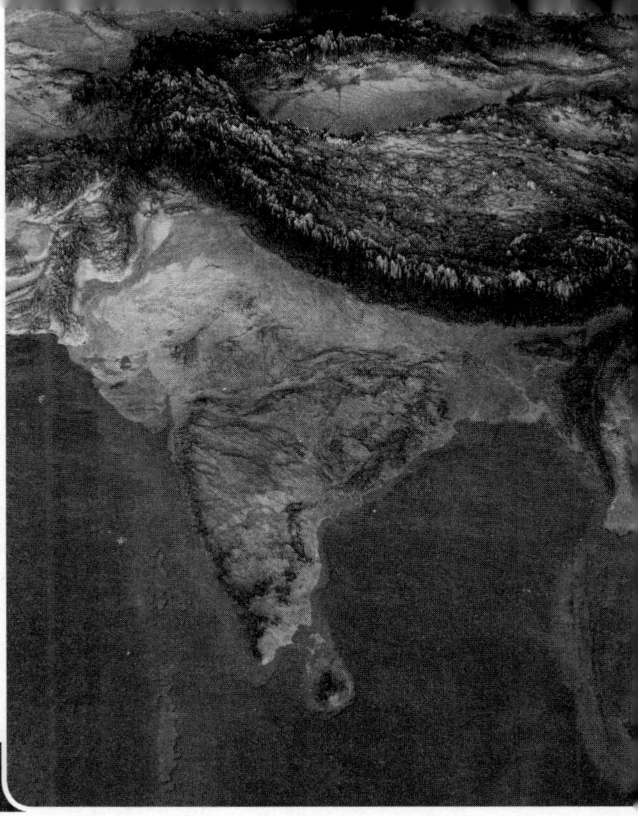

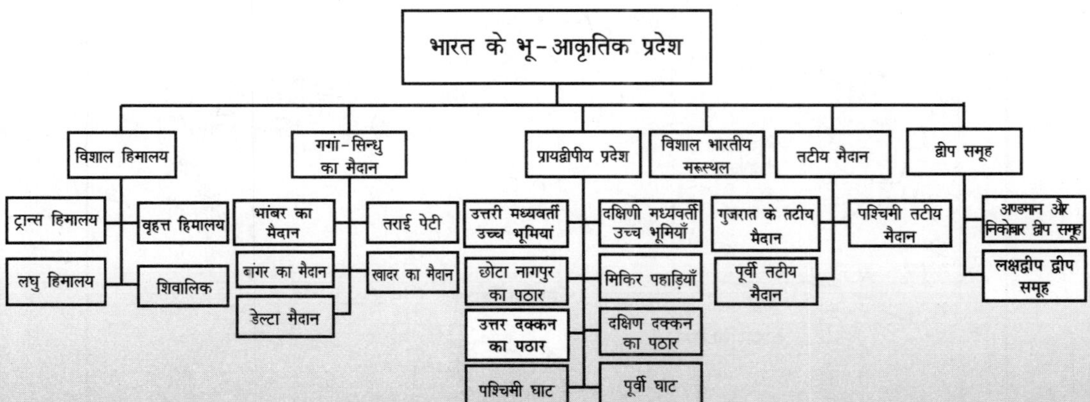

परिचय (Introduction)

भूआकृति विज्ञान पृथ्वी की सतह की विशेषताओं और भू-आकृतियों के अध्ययन से संबंधित है। विवर्तनिक इतिहास, शैल स्तरीकरण और भूआकृति के आधार पर भारत को निम्नलिखित छह भौगोलिक भागों में विभाजित किया जा सकता है ***(चित्र 2.1)***:

1. हिमालय क्षेत्र The Himalayan Region
2. भारत के महान मैदान The Great Plains of India
3. भारतीय रेगिस्तान The Indian Desert
4. उच्च प्रायद्वीपीय क्षेत्र The Elevated Peninsular Region
5. तटीय मैदान The Coastal Plains
6. द्वीप समूह The Islands

हिमालय (The Himalaya)

हिमालय के अंतर्गत चार स्थल विवर्तनिक (Lithotectonic) पर्वत श्रेणियां सम्मिलित हैं, यथा (i) ट्रांस हिमालय अथवा टेथिस हिमालय (The Trans-Himalaya or the Tethys Himalaya), (ii) दीर्घ हिमालय (The Great Himalaya); (iii) लघु हिमालय (The Lesser Himalaya) तथा (iv) शिवालिक अथवा बाह्य हिमालय (The Shiwalik or Outer Himalaya)। भारतीय हिमालय पाकिस्तान की पूर्वी सीमा से लेकर म्यांमार (Myanmar) की सीमा तक लगभग 2500 कि.मी. की लम्बाई में फैला हुआ है। इसकी चौड़ाई पश्चिमी भाग में लगभग 500 कि.मी., तथा पूर्व में लगभग 320 कि.मी. है। हिमालय पर्वत, गंगा-ब्रह्मपुत्र मैदान के उत्तर में स्थित है। हिमालय पर्वत एवं उत्तरी भारत के मैदान को हिमालय फ्रंट फाल्ट (Himalaya Front Fault-HFF) एक-दूसरे से अलग करता है। भारतीय हिमालय प्रदेश के अंतर्गत जम्मू-कश्मीर, हिमाचल प्रदेश, उत्तराखण्ड, सिक्किम तथा अरुणाचल प्रदेश सम्मिलित हैं। इनके अतिरिक्त हिमालय पर्वत नेपाल तथा भूटान देशों में भी फैला हुआ है। अरुणाचल प्रदेश से इसकी एक भुजा उत्तर से दक्षिण की ओर नगालैंड, मणिपुर और मिजोरम से होते हुये भारत-म्यांमार की सीमा बनाती है।

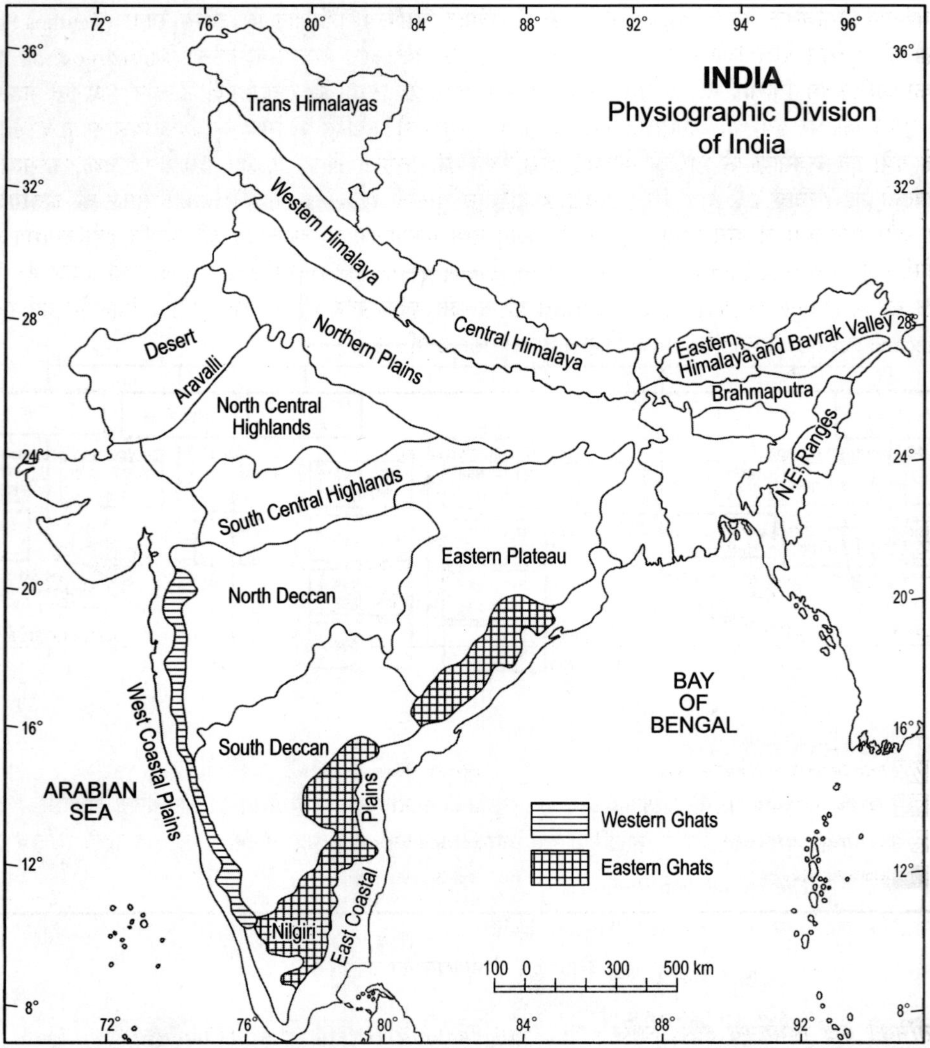

चित्र 2.1 भू-आकृतिक प्रदेश

हिमालय पर्वत की उत्पत्ति (Origin of the Himalaya)

हिमालय की उत्पत्ति भूगर्भशास्त्रों एवं भू-आकृति विज्ञान के विशेषज्ञों में विवाद का विषय रहा है। हिमालय पर्वत एक जटिल पर्वत तन्त्र (Complex Mountain System) है। इस पर्वत में प्री-केम्ब्रियन युग (Pre Cambrain Period) से लेकर इयोसीन युग (Eocene Period) तक की चट्टानें पाई जाती हैं। इसमें अधिकतर परतदार एवं परिवर्तित चट्टानें पाई जाती हैं। इन चट्टानों में वलन (Folds) एवं भ्रंशों (Faults) की भरमार है। हिमालय पर्वत की उत्पत्ति के सम्बन्ध में प्रमुख सिद्धान्त निम्न प्रकार हैं:

हिमालय उत्पत्ति का भू-सन्नति का सिद्धान्त (Geosynclinal Theory of the Himalayas Origin)

हिमालय उत्पत्ति के भू-सन्नति सिद्धान्त के मुख्य समर्थक प्रोफेसर अरगांड (Argand), कोबर (Kobar) एवं सुवेस (Suvess) माने जाते हैं। इन भूगर्भशास्त्रियों के अनुसार, अबसे लगभग 20 करोड़ वर्ष पूर्व, पेंजिया (Pangaea) का विखण्डन आरम्भ हुआ, जिसके फलस्वरूप टेथिस सागर (Tethys Sea) की भी उत्पत्ति हुई। इस (नये) टैथिज सागर के उत्तर में लॉरेशिया शील्ड (Laurasia Shield) अथवा अंगारालैंड (Angaraland) तथा दक्षिण में गोंडवानालैंड (Gondwanaland) का निर्माण हुआ। आज से लगभग 18 करोड़ वर्ष पूर्व मैसोजोइक कल्प (Mesozoic Era) में वर्तमान हिमालय के स्थान पर टेथिस सागर (Teythes Sea) विद्यमान था। विशेषज्ञों के अुनसार पैलियोजोइक कल्प (Polazoic Era) के अंत और मैसोजोइक कल्प (Mesozoic Era) के आरम्भ में इस सागर का अधिकतम विस्तार था जो पश्चिम में अंधमहासागर एवं यूरोप से लेकर पूर्व में चीन (प्रशान्त महासागर) तक, लगभग पूरी पृथ्वी को घेरे हुये था। अंगारालैंड एवं गोंडवाना भू-भाग से अपर्दित अवसाद बहकर टेथिस सागर (Tethys Sea) में एकत्रित होते गये। इन अवसादों के भार के कारण टेथिस सागर की तलहटी नीचे की ओर धंसती गई तथा अवसादों एवं निक्षेपों की मोटाई बढ़ती गई ***(चित्र 2.2 एवं चित्र 2.3)***। क्रिटेशियस युग के (Createceous Period) सागर के अवसादों में उत्थान आरम्भ हुआ और एक क्रम से दीर्घ हिमालय, लघु हिमालय तथा शिवालिक पर्वतमालाओं की उत्पत्ति हुई। लगभग 65 मिलियन वर्ष पूर्व इयोसीन युग (Eocene Period), में दीर्घ हिमालय (Greater Himalaya) का उत्थान हुआ। इसी प्रकार 45 मिलियन वर्ष पूर्व मायोसीन युग में (Miocene Period) लघु हिमालय की उत्पत्ति हुई, उसके पश्चात लगभग 1.4 मिलियन वर्ष पूर्व प्लायोसीन युग में (Pliocene Period) शिवालिक अथवा बाह्य हिमालय की उत्पत्ति हुई।

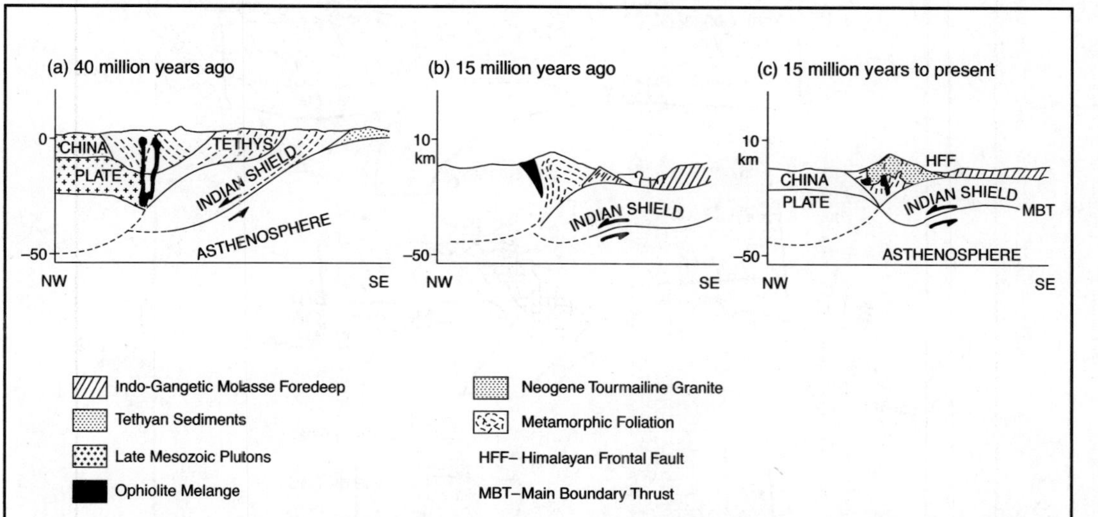

चित्र 2.2 हिमालय का उद्‌भव

प्लेट विवर्तनिकी एवं हिमालय की उत्पत्ति (The Plate Tectonic Origin of the Himalaya)

प्लेट विवर्तनिकी (Plate Tectonic) का सिद्धान्त 1967 में प्रिंस्टन यूनिवर्सिटी (Princton University) के प्रो. डब्लू. जे. मॉर्गन (W. J. Morgan) ने प्रस्तुत किया था। इस सिद्धांत का आधार एच. एच. हैस (H. H. Hess) द्वारा प्रस्तुत समुद्र तल विस्तारण

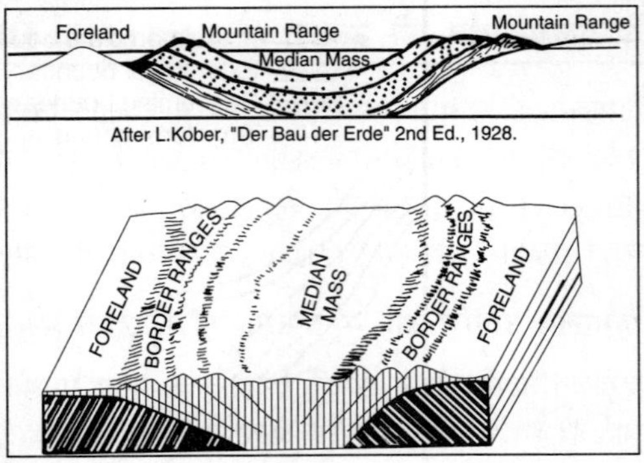

चित्र 2.3 हिमालय का निर्माण

(Sea-Floor Spreading) की अवधारणा पर आधारित है। इस सिद्धान्त के अनुसार लगभग 65 मिलियन वर्ष पूर्व आज के हिमालय के स्थान पर एक विस्तृत टेथिस सागर (Tethys Sea) फैला हुआ था। टेथिस सागर वास्तव में एक भारी भू-सन्नति (Geosyncline) के रूप में फैला हुआ था ***(चित्र 2.4)***। इस प्रक्रिया द्वारा टेथिस भू-संन्नति (Tethys Geosyncline) में पार्श्विक संपीड़न (Lateral Compression) आरम्भ हुआ। संपीड़न के फलस्वरूप टेथिस सागर (Tethys Sea) में निक्षेपित अवसादों में संकुचन एवं वलन (Folds) की प्रक्रिया आरम्भ हुई, जिससे अन्ततः हिमालय की तीन समान्तर श्रेणियों का उद्भव हुआ। विशेषज्ञों के अनुसार अभितरण (Convergence) की प्रक्रिया के कारण हिमालय प्रदेश में लगभग 500 कि.मी. के भू-पटल में सिकुड़न (Crustal Shortening) आदि की उत्पत्ति हुई, जिसकी भरपाई हिन्द महासागर प्रदेश में समुद्री कटकों (Oceanic Ridges) के विस्तार के रूप में हुई। वास्तव में भारतीय प्लेट (Indian Plate) आज भी उत्तर दिशा की ओर संचालित हो रही है, फलस्वरूप हिमालय पर्वत के शिखरों का उत्थान आज भी हो रहा है ***(चित्र 2.5 एवं 2.6)***।

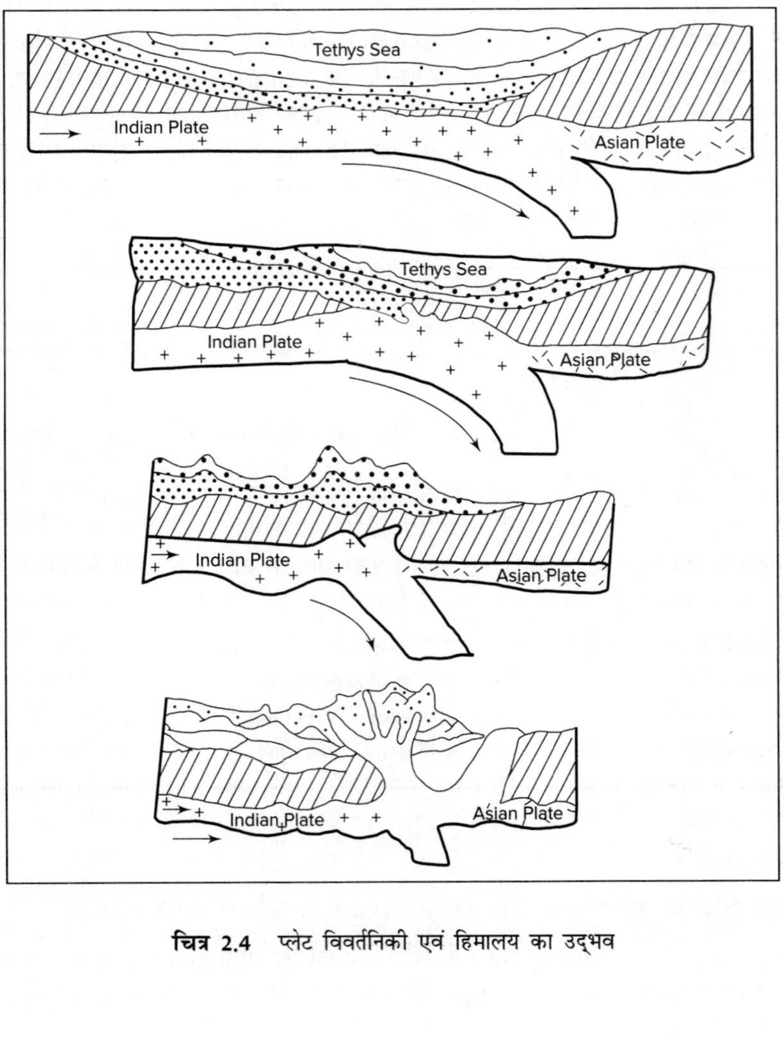

चित्र 2.4 प्लेट विवर्तनिकी एवं हिमालय का उद्भव

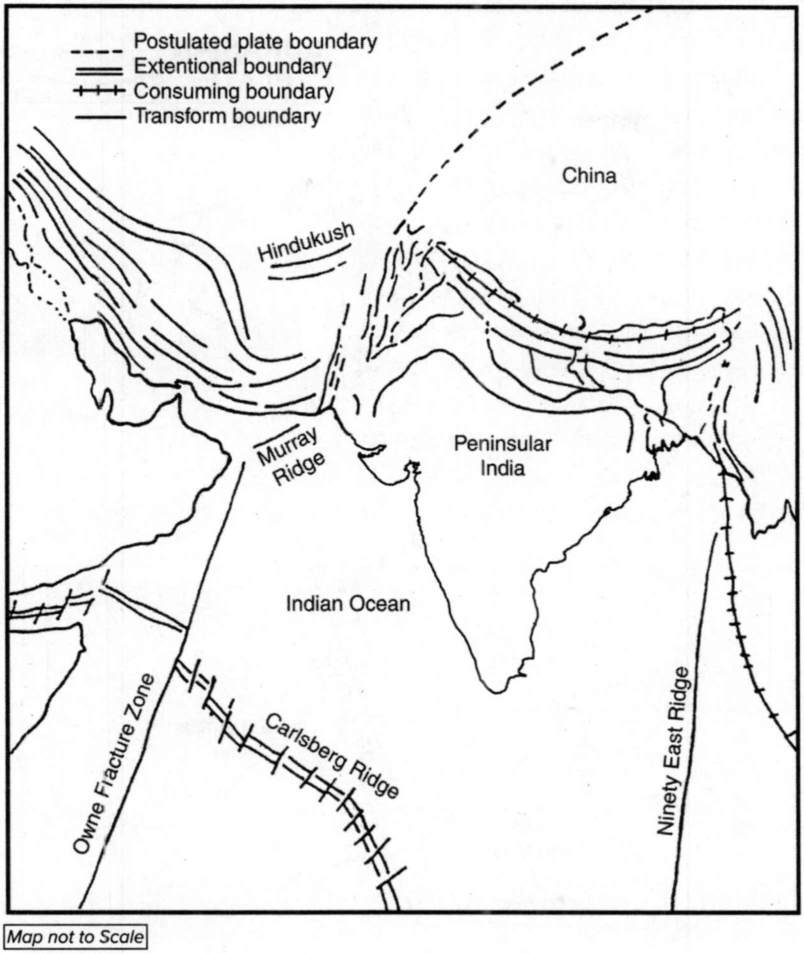

चित्र 2.5 भारतीय प्लेट का उत्तरवर्ती प्रवाह

जैसा कि ऊपर वर्णन किया जा चुका है, अब से लगभग 65 मिलियन वर्ष पूर्व भारतीय एवं एशियाई प्लेटें एक–दूसरे के निकट आने से एक संघात (Collision) उत्पन्न हुआ, जिससे हिमालय का उत्थान आरम्भ हुआ। उत्थान का पहला प्रमुख चरण, अब से लगभग 65 मिलियन वर्ष (6.5 करोड़ वर्ष) पूर्व आरम्भ हुआ था। इस उत्थान के चरण में ग्रेनाइट (Granite) ऊपर की ओर उठा। ऐसा विचार किया जाता है कि हिमालय उत्थान के पहले चरण के आरम्भ में लद्दाख एवं जास्कर पर्वतों (Zaskar Mt) की उत्पत्ति हुई। दीर्घ हिमालय पार (Trans-Himalaya) के लद्दाख और जास्कर पर्वतों की उत्पत्ति भी टेथिस सागर के अवसादों के उत्थान से ही हुई है। हिमालय पर्वतोत्पत्ति के प्रमुख दौर में (Main Himalayan Orogeny) टेथिस में एकत्रित निक्षेपों एवं अवसादों के ऊपर उठने के कारण हुआ था। भारतीय अधिक्षेपण से टेथिस सागर की तलहटी नीचे की ओर धँसती गई (Underthrusting) और भारतीय प्लेट (Indian Plate) के उत्तर की ओर खिसकने से दीर्घ हिमालय (Greater Himalay) का उत्थान हुआ। इस प्रक्रिया में तिब्बत के पठार की विशेष भूमिका रही। दृढ़ तिब्बत पिण्ड (Tibetan Massif) की उपस्थिति से टेथिस सागर के निक्षेपों का भारी उत्थान होने में सहायता मिली। इस प्रक्रिया में अल्ट्राबेसिक चट्टानों (Ultrabasic Rocks), जिन्हें ओफियोलाइटस (Ophiolites) कहते हैं, का भी हिमालय पर्वत में उत्थान हुआ। अल्ट्राबेसिक चट्टानों (Ultrabasic-Ophilites Rocks) को लद्दाख और जास्कर पर्वतमालाओं में देखा जा सकता है। दीर्घ हिमालय के उत्थान से हिमालय एवं जास्कर और लद्दाख श्रेणियों में एक सीवन (Suture) बन गई जिसको सिंधु सीवन (Indus Suture) के नाम से जाना जाता है।

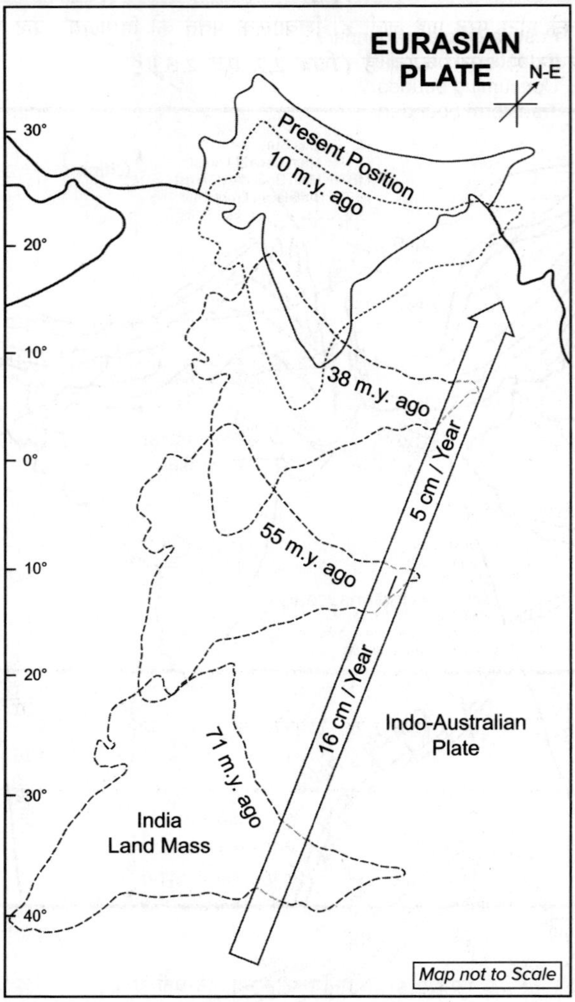

चित्र 2.6 भारतीय उप-महाद्वीप का उत्तरवर्ती प्रवाह

हिमालय पर्वत का दूसरा प्रमुख उत्थान आज से लगभग 45 मिलियन (साढ़े चार करोड़) वर्ष पूर्व हुआ, जिसके फलस्वरूप लघु हिमालय (Lesser Himalaya) का उत्थान हुआ। इसी युग में तीव्र तथा मन्द ढलान वाली शृंखलायें उत्पन्न हुईं जिनमें पीर-पंजाल (Pir-Panjal), धौलाधार (Dhauladhar), करोल (Karol) एवं महाभारत श्रेणियां (Mahabharat Ranges) उल्लेखनीय हैं। दीर्घ हिमालय (Greater Himalaya) तथा लघु हिमालय (Lesser Himalaya), को मेन सेण्ट्रल थ्रस्ट/भ्रंश (Main Central Thrust) अलग करता है। लघु हिमालय के पर्वत-स्कंधों (Spurs) की उत्पत्ति से बहुत-से पर्वतों से घिरे हुये बेसिनों (Basins) की उत्पत्ति हुई। ऐसे बेसिनों (Basins) में कश्मीर घाटी, करोल-बेसिन (Karol-Basins) दून-वैली (Dun-Valley), तथा नेपाल की काठमांडू घाटी प्रमुख हैं। इसी दौरान निर्मित अग्रगर्त (Foredeep) में निक्षेप और अवसाद निरन्तर एकत्रित होते गये। इन्हीं निक्षेपों से शिवालिक अथवा बाह्य हिमालय (Outer Himalayas) का निर्माण हुआ। शिवालिक पर्वत का उत्थान मायोसीन (Miocene) तथा प्लीस्टोसीन (Pleistocene) काल के मध्य में हुआ था, जिसकी अवधि 1.4 मिलियन (14 लाख वर्ष) वर्ष पूर्व मानी जाती है। लघु हिमालय तथा शिवालिक को मेन बाऊंड्री थ्रस्ट भ्रंश (Main Boundary Thrust) एक-दूसरे से अलग करता है। शिवालिक पर्वत में पर्तदार चट्टानों की मोटाई लगभग 5000 मीटर अर्थात 5 किलोमीटर तक पाई गई है। शिवालिक पर्वत में बोल्डर (Boulder) एवं

कांग्लोमेरेट (Conglomerates) की मोटी परतें पाई जाती हैं। शिवालिक पर्वत को हिमालयन फ्रंट फाल्ट अर्थात भ्रंश (Himalayan Front Fault) उत्तरी भारत के मैदान से अलग करता है ***(चित्र 2.7 एवं 2.8)***।

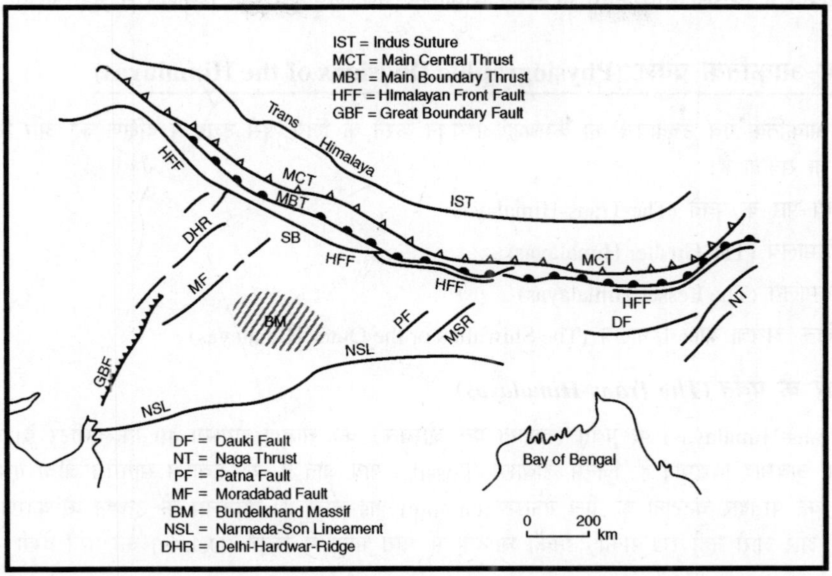

चित्र 2.7 हिमालय के प्रमुख भ्रंश

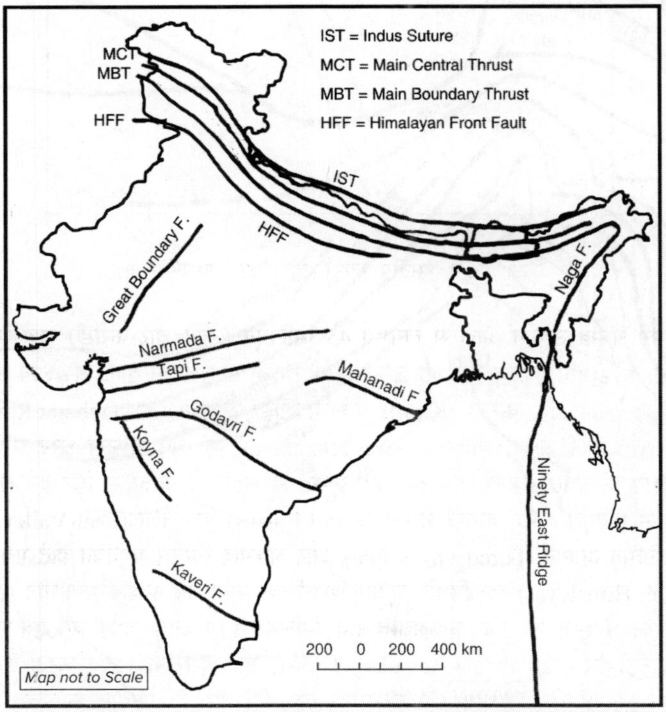

चित्र 2.8 हिमालय के प्रमुख भ्रंश

शिवालिक पर्वतमाला में सामान्य वलन (Normal Folds) पाये जाते हैं। शिवालिक के सामान्य वलन फ्रांस एवं स्विट्जरलैंड की सीमा पर स्थिति जूरा पर्वत सामान्य (Mt. Jura) के समान हैं। वर्तमान समय में हिमालय फ्रंट फाल्ट (Himalayan Front Fault) काफी सक्रिय है जिससे उत्तरी भारत के मैदान शिवालिक तथा लघु एवं दीर्घ हिमालय में भूकम्पों की बारंबारता बढ़ी है।

हिमालय के भू-आकृतिक प्रदेश (Physiographic Divisions of the Himalayas)

हिमालय की भू-आकृतिक एवं उच्चावच का क्रमबद्ध अध्ययन करने के लिये, इसे उत्तर से दक्षिण की ओर निम्न चार प्रदेशों में विभाजित किया जा सकता है:

1. हिमालय-पार के पर्वत (The Trans-Himalayas)
2. दीर्घ हिमालय (The Greater Himalayas)
3. लघु हिमालय (The Lesser Himalayas)
4. शिवालिक अथवा बाह्य हिमालय (The Shiwaliks or the Outer Himalayas)

1. हिमालय पार के पर्वत (The Trans-Himalayas)

हिमालय पार (Trans-Himalayas) के पर्वत (लद्दाख एवं जास्कर) की चौड़ाई लगभग 40 किलोमीटर है। इनमें टेथिस सागर (Tethys Sea) के अवसाद विद्यमान हैं, जिनमें जीवाश्म (Fossils) पाये जाते हैं। ये जीवाश्म सागरीय जीवों एवं सागरीय वनस्पति के हैं। इन पर्वतों की परतदार चट्टानों के नीचे ग्रेनाइट (Granite) पाई जाती है। हिमालय के उत्थान के कारण जो नदियाँ अपना प्रवाह दक्षिण की ओर जारी नहीं रख सकीं, उनकी घाटियों में भारी मात्रा में मलबे (Debris) की परतें देखी जा सकती हैं।

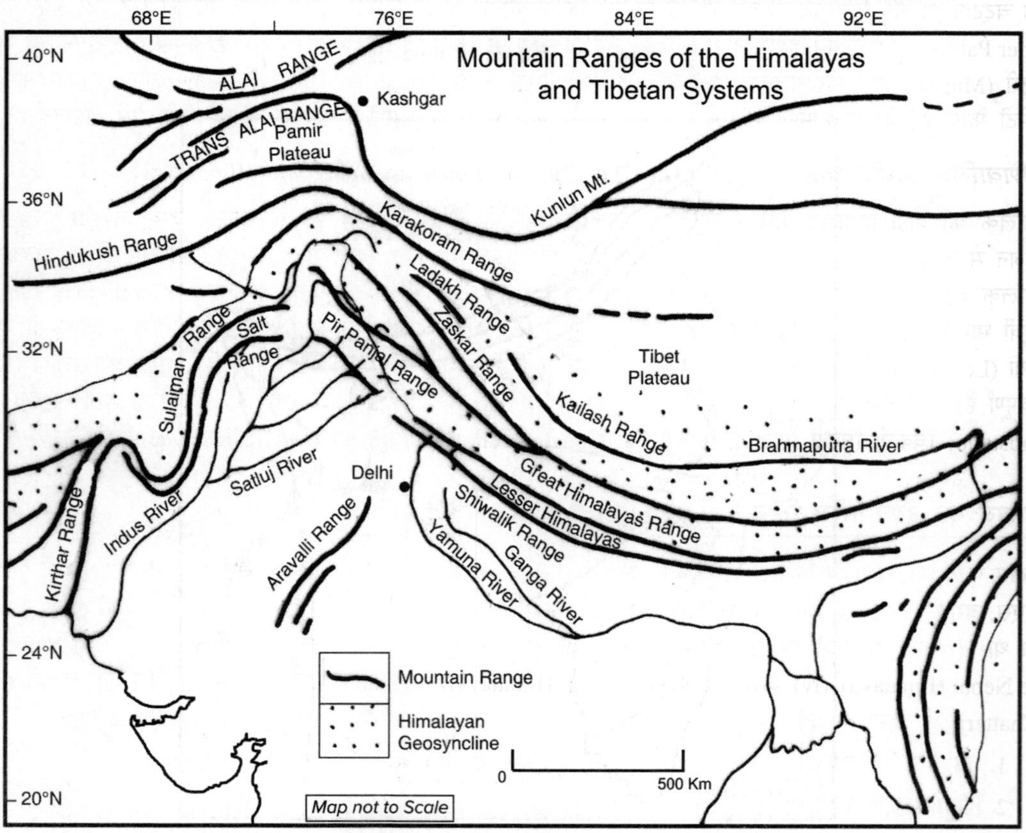

चित्र 2.9 हिमालय के भू-आकृतिक प्रदेश

2. दीर्घ हिमालय (The Greater Himalayas)

दीर्घ हिमालय (The Greater Himalayas) का विस्तार लघु हिमालय के उत्तर में एक दीवार की भांति आकस्मिक उत्थान के समान है। दीर्घ हिमालय तथा लघु हिमालय के बीच मुख्य सेण्ट्रल थ्रस्ट (Main Certral Thrust) स्थित है, जो एक को दूसरे से अलग करता है।

दीर्घ हिमालय की चौड़ाई लगभग 25 किलोमीटर और औसत ऊँचाई लगभग 6100 मीटर (D. N. Wadia) विश्व के दस सबसे ऊँचे शिखर दीर्घ हिमालय अथवा काराकोरम पर्वत में स्थित हैं जो इस प्रकार हैं मांऊट एवरेस्ट, कंचनजंगा, नागा पर्वत, गेशेरबरूम (Gasherbrum) मकालू, चो-ओया (Cho-oya) धौलगिरि, अन्नपूर्णा, कामठ, बद्रीनाथ, नन्दादेवी, नमचा ब्रवा (Namch-Barwa), त्रिशूल इत्यादि। दीर्घ हिमालय की चट्टानों में आग्नेय तथा परिवर्तित चट्टानें प्रमुख हैं, जिनमें ग्रेनाईट, शिस्ट (Schists) और नाइस (Geneiss) की अधिकता है। दीर्घ हिमालय के आधार तल में आर्कियन चट्टानें पाई जाती हैं। कई स्थानों पर भारी थ्रस्ट (Thrust) के कारण पुरानी चट्टानें नई चट्टानों के ऊपर पाई जाती हैं। दीर्घ हिमालय लगभग एक संलग्न श्रेणी (Contiguous Range) के रूप में है। इस श्रेणी में दर्रे (Passes) बहुत कम हैं। केवल पूर्ववर्ती नदियों (Antecedent Rivers) की घाटियों में ही कुछ दर्रे हैं जो भारत को तिब्बत से जोड़ते हैं। लघु हिमालय तथा शिवालिक पर्वतों की तुलना में दीर्घ हिमालय में वर्षा कम होती है। परन्तु इसमें भौतिक अपक्षय तुलनात्मक रूप से अधिक है। लघु हिमालय की तुलना में दीर्घ हिमालय में अपरदन (Erosion) कम होता है। अधिक ऊँचाई के कारण दीर्घ हिमालय में वनों का क्षेत्रफल भी कम है।

3. लघु हिमालय (Lesser Himalayas)

लघु हिमालय की चौड़ाई लगभग 80 किलोमीटर है तथा औसत ऊँचाई 1300 से 1500 मीटर के बीच है। लघु हिमालय में साधारणत: जीवाश्मरहित परतदार अथवा परिवर्तित चट्टानें पाई जाती हैं। स्लेट, चूना-पत्थर और क्वार्ट्जाइट (Quartzites) इसकी प्रमुख चट्टानें हैं। लघु हिमालय के दक्षिणी सीमांत पर आटोकथोनस (Autochthonous) चट्टानें पाई जाती हैं, जो अपर पैलोज़ोइक (Upper Palazoic) से लेकर इयोसीन (Eocene) की चट्टानों से बनी हैं। इनमें कहीं-कहीं ज्वालामुखीय चट्टानें भी पाई जाती हैं। मुरी (Murree) तथा पीर-पंजाल (Peer-Panjal) कम मध्य के क्षेत्र में आटोकथोनस (Autochthonous) प्रकार की चट्टानों की पेटी फैली हुई है। भारी मात्रा में वनों की कटाई और नगरीकरण के कारण इस प्रदेश में बड़े पैमाने पर अपरदन हो रहा है।

4. शिवालिक अथवा बाह्य हिमालय (The Shiwaliks or outer Himalayas/Sub-Himalayas)

शिवालिक को बाह्य हिमालय अथवा उपहिमालय के नाम से भी जाना जाता है। यह संघशासित जम्मू-कश्मीर राज्य के जम्मू डिविजन से लेकर असम तक फैला हुआ है। शिवालिक की चौड़ाई पूर्व में 8 किलोमीटर से लेकर पश्चिम में 45 किलोमीटर है। शिवालिक के मध्य भाग में ऊँचाई सागर स्तर से 900 से 1500 मीटर तक है। यह एक सतत् श्रेणी (Continuous Range) नहीं है। पूर्वी भाग की तुलना में इसकी चौड़ाई पश्चिमी भाग में अधिक है। शिवालिक एवं लघु हिमालय के मध्य में बहुत-सी देशान्तरीय घाटियां (Longitudinal Valleys) हैं। इस प्रकार की घाटियों में देहरादून, पोटली, कोठरी, काठमांडू, चुम्बी और क्यार्दा (Kyarda) महत्वपूर्ण हैं। शिवालिक पर्वत में अपर टर्शियरी (Upper Tertiory) युग की चट्टानें पाई जाती हैं। इन चट्टानों में बलुआ-पत्थर (Sandstone) चिकनी मिट्टी (Clay), कांग्लोमेरेट (Conglometate) तथा चूने का पत्थर (Limestone) प्रमुख हैं।

हिमालय का देशान्तरीय विभाजन (Longitudinal Divisions of the Himalayas)

हिमालय पर्वत का विभाजन त्रिभिन्न भू-आकृति विद्वानों (Geomorphologists) के द्वारा भिन्न-भिन्न प्रकार से किया गया है। सर जी. एस. बर्राड (Sir G. S. Burrard) ने हिमालय पर्वत को देशान्तरीय (Longitudinal) आधार पर निम्न चार भागों में विभाजित किया था- (i) पश्चिमी हिमालय (The Western Himalaya) (ii) कुमाऊं हिमालय (Kumau Himalaya), (iii) नेपाल हिमालय (The Nepal Himalaya) (iv) असम हिमालय (Assam Himalaya)। कोलकाता यूनिवर्सिटी के प्रो. एस. पी. चटर्जी (Prof. S. P. Chatterji) ने हिमालय पर्वत को निम्न देशान्तरी प्रदेशों में विभाजित किया है [*चित्र 2.9, 2.10 एवं 2.11*]:

1. कश्मीर हिमालय (The Kashmir-Himalaya)
2. हिमाचल हिमालय (The Himachal-Himalaya)

3. कुमाऊं हिमालय (The Kumau-Himalaya)
4. मध्य हिमालय (The Central-Himalaya)
5. पूर्वी हिमालय (The Eastern-Himalaya)

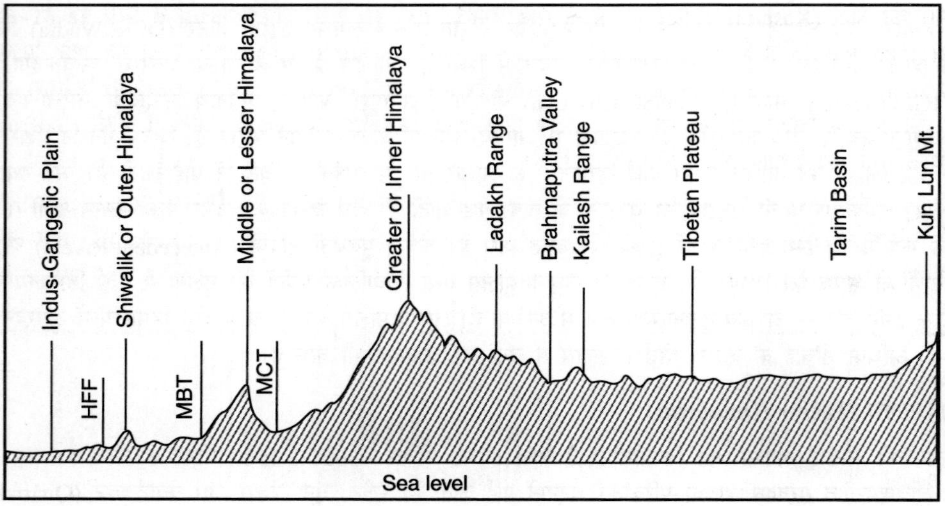

चित्र 2.10 हिमालय संकुल

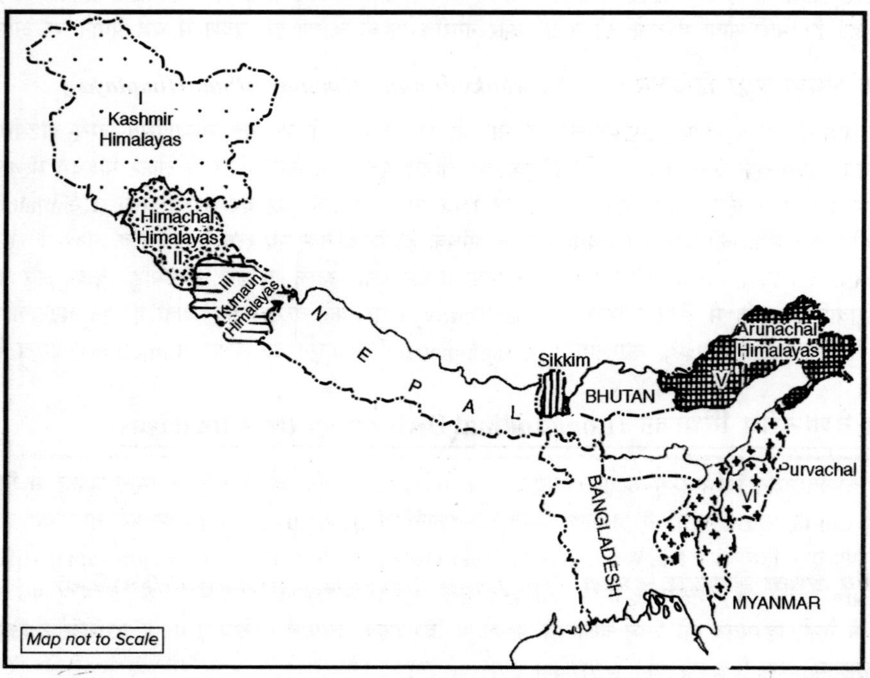

चित्र 2.11 हिमालय-अनुदैर्ध्य विभाजन

1. *कश्मीर हिमालय (The Kashmir Himalaya)*

संघशासित जम्मू-कश्मीर राज्य के लगभग 3.5 लाख वर्ग किलोमीटर क्षेत्र पर कश्मीर हिमालय फैला हुआ है। कश्मीर हिमालय का लद्दाख प्रदेश एक शीत मरुस्थल (Cold Desert) है। लद्दाख प्रदेश में विश्व की सबसे ऊँची ग्रामीण बस्तियाँ आबाद हैं। कुछ बस्तियाँ 3600-4600 मीटर की ऊँचाई पर स्थित हैं। गिलगिट महाखड्ड (Gilgit Gorge) सागर स्तर से 5200 मीटर की ऊँचाई पर है। कश्मीर की घाटी (Kashmir Velley) उत्तर में दीर्घ हिमालय तथा दक्षिण में लघु हिमालय से घिरी हुई है। कश्मीर घाटी सागर स्तर से 1585 मीटर ऊँची है, जिसका क्षेत्रफल 4920 वर्ग किलोमीटर है। संरचना के आधार पर यह एक देशान्तरीय घाटी है (D. N. Wadia)। कश्मीर घाटी की एक विशेषता यहाँ के करेवाज़ (सरोवरीय निक्षेप) (Karewas) हैं। करेवाज़ (Karewas) में रेत, बालू, मिट्टी तथा चिकनी मिट्टी आदि का मिश्रण पाया जाता है। करेवा (Karewa) मिट्टी में केसर (Saffron), बादाम, अखरोट, खुबानी तथा सेब इत्यादि की उत्तम खेती होती है।

पीर-पंजाल, बानिहाल (जवाहर सुरंग), ज़ोजि-ला (Zoji-La), बुर्जील (Burzil), खरडूंग-ला (Khardung-La), पेंज़ी-ला (Pensi- La), ससिर-ला (Saser-La), लानक-ला (Lanak-La), जारा-ला (Jara-La), टस्का-ला, (Taska-La) छांग-ला (Chang-La), उमासी-ला (Umasi-La) तथा कारा-ताग-ला (Qara-Tagh-La) कश्मीर हिमालय के प्रमुख दर्रे हैं ***(चित्र 2.12)***।

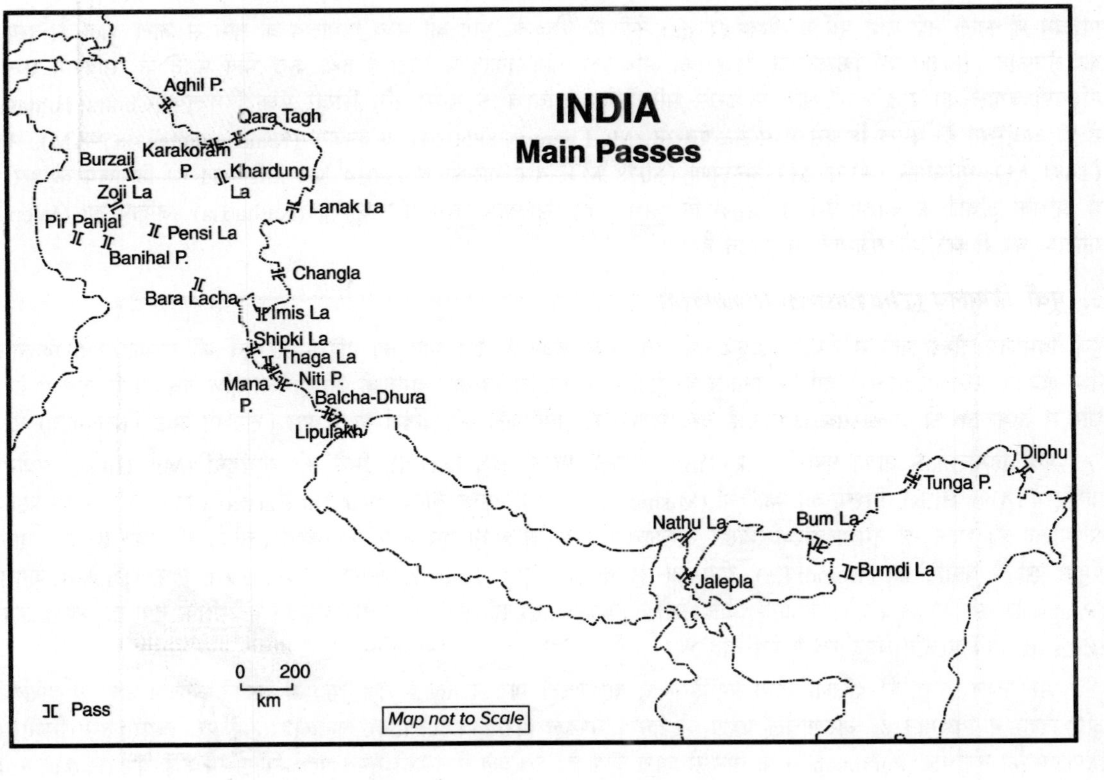

चित्र 2.12 हिमालय के प्रमुख दर्रे

2. *लघु हिमालय अथवा हिमाचल हिमालय (The Lesser Himalaya or Himachal Himalaya)*

हिमाचल प्रदेश में फैले, हिमालय को लघु हिमालय भी कहते हैं। इसका क्षेत्रफल लगभग 4500 वर्ग किलोमीटर है। हिमाचल प्रदेश में दीर्घ हिमालय, लघु हिमालय तथा शिवालिक (बाह्य हिमालय) तीनों स्पष्ट रूप से देखे जा सकते हैं। हिमाचल प्रदेश में हिमालय के दक्षिणी ढलान, वनों (Forests) से ढके हुये हैं। रोहतांग (Rohtang), बारा-लाचा (Bara-Lacha), एवं शिकीला (Shiki La) दर्रा, हिमाचल प्रदेश को तिब्बत (चीन) से जोड़ते हैं। हिमाचल प्रदेश की सुन्दर तथा उत्पादकता वाली घाटियों में

कांगड़ा, कुल्लू-मनाली, लाहुल और स्पिति उल्लेखनीय हैं। यह घाटियाँ अपने प्राकृतिक सौंदर्य के अतिरिक्त फूलोद्यानों के लिये काफी प्रसिद्ध हैं। शिमला, डलहौजी, धर्मशाला, चम्बा, कुल्लू-मनाली जैसे पर्यटन केन्द्र हिमाचल-हिमालय में स्थित हैं।

3. कुमायूँ हिमालय (The Kumaun Himalaya)

कुमाऊँ हिमालय पश्चिम सतलज एवं पूर्व में काली नदी के बीच अवस्थित है जिसकी लम्बाई लगभग 320 किलोमीटर और क्षेत्रफल लगभग 38000 वर्ग किलामीटर है। नन्दादेवी (7817 m) इसकी सबसे ऊँची चोटी है। अन्य शिखरों में कामठ (7756 m), त्रिशूल (7140 m), बद्रीनाथ (7138 m), दूजागिरि (7066 m), केदारनाथ (6940 m), जावनली (शिवलिंग-6638 m), गंगोत्री (6615 m) और बन्दरपूंछ (6320 m) हैं। कुमाऊं हिमालय के प्रमुख हिमनदों (Glaciers) में गंगोत्री ग्लेशियर, मिलम ग्लेशियर और पिंडारा ग्लेशियर हैं। इसके प्रसिद्ध पर्यटन केन्द्रों में मसूरी, नैनीताल, रानीखेत, अल्मोड़ा और बागेश्वर हैं। बद्रीनाथ, केदारनाथ, हरिद्वार एवं सिख धर्म के मानने वालों के लिये हेमकुंड साहिब जैसे पवित्र तीर्थ स्थल भी कुमाऊं हिमालय में स्थित हैं। थांगला मुलिंगला, माना पास, टुन-जुन ला, शालसल-पास, बालचा धुरा, कुंगरिनबिंगरी दर्रा, लिमपिया धुरा तथा मांगशा धुरा, कुमाऊं को तिब्बत (चीन) से जोड़ते हैं।

4. मध्य हिमालय (Central Himalaya)

पश्चिम में काली नदी तथा पूर्व में तीस्ता (Tista) नदी के बीच के भाग को मध्य हिमालय के नाम से जाना जाता है। इस भाग का क्षेत्रफल 116800 वर्ग किलोमीटर है। इसका अधिकतर भाग नेपाल में आता है तथा कुछ भाग भारत के सिक्किम राज्य में। पश्चिमी बंगाल का कुछ उत्तरी भाग भी इसमें सम्मिलित है। विश्व के सबसे ऊँचे शिखर मध्य हिमालय (Central Himalaya) में ही अवस्थित हैं। प्रमुख शिखरों में मांऊट ऐवरेस्ट (Mt. Everest - 8850 M), कंचनजंगा (Kanchanjunga - 8598 M), मकालू (8481 M), धौलागिरि (8172 M) अन्नपूर्णा (8078 M), तथा गोसाईंनाथ (8014 M) सम्मिलित हैं। हिमालय के इस भाग में अधिक ऊँचाई के कारण दर्रों (Passes) का अभाव है। सिक्किम राज्य में नाथू-ला (Nathu La), जेलिप-ला (Jelep La) गंगटोक को तिब्बत की राजधानी से जोड़ते हैं।

5. पूर्वी हिमालय (The Eastern Himalaya)

पूर्वी हिमालय तीस्ता नदी से लेकर ब्रह्मपुत्र नदी तक फैला हुआ है। इस भाग की पश्चिम से पूर्व की लम्बाई 720 किलोमीटर तथा क्षेत्रफल लगभग 67500 वर्ग किलोमीटर है। पूर्वी हिमालय का विस्तार भारत के अरुणाचल प्रदेश तथा भूटान देश में है। इस भाग में हिमालय का आकस्मिक उत्थान है तथा शिवालिक पर्वतमाला की चौड़ाई बहुत कम (लगभग आठ किलोमीटर) है।

पूर्वी हिमालय में अका पहाड़ी (Aka Hill), दाफला पहाड़ी (Dafla Hill), मिरी की पहाड़ियाँ (Miri Hills), अबोर की पहाड़ियाँ (Abor Hills), मिश्मी की पहाड़ियाँ (Mishmi Hills) तथा नमचा-बारवा (Namcha Barwa) (7756 M) मुख्य पहाड़ियाँ सम्मिलित हैं। ध्यान रहे नमचा बारवा शिखर अरुणाचल प्रदेश के सीमा पार उत्तर में तिब्बत (चीन) में स्थित है। इस भाग के प्रमुख दर्रों में बोमडि-ला (Bomdi La), बोम-ला (Bom La), टुंगा (Tunga), योंगगाप (Yonggap), दिफू (Diphu), पांगसाओ (Pangsau), सी-ला (Tse La), दिहांग-देबांग (Dihang-Debang) सम्मिलित हैं। पूर्वी हिमालय में अधिक वर्षा के कारण अपरदन (Erosion) की प्रक्रिया बहुत सबल एवं तीव्र है।

अरुणाचल प्रदेश की दक्षिणी सीमा पर हिमालय दक्षिणवर्ती मोड़ दर्शाता है तथा यहाँ से इसकी श्रेणियां उत्तर से दक्षिण की ओर दिशा में विद्यमान हैं। अरुणाचल प्रदेश के तिराप मण्डल (Tirap Division), नागालैंड, मणिपुर, त्रिपुरा तथा मिज़ोरम में हिमालय को पूर्वांचल (Purvanchal) के नाम से जाना जाता है। पूर्वांचल में इसकी मुख्य पहाड़ियों में पटकाई-बुम (Patkai-Bum), नगालैंड की पहाड़ियाँ, मणिपुर की पहाड़ियाँ तथा मिजोरम की ब्लू माऊंटेन (Blue Mountain) इत्यादि सम्मिलित हैं। नगालैंड एवं मिजोरम की सीमा पर अराकानयोमा पर्वतमाला (Arakanyoma Range) फैली हुई है। अराकानयोमा पर्वतमाला घने जंगलों से ढकी हुई है। ये पहाड़ियाँ दिफु (Diphu), हुंगान (Houngan), चौकान (Chaukan), पांगसौ (Pangsau), और लिखापानी (Likhapani) दर्रों के द्वारा उत्तरी म्यांमार से जुड़ी हुई हैं। दक्षिण में स्थित एक दर्रे के द्वारा इम्फाल नगर (मणिपुर) म्यांमार के माण्डले नगर से जुड़ा हुआ है। पूर्वांचल हिमालय की पश्चिमी सीमा पर मेघालय का पठार स्थित है। म्यांमार की पर्वतमालाएं दक्षिण की ओर विस्तृत होती हुई अण्डमान एवं निकोबार द्वीप समूह तथा इण्डोनेशियाई द्वीप समूह तक फैली हैं।

हिमालय सिंटैक्सियल बैंड (The Syntaxial Bends of the Himalaya)

हिमालय पर्वत का सामान्य विस्तार पश्चिम से पूर्व की दिशा में है, परन्तु अपनी पश्चिमी एवं पूवी सीमाओं पर इसमें आकस्मिक रूप से तीव्र दक्षिणवर्ती मोड़ (Bends) पाये जाते हैं। हिमालय के इन्हीं तीव्र मोड़ों (Bends) को सिटैक्सियल बैंड (Syntaxial Bends) कहते हैं। पश्चिम में इस प्रकार का अति तीव्र मोड़ (Bend) नंगा-पर्वत (Nanga Parbat) के पास है। नंगा पर्वत के पास सिंधु नदी ने एक अति गहरे महाखड्ड (Deep Gorge) का निर्माण किया है। इस क्षेत्र को भू-गर्भिक संरचना एक तीव्र मोड़ (Hairpin Bend) का स्वरूप लेती है, जैसे किसी रुकावट के कारण यह मोड़ उत्पन्न हुआ हो। इस प्रकार ब्रह्मपुत्र के पूर्व में, अरुणाचल प्रदेश में इसी प्रकार का अति तीव्र मोड़ पाया जाता है। इन स्थानों पर विवर्तनिक दबाब (Tectonic strike) के कारण पश्चिमी तथा पूर्वी छोरों पर अति-तीव्र मोड़ उत्पन्न हुये हैं। ***(चित्र 2.13)***

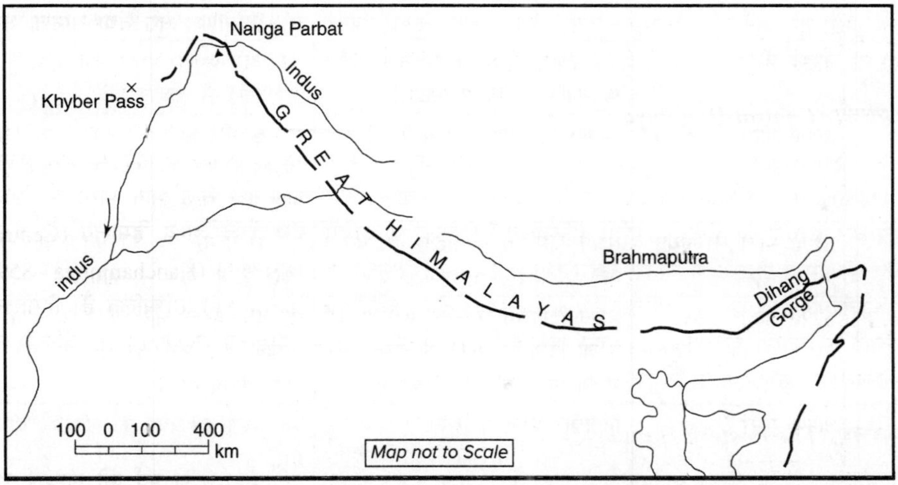

चित्र 2.13 हिमालय का गांठ-विन्यास

हिमालय पर्वत के प्रमुख दर्रे (Main Mountain Passes of the Himalaya)

पर्वतीय दर्रा पर्वत श्रेणियों या कटक के ऊपर का मार्ग होता है। दर्रा व्यापार, युद्ध या प्रवसन में महत्त्वपूर्ण भूमिका निभाता है।

चित्र 2.14 जो जिला दर्रा (कश्मीर)

Source: The Tribune; May 2019

तालिका 2.1 प्रमुख पर्वतीय दर्रे

दर्रे का नाम	समुद्र तल से ऊंचाई	अवस्थिति	महत्त्व
अघिल दर्रा	500 मीटर	कराकोरम में K^2 के उत्तर में स्थित है	यह चीन के झिंजियांग (सिंकियांग) प्रांत के साथ लद्दाख को जोड़ता है। यह नवंबर से मई के पहले सप्ताह तक सर्दियों के दौरान बंद रहता है।
बनिहाल दर्रा	283 मीटर	यह पीर पंजाल में NH1A अवस्थित है यह राष्ट्रीय राजमार्ग 44 पर बनाया है	यह श्रीनगर को जम्मू से मिलाता है और इसमें जवाहर सुरंग (2.85 कि.मी. लंबी) है। इस सुरंग का उद्घाटन दिसंबर 1956 में हुआ था।
बारा लांच दर्रा	4843 मीटर	हिमाचल प्रदेश	यह मनाली और लेह को जोड़ता है यह नवम्बर से मध्य मई तक बर्फ से ढका रहता है।
बोमडि ला दर्रा	4331 मीटर	अरुणाचल प्रदेश। यह महान हिमालय के भूटान के पूर्व में स्थित है।	यह अरुणाचल प्रदेश को ल्हासा (तिब्बत की राजधानी) से जोड़ता है।
बुर्जेल दर्रा	5000 मीटर से अधिक	श्रीनगर से कृष्णा गंगा घाटी को	यह कश्मीर घाटी को लद्दाख के देवसाई मैदान से जोड़ता है। यह शीतकाल में व्यापार और परिवहन के लिए बन्द रहता है।
चांग ला दर्रा	5270 मीटर से अधिक	महान हिमालय में लद्दाख से तिब्बत को	यहाँ से तांगसे नगर को सड़क जाती है। दर्रा में एक मंदिर है जो चांग ला बाबा को समर्पित है।
देवसा दर्रा	5270 मीटर	महान हिमालय में उच्च पर्वतीय दर्रा है जो हिमाचल प्रदेश के कुल्लू और स्पीति जिलों के बीच स्थित है	यह दर्रा कुल्लू और स्पीति के बीच पारंपरिक पिन पारबती दर्रा मार्ग का आसान और छोटा विकल्प प्रदान करता है।
दिहांग दर्रा	4000 मीटर	हिमाचल प्रदेश में स्थित	यह अरुणाचल प्रदेश को मांडले (म्यांमार) से जोड़ता है।
दिफू दर्रा		अरुणाचल प्रदेश के पूर्वी भाग में स्थित	यह अरुणाचल प्रदेश को मांडले (म्यांमार) से जोड़ता है। यह वर्ष पर्यन्त खुला रहता है।
इमिस ला दर्रा	4500 मीटर से अधिक	भारत के संघशासित लद्दाख क्षेत्र और चीन के तिब्बत में स्थित	यह लद्दाख को तिब्बत (चीन) से जोड़ता है। इस का कठिन भू-भाग और तीव्र ढलान है
खारडुंगला दर्रा	6000 मीटर से अधिक	संघशासित लद्दाख क्षेत्र में लेह के पास स्थित	यह लेह को सियाचिन हिमनद से जोड़ता है यह सर्वाधिक ऊंचा वाहन चलाने योग्य दर्रा है।
खुन्खेराब दर्रा	5000 मीटर से अधिक	लद्दाख में कराकोरम पर्वत	लद्दाख को चीन के सिकियांग प्रान्त से जोड़ता है। नवम्बर से मई तक हिमाच्छादित
लिखापानी दर्रा	4000 मीटर से अधिक	अरुणाचल प्रदेश	अरुणाचल प्रदेश को म्यांमार से जोड़ता है।
लिपू लेख दर्रा		पिथोरागढ़ जिला, उत्तराखण्ड	उत्तराखण्ड को तिब्बत (चीन) से जोड़ता है। मानसरोवर झील की यात्रा में सहायक है। चीन के साथ व्यापार के लिए भारत की महत्वपूर्ण सीमा चौकी।
माना दर्रा	5611 मीटर	महान हिमालय	उत्तराखण्ड को तिब्बत से जोड़ता है। सर्दियों के दौरान 6 महीने तक बर्फ से ढका रहता है।
मांगशा धुरा दर्रा	500 मीटर	उत्तराखंड का पिथौरागढ़ जिला	उत्तराखण्ड को तिब्बत से जोड़ता है। मानसरोवर की तीर्थ यात्रा में इस दर्रे को पार करना होता है। भूस्खलन मुख्य समस्या है।

दर्रे का नाम	समुद्र तल से ऊंचाई	अवस्थिति	महत्त्व
मुलिग दर्रा		गगंटोक के उत्तर में स्थित है	यह उत्तराखण्ड को तिब्बत से जोड़ता है।
नाथूला दर्रा	4310 मीटर	सिक्किम में भारत-चीन सीमा पर स्थित	यह प्राचीन सिल्क रोड का एक हिस्सा है। यह भारत और चीन के बीच तीन व्यापारिक सीमा चौकियों में से एक है। 1962 युद्ध के बाद 2006 में पुनः खोला गया।
नैति ला दर्रा	5068 मीटर	उत्तराखण्ड	यह उत्तराखण्ड को तिब्बत से जोड़ता है।
पानागन दर्रा	4000 मीटर से अधिक	अरुणाचल प्रदेश	यह अरुणाचल प्रदेश एवं मांडले (म्यांमार) को जोड़ता है।
पेन्सीला दर्रा	5000 मीटर से अधिक	महान हिमालय	यह कश्मीर घाटी को कारगिल (लद्दाख) से जोड़ता है।
पीर पन्जाल दर्रा	3494 मीटर	मुगल रोड	जम्मू और कश्मीर के बीच का यह पारंपरिक दर्रा आसान और सबसे छोटी पक्की सड़क द्वारा दोनों स्थानों को जोड़ता है लेकिन महाद्वीप के विभाजन के बाद इसे बंद कर दिया गया था।
करातांघ दर्रा	5540 मीटर	कराकोरम पर्वत में स्थित है।	तारिम बेसिन में लेह और यारकंद के बीच प्राचीन कारवां मार्ग पर सबसे ऊंचा दर्रा। यह ग्रेट सिल्क रोड का एक हिस्सा था।
रोहतांग दर्रा	3979 मीटर	पीर पंजाल रेंज के पूर्वी हिस्से, मनाली से 51 कि.मी.	यह हिमाचल प्रदेश कुल्लू लाहुल और स्पिती घाटी को जोड़ता है सड़क की पहुँच बहुत अच्छी है और सीमा सड़क संगठन (BRO) द्वारा बनाया गया था।
शेनकोट्टाह गेप दर्रा	4300 मीटर से अधिक	सतलज में अवस्थित	यह हिमाचल प्रदेश को तिब्बत से जोड़ता है। सतलज नदी भारत में इस दर्रे से प्रवेश करती है। यह भारत में चीन के साथ व्यापार का तीसरी सीमा स्थल है।
शिपकीला दर्रा	3930 मीटर	हिमाचल प्रदेश	यह हिमाचल प्रदेश को तिब्बत से (राष्ट्रीय राजमार्ग 5) भारत-चीन सीमा पर महत्त्वपूर्ण स्थल को जोड़ता है। सतलुज नदी इसी से बहती है।
थांग ला दर्रा	5359 मीटर	लद्दाख	खारडुंगला के बाद यह भारत का दूसरा सबसे ऊंचा वाहन चलने योग्य दर्रा है।
ट्रेल दर्रा	5212 मीटर	उत्तराखंड। उत्तराखंड के पिथौरागढ़ और बागेश्वर जिलों में पिंडारी ग्लेशियर के अंत में स्थित है	यह पिंडारी घाटी को मिलम घाटी से जोड़ता है अत्यन्त तीव्र ढाल और बीहड़ इलाके इस दर्रे से गुजरना कठिन बनाते हैं।
जोजी ला दर्रा	3528 मीटर	कश्मीर (श्रीनगर से 100 कि.मी. दूर)	यह श्रीनगर को कारगिल और लेह को जोड़ता है। यहाँ अत्याधिक हिमपात होता है। दिसम्बर से मध्य मई तक बन्द रहता है। सीमा मार्ग संगठन इस मार्ग के पथ प्रदर्शक हैं। हाल ही में इसे राष्ट्रीय राजमार्ग (NH10) घोषित किया गया है जोजिला दर्रे और एशिया का सबसे लम्बा द्विदिशा मार्ग बनाने के लिए 6809 करोड़ रुपया स्वीकृत किया है इसके द्वारा श्रीनगर और लेह का मार्ग 3.5 घण्टे समय के स्थान पर 15 मिनट में पूरा होता है।

हिमनद एवं हिम रेखा (Glaciers and Snowline)

हिमनद सघन बर्फ का समूह है जो अपने वजन से बहता है। हिमनद बर्फ के संचय से बनता है। इस का अपक्षण अनेकों वर्षों में होता है। यह पृथ्वी पर ताजे पानी का सबसे बड़ा जलाशय है (लगभग 75%)।

पर्वतों पर स्थाई हिम की निचली सीमा को 'हिम रेखा' (Snowline) कहते हैं। पूर्वी हिमालय और कुमाऊं हिमालय में लगभग 3500 मीटर की ऊंचाई पर बर्फबारी होती है और पश्चिमी हिमालय में 2500 मीटर पर बर्फबारी होती है। कंचनजंगा में 280 उत्तरी अक्षांश से काराकोरम में 360 उत्तरी अक्षांश तक में वृद्धि के लिए बर्फ के अंतर को जिम्मेदार ठहराया गया है। हिम रेखा पर अक्षांशों, उच्चावच, वर्षण की मात्रा एवं आर्द्रता का प्रभाव पड़ता है। इन्हीं कारणों से हिमालय पर्वत के विभिन्न भागों में हिम रेखा की ऊँचाई भिन्न-भिन्न है। काराकोरम श्रेणी को मिलाकर हिमालय का लगभग 40,000 वर्ग किलोमीटर क्षेत्र बर्फ से स्थाई रूप से ढका हुआ है। हिमालय पर्वत के पश्चिमी एवं पूर्वी मोड़ (Syntaxial Bends) के मध्य छोटे बड़े लगभग 15,000 हिमनद (Glaciers) पाये जाते हैं।

पूर्व की ओर अरुणाचल प्रदेश में हिमरेखा की ऊँचाई लगभग 4400 मीटर है, जबकि कश्मीर हिमालय में हिम रेखा की ऊँचाई 5200 मीटर से 5800 मीटर है। कुमाऊं (उत्तराखण्ड) में हिम रेखा 5100 मीटर से 5500 मीटर के मध्य पाई जाती है ***(तालिका 2.2)***। हिमालय के अनुवात पार्श्व (Leaward Sid) में आर्द्रता की कमी के कारण हिम रेखा की ऊँचाई दक्षिण पार्श्व से लगभग 900 मीटर अधिक ऊँची है। पूर्वी हिमालय में अधिक आर्द्रता के कारण हिम रेखा (Snow Line) की ऊँचाई पश्चिमी हिमालय की तुलना में नीची हैं। इस प्रकार आर्द्रता की मात्रा एवं हिम रेखा की ऊँचाई में एक प्रत्यक्ष सम्बंध है अर्थात् जिन भागों में आर्द्रता अधिक है वहाँ हिम रेखा नीची होती है।

तालिका 2.2 हिमालय के विभिन्न भागों में हिम रेखा (Snowline) की ऊँचाई

क्र.सं.	हिमालय का प्रदेश	हिम रेखा की ऊँचाई
1.	उत्तरी-पूर्वी हिमालय	4400 मीटर
2.	कश्मीर हिमालय	5200 से 5800 मीटर
3.	कुमाऊं (उत्तराखण्ड) हिमालय	5100 से 5500 मीटर
4.	काराकोरम श्रेणी	5500 मीटर से अधिक ऊपर

हिमालय पर्वत के अधिकतर प्रमुख ग्लेशियर (Glaciers) काराकोरम पर्वतमाला एवं दीर्घ हिमालय में पाये जाते हैं। लघु-हिमालय में पाये जाने वाले ग्लेशियर आकार में छोटे हैं। दीर्घ हिमालय एवं काराकोरम के कुछ प्रमुख ग्लेशियर को ***चित्र 2.15*** में दर्शाया गया है तथा ***तालिका 2.3*** में उनका विवरण प्रस्तुत किया गया है।

तालिका 2.3 भारत के प्रमुख हिमनद

हिमनद का नाम	अवस्थिति	लम्बाई (कि.मी. में)	ऊंचाई (मीटर में)	महत्त्वपूर्ण तत्व
सियाचिन	काराकोरम	76	5400	हिमालय की नुब्रा घाटी में सबसे बड़ा और ध्रुवीय क्षेत्र से बाहर दूसरा सबसे लंबा हिमनद
बिआफो	काराकोरम (लद्दाख के बाल्टिस्तान प्रदेश में)	60	5128	शिगार नदी में बहता है
चोगो लुंगमा	काराकोरम	50	5016	गिलगिट-बाल्टिस्तान में अवस्थित
गंगोत्री	उत्तराखण्ड	28	3415	चौखम्बा शिखर के नीचे बनता है और यह गोमुख भी कहलाता है

हिमनद का नाम	अवस्थिति	लम्बाई (कि.मी. में)	ऊंचाई (मीटर में)	महत्त्वपूर्ण तत्व
रीमो	लद्दाख का सियाचिन क्षेत्र	40	7385	श्योक नदी में बहता है
हिस्पर	गिलगिट बाल्टिस्तान	63	5128	विश्व का सबसे लम्बा हिमनद क्रम
जीमू	सिक्किम/नेपाल	26		पूर्वी हिमालय में सबसे बड़ा हिमनद जो तिस्ता नदी को पोषित करता है
द्रांग ड्रुंग	हिमालय श्रेणी	23	4780	यह जम्मू और कश्मीर के कारगिल जिले में, जास्कर रेंज में स्थित है।
शफत हिमनद	पूर्वा हिमालय श्रेणी	14	4400	नुन और कुन शिखरों की ऊंचाई बढ़ाता है पिघला पानी सुरु नदी में बहता है
सोनापानी	लाहुल और स्पिती प्रदेश की चन्द्रा घाटी	15	4000	रोहतांग दर्रे के पास पीर पंजाल श्रेणी में सबसे लम्बा हिमनद
मिलाम	उत्तराखण्ड	15	2290	गौरी गंगा नदी का मुख्य स्रोत: कुमाऊ हिमालय का सबसे बड़ा हिमनद
रुपल	कश्मीर	15	6326	ग्रेटर हिमालय में स्थित यह उत्तर पूर्व की ओर बहता है।
गन्री	नुन कुन पर्वत, हिमालय श्रेणी	13	7135	नुम कुन शिखर में सबसे बड़ा हिमनद
बारा शिगरी	चन्द्र घाटी हिमाचल प्रदेश में लाहुल में	11	4570	हिमालय में दूसरा लम्बा हिमनद चिनाव नदी के जल का स्रोत खुरभा के निक्षेप है।
दमीर (नंगा पर्वत)	कश्मीर (पाकिस्तान अधिकृत क्षेत्र)	11	4203	दमीर पर्वतों को पर्वतों का राजा भी कहा जाता है, ये विश्व के लम्बे पर्वत हैं।
पिन्डारी	उत्तराखण्ड का कुमाऊं क्षेत्र	3	3353	पिन्डारी नदी को जन्म देता है।
चाँग कुमदान	काराकोरम	21	7071	लद्दाख, ये श्योक के नदी के लिए जल प्रदान करता है और स्रोत शिकता भी है।

लघु हिमालय (Lesser Himalaya) के हिमनद अपेक्षाकृत छोटे हैं, जिनकी लम्बाई 3 से 5 किलोमीटर तक है। इनके विपरीत काराकोरम तथा दीर्घ हिमालय के ग्लेशियरों की लम्बाई अधिक है। काराकोरम में स्थित सियाचिन हिमनद (Siachin Glacier) की लम्बाई सबसे अधिक 76 किलोमीटर है, जिसके पश्चात सासैनी की लम्बाई 68 किलोमीटर एवं हिस्पर की लम्बाई 63 किलोमीटर है। इनके पश्चात क्रमश: बियाफो (Biafo) 60 किलोमीटर, बाल्टोरो (58 कि.मी.), चोगो लुन्गमा (50 कि.मी.), खोर्दो पिन (41 कि.मी.) तथा रिमो (Rimo) 40 कि.मी. लम्बा है। अन्य ग्लेशियरों में पुन्माह, गंगोत्री (28 कि.मी.), ज़ेमू-सिक्किम (25 कि.मी.) तथा रूपल (15 कि.मी.) प्रमुख हैं।

हिमालय के हिमनद, हिमालय से निकलने वाली नदियों के जल स्रोत हैं। हिमालय से निकलने वाली नदियों में वर्ष पर्यन्त जल रहता है। ग्लेशियर (Glaciology) विज्ञान के विशेषज्ञों के अनुसार हिमालय पर्वत के ग्लेशियर सिकुड़ रहे हैं, जिसके फलस्वरूप उनकी लम्बाई कम हो रही है। इसरो (ISRO) के अध्ययन के अनुसार हिमालय के 75% हिमनद (Glaciers) पिघल रहे है, 8% का विस्तार हो रहा है तथा 17% में कोई परिवर्तन नहीं हो रहा है।

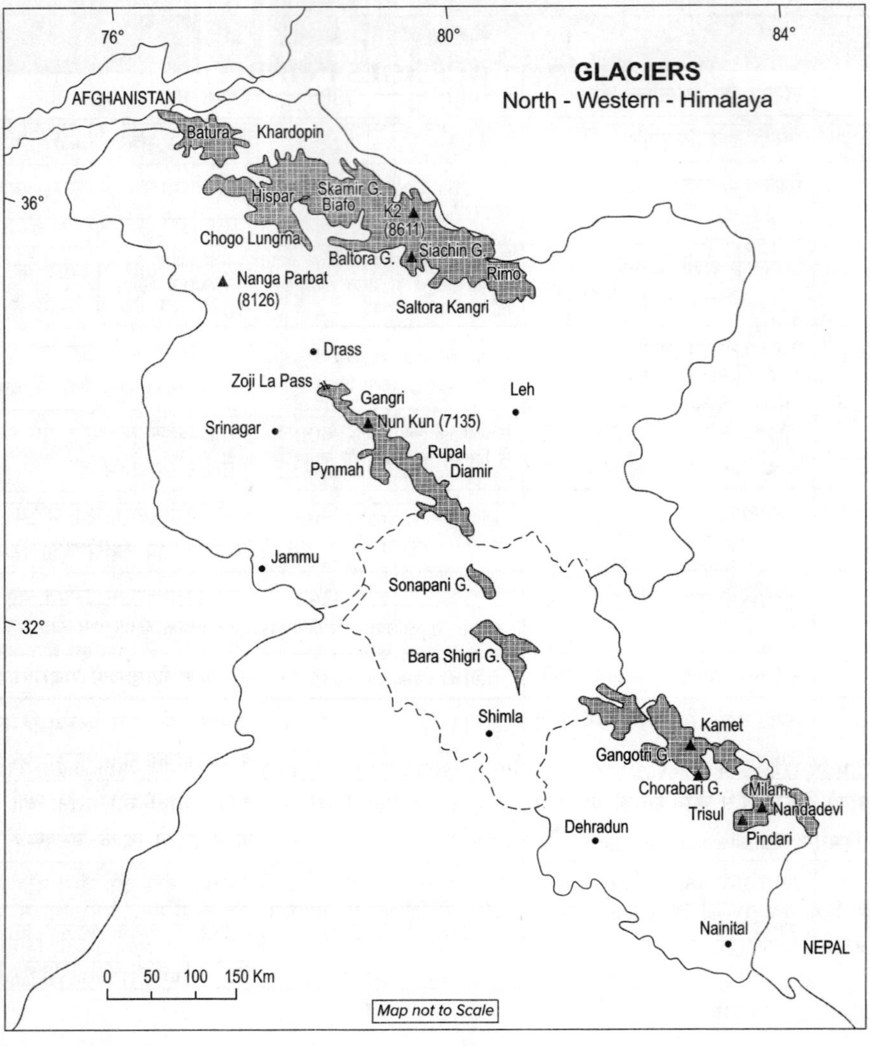

चित्र 2.15 उत्तर-पश्चिम हिमालय के प्रमुख हिमनद

हिमालय पर्वत का महत्व (Significance of the Himalayas)

हिमालय पर्वत भारतीय उप-महाद्वीप के सब से महत्वपूर्ण भू-आकृति खंड हैं। प्राय: कहा जाता है कि हिमालय पर्वत भारत का शरीर एवं आत्मा दोनों है। भारत के लिये हिमालय के महत्व पर संक्षेप में नीचे प्रकाश डाला गया है:

1. भारतीय जलवायु पर प्रभाव (Climatic Influence)

हिमालय पर्वत का भारत के तापमान एवं वर्षा के वितरण पर भारी प्रभाव पड़ा है। हिमालय बंगाल की खाड़ी तथा अरब सागर से आने वाली ग्रीष्म कालीन मानसूनी पवनों के रास्ते में हिमालय अवरोधक बनकर भारत को भारी वर्षा देता है। इसी प्रकार शीत ऋतु में साइबेरिया से आने वाली अति शीत एवं शुष्क पवनों को रोक कर उत्तर भारत के घनी जनसंख्या वाले प्रदेशों को सुरक्षा प्रदान करता है। जलवायु विज्ञान के विशेषज्ञों के अनुसार हिमालय पर्वत पश्चिम से पूर्व की ओर चलने वाली जेट-स्ट्रीम (Jet Stream) को शीत ऋतु में दो भागों में विभाजित कर देता है, जिसकी भारत में ग्रीष्म कालीन मानसून के आगमन तथा उसकी सफलता में भारी भूमिका होती है।

भारत में हिमयुग (ICE AGES IN INDIA)

भारतीय उप-महाद्वीप में, वैज्ञानिकों के अनुसार कई बार हिमयुग आने की घटना घटी है। भारत में हिमयुगों की संक्षिप्त विवेचना निम्न चार्ट में की गई है:

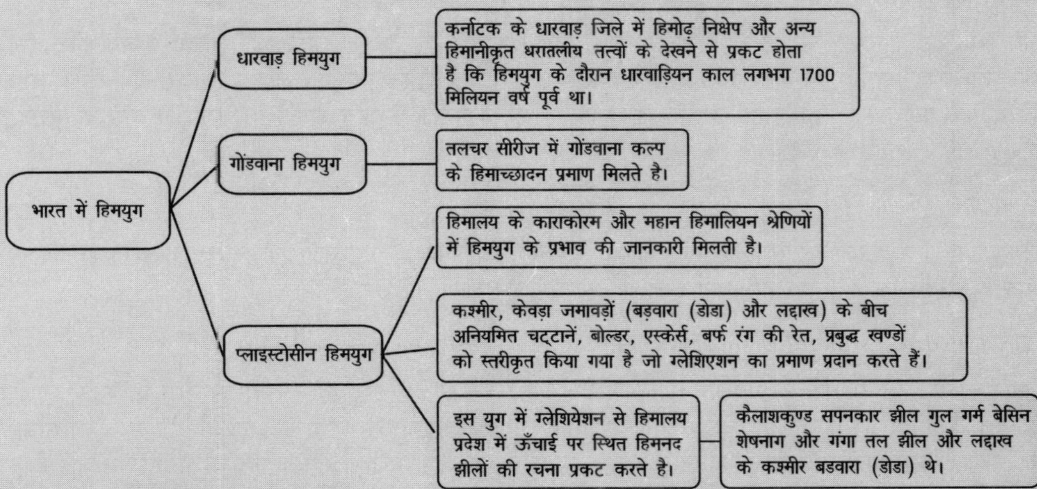

1. **धारवाड़ हिमयुग (Dhawar Ice-Age):** कर्नाटक राज्य के धारवाड़ जिले में पाये जाने वाले हिमोढ़ (Moraines) निक्षेपों एवं हिम द्वारा निर्मित भू-आकृतियों से हिम युग के प्रमाण मिलते हैं। इस हिमयुग का समय लगभग 70 करोड़ वर्ष पूर्व माना जाता है।
2. **गोंडवाना हिमयुग (Gondwana Ice-Age):** गोंडवाना युग की तलचर (Talchar) श्रेणी में इस काल के हिमयुग के स्पष्ट प्रमाण मिलते हैं।
3. **प्लीस्टोसीन हिम-युग (Pleistocene Ice-Age):** इस काल के हिमयुग के हिमालय पर्वत तथा काराकोरम श्रेणी में प्रत्यक्ष रूप से प्रमाण मिलते हैं। कश्मीर की घाटी एवं भदराव घाटी (डोडा ज़िला) में पाये जाने वाले करेवा (Karewa) इसी हिमयुग का प्रमाण हैं। कश्मीर की घाटी तथा हिमालय की ढलानों पर पाई जाने वाली बहुत-सी अपरदित भू-आकृतियाँ (Erosional landfarms) तथा हिमोढ़ (Moraines) इस हिमयुग का प्रमाण प्रस्तुत करते हैं।

2. प्रतिरक्षा (Defence)

भारत के इतिहास में उत्तर की दिशा की ओर से 1962 के अलावा कभी कोई आक्रमण नहीं हुआ। आधुनिक युद्ध अस्त्र-शस्त्रों के बावजूद भी हिमालय पर्वत का प्रतिरक्षा की दृष्टि से बड़ा महत्व है। वर्तमान में इस प्रदेश में चीन, तिब्बत, नेपाल और भूटान की सीमाओं तक सुगम तथा उच्च कोटि के मार्गों का विकास किया जा चुका है।

3. सदानीरा नदियों का स्रोत (Source of Perennial Rivers)

उत्तरी भारत की अधिकतर सदानीरा नदियों का जल स्रोत हिमालय पर्वत के हिमनद (Glaciers), झरनों (Springs) अथवा झीलों में है। ये नदियाँ भारत के करोड़ों लोगों के जीवकोपार्जन में भारी भूमिका निभाती हैं।

4. उपजाऊ मिट्टियों का स्रोत (Source of Fertile Soils)

हिमालय पर्वत से निकले वाली सदानीरा नदियाँ और उनकी सहायक नदियाँ अपने साथ भारी मात्रा में जलोढ़ अवसादों से उपजाऊ मिट्टी का निर्माण करती हैं। उत्तरी भारत का उपजाऊ मैदान इन्हीं नदियों से लाई गई मिट्टी से बना हैं। इस मैदान में विश्व की अधिकतर फसलों को उगाया जा सकता है।

5. पनबिजली उत्पादन (Generation of Hydro Electricity)

हिमालय पर्वत में बहुत से स्थान ऐसे हैं जहाँ पन-बिजली का उत्पादन किया जा सकता है। पन-बिजली उत्पादन के लिये बहुत से बाँध बनाये जा चुके हैं। भाखड़ा-नांगल, गिरि-बाटा, चमेरा, पोंग, बस्सी, सिलाल, दुलहस्ती, बगलियार, टिहरी, कोटेश्वर इत्यादि हिमालय पर्वत में स्थित परियोजनायें हैं।

6. वन संपदा (Forest Wealth)

हिमालय पर्वत वन संपदा से परिपूर्ण हैं। हिमालय के जंगलों में भारी विविधता पाई जाती है। हिमालय में उष्णकटिबंधीय जंगलों से लेकर, शीतोष्णकटिबंधीय एवं कोणधारी सदाबहार जंगल तक पाये जाते हैं। इन जंगलों में लकड़ी, टिम्बर, गोंद, लाख, जड़ी-बूटियाँ तथा औद्योगिक कच्चे माल की सामग्री मिलती है। इनके अतिरिक्त पर्वतों के ऊँचे स्थानों पर अल्पाइन घास के मैदान (मार्ग) (Alpine Pastures) पाये जाते हैं।

7. फलोद्यान (Orchards)

हिमालय के पवर्तीय ढलानों पर सेब, खूबानी, बादाम, अखरोट, चिल्पगोज, आडू, नाशपाती, चेरी (Cherry) इत्यादि के बगीचे विकसित हैं, जिनसे किसानों को भारी आय होती है तथा बहुत-से लोगों को रोजगार मिलता है।

8. खनिज संसाधन (Mineral Resources)

हिमालय पर्वत में बहुत-से धात्विक एवं गैर-धात्विक खनिजों की प्रचुरता है। जम्मू एवं कश्मीर के जम्मू डिविजन, कालाकोट के पास कोयले के भंडार हैं। हिमाचल प्रदेश, उत्तराखण्ड, सिक्किम तथा अरुणाचल प्रदेश के हिमालय क्षेत्र में ताँबा, सीसा, जस्ता, निकिल, सोना, चान्दी, एंटिमनी, टंगस्टन, मैग्नेसाइट चूना-पत्थर, बहुमूल्य-पत्थर तथा रत्न इत्यादि के भंडार पाये जाते हैं। हिमालय पर्वत के ऊँचे-नीचे ढलान और सड़कों का अभाव खनिज संसाधनों के दोहन में एक मुख्य बाधा है।

9. प्राकृतिक सौंदर्य (Natural Beauty)

हिमालय अपने प्राकृतिक सौन्दर्य के लिये विश्व प्रसिद्ध है। जब ग्रीष्म ऋतु में भारत का मैदान भीष्ण गर्मी की लपेट में होता है, तब हिमालय की जलवायु एवं मौसम अति सुहावन एवं सुन्दर होता है। श्रीनगर, पहलगाम, गुलमर्ग, सोनमर्ग, युशमर्ग, श्लर-राऊंड, चम्बा, डलहौजी, धर्मशाला, शिमला, सोलन, कांगड़ा, कुल्लू, मनाली, मसूरी, नैनीताल, रानीखेत, अल्मोड़ा, बागेश्वर तथा दार्जिलिंग जैसे महत्वपूर्ण एवं लोकप्रिय पयर्टन केन्द्र हिमालय पर्वत में स्थित हैं जहाँ देश-विदेश से लाखों पर्यटक घूमने के लिये आते हैं।

10. तीर्थाटन (Pilgrimage Sites)

पयर्टन केन्द्रों के अतिरिक्त हिमालय पर्वत में अनेक धर्मों के तीर्थस्थल भी स्थित हैं। अमरनाथ, हजरतबल (श्रीनगर)ए कैलाश, वैष्णों देवी, केदारनाथ, बद्रीनाथ, गंगोत्री, यमुनोत्री, नीलकंठ, ज्वालाजी, हेम कुंड इत्यादि महत्वपूर्ण तीर्थस्थल हिमालय पर्वत में स्थित हैं।

11. पर्यटन (Tourism)

हिमालय पर्वत श्रृंखलाएं अपनी सुषमा और सौंदर्य के लिए पूरी दुनिया में मशहूर हैं। हिमालय की जलवायु एकदम शीतल और स्फूर्तिदायक है जबकि उसके आसपास का मैदानी इलाका ग्रीष्म में तपता रहता है। लाखों घरेलू और विदेशी पर्यटक हिमालय के पर्यटन स्थलों पर आते रहते हैं। श्रीनगर, पहलगाम, गुलमर्ग, सोनमर्ग, युशमर्ग, वूलर-चक्कर, चम्बा, डलहौजी, धर्मशाला, शिमला, सोलन, कांगड़ा, कुल्लू, मनाली, मसूरी, नैनीताल, रानीखेत, अल्मोड़ा और दार्जिलिंग हिमालय क्षेत्र के प्रमुख पर्यटन स्थल हैं।

उत्तर भारत का विशाल मैदान (The Great Plains of North India)

शिवालिक पर्वत श्रेणी के दक्षिण में उत्तर भारत का मैदान फैला हुआ है। शिवालिक पर्वत एवं उत्तरी भारत के बीच एक विशाल भ्रंश (Fault) है, जिसको हिमालयन फ्रंट फाल्ट (Himalayan Front Fault) कहते हैं। पश्चिम से पूर्व की दिशा में फैले हुये इस विशाल मैदान की उत्पत्ति सिंधु, सतलज, गंगा, ब्रह्मपुत्र और उनकी सहायक नदियों के द्वारा लाये गये जलोढ़ से हुई है। इस मैदान

का पश्चिम से पूर्व की ओर विस्तार लगभग 2400 किलोमीटर तथा चौड़ाई भिन्न-भिन्न स्थानों पर 160 किलोमीटर से लेकर 500 किलोमीटर तक है। झारखण्ड राज्य में राजमहल की पहाड़ियों के पास इसकी चौड़ाई लगभग 160 किलोमीटर, बिहार में पटना के पास 200 किलोमीटर, उत्तर प्रदेश में इलाहाबाद के पास 280 किलोमीटर तथा पंजाब में लगभग 500 किलोमीटर है। साधारणत: पूर्व से पश्चिम की ओर जाते हुये उत्तरी भारत के मैदान की चौड़ाई में वृद्धि होती जाती है ***(चित्र 2.16)***।

उत्तरी भारत का मैदान अधिकांशत: हिमालय तथा प्रायद्वीपीय प्रदेशों से निकलने वाली नदियों के द्वारा लाये गये जलोढ़ निक्षेपों से निर्मित है। इन जलोढ़ों के द्वारा निर्मित परतदार चट्टानों की गहराई के बारे में अभी तक पूरी जानकारी प्राप्त नहीं की जा सकी है। इसकी औसत गहराई लगभग 1300 से 1400 मीटर के बीच आंकी जाती है। सब से कम गहराई बुन्देलखण्ड के उत्तर में पाई गई है, जबकि सबसे अधिक गहराई हरियाणा राज्य के अम्बाला तथा यमुना नगर के बीच लगभग 8 किलोमीटर मानी जाती है।

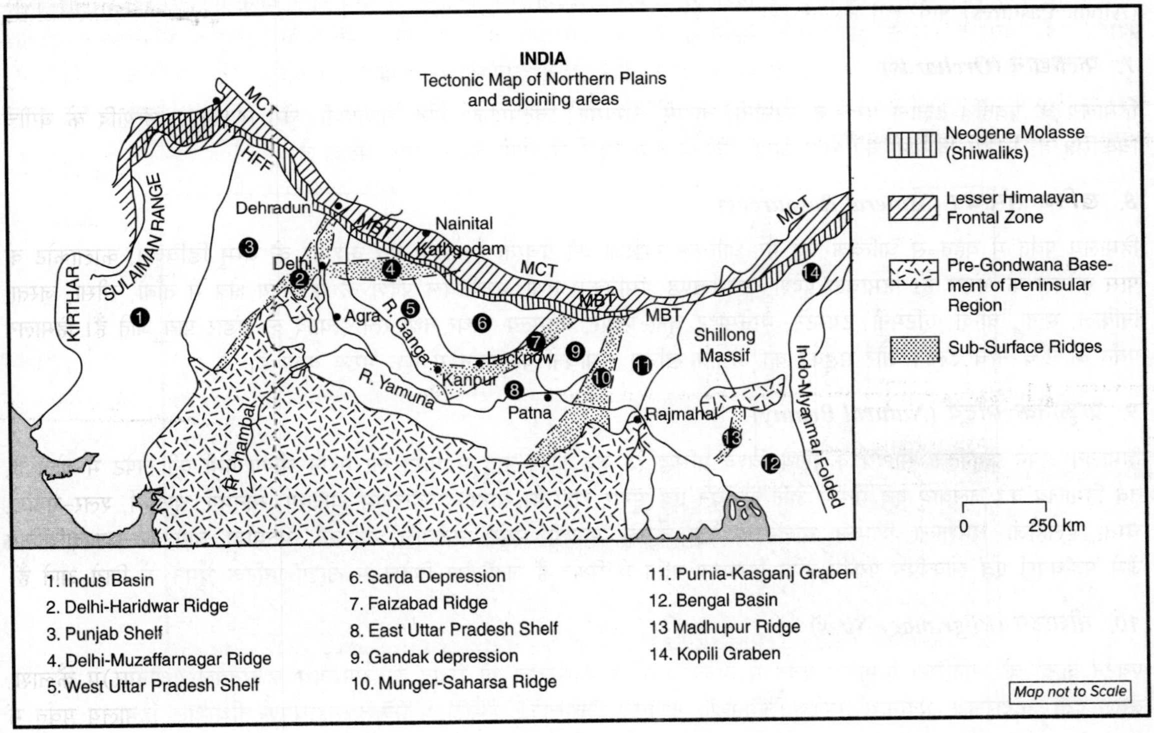

चित्र 2.16 भारत के महान मैदान एवं निकटवर्ती क्षेत्र

उत्तरी भारत के मैदान की सबसे प्रमुख विशेषता उसकी समतलता है। इसका ढ़लान अति मन्द है। यदा-कदा भूड़ (Bhur) रेत के टीले, नदियों के प्राकृतिक बाँध (Levees), बीहड़, कटी-फटी भूमि तथा नदियों के खादर में ऊँची-ऊँची घास, खोल (Khols) के प्रकृतिक दृश्य ही इस मैदान की समतलता को भंग करते हैं। नदियों की बाढ़ से वर्षा ऋतु में प्राय: बाढ़ आ जाती है। बाढ़ आने से खादर क्षेत्र में रहने वालों का भारी जानी व माली नुकसान होता है।

उत्तरी भारत के मैदान की उत्पत्ति (Origin of the Great Plains of Northern India)

उत्तरी भारत के विशाल मैदान की उत्पत्ति के संबंध में भूगर्भ विधा एवं भू-आकृति विज्ञान के विशेषज्ञों में भारी मत भेद पाया जाता है। इस मैदान की पर्तों की अत्यधिक गहराई, तलहटी की भू-रचना इत्यादि कुछ जटिल प्रश्न प्रस्तुत करते हैं। उत्तरी भारत के विशाल मैदान की उत्पत्ति के सम्बंध में कुछ प्रमुख विचार संक्षेप में नीचे दिये गये हैं:

1. अग्रगर्त का जलोढ़ीकरण (Alluviation of the Foredeesp)

आस्ट्रिया (Austria) के प्रसिद्ध भूगर्भ विशेषज्ञ एडवर्ड स्वेस (Edward Suess) के अनुसार, हिमालय की उत्पत्ति के पश्चात उसके दक्षिण में एक विशाल अग्रगर्त बन गया। यह अग्रर्गत (Foredeep) एक बड़ी भूसन्नति (Synclinorium) की भाँति था। इस भू-सन्नति (Synclinorium) में बहुत-सी छोटी अभिनतियां थीं। स्वेस महोदय के अनुसार इस अग्रगर्त (Foredeep) का उत्तर की ओर का ढलान मन्द तथा दक्षिण का ढलान तीव्र था। उत्तरी भारत के मैदान की तलहटी प्रायद्वीप की कठोर चट्टानों (Crystalline Peninsular Rocks) की बनी हुई थी ***(चित्र 2.17)***। इस अग्रगर्त (Foredeep) में निरन्तर जलोढ़ मिट्टी के भरने से उत्थान होता गया। हिमालय से निकलने वाली नदियों तथा प्रायद्वीप से उत्तर की ओर बहने वाली नदियों ने भारी मात्रा में जलोढ़ निक्षेप एकत्रित किये, जिससे उत्तर भारत का मैदान एक समतल धरातल का रूप धारण कर गया।

उत्तरी भारत के विशाल मैदान की तलहटी का असमान ढलान तथा तलहटी में पाये जाने वाले भ्रंशों (Faults) की स्वेस महोदय सही व्यवस्था नहीं कर पाये। यही अग्रगर्त (Foredeep) सिद्धान्त की आलोचना मानी जाती है। इसके अतिरिक्त प्रायद्वीपीय चट्टानों तथा हिमालय की तलहटी (Bottom Rocks) में कोई निरन्तर संयोजन का प्रमाण नहीं मिलता, जो इस सिद्धान्त की दूसरी बड़ी आलोचना मानी जाती है। इन आलोचनाओं के बावजूद, स्वेस महोदय के अग्रर्गत (Foredeep Concept) सिद्धान्त को उत्तरी भारत के मैदान की उत्पत्ति का सही एवं विश्वसनीय सिद्धान्त माना जाता है।

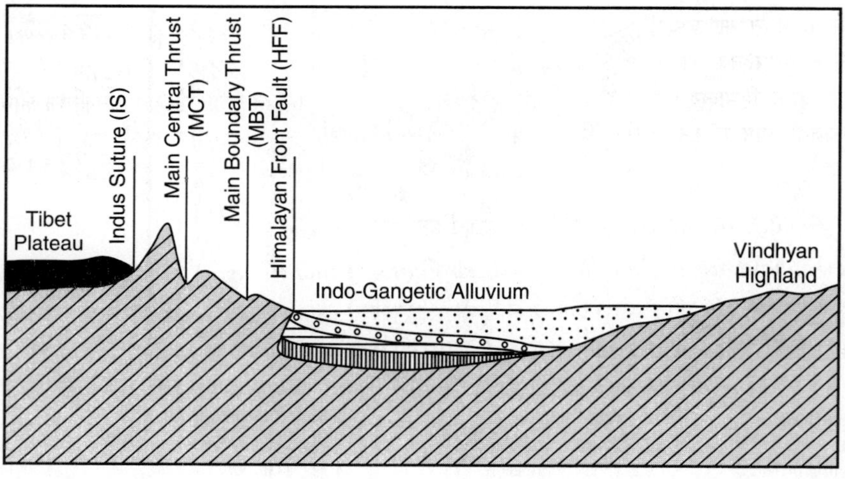

चित्र 2.17 आधार संकुल-कड़ी खाकृत चट्टानें

2. भ्रंश घाटी अथवा रिफ्ट वैली का भरण (Rift Valley Infilling) का सिद्धान्त

सर जी. बरार्ड (Sir G. Burrard) के अनुसार उत्तरी भारत के मैदान की उत्पत्ति एक रिफ्ट घाटी (Rift Valley) में अवसादों के एकत्रित होने के फलस्वरूप हुई। बरार्ड महोदय के अनुसार हिमालय की उत्पत्ति के दौरान, हिमालय एवं विंध्यन पर्वतमाला के बीच एक विशाल रिफ्ट घाटी उत्पन्न हो गई थी। इस रिफ्ट घाटी में हिमालय से उतरने वाली नदियों के द्वारा लाये गये अवसाद एकत्रित होते गये, जिनके फलस्वरूप भारत के विशाल मैदान की उत्पत्ति हुई।

रिफ्ट वैली (Rift Valley) के सिद्धान्त से आधुनिक भूगर्भ विधा के विशेषज्ञ सहमत नहीं हैं। इस अवधारणा की आलोचना इस आधार पर की जाती है कि विश्व में इतने विशाल आकार की भ्रंश घाटी (Rift Valley) नहीं पाई जाती। इसके अतिरिक्त भारत के मैदान की तलहटी का असमान होना एक दूसरी आपत्ति उत्पन्न करता है। रिफ्ट घाटी की तलहटी सामान्यत: होती है।

3. सागर का अपगमन (Recession of Sea)

उत्तरी भारत के मैदान की उत्पत्ति के सम्बंध में सागर अपगमन (Recession of Sea) का सिद्धान्त ब्लैंडफर्ड (Bland ford) महोदय ने 1876 में प्रस्तुत किया था। ब्लैंडफर्ड के अनुसार इयोसीन (Eocene) युग में भारत का प्रायद्वीप (Peninsular India) अफ्रीका

महाद्वीप से जुड़ा हुआ था। इस युग में एक सागर था जो पूर्व में असम एवं इरावदी से लेकर सिंधु घाटी, लद्दाख, पंजाब तथा बलूचिस्तान तक फैला हुआ था। हिमालय पर्वत के उत्थान के समय से इस सागर में अवसाद एकत्रित होते गये। नदियों द्वारा लाये गये अवसादों के कारण हिमालय के दक्षिण में फैले सागर के क्षेत्रफल में कमी आती गई। अवसादन और अवतलन (Subsidence) की इन लम्बी प्रक्रियाओं के कारण यह सागर पूरी तरह भरकर समतल रूप धारण कर गया और जैसा कि ऊपर लिखा जा चुका है यह सागर पूर्व में शिलांग के पठार से लेकर, पश्चिम में सिंध की खाड़ी (Arabian Sea) तक फैला हुआ था।

अपनी अवधारणा के समर्थन में ब्लैंडफर्ड (Blandford) ने निम्न प्रमाण (Proofs) प्रस्तुत किए-(i) उत्तराखण्ड के कुमाऊं-गढ़वाल प्रदेश मे चूने के पत्थर का पाया जाना, (ii) राजस्थान में लवणीय जल की झीलों का पाया जाना, इस प्रकार की झीलों में साम्भर, राजसमंद, पुष्कर, पच्पाडरा, नक्की, धीबा, फतहसागर एवं बादसमंद प्रमुख हैं, (iii) कच्छ की खाड़ी में पाये जाने वाले द्वीपों का भारत की मुख्य भूमि से जुड़ा हुआ होना, (iv) सुन्दरवन के डेल्टा का बंगाल की खाड़ी में विस्तार, (v) बंगाल की खाड़ी में बांग्लादेश के तट के निकट नये द्वीपों का उत्थान (Emergence), तथा (vi) भारत के उत्तरी मैदान में बहुत-से सागरीय जीवाश्मों (Fossils) का पाया जाना। उपरोक्त प्रमाणों के बावजूद इस सिद्धान्त को मान्यता प्राप्त नहीं हुई। यह अवधारणा इस बात की व्याख्या नहीं करती कि उत्तरी भारत के मध्य एवं पूर्वी भाग में लवणीय झीलें क्यों नहीं पाई जातीं।

4. टेथिस सागर के अवशिष्ट (Remnant of the Tethys Sea)

कुछ भू-वैज्ञानिकों एवं भू-आकृति वैज्ञानिकों के अनुसार भारत का उत्तरी मैदान टेथिस सागर का अवशिष्ट भाग है। इस अवधारणा के अनुसार शिवालिक पर्वत के उत्थान के पश्चात, टेथिस सागर का अवशेष भाग एक वृत्त द्रोणी (Trough) थी, जो पूर्व में बंगाल से लेकर अरब सागर तक फैली हुई थी। हिमालय से निकलने वाली नदियों ने इस ट्रफ (Trough) में अपने अवसादों का निक्षेपण किया था। चूंकि हिमालय का इस युग में उत्थान जारी था, अत: यहाँ की नदियों का पुनर्जीवन होता रहा, इस ट्रफ (Trough) के मध्यवर्ती भाग में इन जलोढ़ों के निक्षेपण से पूर्व एवं पश्चिम के सागर पीछे हटते गये, जिससे भारत के उत्तरी मैदान की उत्पत्ति हुई।

5. उत्तरी भारत के मैदान की उत्पत्ति के बारे में आधुनिक मत (Recent Views about the origin of the Northern Plains of India)

आधुनिक मत के अनुसार, उत्तरी भारत का मैदान एक विशाल अवतलन (Sag) झील का प्रतिनिधित्व करता है। इस अवतलन अथवा धँसाव (Sag) की उत्पत्ति, भारतीय उप-महाद्वीप के उत्तर की ओर विस्थापन (Drift) के कारण टेथिस सागर के दक्षिणी छोर पर मुलायम अवसाद (Soft Sediments) एकत्रित होते गये, जो बाद में ऊपर की ओर उठ गये अर्थात् उनका उत्थान हुआ और अवतलन में अवसाद जमा होने से उत्तरी भारत के मैदान की उत्पत्ति हुई।

उत्तरी भारत के मैदान के भू-आकृतिक प्रदेश (Physiographic Divisions of the Northern Plains of India)

उत्तरी भारत के मैदान की सबसे बड़ी विशेषता इसका मन्द ढलान है। इस उपजाऊ मैदान की उत्पत्ति हिमालय तथा विंध्यन पर्वत से निकलने वाली नदियों के द्वारा लाये गये अवसादों के एकत्रित होने से हुई है। उत्तरी भारत के मैदान को निम्न भू-आकृतिक प्रदेशों में विभाजित किया जा सकता है:

1. भावर का मैदान

- अवस्थिति- शिवलिक के दक्षिण में पश्चिमी से पूर्व (जम्मू डिवीजन से आसाम तक स्थित है)।
- इसकी चौड़ाई पश्चिमी मैदान में असम के पूर्वी मैदान की तुलना में अधिक है।
- इसकी चौड़ाई 8 से 15 कि.मी. है।
- बनावट- हिमालय क्षेत्र और शिवालिक में नदियों के नीचे उतरते समय कंकड़ और गैर-स्थापित निक्षण से हुआ है।
- इस प्रदेश में उच्च छिद्रमय लघु सरिता, (chos and raos) विलीन हो जाती है केवल बड़ी नदियां ही इस पेटी के धरातल पर बहती हैं।

- फसल कृषि के अयोग्य।
- इस प्रदेश में बड़ी जड़ों सहित बड़े वृक्ष पाये जाते हैं।
- निवासी अधिकांश गुर्जर जो पशुओं को रखते हैं।

2. तराई पेटी

- अवस्थिति- भावर प्रदेश के दक्षिण में 15–30 कि.मी. चौड़ाई में स्थित।
- यह अधिक वर्षा के कारण ब्रह्मपुत्र क्षेत्र में महान मैदान के पूर्वी भाग में विस्तृत है।
- इस क्षेत्र में अत्यधिक नमी है, घने वन, समृद्ध वन्य जीव और मच्छरों से कष्ट है।
- शिवालिकों के दक्षिण किनारे पर जगंली घास और दलदली क्षेत्र है, तराई क्षेत्र को कृषि के लिए सुधारा गया है।
- उत्तरखण्ड, उत्तर प्रदेश, हरियाणा, पंजाब और जम्मू संभाग (जम्मू कश्मीर) में तराई वनों को फसलों की खेती के लिए साफ किया गया है।
- कृषि फसलों में, गन्ना, चावल, गेहूं, मक्का, तिलहन, दलहन, चारा शामिल हैं।

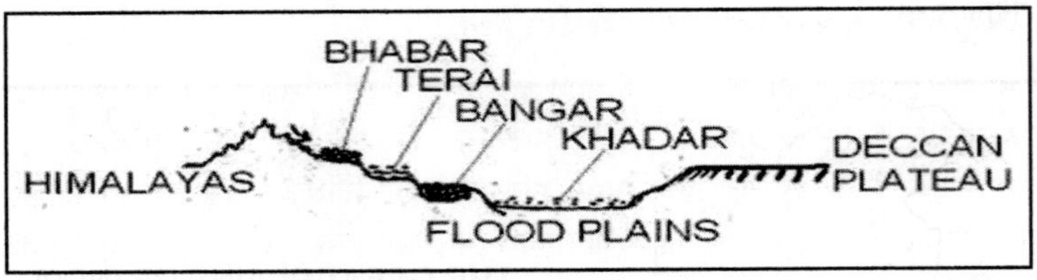

चित्र 2.18 भारत के विशाल मैदान के भू-आकृतिक प्रदेश
Source: NCERT Book of Geography

3. बांगर का मैदान

- वे भारत के विशाल मैदान के ऊपरी जलोढ़ प्रदेश का प्रतिनिधित्व करते हैं जो पुराने जलोढ़ से बने हैं।
- बांगर संरचनाओं को मध्य प्लीस्टोसिन अवधि के दौरान जमा किया गया था और यह नदियों की बाढ़ सीमा से ऊपर हैं।
- इसकी मिट्टी का रंग गहरा है, ह्यूमस सम्पन्न और उत्पादक है। इसमें अशुद्ध कैल्शियम कार्बोनेट या 'कंकर' के संघटन और पिंड होते हैं।
- अपेक्षाकृत शुष्क क्षेत्रों में बांगर नमकीन और झारीय छोटे-छोटे क्षेत्र में मिलते हैं।
- बांगर आमतौर पर भारत के विशाल मैदानों की एक अच्छी तरह से शुष्क और सबसे अधिक उत्पादक भूमि है।
- बांगर निक्षेपों में हाथी, घोड़ा, मानव, गैंडा, दरियाई घोड़ा आदि के जीवाश्म होते हैं।

4. खादर का मैदान

- नदियों के क्षेत्र में नवीन जलोढ़ क्षेत्रों को खादर या बेट भूमि से जानते हैं।
- वर्षा ऋतु में प्रतिवर्ष गाद के (खाद) नवीन विक्षेपों से सम्पन्न क्षेत्र है।
- खादर भूमि में रेत, गाद, चीका और मिट्टी होती है। स्वतंत्रता के बाद इस प्रदेश को कृषि में लाया गया और गन्ना, चावल, गेहूँ, मक्का, तिलहन, फलियाँ और चारा फसलें उगायी जाने लगीं।
- खादर निक्षेपों में मनुष्य, हिरण, बैलों, भैंसों, घोड़ों, हाथियों, गैंडों, आदि की जीवित प्रजातियों के जीवाश्म हैं।

5. डेल्टाई मैदान

- डेल्टाई मैदान खादर भूमि का विस्तार है।
- गंगा नदी के निचले क्षेत्र में लगभग 1.9 लाख वर्ग कि.मी. में इसका विस्तार है।

- यह क्षेत्र नदी में मन्द गति से बहते निक्षेपों का क्षेत्र है।
- डेल्टाई मैदान मुख्यत: पुरानी मिट्टी, नई मिट्टी और दलदली भूमि से बना है।
- डेल्टाई क्षेत्र में उच्च भूमि 'चार्स' (Chars) जबकि बंगाल की खाड़ी दलदली क्षेत्र में 'बील्स' (Bills) कहलाती है।
- गंगा नदी का डेल्टा क्रियाशील है और बगांल की खाड़ी की ओर विस्तृत होता है।

उत्तरी भारत के मैदान के लघु प्रदेश (Meso-Regions of the Northern Plains of India)

भू-आकृति एवं जलवायु के आधार पर भारत के उत्तरी मैदान को निम्न चार भागों में विभाजित किया जा सकता है *(चित्र 2.19)*:

1. राजस्थान का मैदान
2. पंजाब एवं हरियाणा का मैदान
3. गंगा का मैदान
4. ब्रह्मपुत्र का मैदान

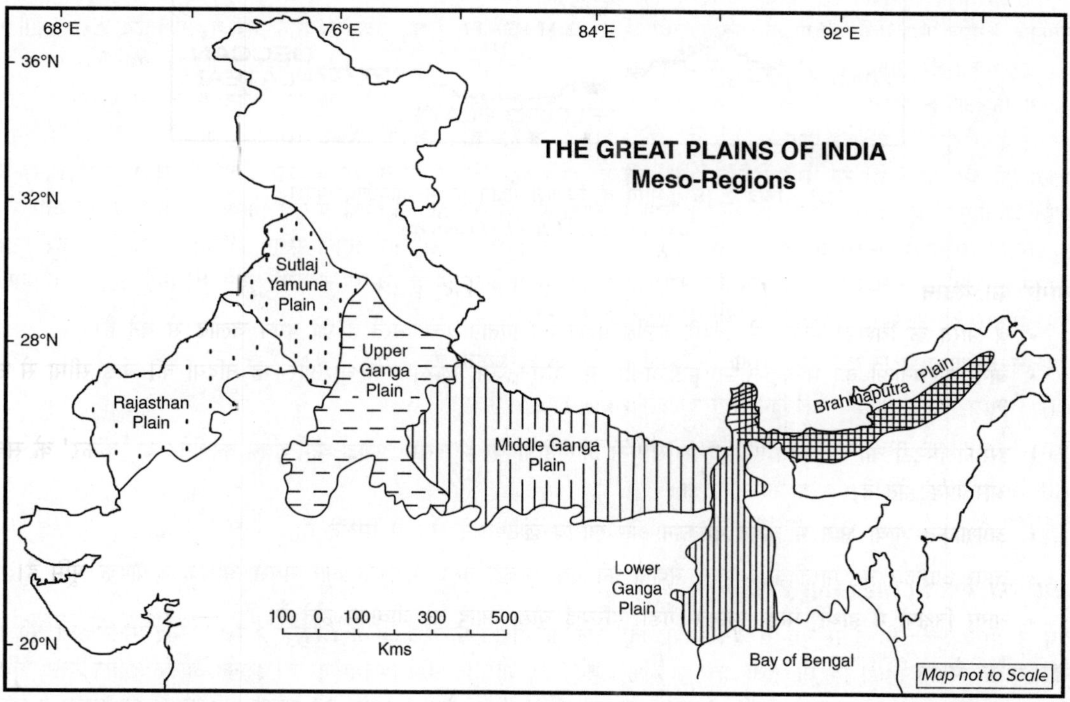

चित्र 2.19 भारत के महान मैदान

1. राजस्थान का मैदान (The Plain of Rajasthan)

राजस्थान का मैदान अरावली के पश्चिम में स्थित है। राजस्थान के मैदान में (i) मरुस्थली (Marusthali) एवं बागड़ (Bangar) सम्मिलित हैं। इस मैदान का क्षेत्रफल लगभग 175000 वर्ग किलोमीटर है। राजस्थान के मैदान का ढलान उत्तर-पूर्व की दिशा से दक्षिण-पश्चिम की ओर है। मैदान के दक्षिणी भाग में लूनी नदी (Luni River) इसका जल अपवाह करती है। राजस्थान मैदान का दक्षिणी भाग सागर स्तर से केवल 20 मीटर ऊँचा है। इस मैदान का अधिकतर भाग अरब-सागर के अपगम (Recession of Arabian Sea) के कारण बना है। बहुत-सी लवण युक्त झीलें सागर अपगमन (Recession of Sea) का प्रमाण हैं। इस प्रकार

की लवणीय झीलों में सांभर, डेगाना, डिडबाना, कुचमान, लूण कर्णसागर, एवं पचपारा प्रमुख हैं। लगभग 300 वर्ग किलोमीटर क्षेत्रफल पर फैली सांभर झील सबसे बड़ी लवणीय झील है, जो जयपुर से लगभग 65 किलोमीटर उत्तर पश्चिम में स्थित है।

पर्मो-कार्बोनिफेरस युग (Permo-Carboniferous Period) राजस्थान मैदान का अधिकतर भाग अरब सागर के जल के नीचे था। इस मैदान में बहुत-सी नदियों के सूखे हुये जलमार्ग (River Beds) पाये जाते हैं। उदाहरण के लिये सरस्वती तथा दृष्दावती (Drisdavati) नदियों के पुराने एवं सूखे हुये जलमार्ग बहुत उपजाऊ क्षेत्र हैं। वर्तमान समय में केवल लूनी नदी (Luni River) ही अपना जल, रण-कच्छ (Rann of Kachchh) से गुज़र कर अरब सागर में गिराती है। लूनी नदी का जल अपने ऊपरी भाग (Upper Course) में मीठा है तथा इसके ऊपरी भाग में जल अपवाह क्षेत्र काफी उपजाऊ एवं विकसित है।

वर्तमान में राजस्थान मैदान का अधिकतर भाग थार के मरुस्थल के रेत के टीलों (Sand-Dunes) से ढका हुआ है। आकार में रेत के टीले देशान्तरीय (Longitudinal) अनुप्रस्थ (Transverse) तथा बरखान (Barkhan) प्रकार के हैं। राजस्थान के दक्षिण-पश्चिमी भाग में बहुत-से उपजाऊ भू-भाग हैं, जिनको स्थानीय लोग रोही (Rohi) कहते हैं। राजस्थान मैदान के उत्तरी पूर्वी भाग में घग्गर नदी का पुराना जलमार्ग है, जो उपजाऊ है।

2. पंजाब हरियाणा का मैदान (क्षेत्र 1.75 लाख वर्ग किलोमीटर) (The Punjab Haryana Plain)

पंजाब तथा हरियाणा के मैदान का विस्तार उत्तर से दक्षिण की ओर 650 किलोमीटर तथा पश्चिम से पूर्व में लगभग 300 किलोमीटर है। सतलुज, व्यास तथा रावी नदियों के जलोढ़ तथा अवसादों से बना यह मैदान एक उच्चयन अथवा अधिवृद्धि (Aggradation Plain) प्रकार का है। सागर स्तर से इसकी ऊँचाई 200 से 300 मीटर के बीच है। सबसे अधिक ऊँचाई लगभग 300 मीटर जम्मू नगर तथा कठुआ के बीच है। दिल्ली रिज/कटक (Delhi Ridge) इस मैदान को गंगा के मैदान से अलग करता है। ढलान सामान्यत: उत्तर-पूर्व से दक्षिण-पश्चिम की ओर है। मैदान में कहीं-कहीं रेत के डिब्बे (Bluffs) पाये जाते हैं, जो मैदान की समतलता को भंग करते हैं। रेत के इन डिब्बों को दहिया (Dahaya) कहते हैं। नदियों के खादर को पंजाब में बेत (Bet) कहा जाता है। शिवालिक के दक्षिण में स्थित मैदानी भाग में छोटी नदियों (Chos) ने भारी कटाव किया है। पश्चिम की ओर स्थित हिसार इत्यादि जिलों में मरुस्थली रेत के टीले पाये जाते हैं, जो समय के अनुसार अपना स्थान परिवर्तन करते रहते हैं। सतलज तथा यमुना नदियों के बीच घग्गर नदी (प्राचीन सरस्वती) का पुराना जलमार्ग है। घग्गर नदी के पुराने जलमार्ग की चौड़ाई लगभग दस किलोमीटर है, जो वर्षा ऋतु में जलमग्न हो जाता है।

पंजाब-हरियाणा मैदान को निम्न भागों में विभाजित किया जा सकता है:

(i) व्यास तथा रावी के बीच का बारी-दोआब (Bari-Doab) मैदान,

(ii) व्यास तथा सतलज नदियों के बीच का बिस्ट-दोआब (Bist-Doab),

(iii) मालवा का मैदान (मध्य मैदान) तथा

(iv) दक्षिण तथा पूर्वी भाग में स्थित हरियाणा-भिवानी बागड़।

3. गंगा का मैदान (The Ganga Plain)

पश्चिम में यमुना नदी से लेकर पूर्व में बंगलादेश तक गंगा का मैदान फैला हुआ है ***(चित्र 2.20)***। पश्चिम से पूर्व की ओर इसकी लम्बाई लगभग 1400 कि.मी. तथा उत्तर से दक्षिण की ओर औसतन 300 किलोमीटर है। इसका औसत ढलान उत्तर-पश्चिम से दक्षिण-पूर्व की ओर लगभग 15 से.मी. है। सागर-स्तर (Sea-level) से इस मैदान की सबसे अधिक ऊँचाई जिला सहारनपुर में 276 मीटर, रुड़की में 274 मीटर, आगरा में 169 मीटर, कानपुर में 125 मीटर, इलाहाबाद में लगभग 100 मीटर, पटना में 53 मीटर तथा कोलकता में 6 मीटर है जबकि सागर द्वीप (Sagar-Island) सागर स्तर से केवल 3 मीटर ऊँचा है।

भाबर, तराई, भांगर, खादर, नदी-तट-बंध (Levees), रेत के टिब्बे, खोल (Khol), बील (Bills), नदियों के पुराने जल मार्ग तथा बन्जर एवं कटी-फटी भूमि ही इस मैदान की मुख्य भू-आकृतियां हैं। उच्चावच के आधार पर गंगा के मैदान को निम्न तीन भागों में विभाजित किया जा सकता है:

(i) गंगा का ऊपरी मैदान (The Upper Ganga Plain): गंगा के ऊपरी मैदान के अंतर्गत, ऊपरी गंगा-यमुना दोआब, सहारनपुर, मेरठ, आगरा तथा बुन्देलखंड प्रभाग (Divisions) सम्मिलित हैं। यमुना नदी का बेसिन इसकी पश्चिमी सीमा बनाता है। गंगा के मैदान के इस भाग की ऊँचाई 100 मीटर से लेकर 300 मीटर तक है। गंगा तथा यमुना नदियों के

अतिरिक्त, काली, शारदा एवं रामगंगा नदियाँ इसका जल-अपवाह करती हैं। इस मैदान में कहीं-कहीं भूड़ (Bhur) के टिब्बे पाये जाते हैं। भूड़ (Bhur) वास्तव में वायु द्वारा निर्मित निक्षेप (Deposits) हैं। गंगा के मैदान के इस भाग में चावल, गेहूँ, गन्ना. ज्वार-बाजरा, मक्का, दलहन, तिलहन, चारा, सब्जियों, फलों एवं फूलों की उत्तम खेती की जाती है। इस मैदान की मिट्टियां बहुत उपजाऊ हैं। हरित क्रान्ति इस मैदान में काफी सफल रही है।

(ii) **मध्य गंगा का मैदान (The Middle Ganga Plain):** मध्य गंगा के मैदान में पूर्वी उत्तर प्रदेश तथा बिहार राज्य के मैदानी भाग सम्मिलित हैं। इसका विस्तार लगभग 1.44 लाख वर्ग किलोमीटर पर फैला हुआ है। जलोढ़ मिट्टियों एवं निक्षेपों से निर्मित इस मैदान की पर्तों में यदा-कदा कैल्शियम-कार्बोनेट (Calcium Carbonate) के कंकड़ पाये जाते हैं। इस समतल धरातलीय मैदान का जल अपवाह हिमालय से निकलने वाली काली शारदा, घाघरा, राप्ती, गंडक नदियों के द्वारा होता है, जो गंगा की सहायक नदियाँ हैं। समतल धरातल के कारण सभी नदियाँ विसर्पण (Meanders) तथा ऑक्स-बो झील (Ox-bow Lakes) बनाती हैं। अमरकण्टक से निकलकर उत्तर की दिशा में बहने वाली सोन नदी गंगा में आरा नगर के पास अपना जल गिराती हैं।

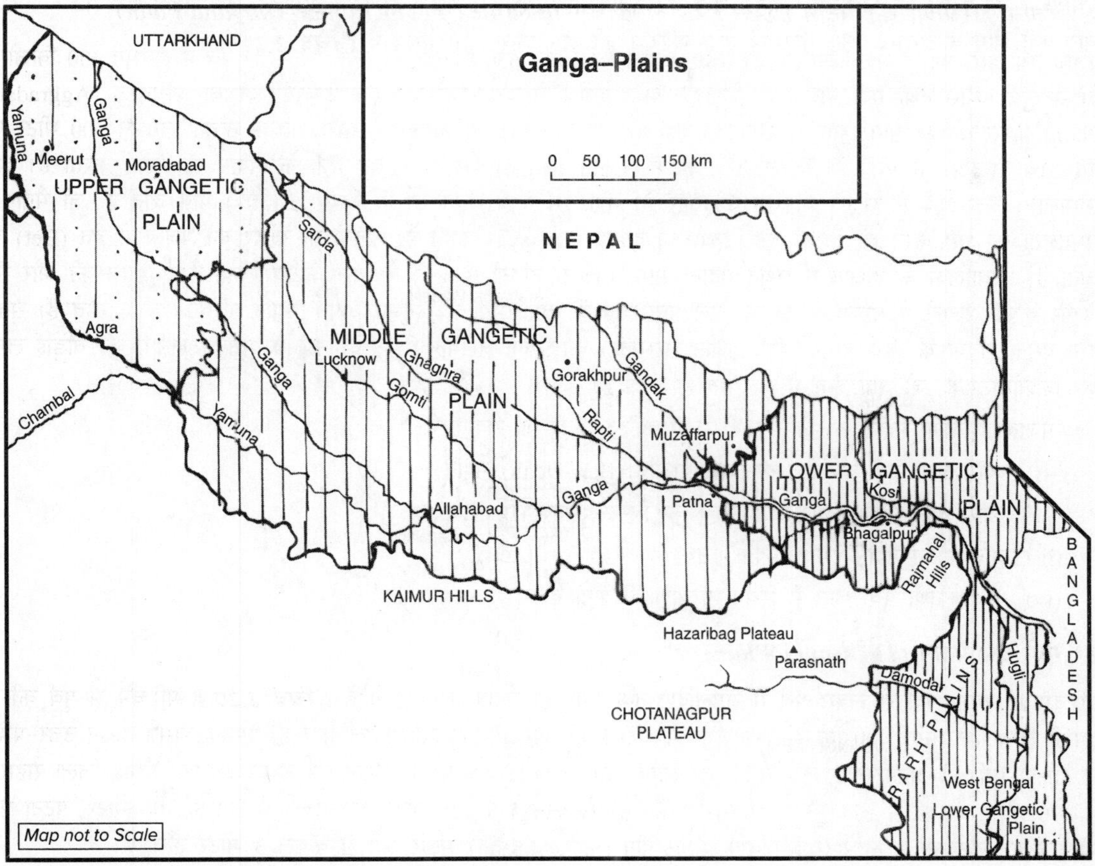

चित्र 2.20 गंगा के मैदान के भू-आकृतिक विभाग

(iii) **निचला गंगा का मैदान (The Lower Ganga Plain):** पटना के पूर्व में तथा पश्चिमी बंगाल राज्य के मैदानी भाग में फैला हुआ गंगा का निचला मैदान अत्यधिक उपजाऊ है, जिसका क्षेत्रफल लगभग 80970 वर्ग किलोमीटर है। इस मैदान के निचले भाग में विश्व का सबसे बड़ा डेल्टा सुन्दरबन स्थित है।

निचले गंगा के मैदान के पश्चिमी भाग में छोटानागपुर का पठार (Plateau) तथा पूर्वी भाग में तीस्ता, जलढाकिया तथा संकोष नदियाँ बहती हैं, जो ब्रह्मपुत्र की सहायक नदियाँ हैं। इस मैदान का सामान्य ढलान उत्तर से दक्षिण और पूर्व की ओर है।

छोटा-नागपुर के पूर्वी भाग में स्थित मैदान को राढ़ (Rarh) का मैदान कहते हैं। लाल एवं पीली मिट्टी से ढके राढ़ के मैदान का ढलान पश्चिम से पूर्व की ओर है। राढ़ के मैदान की उपजाऊ भूमि में चावल, मक्का, दलहन, तिलहन इत्यादि की खेती की जाती है।

सुन्दरबन (Sundarban) गंगा के डेल्टा को सुन्दरबन डेल्टा कहते हैं। इस डेल्टा में सुन्दरी प्रकार की प्राकृतिक वनस्पति बहुतायत के साथ उगती है विश्व के सबसे बड़े मैंग्रोव (Mangrove) वृक्षों का विस्तार सुन्दरबन के डेल्टा में पाया जाता है।

4. ब्रह्मपुत्र का मैदान (The Brahamputra Plain)

उत्तरी भारत के मैदान के पूर्वी भाग में ब्रह्मपुत्र नदी का मैदान स्थित है। इसकी लम्बाई पूर्व से पश्चिम की ओर लगभग 720 किलोमीटर तथा उत्तर से दक्षिण की ओर लगभग 80 किलोमीटर है। इस मैदान का क्षेत्रफल लगभग 56275 वर्ग किलोमीटर है। पश्चिम की दिशा को छोड़कर ब्रह्मपुत्र नदी का मैदान तीन तरफ से पर्वतों से घिरा हुआ है। इस मैदान की सबसे अधिक ऊँचाई पूर्वी भाग में लगभग 130 मीटर है तथा पश्चिम की ओर केवल 30 मीटर है ***(चित्र 2.21)***।

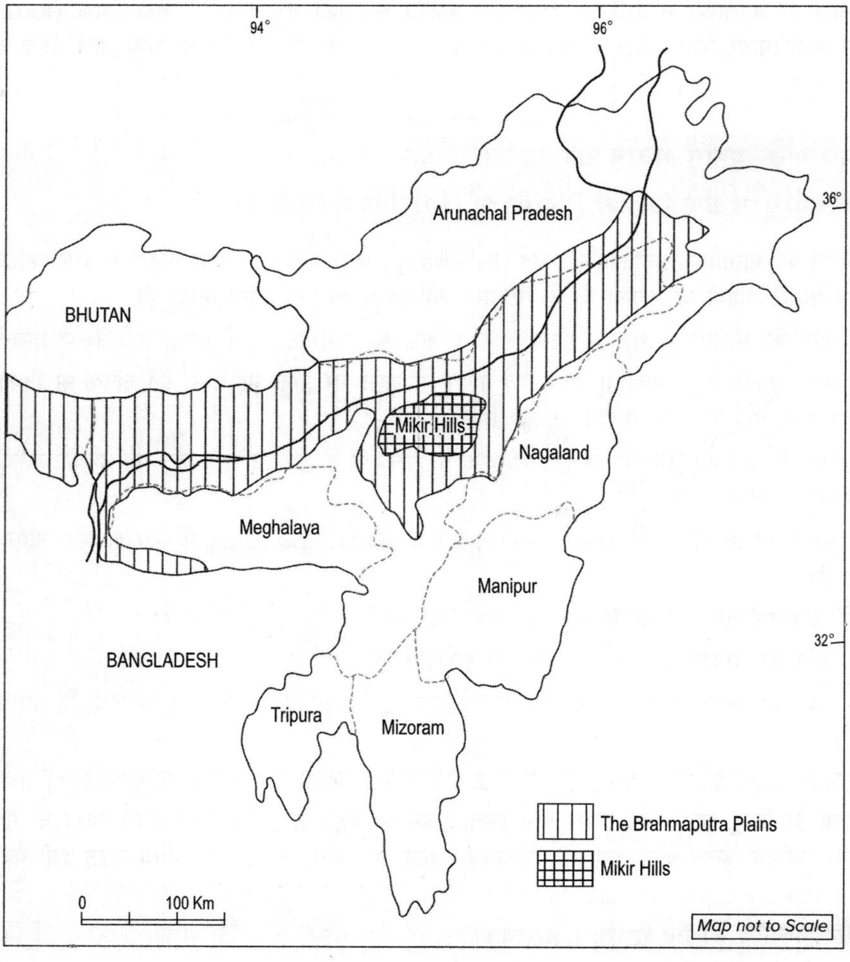

चित्र 2.21 ब्रह्मपुत्र घाटी

ब्रह्मपुत्र घाटी के उत्तरी भाग की ढलान तीव्र तथा दक्षिणी दिशा की ढलान मन्द है। मन्द ढ़लान के कारण ब्रह्मपुत्र नदी लहरा के बहती है और अपने जलमार्ग में बहुत-से स्थाई एवं अस्थाई द्वीपों को जन्म देती रहती है। भारत के अत्यधिक उपजाऊ मैदानों में से ब्रह्मपुत्र का मैदान एक है।

ब्रह्मपुत्र नदी के उत्तर में स्थित एवं दक्षिण में फैले मैदानों की भू-रचना एवं भू-आकृति (Physiography) में भारी अन्तर पाया जाता है। उत्तरी तट पर बहुत-से प्रकृतिक बाँध (Natural Levees) पाए जाते हैं। इस भाग में बहुत-सी ऑक्स-बो झीलें (Ox-bow Lakes) पाई जाती हैं। दक्षिण की ओर से मिकिर पहाड़ियों से निकलकर धनसीरी एवं कपिली नदियाँ अपना जल ब्रह्मपुत्र नदी में गिराती हैं।

ब्रह्मपुत्र की घाटी को निम्न दो भागों में विभाजित किया जाता है–(i) ऊपरी असम (The Upper Assam) तथा (ii) निचला असम (The Lower Assam)। अपर-असम में लखीमपुर, डिब्रूगढ़, जोरहल तथा सिबसागर एवं डारांग जिले की तेज़पुर तहसील सम्मिलित हैं। यह एक समतल मैदान है, जो बहुत उपजाऊ है। निचले असम में नव-गाँव, धूब्री गोलपाडा, बरपेटा, कामरूप, नलबाडी, कोकडा-झाड़ तथा डारांग जिले की कुछ तहसीलें सम्मिलित हैं। असम के इस भाग में मेघालय की कटी-फटी छोटी पहाड़ियाँ भी सम्मिलित हैं। इस मैदान में बहुत-सी जलमग्न-भूमि और दलदली भाग भी पाये जाते हैं।

ब्रह्मपुत्र विश्व का एक मुख्य दरिया है। यह नदी तिब्बत में पश्चिम से पूर्व की ओर बहती हुई, अरुणाचल में एक तीव्र मोड़ के साथ उत्तर से दक्षिण की ओर बहती हुई असम राज्य में प्रवेश करती है। असम में पूर्व से पश्चिम की ओर बहती हुई ब्रह्मपुत्र नदी धूबरा के स्थान पर बंगलादेश में प्रवेश कर जाती है। ब्रह्मपुत्र की घाटी में काज़ीरंगा नेशनल पार्क (Kaziranga National Park) एवं मानस बायोस्फियर रिजर्व (Manas Biosphere Reserve) स्थित हैं, जिनमें एक सींग वाले गैण्डे को संरक्षण प्रदान किया गया है।

उत्तरी भारत के महान मैदान की महत्ता (Significance of the Great Plains of Northern India)

उत्तरी भारत के मैदान को भारतीय सांस्कृतिक का कोष (Repository) माना जाता है। इसकी मिट्टी में उष्ण-कटिबंध तथा शीतोष्ण कटिबंध की सभी फसलें उगायी जा सकती हैं। उत्तरी भारत की महत्ता संक्षेप में निम्न प्रकार है:

(i) उत्तरी भारत की मिट्टियाँ फसलों के लिये बहुत उपजाऊ हैं। इन मिट्टियों में अनाज तथा नकदी फसलें उगाई जाती हैं।

(ii) उत्तरी भारत के मैदान से प्रवाहित अधिकांश नदियों में साल भर पानी बहता है। इन नदियों से निकाली गई नहरों से यहाँ के कृषि-तन्त्र को स्थिरता तथा सततता मिली है।

(iii) उत्तरी भारत के मैदान में भूमिगत-जल की प्रचुरता है। नलकूपों के द्वारा भूमिगत जल का उपयोग करके किसान फसलों की सिंचाई करते हैं।

(iv) उत्तरी भारत का ढलान काफी मन्द है। मन्द-ढलान के कारण इसकी नदियों में सरलतापूर्वक नौका गमन किया जा सकता है।

(v) सड़कों, राजमार्गों एवं रेलों के जाल को सरलतापूर्वक विकसित किया जा सकता है।

(vi) उत्तरी भारत की परतदार चट्टानों में पेट्रोलियम एवं प्राकृतिक गैस के भंडार पाये जाते हैं।

(vii) उत्तरी भारत का मैदान, देश के कुल क्षेत्रफल का लगभग 33 प्रतिशत है, परन्तु इसमें देश की 40 प्रतिशत जनसंख्या रहती है।

(viii) ऐतिहासिक प्राचीन काल में, उत्तरी भारत के मैदान ने अनेक धार्मिक, सांस्कृतिक, सामाजिक एवं राजनैतिक आन्दोलनों को देखा है। हिन्दू, बौद्ध, जैन, सिख तथा इस्लाम धर्म के बहुत-से पवित्र स्थल उत्तरी भारत के मैदान में स्थित हैं। अमृतसर, हरिद्वार, इलाहाबाद, वाराणसी, कुशीनगर, पटना एवं बोध-गया इत्यादि पवित्र स्थल इसी मैदान में स्थित हैं।

भारतीय मरुस्थल (The Indian Desert)

मरुस्थल एक शुष्क भूमि है जहाँ जल वर्षा से प्राप्त होने की अपेक्षा वाष्पीकरण के द्वारा गायब हो जाता है। यह वह क्षेत्र है जहाँ वाष्पीकरण की दर वर्षा की दर से उच्च होती है।

भारतीय उपमहाद्वीप में निम्नलिखित मरुस्थल हैं:

भारत के उत्तर-पश्चिमी भाग में 200,000 लाख वर्ग कि.मी. में फैले क्षेत्र की जलवायु परिस्थितियां शुष्क हैं और यह एक अलग भू-आकृतिक इकाई भी बनाता है। यह पूर्व में अरावली पर्वत शृंखलाओं और पश्चिम में सिंधु नदी के बीच फैला हुआ है, भारत के भीतर इसका अधिकतम क्षेत्र है, और पाकिस्तान में एक छोटा क्षेत्र है। इस क्षेत्र को थार मरुस्थल और ग्रेट इंडियन डेजर्ट के नाम से भी जाना जाता है। यह दुनिया का 20वां सबसे बड़ा रेगिस्तान है, और दुनिया का 9वां सबसे बड़ा गर्म उपोष्णकटिबंधीय रेगिस्तान है।

यह निम्न अक्षांशीय मरुस्थल है जो उष्णकटिबंधीय मरुस्थल कहलाता है थार नाम 'थुल' (Thul) से लिया गया है जो इस क्षेत्र की रेत लकीरों के लिए प्रयुक्त शब्द है। भारत का थार मरुस्थल विशाल शुष्क क्षेत्र है जो 2,00,000 वर्ग कि.मी. क्षेत्र को घेरे है। यह पश्चिम में सिंधु नदी के मैदानों, उत्तर में उत्तर-पूर्व और उत्तर-पूर्व में पंजाब के मैदान, दक्षिण पूर्व में अरावली पर्वतमाला और दक्षिण में कच्छ के रण से घिरा है। मरुस्थल का 60% भाग राजस्थान में है।

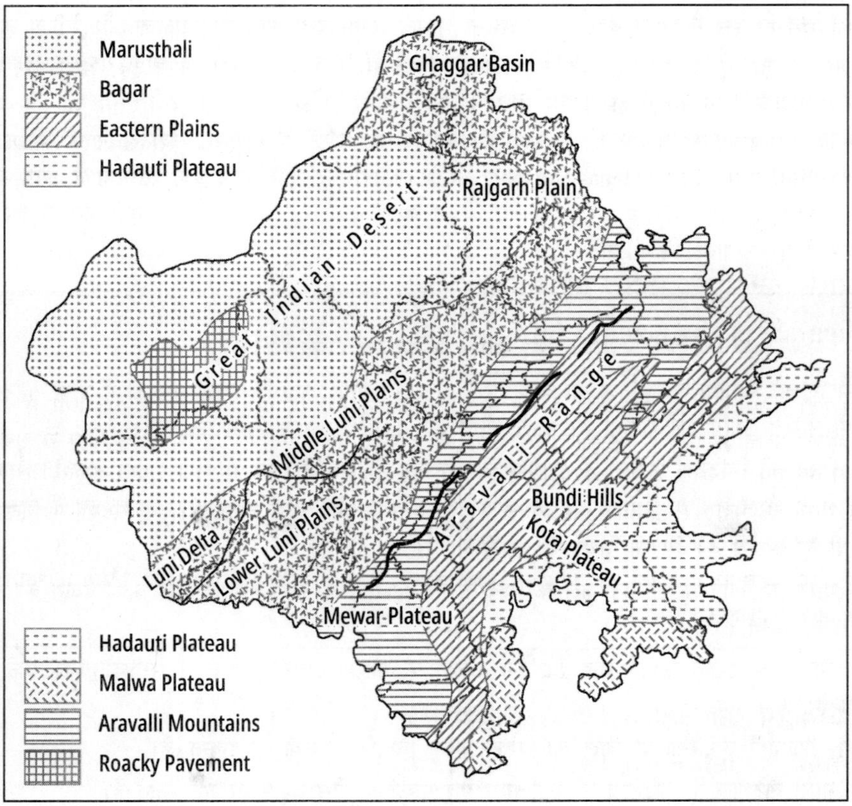

चित्र 2.22 पश्चिमी राजस्थान में विशाल भारतीय मरुस्थल

Source: Rafal Caweda/Fotolia

थार मरुस्थल की भूमि का धरातल वायु निक्षेपण (वायूढ़) रेत का है जो गत 1.81 मिलियन वर्षों में संचय से बना है। इसका धरातल उच्च और निम्न बांकुरा स्तूपों को रेतीले मैदान और निम्न वीरान पहाड़ियों से पृथक करता है। टीले निरन्तर गति में है और विभिन्न आकृति और आकार में फैले हैं। प्रदेश में प्लाया (नमकीन झीलें) है जो स्थानीय 'धन्द' कहलाते हैं। जो सम्पूर्ण प्रदेश में बिखरे हैं, उदाहरणार्थ- सांभर, कुचामन, पचपद्रा, फलोदी (राजस्थान), खारागोदा (गुजरात) लुनकरनसर साधारण नमक के मुख्य स्रोत हैं।

थार मरुस्थल में वर्षा का वार्षिक औसत निम्न है जो लगभग 4 इंच (पश्चिमी) से 20 इंच (पूर्व) है। मरुस्थल का तापमान मई और जून के महीने में 50 डिग्री से. रिकॉर्ड होता है। जनवरी शीतलतम महीना होता है जिसका तापमान 5 से 10 डिग्री से. रहता है। शीत काल केवल दो महीने दिसम्बर और जनवरी का होता है। धूल भरी आंधियाँ 150 कि.मी./प्रति घण्टा की गति से ग्रीष्म काल में चलती है।

वनस्पति में छोटी झाड़ियाँ, सूखा प्रतिरोधक वृक्ष, गोंद बबूल, बबूल जोजोबा, खेजरी के वृक्ष और सेहुड शामिल हैं। खेजरी एक स्वदेशी वृक्ष है जो बालूका स्तूपों को स्थित करता है। यह बालुका स्तूपों में कुछ समय के लिए दफन हो जाते हैं। थार के प्राणियों (पक्षियों) में फल्वन, कैस्ट्रेल, कोलबग, चिन्कारा, भारतीय जंगली गधा, लोमड़ी, तीतर, बटेर, गिद्ध और रेगने वाले जन्तु हैं। संकटापन्न बस्टेड की प्रजाति भी मरुस्थल में पायी जाती है।

लूनी नदी अरावली श्रेणियों की पुष्कर घाटी से निकलती है। यही एकमात्र प्राकृतिक जल स्रोत है जो कच्छ के रण से अरब सागर तक पहुंचती है। राजस्थान नहर प्रणाली इस प्रदेश का मुख्य सिचाई क्रम है। इंदिरा गान्धी नहर ताजा जल का स्रोत है और थार मरुस्थल के विस्तृत क्षेत्र को सींचती है। मरुस्थल राष्ट्रीय पार्क एक महत्त्वपूर्ण पारिस्थितिक तन्त्र है। तल छापर अभ्यारण्य एक महत्त्वपूर्ण पक्षी संरक्षित क्षेत्र है जो चुरू जिले में स्थित है। यह ब्लैक बग, लोमड़ी, वेरोकल और रेतीला कुज की विशाल जनसंख्या का आश्रय है, सुंधा माता संरक्षण रिजर्व क्षेत्र जालोर जिले में स्थित है, केवलादेव घाना राष्ट्रीय उद्यान (जैसलमेर में डेजर्ट नेशनल पार्क) में पेड़ के तने और समुद्री गोले के जीवाश्म हैं।

थार मरुस्थल की जनसंख्या का घनत्व 83 व्यक्ति प्रति वर्ग कि.मी. है जो विश्व का सबसे सघन जनसंख्या वाला मरुस्थल है। यह भारत में सर्वाधिक ऊन उत्पादक क्षेत्र है, पशुपालन कठोर जलवायु दशाओं के कारण बढ़ रहा है और भूमि की बनावट कृषि के अनुकूल नहीं है, हालांकि खरीफ की फसल में बाजरा मुख्य फसल के रूप में मुख्य कृषि उत्पाद है। सौर और वायु ऊर्जा का दोहन कर विद्युत उत्पादन किया जाता है।

भारत का शीत मरूस्थल (लद्दाख)

लद्दाख भारत का ठंडा रेगिस्तान है जो जम्मू और कश्मीर के पूर्वी हिस्से में ग्रेटर हिमालय में स्थित है। यह उत्तर में काराकोरम रेंज और दक्षिण में जांस्कर पहाड़ों से घिरा है। सिंधु नदी लद्दाख से होकर बहती है। कारगिल में ऊंचाई 3000 मीटर से लेकर काराकोरम में 8000 मीटर से अधिक है। लद्दाख में बहुत विरल हवा होती है और इसलिए सूर्य की गर्मी की तीव्रता को तेजी से महसूस किया जाता है। ग्रीष्मकाल के दौरान दिन का तापमान 0°C से थोड़ा ऊपर होता है और रात में यह –40°C तक कम हो जाता है। इस क्षेत्र में सालाना कम वर्षा (10 सेमी) होती है क्योंकि यह हिमालय पर्वतों के वर्षा छाया क्षेत्र में स्थित है।

लेह क्षेत्र में विरल वनस्पति (झाड़ियों और घासों के कम पैच) हैं। अखरोट, सेब, खुबानी गर्मी के मौसम के मुख्य फल हैं। इस क्षेत्र के जीवों में याक, जंगली बकरी और भेड़ और विशेष प्रकार के कुत्ते शामिल हैं।

भारतीय प्रायद्वीप की उत्पत्ति एवं उच्चावच (Origin and Relief of the Peninsular India)

प्रायद्वीपीय भारत की चट्टानों की उत्पत्ति 3600 मिलियन वर्ष से अधिक पुरानी मानी जाती है। कार्बोनिफेरस युग (Carboniferous Period) से पहले भारतीय प्रायद्वीपीय भाग, गोंडवानालैंड (Gondwanaland) का एक भाग था। भू-गर्भवेत्ताओं के अनुसार प्रायद्वीपीय भारत आर्कियन युग (Archaean Period) में कभी-कभी पूर्ण रूप से सागर मग्न नहीं रहा। यह अपेक्षाकृत अधिक कठोर और स्थायी था, जो पर्वत निर्माण अन्तर्जात बलों से लगभग प्रभावित नहीं रहा। यद्यपि आने वाले युगों में इसमें विस्थापन हुआ, वलन (Folds) और भ्रंश (Faults) पड़े। भ्रंश इत्यादि के प्रमाण धारवाड़ (Dharwar) और गोंडवाना (Gondwana) तन्त्रों में तथा नर्मदा, तापी और सोन नदियों की घाटियों में देखे जा सकते हैं।

कार्बोनिफेरस काल में ही दामोदर, सोन, महानदी और गोदावरी नदियों की घाटियों में उत्तम प्रकार के कोयले की उत्पत्ति हुई। विशेषज्ञों के अनुसार क्रिटेशियस युग (Cretaceous Period) में भारी मात्रा में ज्वालामुखियों का उद्गार (Volcanic Eruptions) हुआ था। इन ज्वालामुखियों से निकलने वाले पानी के समान तरल लावे से दक्कन लावा पठार की उत्पत्ति हुई। दक्षिण के लावा

पठार को दक्कन ट्रैप भी कहते हैं। दक्षिण के लावा पठार की आयु लगभग 146 मिलियन वर्ष पूर्व मानी जाती। इस पर फैलने वाले लावे का उद्गम स्रोत लगभग 40 किलोमीटर गहराई से माना जाता है। इस विस्तृत लावे के पठार की मोटाई बहुत-से स्थानों पर हजारों मीटर से भी अधिक है।

प्रायद्वीपीय भारत के प्रमुख शैल समूह (लगभग 3600 मिलियन वर्ष पूर्व) [Major Geological Formations of the Peninsular India (about 3600 Million years ago)]

भारतीय प्रायद्वीप की भूगर्भीय संरचनाओं एवं चट्टानों की उत्पत्ति बहुत जटिल है। भारत के प्रायद्वीप में विश्व की सबसे पुरानी चट्टानें प्री-कैम्ब्रियन युग की पाई जाती हैं साथ ही साथ नवीनतम युग (Quaternary/Recent Period) की बनी चट्टानें भी मौजूद हैं।

क्रेटोनाइजेशन (Cratonisation)

यह प्रारम्भिक चट्टानों से क्रेटोन बनने की प्रक्रिया है। क्रेटोन एक प्राचीन लेकिन महाद्वीपी पृष्ठ का स्थायी हिस्सा है जो महाद्वीपों के टूटने के विलय से बना है। आर्कियन ईऑन के दौरान पहले क्रेटोनिक लैंडमास का गठन किया गया था। वे 2 मिलियन वर्ष तक के हो सकते हैं।

इस काल के दौरान पृथ्वी की उष्मा का प्रवाह वर्तमान की तुलना में लगभग तीन गुना था और इससे टेक्टोनिक और ज्वालामुखी क्रियाएं बढ़ी थीं। मेंटल अधिक तरल और पृष्ठ पतला था। इसके परिणामस्वरूप घाटी में महासागरीय कटक और उष्ण स्थल तीव्रता से बने। यह विश्वास किया जाता है कि ज्वालामुखी द्वीपों के पृथ्वी का पृष्ठ छोटी-छोटी प्लेटों में टूट गया। छोटा क्रेटोन पिघल गया और पुनः पिघलकर उष्ण स्थलों और पुनः चक्रन से पुनर्नवीनीकरण क्षेत्रों में परिणित हो गया। प्रारम्भिक आर्कियन काल में विशाल महाद्वीप नहीं थे। क्रेटोन की संरचना उष्मा स्थलों के स्थान पर हुई थी क्रेटोन की संरचना आग्नेय चट्टानों जैसे ग्रेनाइट से हुई और इनकी पपड़ी मोटी है। जिसका विस्तार मेंटल में 200 कि.मी. गहरा है।

प्रायद्वीपीय भारत के प्रमुख शैल-तन्त्रों का संक्षिप्त वर्णन निम्न प्रकार है:

1. **आर्कियन समूह (Archaean Group):** आर्कियन युग की अधिकतर चट्टानें नाइस (Gneiss) के परिवर्तित स्वरूप में पाई जाती हैं। ये चट्टानें तमिलनाडु, नीलगिरि, कर्नाटक, आन्ध्र प्रदेश, तेलंगाना, महाराष्ट्र, छोटानागपुर का पठार, ओडिशा, प. बंगाल के पश्चिमी भाग, झारखंड, छत्तीसगढ़, मध्य प्रदेश, बुंदेलखण्ड (उत्तर प्रदेश) तथा अरावली पर्वतमाला में विद्यमान हैं। बंगाल नाइस, जिनको खोण्डोलाइट (khondolite) के नाम से भी जाना जाता है, प्रायद्वीप के पूर्वी घाट (Eastern Ghat) में पाई जाती हैं। इन चट्टानों में नाना प्रकार के धात्विक एवं गैर-धात्विक खनिज एवं बहुमूल्य पत्थर भारी मात्रा में पाये जाते हैं।
2. **धारवाड़ तन्त्र (Dharwar System):** धारवाड़ तन्त्र में भारत की सबसे पुरानी अवसादी-रूपान्तरित चट्टानें (Sedimentary Metamorphic Rocks) पाई जाती हैं। इस तन्त्र की चट्टानें निम्न प्रदेशों में फैली हुई हैं:
   (i) कर्नाटक के धारवाड़, बिलैरी तथा हॉसपेट (Hospet) जिलों में
   (ii) छोटानागपुर का पठार
   (iii) गोदावरी नदी के ऊपरी भाग में दुर्ग, बस्तर, दांतेवाड़ा, चन्द्रापुर इत्यादि जिलों में
   (iv) अरावली पर्वत श्रेणी के दिल्ली, राजस्थान तथा गुजरात में भी धारवाड़ तंत्र की चट्टानें पाई जाती हैं। धारवाड़ तन्त्र (Dharwar System) में लोहा, ताँबा, मैगनीज, अभ्रक (Mica), चाँदी, सोना, जस्ता, सीसा, प्लेट, एस्बेस्टस, संगमरमर एवं चूने के पत्थर पाये जाते हैं।
3. **कुडप्पा तन्त्र (The Cuddapah System):** कुडप्पा तन्त्र की चट्टानें आन्ध्र प्रदेश एवं तेलंगाना की नदी-घाटियों के बेसिन में पाई जाती है, जिनके प्रमुख क्षेत्र निम्न प्रकार है:
   (i) पेनगंगा और गोदावरी नदियों की निचली घाटियों में,
   (ii) ओडिशा की तलचर श्रेणी (Talchar Series), कुडप्पा तन्त्र की चट्टानें, महानदी और ब्राह्मणी नदियों के बेसिन तथा नर्मदा और सोन नदियों के ऊपरी भागों में भी पाई जाती हैं।

(iii) अरावली श्रेणी के पश्चिमी भाग में जोधपुर के निकटवर्ती प्रदेशों में कुडप्पा युग की चट्टानें पाई जाती हैं। जोधपुर के आस-पास इन चट्टानों में चूने का पत्थर, इमारती पत्थर तथा सजावटी पत्थर भी पाया जाता है। कुडप्पा तन्त्र की चट्टानों में घटिया प्रकार का लोहा, मैगनीज, अभ्रक, ताँबा एवं एस्बेस्टस (Asbestos) इत्यादि भी पाये जाते हैं।

4. **विंध्यन तन्त्र (The Vindhyan System):** मध्य भारत के उच्च भूमि प्रदेश को विंध्यन पर्वतमाला के नाम से जाना जाता है। विंध्यन पर्वत, पश्चिम में राजस्थान के चित्तौड़गढ़ से लेकर पूर्व में बिहार के सासाराम और डेहरी-ऑन-सोन (Dehri-on-son) तक फैला हुआ है। इसकी एक भुजा चम्बल और सोन नदी में भी फैली हुई है। छत्तीसगढ़ के बस्तर जिले में कई स्थानों पर अवसादी परतदार चट्टानें विद्यमान हैं। विंध्यन तन्त्र में कांग्लोमेरेट चट्टानों (Conglomerate rocks) में हीरे (Diamond) पाये जाते हैं। मध्य प्रदेश के पन्ना जनपद में बहुमूल्य हीरों की खानें स्थित हैं। बहुमूल्य हीरों और सजावटी पत्थरों के अतिरिक्त, विंध्यन तन्त्र की चट्टानें, चीनी मिट्टी, लाल रंग के इमारती पत्थर के लिए भी प्रसिद्ध हैं। दिल्ली का लाल किला, जामा मस्जिद, बिड़ला मंदिर, आगरे का किला, फतेहपुर सीकरी, सिकन्दरा और सांची का स्तूप (मध्य प्रदेश) विंध्यन से प्राप्त लाल रंग के पत्थर (Red Sandston) से बानाये गये हैं।

5. **गोंडवाना तन्त्र (Gondwana Systam):** भारतीय प्रायद्वीप में उत्तम प्रकार के कोयले की उत्पत्ति गोंडवाना युग में हुई थी। गोंडवाना तन्त्र को कोयला युग से भी जाना जाता है। इस युग में बने कोयले के भंडारों में तलचर (Talcher) झारखंड दामोदर घाटी तथा पंचेट (Panchet) घाटी सम्मिलित है। महानदी, गोदावरी और कृष्णा नदियों के बेसिनों में पाया जाने वाला कोयला भी इसी युग का है।

6. **दक्कन ट्रैप (The Deccan Trap):** भूगर्भीय इतिहास के क्रिटेशियस युग (Creteceous Period) में भारी मात्रा में ज्वालामुखियों द्वारा तरल-लावे का उद्‌गम हुआ और एक विस्तृत क्षेत्र पर फैल गया, जिससे दक्कन ट्रैप (Deccan Trap) की उत्पत्ति हुई। क्रिटेशियस युग लगभग 13 से 14 वर्ष करोड़ वर्ष पूर्व माना जाता है। इसी युग में गोंडवानालैंड (Gondwanaland) में भारी दरार पड़ी, जिससे भारतीय प्रायद्वीप की सीमाओं का निर्धारण आरम्भ हुआ। लावे से बने दक्कन के पठार की गहराई पश्चिम की ओर तीन हजार मीटर (3000 m) से भी अधिक है। इस युग के लावे में मैग्मा से निर्मित ग्रेनाइट गैब्रो (Gabro) चट्टानों के अंर्तमैदान (Intrusions) भी पाये जाते हैं। दक्कन ट्रैप (Daccan Trap) में बहुत-से स्थानों पर कर्वाट्ज (Quartz), अक़ीक (Agate) जैसे बहुमूल्य पत्थर भी पाये जाते हैं।

7. **टर्शियरी (तृतीय) तन्त्र (Tertiary System):** गोंडवानालैंड का अंतिम विखंडन टर्शियरी काल में हुआ। इस युग में भारत के प्रायद्वीप में भारी भ्रंश (Fault) हुआ तथा भ्रंश के फलस्वरूप अरब सागर एवं बंगाल की खाड़ी में अवतलन (Subsidence) हुआ। टर्शियरी युग की चट्टानें गुजरात के काठियावाड़ और कच्छ प्रदेशों, राजस्थान, कोरोमंडल एवं मालाबार तटों में पाई जाती हैं।

8. **प्लीस्टोसीन (अभिनूतन) (Pleistocene Period):** अभिनूतन युग की चट्टानें भी भारतीय प्रायद्वीप के कुछ भागों में पाई जाती हैं। इस युग की चट्टानें महानदी, गोदावरी, कृष्णा एवं कावेरी की निचली घाटियों में पाई जाती हैं। इस युग की चट्टानें गुजरात, कोंकण और मालाबार के तटीय भागों में भी पाई जाती हैं।

प्रायद्वीपीय भारत की भू-आकृतियां तथा उच्चावच (Physiography and Relief Features of the Peninsular India)

लगभग 16 लाख वर्ग किलोमीटर में फैला हुआ, भारतीय प्रायद्वीप भारत का सबसे बड़ा प्राकृतिक प्रदेश है। भारतीय प्रायद्वीप का आकार त्रिभुजाकार है, जिसका आधार दिल्ली कटक से लेकर राजमहल की पहाड़ियों (झारखंड) तक फैला हुआ है और शीर्ष कन्याकुमारी से बना है। भारतीय प्रायद्वीप के उत्तर-पश्चिम में अरावली, उत्तर में मैकाल पर्वत (Maikal Range), उत्तर-पूर्व में हज़ारीबाग तथा राजमहल की पहाड़ियाँ, पश्चिम में पश्चिमी घाट (सह्याद्री पर्वत) और पूर्व में पूर्वी घाट (Eastern Ghats) फैले हुये हैं ***(चित्र 2.23)***।

अनाईमुड़ी (2695 मीटर), नीलगिरि में स्थिति, भारतीय प्रायद्वीप का सबसे ऊँचा शिखर है। प्रो. एस. पी. चटर्जी के अनुसार भारतीय प्रायद्वीप को निम्न आठ प्राकृतिक वृहत्त भागों में विभाजित किया जा सकता है ***(तालिका 2.4)***:

तालिका 2.4 भारतीय प्रायद्वीप के उप-भूआकृतिक प्रदेश

	उप-भूआकृति प्रदेश (Meso-Regions)
1.	उत्तर-मध्य उच्च-भूमि (The North Central Highlands)
2.	दक्षिण मध्य उच्च भूमि (The South Central Highlands)
3.	पूर्वी पठार (The Eastern Plateau)
4.	मेघालय-मिकिर के पठार (The Meghalaya-Mikir Liplands)
5.	उत्तरी दक्कन का पठार (The Northen Deccan Plateau)
6.	दक्षिण दक्कन का पठार (The South Deccan Plateau)
7.	पश्चिमी घाट अथवा सह्याद्री (The Western Ghat or Sahayadri)
8.	पूर्वी घाट (The Eastern Ghats)

Source: S. P. Chatterji, 1984, National Atlas organisation Kolkata.

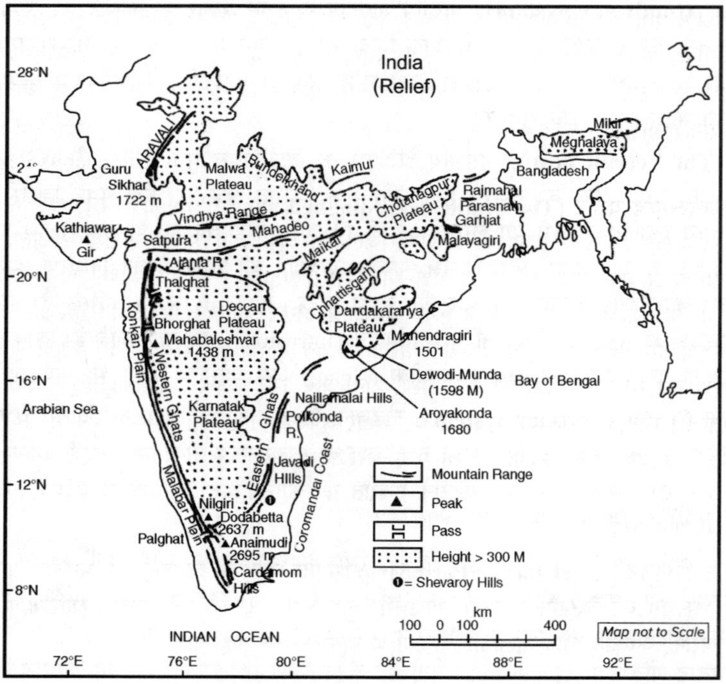

चित्र 2.23 प्रायद्वीपीय भारत-उच्चावच

1. उत्तर-मध्य की उच्च भूमि (The North Central Highlands)

भारतीय-प्रायद्वीप के उत्तर-मध्य उच्च पठार में अरावली पर्वतमाला, मालवा का पठार तथा विंध्यन श्रेणी सम्मिलित हैं ***(चित्र 2.23)***:

(i) अरावली (Aravallis): गुजरात के पालनपुर से लेकर दिल्ली तक फैली हुई अरावली पर्वत श्रेणी की लम्बाई लगभग 800 किलोमीटर है। दक्षिण-पश्चिम से उत्तर-पूर्व ओर फैला हुआ अरावली पर्वत विश्व के प्रचीनतम वलनदार पर्वतों में से एक है। इसका सबसे अधिक ऊँचा शिखर गुरुशिखर 1722 मीटर ऊँचा है। उदयपुर के उत्तर में स्थिति जर्गा पहाड़ियाँ (Jarga Hills) 1431 मीटर ऊंची हैं। इन पहाड़ियों में स्थित गोरनघाट (Goranghat) दर्रा गुरुशिखर को आबू पर्वत (Mt. Abu) से अलग करता है। ग्रेट बाउण्डरी फाल्ट (Great Boundary Fault) अरावली पर्वत को विंध्यन पर्वत से अलग करता है।

(ii) मालवा का पठार (The Plateau of Malwa): मालवा का पठार उत्तर में अरावली पर्वत, दक्षिण में विंध्ययन श्रेणी और पूर्व में बुन्देलखण्ड से घिरा हुआ है। मालवा-पठार का जल अपवाह (Drainage) अरब-सागर तथा बंगाल की खाड़ी की ओर है। नर्मदा, तापी एवं माही नदियाँ मालवा के पठार का जल अरबसागर में गिरती हैं, जबकि चंबल, सिंध (Sindh Betwa) और केन (Ken) नदियाँ अपना जल यमुना नदी में गिराती हैं, यमुना गंगा में मिलती है इस प्रकार इनका जल बंगाल की खाड़ी में पहुँचता है।

2. दक्षिण-मध्य की उच्च भूमि (The South Central Highlands)

मध्य उच्च प्रदेश में विंध्याचल और इसके निकटवर्ती प्रदेश सम्मिलित हैं। विंध्यन श्रेणी का विस्तार पश्चिम में गुजरात के जोबत (Jobat) और राजस्थान के चित्तौड़गढ़ से लेकर बिहार के सासाराम तक है। पश्चिम से पूर्व तक इसकी लम्बाई लगभग 1050 किलोमीटर और सागर स्तर से औसत ऊँचाई 450 मीटर से लेकर 600 मीटर तक है। पूर्व में कैमूर की पहाड़ियों (Kaimur Hill) को छोड़कर मैकाल पर्वतमाला (Maikal Range), सतपुड़ा एवं विंध्यन को जोड़ने का काम करती है। इस प्राकृतिक भू-भाग को निम्न दो भागों में विभाजित किया जा सकता है:

(i) बुंदेलखंड (विंध्याचल पठार) (Bundelkhand-Vindhyan Plateau): यह भू-आकृतिक प्रदेश उत्तर में यमुना, दक्षिण में विंध्यन पर्वत, उत्तर-पश्चिम में चम्बल नदी तथा दक्षिण-पूर्व में बघेलखंड के अजयगढ़, पन्ना जिलों से घिरा हुआ है। बुंदेलखंड प्रदेश, उत्तर प्रदेश के बांदा, हमीरपुर, जालौन और ललितपुर में तथा मध्य-प्रदेश के दतिया, टीकमगढ़, छतरपुर और पन्ना जिलों में फैला हुआ है। इस प्रदेश में बहुत पुराने युगों की चट्टानें पाई जाती हैं। इस प्रदेश की मुख्य नदियों में धासन (Dhasan) और केन (Ken) सम्मिलित हैं। ये नदियाँ बहुत-से छोटे जलप्रपात तथा क्षिप्रिकाएं (Rapids) बनाती हैं।

(ii) विंध्याचल-बघेलखंड पठार (The Vindhyachal Baghelkhand Plateau): बघेलखंड में मध्य प्रदेश के सतना एवं रीवा जिले सम्मिलित हैं। उत्तर प्रदेश के मिर्जापुर जिले का कुछ भाग भी बघेलखंड में आता है। इस पठार की ऊँचाई 150 से 1200 मीटर तक है। नर्मदा, सोन भ्रंश-घाटी (Rift Valley) भी इसी प्रदेश में स्थित है, जिसमें आर्कियन युग की चट्टानें भी पाई जाती हैं। यहाँ का जल अपवाह तन्त्र अरीय प्रतिरूप (Radial Pattern) का है। सिंगरौली और दूधी (Dudhi) नदियाँ इस प्रदेश का जल अपवाह करती हैं। इन नदियों के बेसिन में गोंडवाना युग का उत्तम कोयला पाया जाता है। नर्मदा एवं सोन के अतिरिक्त कमीनासा, टोन, केन और बेलांदरे (Belandre) नदियाँ भी इस भू-भाग का जल अपवाह करती हैं। सतपुड़ा पर्वत का सबसे ऊँचा शिखर धूपगढ़ (1350 मीटर) भी इस भू-प्रदेश में स्थित है। अमरकंटक (1064 मीटर) सतपुड़ा पर्वत का दूसरा सबसे ऊँचा शिखर है।

3. छोटानागपुर का पठार (Chotanagpur Plateau)

छोटानागपुर का पठार प. बंगाल, झारखंड, छत्तीसगढ़, ओडिशा तथा आन्ध्र प्रदेश के उत्तरी-पूर्वी भाग में फैला हुआ है। छोटानागपुर के पठार में कई अन्य छोटे और मझोले पठार हैं, जिनमें रांची, हजारीबाग, सिंहभूम, धनबाद, पलामू, संथाल परगना और पुरुलिया के पठार उल्लेखनीय हैं। छोटानागपुर के पठार में आर्कियन युग (Archaen Period) की ग्रेनाइट एवं नाइस (Gneiss) पाई जाती है। इनके अतिरिक्त धारवाड़ गोंडवाना (Gondwana) युगों की चट्टानें भी पाई जाती हैं जिनमें कोयला, लोहा, मैगनीज, ताँबा तथा अभ्रक आदि खनिज पाये जाते हैं। छोटानागपुर में गोंडवाना युग की निर्मित दामुदा-चट्टानों में कोयले के भंडार हैं। कहीं-कहीं इस पठार में क्रिटेशियस युग (Cretaceaus Period) की लावा की चट्टानें भी पाई जाती हैं।

छोटानागपुर के पठार में जैसे कि ऊपर वर्णन किया जा चुका है बहुत-से छोटे पठार हैं, परन्तु सबसे अधिक ऊँचाई मध्य-पश्चिमी भाग में है, जिसकी ऊँचाई 1100 मीटर है। इन पठारों को स्थानीय भाषा में पाट (Pat) कहते हैं। छोटानागपुर के पठार का जल अपवाह, बराकर, दामोदर, स्वर्ण-रेखा और कोयल (Koel) नदियों के द्वारा होता है। ये नदियाँ, छोटानागपुर के पठार में बहुत-से जलप्रपात (Watter falls) एवं क्षिप्रिकाएं (Rapids) बनाती हैं।

4. मेघालय पठार एवं मिकिर की पहाड़ियाँ (The Meghalaya Plateau and Mikir Hills)

मेघालय के पठार में गारो (Garo), खासी (Khasi) एवं जयंतियाँ (Jaintia) की पहाड़ियाँ सम्मिलित हैं। भारत के इस भू-आकृति प्रदेश का भौतिक इतिहास काफी जटिल है। मेघालय के पठार में आर्कियन, धारवाड़ और टर्शियरी युगों की चट्टानें पाई जाती हैं।

इसमें से बहुत-सी अपरदित सतह (Planation Surfaces) और अंतर्भेदन (Intrusions) पाये जाते हैं। मेघालय का पठार आधुनिक युग में मालदा भूमि (Malda Gap) के नीचे की ओर से धँसने के कारण प्रायद्वीपीय पठार से अलग हुआ था। मेघालय पठार की सबसे अधिक ऊँचाई शिलाँग शिखर में है। शिलाँग शिखर की ऊँचाई 1823 मीटर है। गारो की पहाड़ियों के सबसे ऊँचे शिखर नोकरेक (Nokrek Peak) की ऊँचाई सागर-स्तर से 1515 मीटर है। चेरापूँजी (Cherrapunji) से 16 किलोमीटर पश्चिम में स्थिति मासिनराम (Mausynram) विश्व में सबसे अधिक औसत वार्षिक वर्षा रिकॉर्ड करता है।

मेघालय के पूर्व में मिकिर (Mikir Hills) की पहाड़ियाँ, मैदान के द्वारा मेघालय के पठार से अलग होती हैं। मिकिर की पहाड़ियाँ तीन तरफ से उपजाऊ मैदान से घिरी हुई हैं। मिकिर-पहाड़ियों के दक्षिण में रेंगमा (Rengma) पहाड़ियाँ फैली हुई हैं, जिनकी ऊँचाई लगभग 900 मीटर है। ब्रह्मपुत्र की सहायक नदियाँ-धनश्री और जमुना इन पहाड़ियों में जल प्रवाहित करती हैं। मिकिर पहाड़ियों का अपवाह तन्त्र (Drainage Pattern) अरीय (Radial) प्रकार का है।

5. उत्तरी दक्कन/महाराष्ट्र का पठार (The Northern Deccan or Maharashtra Plateau)

महाराष्ट्र के पठार में कोंकण के तटीय मैदान तथा सह्याद्रि पर्वत को छोड़कर लगभग पूरा महाराष्ट्र, इस पठार का भाग है। महाराष्ट्र के पठार पर लगभग 13 करोड़ वर्ष पूर्व क्रिटेशियस युग (Cretaceous Period) के लावे की मोटी परतें पाई जाती हैं। लावे से बनी बेसाल्ट चट्टानों पर उपजाऊ रेगुर (Regur Soils) मृदा की उत्पत्ति हुई है। महाराष्ट्र के पठार पर लावा की सबसे अधिक मोटाई लगभग 3 (तीन) किलोमीटर पश्चिमी भाग में पाई जाती है। महाराष्ट्र-पठार की सबसे विचित्र विशेषता इसका भ्रंश (Fault) है, जिसकी लम्बाई उत्तर से दक्षिण की ओर अरब सागर के तट पर 1000 किलोमीटर है। भारतीय प्रायद्वीप की अरब सागर की सीमा एक सीधी सरल रेखा के समान है, जो गोंडवाना महाद्वीप में भ्रंश पड़ने के कारण विकसित हुई थी।

महाराष्ट्र पठार के उत्तरी भाग में तापी नदी पूर्व से पश्चिम की ओर बहती हुई अपना जल अरब सागर में गिराती है। इस पठार के दक्षिणी भाग का ढलान उत्तर-पश्चिम की ओर है। इसकी मुख्य नदियों का विवरण निम्न प्रकार है:

(i) **महानदी बेसिन (Mahanadi Basin):** रायपुर, बिलासपुर तथा रायगढ़ जिलों का जल अपवाह महानदी और उनकी सहायक नदियों के द्वारा होता है। महानदी के बेसिन को छत्तीसगढ़ मैदान से भी जाना जाता है। महानदी बेसिन में आर्कियन युग की चट्टानें विद्यमान हैं। इस मैदान में महानदी और उसकी मुख्य सहायक नदियों में शिवनाथ, हसदेव, मांड, इब, ओंग, इद्रा और तेल आदि उल्लेखनीय हैं।

(ii) **छत्तीसगढ़ का मैदान (The Plain of Chhattisgarh):** इस मैदान की सीमाओं पर पहाड़ियों एवं पठारों की भू-आकृतियाँ फैली हुई हैं। लोमारी पठार, पेन्ड्रा पठार, छुरी पठार और रायगढ़ की पहाड़ियाँ इसका सीमांकन करती हैं। छत्तीसगढ़ राज्य का प्रसिद्ध कोयला क्षेत्र 'कोरबा' (Korba) इसी मैदान में स्थित है। गोंडवाना युग (Gondwana Period) में निर्मित चट्टानों में उत्तम प्रकार का बिटुमिनस (Bituminous) कोयला छत्तीसगढ़ के मैदान में पाया जाता है। लौह-इस्पात के लिए प्रसिद्ध भिलाई कारखाने को कोयला कोरबा की कोयले की खानों से सप्लाई किया जाता है। इस मैदान की पश्चिम सीमा सागर स्तर से लगभग 700 से 900 मीटर ऊँची है। सबसे अधिक ऊँचाई मैकाल श्रेणी (Maikal Range) में पाई जाती है। इसकी दक्षिणी सीमा पर ढल्ली रझारा (Dhalli-Rajhara) की पहाड़ियाँ फैली हुई हैं। इन पहाड़ियों में उत्तम प्रकार का लौह-अयस्क (Hematite iron-ore) पाया जाता है। भिलाई कारख़ाने को लौह-अयस्क की आपूर्ति ढल्ली-रझारा की खानों से की जाती है।

(iii) **गढ़जात की पहाड़ियाँ (Garhjat Hills):** गढ़जात पहाड़ियों को ओडिशा की उच्चभूमि के नाम से भी जाना जाता है। गढ़जात की पहाड़ियाँ उत्तर में छोटानागपुर, पश्चिम में महानदी का बेसिन, दक्षिण में पूर्वी घाट और पूर्व में उत्कल (Utkal) का मैदान में फैला हुआ है। गढ़जात की पहाड़ियों में आर्कियन युग की ग्रेनाइट नाइस तथा मैग्मा चट्टानें (Magmatic Rocks) पाई जाती हैं। इन पहाड़ियों में गोंडवाना (Gondwana) युग की चट्टानें तथा तलचर, बराकर, तथा कमाथी (Kamathi) श्रेणी और चट्टानें भी पाई जाती हैं।

(iv) **दण्डकारण्य (Dandakaranya):** दण्डकारण्य एक तरंगित (Undulating) पठार है। यह पठार ओडिशा के कोरापुट एवं कालाहांडी जिलों, बस्तर जनपद, छत्तीसगढ़ तथा आन्ध्र प्रदेश के श्रीकाकुलम, विशाखापट्टनम तथा पूर्वी गोदावरी जिलों में फैला हुआ है। इस प्रदेश में स्थित बेलाडिला (Bailadila) एवं अभूझमार (Abhujmar) भारत के सबसे धनी लौह-अयस्क भंडारों में से एक हैं। महानदी एवं गोदावरी की सहायक नदियाँ इसका जल अपवाह करती हैं, जिनमें तेल

(Tel), उदान्ती (Udanti) महानदी की सहायक नदियाँ और गोदावरी की सिलेरू (Silaru), और सबरी (Sabari) सहायक नदियाँ प्रमुख हैं।

6. दक्षिण दक्कन का पठार (The South Deccan Plateau)

दक्कन के पठार के दक्षिणी भाग में कई छोटे पठार सम्मलित हैं, जिनका संक्षिप्त विवरण निम्न प्रकार है:

(i) कर्नाटक का पठार (Karnatka - Plateau): कर्नाटक के पठार का विस्तार दक्षिण पश्चिमी कर्नाटक से लेकर केरल राज्य के कोझीकोड और कन्नूर (Kazhikode, Kannur) जिलों में हैं। इसकी चट्टानों में आर्कियन तथा धारवाड़ (Dharwar Period) प्रमुख हैं। पठार की ऊँचाई 600 – 900 मीटर के मध्य है। कर्नाटक पठार की सर्वोच्च चोटी, कुद्रेमुख (Kudremukh), सागर स्तर से 1892 मीटर ऊँची है।

कर्नाटक पठार के उत्तरी भाग को मलन्द (Maland) तथा दक्षिणी भाग को मैदान (Maidan) के नाम से जाना जाता है। कावेरी एवं तुंगभद्रा नदियाँ इसका जल अपवाह करती हैं। इन नदियों की घाटियों में कई सुन्दर ग्रीष्मकालीन पर्यटन केन्द्र हैं।

(ii) तेलंगाना का पठार (Telangana Plateau): तेलंगाना का पठार मुख्यत: धारवाड़ युग (Dharwar Period) की चट्टानों से बना हुआ है। कावेरी के बेसिन में गोंडवाना तन्त्र (Gondwana System) की चट्टानें भी पाई जाती हैं।

(iii) तमिलनाडु का पठार (Tamil Nadu Plateau): दक्षिण सह्याद्री पर्वत तथा तमिलनाडु के तटीय मैदान के बीच स्थित तमिलनाडु के पठार की चट्टानें मुख्यत: आर्कियन युग की हैं। जवादी (Jawadi) एवं शेवराय (Shevaroy) की पहाड़ियों में चारनोकाइट्स (Charnockites) प्रकार की चट्टानें पाई जाती हैं। कोयम्बटूर (Coimbatore) और अन्नामलाई (Animalais Hils) के मध्य, पालक्कड गैप (Palakkad Gap) पालघाट (Palghat) के नाम से जाना जाता है। लगभग 24 किलोमीटर चौड़े इस दर्रे से होकर पूरब-पश्चिम दिशा में गायत्री नदी बहती है, जो तमिलनाडु को केरल के तट से जोड़ती है।

7. पश्चिमी घाट (Western Ghats)

पश्चिमी घाट या सह्याद्री पर्वत (Sahyadris), तापी नदी के मुहाने (Mouth) से लेकर, कन्याकुमारी (Cape Comorin) तक, पश्चिमी तट के समानान्तर, उत्तर से दक्षिण की दिशा में विस्तृत है। इसकी लम्बाई लगभग 1600 किलोमीटर है। इसका पश्चिमी ढलान तीव्र (Steep) तथा पूर्वी ढलान मन्द है। पश्चिम घाट की उत्पत्ति अरब सागर के नीचे की ओर धंसने (Downwarping) के कारण हुई। सह्याद्री पर्वत, भारतीय प्रायद्वीप के लिये जलविभाजक (Watershed) का काम करता है। पश्चिम घाट से निकलकर पश्चिमी दिशा में बहकर अरब सागर में गिरने वाली नदियाँ तीव्रगामी हैं। शरावती नदी पर अवस्थित गर्सोपा जलप्रपात (Garsopa-Jog-Waterfall) भारत का सबसे ऊँचा जलप्रपात है जिसकी ऊँचाई लगभग 250 मीटर है। पश्चिमी घाट की औसत ऊँचाई 1000-3000 मीटर के बीच है। ***(चित्र 2.24)***

पश्चिमी घाट से निकलकर पूर्व एवं दक्षिण-पूर्व की दिशा में बहने वाली मुख्य नदियों में गोदावरी, कृष्णा, कावेरी और उनकी सहायक नदियाँ प्रमुख हैं। ये नदियाँ अपना जल बंगाल की खाड़ी में गिराती हैं।

पश्चिमी घाट के मुख्य शिखरों में कुद्रेमुख (1892 मी.) पुष्पगिरि (1714 मी.), कलसुबई (1646 मी.) सल्हरे (1567 मी.) महाबलेश्वर (1438 मी.) तथा हरिश्चन्द्र (1424 मी.), उल्लेखनीय हैं।

पश्चिम घाट दक्षिण में पूर्वी घाट से मिलकर एक पवर्तीय गांठ बनाते हैं, जिसको नीलगिरि के नाम से जाना जाता है। नीलगिरि का सबसे ऊँचा शिखर डोडाबेटा है, जिसकी ऊँचाई 2637 मी. है। नीलगिरि के दक्षिण में पालघाट (पालक्कड दर्रा) स्थित है। पालघाट के दक्षिण में अन्नामलाई (Anaimali Hill) की पहाड़ियाँ फैली हुई हैं। अनाईमुडी (Anaimudi) शिखर, जिसकी ऊँचाई 2695 मीटर है, पश्चिम घट और भारतीय प्रायद्वीप का सबसे ऊँचा शिखर है।

प्रायद्वीपीय भारत के कुछ महत्वपूर्ण दर्रों, पर्वतों, पहाड़ियों इत्यादि का संक्षिप्त वर्णन नीचे दिया गया है:

भोरघाट (Bhorghat): पश्चिमी घाट में लगभग 1000 मीटर की ऊँचाई पर स्थिति, भोरघाट, मुम्बई को पुणे से जोड़ता है। पश्चिमी घाट का यह अत्यधिक व्यस्त दर्रा माना जाता है। इस दर्रे से होकर रेलगाड़ियों तथा वाणिज्यिक वाहनों का भारी आवागमन होता है।

गोरनघाट (Goranghat): माउण्ट आबू के दक्षिण में स्थित गोरनघाट दर्रा उदयपुर नगर को सिरोही एवं जालौर नगरों से जोड़ता है। गोरनघाट, सागर स्तर से लगभग 1200 मीटर की ऊँचाई पर स्थित है। आसपास की निर्जन चट्टानों पर काँटेदार झाड़ियाँ तथा नागफनी विद्यमान हैं।

हल्दीघाट (Haldighat): राजस्थान की अरावली श्रेणी का एक पर्वतीय दर्रा है। उदयपुर से लगभग 40 किलोमीटर की दूरी पर स्थिति यह दर्रा राजसमंद और पाली जिलों को जोड़ता है। इसका नामकरण यहाँ पाई जाने वाली हल्दी जैसे पीले रंग वाली मृदा से हुआ है। मेवाड़ के राणा प्रताप सिंह और मुगल सम्राट अकबर के सेनापति एवं आमेर के राजा मानसिंह के बीच सन् 1576 की प्रसिद्ध हल्दीघाटी की लड़ाई यहीं हुई थी। इस प्रकार यह दर्रा बड़ा ऐतिहासिक महत्व रखता है।

पालघाट (Palghat): नीलगिरि पहाड़ियों के दक्षिण में स्थित पालघाट को पालक्कड दर्रे (Palakkad Gap) के नाम से जाना जाता है। सागर-स्तर से इस दर्रे की ऊँचाई 75 मीटर से 300 मीटर के मध्य है। इसकी चौड़ाई लगभग 24 किलोमीटर है। यह तमिलनाडु के कोयम्बटूर नगर को केरल राज्य के कोच्चि एवं कोझीकोड नगरों जोड़ता है।

हरिश्चन्द्र श्रेणी (Harishchandra Range): दक्षिणी महाराष्ट्र में उत्तर-पश्चिम और दक्षिण-पूर्ण दिशा में विस्तृत यह एक पर्वतमाला है। हरिश्चन्द्र पर्वत श्रेणी महाराष्ट्र के पुणे एवं उस्मानाबाद जिलों में फैली हुई है। यह पर्वत श्रेणी विभिन्न प्रकार के जंगलों से ढकी हुई है।

कलसुबई (Kalsubai): महाराष्ट्र में स्थित, कलसुबई पश्चिमी घाट की ऊँची श्रेणियों में से एक है। सागर स्तर से इसकी ऊँचाई लगभग 1646 मीटर है। जनजातियों द्वारा इस श्रेणी की वन सम्पदा को भारी हानि हुई है।

कुद्रेमुख (Kudremukh): कर्नाटक में स्थित, कुद्रेमुख की ऊँचाई सागर स्तर से लगभग 1892 मीटर है। कुद्रेमुख लौह-अयस्क की प्रचुरता के लिए प्रसिद्ध है। इस श्रेणी का लौह-अयस्क मैग्नेटाइट एवं हेमेटाइट प्रकार का है। भारत द्वारा ईरान को होने वाले लौह-अयस्क का निर्यात कुद्रेमुख से मंगलौर बन्दरगाह के द्वारा किया जाता है।

महाबलेश्वर श्रेणी (Mahabaleshwar Range): महाबलेश्वर की ऊँचाई 1438 मीटर है तथा यह पश्चिमी घाट की सबसे ऊँची चोटियों में से एक है। यह राष्ट्रीय एवं अन्तर्राष्ट्रीय पर्यटकों के लिए एक महत्वपूर्ण धार्मिक एवं सांस्कृतिक पर्यटक केन्द्र है।

जोग जलप्रपात (Jog Waterfall): पश्चिमी घाट के पश्चिमी ढलान पर बहने वाली शरावती नदी पर स्थित यह विश्व के सबसे ऊँचे (250 मीटर) जलप्रपातों में से एक है।

नीलगिरि (Nilgiri): भारतीय प्रायद्वीप के दक्षिणी भाग में नीलगिरि पर्वत स्थित है। लगभग 2500 वर्ग किलोमीटर पर फैले नीलगिरि की ऊँचाई 2500 मीटर तक है। दक्षिण भारत के सबसे लोकप्रिय पर्यटन केन्द्र में से एक उधगमण्डलम (Udhagamandalam) (ऊटी) यहाँ स्थित है।

पुष्पगिरि (Pushapgiri): भारतीय प्रायद्वीप की सर्वोच्च चोटियों में से पुष्पगिरि एक है, जिसकी ऊँचाई 1714 मीटर है। इसकी ढलानों पर द्रविड़ मूल की जनजातियाँ रहती हैं। वनों को काटने एवं जलाने से पुष्पगिरि की वन सम्पदा को भारी हानि हुई है।

सल्हेर (Salher): मालेगाँव एवं नासिक के बीच स्थित सल्हेर की पहाड़ियाँ समुद्र तल से 1567 मीटर तक ऊँची हैं। वनों को जलाने और काटने के कारण न केवल यहाँ के प्राकृतिक सौदर्य में कमी आई है, बल्कि यहाँ बहुत-सी पर्यावरण एवं पारिस्थितिकीय समस्या उत्पन्न हो गई हैं।

थाल घाट (Thal Ghat): थाल घाट, पश्चिमी घाट (नासिक को मुम्बई से जोड़ता है)। यह सह्याद्रि पहाड़ियों में स्थित है। समुद्र तल से थाल घाट 1000 मीटर की ऊंचाई पर अवस्थित है। राष्ट्रीय उच्च मार्ग संख्या-3 और भोपाल-इंदौर रेलवे लाइन थाल घाट हो कर ही गुजरती है।

8. पूर्वी घाट (Eastern Ghat)

पूर्वी घाट दक्कन के पठार की पूर्वी सीमा का निर्धारण करता है। पूर्वी घाट में छोटी-बड़ी बहुत-सी पर्वत श्रृंखलायें एवं पहाड़ियाँ हैं। इन पहाड़ियों की संरचना जटिल ही नहीं, बल्कि एक-दूसरे से विलगित भी है। इनको पूर्वी घाट के अलग-अलग भागों में अलग-अलग नाम से जाना जाता है। पूर्वी घाट की औसत ऊँचाई लगभग 600 मीटर है। महानदी तथा गोदावरी के बीच पूर्वी घाट की औसत ऊँचाई लगभग 1100 मीटर है ***(चित्र 2.24)***।

आन्ध्र प्रदेश में अवस्थित अरोयाकोण्डा (Aroya-Konda) पूर्वी घाट का सबसे ऊँचा शिखर है, जिसकी ऊँचाई सागर-स्तर से 1680 मीटर है। दूसरा सबसे ऊँचा शिखर देवड़ी मुण्डा (ओडिशा) 1598 मीटर है। इनके अतिरिक्त सिंधराजू (1516 मीटर) और निमालगिरि (1515 मीटर) कोरापुट में स्थित हैं, जबकि महेन्द्रगिरि (1501 मीटर) गंजम जिले में स्थित है।

पूर्वी घाट की प्रमुख चट्टानों में कोनोडालाइट (Konodalite) तथा चारनोकाइट (Charnokites) प्रमुख हैं। ये ग्रेनाइट प्रकार की चट्टानों में सम्मिलित हैं। कृष्णा नदी से लेकर चेन्नई नगर की दूरी में कोंडाविडू (Kondavidu), नल्लामलाई (Nallamalai), वेलीकोंडा (Velikonda), पालकोंडा (Palkonda), तथा इर्रामाला (Erramala Range) श्रेणियाँ फैली हुई हैं। इन श्रेणियों की निरन्तरता सेशाचलम (Seshachalam) कुडप्पा और अन्तपुर जिलों में फैली श्रेणी तथा जवादी (Jawadi), शेवराय (Shevroy), पंचामलाई (Panchamalai), सिरुमलाई (Sirumalai), एवं वारूशनाड (Varushnad) इत्यादि पहाड़ी श्रेणियों में देखी जा सकती हैं।

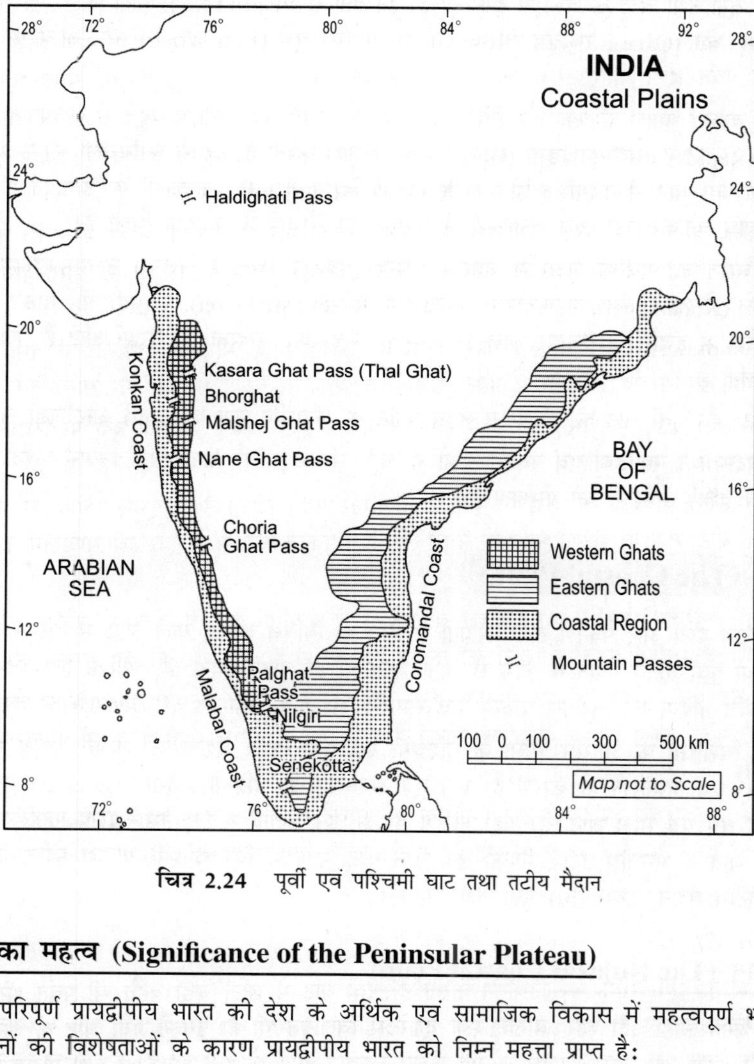

चित्र 2.24 पूर्वी एवं पश्चिमी घाट तथा तटीय मैदान

प्रायद्वीपीय पठार का महत्व (Significance of the Peninsular Plateau)

खनिज सम्पदाओं से परिपूर्ण प्रायद्वीपीय भारत की देश के अर्थिक एवं सामाजिक विकास में महत्वपूर्ण भूमिका रही है। अपनी अवस्थिति और चट्टानों की विशेषताओं के कारण प्रायद्वीपीय भारत को निम्न महत्ता प्राप्त है:

(i) भारत का प्रायद्वीपीय प्रदेश धात्विक एवं गैर-धात्विक दोनों ही प्रकार के खनिजों से परिपूर्ण है। इसमें पाए जाने वाले खनिज अयस्कों में लोहा, मैगनीज, तांबा, बाक्साइट, क्रोमियम, सोना, चांदी, जस्ता, सीसा और पारा सम्मिलित हैं। इनके अतिरिक्त भारतीय प्रायद्वीप में कोयले, हीरे, जस्ता, अभ्रक, संगमरमर, सजावटी-पत्थर, इमारती-पत्थर, चूना-पत्थर, तथा एस्बेस्टस की प्रचुरता है। गोंडवाना युग का बना उत्तम प्रकार का कोयला भी प्रायद्वीपीय भारत में ही पाया जाता है।

(ii) प्रायद्वीपीय भारत के एक बहुत बड़े भाग पर रेगुर मृदा अथवा काली मिट्टी (Regur Soil) फैली हुई है। इस मिट्टी में कपास, ज्वार (Millets), मक्का, दाल-दलहन, गन्ने की फसलों की उत्तम खेती होती है। खट्टे फलों (संतरे, अंगूर, निम्बू इत्यादि) के लिये भी काली मिट्टी उपयोगी मानी जाती है। इस प्रायद्वीप के कुछ भागों में चाय, काफी, रबड़, काजू, गर्म मसालों, तम्बाकू, मूंगफली, तिलहनों की खेती भी की जाती है।

(iii) प्रायद्वीपीय भारत के दक्षिणी तथा पूर्वी भागों में आर्कियन (Archacean), धारवाड़, कुडप्पा, और विंध्यन युगों की चट्टानें पाई जाती हैं। इन चट्टानों पर लाल, भूरी एवं लेटेराइटिक मिट्टी (Lateritic Soils) का विकास हुआ है, जिनमें मूंगफली, काजू, दलहन एवं तिलहन की अच्छी खेती की जाती है। वास्तव में ये मिट्टियां ग्रामीण अर्थव्यवस्था का आधार हैं।

(iv) पश्चिमी घाट, पूर्वी घाट, नीलगिरि पर्वत तथा प्रायद्वीपीय भारत की बहुत-सी पर्वत श्रेणियां घने उष्ण कटिबंधीय सदाबहार, पतझड़ वाले वनों तथा चीड़ के वृक्षों से ढके हुई हैं। इन वनों से सागौन (Teak), साल (Sal), चंदन, आबनूस (Ebony), महोगनी बाँस, बेंत (Cane), रोज़वुड (Rosewood) आयरन-वुड (Iron-Wood) और अन्य वन संपदाओं की प्राप्ति होती है।

(v) पूर्व दिशा में बहकर बंगाल की खाड़ी में गिरने वाली नदियाँ, प्रायद्वीपीय भारत में बहुत-से जलप्रपातों, झीलों (Cataracts), क्षिप्रिकाओं (Rapids) तथा महाखड्डों (Gorges) का निर्माण करती हैं, जिनसे पनबिजली का उत्पादन करने में सहायता मिली है। पश्चिम घाट से उद्गमित होने वाली नदियाँ विशेष रूप से पनबिजली के उत्पादन में सहायक हुई हैं। इन नदियों पर बाँध बनाकर नहरों एवं जलाशयों से फसलों की सिंचाई में सहायता मिली है।

(vi) प्रायद्वीपीय भारत की पर्वतमालाओं में बहुत-से सुन्दर पयर्टक स्थल हैं, जिनमें उधगमण्डलम (ऊटकमंड-ऊटी), कोडाइकोनाल (Kodaikonal), महाबलेश्वर, खण्डाल्पा, मेथेरान (Metheron), पंचमढ़ी और माऊंट आबू सबसे महत्वपूर्ण हैं। देश-विदेश से हजारों पयर्टक/हर साल इन पर्यटक केन्द्रों की सुन्दरता को देखने आते हैं, जिससे अर्थव्यवस्था को मजबूती मिलती है।

(vii) पश्चिमी घाट और पूर्वी घाट के जंगलों में उच्च कोटि के औषधीय गुण वाले पौधे और जड़ी-बूटियां मिलती हैं।

(viii) भारतीय प्रायद्वीप की पहाड़ियों एवं पर्वतमालाओं में बहुत-सी अनुसूचित जनजातियां निवास करती हैं। विंध्य पर्वत श्रेणी के दक्षिण में द्रविड़ संस्कृति की प्रमुखता है।

तटीय मैदान (The Coastal Plain)

भारत का प्रायद्वीपीय पठार दोनों ओर संकीर्ण तटीय मैदानों से घिरा है। विविध चौड़ाई वाले उत्तर से दक्षिण की ओर फैले हुये इन मैदानों को पश्चिमी तथा पूर्वी तटीय मैदान के नाम से जाना जाता है। इन दोनों मैदानों की भौतिक विशेषतायें एक-दूसरे से भिन्न हैं। इन मैदानों की उत्पत्ति नदियों की निक्षेपण प्रक्रिया एवं सागरीय लहरों के अपरदन तथा निक्षेपण के द्वारा हुई है।

भूगर्भ विज्ञान के विशेषज्ञों के अनुसार भारत के पश्चिमी एवं पूर्वी तटीय मैदानों की उत्पत्ति अरब सागर तथा बंगाल की खाड़ी के भ्रंश (Faults) एवं अवतलन के कारण है। भ्रंश एवं अवतलन की प्रक्रिया इयोसीन (Eocene) युग में हुई थी। इयोसीन युग लगभग छः करोड़ वर्ष पूर्व माना जाता है। यही कारण है कि, इन मैदानों में प्लायोसीन (Pliocene) युग से लेकर वर्तमान समय के जलोढ़ पाये जाते हैं भारतीय तटीय मैदानों को निम्न तीन भागों में विभाजित किया जा सकता है- (i) गुजरात तटीय मैदान, (ii) पश्चिमी तटीय मैदान, तथा; (iii) पूर्वी तटीय मैदान।

गुजरात तटीय मैदान (The Gujarat Coastal Plain)

इस मैदान के अंतर्गत बनासकांठा और साबरकांठा जिलों को छोड़कर, गुजरात का पूरा मैदानी भाग सम्मिलित है। इस मैदान की उत्पत्ति साबरमती, माही, लूनी तथा उनकी सहायक नदियों के जलोढ़ निक्षेपों के द्वारा हुई है। इस मैदान के कुछ भागों की उत्पत्ति पवन के द्वारा लाई गई धूल, मिट्टी और रेत के एकत्रित होने से हुई है। इनके अतिरिक्त मैदान के कुछ भागों में गोंडवाना (Gondwana) तथा जुरैसिक (Jurasic) युग की चट्टानें भी पाई जाती हैं। इस मैदान में स्थित उमाई श्रेणी (Umai Series) में दक्कन के लावे की चट्टानें पायी जाती हैं।

गुजरात के मैदान का पूर्वी भाग, सिन्धु (Indus) तथा गंगा के मैदानों के बीच स्थित है। इस भाग की उत्पत्ति प्लीस्टोसीन (Pleistocene) युग के जलोढ़ निक्षेपों से हुई है। पूर्वी गुजरात का अरासुर पर्वत (Mt. Arasur), सतपुड़ा का राजपीपला (अकीक पत्थर) के लिये प्रसिद्ध, बुलसार की पहाड़ियाँ, गिरनार एवं गोरखनाथ का शिखर (117 मीटर) तथा काठियावाड़ की माण्डव पहाड़ियाँ गुजरात के तटीय मैदान की समतलता को भंग करती हैं।

रण का कच्छ (The Rann of Kchh): एक विस्तृत ज्वार-भाटा मैदान है, जिसमें बहुत-सी संकरी खाड़ियां (Creeks) पाई जाती हैं। कच्छ की खाड़ी, रण-कच्छ को काठियावाड़ के प्रायद्वीप से अलग करती है। रण-कच्छ की मिट्टी में अधिक लवणता के कारण फसलें नहीं उगाई जा सकती हैं अथवा उगाई फसलों का उत्पादन बहुत कम है। रण-कच्छ के क्षेत्र में भूकम्पों की बारम्बारता बहुत अधिक है।

पश्चिम तटीय मैदान (The West Coastal Plain)

पश्चिमी तटीय मैदान अरब सागर तथा सह्याद्री पर्वतमाला के बीच स्थित है। उत्तर से दक्षिण की ओर इसकी लम्बाई लगभग 1400 किलोमीटर तथा चौड़ाई 10 से 80 किलोमीटर के बीच है। इस मैदान में जलोढ़ मिट्टी, रेत के ढीले, पुलिन बीच (Sea-Beaches), ऐस्चुअरी (Esturary), लैगून (Lagoon) एवं अवशिष्ट पहाड़ियाँ पाई जाती हैं। इस मैदान के समानान्तर उत्तर से दक्षिण की ओर पश्चिमी घाट (सह्याद्री पर्वतमाला) फैला हुआ है। पश्चिमी घाट पर्वतों की ऊँचाई 750 मीटर से लेकर 1225 मीटर तक है। पश्चिम घाट में कई बड़े दर्रे हैं, जिनको घाट कहते हैं। इन दर्रों में चोरिआ-घाट, भोर घाट, पाल-घाट तथा शिनकोटे उल्लेखनीय हैं।

पश्चिमी तटीय मैदान के उत्तरी भाग को कोंकण का मैदान कहते हैं। कोंकण के मैदान की उत्तर से दक्षिण की ओर लम्बाई 530 किलोमीटर और चौड़ाई 30 से 50 किलोमीटर है। इस मैदान का विस्तार गुजरात, महाराष्ट्र तथा गोवा राज्यों में है। इसके दक्षिण में कर्नाटक का मैदान फैला हुआ है। कर्नाटक के मैदान की लम्बाई 525 किलोमीटर तथा चौड़ाई 8 से 25 किलोमीटर है। पश्चिमी तटीय मैदान की सबसे कम चौड़ाई कर्नाटक के मैदान में है। कर्नाटक के मैदान में दक्षिण में इस मैदान को मालाबार का मैदान कहते हैं। मालाबार के मैदान की लम्बाई लगभग 550 किलोमीटर तथा चौड़ाई 20 से 100 किलोमीटर है। मालाबार तटीय मैदान की सबसे अधिक चौड़ाई बीपोरा (Bepora) के मैदान में है। इस भाग का जल अपवाह पोनानी नदी (Ponnani River) करती है। पालघाट इसी भाग में स्थित है। पेरियार (Pariyar) एवं पम्बा नदियाँ भी इसी भाग का जल अपवाह करती हैं। मैदान के तटीय भाग में बहुत-सी लैगून (Lagoons) तथा अप्रवाही जल (Backwaters) बड़ी लैगून झीलों में नौ-गमन से सामान की ढुलाई होती है। किश्तियों में सवार होकर मुसाफिर भी एक स्थान से दूसरे स्थान पर जाते हैं। बड़ी लैगून झीलों में वेम्बनाड (Vembnand) तथा अष्टमुडी (Asthamudi) विश्व प्रसिद्ध हैं। मालाबार तट में 3 भाड़ (Emergence) के प्रमाण मिलते हैं।

यह जलीय जीवों जैसे केकड़ा, मेढक, मडस्कीपर, चिड़ियाँ, टर्न, रामचिरैया, समुद्री चिड़िया, कछुआ और अन्य का निवास क्षेत्र है। बैंकवाटर में प्रमुख पर्यटन स्थल हैं और परिवहन, मत्स्य पालन और कृषि के लिए महत्वपूर्ण है। प्रदेश में मोनाजाइट रेत के निक्षेप हैं जो लाल भूरे रंग का होता है और फॉस्फेट से भरपूर होता है। मोनाजाइट प्रमुख रेडियोधर्मी है क्योंकि उसमें थोरियम होता है।

पूर्वी तटीय मैदान (The Easterm Coastal Plains)

पूर्वी तटीय मैदान का विस्तार बंगाल की खाड़ी एवं पूर्वी घाट के बीच है। इस मैदान का विस्तार ओडिशा, आन्ध्र प्रदेश तथा तमिलनाडु राज्यों में है। पूर्वी तटीय मैदान का क्षेत्रफल लगभग 102,900 वर्ग किलोमीटर है। इस मैदान के तटीय भाग में विश्व के बड़े डेल्टा पाये जाते हैं, जिनमें, सुन्दरवन, महानदी, गोदावरी, कृष्णा एवं कावेरी नदियों के डेल्टा उल्लेखनीय हैं। इस तटीय मैदान की उत्पत्ति टर्शियरी (Tertiory) एवं आधुनिक (Recent) युगों की जलोढ़ मिट्टी एवं निक्षेपों से हुई है। इस समतल तटीय मैदान में कहीं-कहीं छोटी-मोटो पहाड़ियाँ भी पाई जाती हैं। इस मैदान का तट, कम कटा-फटा है। नदियों के डेल्टा के सामने बंगाल की खाड़ी में रेत की पट्टी (Sand Rar) पाई जाती है। चिल्का झील इस तट की सबसे बड़ी लैगून झील है। महानदी के डेल्टा के पूर्व में स्थित चिल्का झील की लम्बाई 65 किलोमीटर तथा चौड़ाई 8 किलोमीटर है। गोदावरी तथा कृष्णा नदियों के बीच तट के पास कोलेरू (Kulleru) झील स्थित है, जबकि आन्ध्र प्रदेश एवं तमिलनाडु की सीमा पर पुलीकट (Pulicat) झील स्थित है।

भारतीय द्वीप समूह (The Indian Islands)

भारत के पास 615 द्वीप हैं, जिनमें से 572 बंगाल की खाड़ी में तथा 43 द्वीप अरब सागर में स्थित हैं। अण्डमान-निकोबार के 572 द्वीपों में से केवल 36 द्वीपों पर लोग आबाद हैं। अण्डमान-निकोबार द्वीप समूह की उत्पत्ति टैक्टोनिक (Tectonic) है, जो लावे के बने हुये हैं। बंगाल की खाड़ी तथा अरब सागर में स्थित द्वीपों के अतिरिक्त, बहुत-से द्वीप तट रेखा के निकट स्थित हैं। गंगा के डेल्टा, खम्बात की खाड़ी, कच्छ की खाड़ी तथा मन्नार की खाड़ी (Gulf of Mannar) में बहुत-से तटीय द्वीप हैं।

बंगाल की खाड़ी के द्वीप (Islands of the Bay of Bengal)

बंगाल की खाड़ी के मुख्य द्वीपों में अण्डमान तथा निकोबार द्वीप समूह हैं। अण्डमान द्वीप समूह को निकोबार द्वीप समूह से 10 डिग्री चैनल (Ten Degree Channal) अलग करता है। पश्चिमी बंगाल के तट से अण्डमान द्वीपों की दूरी लगभग 2,000 किलोमीटर है। भारत का सुदूर दक्षिण स्थान इन्द्रा प्वांइट (Indira Point) ग्रेट निकोबार के दक्षिणी बिन्दु पर स्थित है (वर्ष 2004 की सूनामी में यह समुद्र में डूब चुका है) ***(चित्र 2.25)***।

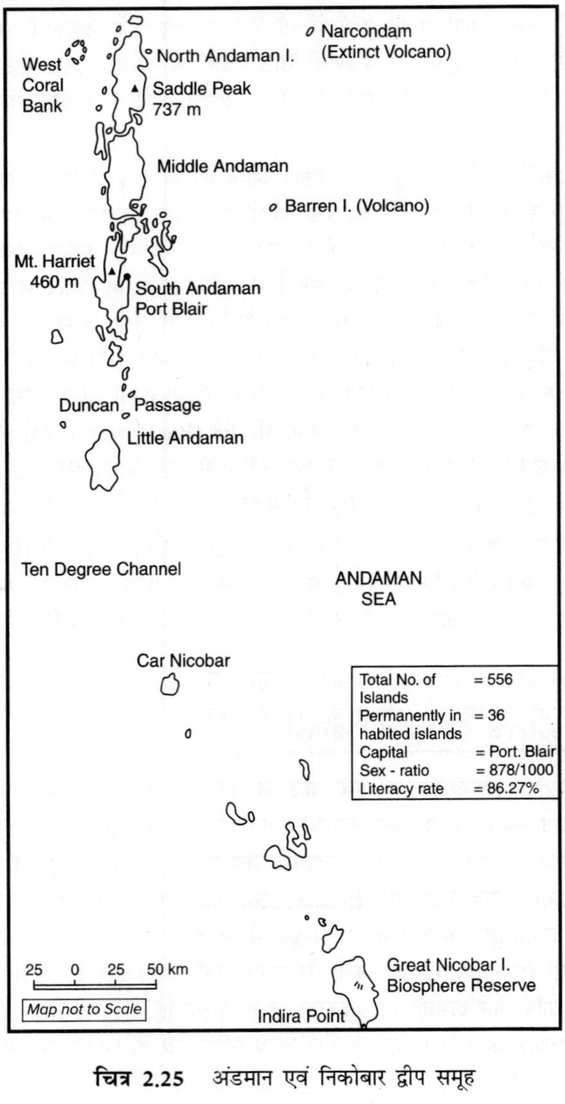

चित्र 2.25 अंडमान एवं निकोबार द्वीप समूह

अण्डमान निकोबार द्वीप समूह की जलवायु उष्णार्द्र है। सालभर औसत तापमान 25°C के आस-पास रहता है। जल समीर (Sea Brezz) के प्रभाव के कारण तापमान की भीषणता में कमी पाई जाती है। अधिकतर वर्षा गर्मी के मानसून के मौसम में होती है। अधिकतर वर्षा मध्य मई से लेकर मध्य सितम्बर तथा मध्य नवम्बर से दिसम्बर के दौरान होती है। वर्षा सामान्यतः मानसूनी प्रकार की होती है।

अण्डमान-निकोबार द्वीप समूह के अधिकतर भाग घने जंगल से ढ़के हुये हैं तथा सागरों में बहुत-सी प्रवाल भित्तियाँ (Coral Reefs) पायी जाती हैं। 242 प्रकार की चिड़ियाँ इन द्वीपों में पाई जाती हैं, इसलिये इन द्वीपों को चिड़ियों का स्वर्ग (Paradise) भी कहा जाता है। सभी द्वीप ज्वालामुखियों से प्रभावित रहे हैं। भारत का एकमात्र सक्रिय ज्वालामुखी (Active Volcano) बैरन द्वीप (Barren Island) पर स्थित है।

बैखलैंड ज्वालामुखी के अतिरिक्त नारकोण्डम (Narcondam) भी एक सक्रिय ज्वालामुखी रहा है। यह द्वीप अण्डमान द्वीप से लगभग 80 किलोमीटर पूर्व में स्थित हैं। निकोबार द्वीप समूह में 18 द्वीप हैं, जिनमें से 11 द्वीपों पर लोग रहते हैं। निकोबार द्वीप समूह में बहुत-सी प्रवाल भित्तियाँ (Coral Reefs) हैं।

अण्डमान-निकोबार की मुख्य फसल चावल है। इसके अतिरिक्त नारियल, सुपारी (Arecanut) एवं अनन्नास (Pine-apple) प्रमुख नकदी फसल हैं। केला, पपीता, आम, अमरूद के बगीचे भी अण्डमान-निकोबार में विकसित किये गये हैं।

अण्डमान-निकोबार द्वीप समूह की अनुसूचित जनजातियों की जनसंख्या में निरन्तर कमी हो रही है। इन द्वीपों में रहने वाली अधिकतर जनसंख्या आस-पास के देशों से आकर आबाद हुई है। यहाँ की जनसंख्या में आदिवासियों के अतिरिक्त बंगलादेश, म्यांमार, श्रीलंका तथा भारत के तमिलनाडु आदि राज्यों से आकर लोग आबाद हुये हैं। अण्डमान-निकोबार द्वीप समूहों की आदिवासी जनजातियों में जरावा (Jarawa), ओंगेज (Onges), निकोबारी तथा सेन्टीनेलिज (Sentinelese) प्रमुख हैं।

अण्डमान-निकोबार द्वीप समूह के बैण्डूर सागरीय बायोस्फियर रिजर्व (Wandoor Marine Biosphere Reserve) में विश्व के सबसे बड़े रोबर क्रैब (Giant Robber Crab) पाये जाते हैं। ये केंकड़े अपने शक्तिशाली पंजों से न केवल नारियल के पेड़ पर चढ़ जाते हैं, बल्कि इसके खोपड़े को तोड़कर नारियल का गूदा (Fruit) भी खा जाते हैं।

अरब सागर में स्थित भारतीय द्वीप समूह
(The Arabian Sea Islands)

अरब सागर में स्थित भारत के 43 द्वीप हैं, जिनमें से केवल दस द्वीपों पर लोगों की आबादी है। केरल राज्य के कालीकट (वर्तमान कोझीकोड) नगर से सबसे निकट द्वीप लक्षद्वीप की निकटतम दूरी 109 किलोमीटर है। लक्षद्वीप की राजधानी कवारत्ती (Kavaratti) इसी नाम के एक द्वीप पर स्थित है। आठ डिग्री चैनल (8 Degree Channel) लक्षद्वीप समूह को मालदीव समूह से अलग करता है। मिनिकॉय द्वीप इनमें सबसे बड़ा द्वीप है जिस पर लाईट हाऊस (Light House) और जलवायु विभाग (Meteorological Deptt.) की प्रयोगशाला स्थापित है। प्रवाल भित्तियों (Coral Formations) से बने लक्षद्वीप समूह पर उपजाऊ मिट्टियों का अभाव है। नारियल यहाँ की मुख्य नकदी फसल है। अधिकतर लोग मछली पकड़ने (Fishing) और पर्यटन उद्योग पर आश्रित हैं *(चित्र 2.26)*।

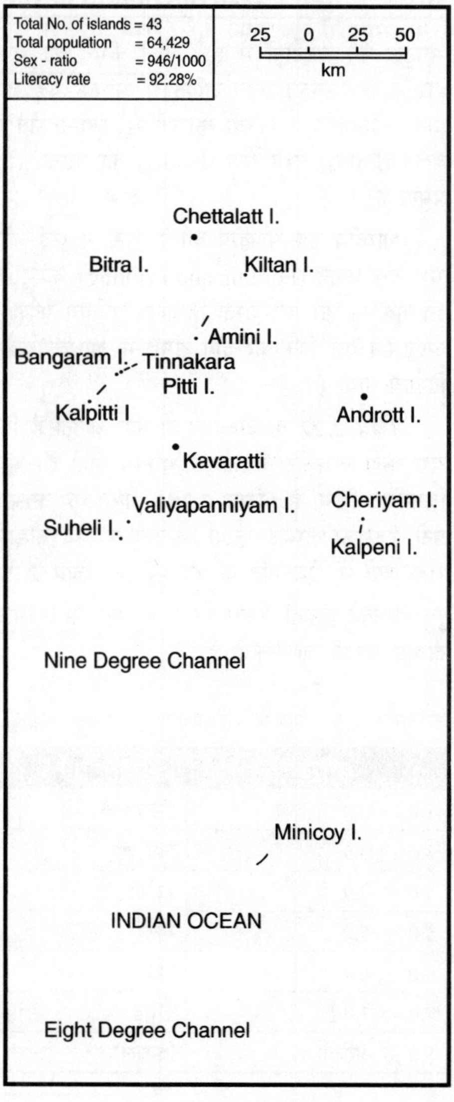

चित्र 2.26 लक्षद्वीप समूह

अपतटीय द्वीप (Offshore Islands)

गंगा नदी के डेल्टा के सामने बंगाल की खाड़ी में तथा खम्बात की खाड़ी में एवं प्रायद्वीप के तटों के निकट बहुत-से छोटे-बड़े द्वीप हैं। पश्चिम की ओर अरब सागर में काठियावाड़ प्रायद्वीप के तट पर पिरम, भैसाला, दीव (Diu), वैदा (Vaida), नोरा, पिरोथान (Pirothan), करुण भार (Karunbhar), खाड़िया-बेट, अलियाबेट (Aliabet) तापी नदी के मुख के सामने स्थित द्वीप हैं। मुम्बई के पास बुचर द्वीप (Butcher Island), ऐलिफेंटा (Elephanta), करंज (Karanj), क्रॉस द्वीप (Cross Island) स्थित हैं। मंगलौर बन्दरगाह (कर्नाटक) के तट के निकट भटकल, पीजनकॉक (Pegion-Coke), सेंट-मेरी (St. Mary) द्वीप, मन्नार की खाड़ी में क्रोकोडाइन द्वीप, अडण्डा द्वीप (Adunda Island), पुलीकट के पास श्री हरिकोटा (Shri-Harikota), चिल्का झील के पास परिकुंड द्वीप (Parikund Islands), महानदी-ब्राह्मणी नदियों के डेल्टा के सामने शॉर्ट द्वीप (Short Island), व्हीलर द्वीप (Wheeler Island) तथा सुन्दरबन डेल्टा के सामने गंगा-सागर एवं सागर द्वीप उल्लेखनीय हैं।

भारत में भूकम्प (Earth Quakes in India)

भूपटल की चट्टानों में होने वाले कंपन को भूकम्प कहते हैं। यदि भूपटल की चट्टानों में आन्तरिक बल के कारण तनाव (Tension) उनकी सहन शक्ति से अधिक बढ़ जाये तो उनमें भ्रंश (Faults) पड़ जाते हैं। भ्रंश पड़ने से भूकम्प आते हैं। भूकम्प प्रायः भौतिक एवं मानवी कारणों से उत्पन्न होते हैं। भूकम्प आने के मुख्य कारणों में (i) ज्वालामुखी-उदगार, (ii) चट्टानों में वलन (Folds) तथा भ्रंश (Faults) का पड़ना, (iii) भूपटन की प्लेटों का खिसकना (Movement of Plates) तथा मानवीकरण प्रमुख हैं।

भारतीय उप-महाद्वीप की संरचना में कई छोटी प्लेटों (Minor Plates) का संयोजन पाया जाता है। प्लेटों की सीमाओं पर भ्रंश एवं वलन (Fording and Faulting) की प्रक्रिया होती रहती है, जिनके फलस्वरूप प्रतिवर्ष बहुत-से भूकम्प आते रहते हैं। इन भूकम्पों की बारम्बारता हिमालय पर्वतीय प्रदेश, उत्तरी भारत के मैदान, उत्तरी-पूर्वी भारत के राज्यों, गुजरात के रण-कच्क्ष तथा अण्डमान एवं निकोबार द्वीप समूह में अधिक देखी जाती है। भारत में अधिक तीव्रता के कुछ प्रमुख भूकम्पों को ***चित्र 2.27*** में दिखाया गया है।

चित्र 2.27 के अध्ययन से पता चलता है कि अधिक तीव्रता के भूकम्प हिमालय पर्वत में आते हैं तथा प्रायद्वीपीय भाग में यदा-कदा कमज़ोर तीव्रता के भूकम्प आते हैं। भूकम्प विशेषज्ञों ने भूकम्पों की तीव्रता के आधार पर भारत को पांच प्रदेशों में विभाजित किया है ***(चित्र 2.28)***। भारत के लगभग 60 प्रतिशत क्षेत्रफल पर मंद तीव्रता के भूकम्प आते हैं। उत्तरी भारत की एक पेटी, जिसकी लम्बाई 3500 किलोमीटर तथा चौड़ाई लगभग 500 किलोमीटर है, तीव्र गति के भूकम्पों से प्रभावित होती है। पिछले 100 वर्षों में तीव्र गति के भूकम्पों को ***चित्र 2.27*** में दर्शाया गया है।

उनकी तीव्रता रिक्टर पैमाने पर एक सीस्मोमीटर की सहायता से नापी जाती है। नीचे दिये मापक की सहायता से भूकम्प की तीव्रता समझी जा सकती है।

तालिका 2.5 भूकंप की तीव्रता का रिक्टर स्केल

परिमाण	वर्ग	प्रभाव
1.0 – 2.9 से कम	अल्पार्थक	रिकार्ड होता है लेकिन मनुष्य अनुभव नहीं करते
3.0 – 3.9	लघु	व्यक्तियों द्वारा अनुभव होता है लेकिन हानि नहीं होती
4.0 – 4.9	हल्का	हल्की क्षति के साथ प्रत्येक व्यक्ति के द्वारा अनुभव किया जाता है
5.0 – 5.9	मध्य	हल्की हानि
6.0 – 6.9	तीव्र	जनसंख्या वाले क्षेत्रों में मध्यम क्षति
7.0 – 7.9	प्रमुख	गम्भीर हानि और जीवन हानि
8.0 से अधिक	विशाल	गम्भीर नाश और जीवन हानि

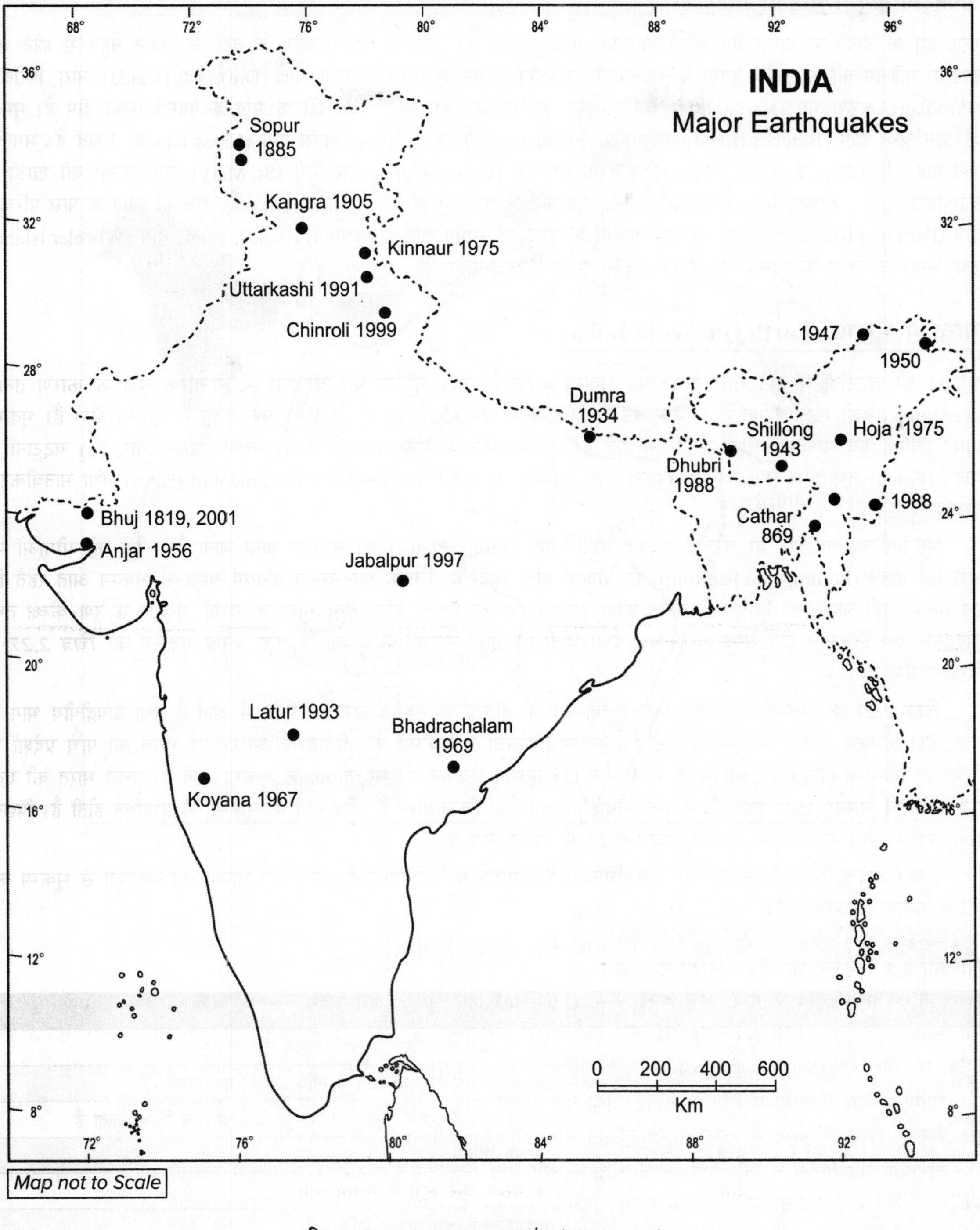

चित्र 2.27 भारत: प्रमुख भूकंप (1819-2021)

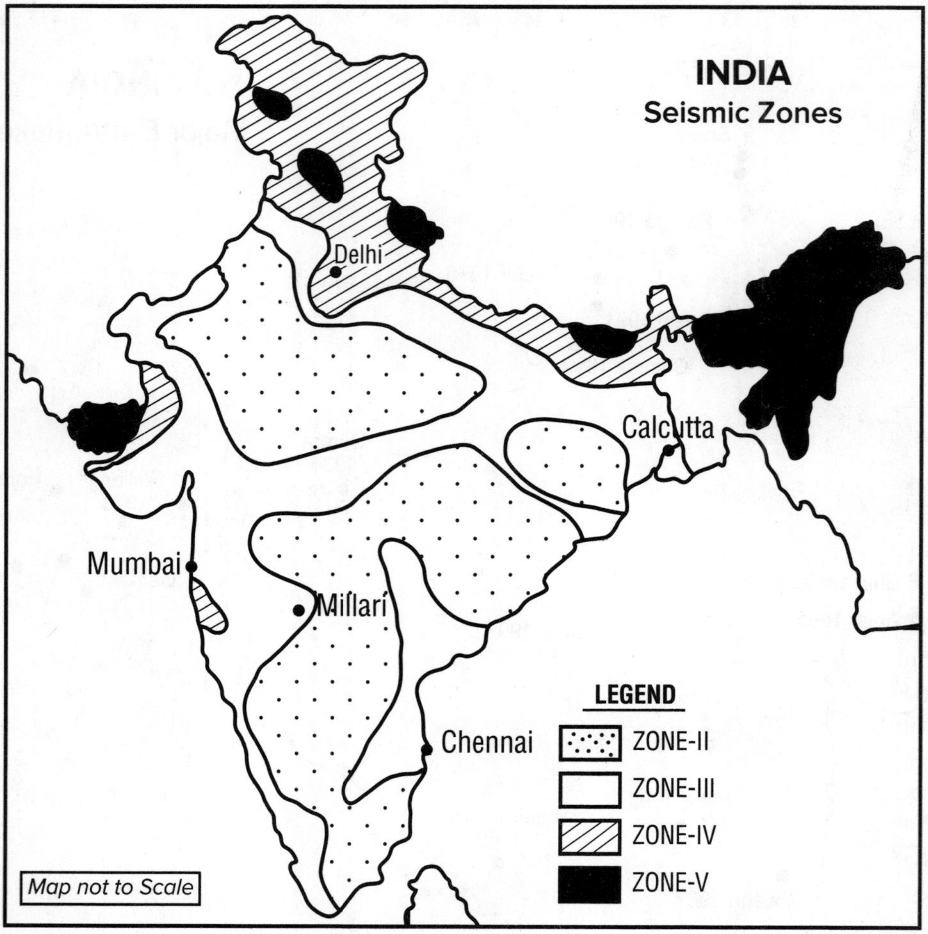

चित्र 2.28 भारत: प्रमुख भूकंप क्षेत्र

भारत में ज्वालामुखी-क्रियाएं (Vulcanicity in India)

पृथ्वी के आंतरिक भाग में पाया जाने वाले मैग्मा (Megma) और भूपटल की सतह के बीच एक नालिका (Conduit) को ज्वालामुखी कहते हैं। पृथ्वी की सतह पर कुछ ज्वालामुखी शंक्वाकार के होते हैं। ज्वालामुखियों की उत्पत्ति का मुख्य कारण समुद्र-तल विस्तारण (Sea Floor Spreading), विवर्तनिकी (Plate Tectonic) तथा पर्वत निर्माणकारी प्रक्रियाओं से सम्बंधित है।

वर्तमान समय में भारत में बैरन (Barran) तथा नारकोण्डम (Narcondom) द्वीपों पर सक्रिय जवालामुखी मौजूद हैं। प्रो. एच. एल. छिब्बर 1945 ने भारत में निम्न छ: ज्वालामुखी घटनाओं (Episodes) का वर्णन किया है।

विशेषज्ञों का मानना है कि भारत के बैरन द्वीप (अण्डमान-निकोबार द्वीप समूह) में सक्रिय ज्वालामुखी है तथा किसी हद तक भारतीय प्लेट की उत्तरी सीमा पर सब्डक्शन (Subduction) के कारण कुछ ज्वालामुखी-क्रियाएं पाई जाती है।

ज्वालामुखी क्रिया

धारवाड़ ज्वालामुखी क्रिया	कुडप्पा ज्वालामुखी क्रिया	विंध्य ज्वालामुखी क्रिया	पुराजीवी ज्वालामुखी क्रिया	मध्यजीवीय ज्वालामुखी क्रिया	क्रीटेशस ज्वालामुखी क्रिया
झारखण्ड में जेसाल्ट के अवशेष डाल्मा ट्रेप के रूप में पाये गये	कुडप्पा बीजापुर और ग्वालियर क्षेत्र में	राजस्थान में मलानी, जोधपुर, किराना, पानजोन, पहाड़ियों में	कश्मीर, हिमाचल प्रदेश, पीर पन्जाल, श्रेणी, डलहोजी, भुवाली, भीमताल सौगांव (कुमाऊं उत्तराखण्ड)	राजमहल पहाड़ियां (झारखण्ड) और आमेर पहाड़ियाँ (अरूणाचल प्रदेश)	उत्तरी पश्चिमी प्रायद्वीप क्षेत्र में बेसाल्ट निक्षेप जो दक्कन ट्रेप बनाता है।

संदर्भ सूची (References)

- Ahmed, E., *Coastal Geomorphology of India*. New Delhi: Orient Longman, 1972.
- Blandford, W. T., "Physical Geography of the Indian Desert." *Journal of the Asiatic Society of Bengal.* Calcutta (1876).
- Burrard, S. G., "Origin of the Indo-Gangetic Trough—Commonly called Himalayan Foredeep." *Proceedings of the Royal Society.* Vol. No. 91A (1915): 220–238.
- Chatterjee, S. P., "The National Atlas: Physical Plates." National Atlas of India. Government of India, Calcutta (1974).
- Deshpande, C. D., *India—A Regional Interpretation.* New Delhi: Indian Council of Social Science Research and National Book Centre, 1992.
- Gansser, A., *Geology of Himalayas*. New York: Interscience Publishers; John Wiley, 1964.
- Ghose, B. et al., "Geomorphology of the Rajasthan Desert-Desertification and its Control." *Council of Agricultural Research*, New Delhi (1977): 69–76 .
- Holland, T. H., Sir., *Imperial Gazetteer of India*. Vol. I. Calcutta: Government of India, 1907.
- Krishnan, M. S., *Geology of India and Burma*. New Delhi: CBS Publishers, 1968.
- Law, B. C., "Mountains and Rivers of India." *Geographical Review of India*, Calcutta (1968).
- Spate, O. H. K. and Learmonth, A. T. A., *India and Pakistan: A General and Regional Geography.* 3rd rev. ed. London: Methuen & Co. Ltd., 1967.
- Wadia, D. N., *The Role of Himalayan Mountains in the Physiography of Asia*. Vol. 30. Calcutta : Bose Research Institute, 1967.
- Wadia, D. N., *Geology of India.* New Delhi: Tata McGraw-Hill Pub. Co. Ltd., 1967.
- Husain, M., *Fundamentals of Physical Geography*, 5th Ed. Jaipur, Rawat Publications, 2018.

3
अपवाह तंत्र (Drainage System)

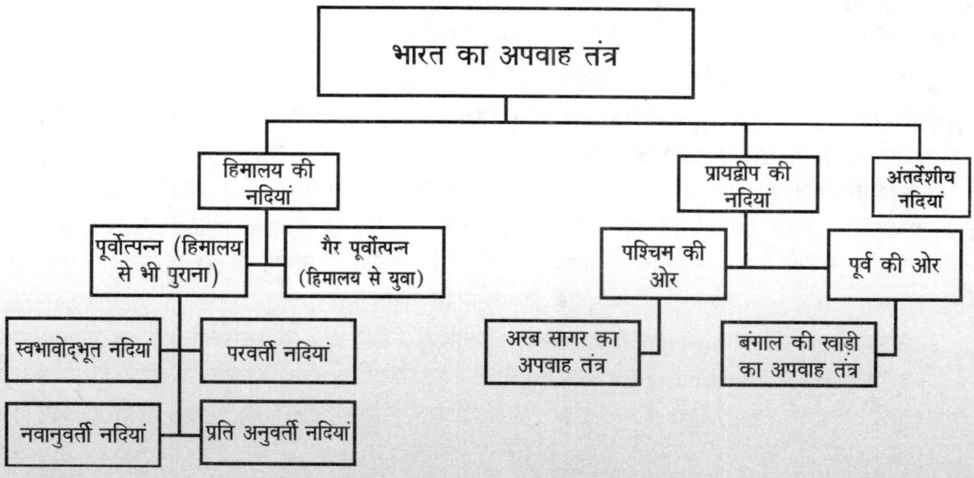

➤ अपवाह तंत्र (Drainage System)

जल अपवाह तन्त्र (Drainage System) किसी मुख्य नदी एवं उसकी सहायक नदियां, जो एक जल रूप में पृथ्वी के धरातल पर बहती हैं, किसी क्षेत्र के जल को सागर अथवा झील में गिराती हैं उसे जल अपवाह तंत्र कहते हैं। किसी नदी एवं उसकी सहायक नदियों के जल को नदी-बेसिन (River Basin) भी कहते हैं। एक नदी-बेसिन आस-पास की नदियों के बेसिन से जल-विभाजक (Watershed) के द्वारा सीमांकित किया जाता है। नदी-बेसिन को एक बेसिक जियोमार्फिक इकाई (Geomorphic Unit) के रूप में भी माना जाता है जिससे किसी क्षेत्र एवं प्रदेश की विकास योजना बनाने में सहायता मिलती है। नदियों के क्रमबद्ध अध्ययन (Systematic Study) के लिये भी नदी-बेसिन को एक उपयोगी इकाई माना जाता है। नदी बेसिन के वैज्ञानिक अध्ययन का महत्त्व निम्न कारणों से है:

(i) नदी-बेसिन को एक अनुक्रमिक अथवा पदानुक्रम में रखा जा सकता है।

(ii) नदी बेसिन एक क्षेत्रीय इकाई (Areal Unit) है, जिसका मात्रात्मक अध्ययन किया जा सकता है और आकड़ों के आधार पर प्रभावशाली योजनायें तैयार की जा सकती हैं।

(iii) नदी-बेसिन का एक कार्य-तन्त्र (Working System) के रूप में अध्ययन किया जा सकता है, जिसमें ऊर्जा, निवेश, तापमान, तथा वर्षा जैसे जलवायु तथ्यों को भली-भाँति समझा जा सकता है।

अमेरिकन भौतिकीय संघ (The American Geophysical Union) ने छोटी सहायक नदियों के जल अपवाह क्षेत्र को जल विभाजन (Watershed) की संज्ञा दी है, जबकि किसी प्रमुख नदी एवं उसकी सहायक नदियों से जल-अपवाह-हित क्षेत्र को नदी के बेसिन के नाम से सम्बोधित किया है।

जलविभाजक भूमि का वह क्षेत्र होता है जो सभी नदियों को एक सामान्य निर्गम स्थान तक बहाता है जैसे-नदी, झील, आर्द्र भूमि या तटीय स्थल। यह वह क्षेत्र है जो नदियों और उनकी सहायक नदियों से अवस्थित है। जलविभाजक का आकार विभिन्न स्थानों पर परिभाषित होता है जो इस पुस्तक के जल विज्ञान इकाई में दिया गया है।

एक अपवाह क्षेत्र को जल बेसिन क्षेत्र के नाम से भी जाना जाता है। यह एक ऐसा क्षेत्र है जहां भूपृष्ठीय जल कम ऊंचाई के क्षेत्रों में वर्षा, हिम पिघलन या हिम से केन्द्राभिमुख होता है। एक अपवाह बेसिन वह क्षेत्र है जो सहायक नदियां, मुख्य नदी में मिलती है, से अपवाहित होता है।

अपवाह प्रतिरूप (Drainage Patterns)

किसी क्षेत्र की नदियों की ज्यामितीय व्यवस्था (Geometric Arrangement) को जल-अपवाह प्रतिरूप कहते हैं। जल-अपवाह प्रतिरूपों पर चट्टानों (Rocks) की कठोरता, उनके प्रतिरोध (Resistance), चट्टानों की संरचना, अपक्षय एवं अपरदन (Weathering and Erosion), जलवायु, जलचक्र (Hydrological Cycle), भूगर्भीय इतिहास इत्यादि का प्रत्यक्ष एवं अप्रत्यक्ष रूप से प्रभाव पड़ता है। भारत में जल-अपवाह के निम्न प्रतिरूप पाये जाते हैं:

1. **पूर्ववर्ती अपवाह (Antecedent or Inconsequent Drainage):** ऐसी नदियाँ, जो हिमालय के उत्थान से पहले उस स्थान पर बहती थीं और हिमालय के उत्थान के कारण उन नदियों ने गहरे खड्डे एवं गॉर्ज (Deep Gorges) काटकर अपनी दिशा दक्षिण की ओर मोड़ दी हो, पूर्ववर्ती नदियाँ कहलाती हैं। सिंधु (Indus), सतलज (Satluj), गंगा (Ganga) काली (सरजू), अरुण (कोसी की एक सहायक नदी) तीस्ता एवं ब्रह्मपुत्र (Brahamputra), पूर्ववर्ती नदियों के उदाहरण हैं। इन सभी नदियों का उद्गम दीर्घ हिमालय के पार से है, अर्थात् ये नदियाँ तिब्बत के पठार अथवा जास्कर पर्वत (Zansakar Range) से निकलती हैं, जो दीर्घ हिमालय-पार स्थित है।
   - **अनुवर्ती नदियाँ (Consequent Rivers):** जो नदियाँ किसी क्षेत्र के सामान्यत: ढलान के अनुसार बहती हैं अनुवर्ती नदियां (Consequent Rivers) कहलाती हैं। उदाहरण के लिये भारतीय प्रायद्वीप का जल-अपवाह करने वाली, गोदावरी, कृष्णा तथा कावेरी नदियाँ जो प्रायद्वीप के सामान्य ढलान के अनुसार बहती हुई अपना जल बंगाल की खाड़ी में गिराती हैं अनुवर्ती नदियां हैं ***(चित्र 3.1)***।
   - **नवानुवर्ती नदी (Resequent Rivers):** यह स्वभावोद्भूत नदी की दिशा में बहती है। यद्यपि, इसका विकास नवीनतम आधार की प्रतिक्रिया में होता है मोड़दार सरंचना में अपरदन चक्र के अभियन्त्रित पर उनका उद्भव अभिनव है, अत: वे नवानुवर्ती कहलाती हैं।
   - **प्रति अनुवर्ती नदी (Obsequent Rivers):** इसकी रचना तब होती है जब वह कुछ चट्टानीय ढांचों में व्यवस्थित कर लेती है। एक प्रति अनुवर्ती नदी परिवर्ती सरिता से समकोण पर मिलती हैं। यह मूल स्वभावोद्भूत जलधारा के विपरीत बहती है। उत्तर की ओर प्रवाहित सरिताएं तथा हिमालय के परवर्ती सरिता सनकोसी जैसी एक प्रति अनुवर्ती नदी है। इसकी दिशा गंगा और यमुना के विपरीत है।
   - **परवर्ती नदियां (Subsequent Rivers):** किसी प्रमुख नदी की मुख्य सहायक नदियों को परवर्ती नदी अथवा सबसीक्वेंट (Subsequent River) कहते हैं। विंध्यन एवं सतपुड़ा पर्वतों से कुछ निकलकर उत्तर की ओर बहती हुई अपना जल यमुना अथवा गंगा नदियों में गिराती हैं। यह नदियां परवर्ती नदियों का उदाहरण हैं। चम्बल, सिंध, बेतवा तथा सोन (Son) भी परवर्ती नदियों के उदाहरण हैं।

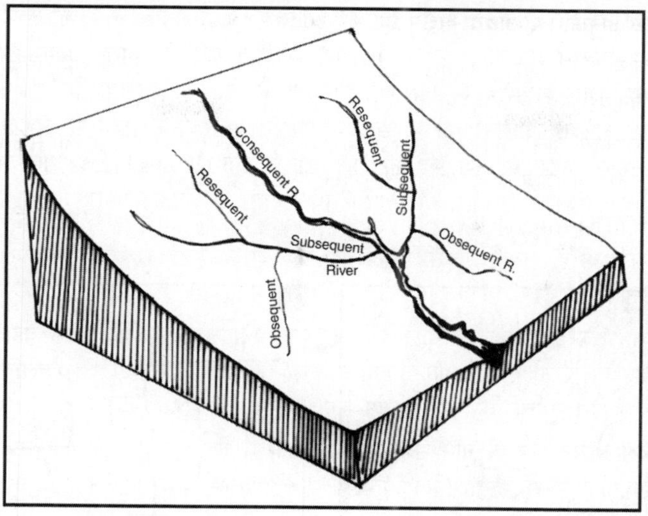

चित्र 3.1 अनुवर्ती नदी एवं इसकी सहायक नदियां

2. **अध्यारोपित, पश्चजात (असंगत) अथवा अतिप्रेरित अपवाह [Superimposed, Epignetic (Discordant) or Super-induced Drainage]:** इस प्रकार के जल अपवाह की उत्पत्ति तब होती है, जब कोई नदी धरातल अपरदित शैलों (Rocks) पर बहती है। दूसरे शब्दों में यह एक ऐसा अपवाह प्रतिरूप है जो असंगत चट्टानों पर विकसित होता है। दामोदर, स्वर्ण रेखा, चम्बल, बनास नदियां तथा रीवा (rewa) के पठार पर बहने वाली नदियाँ अध्यारोपित अपवाह के कुछ उदाहरण हैं।

3. **वृक्षिय अथवा द्रुमाकृतिक अपवाह (Dendritic Drainage):** वृक्ष की शाखाओं एवं टहनियों की भाँति फैले हुए अपवाह को वृक्षिय अथवा द्रुमाकृतिक (Dendritic) अपवाह कहते हैं। इस प्रकार का अपवाह ऐसे क्षेत्रों में विकसित होता है जहाँ की चट्टानों में एकरूपता पाई जाती हो तथा उनमें भ्रंश (Faults) अथवा वलन (Folds) न पाये जाते हों और साथ-ही-साथ धरातल की ढलान मन्द हो। उत्तरी भारत के मैदान में बहने वाली गंगा एवं उसकी सहायक नदियों का जल-अपवाह द्रुमाकृतिक अथवा वृक्षीय प्रतिरूप का है। डेंडरेटिक (Dendritic) शब्द का इस्तेमाल सबसे पहले 1898 में आई. सी. रसेल (I. C. Russel) महोदय ने किया था **(*चित्र 3.2*A)**।

4. **जालीदार अथवा जालयुक्त अपवाह (Trellis Drainage):** जालीदार या जालयुक्त अपवाह वलनदार स्थलाकृति (Folded Topography) में विकसित होता है। समान्तर वलनदार पर्वत श्रेणियों पर प्राय: इस प्रकार के अपवाह प्रतिरूप पाये जाते हैं। वलनदार पर्वतों की चट्टानों (Rocks) की संरचना एवं कठोरता का इस प्रकार के प्रतिरूप पर विशेष प्रभाव पड़ता है। जालयुक्त अपवाह में सहायक नदियां किसी उद्यान की (Trellis) की भांति होती हैं अर्थात् सहायक तथा छोटी नदिया एक जाल-सी प्रतीत होती हैं। छोटानागपुर में स्थित सिंहभूम (Singhbum) तथा शिवालिक एवं लघु-हिमालय में इस प्रकार के अपवाह देखे जा सकते हैं **(*चित्र 3.2*D)**।

5. **कंटकीय प्रतिरूप (Barbed Pattern):** जिन नदियों के मुख्य नदी के साथ संगम असंगत नज़र आएं, वे कंटकीय अपवाह कहलाते हैं। यदि कोई सहायक नदी मुख्य नदी की दिशा की विपरीत दिशा में बहकर संगम बनाती हो तो उससे कंटकीय अपवाह प्रतिरूप की उत्पत्ति होती है। नेपाल में कोसी नदी की सहायक अरुण नदी (Arun River) कंटकीय अपवाह प्रतिरूप का एक उत्तम उदाहरण है **(*चित्र 3.2*C)**।

6. **आयताकार अपवाह प्रतिरूप (Rectangular Drainage Pattern):** इस प्रकार का अपवाह ऐसे क्षेत्रों में पाया जाता है जहाँ स्थलाकृति (Topography) में भ्रंश (Faults) पाये जाते हों। आयताकार अपवाह प्रतिरूप में सहायक नदियां मुख्य नदी में लगभग समकोण बनाती हुई मिलती हैं। इस प्रतिरूप में सहायक नदियों की लम्बाई छोटी होती है और जलयुक्त अपवाह (Trellis Drainage) की भाँति समानान्तर भी नहीं होती। कृष्णा नदी के ऊपरी भाग एवं विंध्य पर्वत को अपवाहित करने वाली नदियां ऐसे प्रतिरूप बनाती हैं **(*चित्र 3.2*B)**।

7. **अरीय प्रतिरूप (Radial Pattern):** अरीय अपवाह प्रतिरूप (Radial Pattern) की उत्पत्ति किसी गुम्बद-आकार की भू-आकृति अथवा ज्वालामुखीय शंकु की ढलानों पर विकसित होती है। अरीय अपवाह में किसी ऊँचाई के केन्द्रीय स्थान से नदियां चारों ओर बहती हैं जो किसी बाइसिकल के अरों के अनुरूप होती हैं। अमरकंटक पर्वत से निकलने वाली नदियां अरीय अपवाह प्रतिरूप का प्रमुख उदाहरण हैं। अमरकंटक पर्वत से निकलकर नर्मदा नदी पश्चिम की ओर, सोन नदी उत्तर की ओर, महानदी पूर्व की ओर तथा वेनगंगा (Wainganga) (गोदावरी की सहायक नदी) दक्षिण की ओर बहती है। गुजराज में गिरनार की पहाड़ी तथा असम में मिकिर-पहाड़ी (Mikir Hills) पर अरीय-अपवाह प्रतिरूप विकसित हुआ है ***(चित्र 3.3*A)**।

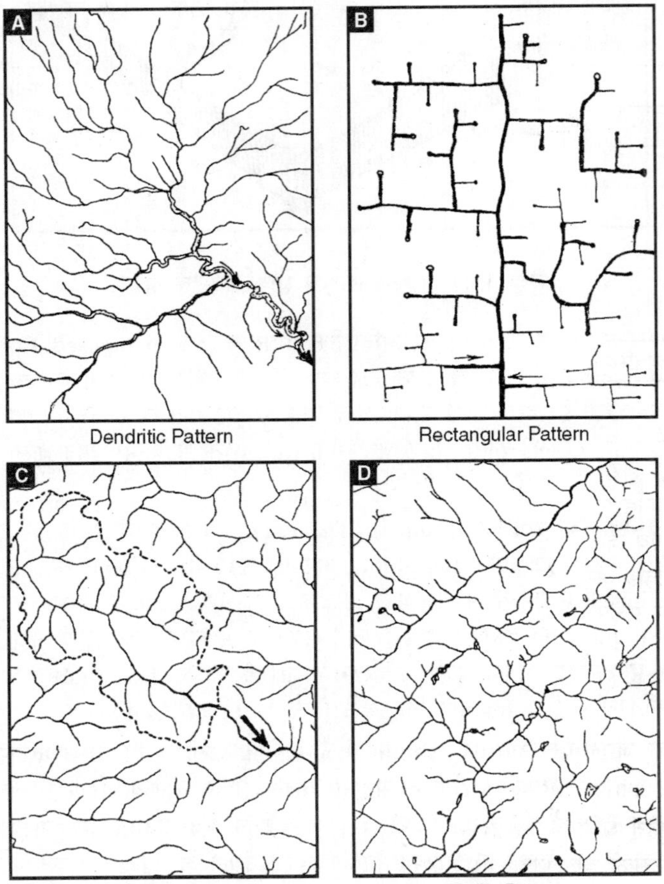

चित्र 3.2 (*A, B, C, D*) अपवाह प्रतिरूप

8. **वलयाकार प्रतिरूप (Annular Pattern):** वलयाकार अपवाह प्रतिरूप, ऐसी गुम्बदी संरचनाओं (Structural Domes) में देखने को मिलता है जिनमें शैलें/चट्टानें संकेन्द्रित (Concentric) हों। इस प्रकार की भू-रचना में सहायक नदियाँ एक वक्र अथवा चापकार मार्ग से गुजर कर, मुख्य नदी में मिलती हैं। सामान्य तौर से इस प्रकार के अपवाह प्रतिरूप भारत में नहीं पाये जाते। उत्तराखण्ड के कुमाऊं डिविजन एवं तमिलनाडु में इस प्रकार के कुछ उदाहरण मिलते हैं ***(चित्र 3.3*B)**।

9. **समान्तर अपवाह प्रतिरूप (Parallel Drainage Pattern):** किसी क्षेत्र, तट अथवा प्रदेश की नदियाँ एक-दूसरे के समान्तर बहती हों तो ऐसे अपवाह को समान्तर प्रतिरूप कहते हैं। पश्चिमी घाट से निकल कर अरब सागर में गिरने

वाली नदियां इस प्रकार के अपवाह का उत्तम उदाहरण हैं। तीव्र ढलान एवं कम चौड़े मैदान के कारण ये नदियां डेल्टा न बनाकर ज्वारनदमुख (Estuary) बनाती हैं। कोंकण एवं मालाबार तट पर बहने वाली महाराष्ट्र की (Sarya), सावित्री (Savitri), गोवा की माण्डवी, चपोरा तथा जुवारी (Zuvari), कर्नाटक की गंगावती, शरावती तथा नेत्रवती और केरल की पोनानी (Ponani), पेरियार (Periyar) तथा पेम्बा (Pemba) लगभग एक-दूसरे के समानान्तर बहती हुई अपना जल अरब सागर में गिराती हैं, जिनका प्रतिरूप समान्तर है (***चित्र 3.2C***)।

क्र.सं.	अपवाह का प्रकार	अपवाह के उदाहरण
1.	अध्यारोपित/आनुवांशिक/जलनिकासी	दामोदर, स्वर्णरेखा, चम्बल, बनास नदियां रीवा पठार से प्रवाहित हैं।
2.	वृक्षावृति या वृक्ष स्वरूप प्रारूप	गंगा-सिंधु मैदान की नदियां
3.	जालीनुमा	सिंहभूमि के पर्वत में नदियां (छोटा नागपुर का पठार)
4.	कंटकीय	अरुण नदी (नेपाल) कोसी की सहायक नदी
5.	आयताकार	विंध्यन पर्वत में मिलता है।
6.	अपकेन्द्रीय	गिरनार पहाड़ी (काठियावाड़, गुजरात), असम की मिकिर पहाड़ी
7.	वलयाकार	पिथोरागढ़ (उत्तराखण्ड), नीलगिरी पहाड़ियां (तमिलनाडु), केरल
8.	समानान्तर	सूर्या, कुल्लू, सवित्री (महाराष्ट्र), जवारी, साल, तालपोना, काली नदी और शारावती (कर्नाटक), पौरानी, पेरियर, पेम्बा
9.	क्रमभंग (अव्यवस्थित)	काराकोरम की घाटी के हिमनद में प्राप्त

10. **अव्यवस्थित जल अपवाह प्रतिरूप (Deranged Drainage Pattern):** अव्यवस्थित अपवाह प्रतिरूप ऐसे क्षेत्रों में विकसित होता है जहाँ से बर्फ पिघलकर धरातल पर छोटी नदियां बनने लगी हों। आइस-शीट (Ice-Sheet) के पिघलने से यदा-कदा हिमोढ़ पाये जाते हैं, जिससे उस क्षेत्र का ढलान सुनिश्चित नहीं होता, परिणामस्वरूप ऐसे क्षेत्र में बहुत-सी छोटी सरितायें एवं जलधारायें बहती हैं और छोटी-मोटी झीलों में अपना जल गिराती हैं। निश्चित ढलान न होने के कारण जल अपवाह अव्यवस्थित प्रतीत होता है। उत्तरी अमेरिका के उत्तरी भाग, नॉर्वे, स्वीडन तथा भारत के लद्दाख के हिम नदों में इस प्रकार के जल अपवाह देखे जा सकते हैं (***चित्र 3.3D***)।

भारत के नदी बेसिन (River Basins of India)

किसी मुख्य नदी तथा उसकी सहायक एवं उप-सहायक नदियों से अपवाहित होने वाले क्षेत्र को उसका अपवाह बेसिन (Drainage Basin) कहते हैं। नदियों के बेसिन को क्षेत्रफल के आधार पर निम्न वर्गों में विभाजित किया जा सकता है:

(i) **दीर्घ अथवा वृहत्-बेसिन (Large River Basin):** यदि किसी नदी का अपवाहित क्षेत्र 20,000 वर्ग किलोमीटर से अधिक हो तो उसको वृहत् नदी बेसिन कहते हैं।

(ii) **मध्य बेसिनः** यदि किसी नदी का अपवाहित क्षेत्रफल 20,000 से 2000 वर्ग किलोमीटर हो तो मध्य वर्ग का नदी बेसिन कहते हैं।

(iii) **लघु बेसिनः** यदि कोई नदी 2000 वर्ग किलोमीटर से कम क्षेत्रफल को अपवाहित करती है तो ऐसे बेसिन को लघु नदी बेसिन कहते हैं।

भारत में नदियों के बेसिन की कुल संख्या 113 है, जिनमें से 14 वृहत् (दीर्घ), 44 मध्यम तथा 55 लघु बेसिन हैं। भारत के 14 वृहत्त बेसिनों का क्षेत्रफल अवरोही क्रम में निम्न प्रकार है- गंगा, सिंधु, ब्रह्मपुत्र, गोदावरी, कृष्णा लूनी, महानदी, नर्मदा, कावेरी, तापी, माही, साबरमती, बराक तथा स्वर्णरेखा (***चित्र 3.4***)।

भारत की तीन बड़ी नदियां (गंगा, सिंधु तथा ब्रह्मपुत्र) भारत के साथ-साथ चीन, पाकिस्तान तथा बंगलादेश से होकर बहती हैं। दो या दो से अधिक देशों में बहने वाली नदियों को अन्तर्राष्ट्रीय नदियां कहते हैं। भारत की बराक नदी भी, जो मणिपुर से निकलकर असम तथा बांग्लादेश के कुछ भागों को अपवाहित करती है, एक अंतर्राष्ट्रीय नदी है (***चित्र 3.4***)।

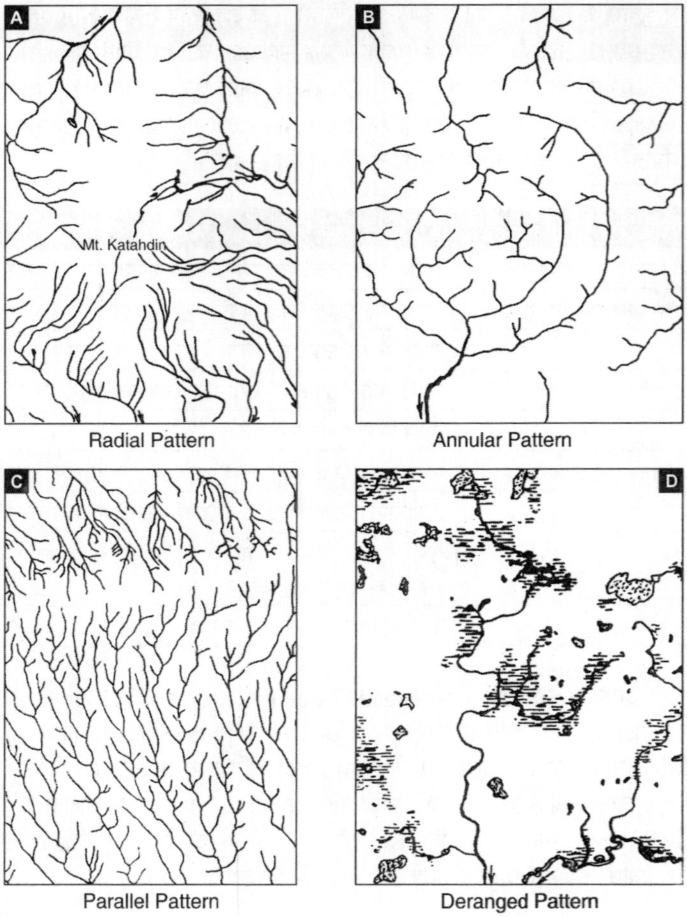

चित्र 3.3 (*A, B, C, D*) अपवाह प्रतिरूप

उद्गम के आधार पर भारत की नदियों को निम्न वर्गों में विभाजित किया जा सकता है:

(i) **हिमालय पर्वत की नदियां** जिनमें कुछ नदियाँ प्रायद्वीप से आकर मिलती हैं (Himalayan or the Extra Peninsular Drainage)।

(ii) **प्रायद्वीपीय भारत का अपवाह (The Peninsular Drainage):** प्रायद्वीपीय भारत से निकलने वाली कुछ नदियां अपना जल यमुना तथा गंगा में गिराती हैं जिनकी उत्पत्ति उत्तरी भारत की नदियों से काफी पुरानी मानी जाती है।

तालिका 3.1 भारत की मुख्य नदियां तथा उनके सतही बहाव: उद्गम के प्रकार के आधार पर

क्र.सं.	नदी बेसिन (River Basin)	बेसिन क्षेत्र* (Basin Area)	प्रतिशत क्षेत्र (Percentage Area) (m^3/km^3)	वार्षिक उत्सर्जन (Annual Discharge)	प्रतिशत (Percentage)
1	गंगा	808334.44	26.2	468,700	25.2
2	सिन्धु	453931.87	9.8	79,500	4.3
3	गोदावरी	302063.93	9.5	118,000	6.4
4	कृष्णा	254743.31	7.9	62,800	3.4
5	ब्रह्मपुत्र	186421.6	7.8	627,000	33.8

क्र.सं.	नदी बेसिन (River Basin)	बेसिन क्षेत्र* (Basin Area)	प्रतिशत क्षेत्र (Percentage Area) (m^3/km^3)	वार्षिक उत्सर्जन (Annual Discharge)	प्रतिशत (Percentage)
6	महानदी	139659.15	4.3	66,640	3.6
7	नर्मदा	92670.51	3.0	54,600	2.9
8	कावेरी	85624.44	2.7	20,950	1.1
9	तापी	63922.91	2.0	17,982	0.9
10	पेन्नार	54243.43	1.7	3,238	0.2
11	ब्रहमानी और बैतरणी बेसिन	51893.68	1.2	18,310	1.0
12	माही बेसिन	38336.8	1.0	11,800	0.6
13	सावरमती बेसिन	30678.59	0.6	7,940	0.4
14	सुर्बनरेखा	25792.16	0.7	3,800	0.2
	मझोली एवं लघु नदियां		23.6	–	16.0
	कुल (भारत)		**100.0**	**1,561,170**	**100.00**

**Area means basin area in India.*
Source: S.P. Das Gupta, 1989.

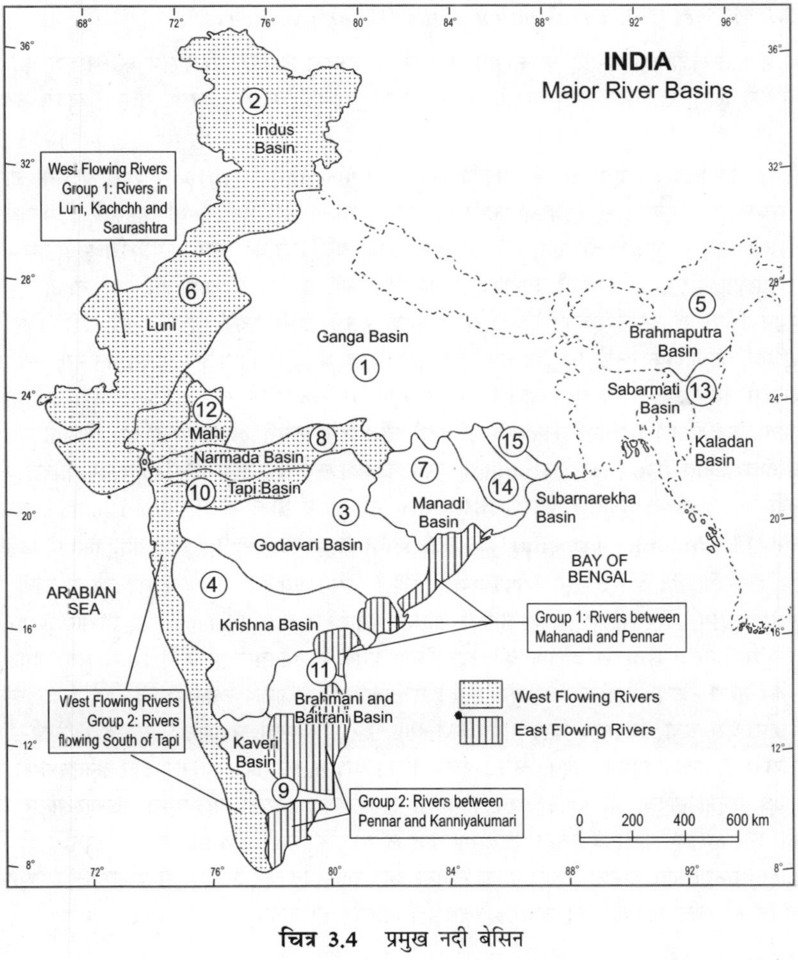

चित्र 3.4 प्रमुख नदी बेसिन

हिमालय का अपवाह तंत्र (The Himalayan Drainage System)

हिमालय का अपवाह तन्त्र तीन अन्तर्राष्ट्रीय नदियों (सिंधु, गंगा, ब्रह्मपुत्र) पर आधारित हैं। यह तीनों नदियां तथा इनकी बड़ी सहायक नदियां पूर्ववर्ती नदियां हैं, जो हिमालय की उत्पत्ति से पुरानी मानी जाती हैं। हिमालय की अधिकतर नदियां बारहमासी (Perennial) हैं जिनमें साल भर पानी बहता है। इन नदियों का उद्‌गम हिमनदों (Glaciers) से हुआ है। हिमालय की अधिकतर नदियां युवावस्था में हैं जो जलप्रपात (waterfalls) क्षिप्रिकाएं (Rapids), झाल (Cataracts), महाखड्ड (Gorges), V आकार की घाटियां तथा नदी-चबूतरे (River Terraces) जैसी स्थलाकृतियां बनाती हैं। ये स्थलाकृतियां युवावस्था की विशेषतायें हैं। अपने ऊपरी भाग में ये नदियां अपरदन कार्य में तल्लीन हैं तथा निचले एवं डेल्टाई भाग में निक्षेपण करती हैं। सिंधु, सतलज, गंगा, काली, करनाली गंडक, कोसी, तीस्ता (Tista) तथा ब्रह्मपुत्र नदियां, दीर्घ हिमालय (Greater Himalayas) से पुरानी (Antecendent Rivers) मानी जाती हैं। ये नदियां केवल हिमालय-प्रदेश का जल अपवाहित नहीं करतीं बल्कि तिब्बत के पठार के दक्षिण भाग का भी जल अपवाहित करती हैं। हिमालय पर्वत में इन नदियों का जलमार्ग बहुत टेढ़ा-मेढ़ा एवं वक्राकार (Tortuous) है, परन्तु उत्तरी भारत के मैदान में ढलान के अनुसार बहती हैं। नदियों में जल की मात्रा मौसम के अनुसार कम तथा अधिक होती रहती है, अर्थात् इनका जल क्षेत्र (Water Ragime) बदलता रहता है। वर्षा ऋतु में इनमें जल की मात्रा अधिक रहती है तथा प्राय: बाढ़ आ जाती है। ये नदियां भारी अपरदन करती हैं, भारी मात्रा में अवसादों की ढुलाई करती हैं और निचले भाग में निक्षेपों को एकत्रित करती हैं। उत्तरी भारत की नदियों के जल का प्रयोग फसलों की सिंचाई, उद्योगों, ऊर्जा-उत्पादन, नवगमन तथा घरेलू उपयोग में किया जाता है।

हिमालय की नदियों की जल उत्पत्ति (Evolution of the Himalayan Rivers)

भूगर्भशास्त्री तथा भू-आकृति वैज्ञानिक नदियों के उद्‌गम के बारे में एकमत नहीं है। हिमालय की नदियों का बहुत पुराना इतिहास है। इसकी मुख्य नदियों में सिंधु, सतलज, गंगा, यमुना, काली, शारदा, गोमती, गंडक, कोसी, तीस्ता, मानस तथा ब्रह्मपुत्र एवं इनकी सहायक नदियां हैं।

ई. एच. पास्को (E. H. Pasco) एवं जी. ई. पिलग्रिम (G. E. Pilagrim) ने 1919 में शोध पत्र के द्वारा हिमालय के जल अपवाह की जटिल समस्या की एक ठोस व्यवस्था करने का प्रयास किया। इन विद्वानों के अनुसार, हिमालय पर्वत के उत्थान से पहले, तिब्बत के दक्षिणी भाग में एक बड़ी नदी जल अपवाह करती थी, जिसका नाम सांग्पो सिंधु-ऑक्सस (Tsangpo-Indus-Oxus) था, जिसको तिब्बत दरिया के नाम से जाना जाता था। यह नदी पूर्व से पश्चिम की ओर बहती हुई अरल सागर (Aral Sea) अथवा कैस्पियन सागर में अपना जल गिराती थी ***(चित्र 3.5)***। इसी प्रकार एक दूसरी नदी, जिसका नाम इण्डो-ब्रह्म (Indo-Brahma) अथवा शिवालिका नदी था, तिब्बत नदी के दक्षिण में दीर्घ हिमालय के समानान्तर पूर्व से पश्चिम की ओर बहती हुई अरब-सागर में अपना जल गिरा रही थी। हिमालय पर्वत के उत्थान के कारण तिब्बत नदी अपवाह में रुकावट उत्पन्न हुई। उठते हुये हिमालय का दक्षिणी ढलान तुलनात्मक रूप से तीव्र तथा उत्तरी ढलान मन्द था, जिसके कारण दक्षिण की ओर बहने वाली नदियों ने तीव्र कटाव (Downward Cutting) करके तिब्बत नदी को दक्षिण की ओर अपवाहित करना शुरू कर दिया। इस प्रकार तिब्बत नदी का अपहरण हुआ। अपहरण करने वाली नदियों में प्रोटो-इंडस (Proto-Indus), प्रोटो-सतलज (Proto-Satluj) तथा प्रोटो-ब्रह्मपुत्र (Proto Brahmaputra) थीं। इसी प्रकार शिवालिका नदी (इंडो-ब्रह्म नदी) का सिंधु, सतलज, गंगा, ब्रह्मपुत्र की सहायक नदियों ने अपहरण (River Capture) किया ***(चित्र 3.5)***।

तत्पश्चात प्लीस्टोसीन (Pleistocene Period) युग में पोटवार पठार (Potwar Plateau) का उत्थान हुआ। पोटवार पठार यमुना नदी के दाहिने तट के साथ-साथ उत्तर से दक्षिण की ओर फैला हुआ है। पोटवार पठार ने सिन्ध तथा गंगा की नदियों के बीच एक जल विभाजक का काम किया। प्लीस्टोसीन युग में ही छोटानागपुर के पठार तथा मेघालय के पठार का भाग अंतर्जात बल के कारण नीचे की ओर धंस गया, जिसको मालदा गैप (Malda Gap) के नाम से जाना जाता है ***(चित्र 3.5)***। मालदा गैप के नीचे की ओर धंसने से गंगा तथा ब्रह्मपुत्र नदियों की अपवाह दिशा दक्षिण की ओर हो गई और इनका जल बंगाल की खाड़ी में जाने लगा। सरस्वती एवं यमुना नदियां भी पहले अरब सागर में अपना जल गिराती थीं, परन्तु पोटवार पठार के उत्थान के कारण उसकी दिशा पूर्व की ओर हो गई और वे यमुना की सहायक नदियां बन गईं। इस प्रक्रिया में यमुना नदी ने सरस्वती नदी का अपहरण (River Piracy) किया और उसकी जलधारा को अपनी ओर आकर्षित कर लिया। इस प्रकार प्लीस्टोसीन युग (Pleistocene Period) में उत्तरी भारत के जल अपवाह का वर्तमान स्वरूप विकसित हो चुका था।

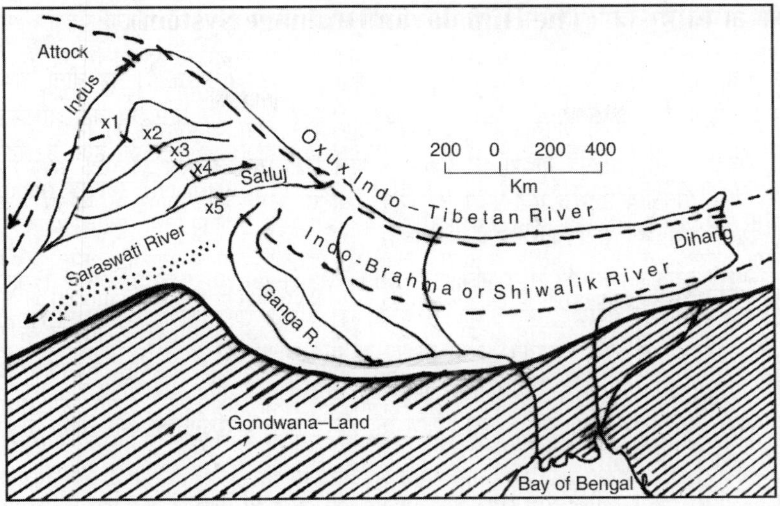

Capture of Tibetan River Indus at Attock and Brahmaputra at Dihang X_1-X_5: successive captures of Indo-Brahma or Shiwalik Rivers by the rivers of Punjab.

चित्र 3.5 हिमालयी अपवाह का उद्‌गम

हिमालय के अपवाह तन्त्र की उत्पत्ति के बारे में पास्को (Pascoe) एवं पिलग्रिम की धारणा की आलोचना निम्न आधार पर की गई:

1. शिवालिक पर्वतमाला के जलोढ़ निक्षपों तथा बोल्डर परत (Alluvial deposite and Boulder Beds) के लिए यह मान लेना कि इंडो-ब्रह्म (Indo-Brahma) अथवा शिवालिक नदी (Siwalik River) के विस्तृत आकार की नदी पूर्व से पश्चिम की ओर बहकर अरब सागर में गिरती थी, अनिवार्य नहीं। शिवालिक के निक्षेप तथा उसकी तली में पाये जाने वाले बोल्डर (बड़े आकार के पत्थर) जलोढ़ पंखों (Alluvial Fans) को दर्शाते हैं, जिनका निक्षेपण हिमालय से निकलने वाली नदियों के द्वारा भी सम्भव है। ये जलोढ़ पंखे (Alluvial Fans) समय बीतने पर एक-दूसरे में विलय कर गए अथवा मिल गये हों। भारत के प्रसिद्ध भूगर्भ वैज्ञानिक एम. एस. कृष्णन तथा एन. के. एन. आयंगर (1940) ने शिवालिक नदी के अस्तित्व को भूगर्भिक एवं भू-आकृति विज्ञान के आधार पर असम्भव माना है।
2. गंगा डेल्टा के निक्षेपण इतिहास भी साक्ष्य सिद्धान्त के अनुकूल नहीं है। वास्तव में गंगा के डेल्टा के जलोढ़ निक्षेप (Alluvial Deposits) पास्को एवं पिलग्रिम की धारणा में दिये गये समय-अवधि से अधिक समय तक हुआ है।
3. असम राज्य में टिपम रेत के पत्थर (Tipam Sandstone), जिनका निक्षेपण शिवालिक नदी अथवा इंडो-ब्रह्मा नदी (Indo-Brahma River) के उद्‌गम स्थान के बहुत निकट एक मुहाने (Estuary) में माना गया है, इस सिद्धान्त को मानने में संदेह उत्पन्न करता है।

प्रो. इनायत अहमद (1965 – 71) ने हिमालय पर्वत के अपवाह तन्त्र (Drainage System) की उत्पत्ति की व्याख्या एक नये प्रकार से की है। प्रो. इनायत के अनुसार टेथिस सागर कैम्ब्रियन युग (Cambrian Period) से इयोसीन युग (Eocene Period) तक निरन्तर अवसादन का बेसिन (Basin of Sedimentation) बना रहा, परन्तु टेथिस सागर का अधिकतर भाग गोंडवानालैंड (Gondwanaland) के द्वारा अधिकृत रहा। हिमालय के उत्थान के ओलिगोसीन युग (Oligocene Period) में टेथिस भू-सन्नति (Tethysian-Geosyncline) एवं संभवत: गोंडवाना के भाग का प्रोत्थान हुआ, जिससे हिमालय के जल अपवाह की शुरुआत हुई।

टेथिस सागर में गोंडवाना प्लेट के उत्तर की ओर खिसकने के कारण मध्य भाग में पर्वतीय उत्थान आरम्भ हुआ, जिसके मध्य में तिब्बत का पठार (Tibetan Plateau) उत्तर में कुनलुन पर्वत तथा दक्षिण में दीर्घ हिमालय (Greater Himalaya) थे। हिमालय का तिब्बत के पठार के दक्षिणी छोर से आरम्भ होकर दक्षिण की दिशा में स्थित फोरडीप (Foredeep) की ओर अपवाहित

हुआ। हिमालय पर्वत श्रेणी का जैसे-जैसे पश्चिम से पूर्व की दिशा का निर्धारण हुआ, तो नदियां पर्वत श्रेणियों से उत्पन्न घाटियों के समानान्तर बहने लगीं। कुछ बड़ी नदियों के ऊपरी भाग के अपवाहों से इस प्रकार के प्रमाण मिलते हैं, ये नदियां अपने ऊपरी भाग में पर्वत श्रेणियों के समानान्तर पश्चिम से पूर्व अथवा पूर्व से पश्चिम की ओर बहती हैं। सिंधु, सतलज, गंगा, अरुण (कोसी), ब्रह्मपुत्र आदि नदियों के ऊपरी भाग में ये अपवाह दिशायें (पूर्वी-पश्चिमी) देखी जा सकती हैं। सिंधु नदी की सहायक शियोक नदी (Shyok River), सतलज, गंगा, ब्रह्मपुत्र नदियां इस प्रकार के जल प्रवाह के उदाहरण हैं। चूँकि सम्पूर्ण टेथिस सागर (Tethy Sea) में पर्वत उत्थान और धरातलीय उत्पत्ति एक साथ नहीं हुई, इसलिये कहीं-कहीं सागर के किनारे बचे-खुचे भाग रह गये, इसलिये जल अपवाह रेखायें पूर्ण रूप से निर्धारित नहीं हो सकीं।

हिमालय पर्वत के दूसरे चरण का उत्थान मध्य मायोसिन (Mid - Miocene) युग में हुआ, जिसमें हिमालय के शिखरों विशेष रूप से मध्य हिमालय एवं सीमांत के शिखर, की ऊँचाई में वृद्धि हुई। टेथिस सागर के अवशेष भाग (Remnant Tethys Sea) में उत्थान के कारण जल अपवाह में भारी परिवर्तन आया। दक्षिण के तीव्र ढलान पर बहने वाली नदियों ने पुरानी बड़ी नदियों का अपहरण करके उनको दक्षिण की ओर मोड़ दिया। तत्पश्चात् लघु हिमालय के तीव्र दक्षिणी ढलान पर बहने वाली नदियों ने इंडो-ब्रह्म अथवा शिवालिक नदी का अपहरण करके उसे दक्षिण की ओर मोड़कर, दक्षिण की ओर स्थित उत्तरी भारत के महाखड्ड (Foredeep) में अपना जल गिराने लगी।

हिमालय उत्थान का तीसरा चरण प्लीस्टोसीन (Pleistocene Period) में हुआ, जिसके फलस्वरूप शिवालिक पर्वत की उत्पत्ति हुई। इस युग में तिब्बत के पठार, दीर्घ हिमालय एवं लघु हिमालय की ऊँचाई में भी निरन्तर वृद्धि होती गई, जिससे नदियों के अपवाह में रुकावट उत्पन्न होती गई। तिब्बत के पठार के दक्षिणी भाग को अपवहित करने वाला तिब्बत अथवा इण्डो-तिब्बतन ऑक्सस नदी (Indo Oxus-Tibetan River) के बहाव में रुकावट उत्पन्न हुई, जिससे प्रोटो-इंडस एवं प्रोटो ब्रह्मपुत्र (Proto-Sndus and Proto-Brahamaputra) की उत्पत्ति हुई क्योंकि इनके उत्तर में कैलाश पर्वत के उत्थान के कारण इण्डो-तिब्बतन दरिया (Indo-Tibetan River) दो भागों में विभाजित हो गया था।

बहुल नदी सिद्धान्त (The Multiple River Theory)

हिमालय पर्वत के जल अपवाह की उत्पत्ति के सम्बंध में एक वैकल्पिक व्याख्या बहुल नदी सिद्धान्त (The Multiple River Theory) द्वारा की गई है। इस सिद्धान्त के समर्थक इस बात को मानने के लिये तैयार नहीं हैं कि इण्डो ब्रह्म अथवा शिवालिक (Indo-Brahma or Siwalix) नदी का कोई भू-गर्भिक तथा भू-आकृतिक आधार या अस्तित्व था।

बहुल नदी सिद्धान्त इस धारणा पर आधारित हैं कि इयोसीन युग (Eocene Period) में टेथीस सागर (Tethys Sea) का विस्तार पाकिस्तान के सिंध प्रान्त से लेकर जम्मू, पंजाब, लैंसडाऊन तथा नैनीताल (उत्तराखण्ड) तक था। इस सागर के अस्तित्व के प्रमाण छिछले सागरों (Shallow Seas) में पाये जाने वाले जीव-जंतुओं के जीवाश्म (Fossils) से मिलते हैं। ये जीवाश्म (Fossils) उत्तराखण्ड के नैनीताल एवं लैंसडाऊन तक पाये जाते हैं। लैंसडाऊन तक सागर के विस्तार का संकेत, अरावली के पूर्वी कटक के विस्तार और पाये जाने वाले अवसादों एवं जीवाश्मों से भी होता है। अरावली के इस कटक ने एक अवरोध का कार्य किया होगा। उसी युग के एक अन्य कटक का विस्तार राजमहल पहाड़ियों (Rajmahal Hills) से लेकर मेघालय के पठार तक फैला हुआ था। राजमहल की पहाड़ियों एवं मेघालय की गारो पहाड़ियों (Garo Hills) के बीच के भू-भाग नीचे धंसने के कारण गंगा एवं ब्रह्मपुत्र नदियों का जल दक्षिण की ओर बंगाल की खाड़ी में अपवाहित होने लगा। हिमालय पर्वत के प्रथम उत्थान के कारण इस सागर का विघटन आरम्भ हो गया। हिमालय के उत्थान से इस सागर ने पृथक्-पृथक् (Isolated) बेसिनों का रूप धारण कर लिया, जिसमें अवसाद निक्षेपित होते गये। हिमालय के दूसरे उत्थान के समय हिमालय के दक्षिण में एक अग्रसर/फोरडीप (Foredeep) उत्पन्न हो गया। इस फोरडीप का अपवाह मार्ग/निर्गम मार्ग, राजमहल-गारो गैप (Rajmahal-Garo Gap), जिसको मालदा गैप (Malda Gap) के द्वारा बंगाल की खाड़ी में होने लगा। पश्चिम की नदियों का अपवाह पोटवार के पठार के उत्थान के कारण दक्षिण एवं दक्षिण-पश्चिम की ओर अरब सागर की ओर होने लगा। बाद में ये लगून रूपी झीलें (Lagaon-Lakes) सूख गईं तथा बहुत-सी अनुप्रस्थ नदियां (Transverse Rivers) हिमालय क्षेत्र से बहती रहीं जो आज के हिमालय जल-अपवाह का रूप धारण कर गई हैं।

हिमालय जल अपवाह के नदी तन्त्र (River Systems of the Himalayan Drainage)

हिमालय तथा हिमालय पार (Trans-Himalayan) से निकलने वाली नदियों को तीन नदी-तंत्रों में विभाजित किया जाता है:

(i) सिंधु नदी तन्त्र (Indus River System)

(ii) गंगा नदी तन्त्र (Ganga River System) तथा

(iii) ब्रह्मपुत्र नदी तन्त्र (Brahmaputra River System) *(चित्र 3.6)*।

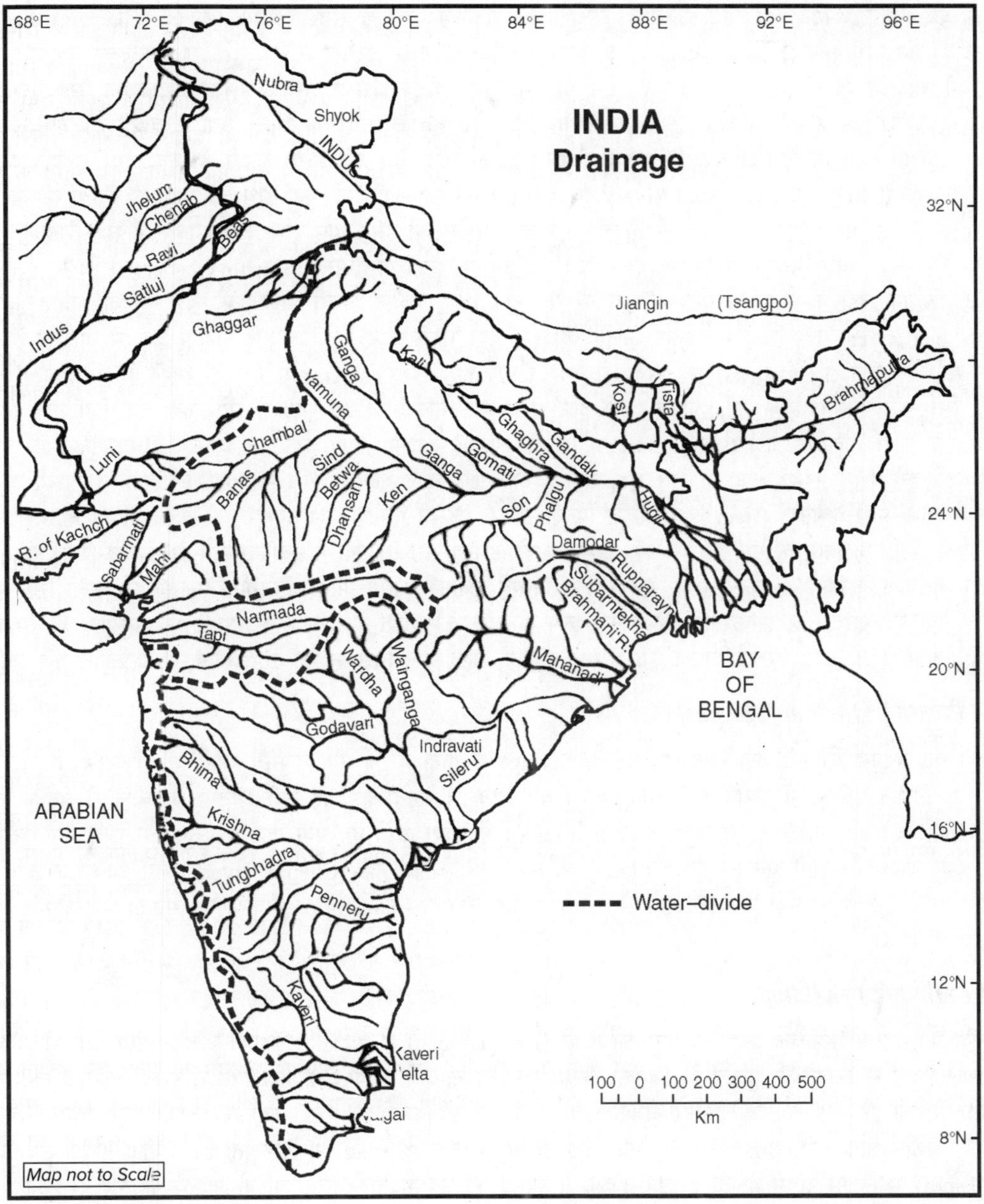

चित्र 3.6 भारत की नदी प्रणाली

1. सिंधु नदी तन्त्र (The Indus River System)

सिंधुः सिंधु नदी, भारतीय उप-महाद्वीप का एक महत्वपूर्ण अपवाह तन्त्र है। सिंधु नदी की लम्बाई 2880 किलोमीटर है तथा भारत में इसकी लम्बाई 709 किलोमीटर है। सिंधु का जलग्रहण क्षेत्र (Catchment Area) लगभग 1,165,000 वर्ग किलोमीटर है, जिसमें से लगभग 321,284 वर्ग किलोमीटर भारत में है। भारतीय उप-महाद्वीप में सिंधु सबसे पश्चिमी नदी तन्त्र है। झेलम, चिनाव, रावी, व्यास तथा सतलज इसकी मुख्य सहायक नदियां हैं।

सिंधु नदी का उद्‌गम बोखर-चू (Bokhar-Chu) ग्लेशियर से होता है, जो कैलाश पर्वत के उत्तरी ढलान पर स्थित है। नदी के उद्‌गम का स्रोत लगभग 6714 मीटर ऊँचा है। सिंधु नदी कराकोरम पर्वत के सबसे अधिक हिमनदों (Glaciers) का जल बहा कर लाती है। बोखर हिमनद (Bokhar Glacier) जो कैलाश पर्वत की उत्तरी ढलान पर स्थित है, से निकलकर यह संकीर्ण खाड़ी में उत्तर की ओर तिब्बत के पठार पर बहती हैं। इस भाग में सिंधु नदी को सिंधी खम्बन अथवा लद्दाख का सिंह मुख (Lion's Mouth) कहते हैं। लद्दाख एवं जास्कर (Zaskar) श्रेणियों के बीच यह लगभग एक सीधी रेखा में बहती है। जास्कर श्रेणी के समानान्तर लगभग 480 किलोमीटर तक सिंधु नदी लगभग 3200 मीटर की ऊँचाई पर बहती है। लेह नगर से दक्षिण में इसमें जास्कर नदी आकार मिलती है। सुरू (Suru River) एवं द्रास (Daras River) इसके बाएं हाथ की सहायक नदियां हैं, जो कारगिल (Kargil) के निकट अपना जल सिंधु नदी में गिरती हैं। उत्तर-पश्चिम की इसमें दाएं हाथ की सहायक नदियां-शियोक (Shyok) एवं नूबरा (Nubra) आकर मिलती हैं। इन सहायक नदियों का उद्‌गम सियाचिन हिमनद (Siachin Glacier) से है। स्कर्डू (Skardu) के निकट, शियोक नदी के संगम से कुछ ही दूरी पर यह नदी K2 पर्वत के उत्तरी ढलानों के जल को अपवाहित करने वाली शिगार (Shigar River) नदी सिंधु में आकर मिलती है। इस भाग में सिंधु नदी की चौड़ाई लद्दाख क्षेत्र से अधिक है। नदी के इस भाग मे भू-स्खलन (Landslides) एवं अनुप्रस्थ हिमनद (Transverse Glaciers) से नदी के बहाव में प्रायः बाधा आती है। गिलगिट, सिंधु की एक सहायक नदी, पश्चिम की ओर से आकर मिलती है। इस भाग में सिंधु नदी कई महाखड्ड (Gorges) बनाती है, जिनमें से गिलगिट गॉर्ज (Gilgit Gorge), जिसकी गहराई लगभग 5200 मीटर है, सबसे अधिक गहरा है। नंगा पर्वत के साथ बहते हुये, सिंधु नदी दक्षिण की ओर मुड़ जाती है और पाकिस्तान वाले कश्मीर में प्रवेश कर जाती है। पृथ्वी के तापमान में वृद्धि के साथ-साथ हिमनद (Glaciers) तेजी से पिघल रहे हैं, जिससे हिमालय से उद्‌गम होने वाली नदियों के जल की मात्रा में वृद्धि होती रहेगी। जलवायु के गर्म होने के साथ हिमालय के हिमनद से सिंधु नदी में प्रवाहित होने वाला जल-प्रवाह कम-से-कम 2050 तक बढ़ेगा (दि हिन्दू, 2 जून, 2014, पृष्ठ-11)। तिब्बत (चीन), भारत और पाकिस्तान होकर बहने वाली सिंधु नदी एक अंतर्राष्ट्रीय नदी है। भारत और पाकिस्तान सिन्धु नदी क्रम के जल को बाँटते है। सिन्धु जल संधि के अनुसार, जो 19 सितम्बर, 1960 में दोनों देशों के मध्य हस्ताक्षरित हुई थी। सिन्धु नदी के कुल जल विसर्जन का 20% भाग भारत प्रयुक्त कर सकता है।

झेलम (वितस्ता) [Jhelum (Vitasta)]

झेलम नदी का उद्‌गम बेरीनाग जल स्रोत (Verinang Spring) से होता है, जो कि कश्मीर घाटी के दक्षिणी-पूर्वी भाग में दीर्घ हिमालय के निचले ढलानों में स्थित है। उत्तर-पश्चिम की दिशा में बहती हुई यह नदी श्रीनगर के बीच से बहकर बारामूला (Baramullah) की ओर बहती हुई वूलर झील (Wular Lake) में प्रवेश करते हुए एक गॉर्ज (Gorge) से गुज़र कर मुज़फ्फराबाद नगर की ओर बहती है। आगे चलकर त्रिमू (Trimu) के स्थान पर चिनाब नदी (Chenab River) इसमें आकर मिलती है। मन्द ढलान पर बहती हुई झेलम नदी में अनन्तनाग से बारामूला तक नौगमन (Navigation) किया जा सकता है। कश्मीर घाटी की यह प्रमुख दरिया है।

चिनाब (अश्किनी) (Ashikni)

चिनाब नदी का उद्‌गम हिमाचल प्रदेश के बारा-लाचा दर्रे (Bara-Laucha) से होता है, जिसकी ऊँचाई सागर-स्तर से 4843 मीटर है। हिमाचल प्रदेश में इसकी दो भुजायें हैं, जिनको चन्द्रा-भागा के नाम से जाना जाता है। भारत में इसकी लम्बाई लगभग 1180 किलोमीटर है, जो 26,755 वर्ग किलोमीटर क्षेत्रफल का जल अपवाह करती है। चन्द्रा नदी का उद्‌गम एक हिमनद (Glacier) से होता है, जबकि भागा नदी (Bhaga River) एक खड़े ढलान के चश्में (Spring) से निकलती है। ये दोनों नदियां (चन्द्रा-भागा) ताण्डी (Tandi) स्थान पर संगम बनाती हैं। इन नदियां में, चन्द्रा का उद्‌गम बार-लाचा दर्रा के पूर्व के हिमनद से हुआ है जबकि भागा का उद्‌गम सूर्या ताल से होता है। इन का संगम तान्डी में होता है। संगम बनाने के पश्चात चिनाब नदी पीर-पंजाल (लघु

हिमालय) तथा दीर्घ हिमालय (Greater Himalaya) के बीच से बहती हुई किश्तवाड़ टाऊन के पास एक तीव्र मोड़ (Hair, Pin Bend) बनाती हुई रियासी (Riasi) नगर से बहती हुई पाकिस्तान में प्रवेश कर जाती है। पन बिजली उत्पन्न करने वाली सलाल (Salal), दुलहस्ती (Dulhasti) और बगलियार (Baghliar) जैसी महत्वपूर्ण परियोजनाएं (Project) चिनाब नदी पर बनाई गई हैं। बगलियार परियोजना, जम्मू डिवीजन के डोडा जिले में स्थित है जिसके बांध की ऊँचाई 144.5 मीटर है। यह परियोजना 450 मेगावट बिजली उत्पादन की क्षमता रखती है। इस परियोजना से जम्मू-कश्मीर के विभिन्न नगरों को बिजली सप्लाई की जाती है।

रावी (Ravi) नदी (पुरुष्णी अथवा इरावती)

रावी नदी की उत्पत्ति कुल्लू के पास स्थित रोहतांग दर्रे (Rohtang Pass) से होती है। रावी का उद्‌गम व्यास नदी के उद्‌गम के बहुत निकट है। भारत में इसकी लम्बाई 725 किलोमीटर है, जो लगभग 5957 वर्ग किलोमीटर के जल को अपवाहित करती है। रावी नदी, पीर-पंजाल के पश्चिमी तथा धौलाधार श्रेणी (Dhauladhar Range) के उत्तरी ढलानों का जल अपवाहित करती है। चम्बा टाऊन के पास से इसकी दिशा दक्षिण की ओर हो जाती है और धौलाधार पर्वत में एक गहरे गॉर्ज (Deep-Gorge) से गुज़र कर, पंजाब के मैदान में प्रवेश करती है। गुरुदासपुर एवं अमृतसर में पाकिस्तान-भारत की सीमा बनाती हुई यह लाहौर (पाकिस्तान) की ओर प्रस्थान कर जाती है।

व्यास [विपासा अथवा अर्गी किया (Vipasa or Argikiaya)]

हिमाचल प्रदेश के रोहतांग दर्रे पर स्थित व्यास-कुण्ड से निकलकर व्यास नदी दक्षिण की ओर बहती है। व्यास-कुण्ड की ऊँचाई सागर स्तर से लगभग 4000 मीटर है। दक्षिण की ओर धौलाधार पर्वत श्रेणी (Dhaula-Dhar Range) में गहरा गॉर्ज (Gorge) बनाती हुई व्यास नदी कुल्लू एवं मनाली नगरों से होकर बहती है। तत्पश्चात दक्षिण में कांगड़ा घाटी से गुजर कर पंजाब के मैदान में प्रवेश करती हैं। पंजाब में कपूरथला एवं अमृतसर जनपदों से बहती हुई, हरिके, (Harike) स्थान पर सतलज (Satluj) नदी में मिल जाती है। व्यास नदी की कुल लम्बाई लगभग 465 किलोमीटर है।

सतलज (सताद्रु अथवा सतुद्री) (The Satluj-Satadru or Satudri)

सतलज नदी का उद्‌गम, तिब्बत में कैलाश पर्वत के दक्षिण में स्थित राकास झील (Rakas Lake) से होता है। यह एक पूर्ववर्ती नदी (Antecedent River) है, जिसकी आयु हिमालय पर्वत से अधिक है। तिब्बत में सतलज नदी को लांगेचेन खम्बाब (Langechen Khambab) कहते हैं। शिपकीला दर्रे (Shipkila) से गुज़र कर यह नदी हिमाचल प्रदेश (भारत) में प्रवेश करती है। इस दर्रे से नदी पश्चिम की ओर बहती हुई कल्पा (Kalpa) को पार करके, रामपुर नगर के निकट धौलाधार श्रेणी की एक संकीर्ण घाटी (Deep Gorge) से गुज़र कर पार करती है। इस नदी पर भाखड़ा गाँव के पास बहुद्देशीय भाखड़ा बांध का निर्माण किया गया है। भाखड़ा बांध के पश्चात सतलज नदी रोपड़ (रूपनगर) से बहती हुई पंजाब के मैदान में प्रवेश कर जाती है। भारत में इस नदी की लम्बाई 1050 किलोमीटर है जो 28,090 वर्ग किलोमीटर क्षेत्र को अपवाहित करती है।

घग्गर या सरस्वती (Ghaggar the Legendary Saraswati)

घग्गर एक अन्त:स्थलीय अपवाह (Siland Drainage) है, यह अम्बाला के निकट सिरमौर स्थान के शिवालिक ढलानों से निकलती है। शिवालिक से दक्षिण की ओर बहती हुई, यह नदी लुप्त-सी हो जाती है, परन्तु कुरुक्षेत्र तथा करनाल जिलों में इसका जलमार्ग फिर से नज़र आने लगता है ***(चित्र 3.8)***। इसके पश्चात घग्गर नदी को हरका (Harka) के नाम से जाना जाता है। बीकानेर के निकट हनुमानगढ़ में यह नदी लुप्त हो जाती है। नदी के इस भाग में इसका जलमार्ग 5 से 8 किलोमीटर चौड़ा हो जाता है जो इस बात का प्रमाण है कि वैदिक काल में सतलज नदी, घग्गर-हरका के रास्ते से होकर बहती थी। इसी नदी को वैदिक काल में सरस्वती नदी कहा जाता था। सामान्यत: सरस्वती नदी लगभग 5000 वर्ष से अधिक पुरानी है। इस नदी के चिन्ह पाकिस्तान के सिंध राज्य के नारा क्षेत्र में भी पाये जाते हैं। यह क्षेत्र कच्छ के रन (Rann of Kachchh) के निकट है तथा इसकी एक भुजा कच्छ के रन में जाकर मिल जाती है। वर्तमान में यह एक मरुस्थली क्षेत्र है। आज भी वर्षा ऋतु में घग्गर के पुराने जल मार्ग में वर्षा ऋतु में पानी भर जाता है। इस नदी के जल मार्ग पर शोध कार्य चल रहा है।

2. गंगा बेसिन (लम्बाई: 2510 किलोमीटर क्षेत्रफल 8,61,404 वर्ग किलोमीटर)

भारत का सबसे बड़ा एवं सबसे महत्वपूर्ण बेसिन गंगा बेसिन है। गंगा एक अन्तर्राष्ट्रीय नदी है, जो भारत के कई राज्यों से बहती हुई बांग्लादेश में प्रवेश करती है और अपना पानी बंगाल की खाड़ी में गिराती है ***(चित्र 3.7)***।

गंगा भारत की सबसे पवित्र एवं महत्वपूर्ण नदी है। प्रधान मंत्री प. जवाहर लाल नेहरू के अनुसार 'गंगा' अपने स्रोत से सागर तक प्राचीन काल से अब तक, भारत की सभ्यता की कहानी बयान करती है। वास्तव में गंगा नदी, भारतीय सभ्यता का पर्याय है। गंगा नदी का जल उर्वता, पवित्रता एवं लोगों की आध्यात्मिक संतुष्टी से जुड़ा हुआ है।

गंगा नदी, उत्तराखंड के उत्तरकाशी में स्थित गोमुख हिमनद (Gaumukh Glacier) से निकलती है। गोमुख ग्लेशियर सागर-स्तर से लगभग 7010 मीटर की ऊँचाई पर स्थित है। उत्तरकाशी में इस नदी को भागीरथी के नाम से जाना जाता है जो महाखड्ड एवं संकीर्ण घाटियों (Gorges) से गुजर कर दक्षिण की ओर बढ़ती है। देवप्रयाग (नगर) के स्थान भागीरथी स्रोत, सतोपंथ हिमनद (Satopanth Glacier) से है, जो बद्रीनाथ के उत्तर से निति दर्रे (Niti-Pass) के निकट स्थित है। देवप्रयाग से पहले अलकनन्दा नदी अन्य नदियों के साथ मिलकर पांच प्रयाग बनाती है, जिनको पंच प्रयाग कहते हैं ***(चित्र 3.7A)***।

तालिका 3.2 गंगा के ऊपरी क्षेत्र में पांच संगम

नदियाँ	नदी संगम व पंचप्रयाग
नदी अलकनंदा (स्रोत: सतोपथ हिमनद), नदी धौली गंगा (स्रोत: माना हिमनद)	विष्णु प्रयाग
नदी अलकनंदा और नदी नंदकिनी (स्रोत: त्रिशूल हिमनद)	नंद प्रयाग
नदी अलकनंदा और नदी पिण्डारी (स्रोत: पिण्डारी हिमनद)	करण प्रयाग
नदी अलकनंदा, नदी मन्दाकनी या काली-गंगा (स्रोत: चोराबारी हिमनद)	रूद्र प्रयाग
अलकनंदा और नदी भागीरथी (स्रोत: गौमुख या गंगोत्री हिमनद)	देव प्रयाग

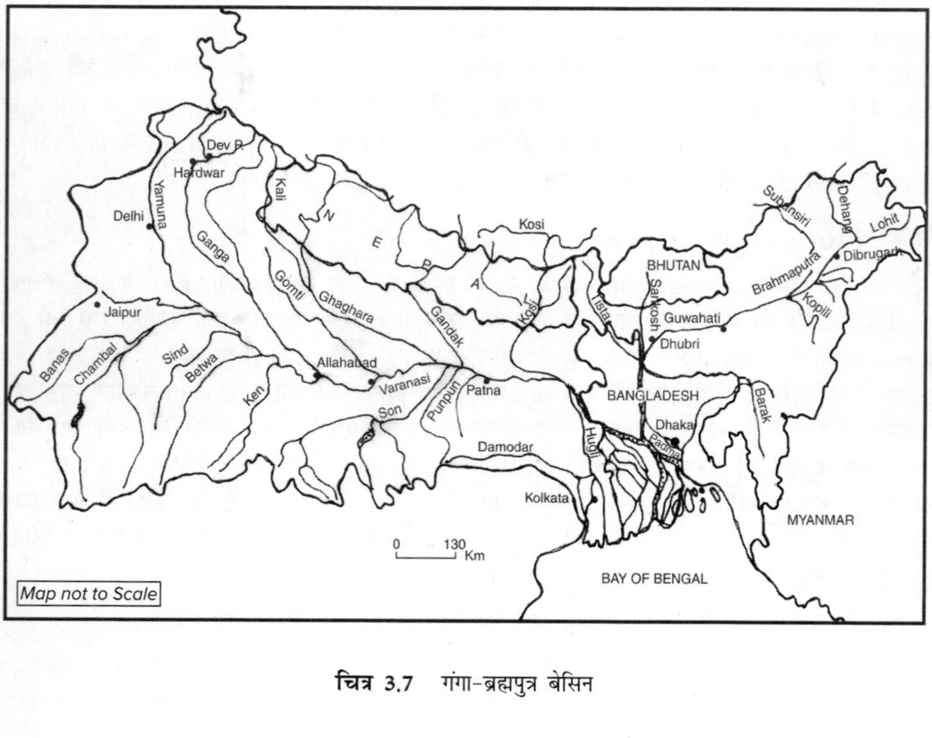

चित्र 3.7 गंगा-ब्रह्मपुत्र बेसिन

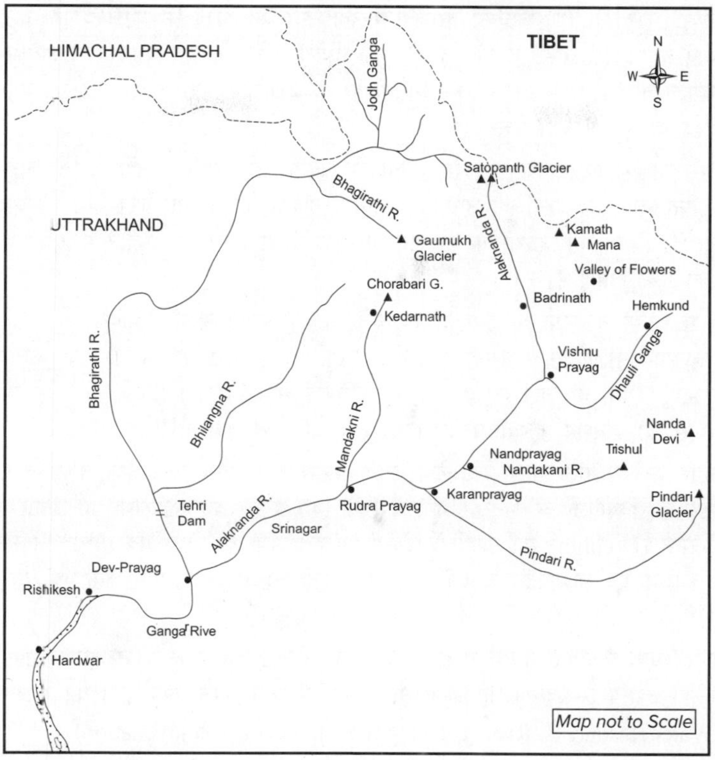

चित्र 3.7A पंच प्रयाग (पांच नदियों का संगम) उत्तराखंड

चित्र 3.7B उत्तराखंड में संगम

[Source: Uttarakhand Tourism Development Board, Department of Tourism, Government of Uttarakhand, India]

गंगा उत्तराखण्ड के उत्तरकाशी जिले में गंगोत्री शिखर के गोमुख हिमनद (Gaumukh Glacier) से निकलती है, जिसकी ऊँचाई लगभग 7010 मीटर है। अपने ऊपरी भाग में गंगा नदी भागीरथी के नाम से जानी जाती है। देवप्रयाग के स्थान पर भागीरथी का संगम अलकनन्दा से होता है, जिसके पश्चात भागीरथी को गंगा के नाम से जाना जाता है। गंगा नदी हरिद्वार से मैदान में प्रवेश करती है। दक्षिण की ओर बहती हुई पूर्व में इलाहाबाद के स्थान पर यमुना के साथ संगम बनाती है। पूर्व में वराणसी, मिर्जापुर,

पटना, मुंगेर, भागलपुर नगरों से बहती हुई फरक्का बैराज (मालदा नगर के पास) के पश्चात् गंगा की एक भुजा बांग्लादेश में प्रवेश कर जाती है, जिसको पद्मा नदी कहते हैं और दूसरी भुजा हुगली नदी (पश्चिम बंगाल) में हावड़ा-कोलकाता तथा हल्दिया (Haldia) से गुज़र कर बंगाल की खाड़ी में अपना जल गिराती है। प. बंगाल एवं बांग्लादेश में फैला गंगा डेल्टा सुन्दरबन के नाम से जाना जाता है, जो विश्व का सबसे बड़ा डेल्टा है।

गंगा, भारत की सबसे पवित्र एवं महत्वपूर्ण नदी, अत्यधिक प्रदूषित हो चुकी है तथा इसके जलमार्ग की चौड़ाई भी कम होती जा रही है। नदी प्रदूषित जल का अत्यधिक उपयोग, सहायक नदियों का प्रदूषित जल तथा जलवायु परिवर्तन, गंगा नदी के लिये घातक सिद्ध हो रहा है। विश्व की जनसंख्या का लगभग आठ प्रतिशत गंगा के मैदान में रहता है, जबकि गंगा का मैदान भारत के कुल क्षेत्रफल का एक-तिहाई है।

पिछले कुछ दशकों में लाखों नलकूपों के द्वारा अंधाधुन्ध जल के उपयोग से तथा नदियों के मार्गों में बांधों के निर्माण का गंगा नदी के बहाव एवं जलमार्ग पर प्रतिकूल प्रभाव पड़ा है। डब्ल्यु. डब्ल्यु. एफ. (W.W.F.) के कार्यक्रम निदेशक सेजल वोरा (Sejal Worah) के अनुसार, ''गंगा के जल का 30 से 40 प्रतिशत भाग हिमनदों (Glaciers) के पिघलने से प्राप्त होता है, जबकि सिंध नदी का 70 से 80 प्रतिशत जल हिमनदों (Glaciers) से प्राप्त होता है।''

केवल मानव ही नहीं, पानी में रहने वाली मछलियां, नाना प्रकार के जलीय जीव तथा वनस्पति पर भी, गंगा जल प्रदूषण का विपरीत प्रभाव पड़ रहा है। विशेषज्ञों के अनुसार गंगा नदी में 140 प्रकार की मछलियां 90 प्रकार के उभयचर पाये जाते हैं तथा लुप्त होती हुई डॉल्फिन (Dolphin) पाई जाती है। गंगा भारतवासियों के लिये एक पवित्र नदी ही नहीं, इसके तटों पर बहुत-से बड़े धार्मिक, ऐतिहासिक एवं सांस्कृतिक नगर हैं। इस पवित्र नदी का अनुरक्षण, सामाजिक एवं सांस्कृतिक तथा पारिस्थितिकी दृष्टि से अत्यावश्यक है।

"नमामि गंगे कार्यक्रम" एक एकीकृत कार्यक्रम है जिसके लिए जून 2014 में केन्द्र सरकार ने 20,000 करोड़ के बजट को स्वीकृत किया था। इसके दो उद्देश्य है-प्रदूषण को प्रभावशाली रूप से कम करना और गंगा का सरंक्षण और जीर्णोद्धार करना। (Source: Ministry of Water Resources, River Development and Ganga Rejuvenation)

नमानि गंगे कार्यक्रम के प्रमुख स्तम्भ निम्नलिखित हैं:

1. सीवरेज ट्रीटमेन्ट इन्फ्रास्ट्रक्चर
2. नदी फ्रन्ट विकास
3. नदी सतह की स्वच्छता
4. जैव-विविधता
5. वृक्षारोपण
6. जन-जागृति
7. औद्योगिक प्रवाह निगरानी
8. गंगा ग्राम

एक संस्था जिसका नाम 'स्वच्छ गंगा का राष्ट्रीय मिशन' (NMCG) की स्थापना 12 अगस्त, 2011 को हुई थी। इस संस्था को 1000 करोड़ रुपयों की परियोजना स्वीकृत करने का अधिकार है। भारत सरकार में अतिरिक्त सचिव इसका NMCG डायेक्टर जनरल (DG) होगा।

यमुना नदी (The Yamuna River) (लम्बाई 1380 किमी.)

गंगा की सबसे लम्बी तथा सबसे पश्चिमी सहायक नदी यमुना है। इस नदी का स्रोत यमुनोत्री हिमनद (Yamunotri Glacier) से है, जो बन्दरपुंछ शिखर पर लगभग 6316 मीटर पर पश्चिमी ढलान पर स्थित है यह नदी नीचे की ओर बहती हुई मसूरी पर्वत श्रेणी के निकट इसमें टोंस-नदी (Tons River) आकर मिलती है। मसूरी पर्वतशृंखला के दक्षिण में यह नदी मैदान में तीव्र गति के साथ उतरती है। हरियाणा तथा उत्तर प्रदेश राज्यों की सीमा पर बहती हुई यमुना नदी दिल्ली, मथुरा एवं आगरा से गुजरती हुई इलाहाबाद में गंगा से मिलकर प्रसिद्ध संगम बनाती है। यमुना की अधिकतर मुख्य सहायक नदियां दाहिनी दिशा से आकर मिलती हैं। सहायक नदियाँ अधिकतर विंध्यन पर्वत से निकलकर यमुना नदी में मिलती हैं। इनमें चम्बल, सिंध, बेतवा, केन तथा टोंस नदियाँ प्रमुख हैं।

विशेषज्ञों के अनुसार वैदिक काल में यमुना नदी हरियाणा और राजस्थान के बीकानेर जिले से बहकर, पौराणिक सरस्वती में जाकर मिलती थी, परन्तु तत्पश्चात् सरस्वती नदी का अपहरण (River Capture) यमुना नदी ने किया और सरस्वती लुप्त हो गई।

चम्बल नदी (Chambal River) (लम्बाई 960 कि.मी.)

चम्बल नदी का उद्‌गम मध्य प्रदेश में मोहो छावनी (MHOW Cantt.) के निकट है, जो मालवा के पठार पर स्थित है। उत्तर की ओर बहती हुई यह नदी कोटा नगर के पास पहुँचकर उत्तर-पूर्व की ओर मुड़ जाती है तथा बूंदी, सवाई-माधोपुर एवं धौलपुर के पास से बहती हुई इटावा नगर (यू.पी.) से लगभग 40 किलोमीटर पश्चिम में यह यमुना नदी में मिल जाती है। मेवाड़ एवं मालवा के पठार से निकलने वाली काली बनास (Banas), काली-सिंध (Kali Sindh), पार्वती (Parbati) तथा कुँवारी इसकी सहायक नदियां हैं। चम्बल नदी अपने विस्तृत बीहड़ भूमि खड्ड (Ravines) के लिये विश्व में प्रसिद्ध है, जो नदी के निचले भाग में फैला हुआ है। भू-गर्भ विज्ञान के विशेषज्ञों के अनुसार चम्बल नदी की बीहड़ भूमि (Ravines Region) में हल्का उत्थान हुआ है, जिससे भारी बीहड़ भूमि (Ravines Region) विकसित होने में सहायता मिली है। चम्बल नदी पर गांधी सागर, राणा प्रताप सागर, (रावत-भाटा) तथा जवाहर-सागर बांध बनाये गये हैं।

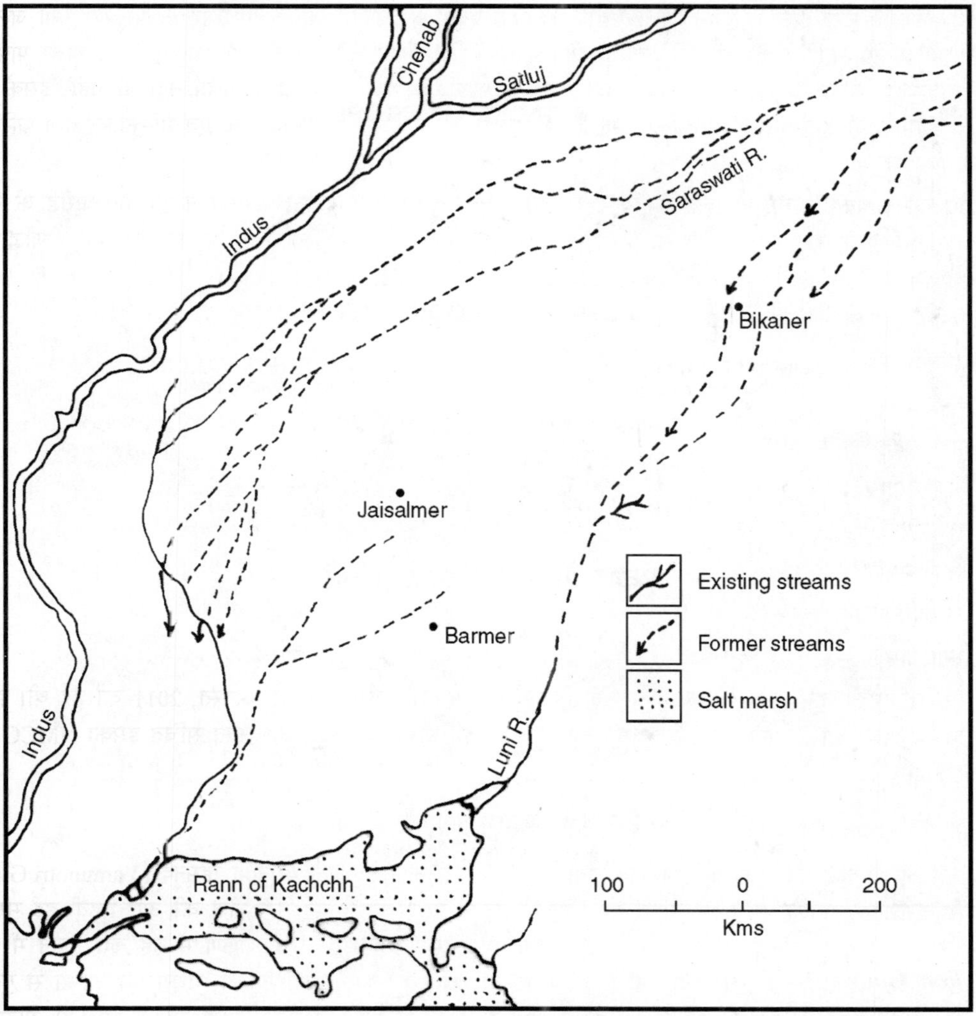

चित्र 3.8 घाघरा और सरस्वती नदी मार्ग

चम्बल बीहड़ (CHAMBAL RAVINES)

महाखड्डों, गहरी घाटियों तथा तीव्र ढलान चम्बल नदी के निचले भाग में फैले हुये हैं। इन महाखड्डों का विस्तार, राजस्थान, मध्य प्रदेश तथा उत्तर प्रदेश के क्षेत्रों में पाया जाता है। यह महाखड्डीय क्षेत्र डकैतों तथा अपराधियों के आश्रय के लिये जाना जाता है। इस क्षेत्र को पुनः कृषि, चारागाह तथा सामाजिक-वानिकी (Social Forestry) के उपयोग के लिये समतल किया जा रहा है।

राष्ट्रीय चम्बल अभयारण्य की स्थापना 1979 में हुई थी। यह लगभग 400 किमी लम्बा और चम्बल नदी के दोनों किनारों पर 6 किमी चौड़ा है। यह संकटापन्न गंगा की डॉल्फिन के लिए जाना जाता है। यहां कछुओं की 6 किस्में पायी जाती है। इस अभयारण्य के वन्य जीवों में चिन्कारा, साम्भर, ब्लू बेल, भेड़िया और जगंली सुअर है।

चम्बल गंगा-यमुना अवसाद बेसिन की सबसे बड़ी क्रेटोनिक नदी है। दक्कन बेसाल्ट्स और प्रोटेरोजोइक विंध्यन भूखण्ड की उत्तर-पूर्व की ओर बहने वाली नदियां भारी अवसाद भार ढो कर लाती हैं और यह बाढ़ प्रभावित क्षेत्र में जमा करती हैं जिसके कारण बाढ़े आती हैं। यह निक्षेप बाढ़ के मैदान में बनते हैं। भारी वर्षा के दौरान अवसादों को बहाकर समुद्र तक ले जाती है और बाढ़ का मैदान कम हो जाता है क्योंकि मुख्य नदी प्रवाह और सरिताएं गली में कट जाती है और रेवाइल को बनती है और निष्फल मिट्टी का उदय होता है।

नदी की सीमा क्षेत्र में विवर्तनिकी उभार और झुकाव के परिणामस्वरूप बनती हैं।

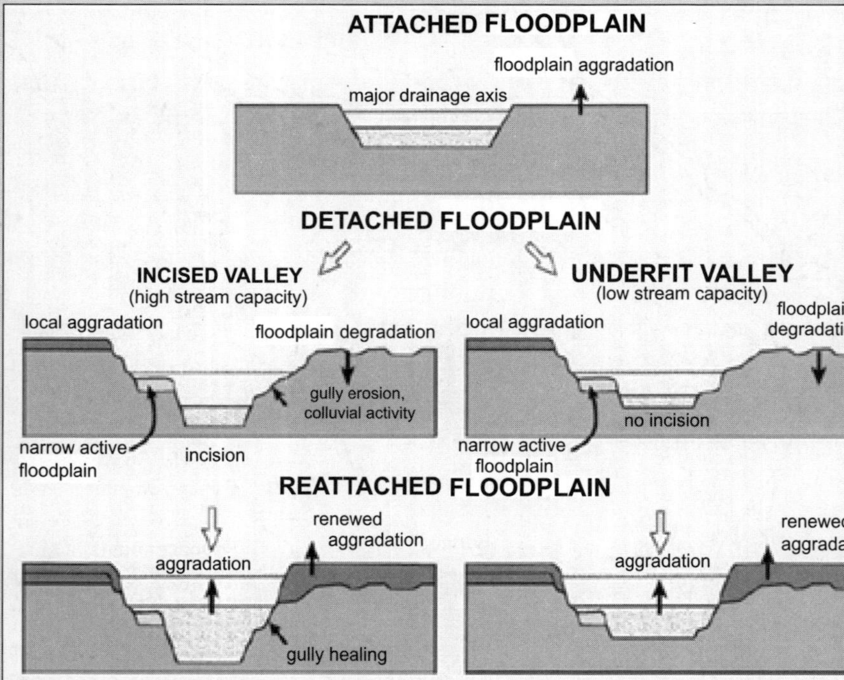

चित्र 3.9 उत्खात भूमि की सरंचना

Source: Gibling et al., 2005

रामगंगा (Ram Ganga)

तुलनात्मक रूप से रामगंगा एक छोटी नदी है। रामगंगा कुमांऊ हिमालय से निकलती है। यह दक्षिण-पश्चिम की ओर शिवालिक द्वारा विक्षेपित होती है। यह नदी शिवालिक को पार कर गंगा के मैदान में नजीबाबाद में प्रवेश करती है और दक्षिण की ओर बहती हुई हरदोई जिले में कन्नौज के प्रतिमुख गंगा में जाकर मिलती है।

शारदा नदी (Sharda River)

यह नदी कुमाऊं में हिमालय के मिलम हिमनद (Milam Glacier) से निकलती है जहाँ इसको गोरी गंगा कहते हैं। इस नदी को इसके ऊपरी भाग में अनेक नामों से जाना जाता है, जैसे–भारत तथा नेपाल की सीमा पर इसको काली नदी के नाम से जाना जाता है। उत्तर प्रदेश के बाराबंकी के निकट घाघरा में मिलने से पहले इस नदी को चौका कहा जाता है।

यह नदी महान हिमालय के कालापानी (3600 मीटर) लिपु–लेख दर्रा के पास उत्तराखंड के पिथोरागढ़ जिले से निकलती है। यह नदी घाघरा नदी में बाराबंकी के पास दाहिने किनारे से मिलने से पूर्व चौका नदी कहलाती है। नदी में जल विद्युत बनाने की क्षमता है। 1995 में पंचेश्वर बांध बनाने का प्रस्ताव भारत और नेपाली संयुक्त साहसिक कार्य में आया जो सिंचाई और विद्युत बनाने का 1993 में चम्पावत जिला के टनकपुर जलविद्युत ऊर्जा (NHFC) द्वारा स्वीकृत हुआ।

गोमती नदी (Gomti River)

यह सरयू की सहायक नदी है, इसका उद्‌गम मैनकोट के उच्च प्रदेश के पास फुलहार झील पीलीभीत के मधोतन्डा उत्तराखण्ड से हुआ है। नदी गाजीपुर जिले के कैथी में गंगा से मिलती है और सीतापुर, लखनऊ, बाराबंकी, सुल्तानपुर और जौनपुर जिलों में बहती है।

गोमती नदी कत्यूर घाटी के लिए विख्यात है और कुमाऊं क्षेत्र में विशाल कृषि क्षेत्र बनाती है। इसका धरातल सपाट, दक्षिण एवं दक्षिण-पूर्व की और ढालू है। यह सदावाहनी नदी है। इसका अपवाह क्षेत्र 30437 वर्ग किमी है। साई नदी इसकी प्रमुख सहायक नदी है।

यह नदी सीतापुर से सुल्तानपुर तक प्रदूषण (उद्योगों और घरेलू निर्वहन से अपशिष्ट) के आक्रमण से प्रभावित हो रही है क्योंकि इसका मार्ग गन्ना प्रस्संकरण, कागज और प्लाईवुड उद्योगों की औद्योगिक पेटी से गुजरता है।

करनाली नदी (Karnali River)

करनाली नदी को नेपाल में कैरीआला (Kauriala) के नाम से जाना जाता है और गंगा के मैदान में घाघरा के नाम से। करनाली एक पूर्ववर्ती नदी (Antecedent River) है, जो नेपाल के हिमालय में मानधाता शिखर (7220 मीटर) की ऊँचाई से निकलती है। दीर्घ हिमालय में एक महाखड्ड (Gorge) बनाने से पहले करनाली नदी ट्रांस-हिमालय क्षेत्र (Trans Himalaya Region) से 160 किलोमीटर लम्बाई तक बहती है। यह नदी नेपाल के पश्चिमी भाग में महाभारत श्रेणी (Mahabharat Range) को एक गहरे गॉर्ज (Garge) से गुजर कर पार करती है। मैदानी भाग में इसमें शारदा नदी आकर मिलती है, जहाँ इस नदी को घाघरा के नाम से जाना जाता है। वास्तव में घाघरा लहंगे को कहते हैं। अयोध्या तथा फैजाबाद नगरों को पार कर, यह नदी बलिया शहर के निकट छपरा जिले में गंगा नदी से मिल जाती है। घाघरा एक बड़ी नदी है तथा यह प्रायः अपना जलमार्ग बदलती रहती है। इसके मार्ग बदलने की प्रक्रिया का अनुमान लगाना एक कठिन कार्य है।

गंडक नदी (Gandak River)

गंडक नदी का उद्‌गम नेपाल में स्थित धौलाधार शिखर तथा माऊँट ऐवरेस्ट के मध्य से है। यह नदी नेपाल के मध्यवर्ती भाग का जल अपवाह करती है। गंडक नदी उत्तरी भारत में बिहार के चम्पारण जिले में प्रवेश करती है तथा दक्षिण-पूर्व की ओर मुड़कर पटना शहर के प्रतिमुख सोनपुर नगर के पास गंगा नदी में अपना जल गिराती है। यह नदी प्रायः अपना जल मार्ग बदलती रहती है।

कोसी नदी (Kosi River)

कोसी एक पूर्ववर्ती नदी (Antecedent River) है। कोसी नदी को बिहार का शोक (Sorrow of Bihar) भी कहते हैं। अरुण नदी (Arun River) कोसी की मुख्य धारा है, जो माऊंट ऐवरेस्ट के उत्तरी ढलान से निकलती है। नेपाल में दीर्घ हिमालय में प्रवेश करने के पश्चात् इस नदी में पश्चिम की ओर से सन-कोसी (Sun-Kosi) तथा पूर्व से तामुर-कोसी (Tamur-Kosi) आकर मिलती हैं। ये दोनों नदियां कुछ दूर तक महाभारत श्रेणी के उत्तर में समानान्तर बहती हैं और अरुण नदी में मिलने के पश्चात सप्त-कोसी (Sapt-Kosi) कहलाती है। कोसी नदी महाभारत श्रेणी एवं शिवालिक के समानान्तर बहती हुई दक्षिण की ओर उत्तरी बिहार के मैदान में उतरती है। बिहार के मैदान में कोसी नदी कई जलधाराओं में विभाजित हो जाती है। लगभग 200 वर्ष पूर्व,

कोसी नदी पूर्णिया नगर के पास से बहती थी परन्तु अपना रास्ता बदलने के कारण यह नदी पूर्णिया नगर से लगभग 160 किलोमीटर पश्चिम की दूरी पर बहती है। मणिहारी से लगभग 30 किलोमीटर पश्चिम में कोसी नदी गंगा नदी में अपना जल गिराती है। 1962 के उपरान्त इस नदी के दोनों तटों पर बाँध बनाये गये हैं ताकि यह नदी अपना मार्ग न बदले और उत्तरी बिहार बाढ़ के प्रकोप से बचा रहे।

महानन्दा नदी (Mahananda River)

यह नदी पश्चिम बंगाल के दार्जिलिंग के निकट की पहाड़ियों से निकलती है। सिलिगुड़ी नगर के निकट यह पश्चिमी बंगाल के द्वार (भांभर) से गुजरती है तथा दक्षिण की ओर गंगा में अपना जल गिराती है। यह गंगा की उत्तर से आने वाली सबसे पूर्व अथवा सहायक अंतिम नदी है।

सोन नदी [Son River (Length 780 Km, Basin 54000 sq. km)]

गंगा में दक्षिण की ओर से आकर मिलने वाली सोन एक महत्त्वपूर्ण नदी है। सोन नदी, अमरकंटक पठार से निकलती है, जो नर्मदा के स्रोत से थोड़ी दूरी पर है। सोन नदी, अमरकंटक पर्वत से छोटे जलप्रपातों के रूप में निकलती है तथा कैमूर पर्वत श्रृंखला (Kaimur Range) से जाकर मिलती है, जो इसकी धारा को उत्तर-पूर्व की ओर मोड़ देती है तथा यह एक नतिलम्ब घाटी (Strike Valley) में बहती हुई आगे बढ़ती है। गरवा (Garwa) नामक स्थान पर सोन नदी की चौड़ाई लगभग 5 किमी. हो जाती है तथा अंतत: आरा के नजदीक बांकीपुर के पास गंगा नदी में जाकर मिल जाती है।

वर्षा ऋतु में सोन नदी में प्राय: बाढ़ आ जाती है। वर्षा ऋतु में इस नदी में 750,000 क्यूसेक्स (Cusecs) जल का निकास होता है, जबकि ग्रीष्म ऋतु में सोन नदी लगभग सूखी पड़ी रहती है।

केन नदी (Ken River)

मालवा के पठार से निकलने वाली केन नदी मध्य प्रदेश के पन्ना जिले में बहती हुई उत्तर प्रदेश के बान्दा जिले में यमुना नदी में मिल जाती है। सोनार एवं बीवर इसकी मुख्य सहायक नदियां हैं।

दामोदर नदी (Damodar River)

दामोदर नदी, छोटा नागपुर के पूर्वी भाग का जल अपवाह करती है। दामोदर नदी पश्चिम से पूर्व की ओर बहती है तथा एक संकीर्ण मार्ग के द्वारा आसनसोल के निकट प. बंगाल में प्रवेश करती है। आसनसोल से कुछ नीचे की ओर इसमें बराकर नदी (Barakar River) आकर मिलती है जो इसकी प्रमुख सहायक नदी है। वर्धमान नगर समकोणीय पूर्व में, दामोदर नदी एक समकोणार्थ मोड़ बनाती है तथा कोलकाता के उत्तर में फाल्टा (Falta) के स्थान पर हुगली नदी में जा मिलती है।

3. ब्रह्मपुत्र नदी तंत्र

इस नदी का उद्‌गम मानसरोवर झील के पूर्व में स्थित अंगसी (Angsi Glaciers) हिमनदों से होता है, जो कैलाश पर्वत तथा मानसरोवर झील के दक्षिण-पूर्व में स्थित हैं। इस नदी को तिब्बत में 'सांगपो' कहते हैं। नामचा बरवा (Namcha Barwa) के निकट यह दीर्घ हिमालय (7755 मीटर) में प्रवेश करती है। यह अरुणाचल प्रदेश में दिहांग महाखड्ड (Dihang Gorge) को पार करती है। सादिया (Sadiya) के निकट यह समुद्री सतह से लगभग 135 मीटर ऊपर बहती है। भारत में यह नदी ब्रह्मपुत्र के नाम से जानी जाती है। यह नदी असम में पश्चिम की ओर धुब्री (28 मीटर) तक बहती है तथा आगे यह नदी एक तीव्र दक्षिणी मोड़ बनाकर बांग्लादेश में प्रवेश कर जाती है। ब्रह्मपुत्र के जलग्रहण क्षेत्र में भारी वर्षा होती है। इसके फलस्वरूप 750 कि.मी. लम्बी असम घाटी में इस नदी के दोनों तटों में अनेक सहायक नदियां आकर मिलती हैं। अधिकतर सहायक नदियां बड़ी धाराएँ होती हैं तथा वे ब्रह्मपुत्र नदी में अत्यधिक मात्रा में जल तथा अवसाद प्रवाहित करती हैं। वर्षा ऋतु में यह नदी एक तट से दूसरे तट तक 10 कि.मी. चौड़ाई (औसत) में बहती है तथा अवसादों से अस्त-व्यस्त इसका जलमार्ग अत्याधिक वेणीनुमा (braided) हो जाता है। अवसादों के निरंतर संचलन के कारण नदी-तन्त्र में अस्थिरता रहती है, इसके जलमार्ग में परिवर्तन होता रहता है तथा रेतीले छिछले स्थान (Shoal) का निर्माण होता है। एशिया का सबसे बड़ा नदी-द्वीप 'माजुली' (Majuli) ब्रह्मपुत्र नदी में है, जो उत्तर में लक्खीमपुर जिले तथा दक्षिण में जोरहट जिले से घिरा हुआ है। ब्रह्मपुत्र नदी बेसिन बाढ़ तथा नदी तट अपरदन के लिए प्रसिद्ध है। बाढ़ औसतन् प्रतिवर्ष 100,000 हेक्टेयर क्षेत्र को प्रभावित करती है। पाण्डु, गुवाहाटी के निकट, इस नदी का वार्षिक

अधिकतम आस्त्राव 120,000 क्यूसेक (4210 क्यूसेक) है। पासीघाट के नीचे, इस नदी में अनेक सहायक नदियां आकर मिलती हैं, जैसे-सुबानसीरी, भरेली, मानस, तीस्ता, सनकोश तथा रंगित दाहिनी तट में तथा दिहांग, लोहित और बूढ़ी दिहांग पूर्व से आकर एवं धनश्री, कलांग और कापिली इसके बाएँ तट में आकर मिलती हैं।

तीस्ता (Tista): यह ब्रह्मपुत्र की सबसे पश्चिमी दाहिनी तट की सहायक नदी है। कंचनजंगा (Kanchenjunga) से निकलते हुए यह दार्जिलिंग की पहाड़ियों में एक तीव्र पर्वतीय प्रवाह है, जिसमें रांगपो, रिंगित (Ringit) तथा सेवक (Sevak) जैसी सहायक नदियां आकर मिलती हैं। इसके तट पर जलपाईगुड़ी शहर स्थित है, जो 1968 की बाढ़ में लगभग सम्पूर्ण रूप से क्षतिग्रस्त हो गया था। वर्तमान में तीस्ता नदी बांग्लादेश में ब्रह्मपुत्र नदी में जाकर मिलती है। 1787 के आकस्मिक बाढ़ में इस नदी ने अपना मार्ग बदल लिया, इसके पहले यह नदी गंगा की एक सहायक नदी थी।

रंगित (Rangit): सिक्किम से उद्गमित रंगित नदी (Rangit River) में बड़ी संख्या में क्षिप्तिकाएं हैं। यह नदी पूरे विश्व में जल क्रीड़ा 'रॉफ्टिंग' (Rafting) के लिए प्रसिद्ध है। इसके तट 'कैंपिंग' के लिए भी उपयुक्त हैं।

सनकोश (Sankosh): यह भूटान की सबसे प्रमुख नदी है। धुब्री से नीचे यह नदी ब्रह्मपुत्र में जाकर मिलती है। सनकोश नदी असम और अरूणाचल प्रदेश के मध्य सीमा बनाती है। इसे भूटान में पुनात्सांग कहते हैं।

मानस: यह एक पूर्ववर्ती नदी (Antecedent River) है। तिब्बत से निकलकर यह वृहत्त हिमालय में एक महाखड्ड का निर्माण करते हुए प्रवेश करती है यह गार्ज सागर स्तर से 3000 मीटर पर स्थित है। लघु हिमालय में इस नदी में अनेक सहायक नदियां आकर मिलती हैं तथा आगे यह नदी मैदान में प्रवेश करती है जहां ब्रह्मपुत्र से जाकर मिलती है।

सुबानसीरी (Subansiri): यह ब्रह्मपुत्र नदी की एक बड़ी सहायक नदी है। हिमालय क्षेत्र में इस नदी का मार्ग लम्बा है तथा पर्वतों से निकलने के बाद ऊपरी असम के मैदान में 160 कि.मी. की दूरी तय करने के बाद यह ब्रह्मपुत्र में जाकर मिलती है। यह मिरि पहाड़ियों (Miri Hills) तथा अबोर पहाड़ियों (Abor Hills) को विभाजित करती है।

धनश्री (Dhansiri): यह नदी नागा पहाड़ियों से निकलती है तथा नागांव के बीच लगभग 300 कि.मी. बहने के बाद यह ब्रह्मपुत्र नदी में जाकर मिलती है।

मणिपुर नदी (Manipur River): यह नदी मणिपुर के उत्तरी भाग से निकलती है तथा दक्षिण की ओर बहती है। इम्फाल से गुजरते हुए यह नदी लोकटक झील को अपवाहित करती है तथा चिंदविन घाटी में जाकर मिलती है, जो म्यांमार (पूर्व बर्मा) में इरावदी की सहायक नदी है।

कालदान नदी (Kaldan River): यह नदी मणिपुर के दक्षिणी भाग को अपवाहित करती है, जहां यह दक्षिण की ओर बहती है तथा बंगाल की खाड़ी में जाकर अपना जल गिराती है।

बराक नदी (Barak River): यह नदी नगालैण्ड में माउंट जापोव (Mt. Japov) से निकलती है, मणिपुर में दक्षिण की ओर बहती है तथा एक तीव्र मोड़ (Hairpin Bend) लेती है। इसकी अनेक सहायक नदियां, जो मिजोरम के उत्तरी भाग को अपवाहित करती हैं, एकजुट होकर सिलचर तथा कछार जिले से होकर गुजरती हैं। बराक बेसिन में मासिनराम (Mawsynram) तथा चेरापूंजी स्थित हैं, जहां विश्व में सबसे अधिक वर्षा होती है। इसके फलस्वरूप बराक नदी अधिक मात्रा में जल विसर्जित करती है। यह नदी बांग्लादेश की ओर बहती है, जहां यह सुरमा कहलाती है। ढाका के नीचे चाँदपुर में बराक नदी पद्मा से मिलती है, जिसके बाद संयुक्त रूप से सुरमा (बराक) तथा पद्मा मेघना कहलाती है।

तालिका 3.3 हिमालय प्रदेश की प्रमुख नदियां

नदी	स्रोत	लम्बाई (किमी.)	मुख्य सहायक नदियां
सिन्धु	कैलाश पर्वत का बोखर चुइन हिमनद	2880	झेलम, चिनाव, रावी, ब्यास, सतलज
झेलम	चश्मा वेरीनाग कश्मीर घाटी में	725 किमी लेकिन भारत में 165 किमी	सन्द्रन नदी, ब्रिन्गी नदी अरापथ, रामविआरा सरिता, रोमही सरिता, सासरा सरिता, नाला लिडर, नाला सिन्ध, नाला विशोव दुधगंगा, नदी पोहोर
चिनाव (चन्द्रा भाग)	लाहुल घाटी, हिमाचल प्रदेश	960	सरिता चन्द्रा, सरिता भागा, मियार नाला, भूत नाला, मरूसुदर, तवी नदी, नीरू

नदी	स्रोत	लम्बाई (किमी.)	मुख्य सहायक नदियां
रावी	रोहतांग दर्रा के पास	725	नदी भादल, नदी सिडल, नदी बैरा, नदी तन्तगारी
ब्यास	ब्यास कुण्ड, रोहतांग दर्रा के पास	460	बैन, बनगना, लूनी, उहाल, बान्नेर, चक्की, गज, हल्ला, मामुनी, पार्वती, पटली कुहलाल, सैन्ज, सुकेती, तिर्थन
सतलज	मानसरोवर, रक्स झील	कुल 1450 में से 1050 किमी भारत में	बास्पा स्थिति, नोगली, खाद, सौन
गंगा (भागीरथी)	गंगोत्री हिमनद, गढ़वाल हिमालय में	2525	गोमती, घाघरा, गण्डक, कोसी, यमुना, सोन, पुनपुन, दमोदर
यमुना	यमुनोत्री हिमनद के पास बन्दर पूछ शिखर मसूरी के पास	1376	टोन्स, चम्बल, हिंडन, बेतवा, केन, गिरी, सिन्ध, उटंगन, सेगर, रिन्द
ब्रह्मपुत्र	कैलाश श्रैणियां	2900	लोहित, टिबाग, सुबानसेरी, जिआभारली, धनसीरी, मानव तेरसा सन्कोस, हिस्ता, बुरहिडिहिग, देसांग, दिखोव, धनसीसी, कोपिली

Source: India WRIS-Wiki

प्रायद्वीपीय भारत की मुख्य नदियां (Main Rivers of Peninsular India)

निम्नलिखित प्रायद्वीपीय भारत की मुख्य नदियाँ हैं, जिन्हें चित्र 3.10 में दिखाया गया है:

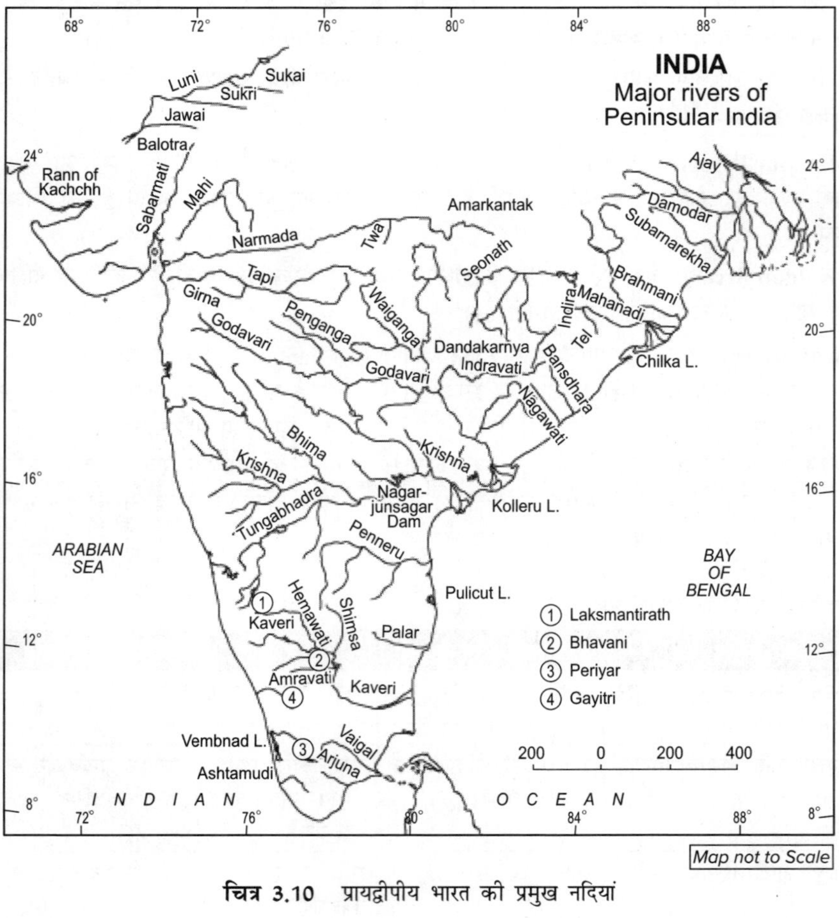

चित्र 3.10 प्रायद्वीपीय भारत की प्रमुख नदियां

बनास नदी (Banas River)

यह नदी माउंट आबू से निकलती है तथा पालमपुर होकर बहते हुए कच्छ की दलदली भूमि में जाकर फैल जाती है।

साबरमती नदी (Sabarmati River)

यह नदी अरावली श्रेणी के दक्षिणी ढलान को अपवाहित करती है। इस नदी का एक संकीर्ण लम्बा बेसिन है, जिसका क्षेत्रफल 21,700 वर्ग कि.मी. है। साबरमती में सहायक नदियां इसके पूर्वी पार्श्व में आकर मिलती है तथा यह नदी खंभात की खाड़ी में गिरने से पहले लगभग एक उत्तरी-दक्षिणी मार्ग में बहती है।

माही नदी (Mahi River)

माही नदी का स्रोत मध्य प्रदेश की विंध्य पहाड़ियों में है। यह दक्षिण-पश्चिम की ओर आनन्द तथा बांसवाड़ा जिले से होकर गुजरती है तथा अन्ततः एक मुहाना बनाकर खंभात की खाड़ी में अपना जल गिराती है।

पश्चिमी घाट के पश्चिम-मुख कगार को ज्यादात्तर अपवाहित करने वाली नदियाँ विशेषकर कोंकण तटीय क्षेत्र में छोटी होती हैं तथा एक आर्द्र उष्ण-कटिबंधीय भूदृश्य में समुद्री सतह से 100 से 280 मीटर ऊपर संकीर्ण से लेकर चौड़ी V–आकार की घाटियों में तीव्र गति से बहती हैं। इन नदियों की अपरदन क्षमता अधिक होती है। ये जल अपवाह के एक समानान्तर प्रतिरूप को प्रदर्शित करती हैं, जिसकी विशेषता तीक्ष्ण मोड़ होती है तथा ये अरब सागर में मुहाना (Esturary) बनाकर प्रवेश करती हैं। पश्चिमी घाट के पश्चिमी ढाल को अपवाहित करने वाली नदियों में–उल्हास, सावित्री, वशिष्ठ, नेत्रवती, पेरियार तथा पामबियार मुख्य हैं। इनमें से कुछ नदियाँ गहरे महाखड्डों से नीचे की ओर उतरते हुए जलप्रपात तथा क्षिप्रिकाएं (Rapids) बनाती हैं।

शरावती नदी (Sharavati River)

यह नदी कर्नाटक के शिमोगा जिले से निकलती है तथा गारसोपा जलप्रपात उत्पन्न करती है, यह भारत का सबसे भव्य जलप्रपात है, जो 'जोग' जलप्रपात (271 मीटर) के नाम से प्रसिद्ध है। पश्चिमी घाट के अखण्ड जलविभाजक में एकमात्र दरार 13 किमी. चौड़ा पालक्कड़ (Palakkad) दर्रा है, जिसे पालघाट भी कहते हैं। पोन्नानी नदी जो इस दर्रे से होकर पश्चिम की ओर बहती है, एक अनुपयुक्त नदी प्रतीत होती है।

नर्मदा नदी (Narmada River)

नर्मदा नदी (लम्बाई 1300 कि.मी., अपवाह बेसिन 98,800 वर्ग कि.मी.) मध्य प्रदेश की मैकाल पहाड़ियों में अमरकंटक पठार से निकलती है। उत्तर-पश्चिमी दिशा में यह नदी जबलपुर के निकट एक जटिल मार्ग से होकर गुजरती है। नर्मदा नदी कुछ प्रभावशाली महाखड्डों से होकर गुजरती है, जिसमें सबसे भव्य है–जबलपुर के निकट धुंआधार जलप्रपात। जबलपुर से पश्चिम की ओर बढ़ते हुए यह नदी विन्ध्य तथा सतपुड़ा श्रेणियों के बीच एक विभ्रंश घाटी (Rift Valley) से होकर गुजरती है। इस नदी की घाटी में सम्प्रद्ध जलोढ़ निक्षेप होते हैं। अन्ततः यह भरूच (Bharuch) से आगे चौड़ी हो जाती है तथा एक 27 कि.मी. चौड़ा मुहाना (estuary) बनाकर खंभात को खाड़ी (अरब सागर) में प्रवेश करती है।

तापी नदी (Tapi River)

इसकी लम्बाई 700 कि.मी. तथा अपवाह बेसिन 66,900 वर्ग कि.मी. है। तापी नदी सतपुड़ा श्रेणी से निकलती है तथा सतपुड़ा के समानान्तर पश्चिम की ओर बहती है। खंडवा-बुरहानपुर दर्रे के निकट नर्मदा तथा तापी एक-दूसरे के करीब आ जाती हैं। जलगाँव के नीचे यह नदी नर्मदा की ही तरह विभ्रंश घाटी (Rift valley) में बहती है लेकिन उत्तर में सतपुड़ा श्रेणी तथा दक्षिण में अजन्ता श्रेणी के बीच एक अत्यन्त संकुचित रूप में बहती है। सूरत शहर के नीचे यह एक मुहाना (Estuary) बनाती है तथा खंभात की खाड़ी में जा मिलती है।

प्रायद्वीपीय भारत की पूर्व की ओर बहने वाली नदियां (Easterly Rivers of Peninsular India)

अनेक नदियां छोटानागपुर पठार से निकलती हैं तथा बंगाल की खाड़ी में जाकर मिलती हैं। छोटानागपुर पठार से निकलने वाली नदियों में स्वर्णरेखा तथा ब्राह्मणी सबसे महत्वपूर्ण हैं, जो बंगाल की खाड़ी में जाकर मिलती हैं।

स्वर्णरेखा नदी [Swarn-Rekha River]

(लम्बाई 400 कि.मी., बेसिन-28,000 वर्ग कि.मी.): यह नदी राँची के दक्षिण-पश्चिम से निकलती है, जहां इसके अनेक जलप्रपात हैं। पूर्वी दिशा में बहते हुए यह जमशेदपुर से होकर गुजरती है तथा बालासोर के निकट बंगाल की खाड़ी में जाकर मिलती है। इसका अपवाह बेसिन झारखण्ड, ओडिशा तथा प. बंगाल राज्यों में फैला हुआ है।

तालिका 3.4 प्रायद्वीपीय भारत की मुख्य नदियाँ

नदी	स्त्रोत	लम्बाई (कि.मी.)	मुख्य सहायक नदियाँ
1. गोदावरी	त्रियम्बक पठार नासिक के (महाराष्ट्र)	1465	साबरी, इंद्रावती, पेनगंगा, वर्धा, प्राणहिता, पूर्णा, वेनगंगा, मंजरा, तृणा, मोहर
2. कृष्णा	महाबलेश्वर के नजदीक (महाराष्ट्र)	1400	मूसी, मुनेरू, कोयना, भीमा, घाटप्रभा, माल प्रभा, तुंगभद्रा,
3. नर्मदा	अमरकंटक	1310	हिरण, ओरसांग, बर्ना, कोलार, बुरहनार, तावा, कुडी
4. महानदी	दंडाकारण्य पठार (रायपुर के निकट)	857	इब, मंद, हासदेव, शियोनाथ, ओग, जोंक, तेल
5. कावेरी	ताल कावेरी	800	हेरांगी, हेमवती, लाकेपावणी, शिमसा, अर्कावाती, कबानी, भवानी, अमरावती लक्ष्मण-तीर्थ, सुवणीवती
6. तापी	बैतूल जिले में मुल्ताई (म.प्र.)	730	पूर्णा, बेतूल, पाटकी, अरुणावती, गांजल, धातरंज, अनेर, बोकाड, मोन, गुली

ब्राह्मणी नदी [(Brahmani River) (लम्बाई-420 कि.मी.)]

यह नदी कोयल तथा शंख नदियों के संगम से बनती है। ये नदियाँ राउरकेला में जाकर मिलती हैं तथा गढ़जात पहाड़ियों के पश्चिमी भाग को अपवाहित करती हैं। यह नदी बोनाई, तलचर एवं बालासोर जिलों से होकर गुजरती हैं तथा बंगाल की खाड़ी में पारादीप बंदरगाह के ऊपर जाकर मिलती हैं। उत्तर में वेतरणी नदी होने के कारण भद्रक के नीचे एक डेल्टा क्षेत्र का निर्माण होता है।

महानदी [(Mahanadi River) महानदी (लम्बाई-885 कि.मी., बेसिन-141,600 वर्ग कि.मी.)]

ओडिशा तथा छत्तीसगढ़ की सबसे प्रमुख नदी है। यह छत्तीसगढ़ बेसिन से निकलती है तथा रायपुर के पूर्वी एवं पश्चिमी भाग को अपवाहित करती है। अपने शुरुआती चरण में यह नदी उत्तर-पूर्व की ओर बहती है तथा दोनों तटों पर अनेक नदियों, उदाहरण के लिए शिवनाथ तथा संदूर के मिलने के बाद (200 से 700 मीटर की ऊँचाई के मध्य) संयुक्त रूप से जल का निकास पूर्व की ओर एक महाखड्ड (George) के द्वारा होता है, यहां जल को अवरुद्ध कर हीराकुंड बाँध का निर्माण किया गया है। बाँध के कुछ ही नीचे सम्बलपुर में नदी पूर्व की ओर मुड़ जाती है तथा पूर्वी घाट से होकर बंगाल की खाड़ी में अपने डेल्टा में अनेक वितरिकाओं के द्वारा प्रवेश करती है। कटक शहर महानदी-डेल्टा के शीर्ष पर स्थित है।

गोदावरी नदी [(Godavari River) (लम्बाई-1465 कि.मी., बेसिन-312,800 वर्ग कि.मी.)]

गोदावरी प्रायद्वीपीय भारत की सबसे बड़ी नदी है। यह पश्चिमी घाट में नासिक के निकट एक झरने से निकलती है तथा पूर्वी एवं दक्षिणी-पूर्वी महाराष्ट्र, बस्तर पठार (छत्तीसगढ़) तथा तेलंगाना और आंध्र प्रदेश के क्षेत्र को अपवाहित करती है। इसकी अनेक

सहायक नदियाँ हैं, विशेषकर इसके बाएँ तट पर, जैसे–पूर्णा, मनेर, पेनगंगा, प्राणहिता (वेनगंगा तथा वर्धा संयुक्त रूप से), इन्द्रावती, ताल तथा साबरी। दाहिने तट की सबसे प्रमुख सहायक नदी है–मंजिरा। इन्द्रावती तथा साबरी पूर्वी घाट के पश्चिमी ढाल से निकलती हैं लेकिन वे क्रमशः पूर्व तथा दक्षिण-पूर्व की तरफ बहती हैं। इन्द्रावती के साथ संगम के बाद यह पूर्वी घाट के एक सुरम्य महाखड्ड (Gorge) से होकर गुजरती है। राजमुंद्री के नीचे यह एक वृहत्त सम्मित डेल्टा का निर्माण करती है तथा बंगाल की खाड़ी में तीन मुख्य जल धाराओं के द्वारा प्रवेश करती है। गोदावरी के डेल्टा की विशेषता अनेक पुरा-नहरें तथा लैगूनों (अनूप) से जुड़े हुए मैंग्रोव (गराना) हैं। काकीनाड़ा के दक्षिण-पूर्व में स्थित कोलेरू झील एक ऐसी ही अन्तःस्थलीय लैगून (Lagoon) है।

कृष्णा नदी [(Krishna River) (लम्बाई: 1290 कि.मी., बेसिन: 259,000 वर्ग कि.मी.)]

कृष्णा नदी का उद्‌गम महाबलेश्वर के निकट पश्चिमी घाट के उदग्र पार्श्व में है। अनेक छोटी नदियाँ, जैसे-कोयना (Koyna) तथा घाटप्रभा कृष्णा नदी में आकर मिलती हैं, जिससे उसे एक अधःवृक्षारूपी प्रतिरूप प्राप्त होता है। उत्तर में भीमा तथा दक्षिण में तुंगभद्रा इसकी अन्य सहायक नदियाँ हैं। नीचे की ओर क्वार्ट्जाइट कगार (quartzite scarp) से गुजरते हुए कृष्णा नदी को अवरुद्ध कर (बांध बनाकर) नागार्जुन सागर जलाशय का निर्माण किया गया है। पूर्व की ओर, विजयवाड़ा के नीचे श्री सेलम पहाड़ियों में महाखड्ड के आगे यह नदी पक्षी के पंजे के आकार के उर्वर डेल्टा (Birds Foot Delta) का निर्माण करती है।

पेन्नार नदी (Pennar River)

यह नदी दक्षिण मैसूर पठार के कोलार जिले से निकलती है। इसकी मुख्य सहायक नदियाँ चित्रावती तथा पापाघनी है। यह कुडप्पा क्वार्ट्जाइट के एक महाखड्ड से होकर गुजरती है तथा बंगाल की खाड़ी में एक मुहाना (Estuary) के रूप प्रवेश करती है।

कावेरी नदी (Kaveri River) (लम्बाई-765 कि.मी., बेसिन-87,990 वर्ग कि.मी.)

कावेरी नदी गंगा की ही तरह एक पवित्र नदी है। इसलिए इसे 'दक्षिण की गंगा' भी कहा जाता है। यह मैसूर पठार के दक्षिणी भाग से एक पथरीली पर्वतीय नदी के रूप में निकलती है तथा क्षिप्रिकाओं (Rapids) एवं जलप्रपातों का निर्माण करती है। इसका अपवाह बेसिन ग्रीष्मकालीन मानसून, पश्चगमन मानसून तथा शीतकालीन मानसून के दौरान वर्षा प्राप्त करता है। मैसूर से 20 कि. मी. ऊपर इस नदी पर बाँध बनाकर कृष्णा सागर जलाशय का निर्माण हुआ है। यह श्रीगंगापट्टनम तथा शिवसमुद्रम द्वीप से होकर गुजरती है। शिवसमुद्रम के चारों ओर नहरें क्षिप्तिकाओं (Rapids) के एक अनुक्रम का निर्माण करती हैं, जिन्हें उपयोग कर जल बिजली संयन्त्र का विकास 1902 में किया गया। द्वीप के नीचे यह नदी रमणीय महाखड्डों (Gorge) के एक क्रम से होकर आगे बढ़ती है जहाँ अनेक कैंची-मोड़ होते हैं। इस प्राकृतिक भूदृश्य को हैगनकाल प्रपात (Hagenkal Fall) कहते हैं जहाँ इस नदी के पठारी मार्ग का लगभग अन्त हो जाता है। डोडाबेटा चोटी (2636 मीटर) के पूर्व में नीलगिरि पर्वत में एक अन्य संकीर्ण महाखड्ड (Gorge) है, जिसे भवानी तथा उसकी सहायक-नदी मोयार अपवाहित करती हैं, जो मैटूर बांध के लिए जल प्रदान करते हैं। कोयम्बटूर बेसिन को अपवाहित करते हुए कावेरी, भवानी नदी से संगम के बाद मैदान क्षेत्र में प्रवेश करती है। तिरुचरापल्ली से कुछ कि.मी. ऊपर यह नदी बिखर कर तमिलनाडु के थंजावुर जिले में क्वाड्रैंट (चतुर्थांश) डेल्टा का निर्माण करती है।

अमरावती नदी (Amravati River)

अमरावती, कावेरी नदी की सहायक नदी है। इसका उद्‌गम केरल और तमिलनाडु की सीमा पर है तथा इसकी लंबाई 175 कि.मी. है। यह करूर जिले में कावेरी से मिलती है तथा कोयम्बटूर जिले में 60,000 एकड़ भूमि की सिंचाई करती है। इसके बेसिन में काफी औद्योगीकरण हुआ है, जिस कारण इसके जल का उच्च प्रदूषण हुआ है।

ब्राह्मणी नदी (Brahmani River)

तिरुनिवेली जिले की नदी। यह पश्चिम घाट के पालनी पहाड़ियों के ढाल से निकलती है तथा मदुरई से गुजरती है। रामनाथपुरम प्रायद्वीप से होकर यह नदी मन्नार की खाड़ी में जाकर मिलती है।

प्रायद्वीपीय तथा अतिरिक्त-प्रायद्वीपीय नदियों की तुलना

प्रायद्वीपीय नदियाँ	अतिरिक्त-प्रायद्वीपीय नदियाँ
1. प्रायद्वीपीय भारत की नदियाँ अधिक पुरानी हैं। इनमें से कुछ कैम्ब्रियन पूर्व (Precambrian) काल के पहले की हैं।	1. अतिरिक्त-प्रायद्वीपीय भारत (Extra-Peninsular River) की नदियाँ युवा नूतन नदियाँ हैं केवल कुछ पूर्ववर्ती नदियों (Antecedent Rivers), जैसे-सिन्धु, गंगा, ब्रह्मपुत्र, इत्यादि को छोड़कर।
2. अधिकांश नदियाँ अनुवर्ती (Consequent) अथवा पुनर्युवन (Rejuvenated) नदियां हैं।	2. इनमें से कई नदियाँ, जैसे-सिन्धु, सतलज, काली, कोसी, तीस्ता, ब्रह्मपुत्र, प्रत्यनुवर्ती नदियाँ हैं।
3. गोदावरी नदी को छोड़कर इनके बेसिन क्षेत्र छोटे है।	3. इन नदियों के बेसिन प्राय: बड़े हैं।
4. इन नदियों का जलमार्ग (Channel) चौड़ा है।	4. इन नदियों का नदी तल ऊपरी धारा में महाखड्डों (Gorges) तथा क्षिप्रिकाओं (Rapids) का निर्माण करता है।
5. ऊर्ध्वाधर अपरदन (Vertical erosion) नगण्य है।	5. दोनों, ऊर्ध्वाधर (Vertical) तथा पार्शिवक (Lateral) अपरदन महत्वपूर्ण हैं।
6. ये नदियाँ धीमी गति से बहती हैं।	6. ये नदियाँ, तीव्र तथा मंद दोनों गति से बहने वाली हैं।
7. इन नदियों की वहन क्षमता निम्न है।	7. ये नदियां अधिक मात्रा में अवसादों (Sediments) का वहन करती हैं।
8. ये नदियाँ मुख्यत: निक्षेपण (Depositional) की कारक (ऐजेन्ट) हैं।	8. ये नदियाँ सक्रिय रूप से अपरदन तथा निक्षेपण (Deposition) की कारक (ऐजेन्ट) हैं।
9. ये नदियाँ छिछला विसर्पण (Meanders) बनाती हैं।	9. मैदानी क्षेत्र में ये नदियाँ अनेक तीक्ष्ण तथा गोखुर झीलें (Ox bow lakes) बनाती हैं।
10. ये नदियाँ सामान्यत: नौगम्य (Navigable) नहीं हैं।	10. ये नदियाँ मैदानों में अधिकांश नौगम्य होती हैं।
11. ये अधिकतर मौसमी नदियाँ होती हैं।	11. ये नदियाँ चिरस्थायी (Perennial) होती हैं।
12. अधिकांश नदियों का उद्गम पश्चिमी घाट तथा पठार-क्षेत्र से होता है।	12. अधिकांश नदियाँ हिमालय में हिमनदों (Glaciers) से निकलती हैं।
13. अधिकांश नदियाँ जीर्ण (Senile) नदियाँ हैं।	13. अधिकांश नदियाँ परवर्ती तरुणावस्था (Youth Stage) में हैं।
14. ये नदियां सरिता अपहरण (River Piracy) नहीं करती।	14. नदी अपहरण (River Capture) एक सामान्य घटना है।
15. इन नदियों का उपयोग जल-बिजली संयन्त्रों के लिए किया जाता है, उदाहरण के लिए हीराकुड, कोयना तथा नागार्जुन सागर।	15. इन नदियों पर अनेक बहुद्देशीय योजनाएँ हैं, उदाहरण के लिए भाखड़ा, टिहरी एवं सलाल परियोजनायें।
16. ये नदियाँ डेल्टा (जैसे–गोदावरी, कृष्णा, कावेरी) तथा मुहाना (जैसे–नर्मदा, तापी) का निर्माण करती हैं।	16. ये नदियाँ केवल डेल्टा का निर्माण करती हैं। गंगा का सुन्दरबन डेल्टा विश्व का सबसे बड़ा डेल्टा है।
17. इनका जलमार्ग आधार तल (Base Level) के करीब है।	17. ये नदियां अपनी युवावस्था के अंतिम चरण में हैं। अपने पर्वतीय मार्ग में इनके द्वारा सरिता अपहरण किया जाता है।

अंतर्देशीय जल अपवाह तंत्र

एक अंतर्देशीय जल अपवाह तंत्र का निर्माण वहाँ होता है जहाँ नदियों की धाराएँ समुद्र या महासागर में नहीं मिलती हैं, इसके बजाय वे एक अंतर्देशीय झील में अपना पानी खाली कर देती हैं या रेतीले क्षेत्रों में गायब हो जाती हैं। इस प्रकार की अपवाहतंत्र प्रणाली मुख्य रूप से भारत के राजस्थान और गुजरात राज्य के शुष्क भागों में पाई जाती है। अरावली रेंज के उत्तरी भाग और नागौर, सीकर, झुंझुनू के आसपास के जिलों में अंतर्देशीय अपवाहतंत्र है। लद्दाख क्षेत्र में अक्साई चिन के कुछ हिस्सों में भी अंतर्देशीय अपवाहतंत्र है। उत्तर पश्चिम भारत के शुष्क क्षेत्र में बहने वाली दो नदियों की चर्चा निम्नलिखित पैराग्राफ में की गई है।

घग्गर नदी हिमाचल प्रदेश के शिवालिक पहाड़ियों में समुद्र तल से लगभग 1,927 मीटर की ऊंचाई पर निकलती है। यह मौसमी और कभी-कभी बहने वाली नदी फिर भारत के पंजाब, हरियाणा और राजस्थान राज्यों में बहती है और अंत में थार रेगिस्तान में समाप्त हो जाती है ***(चित्र 3.8)***। लूनी नदी, थार मरुस्थल की सबसे बड़ी नदी है, और अजमेर के दक्षिण-पश्चिम में अरावली पहाड़ियों से निकलती है और दक्षिण-पश्चिम की ओर बहती है। इसे पहले सागरमती के नाम से जाना जाता है, फिर गोविंदगढ़ से गुजरने के बाद यह अपनी सहायक नदी सरस्वती से मिलती है, जो पुष्कर झील से निकलती है और तब से इसे लूनी कहा जाता है। लूनी और उसकी सहायक नदियाँ जोधपुर जिले की दक्षिण-पूर्वी सीमा, पाली, जालोर और सिरोही जिलों में बहती हैं। जवाई, सुकरी, गुहिया, बांदी और जोजरी नदियाँ लूनी नदी की प्रमुख सहायक नदियाँ हैं। जोजरी एकमात्र सहायक नदी है जो इस नदी के दाहिने किनारे में विलीन हो जाती है जबकि अन्य 10 सहायक नदियाँ इसके बाएं किनारे तक पहुँचती हैं। जोजरी को छोड़कर सभी सहायक नदियाँ अरावली पहाड़ी से निकलती हैं। यह बेसिन इस नदी और विभिन्न छोटी धाराओं द्वारा बहाया जाता है जो मानसून के दौरान अरावली पहाड़ियों के अपवाह से अपना पानी प्राप्त करते हैं। लूनी जलग्रहण क्षेत्र को छोड़कर, शेष पश्चिमी राजस्थान अंतर्देशीय अपवाहतंत्र का क्षेत्र है। सीमा के साथ, प्रति वर्ष लगभग 65 सेमी वर्षा होती है और यह बेसिन की पश्चिमी सीमा पर लगभग 25 सेमी तक घट जाती है ***(चित्र 3.10)***।

नदी बहाव प्रवृत्ति (River Regime)

किसी नदी में जल के मौसमी बहाव के प्रतिरूप को उसकी बहाव प्रवृत्ति (Regime) कहते हैं। हिमालय तथा प्रायद्वीपीय नदियों के बहाव प्रतिरूप में मुख्य अन्तर जलवायु के अन्तर के कारण होता है। हिमालय की नदियाँ चिरस्थायी (Perennial) हैं तथा वे जलापूर्ति के लिए बर्फ के पिघलन तथा वर्षा, दोनों पर निर्भर करती हैं। ये बहाव प्रवृत्ति (Regime) मानसूनी वर्षा तथा हिमानी पिघलने पर निर्भर करता है। प्रायद्वीपीय नदियों का बहाव मानसूनी है क्योंकि इन नदियों का बहाव मानसूनी वर्षा पर आधारित है। विभिन्न क्षेत्रों में वर्षा में असमानता के कारण प्रायद्वीपीय नदियों का बहाव एकसमान नहीं होता है ***(चित्र 3.11)***।

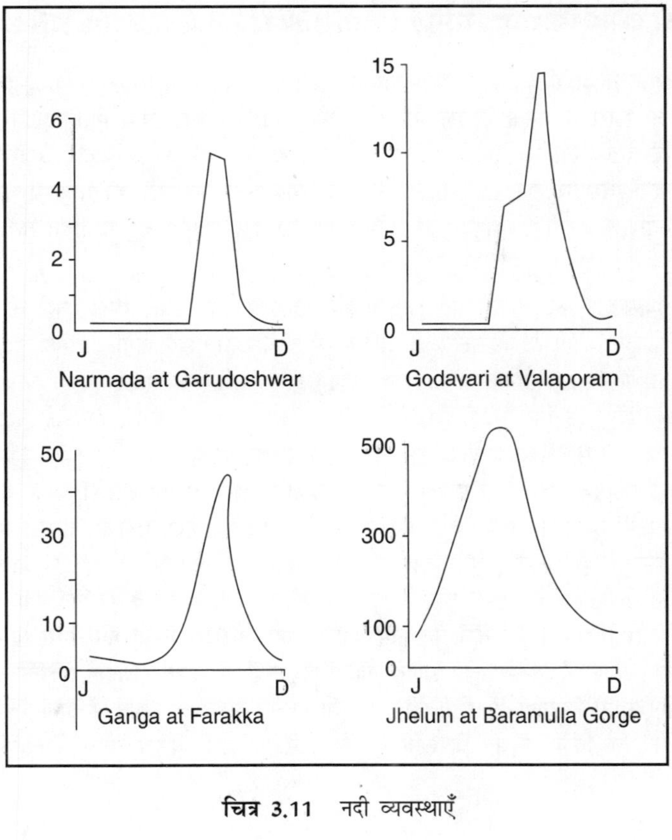

चित्र 3.11 नदी व्यवस्थाएँ

किसी नदी में एक निर्धारित समय में बहने वाले जल की मात्रा के मापन को उस नदी का आस्त्राव अथवा विसर्जन कहते हैं। इसे क्यूसेक (त्रिघात फीट प्रति सेकण्ड) या क्यूमेक (त्रिघात मीटर प्रति सेकण्ड) में मापा जाता है। जनवरी से जून तक गंगा में न्यूनतम जल प्रवाह रहता है। गंगा में जल का अधिकतम प्रवाह या तो जुलाई या अगस्त के महीने में देखा जा सकता है। सितंबर के बाद गंगा के जल प्रवाह में नियमित गिरावट देखी जा सकती है। इस तरह इस नदी का एक प्रारूपक मानसूनी नदी का है। गंगा बेसिन के पूर्वी तथा पश्चिमी भाग की नदी-व्यवस्थाओं में स्पष्ट अन्तर है। ग्रीष्म काल के शुरुआती चरण में तथा मानसून शुरू होने से पहले गंगा एक विस्तृत प्रवाह कायम रखती है। यह मुख्यत: हिमालय में बर्फ पिघलने से जलापूर्ति के कारण होता है। आस्त्राव आँकड़े में वह जल की मात्रा शामिल नहीं है, जिसका फरक्का बाँध (मालदा-पश्चिम बंगाल) पहुँचने से पहले विभिन्न जगहों पर सिंचाई के लिए अपर्वतन किया जाता है। फरक्का में गंगा का औसत अधिकतम आस्त्राव लगभग 55,000 क्यूसेक है वहीं औसत् न्यूनतम आस्त्राव मात्र 1300 क्यूसेक है।

दोनों प्रायद्वीपीय नदियाँ अपने नदी-व्यवस्था में हिमालय की नदियों की अपेक्षा रोचक अन्तर प्रदर्शित करती हैं। जनवरी से जुलाई के मध्य नर्मदा में जल आस्त्राव निम्न होता है। यह अगस्त में अधिक हो जाता है, जब अधिकतम आस्त्राव होता है। अक्तूबर में इसमें गिरावट आती है। गोदावरी में मई तक निम्न स्तर का बहाव होता है। इसमें गिरावट आती है। गोदावरी में मई तक निम्न स्तर का बहाव होता है। इसमें न्यूनतम बहाव मई में तथा अधिकतम जुलाई-अगस्त में होता है। अगस्त के बाद बहाव में अचानक गिरावट आती है, यद्यपि अक्तूबर तथा नवम्बर में बहाव की मात्रा जनवरी से मई तक किसी भी महीने से अधिक होती है। गोदावरी का वलापुरम (Valaporam) के पास औसत अधिकतम आस्त्राब 3200 क्यूसेक होता है। ये आँकड़े नदी व्यवस्था का बोध कराते हैं। नर्मदा का गुरुदेश्वर के पास दर्ज किया गया जल बहाव का आँकड़ा यह दिखाता है कि इस नदी का अधिकतम बहाव 2300 क्यूसेक तथा न्यूनतम बहाव मात्र 15 क्यूसेक है।

भिन्न नदियों में वर्ष के अलग-अलग समय पर जल आस्त्राव का आँकड़ा राज्यों की उपयोगिता के लिए महत्वपूर्ण है। इस संख्या पर अन्तर से राज्य विवाद उभरते हैं।

नदियों की बदलती जलधाराएं (मार्ग) (Shifting Courses of the Rivers)

अधिकांश प्रायद्वीपीय नदियों तथा अतिरिक्त प्रायद्वीपीय नदियों (Extra Peninsular Rivers) के संदर्भ में एक दिलचस्प घटना उनकी बदलती धाराएँ हैं, जो खासकर उनके निचले मार्ग में देखी जाती हैं। ऊपरी मार्ग में हिमालय की नदियों में नदी प्रग्रहण (River capture) की प्रवृत्ति देखी गयी है। नदी अपहरण का मुख्य कारण नदी का अभिशीर्ष अपरदन (Headward Erosion) है। मैदानी क्षेत्रों में प्राय: नदियाँ विसर्पण (Meandering) करती हैं। बाढ़ के समय जल की मात्रा में वृद्धि के कारण नदियाँ अपने मार्ग को सीधा करने की कोशिश करती हैं। पृथ्वी की गतिशीलता भी इस प्रक्रिया को प्रभावित करती है। कुछ महत्वपूर्ण नदी अपहरण (River Capture) आगे दिए गए हैं।

प्राचीन सरस्वती नदी, जिसके निकट पहले आर्य अधिवासियों को बसने का स्थान मिला, नदी के मार्ग बदलने का तथा नदी अपहरण का एक उदाहरण प्रस्तुत करती है। हिमालय के श्रेणियों से नीचे उतरते हुए प्रागैतिहासिक काल में इसका आरंभिक मार्ग चुरू के निकट होकर गुजरता था (2000-3000 ई. पू.) तथा लूनी नदी इसकी एक सहायक नदी थी। यह मार्ग धीरे-धीरे पश्चिम की ओर बढ़ता गया तथा अहमदपुर के निकट सतलुज में जा मिला। बाद में इसके ऊपरी मार्ग के जल का प्रग्रहण गंगा की एक सहायक नदी द्वारा किया गया, जिससे इसका निचला मार्ग सूख गया। इससे यमुना नदी की उत्पत्ति हुई, जो गंगा नदी तंत्र (River System) की एक महत्वपूर्ण सहायक नदी है। सरस्वती नदी की सूखी घाटी राजस्थान क्षेत्र में घग्गर घाटी (Ghaggar Vally) के रूप में पाई जाती है। इतिहास में पंजाब की नदियों के मार्ग में भी ऐसा बदलाव देखा गया है। तीसरी सदी ई.पू. के एक अभिलेख से यह पता चलता है कि सिन्धु नदी अपने वर्तमान मार्ग से 130 कि.मी. से भी अधिक पूर्व में बहती थी तथा आज जो एक परित्यक्त जलमार्ग (deserted channel) है, उससे होकर यह नदी कच्छ के दलदल तक पहुँचती थी, जो उस समय अरब सागर की एक खाड़ी हुआ करती थी। धीरे-धीरे इस नदी का मार्ग पश्चिम की ओर खिसकता गया तथा यह अपने वर्तमान स्थिति तक पहुँच गया। अकबर के शासन काल में चेनाब तथा झेलम नदी सिन्धु नदी से ऊच्च (Uch) (पाकिस्तान) में जाकर मिलती थी लेकिन इन नदियों का वर्तमान संगम मिठानकोट के नजदीक है, जो प्राचीन संगम के स्थान से अनुप्रवाह में 100 कि.मी. दूर स्थित है। इसी तरह मुल्तान रावी नदी के किनारे स्थित था लेकिन वर्तमान में यह रावी-चेनाब संगम से 60 कि.मी. दक्षिण में स्थित है।

लगभग 250 वर्ष पहले व्यास नदी अपने पुराने मार्ग को बदलकर सुल्तानपुर के निकट सतलज नदी में जा मिली, इसके अवशेष अभी भी मॉण्टगोमेरी तथा मुल्तान के बीच देखे जा सकते हैं। ईसवी सन् के शुरुआती दौर में सतलज नदी का मार्ग और अधिक पूर्व की ओर था तथा स्वतन्त्र रूप से यह नदी अरब सागर में अपने जल को प्रवाहित करती थी। लगभग 250 वर्ष पहले मेमन सिंह (Mymen singh) से होकर गुजरने वाली ब्रह्मपुत्र नदी अपने जल को मेघना नदी में प्रवाहित करती थी। समय के साथ-साथ इस नदी ने अपने मार्ग को सीधा किया तथा गंगा (पद्मा) नदी में मिलकर एक नई नदी जुमना का निर्माण किया। ब्रह्मपुत्र नदी की एक क्षीण धारा अभी भी अपने पुराने मार्ग से होकर बहती है तथा अपने पुराने नाम से ही जानी जाती है। मार्ग में यह बदलाव 1720 से 1830 ई. के मध्य माधोपुर वन क्षेत्र के उत्थापन (30 मीटर की ऊँचाई तक) से सम्बन्धित था। ब्रह्मपुत्र नदी का असम के मैदानों में प्रवेश भी नदी प्रग्रहण की प्रक्रिया का नतीजा है। भूगर्भशास्त्रियों के अनुसार शुरुआत में तिब्बत की सांगपो नदी (Tsangpo River) पूर्व की ओर मुड़कर इरावती नदी में चिंदविन नदी (म्यांमार) के माध्यम से जा मिलती थी, चिंदविन उस समय एक बड़ी नदी थी। बाद में हिमालय के दक्षिणी ढाल के किनारे बहने वाली एक छोटी नदी के अभिशीर्ष अपरदन (Headward erosion) के द्वारा सांगपो नदी के जल का अपहरण कर ब्रह्मपुत्र नदी का क्रमिक विकास हुआ।

इसी तरह कपिली (Kapili), ब्रह्मपुत्र की एक सहायक नदी ने बंगलादेश के मेघना नदी के जल का अपहरण किया है। उन दिनों मेघना का उद्गम ब्रेल श्रेणी (मेघालय तथा मणिपुर के मध्य) से होता था तथा दक्षिण की ओर बहते हुए यह अपने जल को बंगाल की खाड़ी के पूर्वी भाग में प्रवाहित करती थी। परन्तु कपिली ने अभिशीर्ष अपरदन (Headward erosion) के द्वारा इसके उत्तरी जलमार्ग का प्रग्रहण किया। लमडिंग-हाल्फलोग दर्रा इस परित्यक्त घाटी का साक्ष्य है। इसी तरह धनश्री नदी (Dhansiri River) द्वारा सहायक नदी कपिली के जल के प्रग्रहण से एक नई नदी जमुना के निर्माण में मदद मिली।

नदियों के मार्ग में परिवर्तन के अनेक कारण हैं। इनमें शामिल है– भारत के वृहत्त मैदान के ढालों का खिसकना, नदियों की विसर्पी धाराएँ (Meandering), बाढ़ के दौरान नदी मार्ग का सीधा होना, पोटवार पठार (दिल्ली-सरहिन्द पठार) का उत्थापन, अवसादों के निक्षेपण से मालदा घाटी का नीचे की ओर धस जाना, माधोपुर वन क्षेत्र का ऊपर की ओर उठना तथा बारिन्द क्षेत्र (Barind area) का उत्थान।

सरस्वती-एक लुप्त नदी का रहस्य (Saraswati- The Mystery of a Lost River)

सरस्वती ऋग्वेद युग की एक प्रमुख नदी मानी जाती है। इस नदी के बारे में ऋग्वेद तथा बाद के साहित्य में काफी विस्तार से लिखा गया है। भारत की संस्कृति एवं सभ्यता के विकास में इस नदी की विशेष भूमिका रही है। सरस्वती देवी का नाम इसी नदी के नाम पर पड़ा है।

हिन्दू समाज में सरस्वती एक पवित्र नदी मानी जाती है। वास्तव में वैदिक संस्कृति (Vedic Cultur) तथा संस्कृत भाषा की उत्पत्ति इसी नदी के तटों पर बसे आर्य अधिवासों से आरम्भ हुई। विश्व प्रसिद्ध इतिहासकारों- बीरगेट (Bridget) एवं रेमंड अलचिन (Rayamond Allchin) के अनुसार भारत तथा पाकिस्तान की संस्कृति एवं सभ्यता की उत्पत्ति सरस्वती के बेसिन (पंजाब) में हुई। इस प्रदेश को आर्यवर्त (Aryavarata) अथवा ब्रह्मवर्त (Brahmavarta) भी कहा जाता था। ***(चित्र 3.12A एवं B)***।

धार्मिक ग्रंथ ऋग्वेद के अनुसार, सरस्वती नदी हिमालय पर्वत से निकलकर मैदान में प्रवेश करती थी। उस समय की बहुत-सी महत्वपूर्ण नदियां सिंधु (Indus) तथा गंगा नदी के मध्य स्थिति मैदान से बहती थीं। उनमें से सरस्वती नदी, यमुना तथा सतलज नदी के मध्य मैदान से बहती थीं। वास्तव में आज की घग्गर नदी (Ghaggar River) सरस्वती नदी का पुराना जलमार्ग है ***(चित्र 3.12A एवं B)***।

सरस्वती के लुप्त होने के मुख्य कारण का रहस्य अभी तक बना हुआ है। भारत के धार्मिक ग्रंथों, पौराणिक कथाओं (Mythological literature) पुरातत्व विभाग (Archaeological), हिमनद विज्ञान (Glaciological) एवं रिमोट सेंसिंग (Remote Sensing) तथा जी.आई.एस. (GIS) के द्वारा सरस्वती के लुप्त होने कारणों की व्याख्या संक्षिप्त में निम्न प्रकार की गई है:

1. **धार्मिक एवं पौराणिक प्रमाण (Religious and Mythological Evidence):** हिन्दू पौराणिक कथाओं तथा धार्मिक ग्रंथों में सरस्वती नदी के बारे में बहुत कुछ लिखा गया है। धार्मिक ग्रंथों में सरस्वती के स्रोत (Source) से लेकर इसके जल अपवाह क्षेत्र, डेल्टा तथा अरब सागर में इसके विलय तक के बारे में काफी विस्तार से लिखा गया है। इस नदी का उल्लेख ऋग्वेद, अथर्ववेद (Atharvaveda) मनुस्मृति (Manu Smriti) पुराणों तथा महाभारत में मिलता है। पिछले तीन हजार वर्षों में बहुत-सी नदियों के प्रतिरूपों एवं जलमार्गों में परिवर्तन हुआ है। धार्मिक ग्रंथों के अनुसार

सरस्वती नदी का पतन 5000–3000 ई. पू. में आरम्भ हुआ था। एक अनुमान के अनुसार उपरोक्त समय में हिमाचल प्रदेश तथा उत्तराखण्ड के शिवालिक पर्वतों में टेक्टोनिक (Tectonic) हलचलों के कारण, नदियों के जल मार्गों में परिवर्तन हुए।

2. **पुरातात्विक प्रमाण (Archaeological Evidence):** भारतीय संस्कृति एवं सभ्यता के अधिकतर पुरातात्विक स्थान सरस्वती के बेसिन में फैले हुए हैं। हड़प्पा एवं हड़प्पा के पूर्व चार प्रमुख स्थान (Sites) पंजाब, राजस्थान एवं उत्तर प्रदेश में स्थिति हैं। इन पुरातात्विक स्थानों में रोपड़ (रूपनगर), निहंग खान (Nihang Khan) बारा एवं सिरसा घाटी (Sirsa Valley) प्रमुख हैं। हड़प्पा सभ्यता का पंजाब में विस्तार लगभग 2500 ई. पूर्व. (2500 B. C.) है। ऐसा माना जाता है कि सिंधु घाटी एवं काली बगान घाटी (राजस्थान) में हड़प्पा सभ्यता सरस्वती के बाएं तट पर आरम्भ हुई थी। कार्बन डेटिंग (Carbon Dating) की सहायता से अनुमान लगाया गया कि हड़प्पा सभ्यता 2500 B. C. में आरम्भ होकर लगभग 1000 वर्ष तक विकसित रही। उस समय सतलज एवं व्यास नदियां अलग-अलग बहती हुई अरब सागर में अपना जल गिराती थीं। पिछले आठ हजार वर्षों के इतिहास में वेदों में लिखी बहुत-सी नदियां लुप्त हो गईं या उन्होंने रास्ता बदल लिया है।

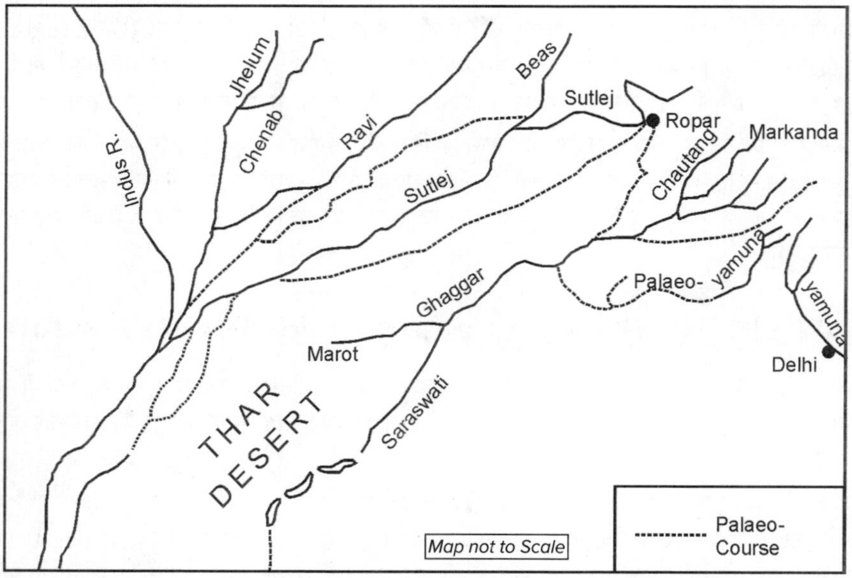

चित्र 3.12A नदियों का प्रगतिशील विस्थापन (सतलुज, ब्यास, रावी) और पुराने चैनलों का परित्यक्त। मारोट में सरस्वती-घग्गर की अचानक समाप्ति पर ध्यान दें *(after Sridhar et al.)*

3. **हिमानी-प्रमाण (Glaciological Evidence):** हिमनद-विज्ञान (Glaciological) एवं भू-आकृति विज्ञान (Geomorphology) के विशेषज्ञों के अनुसार सरस्वती, सतलज, सताद्रु (Satadru) तथा यमुना नदियां प्लीस्टोसीन युग (Pleistocene Period) में अपना जल हिमालय के हिमनदों (Glaciers) से प्राप्त करती थीं। लगभग 1.64 मिलियन से 10,000 वर्ष पूर्व तक भू-गर्भ इतिहास में होलोसीन (Holocene) युग कहा जाता है। इस युग के पश्चात् तापमान में वृद्धि हुई, हिम युग समाप्त हुआ। हिमनदों (Glaciers) के पिघलने से उत्तरी भारत के मैदान में छोटी-बड़ी सी नदियां विकसित हुईं। इन नदियों के जल से फसलों की सिंचाई में वृद्धि हुई। सदाबहार नदियों (Perennial Rivers) से होने वाले लाभ को देखते हुये उनको पवित्र नदियों की संज्ञा दी गई। इन नदियों को 'सप्त सिंधु' (Sapt-Sindhu) के नाम से जाना जाता है।

विशेषज्ञों के अनुसार सरस्वती की उत्पत्ति, गढ़वाल के बन्दरपंच (Bandarpanch) शिखर पर स्थित सरस्वती-रूपिन हिमनद (Sarawati-rupin Glacier) पर थी। शिवालिक पर्वत को पार करके सरस्वती नदी मैदानी भाग में प्रवेश करती थी। हरियाणा, पंजाब, राजस्थान तथा गुजरात के मैदान से गुजर कर, सरस्वती नदी ग्रेट-रन कच्छ (Great Rann of Kutch) को पार करती हुई अरब सागर में अपना जल गिराती थी। अपनी लम्बी यात्रा में सरस्वती में तीन मुख्य सहायक नदियां आकर मिलती थीं। इसकी सहायक नदियों में कैलाश पर्वत से निकलने वाले सतलज अथवा सताद्रु (Statadru/sutlaj) तथा शिवालिक पर्वत से निकलने वाली द्रुष्दवती (Drishdvati) तथा पुरानी यमुना (Palaco-Yamuna) सम्मिलित थीं ***(चित्र 3.12B)***। ये तीनों सहायक नदियां आज के घग्गर (Ghaggar River) मार्ग से बहती थीं। कुछ विद्वान सरस्वती एवं घग्गर को एक ही नदी मानते हैं, जबकि कुछ विशेषज्ञ घग्गर को सरस्वती का ऊपरी भाग एवं हरका नदी (Harka River) को सरस्वती का निचला भाग मानते हैं ***(चित्र 3.12B)***।

भूगर्भीय अध्ययन के अनुसार, लगभग 1.4 मिलियन वर्ष पूर्व प्लीस्टोसीन युग (Pleistocene Period) में शिवालिक पर्वत श्रेणी में अंतर्जात बलों (Endogenetic Forces) के कारण भारी टेक्टोनिक (tectonic Activity) हलचल उत्पन्न हुई। इस प्रकार की टेक्टोनिक हलचल से भारी मात्रा में भू-स्खलन (Land Slides) हुये, जिसके कारण नदियां अपने हिमनदों (Glaciers) से कट गईं। फलस्वरूप अन्य नदियों की भांति सरस्वती नदी भी एक मौसमी नदी (Seasonal River) में बदल गई, जिसके जलमार्ग (Channel) में केवल वर्षा ऋतु में पानी बहता था।

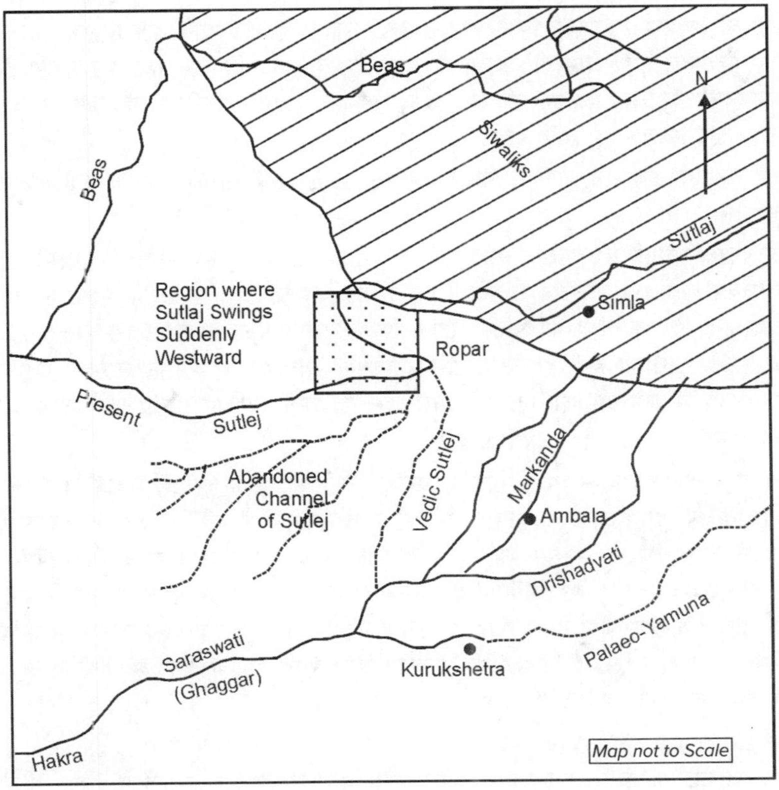

चित्र 3.12B सतलुज (सतद्रु) नदी का अचानक बदलाव, रोपड़ के पास पश्चिम में सरस्वती नदी में पानी की कटौती *(after Valdia. k.c. et. al.)*

प्रसिद्ध विद्वान, श्रीधर (Sridhar) तथा उनके सहयोगियों के अनुसार भारत के उत्तरी-पश्चिमी मैदान की नदियों को चार मुख्य नदी-तन्त्रों में विभाजित किया है जो निम्न प्रकार हैं:

(i) सिंधु (Indus) तथा उसकी सहायक नदियां, जिनमें विवस्ता (झेलम) तथा आश्किनी (चिनाब) सम्मिलित हैं।

(ii) *सताद्रु (सतलज) एवं उसकी सहायक नदियां*: सतलज की सहायक नदियों में विपासा (ब्यास), तथा पुरुष्णी (रावी) सम्मिलित हैं।

(iii) *सरस्वती एवं उसकी सहायक नदियां:* सरस्वती की सहायक नदियों में मारकंडा (Markanda), घग्गर (Ghaggar) तथा पटियालावाली (Patialawali) सम्मिलित हैं।

(iv) *दृष्दवती (Drishadvati) एवं उसकी सहायक नदियां:* दृष्दवती की मुख्य सहायक नदियों में लवनावती (Lavanavati) उल्लेखनीय है।

बलदेव सहाय (Baldev Sahay) महोदय ने उपरोक्त नदियों को निम्न नदी तन्त्रों में विभाजित किया है– (i) सतलज, (ii) घग्गर, (iii) यमुना तन्त्र, एवं (iv) सरस्वती।

लगभग 2000 वर्ष तक (6000 B.C. से 4000 B.C.) सरस्वती एक बड़ी सदाबहार (Perennial) नदी के रूप में बहती थी। आर. डी. ओल्डहम (R. D. Oldham) पहले भूगर्भीय विद्वान थे, जिन्होंने उत्तरी-पश्चिमी मैदान की नदियों के जलमार्गों के परिवर्तन एवं बदलते स्वरूप की व्याख्या की थी।

4. **रिमोट सेंसिंग तथा जी. आई. एस. के प्रमाण (Evidence from Remote Sensing and GIS):** रिमोट सेंसिंग विर्धा से भारतीय मरुस्थल के अध्ययन से पता चलता है कि थार के मरुस्थल में पुरानी नदियों (Palaco Channels) के जलमार्गों के अवशेष हैं, जिनमें विसर्प (Meanders) मौजूद हैं। इन पुराने जलमार्गों के द्वारा सरस्वती नदी के पुराने जलमार्ग का पता चलता है। सरस्वती आरम्भ में अरावली पर्वत के समीप से बहती हुई प्रतीत होती है जो बाद में छह चरणों में पश्चिम तथा उत्तर-पश्चिम की ओर अपने जलमार्ग में परिवर्तन करती गई, और अन्तत: घग्गर नदी के शुष्क जलमार्ग से जाकर मिलती हुई प्रतीत होती है।

पंजाब, हरियाणा एवं राजस्थान में लैंडसेट इमेजिरी (Landsat Imagery) से सरस्वती के पुराने जलमार्ग का शुद्ध रूप से पता चलता है।

इसके पुराने जलमार्ग में उपजाऊ जलोढ़ मिट्टी (Alluvial Soil) की भरमार है। IRS - ERS 1/2 (1995) के आंकड़ों से तैयार किये गये मानचित्र से पता चलता है कि थार मरुस्थल के रेत के टीलों के नीचे सरस्वती का पुराना जलमार्ग दबा हुआ है। इस तथ्य की पुष्टी यूरोपीय रिमोट सेंसिंग सेटेलाईट ERS 1/2 (European Remote Sensing Satellite ERS 1/2) से भी होती है। नेशनल रिमोट सेंसिंग (NRSA) के अनुसार सरस्वती एवं घग्गर दो अलग-अलग नदियां थीं, जिनमें से एक अम्बाला नगर के आस-पास से बहती थी और दूसरी नदी राजस्थान के जैसलमेर नगर के पास से बहती थी।

प्रो. यशपाल एवं बलदेव सहाय के अनुसार सरस्वती नदी का पुराना जलमार्ग पंजाब, हरियाणा तथा राजस्थान प्रान्तों से होकर गुजरता था। इन विद्वानों के अनुसार नदी के पुराने जलमार्ग में हरी-भरी प्राकृतिक वनस्पति तथा घने वृक्ष पाये जाते हैं। उनके अनुसंधान के अनुसार यह नदी अकस्मात पाकिस्तान में लुप्त हो जाती है और अरब सागर तक नहीं पहुँच पाती। तत्पश्चात IRS-IC पर आधारित एक अध्ययन के अनुसार सरस्वती का पुराना जलमार्ग रेत के टीलों (Sand dunes) के नीचे दबा हुआ पाया गया ***(चित्र 3.12A)***। नदी के पुराने जलमार्ग को पाकिस्तान के मारोट (Marot) स्थान तक देखा जा सकता है ***(चित्र 3.12B)***। यह जलमार्ग सिन्ध राज्य (पाकिस्तान) में आज भी नारा नदी (Nara River) के रूप में देखा जा सकता है, जो रन-कच्छ में फैल जाता है।

5. **भू-भौतिक प्रमाण (Geophysical Evidence):** भारतीय भू-भौतिक सर्वेक्षण (Geophysical Survey of India) के अनुसार प. राजस्थान के विनेर, गंगानगर तथा जैसलमेर जिलों में बहुत-से स्थानों पर भूगृत मीठे पानी के भंडार पाये गये हैं। ये भूगृत मीठे पानी के भंडार चापाकार (Arculate) आकार के हैं। इस अध्ययन से पता चलता है कि भूतकाल में इन क्षेत्रों से सरस्वती नदी बहती थी अर्थात् भारत के थार मरुस्थल एवं पाकिस्तान के सिंध राज्य से होकर सरस्वती नदी बहती थी।

वैदिक सभ्यता के अंतिम चरण में 3700 B. C. के आस-पास सरस्वती एवं दृष्दवती (Drishadvati) नदियों के जलमार्ग में भारी परिवर्तन हुआ। प्रो. यशपाल तथा उनके सहयोगियो के अनुसार पटियाला नगर के पास घग्गर नदी

(Ghaggar River) का जलमार्ग अकस्मात अधिक चौड़ा हो जाता है। घग्गर नदी की चौड़ाई में वृद्धि तब ही सम्भव थी जब इसमें कोई बड़ी सहायक नदी आ कर मिलती हो। प्रो. यशपाल एवं उनके सहयोगियों के अनुसार सतलज नदी (क्षताद्रु) रोपड़ नगर के पास अकस्मात एक तीव्र मोड़ बनाती है और पश्चिम की ओर मुड़ जाती है ***(चित्र 3.12B)*** और अपनी सहायक नदियों (ब्यास एवं रावी) के साथ सिंधु नदी में जाकर मिल जाती है और उनका जल अरब सागर में चला जाता है। सतलज नदी के अचानक पश्चिम की ओर मुड़ जाने से सरस्वती एवं दृष्दवती में जल की कमी हो जाती है। कुछ विद्वानों के अनुसार अरावली के उत्तरी भाग अर्थात् दिल्ली-हरिद्वार के उत्थान के कारण नदियों के मार्गों में यह परिवर्तन सम्भव हुआ।

सरस्वती अपने निचले भाग में रन-कच्छ (Rann of Kachchh) से गुजर कर अरब सागर में प्रवेश करती थी। रन-कच्छ की टोपोग्राफी (Topography) एक डेल्टाई प्रकार की है, जिससे पता चलता है कि रन-कच्छ में सरस्वती कई भुजाओं में बंट कर (डेल्टा बनाकर) जल अपवाह करती थी। सैटेलाइट इमेजिरी के द्वारा तैयार किया गया मानचित्र भी इस डेल्टे को सिद्ध करते हैं।

उपरोक्त विवेचना से पता चलता है कि सिंध (सिंधु), सताद्रु (सतलज) सरस्वती, दृष्दवती, पुरानी-यमुना (Palaeo-Yamuna) तथा लवानावती (Lavanavati) अर्थात् लूनी नदियां रन कच्छ में अलग-अलग प्रवेश करती थीं।

प्रो. मलिक के अनुसार प्राटो-सताद्रु (सतलज), सरस्वती तथा दृष्दवती (Drishadvati) लगभग 2000 B. C में रन-कच्छ में होकर बहती थीं। आज उपरोक्त नदियों में से केवल सिंधु नदी ही अरब सागर में अपना जल गिराती है।

उपरोक्त अध्ययनों के आधार पर निष्कर्ष निकाला जा सकता है कि शिवालिक एवं हिमालय में टेक्टोनिक हलचल के कारण सरस्वती एवं अन्य प्रमुख नदियों के हिमनदों (Glaciers) के स्रोतों में बाधा उत्पन्न हो गई। फलस्वरूप सरस्वती जैसी सदाबहार नदी (Perennial River) एक मौसमी नदी में बदल गई। इस बात के पूरे प्रमाण हैं कि वैदिक काल में सरस्वती नदी पंजाब, हरियाणा तथा राजस्थान से होकर बहती थी तथा अपना जल अरब सागर में गिराती थी।

भारत के मुख्य जलप्रपात (Main Waterfalls of India)

अगाया गंगई जलप्रपात (Agaya-Gangai-Waterfall)

यह कोल्ली पहाड़ियों (Kolli Hills) (पूर्वी घाट, तमिलनाडु) में स्थित है। यह एक मनोरम एकान्त वातावरण प्रदान करता है तथा तमिलनाडु पर्यटन में एक आकर्षण केन्द्र है।

अय्यानार जलप्रपात (Ayyanar Waterfall)

यह पश्चिमी घाट में तमिलनाडु के विरुद्धनगर (Virudhnagar) जिले में स्थित है। यह मुख्यत: शीत मानसून वर्षा से जल प्राप्त करता है। राजापालायम (Rajapalayam) के लोगों द्वारा इस जलप्रपात का पानी पीने के उपयोग में लाया जाता है। यह निकटवर्ती जिलों के लोगों के लिए एक प्रसिद्ध पर्यटन स्थल है।

बराकाना जलप्रपात (Barakana Waterfall)

कर्नाटक के शिमोगा जिले में स्थित यह देश का एक अधिक ऊँचाई वाला जलप्रपात है। यह कर्नाटक में एक पन-बिजली परियोजना का मूल स्रोत है।

दूधसागर (गोवा) (Dudhsagar-Goa)

दूधसागर (दूध का सागर) एक पंक्तिबद्ध जलप्रपात है जो गोवा राज्य में माण्डवी नदी के ऊपरी खण्ड में स्थित है। यह राष्ट्रीय तथा अन्तर्राष्ट्रीय पर्यटकों के लिए एक आकर्षण का केन्द्र है।

दुदुमा जलप्रपात (158 मीटर) (Duduma Waterfall)

ओडिशा राज्य में कोरापुट (Koraput) जिले से 92 कि.मी. दूर यह मच्छकुंड नदी पर स्थित है। इस जलप्रपात पर एक बड़े जल-बिजली संयन्त्र का निर्माण किया गया है। मच्छकुंड तीर्थ के लिए एक महत्वपूर्ण स्थान है।

गोकाक जलप्रपात (53 मीटर) (Gokak Waterfall)

यह कर्नाटक के बेलगाँव जिले में घाटप्रभा नदी (कृष्णा की एक सहायक नदी) के ऊपरी खण्ड में स्थित है। यह जलप्रपात निकटवर्ती शहर गोकाक से लगभग 6 कि.मी. दूर है। यह नियाग्रा प्रपात के सदृश है। यह राष्ट्रीय तथा अन्तर्राष्ट्रीय पर्यटकों के लिए एक आकर्षण का केन्द्र है।

जोग जलप्रपात (253 मीटर) (Jog Waterfall)

कर्नाटक के शिमोगा जिले की शरावती नदी पर स्थित यह भारत में सबसे ऊँचा गैर-पंक्तिबद्ध (untiered) जलप्रपात है। यह कर्नाटक के पर्यटन में एक प्रमुख आकर्षण है। इस जलप्रपात को अनेक वैकल्पिक नामों से जाना जाता है, जैसे–गरसूपा जलप्रपात तथा जोगाड़ा गुंडी।

किलियूर जलप्रपात (Kiliyur Waterfall)

यह जलप्रपात पूर्वी घाट (तमिलनाडु) के सर्वारायण पहाड़ियों में स्थित है। लगभग 100 मीटर की ऊँचाई वाला यह प्रपात तमिलनाडु पर्यटन में एक प्रमुख आकर्षण है।

कुर्तालाम जलप्रपात (Kurtalam Waterfall)

तमिलनाडु के तिरुनेलवेली जिले में स्थित यह जलप्रपात देसी एवं विदेशी पर्यटकों में काफी प्रसिद्ध है।

लोध जलप्रपात (बुद्ध घाट जलप्रपात) (Lodh or Buddha Ghat Waterfall)

बुद्ध जलप्रपात राँची (झारखण्ड) से 40 कि. मी. दूर बुद्ध नदी पर स्थित है। इस प्रपात का नाम गौतम बुद्ध के नाम पर रखा गया है, यहाँ एक बौद्ध धर्म का मंदिर भी है।

शिवसमुद्रम जलप्रपात (Shivasamudram Waterfall)

शिवसमुद्रम जल प्रपात को पहले कावेरी प्रपात के नाम से जाना जाता था तथा यह भारत में दूसरा सबसे ऊँचा प्रपात है। यह मैसूर से 80 कि.मी. तथा बंगलुरू से 120 कि.मी. की दूरी पर स्थित है। यह कर्नाटक पर्यटन में एक प्रमुख आकर्षण है।

सीरूवानी जलप्रपात (Siruvani Waterfall)

यह पश्चिमी घाट में कोयम्बटूर से लगभग 40 कि.मी. दूर सीरूवानी नदी पर स्थित है। यह कोयम्बटूर शहर की जलापूर्ति का एक मुख्य स्रोत है। यहाँ बाँध तथा प्रपात का दृश्यपटल सौन्दर्य से भरा हुआ है।

थलईयार जलप्रपात ("रैट-टेल") (Thalaiyar or Rat-Tail Waterfall)

इस जलप्रपात को 'रैट-टेल' भी कहते हैं तथा यह तमिलनाडु में कोड़ईकनाल (Kodaikanal) के निकट स्थित है। 297 मीटर ऊँचा यह जलप्रपात तमिलनाडु राज्य में सबसे ऊँचा जलप्रपात है। यह जलप्रपात सड़क से नहीं जुड़ा हुआ है तथा यहाँ पहुँचने का रास्ता थका देने वाला है।

वट्टापराई जलप्रपात (Vattaparai Waterfall)

तमिलनाडु राज्य के कन्याकुमारी जिले में पाझयार नदी (Pazhayar River) पर स्थित यह जलप्रपात पर्यटकों के लिए एक मुख्य आकर्षण केन्द्र है। इसे घेरे हुए क्षेत्र को एक वन्य जीवन अभ्यारण बनाने का प्रस्ताव किया गया है।

वझाचल जलप्रपात (Vazhachal Waterfall)

केरल के थ्रीस्सुर (Thrissur) जिले में स्थित यह भारत का एक प्रसिद्ध जलप्रपात है। यह राष्ट्रीय तथा अन्तर्राष्ट्रीय पर्यटकों के लिए एक आकर्षण केन्द्र है।

भारत के कुछ अन्य महत्वपूर्ण जलप्रपात (Some other important waterfalls of India)

तालिका 3.5 भारत के कुछ अन्य महत्वपूर्ण जलप्रपात

राज्य	जलप्रपात का नाम
छत्तीसगढ़	तीर्थगढ़ (Teerathgarh)
मध्य प्रदेश	धुआंधार (नर्मदा नदी पर जबलपुर के नजदीक)
हिमाचल प्रदेश	बुंदला (Bundla) तथा पालनी (Palani) जलप्रपात।
झारखण्ड	घघरी, हुण्डरू तथा जोहना जलप्रपात।
कर्नाटक	एब्बे जलप्रपात, ऐरिसिना जलप्रपात, हेब्बे जलप्रपात, इरूपु जलप्रपात, कालहट्टी जलप्रपात, केप्पा जलप्रपात, कुसल्ली जलप्रपात, कुदुमारी जलप्रपात, कुंचिकाल जलप्रपात, मागोद जलप्रपात, मेकेडातू जलप्रपात, मुथ याला जलप्रपात, साथोडी जलप्रपात, सिमसा जलप्रपात, चुंछि जलप्रपात, उनचल्ली जलप्रपात।
केरल	अथिरापिल्ली जलप्रपात, मीनमुट्टी जलप्रपात, पालारूवी जलप्रपात, सुचिपाड़ा जलप्रपात, थुशारागिरि जलप्रपात।
महाराष्ट्र	चछाई जलप्रपात, गाथा जलप्रपात, कियोटी जलप्रपात, रजत प्रताप जलप्रपात (म. प्र.), कुणे जलप्रपात, मारलेश्वर जलप्रपात, पाण्डव घाट जलप्रपात।
मेघालय	बिओदोन जलप्रपात, बिशप जलप्रपात, एलिफैन्ट जलप्रपात (शिलाँग-शिखर) किन्रेम जलप्रपात (308 मीटर), लाँग शिआँग जलप्रपात (341 मीटर), मार्ग्रेट जलप्रपात, नोहकालिकाई जलप्रपात (338 मीटर), स्प्रेड ईगल जलप्रपात, स्वीट जलप्रपात (97 मीटर)।
मिजोरम	वान्तात्रांग जलप्रपात
ओडिशा	जोराण्डा जलप्रपात (151 मीटर), बुगुडा के नजदीक खानडाधार जलप्रपात (246 मीटर)
तमिलनाडु	एईनथारूवी (5 जलप्रपात), बेमान जलप्रपात (पालनी पहाड़ियाँ), बिअरशोला जलप्रपात (कोटागिरि), चित्रारूवी जलप्रपात (छोटे जलप्रपात), कोटलम जलप्रपात, एल्क जलप्रपात (पालनी पहाडियों के राष्ट्रीय उद्यान में), फेरी जलप्रपात कोडईकनाल से 5 कि.मी. दूर), ग्लेन जलप्रपात (पालनी पहाड़ियों के राष्ट्रीय उद्यान में), होगे नाकाल जलप्रपात (20 मीटर), कालीकेशम जलप्रपात (कन्याकुमारी जिला) कोरइयार जलप्रपात (पाछाईमलाई में अरूम बावूर के नजदीक), कोवई कुटारलाम जलप्रपात (कोयम्बटूर से 37 कि.मी. दूर सिरूवानी में), कुम्बककराई जलप्रपात (गिरिपीठ में पेरियाकुलम से 8 कि.मी. दूर), कुथीरअय्यर जलप्रपात (167 मीटर), मंगलम अरूवी जलप्रपात (पाछाई मलाई), मईल उथा जलप्रपात, मंकी जलप्रपात (कोयम्बटूर के निकट), मुटयालामाडुवु जलप्रपात, नेप्च्यून जलप्रपात (पालनी राष्ट्रीय उद्यान में), पालारूवी जलप्रपात, पाम्बर जलप्रपात (कोड़ईकनाल से 4 कि.मी. की दूरी पर) पाझाथोट्टा अरूवी जलप्रपात (फलोद्यान जलप्रपात), पाझाया कोटलम जलप्रपात (पुराने जलप्रपात), पेरारूवी जलप्रपात (मुख्य जलप्रपात), पेरियार जलप्रपात, पुडुर मेगन जलप्रपात, पुली अरूवी (टाइगर जलप्रपात), पुथु अरूवी (नए जलप्रपात-दूध जलप्रपात), प्याकार जलप्रपात (नीलगिरि), सेंगुपाथी जलप्रपात, शेन बागा देवी जलप्रपात, थेनारूवी जलप्रपात (शहद जलप्रपात), शिमशा जलप्रपात, चाँदी जलप्रपात (कोडईकनाल से 8 कि.मी. दूर), स्कामबा जलप्रपात (कोडईकनाल से 8 कि.मी. दूर), 'स्नेक' (सांप) जलप्रपात (पालनी पहाड़ियों के राष्ट्रीय उद्यान में), सुरूली जलप्रपात (मदुरई से 123 कि.मी. दूर), थक्कम थूट्म जलप्रपात (पालनी के निकट), तिरपाररप्पु जलप्रपात (कन्याकुमारी जिला), थीरूमुरथी जलप्रपात (उडुमलपेठ से 20 कि.मी. दूर) युवनम जलप्रपात या ध्रुवनम जलप्रपात (अमरावती नगर के नजदीक), वैदकी जलप्रपात (कोयम्बटूर से लगभग 30 कि.मी. दूर)।

झीलों के प्रकार (Types of Lakes)

जल से भरे हुए एक प्राकृतिक गर्त को झील कहते हैं। बढ़ती आबादी तथा जल के अभाव में झील लोगों के लिए जल का एक महत्वपूर्ण स्रोत है। वे अचानक आई बाढ़ तथा सूखे की स्थिति से भी लोगों को बचाती हैं। भारत में झीलों के विभिन्न उद्गम स्थान हैं। भारत की कुछ महत्त्वपूर्ण झीलों की चर्चा संक्षिप्त रूप में नीचे की गई है:

1. **विवर्तनिक झीलें (Tectonic Lakes):** इन झीलों का निर्माण पृथ्वी के भूपटल में हुई दरार तथा भ्रंश के कारण होता है। कश्मीर तथा कुमाऊँ के पर्वतीय क्षेत्रों में पायी जाने वाली अधिकतर झीलें इस प्रकार की होती हैं। सो मोरिरि (Tso Morari) एवं पेंगोंग सो (Pangong-Tso) (लद्दाख) ऐसी झीलों के उदाहरण हैं।
2. **क्रेटर/ज्वालामुखी झीलें (Crater Lakes):** क्रेटर झीलों का निर्माण तब होता है जब ज्वालामुखीय विवर तथा ज्वालामुखी (Crater) जल से भर जाते हैं। वे भारत में अल्पसंख्या में पाए जाते हैं। बुलढाना (महाराष्ट्र) की लूनर झील (Lonar Lake) क्रेटर झील का उदाहरण है।
3. **हिमानी झीलें (टॉर्न) [Glacial Lakes (Tarns)]:** ये झीलें हिमानी अपरदन का परिणाम हैं। गिरिताल (टार्न) एक लघु पर्वतीय झील है, विशेषकर जो एक हिमज गहर बेसिन में जमा होता है तथा जो ऊँची चट्टानों के पीछे स्थित होता है। भारत में अधिकतर हिमानी झीलें लघु आकार की होती हैं। गंगाबल झील, जो कश्मीर के दीर्घ हिमालय में स्थित है इसका एक उदाहरण है। हिमानी झीलें लद्दाख, जम्मू और कश्मीर, हिमाचल प्रदेश तथा उत्तराखण्ड के कुमाऊँ क्षेत्र में पाई जाती हैं।
4. **नदीय झीलें (Fluvial Lakes):** नदियाँ अपने अपरदन तथा निक्षेपन की क्रिया के कारण विभिन्न प्रकार की झीलों का निर्माण करती हैं। सामान्य रूप से नदियाँ झीलों की विध्वंसक हैं। वास्तव में झीलों का अभिलोपन प्रायः अवसादों के भरने से तथा नदियों के अभिशीर्ष अपरदन के कारण होता है। नदीय झीलें सामान्यतः अस्थायी होती हैं तथा शीघ्र ही अभिलोपित हो जाती हैं। नदीय झीलों में प्रपात कुण्ड झीलें (प्रपात के सामने), गोखुर झीलें (Ox-low), जलोढ़ पंख झीलें, डेल्टा झीलें, बाढ़ मैदानी झीलें तथा राफ्ट (तरापा) अवरुद्ध झीलें (Raft dammed lakes) शामिल हैं। ये सभी झीलें गंगा तथा ब्रह्मपुत्र नदियों के ऊपरी, मध्य तथा निचले मार्गों में देखी जा सकती हैं। मन्द ढाल वाले मैदानों में नदियों के विसर्पण के कारण बनी हुई झीलें जलोढ़ झीलें कहलाती हैं। मध्य तथा निचले गंगा के मैदानों में पाई जाने वाली गोखुर झीलें (ox-bow) इसके कुछ उदाहरण हैं।
5. **वायूढ़ झीलें (Aeolian Lakes):** ये छोटे अस्थायी अवतल अथवा गर्त होते हैं, जो उस स्थान पर स्थित होते हैं, जहाँ पवन रेतीली सतह पर बहती है। पश्चिम राजस्थान में इस प्रकार की अनेक झीलें हैं। मरुस्थली झीलों में सामान्यतः लवण की मात्रा अधिक होती है तथा अक्सर उन्हें लवणीय झील भी कहा जाता है। पश्चिमी राजस्थान के ढांड (Dhand) इसके उदाहरण हैं।
6. **द्रवण झीलें (Dissolution Lakes):** इन झीलों का निर्माण सतह में एक गर्त के कारण होता है, जो चूना-पत्थर तथा जिप्सम जैसी विलयशील शैल के भूमिगत विलयन के कारण बनता है। ऐसी झीलें चेरापूंजी में तथा उसके आस-पास, शिलाँग (मेघालय), भीमताल, कुमाऊं तथा गढ़वाल (उत्तराखण्ड) में पायी जाती हैं।
7. **लैगून झीलें (Lagoons Lakes):** इनका निर्माण समुद्र-तट के किनारे बालू-भित्ति के निक्षेपण के कारण होता है। ओडिशा की चिल्का झील, पुलीकट (आंध्र प्रदेश), वेम्बनाद तथा अष्टामुदी-केरल के कयाल लैगून झील के कुछ अच्छे उदाहरण हैं।
8. **भू-स्खलन झील:** इन झीलों का निर्माण भू-स्खलन तथा शैलपात के कारण होता है, जो नदी के मार्ग में अवरोध उत्पन्न करते हैं। गढ़वाल की गोहना झील (Gohana Lake) का निर्माण गंगा की एक सहायक नदी पर एक बड़े भू-स्खलन के कारण हुआ था।

भारत की प्रमुख झीलें (Main Lakes of India)

अष्टामुदी झील (Asthamudi Lake)

यह केरल के कोलम जिले में एक लैगून है। अष्टामुदी का अर्थ "आठ भुजाएं" हैं। वास्तव में इस झील की अनेक शाखाएँ हैं। रामसर (Ramsar) समझौते के तहत यह अन्तर्राष्ट्रीय महत्व की एक आर्द्रभूमि के रूप में दर्ज है।

भीमताल (Bhimtal)

उत्तराखण्ड के कुमाऊं मण्डल में भीमताल नगर के निकट स्थित यह एक रमणीय झील है, जिसके केन्द्र में एक द्वीप है। नैनीताल की अधिक प्रसिद्धी के कारण प्राचीन भीमताल शहर का महत्व कम रहा है। वर्तमान में यह शहर अनेक राष्ट्रीय तथा अन्तर्राष्ट्रीय पर्यटकों को आकर्षित करता है।

भोज आर्द्रभूमि (Bhoj-Wetland)

भोपाल (मध्य प्रदेश) में स्थित, इसमें दो झीलें हैं–ऊपरी झील तथा निचली झील। राजधानी नगर के समीप में स्थित यह भारत में एक अत्यधिक प्रदूषित झील है।

चंद्र ताल (Chandra Tal)

यह हिमाचल प्रदेश के लाहौल तथा स्पीति जिले में एक अधिक ऊंचाई वाली झील है। यह समुद्री सतह से लगभग 4300 मीटर की ऊँचाई पर स्थित है। लाहौल तथा स्पीति को जोड़ने वाला कुंजाम दर्रा (Kunzam pass) इस झील से लगभग 6 कि.मी. की दूरी पर स्थित है।

चेम्बरमबक्कम झील (Chembarambakkam Lake)

यह तमिलनाडु के चेंगपट्टू जिले में चेन्नई से 40 कि.मी. दक्षिण में स्थित है। इस झील से ही अड्यार नदी (Adyar River) का उद्गम होता है। चेन्नई महानगर को जलापूर्ति इस झील से होती है।

चिल्का झील (Chilka Lake)

ओडिशा राज्य में स्थित यह एक खारे पानी की तटीय झील है। भारत में यह सबसे बड़ी तटीय झील है। यह झील महानदी द्वारा अवसाद-भरने की क्रिया से निर्मित हुयी हैं। इस झील का क्षेत्र परिवर्तनशील है, जो मानसून के मौसम में 1175 वर्ग कि.मी. होता है तथा शुष्क मौसम में केवल 900 वर्ग कि.मी. रह जाता है।

डल झील (Dal Lake)

डल झील श्रीनगर (Kashmir) की एक प्रसिद्ध झील है। 18 वर्ग कि.मी. के क्षेत्रफल में फैली हुयी यह झील सेतुकों (Causeways) द्वारा चार बेसिनों में विभाजित है–गगरीबल, लोकुट डल, बोट डल तथा नगीन झील। यह लगभग 500 शिकारे (House) के लिए प्रसिद्ध है। शिकारों के अलावा, यह झील डोंगी खेना (Canoeing), 'वॉटर-सर्फिंग' तथा 'क्याकिंग' (Kayaking) की भी सुविधा पर्यटकों को प्रदान करती है। अत्यधिक प्रदूषित होने के कारण इस झील का क्षेत्रफल घटता जा रहा है। इस झील में विविध वनस्पति, जैसे–कमल के फूल, कुमुद तथा पानीफल (सिंघाड़ा) पाए जाते हैं।

धीबर झील (Dhebar Lake)

राजस्थान राज्य में उदयपुर से लगभग 45 कि.मी. पूर्व में स्थित यह झील भारत की सबसे बड़ी कृत्रिम झील है। यह 87 वर्ग कि.मी. के क्षेत्र में फैली हुई है। यह 17वीं सदी में उदयपुर के राणा जयसिंह द्वारा बनवाई गयी थी, जब उन्होंने गोमती नदी (Gomati River) पर एक संगमरमर का बाँध बनवाया था। इस झील में तीन द्वीप हैं, जिनमें जैसमंद सैरगाह (Resort) इनमें से सबसे बड़े द्वीप पर स्थित है।

हिमायत सागर (Himayat Sagar)

यह हैदराबाद शहर से लगभग 20 कि.मी. की दूरी पर स्थित है। इस झील का नाम निजाम (VII) के सबसे छोटे बेटे हिमायत अली खान के नाम पर रखा गया है। यह एक कृत्रिम झील है, जो मूसी नदी (Musi River) पर 1927 में बनायी गयी थी।

हुसैन सागर (Hussain Sagar)

यह हैदराबाद शहर में स्थित है। यह हुसैन शाह वली द्वारा 1562 में मूसी नदी (Musi River) की एक सहायक नदी पर बनायी गयी थी। यह हैदराबाद शहर की जलापूर्ति करती है।

कलिवेली झील (Kaliveli Lake)

यह एक तटीय झील है, जो तमिलनाडु के विलुप्पुरम जिले में स्थित है। यह पुडुचेरी से लगभग 10 कि.मी. उत्तर की ओर स्थित है। यह झील प्रायद्वीपीय भारत के बड़े आर्द्रभूमि (Wetlands) में से एक है। यह कृषीय भूमि द्वारा अधिकृत की जा रही है, फलस्वरूप इस झील का क्षेत्रफल घटता जा रहा है।

खज्जीयार झील (Khajjiar Lake)

यह हिमाचल प्रदेश के चम्बा जिले में स्थित है, यह डलहौजी से मात्र 24 कि.मी. दूर है। देवदार वृक्षों से घिरे होने के कारण यह पर्यटकों के लिए एक रमणीय दृश्य प्रस्तुत करती है।

खेचियोपालरी झील (Khecheopalri Lake)

यह पश्चिमी सिक्किम में स्थित है। यह हिन्दुओं तथा बौद्ध धर्मियों द्वारा एक पवित्र झील मानी जाती है। यह झील बाँस के घने वनों से घिरी है। इस झील को देखने अनेक तीर्थयात्री तथा पर्यटक आते हैं।

कोलेरू झील (Kolleru Lake)

आंध्र प्रदेश में स्थित यह झील भारत में मीठे पानी की (अलवणीय) सबसे बड़ी झीलों में से एक है। यह कृष्णा तथा गोदावरी जिले में कृष्णा तथा गोदावरी नदियों के डेल्टाओं के बीच स्थित है। यह झील इन दोनों नदियों के लिए एक प्राकृतिक बाढ़ संतुलन जलाशय का काम करती है। यह झील लगभग 20 मिलियन आवासीय तथा प्रवासी पक्षियों का प्राकृतिक वास है। प्रतिवर्ष अक्टूबर-मार्च के मध्य यहां साइबेरिया तथा पूर्वी यूरोप से आए पक्षियों का वास होता है। इस झील को भारतीय वन्य जीवन संरक्षण अधिनियम के अन्तर्गत, 1999 में एक वन्य जीवन विहार (Sanctuary)/शरण-क्षेत्र के रूप में अधिसूचित किया गया। बढ़ते प्रदूषण के कारण इसकी जैव-विविधता का ह्रास हो रहा है।

लोकटक झील (Loktak Lake)

यह उत्तर-पूर्वी भारत में मीठे (अलवणीय) पानी की सबसे बड़ी झील है। यह झील विश्व में 'तैरती द्वीपीय झील' के रूप में प्रसिद्ध है क्योंकि इसमें तैरते हुए फुम्डिज (Phumdis) (तैरते हुए द्वीप) होते हैं। 1990 में रामसर समझौते (Ramsar convention) के तहत यह अन्तर्राष्ट्रीय महत्व की एक आर्द्रभूमि मानी गयी। यह झील पन-बिजली संयन्त्र, सिंचाई तथा पीने के पानी के लिए एक जल-स्रोत है। यह झील ग्रामीण मछुआरों के लिए भी जीविका का साधन है, जो फुम्डिज (तैरते हुए द्वीप) तथा निकट क्षेत्रों में रहते हैं। फुम्डिज वास्तव में वनस्पति, मृदा तथा जैव-पदार्थों के विजातीय ढेर है।

नाको झील (Nako Lake)

हिमाचल प्रदेश के किन्नौर जिले में स्थित यह एक अधिक ऊँचाई वाली झील है। यह झील भिसा (Willow) तथा पहाड़ी पीपल (Poplar) वृक्षों से घिरी हुयी है। इस झील के निकट बौद्ध धर्म के चार मंदिर हैं। यह एक पवित्र झील मानी जाती है।

उस्मान सागर (Osman Sagar)

यह हैदराबाद में एक कृत्रिम झील है। हैदराबाद के अंतिम निजाम (उस्मान अली खान) के द्वारा 1920 में मूसी नदी (Musi River) पर बाँध बनाकर इस झील को निर्मित किया गया तथा यह हैदराबाद शहर के लिए पीने के पानी का स्रोत है। 'सागर महल' नाम का एक गेस्ट हाउस, जो इस झील का एक सुन्दर दृश्य प्रस्तुत करता है, पूर्व में निज़ाम का ग्रीष्मकालीन सैरगाह था तथा अब यह ऐतिहासिक धरोहर है।

पोनगोंग सो (Pongong Tso)

पोंग त्सो एक एंडोरहिक या टर्मिनल झील है जो लेह से 5 घण्टे की दूरी पर लद्दाख में स्थित है। यह विश्व का तृतीय सर्वाधिक ऊंचा मार्ग है। यह लद्दाख का पर्यटक आर्कषण केन्द्र है। यह चीन और भारत की सीमा के पास का ब्रीडिंग स्थल है जो 134 कि.मी. की एक परवर्ती (ट्रान्स बाउण्ड्री) झील है। इस झील का एक तिहाई हिस्सा भारत में स्थित है। इसकी औसत चौड़ाई 5 कि.मी. है और यह विश्व की सबसे बड़ी नमकीन पानी की झील है। यह झील प्रवासी पक्षियों जैसे बार हेडेड हंस और ब्राह्मणी बतख के लिए प्रजनन का स्थल है। शीतकाल में झील जम जाती है और सड़क बन्द हो जाती है।

पुलीकट झील (Pulicat Lake)

यह कोरोमण्डल तट पर दूसरी सबसे बड़ी खारे पानी की झील है। यह आंध्र प्रदेश तथा तमिलनाडु की सीमा पर स्थित है। श्रीहरिकोटा का परिध द्वीप इस झील को बंगाल की खाड़ी से अलग करता है। यह झील 60 कि.मी. लम्बी है तथा इसकी चौड़ाई 0.5 से 18 कि.मी. तक परिवर्तनीय है। यह अनेक स्थानीय तथा प्रवासी पक्षियों का प्राकृतिक वास है। लगभग 15,000 हंसावर इस झील में प्रतिवर्ष आते हैं। यहाँ कौडिल्ला (Kingfisher), बगुला, चिंगारा, स्पूनबिल तथा बतख भी पाई जाती हैं।

पुष्कर झील (Pushkar Lake)

अजमेर जिले में स्थित यह एक कृत्रिम झील है। इस झील का निर्माण 12वीं सदी में हुआ जब लूनी नदी के नदीशीर्ष पर एक बाँध बनाया गया। नवम्बर के नहीने में कार्तिक पूर्णिमा के अवसर पर अनके तीर्थयात्री इस झील में पवित्र स्नान के लिए आते हैं।

रेणुका झील (Renuka Lake)

हिमाचल प्रदेश के सिरमौर जिले में स्थित इस झील का नाम देवी रेणुका के नाम पर है। इस जगह एक चिड़ियाघर तथा लॉयन सफारी (कारवाँ) भी है। नवम्बर के महीने में यहाँ वार्षिक मेला लगाता है।

रूपकुण्ड झील (Roopkund Lake)

यह झील उत्तराखण्ड में स्थित है तथा इसके किनारे 600 कंकाल पाए गए हैं। यह निर्जन स्थान लगभग 5030 मीटर की ऊँचाई पर स्थित है। ये कंकाल 1942 में पाए गए थे। रेडियोकार्बन निर्धारण के अनुसार इन लोगों की जान महामारी में गई थी।

साँभर झील (Sambhar Lake)

यह जयपुर शहर से लगभग 70 कि.मी. दूर पश्चिम की ओर स्थित है तथा भारत की सबसे बड़ी खारे पानी का झील है। पूर्वी किनारे की ओर यह झील 5 कि.मी. लम्बे बाँध से विभाजित है, जो पत्थरों से बना हुआ है। बाँध के पूर्व में लवण वाष्पण कुण्ड हैं, जहाँ लगभग एक हजार वर्ष पहले से ही नमक का उत्पादन होता आया है। इस झील में जल की गहराई शुष्क मौसम में कुछ से.मी. से लेकर मानसून में 3 मीटर तक रहती है। सांभर झील को रामसर (Ramsar) सूची में अंतर्राष्ट्रीय महत्व की आर्द्रभूमि के रूप में शामिल किया गया है। हजारों साइबेरियाई पक्षी जाड़े के मौसम में इस झील में आते हैं।

सस्थमकोट्टा झील (Sasthamkotta Lake)

यह केरल राज्य में मीठे पानी की एक बड़ी झील है। यह झील कोल्लम जिले में सस्थमकोट्टा में स्थित है तथा यह कोल्लम शहर से लगभग 30 कि.मी. दूर है। यह पर्यटकों के लिए एक बड़े आकर्षण का केन्द्र है।

सतताल अथवा सत्ताल (Sattal)

यह उत्तराखण्ड के कुमाऊं प्रखण्ड में भीमताल शहर के नजदीक सात शांत झीलों का समूह है। ये झीलें औसत समुद्री सतह से लगभग 1370 मीटर की ऊँचाई पर स्थित हैं। ये झीलें प्रवासी पक्षियों के लिए स्वर्ग हैं।

सूरज ताल (Suraj Tal)

बारालाप्चा दर्रे के शिखर के नीचे स्थित यह एक अधिक ऊँचाई वाली झील है। यह समुद्री सतह से लगभग 4980 मीटर की ऊँचाई पर स्थित है। यह झील भागा नदी का स्रोत है, जो चेनाब की एक मुख्य सहायक नदी है।

चन्द्रताल झील (Chandra Taal Lake)

यह चन्द्राकार का बेसिन है। यह हिमाचल प्रदेश के स्पीति जिले में 14,100 फीट की ऊंचाई पर स्थित है। यह तिब्बत आरै लद्दाख से आने वाले यात्रियों आरै व्यापारियों का आराम स्थल है। झील केवल जनू -सितम्बर के महीनों के दौरान खोली जाती है और शेष समय यह जमी रहती है। यह हिमाचल प्रदेश की प्रसिद्ध लेकिन सबसे कम पार की गई झील है। इसके किनारे चन्द्र भागा पर्वत श्रेणियों से घिरे हैं।

तवा जलाशय (Tawa Reservoir)

होशंगाबाद जिले (म.प्र.) में नर्मदा नदी पर स्थित इस जलाशय का निर्माण तवा नदी पर बाँध के कारण हुआ। यह झील सतपुड़ा राष्ट्रीय उद्यान तथा बोरी वन्य जीव अभयारण्य की पश्चिमी सीमा का निर्माण करती है।

सोंगमो झील (Tsongmo Lake)

सिक्किम राज्य में गंगटोक से लगभग 40 कि.मी. दूर यह एक हिमानी शृंग (गिरिताल) झील है। यह झील अण्डे के आकार (अण्डाकार) की है। लगभग 3780 मीटर की ऊँचाई पर स्थित यह झील सर्दी के मौसम में जम जाती है। यह बौद्धधर्मियों तथा हिन्दुओं के लिए एक पवित्र झील है।

वीरानम झील (Veeranam Lake)

यह तमिलनाडु के कुडुलौर जिले में स्थित है। यह चेन्नई से लगभग 235 कि.मी. दूर है। यह उन जलाशयों में से एक है, जिससे चेन्नई शहर की जलापूर्ति की जाती है।

वेम्बनाड़ झील (Vembnad Lake) (वेंबानद कयाल अथवा वेबानद कोल)

लगभग 200 वर्ग कि.मी. के क्षेत्रफल में फैली हुयी यह झील केरल की सबसे बड़ा झील है। यह झील समुद्री सतह पर है तथा अरब सागर से एक संकीर्ण परिध द्वीप द्वारा अलग की गयी है। नहरों के माध्यम से यह झील उत्तर तथा दक्षिण में तटीय झीलों से जुड़ी हुयी है। अनेक नदियाँ इस झील में प्रवाहित होती हैं, जैसे-पम्बा तथा पेरियार। यह झील पल्लीपुरम तथा पेरूम्बलम जैसे द्वीपों को घेरे हुए है।

वीरनपुझा झील (Veeranpuzha Lake)

कोच्चि स्थित यह झील वेम्बनाड़ झील (Vembnad Lake) का उत्तरी विस्तार है। यह देश के विभिन्न भागों तथा विदेश से अनेक पर्यटकों को आकर्षित करती है।

वेम्बानट्टु झील (Vembanattu Lake)

कोट्टायम से लगभग 16 कि.मी. दूर यह नदियों तथा नहरों का एक विस्तृत जालक्रम (नेटवर्क) है। एक मनोहर पिकनिक स्थल तथा तेजी से विकसित होता यह स्थान पश्च जल पर्यटन, नौका विहार और मत्स्यन के लिए प्रसिद्ध है। कुमाराकोम पक्षी अभयारण्य वेम्बानट्टु झील के तट पर स्थित है।

वूलर झील (Wular Lake)

सोपोर तथा बांदीपुर के मध्य कश्मीर घाटी में स्थित यह भारत में सबसे बड़ी मीठे पानी की झील है। इस झील की उत्पत्ति अभिनूतन (प्लीस्टोसीन) युग के दौरान विवर्तनिक क्रियाओं के कारण हुई। मौसम के अनुसार इस झील का आकार बढ़ता-घटता है। यह झील झेलम नदी से जल ग्रहण करती है तथा एक प्राकृतिक जलाशय के रूप में काम करती है। टुलबुल परियोजना (Tulbul project) एक 'नौसंचालन' बाँध तथा नियंत्रण संरचना, वूलर झील के मुहाने (मुख) पर हैं। इस झील के प्राकृतिक जलाशय से नियंत्रित रूप में पानी छोड़कर जल के अभाव वाले महीनों में बारामुला तक इस नदी का न्यूनतम प्रवाह 4.5 फीट तक कायम रखता है।

भारत के जल संसाधन (Water Resources of India)

जल एक प्राथमिक प्राकृतिक संसाधन है, एक मूल मानवीय जरूरत तथा एक अमूल्य राष्ट्रीय धरोहर। जल दैनिक जीवन के लिए महत्वपूर्ण है तथा यह प्रकृति में एक मुख्य यौगिक है। मनुष्य बगैर भोजन के 50-60 दिनों तक रह सकता है लेकिन बगैर पानी के मात्र 2 से 3 दिन ही जी सकता है। जिस जल का हम प्रयोग करते हैं वह गुणवत्ता तथा मात्रा में अनेक कार्यों के लिए पर्याप्त होना चाहिए, जैसे–निजी स्वास्थ्य से लेकर वृहत्त राष्ट्रीय जल परियोजनाओं के लिए। जल भूमि तथा आकाश के बीच उस स्थान का अधिग्रहण करता है, जहाँ यह ऊर्जा का एक माध्यम है तथा स्थलमंडल व वायुमंडल को आकार प्रदान करता है। जनसंख्या में वृद्धि के कारण जल की महत्वता बढ़ गयी है। जल की जरूरत पीने, निजी स्वास्थ्य, घरेलू उपयोगिता, सिंचाई, औद्योगिक जरूरतों, जल-बिजली संयन्त्रों, परिवहन, इत्यादि के लिए होती है।

देश की औसत वार्षिक जल उपलब्धता लगभग 1869 बिलयन त्रिघाती मीटर (Billion Cubic Metres BCM) है। इसमें से कुल उपयोगी जल संसाधन 1123 BCM आँकी गई है, सतही जल 690 ठब्ड तथा भूमिगत जल 433 BCM राष्ट्रीय स्तर पर प्रति व्यक्ति जल उपलब्धता 1951 में 5177 त्रिघाती मीटर से घटकर 2005 में 1800 त्रिघाती मीटर तक आ गई है, विभिन्न नदी बेसिनों में जल उपलब्धता में परिवर्तन हुआ है।

जल के दो मुख्य स्रोत हैं– (i) सतही जल (Surface water), तथा; (ii) भूमिगत जल (Under ground water)। प्रो. के. एल. राव (1975) के अनुसार, प्रतिवर्ष देश की सभी नदियों द्वारा ढोए जा रहे जल की कुल मात्रा लगभग 1,645,000 मिलयन त्रिघाती मीटर (cum) है। प्रो. राव के अनुसार जल की उपयोगिता का आंकलन ***तालिका 3.6*** में दिया गया है।

देशभर में नदियां और नहरें लगभग 1.9 लाख किलोमीटर की लंबाई के साथ बहती हैं और अन्य जल निकायों का क्षेत्रफल लगभग 7.31 मिलियन हेक्टेयर (मिलियन हेक्टेयर) ***(तालिका 3.6)*** है।

तालिका 3.6 भारत के अंतर्देशीय जल संसाधन

नदियाँ और नहरें (किमी. में)	195095
जलाशय	2.93
तालाब एवं पोखर	2.43
बाढ़ का मैदान, झील	0.80
खारा पानी	1.15
कुल	**7.31**

एक आंकलन के अनुसार 300 मीटर की गहराई तक कुल भूमिगत जल का भंडार लगभग 3700 मिलि्यन हेक्टर है, जो देश की वार्षिक वर्षा का दस गुना है। भूमिगत जल के उपयोग की यदि बात करें तो पंजाब सबसे पहले स्थान पर है (94%)। इसके बाद क्रमानुसार हरियाणा (84%), तमिलनाडु (61%), राजस्थान (51%), गुजरात (42%), उत्तर प्रदेश (38%), महाराष्ट्र (31%), पश्चिम बंगाल (25%) तथा आंध्र प्रदेश (24%) का स्थान आता है। असम, ओडिशा, मध्य प्रदेश तथा बिहार जैसे राज्य अपने भूमिगत जल क्षमता का 20 प्रतिशत भी उपयोग नहीं कर पाते हैं।

जल के उपयोग के साथ जुड़ी हुई मुख्य समस्याएँ हैं– (i) नदी के जल बहाव की मात्रा में अधिक उतार-चढ़ाव, (ii) वर्षण का असमान वितरण, (iii) बाढ़ के दौरान जल की बर्बादी, (iv) जल का अवैज्ञानिक उपयोग, (v) नदियों का प्रदूषण, तथा; (vi) राज्यों के मध्य पानी के मुद्दे पर विवाद।

पानी के दो प्रमुख स्रोत है:

1. सतही जल संसाधन
2. भूमिगत जल संसाधन

भारत में सभी नदी बेसिन में जल का औसत बहाव लगभग 1869 किमी^{3} है। सम्पूर्ण भूमिगत जल का केवल 690 किमी^{3} (32%) ट्रोपोलॉजिकल और हाइड्रोलॉजिकल बाधाओं के कारण उपयोग किया जाता है। गंगा, ब्रह्मपुत्र और बराक नदियां कुल भूमिगत जल संसाधनों का एक तिहाई हिस्सा हैं।

* गंगा और ब्रह्मपुत्र बेसिन में कुल भूमिगत जल का 46 प्रतिशत है।

तालिका 3.7 भारत के जल संसाधन

क्र.सं.	जल संसाधन	मात्रा (किमी. में)	प्रतिशत
1	वार्षिक वर्षा (हिमपात सहित)	4000	100
2	मानसून के दौरान वर्षा	3000	75
3	वाष्पीकरण + मृदाजल	2131	53.3
4	नदियों में औसत वार्षिक, सम्भावित बहाव	1869	46.7
5	जल संसाधन का प्रयोग निरूपण	1123	28.1
	सतही जल	690	17.3
	भूमिगत जल, (फिर से भरने योग्य)	433	10.8
	प्रयुक्त जल का भण्डारण	253.381	22.52
	भण्डारण (निर्माण में) प्रयुक्त योग्य जल	50.737	4.5
6	2050 में सम्भावित जल आवश्यकता	1450	129

क्र.सं.	जल संसाधन	मात्रा (किमी. में)	प्रतिशत
7	सम्भावित कमी	327	29
8	हमें कड़ियों से जोड़ने से प्राप्त	200	17.8

Source: India–WRIS Wiki

तालिका 3.8 भारत के भूजल जलभृत (aquifers) प्रणाली

प्रक्रम	प्रदेश	भूजल संभावना
असंगठित संरचनाएं - जलोढ़	इंडो-गंगा, ब्रह्मपुत्र के मैदान	600 मीटर गहराई तक जल का विशाल भंडार। अधिक वर्षा होती है और इसलिए पुनर्भरण सुनिश्चित होता है। गहरे नलकूपों के माध्यम से बड़े पैमाने पर विकास हो सकता है।
	तटीय क्षेत्र	यथोचित व्यापक जलभृत (aquifers) लेकिन खारे पानी के घुसपैठ का खतरा।
	मरुस्थलीय क्षेत्र का हिस्सा- राजस्थान और गुजरात	अल्प वर्षा। नगण्य रिचार्ज। लवणता के खतरे। बड़ी गहराई पर पानी की उपलब्धता।
समेकित/अर्ध-समेकित संरचनाएं - तलछटी, बेसाल्ट और क्रिस्टलीय चट्टानें	प्रायद्वीपीय क्षेत्र	जल की उपलब्धता अपक्षय, फ्रैक्चरिंग आदि के कारण विकसित द्वितीयक सरंध्रता पर निर्भर करती है। कुछ क्षेत्रों में उथली गहराई (20-40 मीटर) और अन्य क्षेत्रों में गहरी गहराई (100-200 मीटर) पर भूजल उपलब्धता की गुंजाइश है। जल की उपलब्धता की अलग-अलग संभावना।
पहाड़ी	पहाड़ी राज्य	त्वरित अपवाह के कारण कम भंडारण क्षमता

Source: India–WRIS Wiki

तालिका 3.9 भारत में विभिन्न क्षेत्रों में जल की अनुमानित माँग (बिलियन क्यूबिक मीटर)

क्षेत्र	जल की माँग (बिलिय क्यूविक मीटर में)		
	2010	2025	2050
सिंचाई	688	910	1072
पीने का पानी	56	73	102
उद्योग	12	23	63
अन्य	52	72	80
कुल	813	1093	1447

Source: Report of the Standing Sub-Committee on " Assessment of Availability and requirement of water for Diverse Uses -2000, Ministry of Water Resources

तालिका 3.8 में देखा जा सकता है कि पानी की मांग सभी क्षेत्रों में बढ़ रही है।

भारत में जल एकत्रण (Water Harvesting in India)

जल एक प्राथमिक राष्ट्रीय संसाधन है, एक मूल मानवीय जरूरत तथा एक अमूल्य राष्ट्रीय धरोहर। क्योटो (Kyoto) में हुए तीसरे विश्व जल सम्मेलन के अवसर पर संयुक्त राष्ट्र द्वारा प्रकाशित एक रिपोर्ट के अनुसार जल भंडार तीव्रता से सूख रहे हैं, बढ़ती जनसंख्या तथा भूमण्डलीय ताप वृद्धि के कारण वर्ष 2020 तक औसत आदमी की जलापूर्ति एक-तिहाई घट जाएगी। यह रिपोर्ट 122 देशों को उनके जल सुविधाओं के स्तर के अनुसार स्थान प्रदान करता है। भारत इस सूची में सबसे नीचे है।

कृषीय उत्पादन मानसून पर निर्भर है क्योंकि भारत में लगभग 60 प्रतिशत कृषीय भूमि वर्षा आधारित है। वर्षा-निर्भर कृषि क्षेत्र में जल एकत्रण का आर्थिक तथा पारिस्थितिक महत्त्व है। राजस्थान तथा गुजरात के अधिकांश क्षेत्र, हरियाणा, पंजाब, बुन्देलखण्ड (उत्तर प्रदेश), पश्चिमी मध्य प्रदेश, पूर्वी महाराष्ट्र, उत्तरी आंध्र प्रदेश, पश्चिमी कर्नाटक, तमिलनाडु, ओडिशा, झारखण्ड तथा छत्तीसगढ़ के अधिकांश भाग प्राय: सूखे से ग्रसित रहते हैं। इन क्षेत्रों में दो मुख्य समस्याएँ हैं:

(i) गर्मी के मौसम में इन क्षेत्रों में सूखा पड़ता है तथा जल का अभाव रहता है, भौम जल स्तर नीचे की ओर खिसक जाता है, जिससे फसल उत्पादकता घट जाती है।

(ii) भारी तथा तीव्र वर्षा के कारण सतही बहाव से नदी के निचले मार्ग में मृदा अपरदन तथा अवसादीकरण होता है, जिसके कारण क्षेत्र में खड्ड (Ravines) तथा अवनालिका का निर्माण होता है। ये क्षेत्र आर्थिक रूप से पिछड़े हुए हैं तथा निम्न विकास के दोषपूर्ण चक्र से जूझ रहे हैं। इन क्षेत्रों में भूमि तथा मृदा संसाधनों का सूक्ष्म जल विभाजक (10 से 1000 हेक्टर के क्षेत्र में) एवं वृहत्त जल विभाजक (1000 हेक्टर से अधिक क्षेत्र में) पर आधारित मूल्यांकन जरूरी है ताकि वास्तविक स्थान से जल एकत्रण एवं जल संरक्षण (संयुक्त उपयोग के माध्यम से) की योजना तैयार की जा सके और इस तरह विकास की प्रक्रिया का अनुश्रवण एक सुमेलित रूप में किया जा सके। सम्पूर्ण जल विभाजक प्रबंधन में समूह निर्णयों में परिवर्तन तथा इसके उपरान्त संयुक्त निर्णयों वाली क्रियाएँ शामिल हैं। इस तरह जल विभाजक (जो एक संचालनीय जल-वैज्ञानिक इकाई है) को एक भूमि इकाई के रूप में लेकर शुरुआत करते हुए, जल को संसाधन विकास में सबसे महत्वपूर्ण निर्धारक के रूप में देखा जाता है। इसका उद्देश्य भूमि की बिगड़ती स्थिति को रोकना है तथा इसके विकास की प्रक्रिया केवल कृषीय भूमि तक सिमित नहीं है बल्कि इसमें जल विभाजक क्षेत्र भी शामिल हैं, यह क्षेत्र के सबसे ऊँचे बिन्दु से शुरू होकर प्राकृतिक अपवाह मार्ग अथवा निकास तक को शामिल करता है। इसमें बंजर पहाड़ी ढाल, उपान्तीय भूमि, कृषीय भूमि, अवनालिकाओं तथा खड्डों के सुधारक उपायों का कार्यान्वयन शामिल है।

पर्याप्त धारणीय विकास (Sustainable development) तभी हो सकताा है जब गुणवत्ता को कायम रखते हुए देश के जल संसाधन का सदपयोग हो, जिसमें सभी की भागीदारी हो तथा जो देश को एक तीव्र एवं सामयिक आर्थिक विकास प्रदान करे।

यह कहा जाता है कि जल संसाधन किसी देश के सामाजिक आर्थिक विकास की कुंजी है तथा भारत इसमें अपवाद नहीं है। यह सच है कि पानी एक सीमित संसाधन है तथा दिन प्रतिदिन इसका अभाव हो रहा है। विश्व बैंक के एक नए अध्ययन के अनुसार भारत में प्रति व्यक्ति जल की उपलब्धता जो आजादी के समय लगभग 5000 त्रिघाती मीटर प्रतिवर्ष थी, घटकर वर्तमान में 2000 त्रिघाती मीटर प्रतिवर्ष रह गई है। देश में औसत वार्षिक वर्षा 110 से.मी. है, जो सामान्य तौर पर अधिक है लेकिन जिसमें व्यापक विविधताएँ हैं, स्थानिक तथा अस्थायी दोनों रूप में देश का लगभग 67 प्रतिशत जल संसाधन गंगा के जलोढ़ बेसिनों में मौजूद है, जो भारत के लगभग 33 प्रतिशत भौगोलिक क्षेत्र को अधिकृत करता है। देश के जल संसाधन की 33 प्रतिशत क्षमता कठोर शैलों के क्षेत्रों में है, जो लगभग भारत के 67 प्रतिशत भौगोलिक क्षेत्र को अधिकृत करते हैं। जल अभाव की वर्तमान समस्या को देखते हुए यह आवश्यक है कि जल एकत्रण के संदेश को दूर-दूर तक पहुँचाया जाए तथा इसे एक जल आंदोलन में परिवर्तित किया जाए। जल संसाधन के परिपेक्ष में मुख्य चुनौतियाँ निम्नलिखित हैं– (i) भूमिगत जल का ह्रास (dopletion), (ii) जल की गुणवत्ता में कमी, (iii) कम जल उपयोग की क्षमता, (iv) महँगे नए जल संसाधन, (v) संसाधनों का निम्नीकरण, (vi) नए जल का विकास, (vii) मूल्य प्रोत्साहन में सुधार, (viii) उपयुक्त तकनीक, (ix) जल अधिकारों का व्यापारीकरण, एवं; (x) अन्तर्राष्ट्रीय सहयोग।

वर्षा-जल एकत्रण (Rain – Water Harvesting)

वर्षा जल जैविक रूप से शुद्ध, प्रकृति से मृदु तथा जैव पदार्थों से मुक्त होता है। वर्षा-जल एकत्रण एक प्रभावी तकनीक है, जिससे जल का संरक्षण हो। इस तकनीक में वर्षा जल को, जो छत के ऊपर गिरता है, को टैंकों या भूमिगत पम्पों की ओर दिशा प्रदान की जाती है ताकि भविष्य में इसका उपयोग हो सके।

भूमिगत जल का पुन: आवेशन जल को कुएँ, रिचार्ज पिट् (गड्ढे) की ओर निर्देशित करना होता है ताकि जल का पुन: आवेशन भूमिगत जलभश्तों में हो सके और इनका उपयोग आवश्यकता पड़ने पर किया जा सके।

वर्षा जल संचयन (RWH) एक सरल, कम लागत वाली तकनीक है। शहरी क्षेत्रों में सबसे आम तकनीक छत पर वर्षा जल संचयन है, जहां बारिश का पानी छतों के शीर्ष पर एकत्र किया जाता है और जलाशयों में एकत्र किया जाता है। सतह पर बहते पानी का उपयोग घरेलू कामों में किया जाता है या धरती के अन्दर पानी भरने के लिए भू-जल पुनर्भरण के लिए किया जाता है।

जलग्रहण क्षेत्र (Catchment area) से जल का एकत्रण वर्षा जल एकत्रण कहलाता है। जल एकत्रण में वे सभी क्रियाएँ शामिल होती हैं, जिनसे सतही तथा भूमिगत जल का संरक्षण किया जा सके, पारणों को रोकना (prevention of crosses) तथा अन्य तकनीक, जिससे सीमित जल सम्पदा का संरक्षण तथा उचित उपयोग किया जा सके। सामान्यत: जल एकत्रण वह क्रिया है, जिससे वर्षा के जल का प्रत्यक्ष रूप से एकत्रण होता है। एकत्रित जल को उपयोग के लिए रखा जा सकता है या फिर इससे भूमिगत जल को पुन: आवेशित (Recharge) किया जा सकता है।

जल एकत्रण वर्षा के जल की मात्रा निम्न पर निर्भर करती है:

1. वर्षा की बारम्बारता, अवधि तथा तीव्रता पर।
2. जलग्रहण क्षेत्र की प्रकृति पर।
3. बहाव की विशेषताओं (Run off Characteristics) पर।

वर्षा-जल एकत्रण के लाभ

वर्षा-जल एकत्रण के कुछ मुख्य लाभ निम्नलिखित हैं:

1. यह मृदा की नमी में सुधार लाता है।
2. यह भौम जल संस्तर (Ground water level) को ऊपर उठाता है।
3. यह जल की गुणवत्ता में सुधार लाता है।
4. यह सूखे की आशंका को घटाता है।
5. यह अपवाहिकाओं में जल के बहाव को नियंत्रित करता है।
6. यह उद्वाहक जल (Lift Water) के लिए जरूरी ऊर्जा की बचत करता है।
7. यह सड़कों पर जल के बहाव को रोकता है।
8. यह मृदा अपरदन को घटाता है।
9. अपर्याप्त जल संसाधन वाले क्षेत्रों की समस्या के लिए यह एक उपयुक्त उपाय है।

वर्षा-जल एकत्रण की पद्धतियाँ

वर्षा जल एकत्रण की दो मुख्य पद्धतियाँ हैं:

1. **वर्षा-जल का सतह पर एकत्रण** ताकि भविष्य में उसका उपयोग किया जा सके। यह एक परम्परागत पद्धति है तथा जिन संरचनाओं का इसके लिए उपयोग किया जाता है, वे हैं–भूमिगत टैंक, तालाब, रोक बाँध, बंधारा (weirs), इत्यादि।
2. **भौम जल का पुन: आवेशन (Recharge):** यह वर्षा जल एकत्रण की एक नयी पद्धति है तथा जिन संरचनाओं का इसमें उपयोग होता है वे निम्नलिखित हैं:

   (a) ***पिट्स रिचार्ज गड्ढों का पुन: आवेशन (Recharge):*** गड्ढ़ों का निर्माण छिछले जलमृतों को पुन:आवेशित करने के लिए किया जाता है।

   (b) ***खाई (Trenches):*** खाइयों का निर्माण तब किया जाता है जब पारगम्य संस्तर छिछले गहराई में मौजूद रहते हैं।

   (c) ***खोदे गए कुएँ (Dug-wells):*** इमारतों की छतों पर जमा हुए वर्षा के जल को अपवाहिकाओं के माध्यम से नि:स्यन्दन टैंकों में लाया जाता है जहाँ से यह खोदे गए कुएँ में प्रवाहित किए जाते हैं।

   (d) ***हैंड पम्प (Hand pumps):*** वर्तमान हैंड पम्पों का प्रयोग छिछले/गहरे जलमृतों के पुन: आवेशन के लिए किया जाता है यदि पानी की उपलब्धता सीमित हो तो।

(e) ***पुनः आवेशित/पुनः पूरण कुएँ (Recharge well):*** पुनःपूरण कुएँ का सामान्यतः निर्माण गहरे जलमृतों के पुनःपूरण के लिए किया जाता है तथा जल को निःस्यन्दक होकर गुजारा जाता है ताकि कुएँ को रुद्ध होने से बचाया जा सके।

(f) ***पुनःपूरण स्तंभ (Recharge shaft):*** छिछले जलमृतों के पुनः पूरण के लिए, जो चिकनी मिट्टी के सतह के नीचे होते हैं।

(g) ***पार्श्विक स्तंभ (Lateral shaft):*** वेध-कुएँ (bore well) के साथ पार्श्विक स्तंभ, जो ऊपरी तथा दूरी पर स्थित जलमृतों का पुनःपूरण कर सके।

(h) ***फैलाव तकनीक (Spreading Techniques):*** यदि ऊपरी संस्तर पारगम्य हो तो जल फैलाव तकनीक का उपयोग किया जाता है। जल का फैलाव सरिता/नाला में रोक-बाँध, सीमेंट प्लग अथवा परिस्रवण कुण्डों द्वारा किया जाता है।

सरकार की नीति (Government Strategy)

इंडी (indi) के अनुसार कुल नवीकरणीय जल संसाधन लगभग 1900 वर्ग कि.मी. प्रतिवर्ष अनुमानित हैं। यह अनुमान लगाया गया है कि 2025 तक भारत के बड़े हिस्से पूर्ण पानी की कमी वाले देशों या क्षेत्रों में शामिल हो जाएंगे। पीने और सिंचाई के लिए भू-जल एक प्रमुख स्रोत के रूप में उभरा है। जल एक बहुमूल्य संसाधन है। वर्तमान में जल संसाधन का 77 प्रतिशत भाग सिंचाई के लिए प्रयोग किया जाता है। जल एकत्रण योजना के कार्यान्वयन के लिए सरकार द्वारा निम्नलिखित कदम उठाए गए हैं:

1. चूँकि पीने के पानी के स्रोत को ग्रामीण जल आपूर्ति के लिए कायम रखना अति महत्वपूर्ण है इसलिए त्वरित ग्रामीण जल आपूर्ति योजना (Accelerated Rural Water Supply Programme–ARWSP) के तहत 20 प्रतिशत आवंटन का 25 प्रतिशत हिस्सा जल एकत्रण योजनाओं के लिए विशेष रूप से रखा गया है ताकि ऐसी योजनाओं का कार्यान्वयन आवश्यक रूप से हो सके।
2. इसी तरह प्रधानमंत्री ग्रामोदय योजना के तहत 25 प्रतिशत आवंटन उन योजनाओं के निधिकरण के लिए अलग किया गया है, जो धारणीयता (sustainability) के लिए हैं।
3. सांसदों से यह आग्रह किया गया है कि वे स्थानीय क्षेत्र विकास विधि का उपयोग अपने-अपने क्षेत्रों में जल एकत्रण योजनाओं के लिए करें।
4. कुछ राज्यों में जल एकत्रण के लिए प्रायोगिक योजनाओं को तैयार किया जा रहा है।
5. इसके अतिरिक्त जल एकत्रण की धारणा को अधिक प्रसिद्ध करने के लिए देश के विभिन्न भागों में उपभोक्ताओं के लिए उपयुक्त एटलस (Atlas) जैसी परम्परागत जल के एकत्रण संरचनाओं, दस्तावेज को तैयार करने की शुरुआत की गई है। जल विभाजक को एक इकाई के रूप में मानते हुए, विभिन्न स्थान-विशेष कदम अपनाएँ गए तथा इनका कार्यान्वयन प्रत्येक स्थलाकृति क्रम में उनकी क्षमता के अनुसार हुआ। इस तत्व को मानते हुए कि देश में कुल कृषि क्षेत्र का लगभग 60 प्रतिशत क्षेत्र वर्षा पर आश्रित है तथा इस बात को ध्यान में रखते हुए कि वृहत्त क्षेत्र उपेक्षा तथा गरीबी से प्रभावित न रहे भारत के जल-अभाव वाले क्षेत्रों (75 से.मी. से कम वर्षा वाले क्षेत्र) में जल विभाजक प्रबंधन के लिए निवेश एक समुचित विकास है, जो सामाजिक न्याय की दृष्टि से उच्च प्राथमिकता में है तथा जिसमें सिंचित आर्द्र कृषि एवं शुष्क भूमि कृषि तंत्रों के बीच व्यापक स्थानीय असंतुलन होता है।

संक्षेप में, जल विभाजक विकास के लिए अपनाई गई नीति एक गहन नीति है जो बीज तथा खाद की नीति की अपेक्षा अधिक महंगी है लेकिन केन्द्रीय मृदा एवं जल संरक्षण अनुसंधान संस्थान, देहरादून के एक आर्थिक मूल्यांकन ने दर्शाया है कि यह सही नहीं है। दूसरी तरह, इस वास्तविकता को स्वीकार करते हुए कि फसल पर आधारित नीति या वह नीति जो देश को एक एकल इकाई के रूप में देखती है विभिन्न स्थान-विशेष परिस्थितियों में कृषीय विकास के मुख्य मुद्दों को सम्बोधित नहीं करेगी, इसलिए जल विभाजक प्रबंधन अथवा वैकल्पिक अपवाह, बाढ़ नियंत्रण तथा विभिन्न स्रोतों के जल का संयुक्त उपयोग या फिर पर्वत एवं वनों पर आधारित कृषि का एक अधिक उपयुक्त प्रबंधन-वैकल्पिक व्यवस्थाएँ हैं, प्रत्येक में एक भिन्न निवेश तथा योजना समर्थित नीति होती है।

कालका के निकट सुखोमाजरी (sukhomajri) तथा महाराष्ट्र में रालेगाँव सिद्धी में पानी पंचायत (जल सामूहिक) सफल जल विभाजक प्रबंधन के उदाहरण हैं, यहाँ मूल समस्या गरीब ग्रामीण समुदायों के लिए खाद्य तथा ईंधन-लकड़ियों की जरूरतें हैं।

यह सुझाव दिया जाता है कि देश के अनेक ग्रामीण अथवा कृषीय समाजों में समुदाय भागीदारी की जरूरत है जो संस्थागत समर्थन के साथ अन्तरपृष्ठ हों तथा जिसका स्तर मान लिया जाए कि 'जल विभाजक भूमि' तथा जल प्रबंधन का हो जो मुश्किल पारिस्थितिकी व्यवस्थाओं में क्षेत्र के अल्प संसाधन आधार को विकसित करता है। सुखोमाजरी जैसे सफल प्रयास की प्रतिकृति हमेशा बेहतरी के लिए होती है।

उन अध्ययनों की जरूरत है, जो वर्तमान तथा उभर रही परिस्थितियों की बेहतर समझ के लिए आधार-रेखीय आँकडों को विकसित करें। आने वाले समय में जल का पुनः चक्रण तथा जल संरक्षण हमारे प्रतिदिन के जीवन का एक महत्वपूर्ण अंग होगा। जहाँ तक संभव हो तकनीकों को देश में ही विकसित किया जाना चाहिए ताकि वो सामाजिक रूप से मान्य तथा आर्थिक रूप से व्यवहार्य हो।

अन्तर-राज्य जल विवाद (The Inter-State Water Disputes)

जल एक अमूल्य संसाधन है, जिसकी जरूरत घरेलू कार्यों, सिंचाई तथा औद्योगिक उद्देश्यों के लिए होती है। अधिकतर भारत की नदियां एक से अधिक राज्यों से होकर गुजरती हैं। नदी बेसिन का प्रत्येक राज्य नदी से अधिकतम मात्रा में जल प्राप्त करना चाहता है। इससे देश में कई जल विवाद खड़े हुए हैं। भारत के संविधान (1950) के अनुसार जल राज्य सूची का विषय है। इसके फलस्वरूप राज्य सरकारें अपने क्षेत्र से होकर बहने वाले जल के नियोजन, विकास, विनियमन तथा वितरण पर वस्तुतः पूर्ण नियंत्रण रखती हैं। संविधान के अनुच्छेद 262 के अनुसार संसद को यह अधिकार है कि वह किसी अन्तर-राज्य नदी के जल नियंत्रण के मामले में निर्णय ले सके। भारत की अधिकतर नदियाँ विभिन्न राज्यों से होकर बहती हैं। जल विवाद अधिनियम, 1956 के अनुसार राज्य सरकार के अनुरोध पर केन्द्र सरकार द्वारा उच्चतम न्यायालय के तीन कार्यकारी न्यायाधीशों को नियुक्त कर बनाई गई न्यायालय अन्तर-राज्य जल विवाद अधिनियम, 1968 के द्वारा केन्द्र सरकार को अन्तर-राज्य नदियों तथा नदी घाटियों के नियमन एवं नियन्त्रण का भार दिया गया तथा यह अधिकार उस सीमा तक दिया गया जहाँ तक केन्द्र के नियंत्रण में नियमन तथा विकास संसद के कानून द्वारा जनहित में उचित ठहराया गया हो। भारत के कुछ मुख्य अन्तर-राज्य जल विवाद निम्नलिखित हैं:

1. कर्नाटक, केरल तथा तमिलनाडु के बीच कावेरी जल विवाद।
2. महाराष्ट्र, कर्नाटक तथा आंध्र प्रदेश के बीच कृष्णा जल विवाद।
3. आंध्र प्रदेश तथा कर्नाटक के बीच तुंगभद्रा जल विवाद।
4. आंध्र प्रदेश, मध्य प्रदेश, महाराष्ट्र तथा ओडिशा के बीच गोदावरी जल विवाद।
5. गुजरात, मध्य प्रदेश, महाराष्ट्र तथा राजस्थान के बीच नर्मदा जल विवाद।
6. पंजाब, हरियाणा, राजस्थान, दिल्ली तथा जम्मू एवं कश्मीर के बीच रावी, व्यास तथा सतलज जल विवाद।
7. उत्तर प्रदेश, हरियाण, हिमाचल प्रदेश, पंजाब, राजस्थान, मध्य प्रदेश तथा दिल्ली के बीच यमुना जल विवाद।

पेरियार (मल्लपेरियार बांध) को लेकर केरल और तमिलनाडु में विवाद है।

इनमें से कई जल-विवाद को साम्यिक संविभाजन के आधार पर सुलझाया गया है जो एक सर्वत्र मान्य सिद्धान्त है। परन्तु अभी भी कुछ ऐसे अन्तर-राज्य जल विवाद हैं, जिन्हें सुलझाया नहीं जा सका है या जिन पर फैसला सभी पक्षों को स्वीकार्य नहीं है। कावेरी जल विवाद के संबंध में उच्चतम न्यायलय ने फरवरी 2007 में अपना अंतिम फैसला सुनाया था लेकिन कर्नाटक राज्य की सरकार तथा वहाँ की जनता इस फैसले से सन्तुष्ट नहीं हैं। रावी तथा व्यास जल विवाद अभी भी पंजाब तथा हरियाणा के बीच मतभेद का एक कारण है।

भारत जैसे विकासशील देशों में अन्तर-राज्य जल विवादों को शीघ्रता से सुलझाया जाना चाहिए ताकि आर्थिक प्रगति के लिए जल संसाधनों का सही ढंग से उपयोग किया जा सके। एक कदम यह भी हो सकता है कि, सभी मुख्य नदियों को राष्ट्रीय सम्पत्ति घोषित किया जाए तथा केन्द्र की सहायता से राष्ट्रीय योजना की शुरुआत की जानी चाहिए, जो सम्बन्धित राज्यों में नदियों के

क्षेत्र का विकास करे। एक अलग कॉर्पोरेशन (निगम) की स्थापना, जैसे–दामोदर वैली कॉर्पोरेशन (Damodar Valley Corporation) इस दिशा में अति उपयोगी साबित होगी।

कावेरी जल विवाद

कावेरी नदी 1341 मी. की ऊँचाई से ब्रह्मगिरि (जिला कोडागू) कर्नाटक ने निकलती है और 805 कि.मी. बहती हुई 87,900 वर्ग कि.मी. के सिंचाई क्षेत्र को सींचती है। इसका लगभग 3% तटबंध क्षेत्र केरल में है, 41% कर्नाटक और 55% तमिलनाडु में है। बाएं तट पर इसमें हेमवती, लोकपावनी, शिम्सा, हेरोगी और अर्कावती मिलती हैं और दाएं तट पर लक्ष्मण-तीरथ, कबानी, नोएली, सुवर्णवती, भवानीसागर और अमरावती मिलती हैं। चूंकि तटबंध क्षेत्र को दक्षिण-पश्चिम और उत्तर-पूर्व मानसून से वर्षा प्राप्त होती है, अतः नदी में लगभग पूरा वर्ष पर्याप्त पानी होता है। कावेरी बेसिन का लगभग 44,000 वर्ग कि.मी. क्षेत्र तमिलनाडु और 32,000 वर्ग कि.मी. क्षेत्र कर्नाटक में है। जल विवाद प्राधिकरण ने कहा है कि, तमिलनाडु का हिस्सा 419 टीएमसी, कर्नाटक का 270 टीएमसी और केरल का 30 टीएमसी है। कावेरी बेसिन जलाशय कवीनी, हेमवती, हरांगी और केआरएस है। इन जलाशयों की कुल भंडारण क्षमता 51 टीएमसी फीट है (***चित्र 3.13-A***)।

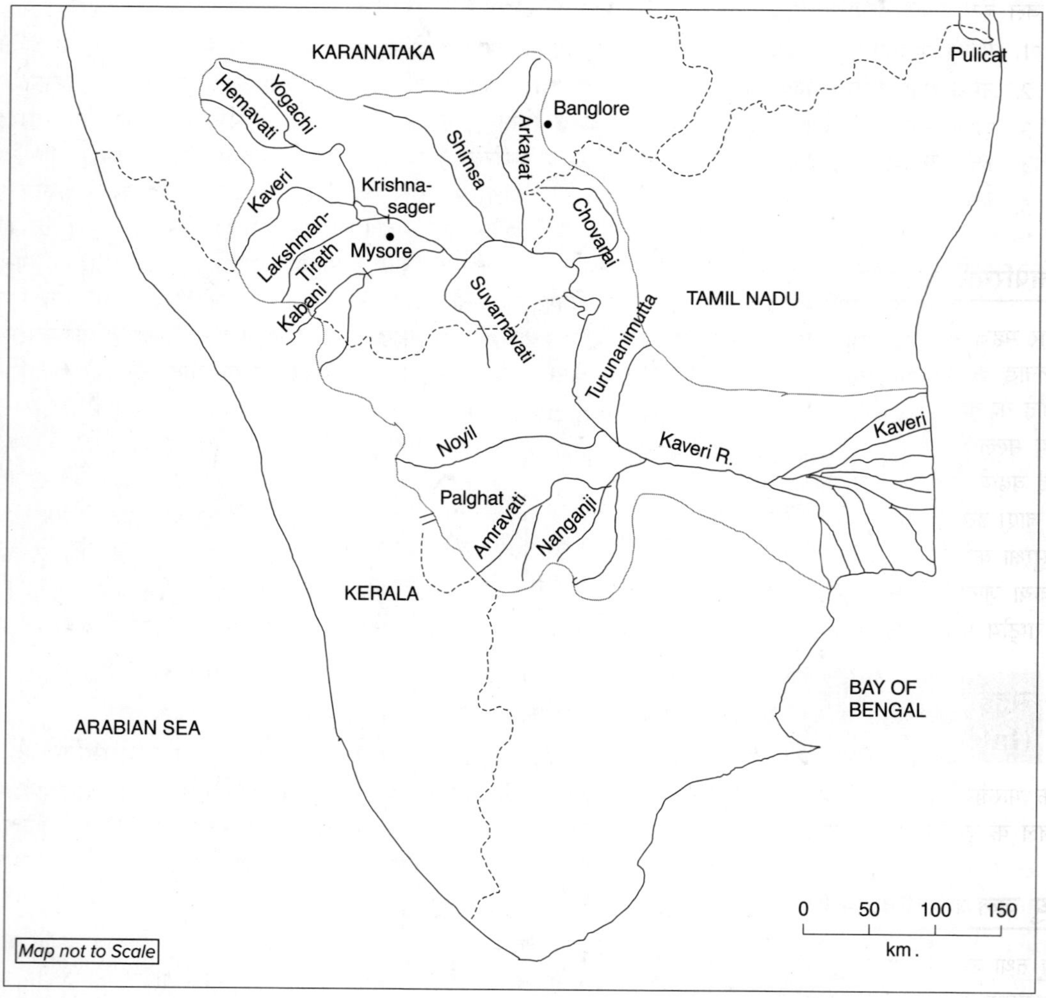

चित्र 3.13*A* कावेरी जलग्रहण क्षेत्र

तमिलनाडु और कर्नाटक के मध्य कावेरी विवाद एक शताब्दी से अधिक पुराना है। मैसूर के राजशाही राज्य और मद्रास प्रेसीडेन्सी के मध्य 1892 और 1924 में एक समझौता हुआ था, जिसमें तमिलनाडु को जल बंटवारे का एक बड़ा भाग दिया गया था। इस समस्या के निवारण हेतु कावेरी विवाद अधिकरण का गठन 1990 में किया गया था। उच्चतम न्यायालय द्वारा 2007 में कावेरी जल विवाद का निपटान किया गया था, परन्तु कर्नाटक सरकार और कर्नाटक के लोग न्यायालय के इस निर्णय से असंतुष्ट रहे।

सितम्बर 2016 में तमिलनाडु ने कर्नाटक को 50.5 टीएमसी फीट पानी छोड़ने के लिए निर्देश की मांग की, ताकि साम्बा (चावल) फसल के 40 हजार एकड़ के क्षेत्र को कावेरी का जल पहुंचाकर बचाया जा सके। इसने न्यायालय से यह भी मांग की कावेरी जल विवाद अधिकरण के 2007 के निर्णय के अनुसार कर्नाटक रोके गए पानी को छोड़े।

इसके अतिरिक्त तमिलनाडु कहता है कि, कर्नाटक किसानों के पानी को अन्यत्र मोड़ रहा है, जो अधिकरण के 2007 के आदेश का उल्लंघन है। कर्नाटक सरकार का कहना है कि वह पानी की अत्यधिक कमी का समाना कर रहा है और चार जलाशयों में 80 टीएमसी फीट पानी की कमी है।

उच्चतम न्यायालय ने कर्नाटक को अगले 10 दिन तमिलनाडु के लिए प्रतिदिन 15,000 क्यूसेक कावेरी जल छोड़ने का निर्देश दिया।

जल बंटवारे का मुद्दा तकनीकी विशेषज्ञों के हाथ में रहेगा। अन्य मुख्य अंतर-राज्य नदी विवाद हैं:

1. पंजाब, हरियाणा और राजस्थान के मध्य रावी और व्यास नदी जल विवाद।
2. नर्मदा जल विवाद: मध्य प्रदेश, गुजरात, महाराष्ट्र और राजस्थान
3. कृष्णा नदी जल वित्राद: महाराष्ट्र, आंध्र प्रदेश और कर्नाटक
4. गोदावरी नदी जल विवाद: महाराष्ट्र तेलंगाना, आंध्र प्रदेश, कर्नाटक और मध्य प्रदेश।
5. पेरियार नदी जल विवाद: तमिलनाडु और केरल।

मुल्लापेरियार बांध जल विवाद

पेरियार महज मामूली अंतर्राज्यीय नदी है, अर्थात् इस जलग्रह का बहुत ही कम हिस्सा तमिलनाडु में पड़ता है। पेरियार नदी पर तमिलनाडु के अधिकार का दावा इस तथ्य से नहीं है बल्कि 1986 में मद्रास प्रेसिडेंसी और त्रवणकोर राज्य के बीच हुए एक समझौते के कारण है। इस विवाद पर अदालत ने 2006 में अपना फैसला दिया था, जिससे केरल के लोग संतुष्ट नहीं थे। असल विवाद मल्लपेरियार बांध की ऊंचाई को लेकर था। इस मसले को लेकर सवाल था कि क्या तमिलनाडु की इच्छा के मुताबिक ऊंचाई बढ़ाये जाने पर बांध पर्याप्त सुरक्षित रहेगा या इसको लेकर केरल का भय जायज है और इसलिए ही बांध की ऊंचाई कम रखी जाए। इस मुद्दे पर सर्वोच्च न्यायालय ने तमिलनाडु के पक्ष में फैसला दिया। अब यह बड़ा सवाल हो सकता है कि क्या बांध की सुरक्षा का मसला न्यायिक निर्णय के दायरे में आता है कि नहीं। होना तो चाहिए कि इस विषय का निर्णय विशेषज्ञों की राय से किया जाता। जो भी हो, यह नदी जल विवाद अब भी तमिलनाडु और केरल के बीच विवाद का विषय बना हुआ है। यह एक राष्ट्रीय मसला बन गया है।

सतही जल संसाधन के लिए अन्तर्राष्ट्रीय समझौते (International Agreements for Surface Water Resources)

अनेक भारतीय नदियाँ तिब्बत (चीन), पाकिस्तान, बांग्लादेश, भूटान, नेपाल तथा म्यांमार से होकर गुजरती हैं। अन्तर्राष्ट्रीय नदियों के जल के बँटवारे के सम्बन्ध में भारत के अपने पड़ोसी देशों के साथ अनेक अन्तर्राष्ट्रीय समझौते हैं।

सिन्धु जल समझौता

सिन्धु तथा उसकी सहायक नदियों के जल बँटवारे के सम्बन्ध में भारत तथा पाकिस्तान ने इस समझौते पर 16 सितम्बर, 1960 को हस्ताक्षर किए। इस समझौते के लिए अन्तर्राष्ट्रीय पुनर्निर्माण तथा विकास बैंक ने मध्यस्थता की, जिसने एक स्थायी इण्डस कमीशन (Indus Commission) की स्थापना की जो भारत तथा पाकिस्तान के बीच मतभेद की जाँच करेगा। इस समझौते के तहत भारत को इसकी तीन पूर्वी सहायक नदियों (रावी, व्यास तथा सतलज) के जल के अनन्य अधिकार दिए गए तथा अन्य

तीन नदियों (चेनाब, झेलम तथा सिन्धु) के जलाधिकार पाकिस्तान को दिए गए जो भारतीय राज्य जम्मू एवं कश्मीर के जल की आवश्यकताओं को भी ध्यान में रखता है।

सलाल, दुलहस्ती तथा बगलियार परियोजनाओं (चेनाब नदी) के लिए भारत तथा पाकिस्तान के बीच हुआ समझौता दोनों देशों के बीच सहयोग का उत्तम उदाहरण है।

इसी तरह भारत तथा बांग्लादेश के बीच गंगा जल बँटवारे के लिए 12 दिसम्बर, 1996 को हुआ समझौता एक तीस-वर्षीय समझौता है। इस समझौते के तहत भारत तथा बांग्लादेश बारी-बारी से 10 दिनों तक प्रत्येक 35,000 क्युसेक जल का उपयोग क्षीण काल (Lean Period) में (1 मार्च से लेकर 10 मई के बीच) अपने जल की जरूरतों को पूरा करने के लिए करेंगे। इसी तरह नेपाल तथा भारत के बीच भी नदियों के जल बँटवारे के लिए समझौता हुआ है। इसके अतिरिक्त भारत, नेपाल की मदद अनेक नदी घाटी परियोजनाओं के कार्यान्वयन के लिए कर रहा है। महाकाली परियोजना इस संदर्भ में भारत-नेपाल सहयोग का एक नतीजा है। भारत तथा भूटान के बीच भी दोनों को प्रभावित करने वाले अन्तर्राष्ट्रीय नदियों के जल उपयोग को लेकर समझौता हुआ है। भूटान नरेश ने भारत तथा बांग्लादेश के साथ नदी जल तथा बिजली के बँटवारे के लिए एक उप-क्षेत्रीय योजना पर अपनी सहमति दी है। भूटान सनकोश नदी से तीस्ता तथा तीस्ता से फरक्का बाँध तक 12,000 क्यूसेक जल का अपर्वतन करने के लिए सहयोगशील है, जो भारत तथा बांग्लादेश द्वारा बाँटा जाएगा। इस योजना के तहत भारत भूटान से 4000 मेगावाट बिजली अपने राष्ट्रीय बिजली ग्रिड के लिए खरीदेगा, जिसका उपयोग उत्तर-पूर्वी क्षेत्र के लिए किया जाएगा।

संकोष जलविद्युत परियोजना (The Sankosh Hydel Project)

यह भूटान के कालीखोला क्षेत्र के पास भारत और भूटान का संयुक्त उपक्रम है। इस पर ₹15000 करोड़ खर्च होने का अनुमान है। 250 मीटर की उँचाई के बाँध से प. बगाल में तिप्ता नदी में 141 किमी लंम्बी नहर के माध्यम से पानी का वितरण किया जाएगा। इसके प्रसार क्षेत्र में बक्सा टाइगर रिजर्व शामिल है और इस क्षेत्र के वन जीव खासकर हाथियों के लिए खतरा है। वनों की कटाई से लगभग 700 हेक्टेयर वन भूमि का क्षय हुआ है।

राष्ट्रीय जल ग्रिड (National Water Grid)

भारत में वर्षा का वितरण असमान तथा ऋतुनिष्ठ है। हिमालय से निकलने वाली नदियाँ चिरस्थायी हैं तथा प्रायद्वीपीय भारत की नदियाँ सामान्यत: मौसमी होती हैं। सामान्य वर्षा के महीने में अत्यधिक जल की बर्बादी बाढ़ के कारण होती है तथा यह जल सागर में प्रवाहित होता है, परन्तु शुष्क मौसम में जल का अभाव रहता है। इसके फलस्वरूप देश के एक भाग में जहाँ सूखा तथा अकाल पड़ता है वहीं दूसरे क्षेत्र में बाढ़ की स्थिति रहती है। सूखा तथा बाढ़ की समस्याओं से निपटने के लिए अन्तर-बेसिन अनुबन्धों (Inter-Basin Linkages) की आवश्यकता है या फिर इस समस्या का निदान राष्ट्रीय जल ग्रिड के द्वारा हो सकता है, जिसमें जल का स्थानान्तरण एक नदी बेसिन से दूसरे नदी बेसिन तक अनुकूल तथा उचित उपयोग के लिए होता है। भारत सरकार ने वर्ष 2016 में नदियों को जोड़ने के लिए ₹5,60,000 करोड़ खर्च करने की घोषणा की है, परन्तु नदी जोड़ने के कार्य में अन्तर-राज्य जल विवाद और पारिस्थितिकीय समस्याओं के कारण लागू करना कठिन प्रतीत होता है *(The Hindu, 9.8.16, p.13)*।

राष्ट्रीय नदी सर्म्पक योजना (NRLP) का उद्देश्य जलाशयों और नहरों के तंत्र के माध्यम से भारतीय नदियों को जोड़ना है। इसका उद्देश्य पूर्वी भारत में लगातार बाढ़ और दक्षिणी और पश्चिमी भारत में पानी की कमी को कम करना है। इसका उद्देश्य 37 नदियों को जोड़ना है और इसमें 30 लिंक नहर और 3000 भंडारण बांध होंगे।

NRLP के दो घटक होते हैं- हिमालय घटक और प्रायद्वीपीय घटक। प्रमुख प्रदाता नदी बेसिन है-ब्रह्मपुत्र, महानदी और गोदावरी। राष्ट्रीय जल ग्रिड की मुख्य विशेषताएँ निम्नलिखित हैं:

1. गंगा–कावेरी सम्पर्क नहर जो सोन, नर्मदा, तापी, गोदावरी, कृष्णा, पेन्नार तथा कावेरी के बेसिनों से होकर गुजरती है।
2. ब्रह्मपुत्र-गंगा सम्पर्क नहर, जो बांग्लादेश से होकर गुजरती है।
3. नर्मदा नहर, जो गुजरात तथा राजस्थान से होकर गुजरती है।
4. चम्बल से लेकर मध्य राजस्थान के बीच नहर।
5. पश्चिमी घाट की नदियों से पूर्व की ओर सम्पर्क नहरें।

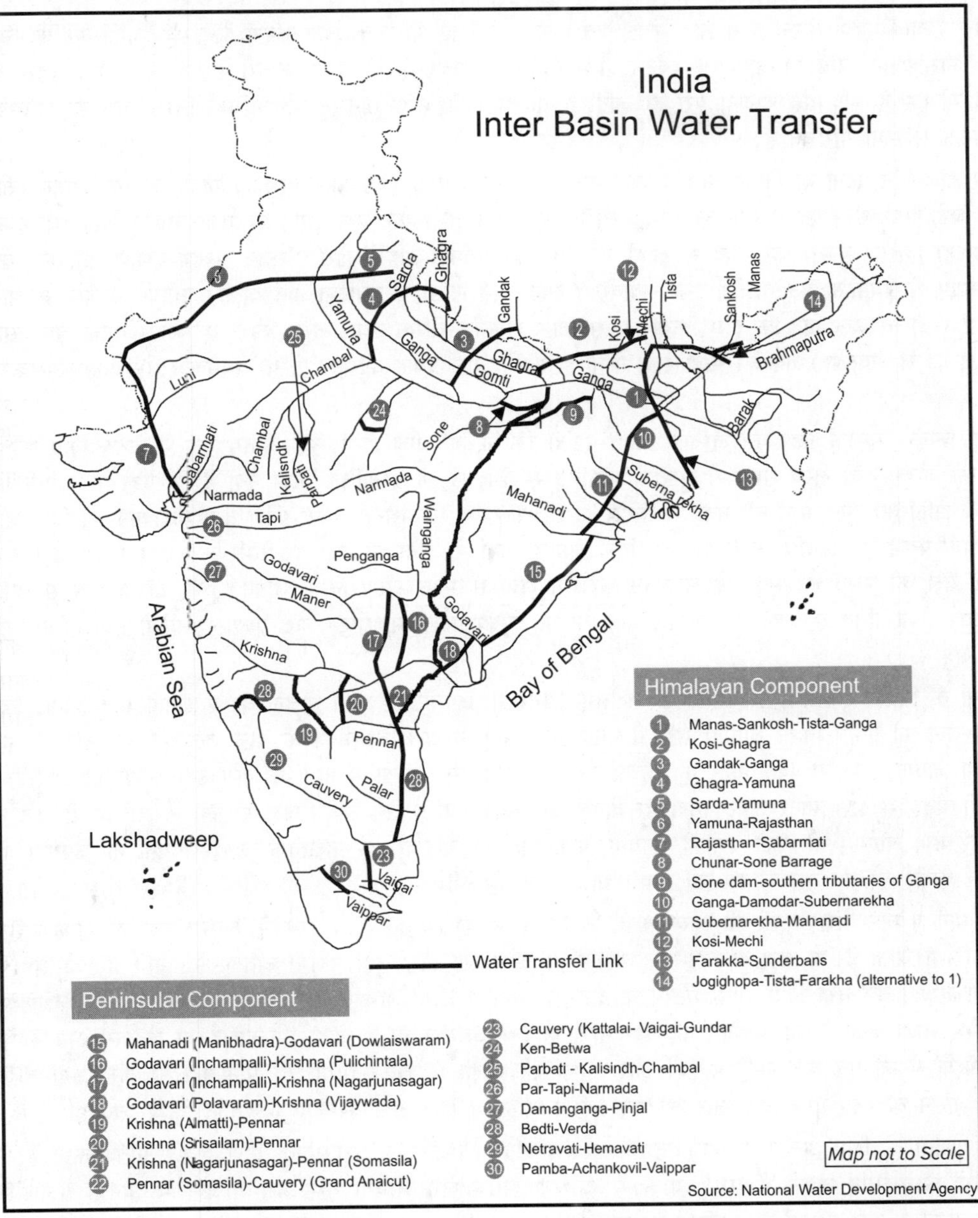

चित्र 3.13*B* नदियों के बेसिनों का जलान्तरण

1. गंगा-कावेरी सम्पर्क नहर

भारत सरकार के आग्रह पर, संयुक्त राष्ट्र संघ की एक टीम ने गंगा-कावेरी सम्पर्क नहर पर एक योजना रिपोर्ट तैयार की है ***(चित्र 3.13B)***। इस योजना का मुख्य उद्देश्य गंगा बेसिन में बार-बार हो रही बाढ़ की समस्या का निदान करना है तथा मध्य भारत के तुलनात्मक रूप से कम वर्षा वाले क्षेत्र में जल सुनिश्चित करना है। इस योजना के द्वारा गंगा को कावेरी नदी से एक मानव-निर्मित नहर के द्वारा जोड़ा जाएगा, जो 2636 कि.मी. (1650 मील) लम्बी होगी। इस नहर का प्रस्ताव न केवल इस क्षेत्र

को पीने का जल मुहैया करना है बल्कि सिंचाई एवं सफाई के लिए भी जल प्रदान करना है। इसके अतिरिक्त यह नहर बिजली उत्पादन, नौसंचालन, बाढ़ नियंत्रण एवं पर्यटन प्रोत्साहन में भी मदद करेगी। गंगा-कावेरी सम्पर्क नहर एक वृहत्त आकार की बहुमुखी योजना हैं यदि यह योजना पूरी हो जाती है तो देश की कृषि मानसून पर अधिक निर्भर नहीं रह जाएगी, जिसकी अनिश्चितता से सभी परिचित हैं।

इस योजना ने पटना के निकट बाँध बनाकर गंगा से 1700 क्यूमेक (60,000 क्यूसेक) पानी लेने का प्रस्ताव किया है, इस जल को बड़े पम्पों की मदद से गंगा तथा नर्मदा बेसिनों की सीमा के निकट एक स्थान पर भेजा जाएगा, जहाँ से यह संभव होगा कि जल का वितरण गुरुत्व की मदद से खोदी गई नहरों या वर्तमान नदियों द्वारा पश्चिम अथवा दक्षिण की ओर होगा। नर्मदा (अरब सागर में प्रवाहित होने वाली) तथा गोदावरी (बंगाल की खाड़ी में प्रवाहित होने वाली) नदियों के बाढ़ के पानी का भी उपयोग एक अलग जल ग्रिड के द्वारा किया जा सकता है। अन्तर-बेसिन स्थानान्तरण के लिए गंगा से पानी वर्षा ऋतु के चार महीने (जुलाई से अक्तूबर) तक ही मात्र लिया जाता है जबकि जल प्रवाह औसतन 2850 क्यूमेक (100,000 क्यूसेक) से ज्यादा होता है।

गंगा-कावेरी सम्पर्क नहर की लम्बाई 2400-3200 कि.मी. के बीच होगी, यह अंतिम रूप में चयन किए गए वास्तविक सरेखण को जोड़ेगी, जो लम्बे समय से सूखे से प्रभावित रहे हैं। यह भी प्रस्तावित किया गया है कि जल के अभाव वाले मौसम में गंगा से अतिरिक्त जल पम्पों की मदद से बिहार, उ.प्र., झारखण्ड, छत्तीसगढ़, मध्य प्रदेश तथा राजस्थान को दिया जाएगा। इसी तरह अधिक प्रवाह की अवधि के दौरान 150 दिनों तक या गंगा में अतिरिक्त जल पर निर्भर करते हुए 1410 क्यूमेक (50,000 क्यूसेक) जल को पम्पों की मदद से अपवर्तन कर उन क्षेत्रों में स्थानान्तरण किया जाता है, जो बेसिन-क्षेत्र से बाहर हैं तथा अक्सर सूखे से प्रभावित रहते हैं। ये क्षेत्र राजस्थान, गुजरात, मध्य प्रदेश, महाराष्ट्र, आंध्र प्रदेश, कर्नाटक तथा तमिलनाडु के सूखा प्रभावित क्षेत्र हैं।

पटना के निकट एक स्थान, जिसकी ऊँचाई समुद्री स्तर से 46 मीटर है, इस योजना का शुरुआती बिन्दु होगा, जहाँ गंगा के अतिरिक्त जल को एकत्र किया जाएगा। यहाँ से नर्मदा तथा सोन के जल विभाजकों के बीच जल को जलाशयों के एक क्रम में पम्प किया जाएगा। 335 से 440 मीटर की ऊँचाई तक जल को इस प्रक्रिया में पम्पों के द्वारा उठाया जाएगा। इस ऊँचे जलाशय से (समुद्री सतह से 423 मीटर ऊपर नर्मदा पर बागरी जलाशय) एक कृत्रिम रेखीय जल-प्रणाली के माध्यम से जल को दक्षिण क्षेत्र में पहुँचाया जाएगा, यह जल-प्रणाली वेनगंगा, प्राणहिता तथा गोदावरी के प्राकृतिक जल संसाधनों का उपयोग करेगी तथा कृष्णा एवं पेन्नार को पार कर कावेरी की ऊपरी धारा में जा मिलेगी।

इस मार्ग में जल-संचयन की भी व्यवस्था है, विशेषकर कटकों (Ridges) के क्षेत्र में, जिससे जल का संरक्षण शुष्क मौसम के लिए किया जाता है। ये जल-संचयन उन घाटियों में अवस्थित होंगे जहाँ पर्याप्त स्त्रवण-क्षेत्र नहीं हैं, जो समुचित वहाव (run - off) प्रदान करे तथा जिसे शुष्क मौसम के दौरान उपयोग में लाया जा सकता है। मार्ग में जल को नर्मदा तथा तापी नदियों के बेसिन में छोड़ा जाता है, जो पश्चिम की ओर बहती हैं तथा अरब सागर में जाकर मिलती हैं या गोदावरी, कृष्णा, पेन्नार तथा कावेरी नदियों में जो पूर्व की ओर बहती हैं और बंगाल की खाड़ी में जाकर गिरती हैं। सोन नदी पर कुछ चयनित बिन्दुओं से अलग से बेसिन के लिए पम्प किए जल को गंगा बेसिन के सूखा ग्रस्त क्षेत्रों के लिए अपवर्तित किया जाएगा।

इस योजना के लिए अत्यधिक व्यय, वृहत्त सर्वेक्षण प्रक्रिया तथा ठोस प्रशासनिक निर्णयों की आवश्यकता है। चूँकि इस योजना को कार्यान्वित करने में एक दशक से अधिक समय लग जाएगा तथा इस योजना में अनेक प्रशासनिक तथा सामाजिक-पारिस्थितिकी बाधाएँ हैं, इसलिए सरकार ने इसके कार्यान्वयन के लिए अभी तक निर्णय नहीं लिया है।

2. ब्रह्मपुत्र-गंगा सम्पर्क नहर

ब्रह्मपुत्र एक वृहत्त नदी है जिसमें शुष्क मौसम में भी जल आस्त्राव 3500 से 5000 क्यूसेक के बीच होता है। जल की मात्रा बेसिन की आवश्यकता से अधिक होती है तथा यह बर्बाद हो जाता है। दूसरी ओर निचले गंगा बेसिन में विशेषकर शुष्क महीनों के दौरान जल का अभाव होता है। इसलिए ब्रह्मपुत्र से अतिरिक्त जल का अपवर्तन गंगा के जल अभाव की समस्या को समाप्त कर सकता है, जो क्षेत्र के आर्थिक विकास में मदद करेगा।

ब्रह्मपुत्र-गंगा सम्पर्क नहर योजना में धुबरी (निचले असम) में एक अपवर्तन बाँध का निर्माण शामिल है तथा एक 320 कि.मी. लम्बी सहायक नहर का निर्माण होगा जो धुबरी बाँध को फरक्का बाँध से जोड़ेगी। इस सहायक नहर का एक भाग बांग्लादेश में होगा, जिसके लिए बांग्लादेश तथा भारत के बीच एक अन्तर्राष्ट्रीय समझौता जरूरी है। यह नहर बांग्लादेश को भी सिंचाई के लिए जल मुहैया कराएगी। वर्षा के जल अभाव वाले महीनों में यह नहर पद्मा नदी (बांग्लादेश में गंगा) के जल स्तर को बढ़ाने में मदद करेगी। इसके अतिरिक्त यह सम्पर्क नहर दोनों देशों को सस्ती अंत:स्थलीय नौसंचालन सुविधाएँ प्रदान करेगी। बांग्लादेश की सहमति के अभाव में तथा वृहत्त वित्तीय व्यय के कारण इस योजना की शुरुआत नहीं हो पाई है। दमनगंगा और पिंजल नदियां गुजरात और महाराष्ट्र राज्यों से संबद्ध हैं, इनमें परस्पर जल विवाद के कारण यहां नदी सम्पर्क योजना लागू करना संभव नहीं है।

3. गुजरात तथा राजस्थान के लिए नर्मदा सम्पर्क नहर

सरदार सरोवर योजना के तहत नर्मदा नदी पर नवागाम के नजदीक एक अन्त:स्थ संचयन बाँध के निर्माण का प्रस्ताव है तथा एक अपवर्तन नहर का भी निर्माण होगा जो इस क्षेत्र को कच्छ (गुजरात) तथा पश्चिमी राजस्थान से जोड़ेगा। यह सम्पर्क नहर गुजरात तथा पश्चिमी राजस्थान के सूखा प्रवण क्षेत्रों के लिए अत्यधिक महत्वपूर्ण है।

4. चम्बल सम्पर्क नहर

500 कि.मी. लम्बी एक नहर का प्रस्ताव भी किया गया है, जो चम्बल नदी को इंदिरा गांधी नहर से जोड़ेगी। यह नहर राजस्थान के मध्य भाग को जल प्रदान करेगी, इस योजना में 200 से 250 मीटर तक जल का उत्तोलन शामिल है। इनके अतिरिक्त चम्बल-पार्वती, बेतवा-केन, घाघरा-गंगा-यमुना, गंडक-गंगा, मेची-कोसी गंगा, पार- तापी-नर्मदा, महानदी-गोदावरी इत्यादि सम्पर्क नहर भी विचाराधीन हैं।

5. पश्चिमी घाट की नदियों से पूर्व की ओर सम्पर्क नहरें

पश्चिमी घाट की नदियों में वर्षा ऋतु के दौरान वृहत्त मात्रा में जल का अपवाह होता है। खड़ी ढाल तथा संकीर्ण तटीय मैदानों के कारण जल की एक बड़ी मात्रा अरब सागर में बगैर किसी उपयोग के जाकर गिरती है। इस जल का अपवर्तन नहरों के द्वारा पश्चिमी घाट के वृष्टि-छाया वाले क्षेत्रों के लिए किया जा सकता है जहाँ इसका उपयोग सिंचाई के लिए किया जा सकेगा। पेरियार-विपथन योजना (Periyar Diversion Scheme), जिसका निर्माण अनेक वर्षों पहले आरम्भ हुआ, एक प्रकार की ऐसी योजना है जहाँ पश्चिम की ओर बहती हुई पेरियार नदी का एकत्रीकरण एक बाँध में होता है तथा इसका अपवर्तन एक सुरंग के द्वारा सह्याद्री होकर पूर्व में तमिलनाडु के सूखा ग्रस्त क्षेत्रों के लिए होता है। ऐसी योजनाओं का कार्यान्वयन पश्चिमी घाट के दूसरी नदियों के लिए भी किया जा सकता है, जिनमें दमन-गंगा-पिंजाल, बेदता-वर्दा, नेत्रावती-हेमावती तथा पम्बा-वेप्पार (Vaippar) सम्मिलित हैं ***(चित्र 3.13B)***। पश्चिमी घाटों की अन्य नदियों के मामले में इसी तरह की योजनाएं निष्पादित की जा सकती हैं।

भारत के भौम जल संसाधन (Ground Water Resources of India)

भारत भूमिगत जल के मामले में धनी है। परन्तु इसका प्रादेशिक वितरण असमान है। उदाहरण के लिए भारत में औसत् वार्षिक वर्षा लगभग 110 से.मी. है। एक तरफ जहाँ मासिनराम तथा चेरापूँजी में 1200 से.मी. से अधिक औसत् वार्षिक वर्षा होती है, वहीं दूसरी तरफ गंगानगर में औसत वार्षिक वर्षा लगभग 20 से.मी. होती है।

भूमिगत जल संसाधन भूगर्भिक संरचना, स्थलाकृति, ढाल, वृष्टिपात, वाह, मृदा तथा किसी क्षेत्र के जल-वैज्ञानिक परिस्थिति की विशेषता है। प्रो. आर. एल. सिंह (1971) के विचार से भारत को 8 भौम-जल प्रान्तों (Ground Water Provinces) में विभाजित किया जा सकता है ***(चित्र 3.14)***। इन प्रान्तों का एक संक्षिप्त विवरण नीचे दिया गया है:

1. **प्री-कैम्ब्रियन क्रिस्टलीय प्रान्त (Pre-Cambrain Crystalline Province):** प्री-कैम्ब्रियन क्रिस्टलीय प्रान्तों का विस्तार लगभग देश के कुल क्षेत्र के 50 प्रतिशत हिस्से में है विशेषकर प्रायद्वीपीय भारत में। इनका फैलाव तमिलनाडु, कर्नाटक, आंध्र प्रदेश, महाराष्ट्र छत्तीसगढ़, छोटानागपुर पठार, मेघालय का पठार, तथा अरावली में है। इस प्रान्त में सामान्यत: अपर्याप्त भूमिगत जल संसाधन हैं।

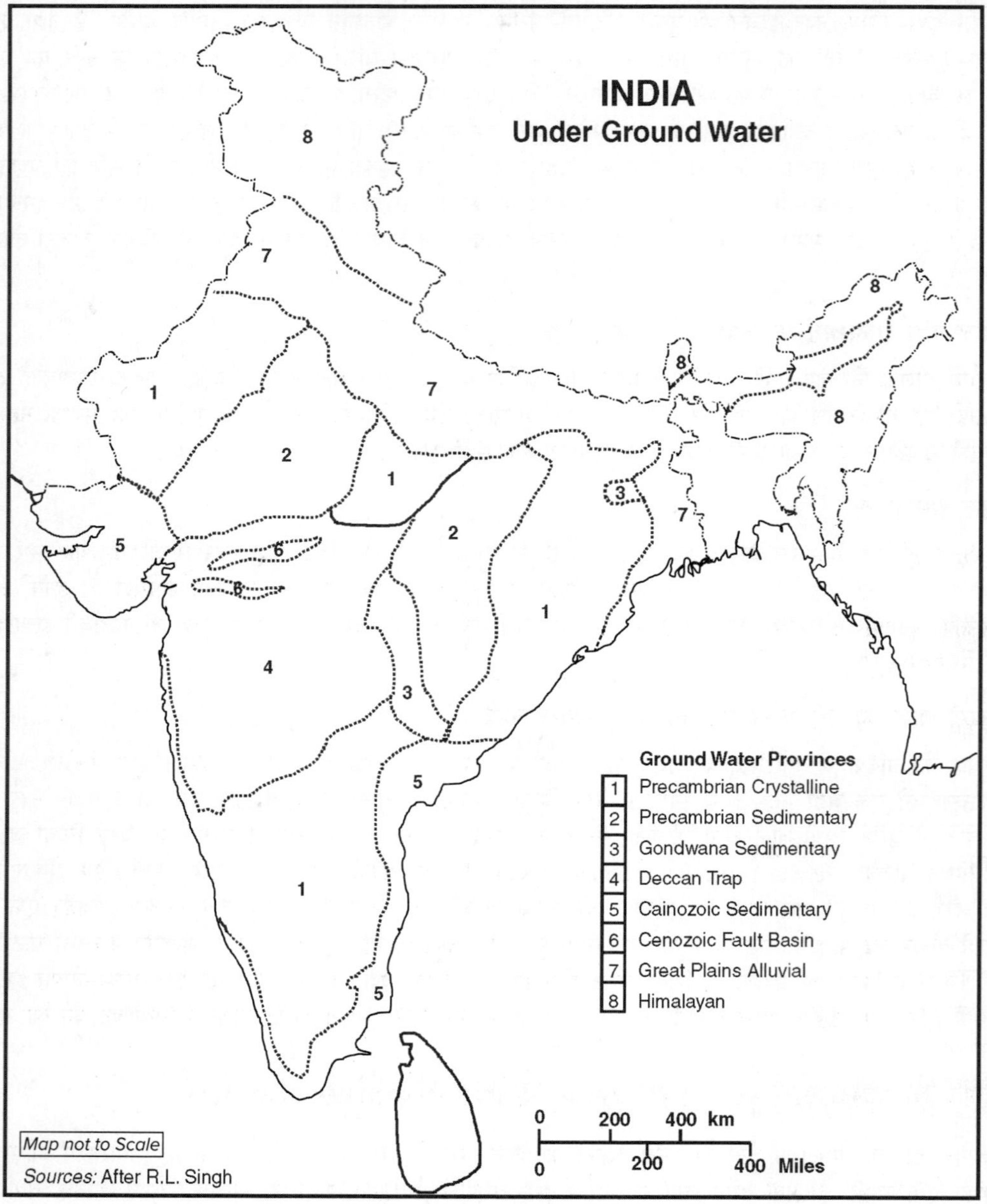

चित्र 3.14 भौम-जल संसाधन

2. **प्री-कैम्ब्रियन अवसादी शैलों के प्रान्त (Pre-Cambrian sedimentary Rock Province):** धारवाड़, कुडप्पा तथा विन्ध्य शैल-समूह इस प्रान्त में शामिल हैं। ये क्षेत्र भौम जल संसाधन के मामले में कम धनी हैं।
3. **गोंडवाना अवसादी प्रान्त (The Gondwana Sedimentary Province):** इस प्रान्त का विस्तार गोदावरी बेसिन क्षेत्र में है, यह प्रांत भूमिगत जल संसाधन के मामले में धनी है।
4. **दक्कन ट्रैप प्रान्त (The Deccan Trap Province):** क्षीण भूमिगत जल संसाधन वाले इस क्षेत्र का विस्तार महाराष्ट्र, गुजरात के कुछ भाग, मध्य प्रदेश, छत्तीसगढ़, आंध्र प्रदेश तथा कर्नाटक में है। वास्तव में दक्कन ट्रैप क्रिटेशियस युग

(Cretaceous Period) के गहरे लावाओं का शैल-समूह है, जिसमें जल का निःस्यन्दन दरारों तथा दरकों (Fissures) द्वारा संभव है फिर भी सीमित भूमिगत जल अनाजों, फलोद्यान, गन्ने, सब्जियों, फलों तथा घासों की सिंचाई के लिए महत्वपूर्ण है।

5. **सेनोजोइक अवसादी प्रान्त (The Cenozoic Sedimentary Province):** इस प्रांत में आंध्र प्रदेश, तमिलनाडु, केरल तथा गजुरात के तटीय क्षेत्र शामिल हैं। तृतीय काल के बालुकाश्म इन क्षेत्रों में भूमिगत जल संसाधन के मामले में धनी हैं।
6. **सेनोजोइक भ्रंश बेसिन (The Cenozoic Fault Basin):** नर्मदा तथा तापी नदियों की रिफ्ट घाटियाँ इस प्रान्त में शामिल हैं, जो भूम्गित जल के मामले में धनी हैं।
7. **गंगा-ब्रह्मपुत्र जलोढ़ प्रान्त (The Ganga Brahmaputra Alluvial Basin):** भूमिगत जल संसाधन के मामले में सबसे धनी इस प्रान्त का विस्तार पंजाब, हरियाणा, उत्तर प्रदेश, पश्चिम बंगाल, असम तथा राजस्थान के कुछ भागों में है। भारत के भूमिगत जल संसाधन का 44 प्रतिशत भाग इस प्रान्त में है। भारत के उत्तरी मैदान में हजारों नल-कूप लगाए गए हैं ताकि इस संसाधन का उपयोग सिंचाई, घरेलू तथा औद्योगिक उद्देश्यों के लिए किया जा सके।
8. **हिमालय प्रान्त (The Himalayan Province):** यह भारत का एक जटिल संरचनात्मक, (जैसे-दून, कश्मीर, कांगड़ा, कुल्लू तथा मनाली त्राटियां) भू-आकृति वैज्ञानिक तथा भौगोलिक क्षेत्र है। अन्तरा-पर्वतीय घाटियों को छोड़कर सामान्यतः यहाँ भूमिगत जल की कमी है। इस क्षेत्र में अनेक झरने (Springs) हैं।

राष्ट्रीय जल नीति (The National Water Policy)

देश में जल संसाधन के अनुकूलतम तथा समुचित उपयोग, प्रबंधन तथा संरक्षण के लिए भारत सरकार ने राष्ट्रीय जल नीति की रूपरेखा तैयार की है।

राष्ट्रीय जल नीति 2012

जल संसाधन मंत्रालय ने राष्ट्रीय जल नीति 7 जून 2012 को लागू की। इस नीति में पानी की कमी, इसके वितरण में असमानता, नियोजन में परिप्रेक्ष्य की कमी, प्रबंधन और जल संसाधनों के उपयोग के मुद्दों का समाधान करना है।

एक आंकलन के अनुसार देश में लगभग 400 मिलियन हेक्टेयर मीटर कुल वृष्टिपात में मात्र 178 मिलियन हेक्टेयर मीटर ही सतही जल (Surface water) के रूप में मौजूद होता है। स्थलाकृति तथा अन्य बाध्यताओं के कारण इससे लगभग 50 प्रतिशत का ही लाभकारी उपयोग किया जा सकता है। इसके अतिरिक्त देश की भौम जल क्षमता लगभग 42 मिलियन हेक्टेयर मीटर है। स्थान तथा समय दोनों के संदर्भ में जल संसाधन का वितरण अत्यधिक असमान है। देश के अधिकांश हिस्सों में वर्षण मौसमी होता है तथा मुख्यतः वर्षा ऋतु के तीन या चार महीनों तक सीमित होता है। वर्षण में विविधता गंगानगर (पश्चिमी राजस्थान) से लेकर मॉसिनराम (मेघालय) तक देखी जा सकती है। गंगानगर में लगभग 20 से. मी. वर्षा होती है तो मॉसिनराम में 1000 से. मी. से अधिक। इस तरह देश के एक भाग में जहाँ अतिरिक्त जल होता है तो दूसरे भाग में उसका अभाव देखा जाता है। राष्ट्रीय जल नीति ने देश में जल के उचित प्रबंधन तथा उपयोग के लिए एक राष्ट्रीय जल ग्रिड का प्रस्ताव दिया है। इस नीति का मुख्य उद्देश्य अतिरिक्त जल वाले क्षेत्रों से जल-अभाव वाले क्षेत्रों तक जल पहुँचाना है। राष्ट्रीय जल नीति अतिरिक्त जल वाले क्षेत्रों से जल-अभाव वाले क्षेत्रों तक जल के अन्तर-बेसिन स्थानान्तरण की एक राष्ट्रीय योजना की शुरुआत का प्रस्ताव करती है। इस नीति की प्रमुख विशेषताएं निम्नलिखित हैं:

1. जल एक प्राथमिक प्राकृतिक संसाधन, एक मूल मानव आवश्यकता तथा एक बहुमूल्य राष्ट्रीय धरोहर है। इसलिए जल संसाधनों के नियोजन तथा विकास को राष्ट्रीय परिप्रेक्ष्य में नियंत्रित करने की आवश्यकता है।
2. राष्ट्रीय जल नीति का उद्देश्य जल-वैज्ञानिक इकाइयों (Hydrological Units) के आधार पर (जैसे–अपवाह-बेसिन उप-बेसिनों के लिए सम्पूर्ण के रूप में) देश के सतही जल संसाधन का नियोजन करना है। यह देश के जल संसाधनों का अनुकूलतम उपयोग सुनिश्चित करेगा।

3. सिंचाई, उद्योगों तथा घरेलू उपयोग के लिए जल की माँग बढ़ती जा रही है। राष्ट्रीय जल नीति का उद्देश्य देश के जल संसाधन के उचित प्रबंधन तथा संरक्षण के लिए एवं वितरण तंत्र में संचयन तथा विपथन बिन्दुओं पर क्षति को कम करने के लिए उचित कदम उठाना है।
4. इस नीति का उद्देश्य जल प्रदूषण को कम करना तथा नदियों में जल की गुणवत्ता को बढ़ाना है। इस नीति के द्वारा जल के पुन: चक्रण (Recycling) पर भी बल दिया गया है।
5. यह नीति नहरों तथा राजबहों (Distributaries) के पर्याप्त अनुरक्षण का प्रस्ताव करती है तथा इसके लिए समुचित वित्तीय आवंटन भी करेगी।
6. यह नीति जनजातीय क्षेत्रों, सूखा प्रवण क्षेत्रों तथा समाज के आर्थिक रूप से पिछड़े हुए लोगों के लिए प्राथमिकता के आधार पर नई योजनाओं को तैयार करने के लिए एक विस्तृत सर्वेक्षण का प्रस्ताव करती है।
7. यह नीति शहरी क्षेत्रों की आवश्यकताओं को पूरा करने के साथ-साथ ग्रामीण क्षेत्रों में स्वच्छ जल की आपूर्ति पर बल देती है।
8. यह भूमिगत जल संसाधन के सर्वेक्षण का प्रस्ताव करती है तथा उसके समुचित उपयोग पर बल देती है। भौम जल का संरक्षण तथा पुन: पूरण भी राष्ट्रीय जल नीति की प्राथमिकता है।
9. यह नीति जलाक्रान्ति, लवणीकरण, उर्वर कृषि-योग्य भूमि का अपकर्ष, जल की घटती गुणवत्ता, भौम जल संसाधन का अत्यधिक उपयोग तथा विकास योजनाओं के कारण परिवारों के स्थानान्तरण जैसी समस्याओं पर ध्यान देती है तथा इस संदर्भ में योजनाएँ तैयार करने पर बल देती है।
10. यह नीति वहाव (Runoff), मृदा अपरदन तथा नदी तल में भरते अवसादों को कम करने पर बल देती है।

भारत के मुख्य बाँध (Main Dams of India)

बाँध सिचाई, पनबिजली उत्पादन, अंतर्देशीय यातायात के लिए लाभदायक हैं और वे पर्यटकों के आकर्षण के क्रेन्द्र भी हैं। बाँधों और जलाशओं का उपयोग सामाजिक आर्थिक विकास के लिए किया जाता है। हालांकि, पानी के इन जलाशयों के क्षेत्र से पारिस्थितिकी तंत्र पर प्रतिकूल प्रभाव पड़ता है। निर्माण और इसके संचालन का तरीका पर्यावरण पर प्रभाव डालता है यह वनों, आर्द्र भूमियों, वन्य जीवन और क्षेत्र के पौधों पद प्रतिकूल प्रभाव डालता है। भारत के कुछ प्रमुख बाँधों का वर्णन नीचे किया गया है।

टेहरी बाँध

- यह बहुद्देशीय बाँध है जो उत्तराखण्ड राज्य में भागीरथी नदी पर स्थित है
- यह एशिया का सबसे बड़ा और विश्व का पांचवा सबसे बड़ा बाँध है जो 1972 में बनकर तैयार हुआ।
- यह बाँध मध्य हिमालय के भूकम्पीय क्षेत्र में स्थित है जो मुख्य भूगर्भीय फॉल्ट का क्षेत्र है।

भाखड़ा नांगल बाँध

- यह पंजाब और हिमाचल प्रदेश की सीमा के पास सतलज नदी पर एक गार्ज के पार स्थित है।
- 1948 में पं. जवाहर लाल नेहरू ने इसकी नींव रखी और इसका निर्माण 1970 में पूरा हुआ।
- इसके बेसिन को गोबिंद सागर नाम दिया गया है।
- इसका मुख्य उद्देश्य सतलज-व्याज घाटी क्षेत्र में बाढ़ से बचाव व पन बिजली उत्पन्न करना है।

रिहंद बाँध

- यह पहला बहुद्देशीय बाँध है जो उत्तर प्रदेश के सोनभद्र जिले में रिहंद नदी के पार बनाया गया था। जो सोन नदी की सहायक नदी है।
- इसके जलाशय को गोविद बल्लभ पंत जलाशय के रूप में जाना जाता है।

हीराकुंड बाँध

- यह ओडिशा के संबलपुर शहर के ऊपर की तरफ बना है।
- इसकी नींव 1946 में सर हावथ्रोन लुइस ने रखी थी।
- यह विश्व का सबसे लम्बा मानव निर्मित बाँध है।
- यह 743 वर्ग कि.मी. के जलाशय के साथ एशिया की सबसे बड़ी कृत्रिम झील है।

नागार्जुन सागर बाँध

- यह आंध्र प्रदेश के नलगोंडा जिले में कृष्णा नदी के पार बनाया गया है।
- यह नलगोंडा, गुंटूर, कृष्णा, प्रकाशम और खम्मन जिलों के कृषकों के लिए महत्वपूर्ण है।
- इसकी दायीं नहर (जवाहर नहर) से 1.13 मिलियन (एकड़ भूमि की सिचाई होती है और बायीं नहर (लाल बहादुर शास्त्री नहर) ने 0.32 मिलियन एकड़ भूमि की सिचाई होती है।

तुंगभद्रा बाँध

- यह कर्नाटक में हो स्पेट शहर के पास कृष्णा की सहायक नदी तुंगभद्रा पर स्थित है। यह 1953 में कर्नाटक और आंध्र प्रदेश के बीच संयुक्त उपक्रम बन गया।
- यह बाँध सिंचाई और पन बिजली उत्पादन को नियंत्रित करने के लिए एक बहुद्देशीय बाँध है।

इंदिरा सागर बाँध

- यह मध्य प्रदेश में नर्मदा नदी पर स्थित बहुद्देशीय बाँध है।
- इससे 1230 वर्ग कि.मी. भूमि की सिंचाई की जाती है और 1000 मेगावाट विद्युत का उत्पादन किया जाता है।

इडुक्की बाँध

- यह केशल में स्थित जलविद्युत की बड़ी परियोजना है
- यह कुरवनमाला और कुरूर्थीमाला पर्वतों के बीच स्थित है।
- यह 780 मेगावाट पनबिजली स्टेशन का समर्थन करता है।
- यह एशिया के सबसे बड़े चापीय बाँधों में से एक है और भारत का तीसरा सबसे ऊँचा बाँध है।

मेटूर बाँध

- इसका निर्माण 1934 में एक गार्ज में किया गया था जहाँ कावेरी नदी मैदानी इलाकों में प्रवेश करती है।
- यह वायनाड की पहाड़ीयों में 3200 फीट की ऊँचाई पर है।
- यह भारत का सबसे पुराना बाँध है।

जीशैलम बाँध

- यह आंध्र प्रदेश के कुर्नूल जिले नल्लमाला पहाड़ी के गहरे गॉर्ज में कृष्णा नदी के पार बनाया गया है।
- यह भारत में दूसरी सबसे बड़ी क्षमता वाली पन बिजली परियोजना है

बीसलपुर बाँध

- राजस्थान के टोंक जिल में बनास नदी के पार स्थित है।
- यह पक्षियों की एक विशाल विविधता को आकर्षित करता (स्थानीय व प्रवासी)।
- इसकी स्थापित क्षमता 172 मेगावाट है।

मैथन बाँध

- यह झारखण्ड में बराकर नदी पर बना एक बड़ा बाँध है।
- यहाँ एक भूमिगत बिजली स्टेशन है और यह दामोदर घाटी में बड़ा जलाशय बनाता है।
- इसकी स्थापित क्षमता 60 मेगावाट है।

चित्र 3.15 मुख्य नदियाँ एवं बाँध

Source: https://commons.wikimedia.org/wiki/File: Major Rivers and Dam in India.jpg

संदर्भ सूची (References)

- Chatterjee, SP, "India. in World Atlas of Agriculture." Asia and Oceania Volumes, *International Association of Agricultural Economists*, Novava (1973): 186–200.
- Chatterjee, SP, "Physiography." *Gazetteer of India*, Chapter I (1975).
- Chhibber, HL, "The Drainage Pattern Observed in India and Adjacent Countries." *National Geographical Journal of India*, Vol. 2 (1) (1948): 2–5.
- Christopherson, RW, *Elemental Geosystems—A Foundation in Physical Geography*. New Jersey: Prentice Hall, Englewood Cliff, 1995.
- Das Gupta, SP, ed., "India's Water Resource Potential." *Man and Ecology*, School of Fundamental Research, Calcutta (1989).
- Government of India, *India—2012*, Publication Division, Ministry of Information and Broadcasting.
- Hamblin, WK, and Christiansen EH, *Earth's Dynamic Systems*. Hoboken: Prentice Hall, Englewood Cliff, 1995.
- Husain, M, *Fundamentals of Physical Geography*. Jaipur: Rawat Publications, 2005.
- Law, BC, *Mountains and Rivers of India*. 21st International Geographical Congress Publication, Calcutta (1968).
- Singh, RL, *India—A Regional Geography*. Varanasi: NGSI, 1971.
- Strahler, A et al., 1997 *Physical Geography*.
- Susan, M, *Oxford Dictionary of Geography*. Indian Edition, Oxford University Press. 1997.
- Bakliwal, PC, and Grover, AK. Geol. Soc. India Mem. (1999) 42, 113–119.
- Bhargava, ML, The Geography of Rigvedic India, Lucknow, The Upper India Publishing House, 1964.
- Chauhan, DS , Geol. Soc. India Mem. (1999) 42, 35–45.
- Kar, A, and Ghose, B, Geographic J. (1984) 156, 221–229.
- Kochhar, R, Geol. Soc. India Mem. (1999) 42, 47–51.
- Malik, JN, Merh, SS, and Sridhar, V, Geol. Soc. 1999, Geol. Soc. India Mem. 163–174.
- Oldham, CF, Asiatic Soc. Bengal (1886) 55, 322–343
- Radhakrishna, BP, Geol. Soc. India Mem. (1999) 42, 5–13.
- Ramaswamy, C, Nature (1968) 217, 628–629.
- Rajwat, AS, Sastry, CVS, and Narain, A, Geol. Soc. India Mem. (1999). 42, 259–272.
- Sahai, B, Geol. Soc. India Mem. (1999) 42, 121–141.
- Sankaran, AV 'Saraswati – The Ancient River lost in the Desert' (http:/www.iisc.in/currsci/oct25/articles20.htm) Indian Institute of Science, Retrieved 22nd January, 2015.
- Sridhar, V, Merh, SS, and Malik, JN, Geol. Soc. India Mem. (1999), 42, 187–204.
- Valdiya, KS, in Dynamic Geology, Educational Monographs published by J. N. Centre for Advanced Studies, Bangalore, University Press (Hyderabad), 1998.
- Valdiya, KS, Resonance, May 1996, pp. 19–28.
- Water Resources Division; Ministry of Water Resources, Government of India.
- India WRIS Wiki; Water Resources Information System of India.
- www.ngri.org.in; Website of National Geophysical Research Institute.

4

भारत की जलवायु (Climate of India)

परिचय

भारतीय जलवायु मूलत: उपोष्ण मानसूनी (Sub-Tropical Monsoonal) है। 'मानसून' शब्द अरबी भाषा के 'मौसिम' शब्द से बना है, जिसका अर्थ ऋतु होता है। प्रारंभ में मानसून शब्द का प्रयोग अरब नौचालकों द्वारा सदियों पहले किया गया, इसे हिन्द महासागर के तट के किनारे उस व्यवस्था का वर्णन करने के लिए किया गया, जिसमें पवनों का मौसमी उत्क्रमण (reversal) होता है विशेषकर अरब सागर में जहाँ पवनें ग्रीष्म काल में दक्षिण-पश्चिम से उत्तर-पूर्व दिशा में बहती हैं तथा शीत ऋतु में उत्तर-पूर्व से दक्षिण-पश्चिम की ओर चलती हैं। दूसरे शब्दों में 'मानसून' आवर्तक मियादी (मौसमी) पवनें होती हैं, जिसमें पवन की दिशा में एक पूर्ण बदलाव (reversal) होता है।

चाँग-चिया-चेंग के विचार में, "मानसून सामान्य वायुमंडलीय परिसंचरण (circulation) का एक व्यापक भौगोलिक क्षेत्र पर प्रवाह प्रतिरूप है, जहाँ सम्बन्धित क्षेत्र के प्रत्येक भाग में स्पष्ट रूप से प्रभावी पवनें एक दिशा में चलती हैं लेकिन जिसमें पवनों की इस प्रधान दिशा का पूर्ण बदलाव (reversal) अथवा उत्क्रमण शीत ऋतु से ग्रीष्म ऋतु के बीच तथा ग्रीष्म ऋतु से शीत ऋतु के बीच होता है।"

उष्णकटिबंधीय क्षेत्र में महाद्वीपों के पूर्वी भाग में मानसून अधिक सुस्पष्ट होता है, परन्तु एशिया में यह उष्ण-कटिबंधीय क्षेत्र के बाहर चीन, कोरिया तथा जापान व 40° उत्तर तक पाया जाता है। दक्षिण-पूर्वी एशिया, विशेषकर भारतीय उप-महाद्वीप मानसून क्षेत्र का एक प्रारूपिक उदाहरण है। पवन दिशा में मौसमी परिवर्तन को अन्य क्षेत्र इसी तरह अनुभव करते हैं परन्तु वहाँ ये कम स्पष्ट होते हैं जैसे दक्षिण पूर्वी संयुक्त राज्य अमेरिका, कैरेबियन द्वीप समूह मेडागास्कर, पूर्वी अफ्रीका, पश्चिमी अफ्रीका का गिनी तट, दक्षिण-पूर्व एशिया, फिलीपीन्स, दक्षिण-पूर्वी चीन, जापान, दक्षिण कोरिया तथा उत्तरी आस्ट्रेलिया ***(चित्र 4.1)***।

भारतीय मानसून

मानसून जटिल मौसमी घटनाएँ हैं। मौसम-विज्ञान के विशेषज्ञों ने मानसून की उत्पत्ति से संबंधित अनेक अवधारणाएँ विकसित की हैं। मानसून की उत्पत्ति से संबंधित कुछ मुख्य अवधारणाएँ निम्नलिखित हैं:

हेली का तापीय सिद्धान्त (1686) (The Thermal Concept of Halley – 1686)

एक प्रसिद्ध खगोलशास्त्री हेली ने यह परिकल्पना की कि भारतीय मानसून परिसंचरण के वार्षिक चक्र का मूल कारण स्थल एवं जल के तापमान के अन्तर का प्रभाव है। इस अवधारणा के अनुसार, मानसून एक बड़े पैमाने पर विस्तारित जल एवं थल समीर हैं, जो महाद्वीपों एवं महासागरों के अन्तरीय तापन के कारण उत्पन्न होती हैं *(चित्र 4.2)*। गर्मी के मौसम में जब उत्तरी गोलार्द्ध में सूर्य की किरणें कर्क रेखा पर लम्बत् (vertical) होती हैं तब एशिया का वृहत्त भूमिक्षेत्र शीघ्र अधिक गर्म हो जाता है तथा बैकाल झील (साइबेरिया) व पेशावर (पाकिस्तान) के नजदीक निम्न दबाव केन्द्र विकसित होता है। यह तापीय निम्न दबाव

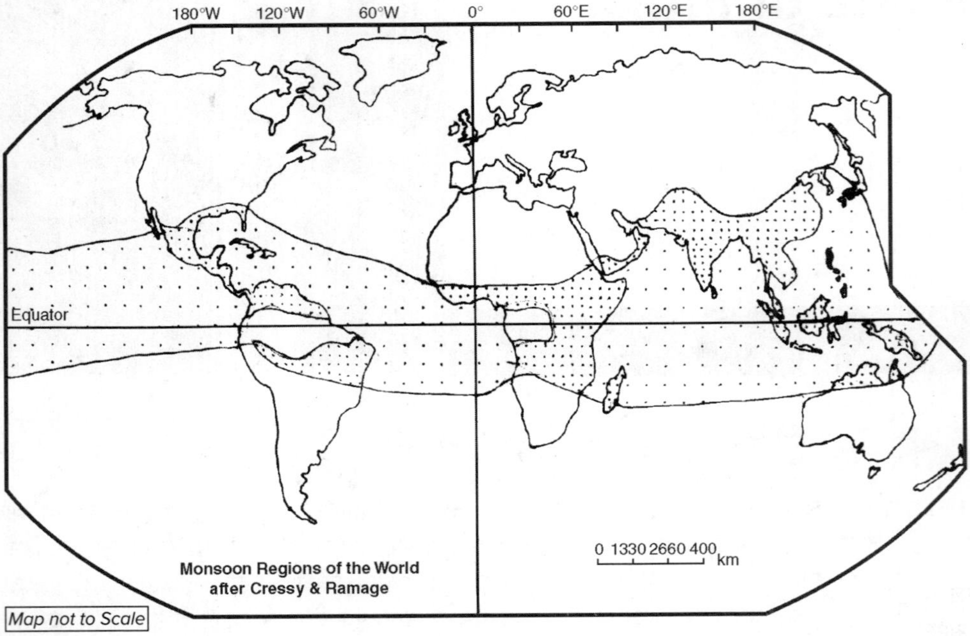

चित्र 4.1 विश्व के मानसून प्रदेश

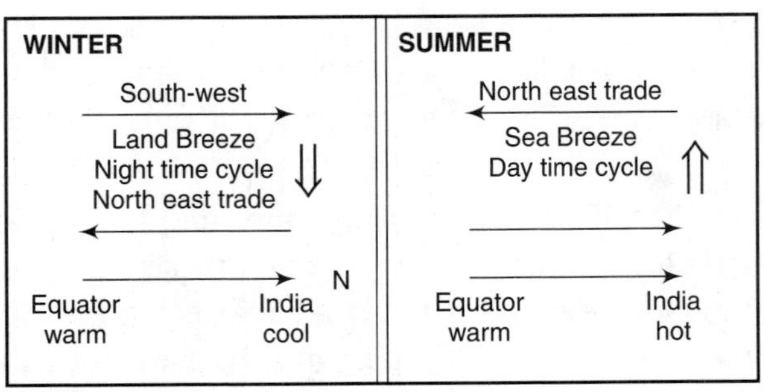

चित्र 4.2 थल समीर एवं जल समीर : मानसून चक्र

700 एम.बी. तक कम हो जाता है। इसके अतिरिक्त अंतर उष्णकटिबंधीय अभिसरण क्षेत्र (ITCZ) का दक्षिण एशिया के एक स्थान पर ध्रुव की ओर स्थानान्तरण तापीय प्रभावित निम्न दबाव केन्द्र को अधिक सुदृढ़ कर देता है। इसकी तुलना में हिन्द तथा प्रशान्त महासागरों के निकटवर्ती जल का दबाव तुलनात्मक रूप से अधिक होता है। इस स्थिति में सागर से स्थल की ओर वायु दाब प्रवणता (gradient) का विकास होता है। इसके फलस्वरूप सतही पवनों का बहाव महासागर के उच्च दबाव क्षेत्र से उष्ण

थल क्षेत्र के निम्न दबाव की ओर होता है। भूमि पर अत्यधिक निम्न वायुदाब की स्थिति के कारण हिन्द महासागर (विषुवत रेखा के दक्षिण से) के दक्षिणी भाग से पवनें भारतीय उप-महाद्वीप की ओर आकर्षित होती हैं। महासागर से महाद्वीप की ओर आने वाली पवनें गर्म तथा आर्द्र होती हैं। जब भूमि-अवरोध, जैसे-पर्वत मालाएँ तथा पठार, आर्द्र पवनों के मार्ग में आते हैं तो ये पवनें आरोहण (ascend) करती हैं, जिसके परिणामस्वरूप संतृप्तिकरण (saturation), संघनन (condensation) तथा वर्षण होता है ***(चित्र 4.3)***। इसके विपरीत शीत ऋतु में उत्तरी गोलार्द्ध में एक उच्च वायु भार क्षेत्र बैकाल झील (साइबेरिया) तथा पेशावर (पाकिस्तान) के निकट विकसित होता है। इन उच्च वायु भार वाले क्षेत्रों की तुलना में हिन्द महासागर तथा प्रशांत महासागर (जापान के दक्षिण में) तुलनात्मक रूप से गर्म होते हैं, जहाँ कम वायु भार का क्षेत्र उत्पन्न होता है। फलस्वरूप, वायु की दिशा

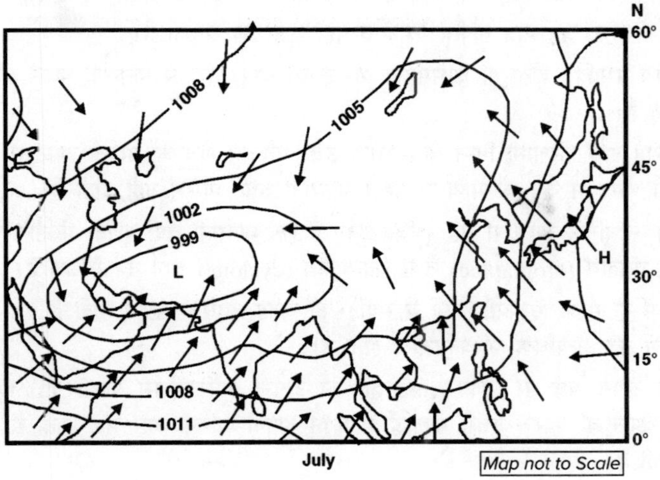

चित्र 4.3 ग्रीष्म मानसून

स्थल के उच्च दबाव वाले क्षेत्र से महासागरों के निम्न दबाव वाले क्षेत्रों की ओर हो जाती है। स्थल के उच्च दबाव वाले क्षेत्रों से सागर की ओर चलने वाली पवनें शीतल तथा शुष्क होती हैं। ये शीतल तथा शुष्क वायु वर्षण करने में असमर्थ होती हैं जिसके लिए इनका किसी जल (महासागर/सागर) के सम्पर्क में आना आवश्यक है ***(चित्र 4.4)***।

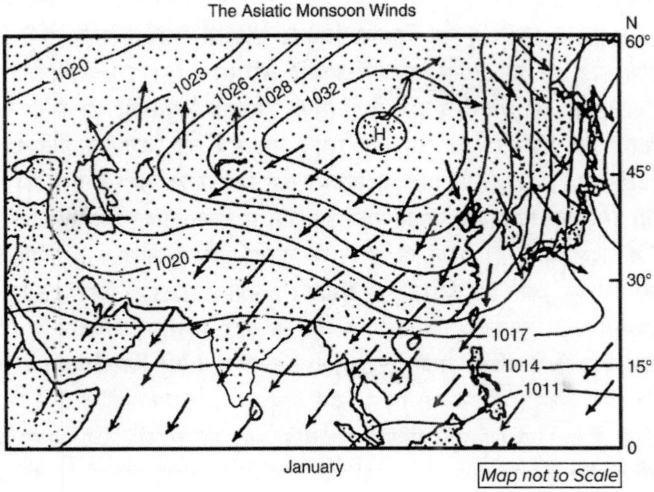

चित्र 4.4 शीत मानसून

मानसून की उत्पत्ति के बारे में तापीय अवधारणा (thermal heating) को पूर्ण रूप से नहीं माना गया है क्योंकि यह मानसून की जटिलता की व्याख्या करने में विफल रहा है। अन्तरीय तापन (differential heating) के अतिरिक्त मानसून की उत्पत्ति तथा विकास महाद्वीपों के आकार से, पर्वत मालाओं से तथा ऊपरी क्षोभमंडल (Troposphere) में वायु परिसंचरण से भी प्रभावित होती है। हेली की अवधारणा की आलोचना एक से अधिक आधार पर निम्नलिखित रूप में की गई है:

1. ग्रीष्म ऋतु में उत्तरी गोलार्द्ध में महाद्वीपों पर विकसित निम्न वायु-दबाव का क्षेत्र स्थायी नहीं होता है। ये निम्न दबाव के क्षेत्र में अपना स्थान अचानक ही बदल लेते हैं। निम्न वायु-दबाव वाले क्षेत्र में अकस्मात परिवर्तन मात्र निम्न तापीय स्थिति से संबंधित नहीं होते हैं। उप-महाद्वीप के उत्तरी-पूर्वी भाग में निम्न दबाव वाला क्षेत्र जून में स्थायी होता है। वास्तव में वे चक्रवातीय निम्न दबाव के क्षेत्र को निरूपित करते हैं, जो गतिशील कारकों से संबंधित हैं इसलिए इन निम्न वायु दबाव के क्षेत्रों को मात्र तापीय प्रभावित नहीं कहा जा सकता है।
2. यदि मानसून तापीय प्रभावित होता तो क्षोभमंडल की ऊपरी वायु राशि में मानसूनी पवनों के विपरीत परिसंचरण होता, जो नहीं देखा गया है।
3. यद्यपि उच्च तापमान तथा परिणामी निम्न वायु-दबाव उत्तर-पश्चिम क्षेत्र को अपनी चपेट में अप्रैल के मध्य से ले लेता है, फिर भी उत्तरी भारत में जून के मध्य से पहले मानसूनी वर्षा आरम्भ नहीं होती है।
4. मौसम-विज्ञान की आधुनिक खोज से यह साबित हुआ है कि मानसूनी वर्षा पूर्णतः पर्वतीय वर्षा नहीं है। यह संवहनीय (convectional), पर्वतीय (orographic) तथा चक्रवातीय (cyclone) वर्षा का मिश्रण है।
5. मानसून जलवायु में दो मुख्य ऋतुओं (गर्मी व सर्दी) की जगह अधिक ऋतुएँ होती हैं (भारत में चार), इसका कारण तापमान तथा वर्षण का अत्यधिक परिवर्तनशील होना है।
6. हेली ने पृथ्वी के अपने अक्ष पर घूर्णन (rotation) से उत्पन्न कॉरियॉलिस बल (Coriolis Effect) पर विचार नहीं किया। पृथ्वी के घूर्णन के कारण उत्तरी गोलार्द्ध में पवनें अपनी दाहिनी ओर मुड़ जाती हैं तथा दक्षिणी गोलार्द्ध में ये बाईं ओर मुड़ जाती हैं।
7. वायुमंडल में जलवाष्प (Latent Heat) के द्वारा गुप्त ऊष्मा के पार होने की भूमिका पर हेली ने विचार नहीं किया, जलवाष्प मानसून की उत्पत्ति तथा विकास में अहम भूमिका निभाती है।

फ्लोन का गत्यात्मक सिद्धान्त (The Dynamic Concept of Flohn)

मानसून की उत्पत्ति के बारे में गत्यात्मक सिद्धांत फ्लोन द्वारा 1951 में दिया गया। इस धारणा के अनुसार मानसून की उत्पत्ति का कारण स्थायी पवनों (Planetary Winds) तथा वायुदाब पेटियों का मौसमी स्थानान्तरण है। अन्तर-उष्णकटिबंधीय अभिसरण क्षेत्र [Inter-Tropical Convergence Zone (ITCZ)] का विकास विषुवत रेखा के नजदीक उत्तर-पूर्वी तथा दक्षिण-पूर्वी व्यापारिक पवनों के अभिसरण के कारण होता है। इसे अन्तर-उष्णकटिबंधीय अभिसरण (SITC) कहा जाता है। अन्तर-उष्णकटिबंधीय अभिसरण क्षेत्र में डोलड्रम (Doldrum) की एक पेटी होती है, जिसकी विशेषता विषुवतीय पछुआ पवनें (Equatorial Westerlies) होती हैं। उत्तर अयनान्त अथवा ग्रीष्म संक्रांति (21 जून) के समय जब सूर्य की किरणें कर्क रेखा पर लम्बवत पड़ती हैं, तब उत्तरी अन्तर-उष्णकटिबंधीय अभिसरण (ITCZ) का 30° उ. अक्षांश तक विस्तार हो जाता है तथा यह पूरे दक्षिण तथा दक्षिण-पूर्वी एशिया तक विस्तृत हो जाता है। इस तरह, विषुवतीय पछुआ पवनें इन क्षेत्रों में चलने लगती हैं। विषुवतीय पछुआ पवनें दक्षिण-पश्चिम अथवा ग्रीष्मकालीन मानसून में बदल जाती हैं। पृथ्वी के घूर्णन के कारण दक्षिणी गोलार्द्ध में व्यापारिक पवनें विषुवत रेखा को पार करने के बाद अपने दाहिनी ओर मुड़ जाती हैं (कॉरियॉलिस प्रभाव Coriolis Effect) ***(चित्र 4.5)***। उत्तरी अन्तर-उष्णकटिबंधीय अभिसरण का संबंध अनेक वायुमंडलीय तूफानों (चक्रवातों) से है, जो आर्द्र मानसून के महीने में (जुलाई से सितंबर) में भारी वर्षा करते हैं। इसी तरह दक्षिण गोलार्द्ध में दक्षिण सायन (Equinox) (जब सूर्य की किरणें मकर रेखा पर लम्बवत होती हैं) के दौरान उत्तर पूर्वी अथवा शीतकालीन मानसून की उत्पत्ति सिर्फ निम्न वायुदाब के कारण नहीं होती है। वास्तव में उत्तर-पूर्वी मानसून उत्तर-पूर्वी व्यापारिक पवनें होती हैं, जो दक्षिण-पूर्वी एशिया में 'वायु भार की पेटियों' तथा 'पवन पेटियों' के दक्षिण की ओर खिसकने के कारण पुनः स्थापित होती हैं। यह स्पष्ट है कि दक्षिण अयनान्त के समय सूर्य के दक्षिण की ओर खिसकने के कारण उत्तरी अन्तर-उष्णकटिबंधीय अभिसरण दक्षिण तथा दक्षिण-पूर्वी एशिया से हट जाता है तथा उत्तर-पूर्वी व्यापारिक पवनें अपने

सामान्य स्थान को ग्रहण करती हैं। ये उत्तर-पूर्वी व्यापारिक पवनें इस तरह शीतकालीन मानसून बन जाती हैं। उत्तर-पूर्वी मानसून जिसकी उत्पत्ति भूमि पर होती है, सामान्यतः शुष्क तथा वर्षा-विहीन होता है ***(चित्र 4.6)***।

संक्षिप्त में फ्लोन (Flohn) के अनुसार, एशिया में मानसून का अस्तित्व खासकर भारतीय उप-महाद्वीप में स्थल तथा सागर के बीच तापांतर के कारण नहीं होता परंतु मुख्यतः तापीय उत्पादित भूमंडलीय पवनों तथा वायु भार पेटियों के वार्षिक स्थानान्तरण के कारण होता है। अन्तर-उष्णकटिबंधीय अभिसरण (तापीय विषुवत रेखा) तथा वायु भार की पेटियों के सापेक्षिक स्थानांतरण के बावजूद फ्लोन ने ऊपरी वायुमंडलीय परिसंचरण जेट स्ट्रीम (Jet Streams) तथा दक्षिणी दोलन (Southern Oscillation) पर ध्यान नहीं दिया जो एशिया के मानसून को एक जटिल तंत्र बनाते हैं। फ्लोन उत्तर-पूर्वी भारत में भारतीय मानसून के जल्दी आगमन के कारणों को भी बताने में असमर्थ रहे। गत्यात्मक सिद्धान्त को ही मात्र मानसून के उत्पत्ति की व्याख्या नहीं माना जा सकता है।

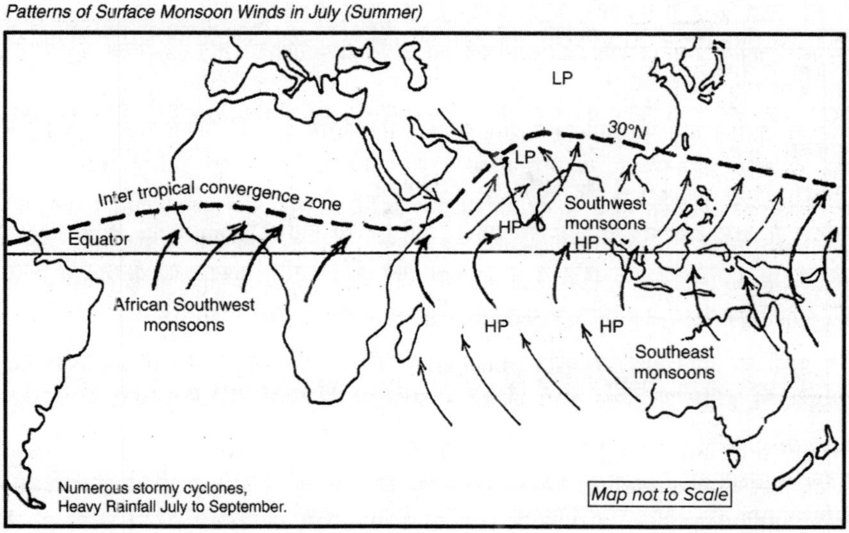

चित्र 4.5 दक्षिण-पश्चिमी मानसून

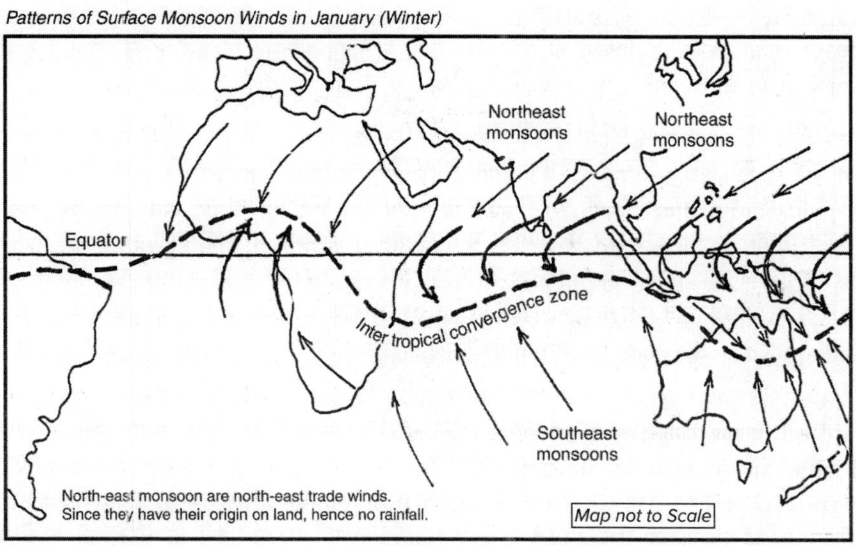

चित्र 4.6 उत्तर-पूर्वी मानसून

भारतीय मानसून की उत्पत्ति की नई अवधारणाएं (Recent Concepts about the Origin of Indian Mansoon)

पिछले पाँच दशकों में ऊपरी वायुमंडलीय परिसंचरण का विशेष रूप से अध्ययन किया गया है, जिसके कारण मौसम-वैज्ञानिकों ने भारतीय मानसून की उत्पत्ति के प्राचीन सिद्धान्त पर प्रश्न चिन्ह लगा दिया है। अब यह माना जाता है कि, स्थल एवं सागर का अन्तरीय तापन (Differential heating) मानसून परिसंचरण को उत्पन्न नहीं कर सकता है। अधिक नए सिद्धान्तों ने उप-महाद्वीप तथा नजदीकी क्षेत्रों के ऊपर वायुमंडलीय परिसंचरण पर अत्यधिक बल दिया है। ऊपरी वायुमंडलीय परिसंचरण के अतिरिक्त नई अवधारणाएँ तिब्बत के पठार की भूमिका, जेट स्ट्रीम तथा एल-नीनो (El-Nino) दक्षिणी दोलन (Southern Oscillation) की भूमिका पर अधिक निर्भर हैं।

द्वितीय विश्व युद्ध के बाद मौसम वैज्ञानिकों द्वारा एकत्रित आँकड़ों से यह पता चलता है कि मानसून की उत्पत्ति तथा तंत्र निम्नलिखित घटनाओं से सम्बन्धित है:

(i) हिमालय तथा तिब्बत के पठार का एक भौतिक अवरोध (Physical Barrier) तथा अत्यधिक ऊष्मा के स्रोत के रूप में भूमिका।

(ii) क्षोभमंडल (Troposphere) में जेट स्ट्रीम का परिसंचरण।

(iii) क्षोभमंडल में उत्तर तथा दक्षिणी ध्रुवों पर उपरितन परिध्रुवी वातावर्त (Circum-Polar-Whirl) का होना।

(iv) एशिया के वृहत्त भूमिक्षेत्र तथा हिन्द व प्रशांत महासागरों का अन्तरीय तापन तथा शीतलन में अन्तर।

(v) दक्षिण प्रशांत तथा हिन्द महासागरों में एल-नीनो (El-Nino) का घटित होना।

भारतीय मानसून तथा तिब्बत का पठार (Indian Monsoons and the Tibet Plateau)

1973 में सोवियत संघ तथा भारत द्वारा संयुक्त रूप से एक मानसून अभियान (Monsoon Expedition—MONEX) का आयोजन किया गया। इस अभियान के तहत आधुनिक वैज्ञानिक उपकरणों के साथ चार रूसी तथा दो भारतीय जहाजों को हिन्द महासागर तथा अरब सागर में भारतीय मानसून के अध्ययन के लिए छोड़ा गया। जाँच की अवधि मई से जुलाई के महीने तक थी। जाँच से प्राप्त आँकड़ों के आधार पर सोवियत संघ के मौसम विशेषज्ञ इस नतीजे पर पहुँचे कि भारतीय उप-महाद्वीप में मानसून परिसंचरण की शुरुआत में तिब्बत के पठार की एक महत्वपूर्ण भूमिका है। 1958 में भारतीय मौसम वेधशाला (Indian Meteorological Observatories) के महानिदेशक डॉ. पी. कोटेश्वरम् ने 'विश्व के मानसूनों' पर एक अन्तर्राष्ट्रीय संगोष्ठी (symposium) में भाग लेते हुए यह विचार व्यक्त किया कि तिब्बत के पठार का गर्मी में तापन मानसून परिसंचरण की उत्पत्ति तथा उसे कायम रखने में सबसे महत्वपूर्ण कारक है। भारतीय तथा सोवियत वैज्ञानिक इस विचार से पूरी तरह सहमत थे।

तिब्बत का पठार पश्चिम में 600 कि.मी. चौड़ा तथा पूर्व में 1000 कि.मी. चौड़ा है। पश्चिम से पूर्व की ओर इसकी लम्बाई 2000 कि.मी. है। पठार की औसत ऊँचाई लगभग 4000 मीटर है। इस तरह ये ऊँचे पठार हैं जो एक बड़े भौतिक अवरोध के रूप में कार्य करते हैं। इस क्षेत्र की ऊँचाई के कारण तिब्बत का पठार निकटवर्ती क्षेत्रों की तुलना में 2°C से 3°C अधिक सूर्यातप (insolation) प्राप्त करता है। यह इस क्षेत्र में सामान्य वायुमंडलीय परिसंचरण पर महत्वपूर्ण भौगोलिक नियंत्रणों में से एक है। तिब्बत के पठार वायुमंडल को पृथक् एवं संयुक्त रूपों में दो तरह से प्रभावित करते हैं–(i) एक भौतिक अवरोध के रूप में, तथा; (ii) उच्च-स्तर के ऊष्मा स्रोत (High Level Heat source) के रूप में। ग्रीष्मकालीन भारतीय मानसून के यामोत्तरीय अनुप्रस्थ परिच्छेद (Meridional Cross Section) एवं तिब्बतीय-हिमालयी पिण्ड से उसके सम्बन्ध को ***चित्र 4.7*** व ***चित्र 4.8*** के द्वारा दर्शाया गया है।

माउंग तुन यिन (Maung Tun Yin) के अनुसार, तिब्बत के पठार एक भौतिक अवरोध का काम करते हैं। जून के आरम्भ में उपोष्ण जेट स्ट्रीम (Sub-Tropical Jet Stream) उत्तरी भारत के ऊपर से पूर्ण रूप से हट जाते हैं ***(चित्र 4.7)***। इस समय जेट स्ट्रीम हिमालय के उत्तर तथा तिब्बत में स्थानांतरित हो जाती है तथा 40° उत्तर (चीन) पर स्थापित हो जाती है। यिन यह मानते हैं कि जेट स्ट्रीम के स्थानांतरण तथा सम्पूर्ण यूरेशिया (Eurasia) पर पछुआ पवनों के धीमे होने के बीच संबंध है। वास्तव

में तिब्बत का पठार जाड़े के मौसम में अत्यंत ठंडा हो जाता है तथा अक्तूबर मध्य में जेट स्ट्रीम के दक्षिण की ओर खिसकने में सबसे महत्वपूर्ण कारक साबित होता है। इस तरह से उनका यह विचार है कि, ग्रीष्मकालीन मानसून की जून के आरम्भ में आकस्मिक शुरुआत हिमालय के जल-कत्यात्मक प्रभाव (Hydro Dynamic Effect) के कारण होती है न कि उत्तर-पश्चिम भारत में ताप प्रभावित निम्न वायु भार केन्द्र के कारण। अक्टूबर के मध्य में हिमालय के दक्षिण की ओर जेट स्ट्रीम (Jet Stream) के बढ़ने में अथवा इसे दो भागों में विभाजित होने में तिब्बत के पठार की सबसे महत्वपूर्ण भूमिका है ***(चित्र 4.8)***।

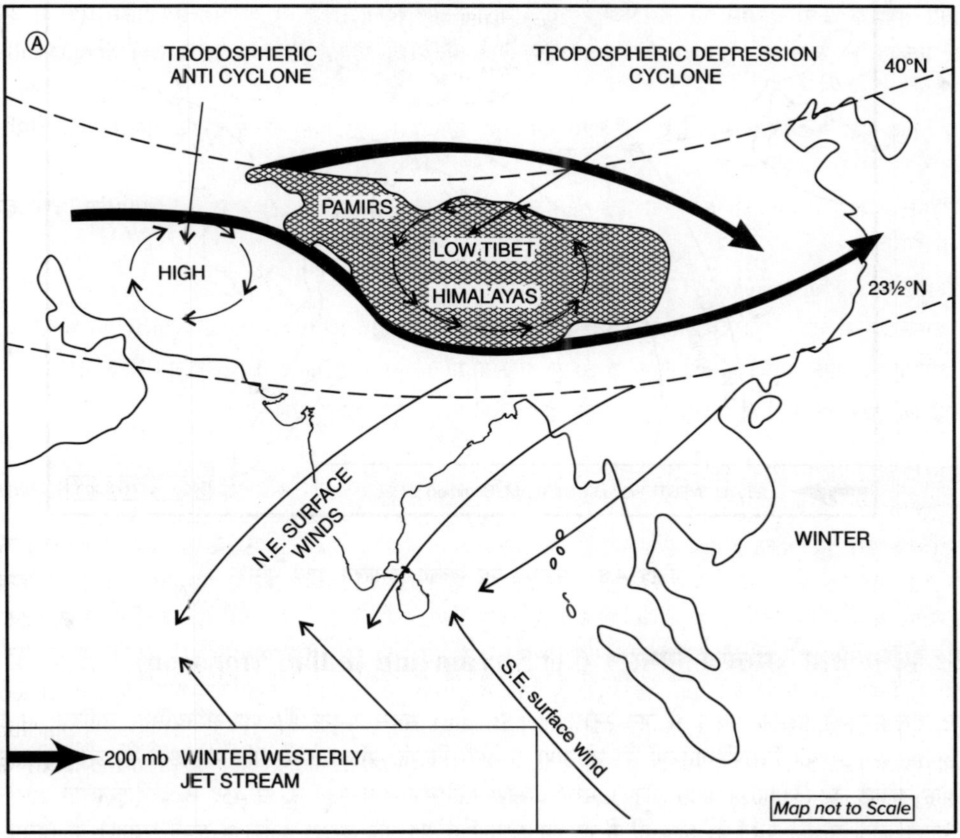

चित्र 4.7 भारतीय ग्रीष्म मानसून की अनुप्रस्थ काट

गर्मी के समय तिब्बत के पठार का तापन इसे एक उच्च-स्तरीय ऊष्मा का स्रोत बना देता है। ये 'ऊष्मा इंजन' (Heat Engine) इस क्षेत्र में एक प्रति चक्रवात (Anticyclone) उत्पन्न करते हैं। ग्रीष्मकालीन मानसून अवधि के दौरान इस पठार पर एक गर्म क्रोड़ प्रतिचक्रवात (उच्च वायुदाब) का निर्माण होता है। इस प्रतिचक्रवात का निर्माण क्षोभमंडल के मध्य भाग में लगभग 500 मि. बार. के स्तर पर होता है। यह एक प्रक्रिया-प्रतिचक्रवात जनन (anti-cyclogenesis) का परिणाम है। यद्यपि इस ऊँचाई वाले प्रतिचक्रवात के दक्षिणी भाग में, वायु प्रवाह की दिशा पूर्व से पश्चिम की ओर होती है। वास्तव में क्षोभमंडल के मध्य भाग में बहने वाली इन पुरवा पवनों को उष्णकटिबंधीय पुरवा जेट (Tropical Easterty Jets) कहा जाता है। उष्णकटिबंधीय पूर्वी जेट स्ट्रीम कोलकाता, बंगलौर, अरब सागर के उपर से गुजर कर मैडागास्कर के निकट मास्कारनेस द्वीप (Masscarness Island) पर नीचे की ओर उतरती है इसी कारण हिन्द महासागर के इन द्वीपों के पास ऊँचा वायु भार बना रहता है। ***चित्र 4.9*** भारतीय ग्रीष्मकालीन मानसून के यामोत्तरीय अनुप्रस्थ परिच्छेद तथा उसके तिब्बतीय-हिमालयी उच्च भूमि से सम्बन्ध को दर्शाता है।

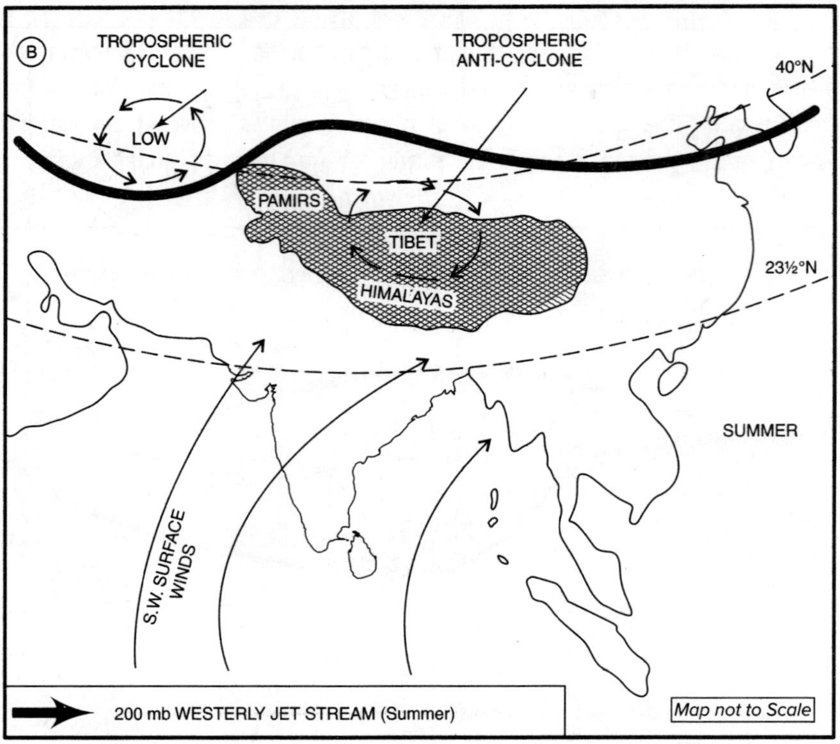

चित्र 4.8 मानसून एवं तिब्बत-हिमालय उच्च भूमि

जेट स्ट्रीम तथा भारतीय मानसून (Jet Stream and Indian Monsoon)

ऊँचाई पर चलने वाली पछुआ पवनों में जेट स्ट्रीम (Jet Stream) सबसे प्रमुख हैं। यह अनियमित, सान्द्रित, भू-विक्षेपी पवन (Geostrophic Wind) की विसर्पी पट्टियाँ हैं, जो 300 से 400 कि.मी. प्रति घंटे के गति से बहती हैं। जेट स्ट्रीम उत्तरी गोलार्द्ध में अत्यधिक ऊँचाई पर (9000-12000 मीटर) मध्य अक्षांश (ग्रीष्मकालीन-35° उ. से 45° उ.; शीतकालीन 20° उ.-35° उ.) के बीच चलने वाली पछुआ पवनें हैं। हाल ही में हुए अनुसंधानों से यह पता चलता है कि ये पवनें धरातल के मौसम को प्रभावित करती हैं।

भारतीय मानसून की उत्पत्ति तथा विकास पर जेट स्ट्रीम के प्रभाव का मूल्यांकन आगे दिए गए ग्रीष्मकालीन तथा शीतकालीन ऋतुओं के दौरान मौसमी घटनाओं के विवरण से किया जा सकता है। उत्तरी गोलार्द्ध में शीत ऋतु (अक्तूबर से फरवरी) के दौरान उपरितन उत्तरी ध्रुवीय वातावर्त का विषुवत रेखा की ओर स्थानान्तरण होने के कारण उपरितन पछुआ जेट स्ट्रीम का विस्तार 20° उ.-35° उ. (नागपुर, रायपुर अक्षांश) तक होता है। शीतकाल में हिमालय तथा तिब्बत के पठार के भौतिक अवरोध के कारण उपरितन पछुआ जेट स्ट्रीम का विभाजन दो शाखाओं में हो जाता है। एक शाखा हिमालय के दक्षिण में अवस्थित होती है तथा दूसरी तिब्बत के पठार के उत्तर में ***(चित्र 4.8)***। पाकिस्तान तथा अफगानिस्तान के ऊपर क्षोभमंडल में उपरतिन उच्च दाब तथा प्रतिचक्रवाती (जिसमें दक्षिणावर्त वायु परिसंचरण होता है) स्थिति का विकास होता है। इसके फलस्वरूप यह पवन भारत के उत्तर-पश्चिमी भाग में नीचे की ओर फैलती है, जिसके कारण वायुमंडलीय स्थिरता तथा शुष्क अवस्था का विकास होता है। इसके अतिरिक्त उपरितन पछुआ जेट स्ट्रीम सामान्य मौसम में आवर्तक परिवर्तन लाती हैं क्योंकि वे शीतोष्ण निम्न दाब के क्षेत्र पर स्थित होती हैं (चक्रवाती तरंग) जो उपरितन पछुआ जेट स्ट्रीम के प्रभाव में पश्चिम से पूर्व की ओर चलते हुए ये भूमध्यसागर को पार कर अफगानिस्तान, पाकिस्तान तथा उत्तर-पश्चिम भारत तक पहुँचती हैं। ये तूफान वाताग्र चक्रवात नहीं होते हैं वरन् तरंगें होते हैं जो समुद्री स्तर से 2000 मीटर की ऊँचाई पर चलते हैं परन्तु सतह पर ये उत्तरी-पूर्वी व्यापारिक पवनें होती हैं। इन शीतोष्ण

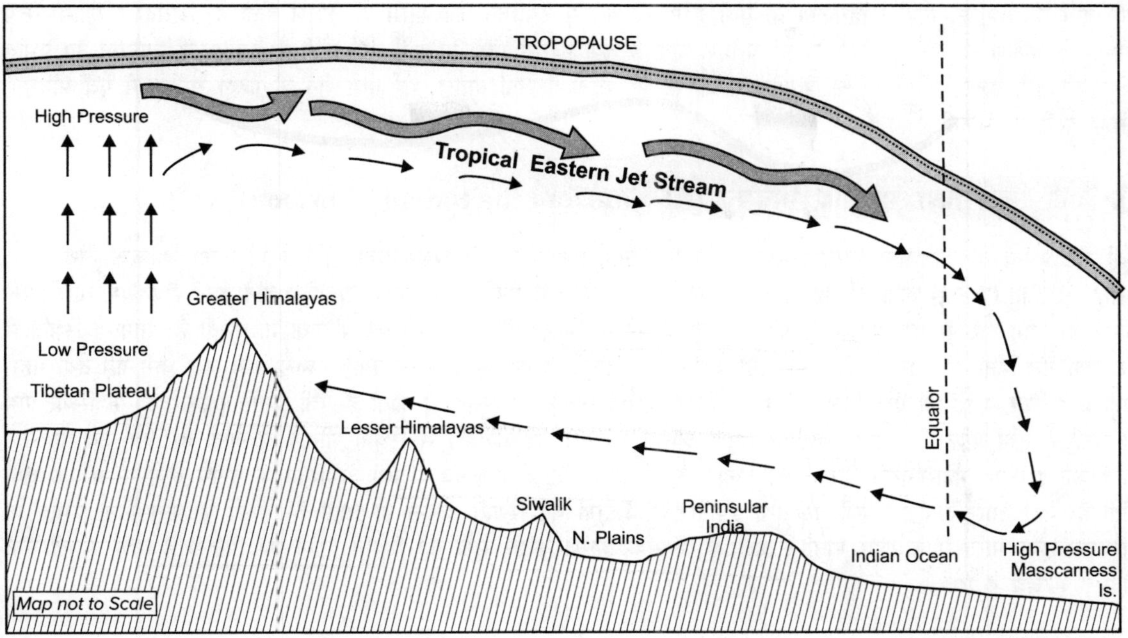

चित्र 4.9 भारतीय ग्रीष्म मानसून की रेखांशिक परिच्छेदिका

तूफानों के (Western Disturbances) आगमन के कारण वर्षण होता है, जिसके कारण वायु तापमान में अचानक गिरावट आती है। पश्चिमी गड़बड़ी (Western Disturbances) के हट जाने के बाद मौसम साफ हो जाता है। प्रत्येक वर्ष अक्टूबर से अप्रैल के बीच औसतन 4 से 8 चक्रवाती तरंगें उत्तर-पश्चिमी भारत तक पहुँचती हैं। पश्चिमी क्षुब्ध शीत ऋतु में मौसम को पटना (बिहार) तक प्रभावित करती हैं तथा खड़ी रबी फसल (गेहूँ, जौ, सरसों, चना, मसूर, मटर इत्यादि) के लिए लाभकारी वर्षा प्रदान करती हैं।

उष्णकटिबंधीय पूर्वी जेट स्ट्रीम (Subtriopical Jet Stream) का विस्तार तिब्बत के उत्तर से होता है तथा वायु का बहाव कोलकाता-बंगलौर अक्ष के लगभग साथ-साथ होता है। दक्षिणी हिन्द महासागर के ऊपर विकसित स्थायी उच्च दाब के क्षेत्र में यह उपरितन पुरवा पवन फैल जाती है। यह स्वाभाविक रूप से उच्च दाब के क्षेत्र को और अधिक तीव्र कर देती है। इस उच्च दाब के क्षेत्र में से अभितट पवन तापीय प्रभावित निम्न दाब के क्षेत्र की ओर बहती है जो भारतीय उप-महाद्वीप के उत्तरी भाग में विकसित होता है। विषुवत रेखा को पार करने के बाद यह पवनें दक्षिण-पछुआ बन जाती हैं तथा दक्षिण-पश्चिम ग्रीष्मकालीन मानसून कहलाती हैं। दक्षिण-पश्चिम ग्रीष्मकालीन मानसून तथा वर्षण के लिए सतही पवनों की क्षमता अत्यधिक होती है। यह स्पष्ट है कि, पूर्वी जेट स्ट्रीम को क्षमता का प्रत्यक्ष रूप से संबंध दक्षिणी हिन्द महासागर पर विकसित स्थायी उच्च दाब के क्षेत्र के तीव्रीकरण से है। चूँकि यह उच्च दाब का क्षेत्र दाब प्रवणता (Pressure-gradient) को अत्यधिक बढ़ा देता है इसलिए यह ग्रीष्मकालीन मानसून की तीव्रता को निर्धारित करने का मुख्य कारक है।

गर्मी के मौसम के दौरान उत्तरी गोलार्द्ध में अप्रैल, मई तथा जून के महीने में भूमि के अत्यधिक तापन के कारण पेशावर (पाकिस्तान) के नजदीक तथा उत्तर-पश्चिम भारत में निम्न दाब का क्षेत्र विकसित होता है। परन्तु जब तक उपरितन जेट स्ट्रीम का स्थान सतही निम्न दाब के क्षेत्र (हिमालय के दक्षिण में) के ऊपर कायम रहता है, गतिशील चक्रवाती स्थिति ईरान, अफगानिस्तान, पाकिस्तान तथा उत्तर-पश्चिम भारत के ऊपर बनी रहती है। उच्च दाब वाले क्षेत्र से नीचे की ओर फैलने वाली पवन सतही निम्न दाब वाले क्षेत्र की आरोही पवन को अवरोधित करती है, जिसके कारण मौसम गर्म तथा शुष्क रहता है। इसी कारण से अप्रैल तथा मई का महीना उच्च तापमान (स्थल पर निम्न वायुदाब) तथा अधिक वाष्पन के होते हुए भी सामान्यत: शुष्क तथा वर्षा-विहीन होता है। म्यांमार तथा उत्तर-पूर्वी भारतीय राज्यों में मानसून का आगमन मई अथवा जून के प्रारंभ में हो जाता है। उपरितन निम्न

वायु दाब के क्षेत्र का निर्माण हिमालय के पूर्वी सीमा के पूर्व में उपरितन जेट स्ट्रीम के कारण होता है, जिसके परिणामस्वरूप म्यांमार के दक्षिण से आने वाली पवन का अरोहण होता है तथा जिससे प्रचुर मात्रा में वर्षा होती है। म्यांमार के मानसून का प्रभाव बांग्लादेश तथा उत्तर-पूर्वी भारत के पर्वतीय राज्यों पर भी पड़ता है जहाँ अप्रैल, मई तथा जून के पहले सप्ताह में पूर्व मानसूनी बौछार देखी जा सकती है।

एल-निनो तथा भारतीय मानसून (El-Nino and the Indian Monsoon)

पूर्वी जेट प्रभाव के अतिरिक्त भारतीय मानसून पर एल-निनो प्रभाव का भी असर होता है। एल-निनो का शाब्दिक अर्थ 'यीशु मसीह' (Child-Christ) होता है। यह सामान्यत: दिसंबर के महीने में पेरू तट के निकट प्रवाहित होने वाली एक गर्म धारा (पेरू धारा) है। आम तौर पर पेरू तट के निकट बहने वाली शीतल महासागरीय धारा को यह प्रतिस्थापित करती है। सामान्य स्थिति में पेरू एक ठंडे पानी की धारा है, वही पश्चिमी प्रशांत में (इंडोनेशिया तथा पूर्वी आस्ट्रेलिया) महासागरीय जल धारा गर्म तथा गहरी होती है ***(चित्र 4.10a)***। एल-निनो प्रभाव के कारण स्थिति बिल्कुल विपरीत हो जाती है-पूर्वी प्रशांत (पेरू तट) में स्थिति गर्म हो जाती है तथा पश्चिमी प्रशांत महासागर (पूर्वी आस्ट्रेलिया तथा इंडोनेशिया) में स्थिति शीतल हो जाती है। जब-जब पेरू तट के निकट इस गर्म महासागरीय धारा (एल-निनो) का विकास होता है तब-तब दक्षिणी अमेरिका के तटीय क्षेत्रों में अधिक वर्षा होती है, वहीं आस्ट्रेलिया के पूर्वी तट तथा इंडोनेशिया में सूखे की स्थिति उत्पन्न हो जाती है। संक्षेप में, एल-निनो प्रभाव के परिणामस्वरूप भारत में कमजोर मानसून आता है, जिसके कारण कठोर सूखे की स्थिति देखने को मिलती है तथा फसलें नष्ट होती हैं ***(चित्र 4.10b)***।

दक्षिणी दोलन (The Southern Oscillation)

वायु भार तथा पवन संचार (Atmospheric Circulation) के दक्षिणी प्रशान्त महासागर की ओर खिसकने (shifting) को दक्षिणी दोलन (Southern Oscillation) कहते हैं। दक्षिणी दोलन एल-निनो (El-Nino) का अग्रगामी संकेत माना जाता है। एल-निनो वर्ष

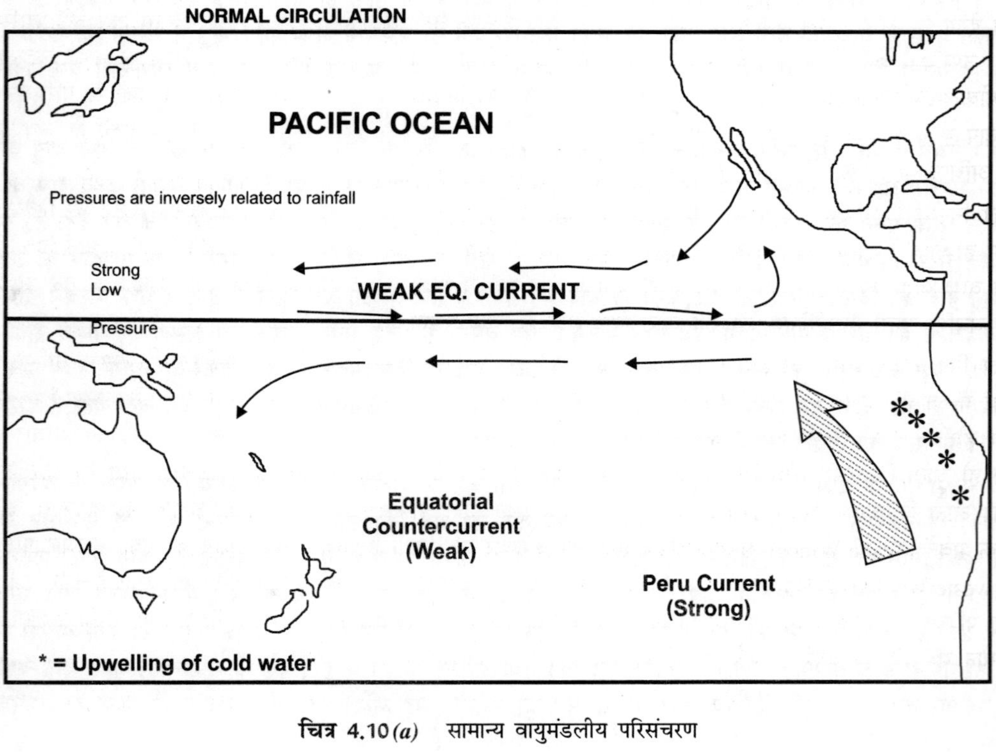

चित्र 4.10 *(a)* सामान्य वायुमंडलीय परिसंचरण

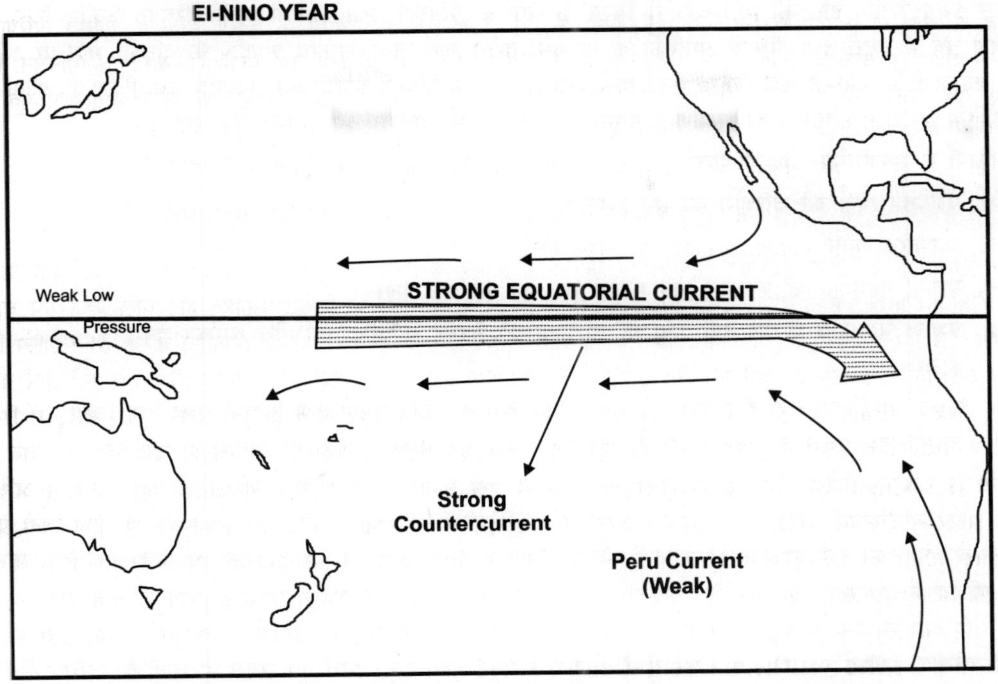

चित्र 4.10*(b)* एल–निनो और दक्षिणी दोलन

में विषुवत रेखीय कम वायु भार की पेटी, प्रशांत महासागर तथा दक्षिणी पूर्वी एशिया की जलधाराओं तथा पवन के संचार में भारी परिवर्तन देखा जा सकता है। सामान्य वर्षों में उत्तरी आस्ट्रेलिया, न्यू-गिनी तथा इंडोनेशिया में कम वायु भार की परिस्थिति पाई जाती है। उपरोक्त क्षेत्रों में सागरीय जल काफी गर्म रहता है। गर्म पानी होने के कारण इस क्षेत्र में कम वायु भार उत्पन्न होता है तथा थर्मोकलाइन (Thermocline) की परिस्थिति उत्पन्न होती है। जिससे गहराई के साथ तापमान में तेजी से परिवर्तन होता है। अर्थात ताप में कमी आती है। सामान्य वर्ष में उत्तरी आस्ट्रेलिया, न्यूगिनी तथा इंडोनेशिया में काफी वर्षा होती है, जबकि पेरू के तट पर अधिक वायु भार के कारण सूखा पड़ता है [***चित्र 4.10(a) तथा 4.10(b)***]।

एल–निनो (El-Nino) वर्ष में, दक्षिणी प्रशान्त महासागर के पूर्वी भाग में अर्थात पेरू एवं चिली के तट के निकट पेरू की धारा गर्म हो जाती है तथा उस क्षेत्र में कम वायु भार उत्पन्न हो जाता है। इसके विपरीत उत्तरी आस्ट्रेलिया, न्यूगिनी एवं इंडोनेशिया में ऊँचा वायु भार उत्पन्न हो जाता है। फलस्वरूप एल–निनो वर्ष में पेरू, कोलम्बिया, इक्वेडोर तथा चिली के तट पर भारी वर्षा होती है जबकि उत्तरी आस्ट्रेलिया, न्यूगिनी और इंडोनेशिया में सूखा पड़ता है।

एल–निनो वर्ष में वायु–भार तथा व्यापारिक पवनों की दिशा में भी परिवर्तन उत्पन्न हो जाता है। एक सामान्य वर्ष में द. प्रशान्त महासागर में व्यापारिक पवनें (Trade Winds) द. पूर्व से उत्तर-पश्चिम की ओर चलती हैं, जिनकी दिशा सामान्यतः पूर्व से पश्चिम की ओर होती है, जिसके कारण द. प्रशान्त महासागर के पश्चिमी भाग (इंडोनेशिया आदि) में गर्म पानी का अम्बार (Pileup) एकत्रित हो जाता है। ऐसी परिस्थिति में दक्षिणी अमेरिका के पश्चिमी तट पर महासागर की निचली परत से ठंडा पानी ऊपरी सतह पर आता है जिससे पेरू ठंडे पानी की जलधारा विकसित होती है। एल–निनो वर्ष में द. प्रशान्त महासागर में चलने वाली व्यापारिक पवनें (Trade Winds) समाप्त हो जाती हैं या कमजोर पड़ जाती हैं, तथा उनके स्थान पर एक कमजोर पश्चिमी हवा (weak westerly wind) चलने लगती है। इस प्रकार व्यापारिक पवनों की दिशा में पूर्ण परिवर्तन हो जाता है और गर्म पानी की जलधारा पश्चिम से पूर्व की ओर बहने लगती है। फलस्वरूप अमेरिका (उत्तरी तथा दक्षिणी अमेरिका) मे पश्चिमी भाग के सागरों के तापमान में वृद्धि हो जाती है तथा सागरों का जलस्तर भी तुलनात्मक रूप से ऊँचा हो जाता है।

एल-निनो उत्पन्न होने की परिस्थिति में विश्व के वर्षा के प्रतिरूप (Pattern) में भारी परिवर्तन रिकॉर्ड किया जाता है। एल-निनो वर्ष में उत्तरी तथा दक्षिणी अमेरिका के पश्चिमी तटीय भागों तथा भारतीय प्रायद्वीप के दक्षिणी भाग पर अधिक वर्षा रिकॉर्ड की जाती है। अधिक वर्षा रिकॉर्ड करने वाले देशों में पेरू, बोलीविया, कोलम्बिया, इक्वेडोर तथा चिली हैं। इनके अतिरिक्त केलिफोर्निया के दक्षिणी भाग (जहाँ सर्दी का मौसम होता है) में भी अधिक वर्षा रिकॉर्ड की जाती है।

संक्षिप्त में सकारात्मक दक्षिणी दोलन (Positive Southern Oscillation) का निम्न प्रभाव होता है:

1. पेरू ठंडे पानी की जलधारा का सबल होना।
2. व्यापारिक पवनों (Trade Winds) का सुदृढ़ होना।
3. प्रशान्त महासागर के पश्चिमी भाग में गर्म जल का एकत्रित होना।
4. प्रशान्त महासागर के पश्चिमी भाग में गर्म पानी की गहराई में वृद्धि तथा तीव्र थर्मोकलाइन (Thermocline) उत्पन्न होना।
5. उत्तरी आस्ट्रेलिया तथा इंडोनेशिया के क्षेत्र से गर्म हवा का ऊपर उठना तथा ऊपर से पेरू तथा चिली के तट पर नीचे उतरना। इस प्रकार के पवन संवाह से भारत का मानसून सामान्य (Normal) एवं सबल होता है।

ला-नीना (La-Nina): ला-नीना का सबसे पहले 1988 में पता चला था। पवनो एवं जलधाराओं का द. प्रशांत महासागर में सामान्य संचार यदि समर्थ, सुदृढ़ एवं अधिक मजबूत हो जाए तो उसे ला-नीना (La-Nina) कहते हैं। ला-नीना 'यसूह-बालिका' (The Girl Child) कहते हैं। वास्तव में ला-नीना को एल-निनो का विपरीत या विलोम कहा जा सकता है। ला-नीना की परिस्थिति में, दक्षिणी प्रशान्त महासागर के मध्य एवं पश्चिमी क्षेत्र में वायु भार सामान्य से काफी नीचा हो जाता है तथा पेरू एवं चिली के तट पर वायु भार सामान्य से बहुत अधिक हो जाता है और पेरू की जलधारा भी सामान्य से काफी अधिक ठंडी हो जाती है। परिणामस्वरूप द. प्रशान्त महासागर में चलने वाली व्यापारिक पवनें बहुत दृढ़, समर्थ एवं सबल हो जाती हैं। अधिक वेग से चलने वाली दृढ़ व्यापारिक पवनों से सामान्य से अधिक गर्म जल पश्चिम की ओर अपवाहित होता है जिससे चिली एवं पेरू के तट पर अधिक ठंडा जल नीचे से ऊपर की सतह पर आता है (Upwelling of Water)। इंडोनेशिया, न्यूगिनी एवं आस्ट्रेलिया के उत्तर में अधिक गर्म जल एकत्रित हो जाता है, जिसके परिणामस्वरूप वहाँ एक तीव्र कम वायु भार उत्पन्न हो जाता है, जहाँ से गर्म-आर्द्र पवन ऊपर की ओर उठती है। ला-नीना की परिस्थिति में भारत का मानसून समय से आता है तथा वर्षा सामान्य वर्ष से अधिक होती है।

चित्र 4.11 में एल-निनो तथा ला-नीना वर्षों के तापमान तथा व्यापारिक पवनों की दशा एवं दिशायें प्रस्तुत की गई हैं। किसी सामान्य वर्ष अथवा ला-नीना (La-Nina) वर्ष में पेरू की ठंडे पानी की जलधारा अधिक मात्रा में अधिक ठंडा जल उत्तर की ओर धकेलती है, फलस्वरूप पेरू की जलधारा में नीचे से सामान्य से अधिक ठंडा पानी ऊपर की ओर (Upwelling) आता है। एल-निनो वर्ष (El-Nino) में पेरू की जलधारा की दिशा बदल कर पश्चिम से पूर्व तथा उत्तर से दक्षिण की ओर हो जाती है। नीचे से ऊपर उबलने वाले ठंडे पानी (Upwelling) की मात्रा में भारी कमी आ जाती है। पेरू जलधारा के गर्म होने से प्लवकों (Plankton) की संख्या में भारी कमी आ जाती है, फलस्वरूप आहार श्रृंखला (Food-web) पर प्रतिकूल प्रभाव पड़ता है। ऐसी परिस्थिति में मछलियों की संख्या में भारी कमी आ जाती है, जिससे पेरू तथा चिली के मछुआरों को बड़ी कठिनाई का सामना करना पड़ता है ***(चित्र 4.11)***।

एल-निनो तथा हिन्द महासागर (El-Nino and the Indian Ocean)

जलवायु विज्ञान एवं सागरीय विज्ञान के विशेषज्ञों के अनुसार हिन्द महासागर का जल अनुमान से अधिक तीव्रता से गर्म हो रहा है। विशेषज्ञों के अनुसार पिछली शताब्दी (1901–2001 A.D.) में हिन्द महासागर के तापमान में 1.2° की वृद्धि रिकॉर्ड की गई है। विश्व महासागरों के तापमान में हिन्द महासागर का योगदान सब से अधिक माना जाता है।

वर्तमान अध्ययन के अनुसार हिन्द महासागर के गर्म होने का प्रशांत महासागर, विशेषकर एल-निनो (El-Nino) पर भी भारी प्रभाव पड़ता है। परम्परागत तौर पर हिन्द महासागर का पश्चिमी क्षेत्र का जल पूर्वी क्षेत्र एवं मध्य क्षेत्र की तुलना में ठंडा रहता है। आश्चर्यजनक बात यह है कि पिछले सौ वर्षों में हिन्द महासागर के पश्चिमी क्षेत्र के तापमान में निरन्तर वृद्धि हो रही है पश्चिमी हिन्द महासागर के क्षेत्र में यह तापमान वृद्धि इतनी अधिक हो रही है कि मानसून के संचार (Monsoon Circulation),

मानसूनी वर्षा के प्रतिरूप, मछलियों एवं आहार शृंखला (Food Web) पर प्रत्यक्ष एवं अप्रत्यक्ष रूप से प्रभाव पड़ रहा है। याद रहे कि हिन्द महासागर के पश्चिमी भाग में विश्व का एक प्रमुख मछली पकड़ने का क्षेत्र है।

वर्तमान, एक अध्ययन के अनुसार जो जर्नल ऑफ क्लाइमेट (Journal of Climate) में प्रकाशित हुआ सिद्ध करता है कि हिन्द महासागर के पश्चिमी भाग के तापमान वृद्धि का एल-निनो की बारम्बारता पर प्रत्यक्ष प्रभाव पड़ता है। पिछले कुछ दशकों में यह तापमान वृद्धि अधिक देखी जा रही है।

एल-निनो वर्ष में ग्रीष्म ऋतु में हिन्द महासागर में चलने वाली पछुआ हवा (Westerly Wind) कमजोर पड़ जाती है। कमजोर पछुआ हवाओं का सागर की सतह के तापमान पर प्रतिकूल प्रभाव पड़ता है। यदि पछुआ हवा (Westerly Wind) सबल एवं सुदृढ़ हो तो सागर की सतह से वाष्पीकरण की प्रक्रिया तीव्र होती है, जिससे सागर के ठंडे होने में सहायता मिलती है। जब पछुआ हवा कमजोर होती है तब वाष्पीकरण की प्रक्रिया भी कमजोर होती है, जिससे निहित ऊष्मा (Latent Heat) वायुमण्डल में नहीं पहुँच पाती और सागर की ऊपरी सतह गर्म बनी रहती है अर्थात् हिन्द महासागर का तापमान ऊँचा और वायु भार कम रहता है। हिन्द महासागर में गर्मी के मौसम में कम वायु भार के कारण भारत में मानसून की वर्षा कम होती है तथा प्रायः सूखे की परिस्थिति उत्पन्न हो जाती है।

हिन्द महासागर उत्तर, पश्चिम तथा पूर्व में लगभग थल से घिरा हुआ है जबकि अंध-महासागर तथा प्रशांत महासागर आर्किट महासागर से जुड़े हुये हैं। हिन्द महासागर के उत्तर में महाद्वीप (थल) की उपस्थिति के कारण उष्णकटिबंधीय सागर का गर्म जल ध्रुवीय सागरों की ओर संचारित नहीं होने पाता, परिणामस्वरूप हिन्द महासागर में ऊष्मा एकत्रित होती रहती है, जिसका प्रभाव व्यापारिक स्थाई पवनों पर पड़ता है और वे कमजोर पड़ जाती हैं। इनके अतिरिक्त पेरू ठंडे पानी की जलधारा (Humboldt Current) का जल एल-निनो वर्ष में गर्म हो जाता है और यह गर्म पानी पश्चिमी पवन ड्रिफ्ट (West Wind Drift) के प्रभाव से द. अटलांटिक-महासागर (South Atlantic Ocean) से गुजर कर, दक्षिणी हिन्द महासागर (South Indin Ocean) में प्रवेश कर जाता है। हिन्द महासागर के कारण गर्मी का मानसून सामान्य नहीं होता है, सूखा पड़ता है तथा फसलें खराब होने से आर्थिक संकट उत्पन्न हो जाता है ***(चित्र 4.11 एवं 4.12)***।

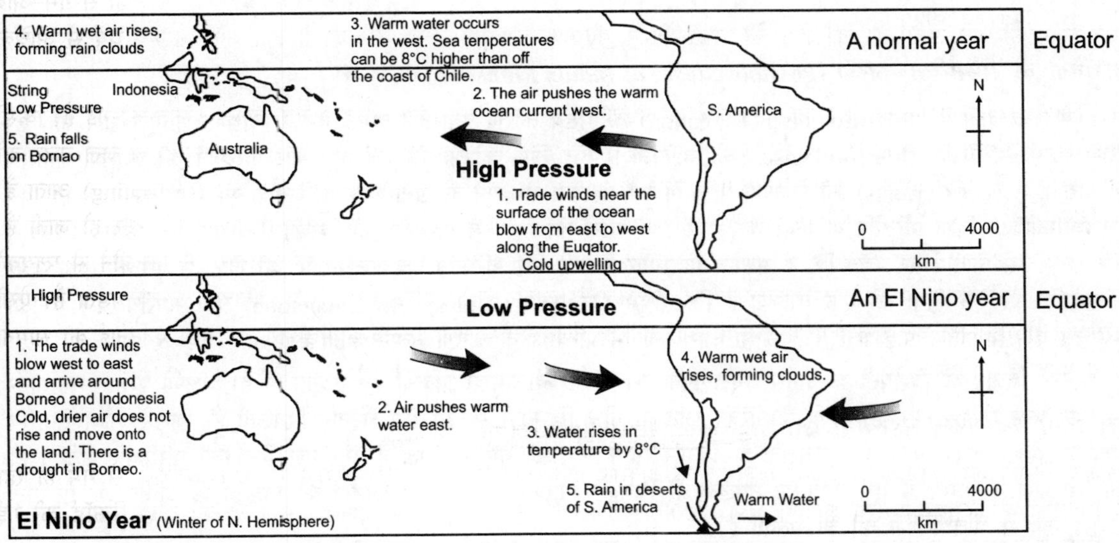

चित्र 4.11 एल-निनो और दक्षिणी दोलन

पी.ए. मेनन (1953) ने चार विशेषताओं वाली मानसूनी हवाओं का वर्णन किया है जो निम्न प्रकार है-

1. जनवरी और जुलाई के बीच प्रचलित हवा की दिशा 120° होनी चाहिए।
2. जनवरी और जुलाई बीच औसत आवृति 40% से अधिक होनी चाहिए।
3. उपर्युक्त महीनों के दौरान परिणामी वेग 3 मी./से. से अधिक होना चाहिए।

4. 5° अक्षांश और देशान्तर के ऊपर किसी महीने में प्रत्येक दो वर्ष के स्थानापन्न पर एक चक्रवात या एक प्रतिचक्रवात कम होना चाहिए।

दुनियाभर में मानसून जलवायु के क्षेत्रों को नीचे दी गई **तालिका 4.1** द्वारा समझाया गया है–

तालिका 4.1 मानसूनी जलवायु क्षेत्रों का वर्गीकरण

क्षेत्र	
सही मानसून क्षेत्र	भारत, म्यांमार, पाकिस्तान, बांगलादेश, थाइलैंड, कम्बोडिया, लाओस, वियतनाम, द. चीन, फिलीपींस, आस्ट्रेलिया का उत्तर तटीय क्षेत्र।
छद्म मानसून क्षेत्र	अफ्रीका का द.प. तट, गिनी का तट, सिएरा लियोन, लाइबेरिया, आइवरी कोस्ट, पूर्वी अफ्रीका और पश्चिमी मेडागास्कर।
मानसून प्रभाव के क्षेत्र	लैटिन अमेरिका का द.प. तट, पूर्वी वेनेजुएला, गुयाना, सुरीनाम, फ्रेंचगुयाना, उ.पू. ब्राजील, प्यूर्टोरिकों, कैरेवियन द्वीप में डोमिनीसियन गणराज्य।
संशोधित मानसून क्षेत्र	मध्य अमेरिका, द.पू. अमेरिका।

भारतीय मौसम विज्ञान संस्थान के एक अध्ययन के अनुसार, भारत में गर्म लहरों की आवृत्ति और अवधि बढ़ने की उम्मीद है, अल-नीनो मोदो की इस वृद्धि के लिए जिम्मेदार हो सकता है। मृदा की नमी का छय (वाष्पोत्सर्जन कम होने का कारण) और धरती से वायुमंडल में ऊष्मा का विकरण भी ऊष्मा तरगों को बढ़ाने में योगदान देता है। इससे दक्षिण भारतीय क्षेत्र और तटीय क्षेत्र काफी हद तक प्रभावित होते हैं।

अल मोदो की घटनाओं में मध्य प्रशांत महासागर का पूर्वी और पश्चिमी भाग ठंडा होने के साथ अधिक गर्म होता है और लंबे समय तक गर्मी के प्रभाव में योगदान देता है। यह उम्मीद की जाती है कि गर्मी की लहर की अवधि 0.5 क्षणों और प्रति दशक 4-7 दिन बढ़ जाएगी।

एल-निनो के सम्भावित कारण (Possible causes of Indian Monsoon)

एल-निनो तथा दक्षिणी दोलन (Southern Oscillation) के मुख्य कारण क्या हैं? इसके बारे में अभी तक पूर्ण ज्ञान नहीं है। आरम्भ में मौसम विज्ञान (Meteorologists) के विशेषज्ञों ने एल-निनो की उत्पत्ति एवं वायु भार परिवर्तन की व्याख्या सागरीय जल धाराओं (Ocean Currents) की दिशा में परिवर्तन की सहायता से करने का प्रयास किया, जबकि सागरीय विज्ञान के विशेषज्ञ ने जलधाराओं की दिशा परिवर्तन के लिये वायु-भार तथा पवनों की दिशा में परिवर्तन को जिम्मेदार ठहराया था। केवल 1950 में ही वैज्ञानिक इस निष्कर्ष पर पहुँचे कि द. प्रशान्त महासागर में वायु भार परिवर्तन एवं जलधाराओं की दिशा में परिवर्तन एक-दूसरे पर आधारित हैं। एल-निनो की एक व्याख्या है कि वायुमण्डल संचार (Atmospheric Circulation) एवं सागरीय जल धाराओं का संचार एक प्राकृतिक प्रक्रिया है, जो ऊष्मा और ऊर्जा में परिवर्तन के कारण उत्पन्न होता है।

भू-गर्भ विज्ञान के विशेषज्ञों के अनुसार एल-निनो का संबंध ज्वालामुखी प्रक्रिया एवं उद्‌गार से है। दक्षिणी प्रशान्त महासागर में नाजका प्लेट (Nazca Plate) के द. अमेरिका प्लेट के नीचे खिसकने से, सागरीय चट्टान पिघलती है, जिससे लावा सागरीय महाखड्डों (Ocean Trenches) में उबलता है, जिससे सागर का जल गर्म हो जाता है और एल-निनो की परिस्थिति उत्पन्न हो जाती है। आज के समय में ऐसे उपकरण उपलब्ध हैं जिनकी सहायता से सागरीय तापमान के आंकड़ों के आधार पर एलनिनो की शुद्ध रूप से भविष्यवाणी की जा सकती है।

जैसा कि ऊपर उल्लेख किया जा चुका है, जब सकारात्मक दक्षिणी दोलन (Positive Southern Oscillation) की परिस्थिति उत्पन्न होती है, तब उत्तरी आस्ट्रेलिया, न्यू-गिनी एवं इण्डोनेशिया में वायु भार कम होता है तथा इन देशों में भारी वर्षा रिकॉर्ड की जाती है, साथ ही साथ भारत में गर्मी का मानसून सामान्य एवं वर्षा अधिक होती है ***(चित्र 4.12)***।

एल-निनो (El-Nino) वर्ष में नकारात्मक दक्षिणी दोलन (Negative Southern Oscillation) की परिस्थिति होती है। द. प्रशान्त महासागर के मध्य भाग (Central Region of Pacific Ocean) एवं पूर्वी भाग में वायु भार कम होता है, हवा गर्म होकर ऊपर उठती है। फलस्वरूप पेरू, कोलम्बिया और चिली के प्रदेशों में भारी वर्षा होती है। पेरू जल-धारा के गर्म होने के कारण उस

क्षेत्र में मछलियों के चारे (Planktons) का अभाव हो जाता है और मछलियों की जनसंख्या वृद्धि पर विपरीत प्रभाव पड़ता है। एल-निनो वर्ष में भारत का मानसून या तो कमजोर होता है या विफल हो जाता है। मानसून फेल होने के कारण भारतीय अर्थव्यवस्था विशेषकर किसानों, गरीबों एवं ग्रामीण जनसंख्या पर बहुत खराब प्रभाव पड़ता है।

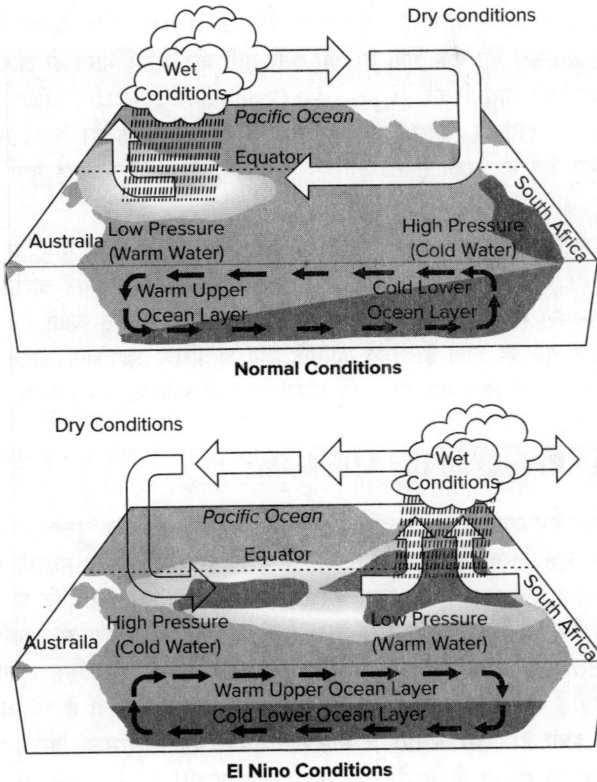

चित्र 4.12 वॉकर सेल दक्षिणी दोलन (एसओआई) और भारतीय मानसून

मानसून का प्रस्फोट (Burst of Monsoon)

भारतीय मानसून की आकस्मिक शुरुआत को 'मानसून का प्रस्फोट' (Burst of Monsson) कहते हैं। भारतीय उप-महाद्वीप में मानसून की शुरुआत आकस्मिक तथा नाटकीय ढंग से होती है। मानसून की शुरुआत के साथ हमेशा अशांत मौसम जुड़ा रहता है। मानसून का फटना दक्षिणी एशिया पर सामान्य उपरितन वायु परिसंचरण (Upper Air Circulation) में कुछ मूल परिवर्तन के साथ जुड़ा हुआ है। अप्रैल तथा मई में सूर्यातपन के कारण भारतीय उप-महाद्वीप में निकटवर्ती महासागर के अधिक वायु भार से दक्षिणी-पश्चिमी मानसून प्रवाह स्थापित होता है, परन्तु उत्तर की ओर इसके बहाव को उत्तर भारत के मैदान के ऊपर उपोष्ण जेट स्ट्रीम (Subtropical Jet Stream) से सम्बन्धित पश्चिमी क्षेत्रीय प्रवाह को बाधित करती है। यद्यपि मई के अन्त या जून के आरम्भ में जब तापीय परिस्थिति पूरी हो जाती है, जेट स्ट्रीम हिमालय के दक्षिण से पूर्ण रूप से हट कर हिमालय के उत्तर चीन तथा तिब्बत में स्थानांतरित हो जाती है। इसी समय ऊपरी द्रोणी (Upper Trough) भी पश्चिम की ओर (85° पूर्व से 75° पूर्व) स्थानांतरित हो जाती है। यहाँ यह उल्लेख करना आवश्यक है कि जेट स्ट्रीम (Jet Stream) का पश्चगमन (Retreat) धीरे-धीरे नहीं होता है। जेट स्ट्रीम स्थानांतरण की यह प्रक्रिया तेज गति से होती है। जेट स्ट्रीम के हटने के पश्चात समुद्र से थल की ओर मानसून परिसंचरण स्थापित होता है। ग्रीष्मकालीन मानसून दक्षिण-पूर्वी एशिया के अधिकतर भाग में सामान्यतः मई के अन्त में शुरू होता है। परन्तु भारत में इसकी शुरुआत जून के मध्य तथा अन्त तक ही हो पाती है। एक व्यवस्था से दूसरे में परिवर्तन

आकस्मिक होता है। यहां यह जानना जरूरी है कि मानसून की शुरुआत अनेक चरणों में होती है, जो आवर्तक प्रगति तथा विषुवतरेखीय अभिसरण क्षेत्र के निर्वन (With drawal of the Convergence Zone) पर निर्भर करता है।

काटेश्वरम महोदय के अनुसार, मानसून का फटना तिब्बत के वृहत्त तथा ऊँची उच्च-भूमि में गर्म केन्द्र वाले प्रतिचक्रवात (उच्च दाब) के विकास से नजदीकी रूप से संबंधित है। यह उपरितन प्रतिचक्रवात (Upper Level Anticylone) भारत पर एक पूर्वी जेट स्ट्रीम (Easterly jet stream) उत्पन्न करता है, जो लगभग 15° उ. में स्थित होता है। यह सामान्य स्थाई पवनों के संचार प्रतिरूप में पुन: समंजन (Readjustment) का एक भाग है। धीरे-धीरे पूर्वी जेट स्ट्रीम भारत से लेकर पूर्वी अफ्रीका तक पूरे क्षेत्र में फैल जाती है। ऊपर चर्चित उपरितन वायु स्थिति (Upper Air Condition) उपमहाद्वीप दक्षिण-पश्चिमी मानसून की उत्पत्ति एवं विकास का मार्ग साफ करता है। इसलिए मानसून प्रवाह पूरे भारत में देखा जाता है। भारत में मानसून की गहराई लगभग 6.5 कि.मी. है परन्तु गंगा के मैदानी क्षेत्र में इसकी गहराई लगभग 5 कि.मी. है। मानसून प्रवाह पूर्वी पवन (पूर्वी जेट स्ट्रीम) परत के नीचे फैला रहता है।

मानसून का आकस्मिक आगमन भारतीय उप-महाद्वीप के लोगों के लिए जलवायु की दृष्टि से तथा सामाजिक एवं आर्थिक दृष्टि से अत्यधिक महत्व रखता है। मानसून की शुरुआत उत्तर भारत के मैदानों में झुलसाने वाली गर्मी तथा स्थानीय गर्म हवा (लू) को खत्म कर देती है। वायुमंडल में आपेक्षिक आर्द्रता (Relative Humidity) बढ़ जाती है। मानसून के आगमन के साथ ही खरीफ फसल की कृषीय प्रकिया शुरू हो जाती है। उच्च तापमान तथा अत्यधिक आपेक्षिक आर्द्रता स्वास्थ्य के लिए हानिकारक है। वर्षा के मौसम (जुलाई से सितंबर) में लोग कई तरह की बीमारियों तथा महामारी का शिकार होते हैं।

मानसून का अन्तराल (Breaks in the Monsoon)

मानसून वर्षा क्षेत्र का स्थानान्तरण, ग्रीष्मकालीन अथवा दक्षिण-पश्चिमी मानसून का एक मुख्य उप-मौसमी परिवर्तन है। इसलिए मानसून अनेक महीनों, अवधि का एक निरंतर जल-प्रलय मात्र नहीं है किन्तु इसमें अन्तर-मौसमी परिवर्तनशीलता होती है। यह औसतन घटनाओं का एक क्रम है, जो वर्षा तथा शुष्क, दोनों का संयोजन होता है। स्थानीय दृष्टि से यदि देखा जाए तो ये क्रमश: सक्रिय मानसून (active period) तथा मानसून के अन्तराल (break period) होते हैं, जिनकी अवधि कुछ दिनों से लेकर कुछ सप्ताहों तक हो सकती है। इस तरह एक तरफ जहाँ यह प्रतीत होता है कि मानसून का एक सुनिश्चित वार्षिक चक्र होता है, वहीं ध्यान से देखने पर पता चलता है कि मानसून में वास्तविक परिवर्तनशीलता पाई जाती है जो आर्द्र ऋतु में मानसून की वर्षा के बढ़ने अथवा घटने से सुस्पष्ट होती है। जिस अवधि में मौसमी गड़बड़ी का सिलसिला निरंतर जारी रहता है अथवा जिसमें तूफान कुछ दिनों तक लगातार देखा जा सकता है वह मानसून की सक्रिय अवधि (active period) कहलाती है। जिस अवधि में कुछ दिनों तक वर्षा नहीं होती है वह अवधि मानसून की अन्तराल अवधि (break period) कहलाती है। सक्रिय चरण के दौरान, उष्णकटिबंधीय पूर्वी जेट स्ट्रीम [Tropical Easterly Jet Stream (TEJ)] ऊपरी क्षोभमंडल में अत्यधिक सबल होती है जो तीव्र संवाहन तथा गुप्त उष्मा का संकेत करती है। परन्तु जब हिमालय के पादगिरि (Foot hills) में अधिकतम मेघ होते हैं तथा मानसून वर्षा क्षेत्र इस दिशा में स्थानान्तरित होता है, तब अवतलन (subsidence) के कारण ऊपरी क्षोभमंडल में एक कमजोर पूर्वी जेट प्रवाह होता है। यह मानसून अन्तराल (break in monsoon) की स्थिति उत्पन्न करता है।

मानसून अन्तराल के दौरान पूरे देश में वायुदाब तथा तापमान में सामान्य रूप से वृद्धि होती है तथा समदाब रेखाएँ पश्चिमी तट के किनारे मुड़ती हुई दिखाई देती हैं। बदली घट जाती है तथा उत्तरी भारत में धरातलीय स्तर पर बहने वाली दक्षिण-पूर्वी पवनों को गर्म पश्चिमी पवनें (Hot Westerly Winds) प्रतिस्थापित करती हैं, जो मैदानों में चलती हैं, वृहत्त स्तर पर सतही दाब (Mosoon trough) हिमालय की ओर स्थानांतरित होता है तथा देश के अन्य क्षेत्रों अथवा हिमालय के दक्षिणी भागों में वर्षा व्यावहारिक रूप से थम जाती है, हिमालय पर्वत पर अधिक वर्षा के कारण, उत्तरी भारत की नदियों में प्राय: बाढ़ आ जाती है। यद्यपि मैदानी क्षेत्रों में कोई वर्षा नहीं होती है, सभी मुख्य उत्तरी तथा पूर्वी भारत की नदियों का जल स्तर ऊपर उठ जाता है जिसके परिणामस्वरूप भीषण बाढ़ आ जाती है।

कमजोर मानसून की स्थिति में तथा उन वर्षों में जब मानसून द्रोणी (Trough) के अक्ष (axis) की पूर्वी सीमा ओडिशा, झारखंड, छत्तीसगढ़ तथा मध्य प्रदेश के दक्षिण में स्थित होती है, एक निम्न घाटी द्रोणी (Low Valley Trough) का विकास असम के मैदान में होता है जो ब्रह्मपुत्र नदी के किनारे पूर्वी हिमालय तथा शिलाँग पठार के बीच पंक्तिबद्ध होता है। इस निम्न घाटी द्रोणी (trough) का ऊर्ध्वाधर विस्तार (vertical extension) 2 से 3 कि.मी. तक होता है जिसमें दक्षिणी-पश्चिम मानसून द्रोणी

के दक्षिण में रहता है तथा यह मुख्य मानसून द्रोणी (trough) से अलग होता है। परन्तु जब यह उत्तर की ओर बढ़ती है तथा उसका विस्तार हिमालय तक होता है यह द्रोणी से जाकर असम के मैदान में मिलती है तब भारी वर्षा होती है।

मानसून में अन्तराल की स्थिति सामान्यत: जुलाई तथा अगस्त के महीनों में देखी जा सकती है तथा यह स्थिति इन महीनों में 3 से 5 दिनों तक 500 से 1000 कि.मी. की दूरी तक बनी रहती है। ये अन्तराल दो समय-क्रम में होता है–सामान्य रूप से 10 से 20 दिनों के समय क्रम में, जो कुछ अवसरों में जुड़कर 40 से 50 दिनों का अन्तराल संरूपण बनाती है। समय तथा अवधि पर निर्भर करते हुए, मानसून के अन्तराल की स्थिति क्षेत्रों में सूखे का पूर्वज्ञान देती है।

मानसून का प्रारंभ (Onset of the Monsoon)

मानसून की वर्षा का प्रारंभ मानसून शब्दावली में मानसून या बादल का फटना कहलाता है, यह सामान्य रूप से एक गरजने वाले तूफान के साथ शुरू होता है। मानसून की शुरुआत का अनुमान किसानों को उपयुक्त फसल के चयन तथा भूमि को तैयार करने के समय निर्धारण में मदद करता है। भारतीय मौसम विज्ञान विभाग के लिए शुरू से ही मानसून के प्रारंभ का अनुमान लगाना एक दूभर कार्य रहा है। 1878 से ही मानसून की वर्षा का अनुमान इस विभाग द्वारा नियमित रूप से लगाया जा रहा है।

मानसून की अग्रगति (Progress of the Monsoon)

मानूसन के शुरुआत की सामान्य तिथि श्रीलंका तथा अंडमान एवं निकोबार द्वीप समूह में (बंगाल की खाड़ी में) मई के अन्त में होती है ***(चित्र 4.13)***। एक सप्ताह बाद जून 1 को मानसून के बादल मालाबार तट (केरल) पर फटते हैं। तथा मानसून के शुरूआत को दर्शाने वाले चार्ट की समान रेखाएँ बंगाल की खाड़ी पर एक सुस्पष्ट वक्र प्रदर्शित करती हैं। देश में मानसून का परवर्ती विकास प्रायद्वीप द्वारा दो धाराओं में विभाजित किया जाता है:

(i) बंगाल की खाड़ी की धारा, तथा;

(ii) अरब सागर की धारा धीरे-धीरे उत्तर की ओर अग्रसर होती है तथा 10 जून तक यह मुंबई पहुँच जाती है, मध्य भारत तक यह धारा 15 जून तक पहुँच पाती है।

बंगाल की खाड़ी की धारा का विकास कम चमत्कारी नहीं होता। यह उत्तर की ओर मध्य बंगाल की खाड़ी में आगे बढ़ती है तथा खाड़ी में यह 20°N अक्षांश तक मई के तीसरे सप्ताह तक पहुँच जाती है। यह पूरी गति के साथ अराकान तट (Arakan coast) तथा चटगाँव की पहाड़ियों से टकराती है, इसकी दिशा दक्षिण पश्चिमी होती है परन्तु इसकी सबसे अधिक तीव्रता

पूर्वी-पश्चिम मेघालय पठार की खासी पहाड़ियों तथा उत्तर-पश्चिम लुशाई पहाड़ियों, मिज़ोरम (ब्लू माउनटेन) के बीच कोण में देखी गई है। यहाँ चेरापूँजी के पश्चिम में मॉसिनराम (Mawsynram), जिसकी ऊँचाई लगभग 1313 मीटर है, 1200 से.मी. वार्षिक वर्षा रिकॉर्ड करता है। ब्रह्मपुत्र घाटी, खासी की पहाड़ियों के वृष्टि छाया क्षेत्र में है तथा यह 250 से.मी. से कम वर्षा रिकॉर्ड करती है। हिमालय प्रदेश में अधिक वर्षा में वृद्धि होती है, लेकिन बंगाल की खाड़ी की मानसून शाखा की दिशा पश्चिम की ओर होती है, जिसका कारण मानसून द्रोणी (Monsoon Trough) तथा हिमालय पर्वत की उपस्थिति है।

परिणामस्वरूप इसके आगे इसकी अग्रगति गंगा के मैदान की ओर होती है, जिसमें हिमालय को अधिक वर्षा तथा मैदानी क्षेत्रों को कम वर्षा प्राप्त होती है। कोलकाता में मानसून का आगमन 7 जून को होता है तथा जैसा पहले कहा जा चुका है कि अरब सागर की मानसून शाखा का आगमन मुंबई में 10 जून को होता है। मानसून की दोनों शाखाएँ गंगा के मैदानी क्षेत्र में एक दूसरे से मिलती हैं तथा धीरे-धीरे इसका विस्तार बिहार, झारखंड, छत्तीसगढ़, मध्य प्रदेश, उत्तर प्रदेश, उत्तराखंड, हरियाणा, हिमाचल प्रदेश, पंजाब, जम्मू एवं कश्मीर, लद्दाख तथा राजस्थान तक होता है, इस तरह जुलाई के पहले सप्ताह तक दक्षिण-पश्चिमी मानसून पूरे भारत में (थार मरुस्थल को छोड़कर) फैल जाता है, दूसरे शब्दों में, केरल से शुरू होने के बाद मानसून 29 दिनों के अन्दर लगभग पूरे भारत में फैल जता है। थार मरुस्थल में मानसून जुलाई के मध्य तक पहुँच पाता है, परन्तु यहाँ पहुँचते-पहुँचते यह मात्र एक अवरोही शुष्क हवा (descending dry wind) ही रह जाता है क्योंकि यह अब तक लगभग अपनी पूरी आर्द्रता खो चुका होता है। ***चित्र 4.13*** से यह ज्ञात होता है कि देश में 80° पूर्व देशांतर से पश्चिम तथा 25° उ. अक्षांश से दक्षिण के भागों में मानसून की अग्रगति दक्षिण से उत्तर की ओर होती है, वहीं देश के अन्य भागों में यह दक्षिण-पूर्व से उत्तर-पश्चिम की ओर होती है।

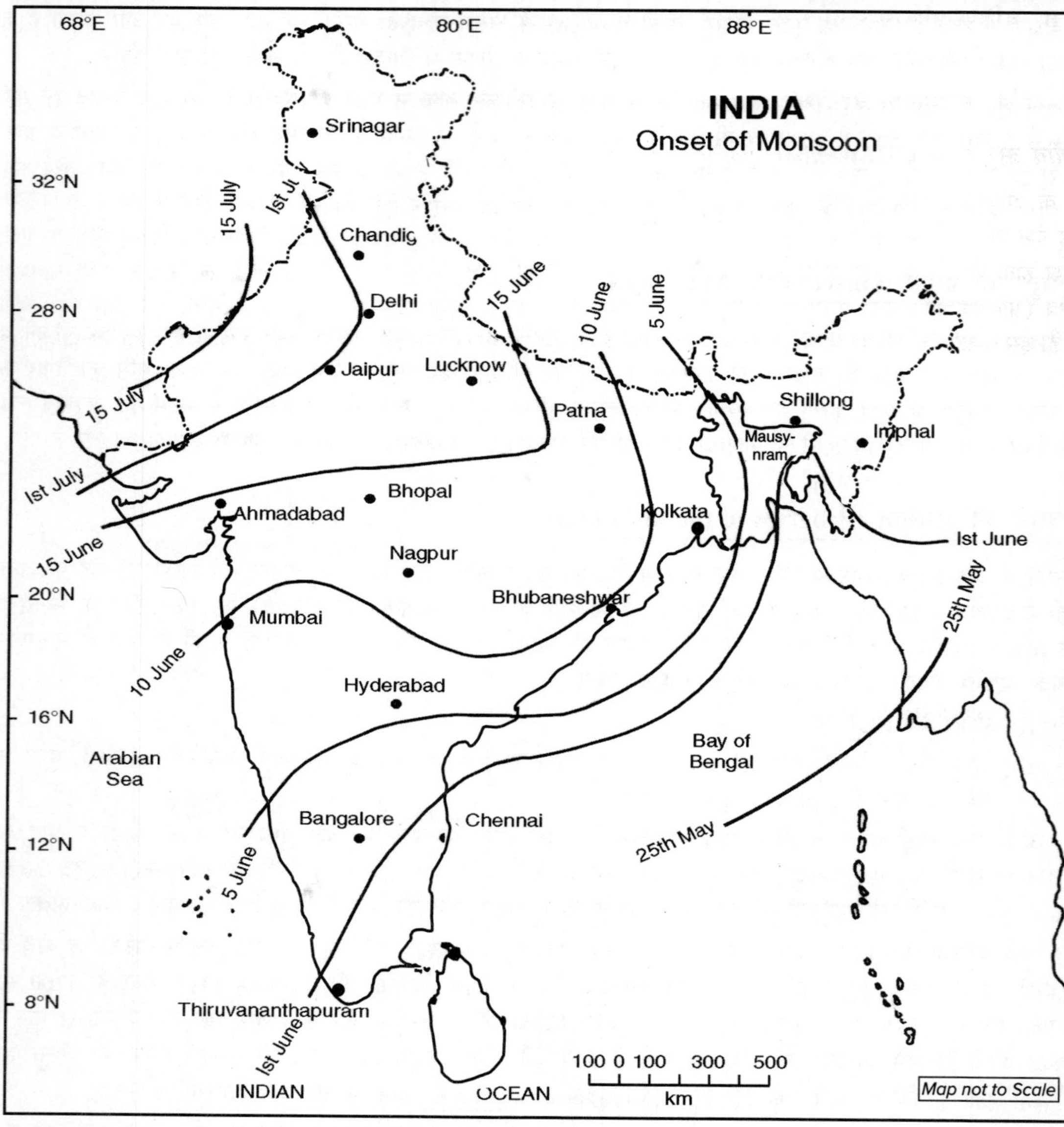

चित्र 4.13 दक्षिण-पश्चिम मानसून आगमन की सामान्य तिथियां

भारत में ऋतुएं (Seasons in India)

भारतीय उप-महाद्वीप का अक्षांशीय विस्तार बहुत अधिक है। भारत में जम्मू एवं कश्मीर से लेकर कन्याकुमारी (केप-केमोरिन) तक विभिन्न ऋतुएँ हैं। भारत के मौसम-विज्ञान विभाग (MDI) ने भारत के मौसमों को निम्नलिखित चार ऋतुओं में विभाजित किया है:

A. **उत्तर-पूर्वी मानसून की ऋतुएँ (Season of North East Monsoon)**

1. शीत ऋतु, मध्य दिसंबर से लेकर मध्य मार्च तक
2. ग्रीष्म ऋतु, मध्य मार्च से लेकर मई तक

B. **दक्षिण-पश्चिम मानसून की ऋतुएँ (Season of South West Monsoon)**

3. वर्षा ऋतु, जून से सितंबर तक
4. मानसून-अपसरण ऋतु (Retreating Monsoon), अक्टूबर से मध्य-दिसंबर तक।

1. शीत ऋतु (The Cold Weather Season)

भारत के अधिकतर भागों में शीत ऋतु नवम्बर के अन्त में शुरू होती है खासकर उत्तर भारत में तथा दिसंबर महीने के आरम्भ में यह देश के अन्य भाग में प्रारंभ होती है। इस ऋतु की विशेषता प्रतिचक्रवात (anticyclone), शुष्क तथा स्थायी वायु व नीला आकाश होता है। इस ऋतु में उष्णकटिबंधीय जेट स्ट्रीम की दक्षिणी शाखा उत्तरी भारत में केन्द्रित होती है। एक उच्च वायुदाब का क्षेत्र (प्रतिचक्रवात) उत्तर भारत में विकसित हो जाता है. मध्य अक्षांश वाली पछुआ पवन 25° उ. अक्षांश के उत्तर तक पहुँच जाती है। इस अक्षांश के दक्षिण में हवाएँ उत्तर-पूर्व से चलती हैं। इन उत्तर-पूर्वी हवाओं को शीतकालीन मानसून कहते हैं। प्रायद्वीपीय

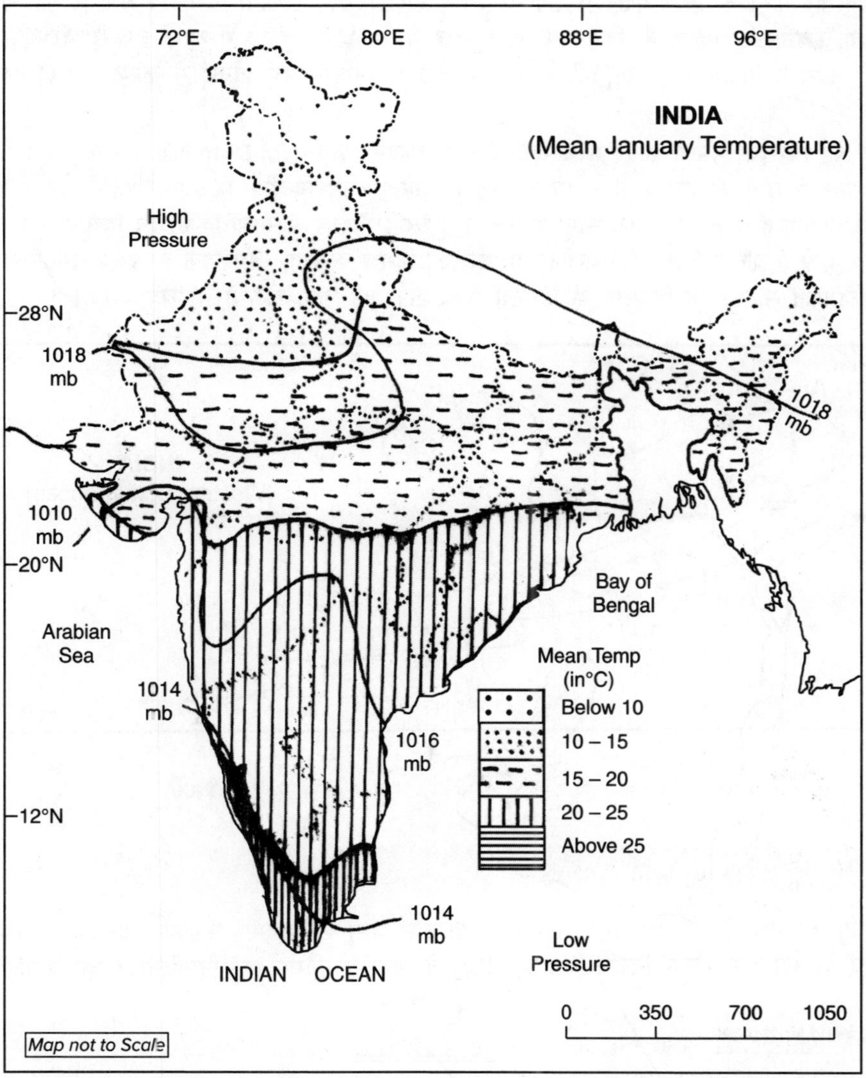

चित्र 4.14-*A* जनवरी का औसत तापमान

भारत में हवाओं की सामान्य दिशा-पूर्व से पश्चिम की ओर होती है। बंगाल की खाड़ी से होकर तथा संछेद्री दिशा (trajectory) के कारण पुरवा पवनें आर्द्रता से भरी होती हैं तथा दक्षिण-पूर्व तटीय क्षेत्रों (कोरोमण्डल तट) पर कुछ वर्षा करती हैं।

शीत ऋतु में दक्षिण भारत से उत्तर की ओर जाते हुए तापमान सामान्य रूप से घटता जाता है। जनवरी के महीने में 21°C की समताप रेखा देश के मध्य से पश्चिम से पूर्व दिशा में पार होती है, यह पश्चिम में तापी के नदीमुख को पूर्व में महानदी डेल्टा से जोड़ती है ***(चित्र 4.14)***। जनवरी के महीने में उत्तरी भारत के मैदान के उत्तर-पश्चिम भाग (पंजाब, हरियाणा, पश्चिमी उत्तर प्रदेश तथा राजस्थान) में औसत मासिक तापमान 15°C से कम रहता है।

रात्रि का तापमान पंजाब, हरियाणा तथा राजस्थान के मैदानी क्षेत्रों (अमृतसर, हिसार तथा जोधपुर) में कभी-कभी हिमांक बिन्दु से नीचे चला जाता है जिसके कारण धरातल तुषारित (Frost) हो जाता है। प्राय: रात का औसत तापमान सामान्य औसत से 6°C से अधिक घट जाता है जिसके कारण भारत के उत्तरी मैदान में शीत लहर (Cold Wave) चलती है। दक्षिणी भारत में, समताप रेखाएं दक्षिण की ओर अभिमुख होती हैं तथा तटों के समानांतर चलती हैं। पश्चिमी तट पूर्वी तट से लगभग 2°C से अधिक गर्म होता है। भारत के वृहत्त मैदान में तापान्तर 15ºC होता है तथा प्रायद्वीप के तटीय क्षेत्रों में यह मात्र 5ºC होता है। जनवरी भारत का सबसे ठंडा महीना है, विशेषकर उत्तरी भारत में। प्रायद्वीपीय भारत में स्पष्ट रूप से परिभाषित कोई शीत ऋतु नहीं होती है। जनवरी के महीने में औसत अधिकतम तापमान तिरुवनन्तपुरम तथा चेन्नई में क्रमश: 31ºC तथा 30ºC होता है ***(चित्र 4.14)***।

शीत ऋतु की विशेषता भूमध्य सागर से उत्पन्न पश्चिमी विक्षोभ (Werstern Distrubances) का अन्तर्वाह है। इन विक्षोभ की आवृत्ति दिसंबर से मार्च के बीच 4 से 8 दर्ज की गई है। भारतीय उप-महाद्वीप के उत्तर-पश्चिमी क्षेत्र में शीत ऋतु में वर्षा उन चक्रवातों के कारण होती है जो भूमध्य सागर से उत्पन्न पश्चिमी विक्षोभ से सम्बंधित हैं। इन विक्षोभों की आवृत्ति दिसंबर से जनवरी के बीच 4 से 6 प्रति माह है। शीतकालीन वर्षा रबी की फसल के लिए लाभदायक है। इसके अतिरिक्त पश्चिमी विक्षोभ के कारण हुए हिमपात से पश्चिमी हिमालय के हिमनदों (glaciers) का भरण होता है। ***(चित्र 4.14A)***।

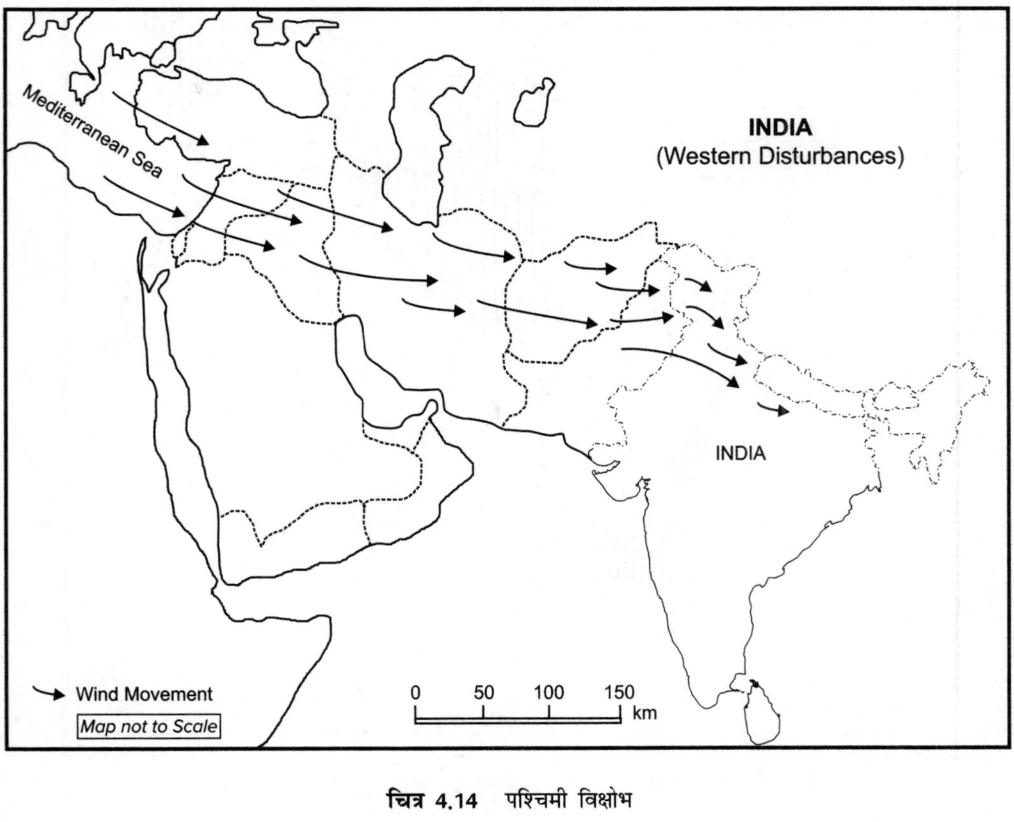

चित्र 4.14 पश्चिमी विक्षोभ

भारत का उत्तर-पूर्वी भाग भी शीत ऋतु में कुछ वर्षा प्राप्त करता है। अरुणाचल प्रदेश, नगालैण्ड तथा असम इन महीनों में लगभग 50 से.मी. वर्षा रिकॉर्ड करते हैं *(चित्र 4.15)*।

2. ग्रीष्म ऋतु (The Hot Weather Season)

उत्तर भारत में मध्य मार्च से मध्य जून के बीच एक स्पष्ट रूप से परिभाषित ग्रीष्म ऋतु देखी जाती है। बसन्त-विषुवत के बाद सूर्य के उत्तर की ओर कर्क रेखा की तरफ प्रस्थान के कारण तापमान बढ़ने लगता है। उत्तर-पश्चिम भारत में तापन के कारण सतह पर तापीय 'निम्न दाब' (low pressure) विकसित होता है, यद्यपि उपोष्णकटिबंधीय जेट स्ट्रीम हिमालय के दक्षिण में होती है, यह अफगानिस्तान के ऊपर तथा पाकिस्तान के सीमांत क्षेत्र में अपना गत्यात्मक प्रति चक्रवाती (anticyclonic) असर कायम रखती है, घटते तापन वाली शुष्क वायु का प्रच्छन्न सतही तापीय 'निम्न' दाब के प्रभाव को कम करती है, यह इसकी वायु को ऊपर उठाने की क्षमता, (जिसके द्वारा वर्षण होता है), को कम करती है (जॉनसन, 1969, पृ. सं. 17)।

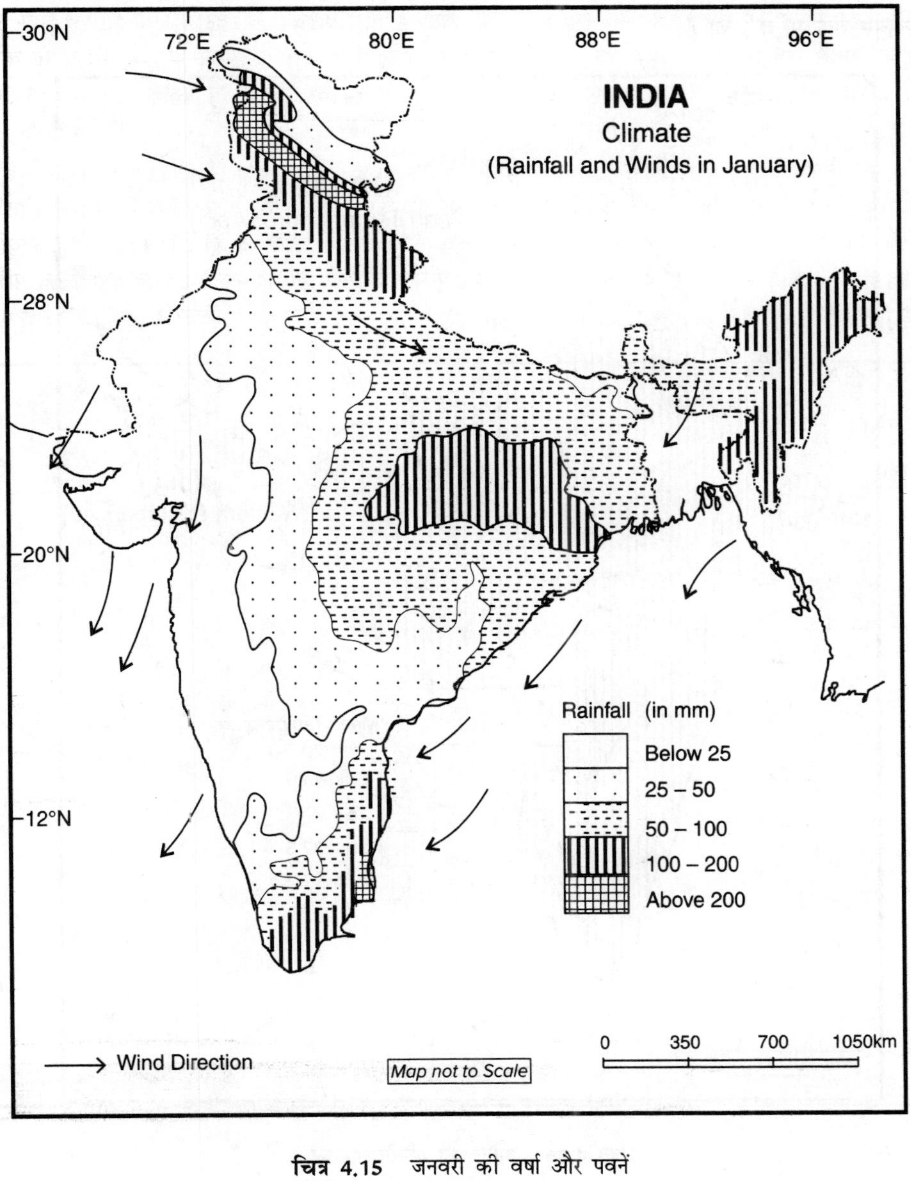

चित्र 4.15 जनवरी की वर्षा और पवनें

मार्च के आरम्भ से तापमान एकाएक बढ़ने लगता है। अप्रैल से विंध्य श्रेणी के दक्षिण के प्राय द्वीपीय क्षेत्र में औसत अधिकतम तापमान 40° सेल्सियस होता है। मई में राजस्थान, दिल्ली, पश्चिम उत्तर प्रदेश, दक्षिण पंजाब तथा हरियाणा में औसत अधिकतम तापमान 42° सेल्सियस तक पहुँच जाता है।

54° सेल्सियस से भी अधिक तापमान श्रीगंगानगर में 1967 में दर्ज किया गया था। कुछ जगहों में खासकर उत्तर-पश्चिम भारत में दिन का तापमान 45° या 51° सेल्सियस तक पहुँच जाता है। मई में औसत न्यूनतम तापमान भी अधिक होता है, यह दिल्ली तथा जयपुर में 26° सेल्सियस तक पहुँच जाता है। भारत के पूर्वी राज्यों तथा पहाड़ी क्षेत्रों में इस समय तापमान कम होता है ***(चित्र 4.16)***।

अप्रैल के महीने में 30° सेल्सियस के औसत तापमान की समताप रेखा 10° उ. तथा 26° उ. अक्षांश के बीच देश के एक बड़े क्षेत्र को घेरे हुए होती है (पश्चिमी तट तथा उत्तर-पूर्व के पहाड़ी राज्यों को छोड़कर) दैनिक तापान्तर तटीय क्षेत्रों में 5° तथा 6° सेल्सियस के बीच होता है परन्तु देश के आन्तरिक भाग में तथा उत्तर-पश्चिम सतलज गंगा के मैदानी क्षेत्रों में तापान्तर 15°-20° सेल्सियस तक पहुँच जाता है।

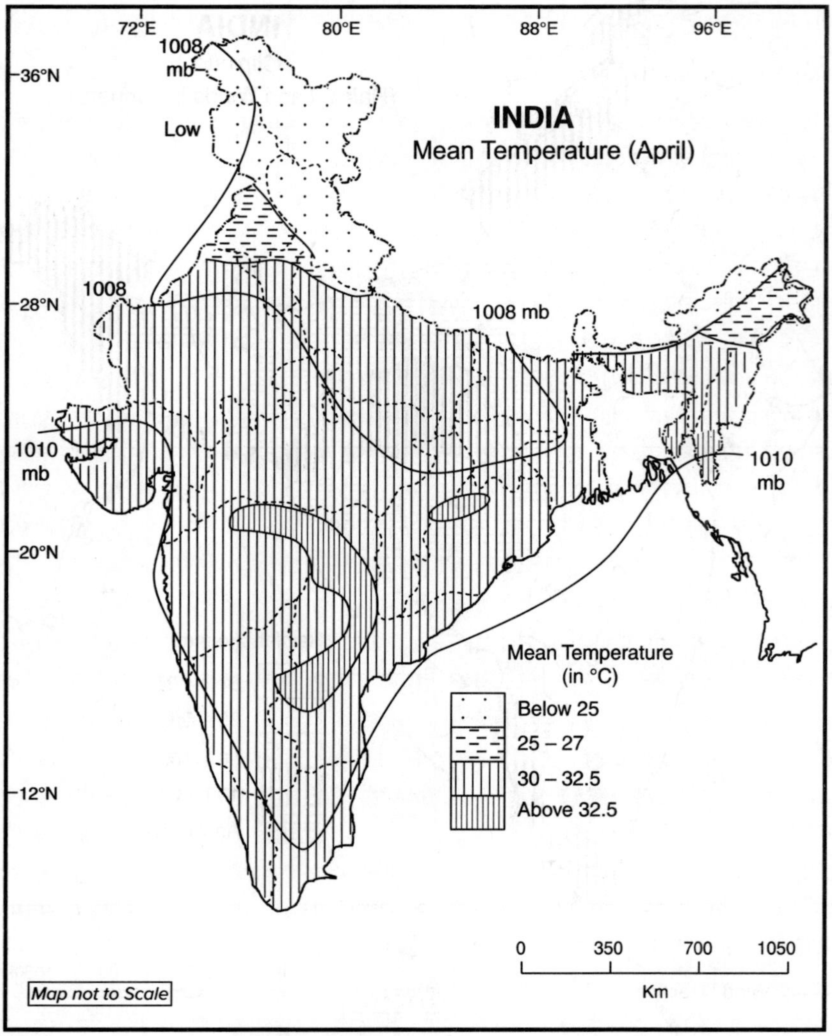

चित्र 4.16 अप्रैल का औसत तापमान

उत्तर-पूर्वी तथा दक्षिण-पश्चिमी मानसून (वर्षा ऋतु) के बीच यह एक परिवर्ती ऋतु है, जिसकी विशेषता अस्थायी वायुदाब तथा पवन परिसंचरण है। सूर्य के उत्तरी दिशा में बढ़ने के कारण, निम्न वायु दाब का क्षेत्र भी दक्षिण-पूर्व से उत्तर-पश्चिम की ओर बढ़ जाता है। यह मई के अन्त में तथा जून के शुरू में उत्तर-पश्चिमी भारत पर जाकर स्थिर हो जाता है। वायुदाब सामान्यतः दक्षिण की ओर निकटवर्ती सागर में बढ़ जाता है। पवन की सामान्य दिशा उत्तर-पश्चिमी भारत में उत्तर-पश्चिम तथा पश्चिम से पूर्व की ओर होती है, अरब सागर तथा उससे सटे हुए तट में यह दक्षिण-पश्चिम दिशा से होती है। पंजाब, हरियाणा तथा पश्चिमी उत्तर प्रदेश में टॉरनेडो (Tornado) जैसी आँधी, पश्चिमी भारत की गर्म हवाएँ (लू), पश्चिम बंगाल की काल बैसाखी आन्ध्र प्रदेश की मैंगो वर्षा (Mango Shower) ग्रीष्म ऋतु की विशेषताएँ हैं।

ग्रीष्म ऋतु में सूर्य की गर्मी झुलसा देने वाली होती है तथा सापेक्षिक आर्द्रता सामान्यतः 30 प्रतिशत से कम रहती है, यह यदा-कदा 10 प्रतिशत हो जाती है। इस ऋतु में राजस्थान, गुजरात तथा मध्य प्रदेश में कुल वर्षा 2 से.मी. से भी कम होती है, उत्तराखंड, हिमाचल प्रदेश, पंजाब, उत्तर प्रदेश, बिहार तथा ओडिशा के उप-पर्वतीय क्षेत्र में यह 5 से 15 से.मी. के बीच होती है, मालाबार तट पर यह 15 से 25 से.मी. के बीच होती है तथा असम, मेघालय, मिजोरम तथा नगालैंड में यह 50 से.मी. से अधिक होती है। इन गरजने वाले तूफानों द्वारा की गई वर्षा को कर्नाटक में 'चेरी ब्लॉसम' (Cherry Blossoms) कहते हैं (यहाँ यह कॉफी की खेती के लिए लाभदायक है) तथा दक्षिण भारत में यह अन्य जगहों पर 'आम्र वर्षा' (Mango Shower) कहलाती है।

3. वर्षा ऋतु (The Rainy Season)

जून के अन्त में पंजाब तथा राजस्थान में एक अति निम्न वायु दाब का क्षेत्र विकसित हो जाता है। उष्णकटिबंधीय जेट स्ट्रीम की दक्षिणी शाखा कमजोर पड़ जाती है तथा यह हिमालय के दक्षिणी ढाल से मध्य जून तक पीछे हट जाती है जिसके कारण सतही तापीय निम्न दाब पर एक गत्यात्मक चक्रवात की उत्पत्ति होती है। अन्तर-उष्णकटिबंधीय अभिसरण क्षेत्र (ITCZ) उत्तर की ओर बढ़ता है तथा मध्य जून तक यह 25° उ. अक्षांश पर पहुँच जाता है, जिसके कारण विषुवत रेखीय पछुआ हवाएँ उप-महाद्वीप में प्रवेश करती हैं। अन्तर-उष्णकटिबंधीय अभिसरण क्षेत्र (ITCZ) में चक्रवाती जलावर्त विकसित होता है, जिसके कारण देश में वर्षा होती है। तिब्बत के तापीय तापन के कारण उत्पन्न उष्णकटिबंधीय पूर्वी जेट स्ट्रीम (Tropical Easterly Jet Stream) हिन्द भारतीय महासागर उच्च दाब को और अधिक तीव्र कर देती हैं जहाँ से दक्षिण-पूर्वी व्यापारिक पवनों को अण्टार्कटिक परिध्रुविय वातावर्त (Antarctic Circumpolar Whirl) ढकेलती है जिससे दक्षिण-पश्चिम मानसून की उत्पत्ति होती है।

भारत के उत्तरी मैदानों में जून के महीने में तापमान सबसे अधिक होता है, जिससे मानसून की शुरुआत होती है। कहीं-कहीं पर दिन का तापमान 46° सेल्सियस को पार कर जाता है। जून के महीने में जोधपुर में औसत अधिकतम तापमान 41° सेल्सियस तक पहुँच जाता है। यह तापमान दिल्ली में 40°, इलाहाबाद में 39°, कोलकाता में 33°, कोच्चि में 29° तथा शिमला व श्रीनगर में 23° सेल्सियस तक पहुँच जाता है। साथ ही साथ दैनिक तापान्तर भी अधिक होता है, यह लेह में 30° तथा दिल्ली में 15° सेल्सियस होता है। फिर भी दैनिक तापान्तर मई के महीने की अपेक्षा कम होता है ***(चित्र 4.17)***।

सामान्यतः झुलसा देने वाली गर्मी से एक दिन अचानक दोपहर में वर्षा प्रारंभ हो जाती है। इसे 'मानसून का फटना' (Monsoon Burst) कहते हैं। अरब सागर की मानसून शाखा उत्तर की ओर बढ़ती है तथा जून 1 तक केरल के तट को छू लेती है। यह 10 जून तक मुंबई पहुँचती है तथा जून के मध्य तक इसका विस्तार सौराष्ट्र, कच्छ तथा मध्य प्रदेश में हो जाता है।

बंगाल की खाड़ी वाली मानसून की शाखा सबसे पहले अंडमान एवं निकोबार द्वीप समूह पर लगभग 25 मई तक पहुँचती है तथा 1 जून तक यह मेघालय, मिज़ोरम तथा त्रिपुरा पहुँचती है। असम के अधिकांश भागों में इसकी तीव्रता से विस्तार होता है तथा 11 जून के लगभग यह कोलकाता पहुंचता है। दिल्ली, पश्चिमी उत्तर प्रदेश, उत्तराखण्ड, हरियाणा तथा पंजाब में मानसून 1 जुलाई के लगभग पहुँचता है।

वर्षा ऋतु के दौरान देश के अधिकतर हिस्सों में आसमान बादलों से ढके होते हैं (1/8 से मेघाच्छन्न आसमान तक)। इस ऋतु के दौरान सापेक्षिक आर्द्रता सामान्य तौर पर 65 प्रतिशत से अधिक होती है। असम तथा केरल में सबसे अधिक सापेक्षिक आर्द्रता दर्ज की जाती है। वर्षा ऋतु के अधिकांश समय में सापेक्षिक आद्रता 80 प्रतिशत से अधिक होती है।

भारतीय उप-महाद्वीप का अधिकांश भाग अपनी वार्षिक वर्षा का 85 प्रतिशत भाग वर्षा ऋतु के दौरान प्राप्त करता है। अरब सागर की मानसून धारा मालाबार तट, कोंकण तट, पश्चिमी घाट, महाराष्ट्र, गुजरात तथा मध्य प्रदेश के कुछ भागों में वर्षा करती है। मुंबई इस दौरान 190 से.मी. वर्षा दर्ज करता है। ज्योंही यह मानसून की धारा सह्याद्री को पार करती है, पश्चिमी घाट के

अनुवार्त दिशा (Leeward Side) में कम वर्षा देखी जाती है। उदाहरण के लिए, पुणे (यह मुंबई से 160 कि.मी. की दूरी पर पूर्व में स्थित है) में मात्र 125 से.मी. वर्षा होती है। नागपुर में 125 से.मी. तथा थंजावुर (Thanjavur) में मात्र 85 से.मी. वर्षा होती है। अरब सागर की मानसून धारा की उप-शाखा जो उत्तर की ओर कच्छ, गुजरात, तथा राजस्थान होकर गुजरती है, इन क्षेत्रों को कम वर्षा दे पाती है, जिसका कारण इसका अरावली के सामानांतर पंक्ति-बंधन (Parallel Alignment) है। अरब सागर की मानसून शाखा सीधे पश्चिमी हिमालय की ओर जाती है जहाँ यह उत्तराखंड तथा हिमाचल प्रदेश में पर्याप्त मात्रा में वर्षा करती है।

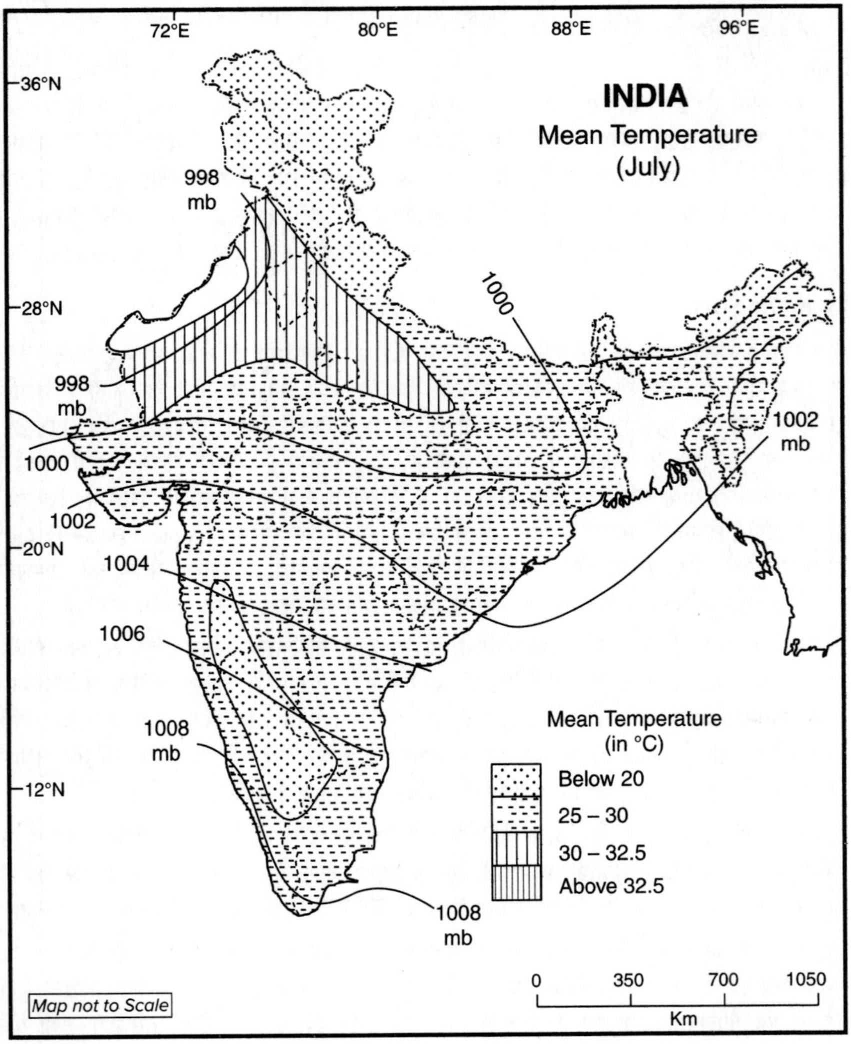

चित्र 4.17 जुलाई का औसत तापमान

बंगाल की खाड़ी की मानसून शाखा सबसे पहले म्यांमार के तट से टकराती है तथा पूर्वी पहाड़ियों से अवरोधित होकर यह गंगा के मैदान की ओर विक्षेपित होती है। यह मॉसिनराम (लगभग 1200 से.मी.) तथा चेरापूंजी (1100 से.मी.) में भारी वर्षा करती है। यह वर्षा अधिकतर सुबह के समय होती है। यहाँ भी मेघालय के पठार का अनुवार्त पार्श्व (Leeward side) कम वर्षा प्राप्त करता है; शिलाँग तथा गुवाहाटी जून तथा सितंबर के बीच क्रमशः 150 से.मी. तथा 160 सें. मी. वर्षा प्राप्त करते हैं। पश्चिम की ओर बंगाल की खाड़ी की मानसून धारा कोलकाता को 120 से.मी., पटना को 105 से.मी., इलाहाबाद को 90 से.मी., दिल्ली

को 55 से.मी., बीकानेर को 25 से.मी. तथा श्रीनगर को मात्र 20 से.मी. वर्षा जून तथा सितंबर महीने के बीच प्रदान करती है ***(चित्र 4.18)***।

मौसम तथा वर्षा की मात्रा को अनेक चक्रवाती (Cyclones) गर्त प्रभावित करते हैं जो बंगाल की खाड़ी तथा अरब सागर के माध्यम से देश में प्रवेश करते हैं ***(चित्र 4.19)***। लगभग 20 से 25 ऐसे चक्रवात मानसून की अवधि के दौरान विकसित होते हैं जिनमें कुछ अधिक तीव्र होते हैं जिनके द्वारा पश्चिम बंगाल, ओडिशा, आंध्र प्रदेश, तमिलनाडु तथा गुजरात के तटीय क्षेत्रों में रह रहे लोगों के जीवन तथा सम्पत्ति को अत्यधिक क्षति पहुँचती है। 29 अक्तूबर, 1999 का चक्रवात, (जिसका वेग 300 कि. मी. प्रति घंटा से भी अधिक था) के कारण एक लाख लोगों की जानें गईं। 2 मिलियन से अधिक घर क्षति ग्रस्त हो गए तथा लगभग 120 मिलियन लोग बेघर हो गए। इन चक्रवातों से भारी वर्षा भी होती है, जिसकी मात्रा तटीय क्षेत्रों से दूर जाने पर घटती जाती है।

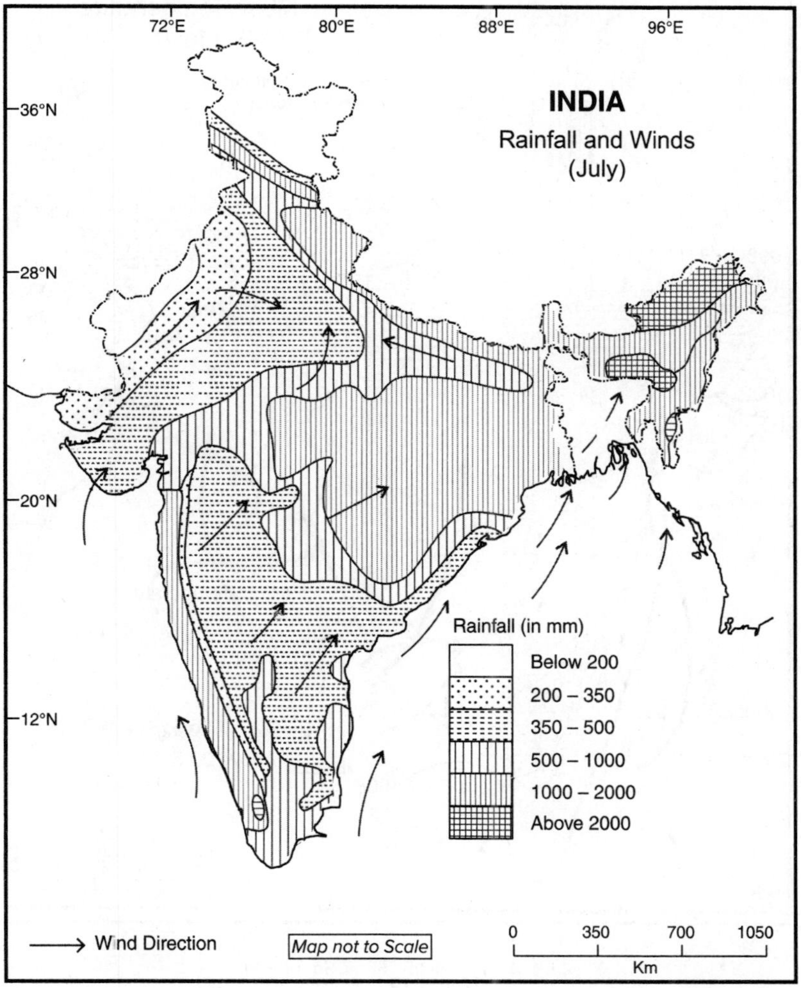

चित्र 4.18 जुलाई की वर्षा और पवनें

वर्षा ऋतु में देश में वर्षा का वितरण ***चित्र 4.18*** में अंकित किया गया है। इस चित्र से यह पता चलता है कि पश्चिमी तट, सह्याद्री, मेघालय, अरुणाचल प्रदेश, मिजोरम, नगालैंड, सिक्किम तथा दार्जिलिंग की पहाड़ियों में 200 से.मी. से कम वर्षा

होती है। उत्तर-पूर्वी भारत के अन्य राज्य, पश्चिम बंगाल, ओडिशा, झारखंड, बिहार, छत्तीसगढ़, तराई क्षेत्र तथा उत्तराखंड की पहाड़ियाँ 100 से 200 से.मी. के बीच वर्षा प्राप्त करती हैं। इसी तरह दक्षिणी तथा पश्चिमी उत्तर प्रदेश, उत्तरी तथा पश्चिमी मध्य प्रदेश, पूर्वी महाराष्ट्र व गुजरात, तथा उत्तरी आंध्र प्रदेश में 50 से 100 से.मी. के बीच वर्षा होती है। राजस्थान, पश्चिमी गुजरात, दक्षिणी आंध्र प्रदेश, कर्नाटक के पठार, तमिलनाडु, हरियाणा के मैदानी क्षेत्रों, पंजाब, जम्मू एवं कश्मीर तथा लद्दाख में 60 से.मी. से कम वर्षा होती है। सबसे कम वर्षा (20 से.मी. से कम) थार मरुस्थल में (पाकिस्तान की सीमा पर) तथा लद्दाख क्षेत्र में दर्ज की जाती है ***(चित्र 4.20)***।

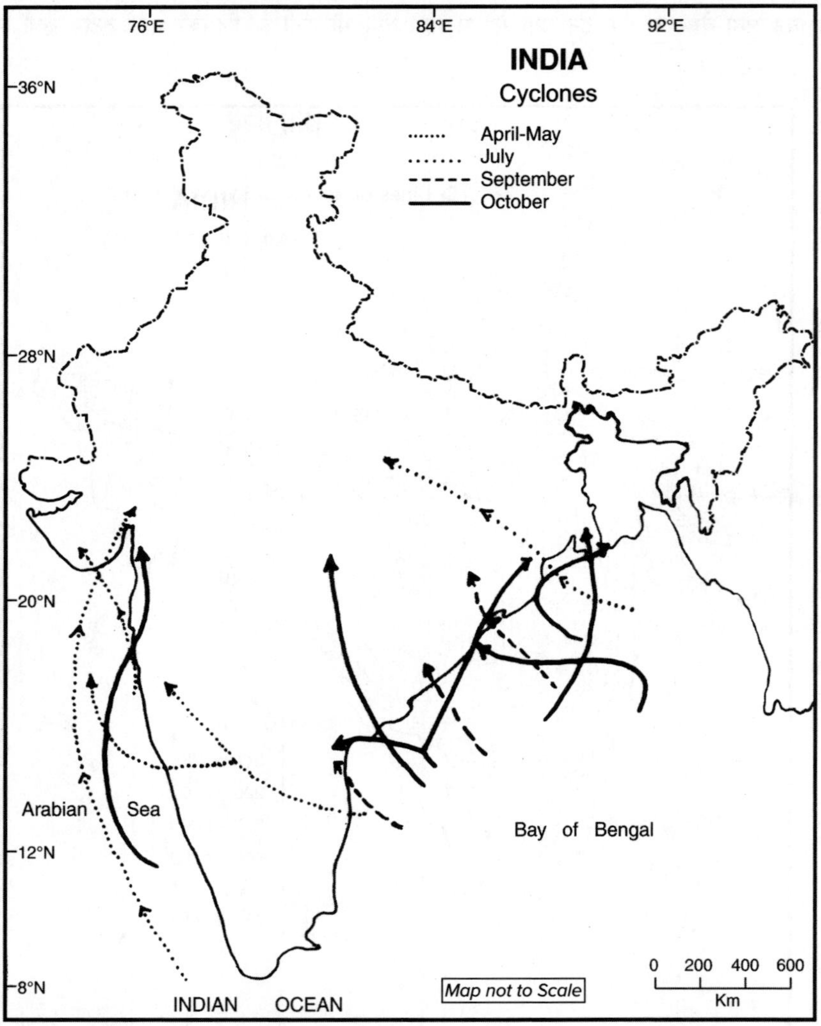

चित्र 4.19 चक्रवात

4. मानसून अपसरण ऋतु (Season of Retreating Monsoon)

दक्षिण-पश्चिम मानसून का उत्तरी भारत से अपसरण (retreat) सितंबर के तीसरे सप्ताह से प्रारंभ होता है, यह सूर्य की दक्षिणी यात्रा के साथ शुरू होता है। सितंबर के अंत तक, दक्षिण-पश्चिम मानसून का अपसरण पंजाब के मैदानों तथा निकटवर्ती क्षेत्रों में

होता है। मानसून के फटने की प्रक्रिया की तुलना में यह प्रक्रिया अधिक स्थिर तथा धीमी गति की प्रक्रिया है *(चित्र 4.19)*। मध्य अक्टूबर तक, उपोष्णकटिबंधीय जेट स्ट्रीम की दक्षिणी शाखा हिमालय के दक्षिण में अपना शीतकालीन स्थान ले लेती है।

मानसून अपसरण ऋतु के दौरान तापमान सामान्यत: अधिक होता है, यह उत्तर भारत में अक्टूबर के प्रारंभ में लगभग 25° सेंटिग्रेड होता है। दिन का तापमान आमतौर पर अधिक होता है लेकिन रातें सुहावनी हो जाती हैं, जहाँ औसत तापमान 20° सेंटिग्रेड या उससे भी कम हो जाता है। नवंबर से तापमान घटना शुरू हो जाता है तथा दिसंबर से शीत ऋतु आरम्भ हो जाती है, जहाँ भारतीय मैदानी क्षेत्रों के उत्तर तथा उत्तर-पश्चिम भागों में औसत तापमान 15° सेंटिग्रेड होता है, भारत के आंतरिक भागों में यह लगभग 20° सेंटिग्रेड होता है तथा तटीय प्रदेशों के किनारे तापमान लगभग 25° सेंटिग्रेड होता है।

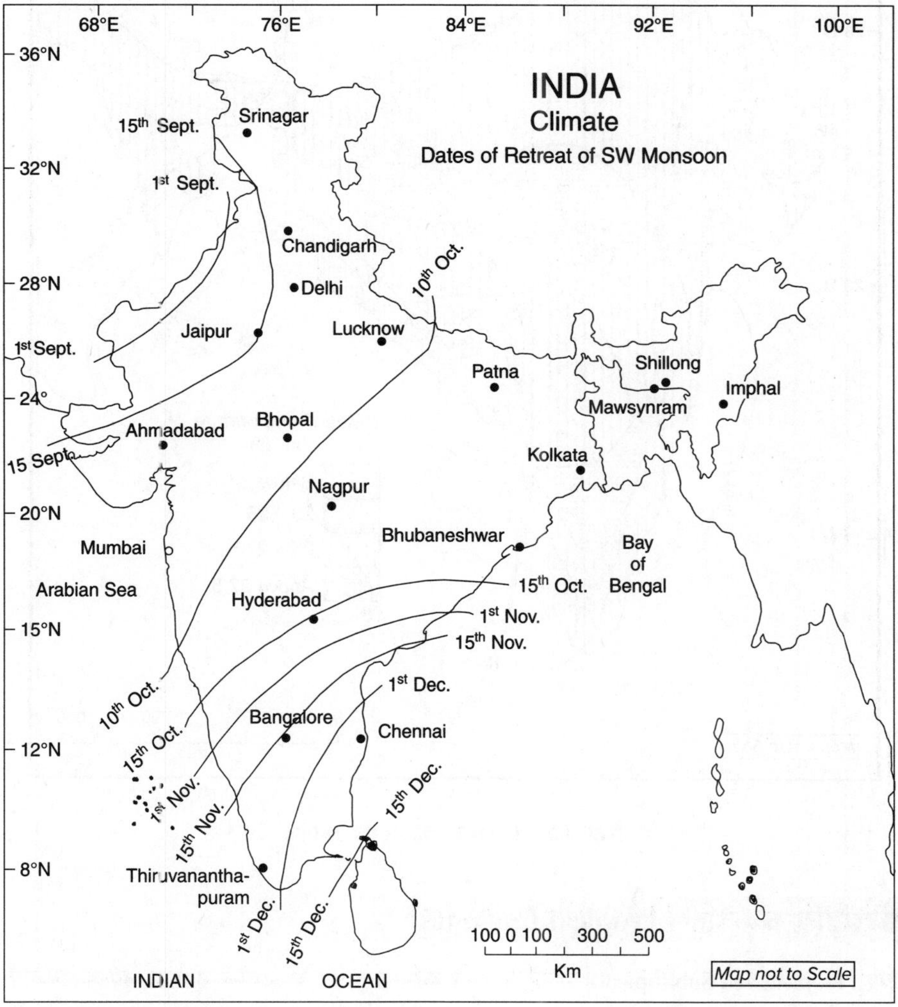

चित्र 4.20 दक्षिण-पश्चिम मानसून निवर्तन की सामान्य तिथियां

अक्टूबर के आगमन के साथ, भारत के उत्तर-पश्चिम भाग में निम्न दाब का क्षेत्र समाप्त हो जाता है तथा इसका स्थान बंगाल के उत्तरी भाग पर स्थित निम्न दाब द्वारा ले लिया जाता है। दिसंबर के शुरू में यह दक्षिण की ओर आगे बढ़ता है तथा इस महीने के अन्त तक यह विषुवतीय निम्न दाब के क्षेत्र से मिल जाता है। देश के उत्तर-पश्चिमी भागों में पछुआ हवा चलने लगती है।

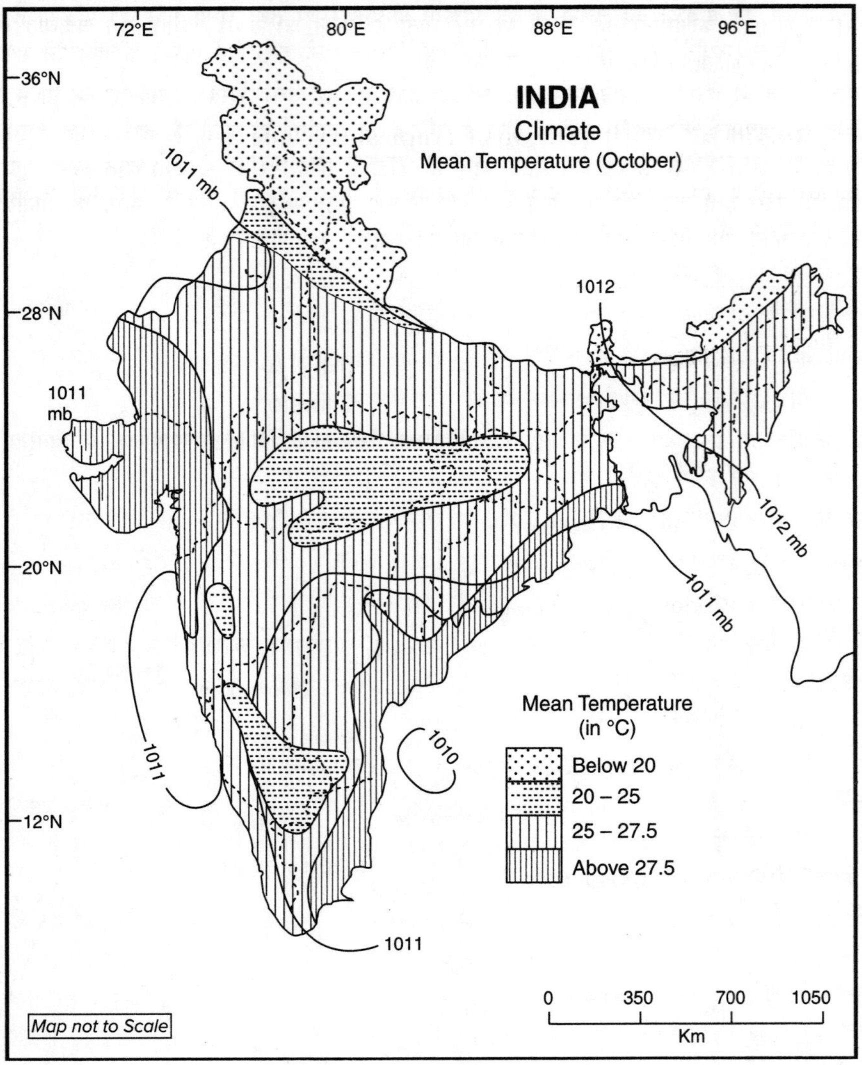

चित्र 4.21 अक्टूबर का औसत तापमान

उष्णकटिबंधीय चक्रवात (Tropical Cyclones)

उष्ण तथा उपोष्ण (Tropical and Subtropical) प्रदेशों में अति कम वायु भार के उत्पन्न होने से उष्णकटिबंधीय चक्रवातों का जन्म होता है उष्णकटिबंधीय चक्रवात विनाशकारी माने जाते हैं। इनसे भारी जान व माल का नुकसान होता है।

उष्णकटिबंधीय चक्रवातों में उत्तरी गोलार्द्ध में पवनों की दिशायें घड़ी की सूइयों के विपरीत दिशा में (anticlockwise) होती हैं। इनके केन्द्र में वायु भार बहुत कम रिकॉर्ड किया जाता हैं। बंगाल की खाड़ी से उत्पन्न होने वाले एक चक्रवात में, नागासाकी पर गिराये जाने वाले एटम बम से 10000 गुणा अधिक ऊर्जा होती है। उष्णकटिबंधीय चक्रवात का व्यास (Diameter) चन्द किलोमीटर से लेकर 20 से 65 मिलोमीटर तक हो सकता है।

उष्णकटिबंधीय चक्रवात के विभिन्न भागों में हवाओं की गति भिन्न-भिन्न होती है। उदाहरण के लिये चक्रवात के केन्द्र (Eye of the cyclone) में पवन की गति बहुत मन्द होती है चक्रवात के इस भाग में पवन की गति 25 किलोमीटर प्रति घंटे से

भी कम होती है, चक्रवात के केन्द्र से बाहर की ओर जाते हुये पवन की रफ्तार में तीव्रता आती जाती है। चक्रवात की सबसे अधिक गति धरातल से 0.8 किलोमीटर की ऊँचाई पर पाई जाती है। पवन का सबसे अधिक वेग चक्रवात के अग्रिम भाग के दाएं हिस्से (Right Front Quadrant) में रिकॉर्ड किया जाता है।

उष्णकटिबंधीय चक्रवात की उत्पत्ति (Origin of Tropical Cyclones)

मौसम विज्ञान के विशेषज्ञों में उष्णकटिबंधीय चक्रवातों की उत्पत्ति के बारे में सहमति नहीं है। इन चक्रवातों की उत्पत्ति के लिये निम्न भौगोलिक एवं मौसम की परिस्थितियों की आवश्यकता होती है:

1. सागर के विस्तृत क्षेत्र पर जल एवं वायु का तापमान ऊँचा होना चाहिये।
2. उष्णकटिबंधीय चक्रवात केवल उष्ण सागरों में विकसित होते हैं।
3. उष्णकटिबंधीय चक्रवात अपनी ऊर्जा निति संघनन (Latent Heat of Condensation) से प्राप्त करता है।
4. इनकी उत्पत्ति निरन्तर उष्ण-आर्द्र वाष्पीकरण की परिस्थिति में होती है।
5. इनकी उत्पत्ति उस समय होती है जब तापीय विषुवतरेखा (Thermal Equator) भौगोलिक विषुवतरेखा (Geographical Equator) से अधिकतम दूरी पर हो।
6. सागर स्तर से लगभग 9000 मीटर की ऊँचाई पर एक प्रतिचक्रवात (Anticyclone) की परिस्थिति होनी चाहिये।
7. लम्बवत रूप से तापमान में विविधता पाई जाती है। (Unstable Vertical Temperature Structures)।
8. कॉरियॉलिस बल (Coriolis Force) का मैकेनिकी प्रभाव से कम वायु भार में घूर्णन (Rotation) उत्पन्न हो रहा हो
9. कॉरियॉलिस बल प्राय: 8° N से 25° N में पर्याप्त मात्रा में चक्रवात को जन्म देने में सहायक होता है।

उपरोक्त भौगोलिक एवं मौसमी परिस्थितियां, अरब सागर की अपेक्षा बंगाल की खाड़ी में अधिक अनुकूलता के साथ पाई जाती हैं।

बंगाल की खाड़ी में उष्ण चक्रवात की अधिक बारम्बारता के निम्न कारण हैं:

(i) बंगाल की खाड़ी का आकार, अरब सागर की तुलना में छोटा है। बंगाल की खाड़ी का क्षेत्रफल 2,172,000 वर्ग किलोमीटर है जबकि अरब सागर का क्षेत्रफल 3,862,000 वर्ग किलोमीटर है। बंगाल की खाड़ी का जल छोटे आकार के कारण अरब सागर के जल की तुलना में अधिक गर्म हो जाता है।

(ii) दूसरे बंगाल की खाड़ी, हिन्द महासागर के पूर्वी भाग में स्थित है जो प्राय: पश्चिमी हिन्द महासागर की तुलना में अधिक गर्म रहता है।

(iii) तीसरे, सोमालिया की ठंडे पानी की जलधारा अरब सागर में प्रवेश करती है, जिससे अरब सागर के जल के तापमान में गिरावट आती है। उपरोक्त कारणों के फलस्वरूप उष्णकटिबंधीय चक्रवात की बारम्बारता अरब सागर की तुलना में बंगाल की खाड़ी मे अधिक है ***(चित्र 4.22.A)***।

अरब सागर तथा बंगाल की खाड़ी में पाये जाने वाले तापमान को ***चित्र 4.22.****A* में दर्शाया गया है इस मानचित्र के अध्ययन से पता चलता है कि सितम्बर तथा अक्टूबर के महीनों में सागर की सतह का तापमान 27°C के आसपास रहता है जो उष्ण चक्रवातों की उत्पत्ति के लिये अनुकूलतम माना जाता है। अरब सागर की सतह पर वेग से चलने वाली द. पश्चिमी हवायें तीव्रता से गर्म जल का वाष्पीकरण करने में सहायक होती हैं, जिससे अरब सागर के तापमान में कमी आ जाती है। अरब सागर का तापमान कम होने के कारण उष्ण चक्रवात की बारम्बारता में कमी आती है।

उष्णकटिबंधीय चक्रवातों के कारण भारी तोड़-फोड़ एवं तबाही मचती है, जिनसे बहुत-से लोगों की मौत भी हो जाती है। इन चक्रवातों से परिवहन तन्त्र (सड़कों, रेलमार्गों एवं राजमार्गों) को भारी क्षति पहुँचती है। 1999 में ओडिशा में आने वाले चक्रवात में तटीय प्रदेश में एक लाख (1,00,000) से अधिक लोगों की मौत हुई। तटीय क्षेत्रों में कृषि-भूमि (Arable Land) सागर के खारे जल में जलमग्न हो गयी, जिससे यह भूमि कृषि योग्य नहीं रही, हजारों पशु, पक्षी तथा जंगली जानवर मर गये, परिवहन, तथा दूरसंचार सेवायें अस्त-व्यस्त हो गईं। वर्ष 2013 में फिलानी चक्रवात (Philani Cyclone) एवं 2014 में हुद-हुद चक्रवात (Hud-Hud Cyclone) से बंगाल की खाड़ी के साथ-साथ आंध्र प्रदेश, ओडिशा और पश्चिम बंगाल के तटों पर जान-माल की

भारी हानि हुई। अगस्त 2015 के पहले हफ्ते में कोमैन चक्रवात (Komen Cyclone) के कारण पश्चिमी बंगाल एवं मणिपुर में जान-माल को भारी क्षति पहुँची, जिसमें 80 से अधिक लोगों की जानें गईं और सैकड़ों लोग जख्मी हुये। राजस्थान के जुलाई 2006 के भीषण चक्रवात में जोधपुर तथा बीकानेर जैसे नगर जलमग्न हो गये थे, जिससे भारी आर्थिक हानि हुई।

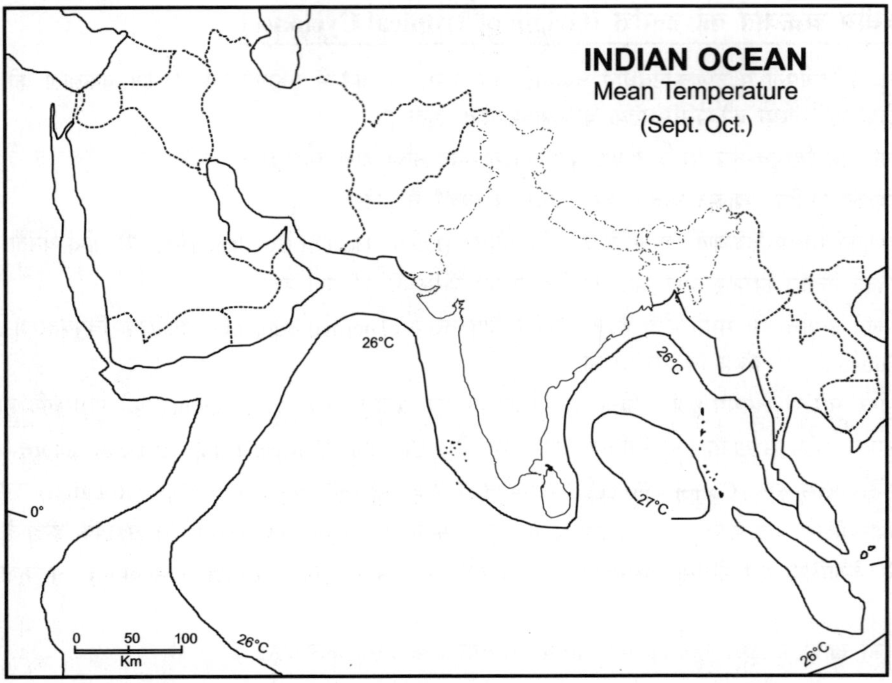

चित्र 4.22-*A* सितम्बर-अक्टूबर में बंगाल की खाड़ी और अरब सागर में तापमान

तड़ित झंझा (Thunderstorms)

तड़ित झंझा एक ऐसा संवाहनीय तूफान (Convectional Storm) है, जिसमें कम वायु भार का ढलान (Gradient) बहुत तीव्र होता है, जिसमें काली घटा (Cumulonimbus clouds) की घनी पर्तें होती हैं। इन बादलों से मूसलाधार वर्षा होती है तथा साथ ही साथ गर्ज और बिजली की चमक भी होती है। यदा-कदा गर्ज के साथ ओले (Hails) भी पड़ते हैं। बादलों में प्रायः ऊपर से नीचे और नीचे से ऊपर पवन चलती है जिसको अपड्राफ्ट (Updrafts) कहते हैं। तड़ित झंझा तूफान में भारी डरावनी गर्ज-चमक होती है।

मौसम विभाग (Meteorologists) के अनुसार कोई थंडर-स्ट्रॉम (Thunderstorm) बिजली की भीषण गर्ज-चमक के साथ आरम्भ होता है, जो हमें अपने ऊपर के आकाश में प्रतीत होती है। भयंकर थंडर-स्ट्रॉम में तीन-चौथाई इंच (3/4 इंच) आकार के ओले पड़ सकते हैं और हवा के झोंकों (Gusts) की रफ्तार 50 नॉट (Knots) से भी अधिक हो सकती है। अंतिम कड़क-चमक के लगभग 15 मिनट के पश्चात यह तूफान प्रायः समाप्त हो जाता है।

उष्ण-आर्द्र वायु के वाष्पीकरण के साथ थंडरस्ट्रॉम (Thunderstorm) की उत्पत्ति आरम्भ होती है। इस प्रकार ऐसे भयानक तूफानों का आरम्भ उष्ण-आर्द्र वायु के वाष्पीकरण से आरम्भ होता है। इसी कारण थंडरस्ट्रॉम की उत्पत्ति उष्णार्द्र सागरों पर होती है। वाष्पीकरण के फलस्वरूप घने काले रंग के बादल (Cumulous-Nimbus) विकसित होते हैं। विश्व में सबसे अधिक थंडरस्ट्रॉम्स (Thunderstorms) अफ्रीका के उष्णार्द्र प्रदेशों में विकसित होते हैं। विश्व में सबसे अधिक गर्ज-चमक युगांडा के कम्पाला (Kampala) नगर में होती है।

कभी कभी थंडरस्ट्रॉम बारह घंटे से भी अधिक समय तक गर्ज-चमक सवं संवहनीय (Convectional Rainfall) वर्षा देता रहता है। ऐसे तूफान काफी बड़े क्षेत्र को प्रभावित करते हैं।

यूँ तो भारत में किसी भी मौसम और महीने में थंडरस्ट्रॉम (Thunderstorm) आ सकता है, परन्तु इनकी बारम्बारता शीत ऋतु एवं वर्षा ऋतु में अधिक होती है। ऐसा तूफान रबी की फसलों, जैसे–गेहूँ, जौ, सरसों, चना, मसूर, मटर, फल एवं सब्जियों को भारी नुकसान पहुँचता है।

तड़ित/चमक (Thunder and Lightning)

एक अनुमान के अनुसार पृथ्वी पर प्रति दिन 80 लाख बार (8 million Times) बिजली चमकती है। बिजली उत्पन्न होने तथा चमकने में वायु का तापमान 15000° C से 30,000° C हो जाता है।

एक प्रचण्ड (Violent) बिजली की गर्ज-चमक के फलस्वरूप वायु अत्यधिक गर्म होकर फैलती है तथा भयानक गर्जन उत्पन्न होती है। चमक (Lightning) जितनी अधिक दूरी तक यात्रा करती है उसकी तड़ित/कड़क और गर्जन भी उतनी ही अधिक होती है। यदि बिजली की चमक (Lightning) बहुत दूरी पर हो रही हो और गर्जन (Thunder) सुनाई न दे, तो इस प्रकार की बिजली चमक को उष्ण-चमक (Heat lightning) कहते हैं।

बिजली चमकने (Lightning) से हवाई जहाजों (Aircrafts), लोगों, पशु पक्षियों, वृक्षों, वनस्पतियों तथा इमारतों (Structures) को भारी नुकसान का डर रहता है। बिजली चमकने के समय प्रत्येक व्यक्ति को काफी सावधानी बरतनी चाहिये। भयंकर गर्ज-चमक और कड़क के समय मौसम विभाग (Meteorological Department) चेतावनी जारी करता है। मौसम विभाग की दी गई चेतावनी को ध्यान से सुनना चाहिये तथा बताये गये सुझावों पर अमल करना चाहिये।

ओला वृष्टि (Hail)

ओला वृष्टि एक प्रकार की वर्षा (Precipitation) है। यदि बादलों में वर्षा की बूंदों का ताप हिमांक बिन्दु से नीचा (Below Freezing Point) हो जाये और वर्षा की बूंदें पवन के द्वारा लम्बवत ऊपर नीचे गति कर रही हों तो ओलों की उत्पत्ति हो जाती है, जो अपने भार एवं गुरुत्वाकर्षण के कारण धरती पर गिरने लगते हैं।

मटर के दाने के आकार के ओले प्राय: देखे जा सकते हैं, परन्तु कभी कभी ओलों का आकार गोल्फ की गेंद (Golf-ball) के बराबर हो सकता है। ओला वृष्टि आमतौर पर पहाड़ी एवं पर्वतीय क्षेत्रों मे होती है, परन्तु शीत ऋतु में ओला वृष्टि मैदानी भागों मे भी रिकॉर्ड की जाती है। अच्छी बात यह है कि ओला वृष्टि संकरी पेटियों (Narrow Belts) में रिकॉर्ड की जाती है, जिससे सीमित क्षेत्र में हानि होती है। ओला वृष्टि के कारण फसलों, बागों, फूलों एवं सब्जियों को भारी हानि होती है।

टॉरनेडो (Tornado)

टॉरनेडो उष्णकटिबंधीय चक्रवात का एक विकराल रूप माना जाता है। यदि किसी छोटे क्षेत्र में वायु-भार अत्यधिक कम हो जाये, तो टॉरनेडो की उत्पत्ति की संभावना होती है। टॉरनेडो में प्राय: गर्ज-चमक होती रहती है। टॉरनेडो की उत्पत्ति के लिये निम्नलिखित भौगोलिक एवं मौसमी परिस्थितियों की आवश्यकता होती है:

1. किसी बड़ी विस्तृत वायु राशि (Air Mass) का तापमान काफी ऊँचा तथा धरातल पर आर्द्र वायु फैली हुई हो।
2. लम्बवत रूप से तापमान में विविधता पाई जाती हो
3. कम वायु भार को प्रभावित करने वाला कॉरियॉलिस बल (Cariolis-Force) उपलब्ध हो, जिससे टॉरनेडो में पवन घूमने लगे।

एक बड़े टॉरनेडो/चक्रवात (Mesocyclone) का व्यास 10 किलोमीटर तथा ऊँचाई हजारों मीटर तक हो सकती है। एक बड़े चक्रवात/टॉरनेडो (Mesocyclone) का लम्बवत आकार (Vertical Extension) बढ़ता जाता है, आधार संकुचित होता जाता है तथा वायु की रफ्तार में तीव्रता आती जाती है। ऐसे टॉरनेडो से भारी मूसलाधार वर्षा होती है और चक्रवाती हवा भयंकर रूप धारण करती जाती है।

एक टॉरनेडो (Tornado) का आकार चन्द मीटर व्यास से लेकर सैकड़ों मीटर तक हो सकता है। टॉरनेडो के मध्य भाग में वायु भार 10 प्रतिशत तक कम हो जाता है। वायु भार में भारी अन्तर के कारण वायु की गति तीव्र होती जाती है तथा कभी-कभी वायु की गति 485 किलोमीटर प्रति-घंटे तक हो सकती है। यदि टॉरनेडो जल क्षेत्र (Water Body) पर विकसित हो तो उसे वॉटर स्पाऊट (Water Spout) कहते हैं, जिसमें सागर का पानी, जल सतह से तीन-चार मीटर ऊँचाई तक उठ जाता है।

वर्षा का वितरण (Distribution of Rainfall)

भारत में वर्षा का वितरण बहुत ही असमान है। वर्षा का वितरण मुख्यत: सागर की निकटता तथा पर्वतों के विस्तार पर निर्भर करता है। पश्चिमी घाट, मेघालय के पठार, उत्तरी-पूर्वी पहाड़ियाँ तथा हिमालय के पर्वतों का प्रभाव निश्चय ही महत्वपूर्ण है। ***चित्र 4.22-B*** में भारत में औसत वार्षिक वर्षा के वितरण को दिखाया गया है। ***चित्र 4.22-B*** में यह देखा जा सकता है कि भारत में औसत वार्षिक वर्षा की क्षेत्रीय भिन्नता सुस्पष्ट है। मेघालय के पठार के दक्षिणी भाग में (मॉसिनराम तथा चेरापूंजी) औसत वार्षिक वर्षा 1200 से.मी. से अधिक होती है। ब्रह्मपुत्र घाटी तथा निकटवर्ती पहाड़ियों में वर्षा घट कर 200 से.मी. या उससे कम हो जाती है।

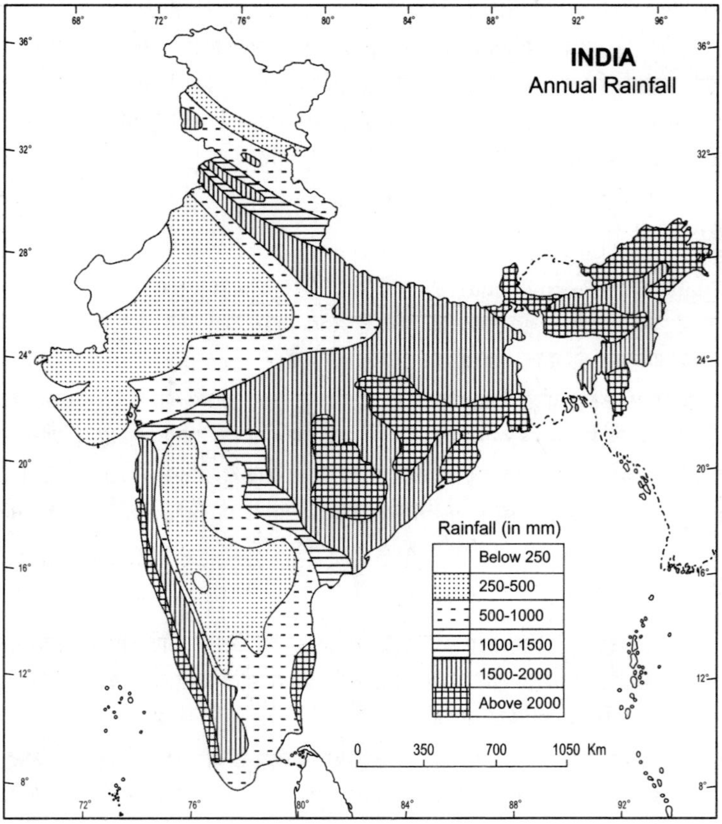

चित्र 4.22.*B* वार्षिक वर्षा (1950-2015)

प्रायद्वीपीय भारत में सबसे अधिक वर्षा कोंकण तथा मालाबार तट पर होती है। 150 से.मी. वर्षा की समवर्षा रेखा (Isohytes) गुजरात तट से दक्षिण की ओर जाती है, यह पश्चिमी घाट के शीर्ष के सामानांतर कन्याकुमारी तक जाती हैं। उत्तर भारत में इसमें हिमाचल प्रदेश, उत्तराखंड, हिमाचल प्रदेश, छत्तीसगढ़, पूर्वी महाराष्ट्र तथा उत्तरी आंध्र प्रदेश की पहाड़ियाँ शामिल होती हैं। इस रेखा के पश्चिम तथा दक्षिण-पश्चिम के क्षेत्रों में वर्षा का अभाव रहता है तथा यहाँ सूखा पड़ने की संभावना अधिक होती हैं।

कोरोमंडल तट (Coromandal Coast) के किनारे औसत वार्षिक वर्षा 100 से.मी. से अधिक होती है। पंजाब, हरियाणा तथा उत्तरी राजस्थान में औसत वार्षिक वर्षा 60 से.मी. या उससे कम होती है। सबसे कम वर्षा पश्चिमी राजस्थान, गुजरात के उत्तर-पश्चिमी भाग में तथा लद्दाख में दर्ज की जाती है यहां वर्षा 20 से.मी. से भी कम होती है ***(चित्र 4.22-B)***।

वर्षा की परिवर्तनशीलता (Variability of Rainfall)

भारत में वर्षा अत्यधिक परिवर्तनशील है। किसी जगह किसी वर्ष में वास्तविक वर्षा उस जगह की औसत वर्षा से विसामान्य होती है। यह विसामान्यता 10 प्रतिशत से अधिक तथा 60 प्रतिशत से अधिक होती है। भारत में वर्षा की औसत परिवर्तनशीलता को ***चित्र 4.23*** में अंकित किया गया है।

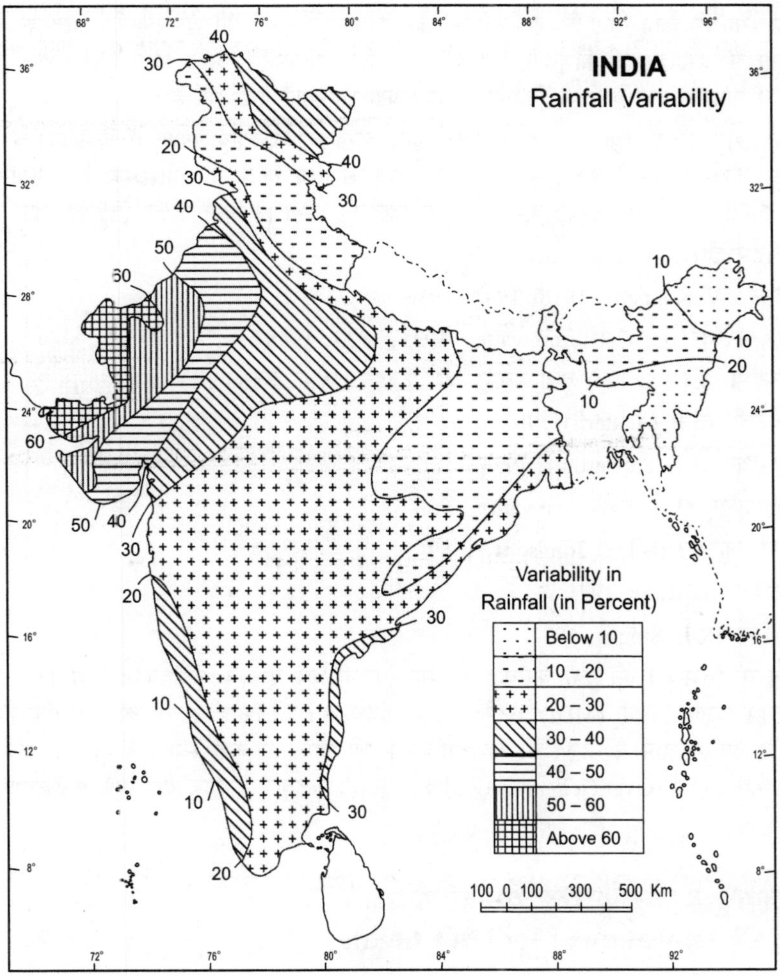

चित्र 4.23 वर्षा की परिवर्तनशीलता (1950–2015)

चित्र 4.23 के अध्ययन से पता चलता है कि सबसे अधिक परिवर्तनशीलता उन क्षेत्रों में होती है, जहाँ औसत वार्षिक वर्षा न्यूनतम होती है। उदाहरण के लिए बाड़मेर, गंगानगर, जैसलमेर, जोधपुर, इत्यादि जहाँ औसत वार्षिक वर्षा 20 से.मी. से भी कम होती है, वहाँ वर्षा की परिवर्तनशीलता लगभग 60 प्रतिशत से अधिक होती है। इसके विपरीत जहाँ औसत वार्षिक वर्षा 200 से.मी.

से अधिक होती है (मॉसिनराम तथा चेरापूंजी, मेघालय पठार इत्यादि) वर्षा की वार्षिक परिवर्तनशीलता 10 प्रतिशत से कम होती है। पश्चिमी घाट की पश्चिमी ढाल, लघु हिमालय, शिवालिक तथा तराई क्षेत्र में भी 100 से 200 से.मी. के बीच औसत वार्षिक वर्षा दर्ज की जाती है। इन क्षेत्रों में वर्षा की परिवर्तनशीलता लगभग 10 से 20 प्रतिशत तक है। इस तरह औसत वार्षिक वर्षा तथा वर्षा की परिवर्तनशीलता के बीच एक प्रतिलोम संबंध (Inverse Relationship) है। वर्षा की परिवर्तनशीलता कृषिय प्रक्रियाओं तथा अन्य आर्थिक क्रियाओं में महत्वपूर्ण भूमिका निभाती है। जिन क्षेत्रों में वर्षा की परिवर्तनशीलता अधिक होती है वहाँ चिरकालिक जल का अभाव होता है। ये क्षेत्र सूखा, बाढ़ तथा अकाल के लिए अधिक प्रवण क्षेत्र होते हैं। उन क्षेत्रों में जहाँ औसत वार्षिक वर्षा अधिक होती है, ऐसे क्षेत्र सूखे से कम प्रभावित होते हैं, यद्यपि बाढ़-प्रवण क्षेत्र की एक विशेषता है।

भारत के जलवायु प्रदेश (Climatic Regions of India)

भारत को अक्सर एक ऐसा देश कहा जाता है, जहाँ उष्णकटिबंधीय मानसून प्रकार की जलवायु है। भारत का वृहत्त आकार, इसका अक्षांशीय विस्तार, उत्तर में हिमालय की मौजूदगी तथा दक्षिण में हिन्द महासागर, अरब सागर तथा बंगाल की खाड़ी के कारण भारतीय उप-महाद्वीप में तापमान तथा वर्षा के वितरण में अत्यधिक भिन्नताएँ देखी गई हैं।

जलवायु विशेषज्ञों, भूगोलविदों तथा कृषि के विशेषज्ञों द्वारा भारत को जलवायु प्रदेशों में विभाजित करने के अनेक प्रयास किए गए हैं। जहाँ कुछ ऐसे वर्गीकरणों का सुझाव विश्व जलवायु के लिए किया गया है, अन्य का उपयोग विशेषकर भारतीय परिस्थितियों के लिए किया गया है। भारत का कुछ महत्वपूर्ण जलवायु विभाजन निम्नलिखित विशेषज्ञों द्वारा किया गया है:

1. एच. ई. ब्लैंडफोर्ड (H.E. Blandford), 1889
2. डब्ल्यु. कोपेन (W. Koppen), 1918, 1931, 1936
3. सी. डब्ल्यु. थोर्नथ्वेट (C.W. Thornthwaite), 1931, 1933, 1948
4. एल. डी. स्टॉम्प (L.D. Stamp) तथा डब्ल्यु. जी. केण्ड्रयु (W.G. Kendrew), 1953
5. एस. पी. चैटर्जी, (S.P. Chatterji) 1953
6. जी. टी. ट्रिवार्था (G.T. Trewartha), 1954
7. वी. पी. सुब्रह्मण्यम (V.P. Subramanyam), 1956
8. बी. एल. सी. जॉनसन (B.L.C. Johnson), 1969
9. के. एल. राव (K.L. Rao), 1971
10. आर. एल. सिंह (R.L. Singh), 1971

भारतीय जलवायु के विभाजन का एक क्रमबद्ध अध्ययन पहली बार एच. ई. ब्लैंडफोर्ड द्वारा 1889 में किया गया था। ब्लैंडफोर्ड भारतीय मौसम विज्ञान विभाग (MDI) के पहले महानिदेशक थे। ब्लैंडफोर्ड ने यह खोज की कि विश्वभर की जलवायु के सभी प्रकार भारतीय उप-महाद्वीप में मौजूद हैं। यह वर्गीकरण, जो भारत के कुछ स्थानों के तापमान तथा वर्षा पर आधारित है, लगभग एक अतिसामान्यीकरण (Over Generalization) है। भारतीय जलवायु के कुछ महत्वपूर्ण वर्गीकरणों का संक्षिप्त विवरण नीचे दिया गया है।

भारतीय जलवायु का कोपेन का वर्गीकरण (Koppen's Classification of Indian Climate)

कोपेन का वर्गीकरण प्रकृति से आनुभविक (Empirical) है, जो जलवायु के आंकड़ों पर आधारित है। कोपेन ने जलवायु प्रदेश के चित्रण के लिए निम्नलिखित कारकों पर विचार किया–(i) औसत मासिक तापमान (ii) औसत मासिक वर्षा, तथा; (iii) औसत वार्षिक वर्षा। कोपेन ने मोटे तौर पर देश को तीन मुख्य जलवायु क्षेत्रों में विभाजित किया है:

1. आर्द्र (Humid) (A)
2. शुष्क (Arid) (B)
3. अर्द्ध-शुष्क (Semi-arid) (C तथा D)

इन जलवायु क्षेत्रों को उप-प्रारूपों में प्रविभाजित किया गया है जिसका आधार वर्षा तथा तापमान के वितरण प्रतिरूप में मौसमी परिवर्तनशीलता है, इसके लिए चिन्हों S, W, m, f, w, s, c तथा h अक्षरों का इस्तेमाल किया गया है। कोपेन द्वारा दिए गए जलवायु योजना के आधार पर भारत को निम्नलिखित 9 जलवायु प्रदेशों में विभाजित किया गया ***(चित्र 4.24)***:

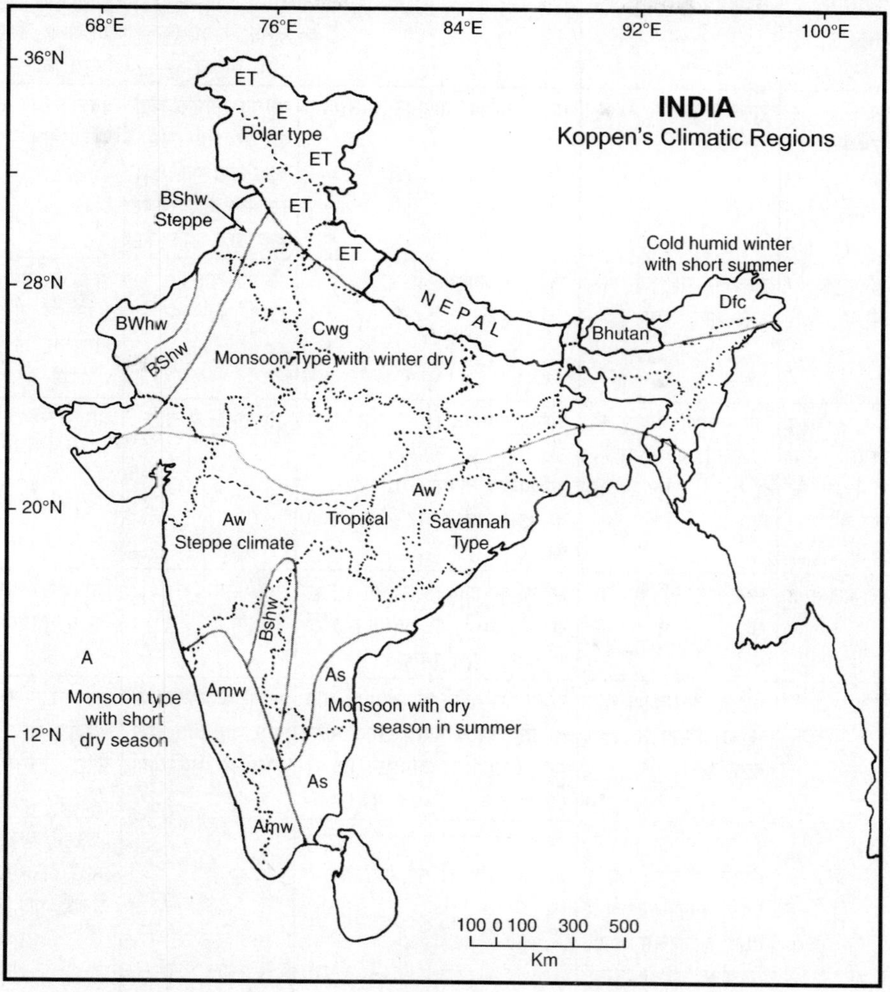

चित्र 4.24 कोपेन के जलवायु प्रदेश

तालिका 4.2 भारतीय जलवायु का कोपेन का वर्गीकरण

कोड	जलवायु का प्रकार	विशेषताएं	तापमान	वर्षा	भारत के क्षेत्र
Aw	उष्ण कटिबंधीय सवाना	उष्ण कटिबंधीय सवाना घास भूमि, मानसूनी पर्णपाती वनस्पत्ति	सबसे गर्म महीना मई (अधिकतम तापमान 40°C और न्यूनतम तापमान 27°C, सबसे ठंडे महीने का तापमान 18°C से अधिक, दैनिक और वार्षिक तापमान की ऊँची सीमा	द.प. मानसून से जुलाई से सितम्बर तक वर्षा, शुष्क शीत	प्रायद्वीपीय भारत झारखण्ड, छत्तीसगढ़, ओड़िसा, आंध्र प्रदेश, तेलंगाना, महाराष्ट्र, कर्नाटक, प. बगाल का पुरुलिया जिला

कोड	जलवायु का प्रकार	विशेषताएं	तापमान	वर्षा	भारत के क्षेत्र
Amw	उष्ण कटिबंधीय मानसून	छोटा ठंडा मौसम सदाबहार वर्षावन	वार्षिक तापमान 24°C से 27°C	द.प. मानसून के समय 200 सेमी. से अधिक भारी बारिश	कोंकण, मालाबाद तट, बैलमाहुआ क्षेत्र, तमिलनाडु का पठार, मिजोरम और त्रिपुरा का द. क्षेत्र
As	उष्ण कटिबंधीय आर्द्र	शुष्क गर्मी	माध्य मासिक तापमान >18°C	औसत वार्षिक वर्षा 75 से 100 सेमी. कुल वर्षा का 75% सितम्बर से दिसम्बर तक प्राप्त होता है।	कोरोमंडल तट के सहारे पतला क्षेत्र
BSHw	अर्द्ध-शुष्क स्टैपी	मार्च से मई तक गर्म और शुष्क गर्मी	उच्चतम तापमान 40°C	मौसमी वर्षा (गर्मी में)	कर्नाटक, तमिलनाडु, पूर्वी राजस्थान, गुजरात, द. प. हरियाणा, के वर्षा छाया क्षेत्रों के रूप
Cwg	मध्य ऊष्मीय जलवायु, गंगा के मैदान के प्रभार की	गर्म मरुस्थल प्रकार की जलवायुः शुष्क सर्दी	औसत तापमान 18°C और सबसे ठंडे महीने का तापमान 15°C से अधिकतम तापमान मई और जून के पहले आधे महीने रिकार्ड होता है।	40 सेमी. से नीचे	थार मरुस्थल
Dfc	ठंडी आर्द्र सर्दी	छोटी नम गर्मी और नम सर्दी	सर्दियों का तापमान लगभग 10°C से और गर्मी का तापमान 3°C से 35°C तक रहता है।	200 सेमी. से अधिक	सिक्किम, अरुणाचल प्रदेश, असम, त्रिपुरा, मिजोरम
E	ध्रुवीय	वर्ष के अधिकांश भाग में क्षेत्र बर्फ से ढका रहता है।	सबसे गर्म महीने का तापमान 100 व हिमालय में प्रत्येक 100 मीटर की ऊँचाई पर तापमान 0° से 60°C तक गिर जाता है।	पर्वतों के किनारों पर कम वर्षा और खुले ढालों पर भारी वर्षा	जम्मू कश्मीर के ऊँचे पर्वतीय क्षेत्र, हिमाचल प्रदेश, उत्तराखंड
Et	टुंड्रा	ध्रुवीय बर्फीली टोपियाँ, मिट्टी सैकड़ों मीटर गहरी वनस्पतियाँ जमी होती हैं जिसमें काई, लिकेन बोना पेड़, लिखरी लकड़ी की झाड़ियाँ होती हैं।	पर्वतों के किनारों पर कम वर्षा और खुले ढालों पर भारी वर्षा		लद्दाख, कश्मीर, हिमाचल प्रदेश, उत्तराखंड के अधिक ऊँचाई वाले स्थान

स्टॉम्प तथा कैण्ड्रयू द्वारा जलवायु वर्गीकरण (Climatic divisions by Stamp and Kendrew)

प्रो. एल. डी. स्टॉम्प तथा डब्ल्यू. जी. केण्ड्रयु ने भारत को अनेक जलवायु क्षेत्रों में विभाजित किया। यह वर्गीकरण स्वेच्छाचारी (arbitrary) तथा अवास्तविक है। स्टॉम्प ने जनवरी के महीने के लिए 18° सेंटिग्रेड के औसत तापमान की समताप रेखा का उपयोग देश को मोटेतौर पर दो जलवायु क्षेत्रों में विभाजित करने के लिए किया, ये हैं:

A. उपोष्ण (Subtropical) अथवा महाद्वीपीय जलवायु (Continental Climate) क्षेत्र जो इस समताप रेखा के उत्तर में स्थित हैं, तथा;

B. उष्णकटिबंधीय जलवायु क्षेत्र जो इस समताप रेखा के दक्षिण में स्थित है ***(चित्र 4.25)***। ***चित्र 4.25*** में यह देखा जा सकता है कि 18° सेंटिग्रेड की समताप रेखा कर्क रेखा के लगभग सामान्तर है।

इन दो जलवायु क्षेत्रों को वर्षा के आधार पर ग्यारह जलवायु प्रदेशों में प्रविभाजित किया गया है।

A. उपोष्ण तथा महाद्वीपीय जलवायु को निम्नलिखित पाँच क्षेत्रों में विभाजित किया गया है:

1. हिमालय क्षेत्र (Himalayan Region)
2. उत्तर-पश्चिमी क्षेत्र (North-Western Region)
3. शुष्क निम्न भूमि (Arid Lowland)
4. सामान्य (मध्यम) वर्षा का क्षेत्र (Region of Moderate Rainfall)
5. परिवर्ती क्षेत्र (Transitional Zone)

B. उष्णकटिबंधीय क्षेत्र को निम्नलिखित छह क्षेत्रों में विभाजित किया गया है:

1. अत्यधिक भारी वर्षा का क्षेत्र (Region of very heavy rainfall)
2. भारी वर्षा का क्षेत्र (Region of heavy rain fall)
3. सामान्य (मध्यम) वर्षा का क्षेत्र (Region of moderate rain fall)
4. कोंकण तट (Konkan coast)
5. मालाबार तट (Malabar coast)
6. तमिलनाडु क्षेत्र (Tamil Nadu Region)

A. उपोष्ण तथा महाद्वीपीय जलवायु (Subtropical and Continental Climate)

1. **हिमालय क्षेत्र (The himalayan Region):** यह जलवायु जम्मू एवं कश्मीर, लद्दाख, हिमाचल प्रदेश तथा उत्तराखंड के पर्वतीय क्षेत्रों में पायी जाती है। इस जलवायु में ग्रीष्म ऋतु सुहावनी होती है तथा शीत ऋतु में अत्यंत ठंड पड़ती है। तापमान का क्षेत्रीय वितरण स्थलाकृति तथा ढाल के आकार पर निर्भर करता है। 2500 मीटर की ऊँचाई तक, शीत ऋतु में औसत तापमान 4° सेंटिग्रेड से 8° सेंटिग्रेड के बीच होता है तथा ग्रीष्म ऋतु में तापमान 12° सेंटिग्रेड से 18° सेंटिग्रेड के बीच होता है। दक्षिण-पश्चिम मानसून से गर्मी के मौसम में तथा पश्चिमी गड़बड़ी (Western distrubances) से जाड़े के मौसम में वर्षा दर्ज की जाती है। पूर्व से पश्चिम की ओर वर्षा की मात्रा घटती जाती है। उदाहरण के लिए, पूर्वी उत्तराखंड में औसत वार्षिक वर्षा 200 से.मी. से अधिक है वहीं जम्मू एवं कश्मीर के पश्चिमी भाग में यह 150 से.मी. से कम होती है। जाड़े के महीनों (दिसंबर से मार्च) में हिमपात तथा हिम वर्षा दीर्घ तथा लघु हिमालय की सामान्य विशेषता है।

2. **उत्तर-पश्चिमी क्षेत्र (The North Western Region):** यह जलवायु सतलज नदी के उत्तर-पश्चिम में पायी जाती है जहाँ शीत ऋतु में औसत तापमान लगभग 15° सेंटिग्रेड होता है। जनवरी के महीने में औसत न्यूनतम तापमान अमृतसर में यदा-कदा हिमांक से नीचे चला जाता है। मई तथा जून के महीने में कभी-कभी अधिकतम तापमान 45° सेंटिग्रेड को पार कर जाता है। झुलसा देने वाली गर्मी के मौसम में गर्म हवाएँ (लू) तथा आँधी इस जलवायु क्षेत्र की अन्य विशेषताएं हैं।

3. **उत्तर-पश्चिम भारत का शुष्क मैदान (The Dry Plain of North West India):** यह जलवायु राजस्थान, कच्छ तथा हरियाणा के दक्षिण-पश्चिमी भाग में पायी जाती है। इस क्षेत्र में शीत ऋतु का तापमान 15° सेंटिग्रेड से 25° सेंटिग्रेड के बीच होता है लेकिन यदा-कदा मई तथा जून के महीने में अधिकतम तापमान 47° सेंटिग्रेड से अधिक हो जाता है। औसत वार्षिक वर्षा 25 से.मी. से कम होती है तथा यह मुख्यत: जून तथा अगस्त के महीने में होती है जिसे सामान्य वर्षा का मौसम कहा जाता है।

4. **सामान्य (मध्यम) वर्षा का क्षेत्र (Areas of Moderate Rainfall):** यह जलवायु पंजाब, हरियाणा, दिल्ली, पश्चिमी उत्तर प्रदेश, पश्चिमी तथा उत्तर-पश्चिमी बिहार तथा उत्तर-पश्चिमी झारखंड में पायी जाती है। इस क्षेत्र में औसत वार्षिक

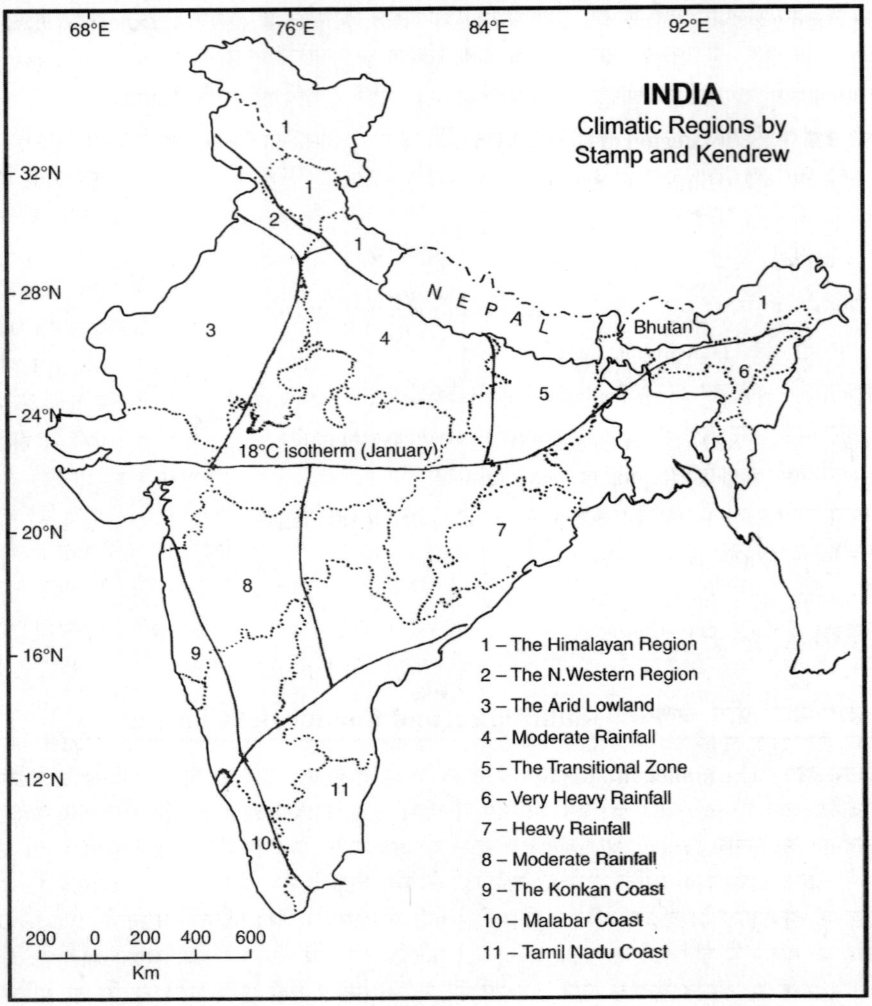

चित्र 4.25 स्टॉम्प के जलवायु प्रदेश

वर्षा 100 से 150 से.मी. के बीच होती है। कुल वार्षिक वर्षा का 90 प्रतिशत सामान्य वर्षा के मौसम के दौरान दर्ज किया जाता है, यह वर्षा दक्षिण-पश्चिम मानसून के बंगाल की खाड़ी धारा से होती है। जनवरी का औसत तापमान 15° सेंटिग्रेड तथा जुलाई का औसत अधिकतम तापमान 40° सेंटिग्रेड से अधिक होता है।

5. **परिवर्ती क्षेत्र (The Transitional Zone):** यह जलवायु पूर्वी उत्तर प्रदेश, उत्तर-पश्चिमी बिहार तथा उत्तरी-पश्चिमी झारखण्ड में पाई जाती है। इस क्षेत्र में औसत वार्षिक वर्षा 100 से 150 से.मी. तथा 90 प्रतिशत वर्षा बंगाल की खाड़ी से आने वाले मानसून से होती है। जनवरी का औसत तापमान 15°C तथा जुलाई का अधिकतम औसत तापमान 40°C रहता है।

B. उष्णकटिबंधीय भारत (Tropical India)

1. **अत्यधिक भारी वर्षा का क्षेत्र (Region of Very Heavy Rainfall):** यह जलवायु असम, मेघालय, नगालैंड, मणिपुर, त्रिपुरा तथा मिजोरम में पायी जाती है। इन क्षेत्रों में औसत वार्षिक वर्षा 250 से.मी. से अधिक होती है। विश्व में सबसे

अधिक वर्षा इस क्षेत्र में मॉसिनराम तथा चेरापूंजी में दर्ज की जाती है। औसत वार्षिक वर्षा का 90 प्रतिशत दक्षिण-पश्चिम मानसून के मौसम के दौरान दर्ज किया जाता है। पहाड़ी तथा पर्वतीय स्थलाकृति के कारण जनवरी तथा जुलाई के औसत मासिक तापमान में भिन्नता देखी जाती है।

2. **भारी वर्षा का क्षेत्र (Region of Heavy Rainfall):** यह जलवायु पश्चिम बंगाल, ओडिशा, झारखंड तथा आंध्र प्रदेश के पूर्वी भाग में पयी जाती है। इस क्षेत्र में औसत वार्षिक वर्षा 100-200 से.मी. के बीच होती है। पूर्व से पश्चिम की ओर वर्षा में सामान्य रूप से कमी आती जाती है। जनवरी का औसत तापमान 15° सेंटिग्रेड से अधिक होता है वहीं जून तथा जुलाई के महीने में लगभग 30° सेंटिग्रेड तापमान दर्ज किया जाता है।
3. **सामान्य (मध्यम) वर्षा का क्षेत्र (Region of Moderate Rainfall):** यह जलवायु क्षेत्र पश्चिमी घाट के पूर्व में स्थित है तथा इसमें गुजरात, दक्षिण-पश्चिम मध्य प्रदेश, महाराष्ट्र, कर्नाटक, तेलंगाना तथा आंध्र प्रदेश के अधिकांश भाग शामिल हैं। चूँकि यह पश्चिमी घाट के वृष्टि छाया क्षेत्र में स्थित है इसलिए यह क्षेत्र कम वर्षा प्राप्त (लगभग 75 से.मी.) करता है। जनवरी तथा जुलाई के महीने में औसत तापमान क्रमश: 18° सेंटिग्रेड तथा 32° सेंटिग्रेड होता है।
4. **कोंकण तट (The Konkan Coast):** इस जलवायु क्षेत्र का विस्तार तापी नदी के मुहाने से लेकर गोवा तक है। औसत वार्षिक वर्षा 200 से.मी. से अधिक होती है, जिसमें 90 प्रतिशत दक्षिण-पश्चिम मानसून के अरब सागर की धारा से प्राप्त होती है। जनवरी का औसत तापमान 24° सेंटिग्रेड के लगभग होता है तथा जुलाई का औसत तापमान लगभग 27° सेंटिग्रेड होता है। औसत वार्षिक तापान्तर 3° सेंटिग्रेड से 6° सेंटिग्रेड के बीच होता है जो तट तथा विषुवत रेखा से दूरी पर निर्भर करता है। सामान्य रूप से वार्षिक तापान्तर दक्षिण से उत्तर की ओर बढ़ता है।
5. **मालाबार क्षेत्र (The Malabar Coast):** यह जलवायु क्षेत्र गोवा तथा केमोरिन अंतरीप (कन्याकुमारी) के बीच पाया जाता है। इस क्षेत्र में 250 से.मी. से अधिक वर्षा दर्ज की जाती है। औसत वार्षिक तापमान लगभग 27° सेंटिग्रेड होता है। कोच्चि इस जलवायु क्षेत्र का उदाहरण है।
6. **तमिलनाडु क्षेत्र (The Tamil Nadu Region):** इस जलवायु क्षेत्र में तमिलनाडु के अधिकांश भाग तथा कोरोमंडल तट शामिल हैं। इस क्षेत्र में औसत वार्षिक वर्षा 100-150 से.मी. के बीच होती है। ज्यादातर वर्षा अपसरण मानसून के मौसम (अक्तूबर से दिसंबर) के दौरान दर्ज की जाती है। जनवरी में औसत तापमान लगभग 24° सेंटिग्रेड होता है तथा जुलाई में यह तापमान लगभग 30° सेंटिग्रेड होता है।

ट्रिवार्था द्वारा भारत की जलवायु का वर्गीकरण (Trewarths's Classification of India Climate)

जी.टी. ट्रिवार्था ने 1954 में कोपेन के जलवायु वर्गीकरण को संशोधित किया। ट्रिवार्था का जलवायु वर्गीकरण आनुभाविक (Empirical) है जो तापमान तथा वर्षण के आँकड़ों पर आधारित है। उन्होंने अँग्रेजी के अक्षरों का इस्तेमाल विभिन्न प्रकार के जलवायु को संकेत करने के लिए किया। ट्रिवार्था की योजना को यदि भारत में लागू किया गया तो चार मुख्य जलवायु विभाजन सामने उभर कर आएँगे, जिन्हें सात मध्य जलवायु क्षेत्रों में प्रविभाजित किया जाता है ***(चित्र 4.26)***:

1. **उष्णकटिबंधीय वर्षा जलवायु [(Am) (The Tropical Rainy Climate)]:** इस जलवायु में औसत वार्षिक तापमान लगभग 27° सेंटिग्रेड होता है। औसत वार्षिक वर्षा 250 से.मी. से अधिक होती है। यह जलवायु पश्चिमी घाट तथा त्रिपुरा में पायी जाती है।
2. **उष्णकटिबंधीय सवाना जलवायु [(Aw) (The Tropical Savanna Climate)]:** इस जलवायु में औसत वार्षिक तापमान लगभग 27° सेंटिग्रेड होता है। औसत वार्षिक वर्षा 100 से.मी. से कम होती है। जलवायु में एक स्पष्ट शुष्क मौसम होता है। प्रायद्वीपीय भारत का अधिकांश भाग, जिसमें तटीय मैदान तथा पश्चिमी घाट के पश्चिमी ढाल शामिल हैं, इस जलवायु क्षेत्र के तहत आता है।
3. **उष्णकटिबंधीय स्टेपी जलवायु [(BSw) (The Tropical Steppe Climate)]:** इस जलवायु क्षेत्र में औसत वार्षिक तापमान लगभग 27° सेंटिग्रेड होता है। यह जलवायु पश्चिमी घाट के पूर्व में प्रायद्वीपीय भारत में पायी जाती है। वास्तव में यह जलवायु पश्चिमो घाट का विशिष्ट छाया क्षेत्र है, जिसमें महाराष्ट्र, तेलंगाना, आंध्र प्रदेश, कर्नाटक तथा तमिलनाडु शामिल हैं।

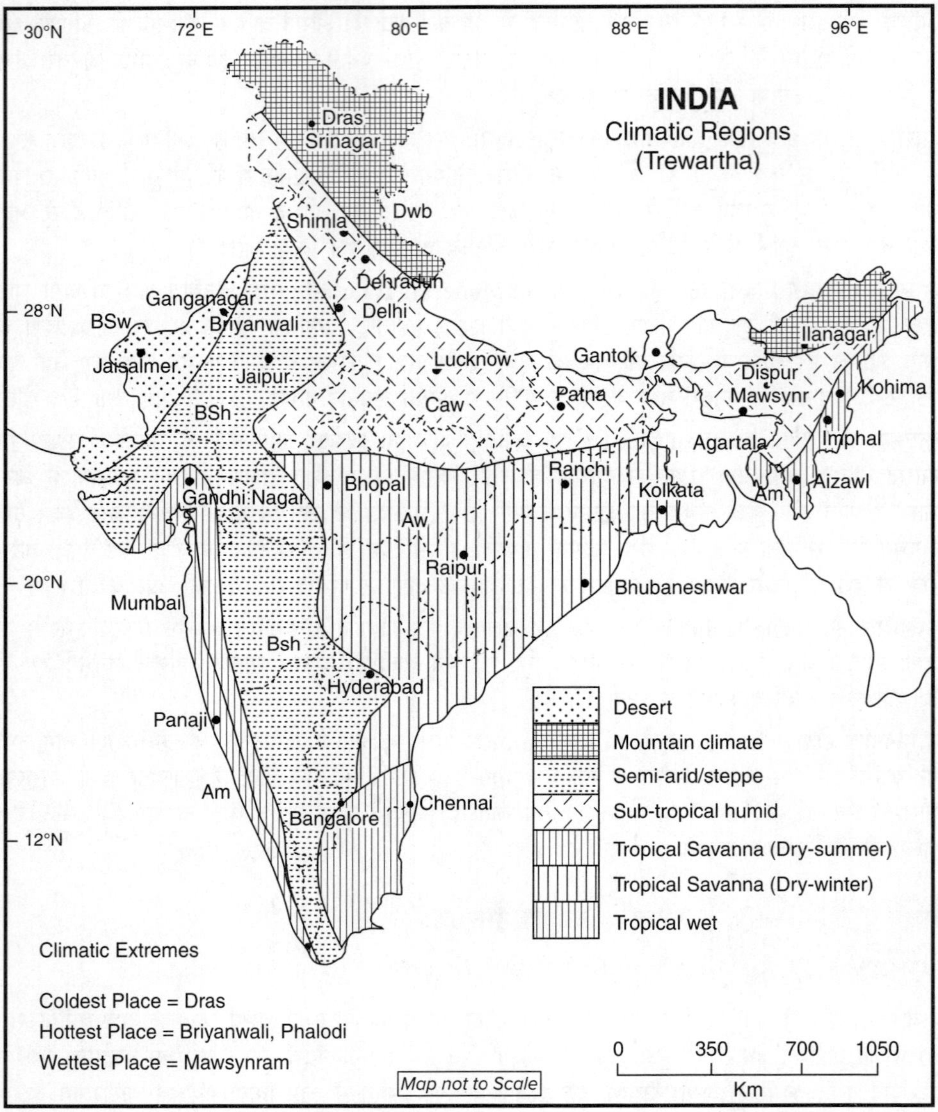

चित्र 4.26 ट्रिवार्था के जलवायु प्रदेश

4. **उपोष्ण स्टेपी जलवायु [(BSh) (The Sub-Tropical steppe Climate)]:** यह एक अर्द्ध-शुष्क जलवायु है, जिसका विस्तार गुजरात, पूर्वी राजस्थान, तथा दक्षिणी हरियाणा में है। इस जलवायु क्षेत्र में औसत वार्षिक तापमान लगभग 27° सेंटिग्रेड होता है, यद्यपि जनवरी का औसत तापमान मात्र 15° सेंटिग्रेड होता है। वार्षिक तापान्तर अधिक होता है। औसत वार्षिक वर्षा 60 से 75 से.मी. के बीच होती है।

5. **उष्णकटिबंधीय शुष्क जलवायु (BWh) (The Tropical Arid Climate):** यह जलवायु अरावली के पश्चिम में पायी जाती है तथा इसका विस्तार थार मरुस्थल में है। मई तथा जून के महीने में औसत अधिकतम तापमान यदा-कदा 48° सेंटिग्रेड से अधिक हो जाता है। औसत वार्षिक वर्षा 25 से.मी. से कम होती है। देश में सबसे निम्नतम वर्षा इस जलवायु में गंगानगर जिले में दर्ज की जाती है। इसके फलस्वरूप यहां प्राकृतिक वनस्पति काँटेदार झाड़ियों के रूप में पायी जाती है।

6. **आर्द्र उपोष्ण जलवायु (Caw) (The Humid Sub-Tropical Climate):** गंगा के मैदान के अधिकांश भाग में यह जलवायु पायी जाती है, जिसका विस्तार पंजाब से असम तक होता है। जनवरी का औसत तापमान 18° सेंटिग्रेड से कम होता है, जबकि ग्रीष्म ऋतु का औसत अधिकतम तापमान 45° सेंटिग्रेड को पार कर जाता है। औसत वार्षिक वर्षा पूर्व में 250 से.मी. से लेकर पश्चिम में मात्र लगभग 65 से.मी. होती है।
7. **आर्द्र पर्वतीय जलवायु (Dwb) (The Humid Mountian Climate):** यह जलवायु जम्मू एवं कश्मीर, हिमाचल प्रदेश, उत्तराखंड, अरुणाचल प्रदेश के पर्वतीय क्षेत्रों तथा उत्तर-पूर्वी भारत के अन्य पर्वतीय क्षेत्रों में पायी जाती है। इस जलवायु में ग्रीष्म ऋतु का औसत तापमान लगभग 17] सेंटिग्रेड होता है तथा जनवरी के माह का औसत तापमान स्थलाकृति विशेषताओं तथा ढाल से प्रभावित होता है। सामान्यत: वर्षा पूर्व से पश्चिम की ओर घटती है। पश्चिमी हिमालय शीत ऋतु के दौरान पश्चिमी गड़बड़ी से कुछ वर्षा प्राप्त करता है।

आर. एल. सिंह द्वारा जलवायु वर्गीकरण (1971) (R.L. Singh's Climate Division)

प्रो. आर. एल. सिंह ने स्टैम्प तथा केन्ड्रयु द्वारा दिए जलवायु वर्गीकरण को 1971 में संशोधित किया। प्रो. सिंह ने भारत को दस मुख्य जलवायु क्षेत्रों में विभाजित किया। प्रो. सिंह का जलवायु वर्गीकरण न केवल मात्रात्मक बल्कि गुणात्मक भी है जो वर्षा की मात्रा तथा तापमान पर निर्भर करता है। वास्तव में संशोधन तापमान की भिन्नता के आधार पर किया गया है ***(चित्र 4.26A)***। प्रो. सिंह के वर्गीकरण का एक संक्षिप्त विवरण निम्नलिखित है:

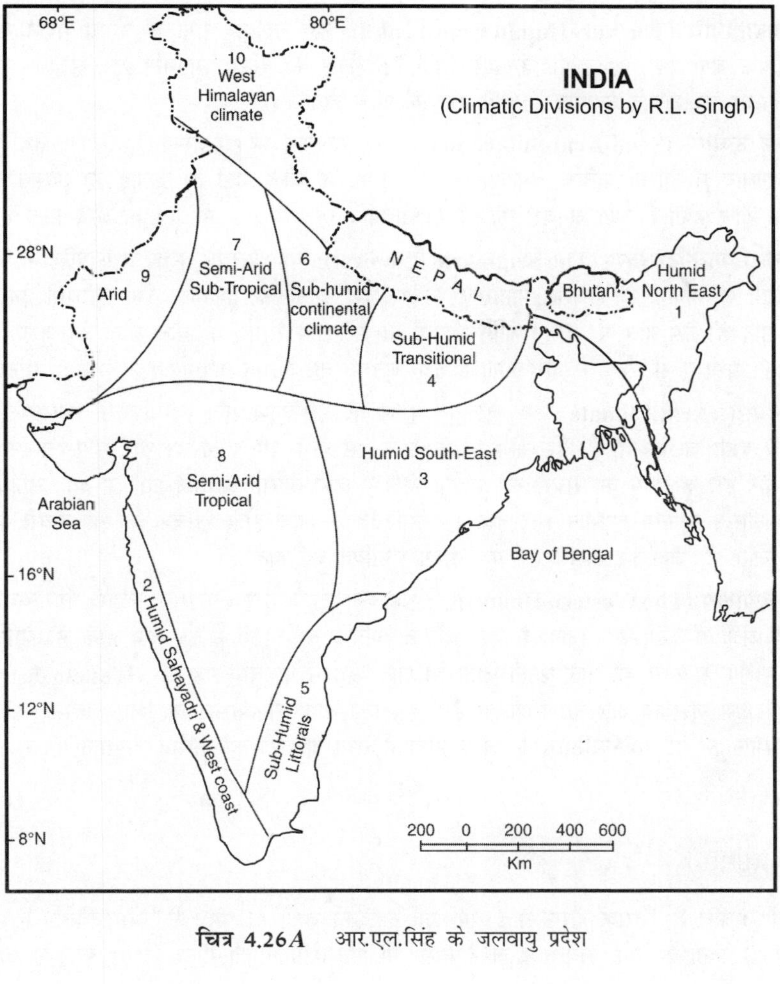

चित्र 4.26*A* आर.एल.सिंह के जलवायु प्रदेश

1. **आर्द्र उत्तर-पूर्वी जलवायु (The Humid North East Climate):** इस जलवायु के तहत उत्तर-पूर्वी भारत का संपूर्ण भाग (त्रिपुरा को छोड़कर), सिक्किम तथा पश्चिमी बंगाल का उत्तर-पश्चिमी भाग आता है। इस जलवायु में औसत वार्षिक वर्षा 200 से.मी. से अधिक होती है। जुलाई का औसत तापमान 25° सेंटिग्रेड तथा 33° सेंटिग्रेड के बीच होता है तथा जनवरी का औसत तापमान 10° सेंटिग्रेड से 25° सेंटिग्रेड के बीच होता है।
2. **आर्द्र सह्याद्री तथा पश्चिमी तट (The Humid Sahyadri and Western coast):** इस जलवायु क्षेत्र में तापी नदी के मुहाने से लेकर कन्याकुमारी तक कोंकण तथा मालाबार तट का क्षेत्र आता है। इस क्षेत्र में औसत वार्षिक वर्षा 200 से.मी. से अधिक होती है। जुलाई का औसत तापमान 25° से 30° सेंटिग्रेड के बीच होता है तथा जनवरी का औसत तापमान 18° से 28° सेंटिग्रेड के बीच होता है।
3. **आर्द्र दक्षिण-पूर्व (The Humid South East):** यह जलवायु पश्चिम बंगाल, झारखंड, छत्तीसगढ़ तथा ओडिशा के अधिकांश भाग में तथा आंध्र प्रदेश के कुछ भाग में पाई जाती है। इस जलवायु में 100-200 से.मी. के बीच औसत वार्षिक वर्षा होती है। जुलाई का औसत तापमान 25° से 27° सेंटिग्रेड के बीच होता है।
4. **अल्पार्द्र संक्रमण (The Sub-Humid Transition):** यह जलवायु गंगा के मैदान के उस भाग में देखी जा सकती है जहाँ औसत वार्षिक वर्षा 100 से 200 से.मी. के बीच होती है। जुलाई का औसत तापमान 25° से 40° सेंटिग्रेड के बीच होता है तथा जनवरी का औसत तापमान 10° से 25° सेंटिग्रेड के बीच होता है।
5. **अल्पार्द्र तटीय जलवायु (Sub-Humid Littoral):** यह जलवायु कोरोमंडल तट के किनारे पायी जाती है। यहाँ औसत तापमान 28° से 38° सेंटिग्रेड के बीच होता है तथा जनवरी का औसत तापमान 20° से 30° सेंटिग्रेड के बीच होता है।
6. **अल्पार्द्र महाद्वीपीय (The Sub-Humid Continental):** यह जलवायु गंगा के ऊपरी मैदान में पायी जाती है जहाँ औसत वार्षिक वर्षा 75-150 से.मी. के बीच होती है। जुलाई का औसत तापमान 25° से 40° सेंटिग्रेड के बीच होता है तथा जनवरी का औसत तापमान 17° से 25° के बीच होता है।
7. **अर्द्ध-शुष्क उपोष्ण (Semi-Arid-Subtropical):** यह जलवायु पूर्वी राजस्थान, हरियाणा तथा पंजाब में पायी जाती है। इस जलवायु में औसत वार्षिक वर्षा 25 से 75 से.मी. के बीच होती है। जुलाई का औसत तापमान 25° से 28° सेंटिग्रेड के बीच होता है तथा जनवरी का औसत तापमान 15° से 25° सेंटिग्रेड के बीच होता है।
8. **अर्द्ध-शुष्क उष्णकटिबंधीय (The Semi-Arid Tropical):** यह जलवायु मध्य तथा पश्चिमी प्रायद्वीप के अधिकांश क्षेत्रों में देखी जा सकती है। गुजरात, महाराष्ट्र, मध्य प्रदेश, कर्नाटक, तेलंगाना तथा पश्चिमी आंध्र प्रदेश इस जलवायु के तहत आते हैं। इस क्षेत्र में औसत वार्षिक वर्षा 50 से 100 से.मी. के बीच होती है। जुलाई के महीने में औसत तापमान 26° से 41° सेंटिग्रेड के बीच होता है तथा जनवरी का औसत् तापमान 15° से 28° सेंटिग्रेड के बीच होता है।
9. **शुष्क जलवायु (Arid Climate):** यह जलवायु कच्छ के अधिकांश भाग में, पश्चिमी राजस्थान तथा दक्षिण पश्चिमी हरियाणा में देखी जा सकती है। इस क्षेत्र में 25 से.मी. से कम वर्षा होती है। थार मरुस्थल इस जलवायु के अंतर्गत आता है। जून इस जलवायु का सबसे गर्म महीना होता है जहाँ औसत तापमान 30° से 40° सेंटिग्रेड के बीच होता है। जनवरी में औसत न्यूनतम तापमान 10° तथा 15° सेंटिग्रेड के बीच होता है। देश का यह सबसे अधिक सूखा प्रभावित क्षेत्र माना जाता है, जहाँ हर तीसरा वर्ष एक सूखा प्रभावित वर्ष होता है।
10. **पश्चिमी हिमालय (The Western Himalyas):** यह जलवायु जम्मू एवं कश्मीर, लद्दाख, हिमाचल प्रदेश तथा उत्तराखंड के पर्वतीय क्षेत्रों में देखी जा सकती है जहाँ औसत वार्षिक वर्षा 150 से.मी. तक होती है। वर्षा पूर्व से पश्चिम की ओर तथा दक्षिण से उत्तर की ओर घटती जाती है। शीत ऋतु में पश्चिमी गड़बड़ी (Western distrubances) के कारण हुई वर्षा भी इस जलवायु क्षेत्र की विशेषता है। यह अल्प वर्षा रबी फसल के लिए अत्यन्त लाभकारी है। जुलाई का औसत तापमान 5° से 30° सेंटिग्रेड के बीच होता है तथा जनवरी का औसत तापमान 0° से 5° सेंटिग्रेड के बीच होता है।

सूखा (Droughts)

सूखा एक सतत् लम्बी अवधि है, जिसके दौरान कोई वर्षा दर्ज नहीं की जाती है। भारत में मौसम विज्ञान विभाग के अनुसार सूखा कम-से-कम लगातार 22 दिनों की एक अवधि है जहाँ किसी भी दिन 0.25 मिली मीटर (0.01 इंच) से अधिक वर्षा नहीं होती

है। यह परिभाषा संपूर्ण भारत में लागू नहीं की जा सकती है। मॉसिनराम तथा चेरापूंजी में (जहाँ औसत वार्षिक वर्षा 1200 सेमी. से अधिक होती है) में एक सप्ताह भी यदि 0.25 मिली मीटर से कम वर्षा हो तो उसे सूखे की अवधि माना जाएगा। सामान्य रूप से 60 से.मी. से वार्षिक वर्षा दर्ज करने वाले क्षेत्र, जिसमें वर्षा की परिवर्तनशीलता 20 प्रतिशत से अधिक होती है, भारत का सूखा प्रवण क्षेत्र कहलाता है। वे क्षेत्र जहाँ वर्षा की परिवर्तनशीलता 20 से 60 प्रतिशत के बीच होती है (जैसे–राजस्थान, अरावली के पश्चिम का भाग तथा पश्चिमी घाट के पूर्व का भाग) चिरकालिक सूखा प्रवण क्षेत्र है। भारत में उन क्षेत्रों में सूखा अक्सर देखा जा सकता है, जहाँ औसत वार्षिक वर्षा 60 से.मी. से कम होती है तथा इसकी परिवर्तशीलता 20 प्रतिशत से अधिक होती है बशर्ते वहाँ नहर तथा नलकूपों द्वारा सिंचाई की सुविधा नहीं हो। देश के ज्यादातर भाग में वर्षा की परिवर्तनशीलता 25 प्रतिशत से अधिक होती है तथा इसलिए देश का 60 प्रतिशत से अधिक भाग सूखा प्रवण क्षेत्र है।

कृषि मंत्रालय तथा पर्यावरण मंत्रालय के अनुसार, एक सूखा प्रवण क्षेत्र वह क्षेत्र होता है जहाँ सूखा वर्ष की संभावना 20 प्रतिशत से अधिक होती है। एक चिरकालिक सूखा प्रवण क्षेत्र वह होता है, जहाँ सूखा वर्ष की संभावना 40 प्रतिशत से अधिक होती है। एक सूखा वर्ष तब घटित होता है जब औसत वार्षिक वर्षा 75 प्रतिशत से कम दर्ज होती है।

औसतन भारत में प्रत्येक पाँच वर्षों में एक वर्ष सूखा वर्ष होता है जबकि पश्चिमी राजस्थान में प्रत्येक तीसरा वर्ष एक सूखा वर्ष होता है यद्यपि भारत के 60 प्रतिशत क्षेत्र में वर्षा की अधिक परिवर्तनशीलता देखी जा सकती है, भारत में तीन ऐसे क्षेत्र हैं जो अत्यधिक सूखा प्रवण क्षेत्र हैं ***(चित्र 4.27)***। भारत के सूखा प्रवण क्षेत्र निम्न हैं:

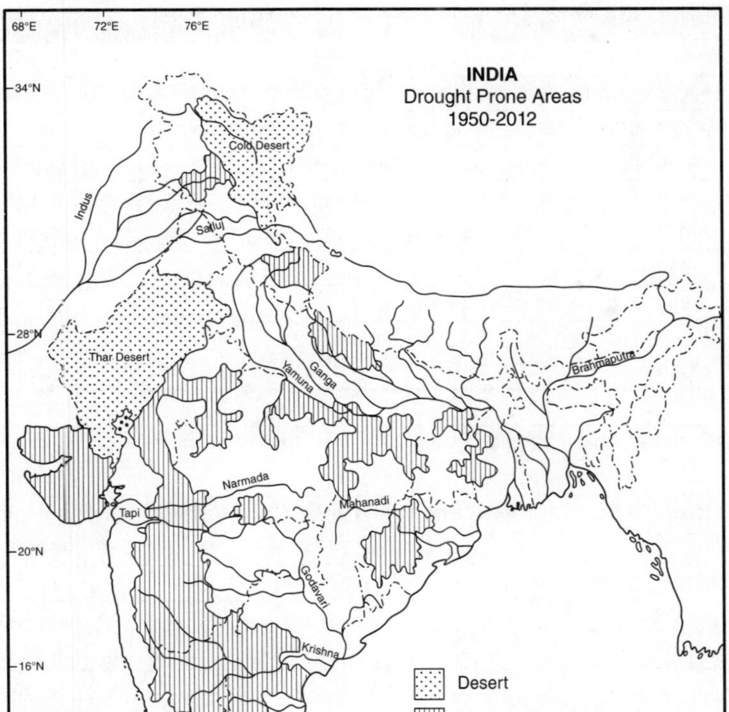

चित्र 4.27 सूखा प्रवण क्षेत्र (1950–2016)

1. **राजस्थान का शुष्क तथा अर्द्ध-शुष्क क्षेत्र:** उत्तरी गुजरात का अधिकांश भाग, राजस्थान, उत्तर-पश्चिम हरियाणा, पंजाब का दक्षिणी भाग, पश्चिमी मध्य प्रदेश तथा उत्तर प्रदेश के आगरा प्रखंड का भाग इस क्षेत्र के तहत आते हैं। ये क्षेत्र एक दूसरे से सटे हुए क्षेत्र हैं। इस सूखा प्रवण क्षेत्र (जहाँ वर्षा की परिवर्तनशीलता 40 प्रतिशत से अधिक होती है) का विस्तार 65 लाख वर्ग कि.मी. है।

   इस क्षेत्र का कुछ भाग जिसे नहर तथा नलकूपों द्वारा सींचा जाता है सूखे से कम प्रभावित होते हैं।

2. **पश्चिमी घाट का वृष्टि छाया क्षेत्र:** यह क्षेत्र पश्चिमी घाट के पूर्व में स्थित है (सह्याद्री पर्वत) जिसका विस्तार जलगाँव (महाराष्ट्र) से लेकर तेलंगाना में हैदराबाद तथा महबूबनगर तक, कर्नाटक में बीदर, बीजापुर, गुलबर्ग तथा रायचूर तक तथा तमिलनाडु में कोयम्बटूर, मदुरई, सलेम तथा रामनाथपुरम तक होता है। इस क्षेत्र में वर्षा की परिवर्तनशीलता 30 से 40 प्रतिशत के बीच होती है। इसी क्षेत्र में पिछले दशक में कई हजार किसानों ने आत्महत्या की है।

3. **अन्य सूखा प्रवण क्षेत्र:** देश के विभिन्न भागों में कई ऐसे एकाकी खण्ड हैं जिनका क्षेत्रफल लगभग एक लाख वर्ग कि.मी. है जो सूखा प्रवण क्षेत्र है। इन क्षेत्रों में ओडिशा का कालाहाँडी क्षेत्र, पश्चिम बंगाल का पुरुलिया जिला, झारखंड का पलामू पठार, मिर्जापुर पठार तथा बुंदेलखंड (उत्तर प्रदेश), बघेलखंड (मध्य प्रदेश) तथा तमिलनाडु के कोयम्बटूर, मदुरई तथा तरूनेलवली जिले शामिल हैं।

तालिका 4.2a भारत में सूखे का प्रभाव

महीना/वर्ष	प्रभावित क्षेत्र (राज्य, क्षेत्र या जिले)	हानि
2016-2018	दक्षिणी भारत	250 मिलियन लोग प्रभावित
2015	आ. प्र., तेलंगाना, असम, बिहार, छत्तीसगढ़, झारखंड, छत्तीसगढ़, कर्नाटक, गुजरात, केरल, महाराष्ट्र	450 मिलियन लोग प्रभावित
2009	आ. प्र., तेलंगाना, असम, बिहार, छत्तीसगढ़, झारखंड, कर्नाटक, केरल, महाराष्ट्र	400 मिलियन लोग प्रभावित
2004	आ. प्र., तेलंगाना, बिहार, छत्तीसगढ़, झारखंड, कर्नाटक, महाराष्ट्र	200 मिलियन लोग प्रभावित
2002	उत्तर प्रदेश, मध्य प्रदेश, राजस्थान, पंजाब, हरियाणा, दिल्ली, कर्नाटक, केरल, नागालैंड, ओडिशा, छत्तीसगढ़, हिमाचल प्रदेश, गुजरात, महाराष्ट्र, आंध्र प्रदेश, तमिलनाडु राज्य	300 मिलियन लोग प्रभावित; नुकसान: US$910.7 मिलियन
2001	नई दिल्ली, राजस्थान, गुजरात, ओडिशा	20 मौतें
2000	महासमुंद, रायपुर, कवर्धा, राजनांदगांव, दुर्ग जिले (छ.ग. क्षेत्र)	विवरण उपलब्ध नहीं है।
2000	गुजरात, राजस्थान, मध्य प्रदेश, आंध्र प्रदेश, ओडिशा, महाराष्ट्र	90 मिलियन लोग प्रभावित; नुकसान: US$588 मिलियन
1996	राजस्थान	विवरण उपलब्ध नहीं है।
1993	बिहार, ओडिशा, आंध्र प्रदेश, महाराष्ट्र, गुजरात, मध्य प्रदेश, उत्तर प्रदेश, कर्नाटक	1.175 मिलियन प्रभावित
1987	उड़ीसा	110 मौतें
1987	गुजरात, राजस्थान, ओडिशा, मध्य प्रदेश, आंध्र प्रदेश, महाराष्ट्र और 4 केंद्र शासित प्रदेश	300 मौतें और 30 करोड़ लोग प्रभावित
1983	केरल, तमिलनाडु, राजस्थान	100 मिलियन लोग प्रभावित
1973	मध्य भारत	100 मिलियन लोग प्रभावित; नुकसान: US$50 मिलियन
1972	मध्य भारत	100 मिलियन लोग प्रभावित; नुकसान: US$50 मिलियन
1964	कर्नाटक, मैसूर	166 मिलियन लोग प्रभावित
1964	राजस्थान, मध्य	500,000 लोग प्रभावित
1942	बंगाल क्षेत्र, कोलकाता	1.5 मिलियन लोगों की मौत
1900	बंगाल	1.250 मिलियन लोगों की मौत
1942	बंगाल क्षेत्र, कोलकाता	1.5 मिलियन लोगों की मौत
1900	बंगाल	1.250 मिलियन लोगों की मौत

Source: Samra, J. S. 2004. *Review and analysis of drought monitoring, declaration and management in India.* Working Paper 84. Colombo, Sri Lanka: International Water Management Institute.

सूखा आवर्तक भौतिक घटनाएं हैं तथा मध्य काल में इसके कारण स्थिति गंभीर थी। 20वीं सदी के कुछ गंभीर सूखे का विवरण इस प्रकार है।

1965-66 में महाराष्ट्र में पड़ा सूखा, 1966-67 में बिहार में पड़ा सूखा, 1996-97 में कालाहाँडी में पड़ा सूखा तथा तेलंगाना, आंध्र प्रदेश, कर्नाटक तथा पश्चिमी तमिलनाडु में निरंतर वर्षा की कमी के कारण पिछले दशक में अनेक किसानों ने आत्महत्या की है। वर्ष 2009 में मानसूनी विफलता के कारण देश के अधिकतर भागों में सूखे का प्रकोप रहा तथा खरीफ फसलों के कृषिक क्षेत्र में लगभग 40 प्रतिशत की कमी आई है। वर्ष 2016 का सूखा तो इतना भंयकर था कि हजारों किसानों ने महाराष्ट्र, तेलंगाना, गुजरात तथा कनार्टक में आत्महत्या कर ली, लाखों ग्रामीण नगरों की ओर पलायन करने पर मजबूर हो गये।

11 राज्यों में 266 जिलों के 2.5 लाख गाँवों में 33 करोड़ लोग 2015-16 में सूखा से प्रभावित हुए थे। (द *हिन्दू, बिजनिस लाइन, 8 नवम्बर, 2018*)

सूखे के विपरीत प्रभाव को सिंचाई परियोजनाओं में विस्तार द्वारा, छिड़काव सिंचाई अपनाकर, जल एकत्रण द्वारा, फसल चक्र द्वारा, अत्यधिक जल की आवश्यकता वाली फसलों में परिवर्तन कर तथा शुष्क-कृषि तकनीक अपनाकर घटाया जा सकता है। यदि इन सभी उपायों पर ध्यान दिया जाए तो किसानों की तथा सूखा ग्रस्त क्षेत्रों के वासियों की दुर्दशा को कम किया जा सकेगा।

सूखा एक ऐसी विपदा है जो लोगों तथा देश की अर्थव्यवस्था पर प्रतिकूल प्रभाव डालती है। जलवायु-विज्ञान के विशेषज्ञों के अनुसार सूखे की प्रायिकता आने वाले दिनों में बढ़ती जाएगी। इसका मुख्य कारण ग्रीन हॉउस गैस, जलवायु परिवर्तन तथा पारिस्थितिक असंतुलन है, जो पर्यावरण के साथ मानवीय हस्तक्षेप का नतीजा है।

भारत की स्वतंत्रता के बाद 1965-67, 1972-73, 1979-80, 1985-88, 1999-2000, 2000, 2002 2009 तथा 2016 सूखे के वर्ष रहे हैं। विशेषज्ञों के अनुसार वर्ष 2016 का सूखा पिछले एक सौ वर्षों में सबसे भयंकर सूखे का वर्ष रहा है। इन वर्षों में हरियाणा, पंजाब, उत्तर प्रदेश, उत्तराखंड, बिहार, मध्य प्रदेश, गुजरात, तमिलनाडु, कर्नाटक, झारखण्ड, ओडिशा एवं केरल के भाग तथा राजस्थान सूखे से गंभीर रूप से प्रभावित रहे।

भारत के मौसम विभाग द्वारा 16 अगस्त, 2021 को जारी किए गए नवीनतम आंकड़ों के अनुसार, भारत के क्षेत्रफल के पाँचवे हिस्से (21.06 प्रतिशत) पर सूखे जैसी स्थिति का सामना करना पड़ रहा था। यह आंकड़ा पिछले वर्ष की समान अवधि के दौरान सूखे के क्षेत्र 7.86 प्रतिशत से 62 प्रतिशत अधिक था। यह क्षेत्र असामान्य रूप से सूखे से लेकर असाधारण रूप से सूखे तक विभिन्न श्रेणी के सूखे के अधीन था। जलवायु परिवर्तन के कारण कई उत्तर, मध्य और पूर्वी राज्यों में देर से शुष्क स्थिति देखी जा रही थी। विशेषज्ञों का मानना है कि मौजूदा स्थिति के पीछे असमान वर्षा वितरण और असफल मानसून प्रमुख कारकों में से हैं।

सूखा प्रबन्धन (Drought Management)

भारत सरकार ने पहली पंचवर्षीय योजना से ही सूखा तथा सूखा प्रभावित क्षेत्र पर ध्यान दिया है। वर्ष 1987 से पहले सरकार ने सूखा प्रभावित क्षेत्रों के लोगों को रोजगार के अवसर प्रदान किए तथा सार्वजनिक वितरण प्रणाली (Public Distribution System) द्वारा खाद्यान्न के वितरण द्वारा राहत पहुँचाने की कोशिश की है। आपातिक सूखा राहत व्यय ने राजकोष पर अत्यधिक भार डाला है क्योंकि विकास के लिए आवंटित राशि का उपयोग राहत कार्यों के लिए किया गया। कुछ राज्य, जैसे–राजस्थान में सूखा राहत व्यय विकास लागत से अधिक था।

इस समस्या के निदान के लिए 1970 के दशक के आरम्भ में सूखा प्रबंधन नीति अपनाई गई। सूखा प्रबंधन प्रस्ताव उद्देश्यों, पूर्व चेतावनी देने वाले सूचकों पर निर्भरता तथा सार्वजनिक हस्तक्षेप के समय की दृष्टि से सूखा राहत प्रस्ताव से भिन्न है।

राहत प्रस्ताव का उद्देश्य प्रभावित जनता को राहत परियोजनाओं तथा खाद्यान्न के सार्वजनिक वितरण द्वारा खाद्य उपलब्ध कराना है। इसके विपरीत सूखा प्रबन्धन प्रस्ताव अधिकृत खाद्य उत्पादन को सुनिश्चित करता है ताकि तदर्थ राहत परियोजनाओं की आवश्यकता को हटाया जा सके। सूखा राहत प्रस्ताव सामाजिक-आर्थिक सूचकों पर निर्भर करता है, जैसे–फसल उत्पादन आँकड़ा, मूल्य वृद्धि, सूखा-प्रभावित लोगों का प्रवसन, दूसरी ओर सूखा प्रबन्धन प्रस्ताव जल-कृति सूचकों पर निर्भर करता है, जैसे-वर्षा, जलाशयों का जल स्तर तथा फसल प्रतिरूप का विकास हो ताकि सूखे की स्थिति के पूर्व संकेत मिल सकें। सूखा राहत प्रस्ताव ने सरकार को यह अधिकार दिया कि वह नवंबर तथा दिसंबर के महीने में हस्तक्षेप कर सके जब वर्षा ऋतु खत्म हो जाती है

तथा जब खरीफ फसल की कटाई हो चुकी होती है, वहीं सूखा प्रबंधन प्रस्ताव ने सरकार को मानसून ऋतु में ही हस्तक्षेप करने का अधिकार दिया।

विपदा प्रबंधन की समिति (2002) के अनुसार सूखा प्रबंधन सामान्यत: नए रोजगार उत्पन्न करके, जल एकत्रण, बिजली आपूर्ति, खड़ी फसल की बचत तथा आवश्यक वस्तुओं की आपूर्ति सार्वजनिक वितरण द्वारा की जाती है।

भारतीय राष्ट्रीय आपदा प्रबंधन प्राधिकरण, एनडीएमए ने भी भारत में सूखे के प्रबंधन के लिए दिशानिर्देश जारी किए हैं। इन दिशानिर्देशों पर अध्याय 17, समकालीन मुद्दों में विस्तार से चर्चा की गई है।

सूखा प्रवण क्षेत्र योजना (Drought Prone Area Programme–DPAP)

सूखा प्रवण क्षेत्र योजना कृषीय क्षेत्र के एकीकृत विकास की योजना है, जो देश के पश्चिमी, मध्य तथा दक्षिणी भाग के 90 जिलों के 615 ब्लॉकों के लिए है। यह देश के सूखा प्रभावित क्षेत्रों की समस्याओं से निपटने के लिए केन्द्र सरकार द्वारा 1973–74 में शुरू किया गया सबसे शुरुआत का क्षेत्र विकास कार्यक्रम है।

सूखा प्रवण क्षेत्र योजना के मुख्य उद्देश्य निम्नलिखित हैं:

(i) कृषीय भूमि, जल तथा पशुधन संसाधन का विवेक पूर्ण तथा वैज्ञानिक उपयोग,
(ii) सूखा प्रवण क्षेत्रों के लोगों की आय को बढ़ाना तथा स्थिर करना खासकर समाज के कमजोर वर्ग में, तथा;
(iii) पारिस्थितिकी संतुलन को पुन: स्थापित करना।

इस योजना के कुछ महत्वपूर्ण तत्व निम्नलिखित हैं:

(a) एकीकृत जल विभाजन प्रबंधन तथा जल संसाधन का प्रबंधन।
(b) मृदा तथा आर्द्रता संरक्षण उपाय।
(c) वनरोपण जहाँ सामाजिक तथा कृषि वानिकी पर विशेष बल दिया जाता हो।
(d) गोचर भूमि तथा वन प्रबंधन का भेड़ पालन के संयोजन के साथ विकास।
(e) पशुधन विकास तथा डेरी विकास।
(f) फसल प्रतिरूपों की पुनर्संरचना तथा सम्य वैज्ञानिक प्रक्रियाओं में परिवर्तन।
(g) फसलों के वैज्ञानिक चक्र को अपनाया जाना तथा हरि खाद, दलहन (लेग्युमिनस) फसलों पर बल।
(h) वैकल्पिक (सहायक) व्यवसायों का विकास।
(i) जल एकत्रण।
(j) लघु सिंचाई परियोजनाओं का विकास।
(k) भूमिगत नहरों तथा पंक्तिबद्ध नहरों का निर्माण।
(l) सिंचाई तथा घरेलू उपयोग के लिए समुद्री जल का विलवणीकरण।
(m) कृषि में विविधता उत्पन्न करना।
(n) कुटीर तथा घरेलू उद्योगों का विकास।
(o) घरेलू तथा औद्योगिक उपयोग के लिए वैकल्पिक ऊर्जा के स्रोतों का विकास (सूर्य ऊर्जा, पवन ऊर्जा तथा बायोगैस)।

तालिका 4.3 सूखा प्रवण क्षेत्र योजना (डी.पी.ए.पी.) का वर्तमान स्तर

वर्ष	क्षेत्र
1977–78	राजस्थान, गुजरात, हरियाणा के गर्म क्षेत्र, हिमाचल प्रदेश और जम्मू कश्मीर के ठण्डे मरुस्थल
1989	जल विभाजक के आधार पर बंजर भूमि के विकास के लिए राष्ट्रीय बंजर भूमि विकास बोर्ड के तत्वावधान में एकीकृत जलग्रह विकास कार्यक्रम शुरू किया गया था।
1995	जलसंभर के विकास के लिए दिशा निर्देश तैयार किए गए और 1 अप्रैल 1995 को इन्हें व्यवहार में लाया गया।

वर्ष	क्षेत्र
2001 और 2003	जलसंभर विकास के लिए दिशा-निर्देशों का नाम बदल कर हरियाली दिशा निर्देश किया गया।
2008	जलसंभर के विकास कार्यक्रम के लिए सामान्य दिशा निर्देश 1 अप्रैल 2008 से प्रभावी बना दिए गए।
2009	तीन जलसंभर कार्यक्रमों (डी.पी.ए.पी., डी.डी.पी., आई.डब्लू.डी.पी.) का उन्मूलन करके इन्हें एक समेकित कार्यक्रम के तहत लाया गया जिसे एकीकृत जलसंभर प्रबंधन कार्यक्रम कहा जाता है जो ग्रामीण विकास मंत्रालय के अन्तर्गत आता है।

यदि इन उपायों को लागू किया जाये तो देश के सूखा प्रवण क्षेत्रों के लोगों की दुदर्शा को कम किया जा सकेगा। सूखा प्रवण क्षेत्र योजना की कुछ महत्वपूर्ण उपलब्धियाँ हैं-इंदिरा गाँधी नहर परियोजना, सरदार सरोवर परियोजना (नर्मदा) तथा केन्द्रीय शुष्क अनुसंधान संस्थान, जोधपुर जिसके द्वारा सूखा प्रतिरोधी पौधों, वृक्षों तथा फसलों के विकास को प्रोत्साहित किया जाता है।

बाढ़ (Floods)

बाढ़ तब आती है जब वर्षा शीर्ष बहाव वाहिका (River Channel) की क्षमता से अधिक हो जाती है तथा इसका कारण प्राकृतिक रूप से अत्यधिक वर्षण हिमपात, बर्फ तथा बर्फ का पिघलना, तटीय क्षेत्रों में तूफानों की लहरें, बाधों का फटना या फिर मानव-निर्मित संरचनाओं की विफलता, वनोन्मूलन, नगरीकरण (जिससे घुसपैठ तथा अवरोधन कम हो जाता है) तथा अभियान्त्रिकी कार्यों, जैसे–भूमि अपवाह तंत्र या फिर नदियों के तटबंधों को सीधा करना है।

जब नदी का पानी अपने किनारे पार करके आसपास के क्षेत्रों में फैल जाये, तो उसे बाढ़ कहते हैं। बाढ़ अपवाह बेसिन के जलीय चक्र का एक महत्वपूर्ण भाग है। वास्तव में सूखा तथा बाढ़ जलीय चक्र की दो चरम सीमाएँ हैं। जहाँ सूखा वर्षा की विफलता के कारण होता है वहीं बाढ़ सामान्यत: अत्यधिक वर्षा के कारण आती है। इस तरह बाढ़ एक प्राकृतिक आपदा (Natural Hazard) है, जो भारी वर्षा के कारण आती है, जो एक महाविपदा (Disaster) तब बन जाती है जब यह जान-माल को भारी क्षति पहुँचाती है।

बाढ़ के कारण (Causes of Floods)

बाढ़ आने के निम्न तीन मुख्य कारण हैं–(i) मौसम-विज्ञान सम्बन्धी कारक, (ii) भू-आकृति वैज्ञानिक कारक, तथा; (iii) मानवोद्‌भवी कारक।

मौसम-विज्ञान सम्बन्धी कारक (Meterological Causes) में भारी वर्षा, उष्णकटिबंधीय चक्रवात के कारण हिमपात तथा बादलों का फटना शामिल है। भारत में अधिकतर बाढ़ भारी वर्षण के कारण आती है खासकर दक्षिण-पश्चिम मानसून के मौसम में।

भू-आकृति वैज्ञानिक कारक (Geomorphic Causes), जैसे–नदी का विस्तृत अपवाह क्षेत्र, नदी के मार्ग का हल्का तथा निम्न ढाल, तथा अपर्याप्त अपवाह के कारण भारत के उत्तरी मैदान तथा तटीय मैदान में बाढ़ आती है। जुलाई 2006 में जोधपुर, बाड़मेर तथा बीकानेर में बाढ़ मुख्यत: बादलों के फटने तथा इस क्षेत्र में अपर्याप्त अपवाह तंत्र के कारण आई थी।

मानवोद्‌भवी कारकों (Anthropogenic Causes) में वनोन्मूलन, वन क्षेत्र तथा चरागाह का अतिक्रमण, स्थानान्तरित कृषि, अवैज्ञानिक फसल चक्र, बाँधों तथा तटबंधों का फटना, नगरीकरण तथा नदी के तल में घरों का निर्माण शामिल है। ये कारक देश में आई अनेक बाढ़ के लिए जिम्मेदार हैं। जुलाई 2005 में मुम्बई में आई बाढ़ का मुख्य कारण नदी के जल मार्ग में घरों तथा संरचनाओं का निर्माण था।

भारत के बाढ़ प्रवण क्षेत्र (Flood Prone Areas of India)

भारत के कुल भौगोलिक क्षेत्रफल (329 मि. हेक्टेयर) का लगभग 40 मि. हेक्टेयर (12%) बाढ़ प्रवण (Flood Prone) है। भारत के बाढ़ प्रवण क्षेत्रों को ***चित्र 4.28*** में अंकित किया गया है। ***चित्र 4.28*** को देखने से यह पता चलता है कि देश के विभिन्न

भागों में बाढ़ प्रवण क्षेत्र बिखरे हुए हैं। ये क्षेत्र भारी वर्षा वाले क्षेत्रों से लेकर अल्प वर्षा वाले क्षेत्रों तक हैं। बाढ़ असम, पश्चिम बंगाल, बिहार, उत्तर प्रदेश, हरियाणा तथा पंजाब में वर्षा ऋतु के दौरान एक आवर्तक विशेषता है। पूर्वी तटीय मैदान, कश्मीर की घाटी तथा बंगाल की खाड़ी व खंभात की खाड़ी (अरब सागर) में बहने वाली नदियों की निचली धारा में भी बाढ़ देखी जा सकती है। भारत में बाढ़ प्रभावित क्षेत्र निम्नलिखित हैं:

1. गंगा नदी बेसिन
2. ब्रह्मपुत्र नदी बेसिन
3. पंजाब तथा हरियाणा के बाढ़ के मैदान
4. तटीय मैदान के बाढ़ प्रवण क्षेत्र

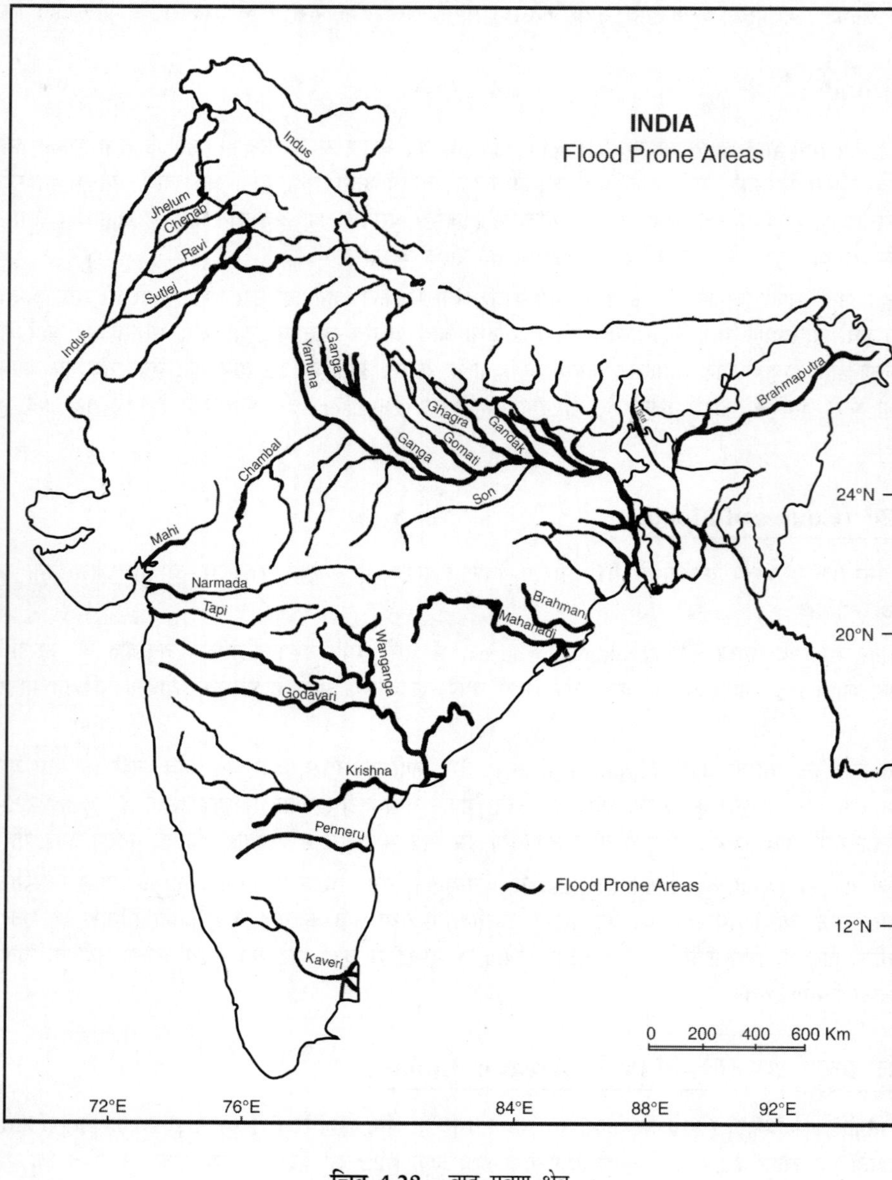

चित्र 4.28 बाढ़ प्रवण क्षेत्र

1. गंगा नदी बेसिन

यह नदी बेसिन लगभग 861,400 वर्ग कि.मी. के क्षेत्रफल में फैला हुआ है। गंगा तथा इसकी सहायक नदियाँ उत्तराखंड, हिमाचल प्रदेश, हरियाणा, उत्तर प्रदेश, बिहार, पश्चिम बंगाल, झारखंड, छत्तीसगढ़, मध्य प्रदेश तथा राजस्थान को अप्रवाहित करती हैं। इसके बाईं ओर की बड़ी सहायक नदियाँ शारदा, काली, गोमती, घाघरा, गंडक, कोसी तथा महानंदा हैं, वहीं इसके दाहिनी ओर की नदियाँ यमुना, चंबल, बेतवा, सिन्ध, केन, सोन तथा दामोदर हैं। इस तरह वृहत् हिमालय तथा उत्तरी प्रायद्वीपीय भारत से गंगा व उसकी सहायक नदियाँ वृहत्त मात्रा में जल ढोती हैं। ये नदियाँ बारिश के मौसम में भारी वर्षा के कारण तथा बसन्त एंव ग्रीष्म ऋतु में बर्फ पिघलने के कारण अपने अप्रवाह क्षेत्र के मध्य व निचले भाग में बाढ़ लाती हैं। कोसी को 'बिहार का शोक' (Sorrow of Bihar) कहा जाता है।

उत्तराखण्ड में 16 जून, 2013 को अचानक बादल के फटने के कारण भागीरथी, मंदाकिनी, अलकनंदा तथा उनकी सहायक नदियों में भयंकर बाढ़ आई जिसके कारण केदारनाथ, राम-बाड़ा, गौरीकुण्ड, जोशीमठ, रुद्रप्रयाग, श्रीनगर जैसे प्रमुख स्थलों को भारी क्षति पहुंची। बड़ी संख्या में जान-माल की हानि भी हुई।

देश के कुल बाढ़ प्रवण क्षेत्र का 22 प्रतिशत भाग उत्तर प्रदेश में है। इसकी नदियों के जलमार्ग छिछले होते जा रहे हैं खासकर अपने मध्य व निचले भाग में। भारी वर्षा के कारण इन नदियों का पानी अपने तट को पार कर निकटवर्ती खादर भूमि को जलमग्न कर देता है।

बिहार में बाढ़ मुख्यत: उत्तरी भाग में आती है जहाँ बाढ़ का आना बारिश के मौसम में एक वार्षिक प्रक्रिया है। बूढ़ी गंडक, बागमती, कोसी तथा महानन्दा का निचला भाग अपने तटों को पार कर नीचे की ओर स्थित खादर क्षेत्रों को जलमग्न कर देता है।

वर्ष 2009 की कोसी नदी में आई बाढ़ से बिहार के सहरसा, माधेपुरा, खगड़िया जैसे प्रमुख नगर तथा सैकड़ों गांव जलमग्न हो गए जिससे भारी जान-माल का नुकसान हुआ।

पश्चिम बंगाल के दक्षिणी तथा मध्य भाग प्राय: दक्षिण-पश्चिम मानसून के मौसम में जलमग्न हो जाते हैं। बारिश के मौसम में महानन्दा, भागीरथी, अजय तथा दामोदर ('बंगाल का शोक') में अक्सर बाढ़ आ जाती है। दामोदर वैली कॉर्पोरेशन (DVC) के गठन के बाद भी नदियों में यदा-कदा बाढ़ आ जाती है।

तालिका 4.4 भारत में बाढ़ के प्रति उत्तरदायी राज्य

राज्य	बाढ़ के लिए उत्तरदायी क्षेत्र (मिलियन हेक्टेयर)
उत्तर प्रदेश	7.34
बिहार	4.26
पंजाब	3.70
राजस्थान	3.26
असम	3.15
प. बंगाल	2.65
हरियाणा	2.35
ओडिशा	1.40
आंध्र प्रदेश	1.39
गुजरात	1.39

2. ब्रह्मपुत्र नदी बेसिन

भारत की नदियों में जल का सबसे अधिक प्रकोप ब्रह्मपुत्र नदी में देखा गया है। असम की घाटी भारत में बाढ़ से सबसे अधिक प्रभावित क्षेत्रों में से एक है। जलडाखा, तीस्ता और टोरसा नदियाँ अधिकतर अपने किनारों को तोड़कर बहती हैं। जो बंगाल, मणिपुर

और सिक्किम क्षेत्र में बाढ़ लाती हैं। असम में बाढ़ एक वार्षिक प्रक्रिया है। ब्रह्मपुत्र बेसिन में बाढ़ का मुख्य कारण है-(i) भारी तथा मूसलाधार वर्षा, वर्षा ऋतु में ब्रह्मपुत्र नदी बेसिन के मध्य तथा निचले भाग के अधिकांश क्षेत्र में 200 से.मी. से भी अधिक वर्षा रिकॉर्ड की जाती है। (ii) अत्यधिक मृदा अपरदन के कारण नदी मार्ग का गाद से भरना (iii) भूस्खलन (iv) जनसंख्या का दबाव, तथा; (v) निकटवर्ती पहाड़ी क्षेत्रों में स्थानांतरित कृषि (Shifting Cultivation)। सम्मिलित रूप से इन सभी कारकों के कारण ब्रह्मपुत्र घाटी में तथा उसके निकटवर्ती क्षेत्रों में बाढ़ आती है।

असम के लगभग सभी जिले प्रत्येक वर्ष बाढ़ प्रभावित हो जाते हैं। असम में सबसे अधिक प्रभावित क्षेत्र हैं–माजुली (यह भारत का सबसे बड़ा नदी द्वीप है), धुब्री, कोकराझार, बारपेटा, गुवाहाटी, मंगलददोई, शिवसागर, जोराहट, डिब्रूगढ़ तथा तेजपुर। एक आंकलन के अनुसार लगभग 80 लाख हेक्टेयर, अर्थात् असम के कुल क्षेत्र का लगभग 45 प्रतिशत क्षेत्र बाढ़ प्रवण है।

3. पंजाब तथा हरियाणा के बाढ़ के मैदान

यह क्षेत्र भारत में अल्प वर्षा दर्ज करने वाला क्षेत्र है। यद्यपि इन क्षेत्रों में निम्न वर्षा दर्ज की जाती हैं लेकिन इसके बावजूद ये क्षेत्र बाढ़ से प्रभावित हो जाते हैं क्योंकि यहाँ सतह पर अपवाह तंत्र (जल निकास तंत्र) पर्याप्त रूप से विकसित नहीं है। पंजाब तथा हरियाणा में बारिश के पानी का जमाव हो जाता है। अपर्याप्त जल निकासी की व्यवस्था के कारण यह क्षेत्र जलमग्न हो जाता है। सतलज, व्यास, घग्घर तथा मार्कण्डे में प्रतिवर्ष बाढ़ दर्ज की जाती है। पंजाब तथा हरियाणा में बाढ़ के मुख्य कारण हैं–(i) लघु हिमालय तथा शिवालिक में वनोन्मूलन; (ii) नदियों के ऊपरी भाग में मृदा अपरदन में वृद्धि, जिसके कारण नदी के तल अवसादों से भर जाते हैं; (iii) नदियों के बेट (खादर) क्षेत्रों में संरचनाओं का निर्माण; (iv) अवैज्ञानिक भूमि उपयोग, फसल प्रतिरूप तथा फसल चक्र, तथा; (v) प्राकृतिक अपवाह में सड़कों, रेलवे तथा मानव संस्थापनों के निर्माण द्वारा अवरोधन।

पंजाब, हरियाणा तथा राजस्थान के घग्घर मैदान में बाढ़ प्रायिक है। घग्घर नदी एक मौसमी नदी है। पंजाब तथा हरियाणा को पार करने के बाद इस नदी का मार्ग राजस्थान के बालू टिब्बों में विलुप्त हो जाता है।

कश्मीर घाटी में बाढ़ का कारण झेलम नदी है। तावी नदी जम्मू में बाढ़ का मुख्य कारण है। 2004 में राकास झील से वृहत्त मात्रा में पानी छोड़े जाने के कारण हिमाचल प्रदेश के कई क्षेत्रों में बाढ़ की आशंका बन गई थी।

4. तटीय मैदान के बाढ़ प्रवण क्षेत्र

ओडिशा, आंध्र प्रदेश, तमिलनाडु, केरल, महाराष्ट्र तथा गुजरात के तटीय मैदान इस क्षेत्र के तहत आते हैं। महानदी, गोदावरी, कृष्णा तथा कावेरी नदियों के निचले भाग में बाढ़ अत्यधिक उग्र रूप धारण कर लेती है। इन नदियों के तल छिछले होते हैं जो उनके अप्रवाह क्षेत्र में भारी वर्षा के कारण जलमग्न हो जाते हैं। इन क्षेत्रों में पेड़ों की अन्धा-धुन्ध कटाई के कारण मृदा अपरदन तथा नदियों के तल में अवसाद भरने की प्रक्रिया अधिक त्वरित हो गई है। वृहत्त ज्वार के समय नर्मदा तथा तापी नदियों के मुहाने में भी बाढ़ आ जाती है। बंगाल की खाड़ी तथा अरब सागर में उष्णकटिबंधीय चक्रवात के समय समुद्री लहरों के आगे की ओर बढ़ने से तटीय क्षेत्र जलमग्न हो जाते हैं। सुनामी (Tsunami) के कारण (जैसा कि 26 दिसंबर, 2004 को देखा गया) तटीय क्षेत्रों में जान-माल को भारी नुकसान पहुँचा। पश्चिमी तटीय मैदान की छोटी तथा तेज गति से बहने वाली नदियाँ बाढ़ के समय अत्यधिक नुकसान पहुँचाती हैं।

तालिका 4.5 भारी बाढ़/वर्षा से हानि 1953 से 2016 तक

	1953	1963	1973	1983	1993	2003	2013	2016
प्रभावित क्षेत्र (मिलियन हेक्टेयर में)	2.290	3.490	11.790	9.020	11.439	6.120	7.546	7.065
प्रभावित जनसंख्या (मिलियन में)	24.280	10.930	64.080	61.030	30.409	43.201	25.927	26.555
फसल क्षतिग्रस्त क्षेत्र क्षेत्रफल (मिलियन है.)	0.930	2.050	3.730	3.290	3.206	4.268	7.484	6.658
क्षतिग्रस्त मकान (संख्या में)	264924	420554	269797	2393722	1926049	775379	699825	278243

	1953	1963	1973	1983	1993	2003	2013	2016
पशु हानि	47034	4572	261016	153095	211193	15161	60196	22367
मानव जीवन की हानि	37	432	1349	2378	2864	2166	2180	1420
सार्वजनिक उपयोगिता का नुकसान	2.9	2.74	88.489	873.429	1445.534	3262.154	38937.843	1507.926
कुल हानि (फसल, मकान, सार्वजनिक उपयोग) (करोड़ रुपए में)	52.400	36.611	569.016	2491.606	3282.485	11,325.866	47,348.751	5675.325

(*Source:* Central Water Commission, Flood Forecast Monitoring Directorate, Government of India)

यह ध्यान देने योग्य है कि 2015 की बाढ़ में सर्वाधिक नुकसान मकानों (3959191), और फसलों (रुपये 17043.948 करोड़ का है। हॉलांकि 1978 में सर्वाधिक जनसंख्या (70450) प्रभावित हुई थी।

बाढ़ नियंत्रण तथा प्रबंधन (Flood Control and Management)

भारत सरकार द्वारा इस दिशा में उठाए गए मुख्य कदम संक्षेप में निम्नलिखित हैं:

1. बाढ़ का पूर्वानुमान (Flood Forecasting)

केन्द्रीय जल आयोग ने नवंबर 1958 से बाढ़ का पूर्वानुमान लगाना शुरू किया जब पहली बार दिल्ली के पुराने रेलवे पुल के निकट एक पूर्वानुमान केन्द्र की स्थापना की गई। इसके बाद इनका विस्तार देश के सभी मुख्य बाढ़ प्रवण नदियों के लिए किया गया। वर्तमान में, देश की विभिन्न बड़ी तथा छोटी नदियों पर लगभग 175 बाढ़ पूर्वानुमान केन्द्र बनाए गए हैं। बारिश के मौसम में ये केन्द्र प्रतिदिन बाढ़ का पूर्वानुमान तथा चेतावनी जारी करते हैं।

केन्द्रीय बाढ़ पूर्वानुमान संगठन देश के सभी भागों में बाढ़ की स्थिति तथा इसकी संभावना पर नजर रखते हैं तथा चेतावनी जारी करते हैं। मुख्य बाढ़ पूर्वानुमान केन्द्र सूरत (तापी), भरूच (नर्मदा), वाराणसी, बक्सर, पटना, हथदह तथा हाइमाबाद (गंगा), डिब्रूगढ़ तथा गुवाहाटी (असम), जलपाईगुड़ी (तिस्ता), दिल्ली (यमुना), लखनऊ (गोमती), भुवनेश्वर (स्वर्णरेखा, बुरथा, बालांग, ब्राह्मणी तथा बैतरणी), साहिबी (राजस्थान) तथा गांधी सागर (चम्बल) में स्थित हैं। इसके अतिरिक्त लगभग 157 बाढ़ नियंत्रण स्टेशन हैं, जो प्रतिवर्ष 6000 पूर्वानुमान जारी करते हैं।

2. बहाव को घटाना (Reduction of Runoff)

नदी बहाव को घटाना बाढ़ नियंत्रण का एक प्रभावी तरीका है। सतही जल के अन्त:स्यंदन को धरातल में बढ़ाकर बहाव को घटाया जा सकता है। नदियों के अप्रवाह क्षेत्र में वनरोपण एक अत्यन्त प्रभावी कदम है, जिसके द्वारा बहाव को नियंत्रित किया जा सकता है तथा जल के परिस्रवण को बढ़ाया जा सकता है।

3. बाँध तथा जलाशयों का निर्माण (Construction of Dams and Reservoirs)

बाढ़ पर नियंत्रण बाँध तथा जलाशयों के निर्माण के द्वारा भी किया जा सकता है। बाँध बाढ़ के समय वृहत्त मात्रा में जल को रोके रखने की क्षमता रखता है तथा इससे बाढ़ के खतरे को कम किया जा सकता है। बाँध के जलाशयों में जमा किये गये पानी को नियंत्रित स्थिति में छोड़ा जा सकता है जो नदी वाहिका के ढोने की क्षमता पर निर्भर करता है। बाढ़ को नियंत्रित करने के लिए दामोदर, कोसी, सतलज, रिहन्द, महानदी, कृष्णा, कावेरी, चम्बल, नर्मदा, तापी तथा साबरमती नदियों पर बाँध बनाए गए हैं।

4. बाढ़ स्तर पर नियंत्रण (Control of Flood Levels)

बाढ़-स्तर को नियंत्रित करने के लिए अनेक कदम उठाए गए हैं। इन कदमों में नदियों के जलमार्ग में सुधार तथा उन्हें सही दिशा प्रदान करना तथा बाढ़ का विपथन शामिल है।

5. तटबंधों का निर्माण (Construction of Embankments)

तटबंधों का निर्माण बाढ़ नियंत्रण के लिए अत्यन्त प्रभावी है। केन्द्रीय जल आयोग तथा बाढ़ नियंत्रण आयोग की स्थापना के बाद तटबंधों के निर्माण में वृद्धि हुई है। बाढ़ नियंत्रण आयोग की स्थापना के बाद 12,000 कि.मी. से भी लम्बे तटबंधों का निर्माण किया गया। ज्यादातर ये तटबंध ब्रह्मपुत्र, गंगा, यमुना, सतलज, ब्यास, रावी, महानदी, कोसी, गोदावरी, कृष्णा तथा कावेरी नदी के किनारे निर्मित किए गए।

6. बाढ़ के मैदान को बलयित करना (Flood Plain Zoning)

बाढ़ के मैदान को बलयित करना (Zoning) बाढ़ प्रबंधन का एक प्रभावी तरीका है। यह बाढ़ के मैदान में भूमि उपयोग के संबंध में सूचनाओं पर आधारित है। कुछ क्षेत्र अन्य क्षेत्रों की अपेक्षा अधिक बाढ़-प्रवण क्षेत्र होते हैं। नदी जलमार्ग के निकट भवनों, फैक्ट्रियों, इत्यादि का निर्माण वर्जित है। यदा-कदा बाढ़ ग्रस्त होने वाले क्षेत्रों को कुछ वर्षों बाद हरित मेखला के तहत रखा जाता है जहाँ सामाजिक वानिकी एक प्राथमिकता है।

7. अन्य उपाय (Other Measures)

बाढ़ नियंत्रण आयोग द्वारा निम्नलिखित अतिरिक्त उपायों के सुझाव दिये गए हैं–(i) पहाड़ी क्षेत्रों में अन्धा-धुन्ध वृक्षों के काटने पर प्रतिबंध, (ii) मुख्य नदियों के किनारे एक किलोमीटर के क्षेत्र को सुरक्षित रखना जहाँ वृहत्त स्तर पर वनारोपण किया जा सके तथा जहाँ कृषि एवं घरों का निर्माण वर्जित हो, (iii) नदियों के तल का नियमित रूप से तलकर्षण, (iv) राष्ट्रीय जल ग्रिड का गठन जिसके द्वारा बाढ़ के पानी को शुष्क क्षेत्रों में अपवर्तित किया जाएगा या जलाशयों में जमा किया जाएगा, (v) जल-ग्रस्त क्षेत्रों के लिए उपयुक्त अपवाह नहरों का निर्माण, तथा; (vi) तटीय क्षेत्रों को ज्वार भाटा व आगे बढ़ती समुद्र की लहरों से बचाने के लिए प्रभावी उपाय ढूँढ निकालना।

बाढ़ नियंत्रण कार्यक्रम तथा नीति (Flood Control Programme and Strategies)

1954 की विध्वंसक बाढ़ के बाद राष्ट्रीय बाढ़ नियंत्रण कार्यक्रम की शुरुआत की गई। इस कार्यक्रम के तीन चरण हैं, जिनका वर्णन संक्षिप्त रूप में नीचे किया गया है;

1. **तात्कालिक चरण (The Immediate Phase):** यह चरण दो वर्षों के लिए है तथा इसमें निम्नलिखित कदम शामिल हैं–मूल जलीय आँकड़ों का एकत्रण तथा तत्कालिक बाढ़ नियंत्रण उपाय, जैसे–तटबंधों का निर्माण, नदी जलमार्ग में सुधार तथा असुरक्षित गाँवों को बाढ़-स्तर से बचाना।
2. **लघु-अवधि चरण (The Short Term Phase):** यह चरण अगले पाँच वर्षों के लिए है। इस चरण में निम्नलिखित उपायों पर बल दिया गया है-सतही अपवाह में सुधार, प्रभावी बाढ़ स्तर से असुरक्षित गाँवों को बचाना तथा उन्हें स्थानांतरित करना, मोड़ नहरों का निर्माण, तटबंधों तथा बाढ़ के समय उपयोग, ऊँचे उठे चबूतरों का निर्माण।
3. **दीर्घ-अवधि चरण (The Long Term Phase):** इस चरण में बाँधों तथा जलाशयों का निर्माण, बड़ी मोड़ नहरों का निर्माण, भूमि उपयोग में सुधार के लिए उठाए गए उपयुक्त कदम तथा मुख्य नदी व उनकी सहायक नदियों के अपवाह क्षेत्र में भूमि संरक्षण शामिल हैं। देश में बाढ़ की समस्या को देखते हुए भारत सरकार ने राष्ट्रीय बाढ़ आयोग (National Flood Commission) का गठन किया है। इस आयोग ने बाढ़ की समस्या के लिए एक साकल्यवादी (Holistic) विचार दिया है। इस समस्या से निपटने के लिए कई बहुमुखी परियोजनाओं तथा बड़े बाँधों का निर्माण किया गया है। ब्रह्मपुत्र नदी बोर्ड का भी गठन किया गया है, जिसके द्वारा ब्रह्मपुत्र घाटी में बाढ़ को नियंत्रित किया जाएगा।

पर्यावरण, वन और जलवायु परिवर्तन मंत्रालय एक नोडल एजेंसी है जो भारत की पर्यावरण और वन नीतियों, कार्यक्रमों का कार्यान्वयन प्राकृतिक संसाधनों जैसे-नदीयों, जैव-विविधता, वन और जंगली जीवों के लिए करता है।

भारतीय राष्ट्रीय आपदा प्रबंधन प्राधिकरण, एनडीएमए ने भी भारत में बाढ़ प्रबंधन के लिए दिशा-निर्देश जारी किए हैं। इन दिशानिर्देशों पर अध्याय 17, समकालीन मुद्दों में विस्तार से चर्चा की गई है।

संदर्भ सूची (References)

- Blandford, W. T., "Physical Geography of Indian Desert." *Journal of Asiatic Society of Bengal* (1876).
- Chang, C. P., and Krishnamurti, T. N., *Monsoon Meteorology*. Oxford: Oxford University Press, 1987.
- Chatterji, A. K., *Monsoons, Cyclones and Floods in India*. New Delhi: Birla Economic Research Foundation, Radiant Publishers, 1992.
- Das, P. K., *The Monsoon*. New Delhi: National Book Trust, 1968.
- Deshpande, C. D., *India: A Regional Interpretation*. New Delhi: Indian Council of Social Science Research and Northern Book Centre, 1987.
- Fein, J. S., and Stephens, P. L., eds., *Monsoon*. New York: John Willy & Sons, 1987.
- Flohn, H., "Contribution to a Meteorology of the Tietan Highlands." *Atoms. Science Paper* 130. Fort Collins: Colorado State University, 1968.
- Ghosh, S. K., et al., ''Influence of Arabian Sea on the Indian Summer Monsoon." *Tellus-30* (1978): 117–125.
- Griffith, J. F., *Applied Climatology*. London: Oxford University Press, 1968.
- Halley, E., ''A Historical Account of the Trade Winds and Monsoon Observable in the Seas Near the Tropics with an Attempt to Assign the Physical Cause of the Said Winds." *Philosophical Transactions of the Royal Society of London*, 16 (1686): 153–168.
- Husain, M., *Fundamentals of Physical Geography*. Jaipur: Rawat Publications, 2007.
- *India 2010*. Government of India, Publication Division, New Delhi.
- Johnson, B. L. C., *South Asia*. London: Heinemann Educational Books, 1969.
- Katiyar, V. S., *The Indian Monsoon and its Frontiers*. New Delhi: Inter India Publications, 1990.
- Kendrew, W. G., *Climates of Continents*. London: Oxford University Press, 1961.
- Koteswaram, P., ''An Analysis of High Tropospheric Wind Circulation over India in Winter." *Indian Journal of Meteorological Geophysics* (1953).
- Koteswaram, P., "Easterly Jet Stream in the Tropics." *Tellus*, 10 (1958): 43–57.
- Koteswaram, P. "The Asian Summer Monsoon and the General Circulation Over the Tropics." *Proceedings of the International Symposium on Monsoons of the World*, New Delhi (1958): 105–110 .
- Koppen, W., *Grundriss de Klimakund*. Berlin: Walter de Gruyler Company, 1931.
- Koppen, W., and Geiger, R., eds., "Das Geographische System der Klimate." *Handbook for Klimablogie*. Vol 1. Berlin: Gebr. Borntröger, 1936.
- Pal, S. K., *Physical Geography of India—A Study in Regional Earth Defences*. New Delhi: Orient Longman Pvt. Ltd., 2003.
- Pichamuthu, C. S., *Physical Geography of India*. New Delhi: National Book Trust, 1967.
- Singh, R. L., ed., *India: A Regional Geography*. Varanasi: National Geographical Society, 1971.
- Sinha, D. K., Sen, O. K., and Chatterji, M. *Dynamics of the Lower Troposphere: A Diagonistic Critique of Pre-Monsoon and Monsoon Scenario*. 62. Calcutta: University of Calcutta, 1996.
- Spate, O. H. K., and Learmonth, A. T. A. *India and Pakistan: A General and Regional Geography*. 3rd rev. ed. London: Methuen & Co. Ltd, 1967.
- Stamp, L. D., *Asia: Regional and Economic Geography*, 1958.
- Strahler, A., *Physical Geography*. New York: John Wiley & Sons., Inc., 1997, pp. 139–141.
- Tiwari, R. C., *Geography of India*. Allahabad: Prayag Pustak Bhawan, 2005.
- Trewartha, G. T., *An Introduction to Climate*. New York: McGraw Hill, 1954.
- Webster, P., ''Monsoon.'' *Scientific American*, Vol. 245, No. 2 (1981): 108–118.

5

प्राकृतिक वनस्पति एवं वन विकास (Natural Vegetation and Forest Development)

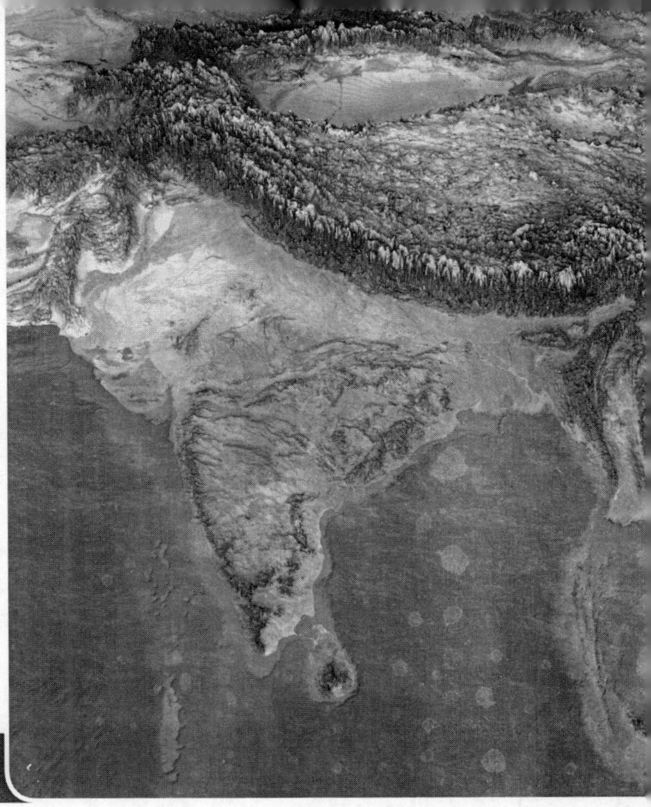

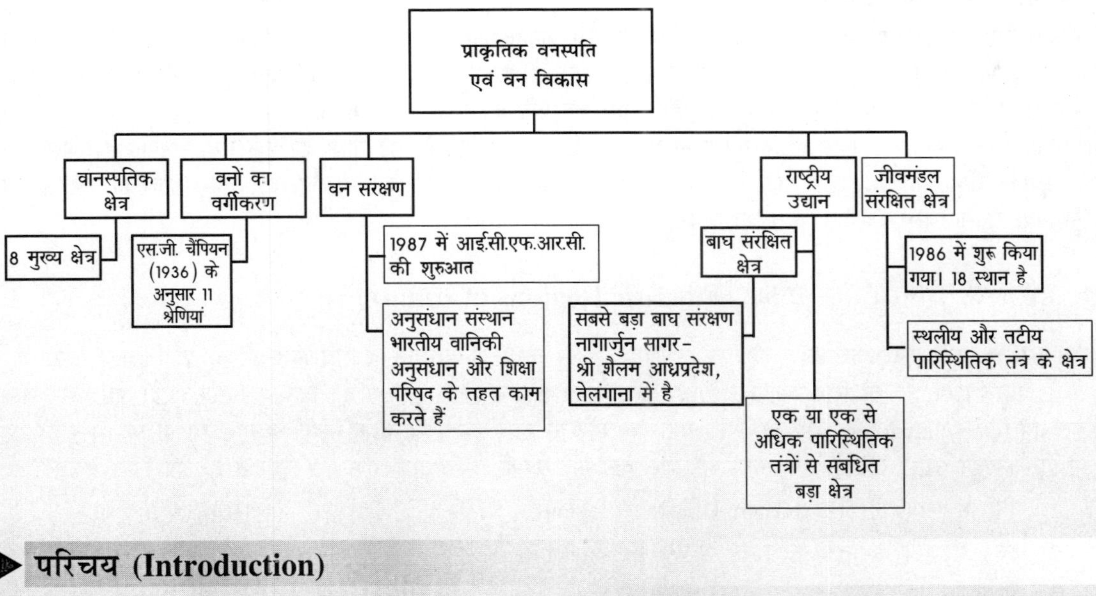

परिचय (Introduction)

प्राकृतिक वनस्पति से तात्पर्य पेड़ों, झाड़ियों, जड़ी-बूटियों, बेलों, लताओं और घास जैसे पौधों के ऐसे समूहों से है जो स्वाभाविक रूप से समुदायों में उगते हैं और जलवायु, मिट्टी, क्षेत्र और मानव मानवीय गतिविधियों द्वारा प्रभावित होते हैं। जबकि वन शब्द पेड़ों से आच्छादित और जीवन के अन्य रूपों को बनाए रखने वाली भूमि के एक बड़े हिस्से को संदर्भित करता है।

भारत की प्राकृतिक वनस्पति उप-महाद्वीप की भू-आकृति एवं जलवायु स्थिति के साथ एक सही सामंजस्य को प्रतिबिम्बित करती है। वास्तव में यह संगतता इतनी सही है कि यदि दो मानचित्रों, जो क्रमशः वार्षिक वर्षा एवं औसत समुद्री स्तर से ऊँचाई को दर्शाते हों, को एक-दूसरे से जोड़कर देखा जाए तो देश के प्रत्येक मुख्य प्रदेश के लिए वनस्पति के प्रकार का अनुमान लगाया जा सकता है।

वर्तमान वनस्पति का एक लम्बा इतिहास है। पुरावनस्पति वैज्ञानिकों (Palaeo-Botanist) के अनुसार अधिकतर हिमालय तथा प्रायद्वीपीय प्रदेश देशज अथवा स्थानीय वनस्पति से आच्छादित है, वहीं गंगा के मैदानी प्रदेश तथा थार मरुस्थल में ऐसे पौधों की जातियाँ पाई जाती हैं जो सामान्यत: बाहर से आई हैं। यहाँ पौधों की जातियाँ विदेशी हैं, जिनका स्थानांतरण हिमालय के पार से हुआ है (तिब्बत तथा चीन)। इस प्राकृतिक वनस्पति को 'बोरियल' (Boreal) वर्ग में रखा गया है। वे पौधे जो निकटवर्ती उष्ण कटिबंधीय प्रदेश से आए हैं, पुरा-उष्णकटिबंधीय (Palaeo-Tropical) कहलाते हैं। उत्तरी अफ्रीका से आने वाले पौधों ने शुष्क तथा अर्द्ध-शुष्क प्रदेशों की वनस्पति को प्रभावित किया है, जैसे-थार मरुस्थल तथा भारत के उत्तरी मैदान के अनेक प्रदेश। जिन पौधों का स्थानान्तरण इंडो-मलेशिया प्रदेश से हुआ उनका प्रभाव उत्तर-पूर्वी भारत के पहाड़ी प्रदेश की वनस्पति पर पड़ा है।

अनियंत्रित पौधों की इन जातियों का स्थानांतरण न केवल एक निरंतर प्रक्रिया है बल्कि अन्य प्रदेशों के साथ यातायात साधनों में वृद्धि के कारण (दोनों वायु तथा जलमार्ग द्वारा) यह प्रक्रिया और अधिक स्पष्ट हो गई है। इनमें से कुछ वृक्षों की जातियाँ अनावश्यक तथा तेजी से फैलने वाले अपतृण हैं। वे उष्णकटिबंधीय सूर्य (Tropical Sun) की रोशनी तथा भरपूर आर्द्रता में पनपते हैं तथा तेजी से बढ़ते हैं क्योंकि नए वास में उन पर अंकुश लगाने का कोई प्राकृतिक उपाय नहीं है। समय के साथ उनका उन्मूलन मुश्किल होता जा रहा है, ये अपतृण भूमि का अतिक्रमण करते हैं तथा अन्य उपयोग के लिए भूमि प्रदेश को घटाते हैं, ये उन पौधों के विकास को रोकते हैं, जो आर्थिक रूप से महत्वपूर्ण हैं, ये अपतृण जन-स्वास्थ्य के लिए एक खतरा हैं क्योंकि अप्रत्यक्ष रूप से ये कई बीमारियों को फैलाने में मदद करते हैं। इसके दो मुख्य उदाहरण हम दे सकते हैं–'लैन्टान' (Lantana camara varauyleata mold) तथा 'वॉटर हाइअसिन्थ' (Eichhorria cassipes solms)।

इन दोनों को भारत में उद्यान के सजावटी पौधों के रूप में लगाया गया था। 'लैन्टान' (Lantana) अब जंगलों तथा गोचर भूमि में फैल गई है तथा 'वॉटर हाइअसिन्थ' ने नदियों, झीलों तथा तालाबों को रुद्ध कर दिया है। 'वॉटर हाइअसिन्थ' को 'बंगाल का आतंक' (Terror of Bengal) भी कहा जाता है क्योंकि इस प्रदेश में इसका विकास तीव्र गति से हुआ है। ये देश के सभी जल स्रोतों, तालाबों तथा नहरों में फैल रहे हैं।

ऊपर दिए गए विवरण से यह पता चलता है कि हमारी प्राकृतिक वनस्पति में बहुत कुछ प्राकृतिक नहीं है, केवल अगम्य हिमालय के भागों तथा थार मरुस्थल के भीतरी भाग को छोड़कर। इसके काफी भाग मानव द्वारा भूमि अधिग्रहण के कारण या तो प्रतिस्थापित हो गए हैं या फिर नष्ट हो गए हैं। हमारी वनस्पति का एक अच्छा खासा हिस्सा निम्न कोटि का है, दोनों गुण तथा मात्रा में निम्न रूप का। जिसे हम प्राय: प्राकृतिक वनस्पति का नाम देते हैं, वह पौधों का एक ऐसा समुदाय है, जिसके साथ एक लम्बी अवधि तक छेड़-छाड़ नहीं की गयी हो तथा पृथक वनस्पति की जातियों को जहाँ तक संभव हो सके जलवायु परिस्थितियों से सामंजस्य स्थापित करने का अवसर मिला हो।

भारत के वानस्पतिक प्रदेश (Floristic Regions of India)

एक वानस्पतिक क्षेत्र वनस्पतिसाम्राज्य का एक उपखंड है और पौधों के परिवारों की विशेषताओं का प्रतिनिधित्व करता है जो पृथ्वी के एक विशेष क्षेत्र के लिए स्थानिक हैं। इसे आगे प्रांतों और जनपदों में विभाजित किया जा सकता है। भारत में वनस्पति भू-जलवायु (Geo-climatology) पर निर्भर है। यह एक प्रदेश से दूसरे प्रदेश तक तथा अलग-अलग ऊँचाइयों पर भिन्न है। 1937 में सी.सी. काल्डर (C.C. Calder) ने भारत को आठ वानस्पति प्रदेशों में विभाजित किया ***(चित्र 5.1)***, जो निम्न प्रकार हैं:

1. पूर्वी हिमालय के प्रदेश (Eastern Himalaya Region)
2. उत्तर-पश्चिमी हिमालय के प्रदेश (N.W. Himalayan Region)
3. असम प्रदेश (The Assam Region)
4. गंगा के मैदान प्रदेश (The Gangetic Plain)
5. सिंधु के मैदान प्रदेश (The Indus Plain)
6. दक्कन प्रदेश (The Deccan Region)
7. मालाबार प्रदेश (The Malabar Region)
8. अंडमान व निकोबार द्वीप (The Anadaman and Nicobar Islands)

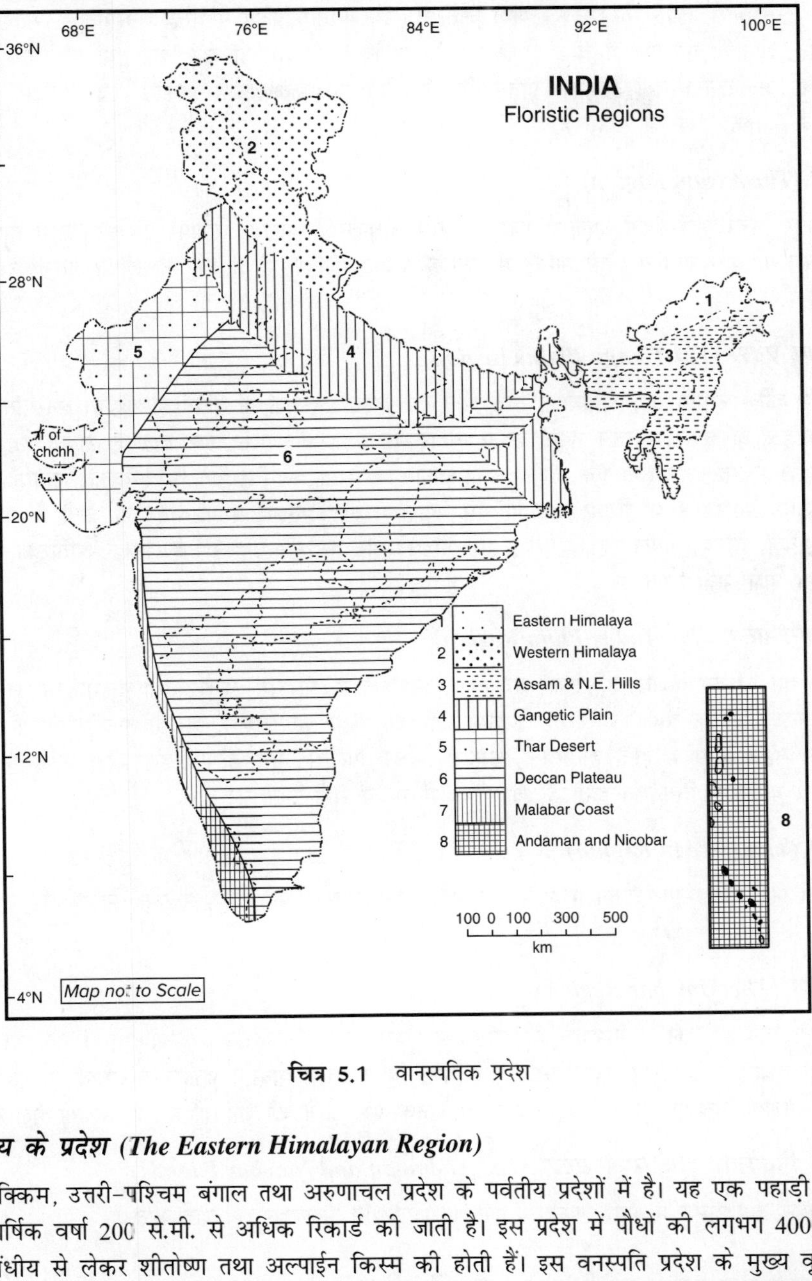

चित्र 5.1 वानस्पतिक प्रदेश

1. पूर्वी हिमालय के प्रदेश (The Eastern Himalayan Region)

इसका विस्तार सिक्किम, उत्तरी-पश्चिम बंगाल तथा अरुणाचल प्रदेश के पर्वतीय प्रदेशों में है। यह एक पहाड़ी तथा पर्वतीय प्रदेश है। यहाँ औसत वार्षिक वर्षा 200 से.मी. से अधिक रिकार्ड की जाती है। इस प्रदेश में पौधों की लगभग 4000 किस्में पाई जाती हैं, जो उष्णकटिबंधीय से लेकर शीतोष्ण तथा अल्पाईन किस्म की होती हैं। इस वनस्पति प्रदेश के मुख्य वृक्ष हैं–साल, ओक (oak), चेस्टनट (chestnut), मैगनोलिया, पाइरस, बाँस, रजत देवदार (सिल्वर फर), चीड़ (pine), बर्च, रोडोडेण्ड्रोन्स (rhodondrons) तथा अल्पाईन घास।

2. उत्तर-पश्चिमी हिमालय के प्रदेश (The North Western Himalayan Region)

उत्तर-पश्चिमी हिमालय के वनस्पति प्रदेश का विस्तार जम्मू एवं कश्मीर, हिमाचल प्रदेश तथा उत्तराखंड में है। इस प्रदेश में तुलनात्मक रूप से कम वर्षा रिकॉर्ड की जाती है तथा यहाँ तापमान भी कम होता है। ऊँचाई का प्रभाव पश्चिमी हिमालय की वनस्पति पर देखा जा सकता है। इस प्रदेश में भी उपोष्ण (1525 मीटर तक), शीतोष्ण (1525 मीटर से 3650 मीटर तक) तथा

अल्पाईन वनस्पति (3650 से 4575 मीटर तक) पायी जाती है। उप-पर्वतीय प्रदेश में मुख्य वनस्पति हैं—साल, सेमुल तथा सवाना किस्म की वनस्पति, शीतोष्ण वनस्पति में चीड़ (पाईन), बांज (ओक), देवदार, आल्डर, बर्च तथा कोनिफर (शंकुवृक्ष)। अधिक ऊँचाई पर वृक्षों को अल्पाईन घास (चरागाह) प्रतिस्थापित करती है तथा वृक्ष, जैसे—जून्इपर, रजत देवदार (सिल्वर फर), बर्च (birch) तथा लार्च (larch) देखे जा सकते हैं।

3. असम प्रदेश (The Assam Region)

असम प्रदेश में संपूर्ण उत्तर-पूर्वी प्रदेश आता है जिसमें असम, मेघालय, नगालैंड, मणिपुर, मिजोरम तथा त्रिपुरा शामिल हैं। यह प्रदेश विभिन्न किस्म के बाँस तथा ताड़ के मामले में धनी है तथा इस प्रदेश में अधिक ऊँचाई पर नीलगिरि किस्म की घास के मैदान पाए जाते हैं।

4. गंगा के मैदान प्रदेश (The Ganga Plains Region)

गंगा के मैदान प्रदेश की वनस्पति मानव क्रियाओं तथा खेती द्वारा बहुत हद तक परिवर्तित हो गई है। वनस्पति के प्रकार अरावली की अर्द्ध-शुष्क झाड़ियों से लेकर सुंदरवन डेल्टा के सदाबहार मैंग्रोव (Mangrove) तक देखे जा सकते हैं। पश्चिम बंगाल तथा बिहार के तराई प्रदेश में साल, सखुआ एवं अर्जुन आदिकालीन वनस्पति को निरूपित करने वाली जातियाँ हैं। उत्तर प्रदेश की वनस्पति मुख्यत: शुष्क पतझड़ है जो बिहार तथा पश्चिम बंगाल में आर्द्र पतझड़ में परिवर्तित हो जाती है। शीशम, नीम, महुआ, जामुन, बबूल, बेर, बेल, बरगद, पीपल इत्यादि इस प्रकार की वनस्पति के कुछ उदाहरण हैं। इसके अतिरिक्त गंगा के मैदान प्रदेश में अनेक प्रकार की घासें पायी जाती हैं।

5. सिन्धु के मैदान प्रदेश (The Indus Plain Region)

इस वनस्पति प्रदेश का विस्तार पंजाब, हरियाणा, राजस्थान, अरावली के पश्चिम, कच्छ तथा गुजरात के उत्तर-पश्चिमी भाग में है। इस प्रदेश में औसत वार्षिक वर्षा 75 से.मी. से कम होती है। इसके फलस्वरूप, इस प्रदेश की वनस्पति शुष्क एवं अत्यन्त सूखी परिस्थिति को सहने में सक्षम होती है। बबूल, कैक्टस, खेजरा, पलास, ताड़, इत्यादि इस प्रदेश के मुख्य वृक्ष हैं। बारिश के मौसम में कई प्रकार की घासें विकसित होती हैं, जो शुष्क मौसम में सूख जाती हैं।

6. दक्कन प्रदेश (The Deccan Region)

प्रायद्वीपीय भारत का अधिकांश भाग दक्कन प्रदेश है। इस प्रदेश में सागौन (टीक), तेंदु, सखुआ, सालप ताड़ तथा कंटीली झाड़ियाँ पाई जाती हैं।

7. मालाबार प्रदेश (The Malabar Region)

इस प्रदेश का विस्तार पश्चिमी तट में खम्भात की खाड़ी से लेकर कैमोरिन अंतरीप (कन्याकुमारी) तक है। यहाँ वनस्पति का प्रकार आर्द्र उष्णकटिबंधीय सदाबहार से लेकर चौड़े पत्तों वाले मिश्रित तथा मानसून पतझड़ प्रकार का है। अत्यधिक ऊँचाई पर नीलगिरि पर्वत पर शीतोष्ण वन पाए जाते हैं। इस प्रदेश में अनेक ऐसे पौधों की जातियाँ हैं, जो मलाया मूल की हैं।

8. अंडमान तथा निकोबार द्वीप समूह प्रदेश (The Andaman and Nicobar Islands)

अंडमान तथा निकोबार द्वीप समूह में भारी लकड़ियों वाले भूमध्यरेखीय सदाबहार वन पाए जाते हैं।

भारत में वनों का स्थानिक वितरण (Spatial Distribution of Forests in India)

भारत का कुल भौगोलिक क्षेत्रफल 3,287,263 वर्ग कि.मी. है जिसमें से देश का कुल वन क्षेत्र 7,13,789 वर्ग कि.मी. है जो देश के भौगोलिक क्षेत्र का 21.71% है। देश के वृक्षावरण का अनुमान 95,748 वर्ग कि.मी. है जो भौगोलिक क्षेत्र का 2.91% है। इस प्रकार, देश का कुल वन और वृक्ष आवरण 8,09,537 वर्ग कि.मी. है जो देश के भौगोलिक क्षेत्र का 24.62% है। राष्ट्रीय वन नीति (1952) के अनुसार लगभग 33% भौगोलिक क्षेत्र वन के अधीन होना चाहिए। हालांकि, मौजूदा वन क्षेत्र वांछित स्तर से काफी नीचे है। भारत में वनाच्छादित क्षेत्रों को (*चित्र 5.2*) में दिखाया गया है। (*चित्र 5.2*) से यह देखा जा सकता है कि

हिमालय पर्वत, भाभर और तराई, पश्चिमी घाट, पूर्वी घाट, बुंदेलखंड, बघेलखंड, छोटानागपुर पठार, उत्तर-पूर्वी पहाड़ियाँ, नीलगिरी और प्रायद्वीपीय भारत की पहाड़ियाँ भारतीय वनों के मुख्य क्षेत्र हैं। दुर्भाग्य से, देश के कुल वन क्षेत्र का लगभग 5 से 6% भाग अवक्रमित वनों की श्रेणी में अता है।

भारत का वन प्रदेश, विश्व वन प्रदेश के औसत (34.5 प्रतिशत) से बहुत कम है, यह स्वीडन (58 प्रतिशत), ब्राजील (57 प्रतिशत), संयुक्त राज्य अमेरिका (42 प्रतिशत), जर्मनी (41 प्रतिशत) तथा कनाडा (36 प्रतिशत) से भी कम है। इसी प्रकार भारत में प्रति व्यक्ति वन प्रदेश (Percapita Forest Area) मात्र 0.08 हेक्टेयर है, जो विश्व औसत (1.10 हेक्टेयर) से कम है, कनाडा में प्रति (व्यक्ति) वन प्रदेश 23 हेक्टेयर है, ब्राजील में यह 8.6 हेक्टेयर, आस्ट्रेलिया में 5 हेक्टेयर, स्वीडन में 4 हेक्टेयर तथा संयुक्त राज्य अमेरिका में यह 3.5 हेक्टेयर है।

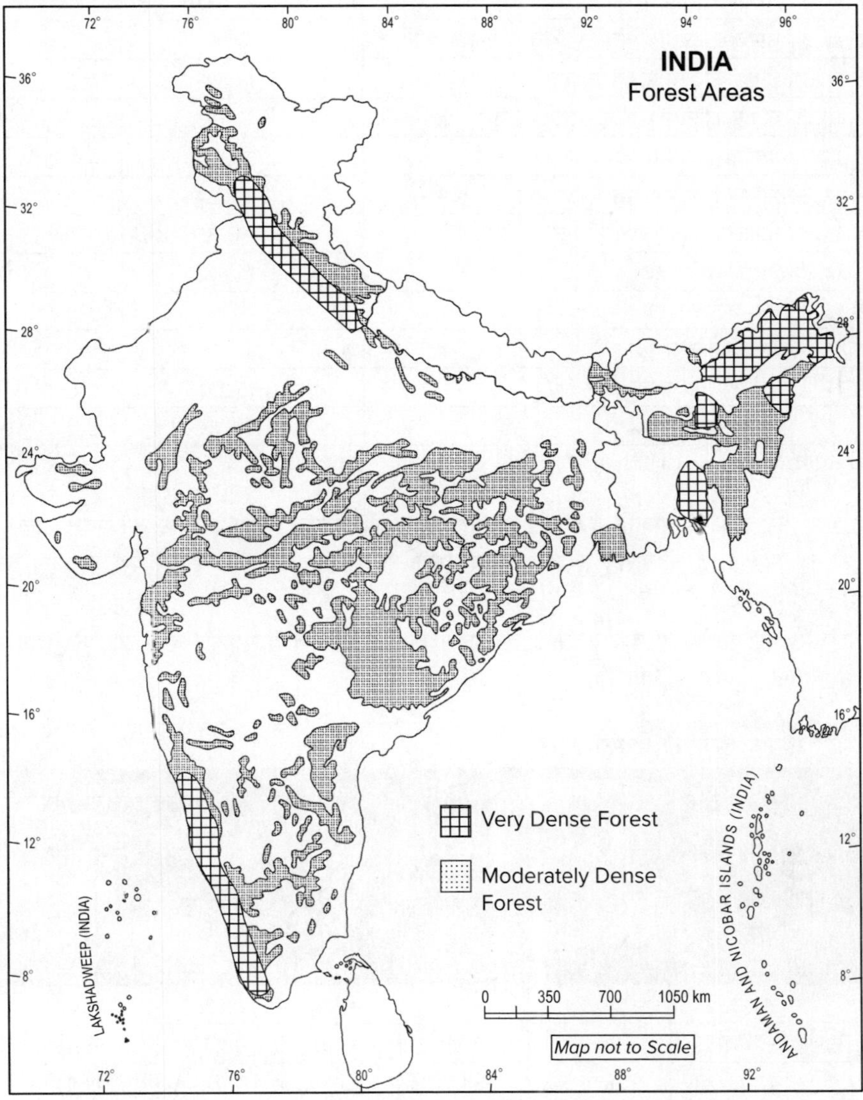

चित्र 5.2 वन क्षेत्र (2021)

तालिका 5.1 भारत के विभिन्न वन प्रकार समूहों के अन्तर्गत क्षेत्र

क्रमांक		समूह टाइप करें	कि.मी.^{2} में क्षेत्र	कुल क्षेत्रफल का प्रतिशत
1.	समूह 1	उष्णकटिबंधीय आर्द्र सदाबहार वन	19,572	2.74
2.	समूह 2	उष्णकटिबंधीय अर्ध सदाबहार वन	69,195	9.69
3.	समूह 3	उष्णकटिबंधीय नम पर्णपाती वन	1,31,805	18.47
4.	समूह 4	तटीय और दलदली वन	5,478	0.77
5.	समूह 5	उष्णकटिबंधीय शुष्क पर्णपाती वन	2,80,547	39.30
6.	समूह 6	उष्णकटिबंधीय कांटेदार वन	13,259	1.86
7.	समूह 7	उष्णकटिबंधीय शुष्क सदाबहार वन	835	0.12
8.	समूह 8	उपोष्णकटिबंधीय चौड़ी पत्ती वाले पहाड़ी वन	31,095	4.35
9.	समूह 9	उपोष्णकटिबंधीय देवदार वन	17,809	2.49
10.	समूह 10	उपोष्णकटिबंधीय शुष्क सदाबहार वन	173	0.02
11.	समूह 11	पर्वतीय आद्रसमशीतोष्ण वन	20,185	2.83
12.	समूह 12	हिमालय के नम समशीतोष्ण वन	28,727	4.02
13.	समूह 13	हिमालयी शुष्क शीतोष्ण वन	4,255	0.60
14.	समूह 14	उप अल्पाइन वन	12,672	1.78
15.	समूह 15	नम अल्पाइन स्क्रब	652	0.09
16.	समूह 16	सूखी अल्पाइन स्क्रब	2,396	0.34
17.	समूह 17	वृक्षारोपण/टीओएफ	75,221	10.54
		कुल क्षेत्रफल	**713,789**	**100.00**

Source: ISFR Report 2021, Government of India

तालिका 5.1 में यह देखा जा सकता है कि प्रायद्वीपीय भारत के अन्तर्गत सबसे अधिक वन प्रदेश आता है जो भारत के कुल वन प्रदेश का 57 प्रतिशत है। हिमालय प्रदेश देश का दूसरा सबसे बड़ा वन प्रदेश है जो देश के कुल वन प्रदेश का 18 प्रतिशत हिस्सा है।

पूर्वी तथा पश्चिमी घाट प्रत्येक में देश के कुल वन प्रदेश का 10 प्रतिशत हिस्सा है, वहीं गंगा के मैदान प्रदेश में देश के कुल वन प्रदेश का केवल 5 प्रतिशत भाग है।

तालिका 5.2 भारत राज्यवार वनों का वितरण 2019

राज्य	भौगोलिक क्षेत्र (जीए) (कि.मी.^{2})	वन आवरण (एफसी) (कि.मी.^{2})	GA के प्रतिशत के रूप में FC	ट्री कवर टीसी (कि.मी.^{2})	GA के प्रतिशत के रूप में TC	एफसी और टीसी का कुल (कि.मी.^{2})	जीए के प्रतिशत के रूप में एफसी और टीसी का योग
1	2	3	4	5	6	7	8
आंध्र प्रदेश	1,62,968	29,784	18.28	4,679	2.87	34,463	21.15
अरुणाचल प्रदेश	83,743	66,431	79.33	1,001	1.20	67,432	80.52
असम	78,438	28,312	36.09	1,630	2.08	29,942	38.17
बिहार	94,163	7,381	7.84	2,341	2.49	9,722	10.32
छत्तीसगढ	1,35,192	55,717	41.21	5,355	3.96	61,072	45.17
गोवा	3,702	2,244	60.62	244	6.59	2,488	67.21

राज्य	भौगोलिक क्षेत्र (जीए) (कि.मी.^{2})	वन आवरण (एफसी) (कि.मी.^{2})	GA के प्रतिशत के रूप में FC	ट्री कवर टीसी (कि.मी.^{2})	GA के प्रतिशत के रूप में TC	एफसी और टीसी का कुल (कि.मी.^{2})	जीए के प्रतिशत के रूप में एफसी और टीसी का योग
1	2	3	4	5	6	7	8
गुजरात	1,96,244	14,926	7.61	5,489	2.80	20,415	10.40
हरियाणा	44,212	1,603	3.63	1,425	3.22	3,028	6.85
हिमाचल प्रदेश	55,673	15,443	27.73	675	1.21	16,118	28.95
झारखंड	79,716	23,721	29.76	2,867	3.60	26,588	33.35
कर्नाटक	1,91,791	38,730	20.19	7,494	3.91	46,224	24.10
केरल	38,852	21,253	54.70	2,820	7.26	24,073	61.96
मध्य प्रदेश	3,08,252	77,493	25.14	8,054	2.61	85,547	27.75
महाराष्ट्र	3,07,713	50,798	16.51	12,108	3.93	62,906	20.44
मणिपुर	22,327	16,598	74.34	169	0.76	16,767	75.10
मेघालय	22,429	17,046	76.00	698	3.11	17,744	79.11
मिजोरम	21,081	17,820	84.53	444	2.11	18,264	86.64
नगालैंड	16,579	12,251	73.90	365	2.20	12,616	76.10
उड़ीसा	1,55,707	52,156	33.50	5,004	3.21	57,160	36.71
पंजाब	50,362	1,847	3.67	1,138	2.26	2,985	5.93
राजस्थान	3,42,239	16,655	4.87	8,733	2.55	25,388	7.42
सिक्किम	7,096	3,341	47.08	39	0.55	3,380	47.63
तमिलनाडु	1,30,060	26,419	20.31	4,424	3.40	30,843	23.71
तेलंगाना	1,12,077	21,214	18.93	2,848	2.54	24,062	21.47
त्रिपुरा	10,486	7,722	73.64	228	2.17	7,950	75.82
उत्तर प्रदेश	2,40,928	14,818	6.15	7,421	3.08	22,239	9.23
उत्तराखंड	53,483	24,305	45.44	1001	1.87	25,306	47.32
पश्चिम बंगाल	88,752	16,832	18.96	2,349	2.65	19,181	21.61
केंद्र शासित प्रदेश							
अंडमान व नोकोबार द्वीप समूह	8,249	6,744	81.75	23	0.28	6,767	82.03
चंडीगढ़	114	22.88	20.07	15	13.16	38	33.23
दादरा और नगर हवेली और दमन और दीव	602	228	37.83	32	5.32	260	43.15
दिल्ली	1,483	195	13.15	147	9.91	342	23.06
जम्मू और कश्मीर*	54,624	21,387	39.15	3511	6.43	24,898	45.58
लक्षद्वीप	30	27	90.33	0.05	0.17	27	90.50
लद्दाख*	1,68,055	2,272	1.35	954	0.57	3,226	1.92
पुदुचेरी	490	53	10.88	23	4.69	76	15.57
इंडिया	**3,287,263**	**7,13,789**	**21.71**	**95,748**	**2.91**	**8,09,537**	**24.63**

Source: ISFR Report 2021, Government of India.

*Area of shape file provided by Survey of India, SoI (August, 2021). Notified geographical areas for individual UTs from SoI are awaited.

ISFR 2021 की रिपोर्ट के अनुसार, कुल वन क्षेत्र 7,13,789 वर्ग कि.मी. है जो भारत के कुल भौगोलिक क्षेत्र का 21.71% है। वन और वृक्ष संयुक्त रूप से 80.95 मिलियन हेक्टेयर या कुल भौगोलिक क्षेत्र का 24.63 प्रतिशत है।

मध्य प्रदेश 77,493 वर्ग कि.मी. वन क्षेत्र के साथ सबसे बड़ा वन क्षेत्र है, इसके बाद अरुणाचल प्रदेश 66,431 वर्ग कि.मी. और छत्तीसगढ़ में 55,717 वर्ग कि.मी. है। कुल भौगोलिक क्षेत्र के साथ वन क्षेत्र के प्रतिशत के मामले में, मिजोरम में 84.53 प्रतिशत और अरुणाचल प्रदेश में 79.33 प्रतिशत और मेघालय में 76.00 प्रतिशत है।

वन क्षेत्र का सबसे कम प्रतिशत हरियाणा (3.63%), इसके बाद पंजाब (3.67%) और राजस्थान (4.87%) है। सामान्य तौर पर, पहाड़ी और पहाड़ी राज्यों में वनों का प्रतिशत अधिक है, जबकि मैदानी राज्यों में वन क्षेत्र लगभग नगण्य है।

रिपोर्ट के अनुसार राष्ट्रीय स्तर पर वनावरण में 1,540 कि.मी. की शुद्ध वृद्धि हुई है। आंध्र प्रदेश, तेलंगाना, ओडिशा, कर्नाटक और झारखंड जैसे राज्यों ने क्रमशः 647 वर्ग कि.मी., 632 वर्ग कि.मी., 537 वर्ग कि.मी., 155 वर्ग कि.मी. और 110 वर्ग कि. मी. की वृद्धि में योगदान दिया है। वन आवरण में वृद्धि और वन कैनोपी घनत्व में सुधार के लिये बेहतर संरक्षण उपायों, वनीकरण गतिविधियों, वृक्षारोपण अभियान और कृषि वानिकी को जिम्मेदार ठहराया जा सकता है। वन आवरण में प्रमुख नुकसान दर्ज करने वाले राज्य हैं, अरुणाचल प्रदेश (257 वर्ग कि.मी.), मणिपुर (249 वर्ग कि.मी.), नगालैंड (235 वर्ग कि.मी.), मिजोरम (176 वर्ग कि.मी.) और मेघालय (73 वर्ग कि.मी.)। वन आच्छादन में नुकसान और वन कैनोपी घनत्व के बिगड़ने के लिए स्थानांतरित खेती, पेड़ों की कटाई, प्राकृतिक आपदाओं, मानवजनित दबाव और विकासात्मक गतिविधियां जिम्मेदार हैं।

वनों का वर्गीकरण (Classification of Forests)

भारत में वनों को अनेक प्रकार से वर्गीकृत किया गया है:

A. प्रशासन के आधार पर वनों को निम्नलिखित वर्गों में बाँटा गया है:

1. **आरक्षित वन (Reserved Forests):** ये वन सरकार के प्रत्यक्ष पर्यवेक्षण में रहते हैं तथा यहाँ लोगों का प्रवेश लकड़ियों के एकत्रण के लिए तथा मवेशियों को चराने के लिए वर्जित हैं। देश के कुल वन क्षेत्रफल का 53 प्रतिशत इस वर्ग में आता है।
2. **संरक्षित वन (Protected Forests):** ये वन सरकार की देख-रेख में रहते हैं परन्तु स्थानीय लोगों को ईंधन के लिए लकड़ी एकत्र करने तथा मवेशियों को इस प्रदेश में चराने की अनुमति दी गई है बशर्ते कि वन को किसी तरह का गंभीर नुकसान न हो। देश का कुल वन प्रदेश का 29 प्रतिशत इस वर्ग के अन्तर्गत आता है।
3. **अवर्गीकृत वन (Unclassified Forests):** अवर्गीकृत वन में वृक्षों को काटने तथा मवेशियों को चराने पर कोई प्रतिबंध नहीं है। देश के वन प्रदेश का लगभग 18 प्रतिशत इस वर्ग के अन्तर्गत आता है।

B. भारतीय संविधान में वनों को निम्नलिखित वर्गों में बाँटा गया है:

1. **राज्य वन (State Forests):** ये वन सरकार (राज्य/केन्द्र) के पूर्ण नियंत्रण में होते हैं तथा इसमें देश के सभी महत्वपूर्ण वन प्रदेश आते हैं। देश का लगभग 94 प्रतिशत वन प्रदेश इस वर्ग के अन्तर्गत आता है।
2. **वाणिज्यिक वन (Commercial Forests):** इन वनों का स्वामित्व तथा प्रशासन स्थानीय निकायों (नगर-निगम, नगर बोर्ड, शहरी प्रदेश, जिला बोर्ड तथा ग्रामीण पंचायत) के अधीन होता है। देश का लगभग 5 प्रतिशत वन प्रदेश इस वर्ग के तहत आता है।
3. **निजी वन (Private Forests):** इन वनों का स्वामित्व निजी हाथों में होता है तथा यह देश के कुल वन प्रदेश का 1 प्रतिशत से अधिक हिस्सा है।

C. व्यापारिक आधार पर भारतीय वन को निम्न दो वर्गों में बाँटा गया है:

1. **विपणय (Merchantable):** ये वन अभिगम्य (Accessible) वन होते हैं। देश का लगभग 82 प्रतिशत वन प्रदेश इस वर्ग के अन्तर्गत आता है।

2. **अविपण्य (Non–Merchantable):** ये वन अभिगम्य वन (Not Accessible Forests) नहीं होते हैं तथा ऊँचे पर्वतीय प्रदेशों में स्थित होते हैं, यह स्थलाकृति सुगम्य नहीं होते हैं। देश का लगभग 18 प्रतिशत वन (मुख्यत: कोणधारी) इस वर्ग के अन्तर्गत आता है।

D. गठन/संरचना के आधार पर: संरचना के आधार पर तथा पत्तों की किस्मों के आधार पर भारतीय वनों को दो वर्गों में बाँटा गया है:

1. **कोणधारी वन (Conifer Forests):** ये शीतोष्ण वन हैं, जो देश के लगभग 6.5 प्रतिशत वन प्रदेश पर पाये जाते हैं।
2. **चौड़े-पत्तों वाले वन (Broad – Leaf Forests):** ये वन उष्णकटिबंधीय तथा शीतोष्ण मानसून वन होते हैं। देश का लगभग 94 प्रतिशत वन प्रदेश इस वर्ग के अन्तर्गत आता है। ये वन मैदानी प्रदेशों, पठार तथा पर्वतीय प्रदेशों में पाए जाते हैं।

E. उपयोगिता (Exploitability) के आधार पर: उपयोगिता के आधार पर भारतीय वनों को निम्नलिखित वर्गों में बाँटा गया है:

1. **उपयोगी वन (Exploitable Forests):** इस वर्ग में देश का कुल 58 प्रतिशत वन प्रदेश आता है।
2. **संभाव्य उपयोगी वन (Potentially exploitable):** ये वन आरक्षित वन हैं, जिसका उपयोग भविष्य में किया जाएगा। इस वर्ग में देश का कुल 22 प्रतिशत वन प्रदेश आता है।
3. **अन्य वन:** इस वर्ग में देश का कुल 20 प्रतिशत वन प्रदेश आता है। इन वनों के उपयोग पर कोई प्रतिबंध नहीं है।

F. छतरी घनत्व पर आधारित: छतरी घनत्व के संदर्भ में वनावरण को निम्नलिखित श्रेणियों में वर्गीकृत किया गया है।

G. औसत वार्षिक वर्षा के आधार पर: औसत वार्षिक वर्षा के आधार पर भारतीय वनों को एल.डी. स्टैम्प (L.D. Stamp) द्वारा निम्नलिखित चार वर्गों में विभाजित किया गया है ***(तालिका 5.3)***:

तालिका 5.3 छतरी घनत्व वर्ग के संदर्भ में वनावरण

वर्ग	विवरण
बहुत घने वन	70 प्रतिशत और अधिक वृक्षों के छतरी–घनत्व के साथ सभी भूमि
मध्यम घने वन 70% बाकी की तुलना में	40 प्रतिशत और अधिक लेकिन कम से वृक्ष छतरी घनत्व के साथ सभी भूमि
खुले वन 40% की तुलना में	10 प्रतिशत और अधिक लेकिन कम छतरी घनत्व के वृक्षों के साथ सभी भूमि
झाड़ी	10 प्रतिशत से कम छतरी घनत्व के साथ अवनति जंगली भूमि
गैर–वन	उपरोक्त में से किसी भी वर्ग में शामिल भूमि (पानी सहित)

Source: ISFR Report 2019, Government of India

भारत की प्राकृतिक वनस्पति को **(तालिका 5.4)** में दिखाया गया है।

तालिका 5.4 भारत में वर्षा वितरण के आधार पर वनों का वर्गीकरण

क्र.सं	वनस्पति प्रकार	औसत वार्षिक वर्षा (सेमी.)	क्षेत्र
1.	सदाबहार वन	200 से अधिक	आर्द्र
2.	मानसून वन	100–200	अर्द्ध-आर्द्र
3.	सूखे जंगल	50–100	शुष्क
4.	रेगिस्तान जंगल	50 से नीचे	बहुत शुष्क (रेगिस्तान)

भारत के कुल वन आवरण को MoEFCC द्वारा वर्गीकृत किया गया है (तालिका 5.5)।

तालिका 5.5 भारत में वनावरण, 2021

कक्षा	क्षेत्र (वर्ग कि.मी.)	भौगोलिक क्षेत्र का प्रतिशत
बहुत घना जंगल	99,779	3.04
मध्यम घने जंगल	306,890	9.33
खुला जंगल	307,120	9.34
कुल वन आवरण*	713,789	21.71
मलना	46,453	1.42
गैर वन	2,527,141	76.87
कुल भौगोलिक क्षेत्र	3,287,469	100.00

Source: ISFR Report 2021, Government of India.

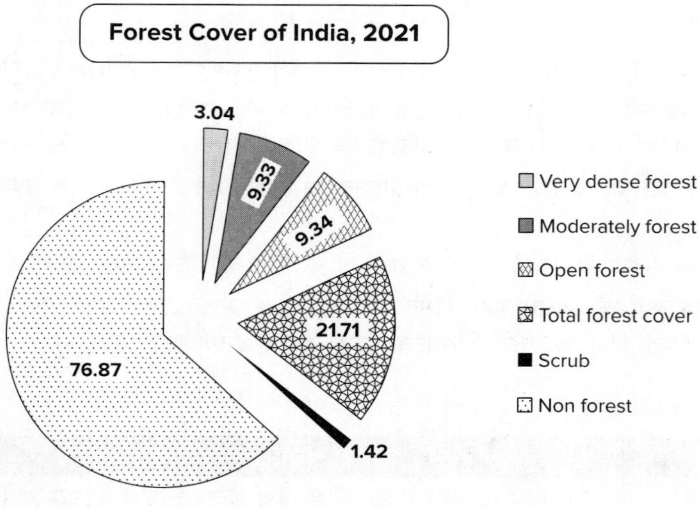

Source: ISFR Report 2019 released by MoEFCC

भारतीय जंगलों को एच.जी. चौंपियन (1936) द्वारा 11 श्रेणियों में वर्गीकृत किया गया था। इस वर्गीकरण के अनुसार मुख्य श्रेणियां निम्नानुसार हैं:

1. **उष्णकटिबंधीय सदाबहार (Tropical Evergreen Forests):** ये वन उन प्रदेशों में पाए जाते हैं जहाँ 150 से.मी. से अधिक औसत वर्षा होती है तथा जहाँ औसत तापमान 20° से 27° सेंटिग्रेड के बीच होता है। ये वन उत्तर-पूर्वी भारत, पश्चिमी घाट के कुछ भागों, अंडमान तथा निकोबार द्वीप समूह, ऊपरी असम, पूर्वी हिमालय के निचले ढालों में, ओडिशा, हिमालय के पादगिरि (Foothills), भाभर तथा तराई प्रदेशों में पाए जाते हैं ***(चित्र 5.3)***। जिन प्रदेशों में औसत् वार्षिक वर्षा 250 से.मी. से अधिक होती है, वहाँ वन सघन होते हैं। इन वनों में लम्बे वृक्ष (45 से 60 मीटर), एपीफाइट (Epiphytes), परजीवी (Parasites), लिआनस (Lianas) तथा बेंत पाए जाते हैं तथा ये वन ऊपर से देखने पर कालीन (Carpet) जैसे प्रतीत होते हैं। वृक्षों में बहुतलीय संरचनाएं देखी जा सकती हैं तथा इनके नितान अधिक स्पष्ट होते हैं। इन वृक्षों के पत्ते प्रतिवर्ष नियमित रूप से नहीं झड़ते हैं, इसलिए ये सदाबहार वन कहलाते हैं। गहरी छाया के चलते तल में घासों की कमी होती है। यहाँ बेंत, ताड़, बाँस, पर्णांग (फर्न) तथा लताएँ पाई जाती हैं, जिनके चलते यहाँ पारगमन अत्यन्त मुश्किल होता है। इन वनों में पाई जाने वाली कुछ प्रमुख जातियाँ हैं-सफेद देवदार, तून, धूप, पैलनकीनम, मेसुआ, कोलोफाइलम, होपिया, बेंत, गुर्जन, चैपलास, अगोर, मुली तथा बाँस। अभिगम्यता की कमी के कारण इन वनों का पूरी तरह उपयोग नहीं हो पाया है।

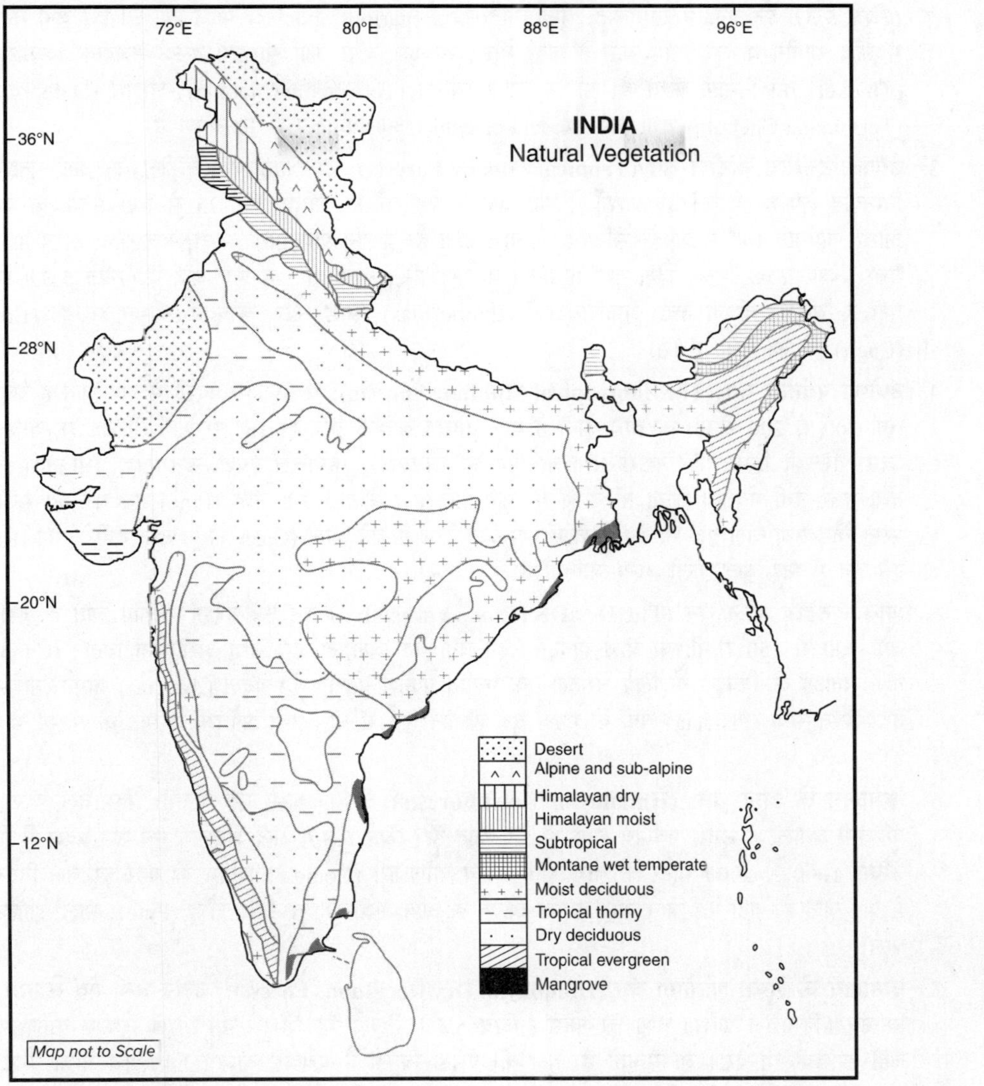

चित्र 5.3 प्राकृतिक वन संपदा-2016

उन प्रदेशों में जहाँ वर्षा 200 से 250 से.मी. के बीच होती है तथा औसत मासिक तापमान 20° से 27° सेल्सियस के बीच होता है वहाँ सदाबहार वनों की जगह अर्द्ध-सदाबहार वन पाए जाते हैं। ये वन पश्चिमी घाट, ऊपरी असम, हिमालय के ढालों तथा ओडिशा में पाए जाते हैं। इन वनों में पाई जाने प्रमुख जातियाँ हैं-आइनी (Aini), सेमुल, ग्युटेल (Gutel), मण्डेन, होपिया, कदम, इरुल (Irul), शीशम, रोजवुड (Rose wood), चम्पा, कानजु, होलोक तथा मेसुआ (Mesua)।

2. **उष्णकटिबंधीय आर्द्र पर्णपाती वन (The Tropical Moist Deciduous Forests):** ये प्ररूपी (Typical) मानसून वन हैं, जहाँ सागौन (Tectona Forests) तथा साल (सखुआ-शोरिया रोबुस्टा) प्रमुख जातियाँ हैं। ये वन देश के उन सभी भागों की प्राकृतिक वनस्पति हैं, जहाँ औसत वार्षिक वर्षा 100 से 200 से.मी. के बीच होती है। उष्णकटिबंधीय आर्द्र पतझड़ वन सह्याद्री, प्रायद्वीप के उत्तर-पूर्वी भाग में तथा हिमालय के पादगिरि (Foothills) में पाए जाते हैं

(चित्र 5.3)। इन वनों में सामान्यत: वृन्द जातियाँ (Gregarious Species) पाई जाती हैं। इस वनों के प्रारूपी भू-दृश्य में ऊँचे सागौन के वृक्ष पाए जाते हैं जहाँ साल, सखुआ, बाँस तथा झाड़ियाँ इसके नजदीक विकसित होकर झुरमुट (Thicket) का निर्माण करते हैं। सागौन, साल, चन्दन (Terminalia Chebula), शीशम (Dalbergia Sissoo), हुर्रा (Terminalia Chebula) तथा खैर (Acacia-catechu) आर्थिक रूप से महत्वपूर्ण हैं।

3. **उष्णकटिबंधीय कंटीले वन (Tropical Thorny Forests):** उष्णकटिबंधीय कंटीले वन आर्द्र पतझड़ वनों का एक निम्नकृत रूप हैं। ये वन उन प्रदेशों में पाए जाते हैं जहाँ औसत वार्षिक वर्षा 75 से 100 से.मी. के बीच होती है तथा औसत तापमान 16° से 22.5° सेंटिग्रेड के बीच होता है। ये वन प्रायद्वीपीय भारत, राजस्थान, हरियाणा, पंजाब, पश्चिमी उत्तर प्रदेश, कच्छ, मध्य प्रदेश तथा हिमालय के पादगिरि (Foothills) में पाए जाते हैं *(चित्र 5.3)*। इन वनों के मुख्य वृक्ष हैं–बबूल, जँगली ताड़, यूफॉरबिआस (Euphorbias), झाड़, खैर, कोक्को, धामन इरून्झा (Erunjha), कैक्टस (Cacti), कान्जु तथा पलाश।
4. **उपोष्ण पर्वतीय वन (The Subtropical Montane Forests):** ये वन उन प्रदेशों में पाए जाते हैं जहाँ औसत वार्षिक वर्षा 100 से 200 से.मी. के बीच होती है तथा औसत वार्षिक तापमान 15° से 22° सेंटिग्रेड के बीच होता है। ये वन उत्तर-पश्चिमी हिमालय (लद्दाख तथा कश्मीर को छोड़कर), हिमाचल प्रदेश, उत्तराखंड, सिक्किम, अरुणाचल प्रदेश तथा उत्तर-पूर्वी पर्वतीय राज्यों के ढालों पर पाए जाते हैं *(चित्र 5.3)*। चीड़ (Pine) इस वन का सबसे प्रमुख वृक्ष है परन्तु चौड़े पत्तों वाले वृक्ष भी इस प्रदेश में पाए जाते हैं। वृक्षों की ओक (Oak) जामुन तथा रोडोडेण्ड्रोन (Rhododendron) इस वन में पाई जाने वाली अन्य जातियाँ हैं।
5. **शुष्क पतझड़ वाले वन (The Dry Deciduous Forests):** ये वन उन प्रदेशों में पाए जाते हैं जहाँ औसत वार्षिक वर्षा 100 से 150 से.मी. के बीच होती है। इन वनों की विशेषता बन्द तथा असामान्य वितान (Canopies) है। घासों तथा लताओं के विकास के लिए धरातल तक पर्याप्त प्रकाश पहुँचता है। बबूल (Acacia), जामुन, मोदेस्ता (Modesta), तथा पिस्तासिया (Pistacia) यहाँ के मुख्य वृक्ष हैं। इन वनों में घास तथा झाड़ियाँ बरसात के मौसम में देखी जा सकती हैं।
6. **हिमालय के आर्द्र वन: (Himalayan Moist Forests):** ये वन जम्मू एवं कश्मीर, हिमाचल प्रदेश, उत्तराखंड तथा पश्चिमी बंगाल के उत्तरी पर्वतीय भागों में पाए जाते हैं *(चित्र 5.3)*। आर्द्र शीतोष्ण वन उस प्रदेश में पाए जाते हैं जहाँ ऊँचाई 1000 से 2000 मीटर के बीच होती है। ये कोणधारी (Conical) किस्म के गहरे हरे वृक्ष निरन्तर पेटी के रूप में पाए जाते हैं। यहाँ पाई जाने वाली प्रमुख किस्में हैं-ओक (बांज), चेस्टनट, चीड़ (Pine), साल, झाड़ियाँ तथा पौष्टिक घासें।
7. **हिमालय के शुष्क शीतोष्ण वन (Himalayan Dry Deciduous Forest):** ये वन जम्मू एवं कश्मीर, लाहुल, चम्बा, किन्नौर (हिमाचल प्रदेश) तथा सिक्किम *(चित्र 5.3)* में पाए जाते हैं। ये वन प्रमुख रूप से कोणधारी (Conical) हैं जहाँ झाड़ियाँ भी देखी जा सकती हैं। वृक्ष की प्रमुख किस्में हैं–देवदार, बाज (Oak), चिल्गोजा, ऐश (Ash), चिनार (Maple), जैतून (Olive), शहतूत (Mulberry), विलो (भिसा), केलटिस तथा पैरोसिया।
8. **पर्वतीय आर्द्र शीतोष्ण वन (Montane Wet Temperate Forests):** ये वन पूरे हिमालय प्रदेश में जम्मू एवं कश्मीर से लेकर अरुणाचल प्रदेश तक 1500 मीटर से 3300 मीटर की ऊँचाई के बीच पाए जाते हैं, इन प्रदेशों में तापमान प्राय: 12° से 15° सेंटिग्रेड के बीच होता है। ओक, स्प्रूस (Picea), देवदार (Cadrus deodara), मैगनोलिया (मैगनोलिया ग्लेनडीफोरा), केलटिस (Celtis), चेस्टनट, कैमेसाइपेरिस, चिनार (Maple), सिल्वर-फर (एबिइस अल्बा), केल तथा यू (Yew) इस प्रदेश में पाए जाते हैं। इन वनों में झाड़ियाँ, लताएँ तथा पर्णांग (Ferns) पाए जाते हैं। इन वनों की लकड़ी टिकाऊ होती है।
9. **अल्पाईन तथा अर्द्ध-अल्पाईन वन (Alpine and Sub-Alpine Forests):** अल्पाईन वन हिमालय के उन प्रदेशों में पाए जाते हैं, जिसकी ऊँचाई 2500 से 3500 मीटर के बीच होती है। छोटे तथा कम ऊँचे शंकु वृक्ष एवं गर्मी के मौसम में हरी पोषक घासें इस प्रदेश की विशेषता है। इस वन में पाए जाने वाले वृक्ष हैं-कैल, स्प्रूस, यू, देवदार, बर्च (भूर्ज), हनिसकल, अर्टेमेसिया, पेटिनशिला तथा छोटी झाड़ियाँ।

10. **मरुस्थल वनस्पति (Desert Vegetation):** मरुस्थल वनस्पति अरावली के पश्चिम में राजस्थान तथा उत्तरी गुजरात तक सीमित है ***(चित्र 5.3)***। इस प्रदेश में औसत वार्षिक वर्षा 50 से.मी. से कम होती है। इस प्रदेश में दैनिक तथा वार्षिक तापान्तर अधिक रहता है। बबूल, अकेशिया, नागफनी (कैक्टस), झाड़, खेजरा, कान्जू तथा खजूर इस प्रदेश में पाए जाते हैं।

11. **ज्वारीय (कच्छ वनस्पति)-(Tidal Mangrove):** ये वन बंगाल की खाड़ी के तटीय प्रदेशों में पश्चिम बंगाल, ओडिशा, आंध्र प्रदेश, कर्नाटक, केरल तथा तमिलनाडु में तथा दूसरी ओर कच्छ, कठियावाड़ तथा खम्भात की खाड़ी के तटीय प्रदेशों में पाए जाते हैं। इन वनों का केन्द्रीयकरण उन प्रदेशों में अधिक है जहाँ ज्वार-भाटा अधिक प्रायिक है। मैंग्रोव जिसकी ऊँचाई 30 मीटर तक होती है, इस प्रदेश का सबसे प्रमुख वृक्ष है। इसका उपयोग ईंधन के लिए किया जाता है। सुंदरवन के प्रसिद्ध डेल्टा प्रदेश में सुंदरी (Heritiera minor) वृक्ष पाए जाते हैं, जिससे ठोस एवं टिकाऊ इमारती लकड़ी प्राप्त की जाती है। यहाँ ऊँचे भू-तल पर केतकी (Screw-pines) के वृक्ष देखे जा सकते हैं। ताड़ (Palm), क्रीक (सँकरी खाड़ी) तथा एपइफाइट (Epiphytes) इस पूरे प्रदेश में प्रमुख रूप से देखे जा सकते हैं ***(चित्र 5.3)***।

वृक्षों की प्रमुख जातियां तथा उनकी उपयोगिता (Important Species of Trees and their Utility)

जाति तथा उपयोगिता के आधार पर भारत के वृक्षों को निम्नलिखित वर्गों में बाँटा जा सकता है:

1. सदाबहार वनों (Evergreen Forest) की लकड़ियाँ
2. मानसून वनों (Monsoon Forest) की लकड़ियाँ
3. उपोष्णकटिबंधीय हिमालय के वनों (Subtropical Himalayan Forest) की लकड़ियाँ

1. सदाबहार वन की लकड़ियाँ

सदाबहार वन के मुख्य वृक्ष हैं:

(i) **रोजवुड (Rosewood):** यह प्रमुख रूप से पश्चिमी घाट के ढलानों पर तमिलनाडु, कर्नाटक, केरल, तेलंगाना, तथा आंध्र प्रदेश, ओडिशा, झारखंड एवं छत्तीसगढ़ के कुछ भागों में पाया जा सकता है। इन वनों की लकड़ियाँ ठोस, कठोर, मजबूत तथा उत्कृष्ट होती हैं, इनका रंग गहरा बैंगनी होता है तथा इनका उपयोग फर्नीचर, फर्शी-तख्ता तथा सजावटी प्लाईबोर्ड बनाने के लिए किया जाता है।

(ii) **गुर्जन (Gurjan):** यह असम, पश्चिम बंगाल तथा अंडमान एवं निकोबार द्वीप समूह के सदाबहार वनों में पाया जाता है। इसकी लकड़ियाँ धुँधले लाल तथा भूरे रंग की होती हैं। इनका व्यापक रूप से उपयोग घरों के भीतरी निर्माण में किया जाता है। इसका उपयोग पैकिंग पेटी, चाय के डिब्बों, फर्श तथा मालडिब्बा (वैगन) बनाने के लिए भी किया जाता है।

(iii) **तेलसुर अथवा इरूपु (Telsur or Irupu):** यह मुख्यत: पश्चिम बंगाल, केरल, कर्नाटक, महाराष्ट्र तथा अंडमान एवं निकोबार द्वीप समूह मे पाया जाता है। इसकी लकड़ी अत्यन्त ठोस, कठोर, मजबूत तथा टिकाऊ होती है, जिसका उपयोग नौका, पुल, खूँटा, पाल के लिए इस्तेमाल की जाने वाली टेक (Masto), ठेला गाड़ी तथा रेलवे स्लीपर के निर्माण के लिए किया जाता है।

(iv) **तून (Toon):** यह हिमालय के पादगिरि (Foothills) में पाया जाता है। यद्यपि इसकी लकड़ी बहुत ठोस नहीं होती है, फिर भी यह टिकाऊ है। इसका उपयोग चाय के डिब्बों, खिलौने तथा फर्नीचर बनाने के लिए किया जाता है।

(v) **आबनूस (Ebony):** यह कर्नाटक, केरल, तमिलनाडु, मलाबार तट, गोवा तथा महाराष्ट्र के शुष्क सदाबहार वन में पाया जाता है। इसकी लकड़ी हल्के धुँधले पीले रंग की होती है जिसमें काले रंग की धारी पाई जाती है। इसका अन्त: काष्ठ (inner cone) स्याह काले रंग का होता है जिसमें कभी-कभी भूरे सुनहरे रंग की धारी देखी जा सकती है। चिकना किए जाने पर इसकी चमक धातु जैसी होती है। यह एक बहुमूल्य लकड़ी है, जिसमें कीड़ों के आक्रमण के प्रति

प्रतिरोधी क्षमता होती है। यह नक्काशी तथा सजावट के लिए उपयोगी है। इसका उपयोग नक्काशी, वाद्य यन्त्रों, खेलकूद की सामग्री, पियानों के परदे तथा सन्दूक (पेटिका) बनाने में भी किया जाता है।

(vi) **चापलास (Chaplas):** यह मुख्यत: उत्तर-पूर्वी भारत के पहाड़ी राज्यों तथा पश्चिमी घाट में पाया जाता है। इससे प्राप्त इमारती लकड़ियाँ मजबूत तथा टिकाऊ होती हैं तथा इसलिए इसका उपयोग जहाज-निर्माण, फर्नीचर तथा पैकिंग पेटी (Packing Boxes) बनाने में किया जाता है।

(vii) **नाहर (Nahar):** यह असम तथा मालाबार तट में पाया जाता है। इसकी लकड़ी ठोस तथा टिकाऊ होती है। इस लकड़ी का उपयोग रेलवे स्लीपर, बल्ली, लट्ठा (Mast) तथा नौका बनाने में किया जाता है।

(viii) **पून (Poon):** यह पश्चिमी घाट, केरल, नीलगिरि तथा तमिलनाडु में पाया जाता है। इसकी लकड़ी अत्यंत ठोस होती है तथा इसे आसानी से परिपक्व किया (Seasoned) जा सकता है तथा इसका उपयोग घर बनाने के लिए एक संरचनात्मक इमारती लकड़ी के रूप में किया जा सकता है।

2. मानसून वन की लकड़ियाँ (Woods of the Monsoon Forests)

मानसून वन के मुख्य वृक्ष निम्नलिखित हैं:

(i) **साल अथवा सखुआ (Shorea Robusta):** यह अर्द्ध-हिमालय प्रदेश में काँगड़ा (हिमाचल प्रदेश) से डारान्ग (असम) तथा मेघालय तक पाया जाता है। यह तमिलनाडु के उत्तरी भाग में भी पाया जाता है। इस वृक्ष की लकड़ी भारी, ठोस तथा टिकाऊ होती है। बल्लियों, लट्ठा, दरवाजे, हरिस तख्ता तथा रेलवे स्लीपर के लिए इसका उपयोग किया जाता है। भारत में सखुआ (साल) के वन लगभग 11.6 लाख हेक्टेयर में फैले हुए हैं जो देश के कुल वन प्रदेश का लगभग 16 प्रतिशत है।

(ii) **सागौन [टीक (Tectona Grandis)]:** सागौन (टीक) मानसून जलवायु का सबसे प्रमुख वृक्ष है जो मुख्यत: छत्तीसगढ़, झारखंड, मध्य प्रदेश, ओडिशा, हिमालय के पादगिरि, तमिलनाडु, कर्नाटक, केरल, पूर्वी एवं पश्चिमी घाट तथा बाँसवाड़ा (राजस्थान) में पाया जाता है। इसकी लकड़ी साधारण रूप से ठोस तथा टिकाऊ होती है। इस लकड़ी पर नक्काशी का काम करना आसान होता है तथा पॉलिश करने पर इस लकड़ी में अच्छी चमक आती है। इस बहुमूल्य लकड़ी का इस्तेमाल दरवाजों, अलमारियों तथा फर्नीचर बनाने के लिए किया जाता है। टीक वन देश के कुल वन प्रदेश के लगभग 9 मिलयन हेक्टेयर क्षेत्र में फैला हुआ है।

(iii) **शीशम (Shisham, Dalbergia Sissoo):** यह हिमालय प्रदेश में जम्मू एवं कश्मीर से लेकर असम तक 1500 मीटर की ऊँचाई तक पाया जाता है। यह विस्तृत रूप से पंजाब, हरियाणा, उत्तराखंड, उत्तर प्रदेश, बिहार तथा पश्चिम बंगाल में पाया जाता है। इस वृक्ष की लकड़ी अपनी मजबूती, लचीलापन तथा टिकाऊपन के कारण फर्नीचर, वाद्य यन्त्रों तथा कृषीय उपकरण बनाने के लिए इस्तेमाल में लाई जाती है।

(iv) **हल्दु (Haldu):** यह पूरे मानसून प्रदेश में पाया जाता है। इसकी लकड़ी ठोस, टिकाऊ तथा हल्के रंग की होती है। इस लकड़ी का इस्तेमाल खिलौने बनाने तथा नक्काशी के लिए किया जाता है।

(v) **पलाश (Palas):** यह मुख्यत: छोटानागपुर के पठार, छत्तीसगढ़ तथा राजस्थान के दक्षिण-पूर्वी भाग में पाया जाता है। इस वृक्ष के पत्तों पर चपड़े (शैलक) के कीड़ों (Shellac Worms) को पाला जाता है।

(vi) **अर्जुन (Arjun):** यह मानसून वनों का एक प्रमुख वृक्ष है जिसका इस्तेमाल कृषीय उपकरण तथा बैलगाड़ी बनाने के लिए किया जाता है।

(vii) **महुआ (Mahua) (मधुका इंडिका):** यह मध्य प्रदेश, बुंदेलखंड (उत्तर प्रदेश), बिहार, झारखण्ड, छत्तीसगढ़, गुजरात, महाराष्ट्र, उत्तराखंड तथा राजस्थान के दक्षिण-पूर्वी भाग में पाया जाता है। इसके फलों का उपयोग तेल निकालने में तथा फूलों का उपयोग शराब बनाने में किया जाता है।

(viii) **सेमुल (Semul):** यह व्यापक रूप से असम, बिहार तथा तमिलनाडु में पाया जाता है। इसकी लकड़ी हल्की तथा कोमल होती है जिसका इस्तेमाल खिलौने, पैकिंग पेटी, माचिस तथा प्लाईवुड बनाने में किया जाता है। इसके फल से प्राप्त कोमल रेशे का इस्तेमाल तकिया (Pillow) तथा लिहाफ बनाने के लिए किया जाता है।

(ix) **शहतूत (Mulberry):** यह मानसून प्रदेश में पाया जाता है। इसकी लकड़ी कोमल तथा टिकाऊ होती है जिसका उपयोग खेल कूद की सामग्री बनाने (हॉकी, क्रिकेट बैट, टेनिस रैकेट, बैडमिंटन, स्कॉश रैकेट (Squash rackets) तथा क्रिकेट स्टम्प में किया जाता है।

(x) **जामुन (Jamun-Syzygium Cumini):** यह मानसून प्रदेश का एक बड़ा वृक्ष है। इसकी लकड़ी साधारण रूप से मजबूत होती है तथा इसका इस्तेमाल घर तथा फर्नीचर बनाने के लिए किया जाता है। इसके फल डाइबीटिज (मधुमेह) तथा उच्च रक्त-दाब (High Blood Pressure) को नियंत्रित करने में अत्यन्त लाभकारी हैं।

3. हिमालय के अधिक ऊँचाई वाले वन की लकड़ियाँ (Woods for the High Altitudinal Forest of Himalayas)

हिमालय के वन के मुख्य वृक्ष देवदार, चीड़ (पाइन), ब्लू पाइन, सिल्वर-फर (रजत देवदार), स्प्रूस (Spruce), अखरोट (Walnut), सफेद भिसा (White willow), भूर्ज (Indian Birch) तथा साइप्रस (Cypress) हैं।

(i) **चीड़ (Pinus Longifolia):** ये वृक्ष हिमालय में जम्मू से लेकर अरुणाचल प्रदेश तक 900 मीटर से 1800 मीटर तक की ऊँचाई पर पाए जाते हैं। इसकी लकड़ी हल्की तथा लाल-भूरे रंग की होती है। यह लकड़ी साधारण रूप से ठोस होती है। इस लकड़ी का इस्तेमाल फर्नीचर, चाय की पेटी, माचिस, तथा रेलवे स्लीपर बनाने के लिए किया जाता है। वृक्ष से राल (Resins), गोंद तथा तारपीन का तेल भी प्राप्त किया जाता है।

(ii) **देवदार (Cedrus Deodara):** यह उत्तर-पश्चिम हिमालय में जम्मू एवं कश्मीर, हिमाचल प्रदेश तथा उत्तराखंड में पाया जाता है। ये वृक्ष 1500 मीटर से 2500 मीटर की ऊँचाई के बीच पाए जाते हैं। इसकी लकड़ी हल्के भूरे से पीले रंग की होती है। इसकी लकड़ी मजबूत तथा टिकाऊ होती है। इस लकड़ी पर आरी चलाना तथा इसे चिकना करना आसान है। इस लकड़ी का इस्तेमाल निर्माण कार्यों में तथा रेलवे स्लीपर बनाने के लिए किया जाता है। यह लकड़ी शहतीर, कड़ी, फर्शी तख्ता, बन्दरगाह, दरवाजे, खिड़कियों के चौखट, हल्के फर्नीचर तथा तख्तों के लिए भी उपयुक्त है।

(iii) **नीला चीड़ (Blue Pine):** यह हिमालय में चुम्बी घाटी से लेकर सिक्किम तक 1800 मीटर से 3600 मीटर की ऊँचाई के बीच पाया जाता है। इसकी लकड़ी हल्के गुलाबी रंग की होती है। यह लकड़ी साधारण रूप से ठोस तथा उच्च कोटि की होती है। इसका इस्तेमाल दरवाजे, खिड़की, फर्नीचर तथा रेलवे स्लीपर बनाने के लिए किया जाता है। इस वृक्ष से राल (Resin) तथा तारपीन का तेल भी प्राप्त किया जाता है।

(iv) **रजत देवदार (Silver-Fir):** यह उत्तर-पश्चिमी तथा उत्तर-पूर्वी हिमालय में 2200 मीटर से 3000 मीटर की ऊँचाई के बीच पाया जाता है। इसकी लकड़ी चिकनी होती है परन्तु अधिक टिकाऊ नहीं। अधिकांश रूप से इसका इस्तेमाल तख्तों, पैकिंग पेटी, डिब्बों, काष्ठ-लुगदी, कागज तथा माचिस की तिल्ली बनाने के लिए किया जाता है।

(v) **स्प्रूस (Spruce):** यह पश्चिमी हिमालय में 2100 से 3600 मीटर की ऊँचाई के बीच पाया जाता है। इसकी चिकनी सफेद लकड़ी का इस्तेमाल घरों के निर्माण, रेलवे स्लीपर, कैबिनेट (पेटिका), कागज एवं लुगदी बनाने में तथा पैकिंग के लिए किया जाता है।

(vi) **अखरोट (Walnut-Juglans Regia):** यह वृक्ष कश्मीर, हिमाचल प्रदेश, उत्तराखंड तथा खासी पहाड़ियों (मेघालय) में पाया जाता है। इसकी लकड़ी पर नक्काशी का काम करना आसान होता है तथा इसका परिष्करण आकर्षक होता है। सूखने पर यह लकड़ी न तो सिकुड़ती है, न ही फूलती तथा फटती है। इस लकड़ी का इस्तेमाल वाद्य यन्त्र, बंदूक के कुन्दे तथा कैबिनेट (पेटिका) बनाने के लिए किया जाता है।

(vii) **सफेद भिसा (White Willow):** यह एक छोटा वृक्ष है, जो उत्तर-पश्चिम हिमालय (कश्मीर की घाटी) में पाया जाता है। इसकी टहनियों का उपयोग टोकरी बनाने में किया जाता है। इसके लकड़ी से क्रिकेट के बैट तथा अन्य खेलकूद की सामग्री बनाई जाती है।

(viii) **भुर्ज (Indian Birch):** यह हिमालय के ऊँचे ढालों में पाया जाता है। इसकी लकड़ी धुँधले रंग की होती है, जिसकी तन्तु रचना सीधी होती है। इसका इस्तेमाल फर्नीचर, प्लाईवुड तथा रेडियो कैबिनेट बनाने में किया जाता है।

(ix) **सरू (Cypress):** यह मुख्यत: उत्तराखंड, हिमाचल प्रदेश, जम्मू-कश्मीर में पाया जाता है। इसकी लकड़ी टिकाऊ होती है, जिसका इस्तेमाल फर्नीचर बनाने में किया जाता है।

वन उत्पाद एवं उनकी उपयोगिता (Forest Products and their utility)

- प्रयुक्त पौधे के भाग (Parts of plant used)
  - अर्क (Essence)
  - पत्तियाँ (Leaves)
  - तना (Stems)
  - पुष्प (Flowers)
  - फल (Fruits)
  - बीज (Seed)
  - बैंक (Bank)
- सम्पूर्ण पौधा (Whole plant)

ईंधन की लकड़ी, इमारती लकड़ी एवं काठकोयला (Charcoal) के अतिरिक्त वन अनेक अन्य उत्पाद प्रदान करते हैं। इनमें बाँस, बेंत, तेंदू पत्ते, घास, तेल, नट लाख, राल, गोंद, औषधीय बूटी, चर्मशोधन सामग्री, रंग, शहद, मोम, चिलगोजा, हाथी दाँत, सब्जियाँ, जड़ें तथा कन्द मूल, फल, फूल शामिल हैं।

1. **बाँस (Bamboos):** बाँस अधिकाँश मानसून प्रदेश में पाया जाता है जहाँ औसत वार्षिक वर्षा 150 से.मी. से अधिक होती है। कुछ बाँसों की ऊँचाई 30 मीटर तक की होती है। इसका इस्तेमाल अनेक उद्देश्यों के लिए किया जाता है, जैसे-टोकरी बनाना, छाजन निर्माण, कागज तथा लुगदी बनाने में। भारत में 100 से अधिक किस्मों की बाँस पाई जाती हैं। योजना आयोग के अनुसार बाँस देश के कुल 100, 210 वर्ग कि.मी. वन प्रदेश में पाया जाता है तथा इसका वार्षिक उत्पादन 4 मिलियन टन है। मिजोरम, नगालैंड, मेघालय, मणिपुर तथा त्रिपुरा जैसे राज्यों में बाँस द्वारा सजावट के लिए अनेक वस्तुएँ जैसे-गमला (Vases), ट्रे (Tray), कलश, मंजूषा (कास्केट) तथा आभूषण बनाया जाता है। मिजोरम के लोगों के सांस्कृतिक क्रिया-कलापों में भी बाँस का महत्व है, उदाहरण के लिए-चेर्रा नृत्य (Cherra-Dance)।
2. **बेंत (Canes):** यह असम, केरल, कर्नाटक, पश्चिम बंगाल, गुजरात तथा जम्मू एवं कश्मीर के नम व आर्द्र वनों में पाया जाता है। इसका उपयोग डोर, रस्सी, चटाई, बैग तथा टोकरी बनाने में किया जाता है।
3. **तेंदू (Tendu):** तेंदू के पत्ते छत्तीसगढ़, झारखंड, ओडिशा, तेलंगाना, मध्य प्रदेश, दक्षिण-पूर्वी राजस्थान तथा आंध्र प्रदेश से प्राप्त किए जाते हैं। इसका उपयोग बीड़ी बनाने में होता है।
4. **घास (Grasses):** भारतीय वनों में अनेक प्रकार की घासें पाई जाती हैं। कुछ प्रमुख घासें हैं-सवाई (अर्द्ध-हिमालय तराई प्रदेश), सरकंडा अथवा एलिफैन्ट ग्रास (असम), स्पिअर ग्रास (Spear-grass), उल्ला तथा पन्नी (Panni) घासें इत्यादि। खस-खस घास (भरतपुर तथा सवाई माधोपुर) का उपयोग गर्मी के दिनों में ठंडे परदों (चिक) के लिए किया जाता है। रोशा, नींबू तथा अदरक की घासों से औषधीय तथा सुगन्धित तेल प्राप्त किया जाता है।
5. **तेल (Oils):** बूटी, पौधों तथा वृक्षों का उपयोग अनेक प्रकार के सुगन्धित द्रव्य तथा तेल बनाने के लिए किया जाता है। इनमें से कुछ हैं-कपूर, लौंग, इलैंग (Ylang), यूकेलिप्टस का तेल, चमेली का तेल, खसखस का तेल, लैवेण्डर का तेल, नींबू-घास का तेल, पुदीने का तेल, चन्दन का तेल, पचौली का तेल, तारपीन का तेल, जायफल का तेल तथा चम्पा का तेल।
6. **औषधीय बूटी तथा पौधे (Medicinal Herbs and Plants):** भारत के वनों में अनेक औषधीय पौधे, बूटी तथा वृक्ष पाए जाते हैं। विभिन्न पौधों तथा झाड़ियों के पत्ते, तना, फूलों, फलों, छालों, जड़ों तथा बीजों का इस्तेमाल कच्चे पदार्थ के रूप में अनेक दवाईयाँ बनाने के लिए किया जाता है। मोहरी, कीड़ा-झाड़ी (Insect herb), अजमोद (Celary), कंटालिका, इन्द्रायण, चिरायता, जुलाब (Jalap), चीता, चित्राका सर्पेन्टाइन (Serpentine) तथा गुँजा कुछ प्रमुख बूटियाँ हैं, जिनका उपयोग औषधियों के निर्माण हेतु किया जाता है। सर्पेन्टाइन (Serpentine) की जड़ें साँपों तथा कीड़ों के काटने पर विषहर का काम करती हैं। पर्वतीय तेंदू वृक्ष, बांज, क्विनीन, स्पेनिश चेरी, बे-बेरी, लोध वृक्ष, इंडियन रेडवुड, अशोक, तथा अर्जुन की छालों का औषधीय महत्व अत्यधिक है। एफिड्राइन, सफेद चन्दन की लकड़ी, कत्था, लम्बे

नोक वाले चीड़ (पाइन) के तनों का भी अत्यधिक औषधीय महत्व है। वसाका, अगरू, पॉइजन बल्ब, करंज, लाइफ-प्लान्ट, स्वालो वार्ट, मांडूकपर्णी, तस्मेनियन ब्लू-गॅम, फिज्इक नट, होलीबेसिल, पान, काली मिर्च तथा टिप्लोफोरा के पत्तों से अनेक दवाएँ प्राप्त की जा सकती हैं। इसी तरह केसर, नागकेशर तथा वनपन्शा के फूलों तथा बेल, फिश बेरी, तेजपत्ता, धनिया, जीरा, सौंफ, आंवला, अफीम, पीपरा, मूल, काली मिर्च, सफेद मिर्च, बहेड़ा, हर्रा, एम्मी (Ammi) तथा असिन्द के फलों का उपयोग दवाईयाँ बनाने के लिए किया जाता है। कीड़ा झाड़ी एक बहुमूल्य औषधीय पौधा है, जो ऊर्जास्वत्ता (tremendous energy booster) की दवाई तैयार करने में काम में आती है। इसका प्रतिकिलो मूल्य लगभग 2.5 लाख रुपए है।

7. **चपड़ा (Shellac):** यह केरिया लैका नाम के कीड़े द्वारा स्रावित किया जाता है जो परपोषी वृक्ष, जैसे–पलाश, पीपल, कुसुम, शीशम, कुल, गुलार, सीरस, तथा बरगद के रस (सार) द्वारा पोषित होते हैं। ये वृक्ष व्यापक रूप से गंगा के मैदान छत्तीसगढ़, झारखंड, मध्य प्रदेश, महाराष्ट्र तथा असम में पाए जाते हैं। विश्व में लाख के उत्पादन में भारत का एकाधिपत्य है। इसका उपयोग रेशम की रंगाई में तथा चूड़ियाँ, रंग, युद्ध–सामग्री, पटाखे, ग्रामोफोन के रिकार्ड, मोहरी लाख, विद्युत रोधक सामग्री, जूतों के पॉलिस, प्लास्टिक ढाँचा, स्पिरिट, बेकिंग एनैमल तथा जहाजों के एन्टि–मोल्डिंग कम्पोजिटरी बनाने में किया जाता है।

8. **राल (Resins):** राल फेनिओरोगेमिक प्रजाति की वनस्पति का निःस्राव है। यह पीले रंग का ठोस पदार्थ है जो जल में घुलनशील नहीं है परन्तु ऐल्कोहॉल (Alcohol) में घुलनशील है। हिमालय के शंकुधारी पाइन (चीड़) वनों में राल का एकत्रण वाणिज्यिक दृष्टि से किया जाता है। इसका उपयोग साबुन बनाने में तथा कागज एवं कपड़ों को चिकना करने के लिए किया जाता है। इसका उपयोग मोहरी लाह, लिनोलियम, स्नेहक, रंग तथा स्याही बनाने में भी किया जाता है।

9. **गोंद (Gums):** यह बबूल (Acacia), कैरोब (Carob), मेसक्वीट (Mesquite) तथा कटीरा गम से प्राप्त किया जाता है। इसका इस्तेमाल चिपकाने वाले पदार्थ के रूप में प्रिन्टिंग (छपाई) में तथा कपड़ों के परिष्करण में, रंग तथा मिसरी उद्योग (Candy industries) में एवं दवाईयाँ बनाने के लिए किया जाता है।

10. **चर्मशोधक तथा रंजक (Tannins and Dyes):** चर्मशोधक का इस्तेमाल खालों तथा चमड़ों में प्रोटीन स्कंदन के लिए किया जाता है ताकि प्रतिरोधी चमड़े का उत्पादन किया जा सके। हल्के वनस्पति चर्मशोधकों की प्रधानता चमड़ों के उत्पादन में देखी जा सकती है। चर्मशोधक मैंग्रोव (Mangrove), सुंदरी वृक्ष, ठाठ, एवेरम (Avaram), सुमैक (Sumac), अर्जुन, इंडियन बादाम, बेर, कुड्डप्पा बादाम, अँबाड़ा तथा चेस्टनट के छालों तथा धूम्या के पत्तों से प्राप्त होता है।

    डाइ (रंजक) रंगीन यौगिक है। कपड़ों पर इस यौगिक को लगाने से ये साबुन तथा पानी से नहीं धुलते और न ही इन कपड़ों का रंग धूप में खराब होता है। भारत के वनों में लगभग 150 रंजक प्रदान करने वाली वनस्पतियां हैं परन्तु अभी तक मात्र कुछ का ही उपयोग किया गया है।

11. **कत्था (Katha):** कत्था खैर-वृक्ष की लकड़ी से प्राप्त किया जाता है जो उत्तराखंड, उत्तर प्रदेश, हिमाचल प्रदेश, मध्य प्रदेश, छत्तीसगढ़, झारखण्ड, गुजरात तथा बिहार में पाया जाता है। इसके महत्वपूर्ण कारखाने बरेली (उत्तर प्रदेश) तथा शिवपुरी (मध्य प्रदेश) में स्थित हैं।

12. **फल एवं सब्जियाँ (Fruits and Vegetables):** वनों से प्राप्त होने वाले प्रमुख फल तथा सब्जियाँ हैं-जामुन, बेल, बेर, गूलर, कटहल, आँवला, इमली, खिरनी, करौंदा, खजूर, चिलगोजा, चिंच, मुन्गा, चकुरा, अरबी, रतालू, कान्ही, अकाना, किरची, जारूंगी, सुआ, सैजन, सैडु, मशरूम तथा गुच्छही।

13. **बहुमूल्य पदार्थ (Valuable Products):** इसके अतिरिक्त वन से हाथी दाँत, शहद, मधुमेह, खाल, सींग तथा लोम (Fur) प्राप्त किए जाते हैं।

14. **चारागाह (Grazing Grounds):** वन घरेलू पशुओं के लिए चारागाह हैं तथा लगभग 30,000 पौधों, पशुओं तथा सूक्ष्म जीवों का आवास भी हैं।

15. **वन तथा जलवायु (Forest and Climate):** जलवायु, तापमान तथा वृष्टिपात भी प्रत्यक्ष रूप से वनों की मौजूदगी तथा गैर-मौजूदगी से प्रभावित होते हैं। यह कहा जाता है कि, किसी प्रदेश में अधिक वन होने पर वहाँ अधिक वर्षा होती है।

भारतीय वानिकी की समस्याएं (Problems of Indian Forestry)

भारतीय वानिकी की मुख्य समस्याएँ निम्नलिखित हैं:

1. *वनों का कम क्षेत्रफल (Low Forest Cover)*

(i) भारत का वन क्षेत्रफल मात्र 21.71 प्रतिशत है जो 35 प्रतिशत के विश्व औसत् से बहुत कम है। राष्ट्रीय वन नीति, 1952 के अनुसार वांछित वन प्रदेश देश के कुल भौगोलिक प्रदेश का 33 प्रतिशत (25 प्रतिशत मैदानों में तथा 60 प्रतिशत पर्वतीय प्रदेशों में) होना चाहिए। यह प्रतिशत सभी राज्यों तथा केन्द्रशासित प्रदेशों में कम है, केवल अंडमान एवं निकोबार, मिजोरम, अरुणाचल प्रदेश, नगालैंड तथा मणिपुर को छोड़कर। हरियाणा, पंजाब और राजस्थान में वन का क्षेत्रफल 5 प्रतिशत से भी कम है। भारत में कुल संरक्षित क्षेत्र 730 हैं, जिसमें से 105 अण्डमान-निकोबार द्वीप समूह में हैं। (स्रोत: Wll-Centre on Wildlife and Protected Area Research - *Times of India* 6.6.2016) भारत में 103 राष्ट्रीय उद्यान, 517 वन्य-प्राणी अभयारण्य, 18 जीवमण्डल (26 community Research and 66 Conservation Reserver) आरक्षित प्रदेश हैं।

(ii) अधिकांश भारत के वन वृन्द वन (gregarious) नहीं हैं, जिसके कारण उनकी उपयोगिता (exploitations) में बाधाएँ आती हैं। सागौन, साल (सखुआ), बाँस, चीड़ (Pines), बांज, स्प्रूस (Spruce) तथा देवदार यहाँ अपवाद में गिने जा सकते हैं।

(iii) भारत के कुल वन प्रदेश के लगभग 40 प्रतिशत हिस्से में अभिगम्यता (Accessibility) आसान नहीं है।

(iv) कुल वन प्रदेश के 50 प्रतिशत हिस्से में आदिवासियों को मुफ्त में चराई (Grazing) करने तथा घरेलू उपयोग के लिए ईंधन की लकड़ी काटने का अधिकार प्राप्त है। इस अधिकार का प्राय: दुरुपयोग किया जाता है। भारत में लगभग 275 मिलियन लोग विशेष रूप से आदिवासी समुदाय अपनी जीविका और आजीविका के लिए जंगल पर निर्भर हैं।

(v) अधिकतर वनों में वृक्षों को काटने का अभी भी पुराना तरीका है। वृक्षों के कटने से पारिस्थितिकी तंत्र को प्राय: नुकसान पहुँचता है, मृदा अपरदन में वृद्धि होती है तथा वनों को पुनरुज्जीवित (Regeneration) करने में विलंब होता है।

(vi) वनों में प्रशिक्षित कर्मचारियों (Trained personnel) की कमी है। ज्यादातर उपलब्ध मानवशक्ति की क्षमता का उपयोग वनों की सुरक्षा तथा संरक्षण के लिए किया जाता है न कि वनों को पुन: जीवित करने में।

(vii) आग, कीड़े, नाशक जीवों तथा पौधों की बीमारियों से वनों को पर्याप्त सुरक्षा प्राप्त नहीं है।

(viii) देश के आर्द्र पर्वतीय प्रदेशों में स्थानान्तरित कृषि वनों के लिए एक गंभीर समस्या है।

(ix) शुष्क मासैम के दौरान हवाओं के चलने से वनों को आग से नुकसान होता है। हाल ही में अल्मोड़ा और नैनीताल जिलों में भीषण आग लगी। भवाली रोड पर ज्वलनशील चीड़ के जंगलों ने पर्यावरणविदों को चिंता में डाल दिया है। लगभग 3000 एकड़ का जंगल नष्ट हो गया।

2. *चराई (Open Grazing)*

भारतीय वनों को व्यापक रूप में क्षति पर्वतीय प्रदेशों में स्थानीय लोगों द्वारा मवेशी (Cattle), भेड़ तथा बकरियों के चराने से होती है। भ्रमणशील जनजातियां, जैसे-बक्करवाल, भूटिया, गद्दी, गुर्जर तथा लेपचा द्वारा ऋतु-प्रवास के कारण वनों के पारिस्थितिकी तंत्र को नुकसान पहुँचता है।

3. *स्थानान्तरित कृषि (Shifting Cultivation)*

जिन पर्वतीय प्रदेशों में वर्षा 100 से.मी. से अधिक होती है वहाँ सामान्यत: जनजातीय लोग पहाड़ी प्रदेशों में स्थानान्तरित कृषि की पद्धति अपनाए हुए हैं। जनसंख्या के बढ़ते दवाब के कारण नगालैंड, मेघालय, मिजोरम, मणिपुर तथा त्रिपुरा के कई भागों में झूम चक्र (Jhum Cycle) घटकर मात्र पाँच वर्षों का रह गया है। इसके फलस्वरूप वनों को संजीवित होने में पर्याप्त समय नहीं रहता है, तथा परिस्थितिकी को भारी हानि पहुँचती है।

झूम कृषि एक आदिम और अवैज्ञानिक भूमि का उपयोग है जो वन, जल और मिट्टी संसाधनों को नष्ट करती है। वृक्षों की कटाई और झाड़ियों की सफाई आखिरकार सूखा या बाढ़ और मिट्टी की उर्वता में कमी की ओर ले जाएगी।

स्थानान्तरित कृषि को रोकने के लिए राज्य के वन विभागों ने वनीकरण कार्यक्रम को कार्यान्वित किया है। यह देखा गया है कि जिन स्थानों पर महात्मा गांधी राष्ट्रीय ग्रामीण रोजगार गारंटी अधिनियम लागू किया गया है वहाँ झूम कृषि पर निर्भता कम हुई है।

4. कृषीय भूमि की बढ़ती माँग (Growing Demand for Agricultural Land)

पिछले 65 वर्षों में बढ़ती आबादी के कारण अनाज तथा कृषीय कच्चे पदार्थों (Agricultural raw material) की माँग बढ़ी है। इसके परिणामस्वरूप कई जगहों पर वन प्रदेश को कृषि योग्य भूमि में परिवर्तित किया गया है, जिससे वन प्रदेश निरंतर घटते जा रहे हैं।

5. नगरीकरण एवं औद्योगीकरण (Urbanisation and Industrialisation)

वन तथा पहाड़ी प्रदेशों में तीव्र नगरीकरण तथा औद्योगीकरण भी वन अपकर्ष का एक प्रमुख कारण है। पिछले 30 वर्षों में शिमला, मसूरी, नैनीताल, रानीखेत, चम्बा, डलहौजी, दार्जिलिंग इत्यादि जैसे नगरों का आकार दस गुना अधिक हो गया है। हिमालय तथा अन्य वन प्रदेशों में सड़कों की संख्या तीव्र गति से बढ़ रही है, जिसके कारण बहुमूल्य वन प्रदेश पर्यटकों तथा विलासप्रिय लोगों के लिए खोल दिए गए हैं। आर्थिक विकास के कारण पिछड़े 30 वर्षों में भारत में 23,716 औद्योगिक परियोजनाओं को स्थापित करने के लिए 14000 वर्ग कि.मी. वन क्षेत्र की सफाई की गई है।

6. बहुद्देशीय योजनाओं का निर्माण (Construction of Multipurpose Projects)

बड़े बाँध, जैसे–भाखड़ा-नांगल, रिहन्द, हीराकुड, नागार्जुन सागर, टेहरी, कोटेश्वर, सलाल, दुलहस्ती, सरदार सरोवर इत्यादि के जलाशयों के निर्माण के कारण कई बड़े वन प्रदेश जलमग्न हो गए हैं।

7. व्यावसायिक गतिविधियाँ (Commercial Activities)

व्यावसायिक गतिविधियों, जैसे–राल निष्कर्षण, खनन, उत्खनन, तेल निष्कर्षण, रोपस्थली, बागाती खेती, फलोद्यान विकास, आदि के कारण वृहत्त पैमाने पर वनोन्मूलन हुआ है। दुर्भाग्यवश पेपर मिल तथा आराघर वनों में स्थित होते हैं, जिसके कारण वनोन्मूलन की प्रक्रिया त्वरित होती है।

राष्ट्रीय वन नीति (The National Forest Policy)

भारत उन कुछ देशों में से एक है जहाँ 1894 से ही वन नीति प्रभाव में रही है। वर्ष 1952 तथा 1988 में 1894 की वन नीति में संशोधन किया गया। 1952 की राष्ट्रीय वन नीति ने यह सुझाव दिया था कि देश के कुल भौगोलिक प्रदेश का एक-तिहाई (33%) वन प्रदेश होना चाहिए (60 प्रतिशत पहाड़ी तथा पर्वतीय प्रदेशों में तथा 25 प्रतिशत मैदानों में)। इस नीति ने यह सुझाव दिया कि वृक्ष-भूमि का विस्तार नदी/नहर के तटों, सड़कों, रेलवे तथा उन प्रदेशों पर किया जाए जो खेती के लिए उपयुक्त नहीं हैं।

राष्ट्रीय वन नीति, 1952 ने देश के वनों को चार वर्गों में विभाजित किया:

(i) **सुरक्षित वन (Protected Forests):** यह भौतिक तथा जलवायु की जरूरतों को पूरा करने के लिए अनिवार्य हैं।

(ii) **राष्ट्रीय वन (National Forest):** इसका उपयोग देश की आर्थिक आवश्यकताओं को पूरा करने के लिए किया जाता है।

(iii) **ग्रामीण वन (Village Forest):** यह गाँवों तथा निकटवर्ती शहरों के ईंधन की आवश्यकता तथा घरेलू आवश्यकताओं को पूरा करता है।

(iv) **वृक्ष भूमि (Tree Lands):** इस नीति ने वन महोत्सव के वार्षिक आयोजन तथा जुलाई/अगस्त के महीने में वृक्षारोपण सप्ताह के आयोजन पर विचार किया।

राष्ट्रीय वन नीति, 1952 में निम्नलिखित उपायों पर बल दिया:

(i) जनजातीय लोगों को स्थानान्तरित (Shifting Cultivation) कृषि छोड़ देने के लिए समझाना।
(ii) वन कानूनों का प्रभावी रूप से कार्यान्वयन।
(iii) वन संसाधन के प्रबंधन के लिए पर्याप्त सुविधाएँ मुहैया कराना।
(iv) वन प्रदेशों में पशुओं, भेड़ तथा बकरियों को चरने से रोकना।
(v) ग्रामीण प्रदेशों में ईंधन के लिए लकड़ी प्रदान करना।
(vi) औद्योगिक उद्देश्यों के लिए इमारती लकड़ियों की उपलब्धता में सुधार लाना।
(vii) सामाजिक वानिकी के अन्तर्गत प्रदेश में वृद्धि करना।
(vii) वानिकी में अनुसंधान को प्रोत्साहित करना।

राष्ट्रीय वन नीति, 1988 (The National Forest Policy 1988)

राष्ट्रीय वन नीति, 1988 ने वनों की सुरक्षा, संरक्षण, पुनः जीवन तथा विकास दर पर मुख्य रूप से बल दिया। राष्ट्रीय वन नीति 1988 ने निम्नलिखित उपायों का सुझाव दिया:

(a) पारिस्थितिक संतुलन के संरक्षण तथा पुनः स्थापना के द्वारा पर्यावरणीय स्थिरता को कायम रखना।
(b) विभिन्न प्रकार के वनस्पति एवं जीव-जन्तु के साथ वनों का एक राष्ट्रीय धरोहर के रूप में संरक्षण।
(c) नदियों, झीलों तथा जलाशयों के जल-ग्रहण प्रदेशों में मृदा अपरदन तथा अनाच्छादन पर नियंत्रण।
(d) राजस्थान के मरूस्थल प्रदेश में तथा समुद्र तट के निकट रेत के टीलों (sand dunes) के विस्तार को रोकना।
(e) वृहत्त वनारोपण तथा सामाजिक वानिकी कार्यक्रमों के द्वारा वन आवरण में ठोस वृद्धि।
(f) ग्रामीण तथा जनजातीय लोगों की जरूरतों-ईंधन की लकड़ी, चारा तथा लघु वन उत्पाद, को पूरा करना।
(g) वनों की उत्पादकता को बढ़ाना ताकि राष्ट्रीय ज़रूरतों को पूरा किया जा सके।
(h) वन उत्पाद की उपयोगिता तथा लकड़ी के अनुकूलतम विकल्प को प्रोत्साहन।
(i) उपरोक्त उद्देश्यों को पूरा करने हेतु बड़े पैमाने पर जन आन्दोलन की शुरुआत करने के लिए कदम उठाना, जिसमें महिलाओं की भी भागीदारी हो तथा वनों पर वर्तमान दबाव को कम करना।
(j) वन प्रबंधन के लिए संयुक्त वन प्रबंधन के अन्तर्गत लोगों को शामिल करना।

राष्ट्रीय वन नीति 2018 (The National Forest Policy 2018)

(a) इस नीति में अधिक बल लकड़ी और वन आधारित उद्योगों पर रखा गया है।
(b) 'अधिकार और रियायतें' और 'आदिवासी लोग और वन' के भाग को 'वनों से उत्पादन' 'वनीकरण द्वारा उत्पादकता को बढ़ाना' और वन उद्योगों को सुविधाएं अंतरापृष्ठ से बदल दिया है जिससे लकड़ी की उपज बढ़ाने पर ध्यान केन्द्रित हो।
(c) इसका उद्देश्य गुणवत्ता वाली लकड़ी के उत्पादन के लिए वन निगमों के पास उपलब्ध अवनति भूमि का उपयोग करना है।
(d) यह वैज्ञानिक पहुँच के माध्यम से भारत के कुल भौगोलिक क्षेत्र के कम-से-कम एक तिहाई भाग को वनावरण के तहत लाने पर बल देती है।
(e) यह नीति जलवायु परिवर्तन की अंतर्राष्ट्रीय चुनौती पर भी ध्यान देती है।
(f) यह नीति संतुलन बनाए रखने के लिए जंगलों के अन्दर और बाहर लंबी अवधि के आधार पर वन्य जीवन की निगरानी करती है।

(g) इस ड्राफ्ट में व्यापारिक महत्व के वृक्षों 'पौपलर और यूके लिप्टस' को प्रोत्साहित किया गया है यद्यपि ये गहरी जड़ों और जल का शोषण करने वाले वृक्ष हैं। इनसे भू-जल का क्षय होता है।

(h) इस नीति में खनन और अन्य उद्देश्यों और क्षेत्र में अन्य परियोजनाओं के लिए वन भूमि के परिवर्तन के मुद्दों पर विस्तार से प्रकाश नहीं डाला गया है।

सामाजिक वानिकी (Social Forestry)

सामाजिक वानिकी का सम्बन्ध किसी समाज के लोगों द्वारा लगाए गए वन (वृक्षों) से है। इसकी परिभाषा है "लोगों की लोगों के लिए तथा लोगों के द्वारा वानिकी"। वर्ष 1952 तथा 1988 की राष्ट्रीय वन नीतियों में सामाजिक वानिकी के महत्व पर बल दिया गया। सामाजिक वानिकी का मुख्य उद्देश्य है परम्परागत वनों पर दबाव कम करना, इस उद्देश्य हेतु ईंधन के लिए लकड़ी, चारा, घास तथा इमारती लकड़ियों का प्रबंध वृक्षारोपण द्वारा किया जाता है।

सामाजिक वानिकी के दो प्रकार हैं-सामुदायिक वानिकी तथा कृषि वानिकी (वाणिज्यिक तथा गैर-वाणिज्यिक)

उद्देश्य

(i) सतत आधार पर ईंधन, लकड़ी, छोटी काष्ठ, बांस, चारे अन्य लघु वनोत्पादों की मांग को पूरा करना। (ii) कृषि उत्पादन बढ़ाने के लिये गोबर के उपयोग को बढ़ाना। (iii) ग्रामीण जनसंख्या को लाभदायक रोजगार के अवसर उपलब्ध कराना। (iv) कुटीर उद्योगों का विकास करना। (v) प्रभावी मृदा एवं जल संरक्षण प्रदान करना। (vi) किसी क्षेत्र के महत्व को बढ़ाना एवं लोगों की मनोरंजन संबंधी आवश्यकताओं को पूरा करना।

सामुदायिक वानिकी (Community Forestry)

सामुदायिक वानिकी, सामाजिक वानिकी का एक भाग है। इसके तहत सामुदायिक भूमि (Community Land) पर पेड़ों को लगाया जाता है जिसका उद्देश्य समुदाय को लाभ पहुँचाना है। यद्यपि पौधे प्रायः वन विभाग द्वारा उपलब्ध कराए जाते हैं, रोपे गए वृक्षों की सुरक्षा की जिम्मेदारी पूर्ण रूप में समुदाय की होती है।

सामुदायिक वानिकी में भारत का प्रदर्शन अच्छा रहा है तथा इस विषय में चीन के बाद भारत का स्थान है। गुजरात, हरियाणा, हिमाचल प्रदेश, कर्नाटक, केरल, ओडिशा, पंजाब, राजस्थान, तमिलनाडु, उत्तर प्रदेश तथा उत्तराखंड में सामुदायिक वानिकी सफल रही है।

कृषि वानिकी (Agro-Forestry)

कृषि-वानिकी भूमि का एक सतत् प्रबंधन है, जो कुल उत्पादन में वृद्धि करता है, कृषि फसलों, वृक्षारोपण तथा जंतुओं को आपस में समन्वित करता है तथा स्थानीय जनसंख्या के सांस्कृतिक प्रतिरूप के लिये प्रबंधन प्रथाओं को लागू करता है।

कृषि वानिकी एक प्रकार की सामाजिक वानिकी है, जिसके तहत किसी किसान द्वारा वृक्षारोपण कर अपनी भूमि पर वृक्ष, चारा के लिए पौधे, घास तथा दलहन (Legumes) लगाए जाते हैं। कृषि वानिकी में वृक्षों को फसल माना जाता है तथा वे (वृक्ष) फसल संयोजन का एक भाग बन जाते हैं।

उन किसानों की संख्या बढ़ती जा रही है जो अपने खेतों के किनारे या पूरे खेत पर वृक्षों को एक फसल के रूप में लगाते हैं ***(चित्र 5.4)***। वास्तव में भारत के उत्तरी मैदानों में छोटे बड़े सभी किसानों द्वारा वृक्ष लगाए जाते हैं लेकिन बड़े किसान तथा अनुपस्थित जमींदार (Absentee Landlords) अपनी पूरे भूमि प्रदेश के कुछ भाग या पूरी भूमि पर वृक्ष लगाते हैं।

कृषि वानिकी के तहत किसान अपनी निम्न कोटि की भूमि अथवा उपयोगी भूमि पर वृक्ष लगाता है, ये वृक्ष घरेलू जरूरतों अथवा वाणिज्यिक उद्देश्यों को पूरा करते हैं। ये भूमि इन किसानों की निजी भूमि हो सकती है या फिर सामाजिक वानिकी कार्यक्रम के तहत पट्टे पर ली जाती है।

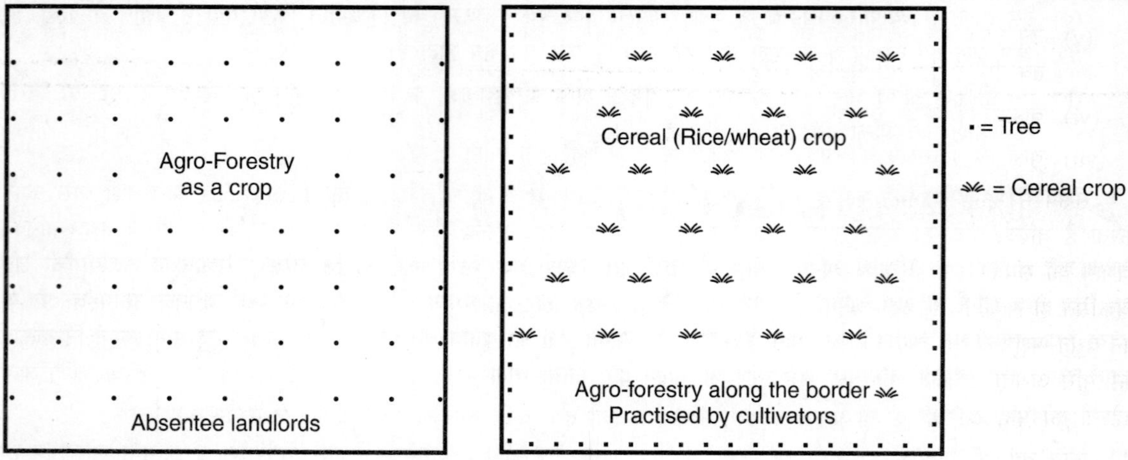

चित्र 5.4 कृषि वानिकी के प्रतिरूप

कृषि वानिकी में छोटे तथा बड़े किसान शामिल हैं। इससे किसानों को अतिरिक्त आय प्राप्त होती है, जिससे उनके जीवन स्तर में सुधार आता है। कृषि वानिकी उन्हें क्षीण कृषीय अवधि में रोजगार प्रदान करती है। इन वृक्षों को किसानों की जरूरत अनुसार 6 से 10 वर्षों के बाद काटा जाता है। कृषि वानिकी के मुख्य लाभ निम्नलिखित हैं:

(i) अनुपस्थित जमींदार (Absentee Landlords) कृषि वानिकी द्वारा अपने भूमि पर स्वामित्व कायम रखते हैं तथा अपनी आय को बढ़ाते हैं।

(ii) इसके द्वारा कृषीय भूमि की देख-रेख बगैर श्रमिकों के भी की जाती है।

(iii) इसके द्वारा बेहतर भूमि-उपयोग सुनिश्चित होता है।

(iv) इसके द्वारा रोजगार उत्पन्न होते हैं।

(v) इसके द्वारा मिट्टी में नमी कायम रहती है।

(vi) ईंधन के लिए लकड़ी, चारा तथा इमारती लकड़ियों की जरूरतों को यह पूरा करती है।

(vii) यह कृषि भूमि को पवन तथा वायु अपरदन (Wind erosion) से सुरक्षा प्रदान करती है।

अनेक भौतिक तथा भू-जलवायु लाभ के बावजूद कृषि वानिकी का कृषीय भूमि पर कुछ प्रतिकूल प्रभाव पड़ता है। इनमें से कुछ खराब प्रभावों का संक्षिप्त उल्लेख नीचे किया गया है:

(i) कृषि वानिकी के अंतर्गत उन वृक्षों का रोपण होता है जिनका वाणिज्यिक महत्व हो, ये वृक्ष पारिस्थितिकी तंत्र को भारी क्षति पहुँचाते हैं। वृक्ष, जैसे—पीपल, पहाड़ी-पीपल (Poplar) तथा यूकेलिप्टस (Eucalyptus) की जगह किसानों को नीम, महुआ, करंज, अर्जुन तथा बबुल (Acacia) जैसे वृक्ष लगाने चाहिए।

(ii) प्रायः ईंधन के लिए लकड़ी तथा चारा प्रदान करने वाले वृक्षों की उपेक्षा की जाती है।

(iii) कृषि वानिकी के अन्तर्गत लगाए गए अस्थानिक वृक्ष (Exotic Varieties) मिट्टी की नमी कम कर देते हैं। इन वृक्षों के कारण खेत में जल का अभाव हो जाता है तथा भौम-जलस्तर (Undergound-watertable) पर प्रतिकूल प्रभाव पड़ता है।

(iv) कृषि-वानिकी के अंतर्गत क्षेत्र अनुत्पादक (Unproductive) बन जाता है चूँकि वृक्षों की जड़ें इतनी घनी हो जाती हैं कि उन्हें खोद कर निकालना अत्यंत कठिन हो जाता है, इन्हें हटाने के लिए तथा भूमि को कृषि-अनुकूल बनाने के लिए अधिक निवेश की आवश्यकता होती है।

(v) उन खेतों की उत्पादकता घट जाती है, जिनके किनारे वृक्ष लगाए गए हों क्योंकि वृक्षों से लगभग दो मीटर की दूरी तक मिट्टी में नमी घट जाती है।

(vi) वृक्ष अनेक महामारी तथा बीमारियों के घर बन जाते हैं, जिसके कारण फसलें प्रभावित होती हैं।

(vii) वृक्षों के अंतरालन की अवैज्ञानिक पद्धति से वृक्षों की भली-भाँति वृद्धि नहीं होती।

संक्षेप में, कृषि-वानिकी कृषीय भूमि उपयोग की एक व्यवस्था है जो न केवल ईंधन (Fuelwood) चारा तथा घास प्रदान करती है बल्कि वनों को बढ़ाने तथा उनके संरक्षण में भी सहायता करती है। भारतीय कृषीय अनुसंधान परिषद तथा वानिकी विभाग को संयुक्त रूप से कृषि वानिकी अनुसंधान का उत्तरदायित्व अपने ऊपर लेना चाहिए ताकि भूमि प्रबंधन का समुचित तंत्र विकसित हो सके, जिसमें वन-वर्धन, उद्यान कृषि, कृषि तथा पशुपालन का समाकलन हो। इस तरह कृषि-वानिकी कृषि-वन वर्धन, वन वर्धन-पशुचारी तंत्र तथा औषधीय पौधों की कृषि को समाकलित करता है। कृषि-वानिकी के अन्तर्गत किसान अपनी निम्नकोटि की भूमि अथवा उपयोगी भूमि का इस्तेमाल वृक्ष लगाने के लिए करते हैं ताकि उनकी घरेलू आवश्यकताओं अथवा वाणिज्यिक उद्देश्यों की पूर्ति हो सके।

कृषि-वानिकी गुजरात, हरियाणा, कर्नाटक, केरल, पंजाब, राजस्थान, उत्तराखण्ड तथा उत्तर प्रदेश में अत्यन्त लोकप्रिय है। यूकेलिप्टस, पहाड़ी पीपल (पॉपलर) तथा कैज्यूरिना प्रमुख रूप से किसानों द्वारा अपने खेतों पर लगाए जाते हैं। इन वृक्षों की लकड़ियों का इस्तेमाल जलावन, ईंधन, प्लाईवुड, कागज, लुग्दी बनाने तथा माचिस के उद्योगों में किया जाता है।

कृषि-वानिकी का लाभ छोटे किसानों की अपेक्षा बड़े किसानों को अधिक हुआ है। कई अनुपस्थित जमींदार (Absentee landlords) अपनी जमीन पर वाणिज्यिक उपयोग के लिए वृक्ष लगाते हैं ताकि उनकी भूमि को बेदखली से बचाया जा सके। इससे कृषि प्रदेश में श्रमिकों के रोजगार घट जाते हैं। उत्तम कृषीय भूमि का उपयोग अन्न तथा वाणिज्यिक फसलों से अन्य उद्देश्यों के लिए करना खाद्य पदार्थों तथा औद्योगिक कच्चे माल (Raw material) की कमी की समस्या उत्पन्न करेगा। इसलिए इस कार्यक्रम को एक नई नीति एवं दिशा की आवश्यकता है, जिससे उसके वास्तविक उद्देश्य पूरा हो सकें।

वन पारिस्थितिकी तंत्र की वर्तमान स्थिति (Existing Position of Forest Ecosystem)

हमारे वन संसाधन के निरंतर उपयोग ने वन पारिस्थितिकी तंत्र को भारी क्षति पहुँचायी है। वनों के ह्रास के प्रमुख कारणों में कृषि विस्तार, प्राकृतिक वास (Habitat) का विनाश, महामारी, बाढ़, सूखा, चक्रवात तथा तूफान सम्मिलित हैं। इसके फलस्वरूप पहाड़ी ढालों का अनाच्छादन एवं अपरदन, मृदा अपरदन, सूखा तथा बाढ़ों की बारम्बारता मुख्य समस्यायें बन कर सामने आयी हैं। राष्ट्रीय दूरस्थ संवेदन ऐजेन्सी (National Remote Sensing Agency) के एक आंकलन के अनुसार, भारत प्रत्येक वर्ष लगभग 1.3 मिलियन हेक्टर वन क्षेत्रफल खो रहा है। यह गति चिन्ताजनक है। अब यह सामान्य रूप से माना जाता है कि वन जीवन समपोषण तन्त्र है।

वन पारिस्थितिकी संतुलन बनाए रखने में एक महत्वपूर्ण भूमिका निभाते हैं। पर्यावरण को लेकर वर्तमान चिन्ता के कारण इन मुद्दों पर पुनः विचार किया जा रहा है। हमारे वन संसाधन तथा उनके अपकर्ष की वर्तमान स्थिति को देखते हुए यह आवश्यक है कि इनका प्रयोग विवेचित रूप में किया जाए, ताकि इन्हें कम अवधि में पुनरुज्जीवित किया जा सके एवं इन्हें स्थिर रखा जा सके।

वन संरक्षण (Forest Conservation)

वनों की उपयोगिता, उनकी सामाजिक प्रासंगिकता तथा जलवायु में उनके महत्व की चर्चा हम पहले कर चुके हैं। वन संसाधन का संरक्षण हमारे उत्तरजीविता (Survival) के लिए अत्यावश्यक है। कुछ कदम जो वनों की क्षति पूर्ति एवं उन्हें धारणीय बनाने में आवश्यक हैं वे निम्नलिखित हैं:

(i) **वनरोपण (Afforestation):** बड़े पैमाने पर वनरोपण कार्यक्रम चलाया जाना चाहिए जिसका मुख्य बल जलावन, ईंधन, इमारती लकड़ी, घासों तथा छोटे वृक्षों के उत्पादन पर होना चाहिए, इससे निम्नीकृत तथा निरावृत्त भूमि (Degraded Land) को ढका जा सकेगा।

(ii) सड़कों, रेल मार्गों, नदियों, नहरों, झीलों तथा तलाबों के किनारे वृक्षारोपण।

(iii) शहरी प्रदेशों में हरित पट्टी का विकास तथा सामुदायिक भूमि पर वृक्षारोपण।

(iv) ग्राम सभा की भूमि पर सामुदायिक वन (Social Forestry) का विकास।

(v) ग्रामीणों को सस्ती दर पर ऋण देना ताकि निम्नीकृत वन (Degraded Forests) को पुनर्जीवित किया जा सके।

(vi) वनों में कृषि का अतिक्रमण एक दंडनीय अपराध बनाया जाना चाहिए।

(vii) स्थानीय लोगों के प्रथागत अधिकारों (Customary Rights) तथा सुविधाओं को वनों की वहन क्षमता को पार करने की अनुमति नहीं दी जानी चाहिए। ये अधिकार तथा सुविधाएँ हैं-वनों में पशुओं को चराना तथा वहाँ से ईंधन, जलावन तथा चारा का एकत्रण।

(viii) ग्रामीण जनसंख्या को जलावन, ईंधन तथा लकड़ियों के उत्पाद का वैकल्कि स्रोत प्रदान किया जाना चाहिए।

(ix) विकास की परियोजनाएँ, जिसमें खनन तथा औद्योगिक गतिविधियाँ शामिल हैं, को इस तरह योजनाबद्ध किया जाना चाहिए ताकि वे वन पारिस्थितिकी तंत्र को न्यूनतम क्षति पहुँचायें।

(x) खनन अनुबन्धों में खनन की समाप्ति के बाद पुनर्वनरोपण की आवश्यक शर्त होनी चाहिए।

(xi) उद्योगों को प्रदूषण-विरोधी उपाय अपनाना चाहिए तथा वनों की क्षति को नए रोपण द्वारा पूरा करना चाहिए।

(xii) जनजातीय तथा स्थानीय लोगों को वनों की सुरक्षा, पुनरुज्जीवन तथा प्रबंधन में प्रत्यक्ष रूप से शामिल किया जाना चाहिए।

(xiii) स्थानान्तरित कृषि को धीरे-धीरे वेदिका कृषि (terraced farming), फलोद्यान विकास तथा वन-वर्धन द्वारा प्रतिस्थापित किया जाना चाहिए।

(xiv) वनों के आग की घटनाओं को नियंत्रित तथा कम करने के लिए वैज्ञानिक पद्धति अपनायी जानी चाहिए।

(xv) कृषि विश्वविद्यालयों में वानिकी पर और अधिक अनुसंधान होना चाहिए जिसके लिए केन्द्र तथा राज्य सरकारों द्वारा और अधिक सुविधाएँ तथा निधि प्रदान किया जाना चाहिए। वानिकी विद्यालय, महाविद्यालय तथा विश्वविद्यालय के पाठयक्रम में एक महत्वपूर्ण भाग के रूप में होना चाहिए।

(xvi) वनों को पीड़क जन्तुओं, कीटाणुओं तथा बीमारियों से बचाना चाहिए जिसके लिए वृक्षों को छाँटना तथा उन पर दवाईयों का छिड़काव एक नियमित प्रक्रिया होना चाहिए।

(xvii) वन विभाग तथा सरकार के अन्य विभागों के बीच सम्पूर्ण समन्वयन जिससे वनों का प्रभावी तथा विवेकपूर्ण उपयोग तथा उनका संरक्षण हो सके।

(xviii) लोगों को वन महोत्सव में भाग लेने के लिए प्रोत्साहित किया जाना चाहिए तथा उन्हें चिपको आंदोलन के बारे मे जानकारी दी जानी चाहिए।

(xix) वनों के प्रति हमारे दृष्टिकोण को बदलने की आवश्यकता है। वनों को मात्र चिरस्थायी संसाधन या राजस्व स्रोत नहीं माना जाना चाहिए। वनों का नियोजन तथा उनका संरक्षण ने केवल सरकार का बल्कि पूरे देश के नागरिकों का दायित्व है।

(xx) वनों के सामाजिक महत्व के बारे में लोगों को जानकारी देने के लिए विशेष दृश्य-श्रव्य कार्यक्रम, प्रदर्शन, सेमिनार, संगोष्ठियां तथा कार्यशालाएँ होनी चाहिए।

भारतीय वानिकी अनुसंधान तथा शिक्षा परिषद (Indian Council of Forestry Research and Education - ICFRE) का गठन 1987 में पर्यावरण तथा वन मंत्रालय के अन्तर्गत हुआ। भारतीय वानिकी अनुसंधान तथा शिक्षा परिषद के तहत निम्नलिखित वानिकी संस्थाएं काम कर रही हैं:

(i) वन अनुसंधान संस्थान, देहरादून (Forest Research Institute, Dehra Dun)।

(ii) केन्द्रीय शुष्क प्रदेश वानिकी अनुसंधान संस्थान, जोधपुर (The Centre Arid Zone Forestry Research, Institute, Jodhpur)।

(iii) वर्षा तथा आर्द्र पतझड़ वन संस्थान, जोरहाट (The Institute of Rain and Moist Deciduons Forests, Jorhat, Assam)।

(iv) काष्ठ-विज्ञान तथा प्रौद्योगिकी संस्थान, बंगलौर (The Institute of Wood Science and Technology, Banglore)।

(v) उष्णकटिबंधीय वानिकी अनुसंधान संस्थान, जबलपुर (The Tropical Forestry Research Institute, Jabalpur)।

(vi) वन आनुवंशिकी तथा वृक्ष प्रजनन संस्थान, कोयम्बटूर (The Institute of Forest Genetics and Tree Breeding, Coimbatore)।

(vii) शीतोष्ण वन अनुसंधान केन्द्र, शिमला (The Temperate Forest Research Centre, Shimla)।

(viii) वन उत्पादकता केन्द्र, राँची (The Centre of Forest Productivity, Ranchi)।

(ix) सामाजिक वानिकी तथा पर्यावरण केन्द्र, इलाहाबाद (The Centre for Social Forestry and Environment, Allahabad)।

(x) वन जैव विविधता संस्थान, हैदराबाद (Institute of Forest Biodiversity, Hyderabad)

(xi) सामाजिक वनिकी और पर्यावरण पुनर्वास केन्द्र, इलाहाबाद (प्रयागराज) (Centre for Social Forestry and Eco rehabilitation, Allahabad)

(xii) वन आधारित आजीविका और विस्तार केन्द्र अगरतला (Centre for Forest based livelihoods and extension, Agartala)

(xiii) वन शिक्षा निदेशालय, देहरादून

वन्य जीवन (Wildlife)

भारत के भू-जलवायु पर्यावरण में अनेक विविधताएँ देखी गई हैं। पर्यावरण की यह विविधता वन्य जीवन, पक्षियों तथा कीड़े मकोड़ों के लिए प्राकृतिक वास प्रदान करती है। विश्व के लगभग 15 लाख पशुओं की जातियों में भारत में 81,251 जातियाँ (6.7 प्रतिशत) हैं। एस. एच. प्रेटर (1934) के अनुसार, भारत को छह जीव-भौगोलिक प्रदेशों में विभाजित किया गया है। भारत में 350 विभिन्न प्रकार के स्तनधारी, पक्षियों की 1200 प्रजातियां, सरीसृपों की 453 प्रजातियां एवं 4500 प्रकार की पौध प्रजातियां हैं। इससे भी अधिक, भारत में कीटों की 50 हजार ज्ञात प्रजातियां हैं, जिनमें 13 हजार तितलियां एवं मॉथ (Moth) हैं। ये प्रदेश हैं– (i) हिमालय प्रदेश, (ii) उत्तरी मैदान (iii) थार मरुस्थल (iv) प्रायद्वीपीय पठार (v) मालाबार तट, तथा (vi) नीलगिरि।

बढ़ती जनसंख्या के दबाव के कारण तथा खाद्य एवं औद्योगिक कच्चे माल (Row Materials) की भारी माँग के कारण, भारत का वन क्षेत्रफल भारी मात्रा में घट गया है। इसके अतिरिक्त वनों में वृक्षों का घनत्व अन्य देशों की अपेक्षा कम है। इसके फलस्वरूप वन्य जीवों के प्राकृतिक वास घटते जा रहे हैं। तेंदुआ, बाघ के लोभ एवं बाघों के दाँतों के बढ़ते व्यापार के कारण उनकी संख्या घटती जा रही है। गैंडे के सींग तथा कस्तूरी की माँग बढ़ गयी है, जिसका उपयोग औषधियों तथा सुगन्धित पदार्थों के लिए किया जाता है। वन्य जीवों के अनाधिकार शिकार के कारण इनकी संख्या दिन प्रतिदिन घटती जा रही है। कुछ जातियाँ विलुप्त (Extinction) होने के कगार पर हैं। एशियाई शेर, बाघ, लमचित्ता (Clouded Leopard), कस्तूरीमृग, गैंडा, सोहन चिड़ियाँ (Great Indian Bustard)) नीलगिरि लंगूर, अजगर तथा गिद्ध विलुप्त होते जा रहे हैं।

राष्ट्रीय जैविक विविधता अधिनियम 2002, खतरे में पड़ी प्रजातियों और उनके आवासों की सुरक्षा सुनिश्चित करता है। वाइल्ड लाइफ क्राइम कंट्रोल ब्यूरो वन्य जीवों के शिकार और उसके उत्पादों के अवैध व्यापार पर नजर रखता है।

वन्य जीवों के संरक्षण के लिए भारत सरकार ने 1972 में वन्य जीवन सुरक्षा अधिनियम (Wildlife Protection Act) पारित किया। देश के लगभग 1.56 लाख वर्ग कि.मी. के प्रदेश को (देश के कुल प्रदेश का 4.75 प्रतिशत) राष्ट्रीय उद्यान, अभयारण्य (Sanctuaries) तथा जीवमंडल संरक्षित प्रदेश घोषित किया गया है। वर्तमान (2019) में राष्ट्रीय उद्यानों तथा अभयारण्यों की संख्या क्रमशः 104 तथा 551 है। विलुप्त होते प्रजाति के वर्ग में जानवरों की संख्याओं को बढ़ाने के लिए प्रोजेक्ट टाइगर (1973), मगरमच्छ प्रजनन योजना (1975), राइनोसॉरस प्रोजैक्ट (1987), साह योजना (Snow – Leopard Project) तथा प्रोजैक्ट एलिफैन्ट (1988) की शुरुआत की गई।

राष्ट्रीय उद्यान (National Parks)

राष्ट्रीय उद्यान (National Park): राष्ट्रीय उद्यान तुलनात्मक रूप से एक वृहत्त प्रदेश है जिसमें एक अथवा अनेक पारिस्थितिकी तंत्र होते हैं जो मानव अधिग्रहण तथा उपयोग द्वारा भौतिक रूप से परिवर्तित नहीं हो रहे हैं। यहाँ पौधे तथा पशुओं की प्रजातियाँ, भू-आकृतिक स्थान तथा प्राकृतिक वास (Habitat) को विशेष वैज्ञानिक शिक्षा तथा विहार के लिए सुरक्षित रखा जाता है *(चित्र 5.7)*।

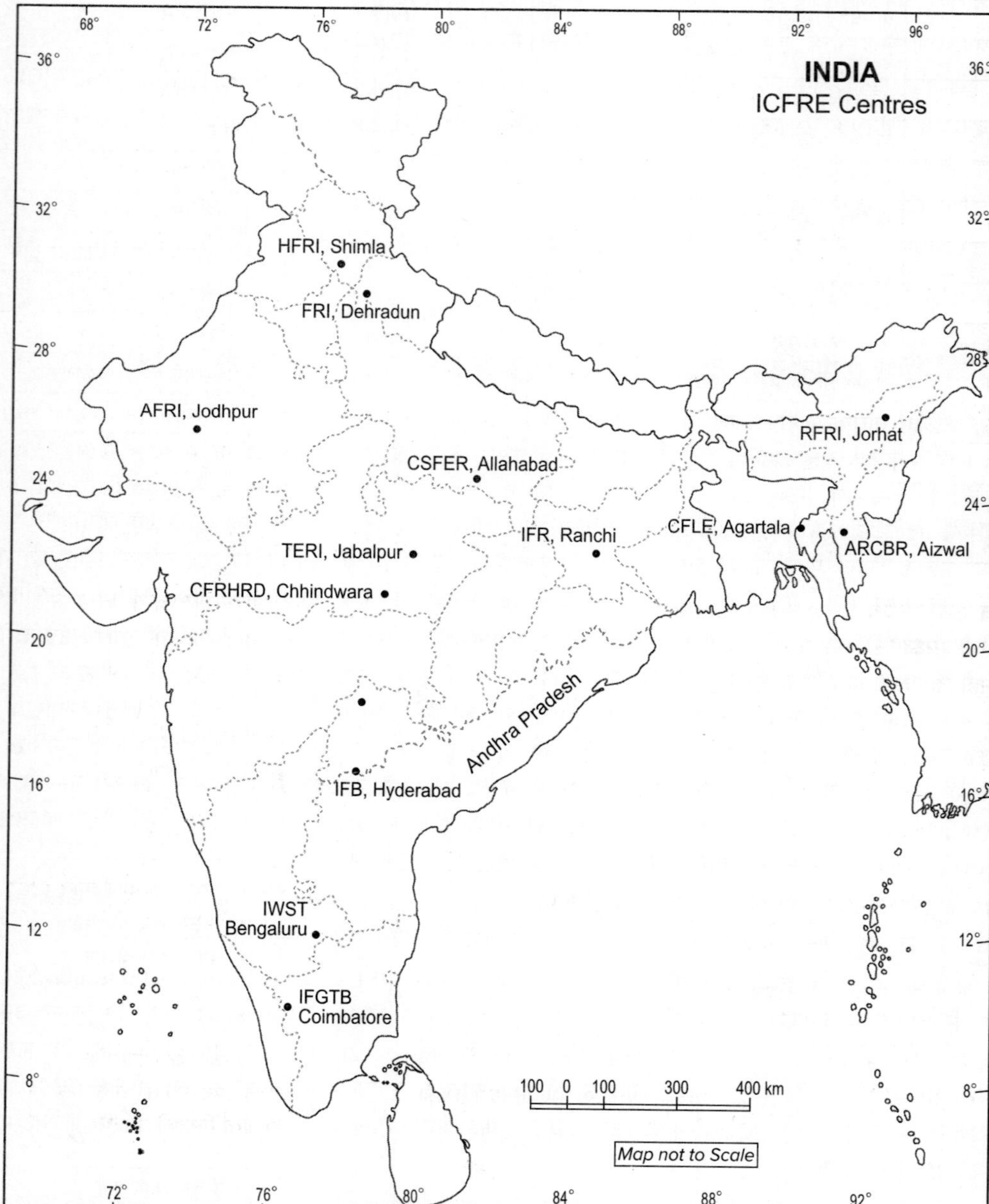

चित्र 5.5 ICFRE केंद्र

तालिका 5.6 भारत के लोकप्रिय राष्ट्रीय उद्यान

क्र.सं.	राष्ट्रीय उद्यान	स्थापना वर्ष	राज्य
1	जिम कॉर्बेट राष्ट्रीय उद्यान	1936	उत्तराखण्ड
2	कान्हा राष्ट्रीय उद्यान	1955	मध्य प्रदेश
3	काजीरंगा राष्ट्रीय उद्यान	1974	असम
4	गिर राष्ट्रीय उद्यान	1975	गुजरात
5	बांधवगढ़ राष्ट्रीय उद्यान	1968	मध्य प्रदेश
6	केवलादेव (घाना) राष्ट्रीय उद्यान	1981	राजस्थान
7	फूलों की घाटी राष्ट्रीय उद्यान	1982	उत्तराखण्ड
8	पेरियार राष्ट्रीय उद्यान	1982	केरल
9	कांगरे घाटो राष्ट्रीय उद्यान	1983	छत्तीसगढ़
10	फॉसिल रष्ट्रीय उद्यान	1983	मध्य प्रदेश
11	महात्मा गांधी समुद्री जीव राष्ट्रीय उद्यान	1983	अंडमान एण्ड निकोबार द्वीप समूह
12	नामदप्पा राष्ट्रीय उद्यान	1983	अरूणाचल प्रदेश
13	शांत घाटी राष्ट्रीय उद्यान	1984	केरल
14	सेडल पीक राष्ट्रीय उद्यान	1987	अंडमान एण्ड निकोबार द्वीप समूह
15	सरिस्का राष्ट्रीय उद्यान	1992	राजस्थान
16	बिसन राष्ट्रीय उद्यान	2007	त्रिपुरा
17	खीरगंगा राष्ट्रीय उद्यान	2010	हिमाचल प्रदेश
18	जालडापारा राष्ट्रीय उद्यान	2014	पश्चिम बंगाल

वन्य जीव अभयारण्य (Wildlife Sanctuary): राष्ट्रीय उद्यान की ही तरह वन्य जीव अभयारण्य वन्य जीवों तथा सम्बन्धित प्रजातियों की सुरक्षा के लिए समर्पित है। अभयारण्य में मानव गतिविधियों की अनुमति दी जाती है, जबकि राष्ट्रीय उद्यान में इसकी अनुमति नहीं दी जाती है ***(चित्र 5.6)***।

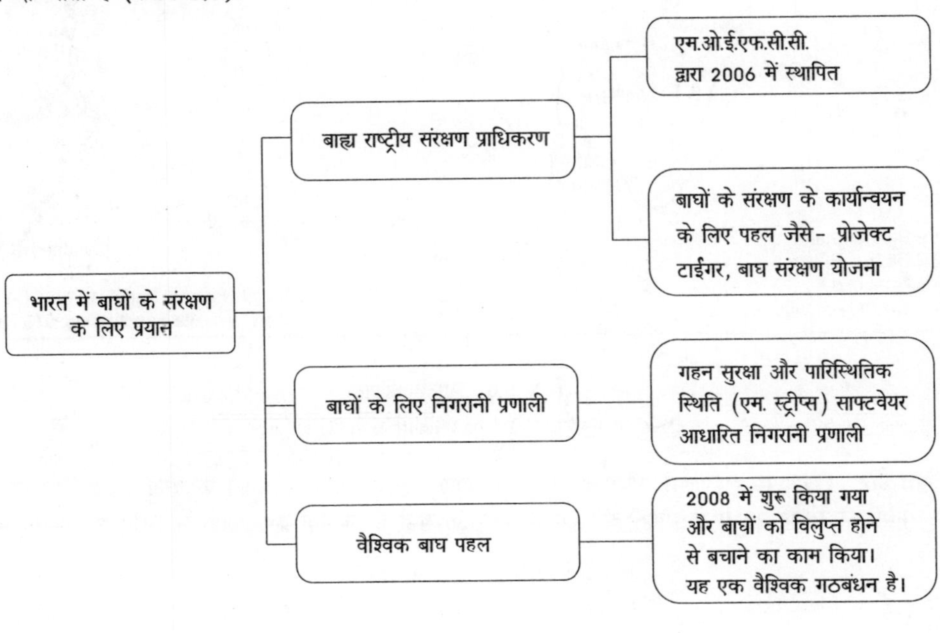

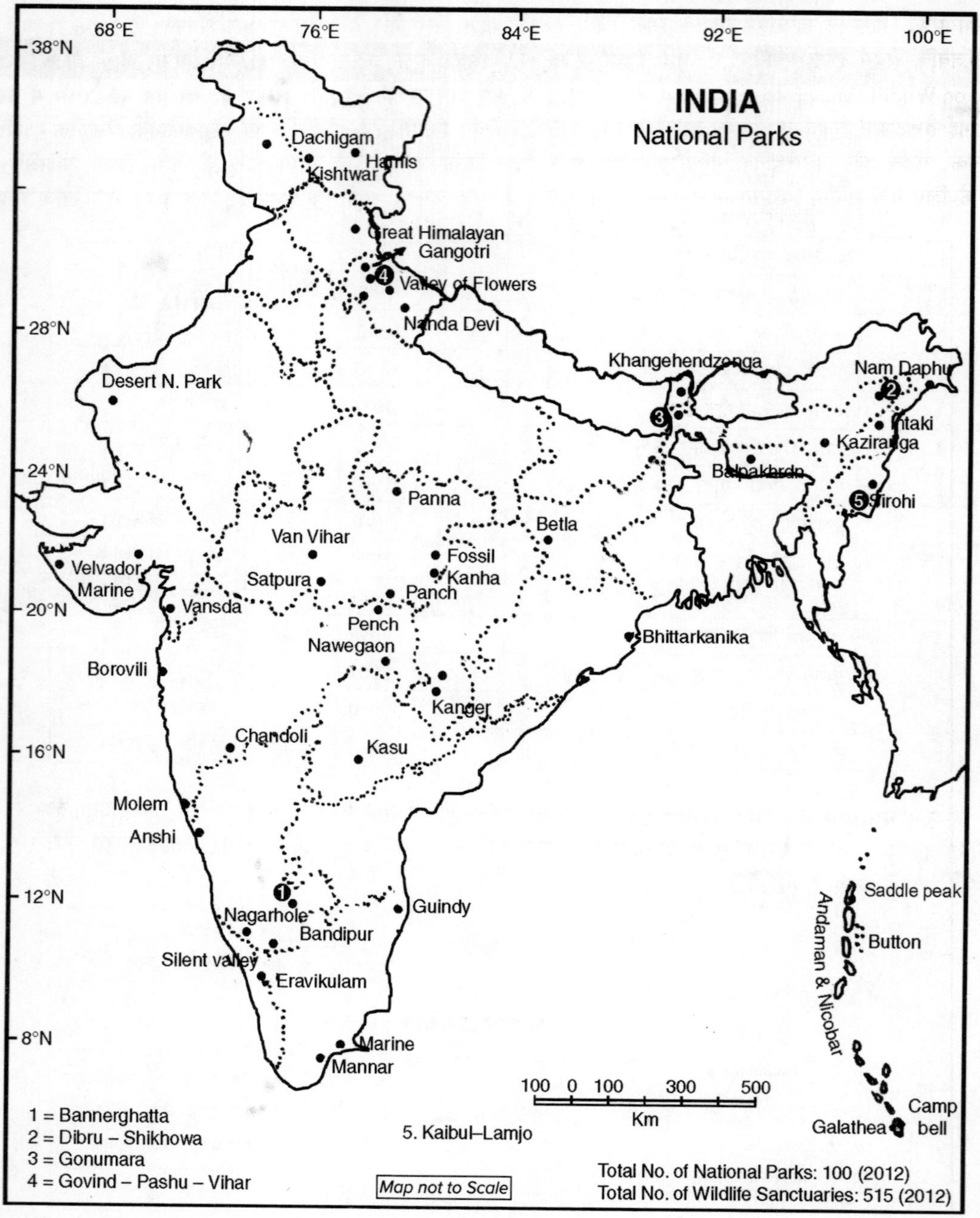

चित्र 5.6 राष्ट्रीय उद्यान

[*Source:* ENVIS Center on Wildlife & Restricted area.]

बाघ आरक्षित क्षेत्र (Tiger Reserves): भारत के कुछ महत्वपूर्ण टाइगर रिजर्व्स को आगे के पन्नों में मानचित्र पर दिखाया गया है। भारत में बाघों की संख्या 2010 में 1706 और 2014 में 2226 बढ़ी है, जबकि वर्ष 2006 में 1411 थी। भारत में सबसे बड़ा

बाघ अभयारण्य 'नागार्जुन सागर-श्रीशैलम टाइगर रिजर्व' (आंध्र प्रदेश, तेलंगाना) है, जिसका कुल क्षेत्रफल है 3296.31 वर्ग कि. मी. है, जबकि सबसे छोटा महाराष्ट्र में 'बोर टाइगर रिजर्व' है जिसका कुल क्षेत्रफल 138.12 वर्ग कि.मी. है। (*स्रोत:* ENVIS Centre on Wildlife and protected Areas) जुलाई 2014 में बाघ अभयारण्यों की कुल संख्या 47 थी यह मई 2019 में बढ़कर 50 हो गई है। टाइगर रिजर्व के अंतर्गत कुल क्षेत्रफल 71027.10 वर्ग कि.मी. है। बाघों का रख-रखाव उनके वैज्ञानिक, आर्थिक, सांस्कृतिक, सौंदर्य और पारिस्थितिक मूल्यों और संरक्षण के लिए किया जाता है। हर समय लोगों के लाभ, शिक्षा, प्रशिक्षण और आनंद के लिए एक राष्ट्रीय विरासत के रूप में जैविक महत्व के क्षेत्र। उनका भौगोलिक वितरण (चित्र 5.7) में दिखाया गया है।

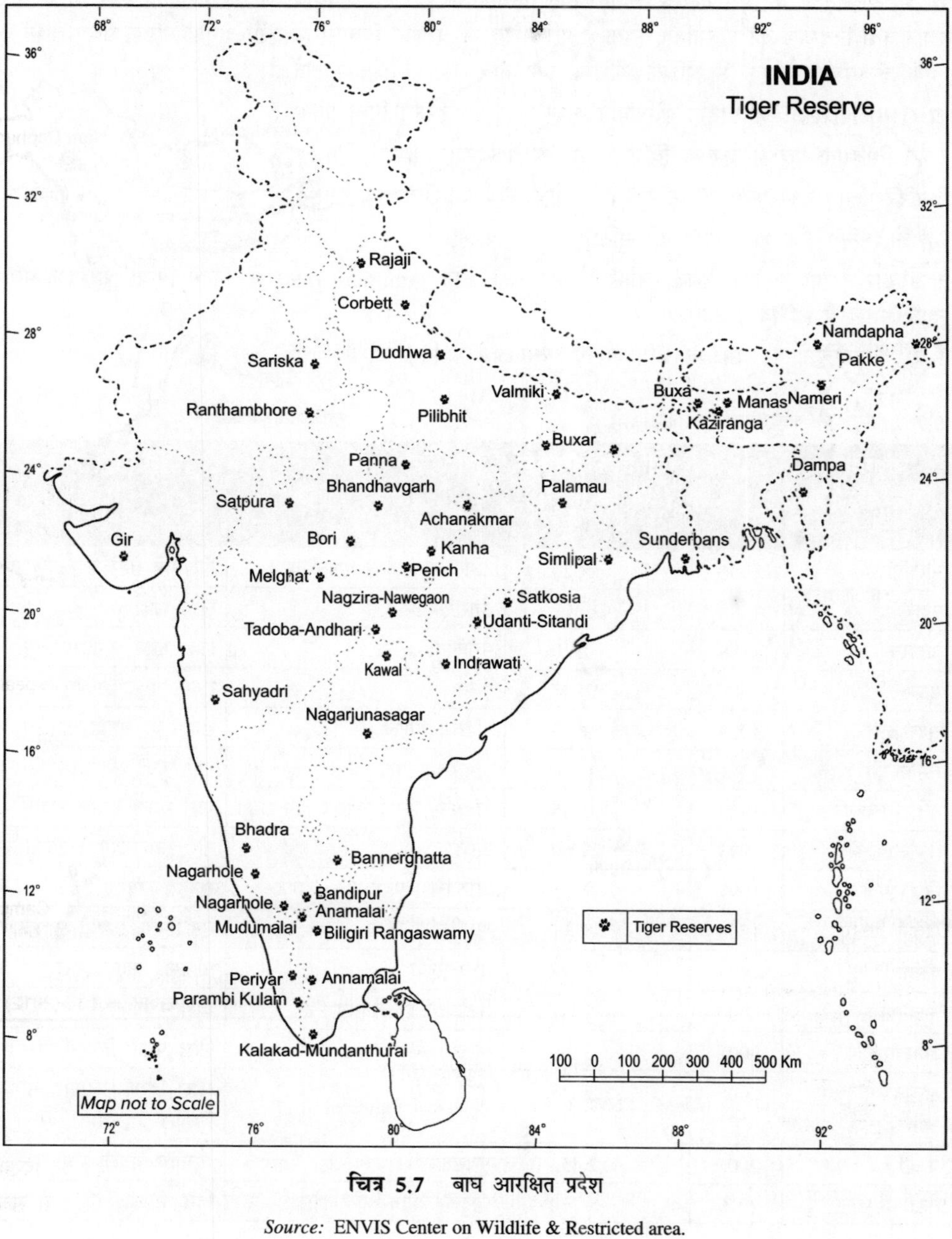

चित्र 5.7 बाघ आरक्षित प्रदेश

Source: ENVIS Center on Wildlife & Restricted area.

जीवमंडल आरक्षित प्रदेश (Biosphere Reserves)

जीवमंडल आरक्षित प्रदेश स्थलीय तथा तटीय पारिस्थितिकी तंत्र है, जिसे यूनेस्को (UNESCO) के 'मैन एण्ड बायोस्फीयर' (Man and Biosphere) (MAB) योजना के तहत अन्तर्राष्ट्रीय मान्यता दी गई है। भारत में जीवमंडल आरक्षित प्रदेशों की संख्या 18 है ***(चित्र 5.8, तालिका 5.5)***। इन संरक्षित प्रदेशों को यूनेस्को द्वारा नामित 'वर्ल्ड नेटवर्क ऑफ बायोस्फीयर रिजर्व' में शामिल होने से पहले कुछ न्यूनतम योग्यताओं तथा कुछ पूर्व शर्तों को पूरा करना जरूरी है। विश्व के कुछ मुख्य पारिस्थितिकी तंत्रों की किस्मों तथा भू-आकृतिओं को इस नेटवर्क में निरूपित किया गया है जो जैव विविधता को संरक्षित करने के लिए समर्पित हैं, तथा अनुसंधान तथा नियन्त्रण को प्रोत्साहित करता है एवं मानव के धरणीय विकास के लिए अनेक मॉडल प्रदान करने की कोशिश करता है। एक जीवमंडल में एक से अधिक पारिस्थितिकी तन्त्र (Ecosystems) होते हैं।

उद्देश्य (Objectives): जीवमंडल सीमांकित करने के मुख्य उद्देश्य निम्न प्रकार हैं:

1. जैव विविधता एवं सांस्कृतिक विविधता को संरक्षण प्रदान करना।
2. पारिस्थितिकी तथा पर्यावरण के संबंध में शोध कार्य को प्रोत्साहन देना।
3. शिक्षा, ट्रेनिंग तथा शोध कार्य की सुविधायें प्रदान करना।

भारत सरकार ने बायोस्फीयर रिजर्व (Biosphere Reserve Programme) 1986 में आरंभ किया था। इस समय भारत में कुल 18 जीव-मंडल हैं ***(चित्र 5.8)***।

भारत के जीवमण्डलों के नाम एवं क्षेत्रफल ***तालिका 5.7*** में दिये गये हैं।

तालिका 5.7 भारत के जीवमंडल आरक्षित क्षेत्र

क्र.सं.	जीवमंडल आरक्षित क्षेत्र		भौगोलिक क्षेत्रफल (वर्ग कि.मी. में)	राज्य	मुख्य जीव जन्तु
1.	नीलगिरि*	1986	5520	तमिलनाडु, केरल, कर्नाटक	नीलगिरी तहर, शेर पूंछ मकाक
2.	नंदादेवी*	1988	6407	उत्तराखण्ड	लाल पांडा
3.	नोकरेक*	1988	0820	मेघालय	लाल पांडा, सुनहरा लंगूर
4.	मानस	1989	2837	असम	रायल बंगाल टाइगर
5.	सुंदर वन*	1989	9630	पश्चिम बंगाल	डुगोंग या समुद्री गाय
6.	मन्नार की खाडी*	1989	10.500	तमिलनाडु तट	खारे पानी का मगरमच्छ
7.	बड़ा निकोबार	1989	0885	अंडमान और निकोबार द्वीप समूह	गोर, रायल बंगाल टाइगर
8.	सिमलीपाल*	1994	5569	ओडिशा	गोर, रायल बंगाल टाइगर बंगली हाथी
9.	डिब्रू सेखोवा	1997	0765	अरुणाचल प्रदेश	सुनहरा लंगूर
10.	दिहांग दिबांग	1998	5111	अरुणाचल प्रदेश	मृग हिरण, मिश्मी ताकिन, लाल गोरस
11.	पंचमढ़ी*	1999	4928	मध्य प्रदेश	एशियाई काला भालू
12.	कंचनडोगा	2000	2931	सिक्किम (कंचनगंगा)	विशाल गिलहरी, उडम गिलहरी
13.	अगश्यमलाई	2001	3500	केरल	लाल पांडा, हिग तेंदुआ
14.	अचानकमार अमरकंटक	2005	3835	मध्य प्रदेश	काले हिरण, चिंगारा, भेडिया, विशाल गिलहरी
15.	कच्छ	2008	12.454	गुजरात	भारतीय जंगली गधा
16.	ठंडा मरुस्थल	2009	7770	लाहुल-स्पीति और लद्दाख	हिम तेंदुआ

क्र.सं.	जीवमंडल आरक्षित क्षेत्र		भौगोलिक क्षेत्रफल (वर्ग कि.मी. में)	राज्य	मुख्य जीव जन्तु
17.	शेशाचलम	2010	4756	आंध्र प्रदेश	स्लेंडर लोरिस और पेंगोलिन (गभीर रूप से लुप्तप्राय प्रजाति)
18.	पन्ना	2011	2999	मध्य प्रदेश	चीता, चीतल, चिंकारा, सांभर और आसली भालू
	कुल		**84668**		

**Biosphere Reserve on the UNESCO Network.*

स्रोत: *UNESCO main and Biosphere Programme (MBA) (http:www.unesco.org/mab Prog.shtmil).*

भारत के 18 में से सात जीवमंडल संरक्षित प्रदेश 'वर्ल्ड नेटवर्क ऑफ बायोस्फीयर रिजर्व' का भाग हैं, जो यूनेस्को के 'मैन एंड बायोस्फेयर' योजना पर आधारित हैं। ये सात जीवमंडल संरक्षित प्रदेश निम्नलिखित हैं– 1. नीलगिरि जीवमंडल संरक्षित प्रदेश; 2. नंदा देवी जीवमंडल संरक्षित प्रदेश; 3. सुंदरवन जीवमंडल संरक्षित प्रदेश, एवं; 4. मन्नार की खाड़ी जीवमंडल, 5. नोकरेक जीवमण्डल, 6. पंचमढ़ी जीवमंडल तथा 7. सिमलीपाल जीवमंडल ***(चित्र 5.8)***।

भारत के मुख्य राष्ट्रीय उद्यान (Main National Parks of India)

भारत के मुख्य राष्ट्रीय उद्यान तथा उनकी भौगोलिक विशेषताएँ संक्षेप में नीचे दी गईं हैं:

आंशी राष्ट्रीय उद्यान (Anshi National Park): आंशी राष्ट्रीय उद्यान कर्नाटक के उत्तरी कन्नड़ जिले में गोवा के निकट स्थित है। इसका विस्तार 340 वर्ग कि.नी. है तथा यह दांडेली वन्य जीव अभयारण्य (Sanctuary) के निकट स्थित है। इस उद्यान में अन्य वन्य जीवों के अतिरिक्त साँवले तेंदुएँ, बाघ तथा हाथी पाए जाते हैं। वृक्षों में बांस, दालचीनी (Cinnamon), रजत-देवदार तथा जम्बा प्रमुख हैं।

बालपाखरम राष्ट्रीय उद्यान (Balpakram National Park): यह राष्ट्रीय उद्यान समुद्री स्तर से 3000 मीटर की ऊँचाई पर मेघालय की गारो पहाड़ियों में स्थित है। इसे प्राय: 'चिरस्थायी पवन का वास' और 'भूत-प्रेतों की भूमि' (Land of Spirits) कहा जाता है। यह हाथी काकड (Barking deer), बबून (baboons), सुनहरी बिल्ली (Golden cat), लाल पाण्डा, जंगली भैंस तथा अनेक बंदरों का वासस्थान है। वनस्पती में उष्ण पतझड़ वृक्ष प्रमुख हैं।

बन्नेर घाटा राष्ट्रीय उद्यान (Bannerghatta National Park): यह उद्यान 25,000 एकड़ (101 वर्ग कि.मी.) में बंगलुरु दक्षिण में स्थित है। यह एक पहाड़ी प्रदेश है जिसमें एक धनी प्राकृतिक जन्तुशाला है। यह उद्यान बंगलुरु का एक मुख्य पर्यटन आकर्षण है।

भितरकनिका राष्ट्रीय उद्यान (Bhittarkanika National Park): यह उद्यान ओडिशा के केन्द्रपाड़ा जिले में स्थित है, जो 145 वर्ग कि.मी. में ब्राह्मणी तथा बैतरणी नदियों के डेल्टा में फैला हुआ है। इस राष्ट्रीय उद्यान में मगरमच्छ, सफेद मगरमच्छ, कछुआ, अजगर तथा डार्टर पाए जाते हैं। इस राष्ट्रीय उद्यान की स्थापना 1975 में की गई।

'ब्लैकबक' राष्ट्रीय उद्यान (Blackbuck National Park): यह राष्ट्रीय उद्यान गुजरात के भावनगर जिले में स्थित है। इसकी स्थापना 1976 में की गई तथा यह भावनगर शहर से लगभग 75 कि.मी. की दूरी पर स्थित है। खम्भात की खाड़ी के दक्षिण में इसके तट पर यह 34 वर्ग कि.मी. के प्रदेश में फैला हुआ है। यह राष्ट्रीय उद्यान काले हिरण (Black buck), तिलोर, सोहन चिड़िया (bustard) तथा भेड़िया का प्राकृतिक वासस्थान है। यहाँ तिलोरों की सबसे अधिक संख्या है।

कैम्पबेल राष्ट्रीय उद्यान (Campbell Nationa Park): यह उद्यान 425 वर्ग कि.मी. के क्षेत्र पर फैला हुआ है। यह ग्रेट निकोबार द्वीप में स्थित है, जो निकोबार द्वीपों में सबसे बड़ा द्वीप है। इस राष्ट्रीय उद्यान की स्थापना 1992 में की गई तथा यह ग्रेट निकोबार बायोस्फीयर रिजर्व का भाग है।

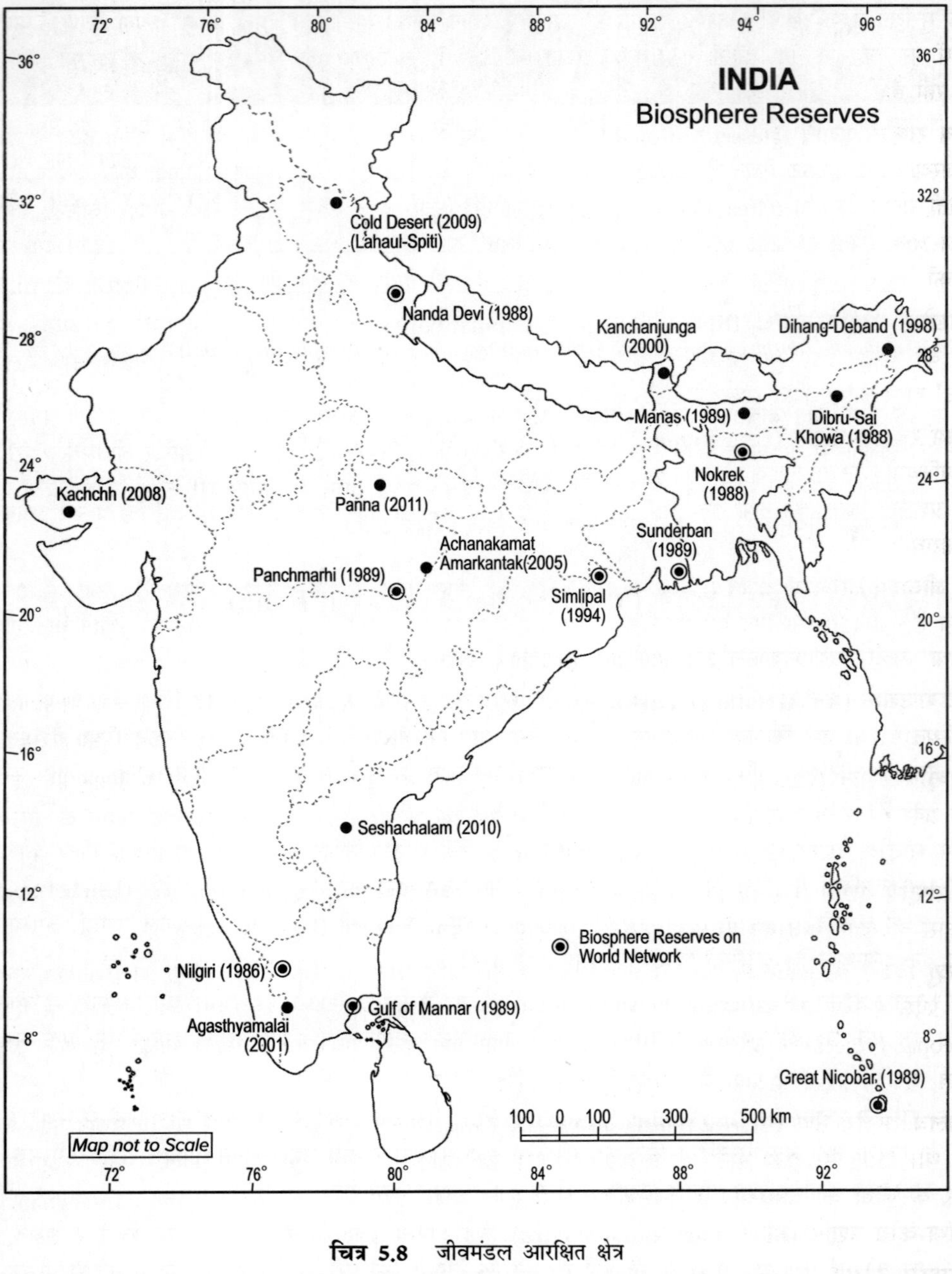

चित्र 5.8 जीवमंडल आरक्षित क्षेत्र

चन्दोली राष्ट्रीय उद्यान (Chandoli National Park): यह राष्ट्रीय उद्यान वर्ष 2004 में स्थापित किया गया, जो 320 वर्ग कि.मी. क्षेत्र में फैला हुआ है। यह चन्दोली बाँध के निकट महाराष्ट्र के साँगली जिले में स्थित है। यहाँ हाथी, बन्दर, अजगर, उल्लू तथा जंगली सुअर 'वाइल्ड बोर' पाए जाते हैं।

दाचीगाम राष्ट्रीय उद्यान (Dachigam National Park): यह श्रीनगर शहर से लगभग 20 कि.मी. की दूरी पर स्थित है। यह लगभग 140 वर्ग कि.मी. के प्रदेश में फैला हुआ है। इस उद्यान के नाम का शाब्दिक अर्थ है–'दस गाँव'। यद्यपि यह उद्यान 1910

से ही एक सुरक्षित प्रदेश था परन्तु उसे 1981 में एक राष्ट्रीय उद्यान घोषित किया गया। यहाँ हंगुल (लाल हिरण), कश्मीरी हिरण, हिमालय में मृग, कस्तूरी मृग, तेंदुआ तथा कुक्कुट पाए जाते हैं। हंगुल तेंदुओं की संख्या में वृद्धि के कारण हंगुल की संख्या घटती जा रही है।

मरुस्थलीय राष्ट्रीय उद्यान (Desert National Park): यह उद्यान 3165 वर्ग कि.मी. के प्रदेश में फैला हुआ है तथा जैसलमेर शहर (राजस्थान) के निकट स्थित है। इस उद्यान की स्थलाकृति की विशेषता रेत के टीले, चट्टानी शैल इत्यादि हैं। यह उद्यान विलुप्त होती सोहन चिड़ियों (Great Indian Bustards), शिकारी कुत्तों, बाज, टीसा (buzzards), गिद्ध, विभिन्न प्रकार के गरुड़ इत्यादि का वास स्थान है। छोटे तलाबों तथा झीलों के निकट रेत के टीले देखे जा सकते हैं। यह उद्यान थार मरुस्थल के पारिस्थितिकी तंत्र का एक अच्छा उदाहरण है। इस राष्ट्रीय उद्यान को देखने का उपयुक्त समय नवम्बर तथा जनवरी के बीच है।

डिब्रू-साइखोवा राष्ट्रीय उद्यान (Dibru – Saikhowa National Park): यह राष्ट्रीय उद्यान तिनसुकिया (असम) में स्थित है। इस उद्यान का विस्तार 650 वर्ग कि.मी. के प्रदेश में है। इस उद्यान की स्थापना 'विंग्ड बुड डक', जंगली घोड़े, जल भैंसा, बाघ तथा 'कैप्ट' लंगुर को सुरक्षित रखने के लिए की गयी थी।

इरावीकुलम राष्ट्रीय उद्यान (Eravikulam National Park): यह उद्यान लगभग 100 वर्ग कि.मी. के प्रदेश में फैला हुआ है तथा यह पश्चिमी घाट के नजदीक केरल के इडुक्की जिले में स्थित है। यह शोला राष्ट्रीय उद्यान के बहुत नजदीक है तथा इस उद्यान का प्रशासन केरल वन तथा वन्य जीव विभाग के हाथों में हैं। इस उद्यान का यूनेस्को द्वारा विश्व धरोहर स्थान के रूप में चयन विचाराधीन है।

फॉसिल (जीवाश्म) राष्ट्रीय उद्यान (Fossil National Park): मध्य प्रदेश के मांडला जिले में स्थित इस उद्यान में उन वनस्पतियों के जीवाश्म हैं, जो 150 मिलियन वर्ष पहले से लेकर 40 मिलियन वर्ष पहले तक पाए जाते थे। यह उद्यान सात गाँवों में फैला हुआ है तथा इसका कुल प्रदेशफल 275,000 वर्ग मीटर है।

गालाथिया राष्ट्रीय उद्यान (Galathea National Park): 1992 में राजपत्रित यह राष्ट्रीय उद्यान अंडमान तथा निकोबार केन्द्रशासित प्रदेश में स्थित है। यह ग्रेट निकोबार बायोस्फीयर रिजर्व का एक भाग है, जिसमें कैम्पबेल राष्ट्रीय उद्यान भी शामिल है।

गंगोत्री राष्ट्रीय उद्यान (Gangotri National Park): यह उद्यान उत्तराखंड के उत्तरकाशी जिले में स्थित है। यह 1530 वर्ग कि.मी. के प्रदेश में फैला हुआ है। इस उद्यान में भव्य हिमानी दृश्य, कोणधारी वन तथा हरे घास के मैदान का मिश्रण देखा जा सकता है।

गोरूमारा राष्ट्रीय उद्यान (Gorumara Naitonal Park): यह राष्ट्रीय उद्यान पश्चिम बंगाल के तराई प्रदेश में स्थित है। इसकी विशेषता घास के मैदान तथा वन हैं। यह मुख्य रूप से गैंडा (इडियंन रिनोसारस) के लिए प्रसिद्ध है।

गोविन्द पशु विहार (Govind Pashu Vihar): यह वन्य जीव अभयारण्य उत्तरकाशी (उत्तराखंड) में स्थित है। एक हजार वर्ग कि.मी. के प्रदेश में फैले हुए इस अभयारण्य की स्थापना 1955 में की गई। भारतीय सरकार ने गोविन्द पशु विहार में साह योजना (Snow Leopad Project) की शुरुआत की। इस प्रदेश में पाए जाने वाले अन्य जीव हैं-काला भालू, भूरा भालू, तेंदुआ, गरुड़, गिद्ध, सेराव, बर्फीले प्रदेशों में पाया जाने वाला मुर्गा, इत्यादि।

दीर्घ हिमालय राष्ट्रीय उद्यान (Great Himalayan National Park): कुल्लू घाटी में स्थित इस राष्ट्रीय उद्यान की स्थापना 1984 में की गई थी। 1500 से 6000 मीटर की ऊँचाई पर स्थित यह उद्यान 1170 वर्ग कि.मी. के प्रदेश में फैला हुआ है। यह उद्यान 375 प्रकार के जीवों का वासस्थान है, जिसमें स्तनधारी जीव, पक्षी, सरीसृप (Reptiles) उभयचर (Amphibians), ऐनेलिड, मोलस्क तथा कीड़े पाए जाते हैं।

गुगामल राष्ट्रीय उद्यान (Gugamal Naitonal Park): महाराष्ट्र के अमरावती जिले में स्थित इस उद्यान की स्थापना 1974 में की गई थी। इस उद्यान का प्रदेशफल 1675 वर्ग कि.मी. है।

गिण्डी राष्ट्रीय उद्यान (Guindy National Park): चेन्नई में स्थित यह उद्यान भारत का सबसे छोटा राष्ट्रीय उद्यान है। यह तमिलनाडु के राज्यपाल के सरकारी निवास के निकट फैला हुआ है। इस उद्यान में मनोरम वन, झाड़ियाँ, झीलें तथा छोटी धाराएँ देखी जा सकती हैं।

समुद्रीय (मैरिन) राष्ट्रीय उद्यान (Marine National Park): इस उद्यान की स्थापना 1982 में की गई। गुजरात के जामनगर जिले में स्थित यह राष्ट्रीय उद्यान 460 वर्ग मील के प्रदेश में फैला हुआ है। इस संरक्षित उद्यान में कच्छ की खाड़ी में स्थित एक

द्वीप समूह शामिल है, जिसमें कुल 42 द्वीप हैं। इस उद्यान में प्रवाल (Coral), समुद्री गाय, समुद्री कछुआ, प्रवासी पक्षी, इत्यादि पाए जाते हैं। इसके अलावा यहाँ घने मैनग्रोव वन (कच्छ वनस्पति) देखे जा सकते हैं।

हेमिस राष्ट्रीय उद्यान (Hemis National Park): यह राष्ट्रीय उद्यान पूर्वी लद्दाख में स्थित है। यह इस प्रदेश में सबसे बड़ा अधिसूचित संरक्षित उद्यान है। इस उद्यान में स्तनधारी जीवों की विभिन्न प्रजातियाँ पाई जाती हैं, जो विलुप्त होती जा रही हैं। यह उद्यान सिन्धु नदी के किनारे स्थित है। यह साह (Snow-Leopard), लिआँग, तिब्बतीय हिरण एवं अनेक प्रकार के पक्षियों का वास स्थान है। यह उद्यान मध्य जून से मध्य अक्टूबर के बीच ट्रैकिंग के लिए अनेक मार्ग प्रदान करता है।

इंदिरा गाँधी राष्ट्रीय उद्यान (Indira Gandhi National Park): यह राष्ट्रीय उद्यान कोयम्बटूर जिले में अन्नामलाई पहाड़ियों में स्थित है। 560 वर्ग कि.मी. के प्रदेश में फैला हुआ यह उद्यान नीलगिरि बायोस्फीयर रिजर्व (जीवमंडल संरक्षित प्रदेश) का भाग है। यह उद्यान पश्चिमी घाट के विश्व धरोहर स्थान (World Heritage Site) के रूप में यूनेस्को (UNESCO) द्वारा विचाराधीन है।

इनटाकि राष्ट्रीय उद्यान (Intaki National Park): यह राष्ट्रीय उद्यान नगालैंड में स्थित है। इस उद्यान में रहने वाले वन्य जीव हैं-हुकलुक-गिब्बन (ऊलक), ब्लैक स्टॉक (सुरमल), बाघ तथा स्लोथ बीयर (रीछ)।

कालेश्वर वन्य जीव अभयारण्य (Kaleshwar Wild Life Sanctuary): हरियाणा में स्थित यह संरक्षित प्रदेश चंडीगढ़ से लगभग 150 कि.मी. की दूरी पर है। यह पक्षी-निरीक्षण का एक प्रसिद्ध स्थान है। यह अन्य पक्षियों के अतिरिक्त जंगली लाल मुर्गे-मुर्गियों का भी वासस्थान है। वर्तमान में यह एक राष्ट्रीय उद्यान नहीं है। यह हिमाचल प्रदेश के सिरमौर जिले में बने सिम्बलबारा वन्य जीव अभयारण्य का एक विस्तार है, यह अभयारण्य यमुना नदी के पार स्थित है।

कांगेर घाटी राष्ट्रीय उद्यान (Kangar Ghati National Park): यह राष्ट्रीय उद्यान छत्तीसगढ़ के बस्तर जिले में कोलाबा नदी के निकट स्थित है। यहाँ हिरन, जँगली सुअर, जँगली भैंस, नीलगाय तथा कई प्रकार के पक्षी पाए जाते हैं।

कासू ब्रह्मानन्द रेड्डी राष्ट्रीय उद्यान (Kasu Brahmanand Ready National Park): यह राष्ट्रीय उद्यान हैदराबाद की जुबली पहाड़ियों के बीच स्थित है। इस उद्यान का नाम आंध्र प्रदेश के भूतपूर्व मुख्यमंत्री कासु ब्रह्मानन्द रेड्डी के नाम पर है। इस उद्यान में 600 वनस्पति की प्रजातियाँ एवं विभिन्न प्रकार की तितलियाँ तथा सरीसृप पाए जाते हैं।

काजीरंगा राष्ट्रीय उद्यान (Kaziranga National Park): असम के गोलाघाट तथा नागाँव जिलों में फैला यह उद्यान एक 'वर्ल्ड हेरीटेज साइट' (अन्तर्राष्ट्रीय धरोहर) है तथा विश्व के लगभग दो-तिहाई एक सींग वाले राइनोसॉरस (गैंडे) की आबादी इस उद्यान में है। काजीरंगा में विश्व के बाघों की सबसे घनी आबादी है तथा इसे 2006 में एक टाइगर रिजर्व घोषित किया गया। इस उद्यान में प्रजनन करने वाले हाथियों, जल भैसों, दलदल में पाए जाने वाले हिरणों तथा पक्षियों की विभिन्न प्रजाति की बड़ी संख्या है। इस उद्यान की विशेषता यहाँ की लम्बी 'एलिफैन्ट ग्रास' (घास) है। इस उद्यान को ब्रह्मपुत्र नदी घेरे हुए है। काजीरंगा की स्थलाकृति में अनावृत्त बालू-भित्ति, नदियों में आई बाढ़ से बनी झील, जिसे 'बील' कहते हैं तथा उत्थापित प्रदेश (चापोरी), जो बाढ़ के दौरान पशुओं का आश्रय होता है, देखे जा सकते हैं। कई कृत्रिम चापोरी (Chapories) का निर्माण भारतीय सेना की मदद से पशुओं की सुरक्षा के लिए किया गया है।

काइबुल लामजाओ राष्ट्रीय उद्यान (Kaibul Lamjao Nationa Park): यह मणिपुर में लोकटक झील के दक्षिण-पूर्वी प्रदेश में स्थित है। यह मणिपुर के ब्रो एंटलर्ड हिरण का आखिरी प्राकृतिक आश्रय है, इस हिरण का स्थानीय नाम सांगाई है जिसका अर्थ है-मणिपुर का नाचने वाला मृग। यह अन्य संकटापन्न प्रजातियों का भी वासस्थान है, जिनमें अजगर शामिल है। वर्तमान में यह उद्यान लोकटक जल-विद्युत परियोजना के कारण संकट में है।

केवलादेव राष्ट्रीय उद्यान (Keoladeo National Park): यह राजस्थान के भरतपुर जिले में स्थित है। यह प्रवासी पक्षियों का एक प्रसिद्ध अभयारण्य (Sanctuary) है जहाँ पक्षियों की अत्यन्त दुलर्भ तथा विलुप्त होती प्रजाति पायी जाती हैं, जैसे-साइबेरियन क्रेन। साइबेरियन क्रेन यहाँ शीत ऋतु में आते हैं। इस उद्यान में 230 प्रजातियाँ पाई जाती हैं। यह एक मुख्य पर्यटक केन्द्र भी है जहाँ शीतकाल में अधिक मात्रा में पक्षी विज्ञानी आते हैं। यह एक 'वर्ल्ड हेरीटेज साइट' (अन्तर्राष्ट्रीय धरोहर) है, जिसे 1971 में एक अभयारण्य घोषित किया गया। यह रडी शेल डक, गुल, नोर्दन पिन-टेलूस, शवलर्स, टिकरी (कूट), गागैने, टफ्टेड डक तथा पोचर्ड का भी वासस्थान है।

कंचनजंगा राष्ट्रीय उद्यान (Kachenjunga National Park): यह एक राष्ट्रीय उद्यान तथा एक जीवमंडल संरक्षित प्रदेश भी है, जो सिक्किम राज्य के उत्तरी जिले में स्थित है। इस उद्यान का कुल क्षेत्रफल लगभग 850 वर्ग कि.मी. है। इस उद्यान में कई हिमनद हैं, जैसे-जेमू हिमनद (Zemu Glacier)। यह कस्तूरी मृग, साह (Snow Leopard), हिमालयन टार तथा भूरे भालूओं का वास स्थान है।

किश्तवाड़ राष्ट्रीय उद्यान (Kishtwar National Park): यह राष्ट्रीय उद्यान जम्मू एवं कश्मीर राज्य के जम्मू प्रखंड के डोडा जिले में स्थित है। यह उद्यान भूरे भालू तथा बर्फीले प्रदेशों में पाए जाने वाले मुर्गे-मुर्गियों का वासस्थान है।

कुद्रेमुख राष्ट्रीय उद्यान (Kudermukh National Park): कुद्रेमुख कर्नाटक के चिकमंगलूर जिले में एक पर्वत है। शाब्दिक रूप में इसका अर्थ 'घोड़े का चेहरा' है। यह मूल रूप से 'लोहे के अयस्क' का निक्षेप है। यह प्रदेश वन्य जीवों के मामले में धनी है। तुंगभद्रा तथा नेत्रवती जैसी महत्वपूर्ण नदियों का उद्‌गम स्थान कुद्रेमुख में है। यहाँ पाए जाने वाले जानवरों में मालाबार के गन्धबिलाव (civet), जँगली कुत्ते, रीछ (sloth bear) तथा चीतल (spotted dear) शामिल हैं।

माधव राष्ट्रीय उद्यान (Madhav National Park): यह राष्ट्रीय उद्यान मध्य प्रदेश के शिवपुरी जिले में स्थित है। शिवपुरी ग्वालियर के सिन्धिया शासकों की ग्रीष्मकालीन राजधानी थी। इससे पहले इसके जँगलों में मुगल शासक शिकार करते थे। 1564 में मांडू से लौटते हुए मुगल बादशाह अकबर ने शिवपुरी के जँगलों से अपने अस्तबल के लिए हाथियों के एक झुंड को पकड़ा था। राष्ट्रीय उद्यान का भू-भाग विभिन्नताओं से भरा है, जैसे–वनों से ढके पर्वत तथा झीलों के किनारे समतल घास के मैदान। यह प्रदेश जैव विविधता के मामले में धनी है।

महावीर हरीना वनस्थली राष्ट्रीय उद्यान (Mahavir Harina Vanasthali National Park): यह उद्यान आंध्र प्रदेश राज्य के हैदराबाद जिले वनस्थली में स्थित है। इस उद्यान का नाम जैन धर्म के प्रवर्तक महावीर के 2500 वें जन्म दिवस स्मरणोत्सव (1975) के अवसर पर रखा गया था। इस उद्यान में रहने वाली जातियाँ हैं- ब्लैक बक, साही (porcupine), वॉटर मॉनीटर्स, शॉट टोड ईगल, बगुला, कौड़िल्ला (Kingfisher), जलकौवा (cormorants) तथा पक्षियों की अन्य प्रजातियाँ।

मथिकेतल्न शोला राष्ट्रीय उद्यान (Mathikettan Shola National Park): यह उद्यान केरल के इडुक्की जिले में स्थित है। इस उद्यान को पर्यावरण, जीव जन्तुओं तथा वनस्पति संपदा के संरक्षण के लिए वर्ष 2003 में एक राष्ट्रीय उद्यान घोषित किया गया। इस उद्यान के वन का आर्थिक व पारिस्थितिकी महत्व अधिक है। इस राष्ट्रीय उद्यान के कुछ भाग में ब्रिटिश शासनकाल के दौरान इलायची की खेती होती थी।

मध्य बटन द्वीप राष्ट्रीय उद्यान (Middle Button Island Naitonal Park): यह उद्यान अंडमान एवं निकोबार द्वीप में पोर्ट ब्लेयर के निकट स्थित है। इस राष्ट्रीय उद्यान का कुल क्षेत्रफल लगभग 64 वर्ग कि.मी. है। यह चीतल का वासस्थान है।

मोलेम राष्ट्रीय उद्यान (Mollem National Park): यह उद्यान गोवा राज्य में स्थित है तथा 107 वर्ग कि.मी. के प्रदेश में फैला हुआ है। इस उद्यान में तेंदुआ, गौर, चीतल, गन्ध विलाव (civet), उड़ने वाली गिलहरी, मालाबार में पाए जाने वाली विशाल गिलहरी, साल (Pangolin) तथा विषैले साँप, जैसे–नागराज (King Cobra), करैत तथा वाइपर पाए जाते हैं। यहाँ पक्षियों की लगभग 200 प्रजातियाँ पाई जाती हैं जिसमें काले रंग का कठफोड़वा (Indian Black Woodpecker), मालाबार पाइड होर्नबिल, पैराडाइज फ्लाइकैचर, फेरी ब्लूबर्ड, अंगारक (Drongo), वैग टेल बार्बेट, ग्रेट इंडियन होर्नबिल, कौड़िल्ला (Kingfisher), लहटोरा (Shrike), पड़की तथा जँगली मुर्गे-मुर्गियाँ शामिल हैं।

माउलिंग राष्ट्रीय उद्यान (Mouling National Park): यह उद्यान अरुणाचल प्रदेश के शियांग (Siang) जिले में स्थित है। यह उद्यान 500 वर्ग कि.मी. के प्रदेश में फैला हुआ है। इस उद्यान में पाए जाने वाले जानवर हैं-जंगली भैंस, तेंदुआ, बाघ, पाढ़ा (Hog deer) तथा सेराव (Serow) की तीन किस्में।

माउंट आबू वन्य जीव अभयारण्य (Mount Abu Wildlife Sanctuary): यह अरावली के दक्षिण में स्थित है तथा इसे 1960 में एक वन्य जीव अभयारण्य घोषित किया गया। इसकी ऊँचाई 300 मीटर से लेकर गुरुशिखर में 1722 मीटर है, जो राजस्थान की सबसे ऊँची चोटी है।

माउंट हैरिएट राष्ट्रीय उद्यान (Mount Harriet National Park): यह राष्ट्रीय उद्यान अंडमान तथा निकोबार द्वीप समूह में स्थित है। यह एक लघु उद्यान है जो जंगली सुअर, लवणीय जल में पाए जाने वाले मगरमच्छ, कछुओं तथा रौबर क्रैब (केकड़े) के लिए प्रसिद्ध है।

मृगावनी राष्ट्रीय उद्यान (Mrugavani National Park): यह राष्ट्रीय उद्यान आंध्र प्रदेश में हैदराबाद शहर से लगभग 25 कि.मी. की दूरी पर स्थित है। यहाँ 600 भिन्न-भिन्न किस्मों की वनस्पति देखी जा सकती है। यहाँ पाए जाने वाले जानवर हैं- काले रोएँ वाले खरगोश, जंगली बिल्ली, गन्धबिलाव, 'इंडियन रैट स्नैक', वाइपर, चीतल तथा कठफोड़वा।

मुदुमलाई अभयारण्य (Mudumalia Sanctuary): यह तमिलनाडु राज्य के सबसे पश्चिमी भाग में स्थित है। यह नीलगिरि जिले से उत्तर-पश्चिम की ओर स्थित है तथा कोयम्बटूर से लगभग 80 कि.मी. दूर है।

मुकुर्ती राष्ट्रीय उद्यान (Mukurti National Park): यह नीलगिरि पठार के दक्षिण-पूर्वी कोने में स्थित है। नीलगिरि जिले में स्थित यह उद्यान ऊटकमण्ड हिल स्टेशन से पश्चिम की ओर है। यह राष्ट्रीय उद्यान नीलगिरि बायोस्फीयर रिजर्व (जीवमंडल संरक्षित प्रदेश) का भाग है तथा यूनेस्को (UNESCO) के समक्ष वर्ल्ड हेरीटेज साइट के रूप में इसका चयन विचाराधीन है।

मुर्लेन राष्ट्रीय उद्यान (Murlen National Park): यह उद्यान मिजोरम राज्य के चम्पाई जिले में स्थित है। यह आइजोल से 245 कि.मी. दूर चीन पहाड़ियों के नजदीक स्थित है। यह लगभग 100 वर्ग कि.मी. के प्रदेश में फैला हुआ है तथा यहाँ विभिन्न प्रकार के जानवर तथा वनस्पति पाई जाते हैं।

नगरहोले राष्ट्रीय उद्यान (Nagarhole National Park)-राजीव गाँधी राष्ट्रीय उद्यान: यह उद्यान कर्नाटक के मैसूर जिले में स्थित है। यह बांदीपुर राष्ट्रीय उद्यान से दक्षिण-पश्चिम की ओर स्थित है। यहाँ बांदीपुर की अपेक्षा बाघों, गवलों (बाइसन) तथा हाथियों की आबादी अधिक सघन है। यूनेस्को (UNESCO) के समक्ष वर्ल्ड हेरीटेज साइट के रूप में इसका चयन विचाराधीन है।

नामेरी राष्ट्रीय उद्यान (Nameri National Park): यह राष्ट्रीय उद्यान पूर्वी हिमालय के पादगिरि (Foothills) में असम के सोनिलपुर जिले में स्थित है। यह हाथी, बाघ, तेंदुआ, गवल, सांभर, ढोले (एशियाई जंगली कुत्ता), पांडा, बनैला सूअर, रीछ, काला भालू, कैप्ट लंगूर तथा विशाल गिलहरी का वासस्थान है। यहाँ पक्षियों की 300 से अधिक प्रजातियाँ पाई जाती हैं, जिसमें, सफेद पँखों वाली बतख, धनेश (होर्नबिल), पतेना, बैबलर तथा बटान शामिल है।

नंदा देवी राष्ट्रीय उद्यान (Nanda Devi National Park): यह राष्ट्रीय उद्यान नंदा देवी चोटी (समुद्री स्तर से 7817 मीटर की ऊँचाई) के निकट स्थित है। इसके उत्तर-पश्चिम की ओर फूलों की घाटी (Valley of Flowers) देखी जा सकती है। इस उद्यान में नंदा देवी अभयारण्य एक हिमनदीय बेसिन है। यह ऋषि-गंगा द्वारा अप्रवाहित होता है। यह एक घोषित वर्ल्ड हेरीटेज साइट (अन्तर्राष्ट्रीय धरोहर) है।

नवेगाँव राष्ट्रीय उद्यान (Navegaon National Park): यह उद्यान महाराष्ट्र के विदर्भ प्रदेश में स्थित है। महाराष्ट्र में पाए जाने वाले पक्षियों का लगभग 60 प्रतिशत हिस्सा इस राष्ट्रीय उद्यान में देखा जा सकता है।

नेओरा घाटी राष्ट्रीय उद्यान (Neora Valley National Park): यह राष्ट्रीय उद्यान पश्चिम बंगाल के दार्जिलिंग जिले में स्थित है तथा इसका विस्तार सिक्किम तथा भूटान तक है। यहाँ घने वन हैं तथा इसके कई भाग अभिगम्य नहीं हैं। यह लाल पांडा (वाह) का वासस्थान है। इस पार्क की ऊँचाई समुद्री स्तर से 3260 मीटर तक है।

नोकरेक राष्ट्रीय उद्यान (Nokrek National Park): यह मेघालय राज्य के गारो पहाड़ी जिले में तूरा (Tura) से लगभग 2 कि.मी. दूर पूर्व में स्थित है। यहाँ विभिन्न प्रकार की वनस्पति तथा जानवर पाए जाते हैं, जिसमें सुपिया बाघ (Fishing Cat), सेराव तथा बाघ शामिल हैं। सुप्रसिद्ध सीजु गुफा भी इस उद्यान में स्थित है। भारत में संतरे फल का यह मूल-निवास (Native habitat) भी माना जाता है।

उत्तरी बटन द्वीप राष्ट्रीय उद्यान (North Button Island National Park): यह राष्ट्रीय उद्यान अंडमान एवं निकोबार द्वीप में स्थित है। यह कई जीवों का वासस्थान है, जैसे–सूँस (dolphin) तथा समुद्री गाय (dugong)।

ओराँग राष्ट्रीय उद्यान (Orang National Park): यह राष्ट्रीय उद्यान ब्रह्मपुत्र नदी के उत्तरी तट पर तेजपुर (असम) के निकट स्थित है। यह उद्यान गैंडे, सांभर, काकड़, चरत तथा अनेक जल-पक्षियों के लिए प्रसिद्ध है।

पेरियार राष्ट्रीय उद्यान (Periyar National Park): यह एक संरक्षित प्रदेश है तथा एक प्रोजेक्ट टाइगर रिजर्व, जो केरल के इडुक्की जिले में स्थित है। यहाँ हाथी, तेंदुआ, बनैला सूअर (wild boar), गौर तथा विभिन्न प्रजातियों के पक्षी पाए जाते हैं।

पालनी पहाड़ी राष्ट्रीय उद्यान (Palni Hills National Park): यह राष्ट्रीय उद्यान तमिलनाडु के डिंडीगुल जिले में स्थित है। इसका विस्तार पालनी पहाड़ियों पर है तथा यह कोडईकवाल वन्य जीव अभयारण्य के अत्यंत समीप स्थित हैं।

फावंगपुई नीला पर्वत राष्ट्रीय उद्यान (Phawngpui Blue Mountain National Park): यह राष्ट्रीय उद्यान मिजोरम के दक्षिण-पूर्वी भाग में स्थित है तथा म्यांमार की सीमा के निकट है। यह उद्यान लमचीता (Clouded-Leopard) के लिए प्रसिद्ध है।

पिन घाटी राष्ट्रीय उद्यान (Pin Valley National Park): यह राष्ट्रीय उद्यान हिमाचल प्रदेश के लाहौल एवं स्पीति जिले की स्पीति घाटी में स्थित है। यह अनेक विलुप्त होने वाले प्रजातियों का वासस्थान है, जैसे–साह (Snow Leopard) तथा साइबेरियाई साकिन (Siberian Ibex)। इस उद्यान में बौद्ध धर्म के कई तीर्थ स्थल हैं।

राजाजी राष्ट्रीय उद्यान (Rajaji Naitonal Park): शिवालिक के पादगिरि में स्थित यह उद्यान हरिद्वार जिले के अंतर्गत आता है। इस उद्यान में हाथी, तेंदुआ, बाघ, हिरण, बनबिलार, बनैला सूअर तथा रीछ पाए जाते हैं। यह मयूर (Pea–fowl), कठफोड़वा, कौडिल्ला, बसन्ता (barbet), त्रिभिन्न प्रकार की मछलियों तथा 'ट्राउट' का भी वासस्थान है।

सैड्ल राष्ट्रीय उद्यान (Saddle National Park): यह राष्ट्रीय उद्यान अंडमान द्वीप समूह में स्थित है। यहाँ पाए जाने वाले जीव हैं-जंगली सूअर, वॉटर मॉनीटर तथा कपोत।

सलीम अली राष्ट्रीय उद्यान (Salim Ali National Park): यह श्रीनगर हवाई अड्डे के निकट स्थित है। इस उद्यान का नाम भारतीय पक्षी विज्ञानी (Ornithologist) सलीम अली के नाम पर रखा गया है।

संजय राष्ट्रीय उद्यान (Sanjay National Park): यह मध्य प्रदेश के सीधी जिले में स्थित है। इस उद्यान में साल (सखुआ) के वृक्ष, बाघ, तेंदुआ, चीतल, सांभर, नीलगाय तथा बनैला सूअर पाए जाते हैं।

सतपुड़ा राष्ट्रीय उद्यान (Satpura National Park): यह उद्यान मध्य प्रदेश के होशंगाबाद जिले में स्थित है तथा 525 वर्ग कि.मी. के प्रदेश में फैला हुआ है। यहाँ बाघ, तेंदुआ, सांभर, चीतल, भेदकी, नीलगाय, चौसिंगा, चिंकारा, गवल, गौर, बनैला सूअर, ब्लैक बक, लोमड़ी, धनेश तथा विभिन्न प्रकार के पक्षी पाए जाते हैं। इस उद्यान में पाए जाने वाली वनस्पति में साल (सखुआ), तेंदु, सागौन, आँवला, महुआ, बेल, बाँस, विभिन्न प्रकार की जड़ी-बूटियाँ तथा औषधीय पौधे प्रमुख हैं।

साइलेन्ट वैली राष्ट्रीय उद्यान (Silent Valley National Park): यह उद्यान केरल राज्य के पलाकइ जिले में नीलगिरि पहाड़ियों में स्थित है। यह उद्यान 90 वर्ग कि.मी. के प्रदेश में फैला हुआ है। इसका चयन यूनेस्को (UNESCO) द्वारा पश्चिमी घाट के वर्ल्ड हेरीटेज साइट के रूप में विचाराधीन है। इस उद्यान का पर्यटन केन्द्र सैरान्द्रि में है।

सिरोई राष्ट्रीय उद्यान (Siroi National Park): यह उद्यान मणिपुर में स्थित है तथा इसकी स्थापना 1982 में की गई। यहाँ बाघ, तेंदुआ तथा ट्रेगोपेन पाए जाते हैं। इस उद्यान में प्रसिद्ध सिरोइ लिली पाए जाते हैं। यह उद्यान विभिन्न प्रकार के फूलों तथा तितलियों के मामले में धनी है।

श्री वेंकटेश्वर राष्ट्रीय उद्यान (Sri Venkateshwara National Park): यह राष्ट्रीय उद्यान आंध्र प्रदेश के कडप्पा तथा चित्तूर जिलों में स्थित है। यह उद्यान अनेक जलप्रपातों के लिए प्रसिद्ध है, जिसमें प्रमुख हैं-टालाकोना, गुंडाल कोना तथा गुंजाना। यहाँ पाए जाने वाले प्रमुख जानवर हैं-बाघ, गन्धविलाव, सियार, ब्लैक बक तथा विशाल गिलहरी।

सुल्तानपुर राष्ट्रीय उद्यान (Sultanpur National Park): यह हरियाणा के गुड़गाँव जिले में स्थित है। इस उद्यान का क्षेत्रफल 1.43 वर्ग कि.मी. है। यह एक संरक्षित प्रदेश है जहाँ 250 किस्म के पक्षी देखे जा सकते हैं।

वैली ऑफ फ्लावर्स राष्ट्रीय उद्यान (Valley of Flowers National Park): यह राष्ट्रीय उद्यान उत्तराखंड में स्थित है। फूलों की घाटी तथा नंदा देवी को संयुक्त रूप से 1982 में एक राष्ट्रीय उद्यान घोषित किया गया है। गढ़वाल का यह भाग वर्ष के अधिकतर समय अगम्य रहता है। यह प्रदेश हिमालय की जास्कर श्रेणी में स्थित है जहाँ सबसे ऊँची चोटी गौरी पर्वत है।

वंसदा राष्ट्रीय उद्यान (Vansda National Park): यह उद्यान दक्षिणी गुजरात के नवसारी जिले में अम्बिका नदी के तट पर स्थित है तथा यह लगभग 25 वर्ग कि.मी. के प्रदेश में फैला हुआ है। यह उद्यान 1979 में स्थापित किया गया तथा प्राकृतिक सौन्दर्य के साथ इस उद्यान में बाँस एवं कत्था के घने पतझड़ वाले वन पाए जाते हैं। वानस्पतिक उद्यान के अतिरिक्त यहाँ के कुछ प्रमुख आकर्षण हैं-स्थानीय जनजाति, गिरा प्रपात तथा एक सम्मेलन केन्द्र। यहाँ वनस्पति तथा जीव-जन्तुओं का अद्भुत मिश्रण देखा गया है।

बाघ आरक्षित क्षेत्र (टाइगर रिजर्व - 2019)

मई 2019 के आंकड़ों के अनुसार भारत में 50 बाघ आरक्षित क्षेत्र हैं। भारत में बाघों की संख्या में 2006 में 1411 की तुलना में 2010 में 1706 और 2014 में 2226 की वृद्धि हुई। भारत में सबसे बड़ा बाघ रिजर्व 'नागार्जुन सागर-श्रीशैलम टाइगर रिजर्व' (आंध्र प्रदेश, तेलंगाना) है। जिसका कुल क्षेत्रफल 3296.31 वर्ग कि.मी. है, जबकि सबसे छोटा 'बोर टाइगर रिजर्व' महाराष्ट्र में है जिसका क्षेत्रफल 138.12 वर्ग कि.मी. है। (*स्रोत:* ENVIS Centre on Wildlife and protected Areas)

इनमें से कुछ बाघ आरक्षित क्षेत्रों (Tiger Reserves) का वर्णन नीचे दिया गया है:

1. **भद्रा बाघ संरक्षित प्रदेश (Bhadra Tiger Reserve):** कर्नाटक में स्थित इस संरक्षित प्रदेश की स्थापना 1998 में हुई। यह 500 वर्ग कि.मी. के क्षेत्रफल में फैला हुआ है। बाघों के अतिरिक्त यहाँ तेंदुए, हाथी, भालू, लंगूर, बंदर तथा विभिन्न प्रजाति के पक्षी देखे जा सकते हैं।
2. **बांधवगढ़ बाघ संरक्षित प्रदेश (Bandhavgarh Tiger Reserve):** यह संरक्षित श्रण्य मध्य प्रदेश के उमरिया जिले में स्थित है। इसका क्षेत्रपल 105 वर्ग कि.मी. है। इसकी स्थापना 1968 में की गई। यह एक लघु किन्तु सघन राष्ट्रीय उद्यान है। सफेद बाघ (White tiger) पाए जाने के कारण इसे 'सफेद बाघ का देश' भी कहा जाता है।
3. **बांदीपुर बाघ संरक्षित प्रदेश (Bandipur Tiger Reserve):** यह भारत का एक प्रसिद्ध बाघ संरक्षित प्रदेश तथा अभयारण्य है। यह दक्षिण कर्नाटक में स्थित है तथा नीलगिरि जीवमंडल संरक्षित प्रदेश (Biosphere Reserve) का भाग है। यह लगभग 70 बाघों तथा तीन हजार एशियाई हाथियों का वास स्थान है। इसके अतिरिक्त यहाँ तेंदुए, ढोल, गौर तथा रीछ पाए जाते हैं। इस संरक्षित प्रदेश का यूनेस्को (UNESCO) द्वारा वर्ल्ड हेरीटेज साइट के रूप में चयन विचाराधीन है।
4. **बेतला बाघ संरक्षित प्रदेश (Betla Tiger Reserve):** छोटानागपुर पठार में स्थित यह राष्ट्रीय उद्यान झारखंड राज्य के पलामू जिले के अन्तर्गत आता है। यह 1025 वर्ग कि.मी. के क्षेत्र में फैला हुआ है। बेतला उन अग्रणीय राष्ट्रीय उद्यानों में से एक है, जो 'प्रोजेक्ट टाइगर' (Project Tiger) योजना के अन्तर्गत बाघ संरक्षित प्रदेश बना। यहाँ पाए जाने वाले जानवरों में वन उल्लू, अंगारक, बाघ, गन्धविलाव तथा बंदर मुख्य हैं। इस संरक्षित प्रदेश में हाथियों की सवारी की सुविधा प्रदान की जाती है।
5. **बोरी-सतपुड़ा पेंच (Bori Satpura Pench):** यह बाघ संरक्षित प्रदेश मध्य प्रदेश में स्थित है तथा 1486 वर्ग कि. मी. के प्रदेश में फैला हुआ है। बाघ के अतिरिक्त यहाँ तेदुए, हाथी, चीतल, लंगूर नीलगाय, गौर, भालू तथा बनैला सूअर पाए जाते हैं।
6. **बुक्सा बाघ संरक्षित प्रदेश (Buxa Tiger Reserve):** यह राष्ट्रीय उद्यान उत्तरी बंगाल की बुक्सा पहाड़ियों में स्थित है। यह उद्यान भूटान के निकट 760 वर्ग कि.मी. के क्षेत्रफल में फैला हुआ है। इस संरक्षित प्रदेश में पाए जाने वाले जानवर हैं—बाघ, गन्ध विलाव, तथा जंगली मुर्गे-मुर्गियाँ।
7. **दम्फा बाघ संरक्षित प्रदेश (Dampha Tiger Reserve):** यह संरक्षित प्रदेश मिजोरम के पहाड़ी इलाके में स्थित है तथा इसकी स्थापना 1994 में की गई थी। यह 500 वर्ग कि.मी. के क्षेत्रफल में फैला हुआ है। बाघ के अतिरिक्त यहाँ हाथी, तेंदुआ, रीछ तथा हिरण पाए जाते हैं।
8. **दुधवा बाघ संरक्षित प्रदेश (Dudhwa Tiger Reserve):** 490 वर्ग कि.मी. क्षेत्रफल में फैले हुए इस श्रण्य (Sanctuary) की स्थापना एक वन्य जीव अभयारण्य के रूप में 1958 में हुई तथा इसे 1988 में एक बाघ संरक्षित प्रदेश बनाया गया। यह हिमालय की तराई में नेपाल की सीमा तथा उत्तर प्रदेश में स्थित है। यह बाघों, चिड़ियाघर में जन्मे बाघों तथा दलदल में पाए जाने वाले हिरणों का अभयारण्य है। 1980 में इस संरक्षित प्रदेश में असम से गैंडे लाए गए थे। यह उद्यान पक्षियों के मामले में धनी है, यहाँ पक्षियों की लगभग 350 प्रजातियाँ पाई जाती हैं, जिनमें दलदल में पाए जाने वाले तीतर, कठफोड़वा तथा चरत शामिल हैं।
9. **गिर बाघ संरक्षित प्रदेश (Gir Tiger Reserve):** यह श्रण्य 'ससन गिर' के नाम से भी जाना जाता है तथा यह विशुद्ध एशियाई शेर (Parthera leo persica) का एकमात्र वास-स्थान है। यह पूर्ण रूप से संरक्षित प्रदेश (राष्ट्रीय उद्यान) के लिए 258 वर्ग कि.मी. में फैला हुआ है तथा अभयारण्य के लिए 1153 वर्ग कि.मी. के प्रदेश में फैला

हुआ है। यह एशिया का एक महत्वपूर्ण संरक्षित प्रदेश है। यह काठियावाड़ प्रायद्वीप में जूनागढ़ से 65 कि.मी. दक्षिण-पूर्ण में स्थित है। 2005 की गणना के अनुसार यहाँ 359 शेर हैं।

10. **इन्द्रावती बाघ संरक्षित प्रदेश (Indravati Tiger Reserve):** यह संरक्षण क्षेत्र छत्तीसगढ़ के डांडेवाला जिले में स्थित है। इसका नाम निकटवर्ती इन्द्रावती नदी के नाम पर रखा गया है। यह दुर्लभ जंगली भैंसों का वासस्थान है तथा दलदल में पाए जाने वाले हिरणों का भी एक वैकल्पिक वासस्थान है।

11. **जिम कार्बेट बाघ संरक्षित प्रदेश (Jim Corbett Tiger Reserve):** कुमाऊँ हिमालय के पादगिरि में स्थित यह संरक्षित प्रदेश लगभग 521 वर्ग कि.मी. के क्षेत्र में फैला हुआ है। यह भारत का सबसे पुराना राष्ट्रीय उद्यान है। पहले यह हेली राष्ट्रीय उद्यान के नाम से जाना जाता था, इसे जिम कार्बेट राष्ट्रीय उद्यान एवं संरक्षित प्रदेश का नाम 1957 में दिया गया। यहाँ बाघ, हाथी, चीतल, सांभर, नीलगाय, घड़ियाल, नागराज, बनैला सूअर, छछूँदर, उड़ने वाली लोमड़ी तथा धुँधले रंग का लंगूर पाया जाता है, इसके अतिरिक्त यहाँ पक्षियों की 600 प्रजातियाँ पाई जाती हैं।

12. **कान्हा बाघ संरक्षित प्रदेश (Kanha Tiger Reserve):** यह मध्य प्रदेश के माँडला तथा बालाघाट जिलों में स्थित है। इस राष्ट्रीय उद्यान की स्थापना 1955 में की गई थी। यह 1000 वर्ग कि.मी. के प्रदेश में फैला हुआ है। इस उद्यान में हिरण, बनैला सूअर, नीलगाय तथा पक्षियों की अनेक प्रजातियाँ भी पाई जाती हैं।

13. **मानस बाघ संरक्षित प्रदेश (Manas Tiger Reserve):** मानस राष्ट्रीय उद्यान यूनेस्को (UNESCO) द्वारा घोषित एक 'वर्ल्ड हेरीटेज साइट' (World Heritage Site) है, यह 'प्रोजेक्ट टाइगर रिजर्व' तथा एक 'एलिफेन्ट रिजर्व' भी है। यह असम का एक जीवमंडल संरक्षित प्रदेश भी है, जो हिमालय के पादगिरि में स्थित है तथा इसके एक भाग का विस्तार भूटान तक है। यह उद्यान दुर्लभ तथा विलुप्त होते जा रहे वन्य जीव के लिए प्रसिद्ध है जो विश्व में और कहीं नहीं पाए जाते हैं, जैसे-असम रूफ्ट टर्टल, हिसपिड हेयर, सुनहला लंगूर तथा जंगली सूअर।

14. **मेलघाट बाघ संरक्षित प्रदेश (Melghat Tiger Reserve):** महाराष्ट्र के इस बाघ संरक्षित प्रदेश की स्थापना 1973 में की गई। यह 1677 वर्ग कि.मी. के प्रदेश में फैला हुआ है। यहाँ बाघों के अतिरिक्त तेंदुआ, भालू, हाथी, लंगूर, बंदर, चीतल, हिरण तथा विभिन्न प्रजाति के पक्षी पाए जाते हैं।

15. **मुंडनथुरिया-कालाकड बाघ संरक्षित प्रदेश (Mundanthuria – Kalakad Tiger Reserve):** 1988 में स्थापित तमिलनाडु का यह बाघ संरक्षित प्रदेश लगभग 800 वर्ग कि.मी. के प्रदेश में फैला हुआ है। यहाँ बाघ, हाथी, तेंदुआ, बंदर, लंगूर, अजगर, चीतल, हिरण तथा विभिन्न प्रकार के पक्षी पाए जाते हैं।

16. **नागार्जुन सागर बाघ संरक्षित प्रदेश (Nagarjun Sagar Tiger Reserve):** नागार्जुन सागर बाँध (तेलंगाना) के निकट स्थित इस बाघ संरक्षित प्रदेश की स्थापना 1982 में की गई थी। यह 3568 वर्ग कि.मी. के क्षेत्रफल में फैला हुआ है। बाघ के अतिरिक्त यहाँ हाथी, सांभर, चीतल, नील गाय, लंगूर तथा बंदर पाए जाते हैं। यहाँ पक्षियों की अनेक प्रजातियाँ देखी जा सकती हैं।

17. **नामधापा बाघ संरक्षित प्रदेश (Namdapha Tiger Reserve):** म्यांमार की सीमा के निकट यह ब्रह्मपुत्र नदी के तट पर अरुणाचल प्रदेश में स्थित है। यह एक पक्षी अभयारण्य (Sanctuary) तथा एक बाघ संरक्षित प्रदेश है। तेंदुआ, बाघ, सफेद पंखों वाले वुड डक (Wood Duck) तथा हुलॉक गिब्बन (ऊलक) यहाँ पाए जाने वाले मुख्य जानवर हैं। भारत में लीसू जनजाति का आखिरी गाँव इस उद्यान में स्थित है।

18. **पखुई-नामेरी बाघ संरक्षित प्रदेश (Pakhui Nameri Tiger Reserve):** यह संरक्षित प्रदेश अरुणाचल प्रदेश तथा असम की सीमा पर स्थित है। यह 1200 वर्ग कि.मी. के क्षेत्रफल में फैला हुआ है। यहाँ हाथी, तेंदुआ, मगरमच्छ, बंदर, हिरण तथा विभिन्न प्रजाति के पक्षी पाए जाते हैं।

19. **पन्ना बाघ संरक्षित प्रदेश (Panna Tiger Reserve):** यह राष्ट्रीय उद्यान मध्य प्रदेश के छतरपुर जिले में स्थित है। यह चीतल, चिंकारा, सांभर तथा रीछ का वास-स्थान है यह एक बाघ संरक्षित प्रदेश भी है इस उद्यान में 200 से अधिक पक्षियों की प्रजातियाँ पाई जाती हैं, जिनमें 'बार हेडेड गूस', 'हनी बर्ड्स', राजगिद्ध (King Vulture) तथा टुइयाँ तोता (Blossom Headed Parakeet) शामिल हैं।

20. **पेंच बाघ संरक्षित प्रदेश (Pench Tiger Reserve):** यह संरक्षित प्रदेश मध्य प्रदेश के सिवनी तथा छिंदवाड़ा जिले में स्थित है। इसकी स्थापना 1998 में की गई थी। इसका नाम पेंच नदी के नाम पर रखा गया है, जो इस उद्यान से होकर गुजरती है। यहाँ बाघ, चीतल, सांभर, नीलगाय, बनैला सूअर, तेंदुआ, रीछ, जंगली कुत्ता, वनबिलार, लोमड़ी, सियार, लकड़बग्घा, गौर, चौसिंगा तथा काकड़ पाए जाते हैं। इनके अतिरिक्त यहाँ अनेक प्रकार के पक्षी पाए जाते हैं।
21. **पेरियार बाघ संरक्षित प्रदेश (Periyar Tiger Reserve):** यह केरल में पेरियार नदी के निकट स्थित है तथा इसकी स्थापना 1978 में की गई थी। यहाँ बाघ, हाथी, तेंदुआ, बंदर, लंगूर, चीतल, हिरण तथा अनेक प्रजातियों के पक्षी पाए जाते हैं।
22. **रणथम्भौर राष्ट्रीय उद्यान (Ranthambore National Park):** राजस्थान के दक्षिण-पूर्व में स्थित यह उद्यान सवाई माधोपुर जिले के अन्तर्गत आता है। इस उद्यान को बनास नदी घेरे हुए है। यहाँ बाघ, तेंदुआ, सांभर, चीतल, गौर, नीलगाय, जंगली सुअर, तथा पक्षियों की विभिन्न प्रजातियाँ देखी जा सकती हैं।
23. **सरिस्का बाघ संरक्षित प्रदेश (Sariska Tiger Reserve):** यह राजस्थान के अलवर जिले में स्थित है। इसकी स्थापना 1955 में की गई तथा 1978 में इसे एक बाघ संरक्षित प्रदेश घोषित किया गया। यहाँ तेंदुआ, वनबिलार, लकड़बग्घा, सियार, चीतल, सांभर, कैरकैल, लंगूर, बनैला सूअर तथा चौसिंगा पाए जाते हैं। यहाँ पक्षियों की भी विभिन्न प्रजातियाँ देखी जा सकती हैं। यहाँ बादशाह औरंगजेब तथा अलवर के राजा द्वारा निर्मित ऐतिहासिक इमारतें मौजूद हैं।
24. **सिमलीपाल बाघ संरक्षित प्रदेश (Simlipal Tiger Reserve):** यह राष्ट्रीय उद्यान ओडिशा के मयूरभंज जिले में स्थित है। यहाँ सेमल के वृक्ष (Silk Cotton Tree) पाए जाते हैं। यहाँ कुछ दर्शनीय जल प्रपात हैं, जैसे–जोरंडा तथा बारेहीपानी। यह उद्यान बाघ, गन्धविलाव, हाथी, सियार तथा 'ब्लैक बक' के लिए प्रसिद्ध है।
25. **सुंदरवन बाघ संरक्षित प्रदेश (Sundarban Tiger Reserve):** यह पश्चिम बंगाल के सुंदरवन डेल्टा में स्थित है। यह एक बाघ संरक्षित प्रदेश, यूनेस्को (UNESCO) द्वारा घोषित वर्ल्ड हेरीटेज साइट (World Heritage Site) तथा एक जीवमंडल संरक्षित प्रदेश है। यहाँ सघन मैनग्रोव (Mangrove) वन देखे जा सकते हैं। यहाँ विभिन्न प्रकार के पक्षी तथा मगरमच्छ पाए जाते हैं।
26. **तदोबा-अंधेरी बाघ संरक्षित प्रदेश (Tadoba – Andheri Tiger Reserve):** महाराष्ट्र का यह बाघ संरक्षित प्रदेश 1993 में स्थापित हुआ। यह 620 वर्ग कि.मी. क्षेत्रफल में फैला हुआ है। यहाँ बाघ, हाथी, तेंदुआ, बंदर, चीतल तथा विभिन्न प्रजाति के पक्षी पाए जाते हैं।
27. **वाल्मिकी बाघ संरक्षित प्रदेश (Valmiki Tiger Reserve):** यह राष्ट्रीय उद्यान बिहार के पश्चिम चम्पारण जिले में स्थित है तथा 840 वर्ग कि.मी. क्षेत्रफल में फैला हुआ है। बाघ के अतिरिक्त यहाँ पाए जाने वाले मुख्य जानवरों में गन्धविलाव, जंगली कुत्ता, सियार, लोमड़ी तथा बनैला सूअर मुख्य हैं। इस उद्यान में पक्षियों की विभिन्न प्रजातियाँ देखी जा सकती हैं।

कच्छ वनस्पति/मैनग्रोव (Mangroves)

मैनग्रोव बड़े फूलों वाली झाड़ियाँ या पेड़ हैं जो घने घने जंगलों में कीचड़ या सिल्टी उष्णकटिबंधीय तटों के साथ उगते हैं। वे समुद्र के कटाव, समुद्री उभार, चक्रवात और सुनामी के खिलाफ समुद्र तट को बफर करने वाली हरी ढाल के रूप में कार्य करते हैं। वे अत्यधिक उत्पादक पारिस्थितिक तंत्र हैं जो वेआसन्न समुदायों को ऊर्जा और सामग्री का निर्यात करनें में सक्षम हैं। वे एक विविध विषमपोषी खाद्य-शृंखला का सहयोग करते हैं और कुछ जीवों के जीवन-चक्र में नर्सरी के रूप में कार्य करते हैं। इनका प्रमुख वृक्ष *'सुंदरी' हैं जिसे कांडला* के नाम से भी जाना जाता है। *सुंदरी* के फूलों का उपयोग कपड़ों की रंगाई के लिए किया जाता है। नवीनतम आंकलन के अनुसार, मैनग्रोव देश के भौगोलिक क्षेत्र के 4,992 वर्ग कि.मी. या 0.15% को कवर करता है। मैनग्रोव का राज्यवार वितरण ***(तालिका 5.8)*** में दिया गया है।

तालिका 5.8 भारत के मैनग्रोव, 2019 (Mangroves in India, 2019)

क्षेत्र वर्ग कि.मी. में

राज्य/संघ राज्य क्षेत्र	2001	2003	2005	2009	2011	2013	2015	2017	2019	2021
आंध्र प्रदेश	333	329	354	353	352	352	367	404	404	405
गोवा	5	16	16	17	22	22	26	26	26	27
गुजरात	911	916	991	1,046	1,058	1,103	1,107	1,140	1,177	1175
कर्नाटक	2	3	3	3	3	3	3	10	10	13
केरल	0	8	5	5	6	6	9	9	9	9
महाराष्ट्र	118	158	186	186	186	186	222	304	320	324
उड़ीसा	219	203	217	221	222	213	231	243	251	259
तमिलनाडु	23	35	36	39	39	39	47	49	45	45
पश्चिम बंगाल	2,081	2,120	2,136	2,152	2,155	2,097	2,106	2,114	2,112	2114
अंडमान और निकोबार द्वीपसमूह	789	658	635	615	617	604	617	617	616	616
दमन और दीव	0	1	1	1	2	1.63	3	3	3	3
पुदुचेरी	1	1	1	1	1	1	2	2	2	2
कुल	**4,482**	**4,448**	**4,581**	**4,639**	**4,663**	**4,628**	**4,740**	**4,921**	**4,975**	**4,992**

Source: ISFR Report 2021, Government of India.

प्रवाल भित्तियां (Coral Reefs)

भारत में प्रवाल भित्तियों के चार प्रमुख क्षेत्र हैं:

1. मन्नार की खाड़ी (Gulf of Mannar)
2. कच्छ की खाड़ी (Gulf of Kutch)
3. लक्षद्वीप (Lakshadweep)
4. अण्डमान तथा निकोबार द्वीप समूह (Andaman and Nicobar Islands)

आर्द्र भूमि (Wetland) तथा रामसर सम्मेलन (Ramsar Convention): ईरान के रामसर नगर (Ramsar Town) में 1971 में आर्द्र भूमि (Wetlands) के संबंध में अन्तर्राष्ट्रीय स्तर पर एक सम्मेलन के पश्चात समझौता हुआ, जिसको आर्द्र भूमि संरक्षण समझौता के नाम से जाना जाता है। इस समझौते के अंतर्गत किसी परिस्थितिकी तन्त्र (Ecosystem) को आर्द्र भूमि (Wetland) तभी घोषित किया जा सकता है जब उसमें संकटमय (Endangered) पशु-पक्षियों का बसेरा हो या 20,000 (बीस हजार) से अधिक पक्षियों का वास (Habitat) हो।

भारत में आर्द्र भूमि (Wetland) प्रबंधन की प्रक्रिया 1987 में आरम्भ हुई। राष्ट्रीय आर्द्रभूमि (National Wetlands Committee) की सिफारिश पर भारत में 115 आर्द्र भूमि स्थापित की गईं। भारत की निम्न आर्द्र भूमि (Wetlands) रामसर समझौते के अंतर्गत आते हैं ***(तालिका 5.10)***।

तालिका 5.9 रामसर समझौते के अंतर्गत भारत की आर्द्रभूमि

राज्य/संघ शासित क्षेत्र	क्र. सं.	रामसर स्थल का नाम	क्षेत्रफल (वर्ग कि.मी. में)
आंध्र प्रदेश	1	कोल्लेरू	901
असम	2	दीवर बील	40
गुजरात	3	नर्दसरोवर पक्षी विहार	
हिमाचल प्रदेश	4	पोंगडम	156.62
	5	रेणुका	2
	6	चंद्रात्मा	49
जम्मू और कश्मीर	7	वूलर	189
लद्दाख	8	सोमुराडी	120
जम्मू और कश्मीर	9	होकेरसर	13.75
जम्मू और कश्मीर	10	मासर एण्ड सुरूिसार	3.5
केरल	11	अस्थामुडी	614
	12	सस्थमकोटा	3.75
	13	वेम्बनाड कोल	1512.5
मध्य प्रदेश	14	भोज	8
मणीपुर	15	लोकटक	266
ओडिशा	16	चिल्का	1165
	17	भीतरकनिका	650
पंजाब	18	हरिके	41
	19	कंजली	1.83
	20	रोपड	13.65
राजस्थान	21	सौभर	240
	22	केवलादेव	28.75
तमिलनाडु	23	पाइंट कैलिमेरे	385
त्रिपुरा	24	रुद्रसागर	2.4
उत्तर प्रदेश	25	ऊपरी गंगा	266
प. बंगाल	26	पूर्वी कोलकाता आर्द्रभूमि	125

Source: Wildlife Conservation using Spatial Techniques, Ministry of Environment, Forest and Climate Change, Government of India (2015)

वन्य जीवों के सरंक्षण की नीति (Strategy for Conservation of Wild Life)

वन्य जीवों के संरक्षण के लिए निम्नलिखित उपाय किये जा सकते हैं:

1. राष्ट्रीय उद्यानों (National Parks), अभयारण्यों (Sanctuaries), बाघ संरक्षित प्रदेशों तथा जीवमंडल संरक्षित प्रदेशों (Biosphere Reserves) में शिकार करना सख्त रूप से रोक दिया जाना चाहिए।
2. शिकार की चोरी करने वालों (poachers) तथा चरवाहों को संरक्षित उद्यानों तथा अभयारण्यों में घुसने से रोकना चाहिए।
3. राष्ट्रीय उद्यानों तथा वन्य जीव अभयारण्यों की संख्या में वृद्धि होनी चाहिए।

4. वर्तमान राष्ट्रीय उद्यानों तथा अभयारण्यों को अधिक आधारभूत संरचना की सुविधा प्रदान कर विकसित करना चाहिए।
5. वन्य जीवों के बंदी-प्रजनन (captive breeding) को प्रोत्साहित करना चाहिए।
6. राष्ट्रीय उद्यानों तथा अभयारण्यों में वन्य जीवों के लिए समुचित चिकित्सा सुविधाओं की व्यवस्था करनी चाहिए।
7. राष्ट्रीय उद्यानों तथा अभयारण्यों में वन्य जीवों के रहने तथा उनके प्रजनन के लिए उपयुक्त वास-स्थान तथा वातावरण का विकास करना।
8. राष्ट्रीय उद्यानों तथा अभयारण्यों में सेमिनारों, संगोष्ठी सम्मेलन कार्यशालाओं तथा प्रदर्शनियों का आयोजन करना ताकि वन्य जीवों के बारे में जानकारी को बढ़ाया तथा सुधारा जा सके।
9. सभी निम्नीकृत वनों में वनरोपण की व्यवस्था करना।
10. खेती के लिए अनुपयुक्त उपांत भूमि को सामाजिक वानिकी के अन्तर्गत लाना ताकि वन्य जीवों के पारिस्थितिकी तंत्र तथा वास-स्थान में वृद्धि हो सके।

पश्चिमी घाट: एक विश्व परम्परा स्थल (Western Ghats A World Heritage Site)

रूस में 1 जुलाई, 1012 को संट पीटर्सबर्ग में हुई विश्व परम्परा समिति (World Heritage Committee) की बैठक में पश्चिमी घाट को यूनेस्को विश्व धरोहर सूची (UNESCO World Heritage List) में शामिल कर लिया गया है।

पश्चिमी घाट "स्थलीय, ताजे जल, तटीय एवं समुद्री परिस्थितिकी प्रणालियों तथा वनस्पति और पशुओं के समुदायों की उत्पत्ति तथा विकास में निरन्तर चल रही पारिस्थितिकी व जैविक प्रक्रियाओं का एक विशिष्ट उदाहरण है।'' यह विज्ञान एवं संरक्षण की दृष्टि से विशिष्ट सार्वभौमिक महत्व वाली संकटग्रस्त प्रजातियों सहित जैविक विभिन्नताओं के लिए सर्वाधिक महत्वपूर्ण प्राकृतिक निवास-स्थल भी है। विश्व परम्परा स्थल होने के अतिरिक्त यह विश्व के आठ सर्वाधिक लोकप्रिय विभिन्नता वाले स्थलों में से एक है।

पश्चिमी घाट या सह्याद्री प्रायद्वीपीय भारत के पश्चिमी तट के साथ-साथ फैली पर्वतमाला है। यह दक्षिण पठार को अरब सागर के साथ-साथ तंग तटीय मैदान से अलग करती है ***(चित्र 5.9)***।

पश्चिमी घाट, गुजरात में तापी नदी के दक्षिण से शुरू होते हैं और महाराष्ट्र, गोवा, कर्नाटक, तमिलनाडु और केरल राज्यों में लगभग 1600 कि.मी. तक गुजरते हुए भारत के दक्षिणी छोर पर कन्याकुमारी पर समाप्त होते हैं।

पश्चिमी घाट की पहाड़ियों की प्रमुख चोटियां हैं–अनाईमुडी (Anaimudi) (2695 मी.), डोडा बेट्टा (Doddabetta) (2636 मी.), मुकर्ती (Mukurthi) (2554 मी.), कोडईकनाल (Kodaikanal) (2133 मी.), बाबाबूदन गिरि (Bababudangiri) (1712 मी.), कुद्रेमुख (Kudremukh) (1894 मी.), अगस्त्यमलाई (Agasthymalai) (1866 मी.), पुष्पगिरी (Pushpagiri) (1712 मी.), कल्सुबाई (Kalsubai) (1646 मी.) तथा सल्हेर (Salher) (1567 मी.)। महत्वपूर्ण पहाड़ी स्थल ऊटी (Ooty) (2500 मी.) तथा कोडईकनाल (Kodaikanal) (2285 मी.) भी पश्चिमी घाट में ही स्थित हैं।

इस क्षेत्र में फूलों के पौधों की 5000 किस्में हैं, 139 स्तनधारी पशुओं, 508 पक्षियों तथा 179 उभयचरों (Amphibian) की प्रजातियां हैं। एक अनुमान के अनुसार, 325 प्रजातियां पश्चिमी घाट में ऐसी हैं जो वैश्विक स्तर पर संकट-ग्रस्त हैं।

पश्चिमी घाट में उष्णकटिबंधीय व अर्द्ध-उष्णकटिबंधीय वन फैले हैं जो वहां की मूल जनजाति के लोगों को भोजन व प्राकृतिक आवास प्रदान करते हैं। यह क्षेत्र विकास के लिए पारिस्थितकीय दृष्टि से संवेदनशील हैं। भारत सरकार ने अनेक संरक्षित क्षेत्र बनाए हैं जिनमें 2 जीव-मण्डल अभयारण्य, 13 राष्ट्रीय उद्यान तथा विशिष्ट संकटग्रस्त प्रजातियों को बचाने के लिए अनेक वन्य जीवन अभयारण्य शामिल हैं। नागर होले के सदाबहार वनों में नीलगिरि जैविक अभयारण्य (5500 वर्ग कि.मी.), पतझड़ी वनों से भरा बांदीपुर-राष्ट्रीय उद्यान, केरल तथा तमिलनाडु में स्थित मुदुमलई राष्ट्रीय उद्यान एवं मुकुर्ती राष्ट्रीय पार्क अन्य महत्वपूर्ण संरक्षित स्थान हैं। संसाधनों के विवेकपूर्ण उपयोग एवं संरक्षण व्यवहारों से इस महत्वपूर्ण विश्व परम्परा स्थल (Heritage Site) की पारिस्थितिक प्रणाली की समुत्थानशील विशेषताओं में सुधार किया जा सकता है।

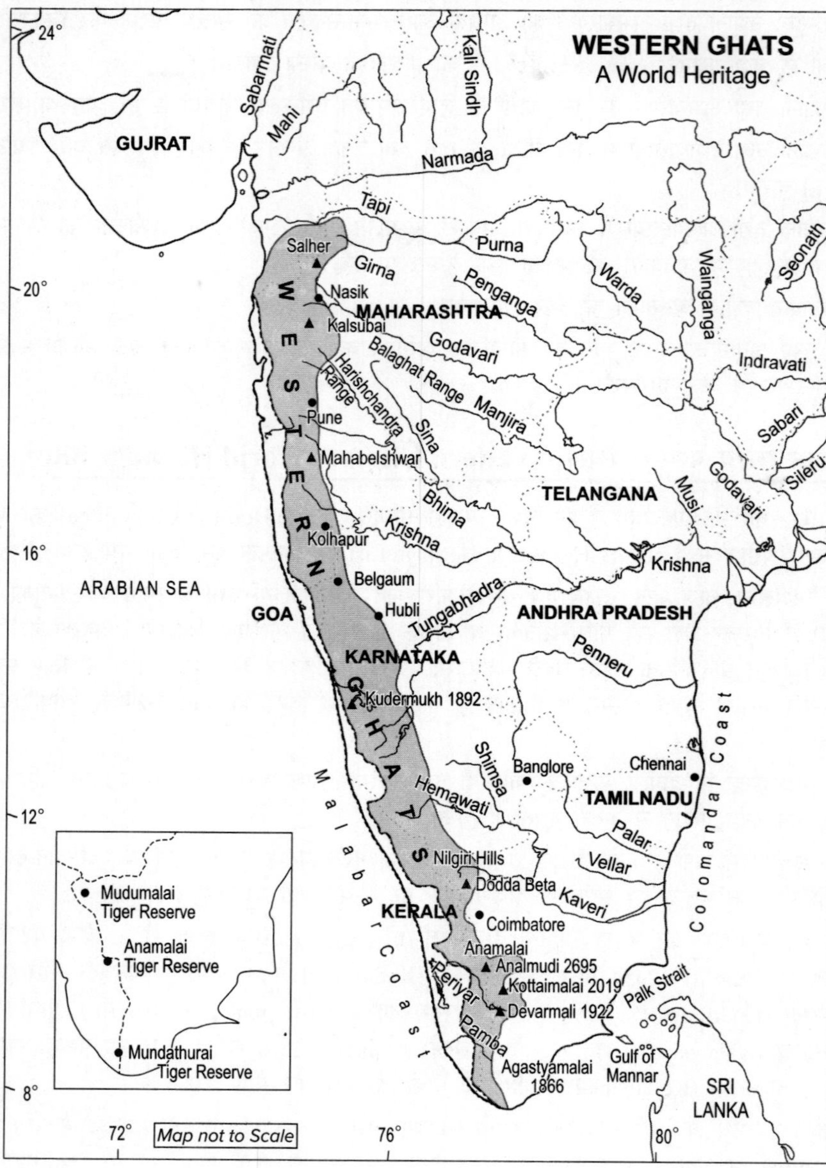

चित्र 5.9 पश्चिमी घाट: विश्व धरोहर स्थल (यूनेस्को)

संदर्भ सूची (References)

- Ahmad, A., "India." *A General Geography*. New Delhi: NCERT, 1998.
- Bharucha, J. P., *Vegetation of India*. Bombay: Oxford, 1985.
- Champion, H. G. et. al., *A Review of Survey of Forest Type in India*. New Delhi: Manager of Publications, 1968.
- *Forest Atlas of India*, Kolkata: National Atlas Organisation, 1976.
- *India 2010*. New Delhi: Government of India Publication.

- Husain, M., *Systematic Agricultural Geography*. Jaipur: Rawat Publications, 1998.
- Husain, M., *Ecology and Environment*. 2nd ed. New Delhi, Access Pub; 2014.
- India 2012, *Ministry of Information and Broadcasting*, Government of India.
- Khullar, D. R., *India: A Comprehensive Geography*. New Delhi: Kalyani Publications, 2005.
- Learmonth, A. T.A, *The Vegetation of the Indian Subcontinent*. Canberra. 1964
- Maheshwari, P. et al., *Flora in the Gazetteer of India*, Vol. I. Nasik: Country and People, 1965.
- Mathur, V. P., *Forest Management*. Dehradun: Jugal Kishore and Co.,1968.
- Negi, S. S., *Forest Types of India*. New Delhi: FEBA, 1990.
- Puri, G. S., *Indian Forest Ecology*. New Delhi: Oxford Books & Stationery Co., 1960.
- Richards, P. W., *Tropical Forests: An Ecological Study*. Cambridge: Cambridge University Press, 1952.
- Sagreiya, K. P., *Forests and Forestry*. New Delhi: National Book Trust of India, 2004.
- Shafi, M., "Forests in National Economy of India." 1950. In *Resource Geography*. Edited by A. Ramash. 119–27, 1984.
- Singh, J. S. et al., "India's Silent Valley and its Threatened Rainforests Ecosystems." *Environment Conservation,* 11 (1984): 113–54.
- Spate, O. H. K., *India and Pakistan, A General and Regional Geography*. London: Methuen & Co., 1967.
- Tiwari, R. C., *Geography of India.* Allahabad: Prayag Pustak Bhawan, 2004.
- *Report on Wildlife Conservation using Spatial Techniques*, Ministry of Environment, Forest and Climate Change, Government of India, 2015.
- ISFR Report 2021 RELEASED BY MoEFCC, Government of India.
- ENVIS Centre on Wildlife & restricted Areas.

6

मृदा (Soils)

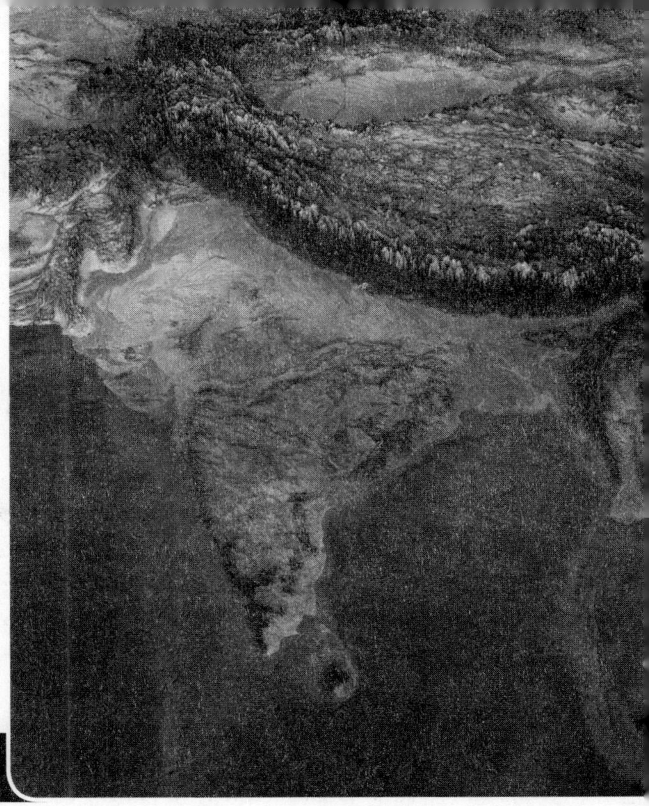

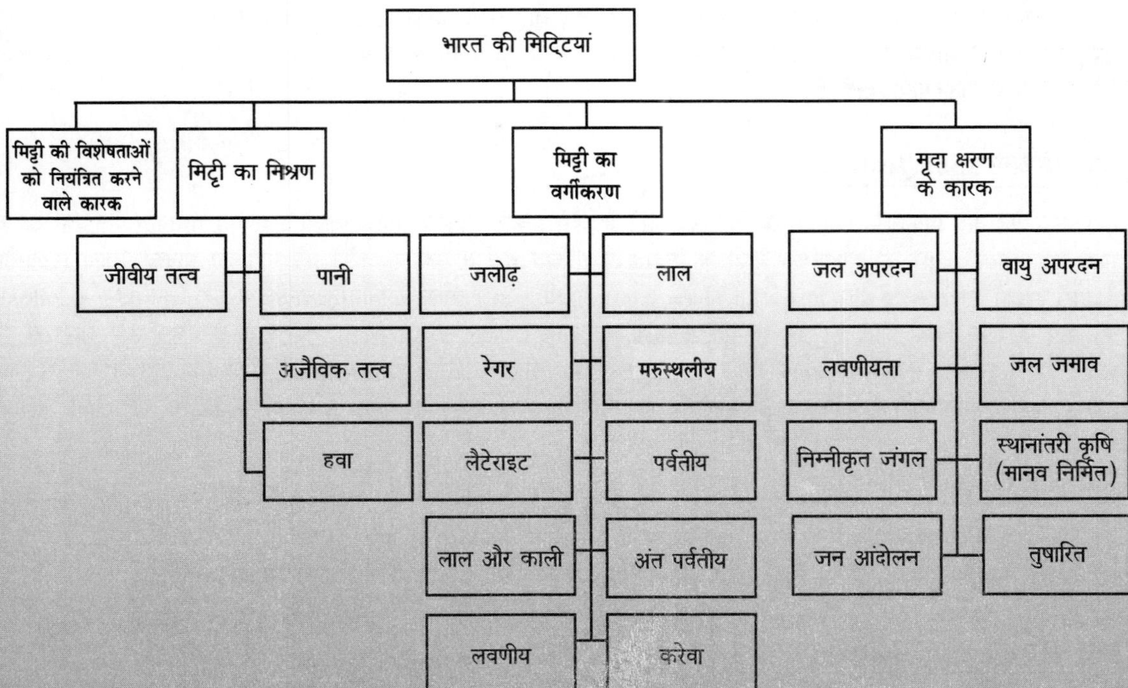

➤ परिचय (Introduction)

पौधों की उत्पत्ति एवं विकास में सहायक महीन कणयुक्त और ह्यूमस (Humus) वाले मेंटल (रेगोलिथ) की ऊपरी परत के अपक्षिवित (Loose) पदार्थ को मृदा कहते हैं। मृदा में मूलत: खनिज/चट्टानों के कण, अपक्षयित जैविक पदार्थ की एक विशेष

मात्रा, मृदा जल, मृदा वायुमंडल (हवा) और जीवाणुओं की उपस्थिति होती है जिनके बीच एक जटिल और गतिज (Dynamic) संबंध होता है। प्राकृतिक रूप से उपलब्ध मृदा पर कई कारकों का प्रभाव होता है, जैसे–(i) मूल चट्टान (Parent Rocks), (ii) उच्चावच, (iii) जलवायु, (iv) इसके भौतिक, रासायनिक और जैविकीय गुण, (v) भू-उपयोग की विधि, तथा; (vi) समय। सामान्यतया मृदा चार तत्वों से बनी होती है–(a) अजैविक या खनिज पदार्थ (मूल चट्टान से प्राप्त), (b) जैविक पदार्थ (पौधों एवं पशुओं के अपघटन से प्राप्त), (c) हवा, तथा; (d) जल।

मृदा की विशेषताएं (Characteristics of Soil)

मूल अथवा जनक पदार्थ (Parent Material)

मृदा के मूल (जनक) पदार्थ जहां ग्रेनाइट, संगमरमर, स्लेट जैसे कठोर और प्रतिरोधी चट्टान हो सकते हैं, वहीं नवीन ज्वालामुखीय लावा, राख, रूपांतरित (शिष्ट, नाइस) और अवसादी (बलुआ पत्थर, चिकनी मिट्टी, अवसाद और चूना पत्थर), जैसे–अपेक्षाकृत कम कठोर चट्टान भी हो सकते हैं। 'चट्टान' (rock) शब्द का प्रयोग केवल ग्रेनाइट, बलुआ पत्थर जैसे कठोर और उच्च प्रतिरोधक पदार्थों के लिए ही नहीं होता है बल्कि इसका प्रयोग बजरी (Gravel), चिकनी मिट्टी, बालू, रेत, लोएस (Loess) तथा जलोढ़ जैसे कम सघन और निम्न प्रतिरोधी मृदाओं को सूचित करने के लिए भी किया जाता है।

ह्यूमस (Humus)

मृत जैविक पदार्थों (Organic matter) के अपघटन (सड़ने-गलने) के उपरांत जो अंतिम उत्पाद प्राप्त होता है, वह ह्यूमस (Humus) कहलाता है। इसका रंग गाढ़ा भूरा या काला तथा चिपचिपा होता है, जिसका स्वरूप संरचनाविहीन होता है। इसकी उपस्थिति मृदा में या फिर मृदा सतह के नीचे होती है। साधारण मृदा में पाये जाने वाले ह्यूमस (Humus) का रंग काला होता है जिस कारण मृदा, उप-मृदा से अधिक गाढ़े रंग की होती है। यह मृदा की उर्वरता को बनाये रखता है। अलग-अलग मृदाओं में ह्यूमस (Humus) की मात्रा में भिन्नता पायी जाती है।

मृदा संरचना (Soil Texture)

मृदा के कणों का आकार उसकी प्रमुख विशेषता होती है। इस प्रकार चिकनी मिट्टी वाली मृदा को बारीक/महीन, बलुआ को मोटी तथा सिल्ट (silt) को माध्यमिक कहा जा सकता है ***(चित्र 6.1)***। मृदा के कणों की माप का मानक पैमाना मिलीमीटर है। वैसे इसकी छोटी इकाई माइक्रॉन (1 माइक्रॉन = 0.001 मि.मी.) है, जिसका उपयोग साधारणतया मृदा 'कोलाइड' (Colloids) की माप के लिए किया जाता है। बलुआ मृदा में कणों का आकार 0.05 से 0.2 मि.मी. तक होता है, जिन्हें हम आंख से देख पाते हैं परन्तु चिकनी मृदा में इन कणों का व्यास 0.002 मिमी. होता है। सिल्ट (Silt) मृदा के कण जहां बलुआ मृदा से महीन होते हैं, वहीं चिकनी मृदा से मोटे होते हैं। सिल्ट (Silt) मृदा के कणों का व्यास 0.02 से 0.002 मि.मी. के बीच माना जाता है।

मृदा बनावट (Soil Structure)

मृदा के कणों की व्यवस्था, क्रम, बनावट या विन्यास मृदा संरचना कहलाती है। बालू, सिल्ट (Silt), चिकनी मिट्टी और ह्यूमस (Humus) जिस रूप में आपस में गठित होकर परतों (Peds) का निर्माण करते हैं, उसे मृदा संरचना कहते हैं।

मृदा अम्लता (Soil Acidity)

मृदा की अम्लता और क्षारीयता की माप पी एच मान (pH Value) के रूप में की जाती है जो मृदा के कण में विद्यमान हाइड्रोजन आयन (Hydrogen Ion) के संकेंद्रण को दर्शाता है। शुद्ध जल 10 मिलियन का एक भाग हाइड्रोजन आयन के रूप में विघटित होता है अर्थात् 10-7 और इस तरह इसका पी एच (pH) मान 7 होता है – यह अम्लता के पैमाने की निष्क्रय अवस्था (Neutral

State) है। यदि जल में उच्च क्षारीयता हो (जैसे–उसमें कॉस्टिक सोडा घुला हो) तो उसे क्षारीय कहते हैं जिसका पी एच मान (pH Value) 14 होता है। इसके विपरीत हाइड्रोक्लोरिक अम्ल का पी एच मान (pH Value) 3 है। निष्क्रिय मृदा का पी एच मान (pH Value) 7.2, अम्लीय मृदा का 7.2 से कम (कभी-कभी 3 तक) और उच्च क्षारीय मृदा का पी एच मान (pH Value) लगभग 8 या इससे अधिक भी होता है।

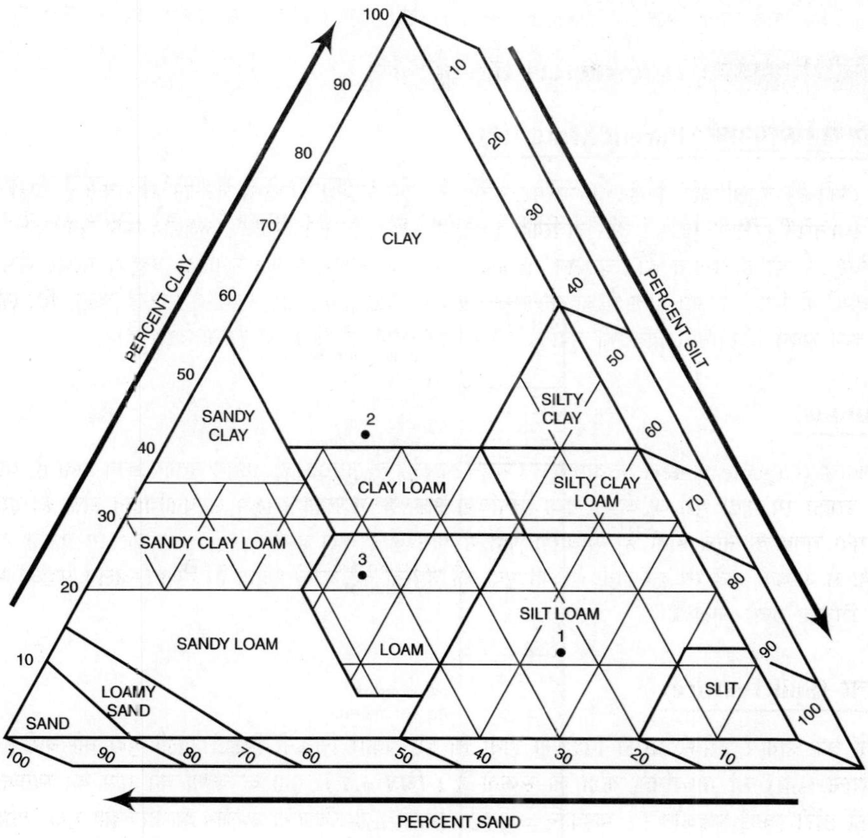

चित्र 6.1 मृदा संरचना त्रिभुज (Soil Texture Triangle)

मृदा वायु (Soil Air)

मृदा में विद्यमान हवा स्वयं मृदा के लिए और इसमें पाये जाने वाले जीवों दोनों के लिए अति महत्वपूर्ण है। यह हवा मृदा के कुछ पदार्थों को ऑक्सीकरण (Oxidation) की प्रक्रिया द्वारा नाइट्रोजन में परिवर्तित करती है जो पौधों को प्रत्यक्ष पोषण प्रदान करता है। दूसरी तरफ, ऑक्सीकरण की उच्च प्रक्रिया (जैसा कि उष्णकटिबंधीय प्रदेशों में होता है) मृदा के जैविकीय पदार्थों का तीव्र ह्रास करके उसे अनुर्वरक (Sterile) बना सकती है। मृदा में विद्यमान असंख्य जीवाणुओं (बैक्टीरिया) को आक्सीजन की अनवरत आवश्यकता पड़ती है और इन्हें इसी कारण वायुजीवी (Aerobic) भी कहते हैं। मृदा में विद्यमान पौधों, पशुओं एंव जीव जन्तुओं के अवशेषों को अपघटित करके उपजाऊ ह्यूमस (Humus) के निर्माण में इन जीवाणुओं का भी आंशिक योगदान होता है। हवा की कमी इन जीवाणुओं की इस प्रक्रिया को सीमित करती है।

मृदा जल (Soil Water)

मृदा में विद्यमान जल नीचे की तरफ रिसता रहता है (Percolation)। जल का यह रिसाव मृदा गठन (Structure) पर निर्भर करता है। मृदा में जल की उपस्थिति शून्य से लेकर जल-जमाव (Water-logging) की स्थिति तक हो सकती है। शुष्क जलवायु क्षेत्रों में जहां जल की अनुपस्थिति मृदा में किसी भी जीवन की संभावना नहीं छोड़ता वहीं जल-जमाव की स्थिति में हवा की अनुपस्थिति जीवाणुओं द्वारा किए जाने वाले अपघटन (Decomposition) नहीं होने देता है। इस प्रकार मृदा में जल की मात्रा बहुत बड़ी भूमिका निभाती है।

मृदा स्तर (Soil Horizon)

मृदा की कोई परत अपने ऊपर या नीचे की परतों से भौतिक और रासायनिक रूप से भिन्न हो सकती है। इन भिन्न परतों को मृदा स्तर कहते हैं। मृदा स्तर लगभग पृथ्वी की सतह के समांतर होता है और इसकी परतों की विशेषताओं में स्पष्ट भिन्नता होती है ***(चित्र 6.2)***।

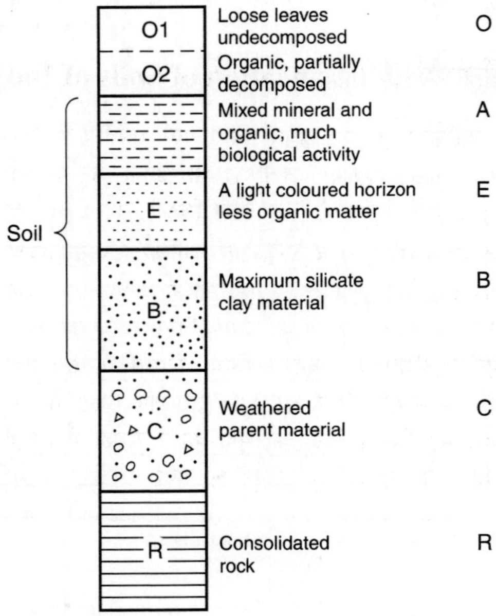

चित्र 6.2 मृदा परिच्छेदिका और मृदा स्तर

[Source: SLUSI, Government of India]

मृदा परिच्छेदिका (Soil Profile)

किसी मृदा के ऊपरी सतह से लेकर उसके मूल चट्टान (Parent rock) तक के मृदा स्तरों का एक ऊर्ध्वाधर खण्ड, (Vertical Section) मृदा परिच्छेदिका है। समान मूल चट्टान के समान स्तरों (Soil horizons) वाली मृदा परिच्छेदिकाओं की, उनकी अवस्थिति के कारण, विशेषताएं अलग-अलग हो सकती हैं ***(चित्र 6.2)***।

भारत एक विशाल देश है जहां भू-आकृतिक और जलवायु में भारी विविधता पायी जाती है। भारत की भू-जलवायु स्थितियों का इसकी मृदा वितरण, उनके गठन, संरचना, रंग, पी. एच. मान (pH Value) और सरंध्रता (porosity) पर स्पष्ट प्रभाव दिखता है। साधारणतया, भारत की मृदाएं यहां की जलवायु-विषयक और वनस्पतिक पेटियों (belts) का अनुसरण करती हैं।

मृदा का निर्माण विशिष्ट प्राकृतिक स्थितियों में होता है और इस जटिल प्रक्रिया में प्राकृतिक पर्यावरण के प्रत्येक तत्वों का योगदान होता है। इस प्रक्रिया को मृदा वैज्ञानिकों द्वारा मृदा जनन (Padogenesis) या मृदा निर्माण कहा जाता है। किसी स्थान विशेष की मृदा पर उसके मूल चट्टान (Parent Rock), स्थलाकृतियों, जलवायु की स्थितियों, प्राकृतिक वनस्पति, भू-उपयोग, जीवों, कीटों, सूक्ष्म-जीवों (जीवाणुओं) तथा समय का प्रभाव होता है। मृदा निर्माण से जुड़े उपरोक्त कारक स्वतंत्र या अलग-थलग कार्य नहीं करते बल्कि आपस में एक अंतर्संबंध बनाते हुए सक्रिय रहते हैं जिस कारण यह एक काफी जटिल नेटवर्क वाली प्रक्रिया बनाते हैं। मृदा निर्माण के पदार्थ पृथ्वी की सतह की चट्टानों से प्राप्त होते हैं जिन्हें मृदा विज्ञानियों द्वारा मूल (जनक) पदार्थ कहा जाता है। सतह की स्थलाकृति, उच्चावच तथा अपक्षयन (Weathering) के ऐजेंट इस मूल चट्टान (पदार्थ) के अपघटन की अवस्था तय करते हैं। इस प्रकार मृदा का मूल चरित्र तथा उसकी रासायनिक विशेषताएं नीचे की चट्टानों से प्राप्त होती हैं। अपरदन के अन्य कारकों (बहता जल, हवा, इत्यादि) द्वारा मृदा का अपनयन (परिवहन) हो सकता है या फिर कोई मृदा अपने निर्माण के मूल स्थान पर भी बनी रह सकती है। जल मृदा अपने मूल निर्माण स्थल पर हो तो इसे यथास्थान/स्वस्थने (in situ) अवस्था कहते हैं जहां इसमें जलवायु, विशेषकर आर्द्रता, पौधों और जीवाणुओं द्वारा परिवर्द्धन होता है।

प्राकृतिक संसाधन के रूप में मृदा मानव के लिए बहुमूल्य होती है। इसकी प्रकृति और उर्वरता पर न सिर्फ कृषि उत्पादकता निर्भर करती है बल्कि मृदा की वाहक क्षमता और ग्रामीण समुदाय का विकास भी इसी पर निर्भर करता है।

भारत में मृदा का वर्गीकरण (Classification of Soils of India)

पिछली सदी में भारत की मृदा के वर्गीकरण के कई प्रयास किए गए। भारतीय मृदाओं का प्रथम वैज्ञानिक वर्गीकरण वोयलकर (Voeleker) (1893) और लीदर (Leather) (1898) ने किया था। इनके अनुसार भारतीय मृदाओं को चार वर्गों में बांटा गया था-(i) जलोढ़, (ii) रेगड़ (Ragur) (काली मिट्टी), (iii) लाल मिट्टी, और; (iv) लैटेराइट (Laterite) मृदा।

उपरोक्त वर्गीकरणों के पश्चात भारत की मृदा के कई और वर्गीकरण प्रस्तुत किए गए जिनमें मृदा के गठन, संरचना, रंग, पी एच मान (pH Value), संरध्रता (Porocity) इत्यादि तत्वों को आधार बनाया गया। अखिल भारतीय मृदा एवं भू-उपयोग सर्वेक्षण संगठन द्वारा 1956 में भारतीय मृदाओं को वर्गीकृत करने का प्रयास किया गया। वर्ष 1957 में राष्ट्रीय एटलस एवं थिमेटिक संगठन (NATMO) द्वारा भारत के एक मृदा मानचित्र का प्रकाशन किया, जिसमें भारतीय मृदाओं को 6 प्रमुख वर्गों और 11 उप-वर्गों में वर्गीकृत किया गया। भारतीय कृषि अनुसंधान परिषद् (ICAR) द्वारा वर्ष 1963 में भारत का एक मृदा मानचित्र प्रकाशित किया गया (एस.पी. रायचौधरी के पर्यवेक्षण में) जिसमें भारत की मृदा को 7 समूहों में विभाजित किया गया। भारतीय कृषि अनुसंधान परिषद् के हाल के वर्गीकरण में भारत की मृदाओं को निम्न 10 मृदा समूहों में विभाजित किया गया है ***(तालिका 6.1 एवं चित्र 6.3):***

1. जलोढ़ मृदा
2. लाल मृदा
3. रेगर (काली मिट्टी) मृदा
4. मरुस्थलीय मृदा
5. लैटेराइट मृदा
6. पर्वतीय मृदा
7. लाल एवं काली मृदा
8. भूसर एवं भूरी मृदा
9. अंतर्पर्वतीय मृदा
10. हिम क्षेत्र
11. अन्य मृदाएं

1. **जलोढ़ मृदाएं (Alluvial Soils):** भारत में जलोढ़ मृदा का विस्तार 143.5 मिलियन वर्ग हेक्टेयर में है जो भारत की सकल सूचित मृदाओं के क्षेत्रफल का 43.36 प्रतिशत है। जलोढ़ मृदा मुख्यतया सतलज-गंगा-ब्रह्मपुत्र के मैदानों में पायी

जाती है। ये नर्मदा तथा तापी नदियों की घाटियों और पूर्वी तथा पश्चिमी तटीय मैदानों में भी विद्यमान हैं ***(चित्र 6.2)***। जलोढ़ मृदाएं मूलत: हिमालय के निक्षेपों से बनी हैं या फिर सागर द्वारा पश्चगमन (पीछे हटने) के उपरांत छोड़े गए अवसाद (सिल्ट) से हुआ है। इनका रंग हल्के भूरे से लेकर भस्मी-भूरे तक है और इनका गठन बलुआ से लेकर सिल्ट-दुमट (सिल्टी लोम) तक है। ये मृदाएं उच्च और निम्न दोनों तरह से अपवाहित हैं। इनकी परिच्छेदिकाएं (Soil Profile) जहां लहरदार क्षेत्रों में अपरिपक्व हैं, वहीं समतल क्षेत्रों में पूर्ण विकसित और परिपक्व हैं।

इन मृदाओं को दो भागों में विभाजित किया जा सकता है–(i) खादर, तथा; (ii) बांगर।

(i) **खादर मृदा (Khadar Soil):** मैदानी क्षेत्रों के निम्न भागों में पायी जाने वाली यह मृदा वर्षा काल में बार-बार बाढ़ की चपेट में आती है। बाढ़ के कारण इस मृदा पर बराबर ही नये जमाव होते रहते हैं, जिससे इनकी उर्वरता बनी रहती है। शुष्क क्षेत्रों में इस मृदा में लवणीय और क्षारीय गुण भी पाये जाते हैं जिन्हें स्थानीय भाषाओं में **'रेह'** (Reh), **'कल्लर'** (Kallar) या **'थुर'** (Thur) नामों से भी जाना जाता है। इस मृदा में ह्यूमस (Humus) की अधिकता इसे नमी धारण करने की क्षमता प्रदान करता है।

तालिका 6.1 भारत की मिट्टियों के प्रकार

मिट्टी के प्रकार		क्षेत्रफल (मिलियन हेक्टेयर में)	प्रतिशत	मिश्रण	क्षेत्र	फसलें
जलोढ़	खादर	143.1	43.36	फॉस्फोरिक एसिड की अधिकता, पोटाश की कमी	सिंधु-गंगा-ब्रह्मपुत्र का मैदान, नर्मदा-ताप्ती का मैदान	गेहूँ, मक्का, गन्ना, दालें, सरसों, बरसीम बांगर (चारा)
	बांगर					
लाल		61.0	18.49	फेरिक ऑक्साइड के कारण लाल रंग, चूना, फॉस्फेट, मैगनीज की कमी	पश्चिम तमिलनाडु, कर्नाटक, दक्षिणी महाराष्ट्र, आंध्र प्रदेश, छत्तीसगढ, झारखण्ड, ओडिशा, बुंदेलखण्ड के कुछ क्षेत्र, मिर्जापुर, सोनभद्र, बांसवाड़ा, भीलवाड़ा, उदयपुर	गेहूँ, कपास, दाले, तम्बाकू, ज्वार-बाजरा, सरसों, आलू, उद्यान
काली (रेगुर); आन्तरिक रूप से इसे उष्ण कटिबंधीय चर्नोजेम्स के रूप में जाना जाता है		49.8	15.09	लोहा, चूना, कैल्शियम, पोटेशियम, एल्युमिनियम, मैग्नेशियम; नाइट्रोजन फॉस्फोरस जैवीय तत्व की कमी	गुजरात, महाराष्ट्र, पश्चिमी मध्य प्रदेश, उत्तर प्रदेश, आंध्र प्रदेश, कर्नाटक, तमिलनाडु, राजस्थान, छत्तीसगढ़ झारखण्ड से राजमहल तक	कपास, दालें, ज्वार-बाजरा, लिनसीड, अरंडी, तम्बाकू, गन्ना, मसाले, फल और सब्जियाँ
पर्वतीय		18.2	5.51	अम्लीय और ह्यूमस की कमी	हिमालय का मध्य अक्षांशीय क्षेत्र, असम का क्षेत्र, दार्जिलिंग, उत्तराखण्ड हिमाचल प्रदेश, जम्मू और कश्मीर	मक्का, चावल, लेगूम्स, चारा, बागान
मरुस्थलीय		14.6	4.42	घुलनशील नमक की उच्च प्रतिशतता, निम्न जैवीय तत्व, कैल्शियम कार्बोनेट की प्रतिशतता में अन्तर	राजस्थान, पश्चिम अरावली उत्तरी गुजरात, सौराष्ट्र कच्छ, हरियाणा का पश्चिमी भाग, दक्षिणी-पश्चिमी पंजाब	बाजरा, दाले, ज्वार और एलोवेरा जैसी कम पानी की फसलें

मिट्टी के प्रकार	क्षेत्रफल (मिलियन हेक्टेयर में)	प्रतिशत	मिश्रण	क्षेत्र	फसलें
लैटेराइट	12.2	3.70	लोहे और एल्युमिनियम की प्रचुरता, नाइट्रोजन, पोटाश, पोटेशियम, चूना और जैविक तत्वों की कमी	पश्चिमी घाट, पूर्वी घाट, राजमहल पहाड़ी, सतपुड़ा विंध्य, ओडिशा, छत्तीसगढ़, झारखंड, पश्चिमी बंगाल, असम की उत्तरी कछार पहाड़ियाँ, मेघालय की गारो पहाड़ियाँ	चावल, रागी, गन्ना, काजू
अंतपर्वतीय	5.7	1.73	प्राकृतिक क्षारीय	जम्मू कश्मीर से असम तक का झेलम और सिंधु घाटी का अंत पर्वतीय तराई क्षेत्र	चावल
हिम क्षेत्र	4.0	1.21	बर्फ और हिमानी से ढकी हुई	महान हिमालय क्षेत्र, कराकोरम, लद्दाख, जास्कर	कृषि के लिए अनुपयुक्त
भूसर और भूरी मृदा	3.6	1.09	लौह ऑक्साइड	राजस्थान और गुजरात	कपास और तेलीय बीज
लवणीय और क्षारीय जिन्हें, रेह, कालर-असर, रारूर, थूर, कापी, चोपन आदि स्थानीय नगरो से जाना जाता है			सोडियम क्लोराड और सोडियम फॉस्फेट	राजस्थान, पंजाब, हरियाणा, उत्तर प्रदेश, बिहार, महाराष्ट्र	बरसीम, ढेंचा, फलीदार फसलें
पीटी और दलदली			जीविया तत्वों की प्रधानता, उच्च लवणीयता फॉस्फेट और पोटाश की कमी	केरल के कोट्टायम, अलापुझा जिले, कृष्णा, कावेरी, कच्छ का रन, महानदी	चावल की कृषि
करेवा			स्तनधारियों के जीवाश्म और पीट	कश्मीर घाटी, जम्मू के डोडा जिले की भद्रवाह घाटी	केशर, बादाम, सेब, अखरोट, बागान
लाल और काली	17.8			बुंदेलखण्ड के आइसोलेटेड भाग, राजस्थान और गुजरात में पूर्वी अरावली	मक्का, बाजरा, ज्वार बाजरा, दालें, तेलीय बीज

(ii) बांगर मृदा (Bangar Soil): यह बाढ़ के स्तर के ऊपर की मृदा है तथा यह साधारणतया बेहतर अपवाहित होती है। इसमें अशुद्ध कैल्शियम कार्बोनेट के कंकड़ पाए जाते हैं। इस मृदा का गठन (texture) दोमट से लेकर चिकनी मिट्टी तक हो सकता है। बांगर मिट्टी में यदा-कदा कैल्शियम कार्बोनेट (Calcium Carbonate) के कंकड़ पाए जाते हैं। यह गेहूं, चावल, मक्का, गन्ना, दलहन, तिलहन, चारा फसलों, फलों एवं सब्जियों की उपज के लिए उपयुक्त है। इसमें ह्यूमस, चूना, फॉस्फोरिक अम्ल तथा जैविक पदार्थों की प्रचुरता तथा पोटाश की कमी होती है।

2. लाल मृदाएं (Red Soils): यह भारत की दूसरी प्रमुख मृदा है, जो कुल मृदाओं के 18.5 प्रतिशत भाग तथा 61 मिलियन हेक्टेयर में फैली है। यह प्रमुखतया प्रायद्वीपीय क्षेत्र में तमिलनाडु से लेकर बुंदेलखंड तक पूरब में राजमहल से लेकर पश्चिम में काठियावाड़ और कच्छ तक पायी जाती है ***(चित्र 6.3)***।

लाल मृदा पश्चिमी तमिलनाडु के कुछ भागों, कर्नाटक, दक्षिणी महाराष्ट्र, आंध्र प्रदेश, छत्तीसगढ़, झारखंड, ओडिशा, असम, मेघालय, और उत्तर प्रदेश के बुंदेलखंड, मिर्जापुर और सोनभद्र तथा राजस्थान के बांसवाड़ा, भीलवाड़ा और उदयपुर जिलों में पायी जाती है।

आर्कियन ग्रेनाइट के ऊपर विकसित इस मृदा को बहुप्रयोजन (omnibus) समूह भी कहा जाता है। इनका रंग मुख्यतया लाल है जो इनमें विद्यमान फेरिक ऑक्साइड के कारण है। साधारणतया इस मृदा की ऊपरी परत लाल और इसके नीचे की परत का रंग पीलापन भरा होता है। इसकी मृदा संरचना बलुई, चिकनी तथा दोमट तीनों ही प्रकार की हो सकती है। सरंध्रता, भुरभुरापन इसकी संरचनात्मक विशेषताएं हैं। इसमें कंकड़ और कार्बोनेट तथा निम्न मात्रा में लवण होते हैं। साधारणतया इस मृदा में चूने, फॉस्फेट, मैग्नेसिया, नाइट्रोजन, ह्यूमस (Humus) एवं पोटाश की कमी होती है। तीव्र अपरदन (leaching) इस मृदा की एक बड़ी समस्या है। ऊपरी भागों में यह मृदा बलुई, पथरीली, संरध्रता भरी एवं हल्के रंग की होती है और इसकी उर्वरता निम्न है लेकिन निम्न मैदानी भागों में ये मृदाएं उर्वर दोमट हैं तथा इनका रंग गाढ़ा है। जहां सिंचाई सुविधा उपलब्ध है इन मृदाओं में गेहूं, कपास, दलहनों, तम्बाकू, ज्वार (Millet), तिलहनों, आलू एवं फलों की खेती की जाती है।

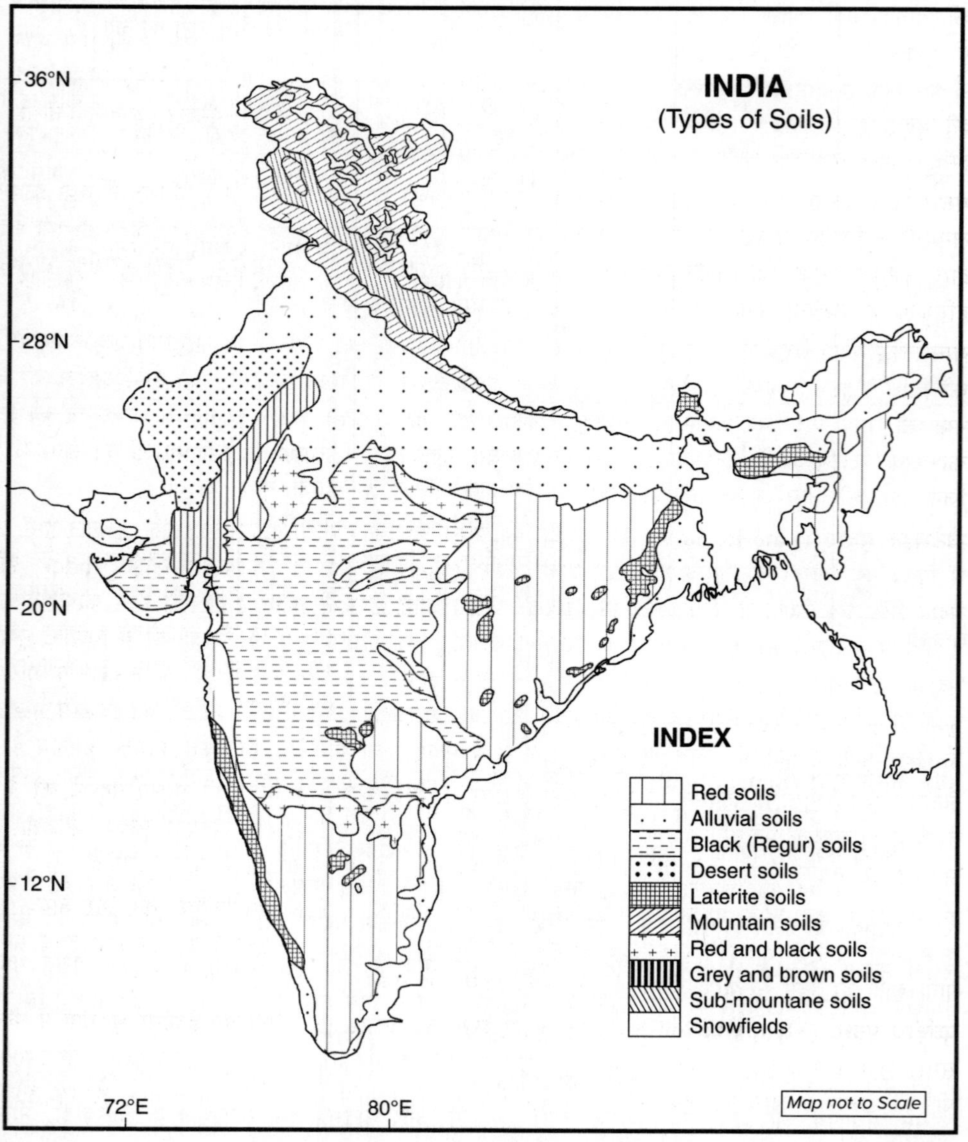

चित्र 6.3 मृदाएं

3. **काली मृदाएं (Black Soils):** काली मृदाएं भारत की तीसरी प्रमुख मृदाएं हैं ये रेगुर (Regur), काली कपास मृदा तथा अंतर्राष्ट्रीय स्तर पर उष्णकटिबंधीय चेर्नोजेम (Tropical Chernozem) इत्यादि नामों से भी जानी जाती हैं। भारत में इनका विस्तार लगभग 50 मिलियन हेक्टेयर में है तथा यह सकल मृदाओं का 15 प्रतिशत हैं। इनका मूल पदार्थ क्रिटेशस युगीन अपक्षयित लावा (Lava of Cretaceous Period) रहा है। यह गुजरात, महाराष्ट्र, पश्चिमी मध्य प्रदेश, उत्तर-पश्चिमी आंध्र प्रदेश, कर्नाटक, तमिलनाडु, राजस्थान, छत्तीसगढ़ और झारखंड के बड़े भागों में फैली है तथा राजमहल की पहाड़ियों तक भी इसका विस्तार मिलता है। ये मृदाएं प्रौढ़ (mature) हैं। अधिकतर काली मृदाओं में औसत वार्षिक वर्षा 50 से 75 सें.मी. तक है।

    इन मृदाओं का रंग हल्के से गाढ़े काला तक है। साधारणतया इनकी मृदा संरचना दुमट है तथा इनमें लोहे, चूने, कैल्शियम, पोटाश, एल्युमीनियम एवं मैग्नीशियम की प्रचुरता है। लेकिन इनमें नाइट्रोजन, फास्फोरस और जैविक पदार्थों की निम्नता पायी जाती है। इनकी नमी धारण क्षमता उच्च है। उच्च कसाव और दृढ़ता आदि गुणों से परिपूर्ण इस मृदा में शुष्कता की स्थिति में दरार पड़ जाती है, जिनकी चौड़ाई 10-15 से.मी. तक हो सकती है। वर्षा काल में इनमें फैलाव होता है तथा इनमें उच्चस्तरीय चिपचिपापन विकसित हो जाता जिस कारण से भीगी हुई स्थिति में इन मृदाओं की जुताई काफी कठिन कार्य है। ये मृदाएं काफी उर्वरक हैं तथा कपास, दलहन, मिलेट, अलसी (तीसी), अरंडी, तम्बाकू, गन्ने, सब्जियों एवं नींबू आदि फलों की खेती के लिए उपयुक्त हैं।

4. **मरुस्थलीय मृदाएं (Desert Soils):** मरुस्थलीय मृदाएं देश की कुल मृदाओं का 4.4 प्रतिशत हैं तथा इनका विस्तार लगभग 15 मिलियन हेक्टेयर में है। इन मृदाओं का निर्माण शुष्क एवं अर्द्ध-शुष्क स्थितियों में हुआ है तथा इन्हें हवाओं द्वारा निक्षेपित किया गया है। इनका विस्तार मुख्यतया राजस्थान, अरावली के पश्चिम, उत्तरी गुजरात, सौराष्ट्र, कच्छ, हरियाणा के पश्चिमी भागों तथा पंजाब के दक्षिण-पश्चिमी भागों में पाया जाता है।

    मरुस्थलीय मृदाएं बलुई से लेकर बजरीनुमा हैं, जिनमें जैविक पदार्थों की कमी, निम्न नाइट्रोजन एवं कैल्शियम कार्बोनेट की विधि प्रतिशतता पायी जाती है। इनमें जहां घुलनशील लवणों की मात्रा उच्च है, वहीं इनमें आर्द्रता की कमी और नमी को धारण करने की क्षमता भी निम्न है। इंदिरा गांधी नहर से प्राप्त जल द्वारा पश्चिमी राजस्थान की इन मृदाओं का काया-पलट हुआ है। इन मृदाओं में मुख्यतया बाजरा, दलहन, ग्वार, चारे तथा वैसी फसलों की खेती की जाती है, जिन्हें जल की निम्न आवश्यकता होती है।

5. **लैटेराइट मृदाएं (Laterite Soils):** इन मृदाओं का प्रथम अध्ययन ब्रिटिश भूगोलवेत्ता एफ. बुचनान द्वारा सन् 1905 में किया गया था। इनका नामकरण लैटिन शब्द 'लैटर' (later) से हुआ है, जिसका अर्थ 'ईंट' (brick) होता है। ये मृदाएं भीगी हुई स्थिति में काफी मुलायम (मक्खन जैसी) होती हैं परन्तु सूखने के उपरांत इनमें काफी कड़ापन आता है तथा ये ढेलेदार (cloddy) हो जाती हैं। मानसूनी जलवायु तथा मौसमी वर्षा वाले क्षेत्रों की ये विशिष्ट मृदाएं हैं। इन मृदाओं का निर्माण आर्द्र एवं शुष्क ऋतुओं की बारंबारता से होने वाले सिलिकामय पदार्थों के निक्षालन के परिणामस्वरूप हुआ है। इनमें लोहे के ऑक्साइड की उपस्थिति इसे लाल रंग प्रदान करती है। इन मृदाओं का विकास मुख्यतया पठार के उच्च भागों में हुआ है। निम्न भागों की तुलना में ये मृदाएं उच्च भागों में अपेक्षाकृत अधिक अम्लीय हैं।

    लैटेराइट मृदाएं भारत के लगभग 12.2 मिलियन हेक्टेयर में फैली हैं तथा ये भारत की समस्त मृदाओं की 3.7 प्रतिशत हैं। ये मृदाएं मुख्यतः पश्चिमी घाट की पहाड़ियों, पूर्वी घाट, राजमहल की पहाड़ियों, सतपुड़ा, विंध्य, ओडिशा, छत्तीसगढ़, झारखंड, प. बंगाल, असम की मिकिर पहाड़ियों और मेघालय की गारो पहाड़ियों में पायी जाती हैं।

    इन मृदाओं में जहां लोहे, एल्युमीनियम की प्रचुरता है वहीं नाइट्रोजन, पोटाश, पोटेशियम, चूने और जैविक पदार्थों की कमी पायी जाती है। हालांकि इनकी उर्वरता निम्न है किंतु खाद (manure) के पटवन के प्रति इनमें उच्च संवेदनशीलता पायी जाती है। इनमें मुख्यतया चावल, रागी, कोदों, गन्ने और काजू की खेती होती है।

6. **पर्वतीय मृदाएं (Mountain Soils):** पर्वतीय मृदाएं भारत के लगभग 18.2 मिलियन हेक्टेयर भू-भाग में फैली हैं तथा समस्त मृदाओं में इनकी हिस्सेदारी लगभग 5.5 प्रतिशत है। ये मृदाएं हिमालय की घाटियों में ढलानों पर 2700 से 3000 मी. की ऊंचाई के बीच के भागों में पायी जाती हैं। ये मृदाएं साधारणतया अप्रौढ़ (immature) हैं तथा इनका क्रमबद्ध अध्ययन अब भी बाकी है। इनकी संरचना एवं गठन अवसादों-दुमट से लेकर दुमट तक है। इनका रंग गहरा भूरा (brown) है। इन मृदाओं को दो वर्गों में विभाजित किया जा सकता है: (i) दुमट पौडजोल (Loamy Podzols), तथा; (ii) उच्च स्थानीय (High Altitude Soil) मृदाएं।

दुमट पौडजोल हिमालय के मध्य-अक्षांशीय भागों (असम, दार्जिलिंग, उत्तराखंड, हिमाचल प्रदेश तथा जम्मू एवं कश्मीर) में पायी जाती हैं जहां देवदार, चीड़ और नीले चीड़ के वृक्ष पाये जाते हैं। इन मृदाओं का चरित्र अम्लीय है तथा इनमें ह्यूमस (Humus) की निम्नता है। इन मृदाओं में मक्का, चावल, दलहन, तिलहन, फलियों, फलों एवं चारे की खेती की जाती है।

वनाच्छादन, ढाल एवं वर्षा की मात्रा के आधार पर उच्च स्थानीय मृदाओं को भूरी अर्थ (brown earth) एवं लाल दुमट मृदाओं में वर्गीकृत किया जा सकता है। इन मृदाओं की उप-मृदा सतह बर्फ के अंदर जमी हुई स्थिति में हैं। इनकी मृदा परिच्छेदिका का साधारणतया निम्न स्तरीय विकास हो सका है।

7. **लाल एवं काली मृदाएं (Red and Black Soils):** लाल एवं काली मृदाओं का विस्तार एकाकी टुकड़ों में है जिन्हें बुंदेलखंड तथा अरावली के पूर्वी राजस्थान और गुजरात में देखा जा सकता है ***(चित्र 6.3)***। इन मृदाओं का विकास आर्कियन और पूर्व कैम्ब्रियन कालों की ग्रेनाइट, नाइस (Gneiss) और क्वार्ट्जाइट पर हुआ है। ये अपेक्षाकृत कम उर्वरक हैं परन्तु सिंचाई की उचित व्यवस्था के उपरांत इनमें अच्छी उर्वरता पायी जाती है। इन मृदाओं पर मक्के, बाजरे, जुवार, दलहनों एवं तिलहनों की खेती की जाती है।

8. **धूसर एवं भूरी मृदाएं (Grey and Brown Soils):** इन मृदाओं का निर्माण ग्रेनाइट, नाइस और क्वार्ट्जाइट के अपक्षयन द्वारा हुआ है। ये ढीली और भुरभुरी (friable) मृदाएं हैं। इसमें विद्यमान लोहे का ऑक्साइड (हेमेटाइट और लिमोनाइट) इसे लाल, काले या फिर भूरे रंगों की भिन्नता प्रदान करता है। ये मृदाएं राजस्थान एवं गुजरात में पायी जाती हैं ***(चित्र 6.3)***।

9. **उप-पर्वतीय मृदाएं (Sub-montane Soils):** ये मृदाएं जम्मू एवं कश्मीर से लेकर असम तक तराई प्रदेशों के उप-पर्वतीय भागों में एक संकीर्ण पट्टी के रूप में पायी जाती हैं। इनका निर्माण शिवालिक एवं लघु हिमालय से प्राप्त अपरदित पदार्थों के निक्षेपों से हुआ है। यह मृदा उपजाऊ है तथा उन्नत जंगलों के विकास को समर्थित करती है। कृषि कार्यों के लिए इन क्षेत्रों में की गई जंगलों की कटाई ने यहां मृदा अपरदन के संकट को जन्म दिया है।

10. **लवणीय एवं क्षारीय मृदाएं (Saline and Alkaline Soils):** सोडियम, कैल्शियम तथा मैग्नीशियम के लवणों की उपस्थिति इन मृदाओं की विशेषता है। कोशिका (capillary) क्रिया की भौतिक गतिविधि के कारण इसके लवण इन मृदाओं की सतह पर एक सफेद परत सी बिछ जाती है। देश में इन मृदाओं को विभिन्न स्थानीय नामों से जाना जाता है, यथा–**रेह, कल्लर, ऊसर, राकर, थुर, कार्ल और चोपान (Chopan)**, इत्यादि। ये मृदाएं राजस्थान, हरियाणा, पंजाब, उत्तर प्रदेश, बिहार और महाराष्ट्र में पायी जाती हैं।

    इनका मृदा गठन बलुई से लेकर बलुई-दुमट तक है। इनमें नाइट्रोजन तथा कैल्शियम की कमी पायी जाती है तथा इसकी नमी धारण क्षमता भी काफी निम्न है। अपवाह की बेहतर व्यवस्था, जिप्सम और/या चूने के प्रयोग और लवणरोधी फसलों (यथा–बरसीम, ढैंचा और अन्य फलीदार फसलें) की खेती करके इन अनुपजाऊ मृदाओं को उपजाऊ बनाया जा सकता है।

11. **पीटमय एवं दलदली मृदाएं (Peaty and Marshy Soils):** वैसे क्षेत्र जहां भारी वर्षा होती है और वर्षा जल का उपयुक्त अप्रवाह उपलब्ध नहीं है वहां पीटमय मृदाओं की उत्पत्ति होती है। यह वर्षाकाल में साधारणतया जलमग्न रहती हैं तथा इनमें चावल की खेती की जाती है। इनमें जैविक पदार्थों की अधिकता होती है और ये उच्च लवणीय हैं लेकिन इनमें फॉस्फेट और पोटाश की कमी है। ये मृदाएं मुख्यतया केरल के कोट्टायम तथा अलापुझा जिलों के कुछ हिस्सों और सुंदरवन डेल्टा में पायी जाती हैं। महानदी, गोदावरी, कृष्णा और कावेरी नदियों के डेल्टा के अतिरिक्त ये मृदाएं कच्छ के रन्न में भी विद्यमान हैं।

12. **करेवा मृदाएं (Karewa Soils):** करेवा मृदाएं सरोवरीय निक्षेपों से बनी हैं जो कश्मीर घाटी तथा जम्मू मंडल के डोडा जिले की भद्रवाह घाटी में पायी जाती हैं। ये मृदाएं चपटी सतहों वाले टीलों (mounds) के रूप में कश्मीर घाटी की सीमाओं पर फैली हैं। इन मृदाओं का निर्माण महीन गाद, दुमट, बालू एवं कंकड़ों से हुआ है। इनमें स्तनधारियों के जीवाश्म और पीट विद्यमान हैं। भूगर्भशास्त्रियों के अनुसार पूरी कश्मीर घाटी अभिनूतन काल (Pleistocene Period) में जल के नीचे रही थी। आने वाले समय में अंतर्जात बलों द्वारा बारामुला खड्ड (gorge) का निर्माण हुआ तथा इस झील का जल इसके द्वारा निकासी हुआ। इस झील या सरोवर में निक्षेपित पदार्थों से ही करेवा की रचना हुई ***(चित्र 6.4)***।

मिड्डलमिस्स के अनुसार करेवा की मोटाई लगभग 1400 मी. है। वास्तव में करेवा के उच्चावच में अभिवृद्धि हुई है तथा इनकी काट-छांट भी हुई है। उप-वायवीय (subaerial) अनाच्छादन द्वारा इनका भारी मात्रा में अपरदन भी हुआ है तथा इनकी वर्तमान स्थिति के निर्माण में झेलम नदी का भी भारी योगदान रहा है। इन मृदाओं पर आज मुख्यतया केसर, बादाम, अखरोट, सेव और फलों की खेती की जाती है। केसर की खेती वहां के किसानों को अच्छी आय अर्जित कराती है। पालमपुर, पुलवामा और कुलगाम की करेवा मृदाएं उच्च गुणवत्ता वाली केसर की खेती के लिए प्रसिद्ध हैं।

13. **हिम क्षेत्र (Snowfields):** भारत का लगभग 4 मिलियन हैक्टेयर भू-भाग बर्फ या हिमानियों से ढका है जिन्हें हिम क्षेत्र के नाम से जाना जाता है। वृहत्त हिमालय की ऊंची चोटियां, काराकोरम, लद्दाख और जास्कर (जास्कर) इसके मूल क्षेत्र हैं। इस क्षेत्र की मृदाएं अप्रौढ़ हैं तथा यहां साधारणतया मृदा अपरदन नहीं हुआ है। ये मृदाएं वर्षभर जमी रहती हैं तथा ये कृषि कार्य के लिए अनुपयुक्त हैं।

ICAR ने भारतीय कृषि को उनके स्वभाव और विशेषताओं के आधार पर वर्गीकृत किया है। संयुक्त राज्य कृषि विभाग (USDA) का मृदा वर्गीकरण निम्न तालिका में दिया गया है:

तालिका 6.2 यूएसडीए के अनुसार भारतीय मिट्टी का वर्गीकरण

क्र.सं.	वर्ग	क्षेत्रफल (वर्ग कि.मी. में)	प्रतिशत
1	इनसेप्टिसोल (Inceptisols)	130372.90	39.74
2	ऐंटिसोल (Entisols)	92131.71	28.08
3	अल्फिसोल्स (Alfisols)	44448.68	13.55
4	वर्टिसोल्स (Vertisols)	27960.0	8.52
5	एरिडिसोल्स (Aridiscls)	14069.0	4.28
6	अल्टिसोल्स (Ultisols)	8250.0	2.51
7	मोलिसोल (Mollisols)	1320.0	0.40
8	अन्य (Others)	9503.0	2.92
		योग	**100**

Source: Soils of India, National Bureau of Soil Survey and Land Use Planning ,Publication Number 94

भारत को प्रतिवर्ष 16 टन प्रति हेक्टेयर की दर से मिट्टी के नुकसान के साथ मिट्टी के कटाव की समस्या का सामना करना पड़ रहा है। मृदा सर्वेक्षण और भू-उपयोग योजना के राष्ट्रीय ब्यूरो के अनुसार 146.8 मिलियन हेक्टेयर भूमि अवनति है। पूरे देश में मिट्टी का वार्षिक नुकसान 5.3 बिलियन टन है।

इसरो के अंतरिक्ष अनुप्रयोग केन्द्र के अनुसार 2011-2013 में भारत में कुल भूमि का 29.3 प्रतिशत अवनति भूमि थी।

भारतीय मृदाओं की समस्याएं (Problems of Indian Soils)

किसी क्षेत्र की मृदा को प्राकृतिक शक्तियां विनष्ट करती रहती हैं, यथा-मृदा विनाश एक प्राकृतिक प्रक्रिया है। वैसे वनों की कटाई, पशुओं द्वारा की गयी अत्यधिक चराई और कृषिगत कार्यों के लिए अवैज्ञानिक भू-उपयोग इत्यादि मानवीय गतिविधियों द्वारा भी मृदा को भारी क्षति पहुंचायी जाती है। भारतीय मृदाओं की प्रमुख समस्याएं हैं- (i) मृदा अपरदन, (ii) घटती मृदा उर्वरता, (iii) जल-जमाव (iv) लवणीयता एवं क्षारीयता, (v) मरुस्थलीयकरण।

(i) मृदा अपरदन (Soil Erosion)

मृदा के ऊपरी सतह के अनावरण (हटने) को मृदा अपरदन (soil erosion) कहते हैं। मृदा की ऊपरी परत के अनाच्छादन को जहां 'शीट (परत) अपरदन' (sheet erosion) कहते हैं वहीं अगर जल के बहाव के पश्चात् अपरदन के दौरान अवनालिकाओं (gullies) का निर्माण होता है तो इसे 'गली अपरदन' (gully erosion) कहते हैं। मृदा अपरदन भारत की एक सार्वभौमिक समस्या

है। यहां भारी वर्षा क्षेत्रों में अपरदन का कारक जल है वहीं शुष्क और अर्द्ध-शुष्क क्षेत्रों में इसकी कारक वायु है। एक अनुमान के अनुसार भारत का लगभग 180 मिलियन हेक्टेयर भू-भाग मृदा अपरदन की प्रतिकूलता से ग्रस्त है (भारत के कुल क्षेत्रफल का लगभग 60 प्रतिशत)।

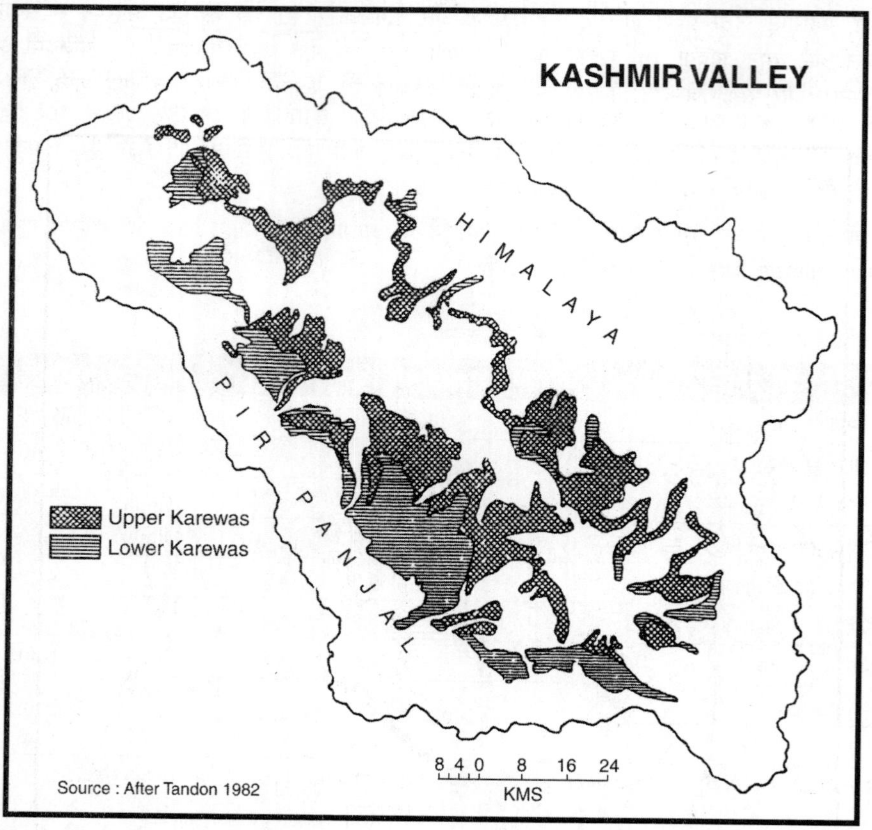

चित्र 6.4 करेवा

जल, हवा, समुद्री लहरें, हिमानी और स्थानान्तरी खेती (shifting cultivation) भारतीय मृदा के अपरदन के मूल कारक हैं। विभिन्न कारकों से प्रभावित मृदा अपरदन के क्षेत्रों को चित्र 6.5 द्वारा दर्शाया गया है। मृदा अपरदन के कारकों में जल सबसे प्रमुख हैं। जल द्वारा किए जाने वाले मृदा अपरदन को तीन श्रेणीयों में वर्गीकृत किया जा सकता है–(a) सतही अपरदन या मृदा के सतह का समरूप अपरदन (Surface erosion), (b) रिल या क्षुद्र सरिता (Rill) अपरदन जिसमें मृदा की सतह पर जल के प्रवाह द्वारा उंगलियों जैसी (Finger - shaped) नालियों का निर्माण होता है, और; (c) अवनालिका (gully), अपरदन जिसका निर्माण विस्तृत और देर तक चलने वाले रिल अपरदन के द्वारा होता है। यह मृदा अपरदन की सबसे द्रुत और क्षति पहुंचाने वाली स्थिति है, जो मृदा को कृषि कार्यों के लिए पूरी तरह अनुपयुक्त बनाती है। मध्य प्रदेश की चंबल घाटी में 'गली' (Gully) अपरदन के विशिष्ट उदाहरण मिलते हैं। राजस्थान और उत्तर प्रदेश में भी इसके विशिष्ट उदाहरण पाये जाते हैं। पंजाब के शिवालिक क्षेत्र, हरियाणा, हिमाचल प्रदेश, जम्मू एवं कश्मीर, उत्तराखंड, उत्तर प्रदेश, हिमालय के दक्षिणी ढालों, उत्तरी पूर्वी भारत के सभी राज्यों तथा पश्चिमी एवं पूर्वी घाटों में गली अपरदन की समस्या व्याप्त है।

राजस्थान, हरियाणा, पंजाब, पश्चिमी मध्य प्रदेश और गुजरात के शुष्क एवं अर्द्ध-शुष्क क्षेत्रों में वायु अपरदन की समस्या है। भारत की हज़ारों हेक्टेयर भूमि को वायु अपरदन द्वारा अनुर्वरक बनाया जा चुका है।

अरब सागर और बंगाल की खाड़ी के तटीय क्षेत्रों में ज्वारीय जल द्वारा मृदा का उच्च अपरदन किया गया है। केरल, तमिलनाडु, आंध्र प्रदेश, ओडिशा, प. बंगाल, महाराष्ट्र एवं गुजरात के सागर तटों पर इसके द्वारा द्रुत अपरदन किया जाता है।

भारत में मृदा अपरदन से प्रभावित सर्वाधिक क्षेत्र राजस्थान में है। राजस्थान के पश्चात मृदा अपरदन का सर्वाधिक प्रभाव क्रमशः मध्य प्रदेश, महाराष्ट्र, उत्तर प्रदेश, गुजरात, आंध्र प्रदेश और कर्नाटक में है। देश के मृदा अपरदन से सर्वाधिक प्रभावित क्षेत्र हैं– (a) चंबल आरै यमुना नदियां, (b) शिवालिक के दक्षिणी ढाल, लघु एवं वृहत्त हिमालय, (c) पश्चिमी आरै पूर्वी घाट, (d) छोटा नागपुर पठार, और; (e) राजस्थान, गुजरात, मध्य प्रदेश, हरियाणा एवं पंजाब के शुष्क एवं अर्द्ध-शुष्क क्षेत्र ***(चित्र 6.6)***।

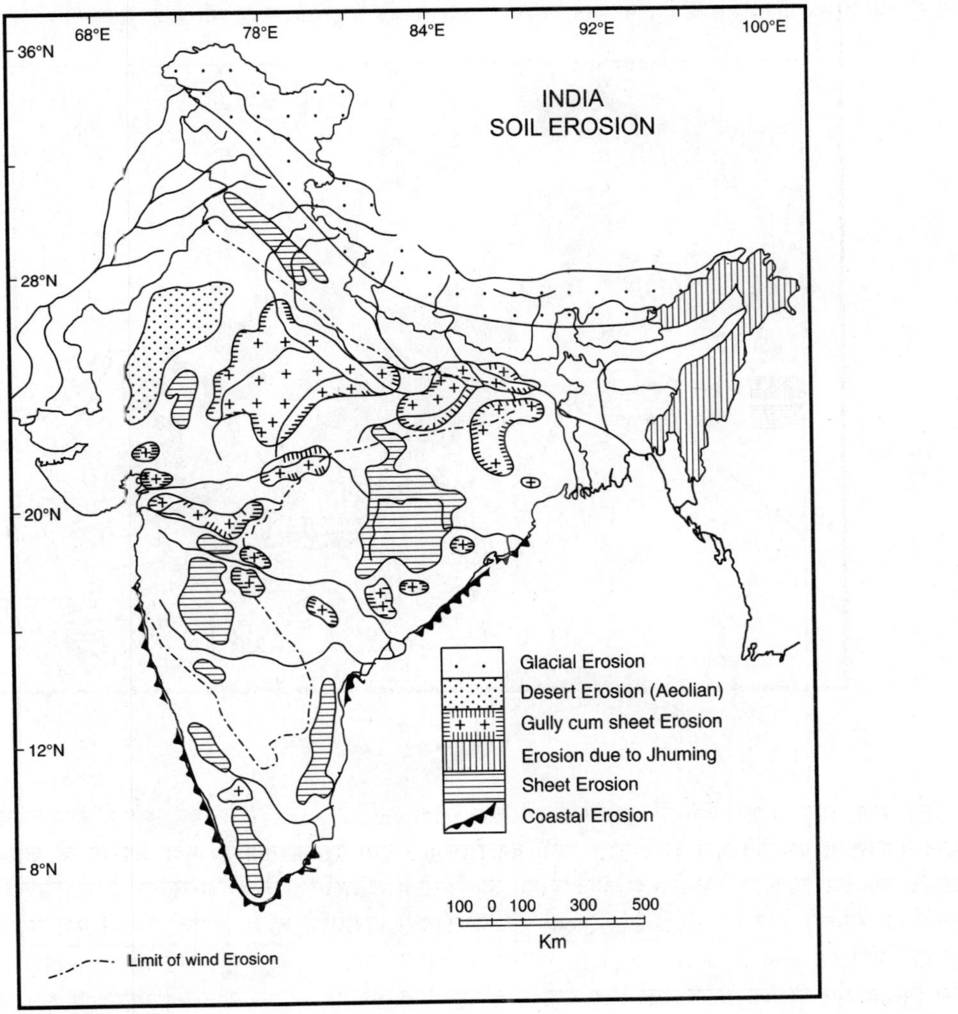

चित्र 6.5 मृदा अपरदन

(ii) घटती मृदा उर्वरता (Declining Soil Fertility)

भारतीय कृषि भूमि का सैकड़ों वर्षों से उपयोग में लाये जाने तथा बहुफसल पद्धति के अनुसरण के कारणों से मृदा की प्राकृतिक उर्वरता तेजी से घटती जा रही है। पंजाब, हरियाणा और पश्चिमी उत्तर प्रदेश के किसानों द्वारा मृदा की घटती उर्वरता की आम शिकायत की जाती है। इन क्षेत्रों से यह रिपोर्ट मिली है कि किसानों द्वारा पिछले वर्ष के उत्पाद स्तर को प्राप्त करने के लिए हर अगले वर्ष अपेक्षाकृत अधिक लागत (inputs) का उपयोग किया जा रहा है। सत्य तो यह है कि अवैज्ञानिक फसल चक्र (गेहूं

और चावल) की दशकों से की जा रही पुनरावृत्ति के कारण भारत के महान मैदानों के मृदा की उर्वरता का उच्च ह्रास हुआ है। वैसी फसलें जो मृदा उर्वरता का सर्वांगीण दोहन करती हैं अगर उनके बाद भूमि में दलहन, फलीदार (leguminous) फसलों की खेती की जाए तो प्रभावित क्षेत्रों की मृदा उर्वरता का संवर्धन संभव है।

(iii) जल-जमाव (Water-logging)

किसी क्षेत्र को जल-जमाव (water-logging) के अंतर्गत तब मानते हैं जब उस क्षेत्र का जल-स्तर उस हद तक बढ़ गया हो जब फसलों की जड़ों के मृदा रंध्र संतृप्त हो जाते हैं। इस स्थिति की प्राप्ति के फलस्वरूप मृदा में हवा का सामान्य चक्र बाधित होता है तथा इसमें ऑक्सीजन की मात्रा घटने लगती है और कार्बन-डाइ-ऑक्साइड की मात्रा बढ़ने लगती है।

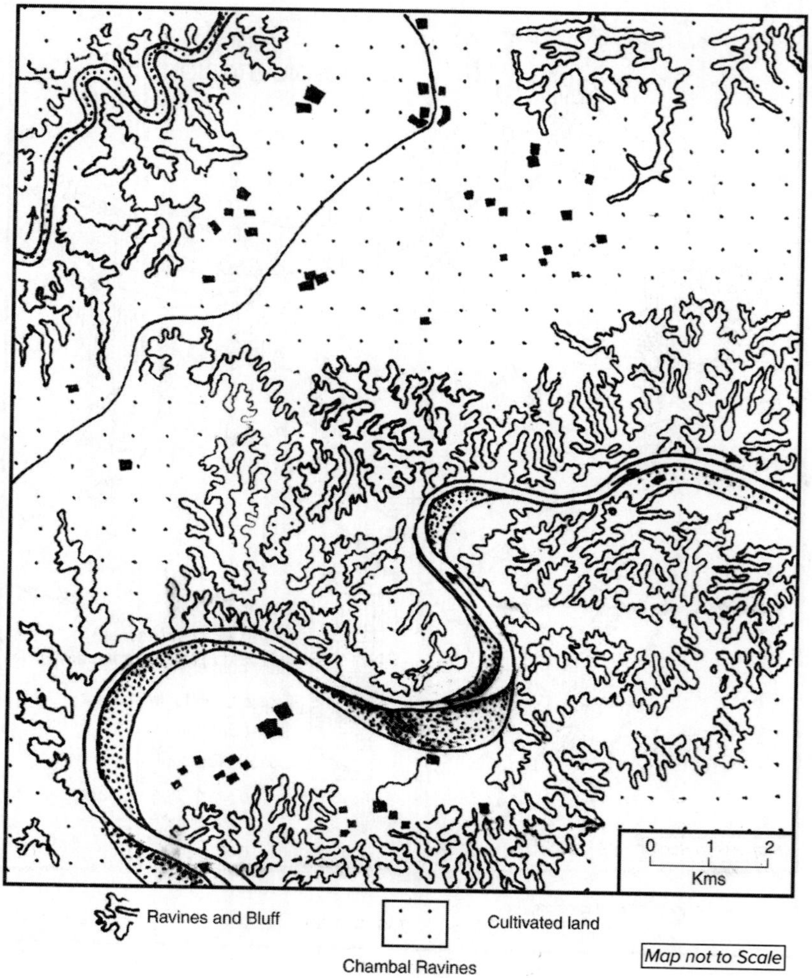

चित्र 6.6 चंबल घाटी का अवनालिका अपरदन

भारत में ऐसा बहुत बड़ा क्षेत्र है जहां अपवाह की अनुपयुक्ता के कारण जल-जमाव की स्थिति बनी रहती है ***(चित्र 6.7)***। जलभराव के मुख्य कारण हैं–1. नहरों से जल का रिसाव, 2. फार्म जल का अनुचित प्रबंधन, 3. जल निकास की कमी, 4. प्राकृतिक निकास से छेड़-छाड़, 5. निकास नहरों के तट पर गलत तरीके से की जाने वाली खेती, 6. समुद्री डेल्टा चक्र में बदलाव, 7. तटीय क्षेत्रों में चक्रवाती लहरों द्वारा सागरीय बाढ़ें।

जल-जमाव के कारण इंदिरा गांधी नहर (राजस्थान) के कुछ भाग, पंजाब की नहरों के तटीय भाग, हरियाणा और उत्तर प्रदेश राज्यों में कृषिगत भूमि का एक बहुत बड़ा भाग जल-जमाव की समस्या से ग्रस्त है। अपवाह तंत्र की उपयुक्त व्यवस्था और रिसाव को कम करने के लिए नहरों के अस्तरण (lining) द्वारा जल-जमाव से प्रभावित क्षेत्रों को कृषि के लिए पुनः उपयुक्त बनाया जा सकता है।

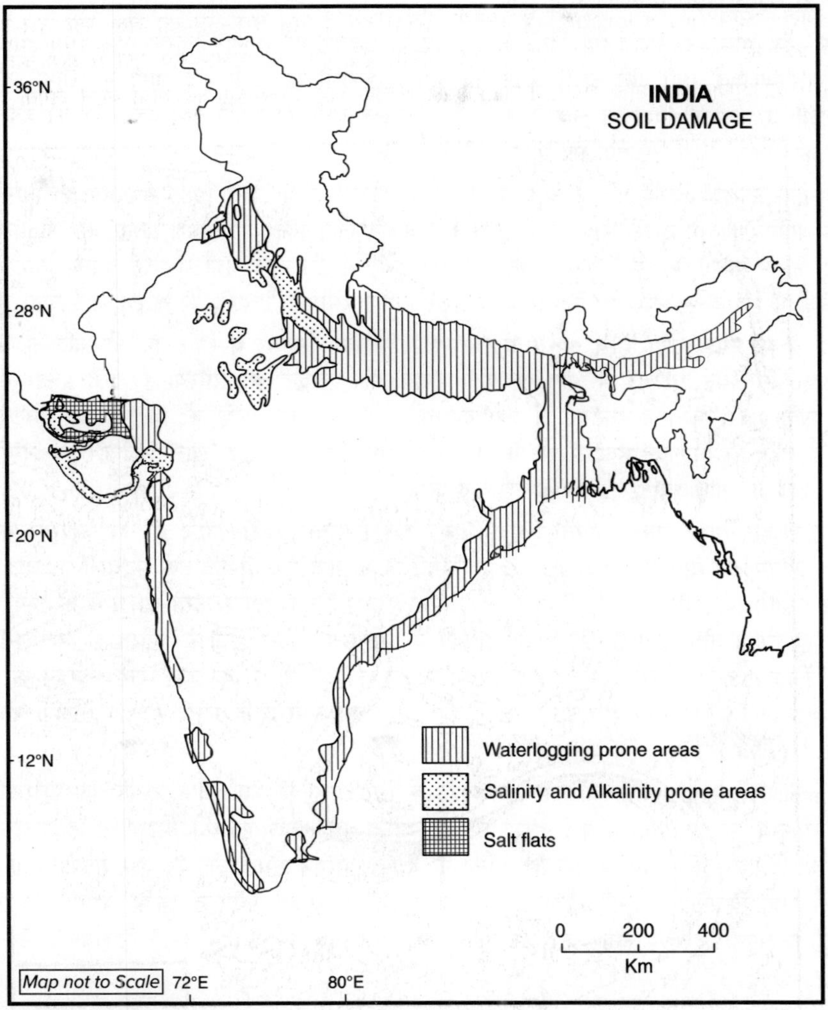

चित्र 6.7 मृदा प्रभावित क्षेत्र

(iv) लवणीयता एवं क्षारीयता (Salinity and Alkalinity)

मृदाओं में लवणीयता एवं क्षारीयता (salinity and alkalinity) की समस्या उन क्षेत्रों में होती है, जहां वर्षा अपेक्षतया कम होती है तथा वाष्पीकरण की दर-वर्षण दर से अधिक होती है। ऐसी स्थिति में केसिका क्रिया (capillary action) द्वारा मृदा में विद्यमान सोडियम, कैल्शियम और मैगनीज के लवणीय और क्षारीय लवणों का ऊपर की तरफ आकर्षण होता है तथा वे मृदा की ऊपरी सतह पर एक सफेद परत के रूप में बिछ जाते हैं। इस प्रकार उपलब्ध लवणीय एवं क्षारीय मृदाएं कृषि कार्य के लिए उपयुक्त नहीं होती। भारत के **खादर** भागों और नहरों द्वारा सिंचित क्षेत्रों में ऐसी समस्याएं विद्यमान हैं। एक अनुमान के अनुसार, भारत की लगभग 80 लाख हेक्टेयर भूमि (भारत के कृषि क्षेत्र का लगभग 2.4 प्रतिशत) पर लवणीयता एवं क्षारीयता की समस्याएं व्याप्त हैं।

भारत की मृदाओं में डेल्टाई क्षेत्रों में लवणीय, दलदली और लंबी घासों एवं झाड़ियों वाले क्षेत्र भी विद्यमान हैं जिन पर कोई कृषि कार्य नहीं हो पाता है। कैल्शियम क्लोराइड द्वारा बुरी तरह क्षतिग्रस्त लवण सपाटों (salt flats) का एक वृहत्त रूप कच्छ के रन में विद्यमान है ***(चित्र 6.7)***। इन्हें कृषि कार्यों के लिए उपयुक्त बनाने के लिए एक मजबूत रणनीति की आवश्यकता है।

(v) मरुस्थलीकरण (Desertification)

किसी मरुस्थल के आस-पास गैर-मरुस्थलीय मार्गों में मरुस्थल के विस्तार को मरुस्थलीकरण (desertification) कहा जाता है। राजस्थान के थार मरुस्थल के पूर्वी और उत्तरी सीमावर्ती क्षेत्रों में पड़ोसी राज्यों के कई भागों में इसकी समस्या विद्यमान है। मरुस्थल की सीमाओं पर हवा की दिशा के लंबवत् घने पत्तों वाले लंबे वृक्षों को लगाने तथा वहां जल की बेहतर उपलब्धि कराने से मरुस्थलीकरण को रोकने में अच्छी सफलता प्राप्त होती है।

कृषि मंत्रालय द्वारा उपलब्ध कराए गए आंकड़ों के आधार पर योजना आयोग द्वारा 1985 में भारत की निम्नीकृत (degraded) मृदाओं/भूमियों का वर्गीकरण तथा उनके लिए जिम्मेदार कारणों का उल्लेख किया गया। इस प्रकार की क्षतिग्रस्त भूमि मृदा क्षरण (निम्नीकरण) का कारण प्रदेश और स्थान में परिवर्तन के साथ बदलती है। कुछ क्षेत्रों में जहां इसका कारण जल अपरदन है, वहीं कुछ अन्य क्षेत्रों में यह वायु अपरदन, लवणीयता या फिर विषैले रसायनों, इत्यादि के कारण से विस्तार हुआ हैं।

तालिका 6.2 से यह स्पष्ट होता है कि भारत के लगभग 2 मिलियन हेक्टेयर भू-भाग जहां अवनालिका अपरदन से प्रभावित हैं वहीं लगभग 1.66 मिलियन हेक्टेयर भू-भाग पर जल-जमाव और दलदल की समस्या है। इसी प्रकार स्थानान्तरी कृषि से प्रभावित क्षेत्र की मात्रा 3.51 मिलियन हेक्टेयर है। जहां देश के अधिसूचित वन प्रदेश के 14 मिलियन हेक्टेयर से अधिक क्षेत्र में निम्नीकृत मृदा है वहीं 19 मिलियन हेक्टेयर से भी अधिक भू-भाग बिना झाड़ी के खाली पड़े हैं। इन निम्नीकृत भू-भागों को पुनर्जित करने के उद्देश्य से शीघ्र ध्यान देने की आवश्यकता है।

जल और हवा से होने वाले अपरदन भारत में मृदा निम्नीकरण के सबसे प्रमुख कारण हैं। जल अपरदन की दीर्घ समय तक चलने वाली निर्बाध प्रक्रिया इसे अवनालिका (gully) अपरदन की काफी खतरनाक स्थिति तक पहुंचाती है। जल और वायु अपरदन एक साथ मिलकर परतीय (sheet) अपरदन की और भी खतरनाक स्थिति को उत्पन्न करते हैं। भूमि के ऊपर से वनस्पतियों के हटने से उन पर वायु क्रिया तीव्र होती है और वायु अपरदन की समस्या उत्पन्न होती है। भारत के जल एवं वायु अपरदन से प्रभावित क्षेत्रों को ***चित्र 6.8*** द्वारा दर्शाया गया है। इस चित्र से यह स्पष्ट होता है कि जहां वायु अपरदन की समस्या मुख्यतया थार मरुस्थल में विद्यमान है, वहीं जल द्वारा होने वाले मृदा अपरदन की समस्या हिमालय, गंगा के मैदानी क्षेत्रों और प्रायद्वीपीय भारत तक विस्तृत है ***(चित्र 6.8)***।

गहन कृषि (intensive agriculture) जो अपनी सफलता के लिए जल की भारी मात्रा, रासायनिक उर्वरकों, कीटनाशकों एवं नाशी जीवमारकों पर निर्भर है, ने भारत के कई हिस्सों में जल-जमाव एवं लवणीयता की समस्याओं को उत्पन्न किया है। उचित अपवाह व्यवस्था का विकास किए बिना ही सिंचाई क्षमता के विस्तार ने इन समस्याओं को और गम्भीर बना दिया है। भारत में निम्नीकृत भूमि की मात्रा कितनी है इसकी वास्तविक जानकारी का अभाव है। भारत के कृषि विभाग द्वारा 2015 में प्रकाशित भू-उपयोग आंकड़ों के अनुसार देश में कृषि कार्य होने योग्य बंजर भूमि (wasteland) के 13.9 मिलियन हेक्टेयर होने का अनुमान था ***(तालिका 6.2)***।

नेशनल रिमोट सेंसिंग सेंटर, हैदराबाद ने अपने 'भारत के बंजर भूमि एटलस- 2019' में बंजर भूमि और विभिन्न श्रेणियों के तहत कुल क्षेत्रफल का वर्गीकरण दिया है (***तालिका 6.3, 6.4*** और ***6.5***)।

तालिका 6.3 श्रेणीवार विभिन्न श्रेणियों में बंजर भूमि के अंतर्गत कुल क्षेत्रफल

क्र. सं.	श्रेणी	वर्ग कि.मी. में कुल बंजर भूमि		अंतर	कुल भौगोलिक क्षेत्र का प्रतिशत	
		2008-09	2015-16		2008-09	2015-16
1	अवनलिकायुक्त भूमि/या उबड़-खाबड़ भूमि (मध्यम)	6585.81	6484.17	-101.65	0.20	0.20
2	अवनलिकायुक्त भूमि/या उबड़-खाबड़ भूमि (गहरी)	3117.48	3108.89	-8.59	0.09	0.09

क्र. सं.	श्रेणी	वर्ग कि.मी. में कुल बंजर भूमि		अंतर	कुल भौगोलिक क्षेत्र का प्रतिशत	
		2008-09	2015-16		2008-09	2015-16
3	घने झाड़ के साथ भूमि	80645.55	73972.04	-6673.52	2.45	2.25
4	खुले झाड़ के साथ भूमि	97319.61	99601.55	2281.95	2.96	3.03
5	जलभराव और दलदली भूमि (स्थायी)	1784.93	1627.15	-157.77	0.05	0.05
6	जलभराव और दलदली भूमि (मौसमी)	6265.27	5199.45	-1065.82	0.19	0.16
7	लवणता/क्षारीयता से प्रभावित भूमि (मध्यम)	5168.68	4723.43	-445.25	0.16	0.14
8	लवणता/क्षारीयता से प्रभावित भूमि (अत्यधिक)	1633.93	1585.66	-48.27	0.05	0.05
9	खेती - वर्तमान झूम	4396.85	3871.27	-525.58	0.13	0.12
10	स्थानांतरण खेती - परित्यक्त झूम	4050.80	4575.49	524.69	0.12	0.14
11	कम उपयोग/अपघटितवन (झाड़ियों का प्रभुत्व)	86953.78	86411.09	-542.69	2.65	2.63
12	कम उपयोग/अपघटित वन (कृषि)	20821.43	21691.08	869.65	0.63	0.66
13	निम्नीकृत चरागाह/चराई भूमि	6867.33	6450.07	-417.26	0.21	0.20
14	वृक्षारोपण फसल के तहत अवक्रमित भूमि	251.87	248.81	-3.06	0.01	0.01
15	रेत-नदी	3165.48	3121.21	-44.27	0.10	0.09
16	रेत-तटीय	709.70	671.24	-38.46	0.02	0.02
17	रेत- मरुस्थल	8323.55	8191.52	-132.03	0.25	0.25
18	रेत-अर्धस्थिर - स्थिरझ 40 मी	9487.83	9345.48	-142.35	0.29	0.28
19	रेत-अर्धस्थिर - स्थिर 15 - 40 मी	13044.60	11800.79	-1243.81	0.40	0.36
20	खनन बंजर भूमि	1818.77	2256.33	437.56	0.06	0.07
21	औद्योगिक बंजर भूमि	204.55	317.20	112.66	0.01	0.01
22	बंजर रॉकी/पथरीली अपशिष्ट	92165.73	94483.78	2318.04	2.80	2.87
23	बर्फ से ढका/हिमनद क्षेत्र	111286.72	107927.78	-3359.04	3.39	3.28
	कुल	**566070.36**	**557665.51**	**-8404.86**	**17.22**	**16.96**

Source: NRSC, ISRO: *Wastelands Atlas of India – 2019*; Land Use & Cover Monitoring Division, Land Resources, Land Use Mapping & Monitoring Group, Remote Sensing Application Area, National Remote Sensing Centre, Hyderabad

तालिका 6.4 मरुस्थलीकरण/भूमि क्षरण में योगदान देने वाली प्रक्रियाएं 2003-05 और 2018-19

मरुस्थलीकरण की प्रक्रिया भूमि अवक्रमण/भूमिह्रास	2018-19		2011-13		2003-05	
	क्षेत्र (मिलियन हेक्टेयर)	क्षेत्र (%) में	क्षेत्र (मिलियन हेक्टेयर)	क्षेत्र (%) में	क्षेत्र (मिलियन हेक्टेयर)	क्षेत्र (%) में
वनस्पति क्षरण	30.07	9.15	29.30	8.91	28.28	8.60
जल क्षरण	36.20	11.01	36.10	10.98	35.61	10.83
वायु क्षरण/हवा द्वारा कटाव	17.94	5.46	18.23	5.55	18.35	5.58
खारापन	3.64	1.11	3.67	1.12	4.01	1.22

मरुस्थलीकरण की प्रक्रिया भूमि अवक्रमण/भूमिह्रास	2018-19		2011-13		2003-05	
	क्षेत्र (मिलियन हेक्टेयर)	क्षेत्र (%) में	क्षेत्र (मिलियन हेक्टेयर)	क्षेत्र (%) में	क्षेत्र (मिलियन हेक्टेयर)	क्षेत्र (%) में
जल भराव	0.81	0.25	0.65	0.20	0.60	0.18
तुषारित क्षरण	3.47	1.05	3.34	1.02	3.11	0.95
जन आंदोलन	0.94	0.29	0.93	0.28	0.84	0.26
मानव निर्मित	0.64	0.19	0.41	0.12	0.37	0.11
बंजर/चट्टानी	1.87	0.57	1.89	0.57	1.88	0.57
अधिवास	2.27	0.69	1.88	0.57	1.48	0.45
मरुस्थलीकरण के तहत कुल क्षेत्रफल	97.85	29.77	96.40	29.32	94.53	28.76
कोई स्पष्ट भूमि ह्रास नहीं	225.06	68.46	226.73	68.97	228.68	69.57
कुल भौगोलिक क्षेत्र (मिलियन हेक्टेयर)	**328.72**					

Source: NRSC, ISRO: *Wastelands Atlas of India – 2019*; Land Use & Cover Monitoring Division, Land Resources, Land Use Mapping & Monitoring Group, Remote Sensing Application Area, National Remote Sensing Centre, Hyderabad

तालिका 6.4a मरुस्थलीकरण के तहत कुल क्षेत्र और विभिन्न शुष्क क्षेत्रों के भीतर मरुस्थलीकरण से गुजरने वाले क्षेत्र का प्रक्रियावार वितरण

गिरावट की प्रक्रिया	मरुस्थलीकरण के तहत क्षेत्र (मिलियन हेक्टेयर)											
	2018-19				2011-13				2003-05			
	शुष्क	अर्द्ध शुष्क	उप-आर्द्र	कुल	शुष्क	अर्द्ध शुष्क	उप-आर्द्र	कुल	शुष्क	अर्द्ध शुष्क	उप-आर्द्र	कुल
वनस्पति क्षरण	2.87	13.69	6.84	23.39	2.86	13.48	6.65	22.99	2.81	13.39	6.34	22.55
जल क्षरण	3.03	17.65	9.13	29.81	3.03	17.51	8.97	29.51	3.12	17.07	8.91	29.11
हवा का कटाव	17.33	0.55	0.00	17.89	17.63	0.56	0.00	18.19	17.72	0.57	0.00	18.30
लवणता/क्षारीयता	2.48	0.88	0.08	3.44	2.52	0.86	0.09	3.48	2.52	1.07	0.21	3.80
जल भराव	0.02	0.11	0.35	0.48	0.02	0.08	0.31	0.42	0.02	0.08	0.25	0.36
द्रव्यमान संचलन	0.85	0.12	–	0.97	0.84	0.11	–	0.96	0.76	0.11	–	0.87
तुषारित क्षरण	3.05	0.47	0.01	3.53	2.94	0.46	0.01	3.41	2.74	0.43	0.01	3.18
मानव जनित	0.07	0.22	0.25	0.54	0.04	0.14	0.16	0.35	0.04	0.14	0.14	0.32
बंजर	0.25	0.28	0.05	0.58	0.25	0.28	0.05	0.58	0.25	0.28	0.05	0.58
चट्टान जनित/चट्टानी	0.30	0.96	0.02	1.27	0.30	0.97	0.02	1.29	0.29	0.97	0.02	1.28
अधिवास	0.14	1.10	0.55	1.79	0.11	0.93	0.44	1.47	0.07	0.75	0.33	1.15
कुल योग	**30.40**	**36.02**	**17.28**	**83.69**	**30.54**	**35.40**	**16.70**	**82.64**	**30.35**	**34.85**	**16.28**	**81.48**

Source: Space Application Centre SAC (2021). Desertification and Land Degradation Atlas of India (Assessment and analysis of changes over 15 years based on remote sensing). Space Applications Centre, ISRO. Ahmedabad, India.

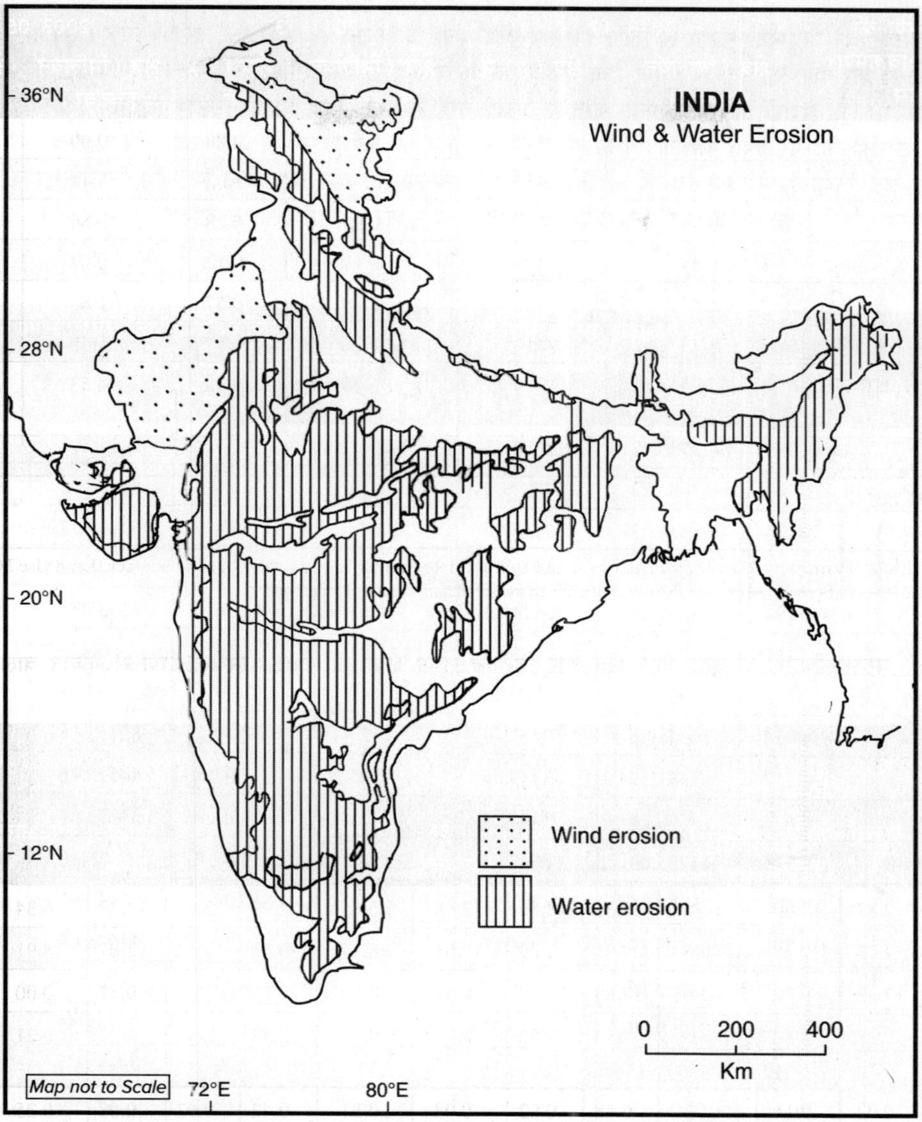

चित्र 6.8 मृदा निम्नीकरण

मृदा निम्नीकरण के कारण एक क्षेत्र से दूसरे क्षेत्र और एक स्थान से दूसरे स्थान पर भिन्न होते हैं। कुछ क्षेत्रों में, यह पानी के कटाव के कारण होता है, जबकि अन्य में यह हवा के कटाव, या नमक और जहरीले रसायनों के कारण होता है।

तालिका 6.3 से देखा जा सकता है कि 9,593 वर्ग कि.मी. से अधिक भूमि जलमग्न है और लगभग 5,200 वर्ग कि.मी. जलभराव और दलदली भूमि है। इसके अलावा, 3871 वर्ग कि.मी. झूम खेती से प्रतिकूल रूप से प्रभावित है। कम उपयोग किए गए अवक्रमित वन 21,691 वर्ग कि.मी. और 6,450 से अधिक निम्नीकृत चरागाहों और चराई भूमि को कवर करते हैं। भारत में कुल बंजर भूमि क्षेत्र लगभग 557,665 वर्ग कि.मी. है। इन भूमियों को पुनर्ग्रहण के लिए तत्काल ध्यान देने की आवश्यकता है।

जल और वायु अपरदन भूमि निम्नीकरण के सबसे प्रबल कारण हैं। जल अपरदन से अवनालिका अपक्षरण होता है, जबकि जल और वायु अपरदन से भूमिपरत अपरदन होता है। जब भूमि से वनस्पति हटा दी जाती है और भूमि हवा की क्रिया के संपर्क

में आ जाती है तो पवन अपरदन सक्रिय हो जाता है। हवा और पानी के कटाव से मिट्टी का क्षरण (चित्र 6.8) में दिखाया गया है। इस आंकड़े से यह देखा जा सकता है कि हवा का कटाव मुख्य रूप से थार रेगिस्तान में होता है जबकि पानी से मिट्टी का कटाव हिमालय, गंगा के मैदानों और प्रायद्वीपीय भारत में अच्छी तरह से फैला हुआ है। गहन कृषि पद्धतियां जो पानी, रासायनिक उर्वरकों, और कीटनाशकों पर बहुत अधिक निर्भर करती हैं, ने भारत के कई हिस्सों में जलभराव और लवणता का कारण बन गयी हैं। उचित जल निकासी के बिना सिंचाई के विस्तार ने इस समस्या को और बढ़ा दिया है। भूमि निम्नीकरण के तहत कुल क्षेत्र में 1.97 प्रतिशत की वृद्धि हुई है और उत्तर प्रदेश में 1.27% का सुधार हुआ है जैसाकि तालिका 6.6 में देखा जा सकता है।

तालिका 6.5 भारत में निम्नीकृत भूमि का स्तर और वितरण

राज्य/संघ राज्य क्षेत्र	कुल भौगोलिक क्षेत्र	कुल क्षेत्रफल मरुस्थलीकरण (क्षेत्र वर्ग कि.मी. में)		कुल क्षेत्रफल मरुस्थलीकरण कुल भौगोलिक क्षेत्र का %		कोई स्पष्ट भूमि निम्नीकरण नहीं (क्षेत्र वर्ग कि.मी. में)	
		2018-19	2011-13	2018-19	2011-13	2018-19	2011-13
आंध्र प्रदेश	162989	23780.42	22987.58	14.84	14.35	133462.5	134470.8
अरुणाचल प्रदेश	83743	2006.83	1539.33	2.4	1.84	80917.02	81448.5
असम	78438	8345.3	7165.96	10.64	9.14	64414.37	65910.13
बिहार	94171	7465.86	6948.09	7.93	7.38	84146.52	85118.28
छत्तीसगढ	135194	23065.31	22111.53	17.06	16.36	110330.5	111305.9
दिल्ली	1483	915.43	898.68	61.73	60.6	556.33	573.07
गोवा	3702	1948.77	1929.73	52.64	52.13	1673.88	1686.48
गुजरात	196024	102480.6	102616.4	52.22	52.29	85452.65	8534.39
हरियाणा	44212	3641.54	3389.64	8.24	7.67	40570.46	40822.36
हिमाचल प्रदेश	55673	24003	23942.4	43.11	43.01	31175.64	31236.24
जम्मू और कश्मीर	222236	11295.03	10647.21	20.86	19.67	42410	43057.82
झारखंड	79706	54822.6	54987.26	68.77	68.98	24119.3	23988.66
कर्नाटक	191791	69598.47	69510	36.29	36.24	119754.8	119843.3
केरल	38863	4222.99	3795.87	10.87	9.77	33811.6	34552.38
लद्दाख	–	71119.68	69115.73	42.31	41.12	95133.55	97147.57
मध्य प्रदेश	308252	38597.35	38043.15	12.52	12.34	264176.7	265020.3
महाराष्ट्र	307690	143060.3	138259.4	46.49	44.93	159312.8	164155.7
मणिपुर	22327	6125.66	6019.59	27.44	26.96	16015.84	16139.78
मेघालय	22429	5575.76	4948.8	24.86	22.06	16838.79	17465.8
मिजोरम	21081	2758.27	1874.53	13.08	8.89	18128.45	19037.62
नगालैंड	16579	8289.43	7866.78	50	47.45	8272.97	8695.62
ओडिशा	155707	53590.14	53041.14	34.42	34.06	97154.92	97589.29
पंजाब	50362	1679.89	1446.53	3.34	2.87	48242.32	48496.51
राजस्थान	342239	212376.7	215265.1	62.06	62.9	128216.7	125469.3
सिक्किम	7096.00	846.1	787.49	11.92	11.1	6243.72	6302.34
तमिलनाडु	130058	15999.81	15438.98	12.3	11.87	112876.6	113442.6

राज्य/संघ राज्य क्षेत्र	कुल भौगोलिक क्षेत्र	कुल क्षेत्रफल मरुस्थलीकरण (क्षेत्र वर्ग कि.मी. में)		कुल क्षेत्रफल मरुस्थलीकरण कुल भौगोलिक क्षेत्र का %		कोई स्पष्ट भूमि निम्नीकरण नहीं (क्षेत्र वर्ग कि.मी. में)	
		2018-19	2011-13	2018-19	2011-13	2018-19	2011-13
तेलंगाना	112079	36385.08	35988.56	31.68	31.34	76332.43	76894.91
त्रिपुरा	10486	4473.78	4371.28	42.66	41.69	5937.3	6087.76
उत्तराखंड	53483	6738.94	6482.53	12.6	12.12	46421.09	46677.5
उत्तर प्रदेश	240928	15496.08	15289.97	6.43	6.35	220925.2	221159.6
पश्चिम बंगाल	88752	17843.45	17339.31	20.1	19.54	68270.84	68849.1
कुल	**3287263**	**978548.5**	**964048.5**	**29.77**	**29.32**	**2241296**	**2257980**

Source: Space Application Centre SAC (2021). Desertification and Land Degradation Atlas of India (Assessment and analysis of changes over 15 years based on remote sensing). Space Applications Centre, ISRO. Ahmedabad, India.

मृदा अपरदन के परिणाम (Consequences of Soil Erosion)

मृदा अपरदन तत्काल भूमि में उत्पादन को बढ़ाने और संपोषित करने वाले पोषक तत्वों की कमी करता है तथा अंतत: पारिस्थितिकीय असंतुलन (Ecological Imbalance) का कारण बनता है। मृदा अपरदन के प्रमुख परिणामों को निम्न प्रकार देखा जा सकता है:

(i) मृदा की उर्वर ऊपरी सतह का ह्रास जिससे धीरे-धीरे मृदा की उर्वरता और कृषि उत्पादकता में कमी आती है।

(ii) निक्षालन (leaching) एवं जल-जमाव (Water-logging) द्वारा मृदा के पोषक तत्वों का ह्रास।

(iii) भूमिगत जल के स्तर में गिरावट तथा मृदा में नमी का ह्रास।

(iv) वनस्पतियों का सूखना तथा शुष्क भूमि के क्षेत्र में विस्तार।

(v) सूखा एवं बाढ़ की बारंबारता में वृद्धि।

(vi) नदियों एवं नहरों की पेटियों में अवसादों का जमाव (silting)।

(vii) भू-स्खलन की बारंबारता में वृद्धि।

(viii) अर्थव्यवस्था पर प्रतिकूल प्रभाव जिससे सामाजिक एवं सांस्कृतिक विकास मंद पड़ता है।

(ix) अपराधियों एवं डकैतों के छुपने के प्राकृतिक स्थानों में वृद्धि जिस कारण अपराध एवं असामाजिक गतिविधियां बढ़ जाती हैं।

(x) निम्नीकृत भूमि (degraded land) को पुन: अर्जित करने का कार्य सरकारी राजस्व को हानि पहुंचाता है।

विभिन्न प्रकार की व्यर्थ भूमि और निम्नीकृत मृदाओं को पुन: अर्जित करने की कोई एकरूप रणनीति (uniform strategy) नहीं है। इस कार्य में सहायक कुछ रणनीतियां निम्न प्रकार हैं:

(i) सभी निम्नीकृत भूमि (degraded land) और मृदाओं पर वृक्षारोपण किया जाना चाहिए। सीमांत भूमि जो कृषि कार्य के लिए उपयुक्त नहीं हैं, को सामाजिक एवं कृषि वानिकी के अंतगर्त लाया जाना चाहिए।

(ii) निम्नीकृत मृदाओं और भू-भागों को जलविभाग (watershed) कार्यक्रमों की सहायता से पुन: अर्जित किया जा सकता है।

(iii) वर्षाजल के संग्रहण (water–harvesting) और संरक्षण को नियोजित विकास की प्रक्रिया के केन्द्र (focus) में रखा जाना चाहिए। जलविभाजक परियोजनाओं के लाभ को महत्तमीकृत करने के लिए जलसंभर (watershed) क्षेत्रों में जल हार्वेस्टिंग की छोटी-छोटी परियोजनाओं की शृंखला की व्यवस्था की जानी चाहिए।

(iv) मृदा संरक्षण के तकनीकों का कुशलता से कार्यान्वयन किया जाना चाहिए (जिसकी संक्षिप्त चर्चा अगले पृष्ठों में की गयी है)।

मृदा संरक्षण (Soil Conservation)

भारत की एक अरब पच्चीस लाख से भी अधिक की जनसंख्या के सुपोषण को ध्यान में रखकर मृदा संसाधन के उचित उपयोग और इसके संरक्षण को शीर्षस्थ महत्व देने की आवश्यकता है।

तेज हवाओं द्वारा मृदा की ऊपरी उर्वर परत को उड़ाये जाने से बचाने के लिए गुजरात, हरियाणा, पंजाब, राजस्थान और पश्चिमी मध्य प्रदेश के किसानों द्वारा अपने कृषि भूमि के किनारों पर पंक्तियों में वृक्षारोपण करके मृदा संरक्षण का एक बेहतर और व्यवहार्य उदाहरण प्रस्तुत किया गया है। मृदा संरक्षण के अंतगर्त मृदा अपरदन को कम करने, वृक्षारोपण, मृदाओं का तर्कसंगत उपयोग तथा वे सारे उपाय शामिल हैं, जिनसे मृदा का संपोषण होता है। मृदा संरक्षण के कुछ महत्वपूर्ण उपायों की चर्चा निम्न प्रकार है:

1. **वृक्षारोपण:** वृक्षारोपण (afforestation) मृदा अपरदन में कमी लाता है। वृक्ष न केवल मृदा की ऊपरी उर्वर परत को जल द्वारा बहाये जाने या हवा द्वारा उड़ाये जाने से रोकते हैं बल्कि वे जल के रिसाव की बेहतर व्यवस्था करके मृदा में नमी और जल-स्तर (Water Table) को भी बनाये रखने में सहायक होते हैं। नदियों, नहरों, झीलों, सड़कों एवं रेल लाइनों के किनारों तथा सरकारी/सामुदायिक भूमियों पर सामाजिक वानिकी को बढ़ावा दिया जाना चाहिए।
2. **वृक्षों की कटाई पर प्रतिबंध:** वृक्षारोपण के अतिरिक्त वृक्षों की निर्बाध कटाई को नियंत्रित करने की आवश्यकता है। चिपको आंदोलन (उत्तराखण्ड) जैसे जन-जागरुकता अभियानों द्वारा वृक्ष एवं वनों के महत्व को प्रचारित एवं प्रसारित किए जाने की आवश्यकता है।
3. **समोच्च रेखा जुताई (Contour Ploughing) और पट्टी कृषि:** पहाड़ी एवं पर्वतीय क्षेत्रों में ढाल की दिशा के समरूप ऊपर से नीचे जुताई नहीं की जानी चाहिए बल्कि वहां समोच्च रेखा (contour) के अनुरूप जुताई को प्रोत्साहित किया जाना चाहिए। समोच्च जुताई मृदा अपरदन को नियंत्रित करने का एक प्रभावी तरीका है। इसी प्रकार साधारण ढाल वाले कृषि क्षेत्रों पर कृषि कार्य के लिए खेतों की छोटी पट्टियां (strips) विकसित की जा सकती हैं ताकि मृदा अपरदन को नियंत्रित किया जा सके।
4. **बाढ़ नियंत्रण (Flood Control):** भारत में मृदा अपरदन का बाढ़ से काफी नजदीकी संबंध है। बाढ़ वर्षा काल में ही आती है। अत: वर्षा काल के जल को संगृहीत करने से लेकर अतिरिक्त जल की द्रुत निकासी पर ध्यान देना काफी उपयोगी सिद्ध होगा। नदियों को अंत: संबंधित करने जैसी माला नहर परियोजना (Garland Canal Project) या गंगा-कावेरी लिंक नहर परियोजना इस दिशा में काफी सहायक हो सकती हैं।
5. **रेवाइन्स एवं खराब भूमियों का उद्धार (Reclamation of Ravines and Badlands):** अवनालिकाओं एवं खड्डों (ravines) का उद्धार (reclamation) मृदा अपरदन की समस्या के निदान के लिए एक आवश्यक कार्य है। मध्य प्रदेश, उत्तर प्रदेश और राजस्थान में अवनालिकाओं (gullies) के मुहानों को बंद करने, अवनालिकाओं पर बांध का निर्माण करने, अवनालिकाओं को समतल बनाने, वृक्षारोपण, पशुचारण के प्रतिबंध से जुड़ी कई योजनाओं का केन्द्र और राज्य सरकारों द्वारा कार्यान्वयन किया जा रहा है।
6. **स्थानान्तरी कृषि (Shifting Cultivation) पर प्रतिबंध:** भारत के पूर्वोत्तर राज्यों तथा पूर्वी और पश्चिमी घाटों में स्थानान्तरी खेती (Shifting Cultivation) मृदा अपरदन का एक प्रमुख कारण है। इसकी जगह इन क्षेत्रों में वेदिका कृषि (terrace cultivation) को प्रोत्साहित करने की आवश्यकता है। स्थानान्तरी कृषि को नियंत्रित करने संबंधी एक योजना सातों ही पूर्वोत्तर राज्यों में प्रारंभ की गयी है। यह एक लाभोन्मुख योजना है जिसके अंतर्गत झूमिया (स्थानान्तरी कृषक) को पुन: स्थापित किया जाता है। इस योजना को देश के अन्य प्रभावित क्षेत्रों में विस्तार किए जाने की आवश्यकता है ताकि आने वाले समय में इस कृषि विधि को स्थायी कृषि में स्थानांतरित किया जा सके।
7. **दीर्घ परती भूमि पुन: स्थापना (Restoration of Long-Fallow):** भारत में परती भूमि (fallow land) का क्षेत्र लगभग 96 लाख हेक्टेयर है। दीर्घ परती भूमि (long fallow) मुख्यतया आंध्र प्रदेश, तेलंगाना, तमिलनाडु, कर्नाटक, मध्य प्रदेश, महाराष्ट्र गुजरात, राजस्थान, बिहार, उत्तर प्रदेश और उत्तराखंड में विद्यमान है। इन्हें कृषि कार्यो, चारागाहों और फलोद्यानों के रूप में पुन: स्थापित (restoration) करने की आवश्यकता है ताकि यहां होने वाले निर्बाध जल और वायु अपरदन की प्रक्रियाओं को रोका जा सके।

8. **लवणीय एवं क्षारीय मृदाओं का उद्धार (Reclamation of Saline and Alkaline Soils):** भारत में लवणीयता और क्षारीयता से समस्याग्रस्त क्षेत्र 80 लाख हेक्टेयर से भी अधिक है। यह देखा जा सकता है कि केरल में 24.47 लाख हेक्टेयर के बाद छत्तीसगढ़ में 23.55 लाख हेक्टेयर भूमि मुख्यत: लवणता, क्षारीयता और अम्लता से प्रभावित है। (तालिका 6.6)। आई.सी.ए.आर. (2010) द्वारा प्रकाशित रिपोर्ट 'भारत-स्थिति और स्थानिक के क्रमबद्ध और बंजर भूमि वितरण' (Degraded and Wastelands of India-Status and Spatial Distribution) के अनुसार पूर्ण विश्लेषण तालिका 6.6 में प्रस्तुत किया गया है।

तालिका 6.6 भारत के राज्यों में प्रभावित मृदा क्षेत्र

क्रमांक	राज्यों का नाम	समस्या से प्रभावित क्षेत्र (क्षार, लवण और अम्ल) मिट्टी (लाख हेक्टेयर में)			
		क्षार	खारा	अम्ल	कुल
1.	आंध्र प्रदेश*	1.94	0.60	0.01	2.55
2.	अरुणाचल प्रदेश	0.00	0.00	17.69	17.69
3.	असम	0.00	0.00	19.95	19.95
4.	बिहार	1.06	0.40	0.41	1.87
5.	छत्तीसगढ़	0.13	0.00	23.42	23.55
6.	गोवा	0.00	0.00	1.03	1.03
7.	गुजरात	5.45	15.59	0.00	21.04
8.	हरियाणा	1.84	0.46	0.02	2.32
9.	हिमाचल प्रदेश	0.00	0.00	0.76	0.76
10.	जम्मू और कश्मीर	0.00	0.00	0.78	0.78
11.	झारखंड	0.00	0.00	7.35	7.35
12.	कर्नाटक	1.45	0.02	0.93	2.40
13.	केरल	0.00	0.21	24.26	24.47
14.	मध्य प्रदेश	1.24	0.00	4.82	6.06
15.	महाराष्ट्र	4.21	1.71	2.69	8.61
16.	मणिपुर	0.00	0.00	15.97	15.97
17.	मेघालय	0.00	0.00	10.23	10.23
18.	मिजोरम	0.00	0.00	11.63	11.63
19.	नगालैंड	0.00	0.00	15.16	15.16
20.	उड़ीसा	0.00	1.31	2.03	3.34
21.	पंजाब	1.52	0.00	0.00	1.52
22.	राजस्थान	1.52	0.82	0.00	2.34
23.	सिक्किम	0.00	0.00	0.58	0.58
24.	तमिलनाडु	3.52	0.11	4.27	7.90
25.	त्रिपुरा	0.00	0.00	7.09	7.09
26.	उत्तराखंड	0.00	0.00	4.00	4.00
27.	उत्तर प्रदेश	13.20	0.22	0.00	13.42

क्रमांक	राज्यों का नाम	समस्या से प्रभावित क्षेत्र (क्षार, लवण और अम्ल) मिट्टी (लाख हेक्टेयर में)			
		क्षार	खारा	अम्ल	कुल
28.	पश्चिम बंगाल	0.00	4.08	4.18	8.26
29.	अन्य	0.00	1.76	0.00	1.76
	कुल (लाख हेक्टेयर)	**37.08**	**27.29**	**179.26**	**243.63**
	कुल (मिलियन हेक्टेयर)	**3.70**	**2.73**	**17.93**	**24.36**

*तेलंगाना राज्य का क्षेत्र शामिल है

Source: ICAR & NAAS (2010). Degraded and Wastelands of India-Status and Spatial Distribution, New Delhi

9. **मृदा संरक्षण के अन्य उपाय (Other Measures):** भारत सरकार द्वारा देश की नियोजित प्रक्रिया में प्रारंभ से ही मृदा अपरदन को रोकने का प्रयास किया जाता रहा है। मृदा अपरदन को रोककर मृदा के संरक्षण की दिशा में निम्न उपाय काफी उपयोगी सिद्ध हो सकते हैं:
   (i) बाढ़ एवं मृदा अपरदन पर नियंत्रण के उद्देश्य से सहायक नदियों पर उनके ऊपरी भागों में छोटे-छोटे बांधों (dams) का निर्माण।
   (ii) नहरों से होने वाले जल रिसाव को रोकने के लिए नहरों का अस्तरण (lining) ताकि निम्न भागों में जलमग्नता (Water logging) को रोका जा सके।
   (iii) सतही और ऊर्ध्वाधर अपवाह तंत्र में सुधार करके जलमग्नता (water–logging) की समस्या का निदान करना।
   (iv) शुष्क एवं अर्द्ध-शुष्क प्रदेशों पवनरोधकों (windbreaks) एवं आश्रय पट्टियों (shelter belts) का निर्माण ताकि वायु अपरदन की समस्या को नियंत्रित किया जा सके।
   (v) जैविक (organic) उर्वरकों एवं वानस्पतिक खाद (compost manure) के उपयोग में वृद्धि करना।
   (vi) गोबर एवं हरित खादों के प्रयोग को लोकप्रिय बनाना।
   (vii) मानव अवशेषों (wastes) एवं शहरी कचरों को खाद में परिवर्तित करना।
   (viii) वैज्ञानिक फसल चक्र पर ध्यान देना।
   (ix) अवनालिकाओं की भराई तथा ढालों पर वेदिकाओं (terraces) का निर्माण करना।
   (x) रेवाइन्स (ravines) का समतलीकरण एवं ढालों पर वृक्षारोपण एवं घासरोपण करना।
   (xi) स्थानान्तरी कृषि पर नियंत्रण लगाना तथा 'झूम' भूमि (Jhum land) को स्थायी कृषि में स्थानांतरित करना।
   (xii) निम्नीकृत मृदाओं पर वृक्षारोपण को प्रोत्साहित करना।
   (xiii) सतत् कृषि (sustainable agriculture) की तकनीक को अपनाना।
   (xiv) निम्नीकृत मृदाओं वाले प्रदेशों में जनता को सेमीनार, संगोष्ठी, सम्मेलनों एवं कार्यशालाओं के माध्यमों से मृदा अपरदन के प्रतिकूल प्रभावों एवं मृदा संरक्षण की आवश्यकता के प्रति शिक्षित करना।

कृषि मंत्रालय की रिपोर्ट के अनुसार भारत सरकार का लक्ष्य 2030 तक भारत के भूमि अवनतिकरण को तटस्थ बनाना है। भारत में 69% (लगभग 105 मिलियन हेक्टेयर) शुष्क भूमि है और 32% भूमि मरुस्थलीकरण के अन्तर्गत है। लगभग एक मिमी ऊपर मिट्टी खत्म हो गई है और मृदा अपरदन के कारण प्रतिवर्ष 5334 मिलियन टन मिट्टी खत्म हो रही है। एकीकृत भूमि उपयोग योजना भारतीय भूमि के मरुस्थलीकरण को रोक या पलट सकती है।

अजैविक उर्वरक (NPK) का गैर-विवेकपूर्ण और अत्यधिक उपयोग मिट्टी की उर्वरता को खराब कर रहा है। नहर के पानी की सिंचाई से द्वितीय लवणीयता हो सकती है जो पानी की गुणवत्ता को भी प्रभावित करती है। भारत सरकार द्वारा कई योजनाएं और परियोजनाएँ शुरू की गई है। उनमें से कुछ तालिका 6.7 में नीचे सूचीबद्ध है:

तालिका 6.7 भूमि के अवनतिकरण को नियंत्रित करने और भूमि सुधार के लिए सरकार की योजनाएँ

<table>
<tr><th>क्र.सं.</th><th colspan="2">योजना/परियोजना</th><th colspan="2">उद्देश्य</th><th>गतिविधियां शुरू</th></tr>
<tr><td rowspan="2">1.</td><td rowspan="2">राज्य की योजनाएं</td><td>सामान्य क्षेत्रों में भूमि और पानी का संरक्षण</td><td colspan="2">भूमि अपरदन में कमी करना, भूमि का अवनतिकरण घटाना, पानी का संरक्षण</td><td>टेरेसिंग और सुधार, अपरदन नियंत्रण, जल संरक्षण एवं वितरण, वनीकरण, खेत तालाब, नदी/बागवानी फसलें।</td></tr>
<tr><td>जलविभाजन प्रबन्धन कार्यक्रम</td><td colspan="2">एक एकीकृत पहुँच से छोटे जल विभाजक के उपचार का उद्देश्य</td><td>कृषि योग्य भूमि का उपचार, गैर-कृषि भूमि, जल निकासी लाइन, वनीकरण नदी/कृषि बागवानी।</td></tr>
<tr><td rowspan="5">2.</td><td rowspan="5">केन्द्र द्वारा प्रायोजित योजनाएँ</td><td>एकीकृत बंजर भूमि विकास कार्यक्रम (IWDP) (भूमि संसाधन विभाग, ग्रामीण विकास मंत्रालय द्वार वित्त पोषित) भारत सरकार</td><td colspan="2">जल विभाजन विकास कार्यक्रम 1995 जिसे 2001 और 2003 में संशोधित किया गया। दिशा निर्देशों को अपनाकर इस कार्यक्रम के कार्यान्वयन में गाँव के समुदायों को शामिल करने का इरादा है (हरियाली)</td><td>13,053.25 लाख रुपये की लागत के साथ 2,21,225 हेक्टेयर क्षेत्र को कवर करते हुए 439 छोटे जल विभाजन के उपचार के लिए 112 परियोजना स्वीकार की गई हैं।</td></tr>
<tr><td rowspan="4">एकीकृत बंजर भूमि प्रबंधन कार्यक्रम (IWMP)</td><td>2009-10</td><td>राज्य की 18 जल विभाजक परियोजनाओं में 30,000 हेक्टेयर भूमि के उपचार का अनुमोदन किया है।</td><td rowspan="4">1. मृदा को नष्ट करने के लिए, जल अपरदन और सतह का पानी बह जाता है।
2. फसल कटाई से सतह और वर्षा का पानी बह जाता है।
3. मिट्टी की जलधारण क्षमता को बढ़ाने के लिए।
4. उप-सतही प्रवाह, आधार प्रवाह और भूजल रीचार्ज को बढ़ावा देना।
5. मिट्टी की बनावट और इसकी उत्पादकता में सुधार करना।
6. रोजगार के अवसर पैदा करने को बढ़ावा देना।</td></tr>
<tr><td>2010-11</td><td>52,000 हेक्टेयर भूमि</td></tr>
<tr><td>2011-12</td><td>37,500 हेक्टेयर भूमि</td></tr>
<tr><td>2012-13</td><td>38,870 हेक्टेयर भूमि</td></tr>
<tr><td>3.</td><td colspan="2">सरकार की अन्य योजनाएँ</td><td colspan="3">1. मेघालय के जयंतिया हिल जिले में कोपिली नदी के जलग्रहण क्षेत्र में अवनीति भूमि की उत्पादकता को बढ़ाने के लिए भू-संरक्षण की शुरुआत।
2. राष्ट्रीय कृषि विज्ञान योजना (RKVY)</td></tr>
<tr><td>4.</td><td colspan="2">विशेष योजना सहायता</td><td colspan="3">चेरापूंजी परिस्थितिक परियोजना-सोहरा पठार के तहत अवनति भूमि की बहाली।</td></tr>
</table>

Source: Soil and Water Conservation Department, Government of India

संदर्भ सूची (References)

- Ahmad, A., *India—A General Geography*. New Delhi: NCERT, 1998.
- Agarwal, M. C., et al., *Saline and Alkaline Soils in India*. ICAR Tech. Bull. (Apic Series), 1968.
- Donahue Roy, L., *Our Soils and Their Management*. First Indian Edition. Asia Publishing House, 1963.
- Government of India. *Study of Soil Conservation in Catchment Areas above Dams in River Valley Projects*. Pt. I, Planning Commission, New Delhi (1966).
- Govt. of India. *India—2010*. Publication Division, New Delhi.

- Kuriyan, G., *India—A General Survey*. New Delhi: National Book Trust of India, 1970.
- Husain, M., *Systematic Agricultural Geography*. Jaipur: Rawat Publications, 1996.
- Husain, M., *Fundamentals of Physical Geography*. Jaipur: Rawat Publications, 2007.
- Husain, M., 'Environment and Ecology' New Delhi, Access Publishing India Ltd., 2014.
- Khullar, D. R., *India—A Comprehensive Geography*. New Delhi: Kalyani Press, 2005.
- Kayastha, S. I. "Some Aspects of Soil Erosion and Conservation in India, with Special Reference to Agriculture and Food Production." In *Resource Geography (Contribution to Indian Geography)*. Edited by A. Ramesh. 225–33. New Delhi: Heritage Publishers, 1984.
- Khullar, D. R., *India—A Comprehensive Geography*. New Delhi: Kalyani Publishers, 2005.
- Mehta, K. K., *Reclamation of Alkali Soils in India*. New Delhi: Oxford and IBH, 1983.
- Raychoudhuri, S. P., *Soils of India*. New Delhi: Indian Council of Agricultural Research, 1963.
- Sharma, H. S., *Ravine Erosion in India*. New Delhi: Concept Publishers, 1980.
- Spate, O. H. K., *India and Pakistan—A General and Regional Geography*. London: Methuen & Co. Ltd., 1957.
- Tiwari, R. C., *Geography of India*. Allahabad: Prayag Pustak Bhawan, 2004.
- Wadia, D. N., "Soils of India." *Journal of Scientific and Industrial Research*, Vol. 3, 359–367 (1945).
- Soil and Water Conservation Department, Government of India.
- *Report on Degraded and Wastelands of India–Status and Spatial Distribution published by ICAR (2010).*

7

भारत के प्राकृतिक संसाधन (Natural Resources of India)

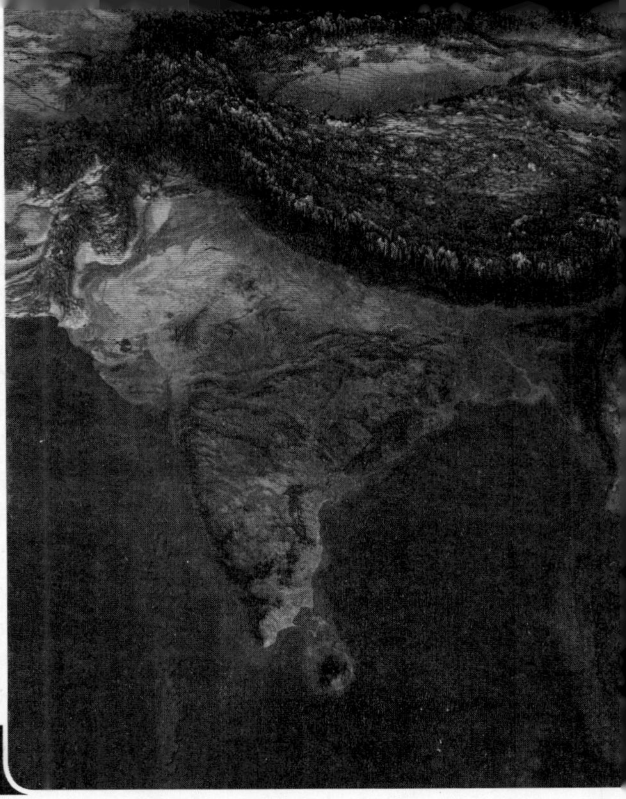

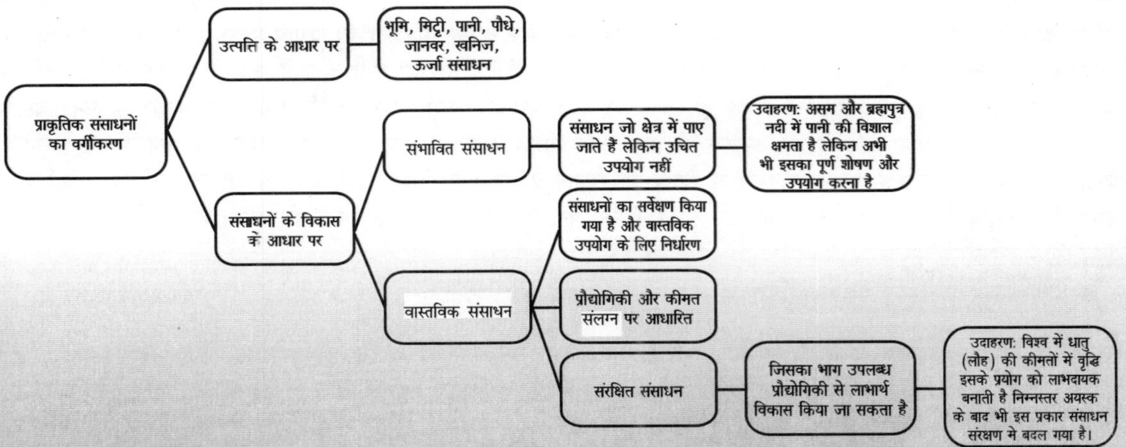

➤ प्राकृतिक संसाधन (Natural Resources)

कोई पदार्थ या ऊर्जा जो पर्यावरण से प्राप्त हो तथा जिसका उपयोग जीवित चीजों द्वारा होता हो, जिनमें मानव भी सम्मिलित हैं, प्राकृतिक संसाधन कहलाता है। संसाधनों पर किसी देश का विकास निर्भर करता है। विशाल भारत में बहुत-से संसाधन पाये जाते हैं। इनके अनुकूलतम उपयोग ही से टिकाऊ विकास सम्भव है। प्राकृतिक संसाधन में वायु, जल, मृदा, खनिज, जीवाश्म ईंधन, पौधे तथा वन्य जीव शामिल हैं। इनमें से बहुत-से प्राकृतिक संसाधन मानव जीवन के लिए अनिवार्य हैं, जैसे-वायु, जल तथा पौधे ये अनेक अन्य दूसरी भौतिक आवश्यकताओं तथा इच्छाओं की पूर्ति करते हैं। प्राकृतिक संसाधनों का वर्गीकरण कई प्रकार से किया जा सकता है। एक वर्गीकरण संसाधनों के उद्गम-स्रोत (Source of Origin) के आधार पर किया जाता है। तदनुसार भूमि, मृदा, जल पौधे, खनिज तथा ऊर्जा संसाधन इत्यादि संसाधन हैं।

संसाधनों का दूसरा वर्गीकरण उनके विकास चरण के आधार पर किया जाता है। किसी क्षेत्र में पाए जाने वाले संसाधन, जिनका अभी उपयोग नहीं हो रहा, गर्भित अथवा सम्भाव्य संसाधन (Potential Resources) कहलाते हैं। उदाहरण के लिए, असम राज्य तथा ब्रह्मपुत्र नदी के जल संसाधन की क्षमता बहुत है परन्तु अभी इसे पूर्ण रूप से निर्धारित एंव उपयोग नहीं किया जा सका है। जिन संसाधनों का सर्वेक्षण किया जा चुका है तथा जिनका वास्तविक उपयोग के लिए परिमाण निर्धारित किया जा चुका है, वे वास्तविक संसाधन (Actual Resource) कहलाते हैं। वास्तविक संसाधनों का विकास उपलब्ध तकनीक तथा लागत खर्च पर निर्भर करता है। वास्तविक संसाधन का वह भाग जिसका विकास उपलब्ध तकनीकी के द्वारा लाभ के लिए किया जा सके संसाधन भंडार अथवा सुरक्षित संसाधन (Reserve Resources) कहलाता है। उदाहरण के लिए किसी धातु के विश्व मूल्य में बढ़ोत्तरी (जैसे-लोहा) के कारण उस धातु के निम्न कोटि के अयस्क का भी उपयोग लाभ के लिए किया जा सकता है और इस तरह कोई संसाधन सुरक्षित (Reserve Resource) बन जाता है। प्राकृतिक संसाधन को नवीकरणीय (Renewable) तथा गैर-नवीकरणीय (Non-renewable) संसाधनों में भी वर्गीकृत किया जा सकता है। इन संसाधनों की मुख्य विशेषताएँ निम्नलिखित हैं:

नवीकरणीय संसाधन (Renewable Resources): वह संसाधन जिसे पुनरुज्जीवित किया जा सके तथा जिसकी आपूर्ति अति शीघ्र हो सके, नवीकरणीय संसाधन कहलाता है। कुछ ऐसे संसाधन हमेशा उपलब्ध हैं तथा मानव क्रियाओं से प्रभावित नहीं होते हैं, जैसे–सौर तथा पवन ऊर्जा। दूसरी ओर उपयोग के कारण कई संसाधन कम होते जाते हैं। इन संसाधनों का आपूरण भविष्य में इनके उपयोग पर बगैर पाबंदी लगाए किया जा सकता है, बशर्ते इनके उपभोग की दर इनके आपूरण की दर से कम हो। इस प्रकार एक प्रवाह (flow) कायम रहता है। कुछ संसाधन, जैसे–फसल, पुनरुज्जीवित होने में कम समय लेते हैं। दूसरी ओर कुछ संसाधन, जैसे–जल, को पुनः स्थापित करने में तुलनात्मक दृष्टि से अधिक समय लगता है। कुछ अन्य संसाधनों, जैसे–वन, को पुनः स्थापित करने में और भी अधिक समय लगता है।

गैर-नवीकरणीय संसाधन (Non-Renewable Resources): गैर-नवीकरणीय संसाधनों का निर्माण एक दीर्घ भूगर्भिक समय लेता है। खनिज तथा जीवाश्म ईंधन (पेट्रोलियम आदि) अनवीकरणीय संसाधन के उदाहरण हैं। चूंकि उनका निर्माण अत्यधिक धीमा होता है, इसलिए उनका आपूरण एक निर्धारित समय के अंदर करना मुश्किल है। यद्यपि सामान्य रूप से ये संसाधन भारी मात्रा में पाए जाते हैं परन्तु इनका वितरण समान नहीं है। इनका आर्थिक उपयोग तभी होता है जब ये पर्याप्त रूप से भारी मात्रा में उपलब्ध हों तथा इनका निष्कर्षण संभव हो। इनमें से कुछ संसाधन, जैसे–सोना, चाँदी तथा लोहा प्रकृति से पुनः चक्रणीय (Recyclabe) हैं। इसका अर्थ है कि अयस्क से प्राप्त धातु मात्रा आवश्यक रूप से संसाधित होने के बाद दोबारा उपयोग हो सकती है तथा इस प्रक्रिया का प्रयोग फिर से किया जा सकता है। जीवाश्म ईंधन, जैसे-कोयला, खनिज तेल तथा प्राकृतिक गैस धीरे-धीरे समाप्त होते जा रहे हैं। इसलिए इन संसाधनों का पुनः चक्रण (recycling) नहीं हो सकता है।

खनिज संसाधन (Mineral Resources)

खनिज दो या दो से अधिक तत्वों का पूर्ण योग होता है। इसका एक स्पष्ट रासायनिक संयोजन तथा परमाण्विक संरचना (aggregate) होती है एवं यह अजैविक प्रक्रियाओं से निर्मित होता है। आर्थिक भूगोल में खनिज शब्द का प्रयोग उन प्राकृतिक रूप से पाई जाने वाली वस्तुओं के लिए किया जाता है, जिसका खनन हो सकता है तथा जो आर्थिक महत्व के होते हैं।

खनिज सामान्यतः पृथ्वी के भू-पटल पर अयस्क (ores) के रूप में पाए जाते हैं। इसका निष्कर्षण किया जाता है तथा संशोधित कर इसे समाज में आर्थिक लाभ के लिए उपयोग किया जाता है। खनिजों की उपलब्धता तथा प्रति व्यक्ति उपभोग किसी देश के आर्थिक विकास का महत्वपूर्ण सूचक है।

भारत खनिज संसाधन के मामले में धनी देश है परन्तु इनका वितरण बहुत असमान है। भारत में खनिजों के वितरण का संक्षित वर्णन निम्नलिखित है:

खनिजों का वितरण (Distribution of Minerals)

भारत की खनिज संपदा अधिकतर प्रायद्वीप-भारत की आग्नेय (igneous) तथा कायांतरित शैलों (metamorphic rocks) में सीमित है, वहीं भारत के विशाल मैदान तथा हिमालय के क्षेत्र धात्विक खनिज से लगभग-लगभग विहीन हैं। जो राज्य, धात्विक तथा

गैर-धात्विक खनिजों में धनी हैं, वे हैं—झारखण्ड, छत्तीसगढ़, ओडिशा, बिहार, पश्चिम बंगाल, मध्य प्रदेश, कर्नाटक, केरल, महाराष्ट्र, तमिलनाडु, राजस्थान, गुजरात, उत्तराखण्ड, आंध्र प्रदेश, त्रिपुरा तथा असम। उत्तर प्रदेश, हरियाणा, पंजाब, हिमाचल प्रदेश, जम्मू और कश्मीर तथा पश्चिम बंगाल में गंगा के क्षेत्र में खनिज संसाधन अत्यन्त कम हैं।

भारत की खनिज पेटियां (Mineral Belts of India)

भारत की मुख्य खनिज पेटियो (Mineral Belts) का संक्षिप्त वर्णन निम्न तालिका में दिया गया है ***(चित्र 7.1, तालिका 7.1)***:

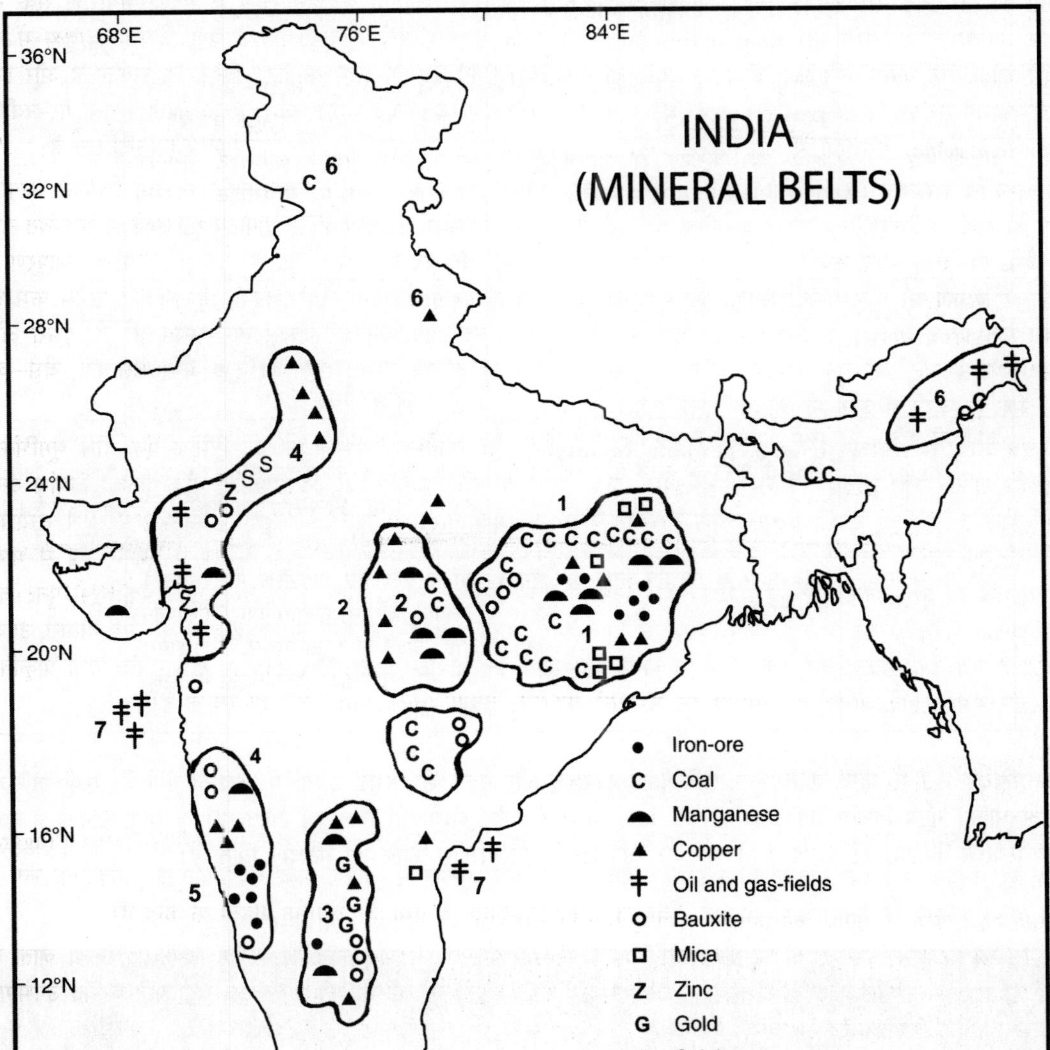

चित्र 7.1 खनिज क्षेत्र

तालिका 7.1 भारत की खनिज पेटियां

क्र.सं.	पेटी का नाम	क्षेत्र	पाए गए खनिज	विशेषताएँ
1	छोटा नागपुर पेटी	धनबाद, हजारीबाग, पलामू, रांची, संथाल परगना और झारखण्ड में सिंगभूमि, कटक, धनकेनाल, केडूझाड़ (क्योझट), कोरापुट, मयूरभंज, संभलपुर और सुन्दरगढ़, ओडिशा, और बांकुरा, बीरभूमि, मेदिनीपुर और पुरुलिया, प. बगाल।	कोयला, असम मैगनीज, क्रोमाइट इल्मेनाइट, बॉक्साइट, लौहा, यूरेनियम फॉस्फेट, तांबा, डोलोमाइट चीनी मिट्टी और चूना-पत्थर	इस क्षेत्र में दशक कायनाइट 100% रिजर्व, 93% लौह अयस्क, 84% कोयला और 70% क्रोमाइट
2	मध्य भूमि पेटी	छत्तीसगढ़, मध्य प्रदेश, आंध्र प्रदेश और महाराष्ट्र	मैगनीज, अयस्क, बॉक्साइट, अभ्रक, तांबा, ग्रेफाइट, चूना पत्थर, लिग्नाइट मार्बल	चूना पत्थर
3	दक्षिणी पेटी	आंध्र प्रदेश, कर्नाटक और तमिलनाडु	सोना, लोह अयस्क क्रोमाइट, मैंगनीज लिगनाइट, अभ्रक, बॉक्साइट, जिप्सम एसबेस्टस, डोलोमाइट, चीनी मिट्टी और चूना पत्थर	–
4	पश्चिमी पेटी	राजस्थान, गुजरात और महाराष्ट्र	गैर फरोज धातु जैसे ताँबा, सीसा, जिंक, यूरेनियम, अभ्रक, मैंगनीज, नमक, ऐस्बेस्टॉस इमारती पत्थर, कीमती पत्थर, खनिज तेल और प्राकृतिक गैस	–
5	दक्षिण-पश्चिमी पेटी			–
6	हिमालयी पेटी	इसमें त्रिपुरा से लद्दाख तक फैले भारत के भीतर हिमालय के सभी खंड शामिल हैं	निकेल, सोना, चांदी, कोबाल्ट, सीसा, तांबा, जस्ता, बिस्मथ, बॉक्साइट, सुरमा, टंगस्टन, कीमती पत्थर, जिप्सम, चूना पत्थर और डोलोमाइट आदि।	इस पेटी में धात्विक खनिजों की उपलब्धता का अभाव है।
7	हिन्द महासागर	अरब सागर के महाद्वीप कगार और बंगाल की खाड़ी	खनिज तेल और प्राकृतिक गैस, मैगनीज, फॉस्फेट, बेरियम, एल्युमिनियम, सिलीकोन, लौह, टाइटेनियम, सोडियम, पोटोशियम, क्रोमियम, मोनोजाइट, इल्मीनाइट, मैग्नीटाइट और गर्नेट	–

तालिका 7.2 में भारत में विभिन्न खनिजों के उत्पादन और मूल्य को करोड़ रुपयों में दिखाया गया है। सभी खनिजों का कुल अनुमानित मूल्य वित्तीय वर्ष 2020-21 में 1,29,949.60 करोड़ रुपये था। वित्त वर्ष 2020-21 में धातु खनिजों नें देश की अर्थव्यवस्था में 49,285.22 करोड़ रुपये और गैर-धातु खनिज 52,810.07 रुपये का योगदान किया हैं।

तालिका 7.2 चयनित खनिजों का उत्पादन, परमाणु और ईंधन खनिजों को छोड़कर (2016-17 से 2020-21)

	इकाई	2016-17	2017-18	2018-19 (पी)	2019-20 (पी)		2020-21 (ई)	
		मात्रा	मात्रा	मात्रा	मात्रा	मूल्य (करोड़ रुपये में)	मात्रा	मूल्य (करोड़ रुपये में)
सभी खनिज						**146592.21**		**129949.60**
धातु का						**66084.02**		**49285.22**
बाक्साइट	हजार टन	24745.49	22786.11	23687.72	21823.79	1578.56	21239.97	1629.02
क्रोमाइट	हजार टन	3727.78	3480.94	3970.69	3929.26	3332.66	1250.25	712.72
कॉपर सांद्र	हजार टन	134.79	141.99	155.44	124.69	844.58	100.94	796.47
सोना	किलोग्राम	1595.00	1650.00	1664.00	1724.00	643.10	1193.00	589.08

	इकाई	2016-17	2017-18	2018-19 (पी)	2019-20 (पी)		2020-21 (ई)	
		मात्रा	मात्रा	मात्रा	मात्रा	मूल्य (करोड़ रुपये में)	मात्रा	मूल्य (करोड़ रुपये में)
लौह अयस्क	मिलियन टन	194.58	201.42	206.45	246.08	48107.41	188.63	34508.61
लेड सांद्र	हजार टन	268.05	306.40	358.37	351.27	1807.28	405.47	1889.39
मैंगनीज अयस्क	हजार टन	2395.14	2599.81	2820.23	2904.37	1941.64	2120.20	1494.40
जिंक सांद्र	हजार टन	1484.24	1539.66	1457.17	1446.82	6023.12	1655.46	6637.94
अन्य मिले खनिज पदार्थ						1805.67		1027.59
गैर-धातु खनिज						**8881.77**		**9037.96**
हीरा	सीआरटी	36491	36491.00	36491.00	36491.00	39.81	36491.00	30.04
गार्नेट (अपघर्षक)	हजार टन	85.413	158.28	123.40	0.55	0.47	1.14	0.51
लाइमशेल	हजार टन	12.344	14.77	7.54	4.60	1.87	0.00	0.00
चूना पत्थर	मिलियन टन	314.669	340.42	379.05	359.33	8312.02	353.47	8340.91
मैग्नेसाइट	हजार टन	299.149	195.06	146.58	97.68	35.03	73.55	28.62
फास्फोराइट	हजार टन	1124.44	1515.65	1284.58	1400.19	431.91	1648.00	572.24
सिलिमनाइट	हजार टन	68.131	81.64	69.03	13.24	3.63	17.52	4.31
वोलस्टोनाइट	हजार टन	166.186	153.05	184.06	124.66	11.91	116.14	10.81
अन्य अधातु खनिज						45.12		50.52
लघु खनिज						52810.07		52810.07

Source: Ministry of Mines, *Annual Report 2020-21*, Government of India.

(पी) अनंतिम, (ई) अनुमानित आंकड़े

नोट: # दिनांक 10.02.2015 की अधिसूचना के तहत 31 खनिजों को लघु खनिज घोषित किया गया है। इन खनिजों के 2014-15 के बाद के आंकड़ों को गौण खनिजों में शामिल किया गया है।

1. **छोटानागपुर पेटी (The Chotanagpur Belt):** इस क्षेत्र का विस्तार झारखण्ड, छत्तीसगढ़, ओडिशा तथा पश्चिम बंगाल में है। यह क्षेत्र कोयला, अभ्रक, मैंगनीज, क्रोमाइट, इल्मेनाइट, बॉक्साइट, लोहा, फॉस्फेट, ताँबा, डोलोमाइट, चीनी-मिट्टी (China-clay) तथा चूना-पत्थर खनिजों में धनी है। मुख्य खनिज उत्पादन करने वाले जिले हैं-धनबाद, हजारीबाग, पलामू, रांची, संथाल-परगना तथा सिंहभूम (झारखण्ड), कटक, धनकेनाल, क्योंझर (केन्दु झाड़), कोरापुट, मयूरभंज, संभलपुर तथा सुन्दरगढ़ (ओडिशा), बांकुरा, बीरभूमि, मिदनापुर तथा पुरुलिया (पश्चिम-बंगाल)। इस क्षेत्र में देश के लगभग 100 प्रतिशत् कियनाईट (Kyanite) के, 93 प्रतिशत लौह-अयस्क के, 84 प्रतिशत कोयले तथा 70 प्रतिशत क्रोमाइट (Chromite) के भंडार हैं।
2. **मध्य पेटी (The Middle Belt):** यह क्षेत्र छत्तीसगढ़, मध्य प्रदेश, आंध्र प्रदेश तथा महाराष्ट्र में फैला हुआ है। यह क्षेत्र मैगनीज के अयस्क, बॉक्साइट, अभ्रक, ताँबा, ग्रेफाइट, चूना पत्थर, लिगनाइट् तथा संगमरमर के मामले में धनी है।
3. **दक्षिणी पेटी (The Southern Belt):** यह कर्नाटक तथा तमिलनाडु क्षेत्र में फैला हुआ है। इस क्षेत्र में सोना, चांदी, लौह-अयस्क, क्रोमाइट, मैगनीज, लिग्नाइट, अभ्रक, बॉक्साइट, जिप्सम, ऐस्बेस्टॉस, डोलोमाइट, इल्मेनाइट, चीनी मिट्टी तथा चूना पत्थर पाये जाते हैं।
4. **पश्चिमी पेटी (The Western Belt):** यह क्षेत्र राजस्थान, गुजरात तथा महाराष्ट्र में फैला हुआ है। यह क्षेत्र अलौह धातुओं, जैसे-ताँबा, सीसा, जस्ता, यूरेनियम, अभ्रक, मैगनीज एवं ऐस्बेस्टॉस तथा निर्माण के लिए पत्थर, बहुमूल्य पत्थर, खनिज तेल और प्राकृतिक गैस के मामले में धनी है।

5. **दक्षिण-पश्चिमी क्षेत्र (The South-West Belt):** यह क्षेत्र गोवा, कर्नाटक तथा केरल में फैला हुआ है। यहाँ लौह-अयस्क, इल्मेनाइट, जिरकॉन, मोनाजाइट, बालू, गार्नेट (तामड़ा), चीनी मिट्टी, बॉक्साइट, अभ्रक, चूना पत्थर तथा सोप स्टोन (खेलखड़ी) के भंडार पाए जाते हैं।
6. **हिमालय के क्षेत्र (The Himalayan Belt):** सामान्यत: हिमालय के क्षेत्र में धात्विक खनिज के अल्प भंडार हैं। यद्यपि इस क्षेत्र में अनेक खनिजों के बहुमूल्य भंडार हैं, जैसे-ताँबा, सीसा, बिस्मथ, बॉक्साइट, एण्टीमनी, निकल, कोबाल्ट, टंग्स्टन, मूल्यवान पत्थर, सोना, चाँदी, जिप्सम, चूना पत्थर तथा डोलोमाइट।
7. **हिन्द महासागर (The Indian Ocean):** अरब सागर तथा बंगाल की खाड़ी के महाद्वीपीय शेल्फ (निमग्न तट) खनिज तेल तथा प्राकृतिक गैस से धनी हैं। समुद्र तल में उच्च कोटि के मैगनीज, फॉस्फेट, बेरियम, एल्युमीनियम, सिलिकन, लोहा, टाइटेनियम, सोडियम, पोटाशियम, क्रोमियम, मोनाजाइट, इल्मेनाइट, मैग्नेटाइट तथा गार्नेट के पिण्ड पाए जाते हैं। इन पिण्डों का सर्वश्रेष्ठ प्रकार 4000 मीटर की गहराई पर पाया जाता है।

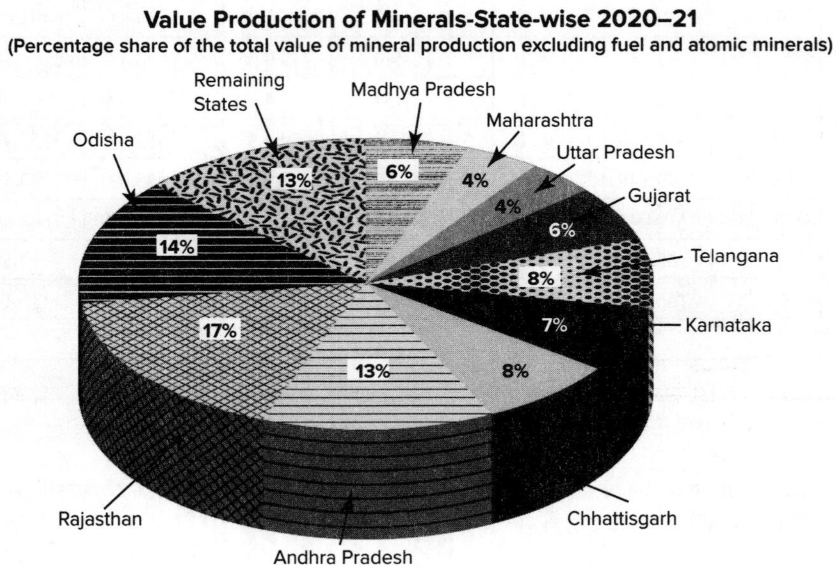

चित्र 7.2a खनिजों का मूल्य उत्पादन-राज्यवार 2020-21
(ईंधन और परमाणु खनिजों को छोड़कर खनिज उत्पादन के कुल मूल्य का प्रतिशत हिस्सा)

खनिज संसाधनों का वर्गीकरण (Classification of Mineral Resources)

खनिजों को निम्नलिखित श्रेणियों में वर्गीकृत किया जा सकता है:

1. खनिज ईंधन (जीवाश्म ईंधन) (Fossil Fuel)
2. धात्वीय खनिज (Metallic Minerals)
3. गैर-धात्विक खनिज (Non-metallic Minerals)

1. **खनिज ईंधन:** इस वर्ग में ऊर्जा संसाधन, जैसे-कोयला, खनिज तेल (पेट्रोलियम), प्राकृतिक गैस तथा परमाणु खनिज आते हैं।
2. **धात्विक खनिज:** जीवाश्म ईंधन के बाद धात्वीय खनिजों की सबसे महत्वपूर्ण श्रेणी है। लोहा, तांबा, मैगनीज़, बॉक्साइट, सोना, चांदी, एल्युमीनियम, इत्यादि इसके उदाहरण हैं। ये खनिज धातु-कर्म उद्योग के विकास के लिए एक ठोस आधार प्रदान करते हैं तथा इस तरह से औद्योगीकरण तथा नगरीकरण में मदद करते हैं। भारत इन खनिजों का एक पर्याप्त भंडार है ***(चित्र 7.3)***।

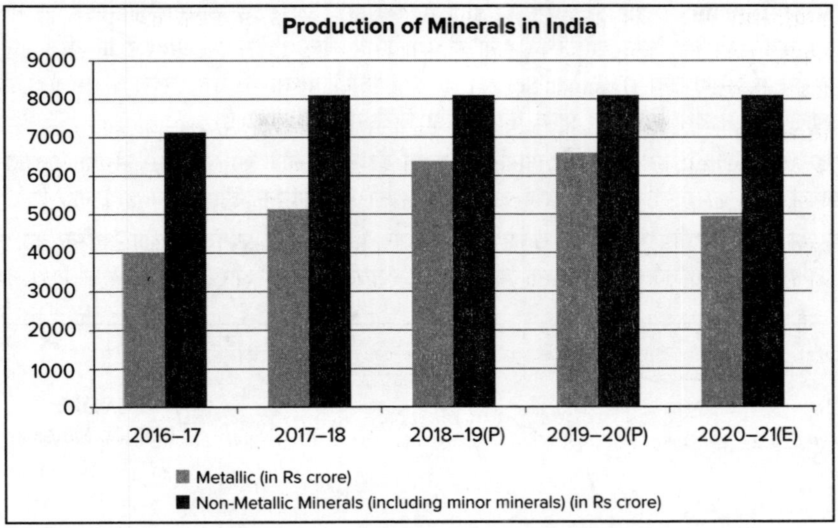

चित्र 7.2b खनिज उत्पादन का मूल्य (समूहों में) आणविक और खनिज ईंधन को छोड़कर
[*Source:* Ministry of Mines, Annual Report 2020–21, Government of India.]

भारत में 95 खनिजों का उत्पादन होता है जिनमें 3 ईधन खनिज, 3 आण्विक खनिज 10 धात्विक खनिज और 23 गैर-धात्विक खनिज और अन्य 55 खनिज हैं।

2020-21 के दौरान खनिज उत्पादन (परमाणु और ईंधन खनिजों को छोड़कर) का कुल मूल्य ₹1,29,949.60 करोड़ था, जो 2016-17 की अवधि की तुलना में लगभग 11.35% की कमी दर्शाता है। 2020-21 में धातु खनिजों का मूल्य ₹49,285.22 था, 2016-17 में इसके मूल्य की तुलना में इसमें 25.42 की गिरावट आई है। गैर-धातु खनिजों का उत्पादन ₹9,037.96 करोड़ का था इनके मूल्ये में 1.76% की वृद्धि हुई थी।

खनिज लोहा (लौह-अयस्क) (Iron-Ore)

खनिज लोहा एक महत्वपूर्ण खनिज है जिस पर किसी देश की अर्थव्यवस्था निर्भर करती है। खनिज लोहा भूपटल पर शुद्ध रूप में नहीं पाया जाता है बल्कि यह अक्सर चूना, मैग्नीशियम, फॉस्फोरस, सिलिका, सल्फर (गन्धक) तथा ताँबे के साथ मिश्रित रूप में पाया जाता है।

खनिज लोहा के प्रकार (Types of Iron Ore)

भारत में खनिज लोहा के चार प्रकार पाए जाते हैं:

(i) हैमाटाइट (Haematite), (ii) मैग्नेटाइट (Magnetite), (iii) लिमोनाइट (Limonite), तथा; (iv) सिडराइट (siderite)

(i) **हैमाटाइट (गैरिक लोही) (Haemetite):** इसे 'लोहे का ऑक्साइड' कहते हैं। इसमें धात्विक मात्रा 60 से 70 प्रतिशत तक होती है। यह एक विशाल, सघन तथा पिण्डित अयस्क होता है जिसका रंग लाल होता है। यह मुख्यत: धारवाड़ की शैलों में पाया जाता है। हैमाटाइट अयस्क के प्रमुख भंडार हैं– झारखंड (लौह-श्रेणी), ओडिशा (मयूरभंज) (Mayurbhanj), छत्तीसगढ़ (बेलाडीला), मध्य प्रदेश, कर्नाटक (कुद्रेमुख, बाबाबुदान), गोवा, महाराष्ट्र तथा आंध्र प्रदेश ***(चित्र 7.3)***।

(ii) **मैग्नेटाइट (Magnetite):** इसे ''काला अयस्क (ब्लैक ओर)'' कहते हैं। इस अयस्क में धातु की मात्रा 60 से 65 प्रतिशत के बीच होती है। यह अयस्क या तो आग्नेय या कायांतरित होता है। यह मुख्यत: कर्नाटक के धारवाड़ तथा कुडप्पा तंत्र में पाया जाता है (धारवाड़, शिमोगा तथा बेल्लारी जिलों में), तमिलनाडु के सलेम एवं त्रिरुचिरापल्ली जिलों में तथा केरल राज्य में भी पाया जाता है।

(iii) **लिमोनाइट (Limonite):** यह पीले रंग का होता है तथा इसे ''हाइड्रेटेड आयरन-ऑक्साइड'' (जल योजित लोहे का अयस्क) कहते हैं। यह निम्न कोटि का होता है तथा इसमें धातु 35 से 50 प्रतिशत के बीच होती है। यह रानीगंज कोयला क्षेत्र में दामुदा तन्त्र (Damuda Series) के लौह स्लेटी पत्थरों में, उत्तर प्रदेश के मिर्जापुर जिले में, उत्तराखण्ड के गढ़वाल क्षेत्र में तथा हिमाचल प्रदेश की कांगड़ा घाटी में पाया जाता है।

(iv) **सिडराइट (Siderite):** इसे "ऑयरन कार्बोनेट" कहते हैं। इसमें लोहे की मात्रा 10 से 40 प्रतिशत के बीच होती है। यह खनिज लोहे का निम्न प्रकार है तथा अधिकतर स्थानों पर आर्थिक रूप से व्यवहार्य नहीं है।

लौह अयस्क का भंडार भारतीय भूवैज्ञानिक सर्वेक्षण के अनुसार, देश में सभी प्रकार के लौह अयस्क का कुल भंडार 33,276 मिलियन टन है। 1951 से 2020 तक लौह अयस्क का उत्पादन (***तालिका 7.3*** और ***चित्र 7.2***) में दिया गया है।

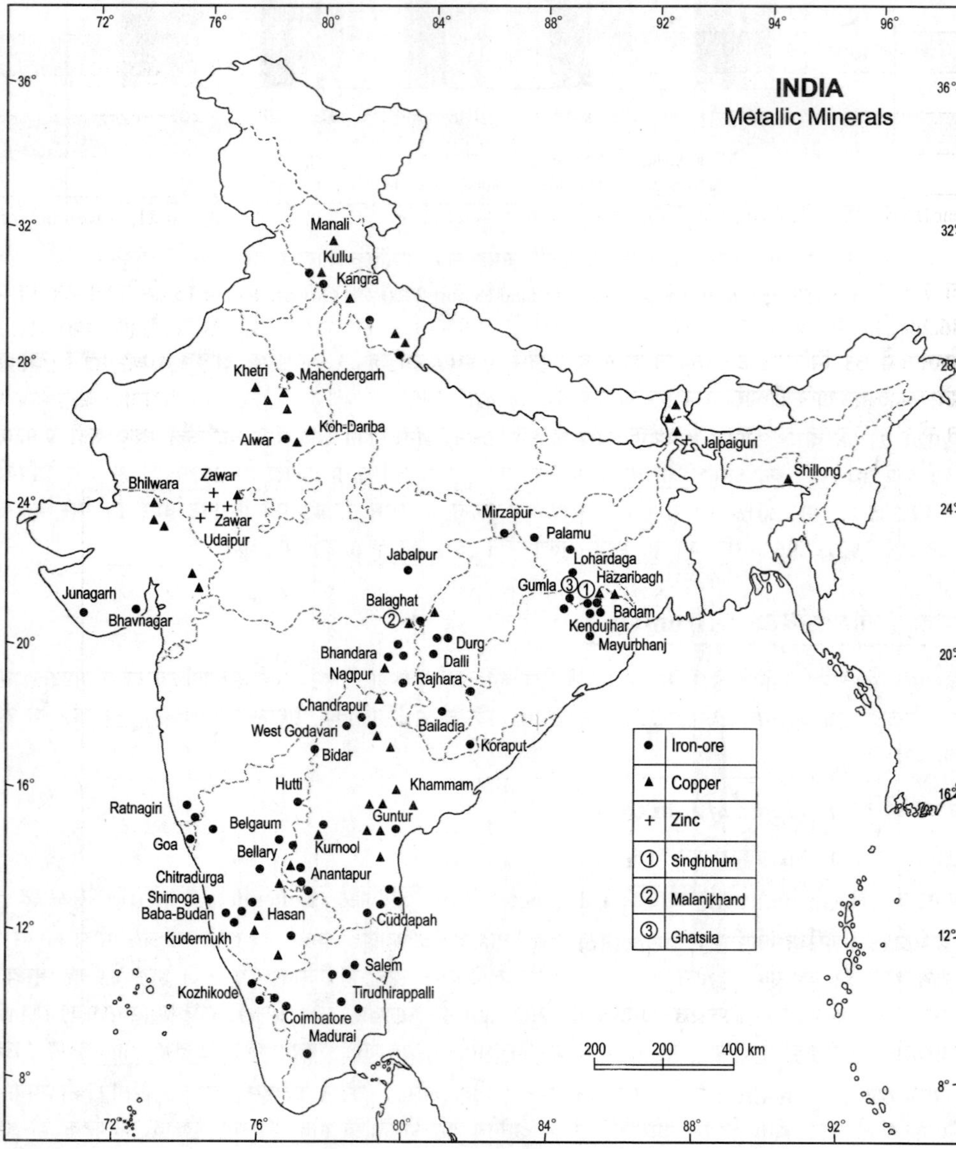

चित्र 7.3 धात्विक खनिज (लोहा, तांबा और जस्ता)

तालिका 7.3 भारत: लौह अयस्क का उत्पादन (1951–2021)

साल	लौह अयस्क का उत्पादन (मिलियन टन)
1951	4.15
1961	18.70
1971	34.30
1981	41.60
1991	54.60
2001	86.20
2016	194.58
2017	201.42
2018	206.45
2019	246.08
2020	188.63

Source: Year Books, Statistical Abstracts of India, 2018 & Ministry of Mines, Annual Report 2020-21, Government of India.

तालिका 7.3 में देखा जा सकता है कि 1951 में लौह अयस्क का कुल उत्पादन केवल 4.15 मिलियन टन था जो 2001 में बढ़कर 86.20 मिलियन टन हो गया और 2019 में 246.08 मिलियन टन के अधिकतम स्तर पर पहुंच गया। 2020 में, देश में कुल उत्पादन 188.63 मिलियन टन था। लौह अयस्क उत्पादन में 2019 तक उल्लेखनीय वृद्धि दर्ज की गई है। 2020–21 के दौरान उत्पादन को इस प्रवृत्ति में एक अपवाद के रूप में माना जा सकता है, क्योंकि कोविड 19 महामारी के प्रभाव के कारण कुल उत्पादन में तेज गिरावट दर्ज की गई है। आने वाले वर्षों में लौह अयस्क का कुल उत्पादन और बढ़ने की संभावना है।

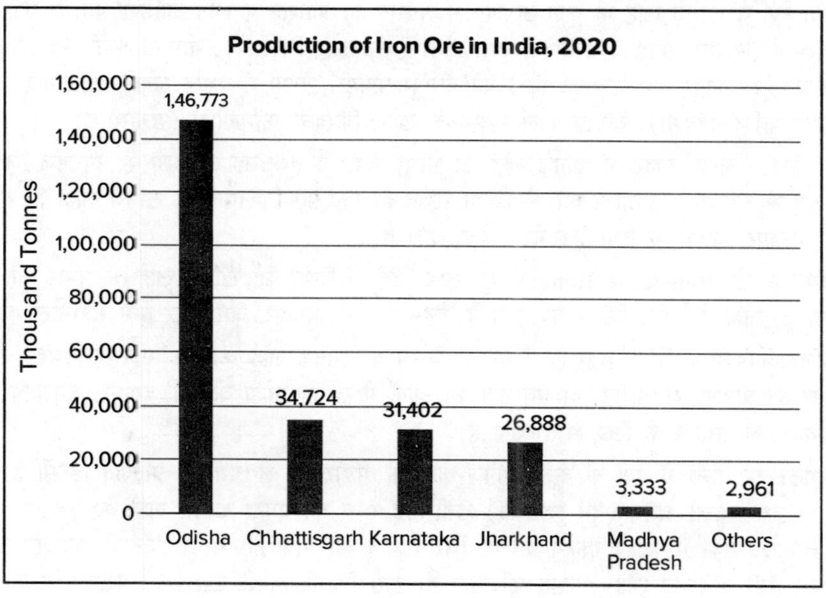

चित्र 7.4 लौह अयस्क का उत्पादन ('000 टन में), 2020

जहां तक लौह अयस्क के राज्य-वार उत्पादन का संबंध है, ओडिशा में राष्ट्रीय उत्पादन का 59.64% हिस्सा है, जिसमें छत्तीसगढ़, कर्नाटक, झारखंड और गोवा शेष 40% का योगदान करते हैं। देश में लौह अयस्क (मैग्नेटाइट) का कुल भंडार 10,789 हजार टन और हेमेटाइट का 22,487 हजार टन है। उम्मीद है कि भारत 2025 में 275 मिलियन टन से अधिक लौह अयस्क का उत्पादन करेगा। भारत ने 2018 में लगभग 24.2 मिलियन टन लौह अयस्क और सांद्रता का निर्यात किया और 2019 में 36.62 मिलियन टन का निर्यात किया। भारत अपने लौह अयस्क उत्पादन के लिए दुनिया में चौथे स्थान पर है।

कुछ महत्वपूर्ण राज्यों में खनिज लोहे का उत्पादन ***तालिका 7.3*** में दर्शाया गया है।

1. ***कर्नाटकः*** कर्नाटक भारत में खनिज लोहे का सबसे बड़ा उत्पादक है जिसका देश के कुल उत्पादन में लगभग एक चौथाई योगदान है। 31402 मीट्रिक टन उत्पादन के साथ कर्नाटक का भारत में तीसरा स्थान है और यह देश का 12.71% लौह अयस्क का उत्पादन करता है। उच्च श्रेणी के ये भंडार हैमाटाइट तथा मैग्नेटाइट प्रकार के हैं तथा ये केम्मनगुंडी (चिकमंगलूर जिले के बाबाबुदान पहाड़ी में) में पाए जाते हैं। खनिज लोहा उत्पादन करने वाले कर्नाटक के अन्य जिले हैं चित्रदुर्ग, धारवाड़, उत्तरी कन्नड़, शिमोगा तथा तुमकुर।

   (i) ***बाबाबुदन पहाड़ी (Baba-Budan Hills):*** कर्नाटक के चिकमंगलूर जिले में स्थित ये पहाड़ी 22 कि.मी. लम्बी तथा 20 कि.मी. चौड़ी है। यहां हैमेटाइट के भरपूर भंडार हैं, जिनमें लोहे की मात्रा 60 से 65 प्रतिशत तक होती है। यह खनिज लोहा मंगलौर बंदरगाह द्वारा ईरान को निर्यात किया जाता है।

   (ii) ***कुद्रेमुख भंडार (Kudermukh Deposits):*** कुद्रेमुख खनिज लोहे का भंडार कर्नाटक के चिकमंगलूर जिले में है। ये भंडार मैग्नेटाइट प्रकार के हैं, जिसमें धातु की मात्रा 50-65 प्रतिशत होती है। कुद्रेमुख भंडार का विकास ईरान के साथ एक निर्यात समझौते के तहत हुआ है। यहाँ से खनिज लोहे का निर्यात मंगलौर बंदरगाह के द्वारा किया जाता है।

   (iii) ***संदूर श्रेणी (Sandur Range):*** संदूर श्रेणी का विस्तार कर्नाटक के बेल्लारी तथा हासपेट जिलों में है। इस श्रेणी का खनिज लोहा कठोर, सघन तथा 'स्टील-ग्रे' होता है। इनमें लोहे की मात्रा 50 से 65 प्रतिशत होती है। यहां से खनिज लोहा विजयनगर स्टील संयन्त्र भेजा जाता है।

2. **ओडिशा** देश में खनिज लोहे के कुल उत्पादन में लगभग 60 प्रतिशत योगदान ओडिशा का है। यहाँ सबसे प्रमुख भंडार हैं–मयूरभंज (बादाम पहाड़), बन्सपानी तथा टोडा (केउनझार जिले में), तोमका श्रेणी (कटक), कन्डाधार पहाड़ (सुन्दरगढ़), सम्बलपुर तथा कोरापुट जिले की हीरापुर पहाड़ी। 2020 में प्रमुख खदानें थी-रूंगटा जाजंग, बाल्दा खण्ड और जोदा पूर्व (ओडिशा); बेलडीला लौह अयस्क खान, किरंदुत्व कॉम्पलैम्स (छत्तीसगढ़)।

   बादाम पहाड़ः बादाम पहाड़ में खनिज लोहे का भरपूर भंडार है तथा यह ओडिशा के मयूरभंज जिले में स्थित है। यह समुद्र-तल से लगभग 825 मीटर की ऊँचाई पर स्थित है। यहाँ 30 मिलियन टन खनिज लोहा है। यहाँ से खनिज लोहा बोकारो, दुर्गापुर, जमशेदपुर तथा राउरकेला भेजा जाता है।

   बोनाईगढ़ श्रेणी **(Bonaigarh Range):** सुन्दरगढ़ जिले में स्थित यह खनिज लोहे के भंडार की महत्वपूर्ण श्रेणी है। यहां खनिज लोहा हैमाटाइट किस्म का होता है, जिसे बोकारो, दुर्गापुर, जमशेदपुर तथा राउरकेला भेजा जाता है।

   मयूरभंजः ओडिशा में स्थित मयूरभंज हैमाटाइट किस्म के खनिज लोहे का एक महत्वपूर्ण भंडार है। अयस्क में लोहे की मात्रा 65 प्रतिशत से अधिक है। मयूरभंज की खानों से खनिज लोहा बोकारो, दुर्गापुर, जमशेदपुर तथा राउरकेला के लोहे एवं स्टील संयन्त्रों के लिए भेजा जाता है।

3. **छत्तीसगढ़ः** इस राज्य में देश के कुल खनिज लोहे के भंडार का लगभग 14 प्रतिशत हिस्सा है। बैलाडीला (बस्तर जिले में) तथा ढल्ली-रझारा (दुर्ग जिले में) छत्तीसगढ़ राज्य का प्रमुख खनिज लोहे का उत्पादन क्षेत्र है। यह खनिज लोहा हैमाटाइट तथा मैग्नेटाइट किस्म का है, जिसमें धातु की मात्रा 60 से 70 प्रतिशत तक है। बैलाडीला खान देश की सबसे बड़ी यन्त्रीकृत लौह-अयस्क की खान है। 270 कि.मी. लम्बी एक स्लॅरी पाईपलाईन का निर्माण किया गया है ताकि अयस्क को बैलाडीला से विशाखापट्टनम संयन्त्र तक लाया जा सके। बैलाडीला से अधिकतर खनिज लोहे का निर्यात जापान को किया जाता है। यह निर्यात विशाखापट्टनम बन्दरगाह से किया जाता है। ढल्ली-रझारा श्रेणी लगभग 32 कि.मी. लम्बी है तथा यहाँ खनिज लोहे का भंडार लगभग 125 मिलियन टन है। अयस्क में लोहे की मात्रा

लगभग 70 प्रतिशत है। इस श्रेणी के भंडार का उपयोग हिन्दुस्तान स्टील संयन्त्र, भिलाई द्वारा किया जाता है। छत्तीसगढ़ राज्य के अन्य खनिज लोहे का उत्पादन करने वाले जिले बिलासपुर, जगदलपुर, रायगढ़ तथा सरगुजा हैं।

ढल्ली-रझारा (Dalli-Rajhara): ढल्ली-रझार श्रेणी जो लौह-अयस्क के भंडार में लिए प्रसिद्ध है, छत्तीसगढ़ के दुर्ग जिले में स्थित है। यह 32 कि.मी. लम्बी है तथा यहाँ अनुमानित लौह-अयस्क का भंडार 120 मिलियन टन है। यहाँ से लौह-अयस्क हिन्दुस्तान स्टील संयन्त्र, भिलाई भेजा जाता है।

बैलाडीला (Bailadila): हैमाटाइट किस्म के लौह-अयस्क के भरपूर भंडार के लिए प्रसिद्ध बैलाडीला छत्तीसगढ़ के बस्तर जिले में स्थित है। लौह-अयस्क के ये भंडार धारवाड़ युग के हैं। राष्ट्रीय खनिज विकास कॉर्पोरेशन के तहत आने वाली बैलाडीला खान देश की सबसे बड़ी यंत्रीकृत लौह-अयस्क की खान है। यहाँ से अयस्क मुख्यतः जापान को निर्यात किया जाता है, यह निर्यात विशाखापट्टनम बन्दरगाह से होता है।

4. **गोवा:** गोवा भारत का महत्वपूर्ण लौह-अयस्क का उत्पादक है। उत्तरी गोवा का लौह-अयस्क उच्च कोटि का है। यहां मुख्य भंडार तथा खनन केन्द्र पिरना-अडोलपेल-अस्नोरा, सेनक्यूलिम- पोंडा, कुन्देम-सुरला, तथा सिरीगाओ-बिछोलिम-डालडा है। निकटवर्ती मर्मगाव बन्दरगाह इन खानों के लिए अत्यन्त लाभकारी है जहां से लौह-अयस्क का निर्यात किया जाता है। यहां से लौह-अयस्क मुख्यतः जापान तथा ईरान को निर्यात किया जाता है।
5. **झारखण्ड:** झारखण्ड राज्य में देश के कुल लौह-अयस्क भंडार का लगभग 25 प्रतिशत भाग है तथा यह राज्य देश के कुल उत्पादन में 11 प्रतिशत योगदान करता है। खनिज लोहे का खनन सबसे पहले सिंहभूम में आरम्भ (1904) हुआ था। मुख्य लौह-अयस्क के भंडार बोनाई श्रेणी में हैं, जिसका विस्तार लगभग 50 कि.मी. है। लौह-अयस्क की प्रसिद्ध खान नाओमंडी, डाल्टनगंज है। खनिज लोहे का खनन धनबाद, हजारीबाग, राँची तथा संथाल परगाना में भी होता है।

अन्य राज्य: लघु मात्रा में लौह-अयस्क का खनन अन्य राज्यों में भी होता है, जैसे—महाराष्ट्र (चंद्रपुर तथा रत्नागिरि); तमिलनाडु (कोयम्बटूर, उत्तरी अर्काट, मदुरई, सलेम, विरूचिरापल्ली, त्रिरुनेलवेली); आंध्र प्रदेश (अनन्तपुर, कुड्डप्पा, गुन्टूर, ख़म्माम, कुर्नूल, नेल्लौर); राजस्थान (अलवर, बून्दी, भीलवाड़ा, जयपुर, सीकर, उदयपुर); उत्तर प्रदेश (मिर्ज़ापुर); उत्तराखण्ड (अलमोड़ा, गढ़वाल, तथा नैनीताल); हिमाचल प्रदेश (कांगड़ा तथा मंडी); हरियाणा (महेन्द्रगढ़); पश्चिम बंगाल (बीरभूम, वर्द्धमान, दार्जिलिंग); जम्मू व कश्मीर (ऊधमपुर तथा जम्मू); गुजरात (भावनगर, जूनागढ़, बड़ौदा) तथा केरल (कोझीकोड़)।

निर्यात: भारत विश्व का पांचवां सबसे बड़ा लौह-अयस्क का निर्यातक है। भारत अपने कुल खनिज लोहे के उत्पाद का 55 प्रतिशत हिस्सा जापान, दक्षिणी कोरिया, पश्चिमी यूरोपीय देश, ईरान, संयुक्त अरब अमीरात तथा अन्य खाड़ी के देशों को निर्यात करता है। अधिकतर निर्यात विशाखापट्टनम, पारादीप, मर्मगाँव तथा मंगलौर बंदरगाहों द्वारा होता है।

मैंगनीज (Manganese)

भारत में दक्षिण अफ्रीका, ऑस्ट्रेलिया, चीन, ब्राजील, गैबॉन, यूक्रेन और जिम्बाब्वे के बाद दुनिया में मैंगनीज का सबसे बड़ा भंडार है, और भारत; ब्राजील, गैबॉन, दक्षिण अफ्रीका और ऑस्ट्रेलिया के बाद पांचवां सबसे बड़ा उत्पादक है ***(चित्र 7.3)***। इसका उपयोग मुख्य रूप से लोहा और इस्पात, ब्लीचिंग पाउडर, कीटनाशक, पेंट, सूखी बैटरी, फोटोग्राफी आदि के निर्माण के लिए किया जाता है। देश में मैंगनीज-अयस्क का कुल भंडार लगभग 496 मिलियन टन है। मैंगनीज का राज्यवार उत्पादन ***(सारणी 7.4)*** में दिया गया है।

तालिका 7.4 भारत: मैंगनीज का वितरण (2020)

क्र. सं.	राज्य	मात्रा हजार टन में	अखिल भारतीय प्रतिशत	जिले/खनन केंद्र
1.	मध्य प्रदेश	958	32.99	बालाघाट, छिंदवाड़ा
2.	महाराष्ट्र	722	24.86	नागपुर, भंडारा, रत्नागिरी
3.	उड़ीसा	538	18.53	सुंदरगढ़, कालाहांडी, कोरापुट, केंदुझार
4.	कर्नाटक	333	11.47	उत्तर कन्नड़, शिमोगा, बेल्लारी, तुमकुर, चित्रदुर्ग

क्र. सं.	राज्य	मात्रा हजार टन में	अखिल भारतीय प्रतिशत	जिले/खनन केंद्र
5.	आंध्र प्रदेश	331	11.40	श्रीकाकुलम, विशाखापत्तनम, कडप्पा, गुंटूर, विजयाराग्राम
6.	अन्य	22	0.76	गोवा, पंचमहल और वडोदरा (गुजरात), उदयपुर, बांसवाड़ा (राजस्थान), सिंहभूम, धनबाद, (झारखंड)
भारत		**2904**	**100.00**	

Source: Indian Bureau of Mines (2020). *Statistical Profiles of Minerals 2019-20*, Ministry of Mines (Government of India) Mining & Mineral Statistics Division, Controller General, Nagpur

महाराष्ट्र: महाराष्ट्र मैंगनीज का दूसरा सबसे बड़ा उत्पादक है, जहाँ पर कुल उत्पादन का लगभग 24.86% होता है। महाराष्ट्र में, मैंगनीज भंडारा, नागपुर और रत्नागिरी जिलों में पाया जाता है। हालांकि, रत्नागिरी अयस्क बेहतर गुणवत्ता का है।

मध्य प्रदेश: मध्य प्रदेश मैंगनीज का सबसे बड़ा उत्पादक है। कुल मैंगनीज उत्पादन का लगभग 32.99% इसी राज्य से आता है। बालाघाट और छिंदवाड़ा प्रमुख जिले हैं जिनमें इसका खनन किया जाता है।

ओडिशा: मैंगनीज के उत्पादन में ओडिशा राज्य तीसरा सबसे महत्वपूर्ण राज्य है, जहाँ पर कुल उत्पादन का 18.53% से अधिक होता है। सुंदरगढ़ में गोंडाइट निक्षेप और कालाहांडी और कोरापुट में खोंडोलाइट और कोडुराइट निक्षेप मैंगनीज में समृद्ध हैं। मैंगनीज का खनन ओडिशा के बोलांगीर और संभलपुर जिलों में भी किया जाता है।

आंध्र प्रदेश: भारत के कुल मैंगनीज उत्पादन का लगभग 11.40% आंध्र प्रदेश में होता है। श्रीकाकुलम और विशाखापट्टनम आंध्र प्रदेश में मैंगनीज के प्रमुख उत्पादक जिले हैं। इसका खनन कडप्पा, गुंटूर और विजयनगरम में भी किया जाता है।

कर्नाटक: कर्नाटक राज्य देश के कुल मैंगनीज के उत्पादन का लगभग 11.47% उत्पादन करता है। इसका मुख्य भंडार उत्तरी कन्नड़, शिमोगा, बेल्लारी, चित्रदुर्ग और तुमकुर जिलों होता है।

तालिका 7.4a से देखा जा सकता है कि 1950-51 में मैंगनीज का कुल उत्पादन लगभग 14 लाख टन था जो 2019-20 में बढ़कर 29.04 लाख टन से अधिक हो गया। COVID-19 महामारी के प्रभाव के कारण 2020-21 में कुल उत्पादन घटकर 20.21 लाख टन के अनुमानित स्तर पर आ गया। भारत के मैंगनीज उत्पादन का लगभग 80 प्रतिशत हिस्सा देश में ही इस्तेमाल किया जाता है तथा बाकी बचे भाग का निर्यात संयुक्त राज्य अमेरिका, यू. के., जर्मनी, फ्रांस, इटली, नीदरलैण्ड, बेल्जियम, चैक गणराज्य, स्लोवाकिया तथा पूर्वी यूरोपीय देशों (जिसमें यूक्रेन भी शामिल है) को किया जाता है।

तालिका 7.4a भारत: मैंगनीज अयस्क का उत्पादन (1950-2016) (लाख टन में)

साल	उत्पादन (लाख टन में)
1950-51	13.98
1960-61	14.05
1970-71	18.41
1980-81	15.32
1990-91	13.88
2000-01	15.95
2005-06	19.06
2015-16	21.48
2016-17	23.95
2017-18	26.00
2018-19	28.20
2019-20	29.04
2020-21	20.21

Source: Ministry of Mines, *Annual Report 2020-21*, Government of India & Statistical Year Book-2017.

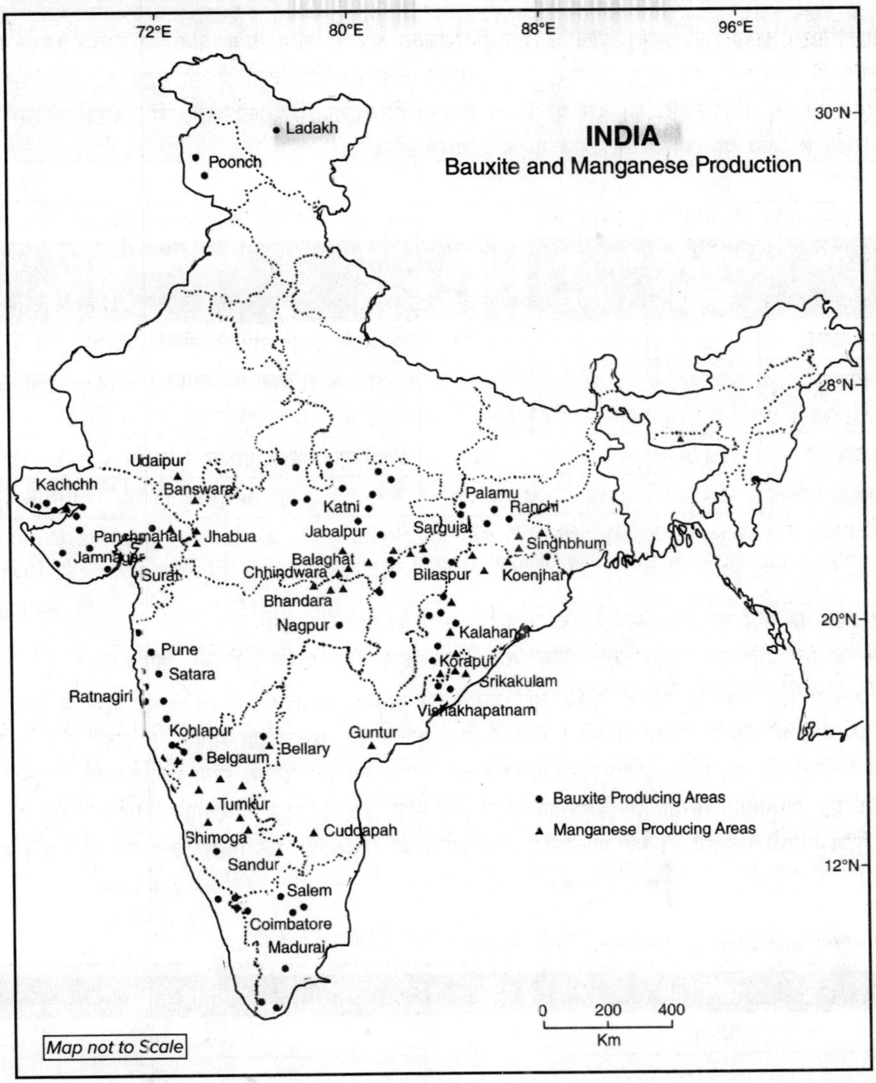

चित्र 7.5 बॉक्साइट एवं मैंगनीज का वितरण

ताँबा (Copper)

तांबा अत्यधिक नमनीय, मजबूत और बिजली का अच्छा संवाहक है। यह मुख्य रूप से विद्युत मशीनरी, ऑटोमोबाइल, स्टेनलेस स्टील में उपयोग किया जाता है। जब जस्ते के साथ मिश्रित किया जाता है, तो इसे पीतल कहते हैं और टिन के साथ कांस्य के रूप में जाना जाता है। मध्य प्रदेश में तांबे-अयस्क का सबसे बड़ा भंडार है, राजस्थान और झारखंड इसके बाद हैं। तांबा-अयस्क के उत्पादन में भी मध्य प्रदेश पहले स्थान पर है, उसके बाद राजस्थान और झारखंड का स्थान है। तांबे का कुल संसाधन भण्डार लगभग 1.51 अरब टन है जिसमें धातु की मात्रा 12.16 मिलियन टन है, जिसमें से 27.3 मिलियन टन का भंडार है। भारत में तांबे का वितरण ***(सारणी 7.5)*** में दिया गया है।

1. **मध्य प्रदेश:** मध्य प्रदेश भारत में ताँबे का सबसे बड़ा उत्पादक है। इस राज्य के तारेगांव क्षेत्र में (मलंजखण्ड, बालाघाट जिला) ताँबे का एक विशाल भंडार है। ताँबा बेतूल जिले के बड़गांव क्षेत्र में भी पाया जाता है।

2. **राजस्थान:** राजस्थान के झुंझुनू जिले के खेतड़ी-सिंघाना क्षेत्र में ताँबा पाया जाता है। इसका खनन अजमेर, अलवर, भीलवाड़ा, चित्तौड़गढ़, डूंगरपुर, जयपुर, पाली, सीकर तथा सिरोही जिलों में भी होता है। कोह-दरिबा (पर्वत), जो अलवर नगर से 48 कि.मी. की दूरी पर स्थित है तथा दिलवाड़ा-किरोवली क्षेत्र, जो उदयपुर से 30 कि.मी. की दूरी पर स्थित है, ताँबे के अयस्क के अन्य प्रमुख उत्पादन केन्द्र हैं।

तालिका 7.5 भारत: तांबे का वितरण (2019-20)

क्र. सं.	राज्य	हजार टन में उत्पादन		प्रतिशत	जिले/खनन केंद्र
		अयस्क	सांद्र		
1.	मध्य प्रदेश	288	8	7.29	मलंजखंड (बालाघाट), बड़गांव (बैतूल)
2.	राजस्थान	2,544	65	64.37	झुंझुनू (खेतड़ी सिंघाना), भीलवाड़ा, अजमेर, चित्तौड़गढ़, अलवर जिला डूंगरपुर, जयपुर, पाली, सीकर, सिरोही
3.	झारखंड	1,120	52	28.34	हजारीबाग, संथाल परगना, सिंहभूमि
	कुल योग	3,952	125	100.00	

Source: Indian Bureau of Mines (2020). *Statistical Profiles of Minerals 2019-20*, Ministry of Mines (Government of India) Mining & Mineral Statistics Division, Controller General, Nagpur

3. **झारखंड:** यह ताँबे का दूसरा सबसे बड़ा उत्पादक राज्य है। तांबे का खनन हजारीबाग, संथाल परगना तथा पलामू जिले (झारखंड) में होता है। इसका खनन निकटवर्ती बिहार राज्य के गया जिले में भी होता है।

तालिका 7.5 में यह देखा जा सकता है कि ताँबे का सबसे अधिक उत्पादन वर्ष 1990-91 में हुआ (5255 हजार टन)। लेकिन पिछले 25 वर्षों में ताँबे का उत्पादन घटता गया है तथा वर्ष 2015-16 में यह मात्र 630 हजार टन रह गया। 2019-20 मे भारत में तांबे के अयस्क कर उत्पादन 3,952 हजार टन था। भारत अब इसे पर्याप्त मात्रा में जिम्बाब्वे, संयुक्त राज्य अमेरिका, मैक्सिको तथा जापान से आयात करता है। हिन्दुस्तान कॉपर लिमिटेड (HCL) एक सार्वजनिक क्षेत्र का उपक्रम है जो इस धातु के खनन में शामिल अग्रणी कम्पनी है। यह तालिका 7.6 से देखा जा सकता है। कि पिछले 28 वर्षों के दौरान तांबे का उत्पादन घट रहा है।

तालिका 7.6 भारत: तांबे सांद्रण का उत्पादन (2000-2018)

साल	उत्पादन हजार टन में
2000-01	164
2015-16	152
2016-17	135
2017-18	150
2018-19	155
2019-20	125
2020-21	108

Source: Ministry of Mines, *Annual Report 2020-21*; Indian Bureau of Mines (2020). *Statistical Profiles of Minerals 2019-20*, Ministry of Mines (Government of India) Mining & Mineral Statistics Division, Controller General, Nagpur

छिल्पी शृंखला (Chilpi Series): इसका विस्तार मध्य प्रदेश के बालाघाट तथा छिंदवाड़ा जिले में है। इस शृंखला में क्वार्ट्जाइट, कॉपर-पाइराइट, अभ्रक, स्तरित चट्टान तथा संगमरमर पाए जाते हैं। यहाँ से प्राप्त ताँबे का प्रयोग मलंजखण्ड ताँबा संयन्त्र (Belt) में होता है।

घाटशिला (Ghatsila): यह झारखण्ड राज्य में स्थित है तथा यहां एक ताँबा प्रगलन संयन्त्र है। यह एक विद्युत-अपघटनी परिष्करण शाला (Electrolytic refinery) है। ताँबे को संशाधित करने में सोना तथा निकल भी यहां प्राप्त होता है।

खेतड़ी (Khetri): यह एक एकीकृत संयन्त्र है, जहां ताँबे का खनन तथा इसके अयस्क का परिष्करण भी होता है। यह राजस्थान के झुंझुनू जिले में है। इसकी स्थापना 1967 में की गई थी। यह मध्य प्रदेश के मलंजखण्ड जिले की ताँबे की खानों से भी अयस्क प्राप्त करता है। यहां एक सल्फ्यूरिक अम्ल का संयन्त्र तथा एक खाद का भी संयन्त्र है।

मलंजखण्ड (Malanjkhand): यहां ताँबे की एक ओपन कास्ट (आरक्षित) खान है। यह मध्य प्रदेश के बालाघाट जिले में स्थित है। यहाँ ताँबे के संयन्त्र की भी स्थापना की गई है। ताँबे का अयस्क यहां से राजस्थान के खेतड़ी ताँबा संयन्त्र को भी भेजा जाता है।

राखा (Rakha): राखा ताँबा संयन्त्र झारखण्ड के सिंहभूम जिले में स्थित है। यह अयस्क राखा की खानों से प्राप्त करता है।

तजोला (Tajola): तजोला ताँबा संयन्त्र महाराष्ट्र के रायगढ़ शहर में स्थित है। यह संयन्त्र आयात किए गए ताम्र कैथोड का प्रयोग करता है। यह ताँबे की छड़ों का उत्पादन करता है।

क्रोमाइट (Chromite)

क्रोमाइट लोहे तथा क्रोमियम का एक ऑक्साइड है। इसका उपयोग धातुकर्मी तथा रासायनिक उद्योगों में किया जाता है। देश में इसके कुल उत्पादन का 99 प्रतिशत हिस्सा ओडिशा राज्य में उत्पादित किया जाता है। इसका खनन कटक, ढेनकेनाल तथा केन्दूझाड़ जिले में किया जाता है। कर्नाटक इसका दूसरा सबसे बड़ा उत्पादक है यहाँ इसका खनन हसन जिले में होता है। अल्प मात्रा में क्रोमाइट आंध्र प्रदेश के कृष्णा जिले में मणिपुर के तमंगलाँग तथा उखरूल जिलों में भी पाया जाता है।

सीसा (Lead)

सीसा व्यापक रूप से अपने भारीपन, लचीलेपन, कोमलता और गर्मी की खराब चालकता के कारण उपयोग किया जाता है। इसका उपयोग मिश्र धातु, केबल कवर, सीसा-शीटिंग, गोला-बारूद, कांच बनाने, पेंट बनाने, ऑटोमोबाइल, हवाई जहाज, टाइप-राइटर, गणना मशीन, छपाई और रबर उद्योग में किया जाता है। सीसा प्रकृति में मुक्त नहीं पाया जाता है। यह गैलेना से प्राप्त होता है जो चूना पत्थर, बलुआ पत्थर और कैलकेरियस स्लेट के साथ मिलकर पाया जाता है। एक अनुमान के अनुसार, भारत के पास लगभग 749 मिलियन टन (भारत, 2016) का प्रमुख भंडार है। 2020-21 में कुल सीसा और जस्ता अयस्क उत्पादन 405.47 हजार टन था ***(तालिका 7.7)***।

तालिका 7.7 भारत में सीसा उत्पादन (1950-2020)

साल	हजार टन में उत्पादन
1950-51	1.81
1960-61	5.53
1970-71	4.26
1980-81	19.95
1990-91	44.23
2000-01	54.49
2015-16	261.86
2016-17	268.05
2017-18	306.40
2018-19	358.37
2019-20	351.27
2020-21	405.47

Source: Ministry of Mines, *Annual Report 2020-21*; Indian Bureau of Mines (2020). *Statistical Profiles of Minerals 2019-20*, Ministry of Mines (Government of India) Mining & Mineral Statistics Division, Controller General, Nagpur

राजस्थान सीसे का प्रमुख उत्पादक है। इसका खनन उदयपुर (ज़ावर, रिखबदेव तथा देबारी), डुंगरपुर, (घुगरा एवं माण्डो), बांसवाड़ा तथा अलवर जिले में किया जाता है।

आंध्र प्रदेश तथा तेलंगाना में इसके भंडार कुडप्पा, गुंटूर, ख़म्माम, कुर्नूल, उत्तरी एरकोट-अम्बेडकर तथा दक्षिणी अर्काट (तमिलनाडु) तथा वेल्लौर में पाए गए हैं। इसका खनन उत्तराखण्ड (टिहरी एवं पिथौरागढ़), झारखण्ड (हज़ारीबाग, पलामू, राँची एवं सिंहभूम), मध्य प्रदेश (ग्वालियर, होशंगाबाद एवं शिवपुरी), हिमाचल प्रदेश (कांगड़ा एवं कुल्लू), जम्मू एवं कश्मीर (बारामूला एवं ऊधमपुर) तथा पश्चिमी बंगाल (जलपाईगुड़ी एवं दार्जिलिंग) में भी किया जाता है।

भारत सीसे में आत्मनिर्भर नहीं है तथा उसे अपनी आवश्यकताओं का 75 प्रतिशत हिस्सा आस्ट्रेलिया, कनाडा एवं म्यांमार से आयात करना पड़ता है।

जस्ता (Zinc)

जस्ता, सीसा तथा चाँदी के साथ संयुक्त रूप से पाया जाता है। इसका मुख्य प्रयोग मिश्र धातु के रूप में होता है तथा जस्तेदार चादरों के उत्पादन में भी इसका उपयोग होता है। इसका प्रयोग शुष्क बैटरियों, सफेद रंग द्रव्य, इलैक्ट्रोड, (Electrod) वस्त्रोद्योग, डाई-कोस्टिंग, रबड़ उद्योग तथा सिमटने वाले ट्यूबों, दवाइयों, पेस्टों के लिए किया जाता है।

राजस्थान, भारत के कुल जस्ता उत्पादन के लगभग 99% हिस्से के साथ प्रमुख उत्पादक है। सिक्किम, जम्मू, बिहार, मध्य प्रदेश, महाराष्ट्र, तमिलनाडु, मेघालय और कश्मीर (उधमपुर जिला) और तमिलनाडु के दक्षिण आरकोट वल्लालर से कम मात्रा में जस्ता प्राप्त किया जाता है। भारत अपनी आवश्यकताओं का लगभग 80% ऑस्ट्रेलिया, कनाडा, रूस और जायरे से आयात करता है। 2016-17 में जस्ता का कुल अनुमानित उत्पादन 268.05 हजार टन था और यह 2020-21 में बढ़कर 405.47 हजार टन हो गया।

टंगस्टन (Tungsten)

टंगस्टन बुलफ्रैम अयस्क (Wolfarm ore) से प्राप्त किया जाता है। यह स्वत: कठोर होने वाला खनिज है इसलिए इसका प्रयोग इस्पात उद्योग, युद्धोपकरण, कवच, चद्दर, तोप, कठोर पदार्थों को काटने वाले उपकरणों, इत्यादि के निर्माण में किया जाता है। भारत में टंगस्टन के कुल भण्डार लगभग 88 मिलयन टन हैं। डेगाना (रावत पहाड़ी के निकट, राजस्थान), बाँकुड़ा जिला (पश्चिम बंगाल), महाराष्ट्र के साकोली बेसिन (भंडारा), नागपुर जिले में तथा मैसूर जिले की कोलार खानों में इसके भंडार पाए जाते हैं। चित्तूर, आंध्र प्रदेश के पूर्वी गोदावरी जिले में, गुजरात के अहमदाबाद जिले में, तथा झारखण्ड के सिंहभूम जिले में भी इसके भंडार पाए जाते हैं। चूंकि भारत टंग्स्टन के उत्पादन में आत्म निर्भर नहीं है इसलिए इसका आयात करना पड़ता है।

बॉक्साइट (Bauxite)

बॉक्साइट एल्युमिनियम बॉक्साइट से प्राप्त किया जाता है। बॉक्साइट एल्युमिनियम का ऑक्साइड है। यह एक विशिष्ट खनिज नहीं है बल्कि मुख्य रूप से हाइड्रेटेड एल्युमीनियम ऑक्साइड से युक्त एक चट्टान है। यह एक मिट्टी जैसा पदार्थ है जो लोहे की मात्रा के आधार पर गुलाबी, सफेद या लाल रंग का होता है। भारतीय खान ब्यूरो (2021) के आंकड़ों के अनुसार, भारत में बॉक्साइट का भंडार 3,897 मिलियन टन है। ओडिशा में बॉक्साइट संसाधनों का 49% हिस्से का उत्पादन होता है। इसके अलावा गुजरात (9.5%), झारखंड (6.5%), महाराष्ट्र (2.73%) और छत्तीसगढ़ में 7.18% होता है। 2020 में कुल उत्पादन का 70.94% हिस्सा ओडिशा के तटीय क्षेत्रों के प्रमुख बॉक्साइट संसाधनों से प्राप्त हुआ था।

तालिका 7.8 से यह देखा जा सकता है कि भारत में उत्पादन का उच्चतम स्तर 2015-16 में 28,124 हजार टन के आंकड़े के साथ हासिल किया गया था। तब से यह घटता जा रहा है और 2020-21 में उत्पादन घटकर 21,240 हजार टन ही रह गया। भारत अपनी जरूरतों का एक बड़ा हिस्सा विदेशों से आयात करता है।

तालिका 7.8 भारत: बॉक्साइट का उत्पादन (1950-51 से 2017-18)

साल	उत्पादन हजार टन में
1950-51	68
1960-61	476

साल	उत्पादन हजार टन में
1970–71	1,517
1980–81	1,955
1990–91	4,984
2000–01	8,689
2015–16	28,124
2016–17	24,664
2017–18	20,630
2018–19	23,690
2019–20	21,824
2020–21	21,240

Source: Ministry of Mines, *Annual Report 2020-21*; Indian Bureau of Mines (2020). *Statistical Profiles of Minerals 2019-20*, Ministry of Mines (Government of India) Mining & Mineral Statistics Division] Controller General, Nagpur

2020–21 में भारत के विभिन्न राज्यों में बॉक्साइट का उत्पादन ***(तालिका 7.9) (चित्र 7.3)*** में दिया गया है।

तालिका 7.9 भारत में प्रमुख बॉक्साइट खनन क्षेत्र (2019–20)

क्र. सं.	राज्य	उत्पादन हजार टन में		उत्पादन प्रतिशत में	मुख्य जिले/खनन केंद्र
		2018–19	2019–20		
1.	उड़ीसा	15,414	15,483	70.94	कालाहांडी, कोरापुट, सुंदरगढ़, बोलांगीर संबलपुर
2.	गुजरात	2,185	2,074	9.50	अमरेली, भावनगर, जामनगर, जूनागढ़, कच्छी
3.	झारखंड	2,413	1,419	6.50	दुमका, लोहरदगा, औमला, मुंगेर, पलामू, रांची
4.	छत्तीसगढ़	1,502	1,566	7.18	अमरकंटक-पठार, बिलासपुर, दुर्ग, रायगढ़, सरगुजा
5.	महाराष्ट्र	1,425	596	2.73	कोल्हापुर, पुणे, रत्नागिरी, सतारा, ठाणे
6.	मध्य प्रदेश	750	686	3.14	बालाघाट, कटनी, जबलपुर, मैकाल रेंज, मंडला, शहडोल
7.	गोवा	1	0	0.00	उत्तर जिला पोंडा
8.	तमिलनाडु	–	–	–	मदुरै, नीलगिरि, सेलमे
9.	अन्य	–	–	–	आंध्रप्रदेश, जम्मू और कश्मीर, केरल
	भारत	**23,690**	**21,824**	**100.00**	

Source: Ministry of Mines, *Annual Report 2020-21*; Indian Bureau of Mines (2020). *Statistical Profiles of Minerals 2019-20*, Ministry of Mines (Government of India) Mining & Mineral Statistics Division, Controller General, Nagpur

1. **ओडिशा:** ओडिशा बॉक्साइट के उत्पादन में पहले स्थान पर है, जो कुल बॉक्साइट का 71% से अधिक उत्पादन करता है। कालाहांडी–कोरापुट बेल्ट जो आंध्र प्रदेश में फैली हुई है, मुख्य बॉक्साइट निक्षेपक्षेत्र है। इसके अलावा, बोलंगीर, संबलपुर और सुंदरगढ़ जिलों से भी बॉक्साइट प्राप्त होता है। दमनजोली और दोरागुड़ा में स्थित नया एल्युमीनियम संयंत्र इस क्षेत्र में बॉक्साइट के लिए एक अच्छा बाजार उपलब्ध कराता है।
2. **गुजरात:** कुल बॉक्साइट उत्पादन का लगभग 9.5% गुजरात राज्य से होता है। गुजरात में, मुख्य बॉक्साइट भंडार कच्छ की खाड़ी और खंभात की खाड़ी (अरब सागर) के बीच भावनगर, जामनगर, जूनागढ़, अमरेली और कच्छ जिलों में होता है। इनके अलावा इसका खनन खेड़ा और साबरकांठा में भी होता है।

3. **झारखंड:** झारखंड में बॉक्साइट दुमका, गुमला, लोहरदगा, मुंगेर, पलामू और रांची जिलों से प्राप्त किया जाता है। लोहरदगा की खदानें, हालांकि, उच्च ग्रेड बॉक्साइट जमा के लिए जानी जाती हैं।

4. **छत्तीसगढ़:** छत्तीसगढ़ में बॉक्साइट मैकाल रेंज, अमरकंटक पठार, बिलासपुर, रायगढ़ और सरगुजा से प्राप्त किया जाता है। कुल उत्पादन में इसकी हिस्सेदारी करीब 7.18% है।

5. **महाराष्ट्र:** कुल बॉक्साइट उत्पादन का लगभग 2.73% महाराष्ट्र से आता है। कोल्हापुर, पुणे, रत्नागिरी, सतारा और ठाणे इसके प्रमुख उत्पादक केंद्र हैं।

6. **मध्य प्रदेश:** मध्य प्रदेश में, बालाघाट, जबलपुर, कटनी, मंडला और शहडोल जिलों में बॉक्साइट का खनन किया जाता है। यह बॉक्साइट के कुल उत्पादन का लगभग 3.14% उत्पादन करता है।

7. **गोवा:** बॉक्साइट के कुल उत्पादन में गोवा का योगदान एक प्रतिशत से भी कम है।

8. **तमिलनाडु:** मदुरै, नीलगिरि और सेलम जिले बॉक्साइट के कुल उत्पादन केलगभग 0.1% हिस्से के लिए जाने जाते हैं।

लगभग 80 प्रतिशत बॉक्साइट का उपयोग एल्युमीनियम के उत्पादन के लिए किया जाता है। इटली तथा यू.के. भारतीय बॉक्साइट के प्रमुख आयातक हैं जहाँ भारत के बॉक्साइट निर्यात का लगभग 60 प्रतिशत हिस्सा जाता है। भारतीय बॉक्साइड के अन्य आयातक जर्मनी, बेल्जियम तथा जापान हैं। भारत के कुछ मुख्य एल्युमीनियम संयन्त्र निम्नलिखित हैं:

बाल्को (BALCO): भारत एल्युमीनियम कंपनी लिमिटेड (बाल्को) को 27 नवंबर, 1965 को एक केन्द्रीय सार्वजनिक क्षेत्र उद्यम के रूप में संस्थापित किया गया, कोरबा (छत्तीसगढ़) में इसका एक एकीकृत एल्युमीनियम केन्द्र है। भारत सरकार ने इस कंपनी में 51 प्रतिशत इक्विटी (Equity) का विनिवेश किया तथा 2 मार्च, 2001 से इसका प्रबंधन नियंत्रण प्रभावी रूप से स्टरलाइट कंपनी (Sterlite Company) (भारतीय अंग) को हस्तांतरित कर दिया गया। फलस्वरूप, यह कंपनी अब एक सार्वजनिक क्षेत्र का उद्यम नहीं है।

रेणुकूट (HINDALCO): रेणुकूट एल्युमीनियम संयन्त्र की स्थापना 1958 में की गई। यह मिर्जापुर (उत्तर प्रदेश) से लगभग 160 कि.मी. दूर स्थित है। यहाँ बॉक्साइट लोहरडगा (झारखण्ड) से आता है तथा बिजली रिहन्द डैम (Rihand Dam) तथा संयन्त्र के निकट थर्मल पॉवर स्टेशन से उपलब्ध करायी जाती है।

मद्रास एल्युमीनियम कम्पनी (MALCO): इस एल्युमिनियम संयन्त्र की स्थापना 1965 में की गई तथा यह मेटूर बाँध (Mettur Dam) (सलेम जिला) के निकट स्थित है। इसे बॉक्साइट शेवारोय पहाड़ी (तमिलनाडु) से प्राप्त होता है तथा बिजली मेटूर हाइडेल प्रोजेक्ट से प्राप्त होती है।

कोरापुट एल्युमीनियम संयन्त्र (Nalco): यह संयन्त्र उड़ीसा के कोरापुट जिले में स्थित है तथा इसकी स्थापना 1981 में की गई थी। चूंकि यह संयन्त्र घाटे में चल रहा था इसलिए सरकार ने इसका वर्ष 2006 में विनिवेश (Disinvestment) किया।

सोना (Gold)

सोना एक कीमती धातु है जिसका उपयोग आभूषण बनाने के लिए किया जाता है, और इसे अंतर्राष्ट्रीय मुद्रा के रूप में जाना जाता है। भारत में लगभग 502 मिलियन टन अयस्क है जिसमें कुल धातु सामग्री 655 टन (2015) है। भारत में सोने का उत्पादन ***(तालिका 7.10)*** में दिखाया गया है।

तालिका 7.10 वर्ष 2000-01 से सोने के उत्पादन को दर्शाती है। तालिका में दिए गए आँकड़ों से यह निष्कर्ष निकाला जा सकता है कि वर्ष 2007-08 के अपवाद को छोड़कर औसतन उत्पादन घट रहा है। औरतब से यह लगातार घटता जा रहा है और 2020-21 में यह 1193 कि. ग्रा. के स्तर पर ही आ गया था। स्वर्ण अयस्कों का सबसे बड़ा भंडार बिहार (44%) में स्थित है, इसके बाद राजस्थान (25%), कर्नाटक (21%), पश्चिम बंगाल (3%), आंध्र प्रदेश (3%), झारखंड (2%)। शेष 2% भंडार छत्तीसगढ़, मध्य प्रदेश, केरल, महाराष्ट्र और तमिलनाडु में हैं। सोने सहित किसी भी खनिज के निष्कर्षण की लागत हर खदान में अलग-अलग होती है। देश में सोने के तीन महत्वपूर्ण क्षेत्र हैं, अर्थात् (i) कोलार गोल्ड फील्ड, मैसूर (कर्नाटक), (ii) रायचूर (कर्नाटक) में हुट्टी गोल्ड फील्ड, और (iii) अनंतपुर जिले (आंध्र प्रदेश) में रामगिरी गोल्ड फील्ड।

तालिका 7.10 भारत: सोने का उत्पादन (2000-2020)

साल	उत्पादन (कि. ग्रा. में)	साल	उत्पादन (कि. ग्रा. में)
2000-01	2615	2013-14	1564
2006-07	2361	2014-15	1441
2007-08	2969	2015-16	1323
2008-09	2438	2016-17	1595
2009-10	2084	2017-18	1650
2010-11	2399	2018-19	1664
2011-12	2194	2019-20	1724
2012-13	1588	2020-21	1193

Source: Ministry of Mines, *Annual Report 2020-21*; Indian Bureau of Mines (2020). *Statistical Profiles of Minerals 2019-20*, Ministry of Mines (Government of India) Mining & Mineral Statistics Division, Controller General, Nagpur

कोलार खान (Kolar Gold Mines): यहां खनन 1871 में प्रारम्भ हुआ। देश के कुल स्वर्ण उत्पादन में इस खान की भागीदारी लगभग 60 प्रतिशत है। यहाँ सोने की खान 3000 मीटर से भी अधिक गहरी है। इस क्षेत्र से अधिकतर सोना निकाल लिया गया है तथा तीन किलोमीटर से अधिक गहराई से सोने का निष्कर्षण लाभकारी नहीं है।

भारत में सोना अन्य जगहों पर भी पाया जाता है:

1. ***कर्नाटक:*** सोने के उत्पादन तथा भंडार में कर्नाटक सबसे अग्रणी राज्य है। यह मुख्यत: कोलार, धारवाड़, हसन तथा रायचूर जिले से प्राप्त किया जाता है। कुछ सोने के भंडार बेलगाम, बेल्लारी, चिकमंगलूर, गुलबर्गा, मांडिया तथा शिमोगा जिले में भी पाए गए हैं। हुत्ती गोल्ड माईन कम्पनी भारत की एकमात्र सोना उत्पादन करने वाली कम्पनी है।
2. ***आंध्र प्रदेश:*** यह राज्य भारत में सोने का दूसरा सबसे बड़ा उत्पादक है। आंध्र प्रदेश में सोने का मुख्य भंडार रामगिरि (अनन्तपुर जिला) में है। इसके अतिरिक्त चित्तूर तथा कुर्नूल जिले में भी यह पाया जाता है।

प्लेसर अथवा जलोढ़ सोना (Placer-Gold): नदी के बालू तथा अवसादी निक्षेप से प्राप्त सोने को प्लेसर सोना कहते हैं। झारखण्ड राज्य की स्वर्णरेखा नदी के रेत में प्लेसर सोना पाया जाता है। प्लेसर सोना सिंहभूम जिले में लोवा के निकट तथा छोटा नागपुर के अन्य भागों में भी यह पाया जाता है।

प्लेसर सोना कारगिल (जम्मू एवं कश्मीर) की द्रास (Dras) तथा सुरू नदियों की बालू में, हिमाचल प्रदेश में शिमला एवं बिलासपुर में केरल के पुन्ना-पुन्हा एवं चैयार पुन्हा नदियों में, मध्य प्रदेश के बालाघाट तथा सिवोनी जिलों में, छत्तीसगढ़ के बस्तर, रायगढ़ तथा रायपुर जिले एवं पश्चिम बंगाल के पुरुलिया जिले में भी पाया जाता है।

चैम्पियन श्रृंखला (Champion Series): इसका नाम कोलार खान के चैम्पियन खनिज-शिरा पर रखा गया है। यह कर्नाटक का सबसे पुराना नाइस (Gneiss) (पट्टिताशम) है। वास्तव में यह भारत का सबसे पुराना कायांतरित अवसादी निक्षेप है। सोने के भंडार के लिए प्रसिद्ध यहाँ स्फटिक तथा श्वेत अभ्रक भी पाए जाते हैं।

चाँदी (Silver)

चाँदी भी एक बहुमूल्य धातु है। भारत में इसके भंडार पर्याप्त नहीं हैं। यह एक महत्वपूर्ण मुद्रा धातु है तथा इसका उपयोग रसायनों में, इलैक्ट्रो प्लेटिंग में, फोटोग्राफी में एवं शीशों को रंगने के लिए किया जाता है। यह सीसा तथा जस्ते के साथ संयुक्त रूप से पायी जाती है। उदयपुर की जावर खान (Zawar Mines) इसका सबसे बड़ा उत्पादक है। उदयपुर के हिन्दुस्तान जिंक प्रगालक में यह जस्ता तथा सीसे के प्रगलन में एक उपफल के रूप में प्राप्त किया जाता है। कोलार की सोने की खानों में तथा हुत्ती (Hutti) सोने की खानों में भी सोने के परिष्करण के दौरान चांदी का उत्पादन होता है। हिन्दुस्तान कॉपर लिमिटेड (Copper Limited) के माउभंडार प्रगालक (सिंहभूम, झारखण्ड) में चांदी ताँबे की खानों से प्राप्त होती है। विशाखापट्टनम प्रगालक (आंध्र प्रदेश) में चांदी का उत्पादन सीसे के सान्द्र से होता है।

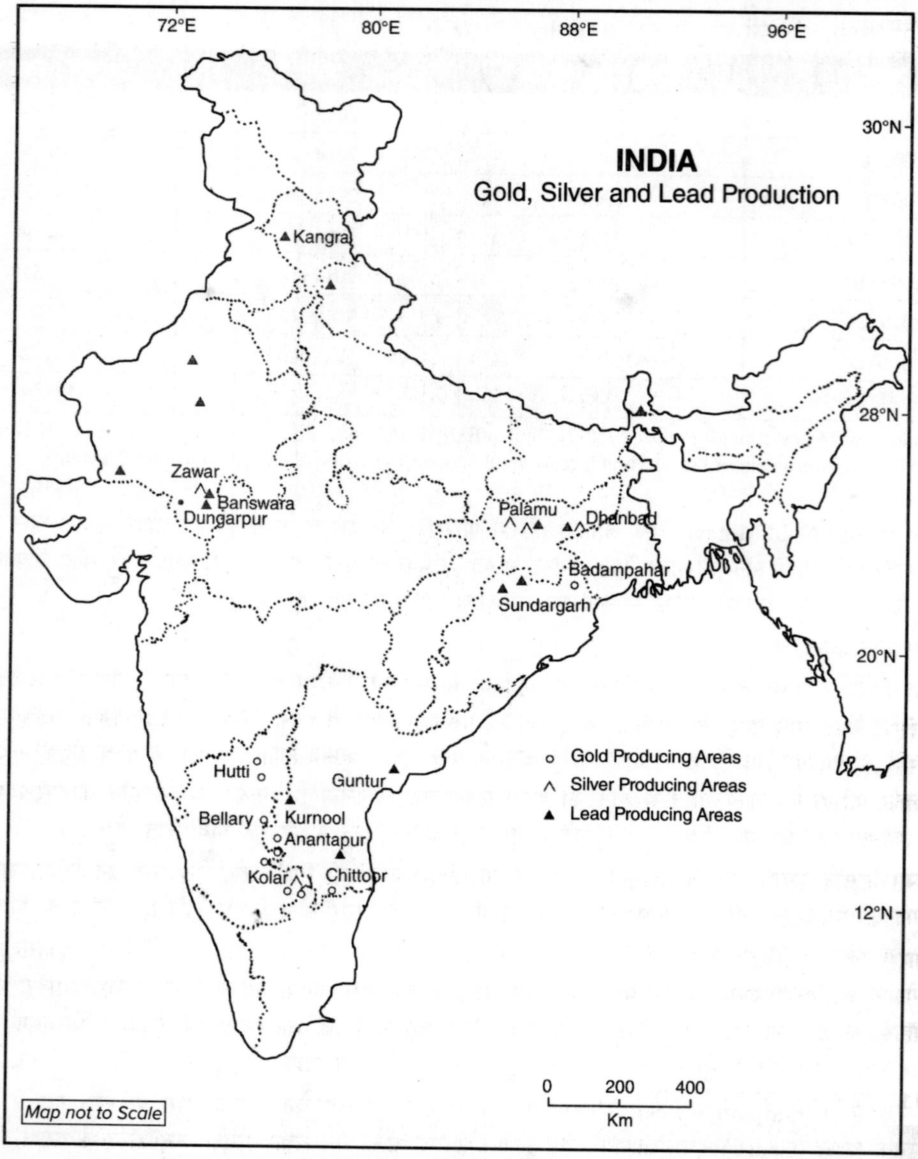

चित्र 7.6 धात्विक खनिज

गैर-धात्विक खनिज (Non-Metallic Minerals)

भारत गैर-धात्विक खनिजों के मामले में भी धनी है। कुछ महत्वपूर्ण गैर-धात्विक खनिजों का भौगोलिक वितरण नीचे दिया गया है:

अभ्रक (Mica)

अभ्रक एक महत्वपूर्ण गैर-धातु खनिज है जिसका उपयोग मुख्य रूप से विद्युत उद्योग में किया जाता है क्योंकि इसमें उच्च रोधक गुण होते हैं। यह उच्च वोल्टेज का सामना कर सकता है और कम बिजली की हानि करता है। यह मस्कोवाइट, बायोटाइट और फ्लोगोपाइट अयस्कों से प्राप्त किया जाता है। देश में अभ्रक का कुल भंडार लगभग 6.3 लाख टन होने का अनुमान है। National

(Mineral Inventory) एनएमआई की रिपोर्ट के अनुसार भारत में अभ्रक का कुल भंडार 635,302 टन (2015) है। आंध्र प्रदेश कुल उत्पादन का 41% राजस्थान (28%), ओडिशा (17%), महाराष्ट्र (13%) और बिहार (2%) उत्पादित करता है।

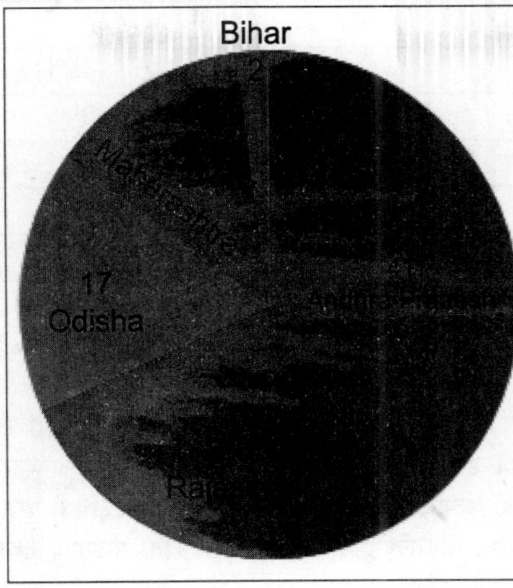

चित्र 7.7 भारत में राज्यवार अभ्रक उत्पादन (प्रतिशत में)

1. **आंध्र प्रदेशः** आंध्र प्रदेश अभ्रक का सबसे बड़ा उत्पादक है। भारत के कुल अभ्रक उत्पादन का 71 प्रतिशत से अधिक हिस्सा इस राज्य से आता है। नेल्लोर के अभ्रक क्षेत्र की लम्बाई लगभग 100 कि.मी. है तथा चौड़ाई 25 कि.मी. है। नेल्लोर का अभ्रक सामान्यतः हल्के हरे रंग का होता है। अभ्रक खम्माम, कृष्णा, पश्चिम गोदावरी तथा विशाखापट्टनम से भी प्राप्त किया जाता है।
2. **राजस्थानः** राजस्थान का अभ्रक उत्पादन क्षेत्र जयपुर से उदयपुर तक फैला हुआ है। इसका खनन अजमेर, भीलवाड़ा, डूंगरपुर, सीकर तथा टोंक में भी होता है।
3. **झारखण्ड तथा बिहारः** झारखण्ड तथा बिहार में अभ्रक का क्षेत्र गया के पूर्वी भाग से लेकर हजारीबाग, गिरिडीह, मुंगेर होकर भागलपुर तक फैला हुआ है। इस क्षेत्र की लम्बाई लगभग 150 कि.मी. तथा चौड़ाई लगभग 32 कि.मी. है। बिहार तथा झारखण्ड में अभ्रक उत्पादन का मुख्य केन्द्र कोडरमा, धोरहाकोला, धाब, तिसरी तथा चकाई है।

तालिका 7.11 भारतः अभ्रक का वितरण-(2015-16)

क्र. सं.	राज्य	जिला/खनन केन्द्र
1.	आंध्र प्रदेश	नेल्लोर, कृष्णा, खम्मम, विशाखापट्टनम तथा पश्चिमी गोदावरी
2.	राजस्थान	अजमेर, भीलवाड़ा, डूंगरपुर, जयपुर, सीकर, टोंक, उदयपुर
3.	झारखण्ड	धनबाद, गया, गिरिडीह, हजारीबाग, मुंगेर, राँची, सिंहभूम, कोडरमा
4.	बिहार	भागलपुर

स्रोत: *Statistical Abstracts of India, 2017.*

अभ्रक देश के अन्य राज्यों में भी पाया जाता है, जैसे–गुजरात (बनासकांठा, वड़ोदरा तथा साबरकांठा), तमिलनाडु (नीलगिरि, कोयम्बटूर, सलेम तथा तिरूचिरापल्ली), छत्तीसगढ़ (बिलासपुर, बस्तर तथा सरगुजा) मध्य प्रदेश (बालाघाट तथा छिंदवाड़ा) एवं उत्तर प्रदेश (मिर्जापुर)। कुछ भंडार हरियाणा, हिमाचल प्रदेश, ओडिशा तथा पश्चिम बंगाल में भी पाए गए हैं।

तालिका 7.12 भारत: अभ्रक का उत्पादन (1950-2017)

साल	Tonnes में उत्पादन
1970-71	1510
1980-81	8534
1990-91	4746
2000-01	3806
2015-16	21412
2016-17	56754
2017-18	21676

Source: Statistical Abstracts, 2016, India 2017; Ministry of Mines, *Annual Report 2020-21*, Government of India

तालिका 7.12 में यह देखा जा सकता है कि अभ्रक का उत्पादन 1950-51 में मात्र 10 टन था, जो 2000-01 में बढ़कर 3806 टन हो गया तथा 2005-06 में यह 1154 टन था। सन् 2017-18 के आंकड़ों के अनुसार भारत मे अभृक उत्पादन 21676 टन था। भारत विश्व में अभ्रक का सबसे बड़ा उत्पादक तथा निर्यातक है। भारत से अभ्रक का निर्यात जापान, संयुक्त राज्य अमेरिका, यू.के., नॉर्वे, रूस, जर्मनी, फ्रान्स, बेल्जियम, नीदरलैण्ड, हंगरी, पोलैण्ड, चैक गणराज्य तथा स्लोवाकिया को किया जाता है।

सॉसर शृंखला (Saucer Series): यह शृंखला महाराष्ट्र में नागपुर तथा भंडारा एवं मध्य प्रदेश में छिंदवाड़ा जिले में फैली हुयी है। सॉसर शृंखला धारवाड़ समूह की श्रेणी में आती है। यह क्वार्ट्जाइट, अभ्रक के स्तरित चट्टान, संगमरमर तथा मैग्निफेरस शैल का बना हुआ है। इस शृंखला से प्राप्त अभ्रक हल्के हरे रंग का होता है।

साकोली शृंखला (Sakoli Series): यह मध्य प्रदेश के जबलपुर तथा रीवा जिले में फैली हुयी है। यह शृंखला अभ्रक के स्तरित चट्टान, स्फटिक (क्वार्ट्ज), डोलोमाइट तथा संगमरमर में धनी है। प्रसिद्ध 'जबलपुर के संगमरमर' इसी शृंखला से प्राप्त किए जाते हैं। यहां धारवाड़ काल के नाइस (पट्टिताशम) भी पाए गए हैं।

चूना पत्थर (Limestone)

चूना पत्थर कैल्शियम कार्बोनेट, कैल्शियम और मैग्नीशियम का कार्बोनेट या दोनों का मिश्रण है। चूना पत्थर में सिलिका, एल्यूमिना, ऑयरन-ऑक्साइड, फॉस्फोरस और सल्फर की थोड़ी मात्रा भी होती है। चूना पत्थर निक्षेपत तलछटी मूल के हैं और गोंडवाना को छोड़कर पूर्व-कैम्ब्रियन से लेकर हाल के लगभग सभी भूवैज्ञानिक संरचनाओं में मौजूद हैं। 2010 में चूना पत्थर के भंडार का कुल अनुमान 184,935 मिलियन टन था और 2017-18 में यह 203,225 मिलियन टन बताया गया है।

चूना पत्थर का उपयोग सीमेंट, लौह तथा इस्पात एवं रासायनिक उद्योगों में किया जाता है। तीव्र गति से हो रहे औद्योगीकरण तथा नगरीकरण के कारण इस खनिज की मांग बढ़ गई है खासकर सीमेंट के उत्पादन में। देश में चूना पत्थर के उत्पादन की प्रवृत्ति को ***तालिका 7.13*** में दर्शाया गया है।

तालिका 7.13 भारत: चूना पत्थर का उत्पादन (1950-2020)

साल	लाख टन में उत्पादन
1950-51	30
1960-61	148
1970-71	151
1980-81	324
1990-91	685
2000-01	1275

साल	लाख टन में उत्पादन
2005-06	1620
2010-11	1849
2015-16	3038
2016-17	3146
2017-18	3402
2018-19	3790
2019-20	3593
2020-21	3534

Source: Statistical Abstracts, 2016, India 2017, Ministry of Mines, Annual Report 2020-21, Government of India

सेमरी शृंखला (Semri Series): यह सोन घाटी में निचले विन्ध्य रचना (तंत्र) की मुख्य शृंखला है। इसकी चौड़ाई लगभग 900 मीटर है तथा इसमें चूना पत्थर, स्लेटी पत्थर, बालू पत्थर, अन्तर्वेधी डोलेराइट तथा बेसाल्ट पाए जाते हैं। सबसे उच्चतम श्रेणी जिसे रोहतास की श्रेणी कहते हैं, में चूना पत्थर तथा स्लेटी पत्थर पाए जाते हैं, जिसका उपयोग इस क्षेत्र के सीमेंट उद्योग में कच्चे पदार्थ के रूप में किया जाता है।

तालिका 7.13 से देखा जा सकता है कि 1950-51 में चूना पत्थर का कुल उत्पादन केवल 30 लाख टन था जो 2005-06 में बढ़कर 1,620 लाख टन और 2015-16 में 3,534 लाख टन हो गया। देश की आजादी के बाद से इस खनिज के उत्पादन में लगातार वृद्धि हो रही है।

तालिका 7.14 भारत: चूना पत्थर का वितरण (2019-20)

क्र. सं.	राज्य	उत्पादन लाख टन में		अखिल भारतीय उत्पादन का प्रतिशत	मुख्य जिले/खनन केंद्र
		2018-19	2019-20		
1.	आंध्र प्रदेश	48,295	42,535	11.84	कडपा, गुंटूर, कुरनूल, कृष्णा
2.	असम	1,652	1,552	0.43	
3.	बिहार	240	556	0.15	
4.	छत्तीसगढ़	42,398	42,699	11.88	बस्तर, बिलासपुर, रायगढ़
5.	गुजरात	26,651	22,845	6.36	अमरेली, जूनागढ़, खेड़ा, सूरत
6.	हिमाचल प्रदेश	12,034	12,528	3.49	बिलासपुर, चंबा, कांगड़ा
7.	जम्मू और कश्मीर	1,228	936	0.26	
8.	झारखंड	1,248	783	0.22	
9.	कर्नाटक	34,378	34,228	9.53	बेलगाम, बीजापुर, चित्रदुर्ग, मैसूर, उत्तर-कन्नड़, तुमकुर
10.	केरल	325	398	0.11	
11.	मध्य प्रदेश	50,102	46,969	13.07	बैतूल, दमोह, जबलपुर, रीवा, सतना, सागरी
12.	महाराष्ट्र	14,991	14,614	4.07	चंद्रपुर, नांदेड़, अहमदनगर, यवतमाली
13.	मेघालय	7,195	7,259	2.02	

क्र. सं.	राज्य	उत्पादन लाख टन में		अखिल भारतीय उत्पादन का प्रतिशत	मुख्य जिले/खनन केंद्र
		2018-19	2019-20		
14.	उड़ीसा	5,289	5,627	1.57	
15.	राजस्थान	76,567	72,375	20.14	अजमेर, अलवर, बीकानेर, चित्तौड़गढ़, डूंगरपुर, कोटा, नागौर, पाली
16.	तमिलनाडु	23,864	24,461	6.81	कोयंबटूर, मदुरै, सलेम
17.	तेलंगाना	30,895	26,161	7.28	नलगोंडा, खम्मम
18.	उत्तर प्रदेश	2,622	2,806	0.78	
	इंडिया	**379,974**	**359,332**	**100.00**	

Source: Indian Bureau of Mines (2020). *Statistical Profiles of Minerals 2019-20*, Ministry of Mines (Government of India) Mining & Mineral Statistics Division, Controller General, Nagpur

डोलोमाइट *(Dolomite)*

डोलोमाइट एक प्रकार का चूना पत्थर है जिसमें 10% से अधिक मैग्नीशियम होता है। जब मैग्नीशियम का प्रतिशत बढ़कर 45 हो जाता है, तो यह वास्तविक डोलोमाइट होता है। इसका उपयोग मुख्य रूप से धातु कर्म उद्योग में किया जाता है, विशेष रूप से लोहा और इस्पात उद्योग में। डोलोमाइट के सभी ग्रेड का कुल भंडार 7,730 मिलियन टन है। ओडिशा, छत्तीसगढ़, आंध्रप्रदेश, झारखंड, राजस्थान, गुजरात, महाराष्ट्र और कर्नाटक राज्य इसके मुख्य उत्पादक हैं जो कुल उत्पादन का 90% योगदान करते हैं ***(चित्र 7.8)***। डोलोमाइट का राज्यवार वितरण (सारणी 7.16) में दिया गया है।

तालिका 7.15 भारत : डोलोमाइट का वितरण (2015-16)

राज्य	उत्पादन Tonnes में		
	2017-18	2018-19	2019-20
आंध्रप्रदेश	1887027	2034682	2039342
गुजरात	1444688	1455352	–
तेलंगाना	480600	653025	518052
महाराष्ट्र	472244	468890	465667
राजस्थान	307371	285000	177000
कर्नाटक	628114	628114	913373
अखिल भारतीय			

Source: Ministry of Mines, Indian Minerals Yearbook, (Part-III: Mineral Reviews) 59th Edition Minor Minerals, 30.6 Dolomite (Advance Release), 2020-21, Government of India.

1. ओडिशा डोलोमाइट का सबसे बड़ा उत्पादक है तथा देश के कुल उत्पादन में इस राज्य की भागीदारी लगभग 29 प्रतिशत है। छत्तीसगढ़ डोलोमाइट का दूसरा सबसे बड़ा उत्पादक है तथा देश के कुल उत्पादन में इसकी भागीदारी लगभग 27 प्रतिशत है। आंध्र प्रदेश तथा झारखण्ड की कुल उत्पादन में भागीदारी क्रमशः 17.76 तथा 8 प्रतिशत है। राजस्थान तथा कर्नाटक की भागीदारी लगभग 6 प्रतिशत है। देश का सकल डोलोमाइट भंडार लगभग 7533 मिलियन टन है। डोलोमाइट का खनन अन्य राज्यों में भी होता है जिसे ***तालिका 7.15*** में दर्शाया गया है।

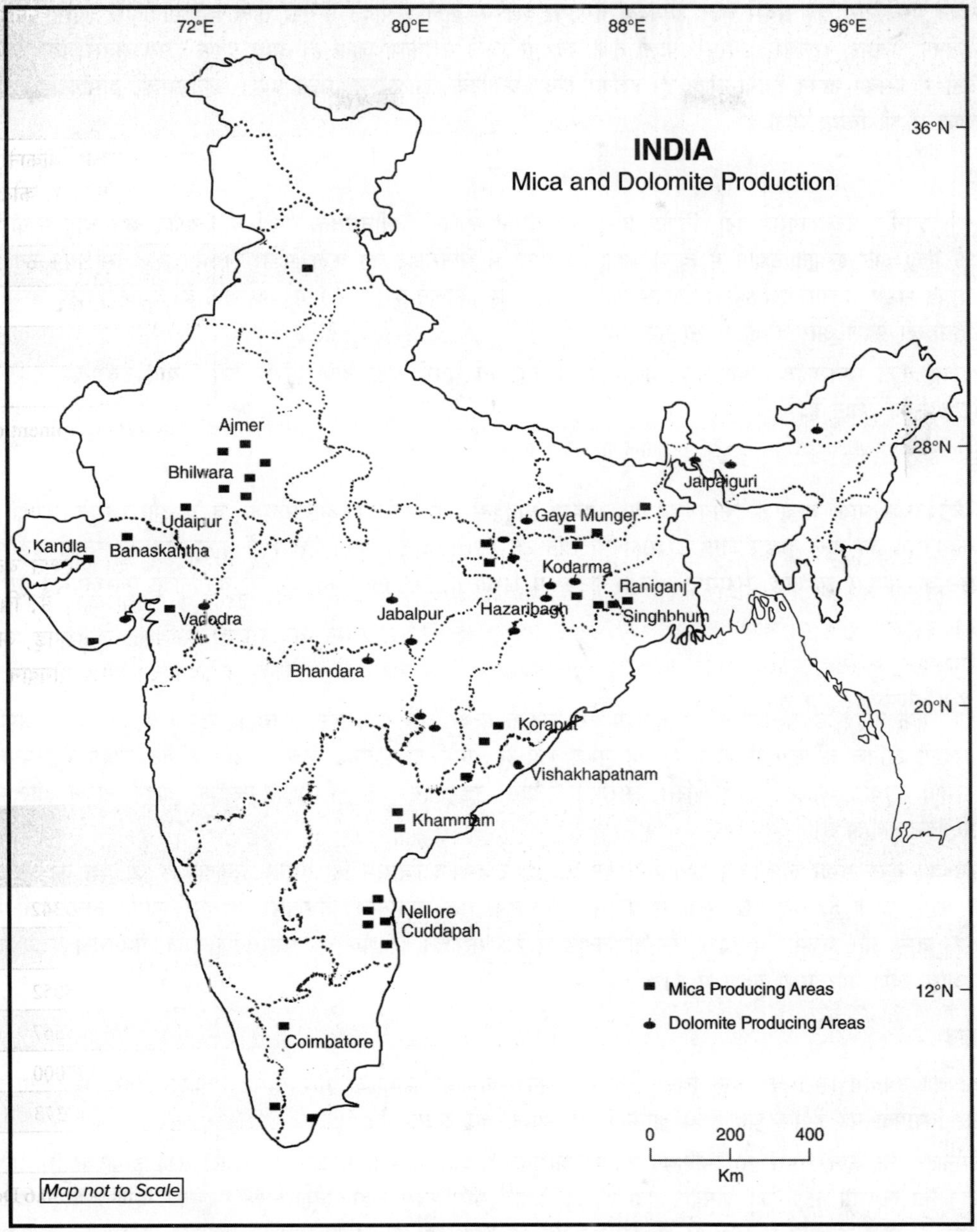

चित्र 7.8 अधात्विक खनिज

ऐस्बेस्टॉस (Asbestos)

ऐस्बेस्टॉस की रेशेदार संरचना तथा आग के प्रति प्रतिरोध शक्ति के कारण इसका बाजारू मूल्य अधिक है। इसका उपयोग अग्निसह कपड़ों, रस्सी, कागज, चादरें, पेटी, अग्निसह दरवाजों, विद्युत रोधी, फेल्ट, एप्रन (Aprons), दस्ताने, पर्दे, गाड़ियों के ब्रेक, अस्तर तथा विद्युत-रोधित चटाई बनाने के लिए किया जाता है। ऐस्बेस्टॉस सीमेंट उत्पाद, जैसे-चादरें, स्लेट, पाइप तथा टाइलों के निर्माण में किया जाता है। मैग्नीशिया के साथ इसे मिलाकर मैगनीशिया ईंटें बनाई जाती हैं, जिनका उपयोग ऊष्मा रोधन के लिए होता है।

राजस्थान ऐस्बेस्टॉस का सबसे बड़ा उत्पादक है तथा देश के कुल उत्पादन में इस राज्य की भागीदारी लगभग 95 प्रतिशत है। इसका खनन अजमेर, अलवर, डूंगरपुर, पाली तथा उदयपुर जिले में किया जाता है। आंध्र प्रदेश दूसरा सबसे बड़ा उत्पादक है। कुडुप्पा जिले में इसका खनन किया जाता है। इसका खनन कर्नाटक, झारखण्ड, मध्य प्रदेश, छत्तीसगढ़, तमिलनाडु, उत्तराखण्ड तथा नगालैण्ड में भी किया जाता है।

मैग्नेसाइट

मैग्नेसाइट का उपयोग उच्चतापसह ईंटों, विशेष प्रकार के सीमेंट, टाइलों, अग्निरोधक फर्शों के निर्माण और धातु मैग्नीशियम के निष्कर्षण के लिए और इस्पात उद्योग में किया जाता है। भारत में मैग्नेसाइट का कुल भंडार लगभग 394 मिलियन टन (2015) है। इसके प्रमुख भंडार उत्तराखंड (68%), राजस्थान (16%) और तमिलनाडु (13%) में पाए जाते हैं। इसके निक्षेप जम्मू-कश्मीर, कर्नाटक, हिमाचल प्रदेश और केरल में भी पाए गए हैं।

तमिलनाडु कुल मैग्नेसाइट उत्पादन का 47% से अधिक का सबसे बड़ा उत्पादक है, इसके बाद उत्तराखंड (45%) और कर्नाटक (7%) का स्थान है।

कायनाइट

कायांतरित चट्टानों में पाया जाता है, कायनाइट का उपयोग धातुकर्म, चीनी मिट्टी, अग्निरोधक, कांच और विद्युत उद्योगों में किया जाता है। कायनाइट का कुल भंडार लगभग 105 मिलियन टन (2015) है। भारत विश्व में कायनाइट का सबसे बड़ा उत्पादक है। कायनाइट के भण्डार झारखंड, महाराष्ट्र और कर्नाटक में स्थित हैं। ये तीनों राज्य देश के कायनाइट का लगभग पूरा उत्पादन करते हैं।

जिप्सम

कैल्शियम का एक हाइड्रेटेड सल्फेट है जो चूना पत्थर, बलुआ पत्थर और शेल जैसे तलछटी चट्टानों के बैंड के निक्षेपों में एक सफेद अपारदर्शी खनिज के रूप में होता है। यह मुख्य रूप से अमोनिया सल्फेट, उर्वरक और सीमेंट उद्योग में उपयोग किया जाता है। इसका उपयोग प्लास्टर ऑफ पेरिस, सिरेमिक उद्योग, नाइट्रोजन-चाक, विभाजन-ब्लॉक, चादरें, टाइलें और प्लास्टिक बनाने में भी किया जाता है।

जिप्सम का कुल भंडार लगभग 1,330 मिलियन टन है। राजस्थान जिप्सम का प्रमुख उत्पादक है जो देश के कुल उत्पादन का लगभग 81% करता है। यह मुख्य रूप से बाड़मेर, बीकानेर, चुरू, गंगानगर, जैसलमेर, जोधपुर, नागौर और पाली जिलों से प्राप्त होता है। जम्मू और कश्मीर में 14% और तमिलनाडु में 2% संसाधन हैं। शेष 3% संसाधन गुजरात, हिमाचल प्रदेश, कर्नाटक, उत्तराखंड, आंध्र प्रदेश और मध्य प्रदेश में हैं।

सिलिमेनाइट

सिलीमेनाइट का उपयोग सिरेमिक, धातु विज्ञान, कांच, आग रोक, ऑटोमोबाइल और सीमेंट निर्माण उद्योगों में किया जाता है। इसकी मुख्य विशेषता यह है कि यह उच्च तापमान का सामना कर सकता है।

सिलीमेनाइट का कुल भंडार 70 मिलियन टन से अधिक है। भारत सिली मेनाइट का सबसे बड़ा उत्पादक है। आंध्र प्रदेश, कुल उत्पादन का लगभग 45% का योगदान देता है, ओडिशा दूसरा सबसे बड़ा उत्पादक है जिसका कुल उत्पादन का लगभग 26% है। केरल ने कुल उत्पादन में 10% से अधिक का योगदान दिया देता है। इसका उत्पादन महाराष्ट्र, राजस्थान, मेघालय, असम (कार्बी-एंग्लोंग), मध्य प्रदेश, (सीधी), पश्चिम बंगाल (दार्जिलिंग, बांकुरा और पुरुलिया) और तमिलनाडु (कन्याकुमारी, तिरुनेलवेली और तिरुचिरापल्ली) में भी होता है।

हीरा

हीरा एक कीमती रत्न है। यह अपनी चमक, चमक, पारदर्शिता और कठोरता के लिए जाना जाता है। हीरा मुख्य रूप से बुंदेलखंड, (एमपी), आंध्र प्रदेश (कुरनूल, अनंतपुर) और कर्नाटक (रायचूर) के विंध्य संरचनाओं में पाया जाता है। मध्य प्रदेश का पन्ना जिला भारत का प्रमुख हीरा उत्पादक जिला है। भारत में कुल हीरे का भंडार लगभग 31.83 मिलियन क्रेट है।

अजबगढ़ शृंखला (Ajabgarh Series): राजस्थान राज्य की इस शृंखला का सम्बन्ध कुडप्पा तथा निम्न विन्ध्य समूह से है। यह शृंखला बायोटाइट-स्तरित चट्टान, क्वार्ट्जाइट तथा अशुद्ध चूना पत्थर के मामले में धनी है। यहाँ निम्न दर्जे के लौह-अयस्क, मैंगनीज, ऐस्बेस्टॉस, स्लेट, संगमरमर तथा जैस्पर भी पाए जाते हैं।

भंडेर शृंखला (Bhander Series): यह विन्ध्य तंत्र का भाग है। यहां बालु पत्थर, स्लेटी पत्थर तथा चूना पत्थर मुख्य शैल हैं। यह शृंखला उच्च दर्जे के निर्माण वस्तुओं तथा हीरे की खानों के लिए प्रसिद्ध है। इस शृंखला से प्राप्त हीरे को सूरत तथा जयपुर पॉलिशिंग एवं परिष्करण के लिए भेजा जाता है।

बिजवार शृंखला (Bijwara Series): यह शृंखला मध्य प्रदेश के पन्ना तथा छतरपुर जिलों में फैली हुयी है। इस शृंखला में बालू पत्थर, क्वार्ट्जाइट तथा चूना पत्थर पाए जाते हैं। यहाँ बैसाल्ट के अन्तर्वेधन होते हैं जहाँ डाइक (क्लाम) में हीरे की मात्रा अधिक होती है। अपनी पारदर्शिता, चमक तथा कठोरता के कारण पन्ना का हीरा विश्व विख्यात है।

रियालो शृंखला (Rialo Series): इसका विस्तार दिल्ली से लेकर अलवर तक है। इसका सम्बन्ध आर्कियन तथा धारवाड़ तंत्र से है। मकराना, राजनगर तथा भगवानपुरा के प्रसिद्ध संगमरमर इस शृंखला से सम्बन्धित हैं। चूना पत्थर, संगमरमर, क्वार्ट्जाइट तथा अन्य निर्माण वस्तु इस शृंखला में प्रमुख रूप से पाए जाते हैं।

परमाण्विक खनिज (Atomic Minerals)

यूरेनियम (Uranium) तथा थोरियम (Thorium) मुख्य परमाण्विक खनिज हैं।

यूरेनियम (Uranium) के भंडार झारखण्ड के सिंहभूमि तथा हजारीबाग जिले में, बिहार के गया जिले में तथा उत्तर प्रदेश के सहारनपुर जिले की अवसादी शैलों में पाए गए हैं। मोनाजाइट बालू (दोनों समुद्र तट पर पाए जाने वाले तथा जलोढ़) यूरेनियम का सबसे बड़ा स्रोत है। केरल के समुद्र-तट पर पाए जाने वाले मोनाजाइट बालू में यूरेनियम की मात्रा सबसे अधिक होती है। उदयपुर (राजस्थान) के ताँबे तथा जस्ते की खानों में भी यूरेनियम पाया जाता है। भारत सरकार की परमाणु ऊर्जा विभाग के अनुसार देश में कुल यूरेनियम का भंडार लगभग 31,000 टन है।

थोरियम (Thorium): थोरियम मोनाजाइट से प्राप्त किया जाता है। इसका उत्पादन केरल, झारखण्ड, बिहार, तमिलनाडु तथा राजस्थान में होता हैं यूरेनियम तथा थोरियम के अतिरिक्त बेरिलियम तथा लीथियम भी परमाण्विक खनिज हैं जो झारखण्ड, मध्य प्रदेश तथा राजस्थान में होता है। यूरेनियम भी परमाण्विक खनिज है जो झारखण्ड, मध्य प्रदेश तथा राजस्थान में पाया जाता है।

नमक (Salt)

नमक का इस्तेमाल मुख्यत: रासायनिक उद्योगों में होता है। सामान्य (सोडियम क्लोराइड) नमक का उपयोग खाने में किया जाता है। समुद्र जल, लवण-जल स्रोतों, तथा झीलों में लवण-पटल से नमक प्राप्त किया जाता है। नमक के मुख्य उत्पादक हैं गुजरात, महाराष्ट्र, तमिलनाडु तथा राजस्थान। देश के कुल नमक उत्पादन का लगभग 50 प्रतिशत गुजरात के तट से आता है। राजस्थान की साम्भर झील देश के कुल नमक उत्पादन में लगभग 10 प्रतिशत का योगदान करती है। इसके अतिरिक्त हिमाचल प्रदेश के मण्डी क्षेत्र से खनिज नमक प्राप्त किया जाता है। यह नमक कठोर होता है तथा बड़े टुकड़ों में आता है, जिसे तोड़ा जाता है। भारत कुछ पड़ोसी देशों, जैसे-बांग्लादेश, भूटान, इण्डोनेशिया, जापान, मालदीव, नेपाल, सिंगापुर, दक्षिण कोरिया तथा ताइवान को अल्प मात्रा में नमक निर्यात करता है।

खनन उद्योग की समस्याएं (Problems of Mining Industry)

भारत खनिज संसाधनों में धनी है। हालांकि खनन उद्योग द्वारा कुछ समस्याओं का सामना किया जा रहा है। खनन उद्योग की कुछ प्रमुख समस्याओं की चर्चा संक्षिप्त रूप में नीचे की गई है:

1. **अस्पष्ट रूप से परिभाषित सरकार की नीति (Ill-defined Govt. Policy):** खनिज सम्पदा के पूर्वेक्षण, निष्कर्षण तथा संसाधन के लिए सरकार की नीति अस्पष्ट है। एक बड़ी संख्या में पट्टाधारियों तथा ठेकेदारों द्वारा खानों को तीव्र गति से लाभ उठाने के साधन के रूप में देखा जाता है इसलिए खनिज अयस्कों के निष्कर्षण के लिए अवैज्ञानिक तकनीकों का इस्तेमाल किया जाता है।

2. **पुरानी तकनीक (Obsolete Technology):** सामान्यत: खनन के लिए पुरानी तकनीकों का इस्तेमाल किया जा रहा है। परिणामस्वरूप खनिज सम्पदा की बर्बादी होती है।
3. **अपर्याप्त परिवहन सुविधाएँ (Inadequate Transport Facilities):** देश में खनिजों का वितरण एक समान नहीं है। खनिजों के परिवहन के लिए रेलवे का इस्तेमाल किया जाता है, जो कार्यक्षम नहीं है, जिसके परिणामस्वरूप मार्गावरोध, दुर्लभता तथा परिवहन पर अधिक व्यय होता है।
4. **खनिजों का अपर्याप्त पूर्वेक्षण तथा पर्यवेक्षण (Inadequate Exploration and Prospecting of Minerals):** प्रशिक्षित भू-वैज्ञानिकों के कमी के कारण छत्तीसगढ़, हिमाचल प्रदेश, जम्मू एवं कश्मीर, झारखण्ड, कर्नाटक, मध्य प्रदेश, महाराष्ट्र, राजस्थान तथा उत्तराखण्ड में अनेक ऐसे क्षेत्र हैं, जिनका खनिजों की खोज के लिए समुचित सर्वेक्षण नहीं हुआ है।
5. **अपर्याप्त धन (Inadequacy of Funds):** पर्याप्त धन की कमी के कारण एकाकी क्षेत्र या सापेक्ष रूप से एकाकी क्षेत्र जहां महत्वपूर्ण खनिज पाए जाते हैं, में आधारभूत संरचना का विकास नहीं हो पा रहा है।
6. **संरक्षण के सम्बन्ध में जागरुकता की कमी (Lack of awareness about Conservation):** खनिजों के समापन तथा उनके संरक्षण के बारे में जागरुकता की कमी है।
7. **खनिज अयस्कों का निर्यात (Export of Mineral Ores):** औपनिवेशिक काल से चली आ रही परम्परा आज भी कायम है तथा कई मूल खनिजों का निर्यात विश्व के विकसित देशों को किया जाता है। इसके फलस्वरूप खनिजों के लिए अन्तर्राष्ट्रीय बाजार में कम मूल्य मिलता है।
8. **हड़ताल एवं नक्सलवाद (Strikes and Naxalism):** खनिकों तथा नक्सलियों द्वारा बारंबार की जा रही हड़ताल से खनन उद्योग पर प्रतिकूल प्रभाव पड़ता है। देश के खनिजों से धनी क्षेत्र में नक्सलियों का प्रभाव अधिक है।
9. **आपदामय उद्योग (Hazardous Industry):** भारत में खनन एक जोखिम भरा उद्योग है। सन 2008 से 2015 के समय में केवल कोयला-खनन में लगभग 450 मजदूरों की जानें गईं।

खनिजों का संरक्षण (Conservation of Minerals)

खनिज मूल्यवान संसाधन हैं, जो देश के आर्थिक विकास के लिए अत्यन्त जरूरी हैं। यद्यपि वे गैर-नवीकरणीय हैं तथा इनका आपूरण कम अवधि के भूगर्भिक काल में नहीं किया जा सकता है। खनिज संसाधन का समुचित उपयोग अनिवार्य है ताकि जनसंख्या के बढ़ने के कारण लोगों की जरूरतों को पूरा किया जा सके तथा भविष्य की पीढ़ी के लिए खनिज सम्पदा को बचाकर रखा जा सके। खनिज संसाधन के संरक्षण के लिए नीचे कुछ उपायों की चर्चा की गई है:

1. **न्यायपूर्ण उपयोग (Judicious Use):** उपलब्ध खनिजों का विवेकपूर्ण उपयोग होना चाहिए।
2. **कार्यक्षम तकनीक (Efficient Technology):** खनन, संसाधन तथा उपभोग के लिए कार्यक्षम तकनीक की आवश्यकता है, जिसके लिए निरंतर अनुसंधान किया जा रहा है।
3. **खनिजों का विकल्प (Alternatives to Minerals):** खनिज संसाधनों के विकल्प के लिए भी अनुसंधान आवश्यक है।
4. **आधारभूत संरचना का विकास (Development of Infrastructure):** एकाकी तथा सापेक्ष रूप से एकाकी क्षेत्रों से खनिज प्राप्त करने के लिए सड़कों तथा अन्य आधारभूत संरचना के विकास पर बल देना जरूरी है।
5. **खनन स्थानों के निकट उद्योगों का स्थापन (Location of Industries Near Mining Sites):** खनिजों को संसाधित करने वाले तथा धातुकर्मी संयन्त्र खनन केन्द्रों के निकट स्थापित किए जाने चाहिए तथा परिवहन व्यय एवं समस्याओं को कम किया जा सके।
6. **रद्दी माल का पुन: उपयोग (Recycling of Scrap):** रद्दी माल को पुन: उपयोग के लिए तैयार किया जाना चाहिए (Recycling) तथा घटते खनिजों के भंडार के बारे में लोगों (खासकर विद्यार्थियों) को जागरुक किया जाना चाहिए।
7. **धारणीय खनन (Sustainable Mining):** धारणीय खनन पर बल दिया जाना चाहिए। खनिकों को नई तकनीक का प्रशिक्षण दिया जाना चाहिए।

राष्ट्रीय खनिज नीति, 1993

उदारीकरण तथा भूमण्डलीकरण (ग्लोबलाइजेसन) के बाद खनन उद्योग को निजी क्षेत्र के लिए खोल दिया गया है। नई राष्ट्रीय खनिज नीति के मुख्य उद्देश्य निम्नलिखित हैं:

1. **सार्वजनिक क्षेत्र द्वारा खनन (Public Sector Mining):** नई खनिज नीति के अनुसार सरकार देश की खनिज सम्पदा की खोज तथा सर्वेक्षण जारी रखेगी, जहां विशेष ध्यान कुछ खनिजों के विकास पर दिया जाएगा, जिनमें शामिल हैं– (i) सामरिक महत्व के खनिज, (ii) वे खनिज जिसके उत्पादन में भारत पिछड़ा हुआ है तथा जिसका समुचित संसाधन आधार नहीं है, तथा; (iii) वे खनिज जिसका उपयोग इलैक्ट्रॉनिक एवं उच्च तकनीक वाले उद्योगों के लिए किया जाता है।
2. **उद्योगों को निरंतर खनिजों की आपूर्ति (Regular Supply of Minerals):** राष्ट्रीय तथा सामरिक महत्व को ध्यान में रखते हुए खनिज संसाधनों को विकसित किया जाता है तथा विकास की नीति यह सुनिश्चित करती है कि– (i) औद्योगिक उत्पादन के लिए खनिजों की आपूर्ति निरंतर जारी रहे, (ii) खनिजों की खोज तथा आपूर्ति वर्तमान आवश्यकताओं के लिए तथा भविष्य की जरूरतों के लिए कायम रहना चाहिए, (iii) खनिजों को संसाधित करने के लिए तथा उनके प्रभावी संरक्षण के लिए कार्यक्षम उपाय अपनाया जाना चाहिए, तथा; (iv) खनिजों की खोज के लिए वैज्ञानिक तकनीकों को अपनाया जाना चाहिए।
3. **विदेशी निवेश (Foreign Investment):** नई खनिज नीति विदेशी इक्विटी को आमंत्रित करती है तथा उच्च मूल्य वाले दुर्लभ खनिजों की खोज एवं खनन के लिए विदेशी तकनीकों को प्रोत्साहित करती है।
4. **प्रतिकूल पर्यावरणीय प्रभाव पर रोक (Check on Adverse Environmental Effect):** खनन के प्रतिकूल प्रभाव को कम करने के लिए सामाजिक वानिकी खनन का एक महत्वपूर्ण भाग होना चाहिए।
5. **अनुसंधान को प्रोत्साहित करना (To Promote Research):** नई नीति अनुसंधान तथा विकास, उन्नत तकनीक, खनन के तरीकों पर अनुसंधान को प्रोत्साहित करती है।

इस तरह नई खनिज नीति मुख्य खनिजों की खोज तथा उपयोग में सरकार के नियंत्रण को कम करती है। इस क्षेत्र में निजी कम्पनियों का प्रवेश स्थिति को और दुष्कर बना देगा, जिससे खनिज सम्पदा का अत्यधिक ह्रास होगा। इसलिए सरकार को इस समस्या के लिए पर्याप्त तथा प्रभावी कदम उठाने होंगे।

राष्ट्रीय खनिज नीति 2019 (National New Mineral Policy 2019)

उदारीकरण और वैश्वीकरण के बाद खनन उद्योग को निजी क्षेत्र के लिए खोल दिया गया है। नई खनिज नीति 2019 के मुख्य उद्देश्य निम्नानुसार है-

1. नीति अधिक प्रभावी विनियमन सुनिश्चित करेगी जो भविष्य में स्थायी खनन क्षेत्र के विकास को बढ़ावा देगी।
2. आरपी/पीएल धारकों के लिए पहले इनकार के अधिकार का परिचय।
3. **सार्वजनिक क्षेत्र का खनन:** यह निजी क्षेत्र के खनन क्षेत्रों को बढ़ावा देने के लिए समर्पित खनिज गलियारे बनाकर निजी क्षेत्र को अन्वेषण करने के लिए प्रोत्साहित और बढ़ावा देगा। निजी क्षेत्र के लिए वित्तपोषण को बढ़ावा देने और देशों में खनिज सम्पदा के अधिग्रहण को बढ़ावा देने के लिए खनन गतिविधि को उद्योग का दर्जा देने का प्रस्ताव है। नीति में उल्लेख किया गया है कि खनिज के लिए दीर्घकालीन आयात नीति निजी क्षेत्र को बेहतर योजना और स्थापित्व में मदद करेगा।
4. **PSUs को दिए गए अप्रयुक्त आरक्षित क्षेत्रों की नीलामी:** नीति में सार्वजनिक क्षेत्रों द्वारा भागीदारी को बढ़ावा देने के लिए PSUs को दिए गए अप्रयुक्त आरक्षित क्षेत्रों की नीलामी का उल्लेख किया गया है।
5. **करों, वसूलियों और राजस्व के नुकसान के लिए:** खनन उद्योग ने निजी क्षेत्र की वृद्धि को बढ़ावा देने के लिए विश्व के बेंचमार्क पर करो, लेवी और रॉयल्टी के सामंजस्य के लिए प्रयास किए जाएंगे।

6. **इंटर जनरेशनल समानता:** इस अवधारणा को वर्तमान पीढ़ी के साथ-साथ आने वाली पीढ़ियों की भलाई सुनिश्चित करने के लिए पेश किया जाएगा। यह खनन में सतत् विकास को संस्थागत बनाने के लिए एक अंतर मंत्रालय निकाय का गठन करने का भी प्रस्ताव है।

जैव संसाधन (Biotic Resources)

जैव संसाधन में प्राकृतिक वनस्पति, मछलियां, पशुधन (मवेशी, भैंस, बकरी, भेड़ पालन, सूअर), मत्स्य उद्योग तथा मुर्गी पालन शामिल हैं। पशुधन क्षेत्र जो सकल घरेलू उत्पाद में 27 प्रतिशत योगदान करता है शुष्क तथा अर्द्ध-शुष्क क्षेत्र में काफी महत्व रखता है।

मवेशी (Cattle)

पशुपालन तथा दुग्ध क्षेत्र अर्थव्यवस्था तथा प्रादेशिक विकास में महत्वपूर्ण भूमिका निभाते हैं। पशुपालन ग्रामीणों, सीमांत किसान तथा भूमिहीन मजदूरों की आय को प्रत्यक्षत: बढ़ाता है। इसके साथ ही यह अर्द्ध-नगरीय क्षेत्रों, पहाड़ी क्षेत्रों एवं सूखा प्रवण क्षेत्रों में आजीविका का महत्वपूर्ण साधन भी है।

तालिका 7.16 भारत में पशुधन और कुक्कुट उत्पादन

क्र. सं.	श्रेणी	जनसंख्या (मिलियन में) 2012	जनसंख्या (मिलियन में) 2019	प्रतिशत में वृद्धि	कुल का प्रतिशत
1.	पशु	190.90	192.49	0.83	35.93
2.	भैंस	108.70	109.85	1.06	20.50
3.	भेड़	65.07	74.26	14.13	13.86
4.	बकरी	135.17	148.88	10.14	27.79
5.	सुअर	10.29	9.06	-12.03	1.69
6.	मिथुन	0.30	0.38	26.66	0.07
7.	याक	0.08	0.06	-25.00	0.01
8.	घोड़े और टट्टू	0.63	0.34	-45.58	0.06
9.	खच्चर	0.20	0.08	-57.09	0.01
10.	गधा	0.32	0.12	-61.23	0.02
11.	ऊंट	0.40	0.25	-37.05	0.05
	कुल पशुधन	512.06	535.78	4.63	100.00
	मुर्गी पालन	729.2	851.81	16.81	ना

Source: Ministry of Fisheries, Animal Husbandry & Dairying (2019). 20th Livestock Census. Department of Animal Husbandry & Dairying, New Delhi.

2019 तक देश में कुल पशुधन संख्या 535.78 मिलियन है और यह जनसंख्या 2012 की पिछली जनगणना की तुलना में लगभग 4.63% बढ़ गई है।

2019 की जनगणना के आंकड़ों के अनुसार पश्चिम बंगाल में (23.32%), तेलंगाना (22.21%), आंध्र प्रदेश (15.79%), मध्य प्रदेश (11.81%), बिहार (10.67%), कर्नाटक (4.70%), और महाराष्ट्र में (1.61%) पशु धन की आबादी में वृद्धि हुई है। कुक्कुट उत्पादन के मामले में असम में (71.63%), पश्चिम बंगाल (46.34%), ओडिशा (37.95%), आंध्र प्रदेश (33.85%), केरल (22.61%), कर्नाटक (11.33%), हरियाणा में (8.11%), और तमिलनाडु (2.92%)की प्रगति हुई है।

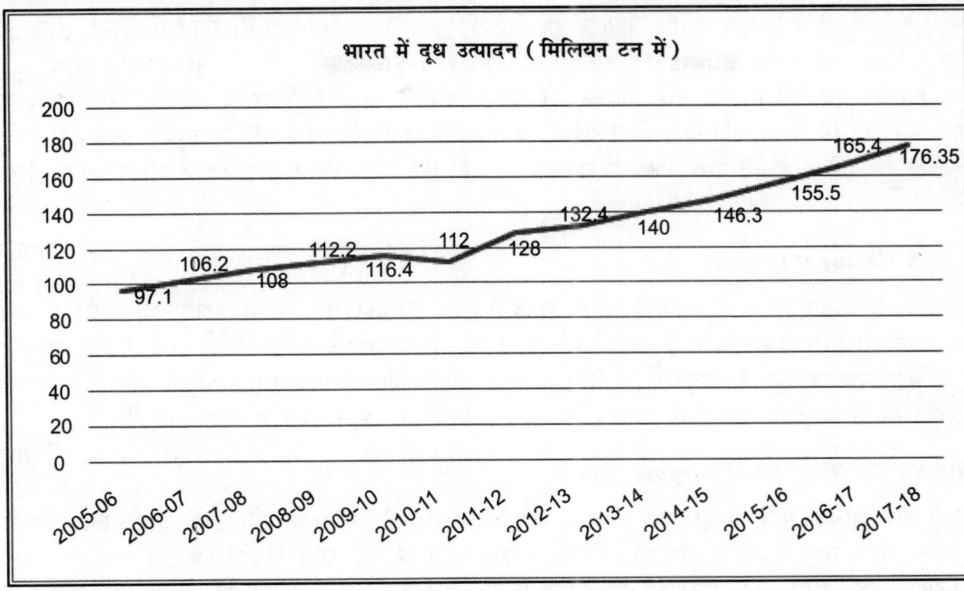

चित्र 7.9 भारत में दूध का उत्पादन (मिलियन टन में) *[Source: http://dahd.nic.in]*

Source: Ministry of Fisheries Animal Husbandry and Dairying (2021). *Annual Report 2020-21*. Department of Animal Husbandry and Dairying, Government of India.

1998 से भारत विश्व दुग्ध उत्पादन में प्रथम स्थान पर है। 1950-51 से 2019-20 की अवधि के दौरान भारत में दूध उत्पादन 17 मिलियन टन से बढ़कर 198.4 मिलियन टन हो गया है। 2015-16 में यह 155.5 मिलियन टन था और चार वर्षों की अवधि के भीतर 27.59% की वृद्धि दर्ज की गई है। दुग्ध उत्पादन में लगभग 35% का योगदान देशी भैंसों का है और इसके बाद 28% क्रॉस नस्ल के मवेशियों का है।

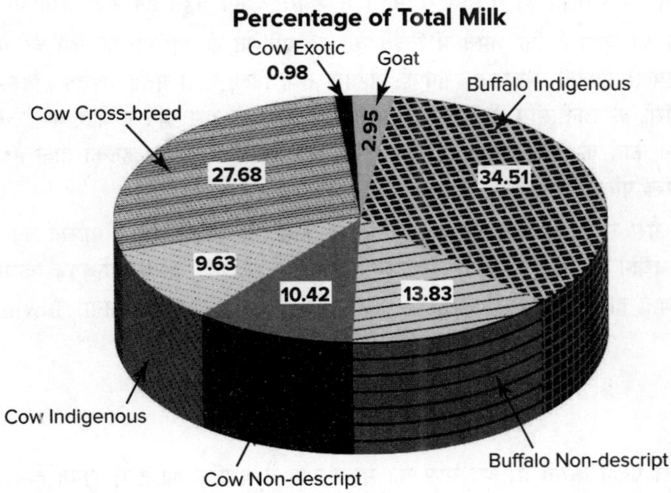

चित्र 7.10 प्रजातिवार दूध योगदान (%) 2015-16

भारत में मवेशियों को तीन प्रकार में वर्गीकृत किया गया है– (i) दुधारू नस्ल (ii) भारवाही नस्ल, (iii) मिश्रित या सामान्य नस्ल

दुधारू नस्लें: वे गायें जो अपेक्षाकृत अधिक मात्रा में दूध देती हैं, दुधारू नस्ल कहलाती हैं। भारत में प्रसिद्ध दुधारू नस्लें देवनी, गिर, साहीवाल, सिंधी और थारपारकर हैं। देवनी नस्ल आंध्र प्रदेश के उत्तर-पश्चिमी भागों की मूल निवासी है जो प्रति दुग्धस्रवण लगभग 1,942 लीटर दूध देती है। गिर नस्ल सौराष्ट्र की मूल निवासी है जो प्रति दुग्धस्रवण 2,913 लीटर से अधिक दूध देती है। साहीवाल नस्ल (जिसे पहले पाकिस्तान में मोंटगोमरी के नाम से जाना जाता था) प्रति दुग्धस्रवण अवधि में लगभग 2,913 से 4,369 लीटर दूध देती है। सिंधी नस्ल लाल रंग की होती है और प्रति दुग्धस्रवण लगभग 4,855 लीटर दूध का उत्पादन करती है।

भारवाही नस्ल (Draught Breeds)

भारवाही नस्ल के बैल उत्तम किस्म के भारवाही पशु हैं। भारत में मुख्य भारवाही नस्ल हैं–(i) नागोरी तथा बाछौर (ii) काठियावाड़ी, मालवी तथा खेरीगढ़ी (iii) मैसूर किस्म जिसकी विशेषता उसका प्रमुख मस्तक है जिसमें दो लम्बे नुकीले सींग होते हैं, जो एक-दूसरे के बहुत नजदीक होते हैं, उदाहरण के लिए हलीकर, अमृतमहल, कांगयम तथा किल्लारी और (iv) हिमालय क्षेत्र के काले एवं लाल रंग के भारवाही नस्ल जिसे पोनवार (Ponwar) तथा सिरी (Siri) नाम से जाना जाता है।

द्विविध प्रयोजन की नस्लें (Dual Purpose Breeds)

इस नस्ल की गाय अधिक मात्रा में दूध देती है तथा बैल उत्तम भारवाही नस्ल होते हैं। इनमें कुछ मुख्य नस्ल हैं-हरियाणा (हरियाणा, उत्तर प्रदेश तथा पंजाब में प्रसिद्ध), ओंगोले (आंध्र प्रदेश के गुंटुर तथा नेल्लोर जिले में पाए जाने वाले) गाऊलो (Gaolo) (नागपुर तथा वर्धा), रथ (हरियाणा तथा मेवात में पाए जाने वाले) डांगी (नासिक), कृष्णा घाटी तथा निमारी।

भारतीय नस्ल की मवेशियों को बेहतर बनाने के लिए सात केन्द्रीय प्रजनन फार्म स्थापित किए गए हैं। कुछ विदेशी गाय की नस्ल अधिक मात्रा में दूध देती हैं, जैसे–जर्सी, होलस्टीन-ऐरी, साएन, स्विस ब्राउन, जर्मन फ्लैकविक तथा आयरेशायर इन नस्लों को भारत में लाया गया है, जो दुग्ध-उद्योग में अति प्रसिद्ध हैं। सात केन्द्रीय प्रजनन केन्द्र हैं– सूरतगढ़ (राजस्थान), धमरोड़ (गुजरात), अलामाधी (तमिलनाडु), चिपलिमा, सिमीलीगुडे (ओडिशा), अंदेशनगर (उत्तर प्रदेश) तथा हेस्सरघट्टा (कर्नाटक)।

भैंस

भैंस भारतीय जनसंख्या के लिए मुख्य दुग्ध-प्रदायक है। देश के कुल पशुधन में 17 प्रतिशत भैंस हैं लेकिन कुल दुग्ध-उत्पादन में इनकी भागीदारी लगभग 55 प्रतिशत है। वास्तव में भारत में डेयरी उद्योग बहुत हद तक भैंसों पर निर्भर करता है।

जैसा कि पहले कहा जा चुका है कि भारत में विश्व की 56 प्रतिशत से भी अधिक भैंसे हैं। भारतीय भैंसों की उत्तम नस्ल हैं–मुर्राह, भदवारी, जाफराबादी, साउर्ती, मेहसाना, नागपुई, रोहतक तथा निली रवि। मुर्राह रोहतक, हिस्सार तथा गुड़गांव (हरियाणा) के देशज नस्ल हैं। इन भैंसों के छोटे सींग तथा विशाल शरीर होता है। ये भैंस प्रति दुग्ध स्रवण लगभग 2000 किलो दूध देती हैं। वे भारवाही तथा कठिन कार्य के लिए उपयुक्त होती हैं। भदवारी नस्ल जिसका रंग हल्का होता है, इटावा तथा आगरा (यू.पी.) की देशज नस्ल हैं। ये नस्ल प्रति दुग्ध स्रवण लगभग 1600 किलो दूध देती हैं।

भारतीय मवेशी एवं भैंस संपदा न सिर्फ कमजोर है बल्कि इन्हें कई प्रकार की बीमारियों का भी सामना करना पड़ता है। पशुधन को बीमारियों से बचाने के लिए ''पशुधन स्वास्थ्य एवं रोग नियंत्रण'' का कार्यान्वयन किया गया है। इसी तरह राष्ट्रीय रिंडरपेस्ट उन्मूलन परियोजना द्वारा 'रिंडरपेस्ट' (Rinderpest) एवं बोवाईटन प्लेरोनिमोनिया (Bovine Pleuropneumonia) की रोकथाम की जा रही है।

बकरी पालन

बकरी दूध, मांस और खाल प्रदान करती है। यह मांस का मुख्य स्रोत है क्योंकि भारत में खपत होने वाले मांस का लगभग 35% हिस्सा बकरी का होता है। 1951 में, भारत में लगभग 47 मिलियन बकरियां थीं जो 2019 में बढ़कर 148.88 मिलियन हो गईं। राजस्थान में बकरियों की सबसे बड़ी संख्या (20.84 मिलियन) है, इसके बाद पश्चिम बंगाल (16.28 मिलियन), उत्तर प्रदेश (14.48 मिलियन), बिहार (12.82 मिलियन), मध्यप्रदेश (11.06 मिलियन), महाराष्ट्र (10.60 मिलियन), तमिलनाडु (9.89 मिलियन), झारखंड (9.12 मिलियन), ओडिशा (6.39 मिलियन), और कर्नाटक (6.17 मिलियन) हैं।

90 प्रतिशत से अधिक बकरियां देशी हैं। बकरियों की कुछ प्रमुख नस्लें हैं– अंगूरा अथवा हिमाचलई जिसे हिमाचल प्रदेश तथा जम्मू एवं कश्मीर की गद्दी अथवा चम्बा नस्ल कहते हैं, यह नस्ल कोमल पश्मीना ऊन, माँस तथा चमड़ा प्रदान करती हैं। जमनापारी नस्ल यह नस्ल जमुन तथा चम्बल घाटियों के बीच पाई जाती हैं। राजस्थान, गुजरात तथा मध्य प्रदेश में मारवाड़ी, मेहसानवी, काठियावाड़ी तथा जालवाड़ी मुख्य नस्ल हैं। हाल ही में कुछ विदेशी नस्ल की बकरियों (जैसे–अल्पाईन, नुबियन, सानेन, इत्यादि) का इस्तेमाल देशी नस्लों के साथ संकरण के लिए किया गया है ताकि उनके दूध की मात्रा बढ़े, साथ ही उनसे अधिक मांस प्राप्त किया जा सके।

भेड़ पालन

भारत में दुनिया की भेड़ों की कुल आबादी का लगभग 4% पाया जाता है। वे देश में मटन, ऊन और खाल का एक महत्वपूर्ण स्रोत हैं। 1951 में देश में लगभग 39 मिलियन भेड़ें थीं जो 2019 में बढ़कर 74.26 मिलियन हो गईं। 2001-02 में कच्चे ऊन का कुल उत्पादन 49.5 हजार टन था। भारत में ऊन उत्पादन में उतार-चढ़ाव रहा है और इसमें सामान्य नकारात्मक वृद्धि देखी गई है। यह 2019-20 में अपने सबसे निचले स्तर 36.37 हजार टन पर था।

भारत में भेड़ पालन मुख्य रूप से तेलंगाना (19.1 मिलियन), आंध्र प्रदेश (17.6 मिलियन), कर्नाटक (11.1 मिलियन), राजस्थान (7.9 मिलियन), तमिलनाडु (4.5 मिलियन), जम्मू और कश्मीर (3.2 मिलियन), महाराष्ट्र (2.7 मिलियन), गुजरात (1.8 मिलियन), ओडिशा (1.3 मिलियन), और उत्तर प्रदेश (1.0 मिलियन) में होता है। भेड़ की महत्वपूर्ण नस्लें *लोही, कच्छी, बीकानेरी, मारवाड़ी, काठियावाड़ी, जैसलमेरी, सोनाडी, मालपुरी, मगरा, शेखावाटी, पुगल, दक्कनी, नेल्लोरी, बेल्लारी, गुरेजी, कर्ण, बक्करवाल, गद्दी* हैं। हालाँकि, भारतीय ऊन गुणवत्ता में ऑस्ट्रेलिया, तुर्की और दक्षिण अफ्रीका से निम्न होती है और इसे मोटे कालीन काऊन कहा जाता है। भारत; अमेरिका और ब्रिटेन को ऊन का निर्यात करता है।

कुक्कुट पालन

पोल्ट्री में मुर्गियां, बत्तख, गीज, जापानी बटेर, एमु और टर्की शामिल होते हैं। इन्हें मांस, अंडे और पंख प्राप्त करने के लिए रखा जाता है। कुक्कुट पालन के लिए कम पूंजी निवेश की आवश्यकता होती है और यह ग्रामीण आबादी को अच्छी अतिरिक्त आय और नौकरी के अवसर प्रदान करता है। भारत में कुक्कुट पालन पद्धतियां अवैज्ञानिक प्रथाओं से व्यावसायिक उत्पादन प्रणाली तक विकसित हुई हैं। 2006-07 के दौरान अंडों का उत्पादन 50.70 अरब था और 2019-20 के दौरान यह बढ़कर 114.38 अरब हो गया। भारत में कुक्कुट की वर्तमान (2019) कुल जनसंख्या 851.81 मिलियन है। सरकारी आंकड़ों के अनुसार 2019-20 में पोल्ट्री मांस का उत्पादन लगभग 4.3 मिलियन टन (द बिजनेस लाइन, 15 अगस्त, 2021, चेन्नई) था। इनके उत्पादन के कुछ प्रमुख राज्य तमिलनाडु, आंध्र प्रदेश, तेलंगाना, पश्चिम बंगाल और हरियाणा थे।

भारत में सन् 2019-20 में लगभग 4.3 मिलियन टन चिकन मांस का उत्पादन हुआ। कुक्कुट क्षेत्र का कुल उत्पादन 2,000 अरब रुपये से अधिक था और तकरीबन तीन मिलियन से अधिक लोगों को प्रत्यक्ष और अप्रत्यक्ष रोजगार प्राप्त हुआ था। भारतीय में पोल्ट्री बाजार, जिसमें ब्रॉयलर और अंडे शामिल थे, 2018 में 1,750 बिलियन रुपये का था। 2019-2024 की अवधि क दौरान इसके 16.2% की चक्रवृद्धि वार्षिक वृद्धि दर से बढ़ने की उम्मीद है। एक अनुमान के अनुसार ये बाजार सन 2024 तक 4,340 बिलियन रुपए का हो जायेगा।

सरकारी नीतियाँ

भारत सरकार विभिन्न डेयरी विकास योजनाओं को लागू करके दूध और उसके उत्पादों की गुणवत्ता के दूध की खरीद, इसके प्रसंस्करण, विपणन में सुधार लाने के लिए प्रयास कर रही है।

1. डेयरी विकास के लिए राष्ट्रीय कार्यक्रम (NPDD)
2. राष्ट्रीय डेयरी योजना (चरण-I)

3. डेयरी सहकारी समितियों की सहायता
4. डेयरी प्रसंस्करण और अवसंरचना विकास (DIDF)

पशुओं की जनसंख्या और उत्पादन को बढ़ाने के लिए कुछ महत्वपूर्ण योजनाएं हैं:

1. **राष्ट्रीय गोकुल मिशन (RGM):** इसे रुपये 2025 करोड़ के परिव्यय के साथ 2014 में शुरू किया गया था। भारत में 80% मवेशी स्वदेशी और गैर-विवरणी नस्लें हैं जिनके दूध में वसा की मात्रा अधिक होती है। हालांकि देशी मवेशियों की संख्या में कमी आ रही है और कुछ नस्ले जैसे 'पुगनौर' खतरे में पड़ गई है। इसलिए यह राष्ट्रीय गोकुल मिशन चयनात्मक प्रजनन के माध्यम से स्वदेशी नस्लों के विकास और संरक्षण को बढ़ावा देगी।
2. **राष्ट्रीय कामधेनु प्रजनन केन्द्र (NKBC):** यह केन्द्र द्वारा संचालित है जिसे 2014-15 में मंजूरी मिली। इसके लिए ₹50 करोड़ आवंटित किए गए है। इसका उद्देश्य गोजातीय नस्लों का संरक्षण, उत्पादन बढ़ाना, आनुवांशिक योग्यता को उन्नत करना, कुलीन बीजाणु की आपूर्ति करना और विलुप्त होने से खतरे में आने वाली नस्लों की रक्षा करना है।
3. **RGM पुरस्कार:** पशु चिकित्सा पद्धतियों के लिए भारत के राज्यों के बीच स्वथ्य प्रतिस्पर्धा को बढ़ाने के लिए है। इस पुरुस्कार के लिए सभी राज्य/केन्द्र शासित प्रदेश पात्र हैं जो राष्ट्रीय अभियान मिशन के तहत योजनाओं के कार्यान्वयन में भाग लेते हैं।
4. **इपशुहाट:** यह एक डिजिटल प्लेटफार्म है जो गोजातिय विक्रेताओं और खरीदारों के लिए बाजार प्रदान करता है। यह बिचौलियों की भागीदारी को कम करता है और किसान की आय में वृद्धि करता है। यह किसानों के लिए रोगमुक्त जर्मप्लाज्म (आनुवंशिक गुण) भी उपलब्ध कराता है।
5. **भ्रूण हस्तांतरण प्रौद्योगिकी:** इस तकनीक ने प्रजनन रणनीतियों में क्रांति ला दी है। एमओईटी (एकाधिक अण्डोत्सर्ग और भ्रूण हस्तांतरण) जैसी तकनीकों के माध्यम से आनुवांशिक संरचना में सुधार का यह एक बड़ा उपकरण साबित हुआ है।

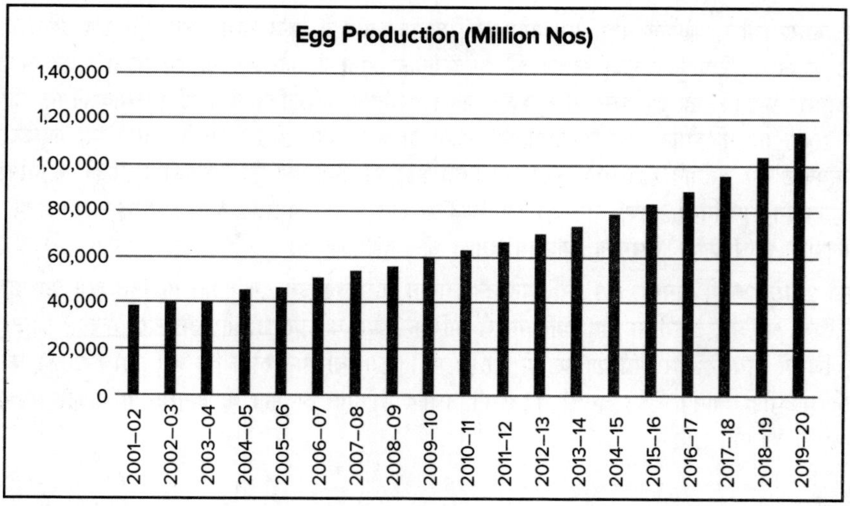

चित्र 7.11 अंडों का उत्पादन 2000-2001 से 2015-16 तक (मिलियन में)

Source: Ministry of Fisheries Animal Husbandry and Dairying (2021). *Annual Report 2020-21*. Department of Animal Husbandry and Dairying, Government of India.

6. **राष्ट्रीय पुरस्कारः**

   (i) किसान गोपाल रत्न पुरस्कार किसानों को देसी नस्ल के सर्वश्रेष्ठ झुंड को बनाए रखने और सर्वोत्तम प्रबंध प्रथाओं के लिए दिया जाता है।

   (ii) राष्ट्रीय कामधेनु पुरस्कार संस्थाओं या ट्रस्टों द्वारा सर्वश्रेष्ठ प्रबंधित स्वदेशी झुंडों के लिए दिया जाता है।

भारत में कुक्कुट पालन के क्षेत्र में उत्पादन का कुल मूल्य 15,000 करोड़ रुपये से अधिक है तथा इससे प्रत्यक्ष या अप्रत्यक्ष रूप में तीन मिलियन से अधिक लोगों को रोजगार मिलता है। वर्ष 2005 में इस क्षेत्र से लगभग 1.9 मिलियन टन मांस का उत्पादन किया गया।

देश में सबसे अधिक मुर्गे-मुर्गियों की संख्या आंध्र प्रदेश में है जिसके बाद क्रमशः बिहार, पश्चिम बंगाल, तमिलनाडु, असम, महाराष्ट्र, कर्नाटक, केरल, ओडिशा, मध्य प्रदेश तथा उत्तर प्रदेश का स्थान आता है। पोल्ट्री फार्मों का विकास लगभग सभी महानगर केन्द्रों के निकट हुआ है, जैसे-मुंबई, कोलकाता, दिल्ली, चेन्नई, हैदराबाद, पुणे, बंगलुरू, नागपुर, जयपुर, कानपुर, लखनऊ, भुवनेश्वर, शिमला तथा अजमेर।

भारत में कुक्कुट को दो भागों में वर्गीकृत किया गया है- (i) देशी, तथा; (ii) विदेशी या आयात किया गया। देशी नस्ल में चिट्टागौंग, पंजाबी, ब्राउन, छागास, लोलाब, नेकेड-नेक्, तीतर, बुरसा, तिल्ली चेरी, इत्यादि शामिल हैं। विदेशी नस्ल में वाइट लेगहोर्न, रोडे रेड, ब्लैक मिनोर्क्र, प्लेमॉउथ रॉक, न्यू हैम्पशायर, लाइट ससैक्स, ब्राउन लेगहोर्न तथा आस्ट्रालोर्प, इत्यादि शामिल हैं।

बर्ड इन्फ्लुएंजा ने भारत में पोल्ट्री विकास के लिए कई समस्याएं पैदा की हैं। भारत में पहला प्रकोप 2006 में महाराष्ट्र के एक छोटे से क्षेत्र में हुआ था। दूसरा प्रकोप भी कुछ महीने बाद महाराष्ट्र से सामने आया था। तब से भारत ने हर साल पोल्ट्री फार्मों में एवियन इन्फ्लुएंजा ए (H5N1) के प्रकोप की सूचना है। 2021 में, हरियाणा राज्य के पंचकुला जिले में एवियन इन्फ्लूएंजा ए (H5N8) का प्रकोप था, जिसने क्षेत्र में मुर्गी पालन को गंभीर रूप से प्रभावित किया। केरल के अलाप्पुझा जिले के कुट्टनाड इलाके से भी बर्ड फ्लू के कुछ मामलों की पुष्टि हुई है। इस समस्या को दूर करने के लिए, एवियन इन्फ्लूएंजा का जल्द पता लगाने पर ध्यान केंद्रित करते हुए पूरे देश में एक सक्रिय निगरानी कार्यक्रम चलाया जा रहा है। भारत सरकार पोल्ट्री वैक्सीन का रणनीतिक भंडार रखती है। भोपाल में पूरी तरह से सुसज्जित जैव-सुरक्षा स्तर 3 की प्रयोगशाला है।

संदर्भ सूची (References)

- Athawale, S. B., *Wind Energy*. New Delhi: National Book Trust, 1994.
- Chanderi, M. R., *Power Resources of India*. Calcutta: Oxford & IBH Publications, 1970.
- Coggin Brown, J. and Dey, A. K., *India's Mineral Wealth*. New Delhi: Oxford University Press, 1955.
- Govt. of India, *Statistical Abstracts of India*, 2010.
- Kayastha, S. L., "Energy Problems in India: Socio-Economic Aspects." In *Socio-Economic Aspects of Energy*. R. P. Chaturvedi et al (ed.). New York: Catland, 1981.
- Khullar, D. R., *India: A Comprehensive Geography*. New Delhi: Kalyani Publishers, 2005.
- *The Economic Survey*. New Delhi: Taxmann Publications, 2009–10.
- Tiwari, R. C., *Geography of India*. Allahabad: Prayag Pustak Bhavan, 2003.
- Wadia, D. N., *Geology of India. New Delhi: Tata McGraw-Hill, 1975.*
- http://dahd.nic.in: Annual Report 2016–17, Department of Animal husbandry, Dairying and Fisheries; Ministry of Agriculture and Farmers Welfare. Krishi.jagran.com
- megahvt.gov.in/policy.html: Policy and Programmes, Animal Husbandry and Veterinary Programmes

8

ऊर्जा संसाधन (Energy Resources)

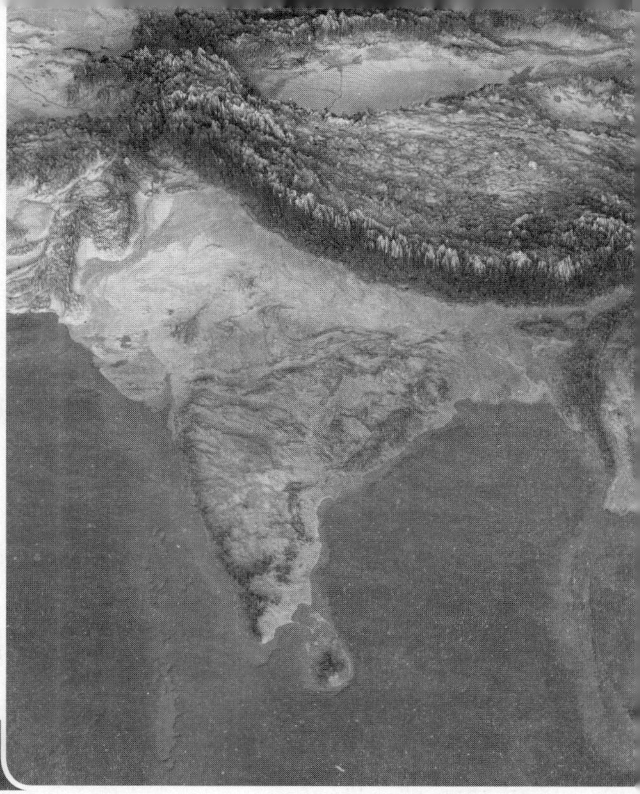

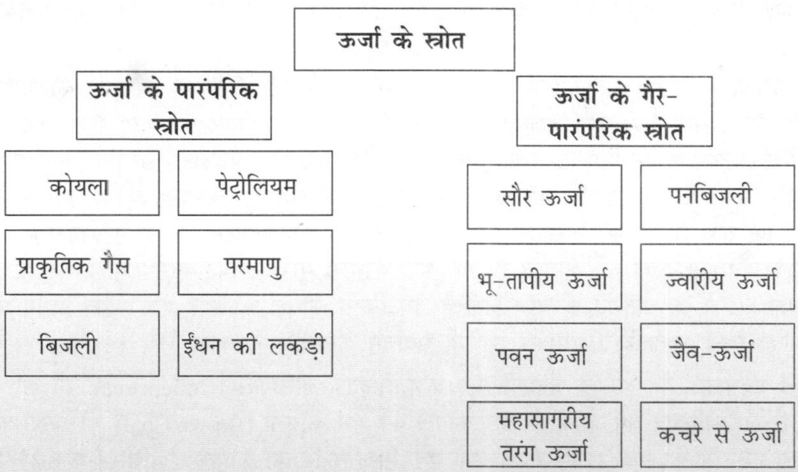

परिचय

ऊर्जा आर्थिक विकास का एक आवश्यक निवेश है, जो जीवन स्तर में सुधार लाता है। ऊर्जा को दो वर्गों में विभाजित किया जा सकता है–(i) परम्परागत ऊर्जा (Conventional Energy) (कोयला, पेट्रोलियम, प्राकृतिक गैस तथा विद्युत), एवं; (ii) गैर-परम्परागत ऊर्जा (Non-Conventional Energy) (सौर, पवन, ज्वारीय, भूतापीय तथा बायोगैस ऊर्जा)। ऊर्जा को गैर-वाणिज्यिक ऊर्जा (ईंधन लकड़ी, काठकोयला, सूखा हुआ गोबर, पशु उत्सर्जन तथा पशु शक्ति एवं वाणिज्यिक ऊर्जा (कोयला, खनिज तेल, प्राकृतिक गैस, जल विद्युत, नाभिकीय ऊर्जा, पवन ऊर्जा, सौर ऊर्जा) में भी वर्गीकृत किया जाता है। वाणिज्यिक उर्जा देश के आर्थिक विकास में महत्वपूर्ण भूमिका निभाती है। परम्परागत ऊर्जा के स्रोत, वितरण तथा उत्पादन का एक संक्षिप्त विवरण नीचे दिया गया है।

परम्परागत ऊर्जा के स्रोत (Sources of Conventional Energy)

कोयला (Coal)

कोयला देश में ऊर्जा का प्रमुख स्रोत है। यह कुल वाणिज्यिक ऊर्जा आवश्यकता का लगभग 70 प्रतिशत भाग पूरा करता है। यह एक जीवाश्म ईंधन है जिसे "ब्लैक गोल्ड" के नाम से भी जाना जाता है। 2020 में कोयले की मांग 1085 मिलियन टन होने का अनुमान लगाया गया था जबकि वास्तविक आपूर्ति 602.85 मिलियन टन थी।

वर्ष 2019-20 में, कोल इंडिया लिमिटेड (CIL) और उसकी सहायक कंपनियों ने 602.14 मिलियन टन और सिंगरेनी कोलियरीज कंपनी लिमिटेड (SCCL) ने 49.95 मिलियन टन कोयले का उत्पादन किया। उस वर्ष, लिग्नाइट का मुख्य उत्पादक, एनएलसी इंडिया लिमिटेड था जिसे पहले नेवेली लिग्नाइट कॉर्पोरेशन लिमिटेड के नाम से जाना जाता था। एनएलसी इंडिया लिमिटेड ने उस वर्ष 24.25 मिलियन टन का उत्पादन किया था।

वर्ष 2020-21 में कुल उत्पादन में से 716.084 मिलियन टन की राशि का उत्पादन सार्वजनिक क्षेत्र द्वारा किया गया था, और शेष 30.133 मिलियन टन का उत्पादन निजी क्षेत्र द्वारा किया गया था। जहां तक राज्यवार उत्पादन का संबंध है, छत्तीसगढ़ में सर्वाधिक 158.409 मिलियन टन कोयला उत्पादन हुआ, इसके बाद ओडिशा में 154.150 मिलियन टन, मध्य प्रदेश में 132.531 मिलियन टन और झारखंड में 119.296 मिलियन टन का उत्पादन हुआ। पिछले वर्षों की तरह, 2021 में भी, झारखंड 44.387 मिलियन टन के उत्पादन के साथ कोकिंग कोल का शीर्ष उत्पादक था। राज्य में कुल कोकिंग कोल उत्पादन 44.787 मिलियन टन (तालिका 8.1) अथवा कुल उत्पादन का 99.11 प्रतिशत था।

वर्गीकरण (Classification)

भारत में पाए जाने वाले कोयले को दो वर्गों में बाँटा जा सकता है–(i) गोंडवाना कोयला, तथा; (ii) तृतीयक युग का कोयला (Tertiary Coal)।

गोंडवाना कोयला: गोंडवाना कोयला कार्बोनीफेरस काल (570 मिलियन से 300 मिलियन वर्ष पूर्व) का कोयला है। यह दामोदर, महानदी, गोदावरी तथा नर्मदा घाटियों में पाया जाता है। गोंडवाना शैल-समूह के कोयले की कुछ मुख्य खानें हैं- रानीगंज, झरिया, बोकारो, रामगढ़, गिरिडीह, चन्द्रपुर, कर्णपुरा, तातापानी, तलचर, हिमगिरि, कोरबा, पेंचघाटी, सरगुजा, काम्पेटी, वर्धा घाटी, श्रृंगरेनी (आंध्र प्रदेश) तथा सिंगरौली। झिनगूर्धा कोयले की खान (मध्य प्रदेश) में गोंडवाना काल के कोयले की सबसे मोटी परत (132 मीटर) पाई गई है। इसके बाद बोकारो की करगाली परत का स्थान है, जिसकी मोटाई लगभग 37 मीटर है। भारत में कोयले के भंडार का 98 प्रतिशत गोंडवाना काल का कोयला है। गोंडवाना कोयला मुख्यत: बिटुमिनस तथा एन्थ्रेसाइट प्रकार का होता है, जिनमें कार्बन की मात्रा 60 से 90 प्रतिशत के बीच होती है। बिटुमिनस कोयले को लौह एवं इस्पात उद्योग में इस्तेमाल करने से पहले कोक में परिवर्तित किया जाता है। बिटुमिनस इसलिये सर्वोत्तम कोयला माना जाता है।

तृतीयक (Tertiary) कोयला: यह कोयला तृतीयक युग के अधिनूतन-ओलीगोसिन (oligocene) युग की शैलों में पाया जाता है। यह कोयला 15 से 60 मिलियन वर्ष पुराना है। इस कोयले को भूरा कोयला (Brown Coal) भी कहा जाता है। यह कोयला भारत के कुल कोयला उत्पादन का मात्र 2 प्रतिशत है। यह एक निम्न कोटि का कोयला है, जिसमें कार्बन की मात्रा गुजरात तथा राजस्थान में 30 प्रतिशत से लेकर असम में 50 प्रतिशत तक है। लिग्नाइट कोयला अरुणाचल प्रदेश, असम, गुजरात (कच्छ), केरल, जम्मू एवं कश्मीर, नगालैंड, तमिलनाडु, उत्तर प्रदेश तथा पश्चिम बंगाल (दार्जिलिंग जिला) में पाया जाता है। देश में लिग्नाइट का सबसे बड़ा भंडार तमिलनाडु में नेवेली में है। कोयले के विभिन्न प्रकार तथा उनकी विशेषताएँ निम्नलिखित हैं:

(i) **पीट (Peat):** इस कोयले में नमी की मात्रा अधिक होती है तथा इससे धुआँ अधिक उठता है। इसमें कार्बन की मात्रा 40 प्रतिशत से भी कम होती है इसलिए यह सबसे निचला एवं निम्न कोटि का कोयला माना जाता है। यह कोयले के निर्माण के पहले चरण को निरूपित करता है।

(ii) **लिग्नाइट (Lignite Brown Coal):** लिग्नाइट, पीट से उत्तम किस्म का कोयला है। बढ़ते दाब तथा गर्मी के कारण समय के साथ-साथ पीट लिग्नाइट कोयले में परिवर्तित होता है। लिग्नाइट में 40 से 60 प्रतिशत कार्बन की मात्रा होती है। यह मुख्यत: नेवेली (तमिलनाडु), पालना (राजस्थान), लखीमपुर (असम), जयन्तिया पहाड़ी (मेघालय), नगालैंड,

केरल, जम्मू एवं कश्मीर, उत्तर प्रदेश तथा केन्द्र शासित प्रदेश पुडुचेरी में पाया जाता है। भारत में लिग्नाइट के कुल भंडार 36,009 मि. टन के होने का अनुमान है, जिसमें से 4,150 मि. टन नेवेली क्षेत्र में है। इसके अन्य भंडार असम, मेघालय, राजस्थान, गुजरात, केरल तथा जम्मू एवं कश्मीर में हैं।

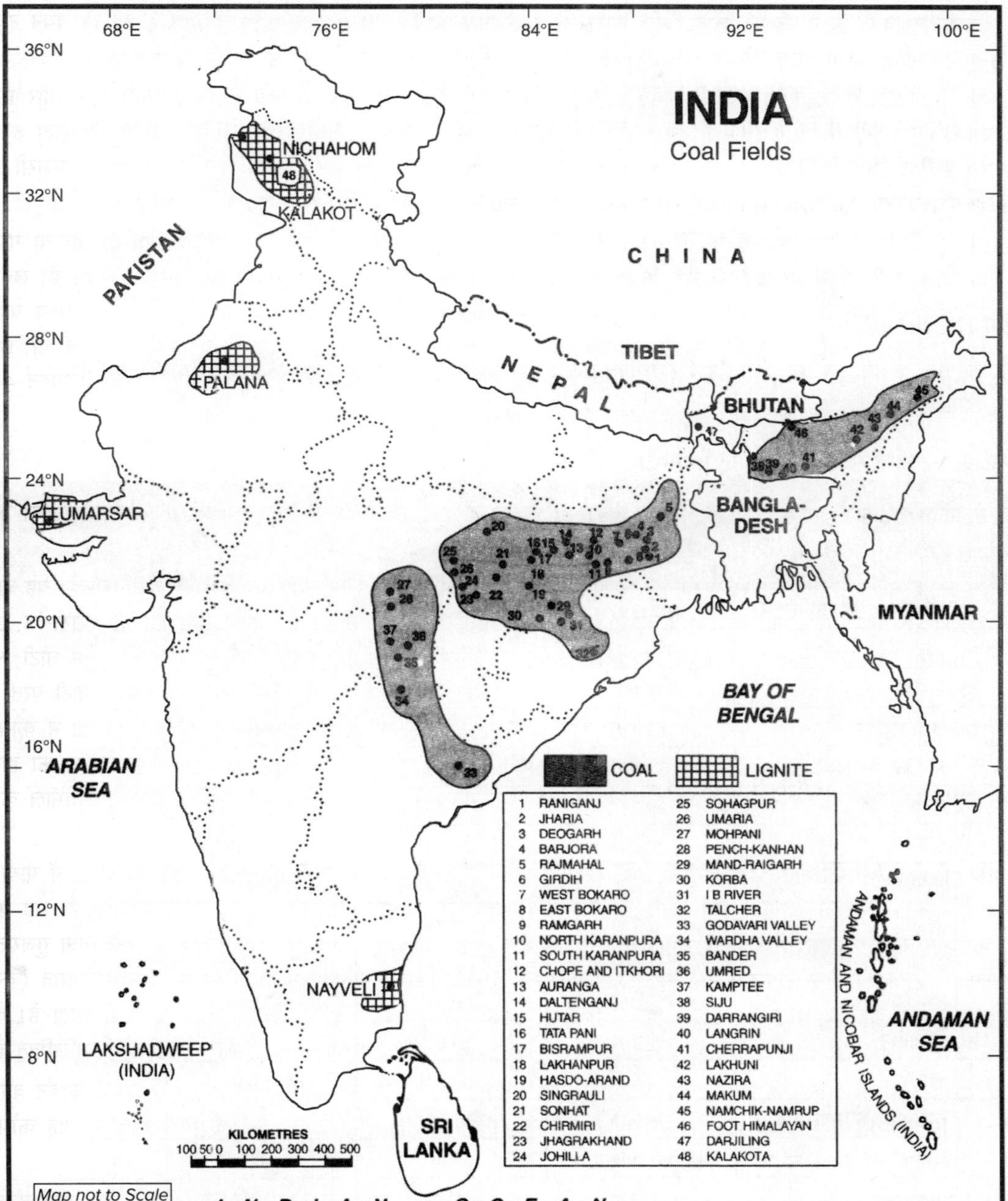

चित्र 8.1 कोयला क्षेत्र

(iii) **बिटुमिनस (Bituminous):** यह कोयला जमीन में अधिक गहराई पर पाया जाता है जिसके कारण इसकी नमी समाप्त हो जाती है। यह सघन, ठोस तथा काले रंग का होता है। मूल वनस्पति जिससे यह कोयला निर्मित होता है, के अंश इसमें देखे जा सकते हैं। इस कोयले में कार्बन की मात्रा 60 से 80 प्रतिशत के बीच होती है तथा यह वाणिज्यिक इस्तेमाल के लिए सबसे उत्तम कोयला है। इस कोयले का नाम बिटुमिन तरल के नाम पर रखा गया है, जिसे इस कोयले को गर्म करने पर प्राप्त किया जाता है। बिटुमिनस कोयले का उपयोग कोक (कोकिंग कोल), गैस कोयला (gas coal) तथा वाष्प कोयला (steam coal) बनाने के लिए किया जाता है। कोकिंग कोल, कोयले को बगैर ऑक्सीजन गर्म करके प्राप्त किया जाता है, जिसके कारण वाष्पशील गैसें जल जाती हैं तथा इसका उपयोग मुख्यत: लौह एवं इस्पात उद्योग में किया जाता है। अधिकतर बिटुमिनस कोयला झारखंड, ओडिशा, छत्तीसगढ़, पश्चिम बंगाल तथा मध्य प्रदेश में पाया जाता है।

(iv) **एंथ्रेसाइट (Anthracite Coal):** यह सबसे उच्च कोटि का कोयला है जिसमें 80 से 90 प्रतिशत कार्बन की मात्रा पाई जाती है। इसमें वाष्पशील पदार्थ की मात्रा बहुत कम होती है तथा नमी की मात्रा नगण्य होती है। इस कोयले की नीली, लघु लौ (flame) होती है। यह सबसे महंगे कोयले की किस्म है।

वितरण (Distribution)

कोयले के क्षेत्र के वितरण को ***चित्र 8.4 (तालिका 8.1)*** में दर्शाया गया है तथा राज्य अनुसार कोयले के भंडार व उनका प्रतिशत दिया गया है।

तालिका 8.1 भारत में कोयला भंडार, 2020-21

क्र. सं.	भारत में कोयला भंडार			भारत में कोयला उत्पादन	
	राज्य/कोयला क्षेत्र	कुल भंडार (मिलियन टन में)	अखिल भारतीय भंडार का प्रतिशत	कुल उत्पादन (मिलियन टन में)	कुल उत्पादन का प्रतिशत
A.	**गोंडवाना कोलफील्ड्स**	**342,397**	**99.99**	**716.084**	**100.00**
1.	झारखंड	85,602	25.00	119.296	16.66
2.	उड़ीसा	84,652	24.72	154.150	21.53
3.	छत्तीसगढ़	69,432	20.28	158.409	22.12
4.	पश्चिम बंगाल	32,937	9.62	34.596	4.83
5.	मध्य प्रदेश	29,285	8.55	132.531	18.51
6.	तेलंगाना	22,225	6.49	52.603	7.35
7.	महाराष्ट्र	12,728	3.72	47.435	6.62
8.	बिहार	2,751	0.80	NA	0.00
9.	आंध्र प्रदेश	1,607	0.47	NA	0.00
10.	उत्तर प्रदेश	1,062	0.31	17.016	2.38
11.	सिक्किम	101	0.03	NA	0.00
12.	असम	14	0.004	0.036	0.01
B.	**तृतीयक कोयला क्षेत्र**	**1,623**	**100.00**		
1.	मेघालय	576	35.49	0.00	NA
2.	असम	511	31.48	NA	NA
3.	नगालैंड	446	27.48	NA	NA
4.	अरुणाचल प्रदेश	90	5.55	NA	NA
5.	जम्मू और कश्मीर	NA	NA	0.012	0.002

Source: Govt. of India (2021). *Provisional Coal Statistics 2020-21*, Coal Controller, Ministry of Coal, Kolkata.

झारखंड, ओडिशा, छत्तीसगढ़, पश्चिम बंगाल, मध्य प्रदेश तथा आंध्र प्रदेश मुख्य राज्य हैं, जहाँ देश में कोयले के भंडार सबसे अधिक मात्रा में हैं ***(चित्र 8.2)***। इन राज्यों में कोयले के भंडार का एक संक्षिप्त विवरण नीचे दिया गया है:

(i) **झारखंड:** झारखंड राज्य में देश के कुल कोयले के भंडार का 25 प्रतिशत भाग पाया जाता है तथा कोयले के भंडार एवं उत्पादन के मामले में देश में इसका पहला स्थान है। राज्य में कोयला भंडार 85,602 मिलियन टन हैं। यहां का अधिकांश कोयला गोंडवाना युग का है। धनबाद, दुमका, हजारीबाग तथा पलामू में कोयले के बड़े भंडार हैं। राज्य में बोकारो, डाल्टनगंज, धनबाद, गिरिडीह, हुटर, झरिया, कर्णपुर तथा रामगढ़ कोलजा खनन के मुख्य केन्द्र हैं ***(चित्र 8.3)***।

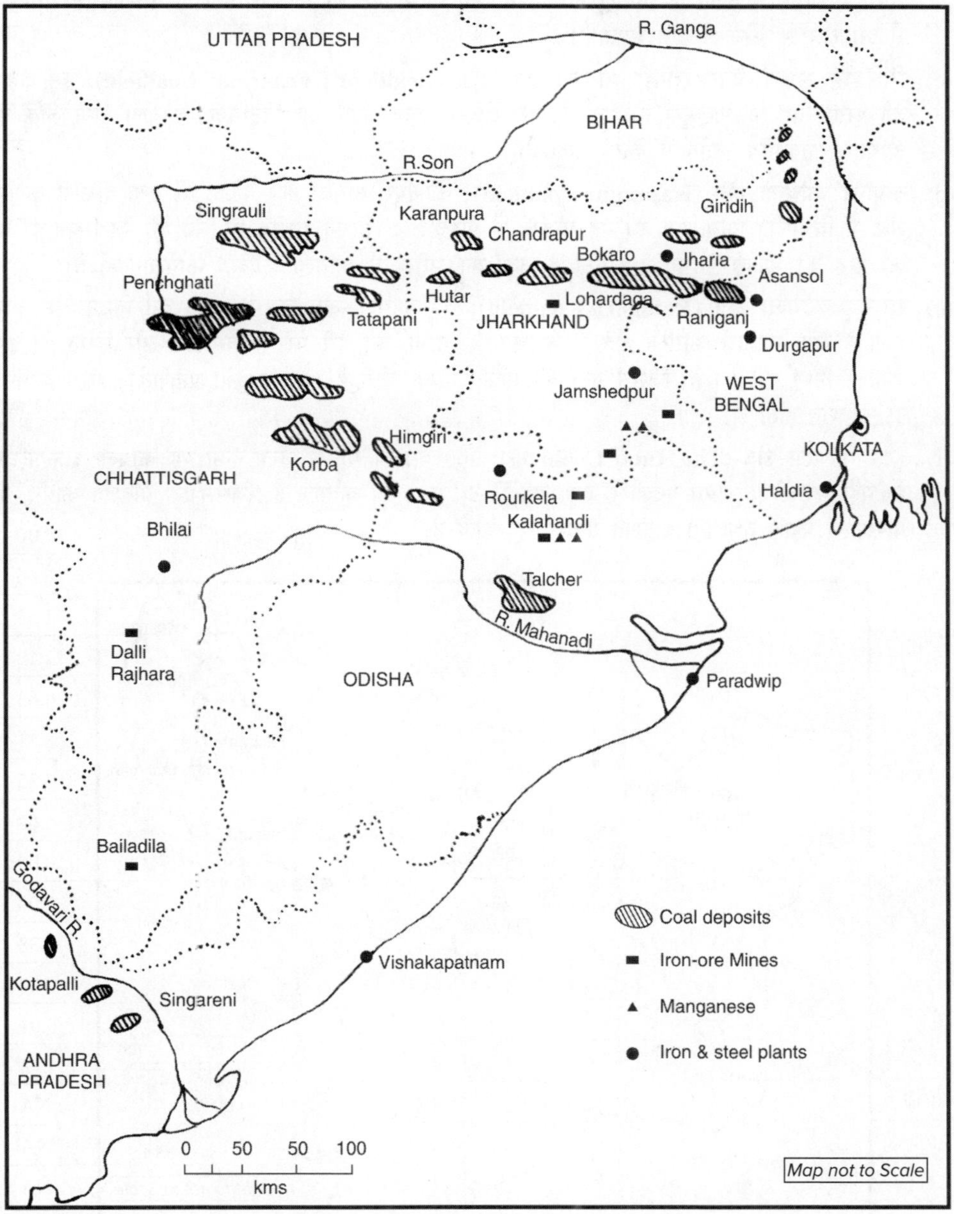

चित्र 8.2 गोंडवाना कोयला निक्षेप

(a) **झरिया कोयला-क्षेत्र (The Jharia Coalfield):** झारखंड की कोयला खानों में झरिया सबसे बड़ी तथा सबसे महत्वपूर्ण कोयला उत्पादक खान है, जो 460 वर्ग कि.मी. के क्षेत्र में फैली हुयी है। यहाँ उत्तम प्रकार का कोयला (बिटुमिनस) पाया जाता है। लगभग 90 प्रतिशत कोकिंग कोल झरिया के खानों से ही उत्पादित होता है। यहाँ से कोयला जमशेदपुर, बोकारो, दुर्गापुर तथा आसनसोल के लौह एवं इस्पात कारखानों में भेजा जाता है।

(b) **बोकारो कोयला-क्षेत्र (The Bokaro Coalfield):** यह बोकारो नदी की घाटी में फैला हुआ है, जो झरिया से लगभग 32 कि.मी. की दूरी पर पश्चिम की ओर स्थित है। बोकारो कोयला क्षेत्र की करगाली परत (37 मीटर) भारत में गोंडवाना काल के कोयले की मोटी परतों में से एक है। बोकारो के लौह एवं इस्पात संयन्त्र मुख्य रूप से इस क्षेत्र से कोयला प्राप्त करते हैं।

(c) **गिरिडीह अथवा कारहरबाड़ी कोयला क्षेत्र (The Giridih or Karharbari Coalfield):** इस क्षेत्र में कोयले की परत सतह के बिल्कुल नजदीक है। इस क्षेत्र में उच्च कोटि का बिटुमिनस कोयला पाया जाता है, जिसका उपयोग धातुकर्मीय उद्योग में किया जाता है।

(d) **कर्णपुर कोयला-क्षेत्र (Karanpur Coalfield):** करणपुर कोयला क्षेत्र को उत्तरी तथा दक्षिणी कर्णपुर कोयला क्षेत्रों में विभाजित किया गया है। यह बोकारो से पश्चिम में लगभग 30 कि.मी. की दूरी पर स्थित है। यहाँ कोयले की परत की मोटाई लगभग 25 मीटर है। यहाँ का अधिकतर कोयला कोकिंग कोयला नहीं है।

(e) **रामगढ़ कोयला-क्षेत्र (Ramgarh Coalfield):** यह कोयला-क्षेत्र लगभग 100 वर्ग कि.मी. के क्षेत्र में फैला हुआ है तथा बोकारो कोयला क्षेत्र से लगभग 9 कि.मी. की दूरी पर पश्चिम की ओर स्थित है। इस क्षेत्र का कोयला निम्न दर्जे का है, जिसमें राख की मात्रा अधिक होती है (लगभग 30 प्रतिशत), इसमें कार्बन की मात्रा 35 प्रतिशत होती है।

(f) **हुटर कोयला-क्षेत्र (The Hutar Coalfield):** 200 वर्ग कि.मी. में फैला हुआ यह कोयला-क्षेत्र पलामू जिले में है। यहाँ कोयले की परत पतली है तथा यह निम्न किस्म का कोयला है, जिसमें 50 प्रतिशत कार्बन, 30 प्रतिशत वाष्पशील पदार्थ तथा 20 प्रतिशत राख मौजूद होती है।

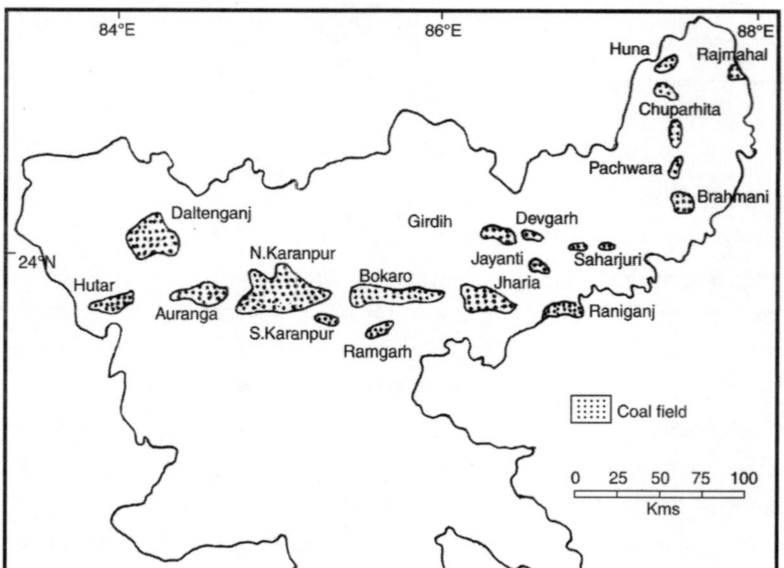

चित्र 8.3 झारखण्ड के प्रमुख कोयला क्षेत्र

(g) **डाल्टनगंज कोयला-क्षेत्र (The Daltonganj Coalfield):** यह कोयला-क्षेत्र 55 वर्ग कि.मी. के क्षेत्र में फैला हुआ है। इस क्षेत्र में पाया जाने वाला कोयला अर्द्ध-एन्थ्रेसाइट या गैर-कोकिंग कोयला होता है। यह निम्न किस्म का कोयला होता है, जिसका उपयोग धातुकर्मीय उद्योग में नहीं किया जाता है।

(h) **देवगढ़ कोयला-क्षेत्र (Deogar Coalfield):** यह कोयला-क्षेत्र लगभग 20 वर्ग कि.मी. के क्षेत्र में फैला हुआ है। यहाँ निम्न दर्जे का कोयला पाया जाता है, जिसमें लगभग 40 प्रतिशत कार्बन, 25 प्रतिशत वाष्पशील पदार्थ तथा 35 प्रतिशत राख की मात्रा होती है। इस कोयले का इस्तेमाल मुख्य रूप से ईंट के भटठ् में किया जाता है।

(ii) **ओडिशा:** ओडिशा राज्य में कुल कोयला भंडार 84,652 मिलियन टन अथवा देश के 24.72% हैं राज्य में कुल कोयला उत्पादन का लगभग 21.53% उत्पादन होता है। ओडिशा में अधिकांश कोयला भंडार ढेंकनाल, संबलपुर और सुंदरगढ़ जिलों में पाए जाते है।

(a) **तलचर कोयला-क्षेत्र (The Talcher Coalfield):** तलचर कोयला क्षेत्र ढेनकेनाल तथा संबलपुर जिले में फैला हुआ है तथा इसका कुल क्षेत्रफल लगभग 500 वर्ग कि.मी. है। यहाँ देश का दूसरा सबसे बड़ा कोयले का भंडार (पहला रानीगंज में) है। यद्यपि यहाँ पाए जाने वाला कोयला निम्न स्तर का है जिसमें लगभग 35 प्रतिशत कार्बन, 40 प्रतिशत वाष्पशील पदार्थ तथा लगभग 25 प्रतिशत राख होती है। यहाँ पाए जाने वाले कोयले का उपयोग मुख्यत: तलचर के तापीय शक्ति तथा खाद संयन्त्रों में होता है।

(iii) **छत्तीसगढ़:** छत्तीसगढ़ राज्य में झारखंड और ओडिशा के बाद देश का तीसरा सबसे बड़ा कोयला भंडार (भारत का लगभग 20.28%) 69,432 मिलियन टन है, लेकिन राज्य का उत्पादन में पहला स्थान है। कोयला भंडार बिलासपुर, बैतूल, छिंदवाड़ा, नरसिंहपुर, रायगढ़, रीवा और सरगुजा जिलों में पाए जाते हैं। सिंगरौली, सोहागपुर और उमरिया (रीवा जिला), बिसरामपुर, झिलमिली, रामकोला, तत्तापानी (सरगुजा जिला), कोरबा और सुंदरगढ़ (बिलासपुर जिला), पेंच और कान्हा घाटी (छिंदवाड़ा जिला), मांड नदी (रायगढ़ जिला), और पटाखेड़ा और दुल्हारा (बैतूल जिला) छत्तीसगढ़ के कोयले के प्रमुख खनन केंद्र हैं।

(a) **सिंगरौली कोयला-क्षेत्र (The Singrauli Coalfield):** सीधी तथा शहडोल जिलों में फैला यह क्षेत्र मध्य प्रदेश का सबसे बड़ा कोयले का क्षेत्र है। इस क्षेत्र में झरगुदा में कोयले की परत 132 मीटर मोटी है, जो देश में कोयले के भंडार की सबसे मोटी परत है। यह कोयला गोंडवाना काल का कोयला है, जिसमें 40 से 50 प्रतिशत कार्बन की मात्रा होती है। इस कोयले का उपयोग मुख्यत: ओबरा के तापीय बिजली संयन्त्र में किया जाता है।

(b) **कोरबा कोयला-क्षेत्र (The Korba Coalfield):** कोरबा कोयला-क्षेत्र बिलासपुर जिले में है। इस भंडार में कोयले की दो परतों की मोटाई 30 मीटर से अधिक है। यहाँ पाया जाने वाला कोयला औसत स्तर का है तथा इसका इस्तेमाल मुख्य रूप से कोरबा के तापीय बिजली संयन्त्र में किया जाता है।

(c) **पेंच-कान्हा-तावा कोयला-क्षेत्र (The Pench-Kanha-Tawa-Coalfield):** यह कोयला-क्षेत्र छिंदवाड़ा जिले में है। यहाँ पाया जाने वाला कोयला कोकिंग तथा अर्द्ध-कोकिंग किस्म का है।

(d) **उमरिया कोयला-क्षेत्र (Umaria Coalfield):** यह कोयला क्षेत्र कटनी से 60 कि.मी. दूर दक्षिण की ओर स्थित है। यहाँ पाए जाने वाले कोयले में राख तथा नमी की मात्रा अधिक होती है। इस कोयले का उपयोग मुख्य रूप से तापीय बिजली संयंत्र के लिए किया जाता है। इसके अतिरिक्त झिलमिली, सोनाहाट तथा तातापानी (सरगुजा जिला) में भी कोयले का खनन किया जाता है।

(iv) **पश्चिम बंगाल:** पश्चिम बंगाल में भारत के कुल कोयला भंडार के लगभग 9.62% का उत्पादन होता है ***(तालिका 8.1)***। पश्चिम बंगाल के कोयला भंडार बांकुरा, बर्धमान, बीरभूम, दार्जिलिंग, जलपाईगुड़ी और पुरुलिया जिलों में हैं। पश्चिम बंगाल के कोयला भंडार और खनन में सबसे महत्वपूर्ण रानीगंज है।

(a) **रानीगंज कोयला-क्षेत्र (Raniganj Coalfield):** कोलकाता से उत्तर-पश्चिम की ओर यह कोयला-क्षेत्र वर्द्धमान तथा वीरभूम जिले में 185 वर्ग कि.मी. के क्षेत्र में फैला हुआ है तथा यह पश्चिम बंगाल का सबसे महत्वपूर्ण कोयला क्षेत्र है। यह उच्च कोटि के कोकिंग कोयले के लिए प्रसिद्ध है। इस कोयले में 50 से 65 प्रतिशत तक कार्बन होता है, जिसका इस्तेमाल धातुकर्मीय उद्योग में किया जाता है, खासकर दुर्गापुर लौह एवं इस्पात संयन्त्र में।

(b) **दार्जीलिंग कोयला-क्षेत्र (Darjeeling Coalfield):** दार्जीलिंग जिले में पाया जाने वाला कोयला तृतीयक युग (tertiary) का कोयला है। यह माना तथा महानदी घाटी में अनावृत्त रूप में मौजूद है। यह कोयला चूरे के रूप में मौजूद है। इस कोयले में कोकिंग की विशेषता देखी गई है।

(v) **मध्य प्रदेश:** भारत के कोयला भंडार का लगभग 8.55% मध्य प्रदेश में पाया जाता है। राज्य के मुख्य कोयला भंडार सिंगरौली, मुहपानी, सतपुड़ा, सोहागपुर और पेंच-कान्हन में स्थित हैं।

(vi) **आंध्र प्रदेश:** तेलंगाना और आंध्र प्रदेश: भारत के 7% से अधिक कोयला भंडार इन दो राज्यों में पाए जाते हैं। मुख्य कोयला भंडार गोदावरी घाटी में पाए जाते हैं। आदिलाबाद, खम्मम, नेल्लोरम और वारंगल जिले कोयला उत्पादन के लिए जाने जाते हैं। कोयले का उपयोग मुख्य रूप से कोट्टागुडेम, नेल्लोर, रामागुंडम, एराजादा, हुसैन-सागर के ताप विद्युत संयंत्रों और रामागुंडम में उर्वरक संयंत्र में किया जाता है।

श्रृंगरेनी कोयला-क्षेत्र हैदराबाद से 185 कि.मी. दूर पूर्व में स्थित है तथा आंध्र प्रदेश में कोयले के खनन का मुख्य क्षेत्र है। कोयले के उत्पादन का दूसरा मुख्य केन्द्र कोट्टागुड्डम है। यहाँ कोयले की परत की मोटाई 18 मीटर है तथा कोयला अच्छे किस्म का होता है।

(vii) **महाराष्ट्र:** महाराष्ट्र में कोयले के मुख्य भंडार वर्धा घाटी में हैं, जिसका विस्तार नागपुर (काम्पटी कोयला-क्षेत्र) तथा यवतमाल जिले में है। इन कोयला-क्षेत्रों से प्राप्त कोयले का उपयोग रेलवे तथा ट्रॉम्बे, चोला (कल्याण), खापरखेड़ा, पारस, बल्लारशाह, नासिक तथा कोराड़ी के तापीय बिजली संयन्त्रों द्वारा किया जाता है।

टर्शियरी युग के कोयले के भंडार (Coal Deposits of the Tertiary Period)

तृतीयक कोयला का भंडार अरिनूतन, अधिनूतन तथा अल्पनूतन काल में अस्तित्व में आया। इस काल का कोयला अरुणाचल प्रदेश असम, मेघालय, नगालैंड तथा जम्मू एवं कश्मीर में पाया जाता है। इस कोयले में नमी की मात्रा अधिक होती है तथा कार्बन की मात्रा कम होती है।

तमिलनाडु: तमिलनाडु में लिग्नाइट का सबसे बड़ा भंडार है, यह भंडार नेवेली (दक्षिण आरकोट) में है। कोयले की परत की मोटाई 10 से 12 मीटर है। इस कोयले में कार्बन तथा नमी की मात्रा क्रमशः 30 से 40 तथा 20% होती है, जबकि वाष्पशील पदार्थ की मात्रा 40 से 45% के बीच होती है।

राजस्थान: इस राज्य में लिग्नाइट के भंडार बीकानेर जिले (पालना तथा खरी खान) में है। बीकानेर भंडार में कोयले की परत की मोटाई 5 से 15 मीटर के बीच होती है। यह निम्न दर्जे का कोयला होता है, जिसका उपयोग मुख्यतः तापीय बिजली संयन्त्रों तथा रेलवे द्वारा किया जाता है।

गुजरात: गुजरात में कोयला भरूच जिले तथा कच्छ में पाया जाता है। यह कोयला निम्न स्तर का होता है, जिसमें कार्बन की मात्रा 35% के लगभग होती है तथा इसमें अधिक नमी होती है।

जम्मू एवं कश्मीर: कश्मीर में टर्शियरी कोयला शालीगंगा, हन्दवारा, बारामुला, रायसी तथा उधमपुर जिलों में तथा बडगाम एवं श्रीनगर जिले (करेवास) में पाया जाता है। यह निम्न दर्जे का कोयला है, जिसमें 30% के लगभग कार्बन, 15% से अधिक नमी तथा 30% से अधिक वाष्पशील पदार्थ की मात्रा होती है।

पश्चिम बंगाल: पश्चिम बंगाल में तृतीयक (tertiary) युग के लिग्नाइट के भंडार जलपाईगुड़ी तथा दार्जिलिंग जिले की बुर्जा पहाड़ियों में पाए गए हैं। लिग्नाइट के प्रकीर्ण भंडार पुडुचेरी में भी पाए गए हैं।

भारत, चीन के बाद दुनिया में कोयले का दूसरा सबसे बड़ा उत्पादक है, जो कुल कोयले उत्पादन का लगभग 9.77% का योगदान देता है। भारत में 1950-51 में कोयले और लिग्नाइट का कुल उत्पादन 33 मिलियन टन था जो 2015-16 में बढ़कर 639.23 मिलियन टन हो गया। आंकड़ों के अनुसार 2020-21 में कच्चे कोयले और लिग्नाइट का कुल उत्पादन 742.70 मिलियन टन था। 1972 में कोयला खदानों का राष्ट्रीयकरण किया गया, जिसके बाद कोयला उत्पादन में जबरदस्त वृद्धि हुई है ***(सारणी 8.2)***।

तालिका 8.2 में यह देखा जा सकता है कि 1950-51 में कोयला तथा लिग्नाइट का कुल उत्पादन क्रमशः 322.60 तथा 0.4 लाख टन था, जो वर्ष 2010-11 में बढ़कर क्रमशः 4660.00 तथा 350 लाख टन हो गया। कोयला खानों का राष्ट्रीयकरण 1972 में हुआ, जिसके उपरान्त देश में कोयले का उत्पादन बढ़ गया है।

तालिका 8.2 भारत: कोयले का उत्पादन-2009-10 से 2020-21

साल	कच्चा कोयला		लिग्नाइट		कुल उत्पादन	
	उत्पादन (मिलियन टन)	वृद्धि (%)	उत्पादन (मिलियन टन)	वृद्धि (%)	उत्पादन (मिलियन टन)	वृद्धि (%)
2009-10	532.042		34.071		566.113	
2010-11	532.694	0.12	37.733	10.75	570.427	0.76
2011-12	539.950	1.36	42.332	12.19	582.282	2.08
2012-13	556.402	3.05	46.453	9.73	602.855	3.53
2013-14	565.765	1.68	44.271	-4.70	610.036	1.19
2014-15	609.179	7.67	48.270	9.03	657.449	7.77
2015-16	639.230	4.93	43.842	-9.17	683.072	3.90
2016-17	657.868	2.92	45.230	3.17	703.098	2.93
2017-18	675.400	2.66	46.644	3.13	722.044	2.69
2018-19	728.718	7.89	44.283	-5.06	773.001	7.06
2019-20	730.874	0.30	42.096	-4.94	772.970	0.00
2020-21	716.084	-2.02	36.614	-13.02	752.698	-2.62

Source: Govt. of India (2021). *Provisional Coal Statistics 2020-21*, Coal Controller, Ministry of Coal, Kolkata.

तलचर शृंखला (Talcher Series): गोंडवाना कोयले के तलचर शृंखला का नाम ओडिशा के तलचर तथा ढेकनाल जिले के नाम पर है। यह आग्नेय शैल के हिमानी गोलाश्म तल पर टिका है। यह कोयले के भंडार के लिए प्रसिद्ध है। यहाँ से कोयला राउरकेला तथा जमशेदपुर इस्पात संयन्त्रों को भेजा जाता है।

दामुदा शृंखला (Damuda Series): यह गोंडवाना तन्त्र की दूसरी सबसे महत्वपूर्ण शृंखला है। यह शृंखला झारखंड एवं पश्चिम बंगाल में विकसित है। यह शृंखला उच्च दर्जे के कोयले की परत के लिए प्रसिद्ध है। रानीगंज तथा झरिया इसी शृंखला के तहत आते हैं। इस शृंखला से अच्छे प्रकार का कोयला (एन्थ्रेसाइट तथा बिटुमिनस) प्राप्त किया जाता है। बिटुमिनस कोयला, जिसमें कार्बन की मात्रा 60% तक होती है, का उपयोग धातु-कर्म (metallurgy) के लिए होता है खासकर जमशेदपुर तथा बोकारो के इस्पात संयन्त्रों में।

पांचेत शृंखला (Panchet Series): यह निचले गोंडवाना तंत्र की सबसे नयी शृंखला है। यह रानीगंज के दक्षिण में स्थित है। इस शृंखला में हरे रंग के बलुआ पत्थर, स्लेटी पत्थर तथा लोहे की मात्रा में धनी शैल पाए जाते हैं। परन्तु यहाँ कोयले की परतें नहीं पाई गई हैं। महाराष्ट्र की वर्धा घाटी में माँगली तल (Mangli-beds) इस शृंखला का एक बहिःशायी (Outlier) है।

कोयला उद्योग की समस्याएँ (Problems of Coal Industry)

कोयला उद्योग की मुख्य समस्याएँ निम्नलिखित हैं:

1. **कोयले के भंडार का असामान्य वितरण:** भारत में कोयला मुख्यत: झारखंड, छत्तीसगढ़, ओडिशा, मध्य प्रदेश तथा पश्चिम बंगाल में पाया जाता है। फलस्वरूप, परिवहन व्यय अधिक होता है, जिसके कारण यह ऊर्जा का महंगा स्रोत है।
2. **निम्न स्तर का कोयला:** भारत की अधिकतर खानें गैर-कोकिंग कोयले (non-coking coal) का उत्पादन करती हैं, जिसका उपयोग धातु-कर्मीय उद्योग में नहीं किया जा सकता।
3. **परिवहन की असमुचित व्यवस्था:** भारत में कोयले का परिवहन अधिकतर रेलगाड़ी (माल गाड़ी) द्वारा होता है। देश में माल डिब्बों की कमी है तथा रेलवे कम अवधि में अधिक दूरी तक कोयले का परिवहन करने में असक्षम है।

4. **खनन की पुरानी तकनीक:** भारत में खनन की तकनीक पुरानी है जो अप्रयुक्त है। यहाँ प्रति श्रमिक उत्पादन कम है। यहाँ प्रति टन उत्पादन का मूल्य भी अधिक है।
5. **विद्युत-शक्ति (Power) की कमी:** कोयले के खनन में विद्युत-शक्ति की कमी एक अवरोध है।
6. **आग तथा पानी का जमाव:** खानों में तथा गर्तशीर्षों (Pitheads) पर आग अथवा पानी के जमाव (Water logging) के कारण कोयले का भारी नुकसान होता है।

कोयले का संरक्षण (Conservation of Coal)

कोयला एक समाप्त होने वाला संसाधन है। इसका उपयोग विवेकपूर्ण ढंग से किया जाना चाहिए। देश में कोयले के संरक्षण के लिए निम्नलिखित कदम उठाने आवश्यक हैं:

1. कोकिंग तथा उच्च कोटि के कोयले का उपयोग केवल धातुकर्मी उद्योग (metallurgical industry) के लिए किया जाना चाहिए।
2. निम्न दर्जे के कोयले को धोया जाना चाहिए तथा आधुनिक तकनीकों द्वारा इसकी अशुद्धता को हटाया जाना चाहिए।
3. चयनात्मक खनन (selective mining) को कानून द्वारा रोका जाना चाहिए। सभी खानों में हर संभव प्रकार के कोयले का खनन किया जाना चाहिए।
4. पर्यावरण की सुरक्षा से सम्बन्धित कानूनों का प्रभावी रूप से कार्यान्वयन होना चाहिए।
5. तापीय बिजली संयन्त्र गर्तशीर्षों (pit, heads) पर स्थित होने चाहिए ताकि विद्युत उत्पादन बढ़ाया जा सके।
6. बिजली की चोरी रोकी जानी चाहिए।
7. कोयले के नए भंडारों की खोज की जानी चाहिए।
8. गैर-परम्परागत ऊर्जा के स्रोत को लोकप्रिय बनाया जाना चाहिए।

सरकारी पहल (Governmental Initiatives)

बिजली, कोयला, नई और नवीकरणीय ऊर्जा और खान मंत्रालयों ने 'उज्ज्वल भारत' को सफल बनाने के लिए 24 घंटे सात दिन किफायती स्वच्छ 'पावर फॉर ऑल' मिशन की शुरूआत की है।

इसमें शामिल सिद्धान्त हैं:

1. सुलभ (सुगम शक्ति)
2. सस्ती (सस्ती शक्ति)
3. स्वच्छी (स्वच्छ शक्ति)
4. सुनयोजित (सुनियोजित बुनियादी ढाँचा)
5. सुनिश्चित (सभी के लिए सुनिश्चित शक्ति)
6. सुरक्षित (पारदर्शी शासन के साथ भारत के प्रत्येक नागरिक को सशक्त बनाना और उनका भविष्य सुनिश्चित करना)

अधिशेष की कमी को पूरा करने के लिए, विद्युत के लिए पर्याप्त कोयला उपलब्ध कराने के लिए संरभार ने 2019-20 तक 100 करोड़ टन कोयले के उत्पादन का लक्ष्य रखा है। कोयले के आयात में कमी आयी है। 2016-17 में "अधिक बिजली के लिए कम कोयला" के सिद्धान्त के परिणामस्वरूप 1 KWH बिजली का उत्पादन करने के लिए 0.63 किलोग्राम कोयले का उपयोग किया गया। सरकार के पास खनन क्षेत्र में पारदर्शिता लाने और प्राकृतिक साधनों के उपयोग को अनुकूलित करने की भी योजना है। "नेशनल एयरो-ज्योग्राफीकल मैपिंग प्रोजेक्ट" एयरोग्राफीकल डेटा की 27 लाख लाइन कि.मी. डेटा प्राप्त करेगा। प्रधानमंत्री खनिज क्षेत्र कल्याण योजना (PMKKKY) खनन से प्रभावित लोगों की सहायता करेगी। प्रधानमंत्री खनिज क्षेत्र कल्याण योजना के तहत जिला खनिज फाउंडेशन (DMF) ने 2016-17 के दौरान खनन से लगभग 27150 करोड़ एकत्रित किये है।

पेट्रोलियम (Petroleum)

पेट्रोलियम ऊर्जा का एक महत्वपूर्ण स्रोत है, यह आर्थिक विकास को त्वरित करने के लिए आवश्यक है। पेट्रोलियम एक मुख्य ईंधन संसाधन है। यह अनेक उद्योगों को स्नेहक तथा कच्चे पदार्थ प्रदान करता है। इसके मुख्य उत्पाद हैं–मिट्टी का तेल, डीजल, पेट्रोल, विमान का ईंधन, कृत्रिम रबड़, कृत्रिम रेशा, थर्मो-प्लास्टिक राल, बेन्जिन-मीथेनसोल, पोलिएस्टरटीन, एकरिलेट, प्रक्षालक (डिटर्जेन्ट), ऐरोमैटिक्स, गैसोलिन, कार्बन-ब्लैक, डाइ (रंग), खाद्य-रंग, रंगद्रव्य (पिग्मैन्ट), विस्फोटक, छपाई की स्याही, फोटोग्राफी फिल्म, ग्रीस, कॉस्मेटिक, पेन्ट, ल्यूब्रिकेन्ट ऑयल, पैराफिन तथा मोम।

कच्चा तेल समुद्रीय उद्गम की अवसादी शैलों से प्राप्त किया जाता है। भारत में कच्चा तेल तृतीयक युग (Tertiary Period) की अवसादी शैलों में पाया जाता है ***(चित्र 8.4)***। सामान्यत: यह अपने निर्माण के स्थान पर नहीं पाया जाता है। पानी से हल्का होने के कारण गैस से भरा हुआ कच्चा तेल जल सतह के ऊपर अपनतियों (anticlines) में जमा हो जाता है। भू-वैज्ञानिकों ने कच्चे तेल की उत्पत्ति के संबंध में दो सिद्धान्त प्रस्तुत किए हैं।

उत्पत्ति (Origin): पेट्रोलियम तथा प्राकृतिक गैस की उत्पत्ति को जैविक माना गया है। जैविक उत्पत्ति के अनुसार सजीव सूक्ष्म प्राणी (समुद्रीय जीवन, जैसे–मछली) तथा वनस्पति पदार्थ कीचड़, गाद एवं बालू, इत्यादि के जमा हुए अवसादों के नीचे दफन हो जाते हैं। दाब तथा ऊष्मा के कारण इनमें रासायनिक परिवर्तन होते हैं, जिसके कारण मिलियन वर्षों के बाद कच्चे तेल तथा प्राकृतिक गैस का निर्माण होता है।

भारत में तेल की खोज पहली बार 1860 में असम रेलवे तथा व्यापार कंपनी द्वारा मार्गेरिटा (ऊपरी असम) में की गई। बाद में तेल की खोज डिग्बोई में 1889 में हुई। 20वीं सदी के प्रारंभ में (1917) तेल की खोज बदरपुर (असम) में हुई। 1954 में तेल का उत्पादन नहारकटिया क्षेत्र में हुआ। तेल तथा प्राकृतिक गैस आयोग (Oil and Natural Gas Commission - ONGC) की स्थापना 1956 में हुई। तेल तथा प्राकृतिक गैस आयोग की मदद से तेल की खोज खंभात की खाड़ी में 1961 में तथा 'बॉम्बे हाई' (Bombay High) में 1976 में की गई।

भारत में पेट्रोलियम तथा प्राकृतिक गैस की खोज निम्नलिखित बेसिनों में हुई है:

1. ऊपरी असम बेसिन (60,000 वर्ग कि.मी.)
2. पश्चिमी बंगाल बेसिन (60,000 वर्ग कि.मी.)
3. पश्चिमी हिमालय के बेसिन (100,000 वर्ग कि.मी.)
4. राजस्थान सौराष्ट्र-कच्छ बेसिन (95,000 वर्ग कि.मी.)
5. उत्तरी गुजरात बेसिन (140,000 वर्ग कि.मी.)
6. गंगा घाटी बेसिन (385,000 वर्ग कि.मी.)
7. तटीय तमिलनाडु, आंध्र प्रदेश तथा केरल बेसिन (75,000 वर्ग कि.मी.)
8. अंडमान एवं निकोबार तटीय बेसिन (2000 वर्ग कि.मी.)
9. खंभात, 'बॉम्बे हाई' तथा बेसिन का अपतट (2000 वर्ग कि.मी.)

भारत के कच्चे तेल के उत्पादन को ***तालिका 8.3*** दर्शाया गया है।

तालिका 8.3 भारत-कच्चे तेल और प्राकृतिक गैस का उत्पादन 2010-11 से 2019-20

साल	मिलियन मीट्रिक टन में उत्पादन (एमएमटी)	कच्चे तेल के उत्पादन में प्रतिशत वृद्धि	प्राकृतिक गैस उत्पादन (बीसीएम)	प्राकृतिक गैस उत्पादन में प्रतिशत वृद्धि
2010-11	37.71	11.94	52.22	9.95
2011-12	38.09	1.00	47.56	-8.93
2012-13	37.36	-0.60	40.68	-14.47
2013-14	37.79	-0.19	35.41	-12.96

साल	मिलियन मीट्रिक टन में उत्पादन (एमएमटी)	कच्चे तेल के उत्पादन में प्रतिशत वृद्धि	प्राकृतिक गैस उत्पादन (बीसीएम)	प्राकृतिक गैस उत्पादन में प्रतिशत वृद्धि
2014-15	37.46	-0.87	33.66	-4.94
2015-16	36.94	-1.39	32.25	-4.18
2016-17	36.00	-2.53	31.90	-1.09
2017-18	35.68	-0.90	32.65	2.36
2018-19	34.20	-4.15	32.87	0.69
2019-20	32.17	-5.95	31.18	-5.15

Source: Government of India, Indian Petroleum and Natural Gas Statistics 2019-20, Ministry of Petroleum, Economics and Statistics Division

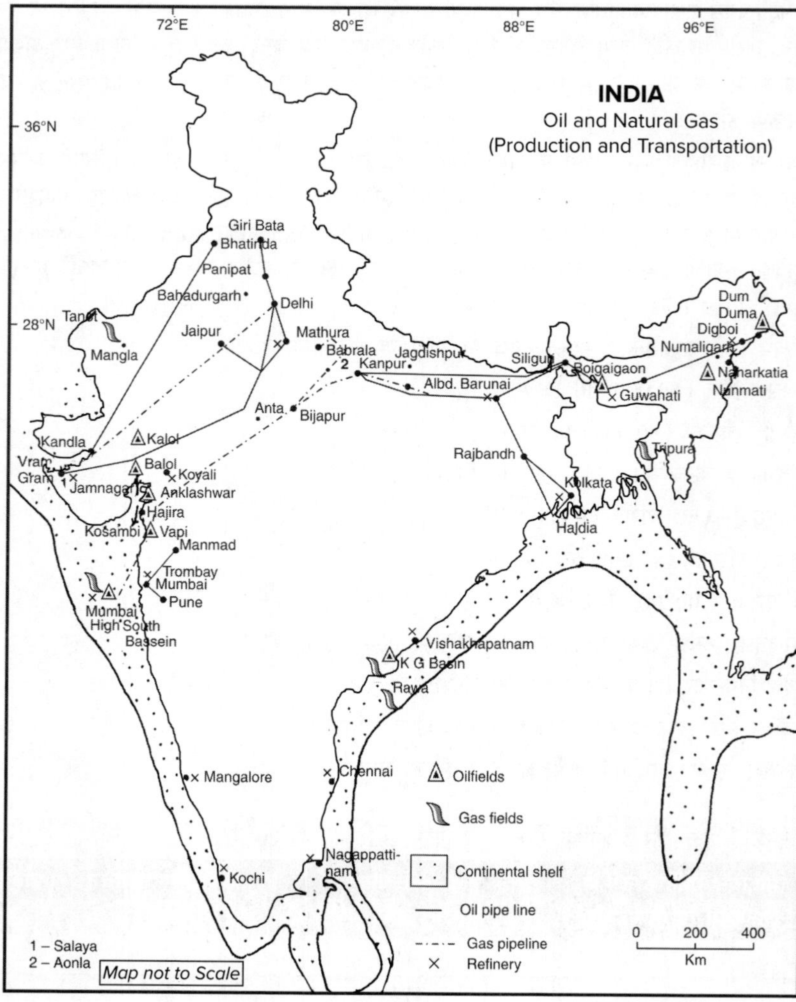

चित्र 8.4 तेल एवं प्राकृतिक गैस निक्षेप

भारत में 1950-51 में कच्चे तेल का कुल उत्पादन महज 0.27 मिलियन मीट्रिक टन था जो 2011-12 में बढ़कर 38.09 मिलियन मीट्रिक टन और 2019-20 में 32.17 मिलियन टन हो गया। इस प्रकार, कच्चे तेल के कुल उत्पादन में क्रमिक कमी दर्ज की गई है। पिछले एक दशक से प्राकृतिक गैस का कुल उत्पादन भी घट रहा है। 2010-11 में प्राकृतिक गैस का कुल उत्पादन 52.22 बिलियन क्यूबिक मीटर दर्ज किया गया था। 2019-20 में यह घटकर 31.18 अरब क्यूबिक मीटर ही रह गया। इस गिरावट का एक कारण गांधार क्षेत्र में जीएस-4 गैस कैप जलाशय के दबाव में गिरावट और रिलायंस इंडस्ट्रीज द्वारा डी1डी3 क्षेत्रों में दो कुओं को बंद करना (बिजनेस स्टैंडर्ड, 25 अप्रैल, 2019) है।

2020 में भारत में कच्चे तेल का भंडार 603.37 मिलियन टन और प्राकृतिक गैस का भंडार 1,371.89 बिलियन क्यूबिक मीटर था। भारत सरकार द्वारा मांग को पूरा करने के लिए 82% से अधिक तेल का आयात किया जाता है। सरकार का लक्ष्य स्थानीय अन्वेषण, नवीकरणीय ऊर्जा द्वारा प्रतिस्थापन और स्वदेशी इथेनॉल ईंधन द्वारा 2022 तक इसे 67% तक कम करना है। कच्चे तेल का उत्पादन ***(तालिका 8.4)*** में दिखाया गया है।

तालिका 8.4 राज्यवार कच्चे तेल का उत्पादन (हजार मीट्रिक टन में)

राज्य/स्रोत	2011-12	2012-13	2013-14	2014-15	2015-16	2016-17	2017-18	2018-19	2019-20
आंध्र प्रदेश	305	295	297	254	295	276	322	296	243
अरुणाचल प्रदेश	118	120	111	76	57	55	50	43	56
असम	5,025	4,863	4,710	4,466	4,185	4,203	4,345	4,309	4,093
गुजरात	5,778	5,332	5,061	4,653	4,459	4,605	4,591	4,626	4,707
राजस्थान	6,553	8,593	9,180	8,848	8,602	8,165	7,887	7,667	6,653
तमिलनाडु	246	238	226	240	255	284	345	395	415
कुल तटवर्ती	18,025	19,441	19,585	18,537	17,853	17,588	17,540	17,336	16,166
कुल अपतटीय	20,061	18,421	18,203	18,924	19,089	18,421	18,145	16,868	16,003
कुल योग	38,086	37,862	37,788	37,461	36,942	36,009	35,684	34,203	32,169

Source: Government of India, Indian Petroleum and Natural Gas Statistics 2019–20, Ministry of Petroleum, Economics and Statistics Division

स्वतंत्रता के वर्ष तक भारत को प्रमुख तेल उत्पादकों की सूची में शामिल नहीं किया गया था, जब तक मुम्बई हाई में उत्पादन शुरू नहीं हुआ। 1980-81 तक तटवर्ती उत्पादन, प्रमुख तेल उत्पादन में योगदान दे रहा था। 1990-91 तक लगभग दो-तिहाई उत्पादन अपतटीय स्रोतों से हुआ। अपतटीय कच्चे तेल का उत्पादन प्रमुख योगदान देता है। अपतटीय क्षेत्र, राजस्थान का बाड़मेड़ क्षेत्र, पश्चिमी भारत का गुजरात तट और तमिलनाडु कावेरी तटीय बेसिन से आन्ध्र प्रदेश में दोनों प्रकार के भंडार हैं। असम भारत का सबसे पुराना तेल उत्पाद राज्य है। ऊपरी असम में एक संस्तर जिसमें तेल है, 320 कि.मी. लम्बाई में फैला हुआ है।

तालिका 8.5 भारत में अनुमानित कच्चे तेल और प्राकृतिक गैस के भंडार, 2020

राज्य/संघ राज्य क्षेत्र/क्षेत्र	अप्रैल 2020 को कच्चा पेट्रोलियम (मिलियन टन)		प्राकृतिक गैस (अरब घन मीटर) अप्रैल 2020 तक	
	अनुमानित भंडार	वितरण (%)	अनुमानित भंडार	वितरण (%)
अरुणाचल प्रदेश	3.12	0.52	2.72	0.20
आंध्र प्रदेश	7.85	1.30	63.85	4.65
असम	155.45	25.76	166.06	12.14
कोल्ड बेड मीथेन	–	–	72.23	5.26
पूर्वी अपतटीय	42.05	6.97	556.33	40.55

राज्य/संघ राज्य *क्षेत्र/क्षेत्र	अप्रैल 2020 को कच्चा पेट्रोलियम (मिलियन टन)		प्राकृतिक गैस (अरब घन मीटर) अप्रैल 2020 तक	
	अनुमानित भंडार	वितरण (%)	अनुमानित भंडार	वितरण (%)
गुजरात	118.06	19.66	57.13	4.16
नगालैंड	2.38	0.39	0.09	0.01
राजस्थान	34.78	5.76	61.08	4.50
तमिलनाडु	9.03	1.50	37.09	2.70
त्रिपुरा	0.07	0.01	29.45	2.15
पश्चिमी अपतटीय	230.04	38.13	324.06	23.66
कुल	603.37	100.00	1,371.89	100.00

Source: Government of India, Energy Statistics 2021, National Statistical Office, Ministry of Statistics and Programme Implementation.

भारत में कच्चे तेल के उत्पादन के क्षेत्रों और राज्यों को (चित्र 8.5 और तालिका 8.5) में दिखाया गया है। तालिका से देखा जा सकता है कि कच्चे तेल का अधिकांश उत्पादन पश्चिमी अपतटीय क्षेत्र में हो रहा है।

कच्चे तेल का उत्पादन करने वाले क्षेत्र (Crude Oil Producing Regions)

भारत के मुख्य तेल-क्षेत्र निम्नलिखित हैं:

1. पश्चिमी अपतट तेल-क्षेत्र (Western Coast Offshore Oilfield)

(i) **बॉम्बे हाई तेल क्षेत्र (Bombay High Oilfield):** पेट्रोलियम उत्पादन करने वाला यह सबसे बड़ा तेल-क्षेत्र है, जिसका देश के कुल कच्चे तेल के उत्पादन में 65 प्रतिशत से अधिक योगदान है। यह तेल-क्षेत्र मुंबई से लगभग 176 कि.मी. दूर दक्षिण-पश्चिम की ओर स्थित है। यहाँ लगभग 35 मिलियन टन कच्चा तेल तथा लगभग 40,000 मिलियन त्रिघाती मीटर प्राकृतिक गैस का भंडार है।

इस क्षेत्र में तेल का उत्पादन 1976 में शुरू हुआ था। अत्यधिक उपयोग के कारण इस तेल-क्षेत्र में उत्पादन तीव्र गति से घटता जा रहा है।

(ii) **बेसिन तेल-क्षेत्र (Bassein Oilfield):** यह तेल-क्षेत्र बॉम्बे हाई से दक्षिण की ओर स्थित है। यहाँ तेल 1900 मीटर की गहराई पर पाया जाता है। यहाँ तेल तथा प्राकृतिक गैस का प्रचुर भंडार है।

(iii) **ऐलियाबेट तेल-क्षेत्र (Aliabet Oilfield):** यह तेल-भंडार भावनगर से 45 कि.मी. दूर दक्षिण में स्थित है।

2. गुजरात तट (The Gujarat Coast)

यह देश का दूसरा सबसे बड़ा तेल-उत्पादक क्षेत्र है। यहाँ मुख्य तेल-क्षेत्र हैं-अंक्लेश्वर, कैम्बे-लूनी क्षेत्र तथा अहमदाबाद-कालोल क्षेत्र।

(i) **अंक्लेश्वर (Ankleshwar):** भरूच जिले में स्थित यह 30 वर्ग कि.मी. के क्षेत्र में फैला हुआ है। इस क्षेत्र में पाया जाने वाला तेल इयोसीन (Eocene) काल का है। यहाँ तेल का उत्पादन 1961 में शुरू हुआ। यहाँ पाए जाने वाले तेल में गैसोलिन तथा कैरोसिन की मात्रा अधिक होती है। इस क्षेत्र से कच्चा तेल कोयली पेट्रोलियम रिफाइनरी भेजा जाता है।

(ii) **कैम्बे-लूनी क्षेत्र (Cambay-Luni Region):** यह तेल-क्षेत्र वडोदरा से लगभग 60 कि.मी. दूर पश्चिम की ओर स्थित है। यहाँ तेल उत्पादन 1958 में शुरू हुआ। यहाँ कच्चे तेल का भंडार 30 मिलियन टन से अधिक है। इस क्षेत्र में पाया जाने वाला तेल अत्यन्त हल्का होता है, जिसमें सल्फर की मात्रा 0.1 प्रतिशत से कम होती है।

(iii) **अहमदाबाद-कालोल क्षेत्र (Ahmadabad-Kalol Region):** यह कच्चे तेल का क्षेत्र खम्भात की खाड़ी (कैम्बे) के उत्तर में अहमदाबाद के निकट स्थित है तथा इसका विस्तार मेहसाणा तक है। कालोल अहमदाबाद से लगभग 25 कि.मी.

की दूरी पर उत्तर में स्थित है। इस क्षेत्र से कच्चा तेल मुख्यत: कोयली परिष्करणशाला (रिफाइनरी) को उपलब्ध कराया जाता है।

3. ब्रह्मपुत्र घाटी (The Brahmaputra Valley)

जैसा कि ऊपर वर्णन किया जा चुका है भारत में कच्चे तेल की खोज सबसे पहले ब्रह्मपुत्र घाटी में हुई। तेल का उत्पादन करने वाले शैल दिहांग बेसिन से लेकर सुरमा घाटी तक फैले हुए हैं। मुख्य तेल उत्पादन करने वाले कुएँ ऊपरी असम (upper Assam) के डिब्रूगढ़ तथा शिवसागर जिलों में हैं। यहाँ कुछ मुख्य तेल-उत्पादक क्षेत्र निम्नलिखित हैं:

(i) **डिग्बोई तेल-क्षेत्र (Digboi Oilfields):** 15 वर्ग कि.मी. के क्षेत्र में फैला हुआ यह देश का एक पुराना तेल-क्षेत्र है। यहाँ पाया जाने वाला तेल इयोसीन (Eocene) तथा मायोसीन (Miocene) काल का है। इस क्षेत्र में 85 तेल के कुएँ हैं। यहाँ से अधिकतर तेल डिग्बोई रिफाइनरी भेजा जाता है। 1959 से डिग्बोई तेल-क्षेत्र ऑयल इंडिया लिमिटेड (OIL) के अधीन है।

(ii) **नहारकटिया तेल-क्षेत्र (Naharkatia-Oilfields):** नहारकटिया तेल-क्षेत्र डिग्बोई से 35 कि.मी. दूर दक्षिण-पश्चिम में स्थित है। नहारकटिया तेल-क्षेत्र में तेल-उत्पादन 1954 में शुरू हुआ। इस क्षेत्र से कच्चा तेल नूनमती, नया बोंगाईगाँव (असम) तथा बरौनी (बिहार) के तेल-शोध कारखानों (Refineries) को भेजा जाता है।

4. पूर्वी तट के तेल-क्षेत्र (The Eastern Coast Oilfiled)

महानदी, गोदावरी, कृष्णा तथा कावेरी नदियों के समुद्रीय डेल्टा क्षेत्रों में पेट्रोलियम तथा प्राकृतिक गैस की खोज की गई है। गोदावरी-कृष्णा नदियों के अपतट में रावा (RAWA) क्षेत्र की क्षमता प्रतिवर्ष 3 मिलयन टन कच्चा तेल उत्पादन करने की है। कावेरी डेल्टा में भी पेट्रोलियम की खोज की गई है।

इनके अतिरिक्त कच्चे तेल की खोज उत्तर-प्रदेश के रामपुर जिले के बिलासपुर तहसील में, पंजाब के ज्वालामुखी क्षेत्र में तथा राजस्थान के बारमेड़ जिले में भी की गई है। अंडमान एवं निकोबार के अपतट में, मन्नार की खाड़ी, बालेश्वर तट, पंजाब, हरियाणा तथा उत्तर प्रदेश में भी पेट्रोलियम एवं प्राकृतिक गैस पाए जाने की संभावना है।

तेल तथा प्राकृतिक गैस की खोज तथा उत्पादन, जिसमें द्रवित प्राकृतिक गैस (Liquified Natural Gas-LNG) का आयात, परिष्करण, विपणन, वितरण, पेट्रोलियम उत्पाद का आयात, निर्यात तथा संरक्षण शामिल है, की जिम्मेदारी पेट्रोलियम तथा प्राकृतिक गैस मंत्रालय को सौंपी गयी है।

तेल तथा प्राकृतिक गैस कॉर्पोरेशन लिमिटेड (ONGC) एवं ऑयल इंडिया लिमिटेड (OIL)-दो राष्ट्रीय तेल कंपनियाँ तथा निजी एवं संयुक्त कंपनियाँ देश में तेल तथा प्राकृतिक गैस की खोज एवं उत्पादन में जुटी हुई हैं। वर्ष 2005-06 में ONGC, OIL तथा निजी संयुक्त कंपनियों द्वारा कच्चे तेल का उत्पादन 32190 MMT था।

वर्ष 2005-06 में इन कंपनियों द्वारा प्राकृतिक गैस का उत्पादन 32.20 बिलियन क्यूबिक मीटर (BCM) था।

आयात (Import)

भारत, अमेरिका और चीन के बाद कच्चे तेल का तीसरा सबसे बड़ा आयातक है। 2015-16 के दौरान कच्चे तेल का आयात 202.850 एमएमटी बताया गया है जिसका मूल्य ₹416,579 करोड़ था। भारत ने 2016-17 में ₹213.93 मिलियन टन का आयात किया जिस का मूल्य 4.7 लाख करोड़ था। 2017-18 में 219.15 मिलियन टन कच्चे तेल का आयात किया गया जिसका मूल्य 5.65 लाख करोड़ था। फिर 2019-20 में, भारत ने 226.95 मिलियन टन कच्चे तेल का आयात किया था, जिसका मूल्य ₹717,001 करोड़ था। भारत अपनी मांग के 80% से अधिक के लिए कच्चे तेल के आयात पर निर्भर है।

वर्ष 2016-17 में सार्वजनिक क्षेत्र परिष्करण-शालाओं द्वारा कच्चा तेल अनुबन्ध अवधि एवं मूल्य आधार (Terms Contract and Spot Basis) पर खरीदा गया। वे देश जहाँ से अनुबन्ध अवधि के आधार पर तेल खरीदा गया है-सऊदी अरब, कुवैत, संयुक्त अरब अमीरात, ईरान, ओमान, सूडान, इत्यादि।

पाइपलाइन

तेल के कुएँ से कच्चा तेल तेल-शोध कारखानों तक तथा तेल-शोध कारखानों से उत्पादन को बाजार तक पहुँचाने के लिए सामान्यत: परिवहन पाइपलाइनों द्वारा किया जाता है। तेल तथा पेट्रोलियम का पाइपलाइनों द्वारा परिवहन सस्ता, प्रभावी तथा सुरक्षित माना जाता है। इन लाभों को ध्यान में रखते हुए भारत में पाइपलाइनों का एक जाल (Network) विकसित किया गया है। भारत की कुछ प्रमुख पाइपलाइन निम्नलिखित हैं:

1. **उत्तर-पूर्वी भारत की पाइपलाइनें (Pipeline of North East India):**
   (i) नूनमती-सिलीगुड़ी पाइपलाइन, जिसके द्वारा पेट्रोलियम उत्पाद नूनामती से सिलीगुड़ी भेजा जाता है।
   (ii) लक्वा-रुद्रसागर-बरौनी पाइपलाइन, जिसे 1968 में पूरा किया गया। यह पाइपलाइन कच्चा तेल लक्वा तथा रुद्रसागर से बरौनी तेल रिफाइनरी (बिहार) तक पहुँचाती है।
   (iii) बरौनी हल्दिया पाइपलाइन-यह पाइपलाइन 1966 में स्थापित की गई, जिसके द्वारा परिष्कृत पेट्रोलियम उत्पाद हल्दिया बंदरगाह भेजा जाता था तथा वहाँ से आयातित कच्चा तेल बरौनी रिफाइनरी लाया जाता था।
   (iv) बरौनी-कानपुर पाइपलाइन-इस पाइपलाइन की शुरूआत 1966 में हुई, जिसके द्वारा परिष्कृत पेट्रोलियम उत्पाद कानपुर शहर भेजा जाता है।
   (v) नूनामती बोंगाईगाँव पाइपलाइन-इस पाइपलाइन का निर्माण बोंगाईगाँव पेट्रो-रसायनिक कॉम्पलेक्स को कच्चा तेल भेजने के लिए किया गया।
   (vi) हल्दिया-मौरीग्राम-राजबंद पाइपलाइन-इस पाइपलाइन को लगाने का काम 1998 में पूरा किया गया।
2. **पश्चिमी भारत की पाइपलाइनें (Pipelines of Western India):** *बॉम्बे-हाई मुंबई-अंक्लेश्वर-कोयली पाइपलाइन:* यह पाइपलाइन बॉम्बे हाई तथा गुजरात के तेल-क्षेत्रों को गुजरात के कोयली रिफाइनरी (परिष्करणशाला) से जोड़ती है। मुंबई नगर 210 कि.मी. लम्बी पाइपलाइन (दोहरे पाइपलाइन) द्वारा बॉम्बे हाई से जुड़ा हुआ है, जिसके द्वारा कच्चा तेल तथा प्राकृतिक गैस भेजी जाती है। अंक्लेश्वर-कोयली पाइपलाइन लगाने का काम 1965 में पूरा कर लिया गया, जिसके द्वारा कच्चा तेल कोयली रिफाइनरी को भेजा जाता है।
3. **सलाया-कोयली-मथुरा पाइपलाइन (Salaya-Kayali Mathura Pipeline):** इस पाइपलाइन की लम्बाई 1075 कि.मी. है। यह पाइपलाइन सलाया (कच्छ की खाड़ी) से लेकर कोयली तथा मथुरा (विरामग्राम होकर) तक है, जिसके द्वारा मथुरा रिफाइनरी को कच्चा तेल भेजा जाता है। इसका विस्तार मथुरा से पानीपत (हरियाणा) तथा जालंधर (पंजाब) के तेल शोधनालयों तक कर दिया गया है। यह एक अपतटीय टर्मिनल है तथा इस पाइपलाइन के सलाया-कोयली खंड का काम 1978 में एवं विरामग्राम-मथुरा खंड का काम 1981 में पूरा कर लिया गया।
4. **मथुरा-दिल्ली-अम्बाला-जालंधर पाइपलाइन (Mathura-Delhi-Ambala-Jalandhar Pipeline):** 513 कि.मी. लम्बी इस पाइपलाइन का निर्माण मथुरा से परिष्कृत उत्पाद उत्तर तथा उत्तर-पश्चिमी भारत के मुख्य नगरों में भेजने के लिए किया गया।
5. **गुजरात की पाइपलाइनें (Pipelines of Gujarat):** गुजरात में अनेक कम दूरी की पाइपलाइनें हैं, जिनका उपयोग रिफाइनरियों को कच्चा तेल तथा प्राकृतिक गैस पहुँचाने के लिए किया जाता है। कालोल-साबरमती कच्चे तेल की पाइपलाइन, नवागाम-कालोल-कोयली पाइप-लाइन, कैम्बे-धुरावान गैस पाइपलाइन, अंक्लेश्वर उत्तरान गैस पाइपलाइन, अंक्लेश्वर-वड़ोदरा गैस पाइपलाइन तथा कोयली-अहमदाबाद परिष्कृत उत्पाद पाइपलाइन इनमें शामिल हैं ***(चित्र 8.4)***।
6. **मुंबई की पाइपलाइनें:** पेट्रोलियम उत्पाद के वितरण के लिए मुंबई से पाइपलाइनें पुणे तथा मनमाड तक बिछायी गयी हैं।
7. **हल्दिया-कोलकाता पाइपलाइन:** इस पाइपलाइन द्वारा हल्दिया से उत्पाद कोलकता तथा उसके निकटवर्ती शहरी स्थानों को भेजा जाता है।
8. **हजीरा-बीजापुर-जगदीशपुर (HBJ) गैस पाइपलाइन:** इस पाइपलाइन की लम्बाई 1750 कि.मी. है तथा यह भारत की सबसे लम्बी पाइपलाइन है। यह 75 छोटी एवं बड़ी नदियों तथा 29 रेलवे क्रॉसिंगों को पार करती है। यह पाइपलाइन गैस अॅथोरिटी ऑफ इंडिया द्वारा लगायी गयी है। यह पाइपलाइन कावास (गुजरात), अंटा (राजस्थान), बिजयपुर

(Bijaipur) (मध्य प्रदेश), जगदीशपुर (उत्तर प्रदेश) तथा औरैया (उत्तर प्रदेश) को जोड़ती है। यह बीजापुर, सवाई माधोपुर, जगदीशपुर, शाहजहाँपुर, आंवला तथा बबराला के खाद संयन्त्र को गैस प्रदान करती है। इसमें से प्रत्येक खाद संयन्त्र की क्षमता लगभग 1400 टन अमोनिया प्रतिदिन उत्पादन करने की है।

9. **कांडला-भटिंडा पाइपलाइन:** यह पाइपलाइन आयात किए गए कच्चे तेल को कांडला बन्दरगाह से भटिंडा रिफाइनरी तक पहुँचाती है।

भारत के तेल शोध कारखाने (Oil Refineries of India)

ऑयल रिफाइनरी कच्चे तेल को साफ करने की फैक्ट्री हैं। कच्चे तेल से अशुद्धियों को हटाकर पेट्रोलियम, डीजल, कैरोसिन, बिटुमिन तथा विमान ईंधन प्राप्त किया जाता है। भारत की राष्ट्रीय जीडीपी (GDP) में, पैट्रोलियम उद्योग का योगदान 15% है (2010-11)। भारत की मुख्य रिफाइनरी, उनके चालू किए जाने के वर्ष तथा उत्पादन क्षमता नीचे दिए गए हैं ***(चित्र 8.5 एवं तालिका 8.5)***।

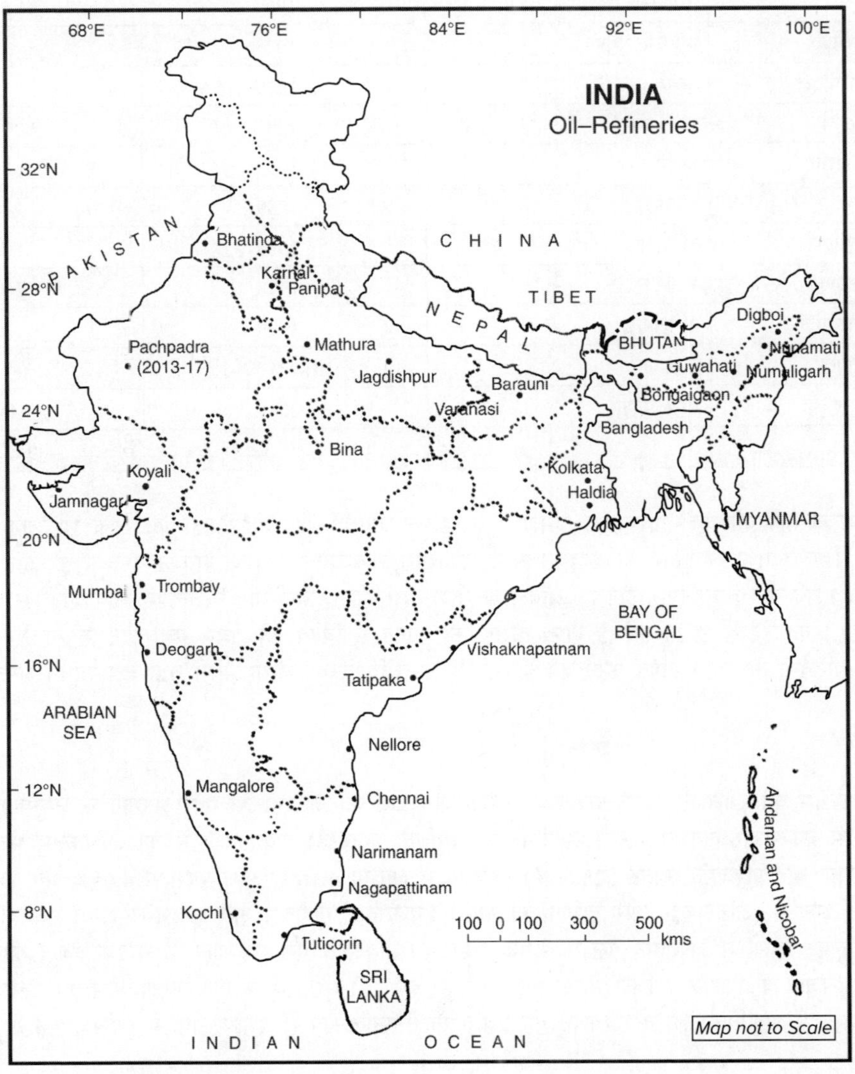

चित्र 8.5 तेल शोधन केन्द्र

तालिका 8.6 भारत: रिफाइनरी तथा उनकी उत्पादन क्षमता

रिफाइनरी	राज्य	प्रारंभ होने का वर्ष	क्षमता (लाख टन प्रति वर्ष)
डिग्बोई, आईओसीएल	असम	1901	5.0
ट्रॉम्बे, एचपीसीएल	महाराष्ट्र	1954	55.0
ट्रॉम्बे, बीपीसीएल	महाराष्ट्र	1955	60.0
विशाखापट्टनम्, एचपीसीएल	आंध्र प्रदेश	1957	45.0
नूनमती, आईओसीएल	असम	1962	8.5
बरौनी, आईओसीएल	बिहार	1964	33.0
कोयली, आईओसीएल	गुजरात	1965	95.0
कोच्चि, सीआरएल	केरल	1966	45.0
चेन्नई, एमआरएल	तमिलनाडु	1969	56.0
हल्दिया, आईओसीएल	पश्चिम बंगाल	1975	27.5
बोंगाईगाँव, बीआरपीएल	असम	1979	13.5
मथुरा, आईओसीएल	उत्तर प्रदेश	1982	75.0
नुमालीगढ़, आईओसीएल	असम	1999	30.0
जामनगर, आरपी	गुजरात	1999	270.0
करनाल, आईओसीएल	हरियाणा	1998	60.00
मंगलौर, एचपीसीएल	कर्नाटक	1998	30.00
पानागुंडी, आईओसीएल	तमिलनाडु	1999	5.0
पचपद्रा, एचपीसीएल	राजस्थान	2013-17	9.0
बीना, बीओआरएल	मध्य प्रदेश	2011	6 MMT
कुल			**913.5**

1901 में कच्चे तेल की कुल परिष्करण क्षमता 2 लाख टन प्रतिवर्ष थी, जो 2005-06 में नौ सौ लाख टन प्रतिवर्ष से अधिक हो गयी। डिग्बोई तथा जामनगर को छोड़कर सभी रिफाइंनरी सार्वजनिक क्षेत्र या संयुक्त उपक्रम के तहत आती हैं। भारत की सार्वजनिक क्षेत्र की तीन कम्पनियों- इंडियन ऑयल कार्पोरेशन (IOCL), हिन्दुस्तान पैट्रोलियम कॉर्पोरेशन (HPCL) और भारत पेट्रोलियम (BPCL) का उद्देश्य 2020 तक 3 लाख करोड़ की लागत से विश्व की सबसे बड़ी ग्रीन फील्ड रिफायनरी विकसित करना है। इसको पश्चिमी तट पर स्थापित करने की योजना है। भारत विश्व का चौथा सबसे बड़ा तेल शोधन क्षमता वाला देश है।

प्राकृतिक गैस

भारत में प्राकृतिक गैस की खोज तेल और प्राकृतिक गैस आयोग द्वारा की जा रही है। एक अनुमान के अनुसार, भारत के पास कुल प्राकृतिक गैस का भंडार लगभग 1,371.89 बिलियन क्यूबिक मीटर है। प्राकृतिक गैस का अधिकतम भंडार पूर्वी अपतट (41%) में है, इसके बाद पश्चिमी अपतट (23.66%), गुजरात में लगभग 4.16%, आंध्र प्रदेश में 4.65% और असम में 12.14% है। बॉम्बे हाई के अलावा, अंकलेश्वर और खंभात की खाड़ी (गुजरात), गोदावरी और कृष्णा नदी की घाटियों, तमिलनाडु के तंजावुर और शिंगलपुट जिलों में प्राकृतिक गैस के समृद्ध भंडार हैं। प्राकृतिक गैस राजस्थान के बाड़मेर जिले, हिमाचल प्रदेश के कांगड़ा जिले और पंजाब के फिरोजपुर जिले में भी पाई जाती है। वर्ष 2019-20 के लिए प्राकृतिक गैस का उत्पादन 31.18 अरब घन मीटर था। भारत में प्राकृतिक गैस के उत्पादन की प्रवृत्ति को निम्नलिखित में दर्शाया गया है ***(चित्र 8.6)***।

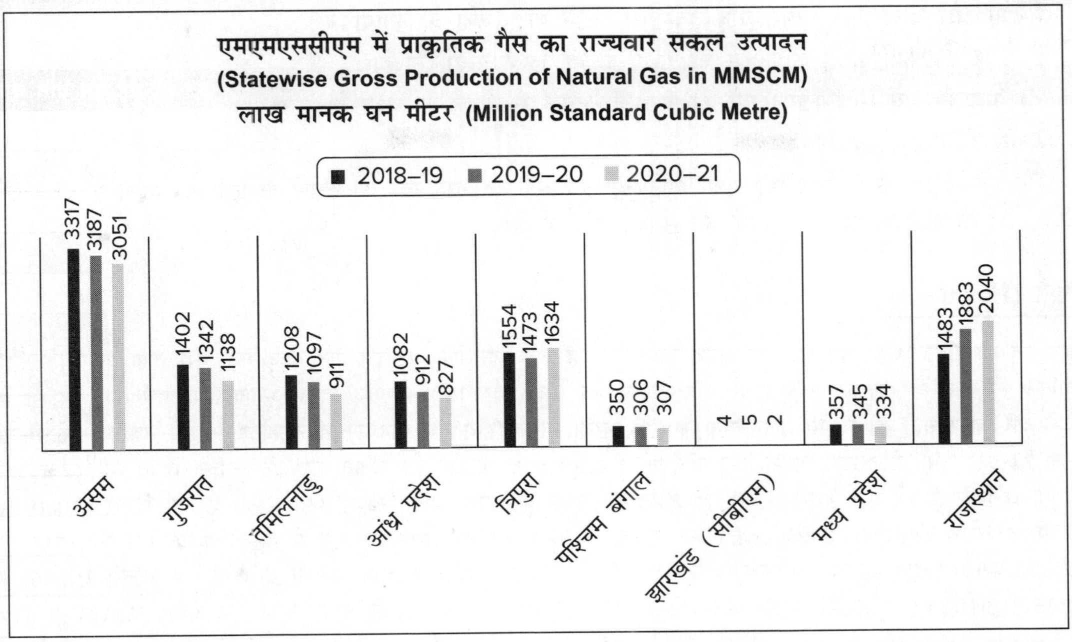

चित्र 8.6 2015-16 और 2016-17 के दौरान प्राकृतिक गैस का राज्यवार सकल उत्पादन
Source: Visualize.data.gov.in, Government of India

प्राकृतिक गैस का मुख्य उपयोग (40%) रासायनिक खादों के उत्पादन में किया जाता है लगभग 30 प्रतिशत बिजली उत्पादन में तथा लगभग 10 प्रतिशत द्रवित पेट्रोलियम गैस (L.P.G.) के उत्पादन में किया जाता है।

2010-11 के बाद, 2019-20 में प्राकृतिक गैस का उत्पादन अभूतपूर्व रूप से घटकर 31.18 बिलियन क्यूबिक मीटर हो गया है, भारत में उत्पादन मांग से कम है। नतीजतन, बड़ी मात्रा में प्राकृतिक गैस का आयात करना पड़ता है। प्राकृतिक गैस ईरान, सऊदी अरब, संयुक्त अरब अमीरात और अन्य खाड़ी देशों से आयात की जाती है।

तेल उद्योग में सरकार की पहल (Governmental Initiatives in Oil Industry)

सरकार खनिज तेल में भारत की शक्ति बढ़ाने में सक्रिय रही है। कुछ पहल और योजनाएं नीचे दी गयी हैं-

1. जैव डीजल कार्यक्रम

- 16 जनवरी 2015 को प्रारंभ
- उपभोक्ताओं को MoPNG द्वारा अधिकृत OMCs के संयुक्त उद्यम के निर्माताओं आपूर्तिकर्ताओं या डीलरों द्वारा बायोडीजल (B100) की सीधी बिक्री की अनुमति देना।

2. प्रधानमंत्री उज्ज्वला योजना

- भारत के प्रधानमंत्री द्वारा 1 मई 2015 को शुभारंभ।
- गरीबी रेखा से नीचे रहने वाली 5 करोड़ महिलाओं को 2016-17 से तीन साल के अन्दर LPG कनैक्शन प्रदान करना।

3. पहल 'इसे छोड़ दो'

- यह उन घरेलू एलपीजी उपभोक्ताओं को प्रोत्साहित करेगा जो गैर-सब्सिडी गैस की कीमत देने में सक्षम हैं, स्वेच्छा से इसे छोड़ें।
- 1 जनवरी 2017 तक 1.05 करोड़ ग्राहकों ने एलपीजी सब्सिडी छोड़ दी।

4. हल्दिया और बोकारो - धामरा प्राकृतिक गैस लाइन परियोजना का निष्पादन

- यह ₹12940 करोड़ के निवेश की 2540 कि.मी. लम्बी परियोजना है।
- मंत्रालय द्वारा 10 मिलियन घरों को पीएनजी नेटवर्क से जोड़ने का लक्ष्य है।

5. इथेनॉल सम्मिश्रण कार्यक्रम

- ऑयल PSUS किसानों की आय बढ़ाने और पर्यावरण के गिरते स्तर को बचाने के लिए 11 राज्यों में 12 स्थानों पर दूसरी पीढ़ी के इस्तेमाल संयंत्रों की स्थापना कर रहा है।

विद्युत (Electricity)

विद्युत प्रदूषण रहित ऊर्जा का एक महत्वपूर्ण स्रोत है। यह जल, कोयला, खनिज तेल, प्राकृतिक गैस तथा परमाणु खनिज से उत्पादित की जाती है। विद्युत पवन ऊर्जा, सौर ऊर्जा, जैव गैस (बायोगैस) समुद्रीय तरंगों, भूताप तथा ड्राई बैटरी से भी विद्युत उत्पन्न की जा सकती है। विद्युत तुलनात्मक रूप से सस्ती, परिवहनीय तथा प्रदूषण रहित होती है, इसे नवीकृत भी किया जा सकता है। इन लाभों के कारण विद्युत दिन प्रतिदिन लोकप्रिय होती जा रही है। विद्युत की प्रति व्यक्ति खपत सामाजिक-आर्थिक तथा मानव विकास की एक प्रमुख सूचक है। भारत में विद्युत की प्रति व्यक्ति खपत 350 Kwh है, जो विश्व (1000 kwh) तथा संयुक्त राज्य अमेरिका (7000 kwh) के आँकड़े से बहुत कम है। ***तालिका 8.7*** में यह देखा जा सकता है कि विभिन्न स्रोतों द्वारा देश में विद्युत की कुल प्रतिस्थापित क्षमता 1950-51 में 2.3 हजार मेगावाट थी, जो 2018-19 में बढ़कर 350.162 हजार मेगावाट हो गई। इनमें से सबसे अधिक प्रतिस्थापित क्षमता तापीय विद्युत की है जो कुल प्रतिस्थापित क्षमता का लगभग 63% है।

तालिका 8.7 से देखा जा सकता है कि विभिन्न स्रोतों द्वारा बिजली की कुल स्थापित क्षमता 1950-51 में केवल 2.3 हजार मेगावाट थी जो 2015-16 में 264 हजार मेगावाट और 2020-21 में 382.15 मेगावाट से अधिक हो गई। उच्चतम स्थापित क्षमता 235 हजार मेगावाट की है, जो कुल स्थापित क्षमता का 60% से अधिक है। भारत दुनिया में बिजली का तीसरा सबसे बड़ा उत्पादक देश है।

तालिका 8.7 भारत-बिजली की स्थापित क्षमता (हजार मेगावाट में)

साल	हाइड्रो	थर्मल	नाभिकीय	आरईएस * (एमएनआरई)	कुल योग
1950-51	0.6	1.1	–	0.6	2.3
1960-61	1.9	2.7	–	1.0	5.6
1970-71	6.4	8.0	0.4	1.6	16.3
1980-81	11.8	17.6	0.9	3.1	33.3
1990-91	18.8	45.8	1.5	8.6	74.7
2000-01	25.0	76.0	2.9	15.2	119.1
2015-16	41.5	201.0	4.9	18.0	265.4
2018-19	45.4	223.0	6.7	74.08	350.16
2019-20	45.7	231.0	6.7	87.03	370.11
2020-21	46.2	235.0	6.7	94.43	382.15

Source: Central Electricity Authority, Government of India

आरईएस* छोटी जल विद्युत परियोजनाओं, बायोमास गैसीफायर, बायोमास पावर को शामिल करें

भारत में विद्युत का उत्पादन 1898 में शुरू हुआ था। जब दार्जिलिंग विद्युत शक्ति परियोजना शुरू हुई थी। पहले तापीय विद्युत संयंत्र की स्थापना कोलकाता में 1899 में की गई थी। इसके बाद तमिलनाडु की मैटूर परियोजना और कर्नाटक की शिवसमुद्र परियोजना को शुरू किया गया शुरुआती चरण में विद्युत का उपयोग बड़े नगरीय केन्द्रों तक सीमित था। राष्ट्रीय ताप विद्युत निगम की (NTPC) स्थापना 1975 में की गई थी। जिसने देश के विभिन्न हिस्सों में कोयले पर आधारित कई थर्मल पावर स्टेशन स्थापित किए।

तालिका 8.8 से देखा जा सकता है कि भारत में बिजली उत्पादन 2009-10 में 808.498 बिलियन यूनिट (BU) से बढ़कर 2012-13 में 969.506 BU और 2019-20 में 1,389.102 BU हो गया था। 2020-21 के दौरान 2.49 प्रतिशत की नकारात्मक वृद्धि दर्ज की गई। वर्ष 2021-22 के लिए अनुमानित आंकड़ा 1,234.298 MU था।

तालिका 8.8 भारत में ऊर्जा का उत्पादन और विकास (2009-10 से 2021-22)

साल	कुल उत्पादन (नवीकरणीय स्रोतों सहित) (बिलियन यूनिट, BU में)	वृद्धि का प्रतिशत
2009-10	808.498	7.56
2010-11	850.387	5.59
2011-12	928.113	9.14
2012-13	969.506	4.46
2013-14	1,020.200	5.23
2014-15	1,110.392	8.84
2015-16	1,173.603	5.69
2016-17	1,241.689	5.80
2017-18	1,308.146	5.35
2018-19	1,376.095	5.19
2019-20	1,389.102	0.95
2020-21	1,381.827	-2.49
2021-22	1.234.298	8.48

Source: Central Electricity Authority, Government of India

जल-विद्युत

जैसा कि ऊपर वर्णन किया जा चुका है, भारत में पहला जल-विद्युत संयन्त्र 1898 में दार्जिलिंग में आरम्भ किया गया। इसके पश्चात मेटूर (तमिलनाडु) तथा शिवसमुद्रम (कर्नाटक) परियोजनाओं की शुरुआत क्रमशः 1899 तथा 1902 में हुई। चौथा जल-विद्युत केन्द्र (स्टेशन) झेलम नदी पर मोहारा में 1909 में स्थापित किया गया। जल-विद्युत उत्पादन में वास्तविक प्रगति आजादी के बाद हुई जब अनेक बहुमुखी परियोजनाओं (Multipurpose Projects) की शुरुआत की गई। इनमें से प्रमुख हैं–भाखड़ा-नांगल बाँध, रिहन्द बाँध, हीराकुंड बाँध, दामोदर घाटी परियोजना, चम्बल, तुंगभद्रा तथा कोयना (Koyna) परियोजना।

प्रादेशिक प्रतिरूप (Regional Patterns)

जल विद्युत का विकास नदियों के चिरस्थायी (Perennial) तथा मौसमी विशेषताओं पर, उनके मासिक निकास, तरंगित स्थलाकृति, बाँध के निर्माण के लिए उपयुक्त शैलों की बनावट तथा ऊर्जा की माँग पर निर्भर करता है। इन कारकों के कारण जल-विद्युत का विकास एकसमान नहीं है। जल विद्युत के संदर्भ में आंध्र प्रदेश (तेलंगाना) का पहला स्थान है, कर्नाटक, तमिलनाडु, पंजाब, महाराष्ट्र, केरल तथा मध्य प्रदेश का क्रमशः दूसरा, तीसरा, चौथा, पांचवां, छठा तथा सातवां स्थान है। देश के प्रमुख जल-विद्युत संयन्त्रों को ***तालिका 8.9*** में दर्शाया गया है।

तालिका 8.9 राज्यों के मुख्य जल-विद्युत संयन्त्र

क्र. सं.	राज्य	जल-विद्युत संयन्त्र के नाम
1.	आंध्र प्रदेश	मछ कुंड, नागार्जुन सागर, निजाम सागर, सिलेरू, श्रीसेलम
2.	बिहार	कोसी
3.	गुजरात	उकाई (तापी), हथमाटी (साबरमती), भद्रा (काठियावाड़)
4.	जम्मू एवं कश्मीर	दुलहस्ती, झेलम, सलाल, बगलियार, (चेनाब नदी)
5.	झारखंड	मैथुन, पंछट, बालपहाडा, बोकारो, कोनार, अय्यार तिलैया (सभी डी.वी.सी. के अधीन)
6.	कर्नाटक	महात्मा गांधी (जोग प्रपात), शिवसमुद्रम (कावेरी), भद्रा, मुनीराबाद, सरावती, तुंगभद्रा, कृष्णाराज सागर
7.	केरल	इडुक्की (पेरियार), कल्लाडा, कुट्टीडी, पल्लीवासल, परमबिकुलम्, पोरिंगल, पोन्नीयार, साबरीगिरी, पेरियार
8.	मध्य प्रदेश	जवाहर सागर तथा प्रताप सागर (चम्बल), तवा (मध्य प्रदेश)
9.	महाराष्ट्र	भोला, भटनागर-बीड़, गिरना, खोपाली, कोयाना, पुर्णा, पैथन, वेतरना
10.	उत्तर-पूर्वी राज्य	दिखु, दोयन (दोनों नगालैंड में), गोमती (त्रिपुरा), लोकटक (मणिपुर), कोपाली (असम), खानडोंग तथा किर्दमकुलाई (मेघालय), सिरलुई तथा बारावी (मिज़ोरम), रंगानदी (अरुणाचल प्रदेश)
11.	ओडिशा	हीराकुड (महानदी), बालीमेला, रेंगाली (ब्राह्मणी), इन्द्रावती
12.	मणिपुर	लोकटक (इंफाल)
13.	पंजाब तथा हिमाचल	भाखड़ा-नांगल (सतलज), डेहर (व्यास), गिरि-बाटा, हरिके, बिनवा, अंध्रा, चमेरा, पोंग, सिऊल, बस्सी
14.	राजस्थान	राणाप्रताप सागर तथा जवाहर सागर (चम्बल नदी)
15.	तमिलनाडु	भवानीसागर, मेटूर, पेरियार, ऐलियार, कोडायार, मोयार, सुरूलियार, पापनाशम
16.	उत्तराखंड	टिहरी बाँध एवं कोटेश्वर बांध (भागीरथी)
17.	उत्तर प्रदेश	रिहंद, रामगंगा, छिबरो, टोंस
18.	पश्चिम बंगाल	पंचेत

स्वतंत्रता के बाद, खासकर पहली पंचवर्षीय योजना में विद्युत उत्पादन करने की क्षमता के विकास पर अधिक बल दिया गया। इस उद्देश्य को पूरा करने के लिए अनेक बहुमुखी परियोजनाओं की शुरुआत की गई। कुछ प्रमुख बहुमुखी परियोजनाओं का संक्षिप्त वर्णन नीचे दिया गया है:

1. **भाखड़ा-नांगल परियोजना:** भाखड़ा-नांगल परियोजना पंजाब, हरियाणा तथा राजस्थान राज्यों का एक संयुक्त उपक्रम है। सतलज नदी पर भाखड़ा महाखड्ड (Bhakra Gorge) के निकट निर्मित यह बांध विश्वभर के सर्वाधिक ऊंचाई वाले बांधों में से एक सीधा गुरुत्व बाँध (Gravity Dam) है। यह बाँध 518 मीटर लम्बा तथा 226 मीटर ऊँचा है। इसके जलाशय का नाम गोविन्द सागर है (सिखों के दसवें गुरु, गुरु गोविन्द सिंह के नाम पर)। यह एक बहुमुखी परियोजना है, जिसका वित्त-प्रबंध केन्द्र सरकार द्वारा किया गया है, इसका मुख्य उद्देश्य विद्युत उत्पन्न करना, सिंचाई, बाढ़ नियंत्रण, मृदा संरक्षण, अवसाद नियंत्रण, मनोरंजन विहार, नौसंचालन, मत्स्यपालन, वन्य जीवों की सुरक्षा तथा पशुपालन है।
2. **दामोदर नदी घाटी परियोजना:** दामोदर हुगली नदी की एक सहायक नदी है। इसे 'बंगाल का शोक' भी कहा गया है। दामोदर नदी झारखंड तथा पश्चिम बंगाल में बहती है। दामोदर नदी घाटी परियोजना की स्थापना 18 फरवरी, 1948 में हुई। इस परियोजना के अन्तर्गत कई बाँधों का निर्माण किया गया–तिलैया, मैथन, कोनार बुकारो, बाल पहाड़ी, अय्यार (Aiyar) तथा पंचेत बाँध।
   (i) **तिलैया बाँध (Tilaiya Dam):** तिलैया बाँध का निर्माण बराक नदी पर किया गया। यह इस क्षेत्र का एकमात्र ठोस (कंकरीट) बाँध है। यहाँ दो 2000 Kw के पॉवर स्टेशन स्थापित किए गए हैं। यह बाँध चालीस हजार हेक्टेयर भूमि की सिंचाई करता है। यह बाढ़ के नियंत्रण में भी कारगर साबित हुआ है। इस बाँध का निर्माण

1953 में पूरा कर लिया गया। इसके भूमिगत पॉवर स्टेशन की प्रतिस्थापित क्षमता 60,000 Kw है जो सस्ते दर पर कोडरमा तथा हजारीबाग की अभ्रक खानों को विद्युत प्रदान करता है।

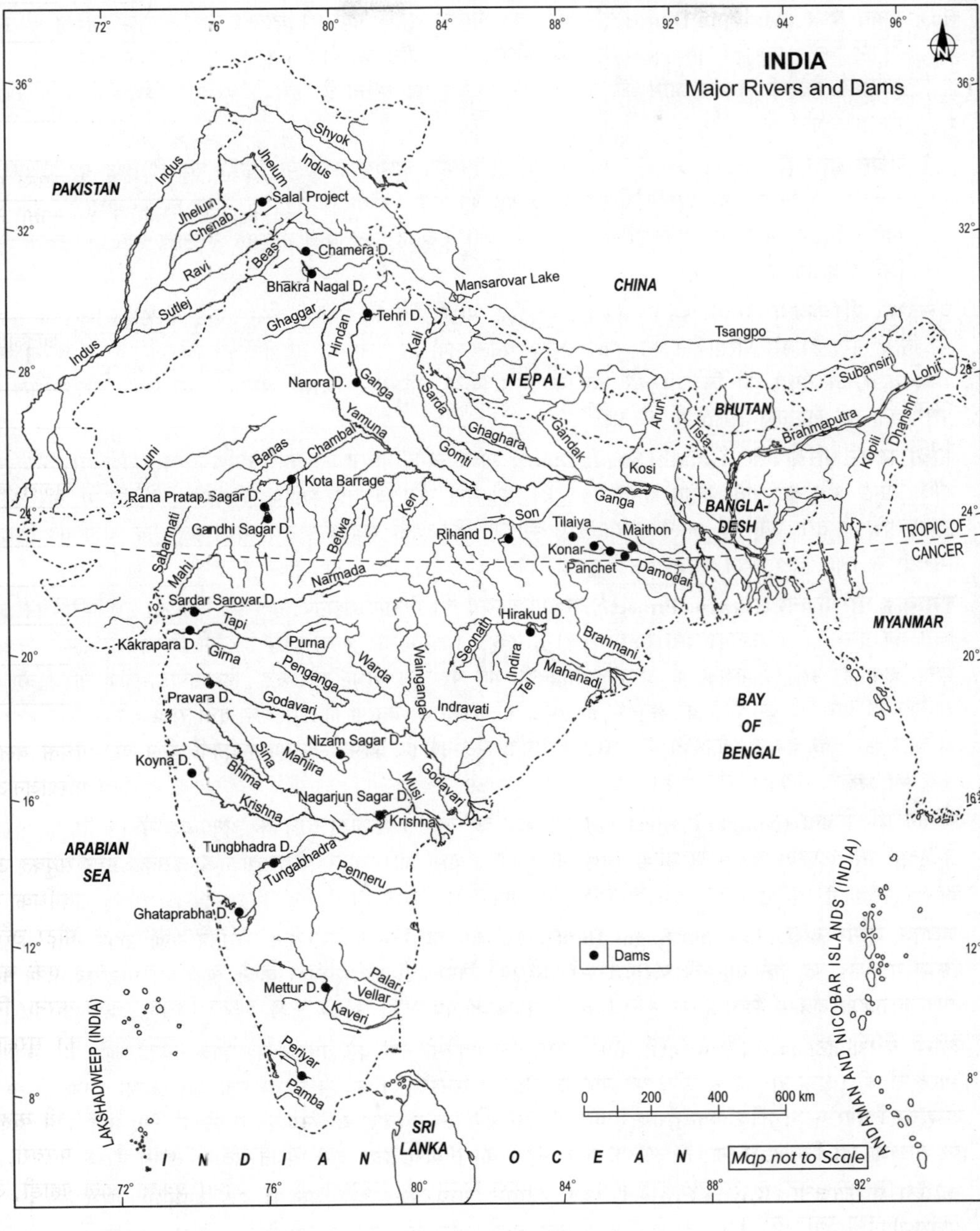

चित्र 8.7 विद्युत परियोजनाएं

(ii) **कोनार बाँध (Konar Dam):** कोनार बाँध का निर्माण कोनार नदी पर किया गया है। कोनार नदी हजारीबाग जिले में दामोदर की एक सहायक नदी है। इस बाँध का निर्माण 1955 में पूरा कर लिया गया। यह मिट्टी से

निर्मित बाँध है, जिसका अधिप्लवन-मार्ग (Spillway) ठोस (कंकरीट) है। सिंचाई तथा विद्युत के अतिरिक्त यह बोकारो इस्पात संयन्त्र को जल प्रदान करता है। इस बाँध के निकट स्थित जल-विद्युत केन्द्र 40,000 Kw विद्युत उत्पन्न करता है।

(iii) **मैथन बाँध (Maithon Dam):** इस बाँध का निर्माण बराक नदी पर बराकर तथा दामोदर नदियों के संगम के निकट किया गया है। यह 56 मीटर ऊँचा बाँध है। इस बाँध का निर्माण 1958 में पूरा कर लिया गया। यह बाँध 50,000 हेक्टेयर कृषीय भूमि की सिंचाई हेतु जल प्रदान करता है। इसका भूमिगत विद्युत केन्द्र 60,000 Kw विद्युत उत्पन्न करता है।

(iv) **पंचेत बाँध (Panchet Dam):** पंचेत बाँध का निर्माण दामोदर नदी पर किया गया है तथा यह मैथन बाँध से लगभग 20 कि.मी. दूर दक्षिण में स्थित है। यह 45 मीटर ऊँचा तथा 2545 मीटर लम्बा बाँधा है। इस बाँध के निकट विद्युत केन्द्र की प्रतिस्थापित क्षमता 40,000 Kw है। यह बाँध लगभग 3 लाख हेक्टेयर कृषीय भूमि की सिंचाई करता है।

3. **दुलहस्ती परियोजना (Dulhasti Project):** दुलहस्ती परियोजना का निर्माण जम्मू प्रखंड के डोडा जिले में चेनाब नदी पर किया गया है। इस परियोजना का मुख्य उद्देश्य चेनाब नदी के पानी का उपयोग कर बिजली उत्पन्न करना था ताकि राज्य के मुख्य नगरों की बिजली की माँग को पूरा किया जा सके, जिसमें श्रीनगर तथा जम्मू भी शामिल हैं। इस परियोजना की शुरुआत 1986 में की गई।

4. **गाँधी सागर परियोजना (Gandhi Sagar Dam):** गांधी सागर परियोजना का निर्माण चम्बल नदी पर किया गया है। गाँधी सागर बाँध की प्रतिस्थापित क्षमता 115 kw है। यहाँ पाँच जेनरेटर स्थापित किए गए हैं, जिनमें चार की क्षमता 2300 kw है तथा एक की क्षमता 2700 kw है। यह निकटवर्ती राजस्थान तथा मध्य प्रदेश के क्षेत्रों को विद्युत तथा सिंचाई के लिए जल प्रदान करता है।

5. **हीराकुड परियोजना (Hirakud Project):** इस परियोजना का निर्माण महानदी नदी पर हुआ है। इस परियोजना के लिए वित्त का प्रबंध केन्द्र सरकार द्वारा किया गया। हीराकुड 14 कि.मी. लम्बा बाँध है, इसे विश्व का सबसे लम्बा बाँध माना जाता है। इस परियोजना के अन्तर्गत महानदी नदी पर तीन बाँधों–हीराकुड, टिकरापाड़ा तथा नारज का निर्माण शामिल है। एक नए अध्ययन के अनुसार हीराकुंड परियोजना के कारण क्षेत्र में बाढ़ तथा सूखे की समस्या बढ़ गई है। अवसाद भरने के कारण जलाशय की संग्रहण क्षमता घट गई है, जिसके कारण महानदी के निचले जलग्रहण क्षेत्र में बाढ़ का प्रकोप देखा जा सकता है।

6. **नांगल परियोजना (Nangal Project):** नांगल बाँध का निर्माण भाखड़ा बाँध के अनुप्रवाह में 13 कि.मी. दूर नांगल में हुआ। यह लगभग 30 मीटर ऊँचा, 305 मीटर लम्बा तथा 121 मीटर चौड़ा बाँध है। इसका मुख्य उद्देश्य बिजली उत्पन्न करना है। यह भाखड़ा नहरों को जल की आपूर्ति भी करता है।

7. **जवाहर सागर बाँध (Jawahar Sagar Dam):** इस बाँध का निर्माण राजस्थान राज्य में राणा प्रताप बाँध के उत्तर में किया गया है। यह एक बहुमुखी परियोजना है, जिसका निर्माण बिजली उत्पन्न करने, बाढ़ को नियंत्रित करने के लिए तथा जलग्रहण क्षेत्र में सिंचाई की सुविधा के लिए किया गया है।

8. **कोसी परियोजना (Kosi Project):** कोसी परियोजना (कोसी नदी को 'बिहार का शोक' कहा जाता है) नेपाल तथा भारत के बीच एक संयुक्त समझौते का परिणाम है। यह समझौता 1954 में किया गया था। इसका मुख्य उद्देश्य नेपाल में हनुमान नगर के नजदीक एक बैराज (बाँध) का निर्माण करना, बाढ़ को नियंत्रित करने के लिए नदी के दोनों किनारों पर तटबंधों का निर्माण करना, सिंचाई के लिए नहरों का निर्माण तथा जल-विद्युत उत्पन्न करना है।

9. **कोयना परियोजना (Koyna Project):** यह महाराष्ट्र राज्य के सतारा जिले में एक बहुमुखी परियोजना है। इसकी प्रतिस्थापित क्षमता 880 Mw है। यहाँ से उत्पन्न जल-विद्युत द्वारा सतारा, शोलापुर, सांगली, कोल्हापुर तथा पुणे की माँगों को पूरा किया जाता है।

10. **मछकुण्ड परियोजना (Machhkund Project):** यह आंध्र प्रदेश तथा ओडिशा द्वारा उठाया गया एक संयुक्त कदम है। यह बाँध 54 मीटर ऊँचा तथा 410 मीटर लम्बा है। यह मुख्यत: एक जल-विद्युत परियोजना है, जो 115 Mw विद्युत उत्पन्न करेगी।

11. **माही परियोजना (Mahi Project):** इस परियोजना का निर्माण माही नदी पर हुआ है, इस नदी का उद्गम स्थान मध्य प्रदेश में विंध्य पहाड़ी हैं। यह परियोजना पूरा होने पर 40 Mw जल-विद्युत उत्पन्न करेगी तथा 80,000 हेक्टेयर कृषि भूमि की सिंचाई संभत्र होगी।

12. **मयूराक्षी परियोजना (Mayurakshi Project):** मयूराक्षी हुगली नदी की एक सहायक नदी है। यह छोटानागपुर पठार से निकलती है तथा झारखंड एवं पश्चिम बंगाल से होकर गुजरती है। यह एक बहुमुखी परियोजना है, जिसके द्वारा 4000 Kw विद्युत उत्पन्न की जाती है तथा इससे 3 लाख हेक्टेयर भूमि की सिंचाई की जाती है। मुर्शिदाबाद, वीरभूम (पश्चिम बंगाल) तथा संथाल परगना (झारखंड) की विद्युत आपूर्ति इस परियोजना द्वारा की जाती है।

13. **मैटूर बाँध (Mettur Dam):** मैटूर बांध का निर्माण नीलगिरि में कावेरी नदी की एक सहायक नदी पर 1937 में किया गया। इस परियोजना की क्षमता 240 Mw जल-विद्युत उत्पन्न करने की है। मैटूर बाँध के द्वारा न केवल बिजली उत्पन्न तथा सिंचाई के लिए जल प्रदान किया जाता है बल्कि इसके द्वारा बेसिन क्षेत्र में बाढ़ नियन्त्रण भी किया जाता है।

14. **नागार्जुन सागर परियोजना (Nagarjun Sagar Project):** इसका निर्माण आंध्र प्रदेश के नालगोंडा जिले में कृष्णा नदी पर किया गया है। इसके दाहिने तथा बाएँ तट की नहरों का नाम क्रमश: जवाहर लाल नेहरू तथा लाल बहादुर शास्त्री के नाम पर रखा गया है। यह विद्युत संयन्त्र 210 Mw बिजली उत्पन्न करता है, जिसके द्वारा हैदराबाद, खम्माम, महबूबनगर, नालगोंडा तथा विजयवाड़ा को बिजली आपूर्ति की जाती है।

15. **पोचमपद परियोजना (Pochampad Project):** इस परियोजना का निर्माण आंध्र प्रदेश के अदिलाबाद जिले में गोदावरी नदी पर किया गया है। इस परियोजना की 115 कि.मी. लम्बी नहरों द्वारा आंध्र प्रदेश के अदिलाबाद तथा करीमनगर जिलों में लगभग 2.5 लाख हेक्टेयर भूमि की सिंचाई की जाती है।

16. **पेरियार परियोजना (Periyar Project):** कार्डमम पहाड़ियों से निकलने-वाली पेरियार, केरल की एक प्रमुख नदी है। इन पहाड़ियों में पेरियार नदी के मार्ग पर एक महाखड्ड में बाँध का निर्माण किया गया है। इस परियोजना की प्रतिस्थापित क्षमता 140 Mw है। यह एक बहुमुखी परियोजना है, जिसके द्वारा बाढ़ तथा मृदा अपरदन को रोकने में मदद मिली है तथा इसके द्वारा एर्णाकुलम, कोच्चि व निकटवर्ती नगरों को बिजली आपूर्ति की जाती है।

17. **रामपद सागर बाँध (Rampad Sagar Dam):** गोदावरी नदी के निचले विस्तार में राजामुंद्री से 30 कि.मी. उत्तर में इस बाँध का निर्माण किया गया है। यह एक बहुमुंखी परियोजना है, जिसका उद्देश्य बिजली उत्पादन, बाढ़ नियंत्रण तथा नदी के डेल्टा क्षेत्र में सिंचाई के लिए जल प्रदान करना।

18. **राणा प्रताप सागर बाँध (Rana Pratap Sagar Dam):** इस बाँध का निर्माण राजस्थान के कोटा जिले में गाँधी सागर बाँध से 25 कि.मी. उत्तर की ओर चम्बल नदी पर किया गया है। यह एक बहुमुखी परियोजना है, जिसका उद्देश्य बिजली उत्पादन, बाढ़ नियंत्रण तथा निकटवर्ती क्षेत्रों को सिंचाई के लिए जल प्रदान करना है। इसकी प्रतिस्थापित क्षमता 99 Mw है।

19. **रिहन्द परियोजना (Rihand Dam):** इस योजना के लिए वित्त-प्रबंध केन्द्र सरकार द्वारा किया गया है तथा यह उत्तर प्रदेश की सबसे बड़ी बहुद्देशीय परियोजना है। इसका निर्माण सोनभद्र जिले के पिपरी गाँव में रिहन्द नदी पर किया गया है रिहन्द सोन नदी की एक सहायक नदी है। इस बाँध के जलाशय का नाम गोविन्द बल्लभ पंत के नाम पर रखा गया है। यह बाँध नजदीकी ओबरा जल-विद्युत केन्द्र तथा ओबरा ताप बिजली संयन्त्र से जुड़ा हुआ है। इस परियोजना से उत्पादित बिजली द्वारा पूर्वी उत्तर प्रदेश, पश्चिमी बिहार तथा मध्य प्रदेश के उत्तरी भागों की माँग पूरी की जाती है। सोन घाटी में बाढ़ नियंत्रण, बाघेलखंड में मृदा अपरदन पर नियंत्रण, पर्यटन तथा मत्स्यपालन इस परियोजना के अन्य लाभ हैं।

20. **सलाल परियोजना (Salal Project):** जम्मू प्रखंड के रियासी जिले में चेनाब नदी पर इस परियोजना का निर्माण किया गया है। इस परियोजना की प्रतिस्थापित क्षमता 750 Mw है। इस परियोजना का उद्घाटन 1986 में किया गया। इस परियोजना से उत्पादित बिजली द्वारा रियासी, ऊधमपुर, जम्मू तथा अन्य निकटवर्ती नगरीय केन्द्रों की माँग पूरी की जाती है।

21. **सरदार सरोवर बाँध (Sardar Srovar Dam):** इस बाँध का निर्माण नर्मदा नदी पर नवागाँव के निकट किया गया है। यह परियोजना पूरी हो जाने पर 1450 Mw बिजली का उत्पादन करेगी तथा लगभग 18 लाख कृषीय भूमि की सिंचाई के लिए जल प्रदान करेगी। यह डेरी उद्योग, पशुपालन एवं अन्य सम्बन्धित व्यवसायों को भी प्रोत्साहित करेगी।
22. **शिवसमुद्रम बाँध (Shivasamudram Project):** इस बाँध का निर्माण 1902 में कर्नाटक में कावेरी नदी पर किया गया। इस परियोजना का मुख्य उद्देश्य कोलार सोने की खानों, मैसूर शहर तथा निकटवर्ती नगरीय केन्द्रों को बिजली प्रदान करना था। इस परियोजना के द्वारा बाढ़ नियंत्रण में भी मदद मिली तथा यह पर्यटकों के लिए एक आकर्षण केन्द्र भी है।
23. **तवा बाँध (Tawa Dam):** इस परियोजना का निर्माण तवा नदी पर किया गया है, जो नर्मदा नदी के बाएँ तट की एक सहायक नदी है। यह एक बहुमुखी परियोजना है, जिसकी क्षमता 50 हजार हेक्टेयर से अधिक भूमि की सिंचाई के लिए जल उपलब्ध कराने तथा 150 Mw बिजली उत्पादन करने की है।
24. **टिहरी बाँध (Tehri Dam):** टिहरी बाँध का निर्माण भागीरथी नदी पर उत्तराखंड के टिहरी जिले में भागीरथी तथा भील गंगा के संगम के नीचे किया गया है। इस परियोजना की रूपरेखा योजना आयोग द्वारा 1972 में तैयार की गई तथा इस पर कार्य 1975 में शुरू हुआ। इस परियोजना का कार्यान्वयन रूस की तकनीकी तथा आर्थिक सहायता से संभव हो रहा है। इस परियोजना से उत्तराखंड तथा पश्चिमी उत्तर प्रदेश में 2.74 लाख हेक्टेयर भूमि की सिंचाई हो रही है तथा 1000 Mw बिजली उत्पादित करेगा। इस परियोजना के बारे में कुछ गंभीर आपत्ति उठाई गई हैं क्योंकि इससे पर्यावरण तथा पारिस्थितिक-तंत्र पर प्रतिकूल प्रभाव पड़ेगा चूँकि इस परियोजना का निर्माण देश के एक अत्याधिक भूकंप-प्रवण क्षेत्र में किया गया है।
25. **तुंगभद्रा परियोजना (Tungbhadra Project):** तुंगभद्रा कृष्णा नदी के दाहिने तट की एक सहायक नदी है, जिसका उद्गम कर्नाटक के चिकमंगलूर जिले में पश्चिमी घाट (सहयाद्री पहाड़ियों) से हुआ है। तुंगभद्रा बाँध का निर्माण बेल्लारी जिले में हास्पेट के निकट मल्लापुरम में किया गया है। इस परियोजना में तीन बिजलीघरों का निर्माण किया गया है, जिससे 126 Mw बिजली का उत्पादन किया जाता है। तुंगभद्रा परियोजना की नहरें 4 लाख हेक्टेयर से अधिक कृषीय भूमि की सिंचाई करती हैं।
26. **उकाई बाँध (Ukai Dam):** उकाई तापी नदी की एक सहायक नदी है। उकाई परियोजना की शुरुआत तापी नदी के जल उपयोग के लिए की गई। उकाई परियोजना की प्रतिस्थापित क्षमता 300 Mw है। परियोजना से उत्पन्न बिजली सूरत तथा निकटवर्ती नगरीय केन्द्रों को प्रदान की जाती है।

सरकारी पहल : विद्युत क्षेत्र (Governmental Initiatives: Power Sector)

- कृष्ण गंगा (जल विद्युत परियोजना (110 × 3 मेगावाट) की शुरुआत जम्मू-कश्मीर में की गई है।
- मिजोरम में 60 मेगावाट क्षमता की तुरियल परियोजना इस दिशा में एक कदम है।
- पड़ोसी देशों में क्षमताओं को बढ़ाया गया है। उदाहरण-भूवन में गंगदेच्हु जल विद्युत परियोजना (720 मेगावाट)।
- लगभग 6379 गैर-विद्युतीकृत गांवों को विद्युतीकृत किया गया है। 2017 तक 2,62,84,350 गांवों को 'सौभाग्य योजना' के तहत विद्युत कनैक्शन दिए गए हैं।
- **एकीकृत विद्युत विकास योजना (IPDS)** नगरीय क्षेत्रों में सभी के लिए 24 × 7 विद्युत सुनिश्चित करेगी।
- **दीनदयाल उपाध्याय ग्राम ज्योती योजना (DDUGJY)** ग्रामीण क्षेत्रों ने सभी स्तरों पर उप-पारेषण और विकृति अवसंरचना को मजबूत करेगा।
- **उज्ज्वल डिसकॉम एश्योरेंस योजना (UDAY)** राज्य के स्वामित्व वाली विद्युत वितरण कंपनियों के परिचालन और वित्तीय टर्नओवर को प्राप्त करना।
- उन्नत जीवन इसकी शुरुआत 2015 की गई थी और इसको एनर्जी एफीशिएंशी सर्विसेज लिमिटेड द्वारा ले लिया गया है। इस परियोजना को 'प्रकाश पथ' के नाम से भी जाना जाता है। बिजली की खपत को कम करने के लिए एलईडी बल्बों का निशुल्क वितरण किया गया।

ताप विद्युत (Thermal Electricity)

ताप विद्युत का उत्पादन कोयला, पेट्रोलियम तथा प्राकृतिक गैस की सहायता से किया जाता है। कुल उत्पादित बिजली का 65 प्रतिशत ताप विद्युत होती है। ताप विद्युत के मुख्य लाभ निम्नलिखित हैं-

(i) यह उन क्षेत्रों में भी उत्पादित किया जा सकता है, जो जल-विद्युत उत्पन्न करने के लिए उपयुक्त नहीं हैं।

(ii) कोयला, डीजल तथा प्राकृतिक गैस का परिवहन विविक्त क्षेत्रों तथा तुलनात्मक रूप से विविक्त क्षेत्रों में किया जाता है।

(iii) यह प्रतिकूल मौसम में भी उत्पन्न किया जा सकता है।

(iv) ताप बिजली केन्द्र का सगर्भता काल (gestation period) छोटा होता है।

ताप-बिजली का उत्पादन पर्यावरण के अनुकूल नहीं है क्योंकि उत्सर्जित कार्बन-डाई-आक्साइड वायुमंडल को प्रदूषित करती है। इसके अतिरिक्त यह मूल्यवान समाप्त होने वाले संसाधन जैसे–कोयला, पेट्रोलियम तथा प्राकृतिक गैस का उपयोग करता है।

भारत के कुछ प्रमुख ताप-बिजली केन्द्र (station) ***तालिका 8.10*** में दिए गए हैं।

तालिका 8.10 में यह देखा जा सकता है कि ताप-बिजली केन्द्रों का वितरण अत्याधिक असमान है। इनमें से अधिकतर निम्न किस्म के कोयले अथवा लिग्नाइट खनन केन्द्रों के निकट स्थित हैं। ताप-विद्युत उत्पादन में महाराष्ट्र का पहला स्थान है, जिसके बाद क्रमश: उत्तर प्रदेश, गुजरात तथा पश्चिम बंगाल का स्थान है। मध्य प्रदेश (अविभाजित) तथा तमिलनाडु का स्थान क्रमश: छठा एवं सातवां है। अरुणाचल प्रदेश, गोवा, हिमाचल प्रदेश, केरल, मणिपुर, मेघालय, मिजोरम, नगालैंड, सिक्किम, उत्तराखण्ड तथा त्रिपुरा में ताप-विद्युत उत्पादन नहीं होता है। क्षेत्रीय आधार पर पश्चिमी क्षेत्र ताप-विद्युत का सबसे बड़ा उत्पादक है, जिसके बाद क्रमश: उत्तरी क्षेत्र, पूर्वी क्षेत्र तथा दक्षिणी क्षेत्र का स्थान आता है। ताप-बिजली संयन्त्र रायचूर (कर्नाटक) में स्थापित किया गया है।

तालिका 8.10 भारत: ताप-बिजली केन्द्र (स्टेशन)

क्र.सं.	राज्य	ताप-विद्युत केन्द्र (स्टेशन) प्रतिस्थापित क्षमता के साथ (MW)
1.	आंध्र प्रदेश एवं तेलंगाना	भद्राचलम, कोट्टागुडेम (680), मानुगुरू, नेल्लोर (300), रामागुंडम (200), विजयवाड़ा (420)
2.	असम	बोनगईगाँव (120), चन्द्रपुर (100), कामरूप (112)
3.	बिहार	बरौनी (255), कहलगांव, DVC (780)
4.	छत्तीसगढ़	कोरबा (750)
5.	दिल्ली	बदरपुर (720), इन्द्रप्रस्थ (285), राजघाट (350)
6.	गुजरात	अहमदाबाद (180), बानस, धुवारम (534), गांधीनगर (240), कच्छ, कांडला, महुवा, पोरबंदर, साबरमती (110), शाहपुर, सिक्का, उकई (640), उतारन (200), वांकबोरी
7.	हरियाणा	फरीदाबाद (180), पानीपत (220), यमुनानगर (150)
8.	जम्मू एवं कश्मीर	कालाकोट
9.	झारखंड	बोकारो (248), चन्द्रपुरा (780), सुवर्णरेखा
10.	मध्य प्रदेश	अमरकंटक (3000), सतपुड़ा (1142), सिंगरौली (565)
11.	महाराष्ट्र	बल्लारशाह (500), भूसावल (485), चन्द्रपुर (210), चोला (95), धोबाल (350), खापर-खेड़ा (250), कोरादी (1100), नासिक (810), पारस (95), पारली (240), ट्रॉम्बे (838), उज्जैनी, उरान (240)
12.	मणिपुर	लोकटक (इम्फाल)
13.	पंजाब	भटिंडा (440), रूपनगर (रूपड़)
14.	राजस्थान	अंटा, बाँसवाड़ा, कोटा (240), पालना, सवाई मोधोपुर

क्र.सं.	राज्य	ताप-विद्युत केन्द्र (स्टेशन) प्रतिस्थापित क्षमता के साथ (MW)
15.	उड़ीसा	बालीयोमेला, तलछर (470)
16.	तमिलनाडु	एन्नौर (450), मैटूर, नेवेली (2300), तूतीकोरिन (630)
17.	उत्तर प्रदेश	बहराइच, दोरीघाट, गोरखपुर, हरदुआगंज (215), जवाहरपुर, कानपुर (325), मऊ, मुरादाबाद, ओबरा (456), पानकी (345), पारीचा (240), टुंडला
18.	पश्चिम बंगाल	बीरभूम, बुंदेल (540), दुर्गापुर (285), फरक्का (1600), गौरीपुर (350), कालाघाट, कोलकाता (250), मुर्शीदाबाद, टीटागढ़, संथालडीह (480)

ताप-बिजली उत्पादन में एन.टी.पी.सी. (National Thermal Power Corporation) का योगदान महत्वपूर्ण है। देश में एन.टी.पी.सी. के ताप-बिजली केन्द्रों (स्टेशनों) को ***तालिका 8.11*** में दर्शाया गया है।

तालिका 8.11 भारत: प्रमुख ताप बिजली केन्द्र (स्टेशन)

क्र.सं.	परियोजना/केन्द्र (स्टेशन)	प्रतिस्थापित क्षमता (MW)
1.	बदरपुर	720
2.	फरक्का (पश्चिम बंगाल)	1600
3.	कहलगाँव (बिहार)	840
4.	कोरबा (छत्तीसगढ़)	2100
5.	राष्ट्रीय राजधानी ताप-बिजली संयन्त्र, दादरी (उत्तर प्रदेश)	840
6.	रामागुंडम (आंध्र प्रदेश)	2100
7.	रिहन्ड/ओबरा (उत्तर प्रदेश)	1000
8.	सिंगरौली (मध्य प्रदेश)	2000
9.	तलछर (उड़ीसा)	720
10.	ऊँचाहार (उत्तर प्रदेश)	720
11.	विंध्याचल (मध्य प्रदेश)	1260
12.	गैस आधारित परियोजनाएँ:	
	(i) अंटा (राजस्थान)	430
	(ii) ओरैया (उत्तर प्रदेश)	600
	(iii) कवास (गुजरात)	600
	कुल	**15530**

नाभिकीय ऊर्जा (Nuclear Energy)

समाप्त होते जा रहे जीवाश्म ईंधन के मद्देनजर नाभिकीय ऊर्जा का विकास देश की आर्थिक प्रगति के लिए महत्वपूर्ण बन गया है। भारत में भविष्य में ऊर्जा विकास के लिए यह उपयोगी है। इसका उत्पादन यूरेनियम तथा थोरियम द्वारा किया जाता है। इस समय भारत में 17 नाभिकीय ऊर्जा प्लान्ट (Plant) देश के विभिन्न भागों में स्थित हैं जिनमें से 12 में नाभिकीय ऊर्जा का उत्पादन किया जा रहा है तथा 5 निर्माणाधीन हैं ***(चित्र 8.8)***। भारत के नाभिकीय ऊर्जा प्लान्ट केन्द्रों के नाम ***तालिका 8.12*** में दिए गए हैं।

चित्र 8.8 ताप विद्युत परियोजनाएं

तालिका 8.12 भारत: नाभिकीय ऊर्जा प्लान्ट 2018 तक

क्र.सं.	ऊर्जा प्लांट	राज्य	गठन का वर्ष	क्षमता (मेगावाट)
1.	तारापुर	महाराष्ट्र	1969	1400
2.	रावतभाटा	राजस्थान	1972	1180
3.	कलपक्कलम	तमिलनाडु	1984	440
4.	नरौरा	उत्तर प्रदेश	1989	440

क्र.सं.	ऊर्जा प्लांट	राज्य	गठन का वर्ष	क्षमता (मेगावाट)
5.	ककरापारा	गुजरात	1993	440
6.	कैगा	कर्नाटक	1993	880
7.	कुंडाकुलम	तमिलनाडु	2002	1864
8.	जैतपुर	महाराष्ट्र	2017	9900
9.	बारगी-चुटका	मध्य प्रदेश	2015 में स्थानीय लोगों के कड़े विरोध के कारण 2017 में प्रस्तावित	1400
10.	कवादा-चुटका	मध्य प्रदेश	2015 से प्रस्तावित लेकिन स्थानीय लोगों के कड़े विरोध का सामना करना पड़ रहा है	4×700
11.	छाया मिती वरदी	गुजरात	शुरू नहीं हो सकता	6×1000
12.	कुम्हारिया	गोरखपुर, हरियाणा	प्रस्तावित	2×700
13.	माही बांसवाड़ा	राजस्थान	प्रस्तावित	2×700

Source: Department of Atomic Energy, Government of India, March 2018

वर्तमान में नाभिकीय ऊर्जा कुल उत्पादित ऊर्जा में 4% से भी कम का योगदान करती है। इसके लिए अत्यन्त आधुनिक तकनीक की आवश्यकता है। इसके अतिरिक्त संयन्त्रों के उपशमन के लिए अत्यधिक मात्रा में जल की आवश्यकता होती है।

ट्रॉम्बे में परमाणु ऊर्जा संस्थान 1954 में स्थापित किया गया। 1967 में इसका नाम बदलकर भाभा परमाणु अनसुधान केन्द्र (Bhabha Atomic Research Centre — BARC) रख दिया गया। पहला नाभिकीय ऊर्जा संयन्त्र मुंबई के निकट तारापुर में 1969 में स्थापित किया गया। 1989 में नरौरा में तथा 1993 में कैगा (कर्नाटक) एवं काकड़ापाड़ा (गुजरात) में परमाणु संयन्त्रों की स्थापना की गई। वर्तमान में नाभिकीय ऊर्जा छह केन्द्रों में स्थित ग्यारह इकाइयों से उत्पादित की जाती है।

भारत के आर्थिक विकास के लिए नाभिकीय ऊर्जा का उत्पादन अनिवार्य है। परन्तु फुकूशिमा (Fukushima) एवं चर्नोबिल (Chernobyl) दुर्घटनाओं को देखते हुए यह एक बहुत जोखिम भरा ऊर्जा का साधन है। यह अति दु:खद बात है कि दुर्घटना से पीड़ित लोगों को भारत में कुल पांच सौ रुपए की धन राशि ही प्रदान की जाती है।

गैर-परम्परागत ऊर्जा (Non-conventional Energy)

गैर-परम्परागत ऊर्जा को नवीकरणीय ऊर्जा (Renewable Energy) भी कहा जाता है। गैर-परम्परागत ऊर्जा के स्रोत में सौर ऊर्जा, पवन ऊर्जा, जैव संहति ऊर्जा (biomass energy), ईंधन प्रदान करने वाली बैटरियाँ (fuel-cells), विद्युत वाहन, ज्वारीय ऊर्जा, हाइड्रोजन ऊर्जा तथा भूतापीय ऊर्जा शामिल हैं।

सौर ऊर्जा (Solar Energy)

सौर ऊर्जा गैर-परम्परागत ऊर्जा का एक मुख्य स्रोत है। सौर ऊर्जा कभी न समाप्त होने वाली विश्वस्त तथा प्रदूषण मुक्त ऊर्जा है। इसका उपयोग पानी गर्म करने में (वॉटर हीटर), बिजली उत्पन्न करने वाले यन्त्रों में, स्थान गर्म करने के लिए, मत्स्यपालन के विकास में, वातानुकूलन में, प्रशीतन में तथा जल के बहुमुखी इस्तेमाल के लिए किया जाता है।

पृथ्वी के वायुमंडल द्वारा प्राप्त सौर ऊर्जा की औसत मात्रा लगभग (1353 Kw) प्रति वर्ग मीटर है। यह विश्व द्वारा उपभोग की जा रही ऊर्जा का 1000 गुना है। उपोष्ण अक्षांश (Sub-Tropical) में स्थित भारत अधिक मात्रा में सारै ऊर्जा प्राप्त करता है। देश के अधिकांश भाग में 300 से अधिक सौर दिन होते हैं। सूर्य से प्राप्त कुल ऊर्जा लगभग 5000 ट्रिलियन Kwh प्रतिवर्ष है।

सौर प्रकाश-वोल्टीय तकनीक (Solar Photovoltaic Technology) के द्वारा सौर विकिरण को विद्युत में परिवर्तित किया जाता है, इस क्रिया में टर्बाइन जैसे गतिमान भाग शामिल नहीं होते हैं। देश में लगभग 650,00 सौर प्रकाश-वोल्टीय तंत्रों को स्थापित किया गया है।

देश के अनेक भागों में सौर ऊर्जा कार्यक्रमों का कार्यान्वयन किया जा रहा है। ऐसा ही एक उदाहरण है–पश्चिम बंगाल के सुंदरवन डेल्टा में सागर द्वीप में ग्रामीण ऊर्जा सहकारी समिति। इसी तरह के कार्यक्रमों का कार्यान्वयन बंगाल की खाड़ी में अन्य द्वीपों में, जोधपुर (राजस्थान) के मरुस्थल, कल्याणपुर (अलीगढ़) तथा कोयम्बटूर में किया जा रहा है।

पवन ऊर्जा (Wind Enegry)

पवन गैर-परम्परागत ऊर्जा का एक प्रमुख स्रोत है। यह सस्ती, प्रदूषण मुक्त तथा पर्यावरण-अनुकूल ऊर्जा है, जिसका विकास जीवाश्म ईंधन के स्रोत (परंपरागत ऊर्जा के स्रोत) से दूर जगहों पर किया जा सकता है। प्राचीन काल से ही इसका उपयोग नौचालन तथा पवन-चक्की में किया जा रहा है। पवन ऊर्जा उत्पादन में भारत का स्थान विश्व में संयुक्त राज्य अमेरिका, स्पेन, जमर्नी तथा चीन के पश्चात पांचवां है।

पवन ऊर्जा उत्पन्न करने के लिए पवन की गति 5 कि.मी. प्रति घंटे से अधिक होनी चाहिए। गुजरात के तटीय क्षेत्रों, कर्नाटक, मध्य प्रदेश, राजस्थान, तमिलनाडु, महाराष्ट्र, केरल, ओडिशा, पश्चिम बंगाल, उत्तराखंड, जम्मू एवं कश्मीर, लक्षद्वीप तथा अंडमान एवं निकोबार द्वीप के अनेक भागों में पवन की गति 10 कि.मी. से अधिक होती है। राजस्थान तथा लद्दाख में पवन की गति में उपयुक्त एकरूपता देखी जा सकती है। यहाँ पवन-चक्की का उपयोग पवन ऊर्जा को काम में लाने के लिए किया जाता है।

पवन ऊर्जा परियोजनाओं का कार्यान्वयन देश के लगभग 22 राज्यों में किया जा रहा है। गुजरात तथा तमिलनाडु में पवन ऊर्जा की सबसे अधिकतम क्षमता है। एशिया का सबसे बड़ा पवन ऊर्जा संयन्त्र लम्बा, गुजरात में है।

देश में सबसे अधिक पवन टरबाइन तमिलनाडु में मुप्पनडल पेरूगुडी (कन्याकुमारी के निकट) में स्थापित किए गए हैं। यहाँ एक ही जगह पर पवन संयन्त्रों का एक बड़ा केन्द्रीकरण है। पवन ऊर्जा प्रौद्योगिकी केन्द्र चेन्नई में स्थापित किया गया है। पवन-ऊर्जा इस्टेट संयुक्त क्षेत्र तथा निजी क्षेत्र द्वारा लगाए जा रहे हैं।

भारत में पवन ऊर्जा की कुल क्षमता 100 मीटर पर लगभग 302.25 गीगावाट और 120 मीटर पर 695.50 गीगावाट होने का अनुमान है। पवन ऊर्जा परियोजनाओं को देश के 22 राज्यों में क्रियान्वित किया गया है (सारणी 8.13)। तमिलनाडु के कन्याकुमारी जिले में मुप्पंडल पवन फार्म के लिए सबसे महत्वपूर्ण स्थलों में से एक है। पवन ऊर्जा की अधिकतम क्षमता आंध्र प्रदेश, गुजरात, कर्नाटक, मध्य प्रदेश, महाराष्ट्र, राजस्थान और तमिलनाडु राज्यों में है। 9 राज्यों में 33 स्थानों पर 38,624.15 मेगावाट की बिजली क्षमता स्थापित की गई है। यह उम्मीद की जाती है कि 2022 में पवन ऊर्जा क्षमता में 5.0 GW का सुधार होगा। भारतीय राज्य तमिलनाडु के कन्याकुमारी जिले में स्थित मुप्पंडल, भारत का सबसे बड़ा तटवर्ती पवन फार्म है। इसकी स्थापित क्षमता 1,500 मेगावाट है। 99 मेगावाट की पवन ऊर्जा परियोजना के साथ दमन जोड़ी ओडिशा में सबसे बड़ा पवन फार्म है।

तालिका 8.13 राज्य-व्यापी और वर्ष-वार पवन ऊर्जा संस्थापित क्षमता (मेगावाट)

राज्य	31.03.2002 तक	2005-06	2008-09	2010-11	2012-13	2014-15	31.12. 2020 तक कुल क्षमता	100 मीटर ऊंचाई पर चालू पवन ऊर्जा की कुल संख्या
आंध्र प्रदेश	93.2	0.5	0.0	55.4	202.2	166.30	4092.450	10
गुजरात	181.4	84.6	313.6	312.8	208.3	126.90	8192.52	12
कर्नाटक	69.3	143.8	316.0	254.1	201.7	230.50	4868.80	13
केरल	2.0	0.0	16.5	7.4	0.0	0.0	62.500	–
मध्य प्रदेश	23.2	11.4	25.1	46.5	9.6	143.90	2519.890	7
महाराष्ट्र	400.3	545.1	183.0	239.1	288.6	273.45	5000.330	8

राज्य	31.03.2002 तक	2005-06	2008-09	2010-11	2012-13	2014-15	31.12. 2020 तक कुल क्षमता	100 मीटर ऊंचाई पर चालू पवन ऊर्जा की कुल संख्या
राजस्थान	16.1	73.3	199.6	436.7	615.4	267.70	4326.82	11
तमिलनाडु	877.0	857.1	431.1	997.4	174.6	124.45	9428.44	8
तेलंगाना	–	–	–	–	–	–	128.100	
अन्य	4.3	0.0	0.0	0.0	0.0	0.0	4.300	–
कुल	1666.8	1716.2	1484.9	2349.2	1700.4	1333.2	38624.15	69

Source: Ministry of New & Renewable Energy, Government of India; https://mnre-gov-in

सागरीय ऊर्जा (Ocean Energy)

ज्वारीय तरंगें तथा सागरीय तरंगें इस ऊर्जा के प्रमुख स्रोत हैं। भारत की एक लम्बी तट-रेखा है (6100 कि.मी. से अधिक) लेकिन सागरीय ऊर्जा का उत्पादन यहाँ अत्यन्त सीमित है। इस ऊर्जा के उत्पादन के लिए उपयुक्त क्षेत्र हैं:

(i) खम्भात की खाड़ी

(ii) कच्छ की खाड़ी

(iii) हुगली का ज्वारनदमुख (Estuary)

एक आंकलन के अनुसार, भारतीय तट 40,000 MW बिजली उत्पन्न करने की क्षमता रखते हैं। तिरुवनंतपुरम (विझिंगाम) में एक संयंत्र लगाया गया है, जो सागरीय तरंगों से 150 MW बिजली उत्पन्न करता है।

सागरीय ऊर्जा के उपयोग में सबसे बड़ी बाधा, इसके हेतु किए गए निर्माण का अत्यधिक लागत है।

जैव ऊर्जा (Bio Energy)

जैव-ऊर्जा, ऊर्जा का एक साफ-सुथरा स्रोत है, जिसके द्वारा ग्रामीण लोगों की जीवन-शैली, स्वच्छता तथा स्वास्थ्य में सुधार लाया जा सकता है। यह तकनीक वायु रहित जैव पदार्थों के अपघटन (सड़न) पर आधारित है, जिसके द्वारा गैस उत्पन्न की जाती है। बायो-गैस का उपयोग खाना पकाने में तथा रोशनी के लिए किया जाता है। एक आंकलन के अनुसार, भारत में 25,000 मिलियन त्रिघाती मीटर बायो-गैस उत्पन्न करने की क्षमता है। इस प्रक्रिया से बचे हुए गारे का उपयोग खाद के रूप में किया जाता है। बायो-गैस के द्वारा ग्रामीण घरेलू ईंधन की जरूरतों को पूरा किया जाता है (लगभग 50 प्रतिशत तक)। इसके अतिरिक्त इससे 7 मिलियन टन नाइट्रोजन, 3 मिलियन टन फॉस्फेट तथा 5 मिलियन टन पोटाशियम एवं 50 मिलियन टन से अधिक वानस्पतिक खाद उत्पन्न की जा सकती है।

भूतापीय ऊर्जा (Geothermal Energy)

भारत में भूतापीय ऊर्जा की सीमित क्षमता है। एक अनुमान के अनुसार भूतापीय ऊर्जा की कुल क्षमता लगभग 10600 मेगावाट है। देश में 340 गर्म पानी के झरने हैं और 350 ऐसे स्थान हैं जहां से भूतापीय ऊर्जा का उत्पादन किया जा सकता है। जम्मू और कश्मीर में पुगा घाटी, हिमाचल प्रदेश में मणिकरण क्षेत्र, महाराष्ट्र और गुजरात में पश्चिमी घाट के पश्चिमी ढलान, नर्मदा-सोन घाटी और दामोदर घाटी ऐसे मुख्य क्षेत्र हैं जिनमें तापीय ऊर्जा उत्पादन की क्षमता है।

तालिका 8.14 में यह देखा जा सकता है कि उत्तर प्रदेश में बायोगैस उत्पादन की सबसे अधिक क्षमता है, इसके बाद मध्य प्रदेश, आंध्र प्रदेश तथा बिहार का स्थान आता है। उत्पादन के मामले में महाराष्ट्र (74%), गुजरात (62%) तथा कर्नाटक (45%) अग्रणी राज्य हैं।

गोबर, जल, मजदूर तथा स्थान की कमी के कारण एवं देश के कुछ भागों में निम्न तापमान के कारण (खासकर जाड़े के मौसम में) बायोगैस के उत्पादन पर प्रतिकूल प्रभाव पड़ा है।

तालिका 8.14 भारत में प्रमुख चयनित राज्यों में बायोगैस विकास

राज्य/संघ प्रदेशों	अनुमानित संभावना (संख्या बायोगैस संयंत्र इकाइयां)	संचयी उपलब्धि 2019-20 तक (बायोगैस की संख्या संयंत्र इकाइयां)	संचयी प्रतिशत में उपलब्धि	के तहत लक्ष्य और उपलब्धियां NNBOMP 2020-21 के दौरान (संख्या में बायोगैस संयंत्र)		
				लक्ष्य (2020-21)	2020-21 की कुल उपलब्धियां	उपलब्धियों प्रतिशत में
1	2	3	4	5	6	7
आंध्र प्रदेश	1065000	262011	24.60	4100	1089	26.56
अरुणाचल प्रदेश	7500	3609	48.12	200	0	0.00
असम	307000	138483	45.11	3400	400	11.76
बिहार	733000	129905	17.72	600	0	0.00
छत्तीसगढ़	400000	59850	14.96	2000	262	13.10
गोवा	8000	4226	52.83	200	8	4.00
गुजरात	554000	435097	78.54	700	0	0.00
हरियाणा	300000	63221	21.07	1600	177	11.06
हिमाचल प्रदेश	125000	47680	38.14	400	0	0.00
जम्मू और कश्मीर	128000	3195	2.50	300	0	0.00
झारखंड	100000	7823	7.82	800	0	0.00
कर्नाटक	680000	510902	75.13	7000	1525	21.79
केरल	150000	153001	102.00	1500	428	28.53
मध्य प्रदेश	1491000	376538	25.25	4600	1022	22.22
महाराष्ट्र	897000	925235	103.15	7000	912	13.03
मणिपुर	38000	2128	5.60	200	0	0.00
मेघालय	24000	11156	46.48	300	0	0.00
मिजोरम	5000	5856	117.12	200	1	0.50
नगालैंड	6700	7953	118.70	200	0	0.00
उड़ीसा	605000	271772	44.92	1400	30	2.14
पंजाब	411000	185947	45.24	3500	998	28.51
राजस्थान	915000	72438	7.92	4800	132	2.75
सिक्किम	7300	9044	123.89	300	0	0.00
तमिलनाडु	615000	223792	36.39	900	23	2.56
तेलंगाना	0	316645		1000	0	0.00
त्रिपुरा	28000	3710	13.25	600	04	0.67
उत्तर प्रदेश	1938000	440915	22.75	1000	206	20.60

राज्य/संघ प्रदेशों	अनुमानित संभावना (संख्या बायोगैस संयंत्र इकाइयां)	संचयी उपलब्धि 2019-20 तक (बायोगैस की संख्या संयंत्र इकाइयां)	संचयी प्रतिशत में उपलब्धि	के तहत लक्ष्य और उपलब्धियां NNBOMP 2020-21 के दौरान (संख्या में बायोगैस संयंत्र)		
				लक्ष्य (2020-21)	2020-21 की कुल उपलब्धियां	उपलब्धियों प्रतिशत में
1	2	3	4	5	6	7
उत्तराखंड	83000	364540	439.20	1000	433	43.30
पश्चिम बंगाल	695000	972	0.14	800	0	0.00
अंडमान और निकोबार द्वीप समूह	2200	97	4.41	200	0	0.00
चंडीगढ़	1400	169	12.07	0	0	
दादरा और नगर हवेली	2000	681	34.05	200	0	0.00
दिल्ली/नई दिल्ली	12900	578	4.48	0	0	
पुदुचेरी	4300	17541	407.93	200	0	0.00
केवीआईसी	–	1344		5200	673	12.94
एनडीडीबी, आनंदी	–	–		3600	160	4.44
कुल	**12339300**	**5058054**	**40.99**	**60000**	**8483**	**14.14**

Source: Ministry of New and Renewal Energy, 2021

ऊर्जा संकट (Energy Crises)

जनसंख्या की तीव्र वृद्धि और प्रति व्यक्ति आय में वृद्धि के साथ, ऊर्जा की मांग बढ़ रही है, विशेषकर ऊर्जा के पारंपरिक स्रोतों की। देश में ऊर्जा की खपत प्रतिवर्ष 10% से अधिक की दर से बढ़ रही है। ऊर्जा के अभाव में बार-बार बिजली गुल होना, लोड-शेडिंग, कारखानों का बंद होना आदि होता है, जिसके परिणामस्वरूप औद्योगिक और कृषि उत्पादन में कमी आती है।

विकसित देशों की तुलना में देश में प्रति व्यक्ति बिजली की खपत बहुत कम है। उदाहरण के लिए, भारत में प्रति व्यक्ति बिजली की खपत 935 kWh प्रति व्यक्ति प्रति वर्ष है, जबकि संयुक्त राज्य अमेरिका में यह 12,154 kWh है। और विश्व औसत 3081 kWh है। एक अनुमान के अनुसार, वर्ष 2020 के लिए देश की अनुमानित अधिकतम मांग 1,83,804 मिलियन यूनिट थी। जबकि वास्तविक आपूर्ति 1,82,533 मिलियन यूनिट ही थी इस के लिए 1,271 मेगावाट की अतिरिक्त स्थापित क्षमता या 0.7 प्रतिशत अतिरिक्त आपूर्ति की आवश्यकता है।

भारत में कोयले के भंडार का वितरण असमान्य है इसलिए उनका परिवहन ताप-बिजली संयन्त्रों में अधिक महँगा है। ऊर्जा के क्षेत्र का कुप्रबंधन तथा बिजली घरों की कम क्षमता, मजदूरों की समस्या, बिजली की चोरी तथा बिजली की बर्बादी ने देश में ऊर्जा की समस्या को अधिक गहरा कर दिया है।

ऊर्जा संरक्षण (Energy Conservation)

ऊर्जा के परम्परागत स्रोत (जीवाश्म ईंधन) सीमित तथा समाप्त होने वाले स्रोत हैं, वहीं ऊर्जा के गैर-परम्परागत स्रोत पर्याप्त रूप से विकसित नहीं हैं। ऊर्जा संरक्षण हमारी जीविका तथा आने वाली पीढ़ी की जीविका के लिए अत्यावश्यक है। ऊर्जा संरक्षण के लिए उठाए जाने वाले कदम निम्नलिखित हैं:

(i) गैर-परम्परागत ऊर्जा के स्रोत के विकास पर बल। इससे जीवाश्म ईंधन (कोयला, पेट्रोलियम तथा प्राकृतिक गैस) का संरक्षण होगा।

(ii) ऊर्जा की खपत में कटौती।

(iii) खाना पकाने के स्टोव एवं तापन बत्ती में आधुनिक तकनीकों का प्रयोग।

(iv) विद्युत क्षेत्र का निजीकरण।

(v) बिजली की चोरी को कम करना।

(vi) बिजली की चोरी के लिए सख्त दंड।

यदि इन सभी उपायों को एक साथ लागू किया गया तो ऊर्जा संकट नि:संदेह कम हो जाएगा।

संदर्भ सूची (References)

- Athawale, S.B., *Wind Energy*. New Delhi: National Book Trust, 1994.
- Government of India. *Irrigation and Power Projects*. Ministry of Irrigation and Power, 1970.
- Government of India. *Report on Utilisation and Conservation of Energy*. Inter-Ministerial Energy Group, 1991.
- Government of India. *India—2010*. New Delhi, Publication Division, 2010.
- Khullar, D.R., *India—A Comprehensive Geography*. New Delhi: Kalyani Publisher, 2005.
- NATMO. *Irrigation Atlas of India*. 2nd ed. Kolkata: National Atlas and Thematic Mapping Organisation, 1990.
- *Report on the Irrigation Commission*. New Delhi: Ministry of Irrigation and Power, 1972.
- "Statistical Abstracts." *India 2007*. New Delhi: Taxman Publications.
- Tiwari, R.C., *Geography of India*. Allahabad: Prayag Pustak Bhawan, 2003.
- Wadia, M.D.N., *Minerals of India*. New Delhi: National Book Trust, 1994.
- World Bank. *Energy Efficiency and Conservation in Developing World (1993).*
- https://mnre.gov.in
- https://mygov.in
- https://services.india.gov.in

9
कृषि (Agriculture)

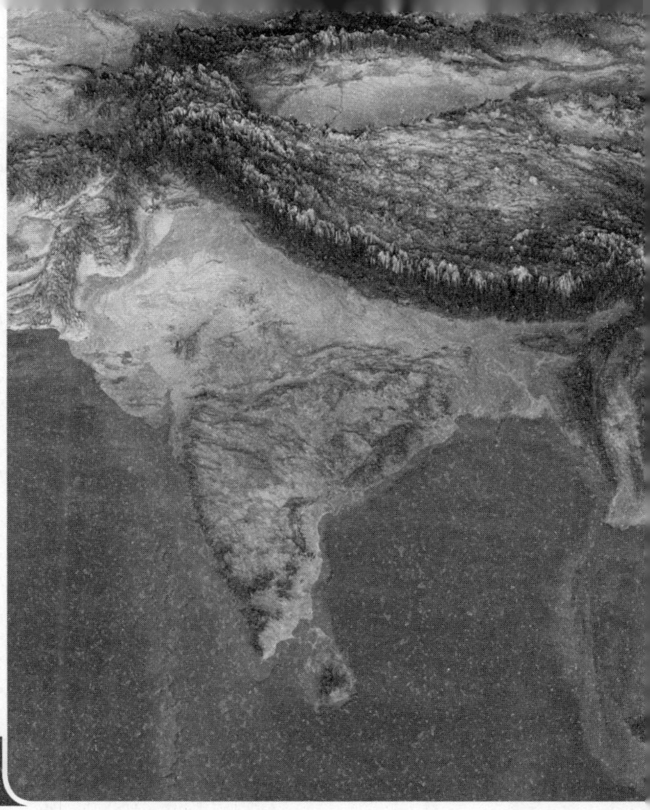

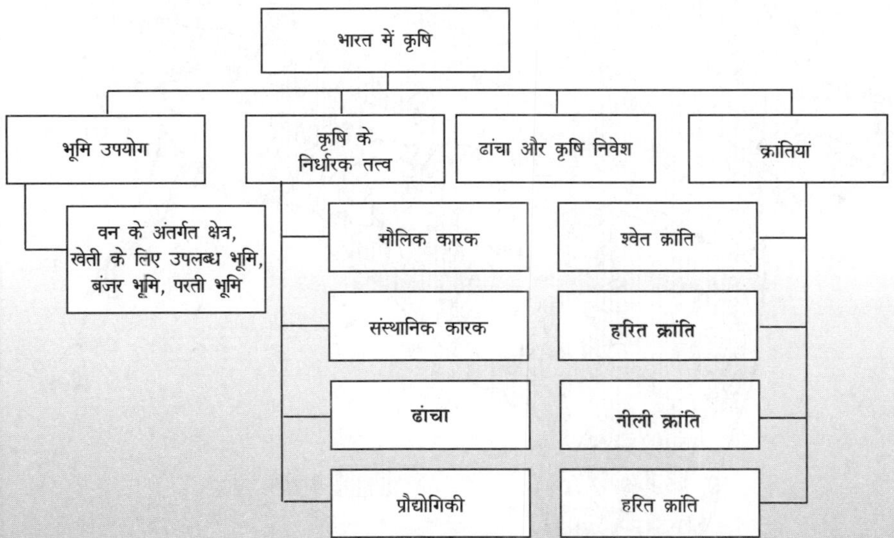

परिचय (Introduction)

भारतीय अर्थव्यवस्था कृषि पर निर्भर है। भारत की जनसंख्या का 55 प्रतिशत से भी बड़ा भाग प्रत्यक्ष या अप्रत्यक्ष रूप से कृषि पर आश्रित है। कृषि क्षेत्र भारत के सकल घरेलू उत्पाद (GDP) में 14.4 प्रतिशत का योगदान करता है। यह न केवल भारत की वृहत्त जनसंख्या को आहार की उपलब्धि कराता है बल्कि कृषि-आधारित उद्योगों को कच्चे माल की भी आपूर्ति करता है। इसके अतिरिक्त कृषि क्षेत्र द्वारा देश के लिए प्रतिवर्ष विदेशी मुद्रा में भी एक अच्छी आय अर्जित की जाती है। फसलों, पेड़-पौधों की खेती तथा पशुओं का पालन-पोषण ही कृषि है। इसके अंतर्गत अन्यान्य गतिविधियां शामिल की जाती हैं, यथा– फसलों की खेती,

पशुपालन, बागवानी, मत्स्यपालन, रेशम कीट पालन, वन-वर्धन (silviculture), फूलोत्पादन, इत्यादि। उष्ण एवं उपोष्ण कटिबंधों में अवस्थित होने के कारण भारत के अधिकतर कृषित क्षेत्र में एक वर्ष में दो या दो से अधिक फसलों का उत्पादन किया जा सकता है।

भूमि उपयोग (Land Utilisation)

भारत के कुल भौगोलिक क्षेत्र के 93 प्रतिशत (328.75 मिलियन हेक्टेयर) के भूमि उपयोग के आंकड़े उपलब्ध हैं। देश के सामान्य भूमि उपयोग के आंकड़े ***तालिका 9.1*** में दिए गए हैं ***(चित्र 9.1)***।

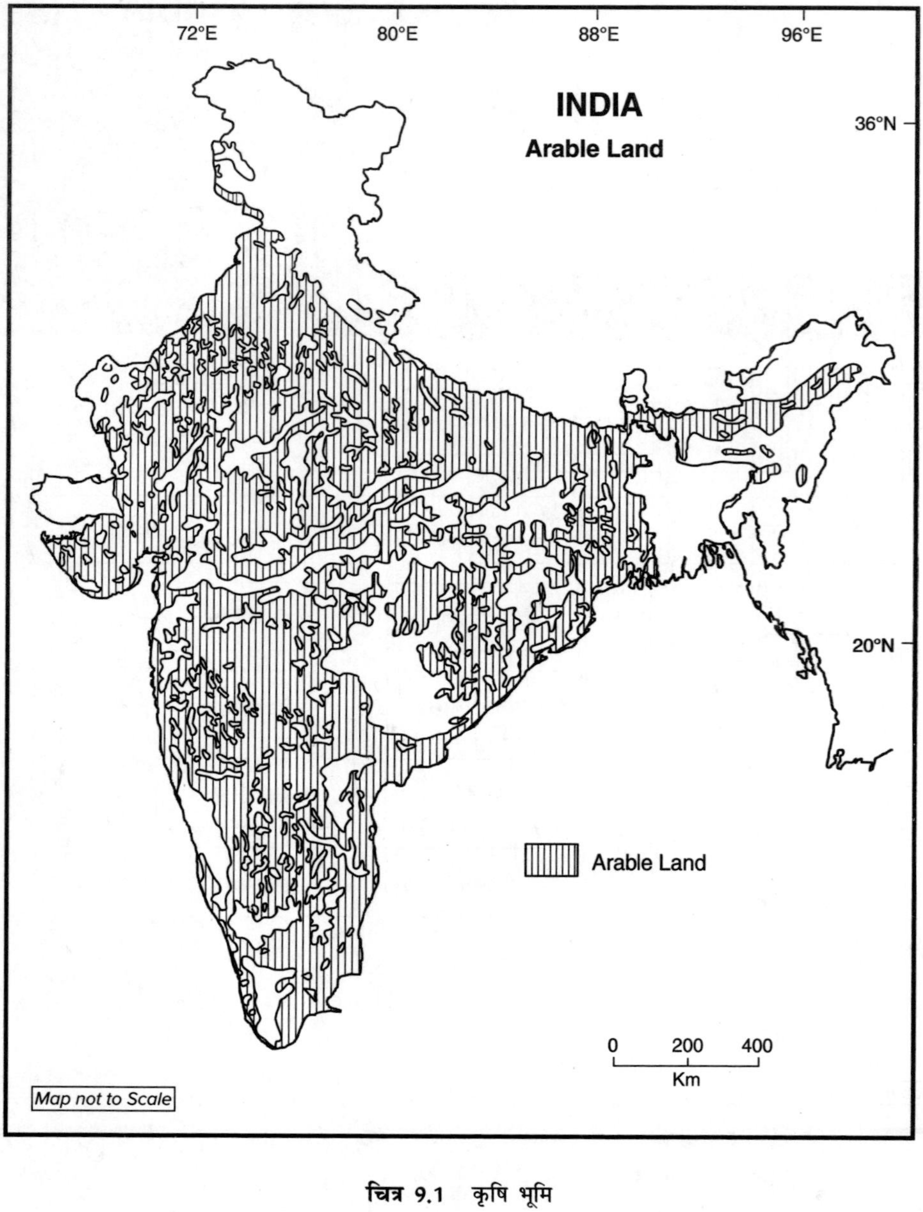

चित्र 9.1 कृषि भूमि

तालिका 9.1 से यह देखा जा सकता है कि 2018-19 में शुद्ध बोया गया क्षेत्र कुल रिपोर्टिंग क्षेत्र का 45% से अधिक था, और 18.83% वह क्षेत्र था जो एक से अधिक बार बोया गया था ***(चित्र 9.2)***। जंगलों के अंतर्गत 23.40% भूमि थी। बंजर और अनुपयोगी भूमि के अंतर्गत 5.58% क्षेत्र था। परती भूमि कुल रिपोर्टिंग क्षेत्र का 8.50% था। बाकी निम्नीकृत भूमि की विभिन्न श्रेणियां ***(तालिका 9.2)*** में दी गई हैं।

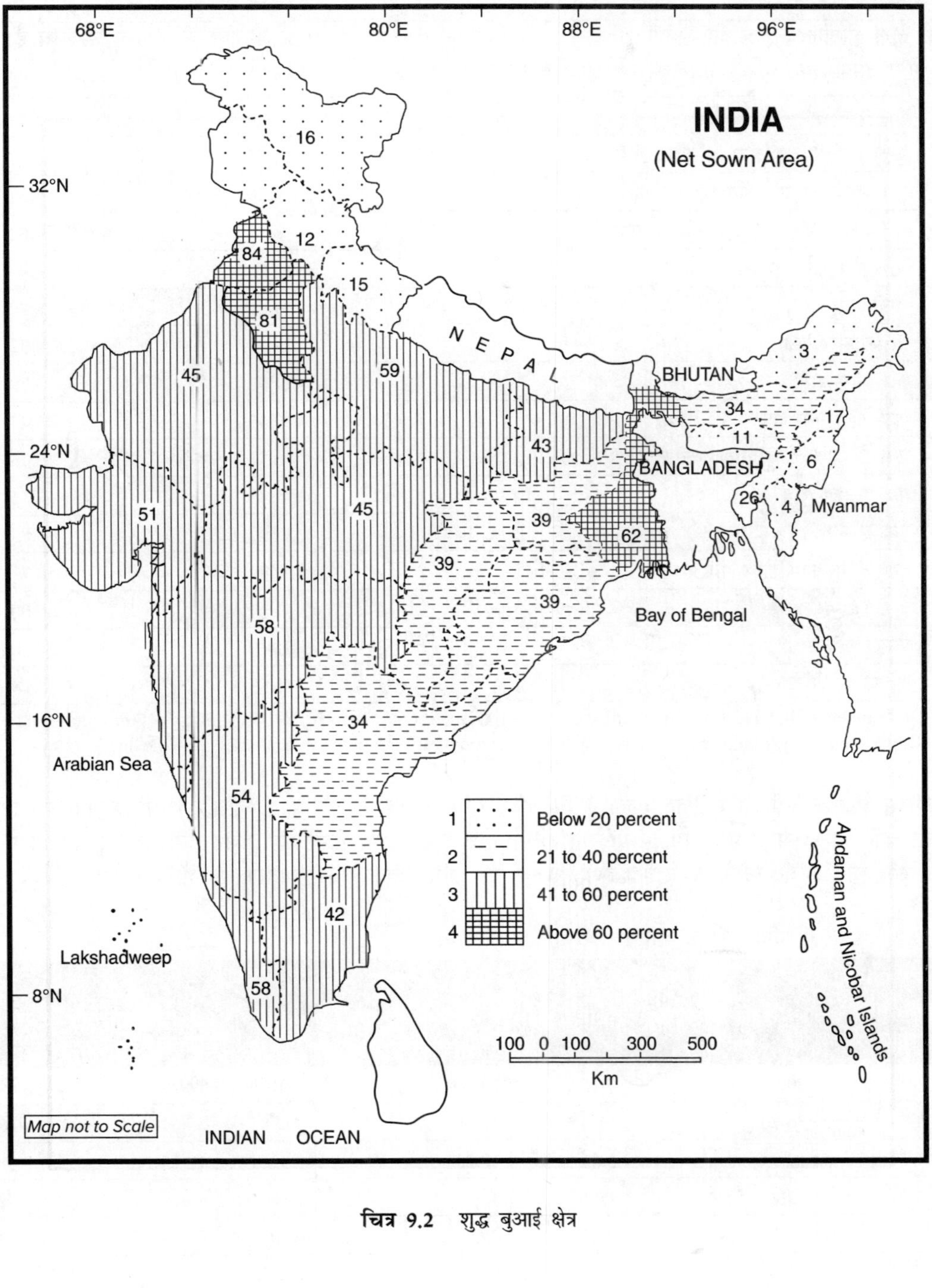

चित्र 9.2 शुद्ध बुआई क्षेत्र

तालिका 9.1 भारत-सामान्य भूमि उपयोग (2018-19)

क्र. सं.	भूमि श्रेणियाँ	क्षेत्रफल (मिलियन हेक्टेयर में)	प्रतिशत
1.	कुल भौगोलिक क्षेत्र	328.75	—
2.	भूमि उपयोग के लिए कुल रिपोर्टिंग क्षेत्र (3 + 4 + 5 + 6 + 7)	307.79	93.62
3.	वनों के अंतर्गत क्षेत्र	72.01	23.40
4.	खेती के लिए उपलब्ध नहीं क्षेत्र	44.51	14.46
	(a) गैर-कृषि उपयोग के लिए क्षेत्र	27.34	8.88
	(b) बंजर और कृषि अयोग्य भूमि	17.16	5.58
5.	परती को छोड़कर अन्य असिंचित भूमि	25.75	8.37
	(a) स्थायी चरागाह और चरागाह भूमि	10.38	3.37
	(b) वृक्ष फसलों और उपवनों की भूमि	3.15	1.02
	(c) कृषि योग्य अपशिष्ट	12.22	3.97
6.	परती भूमि	26.16	8.50
	(a) वर्तमान परती	14.53	4.72
	(b) अन्य परती	11.63	3.78
7.	शुद्ध बोया गया क्षेत्र	139.35	45.27
8.	एक से अधिक बार बोया गया क्षेत्र (9 - 10)	48.51	15.76
9.	कुल फसली क्षेत्र	197.32	64.11
10.	एक से अधिक बार बोया गया क्षेत्रफल	57.97	18.83
11.	कृषि भूमि/कृषि योग्य भूमि (5b + 5c + 6 + 7)	180.89	58.77
12.	जुती हुई जमीन	153.89	50.00
13.	फसल गहनता	—	141.6
14.	सिंचाई के अधीन क्षेत्र	71.55	23.25

Source: Government of India (2021), *Land Use Statistics at a Glance 2009–10 to 2018–19*, Ministry of Agriculture and Farmers Welfare, Department of Agriculture - Farmers Welfare, Directorate of Economics & Statistics, New Delhi

तालिका 9.2 के परीक्षण से पता चलता है कि बंजर भूमि झाड़ियों या गैर-झाड़ी वाले अधिसूचित वनों एवं निम्नीकृत अधिसूचित वनों का हिस्सा क्रमशः 19.40 प्रतिशत और 14.06 प्रतिशत है। निम्न और बंजर भूमि के सदुपयोग से न केवल अतिरिक्त कृषि भूमि अर्जित करने में सहायता होगी, बल्कि यह पारिस्थितिकी और पर्यावरण को भी लाभ पहुँचाएगी।

तालिका 9.2 भारत में भूमि क्षरण के कारण

मरुस्थलीकरण की प्रक्रिया/भूमि अवक्रमण	2018-19		2011-13		2003-05	
	क्षेत्र (मिलियन हेक्टेयर)	क्षेत्र (%)	क्षेत्र (मिलियन हेक्टेयर)	क्षेत्र (%)	क्षेत्र (मिलियन हेक्टेयर)	क्षेत्र (%)
वनस्पति क्षरण	30.07	9.15	29.30	8.91	28.28	8.60
जल क्षरण	36.20	11.01	36.10	10.98	35.61	10.83
वायु द्वारा कटाव	17.94	5.46	18.23	5.55	18.35	5.58
खारापन	3.64	1.11	3.67	1.12	4.01	1.22
जल भराव	0.81	0.25	0.65	0.20	0.60	0.18

मरुस्थलीकरण की प्रक्रिया/भूमि अवक्रमण	2018-19		2011-13		2003-05	
	क्षेत्र (मिलियन हेक्टेयर)	क्षेत्र (%)	क्षेत्र (मिलियन हेक्टेयर)	क्षेत्र (%)	क्षेत्र (मिलियन हेक्टेयर)	क्षेत्र (%)
पाले के कारण क्षरण	3.47	1.05	3.34	1.02	3.11	0.95
वृहत्त संचलन	0.94	0.29	0.93	0.28	0.84	0.26
मानव निर्मित	0.64	0.19	0.41	0.12	0.37	0.11
बंजर/चट्टानी	1.87	0.57	1.89	0.57	1.88	0.57
मानव बस्ती संबंधी	2.27	0.69	1.88	0.57	1.48	0.45
मरुस्थलीकरण के तहत कुल क्षेत्रफल	97.85	29.77	96.40	29.32	94.53	28.76
अस्पष्ट अवक्रमण	225.06	68.46	226.73	68.97	228.68	69.57
कुल भौगोलिक क्षेत्र (मिलियन हेक्टेयर, एमएचए में)	328.72					

Source: Government of India (2021), *Desertification and Land Degradation Atlas of India (Assessment and analysis of changes over 15 years based on remote sensing)*, Space Applications Centre SAC, Indian Space Research Organisation Department of Space ISRO, Ahmedabad, India.

नग्रभूमि (बिना वृक्ष और पौधे के आवरण) अत्यधिक निम्नीकरण सहती है जबकि वायु मिट्टी के आवरण को उड़ा ले जाती है ***(तालिका 9.2)***। जबकि तटीय क्षेत्रों में उत्तम हरियाली आवरण और आर्द्रता से 0.84 प्रतिशत ही क्षति सम्भव होती है।

भारतीय कृषि की विशेषताएं और समस्याएं (Characteristics and Problems of Indian Agriculture)

जैसा कि ऊपर कहा गया है भारतीय अर्थव्यवस्था कृषि पर निर्भर है। भारत के लोगों की सामाजिक-आर्थिक स्थिति, राष्ट्रीय राजनीति और लोगों का पूर्ण जीवन कृषि से प्रत्यक्ष रूप से नियंत्रित होता है। वस्तुत: भारतीय कृषि की एक अपनी अलग विशेषता है। भारतीय कृषि की कुछ महत्वपूर्ण विशेषताएँ और समस्याएँ नीचे दी गयी हैं:

1. **जीवन निर्वाह प्रकृति (Subsistent in Character):** ग्यारह पंचवर्षीय योजनाओं को लागू किए जाने के बावजूद भारतीय कृषि अधिकतर भागों में जीवन निर्वाह प्रकृति की है। खेतिहर और किसान अनाज का उत्पादन स्वयं परिवार के उपयोग के लिए करता है। देश के गिने-चुने क्षेत्र, जहाँ सिंचाईयुक्त भूमि उपलब्ध है, जैसे कि पंजाब, हरियाणा, पश्चिमी उत्तर प्रदेश तथा कावेरी दोआब केवल वहीं कृषि का विकास बाजारोन्मुख (Market Oriented) है।
2. **जनसंख्या का भारी दबाव (Heavy Pressure of Population):** भारतीय कृषि पर जनसंख्या का भारी दबाव है। देश के 55 प्रतिशत लोग कृषि पर निर्भर हैं। वर्तमान में प्रति व्यक्ति कृषि भूमि मात्र 0.10 हेक्टेयर है, जबकि यह 1951 में 0.30 हेक्टेयर प्रति व्यक्ति था। विश्व की औसत प्रति व्यक्ति कृषि भूमि उपलब्धता 4.5 हेक्टेयर है। जनसंख्या की तीव्र वृद्धि होने के कारण कृषित भूमि पर अधिक दबाव है।
3. **खाद्यान्न की प्रधानता (Predominance of Food Grains):** खरीफ (ग्रीष्म) एवं रबी (शीत) दोनों ही फसलों में भारत के सकल कृषित क्षेत्र में खाद्यान्नों की बहुलता होती है। जहां चावल, मक्का, ज्वार (Millets), बाजरा, रागी, तिलहन एवं दलहन प्रमुख खरीफ फसलें हैं, वहीं रबी की फसलों में गेहूं, चना, मटर, मसूर और जौ की भागीदारी तीन-चौथाई से भी अधिक है।
4. **मिश्रित खेती (Mixed Cropping):** देश के वर्षा सिंचित क्षेत्रों में मिश्रित खेती का होना सामान्य है। किसान खरीफ मौसम में चावल, मोटे अनाजों और दलहन फसलों तथा रबी के मौसम में गेहूँ, चना और जौ की खेती करता है। झूम खेती (Jhuming) में दस से सोलह मिश्रित फसलें एक ही खेत में बोयी जाती हैं। मिश्रित खेती करने के पीछे मूल

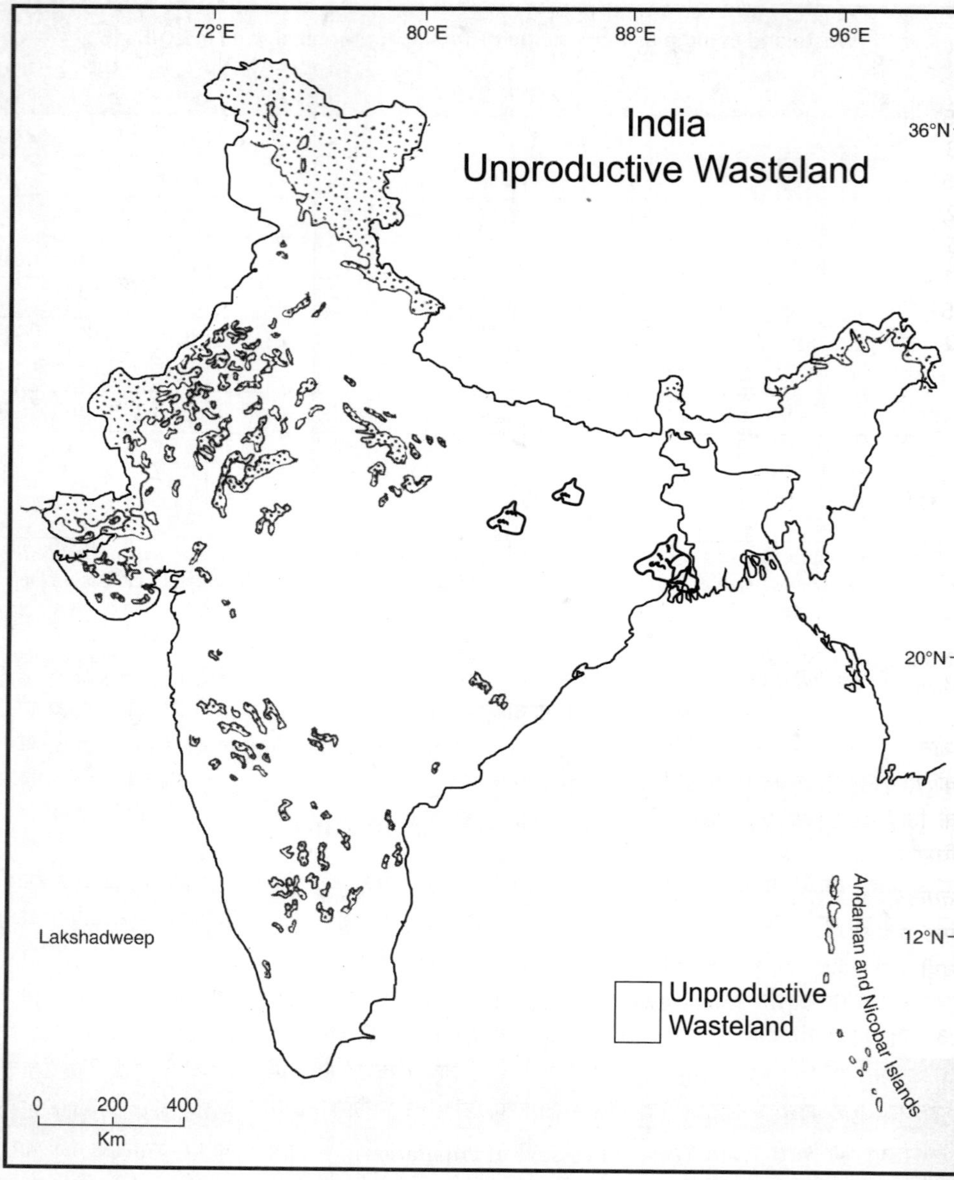

चित्र 9.3 बंजर भूमि

तर्क अच्छी खेती की आशा है, जिससे कृषि का अधिकतम लाभ प्राप्त हो सके। अगर मानसून समय पर तथा सफल होता है तो चावल की पैदावार अच्छी होगी और अगर मानसून असमय होता है तो कम पानी वाली फसलें, जैसे–ज्वार, मक्का, बाजरा और दलहन की पैदावार अच्छी होगी। मिश्रित खेती जीवन निर्वाह खेती की विशेषता है।

5. **प्रतिवेदित क्षेत्र में कृषि का उच्च प्रतिशत (High Percentage of the Reporting Area under Cultivation):** भारत में कुल क्षेत्र का लगभग 55.3% भाग फसलों की खेती तथा चारागाह के अंतर्गत आता है, जो तुलनात्मक दृष्टि से अन्य देशों (जैसे–कनाडा में 4%, चीन में 12%, जापान में 15% और संयुक्त राज्य अमेरिका में 16% है) से काफी अधिक है।

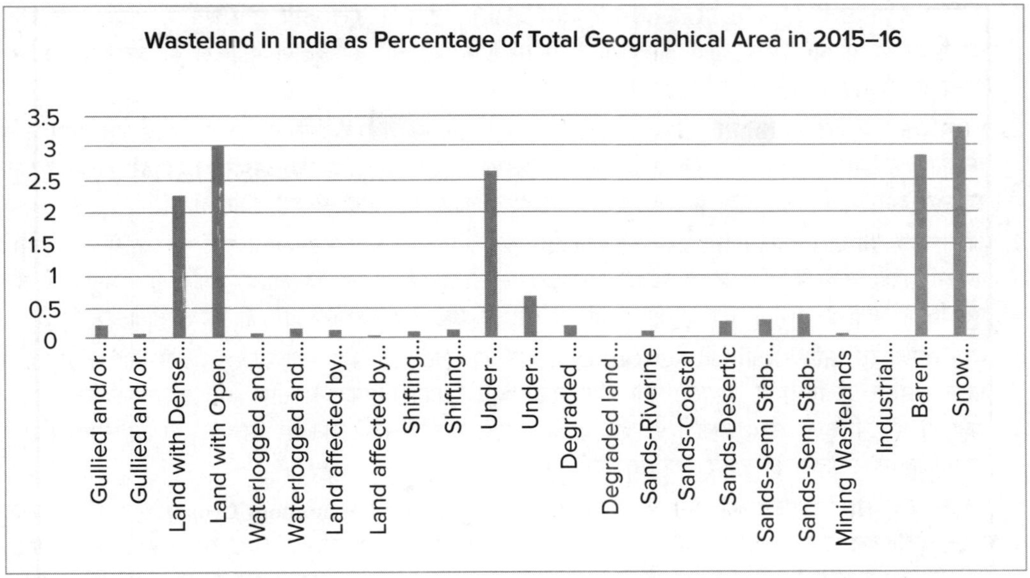

चित्र 9.4 व्यर्थ भूमि और निम्नीकरण भूमियां (प्रतिशत में)

Source: NRSC, ISRO: *Wastelands Atlas of India & 2019*; Land Use & Cover Monitoring Division, Land Resources, Land Use Mapping - Monitoring Group, Remote Sensing Application Area, National Remote Sensing Centre, Hyderabad

6. **जोत का छोटा आकार और विखंडन (Small size of holding and fragmentation of fields):** कृषि जोत क्षेत्र के 70% से भी अधिक भाग या तो छोटे और सीमांत आकार के हैं अर्थात् एक हेक्टेयर से कम। छोटे आकार की जोत के लिए मुख्य जिम्मेदार कारक सामाजिक, आर्थिक तथा मुख्यत: उत्तराधिकार के नियम हैं। छोटे आकार की जोत तथा विखंडित जोत आधुनिक कृषि के लिए उपयुक्त नहीं हैं।

   तालिका 9.3 से ज्ञात होता है कि देश के लगभग 51% किसान सीमांत (Marginal) हैं, जिनके पास कुल कृष्य क्षेत्र एक हेक्टेयर से भी कम हैं। छोटे किसान 20%, मझोले किसान 27% तथा केवल 4% बड़े किसान (10 हेक्टेयर से बड़ी जोत आकार वाले) हैं।

तालिका 9.3 जोत का आकार

क्र. सं.	आकार समूह	कृषि जनगणना 2015-16		कुल जोत का प्रतिशत	संचालित क्षेत्र का प्रतिशत कुल क्षेत्रफल में	औसत संचालित क्षेत्र प्रति जोत (हे. में)
		जोत की संख्या ('000 में)	संचालित क्षेत्र ('000 हेक्टेयर में)			
1.	2.	3.	4.	5.	6.	7.
1.	सीमांत (1.00 हेक्टेयर से कम)	100251	37923	68.45	24.03	0.38
2.	छोटा (1.00 - 2.00 हेक्टेयर)	25809	36151	17.62	22.91	1.40
3.	अर्ध-मध्यम (2.00 - 4.00 हेक्टेयर)	13993	37619	9.55	23.84	2.69
4.	मध्यम (4.00 - 10.00 हेक्टेयर)	5561	31810	3.80	20.16	5.72
5.	बड़ा (10.00 हेक्टेयर और अधिक)	838	14314	0.57	9.07	17.07
कुल		**146454**	**157817**	**100.00**	**100.00**	**1.08**

Source: Government of India (2019). Agriculture Census 2015–16, Agriculture Census Division, Department of Agriculture, Co-Operation & Farmers Welfare, Ministry of Agriculture & Farmers Welfare, New Delhi.

7. **सीमित गहन खेती (Limited Intensive Cultivation):** भारत में कुल कृषि भूमि क्षेत्र के केवल एक-तिहाई भाग पर द्विफसली या बहुफसली खेती की जाती है। इसमें द्विफसली क्षेत्र को बढ़ाना मुश्किल है, जब तक कि नहर और नलकूपों को बढ़ावा देने के लिए भारी निवेश नहीं किया जाता।

8. **पारंपरिक तकनीक (Primitive Technology):** देश के अधिकांश वर्षा सिंचित क्षेत्रों में जुताई एवं अन्य कृषि कार्यों के लिए भारवाही पशुओं (draught animals), जैसे–भैंस, बैल और ऊँट, का उपयोग करते हैं। भारवाही पशुओं की स्वास्थ्य और कार्य क्षमता कम होने के कारण कटाई, बुआई आदि कार्यों में देरी होती है।

9. **श्रम गहन कृषि (Labour Intensive Agriculture):** भारत में कृषि मुख्यत: मजदूरों पर आश्रित है, जिसमें कृषि के अधिकांश कार्य जैसे कि जुताई, खेत का समतल करना, बुआई, कटाई, छिड़काव इत्यादि कार्य मनुष्य के हाथों द्वारा पूरा किया जाता है। मशीनों का उपयोग अभी भी देश के कुछ बड़े किसानों द्वारा ही किया जाता है।

10. **वर्षा आधारित कृषि (Rainfed Agriculture):** देश का एक बहुत बड़ा भाग (55% से भी अधिक) कृषि के लिए ग्रीष्म मानसून पर निर्भर है। मानसून की अनिश्चितता और इसकी विषमता भारतीय कृषि की उत्पादकता और उत्पादन दोनों ही पर प्रतिकूल प्रभाव डालती है। देश के मात्र 42% कृषित क्षेत्र (जिन पर सिंचाई सुविधाएं उपलब्ध हैं) पर ही किसान कृषि उत्पादन को लेकर विश्वस्त रहते हैं।

11. **दलहन एवं चारा फसलों की कम भागीदारी (Less Area under Leguminous Crops):** मृदा में नाइट्रोजन नियत करने वाली दलहन फसलों की खेती घटती जा रही है। इस कारण मृदा की उर्वरता घटी है। इसी प्रकार चारा फसलों के अंतर्गत देश का मात्र 4% कृषित क्षेत्र ही आता है। चारे की कमी तथा चारागाहों की कमी के कारण देश के दुग्ध उत्पादन पर प्रतिकूल प्रभाव पड़ रहा है। हालांकि भारत में विश्व की सर्वाधिक मवेशी हैं फिर भी मवेशी उत्पादों के क्षेत्र में इसका स्थान नाममात्र का है।

12. **पारंपरिक कृषि (Tradition Bound Agriculture):** भारतीय कृषि अब भी बड़े अर्थों में परंपरावादी है। इसकी स्थापना शताब्दियों पूर्व एक आत्म-निर्भर अर्थव्यवस्था के रूप में हुई थी जो न केवल जातिगत व्यावसायिक ढांचों में गढ़ी थी बल्कि इसमें अनुपस्थित एवं परजीवी भू-स्वामियों का भी बोल-बाला रहा था। इन संस्थानिक कारकों एवं परंपरागत कृषि स्वरूप के कारणों से भारतीय कृषि के आधुनिकीकरण का कार्य काफी दुरूह और मंद रहा है।

13. **निम्न उत्पादकता (Low Productivity):** निम्न उत्पादकता भारतीय कृषि की एक प्रमुख समस्या है। दूसरे देशों की तुलना में भारत में कृषि उत्पादकता काफी निम्न है (इसे ***तालिकाओं 9.4*** और ***9.5*** द्वारा समझा जा सकता है)। निम्न उत्पादकता के लिए जिम्मेदार कारकों में मृदा की निम्न उर्वरता तथा हरित खादों, उर्वरकों एवं फसलों के तार्किक चक्रण की अनुपस्थिति को माना जाता है। रासायनिक उर्वरकों के निम्न-स्तरीय उपयोग को ***चित्र 9.5*** द्वारा दर्शाया गया है।

तालिका 9.4 भारत में चावल की उपज की अंतर्राष्ट्रीय तुलना, 2016 (मीट्रिक टन/हेक्टेयर में)

पद	देश	क्षेत्र	उत्पादन	पैदावार	प्रतिशत में उत्पादन
1.	चीन	30746	211094	6866	27.92
2.	भारत	43190	163700	3790	21.65
3.	इंडोनेशिया	15156	79355	5236	10.49
4.	बांग्लादेश	11001	50453	4586	6.67
5.	वियतनाम	7735	43112	5574	5.70
6.	थाईलैंड	9340	26653	2854	3.52
7.	म्यांमार	6724	25673	3818	3.40
8.	फिलीपींस	4556	17627	3869	2.33
9.	नाइजीरिया	5608	11346	2023	1.50
10.	ब्राजील	1944	10622	5464	1.40
	विश्व	**165219**	**756158**	**4577**	**100.00**

Source: Government of India (2019). *Agricultural Statistics at a Glance 2018*, Ministry of Agriculture & Farmers Welfare, Department of Agriculture, Cooperation & Farmers Welfare, Directorate of Economics and Statistics

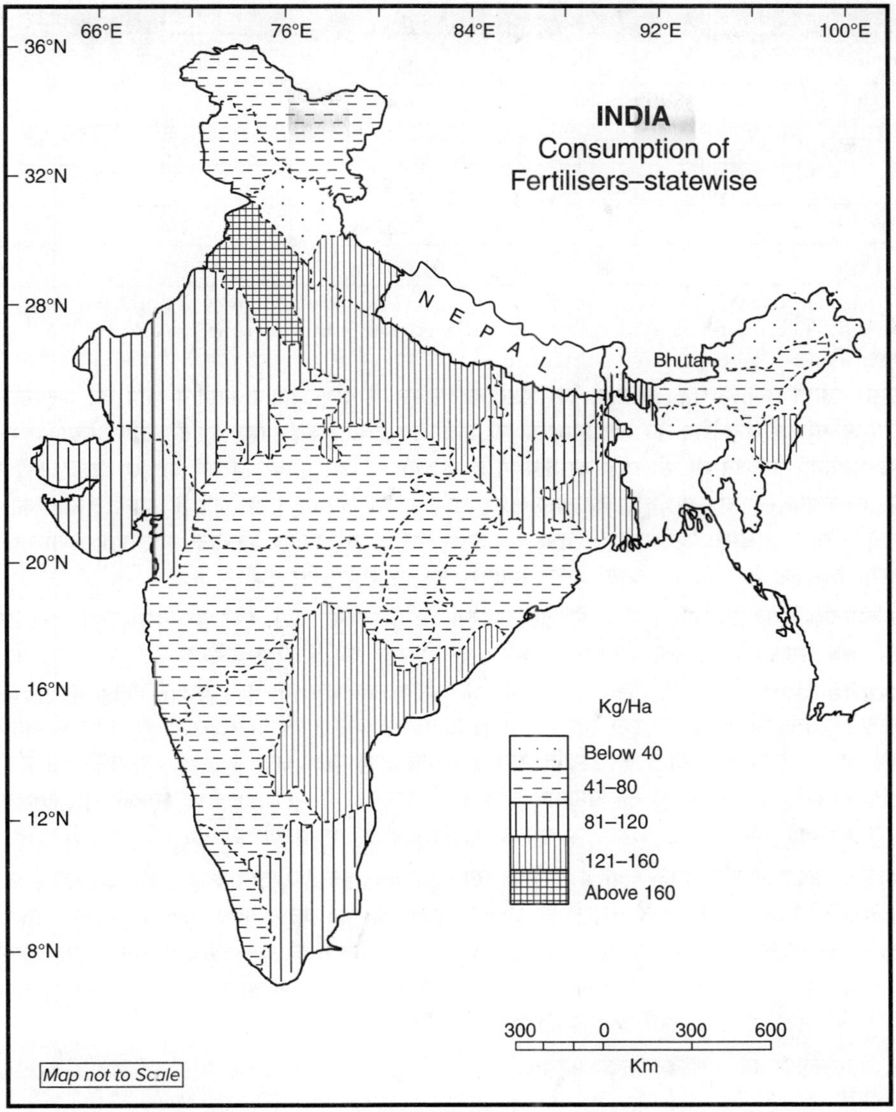

चित्र 9.5 उर्वरकों की खपत

तालिका 9.5 भारत में गेहूं को उपज की अंतर्राष्ट्रीय तुलना, 2014-15 (मीट्रिक टन/हेक्टेयर में)

पद	देश	क्षेत्र	उत्पादन	पैदावार	प्रतिशत में उत्पादन
1.	चीन	24696	133271	5396	17.79
2.	भारत	30420	92290	3034	12.32
3.	रूसी संघ	27313	73295	2684	9.79
4.	अमेरिका	17746	62833	3541	8.39
5.	कनाडा	9262	32140	3470	4.29

पद	देश	क्षेत्र	उत्पादन	पैदावार	प्रतिशत में उत्पादन
6.	फ्रांस	5563	29504	5304	3.94
7.	यूक्रेन	6206	26099	4206	3.48
8.	पाकिस्तान	9224	25633	2779	3.42
9.	जर्मनी	3202	24464	7641	3.27
10.	ऑस्ट्रेलिया	11282	22275	1974	2.97
	विश्व	220253	749015	3401	100.00

Source: Government of India (2019). *Agricultural Statistics at a Glance 2018*, Ministry of Agriculture & Farmers Welfare, Department of Agriculture, Cooperation & Farmers Welfare, Directorate of Economics and Statistics

14. **सरकारी नीति (Government Policy):** भारत की पंचवर्षीय योजनाओं में भारतीय कृषि की अनदेखी की जाती रही है। चूंकि सरकारी नियोजन का औद्योगीकरण के प्रति अत्यधिक झुकाव रहा फलतः कृषि क्षेत्र उपेक्षित रहा है। जहां आज भारतीय अर्थव्यवस्था की वृद्धि दर लगभग 8 प्रतिवर्ष है, वहीं कृषि क्षेत्र की यह दर मात्र 2.5% है। इतनी धीमी और तुलनात्मक रूप से निम्न वृद्धि दर वाले क्षेत्रक पर देश की लगभग 55% आबादी अपनी आजीविका के लिए निर्भर है। ऋणग्रस्तता, भुखमरी, बेरोज़गारी, आत्महत्या, इत्यादि आज के भारतीय किसानों की आम समस्यायें हैं। शहरी और ग्रामीण जनसंख्या के बीच की आय की विषमता पिछले दशक में और तेजी से बढ़ी है।

वैसे ग्यारहवीं पंचवर्षीय योजना में ग्रामीण एवं नगरीय असमानता को कम करने पर विशेष बल दिया गया था। ग्रामीण गरीबी और बेरोज़गारी को कम करने तथा ग्रामीण नगर प्रवसन को नियंत्रित करने के उद्देश्य से इस योजना में प्रतिवर्ष 580 लाख रोजगार के अवसर उपलब्ध कराने का भी उद्देश्य रखा गया था। कृषि क्षेत्र में निवेश बढ़ाने, उचित आधारभूत संरचना का विकास करने, उत्पादन बढ़ाने तथा खाद्यान्नों की कीमत को स्थिर रखते हुए किसानों को कृषि कार्य से उचित लाभ अर्जित कर सकने की स्थिति उत्पन्न कराना आज कृषि क्षेत्र से जुड़ी मूल चुनौतियां हैं। सभी सरकारी नीतियां किसानों की समस्याओं का समाधान करने में विफल रही हैं। वर्ष 2016 के भंयकर सूखे एवं बाढ़ ने किसानों की समस्या को और भी बढ़ा दिया। इस वर्ष हजारों किसानों ने आत्महत्या की थी।

प्राकृतिक आपदाओं की तीव्रता बढ़ी है। गुजरात का भूकम्पीय विनाश राष्ट्रीय आपदा का एक उदाहरण है। प्रौद्योगिक अनुप्रयोग के विशेष प्रयासों की जरूरत है। प्रभावी सूचना तंत्र को बढ़ाना होगा। आपदा प्रबन्धन हेतु तैयार रहने की आकांक्षा है। ग्लोबीय कृषिगत व्यापार से रोजगार और आमदनी बढ़ाने की एक विधि है। भविष्य में कृषिगत बाजारों को स्वंत्रत बनाना लाभकारी होगा। बाल बनाना होगा जो दीर्घकाल तक देश के लिए कृषि सेक्टर में जीवनकरण योग्य विकास की नीति निर्धारण के लिए निम्नलिखित मुख्य विषय है:

1. जनसंख्या दबाव और जंनाकिकी परिवर्तन
2. कृषि में निवेश, ढांचागत परिवर्तन औीर गरीबों पर प्रभाव
3. गरीबों पर ग्लोबीय प्रभाव
4. दुरित नगरीकरण और ग्रामीण निर्धनता की घोषणा

कृषि नीति विज्ञान 2020 में निम्नलिखित पेरामीटर पर ध्यान देना होगा:

1. कृषि सगंठन
2. प्राकृतिक ससांधनों का प्रबन्धन और जीवन धारण योग्य विकास
3. संस्थानिक परिवर्तन
4. निवेश की वरीयता
5. उत्प्रेरक
6. जोखिम प्रबन्धन

15. **निश्चित कृषि भू-उपयोग नीति का अभाव (Lack of Definite Agricultural Land use Policy):** देश में कृषि भू-उपयोग की स्पष्ट नीति का विकास नहीं हो पाया है। किसान फसलों का उत्पादन अपनी सुविधा के अनुसार करता है। यही कारण है क्रि भारत में किसी वर्ष किसी विशेष कृषि उत्पाद की बहुलता तो कभी कमी देखी जाती है। कमी की स्थिति में जहां उन उत्पादों की मूल्य वृद्धि होती है, वहीं बहुलता की स्थिति में किसानों को अपने उत्पादों (प्याज, आलू, टमाटर और अन्य सब्जियां) का लाभकारी मूल्य नहीं मिलता तथा किसान गन्ने की फसलों को जला भी डालते हैं। उल्लेखनीय है कि, वर्ष 2020-21 में अरहर एवं उड़द की दालों के भाव ₹200/ प्रति किलो को पार कर गये थे।

16. **भंडारण एवं विपणन सुविधाओं का अभाव (Lack of Marketing and Storage Facilities):** कृषिगत उत्पादों के उचित भंडारण एवं विपणन सुविधाओं के नहीं होने से किसान अपने उत्पादों को लाभकारी मूल्यों पर बेचने से वंचित रह जाता है। इन कारणों से यह मुनाफा मध्यस्थों, कमीशन ऐजेन्टों एवं व्यापारियों द्वारा हड़प लिया जाता है। देश के कुछ राज्यों (पंजाब, हरियाणा, महाराष्ट्र, गुजरात, आंध्र प्रदेश) को छोड़कर शेष सभी जगहों पर यह अभाव व्याप्त है।

17. **समाज में कृषि कार्य की निम्न प्रतिष्ठा (Low Status of Agriculture in Society):** भारत में कृषि कार्य एक निम्न प्रतिष्ठा वाला व्यवसाय माना जाता है। पढ़े-लिखे युवक कृषि कार्य की जगह नौकरी करना (विशेष कर सरकारी) अधिक पसंद करते हैं। इन कारणों से कृषि कार्य में संलग्न किसानों में एक हतोत्साहन की स्थिति देखी जाती है। दूसरी तरफ धनी किसान अपने कृषिगत लाभ को गैर-कृषिगत क्षेत्रों में निवेशित करता है ताकि तुलनात्मक रूप से अधिक लाभ अर्जित किया जा सके। प्रतिवर्ष गांव से शहरों की ओर उच्च स्तरीय भौतिक पलायन जारी है। कृषि को पुन: प्रतिष्ठित करने की घोर आवश्यकता है।

18. **काश्तकारी भू-धारण (Land Tenancy):** भारतीय कृषि की निम्न उत्पादकता और उत्पादन के लिए इसकी अतार्किक भू-धारण (land tenancy) प्रणाली भी जिम्मेदार है। बहुधा कृषि भूमि के स्वामी अनुपस्थित भू-स्वामी हैं, जिनकी जमीन पर बंटाईदार कृषि कार्य कर रहे हैं। चूंकि कृषि कार्य में संलग्न किसान वास्तविक भू-स्वामी नहीं है अत: वह उचित कृषि, प्रबंधन और आधुनिकीकरण इत्यादि पहलुओं पर ध्यान नहीं देता। भूमि पर कृषि कार्य करने वाले किसान का कृषि भूमि पर मालिकाना अधिकार नहीं होना इस समस्या का मूल कारण है।

19. **किसानों में गरीबी और ऋणग्रस्तता (Poverty and Indebtedness of the Farmers):** जीवन निर्वाह कृषि व्यवस्था में ऋणग्रस्तता एक आम समस्या है। लेकिन भारत में यह समस्या काफी बड़ी है। देश के 85% किसान ऋणों के बोझ तले दबे हैं। पिछले दशकों में कई राज्यों में ऋणग्रस्तता के कारण किसानों द्वारा आत्महत्याएं की जाती रही हैं। वर्ष 2016 से किसानों की आत्महत्या संख्या हज़ारों को पार कर गई। देश के छोटे और सीमांत किसान आज भी अपनी ऋण आवश्यकताओं के लिए असंगठित क्षेत्र के ऋणदाताओं (महाजन, साहूकार, आदि) पर निर्भर हैं, जिनके द्वारा अति शोषणकारी ब्याज दरों (25 से 40 प्रतिशत तक) पर ऋण दिया जाता है। इनके कर्ज़ से मुक्ति पाने के क्रम में किसान अपनी जमीन तक को गिरवी रखता है, जो अंतत: ऋणदाताओं द्वारा हड़प ली जाती है। उल्लेखनीय है कि, किसानों को ऋणग्रस्तता की इस समस्या से मुक्त कराने तथा उन तक संगठित क्षेत्र के बैंकों को पहुंचाने की दिशा में ग्यारहवीं पंचवर्षीय योजना में विशेष प्रावधान किए गए थे।

20. **विस्तारण सेवाओं की अपर्याप्तता (Inadequacy of Extension Services):** कृषि क्षेत्र के विकास के लिए विभिन्न सरकारी संस्थानों द्वारा विकसित की जा रही तकनीकों को किसानों तक पहुंचाने की व्यवस्था अपर्याप्त है। इसके साथ ही किसानों के कौशल विकास का कार्य भी उचित स्तर पर नहीं किया जाता।

21. **अनुसंधान एवं विकास की कमी (Lack of Agricultural Research):** कृषि विकास के लिए अनुसंधान एवं विकास कार्यों में संलग्न सरकारी संस्थानों द्वारा इस दिशा में सक्रियता से ध्यान नहीं दिया गया है। भारत कृषि विकास एवं अनुसंधान पर दूसरे देशों की तुलना में काफी कम धन खर्च करता है। इसके अतिरिक्त जिन बेहतर तकनीकों/आगतों (यथा-बीज, उर्वरक, कीटनाशक, इत्यादि) का विकास हुआ भी है, वह किसानों में जागरुकता की कमी से उपयोग में नहीं लाये जाते।

22. **मृदा अपरदन एवं निम्नीकरण (Soil Erosion and Soil Degradation):** मृदा अपरदन की समस्या वैसे तो सार्वभौमिक है परन्तु यह भारी वर्षा वाले एवं अत्यल्प वर्षा वाले क्षेत्रों में काफी गंभीर है। वृक्षों की अंधा-धुंध कटाई, मवेशियों की चराई तथा भू-उपयोग संबंधी गैर-वैज्ञानिक तरीकों इत्यादि कारणों से देश के विभिन्न भागों में त्वरित गति से मृदा

अपरदन हो रहा है। इस कारण मृदा की उर्वरा शक्ति निम्नीकृत होती जा रही है। हालांकि मृदा संरक्षण संबंधी कार्यक्रमों को सन् 1953 से ही लागू करना प्रारंभ कर दिया गया था। लेकिन इनके प्रभाव उत्साहजनक नहीं रहे हैं। आम आदमी में जागरुकता लाने और उसकी सहभागिता के बिना यह कार्य पूरा नहीं किया जा सकता।

23. **अन्य विशेषताएं एवं समस्याएं (Other characteristics and Problems):** ऊपर चर्चित तथ्यों के अतिरिक्त भारतीय कृषि के समक्ष और भी कई समस्याएं व्याप्त हैं, जिन कारणों से न सिर्फ कृषि क्षेत्र का उत्पादन स्तर कम है बल्कि ग्रामीण विकास भी काफी निम्न है, जैसे-कृषि क्षेत्र में बिजली, परिवहन और संचार की आम कमी; अवैज्ञानिक कृषि पद्धति; कृषि कार्य के लिए लाभकारी मूल्यों का नहीं मिलना; असाक्षरता; परंपरागत सोच; स्वास्थ्य सेवाओं की आम कमी; मवेशियों के अस्पतालों की कमी; इत्यादि।

कृषि के निर्धारक (Determinants of Agriculture)

कृषि क्रियाएँ, फसल प्रारूप और उनकी उत्पादकता भू-जलवायविक, सामाजिक, आर्थिक तथा सांस्कृतिक राजनीतिक कारकों द्वारा निर्धारित होती हैं। वास्तव में किसी भी क्षेत्र की कृषि निम्नलिखित कारकों द्वारा प्रभावित होती है:

1. **भौतिक कारक:** भू-क्षेत्र (Terrain), भू-आकृति, जलवायु तथा मिट्टी।
2. **संस्थागत कारक:** भू-स्वामित्व, भू-काश्तकारी, जोत का आकार, एवं खेत का आकार।
3. **आधारभूतीय कारक:** सिंचाई, विद्युत, यातायात, बाजार, साख, बीमा, अनुसंधान तथा भंडारण की सुविधा।
4. **तकनीकी कारक:** अधिक उत्पादकता वाले बीज (HYV), रासायनिक खाद, कीटनाशक, कृषि कार्य में लगे यंत्र।

ये कारक व्यक्तिगत या सामूहिक रूप से फसल प्रारूप पर अपना प्रभाव रखते हैं, जैसे–कृषि विकास का स्तर और क्षेत्र में फसल की उत्पादकता। इन कारकों का विस्तृत वर्णन नीचे दिया गया है।

1. भौतिक कारक

(a) भूक्षेत्र, स्थलाकृति तथा ऊँचाई (Terrain, Topography and Altitude)

फसल प्रारूप, भू-पारिस्थितिकी दशाओं, जैसे–भूक्षेत्र, स्थलाकृति, ढाल तथा ऊँचाई पर निर्भर करता है, जबकि धान की खेती के लिए समतल भू-भाग की आवश्यकता होती है। चाय की खेती उबड़-खाबड़ ढलानदार (undulating) स्थलाकृतियों वाले क्षेत्रों में, जहाँ पानी रुकता न हो, होती है। नारियल के बगीचे निम्न ऊँचाई पर पाये जाते हैं, जैसा कि समुद्र तल से नजदीक वाले क्षेत्र में, जबकि सेब के बगीचे उष्णकटिबंधीय दशाओं में समुद्र तल से 1500 मीटर की ऊँचाई पर पाये जाते हैं। उष्णकटिबंधीय तथा उप-उष्णकटिबंधीय क्षेत्रों में समुद्रतल से 3500 मीटर से अधिक ऊँचाई पर कृषि कार्य प्रायः नहीं किये जाते हैं। अत्यधिक विरल वायु, कम दबाव, कम ताप तथा ऑक्सीजन की कमी अधिक ऊँचाई पर फसल के उत्पादन पर नकारात्मक प्रभाव डालते हैं तथा दुग्ध उत्पादन के लिए भी बाधा उत्पन्न करते हैं। पर्वतीय क्षेत्रों की मिट्टी प्राय: अविकसित होती है, जो कृषि के लिए अनुपयुक्त होती है। स्थलाकृतिक विशेषताएँ, वर्षा के वितरण को भी प्रभावित करती हैं। सामान्यत: पवनाविमुख भाग (Leeward Side) की अपेक्षा पवनाभिमुखी भाग अधिक वर्षा प्राप्त करते हैं। किसी क्षेत्र में प्राप्त वर्षा की मात्रा उस क्षेत्र में बोई जाने वाली फसलों के चयन को निर्धारित करता है।

ऊँचाई तथा ढाल की अभिमुखता के अतिरिक्त सतह की प्रकृति भी कृषि क्रिया-कलापों को प्रभावित करती है। नालिकाओं वाली भूमि कृषि के लिए अनुपयुक्त होती है। मध्य प्रदेश, राजस्थान और उत्तर प्रदेश में चंबल नदी ने हजारों हेक्टेयर कृषि योग्य भूमि को बर्बाद किया है।

(b) जलवायु (Climate)

कृषि, भू-उपयोग और फसल प्रारूप को निर्धारित करने वाले सबसे प्रमुख कारकों में एक है।

(i) **तापमान (Temperature):** फसलों का उत्पादन उनके प्रतिरूप तथा संयोजन, तापमान तथा वर्षण दशाओं द्वारा निर्धारित किया जाता है। कृषि वैज्ञानिकों द्वारा यह सिद्ध किया गया है कि सभी फसलों का एक विशिष्ट शून्य (specific zero)

तापमान होता है, जिनके नीचे इनका उत्पादन नहीं हो सकता। साथ ही एक ईष्टतम् तापमान (optimum temperature) भी होता है, जब फसलें वर्द्धन की उच्चतम दशा दर्शाती हैं।

फसल जीवन की प्रत्येक अवस्थाओं के लिए, जैसे–अंकुरण के समय, पत्रण के समय तथा फूल खिलने के समय, फल लगने के समय विशिष्ट शून्य तथा अनुकूलतम तापमान के अलग-अलग स्तर बेहतर हैं।

फसल वृद्धि के लिए तापमान की अधिकतम सीमा, अधिक तापमान वाली दशाओं में 60°C होती है, जैसे-अगर आर्द्रता की आपूर्ति अपर्याप्त हो तो 40°C से ऊपर फसलें सूख जाती हैं। इसकी तुलना में ठंडा तथा हिमांक तापमान पौधों के अंकुरण, वृद्धि तथा कटाई पर बहुत ही प्रतिकूल प्रभाव डालता है। चावल, गन्ना, जूट, कपास, मिर्च, टमाटर जैसी फसलें पाला की उपस्थिति में नष्ट हो जाती हैं। गेहूं तथा जौ के लिए न्यूनतम तापमान 5°C, मक्का के लिए 10°C, और चावल के लिए 20°C होता है।

फसल प्रारूप पर तापमान के प्रभाव को यह तथ्य स्पष्ट दर्शाता है कि खजूर के फलों के पकने की क्षेत्र की उत्तरी सीमा है–19°C, माध्य वार्षिक तापमान। तापमान अंगूर उत्पादन की सीमा निर्धारण में प्रमुख कारक है। अंगूर की खेती केवल उन राष्ट्रों में की जाती है, जिनमें अप्रैल से अक्टूबर तक माध्य तापमान 15°C से अधिक रहता है। जाड़े की गेहूँ तथा जौ जैसी फसलें 15°C से 25°C तापमान पर अच्छी उत्पादकता देती हैं। इसके विपरीत उष्णकटिबंधीय फसलों, जैसे–कोको, कॉफी, गर्म मसाले, रबड़ तथा तंबाकू; के लिए सबसे ठंडे महीने में भी तापमान 18°C से अधिक होना चाहिए, जबकि गेहूँ, चना, दाल, मसूर, आलू, सरसों, तिलहन को वृद्धि तथा विकास के समय 20°C तापमान की आवश्यकता होती है तथा बोने एवं काटने के समय कुछ अधिक (25°C से अधिक) तापमान की आवश्यकता होती है।

(ii) आर्द्रता (Moisture): सभी फसलों को आर्द्रता की आवश्यकता होती है। ये मिट्टी से पानी तथा आर्द्रता (नमी) ग्रहण करते हैं। नमी, वर्षा या सिंचाई के साधनों से प्राप्त की जा सकती है। ऊँचे तापान्तर (range) के बावजूद नमी फसल उत्पादन में अन्य जलवायविक कारकों से अधिक महत्वपूर्ण है। फसल विकास के लिए अनुकूलतम तापमान की दशाओं की तरह ही अनुकूलतम नमी की दशाओं की आवश्यकता होती है। अत्यधिक मात्रा में पानी अधिक रासायनिक तथा जैविक क्रियाओं द्वारा मिट्टी को प्रभावित करता है और ऑक्सीजन की मात्रा में कमी तथा यौगिकों की निर्माण में वृद्धि होती है, जो पौधों की जड़ों के लिए विषाक्त होते हैं। मिट्टी में पानी की अत्यधिक मात्रा पौधों के विकास को अवरुद्ध कर देती है। मिट्टी में ऑक्सीजन की कमी को नालियां बनाकर जल-अपवाह में सुधार करके दूर किया जा सकता है।

(iii) सूखा (Drought): सूखे का फसलों तथा उनके उत्पादन पर बहुत विनाशकारी प्रभाव पड़ता है। मृदा में उपलब्ध जल की मात्रा से वाष्पीकरण तथा प्रत्यक्ष वाष्पोत्सर्जन की मात्रा अधिक हो जाती है तो इस दशा को मृदा सूखा (Soil Drought) कहा जाता है। सूखा फसलों को नुकसान पहुँचाता है क्योंकि मृदा से नमी की लगातार पूर्ति नहीं हो पाती है।

भारत के सूखा प्रभावित क्षेत्र राजस्थान, गुजरात, मध्य प्रदेश, छत्तीसगढ़, झारखंड, महाराष्ट्र, आंध्र प्रदेश, कर्नाटक, उत्तर प्रदेश, तमिलनाडु, दक्षिण-पश्चिम पंजाब तथा हरियाणा राज्य में पड़ते हैं। इन क्षेत्रों में औसत वार्षिक वर्षा 75 से.मी. से कम है और यहाँ की कृषि मानसून पर एक सट्टा है (Indian agriculture in a gamble on Monsoon)।

सूखे की घटना तथा इसकी तीव्रता वार्षिक, मौसमी तथा दैनिक वर्षा के वितरण द्वारा निर्धारित की जा सकती है। विभिन्न पौधों को विभिन्न मात्रा में जल की आवश्यकता होती है। भारत के सूखा प्रभावित क्षेत्रों में शुष्क कृषि की जाती है, जबकि अधिक वर्षा वाले क्षेत्रों में गहन कृषि के तहत धान की दो से तीन फसलें उगाई जाती हैं।

(iv) हिम (Snow): हिम की उपस्थिति भूमि के तापमान को कम कर देती है, जिससे फसलों में अंकुरण तथा वृद्धि रुक जाती है। हिम से प्रभावित क्षेत्र में परमाफ्रॉस्ट (permafrost) के कारण खेत को बुआई के लिए तैयार नहीं किया जा सकता। ग्रीष्म ऋतु में हिम के पिघलने से बाढ़ की स्थिति पैदा हो सकती है, जो फसलों, पशुधन तथा भू-सम्पत्ति को प्रभावित कर सकती है।

(v) पवन (Winds): हवाओं का फसलों पर प्रत्यक्ष तथा अप्रत्यक्ष दोनों ही प्रकार के प्रभाव पड़ता है। हवा के प्रत्यक्ष प्रभाव के कारण पौधों की बनावट, अनाजों का निकल जाना, चारा तथा व्यावसायिक फसलों का विनाश तथा बीज के ऊपरी भाग अलग हो जाते हैं। फल तथा गिरीदार फलों (Nut) के छिलके तीव्र हवा से अलग हो सकते हैं। छोटे पौधे कभी-कभी पूरी तरह से हवा के साथ उड़के धूल और बालू से ढक जाते हैं। हवा का अप्रत्यक्ष प्रभाव हवा में ऊष्मा तथा नमी के परिवहन से संबंधित है। वास्तव में, पवन के प्रवाह से वाष्पोत्सर्जन तथा वाष्पीकरण में वृद्धि होती है।

(c) मृदा (Soil)

कृषि कार्य के निर्धारण में मृदा संभवतः सबसे प्रमुख भौतिक कारक है। यह फसल प्रारूप, उनके संगठन तथा उत्पादन को निर्धारित करता है। मिट्टी की उर्वरता, उसका गठन, संरचना तथा ह्यूमस (humus) की मात्रा फसलों तथा उनकी उत्पादकता को प्रत्यक्ष रूप से प्रभावित करते हैं। सामान्यतः दोमट मिट्टी गेहूँ, जौ, चना, तिलहन, दलहन तथा गन्ना उत्पादन के लिए अच्छी होती है जबकि चिकनी दोमट मिट्टी (Clay) चावल की फसलों के लिए सर्वोत्तम है। रेगर (Regur) मिट्टी कपास के लिए जानी जाती है और बलुई मिट्टी बाजरा, ज्वार और दलहन आदि के लिये (मूंग, उड़द, तथा लोबिया)। नमकीन तथा क्षारीय मृदा कृषि कार्य के लिए उपयुक्त नहीं होती है परन्तु रासायनिक एवं जैविक उर्वरकों के द्वारा इन्हें पुनः उत्पादक बनाया जा सकता है।

2. संस्थागत कारक (Institutional Factor)

संस्थागत कारकों में भू-धारण, भू-काश्तकारी तथा स्वामित्व को सम्मिलित किया जाता है। इसके अंतर्गत भूमि का आकार, भू-प्रारूप, कृषि के प्रकार, फसल भूमि उपयोग, फसल संगठन तथा फसलों की उत्पादकता को सम्मिलित किया जाता है। संक्षिप्त कारकों का विस्तृत विवरण नीचे दिया गया है:

(i) **भू-धारण तथा भू-काश्तकारी (Land Tenure and Land Tenancy):** कृषि भूमि का स्वामित्व भूधारण तथा भू-काश्तकारी के नियमों द्वारा निर्धारित होता है। आदिम समाज में, जैसा कि स्थानांतरित कृषि (झूम कृषि) में, कृषि भूमि पर समुदाय का अधिकार होता है। बाद में भारत में भू-स्वामित्व के अधिकार राजा और सरकार में निहित थे। ब्रिटिश काल के दौरान राजस्व संग्रह तथा कृषि भूमि को व्यवस्थित करने के लिए भू-काश्तकारी की नयी पद्धति (जमींदारी, महालवाड़ी और रैयतवाड़ी) लागू की गयी थी। स्वतंत्रता के बाद जमींदारी प्रथा को समाप्त कर दिया गया तथा कृषकों के कृषि भूमि पर अधिकारों को पुनः स्थापित किया गया।

जमींदारी प्रथा की समाप्ति के पश्चात केन्द्र और राज्य सरकारों के द्वारा कई भूमि सुधार नियमों को लागू किया गया। परन्तु, अभी भी भूमिहीन मजदूरों तथा वास्तविक किसानों को भूमि पर वास्तविक अधिकार प्रदान करने की पर्याप्त संभावना है। अभी भी अधिकतर अनुपस्थित भू-स्वामी हैं, जिनमें से अधिकतर के पास हदबंदी नियमों से अधिक भूमि है। केवल पंजाब, हरियाणा और उत्तर प्रदेश ऐसे राज्य हैं, जहाँ पूरी तरह से चकबंदी कानून लागू हो पाया है।

(ii) **भू-जोत (Land Holding):** भारत में भू जोतों का आकार बहुत छोटा है। जनसंख्या में पिछले कुछ दशकों से हुई तीव्र वृद्धि तथा उत्तराधिकार के कानून के कारण कृषि भूमि मृत किसान के बेटों में बराबर-बराबर बंटती रही है। वर्तमान में, प्रति व्यक्ति भूमि की उपलब्धता लगभग 0.10 हेक्टेयर है, जो विश्व के औसत (लगभग 4.50 हेक्टेयर) से बहुत ही कम है। 75 प्रतिशत से भी अधिक भू-जोत का आकार एक हेक्टेयर से कम है। ऐसे छोटे भू-जोत आर्थिक दृष्टि से लाभदायक नहीं हैं। वास्तव में, छोटे भू-आकार सिंचाई के मूल्य, विकसित बीज, रासायनिक खाद, कीटनाशक तथा कृषि कार्य में प्रयुक्त मशीनों के बावजूद अच्छे उत्पादन नहीं दे सकते। राज्य स्तर पर भू-जोतों का औसत आकार तथा उनका भारत में प्रतिशत हिस्सा नीचे ***तालिका 9.6 तथा चित्र 9.6*** में दिया गया है।

तालिका 9.6 भारत के चयनित राज्यों में भूमि जोत का औसत आकार, 2015-16

क्र. सं.	राज्य/संघ राज्य क्षेत्र	कृषि जनगणना 2015-16							
		भूमि जोत का औसत आकार						परिचालित जोत की संख्या	परिचालित जोत का क्षेत्र
		सीमांत	छोटा	आधा-मध्यम	मध्यम	विशाल	सभी आकार समूह		
1	2	3	4	5	6	7	8	9	10
1.	अंडमान और निकोबार आइलैंड्स	0.46	1.48	2.74	4.49	39.53	1.78	12	21
2.	आंध्र प्रदेश	0.40	1.42	2.62	5.49	18.71	0.94	8524	8004
3.	अरुणाचल प्रदेश	0.53	1.27	2.67	5.82	15.59	3.35	113	380
4.	असम	0.42	1.41	2.73	5.17	72.80	1.09	2742	2976

क्र. सं.	राज्य/संघ राज्य क्षेत्र	कृषि जनगणना 2015-16							
		भूमि जोत का औसत आकार						परिचालित जोत की संख्या	परिचालित जोत का क्षेत्र
		सीमांत	छोटा	आधा-मध्यम	मध्यम	विशाल	सभी आकार समूह		
1	2	3	4	5	6	7	8	9	10
5.	बिहार	0.25	1.25	2.60	5.29	14.48	0.39	16413	6457
6.	चंडीगढ़	0.43	1.37	2.91	5.40	15.92	1.22	1	1
7.	छत्तीसगढ़	0.43	1.41	2.67	5.67	16.10	1.24	4011	4992
8.	दादरा और नगर हवेली	0.53	1.34	2.75	5.79	15.68	1.38	15	21
9.	दमन और दीव	0.22	1.34	2.71	5.89	13.11	0.36	8	3
10.	दिल्ली	0.45	1.40	2.81	5.72	16.13	1.39	21	29
11.	गोवा	0.39	1.66	3.25	6.75	28.08	1.10	75	82
12.	गुजरात	0.53	1.45	2.76	5.66	14.80	1.88	5321	9978
13.	हरियाणा	0.49	1.46	2.89	6.07	19.04	2.22	1628	3609
14.	हिमाचल प्रदेश	0.40	1.40	2.71	5.64	15.85	0.95	997	944
15.	जम्मू और कश्मीर	0.33	1.38	2.65	5.41	20.40	0.59	1417	842
16.	झारखंड	0.38	1.36	2.72	5.64	15.33	1.10	2803	3091
17.	कर्नाटक	0.44	1.40	2.67	5.69	15.45	1.36	8681	11805
18.	केरल	0.12	1.34	2.54	5.32	51.04	0.18	7583	1395
19.	लक्षद्वीप	0.18	1.21	2.43	5.45	17.53	0.27	10	3
20.	मध्य प्रदेश	0.49	1.41	2.70	5.67	14.83	1.57	10003	15670
21.	महाराष्ट्र	0.44	1.33	2.59	5.59	16.66	1.34	15285	20506
22.	मणिपुर	0.53	1.29	2.48	4.89	11.09	1.14	150	172
23.	मेघालय	0.46	1.32	2.73	5.55	16.17	1.29	232	300
24.	मिजोरम	0.60	1.28	2.29	4.65	12.82	1.25	90	112
25.	नगालैंड	0.56	1.24	2.68	5.84	14.67	4.87	197	956
26.	उड़ीसा	0.57	1.58	2.75	5.55	21.70	0.95	4866	4619
27.	पुदुचेरी	0.29	1.45	2.73	5.60	17.38	0.62	34	21
28.	पंजाब	0.60	1.40	2.67	5.67	14.85	3.62	1093	3954
29.	राजस्थान	0.48	1.42	2.82	6.10	17.04	2.73	7655	20873
30.	सिक्किम	0.41	1.39	2.72	5.68	17.21	1.27	72	91
31.	तमिलनाडु	0.35	1.39	2.69	5.59	21.84	0.75	7938	5971
32.	तेलंगाना	0.44	1.40	2.60	5.48	14.22	1.00	5948	5972
33.	त्रिपुरा	0.30	1.46	2.65	5.07	14.82	0.49	573	282
34.	उत्तर प्रदेश	0.38	1.39	2.71	5.51	14.98	0.73	23822	17450
35.	उत्तराखंड	0.43	1.39	2.68	5.44	26.22	0.85	881	747
36.	पश्चिम बंगाल	0.49	1.60	2.74	4.81	361.08	0.76	7243	5487
	अखिल भारतीय	**0.38**	**1.40**	**2.69**	**5.72**	**17.07**	**1.08**	**146454**	**157817**

Source: Government of India (2019). Agriculture Census 2015–16, Agriculture Census Division, Department of Agriculture, Co-Operation & Farmers Welfare, Ministry of Agriculture & Farmers Welfare, New Delhi.

तालिका 9.6 के अध्ययन से पता चलता है कि भारत में 2015-16 के आंकड़ों के अनुसार औसत भूमि जोत आकार लगभग 1.08 हेक्टेयर है जो मशीनीकरण और आधुनिक तकनीक के अनुप्रयोग के लिए बहुत छोटा है। संचालन जोत का सबसे बड़ा आकार नगालैंड में 4.87 हेक्टेयर, राजस्थान में 2.73 हेक्टेयर, पंजाब में 3.62 हेक्टेयर और गुजरात में 1.88 हेक्टेयर है। सबसे कम भूमि जोत केरल में है, जो केवल 0.18 हेक्टेयर और उत्तर प्रदेश में 0.73 हेक्टेयर है। बाकी राज्यों में यह आमतौर पर 0.8 से 2.50 हेक्टेयर के बीच है। इस अवधि के दौरान छोटी और सीमांत भूमि जोत (परिचालन भूमि जोत) की संख्या में मामूली वृद्धि हुई है। महिला भूमि धारकों की संख्या 2010-11 में 12.79% से बढ़कर 2015-16 में 13.87% हो गई है, जो कृषि के क्षेत्र में महिलाओं की बढ़ी हुई भागीदारी का संकेत देती है।

आंकड़ों के अनुसार सीमांत, छोटी और मध्यम भूमि जोत का 86.21 प्रतिशत हिस्सा है, जबकि बड़ी भूमि जोत कुल परिचालन क्षेत्र का केवल 9% है। यह नगालैंड (5 हेक्टेयर) में सबसे ज्यादा और केरल में सबसे कम (0.18 हेक्टेयर) है। हालांकि 2015-16 में कृषि भूमि का औसत आकार घटकर 1.08 हेक्टेयर रह गया है। कुल मिलाकर, अधिकांश राज्यों में जोत का आकार आर्थिक रूप से व्यवहार्य नहीं है।

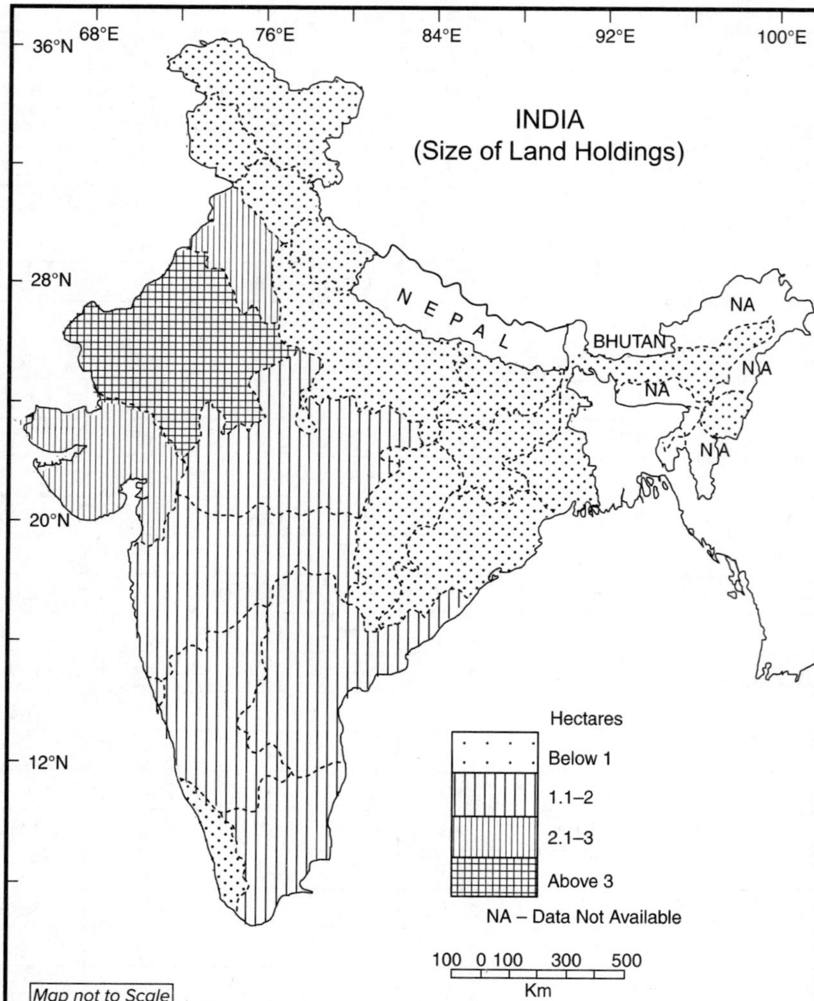

चित्र 9.6 भू-जोतों का आकार

भूमि सुधार (Land Reform)

भूमि सुधार का मुख्य उद्देश्य सामाजिक न्याय को लक्ष्य मानकर बिचौलियों को समाप्त कर काश्तकार और राज्य के बीच संबंध स्थापित करना, कृषकों को सुरक्षा प्रदान करना तथा कृषि उत्पादकता को बढ़ाना है। भू-सुधार के कार्यक्रम निम्नलिखित हैं:

(i) बिचौलियों (Intermediaries) की समाप्ति,
(ii) भू-धारण, सुधार, जैसे–लगान का नियमन, भू-धारण की सुरक्षा और काश्तकारों को भू-स्वामित्व प्रदान करना,
(iii) भू-जोतों की सीमा निर्धारण कर अधिशेष कृषि भूमि को भूमिहीन मजदूरों तथा छोटे कृषकों में वितरण करना,
(iv) भू-जोतों की चकबन्दी (Consolidation of Holdings) तथा उनके उप-विभाजन तथा विखंडन को रोकना,
(v) सहकारी कृषि को प्रोत्साहन, और;
(vi) कृषि भूमि के दस्तावेजों (Records) के रख-रखाव में सुधार।

(i) बिचौलियों की समाप्ति (Abolition of Intermediaries)

ब्रिटिश शासन के दौरान तीन प्रकार की भूधृति (land tenure) प्रणालियां प्रचलित थीं–जमींदारी, महालवाड़ी और रैयतवाड़ी।

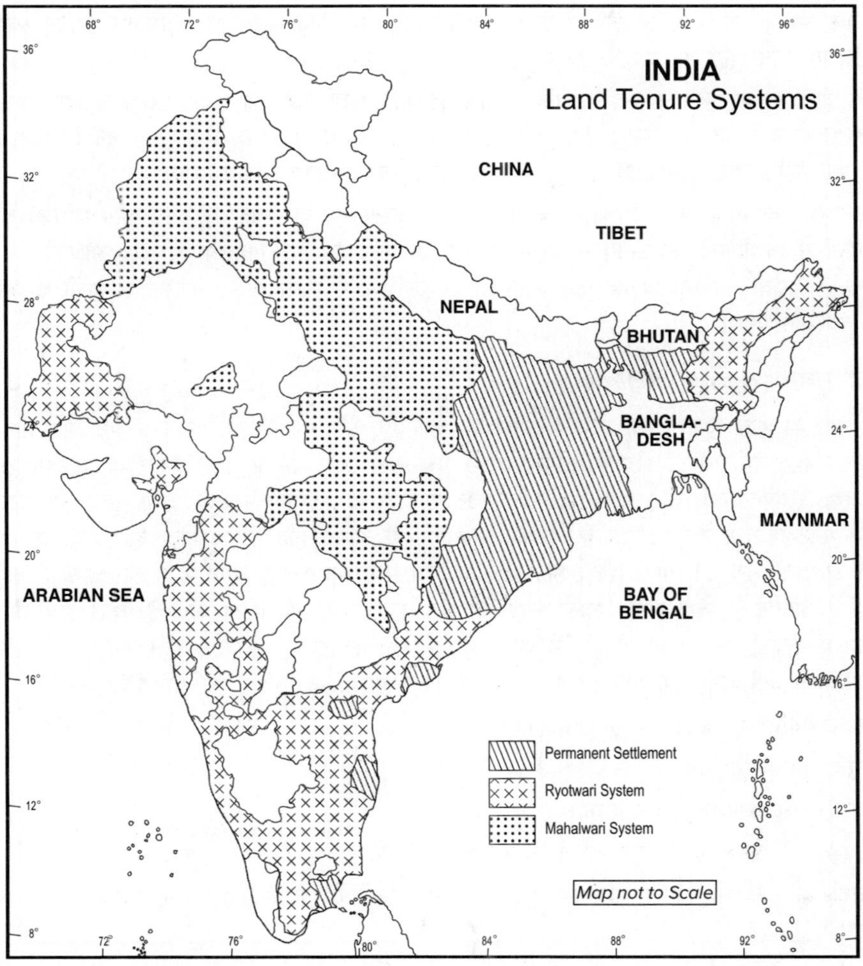

चित्र 9.7 भारत में पट्टेदारी प्रणाली

1. **जमींदारी प्रथा (Zamindari System):** जमींदारी प्रथा, जो 1793 में लार्ड कार्नवालिस (Lord Carnwallis) द्वारा बंगाल में लागू की गयी थी, के अंतर्गत भूमि एक व्यक्ति या कुछ व्यक्तियों के सामूहिक स्वामित्व में रखी जाती थी, जो भू-राजस्व के लिए उत्तरदायी होते थे। जमींदारी प्रथा में राजस्व संग्रहकर्ताओं को भूमि मालिकों के रूप में प्रतिष्ठित किया गया था। जमींदारी व्यवस्था दो प्रकार की थी–(i) भू-राजस्व को स्थायी (Permanent) रूप से निर्धारित करना, तथा; (ii) अस्थाई (Temporary) जिसमें 20 से 40 वर्षों के लिए राजस्व का निर्धारण करना और समय-समय पर पुनर्निर्धारण की व्यवस्था। इस प्रकार राज्य तथा वास्तविक किसानों के बीच बिचौलियों का उदय हुआ, जिनकी भूमि में रुचि केवल बलपूर्वक भू-राजस्व बढ़ाकर संग्रह करने में थी। इस प्रकार जमींदारी प्रथा उत्पीड़न तथा निर्दयता का प्रतीक बन गयी और कृषि निम्न उत्पादकता वाली गहन कृषि बन गई।
2. **महालवाड़ी प्रथा (Mahalwari System):** महालवाड़ी व्यवस्था के अंतर्गत गांव की कृषि भूमि को ग्रामीण समुदायों के अंतर्गत रखा गया, जिसके सदस्य सामूहिक रूप से भू-राजस्व के लिए जिम्मेदार थे। यह प्रथा सर्वप्रथम आगरा और अवध तथा बाद में अविभाजित पंजाब में लागू की गयी। भू-राजस्व का संग्रह गांव के लंबरदारों अथवा तालुकेदार द्वारा किया जाता था, जो कमीशन के रूप में 5 प्रतिशत प्राप्त करते थे।
3. **रैयतवाड़ी (Ryotwari System):** रैयतवाड़ी प्रथा के अंतर्गत व्यक्तिगत भू-स्वामी सरकार को राजस्व देने के लिए जिम्मेदार था। यह प्रथा सर्वप्रथम मद्रास में 1820 में तथा बाद में बंबई, बरार और मध्य भारत में लागू की गयी। रैयत जब तक सरकार को नियमित रूप से लगान प्रदान करता था, उतने समय तक भूमि पर उसका स्वामित्व बना रहता था, जिसमें कृषि भूमि को वह किराये पर (बटाई) भी दे सकता था।

जमींदारों के द्वारा शोषण तथा निर्दयता को रोकने भूमि पर कृषि कार्य करने वाले को स्वामित्व प्रदान करने के उद्देश्यों से स्वतंत्रता के बाद बिचौलियों का अंत किया गया। देश के विभिन्न राज्यों में जमींदारी उत्पीड़न कानून (1948-1955 के बीच) लागू किये गये। इन कानूनों द्वारा 2,60,000 से भी अधिक जमींदारों का उन्नमूलन किया गया।

जमींदारी उन्नमूलन कानून में कई कमियों के कारण भूमि का हस्तांतरण वास्तविक भूमिहीन कृषि श्रमिकों को नहीं हो पाया। देश के कुछ हिस्सों में बिचौलियों का उन्नमूलन अभी भी नहीं हो पाया है, जैसे-भागलपुर में जल-अधिकार (बिहार), मेघालय में जोतदारी (Jotdari), गोवा में सामुदायिकता (comunidades), ओडिशा में न्यास भूमि (धार्मिक संस्थाओं के अंतर्गत जमींदारी), एवं महाराष्ट्र में देवस्थान एनम।

(ii) काश्तकारी सुधार (Tenancy Reforms)

ब्रिटिश काल में भारत में कृषि भूधारण की सामान्य व्यवस्थाएं जमींदारी, महालवाड़ी और रैयतवाड़ी थीं। छोटे और सीमांत किसानों के साथ भूमिहीन मजदूर जमींदारों के खेत में कृषि कार्य में संलग्न थे। मोटे तौर पर तीन प्रकार के पट्टेदार थे–(i) दखलदारी पट्टेदार (स्थाई तथा वंशानुगत अधिकार वाले), (ii) इच्छाधीन पट्टेदार या अस्थायी पट्टेदार, तथा; (iii) उप-पट्टेदार या शिकमी किसान। अस्थायी पट्टेदार तथा उप-पट्टेदार की स्थिति अस्थायी थी और उनका शोषण होता था। इसके ऊपर से लगान वृद्धि और बेदखली के खतरे के साथ ही बेगारी (Free Service) के रूप में इनका शोषण किया जाता था। भारत में लगभग 20% कृषि भूमि बटाई कृषि के अंतर्गत है, जहाँ लगान स्वरूप कुल उत्पादन का 50 प्रतिशत लिया जाता है। कुछ अवसरों पर किसानों को अपने उत्पादन का दो-तिहाई तक लगान के रूप में देना पड़ता है। काश्तकारी सुधारों के अंतर्गत लगभग 11.5 मिलियन किसानों को भूमि पर मालिकाना अधिकार दिया गया है। काश्तकारी सुधार निम्नलिखित बिंदुओं को सम्मिलित करते हैं:

(i) लगान का विनियमन करना (Regulation of Rent),

(ii) भू-धारक की सुरक्षा, तथा;

(iii) पट्टेदार को भू-स्वामित्व प्रदान करना।

इन तीनों उद्देश्यों की प्राप्ति के लिए राज्यों ने निम्न प्रावधान किये हैं:

(a) व्यक्तिगत कृषि के मालिकाना अधिकार दिये बिना सभी पट्टेदारों (Tenents) को भू-धारकों से पूर्ण सुरक्षा प्रदान की गयी है।

(b) मालिकों को सीमित क्षेत्रों पर दोबारा अधिकार दिया गया (किसी भी स्थिति में एक पारिवारिक जोत से अधिक नहीं) है। यह इस शर्त पर कि पट्टेदार (Tenent) के लिए न्यूनतम भूमि छोड़ी गयी है।

(c) एक सीमा के अंतर्गत भूमि मालिक भूमि पर दोबारा स्वामित्व प्राप्त कर सकता है परन्तु किसी भी हालत में पट्टेदार को न्यूनतम कृषि भूमि से वंचित नहीं किया जा सकता है।

(iii) लगान नियन्त्रण (Rent Control)

स्वतंत्रता प्राप्ति के समय प्रचलित लगान दर कुल उपज का 50% से भी अधिक थी। यह दर सामान्य किसानों के लिए बहुत ही अधिक थी। अतः कानून के द्वारा लगान की दर को कम करके इसे आंध्र प्रदेश में 20 से 30% और तमिलनाडु में 33 से 40% पर लाया गया। चौथी पंचवर्षीय योजना से उपज के रूप में लगान को समाप्त कर नकद लगान कानून लागू किया गया।

(iv) भू-जोतों की हदबंदी (Ceiling of Land Holding)

भूमि सुधार कार्यक्रम के अंतर्गत एक विशिष्ट सीमा के बाद जमींदारों से उनकी भूमि को राज्य द्वारा हस्तगत करने तथा इसे छोटे संपत्तिधारकों को आर्थिक रूप से मजबूत करने के लिए या भूमिहीन मजदूरों को उनकी आवश्यकतानुसार प्रदान करने की व्यवस्था थी। भू-जोतों की सीलिंग भूमि के पुनर्वितरण तथा सामाजिक न्याय की प्राप्ति की प्रभावशाली माप है। चकबन्दी का कानून 1950 और 1960 में प्रारम्भ हुआ। जम्मू-कश्मीर चकबन्दी कानून लागू करने वाला प्रथम राज्य था। इसे 1961 में पश्चिमी बंगाल, हिमाचल प्रदेश और महाराष्ट्र में पारित किया गया था हालांकि आलोचना के बाद 1972 में चकबन्दी की सीमा की मार्गदर्शक रूपरेखा तैयार हुई। भूमि सीलिंग की सीमा राज्यों में भिन्नता दर्शाती हैं, जो ***तालिका 9.7*** में दी गयी है।

भू-श्रोतों की चकबन्दी लागू की गई:

(i) भूमिहीनों की भू आवश्यकताओं की पूर्ति।

(ii) ग्रामीण अर्थव्यवस्था में कोआपरेटिव विकास के लिए भूस्वामित्व की असमानतों को कम करना समित्र है।

(iii) अपनी खेती अन्य पुरूष को देने और किरायेदारी की खेती श्रोत है।

तालिका 9.7 से स्पष्ट है कि केरल तथा जम्मू-कश्मीर में सिंचित कृषि भूमि की सीलिंग सीमा (Ceiling Limit) क्रमशः केवल 3.6 तथा 4.86 हेक्टेयर है, जबकि उत्तर प्रदेश और हरियाणा में यह 7.30 हेक्टेयर है। असिंचित कृषि भूमि की सीलिंग सीमा राजस्थान में 24 हेक्टेयर के ऊपर, तमिलनाडु में 20 हेक्टेयर से अधिक के ऊपर, जम्मू-कश्मीर में 22 हेक्टेयर के ऊपर तथा पंजाब तथा हरियाणा में क्रमशः 21 से 71 हेक्टेयर तक है।

तालिका 9.7 भारत: भूमि हदबंदी (Ceiling Limits) (हेक्टेयर)

राज्य	द्वि-फसली सिंचित	एकफसली सिंचित	शुष्क क्षेत्र
राष्ट्रीय दिशा-निर्देश, 1972 के सुझाव	5.05–7.28	10.93	21.85
वास्तविक हदबंदी			
आंध्र प्रदेश	4.05–7.28	6.07–10.93	14.16-21.85
असम	6.74	6.74	6.74
बिहार	6.07–7.28	10.12	12.14-18.21
गुजरात	4.05–7.28	6.07–10.93	8.09-21.85
हरियाणा	7.25	10.90	21.80
हिमाचल प्रदेश	4.05	6.07	12.14-28.33
जम्मू-कश्मीर	3.6–5.06	...	21.85
कर्नाटक	7.28	10.93	21.85
केरल	4.86–6.07	4.86–6.07	4.86-6.07
मध्य प्रदेश	7.28	10.93	21.85
महाराष्ट्र	7.28	10.93–14.57	21.85
मणिपुर	5.00	5.00	6.00

राज्य	द्वि-फसली सिंचित	एकफसली सिंचित	शुष्क क्षेत्र
ओडिशा	4.05	6.07	12.14-18.21
पंजाब	7.28	10.93	21.85-70.82
राजस्थान	4.86	12.14	24.28
तमिलनाडु	5.06	...	20.23
सिक्किम	5.06	...	20.23
त्रिपुरा	4.00	4.00	12.00
उत्तर प्रदेश	7.30	10.95	18.25
पश्चिम बंगाल	5.00	...	7.00

स्रोत: *Agricultural Statistics at a Glance-Ministry of Agriculture 2015–16.*

भूमि की वास्तविक चकबन्दी सीमा क्रमश: दो फसल और एकल फसल कर्नाटक और उत्तर प्रदेश में सिंचित क्षेत्र थोड़ा-सा ऊपर है क्योंकि भूमि वर्गीकरण जहाँ हिमालय प्रदेश में शुष्क भूमि और राजस्थान में पहाड़ी क्षेत्र और मरुस्थलीय के कारण उच्च है।

(v) चकबंदी (Consolidation of Holding)

भूमि सुधार के लिए चकबंदी एक महत्वपूर्ण कदम था। यह सभी वर्गों के किसानों के सामूहिक उद्देश्यों के साथ कृषि क्षमता तथा उत्पादन में वृद्धि को सम्मिलित करता था। चकबंदी का उद्देश्य-गांव के विभिन्न भागों में किसानों के बिखरे खेतों को इकट्ठा कर एक बड़े भूमि खंड का रूप देना है। इसके अंतर्गत पहले गांव की समस्त भूमि को एक जगह इकट्ठा कर लिया जाता है और छोटे-छोटे खंडों में बांट दिया जाता है, जिसे चक (Chak) कहा जाता है। इन चकों को पुन: व्यक्तिगत किसानों को उनकी कृषि भूमि (खेतों) के मूल्य के अनुसार बांट दिया जाता है। यह जोतों के बिखराव की समस्या को हल करने वाली लाभदायक योजना है। लेकिन दुर्भाग्यवश यह योजना देश के सभी राज्यों में पूर्ण रूप से लागू नहीं की जा सकी है। कुछ राज्यों में चकबंदी को लागू करने में कई प्रकार की समस्याओं का सामना करना पड़ा। चकबंदी के कार्यान्वयन से जुड़ी प्रमुख समस्याएं निम्न हैं:

(i) किसान अपनी पैतृक भूमि से मोह वश जुड़े रहते हैं इसलिए चकबंदी की इस योजना का लाभ लेने की इच्छा नहीं रखते।

(ii) उन किसानों को, जिनकी भूमि अधिक उपजाऊ है, यह डर रहता है कि, चकबंदी के बाद उन्हें खराब भूमि प्राप्त होगी।

(iii) चकबंदी एक दुर्वहनीय प्रक्रिया है। सरकारी कार्यालय, जो इस योजना को लागू करते हैं, प्राय: धीमे और भ्रष्ट होते हैं।

(iv) सामान्यत: चकबंदी में किसानों की इच्छा का समर्थन तथा सहायोग नहीं प्राप्त किया जाता है।

(v) इसके विरुद्ध भारी संख्या में मुकदमे दायर किए गए जिनमें से कई लंबे समय से विभिन्न न्यायालयों में लंबित हैं। यह ग्रामीण क्षेत्रों के सौहार्द्रपूर्ण वातावरण को दूषित करता है।

(vi) उत्तराधिकार कानून के कारण चकबन्दी के पश्चात भी खेत के आकार छोटे एवं विखण्डित हो रहे हैं।

(vii) प्रत्येक चकबंदी में गांव की लगभग 5 से 10% भूमि समाज के गरीब वर्ग के लिए गृह निर्माण, सड़क तथा ग्रामीण उपयोगी सेवाओं के लिए उपलब्ध कराई जाती है। इस प्रकार यह क्रिया तीन या चार बार दोहराई जाए तो कृषि-योग्य भूमि बहुत सीमित हो जाएगी।

(viii) चकबंदी पर आये खर्च की वसूली करने से किसानों की आर्थिक स्थिति बिगड़ती है।

(ix) यह देखा गया है कि छोटे किसानों को सामान्यत: अनुपयोगी भूमि प्राप्त होती है और धन की कमी के कारण न तो ये कर्मचारियों को खुश कर पाते हैं और न ही न्यायालय से न्याय प्राप्त कर पाते हैं।

इन समस्यओं को देखते हुए चकबंदी की योजना में उत्पन्न रुकावटों को समाप्त करने का प्रयास किया जाना चाहिए तथा राजस्व रिकॉर्ड को रखने वाले तंत्र का आधुनिकीकरण किया जाना चाहिए। सातवीं पंचवर्षीय योजना में कई बातों पर बल दिया गया-(i) असर्वेक्षित भूमि का सर्वेक्षण कराना, (ii) भूमि रिकॉर्ड में बटाईदार तथा फसल हिस्सेदार का नाम लिखना, (iii) निचले

स्तर पर राजस्व तंत्र को मजबूती प्रदान करना, (iv) राजस्वकर्मियों को उनकी क्षमता को बढ़ाने के लिए प्रशिक्षण की सुविधा प्रदान करना। आठवीं पंचवर्षीय योजना से कम्प्यूटर तथा नवीन तकनीकों के प्रयोग से राजस्व रिकॉर्ड को व्यवस्थित किया जाने लगा। किसानों को उनकी भूमि रिकॉर्ड-बुक का प्रबंध करना।

(vi) कंप्यूटरीकृत भूमि रिकॉर्ड

सरकार द्वारा वर्ष 1988-89 में भू-रिकॉर्ड को कंप्यूटरीकृत करने का कार्य प्रारंभ किया गया। वर्तमान में यह कार्यक्रम देश के 640 में से 582 जनपदों में चलाया जा रहा है-जिन जिलों में व्यवस्थित भू-आंकड़े नहीं हैं उन्हें इसमें शामिल नहीं किया गया है।

इस प्रकार स्वतंत्रता के बाद भूमि सुधार के लिए कई विधान बनाए गए लेकिन, सामाजिक, आर्थिक तथा सांस्कृतिक जटिलताओं, भूमि सुधार कानून में कमियों, लागू करने में शिथिलता और राजनीतिक तथा वैधानिक हस्तक्षेप के कारण भूमि सुधार इच्छित सफलता प्राप्त करने में समर्थ नहीं हो सका।

भूमि सुधार विभाग ने दो केन्द्रीय प्रति भू-योजनाओं को लागू किया है:

(i) भूमि रिकार्डों का कम्प्यूटरीकरण। (भूमि दस्तावेजों)

(ii) राजस्व प्रशासन को मजबूत करना और भूमि दस्तावेजों को अतिआधुनिक बनाना।

2008 में दो योजनाओं को डिजिटल इंडिया लैंड रिकार्ड मार्डनाइजेशन प्रोग्राम में मिला दिया गया है। यह भूमि रिकार्ड को अद्यतन करेगा और मूल पाठ और स्थानिक रिकार्ड को भी एकीकृत करेगा। यह राजस्व और पंजीकरण को आपस में जोड़ेगा।

आधारभूत संरचना तथा कृषि आगत (Infrastructure and Agricultural Input)

कृषि की पूरी क्षमता के उपयेाग के लिए बेहतर एवं सक्षम आधारभूत संरचना आवश्यक है। दूसरे शब्दों में आधारभूत संरचना का विकास किसी भी क्षेत्र या देश के कृषि विकास के लिए आवश्यक है। आधारिक संरचना के अंतर्गत सिंचाई की सुविधा, विद्युत की उपलब्धता, सड़क, बाजार, गोदाम, साख की सुविधा, अनुसंधान तथा फसल बीमा को सम्मिलित किया जाता है।

सिंचाई

नहरों, नलकूपों, तालाबों आदि जैसे कृत्रिम साधनों द्वारा फसलों को पानी की आपूर्ति करने की प्रक्रिया को सिंचाई के रूप में जाना जाता है। भारत के अधिकांश भाग में कृषि वर्षा पर आधारित है। मानसून खराब होने की स्थिति में फसल खराब हो जाती है। भारतीय मानसून का व्यवहार अत्यधिक अनिश्चित है। अधिक वर्षा से बाढ़ आ सकती है, लेकिन कम वर्षा फसल की उपज को काफी हद तक कम कर सकती है, और गंभीर मामलों में फसल पूरी तरह से विफल हो सकती है। देश में सिंचित क्षेत्र को बढ़ाकर इस समस्या का समाधान किया जा सकता है। सिंचाई एक ओर नए क्षेत्र को खेती के दायरे में लाने में मदद करती है, और दूसरी ओर दोहरी और बहु फसल प्रणाली को बढ़ाती है। इसके अलावा, सिंचित क्षेत्र की प्रति हेक्टेयर उपज असिंचित क्षेत्रों की तुलना में बहुत अधिक है। भारत के जल संसाधनों का लगभग 84% सिंचाई के लिए उपयोग किया जाता है। 2018-19 में देश में शुद्ध बुवाई क्षेत्र 139.35 मिलियन हेक्टेयर था जबकि सिंचित क्षेत्र 71.55 मिलियन हेक्टेयर या खेती वाले क्षेत्र का 46.49 प्रतिशत था।

सिंचाई के स्रोत

सतही तथा भौम जल की उपलब्धता, भूमि की उच्चावच, मिट्टी की प्रकृति तथा क्षेत्र में उगाये गये फसलों के प्रकार पर निर्भर करते हुए कई प्रकार के सिचाई के स्रोतों का उपयोग किया जाता हैं। देश के कुल जल संसाधनों का 84% फसलों की सिंचाई के लिए किया जाता है देश के विभिन्न भागों में सिंचाई के मुख्य साधन हैं– (i) नहर, (ii) नलकूप, (iii) तालाब, और; (iv) अन्य स्रोत (झरना, कुहल, रैहट, ढेंकली, डोंगा एवं बोक्का, इत्यादि)। विभिन्न स्रोतों द्वारा सिंचित क्षेत्र ***तालिका 9.8*** तथा ***चित्र 9.8*** में दिखाये गये हैं। ***तालिका 9.8*** विभिन्न स्रोतों के अंतर्गत सिंचित क्षेत्र में कालिक परिवर्तन को दिखाता है।

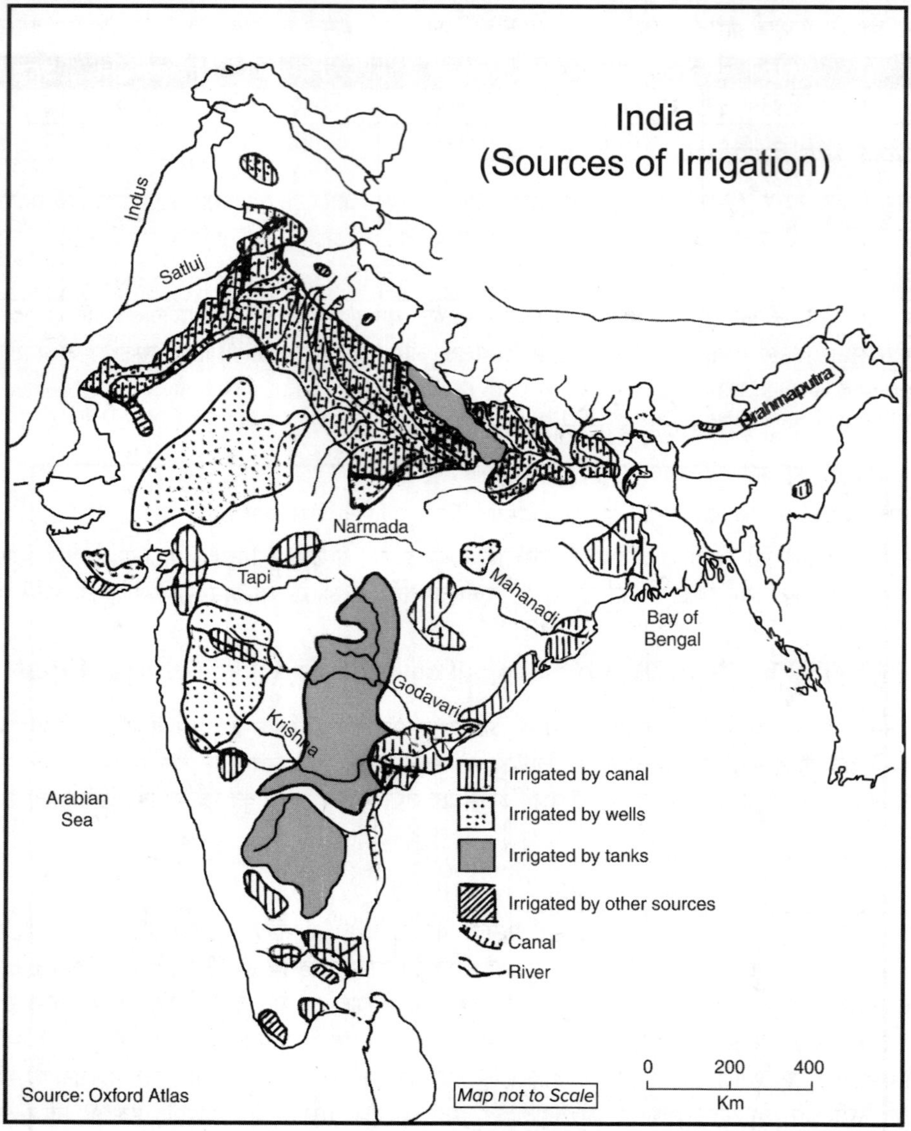

चित्र 9.8 सिंचाई के स्रोत

तालिका 9.8 से देखा जा सकता है कि 1950-51 में केवल 20,853 हजार हेक्टेयर फसली क्षेत्र सिंचित था जो 2015-16 में बढ़कर 68,383 हजार हेक्टेयर हो गया, जो लगभग तीन गुना की वृद्धि दर्शाता है। 2018 -19 में कुल शुद्ध सिंचित 71,554 हजार हेक्टेयर था। दी गई अवधि में नहर सिंचाई क्षेत्र दो गुना हो गया है, कुओं और नलकूप सिंचाई के क्षेत्र में दसगुना से अधिक की वृद्धि हुई है। इन उपलब्धियों के बावजूद, देश की कृषि भूमिका एक बड़ा हिस्सा असिंचित है और सिंचाई की नियंत्रित और सुनिश्चित आपूर्ति की आवश्यकता है।

सिंचाई के अंतर्गत राज्यवार शुद्ध बोया गया क्षेत्र ***(चित्र 9.9)*** में अंकित किया गया है। राज्यवार सिंचाई के आंकड़ों की जांच से पता चलता है कि पंजाब में लगभग 98.5% क्षेत्र सिंचित है। हरियाणा में यह आंकड़ा 91% तक है, इसके बाद उत्तरप्रदेश में 81% और बिहार में 74.2% है। शेष राज्यों में सिंचित क्षेत्र सामान्यत: 60% से कम है।

तालिका 9.8 सिंचाई के क्षेत्र और स्रोत (क्षेत्रफल हजार हेक्टेयर में)

साल	नहर	तालाब	नलकूप	अन्य कुएँ	अन्य स्रोत	शुद्ध सिंचित क्षेत्र
1950-51	8295	3613	NA	5978	2967	20853
1960-61	10370	4561	135	7155	2440	24661
1970-71	12838	4112	4461	7426	2266	31103
1980-71	15292	3182	9531	8164	2551	38720
1990-91	17454	2944	14257	10438	2932	48024
2000-01	16012	2466	22566	11252	2909	55205
2014-15	16184	1723	31610	11350	7517	68384
2018-19	16429	1668	34708	11042	7707	71554

Source: Government of India (2021). *Land Use Statistics At A Glance, 2009–10 to 2018–19.* Ministry of Agriculture and Farmers Welfare, Department of Agriculture & Farmers Welfare, Directorate of Economics & Statistics, New Delhi.

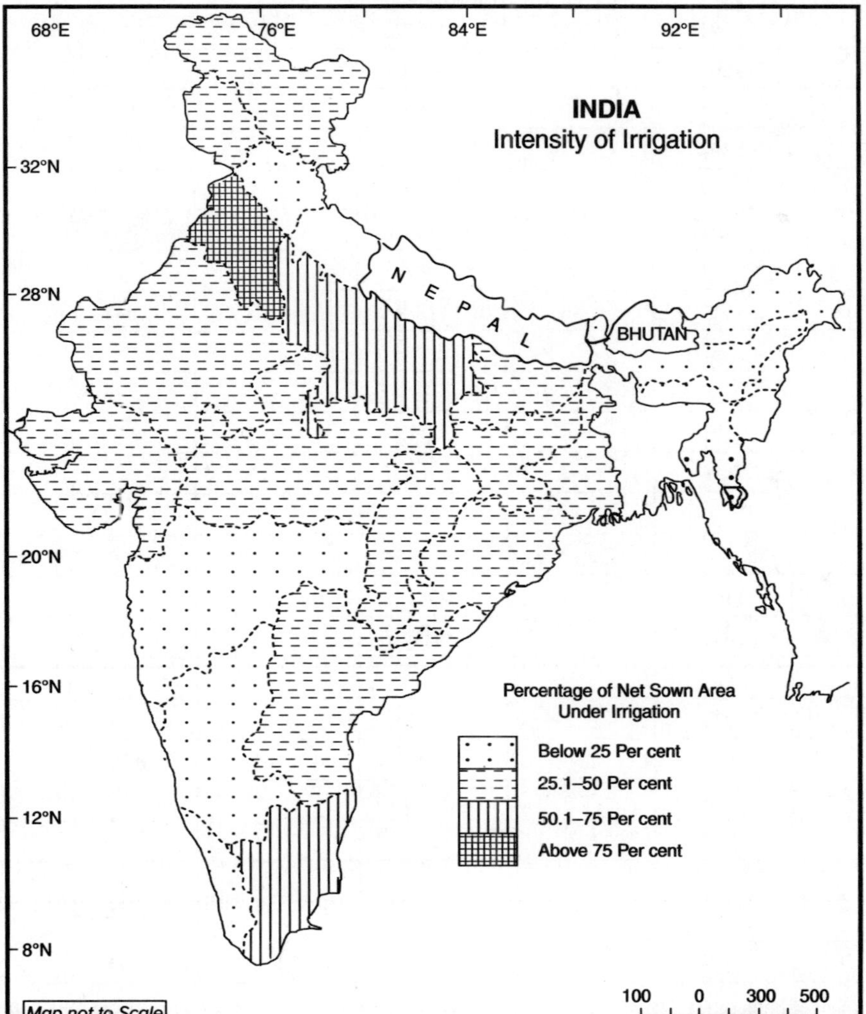

चित्र 9.9 राज्यवार सिंचित भूमि की सघनता

तालिका 9.9 भारत में राज्य-वार और स्रोत-वार शुद्ध सिंचित क्षेत्र (2018-19)

राज्य/संघ क्षेत्र/साल	शुद्ध सिंचित क्षेत्र					शुद्ध सिंचित क्षेत्र (कॉलम 4 से 8)
	नहर	टैंक	कुएँ		अन्य स्रोत	
			नलकूप	अन्य कुएँ		
1	4	5	6	7	8	9
आंध्र प्रदेश	1303	232	1101	45	116	2796
अरुणाचल प्रदेश					55	55
असम	100	9	40	44	173	366
बिहार	965	59	1957	23	111	3115
छत्तीसगढ़	899	30	559	16	62	1565
गोवा	4	8	2	1	1	16
गुजरात	771	45	1122	2181	114	4233
हरियाणा	1206		2066			3273
हिमाचल प्रदेश	4	0	25	3	84	117
जम्मू और कश्मीर	297	7	4	4	17	329
झारखंड	4	66	27	75	58	231
कर्नाटक	1193	138	1815	321	565	4032
केरल	83	49	43	124	105	404
मध्यप्रदेश	1917	346	4318	3400	1368	11349
महाराष्ट्र	1047		2098			3145
मणिपुर					72	72
मेघालय	101					101
मिजोरम	16					16
नगालैंड					118	118
उड़ीसा					1092	1092
पंजाब	1167		2944			4111
राजस्थान	2017	35	4034	2035	162	8283
सिक्किम					15	15
तमिलनाडु	636	322	516	1087	5	2565
तेलंगाना	425	240	1045	402	98	2210
त्रिपुरा	6	2	8	1	70	87
उत्तराखंड	80	0	211	1 1	20	323
उत्तर प्रदेश	2183	80	10743	1270	117	14392
पश्चिम बंगाल					3107	3107
कुल	**16429**	**1668**	**34708**	**11042**	**7707**	**71554**

Source: Government of India (2021). *Land Use Statistics at a Glance, 2009–10 to 2018–19*, Ministry of Agriculture and Farmers Welfare, Department of Agriculture & Farmers Welfare, Directorate of Economics & Statistics, New Delhi.

नहर सिंचाई (Canal Irrigation): 1950-51 में सिंचाई के मुख्य स्रोत के रूप में नहर का उपयोग होता था। कुल सिंचित क्षेत्र का लगभग 50% नहरों द्वारा सिंचित था परन्तु तीसरी और चौथी पंचवर्षीय योजनाओं में नलकूप सिंचित क्षेत्र में आश्चर्यजनक वृद्धि हुई।

परिणामत: नहर सिंचित क्षेत्र घटकर 29% से भी कम हो गया तथा 2000-01 में नलकूप सिंचाई एक वृहद स्रोत के रूप में उभरी और इसका कुल सिंचित क्षेत्र में हिस्सा 61% से भी अधिक हो गया।

जहाँ वर्ष भर बहने वाला सतही जल (पृष्ठीय जल) उपलब्ध है। नहरें निम्न और समतल उच्चावच वाले क्षेत्रों में सिंचाई का एक प्रभावी स्रोत हैं। यह दशा आदर्श रूप से भारत के उत्तरी मैदान, कश्मीर और मणिपुर घाटी तथा पूर्वी तटीय मैदान में पाई जाती है। नहरों का मुख्य संकेन्द्रण उत्तर प्रदेश, पंजाब, हरियाणा और पश्चिमी राजस्थान में है।

बहुद्देशीय परियोजनाओं के निर्माण के पश्चात सतलज, दामोदर, महानदी, गोदावरी, कृष्णा, कावेरी, नर्मदा, तापी तथा उनकी सहायक नदियों के क्षेत्र में कई नहरों का विकास किया गया। कुछ मुख्य सिंचाई परियोजनाएँ ***चित्र 9.10*** में दिखायी गयी हैं।

तालिका 9.9 से देखा यह जा सकता है कि भारत में, कुल सिंचित क्षेत्र का लगभग 23% से थोड़ा अधिक नहर सिंचाई के अधीन था। नहरों के तहत सिंचाई के मामले में उत्तरप्रदेश 2183 हजार हेक्टेयर के साथ पहले स्थान पर है, इसके बाद राजस्थान 2017 हजार हेक्टेयर और मध्यप्रदेश 1917 हजार हेक्टेयर का स्थान है। आंध्रप्रदेश, हरियाणा, कर्नाटक, महाराष्ट्र और पंजाब भी ऐसे महत्वपूर्ण राज्य हैं जहां 1000 हजार हेक्टेयर से अधिक क्षेत्र नहरों से सिंचित है।

विद्यमान सिंचित क्षेत्र तथा सिंचाई के साधन बढ़ती मांग के अनुरूप नहीं हैं। भारतीय कृषि बहुत सारी समस्याओं से जूझ रही है। सृजित सिंचाई की क्षमता तथा इनके वास्तविक उपयोग के बीच अंतराल बढ़ता जा रहा है। अधिकांशत: बड़ी सिंचाई परियोजनाएं, नहरों की तरह ही अंतर्राज्यीय विवादों में घिरी हैं। इनके अतिरिक्त जल की बर्बादी, नहर कमांड क्षेत्र में जलजमाव तथा अन्य परिस्थितिकी समस्यायें भी हैं। अत: सिंचाई का न्यायोचित एवं वैज्ञानिक विकास, इसकी क्षमता का पूर्ण उपयोग तथा सिंचाई सेवाओं की तार्किक मूल्य निर्धारण करने की आवश्यकता है।

कुएं एवं ट्यूबवेल (Wells and Tubewells): भारत में पहले से कुओं एवं ट्यूबवेल से सिंचाई की जाती रही है। भूमिगत जल के प्रयोग के लिये पहले रहट (Persian Wheel), चरस या मोट तथा ट्यूबवेलों का प्रयोग किया जाता था। इनके अतिरिक्त, सतलज-गंगा के मैदानों में ट्यूबवेल सिंचाई काफी प्रचलित है। देश की कुल सिंचित भूमि का लगभग 61% हिस्सा ट्यूबवेल सिंचाई से ही सिंचित किया जाता है।

ट्यूबवेल सिंचाई: सिंचाई का सबसे आसान तरीका ट्यूबवेल है। इसे कम समय में लगाया जा सकता है। हालांकि, यह खर्चीला होता है तथा भूमिगत जल को कम करता है, विशेष रूप से 2009 के अकालग्रस्त समय में। ट्यूबवेल सिंचाई की सबसे प्रमुख समस्या यह है कि, इससे भूमिगत जल को निकालने के लिये काफी अधिक ऊर्जा की आवश्यकता होती है, जिसके लिये किसानों को डीज़ल या बिजली पर खर्च करना पड़ता है। इसके कारण ऊर्जा के ये साधन मंहगे हो रहे हैं। ट्यूबवेल सिंचाई के अंतर्गत सबसे अधिक क्षेत्र उत्तर प्रदेश का है। इसके बाद राजस्थान, पंजाब, मध्य प्रदेश, गुजरात, बिहार, आंध्र प्रदेश एवं हरियाणा का स्थान है।

तालाब से सिंचाई: देश के कुछ हिस्सों में, विशेष रूप से प्रायद्वीपीय भारत में तालाब सिंचाई का एक महत्वपूर्ण स्रोत है। शुद्ध सिंचित क्षेत्र का लगभग 2.33% भाग तालाब सिंचाई के अधीन है। झारखंड में कुल क्षेत्रफल का 28.57% तालाबों से सिंचित है। कुल क्षेत्रफल की दृष्टि से मध्य प्रदेश का प्रथम स्थान है क्योंकि यहाँ लगभग 346 हजार हेक्टेयर क्षेत्र में तालाबों से सिंचाई होती है। इसके बाद तमिलनाडु 322 (12.55%) हजार हेक्टेयर, तेलंगाना 240 (10.86%) हजार हेक्टेयर और आंध्र प्रदेश 232 (8.30%) हजार हेक्टेयर का स्थान है। हालांकि, कई तालाब गर्मी के मौसम में सूख जाते हैं जब अधिक सिंचाई की आवश्यकता होती है। यह एक महंगी और समय लेने वाली तकनीक है जो केवल छोटे क्षेत्र को ही नियंत्रित कर सकती है।

विद्युत (Power/Electricity): विद्युत की उपलब्धता, कृषि पैटर्न एवं कृषि उत्पादन के लिये एक महत्वपूर्ण कारक है। सामान्यतया खेती के लिये बिजली अधिक मिलने पर पैदावार भी अधिक होती है।

सड़कें (Roads): साफ-सुथरी एवं मजबूत पक्की सड़कों का नेटवर्क किसी क्षेत्र की कृषि के विकास में महत्वपूर्ण भूमिका निभाता है। भारत में, सड़कों का सर्वाधिक घनत्व पंजाब, हरियाणा एवं केरल में है। इसी वजह से इन राज्यों का औसत अनाज उत्पादन, राष्ट्रीय औसत से अधिक है।

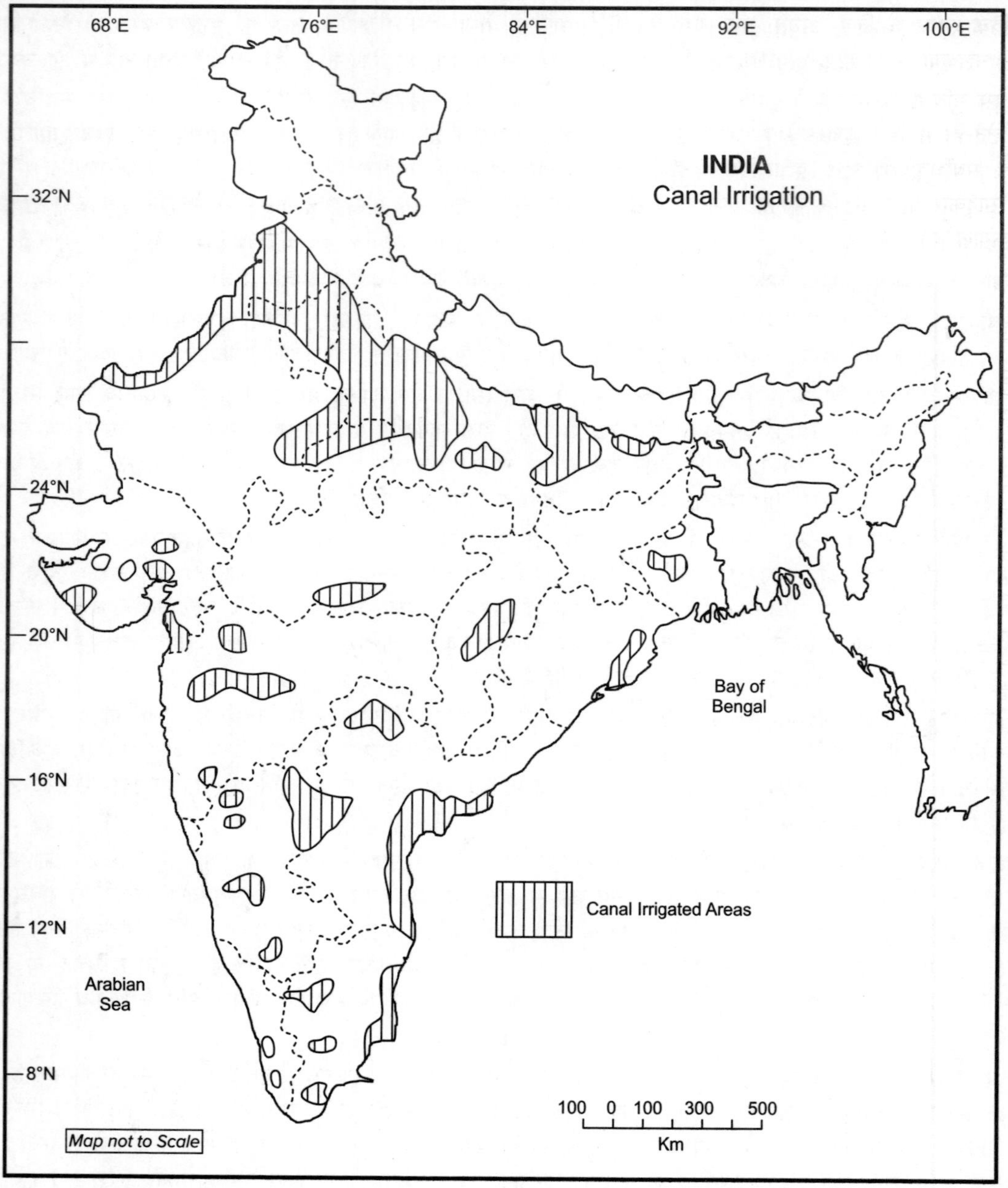

चित्र 9.10 नहर सिंचाई

साख (Credit): किसानों को विभिन्न अवधि के लिए तथा भिन्न-भिन्न आवश्यकताओं के लिए ऋण की आवश्यकता होती है। **प्रथमत:** उसे छोटी अवधि (15 माह तक) के ऋण वर्तमान उत्पादन की आवश्यकताओं की आपूर्ति के लिए चाहिए (जैसे–बीज, खाद, कीटनाशक, विद्युत, डीजल, गोबर, कृषि औजारों की मरम्मत तथा भाड़े के श्रमिकों को वेतन देने के लिए) तथा फसल की कटाई और अपने परिवार के उपभोग की आवश्यकताओं को पूरा करने के लिए। **द्वितीय**, उसे मध्यम अवधि (5 वर्ष तक) के ऋणों की आवश्कता होती है-पशुओं की खरीद, तथा कृषि कार्य, कुँआ खोदने या अन्य लघु सिंचाई कार्य तथा भूमि में

वास्तविक सुधार के लिए। **अंततः** उसे लंबी अवधि (5 वर्ष से अधिक) के लिए भी ऋण की आवश्यकता होती है- भूमि की खरीद, नलकूपों में आवश्यक विनिवेश, कृषि मशीनरी और बागवानी तथा अन्य ऋणों को चुकाने के लिए।

इस सुविधा के अभाव में कृषक अधिकांशत: निजी ऋणदाताओं (साहूकारों, व्यापारियों, कमीशन दलाल तथा संबंधियों) से ऋण लेते हैं। भारतीय ऋण सर्वेक्षण 1951-52 दिखलाता है कि किसानों द्वारा कुल ग्रामीण ऋण का प्राय: 70% निजी ऋणदाताओं, 14.2% संबंधियों से, 5.5% दलालों से, 3.1% सहकारी संस्थाओं, 3.3% सरकारी संस्थाओं तथा 4.2% अन्य संस्थाओं से लिया गया। साहूकार ऋण पर गैर-कानूनी तथा धोखे से अत्यधिक ब्याज वसूल करते हैं और अक्सर किसान की पूरी संपत्ति हड़पकर उसे कंगाल बना देते हैं। वर्तमान में किसान व्यावसायिक तथा क्षेत्रीय बैंक से कृषि ऋण ले रहे हैं।

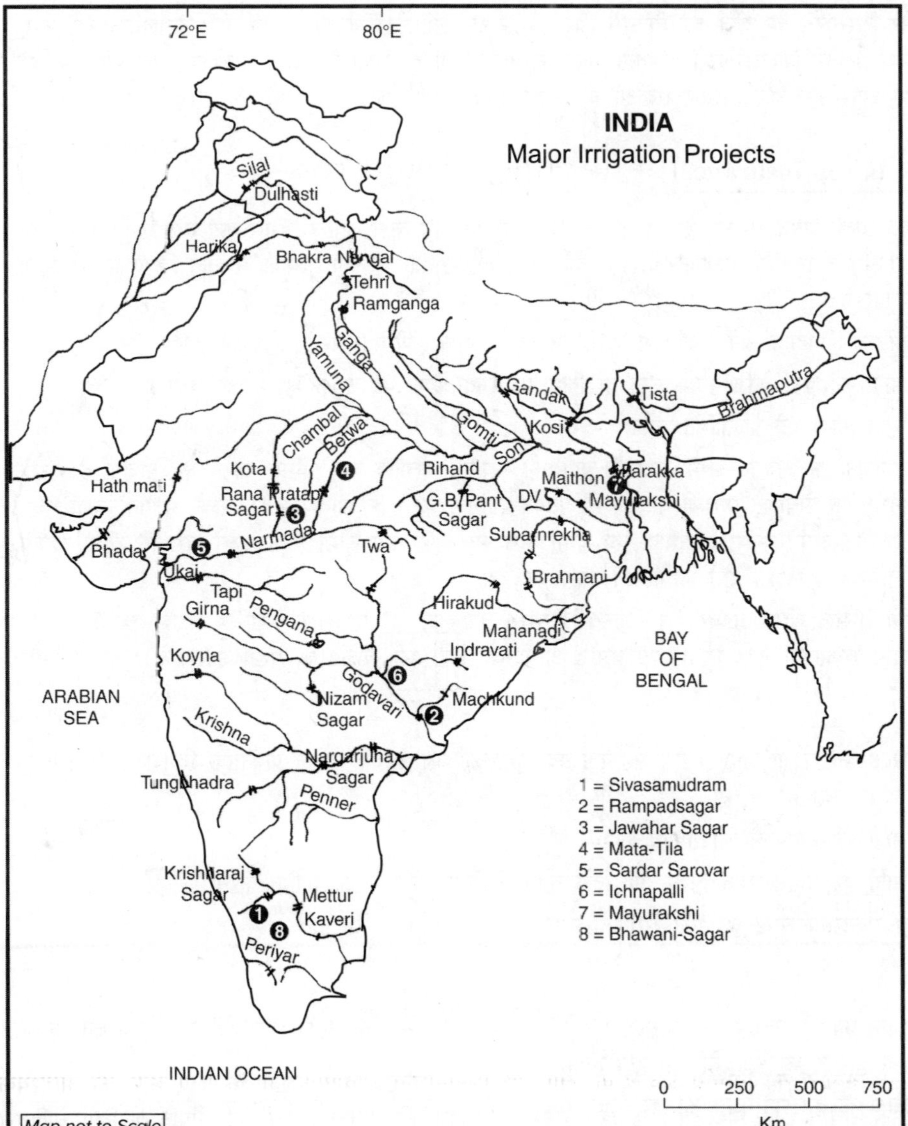

चित्र 9.11 प्रमुख सिंचाई परियोजनाएं

राष्ट्रीय कृषि और ग्रामीण विकास बैंक (NABARD) की स्थापना 2 जुलाई, 1982 हुई। इस बैंक ने भारतीय रिजर्व बैंक के तत्कालीन कार्यक्रम जैसे- कृषि ऋण विकास, ग्रामीण योजना, और क्रेडिटसेल; और कृषि पुनर्वित्त और विकास निगमों के कार्यों को संभाला। 'किसान क्रेडिट कार्ड, केसीसी' योजना की घोषणा 1998-99 के बजट में की गई थी और इसे राष्ट्रीय कृषि और ग्रामीण विकास बैंक (नाबार्ड) द्वारा तैयार किया गया था। किसानों की सहायता के लिए 3 लाख रुपये तक का फसल ऋण दिया जाता है। और कार्ड 5 साल के लिए वैध होता है। 2017-18 में भारत सरकार द्वारा 20,339 करोड़ रुपये की राशि स्वीकृत की गई थी। इस बात पर जोर दिया गया कि कृषि ऋण का सबसे बड़ा हिस्सा सीमांत और छोटे किसानों को दिया जाना चाहिए। 18 दिसंबर, 2020 को किसान क्रेडिट कार्ड के लिए संशोधित योजना शुरू की गई, जिसका उद्देश्य किसानों को उनकी खेती और अन्य जरूरतों के लिए एक ही खिड़की के तहत बैंकिंग प्रणाली से पर्याप्त और समय पर ऋण सहायता प्रदान करना है।

अनुसंधान और विस्तार: नए बीजों का विकास और विस्तार सेवा भी उल्लेखनीय रूप से कृषि उत्पादकता को बढ़ाती है। कृषिविदों के अनुसार उच्च पैदावार वाली किस्में हर तीन साल के बाद पुरानी हो जाती हैं। पुराने बीजों को नए बीजों से बदलना आवश्यक हैं जिसके लिए अनुसंधान और विस्तार सेवाओं की आवश्यकता होती है।

फसल बीमा (Crop Insurance)

फसल बीमा का प्रारंभ भारत सरकार द्वारा 1985 में किया गया। आने वाले वर्षों में इसमें कई बार संशोधन भी किए गए। वर्तमान में कार्यान्वित राष्ट्रीय कृषि बीमा योजना (NAIS) को वर्ष 1999-2000 के रबी फसलों से लागू किया गया। इस योजना के प्रमुख उद्देश्य निम्न प्रकार हैं:

(i) प्राकृतिक आपदाओं की स्थिति में फसल के नुकसान को बीमित करना,

(ii) किसानों को पुन: कृषि कार्य करने के लिए संस्थागत ऋणों को उपलब्धि कराना, तथा;

(iii) कृषिगत कार्यों को प्रोत्साहित करना।

इस नयी योजना के अंतर्गत सभी अनाजों, बागवानी फसलों, इत्यादि को शामिल करने की योजना है, इसके अंतर्गत राज्य सरकारों के अनुरोध पर संबंधित फसलों को इसके अंतर्गत शामिल करने का प्रावधान है। इसके अंतर्गत ऋणी एवं गैर-ऋणी दोनों ही प्रकार के किसान अपने कृषिगत उत्पादों का बीमा करा सकते हैं। इस बीमा योजना को सरकारी बीमा कंपनी भारतीय कृषि बीमा कंपनी लिमिटेड (AICIL) द्वारा कार्यान्वित किया जा रहा है।

'प्रधानमंत्री फसल बीमा योजना' 13 जनवरी, 2016 को लागू की गई जैसा रिपोर्टिड है कि खरीफ 2017, 34.77 करोड़ किसानों को बीमा सुरक्षा दी गई और 13.79 करोड़ आमान्वित हुए। इस योजना के मुख्य उद्देश्य और तत्व निम्नलिखित है:

उद्देश्य

- किसानों की सुरक्षा और वित्तीय सहायता प्रदान करना, जब उनकी फसल प्राकृतिक विपदाओं, कीटनाशक और रोगों से बर्बाद हो गयी हो
- किसानों की आमदनी का स्थायित्व
- किसानों को नवीन प्रर्वतन और आधुनिक कृषि पद्धतियों के लिये प्रोत्साहित करना
- कृषि सेक्टर में साख की गति सुरक्षित करना

विशेष तत्व

- किसानों का 2% खरीफ की फसल और 1.5% रबी की फसल का एकसमान प्रीमियम होगा। वार्षिक व्यवसायिक और उद्यानी फसल का 5% प्रीमियम देना होगा।
- किसानों के द्वारा प्रीमियम की दर बहुत कम है और प्रीमियम का बकाया सरकार के द्वारा अदा किया जायेगा।
- बीमा राशि किसी प्राकृतिक आपदा से किसानों की फसल बर्वाद होने पर किसानों को अदा करेगी।
- प्रारम्भ में, प्रीमियम दर का कम करने का प्रावधान था जिसमें कम रकम किसान को दी जाती थी, अब इसे समाप्त कर दिया है और किसान को बिना कटौती के पूरा भुगतान मिलेगा।

- प्रौद्योगिकी के प्रयोग ने इसे काफी हद तक प्रोत्साहित किया है। स्मार्ट फोन, सुन्दर संवेदन टोन और जी.पी.एस. तकनीक के प्रयोग से इसमें फसल कटाई के और रकम के सभी आंकड़ों को अपलोड करेगा।
- 2016-17 के बजट में इस योजना के लिये 5,550 करोड़ रुपये आवंटित किये गये। भुगतान को बिना देरी और कटौती के अदा किया जायेगा।

तकनीकी कारक (Technological Factors): कृषि के आधुनिकीकरण के लिये मशीनों का उपयोग आवश्यक है, जिससे समय से उन्नत तरीके से खेती की जा सके एवं उत्पादन को बढ़ाया जा सके तथा हानि को कम किया जा सके। पारंपरिक रूप से, भारत के किसान, मानवीय या पशुओं से चलने वाले खेती के साधनों का प्रयोग करते हैं, जिससे खेती में उत्पादन कम होता है। यह खेती के लिये उचित नहीं है। शोध संस्थानों एवं उद्योगों को मिलकर खेती की ऐसी मशीनें किसानों को उपलब्ध कराना चाहिये, जिससे देश के कृषि उत्पादन में वृद्धि हो सके। कृषि का मशीनीकरण होने से कृषि उत्पादन में वृद्धि होगी। तकनीकी कारकों में रासायनिक उर्वरक एवं कीटनाशकों का प्रयोग तथा ट्रैक्टर एवं अन्य मशीनों का प्रयोग भी शामिल है। इन सभी साधनों के प्रयोग से किसी क्षेत्र के कृषि आगत में निःसंदेह वृद्धि होती है।

अभिनव प्रर्वतन के उदाहरण निम्नलिखित है:

- **कृषि एक सेवा के रूप में:** यह संकल्पना भारत में ईएम-3 कृषि सेवाओं के साथ लागू की गई। यह किराये पर मशीनें और किसानों को सेवाएं प्रदान करता है।
- **किसानों के लिए बाजार मंडल:** भारतीय बाजार पर चलने की तुलना में कृषि आपूर्ति पर चलता है। सरकारी नीति फसल के मूल्य को पोषित कर रही है जो किसान फसल का मूल्य निर्धारित करने में सहायता करेगा जो पूर्व की कटाई मूल्य पर निर्भर होगा। संकर मॉडल, विशाल आंकड़े और एकीकरण सहायक होगा 'सब्जी वाला, देहात, मेरा किसान' को चालू करेगा जो उद्यान कृषि में महत्वपूर्ण है।
- **कृषि हेतु ऐप्प:** *किसान सुविधा, पूसा कृषि, एक किसान अनुप्रयोग, फॉर्म-ओ-पेडिया, शतकरी मसिक, फसल बीमा, मोबाइल ऐप्प* जैसे विविध ऐप्प हैं, जिन्हें चालू किया गया है जो किसानों को उनके मोबाइल सेटों पर जुड़ने में सुविधा प्रदान करेगा।
- **जलवायु स्मार्ट कृषि (सीएसए):** जलवायु स्मार्ट कृषि एक उपगमन है जो कार्य करता है, कृषि पद्धति में परिवर्तन था। पुनर्स्थापन को प्रभावशाली ढंग से विकास को सहायतार्थ और खाद्य सुरक्षा के लिए नाम दर्शक का जलवायु स्मार्ट कृषि का उद्देश्यों का सामना करना है, जीवनधारण करने योग्य बढ़ती कृषि उत्पादकता और आमदनी को प्राप्त कर जलवायु परिवर्तन से पूर्व अवस्था में कायम स्वरूप के और जहाँ तक सम्भव है ग्रीन हाउस प्रभाव को रोक सके।

भारत में हरित क्रान्ति (Green Revolution in India)

भारत स्वतन्त्रता से पहले से ही खाद्य समस्या से जूझ रहा है। अनाज की कमी की आपूर्ति के लिए भारत में संयुक्त राज्य अमेरिका के साथ 1956 में PL-480 व्यापार समझौता किया, जिसके अंतर्गत 3.1 मिलयन टन गेहूँ तथा 0.19 मिलयन टन चावल के आयात का प्रावधान किया गया। 1962-63 में भीषण सूखा पड़ने के कारण पैडॉक बन्धुओं (Paddock Brothers) ने भारत में अकाल पड़ने की भविष्यवाणी की और कहा कि 1975 तक भारत में माल्थस का सिद्धान्त लागू हो जायेगा। ऐसी परिस्थितियों से निपटने के लिये भारत में हरित क्रान्ति आरम्भ हुई।

हरित क्रान्ति शब्द का प्रयोग अनाज के नए बीजों के विकास तथा विसरण के लिए किया गया है। नारमैन-बोरलाग (Norman-Borlaug) को हरित-क्रांति का जनक माना जाता है, जबकि भारत में हरित क्रांति के भीष्म पितामह, श्री एम.एस. स्वामीनाथन को माना जाता है। अनाजों के नए किस्म, के बीज, अनुसंधान कार्य तथा पौधों के संकेन्द्रित प्रजनन का परिणाम है, जिसका उद्देश्य विकासशील देशों के लिए उच्च उत्पादक फसल बीज (HYVs) प्रदान करना था। गेहूँ के नए किस्म सबसे पहले 1950 के दशक में मैक्सिको में पैदा किए गए तथा चावल के किस्म जैसे 1R – 8 ('मिरेकल राइस') 1960 के दशक में अन्तर्राष्ट्रीय चावल अनुसंधान संस्थान मनीला, फिलीपीन्स में पैदा (IRRI) किए गए। पिछले चालीस वर्षों में नए बीजों के कारण पैदावार में हुई वृद्धि प्रभावशाली है, कृषीय उत्पादन (खासकर गेहूँ एवं चावल) में अत्यधिक बढ़ोतरी दर्ज की गयी है तथा इसे हरित क्रान्ति कहा गया है।

हरित क्रान्ति का प्रयोग मुख्यत: दो भिन्न अर्थों में किया गया है। कुछ कृषि के विशेषज्ञ इसका प्रयोग विकासशील देशों में खाद्य की कमी को कम करने के लिए कृषीय क्षेत्र में लाए गए परिवर्तन के लिए करते हैं, अन्य इसका उपयोग पौधों में किए गए विशेष सुधार के लिए करते हैं, जैसे-उच्च उत्पादक फसल के बीजों (HYVs) का विकास। हरित क्रान्ति का चाहे कोई भी अर्थ हो गेहूँ तथापि चावल के बीजों की नई किस्मों का प्रयोग कर पैदावार में हुई वृद्धि एक महत्वपूर्ण उपलब्धि है। वास्तव में बीजों की इन किस्मों ने विकासशील देशों के भू-दृश्य में परिवर्तन किया है तथा खाद्य की कमी से उत्पन्न समस्या को बहुत हद तक कम कर दिया है।

भारत में कुछ चयनित फसल, जैसे–मक्का व बाजरा का संस्करण 1960 में शुरू हुआ। 1963-64 में गेहूँ की फसल के लिए मैक्सिको के बीजों के छोटे पैमाने का प्रयोग कुछ जगहों पर किया गया। चावल की विदेशी किस्म, जैसे–ताइचुँग नेटिव-I (Taichung Native-I) का प्रयोग भारत में सबसे पहले 1964 में किया गया। भारत में उच्च उत्पादक फसल बीजों का वृहत्त पैमाने पर प्रयोग 1965-66 के खरीफ फसल के मौसम में किया गया। नए बीजों का विसरण मुख्यत: सतलज-गंगा के मैदान तथा कावेरी डेल्टा में किया गया। बाद में गेहू तथा चावल की कई किस्मों का विकास भारतीय वैज्ञानिकों द्वारा किया गया तथा इसे भारतीय किसानों द्वारा अपनाया गया।

उच्च उत्पादक किस्मों के गुण (Merits of High Yielding Varieties)

अनाज की पुराने किस्मों की अपेक्षा उच्च उत्पादक किस्मों के मुख्य लाभ निम्न प्रकार हैं:

1. कम अवधि का जीवन चक्र (Shorter life Cycle)

उच्च उत्पादक फसल की किस्मों का जीवन चक्र कम अवधि का होता है, इस तरह किसान एक वर्ष में अनेक फसलों की खेती कर सकते हैं। उदाहरण के लिए चावल तथा गेहूँ के बीज अपने जीवन चक्र को लगभग क्रमश: 100 तथा 120 दिनों में पूरा कर लेते हैं। इसके विपरीत चावल तथा गेहूँ की पुरानी किस्में लगभग 130 से 150 दिन में अपना जीवन चक्र पूरा करती हैं। अर्थात नए बीजों की किस्म भूमि का कम समय के लिए उपयोग करती हैं, जिससे एक साल में दो या तीन फसलें उगाना सम्भव होता है।

2. सिंचाई के लिए जल का कम उपयोग (Economise on Irrigation Water)

अच्छी पैदावार के लिए उच्च उत्पादक फसल बीजों को अधिक मात्रा में जल की आवश्यकता होती है। इन किस्मों की प्रति इकाई क्षेत्र में पैदावार अधिक होती है। परन्तु गेहूँ तथा चावल के प्रति क्विन्टल पर जल की आवश्यकता के संदर्भ में यदि देखा जाए तो नए बीजों को पुराने किस्मों की अपेक्षा कम पानी की आवश्यकता होती है। इस तरह नए बीजों को कम पानी की आवश्यकता होती है क्योंकि फसलें कम अवधि में तैयार जो जाती हैं।

3. अधिक रोजगार के अवसर (Generate more Employment)

उच्च उत्पादक फसल की जातियों को अनुकूल वातावरण में प्रति ईकाई क्षेत्र में अधिक श्रम की आवश्यकता होती है तथा इस प्रकार इसके कारण अधिक रोजगार के अवसर उत्पन्न होते हैं। नए बीजों का प्रयोग करने से पहले देश के अधिकतर भाग में किसान, खासकर भारत के उत्तरी मैदान में कृषीय क्रियाकलापों के लिए मानसून के आगमन पर निर्भर थे। वास्तव में गर्मी के महीनों (अप्रैल से मध्य जून तक) में वे बेरोजगार रहते थे, अर्थात् रबी फसल (गेहूँ, चना, इत्यादि) कटने के बाद। लेकिन किसानों तथा निर्भर श्रमिकों को अब पूरे वर्ष रोजगार मिला रहता है।

4. उच्च उत्पादक फसल बीज सभी के लिए समान रूप से लाभकारी (Neutral to Scale)

उच्च उत्पादक फसलों के बीज का एक लाभ यह है कि यह सभी प्रकार के किसानों (छोटे या बड़े) के लिए समान रूप से लाभदायक है।

5. इसे आसानी से अपनाया जा सकता है (Easy to Adopt)

उच्च उत्पादक फसलों के बीज जातियों को अपनाने के लिए किसी प्रशिक्षण की आवश्यकता नहीं होती है। भिन्न सामाजिक-आर्थिक तथा सांस्कृतिक पृष्ठभूमि वाले किसान इसे बगैर किसी कठिनाई के अपना सकते हैं। इसमें एक छोटा अन्तर यह होता है कि गेहूँ

के नए बीजों को अपेक्षाकृत कम तापमान की आवश्यकता होती है। गेहूँ की नयी किस्म कम अवधि में तैयार होती है तथा इसकी बुआई अक्तूबर की जगह नवंबर के अन्त में या दिसम्बर में होती है।

1960 के दशक के मध्य में जब बड़े पैमाने पर भारत में नए बीजों का प्रयोग शुरू हुआ, तब यह माना जाता था कि खाद्य की कमी, बेरोजगारी, गरीबी, भुखमरी, कुपोषण, अल्पपोषण तथा प्रादेशिक असमानता बहुत हद तक खत्म हो जाएगी। परन्तु इन उद्देश्यों को पूर्ण रूप से प्राप्त नहीं किया जा सका।

नए बीजों को अपनाने में भौगोलिक बाधाएँ/दबाव (Geographical Constraints in the Adoption of New Seeds)

नए बीजों की किस्म कम अवधि तक भूमि का उपयोग, कम मात्रा में जल का उपयोग, अधिक श्रम-बल का उपयोग तथा नए रोजगार के अवसर उत्पन्न करती हैं। परन्तु इन बीजों से अधिक पैदावार प्राप्त करने के लिए फसलों को समुचित देखभाल की आवश्यकता होती है। उदाहरण के लिए नए बीज सूखा तथा बाढ़ के लिए कम प्रतिरोधी हैं तथा इन्हें एक कुशल जल-प्रबंधन, रासायनिक खादों तथा कीटनाशकों की आवश्यकता होती है। किसानों द्वारा इन निवेशों में किसी तरह की कमी उत्पादन को बहुत हद तक घटा सकती है। संतोषजनक कृषीय परिणाम प्राप्त करने के लिए कीमती निवेशों की समय पर आवश्यकता होती है, जिसके लिए समुचित अधिशेष पूँजी चाहिए। नए बीजों से अच्छी पैदावार के लिए निम्नलिखित आवश्यक हैं:

1. सिंचाई (Irrigation)

नए बीजों की सफलतापूर्वक खेती के लिए सबसे प्रमुख आवश्यकता सिंचाई है। नए बीजों को प्रचुर मात्रा में सिंचाई की आवश्यकता होती है। सिंचाई की उपलब्धता के बगैर भारत जैसे देश में उच्च उत्पादक फसलों के बीजों को अपनाया जाना तथा कृषि का तीव्रीकरण संभव नहीं है। उन्नत किस्म के बीजों को उनके विकास के अलग-अलग चरणों में अलग-अलग स्तर की सिंचाई की आवश्यकता पड़ती है। सिंचाई की मात्रा का अधिक या कम होना दोनों ही फसल के लिए हानिकारक हैं। इस तरह सिंचाई का समय तथा जलापूर्ति की मात्रा फसल की पैदावार को निर्धारित करने में महत्वपूर्ण भूमिका निभाते हैं। उदाहरण के लिए, गेहूँ के संदर्भ में उपयुक्त समय तथा सिंचाई के बीच अन्तराल पैदावार को 50 प्रतिशत अधिक बढ़ा देता है, यदि अन्य निवेश (खाद, इत्यादि) का उपयोग नहीं किया गया हो तो भी। बुआई के तीन हफ्ते बाद ही गेहूँ की पहली सिंचाई पैदावार को 30% बढ़ा देती है। इसके अतिरिक्त सम्बन्धित निवेश, जैसे-रासायनिक खाद तथा कीटनाशक अच्छी तरह काम तभी करते हैं, यदि फसल को समय पर सिंचाई प्रदान की गई हो। सिंचाई के बगैर अन्य निवेश कारगर नहीं होते हैं। नियंत्रित सिंचाई के बिना किसान को भूमि से उचित पैदावार नहीं मिलती है।

2. रासायनिक खादों की उपलब्धता (Availabilty of Chemical Fertilizers)

समय के साथ मृदा की प्राकृतिक उर्वरता घट जाती है। उत्तरी भारत के विशाल मैदान जैसे प्रदेश में जहाँ कृषीय क्रियाकलाप पिछले पाँच हजार वर्षों से चला आ रहा है, मृदा की उर्वरता घट गई है। मृदा की उर्वरता को पुनः बढ़ाने के लिए भूमि को परती छोड़ना आवश्यक है या फिर इन पर खाद (गोबर, वानस्पतिक खाद तथा रासायनिक खाद) का प्रयोग कर इसकी उर्वरता को पुनः वापस लाया जा सकता है।

उच्च उत्पादक फसल बीजों (HYYs) के पौधे का तना छोटा होता है, इनका सख्त तिनका होता है तथा इन पर खाद का भारी मात्रा में प्रयोग असरदार होता है। इन छोटे पौधों को "हन्गरी वैराइटी" (Hungry Varieties) कहा जाता है, जिन्हें रासायनिक खादों के रूप में अधिक ऊर्जा (खाद) की आवश्यकता होती है। इसके विपरीत यदि परम्परागत फसलों की किस्मों पर अधिक मात्रा में खाद का प्रयोग किया गया तो वर्षा होने पर ये फसल खेत में लेट (lodged) जाती हैं। फलस्वरूप प्रति इकाई क्षेत्र पैदावार घट जाती है।

नियंत्रित सिंचाई के क्षेत्र में, गेहूँ तथा चावल के नए बीजों के लिए उपयुक्त रासायनिक खाद की मात्रा एन.पी.के. (NPK) के रूप में पंजाब, हरियाणा, उत्तर-प्रदेश के कुछ समृद्ध किसान फसलों पर रसायनिक खाद का प्रयोग निर्धारित मात्रा में करते हैं। नए बीजों के लिए रासायनिक खाद NPK की मात्रा क्रमशः 90:45:45 कि.ग्रा. प्रति हेक्टर होना चाहिये। भारत में औसत रासायनिक खाद का उपयोग 140 कि.ग्रा. प्रति-हेक्टेयर है (2014-2015)। विश्व में रासायनिक खाद के उत्पादन में भारत का चीन तथा

संयुक्त राज्य अमेरिका के पश्चात तीसरा नम्बर है, तथा रासायनिक खाद के इस्तेमाल में चीन के पश्चात दूसरा नम्बर है। देश में उर्वरकों की सकल खपत 2014-15 में प्रति हेक्टेयर एनपीके पोषक तत्वों के साथ लगभग 145 कि.ग्रा. थी। राज्य दर राज्य उर्वरकों की खपत के आंकड़े अलग-अलग हैं। पंजाब में यह लगभग 238 कि.ग्रा. प्रति हेक्टेयर है, आंध्र प्रदेश में 225 कि.ग्रा. प्रति हेक्टेयर है, हरियाणा में 220 कि.ग्रा. प्रति हेक्टेयर तो तमिलनाडु में 210 कि.ग्रा. प्रति हेक्टेयर है। इसी अवधि (2014-15) में उर्वरकों की सबसे कम खपत अरुणाचल प्रदेश और नगालैण्ड में रही, जहां प्रति हेक्टेयर पांच कि.ग्रा. उर्वरकों का उपयोग किया गया। रासायनिक उर्वरकों के अलावा 2017-18 में कार्बनिक उर्वरकों की बिक्री का प्रक्षेप नीचे दिया गया है:

नीम-130 मीट्रिक टन, जैव उर्वरक-300 मीट्रिक टन, कार्बनिक खाद-6000 मीट्रिक टन, नगर कम्पोस्ट-8000 मीट्रिक टन, 2016-17 के आंकड़ों से विदित होता है कि ये क्रमशः 80.55 मीट्रिक टन, 110.74 मीट्रिक टन, 712 मीट्रिक टन और 7974.30 मीट्रिक टन था। यह प्रवृत्ति इंगित करती है कि रासायनिक उर्वरकों के कारण होने वाले स्वास्थ्य पर पड़ने वाले दुष्प्रभाव के कारण कार्बनिक की ओर स्थानांतरण की ओर झुकाव का संकेत देती है। भारत सरकार ने अक्टूबर 2016 से पायलट बेसिस पर उर्वरक सब्सिडी के लिए प्रत्यक्ष लाभ अंतरण (डी.बी.टी.) प्रणाली शुरू की है। इस प्रस्तावित उर्वरक (डी.बी.टी.) प्रक्रम के अन्तर्गत उर्वरक कम्पनियां अपनी वास्तविक बिक्री पर फुटकर विक्रेताओं को 100% विभिन्न उर्वरक ग्रेड़ों की सब्सिडी दी जायेगी।

3. पौधों की सुरक्षा के लिए रसायन (Plant Protection Chemicals)

नए बीज बहुत सूक्ष्म होते हैं तथा ये नाशक जीवों तथा बीमारियों के प्रति अतिसंवेदनशील होते हैं। सिंचित खेत जिनमें भारी मात्रा में ऊर्जा निवेश (खाद-एन.पी.के.) का प्रयोग होता है, एक सूक्ष्म जलवायु (उष्ण तथा आर्द्र) उत्पन्न करते हैं, जो फसलों को तीव्र गति से बढ़ने में मदद करते हैं। यही पर्यावरण कीड़ों तथा नाशक जीवों की संख्या में वृद्धि के लिए भी अनुकूल है। ये कीड़े तथा नाशक जीव फसलों को नुकसान पहुँचाते हैं तथा पैदावार को बहुत हद तक घटा देते हैं। नाशक जीव तथा कीड़ों से हुए खतरे को रसायनों के प्रयोग से कम किया जा सकता है। इस समस्या का निदान या तो बीमारी प्रतिरोधी बीजों को विकसित करके किया जा सकता है या विभिन्न फसलों के लिए निर्धारित कीटनाशकों तथा पीड़कनाशी को उपयुक्त समय पर छिड़काव करके। किसानों को फसलों की बीमारियों तथा उन्हें नियंत्रित करने वाले रसायनों के बारे में विस्तृत जानकारी होनी चाहिए। यदि कीटनाशकों तथा पीड़कनाशी का समय पर छिड़काव नहीं किया गया तो सम्पूर्ण गाँव/प्रदेश की फसल नष्ट हो सकती है। चूँकि फसलों की सुरक्षा के लिए बने रसायन काफी महँगे तो होते ही हैं साथ ही कई बार मिलावटी भी होते हैं, इसलिए सामान्यतः वे छोटे तथा उपांतिक किसानों की पहुँच से बाहर हैं। यदि इन छोटे किसानों के खेतों पर छिड़काव नहीं हुआ तो कीड़े निकटवर्ती खेतों में पहुँच जाते हैं तथा बीमारी का प्रतिकूल प्रभाव बड़े क्षेत्र पर पड़ता है। भारत में केवल 35% फसलों के क्षेत्रफल पर ही कीटाणुनाशक दवाइयों का उपयोग होता है (2014-15)।

4. पूँजी की उपलब्धता (Capital Constraint)

पूँजी की उपलब्धता भी उच्च उत्पादक फसलों की किस्मों को अपनाने तथा इसकी सफल खेती में एक महत्वपूर्ण कारक है। बीजों को खरीदने, नल-कूपों तथा पम्पिंग सेट लगाने, रासायनिक खादों तथा फसल की सुरक्षा हेतु रसायन को खरीदने, ट्रैक्टर, थ्रेसर, छिड़काव मशीन तथा अन्य सम्बद्ध वस्तुओं को खरीदने के लिए किसानों को पूँजी की आवश्यकता होती है। यदि इन किसानों के पास परिचालन पूँजी (Operational Capital) नहीं हो तो उन्हें ऋण लेने की सुविधा होनी चाहिए। भारत में अधिकतर किसानों के पास अनाजों का अधिशेष भंडार नहीं होता है, यह केवल उपभोग के लिए होता है। फलस्वरूप उनके पास कोई बचत अथवा परिचालन पूँजी नहीं होती है। कृषीय संस्थानें, जैसे-बैंक तथा सहकारी-समितियों पर बहुत दायित्व है। इन संस्थानों को किसानों को उचित दर पर ऋण देना चाहिए। दुर्भाग्यवश, भारत में ऋण प्रदान करने वाले संस्थान सामान्यतः बड़े किसानों की मदद करते हैं, जो आर्थिक रूप से समृद्ध होते हैं तथा राजनीतिक रूप से ठोस फलस्वरूप गरीब तथा छोटे किसान पूँजी जैसे निवेश के लाभ से वंचित रह जाते हैं। इसलिए इन ऐजेन्सियों तथा ऋण की प्रणाली को मजबूत करना आवश्यक है।

5. यन्त्रीकरण (Mechanisation)

आधुनिक खेती के यन्त्र तथा तकनीक, जैसे-ट्रैक्टर, समतल करने वाली मशीन, बीज बोने वाला, पौधे रोपने वाला, कटाई करने वाला, छिड़काव की मशीन भी उच्च उत्पादक फसल जातियों के सफल खेती के लिए आवश्यक हैं। इन किस्मों को नियंत्रित सिंचाई की आवश्यकता होती है। किसानों के लिए एक ही खेत पर दो या तीन फसलें पैदा करना संभव हो सकता है, यदि उन्हें आधुनिक तकनीक उपलब्ध हो तो।

पुरानी देशी कृषि की तकनीक जैसे- हल तथा बैलगाड़ी कार्यक्षम नहीं हैं क्योंकि वे समय से कृषीय प्रक्रियाओं को पूरा नहीं कर पाते हैं। इन प्रक्रियाओं को समय से पूरा करने के लिए आधुनिक मशीनरी की आवश्यकता होती है। संपूरक निवेश, जैसे-रासायनिक खाद, कीटनाशक तथा पीड़कनाशी के विवेचित उपयोग में भी कृषि का यंत्रीकरण मदद करता है। उदाहरण के लिए यदि किसी किसान के पास ट्रैक्टर तथा ब्लेड-थ्रेशर मौजूद हो तो वह अपने खेत को अच्छी तरह से समतल कर सकता है। कुछ यन्त्र/मशीनरी, जो किसानों की कार्यक्षमता बढ़ाने में मदद करते हैं, वे हैं—खादों तथा बीजों के लिए (drill), फसलों की सुरक्षा के उपकरण, डन्लप-गाड़ी, थ्रेशर, ट्रॉली (ठेला), दवाई छिड़काव की मशीन तथा ट्रैक्टर। विद्युत की उपलब्धता जो सभी प्रौद्योगिकी विकास का केन्द्र बिन्दु है बहुल-फसल तथा कृषि के तीव्रीकरण के लिए आवश्यक है। वास्तव में विद्युत ऊर्जा उच्च उत्पादक फसल जातियों के विकास एवं विसरण में एक महत्वपूर्ण भूमिका निभाती है। नल-कूप, पम्पिंग सेट, थ्रेशर, क्रशर, इत्यादि विद्युत पर निर्भर हैं। कृषि के लिए सस्ती ऊर्जा की उपलब्धता नई तकनीकों को अपनाने में मदद करती है। भारत में केवल 22.78% कृषि क्षेत्रफल की जुताई तथा 21% फसलों की बुवाई मशीनों के द्वारा की जाती है।

6. *अनाज की मंडियों तथा भंडारों की सुविधा (Marketing and Storage Facilities)*

आधारभूत संरचना, जैसे—सड़क, विपणन तथा भंडारों की सुविधा भी उच्च उत्पादक फसल जातियों के लिए अत्यन्त महत्वपूर्ण है। किसी क्षेत्र के फसल प्रतिरूप तथा फसल तीव्रता को परिवहन व्यय निर्धारित करती है। यदि कोई गाँव शहर/बाजार से एक पक्की सड़क द्वारा जुड़ जाता है तो उस गाँव की अर्थव्यवस्था में भारी परिवर्तन आता है। किसान अपनी पैदावार को आसानी से बेच सकते हैं तथा निकटवर्ती नगर से खाद, फसलों की सुरक्षा के लिए रसायन तथा कृषीय उपकरण खरीद सकते हैं। यदि परिवहन तथा विपणन की सुविधाएँ पर्याप्त हों तो विकारीय पदार्थों, जैसे—वनस्पति, फल, फूल तथा डेरी उत्पाद की भी खेती/उत्पादन कार्यक्षम तथा लाभदायक तरीके से किया जा सकता है।

7. *प्रसार सेवा (Extension Services)*

उच्च उत्पादक फसल जातियों को सफलतापूर्वक अपनाए जाने तथा इसके विस्तार के लिए एक कार्यक्षम प्रसार सेवा होनी चाहिए, जो किसानों को विभिन्न कृषीय क्रिया-कलापों तथा सावधानी के बारे में मदद तथा सलाह दे सकेगा। निवेश का पूर्ण रूप से उपयोग तभी हो सकता है, जब किसानों को सही सलाह दी जाए। अति सूक्ष्म तथा संवेदनशील किस्मों की खेती के लिए योग्य तथा समर्पित प्रसार एजेन्टों की आवश्यकता है। परम्पराबद्ध भारतीय समाज में प्रसार मशीनरी की क्षमता ही मुख्य रूप से किसानों की क्षमता को निर्धारित करती है। इसलिए किसानों, प्रसारण एजेन्ट, फार्म निरीक्षक, शोधकर्ता तथा कृषीय वैज्ञानिकों के बीच आपसी तालमेल तथा समन्वय जरूरी है। किसी प्रकार की कृषीय मशीनरी में ढिलाई कृषि को एक कम लाभकारी व्यवसाय बना देती है। यह एक वास्तविकता है कि शोध में निवेश निवेशकों को दस गुना अधिक लाभ देता है।

8. *मानव कारक (Human Factor)*

उच्च उत्पादक फसल जातियों को अपनाने में मानव कारक की भूमिका भी बहुत महत्वपूर्ण है। वास्तव में कई मामलों में मशीन को चलाने वाला व्यक्ति मशीन से अधिक महत्वपूर्ण होता है। कृषीय समुदाय में नए परिवर्तनों तथा नई कृषि तकनीकों के प्रति ग्रहणशीलता में लोगों के बीच अन्तर होता है। किसानों की निजी योग्यता, शिक्षा, प्रगतिशीलता, जीवन के प्रति रुख तथा परिवार के मूल्य नई कृषि तकनीकों को अपनाने की उसकी क्षमता को निर्धारित करते हैं। गाँव में कुछ किसान प्रगतिशील होते हैं तथा नए बदलाव लाने का प्रयास करते हैं, ऐसे किसान उन किसानों से अधिक समृद्ध होते हैं, जो नए परिवर्तनों में कम रुचि रखते हैं तथा प्रगतिशील नहीं होते।

दूसरे शब्दों में, समाज में बुद्धिसंगत (Rational) तथा असंगत (Irrational) किसान, दोनों रहते हैं। प्रगतिशील किसानों ने उत्पादन में सुधार किया है इसलिए उनका जीवन स्तर बेहतर है, वहीं रुढ़िवादी किसान कम परिश्रमी होते हैं तथा कृषिय तकनीकों को सफलतापूर्वक अपना नहीं सकते हैं, फलस्वरूप वे हमेशा गरीबी तथा अल्पशोषण की गिरफ्त में रहते हैं।

किसानों की जीवन शैली तथा एक बेहतर जीवन स्तर के लिए उनकी आकांक्षा उनकी क्षमता को निधारित करती है। मुख्यतः मानव कारक के कारण ही किसानों की आय किसी गाँव में एक ही आकार के जोत-क्षेत्र रहने के बावजूद भिन्न होती है। प्राथमिकता के तौर पर किसानों को मानव विकास, जो शिक्षा, स्वास्थ्य तथा प्रशिक्षण कार्यक्रमों पर केन्द्रित हो, की आवश्यकता है।

उच्च उत्पादक फसल बीजों का प्रदर्शन (Performance of High Yielding Varieties)

हरित क्रांति ने पंजाब, हरियाणा और पश्चिमी उत्तर प्रदेश में अच्छा प्रदर्शन किया जहां पहले उच्च उपज देने वाली किस्मों को अपनाया गया। अधिक उपज देने वाली किस्मों की शुरुआत से अनाज फसलों के उत्पादन में काफी वृद्धि हुई है। उदाहरण के लिए, 1950-51 में कुल खाद्य उत्पादन 97.3 मिलियन टन था जो 2012-13 में बढ़कर लगभग 263.2 मिलियन टन और 2019-2020 में 296.65 मिलियन टन हो गया। (2017-18) में चावल का उत्पादन 112.9 मिलियन टन और गेहूं का 99.7 मिलियन टन था और 2019-2020 में यह क्रमश: 118.4 मिलियन टन और 107.6 मिलियन टन हो गया। इस प्रकार, भारतीय कृषि में अधिक उपज देने वाली किस्मों के प्रसार के बाद गेहूं और चावल के उत्पादन में पर्याप्त वृद्धि हुई ***(तालिका 9.11)***। हालांकि, देश के सभी राज्यों में चावल के उत्पादन में वृद्धि हुई है, लेकिन पंजाब और हरियाणा राज्यों में इसने अभूतपूर्व वृद्धि दर्ज की है, इसका मुख्य कारण पर्याप्त और नियंत्रित सिंचाई है जो इसकी खेती के लिए अनिवार्य है।

भारत की कुल जनसंख्या में लगभग 60% लोगों का मुख्य आहार चावल है। यह विभिन्न जलवायु तथा मृदा परिस्थितियों में पैदा हो सकता है।

यदि तापमान 20° सेंटिग्रेड से नीचे हो तो चावल की फसल अच्छी नहीं होती है। वर्षा अथवा सिंचाई से प्राप्त आर्द्रता इसकी फसल को मुख्य रूप से प्रभावित करती है। चावल की खेती भारत के लगभग सभी राज्यों में होती है नए बीजों को अपनाने के बाद पंजाब, हरियाणा तथा पश्चिमी उत्तर प्रदेश की फसल संरचना में चावल की खेती की महत्व बढ़ गया है ***(चित्र 9.12 तथा 9.13)***।

चित्र 9.12 तथा ***चित्र 9.13*** की तुलना करने से यह देखा जा सकता है कि चावल की खेती का विसरण पंजाब, हरियाण तथा पश्चिमी उत्तर प्रदेश में महत्वपूर्ण रूप से हुआ है। दिलचस्प बात यह है कि चावल की सबसे अधिक प्रति एकड़ पैदावार पंजाब के किसानों से प्राप्त होती है, जो इसकी खेती में नहर तथा नल-कूपों से सिंचाई की सहायता प्राप्त करते हैं। वास्तव में इन प्रदेशों में नियंत्रित सिंचाई प्रति इकाई क्षेत्र की पैदावार को बढ़ाने में मदद करती है। चावल के क्षेत्रफल तथा प्रतिशत की भागीदारी को ***तालिका 9.10*** में दर्शाया गया है।

तालिका 9.10 फसल प्रतिरूप, 2019-2020

फसलें	क्षेत्रफल (लाख हेक्टेयर)			उत्पादन (मिलियन टन)			पैदावार (किलो/हेक्टेयर)		
	2017-18	2018-19	2019-20*	2017-18	2018-19	2019-20*	2017-18	2018-19	2019-20*
चावल	437.7	441.6	437.8	112.8	116.5	118.4	2576	2638	2705
गेहूँ	296.5	293.2	314.5	99.9	103.6	107.6	3368	3533	3421
पोषक/मोटे अनाज	242.9	221.5	240.2	47.0	43.1	47.5	1934	1944	1976
दाल	298.1	291.6	283.4	25.4	22.1	23.2	853	757	817
अनाज	1275.2	1247.8	1275.9	285.0	285.2	296.6	2235	2286	2325
तिलहन	245.1	247.9	270.4	31.5	31.5	33.4	1284	1271	1236
गन्ना	47.4	50.6	45.7	379.9	405.4	355.7	80198	80105	77893
कपास@	125.9	126.1	133.7	32.8	28.0	35.5	443	378	451
जूट और मेस्टारु	7.4	7.0	6.8	10.0	9.8	9.9	2435	2508	2641

Source: Government of India (2021). *Annual Report 2020–21*. Department of Agriculture, Cooperation & Farmers' Welfare, Ministry of Agriculture & Farmers' Welfare, New Delhi.

* 4th advance estimates

@ Production in million bales of 170 kg each

\# Production in million bales of 180 Kg. each.

तालिका 9.10 से देखा जा सकता है कि 2017-18 में 437.7 लाख हेक्टेयर से अधिक क्षेत्र चावल के अधीन था जो 2019-20 में लगभग समान रहा। वहीं गेहूं का क्षेत्रफल 2017-18 में 296.5 लाख हेक्टेयर से बढ़कर 2019-20 में 314.5 लाख हेक्टेयर हो गया है. तिलहन और कपास के क्षेत्र में भी वृद्धि दर्ज की गई है।

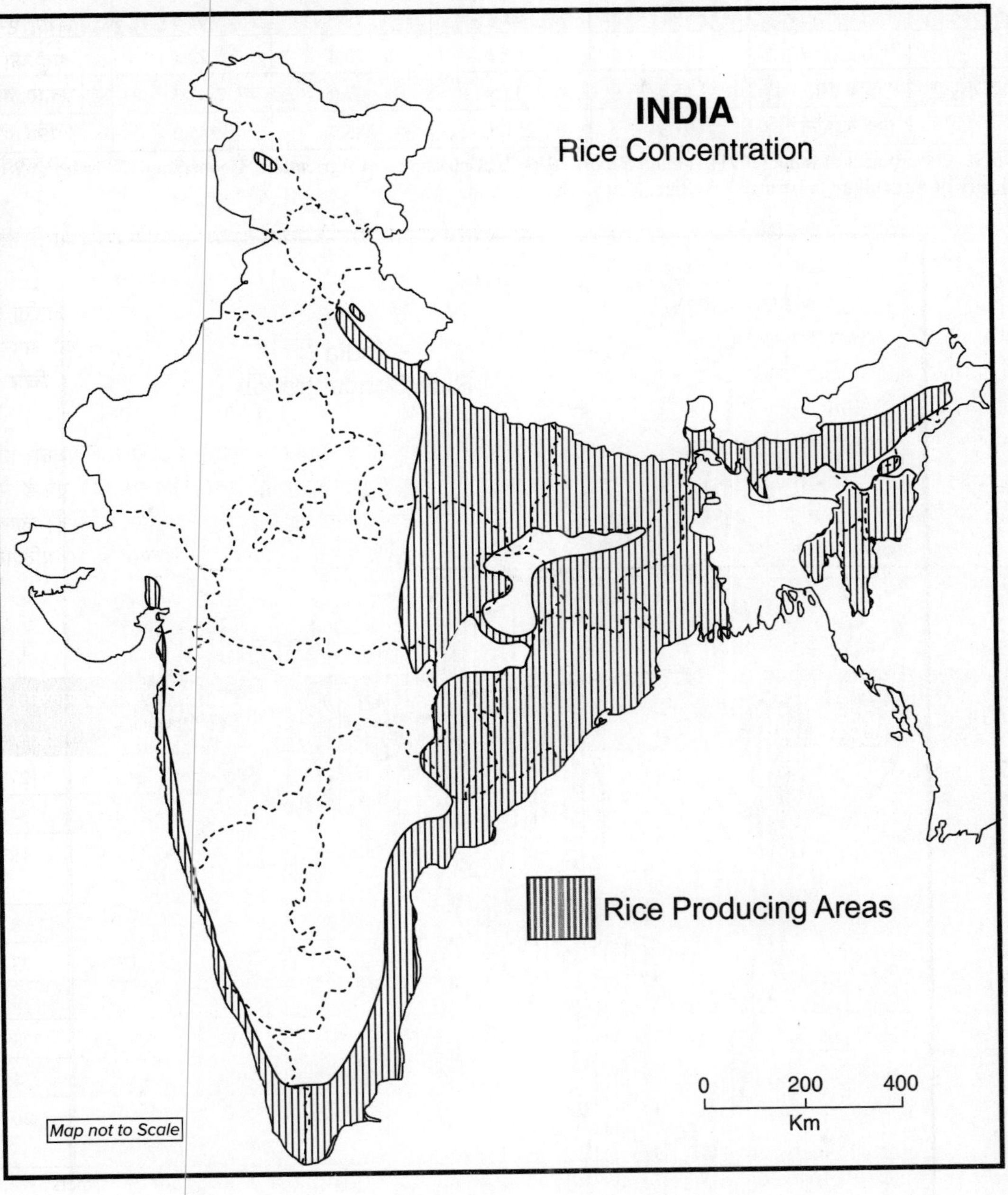

चित्र 9.12 चावल संकेंद्रण

वर्ष 1950-51 से 2019-20 तक अनाज उत्पादन के तुलनात्मक आँकड़ों को ***तालिका 9.11*** में दर्शाया गया है।

तालिका 9.11 अनाज का उत्पादन, 1950–51 से 2016–17 तक (मिलियन टन में)

क्र. सं.	फसलें	1950–51	2016–17	2017–18	2018–19	2019–20
1.	चावल	30.8	104.4	112.8	116.5	118.4
2.	गेहूँ	9.7	92.2	99.9	103.6	107.6
3.	दाल	12.5	16.32	25.4	22.1	23.2
4.	मोटे अनाज	15.5	38.5	47.0	43.1	47.5
5.	कुल खाद्यान्न	97.3	251.5	285.0	285.2	296.6

Source: Government of India (2021). *Annual Report 2020–21*. Department of Agriculture, Cooperation & Farmers* Welfare, Ministry of Agriculture & Farmers' Welfare, New Delhi.

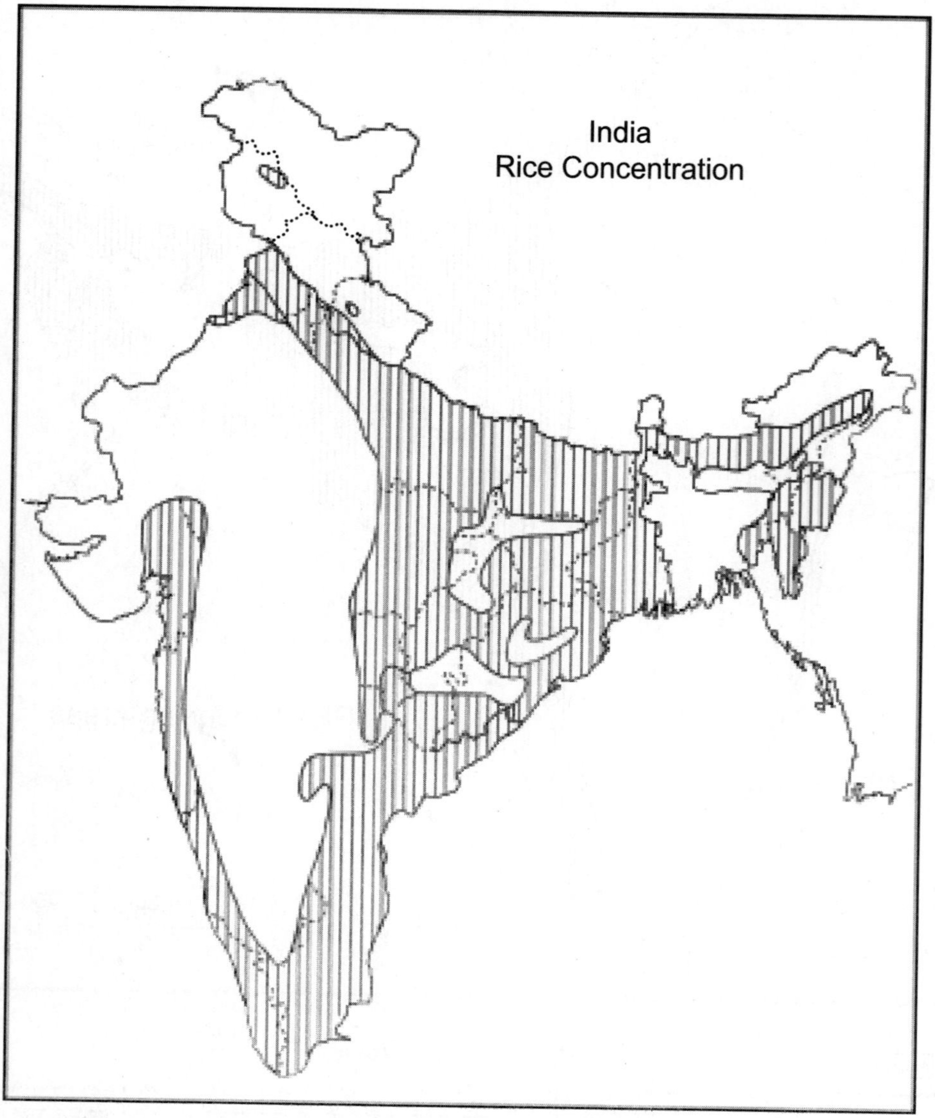

चित्र 9.13 चावल संकेंद्रण

भारत में चावल के बाद गेहूं दूसरा सबसे महत्वपूर्ण मुख्य भोजन है। यह देश के कुल खाद्यान्न उत्पादन में लगभग 36% का योगदान करता है। ***चित्र 9.14*** और ***चित्र 9.15*** में हरित क्रांति से पहले और हरित क्रांति के बाद की अवधि के दौरान गेहूं के क्षेत्रीय वितरण को दिखाया गया है, जबकि तालिका 9.11 इसके उत्पादन की वृद्धि को दर्शाता है।

हाल ही में भारतीय चावल अनुसंधान संस्थान ने चावल के नए बीजों का आविष्कार किया है, जिससे चावल उत्पादन 6.7 टन प्रति हेक्टेयर हो जाएगा। यह प्रति हेक्टेयर औसत चावल उत्पादन से लगभग तीन गुना अधिक है।

चावल के बाद गेहूँ भारत का दूसरा सबसे अधिक उत्पादन किया जाने वाला अनाज है। देश के कुल खाद्यान्न उत्पादन में गेहूँ का योगदान लगभग 34% है।

हरित क्रान्ति से पहले तथा हरित क्रान्ति के बाद की अवधि में गेहूँ के प्रादेशिक वितरण को ***चित्र 9.14*** तथा ***चित्र 9.15*** में दिखाया गया है। ***तालिका 9.11*** में इसके उत्पादन में वृद्धि को दिखाया गया है।

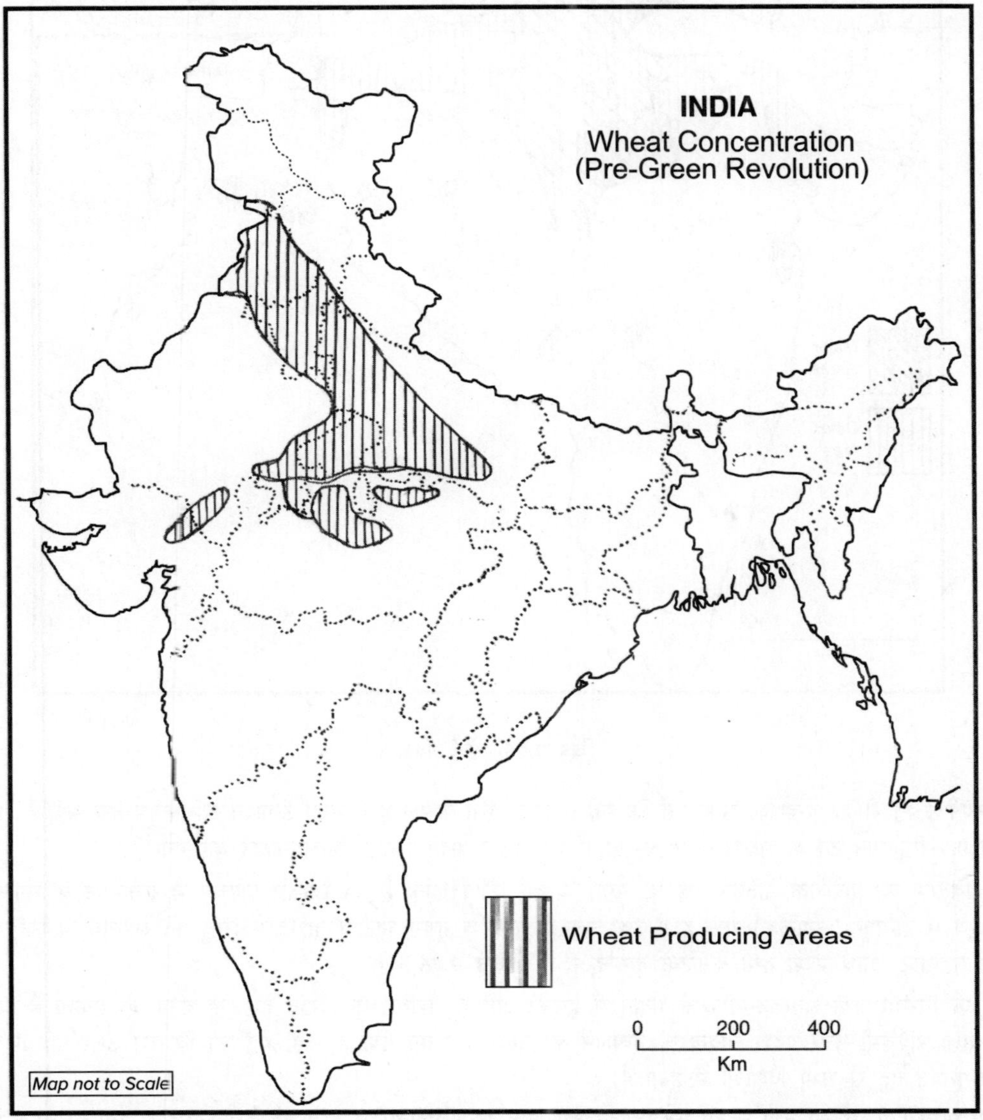

चित्र 9.14 गेहूं संकेद्रण

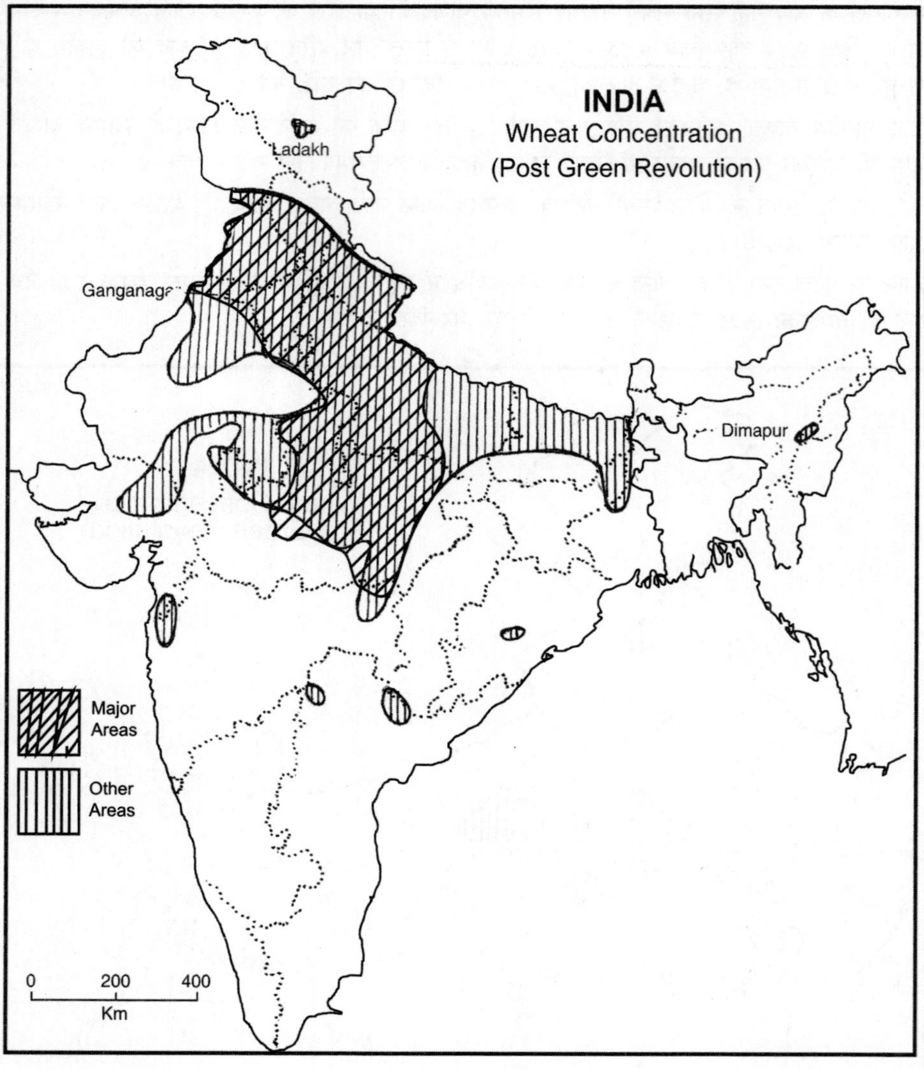

चित्र 9.15 गेहूं संकेद्रण

सारणी 9.11 से यह देखा जा सकता है कि गेहूँ एकमात्र ऐसी फसल है जिसका उत्पादन अधिकतम तक बढ़ा है। 1950-51 में केवल 9.7 मिलियन टन के मुकाबले 2019-20 में गेहूं का उत्पादन 107.6 मिलियन टन बढ़ गया है।

गेहूँ वितरण का प्रादेशिक प्रतिरूप गेहूँ के समग्र विस्तार को दिखाता है यह विस्तार पश्चिम में राजस्थान के गंगानगर जिले से लेक पूर्व में दीमापुर (नगालैंड) तक हुआ तथा उत्तर में सुरू व नुबरा घाटी (लद्दाख में सिंधु की सहायक नदियाँ) से लेकर दक्षिण में महाराष्ट्र, आंध्र प्रदेश तथा कर्नाटक तक हुआ है ***(चित्र 9.16)***।

गेहूँ के विस्तार तथा सतलज-गंगा के मैदान में इसकी अधिक पैदावार को देखते हुए यह कहा जा सकता है कि पंजाब, हरियाणा तथा पश्चिमी उत्तर प्रदेश चावल के उत्पादन का मुख्य क्षेत्र बन गया है, वहीं गेहूँ का विसरण उत्तर-पश्चिम भारत के इसके परम्परागत गढ़ से सभी दिशाओं में हुआ है।

अन्य फसलों में, मक्का तथा बाजरा के उत्पादन तथा प्रति इकाई पैदावार में वृद्धि हुई है। दलहन के उत्पादन पर हरित क्रान्ति का कोई खास प्रभाव नहीं पड़ा है।

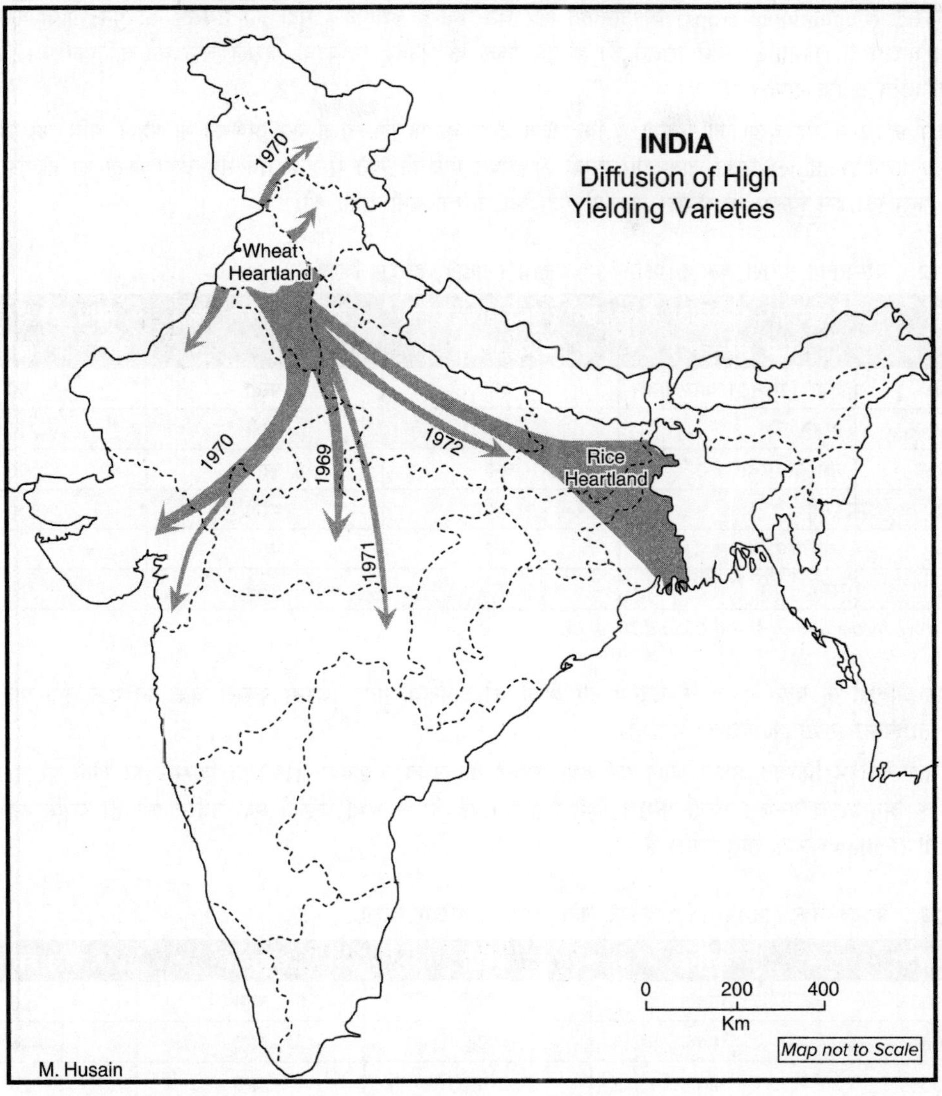

चित्र 9.16 चावल एवं गेहूं के उन्नत किस्मों का विसरण

हरित क्रान्ति तथा फसल चक्र (Green Revolution and Rotation of Crops)

भारत में अधिकतर किसानों द्वारा फसल चक्र अपनाया गया है। फसल चक्र का मुख्य उद्देश्य, जहाँ एक तरफ कृषि से अधिक लाभ प्राप्त करना है, वहीं दूसरी ओर मृदा की उर्वरता को कायम रखना है। इस तरह फसल चक्र कृषि को धारणीय बनाता है। फसल चक्र का महत्व उन क्षेत्रों में अधिक है, जहाँ एक वर्ष में किसान दो या दो से अधिक फसल उगाते हैं।

हरित क्रान्ति से पहले अधिकतर भारतीय किसान जीविका के लिए खेती करते थे, फसलों को मुख्यत: निजी उपभोग के लिए पैदा किया जाता था। उन क्षेत्रों में जहाँ हरित क्रान्ति सफल है, कृषि एक व्यवसाय बन गया है तथा बाजार की माँग को देखते हुए किसान अपना ध्यान कुछ फसलों को पैदा करने पर ही केन्द्रित कर रहे हैं। हरित क्रान्ति के क्षेत्र में किसान खरीफ के मौसम में प्राय: चावल तथा रबी के मौसम में गेहूँ का उत्पादन करते हैं। ये दोनों फसलें उर्वरताहारी (Soil Exhaustive) हैं।

लेग्युमिनस फसल (Leguminous crops) के अन्तर्गत क्षेत्र घट गया है तथा अब मृदा की उर्वरता को पुनः प्राप्त करने के लिए किसान खेतों को परती (Follow) नहीं छोड़ते हैं। हरिद्वार जिले के बनहेड़ा गाँव के फसल चक्र को तालिका 9.12 में दिखाया गया है, जहाँ हरित क्रान्ति सफल रही है।

तालिका 9.12 में यह देखा जा सकता है कि उच्च उत्पादक फसल बीजों को अपनाने से पहले भूमि को प्रतिवर्ष कुछ समय के लिए परती (Fallow) छोड़ा जाता था। इसके अतिरिक्त एक ही खेत में एक वर्ष गेहूँ बोया जाता था तो दूसरे वर्ष चना (लेग्युमिनस फसल)। इस किस्म के फसल चक्र से मृदा की उर्वरता बनी रहती थी।

तालिका 9.12 परम्परागत फसल चक्र (1960-65) बनहेरा (टांडा), हरिद्वार जिला

वर्ष	खरीफ (मध्य जून से मध्य अक्टूबर)	रबी (मध्य अक्टूबर से मध्य अप्रैल)	जायद (अप्रैल-जून)	भूमि को परती छोड़े जाने की अवधि (दिन)
1960	ज्वार (मिलेट)/चारा/चावल	चना	परती	90
1961	परती	गेहूँ	परती	210
1962	ज्वार/चारा/चावल	चना	परती	90
1963	परती	गेहूँ	परती	210
1964	ज्वार/चारा/चावल	चना	परती	90
1965	परती	गेहूँ	परती	210

स्रोत: *Field work by the author, 1960-65 and 2014-15.*

भूमि पर आबादी के बढ़ते दबाव के कारण नए बीजों को अपनाया गया, जिससे फसल चक्र का एक नया प्रतिरूप सामने आया, जिसे ***तालिका 9.13*** में दिखाया गया है।

नए फसल चक्र में किसान अपना ध्यान गेहूँ तथा चावल की उच्च उत्पादक (HYVs) किस्मों की खेती पर दे रहे हैं तथा परिस्थितियों के अनुसार वे गन्ना (नकदी फसल) भी पैदा कर रहे हैं। ये सभी फसलें मृदा उर्वरताहारी हैं। इसके अतिरिक्त अब खेतों को परती (Fallow) नहीं छोड़ा जाता है।

तालिका 9.13 फसल चक्र (2014-15), बनहेरा गाँव (टांडा), हरिद्वार जिला

वर्ष	खरीफ	रबी	जायद	कुल लगे दिन
2000	चावल	गेहूँ	चारा	20
2001	चावल	गेहूँ	चारा	5
2002	चावल	गेहूँ	चारा	20
2003	चावल	गेहूँ	चारा	5
2004	गन्ना	गन्ना	गन्ना	20
2005	गन्ना	गन्ना	गन्ना	5
2006	चावल	गेहूँ	चारा	20

स्रोत: *Field work by the author, 2014-15*

हरित क्रान्ति तथा प्रादेशिक असमानतायें (Green Revolution and Regional Inequalities)

नई कृषि नीति के अन्तर्गत अपनाई गई उच्च उत्पादक फसल बीज अति सूक्ष्म तथा संवेदनशील हैं, जिन्हें समय पर महंगे निवेश (जल, खाद, कीटनाशक तथा पीड़नाशी) की आवश्यकता होती है। इसके अतिरिक्त इन उच्च उत्पादक बीजों की पैदावार उन क्षेत्रों में अच्छी होती है, जहाँ आधारभूत संरचना (बिजली, सिंचाई तथा सड़क) पर्याप्त होती है। इसके विपरीत चरम जलवायु

(वर्षण तथा तापमान) के क्षेत्र में जहाँ नियंत्रित सिंचाई उपलब्ध नहीं है, नए बीजों से पैदावार अच्छी नहीं होती है। इस प्रकार कृषि विकास के संदर्भ में देश के सिंचित तथा असिंचित भागों के बीच प्रादेशिक असंतुलन उत्पन्न हो गया है।

अन्तःप्रादेशिक असमानता (Intra – Regional Inequalities)

उच्च उत्पादक फसल बीजों को अपनाने के कारण अन्तःप्रादेशिक असमानता भी उत्पन्न हुई है। पंजाब, हरियाणा, पश्चिमी उत्तर प्रदेश तथा कावेरी डेल्टा के किसान भी इसका एक समान रूप से लाभ नहीं उठा पाए हैं। इसका लाभ बड़े, प्रगतिशील तथा शिक्षित किसानों को अधिक हुआ है। शुरू में इन उच्च उत्पादक फसल जातियों को अपनाने वाले किसानों को अधिक लाभ हुआ। छोटे तथा सीमान्त किसानों को तथा देर से इन बीजों को अपनाने वाले किसानों को अधिक लाभ नहीं हो पाया। इस तरह से इन फसल जातियों का किसानों पर एकसमान प्रभाव नहीं रहा है।

अन्तर फसल असमानताएँ (Intercrop Disparities)

गेहूँ, चावल, मक्का तथा बाजरा के उत्पादन तथा उत्पादकता में वृद्धि हुई है। परन्तु कई ऐसे अनाज तथा नकदी फसल (दलहन, जौ, तिलहन, सूरजमुखी, मूंगफली इत्यादि) हैं, जिनका उत्पादन संतोषजनक नहीं रहा है। खरीफ दलहन के मामले में सुधार की आवश्यकता है। यह आवश्यक है कि प्रत्येक कृषि-जलवायु प्रदेश के लिए उच्च उत्पादक दलहन की जातियों का विकास किया जाए।

किसानों तथा भूमिहीन श्रमिकों पर हरित क्रान्ति का प्रभाव

कृषीय उत्पादन में वृद्धि करने के उद्देश्य से जब 1960 के मध्य में पैकेज कार्यक्रम (Package Programme) की शुरुआत की गई तो यह माना जा रहा था कि नए बीजों से होने वाले लाभ सभी के लिए एक समान होंगे, परन्तु वास्तव में ऐसा हो न सका।

भारत में चार वर्गों के किसान हैं- (i) बड़े किसान (ii) मध्यम किसान (iii) छोटे किसान (iv) सीमान्त किसान (Marginal Farmers)। उन्नत बीजों की किस्मों से सभी को एक समान लाभ नहीं हुआ है। विभिन्न वर्गों के किसानों तथा निर्भर श्रमिकों पर हरित क्रान्ति के प्रभाव की विवेचना नीचे की गई है:

बड़े किसान

भारत में बड़े किसान की परिभाषा अलग-अलग राज्यों में भिन्न-भिन्न है। उदाहरण के लिए केरल में 10 एकड़ या इससे अधिक भूमि वाले किसानों को बड़े किसान के वर्ग में रखा गया है परन्तु पंजाब, हरियाणा तथा राजस्थान में ये किसान मध्यम अथवा छोटे किसानों के वर्ग के अन्तर्गत आएँगे। उन क्षेत्रों के अध्ययन से जहाँ हरित क्रान्ति सफल रही है यह पता चलता है कि बड़े किसान इस कार्यक्रम का सबसे अधिक लाभ उठा पाए हैं। हरित क्रान्ति के शुरुआती चरण में बड़े किसानों ने नए बीजों (HYVs) को आसानी से अपनाया। नए बीजों के कारण उनकी आय एवं बचत में वृद्धि हुई, जिससे वे उन मशीनरी को खरीदने में सफल हुए जो श्रम का विस्थापन करती हैं, अब वे छोटे तथा उपांतिक किसानों से अधिक भूमि भी खरीद सकते थे। इस प्रवृत्ति ने उन लोगों की आय के आधार को बढ़ा दिया, जो समाज में पहले से ही समृद्ध थे। बड़े किसान ट्रैक्टर, थ्रेशर तथा छिड़काव की मशीन का उपयोग करने के लिए बेहतर स्थिति में थे। उन्होंने भौमजल के प्रभावी उपयोग के लिए अनेक नल-कूप तथा पम्पिंग सेट लगाए। बड़े किसानों ने अपनी कृषि को आधुनिक बनाया। वित्तीय संसाधनों के अभाव में छोटे तथा सीमान्त किसान नये बीजों फसल जातियों को शुरुआती चरण में नहीं अपना सके। फलस्वरूप, वे इस दौर का लाभ उठाने में पिछड़ गए।

सामान्यतः अनेक फसलों के कारण खेती की जटिलता और अधिक बढ़ जाती है क्योंकि अधिक पैदावार के लिए अधिक निवेश तथा समय से प्रचालन की आवश्यकता होती है। कृषि का तीव्रीकरण तथा अनेक फसलों का अर्थ यह है कि किसान अधिक-से-अधिक पूंजी दाँव पर लगाते हैं। कृषि संस्थान, ऋण ऐजेन्सियाँ तथा प्रसार सेवा सामान्यतः बड़े तथा प्रभावशाली किसानों के हितों का अधिक ध्यान रखती हैं, जिसके परिणामस्वरूप छोटे तथा उपान्तिक किसान उन निवेशों से वंचित रह जाते हैं, जो नये बीजों की खेती के लिए आवश्यक है। बड़े तथा प्रभावशाली किसान कृषि गतिविधियों को आसानी से तथा समय से पूरा कर लेते हैं परन्तु छोटे व सीमांत किसान इस क्रम में पीछे रह जाते हैं तथा वे श्रम के लिए परिवार पर निर्भर होते हैं। इस कारण से ग्रामीण समाज में आय की असमानता बढ़ी है तथा लोगों का धुव्रीकरण हो गया है।

छोटे किसान

सामान्यतः भारत के सभी राज्यों में छोटे किसानों के पास 2 एकड़ से कम भूमि होती है। न तो वे वित्तीय दृष्टि से मजबूत होते हैं न ही तकनीकी रूप में। इसके अतिरिक्त ऋण एजेन्सियों तक इनकी पहुँच आसान नहीं होती। अपनी फसल की सिंचाई के लिए वे बड़े किसानों के नल-कूपों पर निर्भर करते हैं। यह देखा गया है कि सिंचाई के व्यस्ततम काल में बड़े किसान इन नल-कूपों से छोटे किसानों को पानी नहीं देते अथवा अधिक पैसों की माँग करते हैं, जो प्रायः छोटे किसानों की क्षमता से अधिक होती है। समय से सिंचाई नहीं होने के कारण इन किसानों की फसलों पर प्रतिकूल प्रभाव पड़ता है। कुछ समय पश्चात् जमीन की बढ़ती कीमतों का लाभ उठाकर छोटे किसान अपनी भूमि को बेच देते हैं तथा एक नए जीवन की शुरुआत करने का प्रयास करते हैं। इसके अतिरिक्त कृषि संस्थान, जिनका उद्देश्य छोटे किसानों को मदद करना है, वास्तव में इनकी सहायता नहीं करते हैं। ये संस्थान बड़े किसानों के हित में कार्य करते हैं। अत्यावश्यक निवेशों से वंचित रहने के कारण छोटे किसान खेती में पूरी लागत नहीं लगा पाते तथा अधिक पैदावार नहीं कर सकते हैं।

पट्टेधारी किसान (Tenant Farmers)

नये बीजों (HYVs) के विसरण के कारण पट्टेधारी किसानों पर प्रतिकूल प्रभाव पड़ा है। सामान्यतः पट्टेधारी किसान में फसल प्रतिरूपों के नए परिवर्तनों को अपनाने की प्रवृत्ति कम होती है क्योंकि यह निश्चित नहीं होता कि खेती के लिए भूमि उनके पास कितने दिनों तक उपलब्ध होगी।

तेजी से बढ़ती भूमि की कीमतों के कारण पट्टेधारी किसानों की समस्या और अधिक जटिल हो गई है। काश्तकार अधिक भूमि के प्रत्यक्ष प्रबंधन से जल्द लाभ उठाना चाहते हैं। इन परिस्थितियों में भूमि का स्वामित्व काश्तकारों के हाथ में जाना संभव नजर नहीं आता है। भू-स्वामियों द्वारा कई कुटिल तरीके अपनाए गए हैं। भू-स्वामी किसानों को अक्सर बदलते रहते हैं ताकि लम्बी अवधि तक खेती करने के कारण उनका भूमि पर दावा प्रबल नहीं हो जाय। प्रभावी भूमि सुधार नीति के अभाव में धीरे-धीरे काश्तकार भूमिहीन श्रमिकों के वर्ग में आ जाते हैं तथा वित्तीय समस्याओं के कारण वे रोजगार की खोज में बड़े नगरों की ओर पलायन करते हैं।

अंश कृषि या सहकारी कृषि

इस कृषि उद्यम में भू-स्वामी किरायेदारी पर भूमि प्रयोग करने देता है और बदले में उस भूमि की फसलों के उत्पादन में से उन्हें कुछ हिस्सा प्रदान करता है। यह कम विकासशील देशों में प्रभावशाली है। यह एक संस्थानात्मक व्यवस्था है जिसमें परिस्थिति के आधार पर जोखिम उत्प्रेरक बांट दिया जाता है जहाँ श्रम आपूर्ति महंगी होती है।

भूमिहीन श्रमिक

एक पूर्वानुमान यह था कि, उच्च उत्पादक फसल जातियाँ अधिक रोजगार उत्पन्न करेंगी परन्तु ऐसा हो न सका। निःसंदेह ही असंघटित कृषि श्रमिकों के वेतन में लगभग 20 गुना अधिक की वृद्धि हुई है। उन क्षेत्रों में जहाँ हरित क्रान्ति सफल रही है, श्रमिकों को पूरे वर्ष रोजगार उपलब्ध होता है, दूसरी ओर कई क्षेत्रों में ग्रामीण रोजगार घट गया है। श्रमिकों के लिए घटते रोजगार का कारण इनकी संख्या में प्राकृतिक वृद्धि तथा बड़े किसानों द्वारा कृषि का यन्त्रीकरण है, जो श्रम को विस्थापित करता गया है।

हरित क्रान्ति के प्रभाव को ***तालिका 9.14*** में दर्शाया गया है। तालिका में यह देखा जा सकता है कि बड़े किसानों ने नए बीजों को शीघ्र अपनाया। उन्होंने अपने खेतों में नल-कूप तथा पम्पिंग सेट लगाए तथा ऋण प्रदान करने वाली एजेन्सियों तथा सहकारी समितियों की मदद से ट्रैक्टर, थ्रेशर, फसल काटने की मशीन, इत्यादि खरीदीं। इसके फलस्वरूप उनके उत्पादन तथा उत्पादकता में वृद्धि हुई। बेहतर आय के कारण उनके भोजन तथा पोषण में सुधार आया। वे बेहतर घरों में रहने लगे। शिक्षा के महत्व को समझते हुए कई परिवारों ने अपने बच्चों को निकटवर्ती नगर तथा कस्बों के अंग्रेजी माध्यम के स्कूलों में भेजना शुरू किया। आर्थिक सम्पन्नता के कारण वे स्वास्थ्य तथा सफाई पर अधिक ध्यान देने लगे। इस चरण में आकर कुछ बड़े किसानों ने छोटे परिवार की इच्छा जताई, तथा परिवार नियोजन पर बल दिया।

इसके अतिरिक्त आर्थिक सम्पन्नता तथा नगर के समृद्ध लोगों के साथ उनके सम्बन्धों ने उन्हें बड़े पक्के घरों के निर्माण के लिए प्रेरित किया। वे आराम तथा सुख-साधन की अनेक वस्तुओं का उपभोग करने लगे। इस प्रकार उन क्षेत्रों के ग्रामीण समाज में उपभोक्तावाद को बढ़ावा मिला, जहाँ हरित क्रान्ति सफल रही।

परम्परागत किसान अब आर्थिक किसान बन गए जो हमेशा अपने लाभ के बारे में सोचने लगे। अत्यन्त व्यस्त रहने के कारण तथा समय के महत्व को समझने वाले इन किसानों ने छोटे किसानों के हितों पर ध्यान देना कम कर दिया। दूसरी ओर उन्होंने छोटे तथा सीमान्त किसानों की कृषि भूमि को खरीदना शुरू कर दिया। इससे ग्रामीण समुदाय के आदान-प्रदान व्यवस्था तथा भाईचारे को क्षति पहुँची है। बेहतर कृषीय आय के कारण बड़े किसानों के रहन-सहन में बदलाव आया, उनकी प्रत्याशित आयु बढ़ गई तथा जीवन सुखमय हो गया।

इसके विपरीत छोटे तथा सीमान्त किसान नये बीजों को शीघ्रता से अपना न सके क्योंकि वे ऋण लेने के लिए अपनी जमीन को गिरवी नहीं रख सकते थे। उनके उत्पादन तथा उत्पादकता में बहुत कम वृद्धि हुई। फलस्वरूप उनके भोजन, पोषण, शिक्षा तथा स्वास्थ्य में कोई सुधार नहीं आया। गरीब होने के कारण वे बच्चों को शिक्षा के लिए स्कूल नहीं भेज सके तथा वे यह समझते थे कि बच्चों का कृषि में हाथ-बंटाना बेहतर है। अतिरिक्त लोगों के महत्व को समझते हुए इन किसानों ने छोटे परिवार तथा परिवार नियोजन पर ध्यान नहीं दिया। हमेशा ऋण से दबे रहने के कारण, अल्पपोषण तथा मानसिक तनाव के कारण उनका स्वास्थ्य अच्छा नहीं रह सका तथा ऋण के कारण वे आत्महत्या करने लगे। बदली हुए सामाजिक-आर्थिक परिस्थितियों में छोटे तथा बड़े किसानों के बीच आय का अन्तर बढ़ता गया। इससे परम्परागत ग्रामीण समाज का ताना-बाना टूट गया तथा धनी व गरीब लोगों के बीच विभाजित हो गया। सामाजिक तनाव के कारण समाज का ध्रुवीकरण हो गया। हरित क्रांति के सामाजिक प्रभाव को ***तालिका 9.14*** में दिखाया गया है।

तालिका 9.14 हरित क्रान्ति : बड़े तथा छोटे किसानों पर प्रभाव

बड़े किसान	छोटे तथा सीमांत किसान
- उच्च उत्पादक फसल किस्मों का शीघ्र अपनाया जाना।	- उच्च उत्पादक फसल जातियों का धीमी गति से अपनाया जाना।
- कृषि उत्पादन तथा उत्पादकता में तीव्र गति से वृद्धि।	- कृषि उत्पादकता में कम वृद्धि।
- खाद्य तथा पोषण, आवास, शिक्षा, सफाई तथा स्वास्थ्य में सुधार।	- खाद्य तथा पोषण, आवास शिक्षा, सफाई तथा स्वास्थ्य में कम अथवा कोई सुधार नहीं।
- छोटे परिवार तथा परिवार नियोजन की ओर झुकाव।	- छोटे परिवार तथा परिवार नियोजन के प्रति झुकाव नहीं, निर्भरता अनुपात में वृद्धि।
- आराम तथा सुख-साधन की वस्तुओं के उपभोग में वृद्धि।	- आराम तथा सुख साधन की वस्तुओं के उपभोग में कोई वृद्धि नहीं अथवा कम वृद्धि।
- अचल सम्पत्ति में वृद्धि।	- अचल सम्पत्ति का घटना।
- बेहतर जीवन स्तर।	- जीवन स्तर में गिरावट।
- प्रत्याशित आयु का बढ़ना।	- प्रत्याशित आयु में कोई बढ़ोत्तरी नहीं अथवा कम बढ़ोत्तरी।
- बड़े किसान धनी हो गए।	- छोटे किसानों में गरीबी और बढ़ी।
- ग्रामीण समाज का ध्रुवीकरण।	- गरीब किसान एकजुट होते हैं।
- सामाजिक तनाव में बढ़ोत्तरी।	- सामाजिक तनाव में बढ़ोत्तरी।

स्रोत: Fieldwork by the author–1962-63 and 2014-15.

हरित क्रान्ति के कारण उत्पन्न पर्यावरणीय तथा पारिस्थितिकी समस्याएँ (Environmental and Ecological Implications of Green Revolution)

नये बीजों की खेती के कारण अनेक पर्यावरणीय तथा पारिस्थितिकी समस्याएँ उत्पन्न हुई हैं, जैसे-वनों के क्षेत्रफल में कमी, चारे (Fodder) की कमी, लवणीकरण, जलमग्नता, भौम जल स्तर का नीचा होना, मृदा अपरदन, मृदा रसायन में परिवर्तन, जैव-विविधता में कमी, मृदा/भूमि उर्वरता का घटना, नदियों का अवसादों से भरना, अपतृणों में वृद्धि, कई नए प्रकार के पौधों की बीमारियों का उत्पन्न होना तथा स्वास्थ्य के लिए खतरा साबित होना। इन समस्याओं का एक संक्षिप्त विवरण नीचे दिया गया है:

1. *लवणीकरण (Salination)*

नये बीजों को कई बार सिंचाई की आवश्यकता होती है, विशेषकर पंजाब तथा हरियाणा में जहाँ औसत वर्षा लगभग 60 से 65 से.मी. होती है। सिंचाई के माध्यम से निरंतर आर्द्रता की आपूर्ति से मृदा में परिवर्तन आया है। शुष्क तथा अर्द्ध-शुष्क क्षेत्रों में केशिका क्रिया (Capillary action) के कारण मृदा या तो अम्लीय या क्षारीय बनती जा रही है। लवणी तथा क्षारीय प्रभावित क्षेत्रों को पंजाब में कल्लर अथवा थूर कहा जाता है तथा उत्तर प्रदेश में इसे कल्लर, ऊसर अथवा रेह कहा जाता है। इन क्षेत्रों का विस्तार होता जा रहा है। एक आंकलन के अनुसार, पंजाब तथा हरियाणा के कृषीय भूमि का लगभग 50% घुलनशील लवणों से प्रभावित हुआ है। लवण तथा क्षार प्रभावित क्षेत्रों को ***चित्र 9.17*** तथा ***9.18*** में दिखाया गया है।

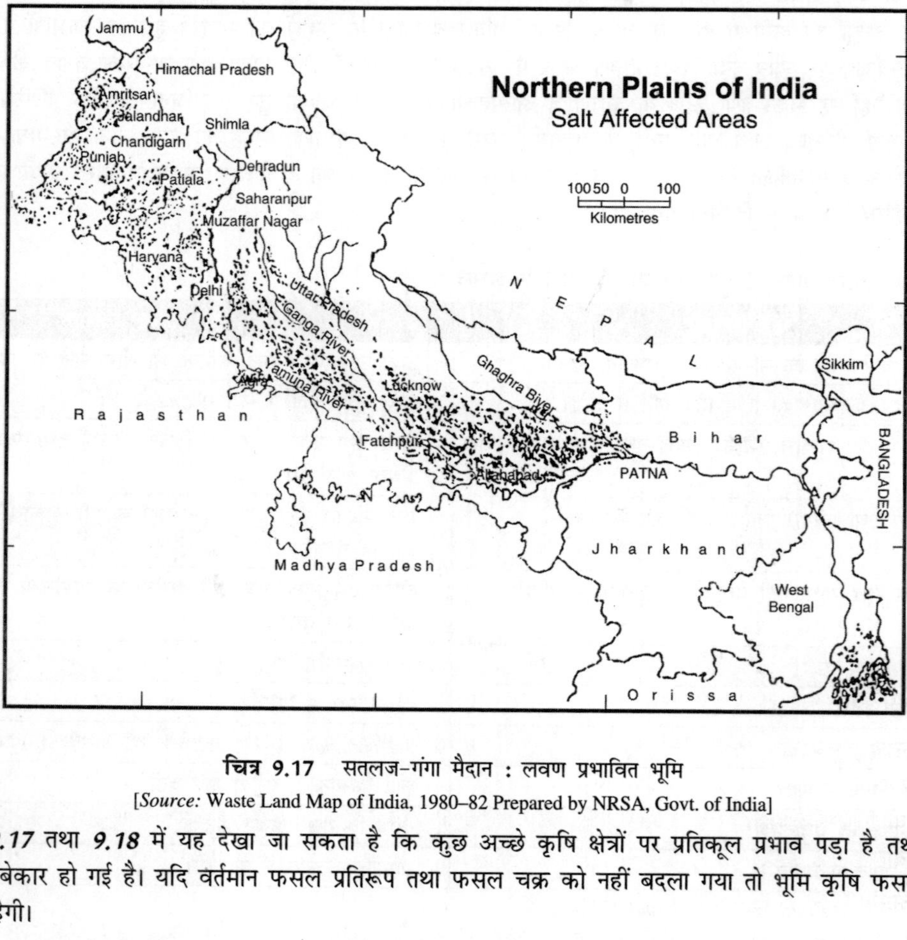

चित्र 9.17 सतलज-गंगा मैदान : लवण प्रभावित भूमि

[*Source:* Waste Land Map of India, 1980–82 Prepared by NRSA, Govt. of India]

चित्र 9.17 तथा ***9.18*** में यह देखा जा सकता है कि कुछ अच्छे कृषि क्षेत्रों पर प्रतिकूल प्रभाव पड़ा है तथा भूमि कृषि की दृष्टि से बेकार हो गई है। यदि वर्तमान फसल प्रतिरूप तथा फसल चक्र को नहीं बदला गया तो भूमि कृषि फसलों को उगाने योग्य नही रहेगी।

लवणता तथा क्षारीयता की समस्या का हल गोबर तथा वानस्पतिक खाद के प्रयोग द्वारा तथा फसल चक्र में दलहन की फसलों का चयन कर किया जा सकता है।

लवण-सहनशील फसलें, जैसे-टमाटर, पालक, जौ, घास, शतावर, चुकन्दर, इत्यादि की खेती इस समस्या के समाधान में सहायता कर सकती है तथा भूमि की उर्वरता में सुधार ला सकती है।

2. *जलमग्नता (Waterlogging)*

जलमग्न भूमि की समस्या अत्यधिक सिंचाई से जुड़ी है। पंजाब, हरियाणा तथा पश्चिमी उत्तर प्रदेश के नहर सिंचित क्षेत्र में यह एक गंभीर समस्या है। इंदिरा गाँधी नहर (राजस्थान) द्वारा सिंचित क्षेत्रों में भी यह एक गंभीर समस्या बन गई हैं। गंगानगर, बीकानेर

तथा जैसलमेर (राजस्थान) में हजारों एकड़ कृषि भूमि इसके कारण जलमग्न रहती है ***(चित्र 9.19)***। यहाँ के प्रगतिशील किसानों ने अपने फसल प्रतिरूप में बदलाव किया है तथा बाजरा, ज्वार, दलहन, जौ, कपास, मूंगफली, ग्वार, चारा एवं सूरजमुखी की जगह अब वे चावल तथा गेहूँ की खेती करने लगे हैं। गर्मी तथा जाड़े के मौसम में इन क्षेत्रों की बार-बार सिंचाई के कारण काफी भूमि जल मग्न हो गई है, विशेषकर नहर के दानों ओर।

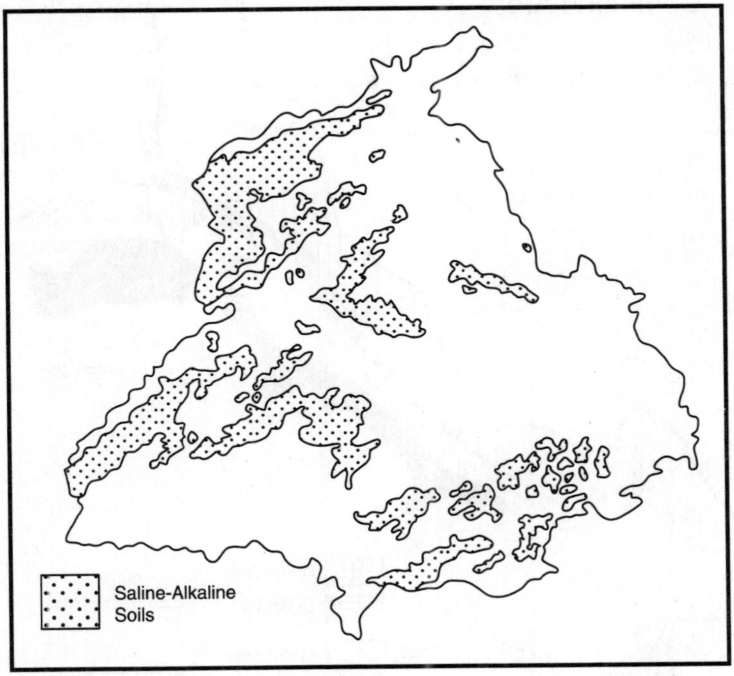

चित्र 9.18 पंजाब-मृदा लवणता
Source: Punjab Agri Univ. Ludhiana

3. *मृदा अपरदन (Soil Erosion)*

मृदा अपरदन एक सर्वव्यापक घटना है। यह देश के सभी भागों में कुछ हद तक देखी जा सकती है, परन्तु शुष्क, अर्द्ध-शुष्क तथा पर्वतीय क्षेत्रों में यह अधिक होती है। वनों की मौजूदगी से मृदा अपरदन का खतरा घट जाता है। हाल के वर्षों में कृषि भूमि के विस्तार के लिए बड़ी मात्रा में वृक्षों को काटा गया है। मृदा अपरदन की बढ़ती गति के कारण न केवल कृषि क्षेत्रों को नुकसान पहुँचता है बल्कि उन क्षेत्रों पर भी प्रतिकूल प्रभाव पड़ता है, जहाँ अपरदित मृदा का निक्षेपण (deposition) होता है।

मृदा अपरदन की समस्या से निपटने के लिए वृक्षारोपण आवश्यक है। इसके अतिरिक्त किसानों को मरुस्थलीय क्षेत्रों में अधिक वृक्ष लगाने चाहिये ताकि पवन की गति को कम किया जा सके। पहाड़ों में वेदिकाओं का विकास, अवनलिकाओं (Gullies) का समतलन तथा पहाड़ी क्षेत्रों में समोच्च रेखीय जुताई (Contour Polughing) के द्वारा भी मृदा अपरदन को कम किया जा सकता है।

4. *प्रदूषण (Pollution)*

यदि रासायनिक खाद, कीटनाशकों तथा पीड़कनाशियों का अधिक मात्रा में उपयोग किया गया तो उच्च उत्पादक फसल जातियों से पैदावार अच्छी होती है। अधिक मात्रा में प्रयोग किए जाने पर ये निवेश उन सूक्ष्म जीवों को नष्ट कर देते हैं, जो मृदा की उर्वरता को कायम रखने के लिए अनिवार्य है। रासायनिक खादों की जगह हरी एवं गोबर की खाद के प्रयोग से मृदा प्रदूषण की समस्या को कम किया जा सकता है।

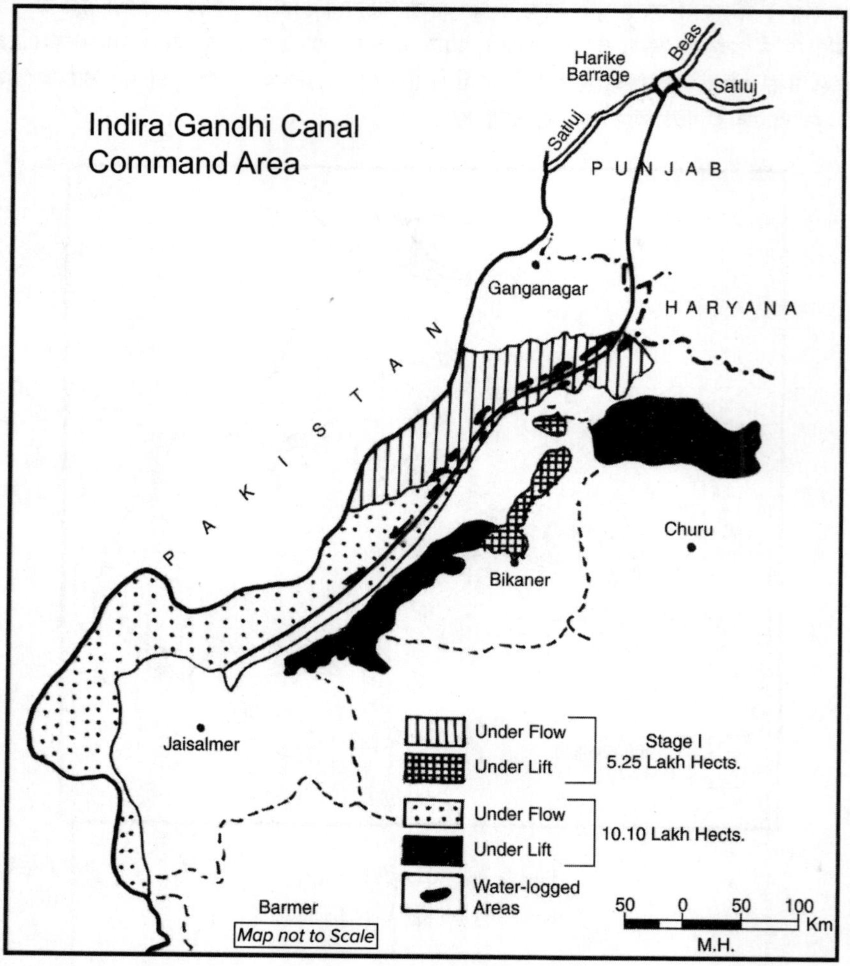

चित्र 9.19 इंदिरा गांधी नहर कमान क्षेत्र

5. भौम जल स्तर का घटना (Lowering of Underground Water Table)

चावल तथा गेहूँ के नये बीजों को अधिक मात्रा में पानी की आवश्यकता होती है। पंजाब तथा हरियाणा के कम वर्षा वाले क्षेत्रों में चावल तथा गेहूँ की फसल को कई बार सिंचाई की आवश्यकता होती है। इस पानी की आपूर्ति सिंचाई के द्वारा की जाती है।

नल-कूपों तथा पम्पिंग सेटों द्वारा अधिक मात्रा में पानी खींचे जाने के कारण हरियाणा के पूर्वी जिलों में भौम जल स्तर नीचे चला गया है ***(चित्र 9.20)***। अपर्याप्त वर्षा के वर्षों में कई किसान अपने नल-कूपों को जमीन में और अधिक नीचे कर देते हैं। यदि फसल प्रतिरूप में कोई परिवर्तन नहीं किया गया तथा चावल व गेहूँ की सिंचाई वर्तमान रूप में चलती रही तो भौम-जल स्तर धीरे-धीरे क्षीण हो जाएगा। इसके विपरीत हरियाणा के पश्चिमी भाग में भौम जल स्तर धीरे-धीरे ऊपर उठ रहा है क्योंकि राज्य के इस भाग में जमीन के अन्दर जिप्सम (Gypsum) की एक परत पाई जाती है, जो जल के रिसाव को रोकती है। हरियाणा के झज्जर जिले में जल स्तर अधिक सिंचाई के कारण इतना ऊंचा आ गया है कि वहां के किसान सूखा पड़ने (drought) के लिए प्रार्थना करते हैं ताकि वहां की जलमग्न भूमि में कम-से-कम रबी (गेहूं) की फसल बोयी जा सकें। इसके फलस्वरूप पश्चिमी हरियाणा के कई क्षेत्रों में जलमग्नता की स्थिति देखी जा सकती है। भौम-जल स्तर के ऊपर उठने के कारण केशिका क्रिया (capillary action) होती है, जिसके कारण लवणीय तथा क्षारीय रचनाओं का निर्माण होता है।

6. वनोन्मूलन (Deforestation)

वन क्षेत्र को कृषि योग्य बनाने के लिए बड़ी मात्रा में वृक्षों को काटा गया है। पंजाब तथा हरियाणा राज्यों में 5% से भी कम क्षेत्र अब वन के अन्तगर्त आता है। जंगलों का काटना पर्यावरण तथा पारिस्थितिकी पर प्रतिकूल प्रभाव डालता है।

7. ध्वनि प्रदूषण (Noise Pollution)

कृषि प्रौद्योगिकी में परिवर्तन के कारण, ट्रैक्टर, थ्रेशर, क्रशर, इत्यादि के उपयोग के कारण ध्वनि प्रदूषण बढ़ गया है तथा ग्रामीण शान्ति भंग हो गयी है। लोग रात में चैन से नहीं सो पाते।

8. स्वास्थ्य के लिए खतरा (Health Hazard)

बड़ी मात्रा में कीटनाशकों, पीड़कनाशियों तथा रासायनिक खादों का प्रयोग स्वास्थ्य के लिए खतरनाक साबित हो रहा है। इनका सब्जियों, फलों तथा घासों पर प्रयोग स्वास्थ्य के लिए हानिकारक है। भारतीय चिकित्सा अनुसंधान परिषद (AIMS) के अनुसार खाद, कीटनाशक तथा पीड़कनाशी के छिड़काव के कारण दूध तथा सब्जियों में जस्ता, ताँबा तथा सीसे के अंश पाए जाते हैं। पंजाब में कैंसर के रोगियों की संख्या में निरन्तर वृद्धि हुई है। धान और गेहूँ के पुआल/भूसा (Straw) को खेत में जलाने से वायु प्रदूषण की समस्या बढ़ रही, जिसका लोगों के स्वास्थ्य पर खराब असर पड़ रहा है। वायु प्रदूषण से सांस, दमा, त्वचा एवं आँख

चित्र 9.20 हरियाणा: हरित क्रांति और भूमिगत जल स्तर (2020-21)
[*स्रोत:* लेखक एम. हुसैन द्वारा निर्मित]

की बीमारी में पंजाब एवं हरियाणा राज्यों में तीव्र गति से बृद्धि हुई है। राजस्थान तथा पंजाब के शुष्क तथा अर्द्ध-शुष्क क्षेत्रों के सिंचित भाग में बड़ी मात्रा में मलेरिया के मामले देखे जाते हैं क्योंकि अत्यधिक सिंचाई तथा नहर के किनारे जलाक्रान्ति के कारण मच्छरों के प्रजनन के लिए एक उपयुक्त स्थान बन जाता है ***(चित्र 9.21)***।

हरित क्रान्ति-उपलब्धियाँ (Green Revolution Achievements)

उच्च उत्पादक फसल जातियों के वितरण के कारण ग्रामीण भू-दृश्य परिवर्तित हो गया है। हरित क्रान्ति की मुख्य उपलब्धियाँ निम्नलिखित हैं:

1. गेहूँ, चावल, मकई तथा बाजरे के उत्पादन तथा उत्पादकता में वृद्धि हुई है।
2. मुख्य खाद्य के मामले में भारत आत्म-निर्भर हो गया है।
3. दो फसल वाले क्षेत्रों में वृद्धि हुई है, इस तरह भारतीय कृषि की सघनता में वृद्धि हुई है।
4. उन क्षेत्रों में जहाँ हरित क्रान्ति सफल रही है, खासकर पंजाब, हरियाणा, पश्चिम उत्तर प्रदेश तथा उत्तराखंड के मैदानी जिलों में (हरिद्वार तथा ऊधमसिंह नगर) किसान निर्वाह अर्थव्यवस्था से बाजार अर्थव्यवस्था की ओर बढ़ने लगे हैं।
5. जीव-वैज्ञानिक परिवर्तनों के क्षेत्र में (बीज खाद) हरित क्रान्ति के कारण रोजगार उत्पन्न हुए हैं।

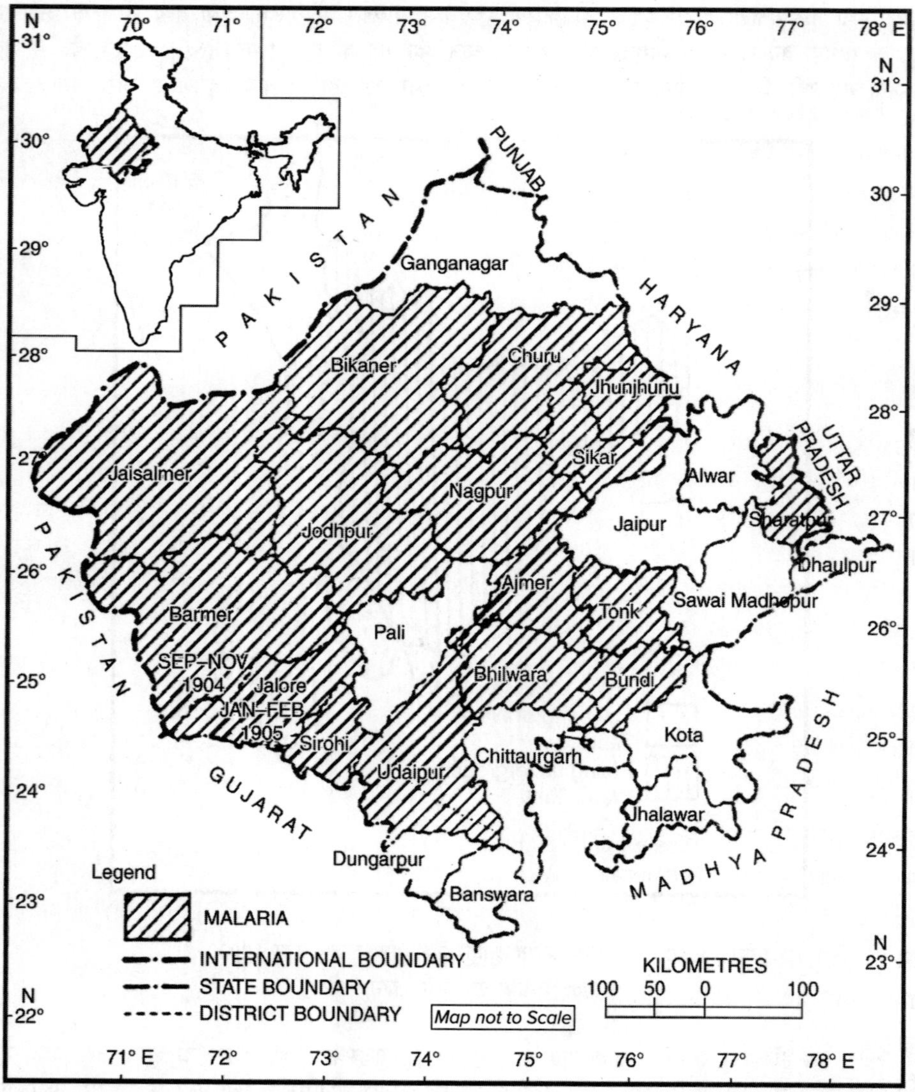

चित्र 9.21 राजस्थान-मलेरिया प्रभावित क्षेत्र

हरित क्रान्ति-समस्याएँ तथा सम्भावनाएँ (Green Revolution-Problems and Prospects)

1. मृदा उर्वरताहारी फसलों की निरंतर खेती के कारण मृदा की उर्वरता निरन्तर घट रही है।
2. कुछ फसलों को अत्यधिक पानी की आवश्यकता होती है, जैसे–चावल तथा गेहूँ, जिसके कारण भौम-जल स्तर नीचे चला गया है।
3. हरित क्रान्ति के कारण किसानों के बीच आय की असमानता बढ़ी है।
4. हरित क्रान्ति के कारण ग्रामीण समाज का ध्रुवीकरण हुआ है। इसके कारण ग्रामीण समाज में तीन किस्म का संघर्ष देखा जा सकता है-बड़े तथा छोटे किसानों के बीच संघर्ष, पट्टेदार किसानों तथा भू-स्वामी के बीच संघर्ष तथा मालिक एवं नौकर के बीच संघर्ष।
5. हरित क्रान्ति के कारण कृषीय श्रमिक विस्थापित हुए हैं तथा ग्रामीण बेरोजगारी बढ़ी है। यांत्रिकी परिवर्तन, जैसे–ट्रैक्टर, थ्रेशर, इत्यादि के कारण कृषि श्रम की मांग घटी है।
6. हरित क्रान्ति के क्षेत्र में कृषि उत्पादन या तो स्थावर होता है या घटने की प्रवृत्ति दिखाता है।
7. कुछ बहुमूल्य कृषीय भूमि जलमग्न (water-logged) हो गईं हैं, लवणता एवं क्षारीयता से प्रतिकूल प्रभाव पड़ा है।
8. हरित क्रान्ति कुछ विशेष किस्म की फसलों के लिए ही सफल रही है, दलहन, जौ, ज्वार, मक्का, सूरजमुखी तथा तिलहन के मामलों में इसका प्रदर्शन अच्छा नहीं रहा है।
9. परम्परागत जजमानी प्रथा (Jagmani system) टूट गयी है। फलस्वरूप नाई, कहार, धोबी, लोहार, बढ़ई, इत्यादि नगरीय क्षेत्रों की ओर पलायन कर रहे हैं।
10. मृदा की संरचना रासायनिक तत्वों तथा उर्वरता में परिवर्तन हुआ है।
11. देश की 60 प्रतिशत से अधिक भूमि हरित क्रान्ति से वंचित है।

द्वितीय हरित क्रान्ति (Second Green Revolution)

अनाज तथा नकदी फसलों का कुल उत्पादन लगभग अपनी चरम सीमा पर पहुँच गया है। कृषि की वृद्धि दर केवल लगभग 2% मात्र है। वास्तव में कृषीय वृद्धि दर अधिक होनी चाहिए। इस उद्देश्य को पूरा करने के लिए विभिन्न सरकारों ने कृषि क्षेत्र में सुधार के लिए आवश्यक कदम उठाए हैं। इन सुधारों का उद्देश्य एक साकल्यवादी ढाँचे के अन्तर्गत ग्रामीण आधारभूत संरचना, जैसे–पानी, सड़क तथा बिजली के लिए वित्त प्रबंध भी शामिल है। दूसरी हरित क्रांति के मुख्य उद्देश्य–(i) कृषि उत्पादकता को बढ़ाना, (ii) जैविक खाद का प्रयोग करना, (iii) मिट्टी की उर्वरकता को बनाये रखना, (iv) कृषि को टिकाऊ बनाना, तथा; (v) कृषि पर आधारित जनसंख्या की आय बढ़ाना एवं उनका जीवन-स्तर ऊंचा करना है।

ग्यारहवीं पंचवर्षीय योजना में साकल्यवादी (holistic) ढाँचे पर बल दिया गया तथा कृषीय उत्पादन को बढ़ाने के लिए निम्नलिखित सुझाव दिए गए:

1. सिंचित क्षेत्रों की वृद्धि दर को दोगुना करना।
2. वर्षा जल के एकत्रण की पद्धति तथा जलविभाजक (watershed) के विकास में सुधार लाना।
3. अवक्रमित भूमि में सुधार लाना तथा मृदा के स्तर को सुधारना।
4. प्रभावी विस्तार के द्वारा ज्ञान के अन्तर (Knowledge gap) को कम करना।
5. अधिक मूल्य वाले उत्पादों की ओर ध्यान देना, जैसे–फल, सब्जी, फूल, जड़ी-बूटी, मसाले, बाँस, बायो-डीजल, इत्यादि। साथ ही साथ खाद्य सुरक्षा को सुनिश्चित करने के लिए पर्याप्त कदम उठाना।
6. आसान ब्याज दर पर ऋण उपलब्ध कराना।
7. बाजार के प्रेरक ढाँचे तथा क्रियाओं में सुधार लाना।
8. भूमि सुधार के मुद्दे पर ध्यान देना।

9. दलहन की खेती पर बल देना। विदेश में दलहन की सीमित उपलब्धता के कारण दालों के नये बीजों को विकसित करना देश और किसानों के हित में है।
10. क्षेत्र-विशेष बीजों का विकास तथा उनके प्रयोग पर बल।
11. सूखा-प्रवण फसलों, सूखा प्रतिरोधी फसलों, जैव प्रौद्योगिकी प्रयोग के अधीन फसलों तथा वर्षा द्वारा सिंचित क्षेत्र पर अधिक ध्यान देना चाहिए।

राष्ट्रीय किसान आयोग (National Commission on Farmers) ने ऐसे ढाँचे का आधार रखा है। इसके अतिरिक्त जुलाई 2006 में शुरू किए गए राष्ट्रीय कृषीय परिवर्तन कार्यक्रम (National Agricultural Innovation Project) द्वारा किसानों के समूहों, पंचायती राज संस्थाओं तथा निजी क्षेत्र के साथ मिलकर जीविका सुरक्षा पर बल दिया गया है, सीमांत कृषि के मूल तथा सामरिक महत्व के अनुसंधान को मजबूती प्रदान करने में अहम भूमिका निभाने की आशा की गई थी।

श्वेत क्रान्ति (White Revolution)

भारत में दुग्ध उत्पादन बढ़ाने के लिए अपनाए गए पैकेज कार्यक्रम (Package programme) को श्वेत क्रान्ति के रूप में जाना जाता है। भारत में इस क्रान्ति की शुरुआत 1970 में हुई जब राष्ट्रीय डेरी विकास बोर्ड (National Dairy Development Board - NDDB) की स्थापना की गई। इसके द्वारा डेरी विकास सहकारी समितियों के माध्यम से किया जाना था। सहकारी समितियों के माध्यम से डेरी विकास कार्यक्रम सबसे पहले गुजरात में शुरू किया गया। सहकारी समितियाँ गुजरात के आणन्द जिले में सबसे अधिक सफल रहीं। सहाकारी समितियों का स्वामित्व व प्रबंधन दुग्ध वितरकों के हाथ में होता है। वित्तीय सहायता के साथ-साथ समिति परामर्श भी प्रदान करती है। दुग्ध उत्पादन में वृद्धि को **'ऑपरेशन फ्लड'** (Operation Flood) भी कहा गया है। श्वेत क्रान्ति का जनक प्रो. वर्गीज़ कुरियन (Prof. Verghese Kurein) को माना जाता है। इस महान स्वप्नदर्शी का सितम्बर 2012 में निधन हो गया।

उद्देश्य *(Objectives)*

1. सहकारी समितियों का मुख्य उद्देश्य दूध की प्राप्ति, भंडारण तथा परिवहन है।
2. मवेशियों (गाय-भैंस) को चारा प्रदान करना।
3. दूध के विभिन्न उत्पादों का उत्पादन तथा उनके विपणन को बढ़ावा देना।
4. समिति पशुओं की उत्तम नस्ल (Superior Breeds), स्वास्थ्य सुविधाएँ, कृत्रिम गर्भाधान की सुविधायें भी प्रदान करती हैं।
5. प्रसार सेवा (Extension Service) प्रदान करना।

श्वेत क्रान्ति सहकारी समितियों के विस्तृत तंत्र पर आधारित है। दूध का एकत्रण गाँव के एकत्रण केन्द्र में किया जाता है तथा इसे शीघ्र ही डेरी संयंत्र के द्रुतशीतन केन्द्र (Chilling Centre) में भेजा जाता है। दूध के एकत्रण की प्रक्रिया में समय का विशेष ध्यान रखा जाता है तथा इसे सख्ती से लागू किया जाता है। दूध के प्रत्येक टैंकर की क्षमता सामान्यत: 14,000 लीटर होती है। द्रुतशीतन केन्द्र का प्रबंधन उत्पादकों के सहकारी संघों के हाथ में होता है ताकि दूध का एकत्रण गाँवों से द्रुतशीतन केन्द्र तक सुविधापूर्वक रूप से बिना बिचौलियों की मदद के किया जा सके।

श्वेत क्रान्ति के चरण (Phases of White Revolution)

श्वेत क्रान्ति को निम्नलिखित तीन चरणों में विभाजित किया जा सकता है:

चरण-I (1970-81)

इस चरण में डेरी विकास कार्यक्रम की शुरुआत दस राज्यों में की गई ताकि महानगरों मुंबई, कोलकाता, दिल्ली, चेन्नई आदि में दूध मुहैया कराया जा सके। इस चरण में एक महत्वपूर्ण कदम मुंबई, कोलकाता, दिल्ली तथा चेन्नई में 'मदर डेरी' की स्थापना थी।

चरण-II (1981-85)

इस चरण में डेरी विकास कार्यक्रम का विस्तार कर्नाटक, मध्य प्रदेश तथा राजस्थान में किया गया। इस चरण में 25 सशक्त (Contiguous) दूध उत्पादन क्षेत्रों में (155 जिलों में) दूध उत्पादकों के संघों के एक समूह की स्थापना की गई। हैदराबाद के अनुसंधान केन्द्र में मवेशियों की बीमारी को रोकने के लिए एक टीका 'रक्षा' का विकास किया गया। इस कार्यक्रम के तहत देश के 144 अतिरिक्त नगरों में दुग्ध विपणन की स्थिति में सुधार लाना भी शामिल था। डेरी सहकारी समितियों की स्थापना 35,000 गाँवों में की गई तथा इसके सदस्यों की संख्या 36 लाख से अधिक हो गई।

चरण-III (1985-2000)

अनेक सहकारी समितियों की स्थापना देश के मुख्य राज्यों में की गई तथा सहकारी समितियों की संख्या 73,000 से अधिक हो गई, जिसमें सदस्यों की संख्या 14 मिलियन थी। ***तालिका 9.15*** भारत में दुग्ध उत्पादन में हुए वृद्धि को दर्शाती है।

तालिका 9.15 भारत में दूध उत्पादन में अभूतपूर्व वृद्धि-1950-51 से 2018-19

साल	दूध उत्पादन मिलियन टन में	प्रति व्यक्ति उपलब्धता ग्राम/दिन
1950-51	17.0	124
1960-61	20.0	126
1970-71	22.0	128
1980-81	31.6	128
1990-91	53.9	176
2000-01	80.6	220
2005-06	97.1	241
2009-10	112.5	263
2015-16	155.5	337
2016-17	165.4	355
2017-18	176.3	375
2018-19	187.7	394

Source: Government of India (2020). *Milk Production in India*, Department of Animal Husbandry, Dairying & Fisheries, Ministry of Agriculture and Farmers Welfare, New Delhi

उपलब्धियाँ (Achievements)

डेरी विकास के लिए श्वेत क्रान्ति का महत्व उसी समान है, जैसे-खाद्यान्न उत्पादन के लिए हरित क्रान्ति का। श्वेत क्रान्ति मवेशियों के प्रजनन (cattle breeding) में सुधार तथा नई प्रौद्योगिकी को अपनाए जाने पर आधारित है। देश के अधिकांश राज्यों में सहकारी डेयरी समितियां स्थापित की गईं और 15 मिलियन किसानों की सदस्यता के साथ भारत में सहकारी समितियों की संख्या 1,94,195 हो गई है। ***तालिका 9.15*** भारत में दूध उत्पादन में वृद्धि को दर्शाता है।

भारत दुग्ध उत्पादन में विश्व में प्रथम स्थान पर है। 2018-19 में 187.7 मिलियन टन दूध का उत्पादन हुआ, जबकि 1990-91 में कुल 53.9 मिलियन टन दूध का उत्पादन हुआ था। (तालिका 9.15)। रोजगार और आय सृजन के अवसर प्रदान करने में डेयरी एक महत्वपूर्ण साधन बन गई है। भारतीय डेयरी उद्योग ग्रामीण परिवारों को लाभकारी रोजगार प्रदान करता है। यह सालाना आधार पर लगभग 8.47 मिलियन लोगों को रोजगार देता है, जिनमें से 71% महिलाएं हैं। दूध उत्पादन का राज्यवार वितरण (चित्र 9.22 और 9.23) में दिखाया गया है। इन आंकड़ों से पता चलता है कि गुजरात, महाराष्ट्र, यूपी, पंजाब, हरियाणा, मध्य प्रदेश, राजस्थान, पश्चिम बंगाल, आंध्र प्रदेश, कर्नाटक और तमिलनाडु देश के प्रमुख दूध उत्पादक राज्य हैं।

श्वेत क्रांति की कुछ महत्वपूर्ण उपलब्धियां इस प्रकार हैं:

1. श्वेत क्रांति ने ग्रामीण जनता पर गहरा प्रभाव डाला और उन्हें डेयरी को सहायक व्यवसाय के रूप में अपनाने के लिए प्रोत्साहित किया।
2. भारत विश्व में दूध का अग्रणी उत्पादक बन गया है। 1950–51 में लगभग 17 मिलियन टन दूध का उत्पादन 2018–19 में बढ़कर 187.7 मिलियन टन से अधिक हो गया। इस अवधि के दौरान दूध का उत्पादन दस गुना से अधिक बढ़ गया है।
3. वर्तमान में प्रति व्यक्ति दूध की उपलब्धता लगभग 394 ग्राम है, जबकि श्वेत क्रांति से पहले यह 126 ग्राम थी।
4. दूध तथा दुग्ध उत्पाद का आयात घट गया।

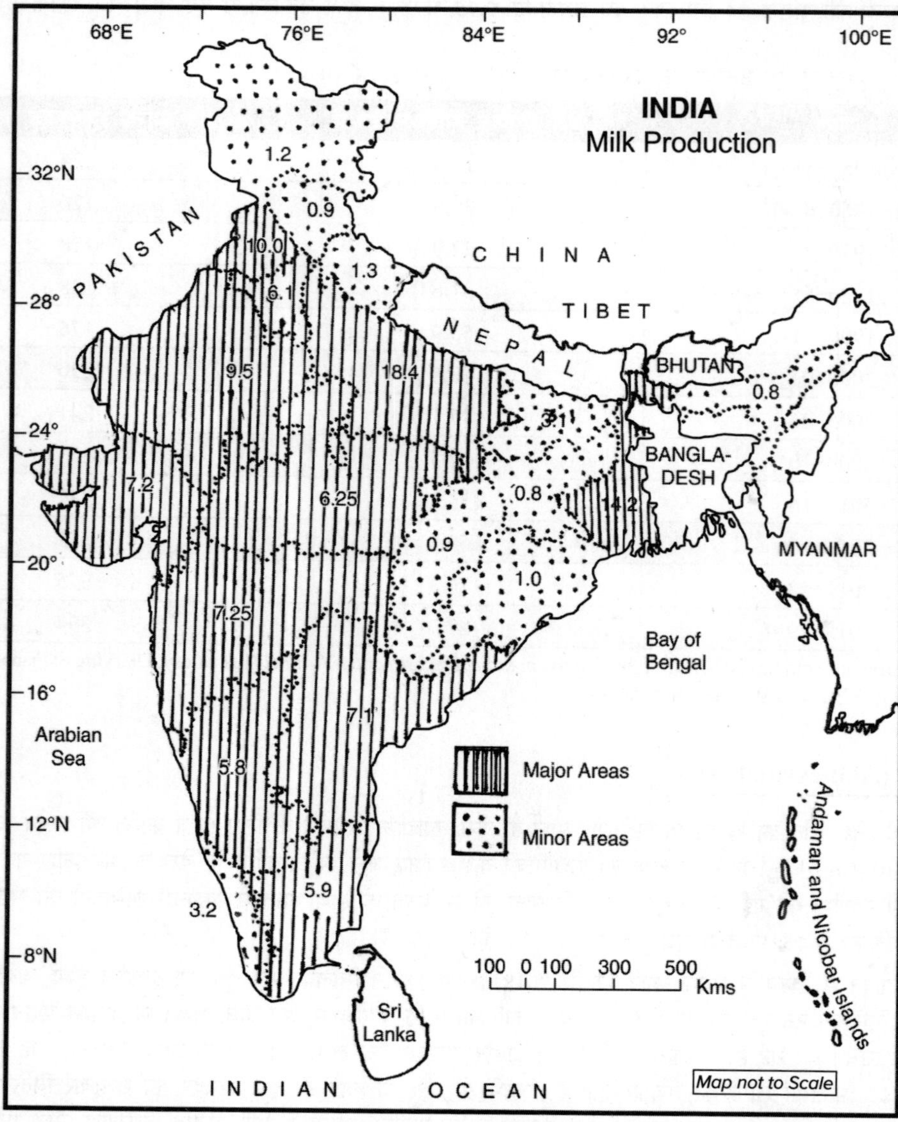

चित्र 9.22 दुग्ध उत्पादन

5. श्वेत क्रांति से छोटे और सीमांत किसान और भूमिहीन मजदूर विशेष रूप से लाभान्वित हुए हैं। लगभग 15 मिलियन किसानों को 1,94,195 ग्राम स्तरीय डेयरी सहकारी समितियों के दायरे में लाया गया है।
6. 'ऑपरेशन फ्लड' (Operation Flood) कार्यक्रम को सफल बनाने के लिए आणन्द, मेहसाणा तथा पालनपुर (बनासकांठा) में अनुसंधान केन्द्रों की स्थापना की गई। इनके अतिरिक्त जालंधर, सिलिगुड़ी तथा इरोड (Tamil Nadu) में प्रादेशिक केन्द्र काम कर रहे हैं। वर्तमान में देश के 10 बड़े नगरों में 'मेट्रो डेरी' हैं, जहाँ 40 संयंत्र हैं, जिनकी क्षमता एक लाख लीटर से अधिक दूध को संसाधित करने की है।
7. पशुधन बीमा योजना का अनुमोदन फरवरी 2006 में किया गया तथा 2006-07 में इसे प्रायोगिक रूप में देश के 100 चयनित जिलों में शुरू किया गया। इस योजना का मुख्य उद्देश्य पशुओं की असमय मृत्यु से उत्पन्न स्थिति में किसानों को सुरक्षित रखना है।
8. पशुधन को संवर्द्धित करने के लिए अंतर-प्रजातीय प्रजनन पर बल दिया जा रहा है।
9. रोगों की रोकथाम के लिए स्वास्थ्य योजनाएं चलायी जा रही हैं।

2018 के आंकड़ों के अनुसार दुनिया की मवेशी सूची 1.48 अरब की संख्या के साथ शीर्ष पर है। भारत में दुनिया की सबसे बड़ी पशुधन आबादी (535.78 मिलियन) है, जो 36% से अधिक है, इसके बाद ब्राजील लगभग 24% है। भारत में लगभग 192.49 मिलियन मवेशियों की आबादी है, इसके बाद 218 मिलियन की आबादी के साथ ब्राजील का स्थान है। यह दुनिया में भैंसों की आबादी के मामले में पहले, बकरी की आबादी में दूसरे और भेड़ के मामले में तीसरे स्थान पर है।

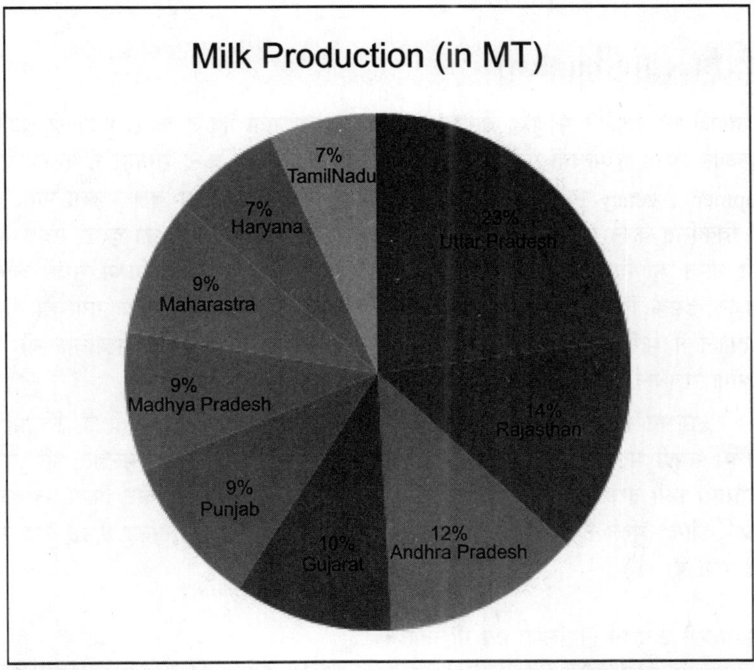

चित्र 9.23 दूध उत्पादन में भारत के दस प्रमुख राज्य

चित्र 9.23 में भारत के शीर्ष दूध उत्पादक राज्यों को दर्शाया गया है। भारत सरकार ने पशु और डेयरी के विकास के लिए कई कार्यक्रम और योजनाएं शुरू की हैं जिनमें राष्ट्रीय गोकुल मिशन (आरजीएम), राष्ट्रीय पशुधन मिशन, पशुधन स्वास्थ्य और रोग नियंत्रण, राष्ट्रीय डेयरी विकास कार्यक्रम (एनपीडीडी), और पशुपालन सांख्यिकी (AHS, राष्ट्रीय पशु रोग नियंत्रण कार्यक्रम (एनएडीसीपी), डेयरी प्रसंस्करण और बुनियादी ढांचा विकास कोष (डीपी और आईडीएफ), पशुपालन बुनियादी ढांचा विकास

कोष (एएचआईडीएफ) और सहायक डेयरी सहकारी समितियों और किसान उत्पादक संगठन (एसडीसीएफपीओ) आदि शामिल हैं। "कामधेनु योजना" दुग्ध पशुओं की गुणवत्ता और पशु पालन में उद्यमी विकास हेतु लागू की गई है। कामधेनु योजना में 240 और 162 इकाइयों को ऋण स्वीकृत किया गया था। सरकार ने 596 करोड़ रुपया अतिरिक्त लाभ के निमित लगाया है।

समस्याएँ एवं संभावनाएँ

श्वेत क्रान्ति के समक्ष कुछ मुख्य समस्याएँ निम्नलिखित हैं:

1. दूर-दराज़ के इलाकों से दूध एकत्र करना महंगा पड़ता है तथा इसमें समय भी नष्ट होता है।
2. अधिकतर गाँवों में मवेशियों को साफ-सफाई के साथ नहीं रखा जाता है।
3. विपणन की सुविधाएँ समुचित नहीं हैं। इसके लिए आधारभूत संरचना में सुधार आवश्यक है।
4. पशुओं की निम्न नस्ल (Inferior Breed of Cattle)।
5. प्रसार सेवा कार्यक्रम प्रभावी नहीं है।

भारत में डेरी विकास का भविष्य अच्छा है। इसे विश्व व्यापार में उदारीकरण का लाभ उठाना चाहिए तथा अन्तर्राष्ट्रीय बाजार में अपना स्थान स्थापित करना चाहिए। कई निजी कम्पनियाँ, जैसे–इण्डाना, मिल्क फूड, इत्यादि उदारीकरण तथा ग्लोबलाइजेशन का लाभ उठा रही हैं। सरकार ने डेरी विकास के लिए प्रौद्योगिकी मिशन का गठन किया है तथा अमूल मॉडल सहकारी समितियों को प्रोत्साहन दिया जा रहा है, जो अपनी सेवा प्रदान कर सकें।

नीली क्रान्ति (Blue Revolution)

मछलियों तथा समुद्री उत्पादों के उत्पादन में वृद्धि करने के लिए अपनाया गया पैकेज कार्यक्रम नीली क्रान्ति कहलाता है। भारत में नीली क्रान्ति की शुरुआत 1970 में पाँचवीं पंचवर्षीय योजना के दौरान हुई, जब केन्द्र सरकार ने मछली फार्म विकास अधिकरण (Fish Farms Development Agency–FFDA) को प्रायोजित किया। फलस्वरूप खारे जल मछली फार्म विकास अधिकरण की स्थापना जल कृषि को विकसित करने के लिए की गई। भारत मछली उत्पादन में विश्व का दूसरा सबसे बड़ा देश है। जल कृषि (Aquaculture) में भी भारत का विश्व में दूसरा स्थान है। नीली क्रांति के द्वारा जल कृषि में सुधार लाया गया है। यह सुधार मत्स्य प्रजनन, मत्स्यपालन, इसके विपणन तथा निर्यात के लिए नई तकनीकें अपनाकर लाया गया है। नीली क्रान्ति के अन्तर्गत झींगे (Shrimp) के उत्पादन में भारी वृद्धि हुई है। आंध्र प्रदेश तथा तमिलनाडु में यह वृद्धि अत्यधिक थी। आंध्र प्रदेश के नेल्लौर जिले को 'भारत की झींगा राजधानी' (Shrimp Capital) कहा जाता है।

भारत में मछली की लगभग 1800 प्रजातियाँ समुद्र तथा अंत:स्थलीय जल में पाई जाती हैं, जिनमें कुछ का व्यावसायिक दृष्टि से अधिक महत्व है। समुद्री मछलियों में प्रमुख हैं-कैट फिश, हिलसा, बाँगड़ा, कवई, मुल्लेट, इण्डियन सालमन, शंख-मीन, ईल, एनकोविज तथा दोराब। इसी तरह मीठे पानी में पाई जाने वाली मुख्य मछलियाँ हैं–कैट फिश, लोचेज कवई, ईल, हिलसा, फैदर बैक, मुल्लेट, कार्प, झींगा, मुरैल तथा एनकोविज। देश में मत्स्य-उत्पादन को ***तालिका 9.16*** तथा राज्यानुसार उत्पादन को ***चित्र 9.24*** में दिखाया गया है।

तालिका 9.16 भारत-मछली उत्पादन (मिलियन टन में उत्पादन)

साल	मछली उत्पादन मिलियन टन में			प्रतिशत में वार्षिक वृद्धि		
	समुद्री	अंतर्देशीय	कुल	समुद्री	अंतर्देशीय	कुल
1950–51	0.535	0.240	0.75	—	—	—
1970–71	10.86	6.75	17.5	—	—	—
1980–81	15.55	8.87	24.42	4.22	4.60	4.36
1990–91	23.00	15.36	38.36	1.1	9.56	4.32

साल	मछली उत्पादन मिलियन टन में			प्रतिशत में वार्षिक वृद्धि		
	समुद्री	अंतर्देशीय	कुल	समुद्री	अंतर्देशीय	कुल
2000–01	28.11	28.45	56.56	–1.44	0.78	–0.33
2010–11	32.50	49.81	82.31	4.70	1.78	2.91
2014–15	35.69	66.91	102.60	3.66	9.04	7.11
2015–16	36.00	71.62	107.62	0.87	7.04	4.89
2016–17	36.25	78.06	114.31	1.14	8.63	6.12
2017–18	37.56	89.48	127.04	3.61	14.62	11.13
2018–19	38.53	97.20	135.73	2.58	8.62	6.84
2019–20	37.27	104.37	141.64	–3.20	7.37	4.35

Source: Government of India (2020). Handbook on Fisheries Statistics: 2020, Department of Fisheries, Ministry of Fisheries, Animal Husbandry & Dairying, New Delhi.

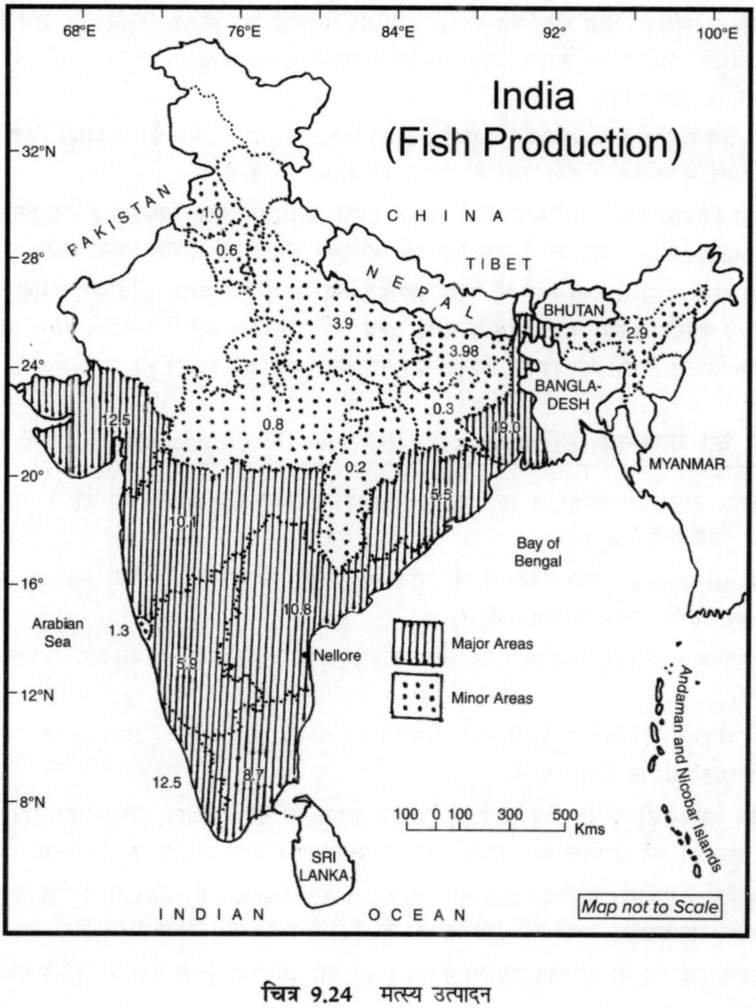

चित्र 9.24 मत्स्य उत्पादन

तालिका 9.16 से देखा जा सकता है कि देश में मछली उत्पादन 1950-51 में 0.75 मिलियन टन से बढ़कर 2019-20 में 141.64 मिलियन टन हो गया है। मत्स्यपालन, जलीय कृषि और अन्य संबद्ध गतिविधियां 14 मिलियन से अधिक लोगों के लिए आजीविका का स्रोत और साथ ही एक प्रमुख विदेशी मुद्रा अर्जक हैं। मत्स्यपालन और जलीय कृषि उत्पादन भारत के सकल घरेलू उत्पाद (जीडीपी) में लगभग 1% और कृषि सकल घरेलू उत्पाद में 5% से अधिक का योगदान देता है। लगभग 141.6 मिलियन टन (कुल मछली का 6 प्रतिशत) उत्पादन के साथ भारत दुनिया का दूसरा सबसे बड़ा मछली उत्पादक देश है।

भारतीय समुद्रीय मत्स्यन का भौगोलिक आधार 8118 कि.मी. तटीय रेखा, 2.02 मिलियन वर्ग कि.मी. का अपवर्जित आर्थिक क्षेत्र (Exclusive Economic Zone) है, जिसमें 0.5 मिलियन वर्ग कि.मी. महाद्वीपीय निमग्न तट शामिल है, तथा 3937 मछुवाही गाँव हैं। भारत में 189 मछली एकत्रण केन्द्र तथा 59 छोटे मछुवाही बन्दरगाह हैं, जो लगभग 2,80,000 मछुवाही नौकाओं 181,000 मशीनी परम्परागत नौका तथा 54,000 मशीनी नौका का पड़ाव हैं। 180 गहरे समुद्र के मछुवाही जहाजों में लगभग 60 ही वर्तमान में काम कर रहे हैं।

ताजे/मीठे पानी की मछलियों की संख्या नीली क्रांति के बाद पाँच गुना अधिक हो गई है।

देश के कुल मत्स्य उत्पादन का लगभग 50% अंत:स्थलीय मत्स्य क्षेत्रों से आता है, जिसमें ताजे/मीठे पानी के मत्स्य क्षेत्र, जैसे–तालाब, टैंक, नहर, नदी, जलाशय तथा झील शामिल हैं।

समुद्रीय मत्स्यन का योगदान देश के कुल मत्स्य उत्पादन में लगभग 50% है। केरल सबसे मुख्य उत्पादक है, जिसके बाद क्रमश: महाराष्ट्र, कर्नाटक, गुजरात तथा गोवा का स्थान आता है। मछुवाही का मौसम सितंबर से मार्च के बीच होता है। अरब के सागर में अधिक मछली उत्पादन का कारण चौड़ा महाद्वीपीय शेल्फ (continental shelf) तट है। यहाँ पाई जाने वाली प्रमुख प्रजातियाँ हैं-सार्डीन, बाँगड़ा तथा झींगा।

देश के कुल समुद्रीय मछलियों के उत्पादन में पूर्वी तट का योगदान लगभग 28% है। मछुवाही क्रियाएँ सितंबर से अप्रैल के मध्य मुख्य रूप से दक्षिण में रामेश्वरम तथा उत्तर में गंजाम (Ganjam) से होती हैं।

राष्ट्रीय मात्स्यिकी विकास बोर्ड की स्थापना की गई है ताकि अनुसंधान तथा विकास के आधुनिक साधनों द्वारा, जिसमें बायो-टेक्नालॉजी (Biotechnology) शामिल है, इस क्षेत्र की अप्रयुक्त क्षमता को साकार किया जाए।

मत्स्य पालन क्षेत्र के विकास में तेजी लाने के लिए, भारत सरकार ने राष्ट्रीय मत्स्य नीति 2020 (NFP) का मसौदा प्रकाशित किया है, जिसका उद्देश्य भारतीय मत्स्य पालन क्षेत्र के सभी घटकों को एक दस्तावेज में समाहित करना और क्षेत्र में निवेश बढ़ाने के लिए एक वातावरण बनाना निर्यात को दोगुना करना, और मछुआरों की आय बढ़ाना है।

मात्स्यिकी विकास की योजनायें (Strategies for fisheries Development)

1. भारतीय कृषीय अनुसंधान परिषद ने आठ मत्स्य अनुसंधान संस्थानों की स्थापना की है। ये संस्थान जलीय संसाधनों के उपयोग की नीति विकसित करेंगे।
2. प्रशीतन (Refrigeration) तथा शीतागार की सुविधाएँ चेन्नई, कुड्डालौर, कोच्चि, कोल्लम, कोझिकोड, मुंबई, पुणे, रतनागिरि तथा तिरुवनंतपुरम में प्रदान की गई हैं।
3. सतपति (महाराष्ट्र), वेरावल (स्वराष्ट्र) तथा कोजन व टुटुकंडी (तमिलनाडु) में मछुआरों के लिए प्रशिक्षण केन्द्र स्थापित किए गए हैं।
4. कुड्डालौर, रोयापुरम (तमिलनाडु), कांडला, वेरावल (गुजरात), विज़ीनजाम (केरल) तथा पोर्ट ब्लेयर में मछुआरों के लिए नौका घाट स्थापित किए गए हैं।
5. अंत:स्थलीय मात्स्यिकी के विकास के लिए विभिन्न कार्यक्रमों की शुरुआत सरकार द्वारा की गई है। केन्द्रीय सरकार द्वारा राज्य सरकारों की सहायता से लगभग पाँच सौ मत्स्यपालन के फार्म स्थापित किए गए हैं।
6. भारतीय कृषीय अनुसंधान परिषद (Indian Council of Agricultural Researce) ने देश के विभिन्न भागों में 422 जिला स्तर के मत्स्यपालन फार्मों की स्थापना की है, जिसमें मुख्य बल विकास पर दिया गया है।
7. जवाहर रोज़गार योजना के अन्तर्गत ग्रामीण पंचायतों को यह अधिकार दिया गया है कि वे गाँवों में मत्स्य विकास का कार्यक्रम चलाएं।

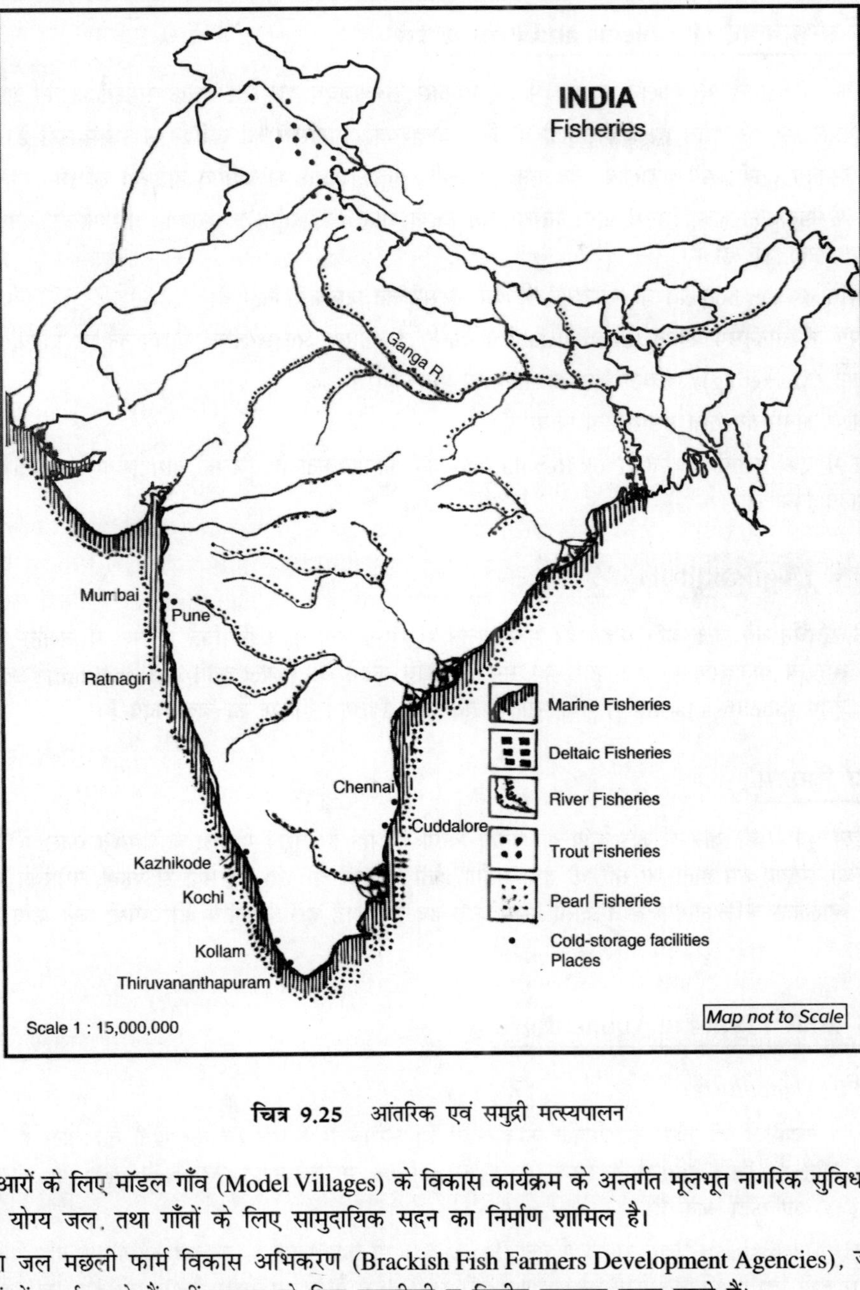

चित्र 9.25 आंतरिक एवं समुद्री मत्स्यपालन

8. मछुआरों के लिए मॉडल गाँव (Model Villages) के विकास कार्यक्रम के अन्तर्गत मूलभूत नागरिक सुविधाएँ, जैसे-आवास, पीने योग्य जल, तथा गाँवों के लिए सामुदायिक सदन का निर्माण शामिल है।
9. खारा जल मछली फार्म विकास अभिकरण (Brackish Fish Farmers Development Agencies), जो देश के तटीय क्षेत्रों में कार्य करते हैं, झींगापालन के लिए तकनीकी व वित्तीय सहायता प्रदान करते हैं।
10. मछुआरों के लिए बीमा सुविधाएँ प्रदान की गई हैं।
11. देश में मत्स्यन को प्रोत्साहन देने के लिए सरकार विभिन्न जल निकायों के सूक्ष्म जलवायु से सम्बन्धित आँकड़ों को एकत्र कर रही है।
12. मत्स्यन हेतु छः बड़े बन्दरगाहों (कोचीन, चेन्नई, विशाखापट्टनम, रायचौक (Roy Chowk), पारादीप तथा मुम्बई) तथा 62 छोटे बन्दरगाहों का विकास किया (भारत 2012, पृष्ठ 120)

समस्याएँ एवं सम्भावनाएँ (Problems and Prospects)

पिछले चार दशकों में देश में मत्स्यपालन के क्षेत्र में हुए विकास के बावजूद यह क्षेत्र अनेक समस्याओं का सामना कर रहा है:

1. अधिकतर मछुआरे गरीब हैं। वे मछुवाही के लिए आवश्यक उपकरणों को खरीदने में सक्षम नहीं हैं।
2. जल निकाय (नदी, झील, तालाब तथा समुद्र के तटीय क्षेत्र) तीव्रता से प्रदूषित होते जा रहे हैं।
3. धान के खेतों का क्षेत्र, जिनमें प्राय: मत्स्यपालन किया जाता था, बढ़ती जनसंख्या, औद्योगीकरण तथा नगरीकरण के कारण घटता जा रहा है।
4. जलाशयों (water bodies) के पर्यावरण के बारे में समुचित जानकारी नहीं है।
5. मानसून की अननुमेय प्रकृति (unpredictable nature) के कारण अंत:स्थलीय मत्स्यपालन पर प्रतिकूल प्रभाव पड़ा है।
6. विपणन (Marketing), संचयन तथा परिवहन की समस्याएँ।
7. अपर्याप्त अनुसंधान तथा प्रसार सेवा सुविधाएँ।
8. भारत में एक गुलाबी क्रान्ति (Pink Revolution) की आवश्यकता है, जिसके द्वारा झींगा (Prawn) के उत्पादन को प्रोत्साहन दिया जाए।

जल कृषि (Aquaculture)

जलीय जीवों के संवर्धन को जल कृषि कहते हैं। मत्स्यपालन से भिन्न जल कृषि नियंत्रित परिवेश में जलीय जीवों का संवर्धन किया जाता है। समुद्रीय वातावरण में जल कृषि को समुद्रीय कृषि कहते हैं। शैवाल कृषि (Alqaculture), मत्स्य पालन, झींगा पालन, शंखमीन कृषि (Shellfish farming) तथा मोतियों की खेती विभिन्न किस्म की जल कृषि हैं।

जल कृषि का विकास

लगभग 2500 ईसा पूर्व से ही चीन में जल कृषि का प्रयोग किया जा रहा है। यूरोप में जल कृषि मध्य काल में प्रचलन में आयी। चूँकि मछलियों की संख्या कम होती जा रही थी तथा महँगी होती जा रही थीं। 20 वीं सदी से पहले अमेरिका में जल कृषि का प्रचलन कम था। हालांकि कैलिफोर्निया के निवासी इससे कुछ हद तक जुड़े हुए थे। कृषि की अपेक्षा जल कृषि का विकास एक समकालीन घटना है।

जल कृषि के प्रकार (Types of Aquaculture)

1. शैवाल कृषि (Algaculture)

शैवाल की विभिन्न प्रजातियों की खेती को शैवाल कृषि कहते हैं। अधिकतर शैवाल जिनकी खेती की जाती है, सूक्ष्म शैवाल के वर्ग के अन्तर्गत आते हैं, जिन्हें फाइटोप्लैन्कटन (Phytoplankton), माइक्रोफाइट (Microphytes) या प्लैन्कटॉनिक ऐल्गी (Planktonic algae) भी कहा जाता है।

वृहत्त शैवाल (Macroalgae), जिसे समुद्री शैवाल (Seaweed) भी कहा जाता है, के कई औद्योगिक तथा वाणिज्यिक उपयोग हैं, लेकिन आकार तथा विशेष आवयकताओं के कारण इनकी खेती वृहत्त पैमाने पर सूक्ष्म शैवाल की तरह नहीं की जा सकती है।

2. मत्स्यपालन (Fish Farming)

मत्स्यपालन जल कृषि का मुख्य रूप है, वहीं अन्य पद्धति समुद्रीय कृषि के अन्तर्गत आती हैं। इसके अन्तर्गत मछलियों का पालन टैंक (Tank) अथवा किसी पोखर के अन्तर्गत किया जाता है, ताकि इसका उपयोग आकार के लिए किया जा सके। सालमन (Salmon), कैट फिश, टिलापिया (Tilapia), स्नेहमीन, कार्प तथा ट्राउट जैसी मछलियों का पालन इसके अन्तर्गत आता है।

मछुआही के व्यवसायीकरण तथा मछलियों की बढ़ती माँग के कारण यह क्रिया अधिक व्यापक होती जा रही है। ऐसे में मछलियों तथा मत्स्य-प्रोटीन की बढ़ती माँग के लिए मत्स्यपालन एक वैकल्पिक उपाय है।

3. ताजा / मीठे पानी में झींगा पालन (Freshwater Prawn Farming)

यह एक जल कृषि का एक व्यवसाय है, जिससे मानव उपभोग के लिए ताजे पानी में झींगा पालन किया जाता है। ताजे पानी में झींगा पालन तथा समुद्रीय झींगा पालन बहुत हद तक अपनी विशेषताओं तथा समस्याओं में एकसमान हैं।

4. एकीकृत बहु-पोषण जल कृषि (Integrated Multi-Tropic Aquaculture)

एकीकृत बहु-पोषण जल कृषि (Integrated Multi-Trophic Aquaculture) एक ऐसी पद्धति है, जिसके द्वारा एक प्रजाति के उपोत्पादन (अपशिष्ट) का इस तरह पुन:चक्रण किया जाता है ताकि वह दूसरे प्रजाति का निवेश (खाद, आहार) बन सके। पोषण-जल कृषि (उदाहरण-मछली, झींगी) अजैव निष्कर्षक (उदाहरण-समुद्री शैवाल) तथा जैव निष्कर्षक (उदाहरण-शंखमीन) जलकृषि के साथ सम्मिलित होकर पर्यावरणीय धारणीयता (जैव न्यूनीकरण), आर्थिक स्थिरता (उत्पाद विविधता तथा खतरे को कम करना) एवं सामाजिक स्वीकारिता (बेहतर प्रबंन्धन पद्धति) के लिए संतुलित तंत्र का निर्माण करती है।

5. समुद्रीय कृषि (Mariculture)

यह जल कृषि की एक विशेष शाखा है, जिसमें खुले समुद्र में, समुद्र के एक घेरे में, टैंक, तलाब अथवा नाले में जिसमें समुद्र जल भरा हो, समुद्री जीव-पालन किया जाता है। अलवणीय तालाब में मत्स्यपालन, झींगा-पालन तथा शक्ति-पालन इसके उदाहरण हैं। मत्स्य-चूर्ण, पोषक अगर, जवाहरात, अंगराग, इत्यादि समुद्रीय कृषि के गैर-खाद्य उत्पाद हैं।

6. झींगा पालन (Shrimp Farming)

समुद्री झींगा-पालन एक प्रकार की जल कृषि है, जिसका उपयोग मानव उपभोग के लिए किया जाता है। व्यवसायिक रूप से झींगा पालन की शुरुआत 1970 के दशक में हुई तथा इसका उत्पादन तीव्र गति से बढ़ा विशेषकर अमेरिका, जापान तथा पश्चिमी यूरोप के बाजार की माँग को पूरा करने के लिए। इसका कुल विश्व उत्पादन वर्ष 20014-15 में 2.5 मिलियन टन हो गया। इसका मूल्य $10,500 मिलियन अमेरिकी डॉलर था। लगभग 75% झींगा-पालन एशिया में किया जाता है, खासकर चीन तथा थाइलैंड में। अन्य 25% झींगा-पालन मुख्य रूप से दक्षिण अमेरिका में किया जाता है, जहाँ ब्राजील सबसे बड़ा उत्पादक है। सबसे अधिक झींगा निर्यात करने वाला देश थाइलैंड है। आंध्र प्रदेश में झींगा पालन आधुनिक ढंग से किया जा रहा है (देखें नीली क्रान्ति)।

मधुमक्खी पालन अथवा सुनहरी क्रान्ति (Apiculture)

मनुष्य द्वारा मधुमक्खियों के समूह का सामान्यत: उसके छत्ते में किया कृत्रिम पालन मधुमक्खी-पालन कहलाता है। मधुमक्खी पालक मधुमक्खियों को एक जगह एकत्र कर उनसे मधुमोम तथा शहद प्राप्त करता है या फिर इनका उपयोग फसलों के परागण के लिए किया जाता है या फिर दूसरे मधुमक्खी पालक को मधुमक्खी बेचने के लिए किया जाता हैं। जिस स्थान पर मधुमक्खियों को रखा जाता है, वह मधुवाटिका (Apiary) कहलाता है।

मधुमक्खी पालन का इतिहास (History of Bee-Keeping)

विश्व में 20,000 से अधिक जँगली मधुमक्खियों की प्रजातियाँ हैं, जिसमें अनेक एकाकी रूप से रहती हैं अथवा जो अपने बच्चों का पालन पोषण किसी बिल तथा छोटे समूह (छत्ते) में करती हैं, जैसे–भंवरा। मधुमक्खी पालन का सम्बन्ध मधुमक्खियों के सामाजिक प्रजाति के प्रबन्धन से है, जो बड़े समूहों में (100,000 की संख्या तक) रहते हैं।

वन्य शहद का एकत्रण (Wild Honey Harvesting)

वन्य मधुमक्खियों के शहद का एकत्रण एक प्राचीन मानवीय गतिविधि है तथा अभी भी अफ्रीका, एशिया, ऑस्ट्रेलिया तथा दक्षिण अमेरिका के कई भागों में कुछ आदिवासी जन जातियों में यह गतिविधि देखी जा सकती है।

वन्य मक्षिकाओं को पालतु बनाना (Domestication of Wild Bee)

एक समय ऐसा आया जब मनुष्य कृत्रिम छत्ते (hives) का उपयोग कर वन्य मक्षिकाओं को घरेलू बनाने लगे। ये छत्ते (छत्ताधानी) खोखले कुन्दों, लकड़ी के बक्सों, मिट्टी के बर्तनों तथा पुआल के टोकरों (Straw-baskets) से बने हुए होते हैं।

शहद एकत्रण की परम्परागत विधि (Traditional Method of Honey Collection)

शहद एकत्रण की परम्परागत विधि में धुएँ का प्रयोग कर मधुमक्खियों को उनके छत्ते से हटाया जाता था। छत्ते, जिसमें अंडे, लाखें (Larvae) तथा शहद होते हैं, को अशोधित तरीके से तोड़ा जाता था तथा शहद को एक बर्तन/बाल्टी में एकत्र कर लिया जाता था। शहद एकत्रण का यह तरीका भंजक तथा अस्वास्थ्यकर था परन्तु शहद-एकत्रण समाज द्वारा इस पर गौर नहीं किया जाता था क्योंकि शहद का उपभोग तुरंत कर लिया जाता था तथा छत्तों की संख्या अधिक थी।

परम्परागत मधुमक्खी पालन (Traditional Beekeeping)

स्थिर ढाँचे के छत्ते (Fixed Frame Hives)

मधुमक्खियों के छत्ते में प्रादेशिक भिन्नता देखी जाती है। छत्ता आयताकार लकड़ी के बक्सों का एक समूह होता है, जिसमें लकड़ी अथवा प्लास्टिक के चल ढाँचे होते हैं। प्रत्येक में मोम की एक परत या प्लास्टिक का आधार होता है। इनमें मधुमक्खी अपनी कोशिका का निर्माण करती हैं तथा इस तरह एक सम्पूर्ण शहद के छत्ते का निर्माण होता है। आधार का आकार भिन्न होता है- (i) श्रमिक आधार (worker foundation), जिन पर मधुमक्खी छोटे, षड्भुजाकार (Hexagonal) श्रमिक कोशिका बनाती हैं, तथा; (ii) नर-मधुमक्खी आधार (Drone foundation), जिन पर मधुमक्खी बड़ी कोशिका बनाती हैं–नर मधुमक्खियों के जन्म के लिए कोशिका (Drone Calls) कहलाती है।

निचले बक्से में रानी-मक्खी तथा अधिकतर मधुमक्खियां रहती हैं। ऊपर के बक्से में मात्र शहद रहता है। मोम-पत्तर (Wax flakes) मात्र नन्हीं मधुमक्खियों द्वारा ही उत्पन्न किया जाता है, ये उनके उदरीय पट्टिकाओं के बीच से निकलता है। वे कृत्रिम मोम आधार को शुरुआती बिन्दु मानते हुए छत्ते का निर्माण करते हैं, इसके उपरान्त इनकी कोशिकाओं में शहद तथा पराग का निक्षेपण होता है। इन ढाँचों में से आसानी से शहद भरे ऊपरी बक्सों को हटाया जा सकता है।

आधुनिक मधुमक्खी पालन (Modern Beekeeping)

चल ढाँचे के छत्ते (Movable Frame Hives)

संयुक्त राज्य अमेरिका में लैंगस्ट्रोथ छत्ते (Langstroth hive) का सामान्य रूप से प्रयोग किया जाता है। लैंगस्ट्रोथ छत्ता सबसे पहला खुले शीर्ष वाला छत्ता है, जिनके चल ढाँचे होते हैं। लैंगस्ट्रोथ ढाँचा जेन जीजोन के पोलिश छत्ते के डिजाइन का वंशज है। यूनाइटेड किंगडम (U.K.) में सबसे सामान्य प्रकार का छत्ता ब्रिटिश राष्ट्रीय छत्ता है परन्तु यहाँ कुछ अन्य प्रकार के छत्ते (स्मिथ, व्यवसायी, डब्ल्यू.बी.सी., लैंगस्ट्रोथ) भी देखे जा सकते हैं। तिनके की छत्ताधानी, मधुमक्खी का गोंद तथा बगैर ढाँचे वाले बक्सों का छत्ता अब संयुक्त राष्ट्र अमेरिका में अवैध है क्योंकि इनमें बीमारियों का जाँच करना मुश्किल है। यद्यपि ब्रिटेन में तिनके के छत्तों का प्रयोग मधुमक्खियों के झुण्ड को एकत्र करने के लिए किया जाता है ताकि उन्हें दूसरे अच्छे किस्म के छत्तों में स्थानान्तरित किया जा सके।

टॉप बार छत्ते (Top Bar Hives)

कुछ मधुमक्खी पालक विभिन्न प्रकार के टॉप बार छत्तों को अपना रहे हैं, जो सामान्यत: अफ्रीका में पाए जाते हैं। इन छत्तों में कोई ढाँचा नहीं होता है। इनकी पेटिकाओं से शहद निकालकर उन्हें पुन: छत्तों में वापस नहीं किया जा सकता है। इसलिए इन छत्तों से लैंगस्ट्रोथ छत्तों की अपेक्षा मात्र 20 प्रतिशत ही शहद निकाला जा सकता है, लेकिन इनमें शुरुआती खर्च तथा उपकरणों की आवश्यकताएँ काफी कम हैं। टॉप बार छत्तों का प्रयोग अफ्रीका तथा एशिया के विकासशील देशों में व्यापक रूप से मधुमक्खियों के विकास कार्यक्रम के अन्तर्गत किया जा रहा है।

मधुमक्खी पालक के प्रकार (Type of Beekeepers)

मधुमक्खी पालकों को तीन वर्गों के अन्तर्गत विभाजित किया जा सकता है:

- **व्यावसायिक मधुमक्खी पालक (Commercial Beekeeper):** मधुमक्खी पालन इनकी आय का मुख्य स्रोत है।
- **उपजीविका वाले मधुमक्खी पालक (Sideliner):** इनके लिए मधुमक्खी पालन आय का द्वितीय स्रोत है।
- **शौकीन पालक (Hobbyist):** इनके लिए मधुमक्खी पालन आय का मुख्य स्रोत नहीं है।

मधुमक्खियों का झुण्ड (The Colony of Bees)

मधुमक्खियों के झुण्ड में तीन वर्ग की मधुमक्खियां होती हैं–(i) रानी-मक्खी (Queen), जो सामान्यत: झुण्ड में एकमात्र प्रजनक मादा होती है; (ii) मादा श्रमिक मधुमक्खियों (Female Worker Bees) की एक बड़ी संख्या (सामान्यत: 30,000 से 50,000 के बीच) तथा (iii) नर मधुमक्खी (Male Drone) एक बड़े छत्ते में इनकी संख्या बसन्त ऋतु में हजारों में होती तथा शीत ऋतु में मृत्यु के कारण इनकी संख्या घट जाती है।

विश्व खाद्य संगठन एफए, द्वारा उपलब्ध कराए गए आंकड़ों के अनुसार, 2020 में चीन लगभग 489.4 हजार मीट्रिक टन सालाना उत्पादन के साथ दुनिया में शहद (प्राकृतिक) का सबसे बड़ा उत्पादक और उपभोक्ता था। तुर्की 109.3 हजार मीट्रिक टन के वार्षिक उत्पादन के साथ दूसरे स्थान पर रहा, कनाडा ने 80.35 हजार टन का उत्पादन किया, उसके बाद अर्जेंटीना, ईरान, अमेरिका और रूस का स्थान रहा। इन आँकड़ों के मुताबिक दुनिया में 1,852.6 हजार टन शहद का उत्पादन हुआ। राष्ट्रीय मधुमक्खी बोर्ड (एनबीबी), द्वारा उपलब्ध कराए गए आंकड़ों के अनुसार भारत ने 2020-21 में 125 हजार मीट्रिक टन से अधिक का उत्पादन किया ***(तालिका 9.17)***।

भारत में शहद का उत्पादन बढ़ाने के लिए, 1953 में, 'अखिल भारतीय खादी और ग्रामोद्योग बोर्ड' ने शहद उद्योग का आयोजन शुरू किया और 2015-16 में, केवीआईसी ने लगभग 2 लाख लोगों को मधुमक्खी पालन में प्रशिक्षित करने और उन्हें 'उद्यमिता विकास कार्यक्रम' के तहत समर्थन देने का लक्ष्य रखा। शहद का उत्पादन करने वाले प्रमुख राज्य पश्चिम बंगाल, उत्तर प्रदेश, पंजाब और बिहार हैं, जो 2015-16 में रिपोर्ट किए गए कुल उत्पादन में लगभग 61 फीसदी का योगदान करते हैं। देश में एकीकृत कृषि प्रणाली के हिस्से के रूप में मधुमक्खी पालन के महत्व को ध्यान में रखते हुए, सरकार ने तीन साल (2020-21 से 2022-23) के लिए राष्ट्रीय मधुमक्खी पालन और शहद मिशन (NBHM) के लिए 500 करोड़ रुपये के आवंटन को मंजूरी दी। मिशन की घोषणा आत्म निर्भर भारत योजना के हिस्से के रूप में की गई थी। NBHM का लक्ष्य 'मधु क्रांति' के लक्ष्य को प्राप्त करने के लिए देश में वैज्ञानिक मधुमक्खी पालन के समग्र प्रचार और विकास के लिए कार्य करना है, जिसे राष्ट्रीय मधुमक्खी बोर्ड (NBB) के माध्यम से लागू किया जा रहा है।

भारत संयुक्त राज्य अमेरिका, सऊदी अरब, संयुक्त अरब अमीरात, मोरक्को, बांग्लादेश, कनाडा आदि को शहद निर्यात करता है। 2015-16 में, भारत ने 706 करोड़ रुपए मूल्य का 38.2 हजार मीट्रिक टन शहद का निर्यात किया। शहद का निर्यात 2013-14 में कुल 28,378.42 मीट्रिक टन था जो कि 2019-20 में बढ़कर 59,536.74 मीट्रिक टन हो गया। इस दौरान भारत के शहद व्यापार में 109.80 प्रतिशत की वृद्धि हुई।

तालिका 9.17 भारत में शहद उत्पादन 2020-21

क्र. सं.	साल	शहद का उत्पादन (मीट्रिक टन में)
1.	2016-17	94,500
2.	2017-18	1,05,000
3.	2018-19	1,20,000
4.	2019-20	1,25,000
5.	2020-21	1,25,000

Source: National Bee Board (NBB), Department of Agriculture and Farmers Welfare (DA & FW), Ministry of Agriculture and Farmers Welfare, Government of India

रेशम कीट-पालन/रेशम कृषि (Sericulture)

कच्चे रेशम के उत्पादन के लिए किए गए रेशम कीटपालन को रेशम कृषि (Sericulture) कहते हैं। रेशम कीट की कई व्यवसायिक किस्में हैं, जिनमें से सबसे अधिक प्रयोग 'बॉम्बेक्स मोरी' (Bombyx Mori) का किया जाता है। चीनी अभिलेख के अनुसार 'मोरी' से रेशम उत्पादन लगभग 2700 ई. पू. में शुरू हुआ तथा यही रेशम के इतिहास की शुरुआत है। आज चीन तथा जापान रेशम के दो प्रमुख उत्पादक हैं तथा इन दोनों देशों में सम्मिलित रूप से विश्व के कुल रेशम उत्पादन का 50 प्रतिशत से भी अधिक हिस्सा उत्पादित होता है।

भारत में रेशम की पांचों प्रमुख किस्मों–मलबरी (Mulberry), ओक्सटार (Oaktsar), ट्रॉपिकल टसर, इरी (Eri) एवं मूगा (Muga) का उत्पादन होता है।

उत्पादन

रेशम कीट डिंभक (Larvae) का आहार मलबरी के पत्ते होते हैं तथा शरीर के चौथे निर्माचन (fourth molt) के बाद वे किसी निकटवर्ती टहनी पर चढ़ जाते हैं तथा अपनी रेशमी कोया (cocoon) को बुनते हैं। रेशम एक अविच्छिन्न तन्तु रेशा है, जिसमें फिबरोइन प्रोटीन (यह प्रत्येक डिंभक के शीर्ष में मौजूद लार-ग्रन्थि से निकलती है) तथा सेरीसिन (Sericin) (यह गोंद दो तन्तुओं को जोड़ता है) होता है। कोया को गर्म पानी में डालकर सेरीसिन को हटाया जाता है, जिससे रेशम के तन्तु एक-दूसरे से अलग हो जाते हैं तथा चरखी पर लपेटे जा ने के लिए तैयार होते हैं। कोया को गर्म पानी में डालने से रेशम कीट डिंभक (Larvae) भी मर जाता है।

भारत में रेशम कीट मलबरी, महुआ, साल, बेर तथा कुसुम के पत्तों पर पनपते हैं। विश्व में रेशम उत्पादन में भारत का तीसरा स्थान है। भारत में लगभग 4.5 लाख हेक्टर भूमि पर मलबरी की खेती की जाती है। रेशम उत्पादन मुख्य रूप से 15° से 34° उत्तर अक्षांश के बीच होता है। इस उद्योग से लगभग 55 लाख लोग जुड़े हुए हैं।

भारत में कच्चे रेशम का सबसे बड़ा उत्पादक कर्नाटक (65%) है, इसके बाद क्रमशः आंध्र प्रदेश (17%), पश्चिम बंगाल (8%), तमिलनाडु (5%), असम (2.5%) तथा जम्मू-कश्मीर (1.2%) का स्थान आता है। कपड़ा मंत्रालय, भारत सरकार द्वारा उपलब्ध कराए गए आंकड़ों के अनुसार, 2019-20 में कर्नाटक राज्य कच्चे रेशम (31.51%) का सबसे बड़ा उत्पादक राज्य है, इसके बाद आंध्र प्रदेश (21.84%) असम (17.11%), पश्चिम बंगाल (6.04%), तमिलनाडु (5.89%), और मेघालय (3.70%) का स्थान है। अरुणाचल प्रदेश, छत्तीसगढ़, हिमाचल प्रदेश, झारखंड, केरल, मध्य प्रदेश, महाराष्ट्र, मणिपुर, ओडिशा, पंजाब, त्रिपुरा, उत्तराखंड और उत्तर प्रदेश में भी सीमित मात्रा में शहतूत रेशम का उत्पादन होता है।

सीमित मात्रा में हिमाचल प्रदेश, छत्तीसगढ़, अरुणाचल प्रदेश, झारखंड, केरल, मध्य प्रदेश, महाराष्ट्र, मणिपुर, ओडिशा, पंजाब, त्रिपुरा, बिहार, उत्तराखंड एवं उत्तर प्रदेश में भी मलबरी रेशम का उत्पादन होता है।

मलबरी उत्पादन के वृद्धि प्रतिरूप को ***तालिका 9.18*** में दर्शाया गया है। ***तालिका 9.18*** से देखा जा सकता है कि 1950-51 में कच्चे रेशम का उत्पादन 52.50 लाख किलोग्राम था जो 2020-21 में बढ़कर 337.70 लाख किलोग्राम हो गया है। इसकी घरेलू खपत भी बढ़ रही है, इसलिए भारत में रेशम उत्पादन का भविष्य बहुत अच्छा है।

तालिका 9.18 कच्चे रेशम का उत्पादन

साल	रेशम (लाख कि.ग्रा.)
1950-51	52.50
1960-61	78.32
1970-71	231.90
1980-81	459.30
1990-91	114.85
2000-01	165.00

साल	रेशम (लाख कि.ग्रा.)
2014-15	178.00
2015-16	243.00
2016-17	281.90
2017-18	326.80
2018-19	354.68
2019-20	358.20
2020-21	337.70

Source: Central Silk Board, Ministry of Teñtiles, Government of India, Bengaluru

मुर्गी पालन (Poultry Farming)

मुर्गी पालन (रजत क्रांति) यह पशुपालन का एक उपभाग है, जिसमें माँस तथा अंडों के लिए कुक्कुट, टर्की, बतख तथा गीजों (Geese) का पालन-पोषण किया जाता है। इसमें कम पूँजी की आवश्यकता होती है तथा यह क्षेत्र ग्रामीण आबादी को कम समय में एक अतिरिक्त आय का स्रोत तथा रोजगार का अवसर प्रदान करता है। अधिकतर मुर्गी पालन फैक्टरी फार्म तकनीकों के अनुसार किया जाता है। 'दि वर्ल्डवॉच इंस्टीट्यूट' के अनुसार, विश्व में 75 प्रतिशत कुक्कुट माँस तथा 70 प्रतिशत अंडे इसी तरह उत्पन्न किए जाते हैं।

मुर्गी पालन की दोनों विधियों (स्वतंत्र रूप से 'कुक्कुट पालन' तथा 'फैक्टरी फार्मिंग') के बीच परस्पर विवाद है। फैक्ट्री फार्मिंग के विरोधी यह मानते हैं कि यह विधि पर्यावरण तथा स्वास्थ्य के लिए खतरा है तथा यह कुक्कुट पालन का निर्मम व क्रूर तरीका है। फैक्ट्री फार्मिंग के समर्थक यह मानते हैं कि इस विधि से उत्पादकता बढ़ती है, यह बढ़ती विश्व जनसंख्या के लिए अनिवार्य है, न केवल इसमें मुर्गे-मुर्गियों की अच्छी देख-रेख होती है बल्कि यह विधि पर्यावरण को भी सुरक्षित रखती है।

भारत में मुर्गी पालन (Poultry Farming in India)

भारत में मुर्गी पालन काफी पुराना है। वर्तमान में इस क्षेत्र में 3 मिलियन से अधिक लोग प्रत्यक्ष या अप्रत्यक्ष रूप से रोजगार प्राप्त कर रहे हैं। FAOSTAT उत्पादन डेटा (2020) के अनुसार, भारत दुनिया में अंडा उत्पादन में तीसरे और मांस उत्पादन में 8वें स्थान पर है। भारत में कुक्कुट पालन काफी पुराना है। वर्तमान में कुक्कुट पालन में प्रत्यक्ष या परोक्ष रूप से 30 लाख से अधिक लोग कार्यरत हैं। 1970 और 2021 के बीच, अंडों की वार्षिक प्रति व्यक्ति उपलब्धता 10 से 91 तक कई गुना बढ़ गई है, जबकि चिकन मांस में इसी अवधि के दौरान 145 ग्राम से 3.5 किलोग्राम तक की तेजी से वृद्धि हुई है। देश में अंडे का उत्पादन 2014-15 के 78.48 अरब से बढ़कर 2020-21 में 122.11 अरब हो गया है। देश में मांस उत्पादन 2014-15 में 6.69 मिलियन टन से बढ़कर 2020-21 में 8.80 मिलियन टन (आर्थिक सर्वेक्षण 2021-2022) हो गया है।

बांग्लादेश, श्रीलंका, दक्षिण पश्चिम एशिया, जापान, डेनमार्क, पोलैंड, अमेरिका और अंगोला सहित देशों को जीवित पोल्ट्री, अंडे, सेने वाले अंडे, जमे हुए अंडे, अंडे का पाउडर और पोल्ट्री मांस जैसे उत्पादों का निर्यात इस उद्योग के लिए अच्छा संकेत है। 2015-16 में कुक्कुट क्षेत्र का उत्पादन का मूल्य लगभग ₹ 80,000 करोड़ था।

भारत में 851.81 मिलियन से अधिक कुक्कुट हैं, जिन्होंने 2020-21 के दौरान लगभग 122 बिलियन अंडे दिए। कुक्कुट आबादी की सबसे बड़ी संख्या तमिलनाडु, आंध्र प्रदेश, तेलंगाना, पश्चिम बंगाल, महाराष्ट्र, कर्नाटक, असम, हरियाणा, केरल और ओडिशा में है। अधिकांश महत्वपूर्ण पोल्ट्री फार्म लगभग सभी महत्वपूर्ण शहरी केंद्रों जैसे- मुंबई, कोलकाता, दिल्ली, चेन्नई, हैदराबाद, बैंगलोर, पुणे, नागपुर, शिमला, भुवनेश्वर, अजमेर, चंडीगढ़ और भोपाल के आसपास विकसित किए जा रहे हैं।

भारत में अंडे के महत्वपूर्ण उत्पादक तमिलनाडु आंध्र प्रदेश, तेलंगाना, पश्चिम बंगाल, महाराष्ट्र, हरियाणा, कर्नाटक, पंजाब, केरल और उत्तर प्रदेश हैं।

पोल्ट्री क्षेत्र के निरंतर मजबूत विकास के लिए चारे और साथ ही एवियन इन्फ्लूएंजा की दवाई की निर्बाध आपूर्ति महत्वपूर्ण है। भारत में एवियन इन्फ्लूएंजा का पहला प्रकोप 18 फरवरी 2006 को महाराष्ट्र राज्य के नंदुरबार जिले में हुआ था। अब तक कई राज्य बर्ड फ्लू की चपेट में आ चुके हैं। जनवरी और फरवरी 2021 में हरियाणा राज्य ने पंचकुला जिले में एवियन इन्फ्लूएंजा के प्रकोप की सूचना दी, जिसने क्षेत्र में मुर्गी पालन को गंभीर रूप से प्रभावित किया। भारत सरकार ने प्रकोप को नियंत्रित करने के लिए तत्काल कदम उठाए हैं।

केन्द्रीय कुक्कुट विकास संगठन संसाधनहीन किसानों विशेषकर महिलाओं में पोषण संबंधी भुखमरी दूर करने और गरीबी-उन्मूलन के एक साधन के रूप में कुक्कुट को अपनाने की सरकार की नीतियों के अनुपालन में महत्वपूर्ण भूमिका निभा रहा है। केन्द्रीय कुक्कुट विकास संगठनों के लक्ष्य में विशेष संशोधन करते हुए इस विभाग की सभी कुक्कट इकाईयों का पुनर्गठन किया गया है, ताकि वे उन्नत देशज पक्षियों पर ध्यान केंद्रित करें, जो वर्ष में औसतन 180-200 अंडे देती हैं और आहार उपभोग एवं भारत के संदर्भ में उनका एफ.सी.आर. औसत अत्यन्त परिष्कृत है। केंद्रीय कुक्कुट विकास संगठनों को एक दिन के चूजों के रूप में उत्कृष्ट जनन द्रव्य पैदा करने और निर्भीक, हितकारी, वनराजा, श्यामा कारी, चाबरों आदि प्रजातियों के अंडों को सेने की व्यवस्था करने का दायित्व सौंपा गया है। ये संगठन आहार नमूनों के विश्लेषण में भी महत्वपूर्ण भूमिका अदा करते हैं।

उपरोक्त गतिविधियों के अतिरिक्त ये संस्थान अन्य पक्षी प्रजातियों (जैसे-बतख/टर्की/मुर्गी/जापानी बटेर) के विविधीकरण की योजना बनाने, प्रशिक्षण इकाई को अंतर्राष्ट्रीय शीतोष्ण पक्षी प्रबंधन संस्थान के रूप में उन्नत करने के उपाय भी कर रहे हैं, जिसमें सार्वजनिक-निजी भागीदारी का प्रावधान है। फिलहाल ये संस्थान केन्द्र प्रायोजित योजना 'राज्य कुक्कुट फार्मों को सहायता' का संचालन और उन्हें प्रोत्साहित करने जैसे कार्यों में भी लगे हुए हैं।

राज्य कुक्कुट पालन फार्म को सहायता प्रदान करने के लिए एक नई केन्द्रीय योजना दसवीं पंचवर्षीय योजना से कार्यान्वित की जा रही है जिसमें मुर्गियों की देखरेख, अंडों और अंडों को सेने तथा उनकी बीमारियों की पहचान से सम्बन्धित सुविधाओं को समुचित रूप से उपलब्ध कराने हेतु एकमुश्त सहायता दी जाती है।

वर्ष 2004-05 के दौरान 'डेयरी पोल्ट्री उद्यम पूंजी कोष' (Dairy/Poultry Venture Capital Fund) नाम की एक योजना शुरू की गई, जिसमें ब्याज की अदायगी पर सब्सिडी देने का प्रावधान है। इस योजना को लागू करने में नाबार्ड राष्ट्रीयकृत वाणिज्यिक बैंकों की सहायता से नोडल ऐजेन्सी की भूमिका अदा करता है। वर्ष 2005-06 में 2.17 करोड़ रुपये की लागत वाली कुल 49 मुर्गीपालन इकाइयां स्वीकृत की गई हैं।

पोल्ट्री वेन्चर केपीटल फण्ड स्कीम के अन्तर्गत ऋण पर 25% की सब्सिडी देने का प्रावधान है। कृषि और सहकारी विभाग, कृषि मंत्रालय, उद्यान विकास एकीकृत मिशन के नेतृत्व में एक योजना 'चमन' चालू की है। इसका उद्देश्य उद्यान फसलों के क्षेत्र एवं उत्पादन हेतु वैज्ञानिक विधि विकसित करना है।

बागवानी (Horticulture)

बागवानी फलों, सब्जियों और सजावटी पौधों की खेती से संबंधित कृषि की एक शाखा है। बागवानी एक पूंजी और श्रम प्रधान कृषि है।

भारत में विभिन्न कृषि-जलवायु पायी जाती हैं, जो कि बड़ी संख्या में बागवानी फसलों जैसे कि फल, सब्जियां, मसाले, जड़ कंद, सजावटी, सुगंधित पौधे, औषधीय प्रजातियों और नारियल, सुपारी, काजू और कोको जैसे वृक्षारोपण फसलों को उगाने के लिए अत्यधिक अनुकूल है। तीसरे उन्नत अनुमान (2020-21) के अनुसार वर्तमान में देश के कुल फसल क्षेत्र के 14% हिस्से पर बागवानी फसलें हैं, जो लगभग 331.05 मिलियन टन फसलों का उत्पादन करती हैं। भारत 27.59 मिलियन हेक्टेयर के बुवाई क्षेत्र के साथ फलों और सब्जियों का दूसरा सबसे बड़ा उत्पादक है। 2020-21 में फलों का कुल उत्पादन 6.9 मिलियन हेक्टेयर से लगभग 103 मिलियन टन होने का अनुमान है। विश्व फल और सब्जी उत्पादन में भारत का हिस्सा क्रमशः लगभग 11.38% और लगभग 11.78% है।

फल (Fruits)

भारतीय जलवायु विभिन्न प्रकार के फलों के विकास के लिए अनुकूल है। विश्व के कुल फल उत्पादन में भारतीयों की हिस्सेदारी 11.38% है। भारत में उगाए जाने वाले उष्णकटिबंधीय और उपोष्णकटिबंधीय फलों में आम, केला, साइट्रस फल, अनानास, पपीता,

अमरूद, सपोटा (चीकू), कटहल, लीची और अंगूर शामिल हैं। सेब, नाशपाती, आड़ू, बेर, खुबानी, बादाम, अखरोट, समशीतोष्ण फलों में से हैं; और आंवला, बेर, अनार, अंजीर, फालसा, भारत में उगाए जाने वाले शुष्क फलों में से हैं। भारत आम, केला, सपोटा (चीकू) और निम्बू (अम्लीय चूना) के उत्पादन और प्रति इकाई भूमि क्षेत्र में अंगूर की उत्पादकता में दुनिया में सबसे आगे है। विश्व के आम का लगभग 40.1% और विश्व का 25% केले का उत्पादन देश में होता है। अंगूर में, भारत ने दुनिया में प्रति इकाई क्षेत्र में उच्चतम उत्पादकता दर्ज की है।

बागवानी फसलों के कुल उत्पादन में 2019-20 की तुलना में 2020-21 के दौरान लगभग 4% की अनुमानित वृद्धि दर्ज की गई, जबकि इसी अवधि के दौरान फलों के उत्पादन में वृद्धि 1.0% से कम रही है। भारत में 1950-51 और 2020-21 के बीच बागवानी उत्पादन में 13 गुना वृद्धि हुई है।

सब्जियाँ (Vegetables)

भारत में 40 से अधिक किस्म की सब्जियां पैदा की जाती हैं। देश में उगाई जाने वाली मुख्य सब्जियां हैं-आलू, टमाटर, प्याज, बैंगन, बंद गोभी, फूल गोभी, पालक, मटर, मिर्च, गाजर, मूली, भिंडी, सेम, ग्वार, फली, सेम, शलगम इत्यादि।

दुनिया में सब्जियों की पैदावार में हमारा देश चीन के बाद दूसरे स्थान पर पहुंच गया है। विश्व में भारत का फूलगोभी के उत्पादन में पहला, प्याज की पैदावार में दूसरा और बंदगोभी की पैदावार में तीसरा स्थान है। 2004-05 के दौरान प्रमुख सब्जियों की अनुमानित पैदावार 93 मिलियन टन हुई, जिसके लिए 6.30 मिलियन हेक्टेयर भूमि का उपयोग किया गया। इस दौरान प्रति हेक्टेयर पैदावार 14.8 टन थी।

उद्यान फसलों के उत्पादन में सब्जियों का योगदान 59-61% है जैसाकि ***चित्र 9.26*** में देखा जा सकता है। 2016-17 में सब्जी उत्पादन क्षेत्र 10.3 मिलियन हेक्टेयर था और उत्पादन 175 मिलियन टन था। उत्तर प्रदेश 26.4 मिलियन टन उत्पादन करके अग्रणी राज्य था जबकि पश्चिमी बंगाल 25.5 मिलियन टन उगाकर द्वितीय स्थान पर था।

फूल (Flowers)

हालांकि प्राचीन काल से ही हमारे देश में फूलों की खेती की परम्परा रही है परन्तु इसके व्यावसायिक उत्पादन पर सीधा ध्यान हाल के वर्षों में ही दिया गया है। परम्परागत फूल, जैसे–गुलाब, गलैडियोल्स (Gladiolus), ट्यूबरोज (Tuberose), क्रॉसांडा आदि के उत्पादन में तेजी से वृद्धि हुइ है। कार्यालयों और घरों दोनों जगह इन फूलों को सजाने और उपहार स्वरूप देने का चलन भी बढ़ा है। लोगों में खासकर मध्यम वर्ग में फूलों को सजाने और उपहार देने का चलन बढ़ने से फूलों के उद्योग में काफी वृद्धि हुई है और फूलों की खेती में भी दिलचस्पी बढ़ी है। देश के कुछ भागों में कृषि जलवायु की विविधता के कारण और सामान की आवाजाही आसान होने के कारण पूरे साल फूलों की उपलब्धता बनी रहती है।

तालिका 9.18a भारत में विभिन्न बागवानी फसलों का उत्पादन

बागवानी फसलें	2017-18	2018-19	2019-20	2020-21
फल	31.2	31.53	31.85	31.12
सब्जियाँ	59.2	58.95	58.75	59.58
फूल, सुगंधित और औषधीय	1.2	0.94	0.94	0.79
वृक्षारोपण फसलें	5.8	5.26	5.03	5.01
मसाले	2.6	3.03	3.16	3.23
कुल	100.00	100.00	100.00	100.00

Source: National Horticulture Board (2021). Third Advance Estimates of Area and Production of Horticulture Crops, 2020–21. Ministry of Agriculture and Farmers Welfare, Government of India.

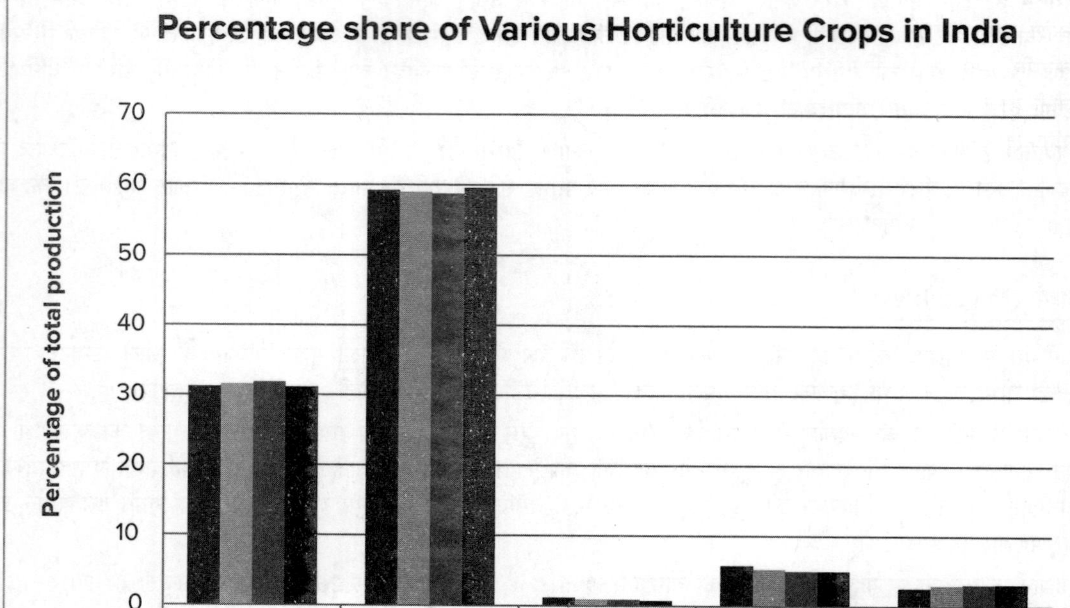

	Fruits	Vegetables	Flowers, Aromatic and Medicinal	Plantation crops	Spices
2017–18	31.2	59.2	1.2	5.8	2.6
2018–19	31.53	58.95	0.94	5.26	3.03
2019–20	31.85	58.75	0.94	5.03	3.16
2020–21	31.12	59.58	0.79	5.01	3.23

चित्र 9.26 भारत में विविध उद्यान फसलों के उत्पादन का हिस्सा
[*Source:* Horticulture Statistics at a Glance 2017, Government of India]

भारत ने फूलों के उत्पादन में उल्लेखनीय प्रगति की है। 2020-21 में 2,323 हजार टन खुले फूलों और 676 हजार टन कटे हुए फूलों के उत्पादन के साथ 329 हजार हेक्टेयर क्षेत्र में फूलों की खेती का अनुमान है।

बागवानी क्षेत्र के उत्पादन एवं उत्पादकता में वृद्धि लाने के उद्देश्य से सरकार द्वारा दसवीं पंचवर्षीय योजना में 'राष्ट्रीय बागवानी मिशन' (2005-06) की शुरुआत की गई।

शुष्क कृषि (Dry Farming)

शुष्क कृषि उन क्षेत्रों में की जाती है, जहाँ औसत वर्षा 75 से.मी. से कम होती है तथा सिंचाई की सुविधायें उपलब्ध नहीं हैं। भारत में खेती के कुल क्षेत्रफल का लगभग 60% भाग शुष्क एवं वर्षायुक्त है। यह कुल कृषि उत्पादन का 40% योगदान देता है।

इन क्षेत्रों में वर्षा अपर्याप्त तथा अनिश्चित होती है तथा ये क्षेत्र गर्म एवं शुष्क होते हैं। न केवल इन क्षेत्रों में औसत वार्षिक वर्षा कम होती है बल्कि वर्षा की परिवर्तनशीलता (Variability) भी 25 से 60% के बीच होती है। शुष्क कृषि एक निम्न उत्पादकता वाली कृषि है। ***(चित्र 9.27)***।

भारत में कुल कृषि भूमि का 60% अथवा 32 मिलियन हेक्टेयर शुष्क भूमि के अन्तर्गत आता है। गुजरात तथा राजस्थान के अधिकांश भाग में शुष्क कृषि की जाती है। पंजाब, हरियाणा, महाराष्ट्र, आंध्र प्रदेश, कर्नाटक, हिमाचल प्रदेश, मध्य प्रदेश, जम्मू एवं कश्मीर, झारखंड, छत्तीसगढ़, ओडिशा, उत्तराखण्ड, उत्तर प्रदेश, प. बंगाल तथा तमिलनाडु के कुछ क्षेत्रों में भी शुष्क कृषि की जाती है। इन क्षेत्रों पर अनियमित वर्षा, सूखा, उच्च तापमान तथा पवन की उच्च वेग (जिसके कारण मृदा अपरदन होता है) का प्रतिकूल प्रभाव पड़ता है।

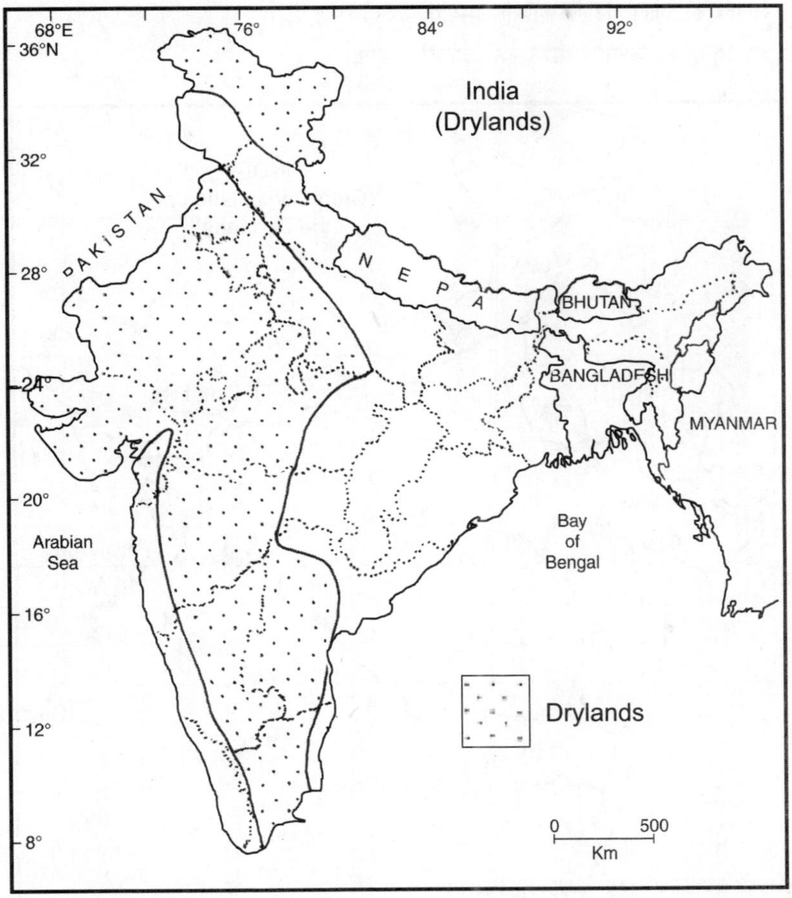

चित्र 9.27 शुष्क कृषि क्षेत्र

शुष्क कृषि की मुख्य विशेषताएँ (Main Characteristics of Dry Farming)

भारत में शुष्क कृषि की विशेषताएँ निम्नलिखित हैं:

1. शुष्क कृषि के लिए आर्द्रता संरक्षण आवश्यक है। इस उद्देश्य को पूरा करने के लिए खेत को बार-बार जोता जाता है (विशेषकर वर्षा के मौसम में)।
2. हर एक वर्ष के अन्तराल के बाद फसलों का बोया जाना तथा अन्तराल के वर्ष में भूमि को परती (Fallow) छोड़ना। भूमि को परती छोड़ने से मृदा की उर्वरता को पुन: प्राप्त करने में सहायता मिलती है।
3. फसल बोए जाने से पहले मृदा का पेषण (Pulverisation) आवश्यक है, जिससे खरपतवार की वृद्धि को रोका जा सके और मिट्टी की आर्द्रता को बनाए रखा जा सके।

4. नियमित गुड़ाई (Hoeing) तथा फसलों की छँटाई, गुड़ाई का काम प्राय: सूर्योदय से पहले किया जाता है ताकि ओस (Dew) मृदा से मिलकर फसलों को आर्द्रता प्रदान कर सके।
5. भूमि को पुआल (Straw) से ढक कर रखना ताकि मृदा की नमी के वाष्पीकरण को रोका जा सके तथा मृदा अपरदन को नियंत्रित किया जा सके।
6. पशुपालन तथा डेरी उद्योग इस क्षेत्र से सम्बद्ध मुख्य क्रिया-कलाप हैं।
7. जहां कहीं सम्भव हो, जल का किफायती उपयोग करना।
8. सौर-ऊर्जा को विकसित करना तथा उसका उपयोग बढ़ाना।

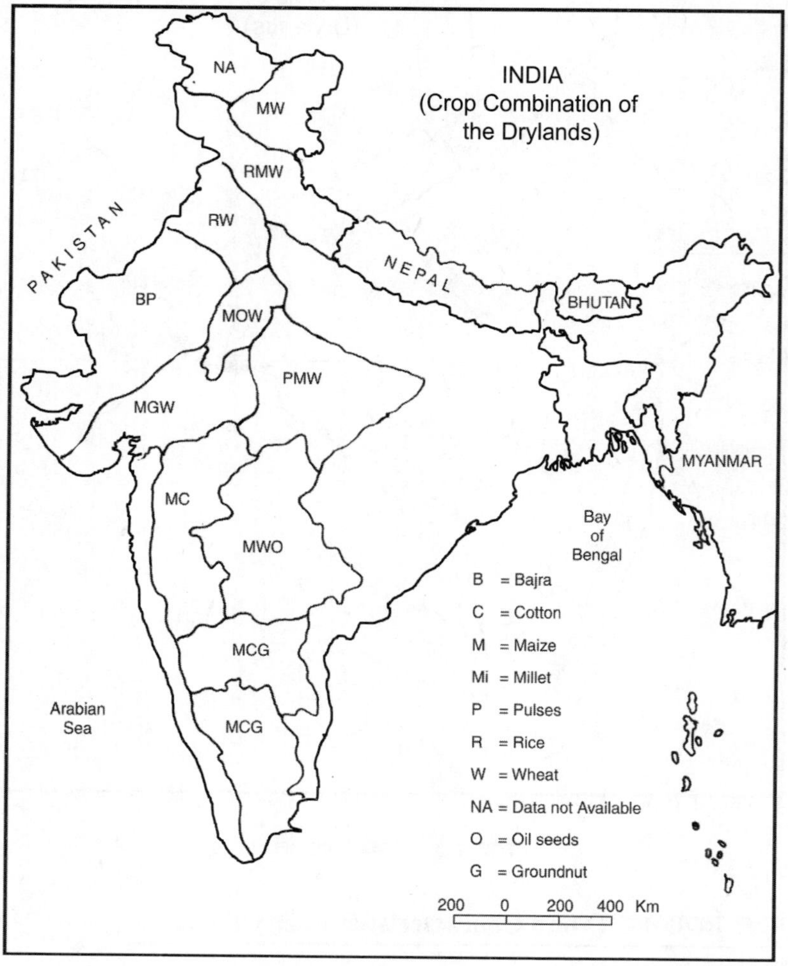

चित्र 9.28 शुष्क खेती क्षेत्र के फसल संयोजन

फसल (Crops)

शुष्क कृषि क्षेत्र की मुख्य फसलें हैं- मोटा अनाज (मकई, बाजरा, जुवार, कोदों), गेहूं, ज्वार, दलहन, मूंग, उड़द, गुआर, मूँगफली, तिलहन तथा चारा। यद्यपि शुष्क कृषि क्षेत्र की 75% आबादी प्रत्यक्ष अथवा अप्रत्यक्ष रूप से कृषि पर निर्भर है परन्तु उनकी प्रति व्यक्ति आय तथा जीवन स्तर निम्न है।

भारत के शुष्क कृषि प्रदेशो के फसल प्रतिरूप एवं संयोजन को ***चित्र 9.28*** में दर्शाया गया है।

शुष्क कृषि की मुख्य समस्याएँ

शुष्क कृषि की मुख्य समस्याएँ निम्नलिखित हैं:

1. अल्प तथा अनियमित वर्षा, जिसके कारण इन क्षेत्रों में सूखा, अकाल तथा बाढ़ देखी जा सकती है।
2. इस क्षेत्र की मृदा में रेत का अंश अधिक होता है, इसमें ह्यूमस (Humus) (खाद मिट्टी) तथा जैव पोषक की कमी होती हैं।
3. यह क्षेत्र मृदा अपरदन की दृष्टि से अति संवेदनशील है।
4. यहाँ प्रति इकाई क्षेत्र की पैदावार कम होती है।
5. आर्द्रता तथा सिंचाई के अभाव में यहाँ नये बीजों (HYVs) तथा नई तकनीक का प्रयोग संभव नहीं है।
6. इस क्षेत्र के अधिकतर किसान गरीब हैं तथा अधिक महँगे निवेश का प्रयोग नहीं कर सकते हैं।
7. इन क्षेत्रों में सिंचाई तथा अन्य मूलभूत सुविधाओं की कमी है।

विकास के उपाय (Strategy for Development)

जैसाकि पहले कहा जा चुका है कि अल्प वर्षा वाले क्षेत्रों में कृषि एक कमजोर व्यवसाय बन जाता है। शुष्क कृषि क्षेत्रों को विकसित करने के कुछ उपाय निम्नलिखित हैं:

1. शुष्क कृषि क्षेत्रों में जल एकत्रण (water harvesting) किया जाना आवश्यक है। इसके लिए सरकार तथा गैर-सरकारी संस्थानों द्वारा लोगों का मार्गदर्शन करना आवश्यक है।
2. किसानों को सूखा प्रतिरोधी फसल के बीज सस्ते दाम पर मुहैया कराए जाने चाहिए।
3. मृदा संरक्षण उपाय अपनाकर मृदा अपरदन को नियंत्रित करना।
4. फसलों के बीच दूरी जरूरी है, इनकी नियमित रूप से छँटाई की जानी चाहिए तथा इनकी गुड़ाई (hoeing) आवश्यक है।
5. तीव्र गति से तथा कम अवधि में तैयार होने वाली फसलों के बीज विकसित किए जाने चाहिए, जैसे–मूंग, ग्वार, मोठ, एवं बाजरा।
6. जिन फसलों को अधिक आर्द्रता की आवश्यकता होती है, उनकी खेती निम्नस्थ क्षेत्रों में की जानी चाहिए, खासकर अपवाह क्षेत्र के निचले भाग में।
7. कपास की खेती उन क्षेत्रों में की जानी चाहिए जहाँ वर्षा पर अधिक निर्भर किया जा सके या जहाँ फुहारे के द्वारा सिंचाई की जाती हो (Sprinkle Irrigation)।
8. गोबर तथा वानस्पतिक (Compost Manure) खाद के प्रयोग से तथा नियमों के नियमित पालन से मृदा की उर्वरता को बढ़ाया जा सकता है।
9. वर्षा के मौसम में इस क्षेत्र को बार-बार हल से जोतना अनिवार्य है।
10. शुष्क कृषि के लिए अनुसंधान को प्रोत्साहन देना चाहिए।

इसके अतिरिक्त इन क्षेत्रों में जल संरक्षण के कई उपाय हैं, जैसे-समोच्च रेखीय जुताई, समोच्च रेखीय बाँध तथा खेतों का बाँध। मृदा से होने वाले वाष्पीकरण को रोकने के लिए माल्चिंग (mulching) भी एक अच्छा उपाय है। उर्वरकों एवं खादों को गहरी मिट्टी में डालने से उनकी जड़ों तक बेहतर पहुँच सुनिश्चित होती है। खरपतवारों के नियंत्रण से उत्पादकता में वृद्धि होती है। शुष्क कृषि की नयी तकनीक में मृदा की आर्द्रता एवं संरक्षण पर विशेष बल दिया जाता है। शुष्क क्षेत्रों में मृदा के पोषक तत्व, विशेष कर नाइट्रोजन की कमी देखी जाती है। इसके लिए नाइट्रोजन की मात्रा पर ध्यान देना इन क्षेत्रों के लिए आवश्यक हो जाता है।

कृषि व्यवसाय (Agribusiness)

कृषि का वाणिज्यिक कार्यों के लिए उपयोग ही कृषि व्यवसाय है। जॉन्सटन (Jonston) एवं उनके सहयोगियों ने कृषि व्यवसाय को परिभाषित करते हुए कहा है कि, "कृषि संगठनों को आधुनिक प्रबंधन तकनीकों एवं लेखा विधियों द्वारा लाभ का महत्मीकरण ही कृषि व्यवसाय है।" इस अवधारणा का संयुक्त राज्य अमेरिका और पश्चिमी यूरोप में अलग-अलग रूप में विकास हुआ है। संयुक्त राज्य अमेरिका में इसके विकास के लिए खाद्य प्रसंस्करण कंपनियों के द्वारा विशेष योगदान किया गया है। इनके द्वारा कृषिगत वस्तुओं की प्रत्यक्ष खरीद की जाती है तथा उनके कच्चे माल को प्रसंस्कृत करके अपने उद्योगों में इस्तेमाल किया जाता है। पश्चिमी यूरोप में कृषिगत उत्पादों एवं कच्चे माल का ऐसा समेकन देखने को नहीं मिलता। पश्चिम यूरोप एवं कुछ विकासशील देशों जैसे भारत में कृषि व्यवसाय में संलग्न कंपनियाँ खाद्य प्रसंस्करण की कंपनियों से स्वतंत्र कार्य करती हैं। वैसे कृषि व्यवसाय विश्व के अधिकतर देशों में कुछ अर्थों में समान हैं। कृषि व्यवसाय के अंतर्गत आज कृषि उत्पादन, प्रसंस्करण, आहार का वितरण तथा सह-उत्पादों को भी सम्मलित किया जाता है।

कृषि व्यवसाय की विशेषताएँ (Characteristics of Agribusiness)

कृषि व्यवसाय की महत्वपूर्ण विशेषताएं निम्नलिखित हैं:

1. प्रबंधन की स्तरीकृत व्यवस्था (Hierarchical Management) वित्तीय प्रशासकों, लेखांकन कर्ताओं एवं कृषि प्रबंधकों का एक तंत्र।
2. बड़े आकार के फार्म।
3. बड़े आकार की उत्पादन इकाईयों द्वारा कृषि का परिचालन।
4. बागवानी व्यवस्था का विस्तारण।

उच्च रूप से औद्योगीकृत देशों में कृषि से जुड़ी विषेशीकृत गतिविधियाँ खेतों से काफी दूर की जाती हैं, जैसा कि कृषिगत उपकरणों का विकास एवं उत्पादन, उर्वरक, बीज इत्यादि। कुछ देशों में प्रसंस्करण, भंडारण, संरक्षण एवं कृषिगत उत्पादों की आपूर्ति, इत्यादि कार्य मूल कृषि कार्य से पृथक् संपन्न होते हैं। कुछ कृषि व्यवसायों में कृषिगत कार्य से लेकर अंतिम उत्पादन तक की प्रक्रिया फार्मों में ही संपन्न की जाती है, जैसे-अंगूर की खेती और अंगूर आधारित शराब (वाईन) निर्माण। कृषि व्यवसाय से जुड़े कृषि क्षेत्रों को आज विस्तृत तौर पर मशीनीकृत एवं कंप्यूटर आधारित कर लिया गया है। फलस्वरूप कृषि कार्य ने स्वयं ही एक व्यवसाय का रूप धारण कर लिया है।

हाल के वर्षों में कृषि व्यवसाय में गैर-कृषि कार्य करने वाले, यथा-व्यापार (Trading) से संबद्ध बड़ी-बड़ी कंपनियों का उद्भव हुआ है। अब इनके द्वारा बड़े-बड़े कृषि क्षेत्र भी अधिगृहीत किए जा रहे हैं तथा कृषि उत्पादन की प्रक्रिया शुरू की जा रही है।

कृषि व्यवसाय में भारत का हाल ही में प्रवेश हुआ है, जिसके अंतर्गत प्रसंस्कृत एवं गैर-प्रसंस्कृत दोनों ही प्रकार के उत्पाद शामिल हैं। जहाँ सब्जियों के रस, माँस एवं मछली उत्पाद, चीनी एवं शीरा (Molasses), कॉफी, तम्बाकू, मसाले, चाय एवं गेहूं इत्यादि प्रसंस्कृत उत्पाद हैं, वहीं गैर-प्रसंस्कृत श्रेणी में कई कच्चे उत्पाद शामिल हैं।

हाल के वर्षों में भारत सरकार द्वारा कृषि प्रसंस्करण उद्योग को विशेष रूप से प्रोत्साहित किया जा रहा है। कृषि उत्पादों में मूल्यवर्द्धन करने से न केवल कृषि कार्य करने वालों को अच्छी आय होती है बल्कि इसके द्वारा विनिर्माण उद्योग को भी विकसित होने का मौका मिलता है। वैसे भी प्रसंस्कृत आहारों के विश्व बाजार में भारत की नगण्य भागीदारी है। राष्ट्रीय कृषि नीति, 2002 के अंतर्गत कृषि प्रसंस्करण से जुड़े अन्यान्य क्षेत्रों पर विशेष बल दिया गया है-(i) साख की उचित एवं सामयिक उपलब्धि, (ii) मशीन एवं उपकरणों के आयात पर छूट, (iii) उद्यमियों को विशेष प्रशिक्षण, (iv) पैकेजिंग क्षेत्र को प्रोत्साहन, (v) प्रशीतकयुक्त भंडारण की व्यवस्था, (vi) सड़क एवं यातायात की उचित व्यवस्था, (vii) विपणन की नयी विधा पर बल, (viii) संचार की नयी तकनीक का समावेश, इत्यादि।

भारत चूँकि अन्यान्य कृषि उत्पादों का उत्पादकर्ता है, अतः इसके कृषि प्रसंस्करण उद्योग के विकास की व्यापक संभावनाएं हैं। भारत की शहरी आबादी अभी भी प्रसंस्कृत खाद्य पदार्थों के उपभोग में दिलचस्पी नहीं दिखलाती है अर्थात् प्रसंस्कृत खाद्य

पदार्थों का घरेलू बाजार अपेक्षाकृत काफी छोटा है। इसलिए इस उद्योग को बढ़ावा देने के लिए विश्व बाजार में संभावनाओं को तलाशने की जरूरत है। देश के निर्यात में कृषिगत निर्यातों में अगर एक प्रतिशत वृद्धि होती है तो कृषि क्षेत्र को 8,000 करोड़ रुपये का लाभ होता है। यही कारण है कि, भारत की नयी व्यापार नीति 2005-09 में सरकार द्वारा इसे सैद्धान्तिक तौर पर मान लिया गया है। भारत सरकार का मानना है कि कृषिगत उत्पादों के निर्यात को बढ़ाने एवं विश्व व्यापार संगठन द्वारा प्रावधानित विश्व में कृषि क्षेत्र को एक लाभकारी व्यवसाय बनाने के लिए कृषि व्यवसाय पर ध्यान देना आवश्यक हो गया है।

राष्ट्रीय किसान आयोग (National Commission on Farmers)

भारत सरकार द्वारा डॉ. एम.एस. स्वामीनाथन की अध्यक्षता में गठित राष्ट्रीय किसान आयोग द्वारा किसानों की स्थिति को सुधारने के लिए कई सुझाव दिए गए। इसके महत्वपूर्ण सुझाव निम्न प्रकार हैं:

1. परिसंपत्ति (Assets) सुधार जिसके अंतर्गत भूमि, जल, पशुधन एवं जैव-संसाधन शामिल हैं।
2. विस्तारण, प्रशिक्षण एवं ज्ञान के क्षेत्र में किसान मित्रवत् सहायता सेवाओं पर बल।
3. ऋण एवं बीमा।
4. लाभकारी एवं गारंटीयुक्त विपणन की व्यवस्था।
5. आगतों एवं आपूर्ति की बेहतर व्यवस्था।
6. कृषि को संविधान की समवर्ती सूची में डालना।
7. राष्ट्रीय खाद्य सुरक्षा एवं संप्रभुता बोर्ड का गठन।
8. जल वितरण प्रणाली का सार्वभौमिकरण।
9. भारत व्यापार संगठन की स्थापना।
10. ग्रामीण गैर-कृषि आजीविका पहल (इसके अंतर्गत कृषि पर निर्भर उच्च जनसंख्या को शामिल किया जा सकेगा)।

भारतीय कृषि: चुनौतियां एवं सम्भावनाएं (Indian Agriculture: Challenges and Prospects)

कृषि भारत की प्रमुख आर्थिक गतिविधि है, जिसके समक्ष कई चुनौतियाँ हैं। वर्तमान में भारतीय कृषि जिन महत्वपूर्ण चुनौतियों का सामना कर रही है वे निम्नलिखित हैं:

1. **अवरुद्ध पैदावार (Stunted Yield):** अधिकांश फसलों की पैदावार में महत्वपूर्ण सुधार हुआ है परन्तु कुछ मामलों में (गेहूँ, चना, दलहन, तिलहन, गन्ना तथा बाजरा) पैदावार घटती-बढ़ती रही है। इसलिए उत्पादता बढ़ाने पर बल देना आवश्यक है। साथ ही सम्बद्ध क्रिया-कलापों का भी तेज गति से विकास करना आवश्यक है।
2. **शुष्क कृषि (Dry Farming):** शुष्क कृषि क्षेत्र में कृषि को सूखे से हमेशा असुरक्षा बनी रहती है। ऐसे क्षेत्रों में लघु-सिंचाई व्यवस्था का विकास अनिवार्य है। जल विभाजक प्रबन्धन, जल एकत्रण तथा सहभागिता उपागम का इन क्षेत्रों में अधिक महत्व है।
3. **अपर्याप्त बाजार सुविधाएँ (Inadequate Marketing Facilities):** देश के अधिकांश भाग में, जिसमें हरित क्रांति के क्षेत्र भी शामिल हैं, किसानों को लाभकारी मूल्य नहीं मिलता है। एक उचित विपणन सहायता के द्वारा उत्पादक के मूल्य तथा उपभोक्ता के मूल्य के अन्तर को कम करने की आवश्यकता है। आधुनिक तकनीक पर आधारित विपणन, आधारभूत संरचना, गोदामों, शीतगार - शृंखला तथा नकद बाजार (spot markets) के विकास किसानों को अधिक लाभ प्रदान किया जा सकता है।
4. **ऋण के औपचारिक स्त्रोतों की कमी (Inadequate Formal Sources of Credit):** वित्तीय समावेश पर बनी समिति की रिपोर्ट (जनवरी 2008) के अनुसार, 75% से अधिक किसान परिवारों को ऋण के औपचारिक स्त्रोत प्राप्त नहीं हैं। निजी साहूकारों से ऋण लेने के कारण दवाब में आकर हजारों किसानों ने आत्महत्या की है। छोटे तथा मध्यमवर्गीय किसानों को आंशिक अथवा पूर्ण रूप से ऋणमुक्त करना समय की माँग है।

5. **सार्वजनिक वितरण प्रणाली का कुप्रबंधन (Mismanagement of Public Distribution System):** सार्वजनिक वितरण प्रणाली संतोषजनक रूप से कार्य नहीं कर रही है। समाज के कमजोर वर्ग, विशेषत: वे लोग जो गरीबी रेखा से नीचे रह रहे हैं, को अधिक-से-अधिक छूट देकर पर्याप्त मात्रा में खाद्य पदार्थ प्रदान किये जाने चाहिए।
6. **कृषि की धारणीयता (Sustainability of Agriculture):** देश में उच्च उत्पादक किस्मों के उपयोग के बाद विशेष पंजाब, हरियाणा तथा पश्चिमी उत्तर प्रदेश में, किसानों ने धान तथा गेहूँ की फसलों के संयोजन को अपनाया है। ये दोनों फसलें मृदा उर्वरताहारी फसलें हैं, जो पर्यावरण को अवक्रमित करती हैं।
7. **मृदा अपरदन (Soil Erosion):** मृदा अपरदन, जल-जमाव तथा घटता भौम जल स्तर भारतीय कृषि की कुछ चिन्ताजनक समस्याएँ हैं। इन समस्याओं के कारण देश में पारिस्थितिकी असंतुलन उत्पन्न हुआ है। संक्षेप में यह कहा जा सकता है कि, भारतीय कृषि तथा सम्बद्ध क्षेत्र की अनेक चुनौतियाँ हैं, इसलिए इस क्षेत्र में नए निवेश तथा नई तकनीक का उपयोग किया जाना अत्यन्त आवश्यक है। यह अत्यन्त आवश्यक है कि इन विषयों को मध्य तथा सूक्ष्म स्तर पर सम्बोधित किया जाए।

भारत सरकार की नई कृषि नीति

भारत सरकार ने नई कृषि नीति की घोषणा 25 जुलाई, 2000 ई. को की थी। इस नीति के मुख्य बिन्दु निम्न प्रकार हैं:

1. संसाधनों एवं प्रौद्योगिकी का उचित उपयोग करना।
2. किसानों को उचित दर पर धन उपलब्ध कराना।
3. कृषि में निजी निवेश को बढ़ावा देना।
4. किसानों को डब्ल्यूटीओ (WTO) के कुप्रभाव से बचाना।
5. कृषि उत्पादनों को उचित मूल्य दिलाना।
6. कृषि उत्पादन को पूरे देश में बेचने की अनुमति देना।
7. कृषि-मशीनों तथा रासायनिक खाद पर उत्पाद शुल्क कम करना।
8. किसान जीवन-बीमा प्रावधान करना।
9. ग्रामीण बस्तियों में बिजली, पानी तथा सड़कों का प्रावधान करना।
10. फल-फूल, सब्जियों पशुपालन तथा मुर्गीपालन पर बल देना।

भारत में कृषि क्रांतियां (Agricultural revolutions in India)

1. **नीली क्रांति (Blue Revolution):** जल कृषि एवं मछली पालन
2. **भूरी क्रांति (Brown Revolution):** मधुमक्खी पालन
3. **सदाबहार क्रांति (Evergreen Revolution):** कृषि का सतत विकास
4. **काली क्रांति (Black Revolution):** पेट्रोलियम उत्पादन
5. **धूसर क्रांति (Gray Revolution):** आवास विकास/उर्वरक क्रांति
6. **सुनहरी क्रांति (Golden Revolution):** बागवानी क्रांति
7. **सुनहरा धागा क्रांति (Golden Fibre Revolution):** जूट-क्रांति
8. **हरित क्रांति (Green Revolution):** अनाज (कृषि) क्रांति
9. **गुलाबी क्रांति (Pink Revolution):** झींगा क्रांति, प्याज क्रांति, औषधि क्रांति
10. **लाल क्रांति (Red Revolution):** मांस/गोश्त क्रांति/टिमाटर क्रांति
11. **गोल क्रांति (Round Revolution):** आलू क्रांति

12. **सफेद धागा क्रांति (White Fibre Revolution):** कपास क्रांति
13. **रजत क्रांति (Silver Revolution):** मुर्गी/अण्डा क्रांति
14. **श्वेत क्रांति (White Revolution):** दुग्ध क्रांति/डेरी क्रांति
15. **पीली क्रांति (Yellow Revolution):** तिलहन क्रांति

संदर्भ सूची (References)

- Bansil, PC, *Agricultural Problems of India*. New Delhi: Vikas Publishers, 1977.
- Deshpande, CD, *India—A Regional Interpretation*. New Delhi: Northern Book Centre, 1982.
- Farmer, BH, *Green Revolution*. London: Macmillan, 1977.
- Frankel, FR, *India's Green Revolution—Political Cost of Economic Growth*. Princeton: Princeton University Press, 1971.
- Government of India, *Five Year Plans*.
- Griffin, KB, *The Political Economy of Agrarian Change—An Essay on the Green Revolution*. Cambridge: Harvard University Press, 1974.
- Husain, M, *Agricultural Geography*. New Delhi: Inter India Publications, 1992.
- Husain, M, *Systematic Agricultural Geography*. Jaipur: Rawat Publications, 2007.
- Johnston, RJ, *A Dictionary of Human Geography*. Oxford: Basil and Blackwell, 1985.
- Khusro, AM, *The Economics of Land Reforms and Farms Size in India*. Chennai: Macmillan, 1973.
- *Handbook of Agriculture*, 6th ed. New Delhi: Indian Council of Agricultural Research, 2012.
- *India—2010*. New Delhi: Publication Division, Government of India.
- Muthiah, S, *A Social and Economic Atlas of India*. New Delhi: Oxford University Press, 1987.
- Poheketr, GS, *Studies in Green Revolution*. Mumbai: United Asia Publication, 1970.
- Sen, B, *The Green Revolution in India: A Perspective*. New Delhi: Wiley Eastern, 1974.
- Shafi, M, *Agricultural Geography*. New Delhi: Pearson Education, 2006.
- Singh, J, *Agricultural Geography*. New Delhi: Tata McGraw-Hill Education, 1984.
- Symons, L, *Agricultural Geography*. London: Bell, 1968.
- *The New Encyclopedia Britannica,* Vol. I, London, 153–154.
- Tiwari, RC, *Geography of India*. Allahabad: Prayag Pustak Bhavan, 2003.
- Vyas, AK, Introduction to Agriculture, 5th ed. New Delhi: Jain Brothers, 2011.
- *Agricultural Policy: Vision 2020*. Indian Agricultural Research Institute.
- https://www.india.gov.in/topics/agriculture.

10 कृषि का स्थानिक संगठन (Spatial Organisation of Agriculture)

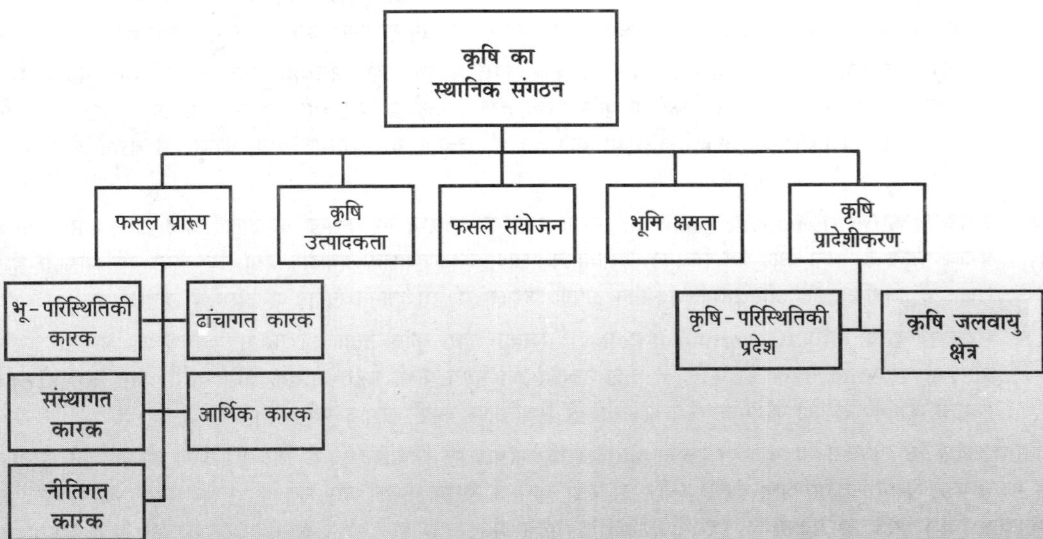

फसल प्रतिरूप (Cropping Patterns)

फसलों के प्रतिरूप का अर्थ है–किसी कृषि वर्ष में विभिन्न फसलों के अंतर्गत कितना-कितना क्षेत्रफल है। फसलों के प्रतिरूपों को दर्शाने के लिये सरकार द्वारा प्रकाशित आंकड़ों का उपयोग किया जाता है।

फसल प्रतिरूप एक परिवर्तनशील अवधारणा (Dynamic Concept) है, जो स्थान (Place) एवं समय (Time) के अनुसार बदलते रहते हैं। किसी प्रदेश अथवा क्षेत्र के फसलों के प्रतिरूपों पर भू-जलवायु (Geo-climate) सामाजिक, आर्थिक तथा राजनैतिक कारकों का प्रत्यक्ष एवं अप्रत्यक्ष रूप से प्रभाव पड़ता है।

किसी प्रदेश अथवा क्षेत्र में कृषि विधि, फसलों के प्रतिरूप एवं फसलों की उत्पादकता उस क्षेत्र के किसानों, समुदायों, सरकार एवं अन्य एजेंसियों द्वारा लिये गये निर्णयों का प्रतिफल होता है। ये निर्णय सामान्यत: अनुभव, परंपराओं, सम्भावित लाभ, व्यक्तिगत-प्रदर्शन, संसाधनों तथा सामाजिक एवं राजैनतिक दबाव पर निर्भर करते हैं।

बीसवीं शताब्दी के आरम्भ में कुल बोई गई भूमि का लगभग 83% क्षेत्रफल खाद्य फसलों (Food Crops) के अंतर्गत था तथा शेष 17% नकदी फसलों (Cash Crops) तथा अन्य फसलों के अंतर्गत। परन्तु 1950-51 के पश्चात फसलों के प्रतिरूपों में परिवर्तन आया और 80% कृषि भूमि पर खाद्य फसलें (Food Crops) तथा 20% भूमि पर नकदी फसलें (Cash Crops) तथा अन्य फसलें उगाई गईं। हरित क्रांति (Green Revolution) के पश्चात फसलों के प्रतिरूप में भारी परिवर्तन आया। वर्ष 1964-65 के पश्चात पंजाब, हरियाणा तथा पश्चिमी उत्तर प्रदेश में बड़े पैमाने पर चावल की खेती की जाने लगी, दलहन, मक्का, चारे की फसलों का क्षेत्रफल तेजी से घटा और उनके स्थान पर चावल तथा गेहूँ के क्षेत्रफल में भारी वृद्धि हुई। वास्तव में पंजाब तथा हरियाणा में हरित क्रांति के पश्चात चावल और गेहूँ ही फसलों का प्रमुख संयोजन (Crop combination) बन गया है। फसलों के प्रतिरूपों के निर्धारित कारक निम्न प्रकार हैं:

1. **भूजल कारक (Geo-climatic Factors):** किसी क्षेत्र की फसलों के प्रतिरूप वहाँ की मिट्टी, मौसम, जलवायु (तापमान एवं वर्षण) आदि पर निर्भर करता है। उदाहरण के लिये चिकनी मिट्टी और अधिक वर्षा रिकॉर्ड करने वाले क्षेत्रों में चावल एक मुख्य फसल होती है, जबकि रेतीली मिट्टी (Sandy Soils) के क्षेत्रों में बाजरा एवं दलहन की फसलें उगाई जाती हैं तथा गेहूँ की खेती के लिए दोमट मिट्टी (Loamy soil), तापमान 15° से 25° सेंटीग्रेड और वर्षा 50 से.मी. से कम की आवश्यकता होती है।
2. **मूलभूत संरचना (Infrastructure Factors):** फसलों के प्रतिरूप पर बिजली, सड़क तथा सिंचाई के साधनों का भी प्रत्यक्ष एवं अप्रत्यक्ष प्रभाव पड़ता है। भारत में नहरों, नलकूपों द्वारा सिंचाई के साधान जिन क्षेत्रों में उपलब्ध हैं वहाँ कम वर्षा के बावजूद बासमती चावल एवं गन्ने की फसलें सफलतापूर्वक उगाई जाती हैं। बिजली की आपूर्ति तथा पक्की सड़कों का भी किसानों की कार्यक्षमता एवं फसलों के प्रतिरूपों पर अच्छा प्रभाव पड़ता है।
3. **संस्थागत कारक (Institutional Factors):** काश्तकारी कानून तथा पट्टेधारी प्रथा, उत्तराधिकारी का नियम, तथा खेतों के आकार (Size of fields) का भी कृषि विधि तथा फसलों के प्रतिरूपों पर प्रभाव पड़ता है। प्राय: छोटे किसान जीवन निर्वाह (Subsistence Farming) पर बल देते हैं, जबकि बड़े किसान प्राय: बाजार में बेचने के लिए फसलें उगाते हैं।
4. **आर्थिक कारक (Economic Factors):** किसी आर्थिक अवस्था पर फसलों के लगाई जाने वाली लागत का काफी प्रभाव पड़ता है। धनी और बड़े किसान, रासायनिक खाद, कीटाणुनाशक दवाइयों तथा नये बीजों को आसानी से खरीद सकते हैं, जबकि छोटे और सीमांत किसान अपनी फसलों में पूरी लागत लगाने में असमर्थ रहते हैं।
5. **सरकारी कृषि नीति (Government Policy):** सरकार द्वारा कृषि उत्पादकों के मूल्य निर्धारण का भी फसलों के प्रतिरूपों पर प्रभाव पड़ता है। कृषि के कुछ उत्पादों का मूल्य कभी बहुत अधिक तथा कभी बहुत कम हो जाता है, जिसके कारण किसानों के मनोबल तथा आर्थिक स्थिति पर काफी प्रभाव पड़ता है।

किसी प्रदेश की फसलों के प्रतिरूप उनके क्षेत्रफल के आधार पर निर्धारित किये जाते हैं। यदि फसलों को क्षेत्रफल के आधार पर क्रमश: प्रथम, द्वितीय तथा तृतीय स्थान पर रखा जाये तो प्रथम फसल उस क्षेत्र की मुख्य फसल कही जाती है। यह एक मनमानी विधि कही जा सकती है, जिसमें फसलों के मूल्य और उनसे होने वाली आय पर ध्यान नहीं दिया जाता।

आपेक्षिक उपज सूचकांक तथा आपेक्षिक विस्तार सूचकांक जिस से किसी फसल की उपयुक्तता का निर्धारण किया जाता है, का परिकलन निम्नलिखित सूत्र की सहायता से किया जा सकता है:

$$\text{आपेक्षिक उपज सूचकांक} = \frac{\text{क्षेत्रीय इकाई के भाग में किसी फसल की औसत उपज}}{\text{कुल क्षेत्र का औसत उपज}} \times 100$$

$$\text{आपेक्षिक विस्तार सूचकांक} = \frac{\begin{array}{c}\text{फसल का क्षेत्र जिसे क्षेत्रीय इकाई में कुल कृष्ट}\\ \text{क्षेत्र के प्रतिशत के रूप में व्यक्त किय जाए}\end{array}}{\begin{array}{c}\text{फसल का क्षेत्र जिसे पूरे क्षेत्र में कुल कृष्ट}\\ \text{क्षेत्र के प्रतिशत के रूप में व्यक्त किया जाए}\end{array}} \times 100$$

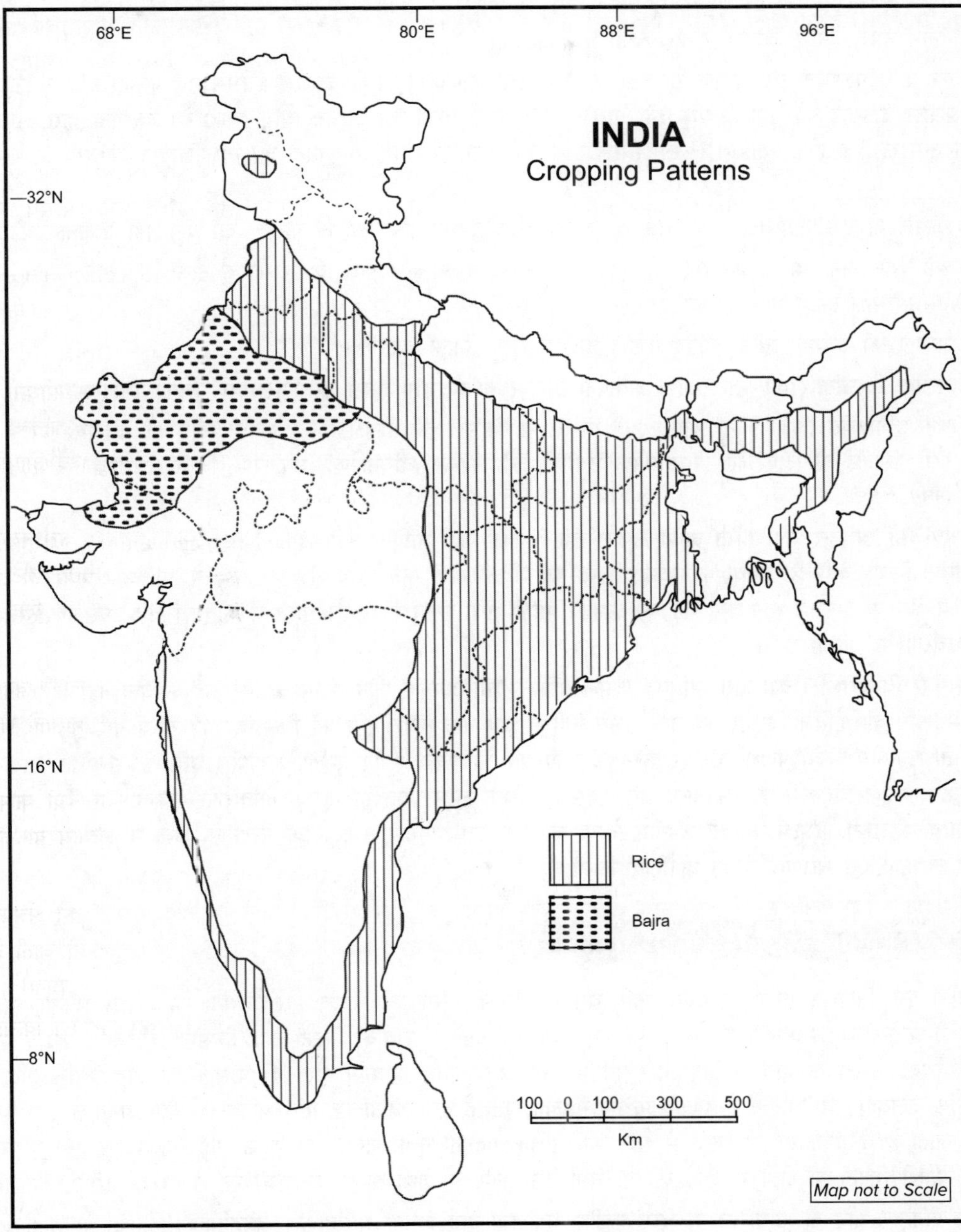

चित्र 10.1 भारत-चावल एवं बाजरा फसलों का प्रतिरूप

इन सूचकांकों के आधार पर किसी क्षेत्र में फसल की उपयुक्तता का पता लगाया जा सकता है। यदि आपेक्षिक उपज 90 प्रतिशत से कम हो तो यह फसल लाभदायक नहीं है तथा उसे कृषि भूमि के अधिक क्षेत्र में नहीं बोया जाना चाहिए।

किसी प्रदेश में प्रत्येक फसल के अंतर्गत क्षेत्र को निम्नलिखित चार प्रकारों में वर्गीकृत किया जा सकता:

1. अधिक उपज, अधिक विस्तार (High yield, high spread)
2. अधिक उपज, निम्न विस्तार (High yield, low spread)
3. निम्न उपज, अधिक विस्तार (Low yield, high spread)
4. निम्न उपज, निम्न विस्तार (Low yield, low spread)

विकल्प की उपलब्धता पर अधिक गुणवत्ता वाली फसलों का चयन किया जाता है जिससे नए फसल प्रतिरूप का विकास होता है। फसल प्रतिरूप को कम अवधि की अधिक उपज वाले बीजों को अधिक बोया जाता है। किसानों द्वारा अपनायी गई फसल का क्रम लचीला होना चाहिए। किसी फसल तथा फसल प्रतिरूप की उपयुक्तता को निम्नलिखित आधारों पर परखा जाना चाहिए:

1. फसल के एक निश्चित निरंतर चक्र के कारण इससे उत्पन्न बीमारियों के फैलाव को बल नहीं मिलना चाहिए।
2. यह देखा जाना चाहिए कि मृदा के एक भाग से फसल के कुछ पौधे विशेष पोषक तत्वों (Specific Nutrients) का उपभोग कर इसे समाप्त न कर दे।
3. फसल की उर्वरता बढ़नी चाहिए तथा मिट्टी में सुधार आना चाहिए।
4. फसल से खेतिहर को एक पर्याप्त आमदनी मिलनी चाहिए तथा इससे उसे साल भर रोजगार मिलना चाहिए।
5. यह सुनिश्चित किया जाना चाहिए की फसल से किसान के संसाधनों का पूर्ण उपयोग हो, विशेष रूप से निवेश, जैसे–सिंचाई के लिए जल, रासायनिक उर्वरक, कीटनाशक, जीवनाशक, उपकरण, बिजली (ऊर्जा) तथा पारिवारिक श्रम।

उन क्षेत्रों को छोड़कर जहाँ हरित क्रांति सफल रही है तथा जहाँ बागानी कृषि (Plantation agriculture), अधिकतर भारत में कृषि जीवन निर्वाह कृषि है। इसके फलस्वरूप खाद्य पदार्थों की खेती कुल कृषि क्षेत्र के 72% से अधिक क्षेत्रफल में की जाती है। अनाज में क्षेत्र के अनुसार धान तथा गेहूँ का क्रमशः पहला तथा दूसरा स्थान है। भारत में जीवन निर्वाह फसल प्रतिरूप मिट्टी में मौजूद उर्वरता पर आधारित है।

भारत जैसे विकासशील देश द्वारा उपयुक्त फसल प्रतिरूप को अपनाए जाने के महत्व पर अधिक बल नहीं दिया जा सकता है। भारत में कृषि का क्षैतिज विस्तार तब तक संभव नहीं है जब तक बंजर भूमि को फिर से कृषि योग्य नहीं बनाया जाता। देश में खाद्यान तथा कृषीय कच्चे पदार्थों को दूर करने के लिए यह आवश्यक है कि उपलब्ध कृषीय भूमि का समुचित उपयोग किया जाए तथा उन फसल प्रतिरूपों को अपनाया जाए जिससे अधिक लाभ प्राप्त हो, इसके अतिरिक्त फसलों को वैज्ञानिक चक्र में रोपा जाए एवं बहुसंख्य फसलों का भी उपयोग किया जाए। फसल प्रतिरूप तथा उनके वैज्ञानिक चक्र में अत्यावश्यक परिवर्तन उन्हें ज्यादा लाभप्रद एवं धारणीय बनाने के लिए जरूरी हैं।

फसल संकेंद्रण (Crop Concentration)

किसी क्षेत्र में एक निश्चित समय पर (एक कृषि वर्ष में) किसी फसल के घनत्व में विविधता को फसल संकेंद्रण कहते हैं। किसी क्षेत्र में फसलों का संकेन्द्रण मुख्यतः उसके भू-भाग, (terrain) जलवायु, मिट्टी तथा किसानों की कृषि पद्धति पर निर्भर करता है। प्रत्येक फसल का एक अधिकतम, न्यूनतम तथा अनुकूलतम तापमान होता है। फसलों की यह प्रवृत्ति होती है कि उपयुक्त कृषि-जलवायु परिस्थितियों में इनकी अधिक गहनता होती है तथा भौगोलिक परिस्थितियों के कम अनुकूल रहने पर इनका घनत्व घट जाता है। इसी कारण से भारत में धान की अधिक गहनता पूर्वी भारतीय राज्यों में, गेहूँ की पंजाब तथा हरियाणा में, कपास की काली मिट्टी के क्षेत्रों में, गन्ने की पश्चिमी उत्तर प्रदेश में तथा बाजरे की राजस्थान में ***(चित्र 10.2)*** होती है।

फसल संकेंद्रण क्षेत्र के सीमांकन के लिए कृषीय भूगोलज्ञों द्वारा अनेक सांख्यिकीय तकनीकों (Statistical Methods) का प्रयोग किया गया है। अवस्थिति भागफल विधि (Location Quotient Method) इनमें अधिक विश्वसनीय मानी जाती है क्योंकि यह फसलों के सापेक्षिक घनत्व का एक सही चित्रण करती है ***(चित्र 10.2)***।

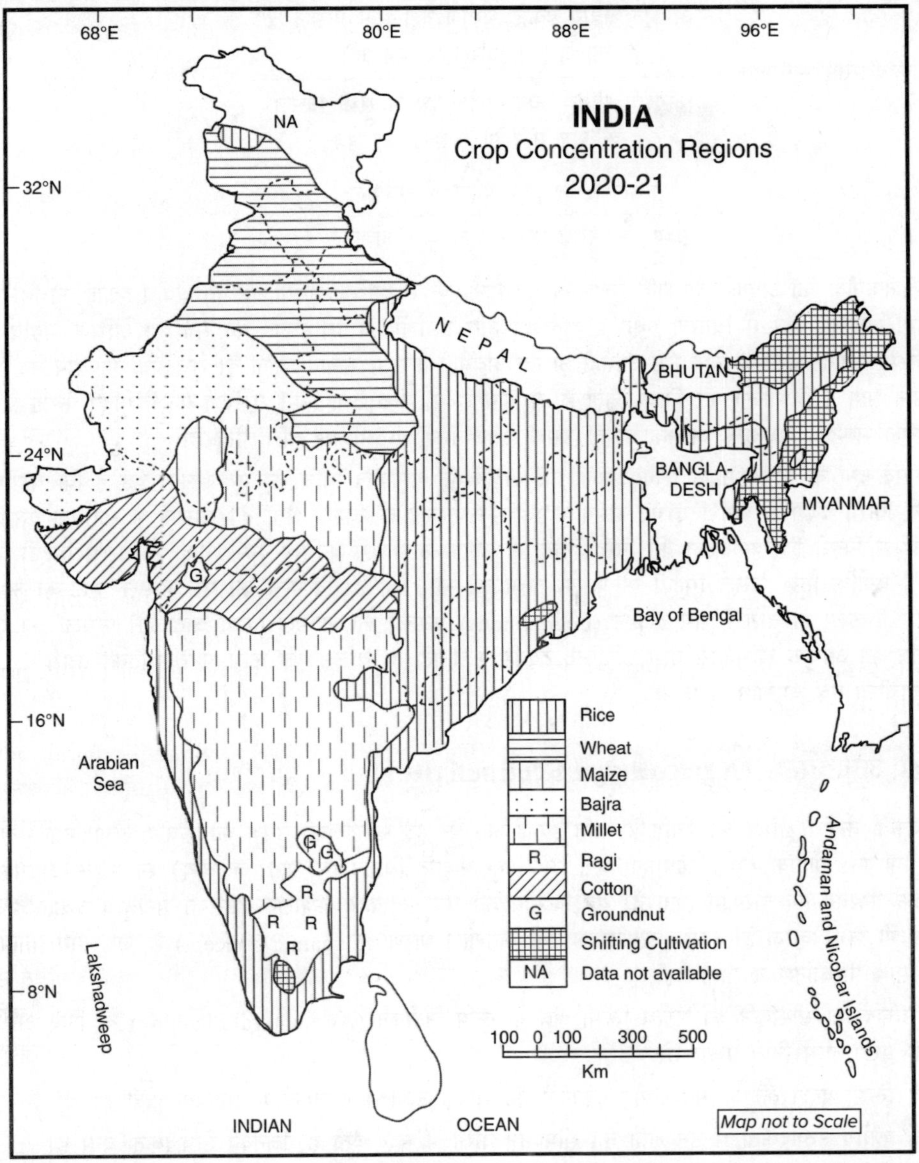

चित्र 10.2 फसल संकेन्द्रण वाले क्षेत्र

फसल संकेंद्रण की अवस्थिति भागफल विधि (The Location Quotient Method of Crop Concentration)

अवस्थिति भागफल विधि में वितरण की क्षेत्रीय विशेषता की जाँच तथा निर्धारण किया जाता है, सबसे पहले विभिन्न फसलों से बोए गए क्षेत्रों के अनुपात की तुलना की जाती है तथा उन्हें श्रेणीबद्ध किया जाता है तथा दूसरा किसी प्रदेश/देश के क्षेत्रीय इकाईयों के फसल घनत्व को उस प्रदेश, देश के फसल घनत्व के अनुरूप बनाए रखा जाता है। इस विधि से फसलों के क्षेत्रीय संकेंद्रण को वस्तुगत रूप में मापा जा सकता है। इसके द्वारा उन क्षेत्रों को पहचाना तथा अलग किया जा सकता है जिनका प्रदेश में फसल वितरण के संदर्भ में कुछ महत्व हो। अवस्थिति भागफल तकनीक को निम्नलिखित तरीके से व्यक्त किया जा सकता है:

$$\text{आपेक्षिक विस्तार सूचकांक} = \frac{\text{अंगभूत क्षेत्रीय इकाई सम्पूर्ण देश मके फसल 'x' का क्षेत्र में फसल 'x' का क्षेत्र}}{\text{अंगभूत क्षेत्रीय इकाई प्रदेश/देश में सभी फसलों के क्षेत्र में सभी फसलों का क्षेत्र}} \div \frac{\text{फसल 'x' का पूरे प्रदेश में क्षेत्रफल}}{\text{प्रदेश की सभी फसलों का कुल क्षेत्रफल}}$$

उपरोक्त तकनीक को अपनाते हुए यदि सूचकांक का मान एक से अधिक हो तो अंगभूत क्षेत्रीय इकाई का हिस्सा उस स्थिति से भिन्न होगा जब पूरे क्षेत्र में वितरण एकरूप होता हो और इसलिए क्षेत्रीय इकाई का संकेंद्रण अधिक महत्व का होता है। सूचकांक का मूल्य पता करने के बाद उसे आरोही अथवा अवरोही क्रम में सजाया जाता है। सूचकांक मापक्रम का परिकलन क्रम को तीन समान भाग में विभाजित कर किया जाता है, ये भाग उच्च, मध्य तथा निम्न संकेंद्रण को विभेदित करता है। सामान्य तौर पर, यदि फसल संकेंद्रण सूचकांक अधिक हो तो उसके उत्पादन में भी अधिक रूचि होती है।

फसल संकेन्द्रण के सीमांकन के लिए अपनाई गई अवस्थिति भागफल विधि का मुख्य लाभ यह है कि यह भूगोलज्ञों तथा नियोजकों को किसी प्रदेश में एक दिए गए समय में विभिन्न फसलों के विशेष क्षेत्रों को समझने में सहायता करती है। किसके क्षेत्र या इकाई में किसी विशेष फसल की निरंतर खेती से उसके उत्पाद में क्रमिक कमी आती है। इससे मिट्टी की उर्वरता में कमी आती है क्योंकि कुछ फसलें मिट्टी के पोषक तत्वों को घटा देती हैं। किसानों को ऐसे फसल चक्र को अपनाना चाहिए जिसमें विविध विकल्प हों तथा जिसमें दलहन (Leguminous) फसलों को शामिल किया जाता हो। फसलों का वैज्ञानिक चक्र न केवल कृषि को अधिक लाभकारी तथा प्रतिष्ठित व्यवसाय बनाता है, बल्कि यह कृषि-पारिस्थितिकी तंत्र (Ecosystem) को भी अधिक लचीला एवं धारणीय बनाता है।

कृषीय उत्पादकता (Agricultural Productivity)

कृषीय उत्पादकता कृषीय क्षमता का पर्याय है। प्रति इकाई क्षेत्र पर हुई फसल की उपज को कृषीय उत्पादकता कहते हैं। कृषीय उत्पादकता सामान्यतः भौतिक (मृदा, तापमान, वर्षा, जल, भू-आकृति विज्ञान, भू-भाग, जलवायु) सामाजिक-आर्थिक सांस्थानिक एवं सांस्कृतिक कारकों का परिणाम होता है। यह किसान की प्रबन्धन-कार्य कुशलता, उसकी मनोवृत्ति तथा बेहतर जीवन की अभिलाषा पर भी निर्भर करता है। कृषीय उत्पादकता एक गतिशील धारणा (Dynamic Concept) है, जो समय (time) एवं स्थान (space) के साथ परिवर्तनशील रहती है।

कृषीय उत्पादकता सीमांकन का महत्व किसी क्षेत्र के कृषि नियोजन (Agricultural Planning) के लिए अधिक है। कृषि उत्पादकता के मुख्य लाभ निम्न प्रकार हैं:

1. यह किसी प्रदेश की अंगभूत क्षेत्रीय इकाईयों की सापेक्ष उत्पादकता जानने में सहायक होती है।
2. यह कृषीय उत्पादकता में उन क्षेत्रों को सीमांकन करने में मदद देती है, जिनकी उत्पादकता कम है।
3. कृषीय उत्पादकता का वर्तमान प्रतिरूप गत वर्षों में हुए कृषीय विकास के मूल्यांकन करने का एक विश्वसनीय सूचकांक है।
4. यह कृषीय विकास नियोजन को एक ठोस आधार प्रदान करती है।

कृषीय भूगोलज्ञों तथा अर्थशास्त्रियों ने कृषीय उत्पादकता को मापने के लिए अनेक विधियों (Methodologies) का विकास किया है। कुछ महत्वपूर्ण विधियाँ, जिन्हें भूगोलज्ञों ने इस्तेमाल किया, निम्नलिखित हैं:

1. प्रति इकाई क्षेत्र उत्पादन में
2. प्रति इकाई कृषि श्रम की उत्पादकता
3. कृषीय उत्पादकता अनाज तुल्यांक के रूप में (बक, 1967)
4. निवेश-निर्गत अनुपात (खुसरो, 1964)

5. श्रेणी गुणांक पद्धति (Ranking Coefficient Method) (केंडल 1939, स्टाम्प 1960)
6. जनसंख्या के संदर्भ में भूमि की पोषण क्षमता (स्टाम्प, 1958)
7. क्षेत्र तथा फसल के आधार पर उत्पादकता सूचकांक का निर्धारण (इनैडि, 1964, शफी, 1972)
8. क्षेत्रीय इकाईयों में विभिन्न फसलों के क्षेत्र एवं उत्पादन की मदद से उत्पादकता के सूचकांक का निर्धारण तथा उन्हें एकरूप मापक्रम में परवर्तित करना
9. कुल उत्पादन को रुपया (Rupees) के रूप में परिवर्तित करना (हुसैन, 1976)
10. निवल (शुद्ध) आय का मूल्यांकन शस्य भूमि से प्राप्त प्रति हेक्टेयर रुपयों के अनुसार किया जाता है (जसबीर सिंह, 1985)
11. खेती व्यवसाय आय का मूल्यांकन कृषि भूमि से प्रति हेक्टेयर प्राप्त रुपयों से होगा या कृषि श्रमिक-बल के प्रति पुरुष वयस्क इकाई से (तिवारी, रॉय तथा श्रीवास्तव, 1997)

कृषीय भूगोलज्ञों द्वारा अपनाई गई इन विधियों (Methodologies) एवं तकनीकों के अपने लाभ तथा हानियाँ हैं। इनमें से कोई भी तकनीक राष्ट्रीय तथा अन्तर्राष्ट्रीय स्तर पर सन्तोषजनक परिणाम नहीं देती। इनमें से कुछ तकनीकें दुर्वहनीय हैं तथा कृषि उत्पादक क्षेत्रों की रूपरेखा तैयार करने में इन्हें काफी समय लगता है। कृषि उत्पादक क्षेत्रों के सीमांकन के लिए केंडल (Kendal) की श्रेणी गुणांक तकनीक का वर्णन नीचे किया गया है।

कृषीय उत्पादकता की श्रेणी गुणांक तकनीक (Ranking Co-efficient Method of Agricultural Productivity 1938)

केंडल (Kendal, 1938) महोदय द्वारा अपनाई गई श्रेणी गुणांक तकनीक सरल है तथा इसे आसानी से प्रयोग में लाया जा सकता है। इस तकनीक में क्षेत्रीय इकाइयों का स्थान (श्रेणी) निर्धारण उनके प्रति हेक्टेयर फसलों की उपज पर निर्भर करेगा तथा योगात्मक औसत स्थान (श्रेणी), जिसे श्रेणी गुणांक कहते हैं प्रत्येक क्षेत्रीय इकाइयों के लिए प्राप्त किया जाता है। दूसरे शब्दों में यदि क्षेत्रीय इकाई (भारत में जिला) सभी फसलों की सूची में शीर्ष पर हो तो इसका श्रेणी गुणांक एक होगा तथा इसकी कृषीय उत्पादकता उच्चतम होगी। इसके विपरीत यदि क्षेत्रीय इकाई प्रत्येक सूची में सबसे नीचे हो तो उसकी उत्पादकता कम होगी।

श्रेणी गुणांक तकनीक (Ranking coefficient) को इस उदाहरण से समझा जा सकता है—मान लें कि किसी क्षेत्र में 80 क्षेत्रीय इकाइयाँ (जिला/तहसील) हैं। औसत उत्पादन के आधार पर किसी जिले 'x' में गेहूँ 5वें, चावल 12वें, चना 20वें, कपास 21वें, जौ 24वें, गन्ना 38वें, दलहन 40वें तथा सरसों 54वें स्थान पर है। जिला 'x' का औसत श्रेणी जिसे श्रेणी गुणांक भी कहा जाता है:

$$\text{कृषीय उत्पादकता} = \frac{5 + 12 + 20 + 21 + 24 + 38 + 40 + 54}{8\,(\text{फसलें})} = 28$$

इस प्रकार से क्षेत्र के सभी इकाइयों की औसत श्रेणियों का परिकलन किया जाता है तथा उन्हें आरोही अथवा अवरोही क्रम में सजाया जाता है। इस क्रम को तीन समान भागों में बाँटा जाता है, जिससे निम्न, मध्यम तथा उच्च कृषि उत्पादकता के बारे में पता चलता है। सूचकांक मापक्रम के आधार पर प्रत्येक इकाई की कृषीय उत्पादकता के बारे में पता लगाया जा सकता है तथा उसे अंकित किया जा सकता है। केन्डल की तकनीक का उपयोग जिला-स्तर पर भारत की कृषीय उत्पादकता का पता लगाने के लिए किया गया। वर्ष 2003 से 2006 तक के प्रत्येक जिले के कृषीय आँकड़ों को कम्प्यूटरीकृत किया गया। प्राप्त किए गए श्रेणी गुणांकों को *चित्र 10.3* में अंकित किया गया है।

उच्च कृषीय उत्पादकता (High Agricultural Productivity)

चित्र 10.3 में देखा जा सकता है कि उच्च कृषीय उत्पादकता वाले क्षेत्र हैं—सतलज-गंगा का मैदान, ब्रह्मपुत्र घाटी तथा गोदावरी, कावेरी एवं कृष्णा नदियों के डेल्टा क्षेत्र। इस क्षेत्र में या तो सिंचाई व्यवस्था समुचित रूप से विकसित है या फिर वर्ष के अधिकांश समय पर्याप्त वर्षा होती है। गेहूँ, चावल, मक्का, दलहन, गन्ना तथा तिलहन उच्च कृषीय उत्पादकता वाले क्षेत्रों की फसल हैं। भारत के किसान, विशेष रूप से हरियाणा, पंजाब तथा पश्चिमी उत्तर प्रदेश के किसान अब जीवन निर्वाह के लिए कृषि पर

आश्रित नहीं हैं। इन प्रदेशों के किसान ज्यादातर कृषि को एक व्यवसाय के रूप में देखते हैं, अर्थात् बाजार के लिये फसलें उगाते हैं।

मध्यम कृषीय उत्पादकता (Medium Agricultural Productivity)

मध्यम कृषीय उत्पादकता वाले क्षेत्रों में आंध्र प्रदेश, गुजरात, कर्नाटक, महाराष्ट्र, मध्य प्रदेश, ओडिशा, राजस्थान के अनेक भाग तमिलनाडु एवं पश्चिम बंगाल के प्रकीर्ण क्षेत्र सम्मिलित हैं। इन क्षेत्रों में सिंचाई की व्यवस्था पूर्ण रूप से विकसित नहीं है तथा दो फसली भूमि (Double Cropped Area) केवल 5 से 20% के बीच है। मध्यम उत्पादकता वाले क्षेत्रों की मुख्य फसलों में - चावल, गेहूँ, मक्का, बाजरा, दलहन तथा तिलहन मुख्य हैं। इन क्षेत्रों में जीवन निर्वाह कृषि से की जाती है। कृषीय उत्पादकता को आगे बढ़ाने में अपर्याप्त सिंचाई एक बड़ी रुकावट है।

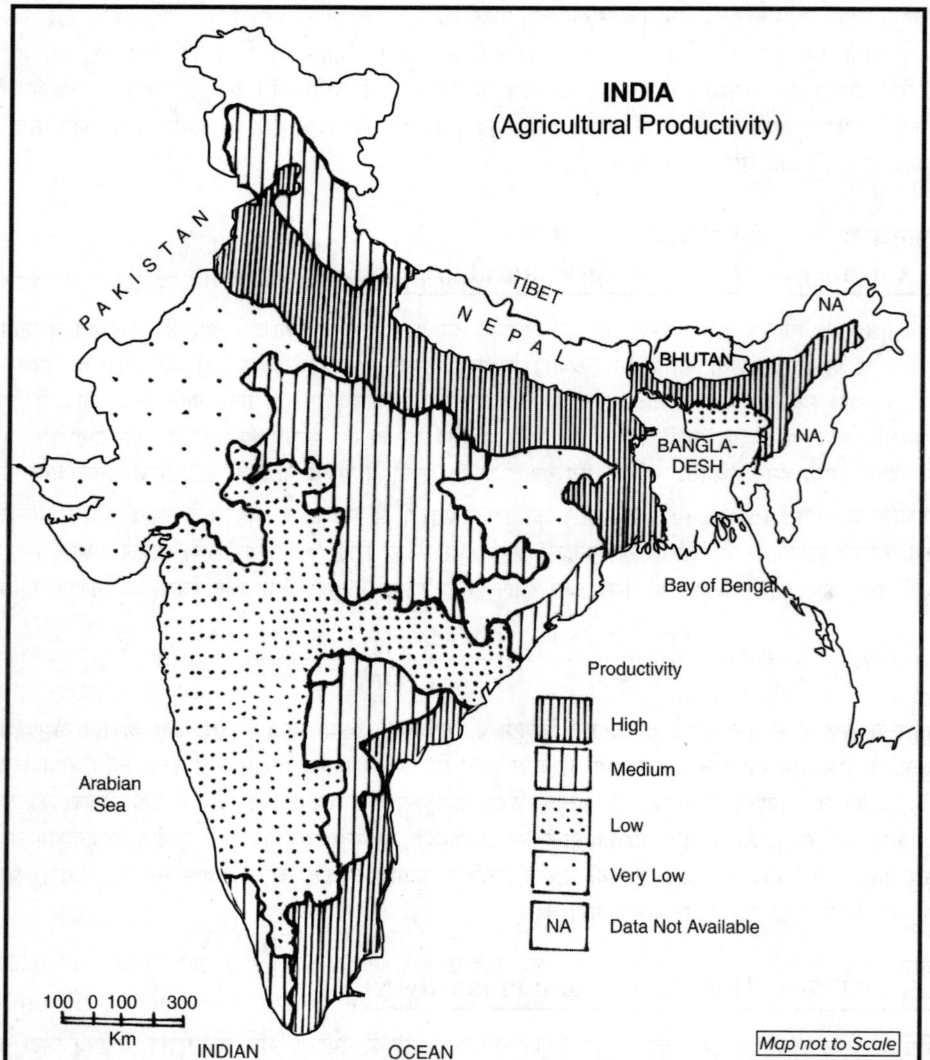

चित्र 10.3 कृषीय उत्पादकता

निम्न कृषीय उत्पादकता (Low Agricultural Productivity)

चित्र 10.2 में कृषीय उत्पादकता का क्षेत्रीय प्रतिरूप यह दर्शाता है कि झारखंड, छत्तीसगढ़, मध्य प्रदेश के कुछ भाग, तेलंगाना, आंध्र प्रदेश, गुजरात, महाराष्ट्र, राजस्थान, हिमाचल प्रदेश, केरल के कुछ भाग जम्मू एवं कश्मीर, उत्तराखंड, पश्चिमी राजस्थान, उत्तरी गुजरात तथा उत्तर-पूर्वी राज्यों के पहाड़ी क्षेत्रों में निम्न कृषि उत्पादकता देखी जा सकती है। इन क्षेत्रों में ये अधिकतर क्षेत्रों में सिंचाई की व्यवस्था अपर्याप्त है तथा यहां निम्न वर्षा होती है। इस क्षेत्र के अधिकतर भागों में सूखे तथा बाढ़ की संभावना बनी रहती है। इस क्षेत्र की मुख्य फसलें चावल, मक्का, बाजरा, दलहन तथा तिलहन हैं। इस क्षेत्र में कृषि की सघनता निम्न है। कृषि मुख्यत: वर्षा पर आश्रित होती है तथा इसका उद्देश्य परिवार की आवश्यकताओं को पूरा करना है। इस क्षेत्र में कृषक समुदाय का जीवन निर्वाह निम्न स्तर पर है तथा अनेक किसानों ने आत्महत्या कर ली है। इन क्षेत्रों में कृषीय उत्पादकता को आगे बढ़ाने के लिए विशेष कार्यक्रमों को आरंभ करना अनिवार्य है।

कृषि की बहुत कम उत्पादकता (Very Low Agricultural Productivity)

राजस्थान, झारखंड और छत्तीसगढ़ के बड़े हिस्सों में कृषि उत्पादकता बहुत कम है। कृषि की बहुत कम उत्पादकता का मुख्य कारण या तो उच्च वर्षा परिवर्तनशीलता है या किसानों की गरीबी और अशिक्षा।

कृषीय सघनता (Agricultural Intensity)

फसल सघनता (Cropping Intensity) कुल बुआई क्षेत्र तथा कुल बोयी गई फसल का अनुपात है। कुल बोयी गई फसल (Total Cropped Area) का मान कुल कृषि क्षेत्र में दोहरे तथा बहुल फसल क्षेत्र को जोड़कर निकाला जा सकता है। भारत सरकार के कृषि विभाग ने कृषीय सघनता को मापने के लिए निम्नलिखित सूत्र का विकास किया है:

$$\text{कृषीय सघनता} = \frac{\text{सकल बुआई क्षेत्र (Gross cropped area)}}{\text{कुल खेती योग्य क्षेत्र (Net cultivated area)}} \times 100$$

इस सूत्र को निम्नलिखित उदाहरण की सहायता से समझाया जा सकता है:

मान लीजिए कि, किसी गाँव में कुल खेती योग्य क्षेत्र 1000 हेक्टेयर तथा कुल बोया गया क्षेत्र 1500 हेक्टेयर है (खरीफ मौसम में 800 हेक्टेयर तथा रबी मौसम में 700 हेक्टेयर है)।

$$\text{इस गाँव की कृषीय सघनता} = \frac{800 + 700}{1000} = 150\%$$

कृषीय सघनता भू-जलवायु, मृदा, सामाजिक-सांस्कृतिक तथा आधारभूत संरचना जैसे कारकों पर निर्भर करती है। इस कारण से पर्याप्त रूप से सिंचित पंजाब, हरियाणा तथा पश्चिमी उत्तर प्रदेश के जलोढ़ मैदानों कृषीय सघनता सामान्यत: अधिक होती है। इसके विपरीत कम वर्षा वाले क्षेत्रों में, जैसे–पश्चिमी राजस्थान, में कृषीय सघनता कम है जहाँ सामान्य वर्षा के मौसम में केवल एक ही फसल उगाई जाती है।

चित्र 10.4 में वर्ष 2015-16 में भारत में कृषीय सघनता को दिखाया गया है। इस चित्र के अध्ययन से यह ज्ञात होता है कि पूर्ण रूप से देश की कृषीय सघनता 132% है। सबसे अधिक कृषीय सघनता पंजाब में 165% है, इसके बाद क्रमश: हरियाणा (160%) तथा उत्तर प्रदेश (150%) कृषि सघनता है।

इन राज्यों में उच्च कृषीय सघनता का मुख्य कारण है कम अवधि में तैयार होने वाले तथा अधिक उपज वाले नये चावल व गेहूँ के बीज, नियंत्रित सिंचाई की व्यवस्था, बाजार के नजदीक होना, भंडार की सुविधा तथा किसानों के प्रगतिशील स्वभाव जो नए परिवर्तनों को अपनाकर बेहतर जीवन व्यतीत करना चाहते हैं। इसके विपरीत कृषीय सघनता राजस्थान, उत्तर-पश्चिम गुजरात, उत्तर-पूर्वी भारत के राज्यों, छत्तीसगढ़, जम्मू एवं कश्मीर, हिमाचल प्रदेश तथा उत्तराखंड के पहाड़ी भागों में निम्न है। इन सभी क्षेत्रों में कृषि वर्षा पर आधारित है, औसतन वार्षिक वर्षा 60 से.मी. से भी कम होती है तथा सिंचाई के पर्याप्त साधन उपलब्ध नहीं हैं।

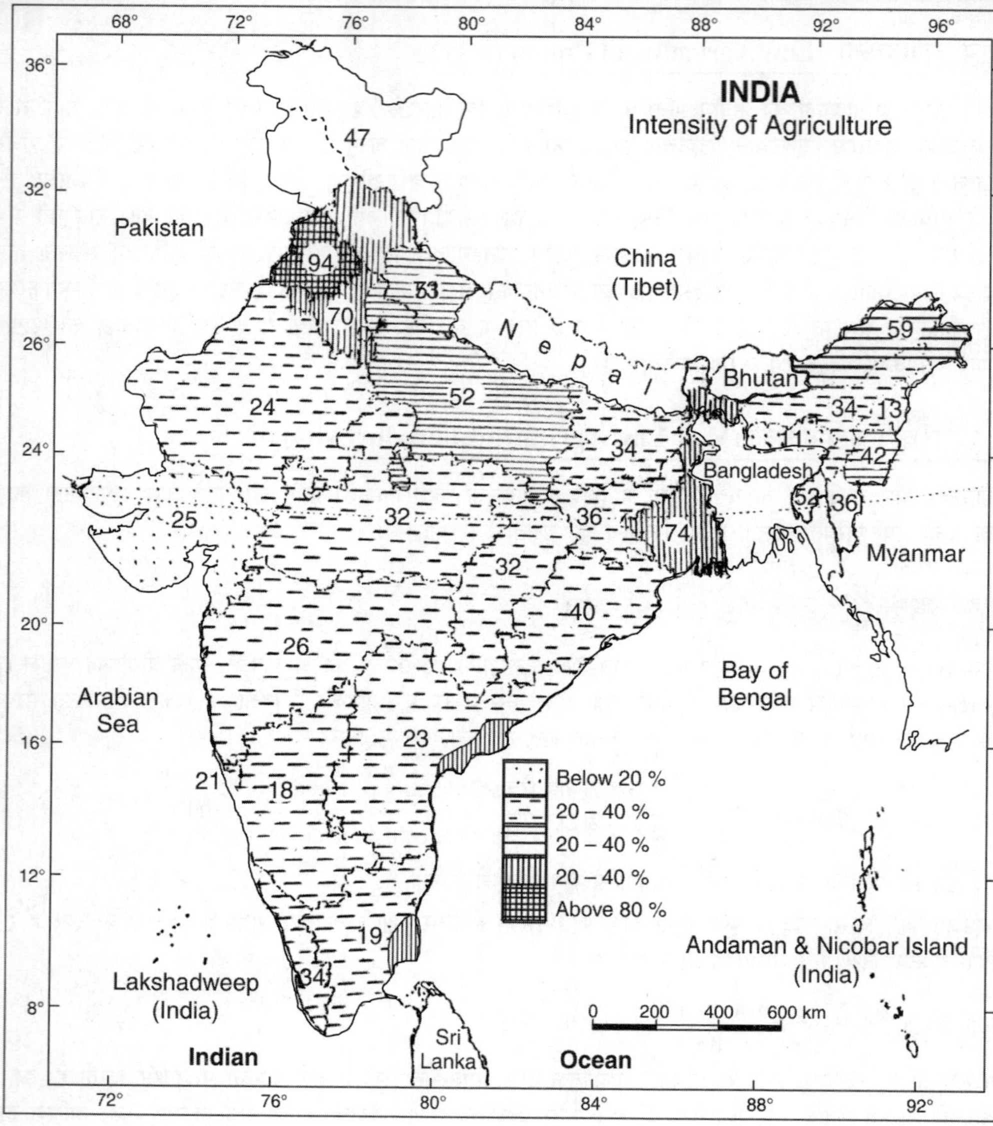

चित्र 10.4 कृषि की राज्यवार गहनता (2015-16)

फसल संयोजन (Crop Combinations)

फसल संयोजन का अध्ययन कृषि भूगोल का एक महत्वपूर्ण पक्ष है। वास्तव में यह कृषीय क्षेत्रीयकरण के लिए अच्छा आधार तैयार करता है तथा कृषि के विकास की नीति तैयार करने में मदद करता है। फसलें सामान्यतः संयोजन (Combinations) में उगाई जाती हैं तथा विरल रूप में ही कोई फसल पूर्णतः पृथक् रूप में उगाई जाती है। इन फसलों के संकेन्द्रण के वितरण मानचित्र दिलचस्प हैं तथा इससे किसी फसल के घनत्व तथा संकेन्द्रण का पता चलता है परन्तु इससे भी महत्वपूर्ण है किसी क्षेत्र में विभिन्न फसलों के संयोजन पर विचार करना। उदाहरण के लिए भारत के गेहूँ तथा चावल के क्षेत्रों के सीमांकन से यह पता नहीं चलता कि गेहूँ/चावल के क्षेत्रों में सरसों, चना, दलहन तथा मक्का भी उगाये जाते हैं। किसी क्षेत्र की कृषि की विविधता को

वृहद् एवं स्पष्ट रूप से समझने के लिए फसल संयोजन का क्रमबद्ध अध्ययन जरूरी है, जिसका नियोजन की दृष्टि से महत्व है। फसल संयोजन के क्षेत्रों के सीमांकन के लिए अपनाई गई विधियों को दो वर्गों में बाँटा जा सकता है:

1. स्वेच्छा चयन विधि (The Arbitrary Choice Method) तथा
2. सांख्यिकीय विधि (The Statistical Method)

स्वेच्छा चयन विधि (Arbitrary Choice Method) में क्षेत्रफल के आधार पर प्रथम दो या प्रथम तीन फसलों को सम्मिलित किया जाता है तथा अन्य फसल को इस संयोजन में शामिल नहीं किया जाता है। यह एक अवैज्ञानिक (unscientific) विधि है क्योंकि बगैर फसलों के प्रतिशत क्षेत्र एवं आर्थिक मूल्य पर विचार किए इन्हें संयोजन से बाहर रखा जाता है।

दूसरी विधि को सांख्यिकीय विधि (Statistical Method) कहते हैं। सांख्यिकीय सूत्र पर आधारित यह विधि, वैज्ञानिक है तथा फसलों के वस्तुनिष्ठ संयोजन के लिए विश्वसनीय है। कृषि भूगोल के क्षेत्र में सर्वप्रथम वीवर (Weaver, 1954) ने मध्य पश्चिम (संयुक्त राज्य अमेरिका) में फसल संयोजन के क्षेत्रों के सीमांकन के लिए सांख्यिकीय तकनीक का प्रयोग किया था।

मध्य पश्चिम (संयुक्त राज्य अमेरिका) के कृषि क्षेत्रों के सीमांकन के प्रयास में वीवर (Weaver) का विश्लेषण क्षेत्रफल सांख्यिकी पर आधारित था। वीवर ने अपने अध्ययन में प्रत्येक फसल द्वारा अधिकृत कुल फसल बोई गई भूमि के क्षेत्र के प्रतिशत को परिकलित किया, ये फसलें 1081 खंडों (काउण्टी) में कुल बोई गई भूमि का कम-से-कम एक प्रतिशत या इससे अधिक पर बोई गई थीं। वीवर ने एक उपागम का विकास किया जो एक वस्तुगत स्थिरांक तथा पुनरावृत्त कार्यप्रणाली प्रदान करेगा तथा भिन्न वर्षों एवं स्थानों के लिए तुलनात्मक नतीजा देगा। वीवर ने अपने अध्ययन में फसलों के लिए तुलनात्मक नतीजा दिया। वीवर ने अपने अध्ययन में फसलों के वास्तविक प्रतिशतों के विचलन को परिकलित किया (उन फसलों के लिए, जो कुल बोई गई भूमि का एक प्रतिशत क्षेत्र अधिकृत करती हैं)। यह एक सैद्धान्तिक मानदण्ड के अनुसार अंगभूत क्षेत्रीय इकाइयों में सभी सम्भावित संयोजनों के लिए किया जाता है। मानक मापन के लिए सैद्धान्तिक वक्र (Theoretical curve) का प्रयोग निम्नलिखित रूप में किया गया है:

1. एक फसली (Monoculture) = 100% उपज के लिए उपयोग किया गया कुल बोई गई भूमि (Crop land) मात्र एक फसल के लिए
2. फसल संयोजन = 50% प्रत्येक दो फसलों में
3. फसल संयोजन = 33.3% प्रत्येक तीन फसलों में
4. फसल संयोजन = 25% प्रत्येक चार फसलों में
5. फसल संयोजन = 20% प्रत्येक पाँच फसलों में
10. फसल संयोजन = 10% प्रत्येक 10 फसलों में

न्यूनतम विचलन (Minimum Deviation) के निर्धारण के लिए मानक विचलन विधि (Standard Deviation Method) का उपयोग किया गया:

$$SD = \sqrt{\frac{\Sigma d^2}{N}}$$

यहाँ 'd' किसी काउन्टो (क्षेत्रीय इकाई) में वास्तविक फसल प्रतिशतता तथा सैद्धान्तिक वर्क (Theoretical curve) में उपयुक्त प्रतिशतता के मध्य अन्तर है तथा 'n' किसी दिए गए संयोजन में फसलों की संख्या को सूचित करता है।

वीवर के अनुसार पूर्ण मान नहीं बल्कि सापेक्ष मान महत्त्वपूर्ण है, इसलिये वर्ग-मूलों को नहीं निकाला गया तथा वास्तविक सूत्र निम्नलिखित है:

$$d = \frac{\Sigma d^2}{N}$$

वीवर की तकनीक को स्पष्ट करने के लिए गोरखपुर (उत्तर प्रदेश) जिले से एक उदाहरण दिया जा सकता है जहाँ कुल बोये गये क्षेत्र में एक वर्ष में फसलों का प्रतिशत भाग निम्नलिखित है:

चावल 48 प्रतिशत, गेहूँ 23 प्रतिशत, जौ 15 प्रतिशत, गन्ना 6 प्रतिशत तथा दलहन 5 प्रतिशत

1. फसल संयोजन = $\dfrac{(100 - 48)^2}{1 \text{ फसल}} = 2704$

2. फसल संयोजन = $\dfrac{(50-48)^2 + (50-23)^2}{2 \text{ फसल}} = 366.5$

3. फसल संयोजन = $\dfrac{(33.3 - 48)^2 + (33.3 - 23)^2 + (33.3 - 15)^2}{3 \text{ फसल}} = 216$

4. फसल संयोजन = $\dfrac{(25-48)^2 + (25-23)^2 + (25-15)^2 + (25-6)^2}{4 \text{ फसल}} = 248$

5. फसल संयोजन = $\dfrac{(20-48)^2 + (20-23)^2 + (20-15)^2 + (20-6)^2 + (20 - 5)^2}{5 \text{ फसल}} = 248$

सैद्धान्तिक कार्य से वास्तविक प्रतिशतता का विचलन 3-फसल संयोजन के लिए सबसे कम है। यह परिणाम गोरखपुर जिले के मूल संयोजन में फसलों की पहचान एवं संख्या को चावल, गेहूँ तथा जौ के रूप में स्थापित करता है।

वीवर की तकनीक को जब जिले स्तर पर 2015-2016 के आँकड़ों के लिए लागू किया गया तो इसने भारत को 8-फसल संयोजन प्रदान किए, जिन्हें ***चित्र 10.5*** में अंकित किया गया है।

चित्र 10.5 के अध्ययन से यह पता चलता है कि निचली ब्रह्मपुत्र घाटी, पश्चिम बंगाल, ओडिशा तथा तटीय आंध्र प्रदेश में मुख्यत: चावल की एक कृषि होती है वहीं पश्चिमी राजस्थान में बाजरा एकमात्र मुख्य फसल है। पंजाब तथा हरियाणा में गेहूँ तथा चावल का संयोजन देखा जा सकता है तथा पश्चिमी उत्तर प्रदेश में गेहूँ, चावल तथा गन्ने की फसलों का संयोजन है। देश के अन्य भागों में चार से आठ फसलों का संयोजन देखा जा सकता है। इन संयोजनों में गेहूँ, चावल, मक्का, चना, जौ, दलहन, तिलहन, कपास, गन्ना तथा बाजरा भिन्न-भिन्न फसल समूहों का संयोजन करते हैं।

वीवर की तकनीक वैज्ञानिक है जिसका बहुत-से विद्वानों ने उपयोग किया है। इस विधि की मुख्य आलोचना यह है कि जिन फसलों के अंतर्गत क्षेत्रफल एक प्रतिशत से कम है, उन पर ध्यान नहीं दिया गया, चाहे उनसे किसान को अधिक आय प्राप्त होती हो। दूसरे वीवर की विधि जटिल है, जिसमें फसलों का संयोजन निर्धारित करने में अधिक समय लगता है।

भूमि सामर्थ्यता (Land Capability)

भूमि सामर्थ्यता सर्वेक्षण का विकास 'कॉमनवेल्थ साइंटिफिक एण्ड इण्डस्ट्रियल रिसर्च ऑर्गेनाइजेशन (CSIRO)' द्वारा ऑस्ट्रेलिया के भूमि सामर्थ्यता वाले क्षेत्रों के सीमांकन के लिए किया गया। बाद में भूमि सामर्थ्यता सर्वेक्षण यूरोप तथा अमेरिका के देशों में अपनाया गया, जिसके आधार पर भूमि-उपयोग निर्धारित किया गया। भूमि सामर्थ्यता सर्वेक्षण से भूमि की उपयोगिता का पता लगता है-इसकी उपयोगिता कृषि, वन, उद्योग, पर्यटन तथा अन्य उद्देश्यों के लिए भूमि क्षमता वाले क्षेत्रों की रूपरेखा खींचने के लिए केवल भौतिक मानदण्डों पर ही विचार किया जाता है। इन क्षेत्रों का सीमांकन वास्तव में मृदा की बनावट, संरचना, ढलान, भू-भाग, तापमान, वर्षा आदि पर आधारित है। इस प्रकार भूमि सामर्थ्यता सर्वेक्षण में मृदा सर्वेक्षण के परिणामों तथा मृदा से जुड़ी परिस्थितियों पर अधिक निर्भर होती है।

सामान्यत: प्रत्येक मृदा समूह की अपनी भौतिक तथा रसायनिक विशेषताएं होती हैं। ये गुण भूमि सामर्थ्यता तथा भूमि उपयुक्तता को निर्धारित करते हैं। उदाहरण के लिए, रेगुर मिट्टी कपास की खेती, गन्ने तथा खट्टे फलों (Citrus Fruits) के लिए उपयुक्त है तथा जलोढ़ मिट्टी का उपयोग गेहूँ, चावल, मकई, गन्ना, दलहन तथा तिलहन की खेती के लिए किया जाता है।

भारत में मृदा सर्वेक्षण का मूल उद्देश्य भूमि सामर्थ्यता का वर्गीकरण करना है। अखिल भारतीय मृदा व भूमि उपयोग सर्वेक्षण संगठन ने 1960 में भूमि सामर्थ्यता सर्वेक्षण का प्रयास किया, जिसने आठ विभिन्न भूमि उपयोग सामर्थ्यता वाले वर्गों की पहचान की जिसे नीचे दर्शाया गया है:

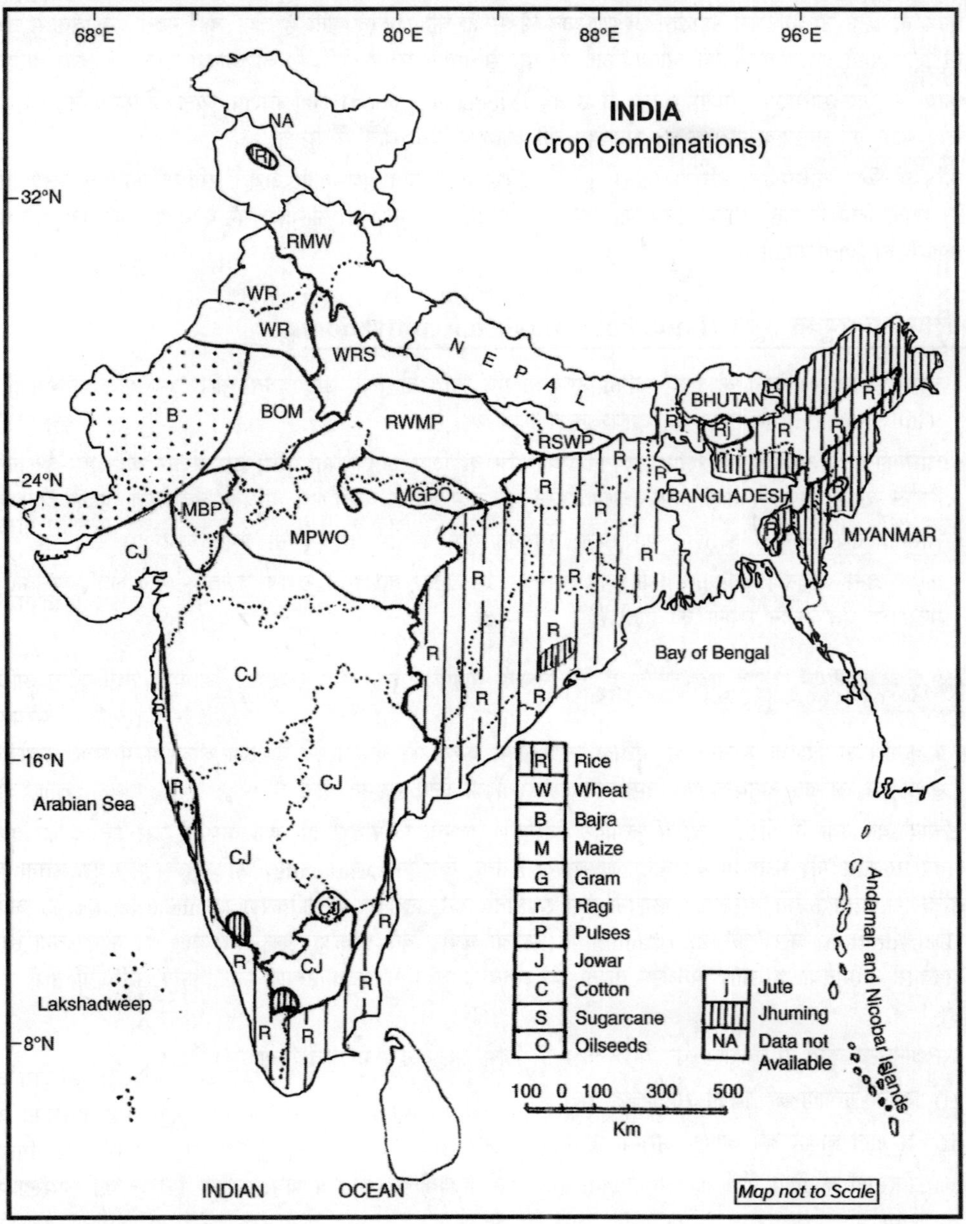

चित्र 10.5 फसल संयोजन प्रदेश (2015-16)

कृषि के लिए उपयुक्त भूमि (Land suitable for cultivation)

वर्ग I: बहुत उपयुक्त कृषि-योग्य भूमि, कृषि करने में कोई विशेष परेशानी नहीं। यह समतल एवं भली प्रकार से सिंचाई सुविधायुक्त भूमि होती है। यह मृदा अत्यधिक उपजाऊ होती है।

वर्ग II: कृषि के लिए उचित जिसे अपरदन अथवा बाढ़ से सुरक्षा की जरूरत होती है तथा जहाँ नहरों का विकास तथा सिंचाई के लिए पानी एकत्र करने की आवश्यकता है। यह साधारण ढलान होती है, जो आदर्श ढलान से कम होती है।

वर्ग III: कृषि के लिए साधारण (मध्यम) रूप से उचित (Moderately good) जहाँ विशेष ध्यान अपरदन नियंत्रण, सिंचाई के लिए पानी का एकत्रीकरण, विस्तृत अपवहन की व्यवस्था तथा बाढ़ से सुरक्षा।

वर्ग IV: कृषि के लिए साधारणत: उचित (Fairly good) जिसका उपयोग यदा-कदा अथवा सीमित कृषि के लिए किया जाता है। इसके लिए विस्तृत अपरदन नियंत्रण, विस्तृत अपवहन तथा मृदा की सीमाओं पर काबू पाने के लिए अत्यन्त विस्तृत उपायों की आवश्यकता है।

कृषि के लिए अनुपयुक्त भूमि (Land not suitable for cultivation)

वर्ग V: चारागाह तथा वानिकी के लिए काफी उपयुक्त एवं कृषि के लिए अनुपयुक्त भूमि। इस भूमि को 'गली अपरदन' (Gully Erosion) से सुरक्षा की आवश्यकता होती है।

वर्ग VI: चारागाह तथा वानिकी के लिए उपयुक्त एवं कृषि के लिए अनुपयुक्त भूमि। इस प्रकार की भूमि ढलानयुक्त, नम मिट्टी वाली, अपरदन वाली, नमी धारण करने की कम क्षमता वाली एवं अधिक लवणीयता वाली होती है।

वर्ग VII: चारागाह तथा वानिकी के लिए साधारणत: उपयुक्त भूमि, जिसमें पशुधन की क्षमता कम हो।

वर्ग VIII: केवल वन्य जीवन (Wild life) के लिए उपयुक्त इस प्रकार की भूमि खराब जलवायु वाले क्षेत्रों, बालुकायुक्त तटों, मरुस्थलों एवं निर्जन स्थानों की होती है।

अनुबन्ध कृषि (Contract Farming)

अनुबन्ध कृषि कृषीय उत्पादों के सम्बन्ध में अधिक लाभ प्राप्त करने की एक विधि है। इस व्यवस्था में एक कम्पनी किसान/किसानों के साथ एक लिखित अनुबन्ध पर निम्नलिखित उद्देश्यों के लिए सहमत होती है:

A. उत्पादों का एक निर्धारित मात्रा में उत्पादन जिसकी गुणवत्ता विनिर्दिष्ट हो तथा कम्पनी उस उत्पाद को एक सहमत मूल्य पर खरीदेगी। संक्षेप में यह कहा जा सकता है कि, विपणन (Marketing) का अनुबंध में प्रवेश उत्पादन के साथ होता है। उत्पादों को खरीदकर कम्पनी उसे प्रशीतित कर, उसका मानकीकरण (Standardization), निर्जलीकरण (Dehydration) कर 'कैनिंग' (Canning) (डिब्बा बंदी) की प्रक्रिया शुरू कर देती है। कभी-कभी कम्पनियाँ सहकारी-समितियों के साथ अनुबन्ध करती हैं। अनुबन्ध कृषि में मुख्य उत्पाद फल, फूल, सब्जियाँ तथा पोल्ट्री होते हैं।

B. इस अनुबन्ध कृषि से किसानों को कुछ लाभ हैं, जिसे संक्षेप रूप में नीचे दिया गया है:

(i) उनके उत्पादों की बिक्री सुनिश्चित होती है।

(ii) वे खुले बाजार की अपेक्षा अधिक लाभ कमाते हैं।

(iii) किसानों के लिए पूँजी की आवश्यकता घट जाती है क्योंकि अनुबन्ध प्राय: अग्रिम भुगतान की व्यवस्था करता है, तथा

(iv) प्राय: कम्पनी विशिष्ट जानकारी तथा विशेषज्ञों की राय भी प्रदान करती है।

अनुबन्ध कृषि की कुछ हानियाँ भी हैं:

(i) यदि किसी किसान ने अधिक गुणवत्ता वाले बढ़िया उत्पाद उत्पादित किए हों तो उसे खुले बाजार में अधिक लाभ हो सकता है जो अनुबन्ध कृषि में नहीं होता।

(ii) किसान यन्त्रवत् रूप से काम करता है तथा उसका स्वतन्त्र महत्व खो जाता है।

(iii) आर्थिक रूप से अधिक शक्तिशाली होने के कारण सौदाकारी की शक्ति सदैव कम्पनियों के पक्ष में रहती है।

कृषि का प्रादेशीकरण (Regionalisation of Agriculture)

प्रदेश (Region) भूगोल की एक मूल धारणा है। अनेक भूगोलज्ञों ने इसे भिन्न-भिन्न रूप में परिभाषित किया है। व्यापक रूप से 'प्रदेश' की परिभाषा यह है कि "यह एक ऐसा क्षेत्र है जो दूसरे क्षेत्रों से एक विशिष्ट मापदण्ड (specific criteria) में भिन्न होता है।" दूसरे शब्दों में प्रदेश भू-पटल का एक भेदीकृत खंड है (differentiated segment), (व्हीटलसी - 1936)। कृषीय प्रदेश एक अविच्छिन्न क्षेत्र है जहाँ कुछ हद तक एकरूपता पाई जाती है तथा जिसकी बाहरी सीमा विशेष रूप से परिभाषित होती है। यह एक क्षेत्र है जहाँ कृषीय भूमि उपयोग, कृषीय पद्धतियों तथा फसल के प्रतिरूपों के संदर्भ में एकरूपता पाई जाती है। कृषीय प्रदेश वास्तव में एक विधि है, जिसके द्वारा पृथ्वी के भूपटल पर पाए जाने वाले जटिल प्रतिरूपों को दर्शाया जाता है। दूसरे शब्दों में, पृथ्वी के भूपटल का कोई भी खण्ड या भाग जहाँ एक पृथक् रूप से कृषि की जाती हो कृषीय प्रदेश कहलाता है। कृषीय प्रदेश एक गतिशील धारणा (Dynamic Concept) है, जो स्थान एवं समय के साथ बदलती रहती है।

कृषीय प्रदेश की मुख्य विशेषताएं निम्न हैं–(i) कृषि प्रदेश का एक निर्धारित क्षेत्र होता है। (ii) इस क्षेत्र की सीमाएं परिवर्तनशील होती हैं। (iii) कृषीय प्रदेश औपचारिक (Formal) या कार्यात्मक (Functional) हो सकते हैं, तथा; (iv) ये प्रदेश एक अनुक्रम में व्यवस्थित (Hierarahical arranged) रहते हैं।

चूंकि कृषीय प्रदेशों की सीमाएँ परिवर्तनशील हैं तथा ये स्पष्ट रूप से विभाजित करने वाली रेखाएं नहीं हैं इसलिए इनकी सुनिश्चित रूपरेखा प्रस्तुत करना एक कठिन कार्य है। कृषि प्रदोश की कुछ महत्वपूर्ण तकनीकें निम्नलिखित हैं:

1. आनुभविक तकनीक (Empirical Techniques)
2. एकल घटक तकनीक (Single Element Technique)
3. बहुल घटक तकनीक Multi – element (Statistical technique)
4. मात्रात्मक-सह-गुणात्मक तकनीक (Quantitative cum Qualitative Technique)

(i) **आनुभविक तकनीक (Empirical Technique):** यह मुख्यत: किसानों के अनुभव तथा प्रेक्षित वास्तविकताओं पर आधारित है। वॉन थ्यूनेन सबसे पहला भूगोलज्ञ था, जिसने आनुभविक तकनीक को अपनाया तथा पहली बार कृषि भूमि और फसल सघनता मॉडलों को तैयार किया।

आनुभविक तकनीक फसल के प्रतिरूप तथा कृषीय प्रदेश का एक सामान्य चित्रण करती है। आनुभविक तकनीक को अपनाकर सिमंस (Symons), मनटंस (Muntons) और मॉर्गन ने विश्व के भिन्न भागों में कृषीय प्रदेशों का सीमांकन किया। इस तकनीक की मुख्य आलोचना यह है कि यह वस्तुगत (Objective) एवं वैज्ञानिक नहीं है।

(ii) **एकल घटक तकनीक (Single Element Technique):** यह एक स्वेच्छाचारी तकनीक है, जिसमें क्षेत्र की दृष्टि से केवल प्रथम श्रेणी की फसलों को कृषीय क्षेत्रों के सीमांकन के लिए आलेखित किया जाता है। बेकर पहला भूगोलविद् था, जिसने अमेरिका में कृषि क्षेत्रों के सीमांकन हेतु एकल घटक तकनीक को अपनाया। वस्तुगत एवं वैज्ञानिक पद्धति पर आधारित न होने कारण इस तकनीक की अलोचना की जाती है। इस तकनीक के आधार पर भारत में 2015-16 में विभिन्न जिलों में प्रथम श्रेणी की फसलों को आलेखित किया गया ***(चित्र 10.2)*** प्रथम श्रेणी की फसलों में चावल, गेहूँ, चना, बाजरा, नक्का, कपास, मूँगफली, ज्वार तथा रागी मुख्य हैं।

इस तकनीक की मुख्य कमजोरी यह है कि किसी कृषि प्रदेश में उपजाई गई दूसरी फसलों के स्थान एवं महत्व छिपे रह जाते हैं। वास्तव में भारत के अधिकतर जिलों में फसल संयोजन (Combinations) में उपजाई जाती हैं, एकाकी रूप (Monoculture) से नही। कृषि नियोजन की दृष्टि से एक संयोजित विश्लेषण अधिक महत्वपूर्ण है, एक फसल का विश्लेषण नहीं।

(iii) **बहुल-घटक तकनीक या (सांख्यिकी तकनीक Multi-Element or Statistical Technique):** यह तकनीक अधिक वस्तुनिष्ठ एवं वैज्ञानिक है सांख्यिकी तकनीक में एक से अधिक घटकों (फसलों, इत्यादि) पर विचार किया जाता है। फसल संयोजन क्षेत्र जिसका सीमांकन वीवर, डोई, कोपोक, शफी, शफी जसबीर सिंह, अय्यर, एम. हुसैन, सप्रे, देशपांडे तथा तिवारी इत्यादि ने किया मानक विचलन तकनीक पर आधारित है। यह तकनीक किसी भी पक्षपात तथा आत्मपरकता से मुक्त है।

बहुल घटक अथवा सांख्यिकी तकनीक में कृषीय प्रदेशों का सीमांकन निम्नलिखित की सहायता से किया जा सकता है:

(i) फसल के प्रतिरूप, फसल संकेन्द्रण तथा फसल विविधता

(ii) फसल संयोजन

(iii) कृषीय उत्पादकता के प्रादेशिक प्रतिरूप

बहुल-घटक तकनीक की मदद से किया गया अध्ययन अधिक विश्वस्त कृषीय प्रदेशों को दर्शाता है। विकासशील देशों में विश्वसनीय आँकड़ों की कमी इस तकनीक के उपयोग में बाधक सिद्ध होती है।

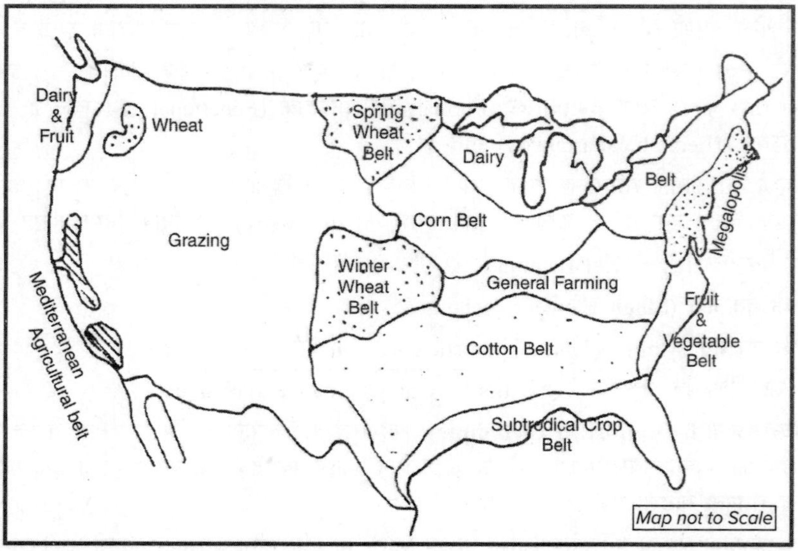

चित्र 10.6 अमेरिका की कृषि पटिट्काएँ (बेकर के अनुसार)

(iv) **मात्रात्मक-गुणात्मक तकनीक (Quantitative cum Qualitative Technique):** वह तकनीक, जिसमें कृषि प्रदेशों के सीमांकन के लिए भौतिक (भू-जलवायु कारक), सामाजिक-आर्थिक, सांस्कृतिक तथा राजनीतिक कारकों पर विचार किया जाता हो, मात्रात्मक-गुणात्मक तकनीक कहलाती है। मात्रात्मक-गुणात्मक तकनीक के आधार पर कृषीय क्षेत्रों के चित्रण में जिन कारकों पर विचार किया जाता है वे 6 भौतिक कारक हैं- (i) भू-आकृति (ii) जलवायु (iii) भू-पटल तथा अवमृदा जल, (iv) मृदा, (v) अवमृदा, तथा; (vi) प्राकृतिक वनस्पति, 6 कार्यात्मक कारक, जैसे-(a) ग्रामीण जनसंख्या (b) सांस्कृतिक तथा धार्मिक मूल्यों (c) प्रौद्योगिकी कारक (d) खेती की प्रक्रियाएं (e) निर्भर ग्रामीण जनसंख्या (f) व्यापारीकरण की मात्रा।

विश्वसनीय आँकड़ों की कमी तथा सांस्कृतिक व धार्मिक मूल्यों का परिमाणन कृषीय प्रदेशों की कमी चित्रण में इस तकनीक के लिए बाधक साबित होती है।

कई विद्वानों ने भारत के कृषीय प्रदेशों की रूपरेखा प्रस्तुत करने का प्रयास किया। भारत का विभाजन जलवायु क्षेत्रों में एल. डी. स्टैम्प (1958), एम.एस.ए. रंधावा (1958), ओ.एच.के. स्पेट (O.H.K. Spate) तथा ए.टी.ए. लीयरमन्थ (Learmonth, 1960), पी. सेनगुप्ता तथा जी. सदास्युक (1967), आर. एल. सिंह (1971) तथा जसबीर सिंह (1975) द्वारा महत्वपूर्ण है। कुछ महत्वपूर्ण कृषीय प्रदेशीकरण का एक संक्षिप्त विवरण नीचे दिया गया है।

I. एम. एस. रंधावा (M. S. Randhawa) द्वारा कृषि का वर्गीकरण (1958)

एम.एस. रंधावा (M. S. Randhawa) ने भारत में कृषि के क्षेत्रों को पांच मुख्य प्रदेशों में बाँटा है, जिसका आधार भू-जलवायु विविधता, फसलों की विशेषता तथा पशुधन था (चित्र 10.7) इन प्रदेशों का संक्षिप्त वर्णन निम्न में दिया गया है।

1. हिमालय के शीतोष्ण क्षेत्र (The Temperate Himalayan Region)

हिमालय के शीतोष्ण क्षेत्र के अन्तर्गत जम्मू और कश्मीर, हिमाचल प्रदेश तथा उत्तराखण्ड पश्चिम में तथा अरुणाचल प्रदेश एवं ऊपरी असम पूर्व में सम्मलित हैं। इस प्रकार कृषि प्रदेश को दो भागों में प्रविभाजित किया जा सकता है:

(i) **पूर्वी भाग (The Eastern Part):** इस भाग में अरुणाचल प्रदेश, सिक्किम, नगालैंड, त्रिपुरा तथा ऊपरी असम के अधिक वर्षा के क्षेत्र सम्मलित हैं। यह प्रदेश घने वनों से आच्छादित है, यहाँ मुख्यत: चाय और चावल की खेती होती है।

(ii) **पश्चिमी भाग (Western Part):** पश्चिमी शीतोष्ण हिमालय के क्षेत्र में जम्मू और कश्मीर, हिमाचल प्रदेश तथा उत्तराखण्ड शामिल हैं। बागाती कृषि (सेब, चेरी, नाशपाती, सतालू, बादाम, खुबानी तथा अखरोट) इस क्षेत्र की विशेषता है। इस क्षेत्र की अन्य फसलों में मक्का, चावल, गेहूँ तथा आलू तथा सब्जियाँ मुख्य हैं।

2. उत्तरी शुष्क (गेहूँ) प्रदेश (The Northern Dry Wheat Region)

इस कृषि प्रदेश का विस्तार पंजाब, हरियाणा, पश्चिमी उत्तर प्रदेश, उत्तर-पश्चिमी मध्य प्रदेश तथा राजस्थान के सिंचित भागों में है। इस कृषि प्रदेश में औसत वार्षिक वर्षा 75 से.मी. से कम होती है। परन्तु पर्याप्त मात्रा में नहरों तथा नलकूपों द्वारा सींचा जाता है। इस क्षेत्र की मुख्य फसलों में गेहूँ, मक्का, कपास, चना, चावल, गन्ना, इत्यादि सम्मिलित हैं।

3. पूर्वी आर्द्र (चावल) क्षेत्र (The Eastern Wet-Rice Region)

इस क्षेत्र में असम, मेघालय, मणिपुर, मिजोरम, पश्चिम बंगाल, झारखंड, बिहार, छत्तीसगढ़, पूर्वी उत्तर प्रदेश, ओडिशा तथा तटीय आंध्र प्रदेश के भाग शामिल हैं। इस क्षेत्र में 150 से.मी. से अधिक वर्षा दर्ज की जाती है। इस क्षेत्र की मुख्य फसलों में चावल, जूट, तिलहन, चाय तथा गन्ना सम्मिलित हैं।

4. पश्चिमी आर्द्र (मालाबार) क्षेत्र (The Western Wet Malabar Region)

यह कृषि प्रदेश महाराष्ट्र से केरल तक तटीय मैदान में फैला हुआ है। इस प्रदेश में औसत वार्षिक वर्षा 250 से.मी. है। चावल मुख्य खाद्य फसल है तथा नारियल और बागानी फसलों (रबड़, कॉफी, काजू, गर्म मसाले, इत्यादि) की खेती की जाती हैं।

5. दक्षिणी अपरिष्कृत अन्न क्षेत्र (The Southern Coarse (Cereals) Region)

यह कृषीय प्रदेश गुजरात, मध्य प्रदेश, दक्षिणी उत्तर प्रदेश (बुन्देलखड), पूर्वी महाराष्ट्र, पश्चिमी आंध्र प्रदेश, पूर्वी कर्नाटक तथा पश्चिमी तमिलनाडु में फैला हुआ है। इस प्रदेश में 50 से 100 से.मी. वर्षा दर्ज की जाती है। बाजरा, कपास, मूँगफली, तिलहन, मोटे अनाज तथा दलहन यहाँ की मुख्य फसलें हैं।

II. पी. सेनगुप्ता तथा जी. सदास्युक द्वारा कृषि का वर्गीकरण (P. Sengupta and G. Sadasyuk's Classification of Agriculture)

पी. सेनगुप्ता तथा जी. सदास्युक (1968) ने भारत के कृषीय प्रदेशों का एक तीन-स्तरीय वर्गीकरण प्रस्तुत किया:

(i) जलवायु विशेषताएँ: 4 वृहद (Macro) प्रदेश

(ii) भू-आकृतिक विशेषताएँ: 11 मध्य (Meso) प्रदेश

(iii) फसल संयोजन: 60 सूक्ष्म (Micro) प्रदेश

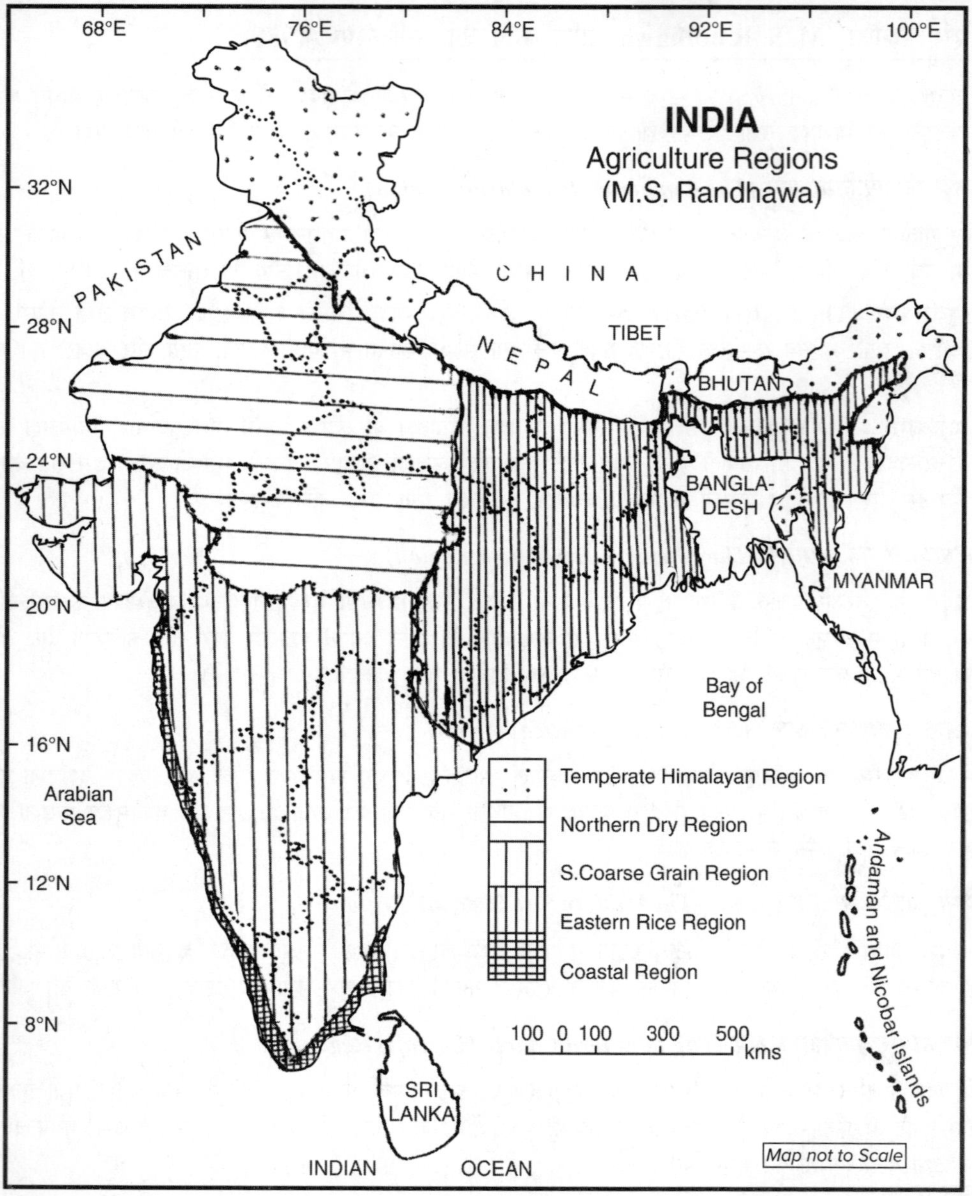

चित्र 10.7 कृषि प्रदेश (एम.एस. रंधावा)

इन कृषीय प्रदेशों को चित्र 10.8 से 10.9 में दर्शाया गया है।

(i) हिमालय का कृषि प्रदेश (The Himalayan Agricultural Region)

यह कृषि प्रदेश जम्मू और कश्मीर, हिमाचल प्रदेश, उत्तराखंड, पश्चिम बंगाल के दार्जिलिंग जिले, सिक्किम, अरुणाचल प्रदेश तथा असम के हिमालय क्षेत्र में फैला हुआ है। इस प्रदेश में औसत वार्षिक वर्षा 125 से 250 से.मी. के बीच होती है। पर्वतीय क्षेत्र होने के कारण यहाँ कृषि योग्य भूमि की प्रतिशतता कम होती है। पश्चिमी हिमालय की मुख्य फसल चावल, गेहूँ तथा मक्का हैं

तथा इस क्षेत्र में फलों के उद्यान (Plantation) भी पाए जाते हैं। पूर्वी हिमालय की मुख्य फसलें चावल, चाय तथा मक्का हैं। इस क्षेत्र में 4 मध्य (Meso) तथा 15 सूक्ष्म (Macro) क्षेत्र हैं।

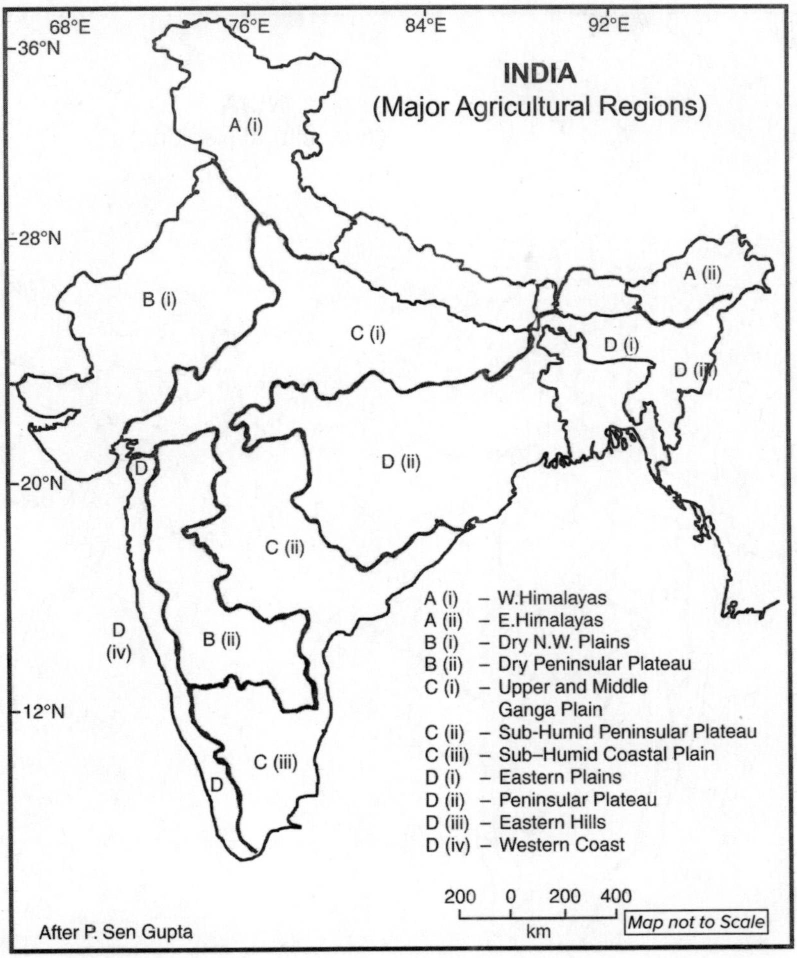

चित्र 10.8 प्रमुख कृषि प्रदेश

(ii) शुष्क कृषि क्षेत्र (Dry Agriculture Region)

शुष्क कृषि प्रदेश में राजस्थान, पश्चिमी उत्तर प्रदेश, हरियाणा तथा पश्चिमी घाट की अनुवात दिशा (Leeward Side) शामिल है। इस क्षेत्र में औसत वार्षिक वर्षा 75 से.मी. से कम होती है। पंजाब, हरियाणा तथा पश्चिमी उत्तर प्रदेश में नहरों तथा नलकूपों द्वारा सिंचाई की पर्याप्त व्यवस्था है। इस क्षेत्र की मुख्य फसलें गेहूँ, चावल, गन्ना, कपास, मक्का, दलहन, तिलहन तथा बाजरा है। यहाँ 2 मध्य (Meso) तथा 11 सूक्ष्म (Micro) क्षेत्र हैं।

(iii) उपार्द्र प्रदेश (The sub-Humid Region)

उपार्द्र प्रदेश ऊपरी तथा मध्य गंगा के मैदान तथा एक संकीर्ण केन्द्रीय पट्टी (बुन्देलखंड से लेकर तमिलनाडु पठार) तथा पूर्वी तटीय मैदान में फैला हुआ है। इस प्रदेश में औसत वार्षिक वर्षा 75 से.मी. से लेकर 100 से.मी. तक होती है। गेहूँ, चावल, गन्ना,

चना, मक्का, जौ, कपास, मूंगफली, तिलहन तथा तम्बाकू इस क्षेत्र की मुख्य फसलें हैं। यहाँ 3 प्रविभाजन (Meso) तथा 24 सूक्ष्म (Micro) कृषीय क्षेत्र हैं।

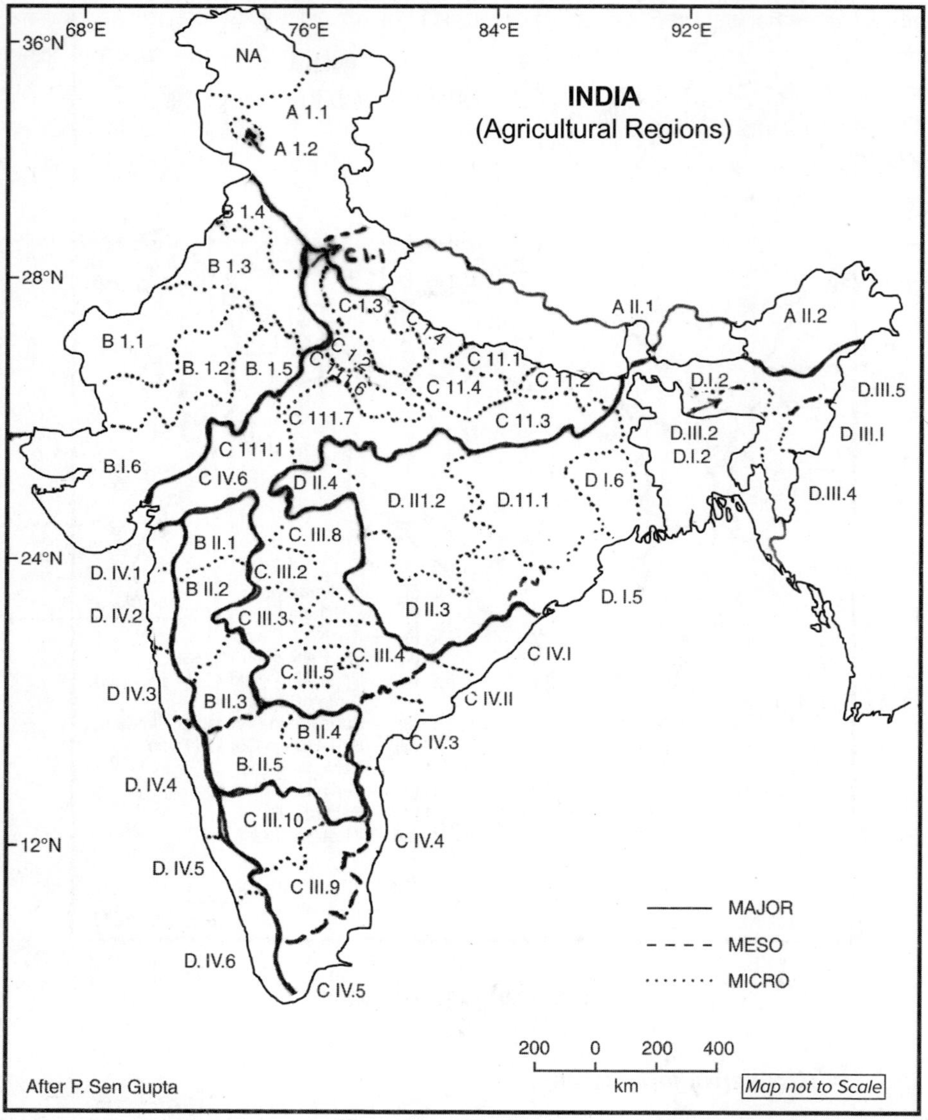

चित्र 10.9 कृषि प्रदेश

(iv) आर्द्र कृषि प्रदेश (The Wet Agriculture Region)

यह प्रदेश पश्चिम बंगाल, झारखंड, छत्तीसगढ़, ओडिशा, मेघालय, असम, मणिपुर, नगालैंड, मिजोरम तथा त्रिपुरा में फैला हुआ है। इस क्षेत्र में औसत वार्षिक वर्षा 100 से 250 से.मी. तक होती है। इस प्रदेश की मुख्य फसलों में चावल, जूट, चाय, तिलहन, रबड़ तथा मसाले सम्मलित हैं। यहाँ 4 मध्य (Meso) तथा 21 सूक्ष्म (Micro) कृषि क्षेत्र हैं। चावल, जूट, तिलहन, मक्का, नारियल, गन्ना यहाँ की मुख्य फसलें हैं।

भारत के कृषि-जलवायु प्रदेश (Agro – Climatic Regions of India)

भारत में जलवायु, मिट्टिओं, कृषि और सामाजिक-आर्थिक स्थितियों और प्रथाओं में बहुत भिन्नता है। भू-पारिस्थितिकी और सामाजिक-आर्थिक स्थितियों में इन विविधताओं ने कृषि विकास को काफी प्रभावित किया है। उपलब्ध स्थानीय और क्षेत्रीय संसाधन क्षमता के अधिकतम उपयोग के लिए कृषि क्षेत्रों की पहचान और वैज्ञानिक रूप से सीमांकन करने और उपयुक्त कृषि-प्रौद्योगिकी विकसित करने के लिए इन विविधताओं और विविधता को शामिल करने के कई प्रयास किए गए हैं। कृषि के विकास के लिए, योजना आयोग (13 अगस्त 2014 को भंग कर दिया गया और उसके स्थान पर नीति आयोग नामक एक नई संस्था को प्रतिस्थापित किया गया) और राष्ट्रीय सुदूर संवेदन एजेंसी (NRSA) ने 1989 में देश को 15 कृषि-जलवायु क्षेत्रों ***(चित्र 10.10)*** में विभाजित किया था।

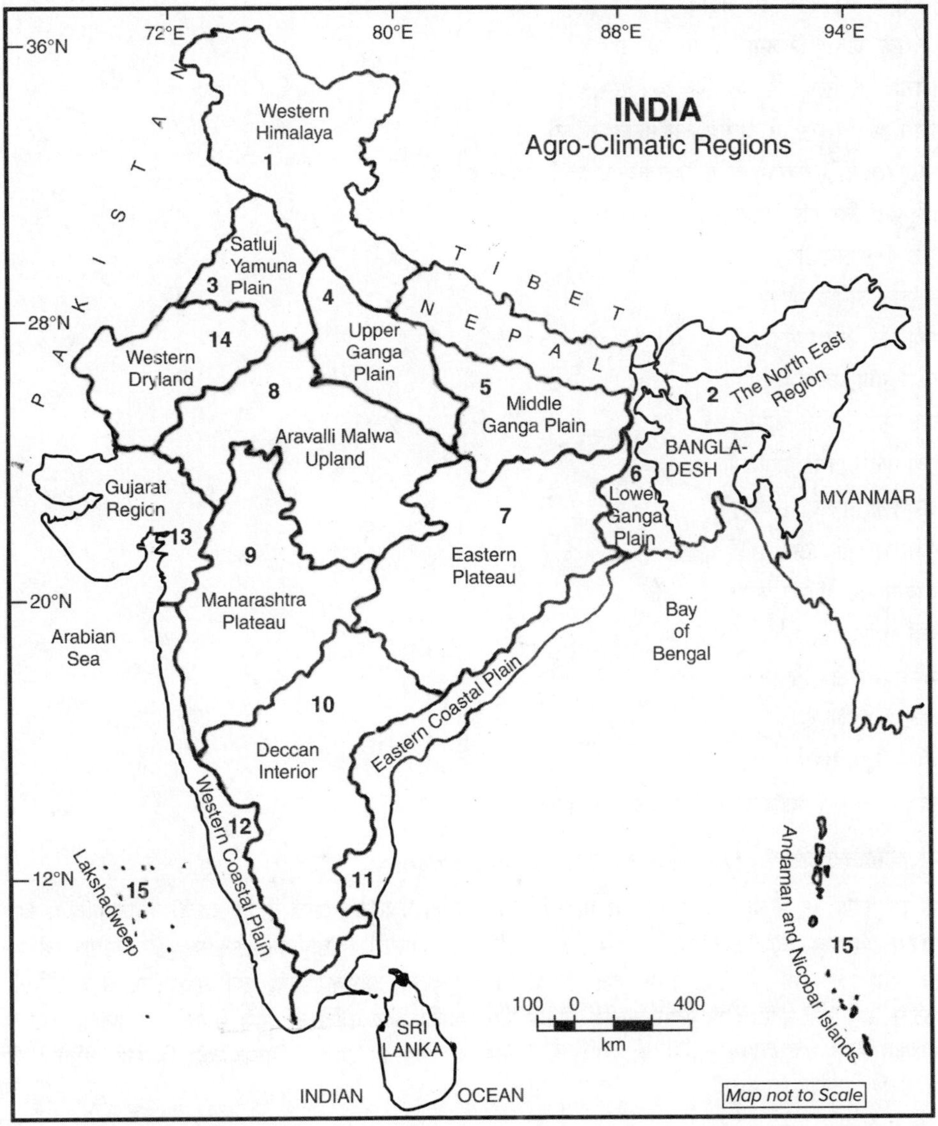

चित्र 10.10 कृषि-जलवायु प्रदेश

राष्ट्रीय कृषि अनुसंधान परियोजना (एनएआरपी), जिसे भारतीय कृषि अनुसंधान परिषद (आईसीएआर) द्वारा 1979 में विश्व बैंक की वित्तीय सहायता से राज्य कृषि विश्वविद्यालयों (एसएयू) की क्षेत्रीय अनुसंधान क्षमताओं को मजबूत करने के लिए शुरू किया गया था, ने भी एक प्रयास किया। इसने प्रौद्योगिकी उत्पादन पर जोर देने वाले 126 कृषि-जलवायु क्षेत्रों की पहचान की थी। बाद में अंडमान और निकोबार द्वीप समूह के लिए तीन क्षेत्र और पांडिचेरी के लिए दो क्षेत्र जोड़े गए।

कृषि-जलवायु क्षेत्रों के मुख्य उद्देश्य हैं:

उद्देश्य (Objectives)

(i) कृषि का उत्पादन अधिकतम करना
(ii) किसानों की आय को बढ़ाना
(iii) अधिक ग्रामीण रोजगार उत्पन्न करना
(iv) सिंचाई के लिए उपलब्ध जल का समुचित उपयोग
(v) कृषि के विकास में क्षेत्रीय असमानताओं को दूर करना

चित्र 10.10 में आलेखित कृषि-जलवायु प्रदेश निम्नलिखित हैं:

1. पश्चिमी हिमालय प्रदेश
2. पूर्वी हिमालय प्रदेश
3. सतलज-यमुना प्रदेश
4. गंगा का ऊपरी मैदान
5. मध्य गंगा का मैदान
6. गंगा का निचला मैदान
7. पूर्वी पठार तथा पहाड़ियाँ
8. अरावली मालवा उच्चभूमि
9. महाराष्ट्र का पठार
10. दक्कन का भीतरी प्रदेश
11. पूर्वी तटीय मैदान
12. पश्चिमी तटीय मैदान
13. गुजरात प्रदेश
14. पश्चिमी राजस्थान
15. द्वीपीय प्रदेश (अंडमान व निकोबार तथा मालदीव)

1. पश्चिमी हिमालय प्रदेश (The Western Himalayan Region)

पश्चिमी हिमालय प्रदेश का फैलाव जम्मू और कश्मीर, हिमाचल प्रदेश तथा उत्तराखंड में है। इसकी स्थलाकृति में अनेक भिन्नताएँ हैं। जुलाई में इस प्रदेश का औसत तापमान 5° से 30° सेंटीग्रेड एवं जनवरी में तापमान 15° से –5° सेंटीग्रेड के मध्य रहता है। औसत वार्षिक वर्षा 75 से.मी. से 150 से.मी. होती है, केवल लद्दाख को छोड़कर जहाँ वर्षा 20 से.मी. से कम होती है। कश्मीर की घाटी, कुल्लू तथा दून घाटियों में गहरी जलोढ़ मिट्टी एवं पहाड़ों और पर्वतों में भूमि मिट्टी की पतली परत पाई जाती है। इस प्रदेश में सदावाहिनी नदियाँ (Perennial Rivers) हैं, जिनमें से कुछ का उपयोग सिंचाई तथा बिजली-उत्पादन के लिए किया जाता है।

चावल, गेहूँ, मक्का, जौ, फल, आलू तथा सब्जियाँ इस प्रदेश की मुख्य फसलें हैं। शीतोष्ण फल, जैसे–सेब, नाशपाती, आडू, बादाम, खुबानी, अखरोट इत्यादि इस क्षेत्र में किसानों के लिए नकद का स्रोत हैं। यद्यपि इस क्षेत्र की भौगोलिक स्थिति बागानी फसलों तथा फल उद्यान के लिए अनुकूल हैं, फिर भी फलों की किस्मों में सुधार की आवययकता है ताकि उत्पादकता बढ़े।

इस प्रदेश के लिए एक समूचित भूमि उपयोग नियोजन की आवश्यकता है। भूमि का आवंटन विवेकपूर्ण तरीके से फसलों की खेती, उद्यान कृषि, चारागाह तथा वानिकी के लिए किया जाना चाहिए। उच्च पैदावार वाले बीज (HYVs) तथा रोपण सामग्री इस क्षेत्र के लिए उपलब्ध कराए जानी चाहिए, जिसका उपयोग फलों, सब्जियों, फूलों, केसर (Saffron), अदरक आलू, तथा शहतूत (Mulberry) की पैदावार के लिए किया जाना चाहिए।

2. पूर्वी हिमालय प्रदेश (The eastern Himalayan Region)

इस प्रदेश का विस्तार अरुणाचल प्रदेश, असम की पहाड़ियों, नगालैंड, मेघालय, मणिपुर, मिजोरम, त्रिपुरा, सिक्किम तथा पश्चिम बंगाल के दार्जिलिंग जिले में है। इस प्रदेश में असमान (उबड़-खाबड़) स्थलाकृति देखी जाती है। इस कृषि प्रदेश में जुलाई का तापमान 25° से 30° सेंटीग्रेड के मध्य रहता है तथा जनवरी का तापमान 10° से 20° सेंटीग्रेड के बीच रहता है। सागर स्तर से पवर्तीय ऊँचाई की ओर जाते हुये तापमान में कमी होती जाती है। इस क्षेत्र में लाल-भूरी किस्म की मिट्टी पाई जाती है जो कम उपजाऊ होती है। कुल कृषि भूमि का लगभग 33% क्षेत्र स्थानान्तरित कृषि या झूम कृषि (Shifting cultivation) के तहत आता है।

चावल, मक्का, आलू, चाय, फलोउद्यान उत्पाद, जैसे–अन्नानास खट्टे फल, नींबू, लीची यहां के मुख्य उत्पादन हैं। स्थानान्तरित कृषि पर नियंत्रण सीढ़ीदार खेती (Terrace Farming) के विकास के द्वारा किया जा सकता है। मृदा अपरदन एक अन्य चिन्ताजनक समस्या है, जिस पर नियोजकों का ध्यान आकर्षित करना अनिवार्य है। इस प्रदेश में आधारभूत ढाँचे में सुधार लाना आवश्यक है ताकि कृषीय विकास को अधिक गति प्रदान की जा सके। इसके अतिरिक्त, एक दीर्घकालीन उच्च किस्म का बीज उत्पादन भी इस प्रदेश के लिए जरूरी है।

3. सतलज-यमुना मैदान (The Satluj-Yamuna Plain)

यह क्षेत्र पंजाब, हरियाणा, चंडीगढ़, दिल्ली तथा राजस्थान के गंगानगर जिले में फैला हुआ है। यहाँ जलवायु की अर्द्ध-शुष्क विशेषताएँ हैं जहाँ जुलाई का औसत तापमान 25° से 35° सेंटीग्रेड के बीच होता है तथा जनवरी का तापमान 10° से 20° सेंटीग्रेड के बीच होता है। औसत वार्षिक वर्षा 50 से.मी. से 100 से.मी. के बीच होती है। मृदा जलोढ़ किस्म की होती है तथा यह अधिक उर्वर होती है। नहरों के अतिरिक्त लाखों नलकूपों तथा पम्पिंग सेट किसानों तथा सरकार द्वारा लगाई गई हैं। इस प्रदेश में कृषि की सघनता (165 प्रतिशत) देशभर में सबसे अधिक है।

गेहूँ, चावल, गन्ना, कपास, मक्का, चना, दलहन, तिलहन तथा फलोद्यान उत्पाद इस क्षेत्र की मुख्य फसलें हैं। इस प्रदेश के किसान सबसे अधिक प्रगतिशील माने जाते हैं तथा नई-नई तकनीक का उपयोग करते हैं। गेहूँ तथा चावल के नये बीज (HYVs) को सबसे पहले इस प्रदेश के किसानों ने अपनाया, जो हरित क्रान्ति का आधार बना। वर्तमान में इस क्षेत्र में अनुबन्ध कृषि (Contract Farming) की शुरुआत निजी क्षेत्र द्वारा कुछ जिलों में की जा चुकी है। लवणीय तथा क्षारीय मिट्टी, जलमग्न भूमि तथा मृदा अपरदन इस क्षेत्र की मुख्य समस्याएँ हैं।

कृषि के परिपेक्ष में यह क्षेत्र देशभर में सबसे उन्नत कृषि प्रदेश है। कृषि की उत्पादकता और अधिक बढ़ सकती है तथा यह धारणीय हो सकती है यदि निम्नलिखित कदम उठाए जायें:

(i) चावल की खेती के लिए कम क्षेत्र आवंटित किया जाए क्योंकि इससे भूमिगत जल स्तर तथा मिट्टी की उर्वरता घट जाती है। लगभग 5% गेहूँ तथा चावल के क्षेत्र का उपयोग दलहन, तिलहन, मक्का, चारा, सब्जियों, फूलों तथा फल उद्यान के लिए किया जाना चाहिए।

(ii) फसल नाशक जोव तथा बीमारी प्रतिरोधी गेहूँ तथा चावल के बीजों का विकास आवश्यक है।

(iii) उद्यान कृषि को प्रोत्साहन

(iv) सब्जियों की खेती पर बल

(v) उच्च किस्म की चारा फसलों का विकास

(vi) कृषि की विविधता उत्पन्न करना

4. गंगा का ऊपरी मैदान (Upper Ganga Plain)

गंगा के ऊपरी मैदान का विस्तार पश्चिमी उत्तर प्रदेश, उत्तराखंड के हरिद्वार एवं ऊधमसिंह नगर जिले तथा इलाहाबाद (उत्तर प्रदेश) तक फैला हुआ है। यहाँ जुलाई में तापमान 25° से 35° सेंटीग्रेड के बीच होता है तथा जनवरी में यह 15° से 25° सेंटीग्रेड के बीच रहता है। मृदा बालुई से मृण्मय दोमट (Clayey loam) प्रकार की है। नहरों तथा नल-कूपों द्वारा सिंचाई की पर्याप्त व्यवस्था इस क्षेत्र में मौजूद है।

इस प्रदेश में कृषि विकसित है तथा यहाँ भी हरित क्रान्ति सफल है।

गेहूँ, चावल, गन्ना, मक्का, ज्वार (Millets), दलहन, तिलहन तथा सब्जियाँ यहाँ की मुख्य फसलें हैं। इस प्रदेश में आम तथा अमरूद के उद्यान भी जगह-जगह पाए जाते हैं।

इस प्रदेश में कृषि की उत्पादकता बढ़ाने के लिए तथा उसे धारणीय बनाने के लिए मिश्रित फसलों की खेती, उद्यान कृषि, पुष्प कृषि, सिंचाई के लिए जल का समुचित उपयोग, नहरों के रेखाक्रम, किनारों को पक्का बनाना (Lining of canals) लवणीय/क्षारीय मिट्टी में सुधार पर अधिक बल दिया जाना चाहिए।

5. मध्य गंगा मैदान (The Middle Ganga Plain)

इस क्षेत्र का विस्तार उत्तर प्रदेश तथा बिहार के अधिकांश भाग में है। इस क्षेत्र में जुलाई का तापमान 25° से 35° सेंटीग्रेड के बीच होता है तथा जनवरी का तापमान 15° से 25° सेंटीग्रेड के बीच होता है। इस क्षेत्र में औसत वार्षिक वर्षा 100 से.मी. से 150 से.मी. के बीच होती है। यहाँ जलोढ़ किस्म की मिट्टी है तथा भूमिगत जल की बहुतातयत है।

चावल, गेहूँ, जौ, मक्का, दलहन, सरसों तथा तिलहन यहाँ की मुख्य फसलें हैं। कृषि के परिप्रेक्ष्य में यह क्षेत्र गंगा के ऊपरी मैदान से कम विकसित है। कृषि को अधिक उन्नत एवं धारणीय बनाने के लिए निवेश शैली में सुधार लाना चाहिए, फसलों की विविधता पर अधिक बल दिया जाना चाहिए, जहाँ सब्जियों, फलों तथा पुष्प कृषि को अधिक क्षेत्र प्रदान किया जाना चाहिए। डेरी उद्योग, वन-वर्धन, कृषि-वानिकी तथा मत्स्य-पालन के द्वारा किसानों की आय में सुधार लाया जा सकता है।

6. गंगा का निचला मैदान (The Lower Ganga Plain)

इस प्रदेश का विस्तार ब्रह्मपुत्र घाटी, पश्चिम बंगाल (दार्जिलिंग जिले को छोड़कर) तथा पूर्वी बिहार में है। इस क्षेत्र में जुलाई का तापमान 25° से 35° सेंटीग्रेड के बीच होता है तथा जनवरी का तापमान 18° से 25° सेंटीग्रेड के बीच होता है। औसत वार्षिक वर्षा 100 से.मी. से 200 से.मी. के बीच होती है। मिट्टी जलोढ़ तथा उपजाऊ है।

चावल इस क्षेत्र की मुख्य फसल है। एक ही खेत से किसानों द्वारा हर वर्ष दो या तीन लगातार चावल की फसलें (अमन, असु तथा बोरो) प्राप्त की जाती हैं। जूट, मक्का, दलहन तथा आलू इस क्षेत्र की अन्य मुख्य फसलें हैं।

बागवानी कृषि केला, आम एवं खट्टे (नींबू-वंश) फल, मत्स्यपालन, कुक्कुट पालन तथा पशुधन किसानों की आय को महत्वपूर्ण रूप से बढ़ा सकते हैं।

7. पूर्वी पठार तथा पहाड़ियाँ (The Eastern Plateau and Hills)

इस कृषि-जलवायु प्रदेश में छोटानागपुर का पठार शामिल है, जिसका विस्तार झारखण्ड, छत्तीसगढ़ तथा दण्डकारण्य (ओडिशा) में है। इस क्षेत्र में जुलाई का औसत तापमान 25° से 35° सेंटीग्रेड के बीच होता है तथा जनवरी का तापमान 18° से 25° सेंटीग्रेड के बीच होता है। औसत वार्षिक वर्षा 100 से.मी. से 150 से.मी. के बीच होती है। मृदा लाल तथा पीले किस्म की होती है। इस क्षेत्र में कृषि मुख्यतः वर्षा पर आधारित है। यहां की मुख्य फसलें हैं–चावल, मक्का, ज्वार (Millets), रागी, तिलहन, चना तथा तम्बाकू।

उच्च मूल्य वाली फसल, जैसे–तिलहन, दलहन तथा सब्जियों की खेती किसानों की आय बढ़ा सकते हैं। जल-एकत्रण तथा जलविभाजक का विकास (Watershed development) तथा मृदा संरक्षण कृषि को अधिक लाभकारी बना सकते हैं।

8. अरावली-मालवा उच्चभूमि (The Aravalli-Malwa upland)

इस प्रदेश में बुंदेलखंड, बघेलखंड, महाभारत पठार, मालवा पठार तथा विंध्याचल पहाड़ शामिल हैं। इस प्रदेश की विशेषता अर्द्ध–शुष्क जलवायु स्थिति है। इस प्रदेश में जुलाई का औसत् तापमान 25° से 35° सेंटीग्रेड के बीच होता है तथा जनवरी का तापमान 15° से 25° सेंटीग्रेड के बीच होता है। मिट्टी मिश्रित पीले, लाल तथा काले रंग की होती है। यहाँ दोनों, भूमिगत तथा सतह के जल का अभाव होता है।

ज्वार, बाजरा, मक्का, गुआर, गेहूँ, चना, दलहन, तिलहन, कपास तथा सूर्यमुखी इस प्रदेश की मुख्य फसल हैं। शुष्क कृषि, छिड़क सिंचाई (Sprinkle Irrigation), जल–एकत्रण, डेरी उद्योग विकास तथा मुर्गी पालन के द्वारा कृषि से हुई आय में सुधार लाया जा सकता है।

9. महाराष्ट्र के पठार (The Plateau of Maharashtra)

इसका विस्तार मुख्यत: दक्कन के पठार में है। यह क्षेत्र काली कपासी या रेगुर मिट्टी का क्षेत्र है। यहाँ जुलाई का तापमान 25° से 35° सेंटीग्रेड के बीच होता है तथा जनवरी का औसत तापमान 20° से 25° सेंटीग्रेड के बीच होता है। यहां औसत वार्षिक वर्षा 50 से.मी. से 75 से.मी. के बीच होती है।

गेहूँ, चना, मिलेट, कपास, दलहन, मूँगफली तथा तिलहन इस क्षेत्र में वर्षा पर निर्भर इलाके की मुख्य फसल हैं, वहीं सिंचित इलाके में गन्ना, चावल, गेहूँ संतरा आदि की खेती होती है।

मोटे अनाज (Coarse grains) की जगह दलहन तथा तिलहन जैसी अधिक मूल्य वाली फसलों की खेती की जानी चाहिए। कपास के 5 प्रतिशत क्षेत्र को तिलहन की खेती के लिए स्थानान्तरित किया जाना चाहिए। डेरी उद्योग के विकास मुर्गी पालन तथा सामाजिक वानिकी पर अधिक ध्यान दिया जाना चाहिए।

10. दक्कन का भीतरी प्रदेश (The Deccan Interior Region)

यह क्षेत्र कर्नाटक, आंध्र प्रदेश तथा तमिलनाडु के उच्च भूमि (उत्तर में अदिलाबाद जिले से लेकर दक्षिण में मदुरई जिले) में फैला हुआ है। जुलाई का औसत तापमान 25° से 35° सेंटीग्रेड के बीच होता है तथा जनवरी का तापमान 20° से 25° सेंटीग्रेड के बीच होता है। इस क्षेत्र में औसत वार्षिक वर्षा 50 से.मी. से 100 से.मी. के बीच होती है।

यह एक शुष्क–कृषि का क्षेत्र है, जहाँ ज्वार (Millets), दलहन, तिलहन, कॉफी, चाय, इलायची तथा गरम मसाले मुख्य फसलें हैं। ज्वार तथा बाजरे के क्षेत्र में दलहन की खेती की जा सकती है। उद्यान कृषि, मुर्गी पालन तथा डेरी उद्योग का विकास इस क्षेत्र में किसानों की आय को बढ़ा सकता है।

11. पूर्वी तटीय मैदान (Eastern Costal Plain)

इस प्रदेश का विस्तार ओडिशा और आंध्र प्रदेश, के कोरोमंडल तथा उत्तरी सरकार (Cricar) तट में है। इस क्षेत्र में जुलाई का तापमान 25° से 35° सेंटीग्रेड के बीच होता है तथा जनवरी का औसत तापमान 20° से 30° सेंटीग्रेड के बीच होता है। औसत वार्षिक वर्षा 75 से.मी. से 150 से.मी. के बीच होती है। इस क्षेत्र की मुख्य फसलें चावल, जूट, तम्बाकू, मक्का, ज्वार, दलहन, मूंगफली तथा तिलहन हैं। मोटे अनाज के क्षेत्रों में उच्च मूल्य की फसलों, जैसे–दलहन तथा तम्बाकू की खेती होनी चाहिए, डेरी उद्योग, मुर्गी पालन, मत्स्य पालन तथा सामाजिक वानिकी पर अधिक ध्यान देना चाहिए तथा इस क्षेत्र में निवेश की अधिक आवश्यकता है। ये कदम इस क्षेत्र की जरूरतों को पूरी करेगा।

12. पश्चिमी तटीय मैदान (The Western Coastal Plain)

इस क्षेत्र का विस्तार महाराष्ट्र, कर्नाटक तथा केरल के सीमान्त क्षेत्रों में है। उत्तर में इसे कोंकण तटीय मैदान तथा दक्षिण में इसे मालाबार तटीय मैदान कहा जाता है। इस क्षेत्र में जुलाई का तापमान 25° से 30° सेंटीग्रेड के बीच होता है तथा जनवरी में तापमान 18° से 30° सेंटीग्रेड के बीच होता है। औसत वार्षिक वर्षा 200 सें.मी. से अधिक होती है।

चावल, तिलहन, गन्ना, मिलेट, दलहन, कपास तथा नारियल इस क्षेत्र की मुख्य फसलें हैं। इसके अतिरिक्त मसालों की खेती पश्चिमी घाट के ढालों पर की जाती है।

उच्च मूल्य की फसल (दलहन, मसाले तथा नारियल) को अधिक कृषीय क्षेत्र प्रदान किया जाना चाहिए। आधारभूत ढाँचे का विकास तथा खारे पानी में झींगा पालन को प्रोत्साहन दिया जाना चाहिए।

13. गुजरात के मैदान तथा पहाड़ियाँ (The Plains and Hills of Gujarat)

इस क्षेत्र में काठियावाड़ के मैदान एवं पहाड़ियाँ तथा माही व साबरमती नदियों की उर्वर घाटियाँ शामिल हैं। यह एक शुष्क तथा अर्द्ध-शुष्क क्षेत्र है जहाँ जुलाई का तापमान 30° सेंटीग्रेड के लगभग होता है तथा जनवरी का तापमान 25° सेंटीग्रेड के करीब तथा औसत वार्षिक वर्षा 50 से.मी. से 100 से.मी. के बीच होती है।

मूंगफली, कपास, चावल, मकई, मिलइट, तिलहन, गेहूँ, दलहन तथा तम्बाकू इस क्षेत्र की मुख्य फसलें हैं। यह तिलहन उत्पादन का एक महत्वपूर्ण क्षेत्र है। इस प्रदेश में विकास के लिए मुख्यत: जल प्रबन्धन, वर्षा के जल का एकत्रण, कृषि-वानिकी, तथा तटीय क्षेत्र के खारे पानी में जल कृषि पर अधिक बल दिया जाना चाहिए।

14. पश्चिमी राजस्थान (The Western Rajasthan)

इस प्रदेश का विस्तार राजस्थान (अरावली के पश्चिम में) तथा उत्तरी गुजरात में है। जुलाई तथा जनवरी में औसत तापमान क्रमश: 40° सेंटीग्रेड तथा 15° सेंटीग्रेड होता है। औसत वार्षिक वर्षा 25° से.मी. से कम होती है। बाजरा, दलहन तथा चारा इस क्षेत्र की मुख्य फसल हैं। मरुस्थल पारिस्थितिकी में पशुधन का महत्वपूर्ण योगदान होता है। वर्षा के पानी का एकत्रण, खजूर की उद्यान कृषि, तरबूज तथा पाम की खेती पर ध्यान देना अनिवार्य है।

15. द्वीपीय प्रदेश (The Islands Region)

इस क्षेत्र में अंडमान व निकोबार तथा लक्षद्वीप सम्मलित हैं जहाँ भूमध्यरेखीय एवं उष्ण कटिबंधीय जलवायु होती है। पोर्टब्लेयर में जुलाई तथा जनवरी का औसत तापमान क्रमश: 30° तथा 25° सेंटीग्रेड होता है। चावल, मक्का, ज्वार, बाजरा, दलहन, सुपारी, अनान्नास, हल्दी तथा 'कसावा' इस प्रदेश की मुख्य फसलें हैं। इस प्रदेश में कृषि के विकास के लिए फसलों के विकास, जल प्रबन्धन तथा मत्स्यपालन पर अधिक बल दिया जाना चाहिए। तटीय क्षेत्रों में खारे पानी में झींगा तथा मछली पालन को प्रोत्साहन दिया जाना चाहिए।

भारत के कृषि-पारिस्थितिकी प्रदेश (Agro-Ecological Regions of India)

'कृषि-पारिस्थितिकी प्रदेश' की अवधारणा वास्तव में कृषि-जलवायु प्रदेशों का संशोधित रूप है। वैसे इन दोनों ही अवधारणाओं के बारे में विभ्रम की स्थिति है और साधारणतया इन्हें एक-दूसरे के पर्यायवाची के रूप में उपयोग में लाया जाता है, परन्तु इन दोनों में स्पष्ट विभेद है। खाद्य एवं कृषि संगठन (FAO) के अनुसार (1983), कृषि-जलवायु प्रदेश प्रमुख जैव-जलवायु और फसल उगाने की अवधि पर आधारित एक भूमि की इकाई है, जो किन्हीं विशेष फसलों के लिए जलवायविक दृष्टिकोण से उपयुक्त है। वहीं कृषि - पारिस्थितिकी प्रदेश किसी कृषि - जलवायु प्रदेश में स्थित एक भूमि की इकाई है, जिसका सीमांकन इसे मृदा के प्रकार और उसकी स्थिति (जिन पर उपज की अवधि निर्भर करती है) पर अध्यारोपित करने के बाद होता है अर्थात्, मृदा की स्थितियों के कारण एक ही कृषि-जलवायु प्रदेश में एक से अधिक कृषि-पारिस्थितिकी प्रदेश हो सकते हैं। भारत में कृषि-पारिस्थितिकी प्रदेशों के सीमांकन के निर्माण के लिए इसी विधि को अपनाया गया है।

विधि (Methodology)

भारत के कृषि पारिस्थितिकी प्रदेशों के निर्माण में निम्न तीन कारकों को आधार बनाया गया है:

(i) औसत मासिक तापमान तथा औसत मासिक वर्षण

(ii) मृदा के प्रकार

(iii) उपज की अवधि

इन प्रदेशों के निर्माण की विधि में सबसे पहले मृदा मानचित्र को जैव-जलवायु मानचित्र पर अध्यारोपित किया गया तथा प्राप्त मानचित्र में, भौगोलिक सूचना पद्धति (GIS) की तकनीक का उपयोग करके, पुनः उपज की अवधि को शामिल किया।

भारत के कृषि-पारिस्थितिकी प्रदेशों के सीमांकन के लिए मृदा के आधार पर इसके कृषि-जलवायु प्रदेशों को उप-विभाजित किया गया है। इस प्रकार प्राप्त मध्य प्रदेशों (Meso-regions) को उपज की अवधि पर अध्यारोपित किया गया है। इस तरह भारत में 20 कृषि-पारिस्थितिकी प्रदेशों तथा इसके 60 उप-प्रदेशों की प्राप्ति होती है। भारत के कृषि-पारिस्थितिकी प्रदेशों को ***चित्र 10.11*** में दर्शाया गया है।

भारत के कृषि-पारिस्थितिकी प्रदेशों का संक्षिप्त विवरण निम्न प्रकार है:

1. पश्चिमी हिमालय, शीत-शुष्क पारिस्थितिकी प्रदेश, जहाँ छिछली मृदा पायी जाती है तथा फसलों को उगाने की अवधि (GP-Growing Period) 90 दिनों से कम की होती है।
2. पश्चिमी मैदान, कच्छ तथा काठियावाड़ प्रायद्वीप के भाग, उष्ण शुष्क पारिस्थितिकी प्रदेश, मरुस्थलीय व लवणीय मृदा तथा फसल उगाने की अवधि, 90 दिनों से कम है।
3. दक्कन पठार, उष्ण-शुष्क पारिस्थितिकी प्रदेश, लाल तथा काली मिट्टी, फसल उगाने की अवधि 90 दिनों से कम है।
4. उत्तरी मैदान तथा मध्य उच्च भूमि, जिसमें अरावली शामिल है, उष्ण अर्द्ध-शुष्क पारिस्थितिकी प्रदेश, जलोढ़ मृदा, जहाँ फसल उगाने की अवधि, 90-150 दिनों के बीच है।
5. मध्य (मालवा) उच्च भूमि, गुजरात के मैदान तथा काठियावाड़ प्रायद्वीप, उष्ण अर्द्ध-शुष्क पारिस्थितिकी प्रदेश, मध्यम तथा गहरी काली मिट्टी, जहाँ फसल उगाने की अवधि, 90-150 दिनों के बीच है।
6. दक्कन पठार, उष्ण अर्द्ध-शुष्क पारिस्थितिकी प्रदेश, छिछली तथा मध्यम (जिसमें गहरे भी शामिल हैं) काली मिट्टी, जिसकी वर्धन अत्रधि 90-150 दिनों के बीच है।
7. दक्कन (तेलंगाना) पठार तथा पूर्वी घाट, उष्ण अर्द्ध-शुष्क पारिस्थितिकी प्रदेश, लाल तथा काली मिट्टी, जहाँ फसल उगाने की अवधि 90-150 दिनों के बीच है।
8. पूर्वी घाट, तमिलनाडु उच्च भूमि तथा दक्कन (कर्नाटक) पठार, उष्ण अर्द्ध-शुष्क पारिस्थितिकी प्रदेश, लाल दोमट मिट्टी, जहाँ फसल उगाने की अवधि 90-150 दिनों के बीच है।
9. उत्तरी मैदान, उष्ण अल्पार्द्र (शुष्क) पारिस्थितिकी प्रदेश, जलोढ़ निर्मित मृदा, तथा जहाँ फसल उगाने की अवधि 150-180 दिनों के बीच है।
10. मध्य उच्च भूमि (मालवा, बुंदेलखंड तथा पूर्वी सतपुड़ा), उष्ण अल्पार्द्र पारिस्थितिकी प्रदेश, लाल तथा काली मृदा, तथा जहाँ फसल उगाने की अवधि 150-189 दिनों के बीच है।
11. पूर्वी पठार (छत्तीसगढ़), उष्ण अल्पार्द्र पारिस्थितिकी प्रदेश, लाल तथा पीली मृदा, जिसमें फसल उगाने की अवधि 150-180 दिनों के बीच है।
12. पूर्वी (छोटानागपुर) पठार तथा पूर्वी घाट, उष्ण अल्पार्द्र पारिस्थितिकी प्रदेश, लाल तथा लैटराइट मिट्टी, जिसमें फसल उगाने की अवधि 150-180 दिन है।
13. पूर्वी मैदान, उष्ण अल्पार्द्र (आर्द्र) पारिस्थितिकी प्रदेश, जलोढ़ निर्मित मृदा, जिसमें फसल उगाने की अवधि 180-210 दिनों के बीच हैं।
14. पश्चिमी हिमालय, उष्ण अल्पार्द्र (आर्द्र जिसमें अति आर्द्र भी शामिल है) पारिस्थितिकी प्रदेश, भूरे वन तथा राख मिट्टी (podzolic soil), जिसमें फसल उगाने की अवधि 180-210 दिनों के बीच है।
15. बंगाल तथा असम के मैदान, उष्ण अल्पार्द्र नम से आर्द्र (जिसमें अति आर्द्र भी शामिल हैं) पारिस्थितिकी प्रदेश, जलोढ़ मृदा, जिसकी फसल उगाने की अवधि 180-210 दिनों के बीच है।
16. पूर्वी हिमालय, उष्ण अति आर्द्र, भूरे तथा लाल पहाड़ी मिट्टी, जिसमें फसल उगाने की अवधि 210 दिनों से अधिक है।

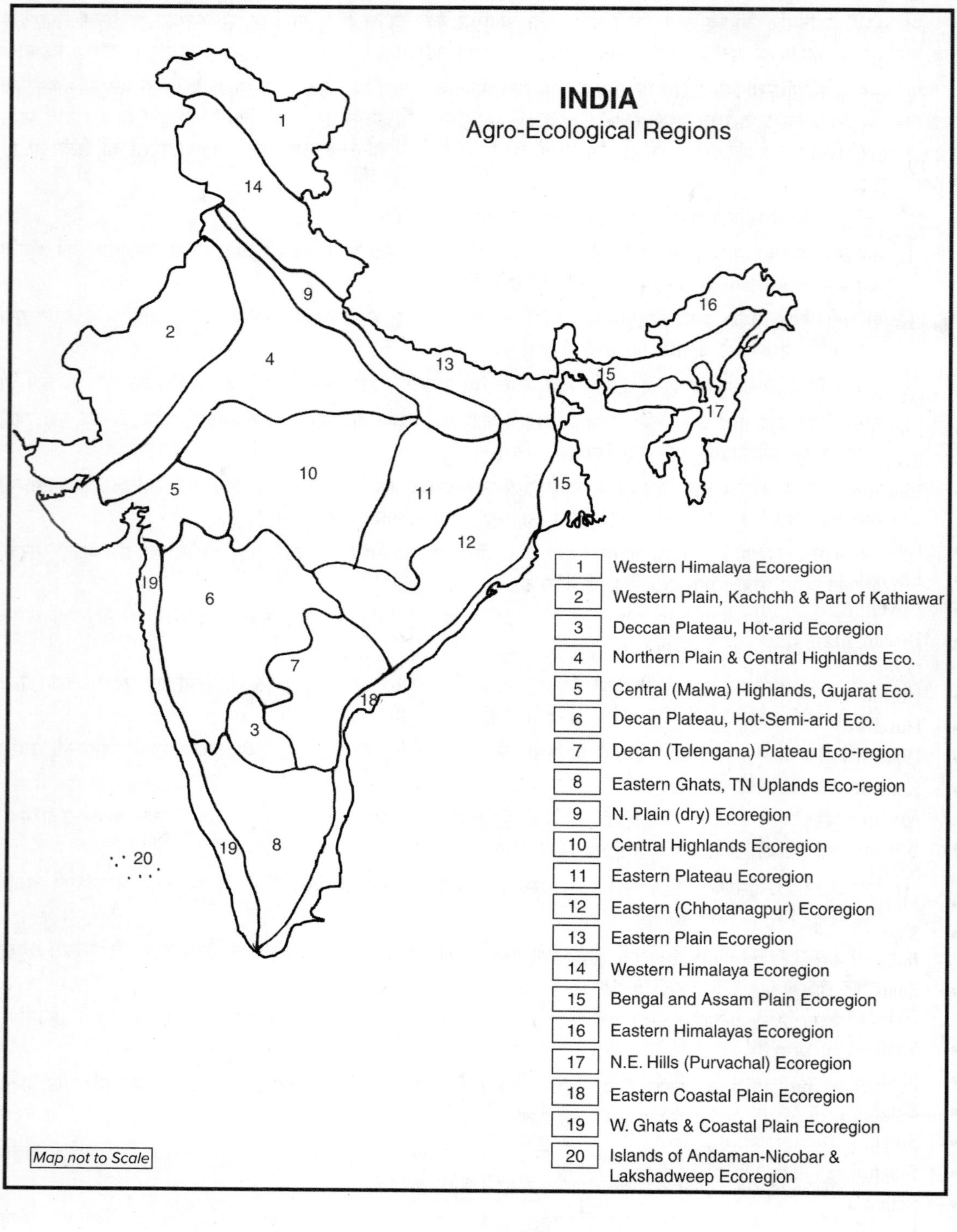

चित्र 10.11 कृषि पारिस्थितिकी प्रदेश

17. उत्तर-पूर्वी पहाड़ी (पूर्वांचल) उष्ण अति आर्द्र पारिस्थितिकी प्रदेश, लाल तथा लैटराइट मृदा, जिसकी फसल उगाने की अवधि 210 दिनों से अधिक है।
18. पूर्वी तटीय मैदान, उष्ण अल्पार्द्र से अर्द्ध-शुष्क पारिस्थितिकी प्रदेश, तटीय जलोढ़ मिट्टी, जिसकी फसल उगाने की अवधि 90-210 दिनों के बीच है।
19. पश्चिमी घाट तथा तटीय मैदान, उष्ण आर्द्र, अति आर्द्र पारिस्थितिकी प्रदेश, लाल, लैटराइट एवं जलोढ़ मिट्टी, जिसमें फसल उगाने की अवधि 90-210 दिनों के बीच है।
20. अंडमान एवं निकोबार द्वीप समूह तथा लक्षद्वीप, उष्ण आर्द्र से अति आर्द्र द्वीप पारिस्थितिकी प्रदेश, लाल दोमट तथा रेतीली मिट्टी, जिसमें फसल उगाने की वर्धन अवधि 210 दिनों से अधिक है।

संदर्भ सूची (References)

- Ahmad, A., and Siddiqui, M. F., ''Crop Association Patterns in the Luni Basin.'' *Geographer*, 14 (1967):, 69–80.
- Bansil, P. C., *Agricultural Statistics of India*. New Delhi: Arnold, Heinman, 1974.
- Bansil, P. C., *Agricultural Problems of India*. New Delhi: Vikas Publication, 1977.
- Bhatia, S. S., ''A New Method of Agricultural Efficiency in Uttar Pradesh.'' *Economic Geography*, 43 (1967): 244–60.
- Buck, J. L., *Land Utilization in China*. Shanghai: Commercial Press, 1937.
- Eneyedi, G. Y., *Geographical Types of Agriculture*. Budapest, Hungary, 1964.
- Government of India. *Economic Survey*. 2006–07.
- Husain, M., ''Crop Combination Regions of Uttar Pradesh: A Study in Methodology.'' *Geographical Review of India*, 34 (1972): 134–156.
- Husain, M., 2016, *Terms and Concepts of Geography,* New Delhi, McGraw Hill Education.
- Husain, M., *Agricultural Geography*. New Delhi: Inter India Publications, 1979.
- Husain, M., *Systematic Agricultural Geography*. Jaipur: Rawat Publications, 1996.
- Kendall, M. G., "The Geographical Distribution of Crop Productivity in England." *Journal of the Royal Statistical Society*, 102 (1939): 21–48.
- Khusro, A. M., "Returns to Scale in Agriculture." *Indian Journal of Agricultural Economics*, 19 (1973): 52–64.
- Morgan, W. B., and Munton, R. J. *Agricultural Geography*. London: Methuen & Co.
- Sapre, S. G., and Deshpande V. D., "Inter District Variations in Agricultural Efficiency in Maharashtra State." *Indian Journal of Agricultural Economics*, 19 (1964): 242–52.
- Shafi, M., "Measurement of Agricultural Efficiency in Uttar Pradesh." *Economic Geography*, 36 (1960): 304–314.
- Shafi, M., "Perspective on the Measurement of Agricultural Productivity." *The Geographer*, 1 (1974).
- Shafi, M., *Agricultural Geography.* New Delhi: Pearson Education, 2006.
- Singh, G. B., *Transformation of Agriculture*. Kurukshetra: Vishal Publications, 1979.
- Singh, J., *An Agricultural Atlas of India.* Kurukshetra: Vishal Publications, 1974.
- Singh, J., and Dhillon, S. S. .*Agricultural Geography*. New Delhi: Tata McGraw-Hill, 1984.
- Stamp, L. D., *Our Developing World.* 108–09. London, 1960.
- Symon, L., *Agricultural Geography*. London, 1968.
- Weaver, J. C., "Crop Combination Regions in the Middle West." *Economic Geography*, 32 (1954): 1–47.

- Whittlesey, D., "Major Agricultural Regions of the Earth." *Annals of the Association of American Geographers*, 26 (1936): 100–240.
- Zaidi, T. H., "Agroecological Zoning for Java Citronella (*Cymbopogon Winterianus Jowitt.*) Cultivation in Haryana". In *International Journal on Environmental Sciences*, Vol. 9 & No. 2 (2018): 60–67.
- www.india.govt.in/website-soil and land use.
- www.maps of India.com.

11

उद्योग (Industries)

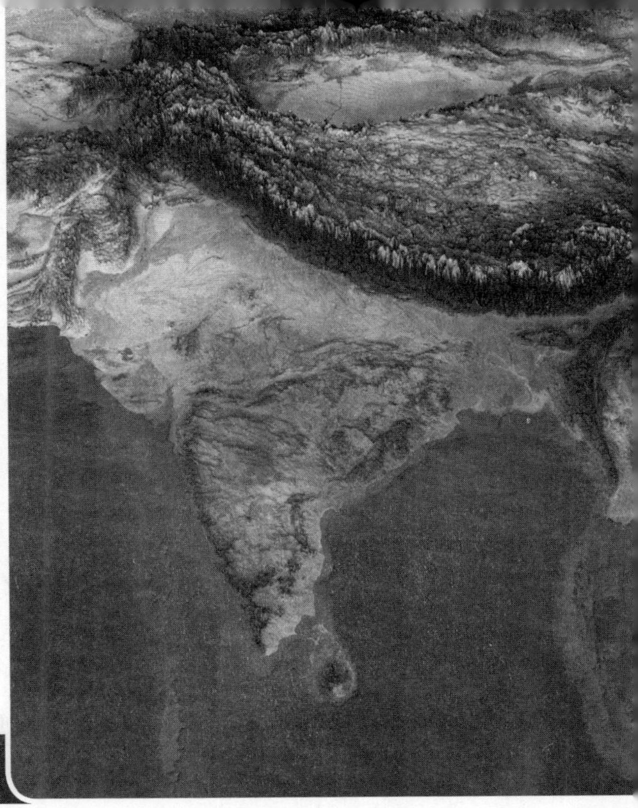

उद्योगों का विकास (Evolution of Industries)

औद्योगिक विकास समाजार्थिक तथा मानव विकास का एक प्रमुख संकेत है। आधुनिक उद्योग से पहले भारत विश्व भर में अपने कुटीर तथा घरेलू उद्योग के लिए प्रसिद्ध था। भारतीय मलमल (Muslin), रेशमी कपड़ों तथा कलात्मक मिट्टी के बर्तनों की माँग पूरे विश्व में थी। अंग्रेजों के आगमन के साथ भारत की परम्परागत हस्तशिल्प का पतन हुआ। ईस्ट इंडिया कम्पनी की नीति के अन्तर्गत भारत से कच्चा माल ब्रिटेन निर्यात किया जाता था तथा तैयार उत्पाद यूरोप से भारत में आयात किया जाता था। इस नीति के कारण 1854 से पहले भारत में उद्योगों का विकास नहीं हो पाया। 19वीं सदी के अन्त तक भारत में उद्योगों के विकास की गति धीमी थी।

भारत में औद्योगिक विकास 1854 के बाद शुरू हुआ जब अंग्रेजों द्वारा कुछ कपास तथा जूट के कारखाने क्रमशः मुंबई तथा कोलकाता में स्थापित किए गए। आधुनिक औद्योगिक चरण की शुरुआत पोर्टोनोवा (तमिलनाडु) में पहले लौह एवं इस्पात काठ कोयला संयंत्र की स्थापना के साथ हुई। 1886 में यह कारखाना बन्द कर दिया गया। पहला सूती वस्त्र का कारखाना मुंबई में 1854 में तथा पहली जूट मिल कोलकाता के निकट रिशरा (Rishra) में 1855 में स्थापित की गई। सूती वस्त्रोद्योग का विस्तार 1870 के दशक में हुआ, जब अमेरिका में गृह युद्ध चल रहा था। प्रथम विश्व युद्ध से पहले सूती मिलों की संख्या बढ़कर 275 हो गई, यद्यपि जूट उद्योग में हुई प्रगति संतोषजनक नहीं थी।

लौह एवं इस्पात उद्योगों की शुरुआत देरी से हुई। भारत में पहला लौह एवं इस्पात का आधुनिक कारखाना 'बंगाल आयरन वर्क्स लिमिटेड' द्वारा कुल्टी (Kulti) में 1874 में स्थापित किया गया। यह कारखाना सफलतापूर्वक नहीं चल सका इसलिए 1881 में इसे बंद करना पड़ा। लौह एवं इस्पात-उद्योग का सही रूप में विकास 1908 में शुरू हुआ जब जमशेदपुर में एक इस्पात संयंत्र स्थापित किया गया। पहले कागज मिल की शुरुआत 1870 में कोलकाता के बेलीगंज सर्कुलर रोड में की गई। दो अन्य कागज मिलें एक कोलकाता में तथा दूसरी लखनऊ–1879 (उत्तर प्रदेश) में 1905 में शुरू की गयीं। 1870 में ऊनी कपड़ों की मिल की स्थापना बंगलुरू (कर्नाटक), धारीवाल–1881 (पंजाब) तथा कानपुर–1876 (उत्तर प्रदेश) में स्थापित की गई।

पहले विश्व युद्ध के बाद भारत में उद्योगों का विकास तेज हो गया तथा यह देश सूती व ऊनी वस्त्रों, एवं शराब का एक मुख्य संभरक (Supplier) बन गया। द्वितीय विश्व युद्ध भारत के उद्योगों के लिए एक संकट का समय था क्योंकि इस युद्ध में भारत को भी शामिल होना पड़ा। इस युद्ध के बाद उत्पादन में गिरावट आई, इसका मुख्य कारण औद्योगिक उत्पादों की घटती

माँग, पूँजी की कमी, राजनीतिक-अस्थिरता, परिवहन में अड़चनें तथा श्रमिकों की हड़ताल थी। 1947 में भारत के विभाजन के कारण जूट एवं सूती वस्त्रोद्योग को एक भारी धक्का लगा क्योंकि जूट एवं उत्तम किस्म के कपास के उत्पादन क्षेत्र पाकिस्तान में चले गए थे।

द्वितीय विश्व युद्ध के बाद अधिकांश देशों में ओद्योगिक उत्पादन घट गया। सूती वस्त्र, सीमेंट, कागज, लौह एवं इस्पात तथा उपभोक्ता वस्तुओं के उद्योग की स्थिति सबसे खराब थी, इसका मुख्य कारण कच्चे माल की अनुपलब्धता थी।

आज़ादी के बाद भारत सरकार को एक उपयुक्त औद्योगिक नीति की आवश्यकता महसूस हुई, जिसके कारण औद्योगिक नीति का प्रस्ताव, 1948 लाया गया। इस नीति के अन्तर्गत एक मिश्रित अर्थव्यवस्था का प्रस्ताव रखा गया जिसमें राज्य तथा निजी क्षेत्र के उद्यम को साथ-साथ कार्य करने की अनुमति थी, वे एक-दूसरे के साथ सहयोग कर सकते थे तथा उनके क्षेत्र निर्धारित थे। इस प्रस्ताव ने उद्योगों को निजी एवं सार्वजनिक क्षेत्रों में विभाजित किया।

पंचवर्षीय योजनाओं के दौरान औद्योगिक विकास (Industrial Development during the Five Year Plans)

भारत में औद्योगिक क्षेत्र का सही रूप में विकास पंचवर्षीय योजनाओं से आरंभ हुआ।

पहली पंचवर्षीय योजना (First Five Year Plan 1951–56)

प्रथम पंचवर्षीय योजना का मुख्य बल कृषि विकास पर था। इसलिए इस योजना के अन्तर्गत नए उद्योगों को स्थापित करने के बजाय वर्तमान उद्योगों की क्षमता को बढ़ाने का प्रयास किया गया। सूती, ऊनी तथा जूट वस्त्र, सीमेंट, कागज, अखबारी कागज (न्यूजप्रिन्ट), चिकित्सा, वनस्पति तेल, चीनी, रासायनिक तथा अभियान्त्रिकी वस्तुओं तथा परिवहन उपकरणों के क्षेत्र में कुछ प्रगति हुई।

दूसरी पंचवर्षीय योजना (Second Five Year Plan 1956–61)

इस योजना के अन्तर्गत भारी उद्योगों को स्थापित करने पर बल दिया गया। लौह एवं इस्पात, भारी इंजीनियरी, लिग्नाइट परियोजना, रासायनिक तथा उर्वरकों के उद्योग पर जोर दिया गया। इसके अतिरिक्त वर्तमान इस्पात संयंत्रों के विस्तार पर भी बल दिया गया, जैसे–जमशेदपुर, कुल्टी-बर्नपुर तथा भद्रावती। तीन नए लौह एवं इस्पात संयंत्र (भिलाई, दुर्गापुर तथा राउरकेला) स्थापित किए गए। चित्तरंजन लोकोमोटिव वर्कशॉप, हिन्दुस्तान शिप-बिल्डिंग यार्ड (विशाखापट्टनम), सिन्दरी फर्टिलाइजर फैक्ट्री तथा हिन्दुस्तान मशीन टूल्स लिमिटेड (HMT), बंगलौर का विस्तार किया गया। 1962 में चीन से युद्ध के कारण तथा देश के अधिकांश भाग में वर्षा में कमी के कारण इस योजना के कई लक्ष्यों को प्राप्त नहीं किया जा सका।

तीसरी पंचवर्षीय योजना (Third Five Year Plan 1961–66)

तीसरी पंचवर्षीय योजना के अंतर्गत बुनियादी उद्योग, जैसे-लौह एवं इस्पात, जीवाश्म-ईंधन, विद्युत (Power), एवं मशीन निर्माण के विस्तार पर जोर दिया गया। राँची मशीन टूल्स (HMT) तथा तीन अन्य एच.एम.टी. (HMT) की इकाईयाँ स्थापित की गई। मशीन निर्माण, रेल इंजन तथा डिब्बों का निर्माण, पोत निर्माण, वायुयान निर्माण, रसायन, दवाओं तथा उर्वरकों के उद्योगों ने भी प्रगति की।

चौथी पंचवर्षीय योजना (Fourth Five Year Plan 1969–74)

1966 से 1969 के बीच की अवधि वार्षिक योजनाओं की अवधि थी। इस अवधि के दौरान उद्योगों का विकास सही ढंग से नहीं हो पाया। चौथी पंचवर्षीय योजना के दौरान कृषि-आधारित उद्योगों पर जोर दिया गया, जैसे–चीनी, कपास, जूट, वनस्पति, धातु-आधारित तथा रासायनिक उद्योग। इस योजना के दौरान मिश्र धातु, एल्युमीनियम, ऑटोमोबाइल टायर, इलैक्ट्रॉनिक वस्तुओं, मशीन टूल्स, ट्रैक्टर तथा विशेष इस्पात के क्षेत्र में प्रगति हुई।

पाँचवीं पंचवर्षीय योजना (Fifth Five Year Plan 1974–79)

इस योजना का मुख्य बल इस्पात संयंत्रों, निर्यात की वस्तुओं तथा वृहत्त उपभोग की वस्तुओं पर था। सलेम (Salem), विजयनगर तथा विशाखापट्टनम के इस्पात संयंत्रों को बढ़ाने पर बल दिया गया। भारतीय इस्पात प्राधिकरण (Steel Authority of India–SAIL) का गठन किया गया। इसके अतिरिक्त तेल परिष्करण, रसायनिक उर्वरक, भारी इंजीनियरी उद्योग तथा दवाओं के निर्माण के क्षेत्र में भी प्रगति हुई।

छठी पंचवर्षीय योजना (Sixth Five Year Plan 1980–85)

छठी पंचवर्षीय योजना का मुख्य बल उन वस्तुओं के उत्पादन पर था, जिससे घरेलू तथा अन्तर्राष्ट्रीय बाजार का लाभ उठाया जा सके। इस उद्देश्य को पूरा करने के लिए एल्युमीनियम, ऑटोमोबाइल्स, विद्युत उपकरण, थर्मोस्टेटिक, इत्यादि के उद्योगों को प्राथमिकता दी गई। व्यवसायिक वाहनों, दवाओं, टी.वी. रिसिवर, ऑटोमोबाइल्स, सीमेन्ट, कोयला, जूट, गैर-लौह धातु, वस्त्र, रेल के डिब्बे, चीनी, इत्यादि के उद्योगों में उत्पादन लक्ष्य को हासिल कर लिया गया।

सातवीं पंचवर्षीय योजना (Seventh Five Year Plan 1985–90)

सातवीं पंचवर्षीय योजना का नुख्य बल 'उच्च तकनीकी' तथा इलैक्ट्रॉनिक उद्योगों पर था। औद्योगिक प्रकीर्णन, स्वरोजगार, स्थानीय संसाधनों का उपयोग तथा उपयुक्त प्रशिक्षण इस योजना के प्राथमिकता वाले क्षेत्र थे।

आठवीं पंचवर्षीय योजना (Eighth Five Year Plan 1992–97)

1990 तथा 1995 के बीच की अवधि वार्षिक योजनाओं की अवधि थी। 1991 में सरकार द्वारा शुरू की गई औद्योगिक नीति में एक बड़ा बदलाव आया था। विदेशी बहुराष्ट्रीय कम्पनियों के निवेश के लिए उदारीकरण की नीति अपनाई गई। क्षेत्रीय असंतुलन को हटाने तथा लघु क्षेत्रों में रोजगार बढ़ाने पर बल दिया गया।

नौवीं पंचवर्षीय योजना (Ninth Five Year Plan 1997–2002)

इस योजना का मुख्य बल सीमेंट, कोयला, कच्चा तेल, उपभोक्ता वस्तुओं, इस्पात उत्पाद, रिफाइनरी तथा आधारभूत संरचना पर था।

दसवीं पंचवर्षीय योजना (Tenth Five Year Plan 2002–07)

दसवीं पंचवर्षीय योजना में मुख्य बल निम्नलिखित पर था:

(i) आधुनिकीकरण, प्रौद्योगिकी में सुधार तथा निर्यात में वृद्धि;

(ii) अन्तर्राष्ट्रीय प्रतिस्पर्द्धा को बढ़ावा देना, तथा;

(iii) संतुलित क्षेत्रीय विकास।

इन उद्देश्यों को पूरा करने के लिए तथा क्षेत्रीय असमानता को घटाने के लिए विशेष आर्थिक क्षेत्र (Special Economic Zones - SEZs) की नीति अपनाई गई है। इसके अतिरिक्त हिमाचल प्रदेश, जम्मू एवं कश्मीर तथा उत्तराखंड में उद्योगों को प्रोत्साहित करने के लिए विशेष औद्योगिक पैकेज प्रदान किया गया। इसके अतिरिक्त मुख्य खाद्य, पूँजीगत माल, अन्तर्वर्ती वस्तुएँ तथा उपभोक्ता वस्तुओं को भी प्रोत्साहित किया गया।

ग्यारहवीं पंचवर्षीय योजना (Eleventh Five Year Plan 2007–12)

ग्यारहवीं पंचवर्षीय योजना में तीव्र विकास तथा सभी के चौमुखी विकास पर बल देना (Towards Faster and More Inclusive Growth) सरकार को इस बात का भली-भाँति ज्ञान हुआ कि विकास का लाभ पूरी जनसंख्या को नहीं पहुँच रहा है। इसलिए इस पंचवर्षीय योजना में विकास का लाभ समाज के सभी वर्गों को पहुँचाना है।

दूसरे शब्दों में, संवृद्धि का फायदा देश की आबादी की सभी श्रेणियों तक नहीं पहुंचा है–खास कर छोटे किसान, भूमिहीन मजदूर एवं असंगठित क्षेत्र में काम करने वाले लोग विकास के लाभ से आज भी दूर हैं। 11वीं पंचवर्षीय परियोजना में विकास के लाभों को सभी वर्गों तक पहुंचाने पर जोर दिया गया है। यह परियोजना सामाजिक न्याय पर बल देती है। 11वीं पंचवर्षीय परियोजना इस तथ्य पर विशेष बल देती है कि हमें एक ऐसी संवृद्धि प्रक्रिया अपनाने की आवश्यकता है, जो तेजी से गरीबी घटाये, रोजगार का संवर्द्धन करे और समाज के सभी तबकों तक स्वास्थ्य, शिक्षा जैसी आवश्यक सेवाओं की पहुंच सुनिश्चित करे।

बारह पंचवर्षीय योजना (2012-2017) और नीति आयोग [Twelfth Five Year Plan (2012–17) and NITI Aayog]

यह योजना 4 अक्टूबर 2012 में स्वीकृत हुई थी। इस योजना का उद्देश्य तेज, अधिक सयुंक्त और जीवन धारण करने योग्य था। वृद्धि दर का लक्ष्य 8% था। 12वीं पंचवर्षीय योजना अन्तिम पंचवर्षीय योजना है जो लागू की गयी। यह 31 मार्च 2017 को समाप्त हुई।

नीति आयोग 1 जनवरी 2015 में स्थापित हुआ था (भारत के परिवर्तन हेतु राष्ट्रीय संस्थान)। इसने योजना आयोग का स्थान लिया। तीन वर्षीय एजेन्डा में इसे सात भागों में पुन: विभाजित करना था। प्रत्येक भाग की आर्थिक वृद्धि के लिए विशेष कार्य योजना बनाना। इसका मुख्य प्रयास 2018-19 में राजकोषीय घाटा 3% तक कम करना था और राजस्व कोषीय घाटा 2019-20 में कुल जीडीपी का 0.09% करना था।

भारत सरकार ने 2014 में मेक इन इंडिया की शुरुआत की, जो कंपनियों को भारत में बने उत्पादों को विकसित करने, निर्माण करने, समवेत करने और विनिर्माण में समर्पित निवेश को प्रोत्साहित करने की एक पहल है। 13 मई 2020 को सरकार ने भारत को आत्मनिर्भर बनाने के उद्देश्य से आत्मनिर्भर भारत अभियान शुरू किया। सरकार के अन्य कार्यक्रम जैसे स्टार्ट-अप इंडिया और स्किल इंडिया का उद्देश्य भी भारत में औद्योगिक क्षेत्र और रोजगार का विकास करना है।

औद्योगिक नीति (Industrial Policy)

भारतीय सरकार द्वारा पहली औद्योगिक नीति की घोषणा 6 अप्रैल, 1948 में की गई। इस नीति में दोनों, सार्वजनिक तथा निजी क्षेत्रों को औद्योगिक विकास के लिए शामिल किया गया। उद्योगों को चार वर्गों में विभाजित किया गया है:

1. **विशिष्ट राज्य एकाधिकार (Exclusive State Monopoly):** इसमें हथियार तथा गोला-बारूद बनाना, परमाणु ऊर्जा का उत्पादन तथा इस पर नियंत्रण, तथा रेलवे का स्वामित्व व प्रबंधन शामिल है। जून 2016 में भारत सरकार ने सैनिक उत्पादन उद्योग में 100% विदेशी मुद्रा निवेश की अनुमति दे दी है।
2. **नई इकाइयों के लिए राज्य एकाधिकार (State Monopoly for New Units):** इस वर्ग में कोयला लौह एवं इस्पात, वायुयान-निर्माण, पोत निर्माण, टेलीफोन, टेलीग्राफ, वायरलैस उपकरण तथा खनिज तेल का उत्पादन शामिल है। इस वर्ग में नए उद्यमों की शुरुआत राज्य द्वारा ही की जा सकती है। जून 2016 में भारत सरकार ने वायुयान उद्योग में भी 100 प्रतिशत विदेशी निवेश को अनुमति दे दी है।
3. **राज्य विनियमन (State Regulation):** इस वर्ग में मूलभूत महत्व के उद्योग शामिल हैं, जैसे–मशीन टूल्स, रसायन, उर्वरक, गैर-लौह धातु, रबड़ उत्पादन, सीमेंट, कागज, अखबारी कागज, ऑटोमोबाइल, विद्युत अभियान्त्रिकी, इत्यादि। इनके लिए केन्द्र सरकार योजना बनाना तथा इन्हें विनियमित करना आवश्यक समझती है।
4. **अविनियमित निजी उद्यम (Unregulated Private Enterprise):** इस वर्ग के उद्योगों को निजी क्षेत्र, व्यक्तिगत लोगों तथा सहकारी समितियों के लिए खोल दिया गया है।

औद्योगिक नीति, 1991

तत्कालीन प्रधानमंत्री पी.वी. नरसिम्हा राव के नेतृत्व में कांग्रेस सरकार द्वारा 24 जुलाई, 1991 को औद्योगिक नीति में एक बड़ा बदलाव किया गया। इस नई औद्योगिक नीति का मुख्य उद्देश्य अनावश्यक नौकरशाही नियंत्रण से देश की औद्योगिक अर्थव्यवस्था

को मुक्त करना, उदारीकरण की प्रक्रिया की शुरुआत, जिससे भारतीय अर्थव्यवस्था को वैश्विक अर्थव्यवस्था से जोड़ा जा सकेगा, प्रत्यक्ष विदेशी निवेश पर नियंत्रण को हटाना तथा देश के उद्यमियों को एकाधिकारी तथा प्रतिबंधक व्यापार प्रक्रिया अधिनियम (Monopolistic & Restrictive Trade Practices Act – MRTP) से मुक्त करना था। इसके अतिरिक्त इस नीति का उद्देश्य सार्वजनिक क्षेत्र के उद्यमों से हुए नुकसान को कम करना था। 1991 के औद्योगिक नीति की मुख्य विशेषताएँ निम्नलिखित हैं:

1. कुछ विशेष उद्योगों (सुरक्षा, परमाणु ऊर्जा, रेलवे, कोयला, परमाणु खनिज, सामरिक तथा पर्यावरण की दृष्टि से संवेदनशील उद्योग) को छोड़कर अन्य सभी वस्तुओं के लिए लाइसेंस की अनिवार्यता समाप्त कर दी गई।
2. अधिक प्राथमिकता वाले क्षेत्रों में विदेशी निवेश को 51% इक्विटी तक प्रोत्साहन दिया जाएगा।
3. भारतीय निर्यातकों को मदद के लिए विदेशी व्यापार कम्पनियों को प्रोत्साहित करना।
4. अधिक प्राथमिकता वाले उद्योगों के प्रौद्योगिकी समझौतों के लिए स्वत: अनुमति व्यवस्था।
5. 'एकाधिकारी तथा प्रतिबंधक व्यापार प्रक्रिया अधिनियम' में ढिलाई।
6. विदेशी मुद्रा विनियमन अधिनियम (Foreign Exchange Regulating Act–FERA) का मन्दन ताकि व्यापार घाटे पर रुपए का पूर्णत: विनिमय हो।
7. सार्वजनिक क्षेत्र की इकाइयों का विनिवेश (Disinvestment)।
8. घाटे में चल रहीं सार्वजनिक क्षेत्र की इकाइयों को बन्द करना।
9. शेयरों पर सी.सी.आई. तथा सम्पत्ति-कर को समाप्त करना।
10. आयात शुल्क में सामान्य रूप से गिरावट।
11. अधिक प्राथमिकता वाले क्षेत्र अथवा आरक्षित क्षेत्र में काम कर सार्वजनिक क्षेत्र के उद्यमों को दृढ़ता प्रदान करना।
12. विशेष बोर्ड का गठन, जो उद्योगों के विकास तथा तकनीक के आयात हेतु बड़े निवेश के लिए विदेशी कम्पनियों से बातचीत करें।

नई औद्योगिक नीति ने 27 वर्षीय पुरानी स्थायी नीति को बदलना है। इसका उद्देश्य नई प्रौद्योगिकी को प्रोत्साहित करना और नियमों को घटाना है। इस नीति का उद्देश्य अगले 10 वर्षों में रोजगार सृजन करना, विदेशी प्रौद्योगिकी का स्थानान्तरण और 100 बिलियन डालर वार्षिक एफडीआई को आर्कषित करना है।

औद्योगिक वृद्धि की रुकावटें:

1. अपर्याप्त मौलिक सुविधाएं
2. रुकावटी श्रम कानून
3. जटिल व्यापार पर्यावरण
4. प्रौद्योगिकी का मन्द अंगीकार
5. मंद (कम) उत्पादकता
6. व्यापार के लिए चुनौतियां
7. शोध और विकास के खर्च की अपर्याप्तता

सूती वस्त्रोद्योग (Cotton Textile Industry)

कपड़ा उद्योग में कपास, जूट, ऊन, रेशम और सिंथेटिक फाइबर वस्त्र शामिल हैं। भारत कपड़ा वस्तुओं के प्रमुख उत्पादकों में से एक है। यह उद्योग भारत में उत्पादन, विदेशी मुद्रा आय और रोजगार सृजन के मामले में अर्थव्यवस्था के सबसे बड़े और सबसे महत्वपूर्ण क्षेत्रों में से एक है। इसका योगदान औद्योगिक उत्पादन में 14% (2020-21), उत्पाद शुल्क संग्रह में 10%, औद्योगिक क्षेत्र में रोजगार में 18%, देश की कुल निर्यात आय में 20% और सकल घरेलू उत्पाद में 5% है। भारत दुनिया में कपास का दूसरा सबसे बड़ा उत्पादक और निर्यातक है। भारत 2021-22 में 362.18 लाख गांठ के उत्पादन के साथ दुनिया में कपास के सबसे बड़े उत्पादक के रूप में उभरा है और चीन के बाद दूसरा सबसे बड़ा निर्यातक है। भारत के कुल निर्यात में हस्तशिल्प सहित

कपड़ा और परिधान (टीएंडए) की हिस्सेदारी 2019-20 में 11.8% की महत्वपूर्ण हिस्सेदारी थी। कपड़ा उद्योग और संबंधित गतिविधियाँ जैसे कपास प्रसंस्करण आदि लगभग 5.8 मिलियन कपास किसानों और 40-50 मिलियन लोगों को आजीविका प्रदान करने में एक प्रमुख भूमिका निभाता है।

कुल वैश्विक उत्पादन में भारतीय कपास की हिस्सेदारी 25 प्रतिशत है। भारत कपास की खेती के तहत लगभग 126.14 लाख हेक्टेयर के साथ कपास की खेती में दुनिया में पहले स्थान पर है, जो दुनिया के 326.50 लाख हेक्टेयर क्षेत्र का लगभग 38% है।

1500 ई.पू. (B.C.) से 1500 ई. (A.D.) के बीच भारत का वस्त्रों के उत्पादन में एकाधिकार था। भारतीय सूती तथा रेशम के वस्त्रों की विश्वभर में माँग थी। भारत में ब्रिटिश के आगमन तथा ब्रिटेन में औद्योगिक-क्रान्ति (1779) के बाद भारतीय उत्पादन को धक्का लगा। अंग्रेजों ने भारत में अपने साम्राज्य को स्थापित करने के बाद भारत से ब्रिटेन ने कच्चे माल के निर्यात को प्रोत्साहित किया तथा ब्रिटेन से भारत तैयार उत्पाद के आयात को। 1854 में मुंबई में सी.एन. दीवार (Dewar) द्वारा सबसे पहली कपड़ा मिल स्थापित की गयी। 1870 में अमेरिकी गृह-युद्ध के कारण भारतीय वस्तुओं की माँग बढ़ गई, जिससे सूती वस्त्रोद्योग में वृद्धि देखी गयी। प्रथम विश्व युद्ध से पहले भारत में कपड़ों की मिलों की संख्या बढ़कर 271 हो गई। द्वितीय विश्व युद्ध के दौरान वस्त्रोद्योग में और अधिक वृद्धि हुई।

1947 में सूती वस्त्रोद्योग को धक्का लगा क्योंकि उच्च स्तर के कपास के क्षेत्र पाकिस्तान में चले गये, फलस्वरूप भारत को कपास अफ्रीकी देशों (मिस्र) से आयात करना पड़ा।

भारत में अधिकांश कपड़े की मिलें कपास की खेती वाले क्षेत्रों या निकटवर्ती नगरों एवं शहरों में स्थित हैं। कपास वस्त्रोद्योग के स्थान निर्धारण को मुख्यत: निम्नलिखित कारक प्रभावित करते हैं—1. कच्चा माल, 2. बाजार की निकटता, 3. आर्द्र मौसम, 4. पूँजी, 5. प्रशिक्षित, कुशल तथा सस्ता श्रम, 6. परिवहन, 7. बन्दरगाह, तथा; 8. निर्यात सुविधाएँ तथा घरेलू एवं अन्तर्राष्ट्रीय बाजार।

सूती-वस्त्रोद्योग में हुई वृद्धि की प्रवृत्ति को ***तालिका 11.1*** में दिखाया गया है।

तालिका 11.1 भारत में सूती वस्त्र उद्योग का विकास

साल	क्षेत्रफल लाख हेक्टेयर में	उत्पादन 170 कि.ग्रा. के लाख गांठों में	उपज कि.ग्रा. प्रति हेक्टेयर
2010-11	111.42	339.00	517
2011-12	121.78	367.00	512
2012-13	119.78	370.00	525
2013-14	119.60	398.00	566
2014-15	128.46	386.00	513
2015-16	122.92	332.00	459
2016-17	108.26	345.00	542
2017-18	125.86	370.00	500
2018-19	126.14	333.00	449
2019-20	134.77	365.00	460
2020-21*(पी)	130.07	353.84	462
2021-22*(पी)	120.69	362.18	510

Source: The Cotton Corporation of India Limited

(i) **सूती मिल तथा फैक्टरी:** विकास के शुरुआती चरण में सूती वस्त्रों का मुख्य उत्पादन मिलों में होता था। उदाहरण के लिए 1950-51 में 80% से अधिक सूती वस्त्रों का उत्पादन मिलों तथा फैक्ट्रियों से होता था जो 2005-06 में मात्र लगभग 10% था। बिजली करघा क्षेत्र में उत्पादन तथा रोजगार के अवसर धीरे-धीरे बढ़ते जा रहे हैं।

(ii) **बिजली करघा (Powerlooms):** विकेन्द्रित बिजली करघा क्षेत्र ने देश के वस्त्रों की आवश्यकताओं को पूरा करने में एक महत्वपूर्ण भूमिका निभाई है। बिजली करघा उद्योग देश के कुल कपड़ों के उत्पादन में लगभग 83% योगदान करता है।

(iii) **हथकरघा (Handlooms):** हथकरघा क्षेत्र का देश के कुल वस्त्रों के उत्पादन में 12% से अधिक का योगदान है। देश के मुख्य कपास उत्पादन के क्षेत्रों को चित्र 11.1 में दर्शाया गया है।

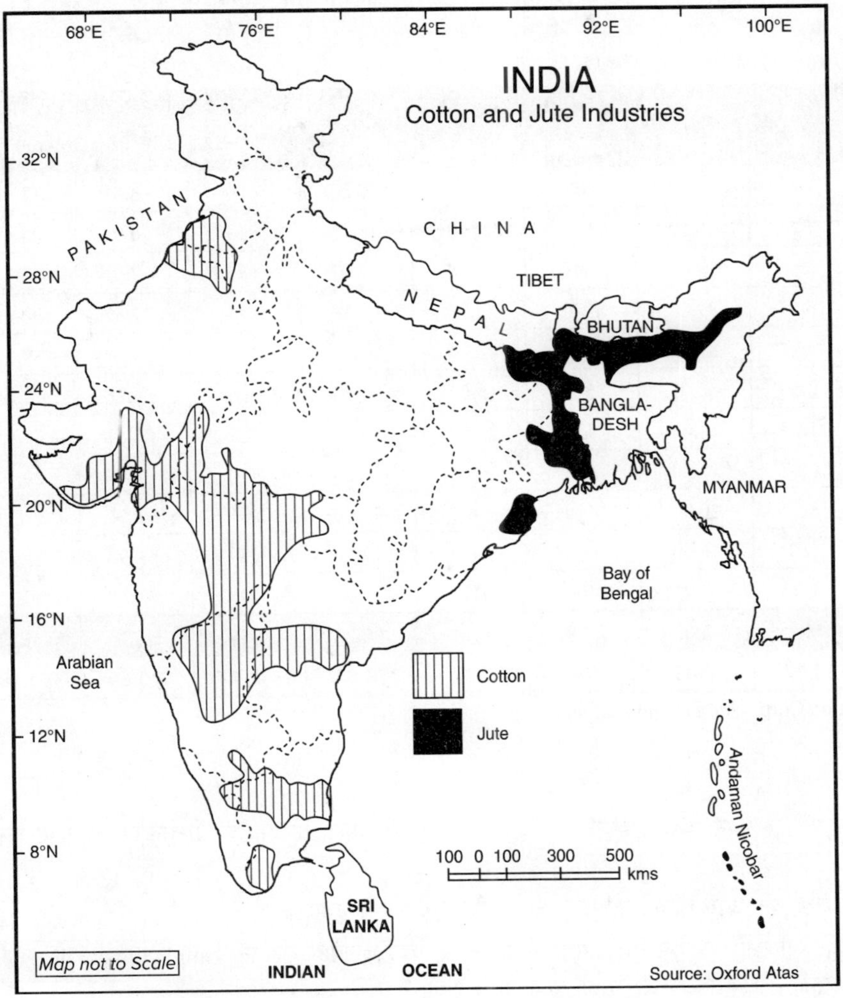

चित्र 11.1 कपास एवं पटसन उत्पादन क्षेत्र (2015-16)

राज्यानुसार सूती वस्त्रों का उत्पादन एवं वितरण (Distribution and Production of Cotton Goods Statewise)

प्रमुख सूती वस्त्र उत्पादन केंद्रों को ***(चित्र 11.2)*** में दिखाया गया है। तालिका 11.2 कपास के राज्यवार उत्पादन को दर्शाता है। आंकड़ों ***(तालिका 11.1)*** के अनुसार, 2021-22 में कपास का कुल उत्पादन 362.18 लाख गांठ 170 कि.ग्रा. था।

सूती वस्त्रों का राज्यवार वितरण एवं उत्पादन ***(सारणी 11.2)*** में दर्शाया गया है। तालिका से यह देखा जा सकता है कि महाराष्ट्र सूती वस्त्र का प्रमुख उत्पादक है, इसके बाद गुजरात और तेलंगाना का स्थान है। 2021-22 के दौरान कपास की खेती का कुल क्षेत्रफल 120.69 लाख हेक्टेयर था, जिसमें 362.18 लाख गांठ का उत्पादन हुआ था।

भारत का कपड़ा और वस्त्र उद्योग राष्ट्रीय अर्थव्यवस्था के मुख्य पड़ावों में से एक है। कुल वैश्विक फाइबर उत्पादन में कपास का योगदान लगभग 25% है। कपास लगभग 5.8 मिलियन कपास किसानों की आजीविका का निर्वाह करती है। भारत में कपास के तहत दुनिया में सबसे बड़ा क्षेत्र है जिसमें लगभग 126 लाख हेक्टेयर दुनिया के कुल का 38% है।

तालिका 11.2 भारत में कपास का राज्यवार उत्पादन

राज्य	2019-20			2020-21 (पी)			2021-22 (पी)		
	क्षेत्र	उत्पाद	पैदावार	क्षेत्र	उत्पाद	पैदावार	क्षेत्र	उत्पाद	पैदावार
पंजाब	2.48	9.50	651	2.52	10.23	690	3.04	13.68	765
हरियाणा	7.23	26.50	623	7.40	18.23	419	6.95	20.43	500
राजस्थान	7.6	29.00	649	8.08	32.07	675	7.07	25.97	624
गुजरात	26.55	89.00	570	22.70	72.70	544	22.57	80.96	610
महाराष्ट्र	44.91	87.00	329	42.86	95.88	380	39.37	89.86	388
मध्य प्रदेश	6.50	20.00	523	5.72	17.83	530	6.16	19.21	530
तेलंगाना	21.27	54.00	432	23.59	59.95	432	20.51	65.87	546
आंध्र प्रदेश	6.57	18.00	466	6.06	16.04	450	5.78	20.26	596
कर्नाटक	8.17	20.00	416	8.2	23.20	481	6.37	17.24	460
तमिलनाडु	1.70	6.00	600	1.12	2.50	379	0.74	1.61	370
ओडिशा	1.07	4.00	400	1.71	4.99	496	2	6.82	580
अन्य	0.09	2.00	3778	0.11	0.22	340	0.13	0.27	353
कुल	**134.77**	**365**	**404**	**130.07**	**353.84**	**417**	**120.69**	**362.18**	**458**

Source: The Cotton Corporation of India Limited

महाराष्ट्र

महाराष्ट्र सूती वस्तुओं का सबसे बड़ा उत्पादक है। महाराष्ट्र में कपास मिलों के अधिक केन्द्रीकरण के लिए निम्नलिखित कारक जिम्मेदार हैं:

(i) **कच्चे माल की उपलब्धता:** महाराष्ट्र कपास का एक प्रमुख उत्पादक है।

(ii) **जलवायु:** अधिकांश कपास मिलें, मुंबई में स्थित हैं, जहाँ जलवायु सुहावनी (mild climate) है, यहाँ वायु में अधिक आर्द्रता रहती है, जिसके कारण सूती धागा प्रायः टूटता नहीं है।

(iii) मुंबई मिस्र, सूडान तथा पूर्वी अफ्रीकी देशों से नजदीक हैं, जहाँ से उत्तम स्तर का कच्चा माल (कपास) प्राप्त होता है।

(iv) **श्रम:** राज्य में सस्ता और प्रशिक्षित श्रम उपलब्ध है।

(v) **विद्युत:** राज्य में सस्ती दर पर बिजली उपलब्ध है तथा बिजली का काटा जाना अधिक प्रायिक नहीं है।

(vi) **बाजार:** भारत तथा विदेश में सूती उत्पादों का बड़ा बाजार है।

(vii) **बन्दरगाह:** मुंबई का बन्दरगाह रेल तथा राजमार्गों द्वारा दूसरे प्रदेशों से जुड़ा हुआ है।

(viii) **निवेश:** इस उद्योग में निवेश की कमी नहीं है।

(ix) **उद्यमी:** मुंबई देश की वाणिज्यिक राजधानी है तथा यहाँ ऐसे उद्यमियों की कमी नहीं है जो इस उद्योग में निवेश करना चाहते हैं।

(x) महाराष्ट्र तथा उसकी राजधानी मुंबई को सूती वस्त्रोद्योग पहले शुरू करने का लाभ मिला है।

इस राज्य में 122 सूती वस्त्र की मिलें हैं तथा इनका योगदान देश के कुल वस्त्र उत्पादन में लगभग 39% है। मुंबई देश में सूती वस्त्रों का सबसे बड़ा उत्पादक है (63 मिलें)। मुंबई में कपास मिलों की अधिक संख्या के कारण इसे भारत का 'कॉटनपोलिस' (Cottonpolis) कहा जाता है।

शोलापुर महाराष्ट्र का दूसरा सबसे बड़ा सूती कपड़े का उत्पादन केन्द्र है। यह दक्षिण महाराष्ट्र के कपास की खेती वाले क्षेत्र का नगर है। पुणे, नागपुर, जलगाँव, अकोला, सांगली, मिराज, कोल्हापुर, कल्याण तथा थाणें सूती वस्त्रों के अन्य प्रमुख उत्पादक केन्द्र हैं *(चित्र 11.2)*।

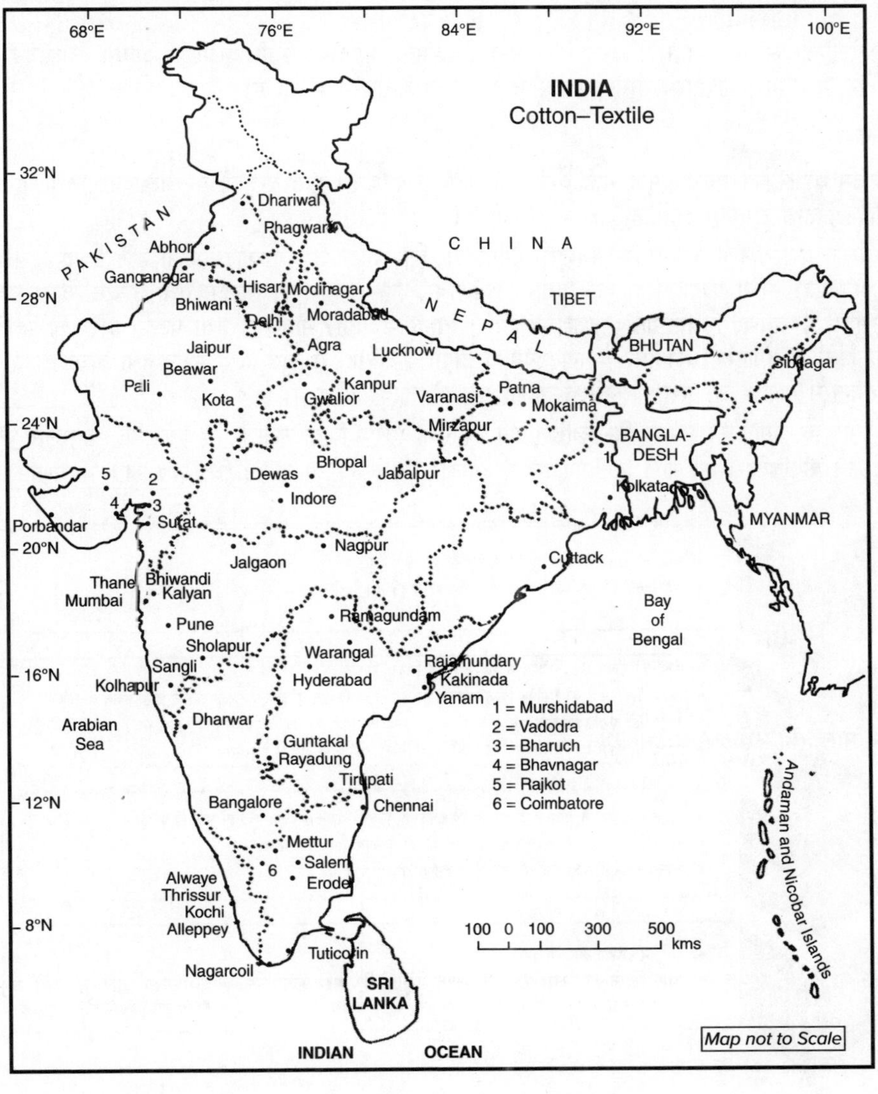

चित्र 11.2 सूती मिलें

गुजरात

गुजरात में 118 मिलें हैं, जो देश के कुल सूती वस्तुओं के उत्पादन में 35% का योगदान करती हैं। अहमदाबाद, मुंबई के बाद देश का दूसरा सबसे बड़ा सूती कपड़े का उत्पादन केन्द्र है। इसके अतिरिक्त भावनगर, भरूच, कालोल, काड़ी, केलोट, खम्भात, नदियाड़, राजकोट, सूरत, वड़ोदरा तथा विराम गाँव राज्य के अन्य प्रमुख सूती वस्त्र उत्पादन केन्द्र हैं।

तमिलनाडु

देश में सबसे अधिक कपास मिलें तमिलनाडु में हैं। यह देश का तीसरा सबसे बड़ा सूती वस्त्रों का उत्पादक है। इस राज्य में सबसे अधिक मिलें कोयम्बटूर में हैं जहाँ 200 से अधिक छोटे व बड़े कारखाने हैं। इस राज्य की मिलें आकार में छोटी हैं।

यह राज्य देश के कुल सूत (Yarn) उत्पादन में 45% का योगदान करता है। चेन्नई, मदुरई, पेराम्बूर, सलेम, तिरुचिरापल्ली, तिरुनेलवेली तथा तूतीकोरिन राज्य के अन्य प्रमुख सूती वस्त्र के उत्पादन केन्द्र हैं।

उत्तर प्रदेश

कानपुर उत्तर प्रदेश का सबसे बड़ा सूती वस्त्रों का केन्द्र है। इसके अतिरिक्त सूती वस्त्रद्योग आगरा, अलीगढ़, बरेली, इटावा, लखनऊ, मिर्जापुर, मोदीनगर, मोदीपुरम, मुरादाबाद, सहारनपुर तथा वाराणसी में भी हैं।

पश्चिम बंगाल

कोलकाता, पश्चिम बंगाल का सबसे प्रमुख सूती वस्त्रों का उत्पादन केन्द्र है। सूती वस्तुओं का उत्पादन हावड़ा, हुगली, मुर्शिदाबाद, पाणिहार (Panihar) तथा सेरामपुर (Sirampur) में भी होता है।

इनके अतिरिक्त राजस्थान में अजमेर, भीलवाड़ा, श्रीगंगानगर, किशनगढ़, जयपुर, कोटा, पाली तथा उदयपुर; पंजाब में अमृतसर, लुधियाना तथा फगवाड़ा, मध्य प्रदेश में भोपाल, देवास, ग्वालियर, इंदौर, जबलपुर, रतलाम तथा उज्जैन, आंध्र प्रदेश, तेलंगाना में पूर्वी गोदावरी, गुंटूर, हैदराबाद, सिकन्दराबाद तथा उदयगिरि; बिहार में गया, भागलपुर तथा पटना, हरियाणा में भिवानी, रोहतक तथा हिसार, कर्नाटक में बंगलुरू, बेलगाम, चेन्नापट्टनम, चित्रदुर्ग, गुलबर्गा, मंगलुरू तथा मैसूर तथा केरल में एलेप्पी, अलवाए, कोल्लम, तिरुवनंतपुरम तथा त्रिचूर देश में सूती वस्त्रों के प्रमुख उत्पादन केन्द्र हैं।

भारत में, कपास के सामान का उत्पादन निम्नलिखित तीन प्रकार के क्षेत्रों में किया जाता है: (i) मिल, (ii) पावरलूम, और (iii) हैंडलूम। भारतीय कपड़ा क्षेत्र के विकास को नीचे दिए गए प्रवाह आरेख ***(चित्र 11.3)*** और ***(चित्र 11.3A)*** में संक्षेपित किया गया है।

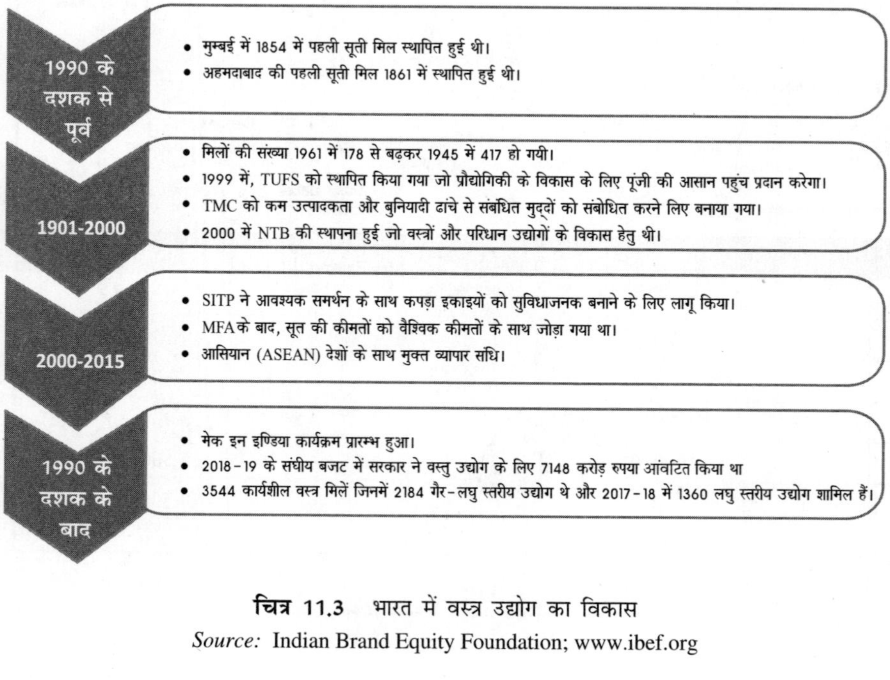

चित्र 11.3 भारत में वस्त्र उद्योग का विकास
Source: Indian Brand Equity Foundation; www.ibef.org

धागे का उत्पादन 2011 में 4712 मिलियम कि.ग्रा. से 2018 में 5676 मिलियन कि.ग्रा. हो गया है। यह 2.69% की वृद्धि है। भारत में कुल उत्पादन 2018 में बढ़कर 6651 मिलियन वर्ग मीटर हो गया है।

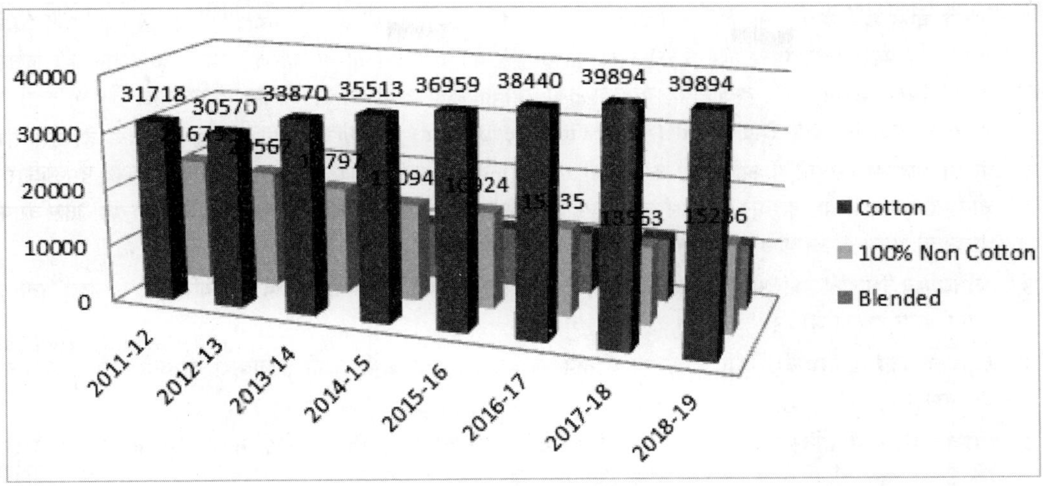

चित्र 11.3A कपड़ा उत्पादन (मिलियन वर्ग मीटर)

तालिका 11.3 वस्त्रों का उत्पादन (लाख वर्ग मी. में)

क्षेत्र	2015-16
1. मिल्स	1,656 (3.3%)
2. पॉवरलूम	41,044 (82.8%)
3. हैंडलूम	6,108 (12.3%)
4. अन्य	769 (1.6%)
योग	**49,577 (100.00%)**

स्रोत: आर्थिक सर्वे, 2015-16

तालिका 11.4 में वर्ष 1950-51 से 2015-16 के दौरान सूती वस्त्र उत्पादन को दर्शाया गया है।

तालिका 11.4 सूत का उत्पादन

	वर्ष	सूती वस्त्र उत्पादन (मिलियन वर्ग मीटर)
1.	1950-51	4,225
2.	1960-61	6,750
3.	1970-71	7,600
4.	1980-81	8,400
5.	1990-91	15,500
6.	2000-01	19,700
7.	2008-09	55,000
8.	2015-16	57,100

स्रोत: भारत 2015, प्र. विभाग, नई दिल्ली

सूती वस्त्रोद्योग की समस्याएँ (Problems of the Cotton Textile Industry)

सूती वस्त्रोद्योग कई समस्याओं का सामना कर रहा है। इनमें से कुछ समस्याएँ निम्नलिखित हैं:

1. **कच्चे माल की कमी:** भारतीय वस्त्रोद्योग की बढ़ती माँग को देश के कपास उत्पादन क्षेत्रों द्वारा पूरा नहीं किया जा सकता है। बढ़ते-घटते मूल्य तथा कच्चे माल की आपूर्ति की अनिश्चितता के कारण उत्पादन कम होता है। फलस्वरूप कपास मिस्र, केन्या, पेरू, तन्जानिया, युगान्डा तथा संयुक्त राज्य अमेरिका से आयात किया जाता है। भारत में कपास उत्पादन बढ़ाने के लिए रजत-क्रान्ति (Silver Fibre Revolution) की आवश्यकता है।
2. **पुरानी मशीनरी:** भारत में अधिकांश कपड़े की मिलें पुरानी, अप्रचलित मशीनरी का उपयोग करती हैं। इस प्रकार भारत चीन, दक्षिण कोरिया, ताइवान तथा संयुक्त राज्य अमेरिका जैसे देशों से प्रतिस्पर्द्धा की दौड़ में पीछे रह जाता है क्योंकि वे अपनी मिलों में आधुनिक मशीनरी का प्रयोग करते हैं।
3. **अनियमित बिजली की आपूर्ति:** अधिकतर मिलों में विद्युत आपूर्ति अपर्याप्त तथा अनियमित है जिसका उत्पादन पर खराब असर पड़ता है।
4. **हड़ताल तथा तालाबन्दी:** सूती वस्त्रोद्योग में अकसर हड़ताल तथा कभी-कभी तालाबन्दी के कारण वस्त्रों का उत्पादन घट गया है।
5. **विश्व बाजार में प्रतिस्पर्द्धा:** भारतीय सूती वस्त्रों को विश्व बाजार में विभिन्न देशों की चुनौती का सामना करना पड़ रहा है खासकर चीन, मिस्र, जापान, दक्षिण कोरिया तथा ताइवान से।
6. **अधिक उत्पाद-शुल्क:** भारतीय वस्त्रोद्योग को अधिक उत्पाद-शुल्क का सामना करना पड़ रहा है, जिसके कारण अन्तर्राष्ट्रीय बाजार में वस्त्रों को बेचने में समस्याएँ आती हैं।
7. **कृत्रिम रेशे के साथ प्रतिस्पर्द्धा:** देश की गरीब जनता कृत्रिम रेशे से बने वस्त्रों का उपयोग करती है, जो अधिक टिकाऊ तथा आकर्षक होता है।
8. **घाटे में चल रही मिलें:** भारत में 130 से अधिक मिलें घाटे में चल रही हैं। इन पुरानी मिलों के आधुनिकीकरण के लिए बड़ी मात्रा में निवेश की आवश्यकता है।

जूट वस्त्रोद्योग (Jute Textile Industry)

भारत दुनिया में जूट के सामान का सबसे बड़ा उत्पादक और दूसरा सबसे बड़ा निर्यातक है, जो दुनिया के कुल उत्पादन का लगभग 35% योगदान देता है। यह एक श्रम प्रधान उद्योग है जो प्रत्यक्ष और अप्रत्यक्ष रूप से 4 लाख से अधिक लोगों को रोजगार प्रदान करता है। हालांकि, उद्योग को सिंथेटिक्स से कड़ी प्रतिस्पर्धा का सामना करना पड़ रहा है और इसका निर्यात बाजार सिकुड़ रहा है।

भारत में पहली जूट फैक्ट्री 1854 में कलकत्ता से लगभग 20 कि.मी. उत्तर में 'रिशिरा' में स्थापित की गई थी। इस उद्योग ने 19वीं शताब्दी के उत्तरार्ध में जबरदस्त प्रगति की। इसके बाद, उद्योग को दो विश्व युद्धों से बढ़ावा मिला। 1947 में उपमहाद्वीप के विभाजन के कारण उद्योग को एक गंभीर झटका भी लगा। विभाजन के बाद जूट उगाने वाले लगभग 80% क्षेत्र पूर्वी पाकिस्तान (बांग्लादेश) में चले गए, जबकि लगभग 90% जूट मिलें भारत में रह गईं। 1959 के बाद से जूट उत्पादों की अंतर्राष्ट्रीय मांग में काफी कमी आई जिसके परिणामस्वरूप 112 जूट कारखाने बंद हो गए। वर्तमान में भारत में केवल 100 जूट उत्पादक मिलें हैं। इनमें से ज्यादातर मिलें हुगली नदी के किनारे हैं, खासकर कोलकाता के उत्तर में। कुल 100 जूट मिलों में से 73 पश्चिम बंगाल में, 4 बिहार में, 3 यूपी में, 12 आंध्र प्रदेश में, 2 असम में, 3 ओडिशा में, 1 त्रिपुरा में और 2 छत्तीसगढ़ में स्थित हैं।

जूट मिलें एकीकृत इकाइयाँ हैं जिनमें कताई और बुनाई दोनों इकाइयाँ शामिल हैं। जूट उद्योग के मुख्य उत्पाद बोरी, कैनवास, पैक-शीट, कपास-जूट, कागज-लाइन वाले हेसियन, हेसियन कपड़ा, कालीन, कालीन-बैकिंग, कालीन, डोरी और सुतली हैं। जूट मिलों में अधिकतम स्थापित क्षमता 2.727 मिलियन टन प्रतिवर्ष से अधिक है।

1. पश्चिम बंगाल तथा निचले असम की जलवायु जूट उत्पादन के लिए उपयुक्त है इसलिए जूट मिलों को कच्चा माल आसानी से प्राप्त हो जाता है।

2. पश्चिम बंगाल देश के सबसे घनी आबादी वाले क्षेत्रों में से एक है, इसलिए यहाँ सस्ती दर पर प्रशिक्षित मजदूर उपलब्ध हैं।
3. हुगली नदी पर जल परिवहन की सुलभ व्यवस्था।
4. पश्चिम बंगाल की मिलों में रानीगंज कोयला-क्षेत्र से आसानी से कोयला प्राप्त किया जाता है।
5. कोलकाता एवं हल्दिया बंदरगाहों द्वारा निर्यात की सुविधा।

पश्चिम बंगाल के अतिरिक्त जूट मिलें इलेरू, विशाखापट्टनम, गुंटूर तथा ओन्गोले (आंध्र प्रदेश); दरभंगा, गया, कटिहार तथा समस्तीपुर (बिहार); कानपुर (उत्तर प्रदेश) तथा रायगढ़ (छत्तीसगढ़) में भी स्थित हैं। हुगली क्षेत्र से बाहर की मिलें सामान्यतः छोटे आकार की हैं।

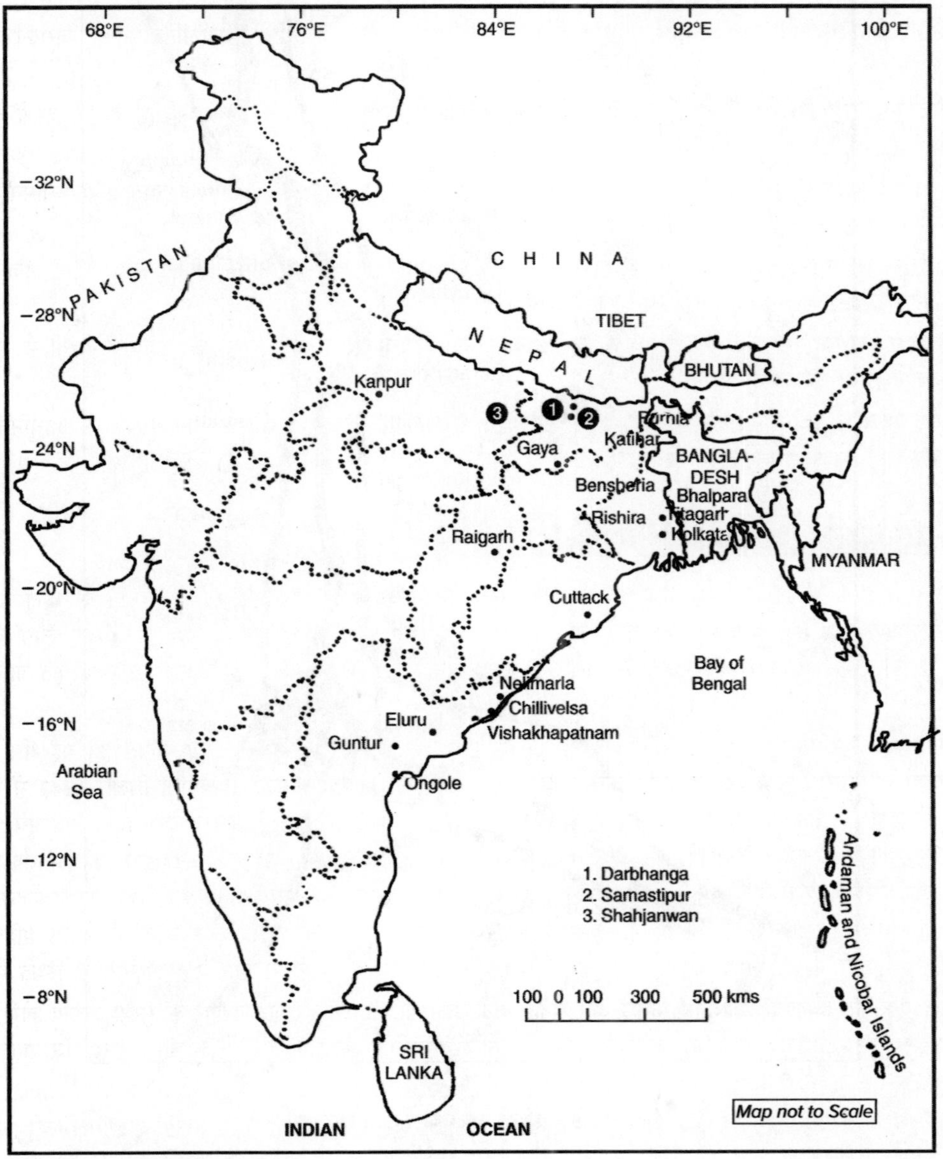

चित्र 11.4 जूट उद्योग केन्द्र

जूट तथा जूट-उत्पाद के निर्यात में भारत का विश्व में दूसरा स्थान है। जूट से बनी वस्तुओं का निर्यात संयुक्त राज्य अमेरिका (30%), रूस (25%), संयुक्त अरब अमीरात (10%), ब्रिटेन तथा जर्मनी (दोनों 2%) का होता है। भारतीय जूट उत्पादों के अन्य प्रमुख आयातक हैं–अर्जेन्टीना, ऑस्ट्रेलिया, रूस, क्यूबा, इंडोनेशिया, जापान, म्यांमार, मलेशिया, सिंगापुर, सूडान तथा थाईलैण्ड।

भारत विश्व में सर्वाधिक जूट उत्पादन करता है। यहाँ औसतन वर्ष में 80 लाख गांठ जूट उत्पादित होता है। सरकार जूट उत्पादन को भारतीय जूट निगम को एमएसपी संचालन के द्वारा सहायता देती है। भारत सरकार जूट निगम से प्रत्यक्ष रूप से 6000 करोड़ रुपये के खाद्यान्न हेतु जूट की बोरी खरीदती है।

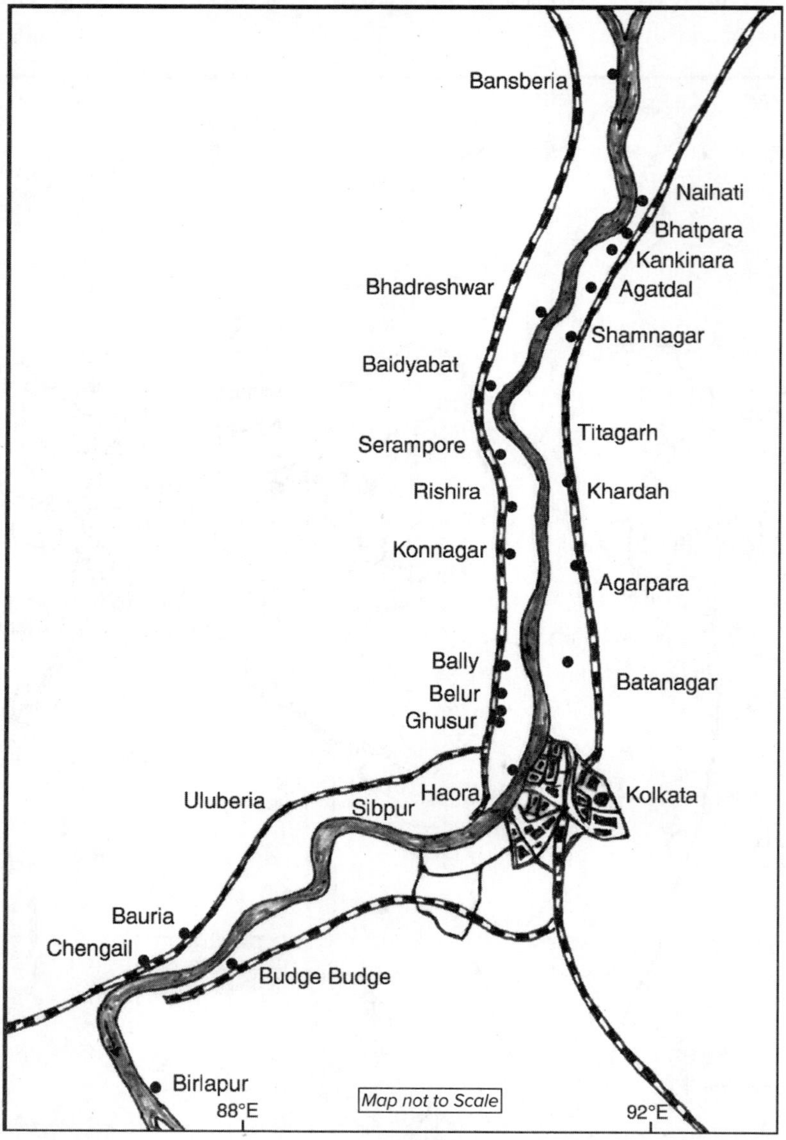

चित्र 11.5 हुगली घाटी के पटसन कारखाने

ई-शासन की एक पहल के रूप में एक सॉफ्टवेयर प्लेटफार्म "जूट स्मार्ट" (जूट सैकिंग सप्लाई मैनेजमेंट एंड रिक्वायरमेंट टूल) बोरा आपूर्ति और प्रबन्धन को 2016 में लागू किया गया है। जो 2016 में जूट बोरा प्राप्ति के लिए विभिन्न राज्य सरकार एजेंसियों की वार्षिक जूट बोरा मांग लगभग 27 से 30 लाख गांठ, कुल जूट गुडस उत्पादन का 68% था जिसका अनुमानित मूल्य ₹7000 करोड़ था।

जूट उद्योग की समस्याएँ (Problems of the Jute Industry)

भारत में जूट उद्योग कई समस्याओं का सामना कर रहा है, जिनमें प्रमुख हैं:

1. **कच्चे माल की कमी:** भारत जूट के घरेलू उद्योगों को कच्चे माल की आपूर्ति करने में आत्मनिर्भर नहीं है। इसलिए भारत में कच्चा माल बांग्लादेश, ब्राजील तथा फिलीपीन्स से आयात किया जाता है। कच्चे माल की आपूर्ति के लिए सुनहरी-क्रान्ति (Golden Fibre Revolution) की आवश्यकता है।
2. **अप्रचलित मशीनरी:** पुरानी व अप्रचलित मशीनरी के कारण भी इस क्षेत्र में उत्पादन घट गया है।
3. **अंतर्राष्ट्रीय प्रतिस्पर्द्धा:** भारत जूट तथा जूट-उत्पाद के निर्यात के क्षेत्र में ब्राजील, फिलीपीन्स, जापान तथा दक्षिण कोरिया से चुनौती का सामना कर रहा है।
4. **अधिक मूल्य:** कच्चे माल के अधिक मूल्यों के कारण जूट-उत्पाद महँगे हो गए हैं। फलस्वरूप कई जूट मिलें घाटे में चल रही हैं।
5. **जूट-उत्पादों की घटती माँग:** अन्तर्राष्ट्रीय बाजार में जूट उत्पादों की माँग घटती जा रही है।
6. **हड़ताल तथा तालाबन्दी:** जूट मिलों में अक्सर हड़ताल एवं तालाबंदी के कारण नियमित कारोबार ठप्प पड़ जाता है।
7. **वैकल्पिक उत्पादों से प्रतिस्पर्द्धा:** जूट उद्योगों को वर्तमान में 'सिंथेटिक' (कृत्रिम) उत्पादों से कड़ी प्रतिस्पर्द्धा करनी पड़ रही है।

ऊनी वस्त्रोद्योग (Woollen Textile Industry)

ऊनी वस्त्रोद्योग भारत के सबसे पुराने उद्योगों में से एक है। प्राचीन तथा मध्य काल में ऊनी वस्त्रों का उत्पादन कुटीर उद्योगों द्वारा होता था। आधुनिक ऊनी वस्त्रोद्योग की शुरुआत कानपुर में 1876 में 'लाल इमली' की स्थापना के साथ शुरू हुई। इसके बाद पंजाब में 'धारीवाल' की स्थापना हुई (1881)। ऊनी वस्त्रों की मिलों की स्थापना मुंबई में 1882 तथा बंगलुरू में 1886 में की गई। स्वतंत्रता के बाद ऊनी वस्त्रोद्योग के क्षेत्र में काफी प्रगति हुई। वर्तमान में देश में 625 बड़े तथा छोटे ऊनी वस्त्रों के कारखाने हैं।

ऊनी वस्त्रोद्योग मुख्य रूप से पंजाब, महाराष्ट्र तथा उत्तर प्रदेश में संकेन्द्रित है। ऊनी वस्तुएं उत्पादित करने वाले अन्य राज्य हैं–गुजरात, जम्मू एवं कश्मीर, कर्नाटक तथा पश्चिम बंगाल ***(चित्र 11.6)***।

पंजाब में 260 लघु तथा बड़ी मिलें हैं, जो मुख्य रूप से अमृतसर, धारीवाल, खरार (Kharar) तथा लुधियाना में स्थित हैं। महाराष्ट्र में मुंबई शहर में सबसे अधिक 45 ऊनी कपड़ों की फैक्ट्रियाँ हैं। उत्तर प्रदेश में ऊनी वस्त्रों की फैक्ट्रियाँ कानपुर, आगरा, मिर्जापुर, मोदीनगर, शाहजहाँपुर तथा वाराणसी में स्थित हैं। गुजरात में ऊनी वस्तुओं के उत्पादन केन्द्र हैं, अहमदाबाद, जामनगर, कलौल तथा वडोदरा। हरियाणा में बहादुरगढ़, फरीदाबाद, गुड़गाँव तथा पानीपत ऊनी वस्त्रों के उत्पादन केन्द्र हैं। राजस्थान में अलवर, बीआवर (Beawar), बीकानेर, भीलवाड़ा, जयपुर, जोधपुर, सीकर तथा नागौर ऊनी वस्त्रों के मुख्य उत्पादन केन्द्र हैं। बंगलुरू, कोलकाता, हावड़ा, श्रीनगर, कुल्लू (हिमाचल प्रदेश) तथा चेन्नई अन्य ऊनी वस्त्रों के केन्द्र हैं। ऊनी वस्त्र उद्योग 27 लाख लोगों को रोजगार देता है।

उत्तम किस्म की ऊन के उत्पादन में भारत लगभग आत्मनिर्भर देश है। यद्यपि उत्तम किस्म के ऊन का आयात ऑस्ट्रेलिया से भी किया जाता है। ऊन से निर्मित निर्यात की मुख्य वस्तुयें हैं-कम्बल, टोपी, कालीन, कार्डिगन, जैकेट, दरी, गब्बा, हौजरी, जर्सी, मफ्लर, नमदा, पुलोवर, शॉल (चादर) तथा मोजे। इन वस्तुओं का निर्यात संयुक्त राज्य अमेरिका, ब्रिटेन, ऑस्ट्रेलिया, कनाडा, डेनमार्क, फ्रान्स, जर्मनी, नीदरलैण्ड, रूस, दक्षिण पश्चिम एशियाई तथा अफ्रीकी देशों को किया जाता है।

ऊनी वस्त्रोद्योगों की समस्याएँ

ऊनी वस्त्रोद्योगों के समक्ष निम्नलिखित समस्याएँ हैं:

(i) कच्चे माल की कमी, गुणवत्ता तथा मात्रा दोनों की दृष्टि से
(ii) अप्रचलित तथा पुरानी मशीनरी
(iii) अधिक विकसित देशों के साथ प्रतिस्पर्द्धा
(iv) कृत्रिम रेशे के साथ प्रतिस्पर्द्धा
(v) बिजली की कमी
(vi) निम्न स्तर की वस्तु
(vii) बाजार की कमी
(viii) मजदूरों द्वारा हड़ताल

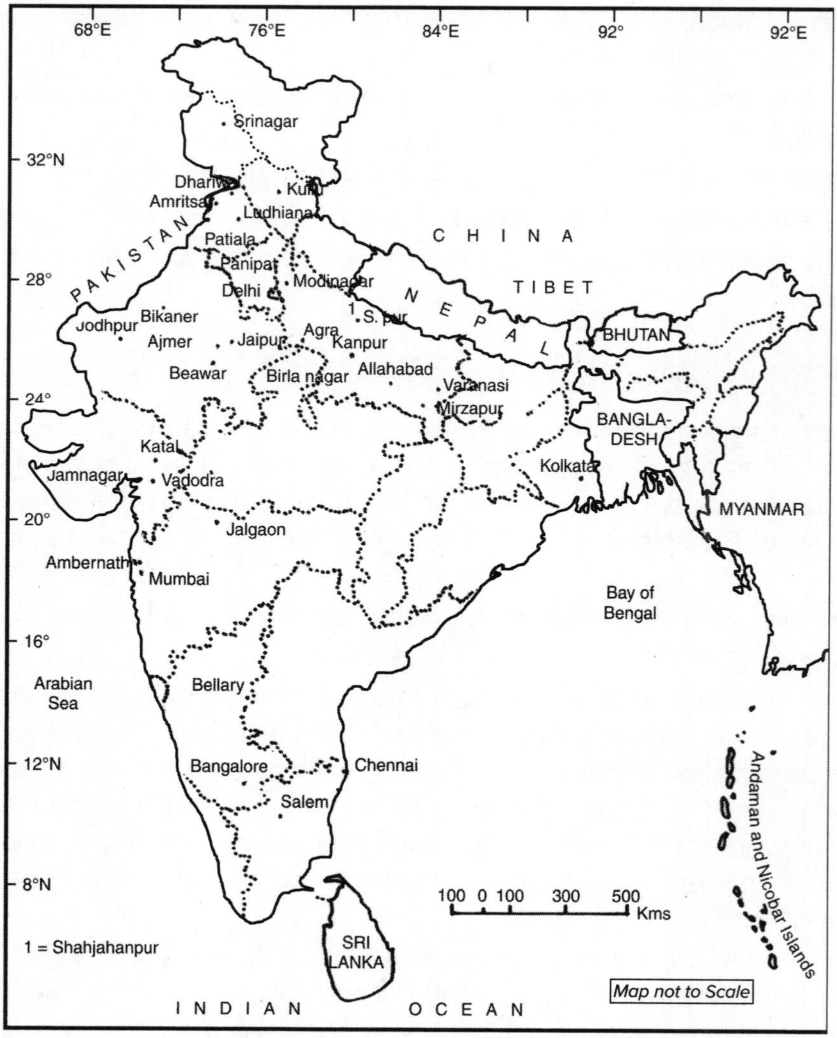

चित्र 11.6 ऊनी वस्त्र उद्योग

रेशम वस्त्रोद्योग (Silk Textile Industry)

रेशम उत्पादन में भारत का स्थान चीन के बाद विश्व में दूसरा है, जो विश्व के कुल रेशम उत्पादन में 18% का योगदान देता है। असम और बिहार में उत्पादित 'मुगा' रेशम के उत्पादन में भारत का एकाधिकार है।

रेशम का कपड़ा अपने विकास के प्रारंभिक चरण में एक घरेलू उद्योग था। मुगलों को रेशमी कपड़े बहुत पसंद थे और उन्होंने इस उद्योग को काफी प्रोत्साहित किया। रेशम का सामान दक्षिण-पश्चिम एशिया और यूरोप के देशों को निर्यात किया जाता रहा है। हालाँकि, पहली रेशम मिल 1832 में ईस्ट इंडिया कंपनी द्वारा हावड़ा में स्थापित की गयी थी। आजादी के बाद उद्योग ने जबरदस्त प्रगति की। 2020-21 में देश में कच्चे रेशम का उत्पादन बढ़कर 33,770 मीट्रिक टन हो गया। 2020-21 के दौरान रेशम के निर्यात से कुल आय 1418.97 करोड़ रुपये थी।

वितरण (Distribution)

आंध्र प्रदेश, असम, बिहार, जम्मू एवं कश्मीर, कर्नाटक, तमिलनाडु, उत्तर प्रदेश तथा पश्चिम बंगाल रेशम वस्तुओं के अग्रणी उत्पादक राज्य हैं। रेशमी वस्तुओं के उत्पादक केन्द्रों को चित्र 11.7 में दर्शाया गया है।

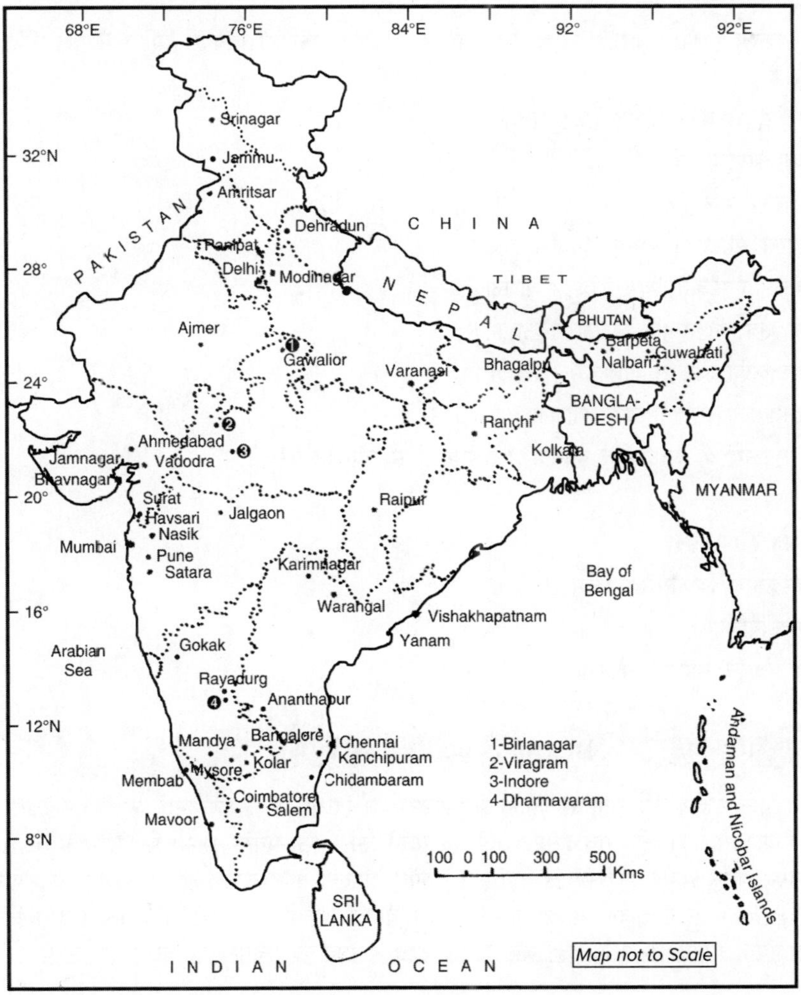

चित्र 11.7 रेशमी वस्त्र उद्योग

कर्नाटक में रेशमी वस्त्रों का सबसे अधिक उत्पादन होता है। बंगलुरु, बेलगाम, गोकाक, कोलार, मांड्या, मैसूर तथा तुमकुर मुख्य उत्पादन केन्द्र हैं। चन्नापटना तथा मैसूर राज्य में रेशमी वस्त्रों का मुख्य उत्पादन केन्द्र हैं। इन केन्द्रों से रेशमी सूत अरानी, धर्मावरम, कांचीपुरम, कुम्भकोणम, सूरत तथा वाराणसी भेजा जाता है।

पश्चिम बंगाल में रेशमी वस्त्रों का मुख्य केन्द्र बासावा, बिशनपुर, चक-इस्लामपुर, कोलकाता तथा मधु-घाट (मालदा जिला) है। आंध्र प्रदेश में रेशमी वस्त्रों का मुख्य केन्द्र अनन्तपुर, चित्तूर, करीमनगर, विशाखापट्टनम तथा वारंगल है। बिहार में भागलपुर; झारखंड में हजारीबाग तथा राँची; असम में बरपेट, ग्वालपाड़ा, कामरूप, नलवाड़ी तथा नौगाँव रेशमी वस्त्रों के लिए प्रसिद्ध हैं। तमिलनाडु में कोयम्बटूर, धर्मपुरी, कांचीपुरम, नीलगिरि, सलेम तथा तिरुनेलवेली; मध्य प्रदेश में बालाघाट, बिलासपुर, बस्तर, रायगढ़ तथा सरगुजा रेशमी वस्त्रों के मुख्य केन्द्र हैं। जम्मू एवं कश्मीर में अनंतनाग, बारामुला, डोडा, जम्मू, रियासी, श्रीनगर तथा ऊधमपुर रेशमी वस्त्रों के लिए प्रसिद्ध हैं।

भारत रेशमी वस्त्रों का एक बड़ा निर्यातक है। रेशम तथा रेशम-उत्पाद संयुक्त राज्य अमेरिका, ब्रिटेन, कुवैत, रूस, ओमान, सऊदी अरब, सिंगापुर तथा संयुक्त अरब अमीरात को निर्यात किया जाता है।

वस्त्र उद्योग के विकास हेतु सरकारी सूत्रपात (Governmental Initiatives for Textile Development)

सरकार ने वस्त्र, हस्तकला मुख्यत: प्रौद्योगिकी के लिए ढांचागत निर्माण, कौशल विकास सहित विविध नीतियों का सूत्रपात और कार्यक्रम लागू किये हैं:

- प्रौद्योगिकी सुधार कोष योजना (ATUFS)
- ऊर्जा टैक्स इण्डिया योजना
- एकीकृत वस्त्र पार्क हेतु योजना
- समर्थ- वस्त्र सेक्टर में सामर्थ्य निर्माण हेतु योजना
- रेशम समग्र- एकीकृत रेशम विकास योजना
- उत्तर-पूर्वी क्षेत्र की उन्नति योजना (NERTPS)
- राष्ट्रीय हस्तकला विकास कार्यक्रम (NHDP)
- विस्तृत हस्तकला समूह विकास योजना (CHCDS)
- हैण्डलूम बुनकरों के आउटटीच कार्यक्रम: हस्तकला सहयोग शिविर
- ई-धागा एप्प
- बुनकर मित्र हेल्पलाइन
- राष्ट्रीय हस्तकला विकास कार्यक्रम (NHDP)
- बुनकर मुद्रा योजना
- हस्तकला संवर्धन सहायता योजना

लौह एवं इस्पात उद्योग (Iron and Steel Industry)

भारत में लौह एवं इस्पात उद्योग का इतिहास 4000 वर्ष पुराना है। दिल्ली में कुतुबमीनार के निकट लौह-स्तंभ काफी पुराना (350 ई.) है। आधुनिक तरीके से लौह एवं इस्पात उत्पादित करने का पहला प्रयास 1830 में पोर्टोनोवो (Partonova) में (चेन्नई के निकट) किया गया। परन्तु यह प्रयास सफल नहीं रहा क्योंकि प्रगलन काठकोयला (Charcoal) की सहायता से किया जाता था। कच्चे लोहे (Pig iron) का उत्पादन पहली बार 1874 में बंगाल आयरन वर्क्स (Iron works) द्वारा किया गया। लौह एवं इस्पात उद्योग में वास्तविक प्रगति 1907 में हुई, जब जे.एन. टाटा ने साकची (जमशेदपुर का पुराना नाम) में एक प्रगलन फैक्ट्री

स्थापित की। इसके बाद इण्डियन आयरन एण्ड स्टील कम्पनी लिमिटेड (IISCO) की स्थापना 1918 में हीरापुर में की गई। विश्वेश्वरैया लौह एवं इस्पात लिमिटेड (VISL) की स्थापना भद्रावती में 1923 में की गई।

लोहा और इस्पात उद्योग ने दूसरी पंचवर्षीय योजना 1956-61 में जबरदस्त प्रगति की थी। इस योजना के दौरान, भिलाई, दुर्गापुर और राउरकेला में एकीकृत लोहा और इस्पात संयंत्र स्थापित किए गए थे। बोकारो आयरन एंड स्टील प्लांट 1964 में रूसी सरकार की मदद से स्थापित किया गया था। भारतीय इस्पात प्राधिकरण लिमिटेड (सेल), जनवरी 1973 में स्थापित किया गया था। पांचवीं पंचवर्षीय योजना में, चार नए लौह और इस्पात संयंत्र पाराद्वीप, सेलम, विजयनगर और विशाखापत्तनम। स्थापित करने का संकल्प लिया गया था। चीन के बाद, भारत 2020 में 99.6 मीट्रिक टन के उत्पादन के साथ दुनिया में स्टील का दूसरा सबसे बड़ा उत्पादक था। भारत का कच्चा इस्पात और तैयार इस्पात उत्पादन 2020 में बढ़कर 99.57 मीट्रिक टन और 91.44 मीट्रिक टन हो गया था।

संयंत्रों के स्थान निर्धारण के कारक (Locational Factors)

लौह एवं इस्पात उद्योग के लिए लौह खनिज, मैगनीज, चूना-पत्थर, कोक (Coking coal) तथा अग्निसह मिट्टी (Fire-clay) आवश्यक हैं। इन संयंत्रों में बड़ी मात्रा में कोयला तथा लौह-खनिज की खपत होती है। फलस्वरूप ये संयंत्र या तो कोयले की खानों या लौह-अयस्क के भंडार के निकट लगाये जाते हैं। लौह एवं इस्पात उत्पादन के लिए आवश्यक कच्चे माल (कोयला, लौह-अयस्क, पानी, बॉक्साइड, डोलोमाइट, इत्यादि) छोटानागपुर पठार में पाए जाते हैं। लौह-अयस्क के प्रगलन के लिए आवश्यक कच्चे माल के मामले में बिहार, छत्तीसगढ़, झारखंड, कर्नाटक, मध्य प्रदेश, ओडिशा, तमिलनाडु तथा पश्चिम बंगाल धनी हैं।

भारत में लौह एवं इस्पात संयंत्र (Iron and Steel Plants in India)

भारत में 14 मुख्य लौह एवं इस्पात संयंत्र हैं ***(चित्र 11.8)***। निजी क्षेत्र का सबसे पुराना कारखाना जमशेदपुर - टाटानगर में है, जबकि कलिंगनगर (ओडिशा) में भी निजी क्षेत्र के इस्पात संयंत्र लगाये गये हैं। दूसरी पंचवर्षीय योजना से भारत सरकार ने बहुत से लौह एवं इस्पात के संयंत्र स्थापित किये हैं। सार्वजनिक क्षेत्र के अन्तर्गत सभी इस्पात संयंत्रों का पर्यवेक्षण भारतीय इस्पात प्राधिकरण (SAIL) द्वारा किया जाता है। वर्ष 2013-14 में भारत का लौह-इस्पात का कुल उत्पादन 87.67 मिलियन टन था। सन् 2020 में भारत में लौह-स्पात का उत्पादन बढ़कर 99.6 मिलियन टन हो गया। भारत के प्रमुख इस्पात संयंत्रों का संक्षिप्त विवरण इस प्रकार है:

1. टाटा लौह एवं इस्पात कम्पनी (जमशेदपुर)

टिस्को संयंत्र स्वर्णरेखा एवं खरकई नदी (Kharkai River) के संगम पर कोलकाता से 240 कि.मी. उत्तर पश्चिम की ओर झारखंड के सिंहभूम जिले में स्थित है। इसकी स्थापना 1907 में हुई; इस संयंत्र ने 1908 में कच्चा लोहा बनाया तथा 1911 में इस्पात बनाना प्रारंभ किया।

जमशेदपुर इस्पात संयंत्र ऐसे स्थान पर स्थित है, जहाँ परिवहन पर खर्च अत्यन्त कम होता है ***(चित्र 11.9)***। यहाँ लौह-अयस्क बादाम पहाड़ (मयूरभंज-ओडिशा) तथा नवामंडी (सिंहभूम, झारखंड) से, कोकिंग कोल झरिया तथा बोकारो से, मैंगनीज क्योंझर-केन्दझाड़ (ओडिशा) से, चूना-पत्थर तथा अग्निसह-मिट्टी (Fire clay) सुंदरगढ़ जिला (ओडिशा) से तथा जल स्वर्णरेखा और खरकई नदियों से प्राप्त होता है। आदिवासी क्षेत्र में स्थित होने के कारण यहाँ सस्ते मजदूर उपलब्ध हैं तथा इस संयंत्र की तैयार वस्तुओं को कोलकाता एवं हल्दिया बन्दरगाहों द्वारा निर्यात किया जाता है।

2. इस्को (IISCO), बर्नपुर

भारतीय लौह एवं इस्पात कम्पनी (IISCO) की स्थापना 1918 में तथा स्टील कॉर्पोरेशन ऑफ बंगाल की स्थापना 1952 में की गई। इन दोनों का विलय 1952 में हो गया, विलय के बाद यह कम्पनी इस्को (IISCO) के नाम से जानी जाने लगी। इसके तीन संयंत्र हैं—बर्नपुर (आसनसोल से 5 कि.मी. दक्षिण-पश्चिम में), हीरापुर (आसनसोल से लगभग 6 कि.मी. दक्षिण में) तथा कुल्टी (आसनसोल से लगभग 16 कि.मी. पश्चिम में) 1972 में सरकार ने इस इस्पात संयंत्रों का प्रबंधन अपने हाथों में ले लिया।

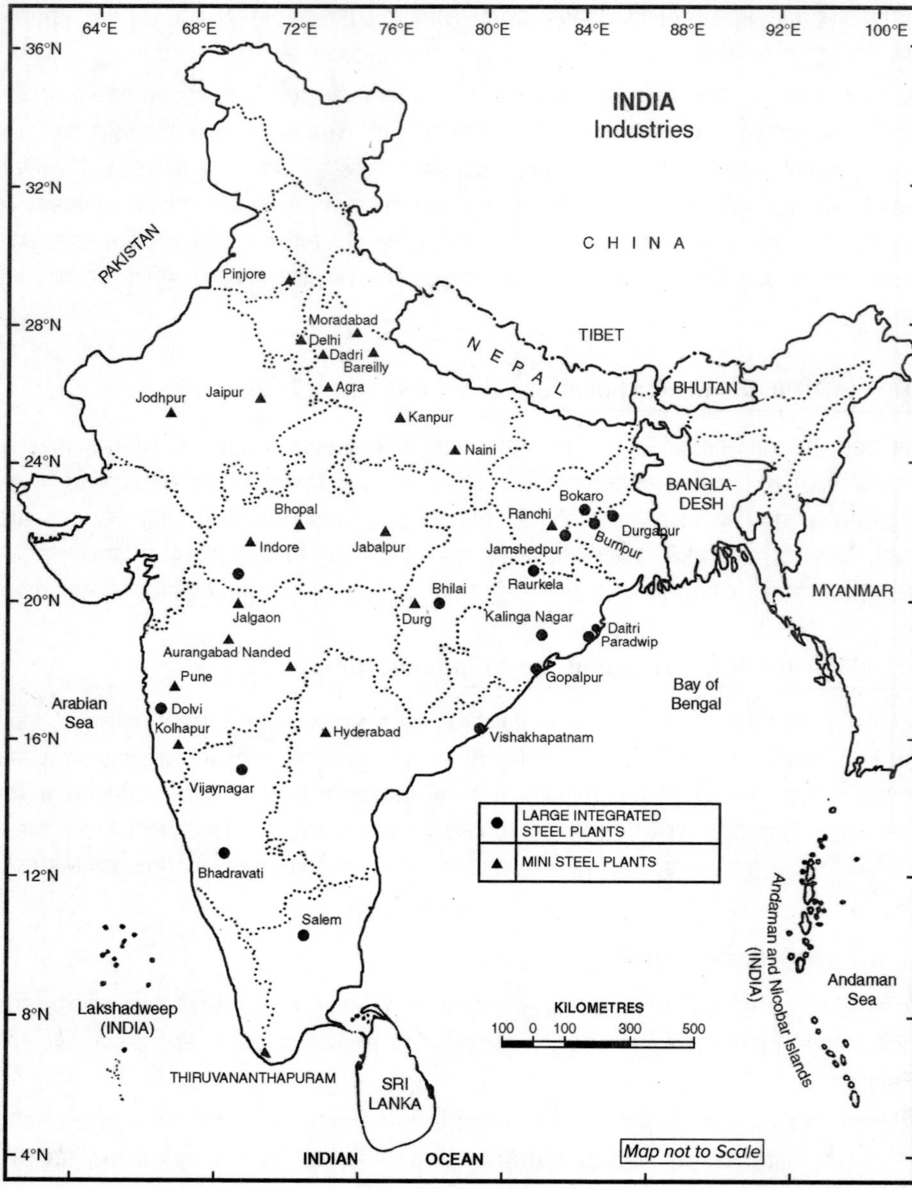

चित्र 11.8 लौह एवं इस्पात उद्योग

इन इस्पात संयंत्रों को लौह-अयस्क गोवा से, कोयला झरिया की रामनगर खानों से, मैगनीज बिहार, झारखंड, मध्य प्रदेश तथा ओडिशा से अग्निसह-मिट्टी (थ्यतम बसंल) सिंहभूम से प्राप्त होता है। इनके अतिरिक्त सस्ती दर पर बिजली दामोदर वैली कॉर्पोरेशन (DVC) तथा पानी दामोदर नदी से प्राप्त किया जाता है। यहाँ सस्ते मजदूर आदिवासी क्षेत्र तथा बिहार से मिलते हैं। इन संयंत्रों के तैयार उत्पाद को कोलकाता एवं हल्दिया बंदरगाहों से निर्यात किया जाता है।

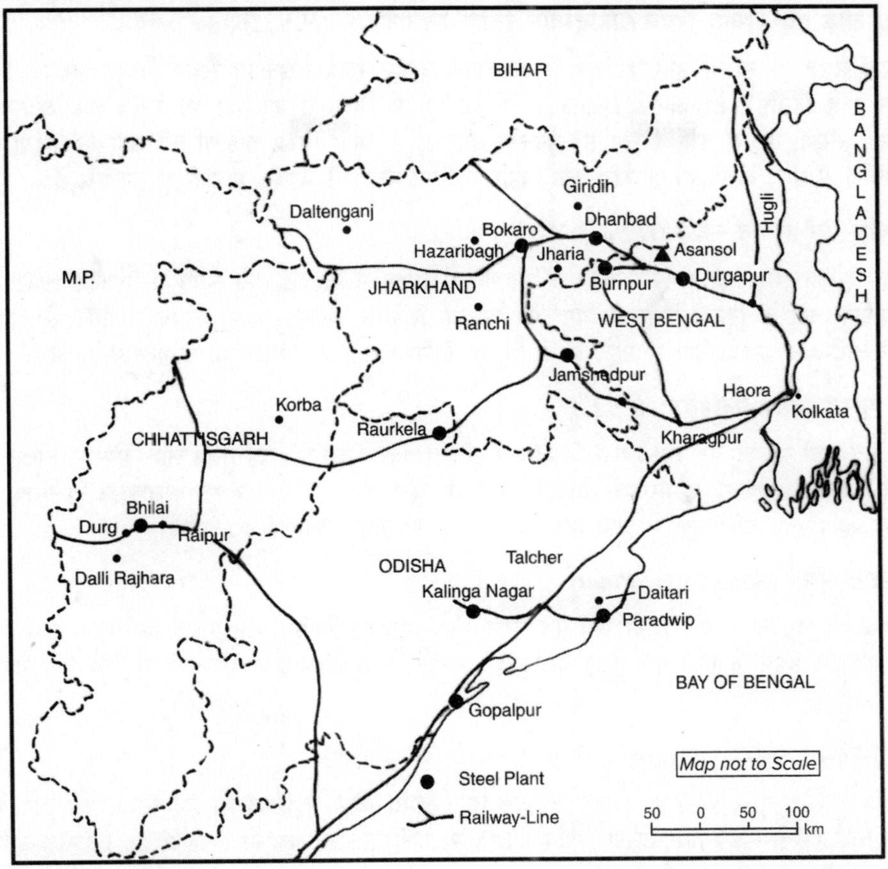

चित्र 11.9 लौह एवं इस्पात उद्योग (छोटानागपुर का ऊपरी भाग)

3. *भद्रावती लौह एवं इस्पात संयंत्र (VISL)*

विश्वेश्वररैया लौह एवं इस्पात संयंत्र भद्रावती में स्थित है, यह पहले मैसूर लौह एवं इस्पात लिमिटेड के नाम से जाना जाता था तथा इसकी स्थापना 1823 में हुई थी। इस संयंत्र का अधिग्रहण केन्द्र सरकार द्वारा 1962 में किया गया। यह संयंत्र का अयस्क बाबा बुदान पहाड़ी (चिकमंगलूर जिला, कर्नाटक) से प्राप्त करता है, मैंगनीज, चूना पत्थर, डोलोमाइट तथा अग्नि-सह मिट्टी (Fireclay) भी निकटवर्ती क्षेत्रों से उपलब्ध हो जाते हैं। जोग (श्रवह) तथा शरावती विद्युत परियोजना से इस संयंत्र को बिजली प्राप्त होती है।

4. *भिलाई लौह एवं इस्पात संयंत्र (H.S.L.)*

इस संयंत्र की स्थापना रूस के सहयोग से वर्ष 1956 में छत्तीसगढ़ के दुर्ग जिले में की गई। यह संयंत्र लौह-अयस्क ढल्ली रझारा खान से, कोयला कोरबा (छत्तीसगढ़), बोकारो व झरिया (झारखंड) से, मैगनीज बालाघाट तथा भंडारा से, चूना-पत्थर नंदिनी खान से, जल तंदुला नहर (Tandula canal) व जलाशय से तथा विद्युत कोरबा तापीय बिजली संयंत्र से प्राप्त करता है। चूँकि यह संयंत्र छत्तीसगढ़ के आदिवासी क्षेत्र में स्थित है इसलिए यहाँ सस्ती दर पर मजदूर उपलब्ध हैं। तैयार वस्तुओं को विशाखापत्तनम बंदरगाह से निर्यात किया जाता है।

5. राउरकेला लौह एवं इस्पात संयंत्र (हिन्दुस्तान स्टील लिमिटेड - (H.S.L.))

राउरकेला इस्पात संयंत्र उड़ीसा के सुंदरगढ़ जिले में कोलकाता-नागपुर रेलवे लाइन पर स्थित है। इस संयंत्र की स्थापना जर्मन कम्पनी, 'क्रूप्प एण्ड डिमाँग' (Krupps & Demang) के सहयोग से 1956 में की गई। यह संयंत्र लौह-अयस्क मयूरभंज से, कोयला बोकारो, झरिया, तलचर तथा कोरबा से, मैगनीज सुंदरगढ़ से, पानी, संख, ब्राह्मणी की सहायक नदियों से तथा विद्युत हीराकुंड परियोजना से प्राप्त करता है। झारखंड तथा बिहार से निम्न वेतन पर मजदूर आसानी से उपलब्ध हैं।

6. दुर्गापुर लौह एवं इस्पात संयंत्र (H.S.L.)

दुर्गापुर लौह एवं इस्पात संयंत्र की स्थापना ब्रिटेन के सहयोग से 1956 में की गई। इस संयंत्र में उत्पादन 1962 से प्रारंभ हुआ। दुर्गापुर शहर दामोदर नदी के किनारे स्थित है। यह लौह-अयस्क सिंहभूम (झारखंड) से, कोयला रानीगंज से, मैगनीज बालाघाट (म. प्रदेश) से तथा जल दामोदर नदी से प्राप्त करता है। यह निपिण्ड (ingot) इस्पात का उत्पादन करता है।

7. बोकारो, भारत स्टील लिमिटेड (B.S.L.)

बोकारो इस्पात संयंत्र की स्थापना वर्ष 1964 में सोवियत संघ की सहायता से की गई। यह संयंत्र लौह-अयस्क क्योंझर (Kendujhar) जिले से, कोयला झरिया, बोकारो व करगाली कोयला खानों से, चूना-पत्थर डाल्टनगंज से, डोलोमाइट बिलासपुर जिले से तथा पानी तेनुघाट (Tenu Dam) परियोजना से प्राप्त करता है। तेनुघाट परियोजना दामोदर नदी पर है।

8. सलेम इस्पात संयंत्र (Salem Steel Plant)

इस इस्पात संयंत्र की स्थापना 1982 में की गई। यह संयंत्र लौह-अयस्क, मैंगनीज, डोलोमाइट तथा चूना पत्थर निकटवर्ती क्षेत्रों से प्राप्त करता है। इस संयंत्र के लिए कम वेतन पर मजदूर आसानी से उपलब्ध हैं तथा उत्पाद के लिए बड़े बाजार की सुविधा भी।

9. विजयनगर इस्पात संयंत्र (Vijaynagar Steel Plant)

यह इस्पात संयंत्र होजपेट (Hosepet) के निकट कर्नाटक के बेल्लारी जिले में स्थित है। यह संयंत्र लौह-अयस्क हासपेट से; कोयला कनहन घाटी (छत्तीसगढ़) तथा शृंगरेनी (आंध्र प्रदेश) से; पानी तुंगभद्रा जलाशय (लगभग 35 कि.मी.) से तथा सस्ती दर पर विद्युत तुंगभद्रा परियोजना से प्राप्त करता है।

10. विशाखापत्तनम इस्पात संयंत्र

इस संयंत्र का आधार 1970 में रखा गया परन्तु उत्पादन 1992 में शुरू हुआ। इस संयंत्र की स्थापना राष्ट्रीय इस्पात निगम लिमिटेड द्वारा की गई। यह भारत का पहला संयंत्र है, जो तटीय क्षेत्र में स्थित है। यह संयंत्र लौह-अयस्क बैलाडीला (छत्तीसगढ़) से, कोयला बोकारो, रानीगंज एवं झरिया से, चूना-पत्थर तथा डोलोमाइट बस्तर (छत्तीसगढ़), मध्य प्रदेश तथा ओडिशा से प्राप्त करता है।

11. दाईतारी इस्पात संयंत्र (Daitari Steel Plant)

यह इस्पात संयंत्र ओडिशा में पारादीप के निकट स्थित है। शुरुआत में इस संयंत्र को ब्रिटिश तथा दक्षिण कोरियाई कम्पनियों के सहयोग से बनाया जाना था। इस संयंत्र का भार अब टाटा को सौंप दिया गया है। इसकी उत्पादन क्षमता 2.6 मिलियन टन है।

12. डोलवी इस्पात संयंत्र (Dolvi Steel Plant)

एक नया इस्पात संयंत्र महाराष्ट्र के रत्नागिरि जिले में डोलवी में स्थापित किया जा रहा है। यह संयंत्र इस्पात उत्पादन के अति आधुनिक से लैस है। यह 1.00 मिलीमीटर मोटी चादरों के उत्पादन में सक्षम है। सकल उत्पादन क्षमता 3 मिलियन टन है।

13. कलिंगनगर (Kalinganagar)

ओडिशा के जयपुर जिले में कलिंगानगर एक आधुनिक नगर हैं। इस नगर में टाटा, जिन्दल मेंथान ग्रुप, दीनबन्धु, के.जे. इस्पात, पोस्को (POSCO) आदि कम्पनियों ने लौह-इस्पात तथा अन्य प्रकार के कारखाने स्थापित किये हैं। यह टाटा का इस्पात संयंत्र है, इस परियोजना का पहला चरण 2005 में पूरा किया कर लिया गया था।

14. पोस्को इस्पात, पारादीप (Posco Steel Plant Paradwip)

दक्षिण कोरिया की पोहांग इस्पात कम्पनी ने पारादीप में लौह एवं इस्पात संयंत्र स्थापित करने के लिए ओडिशा सरकार के साथ एक समझौता किया है। यह भारत में किया गया एक बड़ा प्रत्यक्ष विदेशी निवेश है। संयंत्र का काम पूरा होने लौह एवं इस्पात के उत्पादन के लिए इस संयंत्र को 600 मिलियन टन लौह-अयस्क की आवश्यकता होगी।

15. लघु इस्पात संयंत्र (Mini Steel Plants)

इसके अतिरिक्त देश में 230 से अधिक लघु इस्पात संयंत्र हैं जिनकी क्षमता 10,000 टन से लेकर 5 लाख टन के बीच है। इस लघु इस्पात संयंत्रों के विकसित होने के मुख्य कारक निम्नलिखित हैं:

(i) लौह एवं इस्पात की बढ़ती माँग

(ii) उत्पादन पर कम खर्च

(iii) इस्पात का नियंत्रित मूल्य

(iv) रद्दी-लोहा (Scrap) कम मूल्य पर आसानी से उपलब्ध है

(v) निम्न पूँजी निवेश

(vi) लघु सगर्भता अवधि

1980 तथा 2006 के बीच भारत में इस्पात उत्पादन को ***चित्र 11.8*** में दर्शाया गया है। ***तालिका 11.5*** में यह देखा जा सकता है कि 1950-51 में तैयार इस्पात (Finished Steel) का उत्पादन लगभग एक मिलियन टन था जो 2005-06 में बढ़कर 32.50 मिलियन टन हो गया।

तालिका 11.5 भारत में लौह और इस्पात का उत्पादन (मिलियन टन में)

साल	कच्चा लोहा	तैयार स्टील
1950-51	1.69	1.04
1960-61	4.31	2.39
1970-71	6.99	4.64
1980-81	9.55	6.82
1990-91	12.15	13.53
2000-01	3.39	29.27
2005-06	4.25	32.50
2013-14	7.95	87.67
2014-15	9.69	92.16
2015-16	9.22	90.98
2016-17	9.39	100.74
2017-18	6.25	108.65
2018-19	5.98	104.06
2019-20	4.50	91.44

Source: Joint Plant Committee & Annual Report 2020-21, Ministry of Steel, Government of India.

राष्ट्रीय इस्पात नीति- 2017 (National Steel Policy-2017)

इस नीति का उद्देश्य घरेलू इस्पात उपभोग में वृद्धि और भारतीय इस्पात उद्योग की प्रौद्योगिकी का विकास और इस्पात उद्योग में ग्लोबीय प्रतिस्पर्धा में परिवर्तन है।

इसके मुख्य तत्व निम्नलिखित हैं:

1. इस नीति का उद्देश्य निजी इस्पात उत्पादकों को सहयोग प्रदान करना। MSME इस्पात उत्पादक
2. यह इस्पात उत्पादक शक्ति के विकास को प्रोत्साहन देती है।
3. यह विदेशी निवेश को सुविधाएं प्रदान करता है और घरेलू इस्पात मांग में वृद्धि करता है।
4. यह नीति मूल्य फल साधक उत्पादन को प्रोत्साहित करती है।
5. इसका यह भी उद्देश्य है कि लौह अयस्क को कोयला, प्राकृतिक गैस की बराबरी के मूल्य पर उपलब्धता सुनिश्चित करे।
6. इसका लक्ष्य है कि उत्पादन 255 मिलियन टन हो और रोबुस्ट फिनिश्ड इस्पात प्रति व्यक्ति उपभोग 2030–31 में 158 कि.ग्रा. हो।

लौह एवं इस्पात उद्योग की समस्याएँ (Problems of Iron and Steel Industry)

भारत में लौह एवं इस्पात उद्योग निम्नलिखित समस्याओं का सामना कर रहे हैं:

1. भारी निवेश (Heavy Investment)

लौह एवं इस्पात उद्योग की स्थापना के लिए अधिक पूँजी की आवश्यकता होती है। इसके अतिरिक्त इस संयंत्र की सगर्भिता अवधि भी अधिक होती है।

2. पुरानी मशीनरी (Obsolete Technology)

दूसरे पंचवर्षीय योजना के दौरान स्थापित लौह एवं इस्पात संयंत्र अपनी पूरी क्षमता के साथ काम नहीं कर रहे हैं क्योंकि इन संयंत्रों में मशीनरी अत्यन्त पुरानी है। इसके अतिरिक्त कोकिंग कोल के बढ़ते मूल्य के कारण इस उद्योग पर प्रतिकूल प्रभाव पड़ा है।

3. सार्वजनिक क्षेत्र के अन्तर्गत संयंत्रों का कुप्रबन्धन (Inefficient Public Sector)

सार्वजनिक क्षेत्र के लौह एवं इस्पात संयंत्र कुप्रबंधन के कारण घाटे में चल रहे हैं।

4. नियंत्रित मूल्य (Controlled Prices)

सरकार द्वारा लौह एवं इस्पात का मूल्य निर्धारण किया जाता है जिसके कारण उत्पादकों को अधिक लाभ प्राप्त नहीं होता है।

5. लघु इस्पात संयंत्रों का घाटे में चलना (Sickness of Mini-Steel Plants)

अपर्याप्त विद्युत आपूर्ति के कारण तथा कच्चे माल की बढ़ती कीमतों के कारण कई लौह एवं इस्पात संयंत्र घाटे में चल रहे हैं।

6. कोकिंग कोल की कमी (Shortage of Coking Coal)

भारत का कोकिंग कोल भंडार मुख्य रूप से झरिया तथा रानीगंज कोयला खानों तक सीमित है। कोयले की ये खानें अत्यन्त गहरी हो गयी हैं तथा कोयले का मूल्य अधिक हो गया है। फलस्वरूप लौह एवं इस्पात संयंत्रों में ऊर्जा के निवेश का मूल्य बढ़ गया है।

7. अंतर्राष्ट्रीय बाजार में प्रतिस्पर्द्धा (Competition in International Market)

अंतर्राष्ट्रीय बाजार में ऑस्ट्रेलिया, ब्राजील, फ्रांस, जर्मनी, कनाडा, स्वीडन, ब्रिटेन तथा संयुक्त राज्य अमेरिका के साथ प्रतिस्पर्द्धा के कारण इस उद्योग की समस्याएँ और भी बढ़ गई हैं।

एल्युमीनियम उद्योग (Aluminium Industry)

एल्युमीनियम देश का दूसरा सबसे महत्वपूर्ण धातुकर्मी उद्योग है। यह देश के समग्र औद्योगिक विकास में एक अहम भूमिका निभाता है। एल्युमीनियम की प्रत्यस्थता (Elasticity), विद्युत तथा ऊष्मा का अच्छा चालक होने के कारण तथा मनचाहे आकार

में ढलने के कारण यह एक अत्यन्त उपयोगी धातु है। इसका उपयोग विद्युत के उत्पादन तथा वितरण में, हवाई जहाज बनाने में, रक्षा के उपकरण बनाने में, बर्तन बनाने के लिए पैकिंग के लिए तथा सिक्के बनाने के लिए किया जाता है। यह इस्पात, जस्ता, ताँबा, सीसा, इत्यादि का एक सस्ता विकल्प है तथा बड़ी संख्या में उद्योगों में इसका उपयोग होता है।

एल्युमीनियम-उद्योग के स्थान-निर्धारण के कारक (Locational Factors)

बॉक्साइट (कच्चा माल) की उपलब्धता तथा विद्युत एल्युमीनियम उद्योग की स्थापना के लिए मूल रूप से आवश्यक है। एक टन एल्युमीनियम के उत्पादन के लिए लगभग 6 टन बॉक्साइट की आवश्यकता होती है। एल्युमीनियम उत्पादन के खर्च का 30 से 40% मात्र विद्युत पर ही होता है। इसके उत्पादन में प्राय: जल विद्युत का उपयोग किया जाता है जो तुलनात्मक रूप से सस्ती एवं स्वच्छ मानी जाती है।

भारत में बॉक्साइट के मुख्य उत्पादक हैं-छत्तीसगढ़, झारखंड, मध्य प्रदेश, महाराष्ट्र, ओडिशा, राजस्थान तथा तमिलनाडु।

एल्युमीनियम उद्योग का विकास (Development)

भारत में एल्युमीनियम उद्योग की शुरुआत द्वितीय विश्व युद्ध के दौरान हुई जब 1938 में ऐलुपुरम (अलवाए) में एल्युमीनियम कम्पनी द्वारा एक संयंत्र की स्थापना की गई। इसे 1944 में एक सार्वजनिक क्षेत्र से कम्पनी में परिवर्तित कर दिया गया। स्वतंत्रता के समय भारत में एल्युमीनियम के दो संयंत्र थे, जिनकी कुल क्षमता 4000 टन इन्गट (Ingot) थी। दूसरी पंचवर्षीय योजना के दौरान दो नए संयंत्रों (हीराकुड तथा रेणुकूट) की स्थापना की गई। तीसरी पंचवर्षीय योजना के दौरान 1967 में एक संयंत्र की स्थापना मेटूर (Mettur) में की गई। वर्तमान में देश में 7 मुख्य एल्युमीनियम संयंत्र हैं। इन संयंत्रों को चित्र 11.10 में दिखाया गया है। इन एल्युमीनियम संयंत्रों का संक्षिप्त विवरण नीचे दिया गया है:

मुख्य एल्युमीनियम उद्योग संयंत्र (Important Aluminum Plants)

1. इंडियन एल्युमीनियम कम्पनी लिमिटेड (INDAL), हीराकुड

इस कम्पनी का उत्पादन 1938 में शुरू हुआ। आरम्भ में यह एक निजी कम्पनी थी, जो 1944 में सार्वजनिक क्षेत्र की एक कम्पनी बन गई।

एल्युमीनियम तथा एल्युनीनियम चादरों के उत्पादन के लिए यह एक एकीकृत संयंत्र है, जिसकी इकाई विभिन्न स्थानों पर स्थित है। बॉक्साइट से ऐलुमिना (एल्युमीनियम अयस्क) के निष्कर्षण का संयंत्र मूरी (झारखंड) में बॉक्साइट खान के निकट स्थित है। इसके तीन प्रगलन इकाई ऐलुपुरम (अलवाए, केरल), हीराकुड (उड़ीसा) तथा बेलगाम (कर्नाटक) में स्थित है। बेलुर (पश्चिम बंगाल) में स्थित रोलिंग मिल एल्युमीनियम चादर, छड़ें, एल्युमीनियम पेस्ट, विद्युत संचालकों तथा घरेलू बर्तनों का उत्पादन करते हैं। यह संयंत्र लोहारडागा (Lohardaga) के निकट बागडू पहाड़ी से बॉक्साइट, दामोदर घाटी से कोयला तथा हीराकुंड से जल-विद्युत प्राप्त करता है। इस संयंत्र की प्रतिस्थापित क्षमता एक लाख टन एल्युमीनियम सिल्लियां (ingots) हैं।

2. एल्युमीनियम कॉर्पोरेशन ऑफ इण्डिया, जे.के. नगर (आसनसोल के निकट)

इस संयंत्र से उत्पादन 1942 में आरंभ हुआ। यह संयंत्र बॉक्साइट राँची (झारखंड) तथा उँचेरा (मध्य प्रदेश) से प्राप्त करता है। यह संयंत्र कोयला खान, तापीय संयंत्र, ऐलुमिना संयंत्र, रोलिंग संयंत्र तथा बर्तन बनाने की इकाई है। इस संयंत्र की क्षमता प्रति वर्ष 90,000 टन एल्युमीनियम उत्पादन करने की है।

3. हिन्दुस्तान एल्युमीनियम कार्पोरेशन लिमिटेड (HINDALCO), रेणुकूट

इस संयंत्र की स्थापना रेणुकूट (मिर्जापुर, उत्तर प्रदेश से 160 कि.मी. दक्षिण में) 1958 में हुई। यह बॉक्साइट लोहारडागा (झारखंड) तथा मध्य प्रदेश के अमरकटक क्षेत्र से प्राप्त करता है। इस संयंत्र की प्रतिस्थापित क्षमता 1.26 लाख टन प्रतिवर्ष है।

4. मद्रास एल्युमीनियम कम्पनी लिमिटेड (MALCO), मैटूर

इस कम्पनी ने अपना संयंत्र मैटूर (सलेम के निकट) 1965 में स्थापित किया। इस संयंत्र को बॉक्साइट शिवराय पहाड़ी तथा विद्युत मेटूर जल-विद्युत परियोजना से प्राप्त होता है। इसकी प्रतिस्थापित क्षमता 25,000 टन है।

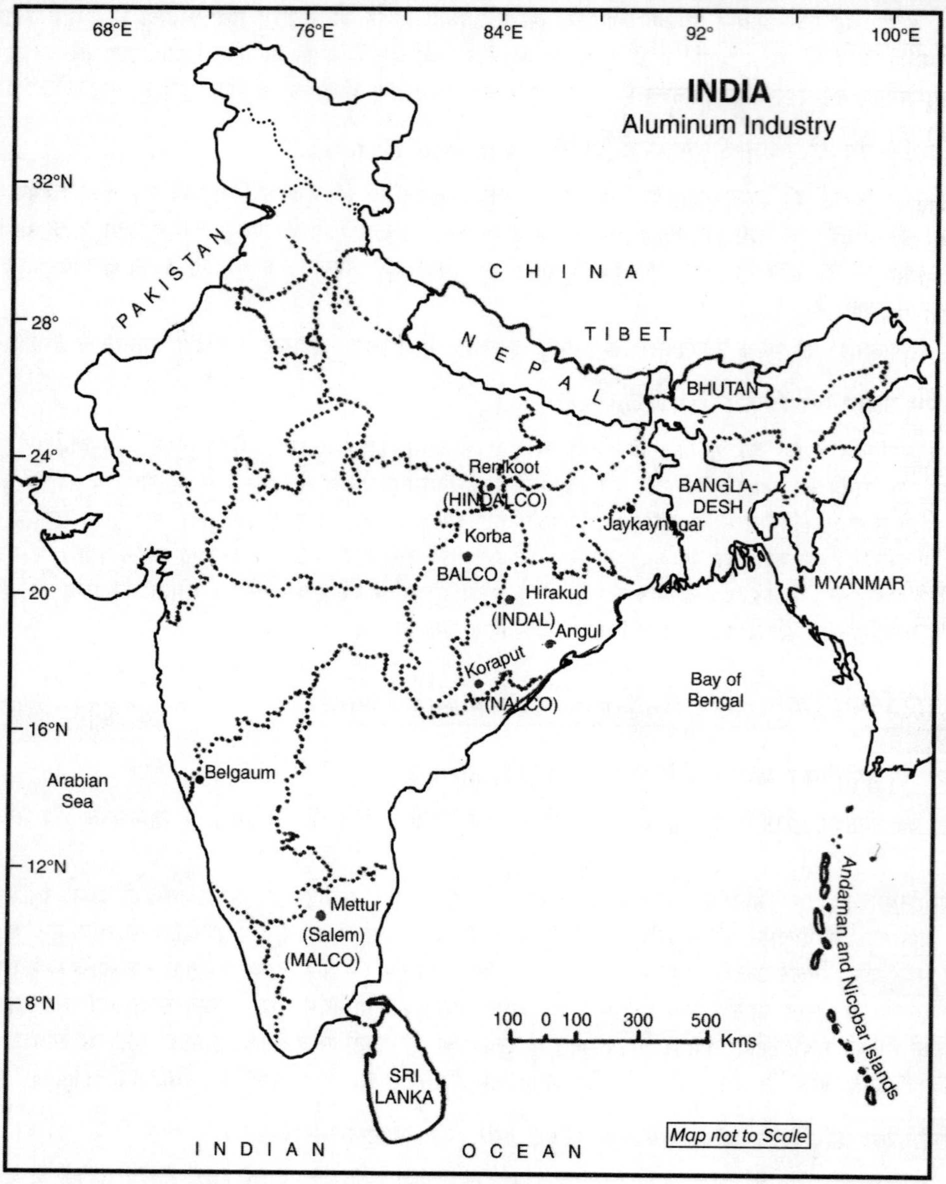

चित्र 11.10 एल्युमीनियम उद्योग

5. भारत एल्युमीनियम कम्पनी लिमिटेड (BALCO)

यह एक सार्वजनिक क्षेत्र की कम्पनी है जिसने अपना संयंत्र कोरबा (बिलासपुर जिला, छत्तीसगढ़) में 1965 में स्थापित किया। यह बॉक्साइट अमरकंटक (मध्य प्रदेश के शहडोल जिले) से तथा विद्युत कोरबा तापीय बिजली संयंत्र से प्राप्त करता है। इस संयंत्र की प्रतिस्थापित क्षमता 2.00 टन है। सरकार ने वर्ष 2001 में इस कम्पनी में विनिवेश कर अपने शेयरों को एक निजी कम्पनी स्टरलाइट (Sterlite Industries) को बेच दिया।

6. राष्ट्रीय एल्युमीनियम कम्पनी लिमिटेड (NALCO), कोरापुट - ओडिशा

नेशनल एल्युमीनियम कंपनी लिमिटेड (नाल्को), 1981 में स्थापित एक अनुसूची 'ए' नवरत्न, केंद्रीय सार्वजनिक क्षेत्र का उद्यम (सीपीएसई) है। यह एशिया में सबसे बड़े एकीकृत बॉक्साइट-एल्यूमिना-एल्युमीनियम-पावर कॉम्प्लेक्स में से एक है। यह पंचपटमाली (जिला कोरापुट) में बॉक्साइट खदानों से बॉक्साइट प्राप्त करता है। कंपनी के पास 68.25 लाख टन प्रति वर्ष टीपीए बॉक्साइट खदान और 21.00 लाख टीपीए (मानक क्षमता) एल्यूमिना रिफाइनरी है जो ओडिशा के कोरापुट जिले के दमनजोडी में स्थित है, और 4.60 लाख टीपीए एल्युमीनियम स्मेल्टर और 1200 मेगावाट कैप्टिव पावर प्लांट अंगुल, ओडिशा में स्थित है। यह एल्यूमिना के निर्यात और कास्टिक सोडा के आयात के लिए विशाखापत्तनम से बंदरगाह सुविधाएं प्राप्त करता है। केंद्र सरकार ने नाल्को के लगभग 45% शेयरों का विनिवेश किया है।

सरकार ने 2004 में ₹4,091.51 करोड़ के परिव्यय पर नाल्को के एकीकृत एल्युमीनियम परिसर के दूसरे चरण के विस्तार को मंजूरी दी थी, जिसे 2008 तक पूरा किया जाना था। इस विस्तार के साथ, बॉक्साइट माइन रिफाइनरी, स्मेल्टर और कैप्टिव पावर प्लांट की क्षमता 4.8 मिलियन टन से बढ़कर 6.3 मिलियन टन प्रतिवर्ष हो गयी थी।

एल्युमीनियम उद्योग ने निर्धारित अवधि के दौरान सराहनीय प्रगति की है। ***(तालिका 11.4)*** से देखा जा सकता है कि 1950-51 में एल्युमीनियम का कुल उत्पादन केवल 4000 टन था जो 2005-06 में बढ़कर 585 हजार टन हो गया और 2019-20 में यह 3660 हजार टन रहा है। उत्पादन में उल्लेखनीय प्रगति के बावजूद भारत एल्युमीनियम के मामले में आत्मनिर्भर नहीं है।

तालिका 11.6 में यह देखा जा सकता है कि भारत ने एल्युमीनियम उत्पादन के क्षेत्र में प्रगति की है लेकिन अभी भी देश इस मामले में आत्मनिर्भर नहीं है।

तालिका 11.6 भारत: एल्युमीनियम उत्पादन की प्रवृत्तियां (000 टन)

साल	उत्पादन
1950-51	4.0
1960-61	18.5
1970-71	169.0
1980-81	199.0
1990-91	450.0
2000-01	560.0
2005-06	585.0
2016-17	2425.0
2017-18	2800.0
2017-18	3400.0
2018-19	3690.0
2019-20	3660.0

व्यापार

कुछ अच्छे प्रकार के एल्युनीनियम को छोड़कर जिसे विदेश से आयात किया जाता है, भारत एल्युमीनियम के मामले में लगभग आत्मनिर्भर है। अच्छे किस्म के एल्युमीनियम की माँग बढ़ती जा रही है, फलस्वरूप भारत एल्युमीनियम तथा इसके उत्तम उत्पाद विकसित देशों से आयात कर रहा है।

समस्याएँ (Problems)

एल्युमीनियम उद्योग की सबसे बड़ी समस्या अंतर्राष्ट्रीय प्रतिस्पर्द्धा है। भारत के पास सबसे उत्तम प्रकार के बॉक्साइट के भंडार हैं परन्तु उत्पाद का स्तर ऑस्ट्रेलिया, कनाडा, फ्रांस, जर्मनी, जापान, ब्रिटेन तथा संयुक्त राष्ट्र अमेरिका के जैसा नहीं है।

सस्ती दर पर विद्युत का उपलब्ध न होना, हड़ताल तथा मजदूरों का असन्तोष अन्य समस्याएँ हैं, जिसका सामना यह उद्योग कर रहे हैं।

ऑटोमोबाइल उद्योग (Automobile Industry)

भारत में ऑटोमोबाइल उद्योग का तीव्र गति से विकास हो रहा है। भारत में प्रतिवर्ष 1.2 करोड़ वाहनों का उत्पादन होता है, जिसमें दो पहिये-वाहन भी शामिल हैं। भारत से प्रतिवर्ष 15 लाख से अधिक वाहनों का निर्यात किया जाता है। एक अनुमान के अनुसार 2050 में भारत की सड़कों पर 60 करोड़ कारें होंगी।

स्वतंत्रता के बाद भारत के ऑटोमोबाइल उद्योग ने लगातार प्रगति की। 1947 में कुर्ला (मुंबई) में प्रीमियर ऑटोमोबाइल्स लिमिटेड की स्थापना हुई थी। 1948 में, हिंदुस्तान मोटर्स लिमिटेड उत्तरपारा की स्थापना कोलकाता के पास की गई थी। लगभग पचास वर्षों की छोटी अवधि के भीतर, भारत में ऑटोमोबाइल उद्योग ने जबरदस्त प्रगति की है। वर्तमान में, यात्री कारों के 17 निर्माता, वाणिज्यिक वाहनों के 9 निर्माता, दो और तीन पहिया वाहनों के 16 निर्माता और ट्रैक्टर के 14 निर्माता, इंजन के 5 निर्माता हैं। वित्त वर्ष 2021 में भारत का वार्षिक उत्पादन 22.07 मिलियन वाहन और वित्त वर्ष 2017 में 25.33 मिलियन था। कुल उत्पादन में इस गिरावट को COVID-19 महामारी के लिए जिम्मेदार ठहराया जा सकता है। उद्योग का मूल्य सकल घरेलू उत्पाद (जीडीपी) का लगभग 7.1% है।

जुलाई 1991 में नई औद्योगिक नीति की घोषणा के साथ ऑटोमोबाइल उद्योग को लाइसेंस मुक्त कर दिया गया था। हालाँकि, यात्री कार को 1993 में लाइसेंस मुक्त कर किया गया था। वर्तमान में ऑटोमोबाइल उद्योग में 100% FDI की अनुमति है। ऑटो उद्योग प्रत्यक्ष या अप्रत्यक्ष रूप से 15 मिलियन लोगों को रोजगार देता है और राष्ट्रीय सकल घरेलू उत्पाद का लगभग 5% योगदान देता है।

ऑटोमोबाइल उद्योग को मुख्य रूप से लौह एवं इस्पात उत्पादन केन्द्र, बाजार या बन्दरगाह के निकट स्थापित किया जाता है। कुछ ऑटोमोबाइल उद्योग देश के अविकसित क्षेत्रों में भी स्थापित किए गए हैं ***(चित्र 11.12)***।

मुख्य ऑटोमोबाइल उत्पादन केन्द्र हैं- चेन्नई, दिल्ली, गुड़गाँव, जबलपुर, जमशेदपुर, कोलकाता, सूरजपुर (नोएडा, उ. प्रदेश) तथा मुंबई। मोटर साइकिल फरीदाबाद तथा मैसूर में बनाए जाते हैं। स्कूटर अकुर्दी (पुणे के निकट), लखनऊ, उधव (अहमदाबाद के निकट), पनकी (कानपुर के निकट) तथा सतारा (महाराष्ट्र) में बनाए जाते हैं।

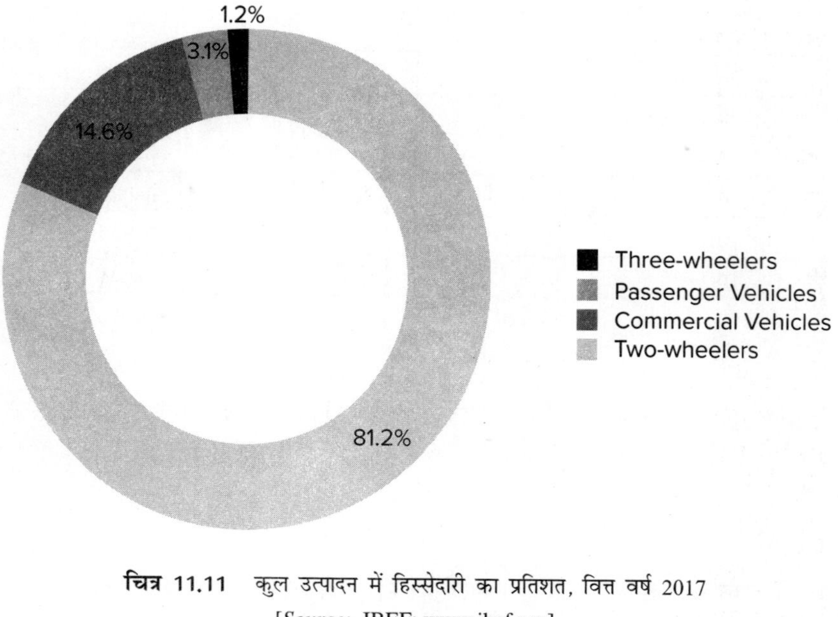

चित्र 11.11 कुल उत्पादन में हिस्सेदारी का प्रतिशत, वित्त वर्ष 2017
[*Source:* IBEF; www.ibef.org]

तालिका 11.6A भारत से वाहनों का उत्पादन, घरेलू बिक्री और निर्यात

श्रेणी	2015-16			2016-17			2017-18			2018-19			2019-20			2020-21		
	उत्पादन	घरेलू बिक्री	निर्यात	उत्पादन	घरेलू बिक्री	निर्यात	उत्पादन	घरेलू बिक्री	निर्यात	उत्पादन	घरेलू बिक्री	निर्यात	उत्पादन	घरेलू बिक्री	निर्यात	उत्पादन	घरेलू बिक्री	निर्यात
यात्री वाहन	34.7	27.9	6.5	38.0	30.5	7.6	40.2	32.9	7.5	40.3	33.8	6.8	34.2	27.7	6.6	30.6	27.1	4.0
व्यावसायिक वाहन	7.9	6.9	1.0	8.1	7.1	1.1	9.0	8.6	1.0	11.1	10.1	1.0	7.6	7.2	0.6	6.2	5.7	0.5
थ्रीव्हीलर	9.3	5.4	4.0	7.8	5.1	2.7	10.2	6.4	3.8	12.7	7.0	5.7	11.3	6.4	5.0	6.1	2.2	3.9
टूव्हीलर	188.3	164.6	24.8	199.3	175.9	23.4	231.5	202.0	28.2	245.0	211.8	32.8	210.3	174.2	35.2	183.5	151.2	32.8
quadri cycle	0.0	0.0	0.0	0.0	0.0	0.0	0.0	0.0	0.0	0.1	0.0	0.0	0.1	0.0	0.1	0.0	0.0	0.0
कुल योग	**240.2**	**204.7**	**36.4**	**253.3**	**218.6**	**34.8**	**290.9**	**249.8**	**40.4**	**309.1**	**262.7**	**46.3**	**263.5**	**215.5**	**47.5**	**226.5**	**186.2**	**41.3**

Source: Society of Indian Automobile Manufacturers (SIAM)

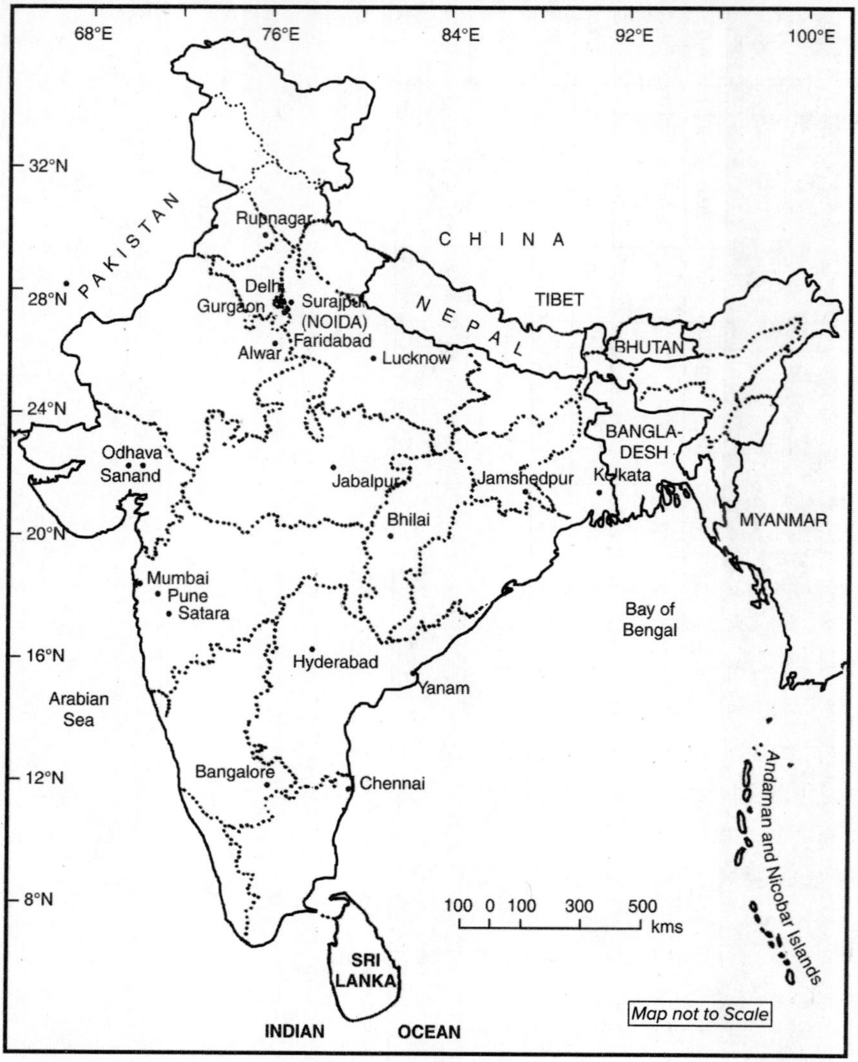

चित्र 11.12 ऑटोमोबाइल उद्योग

देश की कुल गाड़ियों (commercial vehicles) में से 70% टाटा इंजीनियरिंग एण्ड लोकोमोटिव कम्पनी (टेल्को) द्वारा बनायी जाती है। इसके चार संयंत्र हैदराबाद, पीथमपुर (मध्य प्रदेश), रूपनगर (पंजाब), तथा सूरजपुर (नोएडा - उत्तर प्रदेश) में स्थित हैं। प्रीमियर ऑटोमोबाइल तथा महिंद्रा एवं महिंद्रा मुंबई में, अशोक लीलैण्ड लिमिटेड तथा स्टैण्डर्ड मोटर चेन्नई में, कोलकाता में हिन्दुस्तान मोटर लिमिटेड तथा पुणे में बजाज टेम्पो लिमिटेड स्थित हैं। इनके अतिरिक्त शक्तिमान ट्रक का निर्माण रक्षा मंत्रालय की देख-रेख में होता है तथा निसान जीप जबलपुर में जापान की निसान कम्पनी के सहयोग से बनायी जाती है।

पैसेंजर कार (यात्री कार)

इन वाहनों की माँग पिछले दो दशकों में बढ़ गई है। इन वाहनों का उत्पादन कई कम्पनियाँ कर रही हैं जिनमें प्रमुख हैं- (i) मारुति उद्योग लिमिटेड, गुड़गाँव (हरियाणा); (ii) हिन्दुस्तान मोटर (चेन्नई तथा कोलकाता); (iii) प्रीमियर ऑटोमोबाइल (मुंबई); (iv) स्टैण्डर्ड मोटर प्रोडक्टस्, चेन्नई; (v) हुण्डाई मोटर्स इण्डिया, सूरजपुर (नोएडा - उत्तर प्रदेश); (vi) डेवू (Daewoo)

मोटर इण्डिया लिमिटेड, पुणे के नजदीक; (vii) होण्डा सिटी (उत्तर प्रदेश); (viii) फोर्ड एस्कोर्ट (महिन्द्रा तथा फोर्ड के बीच सहयोग से); (ix) मर्सिडीज बेन्ज (जर्मनी), टेल्को के साथ महँगे ई. 220 तथा 250 डी. बना रहे हैं, तथा; (x) प्रीमियर ऑटोमोबाइल्स फिएट इण्डिया ऑटो लिमिटेड के साथ मिलकर फिएट ऊनो (Fiat-Uno) कार का निर्माण करती है।

जीप (Jeep)

भारत में जीप महिंद्रा एण्ड महिंद्रा द्वारा बनायी जाती है। इस कम्पनी की क्षमता 15,000 जीप प्रतिवर्ष उत्पादन करने की है।

दुपहिया तथा तिपहिया वाहन (Two and Three Wheelers)

दुपहिया वाहनों में मोपेड, स्कूटर तथा मोटरसाइकिल शामिल हैं। मोपेड मुख्य रूप से टी.वी.एस. सुजुकी द्वारा, स्कूटर बजाज ऑटो तथा एल.एस.एल. द्वारा तथा मोटरसाइकिल हीरो होण्डा, कावासाकी बजाज व एनफील्ड द्वारा बनाया जाता है। दोपहिया वाहन बनाने के कारखाने मुंबई, पुणे, नई दिल्ली, कानपुर, अलवर, बंगलुरु, हैदराबाद, लखनऊ, सतारा, चेन्नई तथा मैसूर में हैं।

रक्षा वाहन (Defence Vehicles)

रक्षा वाहन जबलपुर स्थित फैक्ट्री में जापान की निसान कम्पनी (Nissan Co.) के सहयोग से बनाए जाते हैं। शक्तिमान ट्रकों का निर्माण जर्मनी की मैन (MAN) कम्पनी की अनुमति (लाइसेंस) से होता है।

2018 का वित्त वर्ष मोटर गाड़ी उद्योग के लिए घटना पूर्ण वर्ष था। इसके निम्नलिखित मुख्य लक्षण है:

- 2016 में विमुद्रीकरण घोषित हुआ था।
- सुप्रीम कोट ने BS-III वाहनों पर 1 अप्रैल 2017 से रोक लगा दी।
- 1 जुलाई 2018 को गुड्स एवं सर्विस टैक्स (GST) लागू हुआ।
- राष्ट्रीय हरित ट्रिब्यूनल (NGT) ने सितम्बर 2018 से डीजल कारों को बन्द कर किया।
- सितम्बर 2017 में सेस (Cess) में वृद्धि हुई।

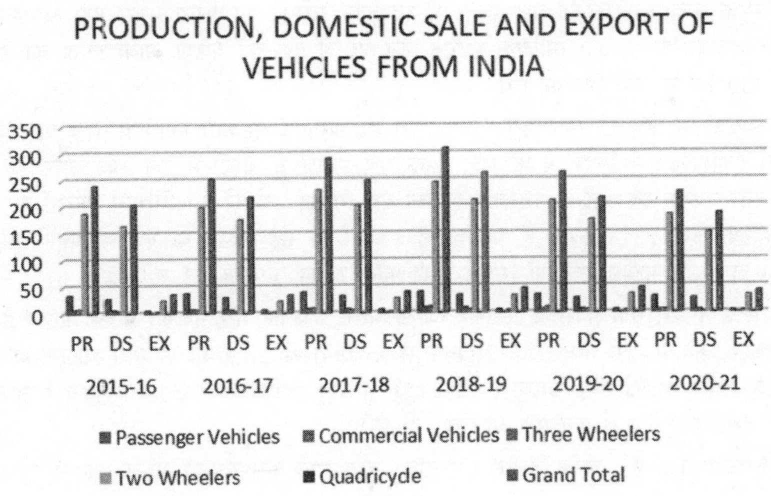

चित्र 11.13 मोटर गाड़ियों का उत्पादन, बिक्री और निर्यात (मिलियन इकाई में)
Source: Society of Indian Automobile Manufacturers (SIAM)

ऑटोमोबाइल उद्योग को वर्ष 1991 में लाइसेंस रहित कर दिया गया। वर्तमान में इस क्षेत्र में शत-प्रतिशत प्रत्यक्ष विदेशी निवेश की अनुमति प्राप्त है।

भारत के ऑटोमोबाइल उद्योग को अब दुनिया भर में पहचान मिल रही है। यही कारण है की भारत से वाहनों का निर्यात बढ़ रहा है। 2015-16 में निर्यात किए गए 3.64 मिलियन यूनिट वाहनों की तुलना में 2020-21 में निर्यात किए गए वाहनों की संख्या 4.13 मिलियन यूनिट थी (तालिका 11.4 A)।

रसायन उद्योग (Chemical Industry)

रसायन उद्योग, एक आधारभूत उद्योग है। वस्त्र, इस्पात, एवं इंजीनियरिंग के बाद यह देश का चौथा सबसे बड़ा उद्योग है। देश की अर्थव्यवस्था में इसकी महत्वपूर्ण भूमिका है। यह विभिन्न उद्योगों, यथा-इस्पात, वस्त्र, पेपर, कृत्रिम धागे (Synthetic fibers), रबड़, प्लास्टिक, पेंट्स, साबुन, डिटरजेंट, उर्वरक, औषधि, कीटनाशक एवं रंजक आदि को कच्चा माल उपलब्ध कराता है। रसायन दो प्रकार के होते हैं- 1. भारी रसायन तथा 2. कोमल रसायन (Fine chemical)। सोडा एश, कास्टिक सोडा एवं सल्फ्यूरिक अम्ल भारी रसायन हैं। डाईस्टफ, औषधीय एवं फोटोग्राफिक रसायन हैं। रसायनों की विभिन्न किस्मों को विश्लेषण एवं अनुसंधान कार्यों में उपयोग किया जाता है।

भारतीय रसायन उद्योग के इतिहास को 1901 से देखा जा सकता है, जब कोलकाता के समीप औषधि निर्माण कारखाने की स्थापना की गयी। तब से यह उद्योग लगातार विकास कर रहा है। स्वतंत्रता के उपरांत इस उद्योग में तीव्रता से परिवर्तन एवं विकास हुआ है।

प्रमुख रसायन उद्यागों में शामिल हैं- 1. सल्फ्यूरिक अम्ल, 2. नाइट्रिक अम्ल, 3. सोडा-एश, 4. क्लोरीन, 5. कैल्शियम कार्बाइड, 6. पेट्रो-रसायन, 7. उर्वरक उद्योग, 8. औषधियाँ, 9. पेपर एवं पल्प, 10. कीटनाशक, 11. डाईस्टफ, 12. पेंट एवं वॉर्निश, 13. चमड़ा उद्योग, 14. कांच उद्योग इत्यादि। कुछ प्रमुख रसायन उद्योगों का वर्णन इस प्रकार है:

उर्वरक उद्योग (Fertilizer Industry)

आजादी के बाद उर्वरक उद्योग ने जबरदस्त प्रगति की है। भारत में पहला उर्वरक संयंत्र 1906 में सिंदरी में स्थापित किया गया था। उर्वरक उद्योग की योजना और विकास के पांच दशकों ने भारत को उर्वरक उत्पादक देशों की अग्रिम पंक्ति में ला दिया है। भारत आज चीन और संयुक्त राज्य अमेरिका के बाद दुनिया में नाइट्रोजन उर्वरकों का तीसरा सबसे बड़ा उत्पादक है। वर्ष 2020-21 में यूरिया का घरेलू उत्पादन लगभग 24.60 मिलियन मीट्रिक टन था जो देश की यूरिया आवश्यकता का 85% है, जबकि प्रति हेक्टेयर खपत लगभग 130 कि.ग्रा. प्रति हेक्टेयर थी।

उर्वरक उद्योग में सार्वजनिक क्षेत्र की महत्वपूर्ण भूमिका रही है। भारत में सहकारी स्वामित्व वाले पहले उर्वरक कारखाने की स्थापना 1951 में बिहार (झारखंड) में सिंदरी में की गई। इसके बाद पंजाब के नांगल में एक और कारखाना स्थापित किया गया। देश में इस समय 57 बड़ी उर्वरक इकाइयाँ हैं, जिनमें नाइट्रोजन एवं मिश्रित उर्वरकों की विभिन्न किस्मों का उत्पादन हो रहा है। इनमें से 29 इकाइयाँ यूरिया का उत्पादन करती हैं, जबकि नौ इकाइयों से सह-उत्पाद के रूप में अमोनियम सल्फेट प्राप्त होता है। इसके अतिरिक्त 68 लघु और मध्यम इकाइयाँ सिंगल सुपर फॉस्फेट का उत्पादन कर रही हैं।

उर्वरक उद्योग के लिए नेपथा, रॉक फॉस्फेट, सल्फर जिप्सम तथा प्रगालक गैस मूलभूत कच्चा पदार्थ है। यदि गैस उपलब्ध नहीं हो तो यह संयंत्र कोक की मदद से तथा कोक-ओवेन-गैस (coke-oven-gas) की मदद से चलाया जा सकता है। भारत में कोयला आधारित उर्वरक-संयंत्र भिलाई तथा कोरबा (छत्तीसगढ़), दुर्गापुर (पश्चिम बंगाल), रामगुंडम (आंध्र प्रदेश), जमशेदपुर तथा सिंदरी (झारखंड) तथा राउरकेला व तलचर (ओडिशा) में है।

नेवेली लिग्नाइट पर आधारित है, जबकि हजीरा (गुजरात) तथा थाल (महाराष्ट्र) बॉम्बे हाई से प्राप्त प्राकृतिक गैस का इस्तेमाल करते हैं।

अधिकतर उर्वरक-संयंत्र, पेट्रोलियम साफ करने के कारखानों (रिफाइनरी) के निकट स्थित हैं। सागर के निकट संयंत्र आयातित कच्चे माल का इस्तेमाल करते हैं। कुछ उर्वरक-संयंत्र उपभोक्ता केन्द्रों के निकट स्थित हैं। सबसे अधिक उर्वरक-संयंत्र गुजरात तथा तमिलनाडु राज्य में हैं ***(चित्र 11.14)***।

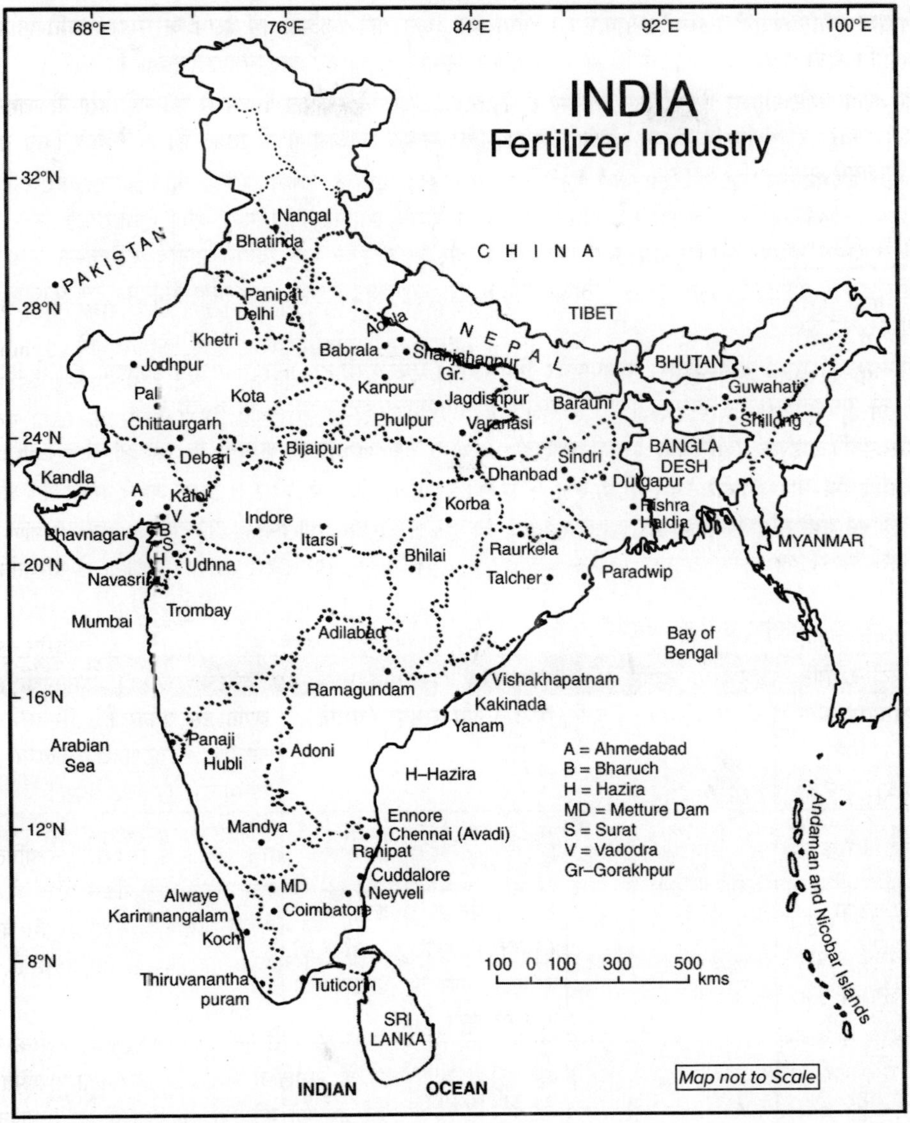

चित्र 11.14 उर्वरक उद्योग

भारत में उर्वरक इकाइयाँ (Fertilizer Units of India)

वर्तमान में भारत में 70 उर्वरक उत्पादन करने वाली इकाइयां हैं। कुछ महत्वपूर्ण सार्वजनिक क्षेत्र के उपक्रम निम्नलिखित हैं:

1. **फर्टिलाइजर कॉर्पोरेशन ऑफ इण्डिया लिमिटेड (F.C.I):** एफ.सी.आई. की स्थापना 1961 में सिंदरी (झारखंड) तथा नागल (पंजाब) फर्टिलाइजर्स संयंत्रों के प्रबंधन के लिए की गई। एफ.सी.आई. के अन्तर्गत चार इकाइयाँ हैं - सिंदरी (झारखंड), गोरखपुर (यू.पी.), तलचर (ओडिशा) तथा रामागुंडम (आंध्र प्रदेश)। गोरखपुर तथा सिंदरी संयंत्र अब बन्द कर दिये गये हैं।

2. **नैशनल फर्टिलाइजर्स लिमिटेड (N.F.L):** एन. एफ. एल. की स्थापना 1974 में की गई। इसकी इकाइयाँ भटिंडा, नांगल, पानीपत तथा विजयपुर में हैं। यह कैल्शियम अमोनियम नाइट्रेड का उत्पादन करता है।
3. **हिन्दुस्तान फर्टिलाइजर कॉर्पोरेशन लिमिटेड (H.F.C.):** इसकी स्थापना 1978 में की गई। इसकी पांच इकाइयाँ एक बरौनी (बिहार), दुर्गापुर (पश्चिम बंगाल) में तथा तीन नामरूप (असम) में स्थित हैं।
4. **राष्ट्रीय केमिकल्स एंड फर्टिलाइजर्स लिमिटेड (R.C.F.):** ट्रांबे 5 उर्वरक संयंत्रों का संचालन कर रही है। ये संयंत्र अक्टूबर 1965 से लेकर जुलाई 1982 की अवधि के दौरान स्थापित किए गए। थाल (महाराष्ट्र) स्थित इसके वृहत्त गैस आधारित उर्वरक संयंत्र ने 1985 में व्यवसायिक तौर पर उत्पादन शुरू किया। राष्ट्रीय केमिकल्स एण्ड फर्टिलाइजर्स लिमिटेड की स्थापित क्षमता 10.57 लाख मीट्रिक टन नाइट्रोजन तथा 1.20 लाख मीट्रिक टन फॉस्फेट के वार्षिक उत्पादन की है।
5. **फर्टिलाइजर्स एण्ड केमिकल्स, त्रावणकोर लिमिटेड (एफ.ए.सी.टी.):** इसकी तीन इकाइयाँ हैं, दो कोच्चि में तथा एक उद्योगमंडल में। यह कम्पनी विभिन्न प्रकार के केमिकल्स का उत्पादन भी करती है।
6. **मद्रास फर्टिलाइजर्स लिमिटेड:** इसकी स्थापना 1966 में नेशनल ऑयल कम्पनी के सहयोग से की गई।
7. **पारादीप फास्फेटस लिमिटेड (पी.पी.एल.):** इसकी स्थापना 1981 में की गई। इसके पहले संयंत्र की शुरुआत 1986 में की गई तथा परियोजना का दूसरा चरण 1992 में पूरा कर लिया गया जिससे फास्फोरिक एवं सल्फ्यूरिक अम्ल का उत्पादन शुरू हुआ।

तालिका 11.7 भारत के प्रमुख उर्वरक उत्पादक उद्योग

उपक्रम	स्थापना का वर्ष	अवस्थिति	टिप्पणी
फर्टिलाइजर कॉर्पोरेशन ऑफ इण्डिया लिमिटेड (एफसीआईएल)	1961	सिन्दरी और नागंल (पंजाब)	इसकी चार इकाइयाँ है-सिन्दरी (झारखण्ड), गोरखपुर (उत्तर प्रदेश), तलचर (ओडिशा), रामागुन्डम (आन्ध्र प्रदेश)
राष्ट्रीय फर्टिलाइजर लिमिटेड	1974	भटिंडा, नांगल, पानीपत, विजयपुर	विशेषीकृत कैल्शियम, अमोनियम नाइट्रेट
हिन्दुस्तान फर्टिलाइजर कॉर्पोरेशन लिमिटेड (एचएफसीएल)	1978	पांच कार्यकारी इकाइयों बरौनी (बिहार), दुर्गापुर (पश्चिमी बंगाल), नामरूप (असम) में तीन इकाइयां	
राष्ट्रीय केमिकल्स फर्टिलाइजर लिमिटेड (आरसीएफएल)	1978	ट्रॉम्बे में 4 इकाइयां थाल में 1 इकाई (महाराष्ट्र)	
फर्टिलाइजर एण्ड केमिकल्स त्रावणकोर		कोच्चि में दो इकाइयां उद्योग मण्डलम में 1 इकाई	
मद्रास फर्टिलाइजर्स लिमिटेड	1996		राष्ट्रीय इरानियन ऑयल कम्पनी के सहकार्यता में स्थापित
पाराद्वीप फास्फेट लिमिटेड (पीपीएल)	1981		प्रथम कारखाना 1986 में स्थापित हुआ और दूसरा भाग 1992 में पूरा हुआ।

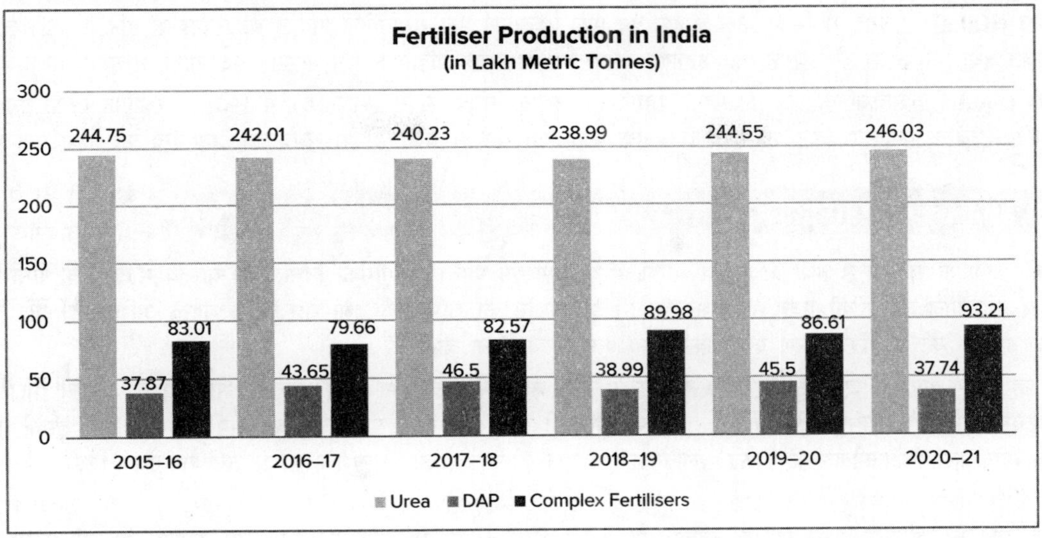

चित्र 11.15 उर्वरकों का उत्पादन (मिलियन टन में)

Source: krishijagran.com

तालिका 11.6 और चित्र 11.15 से देखा जा सकता है कि भारतीय उर्वरक कंपनियों ने 2015-16 के दौरान 36.56 मिलियन मीट्रिक टन उर्वरक का उत्पादन किया। कुल उपलब्धता मांग से कम थी और आयात के माध्यम से पूरी की जाती थी। 2019-20 के दौरान यूरिया का उत्पादन बढ़कर 37.7 मीट्रिक टन हो गया। लेकिन अभी भी भारत में खादों की बढ़ती मांग को पूरा नहीं किया जा सका है।

सहकारी क्षेत्र (Co-operative Sector)

सहकारी क्षेत्र में कई उर्वरक संयंत्र हैं, जिसमें इफको (Indian Farmers Fertiliser Co-operative Limited) सबसे महत्वपूर्ण है। इफको की छह उत्पादन इकाईयाँ हैं। इनमें से दो आँवला (बरेली), एक-एक कलोल तथा कांडला (गुजरात) में तथा दो फूलपुर (इलाहाबाद) में हैं। कृभको का गुजरात के हज़ीरा (Hazira) में गैस आधारित यूरिया-अमोनिया संयंत्र है। भारत रासायनिक उर्वरकों के मामले में आत्मनिर्भर नहीं है। देश की लगभग 50% आवश्यकता को आयात द्वारा पूरा किया जाता है।

देश में उर्वरकों की खपत, उत्पादन तथा आयात को ***तालिका 11.8*** में दर्शाया गया है।

तालिका 11.8 उर्वरकों की खपत, उत्पादन और आयात (लाख टन)

उर्वरक	2015-16	2016-17	2017-18	2018-19	2019-20	2019-20
यूरिया	244.75	242.01	240.23	238.99	244.55	246.03
डीएपी	37.87	43.65	46.50	38.99	45.50	37.74
जटिल उर्वरक	83.01	79.66	82.57	89.98	86.61	93.21
कुल	365.63	365.32	369.3	367.96	376.66	376.98

आंवला (Aonla): बरेली जिले में स्थित आंवला रासायनिक उर्वरक संयंत्र की स्थापना इफको द्वारा की गई। इस संयंत्र की शुरुआत 1974 में की गई।

हजीरा (Hazira): गुजरात राज्य में स्थित हजीरा एक आधुनिक रासायनिक उर्वरक संयंत्र है। इस संयंत्र में प्रगलन प्राकृतिक गैस के द्वारा किया जाता है, जो बॉम्बे हाई से प्राप्त किया जाता है।

कलोल (Kalol): गुजरात में स्थित कलोल देश का एक महत्वपूर्ण पेट्रो रासायनिक संकुल है। रिफाइनरी होने के अतिरिक्त यह नाइट्रोजन तथा फॉस्फोरस के उर्वरकों का उत्पादन करता है। यह संयंत्र प्राकृतिक गैस खम्भात की खाड़ी से प्राप्त करता है।

सिंदरी (Sindri): सार्वजनिक क्षेत्र का पहला रासायनिक उर्वरक संयंत्र सिंदरी (झारखंड) में 1951 में स्थापित किया गया। यहाँ रासायनिक उर्वरक कोकिंग कोल की मदद से बनाया जाता था। घाटे में चल रहे इस संयंत्र को अब बन्द कर दिया गया है।

कागज उद्योग (Paper Industry)

कागज सूचना के संरक्षण में तथा विचारों व धारणाओं के प्रसार में महत्वपूर्ण भूमिका निभाता है। वास्तव में, देश के समाजार्थिक विकास में कागज उद्योग की एक अहम भूमिका है। इस उद्योग का सामाजिक तथा सांस्कृतिक महत्व अधिक है। प्रति व्यक्ति कागज उपभोग को आधुनिकीकरण एवं विकास का एक मानक माना जाता है।

यह उद्योग भारत में एक कुटीर उद्योग के रूप में मध्य काल में शुरू हुआ परन्तु भारत में सबसे पहली कागज मिल 1832 में पश्चिम बंगाल में सेरामपुर (Serampore) में स्थापित की गयी। यह मिल सफलतापूर्वक काम नहीं कर पाई। इसके पश्चात कागज मिल बालीगंज (कोलकाता, 1867), लखनऊ (1879), टीटागढ़ (1881), पुणे (1887) तथा रानीगंज (1891) में स्थापित की गयीं।

वर्तमान में देश में 700 से अधिक लुगदी और कागज मिले हैं, जिनमें करीब 70 लाख टन कागज और गत्ते (पेपर बोर्ड) तथा 7.7 लाख टन अखबारी कागज का निर्माण होता है, जबकि इस उद्योग की कागज और गत्ते (पेपर बोर्ड) बनाने की क्षमता 75 लाख टन और अखबारी कागज बनाने की क्षमता 13 लाख टन है। पेपर, पेपर-बोर्ड और न्यूजप्रिंट की मांग वर्ष 2018 तक लगभग 10.0 मिलियन टन तक पहुंच गई थी। प्रति व्यक्ति कागज की खपत को किसी देश के आधुनिकीकरण का मानदंड माना जाता है। इस दृष्टि से भारत की प्रति व्यक्ति कागज की खपत अभी भी 5.5 कि.ग्रा. है, जो 50 कि.ग्रा. प्रति व्यक्ति की विश्व औसत से काफी कम है। कागज उद्योग को वर्ष 1977 में लाइसेंस मुक्त कर दिया गया तथा अभी इसमें 100% विदेशी पूंजी निवेश की अनुमति है। यह देश मे 3 लाख प्रत्यक्ष और 10 लाख अप्रत्यक्ष रोजगार सृजित करता है।

कागज तथा अखबारी कागज उद्योग अत्यन्त खंडित हैं और विभिन्न इकाइयों की प्रतिष्ठापित क्षमता 10 टन से 800 टन प्रतिदिन की है। भारतीय कागज उद्योग को मोटे तौर पर तीन वर्गों में वर्गीकृत किया जा सकता है:

(i) बड़ी एकीकृत मिलें, जो बाँस और लकड़ी का इस्तेमाल करती हैं।

(ii) मध्यम मिलें, जो कृषि अवशेष और पुनर्चक्रित फाइबर का इस्तेमाल करती हैं।

(iii) छोटी मिलें, जो बेकार कागज और पुनर्चक्रित फाइबर का इस्तेमाल करती हैं।

तीनों इकाइयां कागज, कागज बोर्ड और अखबारी कागज के उत्पादन में देश में समान सहयोग करती हैं। इस उद्योग का कारोबार करीब ₹16,000 करोड़ का है और राष्ट्रीय कोष में इसका सहयोग ₹2,500 करोड़ का है।

कागज उद्योग कच्चे माल पर आधारित एक उद्योग है। कागज उद्योग के लिए आवश्यक कच्चा माल हल्की लकड़ी, बाँस, घास, खोई, चिथड़ा तथा बेकार कागज हैं। भारत में कागज उद्योग सबसे अधिक बाँस के रूप में कच्चे माल का उपयोग करते हैं। कागज उद्योगों को रसायन, जैसे-कॉस्टिक सोडा-ऐश, सोडियम-फॉस्फेट, सल्फ्यूरिक अम्ल, चूना तथा जल की भी आवश्यकता होती है। बाँस आंध्र प्रदेश, हिमाचल प्रदेश, कर्नाटक, मध्य प्रदेश, महाराष्ट्र उत्तरी-पूर्वी भारत, ओडिशा, तमिलनाडु, उत्तराखंड तथा पश्चिम बंगाल से प्राप्त किया जाता है।

वितरण

भारत के विभिन्न राज्यों में कागज उद्योग के वितरण को ***चित्र 11.16*** में दिखाया गया है।

1. आंध्र प्रदेश एवं तेलंगाना

इन राज्यों का देश के कुल कागज उत्पादन में 18% का योगदान है। इन राज्यों में 18 कागज मिलें हैं। भद्राचलम, बोधन, खम्माम, कुरनुल, राजामुंद्री, सिरपुर तथा तिरुपति कागज मिल इस राज्य की कुछ प्रमुख कागज मिलें हैं।

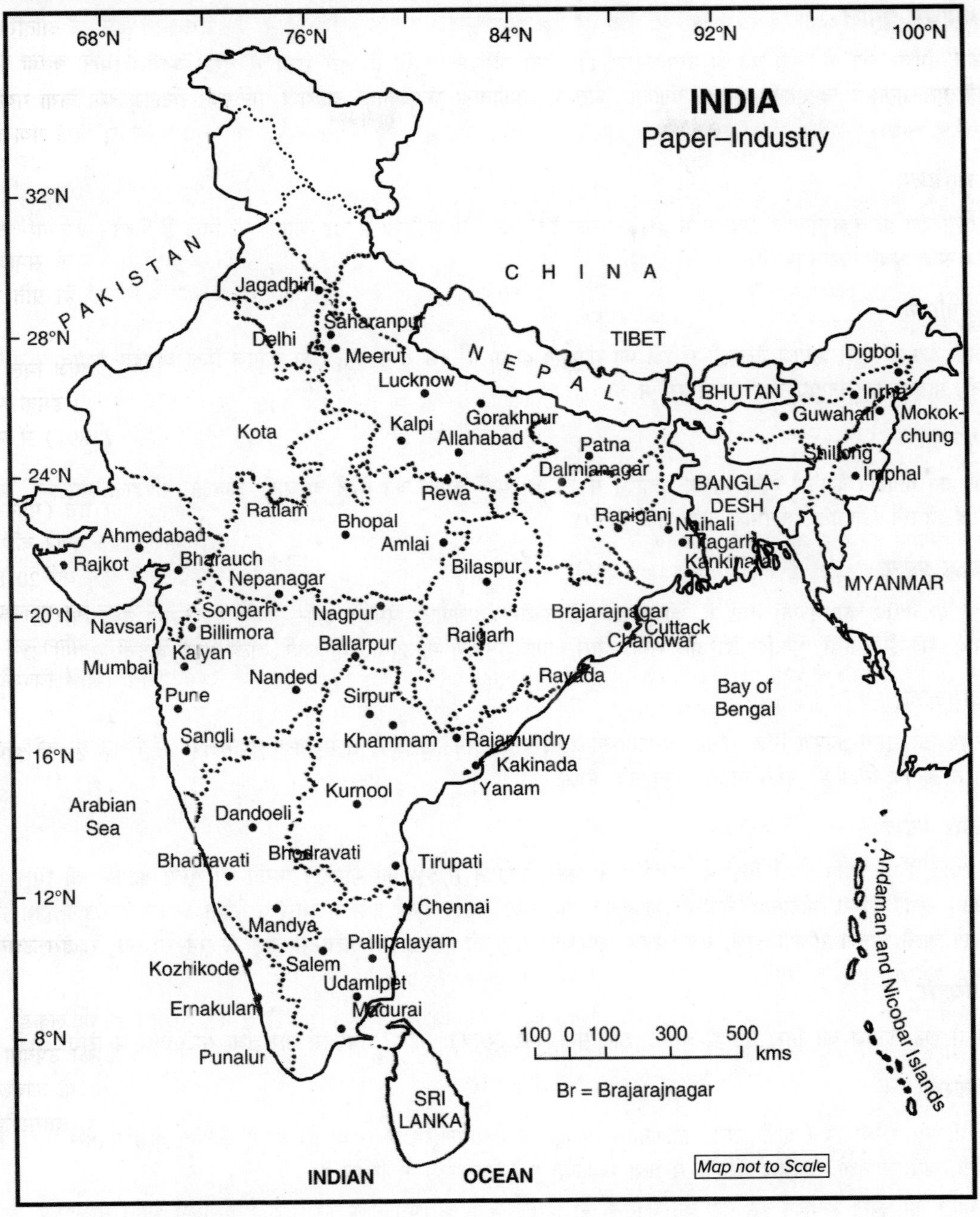

चित्र 11.16 कागज उद्योग

2. *महाराष्ट्र*

इस राज्य में 35 कागज मिलें हैं जो देश के कुल कागज उत्पादन में 14% का योगदान करती हैं। ये कागज उद्योग बल्लारपुर (बल्हारशाह), चिंचवाद (पुणे), गोरेगाँव, जलगाँव, कल्याण, काम्पटी, खंडाला, खोपोली, वरावर्णनगर, साँगली तथा विखरोली में स्थित हैं। साँगली तथा बल्लारपुर न्यूजप्रिन्ट (अखबारी कागज) के लिए प्रसिद्ध हैं।

3. पश्चिम बंगाल

पश्चिम बंगाल देश के कुल कागज उत्पादन में 11% का योगदान करता है। इस राज्य में मुख्य कागज मिलें आलम बाजार, बन्सबेरिया, बारानगर, चन्द्राहती, दमदम, गंगानगर, हावड़ा, काकीनाड़ा, कोलकाता, नाईहाटी, रानीगंज, टीटागढ़ तथा त्रिवेणी में स्थित हैं।

4. ओडिशा

यह राज्य देश के कुल कागज उत्पादन में 8% का योगदान करता है। ओडिशा में छह कागज के मिलें हैं, जिनमें ब्रजनगर, चौधवार तथा रायगढ़ सबसे महत्वपूर्ण हैं।

5. कर्नाटक

कर्नाटक देश के कुल कागज उत्पादन में 7% का योगदान करता है। इस राज्य की मुख्य कागज मिलें बंगलुरु, भद्रावती, बेलागुला, डंडेली, मांडया, ननजनगुडा तथा रामानगरम में हैं।

6. गुजरात

गुजरात का योगदान देश के कुल कागज उत्पादन में 7% है। यहाँ कागज की मिलें बारेजादी, बावला, गोण्डाल, कालोल, खड़की, सोनागढ़, उतरन, उतवाडा, वलसाड़ तथा वापी में हैं।

7. मध्य प्रदेश

मध्य प्रदेश में 12 कागज की मिलें हैं, जो अमलाई (शहडौल), भोपाल, धेमका, इंदौर, नेपानगर, रतलाम तथा विदिशा में स्थित हैं। बांस, सलाई-लकड़ी, युकलिप्टुस और सबाई घास कागज निर्माण में उपयोग की जाने वाली मुख्य कच्ची सामग्री है।

8. तमिलनाडु

इस राज्य की मुख्य कागज मिल चेन्नई, चरणमाहादेवी, पल्लीपलयम, तामब्रम, सलेम तथा उदामलपेट में स्थित हैं। तमिलनाडु में कुल 16 कागज मिल हैं। मुख्य कच्चा माल बांस है।

9. उत्तर प्रदेश

उत्तर प्रदेश में 48 कागज की मिलें हैं, जो देश के कुल उत्पादन में 5% का योगदान करती हैं। मुख्य कागज की मिलें बदायूं, लखनऊ, मेरठ, मैनपुरी, मोदीनगर, नैनी (इलाहाबाद), सहारनपुर, लाल-कुआँ तथा जगाधरी में स्थित हैं। इन कारखानों द्वारा उपयोग की जाने वाली कच्ची सामग्री बांस, सबाई घास, शंकुधारी वृक्ष की लकड़ी, यूकेलिप्टस, गेहूं के बर्न-रैग और रद्दी कागज हैं।

10. बिहार

बिहार में छह कागज की मिलें हैं, जो बरौनी, डालमिया नगर, दुमका, पटना, रामेश्वर नगर तथा समस्तीपुर में स्थित हैं।

11. केरल

केरल में कागज की मिलें एर्णाकुलम, कोझीकोड़, पुनालुर तथा रायनपुरम में स्थित हैं। इनके अलावा कुछ कागज मिलें कछार, गुवाहाटी, जोरहाट तथा नौगाँव (असम) में तथा मोकोकचुंग (नगालैण्ड) में स्थित हैं।

भारत का घरेलू उत्पादन इस देश की कागज की आवश्यकता को पूरा नहीं कर पाता है इसलिए भारत बेल्जियम, कनाडा, फ्रांस, जर्मनी, जापान, न्यूजीलैण्ड, नॉर्वे, रोमानिया, रूस, स्वीडन, ब्रिटेन तथा संयुक्त राज्य अमेरिका से कागज का आयात भारी मात्रा में करता है। भारत कुछ मात्रा में छपाई के कागज का निर्यात दक्षिण-पूर्वी तथा दक्षिण-पश्चिमी एशियाई देशों को करता है।

कागज उद्योग की समस्याएँ (Problems)

कागज उद्योग की कुछ प्रमुख समस्याएँ निम्नलिखित हैं:

(i) कच्चे माल की कमी
(ii) रसायनों की अपर्याप्त आपूर्ति
(iii) बड़े निवेश की कमी
(iv) हड़ताल तथा तालाबन्दी
(v) विदेशी उत्पादकों के साथ कड़ी प्रतिस्पर्द्धा
(vi) अप्रचलित एवं पुरानी मशीनरी
(vii) आधारिक आगतों की उच्च लागत
(viii) गुणवत्ता एवं पर्यावरण संबंधी मुद्दे

औषधि-निर्माण उद्योग (Pharmaceutical Industry)

दवाओं और दवा उद्योग ने पिछले पांच दशकों के दौरान भारत में अभूतपूर्व प्रगति की है। उत्पादन की मात्रा (वैश्विक हिस्सेदारी का 10%) के मामले में देश अब तीसरे स्थान पर है और मूल्य के हिसाब से 14 वां सबसे बड़ा है। भारतीय निर्यात संयुक्त राज्य अमेरिका, यूरोप, जापान और ऑस्ट्रेलिया सहित दुनिया भर के विभिन्न देशों के लिए होता है। रसायन और पेट्रोरसायन विभाग के प्रशासनिक नियंत्रण के तहत दवा उद्योग क्षेत्र में पांच केंद्रीय सार्वजनिक क्षेत्र के उपक्रम और पांच संयुक्त क्षेत्र के उपक्रम हैं। इसके अलावा, दो पूर्ण स्वामित्व वाली सहायक कंपनियां हैं। इन संगठनों का संक्षिप्त विवरण निम्नलिखित पैराग्राफों में दिया गया है। फार्मास्युटिकल उद्योग का कुल वार्षिक कारोबार वर्ष 2019-2020 में 2,89,998 करोड़ रुपए था। वर्ष 2019-20 में दवाओं का कुल आयात और निर्यात क्रमश ₹ 42,943 करोड़ और ₹ 1,46,260 करोड़ था।

1. **इंडियन ड्रग्स एण्ड फार्मास्यूटिकल्स लिमिटेड (आई.डी.पी.एल.)** आई.डी.पी.एल. का गठन 1961 में किया गया। कम्पनी के तीन निर्माण संयंत्र हैं, जो उत्तराखंड में ऋषिकेश, आंध्र प्रदेश में हैदराबाद और हरियाणा में गुड़गाँव में स्थित हैं। आई.डी.पी.एल. की दो पूर्ण स्वामित्व वाली अनुषंगी कम्पनियाँ हैं - आई.डी.पी.एल. (तामिलनाडु) लिमिटेड, चेन्नई तथा बिहार ड्रग्स एण्ड ऑर्गेनिक केमिकल्स लिमिटेड, मुजफ्फरपुर (बिहार)। कम्पनी के दो संयुक्त उद्यम प्रतिष्ठान भी हैं, जो संबद्ध राज्य सरकारों के सहयोग से स्थापित किए गए हैं, जैसे-राजस्थान ड्रग्स एण्ड फार्मास्यूटिकल्स लिमिटेड (आर.डी.पी.एल.), जयपुर और ओडिशा ड्रग्स एण्ड केमिकल्स लिमिटेड (ओ.डी.पी.एल.), भुवनेश्वर ***(चित्र 11.17)***।
2. **पिम्परी, पुणे स्थित हिन्दुस्तान एंटीबायोटिक्स लिमिटेड (एच.ए.एल)** एच.ए.एल. का गठन 1954 में किया गया। यह औषधि तथा औषधि - निर्माण के क्षेत्र में सार्वजनिक क्षेत्र की पहली कम्पनी है। एच.ए.एल. का संयंत्र पिम्परी में है। हिन्दुस्तान एंटीवायोटिक्स लिमिटेड की तीन सहायक कम्पनियाँ हैं, जो राज्य सरकारों के सहयोग से गठित की गयी हैं। इनके नाम हैं–कर्नाटक एंटीबायोटिक्स एण्ड फार्मास्यूटिकल्स लिमिटेड (के.ए.पी.एल.), बंगलुरु; महाराष्ट्र एंटीबायोटिक्स लिमिटेड, नागपुर और मणिपुर स्टेट ड्रग्स एण्ड फार्मास्यूटिकल्स लिमिटेड (एम.एस.डी.पी.एल.), इम्फाल।
3. **बंगाल केमिकल एण्ड फार्मास्यूटिकल्स लिमिटेड (बी.सी.पी.एल.)** इसकी स्थापना 1981 में की गई। कम्पनी की चार विनिर्माण इकाइयाँ हैं, जो पश्चिम बंगाल में कोलकाता स्थित माणिकतल्ला और चौबीस परगना स्थित पानीहाटी, महाराष्ट्र में मुंबई और उत्तर प्रदेश में कानपुर में स्थित हैं।

भारत में अधिकांश औषधि तथा औषधि-निर्माण इकाइयाँ दिल्ली, गुजरात, महाराष्ट्र, मध्य प्रदेश, राजस्थान, तमिलनाडु, उत्तर प्रदेश, उत्तराखंड तथा पश्चिम बंगाल में स्थित हैं। मुख्य केन्द्र अहमदाबाद, दिल्ली, हैदराबाद, इंदौर, कानपुर, कोलकाता, जयपुर, मुंबई, मुजफ्फरपुर (बिहार), पुणे, ऋषिकेश (उत्तराखंड) तथा वडोदरा है। चेन्नई स्थित सर्जिकल इन्स्ट्रूमेन्ट संयंत्र विभिन्न प्रकार के शल्य उपकरणों का उत्पादन करता है जबकि बंगाल कैमिकल एण्ड फार्मास्यूटिकल्स लिमिटेड साँप काटे जाने पर उपयोग की जाने वाली औषधि का उत्पादन बड़े पैमाने पर करता है।

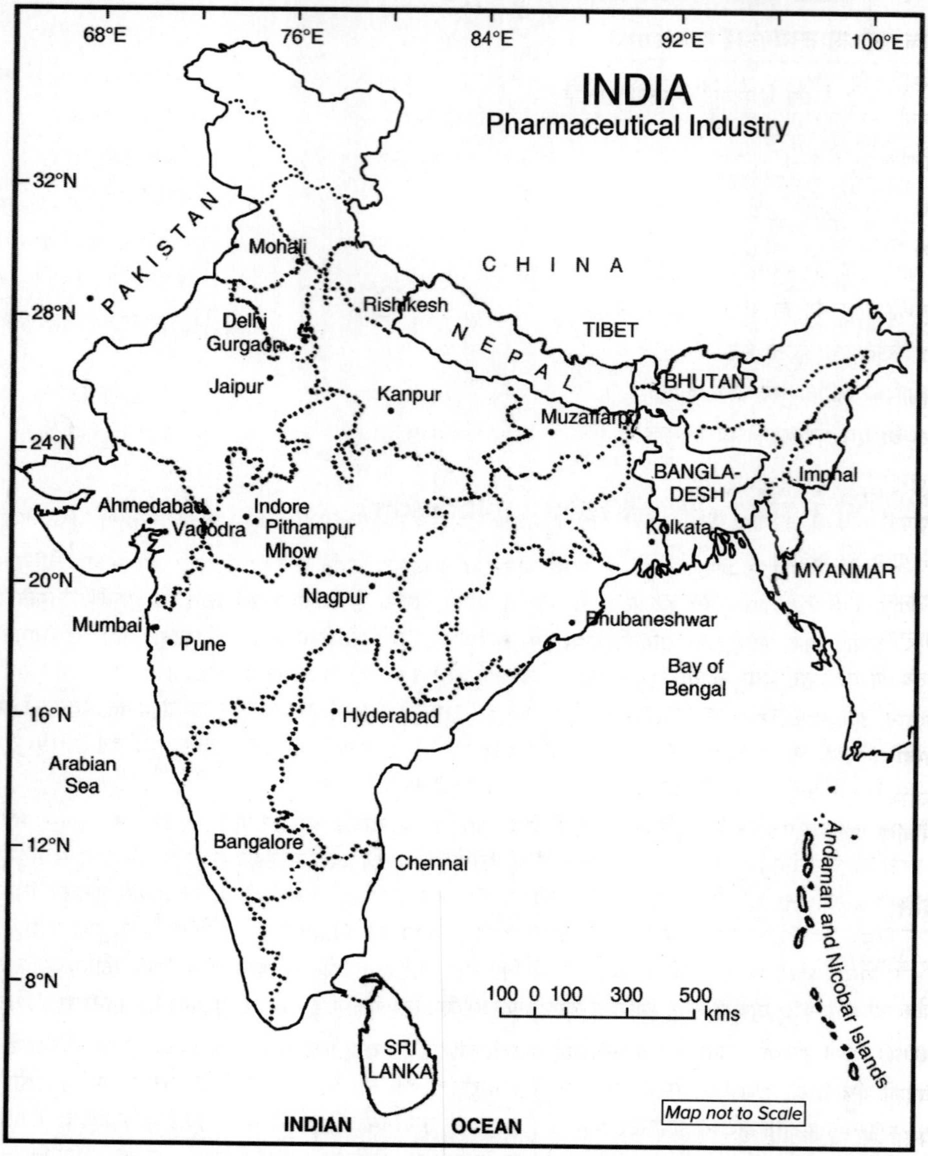

चित्र 11.17 औषधि उद्योग

भारत अपनी दवाओं की आवश्यकताओं का 75% पूर्ति घरेलू उत्पादन से करता है तथा महंगी जीवनरक्षक दवाओं का आयात ऑस्ट्रेलिया, फ्रांस, जर्मनी, इटली, जापान, रूस, सिंगापुर, स्पेन, ब्रिटेन तथा संयुक्त राज्य अमेरिका से करता है।

औषधि नीति (Drug Policy)

15 सितंबर, 1994 को घोषित परिवर्तित औषध नीति (1986) की मुख्य विशेषताएँ निम्नलिखित हैं:

1. सार्वजनिक क्षेत्र की पाँच थोक दवाओं (bulk drugs) को छोड़कर सभी थोक दवाओं, उनके सभी मध्यवर्तियों और सूत्रों के लिए औद्योगिक लाइसेंस व्यवस्था समाप्त कर दी जाएगी।

2. थोक दवाओं, उनके सभी मध्यवर्तियों और सूत्रों के लिए 51% तक विदेशी निवेश की स्वत: अनुमति।
3. रिकॉम्बिनेंट डी.एन.ए. (Recombainant DNA) तकनीक की मदद से निर्मित दवाओं को छोड़कर सभी थोक दवाओं, उनके सभी मध्यवर्तियों और सूत्रों के लिए विदेशी प्रौद्योगिकी समझौतों की स्वत: अनुमोदन व्यवस्था।
4. औषधि के क्षेत्र में अनुसंधान एवं विकास को और अधिक प्रोत्साहन देने के उपाय निम्नलिखित हैं:
   (a) नए विकसित औषधि मूल्य नियंत्रण के दायरे में 10 वर्षों की अवधि तक नहीं होंगे।
   (b) रसायन एवं औषधि-निर्माण विभाग द्वारा अन्दर-मंत्रालय समूह का गठन, जो एक निश्चित समय अवधि में औषधि के क्षेत्र में अनुसंधान एवं विकास को और अधिक प्रोत्साहन देने के उपाय के बारे में निर्णय लेगा।
   (c) स्वास्थ्य एवं परिवार कल्याण मंत्रालय नए औषधियों के आवेदन को शीघ्र अनुमति प्रदान करने के बारे में उपयुक्त निर्णय लेगा खासकर उन औषधियों के बारे में जिनका विकास देश में ही हुआ हो।
5. मूल्य नियंत्रण प्रणालो का परिचालन मूल्य - नियंत्रित औषधियों की एकल-सूची के द्वारा किया जाएगा। चयन पारदर्शी एवं वस्तुनिष्ठ मापदंडों के आधार पर किया जाएगा, जो औषधि नीति, 1986 के सुधारों में निर्दिष्ट हैं।
6. मूलभूत उत्पादन में लाभ की दर वर्तमान दर से 4% अधिक होगी।
7. व्यापक रूप से उपयोग किए जा रहे सूत्रों के मूल्यों में एकरूपता लाने के लिए मूल्य नियंत्रित सूत्रों के सामान्य पैक के दामों पर सीलिंग।
8. नेशनल फार्मास्यूटिकल्स प्राईसिंग अथॉरिटी को मूल्य निर्धारण/सुधार तथा अन्य सम्बन्धित मामलों का दायित्व सौंपा जाएगा।
9. मूल्य नियंत्रण के दायरे से बाहर दवाओं की कीमतों पर सरकार द्वारा ध्यान दिया जाएगा।
10. राष्ट्रीय औषधि प्राधिकरण (National Drug Authority) का गठन जो दवाओं की गुणवत्ता, राष्ट्रीय उपयोग तथा अन्य सम्बन्धित मामलों पर ध्यान देगा।
11. स्वास्थ्य एवं परिवार कल्याण मंत्रालय द्वारा एक भिन्न विभाग का गठन, जो देश में दवाओं के विकास एवं अन्य औषधि-प्रणालियों को प्रोत्साहन देगा।

औषधि नीति, 2002 (Pharmaceutical Policy, 2002)

भारत सरकार ने नई औषधीय नीति, 2002 की घोषणा की है। इस नीति की मुख्य विशेषताएँ निम्नलिखित हैं:

1. थोक दवाओं हेतु औद्योगिक लाइसेंसिंग को अनुमति भारत के ड्रग कंट्रोलर जनरल द्वारा दी जाती है।
2. 100% प्रत्यक्ष विदेशी निवेश की अनुमति प्रदान की गई है, जिसके लिए समय-समय पर शर्तें निर्धारित की जाएंगी।
3. विदेशी प्रौद्योगिकी समझौते के लिए स्वत: अनुमोदन।
4. किसी भी सूत्रीकरण के लिए उच्चतम मूल्य निर्धारित किया जा सकता है।
5. सरकार दवाओं के मूल्य पर नजदीकी निगरानी रखेगी।
6. औषधीय मूल्य निर्धारण प्राधिकरण-विशेषज्ञों का एक स्वतंत्र निकाय–दवाओं का मूल्य निर्धारण करेगा।

प्रथम फार्मास्युटिकल नीति-'औषधि नीति' 1978 में तैयार हुई थी।

फार्मास्युटिकल नीति 2017 के प्रारूप में घरेलू उत्पादन की गुणवता पर विशेष जोर दिया गया था।

"जन औषधि अभियान" में दवाओं की बिक्री उनके सामान्य नाम से सस्ते दामों में हो। हालांकि इसके लिए विस्तार से प्रयास करने की जरूरत है। प्रधानमंत्री भारतीय जनोषधि केन्द्र की दुकानों का विस्तार करने की जरूरत है।

इस नीति के प्रमुख तत्व हैं: मूल्य नियंत्रण निर्देशक, नवीन नीति का उद्देश्य औषधि मूल्य का पुन: स्थापन है।

कुटीर उद्योग (Cottage Industries)

किसी श्रमिक द्वारा वस्तुओं का उत्पादन या कभी-कभी घर में परिवार के अन्य सदस्यों के साथ मिलकर इन वस्तुओं का उत्पादन कुटीर उद्योग कहलाता है। इन वस्तुओं को श्रमिकों द्वारा लोगों को प्रत्यक्ष रूप में बेचा जा सकता है या फिर किसी उद्यमी को बेचा जा सकता है, जो इन वस्तुओं की संख्या के अनुसार उसका भुगतान करता हो। यह पारिवारिक आय बढ़ाने का एक अच्छा साधन है तथा देश के सभी भागों में यह उद्योग देखा जा सकता है। भारत में कुछ महत्वपूर्ण कुटीर उद्योग-बीड़ी बनाना, खेल सामग्री बनाना, टोकरी बनाना, लाख उद्योग, पटाखे बनाना, कढ़ाई बुनाई, सजावट के उत्पाद बनाना, तेल व सौंदर्य प्रसाधन, मोम व रेसिन उद्योग, खिलौने बनाना, इत्यादि हैं।

बीड़ी बनाना

यह एक प्रसिद्ध कुटीर उद्योग है। यह उद्योग मुख्य रूप से बस्तर, बेलगाम, भंडारा, भिंड, गोंडिया, हैदराबाद, जबलपुर, जगदलपुर, काम्पटी, खेड़ा, नागपुर, नासिक, पुणे तथा वडोदरा में है। बीड़ी तेंदू पत्तियों तथा कचनाल से बनायी जाती है। भारत द्वारा बीड़ी का निर्यात एशियाई, अफ्रीकी तथा यूरोपीय देशों को किया जाता है।

खेल सामग्री

यह देश का एक पुराना कुटीर उद्योग है। इसके लिए कच्चे माल के रूप में मुलायम लकड़ी, चमड़ा, रबड़, वस्त्र तथा धातु का उपयोग किया जाता है। यह उद्योग जालंधर, लुधियाना, अहमदाबाद, अम्बाला, चेन्नई, दिल्ली, जम्मू, कोलकाता, मेरठ, मोदीनगर, मुरादाबाद, मुंबई, मैसूर, नैनीताल, पुणे, सहारनपुर, शिमला, श्रीनगर, इत्यादि के ग्रामीण व शहरी क्षेत्रों में स्थित है।

टोकरी बनाना

यह उद्योग सामान्यत: देश के पहाड़ी व पर्वतीय क्षेत्रों तक सीमित है। टोकरी बनाने में मुख्य रूप से उपयोग किया गया कच्चा माल बाँस, बेंत तथा भिंसा (Willow) है। यह उद्योग मुख्य रूप से अरुणाचल प्रदेश, हिमाचल प्रदेश, जम्मू एवं कश्मीर, महाराष्ट्र, मणिपुर, मेघालय, मिजोरम, नागालैंड, ओडिशा, नगालैंड, सिक्किम तथा त्रिपुरा में है।

लाख उद्योग

लाख एक प्राकृतिक रेसिन (Resin) है, जो एक कीड़े (Cerria Lacca) का स्राव (Secretion) होता है। यह कीड़ा बरगद, बबूल, पीपल, कुसुम तथा पलाश के वृक्षों पर पाया जाता है। लाख का उपयोग पॉलिश, ग्रामोफोन रिकॉर्ड, छपाई की स्याही, गोंद, विद्युत रोधन, इत्यादि बनाने में किया जाता है।

यह कुटीर उद्योग असम, छत्तीसगढ़, गुजरात, झारखंड, कर्नाटक, मध्य प्रदेश, महाराष्ट्र, मेघालय, मिजोरम, नगालैंड, ओडिशा, सिक्किम, त्रिपुरा, उत्तर प्रदेश, उत्तराखंड तथा पश्चिम बंगाल राज्य के विभिन्न जिलों में केन्द्रित है।

थाईलैंड और मलेशिया के बाद भारत विश्व में लाख उत्पादन करने वाला तीसरा सबसे महत्वपूर्ण देश है। भारत अपने कुल लाख उत्पादन का 85% निर्यात करता है।

अन्य

कश्मीर में शॉल पर कढ़ाई तथा लखनऊ में कुर्तों पर कढ़ाई कुटीर उद्योगों में होता है। तमिलनाडु में पटाखा बनाना एक महत्वपूर्ण कुटीर उद्योग है।

भारत के औद्योगिक प्रदेश (Industrial Regions of India)

भूगोलविदों द्वारा औद्योगिक प्रदेशों के निर्धारण के लिए उपयोग किए गए मानदंडों में भिन्नता है। इन प्रदेशों के निर्धारण का कोई निश्चित मानदंड नहीं है। भारत को औद्योगिक प्रदेशों में विभाजित करने का श्रेय ट्रिवार्था तथा बर्नर (1944), पी.पी. करण तथा डब्ल्यू. एल. जेंकरिन्स (1959), स्पेंसर तथा थॉमस (1968), आर.एल. सिंह (1971), बी.एन. सिन्हा (1972), एम.आर. चौधरी (1976) तथा सी.एम.आई.ई. (Centre for Monitoring Indian Economy, 1982) को जाता है। इन विद्वानों ने निम्नलिखित में से एक या एक से अधिक सूचकों का उपयोग भारत को औद्योगिक क्षेत्रों में विभाजित करने के लिए किया:

1. किसी प्रदेश में पंजीकृत कारखानों की संख्या
2. औद्योगिक कर्मचारियों की संख्या
3. द्वितीयक क्रियाओं में व्यस्त जनसंख्या
4. कुल कर्मचारियों में औद्योगिक कर्मचारियों का प्रतिशत
5. कुल औद्योगिक उत्पाद
6. मुद्रा के रूप में उत्पादन

अधिकांश विशेषज्ञों ने भारत को छः प्रमुख तथा छह लघु औद्योगिक प्रदेशों में विभाजित किया है। प्रो.आर.एल. सिंह द्वारा निर्धारित भारत के औद्योगिक प्रदेशों का एक संक्षिप्त विवरण निम्नलिखित है ***(चित्र 11.18)***:

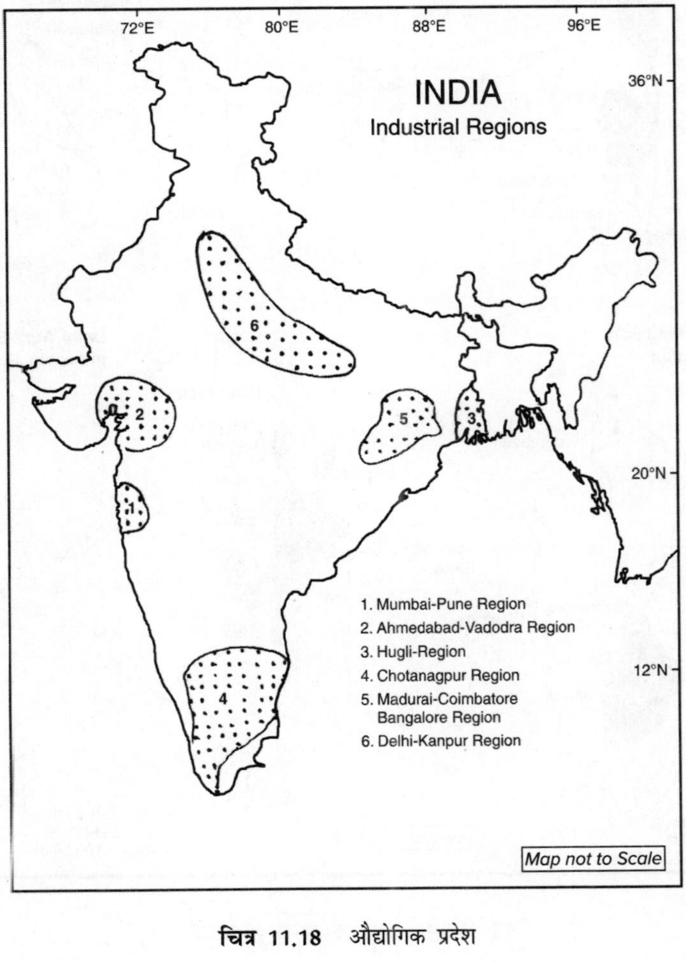

चित्र 11.18 औद्योगिक प्रदेश

प्रमुख औद्योगिक प्रदेश (Major Industrial Region)

1. मुंबई-पुणे औद्योगिक प्रदेश

यह भारत का एक प्रमुख औद्योगिक प्रदेश है (***चित्र 11.18*** तथा ***11.19***), जिसे प्राकृतिक बंदरगाह की सुविधा है। इस बन्दरगाह का विकास अंग्रेजों द्वारा किया गया तथा स्वेज नहर खुलने के (1869) बाद भारत तथा यूरोप के बीच का समुद्री मार्ग घट गया। इस औद्योगिक क्षेत्र का विकास ऐतिहासिक दृष्टि से सूती वस्त्रोद्योग के विकास से जुड़ा हुआ है।

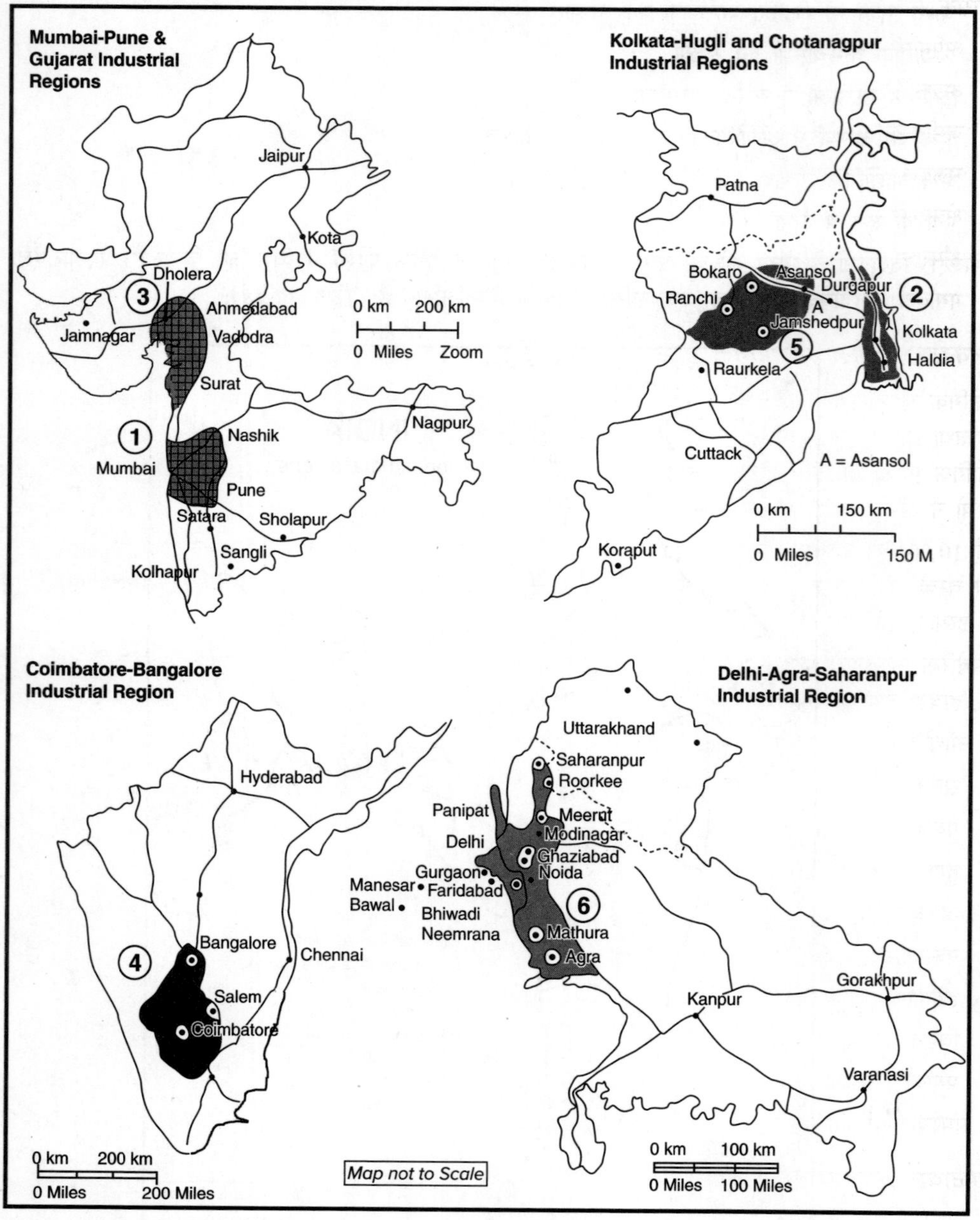

चित्र 11.19 भारत के प्रमुख औद्योगिक क्षेत्र

वृहत्त मुंबई में 8,000 से अधिक पंजीकृत कारखाने हैं, जिनमें से 350 सूती वस्त्रों के कारखाने हैं। इंजीनियरिंग वस्तुओं के उद्योग, रसायन उद्योग, चमड़े की वस्तुओं के उद्योग, औषधि-निर्माण उद्योग तथा फिल्म उद्योग यहाँ के अन्य उद्योग हैं। इस प्रदेश में 15 लाख औद्योगिक कर्मचारी काम कर रहे हैं। पुणे इस प्रदेश का दूसरा सबसे प्रमुख औद्योगिक केन्द्र है। यहाँ 1,200 से अधिक पंजीकृत कारखाने हैं। यहाँ सूती वस्त्रों के अतिरिक्त धातुकर्मीय, रसायन, इंजीनियरिंग तथा ऑटोमोबाइल (स्कूटर, मोपेड) उद्योग हैं।

मुंबई पुणे के अतिरिक्त इस क्षेत्र के औद्योगिक केन्द्र हैं-अम्बरनाथ, अंधेरी, भानदुप, घाटकोपर, जोगेश्वरी, कल्याण, किर्की, कुर्ला, नासिक, सोलापुर, ठाणे, ट्रॉम्बे, उल्हासनगर तथा विकरोली। इस औद्योगिक प्रदेश की कुछ प्रमुख समस्याएँ निम्नलिखित हैं:

(i) अपर्याप्त विद्युत आपूर्ति

(ii) अप्रचलित तथा पुरानी मशीनरी

(iii) जमीन की अधिक कीमत

(iv) मजदूरों का असन्तोष

(v) क्षेत्रवाद

(vi) अपराध की बढ़ती दर

(vii) पर्यावरण प्रदूषण

2. कोलकाता - हुगली औद्योगिक प्रदेश

यह औद्योगिक प्रदेश हुगली नदी के किनारे स्थित है। कच्चे माल (जूट, नील, चाय, इत्यादि) की उपलब्धता, कोयला खानों (रानीगंज तथा झरिया) की निकटता, प्रचुर मात्रा में जल की उपलब्धता, कम वेतन पर मजदूर तथा निर्यात की सुविधा के कारण इस औद्योगिक प्रदेश का तीव्र गति से विकास हुआ है। कोलकाता 1773 से 1911 के बीच भारत की राजधानी थी इसलिए कई उद्योगपतियों ने अपने उद्योग स्थापित करने के लिए इस क्षेत्र को चुना।

यहाँ 10,000 से अधिक पंजीकृत कारखाने हैं, जिसमें 20 लाख से अधिक लोग काम करते हैं। इस प्रदेश में जूट, रेशम, तथा सूती वस्त्रों, इंजीनियरिंग तथा विद्युत वस्तुओं, ऑटोमोबाइल, रसायन, औषधि-निर्माण, परिवहन, चमड़े के जूतों एवं चप्पलों, लौह एवं इस्पात, लोकोमोटिव, इत्यादि के उद्योग हैं।

बन्सबेरिया, नाईहाटी, भटपाड़ा, काकीनाड़ा, जगतदल, श्यामनगर, भद्रेश्वर, कृष्णानगर, सीरमपुर, कोलकाता, चुन्चरा, बज-बज, बिरलापुर, हावड़ा तथा चेन्गोल इस प्रदेश के मुख्य औद्योगिक केन्द्र हैं।

इस औद्योगिक प्रदेश की मुख्य समस्याएँ निम्नलिखित हैं:

1. सघन बसाव की समस्या तथा यातायात-जाम
2. पेयजल, सफाई तथा आधारभूत संरचना का अभाव
3. हुगली नदी में अवसादों एवं गाद का जमना
4. अप्रचलित तथा पुरानी मशीनरी
5. नक्सली-आंदोलन तथा राजनीतिक असन्तोष
6. हड़ताल तथा तालाबन्दी
7. विद्युत-आपूर्ति का अभाव
8. पर्यावरण प्रदूषण

इन समस्याओं से निपटने के लिए राज्य सरकार ने विदेशी निवेशकों को इस प्रदेश में निवेश के लिए आमंत्रित किया है।

3. अहमदाबाद-वडोदरा औद्योगिक प्रदेश

यह देश का तीसरा सबसे बड़ा औद्योगिक प्रदेश तथा सूती वस्त्रों का दूसरा सबसे बड़ा औद्योगिक केन्द्र है। इस औद्योगिक प्रदेश के विकास का मुख्य कारण है-पृष्ठ प्रदेश में कपास की उपलब्धता, भूमि तथा सस्ते कुशल श्रमिकों की उपलब्धता, बंदरगाह की

सुविधा, पेट्रोलियम की उपलब्धता (कियोली), ताप संयंत्र (धुवरन), जल- विद्युत परियोजना-उकाई (Ukai) तथा परमाणु ऊर्जा केन्द्र (काकरापारा)।

इस प्रदेश में 11 हजार से अधिक पंजीकृत कारखाने हैं, जिनमें 15 लाख से अधिक कर्मचारी काम कर रहे हैं। सूती वस्त्रों के अतिरिक्त इस प्रदेश में रसायन, इंजीनियरिंग वस्तुओं तथा औषधियों के उद्योग हैं। वडोदरा ऊनी वस्त्रों, दुग्ध-उत्पाद तथा पेट्रो-रसायन वस्तुओं का एक प्रमुख केन्द्र है वहीं सूरत रेशम वस्त्र तथा हीरे को तराशने के लिए प्रसिद्ध है। इस प्रदेश में अन्य प्रमुख औद्योगिक केन्द्र है-आनन्द, भावनगर, भरूच, गोधरा, हिम्मतनगर, जामनगर, कलोल, खेड़ा, राजकोट, नवश्री, सुरेन्द्रनगर, इत्यादि। पानी की कमी तथा अच्छे किस्म के कपास का अभाव इस प्रदेश की कुछ प्रमुख समस्याएँ हैं। साम्प्रदायिक तनाव के कारण इस प्रदेश में निवेश पर असर पड़ा है।

4. मदुरई - कोयम्बटूर - बंगलौर औद्योगिक प्रदेश

इस प्रदेश का विस्तार तमिलनाडु तथा कर्नाटक के दक्षिणी भाग में है। यह देश का प्रमुख कपास उत्पादन क्षेत्र है। यह प्रदेश सूती तथा रेशम वस्त्रों, चमड़े की वस्तुओं, तेल शोधक कारखाने, कॉफी, रसायन, कागज, रबड़, सीमेंट, चीनी, इत्यादि के उद्योगों के लिए प्रसिद्ध है। बंगलुरु इस प्रदेश का प्रमुख औद्योगिक केन्द्र है, जहाँ एच.एम.टी., हिन्दुस्तान एरोनॉटिक्स, भारतीय दूरसंचार उद्योग, भारत इलेक्ट्रॉनिक्स, विश्वेश्वरैया इस्पात एवं लौह उद्योग स्थित है। यह इन्फोटेक (सूचना-प्रौद्योगिकी) के लिए भी प्रसिद्ध है। इस प्रदेश में 60% कर्मचारी वस्त्रोद्योग में, 18% इंजीनियरिंग तथा 12% खाद्य-संसाधन उद्योग में संलग्न हैं।

5. छोटानागपुर औद्योगिक प्रदेश

इस औद्योगिक प्रदेश का विस्तार झारखंड, छत्तीसगढ़, ओडिशा, दक्षिणी बिहार तथा पश्चिमी बंगाल के पश्चिमी भाग में है। इस प्रदेश में लौह एवं इस्पात उद्योग अधिक हैं, जिस कारण से इसे भारत का रूर (Ruhr of India) कहा जाता है। यह प्रदेश जीवाश्म ईंधन तथा खनिजों के मामले में धनी है। इस प्रदेश को डी.वी.सी. (D.V.C.) तथा ताप विद्युत संयंत्रों द्वारा विद्युत की आपूर्ति की जाती है। इस प्रदेश में सस्ते श्रमिक आसानी से उपलब्ध हैं।

आसनसोल, बोकारो, बर्नपुर, दुर्गापुर, कुल्टी, जमशेदपुर, तथा राउरकेला इस प्रदेश के मुख्य लौह एवं इस्पात उत्पादन केन्द्र हैं। इस प्रदेश के अन्य औद्योगिक केन्द्र हैं - सिंदरी (उर्वरक), चितरंजन (लोकोमोटिव), खेलारी (सीमेंट), राँची (एच.एम.टी.) तथा रामगढ़ व झुरकुंडा (काँच उद्योग)। इस प्रदेश की प्रमुख समस्याएँ हैं-विद्युत की कमी, राजनीतिक अस्थिरता तथा श्रमिकों का असन्तोष।

6. आगरा-दिल्ली-कालका-सहारनपुर औद्योगिक प्रदेश

यह प्रदेश स्वतंत्रता के पश्चात विकसित हुआ है। अंतर्राष्ट्रीय हवाई अड्डा के नजदीक होने के कारण तथा श्रमिकों के असन्तोष से मुक्त होने के कारण यहाँ शांत औद्योगिक वातावरण है। यह देश के सबसे सम्पन्न क्षेत्र में स्थित है, जिससे कृषि-आधारित उद्योगों के लिए कच्चा माल आसानी से उपलब्ध हो जाता है। बाजार की निकटता, भाखड़ा नंगल परियोजना तथा बदरपुर, फरीदाबाद, दादरी, हरदुआगंज एवं इन्द्रप्रस्थ (दिल्ली) ताप संयंत्रों से विद्युत की आपूर्ति ने इस प्रदेश के विकास में मदद की है। इस प्रदेश के मुख्य उद्योगें हैं–इंजीनियरिंग, इलेक्ट्रॉनिक्स, रसायन, काँच, वस्त्र, चीनी, खाद्य-संसाधन तथा कृषि मशीनरी सम्मलित हैं। आगरा (वस्त्र, पर्यटन), अम्बाला (वैज्ञानिक उपकरण), चण्डीगढ़ (इलैक्ट्रॉनिक वस्तु, खाद्य-संसाधन), फरीदाबाद (इंजीनियरिंग संबंधित वस्तु), गाजियाबाद (कृत्रिम रेशे, रसायन, औषधि, कृषीय उपकरण, लौह एवं इस्पात, साइकिल टायर तथा ट्यूब), गुड़गाँव (ऑटोमोबाइल), कालका (एच.एम.टी.), मथुरा (पेट्रो-रसायन), मेरठ (चीनी तथा वस्त्र), मोदीनगर (वस्त्र, इंजीनियरिंग से संबंधित वस्तुएँ तथा कागज), मोदीपुरम (ऑटोमोबाइल) मोहन नगर (मद्य निर्माणशाला), मुरादनगर (युद्ध सामग्री), नोएडा (ऑटोमोबाइल, इलेक्ट्रॉनिक्स, इत्यादि), पानीपत (वस्त्र, रसायन तथा खाद्य-संसाधन) तथा सहारनपुर (कागज, चीनी, वस्त्र व खाद्य-संसाधन) के लिए प्रसिद्ध है।

लघु औद्योगिक प्रदेश

(i) **कानुपर-लखनऊ औद्योगिक प्रदेश:** सूती, ऊनी तथा जूट वस्त्र, चमड़े की वस्तु, उर्वरक, रसायन, औषधि, विद्युत उपकरण, इत्यादि उद्योग।

(ii) **असम घाटी औद्योगिक प्रदेश:** पेट्रो रसायन, जूट तथा रेशम वस्त्र, चाय कागज, प्लाईवुड, माचिस, तथा खाद्य-प्रसंस्करण उद्योग। प्रमुख औद्योगिक केन्द्र बोनगईगाँव, डिब्रूगढ़, डिग्बोई, गुवाहाटी, नूनामती तथा तिनसुकिया ***(चित्र 11.20)***।

(iii) **दार्जिलिंग-सिलीगुड़ी औद्योगिक प्रदेश:** चाय, लकड़ी तथा पर्यटन उद्योग।

(iv) **उत्तरी बिहार-पूर्वी उत्तर प्रदेश औद्योगिक प्रदेश:** चीनी, सीमेण्ट, काँच, जूट, उर्वरक, लोकोमोटिव, खाद्य-प्रसंस्करण तथा कागज उद्योग। प्रमुख औद्योगिक केन्द्र हैं–इलाहाबाद, डालमियानगर (बिहार), गोरखपुर, पटना, सुल्तानपुर तथा वाराणसी।

(v) **इंदौर-उज्जैन औद्योगिक प्रदेश:** सूती वस्त्र, रसायन, औषधि, इलैक्ट्रॉनिक तथा इंजीनियरिंग वस्तुएँ तथा खाद्य-प्रसंस्करण के उद्योग इस प्रदेश के प्रमुख उद्योग हैं।

(vi) **अमृतसर-जालंधर-लुधियाना औद्योगिक प्रदेश:** खेल सामग्री, सूती तथा ऊनी वस्त्र, हौजरी, खाद्य-प्रसंस्करण तथा पर्यटन इस प्रदेश के प्रमुख उद्योग हैं।

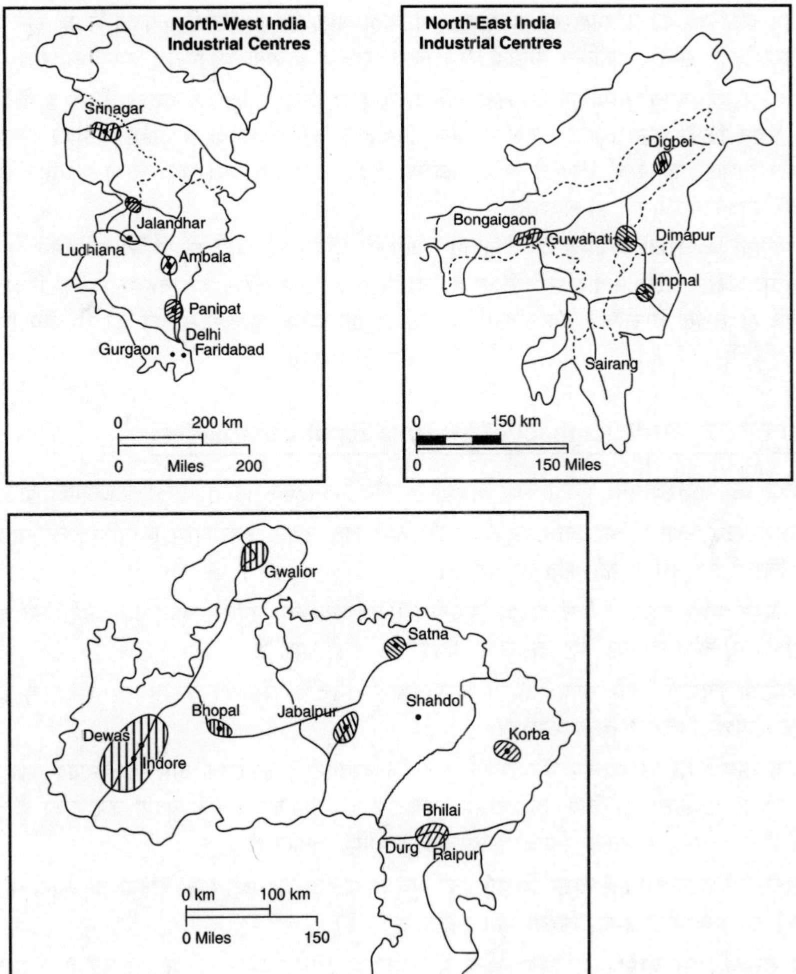

चित्र 11.20 भारत: उभरते हुए औद्योगिक प्रदेश

(vii) **नागपुर-वर्धा औद्योगिक प्रदेश:** वस्त्र; इंजीनियरिंग वस्तु, रसायन तथा खाद्य-प्रसंस्करण इस प्रदेश के मुख्य उद्योग हैं।

(viii) **गोदावरी-कृष्णा डेल्टा:** मुख्य उद्योग-लौह एवं इस्पात, जहाज निर्माण, उर्वरक, सूती वस्त्र, चीनी, खाद्य-प्रसंस्करण, इंजीनियरिंग तथा रसायन उद्योग। मुख्य औद्योगिक केन्द्र हैं–गुंटूर, राजमुन्दरी, मछलीपटनम, तथा विशाखापत्तनम।

(ix) **धारवाड़ - बेलगाम औद्योगिक प्रदेश:** मुख्य उद्योग - नारियल तेल निष्कर्षण, चावल मिल, कागज, जहाज निर्माण (कोची), पेट्रोलियम परिष्करणशाला (कोच्चि), रसायन तथा इलेक्ट्रॉनिक वस्तुओं के उद्योग।

(x) **केरल तटीय औद्योगिक प्रदेश:** नारियल तेल निष्कर्षण, चावल मिल, मछली पैकेजिंग, कागज, नारियल के सामान, जहाज निर्माण (कोच्चि), तेल परिशोधन (कोच्चि) एवं रसायन तथा इलेक्ट्रॉनिक यहां मुख्य उद्योग हैं।

बहुराष्ट्रीय कम्पनियाँ (Multinationals)

बहुराष्ट्रीय कम्पनियाँ/निगम (MNCs) के कम्पनियाँ हैं, जिनकी व्यापारिक क्रियाएँ एक से अधिक देशों में प्रत्यक्ष विदेशी निवेश के द्वारा होती हैं। इन कंपनियों को ट्रांसनेशनल कॉर्पोरेशन भी कहा जाता है। उपनिवेशीय काल में दि ईस्ट इण्डिया कं., दि डच ईस्ट इंडोनेशियन कम्पनी, दि रॉयल अफ्रीकन कम्पनी तथा दि हडसन बे कम्पनी बहुराष्ट्रीय कम्पनियाँ थीं।

1960 के दशक में बहुराष्ट्रीय कम्पनियों का तीव्र गति से विकास हुआ। 1980 के दशक के मध्य में ब्रिटेन में 14% रोजगार इन कम्पनियों द्वारा प्रदान किया गया तथा इस देश के कुल निर्यात में इन कम्पनियों ने अहम भूमिका (लगभग 30% निर्यात के पीछे इनका हाथ था) निभाई। फ्रान्स के लिए ये आँकड़े क्रमश: 24% तथा 32% थे। संचार तथा परिवहन सुविधाओं में सुधार के कारण इन कम्पनियों का काम आसान हो गया है।

बहुराष्ट्रीय कम्पनियाँ विश्व अर्थव्यवस्था को प्रभावित करती हैं, चूँकि कुछ बड़ी बहुराष्ट्रीय कम्पनियों का वार्षिक व्यापार कई कम विकसित देशों के सकल घरेलू उत्पाद से अधिक है। यद्यपि एक विकासशील देश बहुराष्ट्रीय कंपनियों से रोजगार व बाजार के रूप में लाभान्वित हो सकता है लेकिन यह दलील दी जाती है कि इसका मूल्य उस क्षेत्र को स्थानीय नियंत्रण खोकर चुकाना पड़ता है।

बहुराष्ट्रीय कम्पनियों के प्रभाव (Impact of Multinational Companies)

1. **प्रौद्योगिकी का प्रतिस्थापन:** पुरानी तथा अप्रचलित प्रौद्योगिकी का नए व बेहतर प्रौद्योगिकी द्वारा प्रतिस्थापन्न।
2. **कुटीर तथा लघु उद्योगों को क्षति:** पुराने कुटीर तथा लघु उद्योग बहुराष्ट्रीय कम्पनियों के साथ प्रतिस्पर्द्धा नहीं कर पाते हैं, जिससे इन उद्योगों को क्षति पहुँचती है।
3. **देश से बाहर भारी मात्रा में धन-प्रेषण:** भारतीय रिजर्व बैंक के अनुसार बहुराष्ट्रीय कम्पनियों का औसत मुनाफा दर 20 से 25% के बीच है। यह देश के बाहर प्रेषित एक बड़ी राशि है।
4. **निम्न विदेशी निवेश:** अधिकांश विदेशी कम्पनियों ने वित्तीय-संसाधन का प्रबन्ध भारत से ही किया है, इसलिए वास्तविक विदेशी निवेश अत्यन्त कम है।
5. **बहुराष्ट्रीय कम्पनियों के स्वरूप में परिवर्तन:** अनेक बहुराष्ट्रीय कम्पनियाँ अब बहु-उत्पाद तथा बहु-उद्योग उद्यम का रूप ले रही हैं। उदाहरण के लिए, आई.टी.सी. अब होटल उद्योग के क्षेत्र में प्रवेश कर चुका है तथा अनेक प्रकार के उत्पाद (नमक, आटा, अगरबत्ती, माचिस, बिस्कुट, इत्यादि) बनाता है।
6. **प्रौद्योगिकी का हस्तांतरण - एक मिथ्या:** यह पूर्वधारणा कि बहुराष्ट्रीय कम्पनियों के आने से देश को अत्याधुनिक प्रौद्योगिकी का हस्तांतरण होगा, मिथ्या मात्र साबित हुआ है।
7. **भारतीय संस्कृति पर दुष्प्रभाव:** कुछ उद्योगों में स्त्रियों के लिए रोजगार के अवसर बढ़े हैं, जिसका परिवार संस्था पर प्रतिकूल प्रभाव पड़ा है। स्त्रियों के प्रति अपराध बढ़ा है तथा अपनी संस्कृति बुरी तरह प्रभावित हुई है। नई पीढ़ी पश्चिमी समाज के मूल्यों (Values) को अपना रही है।

उदारीकरण (Liberalisation)

भारत द्वारा वर्ष 1991 में आर्थिक सुधारों की प्रक्रिया प्रारंभ की गयी। इसका उद्देश्य था भारत का तेज आर्थिक विकास करना तथा अर्थव्यवस्था को अंतर्राष्ट्रीय स्तर की प्रतिस्पर्द्धा क्षमता प्रदान करना। वास्तव में सुधार की यह प्रक्रिया तीन अन्य प्रक्रियाओं के माध्यम से संपन्न होनी थी, यथा उदारीकरण निजीकरण और भूमंडलीकरण। भारत द्वारा विश्व व्यापार संगठन (WTO) के संस्थापक सदस्य होने तथा इसके प्रावधानों के वर्ष 1995 में लागू होने के उपरांत भारतीय उदारीकरण की प्रक्रिया को एक नया बल प्राप्त हुआ। भारत द्वारा अपनायी उदारीकरण की प्रक्रिया की प्रमुख विशेषताएं निम्न प्रकार हैं:

1. नयी औद्योगिक नीति की 1991 को घोषणा की गयी, जिसका मूल उद्देश्य औद्योगिक क्षेत्र को निजी क्षेत्र के लिए संभव और उचित स्तर तक खोलना; औद्योगिक जगत पर से प्रशासनिक हस्तक्षेप को कम करना; प्रतिस्पर्द्धा का माहौल सृजित करना; इत्यादि था।
2. नयी औद्योगिक नीति तथा बाद के सुधारों द्वारा केन्द्र सरकार के आरक्षित उद्योगों की संख्या को घटाकर तीन कर दिया तथा अन्य सभी में निजी क्षेत्र के प्रवेश की अनुमति प्रदान की गयी। ये पूर्णत: या आंशिक रूप से आरक्षित उद्योग हैं–(i) नाभिकीय ऊर्जा, (ii) नाभिकीय अनुसंधान एवं संबद्ध गतिविधियाँ, तथा; (iii) रेल यातायात।
3. उद्योगों को लाइसेंस से मुक्त करने की प्रक्रिया शुरू की गयी जिसके अंतर्गत आज मात्र 6 उद्योग हैं, जिनके लिए लाइसेंस का प्रावधान रह गया है–(i) अंतरिक्ष एवं उड्डयन संबंधी इलेक्ट्रॉनिक उत्पाद, (ii) बारूद, औद्योगिक विस्फोटक एवं डिटोनेटिंग फ्यूज, (iii) खतरनाक रसायन, (iv) तम्बाकू, सिगरेट एवं संबद्ध उत्पाद, (v) एल्कोहल युक्त पेय, तथा; (vi) औषधि।
4. प्रतिबंधक व्यापार व्यवहार अधिनियम (MRTP Act) में सुधार करके पूंजी सीमा की समाप्ति की गयी, जिसके फलस्वरूप देश में बड़ी कंपनियों की स्थापना सहित कंपनियों का अधिग्रहण, समामेलन आदि पर से सभी प्रतिबंध हट गये।
5. विदेशी निवेश को प्रोत्साहन दिया गया जिससे अनेक क्षेत्रों में प्रत्यक्ष विदेशी निवेश की प्रक्रिया प्रारंभ हुई तथा साथ-साथ वैदेशिक शेयर निवेश (अप्रत्यक्ष निवेश) प्रारंभ हुआ। इसी प्रकार आयात एवं निर्यात से जुड़े अन्यान्य प्रतिबंधों की समाप्ति की गई।
6. सरकार द्वारा औद्योगिक जगत में सरकारी भागीदारी को सीमित किया जाने लगा तथा सार्वजनिक क्षेत्र उपक्रमों में विनिवेश (Disinvestment) की प्रक्रिया प्रारंभ की गयी।
7. इसी प्रकार कृषि क्षेत्र में कई सुधार किए गए, जिसके अंतर्गत कृषि को उद्योग का दर्जा दिया गया तथा कृषि-बीमा, संगठित कृषि (Corporate Farming) तथा ठेका-कृषि (Contract Farming) इत्यादि के प्रावधान किए गए।
8. श्रम-कानून, विधि-व्यवस्था आदि में सुधार की प्रक्रिया प्रारंभ हुई।
9. भारतीय कर संरचना में सुधारों की प्रक्रिया शुरू हुई।
10. बदलती आवश्यकताओं एवं विकास की नयी आवश्यकताओं के परिप्रेक्ष्य में वित्तीय क्षेत्र सुधार की वृहत्त प्रक्रिया की शुरुआत हुई।

उदारीकरण के प्रभाव (Impact of Liberalisation)

उदारीकरण की प्रक्रिया का भारत की अर्थव्यवस्था पर किस प्रकार के सामाजार्थिक एवं पारिस्थितिकीय प्रभाव पड़ेंगे इस बारे में प्रमुख अर्थशास्त्री एकमत नहीं हैं। वैसे उदारीकरण के प्रभावों संबंधी विभिन्न विचारों को निम्न प्रकार से समझा जा सकता है:

1. **प्रत्यक्ष विदेशी निवेश में वृद्धि:** उदारीकरण के फलस्वरूप देश में प्रत्यक्ष विदेशी निवेश में तीव्र वृद्धि हुई है जिसे सरकार द्वारा प्राथमिक तौर पर आधारभूत उद्योगों के क्षेत्र में प्रोत्साहित किया जा रहा है। इससे विदेशी मुद्रा भंडार बढ़ा है।
2. **अप्रत्यक्ष विदेशी निवेश में वृद्धि:** इस प्रक्रिया के उपरांत भारत में विदेशों से होने वाले अप्रत्यक्ष निवेश (शेयर निवेश) में तेज वृद्धि आयी है तथा भारतीय शेयर बाजार में निखार आया है। वैसे इससे जहाँ एक तरफ विदेशी मुद्रा भंडार में

वृद्धि हुई है, वहीं अर्थव्यवस्था वैदेशिक जगत से उच्च स्तर पर जुड़ा है तथा सांसर्गिक अस्थिरता का भी खतरा बढ़ा है।

3. **सकल घरेलू उत्पाद में वृद्धि:** उदारीकरण काल में देश की आय में तेज और उत्साहजनक वृद्धि आयी है। देश की आर्थिक वृद्धि दर 1990-91 के लगभग 4% की तुलना में वर्ष 2007-08 में बढ़कर लगभग 10% हो गयी थी।
4. **औद्योगिक प्रतिसार में कमी:** भारतीय उद्योग जगत में देखी जाने वाली औद्योगिक प्रतिसार (Recession) की बारंबारता में कमी आयी है तथा इस क्षेत्र में उच्च-स्तरीय वृद्धि दर अर्जित की गयी है।
5. **रोजगार वृद्धि:** अर्थव्यवस्था में उत्पादन के क्षेत्र में तेज निवेश हुआ, जिसके फलस्वरूप कुशल श्रमिकों, व्यवसायिकों आदि के लिए उच्च रोजगार के अवसर सृजित हुए।
6. **आधारभूत संरचना क्षेत्र का विकास:** आधारभूत संरचना क्षेत्र में विदेशी एवं देशी निवेश की अनुमति मिलने से इस क्षेत्र में विकास की प्रक्रिया प्रारंभ हुई।
7. **प्रादेशिक असंतुलन में वृद्धि:** आर्थिक निवेश विशेषकर औद्योगिक निवेश की प्रक्रिया में सरकारी भागीदारी घटने और निजी क्षेत्रीय भागीदारी में उत्तरोत्तर वृद्धि होने से देश में प्रादेशिक असंतुलन में वृद्धि आयी है। आधारभूत संरचनाओं, औद्योगिक अवस्थिति संबंधों कारकों आदि के कारण कुछ राज्य अन्य राज्यों की तुलना में अधिक निवेश आकर्षित करते रहे हैं।
8. **लघु एवं कुटीर उद्योगों पर प्रतिकूल प्रभाव:** सरकार द्वारा लघु एवं कुटीर उद्योगों से संबंधित अनेकानेक सुधारों की शुरुआत करने के बावजूद भी इन पर उदारीकरण का प्रतिकूल प्रभाव पड़ा है तथा यह बंदी एवं अधिग्रहण की स्पष्ट चुनौतियों का सामना कर रहे हैं।
9. **उच्च तकनीक का आगमन:** उदारीकरण की प्रक्रिया के फलस्वरूप भारतीय उद्योग जगत अपनी उत्पादन प्रक्रिया में विश्व की अच्छी से अच्छी तकनीकों का समावेश कर पा रहा है।
10. **महंगाई स्थिरीकरण की समस्या:** उदारीकरण के दौरान मुद्रास्फीति की दर हमेशा ही उच्चतर बने रहने की प्रकृति दर्शाती रही है। विश्व जगत से संबंधों में उच्च वृद्धि हुई है जिसके कारण आयातित महंगाई भी एक समस्या बनी हुई है।
11. **सांसर्गिक प्रभाव:** भूमंडलीकृत हो रहे विश्व जगत में अर्थव्यवस्थाएं आज एक-दूसरे से काफी उच्च स्तर पर जुड़ी हैं। ऐसी स्थिति में यह देखा गया है कि किसी दूसरी अर्थव्यवस्था की समस्या का भारतीय अर्थव्यवस्था पर प्रत्यक्ष एवं अप्रत्यक्ष प्रभाव पड़ा है।
12. **आर्थिक एवं राजनीतिक स्वतंत्रता में कमी:** विशेषज्ञों की राय में उदारीकरण की प्रक्रिया भारत के समक्ष उपलब्ध आर्थिक एवं राजनीतिक विकल्पों में एक आम कमी करती रही है, जिस कारण तत्सम्बन्धी स्वच्छंदता में कमी आयी है।
13. **संतुलित निवेश की कमी:** सरकार अर्थव्यवस्था के प्राथमिकता वाले क्षेत्रों बिजली, सड़क, आवास, इत्यादि में इच्छित निवेश नहीं करा पायी है।
14. **कृषि क्षेत्र की उपेक्षा:** उदारीकरण की प्रक्रिया मूलत: औद्योगिक जगत तक ही सीमित रही है वह भी कुछ चुनिंदा उद्योगों में ही। कृषि क्षेत्र जिस पर आज भी देश की अधिकांश जनसंख्या अपनी जीविका के लिए निर्भर है लगभग उदारीकरण की प्रक्रिया से अछूता रह गया है। देश में किसानों की आर्थिक स्थिति अच्छी नहीं है। कृषि विकास दर 4% से भी कम चल रही है।
15. **नयी सामाजिक समस्याओं का उद्‌भव:** संगठित कृषि, ठेका कृषि, विशेष आर्थिक क्षेत्रों (SEZ) तथा उद्योग जगत को दिए गए स्वच्छंदता के कारण नए प्रकार की सामाजिक-राजनैतिक समस्याओं का उद्‌भव हुआ है। उदाहरण के लिए किसानों से उपरोक्त कार्यों के लिए भूमि का अधिग्रहण आज एक गंभीर समस्या बन गयी है।

भारत की औद्योगिक समस्याएं (Industrial Problems of India)

औद्योगिक प्रगति के बावजूद भारत औद्योगिक उत्पादों के मामले में आत्मनिर्भर नहीं है। इसके अतिरिक्त भारतीय उत्पाद अन्तर्राष्ट्रीय स्तर के नहीं हैं। भारतीय उद्योगों की मुख्य समस्याएँ निम्नलिखित हैं:

1. **अपर्याप्त औद्योगिक संरचना:** 65 वर्षों से अधिक के नियोजन पश्चात् भारत अभी भी विद्युत तथा गैर-विद्युत मशीनरी, परिवहन उपकरण, लौह एवं इस्पात, कागज, उर्वरक, दवाओं, इत्यादि बनाने में पूर्णरूप से आत्मनिर्भर नहीं है।
2. **औद्योगिक उत्पादों की निम्न माँग:** भारत की अधिकांश जनसंख्या (85%) की क्रयशक्ति कम है तथा इनका जीवन स्तर नीचा है, जिसके कारण औद्योगिक उत्पादों की माँग भी कम है।
3. **उद्योगों का प्रादेशिक केन्द्रीयकरण:** भारत में अधिकांश उद्योग मुंबई, कोलकाता, अहमदाबाद, दिल्ली, बंगलुरु तथा चेन्नई के निकट केन्द्रित हैं, जिसके कारण क्षेत्रीय असमानता, राजनीतिक असन्तोष, हिंसा तथा आतंकवाद को बढ़ावा मिला है।
4. **औद्योगिक घाटा:** उदारीकरण के बाद निजी क्षेत्र में कई लघु व मध्यम दर्जे के उद्योग तथा कुछ बड़े उद्योग घाटे में चल रहे हैं। इसका मुख्य कारण कुप्रबंधन, अप्रचलित प्रौद्योगिकी तथा अन्तर्राष्ट्रीय प्रतिस्पर्द्धा है।
5. **सार्वजनिक क्षेत्र में घाटा:** अधिकांश सार्वजनिक क्षेत्र के उद्यम घाटे में चल रहे हैं। इसका कारण कुप्रबंधन, श्रमिकों की कार्यकुशलता में कमी, अप्रचलित मशीनरी, इत्यादि हो सकता है। इस घाटे को कम करने के लिए सरकार द्वारा निजीकरण तथा सार्वजनिक क्षेत्र के उद्यम में विनिवेश को प्रोत्साहन दिया जा रहा है।
6. **आधारभूत संरचना की कमी:** देश में औद्योगीकरण को गति प्रदान करने के लिए पर्याप्त आधारभूत संरचना आवश्यक है। देश के अधिकांश औद्योगिक प्रदेश वर्तमान में ऊर्जा-संकट का सामना कर रहे हैं। राजमार्गों की सघनता भी कम है।
7. **उद्योगों के स्थान का गलत चयन:** कभी-कभी राजनैतिक कारणों से उद्योगों के स्थान का गलत चयन किया जाता है जहाँ परिवहन पर हुए खर्च पर ध्यान नहीं दिया जाता है। इससे न केवल उत्पाद महँगा होता है बल्कि क्षेत्रवाद/उप-राष्ट्रवाद को बढ़ावा मिलता है। उदाहरण - बरौनी तेल रिफाइनरी (बिहार)।
8. **कच्चे माल की कमी:** उद्योगों में उपयोग किए जा रहे कई कच्चे माल कृषि-आधारित हैं। देश में वर्षा (मानसून) की कमी के कारण इनकी आपूर्ति पर असर पड़ता है।
9. **पूँजी की कमी:** औद्योगिक तथा आधारभूत संरचना के विकास के लिए भारत विश्व बैंक तथा एशियाई विकास बैंक के ऋण पर निर्भर करता है। इन ऋणों को चुकाने में विदेशी मुद्रा का घाटा होता है।
10. **उत्पादों का निम्न स्तर:** भारतीय उद्योग घरेलू माँग के आधार पर जीवित हैं क्योंकि इनके उत्पादों का स्तर विकसित देशों के उत्पाद से कहीं नीचा है।
11. **सांस्थानिक संगठन की कमी:** विदेशी निवेश को आकर्षित करने के लिए तथा औद्योगीकरण को प्रोत्साहन देने के लिए भारत के पास कोई सुनियोजित नीति नहीं है।
12. **औद्योगिक नीति में परिवर्तन:** औद्योगिक नीति में परिवर्तन के कारण देश में उद्योगों का विकास अवरुद्ध रहा है। राजनैतिक स्वार्थ, पूँजी, ऊर्जा तथा कच्चे माल की कमी देश के औद्योगिक विकास में मुख्य व्यवधान हैं।

विशेष आर्थिक क्षेत्र (Special Economic Zone – SEZ)

विशेष आर्थिक क्षेत्र एक भौगोलिक प्रदेश है जहाँ का आर्थिक कानून देश के आर्थिक कानून से अधिक उदार होता है। विशेष आर्थिक क्षेत्र (SEZ) के अंतर्गत कई क्षेत्र शामिल हैं, जैसे-मुक्त व्यापार क्षेत्र (Free Trade Zones - FTZ), निर्यात संसाधन क्षेत्र (Export Processing Zone - EPZ), मुक्त क्षेत्र (Free Zones - FZ), औद्योगिक क्षेत्र (Industrial Estates - IE), मुक्त बंदरगाह, नगरीय उद्यम क्षेत्र, इत्यादि।

परिभाषित विशेषताएँ

विशेष आर्थिक क्षेत्र की कुछ परिभाषित विशेषताएँ हैं, जैसे-विशेष कर प्रोतसाहन, वस्तुओं तथा सेवाओं का शुल्क रहित संचलन, विश्व स्तर की आधारभूत संरचना, निर्माण गहन प्रकृति, निर्यात अभिमुखीकरण, विशिष्ट आर्थिक प्रबंधन तथा विदेशी पूँजी का मुक्त रूप से इस क्षेत्र में आना।

उद्देश्य (Objectives)

विशेष आर्थिक क्षेत्र के मुख्य उद्देश्य निम्नलिखित हैं:

(i) उद्योगों में विदेशी तथा घरेलू निवेश के लिए एक उपयुक्त वातावरण प्रदान करना
(ii) विदेशी व्यापार को प्रोत्साहन देना
(iii) अधिक रोजगार उत्पन्न करना
(iv) पिछड़े हुए क्षेत्रों को विकसित करना
(v) औद्योगीकरण तथा नगरीकरण की प्रक्रिया को गति प्रदान करना
(vi) सामाजिक-आर्थिक विकास में क्षेत्रीय असमानता को कम करना

ऐतिहासिक संदर्भ (Historical Perspective)

रॉबर्ट सी. हेवर्ड (निदेशक, विश्व आर्थिक संसाधन क्षेत्र संघ) के अनुसार मुक्त आर्थिक क्षेत्र की अवधारणा अत्यन्त प्राचीन है (300 ई. पू.)। ऐसे क्षेत्र फोनीसियन नगर टायर (Tyre) में पाए जाते थे, जो यूनानी द्वीप डेलोस (Delos) में स्थित था। 1960 के शुरुआत में कुछ प्रसिद्ध आर्थिक क्षेत्र चीनी सरकार द्वारा स्थापित किए गए। इस उदाहरण का अनुसरण कर अनेक देशों ने विशेष आर्थिक क्षेत्र स्थापित किए।

एक आदर्श विशेष आर्थिक क्षेत्र (Conditions for Ideal SEZ)

सरकार की एस.ई.जेड. नीति द्वारा वास्तविक रूप में आर्थिक प्रोत्साहन देने के लिए खासतौर पर विश्व स्तर की आधारभूत संरचना उत्पन्न करने के लिए एक विशेष आर्थिक क्षेत्र कम से कम 1000 हेक्टेयर की भूमि पर स्थापित किया जाना चाहिए तथा इसमें कम-से-कम ₹ 10,000 करोड़ का निवेश होना चाहिए।

भारत में विशेष आर्थिक क्षेत्र (Speicial Economic Zones of India)

भारत सरकार ने अप्रैल 2000 में विशेष आर्थिक क्षेत्र (एस.ई.जेड.) नीति की घोषणा की। यह एक निर्दिष्ट शुल्क मुक्त क्षेत्र था, जिसे व्यापार संचालन तथा शुल्क एवं तटकर के लिए विदेशी क्षेत्र माना गया। भारत सरकार ने विशेष आर्थिक क्षेत्र अधिनियम को वर्ष 2005 में पारित किया। वर्ष 2007 तक 500 से अधिक विशेष आर्थिक क्षेत्र का प्रस्ताव रखा गया है जिनमें से 220 क्षेत्र स्थापित किए गए हैं। एस.ई.जेड. (S.E.Z) अधिनियम के अनुसार ये क्षेत्र सार्वजनिक, निजी तथा संयुक्त क्षेत्र में स्थापित किए जा सकते हैं तथा इन्हें राज्य सरकार भी स्थापित कर सकती है। यह भी कहा गया है कि कुछ वर्तमान निर्यात संसाधन क्षेत्रों को विशेष आर्थिक क्षेत्र में परिवर्तित कर दिया जाना चाहिए। तद्नुसार सरकार ने कई निर्यात संसाधन क्षेत्रों को विशेष आर्थिक क्षेत्र में परिवर्तित किया, जैसे–(i) काण्डला तथा सूरत (गुजरात), (ii) कोची (केरल), (iii) सांताक्रूज (मुंबई - महाराष्ट्र) (iv) फाल्टा (पश्चिम बंगाल), (v) चेन्नई (तमिलनाडु), (vi) विशाखापत्तनम् (आंध्र प्रदेश), (vii) नोएडा (उत्तर प्रदेश) (viii) राजीव गाँधी इन्फोटेक पार्क, हिंजेवादी (पुणे, महाराष्ट्र), (ix) इंदौर (मध्य प्रदेश)

वर्तमान में एस.ई.जेड. (S.E.Z.) में 927 इकाईयाँ काम कर रही हैं, जिनमें 1.10 लाख लोगों को रोजगार मिला है। वर्ष 2005-06 में एस.ई.जेड. से ₹ 22,510.83 करोड़ मूल्य का निर्यात हुआ।

भारत की एस.ई.जेड. नीति को विरोध का सामना करना पड़ रहा है क्योंकि किसान यह आरोप लगा रहे हैं कि सरकार उनसे जबरन उनकी उर्वर भूमि छीन रही है तथा इसका सही मुआवजा (कीमत) उन्हें नहीं मिल रहा है (उदाहरण-नंदीग्राम पश्चिम बंगाल)। राज्य सरकारों ने यह सुझाव दिया है कि एस.ई.जेड. (S.E.Z.) के लिए भूमि अधिग्रहण करते समय सबसे पहली प्राथमिकता बेकार तथा बंजर भूमि को दी जानी चाहिए तथा यदि आवश्यक हो तो एकफसली कृषि भूमि का अधिग्रहण किया जा सकता है। यदि किसी विशेष आर्थिक क्षेत्र के लिए द्विफसली भूमि का अधिग्रहण किया गया तो यह भूमि कुल अधिकृत भूमि का ज्यादा-से-ज्यादा 10% होना चाहिए।

सम्भावना (Prospects)

अगर खुली बोली के जरिये अर्जित की जाने वाली जमीन का उचित दाम लगाया जाए तो किसी भी आकार की भूमि उपलब्ध हो सकती है। अन्यथा बड़े शहरों में या उनके आसपास कुकुरमुत्ते की तरह उगते रहने वाला मौजूदा परिदृश्य पहले से कमजोर शहरी ढांचे पर और दबाव ही बढ़ाएगा और इसका परिणाम शहरों से लोगों के विस्थापन में होगा जबकि हमारा लक्ष्य इस रुझान को हतोत्साहित करने वाला होना चाहिए।

सार्वजनिक क्षेत्र उपक्रम (Public Sector Undertaking)

सार्वजनिक क्षेत्र उपक्रम वैसे संगठन या कंपनियाँ हैं, जिनका प्रबंधन एवं नियंत्रण सरकार के स्वामित्व है। भारत में ऐसी कंपनियाँ केन्द्रीय और राज्य सरकार दोनों द्वारा स्थापित की गयी हैं क्रमशः जिन्हें केन्द्रीय सार्वजनिक क्षेत्र उपक्रम (CPSU) तथा राज्य सार्वजनिक क्षेत्र उपक्रम (SPSU) कहा जाता है। व्यावहारिक रूप से भारत में सार्वजनिक क्षेत्र उपक्रम का प्रयोग केन्द्र सरकार के नियंत्रण में आने वाले ऐसे संगठनों के लिए ही किया जाता है। वर्तमान समय में भारत में 237 केन्द्रीय एवं 858 राज्य के स्वामित्व वाले सार्वजनिक क्षेत्र उपक्रम हैं, जो अन्यान्य औद्योगिक गतिविधियों में संलग्न हैं।

वर्ष 1991 में प्रारंभ की गयी आर्थिक सुधारों की प्रक्रिया के अंतर्गत हालांकि सार्वजनिक क्षेत्र के लिए आरक्षित औद्योगिक क्षेत्रों की संख्या घटकर केवल 6 रह गयी है परन्तु अब भी ऐसी कंपनियाँ अन्यान्य क्षेत्रों में कार्यरत हैं। वैसे औद्योगिक अनारक्षण के बाद नयी देशी एवं विदेशी कंपनियों का इन क्षेत्रों में तेजी से प्रवेश हुआ है, जिस कारण सरकारी कंपनियाँ भारी प्रतिस्पर्द्धा का सामना कर रही हैं। 1991 में उदारीकरण के बाद जिन 16 महत्वपूर्ण उत्पादों को सार्वजनिक उपक्रम के दायरे में रखा गया, वे हैं– 1. कोयला और लिग्नाइट (जलावन के काम आने वाला कोयला), 2. पेट्रोलियम, 3. अल्कोहल, 4. परमाणु ऊर्जा, 5. एस्बेस्टस, 6. प्लाईवुड, 7. सांभर चर्म और रोंआदार चमड़ा, 8. कागज, 9. रेल इंजन और रेल परिवहन, 10. विमान निर्माण, 11. वायु आकाश, 12. रक्षा उपकरण, 13. औद्योगिकी विस्फोटक, 14. विनाशक रसायन, 15. दवाएं तथा उसका निर्माण, और; 16. टेलीफोन, टेलीग्राफ और वायरलेस उपकरण (रेडियो तरंग ग्रहण करने वाले उपकरण को छोड़कर)।

सार्वजनिक क्षेत्र की संवृद्धि (Growth of Public Sector)

तटस्थ भाव से कहा जाए तो भारत में सार्वजनिक क्षेत्र का विकास अभी तक संतोषजनक रहा है। यह प्रगति उल्लेखनीय इसलिए है कि इस क्षेत्र में संवृद्धि पांचवें दशक में परियोजना उन्मुखी विकास की शुरुआत के साथ ही हुई है। इसमें संवृद्धि की दर इसी लिहाजन त्वरित, स्थिर और लगातार रही है, सिवाय हालिया वर्षों में जब संवृद्धि अनियंत्रित रही है और इनमें से अधिकतर क्षेत्र तो अब कुशल लाभ-केंद्र नहीं रहे।

भारत में सार्वजनिक क्षेत्र का संतोषजनक विस्तार हुआ है। यह न केवल उत्पादन और विनिर्माण उद्योगों में बल्कि व्यवसाय और वाणिज्य, ऊर्जा और परिवहन के क्षेत्रों में भी सक्रियता के महत्वपूर्ण स्तर और विकास के नेतृत्वकर्ता के रूप में उभरे हैं।

सार्वजनिक क्षेत्र की संवृद्धि की महत्वपूर्ण विशेषताएं हैं:

1. केंद्र सरकार के अधीन वाले सार्वजनिक क्षेत्र ही नहीं फले-फूले हैं बल्कि विभिन्न राज्यों के अधीनस्थ सार्वजनिक क्षेत्रों में भी संवृद्धि हुई है।

2. भारत सरकार के स्वामित्व वाले सार्वजनिक क्षेत्र के दायरे में देश के सकल क्षेत्र का 75% तक आता है, खास कर स्टील, तेल रसायन, खनन और धातु, रेलवे और जहाजरानी एवं नागरिक उड्डयन का कुछ हिस्सा, बैंकिंग, बीमार और वित्तीय सेवाओं के ठीक-ठाक हिस्सा केंद्र के अधीन है।
3. ऊर्जा का उत्पादन और वितरण का काम अधिकतर राज्य सरकार के जिम्मे है, केंद्र ने तो इस क्षेत्र में देर से कदम रखा है और वह भी मामूली स्तर पर ही। राज्यों के विद्युत बोर्ड तो प्रायः समूचा ही सार्वजनिक क्षेत्र के दायरे में हैं।

कार्य निष्पादन (Appraisal)

भारत में सार्वजनिक क्षेत्र का विकास सराहनीय रहा है। आज सार्वजनिक क्षेत्र का देश के औद्योगिक विकास पर प्रभावशाली नियंत्रण है, विशेष कर स्टील और कोयला, सीमेंट और उर्वरक, खनन और धातु, पेट्रोलियम और अभियांत्रिकी (इंजीनियरिंग) वस्तुओं के उद्योगों जैसे महत्वपूर्ण क्षेत्रों में सकल निवेश के संदर्भ में। इसका अनुमान लगाया है कि:

1. ₹8000 करोड़ के साथ इस्पात समूह (स्टील ग्रुप) का देश के सकल सार्वजनिक क्षेत्र में किये गए निवेश में लगभग 15% नियंत्रण है, जो किसी भी एकल क्षेत्र में सर्वाधिक है।
2. इसके बाद दूसरा, कोल इंडिया लिमिटेड और उसकी सहायक इकाइयों की सकल निवेश में 11% की हिस्सेदारी है।
3. इस क्रम में तीसरा क्षेत्र अवशिष्ट कोयला क्षेत्र और अभियांत्रिकी उद्योगों का है।
4. क्रम से पहले 10 सार्वजनिक क्षेत्र के उद्यम केंद्र सरकार के अधिकार क्षेत्र में आते हैं, जिनमें उसका सकल निवेश का लगभग 56% है।

मूल्यांकन (Performance)

सार्वजनिक उद्यमों के प्रभाव बेहद महत्वपूर्ण और व्यापक रहे हैं।

1. **रोजगार की दर और क्षमता:** सार्वजनिक क्षेत्र में श्रम नियोजन की क्षमता रही है और यह लगातार विस्तार की ओर उन्मुख है। उदाहरण के लिए, सन् 2000 में रेलवे ने 17 लाख लोगों को रोजगार दिये थे और यह संख्या संगठित क्षेत्र में नियोजित (काम कर रहे) लोगों का 70% है।
2. **जीडीपी:** देश के सकल घरेलू उत्पाद (जीडीपी) में सार्वजनिक क्षेत्र का योगदान 1950-51 के महज 3.5% से बढ़कर 2000-01 में 30% हो गया है।
3. **पूंजी का संचय/निर्माण:** सकल घरेलू पूंजी संचय 1950-51 में महज 3.5 था, जो 9वीं पंचवर्षीय योजना में बढ़कर 18% तक हो गया है।
4. **बचत:** पंचवर्षीय योजना प्रारम्भ होने के 60 साल बाद राष्ट्रीय बचत में सार्वजनिक क्षेत्र का योगदान लगभग 24% है। यह रुझान खराब संवृद्धि का द्योतक है।
5. **शेयर पूंजी:** पिछले 60 सालों में पूंजीगत स्टाक में, जो स्थापित क्षमता का प्रतिनिधित्व करती है, महत्वपूर्ण बढ़ोत्तरी हुई है।

सार्वजनिक क्षेत्र की समस्याएं (Problems of Public Sector)

सार्वजनिक क्षेत्र की मुख्य आलोचना उत्पादन की कमी, बारम्बार लगने वाले अम्बार और सालाना घाटा है। भारत में सेवा, उत्पादन और औद्योगिक इकाइयां गैर-पेशेवराना नजरिये, बाहरी हस्तक्षेप और लापरवाही से व्यय करने के चलते वहनीय नहीं हैं।

आज निजी क्षेत्र और देश की बाकी अर्थव्यवस्था की सातत्यता, समृद्धि और विकास सार्वजनिक क्षेत्र के काम करने के तौर-तरीकों पर घनिष्ठता से निर्भर है। हालांकि सार्वजनिक क्षेत्रों की बुराई करना फिजूल है। दरअसल, देश की अर्थव्यवस्था के अपरिहार्य कारक के रूप में सार्वजनिक क्षेत्र को बने रहना चाहिए। ऐसे में लक्ष्य यह होना चाहिए कि भारत में सार्वजनिक क्षेत्र को बीमार करने वाले कारणों का विश्लेषण किया जाए और उसके मुताबिक उसको संचालित करने की कार्यनीति आजमाई जाएं।

निदान की कार्यनीति (Remedial Strategy)

किसी कम्पनी अथवा एक कॉर्पोरेशन का भविष्य उसकी मुनाफा कमाने की क्षमता पर निर्भर करता है। इसके लिए अगर वह राज्य की सब्सिडी पर निर्भर करता है, फिर तो उसका भविष्य धुंधला हो जाता है।

निगम या कम्पनी के सुचारू संचालन के लिए सबसे पहले उसका उत्पादन और मुनाफा सरप्लस होना चाहिए।

दूसरे, उस इकाई को उत्पादन और मुनाफे का सरप्लस साल दर साल सरप्लस बनाये रखना चाहिए। एक सक्षम सार्वजनिक क्षेत्र की इकाई को थोक में शुद्ध सालाना या नियतकालिक स्तर पर ऊर्जा का उत्पादन करना चाहिए ताकि शेष ऊर्जा का आंशिक हिस्सा इकाई के विस्तारीकरण, आधुनिकीकरण और विकास में लगाया जा सके।

सार्वजनिक क्षेत्र की दुर्दशा प्रशासनिक सेवा संस्कृति के दुर्भाग्यपूर्ण विस्तार के चलते हुई है। इस संस्कृति में, व्यवसायिकता और लाभप्रदता की कीमत पर सामान्यतया लालफीताशाही और वित्तीय अनियमितता हावी हो जाती है। विशेषज्ञों की राय में:

1. लालफीताशाही और वित्तीय एवं प्रशासनिक लापरवाही से मुक्त रहना चाहिए।
2. ऐसी आजादी और फैसले लेने का स्तर तभी उपयोगी और व्यवहारिक हो सकता है, जहां कि यह उत्पादकता और लाभप्रदता के संदर्भ में उचित उत्तरदायित्व के निर्वहन से मेल खाता हो तथा किसी भी तरह प्रशासनिक सेवा संस्कृति को प्रश्रय न देता हो, उसे न बढ़ाता हो।
3. व्यवसायिकता में नौकरशाही की घुसपैठ को रोका जाना चाहिए और सार्वजनिक क्षेत्र को तकनीकविदें, अर्थशास्त्रियों और विशेषज्ञों के हवाले कर देना चाहिए। ये गुणीजन ही उस इकाई की वहनीयता और लाभप्रदता सुनिश्चित करने के लिए उपयुक्त सुधार कर सकते हैं।
4. स्वायत्तता के साथ जवाबदेही के सिद्धांत का कड़ाई से पालन किया जाना चाहिए।

पर्यटन (Tourism)

अपने सामान्य निवास स्थान से दूर छुट्टी बिताना, जिसमें रात्रिवास शामिल हो पर्यटन कहलाता है। ये मनोरंजन से भिन्न है, जिसमें छुट्टी के क्षण बिताए जाते हैं तथा जिसकी अवधि 24 घंटे से कम की होती है। पर्यटन उद्योग तृतीयक क्षेत्र पर आधारित है, जो पर्यटकों को विभिन्न सेवाएं प्रदान करता है। यह भारत के सबसे महत्वपूर्ण और उभरते उद्योगों में से एक है। भारत में पर्यटन एक महत्वपूर्ण विदेशी मुद्रा अर्जक है। पर्यटन न केवल विदेशी मुद्रा प्राप्त करता है, बल्कि इसमें प्रशिक्षित, कुशल और अकुशल श्रमिकों को रोजगार प्रदान करने की काफी संभावनाएं हैं। देश में आर्थिक विकास और रोजगार सृजन के लिए पर्यटन को एक शक्तिशाली इंजन के रूप में मान्यता प्राप्त है। देश के सकल घरेलू उत्पाद और कुल नौकरियों में पर्यटन का योगदान 2020 में क्रमशः 6.8% और 7.3% था। इससे भी महत्वपूर्ण बात यह है कि पर्यटन देश के अधिक से अधिक स्थानों पर लोगों के बड़े पैमाने पर और निरंतर प्रवाह को फ्रेम करता है जो अंततः राष्ट्रीय एकीकरण की ओर जाता है और अंतर्राष्ट्रीय भाईचारे को बढ़ावा देता है।

भारत में पर्यटन (Tourism in India)

भारत में पर्यटन; रोजगार सृजन, गरीबी उन्मूलन और सतत मानव विकास के साधन के रूप में उभरा है। 2020 में, पर्यटन क्षेत्र में प्रत्यक्ष रोजगार 31.8 मिलियन से अधिक होने का अनुमान था। 2029 तक, यह लगभग 53 मिलियन नौकरियां देने के लिए उत्तरदायी होगा। पर्यटन राष्ट्रीय एकता और अंतर्राष्ट्रीय समझ को बढ़ावा देता है और स्थानीय हस्तशिल्प और सांस्कृतिक गतिविधियों को भी बढ़ावा देता है।

भारत में पर्यटन की चर्चा निम्नलिखित शीर्षकों के अन्तर्गत की जा सकती है:

1. प्राकृतिक पर्यटन तथा हिल स्टेशन (पहाड़ी स्थान)

भारत की भौगोलिक विविधता प्राकृतिक पर्यटन को प्रोत्साहित करती है। बर्फ से ढकी पर्वतों की चोटियां, जलप्रपात, घाटी, महाखड्ड, अधिक ऊँचाई वाले क्षेत्रों में स्थित झीलें, इत्यादि पर्यटकों के लिए आकर्षण का केन्द्र हैं। हिमालय, छोटानागपुर का पठार, पूर्वी घाट तथा पश्चिमी घाट में अनेक जलप्रपात हैं, जिनमें जोग प्रपात (भारत का सबसे ऊँचा प्रपात) शामिल है।

2. *हिल स्टेशन (Hill Station)*

भारत के पर्वतीय तथा पहाड़ी क्षेत्रों में कई हिल स्टेशन हैं, जिन्हें (**चित्र 11.21**) में दर्शाया गया है। ये हिल स्टेशन पूर्व के भारतीय प्रान्तों, राजवाड़ों तथा सरकार के लिए ग्रीष्मकालीन राजधानी थे। स्वतंत्रता के बाद ये सैरगाह के रूप में प्रसिद्ध हुए। भारत के प्रमुख हिल स्टेशन हैं- अल्मोड़ा, माउंट आबू, अमरकंटक, चम्बा, डलहौजी, दार्जिलिंग, धर्मशाला, गंगटोक, गुलमर्ग, कसौली, कोडईकनाल, कुल्लू, महाबलेश्वर, मनाली, मसूरी, नैनीताल, माथेरन (महाराष्ट्र) ऊटी (तमिलनाडु), पहलगाम, पचमढ़ी, राँची, रानीखेत, शिलाँग, शिमला, सोनमार्ग, युसमार्ग, इत्यादि।

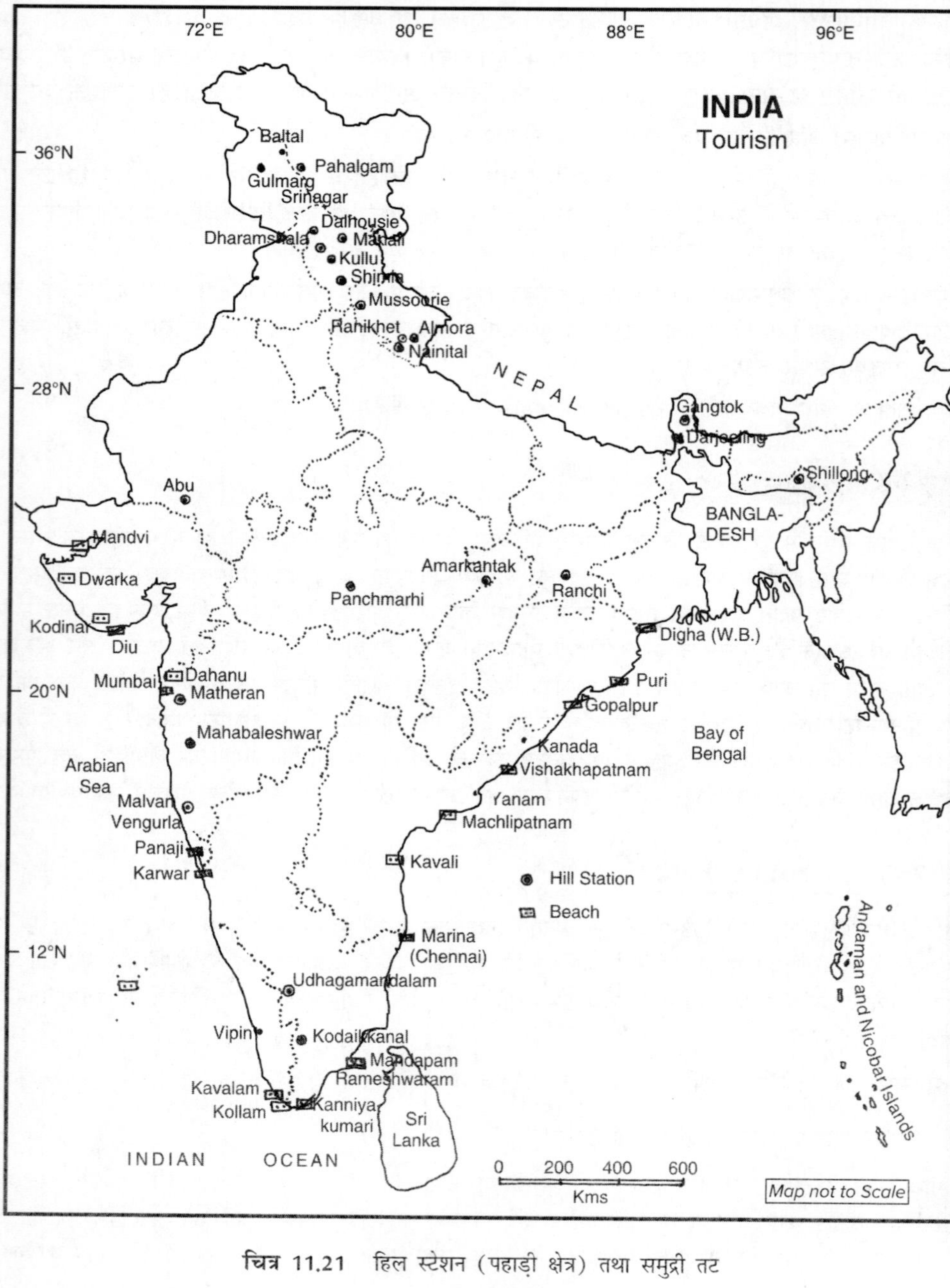

चित्र 11.21 हिल स्टेशन (पहाड़ी क्षेत्र) तथा समुद्री तट

3. ऐतिहासिक स्मारक तथा पुरातात्विक स्थान

भारत के सांस्कृतिक, ऐतिहासिक तथा पुरातात्विक स्थान घरेलू तथा अंतर्राष्ट्रीय पर्यटकों के लिए आकर्षण का केन्द्र हैं। इन स्थानों में प्रमुख हैं – अजंता, एलोरा, ताजमहल, स्वर्णमंदिर, कुतुबमीनार, लालकिला, जामा मस्जिद, हुमायूँ का मकबरा, चारमीनार, बिड़ला मंदिर, इण्डिया गेट, इत्यादि।

4. सांस्कृतिक तथा धार्मिक पर्यटन

सांस्कृतिक तथा धार्मिक पर्यटन के मुख्य स्थानों को ***चित्र 11.22*** में दिखाया गया है। इनमें इलाहाबाद, अजमेर, अमरनाथ, अयोध्या, बद्रीनाथ, केदारनाथ, भुवनेश्वर, बोधगया, द्वारका, गंगोत्री, गुवाहाटी, हरिद्वार, कांचीपुरम, कोच्चि, मदुरै, महाबलीपुरम, वाराणसी, सोमनाथ, इत्यादि, शामिल हैं।

चित्र 11.22 ऐतिहासिक स्मारक, धार्मिक एवं पुरातात्विक स्थान

5. समुद्री तट

भारत के प्रमुख समुद्री तट जो पर्यटकों का आकर्षण केन्द्र हैं– (i) पुरी (ओडिशा), (ii) दीघ (पश्चिम बंगाल), (iii) गोवा के तट, (iv) कोवलम (केरल), (v) मेरिना तट (चेन्नई), (vi) महाबलीपुरम, (vii) अंडमान तथा निकोबार द्वीप के तट, (viii) मुंबई के तट, (ix) गोपालपुर (ओडिशा), (x) लक्षद्वीप के तट, तथा; (xi) दीव (Div) के तट।

6. एडवेन्चर टूरिज्म

भारत में इस पर्यटन की संभावना अधिक है। उदाहरण के लिए: (i) हिमालय में राफ्टिंग तथा केयाकिंग, (ii) हिमालय में पर्वतारोहण, (iii) शैलारोहण, (iv) गुलमर्ग तथा औली (Auli) में स्कीईंग, (v) केरल में नौका दौड़, (vi) महाराष्ट्र में पैराग्लाईडिंग, इत्यादि।

भारत में पर्यटन क्षेत्रीय आर्थिक विकास में मदद करता है। स्वतंत्रता के बाद भारत में पर्यटकों की संख्या में काफी वृद्धि हुई है *(तालिका 11.9)*।

तालिका 11.9 भारत में विदेशी पर्यटक

साल	विदेशी पर्यटक (मिलियन में)	पिछले वर्ष की तुलना में प्रतिशत परिवर्तन	भारत में अनिवासी भारतीयों का आगमन	पिछले वर्ष की तुलना में प्रतिशत परिवर्तन	भारत में अंतर्राष्ट्रीय पर्यटक आगमन (मिलियन में)	पिछले वर्ष की तुलना में प्रतिशत परिवर्तन
2015	8.03	4.5	5.74	5.7	13.76	5.0
2016	8.80	9.7	6.22	8.5	15.03	9.2
2017	10.04	14.0	6.77	8.8	16.81	11.8
2018	10.56	5.2	6.87	1.4	17.42	3.7
2019	10.93	3.5	6.98	1.7	17.91	2.8
2020	2.74	–74.9	3.59	–48.6	6.33	-64.7

Source: Society of Indian Automobile Manufacturers (SIAM)

भारतीय पर्यटन उद्योग की समस्याएँ (Problems of Indian Tourism Industry)

भारतीय पर्यटन उद्योग कई समस्याओं का सामना कर रहा है, इनमें से कुछ निम्नलिखित हैं:

(i) पर्याप्त आधारभूत संरचना की कमी
(ii) जटिल वीसा (Visa) औपचारिकता
(iii) विभिन्न प्रकार की कर-व्यवस्था
(iv) कानून व्यवस्था की समस्याएँ (जम्मू एवं कश्मीर, उत्तर-पूर्वी भारत)
(v) पर्यटकों की सुरक्षा
(vi) अपर्याप्त पर्यटक गाइड
(vii) लोगों की भागीदारी की कमी

विश्व पर्यटन तथा यात्रा परिषद (WTTC) ने देश में पर्यटन के विकास के लिए निम्नलिखित उपायों पर बल दिया है:

(i) यात्रा तथा पर्यटन को सामरिक, आर्थिक तथा रोजगार की प्राथमिकता बनाना।
(ii) मुक्त तथा अंतर्राष्ट्रीय बाजार की ओर रुख, जिसमें नागरिक उड्डयन क्षेत्र में उदारीकरण शामिल है।
(iii) सतत् विकास पर बल।
(iv) पर्यटन के विकास में व्याप्त व्यवधानों को हटाना, अर्थात् निजी क्षेत्र को प्रोत्साहन तथा मानव संसाधन में निवेश। यह पर्यटकों की दृष्टि में हुए बदलाव को, बढ़ती पर्यावरण जागरुकता को तथा नए प्राकृतिक वातावरण की खोज की इच्छा को निरूपित करता है।

संयुक्त राष्ट्र संघ ने वर्ष 2002 को पारिस्थितिकी पर्यटन का अन्तर्राष्ट्रीय वर्ष घोषित किया था।

भारत सरकार द्वारा उपलब्ध कराए गए आंकड़ों के अनुसार, 1951 में विदेशी पर्यटकों की कुल संख्या केवल 16,830 थी जो 2006 में बढ़कर 2.45 मिलियन हो गई, जो लगभग 150 गुना से अधिक की वृद्धि है। 2019 में अंतर्राष्ट्रीय पर्यटकों की कुल संख्या 17.91 मिलियन थी। 2020 में, COVID-19 महामारी के प्रभाव के कारण यह आंकड़ा काफी कम होकर 6.33 मिलियन हो गया। भारत में आने वाले अधिकांश विदेशी पर्यटक पश्चिम यूरोपीय देशों (30%), दक्षिण एशिया (26%), उत्तरी अमेरिका (20%), दक्षिण पूर्व एशिया (6%), पूर्वी एशिया (5%), पश्चिम एशिया (4%), अफ्रीका (4%), ऑस्ट्रेलिया (3%), और पूर्वी-यूरोपीय देशों (2%) आते हैं (सारणी 11.9)।

विश्व यात्रा और पर्यटन, परिषद के अनुसार 2018 में भारत के सकल घरेलू उत्पाद के 6.8% का योगदान पर्यटन उद्योग का था। यह उद्योग 42.673 मिलियन नौकरियों प्रदान करता है जोकि कुल रोजगार का 7.3% होता है।

पारिस्थितिकी पर्यटन (Eco-Tourism)

यह पर्यटन पारिस्थितिकी तथा सामाजिक रूप से जागरुक व्यक्तियों की यात्रा को आकर्षित करता है। यह पर्यटन स्वेच्छा से प्रदान की गई सेवा, निजी विकास, वातावरण में रहने के नए तरीकों को सीखने, तथा उन यात्राओं पर बल देता है, जहाँ गन्तव्य स्थान में वनस्पति, वन्य जीवन तथा सांस्कृतिक धरोहर मुख्य आकर्षण होते हैं। कुछ यात्राओं को पारिस्थितिकी पर्यटन इसलिए कहते हैं क्योंकि वे पर्यटकों को पारिस्थितिकी दृष्टि से दिलचस्प स्थानों की ओर आकर्षित करते हैं, जैसे-राष्ट्रीय-उद्यान। संक्षेप में हम कह सकते हैं कि यह पारिस्थितिकी सम्मत पर्यटन है, जिसमें पर्यटन स्थल के समुदायों का विकास शामिल है। कुछ विशेषज्ञों के अनुसार यह एक जिम्मेदार पर्यटन (Responsible Tourism) है, जो परम्परागत पर्यटन के नकारात्मक प्रभावों (पर्यावरण पर) को कम करता है तथा लोगों की सांस्कृतिक एकता को बढ़ाता है। पारिस्थितिकी पर्यटन द्वारा निम्नलिखित बातों पर बल दिया जाता है:

(i) जैव तथा सांस्कृतिक विविधता का संरक्षण।

(ii) जैव विविधता के धारणीय उपयोग को प्रोत्साहन, यह स्थनीय लोगों को रोजगार प्रदान करता है।

(iii) सामाजिक-आर्थिक लाभ को स्थानीय समुदाय के साथ बाँटना तथा इस पर्यटन के प्रबंधन में उनकी भागीदारी।

(iv) अक्षत प्राकृतिक स्थानों (Unspoiled Natural Resources) का पर्यटन, जिसमें पर्यावरण पर न्यूनतम प्रभाव एक प्राथमिकता हो।

(v) यह वहन करने योग्य पर्यटन है, जिसमें सुख-साधन की वस्तुओं का कम-से-कम उपयोग किया जाता है।

(vi) स्थानीय संस्कृति, वनस्पति तथा वन्य जीवन मुख्य आकर्षण का केन्द्र हैं।

भारत सरकार ने पारिस्थितिकी के पयर्टन को प्रेत्साहन देने के लिए अंडमान-निकोबार और लक्षद्वीप समूह में नौ द्वीपों की पहचान की जिन पर सिंगापुर की भांति जल-उद्यान (Water Parks) बनाये जायेंगे। चयन किये गये इन द्वीपों के नाम हैं–1. स्मिथ द्वीप, 2. रोज द्वीप, 3. एवीज द्वीप, 4, लांग द्वीप तथा लिटिल द्वीप अंडमान-निकाबोर द्वीप समूह में, तथा 6. बेन्गाराम द्वीप 7. थिन्नाकार द्वीप, 8. सुहेली द्वीप, तथा; 9. चियामि-मिनिकॉय लक्षद्वीप समूह में ***(चित्र 11.23)***।

कुछ देशों में यह पर्यटन राष्ट्रीय अर्थव्यवस्था में अहम योगदान करता है, जैसे–कोस्टारिका, इक्वाडोर, केन्या, मेडागास्कर तथा नेपाल।

पारिस्थितिकी पर्यटन का विकास (Growth and Development of Eco-tourism)

पारिस्थितिकी पर्यटन, जिम्मेदार पर्यटन तथा सतत् विकास 1980 के दशक से प्रचलित अवधारणाएँ बन गई हैं। यह पर्यटन उद्योग का सबसे तीव्र गति से विकास करने वाला उप-क्षेत्र (Sub-Sector) है।

भारत में अधिकांश विदेशी पर्यटक पश्चिमी यूरोपीय देश (30%), दक्षिण एशिया (26%), उत्तरी अमेरिका (20%), दक्षिण पूर्वी एशिया (6%), पूर्वी एशिया (5%), पश्चिम एशिया (4%), अफ्रीका (4%), आस्ट्रेलिया (3%) तथा पूर्वी-यूरोपीय देश (2%) से आते हैं।

पारिस्थितिकी पर्यटन के लिए की गई सामुदायिक पहल (Community Eco-Tourism Initiative)

जम्मू एवं कश्मीर और लद्दाख

लद्दाख में कई गाँवों ने ट्रेकर (Trekkers) व पर्यटकों के लिए स्थानीय घरों में रहने की योजना शुरू की है, जिससे हुई आमदनी को ग्रामीण विकास तथा पर्यावरण संरक्षण पर खर्च किया जाएगा।

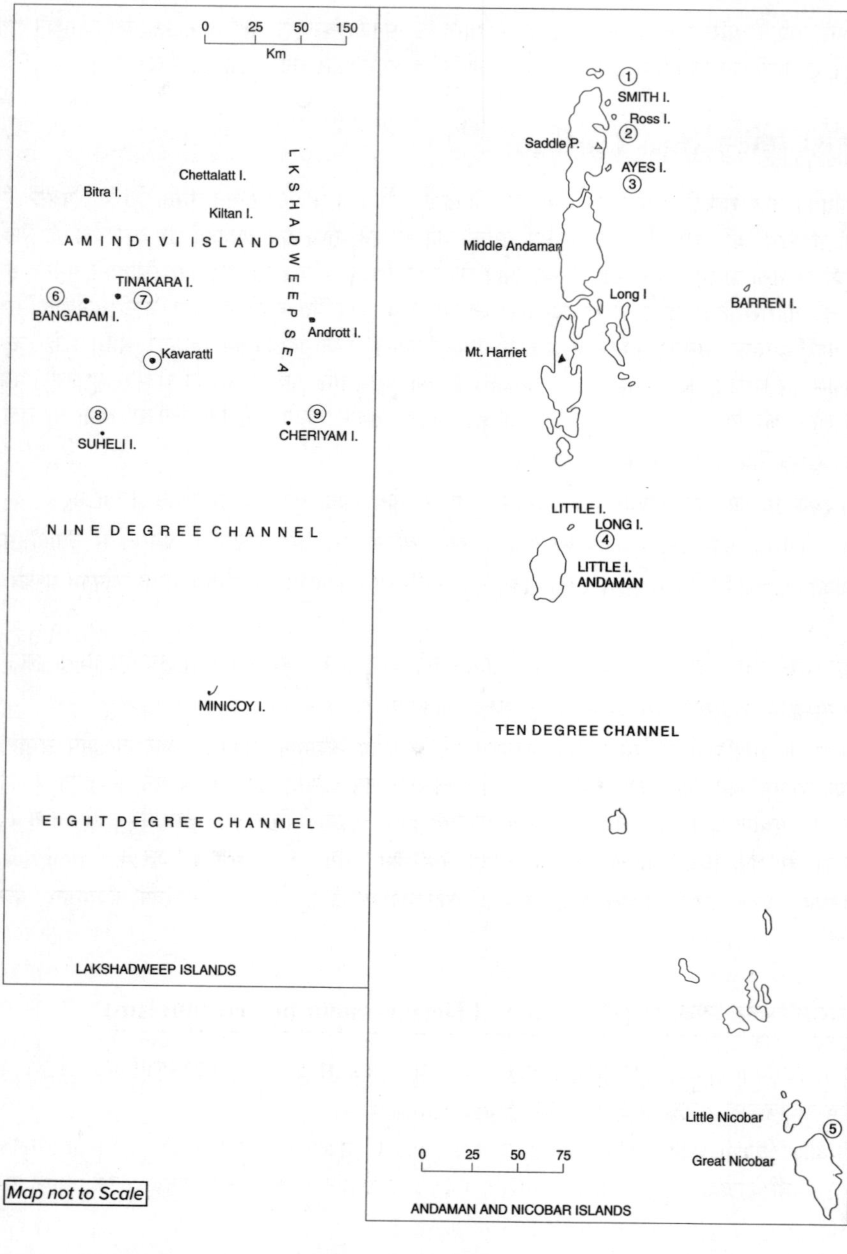

चित्र 11.23 सिंगापुर की भांति जल-उद्यान बनाये जाने के लिए अंडमान-निकोबार और लक्षद्वीप के नौ भारतीय द्वीप

नगालैंड

कोहिमा के निकट खनोमा गाँव (Khonoma Village) हरित-गाँव योजना का एक स्थल है, जिसे महाराणा कुम्भा सामान्य हित समूह द्वारा स्थापित किया गया है। इस गाँव के युवा आगन्तुक प्रबन्धन में प्रशिक्षित हैं। यहाँ पर्यटन का मुख्य आकर्षण पर्यावरण की स्वच्छता है।

केरल

पेरियार बाघ संरक्षित क्षेत्र (Pariyar Tiger Reserve) में वन विभाग के अधिकारियों ने पारिस्थितिकी विकास योजना का उपयोग कर एक विशेष 'ईको टूरिज्म' योजना की शुरुआत की थी, जिसमें स्थानीय आदिवासी, शिकार - चोर (Poacher) तथा अन्य लोग शामिल थे।

सिक्किम

कंचनजंगा (Kanchanjunga) जीवमंडल संरक्षित क्षेत्र के निकट जोंगु में लेपचा समुदाय जोंगू पारिस्थितिकी पर्यटन समिति चला रही है, जिसमें ट्रैकिंग (Trekking) तथा अन्य पर्यटन का प्रबन्धन किया जाता है। गंगटोक के निकट पास्ताना गाँव (Pastanga Village) में पर्यटन सिक्किम के परम्परागत ग्रामीण जीवन पर आधारित पर्यटन है। इस पर्यटन का संचालन स्थानीय समुदाय द्वारा किया जा रहा है।

पश्चिम बंगाल

सुन्दरवन के बाली गाँव में स्थानीय लोगों ने बाली के प्राकृतिक तथा वन्य जीवन संरक्षण समाज की शुरुआत की है। इस समाज के 'सामुदायिक पर्यटन उत्पादन मॉडल कैम्प' में 22 स्थानीय लोगों को रोजगार मिला है तथा इसका लाभ 50 परिवारों तथा सात अन्य गाँवों को मिल रहा है।

पारिस्थितिकी पर्यटन पर्यावरण तथा स्थानीय समुदायों को लम्बे समय तक का लाभ देता है यद्यपि पर्यटन उद्योग तथा सरकार इसके उत्पादन पक्ष (Product Aspect) पर अधिक बल देते हैं तथा इसे प्रकृति पर आधारित अन्य पर्यटन के समान देखते हैं।

पारिस्थितिकी-पर्यटन के लिए पारिभाषिक कठिनाई (Definitional Problems of Eco-tourism)

समस्या को भली-भांति समझने के लिए इसकी एक स्पष्ट परिभाषा निरूपित की जानी चाहिए कि पारिस्थितिकी-पर्यटन वास्तव में क्या है और क्या नहीं है। पारिस्थितिकी-पर्यटन आमतौर पर जैव विविधता व सांस्कृतिक विविधता समेत पारिस्थितिकी-प्रणाली के संरक्षण, जैव-विविधता की निरंतरता को प्रोत्साहन, स्थानीय समुदायों की औपचारिक सहमति और भागीदारी के जरिये सामाजिक-आर्थिक लाभों को साझा करना, पर्यावरण और सांस्कृतिक जानकारी को बढ़ाना, वहनीयता और कचरे को कम करना और इसके पर्यावरण पर स्वयं के प्रभाव को कम-से-कम करने जैसे अनेक सामान्य मानकों को पूरा करता है।

यद्यपि पर्यटन गतिविधियों में जिसका विस्तार परम्परागत पर्यटन से लेकर सही तौर पर पारिस्थितिकी पर्यटन तक है, ऐसे में उसकी हद को लेकर ढेर सारा विवाद रहा है कि किस बिंदु तक जैव-विविधता संरक्षण को, स्थानीय सामाजिक-आर्थिक लाभों को और पर्यावरणीय प्रभाव को 'पारिस्थितिकी-पर्यटन' के रूप में स्वीकार किया जाए। इस कारण से, पर्यावरणविद्, सरकारें और विशेष लाभकारी समूह पारिस्थितिकी-पर्यटन को भिन्न-भिन्न तरीके से परिभाषित करते रहे हैं। पर्यावरणविदों ने सामान्यतया पारिस्थितिकी-पर्यटन को प्रकृति पर आधारित, दीर्घकाल तक प्रबंध किये जा सकने, संरक्षण-समर्थित और पर्यावरण की दष्टि से शिक्षित होने पर जोर दिया है। हालांकि पर्यटन उद्योग और सरकारों का ज्यादातर ध्यान उत्पादन के आयाम पर रहता है, लिहाजा वह पारिस्थितिकी-पर्यटन को अन्य पर्यटन के बराबर मान कर ही व्यवहार करती हैं। इससे आगे कठिनाई यह हो जाती है कि पारिस्थितिकी-पर्यटन के मुख्य सिद्धांत के अंतर्गत अनेक संदर्भों के इस्तेमाल होने लगते हैं, वहीं अन्य साहित्य और विपणन में काम आते रहे हैं। यद्यपि वे पारिस्थितिकी-पर्यटन के आवश्यक पर्याय नहीं हैं।

पारिस्थितिक-पर्यटन को परिभाषित करने के साथ जुड़ी कठिनाई ने पर्यटकों और अकादमिकों में एक दुविधा की स्थिति पैदा कर दी है। पारिभाषिक दिक्कतें सार्वजनिक विवाद की खास वजह हैं, टिकाऊ, प्रकृति-आधारित तथा पर्यावरण के साथ दोस्ताना पारिस्थितिकी-पर्यटन की आड़ में पर्यटन योजनाओं के व्यावसायीकरण की तरफ रुझान बढ़ा है। मैकलॉर्न के मुताबिक ये योजनाएं

पर्यावरण के लिहाज से विनाशकारी, आर्थिक रूप से शोषणकारी, आखिरकार सांस्कृतिक दृष्टि असंवेदनशील हैं। वे नैतिक रूप से चिंताजनक हैं क्योंकि वे पर्यटकों को बरगला देते हैं और पर्यावरण के प्रति उनके सरोकारों में हेर-फेर कर देते हैं। विकास और इतने बड़े पैमाने पर हासिल सफलता, ऊर्जा की ज्यादा खपत और पारिस्थितिकी रूप से आधारणीय योजनाएं पारिस्थितिकी-पर्यटन के नाम से जुड़े अकूत मुनाफे का एक वसीयतनामा हैं।

पारिस्थितिकी पर्यटन का स्थानीय तथा मनोवैज्ञानिक- सामाजिक प्रभाव (The Native and Psycho-Social Impact of Eco-Tourism)

पारिस्थितिकी पर्यटन के कुछ नकारात्मक प्रभाव निम्नलिखित हैं:

1. व्यापारीकरण

पारिस्थितिकी पर्यटन के व्यापारीकरण का नकारात्मक प्रभाव स्थानीय लोगों पर पड़ा है। इन प्रभावों में लोगों का विस्थापन, मौलिक अधिकारों का हनन तथा पर्यावरणीय खतरे शामिल हैं।

2. पर्यावरण पर प्रत्यक्ष प्रभाव

पारिस्थितिकी पर्यटन अपने संरक्षण के आदर्शों को पूरा करने में असफल रहा है। इस बात पर ध्यान नहीं दिया जाता है कि यह पर्यटन एक केन्द्रित गतिविधि है तथा पर्यावरणीय संरक्षण आर्थिक विकास का एक साधन मात्र है।

3. कचरे एवं प्रदूषण की समस्या

पर्यटक क्षेत्रों के उत्तरोत्तर बढ़ते दोहन एवं विकास से जहाँ एक ओर भले ही देशी या विदेशी मुद्रा की आय बढ़ती है, वहीं पर्यटकों द्वारा फैलाए गए विविध कचरों से उत्पन्न प्रदूषण का आर्थिक हिसाब तक लगाना मुश्किल है।

अधिकतर सैलानियों की जीवन शैली, उनकी आर्थिक सम्पन्नता का परिचायक होती है। यह अलग बात है कि, इनमें पारिस्थितिकी किताबी शिक्षा होती तो है लेकिन चूँकि ये पर्यटन स्थलों पर अपेक्षाकृत काफी कम समय के लिए आते हैं इनमें तत्सम्बन्धी सचेतता तथा जागरुकता काफी निम्न-स्तरीय होती है। इनके द्वारा दूरस्थ क्षेत्रों में स्थित पर्यटन स्थलों तक पहुँचने के लिए प्रति व्यक्ति उच्चस्तरीय पेट्रोल एवं डीजल उपयोग में लाया जाता है। पर्यटन स्थलों की दुर्गमता इस तरह के प्रदूषण को और बढ़ाती है।

4. पौध एवं जीव जगत पर प्रभाव

पर्यटक, साधारणतया पर्यटन स्थलों पर वहाँ के पेड़-पौधों (Flora) एवं प्राणी जगत (Fauna) पर अपनी गतिविधियों से कई कुप्रभाव डालते हैं। यह समस्या पारिस्थितिकी पर्यटन के साथ भी है। उदाहरण के लिए इनके द्वारा फैलाया गया ध्वनि प्रदूषण; पक्षियों एवं पशुओं को देखना, चित्र उतारना; नदियों एवं झरनों को प्रदूषित करना; इत्यादि।

5. अप्रयुक्त भूमि पर अतिक्रमण

पर्यटन विकास की प्रक्रिया से जुड़ी एक समस्या है—इस क्षेत्र द्वारा अछूती एवं अप्रयुक्त (Virgin) भूमि पर होने वाला अतिक्रमण। इस क्षेत्र से जुड़ी अनेकानेक आवश्यकताओं की पूर्ति के लिए जंगलों की कटाई, भूमि का समतलीकरण आदि कार्य किए जाते हैं, जिससे वहाँ के पारिस्थितिकी तंत्र का संतुलन बाधित होता है।

6. यातायात का प्रभाव

पर्यटन के प्रोत्साहन के फलस्वरूप प्रकृति के सर्वथा अछूते एवं नाजुक पारिस्थितिकीय संतुलन वाले क्षेत्रों में मानव के आवागमन में बेतहाशा वृद्धि होती है, जिसका वहाँ की जैव-विविधता एवं पारिस्थितिकी तंत्र पर गहरा कुप्रभाव पड़ता है

7. स्थानीय लोगों पर प्रतिकूल प्रभाव

पर्यटन स्थलों पर सृजित पर्यटन क्षेत्र की आवश्यकताओं को उपलब्ध कराने वाली परिसम्पत्तियों पर वहाँ के स्थानीय समुदाय का स्वामित्व नहीं होता। इन परिसम्पत्तियों की स्थापना उच्च निवेश वाली हैं, जिस कारण इन्हें बड़ी-बड़ी देशी एवं विदेशी कंपनियों

द्वारा स्थापित किया है। पर्यटन क्षेत्र से होने वाले लाभ का सबसे बड़ा हिस्सा इनके पास चला जाता है, जिनका ये कंपनियाँ पर्यावरण संरक्षण में न के बराबर निवेशित करती हैं। स्थानीय समुदाय अगर इस क्षेत्र में कोई निम्न-स्तरीय रोजगार प्राप्त भी कर लेता है तो महँगे हो चुके पर्यटन क्षेत्रों में इनकी गुजर-बसर मुश्किल से ही हो पाती है।

8. जंगली जानवरों का व्यापार

धनी और आर्थिक रूप से काफी सम्पन्न पर्यटकों के आवागमन से जंगली जानवरों एवं उनके उत्पादों से संबंधित अवैध व्यापार के बाजार का भी विकास हुआ है। इनके द्वारा जंगली जानवरों के शिकार से लेकर उनकी खाल, सींग, दाँत इत्यादि तक का एक व्यापार स्थापित हो जाता है।

9. स्थानीय संस्कृति को खतरा

पारिस्थितिकीय पर्यटन से संबद्ध क्षेत्र प्रकृति के अति नाजुक क्षेत्रों में से हैं। अगर यहाँ पर कोई मानव बसाव है भी तो अधिकतर अनुसूचित जनजातियों का है। इन प्राचीन समुदायों की अपनी एक अछूती और शुद्ध संस्कृतियाँ रही हैं, जिन्हें समाजशास्त्री एवं मानवशास्त्री अति बहुमूल्य धरोहर मानते हैं। इस पर्यटन के प्रोत्साहन से इन क्षेत्रों में विविध एवं अति विरोधाभासी जीवन शैली एवं साचे वाली संस्कृतियों का आवागमन बढ़ता है। इसके फलस्वरूप पर्यटन स्थलों की देशज संस्कृति पर गहरा खतरा उत्पन्न होता है।

10. पर्यटन स्थलों का कुप्रबंधन

वैसे सरकारी तंत्र को पर्यटन स्थलों के उचित प्रबंधन का कार्य दिया गया है परन्तु सरकारी एवं प्रशासनिक व्यवस्था पर प्रभावी समूह का दब-दबा कायम हो जाता है तथा अधिकतर मामलों में वैसी सरकारी परियोजनाएँ कार्यान्वित की जाती हैं, जिनसे राजनैतिक स्वार्थसिद्धि अधिक और पारिस्थितिकीय संरक्षण कम हो पाता है।

दीर्घकालिकता में सुधार

पारिस्थितिकी-पर्यटन में नुकसान को देखते हुए पारिस्थितिकी-पर्यटन को दीर्घकालिक बनाने के लिए एक नीति बनाई गई है। निम्नलिखित कुछ उपाय पारिस्थितिकी-पर्यटन को टिकाऊ बना सकते हैं:

1. **पर्यावरण संरक्षण कार्यनीति:** पर्यावरण संरक्षण से सम्बन्धित कार्यनीति को अवश्य ही पारिस्थितिकी-पर्यटकों के उनके सरोकारों से हटाये जाने और उनके दायरे का पर्यावरण पर पड़ने वाले प्रभावों पर विचार करना चाहिए। पर्यावरण की तरफ उनकी जानकारी बढ़ाने, पर्यावरण के प्रति उनको संवेदनशील बनाने और अपने घूमने-फिरने के स्थलों की परवाह करने के लिए ज्यादा पहल करनी चाहिए।
2. **योग्य पारिस्थितिकी-पर्यटक मार्गदर्शक (गाइड):** निश्चित ही टूर गाइड जानकारी देने के लिए स्पष्ट एवं सीधा माध्यम हैं। पारिस्थितिकी पर्यटकों के विकास के साथ और पर्यावरण के बारे में सटीक जानकारी, वे पर्यावरण संरक्षण के बारे में तत्परता से संवाद कर सकते हैं। इस संदर्भ में टूर-गाइडों को प्रशिक्षण देने का कार्यक्रम गाइडों की गुणवत्ता में सुधार का एक जरिया हो सकता है और अंततः यह पारिस्थितिकी-पर्यटन को टिकाऊ बनाएगा।
3. **छोटे स्तर पर पारिस्थितिकी-पर्यटन:** लघु पैमाने पर पारिस्थितिकी पर्यटन विकसित करने की आवश्यकता है। स्थानीय लोगों में अपने समुदायों की भलाई का चाव होता है, लिहाजा वे बहुराष्ट्रीय निगमों (कॉर्पोरेशन्स) के बनिस्बत अपने पर्यावरण की संरक्षा के लिए ज्यादा जवाबदेह होंगे। नियंत्रण का अभाव, पश्चिमीकरण, पर्यावरण पर प्रतिकूल प्रभाव, संस्कृति और परम्परा में ह्रास, पारिस्थितिकी-पर्यटन को वृहत्त पैमाने पर स्थापित करने के फायदे ज्यादा भारी हो गए हैं।
4. **पारिस्थितिकी-पर्यटन में स्थानीय लोगों की भागीदारी:** पारिस्थितिकी-पर्यटन को टिकाऊ बनाने के लिए स्थानीय लोगों की संलग्नता अत्यावश्यक है। स्थानिक स्तर पर प्रबंध किये जाने वाले पारिस्थितिकी-पर्यटन उच्च स्तरीय प्रबंधन की स्थिति समेत अनेक आर्थिक अवसरों का सृजन करता है। इस तरह वह गरीबी और बेरोजगारी से जुड़े पर्यावरणीय मसले में कमी लाता है।

5. **गाइड्स के लिए प्रशिक्षण केंद्र की स्थापना:** योग्य गाइड्स और सहायक पारिस्थितिकी-पर्यटकों को पारिस्थितिकी तंत्र की नाजुकता बारे में जरूरी सूचनाएं पहुंचा कर पारिस्थितिकी-पर्यटन की कई खामियों को दूर कर सकते हैं।

अगर उपरोक्त कदम एक साथ उठाये गए तो पारिस्थितिकी-पर्यावरण की दिक्कतों को स्थायी रूप से कम किया जा सकता है।

संपोषण सुधार

पारिस्थितकीय पर्यटन से संबद्ध कमियों को ध्यान में रखकर इसके विकास के लिए एक ऐसी योजना एवं रणनीति की आवश्यकता है, जिससे इस प्रकार का संपोषित विकास (Sustainable Development) हो सके। इस रणनीति से जुड़े कुछ महत्वपूर्ण कदम निम्न प्रकार हैं:

(i) पर्यटन स्थलों का दोहन इस प्रकार किया जाए कि वहां पर्यावरण संरक्षण का पूरा ध्यान रखा जाए। पर्यटन क्षेत्र की सभी गतिविधियों में संलग्न घटकों को पर्यावरण संरक्षण संबंधी गतिविधियों की जिम्मेदारी दी जानी चाहिए।

(ii) पर्यटन स्थलों पर उपलब्ध पर्यटन गाइड से जुड़े पेशेवरों को पारिस्थितिकी शिक्षा दिए जाने की आवश्यकता है।

(iii) पर्यटन स्थलों पर लघु औद्योगिक पर्यटन को बढ़ावा देने की आवश्यकता है ताकि स्थानीय समुदाय की आर्थिक स्थिति में भी विकास हो सके। इन लघु-उद्योगों पर पर्यावरण एवं पारिस्थितिकी के संरक्षण का जिम्मा भी हो।

(iv) जहाँ तक हो सके इस पर्यटन से जुड़ी गतिविधियों में स्थानीय सहभागिता को बढ़ावा दिया जाना चाहिए।

(v) पर्यटकों, स्थानीय समुदाय एवं पर्यटन स्थलों से जुड़े अन्य व्यवसायिकों को पर्यावरण एवं पारिस्थितिकी के यथोचित प्रशिक्षण की व्यवस्था तथा इनके संरक्षण की सक्रिय जिम्मेदारी दी जानी चाहिए।

भारत के औद्योगिक घराने (Industrial Houses of India)

भारत में मूलत: एक कृषक अर्थव्यवस्था रही है। वैसे इसकी अधिकांश आबादी आज भी कृषि क्षेत्र से अपनी आजीविका प्राप्त करती है। स्वतंत्रता प्राप्ति के बाद इसके उद्योग जगत में तेज विकास हुआ है। बीसवीं सदी के मध्य तक भारत में औद्योगिक प्रतिष्ठानों की संख्या जहाँ सैकड़ों में थी वह बढ़कर आज हजारों, लाखों में है। भारत में होने वाले इस तेज औद्योगिक विकास में कुछ पुराने और नये औद्योगिक घरानों की बहुत बड़ी भूमिका रही है। औद्योगिक आधारभूत संरचनाओं की निहायत कमी वाले इस देश में इन घरानों ने न सिर्फ अदम्य उद्यमशीलता (Entrepreneurship) का परिचय दिया है बल्कि आने वाली पीढ़ियों के लिए उन्होंने मार्ग भी प्रशस्त किया है। इनके योगदान बहुआयामी रहे हैं:

(i) अर्थव्यवस्था के द्वितीयक क्षेत्र (यथा-उद्योग) के विकास का बीजारोपण

(ii) उद्योग को देशज बनाने की सफल कोशिश

(iii) अर्थव्यवस्था के व्यवसायीकरण का प्रयास

(iv) उद्यमशीलता के नये आदर्शों एवं प्रतिमानों की स्थापना

(v) औद्योगिक कुशलता के विकास को प्रोत्साहन

(vi) नये उद्यमियों के लिए प्रेरणा-स्रोत का कार्य

भारत को औद्योगीकरण के पथ पर अग्रसर करने में महत्वपूर्ण भूमिका निभाने वाले कुछ पुराने और नये भारतीय औद्योगिक घरानों की संक्षिप्त चर्चा निम्न प्रकार है:

कुछ महत्वपूर्ण औद्योगिक घराने निम्नलिखित हैं:

1. **टाटा (The Tata):** परम्परागत रूप से यह लौह एवं इस्पात व ऑटोमोबाइल (भारी उद्योग) क्षेत्र से जुड़ा हुआ औद्योगिक घराना है। लेकिन आने वाले समय में इसका विस्तार अनेक क्षेत्रों में हुआ, जैसे-औषधीय, सीमेंट, प्रकाशन, ऊर्जा, वित्त, होटल, बीमा सॉफ्टवेयर, प्रशीतन, वातानुकूलन, दूर संचार, मृदु पेय, नमक इत्यादि। कोरस (Chorus) लौह एवं इस्पात कम्पनी के अधिग्रहण के बाद टाटा ने अन्तर्राष्ट्रीय परिदृश्य पर अपने आप को स्थापित कर लिया है। हाल ही में टाटा

ने कम लागत वाली कार 'नैनो' ($2500) की उत्पादन योजना से विश्व को आश्चर्यचकित कर दिया। टाटा कंसल्टेंसी सर्विसेज, एक सॉफ्टवेयर तथा निर्यात कम्पनी, देश की सबसे बड़ी सॉफ्टवेयर सर्विसेज कम्पनी है। आज टाटा घराने की बहुत-सी परियोजनायें विदेशों में चल रही हैं।

2. **बिड़ला (The Birlas):** बिरला भारत में टाटा की ही तरह पुराने औद्योगिक घरानों में से एक है। यह औद्योगिक घराना वस्त्रोद्योग, कागज, पैराफिन, सीमेंट, एल्युमीनियम तथा ऑटोमोबाइल क्षेत्र से जुड़ा हुआ है। पिछले कुछ दशक में इस औद्योगिक घराने का विस्तार नए क्षेत्रों में हुआ है- मशीन उपकरण, औषधीय, दूर संचार, स्थायी तथा अस्थायी उपयोग की वस्तुएँ इत्यादि
3. **सिंघानिया (The Singhanias):** भारत के पुराने औद्योगिक घरानों में से एक सिंघानिया का सम्बन्ध वस्त्रोद्योग, औषधीय, टायर व ट्यूब, उपभोक्ता वस्तुओं के साथ है।
4. **गोयनका (The Goenkas):** भारत के पुराने औद्योगिक घरानों में से एक है। इनका व्यवसायिक क्षेत्र बिजली उत्पादन तथा वितरण, वस्त्रोद्योग, औषधि, मशीन, उपकरण, मनोरंजन, इत्यादि हैं।
5. **मोदी (The Modis):** यह औद्योगिक घराना वस्त्रोद्योग, कालीन, टायर व ट्यूब, कमप्यूटर, औषधीय, होटल उद्योग, इत्यादि से जुड़ा हुआ है।
6. **बजाज (The Bajaj):** विश्वभर में 'स्कूटर' उत्पादन के लिए प्रसिद्ध यह घराना विश्व के सबसे अच्छे स्कूटरों में से एक के उत्पादन के लिए जाना जाता है। हाल के वर्षों में इस औद्योगिक घराने का विस्तार मोटरसाईकिल के क्षेत्र में भी हुआ है। बजाज अन्य क्षेत्र, जैसे–विद्युत तथा घरेलू उपकरण, मनोरंजन, इत्यादि से भी जुड़ा हुआ है। हाल ही में बजाज ने विश्व की सस्ते कारों में से एक बनाने की इच्छा प्रकट की है (टाटा की नैनो के बाद)।
7. **श्री राम (The Srirams):** यह औद्योगिक घराना वस्त्रोद्योग, खाद, विद्युत तथा घरेलू उपकरण, जेनरेटर सेट, औषधि, होटल उद्योग, इत्यादि से जुड़ा हुआ है।
8. **ओबेरॉय (The Oberois):** देश तथा विदेश में होटल उद्योग के लिए मशहूर यह औद्योगिक घराना इस क्षेत्र में सबसे अग्रणी कंपनियों में से एक है।
9. **एस्कॉर्ट्स (The Escorts):** यह औद्योगिक घराना देश में तीन क्षेत्रों में योगदान के लिए प्रसिद्ध है- मोटरसाईकिल उत्पादन (एक समय सबसे प्रसिद्ध मोटर साईकिल 'राजदूत' के उत्पादन के लिए), हृदय चिकित्सालय हस्पताल एवं 'आयशर' ट्रैक्टर।
10. **किर्लोस्कर (The Kirloskars):** भारी तथा हल्के मशीन उपकरणों के उत्पादन में योगदान के लिए प्रसिद्ध यह औद्योगिक घराना 'लोकोमोशन' के क्षेत्र का विशेषज्ञ है। किर्लोस्कर देश का सबसे पहला तथा सबसे प्रसिद्ध 'डीजल पम्प सेट' उत्पादन करने के लिए प्रसिद्ध है। किर्लोस्कर द्वारा ही देश का सबसे पहला तथा सबसे विश्वसनीय ट्रैक्टर बनाया गया। इस तरह कृषि के मशीनीकरण में इस औद्योगिक घराने ने महत्वपूर्ण भूमिका निभाई है। किर्लोस्कर कृषि में उपयोग किए जाने वाले अन्य उपकरणों का भी उत्पादन करता है। किर्लोस्कर ने ऑटोमोबाइल के क्षेत्र में भी कदम रखा है, इसने टोयोटा के साथ समझौता किया है, जो विश्व का दूसरा सबसे बड़ा कार उत्पादक है (KTM - किर्लोस्कर टोयटा मोटर)।
11. **फिरोदिया (The Firodias):** ऑटोमोबाईल के क्षेत्र में तथा जेनरेटर निर्माण के क्षेत्र में इनका योगदान महत्वपूर्ण है।
12. **यू.बी. ग्रुप (The UB Group):** यह एक पुराना व प्रसिद्ध औद्योगिक घराना है। परम्परागत रूप से यह घराना ऐल्कोहॉलिक पेय के उत्पादन से जुड़ा हुआ है। हाल के वर्षों में इस घराने का विस्तार नागरिक उड्डयन, आधारभूत संरचना, होटल उद्योग तथा रीयल स्टेट के क्षेत्र में हुआ है।
13. **साराभाई (The Sarabhais):** इस औद्योगिक घराने का नाम दवाओं के उत्पादन के लिए देश में प्रसिद्ध है। इस क्षेत्र में यह विश्व में भी प्रसिद्ध है।
14. **जगतजीत ग्रुप (The Jagatjit Group):** यह पुराने औद्योगिक घराने में से एक है तथा इसका सम्बन्ध ऐल्कोहॉलिक पेय उत्पादन से है।

15. **गोदरेज (The Godrejs):** यह औद्योगिक घराना डिटर्जेन्ट, प्रशीतन, अल्मारी, फर्नीचर, वातानुकूलन तथा तालों के उत्पादन से जुड़ा हुआ है।
16. **रिलायन्स (The Reliance):** यह देश में नए उद्यमियों के वर्ग को निरूपित करता है। परम्परागत रूप से यह घराना पैराफिन तथा कृत्रिम धागे के उत्पादन से जुड़ा हुआ है। वर्तमान में इस घराने का विस्तार पुराने तथा नए औद्योगिक क्षेत्रों में हुआ है, जैसे-विद्युत, पेट्रोलियम, वस्त्रोद्योग, होटल उद्योग, दूर संचार, औषधि, सॉफ्टवेयर, बैंकिंग, बीमा, इत्यादि।
17. **विप्रो (The Wipro):** विप्रो का संबंध सॉफ्टवेयर विकास तथा निर्यात से है, जिसमें कंप्यूटर पेरिफेरल का उत्पादन भी शामिल है। यह बी.पी.ओ. (Business Process Outsourcing) के क्षेत्र में एक अग्रणी कंपनी है। इसका संबंध सामाजिक कार्यों से भी है। सॉफ्टवेयर के क्षेत्र में यह कंपनी विश्व प्रसिद्ध है।
18. **इन्फोसिस (Infosys):** सॉफ्टवेयर विकास तथा इलेक्ट्रॉनिक के क्षेत्र से सम्बन्ध रखने वाली यह कंपनी बी.पी.ओ. के क्षेत्र में भी आगे है। यह शिक्षा तथा समाजिक क्षेत्र में भी कार्य कर रही है।
19. **बायोकोन (Biocon):** यह एक नयी कंपनी है, जो बायो-टेक्नोलॉजी के क्षेत्र में एक मार्गदर्शक के रूप में कार्य कर रही है।
20. **भारती (The Bharati):** यह औद्योगिक घराना देश में आर्थिक सुधार प्रक्रिया का एक उपफल (Byproduct) है। यह अपने सुप्रसिद्ध ब्राण्ड 'एयरटेल' के लिए जाना जाता है। अब इस घराने का विस्तार कृषि, होटल उद्योग, सॉफ्टवेयर, बीमा, इंटरनेट, खुदरा व्यापार (वॉल मार्ट) इत्यादि क्षेत्रों में हो रहा है।
21. **रेनबैक्सी (The Ranbaxy):** यह भारत में दवाओं का एक प्रसिद्ध औद्योगिक घराना है, जिसे अन्तर्राष्ट्रीय ख्याति भी प्राप्त है। यह देश में दवाओं के नए उद्योगों के लिए प्रेरणा का एक स्त्रोत है।
22. **हमदर्द (Hamdard):** यह औद्योगिक घराना भारत में यूनानी दवाओं की परम्परा को बनाए रखने में कामयाब रहा है। यह कंपनी ISO9001:2000 प्रमाणित कंपनी है। विश्व भर में यह शरबत (रुह अफजा) तथा बच्चों की टॉनिक (सिंकारा) के लिए प्रसिद्ध है।
23. **आर्य वैद्यशाला (The Arya Vaidyashala):** यह आयुर्वेदिक औषधि बनाने वाले सबसे पुराने औद्योगिक घराने में से एक है। यह आयुर्वेद तथा प्राकृतिक चिकित्सा पर आधारित एक अस्पताल भी संचालित करता है - आर्य वैद्यशाला।
24. **डाबर (Dabur):** यह औद्योगिक घराना आयुर्वेद की परम्परा का देश में अग्रदूत रहा है। पिछले कुछ वर्षों में इस घराने का विस्तार उपभोक्ता गैर-टिकाऊ वस्तुओं के क्षेत्र में (Consumer non-durables) हुआ, जैसे-फलों से बने पेय, साबुन, शैम्पू, केश तेल, इत्यादि।
25. **बैद्यनाथ (The Baidyanath):** यह देश में आयुर्वेदिक दवा बनाने वाली पुरानी कंपनियों में से एक है तथा आयुर्वेद की परम्परा को कायम रखने वाला प्रसिद्ध औद्योगिक घराना है।
26. **जे.पी. (The Jaypee):** यह भारत की एक प्रसिद्ध रीयल एस्टेट तथा निर्माण कंपनी है, जिसने निर्धारित समय में देश के अनेक सड़क तथा पुल परियोजनाओं को पूरा किया है।
27. **अंसल (The Ansals):** पुराने रीयल एस्टेट कंपनियों में से एक अंसल देश के मुख्य शहरों भवन निर्माण में कार्य कर रहा है।
28. **अरविन्द मिल (The Arvind Mills):** देश के पुराने वस्त्रोद्योग में से एक, अरविन्द मिल विश्व में उच्च कोटि के तथा सस्ते सूती वस्त्र बनाने के लिए प्रसिद्ध है। सूती वस्त्र निर्यात करने वाली यह कंपनी विश्व के सभी प्रमुख ब्राण्ड को 'जीन्स' के कपड़ों की आपूर्ति करता है।
29. **बाम्बे डाईंग (The Bombay Dying):** शूटिंग - सर्टिंग तथा सूती कपड़ों की निर्मात्री यह कंपनी विश्व में उच्च किस्म की चादर तथा तौलिया बनाने के लिए प्रसिद्ध है। इस कंपनी का बाजार पूरे यूरोपीय-अमेरिकी देशों में है।
30. **ए.सी.सी. (ACC):** भारत की सबसे विश्वसनीय तथा सबसे बड़ी सीमेंट उत्पादक, असोशिएटेड सीमेंट कंपनी मूलत: कई सीमेन्ट उत्पादकों का एक समूह है जो अपने उत्पाद एक ब्राण्ड के तहत बेचता है। देश में निर्माण कार्यों में इसकी सबसे बड़ी भूमिका रही है।

31. **पायनियर (The Pioneer):** बीज उत्पादन के क्षेत्र में एक प्रसिद्ध औद्योगिक घराना, यह भारत में संकर (Hybrid) - बीज पर आधारित कृषि को प्रोत्साहित करता है तथा इसने हरित क्रान्ति में एक महत्वपूर्ण भूमिका निभाई है। यह कंपनी विभिन्न प्रकार के जीवनाशी (Pesticide) तथा शाकनाशी (Herbicides) का उत्पादन भी करता है।
32. **पंतनगर (The Pantnagar):** बीज उत्पादन में एक प्रसिद्ध नाम, इस कंपनी ने देश में हरित क्रांति को प्रोत्साहित किया। यह कृषि क्षेत्र के लिए आवश्यक विभिन्न प्रकार के नाशी जीवनाशी (Pesticide) तथा शाकनाशी (Herbicide) का भी उत्पादन करता है।

औद्योगिक संकुल (Industrial Complexes)

औद्योगिक संकुल कुछ विशिष्ट उद्योगों के समुच्चय से बनते हैं, जिनके मध्य उत्पादन, विपणन तथा अन्य महत्वपूर्ण अंतर-संबंध होते हैं। भौगोलिक स्थानीयता, आपसी नजदीकी तथा नवीनता (Innovation) इन्हें मजबूती प्रदान करने वाले कारक हैं। औद्योगिक संकुल तेज औद्योगिक विकास की क्षमता रखते हैं।

औद्योगिक संकुल का उदय वास्तव में पूर्व सोवियत संघ में हुआ तथा यह लोकतांत्रिक जगत में यह पहली बार फ्रांस द्वारा अपनी नियोजन प्रक्रिया में अपनाया गया। इसके बाद विश्व के सभी विकासशील देशों द्वारा अपनी नियोजन प्रक्रिया में इसका एक नियोजन के सशक्त उपकरण (Tool) के रूप में प्रयोग किया गया और इस प्रकार औद्योगिक संकुल को औद्योगीकरण की प्रक्रिया में एक प्रमुख स्थान एवं लोकप्रियता प्राप्त हुई। व्यावहारिक स्तर पर यह फ्रांसीसी प्रादेशिक अर्थशास्त्रियों फ्रंकाय पेरू की 'वृद्धि ध्रुव' (1955) तथा जे.आर. बूदेविए की 'वृद्धि केन्द्र' (1966) अवधारणाओं से संबंधित है।

नियोजन अर्थव्यवस्थाओं द्वारा औद्योगिक संकुल को नियोजन के अभिन्न बनाये जाने के बाद 'औद्योगिक संकुल विश्लेषण' की अवधारणा विकसित हुई। डब्ल्यू. आइजार्ड (W. Isard) द्वारा विकसित इस विधि में औद्योगिक संकुल में स्थित उद्योगों की सहलग्नता (Linkage) का विश्लेषण किया जाता है, जिसका उद्देश्य यह पता करना होता है कि किस विकास योजना एवं विकास प्रदेश के लिए किस प्रकार के औद्योगिक संकुलों की स्थापना सबसे उचित होगी। इस विश्लेषण में अंतर-औद्योगिक सहलग्नता के 'आगम-निर्गम विश्लेषण' (Input-Output Analysis) तथा 'सापेक्षिक लागत विश्लेषण' (Comparative Cost Analysis) को आधार बनाया जाता है।

औद्योगिक संकुलों के स्थानीयकृत उद्योग आपस में भारी खरीद-बिक्री करते हैं, यथा—एक का तैयार माल दूसरे के लिए कच्चा माल होता है। ऐसा होने से स्थानीयता इन्हें कई प्रकार के लाभ प्रदान करती है। उदाहरण के लिए इनके परिवहन व्यय में भारी कमी आती है तथा सबसे बड़ी बात यह कि वे अपने कच्चे माल की गुणवत्ता, मात्रा आदि को काफी आसानी से विनियमित कर पाते हैं। इस प्रकार औद्योगिक संकुलों में तेज औद्योगिक विकास की क्षमता होती है - इसके इस द्रुत विकास को अर्थशास्त्र की अवधारणाओं 'छिलकाव प्रभाव' (Spillover Effect) एवं 'गुणक प्रभाव' (Multiplier Effect) से समझा जा सकता है। औद्योगिक संकुल इस प्रकार अपने आस-पास विकास का संप्रेषण (Transmission) करते हैं और अंततः इसकी वृद्धि पूरी अर्थव्यवस्था में वृद्धिकारी प्रभाव संप्रेषित करती है। औद्योगिक संकुलों द्वारा संपूर्ण अर्थव्यवस्था में डाले गये वृद्धिकारी प्रभाव को अर्थशास्त्र की एक अन्य अवधारणा 'रिसाव प्रभाव' (Trickle Down Effect) द्वारा विश्लेषित किया जा सकता है।

भारत में औद्योगिक संकुल (Industrial Complexes in India)

भारत के प्रमुख (Major) एवं लघु (Minor) औद्योगिक प्रदेशों में हम हजारों औद्योगिक संकुल देखते हैं। भारत के लौह एवं इस्पात संयंत्रों के आस-पास हम लौह एवं इस्पात के कच्चे मालों पर आधारित औद्योगिक संकुलों को स्पंदित होता देख सकते हैं। इसकी समान आधारित औद्योगिक प्रतिष्ठानों के आस-पास हम भारत में पेट्रो-संकुलों, होजियरी संकुलों, इत्यादि को संकेन्द्रित देख सकते हैं। इन उद्योगों द्वारा देश में स्पंदित एवं गतिज 'वृद्धि ध्रुवों' एवं 'वृद्धि केन्द्रों' की भूमिका निभायी गयी है। भारत की निर्यातोन्मुख इकाईयों (EOUs) एवं निर्यात प्रसंस्करण क्षेत्रों (EPZs) तथा हाल के विशेष निर्यात क्षेत्रों (SEZs) को हम औद्योगिक संकुल का सबसे अच्छा उदाहरण मान सकते हैं। इसी प्रकार तकनीकी पार्क, सॉफ्टवेयर पार्क, हार्डवेयर पार्क, जैव-तकनीक पार्क, इत्यादि सभी इसके उदाहरण हैं। राज्यों के औद्योगिक क्षेत्र (Industrial Areas) एवं औद्योगिक क्षेत्र (Industrial Areas) एवं औद्योगिक एस्टेट (Industrial Estates) इसके व्यष्टि-स्तरीय (Micro Level) उदाहरण हैं। भारत में जब तक नियोजन प्रासंगिक

रहेगा औद्योगिक संकुल की अवधारणा भी प्रासंगिकता बनी रहेगी। औद्योगिक संकुलों में भारत के निजी क्षेत्र का प्रमुख योगदान रहा है।

वृद्धि एवं विकास की प्रक्रिया में उत्प्रेरक की भूमिका निभाने की क्षमता रखने वाले औद्योगिक संकुलों द्वारा भारत में इच्छित एवं अपेक्षित योगदान नहीं किया जा सका है, जिसके लिए विशेषज्ञों द्वारा निम्न कारण बताये गए हैं:

1. उन उद्योगों के चयन की समस्या जिनके गिर्द औद्योगिक संकुलों की स्थापना और विकास हो सके।
2. औद्योगिक रुग्णता की समस्या, जिसके फलस्वरूप औद्योगिक संकुल में स्थापित उद्योगों की 'सहलग्नता' बाधित होती रही।
3. इनके विकास पर आधारभूत संरचनाओं की आम कमी तथा विशेषकर बिजली की कमी का भारी कुप्रभाव पड़ा है।
4. अपेक्षाकृत निम्न क्रयशक्ति एवं अविकसित बाजार का भी इन पर गंभीर प्रतिकूल प्रभाव पड़ा है।
5. इन संकुलों को बाह्य क्षेत्र (आयात, निर्यात, आदि) का भी युक्तियुक्त समर्थन प्राप्त नहीं हो सका है।
6. श्रमिकों में आवश्यक कुशलता की कमी तथा उद्यमशीलता की आम कमी भी इन संकुलों के विकास में बाधक रहे हैं।
7. समयानुसार इनमें वित्त पोषण की एक आम कमी रही है।
8. सहायक (Conducive) श्रम कानूनों की भारी कमी रही है।
9. इसके अतिरिक्त भारत में 'वृद्धि ध्रुवों' एवं 'वृद्धि केन्द्रों' के चयन तथा उनकी स्थापना, केन्द्र-राज्य के मध्य इच्छित सहयोग, आम आदमी की निम्न औद्योगिक जागरूकता तथा निम्न राजनीतिक इच्छा शक्ति एवं राजनीतिक अस्थिरता इत्यादि तथ्यों को भी औद्योगिक संकुलों के विकास को प्रभावित करता रहा है।

वर्ष 1991 में प्रारंभ हुए आर्थिक सुधारों की प्रक्रिया द्वारा उपरोक्त कई समस्याओं के समाधान के लिए परिणाम-लक्षित कदम उठाये गये हैं, जिनके उत्साहजनक परिणाम भी दिखे हैं। विशेषज्ञों का मानना है कि आने वाले समय में अर्थव्यवस्था की संबंधित कमियों में जैसे-जैसे कमी आएगी, औद्योगिक संकुल वैसे-वैसे इच्छित परिणाम देने में सफल होते जायेंगे।

मेक इन इंडिया (Make in India)

भारत के प्रधानमंत्री श्री नरेन्द्र मोदी ने 25 सितम्बर, 2014 को मेक इन इंडिया (Make in India) कार्यक्रम की घोषणा की। इसका मुख्य उद्देश्य विदेशी निवेश (Foreign Investment) को प्रोत्साहन देना था। इस योजना को केन्द्र के अतिरिक्त प्रत्येक राज्य में भी आरम्भ किया गया तथा दूतावासों में इसके बारे में विशेष प्रोग्राम आयोजित किये गये।

मेक इन इंडिया प्रोग्राम निम्न चार स्तम्भों (Pillars) पर आधारित है। यह प्रोग्राम उद्योगों के अतिरिक्त सेवा सेक्टर (Service Sector) से भी जुड़ा हुआ है। मेक इन इंडिया के चार स्तम्भ निम्न प्रकार हैं:

1. **नई प्रणाली/प्रक्रम (New Process):** मेक इन इंडिया के अंतर्गत कारोबार की सरल पद्धति पर बल दिया गया जिससे निवेश को बढ़ावा मिले।
2. **नई मूलभूत संरचना (New Infrastructure):** आधुनिक औद्योगिक गलियारों (Industrial Corridors), स्मार्ट-सिटी (Smart City), तथा आधुनिक संचारण (Speed Communication) के विकास पर बल देना।
3. **नये सेक्टरों का विकास (New Sectors):** भारत सरकार ने 25 नये सेक्टरों की पहचान की है जो औद्योगिक एवं सेवा से संबंधित हैं। इन नये सेक्टरों में निवेश के लिये विदेशी निवेशकों को प्रोत्साहित करना।
4. **नई सोच (New Mindset):** औद्योगिक तथा सतत आर्थिक विकास के लिये, भारत सरकार एक सहायक का कार्य करेगी, एक नियंत्रित (Regulator) का नहीं।

इस प्रोग्राम के द्वारा भारत सरकार ने विदेशी निवेशकों को ऐसी बहुत-सी सुविधाएँ प्रदान की हैं; जिनसे उन्हें भारत में अपना कारोबार करने में आसानी हो तथा भारत के आर्थिक विकास के साथ-साथ, नये रोजगार के अवसर उपलब्ध हों।

संदर्भ सूची (References)

- Ahluwalia, I, *Industrial Growth in India—Stagnation since Mid-60s*. Oxford University Press, 1994.
- Alexander, PC, *Industrial Estates in India*. Bombay, 1963.
- Chaudhary, MR, *Indian Industries-Development and Location*. Oxford and I.B.H. Publishing Company, 1970.
- Chaudhery, MR, "Industrial development in India during the Planning Era." *Geographical Review of India*, vol. 39, No. 4 (1989): 1–16.
- Govt. of India. *India 2007*. Publication Division, Ministry of Information, New Delhi.
- Govt. of India. *India 2016*. Publication Division, Ministry of Information, New Delhi.
- Husain, M, 2016, *Terms and Concepts of Geography*, New Delhi, McGraw Hill Education.
- Joshi, HL, *Industrial Geography of India*. Jaipur: Rawat Publications, 1990.
- Khullar, DR, *India : A Comprehensive Geography*. New Delhi: Kalyani Publishers, 1999.
- Singh, MB, *Industrial Development in India—A Geographical Analysis*. Varanasi: Lotus Publication, 1985.
- Sinha, BN, "Industrial Geography of India." *Statistical Abstract of India*. Calcutta; New Delhi: World Press Pvt. Ltd., Govt. of India, 1972.
- Tiwari, RC, Geography of India. Allahabad: Prayag Pustak Bhandar, 2006.
- www.texmin.nic.in.
- www.ibef.org.
- www.steel.gov.in.
- Pharmaceuticals.gov.in.

12 परिवहन, संचार एवं व्यापार (Transport, Communication and Trade)

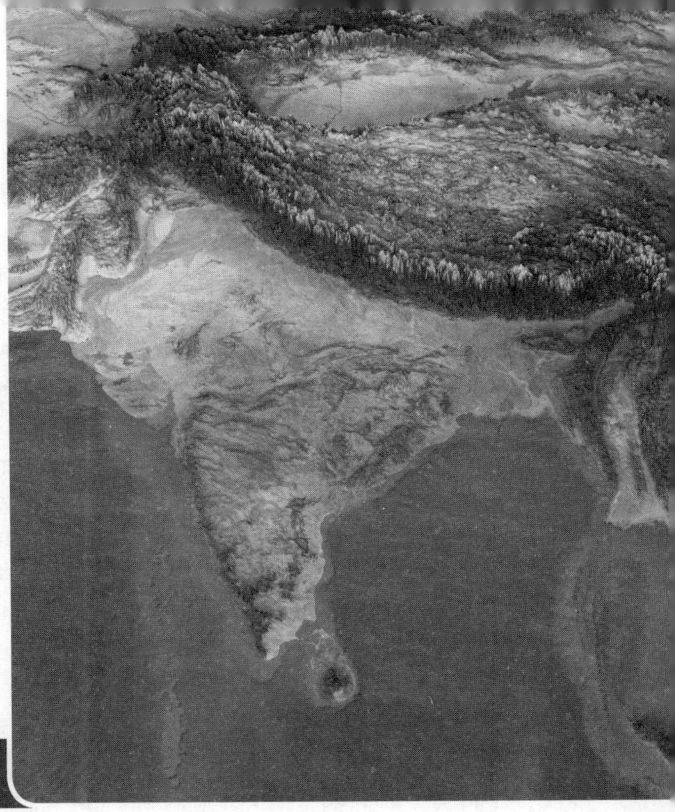

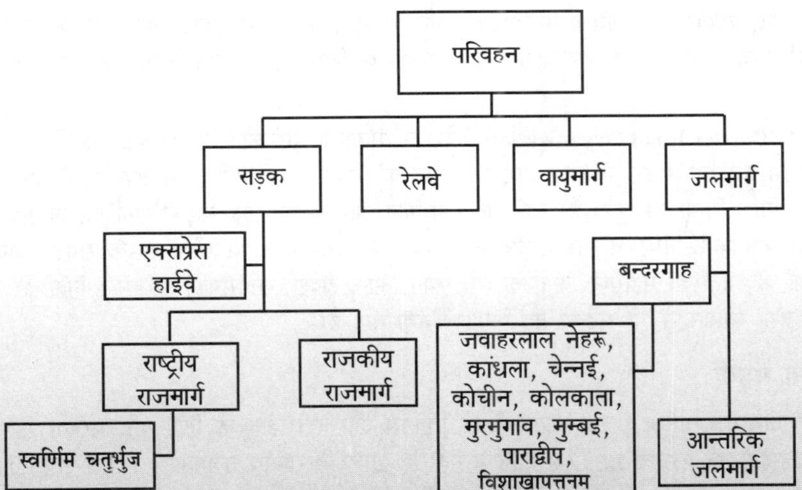

परिवहन (Transport)

अर्थव्यवस्था की क्षमता के वास्तविक और पूर्ण विकास के लिए उचित और दक्ष आधारिक सेवाओं की व्यवस्था अत्यावश्यक है। किसी देश की सतत् आर्थिक संवृद्धि में बेहतर ढंग से संबद्ध परिवहन तंत्र बहुत महत्वपूर्ण भूमिका निभाता है। भारत के परिवहन तंत्र में, वर्तमान में, परिवहन के विभिन्न माध्यम शामिल हैं, यथा–(i) सड़क, (ii) रेल, (iii) आंतरिक जलमार्ग, (iv) जहाजरानी (तटीय एवं अंतर्राष्ट्रीय), और; (v) वायुमार्ग। भारतीय परिवहन तंत्र के विस्तार और निष्पादन दोनों में तेज वृद्धि आयी है। रेल यातायात तथा नागरिक उड्डयन को छोड़कर परिवहन की नीतियों और कार्यक्रमों संबंधी पूर्ण जिम्मेदारी केन्द्रीय परिवहन मंत्रालय को सौंपी गयी है।

सड़क (Roads)

भारत में विश्व का दूसरा सबसे बड़ा सड़क नेटवर्क है जिसकी कुल लम्बाई 6.386 मिलियन कि.मी. है। सड़कें गांवों और शहरी केंद्रों को जोड़ती हैं, प्रवास को सुगम बनाती हैं और द्वार-द्वार विभिन्न सेवाओं को पहुँचाने में मदद करती हैं। उनका निर्माण कठिन इलाके और खड़ी ढलान वाले क्षेत्रों में भी किया जा सकता है। सड़क परिवहन के माध्यम से माल की आवाजाही काफी सुरक्षित रहती है। सड़कों के माध्यम से शीघ्र खराब होने वाली वस्तुओं (फूल, फल, दूध और सब्जियां) को शहरी बाजारों में ले जाने में मदद मिलती हैं। आर्थिक विकास और क्षेत्रीय नियोजन में सड़कों की भूमिका को कम करके नहीं आंका जा सकता। वर्ष 2021 के आंकड़ों के अनुसार, भारत के राष्ट्रीय राजमार्ग 1,40,995 कि.मी. या सड़क नेटवर्क का 2.21% हिस्सा हैं।

सन् 2019 के आंकड़ों के अनुसार देश के जटिल नेटवर्क में हर स्तर की सड़कों को शामिल किया जाता है। इन सड़कों की लम्बाई क्रमशः (i) एक्सप्रेसवे (1,455 कि.मी.), (ii) राष्ट्रीय राजमार्ग (132,500 कि.मी.), (iii) राज्य राजमार्ग (1,86,528), (iv) जिला सड़कें (6,32,154), (v) ग्राम पंचायत सहित जेआरवाई सड़कें (45,35,511), (vi) शहरी सड़क (5,44,683), और (vii) परियोजना सड़कें (3,54,921) कि.मी. है। 2021 में राज्य के राजमार्गों की कुल लंबाई 1,71,039 कि.मी. हो गई और उस वर्ष सड़कों की कुल लंबाई 63,71,847 कि.मी. हो गई। NH-44 भारत का सबसे लंबा राष्ट्रीय राजमार्ग है जिसकी लंबाई 3745 कि.मी. है। यह श्रीनगर को कन्याकुमारी से जोड़ता है।

सड़कों की कुल लंबाई में से, राष्ट्रीय राजमार्ग और राज्य राजमार्गों का हिस्सा लगभग 3,12,034 कि.मी. है। हालांकि, राष्ट्रीय राजमार्ग - जिसके निर्माण और रखरखाव की जिम्मेदारी केंद्र सरकार की है - की लंबाई लगभग 1,40,995 कि.मी. है और इसमें सड़कों की कुल लंबाई का केवल 2% शामिल है, हालांकि, वे देशभर में कुल यातायात का 40% से अधिक का वहन करते हैं।

इसके इलावा लगभग 65% माल ढुलाई और 80% यातायात सड़कों द्वारा किया जाता है। सड़क नेटवर्क पर दबाव दिन-ब-दिन बढ़ता जा रहा है। वाहनों की संख्या प्रतिवर्ष 10% से अधिक की तीव्र गति से बढ़ रही है। इसलिए, सड़क नेटवर्क का तेजी से विस्तार और सुदृढ़ीकरण, वर्तमान और भविष्य के यातायात और भीतरी इलाकों तक बेहतर पहुंच दोनों के लिए अनिवार्य है। इसके अलावा, बेहतर ऊर्जा दक्षता, कम प्रदूषण और बेहतर सड़क सुरक्षा के लिए सड़क परिवहन को विनियमित करने की आवश्यकता है।

सीमा सड़क संगठन (Border Road Organisation): देश के सामरिक दृष्टिकोण से महत्वपूर्ण उत्तरी एवं उत्तर-पूर्वी सीमावर्ती क्षेत्रों में सड़क विकास हेतु वर्ष 1960 में सीमा सड़क संगठन की स्थापना की गयी। अब तक इसके द्वारा 35,000 कि.मी. से अधिक सड़कों का निर्माण किया जा चुका है। जोजिला- कारगिल और मनाली-लेह सड़क मार्गों का निर्माण कार्य वर्ष 1998 में पूरा कर लिया गया। पठानकोट-जम्मू-श्रीनगर राष्ट्रीय उच्च मार्ग की देख-भाल भी सीमा सड़क संगठन द्वारा ही की जाती है। भारत के सीमा राज्यों के अतिरिक्त महाराष्ट्र, कर्नाटक, राजस्थान, आन्ध्र प्रदेश, छत्तीसगढ़, अण्डमान-निकोबार तथा अफगानिस्तान, तजाकिस्तान, भूटान तथा म्यांमार में भी सड़कों का निर्माण किया गया है।

राजमार्ग और अन्य सड़कें

1. **राष्ट्रीय राजमार्गः** राष्ट्रीय राजमार्ग प्रणाली के विकास और रखरखाव के लिए केंद्र सरकार जिम्मेदार है। भारत के राष्ट्रीय राजमार्गों को ***(चित्र 12.1)*** में दिखाया गया है। 2017 में राष्ट्रीय राजमार्गों की कुल लंबाई 115,435 कि.मी. थी जिसे 2021 में 1,40,995 कि.मी. तक विकसित किया गया है। सड़क परिवहन और राजमार्ग मंत्रालय तीन एजेंसियों के माध्यम से राष्ट्रीय राजमार्गों का विकास और रखरखाव कार्य कर रहा हैः (i) भारतीय राष्ट्रीय राजमार्ग प्राधिकरण (NHAI), (ii) राज्य लोक निर्माण विभाग (PWD), और (iii) सीमा सड़क संगठन (BRO)। वित्तीय वर्ष 2018-19 के दौरान, राष्ट्रीय राजमार्गों के विकास के लिए 71,000 करोड़ रुपये स्वीकृत किए गए थे।

   राष्ट्रीय राजमार्गों (एनएच) की कुल लंबाई 31 मार्च 2014 को लगभग 91,287 कि.मी. से बढ़ाकर वर्तमान 2021 में लगभग 140,995 कि.मी. हो गई है।

   देश के आर्थिक विकास को बढ़ावा देने के उद्देश्य से भारत सरकार द्वारा एक वृहत्त राष्ट्रीय राजमार्ग विकास परियोजना (NHDP) प्रारंभ की गयी है, जिसके कार्यान्वयन का जिम्मा भारतीय राष्ट्रीय राजमार्ग विकास प्राधिकरण को सौंपा गया है। प्रमुख राष्ट्रीय राजमार्ग परियोजनाएं निम्न प्रकार हैं:

स्वर्णिम चतुर्भुज (Golden Quadrilateral - GQ) जनवरी 1999 में प्रारंभ की गई स्वर्णिम चतुर्भुज परियोजना देश की अब तक की सबसे बड़ी सड़क निर्माण परियोजना है ***(चित्र 12.2)***। राष्ट्रीय राजमार्ग विकास परियोजना के संघटक निम्न प्रकार हैं:

(i) **चरण-I—स्वर्णिम चतुर्भुज (Golden Quadrilateral - GQ):** इस चरण में दिल्ली के मध्य 6 लाइनों वाले 'सुपर राजमार्गों' का विकास शामिल है। इसकी सकल लंबाई 5846 कि.मी. है। चतुर्भुज की चारों भुजाओं की लंबाई अलग-अलग है। दिल्ली-मुंबई भुजा जहाँ 1419 कि.मी. है, वहीं मुंबई-चेन्नई 1290 कि.मी. चेन्नई-कोलकाता 1684 कि.मी. और कोलकाता-दिल्ली भुजा 1453 कि.मी. है।

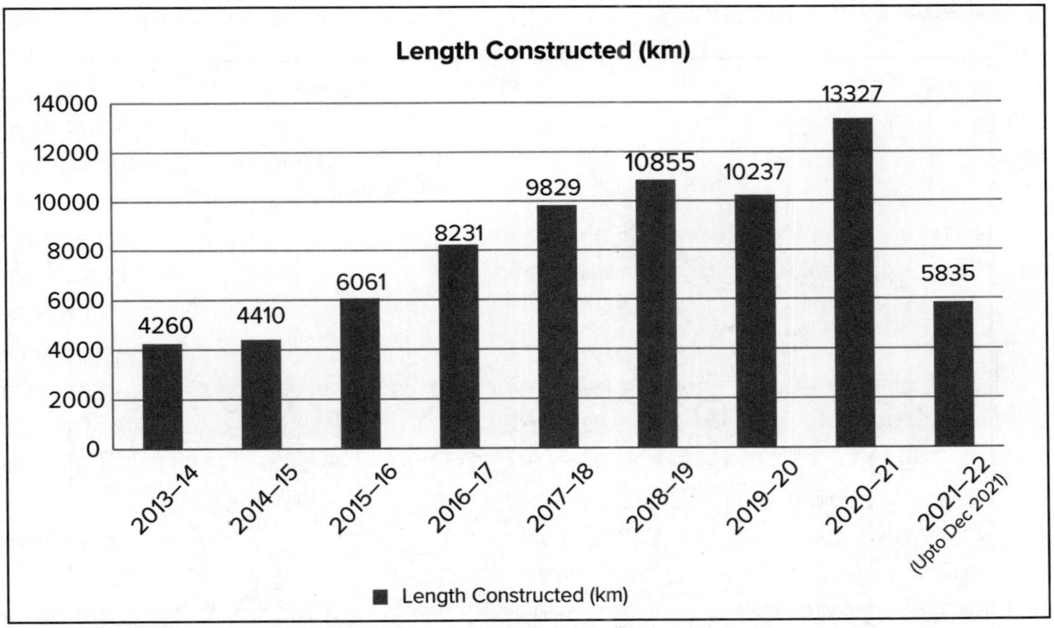

चित्र 12.1A भारत में राष्ट्रीय राजमार्गों का विकास

Source: Ministry of Road Transport and Highways, Annual Report 2021–22, Government of India.

स्वर्णिम चतुर्भुज कॉरीडोर और इसकी लम्बाई

दिल्ली-मुम्बई	1419 कि.मी
मुम्बई-चेन्नई	1290 कि.मी
कोलकाता-चेन्नई	1684 कि.मी
दिल्ली-कोलकाता	1453 कि.मी.

(ii) **चरण-II**

(a) **उत्तर-दक्षिण कॉरीडोर (North-South Corridor):** इस कॉरीडोर का लक्ष्य है—श्रीनगर (जम्मू एवं कश्मीर) को कन्याकुमारी (कोच्चि- सलेम सहित) से राष्ट्रीय राजमार्ग द्वारा जोड़ना, और;

(b) **पूरब-पश्चिम कॉरीडोर (East-West Corridor):** इस कॉरीडोर का लक्ष्य असम में सिलचर और गुजरात के पोरबंदर को राष्ट्रीय राजमार्ग द्वारा जोड़ना है। ***(चित्र 12.2)***।

(iii) **चरण-III** इस चरण में वर्तमान राजमार्गों को 4/6 लाइनों में चौड़ाकृत करने की योजना है। इसके द्वारा राज्यों की राजधानियों, पत्तनों, महत्वपूर्ण पर्यटक स्थलों को स्वर्णिम चतुर्भुज से जोड़ दिया जाएगा।

परंपरागत रूप से सड़क परियोजनाएं सरकार द्वारा वित्त पोषित होनी चाहिए। लेकिन आर्थिक सुधारों की प्रक्रिया के अंतर्गत इस क्षेत्र में निजी क्षेत्रीय निवेश को प्रोत्साहित करने के लिए सरकार द्वारा कई महत्वपूर्ण कदम उठाये गए हैं:

1. सड़क क्षेत्र को उद्योगों की श्रेणी दिया जाना।
2. परियोजनाओं को वाणिज्यिक रूप से व्यावहारिक बनाने के लिए परियोजना लागत में 40% की पूँजी छूट का प्रावधान।
3. प्रारंभ के प्रथम 30 वर्षों में किसी भी लगातार 10 वर्षों की पूर्ण (100%) कर विमोचन (छूट) का प्रावधान।
4. बाधा रहित कार्य स्थल का प्रावधान-सरकार द्वारा भूमि और संबद्ध व्ययों का वहन।
5. सड़क क्षेत्र में 100% प्रत्यक्ष निवेश का प्रावधान।

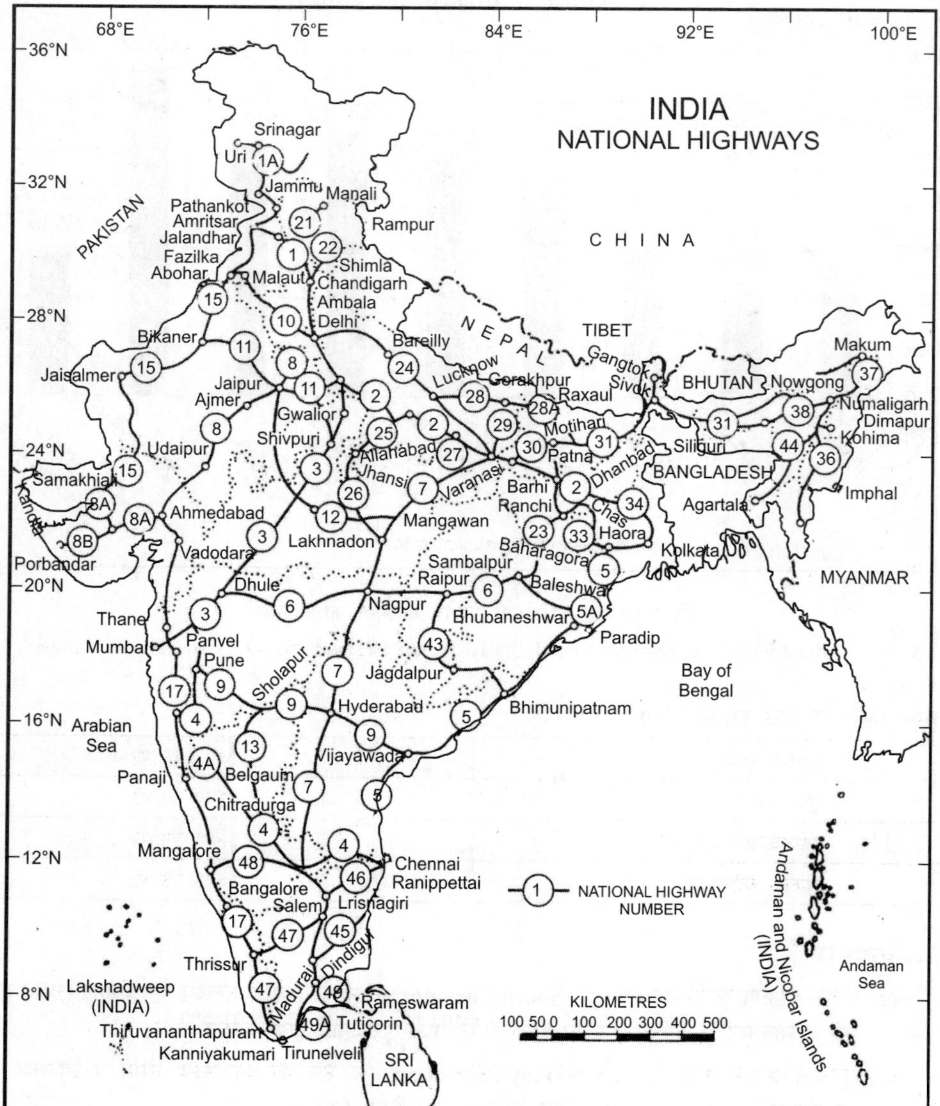

चित्र 12.1B राष्ट्रीय राजमार्ग

6. विदेशी वाणिज्यिक ऋणों संबंधी सरलीकृत प्रावधान।
7. छूट की उच्चतर अवधि (30 वर्षों तक)।
8. मार्ग कर (टोल) वसूलने और प्रतिधारण (रखने) करने का अधिकार।

2. **राज्य राजमार्गः** राज्य राजमार्ग की लंबाई 2017 में 154,522 थी जो 2021 में बढ़कर 1,71,039 कि.मी. हो गई है। राज्य और केंद्र शासित प्रदेशों की विभिन्न एजेंसियों द्वारा राज्य राजमार्गों और ग्रामीण सड़कों का विकास और रखरखाव किया जाता है। हालाँकि, निम्नलिखित योजनाओं के तहत सड़कों के विकास के लिए केंद्र सरकार द्वारा धनराशि भी प्रदान की जाती है।

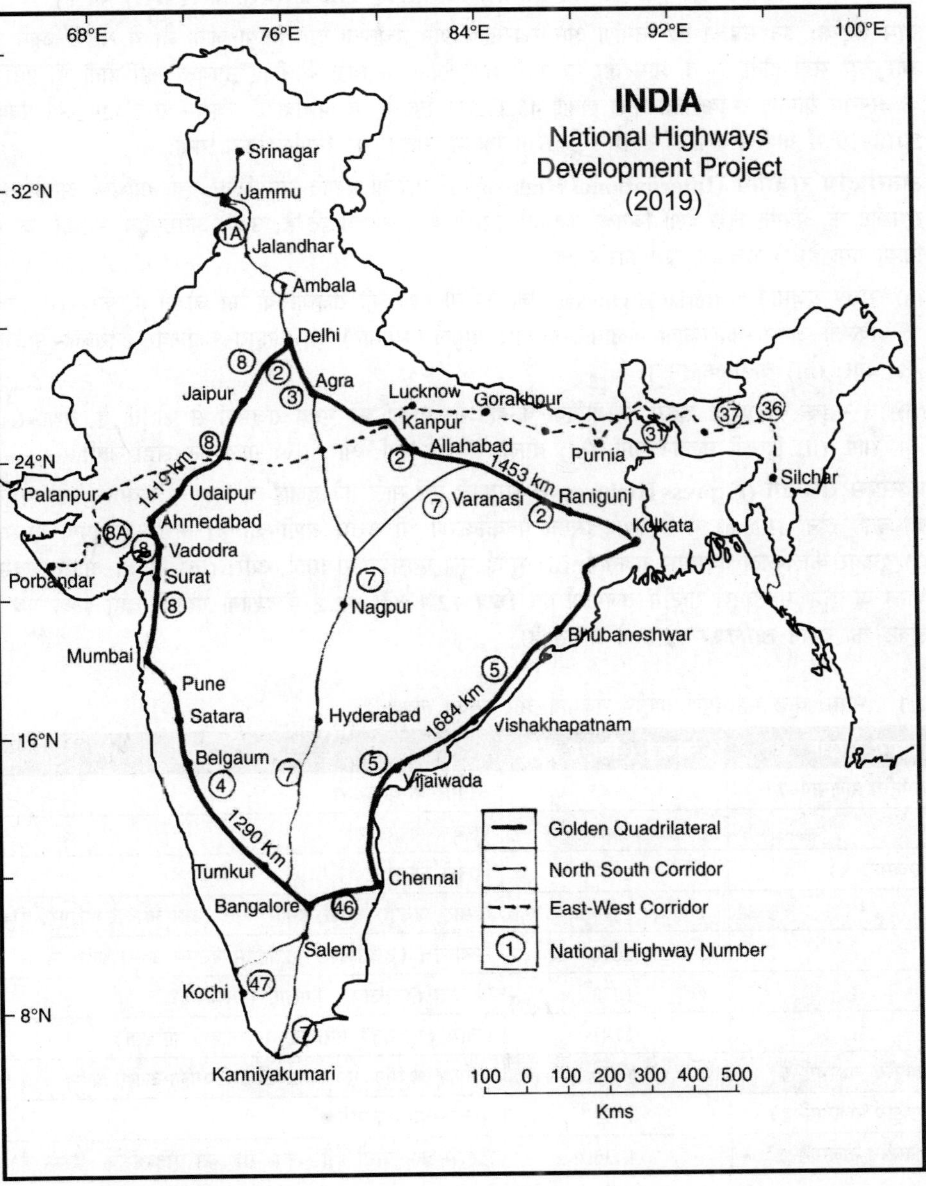

चित्र 12.2 राष्ट्रीय राजमार्ग विकास परियोजना

(a) **केन्द्रीय सड़क कोष (CRF) से राज्य सड़क विकास:** राजकीय सड़कों (ग्रामीण सड़कों को छोड़कर) के विकास के लिए केन्द्र सरकार द्वारा केन्द्रीय सड़क कोष से धन उपलब्ध कराया जाता है।

(b) **आर्थिक महत्व एवं अंतर्राज्यीय संयोजन योजना:** राज्यों को उनके आर्थिक विकास में मदद करने तथा अंतर्राज्यीय आर्थिक महत्व की सड़कों के विकास के लिए केन्द्र सरकार द्वारा राज्यों को धन उपलब्ध कराया जाता है। अंतर्राज्यीय सड़कों के विकास के लिए केन्द्र सरकार द्वारा 100% अनुदान दिया जाता है, वहीं आर्थिक महत्व की परियोजनाओं के लिए अनुदान की मात्रा 50% है।

3. **जिला सड़क (Distric Roads):** अधिकांश जिला सड़कें बड़े गाँवों को आपस में और जिला मुख्यालय से जोड़ती हैं। इन सड़कों के निर्माण और देख-रेख का जिम्मा जिला परिषद् और पी.डब्ल्यू.डी. (PWD) का है।

4. **ग्राम सड़कें:** इन सड़कों का निर्माण और रखरखाव ग्राम पंचायतों द्वारा किया जाता है। ये सड़कें आम तौर पर संकरी और टेढ़ी-मेढ़ी होती हैं। वे आम तौर पर भारी मशीनीकृत यातायात के लिए उपयुक्त नहीं होती हैं। 2019 के आंकड़ों के अनुसार ग्रामीण सड़कों की कुल लंबाई 45,35,551 कि.मी. से अधिक है, जिसमें से 2,429,388 पक्की सड़कें थीं। 2018-19 में ग्रामीण क्षेत्रों में लगभग 24,638 कि.मी. सड़क का निर्माण किया गया।

5. **अंतर्राष्ट्रीय राजमार्ग (International Highways):** एशिया प्रशांत सामाजिक एवं आर्थिक आयोग (ESCAP) के समझौते के अंतर्गत कुछ देशों जिनके राजमार्ग पड़ोसी देशों को जोड़ते हैं, उन्हें 'अंतर्राष्ट्रीय सड़कों' के रूप में घोषित किया गया है। ये राजमार्ग दो प्रकार के हैं:

(a) मुख्य राजमार्ग (Arterial Highways) जो पड़ोसी देशों की राजधानियों को जोड़ते हैं, जैसे-(i) लाहौर-अमृतसर-दिल्ली-आगरा-कोलकाता-गोलाघाट-इम्फाल-मांडले (म्यांमार), (ii) आगरा-ग्वालियर-हैदराबाद-बंगलौर-धनुषकोड़ी, और; (iii) बाढ़ी-काठमांडू;

(b) वे सड़कें जो प्रमुख शहरों, औद्योगिक केन्द्रों और पत्तनों को मुख्य राजमार्ग से जोड़ती हैं, यथा-(i) आगरा-मुंबई मार्ग, (ii) दिल्ली मुल्तान मार्ग, (iii) बंगलौर-चेन्नई मार्ग, और; (iv) गोलाघाट-लेडो मार्ग।

6. **एक्सप्रेस राजमार्ग (Express Highways):** सरकारी एवं माल की ढुलाई के लिए ये सर्वोत्तम और मजबूत सड़कें हैं, जो कई 'लेन' (Lane) में है तथा इसका पक्कीकरण भी उत्तम श्रेणी का है। कुछ महत्वपूर्ण एक्सप्रेस राजमार्ग, (i) दुर्गापुर कोलकाता एक्सप्रेस राजमार्ग, (ii) मुंबई-पुणे एक्सप्रेस राजमार्ग, और; (iii) नोएडा-आगरा एक्सप्रेस राजमार्ग। भारत के कुछ महत्वपूर्ण राष्ट्रीय राजमार्गों को ***चित्र 12.1*** और ***12.2*** में दर्शाया गया है वहीं इनके पथ (route) और लंबाई का वर्णन ***तालिका 12.1*** में वर्णित है।

तालिका 12.1 भारत: कुछ महत्वपूर्ण राष्ट्रीय राजमार्ग और उनकी लंबाई

राजमार्ग संख्या	लम्बाई (कि.मी.) में	मार्ग
44 (पुराना/राष्ट्रीय राजमार्ग-7)	3745	श्रीनगर-कन्याकुमारी
27	3507	पोरबन्दर-सिलवर
48 (पुराना/राजमार्ग-8)	2807	दिल्ली-चैन्नई
52	2317	हिसार, जयपुर, कोटा, इन्दौर, धुले, औरगांबाद, बीजापुर, हुबली
30	2010	सितारगंज (उत्तराखण्ड)-इब्राहिमपट्टनम आन्ध्र प्रदेश में
6	1873	जोरबात (मेघालय), शिलांग (मिजोरम)
53	1781	हजीरा (गुजरात) पारादीप-बन्दरगाह (ओडिसा)
16 (पुराना/राष्ट्रीय राजमार्ग-5)	1659	स्वर्णिम चतुर्भुज का भाग पश्चिम बंगाल-आन्ध्र प्रदेश
66 (पुराना/राष्ट्रीय राजमार्ग-7)	1593	पनवल-कन्याकुमारी
19 (पुराना/राष्ट्रीय राजमार्ग-2)	1435	दिल्ली-कोलकत्ता (ग्रैंड ट्रक रोड का ऐतिहासिक हिस्सा है)

राजमार्ग संख्या	लम्बाई (कि.मी.) में	मार्ग
34	1426	गंगोत्री बांध (उत्तराखण्ड)-लखनाढोन (जबलपुर)
2	1214	डिब्रूगढ़, असम, नगालैण्ड, मणिपुर, मिजोरम (उत्तर-पूर्वी क्षेत्र में दूसरा सबसे बड़ा)
13 (पुराना/राष्ट्रीय राजमार्ग-229)	1150	तवान्ग (अरुणाचल प्रदेश) से पासीघाट (असम)
47	1080	बमबनबोर (गुजरात)-नागपुर (महाराष्ट्र)
31	968	उत्तर प्रदेश-पश्चिम बगांल

सड़कें एवं ग्रामीण विकास योजना (Roads and Rural Development Plan)

इस योजना के उद्देश्य 500 या इससे अधिक जनसंख्या वाले गाँवों को सभी मौसम में कार्य करने वाली सड़कों से जोड़ना तथा 500 से कम जनसंख्या वाले गाँवों को 'लिंक' (Link) सड़कों से जोड़ना है। इन सड़कों का निर्माण अन्यान्य कार्यक्रमों के अंतर्गत किया जा रहा है, यथा–न्यूनतम आवश्यकता कार्यक्रम (MNP), स्वर्णजयंती ग्रामीण रोजगार योजना (SGRY) और कमान क्षेत्र विकास कार्यक्रम (CADP)।

सड़क घनत्व (Density of Roads)

भारत का राज्यवार सड़क घनत्व (Road Density) ***चित्र 12.3*** में दर्शाया गया है। इस चित्र से स्पष्ट होता है कि गोवा, केरल और पंजाब में सर्वाधिक सड़क घनत्व है तथा महाराष्ट्र, हरियाणा और उत्तर प्रदेश इन राज्यों के बाद आते हैं। परन्तु इसके विपरीत बिहार, छत्तीसगढ़, झारखंड, मध्य प्रदेश और पूर्वोत्तर राज्यों में सड़क घनत्व काफी निम्न है।

सड़क कायान्तरण (Transformation of Roads)

भारतीय अर्थव्यवस्था के हो रहे वैश्वीकरण के कारण कृषिगत एवं औद्योगिक उत्पादों के बेहतर निर्यात के लिए देश की सड़कों का कायान्तरण (Transformation) एक आवश्यक कार्य बन गया है। इस कार्य को प्राथमिकता देते हुए सरकार द्वारा सड़क क्षेत्र में देशी और विदेशी दोनों में ही निजी क्षेत्र के निवेश की अनुमति प्रदान की गयी है। सड़क क्षेत्र विकास से जुड़ी सरकार की नीति 'बनाओ' (Build), 'परिचालन करो' (Operate) और 'हस्तांतरित करो' (Transfer) काफी उपयोगी रही है, जिसके अंतर्गत निजी क्षेत्र कंपनियों द्वारा सड़क विकास जारी है। संलग्न निजी कंपनियाँ सड़कों के निर्माण में धन का निवेश करेंगी तथा सड़कों के परिवहन का परिचालन करते हुए एक निर्धारित अवधि तक सड़क शुल्क वसूल करेंगी तथा निर्धारित अवधि की समाप्ति पर इन सड़कों को सरकार को हस्तांतरित करेंगी। इस कार्य के लिए विभिन्न अंतर्राष्ट्रीय एजेसियों द्वारा भी धन प्रदान किया जा रहा है।

1. भारत और नेपाल ने सड़कों और पुनर्निमाण परियोजनाओं के लिए समझौते पर हस्ताक्षर किये हैं। एक MoU पर हस्ताक्षर परामर्श सेवाओं की परियोजना पर नेपाल के तराई क्षेत्र में सड़कों के ढांचागत विकास के प्रबन्धनों के लिए।
2. एक नई सेवा 'ड्राइविंग लाइसेंस (डीएल) और 3 वाहन के साथ डिजीलॉकर का एकीकरण पंजीकरण प्रमाणपत्र (आरसी)' नई दिल्ली में चालू की गई है।
3. भारत सरकार ने ₹ 10,596.19 करोड़ की 12 राष्ट्रीय राजमार्ग की परियोजना रोपड, समरला और जालंधर हेतु मजूंर की गई है।
4. **भारतमाला परियोजना**

   यह योजना सीमा क्षेत्रों, सागर तटीय सड़कों और गैर-बंदरगाहों को जोड़ने वाली सड़कों के विकास राष्ट्रीय कॉरिडोर की क्षमता वृद्धि, आर्थिक वर्ग कॉरिडोर के विकास, अन्तर कॉरिडोर और सहायक भाग जो सागरमाला से एकीकृत है। यह एक विकास की योजना है। भारतमाला परियोजना इस विचार की योजना है जो 16000 कि.मी. लंबी आर्थिक कॉरिडोर, जो स्वर्णिम चतुर्भुज के सहारे उत्तर-दक्षिण और पूर्व-पश्चिम कॉरिडोर पर अधिकांश मार्गों और माल ढुलाई को वहन करेगी।

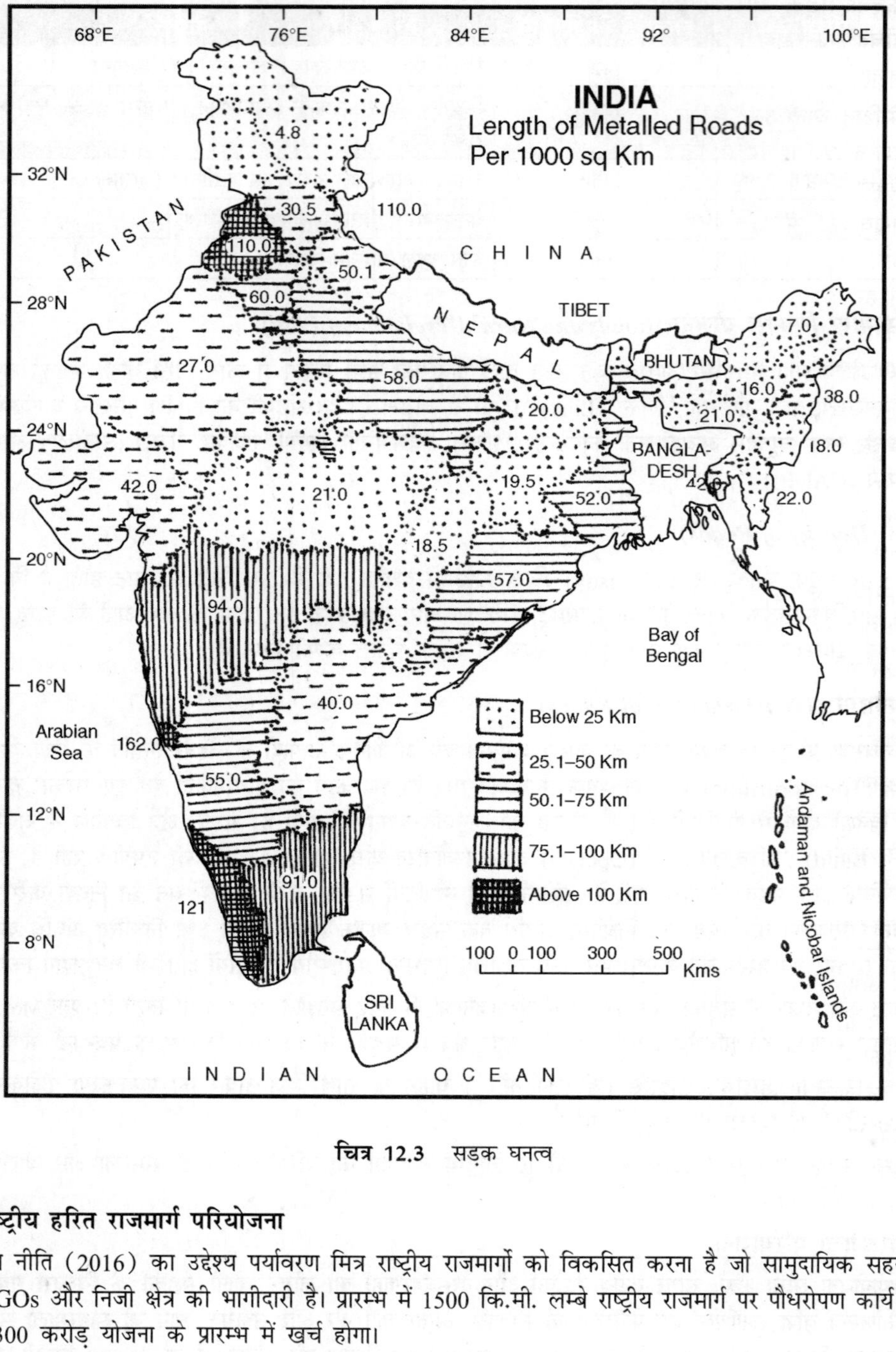

चित्र 12.3 सड़क घनत्व

5. **राष्ट्रीय हरित राजमार्ग परियोजना**

इस नीति (2016) का उद्देश्य पर्यावरण मित्र राष्ट्रीय राजमार्गों को विकसित करना है जो सामुदायिक सहयोग किसान, NGOs और निजी क्षेत्र की भागीदारी है। प्रारम्भ में 1500 कि.मी. लम्बे राष्ट्रीय राजमार्ग पर पौधरोपण कार्य होगा जिसमें ₹300 करोड़ योजना के प्रारम्भ में खर्च होगा।

सड़क परिवहन की मुख्य समस्याएँ *(Main Problems of Road Transport)*

हालांकि भारत का सड़क नेटवर्क विश्व के विशालतम सड़क नेटवर्क में से एक है, इसकी सड़क व्यवस्था कई समस्याओं से भी ग्रसित है। भारतीय सड़क परिवहन की प्रमुख समस्याओं को निम्न प्रकार देखा जा सकता है:

1. **कच्ची सड़कें और अनुपयुक्त रख-रखाव:** भारत की 40 प्रतिशत सड़कें पक्की नहीं हैं। इसके अलावा सड़कों का उचित रख-रखाव न होने के कारण वर्षा ऋतु में इन सड़कों पर परिवहन संचालन समस्याजनक या पूर्णत: स्थगित हो जाता है।

2. **मिश्रित यातायात:** निश्रित यातायात भारतीय सड़क परिवहन की एक गंभीर समस्या है। वास्तव में, महानगरों सहित देश के बड़े हिस्सों में, कारों, ट्रकों, दोपहिया वाहनों, ट्रैक्टर, हार्वेस्टर, पशु चालित गाड़ियों, साइकिल चालकों, ई-रिक्शा, रिक्शा और पैदल चलने वालों द्वारा एक ही सड़क का उपयोग किया जाता है। इससे यात्रा का समय, भीड़भाड़, प्रदूषण, तनाव और सड़क दुर्घटनाएं बढ़ जाती हैं। भारत में दुर्घटना से होने वाली मौतों की संख्या (2019 में 151,113 मौतें और 451,361 घायल) सबसे अधिक है। समस्या की भयावहता का अंदाजा इस तथ्य से लगाया जा सकता है कि देश में हर दिन 414 मौतें सड़क दुर्घटना से होती हैं जोकि एक जंबो जेट के दुर्घटनाग्रस्त होने के बराबर है। सबसे ज्यादा लोगों की मौत उत्तर प्रदेश, महाराष्ट्र, तमिलनाडु, कर्नाटक, मध्य प्रदेश और राजस्थान में होती हैं। आंकड़ों से यह भी पता चलता है कि आठ पूर्वोत्तर राज्यों में वर्तमान में कुल सड़क दुर्घटनाओं में होने वाली मौतों का लगभग 2.7% हिस्सा है।

3. **बहुल चेक पोस्ट:** सड़क शुल्क, चुंगी एवं साधारण पुलिस जाँच इत्यादि के लिए सड़कों पर जाँच नाकाओं (Check Posts) की बहुल (Multiple) व्यवस्था की गयी है। इनसे न सिर्फ यातायात की अवधि बढ़ती है बल्कि धन की बर्बादी भी होती है और वाहन चालकों में क्षोभ, मानसिक तनाव और चिड़चिड़ापन भी बढ़ता है। साथ ही अलग-अलग राज्यों तथा एक ही राज्य के अलग-अलग क्षेत्रों में सड़क की विभिन्नता दर्शाता है।

4. **अनुपयुक्त सुविधा व्यवस्था:** भारतीय सड़कों पर मरम्मत, प्राथमिक उपचार, टेलीफोन, शौचालय, आवासीय होटल, विश्राम गृह, सस्ते होटल इत्यादि सुविधाओं की उपयुक्त व्यवस्था नहीं है।

5. **धन की कमी:** सड़कों के निर्माण कार्य से लेकर उनके रख-रखाव और विस्तारण तक धन की कमी बनी रहती है। माना जाता है कि निजी क्षेत्र के प्रवेश से यह समस्या संभलेगी लेकिन निजी क्षेत्र का आकर्षण राजमार्गों एवं द्रुत राजमार्गों तक ही सीमित है। निजी क्षेत्र की भागीदारी को बढ़ाने की आवश्यकता है।

6. **अस्थिर सड़क नीति:** भारत में सड़क निर्माण, विस्तारण और रख-रखाव की स्थायी नीति का अभाव है। राज्यों की सड़क नीतियाँ सरकारों के परिवर्तन के साथ साधारणतया परिवर्तित होती रहती हैं। उदारीकरण के काल में केन्द्र सरकार के स्तर पर सड़क नीतियों में कुछ स्थायित्व आना प्रारंभ हुआ है।

रेल परिवहन (Rail Transport)

संयुक्त राज्य अमेरिका (224,792 कि.मी.), चीन (98,000 कि.मी.) के बाद भारत में दुनिया का तीसरा सबसे बड़ा रेल नेटवर्क (2020-21 में 68,103 कि.मो.) है। रेलवे देश के विभिन्न हिस्सों को जोड़ता है। लगभग 44,802 कि.मी. मार्ग का विद्युतीकरण किया जा चुका है। भारतीय रेलवे 12,734 से अधिक लोकोमोटिव और 13,169 ट्रेनों की मदद से प्रतिदिन 2.21 करोड़ से अधिक यात्रियों को ले जाती है।

भारतीय रेलवे 2020-21 में 12,734 लोकोमोटिव, 58,760 यात्री सेवा वाहन, 8,102 अन्य कोचिंग वाहनों और 302,624 वैगनों के बेड़े के साथ 68,103 कि.मी. की लंबाई में फैले 7,337 स्टेशनों के विशाल नेटवर्क में विकसित हो गया है। वित्तीय वर्ष 2020-21 के दौरान लगभग 286.31 कि.मी. नई लाइनों का काम पूरा किया गया। 469.93 कि.मी. ट्रैक को मीटर गेज/नैरो गेज से ब्रॉड गेज में परिवर्तित किया गया और 1614.18 कि.मी. डबल/मल्टीपल लाइन ट्रैक का काम भी पूरा किया गया।

सभी मार्गों की लंबाई का लगभग 65.79% विद्युतीकृत है। कुल रेल मार्ग का लगभग 94.57% ब्रॉड गेज में है, बाकी में मीटर गेज और नैरो गेज शामिल हैं।

रेलयात्रियों की संख्या 1950-51 में 1284 मिलियन से बढ़कर 2019-20 में 8,086 मिलियन और 2020-21 में 1250 मिलियन हो गई थी। संसाधनों की कमी के बावजूद, भारतीय रेलवे यात्री यातायात की बढ़ती मांग का सामना करने में सक्षम रही है। रेलवे लंबी दूरी और उपनगरीय यातायात दोनों के लिए यात्री परिवहन का प्रमुख साधन है।

रेलवे की सकल यातायात प्राप्तियां 2019-20 में 1,74,356.60 करोड़ रुपये से घटकर 2020-21 में 1,40,570.52 करोड़ रुपये हो गई। 2019-20 में कुल काम करने का खर्च 1,71,319.21 करोड़ रुपये से घटकर 2020-21 में 1,36,567.51 करोड़

रुपये हो गया। विविध लेनदेन को समायोजित करते हुए शुद्ध राजस्व प्राप्तियां 2,547.48 करोड़ रुपये थीं। भारतीय रेलवे देश के कोने-कोने से लोगों को एकजुट करती है और व्यापार, दर्शनीय स्थलों की यात्रा, तीर्थयात्रा और शिक्षा के संचालन को संभव बनाती है। सूखे, बाढ़, युद्ध, महामारी और प्राकृतिक आपदाओं की अवधि के दौरान भी इसने महत्वपूर्ण भूमिका निभाई है। रेलवे की मदद से औद्योगीकरण और आर्थिक विकास की प्रक्रिया को भी तेजी मिली है।

भारत में रेल परिवहन का प्रारंभ सन् 1853 में हुआ जब मुंबई और थाणे के बीच (34 कि.मी. की पूरी) देश की पहली रेल सेवा आरंभ हुई। इसके पश्चात 1854 में, कोलकाता (कलकत्ता) को रानीगंज और 1856 में चेन्नई (मद्रास) को अर्कोनम से रेल सेवा द्वारा जोड़ा गया। सन् 1900 के बाद रेलवे का विकास तेज हो चुका था वैसे स्वतंत्रता प्राप्ति के पश्चात् इसका काफी तेज विकास हुआ। भारत में रेल व्यवस्था का परिचालन ब्रिटिश स्वामित्व वाली एक निजी कंपनी करती थी लेकिन सन् 1950 में केन्द्र सरकार द्वारा इसके स्वामित्व और प्रबंधन का अधिग्रहण कर लिया गया।

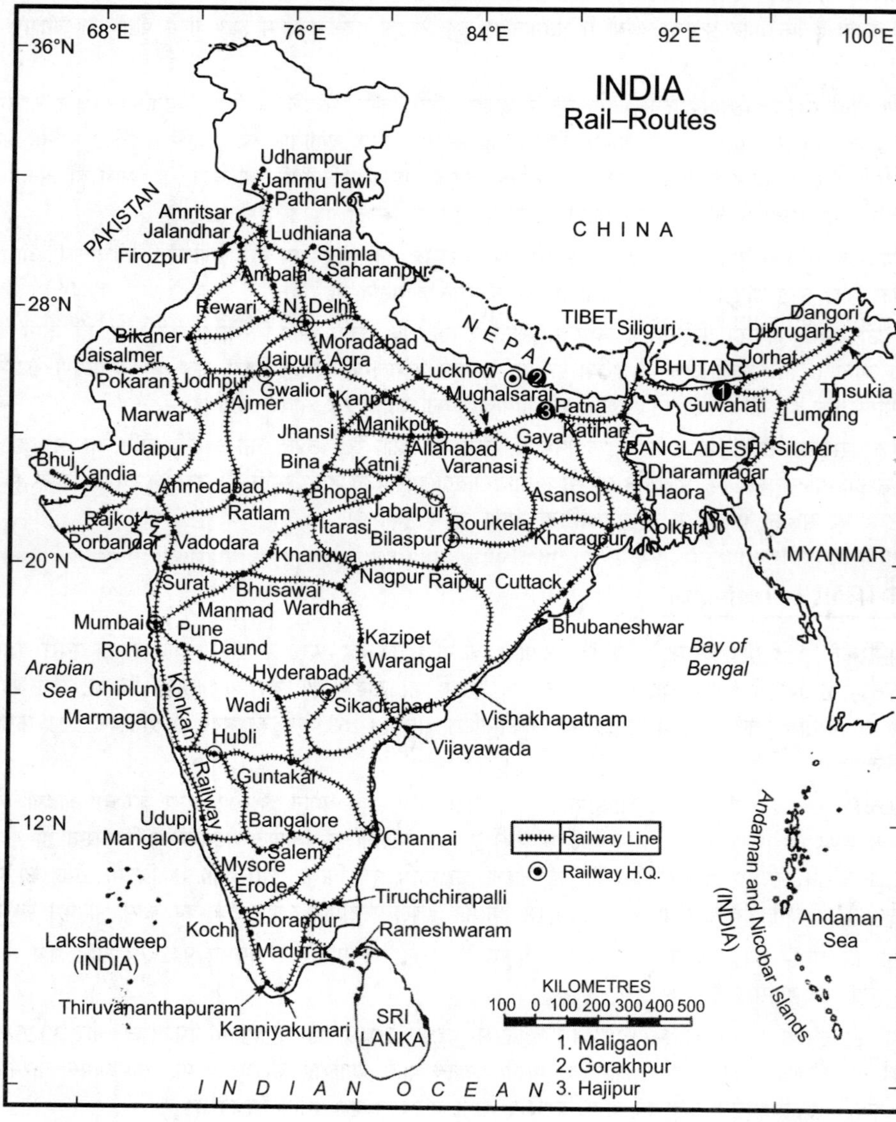

चित्र 12.4 रेलमार्ग

भारतीय रेल की प्रमुख विशेषताएँ (Main Features of Indian Railways)

रेल गेज (Railways Gauges): भारतीय रेलवे चार गेजों (Gauges) में विभाजित है, यथा–(i) ब्रॉड गेज/बड़ी लाइन (चौड़ाई 1.676 मी.), (ii) मीटर गेज (चौड़ाई 1 मी.), (iii) नैरो गेज/संकरी लाइन (चौड़ाई 0.762 मी.), और; (iv) लिफ्ट गेज (चौड़ाई 0.610 मी.)। रेल लाइनों का औपनिवेशिक कालीन यह वर्गीकरण ट्रैफिक और माल के आवागमन की मात्राओं को ध्यान में रखकर किया गया था। भारत के प्रमुख पत्तन नगरों को बड़ी लाइन से जोड़ा गया था ताकि कच्चे मालों का ब्रिटेन और अन्य राष्ट्रमंडल देशों (Commonwealth Countries) को निर्यात किया जा सके।

स्वतंत्रता-प्राप्ति के उपरांत भारत सरकार द्वारा सभी रेल लाइनों को बड़ी लाइनों में परिवर्तित करने की नीति अपनायी गयी ताकि अधिकाधिक सवारियों एवं मालवहन को द्रुत परिवहन उपलब्ध कराया जा सके। आजादी के पूर्व भारतीय रेल भाप इंजन पर टिका था। इन इंजनों की क्षमता भी कम थी तथा इनसे पर्यावरण-प्रदूषण भी अपेक्षाकृत अधिक था। 1950 के दशक में सरकार इन्हें डीजल इंजनों से प्रतिस्थापित करने का कार्य प्रारंभ किया गया। वर्तमान समय में वाराणसी, चितरंजन एवं मिहीजाम (Mihijam) स्थित सरकारी लोकोमोटिव कारखानों और जमशेदपुर स्थित निजी क्षेत्रीय टाटा इंजीनियरिंग एंड लोकोमोटिव कंपनी (TELCO) द्वारा डीज़ल इंजनों का निर्माण किया जा रहा है। डीज़ल इंजनों के उपयोग से होने वाले पर्यावरण प्रदूषण को पुनः कम करने के उद्देश्य से सरकार द्वारा बाद में विद्युत चलित रेल इंजनों का प्रचलन बढ़ाया गया विशेषकर उन रेल मार्गों पर जिनका ट्रैफिक घनत्व उच्च था। भारतीय रेल के दो मुख्य खण्ड हैं, यथा–(i) माल वाहन, और; (ii) सवारी वाहन। रेलवे द्वारा अर्जित कुल राजस्व में इन दोनों खण्डों द्वारा किया जाने वाला योगदान क्रमशः 66% और 34% हिस्सा है। रेलवे द्वारा ढोये जाने वाले मालों में 95% थोक माल का है, जिसका 45% से अधिक केवल कोयला होता है।

वितरण प्रतिरूप: रेलवे नेटवर्क का वितरण प्रतिरूप इलाके, स्थलाकृति, जनसंख्या घनत्व, खनिज, भूमि की उर्वरता, और शुष्क और अर्ध-शुष्क जलवायु परिस्थितियों से काफी प्रभावित है। देश के रेलवे नेटवर्क को ***(चित्र 12.4)*** में दिखाया गया है जबकि ***(तालिका 12.2)*** भारत के राज्यों और केंद्र शासित प्रदेशों में रेलवे के घनत्व को दर्शाता है। ***(चित्र 12.5)*** से यह देखा जा सकता है कि भारत के उत्तरी मैदानों में सड़कों का घनत्व काफी अधिक है जबकि पहाड़ी राज्यों में उनका घनत्व बहुत कम है।

तालिका 12.2 भारतीय राज्यों में रेलवे की लंबाई

राज्य/संघ राज्य क्षेत्र	क्षेत्रफल हजार किलोमीटर में	मार्ग किलोमीटर	ट्रैक की लम्बाई किलोमीटर में	कुल ट्रैक किलो मीटर में	रेलवे की लंबाई प्रति हजार वर्ग किलोमीटर में		
					मार्ग किलोमीटर	ट्रैक की लम्बाई किलोमीटर में	कुल ट्रैक किलोमीटर
आंध्र प्रदेश	160.21	3,965	6,221	7,826	24.75	38.83	48.85
अरुणाचल प्रदेश	83.74	12	12	26	0.14	0.14	0.31
असम	78.44	2,519	2,763	3,734	32.11	35.23	47.60
बिहार	94.16	3,803	5,356	6,736	40.39	56.88	71.53
चंडीगढ़	0.11	16	18	79	140.35	157.89	692.98
छत्तीसगढ़	135.19	1,170	2,270	3,005	8.65	16.79	22.23
दिल्ली	1.48	184	346	706	124.07	233.31	476.06
गोवा	3.70	69	69	105	18.64	18.64	28.36
गुजरात	196.02	5,327	6,535	8,167	27.18	33.34	41.66
हरियाणा	44.21	1,703	2,630	3,224	38.52	59.49	72.92
हिमाचल प्रदेश	55.67	312	317	376	5.60	5.69	6.75
जम्मू और कश्मीर	42.24	298	366	493	7.05	8.66	11.67
झारखंड	79.71	2,573	4,400	6,176	32.28	55.20	77.48
कर्नाटक	191.79	3,572	5,043	6,446	18.62	26.29	33.61

राज्य/संघ राज्य क्षेत्र	क्षेत्रफल हजार किलोमीटर में	मार्ग किलोमीटर	ट्रैक की लम्बाई किलोमीटर में	कुल ट्रैक किलो मीटर में	रेलवे की लंबाई प्रति हजार वर्ग किलोमीटर में		
					मार्ग किलोमीटर	ट्रैक की लम्बाई किलोमीटर में	कुल ट्रैक किलोमीटर
केरल	38.86	1,047	1,749	2,138	26.94	45.00	55.01
मध्य प्रदेश	308.25	5,140	8,330	9,844	16.68	27.02	31.94
महाराष्ट्र	307.71	5,823	8,813	11,809	18.92	28.64	38.38
मणिपुर	22.33	13	13	18	0.58	0.58	0.81
मेघालय	22.43	9	9	13	0.40	0.40	0.58
मिजोरम	21.08	2	2	6	0.09	0.09	0.28
नगालैंड	16.58	11	11	23	0.66	0.66	1.39
उड़ीसा	155.71	2,703	4,637	5,721	17.36	29.78	36.74
पांडिचेरी	0.48	22	22	27	45.93	45.93	56.37
पंजाब	50.36	2,265	2,775	3,631	44.97	55.10	72.10
राजस्थान	342.24	6,019	8,267	9,279	17.59	24.16	27.11
तमिलनाडु	130.06	4,033	5,657	6,963	31.01	43.50	53.54
तेलंगाना	112.08	1,871	2,713	3,255	16.69	24.21	29.04
त्रिपुरा	10.49	265	265	337	25.27	25.27	32.14
उत्तर प्रदेश	240.93	8,799	13,071	15,485	36.52	54.25	64.27
उत्तराखंड	53.48	346	461	555	6.47	8.62	10.38
पश्चिम बंगाल	88.75	4,212	7,726	10,408	47.46	87.05	117.27
कुल	**3287.26**	**68,103**	**1,00,866**	**1,26,611**	**20.72**	**30.68**	**38.52**

Source: Ministry of Railways, Indian Railways Year Book 2020 – 21, Government of India, New Delhi

तालिका 12.2 और ***चित्र 12.5*** से यह देखा जा सकता है कि प्रमुख राज्यों में प्रति 1000 वर्ग कि.मी. क्षेत्र में रेलवे मार्गों का उच्चतम घनत्व पश्चिम बंगाल (47.46 कि.मी.) में है, इसके बाद पंजाब (44.97 कि.मी.) और बिहार (40.30 कि.मी.) है। हरियाणा (38.32) और उत्तर प्रदेश (36.32 कि.मी.) क्रमशः चौथे और पांचवें स्थान पर हैं।

रेल प्रबंधनः भारतीय रेल का प्रबंधन रेलवे बोर्ड द्वारा किया जाता है। रेल नेटवर्क को 18 जोन (Zones) में विभाजित किया गया है जिन्हें पुनः कई मंडलों/डिवीजन में बाँटा गया है ***(तालिका 12.3)***। भारतीय रेल की मूल परिचालन इकाइयाँ डिवीजन (Divisions) ही हैं।

अर्थव्यवस्था और समाज पर रेलवे का प्रभाव (Impact of Railways on Economy and Society)

विकास और विस्तार का अर्थव्यवस्था और समाज पर बहुत बड़ा असर पड़ता है। रेलवे के निर्माण और विस्तार ने देश की अर्थव्यवस्था में सराहनीय भूमिका निभाई है। महाराष्ट्र और गुजरात में कपास वस्त्र उद्योग; हुगली बेसिन में जूट उद्योग; छतीसगढ़, झारखंड, महाराष्ट्र, ओडिशा और पश्चिम बंगाल में कोयला उद्योग; असम और पश्चिम बंगाल में चाय बागान और पेट्रो रसायन उद्योग के विकास में रेलवे ने महत्वपूर्ण भूमिका निभाई है। स्वतंत्रता अवधि के बाद, रेलवे ने अलगाव और सापेक्ष अलगाव के तहत विकसित और पिछड़े क्षेत्रों (भिलाई, बोकारो, दुर्गापुर, राउरकेला इत्यादि) में उद्योगों की स्थापना में काफी मदद की है। रेलवे ने पंजाब, हरियाणा और पश्चिमी उत्तर प्रदेश के क्षेत्रों में अनाज के परिवहन और रासायनिक उर्वरकों में एक महत्वपूर्ण भूमिका निभाई है जहां हरित क्रांति एक सफलता है।

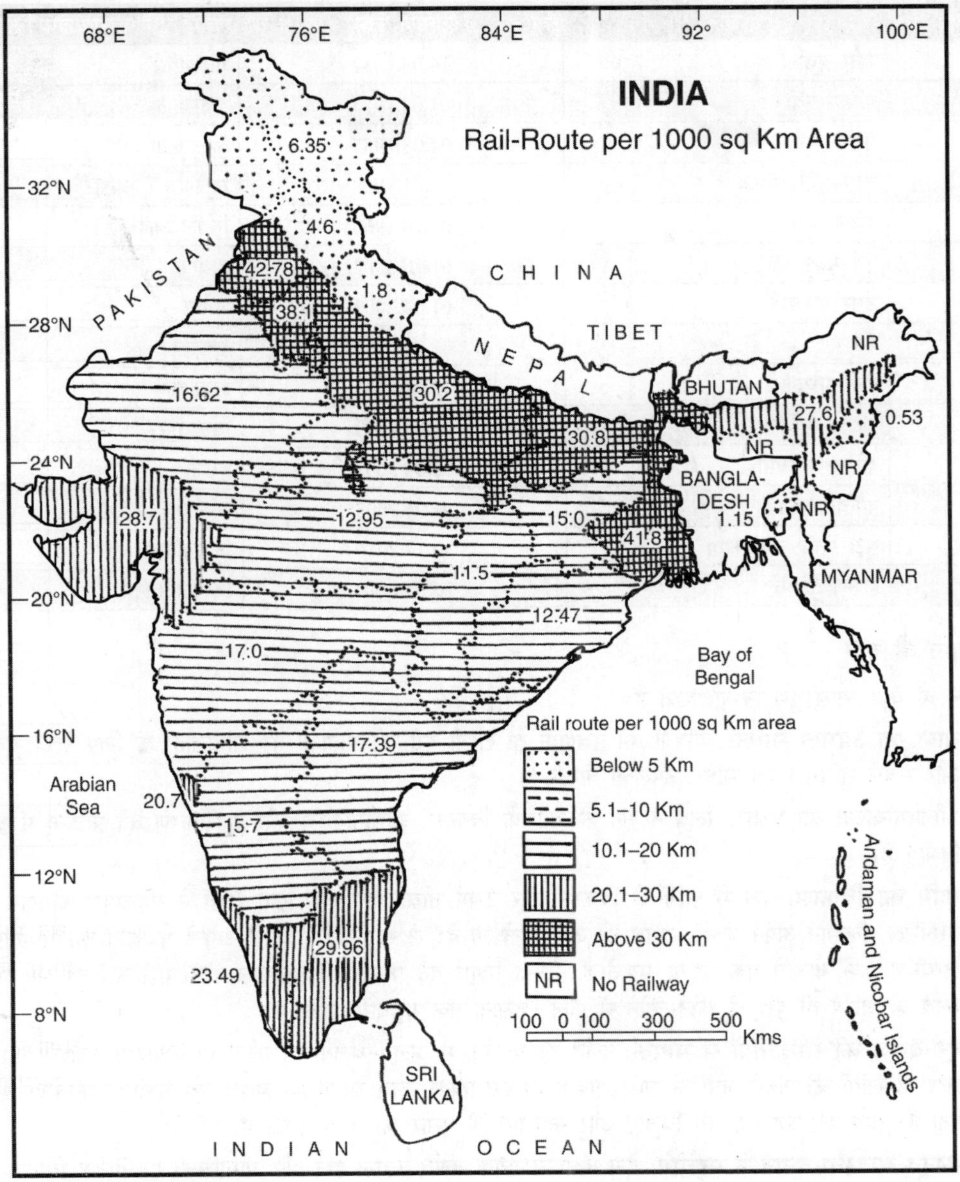

चित्र 12.5 रेलमार्ग घनत्व

तालिका 12.3 भारत: रेलवे जोन

क्र.सं.	जोन	निर्माण तिथि	मुख्यालय
1.	दक्षिणी	14.04.1951	चेन्नई
2.	मध्य	05.11.1951	मुंबई (CST)
3.	पश्चिमी	05.11.1951	मुंबई (चर्चगेट)
4.	उत्तरी	14.04.1952	नयी दिल्ली

क्र.सं.	जोन	निर्माण तिथि	मुख्यालय
5.	उत्तर-पूर्वी	14.04.1952	गोरखपुर
6.	दक्षिण-पूर्वी	01.08.1955	कोलकाता
7.	पूर्वी	01.08.1955	कोलकाता
8.	उत्तर-पूर्वी सीमांत	15.01.1958	मालेगाँव (गुवाहाटी)
9.	दक्षिण-मध्य	02.10.1966	सिकंदराबाद
10.	पूर्व-मध्य	01.10.2002	हाजीपुर
11.	उत्तर-पश्चिमी	01.04.2003	जयपुर
12.	पूर्व तट	01.04.2003	भुवनेश्वर
13.	उत्तर मध्य	01.04.2003	इलाहाबाद
14.	दक्षिण-पूर्व मध्य	01.04.2003	बिलासपुर
15.	दक्षिण-पश्चिमी	01.04.2003	हुबली
16.	पश्चिम मध्य	01.04.2003	जबलपुर
17.	मेट्रो रेलवे, कोलकाता	30.12.2010	कोलकाता
18.	दक्षिण तट रेलवे	26.02.2019	विशाखापत्तनम

रेल परिवहन के गुण

रेल परिवहन के कुछ खास गुण निम्नलिखित हैं:

1. **यात्रा का आसान साधन:** यात्रियों को नजदीक या लम्बी दूरी की यात्राओं पर आवाजाही के लिए रेलवे सबसे सस्ता और सबसे सुविधाजनक साधन उपलब्ध करता है।
2. **औद्योगीकरण का प्रसार:** रेलवे ने देश के आर्थिक विकास, औद्योगीकरण और शहरीकरण की प्रक्रिया में अहम रोल निभाये हैं।
3. **कृषि का विकास:** देश में कृषि के विकास और उसमें तीव्रता लाने के लिए रेलवे ने महत्वपूर्ण योगदान दिया है। दरअसल, किसान अपने जल्दी खराब हो जाने वाले या देर से खराब होने वाली अपनी पैदावारों को मामूली भाड़े में लम्बी दूरी के बाजारों तक पहुंचा सकते हैं। उन्नत प्रकार की फसलों में इस्तेमाल होने वाले उर्वरकों भी सामान्यतया रेलवे के जरिये ही देश के कोने-कोने में फैले किसानों तक पहुंचाया जाता है।
4. **दूर-दराज की संस्कृतियों से सम्पर्क:** रेलवे दूरस्थ क्षेत्रों में अलग-थलग पड़े लोगों या रिश्तेदारों-नातेदारों का अलगाव झेल रहे लोगों को शहरी क्षेत्रों के साथ जोड़ता है। इस प्रकार रेलवे सामाजिक संवाद एवं राष्ट्रीय एकीकरण को बढ़ावा देता है। साथ ही, वह नये-नये विचारों और नवाचारों के प्रसार का काम करता है।
5. **कानून-व्यवस्था बनाने में सहयोग:** देश में साम्प्रदायिक तनाव उत्पन्न होने और सामाजिक-राजनीतिक विप्लव के समय रेलवे अहम भूमिका निभाता है।
6. **परिवहन का तेज साधन:** प्राय: सभी बड़े शहरों में सुपर-फास्ट कंटेनर सेवा उपलब्ध कराने के जरिये भारत ने लोगों और वस्तुओं की त्वरित आवाजाही को सुनिश्चित कर दिया है।
7. **भारी-भरकम पदार्थों को ढोने के लिए सबसे सस्ता माध्यम:** रेलवे खास कर कोयला, पेट्रोलियम और खनन अयस्क जैसी भारी वस्तुओं की लम्बी दूरी तक ढुलाई के लिए सबसे उपयुक्त है।
8. **मैदानी इलाकों और समुद्री तटों को जोड़ता है:** रेलवे देश के मैदानी क्षेत्रों का तटवर्ती क्षेत्रों से जोड़कर दोनों इलाकों के सामाजिक और आर्थिक विकास में सहयोग करता है।
9. **राष्ट्रीय अखण्डता को बढ़ावा:** अलग-थलग पड़े क्षेत्रों और कुटुम्ब से कटे लोगों को रेलवे बड़े शहरों और महानगरों के साथ जोड़ता है। यह देश के दूरस्थ इलाकों में नवाचार लाने और नई तकनीक पहुंचाने में मददगार हुआ है।

10. **प्रशासन में सहयोगः** रेलवे देश के प्रशासन में और इसकी सम्प्रभुता और अखंडता बनाये रखने में अहम भूमिका निभाता है। पुलिस, सेना और रक्षा उपकरणों को देश के विभिन्न भागों में आसानी से पहुंचाने में रेलवे मदद करता है।
11. **राष्ट्रीय अखंडताः** रेलवे देश की विभिन्न सांस्कृतिक पृष्ठभूमियों के लोगों को एकसूत्र में बांधता है और इस तरह, वह सांस्कृतिक और राष्ट्रीय अखंडता को बढ़ावा देता है।

भारतीय रेल की मुख्य समस्याएँ (Main Problems of Indian Railways)

भारतीय रेल व्यवस्था की मुख्य समस्याओं का वर्णन निम्न प्रकार है:

1. **भारी दबावः** जनसंख्या वृद्धि, औद्योगीकरण और नगरीकरण इत्यादि के कारण रेलवे पर सवारी और मालवाहन दोनों ही ओर से दबाव बढ़ता गया है।
2. **सड़क परिवहन से प्रतिस्पर्द्धाः** भारतीय सड़क परिवहन चूंकि माल की ढुलाई दरवाजे तक कर सकता है यहाँ रेल परिवहन निश्चित रूप से एक विकल्प नहीं बन सकता है।
3. **सुरक्षाः** हाल में दुर्घटनाओं की वृद्धि के कारण रेल सफर को अब उतना सुरक्षित नहीं माना जाता है। भारतीय रेलवे बोर्ड के अनुसार विश्व की कुल रेलवे दुर्घटनाओं की 15% दुर्घटनाएं भारत में होती हैं। कई रेलमार्गों में लूट-पाट और डकैती तथा दुर्व्यवहार की बढ़ती घटनाओं के कारण रेल यात्रा असुरक्षित और तनाव भरी हो गयी है।
4. **आर्थिक बोझः** भारतीय रेल में कार्मिकों की संख्या 17 लाख से अधिक है, जिनका लगभग 45% अकुशल है। श्रम की दक्षता और क्षमता में कमी के कारण रेल बजट का आर्थिक बोझ बढ़ जाता है।
5. **दोषपूर्ण नियोजनः** राजनीतिक दबाव और हस्तक्षेपों के कारण कई ऐसी रेल परियोजनाएँ चलायी गयी हैं, जो आर्थिक रूप से अवहनीय हैं।
6. **उच्च ईंधन दरः** एन.टी.पी.सी. एवं बिजली बोर्डों द्वारा किए जाने वाले बिजली दरों की वृद्धि तथा डीजल की दरों में होने वाली वृद्धि का रेल परिवहन पर प्रतिकूल प्रभाव पड़ा है।
7. **धीमी निर्णय प्रक्रियाः** रेल संबंधी प्रक्रिया का केन्द्र सरकार के हाथों में होना और इसका धीमा संपादन रेल परियोजनाओं पर प्रतिकूल प्रभाव डालता रहा है।
8. **पुरानी मशीनरीः** सामयिक आधुनिकीकरण के अभाव में रेलवे की एक बहुत बड़ी मशीनरी पुरानी पड़ चुकी हैं, जिनका धनाभाव के कारण बदला जाना संभव नहीं हो सका है।
9. **पुरानी रेल लाइनः** भारतीय रेल की रेल लाइनें पुरानी पड़ चुकी हैं। साथ ही इनके बिछाने की तकनीक में भी विश्व स्तर पर भारी सुधार और बदलाव आ चुका है। इसके अतिरिक्त रेल यातायात से जुड़ी अन्य तकनीकी कमियां, यथा–सिग्नल, संचार और सुरक्षा उपाय इत्यादि की समस्याएं भी व्याप्त हैं।
10. **अन्य समस्याएंः** गाड़ियों में विलंब होना, यात्री सुविधाओं का अनुपयुक्त होना, प्लेटफार्मों की उचित साफ-सफाई में कमी, सुरक्षा व्यवस्था की अनुचित व्यवस्था इत्यादि भारतीय रेल परिवहन से जुड़ी अन्य समस्याएं हैं, जिन कारणों से रेलवे का विकास बाधित हो रहा है।

उपरोक्त समस्याओं को देखते हुए भारत को जापान जैसी तीव्र गति एवं स्वच्छ-सुन्दर रेलगाड़ियाँ चलाने में काफी समय लग सकता है।

जल परिवहन (Water Transport)

सड़कों एवं रेल मार्गों के विकास के पूर्व जल परिवहन ही भारत का मुख्य यातायात का साधन था। वैसे जल परिवहन मूलतः लंबी दूरी के भारी मालवाहन के लिए उपयोगी है। वर्तमान समय में भारत के कुल परिवहन में इसका योगदान लगभग एक प्रतिशत है।

पत्तन (Ports)

भारत में 13 बड़े और 200 छोटे और मध्यवर्ती बंदरगाह हैं। ये बंदरगाह न केवल अंतर्राष्ट्रीय व्यापार को सुगम बनाने में महत्वपूर्ण भूमिका निभाते हैं, वे अपने आसपास के क्षेत्रों में आर्थिक गतिविधियों और विकास के आधार के रूप में भी कार्य करते हैं। भारत में लगभग 7,517 कि.मी. की मुख्य तटरेखा 13 राज्यों/केंद्र शासित प्रदेशों में फैली हुई है। गैर-प्रमुख बंदरगाहों में से लगभग 60 यातायात को संभाल रहे हैं। प्रमुख बंदरगाह केंद्र सरकार के अधिकार क्षेत्र में हैं, जबकि छोटे और मध्यवर्ती बंदरगाहों का प्रबंधन और रखरखाव संबंधित राज्य सरकारों द्वारा किया जाता है। देश के व्यापार का लगभग 95% मात्रा के हिसाब से और 68% मूल्य के हिसाब से समुद्री परिवहन के माध्यम से ले जाया जाता है। आंकड़ों के अनुसार, 2020-21 के दौरान प्रमुख बंदरगाहों पर कार्गो हैंडलिंग क्षमता 1560.61 मिलियन टन प्रति वर्ष (एमटीपीए) और गैर-प्रमुख बंदरगाह की क्षमता 1002.24 एमटीपीए थी। 2021 के अंतिम दिन सभी भारतीय बंदरगाहों की कुल क्षमता 2562.85 एमटीपीए थी।

2019-20 के दौरान, भारत में प्रमुख और गैर-प्रमुख दोनों बंदरगाहों ने लगभग 1,320 मिलियन टन के कुल कार्गो प्रवाह क्षमता को संभाला। 13 प्रमुख बंदरगाह कुल यातायात का लगभग 70% वहन करते हैं। जवाहरलाल नेहरू पोर्ट ट्रस्ट (जेएनपीटी) देश में अग्रणी कंटेनर हैंडलिंग पोर्ट के रूप में जाना जाता है, जिसकी हिस्सेदारी लगभग 41% है, जिसके बाद चेन्नई (18%) और शेष 41% हिस्सा 2019-20 के दौरान अन्य प्रमुख बंदरगाहों द्वारा संभाला जा रहा है।

भारत के प्रमुख बंदरगाहः भारत के प्रमुख बंदरगाह हैं–(i) चेन्नई, (ii) कोचीन/कोच्चि, (iii) एन्नोर, (iv) जवाहर लाल नेहरू (न्हावाशेवा), (v) कांडला, (vi) कोलकाता-हल्दिया, (vii) मर्मगांव, (viii) मुंबई, (ix) न्यू मंगलौर, (x) पाराद्वीप, (xi) न्यू तूतिकोरिन, और; (xii) विशाखापत्तनम ***(चित्र 12.6)*** भारत के प्रमुख बंदरगाहों की प्रमुख भौगोलिक विशेषताएं निम्न प्रकार हैं:

1. **चेन्नई (Chennai):** तमिलनाडु के उत्तरी-पूर्वी तट पर स्थित यह एक कृत्रिम बंदरगाह है। यह 81 हेक्टर क्षेत्र में फैला है तथा इसकी औसत गहराई 16 मी. है। इसका प्रवेश उत्तर की तरफ है तथा यह एक साथ 22 पोतों (Vessels) को संभाल सकता है। खाद्यान्न, चमड़े, लौह-अयस्क, अभ्रक, तेल की खली, चीनी, हल्दी, लकड़ी और तम्बाकू इस बंदरगाह से निर्यातित प्रमुख उत्पाद हैं। आयातित उत्पादों में मुख्यतः रसायन, कोयला, कपास, कपास के उत्पाद, खाद्य तेल, उर्वरक, लोहा एवं इस्पात, मशीनरी, धातु, कच्चे तेल और पेट्रोलियम शामिल हैं।
2. **एन्नोर (Ennore):** चेन्नई से लगभग 20 कि.मी. उत्तर में स्थित यह एक प्राकृतिक बंदरगाह है। इसे चेन्नई बंदरगाह के भार को कम करने के लिए विकसित किया गया था। जहाँ इस बंदरगाह से चमड़े, मशीनरी, अभ्रक, चावल और चीनी का निर्यात किया जाता है, वहीं सीमेंट, कपास, खाद्य तेल, उर्वरक, मशीनरी और पेट्रोलियम उत्पाद यहाँ के मुख्य आयात हैं।
3. **जवाहरलाल नेहरू (Nhava Sheva) बंदरगाह:** मुंबई से 14 कि.मी. दक्षिण में स्थित इस बंदरगाह का विकास मुंबई बंदरगाह के दबाव को कम करने के लिए किया गया था। सभी प्रकार की अत्याधुनिक सुविधाओं से पूर्ण यह विश्व के सबसे अच्छे बंदरगाहों में आता है। यह चार लेन वाले सुपर राजमार्ग के द्वारा सड़क मार्ग से जुड़ा है। भारत का यह सबसे बड़ा मालवाहक बंदरगाह (Container Port) है।
4. **कांडला (Kandla):** कच्छ की खाड़ी के शीर्ष पर स्थित इस बंदरगाह का विकास स्वतंत्रता-प्राप्ति के उपरांत कराची बंदरगाह (जो पाकिस्तान का हिस्सा बन गया) की कमी की पूर्ति के उद्देश्य से किया गया। यह कांडला क्रीक/संकरी खाड़ी (Creek) में स्थित एक प्राकृतिक बंदरगाह है, जिसकी औसत गहराई 10 मी. है। इसका पश्च प्रदेश (Hinterland) काफी बड़ा है जो गुजरात से लेकर राजस्थान, हरियाणा, पंजाब, हिमाचल प्रदेश तथा जम्मू एवं कश्मीर तक फैला है। यहाँ से हड्डियों, कपास, खाद्यान्न, नाफ्था, नमक और चीनी का निर्यात किया जाता है वहीं पेट्रोलियम, उर्वरक, फॉस्फेट, सल्फर यहाँ के प्रमुख आयात हैं।
5. **कोचीन/कोच्चि (Kochi):** केरल के तट पर वेलिंगटन द्वीप पर स्थित एक प्राकृतिक बंदरगाह है। यह पूरे वर्ष कार्यशील रहता है। यहां भारत का सबसे बड़ा पोत-निर्माण कारखाना (Shipyard) है, जिसमें देसी जहाज़-बर्दार जलपोत तैयार किये जा रहे हैं। स्वेज-कोलंबो जलमार्ग के नजदीक स्थित होने के कारण यह वाणिज्यिक और सामरिक दृष्टिकोण से काफी महत्वपूर्ण बंदरगाह है। काजू-गिरी (Kernel), नारियल, नारियल उत्पाद, कोपरा, रबड़, मछली, समुद्री आहार यहाँ से होने वाले प्रमुख निर्यात हैं। यहाँ आने वाले मुख्य आयात में रसायन, कोयला, कपास, खाद्य तेल, उर्वरक, लौह एवं इस्पात, मशीनरी तथा धातु मुख्य हैं।

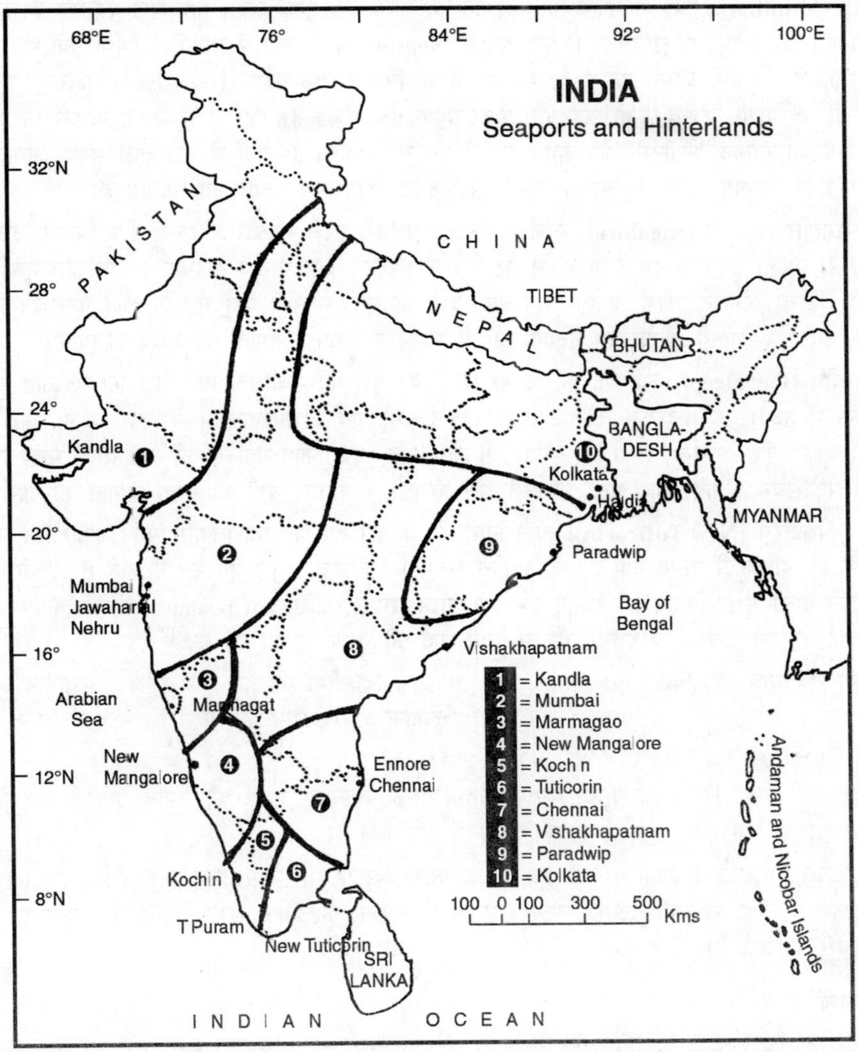

चित्र 12.6 प्रमुख बंदरगाह और उनके प्रभाव क्षेत्र

6. **कोलकाता (Kolkata):** कोलकाता भारत का एकमात्र नदी किनारे का प्रमुख बंदरगाह है, जो लगभग 138 वर्षों से अस्तित्व में है। कोलकाता बंदरगाह हुगली नदी के किनारे स्थित है। बंदरगाह का एक बड़ा पृष्ठ प्रदेश है जो बिहार, छत्तीसगढ़, झारखंड, उत्तर-पूर्व भारत, ओडिशा और पूर्वी उत्तर प्रदेश के सात राज्यों में फैला है। भूटान और नेपाल का निर्यात और आयात भी कोलकाता बंदरगाह के माध्यम से किया जाता है। बंदरगाह के मुख्य निर्यात में हड्डियों का सामान, अस्थि-भोजन, बंकर-तेल, बिजली के सामान, लोहा और इस्पात, जूट उत्पाद, लाख, चमड़े के सामान, मशीनरी, अभ्रक, स्क्रैप, चाय और लकड़ी शामिल हैं। मुख्य आयातों में खाद्य-तेल, उर्वरक, मशीनरी, रेलवे उपकरण और पेट्रोलियम शामिल हैं। कोलकाता नदी बंदरगाह के दक्षिण में, हल्दिया बंदरगाह को आधुनिक बड़े जहाजों को समायोजित करने के लिए बंगाल की खाड़ी के तट के साथ विकसित किया गया है।

7. **मर्मगाँव (Marmagao):** गोवा के ज्वार ज्वारनदमुख (Estuary) के प्रवेश पर स्थित यह एक प्रमुख लौह-अयस्क निर्यातक बंदरगाह है। यहाँ से पान के पत्ते, काजू, मैगनीज और नमक का भी निर्यात किया जाता है। इस बंदरगाह द्वारा संपन्न मुख्य आयातों में मैंगनीज, सीमेंट, कच्चा तेल, खाद्यान्न, उर्वरक और मशीनरी शामिल हैं।

8. **मुंबई (Mumbai):** मुंबई भारत के पश्चिमी तट का सबसे बड़ा तथा सबसे महत्वपूर्ण बंदरगाह है। इसे ब्रिटिश शासकों द्वारा सन् 1672 में सूरत बंदरगाह के प्रतिस्थापक (Substitute) के रूप में विकसित किया गया था। यह एक प्राकृतिक बंदरगाह है, जिसकी औसत गहराई 12 मी. है। इसका विशाल पृष्ठ प्रदेश (Hinterland) महाराष्ट्र, गुजरात, मध्य प्रदेश, दिल्ली, हरियाणा, पंजाब, उत्तराखंड और उत्तर प्रदेश तक फैला है। यहाँ से मुख्यतया कपास के सामान, सूती धागे, बिजली का सामान, मशीनरी और वाहनों का निर्यात संपन्न होता है। यहाँ से होने वाले मुख्य आयात उर्वरक, रसायन, इलेक्ट्रॉनिक सामान, मशीनरी, कागज, लुग्दी, पेट्रोलियम, पेट्रोलियम उत्पाद और कपास हैं।
9. **न्यू मंगलौर (New Mangalore):** कर्नाटक के तट पर इसे पुराने मंगलौर बंदरगाह से 9 कि.मी. उत्तर विकसित किया गया है। इसका उद्घाटन 1975 में हुआ। यह बड़ी रेल लाइन और राष्ट्रीय राजमार्ग 17 के द्वारा मुंबई से जुड़ा है। जहाँ लोहा, टिम्बर, ग्रेनाइट, काजू, कहवा, वनोत्पाद, लौह अयस्क, मैंगनीज यहाँ से होने वाले मुख्य निर्यात हैं, वहीं कच्चा तेल, उर्वरक, मशीनरी, पेट्रोलियम उत्पाद यहाँ से संपन्न होने वाले आयातों की मुख्य वस्तुएं हैं।
10. **पारादीप (Paradeep):** ओडिशा के तट पर स्थित यह देश का सर्वाधिक गहरे जल का बंदरगाह है। इसका उद्घाटन 1966 में हुआ। यह बन्दरगाह कोलकाता से 435 कि.मी. एवं विशाखापत्तनम से 350 कि.मी. की दूरी पर स्थित है। सूती वस्त्र, लौह-अयस्क, लोहा एवं इस्पात, मैगनीज और रद्दी लोहा यहाँ से की जाने वाली मुख्य निर्यातित वस्तुएं हैं, वहीं पेट्रोलियम उत्पाद, खाद्य तेल, मशीनरी और बिजली के सामान यहाँ की मुख्य आयात की जाने वाली वस्तुएं हैं।
11. **न्यू तूतीकोरिन (New Tuticorin):** तामिलनाडु तट के इस बंदरगाह का विकास पुराने तूतीकोरिन बंदरगाह से लगभग 8 कि.मी. दक्षिण में किया गया है। यह राष्ट्रीय राजमार्ग (एन.एच. 7A) एवं रेल नेटवर्क से अच्छी तरह जुड़ा है। यहाँ से होने वाली मुख्य निर्यात की वस्तुएं इलायची, गरम मसाले, नारियल (Coconut), कपास, कपास उत्पाद और चमड़े हैं तथा कोयला, उर्वरक, हार्डवेयर और मशीनरी यहाँ की मुख्य आयात की वस्तुएं हैं।
12. **विशाखापत्तनम (Vishakhapatnam):** सन् 1933 से विकसित यह देश का सर्वश्रेष्ठ प्राकृतिक बंदरगाह है। इसके पश्च प्रदेश आंध्र प्रदेश, छत्तीसगढ़, मध्य प्रदेश, तेलंगाना और उड़ीसा तक फैले हैं। माल वाहन में पिछले 6 वर्षों से यह देश का प्रथम स्थान का बंदरगाह बना हुआ है।

यहाँ से की जाने वाली निर्यात की मुख्य वस्तुएँ लौह अयस्क, मैगनीज, चमड़े के सामान, इमारती लकड़ी और खाद्यान्न हैं तथा आयात की वस्तुएं पेट्रोलियम, उर्वरक, रसायन, मशीनरी और धातु हैं।

भारत के मझोले एवं छोटे बंदरगाहों में जहाँ पूर्वी तट के मुख्य बंदरगाह भी मुनिपट्टनम्, कुड्डालौर, काकीनाड़ा, कलिंगपट्टनम और मछलीपट्टनम हैं, वहीं पश्चिमी तट के मुख्य बंदरगाह अलप्पुजा, कालीकट, दमन, कोल्लम, कारवाड़, कोझिकोड, मुरड, पोरबंदर, तेल्लिचेरी, वेरोवल हैं ***(चित्र 12.7)***।

तटीय जहाजरानी

तटीय जहाजरानी (Coastal Shipping) भारतीय परिवहन व्यवस्था का कई कारणों से एक बहुत ही महत्वपूर्ण अंग है, यह न केवल परिवहन का ऊर्जा-सक्षम साधन है बल्कि यह पर्यावरण-मित्र और आर्थिक रूप से काफी लाभकारी भी है। तटीय जहाजरानी देश के अंदर बंदरगाहों के बीच यात्रियों एवं सामान (Goods) के आवागमन को संपादित करके घरेलू उद्योग और व्यापार को एक बहुत ही महत्वपूर्ण सहारा प्रदान करते हैं। दिसंबर 2005 में भारत तटीय जहाजरानी के निष्पादन में 470 पोत तथा 8,04,612 जी आर टी जहाजरानी टनेज शामिल थे।

तटीय जहाजरानी के प्रमुख लाभ निम्न प्रकार हैं:

1. यह सड़क एवं रेल परिवहन के भार को कम करता है।
2. यह अपेक्षातया प्रदूषण रहित है।
3. इसके विकास में कम पूँजी लगती है।
4. यह बड़ी मात्रा में रोजगार सृजन करता है।
5. यह परिवहन का सबसे सस्ता साधन है।
6. यह तट-आधारित उद्योगों, जैसे-मत्स्यन और मूँगा संग्रहण को प्रोत्साहित करता है।
7. यह पर्यटन को प्रोत्साहित करता है।

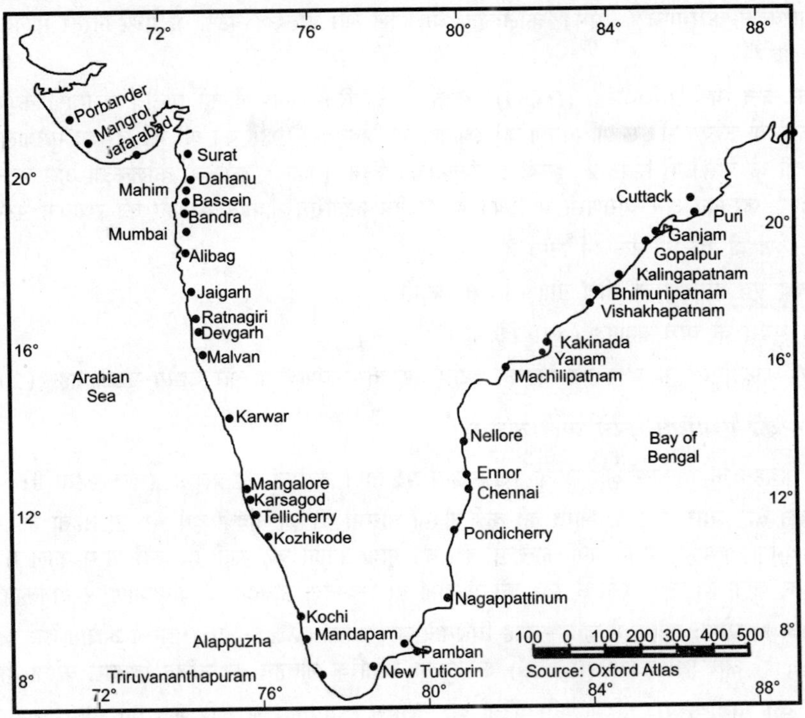

चित्र 12.7 प्रमुख मत्स्यन बंदरगाह

समस्याएँ: भारतीय बंदरगाहों की मुख्य समस्याएं निम्न प्रकार हैं:

1. भारतीय बंदरगाह काफी संकुलित (भीड़-भाड़ वाले) हैं।
2. बंदरगाहों की पश्च प्रदेश (Hinterland) से उपयुक्त संबद्धता नहीं है।
3. विश्व में कंटेनर ट्रैफिक पर भारी दबाव है। दुनिया में सबसे बड़ा कंटेनर बंदरगाह शंघाई बंदरगाह है, जो 42.01 मिलियन टीईयू (बीस फुट समकक्ष इकाइयों) को संभालता है। इसकी तुलना में भारत के सबसे बड़े कंटेनर पोर्ट (जवारलाल नेहरू पोर्ट या न्हावा शेवा, विश्व में 35वें स्थान पर है) ने 2018 में लगभग 5.05 मिलियन टीईयू को ही संभाला।

आंतरिक जल परिवहन (Inland Water Transport)

भारत की नदियों, नहरों, झीलों, पश्च:जलों (Backwaters) एवं संकीर्ण खाड़ियों (Creeks) इत्यादि को मिलाकर लगभग 14,500 कि.मी. नौवहनीय जलमार्ग विद्यमान है। भारत के आंतरिक जल परिवहन द्वारा प्रतिवर्ष 45 मिलियन टन नौभार (Cargo) ढोया जाता है। यह ऊर्जा-सक्षम और पर्यावरण-मित्र परिवहन साधन है। वर्तमान समय में इस परिवहन का परिचालन गंगा-हुगली नदियों, ब्रह्मपुत्र, बराक नदी (आसाम), गोवा की नदियों, केरल के पश्च:जलों, मुंबई के आंतरिक जलमार्ग तथा कृष्णा-गोदावरी डेल्टा प्रदेश तक ही सीमित है। इसके अतिरिक्त भारत की कई नदियों, झीलों एवं नहरों में जहाँ एक ओर यांत्रिक पोतों द्वारा संगठित नौवहन किया जाता है, वहीं देसी नावों द्वारा होने वाले असंगठित आंतरिक नौवहन की भी उपस्थिति है। हालांकि इस प्रकार के आंकड़े इकट्ठा नहीं किए गए हैं फिर यह वास्तविकता है कि, आंतरिक नौवहन के अच्छे भाग (माल एवं सवारी) का निष्पादन असंगठित क्षेत्र द्वारा संपन्न होता है।

केन्द्रीय आंतरिक जल परिवहन निगम (CIWTC): इस निगम की स्थापना सन् 1967 में की गयी और इसका मुख्यालय कोलकाता में है। यह मुख्यतया गंगा, ब्रह्मपुत्र, हुगली और सुंदरबन प्रदेशों के आंतरिक जलमार्गों से होने वाले परिवहन में संलग्न

है। इसके द्वारा कोलकाता-करीमगंज (असम), कोलकाता-बंग्लादेश और हल्दिया-पटना के मध्य निरंतर मालवाहन और यात्री सेवाएं परिचालित की जाती हैं।

भारतीय आंतरिक जल मार्ग प्राधिकरण (IWAI): भारत के आंतरिक जलमार्गों को राष्ट्रीय जलमार्गों के रूप में विकसित और इन्हें विनियमित करने के उद्देश्य से इस प्राधिकरण की स्थापना 27 अक्तूबर, 1986 को की गई। इसका मुख्यालय नोएडा (NOIDA) (उत्तर प्रदेश, दिल्ली के पास) में स्थित है। इसके प्रादेशिक कार्यालय गुवाहाटी, कोच्चि, कोलकाता और पटना तथा उप-कार्यालय इलाहाबाद, भागलपुर, फरक्का और वाराणसी में स्थित हैं। राष्ट्रीय आंतरिक नौवहन संस्थान की स्थापना पटना में की गयी है।

राष्ट्रीय जलमार्ग: देश के राष्ट्रीय जलमार्ग निम्न हैं:

1. इलाहाबाद एवं हल्दिया के बीच गंगा (1620 कि.मी.)
2. सादिया-धुबरी के बीच ब्रह्मपुत्र (891 कि.मी.)
3. कोल्लम-कोट्टापुरम के मध्य की पश्चिम तटीय नहर तथा चंपाकारा और उद्योग मंडल नहर (205 कि.मी.)

आंतरिक नौवहन को प्रभावित करने वाले कारक

भारतीय आंतरिक नौवहन के विकास और उनके रख-रखाव पर निम्न कारकों का प्रत्यक्ष प्रभाव पड़ता है:

1. **नदी जल का उतार-चढ़ाव:** भारत की कई नदियाँ मौसमी हैं। जो नदियाँ वर्ष भर भी बहती हैं (ब्रह्मपुत्र, गंगा, गंडक, कोसी, यमुना, इत्यादि) उनमें वर्षा काल में जल की मात्रा काफी बढ़ जाती है, वहीं ग्रीष्म काल में जल का स्तर काफी नीचे उतर जाता है। नदी जल के स्तर की ये दोनों ही स्थितियाँ नौवहन के दृष्टिकोण से अनुकूल नहीं हैं।
2. **प्राकृतिक अवरोध:** नदियों में जगह-जगह विद्यमान जल प्रपातों (Waterfalls), झीलों अथवा छोटे जलप्रपातों की श्रृंखला, (Cataracts) और क्षिप्रिकाओं (Rapids) के कारण आंतरिक नौवहन का उचित विकास करना अवरोधों से भरा है।
3. **नदियों का गादीकरण:** नदियों की पेटियों के निक्षेपण (Silting) से नदी जल की गहराई घट जाती है, जो नौवहन के लिए अनुकूल नहीं है।
4. **सिंचाई जल:** नदी जल का सिंचाई के लिए उपयोग नदियों के जल को कम करता है, जिससे नौगम्यता (Navigability) घटती है।
5. **आर्थिक अव्यवहार्यता:** नौवहन की माँग अपेक्षाकृत कम है क्योंकि लोग वस्तुओं का तेज आवागमन चाहते हैं। इस कारण नदी जल परिवहन आर्थिक दृष्टिकोण से व्यवहार्य (Viable) नहीं रह जाता है।

सागरमाला कार्यक्रम

सागर तटीय रेखा की व्यस्तता के कारण 14500 कि.मी. नौकायन जलमार्ग की सम्भावना के लिये अतंर्राष्ट्रीय सागरीय व्यापार मार्ग के विकास हेतु भारत सरकार ने देश में बन्दरगाह अधीन क्षेत्र को विकसित बनने का लक्ष्य तय किया है। इस योजना के उद्देश्य में बंदरगाहों को मार्गों से जोड़ना, समर तटीय सामुदायों का विकास, बंदरगाहों का आधुनीकरण, नये बन्दरगाहों का विकास सम्मिलित है।

जहाजरानी (Shipping)

देश के व्यापार की मात्रा का लगभग 95% प्रबंधन (2019) जहाजरानी द्वारा किया जाता है। भारत में शिपिंग का एक लंबा इतिहास रहा है। सिंधिया स्टीम नेविगेशन कंपनी 1919 में आधुनिक तर्ज पर स्थापित की गई थी। स्वतंत्रता के समय, 2 लाख टन से कम सकल पंजीकृत टन भार (जीआरटी) के साथ केवल 59 जहाज थे। आजादी के बाद से भारत ने शिपिंग में महत्वपूर्ण प्रगति की है। 2020 की शुरुआत में हमारे देश में 12746362 सकल टन भार और 19372122 डेडवेट टन भार क्षमता वाले 1,499 जहाज थे। कोयला, कच्चा तेल और प्राकृतिक गैस मुख्य रूप से जहाज द्वारा ले जाया जाता है।

वर्तमान समय में जहाजरानी देश की अर्थव्यवस्था में परिवहन से संबंधित महत्वपूर्ण भूमिका निभाता है। भारत के सकल अंतर्राष्ट्रीय व्यापार का लगभग 95% समुद्री मार्गों द्वारा ही संपन्न होता है, जिस कारण यह भारतीय विदेश व्यापार की रीढ़ और

आर्थिक वृद्धि का एक महत्वपूर्ण नियामक हैं। आज भारत का वाणिज्यिक जहाजरानी बेड़ा विश्व के सबसे बड़े जहाजी बेड़ों में से एक है। कोयला, कच्चा तेल तथा प्राकृतिक गैस का परिवहन मुख्यत: जलपोतों के द्वारा किया जाता है। भारत के प्रमुख अंतर्राष्ट्रीय समुद्री जलमार्गों को *चित्र 12.8* में दर्शाया गया है।

जलयान पुनर्चक्रण

जलवीय जलयान पुन:चंक्रण उद्योगों में भारत की 25–30% हिस्सेदारी है। जलयान पुनर्चक्रण मुख्य रूप से गुजरात के अलंग–सोसिया में किया जाता है। अलंग–सोसिया दुनिया का सबसे बड़ा जलयान पुनर्चक्रण यार्ड है जो फरवरी 1983 में शुरू हुआ था। इसमें उच्च पुनर्चक्रण क्षमता है और प्रतिवर्ष (लगभग 4.5 मिलियन एलडीटी के) 450 से अधिक जलयान का पुनर्चक्रण किया जाता है।

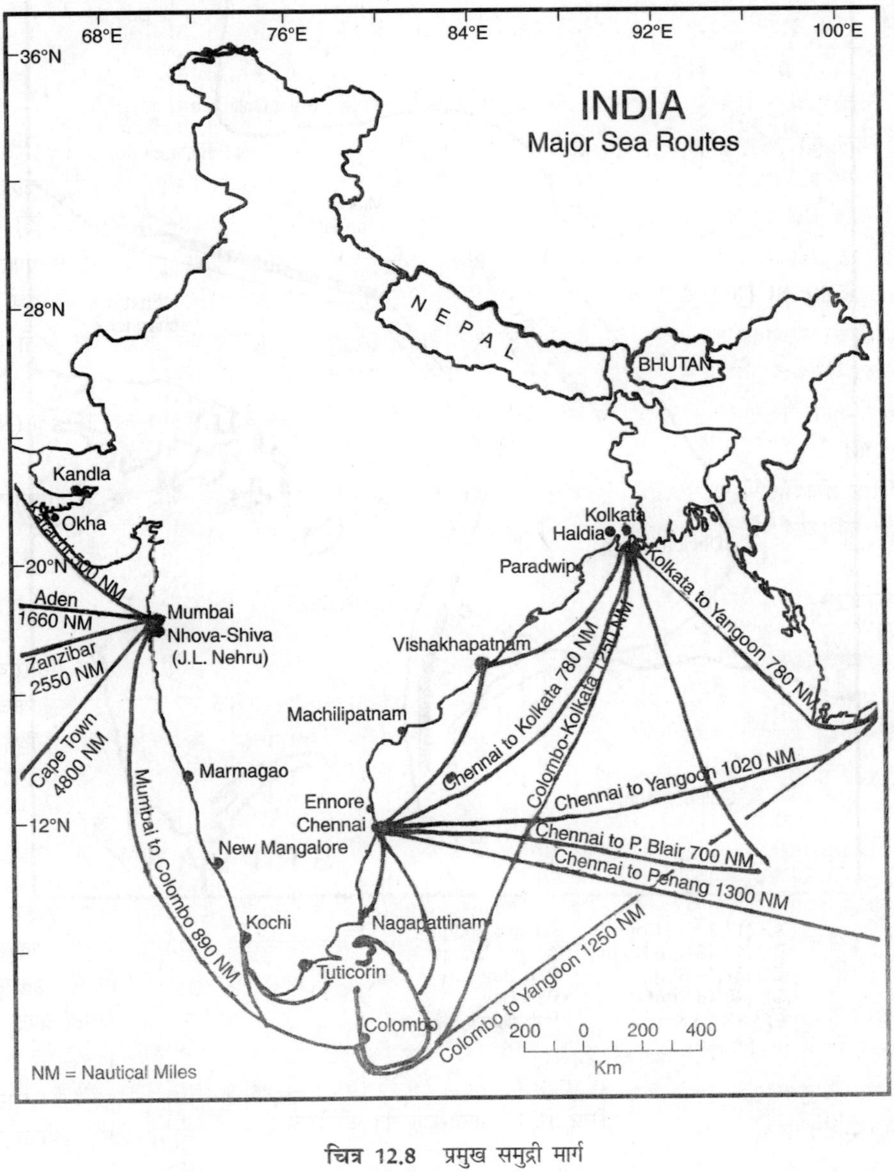

चित्र 12.8 प्रमुख समुद्री मार्ग

एडम्स ब्रिज (राम सेतु)

एडम्स ब्रिज या राम सेतु भारत के दक्षिणतम् द्वीप रामेश्वरम् और उत्तर-पश्चिमी श्रीलंका के तलाईमन्नार के बीच पूरब-पश्चिम दिशा में फैली 30 कि.मी. की एक अक्रमबद्ध बालू भित्तियाँ (Sandbars) हैं। बंगाल की खाड़ी के कावेरी बेसिन में स्थित यह 'सेतु' पाक की खाड़ी और मन्नार की खाड़ी के बीच एक भूगर्भिक विभाजक बनाता है ***(चित्र 12.9)***।

भारत सरकार द्वारा प्रस्तावित सेतु-समुद्रम जहाज चैनल परियोजना (SSCP) बंगाल की खाड़ी में तलकर्षण (Dredging) द्वारा एक 167 कि.मी. लंबे, 300 मी. चौड़े और 12 मी. गहरे कृत्रिम चैनल (10,000-12,000 GRT के लिए उपयुक्त) का निर्माण कार्य करेगी। बालू भित्तियों से बने इन द्वीपों के मध्य निर्मित इस चैनल को एडम्स ब्रिज या राम सेतु के नाम से जाना जाता है।

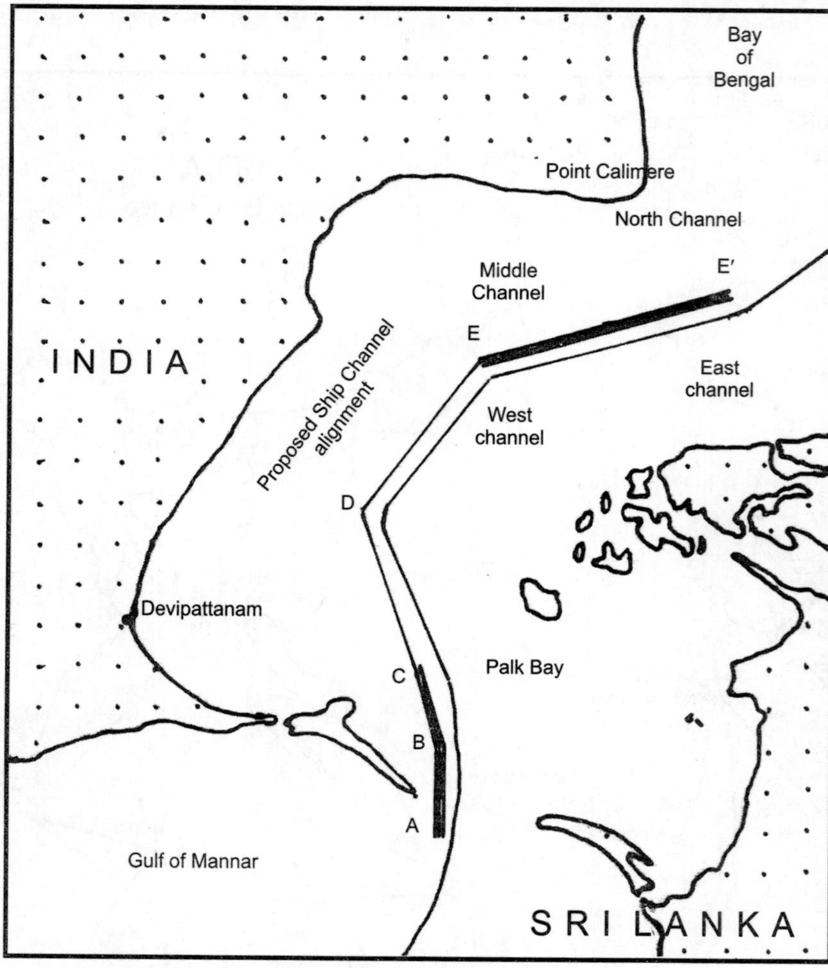

AB (17.3 Km) North	Adam's Bridge.
BC (13.38 Km) North	Adam's Bridge
CD (37.44 Km)	Palk Bay
DE (40.48 Km)	Palk Bay
EE′ (54.25 Km)	Palk Strait

Total 167.22 Km

चित्र 12.9 भारत-राम सेतु परियोजना

पाक जलडमरूमध्य (Palk-Strait) और मन्नार की खाड़ी को जोड़ने का प्रस्ताव काफी पुराना है, जो पहले ब्रिटिश काल में सन् 1860 में लाया गया था। इसके पश्चात ऐसे कई प्रस्ताव आते रहे, जिनके द्वारा राम सेतु के पार जाने के लिए छह अलग-अलग सरीखों (Alignments) का प्रस्ताव रखा जा चुका है। अंततः वर्ष 1998 में भारतीय तत्कालीन प्रधानमंत्री श्री अटल बिहारी वाजपेयी द्वारा इस परियोजना को प्रारंभ किया गया। इसका उद्घाटन वर्ष 2005 में संयुक्त प्रगतिशील गठबंधन के सरकार काल में प्रधानमंत्री डॉ. मनमोहन सिंह द्वारा किया गया।

इस परियोजना के विकास द्वारा जहाँ एक ओर नौवहन की अवधि और ईंधन लागत में कमी आएगी वहीं तमिलनाडु, आंध्रप्रदेश, ओडिशा और प. बंगाल के 15 छोटे और उपेक्षित बंदरगाहों को भी नौवहन का अवसर उपलब्ध कराया जाएगा। भारत के तटों से नौवहित पीपों द्वारा तूतीकोरिन बंदरगाह और नगर के विकास में नाटकीय परिवर्द्धन की संभावना है। इसके अतिरिक्त भारतीय नौ-सेना को अपने समुद्री क्षेत्र में एक मजबूत उपस्थिति भी प्राप्त होगी।

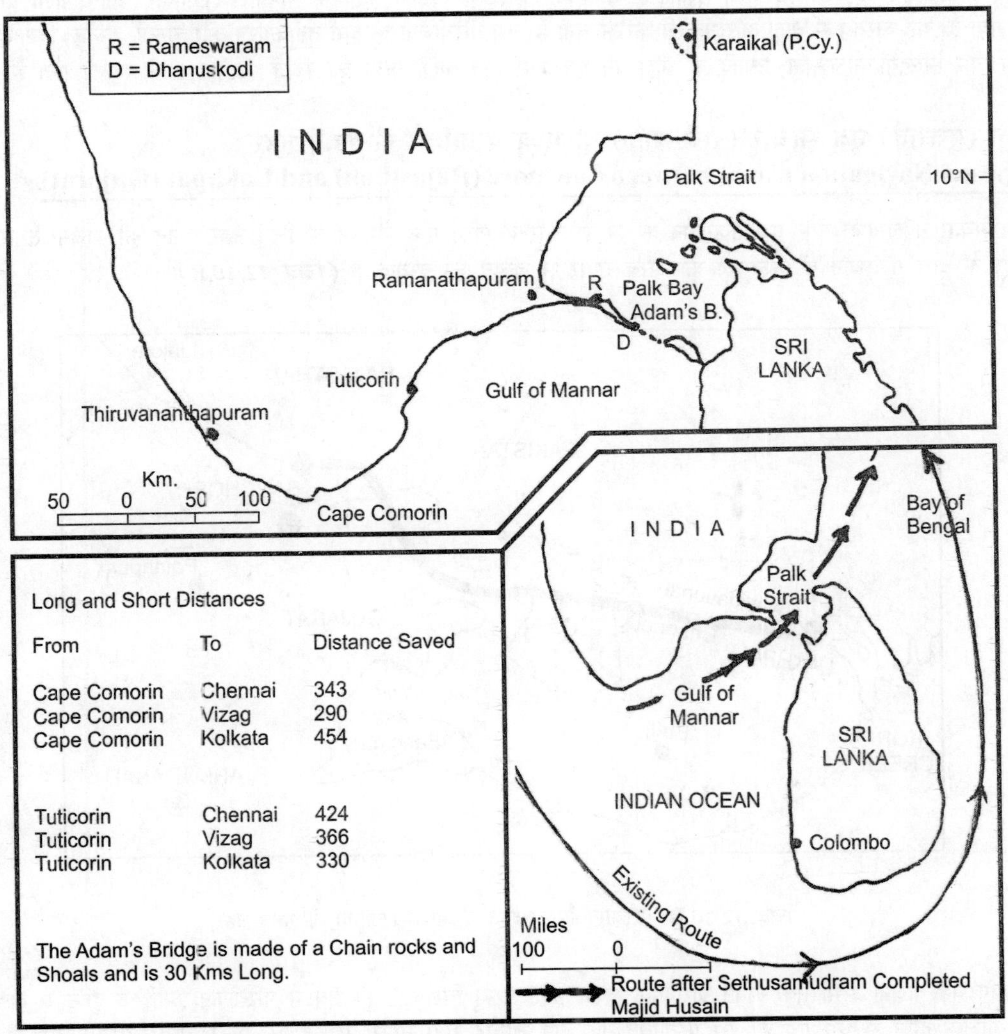

Source: Oxford Student Atlas and Reader's Digest Great World Atlas

चित्र 12.10.A पाक जलडमरूमध्य से सागरीय मार्ग

भू-गर्भिक अध्ययनः भारत की दो वैज्ञानिक एजेंसियों, भारत का भूगर्भिक सर्वेक्षण (GSI) और भारतीय अंतरिक्ष अनुसंधान संगठन (ISRO) द्वारा किए गए विस्तृत अध्ययनों द्वारा निष्कर्ष निकाला गया है कि ये भू-गर्भिक संरचनाएं मानव-निर्मित नहीं हैं। एजेन्सियों ने निष्कर्ष निकाला है कि एडम्स ब्रिज (राम सेतु) मानव-निर्मित नहीं है लेकिन इसमें एकरेखीय प्रतिरूप में 103 छोटी प्रवाल भित्तियाँ (Coral Reef), बालू भित्तियाँ (प्रवालों के बालूओं और समुद्री तट के चट्टानों से निर्मित) और गहरे अक्रमबद्ध चैनल विद्यमान हैं।

प्रमुख भू-आकृति विज्ञानी और समुद्रविज्ञानी डॉ. राम मोहन ने अपने 'ज्योलॉजिकल इवोल्यूशन ऑफ एडम्स ब्रिज' नामक शोध पत्र में विचार रखा है कि एडम्स ब्रिज बालू भित्तियों (Sandbars) एवं प्रवाल संरचनाओं से बना है। रामेश्वरम् एवं एडम्स ब्रिज के उद्भव में पिछले महाद्वीपीय निमग्न तट पर अवरोधी भित्तियों के निर्माण को एक संभव कारण मानना अधिक तर्कसंगत प्रतीत होता है।

इस प्रकार राम सेतु से जुड़े सभी वैज्ञानिक अध्ययनों में इसके निर्माण को एक प्राकृतिक लगातार चलने वाली प्रक्रिया ही बताया गया है। यह वास्तव में बालू और प्रवालों की संरचना है। इस परियोजना के द्वारा तूतीकोरिन और चेन्नई, एन्नौर, विशाखापत्तनम, पारादीप और हल्दिया/कोलकाता इत्यादि के बीच की दूरियों में होने वाली कमी को ***चित्र 12.10.A*** में दर्शाया गया है।

लखपत (गुजरात) एवं सांचोर (राजस्थान) के मध्य प्रस्तावित नौ-गमन नहर (Proposed Navigation Canal between Sanchore (Rajasthan) and Lakhpat (Gujarat))

गुजरात सरकार ने लखपत नगर एवं राजस्थान के सांचोर नगर के बीच एक नौगमन के लिये नहर बनाने की योजना तैयार की है। इस नहर के द्वारा राजस्थान के मरुस्थल को अरब सागर से जोड़ने का प्रस्ताव है ***(चित्र 12.10.B)***।

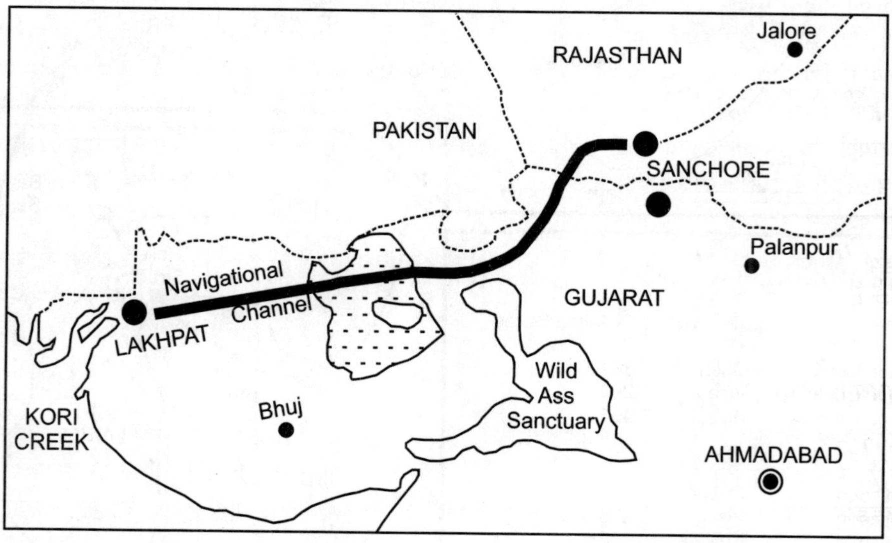

चित्र 12.10.B संचोर और लखपत के मध्य प्रस्तावित नौ-गमन नहर

यद्यपि यह योजना अभी तक अपने प्रारम्भिक चरण में है परन्तु विशेषज्ञों की राय में परियोजना आर्थिक दृष्टि से लाभदायक तथा भौगोलिक दृष्टि से धारणीय है। इस प्रस्तावित नहर की चौड़ाई 300 मीटर, गहराई 25 मीटर होगी। अरब सागर के तट पर स्थित लखपत नगर से राजस्थान के सिरोही जिले के संचोर नगर को जोड़ेगी। यह नहर 135 किलोमीटर की दूरी रन-कच्छ (Rann of Kachchh) से होकर पार करेगी।

इस परियोजना पर नहर खोदने से पहले भू-रणनीतिक (Geostrategic) पहलू का विशेष रूप से अध्ययन करना होगा। चूँकि यह नहर पाकिस्तान की सीमा के निकट से गुजरेगी इसलिये इसके पहरे एवं प्रबंधन पर विशेष बल देने की आवश्यकता होगी। इस नहर के तैयार होने के पश्चात, थार के मरुस्थल के विकास के लिये नये अवसर प्राप्त होंगे। परन्तु इससे बहुत-सी जलमग्न-भूमि एवं पारिस्थिकी समस्यायें उत्पन्न हो सकती हैं। नहर के आस-पास पलायन करके जनसंख्या में भारी वृद्धि हो सकती है, जिसका पर्यावरण पर प्रतिकूल प्रभाव पड़ सकता है।

वायु परिवहन (Air Transport)

भारत का 109 देशों के साथ द्विपक्षीय हवाई सेवा समझौता है। हवाई परिवहन, परिवहन का सबसे तेज साधन है। इसने भौगोलिक दूरियों को कम कर दुनिया को एक गांव बना दिया है।

वायु परिवहन के प्रमुख लाभ एवं हानियाँ निम्न प्रकार हैं:

1. वायु परिवहन के माध्यम से सुदूर एवं कठिन भू-भागों तक आसानी से जल्दी पहुँचा सकता है, यथा-पर्वतों, मरुस्थलों, घने वनों और दलदलीय क्षेत्र इत्यादि।
2. यह परिवहन का सबसे तेज साधन है।
3. वायु परिवहन आपातकालीन स्थितियों, युद्ध काल एवं प्राकृतिक आपदाओं के समय में महत्वपूर्ण भूमिका निभाता है।
4. वायु परिवहन कोहरे, कुहासा और तूफानी मौसम में बुरी तरह प्रभावित होता है।

नागरिक उड्डयन (Civil Aviation)

1 अप्रैल 1995 को गठित भारतीय विमानपट्टन प्राधिकरण (एएआई) वाणिज्यिक एयरलाइंस के संचालन के लिए सिविल एन्क्लेव और रक्षा हवाई क्षेत्रों सहित 137 हवाई अड्डों का संचालन करता है। नागरिक उड्डयन मंत्रालय; नागरिक उड्डयन के विकास और नियमन के लिए राष्ट्रीय नीतियों और कार्यक्रमों के निर्माण, नागरिक हवाई परिवहन के व्यवस्थित विकास और विस्तार के लिए योजनाओं को तैयार करने और लागू करने के लिए उत्तरदायी है। इसके अलावा मंत्रालय की दायित्वों में हवाई अड्डा सुविधाओं और हवाई यातायात सेवाओं को बढ़ावा देना, यात्री और माल परिवहन को बढ़ाना, नागरिक उड्डयन संचालन की सुरक्षा निश्चित करना, हवाई परिवहन सेवाओं का विनियमन करना, हवाई अड्डों, वाहकों, और विमानों का रखरखाव करना, पायलट, इंजीनियरों के लाइसेंस के प्रावधान की देखरेख करना भी शामिल है।

एयर इंडिया, इंडियन एयरलाइंस, एवं एयर इंडिया चार्टर के अतिरिक्त निजी सेक्टर की छ: एयरलाइन भी काम कर रही हैं। निजी एयरलाइंस में जेट एयरवेज, जेटलाईट एयरलाइंस, गो एयरलाइन, स्पाइस जेट, पेरामाऊंट एयरवेज तथा ग्लोब ऐविएशन (Indigo) सम्मलित हैं।

नागरिक उड्डयन महानिदेशालय

नागरिक उड्डयन महानिदेशालय एक कार्यालय है जो नागरिक उड्डयन मंत्रालय से सम्बद्ध है जिसका प्रधान महानिदेशक नागरिक उड्डयन होता है। इसका मुख्यालय नई दिल्ली में अवस्थित है और इनके प्रादेशिक और उप-प्रादेशिक कार्यालय देश भर में स्थित हैं। नागरिक उड्डयन महानिदेशक भारत में वायु परिवहरन सेवाओं के नियमित चलने, वायु सुरक्षा और वायुयान उड़ानों के मानकों के प्रति उत्तरदायी है।

भारतीय विमानपट्टन प्राधिकरण

भारतीय विमानपट्टन प्राधिकरण (एएआई) अप्रैल 1995 में अस्तित्व में आया। एएआई एक मिनीरत्न श्रेणी-I का एक सार्वजनिक उपक्रम है जो देश भर में हवाई अड्डों के बुनियादी ढांचे के निर्माण, उन्नयन, रखरखाव और प्रबंधन में शामिल है। यह 24 अंतर्राष्ट्रीय हवाई अड्डों (3 सिविल एन्क्लेव), 10 कस्टम हवाई अड्डों (4 सिविल एन्क्लेव) और 103 घरेलू हवाई अड्डों (23 सिविल एन्क्लेव) सहित 137 हवाई अड्डों का स्वामित्व रखता है और उनका रखरखाव करता है।

वायु सेना

2016 में शुरू की गई नागरिक उड्डयन मंत्रालय की यह पहल है कि लोगों, को सुविधाजनक हवाई यात्रा का अनुभव प्रदान करना है। यह एक इंटरैक्टिव सेवा पोर्टल (airSHa.gov.in) या एंड्राइड और आई.ओ.एस. प्लेटफार्म दोनों के लिए एक मोबाइल एप के माध्यम से काम करता है जिसमें शिकायत निवारण के लिए एक तंत्र, शिकायत निवारण के लिए बैक ऑफिस संचालन, उड्डयन सूचना, अनुसूची सूचना, हवाई अडडा सूचना और एफ.एक्यू.एस. शामिल हैं।

हवाई अड्डे: भारत में कुल 450 हवाई अड्डे अपने विकास के अलग-अलग चरणों में हैं। इनमें अहमदाबाद, अमृतसर, बंगलुरु, चेन्नई, दिल्ली, गुवाहाटी, हैदराबाद, कोच्चि, कोलकाता, मुंबई, पणजी और तिरुवनंतपुरम अंतर्राष्ट्रीय हवाई अड्डे हैं।

भारत के हवाई अड्डों में आधारभूत सुविधाओं की भारी कमी है, जिसके विकास पर भारी धन के निवेश की आवश्यकता है। इस कार्य को जल्दी पूरा करने एवं उपयुक्त धन जुटाने के उद्देश्यों से सरकार द्वारा इस क्षेत्र में देशी और विदेशी अप्रवासी भारतीय सहित निजी क्षेत्रीय पूँजी निवेश की नीति अपनायी जा रही है।

माल वाहन (Cargo): वायु मार्ग से द्रुत माल वाहन की सुविधा उपलब्ध करने और निर्यात प्रोत्साहन के लिए सरकार द्वारा अप्रैल 1992 में 'मुक्त आकाश नीति' (Open Sky Policy) की घोषणा की गई। इस नीति द्वारा विदेशी एयरलाइन को माल वाहन के लिए असीमित वायुयान सेवा के उपयोग की अनुमति प्रदान की गई। सरकार द्वारा वायु माल वाहन को अंतर्राष्ट्रीय वायु यातायात संघ (IATA) के आधार दर (Floor Rate) बाजार की शक्तियों पर आधारित कर दिया गया है।

वायु सेवाएं (Air Services): भारत का विश्व के 103 देशों के साथ द्विपक्षीय वायु सेवा समझौता (ASA) है। भारत और संयुक्त राज्य अमेरिका के बीच सन् 1956 के वायु सेवा समझौते को एक नये समझौते (1995) द्वारा संशोधित कर लिया गया है। इस समझौते द्वारा दोनों देशों को एक-दूसरे की वायु सीमाओं के अंतर्गत **असीमित** वायु पहुंच प्राप्त हो गयी है। भारत के प्रमुख राजमार्गों को ***चित्र 12.11*** में दर्शाया गया है।

एयर इंडिया: एयर इंडिया का गठन 1947 में हुआ था, जिसके बाद एयर इंडिया इंटरनेशनल ने 8 जून, 1948 को काहिरा और जिनेवा के रास्ते लंदन के लिए Constellation विमान के साथ अपनी पहली सेवा शुरू की। 1952 में, योजना आयोग ने हवाई परिवहन उद्योग के राष्ट्रीयकरण की सिफारिश की, जो मार्च 1953 में राष्ट्रीयकृत निगमों के निर्माण के साथ प्रभावी हुआ। इसके बाद एयर इंडिया इंटरनेशनल लिमिटेड अंतर्राष्ट्रीय सेवाएं और इंडियन एयरलाइंस घरेलू सेवाएं संचालित लगा। 27 जनवरी, 2022 को, 69 वर्षों की अवधि के बाद, टाटा समूह फिर से अपनी सहायक कंपनी टैलेस के माध्यम से एयर इंडिया का मालिक बन गया। निवेश और सार्वजनिक संपत्ति प्रबंधन विभाग (DIPAM) द्वारा एयरलाइन का नियंत्रण आधिकारिक तौर पर टाटा समूह को सौंप दिया गया। समूह ने अक्टूबर 2021 में एयर इंडिया को खरीदने के लिए ₹18,000 करोड़ की सफल बोली लगाई थी। सरकार के एक बयान के अनुसार, टाटा समूह अब एयर इंडिया, एयर इंडिया एक्सप्रेस और एयर इंडिया एसएटीएस एयरपोर्ट सर्विसेज प्राइवेट लिमिटेड का मालिक है।

एयर इंडिया द्वारा प्रति सप्ताह 173 उड़ानों का संचालन (45 अंतर्राष्ट्रीय तथा 14 घरेलू स्टेशनों के लिए) किया जाता है। सवारियों को ज्यादा स्टेशनों तक एवं सुविधाएं पहुँचाने के उद्देश्य से इसके द्वारा 12 अन्य वायु सेवा कंपनियों के साथ कोड-साझेदारी (Code - Share) समझौता भी किया गया है।

इंडियन एयरलाइंस: इंडियन एयरलाइंस की स्थापना एयर कॉर्पोरेशन एक्ट, 1953 के तहत दिल्ली में मुख्यालय के साथ ₹3.25 करोड़ की प्रारंभिक पूंजी के साथ की गई थी। इंडियन एयरलाइंस देश की प्रमुख घरेलू एयर कैरियर है। इंडियन एयरलाइंस अपनी पूर्ण स्वामित्व वाली सहायक एयरलाइंस, एलाइड सर्विसेज लिमिटेड (एलायंस एयर) के साथ 55 घरेलू स्टेशनों पर परिचालन करती है। इसके अलावा इंडियन एयरलाइंस 18 अंतर्राष्ट्रीय स्टेशनों पर भी परिचालन करती है। 26 फरवरी 2011 को, इंडियन एयरलाइंस ने अपने ब्रांड और कोड के तहत काम करना बंद कर दिया और एयर इंडिया के साथ अपना विलय पूरा कर लिया।

पवन हंस हेलीकॉप्टर लिमिटेड: यह देश की अग्रणी हेलीकॉप्टर कंपनी है तथा विश्वसनीय हेलीकॉप्टर संचालन के लिए जानी जाती है। पेट्रोलियम क्षेत्र को हेलीकॉप्टर सेवा उपलब्ध कराने, देश के दुर्गम क्षेत्रों को जोड़ने तथा चार्टर हेलीकॉप्टर सेवा द्वारा पर्यटन को प्रोत्साहित करने के उद्देश्य से इसे सन् 1985 में स्थापित किया गया था।

निजी कंपनियाँ: भारत में पाँच निजी कंपनियों द्वारा भी वायु सेवाएं संचालित की जा रही हैं। जहाँ जेट एयरवेज, इंडिगो और एयर सहारा घरेलू और अंतर्राष्ट्रीय दोनों ही सेवाओं का संचालन करती हैं, वहीं एयर डेक्कन, किंगफिशर और स्पाईस जेट द्वारा केवल घरेलू वायु सेवाएं ही परिचालित की जाती हैं।

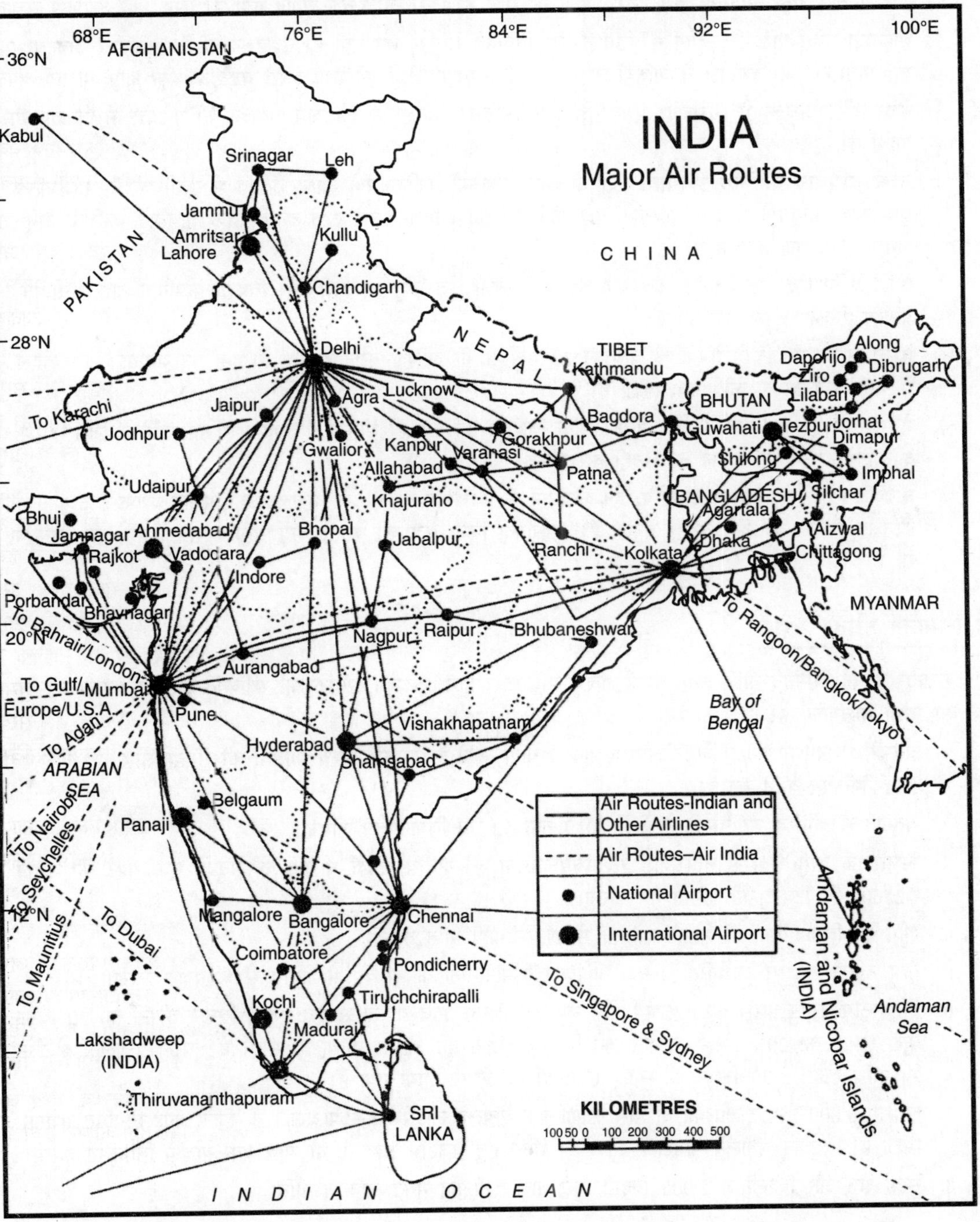

चित्र 12.11 प्रमुख वायु मार्ग

समस्याएँ (Problems)

भारत के वायु परिवहन (सरकारी कंपनियाँ) की मुख्य समस्याएं निम्न प्रकार हैं:

1. **घाटे में चलना:** एयर इंडिया और इंडियन एयरलायंस दोनों ही लगातार घाटा अर्जित कर रही हैं। लुफ्तांसा और सिंगापुर विदेशी वायु सेवा कंपनियों द्वारा एयर इंडिया के साथ साझेदारी की इच्छा जताई गयी है।
2. **हड़ताल:** वायु परिवहन उद्योग में हड़ताल एक नियमित समस्या बन गयी है। उदाहरण के लिए सितंबर-अक्टूबर 2009 के 'पायलटों' की हड़ताल ने यात्रियों के लिए बड़ी समस्या खड़ी की तथा इससे बड़ी आर्थिक क्षति भी हुई।
3. **सेवा की गुणवत्ता में गिरावट:** एयर इंडिया एवं इंडियन एयरलायंस की वायु सेवाओं की गुणवत्ता में लगातार गिरावट आयी है।
4. **उच्च वायुयान कार्मिक अनुपात:** दोनों सरकारी कंपनियों का कार्मिक आधार विश्व में सर्वाधिक है। सार्वजनिक क्षेत्र वायु सेवा कंपनियों में प्रति वायुयान 700 कार्मिकों का औसत है जो 225 के वैश्विक वायुयान-कार्मिक अनुपात से लगभग तीन गुना अधिक है।
5. **कड़ी प्रतिस्पर्द्धा:** सार्वजनिक क्षेत्र की कंपनियाँ, निजी क्षेत्र की दक्ष देशी और विदेशी कंपनियों द्वारा आरोपित कड़ी प्रतिस्पर्द्धा का सामना कर रही हैं।
6. **पुराने वायुयान:** इन कंपनियों के वायुयान 20 वर्षों से भी अधिक पुराने हो गए हैं। इन्हें नए वायुयानों द्वारा बदले जाने में भारी पूँजी निवेश की आवश्यकता है।
7. **महँगे किराए:** वायु सेवाओं की सुविधा सिर्फ विशिष्ट वर्ग तक ही सीमित है क्योंकि किराए महँगे हैं जिस कारण मध्य और निम्न-मध्य वर्ग इनको वहन नहीं कर सकते।
8. **कुप्रबंधन एवं राजनैतिक हस्तक्षेप:** इन कंपनियों के प्रबंधन में दक्षता और कुशलता का अभाव व्याप्त है तथा राजनैतिक हस्तक्षेप स्थिति को और बदतर बनाता है। उपभोक्ता निजी क्षेत्र की बेहतर वायु सेवा कंपनियों की ओर आकर्षित हो रहे हैं।

नई विमानन नीति, 2016

भारत सरकार ने नई विमानन नीति लागू की है, जिसे मंत्रिमंडल द्वारा 15 जून, 2016 को स्वीकृति प्रदान की गई। नई विमानन नीति की मुख्य विशेषताएँ हैं:

1. वर्तमान में लगभग 80 मिलियन लोग विमान से यात्रा करते हैं। इसका उद्देश्य यात्रियों की संख्या को 2022 तक बढ़ाकर 300 मिलियन करने का है।
2. वर्तमान में कार्यरत 77 विमानपत्तनों में 2019 तक 52 नए विमानपत्तन जोड़ना।
3. अभी तक वायु सेवा से नहीं जोड़े गए विमानपत्तनों को क्षेत्रीय संपर्क योजना के अंतर्गत एक घण्टे की उड़ान हेतु ₹2500 प्रति टिकट की कीमत तय करना।
4. शीर्ष 18 विमानपत्तनों के विमान यात्रियों से छोटी उगाही प्राप्त करना।
5. कम उगाही छूट पर आधारित 50-80 नो फ्रिल विमानपत्तनों के माध्यम से क्षेत्रीय संपर्क प्रदान करना।
6. अंतर्राष्ट्रीय उड़ान प्रारंभ करने से पूर्व पाँच वर्ष उड़ानों की आवश्यकता समाप्त। परन्तु विमान कंपनी को 20 विमान या कुल क्षमता का 20% (सभी प्रस्थानों को मिलाकर सीटों की औसत संख्या के संदर्भ में) घरेलू प्रचालनों के लिए जो भी अधिक हो। 5/20 नियम के स्थान पर 0/20 का नियम लाया गया है।
7. लगभग 8,000 विमान चालकों के पास वाणिज्यिक पायलट लाइसेंस (सी.पी.एल.) हैं, जिन्हें कोई नियमित रोजगार नहीं मिला है। विमानन मंत्रालय पायलटों हेतु टाइप-रेटिंग हेतु बजटीय सहायता के साथ एक योजना विकसित करेगी।
8. सार्क क्षेत्र और दिल्ली से 5,000 कि.मी. दूरी वाले देशों हेतु मुक्त आकाश नीति।

9. नई नगर विमानन नीति में कई अन्य परिवर्तन भी सम्मिलित हैं – विमानपत्तन वर्गीकरण संबंधी नए मानक, द्विपक्षीय उड़ान अधिकतर, ग्राउंड संभलाई (ground handling) और गैर-कोर सुरक्षा कार्यों में निजी सुरक्षा व्यक्तियों की तैनाती।

घरेलू प्रचालन के पाँच वर्ष की आवश्यकता के नियम को समाप्त कर अंतर्राष्ट्रीय उड़ान प्रारंभ करने की अनुमति स्वागत योग्य है। यह अंतर्राष्ट्रीय मार्गों पर प्रतिस्पर्धा को बढ़ाएगा और प्रतिस्पर्द्धा का अर्थ है–बेहतर सेवा और ग्राहकों हेतु कम किराया। प्रस्तावित नो फ्रिल विमानपत्तनों के माध्यम से क्षेत्रीय संपर्क हेतु योजना छोटे शहरों में रहने वालों को यात्रा विकल्प उपलब्ध कराएगी, यह भी एक स्वागत योग कदम है।

पाइपलाइन परिवहन (Pipeline Transport)

पाइपलाइनें, कच्चे तेल, पेट्रोलियम, पेट्रोलियम उत्पादों, प्राकृतिक गैस और ठोस खनिजों के परिवहन की सबसे अधिक सुविधाजनक विधि प्रदान करती हैं। पाइपलाइन परिवहन के लाभ और हानि नीचे दिए गए हैं।

पाइपलाइन के लाभ

1. पाइपलाइनों को खुदरे और पहाड़ी क्षेत्रों सहित पानी के अंदर भी बिछाया जा सकता है।
2. पाइपलाइनों के प्रचालन और रख-रखाव की लागत परिवहन की अन्य विधियों की तुलना में कम है।
3. पाइपलाइनों में कम ऊर्जा खपत होती है।
4. पाइपलाइन निर्माण द्वारा औद्योगिक क्षेत्र जुड़े होते हैं।
5. पाइपलाइनें खराब सड़क स्थितियों से प्रभावित नहीं होती हैं।
6. ये हड़तालों से प्रभावित नहीं होती हैं।
7. ये पर्यावरण को प्रदूषित नहीं करती हैं।

पाइपलाइनों के अलाभ

1. पाइपलाइनों का निर्माण काफी महँगा होता हैं और भारी निवेश की माँग करता है।
2. पाइपलाइन की क्षमता को बढ़ाया नहीं जा सकता।
3. पाइपलाइनों की मरम्मत अत्यधिक तकनीकी और कठिन होती है।
4. आतंकियों से सुरक्षा का खतरा।

भारत की महत्वपूर्ण पाइपलाइनें निम्नानुसार हैं:

1. **नाहरकटिया – नूनमती – बरौनी पाइपलाइन:** यह भारत में निर्मित की गई पहली पाइपलाइन थी, ताकि कच्चे तेल को नाहरकटिया तेलक्षेत्र से नूनमती (ऊपरी असम) ले जाया जा सके। बाद में, इसे विस्तारित कर तेल का परिवहन, बरौनी, बिहार तेल क्षेत्र तक किया जाने लगा। यह 1167 कि.मी. लंबी है। बाद में, इसे कानुपर (उ.प्र.) तक बढ़ाया गया। नाहरकटिया और नूनमती के मध्य पाइपलाइन 1962 में प्रारंभ की गई थी और नूनमती और बरौनी के मध्य 1964 में प्रारंभ हुई। इसमें अनेक पम्पिंग स्टेशन और सहायक पाइपलाइनें हैं ***(चित्र 12.12)***। प्रमुख सहायक पाइपलाइनें हैं:
   (i) नूनमती – सिलीगुड़ी पाइपलाइन असम में नूनमती (गुवाहाटी) से पश्चिम बंगाल में सिलीगुड़ी को तेल परिवहन करती है।
   (ii) लुकवा – रुद्रसागर से बरौनी को कच्चे तेल का परिवहन करने के लिए निर्मित की गई थी।
   (iii) बरौनी – हल्दिया पाइपलाइन को 1966 में पूर्ण किया गया था। यह हल्दिया पत्तन को परिशोधित पेट्रोलियम उत्पादों का परिवहन करती है और बरौनी तेल परिशोधनशाला से वापस कच्चा तेल लाती है।
   (iv) बरौनी – कानपुर पाइपलाइन बरौनी से परिशोधित पेट्रोलियम उत्पादों को कानपुर तक ले जाती है।
   (v) नूनमती – बोंगाईगाँव पाइपलाइन बोंगाईगाँव पेट्रो-रासायन परिसर के लिए कच्चे माल के परिवहन हेतु प्रयोग की जाती है।

(vi) हल्दिया राजबंध – मोरीगाँव पाइपलाइन को बंगाल के दक्षिणी भागों की आवश्यकता पूरी करने के लिए निर्मित किया गया था।

2. **बॉम्बे हाई – मुम्बई – अलंकेश्वर कोयली पाइपलाइनः** यह पाइपलाइन बॉम्बे हाई और गुजरात के तेल क्षेत्र को कोयली तेल परिशोधनशाला के साथ जोड़ती है। 210 कि.मी. लंबी दोहरी लाइन मुम्बई को बॉम्बे हाई के साथ जोड़ती है। यह कच्चे तेल और प्राकृतिक गैस के परिवहन हेतु सुविधाएँ प्रदान करती है। यह पाइपलाइन 1965 में प्रारंभ की गई थी। यह अंकलेश्वर तेल क्षेत्र से कोयली परिशोधनशाला को कच्चे तेल का परिवहन करती है ***(चित्र 12.12)***।
3. **सलाया – कोयली – मथुरा पाइपलानः** इस महत्वपूर्ण पाइपलाइन को गुजरात में सलाया से विराग्राम होते हुए उत्तर प्रदेश में मथुरा तक बिछाया गया है। यह 1256 कि.मी. लंबी पाइपलाइन है जो कोयली और मथुरा स्थित तेल परिशोध नशालाओं को कच्चे तेल की आपूर्ति करती है। मथुरा से इसे पानीपत (हरियाणा) तक विस्तारित किया गया और आगे पंजाब में जालंधर तक बढ़ाया गया है ***(चित्र 12.12)***।
4. **हजीरा – बीजापुर – जगदीशपुर (एच.बी.जे.) गैस पाइपलाइनः** इस गैस पाइपलाइन को गैस अथॉरिटी ऑफ इंडिया लिमिटेड (गेल) द्वारा गैस परिवहन के लिए निर्मित किया गया था। यह महाराष्ट्र मे हजीरा, मध्य प्रदेश में बीजापुर और उत्तर प्रदेश में जगदीशपुर से जोड़ती है। यह 1750 कि.मी. लंबी है। यह प्रतिदिन 18 मिलियन क्यूबिक मीटर गैस को तीन विद्युत संयंत्रों – का वास (गुजरात), अन्ता (राजस्थान) और औरेया (उ.प्र.) और छह उर्वरक संयंत्रों बीजापुर, सवाईमाधोपुर, जगदीशपुर, ओन्ला, बबराटा और शाहजहाँपुर को गैस की आपूर्ति करती है। प्रत्येक उर्वरक संयंत्र की उत्पादन क्षमता 1350 टन अमोनिया प्रतिदिन है। यह विश्व की सबसे लम्बी भूमिगत पाइपलाइन है और इसने ग्रामीण गुजरात, मध्य प्रदेश, राजस्थान और उत्तर प्रदेश में पर्याप्त आर्थिक बदलाव किया है। इसे दिल्ली तक विस्तारित किया गया है ताकि राजधानी की बढ़ती मांग को पूरा किया जा सके ***(चित्र 12.12)***।
5. **जामनगर – लोनी (एल.पी.जी) पाइपलाइनः** इस 1269 कि.मी. लम्बी पाइपलाइन को गैस अथॉरिटी ऑफ लिमिटेड (GAIL) द्वारा निर्मित किया गया था। यह गुजरात में जामनगर को दिल्ली के निकट लोनी (उ.प्र.) से जोड़ती है, यह गुजरात, राजस्थान हरियाणा और उत्तर प्रदेश से होती हुई गुजरती है। यह प्रतिदिन 1269 कि.मी. लंबे मार्ग पर 3.5 लाख एल.पी.जी. सिलेण्डरों का परिवहन करती है।

   यह पहली बार है कि देश में एल.पी.जी. परिवहन हेतु क्रॉस-कंट्री पाइपलाइन का प्रयोग किया गया है। सिलेण्डर भरने के लिए मार्ग पर विभिन्न स्थानों पर एल.पी.जी. प्राप्त की जाती है, जैसे–अजमेर और जयुपर (राजस्थान) पियाला (हरियाणा), मदनपुर खादर (दिल्ली) और लोनी (उ.प्र.)
6. **कांडला – भटिण्डा पाइपलाइनः** यह 1331 कि.मी. लम्बी पाइपलाइन कांडला के भटिण्डा से जोड़ती है ***(चित्र 12.12)***।

ठोस खनिज पाइपलाइनें

1. बैलाडीला (छत्तीसगढ़) से विशाखापत्तनम (आंध्र प्रदेश) लौह-अयस्क के परिवहन हेतु
2. कुद्रेमुख से मंगलुरु पत्तन (लौह-अयस्क परिवहन)
3. देबारी से उदयपुर (राजस्थान) पाइपलाइन को जिंक अयस्क और जिंक उत्पादों के परिवहन हेतु निर्मित किया गया है।

शहरी आधारभूत संरचना (Urban Infrastructure)

शहरी आधारभूत संरचना के अंतर्गत पेयजल, साफ-सफाई, मल व्यय, विद्युत एवं गैस वितरण, शहरी परिवहन, प्राथमिक स्वास्थ्य सेवाएं और पर्यावरण नियमन आते हैं। हाल के समय में बढ़ी शहरीकरण की प्रक्रिया ने शहरी आधारभूत संरचनाओं पर भारी दबाव डाला है और कई शहरों में इनकी भारी कमी व्याप्त है। उदाहरण के तौर पर कई शहरों (शिमला, उदयपुर, जोधपुर, दिल्ली, बीकानेर, इत्यादि) के कई क्षेत्रों में पूरे दिन में दो से चार घंटे ही जल की आपूर्ति होती है। छोटे शहर वित्तीय संसाधन की कमी के कारण शहरी आधारभूत संरचनाओं की पूर्ति करने में विशेषकर असक्षम साबित हो रहे हैं।

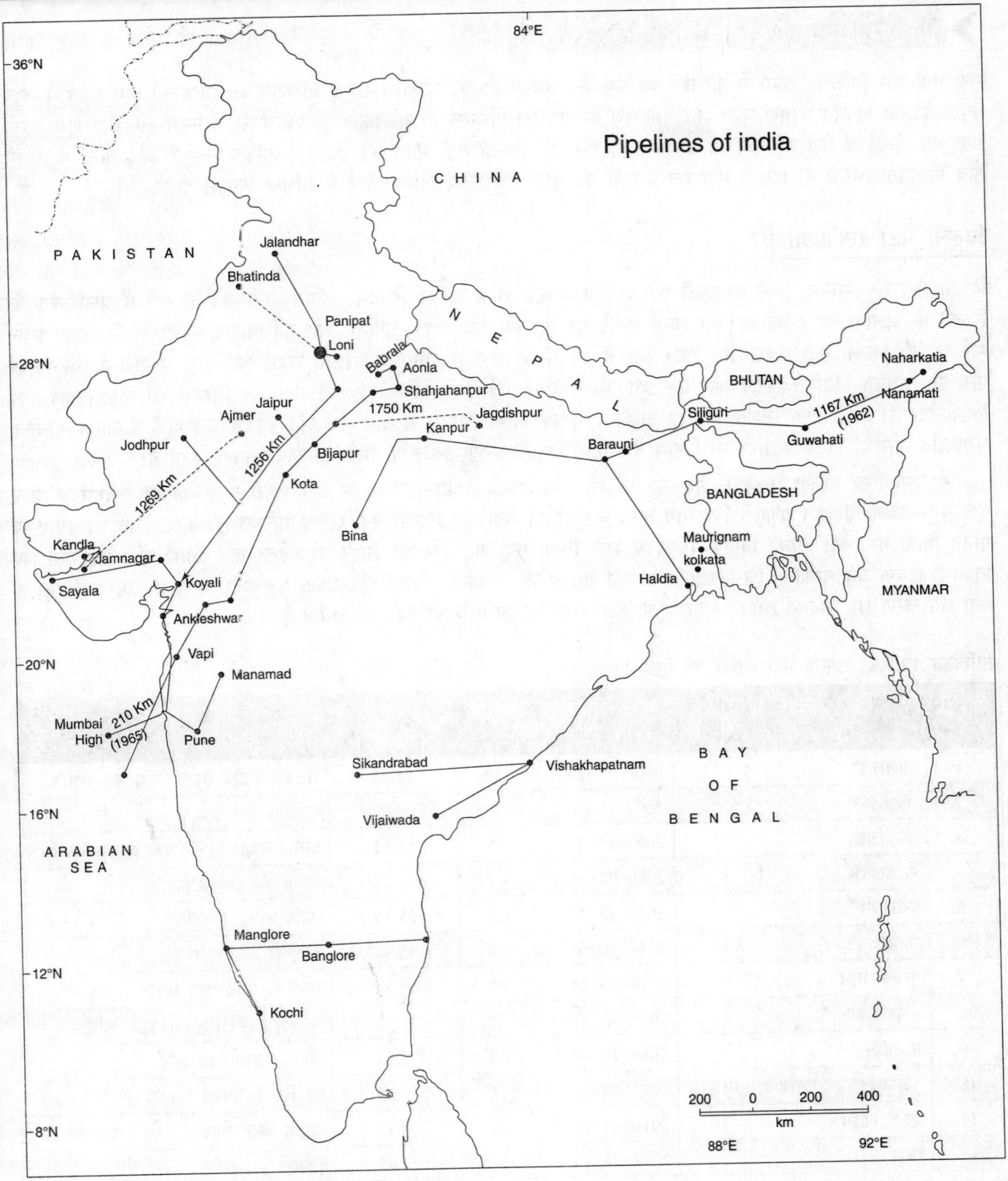

चित्र 12.12 भारत की प्रमुख पाइपलाइनें

मेट्रो रेल प्रणाली (Metro Rail System)

मेट्रो मेगा और मिलियन शहरों में परिवहन का एक तेज तरीका है। यह उपलब्ध सड़क परिवहन पर दबाव को कम करने में मदद करता है। यह लगभग प्रदूषण मुक्त और पर्यावरण के अनुकूल परिवहन है। कोलकाता में पहला मेट्रो सिस्टम 1984 में शुरू किया गया था। चेन्नई में मेट्रो परिवहन भी उपलब्ध है। इनमें से, दिल्ली मेट्रो भारत की पहली आधुनिक मेट्रो है और भारत में तीसरी तीव्र पारगमन प्रणाली है। दिल्ली मेट्रो रेल प्रणाली की मुख्य विशेषताएं निम्नलिखित में संक्षिप्त रूप से दी गई हैं।

दिल्ली मेट्रो रेल प्रणाली

दिल्ली मेट्रो रेल सिस्टम, जिसे तकनीकी रूप से दिल्ली मास रैपिड ट्रांजिट सिस्टम (डीएमआरटीएस) के रूप में जाना जाता है, दिल्ली के अलावा यह इसके अनुषंगी शहरों फरीदाबाद, गुरुग्राम (गुड़गांव), नोएडा, और गाजियाबाद में भी अपनी सेवाएं प्रदान कर रहा है। दिल्ली मेट्रो लंबाई और रेलवे स्टेशनों की संख्या दोनों में दुनिया की 12वीं सबसे बड़ी मेट्रो प्रणाली है। नेटवर्क में पांच रंग-कोडित नियमित लाइनें और एक द्रुतगामी एयरपोर्ट एक्सप्रेस लाइन है दिल्ली मेट्रो रेल सिस्टम की कुल लंबाई 391 किलोमीटर है। इसके 286 स्टेशन और 12 लाइन हैं। इसके लाइन सिस्टम में ब्रॉड-गेज और स्टैंडर्ड-गेज दोनों हैं जोकि भूमिगत, धरातलीय और एलिवेटेड स्टेशनों का मिश्रण है। मेट्रो में प्रतिदिन औसतन 2.76 मिलियन यात्री सवारी करतें हैं।

मेट्रो के लिए योजना 1984 में शुरू की गई थी, जब दिल्ली विकास प्राधिकरण और शहरी कला आयोग ने शहर के लिए एक बहु-मॉडल परिवहन प्रणाली विकसित करने का प्रस्ताव रखा था। दिल्ली मेट्रो रेल कॉर्पोरेशन (DMRC) को मई 1995 में गठित किया गया था। इसका निर्माण 1998 में शुरू किया गया था, और रेड लाइन पर पहला खंड 2002 में खोला गया था। विकास नेटवर्क को चरणों में विभाजित किया गया था। चरण I जिसमें 3 लाइनें हैं, 2006 तक और चरण II, 2011 में पूरा हो गया था। चरण III सितंबर 2021 में पूरा हुआ था। चरण IV अभी कार्यान्वयन के अधीन है।

तालिका 12.3A प्रमुख मेट्रो लाइनों की मुख्य विशेषताएं

क्र. सं.	रेखा	पहला ऑपरेशन	स्थानक	लंबाई (कि.मी.)	टर्मिनल
1.	लाललाइन	2002-12-24	29	34.55	रिठाला-शहीद स्थल (नया बस अड्डा)
2.	पीलीलाइन	2004-12-20	37	49.02	समयपुर बादली-हुडा सिटी सेंटर
3.	नीलीलाइन	2005-12-31	50	56.11	द्वारका सेक्टर 21- नोएडा इलेक्ट्रॉनिक सिटी
4.	नीलीलाइन	2010-01-27	8	8.51	यमुना बैंक- वैशाली
5.	हरीलाइन	2011-08-27	23	28.79	कीर्ति नगर- बहादुरगढ़
6.	वायलेट लाइन	2010-10-03	34	46.34	कश्मीरी गेट-बल्लभगढ़
7.	गुलाबीलाइन	2018-03-14	38	59.24	मजलिस पार्क-शिव नगर
8.	मैजेंटा लाइन	2017-12-25	25	37.46	जनकपुरी पश्चिम-कालकाजी मंदिर
9.	ग्रे लाइन	2019-10-04	4	5.19	द्वारका- ढांसा बस स्टैंड
10.	ऑरेंज लाइन (एयरपोर्ट एक्सप्रेस)	2011-02-23	6	22.91	नई दिल्ली-द्वारका सेक्टर 21
11.	एक्वा लाइन	2010-01-25	21	29.17	नोएडा-ग्रेटर नोएडा
12.	रैपिड मेट्रो	2013-11-14	11	12.85	गुरुग्राम

Source: Delhi Metro Rail Corporation Limited, https://www-delhimetrorail.com@

परिवहन नियोजन (Transport Planning)

भारत की परिवहन व्यवस्था के उल्लेख और विश्लेषण से यह पता चलता है कि देश के सड़क, रेल, नौवहन और वायु तंत्रों के बीच समन्वय की शीघ्र और नितांत आवश्यकता है। देश में अब भी बहुत सारे ऐसे क्षेत्र हैं, जिन तक परिवहन तंत्र की पहुँच

स्थापित नहीं हो पायी है। देश के बहुत से गाँव अब भी पक्की सड़कों से नहीं जुड़े हैं। वैसे देश के रेल एवं सड़क परिवहन तंत्रों के बीच ट्रैफिक को लेकर प्रतिस्पर्द्धा की बात अनुपयुक्त परिवहन नियोजन को दर्शाती है। दूसरी तरफ जल परिवहन के विकास और उसकी देख-भाल पर अपेक्षाकृत कम ध्यान देने की स्थिति झलकती है। इसी तरह आम आदमी के लिए वायु यातायात काफी महँगा बना हुआ है। भारत की परिवहन व्यवस्था के विकास में निम्न कदम अच्छे परिणाम ला सकते हैं:

1. **परिवहन नियोजन का भौगोलिक आधार:** परिवहन व्यवस्था का नियोजन स्थलाकृति, ढलान एवं जलवायु इत्यादि भौगोलिक कारकों को ध्यान में रखकर किया जाना चाहिए। उदाहरण के तौर पर जहाँ मैदानी क्षेत्रों में सड़क और रेल बेहतर यातायात के साधन हो सकते हैं वहीं पर्वतीय क्षेत्रों में इसके लिए सड़क और वायु (हेलीकॉप्टर) सेवाओं की व्यवस्था बेहतर परिणाम देंगे।
2. **व्यापार परिवहन योजना:** यातायात के सभी साधनों के मध्य एक बेहतर समन्वय स्थापित हो सके इसके लिए एक विस्तृत परिवहन योजना के निर्माण और कार्यान्वयन की आवश्यकता है।
3. **बड़ी लाइन की व्यवस्था:** रेल परिवहन में व्याप्त विलंब एवं अन्य कमियों को दूर करने के लिए पूरे रेल तंत्र को बड़ी लाइन में परिवर्तित करना एक उपयोगी कदम होगा।
4. **सड़क चौड़ीकरण:** सड़क परिवहन की क्षमता और संबद्धता के विकास के लिए राष्ट्रीय एवं राज्य-स्तरीय राजमार्गों के विकास पर अधिक ध्यान दिया जाना चाहिए।
5. **जल परिवहन:** परिवहन के सबसे सस्ते साधन होने के कारण देश के जल परिवहन के विकास और देख-भाल पर उचित ध्यान दिए जाने की आवश्कता है।
6. **आधारभूत संरचना:** रेलवे-स्टेशन, बस-स्टैंड एवं हवाई-अड्डों पर उचित यात्री सुविधाओं की नितांत आवश्यकता है।
7. **नयी तकनीक:** परिवहन व्यवस्था में नयी वैश्विक तकनीकों का सामयिक समावेश अत्यावश्यक कदम है।
8. **निजी क्षेत्र की सहभागिता:** परिवहन व्यवस्था के उचित विकास के लिए आवश्यक पूँजी एवं आधुनिक तकनीकों के समावेश की दृष्टिकोण से देशी एवं विदेशी दोनों ही प्रकार के निजी पूँजी निवेश पर बल दिया जाना चाहिए।

ट्रैफिक दुर्घटनाएं

राष्ट्रीय अपराध रिकॉर्ड ब्यूरो (एनसीआरबी) द्वारा उपलब्ध कराए गए सन् 2020 के आंकड़ों के अनुसार, भारत में सड़क दुर्घटनाओं के 3,54,796 मामले दर्ज किए, जिसमें 1,33,201 लोग मारे गए और 3,35,201 घायल हुए। सबसे ज्यादा लोगों की मौत उत्तर प्रदेश, महाराष्ट्र, तमिलनाडु, कर्नाटक, मध्य प्रदेश और राजस्थान में हुई।

भारतीय रेलवे से मिली जानकारी के मुताबिक, 2015 से 2021 के बीच ट्रेनों की चपेट में आने से करीब 50,000 लोग रेलवे ट्रैक पर अपनी जान गंवा चुके हैं। 2020-21 में, कम-से-कम 21 रेल दुर्घटनाएं दर्ज की गई, लेकिन कोई मौत या किसी के घायल होने की सूचना नहीं मिली।

श्रेष्ठ और सुरक्षित लिन्के होफमेन बुश (LHB) डिब्बों में एन्टी कलामिग तत्व है। भारतीय रेलवे में दुर्घटनाओं में मृत्यु के प्रभाव को कम करने वाले विशेषण का प्रयोग कर रहे हैं।

सड़क सुरक्षा

सरकार ने सड़क दुर्घटनाओ को कम करने के लिए राष्ट्रीय सड़क सुरक्षा नीति को मंजूरी दी है। इसमें शामिल विभिन्न उपाय जागरुकता को बढ़ावा दे रहे हैं, सड़क सुरक्षा सूचना डेटा बेस की स्थापना, सड़क दुर्घटना ब्लैक स्पॉट की पहचान और उनका सुधार कर रहे हैं।

मंत्रालय द्वारा संचालित सड़क सुरक्षा पर महत्वपूर्ण योजनाओं में सड़क सुरक्षा पर प्रचार उपाय और जागरुकता अभियान, ड्राइविंग प्रशिक्षण के लिए संस्थान स्थापित करने की योजना, असंगठित क्षेत्र में ड्राइवरों का ताजा प्रशिक्षण और मानव संसाधन विकास, राष्ट्रीय राजमार्ग दुर्घटना राहत सेवा योजना (NHARSS) शामिल हैं। निरीक्षण और प्रमाणन केंद्र और सड़क सुरक्षा और प्रदूषण परीक्षण उपकरण और कार्यक्रम कार्यान्वयन की स्थापना।

सभी यात्री बसों और टैक्सियों को यात्रियों की सुरक्षा को बढ़ाने के लिए संकट के समय में वास्तविक समय पर नजर रखने और हस्तक्षेप करने में सक्षम करने के लिए जीपीएस डिवाइस और पैनिक बटन से लैस होना अनिवार्य है।

संचार (Communication)

डाक व्यवस्था (Postal System)

भारत में आधुनिक डाक व्यवस्था की स्थापना लॉर्ड क्लाईव द्वारा सन् 1766 में की गयी थी। डाक व्यवस्था को और विकसित करने के क्रम में वारेन हेस्टिंग्स ने सन् 1744 में कलकत्ता में साधारण डाक घर (GPO) की स्थापना की तथा 'पोस्ट मास्टर जनरल' के पद का गठन किया। आने वाले कुछ ही वर्षों में देश के अन्य प्रेसीडेंसी में भी साधारण डाकघरों की स्थापना की गई। बंबई में सन् 1786 में तथा मद्रास में सन् 1793 में। डाकघर अधिनियम, 1773 द्वारा देश के तीनों ही प्रेसीडेंसियों की डाक व्यवस्था विनियमित होती थी तथा देश की डाक व्यवस्था को एक अखिल भारतीय सेवा का स्वरूप मिला। डाक घर अधिनियम, 1854 के द्वारा देश की डाक व्यवस्था में आमूल सुधार किया गया तथा 1 अक्तूबर, 1854 को इसे वर्तमान प्रशासनिक संरचना प्राप्त हुई। वर्तमान में भारतीय डाक व्यवस्था भारतीय डाक घर अधिनियम, 1898 द्वारा निर्देशित होती है।

डाक संचार सुविधाओं की आपूर्ति के अतिरिक्त 19वीं सदी के उत्तरार्द्ध से भारतीय डाक के धन प्रेषण, बैंकिंग और बीमा सेवाओं की आपूर्ति प्रारंभ की गयी।

डाक नेटवर्क

आजादी के समय पूरे देश में 23,344 डाकघर थे। अप्रैल 2005 में देश में 155,516 डाकघर थे, जिनमें से 139,120 ग्रामीण क्षेत्रों में और 16,396 शहरी क्षेत्रों में थे। 2021 में ये संख्या बढ़कर 156,434 हो गई, जिनमें से 141,055 (90.17%) ग्रामीण क्षेत्रों में और 15,379 (9.83%) शहरी क्षेत्रों में हैं। इस सात गुना वृद्धि के परिणामस्वरूप, आज भारत के पास दुनिया का सबसे बड़ा डाक नेटवर्क है। भारत में औसतन प्रति 21.36 वर्ग किलोमीटर एक डाकघर का क्षेत्र कार्य है। और यह औसतन 8713 लोगों की जनसंख्या अपनी सेवाएँ प्रदान करता है।

डाक नेटवर्क में डाकघरों की चार श्रेणियां होती हैं, अर्थात, (i) प्रधान डाकघर, (ii) उप-डाकघर, (iii) अतिरिक्त विभागीय उप डाकघर, और (iv) अतिरिक्त विभागीय शाखा डाकघर। डाकघरों की सभी श्रेणियां समान डाक सेवाओं को बरकरार रखती हैं, जबकि वितरण कार्य निर्दिष्ट कार्यालयों तक ही सीमित है। प्रबंधन नियंत्रण के संदर्भ में, खातों को शाखा डाकघरों से उप डाकघरों और अंत में प्रधान डाकघरों में उत्तरोत्तर समेकित किया जाता है।

31 मार्च, 2021 तक विभाग में लगभग 169,953 विभागीय कर्मचारी और लगभग 244,328 ग्रामीण डाक सेवक थे।

पत्र व्यवस्था

भारतीय डाक की पत्र व्यवस्था (Mail System) दो श्रेणियों में विभाजित है-प्रथम श्रेणी एवं द्वितीय श्रेणी पत्र व्यवस्थाएं। प्रथम श्रेणी पत्र व्यवस्था के अंतर्गत पोस्ट कार्ड, अंतर्देशीय पत्र एवं लिफाफा पत्र को संबद्ध स्टेशन तक वायु मार्ग द्वारा भेजा जाता है जिन पर कोई उप-भार नहीं लगाया जाता है। पुस्तकों के पैकेट, पंजीकृत अखबार, पत्रिका, पार्सल इत्यादि पत्र व्यवस्था की द्वितीय श्रेणी में रखा गया है, को भूतल परिवहन (यथा–सड़क एवं रेल मार्गों) द्वारा पहुँचाया जाता है।

अंतर्राष्ट्रीय डाक

भारत यूनिवर्सल पोस्टल यूनियन (UPU) का सन् 1876 से तथा एशियन पैसिफिक पोस्टल यूनियन (APPU) का सन् 1964 से सदस्य है। इन डाक संगठनों द्वारा अन्य देशों के साथ डाक व्यवस्था को विस्तारित, परिवर्तित तथा सरलीकृत करने का कार्य किया जाता है। भारत का भूतल एवं वायु मार्गों के माध्यम से विश्व 217 देशों के साथ डाक व्यवस्था संबंध है।

भारतीय डाक के मनी ऑर्डर और पोस्टल ऑर्डर के माध्यमों से विश्व के चुनिंदा देशों से धन प्रेषण (Remittance) की व्यवस्था है। भारतीय डाक विश्व के 27 देशों के साथ मनी ऑर्डर सेवा कार्य करता है। भूटान और नेपाल के साथ भारत दोहरा मनी ऑर्डर सेवा कार्य करता है। अन्य 25 देशों से मनी ऑर्डर की एकतरफा व्यवस्था है अर्थात् वहाँ से भारत में मनी ऑर्डर द्वारा धन प्रेषित हो सकता है। देश के चुनिंदा डाक घरों में ब्रिटिश एवं आयरिश पोस्टल ऑर्डर के भुगतान की भी व्यवस्था है।

भारतीय डाक द्वारा सन् 1986 में, पाँच देशों के लिए, अंतर्राष्ट्रीय द्रुत पत्र सेवा (EMS) प्रारंभ की गयी, जिसे अभी 106 देशों तक विस्तारित कर लिया गया है। आयात एवं निर्यात को सरलीकृत करने के लिए दिल्ली, मुंबई, कोलकाता और चेन्नई में विनिमय

के प्रधान विदेशी कार्यालयों की स्थापना की गयी है। इसके अतिरिक्त अहमदाबाद, बंगलुरु, कोच्चि, जयपुर, नोएडा और श्रीनगर में छः उप-प्रधान विदेशी कार्यालयों की भी स्थापना की गयी है। संबद्ध क्षेत्रों में निर्यातकों एवं पर्यटकों की आवश्यकताओं की पूर्ति के लिए गुवाहाटी, कानपुर, लुधियाना, मुरादाबाद, सूरत और वाराणासी में निर्यात विस्तारण खिड़कियों (Export Extension Windows) की भी स्थापना की गयी है।

दूरसंचार (Telecommunication)

भारत का दूरसंचार क्षेत्र बाजार उन्मुख सुधारों की सबसे बड़ी सफलता की कहानियों में से एक है। भारत अब दुनिया में सबसे तेजी से बढ़ते दूरसंचार बाजारों में से एक है। हमारे देश में 31 दिसंबर, 2006 में टेलीफोन की कुल संख्या 190 मिलियन थी जो 2021 में बढ़कर 1,191.03 मिलियन हो गई।

नई दूरसंचार नीति, 1999 की घोषणा भारत में दूरसंचार के क्षेत्र में एक महत्वपूर्ण घटना थी। अन्य नीतिगत आयामों में 2002 में लंबी दूरी के बाजार का उद्घाटन भी शामिल है। नतीजतन, दूरसंचार टैरिफ जो चार साल से भी कम समय पहले दुनिया में सबसे ज्यादा थे, अब सबसे कम हो गए हैं। वायरलेस सेवाओं में भी अभूतपूर्व वृद्धि हुई है।

2000 से 2010 के बीच हर महीने करीब 50 लाख सब्सक्राइबर जुड़े थे। इस वृद्धि के साथ, 2007 के अंत तक टेलीफोन की संख्या 250 मिलियन तक पहुँच गयी थी। वायरलेस फोन की हिस्सेदारी मार्च 2003 में 24% से बढ़कर दिसंबर, 2006 में 79% हो गई थी। और 2021 में भारतीय दूरसंचार नेटवर्क टेलीफोन कनेक्शन के मामले में दुनिया में विश्व का दूसरा सबसे बड़ा नेटवर्क बन गया है। नवंबर 2021 में, वायरलेस टेलीफोन कनेक्शनों की कुल संख्या 1,167.49 मिलियन (सभी कनेक्शनों का 98.02%) थी। देश में कुल टेली-घनत्व 86.89% है। शहरी और ग्रामीण क्षेत्रों में टेली-घनत्व क्रमशः 138.79% और 59.31% होने के साथ बहुत बड़ा अंतर है।

इंटरनेट (Internet)

भारतीय दूरसंचार नियामक प्राधिकरण (ट्राई) द्वारा प्रदान की गई जानकारी के अनुसार, 2021 में भारत में कुल 584 इंटरनेट सेवा प्रदाता थे। इटरनेट ग्राहकों की संख्या (ब्रॉडबैंड और नैरोबैंड दोनों को मिलाकर) सितंबर 2020 के अंत में 776.45 मिलियन थी। जबकि ब्रॉडबैंड ग्राहकों की संख्या 742.07 मिलियन थी।

दूरसंचार उपस्कर उत्पादन (Manufacturing of Telecom Equipments)

भारत के समाचार पत्रों के रजिस्ट्रार द्वारा प्रदान की गई जानकारी के अनुसार, 31 मार्च, 2018 को प्रकाशित होने वाले समाचार पत्रों की कुल संख्या 17,573 थी। इसी अवधि के दौरान प्रकाशित अन्य पत्रिकाओं की संख्या 1,00,666 थी। हिंदी प्रकाशन की कुल हिस्सेदारी 40% से अधिक है। किताबें ज्ञान, सूचना और मनोरंजन के संरक्षण और प्रसार के लिए संचार का एक समान रूप से महत्वपूर्ण साधन हैं।

भारतीय टेलीफोन उद्योग अत्याधुनिक तकनीकों का उपयोग करके दूरसंचार उपकरणों की एक पूरी शृंखला जिन्हें विशेष रूप से विविध इलाकों और जलवायु परिस्थितियों से मेल खाने के लिए डिज़ाइन किया गया है, निर्माण करता है। घरेलू और अंतरराष्ट्रीय बाजारों में मोबाइल फोन की भारी मांग है। यह उम्मीद की जाती है कि अगले दशक के भीतर भारत दूरसंचार उपकरणों के उत्पादन का एक केंद्र बन जायेगा।

टेलीग्राफ एवं टेलीफोन सेवा

1851 में कलकत्ता में टेलीग्राफ सेवाओं की शुरुआत की गई थी। 15 जुलाई, 2013 को, भारत में टेलीग्राम सेवाओं को 160 वर्षों की अवधि के बाद आधिकारिक तौर पर निलंबित कर दिया गया था।

रेडियो, टेलीविजन एवं सिनेमा

जहाँ डाक, तार, टेलीफोन और टेलेक्स सेवाएं संचार के व्यक्तिगत साधन हैं वहीं रेडियो, टेलीविजन एवं सिनेमा (फिल्म) 'जन संचार' (Mass Communication) के इलेक्ट्रॉनिक माध्यम हैं। टेलीफोन के विपरीत रेडियो एक बेतार का संचार माध्यम है। उपयोगी सूचनाओं, समाचार, क्रीड़ा जगत तथा अन्य मनोरंजन कार्यक्रमों को प्राप्त करने का यह बहुत शक्तिशाली माध्यम है।

स्वतंत्रता-प्राप्ति के समय देश में छः रेडियो (आकाशवाणी) स्टेशन थे। अभी आल इंडिया रेडियो की पहुंच देश की 98.5 प्रतिशत जनसंख्या तक है।

दूरदर्शन भारत की राष्ट्रीय टेलीविजन सेवा है। यह 1959 में शुरू की गयी थी। दूरदर्शन 635 से अधिक स्थलीय ट्रांसमीटरों के साथ दुनिया के सबसे बड़े और आवश्यक नेटवर्क में से एक है। इसके कार्यक्रमों को 500 मिलियन से अधिक दर्शक अपने घरों में देखते हैं। यह रेडियो और टेलीविजन चौनलों का प्रबंधन करता है। यह संसदीय समिति की देखरेख में रेडियो और टेलीविजन सेवाओं का प्रबंधन करता है।

सिनेमा भारत में मनोरंजन का सबसे लोकप्रिय माध्यम है। भारतीय सिनेमा उद्योग विश्व में सर्वाधिक फिल्मों का निर्माण करता है। हिन्दी फिल्म भारतीय सिनेमा उद्योग का सबसे प्रमुख क्षेत्र है। भारत में लगभग सभी क्षेत्रीय भाषाओं में निरंतर फिल्मों का निर्माण होता है। कंप्यूटर एवं इंटरनेट सेवाओं द्वारा सूचना तकनीक के क्षेत्र में एक नयी क्रांति का सूत्रपात हुआ है।

प्रिंट मीडिया

भारत के समाचार पत्रों के रजिस्ट्रार द्वारा प्रदान की गई जानकारी के अनुसार, 31 मार्च, 2018 को प्रकाशित होने वाले समाचार पत्रों की कुल संख्या 17,573 थी। इसी अवधि के दौरान प्रकाशित अन्य पत्रिकाओं की संख्या 1,00,666 थी। हिंदी प्रकाशन की कुल हिस्सेदारी 40% से अधिक है। किताबें ज्ञान, सूचना और मनोरंजन के संरक्षण और प्रसार के लिए संचार का एक समान रूप से महत्वपूर्ण साधन हैं।

सोशल मीडिया

PIB की सोशल मीडिया उपस्थिति ट्विटर, फेसबुक, यूट्यूब और इंस्टाग्राम पर है। मंत्रालयों और विभागों की विभिन्न घटनाओं/गतिविधियों/कार्यक्रमों की जानकारी तत्काल और व्यापक प्रसार के लिए सोशल मीडिया पर डाली जाती है।

ट्विटरः ट्विटर पर, PIB के हैंडल, @pibindia और @pibhindi के क्रमशः लगभग 1.35 मिलियन से ज्यादा फॉलोअर्स और 42,000 से ज्यादा फॉलोअर्स हैं।

फेसबुकः पीआईबी का फेसबुक पेज, www.facebook.com@pibindia के 1,20,000 से ज्यादा सब्सक्राइबर तक पहुंच गया है।

इंस्टाग्रामः PIB की इंस्टाग्राम गैलरी, www.instagram.com@pibindia के 52,000 से ज्यादा सब्सक्राइबर तक पहुंच गई है।
(स्रोतः इंडिया 2019)

अंतर्राष्ट्रीय व्यापार (International Trade)

उत्पादों का उत्पादकर्ताओं से उपभोक्ताओं तक प्रवाह व्यापार है। स्थानीय, प्रादेशिक, राष्ट्रीय और अंतर्राष्ट्रीय स्तरों पर संपन्न होने वाला यह अर्थव्यवस्था के तृतीयक क्षेत्र का एक महत्वपूर्ण अंग है।

भारत में दूसरे देशों के साथ व्यापार करने की एक लंबी परंपरा रही है। परिवहन और संचार माध्यमों में हो रहे द्रुत विकास के कारण विश्व का आकार सिकुड़-सा गया है। आज हम एक परस्पर निर्भरता वाले विश्व में रह रहे हैं, जिसमें विश्व एक वैश्विक गाँव बन गया है। भारत, विश्व के 203 देशों के साथ विदेशी व्यापार करता है तथा इस व्यापार में उत्पादों की संख्या 8000 तक है।

एक समय था जब वस्तुओं का आयात घरेलू उपभोग के लिए ही हुआ करता था। लेकिन भारत सहित विश्व के अन्य देशों द्वारा अब आयात को मूल्यवर्द्धित करके पुनः निर्यातित भी किया जाने लगा है। अप्रत्यक्षतया, किसी देश का निर्यात मानव कुशलता के उत्पाद हैं। उदाहरण के लिए, जापान सूती और ऊनी वस्त्र का एक महत्वपूर्ण निर्यातक देश है जबकि तत्संबंधी कच्चे मालों को वह विश्व के अन्य देशों से आयात करता है। यही बात इसके धातु-आधारित उद्योग के बारे में भी सत्य है। इसी तरह भारत कच्चे काजू का आयात उन्हें प्रसंस्कृत करके निर्यातित करने के लिए करता है। भारत द्वारा विश्व के कई देशों से गैर-तराशे हीरे और रत्न आयातित करके उन्हें तराशकर मूल्यवर्द्धन किया जाता है तथा अंततः इसके सबसे बड़े हिस्से का निर्यात कर दिया जाता है। भारत सोने और चाँदी का आयात करता है और उनसे तैयार किए गए बेहतरीन आभूषणों का विश्व बाजार में निर्यात करता है। भारत की आर्थिक संवृद्धि में विदेशी व्यापार की बड़ी भूमिका रही है।

औपनिवेशिक काल (Colonial Period) में भारत मुख्यतः कृषिगत कच्चे माल का निर्यातक था। पटसन, कपास, चाय, गरम-मसाले, चमड़ा, खली, तिलहन विशेषकर मूंगफली इत्यादि भारत के परंपरागत निर्यात थे। अब भारत पटसन की जगह इसके तैयार उत्पाद, जैसे–टाट के बोरे, लिनन (Linen), कालीन, इत्यादि, कपास की जगह सूती धागे, वस्त्र, हौजरी, पोशाक, इत्यादि प्रसंस्कृत और मूल्यवर्द्धित उत्पादों के निर्यात द्वारा अपेक्षाकृत अधिक लाभ अर्जित करता है तथा अधिक रोजगार सृजित करता है। इसके अतिरिक्त भारत का आज विविधिकृत निर्यात है जिनमें प्रमुखतया रेशम, ऊनी और संश्लिष्ट वस्त, प्रसंस्कृत समुद्री उत्पाद, विनिर्मित चमड़े के उत्पाद, क्रीड़ा उत्पाद, अभियांत्रिक सामान यथा-पंखे, सिलाई मशीन, साइकिल, तिपहिए वाहन, स्कूटर, कार, वाणिज्यिक वाहन, रसायन एवं संबद्ध उत्पाद, कालीन, प्रसंस्कृत खाद्य पदार्थ, औषधि, चिमनी के सामान, पुस्तकें एवं फिल्म इत्यादि शामिल हैं।

तालिका 12.4 में भारत के विदेशी व्यापार संबंधी महत्वपूर्ण आंकड़े प्रस्तुत किए गए हैं:

वर्ष 1950-51 में भारत का सकल विदेश व्यापार ₹ 1,214 करोड़ का था जो प्रत्येक वर्ष बढ़ता गया है।

वर्ष 2014-15 में भारत का सकल विदेश व्यापार ₹ 93,73,050 करोड़ तक पहुँच गया। इस अवधि में हम देखते हैं कि भारत का व्यापार शेष लगातार ऋणात्मक ही नहीं बल्कि बढ़ता भी गया है। ***तालिका 12.4*** वर्ष 1951-91; 2000-01 और 2020-21 में भारत के कुल निर्यात, आयात, विदेशी व्यापार का कुल मूल्य और व्यापार संतुलन को दर्शाती है।

तालिका 12.4 भारत का विदेश व्यापार (करोड़ रुपये में)

वर्ष	निर्यात	आयात	कुल व्यापार	व्यापार घाटा
1950-51	606	608	1214	-2
1960-61	642	1122	1764	-480
1970-71	1535	1634	3169	-99
1980-81	6711	12,549	19260	-3858
1990-91	32,553	43,198	75751	-10,635
2000-01	201,356	228,307	429663	-26,950
2008-09	840,755	1,374,436	2215191	-533,681
2014-15	1,896,348	2,737,087	4633435	-840,738
2015-16	1,716,384	2,490,306	4206690	-773,921
2016-17	1,849,434	2,577,675	4427109	-728,242
2017-18	1,956,515	3,001,033	4957548	-1,044,519
2018-19	2,307,726	3,594,675	5902401	-1,286,948
2019-20	2,219,854	3,360,954	5580808	-1,141,100
2020-21	2,159,043	2,915,958	5075001	-756,914
2020-21 (अप्रैल-दिसंबर)	1,500,020	1,956,257	3456277	-456,237
2021-22 (अप्रैल-दिसंबर) पी = अनुमानित आंकड़ा	2,238,821	3,298,495	5537316	-1,059,674

Source: Economic Survey 2021–22

वर्ष 1950-51 में भारत का कुल बाह्य व्यापार (निर्यात और पुनः निर्यात सहित आयात) ₹ 1214 करोड़ था। तब से, इसमें कभी-कभी गिरावट के साथ लगातार वृद्धि देखी गई है। 2000-01 के दौरान, भारत के विदेशी व्यापार का मूल्य ₹ 429,663 करोड़ था। 2021-22 में यह आंकड़ा ₹ 5,537,316 करोड़ (तालिका 12.4) होने का अनुमान लगाया गया था। इस तालिका से यह भी निष्कर्ष निकाला जा सकता है कि भारत का भुगतान संतुलन पूरी योजना अवधि के दौरान आम तौर पर प्रतिकूल रहा है।

तालिका 12.5 से देखा जा सकता है कि 2021-22 में भारत से निर्यात की प्रमुख वस्तुएं निर्मित माल (69.3%), इसके बाद कच्चे और पेट्रोलियम उत्पाद (कोयला सहित) (14.7%), कृषि (11.6%), और अयस्क और खनिज (2.4%) हैं।

तालिका 12.5 भारत-निर्यात की वस्तुगत संरचना, 2021-22

कमोडिटी समूह		प्रतिशत शेयर		
		2019-20	2020-21	2021-22 पी
I. कृषि और संबद्ध		**11.2**	**14.3**	**11.6**
1.	चाय	0.3	0.3	0.2
2.	कॉफी	0.2	0.2	0.2
3.	अनाज	2.1	3.5	2.9
4.	अनिर्मित तम्बाकू	0.2	0.2	0.1
5.	मसाले	1.2	1.4	1.0
6.	काजू	0.2	0.1	0.1
7.	तेल भोजन	0.3	0.5	0.2
8.	फल और सब्जियां और दालें	0.5	0.6	0.4
9.	समुद्री उत्पाद	2.1	2.0	1.9
10.	कच्चा कपास	0.3	0.7	0.6
II. अयस्क और खनिज		**2.2**	**3.2**	**2.4**
11.	लौह अयस्क	0.8	1.7	1.2
12.	प्रसंस्कृत खनिज	0.3	0.3	0.2
13.	अन्य अयस्क और खनिज	0.7	0.8	0.7
III. विनिर्मित के माल		**71.3**	**71.2**	**69.3**
14.	चमड़ा और विनिर्माण	0.9	0.7	0.6
15.	चमड़े के जूते	0.7	0.5	0.5
16.	रत्न और आभूषण	11.5	8.9	9.7
17.	ड्रग्स, फार्मास्यूटिकल्स और बढ़िया रसायन	1.2	1.5	1.1
18.	रंजक/इंटमडेट्स और कोयला रसायन	0.9	0.9	0.8
19.	धातुओं का निर्माण	4.9	5.6	5.7
20.	मशीनरी और उपकरण	8.6	8.5	8.0
21.	परिवहन उपकरण	6.8	6.2	5.8
22.	प्राथमिक और अर्द्ध-निर्मित लोहा और इस्पात	3.0	4.2	6.3
23.	इलेक्ट्रॉनिक सामान	3.5	3.5	3.0
24.	सूती धागे, कपड़े, बने-बनाए आदि।	2.8	3.0	3.3
25.	रेडीमेड कपड़े	4.9	4.2	3.7
26.	हस्तशिल्प	0.6	0.6	0.5
IV. कच्चा और पेट्रोलियम उत्पाद (कोयला सहित)		**13.6**	**9.2**	**14.7**
V. अन्य और अवर्गीकृत आइटम		**1.8**	**2.1**	**2.0**
कुल निर्यात		**100.0**	**100.0**	**100.0**

Source: Economic Survey 2021–22

तालिका 12.5 की एक परीक्षा यह स्पष्ट हो जाता है कि अन्य वस्तुएं सभी आयातित वस्तुओं का 40% हिस्सा हैं। कुल आयात का लगभग 30% कच्चा तेल, पेट्रोलियम और संबद्ध उत्पादों का होता है। अवर्गीकृत माल सभी वस्तुओं का 13% है। पूंजीगत सामान कुल आयात का 9.7% है। वर्ष 2021-22 के अनुमानित आंकड़ों के अनुसार खाद्य और संबद्ध उत्पादों का भाग 4.6% है।

तालिका 12.6 भारत-प्रमुख वस्तुओं का आयात

कमोडिटी समूह	प्रतिशत शेयर		
	2019-20	2020-21	2021-22 पी
I. खाद्य और संबद्ध उत्पाद	**3.5**	**4.5**	**4.6**
1. अनाज	0.1	0.1	0.0
2. दालें	0.3	0.4	0.3
3. काजू	0.3	0.3	0.3
4. खाद्य तेल	2.0	2.8	3.2
II. ईंधन	**32.2**	**25.1**	**30.0**
5. कोयला	4.7	4.1	4.4
6. पोली	27.5	21.0	25.6
III. उर्वरक	**1.6**	**1.9**	**1.9**
IV. पेपर बोर्ड मैन्युफैक्चरर्स और न्यूजप्रिंट	**0.8**	**0.8**	**0.8**
V. पूंजीगत सामान	**13.7**	**12.7**	**9.7**
7. चुनाव और मशीन उपकरण को छोड़कर मशीनरी	4.0	4.1	3.6
8. विद्युत मशीनरी	4.0	3.5	3.0
9. परिवहन उपकरण	5.3	4.7	2.9
10. परियोजना के सामान	0.4	0.4	0.2
VI. अन्य	**35.4**	**41.6**	**40.0**
11. रसायन	6.6	7.9	7.8
12. मोती, कीमती और अर्ध-कीमती पत्थर	4.7	4.8	5.4
13. लोहा और इस्पात	2.3	2.1	2.0
14. अलौह धातु	2.8	3.0	2.9
15. सोना और चांदी	6.5	9.0	9.0
16. व्यावसायिक उपकरण, ऑप्टिकल सामान, आदि।	1.1	1.1	1.3
17. इलेक्ट्रॉनिक सामान	11.5	13.8	11.7
VII. अवर्गीकृत	**12.8**	**13.3**	**13.0**
कुल आयात	**100.0**	**100.0**	**100.0**

Source: Economic Survey 2021–22

वर्तमान समय में संयुक्त राज्य अमेरिका भारत का सबसे बड़ा व्यापार साझेदार है और इसके बाद अन्य क्रमवार साझेदार संयुक्त अरब अमीरात, चीन, यू.के., बेल्जियम, जर्मनी, हांग-कांग तथा जापान ***(तालिका 12.7)*** हैं। भारत की अपने पड़ोसी देशों के साथ व्यापार वृद्धि की भारी संभावनाएं है।

तालिका 12.7 भारत के प्रमुख व्यापार भागीदार

क्र. सं.	देश	प्रतिशत हिस्सा
1.	यू.एस.ए.	14.0
2.	यू.ए.ई.	5.7
3.	चीन	5.5
4.	यू.के.	4.8
5.	बेल्जियम	4.1
6.	जर्मनी	4.2
7.	हांगकांग	3.7
8.	जापान	3.6
9.	स्विट्जरलैंड	2.9
10.	मलेशिया	2.6
11.	रूस	2.5

स्रोत: आर्थिक समीक्षा 2015-16

2018 में लगभग 3/5 (60.4%) भारतीय निर्यात 12.9 तालिका में दिये गये व्यापार सहभागियों के मध्य हुआ। नीदरलैण्ड ने भारत से अपने आयात को 2017 से 2019 के मध्य 59.3% बढ़ाया। द्वितीय स्थान नेपाल का था जिनसे प्राप्त मूल्य में 32.2% की वृद्धि थी।

तालिका 12.8 भारत-प्रमुख वस्तुओं का आयात (2016-17)

वस्तु	प्रतिशत हिस्सेदारी
पेट्रोलियम, कच्चा तेल और पेट्रोलियम उत्पाद	33.7
पूंजीगत वस्तुएं	12.1
इलेक्ट्रॉनिक वस्तुएं	09.4
सोना और चांदी	08.6
केमिकल्स	05.5
मोती, कीमती और अर्द्ध-कीमती पत्थर	04.1
धातु स्क्रेप	03.9
कोक, कोयला और ईंट	02.4
खाद्य तेल	01.3
पेशेवर उपकरण ऑर ऑप्टीकल सामान	01.3
अन्य जिंस	17.7
कुल	100.00

स्रोत: इंडिया 2017

2018 में भारतीय निर्यात के लगभग 3/5 (60.4%) को उपरोक्त व्यापार भागीदारों को दिया गया ***(तालिका 12.9)***।

तालिका 12.9 भारत के प्रमुख व्यापारिक साझेदार 2018

क्र.सं.	देश	2018-19 (अप्रैल-मार्च अरबों में)	(प्रतिशत में)
1.	यूएसए	52.4	15.88
2.	संयुक्त अरब अमीरात	30.1	9.13
3.	चीन	16.7	5.07
4.	हांगकांग	13.0	3.94
5.	सिंगापुर	11.6	3.51
6.	यू.के.	9.3	2.80
7.	बांग्लादेश	9.2	2.79
8.	जर्मनी	8.9	2.70
9.	नीदरलैंड	8.8	2.67
10.	नेपाल	7.7	2.35

स्रोत: विदेश व्यापार महानिदेशालय, 2018

विदेश व्यापार की प्रमुख विशेषताएँ

भारत के विदेश व्यापार की प्रमुख विशेषताएं निम्न प्रकार हैं:

1. **प्रतिकूल व्यापार शेष:** भारत के निर्यात और आयात दोनों ही विविधिकृत हैं लेकिन भारत के आयात में कच्चे तेल, पेट्रोलियम उत्पादों की भारी बहुलता विद्यमान रही है जिस कारण इसका व्यापार शेष और भुगतान संतुलन दोनों ही प्रतिकूल बने रहे हैं। आर्थिक सुधारों के उपरांत भारत की भुगतान संतुलन की स्थिति मजबूत होती गयी है।
2. **विनिर्मित निर्यात में वृद्धि:** भारत के निर्यात में धीरे-धीरे तैयार मालों का हिस्सा बढ़ता गया है और आज भारत लगभग 8000 वस्तुओं का निर्यात करता है।
3. **वैश्विक व्यापार:** भारत नॉमिनल जीडीपी के हिसाब से छठी सबसे बड़ी अर्थव्यवस्था है और क्रय शक्ति क्षमता (पीपीपी) के हिसाब से तीसरी सबसे बड़ी अर्थव्यवस्था है। यह 203 देशों को अपने उत्पादों का निर्यात करता है और 195 देशों से आयात करता है।
4. **आयात में परिवर्तन:** पहले भारत लगभग सभी प्रकार के मशीनरी, उपस्करों, सार्जिकल उपकरण वाहनों और इलेक्ट्रॉनिक वस्तुओं का आयात करता था। लेकिन आज इसके आयात की बनावट परिवर्तित हुई है, जिसमें कच्चे मालों का हिस्सा बढ़ा है, यथा–हीरे, कीमती पत्थर, सोना, काजू, कपास, पटसन, खनिज अयस्क तथा अर्द्ध-प्रसंस्कृत कच्चा माल। आज भारत लगभग सभी प्रकार के मशीनरी, वाहनों, इलेक्ट्रॉनिक और रासायनिक उत्पादों का निर्यात करता है।
5. **समुद्रवर्ती व्यापार:** भारत के सकल व्यापार का लगभग 96% समुद्री मार्गों द्वारा ही संपन्न होता है। भौतिक अवरोधों (जैसे- हिमालय, आदि) तथा पड़ोसी देशों के साथ निम्न मित्रवत् संबंधों के कारण भूतल मार्गों द्वारा भारत का काफी सीमित व्यापार हो संपन्न हो पाता है।
6. **चुनिंदा पत्तनों के माध्यम से व्यापार:** भारत के पास सिर्फ 13 प्रमुख पत्तन हैं लेकिन वे भारत के 92% विदेश-व्यापार को संपन्न करते हैं। बचे हुए पत्तन (यथा–मझोले और छोटे पत्तन) भारत के विदेश व्यापार में काफी कम भूमिका निभाते हैं।
7. **अंतर्राष्ट्रीय व्यापार में नगण्य स्थान:** हालांकि भारत की विश्व जनसंख्या में लगभग 17% भागीदारी है लेकिन अंतर्राष्ट्रीय विदेश व्यापार में इसकी भागीदारी एक प्रतिशत से भी कम है।

8. **राज्य व्यापार:** भारत के विदेश व्यापार का 92% से भी अधिक भाग सार्वजनिक क्षेत्र के उपक्रमों द्वारा (राज्य अधि करणों के रूप में) संपन्न होता है, जहाँ निजी क्षेत्र की साझेदारी इस क्षेत्र में काफी न्यून है।
9. **कच्चे माल का बढ़ता आयात:** भारत के आयात में कच्चे मालों (यथा–काजू गिरी, कपास, रत्न, पटसन, खनिज अयस्कों, मोती, कीमती और अर्द्ध–कीमती पत्थर और कच्चे रेशम) का आयात तेजी से बढ़ा है। इन आयातों को भारत आज मूल्यवर्द्धन के बाद बड़ी मात्रा में निर्यात करता है।
10. **बढ़ता पूँजीगत वस्तु आयात:** भारत के आयात में पूँजीगत वस्तुओं, यथा–भारी मशीन, नई तकनीक, इत्यादि की हिस्सेदारी बढ़ी है।

निर्यात संवर्द्धन क्षेत्र (Export Processing Zones)

विदेश व्यापार को प्रोत्साहित करने के उद्देश्य से सरकार द्वारा निम्न सात निर्यात संवर्द्धन क्षेत्रों (EPZs) की स्थापना की गयी है:

1. चेन्नई (तमिलनाडु)
2. फाल्टा (प. बंगाल)
3. कांडला (गुजरात)
4. कोच्चि (केरल)
5. नोएडा (उत्तर प्रदेश)
6. सांता क्रूज (महाराष्ट्र) और
7. विशाखापट्टनम (आंध्र प्रदेश)

प्रत्येक निर्यात संवर्द्धन क्षेत्र मूल आधारभूत संरचनाओं के साथ-साथ विभिन्न प्रकार के वित्तीय प्रोत्साहन उपलब्ध कराता है। सीमा शुल्क संबंधी अनुमति की व्यवस्था क्षेत्रों के अंदर ही की गयी है। विविध प्रकार के नियंत्रणों और अनुमतियों, विश्व-स्तरीय आधारभूत संरचनाओं की कमी और अस्थिर वित्तीय व्यवस्था इत्यादि कारणों से हालांकि निर्यात संवर्द्धन क्षेत्र निर्यात प्रोत्साहन के प्राभावी घटक नहीं बन सके हैं।

सीमा शुल्क एवं व्यापार सामान्य समझौता (General Agreement on Tariff and Trade)

सदस्य देशों की आर्थिक वृद्धि और विकास को प्रोत्साहित करने के लिए वर्ष 1947 में सीमा शुल्क एवं व्यापार के लिए सामान्य समझौता (गैट) की स्थापना 'मुक्त व्यापार' को बढ़ावा देने के उद्देश्य से की गयी। यह जेनेवा में स्थित था। गैट अपने उद्देश्य की प्राप्ति के लिए मुख्यतया सदस्य देशों द्वारा निवेश व्यापार पर लगाये जाने वाले प्रतिबंधों को कम करना/हटाना और सीमा शुल्क में कमी/समाप्ति आदि कार्यों पर ध्यान देकर आपस में प्रतिस्पर्द्धी व्यापार को बढ़ावा दिया जाता था। गैट के प्रथम सात दौरों की वार्ताएं इन्हीं मुद्दों से जुड़ी रहीं। अंततः उरुग्वे दौर की बातचीत का लंबा सिलसिला 1986-94 तक चला, जिसकी परिणति 'गैट' की जगह विश्व व्यापार संगठन (WTO) की स्थापना के रूप में हुई। विश्व व्यापार संगठन ने जनवरी 1, 1995 से अपना कार्य प्रारंभ किया। विश्व व्यापार संगठन के अंतर्गत वस्तुओं के व्यापार से सबद्ध बहुपक्षीय नियमों और अनुशासन की पहुँच का भरपूर विस्तार हुआ और कृषि व्यापार सेवा व्यापार के साथ-साथ बौद्धिक संपदा अधिकार संबद्ध व्यापार के बहुपक्षीय नियम लागू हुए। गैट के विपरीत, विश्व व्यापार संगठन के अंतर्गत 'विवाद निपटारा' व्यवस्था और 'व्यापार नीति समीक्षा' तंत्र की भी व्यवस्था की गई। विश्व व्यापार अब एक समझौते का विषय नहीं अपितु 'संगठनात्मक' स्वरूप प्राप्त कर चुका था। इस संगठन के निर्णय सदस्य देशों पर बाध्यकारी विधान की तरह कार्य करने लगे।

भुगतान शेष एवं भुगतान संतुलन (Balance of Trade and Balance of Payment)

चूँकि आयात का भुगतान विदेशी विनियम में होता है अतः किसी देश के निर्यात और आयात अगर समान मूल्यों के रहें तो इसे अच्छा माना जाता है। वैसे ऐसा संतुलन प्राप्त करना लगभग दुर्लभ होता है। व्यापार असंतुलन के लिए मूलतः दो कारण होते

हैं- *पहला* यह कि विदेशी व्यापार अलग-अलग व्यक्तियों एवं समूहों द्वारा स्वतंत्र रूप से संपन्न होता है और *दूसरा* यह कि आयातों एवं निर्यातों के मूल्य उनकी मात्रा और विविधता समयानुसार परिवर्तनशील रहती है। किसी देश के सकल निर्यात और आयात के मूल्यों का वार्षिक अंतर उसका उस वर्ष के लिए व्यापार शेष/संतुलन (Trade balance) होता है। अगर निर्यात का मूल्य आयात मूल्य से अधिक हो तो विदेश व्यापार को अनुकूल (Favourable) और इसकी विपरीत स्थिति में इसे प्रतिकूल (Adverse, Unfavourable) कहा जाता है। ये शब्दावलियाँ परंपरा की अवशेष हैं, जब आयात से निर्यात मूल्य की अधिकता की स्थिति में निर्यातक देश को आय तक देश द्वारा इसका भुगतान स्वर्ण द्वारा किया जाता था। इस प्रकार आयात के मूल्य से अधिक का निर्यात स्वर्ण भंडार में वृद्धि करता था। इस प्रकार किसी देश द्वारा अगर लंबी अवधि तक अनूकूल व्यापार शेष अर्जित किया जाए (जैसा कि ब्रिटेन ने एक सदी से भी अधिक किया) तो वह उच्च समृद्धि प्राप्त कर सकता है और अगर किसी देश का व्यापार शेष लंबी अवधि तक प्रतिकूल बना रहे जैसा कि अधिकतर अल्पविकसित देशों के साथ रहा) तो उस देश के समक्ष विदेशी विनिमय की लगातार कमी निरंतर वित्तीय संकट का कारण बनी रह सकती है।

किसी देश के व्यापार शेष द्वारा उसके सकल विदेश व्यापार (यथा दृश्य एवं अदृश्य निर्यात एवं आयात) के विवरण और प्रतिफल का ज्ञान प्राप्त होता है। लेकिन प्रत्येक देश के वैदेशिक क्षेत्र का विदेश व्यापार एक भाग ही है। विदेशी विनिमय लेन-देन में प्रमुखतया निम्न मदें आती हैं (भारत को उदाहरण मानकर):

1. **निजी प्रेषण:** विदेशों में कार्यरत भारतीयों द्वारा भेजा गया धन तथा भारत में कार्य कर रहे विदेशियों द्वारा भारत से बाहर भेजा गया धन।
2. **ब्याज भुगतान:** विदेशी ऋणों पर भारत द्वारा ब्याज भुगतान और भारत द्वारा दिए गए विदेशी ऋणों पर ब्याज प्राप्ति।
3. **विदेशी ऋण:** विदेशी ऋणों का अंतर्प्रवाह और बहिर्प्रवाह।
4. **विदेशी निवेश से लाभ:** विदेशी निवेशों से प्राप्त ब्याज और लाभांश तथा स्वयं विदेशी निवेश।

जब किसी देश के एक वर्ष के अंदर किए गए सभी वैश्विक लेन-देन के लेखा से उसके भुगतान संतुलन (Balance of Payment) की स्थिति का पता चलता है। अगर यह अनुकूल है तो उस देश के विदेशी विनिमय भंडार में वृद्धि होती है और अगर प्रतिकूल है तो विदेशी विनिमय भंडार में कमी आती है। भुगतान संतुलन का घाटा अगर इतना बड़ा हो कि कोई देश उसका भुगतान अपने विदेशी विनिमय भंडार से न कर सके तो उसे इसके भुगतान के लिए विदेशी ऋणों और अंत में अंतर्राष्ट्रीय मुद्रा कोष (IMF) से सशर्त विदेशी ऋण पर आश्रित होना पड़ता है।

किसी देश के व्यापार शेष के धनात्मक होने के बावजूद भी इसका भुगतान संतुलन प्रतिकूल और व्यापार शेष के ऋणात्मक होने के बावजूद भी उसका भुगतान संतुलन अनुकूल हो सकता है। ऐसा होने के पीछे किसी देश के अन्य वैश्विक लेन-देन (विदेश व्यापार को छोड़कर) का हाथ होता है। उदाहरण के लिए भारत द्वारा वर्ष 2002-05 तक अपने भुगतान संतुलन को धनात्मक रखने में सफलता पायी गयी, जबकि इन वर्षों में इसका व्यापार घाटा लगातार बढ़ता गया। ऐसा इसलिए होता रहा क्योंकि भारत ने विदेशी विनिमय अर्जित करने के लिए विदेशी निवेश का कुशल प्रयोग किया गया।

व्यापार नीति (Trade Policy)

भारत का निर्यात और आयात विभिन्न प्रासंगिक अधिनियमों, नियमों एवं विनियमनों द्वारा निर्देशित होता था। पहली बार वर्ष 1988 में निर्यात-आयात नीति (Exim Policy) की घोषणा की गयी। इस तीन वर्षीय निर्यात-आयात नीति के निम्न तीन मुख्य उद्देश्य थे:

1. औद्योगिक वृद्धि को बढ़ावा देने के लिए भारतीय उद्योग की आयातित पूँजीगत वस्तुओं, कच्चे माल और उपस्करों तक सरल पहुँच स्थापित करना।
2. आधुनिकीकरण एवं तकनीकी संवर्द्धन को बढ़ावा देना।
3. भारतीय उद्योग को उत्तरोत्तर अंतर्राष्ट्रीय रूप से प्रतिस्पर्द्धी बनाना।

हालांकि इस नीति का क्रियान्वयन क्षेत्रगत और अस्थायी रहा है तथा यह एक तरह से उद्देश्यों एवं इच्छाओं की घोषणा जैसी ही रही और इसे एक रणनीति सक्रियता का रूप नहीं दिया जा सका। आने वाले वर्षों में भारत द्वारा प्रत्येक पाँच वर्षों के लिए निर्यात-आयात नीतियों की घोषणा होती रही। अभी भारत अपने विदेश व्यापार को विदेश व्यापार नीति 2004-09 द्वारा निर्देशित कर रहा है।

विदेश व्यापार नीति (Foreign Trade Policy)

भारत के निर्यात और आयात अभी 31 अगस्त, 2004 को घोषित विदेश व्यापार नीति, 2004-09 द्वारा निर्देशित हो रहे हैं। भारत विश्व व्यापार में एक प्रमुख योगदानकर्ता बन सके इसके लिए विदेश व्यापार के प्रति एक विस्तृत दृष्टिकोण आवश्यक था। निर्यात बढ़ाना जहाँ काफी महत्व रखता है, वहीं उन आयातों को सरलीकृत करना भी आवश्यक है, जिनसे अर्थव्यवस्था में गतिजता आती है। विदेश व्यापार नीति, 2004-09 उपरोक्त तथ्यों के साथ-साथ अन्य प्रमुख बातों का भी ध्यान रखना चाहता है। इस विदेश व्यापार नीति के प्रमुख अंश निम्न प्रकार हैं:

1. अगले पाँच वर्षों में देश के वस्तुगत व्यापार में दोगुनी वृद्धि करना।
2. विदेशी व्यापार को आर्थिक वृद्धि का प्रभावी साधन बनाना तथा रोजगार सृजन करना।

उपरोक्त उद्देश्यों की प्राप्ति के लिए सरकार द्वारा विदेशी व्यापार संबंधी निम्न रणनीति पर अमल किया जाना तय किया गया:

(i) नियंत्रणों की समाप्ति करके हमारे उद्योगपतियों और व्यापारियों की आंतरिक उद्यमशीलता को प्रोत्साहित करना।

(ii) विदेशी व्यापार से जुड़े कार्यविधि (Procedure) को सरलीकृत करना तथा कार्यसंपादन लागत (Transaction Cost) में कमी करना।

(iii) शुल्क एवं लेवी (Levy) का निर्यात नहीं किया जाना चाहिए। इस मौलिक सिद्धांत को मानकर निर्यातित वैसी वस्तुएं जिनके कच्चे माल (आगत) आयात द्वारा प्राप्त किए जाते हैं, पर से सभी शुल्कों एवं लेवी को निरस्त करना।

(iv) भारत को विनिर्माण, व्यापार और सेवाओं का वैश्विक केन्द्र (Hub) बनाना।

(v) वैसे क्षेत्रों का चयन और उन पर बल देना जिससे विशेषकर अर्द्ध-शहरी और ग्रामीण क्षेत्रों में रोजगार सृजन किया जा सके।

(vi) मूल्यवर्द्धन की बेहतर क्षमता प्राप्त करने तथा देश के व्यापार को विश्व स्तरीय प्रतिस्पर्द्धा उपलब्ध कराने के उद्देश्यों से तकनीकी और आधारभूत संरचना संबंधी पूँजीगत वस्तुओं के आयात को बढ़ावा देना।

(vii) प्रतिलोमित शुल्क (Inverted Duty) व्यवस्था से बचना तथा घरेलू क्षेत्रों को मुक्त व्यापार समझौतों (FTAs) एवं अधिमान्य व्यापार समझौतों (PTAs) द्वारा घाटा नहीं उठाना पड़े, इसका ध्यान रखना।

(viii) विदेशी व्यापार शृंखला के संपूर्ण क्षेत्रों से जुड़े भौतिक एवं गैर-भौतिक आधारभूत संरचनाओं में सुधार करके (up gradation) अंतर्राष्ट्रीय मानकों को प्राप्त करना।

(ix) व्यापार बोर्ड की भूमिका की पुनर्परिभाषा करना तथा इसकी महत्ता को समझते हुए इसमें व्यापार नीति विशेषज्ञों को शामिल करना।

(x) देश की निर्यात रणनीति के निष्पादन में भारतीय दूतावासों की भूमिका को महत्वपूर्ण बनाना तथा इनके वाणिज्यिक कक्षों को इलेक्ट्रॉनिक प्लेटफार्म आधारित करना ताकि वास्तविक समय में व्यापार सूचना प्राप्त की जा सके।

भारतीय अंतरिक्ष कार्यक्रम (Indian Space Programme)

भारत का रॉकेट संबंधी अनुभव प्राचीन काल का है जब देश में पहली बार पटाखों का प्रयोग किया गया। रॉकेट तकनीक का विकास/आविष्कार पड़ोसी देश चीन में हुआ, जिसके साथ भारत का विस्तृत द्वि-पक्षीय वस्तु और विचार विनिमय होता रहा है (उदाहरण के लिए सक्रिय 'रेशम मार्ग')। मैसूर के युद्ध में भारतीयों द्वारा किये गए रॉकेट के सैन्य प्रयोग से प्रेरित होकर विलियम कंग्रीव (ब्रिटिश) द्वारा सन् 1804 'कंग्रीव रॉकेट' का विकास किया गया, जिसे आधुनिक सैन्य (Artillery) रॉकेट का पूर्वज माना जाता है। स्वतंत्रता-प्राप्ति के उपरांत भारतीय वैज्ञानिकों और राजनेताओं द्वारा रॉकेट तकनीक के प्रतिरक्षा और विकास संबंधी क्षमता को स्वीकृति मिली। सुदूर संवेदन और संचार से जुड़े इसकी क्षमता को ध्यान में रखकर भारत जैसे जनांकिकीय विविधता और विशालता वाले देश के लिए एक स्वतंत्र अंतरिक्ष अनुसंधान संगठन की स्थापना के प्रति आम सहमति उभरी। भारतीय अंतरिक्ष कार्यक्रम को हम निम्न पाँच चरणों में बाँटकर देख सकते हैं:

चरण-I: 1960-70

भारतीय अंतरिक्ष कार्यक्रम के संस्थापक डॉ. विक्रम साराभाई को न केवल एक वैज्ञानिक दिव्यदृष्टा माना जाता है बल्कि कई विद्वानों द्वारा उन्हें एक राष्ट्रीय नायक भी माना जाता है। सोवियत संघ के उपग्रह 'स्पुतनिक' के प्रक्षेपण (1957) के बाद डॉ साराभाई द्वारा उपग्रहों की क्षमता को पहचाना गया। भारत के प्रथम प्रधानमंत्री पं. जवाहरलाल नेहरू (जिनकी राय में भारत के बेहतर भविष्य के लिए वैज्ञानिक विकास एक अत्यावश्यक अंग था) ने वर्ष 1961 में नाभिकीय ऊर्जा विभाग के अंतर्गत अंतरिक्ष अनुसंधान की स्थापना की। इसके बाद नाभिकीय ऊर्जा विभाग के निदेशक डॉ. होमी जहाँगीर भाभा, जिन्हें भारतीय परमाणु कार्यक्रम का जनक माना जाता है, द्वारा सन् 1962 में डॉ. साराभाई की अध्यक्षता में भारतीय राष्ट्रीय अंतरिक्ष अनुसंधान समिति (INCOSPAR) की स्थापना की गयी।

वर्ष 1962 के बाद भारत द्वारा परीक्षण रॉकेट का प्रक्षेपण प्रारंभ किया गया, जिस कार्य में इसकी विषुवत रेखा से समीपता एक महत्वपूर्ण घटक बना। इस कार्य के लिए भारत द्वारा दक्षिणी केरल में तिरुवअनंतपुरम के पास थुंबा विषुवतीय रॉकेट प्रक्षेपण स्टेशन (TERLS) की स्थापना की गयी थी, जिसे संयुक्त राष्ट्र की व्यवस्था के अंतर्गत एक वैश्विक रॉकेट परीक्षण स्थल के रूप में घोषित किया गया। आने वाले कुछ ही वर्षों में भारत द्वारा परीक्षण रॉकेट तकनीकी का स्वयं ही विकास किया गया, जिसे 'रोहिणी परिवार' के नाम से जाना गया।

घरेलू तकनीक की महत्ता को समझते हुए और भविष्य में अंतरिक्ष विकास से जुड़े उपस्करों एवं तकनीकों की आपूर्ति में अस्थिरता की संभावना को ध्यान में रखकर भारत द्वारा अंतरिक्ष कार्यक्रम से जुड़े सभी पहलुओं पर घरेलू क्षमता के विकास का निर्णय लिया गया। बाद में अंतरिक्ष अनुसंधान को नाभिकीय ऊर्जा विभाग से अलग करके एक विभाग में परिवर्तित किया गया। सन् 1969 में भारतीय अंतरिक्ष अनुसंधान संगठन (ISRO) तथा 1972 में अंतरिक्ष विभाग (DoS) की स्थापना की गयी।

चरण-II: 1970-80

यू. एस. के 'नासा' (NASA) द्वारा किए गए उपग्रहों द्वारा प्रत्यक्ष टेलीविजन प्रसारण की प्रारंभिक संभावनाओं की जाँच योजनाओं में डॉ. साराभाई को शामिल होने का अवसर मिला और भारत को भी इस दिशा में कार्य करने की प्रेरणा मिली। आने वाले समय में भारत द्वारा स्वतंत्र उपग्रह प्रक्षेपण यान के विकास का कार्य प्रारंभ किया गया। भविष्य के सुदूर संवेदन और संचार की आवश्यकताओं को ध्यान में रखकर भारत में उपग्रह विकास तकनीक की भी शुरुआत की गयी। अंतरिक्ष जगत में भारत का प्रवेश सन् 1975 में इसके उपग्रह 'आर्यभट्ट' (सोवियत प्रक्षेपण यान द्वारा) के प्रक्षेपण से हुआ। सन् 1979 में भारत द्वारा विकसित उपग्रह प्रक्षेपण यान (SLV) प्रक्षेपण के लिए पूर्णत: तैयार हो चुका था। वैसे एस.एल.वी. का प्रथम प्रक्षेपण सन् 1979 में ही नव-स्थापित श्रीहरिकोटा रॉकेट प्रक्षेपण स्टेशन (SRLS) से किया गया लेकिन इसके द्वितीय स्टेज में नियंत्रण संबंधी खराबी के कारण यह प्रक्षेपण असफल रहा। वर्ष 1980 तक इस कमी को दूर कर लिया गया। **भारत द्वारा निर्मित और प्रक्षेपित पहला उपग्रह 'रोहिणी' था।**

चरण-III: 1980-90

एस.एल.वी. की सफलता के पश्चात 'इसरो' अब ऐसे प्रक्षेपण यान के विकास में जुट गया, जिसके द्वारा वास्तविक रूप से उपयोगी उपग्रहों को ध्रुवीय कक्षों में स्थापित किया जा सके। संवर्द्धित उपग्रह प्रक्षेपण यान (ASLV) का परीक्षण सन् 1987 में ही किया गया लेकिन यह असफल रहा। साधारण सुधारों के पश्चात् 1988 में भी इसका परीक्षण असफल रहा।

चरण-IV: 1990-2000

ए.एस.एल.वी. का सफल परीक्षण सन् 1992 में ही संभव हो सका। वर्ष 1994 में इसके द्वारा सफल प्रक्षेपण किया गया। तब से लेकर आने वाली अवधि में यह प्रक्षेपण यान भारतीय अंतरिक्ष कार्यक्रम का प्रमुख आधार बन गया। इसके द्वारा भारत ने अनेक सुदूर संवेदी और संचार उपग्रहों का विश्व में सबसे बड़ा नेटवर्क स्थापित किया तथा भारतीय उद्योग एवं कृषि जगत की, पहली बार, दुर्लभ और काफी व्यवहार्य आँकड़ों तक निर्बाध पहुंच स्थापित हो सकी।

चरण-V: 2000-2010

वर्ष 2001 में भारत के पहले भूस्थिर उपग्रह प्रक्षेपण यान (GSLV) का विकासात्मक परीक्षण किया गया। भारत का पहला मानवरहित चंद्र अन्वेषण अंतरिक्षयान 'चंद्रयान-I' का 22 अक्टूबर, 2008 को सफल प्रक्षेपण किया गया। अब भारत 'चंद्रयान-II' पर कार्य कर रहा है।

'इसरो' द्वारा अब विश्व के दूसरे देशों के उपग्रहों का वाणिज्यिक प्रक्षेपण प्रारंभ कर दिया गया है तथा आज इसका विश्व की अग्रणी अंतरिक्ष ऐजेंसियों (यथा- यू.एस. के नासा तथा यूरोप के ई.एस.ए) के साथ अंतरिक्ष अनुसंधान के क्षेत्र में गठबंधन है। आने वाले दशक के प्रारंभ में इसरो द्वारा मंगल ग्रह के लिए एक मिशन भेजने का प्रस्ताव है।

प्रमुख घटनाएँ

1962: भारतीय राष्ट्रीय अंतरिक्ष अनुसंधान समिति (INCOSPAR) की नाभिकीय ऊर्जा विभाग द्वारा स्थापना; तिरुअनंतपुरम के पास थुम्बा विषुवतीय रॉकेट प्रक्षेपण स्टेशन (TERLS) की स्थापना का कार्य प्रारंभ।

1963: टी ई आर एल एस ने नवंबर 1 को प्रथम परीक्षण रॉकेट का प्रक्षेपण।

1965: थुम्बा में अंतरिक्ष विज्ञान एवं तकनीक केन्द्र (SSTC) स्थापित।

1967: अहमदाबाद में उपग्रह दूरसंचार पृथ्वी स्टेशन की स्थापना।

1972: अंतरिक्ष अयोग और अंतरिक्ष विभाग की स्थापना।

1975: भारत का प्रथम उपग्रह 'आर्यभट्ट' प्रक्षेपित (अप्रैल 9)।

1976: उपग्रह औद्योगिक टेलीविजन प्रयोग (SITE) संपन्न।

1979: प्रायोगिक उपग्रह भास्कर-I का प्रक्षेपण; एस एल वी का प्रायोगिक प्रक्षेपण रोहिणी उपग्रह के साथ असफल।

1980: एस एल वी का दूसरा और पहला सफल प्रक्षेपण, जिसने रोहिणी उपग्रह को कक्षा में स्थापित किया।

1981: भास्कर-II का 20 नवंबर को प्रक्षेपण।

1982: इन्सेट-1ए का प्रक्षेपण (अप्रैल) तथा निष्क्रियकरण (सितंबर)।

1983: एस एल वी-3 का द्वितीय प्रक्षेपण; आर डी 2 उपग्रह का सफल प्रक्षेपण; इन्सेट-1बी प्रक्षेपित।

1984: भारत-सोवियत मानव अंतरिक्ष अभियान (अप्रैल) संपन्न तथा राकेश शर्मा अंतरिक्ष में जाने वाले प्रथम भारतीय बने।

1987: सरोस्स-1 उपग्रह की ए एस एल वी द्वारा कक्ष में सफल स्थापना।

1988: भारत का प्रथम सुदूर संवेदी उपग्रह आई आर एस-1ए का प्रक्षेपण।

1990: इन्सेट-1डी का सफल प्रक्षेपण।

1991: भारत के दूसरे सुदूर संवेदी उपग्रह आई आर एस-1बी का प्रक्षेपण (अगस्त)।

1992: ए एस एल वी का सरोस्स-सी उपग्रह के साथ तीसरा विकासात्मक सफल प्रक्षेपण (मई); प्रथम देश निर्मित उपग्रह इन्सेट-2ए का सफल प्रक्षेपण।

1993: इन्सेट-2बी का प्रक्षेपण (जुलाई); पी एस एल वी का आई आर एस-1ई उपग्रह के साथ प्रथम विकासात्मक प्रक्षेपण असफल।

1994: ए एस एल वी का चौथा विकास प्रक्षेपण सफल (मई); पी एस एल वी का आई आर एल-पी 2 उपग्रह के साथ दूसरा विकास प्रक्षेपण सफल (अक्तूबर)।

1995: इन्सेट-2 सी का सफल प्रक्षेपण (जून)।

1996: पी एस एल वी का आई आर एस-पी 3 उपग्रह के साथ तीसरा विकास प्रक्षेपण सफल (मार्च)।

1997: इन्सेट-2डी का प्रक्षेपण (जून) जो परिचालन योग्य नहीं रहा (अक्टूबर); अरबसेट-1सी का अधिग्रहण (नवंबर) जिसे इन्सेट-2 डी टी नाम दिया गया; पी एस एल वी का प्रथम परिचालन योग्य परीक्षण आई आर एल-1 डी उपग्रह के साथ सफल (सितंबर)।

1998: इन्सेट प्रणाली की क्षमता का अधिग्रहित उपग्रह इन्सेट-2 डी टी के माध्यम से संवर्धन (जनवरी)।

1999: इन्सेट-2 शृंखला के अंतिम उपग्रह इन्सेट-2ई का एरियान प्रक्षेपण यान द्वारा काऊरो, फ्रेंच गुयाना के कोरू अंतरिक्ष केन्द्र से सफल प्रक्षेपण (अप्रैल); आई आर एस-पी4 (ओशनसेट) का पी एल एल वी-सी2 द्वारा सफल प्रक्षेपण।

2000: इन्सेट-3बी का सफल प्रक्षेपण (मार्च)।

2001: भूसमकालिक उपग्रह प्रक्षेपण यान-डी1 (जी एस एल वी-डी 1) का जीसेट-1 उपग्रह के साथ आंशिक सफल प्रक्षेपण।

2002: इन्सेट-3सी का एरियन प्रक्षेपण यान द्वारा सफल प्रक्षेपण (जनवरी); कल्पना-1 का प्रक्षेपण (सितंबर)।

2003: जी एस एल वी-डी 2 (जी एस एल वी का दूसरा विकास प्रक्षेपण) का जी सेट-2 उपग्रह के साथ सफल प्रक्षेपण (मई)।

2004: जी एस एल वी-एफ 02 का एडुसेट उपग्रह के साथ सफल प्रक्षेपण (सितंबर)।

2005: कार्टोसेट और हैमसेट उपग्रहों का पी एस एल वी-सी6 द्वारा दूसरे प्रक्षेपण स्टेशन (यूनिवर्सल लॉच पैड) से सफल प्रक्षेपण (मई); इन्सेट-4ए का सफल प्रक्षेपण (जलाई); जी एस एल वी-एफ 02 द्वारा इन्सेट-4सी प्रक्षेपित।

2006: जी एस एल वी (एफ 02) का दूसरा परिचालित प्रक्षेपण सफल (जुलाई)।

2007: कार्टोसेट-2, एसआर ई-1, टबसेट और पेहुएन सेट-1 का पी एस एल वी-सी 7 द्वारा सफल प्रक्षेपण (जनवरी)।

2008: पीएसएलवी-सी11 ने श्रीहरिकोटा (अक्टूबर 22, 2008) से चंद्रयान-प्रथम को सफलतापूर्वक अंतरिक्ष में प्रक्षेपित (लांच) किया।

- पीएसएलवी-सी9 श्रीहरिकोटा (अप्रैल 28, 2008) काटरेसैट-2ए, आईएमएस-1 और दूसरे देशों के 8 छोटे-छोटे (नैनो) सेटेलाइट्स को अंतरिक्ष में प्रक्षेपित किया।
- पीएसएलवी-सी10 ने एंट्रीक्स कॉर्पोरेशन के साथ हुए एक व्यवसायिक करार के तहत टेक्सार (टीइसीएसएआर) का सफलतापूर्वक प्रक्षेपण किया।

2009: पीएसएलवी-सी14 ने सात सेटेलाइट्स-ओसीइएएनएसएटी-2 (ओशन सेट-2), चार क्यूबेसैट (सीयूबीइएसएटी) सेटेलाइट्स और दो रुबिन (आरयूबीआईएन)-9 को श्रीहरिकोटा (सितम्बर 23, 2009) से सफलतापूर्वक प्रक्षेपित किया।

- पीएसएलवी-सी12 ने श्रीहरिकोटा (अप्रैल 20, 2009) से रि-सैट (आरआईएसएटी)-2 और अनुसैट (एएनयूएसएटी) को सफलतापूर्वक प्रक्षेपित किया।

2010: जीएसएलवी-एफ06 श्रीहरिकोटा (दिसम्बर 25, 2010) को प्रक्षेपित किया गया। जीएसएटी-5पी को कक्षा में स्थापित नहीं किया जा सका क्योंकि जीएसएलवी-एफ06 अभियान सफल नहीं रहा था।

- यूरोप के ईएर्डीएस-आस्ट्रिम के साथ व्यवसायिक साझेदारी के अंतर्गत इसरो द्वारा उन्नत संचार सैटेलाइट एचवाईएलएएस (उच्च संग्राह्य सैटेलाइट) को एरियन-5 वी198 के जरिये फ्रेंच गुयाना (नवम्बर 27, 2010) से सफलतापूर्वक प्रक्षेपित किया गया।
- पीएसएलवी-जे15 ने पांच सैटेलाइट्स-कार्टोसेट-2बी, एलसैट-2ए, दो नैनो सैटेलाइट्स-एनएलएस-6.1 और 6.2 और पिको-सैटेलाइट-स्टुडसैट को श्रीहरिकोटा से (जुलाई 12, 2010) सफलतापूवर्क लांच किया गया।
- जीएसएलवी-डी3 को श्रीहरिकोटा (15 अप्रैल, 2010) से लांच किया गया। जीसैट-4 सैटेलाइट कक्षा में स्थापित नहीं किया जा सका क्योंकि जीएसएलवी-डी3 में स्वदेशी क्रायोजेनिक स्टेज का फ्लाइट परीक्षण मिशन सफल नहीं हो सका।

2011: पीएसएलवी-सी18 ने मेगा-ट्रॉपिक्यूस, जुगनू, एसआरएमसैट और वेसलसैट-1 को श्रीहरिकोटा (अक्टूबर 12, 2011) से सफलतापूर्वक प्रक्षेपित किया।

- पीएसएलवी-सी17 ने जीसैट-12 को श्रीहरिकोटा (जुलाई 15, 2011) से सफलतापूर्वक लांच किया।
- एरियन-5वीए-202 ने जीसैट-8 को फ्रेंच गुयाना (मई 21, 2011) से सफलतापूर्वक लांच किया।

- पीएसएलवी-सी16 ने तीन सैटेलाइट्स-रिसोर्ससैट-2, यूथसैट, एक्ससैट को श्रीहरिकोटा (अप्रैल 20, 2011) से सफलतापूर्वक प्रक्षेपित किया।

2012: जीसैट-10 को एरियन-5वीए-209 ने फ्रेंच गुयाना के कौरू अंतरिक्ष केन्द्र (सितम्बर 29, 2012) सफलतापूर्वक लांच किया।

- इसरो का पोलर सैटेलाइट लाँच वेहिकिल पीएसएलवी-सी21 ने स्पॉट6 और प्राइओटर्स को श्रीहरिकोटा (सितम्बर, 09, 2012) से सफलतापूर्वक लाँच किया।
- पीएसएलवी-सी19 ने रिसैट-1 को श्रीहरिकोटा (अप्रैल 26, 2012) से सफलतापूर्वक प्रक्षेपित किया।

2013: पीएसएलवी-सी25 ने मंगल कक्षा अभियान अंतरिक्ष उपग्रह श्रीहरिकोटा (नवम्बर 5, 2013) से सफलतापूर्वक प्रक्षेपित किया गया।

- जीसैट-7 को एरियन-5वीए-215 द्वारा फ्रेंच गुयाना (अगस्त 30, 2013) से सफलतापूर्वक लांच किया गया।
- इनसैट-3डी को एरियन-5वीए-214 के जरिये फ्रेंच गुयाना (जुलाई 26, 2013) से सफलतापूर्वक प्रक्षेपित किया गया।
- पीएसएलवी-सी22 ने आइआरएनएसएस-1ए को श्रीहरिकोटा (जुलाई 01, 2013) से सफलतापूर्वक लांच किया।
- पीएसएलवी-सी20 सरल (एसएआरएल) और छह व्यावसायिक अंतरिक्ष उपकरणों को श्रीहरिकोटा (फरवरी 25, 2013) से सफलतापूर्वक लांच किया।

2015: • एरिआने-5 वीए-227 जीएसएटी-15 (संचार उपग्रह) से लॉन्च हुआ।
- जीएसएलवी-डी 6 जीएसएटी-6 (संचार उपग्रह)

2016: • पीएलएलवी-सी 35 कार्टो सैट-2 से लाख किया गया (मौसम विज्ञानी उपग्रह)
- जीएसएलवी एफ-05 इन्सेट-3 डीआर लॉन्च किया गया (मौसम विसानी उपग्रह)

2018: • पीएसएलवी सी-41 आईआरएनएसएस-11 से लांच किया गया (नौकायन उपग्रह)
- पीएसएलवी सी-40 कार्टो सेट 2 से लांच किया गया (पृथ्वी प्रेक्षण)
- पीएसएलवी सी-33 आईआरएनएस-1जी से लांच किया गया (नौकायन उपग्रह)

2019: • RISAT-2BR1, PSLV-C48 द्वारा LEO में लॉन्च किया गया, आपदा प्रबंधन प्रणाली, पृथ्वी अवलोकन
2019: • कार्टोसैट -3 को PSLV-C47/कार्टोसैट-3 मिशन द्वारा SSPO में लॉन्च किया गया, अर्थ ऑब्जर्वेशन
2019: • चंद्रयान 2 जीएसएलवी-एम के III - एम 1/चंद्रयान-2 मिशन द्वारा लॉन्च किया गया, चंद्र ग्रह अवलोकन
2019: • RISAT-2B को PSLV-C46 मिशन द्वारा LEO में लॉन्च किया गया, आपदा प्रबंधन प्रणाली, पृथ्वी अवलोकन
2019: • GSAT-31 को एरियन-5 VA-247 द्वारा GTO में लॉन्च किया गया, संचार
2019: • Microsat-R, PSLV-C44 द्वारा SSPO में लॉन्च किया गया
2019: • कलामसैट-वी2 पीएसएलवी-सी4, छात्र उपग्रह द्वारा लॉन्च किया गया
2020: • CMS-01 को PSLV-C50/CMS-01 द्वारा GSO में लॉन्च किया गया, संचार
2020: • EOS-01 को PSLV-C49/EOS-01 द्वारा LEO में लॉन्च किया गया, आपदा प्रबंधन प्रणाली, पृथ्वी अवलोकन
2020: • GSAT-30 को एरियन-5 VA-251 द्वारा GSO में लॉन्च किया गया, संचार
2021: • यूनिटीसैट को PSLV-C51/Amazonia-1 द्वारा लॉन्च किया गया, छात्र उपग्रह
2021: • सतीश धवन सैट (SDSAT), PSLV-C51/Amazonia-1 द्वारा लॉन्च किया गया, छात्र उपग्रह
2022: • EOS-04, PSLV-C52/EOS-04 मिशन द्वारा लॉन्च किया गया, पृथ्वी अवलोकन
2022: • INSPIREsat-1, PSLV-C52/EOS-04 मिशन द्वारा लॉन्च किया गया, छात्र उपग्रह
2022: • INS-2TD, PSLV-C52/EOS-04 मिशन द्वारा लॉन्च किया गया, प्रायोगिक

संदर्भ सूची (References)

- Bhatnagar, LP, *Transport in Modern India*. Kanpur: Kishore Publishing House, 1970.
- Das, PK and Sinha, BN, "Inter-City railway Connectivity in India." In *Geographical Review of India,* Vol. XLII (3) (1985): 25–29.
- Dheenkey, MR, *Air Transport in India: Growth and Problems*. Mumbai: Vora & Co, 1963.
- Govt. of India. *The Economic Survey, 2006–07*. New Delhi.
- Govt. of India. *Statistical Abstract, 2006*.
- Husain, M. , *Terms and Concepts of Geography*. New Delhi: McGraw Hill Education, 2016.
- *India 2008*. Publication Division, Government of India, New Delhi.
- *India 2010*. Publication Division, Government of India, New Delhi.
- Jha, MS, "Shipping-Charting a Steady Course." In *The Hindu Survey of India Industry*. Chennai: Kasturi & Sons, Ltd., 2004: 154–155.
- Kara, PK, Tripathi, SN, Singh, DK, Singh, "A Compartaive Study of Major Ports of India and their Traffic Characteristics." In *NGJI*, Vol. 28 (1 & 2) (1982): 69–68.
- Khullar, DR, *India: A Comprehensive Geography*. New Delhi: Kalyani Publishers, 1999.
- Narain, Y, *Road-Well Time Policy Support and Communication in India.* Washington, DC, 2004.
- Prasad, A, *Indian Railways*. Mumbai: Asia Publishing House, 1971.
- Roa, MA, "Railways-Reorganisation a Dire Need." In *The Hindus Survey of Indian Industry*. Chennai: Kasturi & Sons Ltd. (2004).
- Raza, M., Agarwal, Y., *Transport Geography of India,: Commodity Flow and the Regional Structure of Indian Economy*. New Delhi: Concept Publishing Co., 1986.
- Singh, DN, "Transportation Geography in India, Survey of Research." *NGJI*, Vol. 23, (1 & 2) (1977): 95–114.
- Tiwari, RC, *Geography of India*. Allahabad: Prayag Pustak Bhandar, 2006.
- The World Factbook Field Listing: Imports-Commodities, Central Intelligence Agency (March 8, 2019).

13
सांस्कृतिक विन्यास (Cultural Setting)

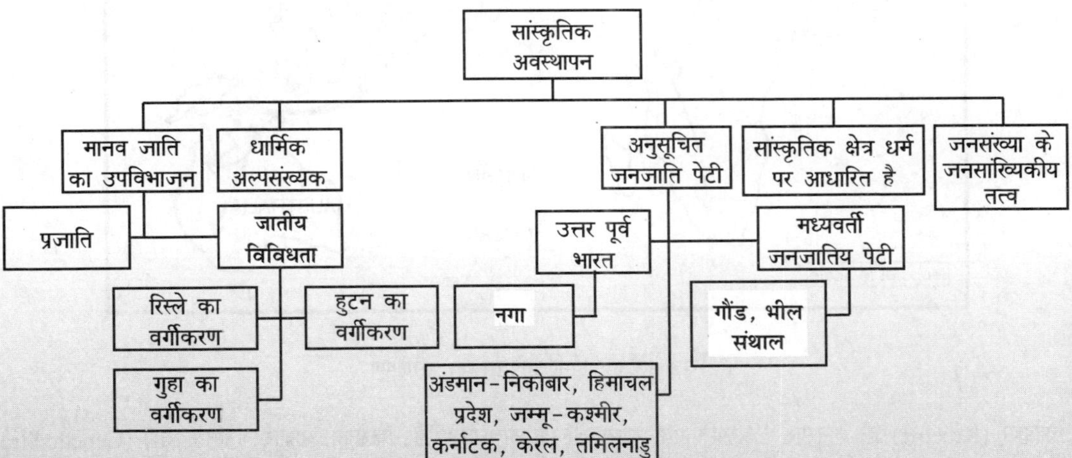

➤ मानव जाति की उत्पत्ति (Origin of Mankind)

इस बात का कोई प्रत्यक्ष साक्ष्य नहीं है कि पहला मानव पृथ्वी पर कब और कहाँ प्रकट हुआ। वास्तव में मनुष्य की उत्पत्ति रहस्य में छिपी हुई है। परन्तु 'क्रमविकास के सिद्धांत' (Theory of Evolution) के समर्थक यह मानते हैं कि मनुष्य पृथ्वी पर जीवन के क्रमविकास की अन्तिम रचना है। मानव-विज्ञानी यह मत रखते हैं कि पहले मनुष्य के पूर्वज का जन्म पूर्वी अफ्रीका में विक्टोरिया झील (Victoria Lack) के पूर्वी प्रदेश में हुआ था। आधुनिक मानव (Homo-Sapians) के पूर्वजों के सबसे पुराने जीवाश्म अफ्रीका के इस भाग में पाये जाते हैं। इस क्षेत्र से आधुनिक मानव का प्रवास हुआ तथा लगभग दस लाख वर्ष पूर्व उसका प्रवेश एशिया, यूरोप तथा भारतीय उप-महाद्वीप में हुआ *(चित्र 13.1)*।

मानव-जाति का उप-विभाजन (Subdivisions of the Human Species)

प्रजाति (Race)

प्रजाति (Race) की एक सटीक परिभाषा देना अत्यन्त कठिन है। मनुष्य एक अत्यंत परिवर्तनशील औज़ार बनाने वाला (Hom-Habilis) प्राणी है तथा प्रत्येक मनुष्य एक पृथक् व्यक्ति है जो अपने प्रत्येक साथी से अधिक या कम मात्रा में भिन्न होता है। परन्तु सभी मनुष्यों में पर्याप्त सामान्य भौतिक समरूपता होती है ताकि उन्हें मानव के वर्ग में रखा जाए। वैसे ही कुछ मनुष्यों के समूह में सामान्य भौतिक विशेषताएँ पाई जाती हैं, जिससे उन्हें कुछ हद तक मनमाने ढंग से प्रजाति के रूप में वर्गीकृत किया जाता है।

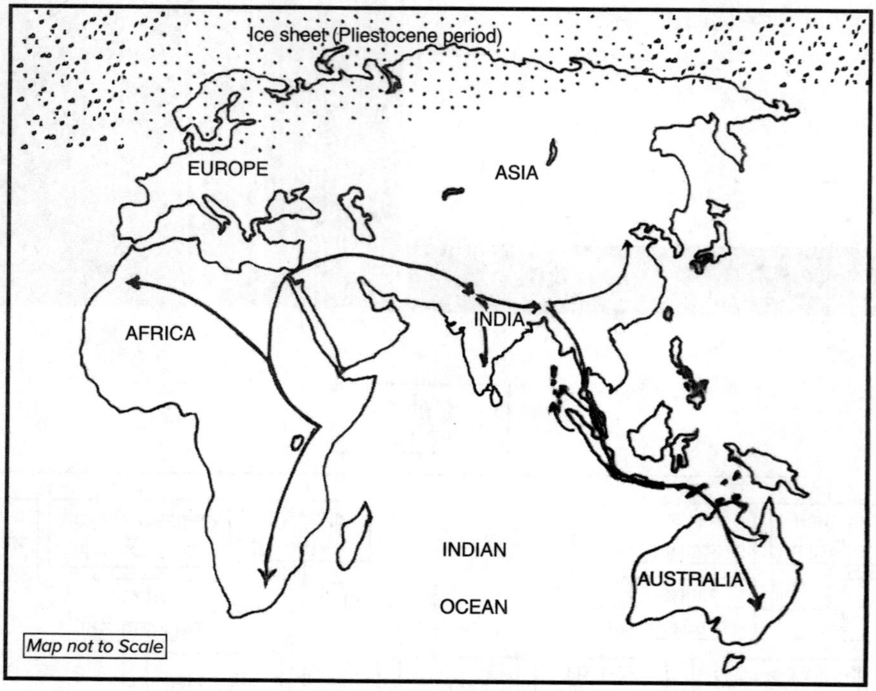

चित्र 13.1 होमो सैपियंस का परिक्षेपण

क्रोइबर (Kroeber) के अनुसार, ''प्रजाति एक मान्य जैविक अवधारणा है, जिसका आधार जननिक वंश (Genetic Strain) है। यह एक मान्य सामाजिक-सांस्कृतिक अवधारणा नहीं है।'' जे.बी. बर्डसेल (J.B. Birdsell) के अनुसार, ''प्रजाति एक अन्तर-प्रजनन समूह है, जिसका जीनकोश (Gene Pool) अन्य जनसंख्या से भिन्न होता है।'' हेड्डन (Haddon) प्रजाति को एक जैविक नस्ल मानता है, जो उन भौतिक विशेषताओं के संयोजन पर आधारित है, जिनका हस्तांतरण एक नस्ल से दूसरी नस्ल में होता है।

नृजातीय समूह (Ethnic Group)

नृजातीय समूह वृहत्त समाज में जनसंख्या का एक भिन्न वर्ग है, जिसकी संस्कृति प्राय: समाज की संस्कृति से भिन्न होती है। ऐसे समूह के सदस्य प्रजाति अथवा राष्ट्रीयता अथवा संस्कृति के सामान्य बंधन से बँधे हुए होते हैं या ऐसे बंधन से जुड़े होने का अहसास कराते हैं या फिर ऐसी इच्छा रखते हैं। दूसरे शब्दों में सामान्य जातीय, धार्मिक, भाषाई अथवा राष्ट्रीय विशेषताओं वाले लोगों के समूह को नृजातीय समूह (Ethnic Group) कहते हैं।

सांस्कृतिक तत्व, जैसे-भाषा, धर्म, विश्वास, आस्था, परम्परायें राष्ट्रीयता प्रथा एवं रिवाज जिनका हस्तांतरण एक पीढ़ी से दूसरी पीढ़ी में होता है, मानव-जाति के विभाजन में अत्यंत महत्व रखते हैं।

वास्तव में मानव-जाति का परिक्षेपण (Dispersal) सही व सटीक तभी हो सकता है, जब वह जीवन-शैली रहने व सोचने के ढंग पर आधारित हो।

भारतीय समाज का ऐतिहासिक परिदृश्य (Historical Perspective of Indian Society)

भारतीय समाज विश्व के सबसे पुराने समाजों मे से एक है। भारत की सामाजिक संरचना तथा सांस्कृतिक प्रतिरूप की विशेषता विविधता में एकता (Unity in Diversity) है। ऐतिहासिक रूप से भारत एशिया, अफ्रीका तथा यूरोप के विभिन्न भागों से आए अनेक अप्रवासियों को अपनाने के लिए जाना जाता है परन्तु प्रत्येक समूह की संस्कृति में समय के साथ काफी बदलाव आया है जिसके कारण वह भारतीय समाज का एक अंगभूत भाग बन सका है। जाति जैसी संस्था भारतीय समाज जैसी विरोधोक्ति का एक प्रारूपिक उदाहरण है। प्रत्येक जाति का सम्बंध जीन (Gene) के विशेषता से है, जो कुछ हद तक पृथक् है परन्तु एक ही समय किसी प्रदेश की जातियाँ एक एकल सामाजिक ढाँचे का भाग होती हैं। यहाँ यह जानना आवश्यक है कि जाति न केवल हिन्दुओं में बल्कि मुस्लिम, ईसाई, यहूदी, सिख, बौद्ध तथा जैन धर्मों में भी पाई जाती है। भारत में जाति सर्वव्यापी है, जिसका परिणाम विविधता सहिष्णु विचारधारा है। विविधता के कारक अनौपचारिक प्रेक्षक का भी दृश्य होते हैं। भारत की जनसंख्या जातीय तथा नृजातीय रूप से विभाजित है जिसमें छह मुख्य किस्म के प्रजाति समूहों के तत्व हैं-(i) नीग्रीटो (Negrito) (ii) प्रोटो-ऑस्ट्रोलाइड (Proto-australoid) (iii) मंगोलाइड (Mongoloid) (iv) मेडिटरेनियन (Mediterranean) (v) पश्चिमी बैक्रिसिफेल् (Western brachycephals) तथा (vi) नॉर्डिक्स (Nordics)।

विश्व के सभी मुख्य धर्म भारत में देखे जा सकते हैं। जनजातीय समूहों का संबंध किसी एक अथवा अन्य मुख्य धर्मों से है। मुख्य साहित्यिक भाषाओं की संख्या चौदह है। ग्रामीण तथा नगरीय बस्तियों के प्रतिरूपों, सामुदायिक जीवन, पट्टेदारी के रूप तथा कृषि संचालनों में विविधता देखी गई है। रिश्तेदारी, विवाह की प्रथा एवं रिवाजों, विरासत तथा जीने के सामान्य तरीके में विभिन्न समूहों के बीच स्पष्ट रूप से अन्तर देखा जा सकता है।

विविधता इस दृश्य का मात्र एक पक्ष है। इसके अतिरिक्त कई अद्यःस्थ कारक हैं। भारत एक राजनैतिक इकाई है, जहाँ प्रत्येक भाग एक ही संविधान के अंतर्गत कार्य करते हैं। एकीकरण की प्रक्रिया का विकास हुआ क्योंकि अनेक महान शासक-अशोक, समुद्रगुप्त, अकबर के द्वारा देश के बड़े क्षेत्रों को उनके शासन के अंतर्गत लाया गया परन्तु ब्रिटिश काल के दौरान ही भारत पहली बार एक एकल राजनैतिक इकाई बना।

एकता की अवधारणा हिन्दू धर्म में अन्तर्निष्ठ है। हिन्दू धर्म के पवित्र तीर्थ-स्थान देश के प्रत्येक भाग में हैं। भारत एक पवित्र भूमि न केवल हिन्दुओं के लिए है बल्कि सिख, जैन तथा बौद्ध धर्मों के लिए भी हैं। मुस्लिम तथा ईसाई धर्म के भी पवित्र स्थान भारत में देखे जा सकते हैं। जाति की संस्था सभी धार्मिक समूहों में देखी जा सकती है।

भारत की धर्मनिरपेक्ष राज्य के रूप में घोषणा विविधता के प्रति सहनशीलता का एक अतिरिक्त साक्ष्य प्रदान करती है, जो आरम्भ से ही भारतीय इतिहास की विशेषता रही है। आर्थिक विकास की प्रक्रिया, जो पंचवर्षीय योजना द्वारा प्रारंभ की गई, तथा समानतावादी आदर्शों के विस्तार के कारण सामाजिक जीवन के भारतीय प्रतिरूप में क्रांतिकारी बदलाव आया है। एकल सरकार तथा नागरिक एवं अपराधिक कानूनों के लिए एक सामान्य निकाय, एक विकासशील अर्थव्यवस्था तथा सार्वजनिक जीवन एवं समस्याओं के लिए एक धर्मनिरपेक्ष दृष्टिकोण भारत के राष्ट्र होने के दावे को वास्तविक अर्थ प्रदान करता है।

जाति व्यवस्था (The Caste System)

जाति व्यवस्था का पहला साहित्यिक विवरण ऋग्वेद में पाया जाता है, जहाँ तीन समूहों का वर्णन किया गया है-ब्राह्मण (पुरोहित), क्षत्रिय (राजा तथा शासक) एवं वैश्य (सामान्य लोग)। पुरुषसुक्त स्रोत चार वर्गों का वर्णन करता है जिनकी उत्पत्ति सृष्टिकर्ता (विधाता) के शरीर के चर भागों से हुई है। ये चार वर्ण हैं-ब्राह्मण, क्षत्रिय, वैश्य तथा शूद्र। इन्हें चतुरवर्ण कहा जाता है।

उत्तर-वैदिक काल में ब्राह्मणों की शक्ति में विकास देखा गया। ब्राह्मण लेखकों ने प्रत्येक जाति के कर्त्तव्यों तथा अधिकारों का निरंतर विवेचन किया तथा उसे परिभाषित किया। जाति अनुक्रम की तर्कसंगत तथा युक्तिमूलक व्याख्या भी इस काल में हुई। उदाहरण के तौर पर *भगवद्गीता* में जाति-व्यवस्था को गुण तथा धर्म के आधार पर तर्कसंगत बताया गया है।

छठी सदी ई.पू. ने बौद्ध धर्म का उत्थान देखा, जिसने जाति व्यवस्था के आधार पर ही प्रश्नचिन्ह लगाया। कुछ विचारकों के अनुसार, बौद्ध धर्म सामाजिक तथा राजनैतिक दृष्टि से ब्राह्मणों की प्रधानता (मनुवाद) के विरुद्ध क्षत्रियों का एक आन्दोलन था।

लम्बे इतिहास वाले भक्ति आंदोलन में ऐसे तत्व मौजूद हैं, जो जाति विचारधारा के विपरीत होते हैं। भक्ति आंदोलन के संत सभी जातियों के थे, जिसमें हरिजन भी शामिल थे। यह आंदोलन भारतीय इतिहास में किसी-न-किसी रूप में निरंतर जारी रहा तथा पूरे उप-महाद्वीप में फैला हुआ था। इस आंदोलन ने सभी जातियों से धर्मान्तरितों को आकर्षित किया, जिसमें हरिजन भी शामिल थे। कबीर का अनुसरण करने वाले (कबीर पंथी) भी एक जाति बन गए। ईसाई तथा इस्लाम में धर्म परिवर्तन के बाद भी जाति-व्यवस्था बनी रही। 19वीं सदी के दौरान पंजाब में आर्य समाज तथा बंगाल में ब्रह्म समाज की स्थापना हुई। ये आंदोलन रामकृष्ण मिशन के जातियों के उदारीकरण की ओर झुकाव को निरूपित करते हैं।

जाति की मुख्य विशेषताएँ (Main Features of Castes)

सदियों से देखी जा रही जाति की मुख्य विशेषताओं को नौ शीर्षों के अन्तर्गत रखा जा सकता है, ये हैं- अनुक्रम, सजातीय या सगोत्र विवाह (Endogamy), अनुलोम विवाह (Hypergamy), व्यावसायिक संबंध, प्रथा, पहनावा तथा बोली में भिन्नता, प्रदूषण, धर्मविधि, अन्य विशेष सुविधाएँ तथा असमर्थता, जाति संगठन तथा जाति गतिशीलता।

जाति तथा ग्रामीण समुदाय (Caste and Village Community)

जाति किसी गांव अथवा पड़ोसी गांवों के समूह में रहती है, जोकि आर्थिक बंधन से जुड़े हुए होते हैं। सामान्यत: कृषक जातियों की सर्वाधिक संख्या गाँवों में रहती है तथा कृषीय क्रियाकलापों के लिए उन्हें बढ़ई, लोहार, नाई धोबी, कहार तथा चमड़े का कार्य करने वाली जातियों की आवश्यकता होती है। सेवा प्रदान करने वाली जातियाँ, जैसे-पुरोहित (ब्राह्मण तथा गैर-ब्राह्मण), नाई, धोबी, इत्यादि हरिजन को छोड़कर अन्य सभी जातियों की आवश्यकताओं को पूरी करती हैं। दस्तकार जातियाँ ऐसी वस्तुओं का उत्पादन करती हैं, जिसकी आवश्यकता सभी को होती है। अधिकतर भारतीय गाँवों में ये सभी जातियाँ नहीं पाई जाती हैं तथा कुछ सेवाओं, कारीगरी तथा वस्तुओं के लिए एक गाँव दूसरे निकटवर्ती गाँवों पर निर्भर रहता है।

ग्रामीण भारत में जहाँ अधिकतर निर्वाह अर्थव्यवस्था देखी जा सकती है, गाँव में विभिन्न जातियों के बीच संबंध एक विशेष रूप लेता है। दस्तकार तथा सेवाएँ प्रदान करने वाली जातियों को मज़दूरी हर वर्ष उपज के समय अनाज के रूप में दी जाती है। भारत के कुछ भागों में दस्तकार तथा सेवा प्रदान करने वाली जातियों को मुफ्त खाद्य-सामग्री, वस्त्र, चारा, तथा आवास हेतु साधन प्रदान किए जाते हैं। जन्म, विवाह तथा मृत्यु के अवसर पर ये जातियाँ अतिरिक्त कार्य करती हैं, जिसके लिए उन्हें प्रथागत रूप में पैसा तथा कुछ भेंट दी जाती है। इस प्रकार का संबंध पूरे भारत में देखा जाता है तथा यह विभिन्न नामों से जाना जाता है- उत्तर में जजमानी तंत्र (Jajmani System), चेन्नई में मीरासो, महाराष्ट्र में बारा बालुते तथा मैसूर में अदादे। जजमान तथा कमीन के बीच संबंध असमान हैं चूँकि कमीन (Kameen) को निम्न वर्ग का माना जाता है। सेवा करने का अधिकार वंशानुगत, स्थानान्तरणीय, विक्रय योग्य, बन्धक रखने योग्य आदि होता है।

जजमानी व्यवस्था ने गाँव में रहने वाली विभिन्न जातियों को या फिर गाँवों के एक समूह में रहने वाली जातियों को आबद्ध किया। श्रम का जातिगत विभाजन तथा टिकाऊ व व्यापक संबंधों में विभिन्न जातियों का फलस्वरूप जुड़ना सह-संबंधों का एक प्रतिरूप प्रदान करता है, जो जाति के बंधनों की सीमा को पार करता है। आधुनिक 'जाति की समस्या' कुछ हद तक पूरे क्षेत्र में पिछले सालों में ऊर्ध्वाधर (Vertical) एवं स्थानिक (Spatial) बंधनों के मजबूत होने का परिणाम है। भू-स्वामी तथा काश्तकार, मालिक तथा नौकर, ऋणदाता तथा कर्जदार सभी एक वर्ग के अन्तर्गत सम्मिलित किए जा सकते हैं-संरक्षक तथा ग्राहक। यह संबंध व्यापक है तथा ग्रामीण भारत को समझने के लिए महत्वपूर्ण भी। स्थानीय तथा आम चुनावों में मतदान संरक्षक-ग्राहक बंधन से प्रभावित होता है।

धार्मिक अनुष्ठान के अवसर, जैसे—जीवन-चक्र के अनुष्ठान, त्यौहार, मेले आदि में सभी जातियों के सहयोग की आवश्यकता होती है।

कुछ अनुष्ठान जो सभी जातियों के लिए सामान्य हैं-जन्म, लड़कियों के यौवनारंभ (Puberty), विवाह तथा मृत्यु के समय सम्पन्न होता है। मुख्य त्यौहारों तथा ग्रामीण देवी-देवताओं के त्यौहारों में अनेक जातियों के सहयोग की आवश्यकता होती है।

गाँव का एक राजनैतिक तथा सामाजिक इकाई के रूप में कार्य करना विभिन्न जातियों के सदस्य को एक जगह लाता है। प्रत्येक गाँव में एक मुखिया होता है, जो प्राय: प्रमुख जाति (सवर्ण जाति) का होता है। दक्षिण भारत में लेखाकार हमेशा ब्राह्मण जाति का होता था। प्रत्येक गाँव में एक चौकीदार तथा संदेशवाहक होता था। सिंचित क्षेत्रों में हमेशा एक व्यक्ति नहरों में जल के प्रवाह पर ध्यान देने व उसे नियमित करने के लिए होता था। मुखिया तथा लेखाकार हरिजन ग्रामीण सेवकों की सहायता से भूमि कर वसूलते थे।

ग्रामीण परिषद विभिन्न कार्य करती हैं, जिसमें कानून-व्यवस्था कायम रखना, विवादों का निपटारा, त्यौहार का आयोजन एवं सड़कों, पुलों व टैंकों का निर्माण शामिल है।

ग्रामीण समुदाय में श्रेणीबद्ध समूह शामिल हैं, प्रत्येक के अपने अधिकार, कर्तव्य तथा विशेषाधिकार होते हैं। ऊँची जातियों को कुछ ऐसी शक्ति व विशेषधिकार होते हैं, जिससे निम्न जातियाँ वंचित होती हैं। निम्न जातियों में काश्तकार, सेवक, भूमिहीन श्रमिक, वैध तथा ऊँची जातियों पर आश्रित जातियाँ शामिल थीं। निचली जातियों में धनी व शक्तिशाली संरक्षकों के नजदीक जाने के लिए आपस में प्रतिस्पर्द्धा बनी रहती है तथा वे धनी व शक्तिशाली लोगों पर निर्भर हो जाते हैं। दूसरी ओर ऊँची जाति के लोग यह चाहते हैं कि उन पर आश्रितों की संख्या यथासंभव बढ़ जाए। संरक्षक का आश्रितों के प्रति तथा आश्रितों का संरक्षक के प्रति कुछ कर्त्तव्य होता है।

जाति-व्यवस्था भूमि-स्वामित्व की असमानता के साथ एक गहरे स्तरीय समाज का निर्माण करती है परन्तु यह गाँव को एक समुदाय के रूप में कार्य करने से नहीं रोक पाती है।

जातिगत संघर्ष एवं सहयोग एक साथ आगे बढ़ते हैं। हाल में निचली जातियों (दलित वर्ग) में स्थानीय प्रभावशाली जातियों के बंधन से मुक्त होने का प्रयास किया है तथा इसमें उन्हें शीर्ष स्तर के राजनीतिक दलों का समर्थन भी हासिल हुआ है। जुलाई-अगस्त 2016 का गाय रक्षक एवं मरी हुई गाय का चमड़ा उतारने वाले दलितों का ऊना (Una) गुजरात आन्दोलन इस प्रकार के राजनैतिक एवं सामाजिक आन्दोलन का एक मुख्य उदाहरण है।

भारत में प्रजातीय तथा मानव जातीय विभिन्नताएं (Racial and Ethnic Diversities in India)

भारतीय जनसंख्या की भौतिक विशेषताएँ एक प्रदेश से दूसरे प्रदेश में भिन्न होती हैं। भारत की जनसंख्या में कई प्रजातीय नस्लें देखी गई हैं, भारत में जैसे नीग्रीटो से नार्डिक (कॉकेसायड) तक की मानव जातियाँ पाई जाती है। कुछ मानव-विज्ञानी, जैसे-एच. डे. टेरा, ए.सीहेडन तथा पी. मित्रा जीवाश्म के आधार पर भारत को मानव जाति का पालना मानते हैं। परन्तु अधिकतर मानव विज्ञानी यह मानते हैं कि भारत में भूमध्यसागर (मेडिटरेनियन), मध्य एशिया, मंगोलिया, चीन, तिब्बत तथा दक्षिण पूर्वी एशिया से लोगों का आगमन विभिन्न चरणों में हुआ ***(चित्र 13.2)***। फलस्वरूप भारत में कोई विशुद्ध प्रजाति नहीं है परन्तु इसका मिश्रण पाया जाता है।

कुछ दूरवर्ती क्षेत्रों में जहाँ अभी भी जनजातियाँ रहती हैं, जिन्होंने अपनी आदिम विशेषताओं को कायम रखा है, प्रजाति की विशुद्धता देखी जा सकती है। प्रो. ऐजाजुदीन अहमद (JNU) के अनुसार, ''उप-महाद्वीप के एकाकी तथा दूरवर्ती क्षेत्रों में बसने वाले लोग अपनी वास्तविक जातीय विशेषताओं को बचाए रख सकते थे, जो आक्रमण की नई लहर से अप्रभावित रहा, यह लहर काबुल घाटी को भारत के उत्तरी मैदान से जोड़ने वाले मुख्य गलियारे के रूप में देखी गयी।'' भारतीय जनसंख्या का वर्गीकरण अनेक विचारकों द्वारा किया गया है। कुछ महत्वपूर्ण वर्गीकरण निम्नलिखित हैं:

रिजले (Risley's) द्वारा भारतीय प्रजाति का वर्गीकरण

सर हर्बर्ट रिजले, भारत के जनगणना अधीक्षक (1901), ने एक महत्वपूर्ण प्रयास किया तथा भारतीय प्रजातियों को निम्नलिखित सात वर्गों में विभाजित किया है:

1. भारतीय-आर्य (Indo - Aryans)

भारतीय-आर्य नृजाति मध्य एशिया से भारत आई। वर्तमान में ये जम्मू एवं कश्मीर, पंजाब, हरियाणा, हिमाचल प्रदेश, उत्तर प्रदेश, उत्तराखंड तथा राजस्थान में देखे जाते हैं। इस जनजाति के लोग लम्बे कद तथा साफ रंग के होते हैं। लम्बी भुजाएँ, चौड़े कंधे

तथा भारी से लेकर छरहरे बदन इनकी अन्य मुख्य विशेषताएँ हैं। इन्हें वर्तमान में निरूपित करने वाले समुदाय हैं-उत्तरी भारत के राजपूत, खत्री (क्षत्री) तथा जाट।

2. द्रविड़ (Dravidians)

द्रविड़ विशेष रूप से दक्षिण भारत (आंध्र प्रदेश, कर्नाटक, केरल एवं तमिलनाडु), छत्तीसगढ़, झारखंड, दक्षिणी मध्य प्रदेश, ओडिशा तथा दक्षिणी राजस्थान में पाए जाते हैं। छोटानागपुर पठार के संथाल, नीलगिरि के टोडा, ओडिशा के जुआँग, बस्तर के गौंड, राजस्थान के भील द्रविड़ वर्ग के प्रतिनिधि हैं। द्रविड़ संभवत: भारत के सबसे प्राचीन लोग हैं लेकिन इन पर आर्य, सीथियन (Scythian Ukraine) तथा मंगोलॉइड (Mongoloids) लोगों के अधिमिश्रण का प्रभाव पड़ा है। छोटे कद, गहरा रंग, घुँघराले बाल, लम्बे आकार के सिर तथा चौड़ी नाक द्रविड़ों की मुख्य विशेषताएँ हैं।

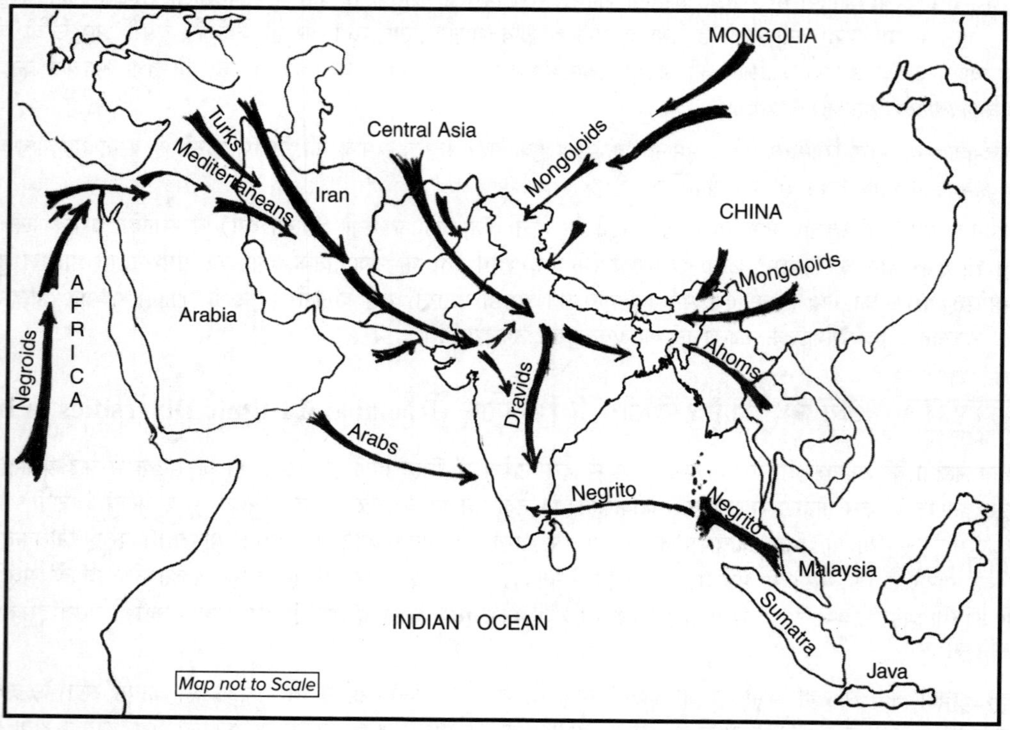

चित्र 13.2 भारत में विभिन्न प्रजातीय एवं नस्लीय समूहों का आगमन

3. मंगोलॉइड (Mongoloids)

मंगोलॉइड हिमालय तथा उप-हिमालय प्रदेश में पाए जाते हैं, जिसका विस्तार लद्दाख (जम्मू एवं कश्मीर) से लेकर हिमाचल प्रदेश, उत्तराखंड (गढ़वाल), सिक्किम, अरुणाचल प्रदेश, तथा उत्तर पूर्वी भारत के पहाड़ी राज्यों में है। मंगोलॉइड प्रजाति के लोगों की विशेषता छोटा कद, पीला रंग, चौड़ी-मध्यम नाक, चपटा चेहरा तथा तिरछी आँखें (Oblique Eyes) हैं। लाहौल एवं स्पीति के किन्नेट, सिक्किम के लेप्चा तथा भूटिया, उत्तर प्रदेश एवं उत्तराखंड के तराई क्षेत्र के थारू मंगोलॉइड प्रजाति के प्रतिनिधि हैं।

4. आर्य-द्रविड़ (Aryo-Dravidian)

यह आर्य तथा द्रविड़ों के मिश्रण से बनी प्रजाति है। यह समूह राजस्थान, उत्तर प्रदेश तथा बिहार में पाया जाता है। इस प्रजाति के अंश दोनों ऊँची तथा निचली जातियों में पाए जाते हैं, जैसे-ब्राह्मण तथा अनुसूचित जातियाँ। इस प्रजाति का रंग हल्का भूरा अथवा काला होता है तथा उनके लम्बे सिर, छोटे कद तथा मध्यम चौड़ी नाक होती है।

5. मंगोल-द्रविड़ (Mongolo - Dravidians)

यह मंगोलाइड तथा द्रविड़ प्रजातियों का अन्तर-मिश्रण है। यह प्रजाति अधिकतर पश्चिम-बंगाल तथा ओडिशा में पाई जाती है (ब्राह्मण एवं कायस्थ)। इस प्रजाति की विशेषता है-चौड़ा सिर, गहरा रंग, चपटी नाक, छोटा तथा मध्यम कद तथा चेहरे और शरीर पर प्रचुर मात्रा में बाल।

6. सीथो-द्रविड़ (Scytho - Dravidians)

यह सीथियन तथा द्रविड़ प्रजाति का एक मिश्रण है। कुछ मानव-विज्ञानियों का यह मानना है कि शाका (Sakas) सीथियन प्रजाति के थे, जो मध्य एशिया से भारत आये थे। वे पाकिस्तान के सिन्ध प्रान्त, भारत के गुजरात, महाराष्ट्र, कर्नाटक, राजस्थान तथा उत्तर प्रदेश में आकर बसे। सीथियन प्रजाति की विशेषताएँ ऊँची जातियों में तथा द्रविड़ प्रजाति की विशेषताएँ समाज के निम्न वर्ग में देखी जा सकती हैं। मराठों को सीथिया-द्रविड़ प्रजाति का प्रतिनिधि माना जाता है। इस प्रजाति की मुख्य विशेषताएँ हैं-छोटा कद, लम्बा सिर, साधारण नाक, हल्का भूरा या गोरा रंग तथा बदन पर क्षीण मात्रा में बाल।

7. तुर्की-ईरानी (The Turko Iranian)

ये बलूचिस्तान तथा अफगानिस्तान में पाए जाते हैं। इनके प्रतिनिधि पठान हैं, जो उत्तर-पश्चिम भारत के कुछ भागों में अल्पसंख्यक समूह के रूप में पाए जाते हैं पठानों का लम्बा कद, गठीला बदन तथा गोरा रंग होता है। इनका सिर लम्बा तथा नाक नुकीली होती है।

भारतीय प्रजातियों का रिजले द्वारा दिया गया वर्गीकरण मुख्य रूप से भाषा पर आधारित है। यह भारतीय जनसंख्या में नीग्रोटो प्रजाति के अंश को मान्यता नहीं देता, जिसे यथावत रूप से जे.एच. हटन, ए.सी. हेडन तथा बी.सी. गुहा द्वारा मान्यता दी गयी है।

हटन का वर्गीकरण (Hutton's Classification)

जे. एच. हटन द्वारा दिया गया भारत में प्रजातियों का वर्गीकरण जनगणना के निष्कर्ष पर आधारित है। हटन भारत को मानव जाति का पालना नहीं मानते, उनके अनुसार भारत की सभी प्रजातियों का स्रोत विदेशी अप्रवासी हैं। कालानुक्रम के आधार पर हटन द्वारा भारत को निम्नलिखित सात प्रजातियों में विभाजित किया है:

1. नीग्रीटो (The Negritoes)

हटन के विचार से नीग्रीटो भारत के सबसे पुराने निवासी हैं लेकिन मुख्य भूमि पर इस प्रजाति की मौजूदगी लगभग नगण्य है। यह प्रजाति अंडमान एवं निकोबार द्वीप-समूह तथा नगालैंड में कुछ जगहों पर पायी जाती है।

2. प्रोटो-ऑस्ट्रोलाइड (The Proto - Australoids)

यह प्रजाति बडी़ संख्या में आकर देश के विभिन्न भागों में फैल गई है। इनके प्रतिनिधि भारत में पाई जाने वाली आदिवासी जातियाँ हैं।

3. आदि भू-मध्य सागरीय मेडिटरेनियन (The Early Mediterranean)

आदि मेडिटरेनियन दक्षिण भारत पहुँचे, उनके प्रतिनिधि अभी भी कर्नाटक तथा तमिलनाडु में पाए जाते हैं। ये जनजातीय क्षेत्र में भी पाए जाते हैं, जिसका विस्तार गुजरात से लेकर पश्चिम-बंगाल तक है। ये मध्यम कद तथा भूरे व काले रंग होते हैं, इनके शरीर की बनावट हल्की होती है।

4. अग्रवर्ती भू-मध्य सागरीय मेडिटरेनियन (The Advanced Mediterranean)

ये आदि-द्रविड़ हैं, जिनका संबंध सिन्धु घाटी सभ्यता से था। इन आर्य-पूर्व लोगों का मिश्रण आर्यों से हुआ। ये आदि मेडिटरेनियन से अधिक लम्बे तथा गोरे थे। इस प्रजाति के लोग पंजाब, हरियाणा, उत्तर प्रदेश तथा बिहार में फैले हुए हैं।

5. अल्पाईन अथवा वैदिक-काल पूर्व आर्य (The Alpines or the Pre-Vedic Aryans)

वैदिक-काल पूर्व आर्य गुजरात तथा पश्चिम-बंगाल में पाए जाते हैं।

6. नार्डिक अथवा वैदिक आर्य (The Nordics or the Vedic Aryans)

ये ईसा पूर्व द्वितीय मिलेनियम (Second Millenium B.C.) के दौरान किसी समय भारत में आए थे। यह प्रजाति ऊँची जातियों में जम्मू एवं कश्मीर, पंजाब, हरियाणा, राजस्थान तथा पश्चिमी उत्तर प्रदेश में पायी जाती है। इस प्रजाति के लोग गोरे तथा लम्बे कद के होते हैं तथा इनकी नाक तीखी होती है।

7. मंगोलॉइड (The Mongoloids)

मंगोलॉइड प्रजाति के लोग हिमालय तथा हिमालय के सीमांत क्षेत्रों में पाए जाते हैं। इन लोगों का रंग हल्का पीला होता है, तिरछी आँखें, छोटा-कद तथा चपटा-चेहरा इनकी अन्य विशेषताएँ हैं।

गुहा का वर्गीकरण (Guha's Classification)

डॉ. बी.एस. गुहा (भारत के मानव वैज्ञानिक सर्वेक्षण के पूर्व निदेशक) ने भारत की प्रजातियों का वर्गीकरण 1931 की जनगणना संचालन से प्राप्त भौतिक मापन के आधार पर किया है। गुहा द्वारा दिया गया भारतीय प्रजातियों का वर्गीकरण, सबसे विश्वसनीय माना जाता है। गुहा ने भारत में निम्नलिखित छः प्रजातीय समूहों को मान्यता दी है ***(चित्र 13.3)***:

1. नीग्रीटो (The Negritoes)

संभवतः नीग्रीटो भारत में सबसे पहले आने वाले व्यक्ति थे। इस प्रजाति की विशेषता इनका छोटा कद (150 से.मी.), घुँघराले बाल, गोल ललाट, चपटी नाक, बाहर की ओर निकला हुआ जबड़ा, छोटी ठुड्डी, काला रंग, कमजोर हाथ तथा लम्बी भुजाएँ हैं। इस प्रजाति के प्रतिनिधि हैं-अंडमानी तथा निकोबारी (अंडमान एवं निकोबार द्वीप समूह), इरूला, कादर, कनिकार, मुथाईवान, पनियन, पुलियान तथा उराली जो तमिलनाडु, केरल तथा कर्नाटक के पहाड़ों पर रहते हैं। अंगामी-नागा में नीग्रीटो की कुछ विशेषताएं पाई जाती हैं। यह माना जाता है कि नीग्रीटो प्रजाति के लोग अंडमान एवं निकोबार द्वीपसमूह में (जरावा, ओंगे, सेंटीनली, शोमपेन, इत्यादि) मलेशिया के प्रायद्वीप से आए थे। रूप-रंग, संस्कृति तथा रीति-रिवाजों में ये प्रजातियाँ मलेशियाई प्रायद्वीप की सेमाँग (Semang) तथा सकाई (Sakai) जनजाति के अत्यंत करीब हैं।

2. प्रोटो-ऑस्ट्रेलॉइड (Proto - Australoids)

नीग्रोटो के बाद, भारत में प्रोटो ऑस्ट्रेलॉइड का प्रवेश संभवतः ऑस्ट्रेलिया से हुआ। उनके प्रतिनिधि अभी भी भील, चेंचु, होस, कुरूम्बा, मुंडा संथाल तथा येरूवा जनजाति में मौजूद हैं। इस प्रजाति के लोग गहरे भूरे या काले-भूरे रंग के होते हैं, इनकी नाक चौड़ी होती हैं, बाल घुँघराले, कद छोटा तथा होंठ मोटे व बाहर की ओर निकले हुए होते हैं।

3. मंगोलॉइड (Mongoloids)

मंगोलॉइड लगभग पहले मिलेनियम ईसा पूर्व में चीन, मंगोलिया, तिब्बत, मलेशिया, थाइलैंड तथा म्यांमार से भारत आए। इस प्रजाति ने जम्मू एवं कश्मीर के लद्दाख प्रखंड को, हिमाचल प्रदेश, गढ़वाल, उत्तराखंड, सिक्किम, हिमालय तथा हिमालय के सीमांत क्षेत्रों एवं भारत के उत्तर पूर्वी राज्यों को अधिकृत किया।

डॉ. बी.एस. गुहा ने मंगोलॉइड (Mongoloids) के दो उप-समूहों को मान्यता दी- (a) पेलियो-मंगोलॉइड, तथा; (b) तिब्बती मंगोलॉइड।

पेलियो-मंगोलॉइड सबसे आदिम मंगोलॉइड प्रजाति का प्रकार है, जिनके लम्बे सिर, मध्यम कद, हल्का भूरा रंग, साधारण नाक, तिरछी आँख तथा बदन पर कम बाल होते हैं। यह प्रजाति हिमालय के सीमांत प्रदेश में पाई जाती है विशेषकर अरुणाचल प्रदेश, असम तथा भारत म्यांमार सीमा के जिलों में दाफला, गारो, कछारी, खासी, कुकी-नागा, लालुंग, माची, मिरि तथा टिप्पेरा इस प्रजाति के प्रतिनिधि हैं।

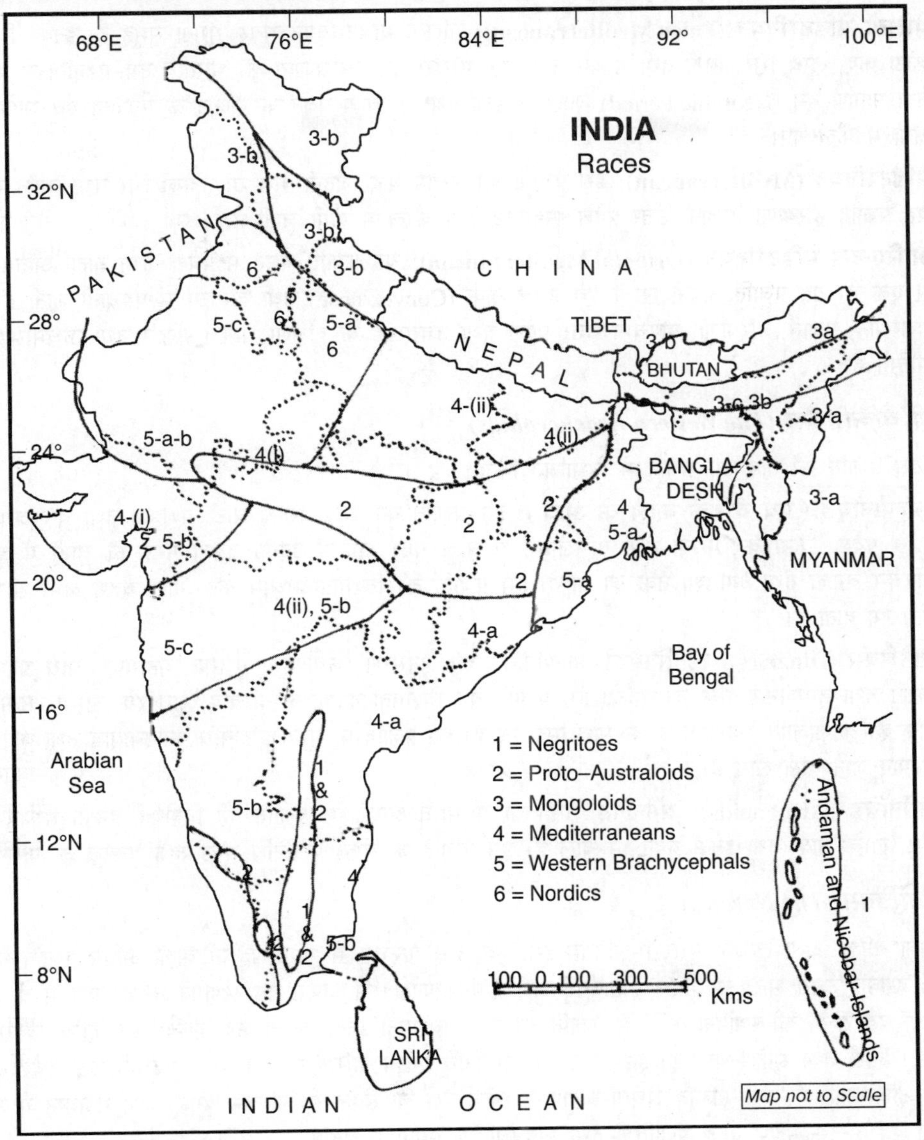

चित्र 13.3 प्रमुख प्रजातियाँ

तिब्बती-मंगोलॉइड भूटान, हिमाचल प्रदेश, लद्दाख, नेपाल, सिक्किम तथा उत्तराखंड में पाए जाते हैं। इस प्रजाति की विशेषता लम्बा कद, हल्का पीला रंग, बदन पर बाली की मात्रा में कमी, तिरछी आँखें, चपटी नाक तथा चपटा चेहरा है।

भूटिया, गोरखा, लद्दाखी, तथा किन्नौरी तिब्बती-मंगोलॉइड प्रजाति समूह के प्रतिनिधि हैं।

4. मेडिटरेनियन (The Mediterraneans)

डॉ. गुहा के अनुसार यह प्रजाति मेडिटरेनियन क्षेत्र से भारत आई।

डॉ. गुहा ने मेडिटरेन्यिन प्रजाति के तीन उप-समूहों की खोज की, ये हैं-(i) पेलियो-मेडिटरेनियन, (ii) मेडिटरेनियन, तथा; (iii) ओरिएन्टल।

(i) **पेलियो-मेडिटरेनियन (Paleo Mediterranean):** पेलियो मेडिटरेनियन सबसे पुराना समूह है। इनकी विशेषता इनका छोटा कद, लम्बे सिर, छोटी तथा मध्यम नाक एवं भूरा रंग है। इस प्रजाति का भारतीय उप-महाद्वीप में प्रवेश संभवत: नया पाषाण युग (Neolithic Period) काल में हुआ तथा वे विंध्य पर्वत के दक्षिण के एकाकी एवं सापेक्षिक एकाकी क्षेत्रों में फैल गए।

(ii) **मेडिटरेनियन (Mediterranean):** इस प्रजाति का मध्यम कद, जैतूनी-भूरा रंग, लम्बा सिर तथा बड़ी आँखे होती हैं। यह प्रजाति हरियाणा, पंजाब, उत्तर प्रदेश, महाराष्ट्र तथा केरल में पायी जाती है।

(iii) **ओरिएन्टल मेडिटरेनियन (Oriental Mediterranean):** यह प्रजाति भारत में प्रवेश करने वाली अंतिम प्रजातियों में से एक है। यह प्रजाति अपनी लम्बी एवं उत्तल नाक (Convex nose) तथा गोरे रंग से पहचानी जाती हैं। यह प्रजाति राजस्थान, पंजाब, हरियाणा, पश्चिमी उत्तर प्रदेश तथा उत्तराखंड के दक्षिणी भाग (हरिद्वार तथा ऊधमसिंह नगर) तक सीमित हैं।

5. पश्चिमी ब्रैकिसिफैल (The Western Brachcephals)

डॉ. गुहा ने इस प्रजाति को तीन उप-समूहों में विभाजित किया:

(a) **आल्पीनॉयड (पूर्व-वैदिक काल के आर्य):** इस प्रजाति का प्रवेश सिन्धु घाटी में हुआ तथा वे गुजरात, महाराष्ट्र, आंध्र प्रदेश, कर्नाटक, केरल तथा तमिलनाडु में फैल गए। बाद में इनका प्रवेश गंगा की घाटी में हुआ तथा वे पश्चिम-बंगाल तथा ओडिशा तक जा पहुँचे। इस प्रजाति की विशेषता मध्यम कद, गोल चेहरा लम्बे सीधे बाल तथा गोरा रंग होता है।

(b) **डिनेरिक्स (Dinarics):** डिनेरिक्स ने आल्पीनॉयड का अनुसरण किया तथा गुजरात, महाराष्ट्र, आंध्र-प्रदेश, कर्नाटक, केरल तथा तमिलनाडु तक जा पहुँचे। इस प्रजाति की विशेषता इनका लम्बा कद, भूरा रंग, लम्बा चेहरा तथा तीखी नाक है। यह प्रजाति आल्पीनॉयड के साथ मिल गई है। इस प्रजाति के मुख्य प्रतिनिधि काठियावाड़ तथा कुर्ग (कर्नाटक) में पाए जाने वाले लोग हैं।

(c) **अर्मेनॉयड (Armenoids):** अर्मेनॉयड अर्मीनिया से भारत आए। इस प्रजाति की विशेषता इनका मध्यम कद, चौड़ा सिर, लम्बी नाक तथा इनके बदन पर बाल हैं। इस प्रजाति के मुख्य प्रतिनिधि मुंबई तथा गुजरात के पारसी हैं।

6. आयन/नॉर्डिक्स (The Nordics)

नॉर्डिक्स अथवा वैदिक आर्य लगभग दूसरे मिलेनियम ईसा पूर्व उत्तर पश्चिम से भारत पहुँचने वाली अंतिम प्रजाति थी। नॉर्डिक्स ने द्रविड़ों को हराकर उत्तरी भारत के मैदान (आर्यवर्त अथवा मध्य प्रदेश) में अपना गढ़ स्थापित किया। बाद में वे दक्षिण भारत पहुँचे तथा वहाँ बड़े राज्यों की स्थापना की। इस प्रजाति की मुख्य विशेषता इनका लम्बा कद, लम्बा सिर, लम्बा चेहरा, नीली एवं काली (Black) आँखें तथा सुनहरे बाल हैं। इस प्रजाति के प्रतिनिधि पंजाब, हरियाणा, राजस्थान, पश्चिमी उत्तर प्रदेश तथा दक्षिणी उत्तराखंड की ऊँची जातियों, जैसे-राजपूत अथवा ब्राह्मण के बीच देखे जा सकते हैं। पश्चिम बंगाल तथा महाराष्ट्र में स्थानीय रूप से इस प्रजाति का अन्तर-मिश्रण अन्य प्रजातियों तथा मानवजातीय समूहों से हुआ।

यद्यपि भारतीय प्रजातियों तथा मानवजातीय समूहों का डॉ. गुहा द्वारा दिया गया वर्गीकरण सबसे विश्वसनीय माना जाता है परन्तु वर्तमान विश्व में विभिन्न समूहों का अन्तर-मिश्रण अधिक हो रहा है। एकाकीकरण तथा सापेक्षिक एकाकीकरण के क्षेत्रों को सड़कों द्वारा राष्ट्रीय व राज्य राजमार्ग से जोड़ा गया है, जिसके कारण विभिन्न प्रजातियों, धर्मों तथा जातियों के बीच परस्पर-क्रिया (Interaction) बढ़ गई है।

21वीं सदी के परिवर्तित सांस्कृतिक परिदृश्य में कोई एकाकी समूह शायद ही ऐसा है, जो अपनी प्रजाति तथा मानवजातीय समूह का सही तथा प्रारूपिक प्रतिनिधि है। प्रजातीय, मानवजातीय तथा जाति समूहों में लोगों का विभाजन उप-राष्ट्रवाद को जन्म देता है, जो राष्ट्रीय है तथा राष्ट्रीय एकीकरण के प्रक्रिया के विपरीत है।

धार्मिक अल्पसंख्यक (Religious Minorities)

भारत एक बहु-धार्मिक देश है। भारत में हिन्दू बहुसंख्यक समुदाय है, जिसकी जनसंख्या लगभग 80% है, जबकि देश में अल्पसंख्यकों की संख्या लगभग 20% है (2011)। पाँच समुदाय - मुस्लिम, ईसाई, सिख, बौद्ध तथा पारसी राष्ट्रीय अल्पसंख्यक आयोग अधिनियम, 1992 के अनुच्छेद 2(सी) के अन्तर्गत अल्पसंख्यक समुदाय के रूप में अधिसूचित हैं। पारसी भारत का सबसे छोटा अल्पसंख्यक समुदाय है, जिसकी जनसंख्या लगभग 1.67 लाख है (2011)।

देश में अल्पसंख्यक समुदाय का वितरण असमान है, जैसे-मुस्लिम समुदाय की आबादी देश के अधिकांश राज्यों में 5 से 25% के बीच है, कुछ राज्यों को छोड़कर, जैसे–अरुणाचल प्रदेश (1.9%), छत्तीसगढ़ (2.0%), हिमाचल प्रदेश (2.0%), मिज़ोरम (1.1%) तथा नगालैण्ड (1.8%)। भारत में 14.2% मुस्लिम हैं (2011)। देश में मुस्लिमों का साक्षरता स्तर तथा प्रति व्यक्ति आय राष्ट्रीय औसत से बहुत कम है। इस समुदाय के अधिकांश लोग गरीबी रेखा से नीचे रह रहे हैं।

भारत में लगभग 2.3% ईसाई हैं। उनकी आबादी कुछ राज्यों में अधिक है, जैसे–नगालैण्ड (90%), मिजोरम (87%), मेघालय (70%) तथा गोवा (27%)। उत्तरी तथा पश्चिमी भारत में उनकी जनसंख्या का घनत्व नगण्य है।

सिख धर्म को मानने वाले लोगों की संख्या भारत की कुल जनसंख्या का 1.72% है। सिख अल्पसंख्यक मुख्य रूप से पंजाब (60%), हरियाणा (5.5%) तथा उत्तराखंड (2.5%) राज्यों में हैं। उनकी आबादी देश के अन्य भागों में बहुत कम है। सिख एक प्रगतिशील तथा मेहनती समुदाय है जिसने लगभग सभी क्षेत्रों में अपनी पहचान स्थापित की है।

देश में बौद्ध धर्म के लोगों की आबादी मात्र 0.7% है। सिक्किम (28%) तथा अरुणाचल प्रदेश (13%) में उनकी संख्या अधिक है। इसके अतिरिक्त मिजोरम में (8%) तथा महाराष्ट्र में (6%) बौद्ध धर्म के लोग हैं।

पारसी मुंबई, नवसारी, उदवादा, सूरत तथा अहमदाबाद के नगरों तक ही सीमित हैं। पारसी मुख्य रूप से उद्योगपति तथा व्यवसायी होते हैं।

अल्पसंख्यों के विकास हेतु सरकार ने ₹1000 करोड़ आवंटित किए हैं। अल्पसंख्यकों की शिक्षा तथा विकास के लिए तीन छात्रवृत्तियों की शुरुआत की गई है, जिसके लिए सरकार द्वारा 2008-09 में ₹305 करोड़ की राशि उपलब्ध कराई गई है। अल्पसंख्यक बहुल जिलों में शिक्षा, कारीगरी के विकास, रोजगार, सफाई का प्रबन्ध, आवास, पेय-जल, इत्यादि जैसे विषयों को प्राथमिकता प्रदान की गई है। कई स्वरोजगार योजनाओं के लिए भी वित्त का प्रबन्ध किया गया है। अल्पसंख्यक समुदायों के पिछड़े वर्गों के लिए कई अन्य आर्थिक पहलें भी की गई हैं।

अनुसूचित जनजाति (Scheduled Tribes)

भारत के जनजातीय लोग, जो भारतीय संविधान के प्रावधानों के अनुसार 'अनुसूचित जनजाति' के वर्ग के अन्तर्गत आते हैं की संख्या 84.3 मिलियन है, यह देश की कुल आबादी का लगभग 8.60% है। (जनगणना 2011)। 1961 की जनगणना के अनुसार देश में लगभग 365 अनुसूचित जनजातियाँ थीं। इनकी संख्या में बढ़ोत्तरी हुई है चूँकि कुछ नए मानवजातीय समूहों को अनुसूचित जनजाति के वर्ग में शामिल किया गया है। वर्तमान में देश में 425 से भी अधिक अनुसूचित जनजातियाँ हैं। इनके अतिरिक्त कई मानवजातीय समूह तथा समुदायों ने अनुसूचित जनजाति की सूची में शामिल होने के लिए आवेदन किया है।

भारत की अनुसूचित जनजातियों का संबंध विभिन्न प्रजातीय, नृजातीय अथवा मानवजातीय, भाषाई तथा धार्मिक समूहों से है। ये अनुसूचित जनजातियाँ अधिकतर पर्वतीय एवं वन क्षेत्रों में आवास करती हैं।

अनुसूचित जनजातियाँ देशज होती हैं। उन्हें अक्सर "चौथे विश्व" (Fourth World) के लोग की संज्ञा दी जाती है। अनुसूचित जनजातियाँ अपनी संस्कृति का सम्मान करती हैं। वे पूर्व तथा वर्तमान उपनिवेशवाद से पीड़ित हैं। अनुसूचित जनजातियों ने भूमि एवं पर्यावरण से एक नजदीकी संबंध कायम रखा है। उनके समाज में देने तथा लेने का एक सहयोगी व्यवहार देखा जाता है। वे पृथ्वी तथा उसके द्वारा समर्थित जीवन का आदर करते हैं। उनके जीवन का दर्शन यह कहता है, "सबसे क्षमता के अनुसार तथा सबको आवश्यकता के अनुसार।"

राज्य-अनुसार अनुसूचित जनजाति की जनसंख्या के प्रतिशत को ***चित्र 13.4*** तथा ***13.4A तालिका 13.1*** में दर्शाया गया है।

चित्र 13.4 तथा ***तालिका** 13.1* में यह देखा जा सकता है कि केन्द्र शासित प्रदेश लक्षद्वीप में सबसे अधिक जनजातीय जनसंख्या का प्रतिशत है (98.8%), इसके पश्चात क्रमश: मिज़ोरम (94.41%) तथा नगालैंड (86.5%) का स्थान आता है। मेघालय, अरुणाचल प्रदेश क्रमश: 86.1% तथा 68.8% है। इसके विपरीत गोवा, हरियाणा, पंजाब, तथा उत्तर प्रदेश में जनजातियों की आबादी 0.1% से भी कम है ***(तालिका 13.1)***।

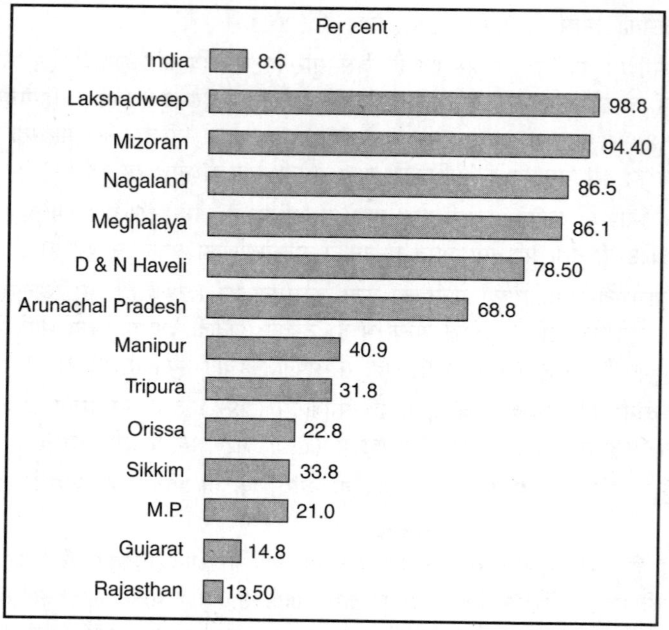

चित्र 13.4 भारतीय-जनजातीय जनसंख्या-2011 (राज्यवार)

तालिका 13.1 अनुसूचित जनजाति की जनसंख्या, 2011

क्र.सं.	भारत: राज्य/केन्द्र शासित प्रदेश	राज्य में अनुसूचित जनजाति की जनसंख्या का प्रतिशत
1.	लक्षद्वीप	98.8
2.	मिजोरम	94.4
3.	नगालैंड	86.5
4.	मेघालय	86.1
5.	अरुणाचल प्रदेश	68.8
6.	दादर एवं नगर हवेली	52.0
7.	मणिपुर	40.9
8.	सिक्किम	31.8
9.	छत्तीसगढ़	30.6
10.	त्रिपुरा	26.2
11.	झारखंड	22.8
12.	ओडिशा	33.8
13.	मध्य प्रदेश	21.1

क्र.सं.	भारत: राज्य/केन्द्र शासित प्रदेश	राज्य में अनुसूचित जनजाति की जनसंख्या का प्रतिशत
14.	गुजरात	14.76
15.	राजस्थान	13.5
16.	असम	12.4
17.	जम्मू एवं कश्मीर	11.9
18.	महाराष्ट्र	9.4
19.	दमन और दीव	6.3
20.	अंडमान एवं निकोबार द्वीप समूह	7.5
21.	आंध्र प्रदेश	7.5
22.	कर्नाटक	7.0
23.	पश्चिम बंगाल	5.8
24.	हिमाचल प्रदेश	5.7
25.	उत्तराखंड	2.9
26.	केरल	1.5
27.	तमिलनाडु	1.1
28.	बिहार	1.3
29.	उत्तर प्रदेश	0.6
30.	गोवा	0.0
31.	हरियाणा	0.0
32.	पंजाब	0.0
33.	चंडीगढ़	0.0
34.	दिल्ली	0.0
35.	पुडुचेरी	0.0
	भारत	**8.6**

स्रोत: भारत की जनगणना-2011

अनुसूचित जनजातियों का स्थानिक वितरण (Spatial Distribution of Scheduled Tribes)

जिला स्तर पर अनुसूचित जनजाति की आबादी का स्थानिक वितरण गुच्छित होने तथा केन्द्रीकरण की प्रवृत्ति को भी सूचित करता है। जनजातीय जनसंख्या का भौगोलिक वितरण अत्यंत असामान्य है। इन जनजातियों का वितरण देश के 548 जिलों में विभिन्न अनुपातों में है। कुल जनजातीय जनसंख्या का लगभग 68% 105 जिलों तक सीमित है। 16 जिलों में उत्तर-पूर्वी राज्य के 12 जिले, गुजरात में डांग, मध्य प्रदेश में झाबुआ तथा केन्द्र शासित प्रदेश लक्षद्वीप में जनजातीय जनसंख्या 80% से भी अधिक है। गोवा, हरियाणा, पंजाब तथा उत्तर प्रदेश में जनजातीय जनसंख्या लगभग नगण्य है ***(चित्र 13.4A तथा 13.5)***।

अनुसूचित जनजातियों की सबसे अधिक जनसंख्या मध्य प्रदेश में है, जिसके बाद महाराष्ट्र, ओडिशा, झारखंड, गुजरात तथा राजस्थान का स्थान आता है। अनुसूचित जनजातियों की आबादी के वितरण तथा अनुसूचित जाति, मुस्लिम व ईसाई आबादी के बीच नकारात्मक सह-संबंध है।

प्रतिशत एवं वास्तविक जनसंख्या के परिपेक्ष में अनुसूचित जनजाति की जनसंख्या का वितरण अत्यंत असामान्य है। उनके केन्द्रीयकरण के मुख्य क्षेत्र तीन प्रदेश हैं, जिन्हें ***तालिका 13.2*** में दर्शाया गया है। जनजातीय जनसंख्या के केन्द्रीयकरण को ***चित्र 13.5*** में दिखाया गया है।

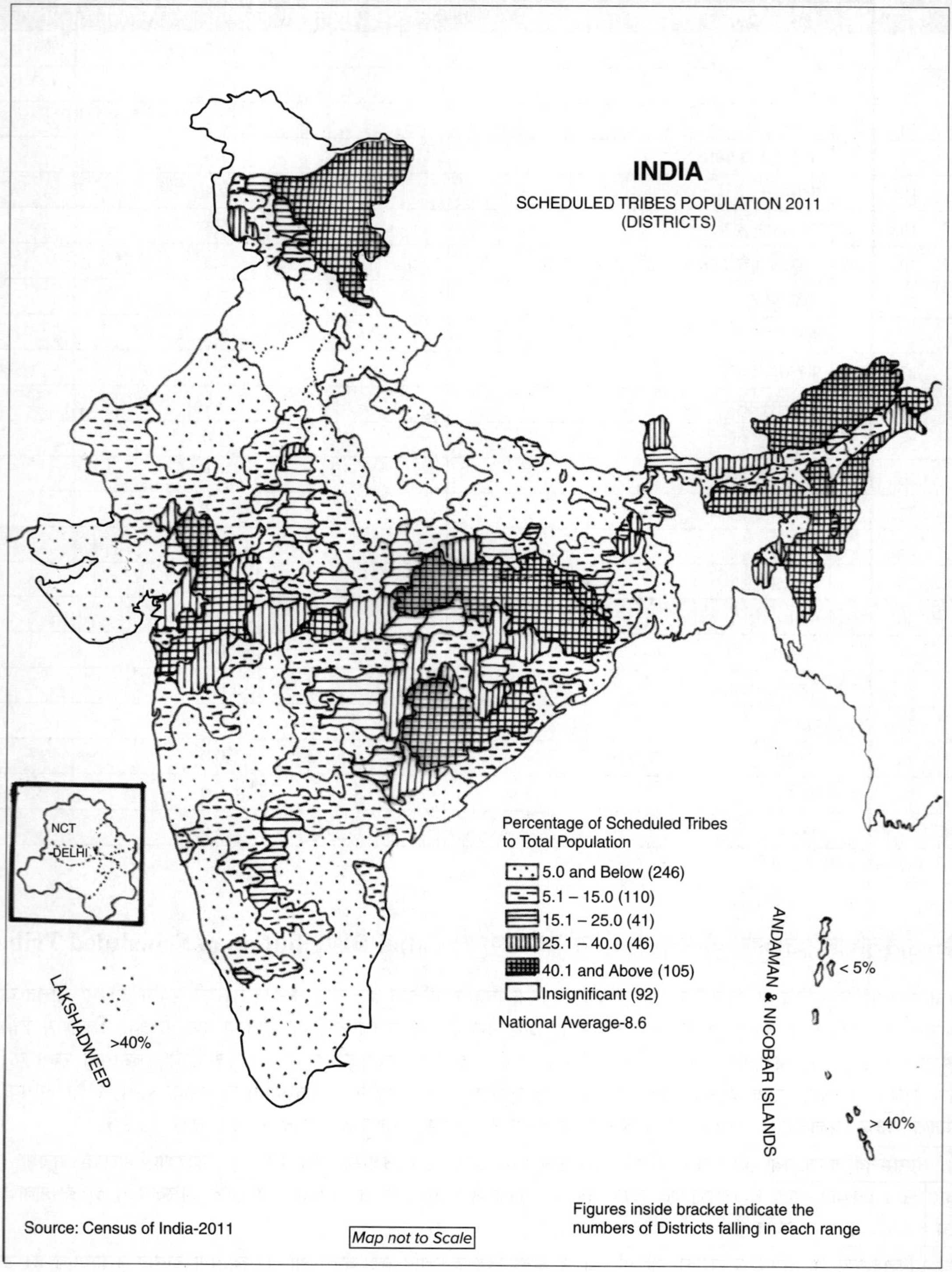

चित्र 13.4A अनुसूचित जाति जनसंख्या घनत्व, 2011

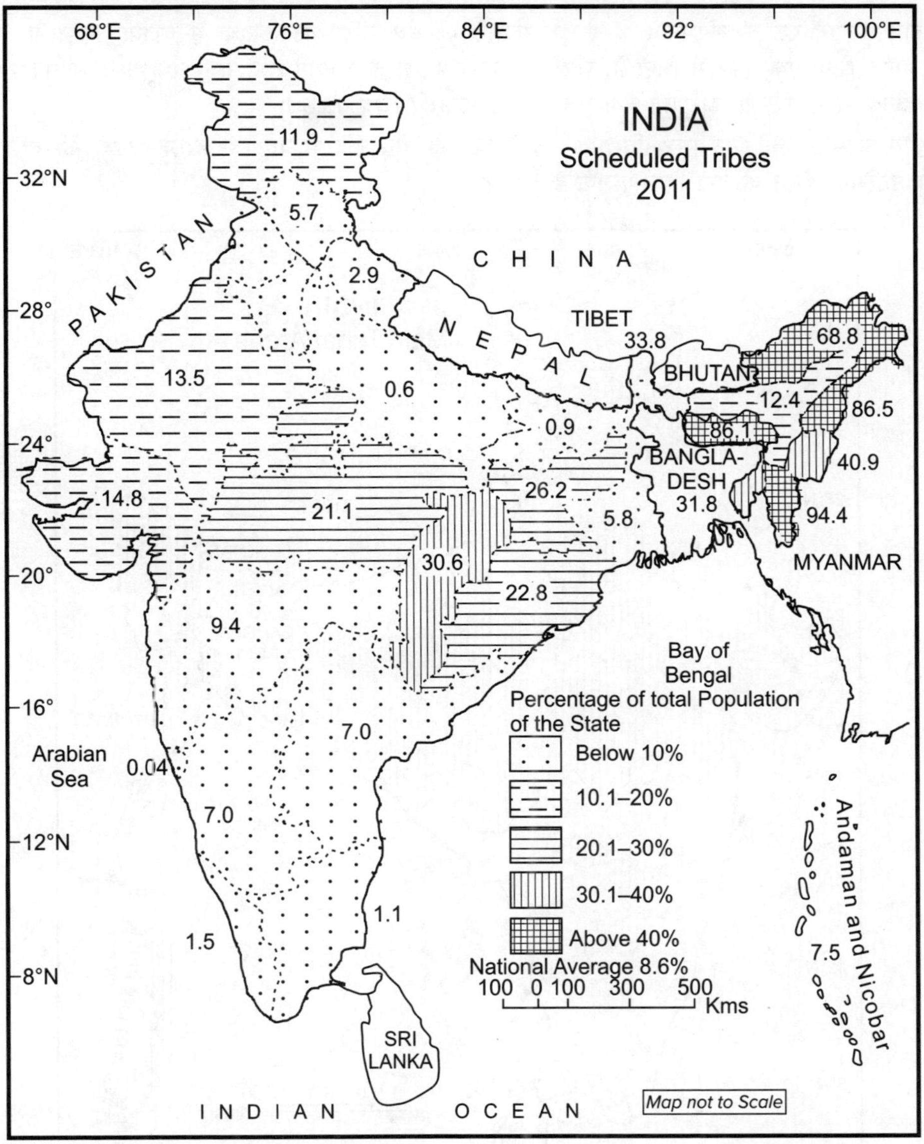

चित्र 13.5 अनुसूचित जनजाति का घनत्व, 2011

तालिका 13.2 जनजातीय जनसंख्या के केन्द्रीयकरण का मुख्य क्षेत्र

1.	उत्तर-पूर्वी प्रदेश (NER)	अरुणाचल प्रदेश, असम, मणिपुर, मेघालय, मिज़ोरम, नगालैंड, सिक्किम तथा त्रिपुरा।
2.	मध्य जनजातीय क्षेत्र	आंध्र प्रदेश, बिहार, छत्तीसगढ़, दादर व नगर हवेली, दमन और दीव, गुजरात, झारखंड, मध्य प्रदेश, महाराष्ट्र, ओडिशा, राजस्थान तथा पश्चिम बंगाल।
3.	अन्य राज्य तथा केन्द्र शासित प्रदेश	अंडमान तथा निकोबार द्वीप समूह, हिमाचल प्रदेश, जम्मू एवं कश्मीर, कर्नाटक, केरल तथा तमिलनाडु

स्रोत: भारत की जनगणना-2011

जनजातीय समुदाय देश के लगभग 15% क्षेत्र में रहते हैं। ये क्षेत्र पारिस्थितिकी तथा भू-जलवायु दृष्टि से (पर्वत, पहाड़, मैदान तथा अगम्य क्षेत्र) एक-दूसरे से भिन्न हैं। जनजातीय समुदाय देश के लगभग सभी राज्य तथा केन्द्र शासित प्रदेशों में मौजूद हैं केवल चंडीगढ़, गोवा, दिल्ली, हरियाणा तथा पंजाब को छोड़कर ***(चित्र 13.6)***।

जनजातीय जनसंख्या की एक मुख्य विशेषता यह है कि यह तीव्र गति से बढ़ रही है। जनसंख्या की वृद्धि में अस्थायी परिवर्तन को ***तालिका 13.3*** के द्वारा दिखाया गया है।

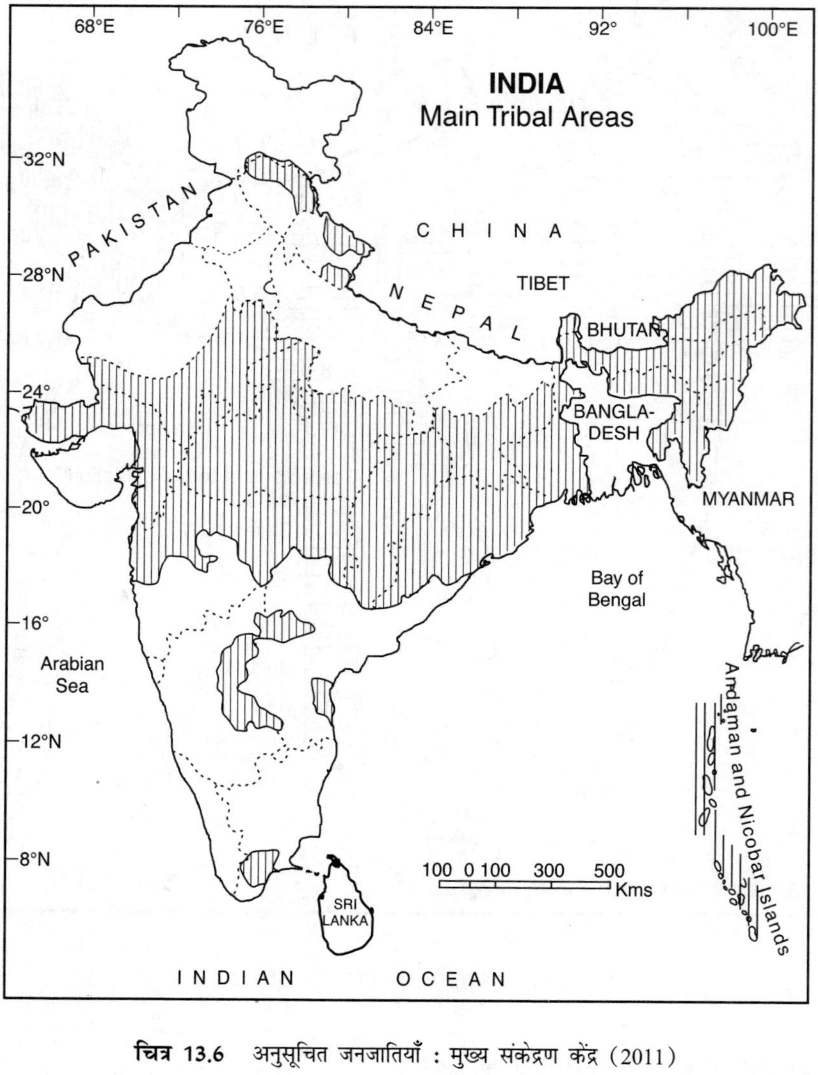

चित्र 13.6 अनुसूचित जनजातियाँ : मुख्य संकेद्रण केंद्र (2011)

तालिका 13.3 में यह देखा जा सकता है कि 1951 में अनुसूचित जनजाति की कुल आबादी 225 लाख थी, जो भारत की कुल आबादी का 6.23% थी। अनुसूचित जनजाति की आबादी की वृद्धि दर राष्ट्रीय औसत से अधिक है। फलस्वरूप, 2011 में जनजातीय आबादी बढ़कर 1041 लाख अथवा 8.6% हो गई। अनुसूचित जनजातियों में अत्यधिक जन्म दर तथा जनसंख्या वृद्धि दर का मुख्य कारण अधिकतर अनुसूचित जनजाति (95%) के जीवनयापन का निम्न स्तर है। अनुसूचित जनजाति की सूची में नई जनजातियों के नाम जुड़ने के कारण भी इनकी जनसंख्या की वृद्धि दर अधिक है।

तालिका 13.3 भारत की अनुसूचित जनजाति की जनसंख्या में वृद्धि–1951-2011

वर्ष	अनुसूचित जनजाति की कुल जनसंख्या (लाख में)	अनुसूचित जनजाति का कुल जनसंख्या में प्रतिशत
1951	22.5	6.23
1961	302	6.87
1871	380	6.94
1981	538	6.94
1991	678	8.08
2001	843	8.20
2011	1041	8.60

स्रोत: भारत की जनगणना-2011

2011 की जनगणना के अनुसार इन समुदायों के लगभग 84% श्रमिक प्राथमिक क्रियाकलापों में जुटे हुए हैं। अधिकतर अनुसूचित जनजातियाँ आज भी गरीबी रेखा के नीचे रहती हैं।

इन जनजातियों में साक्षरता दर कम होती है, यहाँ लोग कुपोषण, अल्पपोषण तथा जलसंक्रामक बीमारियों से पीड़ित होते हैं। ये लोग विस्थापित-प्रवण होते हैं।

केन्द्र तथा राज्य सरकारें अनुसूचित जनजातियों की स्थिति को सुधारने के लिए विभिन्न योजनाओं/कार्यक्रमों का कार्यान्वयन कर रही हैं लेकिन इस दिशा में निर्धारित लक्ष्यों के लिए और अधिक प्रयास करने की आवश्यक है।

प्रमुख अनुसूचित जनजातियाँ

भारत में अनुसूचित जनजातियों की संख्या बहुत अधिक है। भारत की कुछ प्रमुख जनजाति निम्नलिखित हैं:

1. उत्तर-पूर्वी भारत

बोडो, खाचरी, मिरि, खाखा, (असम), अंगामी, आव (AO), चांग, कोन्याक, कुकी, लोठा, मिकिर, सीमा (नगालैंड), आपातनी (Apatani), डाफला, मिशमी (अरुणाचल प्रदेश), गारो, खासी, जयन्तिया (मेघालय), लुशाई (मिज़ोरम), भूटिया, लेप्चा (सिक्किम), तथा चकमा (त्रिपुरा)।

2. बिहार, झारखंड एवं पश्चिम बंगाल

असूर, बिरजा, बिरहोर, भुईया, हो, खेरा, मालेर, मालपहाड़ियाँ, मुंडा, ओराँव, पंतराम तथा संथाल।

3. आंध्र प्रदेश, छत्तीसगढ़, मध्य प्रदेश तथा महाराष्ट्र

अरवा, भील, भीलेरा, चेंचु, डबला, डंडामी, गोंडवा, गोंड, कोल, कादरा, केटकारी, कोटकू, कोया, कोखा, मालेर, मारीया, मौरिया, लम्बाडी, पारध, पालियान, पारिया, राजगोंड, टोडिया, टुरी, यरूबा तथा येण्डी।

4. ओडिशा तथा तमिलनाडु

बागडा, खोंड, गोंड, जुआंग, कानिक्कर, लम्बाडी, सवारा इत्यादि।

5. गुजरात

भील, भीला, डाफर, डुबाल, कोली, पाटेलिया, रायबारी, तोडिया, वाराली, इत्यादि।

6. राजस्थान

भेरात, भील, भीला, गारासिया, मीणा, मीरा, रावत, साहा, सहारिया इत्यादि।

7. केरल

चेंचु, गडाबा, इरूला, मलषंडरम, माल कुरवन, मुथुवन, पानियान, शोलिगा, सुमाली, टोडा, युराली, इत्यादि।

8. उत्तर प्रदेश तथा उत्तराखंड

बाडकोल, भूटिया, भोकसा, भुईया, चेरो, जौनसारी/खासा (चकराता तहसील, देहरादून), खोहा, मनही, थारू, वियार इत्यादि।

9. हिमाचल प्रदेश तथा जम्मू और कश्मीर

बक्करवाल, गुर्जर, गद्दी, किन्नर, लाहोली, लद्दाखी इत्यादि।

10. अंडमान एवं निकोबार द्वीप समूह

अंडमानी, ओंगे, जरावा (अग), सेंटीनली, शोमपेन, निकोबारी इत्यादि। जरावा अंग विश्व की सबसे अधिक संकटमय जन जातियों में से एक है। एन्थ्रोपोलोजिकल सर्वे ऑफ इंडिया के अनुसार, जरावा की जनसंख्या सन् 2001 में 266 थी, जो 2016 में बढ़ कर 429 हो गई। इस प्रकार जरावा की जनसंख्या में पिछले 15 वर्षों में 62% की वृद्धि हुई जो एक अच्छा शगुन (Portent) माना जा रहा है।

अर्थव्यवस्था (Economy)

अनुसूचित जनजाति शिकार, मत्स्यन, स्थानांतरित कृषि, खाद्य एकत्रण, लकड़ी काटना (Lumbering), स्थानबद्ध कृषि तथा पशुपालन पर निर्भर है।

1. शिकार, मत्स्यन तथा खाद्य एकत्रण (Hunting, Fishing and Food Gathering)

मुख्य जनजातियाँ, जो इन आर्थिक क्रियाकलापों पर निर्भर हैं, वे हैं-चेंचु तथा यानाडी (Yanadi) आंध्र प्रदेश में, हिल-मारिया (Hill Maria) छत्तीसगढ़ में, गुजरात व महाराष्ट्र में भील, गरसिया; राजस्थान में भील, गरिया तथा सहारिया; झारखंड में बीरगियास, बिरहोर, खारिया, कोरवा तथा परिहा; नगालैंड में आव (Ao), अंगामी, चांग, कोन्याक, कुकी, लोठा, मिकिर तथा सीमा; ओडिशा में जुआँग, कादर, कोया, पालियान तथा रेड्डी तमिलनाडु एवं उत्तर प्रदेश में राजी (Raji)।

2. स्थानांतरित कृषि

आंध्र प्रदेश में बगोला, खोंड, कुरूम्बा तथा साओरा; गुजरात तथा मध्य प्रदेश में भील तथा गरासिया; झारखंड में असूर तथा कोरवा; राजस्थान में कठोदिया; छत्तीसगढ़ तथा मध्य प्रदेश में बैगा, धेरा तथा गोंड; उत्तर पूर्वी राज्यों में चकमा (त्रिपुरा) गारो, खासी, जयन्तिया लुशाई तथा नागा; तमिलनाडु में गोंड, खोंड, कुरूम्बा तथा मुडुवन; उत्तर प्रदेश एवं उत्तराखंड में भूटिया, कोरिया, खारवार तथा सहारिया स्थानांतरित कृषि के लिए जाने जाते हैं।

3. स्थानबद्ध कृषि तथा पशुपालन

स्थानबद्ध कृषि तथा पशुपालन पर निर्भर जनजातियाँ हैं-आंध्र प्रदेश में बाडागा, कोटा, कोया तथा इरूला; छत्तीसगढ़ तथा मध्य प्रदेश में बैजा, मात्रा, गोंड व पारजा; गुजरात तथा महाराष्ट्र में भील, बाराली, डुबला, कोली तथा रायवारी; झारखंड में भीला, हो, कोरवा, मुंडा, ओराँव, तमारिया तथा संथाली; राजस्थान में झील, गरासिया तथा मीना; तमिलनाडु में बाडागा, इरूला, मलयदी तथा प्रागा; उत्तर प्रदेश एवं उत्तराखंड में भोक्सा, भूटिया, खास, कोला थारू बिहार, झारखंड, पश्चिम बंगाल में भूमजी, पोलिया तथा संथाली जनजातियाँ स्थानबद्ध कृषि एवं पशुपालन में संलग्न है।

बहुपतित्व (Polyandorus) जनजातियाँ: बैगा, गोंड (छत्तीसगढ़, म.प्र.); लुशाई (मिजोरम); मोन (नगालैंड); टोडा (केरल, तमिलनाडु)।

बहुविवाही (Polygamous) जनजातियाँ: कोटा, खासा, जौंसाही (उ.प्र., उत्तराखंड); लद्दाखी, बोटा (लद्दाख); नायर, टोडा (केरल, तमिलनाडु)।

जनजाति विकास (Tribal Development)

भारत में अनुसूचित जनजातियों का मानव विकास अपर्याप्त है। अधिकतर अनुसूचित जनजातियाँ गरीबी रेखा के नीचे रह रहीं हैं। केन्द्र तथा राज्य सरकारों ने अनुसूचित जनजातियों की स्थिति को सुधारने के लिए तथा उनके विकास के लिए अनेक कदम उठाए हैं। 1952 में पांच सिद्धान्त को नेहरु का पंचशील कहते थे जिसने जनजातिय प्रकरणों का प्रशासन किया। वे हैं:

1. जनजातियों को उनकी योग्यता के अनुसार विकसित करने की अनुमति।
2. जनजातियों के भूमि और वनों के अधिकारों का सम्मान होना चाहिए।
3. जनजातिय टीमों को प्रशासन और विकास में लेने के लिए प्रशिक्षण प्रदान किया जाना चाहिए ना कि बहुत से बाहरी लोगों को नियुक्त किया जायेगा।
4. जनजातिय सामाजिक एवं सांस्कृतिक संस्थानों को बिना छेड़े जनजातीय विकास को प्रारम्भ करना चाहिए।
5. जनजातिय विकास का सूचकांक उनके जीवन की गुणवत्ता होनी चाहिए न कि उन पर खर्च किया गया धन।

अक्टूबर, 1999 में भारत सरकार ने जनजाति मामलों के मंत्रालय का गठन किया, जनजातीय विकास को गति देने के लिए।

जनजातीय उप-योजना (The Tribal Sub-Plan - TSP)

वर्ष 1974 में एक नवीन नीति की घोषणा की गई, जिसका संबंध जनजातीय उप-योजना से था। इस विशेष नीति के द्वारा यह सुनिश्चित किया जाना था कि सामान्य विकास के सभी क्षेत्र अनुसूचित जनजाति के कल्याण हेतु पर्याप्त निधि आवंटित करें, यह निधि उनकी जनसंख्या के अनुपात में होनी चाहिए। जनजातीय उप-योजना नीति का विस्तार निम्नलिखित राज्यों तथा केन्द्र शासित प्रदेशों में किया गया है- 1. आंध्र प्रदेश, 2. असम, 3. बिहार, 4. छत्तीसगढ़, 5. गुजरात, 6. हिमाचल-प्रदेश, 7. जम्मू एवं कश्मीर, 8. झारखंड, 9. कर्नाटक, 10. केरल, 11. मध्य प्रदेश, 12. महाराष्ट्र, 13. मणिपुर, 14. ओडिशा, 15. राजस्थान, 16. सिक्किम, 17. तमिलनाडु, 18. त्रिपुरा, 19. उत्तर प्रदेश, 20. उत्तराखंड, 21. पश्चिम बंगाल, 22. तेलंगाना, 23. अंडमान एवं निकोबार द्वीप समूह, तथा; 24. दमन और दीव।

जनजातीय उप-योजना के विस्तार का मुख्य उद्देश्य माँग आधारित आय उपार्जन योजना को बढ़ावा देना है तथा इस तरह के क्षेत्र, जैसे-कृषि, उद्यान कृषि, भूमि सुधार, जलविभाजक विकास, मृदा आर्द्रता संरक्षण, पशुपालन, पारिस्थितिकी तथा पर्यावरण, वन तथा वन गाँवों का विकास तथा व्यवसायीकरण का विकास, में जनजातियों के आर्थिक व सामाजिक स्थिति को ऊपर उठाना है।

जनजातीय उप-योजना का मुख्य बल एक एकीकृत विकास कदम पर है जिसके द्वारा कृषि, पशुपालन, सिंचाई, वानिकी, कुटीर उद्योग शिक्षा, स्वास्थ्य तथा रोजगार की स्थिति को सुधारा जाएगा। जनजातीय विकास के लिए एक वृहत्त नीतिगत ढाँचे को तैयार करने पर तथा इसके कार्यान्वयन के लिए एक उपयुक्त प्रशासनिक नीति को परिभाषित करने पर बल दिया गया। इसके अतिरिक्त, केन्द्रीय मंत्रालयों/विभागों ने अनुसूचित जनजातियों के सामाजिक-आर्थिक विकास के लिए निम्नलिखित कदम उठाए हैं:

जनजातीय अनुसंधान संस्थान (Tribal Research Institute)

जनजातीय अनुसंधान संस्थान राज्य सरकारों को नियोजन हेतु सुझाव देते हैं, आँकड़ों का एकत्रण, अनुसंधान तथा जनजातियों की समस्याओं का मूल्यांकन इनके अन्य कार्य हैं। जनजातीय अनुसंधान संस्थान जनजातीय विकास के लिए प्रशिक्षण व कोचिंग की व्यवस्था करते हैं तथा मार्गदर्शन सेमिनार व कार्यशालाओं का आयोजन करते हैं। वर्तमान में देश में कुल 16 जनजातीय अनुसंधान संस्थान हैं, जो विभिन्न राज्यों में स्थित हैं।

विभिन्न राज्य सरकारों में छात्रावासों तथा आश्रम विद्यालयों का निर्माण किया तथा जनजातीय क्षेत्रों में व्यवसायिक प्रशिक्षण, अनुसूचित जनजाति के विद्यार्थियों के लिए मैट्रिक के बाद छात्रवृत्ति तथा राष्ट्रीय ओवरसीज छात्रवृत्ति (National overseas scholarship) (गैर-योजना) का प्रबन्ध भी किया। इसके अतिरिक्त राष्ट्रीय अनुसूचित जनजाति वित्त तथा विकास निगम तथा भारतीय विपणन विकास जनजातीय सहकारी समिति अनुसूचित जनजातियों के लिए उपयोगी सेवा प्रदान करते हैं।

राष्ट्रीय जनजातीय नीति (National Tribal Policy)

जनजातीय मामलों के मंत्रालय ने एक राष्ट्रीय जनजातीय नीति के प्रारूप को सूत्रबद्ध किया है जो विभिन्न मुद्दों को सम्मिलित करता है, जैसे–जनजातीय भूमि का अन्य संक्रमण; जनजातीय वन अंतरापृष्ठ; विस्थापन; पुनर्वास; मानव विकास सूचकांक में वृद्धि; अत्यावश्यक आधारभूत संरचना का निर्माण; तीव्र प्रकटीकरण; जनजातीय उप-योजना नीति का अभिग्रहण; सशक्तिकरण; लिंग समानता; गैर-सरकारी संगठनों के लिए समर्थन दर्ज करना; जनजातीय संस्कृति तथा परम्परागत ज्ञान; जनजातीय क्षेत्रों का प्रशासन; नियमितता तथा संरक्षक व्यवस्था; जनजातियों का अनुसूचन तथा उन्हें सूची से बाहर रखना, इत्यादि। मंत्रालय को विभिन्न पदाधारियों से समर्थन मिला है तथा यह राष्ट्रीय जनजातीय नीति के प्रारूप को जल्द-से-जल्द अंतिम रूप देना चाहता है।

भारत की कुछ प्रमुख जनजातियाँ

भारत की कुछ प्रमुख जनजातियों का एक संक्षिप्त विवरण नीचे दिया गया है:

गोंड (Gonds)

गोंडो की आबादी लगभग 80 लाख है तथा यह भारत का सबसे बड़ा जनजातीय समूह है। गोंड के स्थानिक वितरण को ***चित्र 13.7*** में दर्शाया गया है। यह जनजाति छत्तीसगढ़, झारखंड, मध्य प्रदेश, आंध्र प्रदेश, तेलंगाना, कर्नाटक, गुजरात, महाराष्ट्र, बिहार तथा पश्चिम बंगाल में पायी जाती है। इस जनजाति का मुख्य संकेन्द्रण विंध्य तथा सतपुड़ा के बीच वन तथा पहाड़ी क्षेत्रों में है। इस जनजाति की विशेषता इनका गहरा रंग, चपटी नाक, मोटे होंठ, सीधे बाल तथा छोटा कद है। इनकी भाषा गोंडी है, जिसका संबंध ऑस्ट्रिक परिवार (Austric Family) से है। यह जनजाति 20–30 परिवारों के छोटे गाँवों में रहती हैं तथा अपने घरों का निर्माण पूर्व-पश्चिम सड़कों के दोनों ओर करते हैं। इनमें से अधिकतर कृषीय मजदूर अथवा छोटे स्थानबद्ध कृषक होते हैं। इनमें से कुछ, जैसे–धीमर (Dhimar) तथा केवट (Kawat) मत्स्यन पर निर्भर हैं, वही रावत मवेशी पालक हैं।

गोंड घोटुल (युवा-आवास) का निर्माण करते हैं। वे संगीत तथा नृत्य में भाग लेते हैं। वे गाँव को रात्रि में सुरक्षा भी प्रदान करते हैं। यह एक क्लब की ही भाँति हैं जहाँ दोनों, अविवाहित लड़के तथा लड़कियाँ अलग-अलग कोठरी में सोते हैं तथा एक-दूसरे को पसंद कर वैवाहिक बंधन में बंध जाते हैं।

ऐसे प्रेम प्रसंगों को विवाह से पहले गुप्त रखा जाता है। परन्तु यह एक सामान्य सूझ-बूझ की बात है कि शायद ही कोई लड़की वैवाहिक संबंध से पहले कुँवारी रहती है। वास्तव में यह समुदाय शादी से पहले के यौन संबंधों की अनदेखी कर देता है परन्तु शादी के बाद पति तथा पत्नी एक-दूसरे के प्रति निष्ठावान होते हैं। इस समुदाय में सजातीय विवाह होता है। इस जनजाति में बहुविवाह की भी प्रथा है। इस जनजाति में तलाक भी आम बात है। यह जनजाति जड़त्ववादी (जीववादी) धर्म (Animistic Religion) में विश्वास रखती है तथा अपने वंश देवता का पूजन करती है।

गोंड परिश्रमी तथा ईमानदार होते हैं एवं चोरी को एक गंभीर अपराध मानते हैं। गोंड अंधविश्वासी होते हैं तथा जादू-टोना व काला-जादू में विश्वास करते हैं।

भील (Bhils)

भीलों की कुल आबादी 60 लाख (2011) से अधिक है। भील राजस्थान, मध्य प्रदेश, छत्तीसगढ़, गुजरात, महाराष्ट्र, आंध्र प्रदेश तेलंगाना तथा कर्नाटक ***(चित्र 13.8)*** में पाए जाते हैं। भीलों के वास स्थान की विशेषता यहाँ पाए जाने वाले मैदान, पहाड़ियाँ, पठार तथा वन क्षेत्र हैं। वे एकाकी तथा सापेक्षिक रूप से एकाकी स्थानों में रहते हैं।

'भील' शब्द की उत्पत्ति द्रविड़ शब्द 'बिल्लू (अर्थ-धनुष)' से हुई है। दरअसल प्राचीन काल में भील अपनी धनुर्विद्या के लिए प्रसिद्ध थे। महाभारतकालीन एकलव्य भी एक भील था।

कुछ मानव विज्ञानी भील को द्रविड़ से पहले की एक जनजाति मानते हैं, जिसका शासन राजपूतों से पहले राजस्थान पर था। भील भाषा राजस्थानी भाषा की एक शाखा है।

पहले भील जनजाति का मुख्य कार्य शिकार करना, खाद्य एकत्रण तथा चरागाही था। उनकी अर्थव्यवस्था स्थानीय संसाधनों पर आधारित थी। धीरे-धीरे यह जनजाति बसने लगी तथा इन्होंने स्थानबद्ध कृषि की शुरूआत की। उनके अन्य आर्थिक क्रियाकलाप में पशुपालन, मुर्गीपालन, चराई, वन उत्पादों का एकत्रण, लम्बरिंग, मत्स्यन तथा सेवा प्रदान करना शामिल हैं।

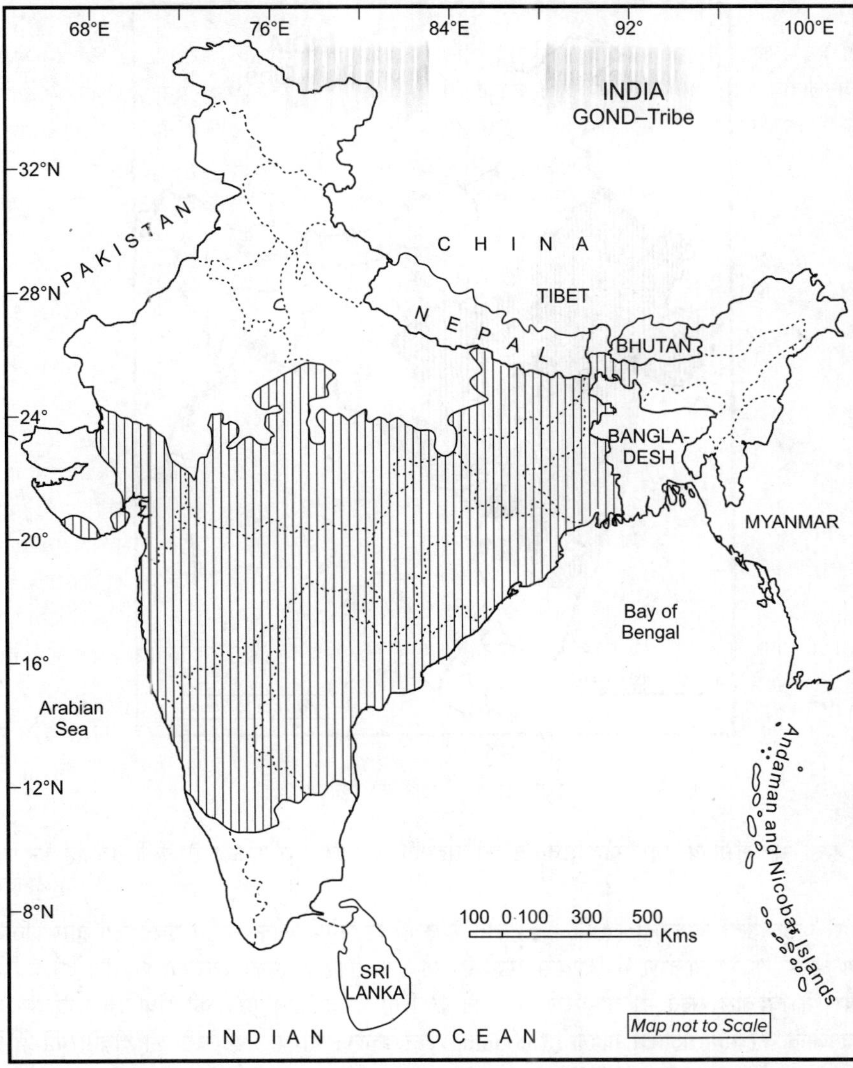

चित्र 13.7 गोंडों का वितरण

भील आर्थिक रूप से पिछड़ी तथा अत्यधिक गरीब जनजाति है। मदिरा सेवन तथा जुआ खेलने (Gambling) के कारण उनकी आर्थिक स्थिति और भी बिगड़ गई है। प्राय: वे दूसरे समुदायों के साहूकारों से धोखा खाते हैं। कृषि क्रियाकलापों में दोनों पुरुष तथा महिला भाग लेते हैं।

भील समाज विभिन्न राज्यों में 41 वंशों में विभाजित हैं। चूँकि भीलों का हिन्दुओं तथा मुसलमानों के साथ सांस्कृतिक सम्पर्क रहा है इसलिए उनकी प्रथाएँ तथा रिवाज इस जनजाति में देखी जा सकती हैं। देश के कई भागों में वे लगभग हिन्दू जनजाति बनकर रह गए हैं क्योंकि वे जन्म, मुंडन, विवाह तथा मृत्यु पर हिन्दू संस्कारों का अनुसरण करते हैं।

भील जनजाति में विवाह न केवल सर्वव्यापक है बल्कि अनिवार्य भी क्योंकि अविवाहित पुरुष एवं महिला समाज द्वारा अच्छी नजर से नहीं देखे जाते हैं। विवाह की पर्याप्त स्वतंत्रता लड़के लड़कियों को है, वे अपने जीवन साथी का चयन करते हैं तथा इनका गाँव के समुदाय द्वारा सामाजिक अनुमोदन होता है। लेकिन निमाड़ के ठाकुर भील इस स्वतंत्रता की इजाजत नहीं देते तथा वैवाहिक बंधन से पहले सगाई को प्रमुखता देते हैं।

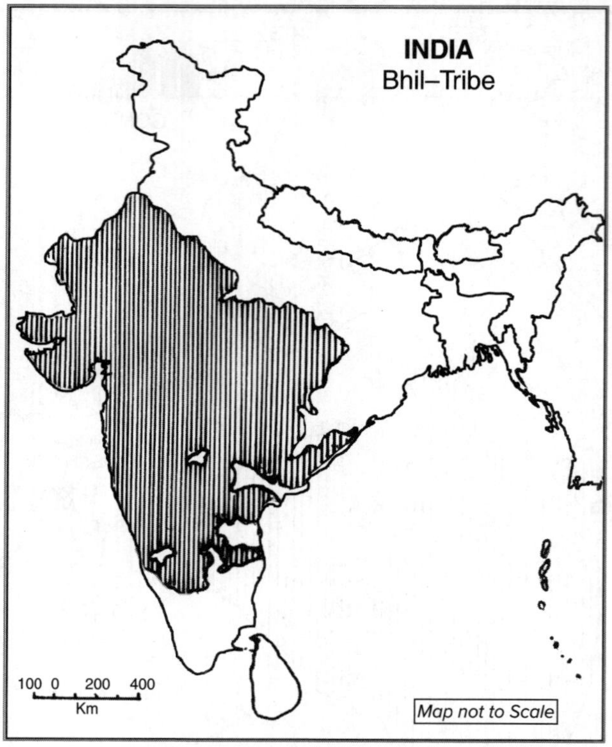

चित्र 13.8 भीलों का वितरण

तलाक दोनों पक्षों से किसी के द्वारा गाँव पंचायत की सहमति से किया जा सकता है। बाल विवाह इस जनजाति में नहीं देखा जाता है।

भील प्रकृति से जड़त्ववादी जीववादी (Animists) होते हैं तथा यह उनके लोक संगीत एवं कला द्वारा प्रतिबिम्बित होता है। वे पुनर्जन्म में तथा आत्मा के स्थानान्तरण में विश्वास रखते हैं। मोक्ष के लिए वे अच्छे आचरण पर बल देते हैं, वे अपदूतों, भूतों तथा काले जादू पर भी विश्वास रखते हैं। बीमारियों से बचने के लिए बड़वा (जादूगर) की सेवा ली जाती है। वे अंधविश्वासी भी होते हैं। इस जनजाति की महिलाओं में गोदना (Tatooning) का प्रचलन है। वे अपने घरों की दीवारों को लोक आकृतियों से सुसज्जित करते हैं। वे नाचने तथा संगीत में भी रुचि रखते हैं तथा समुदाय के उत्सवों के लिए नौटंकी का भी आयोजन करते हैं।

समाज मूल रूप से पितृ-प्रधान होता है। इस जनजाति के परिवार देवी तथा देवताओं के लिए आदर की भावना रखते हैं। इसके अतिरिक्त वे 'बाबा देव' तथा 'घट देव' की भी अर्चना करते हैं।

वे सामान्यतः छोटी-छोटी पुरवा बस्तियों में भी रहते हैं तथा अपने घरों का निर्माण बाँस से करते हैं। भील आडम्बरी घरों का भी निर्माण करते हैं तथा अपने एकाकी परिवार का भी ध्यान रखते हैं।

संथाल (Santhal)

इस जनजाति की आबादी 60 लाख से अधिक है। संथाल भारत में एक बड़ा जनजातीय समूह है। मानव वैज्ञानिक साक्ष्यों के अनुसार इस जनजाति का उद्‌गम द्रविड़ों से हुआ है, जिसकी संपुष्टि उनकी ऑस्ट्रिक भाषा (संथाली भाषा तथा कोल चिका लिपि) करती है। संथाली विचारक यह मानते हैं कि संथालों ने ही सिन्धु घाटी सभ्यता को विकसित किया। संथालों के भौगोलिक वितरण को ***चित्र 13.9*** में दर्शाया गया है।

चित्र 13.9 से यह देखा जा सकता है कि उनका वर्तमान वास स्थान राजमहल पहाड़ी तथा बिहार, झारखंड, ओडिशा व पश्चिम बंगाल राज्यों में छोटानागपुर पठार है। त्रिपुरा में भी संथाल जनजातियाँ पाई जाती हैं तथा वे असम तथा पश्चिम बंगाल के

चाय के बागानों में काम करते हैं। संथाल परगना, गिरिडीह, बांकुरा, वर्द्धमान तथा वीरभूम जिलों में उनकी आबादी अधिक है। 16 से अधिक जिलों में यह जनजाति बहुसंख्यक है। इस जनजाति की जनसंख्या वृद्धि दर लगभग 1.75 प्रतिवर्ष है।

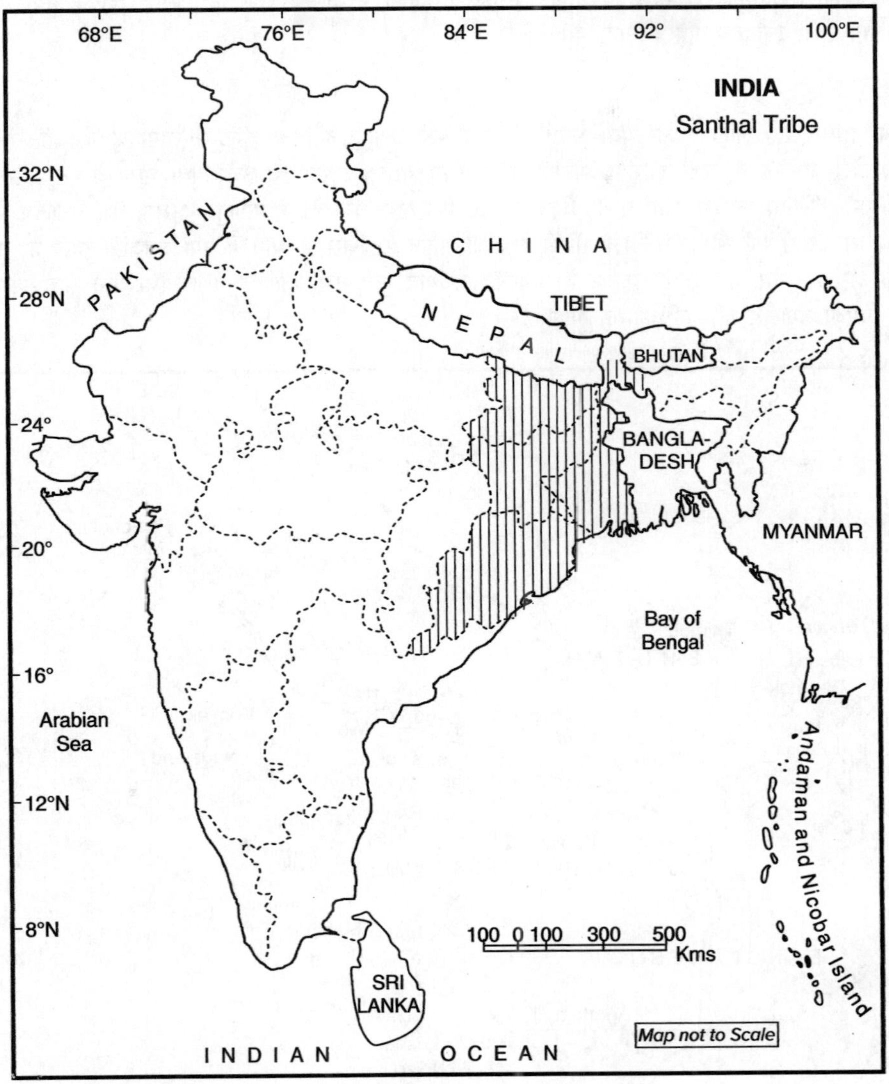

चित्र 13.9 संथालों का वितरण

संथाल मूल रूप से कृषक होते हैं (68%)। इस जनजाति की संपत्ति भूमि के रूप में होती है तथा शायद ही कोई संथाल भूमिहीन होता है। इसके अतिरिक्त यह जनजाति शिकार, मत्स्यन तथा वन उत्पादों के एकत्रण में भी जुटी रहती है। बढ़ती साक्षरता तथा सांस्कृतिक सम्पर्क के कारण यह जनजाति सेवा, व्यापार तथा वाणिज्य के क्षेत्र में कार्य कर रही है। इस जनजाति की माँग वृहत्त झारखंड के लिए है, जिसका विस्तार पश्चिम बंगाल तथा ओडिशा के संथाल क्षेत्रों में है।

संथालों की एक संस्कृति तथा एक सुस्पष्ट सामाजिक व्यवस्था होती है। विधवा-विवाह की इजाजत इस जनजाति में दी गई है। संथालों का समाज पितृ-प्रधान होता है। संथाली महिलाएँ भी परिवार की आय में योगदान करती हैं। ये महिलाएँ कृषीय क्रियाकलापों में भाग लेती हैं तथा वंदाना उत्सव से पहले अपने घरों को सुसज्जित करती हैं।

कर्मा (Karma), महिलाओं का एकमात्र त्यौहार है, जो भादों के महीने में मनाया जाता है। इस जनजाति के अन्य प्रमुख त्यौहार रक्षाबंधन अथवा सोहराई (Sohari) (शीत ऋतु में फसल कटने के बाद) हैं।

संथाल जीववादी (Animists) होते हैं तथा कई देवी व देवताओं में आस्था रखते हैं। चांदो (चाँद) सबसे बड़ी शक्ति है। जाहिर-एरा (Jahir-Era) इस जनजाति के ग्राम देव हैं।

नगा (Nagas)

नगा (जनसंख्या लगभग 20 लाख) उत्तर-पूर्वी भारत की एक बड़ी तथा राजनैतिक दृष्टि से जागरूक जनजाति है। इस जनजाति का सांस्कृतिक केन्द्र नगालैंड है, जहाँ वे कुल आबादी का लगभग 86.5% हिस्सा हैं। उत्तर-पूर्वी भारत की कुछ प्रमुख जनजातियों का स्थानिक वितरण, जिनमें नगा भी शामिल हैं, ***चित्र 13.10*** में दर्शाया गया है। वे मणिपुर, असम तथा मेघालय में अच्छी खासी संख्या में हैं। वे म्यांमार से सटे सीमावर्ती जिलों में भी देखे जा सकते हैं। जिस भू-भाग में नगा जनजाति रहती है, उसकी विशेषता ब्रेल श्रेणी तथा अराकन योमा का दंतुरित कटक है। नगालैंड में शीत ऋतु ठंडी होती है तथा ग्रीष्म ऋतु साधारण रूप से गर्म व आर्द्र होती है। अंग्रेजी नगालैंड की अधिकारिक भाषा है।

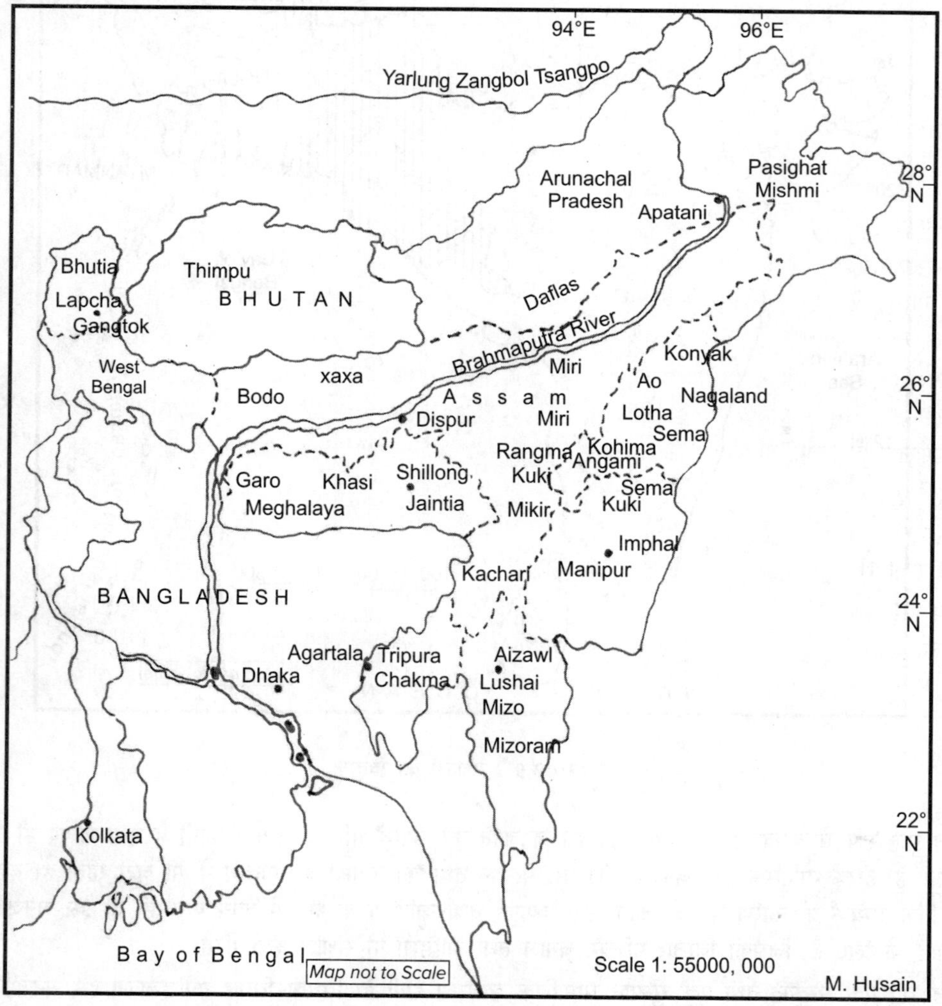

चित्र 13.10 उत्तर-पूर्वी भारत-प्रमुख जनजातियाँ

यह भाषा नगालैंड के सांस्कृतिक एवं राजनैतिक एकीकरण में सहायक सिद्ध हुई है।

नगाओं का गाँव सुरक्षा के कारण कटकों के ऊपर स्थित होता है। वे पहाड़ के ढालों का उपयोग वेदिका कृषि (Terraced Cultivation) के लिए करते हैं। जहाँ वेदिकाओं का विकास मुश्किल होता है, वे वहाँ स्थानांतरित कृषि (Shifting Cultivation) के अभ्यस्त हैं।

प्रत्येक गाँव में अविवाहितों के लिए एक मोरंग (Morung) (सामुदायिक शयनशाला) होता है जहाँ लड़के व लड़कियाँ दोनों रात में रहते हैं। यह एक युवा क्लब की तरह कार्य करता है, जहाँ युवाओं को जनजातीय प्रथाओं से अवगत कराया जाता है तथा समुदाय के जीवन-यापन का तरीका उन्हें सिखाया जाता है। उन्हें यौन शिक्षा भी दी जाती है तथा अक्सर विवाह के पूर्व के उनके संबंध ग्रामीण समुदाय की सहमति से स्थायी संबंधों (विवाह) में परिवर्तित हो जाते हैं।

नगा मुख्यत: कृषक समुदाय के होते हैं (85%)। वे स्थानांतरित कृषि (झूम कृषि) के अभ्यस्त हैं। कोहिमा के नजदीक अंगामी जनजाति ने धान की खेती के लिए वेदिकाओं (Terraces) का निर्माण किया है। वे धान, दलहन, आलू, सब्जी तथा कपास की खेती करते हैं। नगा अपने कलात्मक हस्तशिल्प के लिए मशहूर हैं खासकर बुनाई तथा लकड़ी पर नक्काशी।

नगाओं का एक सुव्यवस्थित सामाजिक संगठन है, जो अनेकता में एकता का उदाहरण है। संयुक्त परिवार व्यवस्था भी इस जनजाति में प्रचलन में है। परिवारिक तथा सामुदायिक मामलों में गाँव का मुखिया एक महत्वपूर्ण भूमिका निभाता है।

नगाओं में बाल विवाह का चलन नहीं है। यह जनजाति विवाह से पहले लड़कियों को अधिक आजादी देती है। वे एक सुखद जीवन जीती हैं। महिलाओं तथा पुरुषों दोनों के पहनावे अच्छे होते हैं। सामुदायिक अवसरों पर इस जनजाति के सदस्य नृत्य भी करते हैं। परम्परागत रूप से वे जीववादी हैं लेकिन अब अधिकांश नगा ईसाई बन गए हैं। शिक्षा के क्षेत्र में भी यह जनजाति आगे है।

थारू (Tharus)

थारू (जनसंख्या लगभग 1.25 लाख) उत्तर प्रदेश तथा उत्तराखंड की सबसे प्रमुख जनजाति है। थारू का सबसे अधिक संकेन्द्रण ऊधमसिंह नगर के खटीमा (Khatima) तथा सितारगंज तहसील में है, जहाँ इनकी आबादी कुल जनसंख्या का लगभग 55% है। वे पीलीभीत, खीरा, गोरखपुर तथा बहराइच में भी पाए जाते हैं।

थारू मुख्य रूप से कृषक हैं। कृषि के मन्द महीनों में मत्स्यन इस जनजाति का मुख्य व्यवसाय हो जाता है। इस जनजाति के कुछ लोगों के लिए शिकार करना तथा खाद्य एकत्रण मुख्य व्यवसाय है। थारू मुख्य रूप से मंगोलॉइड प्रजाति के हैं, जिनमें कछु गैर-मंगोलाई विशेषताएँ भी देखी जा सकती हैं। कुछ विद्वानों के अनुसार ये लागे थार के मरुस्थल से आकर यहाँ बस गये हैं।

थारू एक सुव्यवस्थित समुदाय है तथा इनके प्रत्येक गाँव में एक ग्राम पंचायत होती है, जिसका प्रमुख प्रधान होता है, जो समुदाय के सभी मामलों में एक अहम भूमिका निभाता है।

यद्यपि इस जनजाति का समाज पितृ-प्रधान होता है लेकिन महिलाओं को ऊँचा दर्जा दिया गया है। थारू अपने आप को राजपूत मानते हैं। इस जनजाति में अधिकतर हिन्दू धार्मिक रिवाज प्रचलन में हैं। वे होली, दिवाली तथा दशहरा भी मनाते हैं। वे जादू-टोना में भी विश्वास करते हैं। मूलत: इस जनजाति के लोग ईमानदार, शान्ति प्रिय तथा सीधे-साधे होते हैं लेकिन बाहरी सम्पर्क के कारण इनके आचरण पर प्रतिकूल प्रभाव पड़ा है। थारू अत्यधिक अंधविश्वासी होते हैं तथा अपने पुरोहित (Priest) में पूर्ण रूप से आस्था रखते हैं।

टोडा (Todas)

तमिलनाडु के नीलगिरि जिले में तथा निकटवर्ती कर्नाटक के कुर्नूल जिले में पायी जाने वाली टोडा एक लघुसंख्यक जनजाति है। यह जनजाति पशुचारणिक चलवासिता (Pastoral Nomadism) का एक उदाहरण है। 'टोडा' शब्द की उत्पत्ति 'टांड्रा' (Tandra) से हुई है, जो इस जनजाति के लिए एक पवित्र वृक्ष है।

टोडा एक पशुचारी (Pastoralist) जनजाति है। जनजाति की अर्थव्यवस्था मुख्य रूप से भैंसों के प्रजनन तथा डेरी उत्पादों पर आधारित है। इस जनजाति में भ्रातृ बहुपति-प्रथा (Fraternal Polyandry) देखी जाती है। सबसे बड़े भाई का विवाह जिस लड़की के साथ होता है उस पर सभी छोटे भाइयों का समान अधिकार होता है। इस जनजाति का समाज पितृ-प्रधान है। विवाह

एक साधारण समारोह होता है तथा तलाक यदा-कदा ही देखने को मिलता है। महिलाओं को आदर भाव के साथ देखा जाता है। यह जनजाति जीववादी है। वे टिकिरजी की पूजा करते हैं। अब ईसाई धर्म भी टोडा जनजाति तक पहुँच रहा है।

अनुसूचित जाति (Scheduled Castes)

अनुसूचित जाति का सबसे पहले उल्लेख भारत सरकार अधिनियम, 1935 तथा भारत सरकार अनुसूचित जाति आदेश, 1936 में किया गया। डॉ. भीमराव अम्बेडकर ने उन्हें 'दलित वर्ग' (Depressed Classes) तथा महात्मा गाँधी ने उन्हें 'हरिजन' की संज्ञा दी। भारत के संविधान में अनुसूचित जाति शब्द का प्रयोग किया गया है।

अनुसूचित जातियों का उद्गम प्राचीन काल में हुआ, जब विभिन्न हिन्दू धर्मग्रन्थों ने इस जाति को चतुरवर्ण (चार स्तरीय समाजिक व्यवस्था) के सबसे निचले स्तर में रखा। शुरुआत में यह श्रम के विभाजन पर आधारित थी परन्तु बाद में यह विभाजन वंशागत हो गया।

मानव वैज्ञानिक साक्ष्यों के अनुसार इन जातियों का उद्गम आदिम जनजातियों के बाहरी हमलावरों के साथ मिश्रण के कारण हुआ।

2011 की जनगणना के अनुसार भारत में अनुसूचित जातियों की आबादी 70.5 मिलियन थी जो कुल जनसंख्या का लगभग 16.60% था वहीं अनुसूचित जनजातियों की आबादी कुल जनसंख्या का 8.60% था। वे भारतीय समाज के सामाजिक तथा आर्थिक रूप से पिछड़े वर्ग हैं। इनमें कृषि श्रमिक, कम पूँजी वाले किसान, कारीगर, भूमिहीन श्रमिक तथा औद्योगिक मजदूर शामिल हैं। अनुसूचित जाति में आंध्र प्रदेश के माल, गुजरात के मेघ, महाराष्ट्र के महार, तमिलनाडु के आदि-द्रविड़, उत्तर-प्रदेश तथा उत्तराखंड के चमार तथा पश्चिम-बंगाल के बालाइस का नाम लिया जा सकता है।

भौगोलिक वितरण (Geographical Distribution)

अनुसूचित जातियों का वितरण ***चित्र 13.11*** में दर्शाया गया है तथा ***तालिका 13.4*** में प्रत्येक राज्य में उनकी प्रतिशतता दी गई है।

तालिका 13.4 के अध्यन से पता चलता है कि पंजाब में कुल जनसंख्या का लगभग 32% अनुसूचित जातियों का है, जब कि हिमाचल प्रदेश 25.2%, प. बंगाल में 23.5% तथा तमिलनाडु में 20.0% है।

भारत की कुल जनसंख्या का 16.6% अनुसूचित जातियों का है। जिन राज्यों में अनुसूचित जनजातियों (ST) की जनसंख्या अधिक है, उनमें अनुसूचित जातियों (SC) की जनसंख्या कम है ***(तालिका 13.4)***

अनुसूचित जातियों, मुसलमानों तथा इसाईयों के प्रभुत्व वाले क्षेत्रों/जिलों में अनुसूचित जातियों की जनसंख्या का प्रतिशत कम होता है। त्रिपुरा को छोड़कर सभी उत्तर-पूर्वी राज्यों में अनुसूचित जाति की संख्या कम है।

इसी तरह अनुसूचित जाति का प्रतिशत उन क्षेत्रों में कम होता है, जहाँ मुस्लिम तथा ईसाई आबादी अधिक होती है। अनुसूचित जाति के स्थानिक वितरण की एक अन्य मुख्य विशेषता यह है कि वे ग्रामीण क्षेत्रों में संकेन्द्रित होते हैं। आरक्षण तथा उनके उत्थान के लिए बनाए गए विशेष कार्यक्रमों के बावजूद इस जाति की 90% जनसंख्या का जीवन स्तर नीचा है।

सांस्कृतिक प्रदेश (Cultural Regions)

सांस्कृतिक प्रदेश की अवधारणा का स्रोत 'सांस्कृतिक पारिस्थितिकी' है तथा यह उस भौगोलिक प्रदेश की ओर संकेत करता है, जहाँ सांस्कृतिक विशेषताओं में बहुत हद तक एकरूपता पाई जाती है। सांस्कृतिक प्रदेश एक सशक्त भौगोलिक क्षेत्र है, जिसकी विशेषता सांस्कृतिक एकरूपता है।

इस अवधारणा की उत्पत्ति रेटजिल के 'क्लचरप्रोविन्ज' (Kulturprovinz) की अवधारणा पर आधारित है। रेटजिल पहला व्यक्ति था, जिसने सांस्कृतिक प्रदेश की अवधारणा की चर्चा अपनी पुस्तक 'एन्थ्रोपोजियोग्राफी' (Anthropogeography) में की। बाद में सौएर (Sauer) महोदय ने सांस्कृतिक भूगोल की बर्कले (Berkely) विचारधारा का विकास किया। इन्होंने विश्व के

सांस्कृतिक प्रदेशों का विभाजन सांस्कृतिक तत्थों के आधार पर किया। सौएर (Sauer) का मुख्य बल दृश्य स्थायी लोक संस्कृति तथा उसके भौतिक वतावरण (संसाधनों) के बीच संबंधों पर था।

तालिका 13.4 अनुसूचित जातिः भौगोलिक वितरण, जनगणना 2011

रैंक	राज्य/अनुशासित प्रदेश	राज्यों की कुल जनसंख्या में अनुसूचित जातियों का प्रतिशत
1.	पंजाब	31.9
2.	प. बंगाल	25.5
3.	हिमाचल प्रदेश	23.2
4.	उत्तर प्रदेश	20.7
5.	हरियाणा	20.2
6.	तमिलनाडु	20.0
7.	चंडीगढ़	18.9
8.	उत्तराखंड	18.8
9.	राजस्थान	17.8
10.	त्रिपुरा	17.8
11.	कर्नाटक	17.1
12.	ओडिशा	17.1
13.	दिल्ली	16.8
14.	तेलंगाना	16.5
15.	आन्ध्र प्रदेश	16.3
16.	बिहार	15.9
17.	पुडुचेरी	15.7
18.	मध्य प्रदेश	15.6
19.	छत्तीसगढ़	12.9
20.	झारखंड	12.1
21.	महाराष्ट्र	11.8
22.	केरल	9.81
23.	जम्मू और कश्मीर	7.4
24.	असम	7.2
25.	गुजरात	7.1
26.	सिक्किम	4.6
27.	मणिपुर	3.4
28.	गोवा	1.7
29.	मेघालय	0.6
30.	अरुणाचल प्रदेश	0.6
31.	नगालैंड	–
32.	मिजोरम	–

रैंक	राज्य/अनुशासित प्रदेश	राज्यों की कुल जनसंख्या में अनुसूचित जातियों का प्रतिशत
33.	अंडमान एवं निकोबार द्वीप समूह	–
34.	दादरा नागर हवेली	–
35.	दमन एवं दीव	–
36.	लक्षद्वीप	–
	भारत	**16.6**

Source: Census of India, 2011.

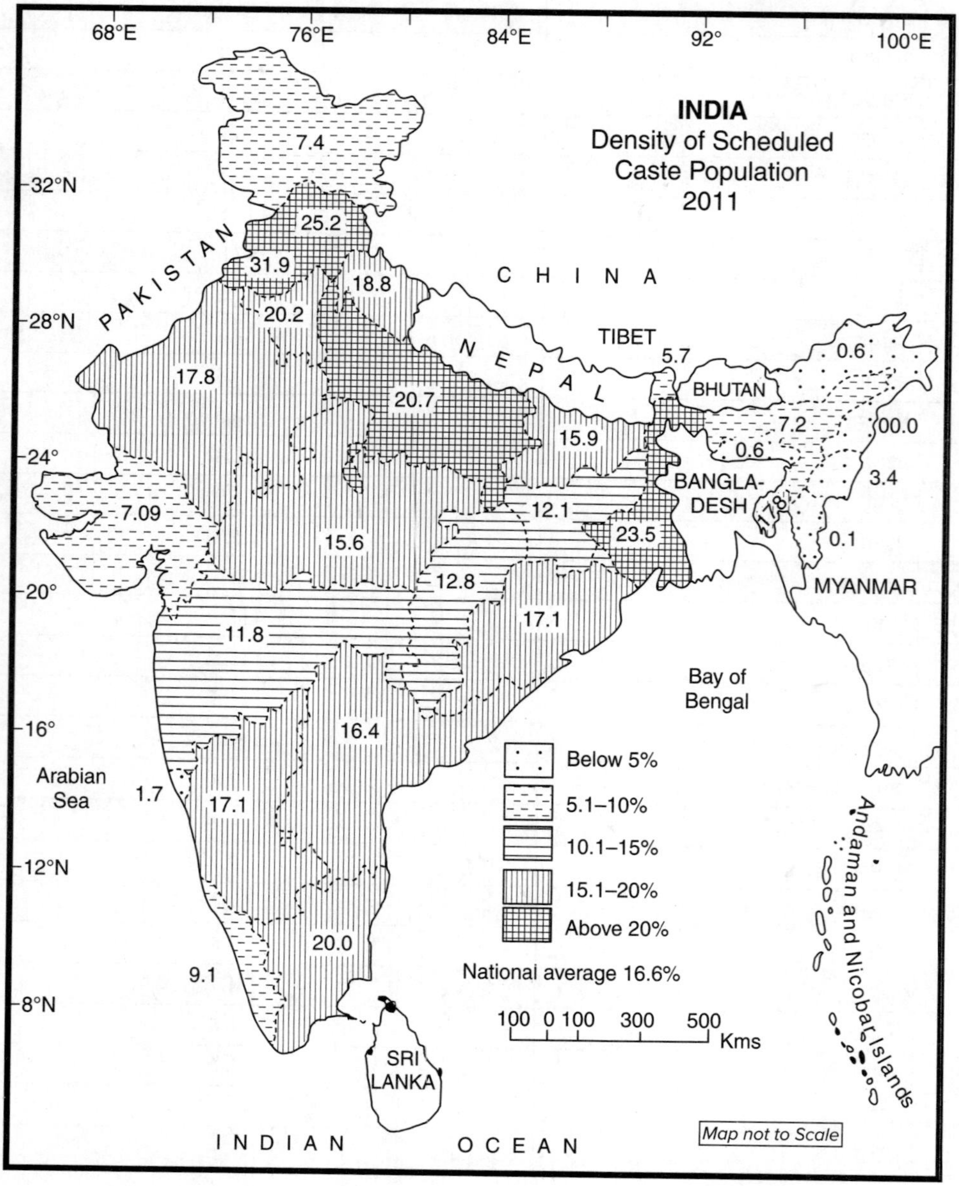

चित्र 13.11 अनुसूचित जाति जनसंख्या का घनत्व, 2011

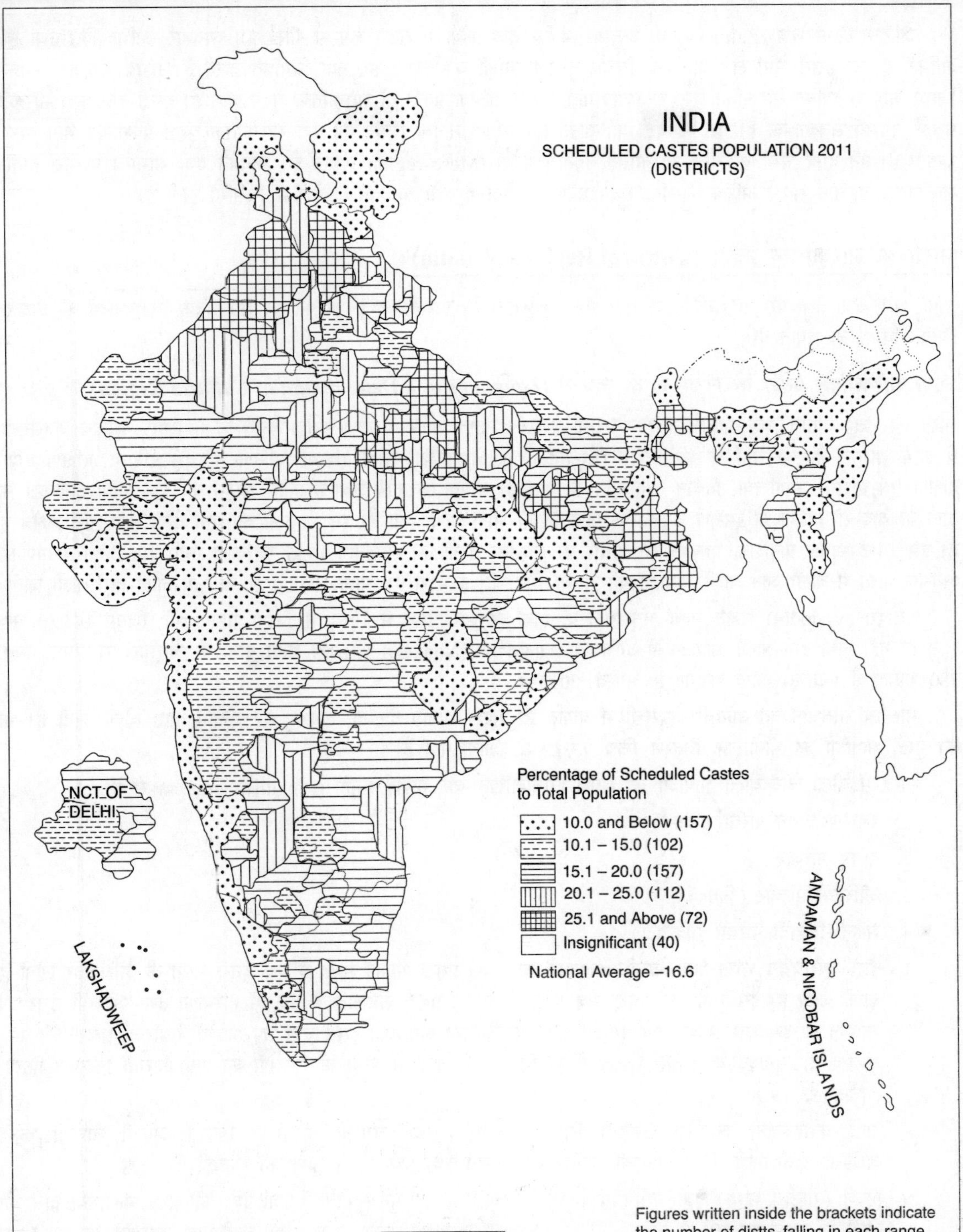

चित्र 13.11A भारत: अनुसूचित जाति जनसंख्या, 2011

जेलिन्सकी महोदय (Zelinsky) के अनुसार, सांस्कृतिक प्रदेश में वृहत्त रूप से सीखे हुए व्यवहार, अभिव्यक्ति तथा विचार शामिल हैं, जो इसमें भाग लेने वालों के विचार तथा क्रियाओं को काफी हद तक नियंत्रित करते हैं। संभव संयोजन अनेक हैं, जिनमें कोई दो व्यक्ति सांस्कृतिक रूप से समान नहीं हैं तथा प्रत्येक प्रकार के सांस्कृतिक सूक्ष्म जीव हैं। दूसरी ओर कुछ सांस्कृतिक प्रथाएँ लगभग सर्वव्यापक हैं। ऐसे मानदंडों को मानते हुए, संपूर्ण मानव प्रजाति को एक सांस्कृतिक वृहत्त प्रदेश का भाग माना जा सकता है। इन दोनों चर्मों के बीच सांस्कृतिक द्वितीय प्रदेश (Meso-regions) होते हैं, जिनकी एक सामान्य परम्परा होती है। सांस्कृतिक पहचान सबसे अधिक सुस्पष्ट सूक्ष्म प्रदेश में होती है तथा यह वृहत्त प्रदेश में विसरित होती है।

भारत के सांस्कृतिक प्रदेश (Cultural Regions of India)

भाषा, धर्म, प्रथा तथा परम्परा संस्कृति के कुछ महत्वपूर्ण तत्व हैं। सांस्कृतिक प्रदेशों को इन सांस्कृतिक विशेषताओं के आधार पर चित्रित किया जा सकता है।

भाषा सांस्कृतिक प्रदेश के निर्धारक के रूप में (Language as a Determinant of Cultural Region)

भारत एक बहु-जातीय, बहु-भाषीय तथा बहु-धर्मी देश है। मानव शास्त्रियों तथा इतिहासकारों के अनुसार, भारतीय जनसंख्या में वे लोग शामिल हैं, जो यहाँ भूमध्यसागरीय (Mediterranean) प्रदेश, मध्य एशिया, दक्षिण-पश्चिम एशिया, दक्षिण एशिया, दक्षिण-पूर्व एशिया, मंगोलिया, तिब्बत तथा चीन से आए हैं। प्रत्येक प्रजातीय तथा नृजातीय समूहों की एक भाषा होती है। भारत आने के बाद संस्कृतियों के मिश्रण के कारण भाषाओं का भी मिश्रण हुआ है। इन भाषाओं का एक केन्द्र तथा परिधि क्षेत्र होता है। इस स्पष्ट भाषाई प्रादेशिक पहचान के आधार पर भारतीय राज्यों का सीमांकन 1956 में किया गया। 1961 की जनगणना के अनुसार भारत में बोली जाने वाली भाषाओं की संख्या 187 थी। इनमें से 94 भाषा 10,000 से भी कम लोगों द्वारा बोली जाती है।

वडोदरा (Vadodra) स्थित भाषा अनुसंधान केन्द्र के अनुसार भारत में 1961 में 1100 भाषाएँ थीं, जिनमें से 220 भाषाएँ लुप्त हो गईं। लुप्त होने वाली भाषाओं में अधिकतर खानाबदोश (Nomads) थीं। इस भाषा केन्द्र के अनुसार इस समय भारत में 780 भाषाएँ हैं (टाईम्स ऑफ इंडिया, 8 अगस्त, 2013)।

भारतीय संविधान की आठवीं अनुसूची में वर्णित 22 मुख्य भाषाएं देश के लगभग 92% लोगों द्वारा बोली जाती हैं। भारत की मुख्य भाषाओं का भौगोलिक वितरण ***चित्र 13.12*** में दर्शाया गया है।

भारत में बोली जाने वाली भाषाओं का संबंध निम्नलिखित चार भाषाई समूहों (Linguistic groups) से हैं:

1. इंडो-यूरोपियन परिवार (आर्य)
2. द्रविड़ परिवार
3. ऑस्ट्रिक परिवार (निषद)
4. साइनो-तिब्बती परिवार (किराटा)

1. **इंडो-यूरोपियन भाषा:** यह भारतीय भाषाओं का सबसे प्रमुख भाषाई समूह है, जो उत्तरी भारत के अधिकतर लोगों द्वारा बोली जाती है। इस भाषा का प्रमुख क्षेत्र खड़ी बोली का प्रदेश कहलाता है, जिसमें हरियाणा तथा पश्चिमी उत्तर प्रदेश शामिल हैं। इस क्षेत्र से दूर जाने पर इस भाषा के विभिन्न रूप तथा इससे बनी उप-भाषाएँ देखी जा सकती हैं। प्रो. ए. अहमद ने प्रमुख केन्द्र (Core Area) से दूर विभिन्न दिशाओं में खड़ी के विसरण का एक आरेखी निरूपण किया है ***(चित्र 13.13)***।

   दार्दी, कोहिस्तानी, कश्मीरी, लहनडा, सिन्धी, गुजराती, मराठी, बंगाली, असमिया, बिहारी, अवधी, बाघेली, कच्छी, ओड़िया, छत्तीसगढ़ी, हिन्दी, पंजाबी, राजस्थानी, नेपाली तथा पहाड़ी इस भाषा की शाखाएँ हैं।

   हिन्दी (राष्ट्रीय भाषा) इंडो-यूरोपियन (भारोपीय) परिवार की मुख्य भाषा है, जो देश की 40% जनसंख्या द्वारा बोली जाती है। यह मुख्य रूप से बिहार, दिल्ली, हरियाणा, हिमाचल प्रदेश, मध्य प्रदेश, छत्तीसगढ़, झारखंड, राजस्थान, उत्तर प्रदेश तथा उत्तराखंड में बोली जाती है।

   उर्दू का नजदीकी संबंध हिन्दी भाषा से है। उर्दू बिहार, दिल्ली, हैदराबाद, जम्मू एवं कश्मीर, मध्य प्रदेश, उत्तर प्रदेश तथा नगरीय भारत के अधिकतर स्थानों में लोकप्रिय है।

2. **द्रविड़ परिवारः** भारतीय भाषाओं के द्रविड़ परिवार में तेलुगू (आंध्र प्रदेश), कन्नड़ (कर्नाटक), मलयालम (केरल) तथा तमिल (तमिलनाडु) शामिल हैं, जो देश में 22% लोगों द्वारा बोली जाती हैं।
3. **ऑस्ट्रिक परिवारः** ऑस्ट्रिक भाषा छत्तीसगढ़, झारखंड, मध्य प्रदेश, मेघालय, ओडिशा तथा पश्चिम बंगाल के जनजातीय समूहों द्वारा बोली जाती है। यह भाषा दो मुख्य शाखाओं से संबंध रखती है–(i) मुंडा (संथाली), तथा; (ii) मोन-खमेर (खासी तथा निकोबारी)। मोन-खमेर (खासी) तथा जयंतिया पहाड़ियों (मेघालय) तक ही सीमित है तथा निकोबारी निकोबार द्वीप तक ही सीमित है। मुंडा भाषा छत्तीसगढ़, झारखंड, मध्य प्रदेश, ओडिशा तथा पश्चिम बंगाल की जनजातियों द्वारा बोली जाती है।

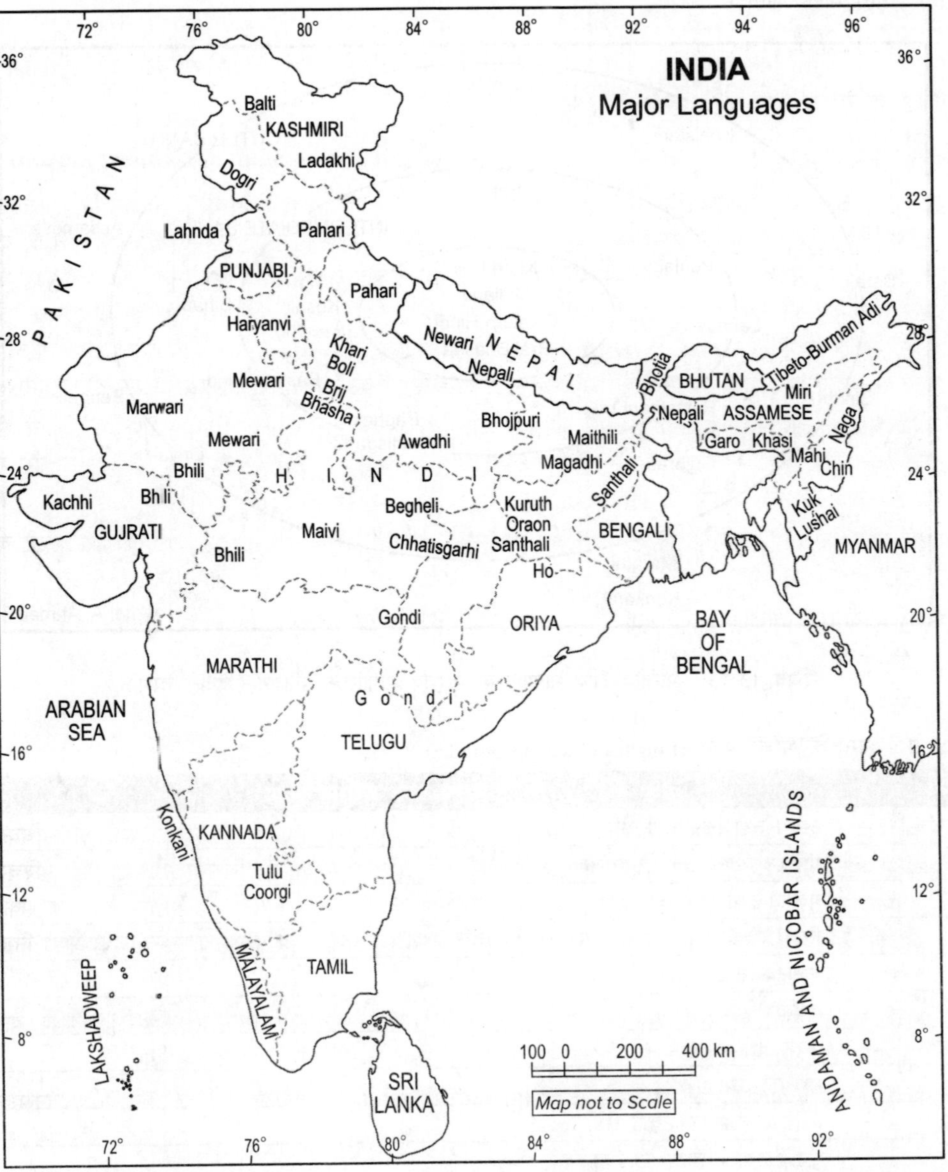

चित्र 13.12 भारत की प्रमुख भाषायें

4. **साइनो-तिब्बती परिवारः** साइनो-तिब्बती भाषा मुख्यतः हिमालय क्षेत्र में बोली जाती है। इसके तीन प्रमुख प्रविभाजन (Sub-division) हैं:

(i) **तिब्बती-हिमालयः** इसमें हिमाचल प्रदेश की चम्बा, लाहौली, किन्नौरी तथा लेप्चा भाषाएँ शामिल हैं। बालटी, भूटिया, लद्दाखी तथा तिब्बती भाषा जम्मू एवं कश्मीर राज्य के उत्तरी भाग में बोली जाती हैं।

(ii) **उत्तरी-असम तथा अरुणाचल प्रदेशः** उत्तरी असम तथा अरुणाचल प्रदेश की मुख्य भाषाएँ हैं-अबोर, अका, असमिया, डाफला, मिरि तथा मिशिंग।

(iii) **असमी-म्यांमारीः** ये भाषा असम के लोगों, बोडो, कोच्चि, कुकीचीन, मिरि, नागा तथा खाखा (गंगं) जनजातियों द्वारा बोली जाती हैं।

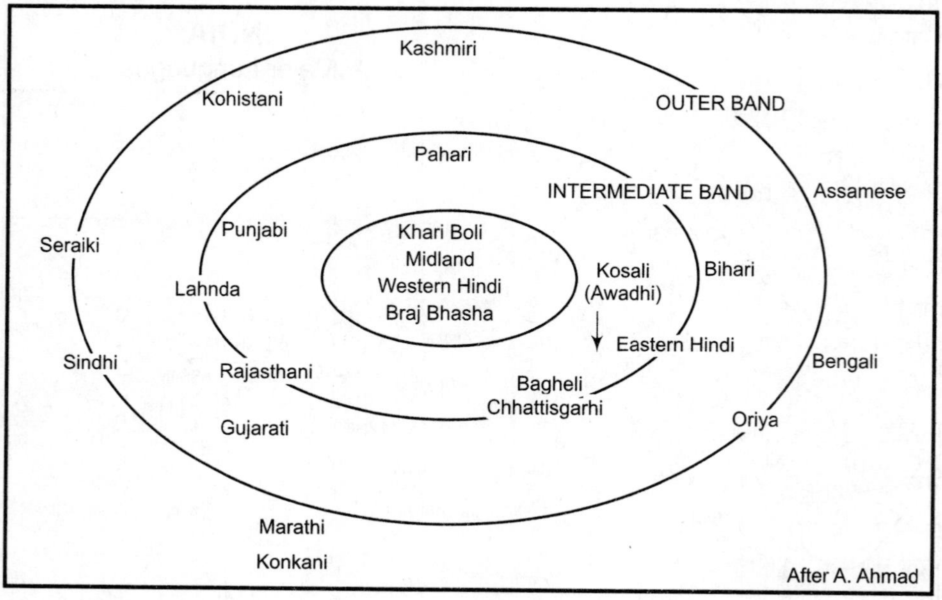

चित्र 13.13 भारतीय-आर्य भाषाओं का उद्‌भव भौगोलिक प्रतिदर्श (द्वितीय चरण)

तालिका 13.5 भारत के भाषाई प्रदेश (Linguistic Regions of India)

भाषाई प्रदेश		राज्य/केन्द्र शासित प्रदेश
1. असमिया	-	असम तथा निकटवर्ती क्षेत्र
2. बंगाली	-	पश्चिम बंगाल तथा त्रिपुरा के कुछ भाग
3. गुजराती	-	गुजरात तथा निकटवर्ती क्षेत्र
4. हिन्दी	-	बिहार, छत्तीसगढ़, दिल्ली, हरियाणा, हिमाचल प्रदेश, झारखंड, मध्य प्रदेश, राजस्थान, उत्तर प्रदेश तथा उत्तराखंड
5. कन्नड़	-	कर्नाटक तथा निकटवर्ती क्षेत्र
6. कश्मीरी	-	कश्मीर डिवीजन
7. मलयालम	-	केरल तथा लक्षद्वीप
8. मराठी	-	महाराष्ट्र तथा गोवा
9. ओड़िया	-	ओडिशा तथा निकटवर्ती क्षेत्र
10. पंजाबी	-	पंजाब तथा हरियाणा के निकटवर्ती क्षेत्र
11. तमिल	-	तमिलनाडु तथा पुडुचेरी
12. तेलुगू	-	आंध्र प्रदेश तथा निकटवर्ती क्षेत्र

भारतीय राज्यों की रूपरेखा 1956 में भाषा के आधार पर तय की गई। प्रत्येक अनुसूचित भाषा का एक विशेष प्रदेश होता है, जहाँ अधिकांश आबादी द्वारा इस भाषा को बोला जाता है। इस प्रदेश (राज्य) में ही उस भाषा का केन्द्र (Core) भी होता है। भाषाई प्रदेश की सीमा एक निर्धारित रेखा नहीं होती, बल्कि एक परिवर्ती (सीमांत) क्षेत्र होता है, जहाँ धीरे-धीरे एक भाषा अपनी प्रभाविता खो देती है तथा दूसरी भाषा का प्रभाव क्षेत्र आरम्भ हो जाता है। अनेक क्षेत्रों में भाषाओं का मिश्रण भी देखने को मिलता है। इसके अतिरिक्त कई राज्यों में निकटवर्ती राज्य की मुख्य भाषा उस राज्य की दूसरी प्रमुख भाषा होती है, जिसे उस राज्य के दूसरे सबसे बड़े समूह द्वारा बोला जाता है, उदाहरण के लिए केरल में तमिल दूसरी प्रमुख भाषा है तथा तमिलनाडु में तेलुगू दूसरी प्रमुख भाषा है। कर्नाटक तथा आंध्र प्रदेश में दूसरी सबसे प्रमुख भाषा उर्दू है।

हिन्दी देश की राष्ट्र भाषा है, जिसे देश के लगभग 40% लोगों द्वारा बोला जाता है। हिन्दी भाषा के क्षेत्र में उत्तर प्रदेश, बिहार, मध्य प्रदेश, झारखंड, छत्तीसगढ़, राजस्थान, हरियाणा, हिमाचल प्रदेश, उत्तराखंड तथा दिल्ली शामिल हैं, जहाँ 90 प्रतिशत आबादी हिन्दी बोलती है।

उर्दू मूलतः हिन्दी का एक रूपभेद है, जिसे देवनागरी-लिपि की बजाय अरबी/फारसी लिपि में लिखा जाता है। इसका जन्म भारत में हुआ लेकिन एक ठोस प्रादेशिक आधार के अभाव में यह भाषा वास्तव में 'बेघर' हैं। जम्मू एवं कश्मीर ने इस भाषा को राज्य की आधिकारिक भाषा माना है। यह देश की लगभग 8% आबादी की मातृ-भाषा है। यह मुख्यतः उत्तर प्रदेश, बिहार, हरियाणा, आंध्र प्रदेश, कर्नाटक, दिल्ली, जम्मू-कश्मीर तथा उत्तराखंड में बोली जाती है।

गुजराती तथा कन्नड़ का इस क्रम में अगला स्थान है। द्रविड़ भाषाओं में मलयालम को बोलने वाले सबसे कम लोग हैं। इस भाषा का केन्द्र केरल (92%) है तथा विस्तार तमिलनाडु, महाराष्ट्र व आंध्र प्रदेश।

बंगाली भाषा बंगलादेश की दूसरी सबसे बड़ी बोली जाने वाली भाषा है जिसका सांस्कृतिक मूल स्थल प. बंगाल है। लेकिन यह इसके आसपास असम, बिहार, झारखंड, ओडिशा तथा त्रिपुरा राज्य में भी बोली जाती है।

ओड़िया की एक विशेषता यह है कि यह पुरानी अपभ्रंश है तथा इसे संस्कृत द्वारा समृद्ध किया गया है।

असमिया भाषा का एक भिन्न उच्चारण तथा व्याकरण है लेकिन इसे अक्सर बंगाल-असम समूह में शामिल किया जाता है।

धर्म सांस्कृतिक प्रदेश के निर्धारक के रूप में (Religion as a Determinant of Cultural Region)

धर्म को अलग-अलग विचारकों द्वारा विभिन्न रूप में परिभाषित किया गया है। फ्रेड्रिक स्क्लेमेचर (F. Schleimacher) द्वारा धर्म को 'पूर्ण निर्भरता का बोध' कहा गया है। विलियम जेम्स ने इसे एक उत्साहपूर्ण मनोदशा कहा। ओटो ने धार्मिक जागरुकता के सार को विस्मय के रूप में परिभाषित किया, यह विधाता के सम्मुख भय एवं आकर्षण का एक विचित्र मिश्रण है। धार्मिक जीवन की मुख्य विशेषताएँ निम्नलिखित हैं- (i) परम्परावाद (ii) पौराणिक कथा तथा चिन्ह (iii) मोक्ष की अवधारणा, (iv) पवित्र स्थान तथा वस्तु, (v) पवित्र क्रिया (धर्मविधि), (vi) पवित्र रचना, (vii) पवित्र समुदाय, तथा; (viii) पवित्र अनुभव।

भाषा की ही तरह धर्म भी समूह के पहचान का एक चिन्ह है तथा एक सांस्कृतिक जमघट केन्द्र भी सभी समाज में एक मूल्य व्यवस्था, सामान्य आस्था तथा अपेक्षाएँ होती हैं, जो लोगों को जोड़ती हैं। धर्म लोगों के सामाजिक-आर्थिक जीवन में एक महत्वपूर्ण भूमिका निभाता है तथा प्राकृतिक संसाधनों का उपयोग भी लोगों के धर्म द्वारा नियंत्रित होता है। भूगोलज्ञ धर्म के साथ भूदृश्य (संसाधनों) की परस्पर क्रिया को लेकर चिंतित हैं। इस तरह धर्म सांस्कृतिक क्षेत्रों के निर्धारण के लिए एक अच्छा आधार है।

भारत एक बहुधर्मी देश है। यह हिन्दू, बौद्ध, जैन तथा सिख धर्मों की जन्म भूमि है। अन्य धर्मों के लोग भी भारत आए तथा उन्होंने अपनी पहचान कायम रखी। उदाहरण के लिए सीरियाई ईसाई पहली बार भारत (पश्चिमी तट पर) पहली सदी ई. में आए। वे अभी भी केरल में देखे जा सकते हैं। इसी तरह मुसलमान दक्षिण-पश्चिम एशिया तथा मध्य एशिया से भारत आए एवं उन्होंने अपनी धार्मिक पहचान कायम रखी है।

विभिन्न धर्मों की वृद्धि एवं संरचना (Growth and Composition of Various Religios Groups)

भारत में विभिन्न धर्मों की वृद्धि दर भिन्न है। पिछले दशक (2001-2011) में सभी धर्मों की वृद्धि दर में कमी आई है। उदाहरण के लिये दशक 2001-2011 में हिन्दुओं की जनसंख्या वृद्धि दर 16.76% रही, जबकि दशक 1991-2001 में यह वृद्धि दर 19.92% थी मुसलमानों की वृद्धि दर 1991-2001 के दशक में 29.52% थी, जो 2001-2011 के दशक में घट कर 24.60%

रह गई। इस प्रकार सबसे अधिक वृद्धि दर में कमी मुसलमानों की वृद्धि दर में आई हैं। पिछले दशक (2001-2011) में ईसाइयों का वृद्धि 15.5%, सिखों की वृद्धि दर 8.4% तथा जैन धर्म की वृद्धि दर केवल 5.4% रही। भारतीय जनगणना विभाग के अनुसार 2021 में सभी धर्मों की वृद्धि दर में कमी आयेगी।

हिन्दू: जनगणना 2011 के अनुसार देश की 79.80% आबादी हिन्दू है। देश के अधिकतर भागों में यह मुख्य धर्म है परन्तु कुछ क्षेत्रों में, जैसे–कश्मीर घाटी, पंजाब, मिजोरम, मेघालय, नगालैंड, अरुणाचल प्रदेश तथा मणिपुर के कुछ भागों में हिन्दू अल्पसंख्यक हैं ***(चित्र 13.14)***।

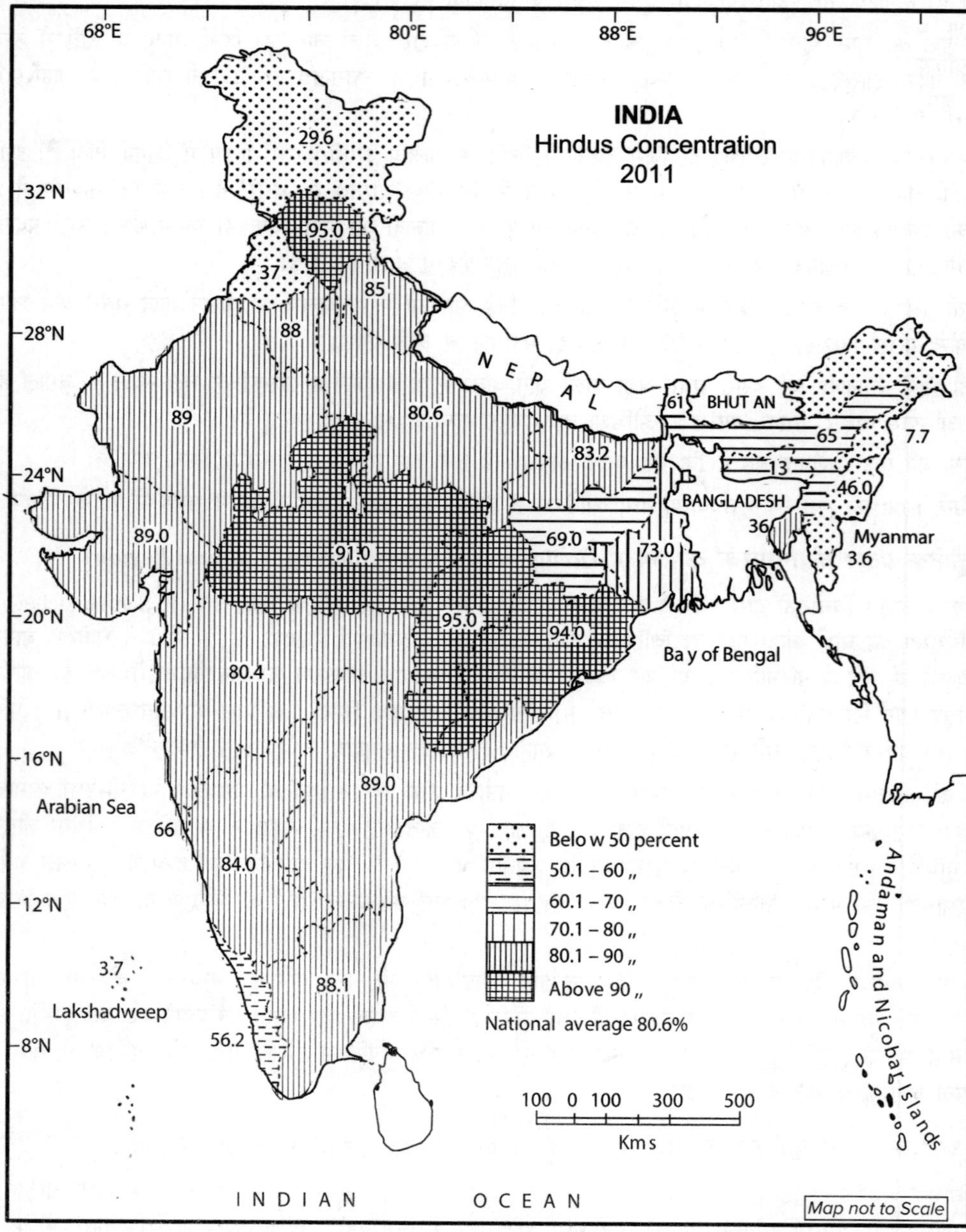

चित्र 13.14 हिंदू जनसंख्या का घनत्व (2011)

हिन्दू धर्म विश्व के पुराने धर्मों में से एक है। यह एक बहुदेववादी (अनेक देवी-देवताओं) धर्म है। हिन्दुओं का सबसे अधिक प्रतिशत (95%) हिमाचल प्रदेश में है तथा सबसे कम प्रतिशत (3.6%) मिज़ोरम में है। यह राष्ट्रीय औसत से अधिक आंध्र प्रदेश, बिहार, गुजरात, हिमाचल प्रदेश, हरियाणा, कर्नाटक, मध्य प्रदेश, उड़ीसा, राजस्थान, तमिलनाडु एवं त्रिपुरा में है तथा यह राष्ट्रीय औसत् से कम जम्मू एवं कश्मीर, मिजोरम, मेघालय, नगालैंड, अरुणाचल प्रदेश तथा पंजाब में है ***(चित्र 13.14)***।

इस्लाम (मुस्लिम): इस्लाम एकेश्वरवादी धर्म है। 2011 की जनगणना के अनुसार भारत में कुल जनसंख्या का 14.2% भाग इस्लाम धर्म को मानने वाला है। मुस्लिम देश के सभी भागों में मौजूद है लेकिन इनका सबसे अधिक संकेन्द्रण उत्तर-प्रदेश, बिहार, आंध्र प्रदेश, महाराष्ट्र, केरल, जम्मू एवं कश्मीर तथा उत्तराखंड के दक्षिणी-जिलों में है। जम्मू एवं कश्मीर में मुस्लिमों का सबसे अधिक प्रतिशत (68%) है तथा यह मिजोरम में नगण्य (1.1%) है। उनका अनुपात राष्ट्रीय औसत से अधिक असम, बिहार, झारखंड, जम्मू एवं कश्मीर, केरल, उत्तर प्रदेश तथा पश्चिम बंगाल ***चित्र 13.15*** में है।

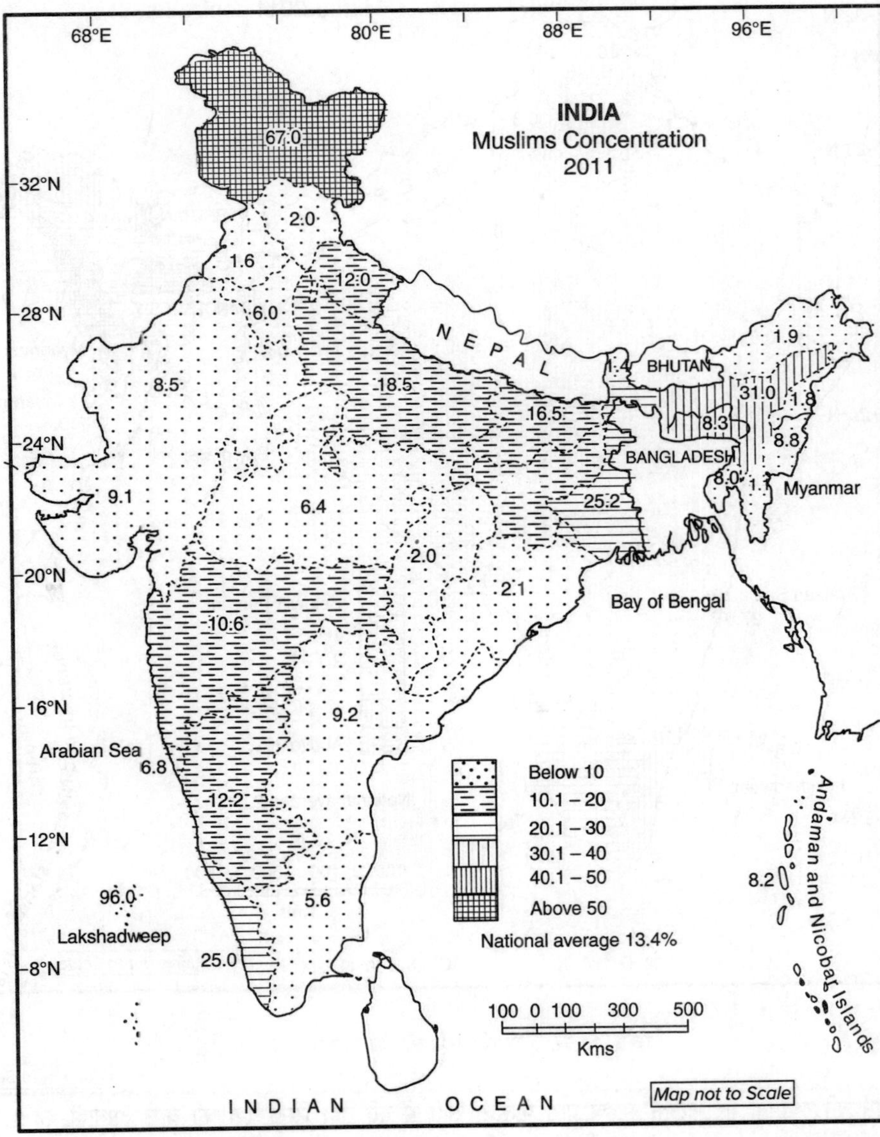

चित्र 13.15 मुस्लिम जनसंख्या का घनत्व (2011)

ईसाई: ईसाई धर्म एक सर्वव्यापक धर्म है, जिसके अनुयायी विश्व में सबसे अधिक हैं। जैसा कि पहले कहा जा चुका है कि यह धर्म भारत में पहली सदी ई. में आया जब सीरियाई गिरिजाघर की स्थापना केरल में की गई। केरल में ईसाईयों का सबसे अधिक प्रतिशत है–कुल जनसंख्या का 29%। आंध्र प्रदेश, मेघालय, नगालैंड, मिज़ोरम तथा तमिलनाडु में ईसाई 1 मिलियन से अधिक हैं। मिज़ोरम तथा गोवा में भी वे अधिक मात्रा में पाए जाते हैं ***(चित्र 13.16)***। नगालैंड (90%) तथा मिजोरम (87%) की जनसंख्या में इनकी उच्चतम प्रतिशतता है।

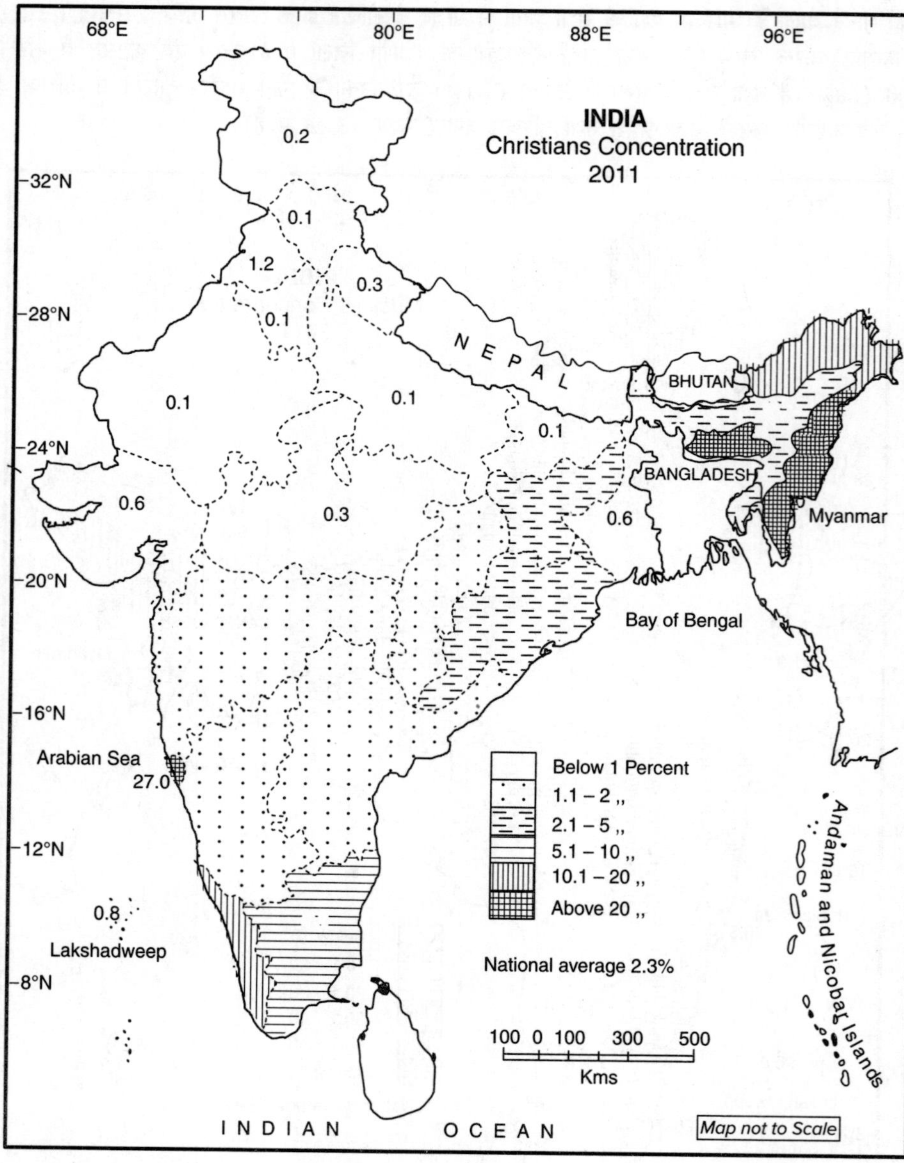

चित्र 13.16 ईसाई जनसंख्या का घनत्व (2011)

सिख: सिख धर्म की स्थापना गुरु नानक साहेब द्वारा पंद्रहवीं सदी में की गई। सिख देश की कुल आबादी का 1.72% हिस्सा हैं (जनगणना, 2011)। सिख धर्म ने सामाजिक सौहार्द बनाने का प्रयास किया, यह धर्म हिन्दू जाति व्यवस्था को हटाना चाहता था

एवं विधवा विवाह के पक्ष में था। लेकिन लम्बे समय तक यह पंजाब तक सीमित रहा तथा गुरुमुखी को अपनी भाषा माना। देश के सिखों की कुल जनसंख्या का 79% पंजाब में है ***(चित्र 13.17)***। पंजाब के अतिरिक्त सिख हरियाणा, चंडीगढ़, दिल्ली, राजस्थान एवं उत्तर प्रदेश व उत्तराखंड (ऊधमसिंह नगर) के तराई क्षेत्रों में भी पाए जाते हैं। वर्तमान में सिख देश के सभी भागों में देखे जा सकते हैं तथा ये विश्व के कई देशों में (ब्रिटेन, कनाडा, संयुक्त राज्य अमेरिका, ऑस्ट्रेलिया, न्यूजीलैंड, केन्या, पाकिस्तान, अफगानिस्तान, सिंगापुर तथा हाँग-काँग) भी मौजूद हैं।

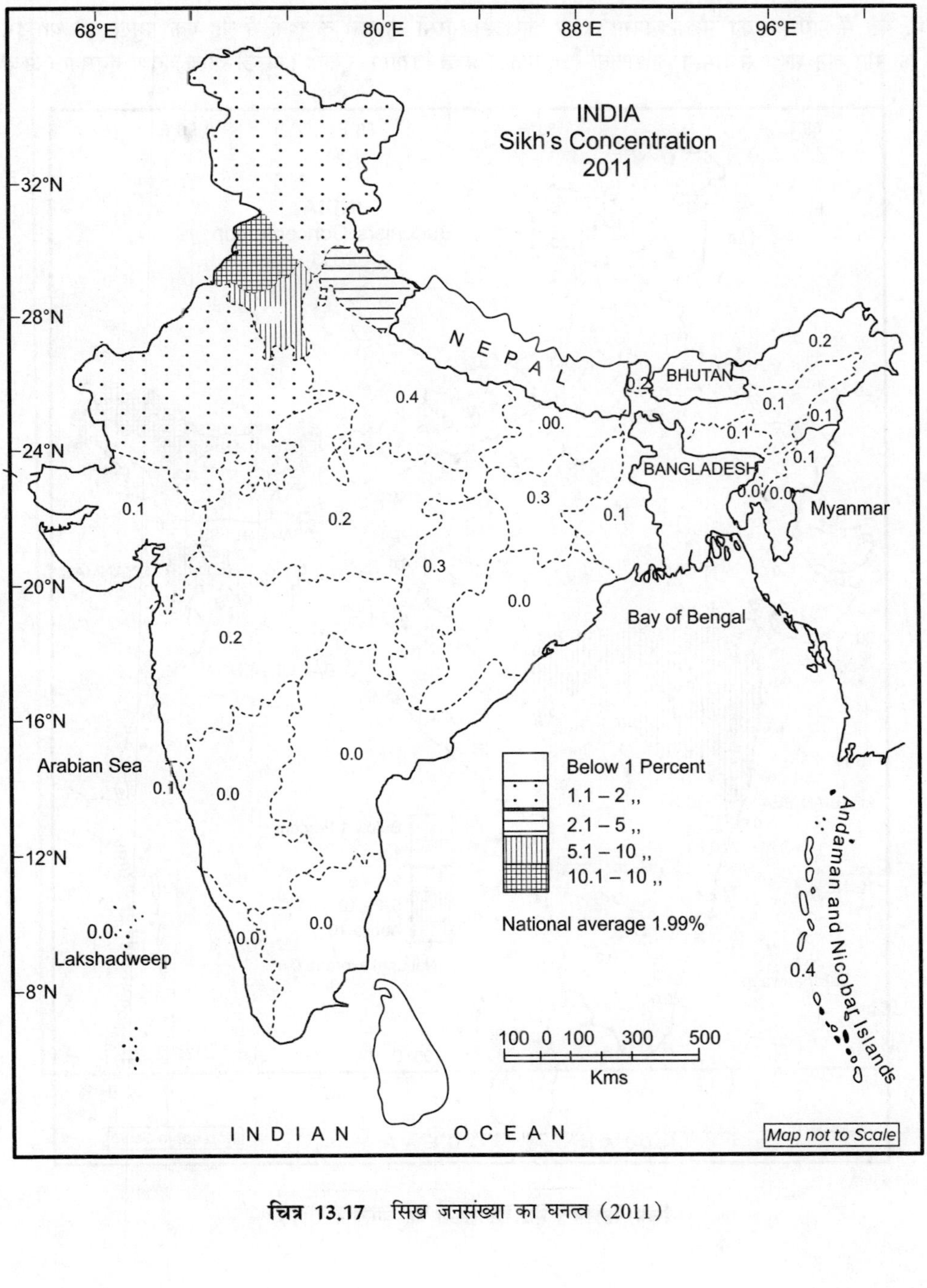

चित्र 13.17 सिख जनसंख्या का घनत्व (2011)

बौद्ध धर्मः बौद्ध धर्म की स्थापना उत्तर भारत में गौतम बुद्ध (563-483 ई.पू.) द्वारा की गई। बौद्ध मतावलम्बी देश की कुल जनसंख्या में एक प्रतिशत से (0.70%) भी कम हैं। 80% बौद्ध मतावलम्बी महाराष्ट्र में रहते हैं। बौद्ध धर्म का परम्परागत गढ़ लद्दाख, जम्मू एवं कश्मीर, हिमाचल प्रदेश, सिक्किम, अरुणाचल प्रदेश तथा त्रिपुरा है ***(चित्र 13.18)***।

जैनः भारत जैन धर्म का जन्म स्थान है, यहाँ यह एक अल्पसंख्यक धर्म है (0.37%)। अन्य देशों में इस धर्म के अनुयायियों की मात्रा कुछ खास नहीं है। इस धर्म के अनुयायी महाराष्ट्र, राजस्थान, गुजरात, मध्य प्रदेश, बिहार, झारखंड, छत्तीसगढ़, उत्तर प्रदेश, उत्तराखंड तथा कर्नाटक में देखे जा सकते हैं, खासकर शहरी क्षेत्रों में जैनियों का व्यवसाय तथा राजनीति पर अच्छा खास प्रभाव है।

पारसी धर्मः देश में पारसियों की संख्या लगभग 1.67 लाख है। पारसी साम्राज्य के दिनों में यह एक प्रमुख धर्म था। इस धर्म के नीतिशास्त्र का सार तीन शब्दों से समझा जा सकता हैः हुमाता (अच्छे विचार), हुकता (अच्छी बोली) तथा हुवर्सता (अच्छे कार्य)।

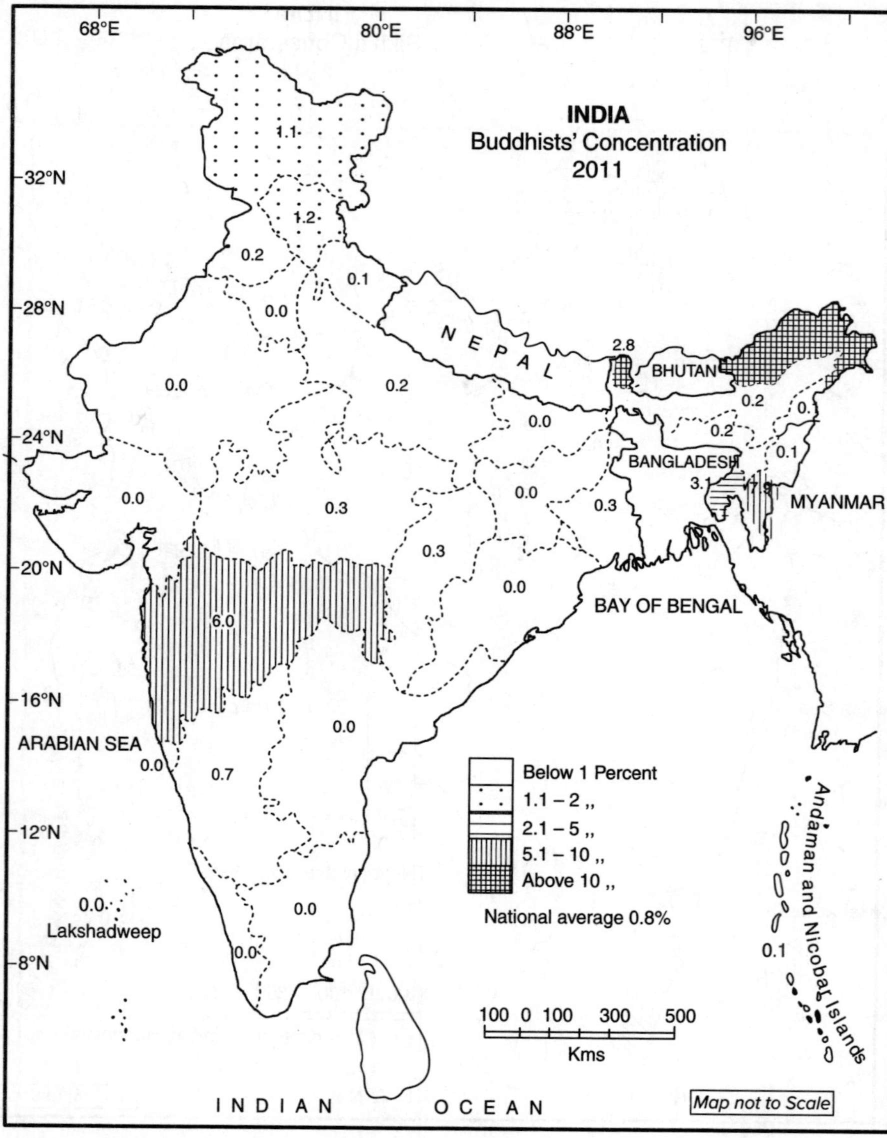

चित्र 13.18 बौद्ध जनसंख्या का घनत्व (2011)

पारसियों का धार्मिक ग्रंथ किनकरी है। पारसी सबसे पहले भारत 766 ई. में आए (दीव)। उन्होंने अपनी 'कॉलोनी' (उपनिवेश) को माउंट भारत स्थानान्तरित किया (1490)। वहाँ से उनका विस्तार नवसारी तथा उदवाड़ा तक हुआ। उन पर हिन्दू रीति-रिवाजों का प्रभाव पड़ा है लेकिन वे ब्रह्मचर्य की वकालत नहीं करते हैं। पारसी धर्म पुनर्विवाह की इजाजत देता है। लगभग 80% पारसियों की आबादी वृहत्त मुंबई में केन्द्रित है तथा अन्य नवसारी, उदवाड़ा, सूरत तथा अहमदाबाद में हैं। पारसियों की जनसंख्या काफी तेजी से कम हो रही हैं। इनकी जन्म दर मृत्यु दर से काफी कम है।

भारत के धार्मिक प्रदेश: धर्म पर आधारित भारत के सांस्कृतिक प्रदेशों को ***चित्र 13.19*** में अंकित किया गया है। ***चित्र 13.19*** में यह देखा जा सकता है कि भारत के अधिकांश भाग में हिन्दू धर्म एवं संस्कृति का प्रभुत्व है तथा कहीं-कहीं मुस्लिम, ईसाई, सिख, बौद्ध मतावलम्बी एवं जनजातियों की भी आबादी देखी जा सकती है। उत्तर-पूर्वी भारत के पहाड़ी राज्यों में ईसाईयों, जनजातियों, हिन्दुओं तथा मुसलनानों की मिश्रित जनसंख्या है। मुस्लिम प्रभुत्व वाला क्षेत्र जम्मू एवं कश्मीर राज्य का कश्मीर प्रखंड तथा कारगिल क्षेत्र है। मुस्लिम उत्तरी केरल, आगरा, मेरठ, लखनऊ, रोहिलखंड तथा उत्तर प्रदेश के सहारनपुर प्रखंड में भी अच्छी खासी संख्या में हैं। पंजाब तथा केन्द्र शासित प्रदेश चंडीगढ़ देश का सिख बहुल क्षेत्र है ***(चित्र 13.19)***।

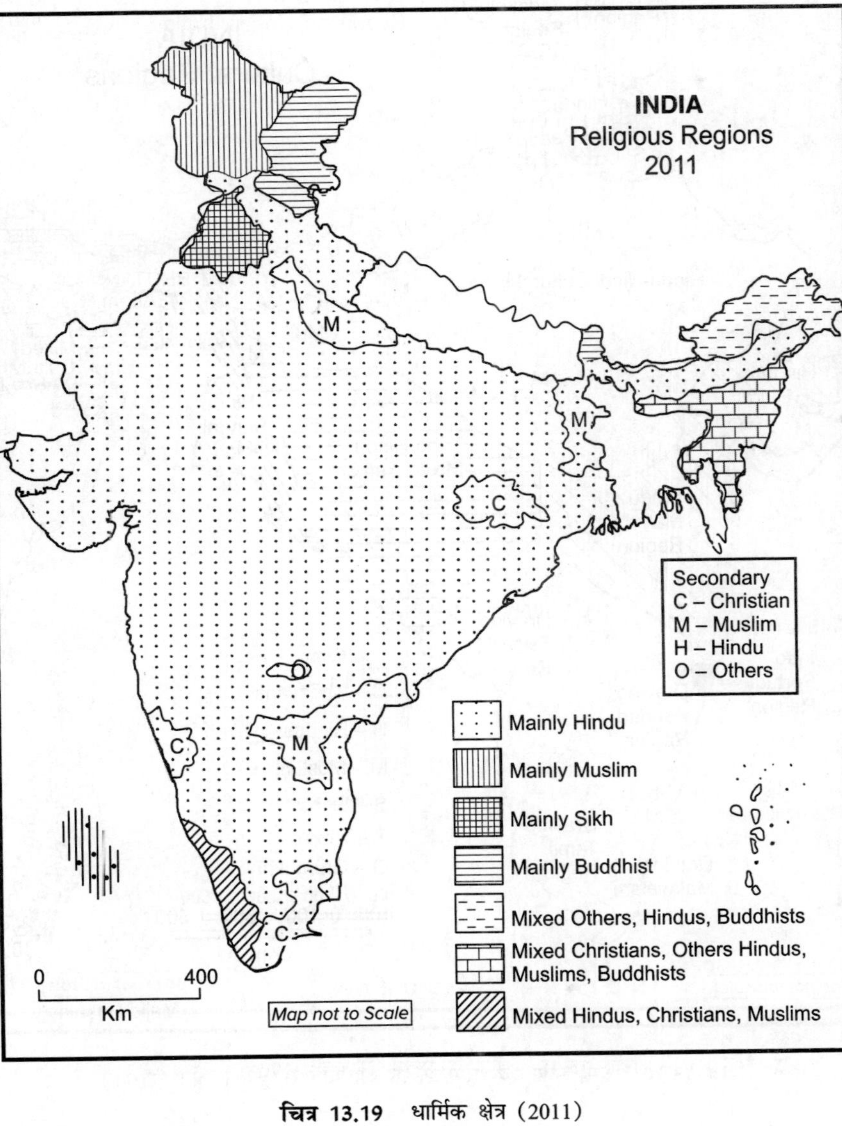

चित्र 13.19 धार्मिक क्षेत्र (2011)

रिवाज/प्रथा: रिवाज सांस्कृतिक भूगोल का एक महत्वपूर्ण अंग हैं। किसी एक ही कार्य का बार-बार उस हद तक दोहराया जाना ताकि यह उन लोगों के समूह की विशेषता बन जाए जो इस कार्य को कर रहे हैं, रिवाज कहलाता है। आदत (Habit) एक मिलता-जुलता शब्द है, जो किसी व्यक्ति द्वारा अपनाया जाता है, वहीं रिवाज किसी नृजातीय समूह अथवा समाज के अधिकतर लोगों द्वारा अपनाया जाता है। रिवाजों तथा पर्यावरण संसाधन के उपयोग के बीच एक सकारात्मक सह-संबंध है। वास्तव में परम्पराओं से बँधे हुए समाज में कई मौखिक लोक परम्पराएँ होती हैं। सांस्कृतिक प्रदेशों के चित्रण में रिवाज/प्रथा (लोक नृत्य, लोक विद्या तथा लोक दवाएँ, इत्यादि) भी महत्वपूर्ण सूचक हैं।

भाषा, धर्म तथा रिवाजों पर आधारित सांस्कृतिक प्रदेश: भाषा, धर्म तथा परम्पराओं पर आधारित सांस्कृतिक प्रदेशों को *चित्र 13.20* में अंकित किया गया है।

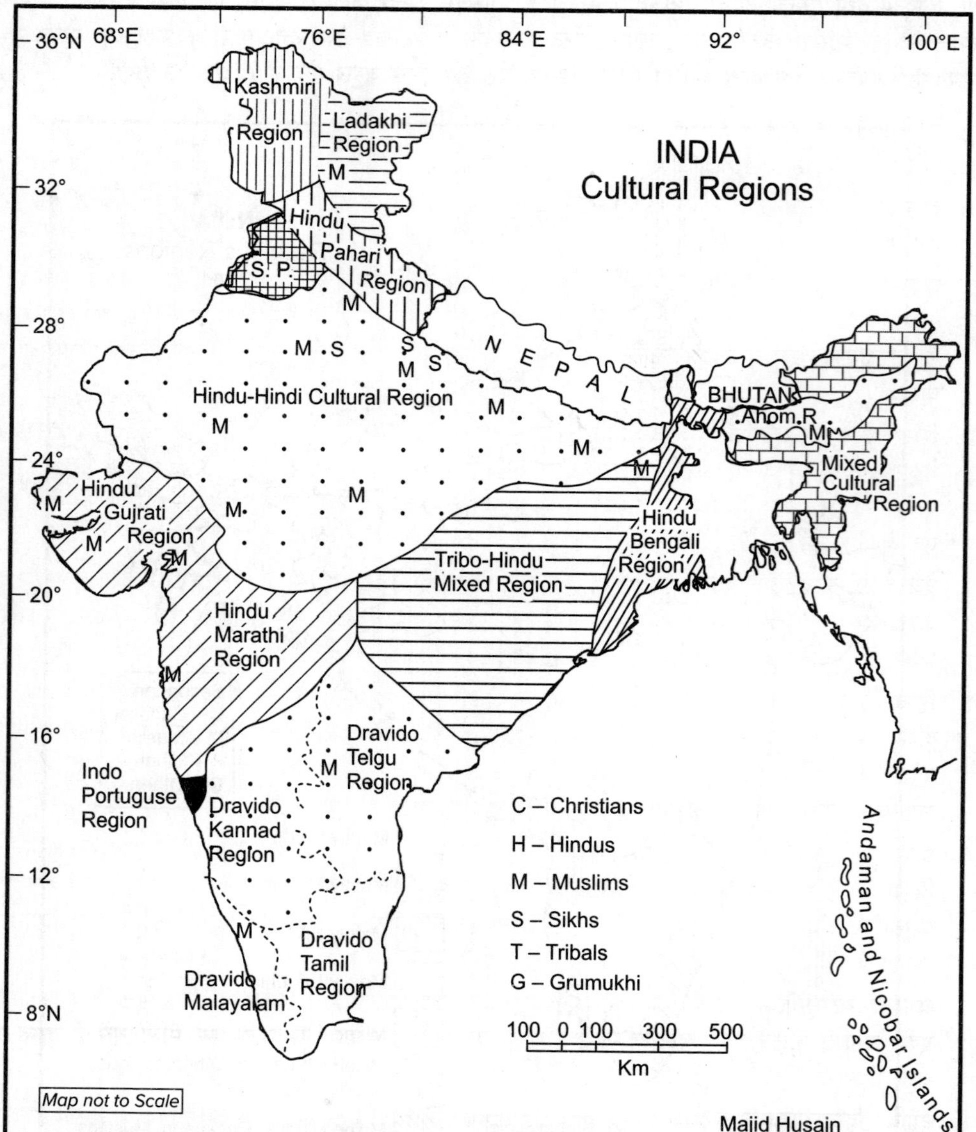

चित्र 13.20 धर्म, भाषा एवं परंपराओं पर आधारित सांस्कृतिक क्षेत्र (2011)

चित्र 13.20 में भाषा, धर्म, रिवाजों तथा परम्पराओं के आधार पर भारत को निम्नलिखित दस सांस्कृतिक प्रदेशों में विभाजित किया जा सकता है:

1. लद्दाखी-बौद्ध सांस्कृतिक प्रदेश
2. कश्मीरी-मुस्लिम सांस्कृतिक प्रदेश
3. सिख-गुरुमुखी सांस्कृतिक प्रदेश
4. किन्नौरी-देव-भूमि सांस्कृतिक प्रदेश
5. हिन्दू-हिन्दी सांस्कृतिक प्रदेश
6. उत्तर-पूर्वी भारत का मिश्रित सांस्कृतिक प्रदेश
7. बंगाली सांस्कृतिक प्रदेश
8. छोटानागपुर का ट्राइबो-हिन्दू सांस्कृतिक प्रदेश
9. मराठी-हिन्दू सांस्कृतिक प्रदेश
10. द्रविड़-सांस्कृतिक प्रदेश

1. **लद्दाखी-बौद्ध सांस्कृतिक प्रदेशः** यहाँ बौद्ध तथा लद्दाखी भाषाओं का प्रभुत्व है। इस प्रदेश में बौद्ध मठ देखे जा सकते हैं। लेह तथा धर्मशाला इस प्रदेश के मुख्य पवित्र सांस्कृतिक केन्द्र हैं।
2. **कश्मीरी-मुस्लिम सांस्कृतिक प्रदेशः** कश्मीर की घाटी तथा जम्मू के उत्तरी भाग (डोडा जिला इत्यादि) एवं लद्दाख प्रखंड के दक्षिणी भाग में फैला हुआ यह एक मुख्य रूप से मुस्लिम प्रभुत्व वाला प्रदेश है, जहाँ कश्मीरी मुख्य भाषा है। हिन्दू तथा सिख यद्यपि अल्पसंख्यक हैं फिर भी कश्मीरी बोलते हैं तथा कश्मीरी सांस्कृतिक परम्पराओं का अनुसरण करते हैं।
3. **सिख-गुरुमुखी सांस्कृतिक प्रदेशः** पंजाब राज्य तथा केन्द्र शासित प्रदेश चंडीगढ़ में फैले हुए इस प्रदेश में सिख बहुसंख्यक हैं, जो पंजाबी भाषा बोलते हैं। यहाँ हिन्दू अल्पसंख्यक हैं। इस प्रदेश की विशेषता गुरुद्वारा है, जो लगभग प्रत्येक गाँव व शहर में देखे जा सकते हैं। अमृतसर का स्वर्ण मंदिर एक पवित्र स्थान है तथा धार्मिक लोगों के लिए एक तीर्थ केन्द्र।
4. **देव भूमि सांस्कृतिक प्रदेशः** यह प्रदेश हिमाचल प्रदेश तथा उत्तराखंड के पर्वतीय भागों में फैला हुआ है। इसे देव-भूमि कहा गया है। जहाँ कई धार्मिक तीर्थ-स्थल हैं (केदारनाथ, बद्रीनाथ, हरिद्वार, हेमकुण्ड पावटा साहिब इत्यादि)। हिमाचल प्रदेश में किन्नौरी प्रमुख भाषा है, वहीं उत्तराखंड में हिन्दी तथा गढ़वाली लोगों की भाषा है।
5. **हिन्दू-हिन्दी सांस्कृतिक प्रदेशः** यह प्रदेश बिहार, हरियाणा, मध्य प्रदेश, छत्तीसगढ़, झारखंड, राजस्थान, उत्तराखंड के दक्षिणी भाग तथा उत्तर प्रदेश में फैला हुआ है। यह हिन्दी बहुल क्षेत्र है, जहाँ हिन्दू धर्म का प्रभुत्व है। पश्चिमी उत्तर प्रदेश तथा नगरीय केन्द्रों में मुस्लिम एक महत्वपूर्ण अल्पसंख्यक है। नगरीय केन्द्रों में, जैसे–दिल्ली, वाराणसी, कानपुर, लखनऊ, मेरठ, आगरा, इलाहाबाद इत्यादि में सिख तथा ईसाई भी मौजूद हैं।
6. **उत्तर-पूर्वी भारत के मिश्रित सांस्कृतिक प्रदेशः** अरुणाचल प्रदेश, असम, मणिपुर, मेघालय, मिजोरम, नगालैंड तथा त्रिपुरा में फैला हुआ यह एक मिश्रित संस्कृति का प्रदेश है, जहाँ हिन्दू, ईसाई, मुस्लिम बौद्ध तथा जनजातीय धर्मों के प्रभुत्व के क्षेत्र हैं। यहाँ भाषा, धर्म, रिवाजों, लोक नृत्यों, संगीत तथा लोक दवाओं के क्षेत्र में विविधता देखी जा सकती है।
7. **बंगाली-सांस्कृतिक प्रदेशः** पश्चिम बंगाल तथा ओडिशा, झारखंड व बिहार के निकटवर्ती क्षेत्रों में फैला हुआ यह प्रदेश बंगाली बोलने वाले लोगों के प्रभुत्व वाला प्रदेश है। इस प्रदेश में हिन्दू धर्म मुख्य धर्म है परन्तु कुछ एकाकी क्षेत्रों में मुस्लिम की अच्छी खासी संख्या है।
8. **ट्राइबो-हिन्दू सांस्कृतिक प्रदेश (The Tribo-Hindu Cultural Region):** इस सांस्कृतिक प्रदेश का विस्तार छोटानागपुर पठार क्षेत्र में है। यहां के अधिकतर लोग हिन्दू हैं हालांकि यहां ईसाईयों की भी अच्छी जनसंख्या है। अधिकतर लोग हिन्दी बोलते हैं।

9. **मराठी-हिन्दू सांस्कृतिक प्रदेशः** इस सांस्कृतिक प्रदेश का विस्तार महाराष्ट्र, गुजरात के कुछ भाग हैं। इस प्रदेश में हिन्दू जनसंख्या तथा मराठी भाषा का प्रभुत्व है। यहाँ मुस्लिम पारसी, तथा बौद्ध-मतावलम्बी भी कई स्थानों में देखे जा सकते हैं।

10. **द्रविड़ सांस्कृतिक प्रदेशः** यह प्रदेश आंध्र प्रदेश, कर्नाटक, केरल तथा तमिलनाडु में फैला हुआ है। यहाँ के लोग पोलियो-मेडिटरेनियन प्रजाति के हैं तथा द्रविड़ भाषा बोलते हैं। इस प्रदेश की मुख्य भाषाएँ तमिल, मलयालम तथा कन्नड़ हैं ***(चित्र 13.20)***।

भारतीय जनसंख्या की जनसांख्यिकी विशेषताएं (Demographic Characteristics of Indian Population)

जनसंख्या के वितरण घनत्व, संयोजन, वृद्धि, लिंगानुपात, साक्षरता तथा प्रवास प्रत्यक्ष या अप्रत्यक्ष रूप से भौतिक, सामाजिक-सांस्कृतिक, आर्थिक तथा राजनैतिक कारकों से प्रभावित होता है। विश्व के कुल क्षेत्रफल का मात्र 2.4% हिस्सा भारत में है लेकिन विश्व आबादी के 17.64% लोग भारत में रहते हैं। भारतीय जनसंख्या की कुछ विशेषतओं की चर्चा नीचे की गई है।

भारत-जनांकिकी परिवर्तन तथा जनसंख्या वृद्धि दर

जनसंख्या जनांकिकी सिद्धान्त का प्रतिपादन 1929 में डब्ल्यू.एस. थॉम्पसन ने किया, तथा 1945 में एफ. नोट्सटेन ने इस सिद्धान्त में संशोधन किया। परिवर्तन एक ऐसा परिवर्तन है जिसमें किसी स्थिर जनसंख्या में जन्म दर तथा मृत्यु दर में परिवर्तन होकर अन्त में जनसंख्या की जन्म दर तथा मृत्यु दर नीची हो जाती थी, तथा जनसंख्या वृद्धि स्थिर हो जाती है।

भारत की जनसंख्या पर जनांकिकी सिद्धान्त मन्द गति से लागू हुआ, जिसके कारण जनसंख्या की आयु-सरंचना (Age Structure) पर प्रतिकूल प्रभाव नहीं पड़ा। विश्व के विकसित देशों में जन्म दर तथा मृत्यु दर में तीव्र परिवर्तन के कारण आयु-संरचना बिगड़ गई, बूढ़ों की संख्या बढ़ गई, जिसका विकास और समाज पर प्रतिकूल प्रभाव पड़ा है।

जनसंख्या वृद्धि दर किसी दो निश्चित समय के बीच किसी क्षेत्र में रहने वाले लोगों की संख्या में वृद्धि की दर है। इसे प्रतिशत के रूप में व्यक्त किया जाता है।

जनसंख्या वृद्धि का प्रतिरूप 1901 से 2011 के बीच परिवर्तित हुआ है। इस परिवर्तन को ***चित्र 13.21*** में अंकित किया गया है तथा संबद्ध आँकड़ों को ***तालिका 13.6*** में दर्शाया गया है।

तालिका 13.6 भारतः जनसंख्या वृद्धि 1901-2011

जनगणना वर्ष	जनसंख्या	परिशुद्ध	प्रतिशत
1901	23,83,96,327	–	–
1911	25,20,93,390	1,36,97,063	5.75
1921	25,13,21,213	–7,72,177	0.31 (जनसांख्यिकी विभाजन का वर्ष)
1931	27,89,77,238	2,76,56,025	11.00
1941	31,86,60,580	3,96,83,324	14.22
1951	36,10,88,090	4,24,27,510	13.31
1961	43,92,34,771	7,81,46,681	21.64
1971	54,81,59,652	10,89,24,881	24.80
1981	68,33,29,097	13,51,69,455	24.66
1991	84,64,21,039	16,30,91,942	23.87
2001	1,02,87,37,436	18,23,16,397	21.54
2011	1,21,01,95,000	18,14,57,564	17.70
2030*	15,10,000,000	2,90,805,000	24.77

** UNO Projection June, 2017*

स्रोतः *Census of India, 2011.*

चीन के बाद भारत विश्व का दूसरा सबसे बड़ी आबादी वाला देश है। वर्ष 2011 के जनगणना के अनुसार भारत की आबादी 1210 मिलियन थी। यह अत्यधिक तीव्र गति से बढ़ रही है। भारतीय जनसंख्या की वृद्धि दर औसतन 1.76% प्रतिवर्ष से अधिक है, विश्व जनसंख्या की वृद्धि दर 1.3% है तथा चीन की 0.57%। भारत का क्षेत्रफल विश्व क्षेत्रफल का 2.4% है, जबकि विश्व की कुल जनसंख्या की 17.7% जनसंख्या भारत में रहती है। 1901 से प्रत्येक दस वर्ष पर दर्ज की गई भारतीय जनसंख्या को देखने से यह पता चलता है कि 1911-21 के दशक को छोड़कर भारत की जनसंख्या निरन्तर बढ़ी है ***(तालिका 13.6)***।

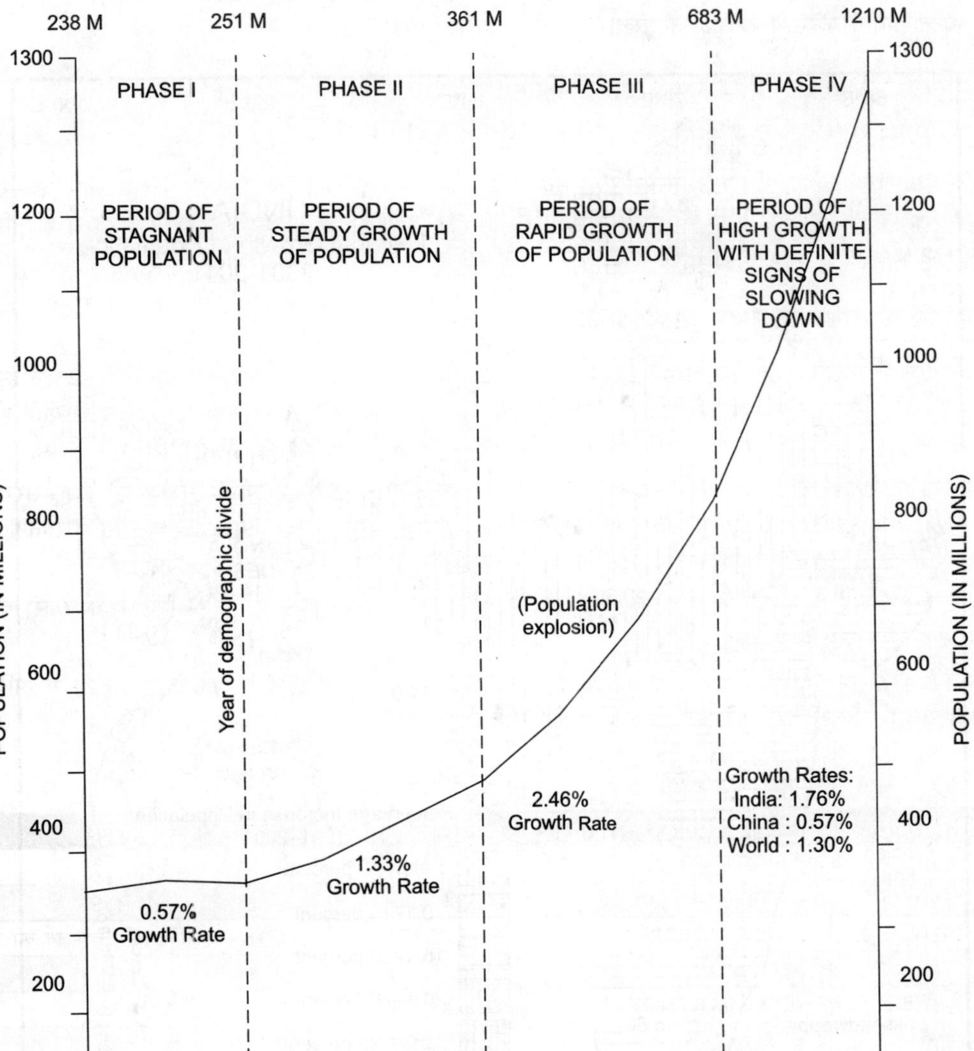

चित्र 13.21 भारत-जनसंख्या की वृद्धि (1901-2011)

1901 में भारत की कुल जनसंख्या 238 मिलियन थी जो 1951 में 361 मिलियन हो गई तथा 2011 में बढ़कर 1210.19 मिलियन हो गई। ***तालिका 13.6*** में यह देखा जा सकता है कि जनगणना वर्ष 1921, 1951 तथा 1981 में कई महत्वपूर्ण परिवर्तन

हुए हैं। इस तरह 20वीं सदी में भारत की जनसंख्या वृद्धि को निम्नलिखित चार चरणों में वर्गीकृत किया जा सकता है इसी को जनांकिकी परिवर्तन भी कहते हैं ***(चित्र 13.21 तथा चित्र 13.22)***:

1. स्थिर जनसंख्या की अवधि (1901-21)
2. नियमित जनसंख्या वृद्धि की अवधि (1921-51)
3. तीव्र जनसंख्या वृद्धि की अवधि (1951-81)
4. घटती प्रवृत्ति के साथ अधिक जनसंख्या वृद्धि की अवधि (1981-2011)

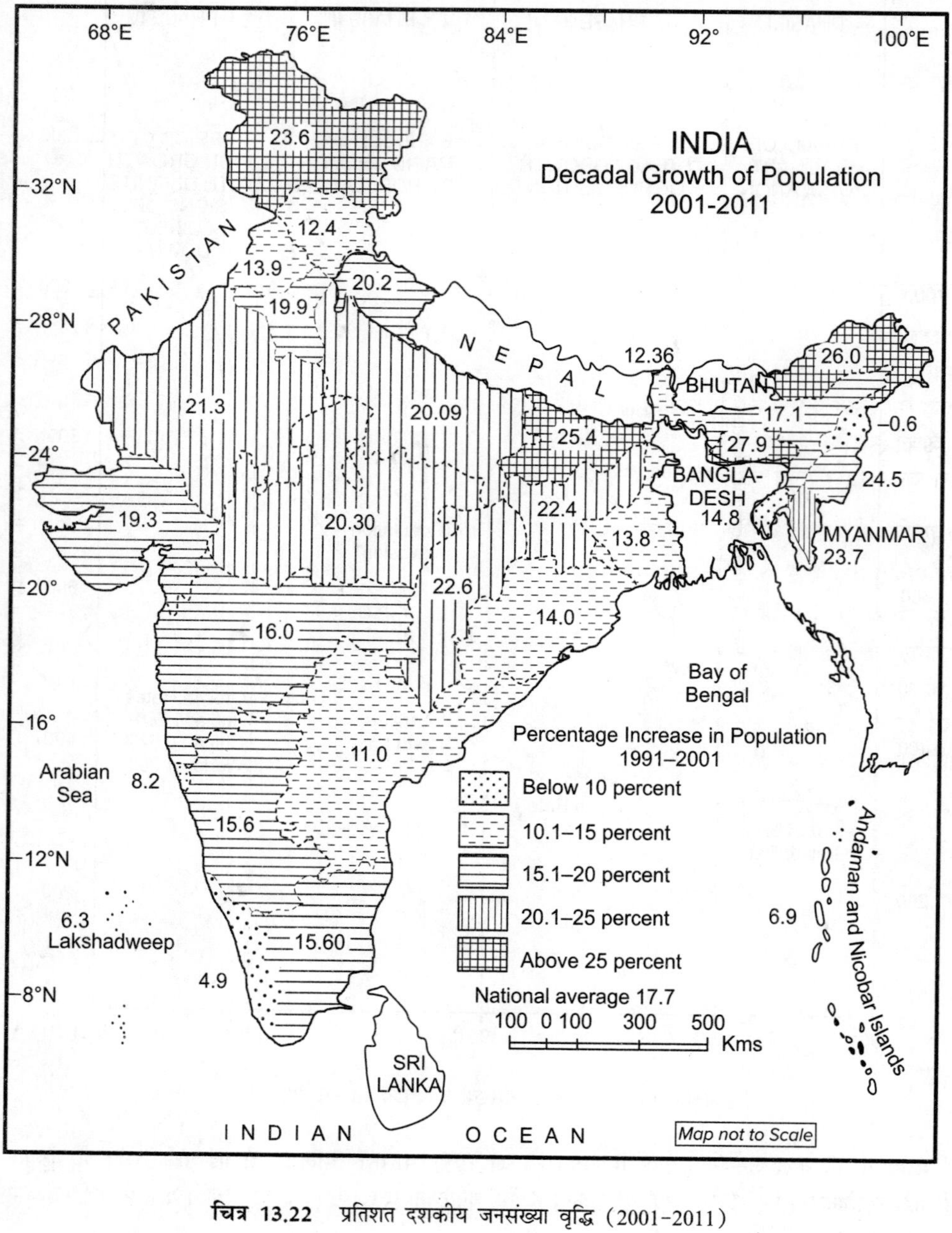

चित्र 13.22 प्रतिशत दशकीय जनसंख्या वृद्धि (2001-2011)

1. स्थिर जनसंख्या की अवधि (Period of Stagnant Population)

20वीं शताब्दी से पहले दो दशक (1901 से 1921) को भारत में स्थिर जनसंख्या की अवधि माना जाता है। इस दौरान जन्म दर तथा मृत्यु दर दानों ही अधिक थीं। फलस्वरूप जनसंख्या वृद्धि की यह स्थिर अवधि थी। इसे भारत में जनसांख्यिकी परिवर्तन का पहला चरण कहा गया है। इस अवधि के दौरान महामारियों, जैसे–हैजा, काला बुखार, इन्फ्लुएन्जा, मलेरिया, प्लेग, इत्यादि के कारण मृत्यु दर अधिक थी। वर्ष 1911, 1912, 1915, 1918 तथा 1920 में सूखा पड़ने के कारण खाद्य सामग्रियों की कमी हो गई। इसके अतिरिक्त पहले विश्व युद्ध (1914-18) में हजारों भारतीय सैनिकों की जानें गई। दिलचस्प बात यह है कि, 1911 तथा 1921 के बीच भारत की जनसंख्या में एक घटती प्रवृत्ति देखने को मिलती है। जनगणना वर्ष 1921 जनसांख्यिकी विभाजन का वर्ष (Demographic Divide) कहा गया है।

2. नियमित जनसंख्या वृद्धि की अवधि (1921-51) Period of steady growth of Polulation:

इस अवधि में जनसंख्या में नियमित वृद्धि हुई (Steady growth of population) इस चरण में जन्म दर ऊँची रहती है तथा मृत्यु दर में कमी आनी आरम्भ हो जाती है। बहुत-सी महामारी, जैसे-चेचक, हैज़ा, मलेरिया, डेंगू, प्लेग इत्यादि पर नियन्त्रण कर लिया जाता है। खाद्य सामग्री मे वृद्धि हो जाती है तथा मूलभूत सुविधाओं (सड़क, बिजली, पानी) में सुधार होता है। फलस्वरूप जनसंख्या में निरन्तर वृद्धि होती है *(चित्र 13.21)*।

3. तीव्र जनसंख्या वृद्धि की अवधि (The Period of Rapid Growth of Population) (1951-81)

भारत की आजादी के बाद मृत्यु दर में तीव्र गिरावट आई परन्तु जन्म दर अधिक रही। फलस्वरूप जनसंख्या की वृद्धि दर अधिक थी। इस अवधि को जनसंख्या विस्फोट (Population Explosion) की अवधि कहा गया है। इस अवधि के दौरान अभूतपूर्व जनसंख्या वृद्धि का मुख्य कारण त्वरित विकास की गतिविधियाँ, शिक्षा तथा स्वास्थ्य सुविधाओं में सुधार था। चिकित्सा सुविधाओं तथा बेहतर जीवन स्तर के कारण मृत्यु दर घट गई। किन्तु जन्म दर इस दौरान भी अधिक रही। अधिक जन्म दर तथा निम्न मृत्यु दर के कारण जनसंख्या में तीव्र वृद्धि हुई।

4. घटती प्रवृत्ति के साथ अधिक जनसंख्या वृद्धि की अवधि (Period of High Growth of Population with Declining Trend of Population Growth) (1981-2011)

20वीं सदी के अंतिम चरण (1981-2011) में जनसंख्या वृद्धि दर घटने की प्रवृत्ति दिखाने लगा। यह शिक्षा, जनसंख्या के आकार के बारे में जागरुकता (खासकर मध्यम वर्ग में) के कारण संभव हुआ। स्वास्थ्य सुविधाओं का विस्तार ग्रामीण क्षेत्रों तक हुआ। इस अवधि के दौरान दशकीय वृद्धि दर तीव्र गति से घट गयी, 2001 में यह 21.54% थी, जो 2011 में घटकर 17.64 प्रति हजार व्यक्ति हो गई *(तालिका 13.7)*। स्वतंत्रता के पश्चात 2001 तथा 2011 के दशक में सबसे अधिक तीव्र गति से जनसंख्या वृद्धि में कमी आई है।

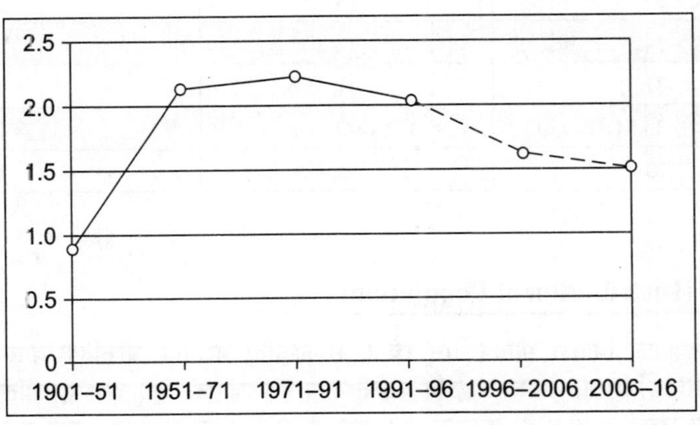

चित्र 13.23 जनसंख्या वृद्धि दर में ह्रास (प्रतिशत)

जन्म तथा मृत्यु दर के बदलते प्रतिरूप तथा जनसंख्या की प्राकृतिक वृद्धि को ***तालिका 13.7*** में दर्शाया गया है।

संयुक्त राष्ट्र संघ के जनसंख्या विभाग के अनुसार भारत की जनसंख्या 2025 में 1.46 बिलियन तथा चीन की 1.44 बिलियन हो जाएगी। इस प्रकार 2025 में भारत का विश्व जनसंख्या में प्रथम स्थान होगा। 2060 में भारत की जनसंख्या 1.6 बिलियन के स्तर पर पहुंच कर घटना आरम्भ होगी, जो वर्ष 2050 में लगभग 1.5 बिलियन होगी। 2011 के जनसंख्या आंकड़ों के अनुसार भारत की 50% जनसंख्या की आयु 26 वर्ष से कम है।

तालिका 13.7 में यह देखा जा सकता है कि 1971-81 तथा 1981-91 के बीच जनसंख्या वृद्धि दर अधिक थी। वर्ष 2011 में जनसंख्या की प्राकृतिक वृद्धि दर अधिक थी। वर्ष 2011 में जनसंख्या की प्राकृतिक वृद्धि दर घटकर 17.70 प्रति हजार व्यक्ति हो गयी जो जनसंख्याविदों तथा जनसंख्या आयोजकों के लिए एक उत्साह-वर्धक संकेत है। जनसंख्या की परिशुद्ध वृद्धि अभी भी अधिक है (लगभग 2 करोड़ प्रतिवर्ष), जिसका कारण भारत का वृहत्त जनसंख्या आधार है (1 अरब 21 करोड़-2011)।

वर्तमान में भारत तीव्र उर्वरता परिवर्तन के चरण में है तथा जनसंख्या वृद्धि दर हाल ही के वर्षों में और अधिक घटने लगी है। इस दर में भिन्नता विभिन्न राज्यों में देखी गई है तथा नगालैंड, गोवा, तमिलनाडु, केरल, आन्ध्र प्रदेश, त्रिपुरा, ओडिशा का अनुभव यह संकेत करता कि अपरिष्कृत जन्म दर उर्वरता के प्रतिस्थापन्न स्तर से और अधिक नीचे जा सकती है। उर्वरता के घटते ही उर्वरता का ग्रामीण-नगरीय अन्तर कम होता जाता है। केरल, तमिलनाडु तथा गोवा में ग्रामीण नगरीय दर लगभग एकसमान है। ग्रामीण क्षेत्रों की तुलना में नगरीय क्षेत्रों के अपरिष्कृत जन्म दर में अधिक एकरूपता देखी गई है। एक दिलचस्प बात यह है कि, उत्तरी भारत के अधिक उर्वरता वाले राज्यों में बिहार में पिछले दस वर्षों में अपरिष्कृत जन्म दर में तुलनात्मक रूप में गिरावट देखी गई है, ऐसा परिवार नियोजन कार्यक्रम के कारण हुआ है। वर्ष 2001-2011 के दशक में सबसे कम दशकीय वृद्धि नगालैंड में -0.6% रिकॉर्ड की गई।

तालिका 13.7 भारत: जन्म दर, मृत्यु दर तथा जनसंख्या की प्राकृतिक वृद्धि दर (1911-2011)

जनगणना वर्ष	अपरिष्कृत जन्म दर (Crude Birth Rate)	अपरिष्कृत मृत्यु दर (Crude Death Rate)	जनसंख्या की दशकीय प्राकृतिक वृद्धि दर (National Growth Person per Thousand of Population)
1911	49	43	6
1921	48	47	1
1931	46	36	10
1941	45	31	14
1951	40	27	13
1961	42	23	19
1971	37	15	22
1981	34	12	22
1991	31	11	20
2001	30.54	9	21.54
2011	23	5.4	17.7

स्रोत: भारत की जनगणना, 2011

जनसंख्या का वितरण (Distribution of Population)

किसी देश/प्रदेश में जनसंख्या का वितरण भौतिक (भू-रचना, स्थलाकृति, जलवायु, प्राकृतिक वनस्पति, खनिज तथा मृदा), सामाजिक-आर्थिक (धर्म, रिवाज, शिक्षा, जागरुकता, प्रति व्यक्ति आय तथा जीवन स्तर) तथा राजनीतिक कारकों (जनसंख्या के लिए सरकार की नीति) से प्रभावित होता है। देश के उस भाग में जहाँ उत्तम जलवायु, उर्वर मृदा, उपजाऊ भूमि, पर्याप्त जल-व्यवस्था, सिंचाई, खनिज, सड़कों तथा रेलवे की पर्याप्त सुविधा इत्यादि है, वहाँ जनसंख्या का अधिक संकेन्द्रण देखा गया है।

भारत में जनसंख्या का प्रादेशिक वितरण असमान है। सिन्धु-गंगा-ब्रह्मपुत्र के मैदानी क्षेत्रों तथा पूर्वी व पश्चिमी तटीय मैदान में घनी आबादी है, यहाँ जनसंख्या घनत्व 550 व्यक्ति प्रति वर्ग कि.मी. से अधिक है ***(चित्र 13.24)***।

इसके विपरीत उन क्षेत्रों में जहाँ, प्रतिकूल जलवायु, पर्वतीय स्थलाकृति, मरुस्थल, बंजर भूमि, घने वन अथवा दलदल भूमि होती है, वहाँ विरल जनसंख्या देखी गयी है।

जनसंख्या के असमान वितरण का अनुमान इस बात से लगाया जा सकता है कि उत्तर प्रदेश, जो देश के कुल क्षेत्रफल का मात्र 7.25% है, में जनसंख्या लगभग 20 करोड़ है। 2011 की जनगणना के अनुसार, यह देश की कुल जनसंख्या का लगभग 17% है। उत्तर प्रदेश की जनसंख्या ब्राजील देश की जनसंख्या से अधिक है। उत्तर प्रदेश तथा महाराष्ट्र की जनसंख्या का योग, संयुक्त राज्य अमेरिका (USA) की जनसंख्या से अधिक है। भारत की 60% जनसंख्या केवल सात राज्यों (उत्तर प्रदेश, महाराष्ट्र, बिहार, प. बंगाल, आन्ध्र प्रदेश, तमिलनाडु तथा मध्य प्रदेश) में रहती है (2011)। देश में जनसंख्या का वितरण तथा राज्यों तथा केन्द्रशासित प्रदेशों का प्रतिशत अंश ***तालिका 13.8*** में दर्शाया गया है। ***(चित्र 13.24)***

महानगरीय शहर और उनकी जनसंख्या:
मुंबई (18,394,912), दिल्ली (16,349,831), कोलकाता (14,035,959), चेन्नई (8,653,521), बंगलुरु (8,520,435)।

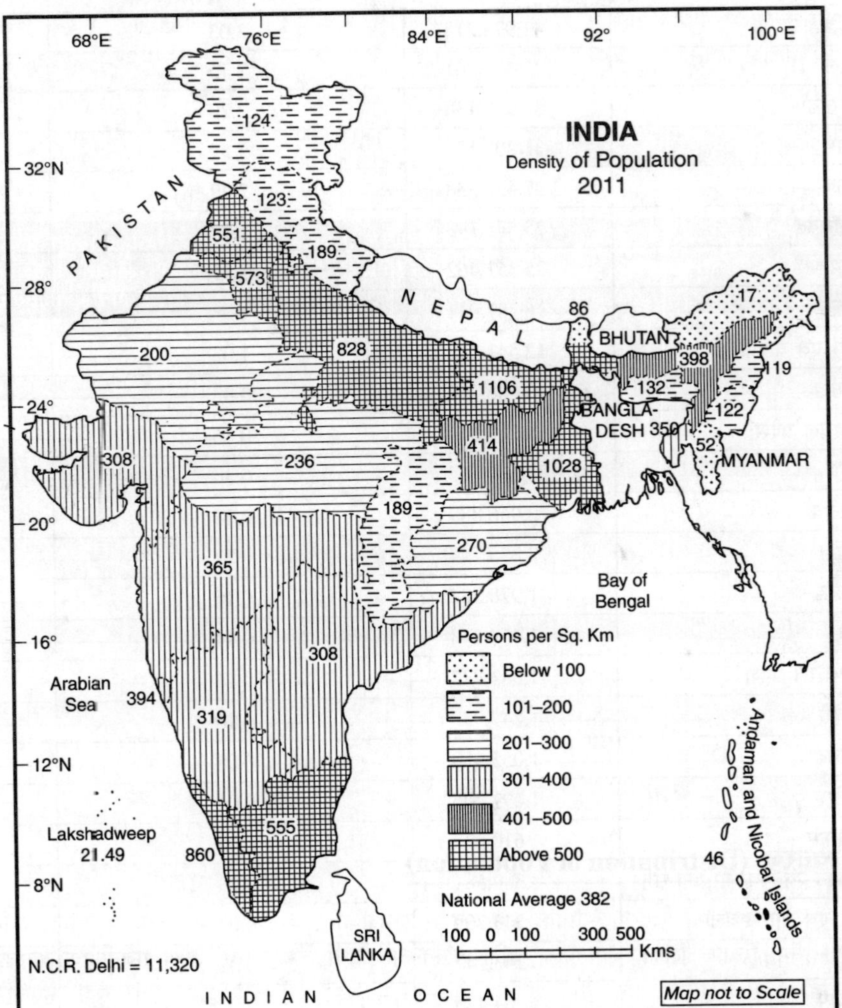

चित्र 13.24 प्रतिशत दशकीय जनसंख्या वृद्धि (2001-2011)

तालिका 13.8 राज्यानुसार जनसंख्या का वितरण, 2011

स्थान	राज्य/केन्द्रशासित प्रदेश	जनसंख्या 2011	भारत की कुल जनसंख्या का प्रतिशत	जिलों की संख्या
1.	उत्तर प्रदेश	199,581,477	16.5	71
2.	बिहार	104,099,452	8.0	38
3.	महाराष्ट्र	96,878,627	8.59	35
4.	पश्चिम बंगाल	91,347,736	7.53	19
5.	आंध्र प्रदेश	84,580,777	6.20	23
6.	मध्य प्रदेश	72,626,809	5.96	50
7.	तमिलनाडु	72,147,030	5.98	32
8.	राजस्थान	68,548,437	5.66	33
9.	कर्नाटक	61,095,297	4.36	30
10.	गुजरात	60,439,692	4.18	26
11.	ओडिशा	41,974,218	3.03	30
12.	केरल	33,406,061	2.75	14
13.	झारखंड	32,988,138	2.20	24
14.	असम	31,205,576	2.57	27
15.	पंजाब	27,437,338	2.29	20
16.	छत्तीसगढ़	25,545,198	1.72	18
17.	हरियाणा	25,351,462	2.09	21
18.	दिल्ली	16,787,941	1.38	9
19.	जम्मू एवं कश्मीर	12,541,302	1.03	22
20.	उत्तराखंड	10,086,292	0.83	13
21.	हिमाचल प्रदेश	6,864,602	0.56	12
22.	त्रिपुरा	3,673,917	0.30	4
23.	मेघालय	2,966,889	0.24	7
24.	मणिपुर	2,855,794	0.23	9
25.	नगालैंड	1,978,502	0.16	11
26.	गोवा	1,458,548	0.11	2
27.	अरुणाचल प्रदेश	1,383,727	0.11	16
28.	पुडुचेरी	1,247,953	0.10	
29.	चंडीगढ़	1,055,450	0.08	1
30.	मिजोरम	1,097,206	0.09	8
31.	सिक्किम	610,577	0.05	4
32.	अंडमान एवं निकोबार द्वीप समूह	380,581	0.03	3
33.	दादर एवं नगर हवेली	343,709	0.03	1
34.	दमन एवं दीव	243,247	0.02	2
35.	लक्षद्वीप	64,473	0.005	1
	भारत	**1,210,854,977**	**100.00**	**640**

Source: Census of India, 2011, Primary Census Abstract, Total Population: Table A-5

जनसंख्या का घनत्व (Density of Population)

जनसंख्या घनत्व भूमि क्षेत्रफल तथा आबादी के अनुपात को दर्शाता है। जनसंख्या घनत्व का परिकलन निम्नलिखित सूत्र द्वारा किया जाता है:

$$\text{जनसंख्या घनत्व (देश/प्रदेश)} = \frac{\text{देश/प्रदेश की कुल जनसंख्या}}{\text{देश/प्रदेश का कुल क्षेत्रफल}}$$

भारत के विभिन्न राज्यों/केन्द्र शासित प्रदेशों का जनसंख्या घनत्व ***(चित्र 13.24)*** में अंकित किया गया है तथा ***तालिका 13.9*** में दर्शाया गया है:

तालिका 13.9 में यह देखा जा सकता है कि वर्ष 2011 में भारत का औसत जनसंख्या घनत्व प्रति वर्ग कि.मी. 382 व्यक्ति था। राज्यों में सबसे अधिक जनसंख्या घनत्व बिहार में है (1106 प्रति वर्ग कि.मी.)। पं. बंगाल में यह 1029 तथा केरल में 854 व्यक्ति प्रति वर्ग कि.मी. है। अरुणाचल प्रदेश में सबसे कम जनसंख्या घनत्व (17 व्यक्ति प्रति वर्ग कि.मी.) है तथा मिजोरम एवं सिक्किम में जनसंख्या घनत्व क्रमशः 52 तथा 86 व्यक्ति प्रति वर्ग कि.मी. है।

तालिका 13.9 से यह निष्कर्ष निकाला जा सकता है कि, विंध्य पर्वत के दक्षिण की ओर के राज्यों (आंध्र प्रदेश, तेलंगाना, कर्नाटक, महाराष्ट्र एवं तमिलनाडु) में जनसंख्या का घनत्व उत्तर-भारत के मैदानी राज्यों की तुलना में कम है।

तालिका 13.9 भारत-जनसंख्या घनत्व, 1901-2011

वर्ष	जनसंख्या घनत्व (प्रति कि.मी.)	विश्व जनसंख्या में देश का हिस्सा (प्रतिशत में)
1901	77	14.76
1911	82	14.82
1921	81	19.80
1931	90	15.63
1941	103	16.32
1951	117	17.14
1961	147	17.69
1971	177	17.74
1981	216	–
1991	267	–
2001	325	–
2011	382	–

स्रोत: जनगणना 2011, भारत सरकार

कम जनसंख्या घनत्व वाले क्षेत्र हैं- अरुणाचल प्रदेश, अंडमान एवं निकोबार द्वीप समूह, असम, मिजोरम, मणिपुर, मध्य प्रदेश, छत्तीसगढ़, नगालैंड, राजस्थान, जम्मू एवं कश्मीर, मेघालय, हिमाचल प्रदेश, उत्तराखंड तथा सिक्किम। निम्न जनसंख्या घनत्व वाले क्षेत्रों की विशेषता है–पर्वतीय व पहाड़ी स्थलाकृति, उष्ण एवं शीत मरुस्थल, दलदल भूमि, उष्ण एवं आर्द्र जलवायु वाले क्षेत्र, जैसे–अंडमान एवं निकोबार द्वीप समूह। सामान्य रूप से सभी राज्यों व केन्द्रशासित प्रदेशों में 2001 से 2011 के बीच जनसंख्या घनत्व में वृद्धि हुई है।

कृषीय अथवा क्रियात्मक जनसंख्या घनत्व (Agricultural or Physiological Density of Population)

कृषीय घनत्व, कृषीय भूमि पर जनसंख्या के घनत्व को व्यक्त करता है। कुल जनसंख्या को कुल कृषीय क्षेत्रफल से भाग देकर इसे परिकलित किया जाता है। भारत का कृषीय घनत्व 670 व्यक्ति प्रति वर्ग कि.मी. था (2001)। 2011 में कृषीय जनसंख्या

घनत्व बढ़कर लगभग 791 व्यक्ति प्रति वर्ग कि.मी. हो गया जो औसत जनसंख्या घनत्व के दोगने से भी अधिक है। सबसे अधिक कृषीय घनत्व केरल में है, जिसके बाद मणिपुर तथा गोवा का स्थान आता है। सबसे कम कृषीय घनत्व राजस्थान में है (295 व्यक्ति प्रति वर्ग कि.मी.)।

जनसंख्या के आकार तथा घनत्व के बारे में कुछ तथ्य

भारत के मामले में कुल जनसंख्या तथा जनसंख्या घनत्व के बीच कोई प्रत्यक्ष संबंध नहीं है। उदाहरण के लिए उत्तर प्रदेश, सबसे अधिक जनसंख्या वाला राज्य घनत्व के मामले में देश में चौथा स्थान रखता है। परन्तु उत्तर प्रदेश का जनसंख्या घनत्व चीन, भारत, संयुक्त राज्य अमेरिका, इंडोनेशिया तथा ब्राजील से अधिक है।

इसी प्रकार महाराष्ट्र का भारत में जनसंख्या की दृष्टि से तीसरा स्थान है परन्तु जनसंख्या घनत्व के मामले में इसका स्थान 11वां है ***(तालिका 13.9)***।

1981 तक केरल का जनसंख्या घनत्व भारत में सबसे अधिक था परन्तु अब इस मामले में उसका तीसरा स्थान है। बिहार तथा प. बंगाल का जनसंख्या घनत्व केरल से अधिक है। एक दिलचस्प बात यह है कि 2001-2011 के दशक में नगालैंड में सबसे कम वृद्धि दर (0.6%) दर्ज की गयी है।

अंडमान तथा निकोबार द्वीप सबसे कम जनसंख्या घनत्व वाला केन्द्र शासित प्रदेश है। लक्षद्वीप सबसे कम जनसंख्या वाला केन्द्र शासित प्रदेश है लेकिन यहाँ जनसंख्या घनत्व 2013 व्यक्ति प्रति वर्ग कि.मी. है।

लिंग अनुपात (Sex Ratio)

लिंग अनुपात को इस रूप में परिभाषित किया जाता है कि प्रति 1000 पुरुषों के अनुपात में स्त्रियों की संख्या कितनी है। सभी जनसांख्यिकी लक्षणों में लिंग अनुपात सबसे महत्वपूर्ण है क्योंकि यह प्रजनक क्षमता, वैवाहिक स्थिति, श्रम बल, प्रवास प्रतिरूप, जनसंख्या वृद्धि तथा सामाजिक-आर्थिक सम्बन्ध को निर्धारित करता है इससे एक निश्चित समय पर समाज में स्त्री-पुरुषों के बीच संख्यात्मक समानता का आंकलन किया जाता है। देश में स्त्री-पुरुष अनुपात हमेशा स्त्रियों के प्रतिकूल रहा है। विश्व के कुछ देशों के लिंग अनुपात को ***(चित्र 13.25)*** में दर्शाया गया है। इस चित्र में यह देखा जा सकता है कि भारत का लिंग अनुपात रूस, ब्राजील, संयुक्त राज्य अमेरिका, इंडोनेशिया, नाईजीरिया, चीन, पाकिस्तान, बांग्लादेश तथा जापान की तुलना में कम है।

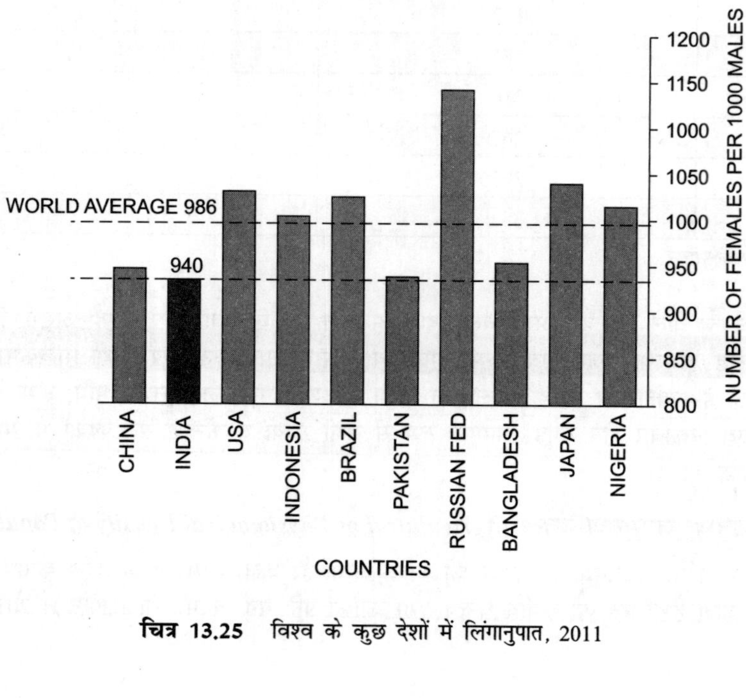

चित्र 13.25 विश्व के कुछ देशों में लिंगानुपात, 2011

भारत में लिंगानुपात को प्रति हजार पुरुषों पर महिलाओं की संख्या द्वारा परिभाषित किया गया है।

$$\text{लिंग अनुपात} = \frac{\text{महिलाओं की संख्या}}{\text{पुरुषों की संख्या}} \times 1000$$

जनगणना 2011 के अनुसार देश के लिंग अनुपात को ***चित्र 13.26*** तथा ***चित्र 13.27*** में अंकित किया गया है तथा पिछली सदी में लिंग अनुपात में हुए अस्थायी परिवर्तन को ***तालिका 13.10*** द्वारा दर्शाया गया है।

तालिका 13.10 में यह देखा जा सकता है कि 20वीं सदी के प्रारंभ में (1901) में लिंग अनुपात 972 था, जो 1941 तक निरंतर घटता गया। स्वतंत्रता के बाद लिंग अनुपात में तेज़ी से गिरावट आई। 1991 में यह सबसे कम (927) दर्ज की गयी। 2001 तथा 2011 में लिंगानुपात में वृद्धि (933) हुई जो 2011 में (943) स्त्रियाँ प्रति हजार हो गया है। सामाजिक-सांस्कृतिक कारक तथा जन्म से पहले भ्रूणों की लिंग जाँच देश में घटते लिंग अनुपात का कारण है। दिलचस्प बात यह है कि अनुसूचित जनजाति, ईसाई तथा मुस्लिम प्रभुत्व वाले क्षेत्रों में लिंग अनुपात अधिक है। राज्यानुसार लिंग अनुपात को ***तालिका 13.11*** में दर्शाया गया है।

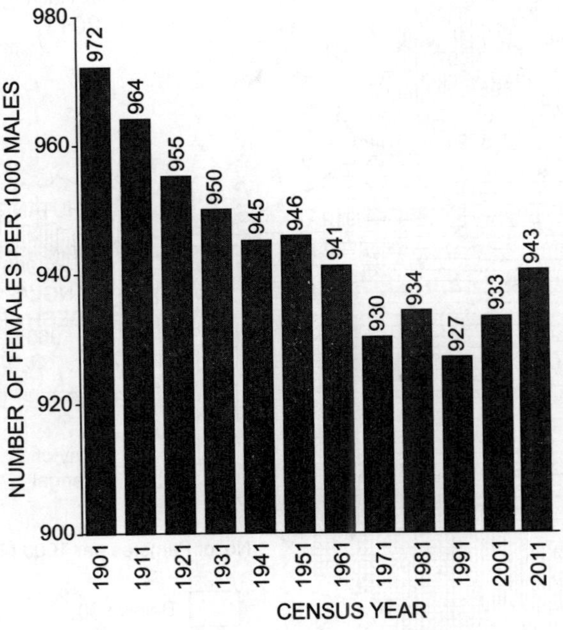

चित्र 13.26 भारत में लिंगानुपात (1901-2011)

तालिका 13.10 भारत में लिंग अनुपात (1901-2011)

जनगणना वर्ष	लिंग अनुपात (प्रति हजार पुरुषों पर स्त्रियों की संख्या)
1901	972
1911	964
1921	955
1931	950
1941	945
1951	946

जनगणना वर्ष	लिंग अनुपात (प्रति हजार पुरुषों पर स्त्रियों की संख्या)
1961	941
1971	930
1981	934
1991	927
2001	933
2011	943

Source: Census of India, 2011.

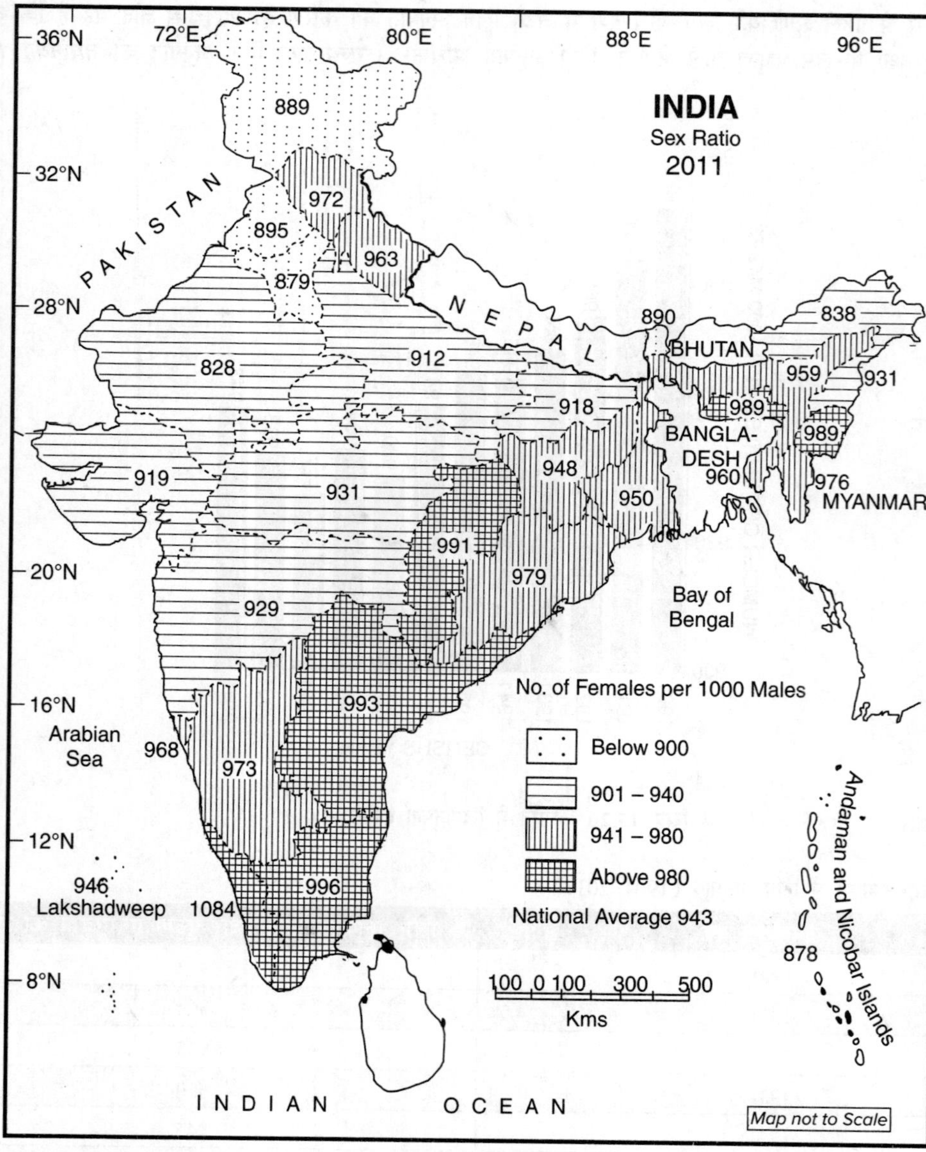

चित्र 13.27 विश्व के कुछ देशों में लिंगानुपात, 2011

तालिका 13.11 में यह देखा जा सकता है कि राज्य स्तर पर लिंग अनुपात में विविधता अधिक है। केरल, जिसका लिंग अनुपात 1084 स्त्री प्रति हजार पुरुष है, एकमात्र राज्य है जहाँ स्त्रियों की संख्या पुरुषों से अधिक है। उच्च लिंग अनुपात स्त्रियों के प्रति कम भेद-भाव तथा निम्न शिशु हत्या दर का सूचक है। इसके विपरीत हरियाणा तथा पंजाब में लिंग अनुपात क्रमशः 877 तथा 893 है।

केन्द्र शासित प्रदेशों में पुडुचेरी में सबसे अधिक लिंग अनुपात (1037) है तथा दमन एवं दीव में यह सबसे कम (618) है। चंडीगढ़ में लिंग अनुपात 818 स्त्री प्रति हजार पुरुष हैं।

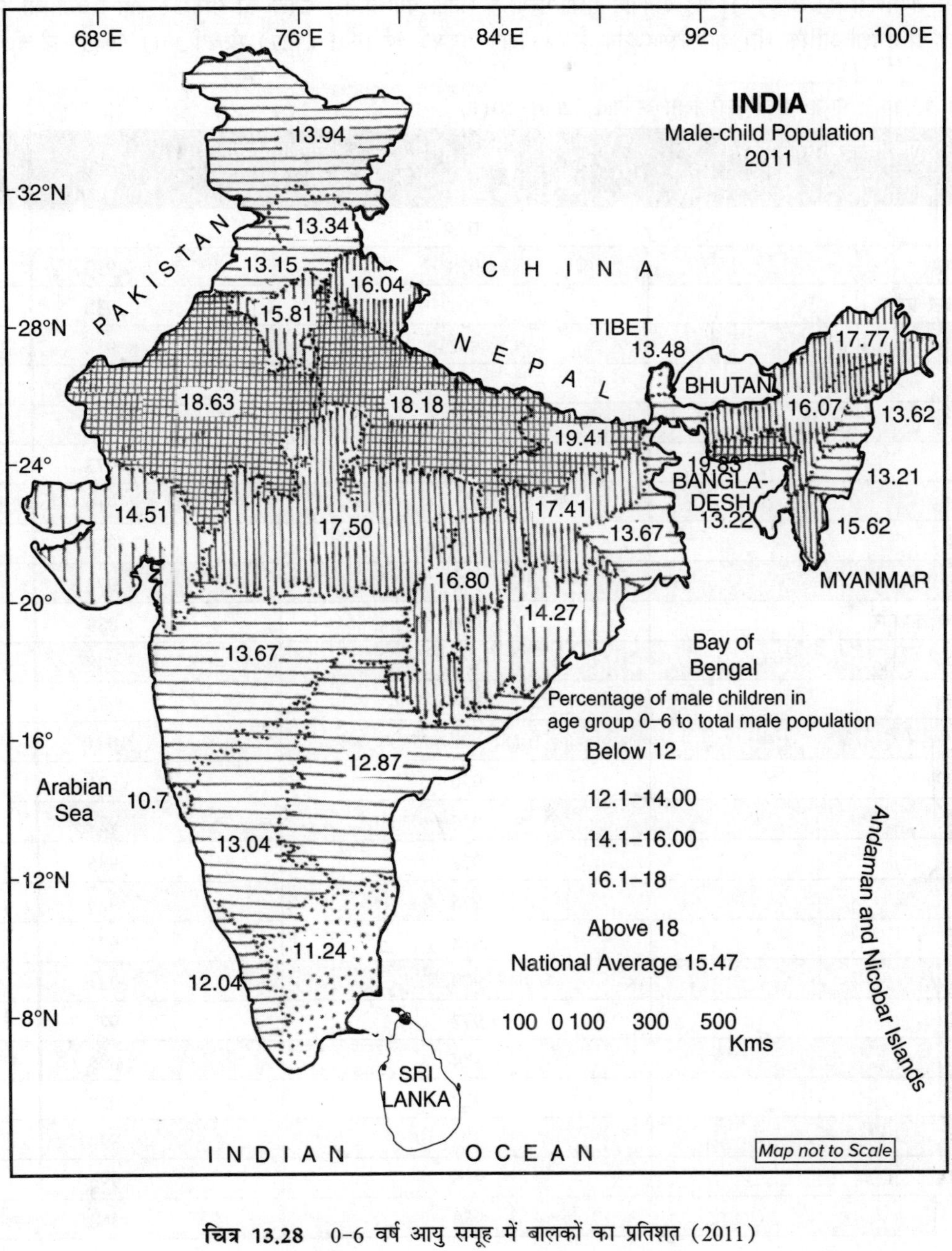

चित्र 13.28 0-6 वर्ष आयु समूह में बालकों का प्रतिशत (2011)

पिछली जनगणना में लिंग अनुपात के आँकड़े उत्साहवर्धक हैं। यह 2001 में बढ़कर 933 था जो 2011 में बढ़कर 943 स्त्रियाँ प्रति हजार पुरुष रिकॉर्ड हुआ। परन्तु कम उम्र के आयु वर्ग में लिंग अनुपात तीव्र गति से घटता जा रहा है। देश के कुछ जिलों में 0–6 वर्ष के आयु वर्ग में लिंग अनुपात प्रति हजार लड़कों पर 750 लड़कियां हैं। 0–6 वर्ष के आयु वर्ग में लिंग अनुपात के अनुसार भारत के दस ऊपरी तथा दस निचले जिलों को ***तालिका 13.12*** तथा ***13.13*** में दर्शाया गया है। ***चित्र 13.30*** व ***तालिका 13.13*** में अंकित किया गया है।

तालिका 13.10 में यह देखा जा सकता है कि लिंग अनुपात भारत में 1901 से 1991 तक निरंतर घटता गया (1951 तथा 1981 के जनगणना को छोड़कर)। यह अनुपात सभी राज्यों में घटता गया केवल केरल को छोड़कर जहाँ स्त्रियों की संख्या पुरुषों की संख्या से हमेशा अधिक थी। यह उत्साहजनक है कि, लिंग अनुपात वर्ष 1991 (927) से वर्ष 2011 (943) के बीच बढ़ गया।

तालिका 13.11 भारत: राज्यानुसार लिंग अनुपात (2001–2011)

राज्य/केन्द्रशासित प्रदेश	लिंग अनुपात	
	2001	2011
	राज्य	
आंध्र प्रदेश	978	993
अरुणाचल प्रदेश	901	938
असम	932	958
बिहार	932	918
छत्तीसगढ़	990	991
गोवा	960	973
गुजरात	921	919
हरियाणा	861 (निम्नतम)	879
हिमाचल प्रदेश	970	972
जम्मू एवं कश्मीर	900	889
झारखंड	941	948
कर्नाटक	964	973
केरल	1058 (अधिकतम)	1084
मध्य प्रदेश	920	931
महाराष्ट्र	922	929
मणिपुर	978	985
मेघालय	975	989
मिजोरम	938	976
नगालैंड	909	931
ओडिशा	972	979
पंजाब	874	895
राजस्थान	922	928
सिक्किम	875	890
तमिलनाडु	986	996
त्रिपुरा	950	960

राज्य/केन्द्रशासित प्रदेश	लिंग अनुपात	
	2001	2011
उत्तराखंड	964	963
उत्तर प्रदेश	898	912
पश्चिम बंगाल	934	950
केन्द्र शासित प्रदेश		
अंडमान एवं निकोबार द्वीप समूह	846	876
चंडीगढ़	773	818
दादरा एवं नगर हवेली	811	774
दमन एवं दीव	709	618
दिल्ली	821	868
लक्षद्वीप	947	946
पुडुचेरी	1001	1037
भारत	**933**	**943**

Source: Census of India, 2011, Primary Census Abstract, Total Population Table A-5

तालिका 13.12 तथा ***13.13*** को देखने से यह पता चलता है कि 2001 में पंजाब के कुछ जिलों में लिंग अनुपात बहुत नीचा है-फतेहगढ़ साहेब (754), पटियाला (770), गुरदासपुर (775), कपूरथला (775), भटिंडा (779), मानसा (779) एवं अमृतसर (783)। हरियाणा राज्य में भी लगभग यही स्थिति है। हरियाणा के कुरुक्षेत्र, सोनीपत तथा अम्बाला जिलों में 0-6 आयु वर्ग का लिंग अनुपात 770 से 784 के बीच है। जनगणना 2011 में (0-6 आयु वर्ग) में हरियाणा के झज्झर तथा महेंद्रगढ़ जिलों में लिंग-अनुपात केवल 774 तथा 778 रिकॉर्ड किया गया। इसके विपरीत लाहुल-स्पिती (हिमाचल प्रदेश) तथा तवांग (अरुणाचल प्रदेश) में सबसे अधिक (0-6 आयु वर्ग) लिंगानुपात क्रमश: 1013 तथा 1005 रिकॉर्ड किया गया। दिलचस्प बात यह है कि पंजाब तथा हरियाणा दोनों ही राज्य कृषीय एवं औद्योगिक दृष्टि से अति विकसित हैं। इन राज्यों में लिंग अनुपात कम होने का मुख्य कारण सामाजिक-सांस्कृतिक परम्पराएँ तथा जन्म से पहले भ्रूणों की लिंग जाँच है। निम्न लिंग अनुपात इन क्षेत्रों में श्रम बल पर प्रतिकूल प्रभाव डालता है तथा इसके सामाजिक-आर्थिक प्रभाव गंभीर हो सकते हैं। इसके विपरीत 0-6 आयु वर्ग के अधिक लिंगानुपात वाले देश के दस जिलों को ***चित्र 13.30*** तथा ***13.31*** में अंकित किया गया है तथा ***तालिका 13.12*** में इनके आंकड़े दिये गये हैं (2011)।

तालिका 13.12 0.6 वर्ष के आयु वर्ग में न्यूनतम लिंगानुपात वाले दस जिले, (2011)

क्र.सं.	जिला	राज्य	लिंग अनुपात
1.	फतेहगढ़ साहिब	पंजाब	754
2.	पटियाला	पंजाब	770
3.	कुरुक्षेत्र	हरियाणा	770
4.	गुरदासपुर	पंजाब	775
5.	कपूरथला	पंजाब	775
6.	भटिंडा	पंजाब	779
7.	मानसा	पंजाब	779
8.	अमृतसर	पंजाब	783
9.	सोनीपत	हरियाणा	783
10.	अम्बाला	हरियाणा	784

Source: Census of India, 2001.

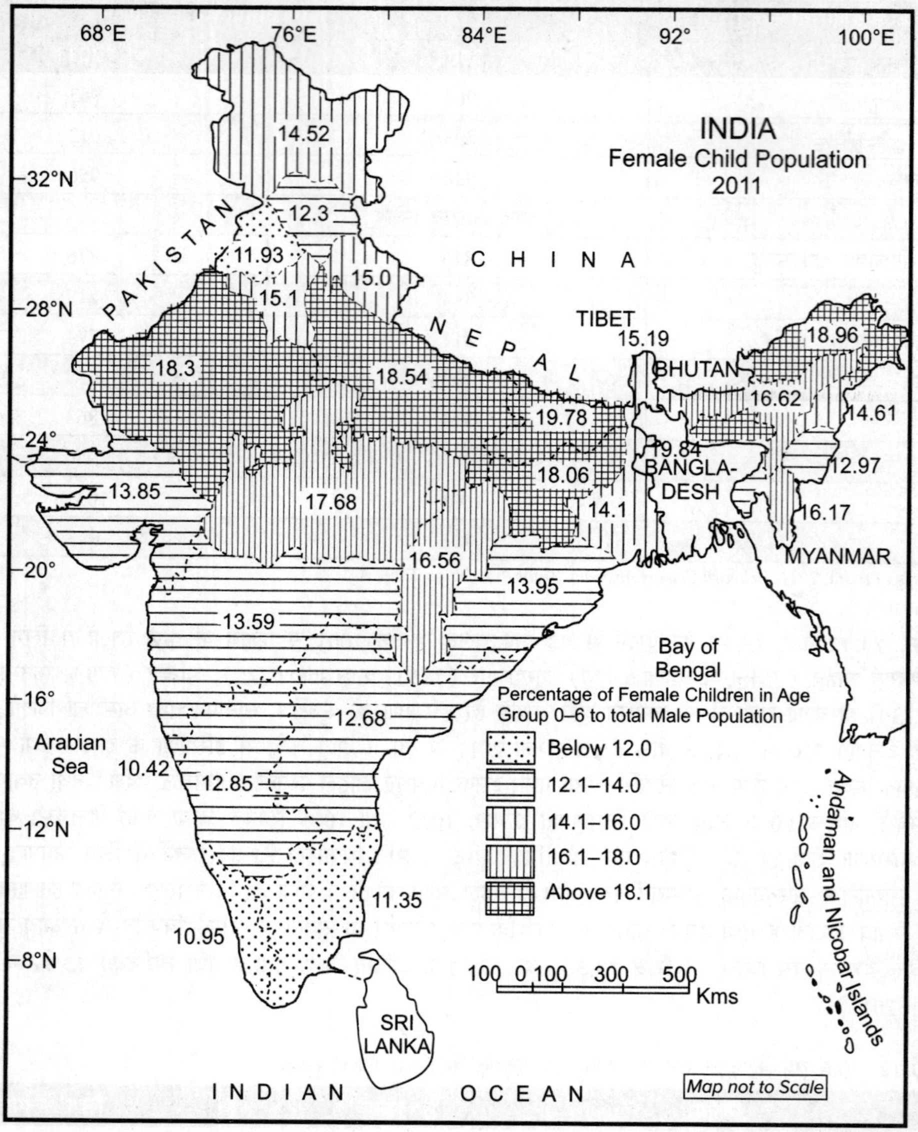

चित्र 13.29 0–6 वर्ष आयु समूह में बालिकाओं का प्रतिशत (2011)

तालिका 13.13 0.6 आयु वर्ग के लिंग अनुपात के अनुसार दस ऊपरी जिले (2011)

क्र.सं.	जिला	राज्य	लिंग अनुपात
1.	दक्षिण सिक्किम	सिक्किम	1036
2.	ऊपरी सिक्यांग	अरुणाचल प्रदेश	1018
3.	पुलवामा	जम्मू एवं कश्मीर	1017
4.	बस्तर	छत्तीसगढ़	1014
5.	दंतेवाड़ा	छत्तीसगढ़	1014

6.	पूर्वी कामेंग	अरुणाचल प्रदेश	1011
7.	कुपवाड़ा	जम्मू एवं कश्मीर	1010
8.	सेनापति	मणिपुर	1007
9.	मोकोंगचुंक	नगालैंड	1004
10.	बड़गाम	जम्मू एवं कश्मीर	1003

Source: Census of India 2011.

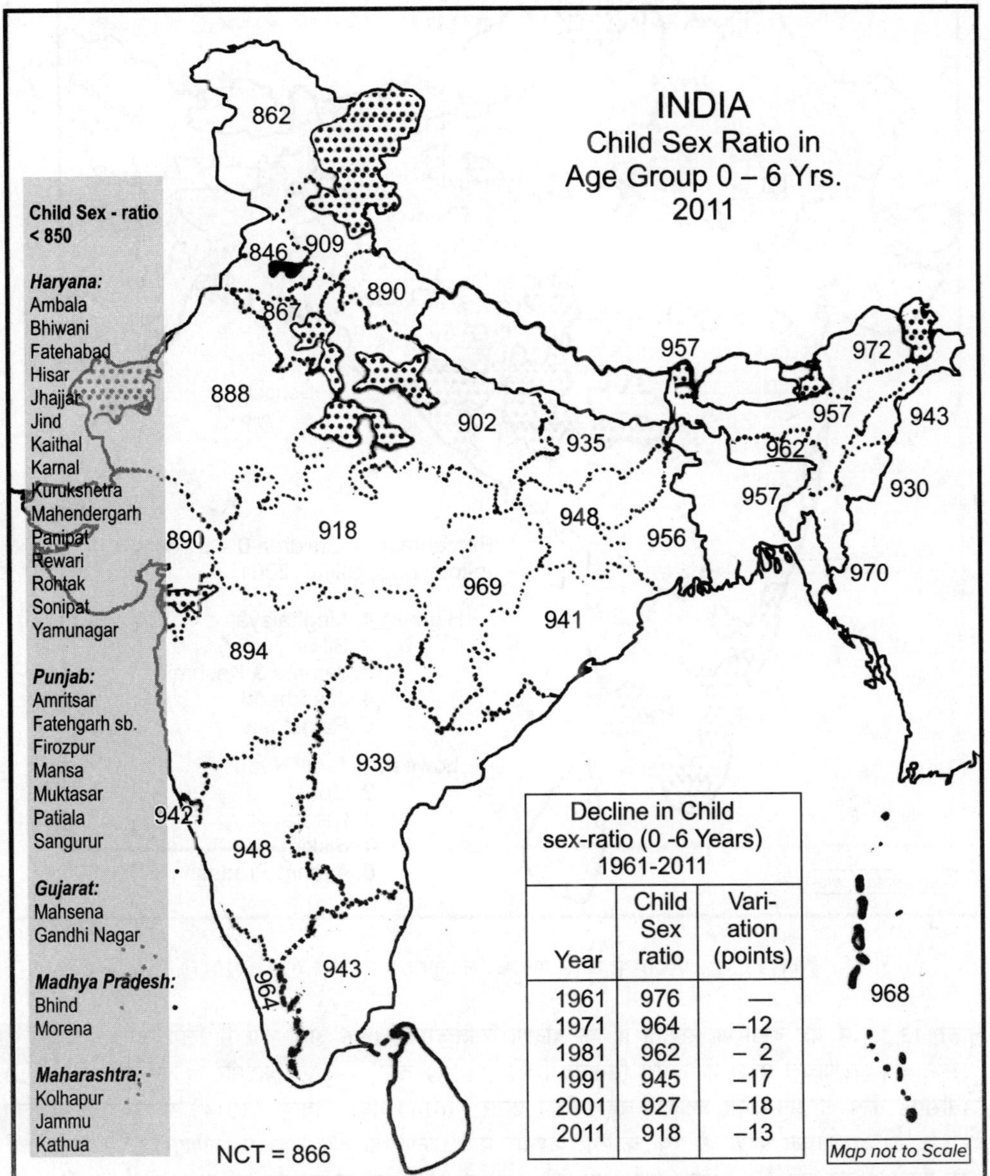

चित्र 13.30 850/1000 से निम्न लिंगानुपात वाले जिले (2011)

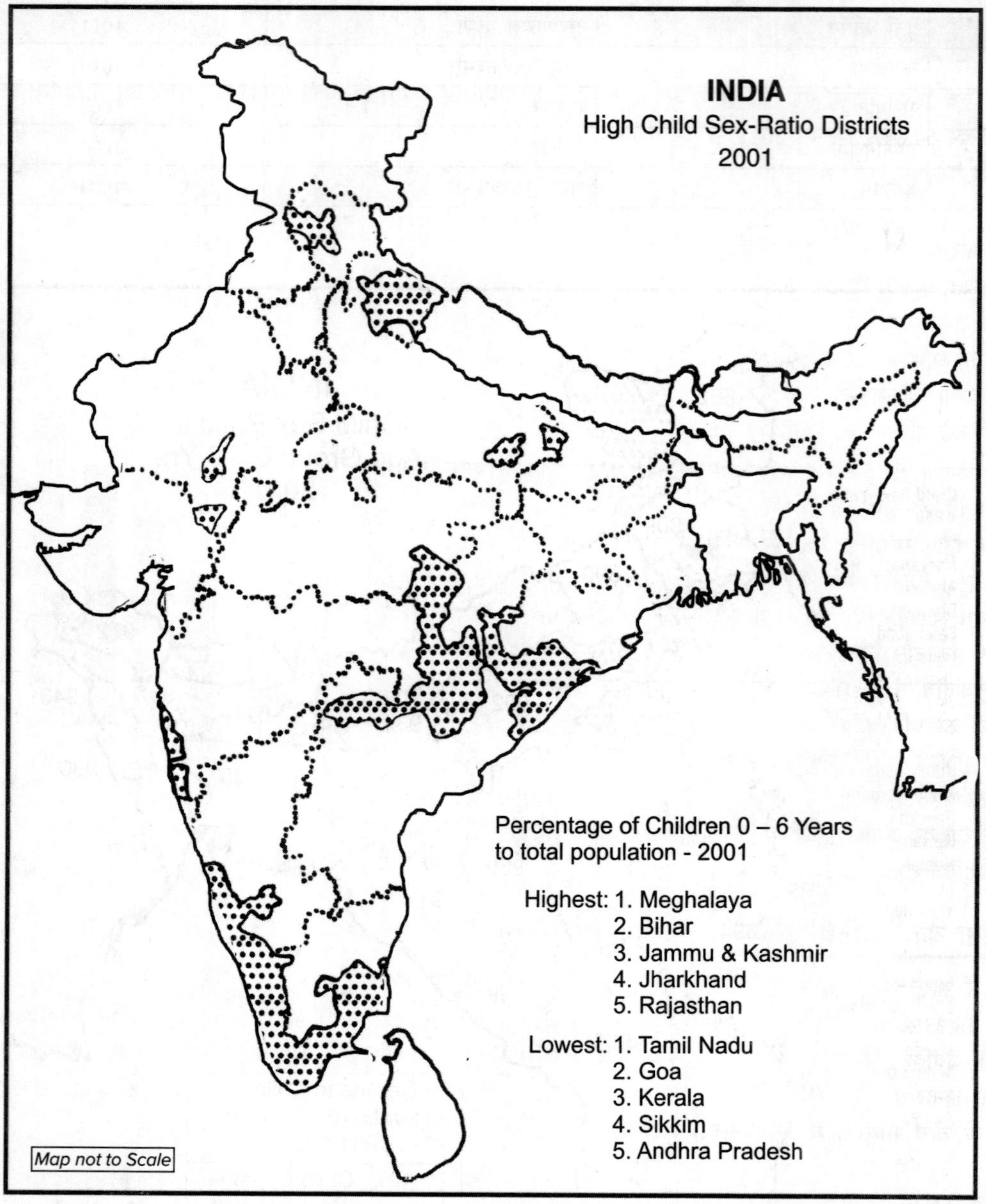

चित्र 13.31 1000 या उससे अधिक लिंगानुपात वाले जिले (2001-2011)

तालिका 13.13 में यह देखा जा सकता है कि दक्षिण सिक्किम में 0-6 आयु वर्ग में लिंग अनुपात सबसे अधिक है (1036), इसके बाद अरुणाचल प्रदेश के ऊपरी सिक्यांग जिले (1018) तथा जम्मू एवं कश्मीर के पुलवामा जिले (1017) का स्थान है। छत्तीसगढ़ राज्य के अनुसूचित जनजाति बहुल जिले बस्तर (1014) तथा दंतेवाड़ा (1014) में इस वर्ग का लिंग अनुपात 1000 से अधिक है। अरुणाचल प्रदेश के पूर्वी कामेंग, कश्मीर घाटी, कुपवाड़ा तथा बड़गाम, मणिपुर के सेनापति तथा नगालैंड के मोकोंगचुंग जिले में इस वर्ग (0-6 आयु वर्ग) का लिंग अनुपात 1000 से अधिक है। अधिकतर जिले जहाँ 0-6 आयु वर्ग का लिंग अनुपात अधिक है मुस्लिम, ईसाई तथा जनजाति बहुल जिले हैं।

साक्षरता (Literacy)

साक्षरता एवं शिक्षा किसी देश की सामाजिक एवं आर्थिक उन्नति का एक महत्वपूर्ण सूचकांक माना जाता है। भारत में 2001 में साक्षरता दर 64.84% थी जो 2011 में बढ़कर 74.94% हो गई बाद में 2001 की तुलना में 2011 में पुरुष साक्षरता में 6.88% की वृद्धि दर और महिला साक्षरता वृद्धि दर 11.79% थी (स्रोत: भारत की जनगणना)। 2001 से 2011 में कुल वृद्धि 9.2% कम थी।

साक्षरता की अवधारणा जो एक देश से दूसरे देश में भिन्न होती है–सामान्यत: न्यूनतम शिक्षण स्तर का उल्लेख करती है। यह सामाजिक-सांस्कृतिक विकास तथा राजनीतिक जागरुकता का एक महत्वपूर्ण सूचक है। यह सामाजिक-आर्थिक परिवर्तन का एक बड़ा कारक है क्योंकि इसके द्वारा विशेष निपुणता तथा व्यवसायिक योग्यता अर्जित की जा सकती है। साक्षरता, सामाजिक परिवर्तन की प्रक्रिया को त्वरित करता है।

जनगणना 2011 के अनुसार साक्षरता समझ के साथ किसी भाषा में पढ़ने तथा लिखने की क्षमता है। 7 वर्ष से कम आयु के बच्चों को साक्षरता निर्धारित करने के लिए सम्मलित नहीं किया जाता, चाहे वह पढ़ना लिखना भी जानते हों। साक्षरता की परिभाषा 2011 की जनगणना में निम्न प्रकार से दी गई है: "सात वर्ष से अधिक आयु का कोई भी व्यक्ति जो किसी भी भाषा में समझ के साथ पढ़ और लिख सकता है उसे साक्षर माना जाता है" साक्षरता किसी राष्ट्र, नृजातीय समूह अथवा समुदाय के सामाजिक-आर्थिक तथा सांस्कृतिक व्यवस्था को प्रतिबिम्बित करती है। साक्षरता का मुख्य लाभ यह है कि यह अधिक रोजगार के अवसर प्रदान करती है। साक्षर तथा शिक्षित व्यक्तियों का व्यक्तित्व बेहतर होता है तथा वे दूसरों को अच्छी तरह से प्रभावित कर सकते हैं। साक्षरता दर अनेक सामाजिक-सांस्कृतिक, राजनैतिक तथा भौतिक कारकों द्वारा प्रभावित होती है।

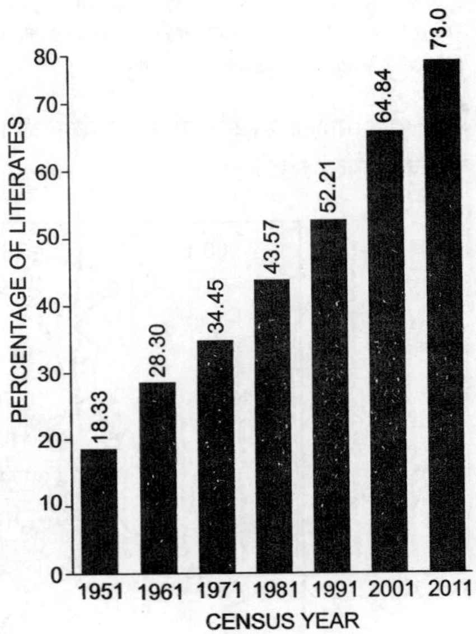

चित्र 13.32 भारत में साक्षरता दर (1951–2011)

साक्षरता का स्थानिक प्रतिरूप (Spatial Patterns of Literacy)

1901 में भारत की साक्षरता दर 5.35 प्रतिशत थी (पुरुष: 9.83%, महिला: 0.60%)। साक्षरता दर निरन्तर बढ़ती रही है, 1951 में यह 18.33% थी (पुरुष: 27.16%, महिला: 8.86%) तथा 2001 में यह बढ़कर 64.32% (पुरुष: 75.26%, महिला: 53.67%) हो गयी, जबकि 2011 में साक्षरता बढ़कर 73% रिकॉर्ड की गई। पुरुष साक्षरता 82% तथा महिला साक्षरता 65% हो गई। पुरुष-महिला साक्षरता अन्तर 24.84% (1991) से घटकर 16.6% (2011) हो गया है ***(तालिका 13.14)***। पिछले 60 वर्षों में महिलाओं तथा पुरुषों के बीच साक्षरता में अन्तर सबसे अधिक वर्ष 1981 में था (26.62%)।

तालिका 13.14 भारत-साक्षरता दर वर्ष 1901-2011

जनगणना वर्ष	व्यक्ति	पुरुष	महिला
1901	5.35	9.83	0.60
1911	5.92	10.56	1.05
1921	7.16	12.21	1.81
1931	9.50	15.59	2.93
1941	16.10	24.60	7.30
1951	18.33	27.16	8.86
1961	28.3	40.40	15.35
1971	34.45	45.96	21.79

जनगणना वर्ष	व्यक्ति	पुरुष	महिला
1981	43.57	56.38	29.76
1991	52.21	64.13	39.29
2001	64.32	75.26	53.67
2011	73.00	82.10	65.46

टिप्पणी: वर्ष 1951, 1961 तथा 1971 के लिए साक्षरता दर 5 या उससे अधिक वर्ष की जनसंख्या के लिए है तथा 1981, 1991 तथा 2011 के लिए साक्षरता दर 7 या उससे अधिक वर्ष की जनसंख्या के लिए है।

Source: Census of India-2011

पुरुष-महिला साक्षरता में सबसे कम अन्तर वर्ष 1901 में दर्ज किया गया (9.23%), इसी वर्ष सबसे कम साक्षरता दर भी दर्ज की गयी (5.35%)।

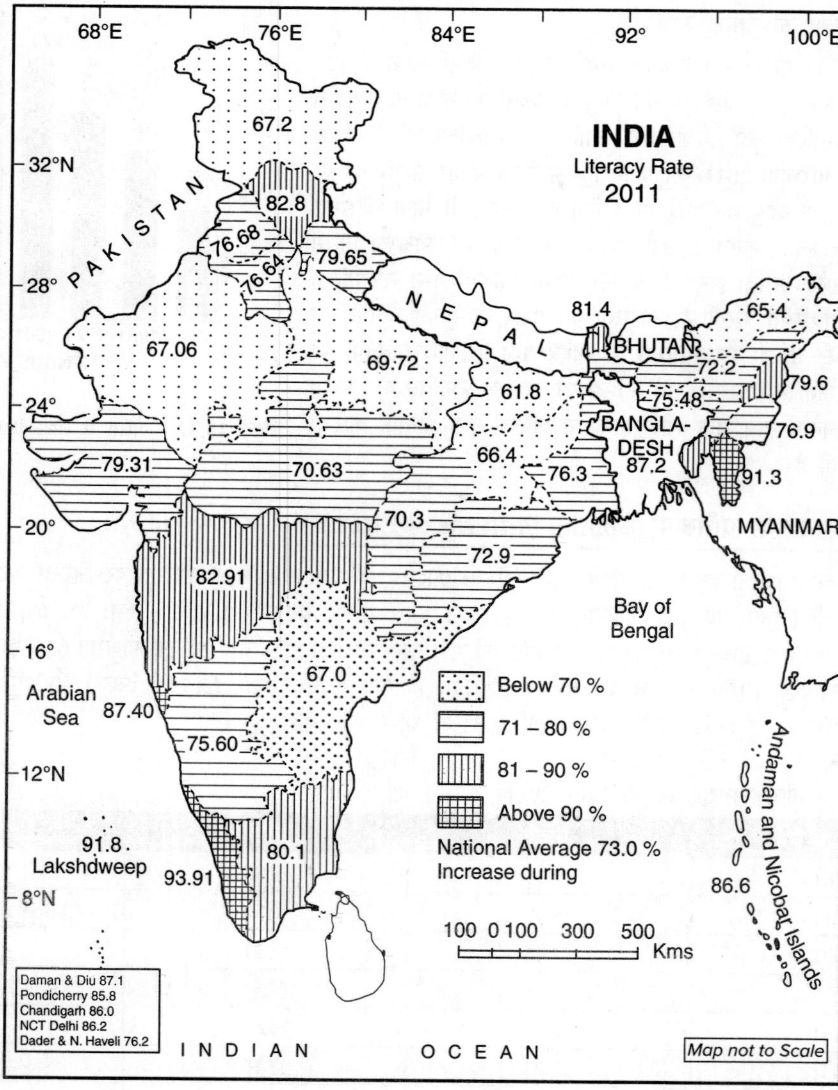

चित्र 13.33 साक्षरता दर - 2011

वर्ष 2011 में भारत में सबसे अधिक साक्षरता दर केरल में दर्ज की गयी (कुल: 93.9%, पुरुष: 96.0% तथा महिला: 91.98%)। अधिक साक्षरता दर वाले अन्य राज्य थे–मिज़ोरम (91.30%), गोवा (87.4%), महाराष्ट्र (82.91%) तथा हिमाचल प्रदेश (82.8%) ***(चित्र 13.33)***।

विभिन्न राज्यों में पुरुष साक्षरता दर को ***चित्र 13.34*** के द्वारा दिखाया गया है। चित्र में यह देखा जा सकता है कि केरल जहाँ पुरुष साक्षरता दर 96.9% से अधिक है, का पहला स्थान है, मिजोरम तथा गोवा में यह दर क्रमशः 93.7 व 92.8 प्रतिशत है। बिहार (73.5%) तथा उत्तर प्रदेश (79.2%) में यह दर राष्ट्रीय औसत (82.0%) से कम है।

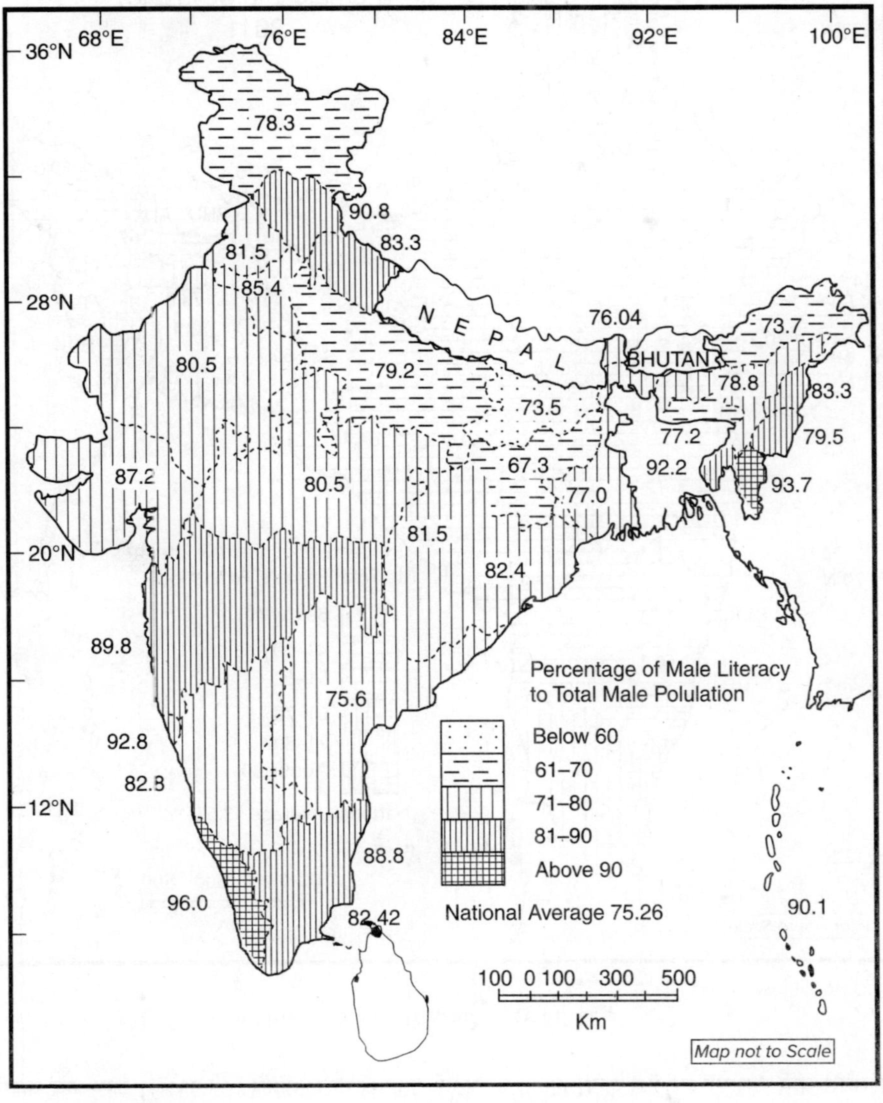

चित्र 13.34 पुरुष साक्षरता दर - 2011

महिला साक्षरता दर के संदर्भ में अग्रणीय राज्य हैं–केरल (91.98%), मिजोरम (89.4%), गोवा (81.80%), हिमाचल प्रदेश (76.6%) तथा महाराष्ट्र (75.50%) ***(चित्र 13.35)***।

केन्द्रशासित प्रदेशों में सबसे अधिक साक्षरता दर लक्षद्वीप (91.80%) में है, दिल्ली एवं चंडीगढ़ में यह दर क्रमशः 86.3 तथा 86.43% है।

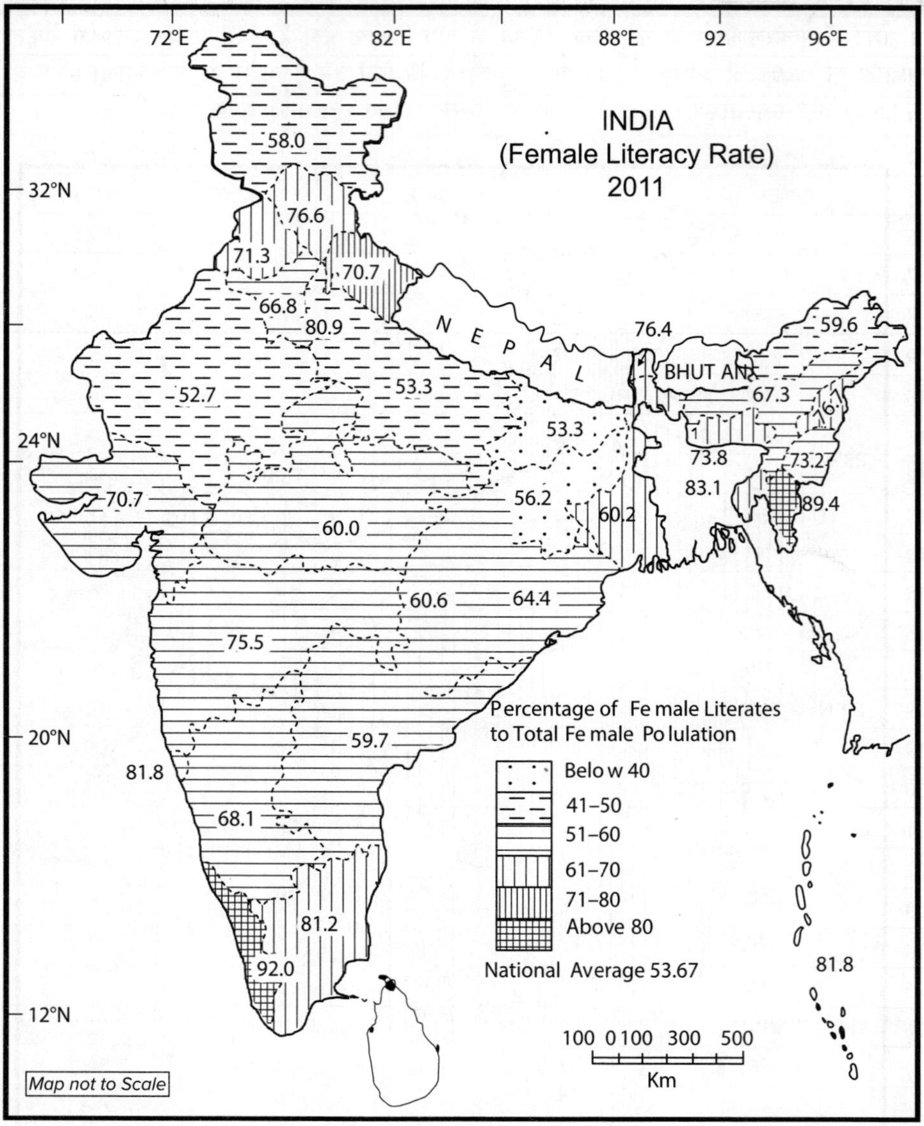

चित्र 13.35 महिला साक्षरता दर - 2011

बिहार में सबसे कम साक्षरता दर है (कुलः 63.82%; पुरुषः 73.5% तथा महिलाः 53.33%)। जम्मू एवं कश्मीर (61.80%), अरुणाचल प्रदेश (65.4%) तथा उत्तर प्रदेश (69.72%) में भी साक्षरता दर कम है। उत्तराखंड, मध्य प्रदेश, राजस्थान तथा हरियाणा में यह दर क्रमशः 79.65, 70.6, 67.0% है ***(चित्र 13.33)***।

भारत के केरल, लक्षद्वीप, मिजोरम, त्रिपुरा, गोवा, दमन एवं दीव, पुडुचेरी, चंडीगढ़, दिल्ली, अंडमान एवं निकोबार द्वीप-समूह में साक्षरता 85% (2011) से अधिक रिकॉर्ड की गई, जो तत्कालीन योजना आयोग के लक्ष्य के अनुकूल थी।

तालिका 13.14A साक्षरता दर में राज्यों और केन्द्रशासित प्रदेशों की रैंकिंग, 2011

रैंक	व्यक्ति	
	भारत/राज्य/केन्द्रशासित प्रदेश	साक्षरता दर
1	केरल	94.0
2	लक्षद्वीप#	91.8
3	मिजोरम	91.3
4	त्रिपुरा	87.2
5	गोवा	88.7
6	दमन और द्वीव#	87.1
7	पुडुचेरी#	85.8
8	चंडीगढ़#	86.0
9	राष्ट्रीय राजधानी क्षेत्र दिल्ली#	86.2
10	अंडमान एवं निकोबार द्वीप#	86.6
11	हिमाचल प्रदेश	82.8
12	महाराष्ट्र	82.3
13	सिक्किम	81.4
14	तमिलनाडु	80.1
15	नगालैंड	79.6
16	मणिपुर	76.9
17	उत्तराखंड	78.8
18	गुजरात	78.0
19	दादरा और नागर हवेली#	76.2
20	पश्चिम बंगाल	76.3
21	पंजाब	75.8
22	हरियाणा	75.6
23	कर्नाटक	75.4
24	मेघालय	74.4
25	ओडिशा	72.9
26	असम	72.2
27	छत्तीसगढ़	70.3
28	मध्य प्रदेश	69.3
29	उत्तर प्रदेश	67.7
30	जम्मू और कश्मीर	67.2
31	आन्ध्र प्रदेश	67.0
32	झारखण्ड	66.4
33	राजस्थान	66.1
34	अरुणाचल प्रदेश	65.4
35	बिहार	61.8

Source: Census of India, 2011.

आयु संयोजन (Age Composition)

आयु संयोजन भी जनसंख्या की एक महत्वपूर्ण विशेषता है। इसके द्वारा प्रत्याशित आयु, श्रम-बल तथा निर्भर जनसंख्या (युवा वर्ग वरिष्ठ नागरिक) का निर्धारण किया जा सकता है।

तालिका 13.15 में यह देखा जा सकता है कि पिछली सदी में जनसंख्या में 37 से 42% के बीच युवा आयु वर्ग था, श्रम बल 52 से 57% के बीच था। युवा आयु वर्ग का सबसे अधिक निर्भरता अनुपात वर्ष 1971 में था जब यह बढ़कर 42% हो गया। वरिष्ठ नागरिक आयु वर्ग में निरंतर बढ़ोत्तरी हुई है, 1901 में यह 5.1% था, जो 2011 में बढ़कर लगभग 8.0 प्रतिशत हो गया। भारत की आधी जनसंख्या 26 वर्ष से कम आयु एवं 65% जनसंख्या 35 वर्ष से कम आयु की है। वर्ष 2011 की जनगणना के अनुसार 0.14 वर्ष के आयु वर्ग में 29.5%, 15-59 आयु वर्ग में 62.5% तथा 60+ आयु वर्ग में 8.0% जनसंख्या रिकॉर्ड की गई है।

तालिका 13.15 भारत-आयु संयोजन (1901-2001)

वर्ष	आयु वर्ग (युवा आयु वर्ग) (0-15 वर्ष)	आयु वर्ग (श्रम बल) (15-60 वर्ष)	आयु वर्ग (वरिष्ठ नागरिक) (60 वर्ष से अधिक)
1901	38.1	56.8	5.1
1911	37.8	56.9	5.2
1921	38.60	56.0	5.4
1931	38.5	56.4	5.1
1941	39.1	55.2	5.7
1951	37.5	56.9	5.6
1961	37.5	56.9	5.6
1971	42.0	52.0	6.0
1981	39.7	54.1	6.2
1991	37.8	55.5	6.7
2001	37.3	55.8	6.9
2011	29.5	62.5	8.0

Source: Census of India, 2011.

व्यवसायिक संरचना (Age Composition)

2009-10 में भारत की लगभग 50% जनसंख्या कृषि पर आधारित थी, 20% उद्योगों तथा 30% सेवा सेक्टर पर निर्भर थी।

ग्रामीण तथा नगरीय जनसंख्या

ग्रामीण तथा नगरीय जनसंख्या किसी देश के औद्योगिक विकास का सूचकांक माना जाता है। जैसे-जैसे औद्योगिक विकास होता है, किसी देश की नगरीय जनसंख्या में वृद्धि होती जाती है। भारत में विभिन्न दशकों में नगरीय जनसंख्या का अनुपात निम्न (*तालिका 13.16*) में दिया गया है।

तालिका 13.16 ग्रामीण-शहरी जनसंख्या

वर्ष	जनसंख्या का ग्रामीण अनुपात (% में)	जनसंख्या का शहरी अनुपात (% में)
1901	89.2	10.8
1951	82.7	17.3
1961	82.0	18.0
1971	80.1	19.9
1981	76.7	23.3
1991	74.3	25.7
2001	72.2	27.8
2011	68.84	31.16

Source: India, 2011.

तालिका 13.16 के अध्ययन से पता चलता है कि 2011 में लगभग 69% जनसंख्या गाँव में और 31% नगरों में आबाद है।

प्रवास (Migration)

प्रवास जनन क्षमता (Fertility) तथा मर्त्यता (Mortality) के साथ किसी देश अथवा प्रदेश की जनसंख्या वृद्धि एवं संरचना को निर्धारित करने का एक मूल तत्व है। लोगों का व्यक्तिगत या सामूहिक रूप से अपने निवास स्थान को स्थायी अथवा अर्द्ध-स्थायी परिवर्तन प्रवास कहलाता है। प्रवास में जनसंख्या की स्थानिक गतिशीलता अन्तर्निहित है, जिसमें सभी प्रकार के क्षेत्रीय संचालन को शामिल किया गया है–अंत:प्रदेशीय, अंत:राज्य तथा अंतर्राष्ट्रीय। प्रवास के कारण जनसंख्या का पुनर्वितरण होता है तथा यह परिवर्तनशील मानव-भूमि (संसाधनों) सम्बन्धों को समझने में सहायक सिद्ध हुआ है। वास्तव में प्रवास सामाजिक-आर्थिक विकास का बगैर ध्यान किए हुए सभी मानव समूहों की एक सर्वव्यापक विशेषता है।

प्रवास का दोनों, अस्थायी तथा स्थानिक आयाम होता है। समय सीमा के संदर्भ में यह स्थायी, अर्द्ध-स्थायी, अस्थायी, मौसमी अथवा दैनिक हो सकता है। स्थानिक परिपेक्ष में यह अन्तर्राष्ट्रीय अथवा अन्त:राष्ट्रीय (किसी देश के भीतर ही प्रवास प्रदेश से प्रदेश, नगर से नगर, गाँव से नगर तथा नगर से गाँव) हो सकता है।

अन्त:राष्ट्रीय प्रवास (Intra-National Migration) में, प्रवास की संख्या तथा दर पर जनसंख्या के आकार एवं आंतरिक जनसंख्या वितरण का प्रभाव पड़ता है, जो 'धकेलना एवं खींचना (Push and Pull) कारकों से प्रेरित होता है। अंतर्राष्ट्रीय प्रवास में राष्ट्रीय सरकार के हस्तक्षेप व नियंत्रण के विस्तार का अधिक प्रभाव होता है। एक देश से दूसरे देश जाने में एक अन्य महत्वपूर्ण अन्तर-सामाजिक-सांस्कृतिक वातावरण में वृहत् परिवर्तन है, जिसमें प्रवासियों के अनुकूलन तथा स्वांगीकरण के सभी प्रभाव शामिल हैं, स्थानिक तथा सामाजिक कभी-कभी यह निर्गमन बड़े पैमाने पर होता है, जिसका अप्रतिरोध्य कारण हो सकता है जैसा कि आजादी के समय (1947) भारतीय उप-महाद्वीप में हुआ था जब 12 मिलियन हिन्दू, मुस्लिम तथा सिख एक जगह से दूसरी जगह विस्थापित हुए।

अन्तर्राष्ट्रीय प्रवास (International Migration)

अन्तर्राष्ट्रीय प्रवास बहुत पुराना है तथा यह मात्रा एवं समय में सीमित है। इस प्रवास के लिए उद्‌गम के स्थान तथा गन्तव्य स्थान की विशेष परिस्थिति जिम्मेदार होती है। अन्तर्राष्ट्रीय प्रवास लोगों के छोटे समूहों द्वारा कम दूरी का प्रवास हो सकता है या फिर बड़े समूहों द्वारा अधिक दूरी का प्रवास हो सकता है। इसके विपरीत आधुनिक युग में महासागर-पारीय प्रवास देखा गया है जिसने यूरोप, अमेरिका, दक्षिण-पूर्व एशिया, दक्षिण-पश्चिम एशिया, चीन जापान तथा भारत के मुख्य जनसंख्या के केन्द्रों को प्रभावित किया है।

प्रागैतिहासिक काल में प्रवास मुख्य रूप से भौतिक कारकों के कारण हुआ, जैसे–रुक्ष वातावरण, प्रतिकूल जलवायु, बाढ़, सूखा, भूकंप, ज्वालामुखी, चक्रवात, इत्यादि।

संख्या, दूरी तथा परिवहन के साधन के आधार पर अन्तर्राष्ट्रीय प्रवास को दो भागों में विभाजित किया जा सकता है– (i) अन्तर-महाद्वीपीय (ii) महासागर-पारीय।

अन्तर्राष्ट्रीय प्रवास उतना ही पुराना है जितना पृथ्वी पर मानव की उत्पत्ति। वास्तव में लोगों का हमेशा एक जगह से दूसरी जगह गमन हुआ है। यह आदिम शिकारी समुदायों, नव-प्रस्तर युग के कृषीय समुदाय, खानाबदोशों एवं ऋतु-प्रवासियों, या फिर आधुनिक मानव के लिए समान रूप से सही है। जैसे ही जनसंख्या में वृद्धि हुई, संसाधनों पर दबाव बढ़ने लगा तथा सांस्कृतिक अन्तर और गहरा गया, फलस्वरूप लोग बेहतर अवसर के लिए एक जगह से दूसरी जगह जाने लगे। सबसे महत्वपूर्ण वृहत्त पैमाने पर अन्तर्राष्ट्रीय प्रवास 17वीं से 19वीं सदी के बीच हुआ जब यूरोपियनों का गमन उपनिवेशन के लिए नए विश्व (उत्तर तथा दक्षिण अमेरिका), एशिया व अफ्रीका में हुआ। वे अपने साथ एशियाई तथा नीग्रो गुलाम (11-12 मिलियन) संयुक्त राज्य अमेरिका ले गए।

यह सही है कि 19वी सदी में गुलामी प्रथा के समापन के बाद ब्रिटिश तथा डच उपनिवेशकों ने करारबद्ध मजदूरी के लिए गुलामों के अर्द्ध-व्यापार को एशिया के वृहत्त व गरीब जनसंख्या (चीन व भारत) द्वारा प्रतिस्थापित किया। इस उद्देश्य से लोगों का प्रवास गयाना (Guyana), त्रिनिदाद, मलेशिया, श्रीलंका, फिजी, पूर्वी अफ्रीका, नैटाल (Natal) तथा मॉरिशस की ओर हुआ। वर्तमान में 50 लाख से अधिक भारतीय विदेशों में कार्यरत हैं (म्यांमार-10 लाख, श्रीलंका-7.5 लाख, मलेशिया-6 लाख, कैरिबियन देश-4.5 लाख, पूर्वी अफ्रीका-1.30 लाख, फिजी- 1.26 लाख, इत्यादि)। स्वतंत्रता के बाद बड़ी संख्या में भारतीयों का अधिगमन ऑस्ट्रेलिया, कनाडा, फ्राँस, जर्मनी, न्यूजीलैंड, सऊदी अरब, संयुक्त अरब अमीरात, नॉर्वे, फिनलैंड, डेनमार्क, संयुक्त राज्य अमेरिका तथा ब्रिटेन की ओर हुआ। इसी तरह चीन, ऑस्ट्रेलिया, कनाडा, इंडोनेशिया, कोरिया, मलेशिया, म्यांमार, न्यूजीलैंड, फिलीपींस, सिंगापुर तथा थाइलैंड में जा बसे। 17वीं, 18वीं तथा 19वीं सदी में यूरोप के लोगों का प्रवास मुख्यत: अत्यधिक जनसंख्या तथा औद्योगीकरण के कारण हुआ। 19वीं सदी में यूरोपीय अप्रवासियों के लिए सबसे लोकप्रिय गन्तव्य स्थान संयुक्त राज्य अमेरिका था। इस प्रवास मे सबसे बड़ी संख्या ब्रिटेन की थी, जिसके बाद जर्मनी, आयरलैंड, स्कैण्डनेवियाई देश, इटली, स्पेन तथा रूस का स्थान था। साइबेरियन प्रायद्वीप (स्पेन तथा पुर्तगाल) से लोग दक्षिण अमेरिका में काफी बड़ी संख्या में आए। वास्तव में कुल बाह्य-प्रवासियों (Out-Migrants) में 95% से अधिक उत्तर-पश्चिम यूरोप से थे।

यूरोप के लोगों का उत्प्रवास दो भिन्न दिशाओं में हुआ:

(i) इन लोगों का प्रवेश विरल जनसंख्या वाली उष्णकटिबंधीय तथा उपोष्ण तटीय भूमि में हुआ, जो आसानी से अभिगम्य था तथा जहाँ उष्ण एवं आर्द्र जलवायु के कारण अन्य स्थानीय फसलों के उत्पादन की क्षमता अधिक थी। फलस्वरूप उत्तर तथा दक्षिण अमेरिका के पूर्वी तटीय भूमि में रबड़, गन्ना, कपास, तम्बाकू, कॉफी, चाय, कोको नारियल (Coconut), केला, मसाले, चावल, इत्यादि का व्यवसायिक उत्पादन होने लगा। इन अकृष्टपूर्व भूमि पर खेती करने के लिए मजदूरों को एशियाई तथा अफ्रीकी देशों से लाना पड़ा। यह अफ्रीका से गुलामों के व्यापार का कारण बना। गुलामी प्रथा के समापन के बाद घनी आबादी वाले एशियाई देशों का शोषण अंग्रेजों तथा डच उपनिवेशकों द्वारा हुआ तथा वहाँ से मजदूरों की आपूर्ति पूर्वी अफ्रीका (इथोपिया, केन्या, तंजानिया, इत्यादि), फिजी, मलेशिया, मॉरिशस, श्रीलंका, जावा तथा सुमात्रा के नव-विकसित बागाती खेती (Plantation Agricultural) क्षेत्रों में हुई।

(ii) यूरोपीय उत्प्रवासियों का अमेरिका, दक्षिण अफ्रीका, ऑस्ट्रेलिया तथा न्यूजीलैंड के शीतोष्ण क्षेत्रों में बड़ी संख्या में अधिगमन हुआ।

आयरलैंड से लोगों का प्रवास मानव इतिहास में एक अतुल्य घटना है। आलू की खेती पर निर्भर इस देश की बढ़ती आबादी के कारण लोगों का निर्गमन हुआ, यहाँ कृषीय घनत्व अधिक हो गया था आलू की खेती लगातार तीन वर्षो तक (1845 से 1848) विफल रही। 1850 से 1900 के मध्य 4 मिलियन से अधिक लोग आयरलैंड छोड़ दूसरी जगहों की ओर प्रस्थान करने लगे। इस पलायन पर अंकुश लगाने की शुरुआत 1885 में हुई, जब घटती जन्म दर के कारण देश की जनसंख्या कम होने लगी। 18वीं तथा 19वीं सदी के दौरान हुए प्रवास के आँकड़े को ***तालिका 13.17*** तथा ***तालिका 13.18*** में दर्शाया गया है।

तालिका 13.16 में यह देखा जा सकता है कि 6.3 मिलियन प्रवासियों में 4.45 मिलियन से अधिक यूरोप के उत्प्रवासी थे तथा लगभग 0.7 मिलियन विश्व के अन्य भाग के थे। इसी अवधि में यूरोप में अप्रवासियों की संख्या मात्र 1.15 मिलियन थी।

तालिका 13.17 अंतर्राष्ट्रीय प्रवास (1945-1952)

महाद्वीप	संख्या
यूरोप से उत्प्रवास	4,452,000
यूरोप में आप्रवासन	1,150,000
अन्य अन्तर्राष्ट्रीय प्रवास	710,000
कुल	**6,312,000**

Source: Spencer, J.E., etal Cultural Geography.

1945 से 1952 के बीच यूरोप के विभिन्न देशों से प्रवास को, ***तालिका 13.17*** में दिखाया गया है। इस तालिका में यह देखा जा सकता है कि यूरोपीय देशों से अधिकतर प्रवास संयुक्त राज्य अमेरिका (27%), कनाडा (21%) तथा दक्षिण अमेरिकी देशों (21%) के लिए हुआ। लगभग 17% उत्प्रवासियों का अधिगमन ऑस्ट्रेलिया के लिए तथा 13% इजराइल के लिए हुआ।

तालिका 13.18 यूरोप से प्रवास (1945-1952)

उत्प्रवास	संख्या	अप्रवास	संख्या
ग्रेट ब्रिटेन	1,107,000	संयुक्त राज्य अमेरिका	1,104,000 (27%)
इटली	741,000	अर्जेन्टीना, ब्राजील एवं वेनेजुएला	883,000 (21%)
नीदरलैंड	318,000	कनाडा	726,000 (21%)
स्पेन	272,000	ऑस्ट्रेलिया	697,000 (17%)
पुर्तगाल	152,000	इजराइल	526,000 (13%)
		दक्षिण अफ्रीका	125,000 (3%)
		न्यूजीलैंड	75,000 (2%)

Source: Spencer, J.E. et.al. Cultural Geography.

वर्तमान में अन्तर्राष्ट्रीय प्रवास (Recent International Migration)

अन्तर्राष्ट्रीय प्रवास, जिसमें दोनों, आर्थिक व अन्य कारणों से स्वैच्छिक प्रवास तथा शरणार्थियों का अनैच्छिक अधिगमन शामिल है, धीरे-धीरे बढ़ता जा रहा है। खासतौर पर द्वितीय विश्व युद्ध के बाद। संयुक्त राष्ट्र संघ के अनुसार लगभग 210 मिलियन लोग (शरणार्थियों को छोड़कर) 2015 में अपने देश से बाहर रह रहे थे या कार्यरत थे। अप्रवास की वार्षिक दर सबसे अधिक विकासशील देशों के लिए है तथा लगभग आधा अन्तर्राष्ट्रीय प्रवास विकासशील देशों के अन्तर्गत होता है।

2009 में अनैच्छिक प्रवास (शरणार्थी) लगभग 45 मिलियन था। अमेरिकी-अफगान युद्ध तथा अमेरिकी सैनिक बल द्वारा इराक पर हमले के बाद शरणार्थियों की समस्या चिन्ताजनक हो गई। शरणार्थियों की संख्या से अधिक उन लोगों की संख्या हो गई, जो आन्तरिक रूप से विस्थापित हुए। यह वो लोग थे जो युद्ध, उत्पीड़न, प्राकृतिक अथवा मानव निर्मित विपदा के कारण अपने घरों से विस्थापित हुए लेकिन अपनी राष्ट्रीय सीमाओं के अन्दर ही रह गए। गृह युद्ध तथा स्थानीय युद्ध की बढ़ती संख्या लगभग 45 मिलियन हो गई है। अफ्रीका (सोमालिया, सूडान), अल्बानिया, मेसिडोनिया, तथा दक्षिण-पश्चिम एशिया (अफगानिस्तान, ईरान, सीरिया, लेबनान, तुर्की, इत्यादि) सबसे अधिक प्रभावित क्षेत्र हैं, जहाँ आन्तरिक रूप से विस्थापित लोगों की संख्या 25 मिलियन हो गई है। हाल के दशकों में स्थायी रूप से बसने वालों के लिए प्रमुख गन्तव्य स्थान अमेरिका, कनाडा, जर्मनी, नॉर्वे, स्वीडन, ऑस्ट्रेलिया तथा न्यूजीलैंड रहा है। इन देशों के अप्रवासन में तीसरी दुनिया के दशों का योगदान लगभग 77% है।

हाल में पर्यावरणीय निम्नीकरण (Environmental Degradation) तथा प्राकृतिक विपदा के कारण लोग अपने घरों को छोड़कर दूसरी जगहों पर गए। जनसंख्या वृद्धि, कृषीय भूमि की कमी सूखा तथा बाढ़ के चक्र से प्रभावित होकर 12 मिलियन से अधिक बांग्लादेशी नागरिकों का निकटवर्ती भारतीय राज्यों में अवैध अप्रवास हुआ है, जिसके कारण इन राज्यों में स्थानीय आक्रोश बढ़ गया है।

कई सरकारें अप्रवास को एक समस्या मानती हैं परन्तु वास्तव में अप्रवासी श्रम दोनों, प्रवासियों के उद्‌गम स्थान (स्वदेश) तथा गन्तव्य स्थान (मेजबान देश) के लिए लाभकारी है। लेकिन राष्ट्रीय पहचान, सांस्कृतिक भिन्नता तथा बेरोजगारी की समस्या स्थानीय लोगों एवं अप्रवासियों के बीच द्वेष का कारण है। अप्रवास, वैध अथवा अवैध ऐसा प्रतीत होता है कि हमेशा जारी रहेगा।

भारतीय अन्तर्राष्ट्रीय प्रवास (Indian International Migration)

विश्व के दूसरे सबसे बड़े देश भारत से पिछले 65 वर्षों में भूमि पर बढ़ती जनसंख्या के भार के कारण तथा बदलते सामाजिक आर्थिक परिदृश्य के कारण लोगों का दूसरे देशों में अधिगमन बढ़ने लगा है।

भारतीय मजदूरों के पहले समूह का उत्प्रवास कलकत्ता से मॉरीशस 1815 में हुआ। इन मजदूरों में अपराधी व अभिशासित शामिल थे, जो मॉरीशस में गन्ने के खेतों पर काम करने लगे। 1834 के पश्चात मॉरीशस की समुद्रीय जलवायु से आकर्षित होकर कई मजदूर वहाँ बस गए। मॉरीशस की कुल 12 लाख जनसंख्या में 7 लाख से अधिक भारतीय हैं। लगभग 8000 भारतीय मूल के लोगों की एक बड़ी कॉलोनी रीयुनियन द्वीप (Reunion Island) पर मॉरीशस के निकट भारतीय महासागर में स्थित है। इसी तरह बाद में भारतीय मूल के लोग मलेशिया के रबड़ उत्पादन वाले क्षेत्रों में तथा वेस्टइंडीज में गन्ना उपजाने वाले क्षेत्रों में भी बस गए।

अफ्रीका महाद्वीप में 18वीं तथा 19वीं सदी में भारतीयों का उत्प्रवास हुआ। अरब व्यापारियों की सहायता से भारतीयों ने अफ्रीकी देशों में अपना व्यवसाय स्थापित किया। यूरोपियों ने भी भारतीय मजदूरों को अफ्रीका के देशों में जाने के लिए प्रोत्साहित किया, जहाँ जाकर इन मजदूरों ने कृषीय विकास तथा रेलवे निर्माण में अपना योगदान दिया। इन मजदूरों के साथ छोटे व्यापारी, दुकानदार तथा साहूकार भी वहाँ गए। इन उत्प्रवासों के फलस्वरूप केन्या, मोजाम्बिक, दक्षिण अफ्रीका, तन्जानिया, जाम्बिया, जिम्बावे, इत्यादि में बड़ी भारतीय कॉलोनियों का विकास हुआ। अधिकतर ये उत्प्रवासी पंजाब, गुजरात, महाराष्ट्र, तमिलनाडु तथा केरल के थे।

वेस्टइंडीज के लिये भारतवासियों का प्रवसन 1840 में आरम्भ हुआ। ब्रिटिश गुयाना तथा त्रिनिदाद में उनकी संख्या सबसे अधिक थी। वर्तमान में वेस्टइंडीज में लगभग 3 लाख भारतीय हैं यह उसकी आधी आबादी से अधिक है। ये उत्प्रवासी अधिकतर बिहार तथा उत्तर प्रदेश से हैं। ***(चित्र 13.36)***।

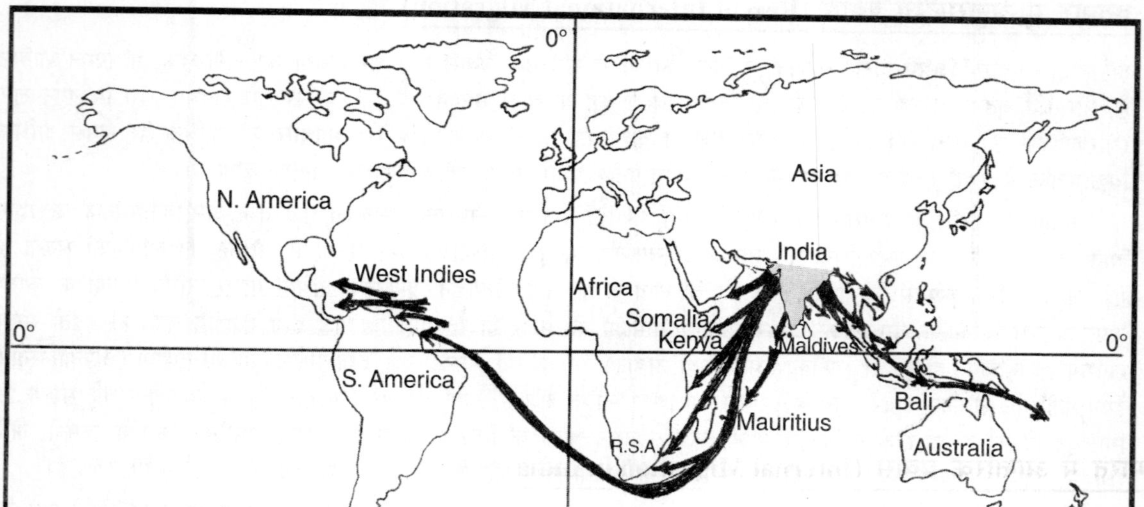

चित्र 13.36 भारत–भूतकालिक प्रवास

19वीं सदी के अन्त तक उत्प्रवास की गति तीव्र हो गई। मलेशिया के रबड़ उत्पादन वाले क्षेत्रों में तथा श्रीलंका के चाय के बागानों में भारतीय मजदूरों का उत्प्रवास हुआ। श्रीलका में लगभग 4 मिलियन भारतीय हैं जो श्रीलंका की कुल आबादी का लगभग एक-तिहाई हिस्सा है। श्रीलंका तथा मलेशिया में अधिकतर अप्रवासी तमिलनाडु राज्य से हैं। इसके अलावा कई भारतीयों का प्रवास घनी आबादी वाले राज्यों–बिहार, ओडिशा, पश्चिम बंगाल तथा उत्तर प्रदेश से हुआ है। 1947 में भारत के विभाजन के समय भी बड़े पैमाने पर प्रवास हुआ *(चित्र 13.37)*।

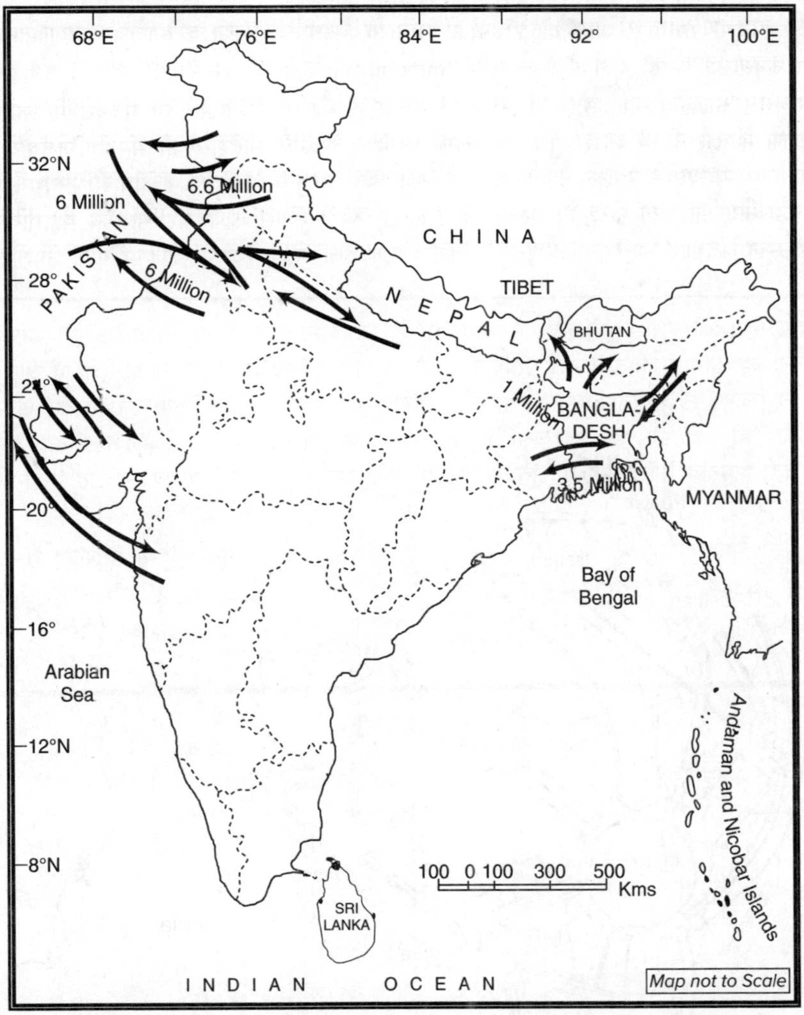

चित्र 13.37 भारत-भूतकालिक प्रवास

भारत में आन्तरिक प्रवास (Internal Migration in India)

इस विषय में विश्वसनीय आँकड़ों की कमी है। भारत की जनगणना एक सामान्य जानकारी 'जन्म स्थान' तथा 'अंतिम आवास' के रूप में देती है। यह 'प्रवासियों के प्रवाह' तथा आन्तरिक प्रवास के कारणों के बारे में भी जानकारी देती है।

द्वितीय विश्व युद्ध से पहले भारत में आन्तरिक प्रवास स्वतंत्र रूप से हुआ तथा लोग स्वेच्छा से एक राज्य से दूसरे राज्य में रोजगार की तलाश में गए। उत्तर प्रदेश से प्रवासी पूर्व कोलकाता, असम (चाय के बगानों में), पश्चिम बंगाल, पश्चिम (दिल्ली

तथा पंजाब के कृषीय क्षेत्रों में) तथा दक्षिण (मुंबई, अहमदाबाद, सूरत, भोपाल, हैदराबाद, पुणे, केरल, चेन्नई तथा बंगलुरु) की ओर गए। इसी तरह आंध्र प्रदेश, बिहार, मध्य प्रदेश, ओडिशा, पंजाब तथा राजस्थान से प्रवासी देश के विभिन्न राज्यों में बेहतर रोजगार की तलाश में गए। लेकिन 1961-2001 के बीच आन्तरिक प्रवासियों के प्रवाह पर विभिन्न राज्यों 'मूल निवासियों' (Son of the soil) की नीति तथा विदेशियों के मुद्दे (असम एवं महाराष्ट्र) का प्रतिकूल प्रभाव पड़ा। इस अवधि के दौरान आन्तरिक प्रवासियों का 33% से घटकर 30% हो गया।

भारत में किसी जिले के आर्थिक विकास के स्तर तथा अन्त:राज्य व अन्तर-राज्य प्रवास के बीच एक सकारात्मक संबंध है। अधिक औद्योगीकृत राज्य दूसरे राज्यों से प्रवासियों को आकर्षित करते हैं। घनी आबादी वाले गंगा के मैदानों में, डेल्टा तथा तटीय मैदानों में तथा विरल जनसंख्या पहाड़ी क्षेत्रों में निश्चलता (Immobility) देखी गई है। दामोदर कोयला क्षेत्र तथा हुगली घाटी के आकर्षण के कारण असम से लोगों का प्रवास पश्चिम बंगाल में हुआ है। आन्तरिक प्रवासी मुंबई, दक्षिण तथा दक्षिण पश्चिम कर्नाटक व बंगलुरु तथा दिल्ली में भी आकर बसे। पंजाब व हरियाणा के उर्वर मैदान आन्तरिक प्रवासियों के लिए आकर्षण का केन्द्र बना रहा है। गर्मी के मौसम में प्रवासी मैदानी क्षेत्रों से जम्मू एवं कश्मीर, हिमाचल प्रदेश, उत्तराखंड तथा सिक्किम (चित्र 13.38) जैसे राज्यों की ओर अधिगमन करते हैं। वर्तमान में ग्रामीण क्षेत्रों से ग्रामीण शहर से गाँव (U - R) की प्रवास अति सीमित है (5%), जिसमें परिसंचारी तथा अर्द्ध-स्थायी प्रवासी शामिल हैं, जो सेवानिवृत्त होने पर अपने घर वापस लौट जाते हैं।

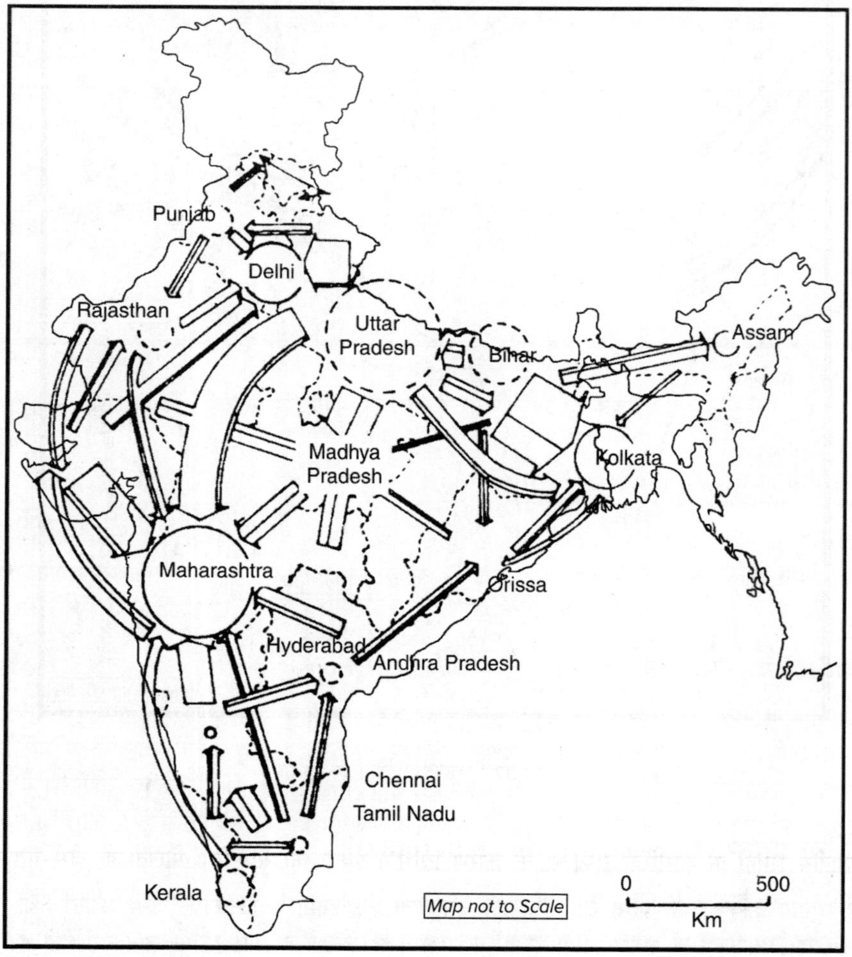

चित्र 13.38 आंतरिक प्रवास-2011

भारत में आन्तरिक प्रवास अभी भी मुख्य रूप से पुरुषों द्वारा किया जाता है, जहाँ रोजगार प्रवास का मुख्य कारण है। कुल पुरुष प्रवासियों का लगभग 41 तथा 24% क्रमशः गाँव से शहर (R - U) तथा शहर से शहर (U - U) की ओर प्रवास में भाग लेते हैं। प्रवास में महिलाओं का योगदान मुख्य रूप से विवाह के लिए होता है, इसके अतिरिक्त यह रोजगार व शिक्षा के लिए भी होता है। लेकिन दोनों, अन्तःराज्य तथा अन्तर-राज्य ग्रामीण प्रवास में महिलाओं की संख्या पुरुषों से अधिक है।

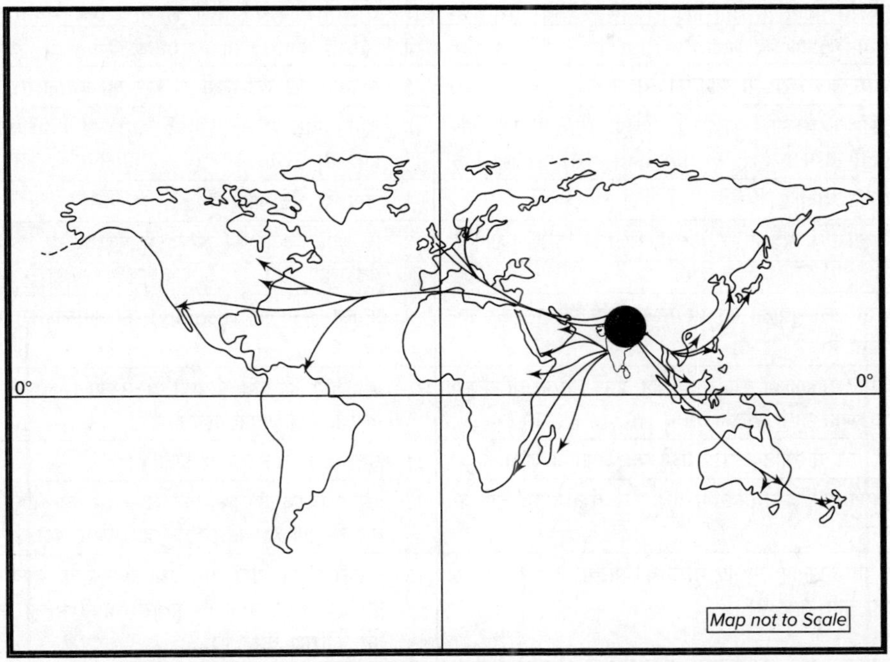

चित्र 13.39 भारत के हाल के अंतर्राष्ट्रीय प्रवास

प्रवसन के परिणाम (Consequences of Migration)

प्रवसन का प्रभाव प्रवासियों के उद्‌गम स्थान (Place of origin) तथा गन्तव्य स्थान (Place of destination) की जनसंख्या व संसाधनों पर पड़ता है। यह प्रवासियों को भी प्रभावित करता है। यह सांस्कृतिक विसरण तथा सामाजिक एकीकरण का एक साधन है।

प्रवसन का प्रवासियों पर प्रभाव (Impact of Migration on Migrants)

जो प्रवासी ग्रामीण क्षेत्रों से नगरीय क्षेत्रों में प्रवास करते हैं खासकर बड़े औद्योगिक एवं वाणिज्यिक नगरों, में प्रायः उचित आवासीय स्थान के अभाव में रहते हैं। नई जगह का प्रदूषित वातावरण, वैषिक धुएँ एवं प्रदूषक उनके स्वास्थ्य पर प्रतिकूल प्रभाव डालते हैं। वे अपने आप को आहार के नए तरीकों तथा भोजन-समय के अनुरूप ढाल लेते हैं। ऐसे अनेक उदाहरण हैं। जिससे यह सिद्ध होता है कि साँस एवं जनसंक्रामक बीमारियाँ, हृदय रोग, मनोवैज्ञानिक रोग एवं अकेलापन प्रवासियों में आम हैं। कभी-कभी विभिन्न प्रजातीय तथा नृजातीय समूहों के शारीरिक सम्बन्धों के कारण विभिन्न प्रकार की बीमारियाँ फैलती हैं, जैसे-एड्स। प्रवासियों तथा परपोषी जनसंख्या के रक्त-मिश्रण से लोगों की जैविक विशेषताओं (Biological Characteristics) में बदलाव आता है।

प्रवसन के कुछ मुख्य परिणामों की चर्चा ***तालिका 13.19*** में की गई है।

तालिका 13.19 प्रवसन के परिणाम

उद्गम का स्थान (Place of Origin)	गन्तव्य का स्थान (Place of Destination)
1. जनसंख्या की परिशुद्ध संख्या घट जाती है।	1. जनसंख्या की परिशुद्ध संख्या बढ़ जाती है।
2. जनसंख्या का घनत्व तथा जनन क्षमता (Fertility) घट जाती है।	2. जनसंख्या का घनत्व तथा जनन क्षमता (Fertility) बढ़ जाती है।
3. लिंग अनुपात बढ़ जाता है।	3. लिंग अनुपात घट जाता है।
4. श्रमिकों का अनुपात घट जाता है।	4. श्रमिकों का अनुपात बढ़ जाता है।
5. संसाधनों पर जनसंख्या के भार को घटाता है।	5. संसाधनों पर जनसंख्या के भार को बढ़ाता है।
6. श्रमिक बल के प्रवसन के कारण, मौजूद संसाधनों का पर्याप्त उपयोग नहीं हो पाता है।	6. श्रमिक बल में बढ़ोत्तरी के कारण संसाधनों का बेहतर उपयोग होता है।
7. जन्म दर घट जाती है।	7. जन्म दर बढ़ जाती है
8. शिक्षित युवाओं के प्रवसन के कारण, साक्षरता दर घट जाती है।	8. शिक्षित युवाओं की संख्या में बढ़ोत्तरी के कारण साक्षरता दर बढ़ जाती है।
9. कमाई करने वाले युवाओं की गैर-मौजूदगी में परिवारों को कष्ट उठाना पड़ता है।	9. प्रवासी अनुकूलन (Fertility) की समस्या का सामना करते हैं।
10. बुजुर्ग, बीमार, महिलाओं तथा बच्चों को अपने परिवार के सदस्यों (प्रवासियों) की कमी खलती है।	10. प्रवासियों के प्रति परपोषी जनसंख्या (Fertility) आक्रामक व विरोधी रुख अपना सकती है
11. नए मूल्यों एवं सांस्कृतिक परम्पराओं को अपनाया जाता है।	11. संस्कृति अधिक समृद्ध होती है।
12. इसके कारण राष्ट्रीय एकीकरण तथा अन्तर्राष्ट्रीय भाईचारे को बल मिलता है।	12. इसके कारण राष्ट्रीय एकीकरण तथा अन्तर्राष्ट्रीय भाईचारा को बल मिलता है। यह प्रवसन का सबसे बड़ा लाभ है।
13. प्रवासियों द्वारा अपनाए गए नए मूल्यों को परिवार तथा सम्बन्धियों द्वारा सराहा नहीं जाता है।	13. प्रवासियों की भाषा, धर्म तथा सांस्कृतिक मूल्यों द्वारा संस्कृतियों का एकीकरण होता है। प्रवासी अपने मूल्यों को कायम रखने की कोशिश करते हैं।
14. प्रवासियों द्वारा अपने परिवारों को पैसा भेजने के कारण अर्थव्यवस्था समृद्ध होती है।	14. प्रशिक्षित तथा अधिक मात्रा में युवा श्रम बल की उपलब्धता के कारण उत्पादन बढ़ जाता है तथा संसाधनों का अनूकूलतम उपयोग होता है।
15. परिवार में युवाओं की गैर-मौजूदगी के कारण उनके खिलाफ अपराधों में बढ़ोत्तरी होती है अर्थात् अपराधीकरण को बढ़ावा मिलता है।	15. सम्पत्ति के लिए तथा स्त्रियों के खिलाफ अपराध में बढ़ोत्तरी होती है।

जनसंख्या की समस्या (Population Problem)

बढ़ती जनसंख्या का सीमित संसाधनों पर, खासकर कृषि भूमि, जल तथा वन संसाधन पर दबाव कई सामाजिक-आर्थिक, सांस्कृतिक, राजनीतिक तथा पर्यावरणीय समस्याएँ उत्पन्न करता है। भारत में जनसंख्या की समस्याएँ स्थान तथा समय के साथ परिवर्तनशील है। भारत की जनसंख्या की कुछ महत्वपूर्ण समस्याओं को संक्षेप में नीचे प्रस्तुत किया गया है:

1. **जनसंख्या में तीव्र वृद्धि (Rapid Growth of Population):** भारत में जनसंख्या की वृद्धि दर काफी उच्च है। मृत्यु दर के बेहतर नियंत्रण और जन्म दर के उच्चस्तरीय रहने के कारण भारत की जनसंख्या तेजी से बढ़ी है। भारत की जनसंख्या में आयी तीव्र वृद्धि का अनुमान इस बात से लगाया जा सकता है कि जहाँ पिछली सदी में विश्व जनसंख्या में तीन गुनी वृद्धि आयी, वहीं भारत की जनसंख्या में इस दौरान पांच गुना वृद्धि दर्ज की गयी। जनसंख्या विस्फोट ने, पिछले पचास वर्षों में, देश के प्राकृतिक संसाधनों पर उच्च दबाव डाला है।
2. **बेरोजगारी (Unemployment):** बेरोजगारी किसी समाज की एक बहुत बड़ी बुराई है। भगवती समिति की रिपोर्ट के अनुसार भारत में लगभग 4.7 करोड़ युवा बेरोजगार हैं। समय बीतने पर बेरोजगारों की संख्या में तीव्र वृद्धि की संभावना

है। आयु वर्ग 15-24 वर्ष में बेरोजगारी 25% है, जिनमें पढ़े-लिखों की संख्या निरन्तर बढ़ रही है गाँव से युवाओं के पलायन एवं अपराधीकरण का मुख्य कारण भी बेरोजगारी है।

सरकारी आंकड़ों के अनुसार 15-59 वर्ष के आयु वर्ग में लगभग 15% लोग बेरोजगार है। इस समस्या का राष्ट्र स्तर पर समाधान अनिवार्य है अन्यथा समाज में अपराधीकरण की समस्या और भी गम्भीर हो सकती है।

3. **निम्न जीवन स्तर और कुपोषणः** भारत की प्रति व्यक्ति आय एशिया के विकासशील देशों में सबसे निम्न में से एक है। निम्न क्रयशक्ति के कारण एक आम भारतीय संतुलित आहार के बारे में सोच भी नहीं सकता। साफ-सफाई और पोषण का स्तर भी काफी निम्न है। भारत की लगभग 50% जनसंख्या प्रतिदिन 1800 कैलोरी ऊर्जा समतुल्य आहार प्राप्त नहीं कर पाती है।

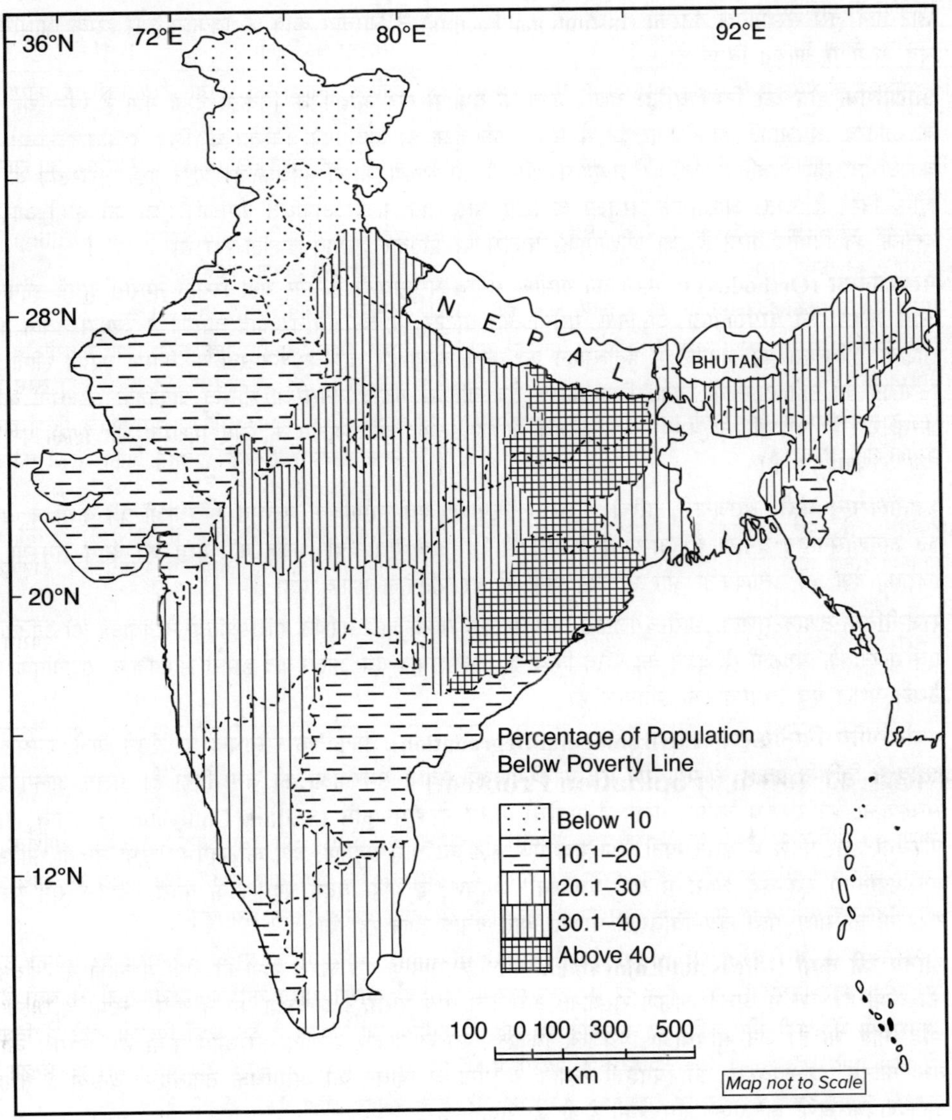

चित्र 13.40 गरीबी-2011

4. **गरीबी:** नेशनल सेम्पल सर्वे (NSS) के अनुसार भारत की लगभग 29.8% जनसंख्या (2009-10) गरीबी रेखा के नीचे हैं। यह जनसंख्या दो वक्त का भोजन तक नहीं जुटा पाती। यह जनसंख्या आहार और पोषण दोनों ही रूपों से अपूर्ण है। इनकी गरीबी, जागरुकता की कमी आदि कारकों ने इनके स्वास्थ के स्तर, आवास आदि पर काफी प्रतिकूल प्रभाव डाला है। भारत में मुसलमानों की 45% जनसंख्या दरिद्र रेखा से नीचे है। ग्रामीण जनसंख्या में सिखों की सबसे कम जनसंख्या दरिद्र रेखा से नीचे है, जबकि नगरों में ईसाई लोगों की सबसे कम जनसंख्या गरीबी रेखा के नीचे है।

5. **कृषिगत संसाधनों का कुप्रबंधन:** भारत के अधिकतर भागों में विशेषकर वर्षा आधारित एवं शुष्क कृषि भागों में कृषि परंपरागत और जीवन-निर्वाह प्रकार की है। कृषि कार्य के लिए प्राचीन उपकरणों का उपयोग हो रहा है। साधारणतया किसान गरीब हैं, जो महंगे और नवीन कृषि आगतों को खरीद ही नहीं सकते। फलस्वरूप भारतीय कृषि की प्रति इकाई उत्पादकता विश्व स्तर से काफी निम्न है। भूमि काश्तकारी, उत्तराधिकार के नियम, चक के विभाजन और खेतों के छोटे होने जैसे संस्थानिक कारकों (Institutional Factors) ने भारतीय कृषि के विकास और इसके आधुनिकीकरण को बड़े अर्थों में बाधित किया है।

6. **औद्योगिक क्षेत्र की निम्न वृद्धि:** यद्यपि हाल के वर्षों में तेज औद्योगिक विकास देखा गया है परन्तु यह ग्रामीण क्षेत्रों के अतिरेक श्रमशक्ति को रोजगार देने में समर्थ नहीं हुआ है। औद्योगिक विस्तार के लिए न केवल उचित मात्रा में धन का अभाव रहा है बल्कि यहाँ पर अकुशल श्रमिकों की संख्या काफी अधिक है। बहुत बड़ी जनसंख्या की क्रय-शक्ति चूँकि निम्न है, अतः औद्योगिक वस्तुओं के लिए भारत का बाजार अपेक्षित कम है। पूँजी की कमी और गरीबी एक दुष्चक्र का निर्माण करते हैं, जो औद्योगिक विकास पर प्रतिकूल प्रभाव डालता रहा है।

7. **परंपरानिष्ठा (Orthodoxy):** भारत का ग्रामीण समाज परंपरावादी है और यही स्थिति नगरीय झुग्गी-झोपड़ियों की है। आम आदमी की परंपरानिष्ठा, अज्ञानता, गरीबी और कट्टर धार्मिक प्रवृत्ति आदि कारणों ने देश में नवीन तकनीक और वृद्धिकारी विचारों को अपनाने में हतोत्साहन का कार्य किया है। धार्मिक कट्टरता के कारण काफी लोगों द्वारा परिवार नियोजन को नहीं अपनाया जाता। जिस कारण तेज गति से बढ़ती जनसंख्या सीमित प्राकृतिक संसाधनों का तेज दोहन करती रही है। परंपरानिष्ठा, धर्मांधता और अंधविश्वास इत्यादि के उन्मूलन के लिए साक्षरता और शिक्षा पर विशेष ध्यान देना अत्यावश्यक है।

8. **हड़ताल एवं बंदी:** बेरोजगारी, गरीबी, भुखमरी, कुपोषण एवं सामाजिक मूलभूत सुविधाओं की कमी ने अनेक युवाओं को अनुशासनहीन बनाया है। अन्यान्य कारणों से 'हड़ताल एवं बंदी' आज के भारत की आम समस्या बन गई है, जिसका देश की उत्पादकता और उत्पादन दोनों ही पर प्रतिकूल प्रभाव पड़ा है।

9. **राजनीतिक उथल-पुथल:** भारी बेरोजगारी तथा बदलती सामाजिक-आर्थिक परिस्थितियों ने युवाओं को अतिवादी संस्थाओं एवं राजनैतिक संगठनों से जुड़ने को प्रेरित किया है। नक्सलवाद एवं आतंकवाद हमारी सामाजिक, राजनैतिक एवं आर्थिक उथल-पुथल एवं विषमता का प्रतिफल है।

10. **पर्यावरणीय निम्नीकरण (Environmental Degradation):** प्राकृतिक संसाधनों पर पड़ने वाले जनसंख्या के भारी दबाव ने विभिन्न प्रकार के पर्यावरण एवं पारिस्थितिकी संबंधी समस्याओं को जन्म दिया है। अलग-अलग प्रदेशों में इन समस्याओं का स्वरूप अलग-अलग है-पूर्वोत्तर भारत में झूम-कृषि (Shifting Cultivation); पंजाब, हरियाणा एवं पश्चिमी उत्तर प्रदेश में सघन खेती तथा मृदा एवं जल का भारी प्रदूषण; देश की लगभग सभी नदियों का उच्च प्रदूषण एवं महानगरों एवं बड़े शहरों में वायु एवं ध्वनि प्रदूषण; इत्यादि। बढ़ते प्रदूषण के कारण उत्पन्न रोग स्वास्थ संबंधी संस्थानों के साथ-साथ जैव-विविधता पर भी भारी दबाव डाल रहा है।

11. **आनंद की कमी (Life is not Enjoyable):** भारत के ग्रामीण एवं शहरी दोनों ही क्षेत्रों में लोगों के जीवन में आनन्द की कमी है। देश में अच्छे शिक्षण संस्थानों, अस्पतालों एवं परिवहन व्यवस्था की न केवल कमी है बल्कि वहाँ अति भीड़-भाड़ भी है। जन-सुविधाओं, पेयजल, बिजली, स्वच्छ आहार इत्यादि की आम कमी है। अपराध की बढ़ती दर तथा कानून एवं व्यवस्था की बिगड़ती स्थिति ने लोगों के जीवन को अत्यधिक तनावग्रस्त बनाया है तथा जीवन में आनंददायक क्षणों की एक आम कमी देखी जा सकती है।

12. **कम आयु में प्रजनन:** भारत में 15 वर्ष से कम आयु की लड़कियों के बच्चे पैदा होने लगे हैं। बहुत राज्यों में बाल विवाह प्रथा आज भी प्रचलित है। बेटियों की शादी उनकी इच्छा जाने बगैर ही कर दी जाती है। दु:खद बात यह है पूरे भारत में बाल श्रम (Child Labour) में वृद्धि हो रही है

संक्षेप में हम कह सकते है कि, अपार जनसंख्या और सतत् असमानान्तर वृद्धि देश के उपलब्ध संसाधनों पर अवहनीय दबाव डाल रहा है। इस कारण देश की बहुत बड़ी जनसंख्या के जीवन में गुणवत्ता, आहार, आवास, स्वास्थ्य-सुविधाओं, परिवार-कल्याण, रोजगार, साफ-सफाई, इत्यादि की आम कमी व्याप्त है। महँगाई, मिलावट, लूट-पाट, अपहरण, डकैती, महिलाओं के साथ उच्च अपराध दर, वेश्यावृत्ति, अनुशासनहीनता, हड़ताल, धरना, तालाबंदी, पर्यावरण-प्रदूषण, राजनैतिक उथल-पुथल एवं अनेक स्तरों पर सामाजिक तनाव यहाँ की आम समस्याएँ हैं।

राष्ट्रीय जनसंख्या नीति, 2000 (The National Population Policy 2000)

भारतीय जनसंख्या की विस्फोटक स्थिति भारत के असमान आर्थिक विकास एवं अस्थिर सामाजिक, राजनैतिक स्वरूप में देखी जा सकती है। आम आदमी के जीवन स्तर और सामाजिक स्थिति को बेहतर बनाने का प्रयास एक सपना लगता है। सरकारी आंकड़ों के अनुसार भारत की लगभग 26% जनसंख्या 31.5 करोड़ से अधिक जनसंख्या गरीबी रेखा के नीचे गुजर-बसर कर रही है, जिनकी प्रतिदिन की आय 1 अमेरिकी डॉलर से भी कम है- इस समस्या का निदान न केवल अत्यावश्यक है बल्कि इस पर शीघ्र ध्यान देने की जरूरत है। वर्ष 1952 में प्रारंभ किए गये परिवार-नियोजन कार्यक्रम ने इच्छित परिणाम नहीं दिये। अंततः 15 फरवरी, 2000 को सरकार द्वारा परिवार को नियोजित करने, स्वास्थ्य सुविधाओं की बेहतर पहुँच एवं आम आदमी के जीवन स्तर को सुधारने के लिए राष्ट्रीय जनसंख्या नीति की घोषणा की।

स्वास्थ्य संबंधी आधारित संरचना तथा उनकी समेकित उपलब्धि एवं प्रजनन तथा बाल स्वास्थ्य सुविधाओं को उपलब्ध कराना इस जनसंख्या नीति का **तात्कालिक** उद्देश्य है। **मध्य अवधि** में सकल प्रजनन दर टोटल फर्टिलिटी रेट (Total Fertility Rate-TFR) को 2010 तक 2.1 करने का लक्ष्य था। वर्ष 2045 तक जनसंख्या को शून्य वृद्धि दर पर लाना है ताकि आर्थिक वृद्धि, सामाजिक विकास एवं पर्यावरणीय संरक्षण के संपोषण (Sustainability) स्तर तक लाने का इस जनसंख्या नीति का **दीर्घावधिक** उद्देश्य पूरा हो सके।

इस जनसंख्या नीति के प्रमुख बिन्दु निम्न प्रकार हैं:

1. प्रजनन संबंधी एवं बाल स्वास्थ्य सुविधाओं की आपूर्ति।
2. 14 वर्ष तक नि:शुल्क एवं अनिवार्य शिक्षा तथा सेकेण्ड्री स्तर पर स्कूल छोड़ने वाले छात्रों की दर को 20% से कम करना।
3. शिशु मृत्यु दर को 30 प्रति हजार से कम करना।
4. मातृ मृत्यु दर को 100 प्रति हजार से कम करना।
5. बच्चों के लिये सार्वजनिक टीकाकरण की व्यवस्था।
6. लड़कियों के विवाह को 18 वर्ष की आयु से कम न होने देना तथा इसे 18 से 20 वर्षों के बीच रखने पर प्रोत्साहन देना।
7. 80% प्रसव को संस्थानिक तथा 100% प्रसव को प्रशिक्षित व्यक्तियों द्वारा कराने का उद्देश्य।
8. प्रजनन-नियमन के लिये सूचनाओं एवं सलाहों की सार्वभौमिक पहुँच स्थापित करना।
9. जन्म, मृत्यु, विवाह एवं गर्भधारण का 100% पंजीकरण लक्ष्य प्राप्त करना।
10. एड्स (AIDS) की रोक-थाम तथा प्रजनन एवं लिंग संबंधी रोगों की रोक-थाम की समेकित व्यवस्था करना।
11. निरोध्य (Preventable) रोगों की रोक-थाम करना
12. प्रजनन एवं बाल स्वास्थ्य सुविधाओं से जुड़ी भारतीय चिकित्सा पद्धति (ISM) को घर-घर तक पहुँचाना।
13. छोटे-परिवार के नियम को प्रोत्साहित करके सकल प्रजनन-दर को विस्थापन स्तर तक लाना, एवं

14. सामाजिक क्षेत्र से जुड़े सभी कार्यक्रमों का ऐसा कार्यान्यवन करना ताकि परिवार कल्याण एक जन-केन्द्रित कार्यक्रम बन सके।

रणनीतियाँ (Strategies)

उपरोक्त राष्ट्रीय सामाजिक-जनांकिकीय लक्ष्यों को प्राप्त करने के लिए निम्न रणनीति तय की गई है:

(i) नियोजन एवं कार्यक्रमों का विकेन्द्रीकृत कार्यान्वयन।
(ii) ग्राम स्तर पर सेवाओं की समेकित उपलब्धि।
(iii) बेहतर स्वास्थ्य एवं पोषण के लिए महिला सशक्तिकरण।
(iv) बेहतर बाल-कल्याण सुविधाओं की उपलब्धि।
(v) परिवार-कल्याण सेवाओं की शीघ्रातिशीघ्र उपलब्धि।
(vi) झुग्गी-झोपड़ियों में रहने वालों, जनजातीय समुदायों, पहाड़ी जनसंख्या तथा विस्थापित एवं प्रवासित जनसंख्या के लिये ऐसी रणनीति का संचालन ताकि बच्चों का नियोजित लालन-पालन किया जा सके।
(vii) विविध स्वास्थ्य सुविधाओं की उपलब्धि।
(viii) गैर-सरकारी संगठनों एवं निजी क्षेत्र से बेहतर समन्वय तथा साझेदारी।
(ix) प्रजनन एवं बाल स्वास्थ संबंधी बेहतर अनुसंधान एवं विकास।
(x) तत्संबंधी सूचनाओं, शिक्षा एवं संचार का बेहतर उपयोग।

संक्षेप में हमारी 1.25 अरब से अधिक की जनसंख्या को मानव संसाधन विकास कार्यक्रमों के द्वारा एक परिसंपत्ति के रूप में विकसित करने पर बल दिया गया है। बेहतर सामाजिक एवं आर्थिक विकास के लिए जनसंख्या स्थिरीकरण हमारे लिये एक तार्किक लक्ष्य है। इस जनसंख्या नीति की सफलता के लिये बेहतर कार्यान्वयन, जन-सहभागिता आदि की आवश्यकता है।

पिछले दशक में भारत सरकार ने राष्ट्रीय जनसंख्या आयोग (National Commission on Population) को पाँच वर्ष के पश्चात फिर से सक्रिय किया, जिससे परिवार कल्याण संबंधी बेहतर सेवाएँ प्रदान की जा सकें। राष्ट्रीय स्तर पर परिवार कल्याण वस्तुओं तथा योजनाओं के लिए धन का प्रावधान करना तथा स्थानीय स्तर पर लोगों में 'छोटा परिवार सुखी परिवार' के लिए जागरुकता उत्पन्न करना है।

स्वास्थ्य सूचक (Health Indicators)

स्वास्थ मानव विकास का एक महत्वपूर्ण सूचक है। रोगमुक्त एवं दीर्घ आयु स्वस्थ जीवन का संकेतक है। स्वास्थ सूचक के अंतर्गत निम्नांकित तत्व आते हैं:

(i) जन्म के समय जीवन प्रत्याशा
(ii) प्रति 1000 सकल जन्म दर
(iii) प्रति 1000 सकल प्रजनन दर
(iv) प्रति 1000 सकल मृत्यु दर
(v) प्रति 1000 शिशु मुत्यु दर
(vi) प्रति 1000 पाँच वर्ष से कम की मृत्यु दर
(vii) प्रति 1000 मातृ मृत्यु दर

स्वतंत्रता प्राप्ति के बाद भारतीय जनसंख्या के स्वास्थ संकेतक प्रसंशनीय ढंग से बढ़े हैं। इन्हें हम निम्न प्रकार देख सकते हैं:

1. जीवन प्रत्याशा (Life Expectancy) (जन्म के समय) 1947 के 31.70 से बढ़कर 2011 में 67 हुई।
2. सकल जन्म दर (प्रति 1000) 1981 के 33.90 से घटकर 2011 में 21.8 हुई।

3. सकल प्रजनन दर (प्रति 1000) 1981 के 4.50 से घटकर 2011 में 2.4 हुई।
4. सकल मृत्यु दर (प्रति 1000) 1951 के 146 से घटकर 2011 में 69 हुई।
5. शिशु मृत्यु दर (प्रति 1000) 1951 के 146 से घटकर 2011 में 54 हुई।
6. 5 वर्ष से कम आयु की मृत्यु दर (प्रति 1000) 1951 के 326 से घटकर 2011 में 55 हुई।
7. मातृ मृत्यु दर (प्रति 1000) 1946 के 202 से घटकर 2011 में 38 हुई।

सामाजिक शक्तिकरण के संकेतक (Indicators of Social Empowerment)

'विकास आजादी है।' भुखमरी, गरीबी, कमजोरी, अज्ञानता, असाक्षरता एवं बंधनों से आजादी मानव विकास की कुंजी है। वास्तविक आजादी की प्राप्ति तभी संभव है, जब सामाजिक विकल्पों की प्राप्ति में जनता की क्षमताओं के उपयोग में शक्तिकरण और सहभागिता की गारंटी हो। समाज एवं परिवेश संबंधी जानकारियों तक पहुँच स्थापित करना आजादी के मूल तत्व हैं। साक्षरता इस दिशा में उठाया गया पहला कदम है (अधिक जानकारी के लिये इस अध्याय का साक्षरता उप-शीर्षक देखें)।

भारत में मानव विकास सूचकांक (Human Development Index in India)

मानव विकास रिपोर्ट (2019) के मानव विकास सूचकांक में भारत का स्थान 129वां है। पड़ोसी देशों की तुलना में भारत का मानव विकास में स्थान काफी नीचा है। उदाहरण के लिए मानव विकास में चीन का स्थान 85, तथा श्रीलंका का स्थान 71वां है। भारत में शिक्षा एवं स्वास्थ्य के कारण मानव विकास में स्थान नीचा है। भारत को मध्यम मानव विकास देशों की श्रेणी में रखा गया है। वैसे, देश में मानव विकास संबंधी अंतर एवं अन्तर्राज्जीय विषमता दिखती है ***(चित्र 13.41)***।

भारत के मानव विकास की ऐसी स्थिति के लिये विभिन्न ऐतिहासिक, सामाजिक, सांस्कृतिक, राजनैतिक एवं आर्थिक कारण जिम्मेदार हैं। केरल मानव विकास सूचकांक के मामले में अपनी लगभग शत-प्रतिशत (2011) साक्षरता (94.0) के कारण सर्वोच्च स्थान पर है। वहीं पर बिहार, मध्य प्रदेश, ओडिशा, असम, छत्तीसगढ़, झारखंड, राजस्थान और उत्तर प्रदेश साक्षरता और मानव विकास दोनों ही में काफी नीचे हैं। उदाहरण के लिये, बिहार की साक्षरता 2011 में मात्र 61.8 थी। जिन राज्यों की साक्षरता दर उच्च है, वहाँ लिंग-स्तरीय साक्षरता दर में अन्तर भी कम है। जहाँ केरल में यह अन्तर 6.34% है, वहीं बिहार में यह अन्तर 26.75 तथा मध्य प्रदेश में 25.95 है।

तालिका 13.20 भारत के कुछ चुनिंदा राज्यों का मानव विकास सूचकांक, 2018

क्र.सं.	राज्य	मानव विकास सूचकांक मान
1.	केरल	0.784
2.	दिल्ली	0.744
3.	हिमाचल प्रदेश	0.720
4.	गोवा	0.764
5.	पंजाब	0.721
6.	नॉर्थ ईस्ट (असम सहित)	0.662
7.	महाराष्ट्र	0.695
8.	तमिलनाडु	0.708
9.	हरियाणा	0.704
10.	जम्मू एवं कश्मीर	0.684
11.	गुजरात	0.667
12.	कर्नाटक	0.682
13.	प. बंगाल	0.637

क्र.सं.	राज्य	मानव विकास सूचकांक मान
14.	उत्तराखण्ड	0.677
15.	आन्ध्र प्रदेश	0.643

Source: Indian Human Development Report, 2018.

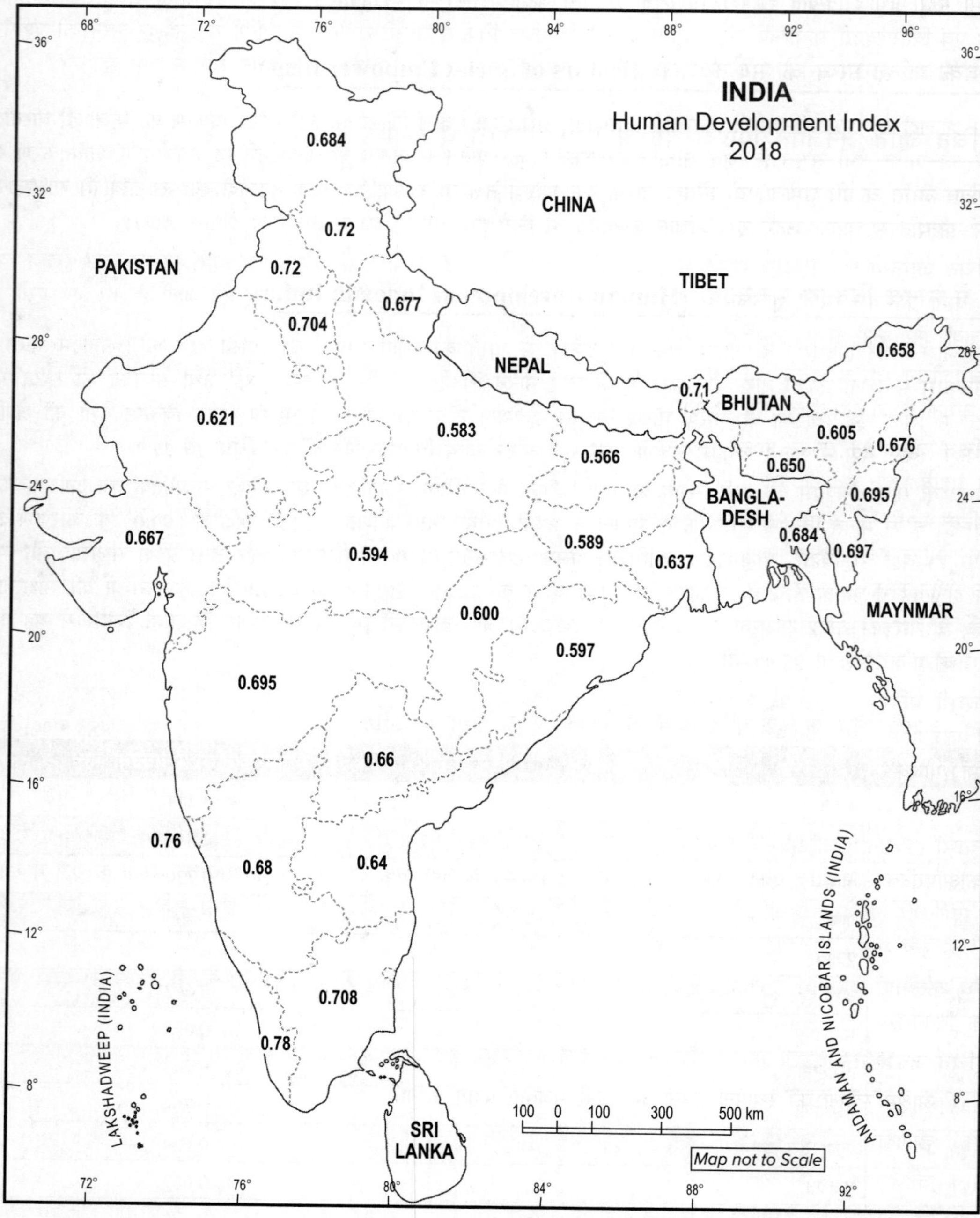

चित्र 13.41 मानव विकास सूचकांक, 2018

शिक्षा के अतिरिक्त आर्थिक संवृद्धि की मानव विकास में बहुत बड़ी भूमिका है। जहाँ महाराष्ट्र, तमिलनाडु, गुजरात और पंजाब जैसे आर्थिक रूप से सनृद्ध राज्यों का मानव विकास सूचकांक में उच्च स्थान है। वहीं असम, बिहार, मध्य प्रदेश और उत्तर प्रदेश जैसे आर्थिक रूप से गरीब राज्यों का इस सूचकांक में निम्न स्थान है।

औपनिवेशिक काल में उत्पन्न प्रादेशिक एवं सामाजिक विषमताओं का भारतीय अर्थव्यवस्था, राजव्यवस्था एवं समाज पर आज भी गहरा प्रभाव दिखता है। विभिन्न स्तरों पर भारी भ्रष्टाचार भी मानव विकास में रोधक है। भारत सरकार द्वारा संतुलित विकास एवं वितरणकारी सामाजिक न्याय व्यवस्था तथा नियोजित विकास संबंधी संस्थानिक प्रयासों से इन्हें दूर करने की प्रशंसनीय कोशिश की गई है। सरकारी प्रयासों के अच्छे परिणाम मिले हैं लेकिन इनकी उपलब्धि अपेक्षित स्तर से कम रही है।

अनुसूचित जाति/जनजाति/पिछड़ा वर्ग के लिए सरकारी योजनाएँ

अनुसूचित जाति के विद्यार्थियों के लिए पूर्व-मैट्रिक छात्रवृत्तिः यह योजना 2012 में लागू की गई थी। इस योजना में खर्च की शत-प्रतिशत सहायता भारत सरकार प्रदान करेगी।

अनुसूचित जातियों को राष्ट्रीय सागर पार छात्रवृत्तिः इस योजना में सस्थानों द्वारा वसूली प्रतिवर्ष, मासिक रख-रखाव, वीजा शुल्क, बीमा प्रीमियम आदि, वार्षिक आनुवांशिक भत्ता, आकस्मिक यात्रा भत्ता की राशि प्रदान की जाती है। हर वर्ष ऐसी 100 छात्रवृत्तियाँ और उनमें से 30% महिला उम्मीदवारों के लिए निश्चित की गई हैं।

बाबू जगजीवन राम छात्रावास योजनाः इस योजना का उद्देश्य अनुसूचित जाति ऐसे बालक/बालिकाओं को छात्रावास की सुविधा मुहैया कराना है जो माध्यमिक एवं उच्चतर माध्यमिक स्कूलों, कालेजों और विश्वविद्यालय में पढ़ रहे हैं।

अनुसूचित जाति हेतु राजीव गाँधी राष्ट्रीय छात्रवृत्ति योजनाः इस योजना के अंतर्गत अनुसूचित जाति के ऐसे विद्यार्थियों को वित्तीय सहायता दी जाती है, जो एम.फिल., पी.एच.डी. के शोध अध्ययन में लगे हैं।

अनुसूचित जाति के लिए साहसिक मूलधन फण्डः 2014 में सरकार ने अनुसूचित जाति के लिए साहसिक मूलधन फण्ड (वेन्चर केपीटल फण्ड) की स्थापना की घोषणा की जो अनुसूचित जातियों में साहसिक कार्यो की वृद्धि के लिए उन्हें वित्तीय अनुदान प्रदान किया जायेगा।

साख वृद्धि गारण्टी योजनाः सरकार ने 2014 में ₹200 करोड़ का आवंटन किया था जो अनुसूचित जाति के युवा उद्यमियों को साख में वृद्धि की सुविधा प्रदान करती है।

आदिवासी महिला सशक्तीकरण योजना (AMSY): यह अनुसूचित जाति की महिलाओं के आर्थिक विकास के लिए एक विशेष योजना है जिसमें अत्यधिक रियायती ब्याज दर पर धन राशि उपलब्ध कराई जाती है। इसके तहत NSTFDC स्कीम (स्कीमों)/प्रोजेक्ट (प्रोजेक्टों) के लिए टर्म लोन प्रदान करता है, जिसकी लागत ₹50,000 प्रति व्यक्ति यूनिट/लाभ केंद्र तक होती है।

आदिवासी (Tribal) कोऑपरेटिव मार्केटिंग डेवलपमेंट फेडरेशन ऑफ इंडिया लिमिटेड (TRIFED): इसे 1987 में मल्टी स्टेट कोऑपरेटिव सोसाइटीज एक्ट, 1984 (MSCS Act, 1984) के तहत एक राष्ट्रीय स्तर की सर्वोच्च संस्था के रूप में स्थापित किया गया था। ट्राइफेड जनजातियों के वनोत्पादों के लिए 'बाजार डेवलपर' के रूप में और अपने सदस्य संघों के लिए 'सेवा प्रदाता' के रूप में सहायता प्रदान करता है।

वनबन्धु कल्याण योजनाः इसका उद्देश्य जनजातीय लोगों के लिए पर्यावरण को ठीक करना है जो उनके उज्जवल भविष्य, धार्मिक विकास का प्रदान कर सके।

अनुसूचित जनजातिय बच्चों की शिक्षा हेतु छाता योजनाः इस योजना के अन्तर्गत निम्नलिखित योजनाएं शामिल हैः

(a) आश्रम स्कूलों की स्थापना करना और उन्हें मजबूती प्रदान करना।

(b) छात्रावासों की स्थापना और उन्हें मजबूती प्रदान करना।

(c) जनजातीय क्षेत्र में व्यवसायिक प्रशिक्षण देना।

(d) प्री-मैट्रिक और पोस्ट-मैट्रिक छात्रवृत्ति प्रदान करना।

पिछड़ा वर्ग हेतु पूर्व मैट्रिक छात्रवृत्तिः इस योजना का उद्देश्य पिछड़ा वर्ग के बच्चों को प्रोत्साहित करना है जो पूर्व मैट्रिक स्तर की पढ़ाई कर रहे हैं। इन बच्चों के परिवार की पात्रता सीमा ₹2,50,500 प्रति वर्ष से अधिक न हो।

पिछड़ा वर्ग हेतु परा-मैट्रिक छात्रवृत्तिः इस योजना का उद्देश्य पिछड़ा वर्ग के उन विद्यार्थियों को वित्तीय सहायता प्रदान करना है जो परा-मैट्रिक अथवा परा-सेकेंडरी की शिक्षा में अध्ययनरत हैं, तथा शिक्षा पूरी करनी है। इसके लिए माता-पिता/अभिभावकों की आय सीमा वार्षिक 1.00 लाख प्रति वर्ष है।

पिछड़ा वर्ग के लड़के और लड़कियों के लिए छात्रावासों का निर्माणः इस योजना का उद्धेश्य उन विद्यार्थियों को छात्रावास की सुविधा प्रदान करना है जो सामाजिक और शैक्षणिक रूप से पिछड़ा वर्ग में विशेष तौर से ग्रामीण क्षेत्र से हैं जो सैकेंडरी और उच्च शिक्षा में अध्ययनरत हैं। लड़कों के छात्रवासों के निर्माण की लागत केंद्र और राज्य के बीच 60 : 40 अनुपात में साझा की जाती है और लड़कियों के छात्रवासों के लिए अनुपात 90 : 10 है।

डॉ अंबेडकर शैक्षिक ऋण पर ब्याज सब्सिडी की योजनाः इन योजना का उद्देश्य अन्य पिछड़ा वर्ग और विदेश में आर्थिक पिछड़ा वर्ग के प्रतिभाशाली छात्रों को उच्च शिक्षा और रोजगार वृद्धि हेतु ऋण की ब्याज पर सब्सिडी प्रदान करना है। राष्ट्रीय पिछडा वर्ग वित्त और विकास निगमः NBCFDC का प्रारम्भ 1992 में भारत सरकार ने सामाजिक न्याय और सशक्तिकरण मंत्रालय द्वारा किया गया। यह गरीब वर्ग के लोगों, को कुशलता विकास और रोजगार में सहायता प्रदान करता है।

संदर्भ सूची (References)

- Ahmad, A, *Social Geography*. Jaipur: Rawat Publications, 1999.
- Ahmad, A, Raza, M, *India—General Geography*. New Delhi: NCERT, 1990.
- Bose, NK, *Tribal Life in India*. New Delhi: National Book Trust, 2002.
- Bose, NK, et al. "The People." In *The Gazetteer of India*, Vol. I, Govt. of India, 1973.
- Chakraborti, N, Mukerjee, F, *Indian Tribes*. Kolkata, 1971.
- Census of India. *Census Atlas, National*, Vol. I, New Delhi: Registrar General of India, 1991.
- Champion, A, Fielding, A (eds.), "Migration Processes and Patterns." In *Research Progress and Prospects*, Vol. 1, London: Belhaven, 1992.
- Chandna, RC, *A Geography of Population*. Ludhiana: Kalyani Publisher, 2002.
- Clark, WAV, *Migration and Development*. The Hague: Mouton, 1975.
- Dubey, RN, Negi, BS, *Economic Geography of India*. Allahabad: Kitab-Mahal, 1974.
- Fellmann, J, et al. *Human Geography*. Dubuque: W.M. Brown Publishers, 1985.
- Ghurye, GS, *The scheduled tribes*. Mumbai: Popular Prakashan, 1959.
- Gosal, GS, "Literacy in India, An Interpretive Study." In *Rural Sociology*, Vol. 29, No. 3 (1964): 261–77.
- Govt. of India, *Census of India, 1991 and 2001*.
- Govt. of India. *The Tribal People of India*. Ministry of Information and Broadcasting, 1973.
- Govt. of India. *India-2010*. New Delhi.
- Guha, BS, *Racial Elements in Indian Population*, Kolkata, 1944.
- Husain, M, *Human Geography*. Jaipur: Rawat Publications, 2001.
- Husain, M. 2016 *Terms and Concepts of Geography*, New Delhi McGraw Hill Education.
- Haddon, AC, *The Races of Man*. London, 1934.
- Jackson, JD, ed., *Migration*. Cambridge University Press, 1969.
- Jones, HR, *A Population Geography*. London, 1983.
- Johnston, RJ, et al., *The Dictionary of Human Geography*. Oxford: Blackwell Publishers, 1990.
- Krishnan, G, Shyam, M., "Literacy in India." In *Geographical Review of India*, Vol. 39 (1977): 117–125.
- Kroeber, AL, *Anthropology*. London, 1936.

- Khullar, DR, *India: A Comprehensive Geography*. New Delhi: Kalyani Publication, 2000.
- Lewis, GJ, *Human Migration*. London, Croom Helm/New York: St. Martin's Press, 1982.
- Majumdar, DN, *Races and Cultures of India*. Lucknow, 1958.
- McNeill, WH, Adams. RJ, *Human Migration—Patterns and Policies*. Bloomington, IN: Indian University Press, 1978.
- Mitra, A., 191, *Levels of Regional Development in India,* Census of India, New Delhi.
- Ogden, PE, *Migration and Geographical Change*. Cambridge: Cambridge Press, 1984.
- Newland, K, "International Migration, The Search for Work." *World Watch*, Paper 33 (1979).
- Parakh, BS, *India-Economic Geography*. New Delhi: NCERT, 1990.
- Parikh, KS, Radhakrishna R, *India-Development Report—2004–05*. New Delhi: Oxford University Press.
- Radhakrishnan, R, *India Development Report 2008*, 2008.
- Raza, M, Ahmad, A, *General Geography of India*. New Delhi: NCERT, 1978.
- Raza, M, Ahmad, A, *An Atlas of Tribal India*. New Delhi: Concept Publishing Co., 1990.
- Singh, LR, *Fundamentals of Human Geography*. Allahabad: Sharda Pustak Bhandar, 2003.
- Sinha, RK, *India—2005*. New Delhi: Shipra Publications, 2007.
- Sopher, D, *The Geography of Religions*. Hoboken, NJ: Prentice Hall, 1967.
- Tiwari, RC, *Geography of India*. Allahabad: Prayag Pustak Bhawan, 2006.
- Verma, RC, *Indian Tribes Through the Ages*. Publication Division, Ministry of Information and Broadcasting, Govt. of India, 1995.
- White, PE, Woods, RI (eds). *The Geographical Impact of Migration*. London: Longman, 1980.
- Zelinsky, W. *A Prologue to Population Geography*. Prentice Hall, 1966.
- www.esopb.gov.in.
- data.gov.in/post office.
- censusindia.gov.in/2011.

14 बस्तियां (Settlements)

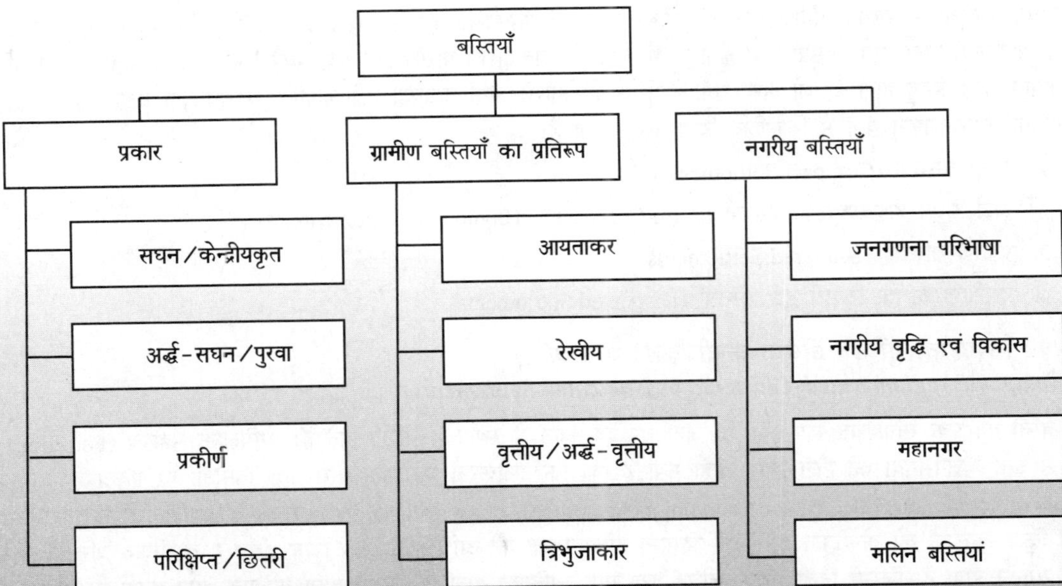

परिचय (Introduction)

भोजन के बाद आश्रय मनुष्य की सबसे प्रमुख आवश्यकता है। लोग घरों का निर्माण करते हैं तथा अपने आप को मौसम के आकस्मिक बदलाव से बचाने के लिए तथा सामाजिक जीवन व्यतीत करने के लिए बस्तियों का विकास करते हैं। वास्तव में बस्ती मनुष्य द्वारा उठाया गया वह महत्वपूर्ण कदम है, जिसके द्वारा भौतिक तथा सांस्कृतिक वातावरण में उसका अनुकूलन होता है।

परपिलाऊ महोदय (Perpillou) के शब्दों में, ''बस्ती मनुष्य द्वारा अपने वातावरण में अनुकूलन के लिए उठाया गया पहला कदम है।'' एक बस्ती में अनिवार्यत: घर तथा सड़कें होती हैं।

बस्तियों का वर्गीकरण (Classification of Settlements)

आर्थिक क्रियाकलापों के आधार पर बस्तियों को दो सामान्य वर्गों में बाँटा जाता है–(i) ग्रामीण बस्तियाँ, एवं; (ii) नगरीय बस्तियाँ, ग्रामीण बस्तियाँ वे बस्तियाँ हैं, जहाँ लोग अधिकतर कृषि तथा संबंधित क्रियाकलापों (पशुधन का रखरखाव, डेरी उद्योग, मुर्गी पालन, वानिकी, मत्स्यपालन तथा खनन) में जुटे रहते हैं। नगरीय बस्तियों के निवासी गैर-कृषीय क्रिया-कलापों में (उद्योग, सेवा क्षेत्र, इत्यादि) में जुटे रहते हैं। वास्तव में ग्रामीण तथा नगरीय शब्दावली सामाजिक जीवन के तरीके को चित्रित करता है। गाँव में एक सामुदायिक बंधन होता है, जबकि नगरीय जीवन विजातीय तथा भिन्न होता है। हम एक ऐसे वर्णक्रम (स्पेक्ट्रम) की कल्पना कर सकते हैं जिसमें एक चरम सीमा पर ग्रामीण समुदाय है, तो दूसरे पर एक बड़ा महानगर। इन दोनों के बीच नगरीकरण की श्रेणियाँ देखी जा सकती हैं। इसी कारण से ग्रामीण, नगरीय सांतत्यक (Continuum) पर अधिक बल दिया जा रहा है। दिलचस्प बात ये है कि नगरों में रहने वाले लोगों में गाँवों में जन्मे लोगों की एक बड़ी संख्या होती है। इसके विपरीत गाँवों में रहने वाले लोगों में नगरों में जन्में लोगों की संख्या नाम मात्र की होती है।

ग्रामीण बस्तियों के प्रकार (Types of Rural Settlements)

संरचना, आकार, जनसंख्या का विकास तथा कार्य के आधार पर ग्रामीण बस्तियों को मोटे तौर पर दो वर्गों में विभाजित किया गया है–(i) सघन अथवा केन्द्रीयकृत बस्तियाँ (Compact or Nucleated Settlements), तथा; (ii) परिक्षिप्त अथवा प्रकीर्ण बस्तियाँ (Dispersed or Scattered Settlements)।

सघन बस्तियों में सड़कों, वीथिकाओं तथा गलियों का एक विकसित जालक्रम (Network) होता है। यह जालक्रम न केवल बस्तियों में बल्कि खेतों तथा आसपास के क्षेत्रों में भी देखा जा सकता है। परिक्षिप्त अथवा प्रकीर्ण बस्तियों में मात्र एक ही परिवार का आवास केन्द्र बिन्दु होता है, जो अन्य घरों से पृथक दिखता है। एक क्रमबद्ध तथा व्यापक अध्ययन के लिए भारतीय ग्रामीण बस्तियों को निम्नलिखित वर्गों में विभाजित किया जा सकता है:

1. सघन बस्तियाँ (Compact Settlements)
2. अर्द्ध-सघन अथवा पुरवा बस्तियाँ (Semi-Compact or Hamletted-Settlements)
3. प्रकीर्ण बस्तियाँ (Scattered Settlements)
4. परिक्षिप्त अथवा बिखरी हुई बस्तियाँ (Dispersed Settlements)

1. सघन (संगृहीत, गुंच्छित अथवा केन्द्रीयकृत) बस्तियाँ (Compact, Agglomerated, Clustered or Nucleated Settlements)

सघन बस्ती का एक सुनिश्चित रूप होता है, जहाँ घर एक छोटे से स्थान में गुंछित होते हैं। परपिलाऊ महोदय (Perpillou) के शब्दों में उन्हें ''जनसंख्या की शैल भित्ति कहा गया है, जो क्रिस्टलीकरण की प्रक्रिया में कुछ बिन्दुओं पर एकत्र हो जाते हैं'' ("Reefs of population collected at certain points in a process of crystallisation")। सघन बस्तियाँ किसी विशेष बिन्दु पर कृषीय क्रिया-कलापों को केन्द्रीकृत करने की सामान्य आवश्यकता की अभिव्यक्ति हैं ***(चित्र 14.1)***। केन्द्रीकृत बस्तियों में एक अलग संगठन होता है, जिसमें निजी पृथक् जीवन तथा एक व्यक्तित्व होता है, जो भू-दृश्य का एक भाग बनता है। प्रत्येक गाँव एक सुबन्धित समुदाय (Well Knit Community) है, जो ग्रामीण कृषीय कैलेंडर का सख्ती से अनुसरण करता है। वे मुख्यत: 'पुरानी दुनिया' (Africa, Asia and Europe) के उपजाऊ मैदानों में पाए जाते हैं। सघन बस्तियों की निम्नलिखित विशेषताएँ होती हैं:

(i) सघन बस्तियों में जनसंख्या का आकार बड़ा होता है। इनमें भारत में एक हजार से अधिक तथा यूरोप में 500 से अधिक जनसंख्या रहती है।

(ii) ये मुख्यत: उपजाऊ मैदानों में विकसित होती हैं। सघन बस्तियों के विकास का मुख्य कारण गहन निर्वाह कृषि है। वास्तव में सघन बस्तियाँ उपजाऊ कृषीय भूमि के बड़े क्षेत्रों में विकसित होती हैं।

(iii) सघन बस्तियों के बसने का उपयुक्त स्थान सामान्यतः नदियों के ऊँचे तट, बाढ़ मुक्त स्थल तथा मरुस्थल में 'जल स्थल' (Water Point) अर्थात् मरुद्यान (Oasis) होते हैं। ये बस्तियाँ गोखुर झील (Ox-bow Lake) के विसर्पण के साथ-साथ विकसित होती हैं।

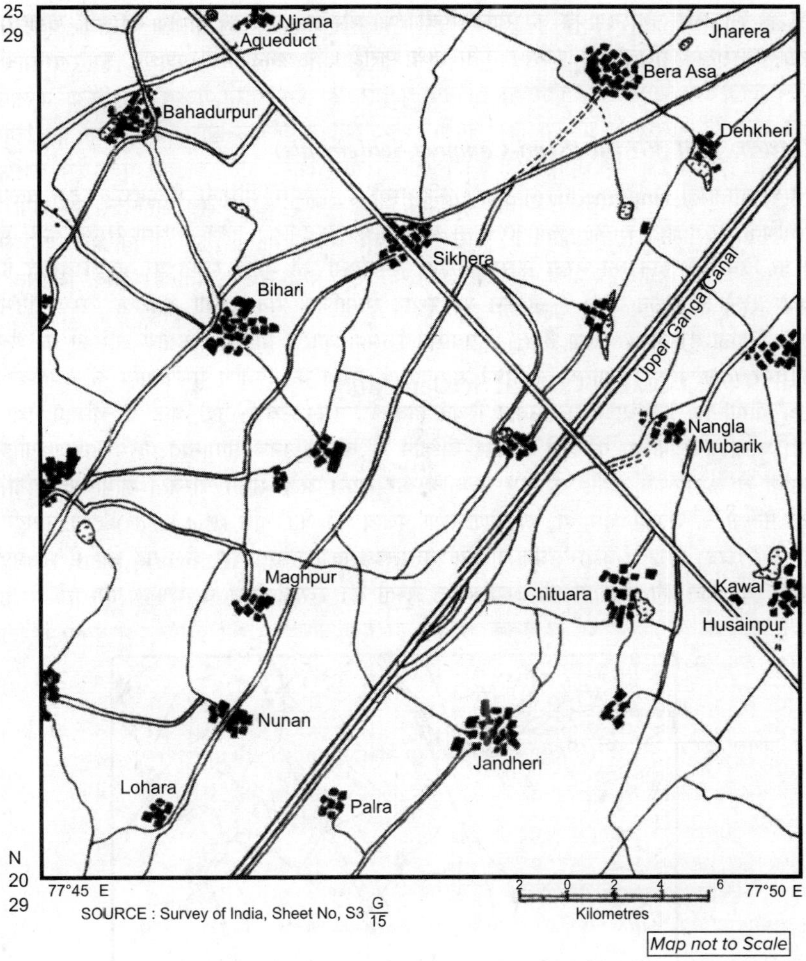

चित्र 14.1 सघन बस्तियाँ (जिला मुजफ्फरनगर, उ.प्र.)

(iv) ये सुनिश्चित जलापूर्ति के क्षेत्र में विकसित होती हैं।

(v) जल की उपलब्धता भी सघन बस्तियों के विकास को प्रोत्साहित करती है। पंजाब, हरियाणा, पश्चिमी उत्तर प्रदेश, पूर्वी राजस्थान तथा दक्कन ट्रैप (Deccan Trap) में किसान एकत्र होकर जलाशयों, कुओं तथा नहरों के नजदीक रहते हैं। कार्स्ट (चूना पत्थर) स्थलाकृति में जहाँ जल स्थल सीमित होते हैं, सघन बस्तियाँ उन स्थानों के निकट विकसित होती हैं, जहाँ जलापूर्ति सुनिश्चित होती है किन्तु वे क्षेत्र जलमग्न नहीं होते हैं।

(vi) कुछ जनजातीय क्षेत्रों, जैसे-नगालैंड, में सघन बस्तियाँ कटकों, पर्वत-स्कंधों (Ridges) तथा पर्वतों के शीर्ष पर विकसित होती हैं। पर्वतों के शीर्ष पर सघन बस्तियों का विकास सुरक्षा तथा रक्षा का परिणाम है। वह समाज जहाँ मानव-आखेट पूर्व में एक प्रथा रही हो, रक्षा तथा सामुदायिक बंधन लोगों के एकत्र होने (केन्द्रीयकरण) का प्रायः एक कारण रहा है।

(vii) ग्रामीण समुदाय के नजदीकी सामाजिक संबंध तथा स्नेहपूर्ण पड़ोसी भावना के अतिरिक्त कृषि पद्धति सहयोग पर केन्द्रित रहती है तथा सघन गाँवों की सहनशीलता एवं उदारता की भावना को बढ़ावा देती है। इसके अतिरिक्त पूर्व में रक्षा की आवश्यकता केन्द्रीयकृत बस्तियों के निर्माण में एक महत्वपूर्ण कारक था।

(viii) वन्य जीवों से भय के कारण लोग समूहों में रहने लगे, जिसके कारण सघन बस्तियों का निर्माण हुआ। भारत में सघन बस्तियाँ-सतलज, गंगा तथा ब्रह्मपुत्र के मैदानों; पूर्वी तथा पश्चिमी घाट के मैदान; महानदी, गोदावरी, कृष्णा तथा कावेरी के डेल्टा; उत्तराखंड तथा उत्तर प्रदेश के वन तथा तराई क्षेत्र; छोटानागपुर पठार, पूर्वी तथा पश्चिमी घाट में पायी जाती हैं।

2. अर्द्ध-सघन अथवा पुरवा बस्तियाँ (Semi-Compact Settlements)

अर्द्ध-सघन बस्ती एक अन्तर्वर्ती (Intermediary) प्रकार की बस्ती है, जिसमें आसानी से पहचाने जाने वाला एक स्थान होता है तथा एक अथवा अधिक पुरवा होते हैं जो मुख्य बस्ती से पैदल पथ (फुटपाथ) लीक अथवा सड़कों द्वारा जुड़े होते हैं। जुड़े हुए पुरवा तथा माजरा के विकसित होने का मुख्य कारण या तो जनसंख्या का मुख्य स्थान पर बढ़ता दबाव है जिसके कारण बड़े परिवार गाँव से बाहर रहने के स्थान ढूँढ़ते हैं लेकिन यह स्थान सामाजिक संबंध तथा आर्थिक परस्पर-निर्भरता के कारण मुख्य स्थान से बहुत दूर नहीं होता है। अन्य कारण हैं-(i) अप्रवासन जिसके कारण बाहर से कृषीय श्रमिकों के कुछ परिवार एकत्र हुए, तथा; (ii) कुछ कारीगर (शिल्पकार) जातियों ने अपने सामुदायिक पुरवा का निर्माण मुख्य गाँव के नजदीक किया है। पुरवा तथा माजरा कुछ सामान्य भौगोलिक सुविधाओं के निकट स्थित होते हैं, जैसे-तटबंध, नदी-घाट या चौराहा तथा उनका एक सामान्य आम रास्ता होता है। पुरवा तथा माजरा के छोटे आकार के होने के कारण उनमें सामान्यत: कम अथवा कोई भौगोलिक विभाजन स्पष्ट नहीं होता ताकि वे कार्यात्मक इकाई के रूप में कार्य कर सकें। अर्द्ध-सघन बस्तियाँ सामान्यत: गंगा, यमुना तथा ब्रह्मपुत्र एवं उनकी सहायक नदियों की खादर भूमि में, हरियाणा तथा पंजाब की बेत भूमि (Bet-lands) तथा प्रायद्वीपीय नदियों के डेल्टा में देखी जा सकती हैं ***(चित्र 14.2)***। अर्द्ध-सघन बस्तियाँ उत्तराखंड तथा उत्तर प्रदेश के तराई क्षेत्र में भी पाई जाती हैं। उत्तराखंड के तराई क्षेत्र में थारू जनजाति की एक प्रारूपी अर्द्ध-सघन बस्ती को ***चित्र 14.3*** में दर्शाया गया है।

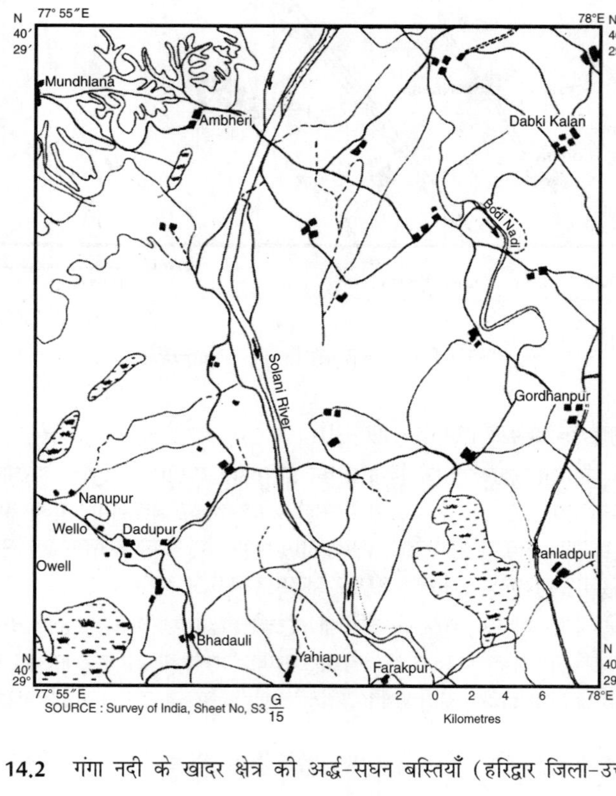

चित्र 14.2 गंगा नदी के खादर क्षेत्र की अर्द्ध-सघन बस्तियाँ (हरिद्वार जिला-उत्तराखंड)

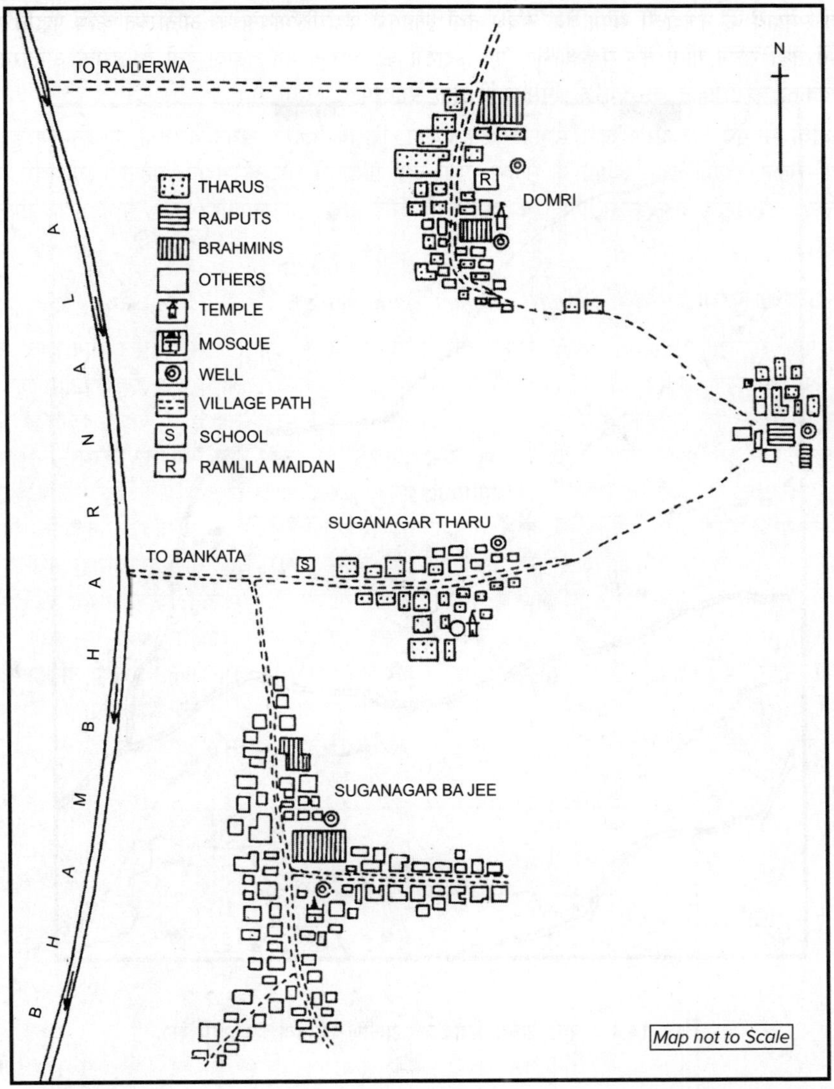

चित्र 14.3 सघन एवं अर्द्ध-सघन थारू बस्तियाँ (तराई प्रदेश, उत्तर प्रदेश)

3. *प्रकीर्ण अथवा अर्द्ध-छितरी बस्तियाँ (Scattered or Semi-Sprinkled Settlements)*

ऐसी बस्तियों की विशेषता अनेक छोटे पुरवा तथा अनेक पृथक् वास स्थान होते हैं। इसका विस्तार सम्पूर्ण 'माउजा' (गाँव) में होता है, मुख्य बस्ती पहचान में नहीं आती है, ऐसे पुरवा की संख्या 5 से 10 हो सकती है। ऐसी असंगठित (छितरी) बस्तियाँ में सड़कों के प्रतिरूप का अभाव होता है तथा बिखरे हुए निवास स्थानों के बीच कृष्य भूमि नजर आती है। इन बस्तियों में आर्थिक लाभ की पृथक् प्रवृत्ति का विकास प्रकट होता है तथा वे शांत वातावरण की निःसंदेह सूचक हैं। आर्थिक रूप से वे अनुमोदन की माँग कर सकते हैं लेकिन सामाजिक रूप से सामुदायिक जीवन के विकास के लिए वे उपयुक्त नहीं है। इन बस्तियों में सघन गाँव के सामुदायिक जीवन के नजदीकी स्नेह, सहकारी जीवन के अंगभूत भाग की भावना का अभाव है तथा इन बस्तियों में पारस्परिक सहायता की व्यवस्था तथा आपसी सहयोग की संस्थाएँ या तो कमजोर हैं या फिर अविद्यमान।

भारत में घाघरा के मैदान के पूर्वी भाग में, विंध्य उच्चभूमि दक्षिण–पश्चिम पंजाब तथा राजस्थान में इंदिरा गाँधी नहर के निकट बस्तियाँ देखी जा सकती हैं ***(चित्र 14.4)***।

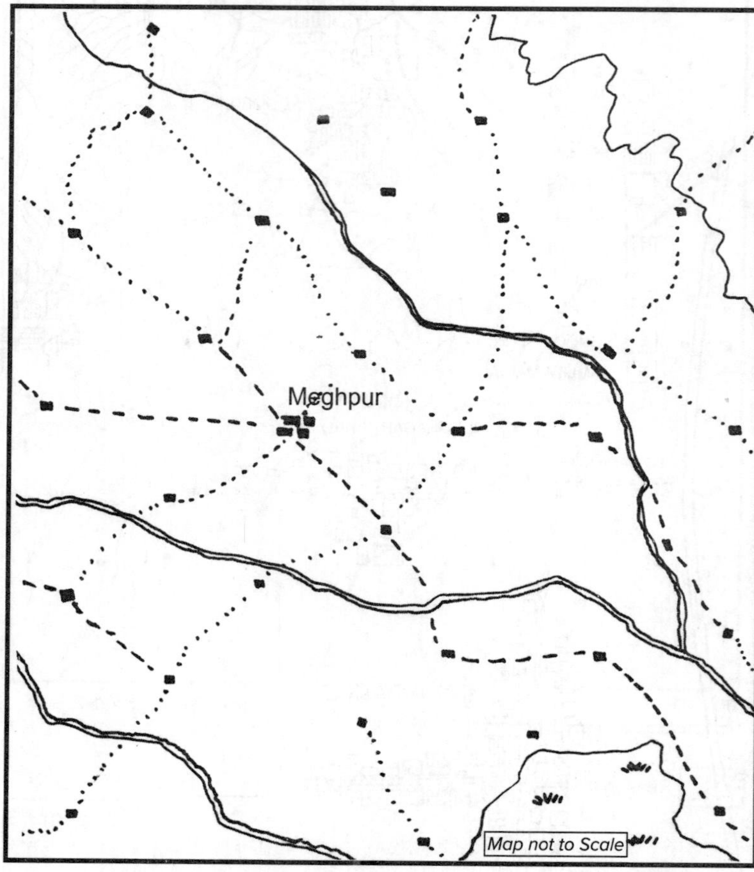

चित्र 14.4 पूर्वी घाघरा मैदान की प्रकीर्ण बस्तियाँ (उत्तर प्रदेश)

4. परिक्षिप्त अथवा छितरी बस्तियाँ (Dispersed or Sprinkled Settlements)

परिक्षिप्त बस्तियों में फार्म घरों (Farmsteads) का पूर्ण रूप से विस्तार पूरी 'माउजा' भूमि में होता है। सघन बस्तियों के संतुलित घरों की तुलना में परिक्षिप्त बस्तियों में घरों के बीच अत्यधिक दूरी होती है। परिक्षिप्त बस्तियों का मुख्य कारण पर्वतीय तथा वन क्षेत्र, अनुपजाऊ मृदा तथा जलराशि की कमी, कृष्य भूमि का अभाव तथा अत्यन्त आर्द्र अथवा अत्यन्त उष्ण या अत्यन्त शीत क्षेत्र हैं। ऐसे परिक्षिप्त बस्ती पर्वतीय क्षेत्र, अर्द्ध–मरुस्थलीय प्रदेश तथा अनुपजाऊ मृदा वाले क्षेत्रों में पाई जाती हैं ***(चित्र 14.5)***।

परिक्षिप्त बस्तियों के बनने का आंशिक कारण जातीय द्वेष तथा निम्न कृषीय जाति व जनजाति का होना है। सामाजिक मूल्यों में मनोवैज्ञानिक बदलाव के कारण भी ग्रामीण बस्तियों की पृथक् प्रवृत्ति तथा परिक्षेपण को प्रोत्साहन मिला है। ये बस्तियां नए विकसित कृषीय क्षेत्र, जैसे–इंदिरा गाँधी नहर कमाण्ड क्षेत्र तथा उत्तर प्रदेश एवं उत्तराखंड के तराई क्षेत्र में पायी जाती हैं। परिक्षिप्त बस्तियाँ एकाकी तथा निजी स्थिति को परिभाषित करती हैं (Blache)। ऐसे भू–दृश्यों में लोगों का जीवन उदास, दु:खी एवं चिंताग्रस्त होता है। ऐसी बस्तियों में अजनबी भी निरानन्द तथा उदास हो जाते हैं। ऐसे अशरण्य भूल–भुलैया में अजनबी भी खो जाते हैं। यहाँ सघन गाँव के सामुदायिक जीवन की जगह संकुचित आर्थिक महत्व पर ध्यान दिया जाता है।

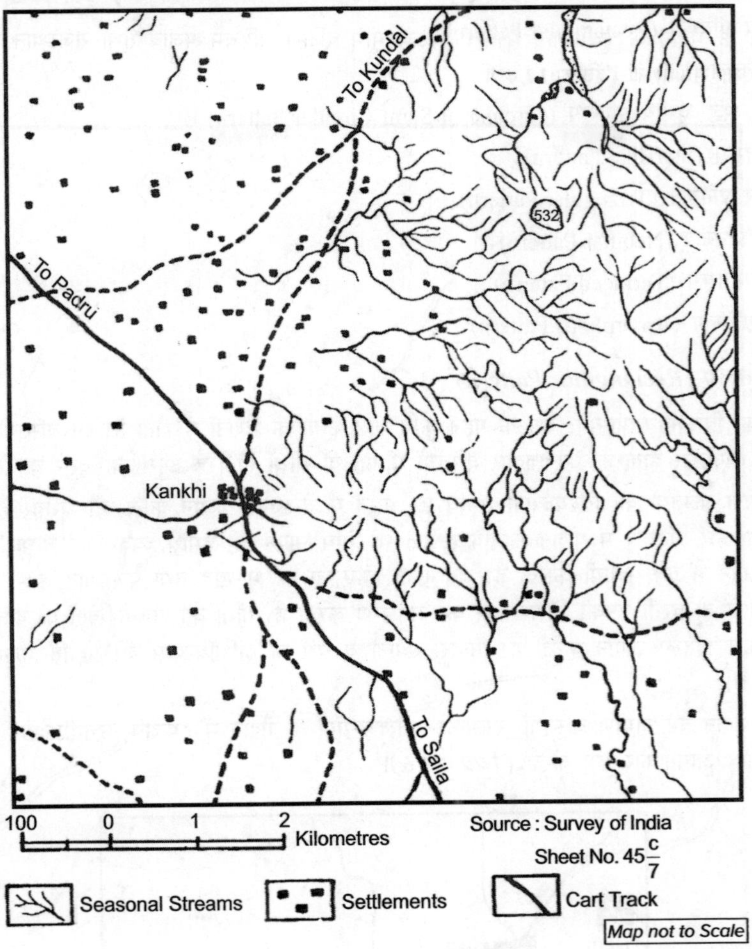

चित्र 14.5 परिक्षिप्त बस्तियाँ (बाड़मेर तथा जालौर जिले, राजस्थान)

ग्रामीण बस्तियों के प्रतिरूप (Patterns of Rural Settlements)

एक घर का दूसरे घर के साथ सम्बन्ध ग्रामीण बस्तियों के प्रतिरूप को परिभाषित करता है। प्रतिरूप का अर्थ है–ग्रामीण बस्ती का 'ज्यामितीय रूप' अथवा बनावट।

बस्ती के प्रतिरूप को एक बड़े मापक्रम के मानचित्र (Large Scale Map), जैसे–स्थलाकृतिक मानचित्र (Topegraphical map), जिसका प्रकाशन भारत का सर्वेक्षण, देहरादून द्वारा होता है, को पढ़कर एवं उस पर ध्यान देकर आसानी से पहचाना जा सकता है। यहाँ यह जानना आवश्यक है कि 'बस्ती के प्रतिरूप' शब्द का संबंध मात्र सघन तथा अर्द्ध–सघन बस्तियों से है।

गाँव के स्थान तथा नजदीकी स्थलाकृतिक विशेषताओं का प्रत्यक्ष प्रभाव ग्रामीण बस्ती के रूप, आकार तथा बनावट पर पड़ता है। इसके अतिरिक्त सामाजिक–आर्थिक तथा सांस्कृतिक कारक ग्रामीण बस्तियों को विभिन्न आकार प्रदान करते हैं। सड़कों तथा घरों की व्यवस्था के मामले में ग्रामीण बस्तियों के विभिन्न प्रतिरूप होते हैं। देश के ग्रामीण भू–दृश्य में ये दृष्टिगोचर होते हैं। एक निश्चित अभिविन्यास (ग्रामीण योजना) का विकास आयताकार तथा रेखीय बस्तियों में होता है, जहाँ नियंत्रक कारक स्थान की क्षेत्रीय विशेषता होती है, जो इसके रूप का निर्धारण इसके प्रारंभ से करती है। यद्यपि 'धकेलना ' एवं 'खींचना' (Push and Pull) के सांस्कृतिक कारक ने उनके विकास की प्रक्रिया में ठोस परिवर्तन किए हैं। ग्रामीण बस्तियों को निम्नलिखित वर्गों में विभाजित किया जा सकता है:

1. आयताकार प्रतिरूप (Rectangular Pattern)
2. रेखीय प्रतिरूप (Linear Pattern)
3. वृत्तीय या अर्द्ध-वृत्तीय प्रतिरूप (Circular or Semi-Circular Pattern)
4. तारक प्रतिरूप (Star-like Pattern)
5. त्रिभुजाकार प्रतिरूप (Triangular Pattern)
6. निहारिका प्रतिरूप (Nebular Pattern)
7. सीढ़ीनुमा प्रतिरूप (Terraced Pattern)
8. अनाकार प्रतिरूप (Amorphous Pattern)

1. आयताकार प्रतिरूप (Rectangular Pattern)

आयताकार बस्तियों का विकास सामान्यत: देश के गहन कृषि वाले उत्पादक मैदानों में होता है। इन बस्तियों का ज्यामितीय आकार या तो आयताकार या वर्गाकार होता है। आयताकार बस्तियों में गलियाँ सीधी होती हैं और एक-दूसरे को समकोण पर काटती हैं।

आयताकार ग्रामीण बस्तियों का विश्वव्यापी महत्व है। भारत में वे हमारे प्राचीन काल की धरोहर हैं, जहाँ गाँव अधिकतर आयताकार अथवा वर्गाकार प्रतिरूप में योजनाबद्ध किए जाते थे। भूमि मापन की हमारी व्यवस्था-''बीघा'' (Bigha) इन बस्तियों के रूप को कायम रखने में एक स्थायी कारक है। जब खेती किए जा रहे भू-खंड तथा फलोद्यान, सभी आयताकार प्रतिरूप के लगभग समनुरूप होते हैं तो बस्ती उनकी विशेषताओं का अनुसरण करती है। गाँवों की सड़कें खेतों के प्रतिरूप के समनुरूप होती हैं तथा एक आयताकार प्रतिरूप प्रदान करती हैं। निवास स्थानों व घरों के अभिविन्यास की प्रकृति भी आयताकार रूप कायम रखने में मदद करती हैं।

भारत के उत्तरी मैदान की ग्रामीण बस्तियाँ, खासकर सतलज-गंगा के मैदान में (पंजाब, उत्तर प्रदेश) तथा प्रायद्वीपीय नदियों के डेल्टा में अनेक गाँव आयताकार रूप के हैं *(चित्र 14.6)*।

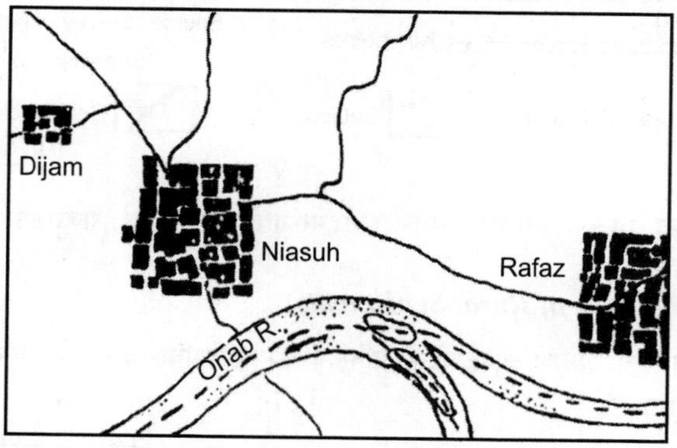

चित्र 14.6 आयताकार बस्तियाँ

2. रेखीय प्रतिरूप (Linear Pattern)

रेखीय बस्तियों का विकास एक पंक्ति में होता है तथा उनका एक रेखीय आकार होता है। ऐसी बस्तियाँ पर्वतों की तंग घाटी, ऊँचे तटबंधों के निकट, गोखुर झील (Ox-bow Lakes) अथवा वीरान जलमार्गों के निकट पायी जाती हैं। इस प्रकार की बस्तियाँ सड़कों, नहरों तथा रेलवे लाइनों के नजदीक पाई जाती हैं। पर्वतीय घाटियों, ढालों तथा नदी के तटों में बाढ़ की पुनरावृत्ति का संकट इन बस्तियों के पार्श्वीय विस्तार को सीमित करता है। इस प्रकार की बहुत-सी बस्तियाँ निम्न हिमालय, शिवालिक, उत्तर-पूर्वी भारत के पहाड़ी राज्यों में, पूर्वी तथा पश्चिमी घाट में पायी जाती हैं *(चित्र 14.7)*।

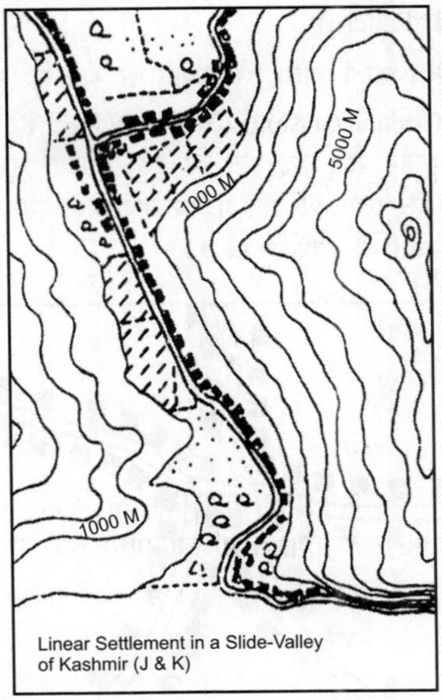

चित्र 14.7 रेखीय प्रतिरूप (बीरा गांव)

3. *वृत्तीय तथा अर्द्ध-वृत्तीय प्रतिरूप (Circular and Semi Circular Pattern)*

वृत्तीय तथा अर्द्ध-वृत्तीय प्रतिरूप सामान्यतः किसी तालाब, झील, ज्वालामुखी मुख (क्रेटर) या समुद्र तट के चारों ओर विकसित होती है। चूँकि लोग जल निकाय के नजदीक रहना चाहते हैं इसलिए वे अपने घरों को तालाब अथवा झील के समीप बनाते हैं। समय के साथ-साथ ये बस्तियाँ वृत्तीय अथवा अर्द्ध-वृत्तीय रूप ले लेती हैं। काठियावाड़ तथा कच्छ के रण (Rann of Kachchh) में ऐसी अनेक बस्तियाँ पायी जाती हैं, जहाँ मछुआरे तथा नमक उत्पादकों के द्वारा ग्रामीण बस्तियों का वृत्तीय अथवा अर्द्ध-वृत्तीय प्रतिरूप विकसित किया गया है।

शांत ज्वालामुखी मुख (Crater) भी एक ऐसा स्थान है। जहाँ वृत्तीय बस्तियाँ देखी जा सकती हैं। वृत्तीय बस्तियों में रहने वाले लोग अपनी जीविका, निकटवर्ती जल निकायों के द्वारा प्राप्त करते हैं। वे या तो मछली, जल फल, सिंघाड़े, घासों एवं कमल की जड़ों को बेचकर अपनी जीविका वहन करते हैं या फिर पर्यटकों, वनविहार पर आए लोगों तथा सौन्दर्यबोधी लोगों को सेवाएँ उपलब्ध कराकर ***(चित्र 14.8 (a) तथा चित्र 14.8 (b))***।

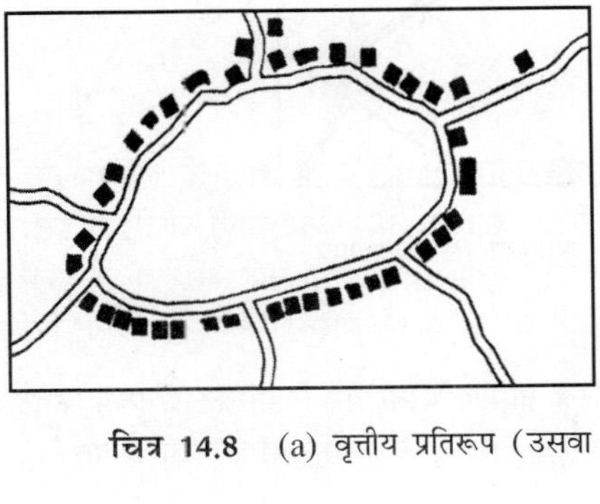

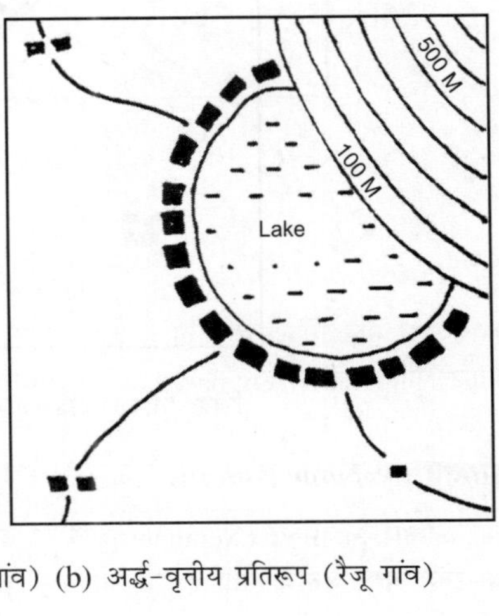

चित्र 14.8 (a) वृत्तीय प्रतिरूप (उसवा गांव) (b) अर्द्ध-वृत्तीय प्रतिरूप (रैजू गांव)

4. तारक प्रतिरूप (Star-like Pattern)

ग्रामीण बस्तियों के तारे-जैसे (तारक) प्रतिरूप का विकास उस स्थान पर होता है, जहाँ कई सड़कें आकर मिलती हैं। वास्तव में ऐसे बस्ती बस्तियों के केन्द्रक अवस्थिति (Nodal Location) से सम्बन्धित हैं, जहाँ कई सड़कें किसी स्थान पर आकर मिलती हैं तथा घर सभी दिशाओं में सड़कों के किनारे फैले हुए होते हैं। यह प्रतिरूप मुख्यतः उर्वर कृषि क्षेत्रों में पाए जाते हैं, जहाँ सड़कों का जालक्रम (नेटवर्क) सघन होता है। ऐसी बस्तियाँ पंजाब तथा हरियाणा के उर्वर मैदानों में तथा पश्चिमी उत्तर प्रदेश के ऊपरी गंगा-यमुना दोआब में देखी जा सकती हैं ***(चित्र 14.9)***।

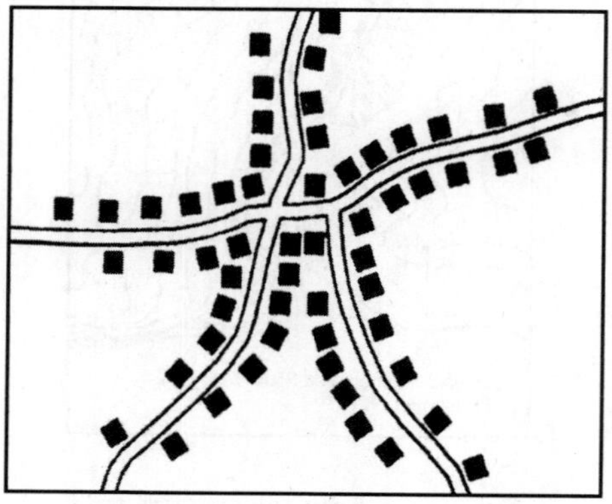

चित्र 14.9 तारक प्रतिरूप (अहीडम गांव)

5. त्रिभुजाकार प्रतिरूप (Triangular Pattern)

ग्रामीण बस्तियों का त्रिभुजाकार प्रतिरूप उस स्थान पर विकसित होता है, जहाँ नदियों का संगम होता है या जहाँ दो सड़कें मिलकर एक त्रिभुज का निर्माण करती हैं। इस संगम पर घरों का पार्श्विक विस्तार नदियों द्वारा बाधित होता है, जिसके फलस्वरूप इस बस्ती का आकार त्रिभुज जैसा होता है ***(चित्र 14.10)***।

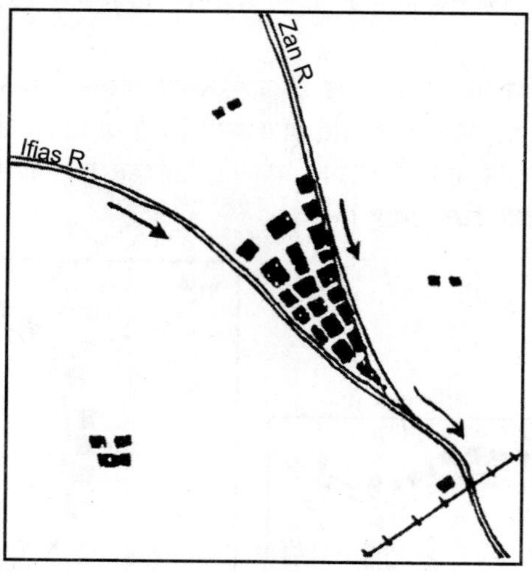

चित्र 14.10 त्रिभुजाकार प्रतिरूप (नारबिज गांव)

6. निहारिका प्रतिरूप (Nebular Pattern)

जब किसी बस्ती का आकार निहारिका (Nebular) जैसा हो तो उसे ग्रामीण बस्ती का निहारिका प्रतिरूप कहते हैं। ऐसी बस्ती में सड़कों की व्यवस्था सामान्यतः वृत्तीय होती है, जो गाँव के केन्द्र (Nucleus) में आकर समाप्त हो जाती है।

ये बस्तियाँ उपगिरि पर या किसी टीले पर स्थित होती हैं तथा सामान्यत: लघु आकार की होती हैं। निहारिका बस्तियाँ हिमाचल प्रदेश के पहाड़ी क्षेत्रों में, जम्मू एवं कश्मीर की कंडा (Kanda) भूमि में तथा उत्तराखंड के निम्न हिमालय तथा शिवालिक में पाई जाती हैं *(चित्र 14.11)*।

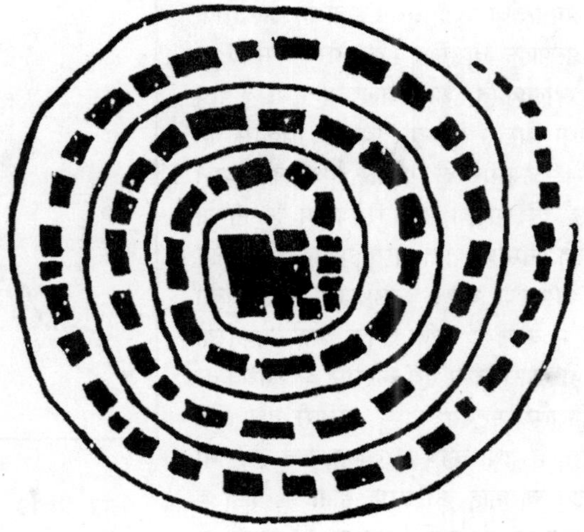

चित्र 14.11 निहारिका प्रतिरूप (दहसर गांव)

7. सीढ़ीनुमा प्रतिरूप (Terraced Pattern)

पर्वतीय क्षेत्रों में कृषक खेती तथा फलोद्यान के लिए सीढ़ीनुमा खेतों का विकास करते हैं। कृषक इन सीढ़ीनुमा खेतों के निकट ही अपने घरों का निर्माण करते हैं। ऐसी बस्तियाँ अरुणाचल प्रदेश, हिमाचल प्रदेश, जम्मू एवं कश्मीर, मिजोरम, सिक्किम, पश्चिमी घाट तथा उत्तराखंड में देखी जा सकती हैं **(चित्र 14.12)**।

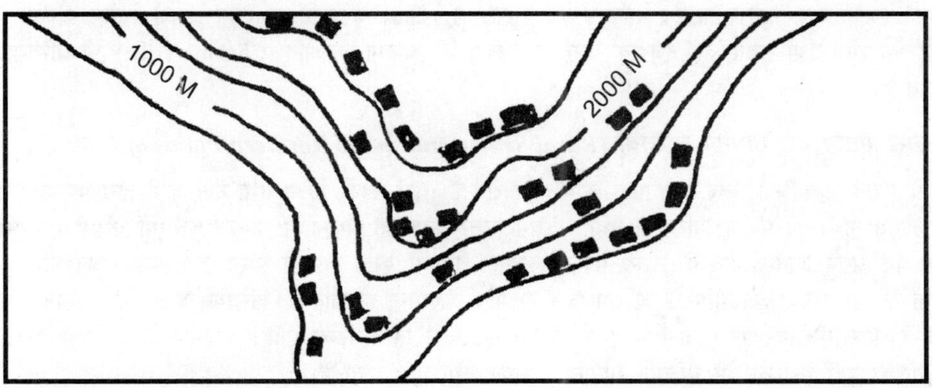

चित्र 14.12 सीढ़ीनुमा प्रतिरूप (अहीरफ गांव)

8. अनाकार प्रतिरूप (Amorphous Pattern)

जब गाँव की भूमि अनेक पुरवा तथा व्यक्तिगत फार्म-घरों से बिन्दुकित होती हो तथा जो पैदल-पथ द्वारा मुख्य बस्ती से जुड़े हुए होते हैं व जिनमें कोई स्पष्ट प्रतिरूप नहीं देखा जाता हो तो ऐसे प्रतिरूप अनाकार प्रतिरूप कहलाते हैं। बस्तियों का यह प्रतिरूप पश्चिम बंगाल तथा असम की निचली ब्रह्मपुत्र घाटी में देखा जा सकता है *(चित्र 14.13)*।

हिमालय की ग्रामीण बस्तियाँ

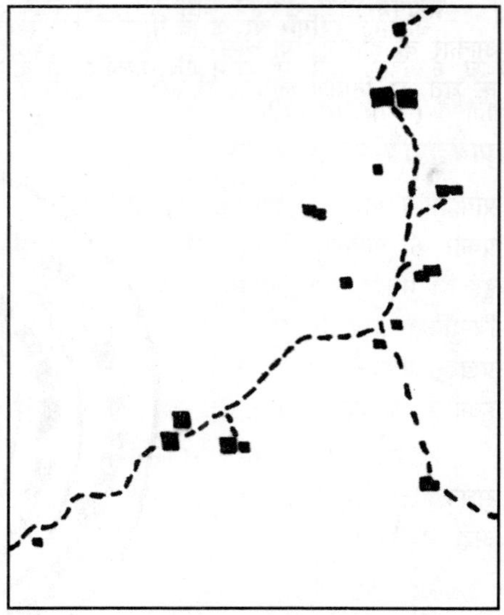

चित्र 14.13 अनाकार प्रतिरूप (अबिह गांव)

हिमालय की बस्तियाँ अर्द्ध-सघन, प्रकीर्ण (अर्द्ध-छितरी) या परिक्षिप्त (छितरी) होती हैं। कश्मीर, कुल्लू-मनाली तथा दून-घाटी की अन्तर-पर्वतीय घाटियों में ग्रामीण बस्तियाँ अधिकतर सघन तथा अर्द्ध-सघन होती हैं। अत्यधिक ऊँचाई वाले क्षेत्रों में खासतौर पर अल्पाइन चारागाह (कश्मीर में मर्ग) में बस्तियाँ परिक्षिप्त होती हैं। तरंगित स्थलाकृति, शीत जलवायु तथा कृषीय भूमि की कमी छोटे-छोटे प्रकीर्ण तथा बिखरी हुई बस्तियों के विकास का मुख्य कारण है। ऋतु-प्रवासी, जैसे–कश्मीर के गुज्जर तथा बकरवाल (Bakarwal), हिमाचल तथा कुमाऊँ के भूटिया तथा सिक्किम के लेप्चा (Lepcha) अपने स्थायी आवासों का निर्माण शीत ऋतु गुजारने के लिए मैदानी क्षेत्रों में करते हैं। वे अपने अस्थायी घरों (कोठा तथा बांडी) का निर्माण कश्मीर के अल्पाइन चरागाह में करते हैं ताकि उनके बकरे-बकरियों को गर्मी के मौसम में चारा उपलब्ध हो सके। जम्मू एवं कश्मीर के अधिकतर गुर्जरों तथा बकरवालों के स्थायी निवास कठुआ, जम्मू, राजौरी तथा पुंछ जिलों में हैं, जहाँ वे शीत ऋतु गुजारते हैं तथा कृषि में व्यस्त रहते हैं। गर्मी के मौसम में उनका आरोहण अल्पाइन चारागाह की तरफ होता है, जहाँ वे वहाँ के पोषक घासों को उपयोग में लाते हैं। पूर्वी हिमालय के राज्यों में (अरुणाचल प्रदेश, मिजोरम, नगालैंड, त्रिपुरा, इत्यादि) गहरी ढाल, तरंगित स्थलाकृति, भारी वर्षा, सघन वन तथा अनेक जनजातियों तथा उनकी भिन्न भाषा के कारण सघन तथा सुसंगठित बस्तियाँ भारतीय-तिब्बत संस्कृति के उत्तरी क्षेत्र में देखी जा सकती हैं। मेघालय में खासी तथा जयन्तिया गाँव पहाड़ी ढालों के समानांतर झरनों तथा जल निकायों के नजदीक स्थित होते हैं। ये बस्तियाँ एकाकी वासभूमि से लेकर परिक्षिप्त तथा अर्द्ध-सघन बस्तियाँ होती हैं। नगालैंड में गाँव सामान्यतः पहाड़ियों, पर्वत स्कंधों (Ridges) तथा कटकों के समतल शीर्ष पर पाए जाते हैं, जो समुद्री स्तर से 1000 से 2000 मीटर की ऊँचाई के मध्य स्थित होते हैं। नगालैंड में स्थान का चयन मुख्य रूप से सुरक्षा तथा हमलावरों से रक्षा हेतु किया गया है। मणिपुर में स्थानान्तरित कृषि करने वाले कुकी (Kuki) अपनी अस्थायी झोंपड़ी का निर्माण झूम खेतों में करते हैं लेकिन उनकी स्थायी बस्तियाँ भी होती हैं अर्थात् स्थायी घरों का स्थानान्तरण नहीं होता है। मिजोरम की लुशाई (Lushai) जनजाति के लोग अपनी रेखीय बस्तियों का निर्माण घाटियों, पहाड़ों के शीर्ष तथा सड़कों के नजदीक करते हैं। त्रिपुरा की चकमा जनजाति (Chakma Tribe) भी बस्तियों का निर्माण इसी तरह करते हैं।

भारत के उत्तरी मैदान की ग्रामीण बस्तियाँ (Rural Settlements in the Northern Plains of India)

भारत के उत्तरी मैदान अत्याधिक उर्वर तथा गहन कृषि वाले क्षेत्र हैं। यहाँ नहरों, कुँओं तथा नल-कूपों द्वारा पर्याप्त रूप में सिंचाई फसलों के लिए उपलब्ध है। पंजाब, हरियाणा तथा पश्चिमी उत्तर प्रदेश के मैदानों में ग्रामीण बस्तियों के बीच एकसमान अन्तर है तथा उनके बड़े सघन आकार होते हैं। उत्तरी मैदान में बांगर क्षेत्रों में मुख्य रूप से सघन तथा अर्द्ध-सघन बस्तियाँ पाई जाती हैं, वहीं नदियों के खादर तथा बेत भूमि में जो वर्षा ऋतु में प्रायः जलमग्न हो जाते हैं, बस्तियाँ या तो अर्द्ध-सघन, प्रकीर्ण अथवा परिक्षिप्त होती हैं। पश्चिमी राजस्थान में जहाँ भू-दृश्य की विशेषता बालू रेत के टिब्बे होती है, ग्रामीण बस्तियाँ सामान्यतः अर्द्ध-सघन प्रकार की होती हैं। पूर्वी राजस्थान में बस्तियाँ सामान्यतः सघन तथा बड़ी होती हैं।

उत्तर प्रदेश तथा उत्तराखंड के तराई क्षेत्रों में अधिकतर बस्तियाँ अर्द्ध-सघन तथा मध्यम आकार की होती हैं। तराई क्षेत्र में वनों के अधिक प्रतिशत, दलदल भूमि तथा मौसमी बाढ़ों के कारण बस्तियों का वितरण असामान्य होता है। घार (Ghar) क्षेत्र में ग्रामीण बस्तियाँ अप्रवाह रेखाओं तथा ढालों की प्रकृति का अनुसरण करती हैं।

मध्य गंगा के मैदान में ग्रामीण बस्तियाँ अर्द्ध-सघन तथा छोटे आकार की होती हैं लेकिन इनके बीच कम दूरी होती है। निचले गंगा के मैदान में जल-वैज्ञानिक विशेषताएँ ग्रामीण बस्तियों के प्रकार तथा प्रतिरूप को निर्धारित करने में महत्वपूर्ण भूमिका निभाती हैं। प्रकीर्ण बस्तियाँ रार (Rarh) मैदान (पश्चिम बंगाल) दुआर (Duars) तथा सुंदरवन डेल्टा में आम हैं।

ब्रह्मपुत्र घाटी में गाँव सामान्यत: नदी तटबंधों तथा परिवहन मार्गों के निकट विकसित हुये हैं। ब्रह्मपुत्र घाटी में गाँव छोटे आकार के होते हैं, जो बाँस की बाड़ द्वारा एक-दूसरे से अलग रहते हैं। निचले बाढ़ प्रभावित क्षेत्रों में मचान (Machan) किस्म के घरों का निर्माण लकड़ी के खंभों पर होता है जहाँ, नाव वर्षा के मौसम में एकमात्र परिवहन का साधन है।

प्रायद्वीपीय भारत में ग्रामीण बस्तियाँ

प्रायद्वीपीय भारत की स्थलाकृति तथा उच्चावच में अत्यधिक भिन्नता देखी गई है। फलस्वरूप देश के प्रायद्वीपीय भाग में मिश्रित प्रकार की ग्रामीण बस्तियाँ देखी गई हैं। अरावली के पूरे पर्वतीय क्षेत्र में झोपड़ी राजस्व गाँव की भूमि में व्यापक रूप से बिखरी हुई हैं। मेवाड़ तथा अलवर के विरदित पहाड़ियों में एकाकी फार्मघर, जिसे स्थानीय लोग धानी कहते हैं, लम्बी तंग घाटियों को बिन्दुंकित करते हैं। जयपुर तथा इसके निकट सघन तथा अर्द्ध-सघन बस्तियाँ पायी जाती हैं। अरावली के दक्षिणी भाग में (उदयपुर प्रखंड) एकाकी तथा परिक्षिप्त किस्म की ग्रामीण बस्तियाँ पाई जाती हैं। बुंदेलखंड में बस्तियों का निर्माण जल-निकायों के नजदीक हुआ है, ये बस्तियाँ अधिकतर प्रकीर्ण बस्तियां होती हैं।

छोटानागपुर पठार में बस्तियाँ सामान्यत: गुच्छित तथा अर्द्ध-गुंछित प्रकार की होती हैं। बघेलखंड के उर्वर क्षेत्रों में बस्तियाँ सघन होती हैं। महाराष्ट्र के लावा क्षेत्र में जल स्रोतों के निकट बस्तियाँ सघन होती हैं लेकिन पुणे तथा सोलापुर के बीच बस्तियाँ अर्द्ध-सघन तथा परिक्षिप्त होती हैं।

कर्नाटक तथा रॉयलसीमा के मैदानों में सघन बस्तियाँ पाई जाती हैं जो एक-दूसरे से अधिक दूरी पर स्थित होती हैं, जबकि मलनाद (पहाड़ी-भूमि) में बस्तियाँ अर्द्ध-सघन होती हैं। कावेरी डेल्टा तथा तटीय क्षेत्रों में सघन तथा अर्द्ध-सघन बस्तियाँ होती हैं। सह्याद्री में मुख्य रूप से एकाकी बस्तियाँ देखी गई हैं।

तटीय क्षेत्रों में ग्रामीण बस्तियाँ

ग्रामीण बस्तियों के प्रतिरूप एक-दूसरे से भिन्न हैं। महानदी, गोदावरी, कृष्णा तथा कावेरी के डेल्टा क्षेत्र में ग्रामीण बस्तियाँ ऊँचे तटबंधों पर स्थित होती हैं, जो बाढ़ के प्रभाव से मुक्त रहती हैं। ये डेल्टा अत्यधिक उत्पादक होते हैं तथा यहाँ गहन खेती होती है। कृषि संघटित होती है तथा इस प्रकार सघन बस्ती की प्रवृत्ति को प्रोत्साहन मिलता है। पूर्वी तट के किनारे ज्वार चिन्ह के ऊपर भिन्न आकार तथा प्रतिरूप के अनेक मछुआरे गाँव देखे गये हैं।

मालाबार तट में प्रमुख रूप से बड़े आकार की सघन बस्तियाँ देखी जा सकती हैं। नारियल तथा काजू की खेती वाले क्षेत्रों में प्रकीर्ण तथा परिक्षिप्त बस्तियाँ देखी जा सकती हैं। कच्छ के अर्द्ध-शुष्क क्षेत्र में छोटे आकार के अर्द्ध-सघन तथा प्रकीर्ण बस्तियाँ पाई जाती हैं, जहाँ घरों में एक या दो कमरे होते हैं। इन अर्द्ध-सघन तथा प्रकीर्ण बस्तियों के बीच अधिक दूरी होती है। देश के विभिन्न राज्यों में गाँवों की महत्वपूर्ण गुण/विशेषताओं को ***तालिका 14.1*** में दर्शाया गया है।

तालिका 14.1 भारत के गाँवों की विशेषताएँ-2011

राज्य/केन्द्रशासित प्रदेश	गाँवों की संख्या	ग्रामीण जनसंख्या (1000)	जनसंख्या प्रति गाँव	क्षेत्रफल (वर्ग कि.मी.)	अन्तराल (कि.मी.)	जनसंख्या घनत्व (वर्ग कि.मी.)	गाँवों का घनत्व (100 वर्ग कि.मी.)
1. आंध्र प्रदेश	26,613	55,401	2,082	10.3	3.4	201	10
2. अरुणाचल प्रदेश	3863	870	225	21.7	5.0	10	5
3. असम	25,124	32,216	94	3.1	4.9	296	32
4. बिहार	39,032	74,317	1,904	2.4	1.7	789	41
5. छत्तीसगढ़	19,744	16,648	843	6.9	2.8	122	15
6. गोवा	347	677	1,951	10.7	3.5	183	9
7. गुजरात	18,066	31,741	1,757	10.8	3.5	162	9
8. हरियाणा	6,764	15,029	2,222	6.5	2.7	340	15

राज्य/केन्द्रशासित प्रदेश	गाँवों की संख्या	ग्रामीण जनसंख्या (1000)	जनसंख्या प्रति गाँव	क्षेत्रफल (वर्ग कि.मी.)	अन्तराल (कि.मी.)	जनसंख्या घनत्व (वर्ग कि.मी.)	गाँवों का घनत्व (100 वर्ग कि.मी.)
9. हिमाचल प्रदेश	17,495	5,482	313	3.2	1.9	98	30
10. जम्मू एवं कश्मीर	6,417	7,627	1,188	34.6	6.3	34	3
11. झारखंड	29,354	20,952	7,14	2.7	1.8	263	37
12. कर्नाटक	27,481	34,889	1,270	7.0	2.8	182	14
13. केरल	1,364	23,574	1,728	28.5	5.7	607	14
14. मध्य प्रदेश	52,117	44,381	852	5.9	2.6	144	17
15. महाराष्ट्र	41,095	55,778	1,357	7.5	2.9	181	13
16. मणिपुर	2,199	1,818	8,271	10.20	3.4	81	10
17. मेघालय	5,782	1,865	323	3.9	2.1	83	26
18. मिजोरम	707	448	633	29.8	5.9	21	3
19. नगालैंड	1,278	1,647	1,289	13.0	3.9	99	8
20. ओडिशा	47,529	31,287	658	3.3	2.0	201	31
21. पंजाब	12,278	16,096	1,311	4.1	2.2	320	24
22. राजस्थान	39,753	43,292	1,089	8.6	3.2	126	12
23. सिक्किम	450	480	1,069	15.8	4.3	68	6
24. तमिलनाडु	15,400	34,922	2,268	8.4	3.1	269	12
25. त्रिपुरा	858	2,653	309	12.2	3.8	253	8
26. उत्तर प्रदेश	97,942	131,658	1,344	2.4	1.7	552	41
27. उत्तराखंड	15,761	6,310	400	3.4	2.0	118	29
28. पश्चिम बंगाल	37,955	57,749	1,522	2.3	1.6	651	43
केन्द्रशासित प्रदेश							
1. अं. निकोबार द्वीप समूह	501	240	479	16.5	4.4	29	6
2. चंडीगढ़	23	92	4,005	5.0	2.4	808	20
3. दादर-नागर हवेली	70	170	2,429	7.0	2.8	346	14
4. दमन-दीव	23	101	4,385	4.9	2.4	900	21
5. दिल्ली	158	945	5,979	9.4	3.3	637	11
6. लक्षद्वीप	8	34	4,210	4.0	2.1	1052	25
7. पुडुचेरी	92	326	3,540	5.3	2.5	662	19
भारत	**593,643**	**740,900**	**1,248**	**5.5**	**2.5**	**225**	**18**

Source: Census of India, 2011

तालिका 14.1 में यह देखा जा सकता है कि भारत में गाँवों का औसत घनत्व 18 गाँव प्रति 100 वर्ग कि.मी. है। गाँवों की कुल संख्या 593,643 है तथा प्रति गाँव औसत जनसंख्या 1248 है।

तालिका 14.1 में यह देखा जा सकता है कि बिहार तथा उत्तर प्रदेश में गाँवों का घनत्व अधिक है। दोनों राज्यों में यह 41 गाँव प्रति 100 वर्ग कि.मी. है। सबसे कम घनत्व मिजोरम में है (3 गाँव प्रति 100 वर्ग कि.मी.)।

गाँवों का घनत्व: राज्य स्तर पर ग्रामीण बस्तियों का घनत्व ***चित्र 14.14*** में दर्शाया गया है। ***चित्र 14.14*** में यह देखा जा सकता है कि असम, बिहार, झारखंड, उत्तर प्रदेश तथा ओडिशा में गाँवों का घनत्व 31 से 40 प्रति 100 वर्ग कि.मी. है तथा आंध्र प्रदेश, गुजरात, जम्मू एवं कश्मीर व उत्तर-पूर्वी भारत के पहाड़ी राज्यों में यह घनत्व 10 प्रति 100 वर्ग कि.मी. से कम है ***(चित्र 14.14)***।

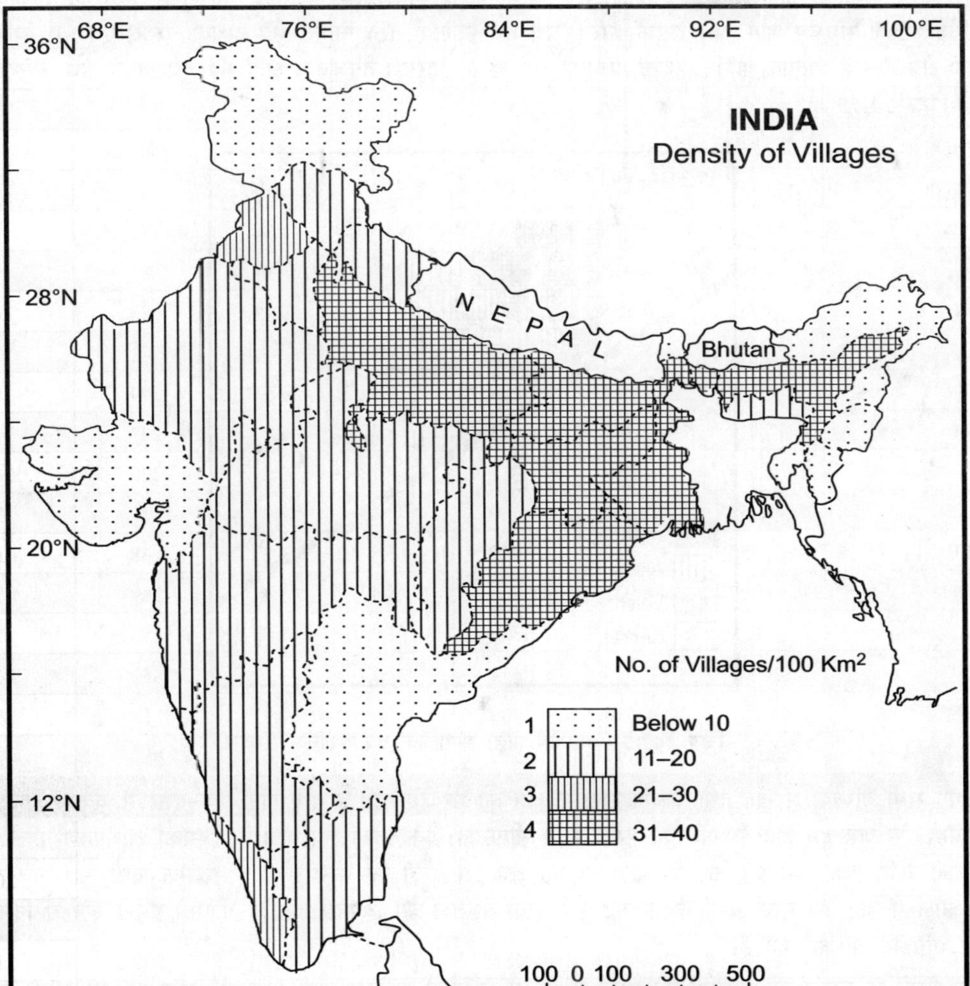

चित्र 14.14 भारत: गाँवों का घनत्व (2011)

ग्रामीण बस्तियों की आकृति विज्ञान (Morphology of Rural Settlements)

ग्रामीण बस्तियों की आकृति विज्ञान का सम्बन्ध भूमि उपयोग तथा बस्ती के आंतरिक संरचना से है। भारत में प्रत्येक गाँव के दो भाग हैं:

(i) निर्मित क्षेत्र (बस्ती) (Built-up Area)

(ii) खुला क्षेत्र अथवा खेत (Fields)

निर्मित क्षेत्र के तहत घरों की व्यवस्था, मुखिया का घर (हवेली), पशु अवरोधशाला, सड़कें, तालाब, गलियाँ, सांस्कृतिक व धार्मिक स्थान, जैसे–मंदिर, मस्जिद, गुरुद्वारा तथा गिरिजाघर, दुकानें तथा चौक आते हैं। खुला क्षेत्र अथवा खेत वह क्षेत्र होता है जहाँ फसल उगाई जाती हैं तथा डेरी उद्योग में संलग्न ग्रामीणवासी अपनी मवेशियों को रखते हैं।

प्रमुख बस्ती भूगोलज्ञ डोक्सीएडिस (Daxiadis) ने बस्ती के आकृति विज्ञान के तहत चार मुख्य अंगों की पहचान की है, ये हैं–(a) खेत अथवा समरूप भाग, (b) सड़कें, रास्ते, पथ तथा गलियाँ, (c) निर्मित क्षेत्र अथवा बस्ती, एवं (d) विशिष्ट अथवा सांस्कृतिक क्षेत्र जिसके अंतर्गत धार्मिक स्थान, पंचायत घर, चौक, मोरंग (जनजातीय क्षेत्रों में) युवा क्लब तथा सांस्कृतिक स्थान आते हैं ***(चित्र 14.15)***।

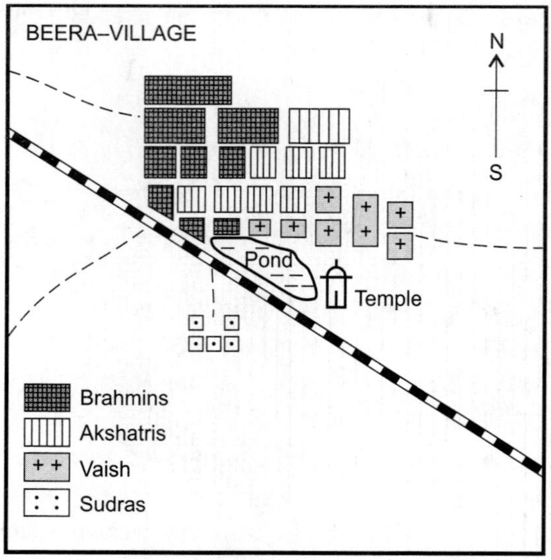

चित्र 14.15 भारतीय गांव: सामाजिक एवं स्थानिक संरचना

लगभग सभी बस्तियों में खेत तथा चारागाह निर्मित क्षेत्र को घेरे हुए रहते हैं तथा दोनों एक-दूसरे से चक-सड़कों तथा पैदल पथ (पगडंडी) से जुड़े हुए होते हैं। गाँव का मुख्य स्थान सामान्यत: एक ऊँचा क्षेत्र होता है, जिसका अधिग्रहण पहले बसने वाले लोगों (ऊँची जाति तथा जमींदार) के द्वारा होता है। यह क्षेत्र इस बस्ती का केन्द्र होता है, जिसके चारों ओर गाँव का विकास उत्तरवर्ती काल में होता है। मुख्य बस्ती के निकट कई पुरवा बस्तियों का विकास होता है, जिसमें प्रमुख रूप से निम्न जाति के लोग तथा भूमिहीन श्रमिक रहते हैं।

मुख्य बस्ती के निकट इन बस्तियों को भारत के उत्तरी मैदान में विभिन्न नामों (माजरा, पुरवा, नागला, टोला, इत्यादि) से जाना जाता है। प्रत्येक बस्ती के चारों ओर मृदा के संकेन्द्रित क्षेत्र होते हैं। बस्ती के निकट अत्यधिक उपजाऊ कृषीय भूमि पश्चिमी उत्तर प्रदेश, पंजाब तथा हरियाणा में गोयरा (Goira) अथवा गोहंडा (Gohnda) कहलाती है, तथा पूर्वी उत्तर प्रदेश एवं बिहार में यह भूमि गोइंद (Goind) अथवा गौहन (Gauhan) कहलाती है।

बस्ती से दूर कम उपजाऊ बाहरी खेत पंजाब में मांझा, हरियाणा तथा उत्तर प्रदेश में खालसा, डेहर, रैतला अथवा सोतला कहलाता है। उत्तर भारत के मैदान के लगभग सभी सघन गाँवों में अधिकांश सामाजिक-आर्थिक क्रियाकलाप केन्द्र के निकट तक सीमित हैं। किसी सघन बस्ती में केन्द्र से दूर जाने पर सामाजिक-आर्थिक क्रियाकलापों की तीव्रता घटती जाती है।

ग्रामीण बस्तियों की सामाजिक-स्थानिक संरचना (Socio-Spatial Structure of Rural Settlements)

कुछ प्रसिद्ध बस्तियों का प्रभाव भूगोलज्ञों के अनुसार भारत के उत्तरी मैदान में जाति संरचना का एक गहरा प्रभाव ग्रामीण बस्तियों के आकृति विज्ञान (Morphology) पर पड़ा है। उदाहरण के लिए सवर्ण जातियों, जैसे–ब्राह्मण, राजपूत तथा कायस्थ, के लोग गाँव के ऊँचे एवं उत्तम स्थानों को अधिगृहीत करते हैं, उनके घर तुलनात्मक रूप से बड़े होते हैं तथा प्रत्येक विवाहित महिला

के लिए एक अलग कमरा होता है। इसके विपरीत निम्न जाति के लोग खासकर अछूतों (शूद्र) के घर/झोपड़ी में मात्र एक कमरा होता है, जिसमें परिवार के सभी सदस्य रहते हैं, कभी-कभी इनमें मवेशी भी रखे जाते हैं। इस प्रकार के घरों में खुला स्थान या आँगन नहीं होता है। इस प्रकार की बस्तियाँ गंगा-यमुना दोआब, रोहिलखंड प्रखंड तथा हरियाणा एवं पूर्वी उत्तर प्रदेश में देखी जा सकती हैं। इसके अतिरिक्त निम्न जातियाँ सामान्यत: बस्ती के परिधीय (Peripheral) क्षेत्रों में रहती हैं। वास्तव में चमार, मोची, पासी, जाटव, मेहतर खटीक तथा धानुक अपने घरों का निर्माण ऊँची जाति के घरों से थोड़ी दूर पर करते हैं। निम्न जाति की पुरवा बस्ती को अहीरन, चमारवाड़ा, जटवाड़ा, लोधियन, पासीवाड़ा, मोचपुरा इत्यादि कहा जाता है। पुरवा तथा उसके निवासी यजमानी-व्यवस्था के अंतर्गत मुख्य स्थान से नजदीकी रूप से जुड़े हुए हैं तथा एक एकल कार्यात्मक इकाई के रूप में कार्य कर रहे हैं। सामाजिक अन्तर तथा कार्यात्मक एकाकीकरण-दोनों अवधारणाओं का महत्व भारतीय गाँवों की सामाजिक-स्थानिक संरचना में है तथा यह प्रो. के. एन. सिंह (K.N. Singh) (1972) द्वारा उनके धार्मिक अनुष्ठान तथा धर्मनिरपेक्ष प्रधान मॉडलों द्वारा दर्शाया गया है ***(चित्र 14.16)***।

ग्रामीण बस्तियों का धार्मिक-अनुष्ठान मॉडल (Religion-Ritual Model of Rural Settlements)

जाति व्यवस्था के अन्तर्गत हिन्दू समाज विभिन्न जातियों में विभाजित है, जहाँ प्रत्येक जाति भिन्न सामाजिक-आर्थिक कार्य में जुटी हुई है। जाति व्यवस्था के ही कारण समाज में ऊँची तथा निम्न जाति का वर्गीकरण किया गया है। अन्ततोगत्वा शुद्धि-अपवित्रता तथा अस्पृश्यता जैसी धारणाओं का जन्म हुआ। शुद्धि-अपवित्रता के कारण ग्रामीण बस्तियों में दो जुड़ी हुई बस्तियों का विकास हुआ, एक हिन्दू जाति (Caste Hindu) तथा दूसरी जाति बहिष्कृत (Outcaste) के लिए जो किसी समुचित अवरोध की तुलना में सामाजिक अन्तर के कारण एक दूसरे से अलग थे। याजकीय (पुरोहित) जाति होने के कारण तथा धर्मिक अनुष्ठानों का निष्पादक होने के कारण इनका स्थान लगभग सभी गाँवों में था, इसी तरह अछूतों का स्थान भी सभी गाँवों में था क्योंकि गाँव की अर्थव्यवस्था इनके श्रम तथा सेवाओं पर आधारित थी।

दोनों के बीच अन्तर बीते समय (Past) पूर्व में अधिक सुस्पष्ट था, जिसके कारण पुरवा बस्तियों (Hamlated Settlements) का विकास हुआ। सघन बस्तियों में शूद्र जाति के लोगों द्वारा सामान्यत: मुख्य बस्ती के बाहर दक्षिण की दिशा में घर बनाये जाते थे क्योंकि उत्तरी भारत के मैदान में दक्षिण से उत्तर की ओर हवा सबसे कम दिनों चलती हैं। इस प्रकार सवर्ण जातियों का प्रदूषण नहीं के बराबर होता था। ऐसा माना जाता था कि शूद्र के शरीर से सम्पर्क में आने से पवन भी अपवित्र हो जाती है। यह धारणा छुआछूत (Untouchability) पर आधारित थी। ऐसी मान्यताओं तथा प्रथाओं के कारण व परिस्थिति विवाद के विषय हैं ***(चित्र 14.16)***।

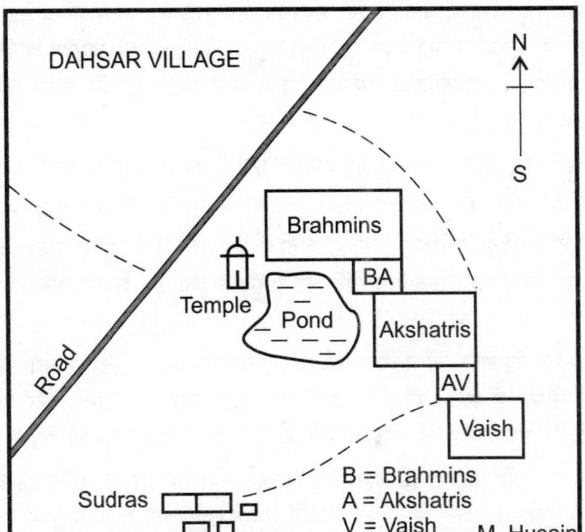

चित्र 14.16 ग्रामीण बस्तियों की आकारिकी

धर्मनिरपेक्ष-प्रधान मॉडल (The Secular Dominance Model)

प्रो. के.एन. सिंह द्वारा प्रस्तावित बस्तियों के विकास के धर्मनिरपेक्ष मॉडल के अनुसार विभिन्न जातियाँ सवर्ण एवं शूद्र अपने घरों का निर्माण एक-दूसरे के घर के नजदीक करते हैं ताकि आर्थिक आवश्यकताओं को पूरा करने में सहयोग मिल सके। भूमिधारी (ज्यादातर ऊँची जाति) अपने कृषीय क्रियाकलापों के लिए भूमिहीन श्रमिकों तथा निम्न जाति के मजदूरों पर निर्भर रहते हैं, वहीं निम्न जातियाँ अपनी जीविका के लिए ऊँची जातियों पर निर्भर करती हैं। इस कारण से इन दोनों सामाजिक समूहों के घरों के बीच दूरी घटती गई तथा बस्ती सघन, केन्द्रीकृत व एकीकृत बन गई।

ऐसे भी दृष्टांत देखे गए हैं, जब भूमिधारी उच्च जाति ने विभिन्न सेवा प्रदान करने वाली जातियों को गाँवों में बसने का मौका दिया ताकि यजमानी व्यवस्था के तहत कार्यों का सम्पादन किया जा सके। पूर्वी उत्तर प्रदेश के कुछ मुस्लिम गाँवों में भी कार्यात्मक परस्पर निर्भरता देखी जा सकती है।

दोनों मॉडल, गाँवों की वर्तमान सामाजिक-स्थानिक संरचना की व्याख्या करने में उल्लेखनीय हैं। उनके संयुक्त प्रभाव के कारण गाँव के आकृति विज्ञान (Morphology) को एक सुस्पष्ट प्रतिरूप प्रदान किया गया है तथा नई सामाजिक-आर्थिक व्यवस्था के दबाव के कारण पुरानी व्यवस्था धीरे-धीरे अपना महत्व खो रही है। यजमानी व्यवस्था अब कमजोर हो गई है तथा जाति व्यवस्था की अनम्यता अब धूमिल होती जा रही है। शिक्षा के कारण अधिकतर दलितों की सामाजिक-आर्थिक स्थिति में बदलाव आया है, फलस्वरूप वे अपने अधिकारों के प्रति सचेत हुए हैं, जिसके कारण परम्परागत छुआछूत की दीवार टूटती नजर आ रही है।

ग्रामीण बस्तियों में पर्यावरणीय मुद्दे (Environmental Issues in Rural Settlements)

ग्रामीण बस्तियों की उत्पत्ति भौतिक पर्यावरण में होती है। ग्रामीण बस्तियों की न तो नियमित रूपरेखा और आकार होता है न ही विशेष आंतरिक संरचना होती है। किसी ग्रामीण बस्ती की रूपरेखा, संरचना आकृति (Morphology), घरों का डिजाइन, दरवाजे, खिड़कियाँ, रोशनदान के आकार एवं दिशाओं पर भौतिक पर्यावरण का प्रत्यक्ष एवं अप्रत्यक्ष प्रभाव पड़ता है। वास्तव में भू-रचना, टोपोग्राफी (Topography) ढलान, जलवायु, नदियों, मृदा, पोखर-तलाब का समाज की सांस्कृतिक एवं रीति-रिवाजों पर भी गहरा प्रभाव पड़ता है।

ग्रामीण बस्तियों में रहने वाले समुदाय, जीवन शैली तथा रीति-रिवाजों के द्वारा एक-दूसरे से जुड़े रहते हैं। जीवकोपार्जन में गाँव के लोग एक-दूसरे की सहायता करते हैं और एक-दूसरे पर आश्रित होते हैं

ग्रामीण बस्तियों का अध्ययन भूगोलवेत्ताओं का विशेष अध्ययन क्षेत्र रहा है। फ्रांस के प्रसिद्ध भूगोलवेत्ता प्रो. विडाल डी. ला ब्लाश (Vidal de la Blache) एवं प्रो. एल्बर्ट डिमांजियन (Albert Demangeon) को ग्रामीण बस्तियों के अध्ययन का पथ प्रदर्शक (Pioneer) माना जाता है। परन्तु 1970 के दशक तक इस ओर बहुत कम प्रगति हुई है। परन्तु वर्तमान समय में इस समय में इस दिशा में भोगोलवेत्ताओं की रुचि बढ़ी है।

वर्तमान समय में ग्रामीण लोगों की जीवन शैली, बेरोजगारी, कृषि, कुटीर उद्योग, कार्य तथा जीवन स्तर पर अधिक शोध कार्य किया जा रहा है।

कोई भी ग्रामीण बस्ती अपने भौतिक पर्यावरण की देन होती है। जैसे कि ऊपर कहा जा चुका है ग्रामीण बस्तियों पर भू-आकृति, मिट्टी, ढलान, जलवायु, तथा प्राकृतिक वनस्पति का प्रभाव पड़ता है। देहाती बस्तियाँ पर्यावरण के प्रभाव की सराहना निम्न प्रमाणों से की जा सकती है।

1. भारत के घरों के परम्परागत डिजाइन के दालान (Room), वरामदा (Varandah) तथा सहन (Court yard) का प्रावधान रखा जाता है। गर्मी के मौसम में सहन में सोने, वर्षा तथा बसंत ऋतु में बरामदे और शीत ऋतु में दालान (Room) में सोने का प्रावधान होता है। इस प्रकार के मकान मौसम के साथ अनुकूलता को ध्यान में रख कर बनाये जाते हैं।
2. मकान की दीवारें और छत भी मौसम को ध्यान मे रखकर स्थानीय सामान से तैयार की जाती हैं। उदाहरण के लिये राजस्थान के मरुस्थलीय भाग में दीवारें मोटी एवं पत्थरों की बनाई जाती हैं ताकि गर्मी से बचा जा सके, जबकि पवर्तीय क्षेत्रों में जहाँ हिमपात होता है वहाँ मकान की छत शंकुआर बनाई जाती है ताकि बर्फ छत को प्रभावित न करे। साथ-ही-साथ छत टिन की बनाते है ताकि रसोई के धुएँ से टिन गर्म जो जाये और छत से बर्फ तेजी से पिघल जाये।

3. पशुओं एवं कृषि यन्त्रों को सुरक्षित रखने के लिए अलग घर बनाया जाता है।
4. मकानों के दरवाजे (द्वार), खिड़कियाँ एवं रोशनदानों को लगाने में रोशनी और हवा का ध्यान रखा जाता है।

भौगोलिक विभाजन और भारतीय ग्रामीण बस्तियां (Physiographic Divisions and Indian Rural Settlements)

भारत को मुख्य रूप से छ: भौगोलिक डिवीजनों में विभाजित किया गया है:

(i) हिमालय प्रदेश
(ii) भारत का विशाल मैदान
(iii) भारतीय मरूस्थल
(iv) प्रायद्वीपीय भारत
(v) तटीय मैदान
(vi) भारतीय द्वीप

1. पहाड़ी और पहाड़ी क्षेत्रों (जैसे- हिमालय और उत्तर-पूर्वी पहाड़ियों) में, छत तिरछी है, ताकि भारी बारिश और बर्फबारी का पानी घर को नुकसान पहुंचाए बिना नीचे की ओर गिर जाए।
2. उत्तरी मैदानों में तीन विशेष ऋतुएँ हैं- ग्रीष्म, वर्षा (बरसात), और शीत (सर्दी)। इन ऋतुओं के अनुसार, उत्तरी भारत के घरों में एक विस्तृत आंगन है, वर्षा के मौसम के लिए एक बरामदा और सर्दियों के मौसम के लिए एक आरामदायक कमरा है।
3. मरूथलीय क्षेत्रों में मकान मिट्टी एवं पत्थर की मोटी दीवारों के बने होते हैं। ये गर्मी में मकान को ठण्डा बनाये रखती हैं। ये मकान ऐसे होते हैं कि ग्रीष्मकाल की गर्मी को परावर्तित कर देते हैं और शीतकाल में ठण्ड को मकान से बाहर रखते हैं।
4. प्रायद्वीपीय क्षेत्रों में, घरों में आमतौर पर दो झोपड़ियाँ होती हैं, जिन्हें आमतौर पर समकोण पर रखा जाता है और एक घने आयताकार आंगन से घिरा हुआ होता है। केरल, तमिलनाडु, कर्नाटक, आंध्र प्रदेश, और ओडिशा में, एक विशिष्ट घर में दो झोपड़ियाँ हैं जो एक-दूसरे के सामने हैं और आंगन उन्हें दो तरफ से घेरता है।
5. तटीय क्षेत्रों और द्वीपों में, समतल या चोटीदार छतों वाले मिट्टी के घर सामान्य विशेषताएं हैं। खेती करने वालों के घर और बस्तियाँ मछुआरों से भिन्न होती हैं।

ग्रामीण बस्तियों की मुख्य विशेषतायें

भारतीय ग्रामीण बस्तियों की प्रमुख विशेषतायें निम्न प्रकार हैं।

1. भारतीय ग्राम 7000 वर्ष से अधिक पुराने हैं।
2. भारतीय ग्राम भारतीय सभ्यता के प्रतीक हैं।
3. ग्रामीण बस्तियों के मकान, गारे, मिट्टी, कच्ची एवं पक्की ईंटों, पत्थर, बाँस एवं घास-फूस से बनाये जाते हैं।
4. ग्रामीण बस्तियाँ प्राय: बाग-बगीचों से घिरी होती हैं।
5. प्रत्येक ग्रामीण बस्ती में मंदिर, मस्जिद, गिरिजाघर, गुरुद्वारा, कुआँ, चौपाल, तालाब, कब्रिस्तान तथा शमशान घाट होता है।
6. अधिकतर गाँव नियोजित नहीं होते। सड़कें तथा गलियाँ टेढ़ी-मेढ़ी होती हैं। बहुत-से गाँवों में आज भी शौचालय नहीं हैं। गांव में घरों के निकट ही कूड़े के ढेर पाये जाते हैं।
7. ग्रामीण बस्ती के ऊँचे एवं उत्तम स्थान पर सवर्ण जाति के लोग रहते हैं।
8. घर में आँगन (Courtyard) होता है, जिसमें गर्मी के मौसम में रात को सोते हैं

9. दो ग्रामीण बस्तियाँ कच्चे मार्गों या पगडंडियों से जुड़ी होती हैं। कच्ची सड़कों का स्थान अब पक्की सड़कें ले रही हैं।
10. गाँव के लोग समय पड़ने पर एक-दूसरे की सहायता करते हैं।
11. ग्रामीण बस्ती के अधिकतर लोग रूढ़ीवादी होते हैं अपनी जीवन शैली में जल्दी परिवर्तन नहीं करते।

पर्यावरण ह्रास एवं ग्रामीण बस्तियाँ (Environmental Degradation and Rural Settlement)

प्राय: यह अवधारणा है कि ग्रामीण बस्तियों में पर्यावरण का ह्रास कम होता है। 1950 के पश्चात भारत की ग्रामीण जनसंख्या में तीव्र गति से वृद्धि हुई है। मूलभूत सुविधाओं की कमी तथा बढ़ती जनसंख्या के कारण ग्रामीण पर्यावरण में तेजी से ह्रास हुआ है। भारत की ग्रामीण बस्तियों की कुछ मुख्य समस्याएँ निम्न प्रकार हैं:

1. शुद्ध पेय जल तथा शौचालयों का अभाव।
2. खुले स्थानों की सुरक्षा एवं देख-रेख।
3. जिन क्षेत्रों में भूमि ह्रास हो गया है उनको फिर से उपयोगी बनाना।
4. बाग-बगीचों के देख-रेख की समस्या।
5. जलाशयों तथा पोखर-तालाबों की सफाई की समस्या।
6. बाढ़ ग्रस्त ग्रामीण बस्तियों में बाढ़ को रोकने की समस्या।
7. सिंचित प्रदेशों में जलमग्न एवं जल-भराव की समस्या।
8. मिट्टी (Soil) अपरदन की समस्या
9. धरातलीय एवं भूगृत जल के प्रदूषण की समस्या।
10. नगरों एवं उद्योगों से बहकर आने वाले प्रदूषित जल की समस्या
11. वायु प्रदूषण की समस्या।
12. लकड़ी आदि के जलाने से वायु प्रदूषण की समस्या।
13. ग्राम समाज भूमि के ह्रास की समस्या
14. उपलब्ध संसाधनों का अत्यधिक दोहन।

नगरीय बस्तियाँ (Urban Settlements)

नगरीय बस्ती एक बड़ी सघन (केन्द्रीकृत) बस्ती है, जिसमें अधिकतर श्रम बल (Work force) द्वितीयक (उद्योग) तथा तृतीयक (सेवा) क्षेत्र (Sector) पर अपने जीवकोपार्जन के लिये आश्रित रहता है। नगरीय स्थान (Urban Place) को परिभाषित करने का कोई समान मापदंड नहीं है। नगरीय मापदंड एक देश से दूसरे देश तथा एक राज्य से दूसरे में भिन्नता देखी जा सकती है। किसी हद तक नगरीय तथा ग्रामीण स्थानों की परिभाषा में निरंकुशता के अंश देखे गए हैं। नगरीय स्थानों की सामान्यत: परिभाषा जनसंख्या के आकार, जनसंख्या घनत्व, निवासियों के व्यवसाय तथा स्थानीय सरकार के प्रकार पर आधारित है।

नगरीय स्थानों की जनगणना द्वारा दी गई परिभाषा (Census Definition of Urban Places)

वर्ष 1951 तक भारत की जनगणना द्वारा दी गई नगरीय बस्ती की परिभाषा निम्न प्रकार थी:

1. वे सभी स्थान जिनमें नगरपालिका, निगम, छावनी बोर्ड तथा अधिसूचित क्षेत्र (Notified Areas) होते हैं नगरीय बस्ती कहलाते हैं।
2. वे सभी स्थान नगरीय क्षेत्र हैं, जो निम्नलिखित शर्तों को पूरा करते हों:
   (i) 5000 की न्यूनतम जनसंख्या।
   (ii) पुरुष कामकाजी जनसंख्या का कम-से-कम 75% गैर-कृषीय क्रियाकलापों (औद्योगिक तथा सेवा क्षेत्र) में जुटा हुआ हो।
   (iii) कम-से-कम 400 व्यक्ति प्रति वर्ग कि.मी. का जनसंख्या घनत्व।

1981 की जनगणना में नगरीय परिभाषा में कुछ और बदलाव किए गए, अब पशुधन, वानिकी, मछुवाही, शिकार, रोपस्थली तथा फलोद्यान भी कृषीय क्रिया-कलाप के तहत आने लगे। ऐसे स्थान जिनमें नगरीय विशेषताएँ तथा नगरीय सुख-सुविधाएँ हों, जैसे-औद्योगिक क्षेत्र, रेलवे-कॉलोनी, पर्यटन-स्थल, स्वास्थ्य लाभ के लिए बने सैरगाह, मॉनिटोरियम तथा परियोजना-स्थल, नगरीय स्थान कहलाते थे तथा यह तय करना जनगणना प्रक्रिया के महानिदेशक के हाथ में था, जो इसका निर्धारण सम्बन्धित राज्य के साथ विचार-विमर्श करके करते थे।

यह कहा जा सकता है कि, जनगणना विभाग द्वारा नगरीय क्षेत्र की परिभाषा स्पष्ट नहीं है क्योंकि कुछ हाशिये के मामले (Marginal Cases) को महानिदेशक के विवेकाधिकार पर हटाया या जोड़ा जा सकता है।

राज्य स्तर के अधिकारी अपने विवेकाधिकार का प्रयोग मनमाने ढंग से करते हैं जो न तो वस्तुनिष्ठ है और न ही वैज्ञानिक।

आँकड़ों पर आधारित मापदंड की कुछ सीमाएँ निम्नलिखित हैं:

(i) नगरीय स्थान की परिभाषा में स्वेच्छाचारिता (Arbitrariness) का तत्व देखा गया है।

(ii) 'बड़े गाँव' तथा 'छोटे शहर' के मामले में निर्णय जनगणना अधीक्षक के विवेकाधिकार पर निर्भर करता है।

(iii) दशक-दर-दशक नगरीय जनसंख्या का पूर्णयोग अनेक जनगणना अधिकारियों के व्यक्तिगत निर्णय पर आधारित था।

(iv) जनगणना परिभाषा ने 'नगरीय विशेषताओं' (सामाजिक सुख-सुविधाओं), जैसे–पानी, बिजली, विद्यालय, क्रीड़ास्थल, डाक-घर, अस्पताल, इत्यादि पर भी बल दिया। लेकिन इन सुख- सुविधाओं की कोई विशेष सूची नहीं थी तथा सभी कुछ जनगणना अधिकारियों के विवेकाधिकार पर छोड़ दिया गया।

(v) भारतीय परिप्रेक्ष्य में 400 व्यक्ति प्रति वर्ग कि.मी. का जनसंख्या घनत्व वास्तव में बहुत कम है तथा बिहार, हरियाणा, केरल, महाराष्ट्र, उत्तर प्रदेश तथा पश्चिम बंगाल जैसे राज्यों में नगरीय घनत्व 1000 व्यक्ति प्रति वर्ग कि.मी. से अधिक है। एक ऊँचा मान (लगभग 1000 व्यक्ति प्रति वर्ग कि.मी.) भारतीय परिप्रेक्ष्य में अधिक उपयुक्त होगा।

भारत सरकार के जनगणना विभाग ने 2011 की जनगणना नगरीय स्थानों को निम्नलिखित छह वर्गों में विभाजित किया है:

		2011
वर्ग I	: 1 लाख से अधिक की जनसंख्या	2,27,899
वर्ग II	: 50,000 से 99,999 तक की जनसंख्या	41,328
वर्ग III	: 20,000 से 49,999 तक की जनसंख्या	58,174
वर्ग IV	: 10,000 से 19,999 तक की जनसंख्या	31,866
वर्ग V	: 5,000 से 9,999 तक की जनसंख्या	15,883
वर्ग VI	: 5,000 से कम की जनसंख्या	1,956
योग		**3,77,106**

भारत सरकार के जनगणना विभाग के अलावा भूगोलज्ञों ने नगरीय क्षेत्रों को निम्नलिखित छह वर्गों में बाँटा है:

1. **नगरीय गाँव (Urban Village):** नगरीय गाँव में अधिकतर कामकाजी जनसंख्या (Working Population) गैर-कृषि क्रियाकलापों में जुटी रहती है। भूमि उपयोग मुख्यत: कृषीय तथा सम्बद्ध आर्थिक क्रियाकलापों के लिए होता है। यह नगरीय विकास के परिवर्ती चरण को निर्दिष्ट करता है, जहाँ दोनों ग्रामीण तथा नगरीय कार्य एक मिश्रित रूप में देखे जा सकते हैं।

2. **शहर, नगर (Town):** यह किसी नगरीय स्थान के लिए एक सामान्य नाम है, खासकर एक बस्ती के लिए, जिसकी जनसंख्या एक लाख से कम हो। शहर का आकार एक देश से दूसरे देश में भिन्न होता है तथा शहर एवं नगर के अन्तर को स्पष्ट करने का कोई मान्य आकार मापदंड नहीं है। भारत के शहरों में सामान्यत: एक नगर निगम होता है। यह नगरीय बस्ती की सबसे छोटी इकाई होती है, जहाँ नगरीय कार्य स्पष्ट होते हैं। यहाँ कुछ कृषि तथा सम्बद्ध क्रिया-कलाप, जैसे–सब्जियों की खेती में भी कामकाजी बल (Working force) जुटा रहता है।

3. **नगर (City):** यह एक पूर्ण रूप से विकसित नगरीय समूहन है, जिसमें द्वितीयक तथा तृतीयक व्यवसायों की प्रधानता होती है तथा एक जटिल आंतरिक संरचना होती है। भारत में कोई शहर, जिसकी आबादी एक लाख या उससे अधिक हो नगर कहलाता है।

4. **महानगर (Metropolitan) (मेट्रो):** यह प्रदेश संघन नगरीय जनसंख्या का होता है जिसके केन्द्र में संघन जनसंख्या और सीमावर्ती प्रदेश में ढांचागत उद्योग, नगर और मकान होते है। ये आर्थिक और राजनैतिक क्षेत्र बनाते हैं। नगरपालिका, नगर, पूर्वनगर, उपनगर।

5. **विश्व नगरी/महानगर (Megalopolis):** जीन गोट्टमैन (Jean gottmann) द्वारा अपनाया गया यह यूनानी (यह 'वृहत्त' तथा 'नगर' जैसे शब्दों को जोड़ कर बना है) शब्द संयुक्त राज्य अमेरिका में उत्तर-पूर्वी बोर्ड के नगरीय क्षेत्र को निर्दिष्ट करता है।

6. **सन्नगर (Conurbation):** पैट्रिक गेडेस (Patrick Geddes) ने इस शब्द का प्रयोग एक ऐसे नगरीय क्षेत्र के लिए किया है, दो या दो से अधिक दस लाख से अधिक जनसंख्या के नगर एक-दूसरे से इस प्रकार जुड़ जायें कि एक सामान्य व्यक्ति को ये पता न चले कि एक नगर कहाँ समाप्त होता है तथा दूसरा नगर कहाँ आरम्भ होता है। अत्यधिक नगरीय फैलाव के कारण सन्ननगर की जगह डेली अर्बन सिस्टम (Daily Urban System), विश्व नगर (Megalopolis), महानगरीय क्षेत्र (Metropolitan Area) तथा महानगरीय श्रम क्षेत्र (Metropolitan Labour Area) शब्दों का उपयोग होने लगा।

7. **विश्वासी:** यह एक विशाल नगर होता है जो विभिन्न देशों के लोगों से बना होता है।

भारत में सन्नगर दिल्ली, कोलकाता तथा मुंबई के निकट देखे जा सकते हैं। इन सभी बड़े नगरों में दो या दो से अधिक नगर इस प्रकार मिल गए हैं कि एक साधारण व्यक्ति के लिए इनके क्षेत्रों में अन्तर स्पष्ट करना सरल नहीं है।

भारत में स्थान की कमी, परिवहन मार्गावरोध, बिजली कटने, औद्योगिक मंदी, उद्योगों में तालाबन्दी तथा गन्दी बस्तियों के उभरने के कारण सन्ननगर अनेक समस्याओं का सामना कर रहे हैं, जिसका प्रभाव नगरीय पर्यावरण तथा निवासियों के जीवन स्तर पर पड़ा है। वास्तव में भारत में सन्ननगर में जीवन अत्यंत महंगा तथा कम सुखद है।

भारत में नगरीय वृद्धि तथा विकास (Urban Growth and Development in India)

भारत में नगरीय स्थानों का विकास प्राचीन काल से ही हो रहा है। लगभग 3000 ई.पू. से ही भारत में नगरीय केन्द्र तथा नगरीकरण देखने को मिलता है। मोहनजोदड़ो तथा हड़प्पा के नगरीय केन्द्र भारत में प्रागैतिहासिक नगरीकरण के उदाहरण हैं, जिसमें हड़प्पा सभ्यता के मुख्य केन्द्रों में कालीबंगन (राजस्थान), लोथल, रंगपुर, रोजदी (गुजरात), बनवाली (हरियाणा) तथा रोपड़/रूपनगर (पंजाब) प्रमुख हैं। आर्यों के शासन काल में अयोध्या, कपिलवस्तु, कुशीनगर, पाटलीपुत्र (पटना), राजगीर, वैशाली, वाराणसी इत्यादि विकसित हुये। भारतीय इतिहास के प्राचीन तथा मध्य काल में अनेक शहरों तथा नगरों का विकास मुख्यत: सामाजिक-आर्थिक, भू-राजनैतिक तथा सांस्कृतिक कारकों के कारण हुआ। अंग्रेजों के भारत में आगमन के साथ तथा ईस्ट इंडिया कंपनी द्वारा सत्ता ग्रहण करने के बाद अनेक नगरों तथा शहरों का विकास हुआ। अंग्रेजों ने भारत में व्यापारिक केन्द्र स्थापित किए, जिसके द्वारा कच्चा माल भारत से ब्रिटेन निर्यात किया जाता था तथा वहाँ से तैयार उत्पाद उप-महाद्वीप के बाजार में बेचा जाता था। अंग्रेजों ने सामरिक महत्व के स्थानों पर छावनी (Cantonments) स्थापित की। स्वतंत्रता के उपरान्त भारत सरकार के नियोजित अर्थव्यवस्था के अन्तर्गत कई नए औद्योगिक, राजधानी तथा नियोजित नगरों का विकास किया गया। भारत में नगरीय स्थानों का विकास इतिहास के निम्नलिखित चरणों में देखा जा सकता है:

1. **प्राचीन नगर (Ancient Cities):** प्राचीन काल के अधिकतर नगर हिन्दू राजाओं की राजधानी थी। नगर के केन्द्र में राजमहल होता था। राजमहल के निकट सांस्कृतिक स्थान, जैसे-मंदिर, उच्च स्तर के ब्राह्मणों का निवास, तथा राजकीय मंत्रिमंडल के सदस्यों के निवास शामिल थे। मौर्य साम्राज्य के काल में शूद्रों (अछूतों) को दक्षिण दिशा में स्थान दिया जाता था। प्राचीन काल के कुछ प्रमुख शहर व नगर हैं-अयोध्या, बोधगया, हस्तिनापुर, कांचीपुरम, कपिलवस्तु, मदुरई, मथुरा, पाटलिपुत्र (पटना), राजगीर, वैशाली, वाराणसी, उज्जैन तथा उरईवुर (Uraivur) ***(चित्र 14.17)***।

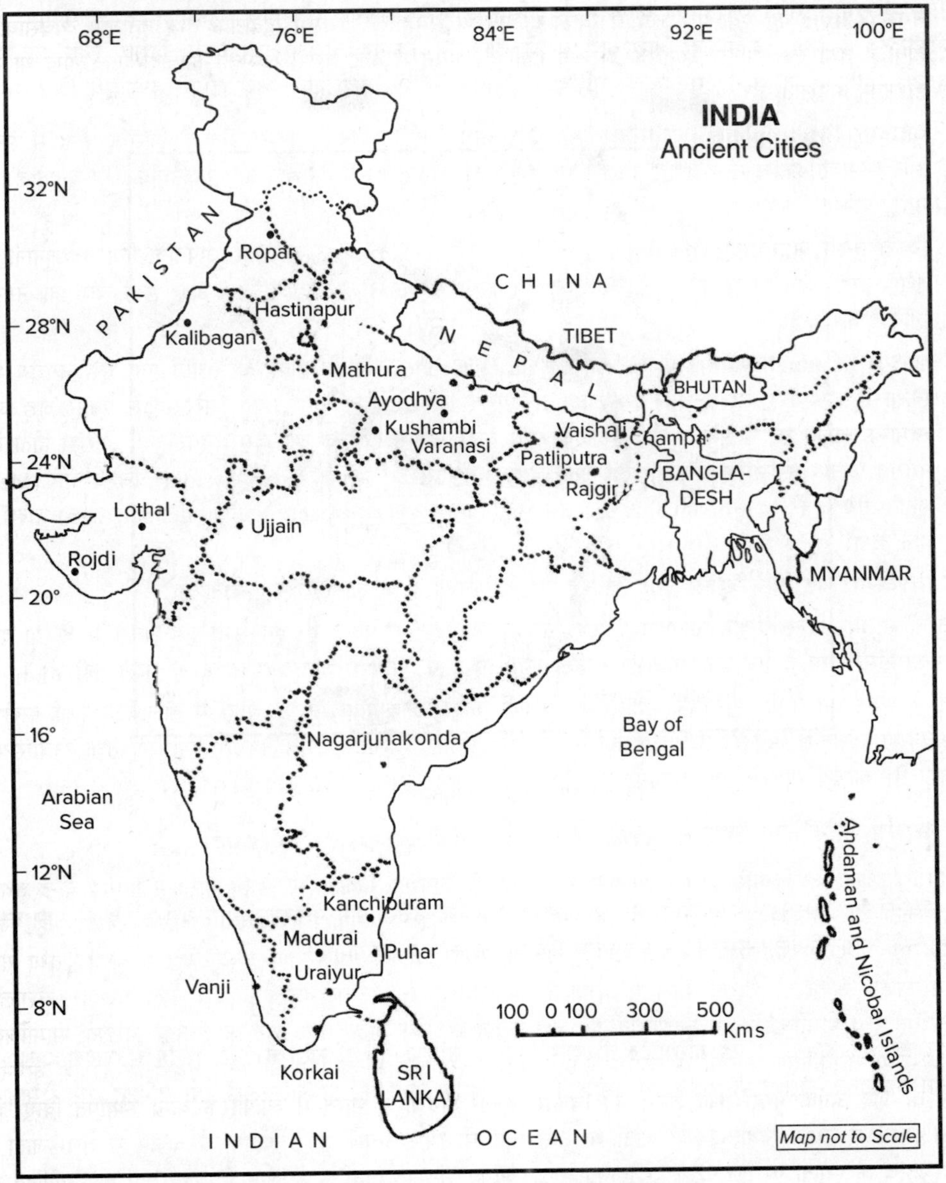

चित्र 14.17 प्राचीन नगर (2350 ई.पू.-300 ई.पू.)

2. **मध्यकालीन नगर (Medieval Cities):** भारतीय इतिहास के मध्य काल में नगर संरचना पर मुस्लिम शासन की छाप देखी जा सकती है। इस काल में नगरों में किलेबन्दी, मस्जिद, बाजार मीना बाजार तथा चौक बनाया जाने लगा। इस काल के दौरान नगरों में आवासीय वियोजन देखा जा सकता है।

शाहजहाँबाद (पुरानी दिल्ली) का प्राचीन नगर मध्यकालीन शहर का एक प्रारूपिक उदाहरण है ***(चित्र 14.18)***। शाहजहाँबाद यमुना नदी के तट पर बनाया गया था। इस नगर की वास्तुकला में हिन्दू तथा इस्लाम के मिश्रण का प्रभाव देखा जा सकता है। मध्यकालीन नगरों को ईंट की दीवारें घेरे रहती थीं तथा इनके नजदीक कोई खाई नहीं होती थी। नगर में नियंत्रित प्रवेश के लिए दरवाजे होते थे। प्रत्येक नगर में एक बाजार केन्द्र होता था-यह नगर का मुख्य चौक

था। मुस्लिम शासकों द्वारा मध्य काल में विकसित कुछ मुख्य नगर हैं-आगरा, अहमदाबाद, अहमदनगर, मुरादाबाद, अलीगढ़, अम्बाला, इलाहाबाद, औरंगाबाद, बरेली, भोपाल, बीकानेर, बीजापुर, बुरहानपुर, हिसार, इंदौर, जयपुर, जोधपुर, कोटा, लखनऊ, लुधियाना, मुरादाबाद, मुर्शिदाबाद, रामपुर, सागर, सहारनपुर, शाहजहाँपुर, इत्यादि ***(चित्र 14.19)***।

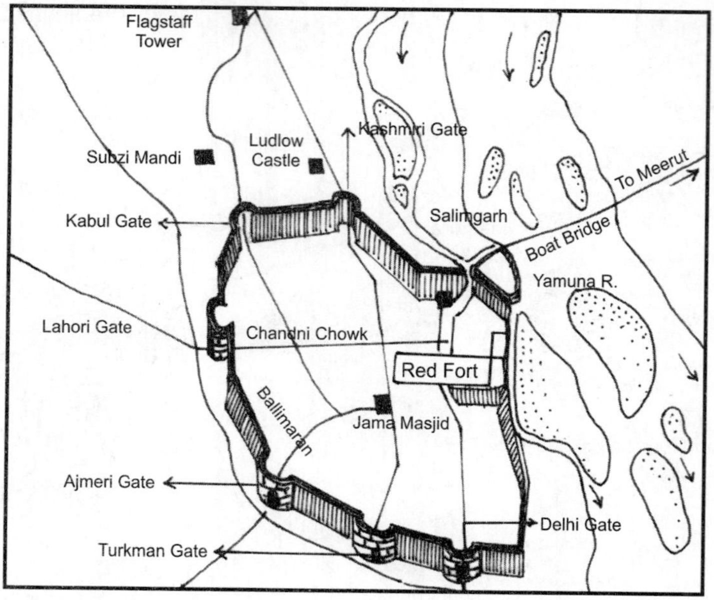

चित्र 14.18 शाहजहाँनाबाद-पुरानी दिल्ली

कश्मीरी गेट

ब्रिटिश मेजर रॉबर्ट स्मिथ ने 1835 में बनवाया था। यह दिल्ली शहर के उत्तरी भाग में अन्तर्राज्यीय बस स्टेण्ड के पास है। बादशाहों ने उत्तरी भारत की यात्रा के लिए इस गेट का उपयोग निकास के रूप में किया था।

दिल्ली गेट

इसे दिल्ली दरवाजा भी कहते है। यह दरियागंज के पास नगर के दक्षिण-पूर्व में बसा है। यह 1638 में बादशाह शाहजहां द्वारा बनाया गया था। यह उनके द्वारा जामा मस्जिद में नमाज के दौरान प्रयोग होता था। इसे एएसआई द्वारा संरिक्षत धरोहर माना जाता है।

अजमेरी गेट

यह नगर के दक्षिणी-पश्चिमी छोर पर स्थित है। यह नई दिल्ली रेलवे स्टेशन के पास अवस्थित है। यह 1644 में बना था और भारत के स्वतंत्रता संग्राम (सैनिक विद्रोह) 1857 का गवाह है।

तुर्कमान गेट

यह गेट मध्यकालीन नगर शाहजहानाबाद के दक्षिणी किनारे पर बसा है। इसका निर्माण 1650 में हुआ था। इसका नाम पवित्र फकीर हजरतशाह तुर्कमान बयाबनी के नाम पर रखा गया।

लाल किले के गेट

दो गेट- दिल्ली गेट और लाहोरी गेट को सात नगरों की देख-रेख में है। लाहोरी गेट, लाहोरी बाजार को चादंनी चौक से जोड़ता है। इसका यह नाम इसलिए पड़ा कि इसकी दिशा लाहौर की और है। दिल्ली गेट मुगल सेना का प्रवेश द्वार था। इन गेटों की सुरक्षा बढ़ाई जाती है क्योंकि स्वतंत्रता दिवस के दिन प्रधानमंत्री यहीं ध्वजारोहण करते है।

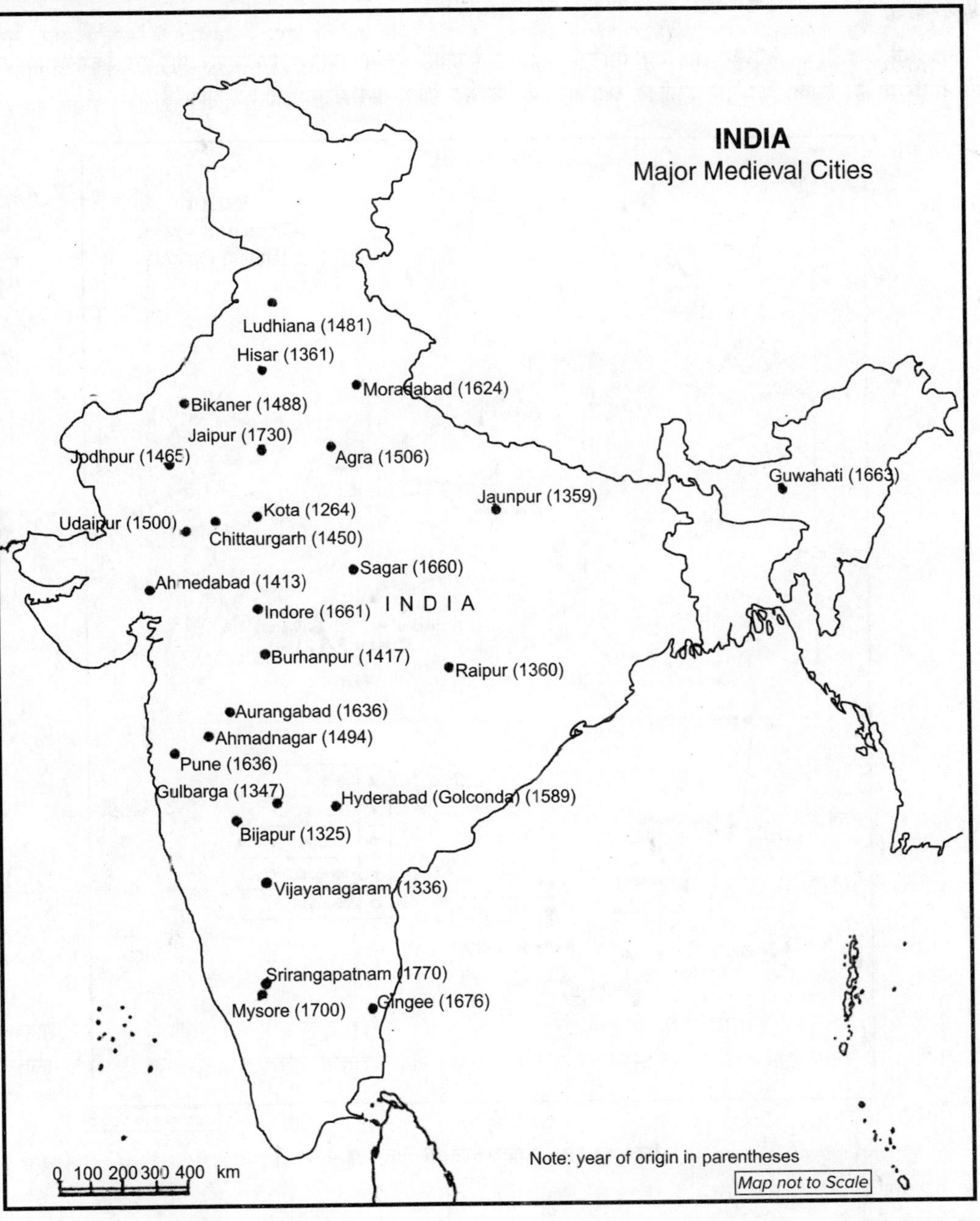

चित्र 14.19 मध्यकालीन नगर

निगमबोध गेट

यह नगर के पूर्व किनारे पर यमुना बाजार के किनारे स्थित है। घाट के किनारे अन्यष्ठी मैदान के नाम पर गेट का नाम रखा गया था। यहां निगम का अर्थ है 'वेद' और 'बोध' का अर्थ है 'ज्ञान'।

खूनी दरवाजा

यह ऐतिहासिक महत्व का है और 1857 के सैनिक विद्रोह का गवाह है। यह बहादुरशाह जफर मार्ग पर फिरोज़शाह कोटला के सामने अवस्थित है। इसका यह नाम इसलिए रखा गया है कि यह पाकिस्तान में काबुल को जाता है।

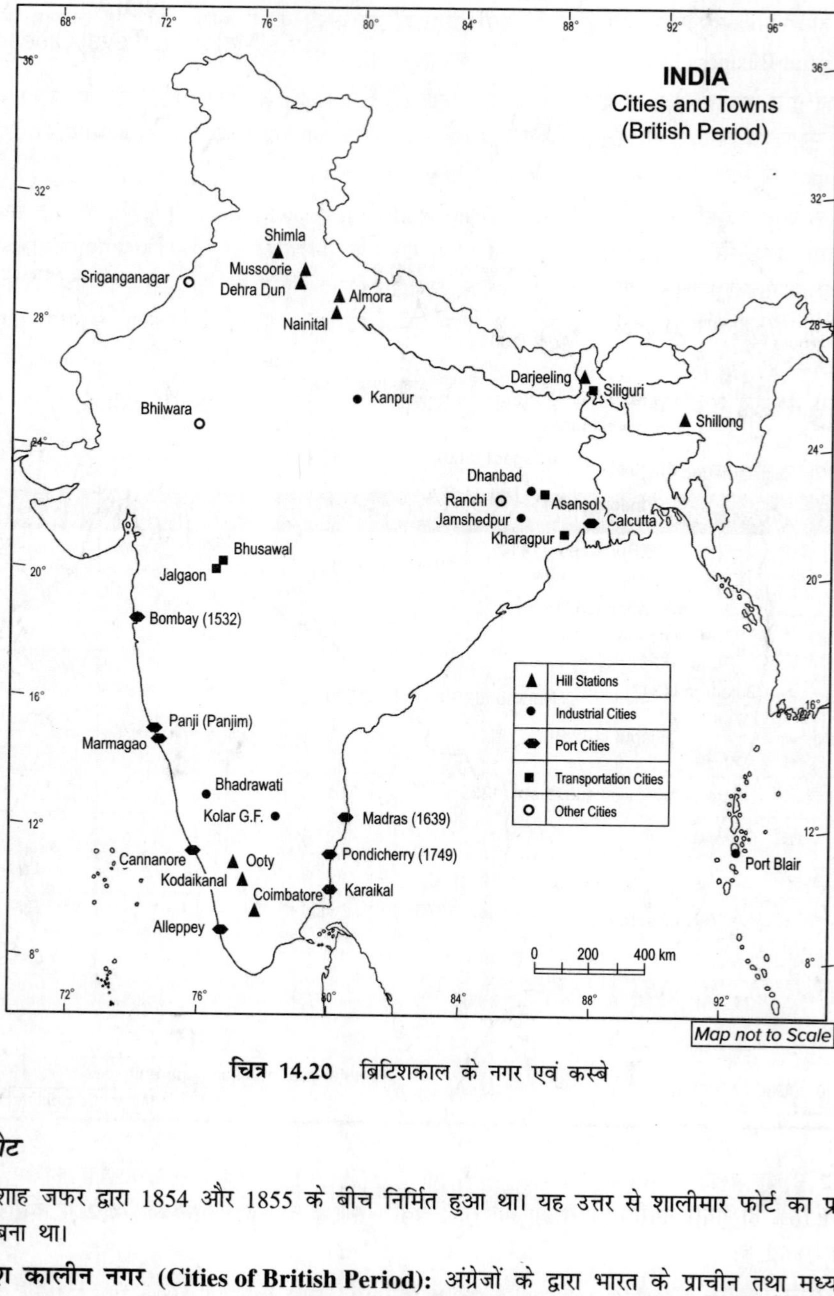

चित्र 14.20 ब्रिटिशकाल के नगर एवं कस्बे

बहादुर शाही गेट

बादशाह बहादुर शाह जफर द्वारा 1854 और 1855 के बीच निर्मित हुआ था। यह उत्तर से शालीमार फोर्ट का प्रवेश द्वार था। यह मुख्यत: ईंटों से बना था।

3. **ब्रिटिश कालीन नगर (Cities of British Period):** अंग्रेजों के द्वारा भारत के प्राचीन तथा मध्यकालीन नगरों में परिवर्तन लाया गया। रेल लाइनें बिछाने के कारण तथा बढ़ते व्यापार व वाणिज्यीकरण के कारण नगरीय बस्तियों के नए प्रतिरूप का विकास हुआ।

अंग्रेजों द्वारा विकसित कुछ मुख्य नगर हैं-नई दिल्ली, कोयंबटूर, देहरादून, डलहौजी, दार्जिलिंग, गुलमर्ग, कानपुर, खड़गपुर, कुल्लू, मुंबई, चेन्नई, कोलकाता, मनाली, मर्मगाव, मसूरी, नैनीताल, पणजी, रानीखेत, शिमला तथा शिलाँग। अंग्रेजों के लिए पृथक आवासीय क्षेत्र बनाने के लिए सिविल लाईन तथा छावनियों का विकास किया गया। किलेबन्दी की दीवारों को गिराने का अर्थ अवरोधों को हटाना था तथा नगरों के नए विस्तार मुख्य सड़क व रेलवे लाइन के किनारे विकसित होने लगे। अधिक व्यापारीकरण के कारण नगर में नए केन्द्रों का विकास हुआ, यह विकास केन्द्रीय व्यवसाय जिले (Central Business Districts–CBDs) के रूप में हुआ, जैसे–दिल्ली का कनॉट प्लेस।

अंग्रेजों द्वारा नगरीय क्षेत्रों में दोनों ओर हरित-पट्टी (Green Belt) के साथ मॉल रोड, मनोरंजन के लिए क्लब, गिरिजाघर सुसज्जित बाग, उद्यान तथा कब्रिस्तान (Graveyards) बनवाये गए। इस तरह से भारतीय नगरों की भू-आकृति (Landscape) में भारी परिवर्तन आया ***(चित्र 14.20)***।

4. **स्वतंत्रता के बाद विकसित नगर (Cities Developed after Independence):** स्वतंत्रता के बाद राष्ट्रीय तथा राज्य सरकारों द्वारा अनेक नगरों तथा शहरों का विकास किया गया। ये सुनियोजित नगर थे, जिन्हें पर्याप्त सुख-सुविधाएँ प्रदान की गई थीं। स्वतंत्रता पश्चात् विकसित कुछ प्रमुख नगर हैं-भिलाई, भुवनेश्वर, बोकारो, चंडीगढ़, दिसपुर, फरीदाबाद, नोएडा, गाँधीनगर, लवासा (Lavasa) (महाराष्ट्र, प्रथम 'हिल स्टेशन'), गुड़गाँव, पंचकुला, पंतनगर, राउरकेला, इत्यादि ***(चित्र 14.21)***।

नगरीय जनसंख्या में वृद्धि तथा विभिन्न वर्षों में उनके प्रतिशत को तालिका 14.2 में दर्शाया गया है।

तालिका 14.2 भारत में नगरीकरण की प्रवृत्ति-1881-2011

वर्ष	नगरीय जनसंख्या	दशकीय वृद्धि (प्रतिशत)	नगरीकरण (प्रतिशत)	शहरों की संख्या
1881	–	–	9.3	–
1891	–	–	9.4	–
1901	25.85	–	11.0	1917
1911	25.95	0.35	10.4	1909
1921	28.09	8.27	11.3	2047
1931	33.46	19.12	12.2	2219
1941	44.15	31.97	14.1	2424
1951	62.44	41.42	17.6	3059
1961	78.93	26.41	18.3	2699
1971	109.09	38.22	20.2	3119
1981	156.19	46.02	23.7	4019
1991	217.61	39.32	25.7	4689
2001	286.12	31.48	27.8	5167
2011	377.00	31.00	31.16	7935

Source: Census of India, 2011

तालिका 14.2 में यह देखा जा सकता है कि 1881 में भारत की नगरीय जनसंख्या कुल आबादी का मात्र 9.3% थी, जो 2011 में बढ़कर 31.16% हो गयी। नगरीय जनसंख्या की वृद्धि प्रवृत्ति स्थायी नहीं है। ***तालिका 14.2*** में नगरीय वृद्धि के तीन स्पष्ट चरण देखे जा सकते हैं:

1. **धीमा नगरीय विकास का काल (Period of Slow Urban Growth):** वर्ष 1881 से 1931 के बीच की अवधि को धीमा नगरीय विकास का काल कहा जाता है। इस दौरान अकसर होने वाली प्राकृतिक विपदा, जैसे–सूखा, बाढ़, अकाल एवं महामारी तथा उच्च मर्त्यता दर ने नगरीय जनसंख्या की वृद्धि को घटा दिया। इन पचास वर्षों के दौरान (1881-1931) नगरीय जनसंख्या में एक प्रतिशत प्रतिवर्ष से भी कम औसत वार्षिक दर की गति से वृद्धि हुई।

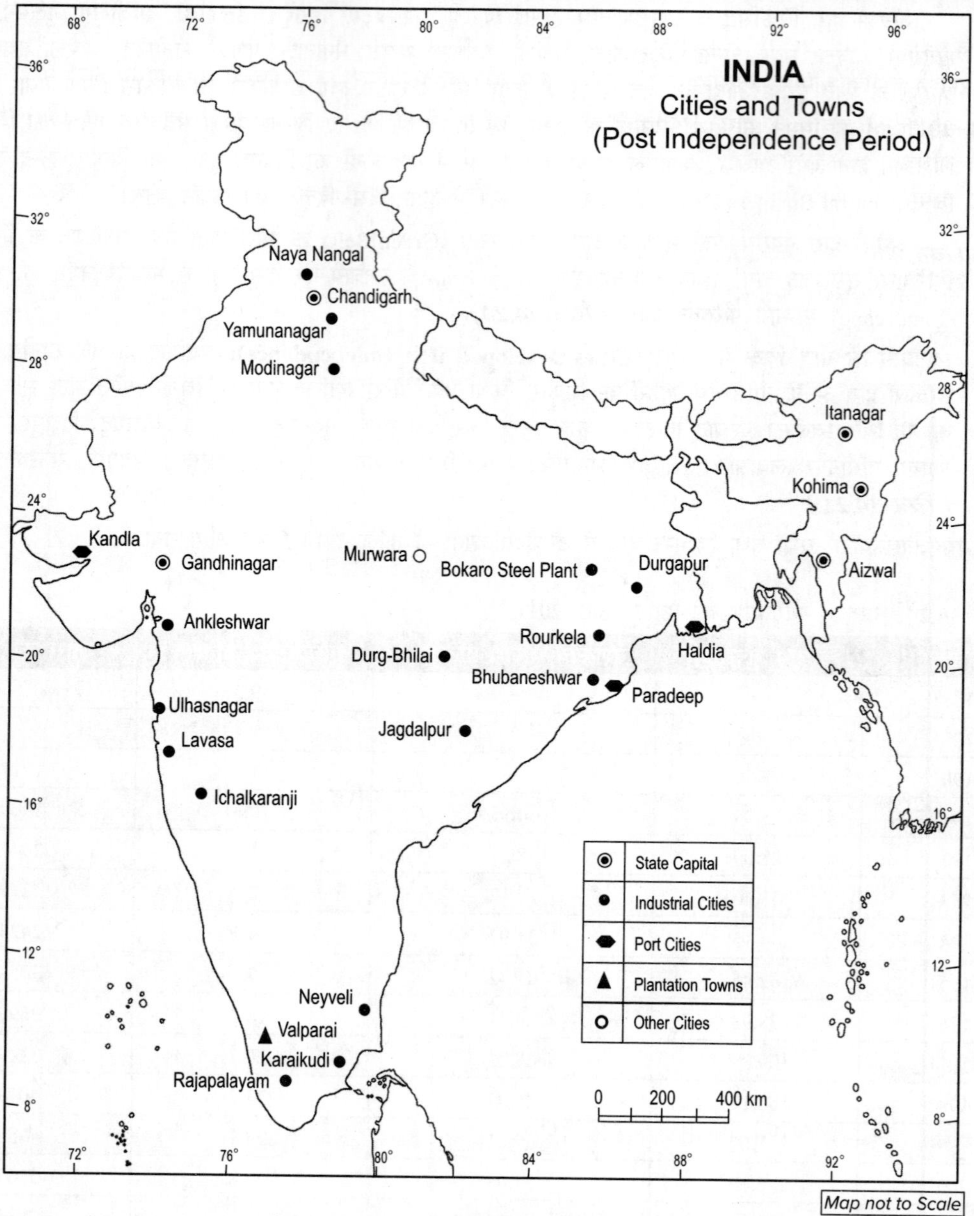

चित्र 14.21 स्वतंत्र्योत्तर काल के नगर एवं कस्बे

2. **मध्यम वृद्धि दर का काल (Period of Medium Growth Rate):** 1931 से 1961 के बीच की अवधि मध्यम नगरीय विकास का काल था। नगरीय जनसंख्या में तुलनात्मक रूप से तीव्र गति से वृद्धि हुई। उदाहरण के लिए वर्ष 1931 में भारत की कुल नगरीय जनसंख्या 33.45 मिलियन (12.2%) थी, जो वर्ष 1961 में बढ़कर 78.93 मिलियन (18.3%) हो गई। स्वतंत्रता उपरांत नियोजित काल के दौरान अनेक नए औद्योगिक तथा नगरीय केन्द्र स्थापित किए गए।
3. **तीव्र नगरीय विकास का काल (Period of Rapid Urban Growth):** वर्ष 1961 से 2011 के बीच नगरीय जनसंख्या तीव्र गति से बढ़ी। ***तालिका 14.2*** में यह देखा जा सकता है कि 1961 में नगरीय जनसंख्या देश की कुल आबादी

का 18.3% थी, जो वर्ष 2011 में बढ़कर 31.16% हो गयी। वर्तमान में देश तीव्र नगरीय विकास के चरण से गुजर रहा है क्योंकि ग्रामीण जनसंख्या का प्रवास रोजगार तथा बेहतर अवसर की खोज में बड़े नगरीय क्षेत्रों में हो रहा है।

1961–2011 की अवधि के दौरान नगरीय विकास का राष्ट्रीय औसत 8% से अधिक था। राज्य स्तर पर 1961–2011 के बीच सबसे अधिक नगरीय विकास मणिपुर में दर्ज किया गया। इसके बाद क्रमश: नगालैंड (15%) तथा केरल (12%) का स्थान था। बिहार, असम, ओडिशा, सिक्किम, जम्मू एवं कश्मीर तथा हिमाचल प्रदेश में नगरीय स्थानों का विकास अवरुद्ध रहा।

नगरीकरण का क्षेत्रीय प्रतिरूप (Regional Patterns of Urbanisation)

नगरीकरण के क्षेत्रीय प्रतिरूप को ***चित्र 14.22*** में अंकित किया गया है तथा संबद्ध राज्यों के आँकड़ों को ***तालिका 14.3*** में दर्शाया गया है।

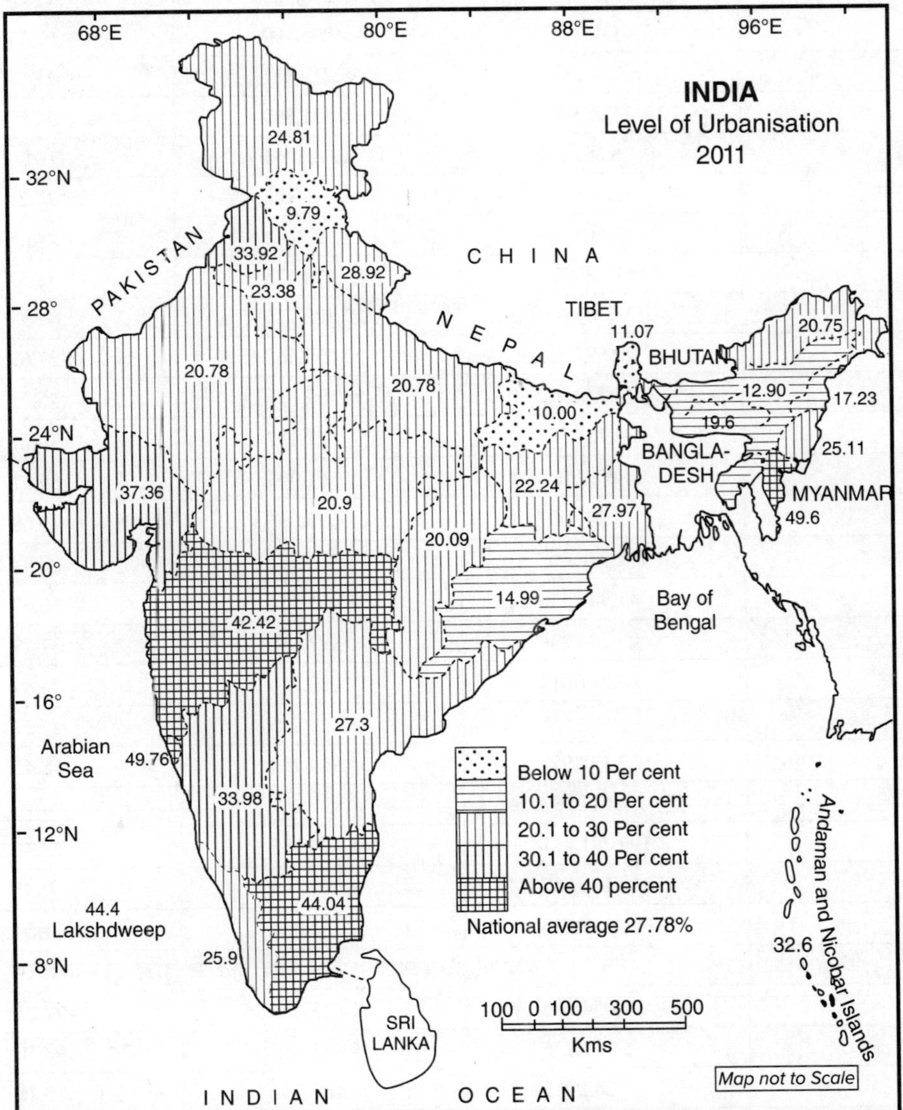

चित्र 14.22 नगरीकरण (2011)

तालिका 14.3 भारत: नगरीय जनसंख्या, 2011

राज्य/केन्द्रशासित प्रदेश	कुल जनसंख्या	नगरीय जनसंख्या	नगरीय जनसंख्या का कुल जनसंख्या में प्रतिशत
राज्य			
आंध्र प्रदेश (तेलंगाना सहित)	84,665,533	28,353,745	33.48
अरुणाचल प्रदेश	1,382,611	313,446	22.67
असम	31,169,272	4,388,756	14.08
बिहार	103,804,637	11,729,609	11.30
छत्तीसगढ़	25,540,196	5,936,538	23.24
गोवा	1,457,723	906,309	62.17
गुजरात	60,383,628	25,712,811	42.58
हरियाणा	25,353,081	8,821,588	34.79
हिमाचल प्रदेश	6,864,602	688,704	10.04
जम्मू एवं कश्मीर	12,548,926	3,414,106	27.21
झारखंड	32,966,238	7,929,292	24.05
कर्नाटक	61,130,704	23,578,175	38.57
केरल	33,387,677	15,578,175	47.72
मध्य प्रदेश	72,597,565	20,059,666	27.63
महाराष्ट्र	112,372,972	50,827,531	45.23
मणिपुर	2,721,756	822,132	30.21
मिजोरम	1,091,014	561,997	51.51
मेघालय	2,964,007	595,036	20.08
नगालैंड	1,980,602	573,741	28.97
ओडिशा	41,947,358	6,996,124	16.68
पंजाब	27,704,236	10,387,436	37.49
राजस्थान	68,621,012	17.080,776	24.89
सिक्किम	607,688	151,726	24.97
तमिलनाडु	72,138,958	34,949,729	48.45
त्रिपुरा	3,671,032	960,981	26.18
उत्तर प्रदेश	199,281,477	44,470,455	22.31
उत्तराखण्ड	10,116,752	3,091,169	30.55
प. बंगाल	91,347,736	29,134,060	31.89
केंद्रशासित प्रदेश			
चंडीगढ़	1,054,686	10,25,682	97.25
दिल्ली	16,753,235	16,333,916	97.50
दमन एवं दीव	242,911	182,580	75.16
लक्षद्वीप	64,429	50,308	78.08
पुडुचेरी	1,244,464	850,123	68.31

राज्य/केन्द्रशासित प्रदेश	कुल जनसंख्या	नगरीय जनसंख्या	नगरीय जनसंख्या का कुल जनसंख्या में प्रतिशत
दादर एवं नगर हवेली	342,853	159,829	46.62
अंडमान एवं निकोबार द्वीप	379,944	135,533	35.67
भारत	**1,210,193,422**	**377,105,760**	**31.16**

Source: Census of India, 2011

** लद्दाख सहित*

तालिका 14.3 में यह देखा जा सकता है कि भारत में नगरीय जनसंख्या का वितरण अत्याधिक असामान्य है।

गोवा देश का सबसे अधिक नगरीकृत राज्य है, जहाँ लगभग 50 प्रतिशत नगरीय जनसंख्या है। इसके अतिरिक्त मिजोरम (49.63%), तमिलनाडु (44.04%) तथा महाराष्ट्र (42.42%) देश के अन्य अधिक नगरीकृत राज्य हैं। गुजरात (37.36%), कर्नाटक (33.98%) तथा पंजाब (33.92%) का स्थान इनके बाद आता है। दूसरी ओर हिमाचल प्रदेश (9.79%), बिहार (10.07%), सिक्किम (11.07%), असम (12.9%) तथा ओडिशा (14.99%) में कम नगरीकरण हुआ है।

केन्द्रशासित प्रदेशों में दिल्ली (93.18%), चंडीगढ़ (89.77%), पुडुचेरी (66.57%) तथा लक्षद्वीप (44.46%) में नगरीय जनसंख्या का अधिक संकेन्द्रण मुख्य राज्यों में नगरीय जनसंख्या का सबसे अधिक संकेन्द्रण महाराष्ट्र में है (देश के कुल नगरीय जनसंख्या का लगभग 14.36%), इसके बाद क्रमशः उत्तर प्रदेश (12.07%), तमिलनाडु (9.61%) तथा पश्चिम बंगाल (9.48%) का स्थान आता है।

विभिन्न आकार के नगरीय स्थानों की जनसंख्या तथा नगरीय केन्द्रों की संख्या में अस्थायी परिवर्तन को तालिका 14.4 में दिखाया गया है।

तालिका 14.4 भारत-शहरी स्थानों में अस्थायी परिवर्तन: 1901-2001

आकार वर्ग	शहरी जनसंख्या का अनुपात					शहरी केन्द्रों की संख्या				
	1901	1961	1991	2001	2011	1901	1961	1991	2001	2011
कक्षा I	22.93	48.37	65.20	62.32	60.79	25	107	300	423	505
कक्षा II	11.84	11.89	10.95	12.02	10.15	42	139	345	498	605
कक्षा III	16.50	18.53	13.19	14.79	14.12	136	518	944	1386	1905
कक्षा IV	22.06	13.03	7.77	7.87	10.47	395	820	1170	1660	2233
कक्षा V	20.38	7.23	2.60	2.73	3.97	756	847	740	1057	2187
कक्षा VI	6.29	0.95	0.29	0.27	0.50	494	268	198	227	498
भारत	**100.00**	**100.00**	**100.00**	**100.00**	**100.00**	**1848**	**2699**	**3697**	**5161**	**7933**

स्रोत: भारत की जनगणना, 1971, 1981, 1991, 2001, 2011

तालिका 14.4 से देखा जा सकता है कि 1901 में देश में शहरी स्थानों की कुल संख्या केवल 1848 थी, जो 2001 में बढ़कर 5161 और 2011 में 7933 हो गई। यह भी ध्यान रखना दिलचस्प है कि वर्ग की संख्या 10,000 और 19,999 के बीच आबादी वाले IV शहरी स्थान 2001 में 1660 और 2011 में 2233 थे। वर्ष 2011 के आंकड़ों के अनुसार, तृतीय श्रेणी के शहरों की संख्या 1905 थी और कक्षा 5 के शहरों की संख्या 2187 थी। VI शहर केवल 498 थे ***(तालिका 14.4)***।

भारतीय नगरीकरण की मुख्य विशेषताएँ

भारत में तीव्र गति से हो रहा नगरीकरण हाल की एक घटना है। भारतीय नगरीकरण की कुछ प्रमुख विशेषताएँ निम्नलिखित हैं:

1. भारत में नगरीकरण सिन्धु घाटी सभ्यता जितना पुराना है।
2. कुटीर उद्योग तथा विपणन के कारण मध्य काल में भारत में तीव्र गति से औद्योगीकरण की शुरुआत हुई।

3. 20वीं सदी के दौरान नगरीकरण की प्रक्रिया अस्थिर रही, इस सदी के पहले भाग में इस पर सूखा, बाढ़, अकाल और महामारी का प्रभाव पड़ा, 1947 में इस प्रक्रिया पर उप-महाद्वीप के विभाजन का प्रभाव पड़ा।
4. भारतीय नगरीकरण जीवन-निर्वाह के लिए (Subsistence type) होता है जहाँ ग्रामीण अप्रशिक्षित तथा अर्द्ध-प्रशिक्षित श्रमिक बेहतर रोजगार की खोज में प्रवास करते हैं।
5. भारत के बड़े नगर (मुंबई, कोलकाता, दिल्ली तथा चेन्नई) की जनसंख्या में अत्यधिक वृद्धि देखी गई है।
6. अधिकतर बड़े नगरीय केन्द्र तृतीयक क्षेत्र के कारण तीव्र गति से बढ़ रहे हैं। औद्योगिक आधार कुछ औद्योगिक केन्द्रों तक सीमित हैं।
7. देश का दक्षिणी तथा पश्चिमी भाग उत्तरी तथा उत्तर-पूर्वी भाग की तुलना में अधिक नगरीकृत है।
8. भारतीय नगरीय केन्द्रों की राष्ट्रीय स्तर पर प्रमुखता नहीं होती है। प्राईमेट नगर (Primate City) क्षेत्रीय तथा राज्य स्तर पर पाए जाते हैं। उदाहरण के लिए बिहार में पटना, कश्मीर घाटी में श्रीनगर, मेघालय में शिलांग तथा मिजोरम में आईजोल।

भारत के महानगर (Metropolitan Cities of India)

मेगा सिटी (Mega Cities of India): वर्ष 2016 में भारत में पाँच मेगा-नगर हैं, जिनमें प्रत्येक की जनसंख्या एक करोड़ से अधिक है। भारतीय मेगा-नगरों में दिल्ली, मुम्बई, कोलकाता, बंगलुरू तथा चेन्नई सम्मलित हैं। वर्ष 2030 तक मेगा-नगरों की संख्या सात हो जायेगी। इस सूची में हैदराबाद तथा अहमदाबाद नगरों के सम्मलित होने की संभावना है (*Times of India*, 2.9.2016)।

भारत की जनगणना के अनुसार महानगर एक शहरी समूहन नगर (Urban agglomeration/City) है, जिसकी आबादी एक मिलियन या उससे अधिक होती है। जिन नगरों तथा शहरी समूहन की आबादी एक मिलियन (दस लाख) से अधिक हो वे मिलियन सिटी (Million City) कहलाते हैं।

दूध, सब्जी, फल, फूल, अनाज तथा श्रम-बल की आपूर्ति के लिए बड़े नगर निकटवर्ती ग्रामीण क्षेत्रों पर निर्भर रहते हैं तथा प्रतिदिन बहुत से लोग कामकाज के लिए शहर की यात्रा करते हैं। महानगर राष्ट्रीय तथा राज्य राजधानियों में प्रशासनिक, राजनैतिक तथा आर्थिक बलों के केन्द्रीयकरण का परिणाम है। भारत में वर्ष 2011 की जनगणना के अनुसार मिलियन नगरों की संख्या 53 है। मिलियन नगरों को ***चित्र 14.23*** में अंकित किया गया है तथा प्रत्येक मिलियन नगर की जनसंख्या व स्थान ***तालिका 14.5*** में दर्शाया गया है।

तालिका 14.5 भारत के दस लक्षी नगर (2011)

शहर का नाम	शहरी समूहन (UA) 2011	शहरी समूहन का विस्तार (Extended UA) 2011	जनसंख्या 2011 (Census 2011)
1. दिल्ली	16,314,838	21,753,486	12,877,470
2. ग्रेटर मुम्बई	18,414,288	20,748,395	16,434,386
3. कोलकाता	14,112,536	14,617,882	13,205,697
4. चेन्नई	8,696,010	8,917,749	6,560,242
5. बंगलुरू	8,499,399	8,728,906	5,701,446
6. हैदराबाद	—	7,749,334	5,742,036
7. अहमदाबाद	6,240,201	6,352,254	4,525,013
8. पुणे	—	5,049,968	3,760,636
9. सूरत	—	4,585,367	2,811,614
10. जयपुर	—	3,073,350	2,322,575
11. कानपुर	—	2,920,067	2,715,555
12. लखनऊ	—	2,901,474	2,245,509

शहर का नाम	शहरी समूहन (UA) 2011	शहरी समूहन का विस्तार (Extended UA) 2011	जनसंख्या 2011 (Census 2011)
13. नागपुर	2,497,777	2,583,911	2,129,500
14. गाजियाबाद (एन.सी.आर.)	2,358,525	(NCR)	968,256
15. इंदौर	—	2,167,447	1,506,062
16. कोयम्बटूर	—	2,151,466	1,461,139
17. कोच्चि	—	2,117,990	1,355,972
18. पटना	—	2,046,652	1,697,976
19. कोझिकोड	—	2,030,519	880,247
20. भोपाल	—	1,883,381	1,458,416
21. त्रिचूर	—	1,854,783	330,122
22. वडोदरा	—	1,817,191	1,491,045
23. आगरा	—	1,746,467	1,331,339
24. विशाखापट्टनम	—	1,730,320	1,345,938
25. मलापुरम	—	1,698,645	170,409
26. तिरुवनंतपुरम	—	1,687,406	889,635
27. लुधियाना	—	1,613,878	1,398,467
28. कन्नूर	—	1,642,892	498,207
29. नासिक	—	1,562,769	1,152,326
30. विजयवाड़ा	—	1,491,202	1,039,518
31. मदुरई	—	1,462,420	1,203,095
32. वाराणसी	—	1,435,113	1,203,961
33. मेरठ	—	1,424,908	1,161,716
34. फरीदाबाद (एन.सी.आर.)	1,404,653	(NCR)	1,055,938
35. राजकोट	—	1,390,933	1,003,015
36. जमशेदपुर	—	1,337,131	1,104,713
37. श्रीनगर	—	1,273,312	988,210
38. जबलपुर	—	1,267,564	1,098,000
39. असनसोल	—	1,243,008	1,067,369
40. बसई-विरार (एम.एम.आर.)	1,221,233	(MMR)	—
41. इलाहाबाद	—	1,216,719	1,042,229
42. धनबाद	—	1,195,298	1,065,327
43. औरंगाबाद	—	1,189,376	892,483
44. अमृतसर	—	1,183,705	1,003,917
45. जोधपुर	—	1,137,815	860,818
46. रांची	—	1,126,741	863,495
47. रायपुर	—	1,122,555	700,113
48. कोल्लम	—	1,110,005	380,091
49. ग्वालियर	—	1,101,981	865,548

शहर का नाम	शहरी समूहन (UA) 2011	शहरी समूहन का विस्तार (Extended UA) 2011	जनसंख्या 2011 (Census 2011)
50. दुर्ग-भिलाईनगर	—	1,064,077	927,864
51. चंडीगढ़	—	1,025,682	808,515
52. त्रिचूरपल्ली	—	1,021,717	866,354
53. कोटा	—	1,001,365	703,150

स्रोत: भारत की जनगणना, 2001 और 2011

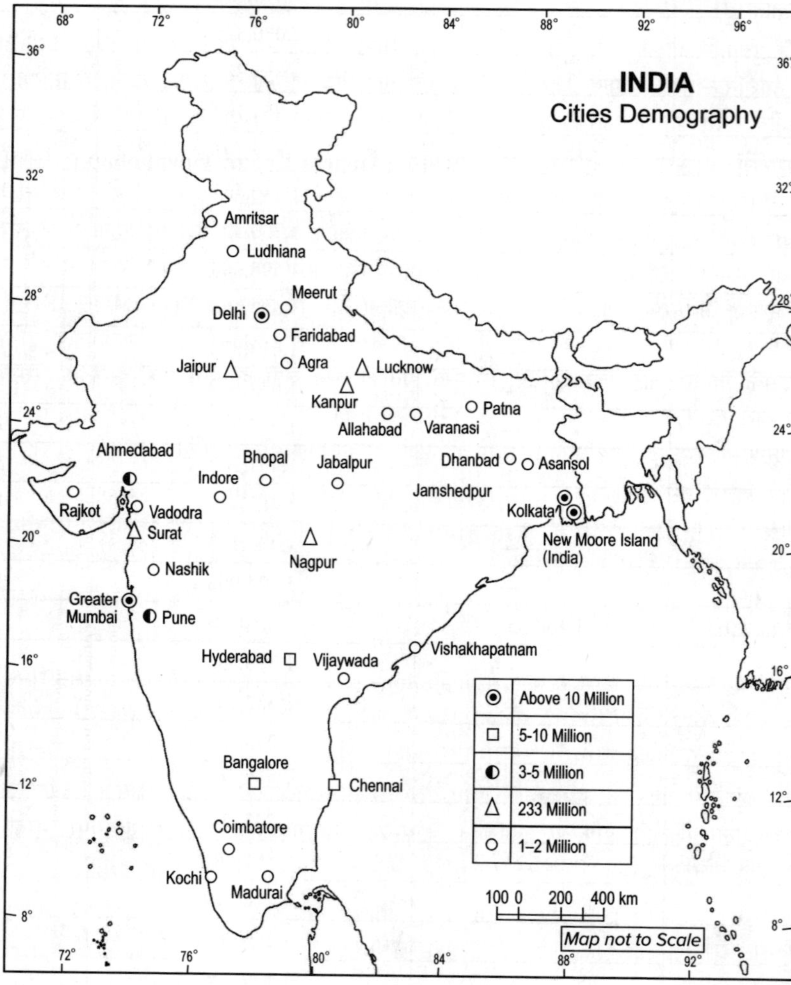

चित्र 14.23 दस लक्षी नगर (2011)

तालिका 14.5 में यह देखा जा सकता है कि ग्रेटर मुम्बई जिसकी जनसंख्या 18,414,288 है भारत का सबसे बड़ा नगर है, उसके पश्चात् दिल्ली का नम्बर है जिसकी जनसंख्या 16,314,838 है। तीसरे स्थान पर कोलकाता है, जिसकी जनसंख्या 14,112,536 है। यह तीनों मेगा-सिटी हैं, जिनमें से प्रत्येक की जनसंख्या 10 मिलियन (एक करोड़) से अधिक है। चैन्नई नगर चौथे स्थान पर है जिसकी जनसंख्या 8.69 मिलियन है इसके पश्चात बंगलुरू, हैदराबाद, अहमदाबाद और पुणे हैं। इन सभी नगरों की जनसंख्या तीव्र गति से बढ़ रही है।

भारतीय नगरों का भूमि उपयोग अथवा मोर्फोलोजी (Morphology of Indian Cities)

नगरीय बस्तियों की आकारिकी (Morphology) का अर्थ है–नगरीय भूमि उपयोग। नगरीय आकारिका में नगर की संरचना, खुला क्षेत्र, औद्योगिक क्षेत्र, व्यवसाय क्षेत्र (बाजार), नगर का मुख्य बाजार/पुराना शहर (डाऊन टाऊन), आवासीय क्षेत्र, (Residential Area), सांस्कृतिक केन्द्र, सड़कें, खेलने के मैदान, जल-निकाय, उद्यान, फलोद्यान, सामाजिक वानिकी तथा हरित-पट्टी (Green Belt) शामिल हैं। सभी नगरों की आंतरिक संरचना एक-दूसरे से भिन्न होती है। भारत के संदर्भ में प्रो. ई. अहमद ने नगरीय आकारिकी के कुछ मुख्य अंगों की पहचान की, ये हैं-स्थान की विशेषताएँ, ऐतिहासिक पृष्ठभूमि, रूपरेखा, हरित-क्षेत्र, खुला-क्षेत्र, जल-निकाय, आवासीय एवं सांस्कृतिक क्षेत्र। इन सभी भूमि उपयोगों को मिलाकर भारतीय नगर की भौतिक आकारिकी (Morphology) कहलाता है।

भारत में नगरों के विकास/आकृति एवं भूमि उपयोग का विभिन्न ऐतिहासिक चरणों में अध्ययन किया जा सकता है, जैसे- प्राचीन, मध्यकालीन, आधुनिक तथा वर्तमान, जिसमें स्वतंत्रता के बाद तीव्र गति से जनसंख्या बढ़ने के कारण अव्यवस्थित फैलाव भी सम्मलित है। भारतीय नगरों की आकारिका के क्रमबद्ध अध्ययन के लिए ऐतिहासिक परिदृश्य सबसे उपयुक्त हैं:

1. **प्राचीन नगरीय आकारिकी अथवा भूमि उपयोग (Ancient Urban Morphology):** सिन्धु घाटी सभ्यता की अधिकतर नगरीय बस्तियों में एक प्रारूपिक आकारिकी समानता को देखा जा सकता है, जिसे मुख्य सड़कों का झँझरी ('grid iron' of main streets) कहा गया है। यह उत्तर, दक्षिण, पूर्व तथा पश्चिम दिशाओं में फैली हुई है तथा यह नगर को चार समान खंडों में विभाजित करती है। नगरीय आकारिकी के आयताकार रूपरेखा की रचना किसी समारोह (धार्मिक अथवा धर्मनिरपेक्ष या दोनों) की आवश्यकताओं को पूरा करने के लिए की गई, जिसमें शोभा यात्राओं का प्रवेश अनिवार्य था। वैदिक काल में नगरों की रूपरेखा तथा उनके आकृति विज्ञान आयताकार ढाँचे को निरूपित करते थे, जहाँ इसके किनारे चारों दिशाओं में अभिमुख होते थे तथा जहाँ दो मार्ग एक-दूसरे को समकोण पर काटते हुए चार प्रवेश द्वारों पर समाप्त होते थे। अयोध्या, हस्तिनापुर, कांचीपुरम, लुम्बिनी, इन्द्रप्रस्थ, मदुरई, गया, मथुरा, राजगीर, वैशाली, वाराणसी तथा उज्जैन भारतीय नगरों की ऐसी आकारिकी को निरूपित करते हैं।
2. **मध्यकालीन शहरों की आकारिकी (Morphology of Medieval Towns):** मध्यकालीन शहरों ने प्राचीन शहरों के 'झँझरी प्रतिरूप' (Grid Pattern) को अपनाया तथा इस दौरान अतिरिक्त रूप से किलों, नगर की दीवारों, बाजार, मीना बाजार, मस्जिदों, चौक, टैंकों अथवा जल-निकायों का निर्माण किया गया। आगरा, अहमदनगर, अलीगढ़, शाहजहाँपुर, औरंगाबाद, बीजापुर, बुलंदशहर, चित्तौड़गढ़, मुरादाबाद, रामपुर, सहारनपुर, दिल्ली इत्यादि मध्यकालीन नगरीय आकृति विज्ञान को निरूपित करते हैं।
3. **ब्रिटिश युग के नगरों की आकारिकी (Morphology of the British Period Indian Cities):** अंग्रेजों ने प्राचीन एवं मध्यकालीन नगरों की आकारिकी में कुछ विशेष बदलाव किये। रेलवे कॉलोनी, मालरोड, गिरिजाघर, बंगला कोठी, छावनी, क्लब, हाईकोर्ट, व्यापारिक-स्थल, कम्पनी-बाग, सेनीटोरियम इत्यादि भारतीय नगरों में अंग्रेजों की देन है।

   ब्रिटिश काल में बहुत-से नगरों की उत्पत्ति एवं विकास हुआ जिनमें मसूरी, शिमला, नैनीताल, रानीखेत, अल्मोड़ा, डल्हौजी, दार्जिलिंग शिलांग, हाफलोंग, देहरादून, कोयम्बटूर, खड़गवासला, कानपुर, खड़गपुर, मुम्बई, चेन्नई, कोलकाता, मडमगाँव आदि उल्लेखनीय हैं।

   बड़े नगरों में अंग्रेजों ने सिविल-लाइन (Civil lines) और केन्द्रीय व्यापार स्थल (C.B.D.) एवं माल रोड का विकास किया। सिविल लाइन में प्राय: अंग्रेजों का आवास, क्लब, चर्च और खेलने के मैदान आदि का प्रावधान होता था ***(चित्र 14.20)***।
4. **आधुनिक विकास तथा नगरीय आकारिकी का परिवर्तित प्रतिरूप (Modern Development and Changed Pattern of Urban Morphology):** 20वीं सदी के दूसरे अर्द्ध में औद्योगीकरण तथा नगरीकरण के कारण भारतीय नगरों की आकारिकी में भारी बदलाव आया है। ग्रामीण क्षेत्रों से नगरीय क्षेत्रों में प्रवास की प्रक्रिया ने पुराने नगरों को अधिक जन-संकुल बना दिया तथा पुराने नगरों के धनी लोगों ने अपने घरों का निर्माण नगरों के परिरेखा (Peripheries) में किया।

अधिकतर भारतीय नगर छह दशक के नियोजन के बाद अपने आकृति विज्ञान में द्विविधता प्रदर्शित करते हैं- देशज प्रतिरूप (Indigenous Pattern) तथा विदेशी प्रतिरूप (Alien Pattern)। वर्तमान में भारत में 'एक नगर इकाई' जिसमें केन्द्र के चारों ओर

का क्षेत्र शामिल है, देश प्राच्य किस्म के सामान्य प्रतिरूप बनाते हैं, जो इसके अनियंत्रित विकास में देखा जा सकता है तथा यह एक मिश्रित भूमि उपयोग प्रदान करता है। यहाँ व्यापार, वाणिज्य गतिविधियों के अनेक केन्द्र देखे जा सकते हैं, जिन्हें असम्मित सड़कें चारों ओर से घेरे हुए होती हैं। ये सड़कें टेढ़ी-मेढ़ी तथा संकीर्ण होती हैं व कई जगहों पर इनमें अंधामोड़ देखा जा सकता है। देशज नगर इकाई पर जाति तथा समुदाय का व भिन्न मुहल्ले या आवासीय क्षेत्रों में रहने की प्रवृत्ति का गहरा प्रभाव पड़ा है। नगर के केन्द्रीय भाग में अधिकतर उच्च जाति तथा व्यवसायिक समुदाय के लोग रहते हैं, वहीं निम्न तथा गरीब लोग मुख्यत: नगर के बाहरी क्षेत्रों में रहते हैं।

अंग्रेजों द्वारा विकसित नगरों की एक मुख्य विशेषता केन्द्रीय व्यवसाय जिला (Central Business District - CBD) है। केन्द्रीय व्यवसाय जिला, नगरीय क्षेत्र के केन्द्र में स्थित होता है; यह प्राय: नगर के परिवहन तंत्र के सम्मिलन बिन्दु पर स्थित होता है। इस जगह पर दुकानों तथा कार्यालयों की सबसे अधिक प्रतिशतता होती है। अधिक अभिगम्यता के कारण केन्द्रीय व्यवसाय जिला (C.B.D.) में भूमि का मूल्य अधिक होता है इसलिए भूमि का उपयोग अधिक गहन होता है ताकि किराये के भार को हल्का किया जा सके। फलस्वरूप कई देशों में विकास तिरछा न होकर ऊर्ध्वगामी होता है। बाह्य अर्थव्यवस्थाओं से लाभ उठाने के लिए केन्द्रीय व्यवसाय जिले (C.B.D.) के अंतर्गत विशेष क्षेत्र, जैसे–आभूषण तथा वस्त्र तैयार करने के मुहल्ले उभरते हैं। ऊर्ध्वाधर भूमि उपयोग (Vertical Land use) मंडलन भी सामान्य है, यहाँ भू-तल पर थोक बाजार होता है, इनके ऊपर वाणिज्यिक प्रयोक्ता होते हैं तथा उनसे ऊपर आवासीय प्रयोक्ता (Residental) होता है। कनॉट प्लेस दिल्ली (Connaught Place Delhi) का एक महत्वपूर्ण केन्द्रीय व्यवसाय जिला। जिसे ***चित्र 14.24*** में दिखाया गया है।

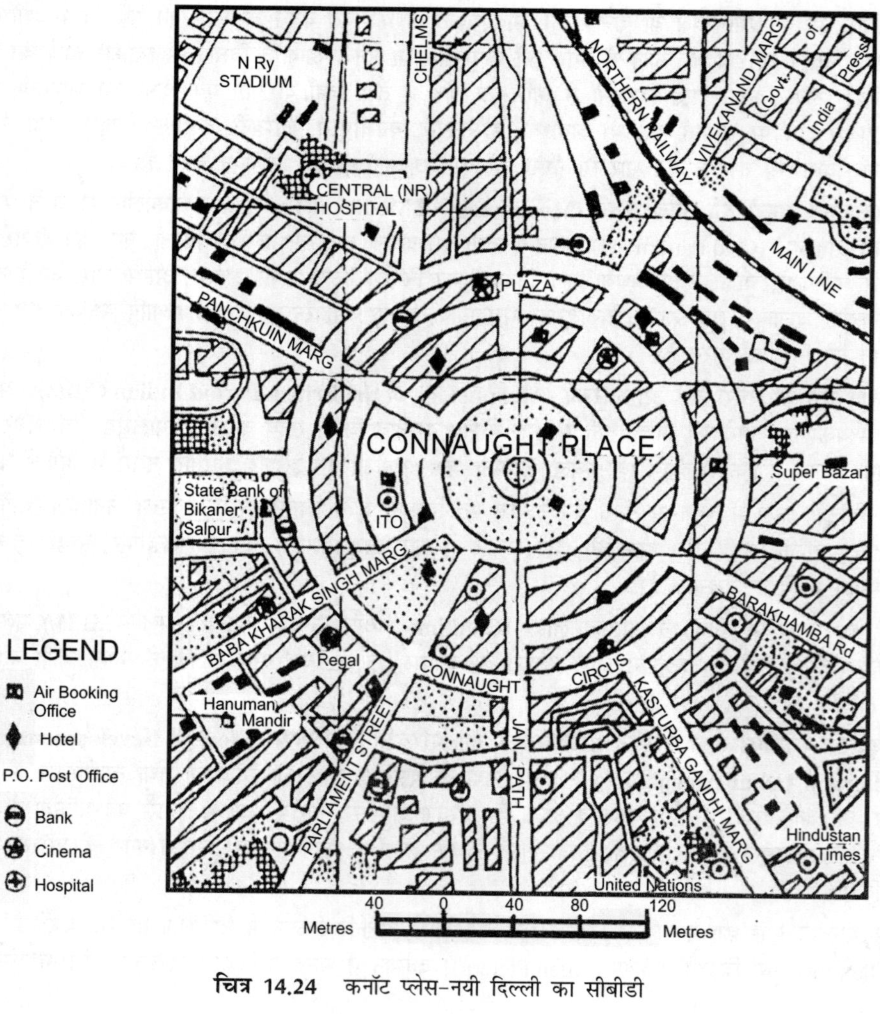

चित्र 14.24 कनॉट प्लेस–नयी दिल्ली का सीबीडी

विदेशों प्रतिरूप का विकास सिविल लाइन, छावनी, शैक्षिक संस्थानों, चर्च, अस्पतालों तथा रेलवे कॉलोनी के रूप में हुआ।

विदेशी प्रतिरूप के नगरों की आकारिकी एक प्रकार से यूरोपीय शैली में योजनाबद्ध हैं, जहाँ बंगले, बैरक तथा आवासीय मुहल्ले सीधे चौड़ी सड़कों के किनारे स्थित होते हैं। इलाहाबाद के सिविल लाइन, जो नई छावनी के पूर्व में स्थित है, की स्थापना मुख्य मार्ग पर एक व्यापक झंझरी योजना (Grid Plan) के तहत की गई। यह इलाहाबाद के पुराने मुगल नगर के अक्ष से सम्बन्धित था, इस क्षेत्र में भारत में अंग्रेजी संस्कृति के सभी मानक निरूपक थे, जैसे–सरकारी कार्यालय, न्यायालय, होटल, रेस्टोरेन्ट, विश्वविद्यालय, शैक्षिक-संस्थान, चर्च, अस्पताल, मालरोड तथा इलाहाबाद क्लब। यह व्यवस्थित ढंग से एक पृथक् क्षेत्र है- उत्तर की ओर गंगा नदी बहती है, नई छावनी पश्चिम की ओर स्थित है तथा रेलवे लाइन दक्षिण की ओर है। रेलवे लाइन पूर्ण रूप से जन-संकुल तथा असम्मित नगर (पुराने शहर) को सिविल लाइन से अलग करता है ***(चित्र 14.25)***। इस तरह से उपनिवेशक तथा उपनिवेशित (Colonisers and Colonised) की दो भिन्न संस्कृतियाँ एक-दूसरे के अलग-बगल देखी जा सकती हैं।

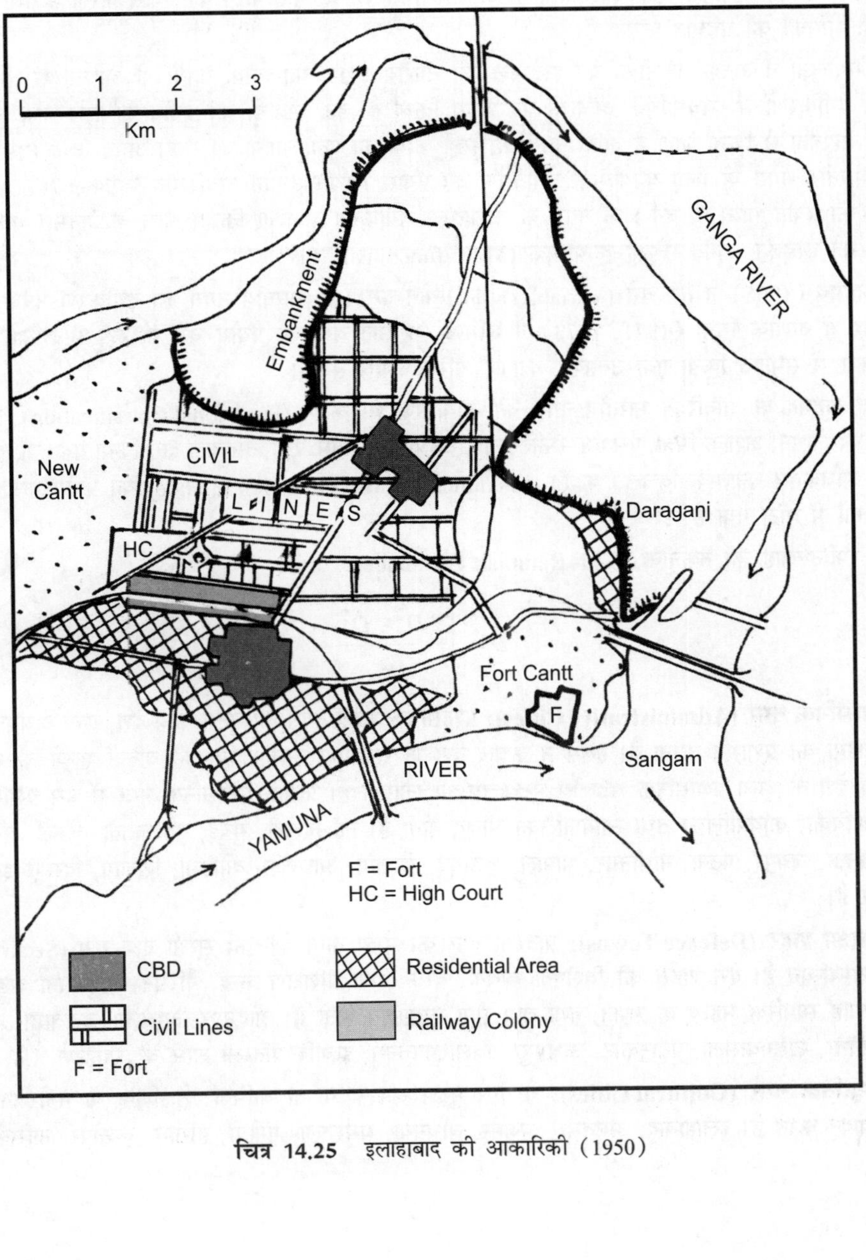

चित्र 14.25 इलाहाबाद की आकारिकी (1950)

ऊपर की गई चर्चा से यह सुस्पष्ट है कि नगर की आकारिकी ऐतिहासिक, सामाजिक-आर्थिक तथा भौगोलिक प्रक्रियाओं का परिणाम है। भारतीय नगर के आकृति विज्ञान के कुछ महत्वपूर्ण निरूपक हैं–स्थान, परिस्थितिकी, भू-भाग की प्रकृति, स्थानिक सीमाएँ तथा जल निकाय।

भारतीय नगरों का कार्यात्मक वर्गीकरण (Functional Classification of Towns)

भूगोल में कार्य (Functions) का अर्थ आर्थिक क्रियाकलाप है, जिसमें कार्यकारी जनसंख्या मुख्य रूप से जुटी रहती हैं।

कार्यों के अनुसार नगरों का वर्गीकरण, शहरों का कार्यात्मक वर्गीकरण कहलाता है। नगरीय कार्य मुख्यतः गैर-कृषीय कार्य होते हैं, जैसे-प्रशासन, उत्पादन, व्यापार, वाणिज्य, रक्षा, वस्तुओं तथा सेवाओं का प्रबंध, संचार तथा मनोरंजन। वास्तव में कोई नगर मात्र एक कार्य (Mono functional) नहीं होता। दूसरे शब्दों में एक नगर में कई कार्य किये जाते हैं।

नगरों का कार्यात्मक वर्गीकरण आर्थिक कार्यों के अनुसार नगरों को वर्गीकृत करने का प्रयास करता है तथा इस प्रकार नगरीय तंत्रों में उनकी भूमिका की पहचान कराता है।

नगरीय भूगोलज्ञों ने अनेक तकनीकों का इस्तेमाल कर नगरीय स्थानों को उनके कार्यों के आधार पर वर्गीकृत किया जाता है। अधिकतर वर्गीकरणों में व्यवसायिक आँकड़ों का प्रयोग किया है। इन आँकड़ों का प्रयोग साधारण तथा कृत्रिम सांख्यिकीय तकनीकों की सहायता से किया जाता है ताकि नगरों के मुख्य कार्यों का पता लगाया जा सके। अमृत लाल (1959) पहले व्यक्ति थे, जिन्होंने भारतीय नगरों के लिए कार्यात्मक वर्गीकरण का प्रयास किया। उन्होंने अवस्थिति भागफल (Location Quotient – L.Q.) पद्धति का प्रयोग भारत के वर्ग I के नगरों के कार्यात्मक वर्गीकरण के लिए किया। लाल के अनुसार भारत के सभी वर्ग I के नगर कुछ को छोड़कर प्रकृति में बहु-कार्यात्मक (Multi-functional) हैं।

काजी अहमद (1965) ने 62 चरों (Variables) का प्रयोग कर 102 भारतीय नगरों का वर्गीकरण उनके कार्यों के आधार पर किया। बाद में अशोक मित्रा (1971, 1973) ने श्रमिकों के सात वर्गों का प्रयोग चरों के रूप में किया, जिन्हें तीन मुख्य कार्यात्मक प्रकार में समूहित किया गया-उत्पादन, व्यापार, परिवहन एवं सेवाएँ।

लाल एवं अहमद के अतिरिक्त भारतीय नगरों का कार्यात्मक वर्गीकरण (Functional Classification), जानकी, महामाया मुखर्जी, अनंत पद्मनाभन, अशोक मित्रा, एस.एम. रफीउल्लाह, ओ.पी. सिंह, एम. रजा, अग्रवाल द्वारा किया गया। प्रो. एस.एमरफीउल्लाह द्वारा दिए गए अधिकतम धनात्मक विचलन पद्धति (Maximum Positive Deviation Method) का प्रयोग कर भारतीय नगरों को निम्नलिखित वर्गों में बाँटा गया है:

एस.एम. रफीउल्लाह की तकनीक (S.M- Rafiullah Technique)

$$D = \sqrt{\frac{\Sigma D_n^2 - D_n^2}{N^2}}$$

1. **प्रशासनिक नगर (Administrative Cities):** प्रशासनिक शहरों/नगरों का मुख्य कार्य देश, राज्य अथवा अन्य प्रशासनिक इकाइयों का प्रशासन करना है। इसमें न केवल देश के राजधानी नगर शामिल हैं बल्कि राज्यों के सभी केन्द्र, जिले तथा देश के अन्य प्रशासनिक मंडलीय मुख्यालय भी शामिल हैं। प्रत्येक प्रशासनिक नगर में उस प्रशासनिक इकाई की विधायिका, कार्यपालिका तथा न्यायपालिका मौजूद होती है। नई दिल्ली, मुंबई, कोलकाता, चेन्नई, बंगलुरू, हैदराबाद, लखनऊ, जयपुर, पटना, गांधीनगर, भोपाल, चंडीगढ़, शिलांग, आइजोल, कोहिमा, शिलांग, दिसपुर इत्यादि प्रशासनिक नगर हैं।
2. **प्रतिरक्षा शहर (Defence Towns):** प्रतिरक्षा नगर का मुख्य कार्य देश की सुरक्षा तथा रक्षा (Security & defence) से सम्बन्धित है। ऐसे शहरों की विशेषता छावनी, बैरक, सेना प्रशिक्षण केन्द्र, गैरिसन, वायु-सेना अड्डे, विमान क्षेत्र, बंदरगाह सामरिक महत्व के स्थान, तथा वायु सेना मुख्यालय होती हैं। आदमपुर, अम्बाला, हलवाड़ा, जालंधर, जोधपुर, जामनगर, खड्गवासला, पठानकोट, ऊधमपुर, विशाखापत्तनम, इत्यादि प्रतिरक्षा शहर के उदाहरण हैं।
3. **सांस्कृतिक नगर (Cultural Cities):** ये नगर मुख्य रूप से या तो धार्मिक, शैक्षणिक या मनोरंजनात्मक कार्यों का निष्पादन करते हैं। इलाहाबाद, अमृतसर, अजमेर, बोधगया, धर्मशाला, गंगोत्री, हरिद्वार, कुशीपुर, नासिक, पीरान कल्यर

(उत्तराखंड), पुष्कर, वाराणसी, तिरूपति इत्यादि नगर ऐसे धार्मिक केन्द्र हैं, जहाँ धार्मिक अनुष्ठानों का निष्पादन होता है तथा यहाँ बाजार ऐसी धार्मिक किताबों व अतिरिक्त वस्तुओं से भरे होते हैं जो धार्मिक अनुष्ठानों के लिए आवश्यक हैं। अलीगढ़, गुरुकुल, खड़गपुर, पंतनगर, शांति निकेतन इत्यादि शैक्षणिक सांस्कृतिक केन्द्र के कुछ उदाहरण हैं।

4. **संग्रह केन्द्र (Collection Centres):** इस वर्ग में खनन शहर, मछुवाही-बंदरगाह तथा लम्बरिंग केन्द्र शामिल हैं। नगरीय स्थान, जैसे-उदयपुर के निकट जावर (Zawar), असम में डिग्बोई, अंकलेश्वर (गुजरात), बैलाडीला (छत्तीसगढ़), काठगोदाम, हल्द्वानी (उत्तराखंड), काकीनाड़ा, माहे, कोझीकोड, कुड्डलुर इत्यादि संग्रह केन्द्र के उदाहरण हैं।

5. **उत्पादन केन्द्र (Production Centres):** इस वर्ग में वे नगरीय स्थान शामिल हैं, जहाँ उत्पादन उद्योग होते हैं। उत्पादन नगर कच्चे माल के क्षेत्रों से तथा बाजार जहाँ उत्पादित अथवा तैयार माल बेचे जाते हैं, से अच्छी तरह जुड़े होते हैं। ये नगर सड़क तथा रेलमार्ग द्वारा अन्य क्षेत्रों से जुड़े होते हैं। भिलाई, भद्रावती, बोकारो, कोयम्बटूर, धनबाद, दुर्गापुर, जमशेदपुर, विजय नगरम, विशाखापत्तनम इत्यादि भारत के कुछ महत्वपूर्ण उत्पादन केन्द्र हैं।

6. **स्थानांतरण व वितरक केन्द्र (Transfer and Distribution Centres):** स्थानांतरण केन्द्र मुख्य रूप से व्यापार, वाणिज्य तथा सेवा कार्यों का निष्पादन करता है। इस वर्ग में शहरों के अनेक वर्ग शामिल हैं। बाजार शहरों (Market Towns) की मुख्य विशेषता बाजार की उपलब्धता है, जहाँ नाना प्रकार की वस्तुएँ, गोदाम, शीतागार (Cold Storage), तथा थोक बाजार देखे जा सकते हैं। देश के मुख्य वाणिज्यिक केन्द्र हैं-मुंबई, कोलकाता, चेन्नई, अहमदाबाद, ग्वालियर, इंदौर, लुधियाना, मुजफ्फरपुर, फगवाड़ा, सूरत, इत्यादि।

7. **सैरगाह (Resorts):** वे नगरीय स्थान जो लोगों के मनोरंजन व सैर के लिए बनाए गए हों सैरगाह (Resort) अथवा मनोरंजक शहर (Recreation Towns) कहलाते हैं। इन शहरों में स्वास्थ्यवर्धक गर्म झरने, समुद्री तट के मनोरम दृश्य, पर्वतारोहण, खेल-कूद की सुविधाएँ, राष्ट्रीय उद्यान, बाघ संरक्षित क्षेत्र एवं सौंदर्यबोधी स्थान देखे जा सकते हैं। सैरगाह नगर (Resort Town) के कुछ मुख्य उदाहरण हैं-बागेश्वर, देहरादून, डलहौजी, दार्जिलिंग, धर्मशाला, गुलमर्ग, कुल्लू, डलहौजी, मनाली, माउंट आबू, नैनीताल, पहलगाम, पंचमढ़ी, ऊटी, रानीखेत इत्यादि।

8. **आवासीय शहर (Residential Towns):** कुछ नगरों का विकास शहरी लोगों को केवल आवासीय सुविधा प्रदान करने के लिए किया गया है। दिल्ली में रोहिणी, इन्दिरापुरम, सरस्वती विहार, जाकिर नगर इत्यादि आवासीय शहर के कुछ उदाहरण हैं। चंडीगढ़ के निकट पंचकुला तथा मेरठ के निकट परतापुर मुख्य रूप से आवासीय नगर हैं। इसी प्रकार के आवासीय शहर मुंबई, कोलकाता, चेन्नई, बंगलुरू, हैदराबाद, जयपुर इत्यादि के नगरोपान्त में पाए जाते हैं।

9. **समुद्री बंदरगाह (Seaports):** समुद्री बंदरगाह का मूल कार्य वस्तुओं का निर्यात तथा आयात करना है। डायमंड हार्बर, हल्दिया, कांडला, कोच्चि, न्यू मंगलूर, पारादीप, न्यू तूतीकोरिन इत्यादि को इस वर्ग में शामिल किया जा सकता है।

10. **विभिन्न क्रियाओं वाले शहर (Cities with Diversified functions):** जैसा कि पहले कहा जा चुका है कि भारत के अधिकतर नगर अनेक कार्यों का निष्पादन करते हैं। राजधानी नगर वाणिज्यिक, उत्पादक, सांस्कृतिक तथा मनोरंजनात्मक केन्द्र भी होते हैं। समुद्री बंदरगाह सांस्कृतिक गतिविधियों के अतिरिक्त व्यापार तथा वाणिज्य में संलग्न होते हैं। मुबई, दिल्ली, कोलकाता, चेन्नई, विशाखापत्तनम, जयपुर, कानुपर, इलाहाबाद, तथा वाराणसी जैसे नगर अत्यधिक वर्गीकृत कार्यों का निष्पादन करते हैं।

अनेक नगरों ने पूर्व में अपने स्थान बदले हैं। उदाहरण के लिए दिल्ली का स्थान बदल कर इन्द्रप्रस्थ, सूरजकुंड, महरौली, सीरी, किलोकरी, फिरोजशाह कोटला, तुगलकाबाद, शाहजहाँनाबाद तथा नई दिल्ली किया गया। पूर्व के कुछ महत्वपूर्ण नगर विलुप्त हो गए क्योंकि उनका सामरिक, प्रशासनिक अथवा वाणिज्यिक महत्व समाप्त हो गया।

सन्नगर एवं महानगरीय प्रदेश (Conurbations and Metropolitan Regions)

सन्नगर (Conurbation) शब्द का प्रयोग सबसे पहले पैट्रिक गैडीज (Patrick Geddes) ने किया था। सन्नगर (Conurabation) गैडीज महोदय के अनुसार ऐसे बड़े नगर को कहते हैं जिसमें दस लाख से अधिक जनसंख्या वाले दो या दो से अधिक नगर इस प्रकार मिल जायें कि एक सामान्य व्यक्ति उनकी सीमा निर्धारित न कर सके। सन्नगर का विकास आरम्भ में सड़कों एवं राजमार्गों के साथ-साथ होता है और सनय बीतने पर मिलियन सिटी एक दूसरे से मिलकर एक हो जाते हैं। सन्नगर को विकसित देशों में मेगालोपोलिस/विश्व नगरी (Megalopolis), डेली अर्बन सिस्टम (Daily Urban System), महानगरीय क्षेत्र (Metropolitan Area)

तथा महानगरीय मजदूर क्षेत्र (Metropolitan Labour Area) भी कहते हैं। सन्नगर में चारों ओर से प्रतिदिन आने व जाने वाले लोगों की अच्छी खासी संख्या होती है।

सन्नगर तथा महानगरीय क्षेत्र दोनों का मूल संयुक्त राज्य अमेरिका में है। विश्व का सबसे पहला सन्नगर संयुक्त राज्य अमेरिका के पूर्वी समुद्री-बोर्ड (Eastern Sea-board) में है। इस प्रदेश में मिलियन नगरों, जैसे– पोर्टलैंड, बोस्टन, न्यू हेवेन, न्यूयॉर्क, फिलैडेल्फिया, बाल्टीमोर, वाशिंगटन डी.सी. रिचमोण्ड (Richmond), न्यू-पोर्ट तथा चलिट (Charlotte) को सम्मिलन देखा गया है ***(चित्र 14.26)***।

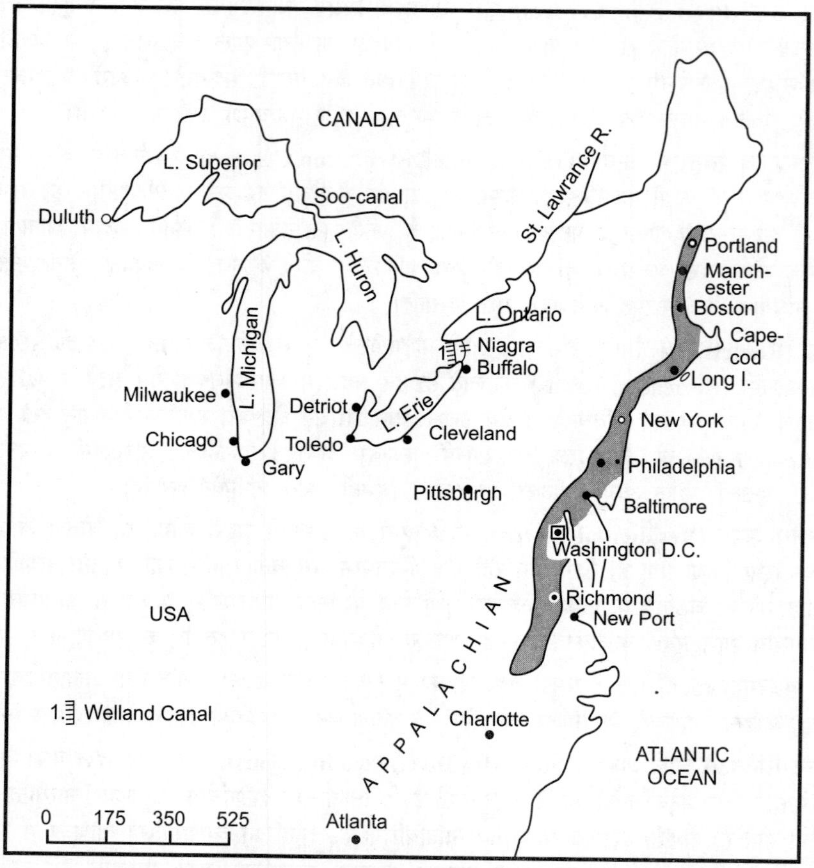

चित्र 14.26 सन्नगर (यू.एस.ए.)

भारत में एक वृहद् सन्नगर का विकास आगरा, मथुरा, होडल, बल्लभगढ़, फरीदाबाद, गुड़गाँव, दिल्ली, सोनीपत, पानीपत, करनाल, कुरुक्षेत्र, अम्बाला, चंडीगढ़, पंचकुला तथा कालका के बीच विकसित हो रहा है। दिल्ली से इस सन्नगर की एक भुजा गाजियाबाद, नोएडा, मुरादनगर, मोदीनगर, मेरठ, मोदीपुरम, मुजफ्फरनगर, रुड़की, हरिद्वार तथा देहरादून तक फैली हुई है ***(चित्र 14.27)***।

1. अधिकतर महानगर एवं सन्नगर अप्रत्याशित गति से बढ़ रहे हैं। यहाँ मूलभूत सुविधाओं तथा आधारभूत संरचना का विकास अपर्याप्त है। फलस्वरूप सन्नगर में जीवन आरामदायक नहीं है।
2. सन्नगरों में जनसंख्या के अनियोजित विकास के कारण अधिक गंदी बस्तियों (Slums) की भरमार हो गई है। भारत में इन बस्तियों में रहने वाले लोगों की आबादी 150 मिलियन से अधिक हो गई है।
3. नगरीय जीवन स्तर में गिरावट आई है। वास्तव में भारत के सन्नगरों में गरीबी, बेरोजगारी, असुरक्षा तथा अपराध की बढ़ती दर देखी जा सकती है।

4. नगरीय प्रभाव के अंशाच्छादन के कारण प्रशासन की एक गंभीर समस्या उभरी है। अपराध को अंजाम देने के बाद अपराधी एक नगर की क्षेत्रीय सीमा को पार कर दूसरे नगर में प्रवेश कर जाते हैं।
5. सन्नगरों के बढ़ते आकार के कारण यातायात की समस्या उत्पन्न हो रही है। इन क्षेत्रों में पानी व बिजली का अभाव बढ़ रहा है एवं पर्यावरण अधिक प्रदूषित होता जा रहा है।

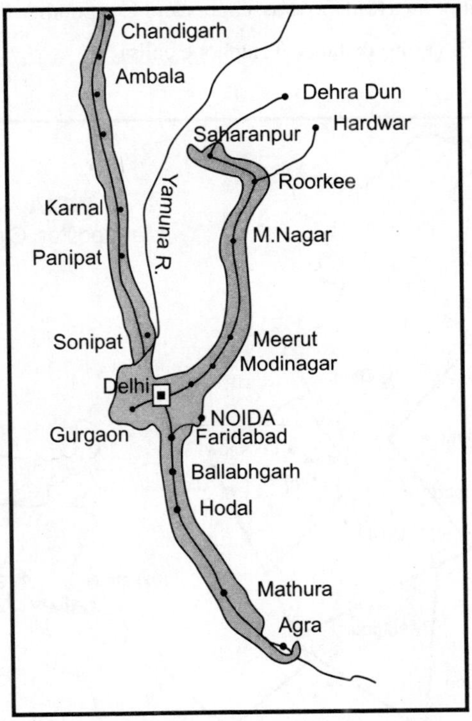

चित्र 14.27 आगरा-दिल्ली-चंडीगढ़-कालका-मेरठ-देहरादून-हरिद्वार: भारत के भविष्य के सन्नगर

इन कमियों के बावजूद सन्ननगर तथा महानगरीय क्षेत्र प्रशिक्षित, अर्द्ध-प्रशिक्षित तथा अप्रशिक्षित श्रमिकों के लिए अधिक रोजगार के अवसर प्रदान करते हैं। इसके अलावा सन्ननगर शहरी और ग्रामीण संस्कृतियों को एकीकृत करता है तथा इस तरह बेरोजगारी एवं आवास की समस्या के समाधान में सहायता करता है क्योंकि काफी संख्या में कामकाजी लोग प्रतिदिन उप-नगर तथा ग्रामीण क्षेत्रों से कार्यस्थल तक आते हैं और फिर लौट जाते हैं।

भारत के महानगरीय प्रदेश (Metropolitan Regions of India)

महानगरीय क्षेत्र एक अत्यन्त वृहत नगरीय बस्ती है, जिसके साथ प्रायः परिनगर जुड़े होते हैं। इस शब्द का प्रयोग अस्पष्ट रूप से किया गया है क्योंकि आकार अथवा जनसंख्या घनत्व के लिए कोई स्पष्ट मानदंड निर्धारित नहीं किए गए हैं। संयुक्त राज्य अमेरिका में महानगर सन्नगर के समान है। महानगरीय प्रदेश एक भौगोलिक प्रदेश है, जो नगर से प्रकार्यात्मक कड़ी द्वारा जुड़ा होता है। यह कड़ी रोजगार, शिक्षा, स्वास्थ्य सुविधाओं, बैंकिंग, वाणिज्य मनोरंज इत्यादि गतिविधियों से संबंधित हो सकती है। इस कड़ी का आधार यातायात सुविधाओं, इस पर आने वाले खर्च तथा अन्य नगरों की प्रतिस्पर्द्धा इत्यादि है।

भारत के मुख्य महानगर मुंबई, कोलकाता तथा चेन्नई हैं। ब्रिटिश शासन के दौरान 19वीं सदी की शुरुआत से ही ये नगर भारत के आर्थिक आधार बने। इस सूची में दिल्ली का नाम भी जोड़ा गया, जो ब्रिटिश काल में 1911 से भारत की राजधानी बनी। वास्तव में दिल्ली का महत्व आर्थिक तथा क्षेत्रीय विकास में स्वतंत्रता के बाद अत्यन्त प्रभावी रहा है। वर्तमान में राष्ट्रीय स्थानिक अर्थव्यवस्था में दिल्ली उपनिवेशीय नगरों से कहीं अधिक महत्व रखता है।

भारत के चार महानगरों में देश के 85% धनी लोग रहते हैं। ये महानगर वस्तुओं तथा लोगों के संदर्भ में अधिक यातायात आकर्षित करते हैं। अनेक राज्य इनके प्रभुत्व के क्षेत्र में आते हैं। भारत के चार महानगरों के प्रभाव वाले क्षेत्रों का निर्धारण निम्नलिखित आधार पर किया गया है:

(i) वायु यात्रा (Air Travel)

(ii) रेलवे यात्री तथा वस्तुओं का प्रवाह (Railway Passengers and Commodity flow).

(iii) लम्बी दूरी के टेलीफोन कॉल (Long-distance Telephone calls)

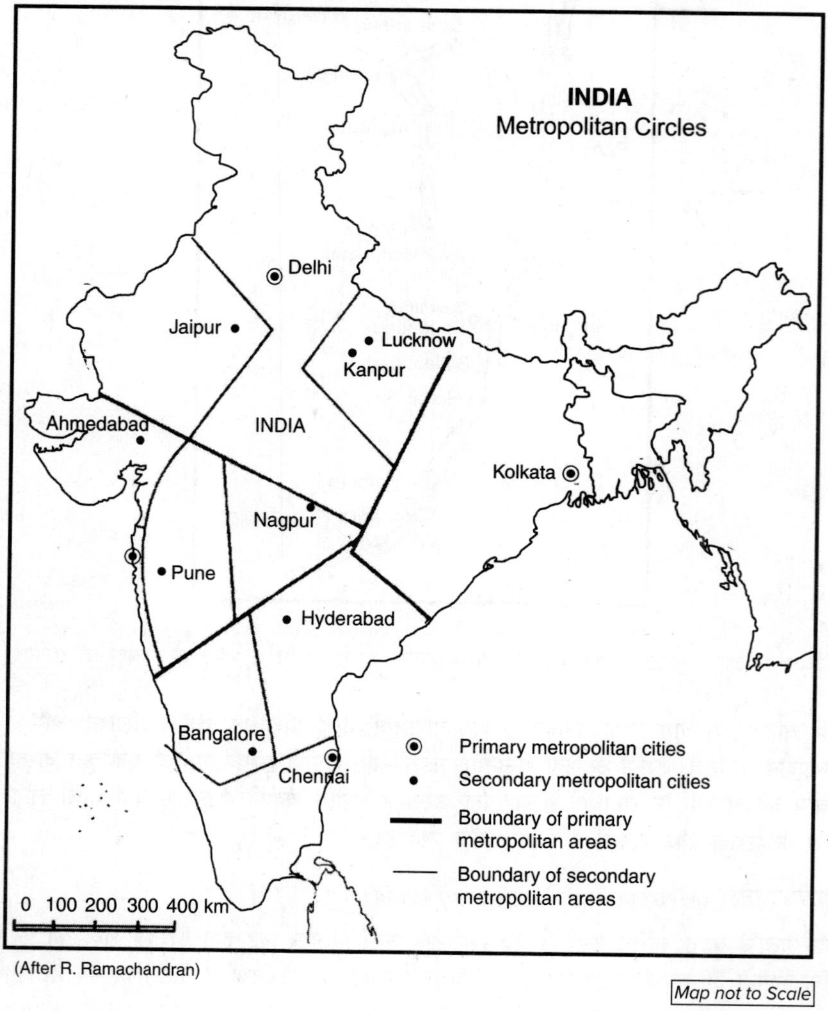

चित्र 14.28 चार महानगरों के नगरीय प्रभाव क्षेत्र

इन महानगरीय प्रदेशों में उत्तरी राज्य, जैसे-जम्मू एवं कश्मीर, हिमाचल प्रदेश, पंजाब, हरियाणा, उत्तराखंड, पश्चिमी उत्तर प्रदेश, मध्य प्रदेश के अधिकांश भाग तथा राजस्थान शामिल हैं। कोलकाता महानगरीय प्रदेश में उत्तर-पूर्वी भारत के राज्य (अरुणाचल प्रदेश, असम, मणिपुर, मेघालय, मिजोरम, नगालैंड, सिक्किम तथा त्रिपुरा), बिहार, झारखंड, ओडिशा तथा पश्चिमी बंगाल शामिल हैं। इसके अतिरिक्त उत्तर प्रदेश के पूर्वी भाग तथा छत्तीसगढ़ भी इस प्रदेश के अन्तर्गत आते हैं।

मुंबई महानगरीय प्रदेश महाराष्ट्र, गुजरात तथा गोवा राज्यों में व केन्द्रशासित प्रदेश दमन और दीव में फैला हुआ है। इसके अन्तर्गत मध्य प्रदेश के दक्षिण-पश्चिम भाग, जिसमें इंदौर नगर शामिल है तथा मालवा प्रदेश का उज्जैन शहर भी आता है। चेन्नई महानगरीय प्रदेश में तमिलनाडु, केरल, कर्नाटक तथा आंध्र प्रदेश शामिल हैं। इनके अतिरिक्त इसमें ओडिशा छत्तीसगढ़ तथा मध्य प्रदेश का दक्षिणी भाग भी शामिल है।

नगर क्षेत्र की अवधारणा श्रेणीबद्ध क्षेत्रीय विभाजन के एक समूह में देश के प्रादेशीकरण के लिए एक आदर्श ढाँचा प्रदान करता है। नगर क्षेत्र का रेखाचित्र खासकर भारत जैसे देश में एक थकाने वाला कार्य निम्नलिखित कारणों से है:

(i) एक लाख या एक लाख से अधिक जनसंख्या वाले वर्ग I नगरों के एकत्रण या गुच्छित होने के कारण।

(ii) देश के कुछ भाग के बड़े क्षेत्रों में एक-लाख आबादी वाले नगरों के अभाव के कारण।

एक लाख आबादी वाले नगरों का एकत्रण कुछ महानगरीय क्षेत्रों, जैसे- दिल्ली, कोयम्बटूर, पटना, आगरा, कानपुर, कोलकाता, लखनऊ, झाँसी, मेरठ, मुंबई, इत्यादि के निकट देखा जा सकता है। एकत्रण अथवा गुंछित होने के संदर्भ में नगर एक-दूसरे के सम्पूरक हो जाते हैं।

भारत का नगर प्रदेश एक औसत जिले से अधिक बड़ा है। अधिक नगरीकृत राज्यों, जैसे-तमिलनाडु, महाराष्ट्र तथा गुजरात में अधिकांश जिलों की क्षेत्रीय सीमा के अन्तर्गत एक बड़ा नगर है, वहीं उत्तरी तथा उत्तरी-पूर्वी भारत में, नगर प्रदेश के अन्तर्गत अनेक जिले आते हैं। नगर के आकार का नगरीकरण के स्तर के साथ प्रतिलोम सम्बन्ध है। हिमाचल प्रदेश, जम्मू एवं कश्मीर तथा उत्तराखंड के पहाड़ी एवं पर्वतीय प्रदेशों में कुछ ही बड़े-आकार के नगरीय स्थान हैं।

मध्य स्तर पर कश्मीर की घाटी में श्रीनगर, मेघालय में शिलांग, मिजोरम में आइजोल, मणिपुर में इम्फाल तथा सिक्किम में गंगटोक सभी अपनी तरह के प्रमुख नगर हैं।

नगर प्रदेश तथा नियोजन (City Region and Planning)

नगर प्रदेश क्षेत्रीय इकाई के रूप में प्रादेशिक विकास नियोजन के लिए उपयुक्त माना गया है। वास्तव में, विकास नियोजन की इकाई के रूप में नगर प्रदेश के अनेक लाभ हैं। आर्थिक तथा प्रादेशिक नियोजन की इकाई के रूप में नगर प्रदेश के कुछ लाभ निम्नलिखित हैं:

(i) नगर एकमात्र केन्द्र-बिन्दु है तथा यहाँ से प्रदेश के सभी स्थानों पर पहुँचना आसान है। शुरुआती चरण में ही इसका प्रभाव तृतीयक सेवाओं के संदर्भ में प्रदेश के सभी भाग तक फैला हुआ होता है।

(ii) आर्थिक तथा सामाजिक नियोजन नगर तथा देहात के बीच वर्तमान कड़ी का लाभ उठा सकता है।

(iii) विकास आमतौर पर एक अनियमित रूप में होता है, जहाँ नगर प्रारंभ में विकास का केन्द्र होता है।

(iv) वर्तमान में नगर आधुनिक उद्योग का नया केन्द्र बनता जा रहा है। शहरीय तथा औद्योगिक समूहन के कारण नगर के विकास में मदद मिलती है तथा इसके कारण देहातों का औद्योगीकरण होता है। इस प्रकार नगर प्रदेश प्रादेशिक नियोजन के ऐसे एक उपागम के लिए एक सुविधाजनक तथा उत्तम स्थानिक ढाँचा प्रदान करता है।

नगरीय अव्यवस्थित फैलाव (Urban Sprawl)

नगर का देहात के क्षेत्रों में विस्तार खासतौर पर जिसका संबंध जन-परिवहन के सुधार से हो नगरीय फैलाव कहलाता है। नगरीय फैलाव के मुख्य कारण हैं:

(i) ग्रामीण क्षेत्रों तथा छोटे शहरों से बड़े नगरों की ओर वृहत्त पैमाने पर प्रवसन

(ii) छोटे शहरों से बड़े नगरों की ओर प्रवसन,

(iii) जनसंख्या में स्वभाविक वृद्धि (Natural increasing in Population)

देहात के क्षेत्रों से नगर में निरंतर प्रवसन के कारण नगर का अत्यधिक शहरी विकास होगा, जिसके अपने कुछ लाभ तथा हानियाँ हैं।

विकासशील देश जैसे भारत में नगरीय फैलाव मुख्य रूप से अनियंत्रित रहता है। यह फैलाव सामान्यतः सड़कों के किनारे होता है। कुछ नगरों में नगरीय फैलाव पर नियंत्रण 'हरित-पट्टी' की सहायता से किया गया है।

सभी महानगरों तथा विश्व नगरों (Megapolis) के निकट मुख्य मार्ग पर उपनगर, विकसित हो रहे हैं, यह मुख्य मार्ग नगर की ओर जाता है, इसे 'रिबन बस्ती' (Ribbon Settlement) कहते हैं। सड़क के दोनों ओर लोग बस रहे हैं खासतौर पर दुकानदार, इसका कारण आसान अभिगम्यता है। फलस्वरूप उपनगरों में घरों की बढ़ती माँग के कारण रिबन बस्तियों की भूमि पर अनेक निर्माण हुए हैं तथा नई सड़क बनाकर इसे अभिगम्य बनाया गया है। इस तरह के विकास को 'इंफिल' (Infil) कहते हैं। साथ ही साथ छोटे शहरों तथा गाँवों का विकास आवासीय उद्देश्यों के लिए मुख्य शहर के निकट होता है ताकि प्रतिदिन लोग मुख्य शहर कामकाज के लिए जा सकें। इस तरह नगर निरंतर बढ़ रहे हैं तथा कुछ क्षेत्रों में अनेक नगरों के उपनगर मिलकर सन्नगर का निर्माण करते हैं। दुर्भाग्यवश नगरीय फैलाव के कारण अत्यधिक उपजाऊ कृषीय भूमि घटती जा रही है। इसके अतिरिक्त नगरीय फैलाव के कारण उनके समस्याएँ उत्पन्न हुई हैं, जैसे–प्रदूषण, असुरक्षा, अपराध तथा वातावरणिक अपकर्ष।

भारत में नगरीय फैलाव 20वीं सदी की घटना है। नगरों की ओर पहला सबसे बड़ा प्रवसन 1930 के दशक में 'मंदी' (Depression) के काल में शुरू हुआ। यह सूखा, महामारी तथा अकाल का दौर था तथा ग्रामीण क्षेत्रों में किसानों की स्थिति नाजुक थी। किसानों का प्रवसन रोजगार की तलाश में नगरों की ओर हुआ। 1941–51 के बीच लाखों की संख्या में लोगों का प्रवसन नगरीय क्षेत्रों में युद्ध के समय औद्योगीकरण के कारण तथा उप-महाद्वीप के विभाजन के कारण हुआ। योजनाबद्ध अर्थव्यवस्था में देहात के क्षेत्रों से नियमित रूप में प्रवसन नगरों की ओर रोजगार की तलाश में होता है।

यहाँ यह जानना दिलचस्प है कि ग्रामीण क्षेत्रों से बड़े नगरों की ओर प्रवसन का प्रभाव सबसे अधिक पुराने नगर (डाऊन टाऊन) पर पड़ता है। रोजगार खोजने तथा आवास का प्रबंध करने से पहले प्रवासी अपने संबंधियों तथा मित्रों के पास रहते हैं, जिसके कारण इन क्षेत्रों पर जनसंख्या दबाव बना रहता है।

नगरीय फैलाव सबसे अधिक बड़े नगरों, जैसे-कोलकाता, मुंबई, दिल्ली तथा चेन्नई में देखा जा सकता है। ऐसे बड़े नगर अधिक रोजगार प्रदान करते हैं तथा ग्रामीण क्षेत्रों एवं छोटे शहरों से लोगों को आकर्षित करने का काम करते हैं। आगरा-मथुरा-फरीदाबाद-गुड़गाँव-दिल्ली-अम्बाला-चंडीगढ़ तथा दिल्ली-गाजियाबाद-मोदीनगर-मेरठ-मुजफ्फरनगर-देहरादून का नगरीय फैलाव पिछले पचास वर्षों का नतीजा है। इसी तरह के नगरीय फैलाव मुंबई, चेन्नई, हैदराबाद, बंगलुरू, पुणे, लखनऊ, इलाहाबाद, कानपुर, वाराणसी, पटना इत्यादि के निकट देखे जा सकते हैं। नगरीय फैलाव ऐसे विकास हैं, जिसमें गुणात्मक सुधार नागरिक सुख-सुविधाओं के रूप में आवश्यक है।

नगरीय फैलाव के कारण मिलियन नगरों (Million Cities) के जीवन स्तर में गिरावट आई है। नगरीय फैलाव के कारण गंदी बस्तियों (Slums) की वृद्धि हो रही है। नगरीय फैलाव की समस्या का निदान प्राथमिकता के आधार पर किया जाना चाहिए। इस दिशा में शीघ्र उठाया गया कदम लाभदायक साबित होगा।

गंदी बस्तियां तथा सम्बन्धित समस्याएं (Slums and Associated Problems)

निम्न स्तरीय आवास वाला क्षेत्र, जिसकी विशेषता बहुल अधिभोक्ता तथा भीड़-भाड़ होती है, गंदी बस्ती (Slum) कहलाता है। यहाँ निम्न स्तर की पाठशालायें तथा सफाई की अपर्याप्त व्यवस्था होती है। इस बस्ती में स्थानीय दुकानों में घटिया माल मिलता है। इन बस्तियों में नशीले पदार्थों का सेवन करने वाले, शराबी, अपराधी, बर्बर व विध्वंसकारी लोग रहते हैं।

गन्दी बस्ती तथा आबादकार (Squatter) एक विश्वव्यापी समस्या है। नगरों में औद्योगीकरण से जुड़े जनसंख्या विस्फोट के कारण इनकी उत्पत्ति होती है। गन्दी बस्तियों का विकास खासकर विकासशील देशों में नगरीय वातावरण पर सामाजिक तथा भौतिक दबाव बनाता है।

भारत के गन्दी बस्तियों को भिन्न-भिन्न राज्यों में भिन्न-भिन्न नाम से जाना जाता है। उदाहरण के लिए उन्हें कोलकाता में बस्ती, चेन्नई में चेई, मुंबई में झोंपड़-पट्टी तथा दिल्ली में झुग्गी-झोपड़ी कहा जाता है।

गंदी बस्तियों के विकास का मुख्य कारण निम्नलिखित हैं:

(i) जनसंख्या का तीव्र गति से बढ़ना खासकर ग्रामीण भारत में।

(ii) कृषीय भूमि पर अत्याधिक जनसंख्या भार तथा लोगों की व्यक्तिगत भूमि का घटता आकार।

(iii) ग्रामीण क्षेत्रों में बेरोजगारी।

(iv) नगरीय क्षेत्रों में सस्ते आवास की कमी।

(v) बेहतर रोजगार तथा नगरों में उच्च स्तरीय जीवन के प्रति आकर्षण।

विकासशील देशों, जैसे–भारत की गंदी बस्तियों में गरीबी, कुपोषण, बीमारी, खराब स्वास्थ्य, सफाई का कुप्रबंध, निम्न स्तर की जीवन शैली, असाक्षरता, प्रदूषण, अपराध नशीले पदार्थों का प्रयोग तथा भ्रष्टाचार व्याप्त है। गंदी बस्तियों का वातावरण, अस्वास्थ्यकर होता है तथा यहाँ पाए जाने वाले निम्न स्तरीय गन्दे आवास के कारण विभिन्न प्रकार के कीड़ों (मच्छर, मक्खी, पिस्सू, खटमल, तिलचट्टा) चूहों व कृन्तकों को आश्रय मिलता है। ये कीड़े तथा कृन्तक अनेक प्रकार की बीमारियाँ फैलाते हैं। इन बस्तियों में पीने के पानी के निम्न स्तर के कारण आन्त्रज्वर (Typhoid), पेचिश (Dysentery), अतिसार (Diarrhoea), मलेरिया, पीलिया (Jaundice), हैजा (Cholera), पीतज्वर (Yellow fever), डेंगू तथा नेत्रशोध (Conjunctivitis) जैसी बीमारियाँ फैलती हैं।

भारत की गंदी बस्तियों की विशेषताएँ निम्नलिखित हैं:

(i) इनका विकास सामान्यतः सरकारी भूमि पर औद्योगिक क्षेत्रों, रेलवे लाइन, पत्तनों, नदियों के कछारों, बड़े बाँधों, पार्क तथा थोक बाजारों के आसपास होता है।

(ii) गन्दी बस्तियों में घरों का निर्माण मिट्टी अथवा ईंटों से किया जाता है। इनके छत या तो छप्परबंद होती हैं या फिर ये सीमेंट की चादरों, टिन, बाँस की चटाई, बोरियों तथा पॉलिथीन से बनी हुई होती हैं।

(iii) इन बस्तियों में सफाई तथा शौचघरों की कमी है। जे. एम.पी. विश्व स्वास्थ्य संगठन/यूनीसेफ की 2017 की रिपोर्ट के अनुसार भारत में, 626 मिलियन लोग खुले में शौच करते हैं। 2 अक्टूबर, 2014 में पूरे भारत में स्वच्छ भारत मिशन लागू किया गया था। मिशन का उद्देश्य 'स्वच्छ और खुले में शौच मुक्त भारत' बनाना था। घरों में शौचालयों का प्रतिशत 2002 में 88.7% से बढ़कर 2012 में 91.2% हो गया है। कई लोग खासकर बच्चे इन बस्तियों में मल त्याग कहीं भी कर देते हैं।

(iv) इन बस्तियों में बहने वाले जल (Running water/Piped Water) का अभाव है।

(v) लोग हैंड पम्प का इस्तेमाल कर कपड़ों तथा बर्तनों को धोते हैं।

(vi) गन्दी बस्तियों में लिंग अनुपात कम है अर्थात पुरुषों की तुलना में स्त्रियों की संख्या कम होती है।

(vii) गन्दी बस्तियों में रहने वाले लोग तृतीयक क्षेत्र के कामकाजों में जुटे रहते हैं। छोटे व्यापारी, घरेलू नौकर, फेरी वाले, इत्यादि इसके कुछ उदाहरण हैं।

(viii) गन्दी बस्तियों में रहने वाले लोग निम्न आय वर्ग के होते हैं।

(ix) गन्दी बस्तियों में मूल सुविधाओं (जैसे-बिजली, बहने वाले जल तथा मलजाल व कूड़े-कचरे को हटाने की समुचित व्यवस्था) का अभाव है।

(x) इन बस्तियों के निकट दुर्गन्ध फैली रहती है।

भारत में गंदी बस्तियों का वितरण (Distribution of Slums in India)

भारत में गंदी बस्तियों का विकास तब होता है, जब आबादकार द्वारा अवैध रूप से भूमि का अधिग्रहण किया जाता है या तो किसी निर्मित क्षेत्र के किनारे या वर्तमान विकास के अन्तराल पर या सड़कों, तालाबों, नालों तथा सार्वजनिक भूमि के किनारे इस तरह का अधिग्रहण पूर्ण रूप से अनियोजित तथा खंडशः हो सकता है परन्तु अधिकतर बस्ती भूमि के नियोजित अधिग्रहण का परिणाम है जिसका विरोध न तो निजी मालिक न ही राज्य कर सकते हैं। भारत में गंदी बस्तियों की वृद्धि तीव्र गति से हुई है विशेषकर पिछले चार-पाँच दशकों में।

भारतीय नगरों में बढ़ती आबादी के कारण सबके लिए स्थान व आवास की समस्या बढ़ गयी है। गन्दी बस्ती भारतीय महानगरों तथा बड़े शहरों का एक अपरिहार्य भाग बन गया है। गन्दी बस्तियों में रहने वाली आबादी का अनुपात बढ़ता जा रहा है। यह 1981 में नगरीय जनसंख्या का 17% था, जो 2001 में बढ़कर 24% हो गया।

चित्र 14.29 के द्वारा वर्ष 2001 में गन्दी बस्तियों की आबादी का राज्यानुसार वितरण दर्शाया गया है तथा ***तालिका 14.6*** के द्वारा गन्दी बस्ती वाले शहरों तथा उनकी आबादी को दर्शाया गया है।

तालिका 14.6 शहरों और घरों की संख्या एवं स्लम जनसंख्या, 2011

क्र. सं.	भारत/राज्य/केन्द्रशासित प्रदेश	कुल	वैधानिक	स्लम रिपोर्टिंग	शहरी घर	पूर्वी स्लम घर	प्रतिशत
	भारत	7,933	4041	2543	78,865,937	13,749,424	17.4
1.	जम्मू एवं कश्मीर	122	86	40	517,168	96,990	18.8
2.	हिमाचल प्रदेश	59	56	22	166,043	14,240	8.6
3.	पंजाब	217	143	71	2,094,067	296,482	14.2
4.	चंडीगढ़	6	1	1	228,276	22,080	9.7
5.	उत्तराखण्ड	115	74	31	592,223	89,398	15.1
6.	हरियाणा	154	80	75	1,751,901	325,997	18.6
7.	दिल्ली (एनसीआर)	113	3	22	3,261,423	383,609	11.8
8.	राजस्थान	297	185	107	3,090,940	383,134	12.4
9.	उत्तर प्रदेश*	915	648	260	7,449,195	992,728	13.3
10.	बिहार	199	139	71	2,013,671	194,065	9.6
11.	सिक्किम	9	8	7	35,761	8,612	24.1
12.	अरुणाचल प्रदेश	27	26	5	65,891	4,005	6.1
13.	नगालैंड	26	19	7	115,054	15,268	13.3
14.	मणिपुर	51	28	NS	171,400	NS	NS
15.	मिजोरम	23	23	1	116,203	16,240	14
16.	त्रिपुरा	42	16	15	235,002	33,830	14.4
17.	मेघालय	22	10	6	116,102	10,936	9.4
18.	असम	214	88	31	992,742	48,122	4.8
19.	प. बंगाल	909	129	122	6,350,113	1,393,319	21.9
20.	झारखंड	228	40	31	1,495,642	79.200	5.3
21.	ओडिशा	223	107	76	1,517,073	350,306	23.1
22.	छत्तीसगढ़	182	168	94	1,238,738	395,297	31.9
23.	मध्य प्रदेश	476	364	302	3,845,232	1,845,232	28.3
24.	गुजरात	348	195	96	5,416,315	360,291	6.7
25.	दमन एवं दीव	8	2	NS	47,631	NS	NS
26.	दादर एवं नगर हवेली	6	1	NS	37,665	NS	NS
27.	महाराष्ट्र	534	256	187	10,813,928	2,449,530	22.7
28.	आंध्र प्रदेश एवं तेलंगाना	353	125	124	6,778,225	2,421,268	35.7
29.	कर्नाटक	347	220	206	5,315,715	728,277	13.7
30.	गोवा	70	14	3	198,139	4,846	2.6
31.	लक्षद्वीप	6	0	NS	8,180	NS	NS
32.	केरल	520	59	19	3,620,696	54,849	1.5

क्र. सं.	भारत/राज्य/केन्द्रशासित प्रदेश	कुल	वैधानिक	स्लम रिपोर्टिंग	शहरी घर	पूर्वी स्लम घर	प्रतिशत
	भारत	7,933	4041	2543	78,865,937	13,749,424	17.4
33.	तमिलनाडु	1097	721	504	8,929,104	1,451,690	16.3
34.	पुदुचेरी	10	6	6	206,143	35,070	17
35.	अंडमान एवं निकोबार द्वीप	5	1	1	34,346	3,053	8.9

Note: NS indicates slum not reported

**Delhi includes 19 Census towns and Uttar Pradesh includes 1 Census town*

Source: Census of India, Housing Stock, Amenities and Assets in Slum Series, Series 1, p. ci, Census of India 2011.

तालिका 14.6 में यह देखा जा सकता है कि भारत में वर्ष 2001 में गंदी बस्तियों वाले शहरों की संख्या 607 है। इन शहरों की सबसे अधिक संख्या आंध्र प्रदेश में है (76), इसके बाद क्रमशः उत्तर प्रदेश (65), तमिलनाडु (63), महाराष्ट्र (62), पश्चिम बंगाल (51), मध्य प्रदेश (42) तथा कर्नाटक (35) का स्थान है।

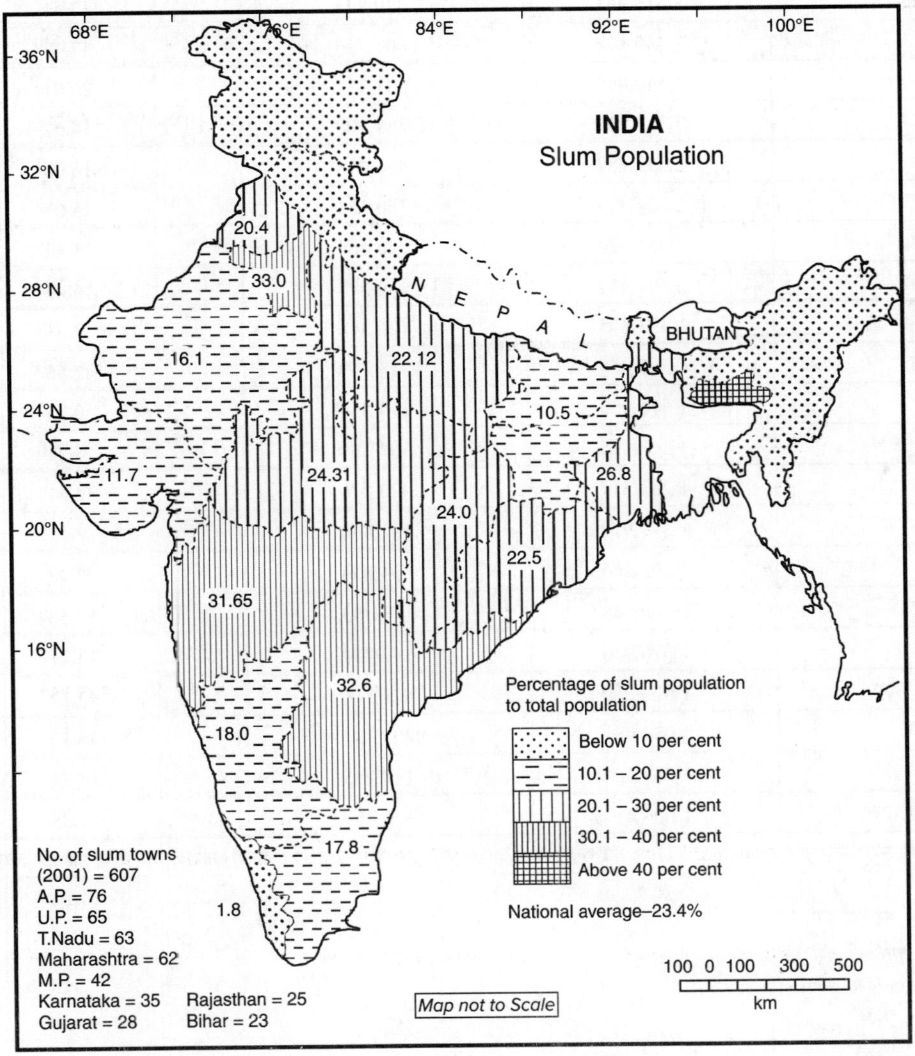

चित्र 14.29 गंदी बस्ती जनसंख्या, 2011

भारत के मिलियन नगरों की गंदी बस्तियों की आबादी को ***तालिका 14.7*** में दिखाया है।

तालिका 14.7 मिलियन नगरों के गंदी बस्तियों की आबादी 2001

नगर का नाम	कुल जनसंख्या	गंदी बस्तियों की जनसंख्या	कुल जनसंख्या में गंदी बस्तियों की जनसंख्या का प्रतिशत
कुल	**70,813,906**	**16,565,459**	**23.40**
1. बृहन्मुंबई	11,914,398	5,823,510	48.88
2. दिल्ली	9,817,439	1,854,685	18.89
3. कोलकाता	4,580,544	1,490,811	32.55
4. बंगलुरू	4,292,223	345,200	8.04
5. चेन्नई	4,216,268	747,936	17.74
6. अहमदाबाद	3,515,361	439,843	12.51
7. हैदराबाद	3,449,878	601,336	17.43
8. पुणे	2,540,069	531,337	20.91
9. कानपुर	2,532,138	368,808	14.57
10. सूरत	2,433,787	406,018	16.68
11. जयपुर	2,324,319	350,353	15.07
12. नागपुर	2051,320	726,664	35.42
13. इंदौर	1,597,441	259,577	16.25
14. भोपाल	1,433,875	126,346	8.81
15. लुधियाना	1,395,053	314,759	22.56
16. पटना*	1,376,950	3,511	0.25
17. वडोदरा	1,306,035	107,289	8.21
18. ठाणे	1,261,517	420,276	33.31
19. आगरा	1,259,979	121,890	9.67
20. कल्याण-डोमबीवली	1,193,266	34,854	2.92
21. वाराणसी	1,100,748	138,183	12.55
22. नासिक	1,076,976	142,234	13.21
23. मेरठ	1,074,229	471,316	43.87
24. फरीदाबाद	1,054,981	491,131	46.55
25. हओरा	1,008,704	118,235	11.72
26. पिम्परीचिंचवाड	1,006,417	129,357	12.85

नोट: लखनऊ के संदर्भ में महानगर अधिकारी (निगम का सबसे बड़ा अधिकारी) द्वारा गंदी बस्ती की किसी आबादी का प्रतिवेदन नहीं किया गया है। इस दावे की जाँच

जनगणना विभाग कर रहा है।

**पटना मिलियन नगर की गंदी बस्ती की दी गई आबादी अधूरी है तथा इसकी जाँच की जा रही है।*

Source: Census of Inda, 2001

तालिका 14.7 में यह देखा जा सकता है कि मुंबई में गंदी बस्तियों में रहने वाले लोगों का प्रतिशत सबसे अधिक (48.88%) है। मुंबई स्थित धारावी एशिया की सबसे बड़ी गंदी बस्ती है। फरीदाबाद में यह 46.55% है, मेरठ में 43.87% लोग गंदी बस्तियों में रहते हैं। नागपुर, ठाणे तथा पुणे में 20% से अधिक लोग गन्दी बस्तियों में रहते हैं। कोलकाता में 32.55% लोग गन्दी बस्तियों में रहते हैं। अन्य नगरों में गन्दी बस्तियों की आबादी 5 से 20% के बीच है।

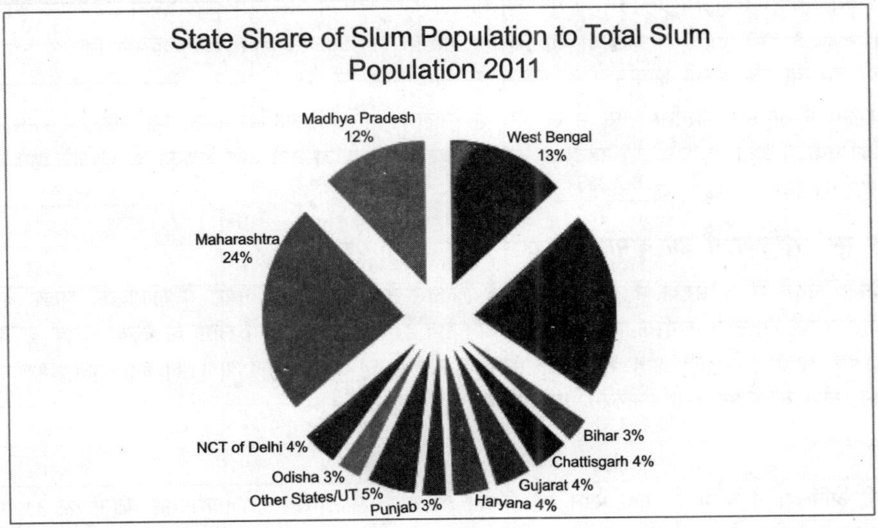

चित्र 14.30 कुल मलिन जनसंख्या में राज्य मलिन जनसंख्या (2011)

2011 प्राथमिक जनगणना सारांश, भारत के रजिस्ट्रार और जनसंख्या आयुक्त के अनुसार कुल जनसंख्या में राज्य की जनसंख्या का हिस्सा चित्र 14.30 से समझा जा सकता है। यह दर्शाता है कि आंध्र प्रदेश (24%), पश्चिम बंगाल (13%) और मध्य प्रदेश (12%) के बाद महाराष्ट्र 24% है।

गंदी बस्तियों का विकास कैंसर के समान है तथा पर्यावरण के सुधार के लिए इस पर ध्यान देना अत्यावश्यक है। भारत के योजना आयोग के अनुसार बड़े नगरों में संकुलन को घटाने के लिए तथा गंदी बस्तियों के विकास को रोकने के लिए किसी नीति को सूत्रबद्ध करने पर पर्याप्त ध्यान नहीं दिया गया है। पूर्व में मुख्य बल संकुलित महानगरीय क्षेत्रों की स्थिति में सुधार लाने पर बल दिया गया तथा यह गंदी बस्तियों के विकास को रोकने में असफल रहा। अब सरकार को इसकी आवश्यकता का ज्ञान है परन्तु वित्तीय बाधाएँ तथा कानूनी अड़चनें मार्ग में आ रही हैं। ऐसे सुधार, जैसे–जलापूर्ति, सार्वजनिक स्नानघर तथा शौचघर, मल प्रणाल, सड़कों तथा गलियों का मार्ग बनाना तथा उनके लिए रोशनी का प्रबंध; स्थानीय परिस्थितियों के आधार पर किया जाना चाहिए। नगरीय संरक्षण उपाय लोगों के सहयोग के द्वारा अधिक प्रभावी होता है।

नगरीकरण की समस्याएं (Problems of Urbanisation)

भारत की नगरीय जनसंख्या विश्व में चीन के बाद दूसरी सबसे बड़ी जनसंख्या है। भारत की नगरीय जनसंख्या (कुल जनसंख्या का लगभग 31.16%) संयुक्त राज्य अमेरिका की कुल जनसंख्या के लगभग बराबर है। लाखों की संख्या में महानगरों तथा बड़े नगरों में लोगों का आगमन हो रहा है, जिसके कारण भारत की नगरीय जनसंख्या 5% प्रतिवर्ष से अधिक की गति से बढ़ रही है। जनसंख्या की यह अत्याधिक वृद्धि दर अनेक सामाजिक-आर्थिक तथा पर्यावरण समस्याओं का कारण है। नगरीय भारत की कुछ मुख्य समस्याएँ संक्षिप्त रूप में निम्नलिखित हैं:

1. स्थान की समस्या तथा आवास की कमी (Problems of Space and Scarcity of Residential Accommodation)

भारत में अत्यधिक नगरीय जनसंख्या में वृद्धि हुई है, विशेषकर स्वतंत्रता के बाद कुछ महानगर, जैसे-मुंबई, कोलकाता, दिल्ली, चेन्नई, बंगलुरू तथा हैदराबाद के क्षेत्र तथा आकार में अपूर्व रूप से वृद्धि हुई है। इन स्थानों पर नगरीय फैलाव देखा गया है। बढ़ती जनसंख्या के कारण अत्यधिक स्थान की आवश्यकता होती है, जो भौतिक तथा भौगोलिक दबाव के कारण आसानी से उपलब्ध नहीं होती। मुंबई की द्वीपीय प्रकृति तथा पूर्वी कोलकाता का लवणीय जल ऐसे कुछ दबाव हैं। स्थान की कमी के कारण भूमि का मूल्य बढ़ता है तथा दफ्तरों व आवासों का किराया अधिक हो जाता है। चूँकि लोग अधिक किराया देने में असमर्थ होते हैं इसलिए गन्दी बस्तियों तथा झुग्गी-झोपड़ियों की संख्या में भारी वृद्धि हुई है।

एक आंकलन के अनुसार भारतीय नगरों में लगभग दो मिलियन घरों की वार्षिक कमी देखी गई है। फलस्वरूप निम्न आय के लोग गन्दी बस्तियों में तथा फुटपाथों पर रहने के लिए मजबूर हैं। गन्दी बस्तियों तथा सड़कों के किनारे रहने वालों की संख्या भारत के महानगरों में निरन्तर बढ़ती जा रही है।

2. सामाजिक सुख-सुविधाओं की कमी

भारत के अधिकतर नगरों में जनसंख्या में वृद्धि हो रही है विकास नहीं। वास्तव में नगरों में लोगों की संख्या बढ़ती जा रही है परन्तु यहाँ आधारभूत संरचना तथा नागरिक सुख-सुविधाएँ अपर्याप्त हैं। नगरीय स्थानों में लोगों के केन्द्रीयकरण के कारण सामाजिक सुख-सुविधाएँ, जैसे-आवास, बिजली, पीने का पानी, परिवहन, सफाई का प्रबन्ध, गन्दे पानी को हटाने का प्रबंध, शैक्षिक संस्थान, अस्पताल, उद्यान, खेल के मैदान तथा मनोरंजन, पर अधिक भार पड़ रहा है।

3. बेरोजगारी

बेरोजगारी अपनी अनिच्छा से काम से बाहर रहने की स्थिति है। भारत में नगरीय बेरोजगारी की बढ़ती दर 3% प्रतिवर्ष है। एक आंकलन के अनुसार नगरीय केन्द्रों में लगभग 25% श्रमिक बेरोजगार हैं। बेरोजगारी की बढ़ती दर के कारण अपराध की दर बढ़ रही है।

4. परिवहन की समस्या

परिवहन मार्गावरोध तथा यातायात भीड़ भारतीय नगरों की मुख्य समस्याएँ हैं। शहर के विकास के साथ उनके कार्य अधिक महत्वपूर्ण बन जाते हैं। श्रमिकों तथा अपने कार्य हेतु प्रतिदिन यात्रा करने वाले लोगों को अधिक परिवहन की सुविधाओं की आवश्यकता होती है। दुर्भाग्यवश अधिकतर नगरों में खासकर पुराने शहरों (डाउन टाउन) में सड़कें संकीर्ण हैं, जो बढ़ती आबादी तथा यात्रियों के दबाव को सहन नहीं कर पाते हैं। निजी वाहनों की संख्या तीव्र गति से बढ़ती जा रही है। इसके कारण यातायात भीड़, अवरोध, उत्तेजना तथा तनाव बढ़ता है। यदि वाहनों की संख्या को वर्तमान दर के अनुसार बगैर सड़कों को चौड़ा तथा उन्नत किए बढ़ने दिया जाए तो मुख्य नगरों की पूरी परिवहन-व्यवस्था लड़खड़ा जाएगी।

5. ऊर्जा संकट

नगरीय भारत में ऊर्जा की कमी है। ऊर्जा की कमी के कारण वस्तुओं का औद्योगिक उत्पादन तथा उनका वितरण घट जाता है। वास्तव में ऊर्जा औद्योगिक विकास परिवहन की क्षमता तथा मनुष्य की सुख-सुविधाओं पर निर्भर करता है।

महानगरों, मिलियन नगरों तथा वर्ग I के नगरों में ऊर्जा की अधिकतम माँग दिन-प्रतिदिन बढ़ती जा रही है, ऊर्जा संकट के कारण इस माँग को पूरा करना बहुत कठिन हो रहा है।

6. जलापूर्ति की कमी

जल मनुष्य के जीवन के लिए अत्यन्त आवश्यक है। वास्तव में जल ही जीवन है तथा मनुष्य उसके बगैर जीवित नहीं रह सकता है। कोलकाता में प्रति व्यक्ति जल की खपत 250 लीटर है, मुंबई में यह 175 लीटर, दिल्ली में मात्र 80 लीटर, लॉस एन्जेल्स में यह 1200 लीटर है तथा शिकागो में यह 1100 लीटर है। भारत के नगरीय क्षेत्रों में जल की कमी का अनुमान इस बात से लगाया जा सकता है कि चेन्नई, हैदराबाद, जयपुर, जोधपुर, नागपुर, शिमला, सोलन, सूरत, उदयपुर, वडोदरा, इत्यादि में एक से दो घंटों के लिए ही जल प्रदान किया जाता है। राष्ट्रीय राजधानी (नई दिल्ली) में भी लगभग चार घंटों के लिए ही जल प्रदान

किया जाता है। वर्ष 2016 में महाराष्ट्र के सूखा ग्रस्त क्षेत्रों में पानी उपलब्ध न होने के कारण बहुत-से लोगों ने आत्महत्या कर ली, बहुत पशु मर गये तथा युवा लोग घर छोड़कर महानगरों की ओर पलायन कर गये।

7. प्रदूषण

पर्यावरणीय प्रदूषण भारत के मेगा (Mega) तथा मिलियन नगरों (Million Cities) की एक गंभीर समस्या है। वाहनों, कारखानों तथा घरों से उत्सर्जित धुएँ के कारण वायु-प्रदूषण ही नहीं बल्कि जल तथा ध्वनि प्रदूषण भी गंभीर समस्या है। क्षेपण भूमि के अभाव के कारण ग्रामीण-नगरीय सीमान्त स्वास्थ्यकर नहीं है। कचरे का निस्तारण (खतरनाक प्लास्टिक, धातु तथा पैकेज) अधिकतर भारत के नगरों में एक गंभीर समस्या है। दुर्भाग्यवश अधिकतर कचरा नदियों में गिरा दिया जाता है या फिर नदियों के तट पर इनका ढेर लगा दिया जाता है। मुंबई, कोलकाता, दिल्ली तथा चेन्नई जैसे नगर अपने कचरे के एक बड़े भाग का निःसरण समुद्र में करते हैं। दिल्ली में कई नाले प्रदूषित जल को यमुना नदी में प्रवाहित करते हैं। यदा-कदा यमुना का अत्यधिक प्रदूषित जल दिल्ली में नलों में प्रवाहित होता है तथा यह अनेक जल संक्रामक बीमारियाँ फैलाता है। अन्तर्राष्ट्रीय ऊर्जा एजेन्सी (आई.ई.ए.) की रिपोर्ट के आधार पर भारत में 2040 तक लगभग 9 लाख अकाल मौत सम्भावित हैं। यह वायु प्रदूषण में वृद्धि का परिणाम है। विश्व के सर्वाधिक प्रदूषित 20 शहरों में से 11 शहर भारत में हैं। भारत वायु प्रदूषण में 180 में से 141वें स्थान पर है।

WHO की 2016 की रिपोर्ट के अनुसार दिल्ली विश्व का सबसे अधिक प्रदूषित नगर है। स्थानीय सरकार के पास कचरे के इस संकट से निपटने के लिए आवश्यक संसाधन तथा तकनीकी निपुणता की कमी है। कचरे का संकट नगरीय लोगों के बढ़ते खर्च करने की क्षमता के कारण और अधिक गहरा गया है।

8. बेरोजगारी तथा सामाजिक तनाव

नगरीय स्थानों में खासकर मिलियन तथा वर्ग I के नगरों में रोजगार व आर्थिक लाभ की तलाश में बहुत-से लोग आकर बसते हैं। प्रायः वे अपने परिवार को गाँव पर छोड़कर अकेले इन नगरों में आते हैं। नगर की चकाचौंध तथा यहाँ के लोगों की असंवेदनशीलता का प्रभाव इन अप्रवासियों पर पड़ता है। ऐसी स्थिति में अप्रवासी रोजगार के लिए प्रतिस्पर्द्धा तथा अत्यन्त कठिनाइयों का सामना करते हैं। इनमें से कई काम पाने में असफल रहते हैं तथा बेरोजगार हो जाते हैं।

9. अपराध में बढ़ोत्तरी

अपराध में बढ़ोत्तरी आधुनिक नगरों की शांति को भंग कर रही है। समाजशास्त्रियों के अनुसार बेरोजगारी नगरीय क्षेत्रों में अपराध का मुख्य कारण है। बेरोजगार युवा अपहरण, हत्या, पॉकेटमारी, बलात्कार, कत्ल, चोरी तथा लूट जैसे अपराध करने लगते हैं। गंदी बस्तियों में बेरोजगार अपराधी होते हैं जो समय के साथ-साथ अभ्यस्त अपराधी बन जाते हैं। बढ़ती उपभोक्तावाद, भौतिक संस्कृति, स्वार्थ, अत्यधिक प्रतिस्पर्द्धा, फिजूलखर्ची, बढ़ती सामाजिक-आर्थिक असमानता, बढ़ती बेरोजगारी तथा अकेलापन इस खतरे का मुख्य कारण है। ऐसा नहीं है कि केवल गरीब, वंचित तथा गंदी बस्तियों में रहने वाले ही अपराध-प्रवण होते हैं बल्कि अच्छे व समृद्ध परिवार के युवा भी इसमें शामिल होते हैं। इनके अतिरिक्त शराब तथा मादक पदार्थों का सेवन, जुआ, सम्पत्ति के लिए अपराध, महिलाओं के विरुद्ध अपराध तथा वेश्यावृत्ति एवं सामाजिक तनाव एक नए सांस्कृतिक वातावरण को जन्म देते हैं, जिसमें परम्परागत मानकों की उपेक्षा की जाती है। नए मूल्य तथा जीवन शैली हमारे प्राच्य मूल्यों के जैसे नहीं हो सकते हैं।

मोहाली में 2018 में महिलाओं के साथ अपराध 227 से बढ़कर 273 हो गए हैं। साईबर अपराधों का सर्वाधिक रिकार्ड (कुल साइबर अपराधों में से एक तिहाई) महाराष्ट्र और उत्तर प्रदेश राज्यों में था। प्रौद्योगिकी (IT) अधिनियम के तहत 24,000 से अधिक मामले दर्ज किए गए थे। किशोरों में यौन अपराध बढ़ रहे हैं। राष्ट्रीय अपराध रिकार्ड ब्यूरो (NCRB) से प्रकट होता है कि 2013 में यौन अपराध 2.4% किशोरी (16 वर्ष) द्वारा किए गए यौन अपराध 2.4% थे और 2013 तक सभी आयु समूहों के किशोर 3.4% थे।

राष्ट्रीय अपराध रिकॉर्ड ब्यूरो (NCRB) इंगित करता है कि किशोरों में 2002 से 2012 तक रेप अपराध 143% बढ़े।

भारत में नगर नियोजन (Town Planning in India)

शहर व नगर मनुष्य का पृथ्वी के सतह पर महत्वपूर्ण रचना है। वास्तव में नगर मानव समूहन हैं जिसमें अनेक आर्थिक, सामाजिक तथा सांस्कृतिक विविधताएँ देखो जा सकती हैं। दुर्भाग्यवश, प्रत्येक भारतीय नगर में अनेक समस्याएँ हैं। इन समस्याओं का समाधान

उचित नगरीय नियोजन द्वारा किया जाता है ताकि नगर रहने योग्य, साफ-सुथरा, सुरक्षित तथा स्वास्थ्यकर हो जाए, न केवल वर्तमान पीढ़ी के लिए बल्कि भविष्य के लिए भी। तजीर्द दीलस्तरा (Tjeerd Deelstra) (1989) ने एक उत्तम नगर (Good Cities) के लिए निम्नलिखित उपादानों की पहचान की है:

1. उत्तम नगर रहने के वे स्थान हैं, जहाँ वृद्धों को एक सुखद अनुभव होता है तथा जहाँ बच्चे रहकर कुछ सीख सकें।
2. उत्तम नगर प्रकृति को साधारण तथा जटिल रूप में समाविष्ट करता है। इसका योगदान एक संतुलित नगरीय जलवायु, वन्य जीवन तथा प्राकृतिक वास के लिए है। नगरों में प्रकृति अच्छे उत्पादन, जैव-अपशिष्टों के पुनः चक्रण, शिक्षा तथा मनोरंजन के लिए योगदान करते हैं।
3. उत्तम नगरों में अनेक क्रियाएँ जारी रहती हैं। स्थान का उपयोग निरंतर तथा अनेक उद्देश्यों के लिए होता रहता है।

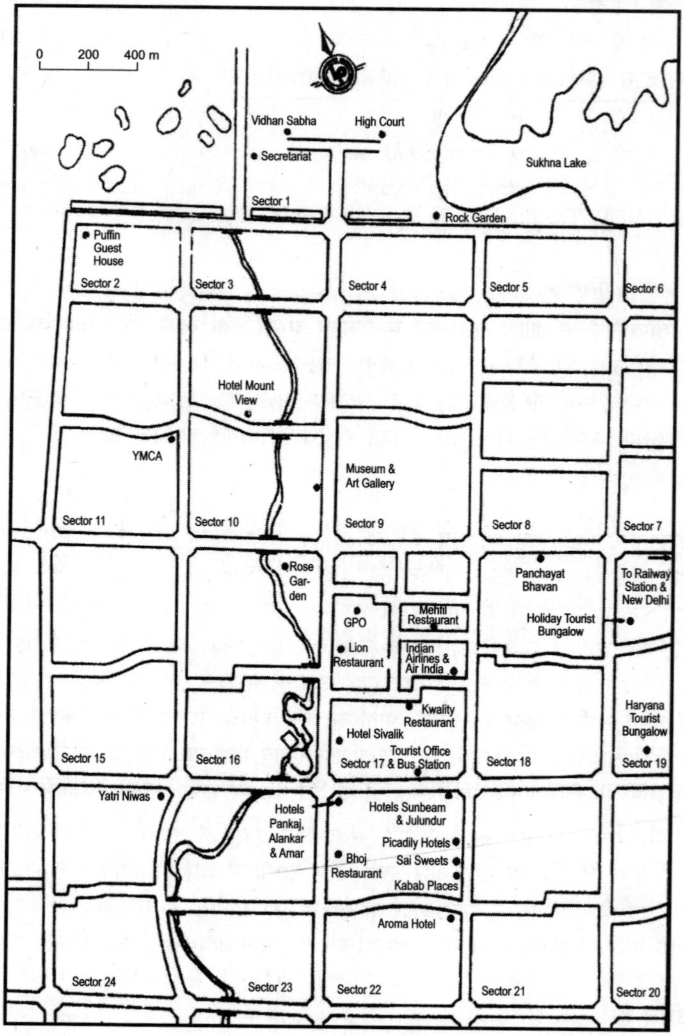

चित्र 14.31 चंडीगढ़

4. उत्तम नगर सुरक्षित होते हैं यहाँ पैदल चलने वाले तथा साइकिल चलाने वालों को प्राथमिकता दी गई है। यहाँ महिलाएँ, बच्चे, वृद्ध नागरिक तथा विकलांग अपने आप को सुरक्षित महसूस करते हैं।

5. उत्तम नगर साफ-सुथरे तथा स्वास्थ्यकर होते हैं। यहाँ हवा एवं पानी स्वच्छ होता है तथा आवास हेतु भवन स्वास्थ्य की दृष्टि से उपयुक्त होते हैं।
6. उत्तम नगर केन्द्रीयकृत आधारभूत संरचना को विकेन्द्रित व्यवस्था से जोड़ती है। जल का प्रवाह तथा ऊर्जा का प्रबंधन इष्टतम होता है तथा प्राकृतिक जीवन चक्र के साथ मेल खाता है।
7. उत्तम नगरों में बड़े प्रयोगात्मक क्रियाकलाप, संचलन तथा प्रवाह दृश्य होते हैं। यह नगरों के भावात्मक, व्यवहारवादी तथा ज्ञानात्मक विकास में बढ़ोतरी करते हैं तथा नगरीय जीवन व वातावरण के साथ उनके आबन्ध में भी मदद करते हैं।
8. उत्तम नगर में पूर्व तथा भविष्य दोनों काल देखे जा सकते हैं, यह उनके निर्मित रूप तथा सामाजिक व सांस्कृतिक जीवन द्वारा पहचाना जा सकता है।

नगरीय नियोजन के सिद्धांत (Principles of Urban Planning)

नगरीय नियोजन के कुछ मुख्य सिद्धान्तों का संक्षिप्त विवरण नीचे दिया गया है:

1. **नगरीय विकेन्द्रीकरण (Urban Decentrilization):** इस सिद्धान्त के अन्तर्गत बड़े महानगरों में भीड़-भाड़ को कम करने एवं सुरक्षा के लिए नए उपनगरीय शहरों के विकास के द्वारा उद्योगों तथा आवासीय क्षेत्रों के विकेन्द्रीकरण को प्रोत्साहित किया जाता है।
2. **उद्यान उपनगर तथा उद्यान नगर (Garden sub-urban and Garden Cities):** उद्यानों तथा उद्यान क्षेत्रों का विकास नगर के लिए अत्यावश्यक है ताकि नगरों को एक साफ-सुथरा तथा स्वास्थ्यकर वातावरण प्रदान किया जा सके।
3. **नए नगर (New Towns):** इस सिद्धान्त के अन्तर्गत नए योजनाबद्ध शहरों का विकास नगर के नगर-निगम क्षेत्र के बाहर किया जाता है। इन नये नगरों शहरों में सभी नगरीय सुविधाएँ होनी चाहिए ताकि उद्योग व व्यवसाय को आकर्षित किया जा सके। भारत में नई दिल्ली, भिलाई, दुर्गापुर, चंडीगढ़, फरीदाबाद, गाँधीनगर, गुड़गाँव, राउरकेला, लवासा इत्यादि का नियोजन इस सिद्धान्त के आधार पर किया गया है ***(चित्र 14.31)***।
4. **विस्तारित अथवा पूर्णंतर शहर (Expanded Towns):** ये शहर निकटवर्ती नगरों के श्रमिकों, कारीगरों, व्यवसायियों तथा उद्योगपतियों को आकर्षित करते हैं तथा इस तरह जनसंख्या के भार को कम करने में कारगर सिद्ध होते हैं।
5. **नगरीय नवीनीकरण (Urban Renewal):** यह नगरीय नियोजन की एक महत्वपूर्ण अवधारणा है। मास्टर प्लान (10 से 20 साल तक के लिए) के द्वारा यह नियोजन में तथा पुराने नगरों में भूमि उपयोग प्रतिरूप में सुधार लाने में सहायता करता है।
6. **गन्दी बस्तियों को हटाना (Slum Clearance):** इस सिद्धान्त के अन्तर्गत दो तरह की नीतियों को अपनाया गया है ताकि नगरों में गन्दी बस्तियों की स्थिति को सुधारा जा सके। गन्दी बस्तियों को हटाया जाता है तथा इन बस्तियों में रहने वाले लोगों को नए योजनाबद्ध कॉलोनी में बिना किसी खर्च के अथवा अत्यधिक रियायती दरों पर वैकल्पिक आवास मुहैया कराया जाता है। जहाँ गन्दी बस्तियों को हटाना संभव नहीं हो वहाँ मूलभूत नागरिक सुख-सुविधाएँ, जैसे- पीने का पानी, बिजली, कचरों का निस्तारण, मल-व्यवस्था, सड़क, इत्यादि प्रदान की जाती है ताकि इन बस्तियों की स्थिति में सुधार लाया जा सके।
7. **पुनर्वास तथा पुनर्विकास (Rehabilitation and Redevelopment):** इस सिद्धान्त का उपयोग पुराने नगरों में आवास की स्थिति में सुधार लाने के लिए किया जाता है। इसमें पुरानी इमारतों की दशा में सुधार या उन्हें हटाकर नई इमारतों का निर्माण शामिल है।
8. **यातायात वियोजन (Traffic Segregatien):** इस सिद्धान्त का प्रयोग परिवहन मार्गावरोध को हटाने के लिए तथा नगरीय यातायात व्यवस्था में सुधार लाने के लिए किया जाता है। इसके तहत सड़कों को चौड़ा किया जाता है, फ्लाईओवर (Flyovers), भूमिगत पैदल पथ, पुल, मेट्रो व भूमिगत रेलवे का निर्माण किया जाता है तथा गाड़ियों के पड़ाव (पार्किंग) की सुविधा प्रदान की जाती है।

9. **नगर केन्द्र का विकास (City Centre Development):** इस सिद्धान्त के अंतर्गत केन्द्रीय व्यवसाय जिले (Central Business District – CBD) के सुधार पर बल दिया जाता है।

10. **भविष्य के नगरों का नियोजन:** यह सिद्धान्त नए शहरों तथा नगरों पर बल देता है ताकि नगर-क्षेत्र (City region) के भविष्य की जरूरतों को पूरा किया जा सके। यह उपनगरों, रेखीय नगरों, परिक्षिप्त नगरों तथा अरीय नगरों के विकास के द्वारा किया जाता है ***(चित्र 14.32)***।

राष्ट्रीय नगरीकरण नीति (The National Urbanisation Policy)

भारत सरकार के नगरीकरण नीति का मुख्य उद्देश्य वर्तमान नगरीय-ग्रामीण द्विभाजन को प्रतिस्थापित कर नगरीय-ग्रामीण सांतव्यक (Urban – rural continuum) का विकास करना है। राष्ट्रीय नगरीकरण नीति नगरीय आवास को पहली प्राथमिकता देती है, जिसमें दोनों सार्वजनिक तथा निजी क्षेत्रों को योगदान करने के लिए आमंत्रित किया जाता है। यहाँ सार्वजनिक क्षेत्र का दायित्व गंदी बस्तियों की स्थिति सुधारने तथा नगरीय समाज के कमजोर वर्ग के लिए सस्ते आवास प्रदान करने तक ही सीमित है।

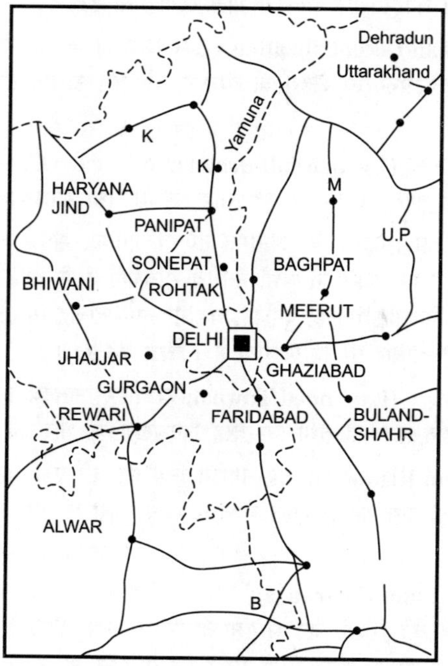

चित्र 14.32 पंजाब

हाल ही में गंदी बस्तियों के लिए राष्ट्रीय नगरीकरण नीति में एक बड़ा बदलाव किया गया है। यह नीति गंदी बस्तियों को हटाने के बजाय उनकी स्थिति में सुधार पर अधिक बल देती है। इस उद्देश्य के लिए गन्दी बस्तियों के सौन्दर्यीकरण हेतु कार्यक्रमों की शुरुआत विभिन्न नगरों में की गई है ताकि इन बस्तियों में रहने वालों के लिए मूलभूत नागरिक सुविधाएँ प्रदान की जा सकें।

नगरीय भूमि सुधार अधिनियम, 1976 के अन्तर्गत राज्य सरकारों को यह अधिकार दिया गया है कि वे नगरीय भूमि की अधिकतम सीमा का निर्धारण कर सकें। राज्य सरकारों को यह अधिकार दिया गया है कि सार्वजनिक उपयोग के लिए वे किसी भी निजी सम्पत्ति का अधिग्रहण पर्याप्त मुआवजे का उचित भुगतान करके कर सकते हैं।

नगरीकरण नीति लघु तथा मध्यम आकार के शहरों व नगरों में आधारभूत संरचना के विकास पर अधिक बल देता है। इन नीति के अन्तर्गत औद्योगिक घरानों तथा उद्यमों को छोटे, मध्यम तथा अन्तर्वर्ती शहरों में नए उद्योग लगाने हेतु प्रोत्साहन दिए जाते

हैं। इन सुविधाओं में कर रियायत, कारखाने लगाने के लिए सस्ते दर पर जमीन, आधारभूत संरचना मुफ्त या रियायती दरों पर, शामिल हैं।

नगरीकरण नीति के अनुसार सभी छोटे, मध्यम तथा अन्तर्वर्ती शहरों के लिए यह अनिवार्य है कि वे अपना 'मास्टर प्लान' तैयार करें। सभी शहरों तथा नगरों का प्रबन्धन उनके निजी राज्य सरकारों के हाथ सौंप दिया गया है। इस नीति के अन्तर्गत देश को नगरीय क्षेत्रों में विभाजित करने की एक योजना भी है, जिसके द्वारा स्थानीय तथा प्रादेशिक नगरीय समस्याओं को हल करने के लिए अवसर प्रदान किया जाएगा। नगरीकरण तथा नगर विकास पर अनुसंधान व नीति सूत्रीकरण के लिए भी इस नीति में प्रावधान है।

राष्ट्रीय नगरीकरण नीति के मुख्य उद्देश्य संक्षेप में निम्नलिखित हैं:

1. संतुलित नगरीय विकास
2. नगरीय केन्द्रों का विकास
3. शहरों की परिक्षिप्त अवस्थिति (Dispersed Location of towns)
4. गुणात्मक आधारभूत संरचना तथा नगरीय सुख-सुविधाएँ प्रदान करना
5. छोटे तथा मध्यम नगरों के विकास को प्रोत्साहित करना
6. उपनगरीय क्षेत्रों तथा ग्राम-नगर सीमान्त का विकास
7. गंदी-बस्तियों को ढाने (demolition) अथवा हटाने के बजाय उनकी स्थिति में सुधार लाना
8. भूमि हदबंदी तथा भूमि आकार पर प्रतिबंध
9. नागरिक सुख-सुविधाओं में समन्वयन
10. सस्ते तथा उपयुक्त सामूहिक आवास का प्रावधान
11. वायु, जल तथा ध्वनि प्रदूषण को नियंत्रित करने की नीति
12. सभी वर्गों के शहरों एवं नगरों के लिए 'मास्टर प्लान' तैयार करना

संदर्भ सूची (References)

- Adams, RMcC, *The Evolution of Urban Society*. Chicago: Chicago University Press, 1966.
- Ahmad, E, *Geographical Essays in India*. Patna, 1954.
- Ahmad, Q., *Indian Cities: Characteristics and Correlates*. The Department of Geography, Monograph Series, University of Chicago, 1965.
- Alam, SM, *Hyderabad-Secundrabad (Twin-Cities): A Study in Urban Geography*. Bombay: Allied Publishers, 1965.
- Alam, SM, Ali, F. (eds.), *Poverty in Metropolitan Cities*. New Delhi: Concept Pub. Co., 1987.
- Ali, SM, *The Geography of Puranas*. Bombay: People Publishing House, 1966.
- Berry, BJL, *Geographical Perspective on Urban Systems*. USA, 1970.
- Bose, A., *India's Urbanization 1901–2001*. New Delhi: Tata McGraw Hill, 1980.
- Burgess, EW, ''Growth of the City, in Robert.'' E. Parks, et al. (eds). *The City*. Chicago,.47–62, 1925.
- Carter, H, *The Study of Urban Geography*. Arnold, 1995.
- *Census of India, 1991–2001.*
- Doxiadis, CA, *Ekistics, An Introduction on the Science of Human Settlements*. New York: Oxford University Press, 1968.
- Finch, VC, Trewartha, GT. *Elements of Geography*. Tata McGraw-Hill, 1975.
- Geddes, P, *City in Evolution*. London, 1915.

- Gibson, MS, Langstaff, MJ. *An Introduction to Urban Renewal*. London: Hutchinson, 1982.
- Gosal, GS (ed). *4th Survey of Research in Geography*. New Delhi: ICSSR, 1999.
- Gottmann, J, *Megalopolis: the Urbanized Northeastern Seaboard of United States*. Cambridge, MA: The MIT Press, 1964.
- Harris, CD, Ullman, EL, ''The Nature of Cities." In *Readings in Urban Geography*. Edited by H. M. Mayer and C. F. Kohn. Chicago, 1959.
- Hoyt, H, *The Structure and Growth of Residential Neighbourhood in American City*. Washington, 1939.
- Husain, M, *Human Geography*. Jaipur: Rawat Publications, 1999.
- Husain, M, 2016, *Terms and Concepts of Geography*, New Delhi, McGraw Hill Education.
- Janki, VA, Sayed, ZA, *The Geography of Padra Town*. Baroda University, 1962.
- Jefferson, M, "The Law of Primate City." *Geographical Review*, Vol. 29 (1939): 2227–37.
- Jones, E, *Towns and Cities*. London, 1966.
- Johnston, RJ, ''Urban Geography, City Structure." In *Progress in Human Geography*, 1985.
- Krishna, G, Singh, N, "Urbanization—Emerging Scenario and the Challenges." In *Urban India in Crisis*, New Delhi: New Age International, 1966.
- Kundu, A, *Urban Development and Urban Research in India*. New Delhi: Khanna Publisher, 1992.
- Mitra, A, *Functional Classification of Towns*. Delhi: Institute of Economic Growth, 1973.
- Nangia, S, *Delhi Metropolitan Region: A Study in Settlement Geography*. New Delhi: K.B. Pub., 1976.
- Park, RE, Burgess, EW. *The City*. University of Chicago Press, 1925.
- Piggot, S, *Pre-Historic India*. Penguin Books, 1950.
- Powell, B, *Land System of British India*, Vol. I, London (1892).
- Prakasha Rao, VLS *Towns of Mysore State*. Delhi: Asia Publishing House, 1964.
- Rafiullah, SM, ''A New Approach to the Functional Classification of Towns." *The Geographer*, Vol. XII (1965).
- Ramachandran, R, *Urbanization and Urban Systems in India*. New Delhi: Oxford University Press, 1999.
- Rao, VL, Prakasa, S, *Urbanization in India: Spatial Dimension*. New Delhi: Concept Publishing Co., 1983.
- Raza, M, Agarwal, YP, Khurana, I, ''Economic Base and Commodity Flow: A Case Study of the Indian Urban System." *N.G.J. of India*, Vol. 26: 157–73.
- Raza, M, et al., ''Spatial Organisation and Land Utilisation in India" *Rural Area Development: Perspective and Approaches*. Edited by R. P. Misra and K. V. Sundram. New Delhi: Sterling, 1979.
- Singh, KN, "An Approach to the Study of the Morphology of the Indian Village." In *Rural Settlements in Monsoon Asia, NGSI*, Varanasi (1972): 204–214.
- Singh, RL (ed.), "Readings in Rural Settlement Geography." *INGJ*, Varanasi (1975).
- Sharma, TC, Coutinho, O, *Economic and Commercial Geography of India*. New Delhi: Vikas Publishing House, 1988.
- Singh, LR, *Fundamentals of Human Geography*. Allahabad: Sharda Pustak Bhawan, 2003.
- Singh, LR, *Slums of Allahabad: A Socio-Economic Profile, Economic*. Allahabad, 1984.
- Singh, OP, *A Study of Central Places in Uttar Pradesh*. Varanasi, 1969.
- Singh, RL, *Banaras: A Study in Urban Geography*. Banaras: Nand Kishore Brothers, 1955.
- Singh, RL (ed), "India: A Regional Geography." *NGSI*, Varanasi (1971).
- Smailes, AE, 1973. "Indian City Structure, Urban Geography Proceedings." In *Varanasi Symposium* (1968): 50–59.
- Spate, OHK, ''The Indian Village. ''*Geography*, Vol. 37: 151.

- Spate, OHK, Ahmad, E, ''Five Cities of the Gangetic Plain." *Geographical Review*, Vol. 40 (1950): 260–78.
- *Statistical Abstract India, 2007.*
- Tiwari, RC, "Settlement System in Rural India: A Case Study of the Lower Ganga Yamuna Doab," In *Allahabad Geographical Journal*, The Allahabad Geographical Society, Allahabad (1984).
- Taylor, G, *Urban Geography*. London: Methuen, 1949.
- Tiwari, RC, *Geography of India*. Allahabad: Prayag Pustak Bhawan, 2006.
- *United Nations Demographic Year Book, 2005.*
- Verma, LN, *Urban Geography. Jaipur: Rawat Publications, 2006.*

15

प्रादेशिक विकास एवं आयोजना (Regional Development and Planning)

भारत में आयोजना (Planning in India)

नियोजन (आयोजन), किसी भौगोलिक क्षेत्र विशेष के प्राकृतिक एवं मानव संसाधनों का ईष्टतम् (Optimum) उपयोग करके उसके सामाजिक-आर्थिक विकास की एक विधा है। दूसरे शब्दों में, नियोजन सामाजिक-आर्थिक विकास की एक प्रक्रिया है, जिसके द्वारा स्थान (प्रदेश) को वास अर्थात् रहने के योग्य बनाते हैं तथा यह भी ध्यान रखते हैं कि प्रदेश की पारिस्थितिकी और पर्यावरण भी स्वस्थ स्थितियों में संपोषित हों। भारत में आयोजन का मुख्य लक्ष्य दरिद्रता, अज्ञानता, महामारियों, बीमारियों से छुटकारा पाना तथा सबको समान अवसर देकर उनको सुखी जीवन प्रदान करना है। नियोजन का उद्देश्य सामाजिक न्याय तथा प्राकृतिक संसाधनों का विवेकपूर्ण सदुपयोग करना भी है।

भारत में एक नियोजित अर्थव्यवस्था होगी इस बात का निर्णय भारत की आजादी के काफी पहले लिया जा चुका था। वर्ष 1938 में भारतीय राष्ट्रीय कांग्रेस द्वारा पंडित नेहरू की अध्यक्षता में एक राष्ट्रीय नियोजन समिति का गठन किया गया था, जिसे देश के नियोजित विकास के लिए सलाह देने को कहा गया था। स्वतंत्रता-प्राप्ति के तुरंत बाद ही भारत द्वारा नियोजन प्रारंभ कर दिया गया (1951-52)। प्रारंभ से ही भारतीय नियोजन में लोकतंत्र एवं समाजवाद के प्रति विशेष रुझान रहा है, जिसमें सभी को समान अवसर उपलब्ध कराने तथा बेहतर जीवन स्तर के प्रति विशेष कटिबद्धता दिखती है। नियोजन प्रक्रिया से संबंधित तीन महत्वपूर्ण उद्देश्यों को हम भारतीय संविधान के राज्य के नीति-निदेशक सिद्धांतों में देख सकते हैं:

(i) नागरिकों-पुरुषों एवं महिलाओं को देश में जीविकोपार्जन का समान अधिकार प्राप्त हो;

(ii) देश के प्राकृतिक संसाधनों का स्वामित्व एवं नियंत्रण इस प्रकार वितरित हो कि उनका उपयोग सभी की खुशहाली के लिए हो, तथा;

(iii) अर्थव्यवस्था का संचालन ऐसा हो कि आर्थिक शक्ति का संकेन्द्रण न हो।

इस प्रकार भारत की नियोजन प्रक्रिया देश के आर्थिक विकास को समर्पित थी, जिसके अंतर्गत आय में वृद्धि, गरीबी उन्मूलन, रोजगार सृजन, असमानता में कमी और आधुनिकीकरण, इत्यादि उद्देश्य शामिल थे।

प्रादेशिक आयोजना का अनुभव (Experience of Regional Planning)

प्रादेशिक आयोजना भी एक प्रकार की आयोजना है, जो उस प्रदेश या क्षेत्र के कार्यात्मक, सामाजिक, आर्थिक, सांस्कृतिक एवं राजनैतिक हितों के संश्लेषण से आती है। भारत में प्रादेशिक आयोजना के अवसर काफी सीमित हैं क्योंकि राज्य स्वतंत्र राजनैतिक शैली में कार्य करते हैं तथा उनकी स्वयं की आयोजना मशीनरी है। भारत में, पिछले छह दशकों से, प्रादेशिक आयोजना के संबंध में कुछ प्रयोग किये गए हैं। प्रादेशिक आयोजना के कुछ उदाहरण, उनकी सफलता एवं उनकी असफलताओं का विवरण इस प्रकार है:

1. **दामोदर घाटी परियोजना:** दामोदर घाटी परियोजना, अमेरिका की टेनेसी घाटी परियोजना की तर्ज पर बनायी गयी है, जिसे 1948 में प्रारंभ किया गया। छोटानागपुर के पठार से निकलने वाली दामोदर नदी की लंबाई 541 किलोमीटर है। हुगली नदी में मिलने से पहले यह झारखंड एवं पश्चिम बंगाल राज्यों में बहती है। दामोदर नदी को 'बंगाल के शोक' (Sorrow of Bengal) के नाम से जाना जाता है। इस प्रादेशिक आयोजना का निर्माण बाढ़ को नियंत्रित करने, बिजली पैदा करने, मैदानी भागों में सिंचाई सुविधा उपलब्ध कराने, भूमि अपरदन को रोकने, पर्यटन स्थलों का विकास करने तथा अन्य उपलब्ध खनिजों एवं संसाधनों का प्रयोग करने के लिये किया गया था। इस प्रकार, यह भारत में सफल प्रादेशिक आयोजन का एक अच्छा उदाहरण है।
2. **पश्चिमी घाट:** पश्चिमी घाट गुजरात, महाराष्ट्र, गोवा, कर्नाटक, तमिलनाडु एवं केरल राज्यों में फैला हुआ है। वनों की कटाई रोकने, मृदा अपरदन को रोकने एवं उसका संरक्षण करने, जल विद्युत का उत्पादन करने, कृषि का विकास करने, खनिजों का दोहन करने, वन्य जीवन तथा जैव-विविधता का संरक्षण करने के लिये एक योजना तैयार की गयी। पश्चिमी घाट के प्रादेशिक विकास के लिये एक उच्च अधिकार प्राप्त समिति ने दिशा-निर्देशों के एक सेट पर कार्य किया। परन्तु विभिन्न राज्यों से संबंधित होने के कारण यह सभी राज्यों के प्रादेशिक आयोजना सहयोग के बिना संभव नहीं हो सकती थी। पहले इस क्षेत्र ने अपनी जैव-विविधता खो दी थी, लेकिन इस आयोजना के उपरांत आज यह एक जैव-विविधता समृद्ध स्थल बन गया है तथा जुलाई 2012 में यूनेस्को (UNESCO) ने इसे अपनी विश्व विरासत सूची में स्थान दिया है।
3. **बुंदेलखंड क्षेत्र:** इस क्षेत्र में उत्तर प्रदेश का दक्षिण-पूर्वी भाग (बांदा, हमीरपुर, महोबा, उरई तथा चित्रकूटधाम जिले) तथा मध्य प्रदेश का पूर्वी क्षेत्र (टीकमगढ़, छतरपुर, पन्ना, सतना, रीवा एवं सीधी जिले) शामिल हैं। यह क्षेत्र भूमिगत जल की कमी से बुरी तरह प्रभावित रहता है। कृषि उत्पादन काफी कम था, मृदा अपरदन तथा वनों की कमी से ग्रस्त था तथा औद्योगिक दृष्टि से भी यह क्षेत्र पिछड़ा था। दो राज्यों से सबंधित होने के कारण दोनों राज्यों के सहयोग से इस क्षेत्र का विकास संभव था।
4. **उत्तर-पूर्वी क्षेत्र:** इस क्षेत्र में अरुणाचल प्रदेश, असम, मणिपुर, मेघालय, मिजोरम, नगालैंड एवं त्रिपुरा मुख्य समस्यायें हैं। यह क्षेत्र जिन समस्याओं का सामना कर रहा था, उनमें मुख्य हैं-दुर्बल अधोसंरचना, बाढ़, स्थानांतरित कृषि, दुर्गम भौगोलिक स्थिति के कारण यातायात एवं संचार की समस्या, निम्न कृषि उत्पादन आदि। 1971 में, अंतर-राज्यीय विकास कार्यों में समन्वय के लिये उत्तर-पूर्वी परिषद की स्थापना की गयी। ये कार्य परिवहन, संचार, बिजली उत्पादन, बाढ़ नियंत्रण आदि से संबंधित थे।
5. **दंडकारण्य परियोजना:** इस परियोजना में छत्तीसगढ़, ओडिशा एवं झारखंड के आदिवासी क्षेत्र सम्मलित हैं। इस परियोजना का उद्देश्य विशेष जनजातीय हितों के मद्देनजर एकीकृत आयोजना से बांग्लादेश से आये अप्रवासियों को स्थायी रूप से बसाना था। इस परियोजना को दंडकारण्य विकास प्राधिकरण ने कार्यान्वित किया था। आज यह क्षेत्र उपद्रवियों एवं नक्सलियों की गतिविधियों से त्रस्त है, जो कि इस परियोजना की असफलता का कारण है।

संक्षेप में, भारत में प्रादेशिक आयोजना का अनुभव यह बताता है कि भारत में प्रादेशिक आयोजना का कार्य एक कठिन कार्य है। वास्तव में, यह कार्य तभी हो सकता है, जब एक अंतर-राज्यीय परिषद का गठन किया जाये जो मात्र परामर्शदात्री निकाय हो।

पंचवर्षीय योजनाएं (Five Year Plans)

स्वतंत्रता के तुरंत बाद, सरकार ने पूर्व सोवियत संघ की पद्धति पर पंचवर्षीय योजनाओं को लागू करने का निर्णय लिया। देश में पंचवर्षीय योजनाओं के पाँच प्रमुख उद्देश्य हैं:

(i) राष्ट्रीय आय को बढ़ाना तथा लोगों के औसत जीवन-स्तर को ऊँचा करना।
(ii) आधारभूत (Basic) और भारी उद्योगों को गति देना।
(iii) विभिन्न क्षेत्रों में रोजगार को बढ़ावा देना।
(iv) असमानता (Inequalities) को दूर करना।
(v) आत्मनिर्भरता (Self reliance) प्राप्त करना।

प्रथम पंचवर्षीय योजना (1951-56)

पहली पंचवर्षीय योजना के समय देश बहुत सारी समस्याओं का सामना कर रहा था–

(i) बढ़ते शरणार्थियों की समस्या,
(ii) खाद्य-पदार्थों की कमी के कारण, अनाज का आयात और
(iii) मुद्रास्फीति (inflation) का बढ़ना।

द्वितीय विश्व युद्ध और देश के विभाजन के कारण अर्थव्यवस्था में आए असंतुलन को दूर करना भी एक प्रमुख कार्य था। पहली पंचवर्षीय योजना के तात्कालिक उद्देश्य थे–

(i) शरणार्थियों (Refugees) की पुनः स्थापना
(ii) कृषि में तेजी से विकास जिससे खाद्य में आत्मनिर्भरता प्राप्त की जा सके।
(iii) प्रति-व्यक्ति आय में बढ़ोत्तरी योजना का मुख्य उद्देश्य था; कृषि और सिंचाई में तेजी से विकास और बहुद्देशीय परियोजनाओं के रूप में विद्युत संयंत्रों की स्थापना करना। प्रथम पंचवर्षीय योजना में आर्थिक वृद्धि दर 1.2% के लक्ष्य की जगह 3.7% रही।

दूसरी पंचवर्षीय योजना (1956-61)

द्वितीय पंचवर्षीय योजना के मुख्य उद्देश्य थे–

(i) आधारभूत (बेसिक) और भारी उद्योगों की स्थापना के साथ-साथ तीव्र औद्योगीकरण; ताकि लोहा और इस्पात और रसायनिक खादों के उत्पादन में वृद्धि की जा सके,
(ii) राष्ट्रीय आय में 2.5% वृद्धि करना
(iii) रोजगार के अधिक अवसर सृजित करना, और;
(iv) धन और आय की असमानता को कम करना।

तीसरी पंचवर्षीय योजना (1961-66)

द्वितीय पंचवर्षीय योजना के पश्चात भारतीय अर्थव्यवस्था ने "टेक ऑफ स्टेज" (take off stage) में प्रवेश किया। पहली दो पंचवर्षीय योजनाओं में तेजी से आर्थिक विकास के लिए आधारभूत संरचना में निवेश करने की आवश्यकता महसूस हुई। तीसरी पंचवर्षीय योजना की प्राथमिकताएँ कृषि और आधारिक उद्योग थे। तृतीय पंचवर्षीय योजना के प्रमुख उद्देश्य थे–

(i) आधारिक उद्योग, जैसें–लौह एवं इस्पात, रसायन, ईंधन और ऊर्जा में विस्तार करना,
(ii) राष्ट्रीय आय में 5% वृद्धि करना,

(iii) खाद्यान्न में आत्म-निर्भरता प्राप्त करना,

(iv) मानवीय संसाधनों का पूरी तरह उपयोग, जिससे रोजगार में सतत् वृद्धि हो सके, और;

(v) अधिक रोजगार सृजित करना तथा आय में असमानता दूर करना। यह योजना संतुलित प्रादेशिक विकास के प्रति केन्द्रित थी। 1962 ई. के भारत-चीन युद्ध और 1965 ई. के भारत-पाकिस्तान युद्ध के कारण तृतीय पंचवर्षीय योजना आर्थिक व सामाजिक में विकास से रक्षा विकास में परिवर्तित हो गयी।

वार्षिक योजनाएँ (Annual Plans)

पाकिस्तान के साथ 1965 ई. के युद्ध के पश्चात लगातार सूखा और मुद्रा में हुए अवमूल्यन के कारण, चौथी पंचवर्षीय योजना में देरी हुई। तीन वार्षिक योजनाएँ (1966 ई., 1967 ई. से 1968-69) 'योजना की छुट्टी' (Plan Holiday) के रूप में लागू की गयीं। ये योजनाएँ चौथी पंचवर्षीय योजना की रूपरेखा के अन्दर लागू की गयीं।

चौथी पंचवर्षीय योजना (1969-74)

चौथी पंचवर्षीय योजना में विकास और कृषि उत्पादन के उतार-चढ़ाव में कमी के साथ विदेशी सहायता की अनिश्चितता के प्रभाव को कम करने का लक्ष्य रखा गया। इस योजना के मुख्य उद्देश्य थे–

(i) स्थिरता के साथ विकास और

(ii) आत्मनिर्भरता की प्राप्ति। रोजगार एवं शिक्षा के द्वारा कमजोर वर्गों का विकास करना इस योजना का बल था। पंचवर्षीय योजना के दौरान औसत वार्षिक वृद्धि दर 5.7% के लक्ष्य की जगह 3.4% रही।

पाँचवीं पंचवर्षीय योजना (1974-78)

पाँचवीं पंचवर्षीय योजना में मुद्रास्फीति का दबाव कम करने का प्रयास किया गया था। इस योजना के दो मुख्य उद्देश्य थे–

(i) गरीबी हटाना, और;

(ii) विकास दर में वृद्धि, आय का सही वितरण और घरेलू बचत में वृद्धि। इस योजना में वृद्धि दर लक्ष्य 5.5 थी, जबकि वास्तविक प्राप्ति 5% थी।

छठी पंचवर्षीय योजना (1980-85)

भारतीय नियोजन के इतिहास में दो छठी योजनाओं का वर्णन है। वैसे आधिकारिक तौर पर छठी योजना का कार्यकाल 1980-85 ही माना गया है। जनता पार्टी सरकार द्वारा लागू की गयी छठी योजना (1978-83) को कांग्रेस की नयी सरकार द्वारा निरस्त करके एक नयी छठी योजना (1980-85) लागू की गयी। जनता पार्टी की छठी योजना का मुख्य बल रोजगार सृजन (कृषि एवं संबद्ध क्षेत्रों), घरेलू एवं छोटे उद्योग तथा न्यूनतम आवश्यकता कार्यक्रम द्वारा कमजोर वर्गों की आय वृद्धि पर था।

आधिकारिक छठी योजना का मुख्य बल कृषि एवं उद्योग से जुड़े आधारिक संरचना के मजबूतीकरण पर था। अंत:संबंधित समस्याओं के लिए अलग-अलग उपाय न करके तंत्र विधि (System approach) का उपयोग किया गया, जिसमें बेहतर प्रबंधन, क्षमता, सघन प्रबोधन तथा जन-सहभागिता पर बल दिया गया। योजना के दौरान वृद्धि दर 5.2% के लक्ष्य की जगह 5.4% रही।

सातवीं पंचवर्षीय योजना (1985-90)

इस योजना का मुख्य उद्देश्य तेज खाद्यान्न उत्पादन, रोजगार सृजन और उत्पादकता को बढ़ाना था। इस अवधि में खाद्यान उत्पादन में 3.23% की वृद्धि आयी। बेरोजगारी मिटाने के लिए अन्य कार्यक्रमों के साथ-साथ जवाहर रोजगार योजना लागू की गयी। योजनावधि में सकल घरेलू उत्पाद में 5.6% की वृद्धि आयी, जो लक्ष्य से 0.6% अधिक थी।

वार्षिक योजनाएँ

आर्थिक संकट एवं राजनैतिक अस्थिरता के कारण 1990 से 1992 तक दो वार्षिक योजनाएँ लागू की गयीं, जिनका मुख्य बल रोजगार सृजन और सामाजिक परिवर्तन था।

आठवीं पंचवर्षीय योजना

इस योजना के दौरान औसत वार्षिक वृद्धि दर 5.6% तथा औद्योगिक वृद्धि दर 7.5% रही। योजना की मूल विशेषताएँ इस प्रकार थीं–(a) तेज आर्थिक वृद्धि, (b) कृषि एवं संबद्ध क्षेत्रों तथा विनिर्माण उद्योग में तेज वृद्धि, (c) निर्यात एवं आयात में तेज वृद्धि, (d) चालू खाते घाटे में सुधार, तथा; (e) केन्द्र सरकार के राजकोषीय घाटे में भारी कमी।

इस योजना के दौरान कई प्रमुख क्षेत्रों पर बल दिया गया–

(i) तेज रोजगार सृजन द्वारा शताब्दी के अंत तक पूर्ण रोजगार की स्थिति प्राप्त करना,

(ii) जन-सहभागिता द्वारा जनसंख्या वृद्धि को नियंत्रित करना,

(iii) प्राथमिक शिक्षा का सार्वभौमीकरण और 15 से 35 वर्षों के आयु समूह से असाक्षरता मिटाना,

(iv) पेय जल एवं प्राथमिक स्वास्थ्य सुविधाओं की उपलब्धि,

(v) कृषि विकास तथा विविधिकरण एवं खाद्यान्न आत्म-निर्भरता के साथ निर्यात के लिए अतिरेक उत्पादन, और;

(vi) वृद्धि की प्रक्रिया को सतत बनाए रखने के लिए आधारिक संरचना (ऊर्जा, परिवहन, संचार, सिंचाई) को मजबूती प्रदान करना। योजना की प्राप्ति अन्यान्य कारणों से लक्ष्य से काफी नीचे रही। चालू खाते में उच्च घाटा, राज्य विद्युत बोर्डों एवं परिवहन निगमों के बढ़ते घाटे, उच्च गैर-योजनागत व्यय, निम्न लघु बचत, इत्यादि।

नौवीं पंचवर्षीय योजना (1997-2002)

नौवीं पंचवर्षीय योजना का मुख्य उद्देश्य "सामाजिक न्याय और समानता के साथ विकास" था। इसमें शामिल थे–

(i) कृषि एवं ग्रामीण विकास को प्राथमिकता,

(ii) मूल्य स्थिरता के साथ वृद्धि दर में तेजी,

(iii) सभी के लिए आहार एवं पोषण की सुरक्षा,

(iv) नियत समय के अन्तर्गत सुरक्षित पेय जल, प्राथमिक स्वास्थ्य सुविधाएँ, सार्वभौमिक प्राथमिक शिक्षा, आवास एवं परिवहन जैसी सुविधाओं की उपलब्धि,

(v) जनसंख्या वृद्धि पर नियंत्रण,

(vi) महिला सशक्तिकरण,

(vii) पंचायती राज संस्थानें, सहकारिता एवं स्वयं-सेवी समूहों (SGHs) का विकास,

(viii) आत्मनिर्भरता,

(ix) विदेश व्यापार का मजबूतीकरण, एवं;

(x) पर्यावरणीय धारणीयता।

दसवीं पंचवर्षीय योजना (2002-07)

सकल घरेलू उत्पाद को 8% करना तथा प्रति व्यक्ति आय को अगले 10 वर्षों में दोगना करना इस योजना के प्रमुख लक्ष्य थे। लोगों के जीवन में गुणवत्ता लाने के लिए इस योजना में कई लक्ष्य रखे गये-

(i) गरीबी को घटाकर 26 से 21% करना,

(ii) जनसंख्या की दशकीय (2001-11) वृद्धि दर को 16.2% करना,

(iii) लाभकारी रोजगार सृजन,
(iv) सभी को प्राथमिक शिक्षा की उपलब्धि,
(v) साक्षरता दर को 75% करना,
(vi) मातृ मृत्यु दर को 45 प्रति हजार करना,
(vii) सभी गाँवों तक पेय जल की उपलब्धि,
(viii) वनाच्छादन को 25% करना,
(ix) प्रमुख नदियों के जल को प्रदूषण रहित करना,
(x) रोजगार के 5 करोड़ नये अवसर सृजित करना, और;
(xi) प्रादेशिक असमानता में कमी। औद्योगिक क्षेत्र में 10% की वृद्धि प्राप्त करना तथा विकास की प्रक्रिया में जन-सहभागिता लाना भी इस योजना के लक्ष्य थे।

ग्यारहवीं पंचवर्षीय योजना (2007-2012)

ग्यारहवीं पंचवर्षीय योजना में तीव्र-विकास तथा विकास का लाभ सभी वर्गों, विशेषकर गरीब, दरिद्र तथा पिछड़ें वर्गों तक पहुँचाना है। इस योजना में मूलभूत सुविधाओं, रोजगार, शिक्षा, स्वास्थ्य, सिंचाई, सड़क तथा ऊर्जा पर बल दिया गया।

बारहवीं पंचवर्षीय योजना (2012-2017)

बारहवीं पंचवर्षीय योजना की रूपरेखा 21 अप्रैल, 2011 को मोण्टेक सिंह आहलुवालिया ने प्रस्तुत की थी, जिसकी अध्यक्षता तत्कालीन प्रधानमन्त्री श्री मनमोहन सिंह ने की थी। इस पंचवर्षीय योजना के मुख्य उद्देश्य थे:

1. विदेशी निवेश को बढ़ावा दिया जाए, विशेषकर मूलभूत सुविधाओं (Infrastructure) एवं विभिन्न क्षेत्रों में।
2. विदेशी निवेश को बढ़ावा देने के लिये उदारीकरण करना।
3. कृषि वृद्धि दर को 4% करना, जिसके लिये राष्ट्र में कृषि विकास योजना का विस्तार करना।
4. औद्योगिक विकास दर को 11 से 12% तक बढ़ाना।
5. शिक्षा, स्वास्थ्य, सड़क, बिजली तथा पेय-जल पर विशेष बल देना।
6. पेट्रोल के अतिरिक्त डीजल तथा मिट्टी के तेल को अनियंत्रित (Deregulate) करना।
7. खाना बनाने वाली गैस के सिलेण्डर (LPG Cylinder) पर सब्सिडी कम करना और यह सब्सिडी केवल उन लोगों तक सीमित करना जो दरिद्र रेखा से नीचे है।
8. ऊर्जा की कमी को दूर करने के लिये नाभिकीय ऊर्जा (Nuclear Energy) तथा गैर-परम्परागत ऊर्जा (Non-conventional Energy) पर बल देना और उत्पादन बढ़ाना।

नीति आयोग (Niti Ayog)

भारत सरकार द्वारा 15 मार्च, 1950 को एक प्रस्ताव द्वारा योजना आयोग स्थापित किया गया था, तब से आयोग ने भारत में एक शीर्ष योजना संस्थान के रूप में लगभग 65 के लिए कार्य किया। इस अवधि के दौरान भारत कई राजनैतिक, आर्थिक, सामाजिक, तकनीकी और साथ ही जनसांख्यिकीय परिवर्तनों से गुजरा है। इन परिवर्तनों के साथ बेहतर अनुकूलन और सामंजस्य स्थापित करने के लिए एक नई संस्था, नीति आयोग (नेशनल इंस्टीट्यूशन फॉर ट्रांसफॉर्मिंग इंडिया कमीशन) की स्थापना 1 जनवरी 2015 को योजना आयोग की जगह देश की प्रमुख नीति-निर्माण संस्था के रूप में की गई। आयोग की सभी गतिविधियों को चार मुख्य शीर्षों में विभाजित किया जा सकता है: 1. नीति और कार्यक्रम की रूपरेखा, 2. सहकारी संघवाद, 3. निगरानी और मूल्यांकन एवं 4. थिंक टैंक, और नॉलेज एंड इनोवेशन हब

आयोग की संरचना

(a) अध्यक्ष, भारत के प्रधान मंत्री।

(b) शासी परिषद, जिसमें सभी राज्यों के मुख्यमंत्री, विधानमंडलों के साथ केंद्र शासित प्रदेशों अर्थात दिल्ली और पुडुचेरी के मुख्यमंत्री, और अन्य केंद्र शासित प्रदेशों के उपराज्यपाल शामिल हैं।

(c) एक से अधिक राज्यों या क्षेत्र को प्रभावित करने वाले विशिष्ट मुद्दों और आकस्मिकताओं के समाधान के लिए क्षेत्रीय परिषद का गठन किया जाएगा। इनका गठन एक निश्चित कार्यकाल के लिए किया जाएगा। क्षेत्रीय परिषदें प्रधानमंत्री द्वारा बुलाई जाएंगी और इसमें राज्यों के मुख्यमंत्री और क्षेत्र में केंद्र शासित प्रदेशों के उपराज्यपाल शामिल होंगे। इनकी अध्यक्षता नीति आयोग के अध्यक्ष या उनके नामित व्यक्ति करेंगे।

(d) प्रधानमंत्री द्वारा नामित विशेष आमंत्रितों के रूप में प्रासंगिक क्षेत्र का ज्ञान रखने वाले निपुण व्यक्ति, विशेषज्ञ और पेशेवर।

(e) प्रधानमंत्री अध्यक्ष के अलावा पूर्णकालिक संगठनात्मक ढांचे में निम्न शामिल होंगे:

(i) **उपाध्यक्ष:** प्रधाननंत्री द्वारा नियुक्त किया।

(ii) पूर्णकालिक सदस्य

(iii) **अंशकालिक सदस्य:** प्रमुख विश्वविद्यालयों, अनुसंधान संगठनों और अन्य संबंधित संस्थानों से अधिकतम 2 पदेन क्षमता में। अंशकालिक सदस्य बारी-बारी से होंगे।

(iv) **पदेन सदस्य:** केंद्रीय मंत्रिपरिषद के अधिकतम 4 सदस्य प्रधानमंत्री द्वारा मनोनीत किए जाएंगे।

(v) **मुख्य कार्यकारी अधिकारी:** भारत सरकार के सचिव के पद पर एक निश्चित कार्यकाल के लिए प्रधानमंत्री द्वारा नियुक्त किया जाना।

(vi) सचिवालय, जैसा आवश्यक समझा जाता है।

आयोग के उद्देश्य

- राज्यों की सक्रिय भागीदारी के साथ राष्ट्रीय विकास प्राथमिकताओं, क्षेत्रों और रणनीतियों की साझा दृष्टि विकसित करना।
- यह मानते हुए कि मजबूत राज्य एक मजबूत राष्ट्र बनाते हैं राज्यों के साथ निरंतर आधार पर संरचित समर्थन पहल और तंत्र के माध्यम से सहकारी संघवाद को बढ़ावा देना।
- ग्राम स्तर पर विश्वसनीय योजनाएँ बनाने के लिए तंत्र विकसित करना और सरकार के उच्च स्तरों पर इन्हें उत्तरोत्तर एकत्रित करना।
- विशेष रूप से संदर्भित क्षेत्रों पर यह सुनिश्चित करना कि राष्ट्रीय सुरक्षा के हितों को आर्थिक रणनीति और नीति में शामिल किया गया है।
- हमारे समाज के उन वर्गों पर विशेष ध्यान देना जिन्हें आर्थिक प्रगति से पर्याप्त रूप से लाभ न मिलने का जोखिम हो सकता है।
- रणनीतिक और दीर्घकालिक नीति और कार्यक्रम के ढांचे और पहलों को डिजाइन करना और उनकी प्रगति और उनकी प्रभावकारिता की निगरानी करना। निगरानी और प्रतिक्रिया के माध्यम से सीखे गए पाठों का उपयोग आवश्यक मध्य-पाठ्यक्रम सुधारों सहित, नवीन सुधार करने के लिए किया जाएगा।
- प्रमुख हितधारकों और राष्ट्रीय और अंतर्राष्ट्रीय समान विचारधारा वाले थिंक टैंकों के साथ-साथ शैक्षिक और नीति अनुसंधान संस्थानों के बीच सलाह प्रदान करना और भागीदारी को प्रोत्साहित करना।
- राष्ट्रीय और अंतर्राष्ट्रीय विशेषज्ञों, पेशेवरों और अन्य भागीदारों के एक सहयोगी समुदाय के माध्यम से ज्ञान, नवाचार और उद्यमशीलता सहायता प्रणाली बनाना।
- विकास एजेंडा के कार्यान्वयन में तेजी लाने के लिए अंतर- क्षेत्रीय और अंतर-विभागीय मुद्दों के समाधान के लिए एक मंच प्रदान करना।

- एक अत्याधुनिक संसाधन केंद्र बनाए रखने के लिए, सतत और न्यायसंगत विकास में सुशासन और सर्वोत्तम प्रथाओं पर अनुसंधान का भंडार होने के साथ-साथ हितधारकों को उनके प्रसार में मदद करना।
- आवश्यक संसाधनों की पहचान सहित कार्यक्रमों और पहलों के कार्यान्वयन की सक्रिय निगरानी और मूल्यांकन करना ताकि सफलता की संभावना और वितरण के दायरे को मजबूत किया जा सके।
- कार्यक्रमों और नये कदमों के कार्यान्वयन के लिए प्रौद्योगिकी उन्नयन और क्षमता निर्माण पर ध्यान केंद्रित करना।
- राष्ट्रीय विकास एजेंडा और ऊपर उल्लिखित उद्देश्यों के निष्पादन को आगे बढ़ाने के लिए आवश्यक अन्य गतिविधियों को शुरू करना।

आयोग ने अपने उद्देश्यों को प्राप्त करने के लिए कई पहल की हैं, जैसे 15 साल का रोड मैप और 7 साल का विजन तैयार किया है, और इनको प्राप्त करने के लिए उचित रणनीति और कार्य योजना भी इसमें शामिल है। आयोग की कुछ विशिष्ट पहलों में अटल मिशन फॉर रिजुवेनेशन एंड अर्बन ट्रांसफॉर्मेशन (AMRUT), डिजिटल इंडिया, अटल इनोवेशन मिशन (AIM), चिकित्सा शिक्षा सुधार, कृषि सुधार, स्वास्थ्य, शिक्षा और जल प्रबंधन में राज्यों के प्रदर्शन को मापने वाले सूचकांक शामिल हैं। इनके अलावा केंद्र प्रायोजित योजनाओं के युक्तिकरण पर मुख्यमंत्रियों का उप-समूह, स्वच्छ भारत अभियान पर मुख्यमंत्रियों का उप-समूह, कौशल विकास पर मुख्यमंत्रियों का उप-समूह, कृषि और गरीबी पर कार्य बल, और भारत बदलाव व्याख्यान शृंखला आदि की शुरुआत की है। आयोग ने इनमें से कई प्रयासों में अच्छी सफलता हासिल की है।

पंचवर्षीय योजनाओं की सफलताएँ (Achievements of Five Year Plans)

लगभग 65 वर्षों की योजना में, पंचवर्षीय योजना अपने लक्ष्यों को पूरी तरह प्राप्त नहीं कर सकी। फिर भी देश के सामाजिक-आर्थिक विकास में इसकी संरचनात्मक भूमिका को नकारा नहीं जा सकता है। योजना के दौरान राष्ट्रीय आय आठ गुनी बढ़ी है, प्रति व्यक्ति आय में 3% की बढ़ोत्तरी हुई तथा सकल घरेलू उत्पाद में 8 गुनी वृद्धि हुई है। पंचवर्षीय योजनाओं की मुख्य सफलताएँ नीचे दी गई हैं:

1. पूँजीगत वस्तु क्षेत्र में सार्वजनिक क्षेत्र द्वारा प्रभावशाली औद्योगीकरण।
2. आधारीय संरचना का विकास, जैसे–ऊर्जा, सिंचाई, सड़क, परिवहन और संचार।
3. निर्यात विविधीकरण एवं आयात प्रतिस्थापन।
4. भारतीय लोगों की जीवन प्रत्याशा 1951 के 37 वर्षों से बढ़कर 2011 में 67 हुई।
5. शैक्षणिक व्यवस्था में विकास, जिससे साक्षरता दर 34% (1951) से बढ़कर 73% (2011) हुई।
6. विज्ञान और तकनीक में विकास और नाभिकीय शक्ति का शान्तिपूर्ण कार्यों के लिए उपयोग।
7. खाद्यान्न में लगभग आत्मनिर्भरता प्राप्त की गयी। प्रतिव्यक्ति अनाज उपभोग 337 ग्राम प्रतिदिन (1951) से बढ़कर 500 ग्राम (2014) हुआ।
8. स्त्रियों की शिक्षा तथा रोज़गार में तीव्र वृद्धि हुई।

योजना की असफलताएँ (Failures of Planning)

भारतीय योजनाएं दुर्भाग्यवश कुछ महत्वपूर्ण उद्देश्यों को पूरा करने में असफल रहीं:

1. भारत समानता और सामाजिक न्याय पर आधारित एक समाज के उद्भव में असफल रहा, जो शोषण की क्रूरता से मुक्त हो।
2. गरीबी उन्मूलन नहीं हो सका और आज भी लगभग 26% जनसंख्या गरीबी रेखा के नीचे है।
3. योजना पद्धति कुपोषण, भूख, बेरोजगारी, क्रूरता, असहनशीलता, बाल श्रम और अन्याय को समाप्त नहीं कर सकी।
4. योजनाएं महिलाओं को समान अधिकार नहीं दिला सकीं। लिंग भेद मिटाने की दिशा में व्यापक प्रयास की आवश्यकता है।

5. काले धन ने समानांतर अर्थव्यवस्था को जन्म दिया।
6. जमीन का फिर से वितरण और कृषि में प्रगतिशील विकास नहीं हुआ। वर्तमान में कृषि वृद्धि दर 2% के आस-पास है, जो कम-से-कम 4% होनी चाहिये।
7. भूमि सुधार विकास की गति बहुत धीमी है और जमीन पर काश्त अधिकतर सपना भर है।
8. योजना सामाजिक, आर्थिक और प्रादेशिक असमानता की खाई को कम नहीं कर सकी है।
9. जनसंख्या नियन्त्रण में सरकार असफल रही।
10. योजनाएं प्रादेशिक विकास में सन्तुलन प्राप्त करने में असफल रही हैं।

भारत में प्रादेशिक आयोजना (Regional Planning in India)

भारत में नियोजन प्रक्रिया शुरू के 50 वर्षों में मूलत: केन्द्रीकृत रही और इसमें विकेन्द्रीकरण नाम मात्र का ही हो सका। भारत में नियोजन प्रक्रिया के मूल संघटक निम्न प्रकार हैं:

(a) योजना आयोग (नीति आयोग)
(b) राष्ट्रीय विकास परिषद, और;
(c) सभी राज्यों के राज्य नियोजन बोर्ड

योजना आयोग की स्थापना 1950 में हुई, जिसका 2015 में नाम बदल कर नीति आयोग कर दिया गया। प्रधानमंत्री इसका पदेन अध्यक्ष होता है तथा इसके लिए एक पूर्णकालिक उपाध्यक्ष की भी व्यवस्था है। योजना आयोग के मुख्य कार्य निम्न प्रकार हैं:

(i) पंचवर्षीय/वार्षिक योजना निर्माण प्रतिपादन करना
(ii) राष्ट्रीय योजना की निगरानी करना
(iii) योजना आयोग (नीति आयोग) द्वारा बनायी गयी राष्ट्रीय योजनाओं को लागू करना
(iv) योजना में तय किये गये लक्ष्य के मापदंड तैयार करना
(v) योजना की समीक्षा एवं प्रबोधन
(vi) नियोजन पद्धति में लोगों की भागीदारी को प्रोत्साहित करना

दुर्भाग्यवश, भारत की पहली दो पंचवर्षीय योजनाओं में प्रादेशिक आयाम शामिल नहीं किए जा सके। प्रदेशों की तकनीकी पहचान नहीं किए जाने के कारण नियोजन प्रक्रिया में संतुलित प्रादेशिक विकास का सर्वथा अभाव रहा।

प्रादेशिक एवं स्थानिक पहलुओं को तीसरी योजना में शामिल किया गया और इस प्रकार संतुलित प्रादेशिक विकास की दिशा में आधिकारिक नियोजन की शुरुआत हुई।

दामोदर घाटी निगम और राष्ट्रीय राजधानी क्षेत्र (NCR) भारत में प्रादेशिक नियोजन के क्षेत्र में दो अति महत्वपूर्ण प्रयास माने जाते हैं। दोनों ही पंचवर्षीय योजनाओं की परिधि के बाहर के प्रयास थे क्योंकि इन्हें एक से अधिक राज्यों में लागू किया जाना था। दामोदर घाटी परियोजना की सफलता एवं देश की राजधानी से जुड़े हुए राष्ट्रीय राजधानी क्षेत्र की निम्न उपलब्धि भारत में प्रादेशिक नियोजन के प्रति आधिकारिक अनदेखी के साक्षात प्रमाण हैं।

संविधान में किए गए 73वें एवं 74वें संशोधनों ने स्थानीय स्तर के नियोजन को एक नया आयाम दिया है। राज्य सरकारों की टाल-मटोल की नीति ने स्थानीय स्तर के नियोजन को सफल होने में बाधा पहुँचाई है। पंचायत समितियाँ अब भी धन के लिए राज्य एवं केन्द्र के अनुदानों पर निर्भर हैं। इनके द्वारा आर्थिक स्वायत्तता की माँग की जा रही है। विशेषज्ञों की राय में नियोजन की प्रक्रिया तब तक अधूरी है जब तक इसमें आम जनता की सहभागिता न हो।

प्रादेशिक नियोजन की सफलता निम्न बातों पर निर्भर है:

(i) नियोजन शिक्षा की गुणवत्ता;
(ii) नियोजन के प्रति जागरुकता;

(iii) नियोजन से जुड़े संस्थानों की दक्षता, और;

(iv) प्रादेशिक नियोजन से जुड़े मूल मुद्दों की सही पहचान और समझ।

भारत में प्रादेशिक नियोजन से संबद्ध योजना निर्माण, कार्यान्वयन, समीक्षा, सहयोग एवं सहभागिता के क्षेत्रों में काफी प्रयास किए जाने की आवश्यकता है।

प्रादेशिक नियोजन (Regional Planning)

नियोजन कुछ उद्देश्यों एवं लक्ष्यों को प्राप्त करने की प्रक्रिया है। वास्तव में यह मानव चिंतन पर क्रिया करने की एक प्रक्रिया है। नियोजन मूल रूप से मानव के व्यवहार, उसकी आशाएँ, चिंतन एवं उनकी क्षमताओं से संबंधित माना जाता है।

प्रादेशिक नियोजन एक ऐसी प्रक्रिया है, जिसमें किसी प्रदेश के भौतिक, सामाजिक, आर्थिक, राजनैतिक एवं सांस्कृतिक पहलुओं, सभी पर ध्यान दिया जाता है। इनमें से किसी की भी अनदेखी करना प्रादेशिक नियोजन की आत्मा से अलग होना है। इसका स्तर व्यष्टि, मध्यम एवं समष्टि हो सकता है तथा यह समय एवं स्थान के अनुसार एक परिवर्तनशील अवधारणा है।

दूसरे शब्दों में, प्रादेशिक नियोजन किसी प्रदेश की विशेष आवश्यकताओं को ध्यान में रखकर किया जाने वाला एक विशेष प्रकार का जन-प्रयास है। अर्थात् प्रादेशिक नियोजन मूलत: किसी प्रदेश के समाज की संरचना (स्थानिक) से जुड़ा है। संक्षेप में हम कह सकते हैं कि प्रादेशिक नियोजन एक ऐसी भौगोलिक तकनीक है, जिसमें किसी प्रदेश विशेष के संसाधनों का ऐसा उपयोग सुनिश्चित किया जाता है ताकि उसके सभी समुदायों का समन्वित विकास संभव हो सके।

प्रादेशिक नियोजन के सिद्धान्त (Principles of Regional Planning)

प्रादेशिक नियोजन के सिद्धान्त निम्न प्रकार हैं:

1. घटनाओं के लंबवत् एकता का सिद्धान्त (The Principle of Vertical Unity of Phenomena)

इसके अन्तर्गत किसी प्रदेश के सभी भौतिक एवं सांस्कृतिक प्रक्रियाओं को एकीकृत करना आवश्यक है अर्थात् किसी दिक्स्थान के किसी एक घटक का नियोजन करना प्रादेशिक नियोजन की तकनीक का वास्तविक परिपालन नहीं है।

2. क्षैतिज स्थानिक एकता का सिद्धांत (The Principle of Horizontal Spatial Unity)

इस सिद्धांत के अनुसार प्रत्येक प्रादेशिक तंत्र कई उप-तंत्रों (Sub-systems) से मिलकर बना होता है। किसी भी उप-तंत्र को अलग करके नहीं देखा जा सकता तथा उनका अर्थ तभी समझ में आता है जब इन्हें एकीकृत/समग्र रूप में देखा जाए।

इसका सबसे अच्छा उदाहरण मानव शरीर में दिखता है, जहाँ एक तरफ पूरा मानव शरीर एक तंत्र की तरह कार्य करता है दूसरी तरफ इसमें कई पूर्ण उप-तंत्र भी हैं, यथा–पाचन तंत्र, श्वसन तंत्र, मूत्र तंत्र, इत्यादि। इनमें से किसी भी एक उप-तंत्र में आयी गड़बड़ी का प्रभाव दूसरे उप-तंत्रों के साथ-साथ पूरे मानव शरीर पर भी परिलक्षित होता है। इस प्रकार मानव शरीर रूपी तंत्र जो कई उप-तंत्रों से बना है, आपस में इस तरह संबद्ध हैं कि इनका एकल अध्ययन बेमानी लगता है। ठीक इसी तरह किसी प्रदेश का नियोजन इसके बगल के प्रदेशों को गौण मानकर संभव नहीं है। इसी प्रकार राष्ट्रीय नियोजन भी अंतर्राष्ट्रीय स्थानिक वास्तविकताओं की अनदेखी करके नहीं की जा सकती।

3. दिक्काल सांतत्यक का सिद्धांत (The Principle of Space-Time Continuum)

इस सिद्धांत के अनुसार स्थानिक/अकाशीय वास्तविकताएँ चतुर्आयामी हैं-तीन आयाम स्थान के और एक आयम समय/काल है-तथा स्थान और समय एक-दूसरे से विलगित नहीं किए जा सकते। प्रदेश एक जीवित गजित घटक है जो भूत, वर्तमान और भविष्य तीनों में संचालित होता है ठीक उसी तरह जैसे मानव शरीर का डी.एन.ए.। इस प्रकार एक प्रादेशिक नियोजक को इस बात के प्रति सचेत होना जरूरी है कि प्रादेशिक स्थान एक निरंतर वृद्धिकारी जैविकीय समग्र है तथा नियोजन न सिर्फ 'स्थान' बल्कि 'काल' में किया जा रहा है।

4. विस्तृत विकास का सिद्धांत (The Principle of Comprehensive Development)

इस सिद्धांत के अनुसार प्रादेशिक नियोजन के द्वारा संपूर्ण प्रादेशिक स्थान का विकास होना चाहिए, यथा–अर्थव्यवस्था के सभी क्षेत्रकों एवं समाज के सभी वर्गों का समग्र विकास।

5. सामुदायिक विकास का सिद्धांत (The Principle of Community Development)

सामुदायिक विकास के सिद्धांत के अनुसार सभी के आत्म-विकास के लिए समान अवसर उपलब्ध कराना आवश्यक है। पूरा समुदाय एक जैविक समग्र (Organic whole) है। प्रत्येक व्यक्ति को समान अवसर (शिक्षा, स्वास्थ्य, रोजगार, इत्यादि) मिलने के उपरांत ही एक समरसता से पूर्ण समुदाय का विकास होता है तथा विभिन्न समुदायों के मध्य एक सद्भावपूर्ण संबंध विकसित हो सकता है।

6. सामाजिक वांछनीयता और आर्थिक व्यवहार्यता के मध्य समतुल्यता का सिद्धांत (The Principle of Equilibirium between Social Desirability and Economic Viability)

प्रादेशिक नियोजन की प्रक्रिया में नियोजन के इस सिद्धांत का परिपालन आवश्यक हो जाता है क्योंकि सामाजिक आवश्यकताओं और आर्थिक रूप से संभव हो सकने वाले उपायों से ही व्यापक/विस्तृत विकास संभव है। प्रादेशिक योजनाओं की धारणा एवं सोच का अच्छा होना ही काफी नहीं है, जब तक कि उनकी आर्थिक व्यवहार्यता को भी सचेत होकर न सोचा जाए।

7. पारिस्थितिकी समतुल्यता का सिद्धांत (The Principle of Ecological Equilibirium)

इस सिद्धांत के अनुसार, किसी भी प्रदेश के विकास के लिए किए जा रहे नियोजन को उस प्रदेश की पारिस्थितिक वास्तविकताओं के अनुरूप होना आवश्यक है ताकि प्रादेशिक पारिस्थितिकीय संतुलन और पर्यावरण की धारणीयता (Sustainability) पर कोई प्रतिकूल प्रभाव न पड़े।

समेकित क्षेत्र विकास कार्यक्रम (Integrated Area Development)

समेकित क्षेत्र विकास (Integrated) को परिभाषित करना एक कठिन कार्य है। इसके विभिन्न अर्थ हैं, जो अलग-अलग समय पर भिन्नता दर्शाते हैं। वास्तव में यह निर्णय लेना काफी कठिन है कि समेकन 'किस प्रकार' का किया जाना चाहिए तथा इसकी प्राप्ति के लिए 'कौन से रास्ते' अपनाए जाने चाहिए। साधारणतया समेकन के प्रति चार दृष्टिकोण हो सकते हैं:

1. क्षेत्रीय-सह-कालिक समेकन (Sectoral-cum-Temporal Integration)

समेकित प्रयास के लिए किन गतिविधियों पर ध्यान दिया जाए, इनका विकास कब किया जाए तथा इनकी तीव्रता और गति कितनी हो, इत्यादि बातों को एक-दूसरे से सह-लग्नता के दृष्टिकोण से देखना आवश्यक है- यह कार्य क्षेत्रीय-सह-कालिक समेकन द्वारा सम्पन्न करना बेहतर है।

2. स्थानिक समेकन (Spatial Integration)

जिस प्रकार विभिन्न आर्थिक गतिविधियों के बीच अंत:संबंध होते हैं। उसी तरह अलग-अलग स्थानों के बीच भी सह-लग्नता पायी जाती है, जिससे अलग-अलग क्षेत्रों में कच्चे माल, जनसंख्या और वस्तुओं के प्रवाह की प्रणाली निर्णित होती है।

3. व्यक्ति और समूह के विकास का समेकन (Integration of Development of Individual and Group)

ऐसा देखा गया है कि विकास का लाभ कुछ हाथों में ही संकेन्द्रित हो जाता है तथा बहुधा लोग इससे वंचित रह जाते हैं। समेकित विकास इस बात का ध्यान रखता है कि विकास का प्रतिफल विकेन्द्रीकरण की प्रक्रिया को अपनाते हुए समाज के प्रत्येक वर्ग तक पहुँच सके तथा अंतर-वैयक्तिक और अंतर-प्रादेशिक असमानतायें परिलक्षित न हों।

4. सामाजिक-आर्थिक और पर्यावरणीय विकास के विरोधाभासी लक्ष्यों का समेकन (Integration of the Conflicting Goals of Socio-economic and Environmental Development)

भारत जैसे देश में जहाँ की 26% आबादी गरीबी रेखा के नीचे गुजर बसर करती है, इसके विकास और नियोजन का एकमात्र उद्देश्य आम जनता के लिए आहार, आवास, शिक्षा, रोजगार एवं स्वास्थ्य जैसी जीवन में गुणवत्ता लाने वाली मदों पर ध्यान देने का होना चाहिए। लेकिन इस प्रक्रिया में इस बात को ध्यान में रखना अत्यावश्यक है कि हमारे संसाधन, पारिस्थितिकी तथा पर्यावरण भी सत्ता के सिद्धांत के अनुरूप ही उपयोग में लाए जा रहे हैं। तभी हमारा विकास टिकाऊ और निरंतर हो सकता है।

नियोजन की प्रक्रिया तभी संतोषजनक मानी जा सकती है, जब समेकन के उपरोक्त चारों दृष्टिकोण ध्यान में रखे गए हों। भारतीय नियोजन अपने सामाजिक-आर्थिक लक्ष्यों की प्राप्ति में असफल हुआ है क्योंकि इसमें समेकन के सभी दृष्टिकोण शामिल नहीं रहे हैं। भारतीय नियोजन में समेकन के दो दृष्टिकोण ही दिखते हैं–(i) क्षेत्रीय-सह-कालिक समेकन, तथा; (ii) कुछ हद तक वैयक्तिक समूहों के विकास का समेकन। दुर्भाग्यवश, भारतीय नियोजन न सिर्फ तात्कालिक नीतियों से प्रेरित रहा है बल्कि पूरे नियोजन काल में पिछड़े एवं ग्रामीण क्षेत्रों के विकास की अनदेखी होती रही है। यही कारण है कि भारत में समेकित नियोजन की आम आवश्यकता दिखती है। छठी पंचवर्षीय योजना में समेकित ग्रामीण विकास पर काफी बल दिया गया।

समेकित ग्रामीण विकास कार्यक्रम (Integrated Rural Development Programme (IRDP))

सामुदायिक क्षेत्र विकास कार्यक्रम (CADP), सूखाग्रस्त क्षेत्र कार्यक्रम (DPAP), लघु किसान विकास अधिकरण (SFDA) तथा सीमांत कृषक एवं कृषि मजदूर अधिकरण (MFALA) को आपस में मिलाकर समेकित ग्रामीण विकास कार्यक्रम (IRDP) जनता पार्टी के कार्यकाल में 1978-79 में प्रारंभ किया गया था।

ग्रामीण क्षेत्रों का समेकित विकास भारत सरकार का एक महत्वपूर्ण लक्ष्य है और राष्ट्रीय न्यूनतम साझा कार्यक्रम (NCMP) इसके प्रति पूर्णत: कटिबद्ध है।

समेकित ग्रामीण विकास कार्यक्रम अपने पहले चरण में देश के 5004 में से 2000 विकास प्रखंडों में लागू किया गया। केन्द्र और राज्यों द्वारा समान रूप से वित्त पोषित (50:50) इस कार्यक्रम द्वारा अब तक लगभग 3000 विकास प्रखंडों (Development Blocks) के 5.45 लाख परिवारों को मदद पहुँचायी जा चुकी है। इस कार्यक्रम के मुख्य लक्ष्य निम्न प्रकार हैं:

(i) आने वाले 10 वर्षों के अंदर ग्रामीण क्षेत्र के सभी योग्य व्यक्तियों को लाभकारी रोजगार उपलब्ध कराना ताकि सभी क्षेत्रों की क्षमता और मानव कुशलता का उपयोग किया जा सके।

(ii) स्व-रोजगार के अवसर प्रदान करना।

(iii) गरीबी रेखा के नीचे जीवन-यापन करने वाले को सहायता देना जिसमें श्रमिक, शिल्पकार, अनुसूचित जाति, अनुसूचित जनजाति, बटाईदार, छोटे और सीमांत किसान शामिल हैं।

(iv) मुर्गीपालन का विकास, मत्स्यपालन और सामाजिक वानिकी को प्रोत्साहन।

(v) लक्षित समूह के आय में बढ़ोत्तरी के लिए कुटीर उद्योगों को बढ़ावा देना और ग्रामीण जनसंख्या के कमजोर वर्गों के लोगों के जीवन-स्तर में सुधार।

छठी पंचवर्षीय योजना के दौरान इस कार्यक्रम के लिए प्रस्तावित मुख्य तत्व इस प्रकार थे:

1. प्रत्येक जिले, प्रखंडों के कृषि एवं संलग्न क्षेत्रों के विकास के लिए 'विकास रूप-रेखा' तैयार करना और इसके परिप्रेक्ष्य में ही सभी योजनाओं का कार्यान्वयन।
2. छोटे एवं सीमांत किसानों के विकास के लिए विस्तार एजेंसियों द्वारा विशेष कार्यक्रम का निर्माण करना।
3. निर्धनतम या गरीबी रेखा से नीचे जीवन यापन करने वाले लोगों के परिवारों को गरीबी रेखा से ऊपर लाने के लिए विशेष कार्यक्रम।
4. द्वितीयक एवं तृतीयक क्षेत्रकों (Sectors) की वास्तविक क्षमताओं के विकास के लिए विशेष कार्यक्रम।
5. आई. आर. डी. पी. एक गरीबी उन्मूलन कार्यक्रम है, जिसके अंतर्गत गरीब लोगों को उत्पादनकारी परिसंपत्ति उपलब्ध कराकर उन्हें लाभकारी रोजगार दिलाने का उद्देश्य है।

समेकित ग्रामीण विकास कार्यक्रम, जिला ग्रामीण विकास एजेन्सी (DRDA) और ब्लॉक-स्तरीय एजेन्सी द्वारा जमीनी-स्तर पर लागू किया गया। जिला ग्रामीण विकास एजेन्सी का संचालन सांसदों, विधानसभा सदस्यों, जिला परिषद के अध्यक्ष, जिला विकास विभागों के प्रमुखों, अनुसूचित जाति, एवं अनुसूचित जनजाति के प्रतिनिधियों एवं महिला की एक समिति द्वारा किया जाता है।

समेकित ग्रामीण विकास कार्यक्रम (IRDP) के अंतर्गत आने वाले कुछ महत्वपूर्ण कार्यक्रम हैं–राष्ट्रीय ग्रामीण विकास कार्यक्रम (NRDP), न्यूनतम आवश्यकता कार्यक्रम (MNP), ग्रामीण युवा स्वरोजगार प्रशिक्षण (TRYSEM), ग्रामीण क्षेत्र महिला एवं बाल विकास (DWCRA), इंदिरा आवास योजना (IAY), इत्यादि।

भारत सरकार द्वारा वर्ष 1999 में गरीबी उन्मूलन का एक पुनर्संरचित कार्यक्रम-स्वर्ण जयंती ग्राम स्वरोजगार योजना (SGSY)-लागू की गयी। IRDP इस नई योजना में समाहित हो चुकी है। इस योजना का कार्यान्वयन पंचायत समितियाँ करती हैं। इस योजना के मुख्य उद्देश्य निम्न प्रकार हैं:

(i) स्वरोजगार से जुड़ा एक पूर्ण कार्यक्रम, जिसमें गरीबों के स्वयंसेवी समूहों को ऋण, तकनीक, प्रशिक्षण, आधारिक संरचना एवं विपणन जैसी सुविधाएँ उपलब्ध करायी जाती हैं।

(ii) तीन वर्षों के अंदर लाभान्वित परिवार को गरीबी रेखा से ऊपर लाना।

(iii) लाभान्वित परिवार की आय प्रतिमाह 2000 से अधिक होनी चाहिए।

अब तक 6 लाख लोगों से अधिक (स्वरोजगारियों) की मदद की जा चुकी है, जिसमें 30% अनुसूचित जातियों एवं अनुसूचित जनजातियों की, 33% महिलाओं की और 1% विकलांगों की हिस्सेदारी रही है।

पिछड़े क्षेत्रों का विकास (Development of Backward Areas)

पिछड़े क्षेत्रों की पहचान करना एक कठिन कार्य है। साधारणतया जिस क्षेत्र की प्रति व्यक्ति आय और उपभोग कम होता है, पिछड़े क्षेत्र के रूप में जाना जाता है। चौथी पंचवर्षीय योजना (1966-71) के समय योजना आयोग द्वारा पिछड़े क्षेत्रों की पहचान के लिए एक अध्ययन समूह गठित किया गया। इस समूह ने निम्नलिखित आधारों पर पिछड़े क्षेत्रों की पहचान की:

1. कुल जनसंख्या और जनसंख्या घनत्व
2. कुल कामगारों में, कृषि क्षेत्र में कार्यरत मजदूर (Workers)
3. प्रति कृषक कुल क्षेत्रफल
4. प्रति कृषक शुद्ध कृषित क्षेत्र
5. कुल सिंचित भूमि में, शुद्ध सिंचित भूमि का प्रतिशत
6. शुद्ध कृषित भूमि में एक बार से अधिक कृषित भूमि का प्रतिशत
7. प्रति व्यक्ति (ग्रामीण जनसंख्या) कृषिगत उत्पाद
8. विद्युत उपयोग:
   (i) कुल, (ii) घरेलू, (iii) गैर-घरेलू
9. पंजीकृत फैक्ट्रियों में प्रति लाख (जनसंख्या) में कामगारों की संख्या
10. सड़क नेटवर्क:
    (i) प्रति 100 वर्ग कि.मी., (ii) प्रति लाख जनसंख्या
11. जिले में पंजीकृत वाणिज्यिक गाड़ियों की संख्या
12. साक्षर जनसंख्या का प्रतिशत
13. विद्यालय जाने वाले बच्चों का प्रतिशत:
    (i) लड़के, (ii) लड़कियाँ
14. तकनीकी प्रशिक्षण में प्रति दस लाख जनसंख्या पर सीटों की संख्या:
    (i) दस्तकार (ii) डिप्लोमा (Diploma) स्तर
15. प्रति लाख जनसंख्या अस्पताल में बिस्तरों की संख्या
16. प्रति-व्यक्ति आय

इन आधारों पर भारत में कुल 238 पिछड़े जिलों की पहचान की गयी। आने वाली कई सरकारों द्वारा इन जिलों के कृषि, उद्योग, परिवहन एवं सामाजिक सुविधाओं के विकास के लिए राजकोषीय सहायता से लेकर कई प्रकार की छूट दी जाती रही है। इनको दी गई राजकोषीय सहायता में छूट में शामिल कुछ प्रमुख तत्व निम्न प्रकार हैं:

1. लघु सिंचाई परियोजना, कुटीर एवं लघु उद्योगों, सड़क एवं विद्युत विकास के लिए अनुदान
2. इन जिलों में स्थापित उद्योगों के उच्च विकास के लिए छूट एवं अनुदान
3. उद्योगों को पाँच वर्षों के लिए आयकर एवं संगठन कर की छूट
4. इन जिलों में स्थापित उद्योगों के प्लांट, मशीन, इत्यादि के आयात पर सीमा शुल्क की छूट
5. पाँच वर्षों के लिए उत्पाद कर में छूट
6. कच्चे एवं तैयार मालों पर पाँच वर्षों के लिए बिक्री कर में छूट
7. परिवहन छूट
8. लघु उद्योगों को प्रोत्साहित करने के लिए ओखला (दिल्ली); नैनी (इलाहाबाद); राजकोट (गुजरात); ग्वीन्डी (Guindy) और विरुद्ध नगर (तमिलनाडु); कानपुर और आगरा (उत्तर प्रदेश); पालक्कड़, तिरुवनंतपुरम, कोट्टायम, क्वीलोन और त्रिचूर (केरल) जैसे औद्योगिक एस्टेटों की स्थापना की गई।

कमांड क्षेत्र विकास (Command Area Development)

कमान क्षेत्र विकास (CAD) कार्यक्रम वर्ष 1974-75 में प्रारंभ किया गया। सृजित सिंचाई क्षमता और उसके वास्तविक उपयोग के अंतर को कम करना इसका मूल उद्देश्य था। क्षेत्र विकास प्राधिकरण द्वारा कार्यान्वित यह कार्यक्रम बड़ी एवं मंझोली सिंचाई परियोजनाओं पर लागू है। इस कार्यक्रम की पुनर्संरचना की गयी है (1 अप्रैल, 2004) तथा इसका नया नाम कमान क्षेत्र विकास एवं जल प्रबंधन कार्यक्रम (CADWM) है।

इस कार्यक्रम को पहली बार 60 बड़ी तथा छोटी परियोजनाओं के रूप में आरम्भ किया गया था, जिनमें इन्दिरा गाँधी नहर कमान क्षेत्र भी सम्मिलित था। बाद में इसका विस्तार 13 राज्यों के 110 जिलों तक किया गया, जिसके अंतर्गत 150 लाख हेक्टेयर कृषि भूमि शामिल है। इसके अंतर्गत आज 310 सिंचाई परियोजनाएँ शामिल हैं, जिनका कुल सिंचित कमान क्षेत्र लगभग 28.45 मिलियन हेक्टेयर है।

कमान क्षेत्र विकास एवं जल प्रबंधन कार्यक्रम के मुख्य उद्देश्य निम्न हैं:

1. बड़े और प्रभावी किसानों की वजह से कुछ छोटे और सीमांत किसानों को जल की समय पर आपूर्ति नहीं हो पाती थी। इस समस्या के समाधान के लिए **वाराबंदी** (warabandi) नामक सिंचाई जल वितरण की चक्रीय प्रणाली को लागू किया गया है, जो पंचायत समितियों की सहायता से संपन्न होती है।
2. जल की चोरी रोकने और सिंचाई जल के प्रभावी उपयोग के लिए खेतों में छोटी नालिकाओं (Field channels) की व्यवस्था करना। इस प्रकार के नालिका विकास के लिए केन्द्र सरकार द्वारा 50% तक की सहायता प्रदान की जाती है।
3. सिंचाई जल के समरूप वितरण के लिए भूमि का सही ढंग से समतलीकरण करना इसका एक प्रमुख उद्देश्य है।
4. उपयुक्त फसल पद्धति, मृदा उर्वरता को बनाये रखने एवं कृषि की नयी तकनीकों को उपयोग में लाने संबंधी किसानों को प्रशिक्षण उपलब्ध कराना।
5. किसानों को ऋण, बीज, उर्वरक, कीटनाशक आदि सही समय पर और उपयुक्त मात्रा में प्राप्त हो सके, इसके लिए एक योजना बनाना।
6. चक-मार्गों (Chak-Road) का निर्माण करना।
7. पशुपालन, वानिकी, मुर्गीपालन, वितरण और विपणन संबंधी बातों पर बल देना।
8. कृषि विविधीकरण।
9. सहभागिता-आधारित सिंचाई प्रबंधन का विकास।
10. तिलहन, दलहन एवं हरित-उर्वरक वाली फसलों पर बल।
11. जल-जमाव वाले क्षेत्रों को उपयोगी बनाना।

12. किसानों को स्वीकार्य प्रदर्शन और प्रशिक्षण, इत्यादि।
13. जल ग्राहकों की मरम्मत, नवीकरण तथा पुनः स्थापना।

इंदिरा गाँधी नहर कमान क्षेत्र विकास कार्यक्रम

इंदिरा गांधी नहर कमान क्षेत्र विकास कार्यक्रम को 1974 में लागू किया गया। इस कार्यक्रम के मुख्य उद्देश्य निम्न प्रकार थे:

1. नहर जल की चोरी को कम करना

सिंचाई जल की चोरी न सिर्फ संसाधन के इच्छित और निर्दिष्ट क्षेत्र में उपयोग में बाधा पैदा करती है बल्कि इससे जल-जमाव की समस्या भी उत्पन्न होती है।

2. सामाजिक सुविधाओं एवं अध:संरचनाओं की उपलब्धि

कार्यक्रम के अंतर्गत आने वाले क्षेत्रों में किसानों के लिए आम जन-सुविधाओं तथा सड़क, भंडारण और विपणन से जुड़ी आधारभूत संरचनाओं का विकास अत्यावश्यक था।

3. पवन अपरदन नियंत्रण

पवन द्वारा किए जाने वाले अपरदन से नहरों में अवसाद (silt) के जमाव की समस्या न उत्पन्न हो इसके लिए इस प्रकार के अपरदन पर नियंत्रण करना भी इस कार्यक्रम का एक उद्देश्य बना।

4. नहरों का अस्तर (Lining of Canals)

यह नहर मरुस्थलीय और बलुई क्षेत्र से गुजरती है। यहाँ जल के रिसाव और जमाव की समस्या थी। इस समस्या के समाधान के लिए नहरों के अंदर लेप की उत्तम व्यवस्था यथा अस्तर (Lining) की उचित व्यवस्था करना आवश्यक था।

5. भू-अर्जन

भूमि का समतलीकरण एवं निम्नीकृत जलमग्न भूमि को अर्जित करना इसका एक अभिन्न अंग था।

6. वनारोपण और चारागाह विकास

नहर और इसकी वितरणकारी छोटी नहरों पर वृक्षारोपण तथा चारागाह का विकास न केवल रेत के टालों (Sand dunes) को स्थायित्व प्रदान करते हैं बल्कि इससे वानिकी और पर्यावरण को भी एक नया बल मिलता है।

इस कार्यक्रम ने न केवल उक्त क्षेत्र के कृषि उत्पादन में उच्च वृद्धि की बल्कि वहाँ की फसल पद्धति और फसल चक्रण में भी परिवर्तन का बीजारोपण किया। नहर जल की उपलिब्ध होने से किसानों द्वारा अब गेहूँ, जौ, मूँगफली, सरसों, कपास, फलों और सब्जियों की खेती प्रारंभ की गयी है (बाजरा, मूंग, मोठ, ग्वार और ज्वार की जगह)।

इंदिरा गाँधी नहर कमान क्षेत्र विकास कार्यक्रम द्वारा उक्त प्रदेश के किसानों को समृद्धि प्रदान की गयी तथा उन्हें एक नयी फसल चक्र भी प्राप्त हुई लेकिन इसने यहाँ कई प्रकार की पर्यावरणीय एवं पारिस्थितिकीय समस्याओं को भी जन्म दिया। जल-जमाव, भूमिगत जल के स्तर का ऊपर चढ़ना आदि यहाँ की आम समस्याएँ हैं। मलेरिया की रोकथाम यहाँ के लिए एक अत्यावश्यक कार्य बन गया है।

जल विभाजक प्रबंधन (Watershed Management)

जल विभाजक (Watershed) एक जलीय इकाई है, जिसमें अतिरिक्त जल एक सामान्य निकास से बहकर निकल जाता है। इसकी कोई भौगोलिक सीमा नहीं होती। इसमें भूमिधारक (सीमांत, लघु, मध्यम एवं बड़े) एवं भूमिहीन दोनों प्रकार के लोग शामिल होते हैं। इनकी आर्थिक स्थिति भिन्न होती है तथा अन्य विभिन्नताएँ भी पायी जाती हैं।

जल एक अति महत्वपूर्ण प्राकृतिक संसाधन है। यह न केवल मानव की मूल आवश्यकता है बल्कि इसका वाणिज्यिक महत्व इसे एक बहुमूल्य राष्ट्रीय परिसम्पत्ति बनाता है। यही कारण है कि इसका न्यायोचित, दक्ष एवं ईष्टतम दोहन एक अति महत्वपूर्ण मुद्दा है।

देश के जल संसाधन के उचित विकास एवं नियमन के लिए केन्द्रीय जल संसाधन मंत्रालय जिम्मेदार है। मंत्रालय द्वारा इस कार्य के लिए क्षेत्रीय नियोजन, समन्वय, नीति निर्देश, तकनीकी परीक्षण और परियोजनाओं की तकनीकी-आर्थिक समीक्षा इत्यादि महत्वपूर्ण कार्य संपादित किए जाते हैं।

जलागम (Watershed)

प्रबंधन अपवाह तंत्र क्षेत्र के नैसर्गिक दायरे में तकनीकों का एक संघटन है, जिसका अधिकतम उपयोग भूमि, जल और पेड़-पौधे जैसे संसाधनों के विकास में किया जाता है, जिनसे कि लोगों और मवेशियों की बुनियादी आवश्यकताओं की दीर्घकाल तक पूर्ति की जा सके।

जलागम प्रबंधन के लक्ष्य निम्नलिखित हैं:

- मृदा, वर्षा का जल और अतिरिक्त जल का प्रभावी तरीके से उपयोग करते हुए पुनर्नवीकृत भू-जल के अतिरिक्त जल-संसाधन का निर्माण करना।
- टिकाऊ खेती और मृदा के हिसाब से उपयुक्त फसलों की खेती के जरिये फसलों की पैदावार को स्थिर करना और फसलों के प्रबंधन को बढ़ावा देना।
- वनीकरण, बागवानी के जरिये गैर-कृषि भूमि को आच्छादित करना और भूमि की क्षमता के आधार पर चारागाह का विकास करना।
- वैकल्पिक उद्यमिता के जरिये व्यक्ति की आय में वृद्धि करना।
- पारिस्थितिकी संतुलन पुनःस्थापित करना।

जलागम के सिद्धांत निम्नलिखित हैं:

- भू-उपयोग के निर्दिष्ट वर्गीकरण के आधार पर उसकी क्षमता मुताबिक भूमि का भरपूर इस्तेमाल करना।
- जहां तक संभव हो सके अधिक-से-अधिक वर्षा-जल को उसके गिरने के स्थान पर ही संरक्षित करना।
- अतिरिक्त जल का एक सुरक्षित वेग से अपवाह करना और भविष्य में उसके उपयोग के लिए उसके भंडारण वाले ढांचे (खेतों में बने तालाब, टैंक) में सुरक्षित करना।
- गड्ढा बनने से रोकना और मृदा-कटाव पर नियंत्रण, वर्षा जल को जमा करने और भू-जल को पुनः भरने के लिए उपयुक्त जगहों पर रोधक-बांध बनना।
- जलागम प्रबंधन वाले क्षेत्र में उपयुक्त फसलों की खेती की पद्धति की पहचान करना।
- प्रति इकाई क्षेत्र, प्रति इकाई समय और प्रति इकाई जल से अधिकतम उत्पादन करना।
- अंतर-फसल और क्रमिक फसलों के जरिये फसलों की सघनता और भूमि के समान अनुपात तक बढ़ाना।
- वैकल्पिक भूमि उपयोग पद्धति, जैसे कि कृषि-वनीकरण, के जरिये सीमांत और बंजर भूमि का सुरक्षित उपयोग करना।
- मानव-पशु संयंत्र-भूमि-जल कॉम्पलैक्स को जलागम प्रबंधन के लाभ पहुंचाने के लिए पारिस्थितिकी-तंत्र की दीर्घकालिकता को सुनिश्चित करना।
- आय का स्थिरीकरण और प्रतिकूल मौसम के दौरान जोखिम को कम-से-कम करना।
- भंडारण, परिवहन और विपणन (marketing) के संदर्भ में आधारभूत संरचना में सुधार करना।

जल-प्रबंधन की समग्र योजना दूरसंवेदी तकनीकी के जरिये उपलब्ध मानचित्रों के साथ प्रारम्भ होती है। प्राकृतिक संसाधनों, भूमि, जल, वनस्पतियां और उनके बीच अंतर्सम्बन्धों के लक्षण-निर्धारण के लिए दूर संवेदन एक संयुक्त छवि प्रस्तुत करता है। प्राकृतिक संसाधनों के मानचित्रीकरण के अलावा, उपग्रह से प्राप्त चित्र बड़ी फसलों से आच्छादित क्षेत्र, फसलों की उपज, तथा

कीड़े, रोगाणु और सुखाड़ की स्थितियों से प्रभावित होने वाले क्षेत्रों का एक आंकलन पेश करते हैं। रोधक-बांधों, खेतों में बने तालाबों जैसी आधारभूत संरचना की अवस्थिति भी उपग्रह के जरिये चित्रित की जा सकती है। जल-वितरण पद्धति और भौतिक संसाधनों के हालात का आंकलन भी उपग्रह के चित्रों से प्राप्त किया जा सकता है। तब उनके आधार पर विभिन्न गतिविधियों को सुचारू रूप से चलाने के लिए एक समग्र योजना बनायी जा सकती है। तब यांत्रिक (मैकेनिकल), कृषि-विज्ञान सम्बन्धी, कृषि-पारिस्थितिकी और मृदा के वनीकरण उपायों और वर्षा-जल के संरक्षण की योजनाएं बनाईं और क्रियान्वित की जा सकती हैं।

गुरुग्राम में 27 जुलाई, 2016 को दो घंटे तक हुई लगातार बरसात से भारी जल-जमाव हो गया था। इस त्रासदी की प्रमुख वजह नगरीकरण की खराब योजना थी। गुरुग्राम के शहरीकरण की योजना में जल-विभाजन की योजना को नजरअंदाज कर दिया गया था। फिरोजपुर, झिरका-दिल्ली की पहाड़ियां इस वॉटरशेड की पश्चिमी चहारदीवारी है और दिल्ली की पहाड़ियां पूर्वी चहारदीवारी हैं। इस नगर की प्राकृतिक अपवाह प्रणाली बड़े अपदाब (डिप्रेशन) और जल-स्रोतों से समझौता कर बनाई गई है, जिसके चलते उसका प्रवाह यमुना में न हो कर शहर के भीतरी हिस्से में होता है। दिल्ली-जयपुर मार्ग संख्या-आठ के ठीक बीचों-बीच कई जल-विभाजक पड़ते हैं और वे दक्षिण से उत्तर तक की प्राकृतिक अपवाह-पद्धति को अवरुद्ध कर देते हैं। इस तरह राष्ट्रीय राजमार्ग संख्या-8 की अवैज्ञानिक योजना गुरुग्राम की त्रासदी के लिए बड़े स्तर पर जिम्मेदार है। इस प्रकार किसी नगर की योजना में जल विभाजक (वॉटरशेड) के दृष्टिकोण को निरूपित करना महत्वपूर्ण है।

जल संसाधन क्षमता

देश की औसत जल उपलब्धता के 1869 बिलियन घन मीटर (BCM) होने का अनुमान है। इसमें से उपयोग के लायक जल की मात्रा 1123 BCM है (690 BCM भूजल तथा 433 BCM भूमिगत जल)। राष्ट्रीय प्रति व्यक्ति जल उपलब्धता 1951 के 5177 घन मीटर से घटकर 2011 में 1200 घन मीटर रह गयी। इसके अतिरिक्त देश की जल उपलब्धि जल द्रोणियों, अपवाह क्षेत्रों एवं जल विभाजकों के अनुसार काफी असमानता भी प्रदर्शित करती है।

केन्द्रीय कृषि मंत्रालय के **अखिल भारतीय मृदा एवं भू-उपयोग सर्वेक्षण संगठन** द्वारा देश के जल विभाजकों का एक वर्गीकरण प्रस्तुत किया गया है। इसके अनुसार देश में कई आकार के जल विभाजक हैं:

(i) द्रोणियां बेसिन (Basins)

(ii) अपवाह (Catchments)

(iii) उप-अपवाह (Sub-catchment)

(iv) जल विभाजक (Watersheds)

भारत में 35 नदी द्रोणियां, 112 अपवाह, 500 उप-अपवाह एवं 3200 जल विभाजक हैं। नियोजन एवं विकास के दृष्टिकोण से देश के 3200 जल विभाजकों को उनके क्षेत्रफल के आधार पर वर्गीकृत किया गया है:

1. मिलि-जल विभाजक (Milli-watershed) (1000 से 10,000 हेक्टेयर)
2. व्यष्टि-जल विभाजक (Micro-watershed) (100 से 1000 हेक्टेयर)
3. मिनि-जल विभाजक (Mini-watershed) (1 से 100 हेक्टेयर)

जल-विभाजक प्रबंध वास्तव में जल संसाधनों को उपयोग करने का एक विस्तृत कार्यक्रम है, जो विकास एवं धारणीयता (Sustainability) के विभिन्न क्षेत्रों और पहलुओं से संबद्ध है, जल संसाधनों का संरक्षण करने एवं उन्हें बढ़ाने, बाढ़ को रोकने, तालाबों को सुरक्षित करने तथा वर्षा के जल का संचयन करना, ताकि सूखे की स्थिति से निपटा जा सके तथा स्थानीय लोगों की सामाजिक-आर्थिक दशा को सुधारने के लिये कुटीर एवं लघु उद्योगों के लिये संशोधनों का दोहन, यथा-कृषि उत्पादन एवं उत्पादकता में वृद्धि; उद्योग एवं संबद्ध गतिविधियों का प्रोत्साहन; सामाजिक वानिकी द्वारा अतिरेक आय की उपलब्धि; मृदा अपरदन पर नियंत्रण; कुटीर उद्योग का विकास; अतिरेक रोजगार सृजन; उपलब्ध स्थान की खुशहाली तथा पारिस्थितिकी संपोषण, इत्यादि।

राष्ट्रीय जल नीति-2002 (National Water Policy)

राष्ट्रीय जल नीति, 2002 का मुख्य बल एकीकृत जल संसाधन विकास पर है ताकि:

1. उपलब्ध सतही (Surface) तथा भौम जल का अनुकूलतम तथा धारणीय उपयोग हो सके।
2. एक विकसित सूचना तंत्र (Information system) की स्थापना की जा सके।
3. जल संरक्षण तथा माँग प्रबन्धन किया जा सके।
4. मात्रात्मक, गुणात्मक व पर्यावरण सम्बन्धी पक्ष को ध्यान में रखा जा सके।
5. परियोजना नियोजन के लाभार्थी को शामिल करने के लिए तथा जल संसाधन प्रबन्धन में सहभागिता सुनिश्चित की जा सके।
6. पर्याप्त प्रशिक्षण एवं अनुसंधान पर ध्यान दिया जा सके।
7. परियोजना से प्रभावित लोगों के पुनर्वास पर ध्यान दिया जा सके।
8. जल संसाधन परियोजनाओं के विकास एवं प्रबन्धन में निजी क्षेत्र की भागीदारी को प्रोत्साहित किया जा सके।

क्षेत्र विकास कार्यक्रम (Area Development Programme)

पाँचवीं पंचवर्षीय योजना में क्षेत्रीय आधार पर उप-योजनाओं के निर्माण पर बल दिया गया। इन उप-योजनाओं को विशेष क्षेत्रों के लिए राज्य की योजनाओं से जोड़कर बनाया गया तथा इन्हें केन्द्र से सहायता उपलब्ध कराई गयी। क्षेत्र विशेष की विशेष समस्याओं के निदान के लिए बनाई गयी ऐसी प्रमुख योजनाएँ निम्न हैं:

(i) पहाड़ी क्षेत्र विकास कार्यक्रम।

(ii) मरुस्थल एवं सूखा-प्रवण (Drought Prone) क्षेत्र विकास कार्यक्रम।

(iii) जनजातीय क्षेत्र विकास कार्यक्रम।

इन कार्यक्रमों की संक्षिप्त चर्चा निम्न प्रकार है:

पहाड़ी क्षेत्र विकास कार्यक्रम (Hill Area Development Programme)

देश के कुल क्षेत्रफल का लगभग 18% पहाड़ी और पर्वतीय है, जहाँ लगभग 7 करोड़ लोग रहते हैं। इन क्षेत्रों का देश के दूसरे हिस्सों से साधारणतया निम्न स्तरीय परिवहन संबंध है। ढलानों पर न सिर्फ मृदा की परत पतली है बल्कि ये कम उपजाऊ भी हैं और यहाँ उच्च स्तरीय मृदा अपरदन की भी समस्या है।

क्षेत्र विकास के दृष्टिकोण से पहाड़ी क्षेत्रों को दो भागों में विभाजित किया गया है:

(i) **पहाड़ी क्षेत्र, जो राज्यों और संघीय क्षेत्रों की सीमा के साथ हैं:** इसके अंतर्गत पूर्वोत्तर क्षेत्र, सिक्किम, जम्मू एवं कश्मीर, हिमाचल प्रदेश तथा उत्तराखंड आते हैं। इन्हें 'विशेष श्रेणी' में रखा गया है तथा इनका बहुधा व्यय केन्द्रीय सहायता से पूरा होता है।

(ii) **पहाड़ी क्षेत्र जो राज्य के हिस्से हैं:** इनकी विकास योजनाएँ संबंधित राज्य सरकारों द्वारा बनायी, कार्यान्वित एवं वित्तपोषित होती हैं। अरावली में स्थित राजस्थान के जिले, छत्तीसगढ़ के पहाड़ी जिले, झारखंड, मध्य प्रदेश, आंध्र प्रदेश, तेलंगाना, कर्नाटक, तमिलनाडु, केरल इत्यादि इस श्रेणी में आते हैं।

पहाड़ी क्षेत्र विकास योजनाओं का मूल उद्देश्य संबंधित क्षेत्र के भौतिक एवं मानव संसाधनों के न्यायोचित उपयोग से वहाँ के लोगों के जीवन स्तर को बेहतर बनाना है। इन योजनाओं में जन-सहभागिता पर विशेष बल है।

पूर्वोत्तर प्रदेश के पहाड़ी राज्यों के समन्वित विकास के लिए केन्द्र सरकार द्वारा 1971 में संसदीय अधिनियम द्वारा एक 'पूर्वोत्तर परिषद' (North Eastern council) की स्थापना की गयी। इस परिषद द्वारा इस क्षेत्र के सभी राज्यों के प्रादेशिक विकास की योजना बनायी जाती है। इस प्रदेश के बिजली, पारेषण, सड़क निर्माण, कृषि, पशुपालन, मछली-पालन, वानिकी इत्यादि के विकास में इस परिषद ने महत्वपूर्ण भूमिका निभाई है। इस परिषद द्वारा मानव विकास संबंधी प्रशिक्षण कार्यक्रम भी चलाया जा रहा है।

संबंधित क्षेत्र के संसाधनों के उपयोग द्वारा विकास को प्रोत्साहित करने के लिए इस कार्यक्रम में निम्न क्षेत्रों के विकास पर बल दिया जाता है:

1. कृषि-स्थानांतरण (Shifting Cultivation), स्थानबद्ध (Sedentary), पौधरोपण (Plantation), इत्यादि (चाय, कॉफी, मसाले, रबड़, अनन्नास, नारियल इत्यादि)
2. फलोत्पादन पर बल (केला, संतरा, सेब, अंगूर, लीची, अनन्नास, और नींबू वंश के फल)
3. पशुपालन, मुर्गी-पालन, मधुमक्खी-पालन, रेशम कीट-पालन और सूअर-पालन को प्रोत्साहन
4. मृदा संरक्षण
5. कुटीर एवं ग्रामीण उद्योगों को प्रोत्साहन
6. ग्रामीण युवाओं को रोजगार की उपलब्धि कराना
7. सहकारिता एवं किसान सेवा समाजों का मजबूतीकरण
8. उन पहाड़ी क्षेत्रों जहाँ की जलवायु उष्ण और आर्द्र है, विशेष कार्यक्रम द्वारा 'झूम' कृषि (Shifting Cultivation) को नियंत्रित करने का प्रयास करना।

पहाड़ी प्रदेश प्रदूषणरहित उद्योगों के लिए काफी उपयुक्त हैं। अतः यहाँ इलेक्ट्रॉनिक्स, मनोरंजन, सॉफ्टवेयर (Software), घड़ियों एवं दवा इत्यादि के उद्योग विकसित किए जा सकते हैं। कालीन निर्माण एवं हथकरघा जैसी कुटीर औद्योगिक गतिविधियाँ भी यहाँ के लिए उचित हैं। पर्यटन के नियोजित विकास से इस क्षेत्र और इसके समुदाय का व्यापक विकास संभव है।

हिमालय प्रदेश जड़ी-बूटियों, फलों एवं फूलों के लिए व्यापक धनी प्रदेश है। शिवालिक और लघु हिमालय में औषधि उद्योग के विकास की व्यापक संभावना है।

पहाड़ी क्षेत्रों के नियोजित विकास के लिए इनका विस्तृत सर्वेक्षण किया जाना नितांत आवश्यक है ताकि यहाँ की मृदा, वनों के प्रकार, जल की उपलब्धि एवं खनिजों के वितरण इत्यादि सूचनाओं की जानकारी हो सके।

जनजातीय क्षेत्र विकास (Tribal Area Development)

भारत की जनगणना (2011) के अनुसार देश में अनुसूचित जनजातियों की संख्या कुल जनसंख्या का 8.6% (84.3 मिलियन) है। भारत सरकार ने देश के 427 समुदायों को अनुसूचित जनजाति की श्रेणी में रखा है (भारतीय संविधान, 8वीं अनुसूची)। ये देश के 'पहले लोग' (First people) हैं जो अति सुदूर क्षेत्रों में रह रहे हैं तथा जिनका ऐतिहासिक काल से ही शोषण होता रहा है। इन्हें अपने इतिहास की काफी कमजोर समझ है क्योंकि याददाश्त पर टिका इतिहास कुछ ही पीढ़ियों के बाद मिथक (Mythology) में विलीन हो जाता है। इनकी संस्कृति (भाषा, धर्म, विश्वास, परंपराएँ एवं रीति-रिवाज) देश के बहुल समाज से सर्वथा भिन्न है।

संख्या के दृष्टिकोण से गोंड (8 मिलियन), भील और संथाल देश की सबसे महत्वपूर्ण जनजातियाँ हैं, जिनमें प्रत्येक की जनसंख्या 35 लाख से अधिक है। इनके बाद आने वाली जनजातियाँ, जिनकी जनसंख्या 10 लाख से अधिक है उनमें मीणा, मुंडा और ओराँव हैं। इसके बाद की प्रमुख जनजातियाँ हो, खोण्ड और कोल हैं जिनकी जनसंख्या 5 लाख से अधिक है। इनमें से 1 से 5 लाख की जनसंख्या वाली जनजातियों की संख्या 45 है। अण्डमान और निकोबार द्वीप समूहों में निवास करने वाला जरावा (Jarawa) एवं सेंटली (Sentales) देश के सबसे छोटे जनजातीय समुदाय हैं।

अर्थव्यवस्था

अनुसूचित जनजातियाँ मुख्यतया निर्वाह कृषक हैं। इनमें से 90% (गोंड, भील, संथाल, मुंडा, ओरांव, नगा, खासी, मिजो इत्यादि) फसलों की खेती पर निर्भर हैं। अण्डमान एवं निकोबार की जनजातियाँ आखेट और खाद्य एकत्रण पर निर्भर हैं। जंगलों में रहने वाली जनजातियाँ (बिरहोर, मल्लार, खड़ीया, कदार, चेंचू, इत्यादि) अपने जीवन निर्वाह के लिए कंद-मूल, एकत्रित फलों, शहद, रस्सी निर्माण इत्यादि आर्थिक गतिविधियों पर निर्भर हैं। कभी-कभी ये शिकार और मछली पर भी निर्भर करते हैं। नीलगिरि क्षेत्र की टोडा जनजातियाँ मूलतः पशुचारी हैं, जिनका जीवनयापन भैंस के उत्पादों पर टिका है। अपनी आवश्यकता की वस्तुओं की पूर्ति के लिए इनके आर्थिक जीवन में वस्तु विनिमय (Barter) प्रमुख भूमिका निभाता है।

अनुसूचित जनजातियों के लिए विकास कार्यक्रम

अनुसूचित जनजातियां, जैसा कि ऊपर कहा गया है, देश के निर्जन क्षेत्रों में वास कर रही हैं। इनकी स्थिति एकाकीपन (Isolation) की है। इनका प्राकृतिक वास (Habitat) और सांस्कृतिक परिवेश एक-दूसरे से काफी भिन्न है। यही कारण है कि इनकी समस्याएँ एवं इनकी विकास की आवश्यकताएँ भी एक-दूसरे से काफी भिन्नता दर्शाती हैं।

अनुसूचित जनजातियों के विकास और कल्याण के लिए केन्द्र एवं राज्य सरकारों द्वारा कई कार्यक्रमों का कार्यान्वयन किया जाता है। इन कार्यक्रमों को निम्न प्रकार वर्गीकृत किया जा सकता है:

केन्द्र सरकार द्वारा प्रायोजित कार्यक्रम

1. मैट्रिक के बाद छात्रवृत्ति
2. लड़कियों के लिए छात्रावास
3. पूर्व-परीक्षा प्रशिक्षण
4. जनजाति विकास प्रखंड
5. सहकारिता
6. अनुसंधान, प्रशिक्षण एवं विशेष परियोजनाएँ
7. अस्वास्थ्यकर कार्य परिस्थितियों और रहन-सहन की स्थितियों में सुधार
8. कोचिंग-सह-प्रशिक्षण केन्द्र
9. अनुसूचित जातियों एवं अनुसूचित जनजातियों के लिए काम कर रहे अखिल भारतीय स्तर की स्वयंसेवी संस्थानों को अनुदान

राज्यों द्वारा प्रायोजित कार्यक्रम

1. मैट्रिक-पूर्व की छात्रवृत्ति और वृत्ति (Stipends)
2. शिक्षण एवं परीक्षा शुल्कों की छूट
3. 'मिड-डे-मील' (Mid-Day-Meal) का प्रावधान
4. शिक्षण सामग्रियों का प्रावधान
5. 'आश्रम विद्यालयों' की स्थापना
6. विद्यालय के भवनों एवं छात्रावासों के निर्माण एवं रख-रखाव के लिए अनुदान
7. भूमि एवं सिंचाई का प्रावधान
8. बैलगाड़ियों, कृषि उपकरणों, बीजों एवं उर्वरकों की आपूर्ति
9. कुटीर उद्योग का विकास
10. संचार का विकास
11. सहकारिता
12. स्थानांतरी कृषि का उपनिवेशन (colonisation)
13. मुर्गियों, भेड़ों, सुअरों, बकरों, इत्यादि की आपूर्ति
14. स्वास्थ्य सुविधाएँ
15. पेयजल आपूर्ति परियोजनाएँ
16. आवास एवं आवासीय जगहों का प्रावधान

17. कानूनी सहायता
18. राज्य स्तर पर कार्यरत गैर-सरकारी संगठनों को अनुदान

विकास के क्षेत्र (Areas of Development)

अनुसूचित जनजातियों के विकास के लिए सरकारों द्वारा जिन क्षेत्रों पर बल दिया गया है, उनका एक संक्षिप्त वर्णन निम्न प्रकार है:

1. **शिक्षा (Education):** अनुसूचित जनजातियों की साक्षरता दर (52%) राष्ट्रीय साक्षरता दर (73%) से काफी कम है (2011)। जनजातीय एवं गैर-जनजातीय जनसंख्या के बीच की खाई को कम करने तथा परिवर्तन एवं आधुनिकीकरण में इसकी महत्वपूर्ण भूमिका होने के कारण सरकारों द्वारा अनुसूचित जनजातियों की शिक्षा पर व्यापक धन का व्यय किया जाता है। इनके लिए छात्रवृत्तियों, छात्रावास, वृत्तियों (Stipends), इत्यादि की सुविधा उपलब्ध करायी जाती है। भारतीय प्रशासनिक सेवा (IAS) एवं प्रतियोगी परीक्षाओं में प्रवेश के प्रोत्साहन के लिए सरकार द्वारा इनके लिए कोचिंग की भी व्यवस्था की गयी है। विदेशों में शिक्षा प्राप्त करने के लिए भी छात्रवृत्ति का प्रावधान किया गया है। अपने ही क्षेत्रों में शिक्षण के पेशे में प्रवेश के लिए इनके लिए प्रशिक्षण की भी व्यवस्था की गई है।
2. **रोजगार (Employment):** केन्द्र एवं राज्य सरकारों द्वारा इनके लिए सरकारी नौकरियों में 8.5% का आरक्षण उपलब्ध कराया गया है। श्रेणी III एवं IV की सरकारी नौकरियों, जिनमें स्थानीय लोग ही रोजगार के प्रति आकर्षित होते हैं, में जनसंख्या प्रतिशत के अनुपात में आरक्षण दिया गया है।
3. **कृषि (Agriculture):** जनजातीय जनसंख्या का लगभग 90 प्रतिशत तथा 82% कार्यवाहक जनसंख्या (Workforce) कृषि एवं अन्य प्राथमिक आर्थिक गतिविधियों से जुड़ी है। इनकी बहुधा खेती या तो स्थानांतरी है या पुरानी विधि की है। खेतों के छोटे आकार और उनकी प्रति इकाई उत्पादकता के कम होने से इनकी कृषि निम्न लाभ ही दे पाती है। इनकी खेती को लाभकारी बनाने के लिए केन्द्र एवं राज्य सरकारों द्वारा इन्हें कई प्रकार की सुविधाएँ प्रदान की जाती हैं-उन्नत बीज, उर्वरक, साख (Credit), मृदा संरक्षण संबंधी सुझाव, सिंचाई, भू-अर्जन संबंधी उपाय; कृषि उपकरण एवं बेहतर तथा नई तकनीकों की आपूर्ति।
4. **सहकारिता (Cooperation):** स्थानीय कर्जदाताओं, जंगल में कार्य करने वाले ठेकेदारों आदि द्वारा अनुसूचित जनजातियों का शोषण किया जाता है। इस शोषण से मुक्ति दिलाने में 'सहकारिता' की बड़ी भूमिका है। यही कारण है कि सरकार द्वारा इनमें सहकारी संगठनों की स्थापना पर बल दिया जाता है। साथ ही इनके लिए साख (Credit) की व्यवस्था करना भी एक काफी सबल कदम होगा।
5. **संचार (Communications):** अधिकांश जनजातियाँ एकाकीपन या सापेक्षिक एकाकीपन में वास कर रही हैं, जहाँ संचार एवं परिवहन की भारी कमी है। देश की मुख्य धारा से जोड़ने और इनके द्वारा उत्पादित वस्तुओं की बेहतर विपणन व्यवस्था के लिए संचार माध्यमों एवं सड़क तथा यातायात की उचित व्यवस्था करना अत्यावश्यक है।
6. **भूमि वितरण एवं भूमि उपवर्तन (Land Distribution and Land Alienation):** जनजातीय समुदायों में भूमि अपवर्तन एक बड़ी समस्या रही है। किसी-न-किसी बहाने कर्जदाताओं, साहूकारों एवं अन्य गैर-जनजातीय लोगों द्वारा इनकी जमीन को अपने नामों में करवाया जा रहा है। इस समस्या के निदानस्वरूप विभिन्न राज्य सरकारों द्वारा कई उपाय किए गए हैं-(i) जनजातीय भूमि को गैर-जनजातीय व्यक्ति को हस्तांतरित करने पर प्रतिबंध, जैसा कि गुजरात, ओडिशा एवं राजस्थान राज्यों में किया गया है, (ii) जनजातीय भूमि को जनजातीय या गैर-जनजातीय व्यक्तियों को हस्तांतरित करने पर प्रतिबंध प्रावधान, जैसा कि पश्चिमी बंगाल में है, तथा; (iii) जनजातीय भूमि को किसी भी विधि द्वारा हस्तांतरित करने पर प्रतिबंध। इन सभी प्रावधानों के बावजूद भी जनजातीय भूमि अपवर्तन को पूरी तरह से रोक पाना संभव नहीं हो सका है।
7. **औद्योगीकरण (Industrialisation):** कुटीर एवं संबद्ध उद्योगों के विकास के लिए राज्य सरकारों द्वारा जनजातीय क्षेत्रों में औद्योगीकरण पर बल दिया गया है, यथा-मधुमक्खी पालन, भेड़पालन, मुर्गीपालन, बुनाई, तेलताड़-गुड़ उत्पादन, इत्यादि।

इसके अतिरिक्त केन्द्र सरकार द्वारा जनजातीय क्षेत्रों के विकास को ध्यान में रखकर इन क्षेत्रों में अनेक केन्द्रीय सार्वजनिक क्षेत्र उपक्रमों की स्थापना की गयी है–जिनमें भिलाई, बोकारो, बर्नपुर, दुर्गापुर, राउरकेला भद्रावती, कलिंग इत्यादि प्रमुख स्थान शामिल हैं। इन औद्योगिक प्रतिष्ठानों द्वारा गैर-कुशल श्रमिकों के रूप में काफी जनजातीय जनसंख्या को रोजगार उपलब्ध कराया गया है।

8. **जनजातीय विकास ऐजेंसी परियोजनाएँ (Tribal Development Agency Projects):** वर्ष 1971-72 में सरकार द्वारा प्रायोगिक स्तर पर जनजातीय विकास एजेंसी परियोजना (TDAP) को लागू किया गया। इस एजेंसी की अध्यक्षता जिलाधीश करता है तथा इसका एक पूर्णकालिक 'प्रोजेक्ट ऑफिसर' भी होता है।
9. **विकास की अन्य योजनाएँ (Other Schemes of Development):** जनजातीय समुदाय की आवासीय स्थिति, साफ-सफाई, पेय-जल, स्वास्थ्य सुधार, इत्यादि से जुड़ी अन्य कई योजनाओं का भी कार्यान्वयन किया गया है।

जनजातीय विकास के लिए सरकारों द्वारा किए गए प्रयासों की मंशा और उसके धनात्मक परिणामों को आज कोई भी नजर अंदाज नहीं कर सकता। इनकी शिक्षा, रोजगार, स्वास्थ्य, औद्योगीकरण, सहकारिता इत्यादि पर दिए गए ध्यान के फलस्वरूप इनमें परिवर्तन एवं विकास की झलक अवश्य मिलती है। परन्तु इन सभी प्रयासों के बावजूद इनमें गरीबी, कुपोषण, भुखमरी एवं इनके शोषण की समस्याएँ अब भी बनी हुई हैं।

जनजातीय विकास के लिए किए गए प्रयासों के प्रतिफल समुदाय के निचले स्तर तक नहीं पहुँचाया जा सका है तथा यह इन समुदायों के ऊपरी स्तर पर ही संकेन्द्रित होता चला गया है। जनजातीय विकास प्रखंडों (TDBs) से जुड़े कार्यक्रमों की सबसे बड़ी आलोचना यह की जाती है कि इनमें जनजातीय समुदाय की भागीदारी का सर्वथा अभाव रहा। जनजातीय विकास के कार्यक्रमों के निर्माण से लेकर उनके कार्यान्वयन तक स्थानीय समुदायों की कोई भूमिका नहीं रही है। अलचीली नौकरशाही के द्वारा कार्यान्वित इन विकास कार्यक्रमों पर अभिजात वर्ग का दबदबा रहा है, जिन्होंने जनजातीय जन-समूह को उनके वास्तविक विकास से दूर रखने की हर कोशिश की है।

जनजातीय क्षेत्रों के औद्योगीकरण से दूसरी तरफ दो जटिल समस्याएँ उत्पन्न हुईं:

(i) बड़े औद्योगिक प्रतिष्ठानों की स्थापना के कारण जनजातीय जनसंख्या का उच्च-स्तरीय विस्थापन हुआ है।
(ii) जनजातीय जनसंख्या तेज प्रवसन कर रही है तथा इनका समाज तेजी से विखंडित हो रहा है।

यह काफी दुर्भाग्यपूर्ण बात है कि जनजातीय समुदायों के संरक्षण एवं विकास के लिए संविधान में विशेष उपबंधों के होने के बावजूद भी बहुधा जनजातीय समुदाय न सिर्फ उपेक्षित रहा है बल्कि एक शोषित समाज भी रहा है।

जनजातीय क्षेत्रों का समेकित विकास (Integrated Developmennt of Tribal Areas)

समेकित विकास की रणनीति में चार दृष्टिकोणों को शामिल करना आवश्यक होता है– (i) क्षेत्रीय-सह-कालिक समेकन, (ii) स्थानिक समेकन, (iii) व्यक्ति एवं समूहों का समेकन, तथा; (iv) आर्थिक, सामाजिक एवं पर्यावरणीय क्षेत्रों के विकास के 'परस्पर-विरोधी लक्ष्यों' (Conflicting Goals) का समेकन। इस रणनीति से बनायी गयी जनजातीय विकास की योजनाएँ ही जन-सहभागिता प्राप्त कर सकती हैं और जनजातीय समुदाय का इच्छित एवं लक्षित विकास संभव हो सकता है। लेकिन भारत में कार्यान्वित जनजातीय विकास योजनाएँ समरूपता के आधार पर बनायी गयीं, जिनका पूरे देश के जनजातीय क्षेत्रों में समरूप कार्यान्वयन किया गया। स्थानीय स्तर पर जन-सहभागिता नहीं मिलने एवं 'समेकित' दृष्टिकोण के अभाव से इन योजनाओं का न लक्ष्य पूरा हुआ और न ही इनके इच्छित सामाजिक-आर्थिक परिवर्तनकारी प्रभाव परिलक्षित हुए।

उपरोक्त बातों को जनजातीय विकास की योजनाओं में शामिल करने के उद्देश्य से सरकार द्वारा पांचवीं पंचवर्षीय योजना में 'उप-योजना' (sub-plan) की अवधारणा लायी गयी। उप-योजना की विशेषताएँ निम्न हैं:

1. यह चिन्हित क्षेत्र की विशेष जरूरतों को केन्द्रित करती है।
2. यह क्षेत्र की समस्याओं के प्रति क्षेत्रगत (Sectoral) नहीं बल्कि 'सकल' (total) दृष्टिकोण अपनाती है।
3. यह किसी क्षेत्र विशेष की और किसी विशेष समुदाय की समस्या को एक 'विशेष स्वरूप' मानती है तथा इसके परिप्रेक्ष्य में ही विकास की रणनीति तय करती है।

4. इसका वित्तीय संसाधन संबंधित राज्य सरकार के राज्य योजना के उप-योजना के बराबर होता है (अर्थात केन्द्रीय वित्त पोषण, विशेष केन्द्रीय सहायता एवं संस्थानिक वित्त पोषण सब एक साथ मिलाकर)।

जनजातीय उप-योजना के अंतर्गत निम्न मदें आती हैं:

(i) जनजातीय संकेन्द्रण के क्षेत्रों की पहचान एवं चिन्हीकरण।

(ii) सामाजिक सांस्कृतिक अवरोधों एवं परिवर्तन तथा विकास के प्रोत्साहक घटकों की पहचान।

(iii) जनजातीय क्षेत्रों के संसाधनों की क्षमता की समीक्षा, इनकी विशेष समस्याओं एवं विशेष आवश्यकताओं की पहचान।

(vi) उप-योजना के लिए सभी स्रोतों से प्राप्त हो सकने वाले संसाधनों की समीक्षा।

(v) क्षेत्रगत कार्यक्रमों का निर्माण।

(vi) यथोचित प्रशासनिक व्यवस्था का विकास।

जनजातीय विकास के लिए प्रस्तावित उप-योजना की नियोजन संरचना त्रि-स्तरीय है-व्यष्टि, माध्यमिक एवं समष्टि। जहाँ विकास प्रखंड एक व्यष्टि प्रदेश (Micro Region) है, वहीं कई विकास प्रखंडों को मिलाकर (3-5 लाख की जनसंख्या) एक माध्यमिक प्रदेश (Meso Region) माना गया है तथा किसी पूरे जनजातीय क्षेत्र को एक समष्टि प्रदेश (Macro Region) के रूप में माना गया है। उपरोक्त तीनों स्तरों पर संपन्न प्रकार्यों (functions) की रूपरेखा निम्न प्रकार है:

व्यष्टि स्तर (Micro Level): उप-योजना के व्यष्टि स्तर पर अन्यान्य कार्य शामिल किए जाते हैं–(a) उच्चतर द्वितीयक स्तर की शिक्षा, (b) प्रारंभिक स्वास्थ्य योजनाएँ, (c) कृषि विस्तारण, (d) कृषिगत आगतों की आपूर्ति, (e) लघु सिंचाई परियोजनाएँ, (f) प्रारंभिक पशु चिकित्सा सेवाएँ, (g) बहुउद्देशीय सहकारिताएँ, (h) स्थानीय पंचायत, (i) घरेलू उद्योग, एवं; (j) गाँवों को जोड़ने वाली सड़कें।

माध्यमिक स्तर (Meso Level): माध्यमिक स्तर पर संपन्न कार्य इस प्रकार हैं–(a) उच्चतर सामान्य शिक्षा, (b) तकनीकी एवं व्यवसायिक प्रशिक्षण, (c) मानव संसाधन नियोजन एवं रोजगार सेवाएँ, (d) उच्च स्वास्थ्य सेवाएँ तथा प्रेषणीय (Referral) सुविधाएँ, (e) कृषि अनुसंधान विस्तारण, (f) बीज गुणक फार्म, (g) मृदा संरक्षण एवं भू-प्रबंधन, (h) उचित भंडारण एवं 'बफर' भंडार सहित शीर्षस्थ समेकित साख एवं विपणन संरचना, (i) राजमार्गों (राज्य एवं राष्ट्रीय) को जोड़ने वाली सड़क, (j) विद्युत आपूर्ति एवं ग्रामीण विद्युतीकरण, (k) स्थानीय संसाधनों पर आधारित उद्योग, (l) वन-प्रबंधन, (m) बागवानी विकास, (n) आंतरिक भागों एवं बड़े उद्योगों के आस-पास पूरक विकास कार्यक्रम, (o) मंझोली सिंचाई परियोजनाएँ, तथा; (p) अनुसंधान आंकड़े एवं मूल्यांकन।

समष्टि स्तर (Macro Level): व्यष्टि स्तर पर इसके प्रमुख कार्य हैं–(a) जनजातीय विकास परियोजनाओं में समन्वयन संबंधी गतिविधियाँ, (b) प्रादेशिक स्तर के कृषि अनुसंधान, (c) परियोजना के क्षेत्रीय कार्यक्रमों को दिशा-निर्देश, (d) बड़ी सिंचाई परियोजनाएँ, (e) नदी घाटी विकास, (f) प्रदेश का औद्योगिक एवं खनिज संबंधी विकास ताकि परियोजना स्तर के विकास कार्यक्रम की पूरकता की गारंटी हो सके, (g) विपणन परियोजनाएँ, तथा; (h) मूल्याँकन।

किसी क्षेत्र विशेष की समस्याओं एवं उसके विकास की आवश्यकताओं को ध्यान में रखकर उस क्षेत्र के संसाधनों का सामूहिक उपयोग ही 'समेकित क्षेत्र नियोजन' की मूल अवधारणा है। जनजातीय क्षेत्रों के विकास से जुड़ी प्रमुख समस्याएँ, जिन पर अब भी ध्यान देना आवश्यक है, निम्न प्रकार हैं:

1. भूमि अपवर्तन (Alienation)
2. ऋणग्रस्तता एवं शोषण
3. बंधुआ मजदूर
4. निम्न शिक्षा स्तर
5. निम्न कृषि उत्पादन एवं उत्पादकता
6. आवश्यक उपभोक्ता वस्तुओं की अपर्याप्त आपूर्ति
7. भूमि उद्धार (Reclamation)
8. अपर्याप्त सिंचाई सुविधाएँ

9. पेय जल की कमी
10. अपर्याप्त संचार सुविधाएँ
11. आवास की समस्या
12. अपर्याप्त विपणन सुविधाएँ
13. अपर्याप्त रोजगार के अवसर, एवं
14. अल्प-विकसित स्वास्थ्य सुविधाएँ

उपरोक्त समस्याओं के समाधान एवं अपर्याप्ताओं की समाप्ति के लिए जनजातीय समाज में संस्थागत (institutional) परिवर्तन की आवश्यकता है।

विकास के लिए रणनीति (Strategy for Development)

जनजातीय विकास के व्यष्टि, माध्यमिक एवं समष्टि स्तरों की लक्ष्यों की प्राप्ति की दिशा में निम्नांकित प्रयासों के दूरगामी प्रभाव मिल सकते हैं:

1. **कृषि विकास की समस्या:** कृषि उत्पादन एवं उत्पादकता को बढ़ाने संबंधी विकास कार्यक्रमों में निम्न को समाहित किया जाना चाहिए:
   (i) सिंचाई सुविधाएँ
   (ii) मृदा संरक्षण
   (iii) आधुनिक और सस्ते आगत
   (iv) आर्थिक जोत आकार
   (v) बेहतर कृषि विपणन, तथा
   (vi) जनजातीय किसानों को कृषि की नयी तकनीकों की शिक्षा
2. **भूमि अपवर्तन की समस्या:** जनजातीय समुदाय की भूमि का महाजनों एवं वन ठेकेदारों आदि को अपवर्तन न हो इसके लिए निम्न कदम आवश्यक हैं:
   (i) वैधानिक संरक्षण
   (ii) अधिकार के प्रति जनजातीय सचेतता, तथा
   (iii) प्रमाणिक भूमि आंकड़े
3. **संचार एवं परिवहन की समस्या:** जनजातीय क्षेत्रों में संचार एवं परिवहन की भारी समस्या है। संचार के माध्यमों का हाल में विकास प्रारंभ हुआ है लेकिन परिवहन के क्षेत्र में अभी काफी कुछ किए जाने की आवश्यकता है। बिना इनके इन क्षेत्रों का उचित विकास संभव नहीं है।
4. **वन नीति:** चूँकि वन जनजातीय जीवन का एक अभिन्न अंग हैं, इन क्षेत्रों से जुड़ी वन नीतियों की सही समीक्षा और उनमें समुचित बदलाव की आवश्यकता है।
5. **कृषि संबद्ध क्षेत्रों का विकास:** जनजातीय विकास में पशुपालन, मुर्गीपालन, सुअरपालन, मछलीपालन, मधुमक्खीपालन, रेशम कीट-पालन, इत्यादि कृषि संबद्ध क्षेत्रों के विकास को प्रोत्साहन देना आवश्यक है।
6. **जन-वितरण प्रणाली का विकास:** आवश्यक वस्तुओं की सही समय पर आपूर्ति हो सके इसके लिए जनजातीय क्षेत्रों में जन-वितरण प्रणाली के विकास और सुदृढ़ता पर बल देना अत्यावश्यक है।
7. **कुटीर एवं लघु उद्योगों की स्थापना:** जनजातीय समाज जिसकी कृषि पर अति-निर्भरता है, को सरकारी एवं गैर-सरकारी प्रयासों द्वारा कुटीर एवं लघु उद्योगों की तरफ आकर्षित करना इनके विकास में बड़ी भूमिका निभाएगा।
8. **सामाजिक सेवाओं की व्यवस्था:** जनजातीय समुदाय में पेयजल, चिकित्सा सेवाओं, पोषण, आवास, इत्यादि की भारी कमी है। इन सामाजिक सेवाओं को ध्यान देने से इनका उचित विकास संभव है।

9. **सहकारिताः** जन-जातीय समुदाय आमतौर पर सामाजिक पूंजी (Social Capital) में काफी धनी है। यही कारण है कि इनके विकास में 'सहकारिता' एक सहज भूमिका निभाने वाला घटक साबित होगा।
10. **शैक्षणिक सुविधाएँ:** विकास कार्यक्रमों को सततता प्रदान करने के लिए इन क्षेत्रों में शिक्षा सुविधाओं का उचित विकास करना एक सामयिक कदम होगा।
11. **शोषणः** जनजातीय समुदाय के विकास के लिए इनके प्रति भूमि मालिकों, कर्जदाताओं, जंगल के ठेकेदारों, सरकारी कर्मचारियों (पुलिस सहित), पंचायत सदस्यों इत्यादि द्वारा किए जाने वाले शोषण एवं अत्याचारों से इन्हें संरक्षित किए जाने की आवश्यकता है।
12. **विशेष कार्यक्रमः** वैसी जनजातियाँ जो छोटी, अलग-थलग पड़ी हैं तथा जिन तक योजनाएँ पहुँच नहीं पायी हैं, उनके लिए विशेष कार्यक्रमों की आवश्यकता है।
13. **प्रशासनिक व्यवस्था में परिवर्तनः** प्रशासनिक ढांचे को जनजातीय विकास की आवश्यकताओं के प्रति और उत्तरदायी एवं संवेदनशील बनाने की आवश्यकता है।
14. **आवधिक मूल्याँकनः** समय के साथ आवश्यक परिवर्तनों की समझ के लिए जनजातीय विकास कार्यक्रमों का सामयिक मूल्याँकन एक आवश्यक कार्य है।

मरुस्थल विकास कार्यक्रम (Desert Development Programme)

सूखाग्रस्त क्षेत्रों के विकास के लिए जहाँ 1973-74 में सूखा प्रवण क्षेत्र विकास कार्यक्रम (DPAP) आरंभ किया गया, वहीं मरुस्थलीय क्षेत्रों के विकास के लिए 1977-78 में मरुस्थल विकास कार्यक्रम (DDP) का कार्यान्वयन किया गया तथा निम्नीकृत भूमि के विकास के लिए 1989-90 में समेकित बंजर भूमि विकास कार्यक्रम (IWDP) को लागू किया गया। इन तीनों ही क्षेत्रीय कार्यक्रमों को अप्रैल 1995 से जल विभाजक प्रबंध (Watershed Management) के अंतर्गत कार्यान्वित किया जा रहा है।

भारत के मरुस्थली तथा सूखाग्रस्त क्षेत्रों को ***चित्र 15.1*** में दिखाया गया है। थार का मरुस्थल राजस्थान में अरावली के पश्चिम तथा निकटवर्ती राज्यों के कुछ भागों में फैला हुआ है। मरुस्थल विकास कार्यक्रम वर्ष 1977-78 में प्रारंभ किया गया जिसको आज देश के 36 जिलों के 227 विकास प्रखंडों में 4.6 लाख वर्ग कि.मी. क्षेत्र तक विस्तृत कर दिया गया है। यह कार्यक्रम आज देश के आठ राज्यों में कार्यान्वित है (आंध्र प्रदेश, तेलंगााना, गुजरात, हरियाणा, हिमाचल प्रदेश, जम्मू एवं कश्मीर, कर्नाटक और राजस्थान)।

इसके अंतर्गत कई लक्षित परियोजनाएँ चलायी जाती हैं तथा इन सभी को पंचवर्षीय योजनावधि में पूरा किया जाता है। वर्तमान में ऊपर वर्णित सात राज्यों में 4000 से भी अधिक जल विभाजक परियोजनाओं से जुड़ी परियोजनाओं का अलग-अलग चरणों में कार्यान्वयन जारी है। जहाँ शुष्क मरुस्थलों वाले क्षेत्रों में इसके व्यय का केन्द्र और राज्यों के बीच 75.25 के अनुपात में वहन किया जाता है, वहीं शीत मरुस्थलीय क्षेत्रों में इसका व्यय वहन सिर्फ केन्द्र सरकार करती है।

मरुस्थलीकरण की प्रवृत्ति को नियंत्रित करने, मरुस्थलीय क्षेत्रों के संसाधनों की उत्पादकता को बढ़ाने, रोजगार सृजित करने तथा स्थानीय लोगों के जीवन स्तर में सुधार करना इस कार्यक्रम के उद्देश्य हैं।

मुख्य समस्याएँ

देश के मरुस्थलों की मुख्य समस्याएँ निम्न प्रकार हैं:

1. अत्यल्प वर्षा और वह भी अनियमित होने के कारण इस क्षेत्र की कृषि बार-बार सूखे से क्षतिग्रस्त होती है तथा अकाल की स्थिति उत्पन्न होती रहती है।
2. मृदा चूँकि बलुई है अतः इन पर पवन अपरदन का खतरा बना रहता है।
3. यहाँ बाजरा जैसे मोटे अनाजों और दलहनों की ही खेती की जा सकती है वह भी प्रति इकाई निम्न पैदावार के साथ।
4. इन क्षेत्रों के अधिकतर किसान गरीब हैं, जो महँगी आगतों के उपयोग में असमर्थ हैं।
5. सूखे की स्थिति में यहाँ के लोगों को रोजगार की तलाश में अन्य क्षेत्रों में प्रवासित होना पड़ता है।
6. इन क्षेत्रों में बाजार, भंडारण, परिवहन इत्यादि आधारभूत संरचनाओं की भारी कमी है।

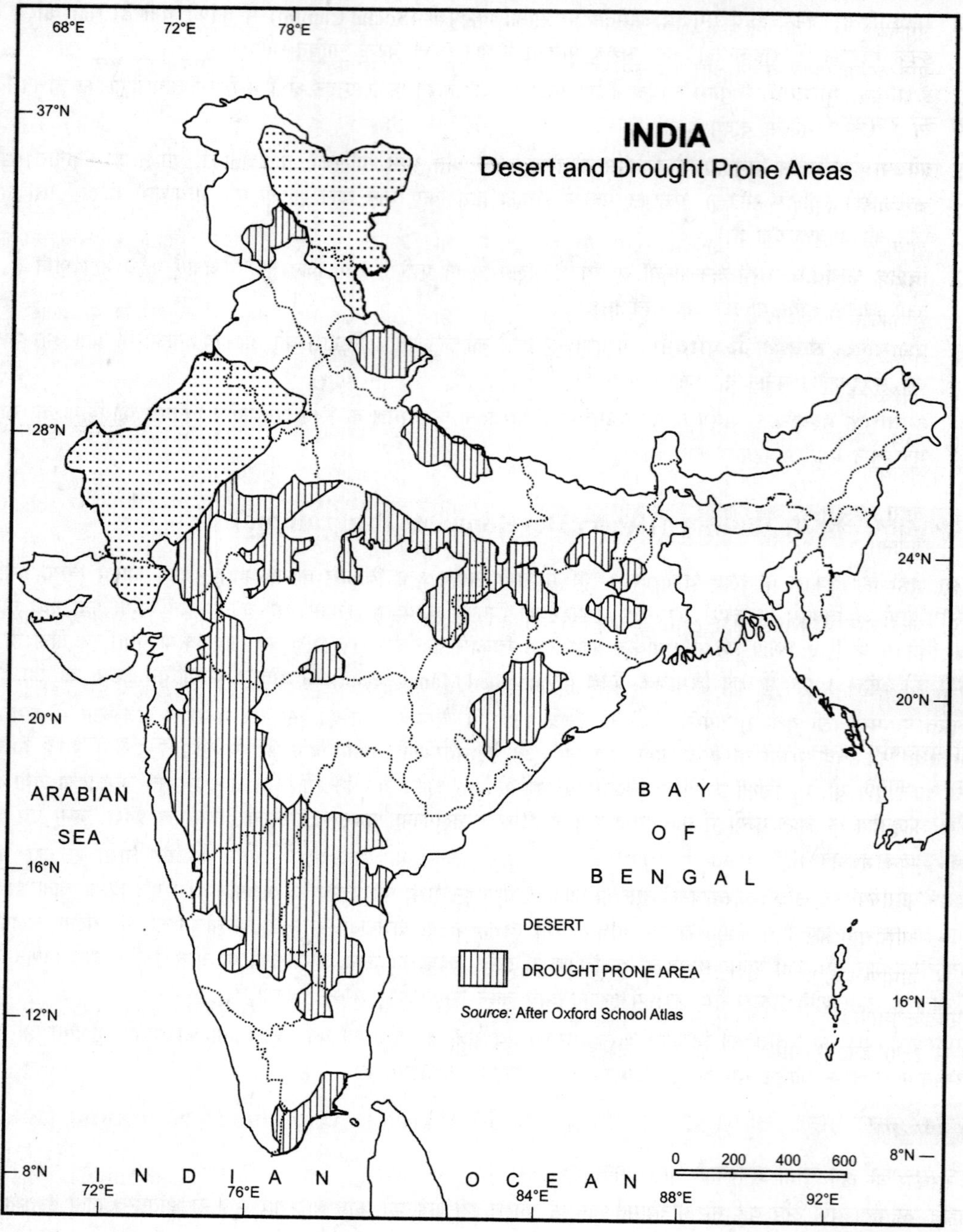

चित्र 15.1 भारत के मरुस्थली एवं सूखा प्रवण क्षेत्र

मुख्य उद्देश्य

मरुस्थल विकास कार्यक्रम के मुख्य उद्देश्य निम्न हैं:

1. कृषि उत्पादन एवं उत्पादकता बढ़ाने के लिए शुष्क कृषि को प्रोत्साहन

2. उपलब्ध जल संसाधनों का न्यायोचित उपयोग
3. प्रति व्यक्ति आय बढ़ाने और स्थानीय लोगों के जीवन स्तर में सुधार के लिए रोजगार सृजन पर बल

विकास की रणनीति

मरुस्थल विकास कार्यक्रम में निम्न रणनीति अपनायी गयी है:

1. मरुस्थल विकास '20-सूत्री कार्यक्रम' का एक अंग है।
2. शुष्क कृषि कार्यक्रम के अंतर्गत बाजरा, सूर्यमुखी, सरसों, मोटे अनाजों, दलहनों एवं निम्न आर्द्रता की आवश्यकता वाली फसलों को प्रोत्साहित किया गया है।
3. सामाजिक वानिकी, कृषि वानिकी, बागवानी, वन-वर्धन (Silviculture), मधुमक्खी पालन, इत्यादि पर बल।
4. पवन-अवरोधकों की सहायता से मृदा उर्वरता बनाये रखने एवं मृदा अपरदन नियंत्रण।
5. पारिस्थितिकी-मित्र कीटनाशकों एवं अपतृणनाशकों (weedicides) के उपयोग पर बल।
6. दुग्ध उत्पादन, मुर्गीपालन, भेड़पालन एवं बागवानी करने से जुड़े किसानों (विशेषकर छोटे एवं सीमांत किसानों) को सहायता।
7. नहरों के पास के जल-जमाव वाले भूमि (विशेषकर राजस्थान के इंदिरा गाँधी नहर) को फिर से कृषि योग्य (reclamation) बनाना।
8. मरुस्थल विकास कार्यक्रम में गैर-सरकारी संगठनों (NGOs) की सहभागिता पर बल।
9. जल शस्यन (Water Harvesting) की तकनीक के क्षेत्र में अनुसंधान तथा उपलब्ध जल का न्यायोचित उपयोग।

वर्षा वाले क्षेत्रों के लिए राष्ट्रीय जल-विभाजक विकास परियोजना (एनडब्ल्यूडीपीआरए)

आठवीं पंचवर्षीय योजना में बरसाती क्षेत्रों के लिए राष्ट्रीय जल-विभाजक विकास परियोजना शुरू की गई। यह कृषि की लघु प्रबंधन के अंतर्गत नवम्बर 2000 से चलाई जा रही है। इसके व्यापक लक्ष्य निम्नलिखित हैं:

- प्राकृतिक संसाधनों का संरक्षण, संवर्द्धन और उनका दीर्घकालिक उपयोग।
- न्यून बरसात और नाजुक पारिस्थितिकी-तंत्र वाले इलाकों को पेड़-पौधों, झाड़ियों और घासों से हरा-भरा कर पारिस्थितिकी-संतुलन को पुनर्स्थापित करना।
- असिंचित और वर्षा वाले क्षेत्रों के बीच कायम क्षेत्रीय भेद-भाव को कम करना, और;
- ग्रामीण इलाकों के गरीबों के लिए स्थायी रोजगार के अवसरों का सृजन करना।

एनडब्ल्यूडीपीआरए कार्यक्रम देश के सभी राज्यों में चलाये जा रहे हैं। सन् 2011-12 के बीच ₹ 300.00 करोड़ की अनुमानित लागत से 2.50 हेक्टेयर भूमि के प्रशोधन (ट्रीटमेंट) का लक्ष्य रखा गया था।

वर्षा वाले क्षेत्रों का विकास कार्यक्रम [Rainfed Area Development Programme (RADP)]

भारत सरकार के कृषि मंत्रालय ने नई योजना रेनफेड एरिया डेवलपमेंट प्रोग्राम के तहत खेती पद्धति और किसान केंद्रित हस्तक्षेप की पहल की है। इसका उद्देश्य किसानों के जीवनस्तर में गुणवत्तापूर्ण सुधार लाने के लिए बरसात वाले इलाकों के किसानों, खास कर छोटे और सीमांत किसानों-को उनके भोजन और जीवनयापन की सुरक्षा के लिए अधिकतम कृषि पैदावार सुनिश्चित करने वाली गतिविधियों का एक पूरा पैकेज प्रदान करना है।

इस कार्यक्रम के अंतर्गत खेती के शुरू से लेकर अंत तक देखभाल के दृष्टिकोण को लेकर चलाया गया है। वर्षा की अधिकता वाले क्षेत्र के किसानों को उनकी उपज का उचित दाम सुनिश्चित करने के लिए कृषि उत्पादन, खेती प्रबंधन, पैदावारों के भंडारण, उनका विपणन और गुणवत्ता संवर्द्धन आदि पर ध्यान दिया जा रहा है।

समन्वित खेती पद्धति के जरिये सर्वांगीण कृषि विकास सुनिश्चित करने हेतु 2011-12 के दौरान देश के 10 राज्यों को चिन्हित कर पायलट परियोजना के आधार पर कार्यक्रम चलाने के लिए आरडीएपी के अंतर्गत ₹250 करोड़ का आवंटन किया गया था।

एकीकृत वाटरशेड प्रबन्धन कार्यक्रम (IWMP)

भूमि विकास मंत्रालय के भूसंसाधन विभाग द्वारा इसे लागू किया गया था। इसका मुख्य उद्देश्य मृदा, वनस्पति, और पानी जैसे प्राकृतिक संसाधनों का दोहन, सरंक्षण और विकास करके पारिस्थितिक संतुलन को सुरक्षित करना है। यह चीन के बाद विश्व का सबसे विशाल कार्यक्रम है।

एकीकृत वाटरशेड प्रबंधन कार्यक्रम के मुख्य परिणाम है:

1. मृदा का बहाव रोकना
2. प्राक्रतिक वनस्पति का पुन: उत्पादन
3. वर्षा जल संग्रहण
4. भूमिगत जल स्तर को बढ़ाना

बहु-स्तरीय नियोजन (Multi-level Planning)

नियोजन प्रक्रिया एकल-स्तरीय या बहु-स्तरीय हो सकती है। एकल-स्तरीय नियोजन प्रक्रिया में योजना निर्माण एवं इससे संबद्ध निर्णय राष्ट्रीय स्तर पर होते हैं तथा इस केन्द्रीयकृत योजना के कार्यान्वयन के समय ही निचले स्तरों का जिक्र आता है। दूसरी तरफ, बहु-स्तरीय नियोजन प्रक्रिया में राष्ट्रीय प्रदेश को छोटी इकाइयों में बांटा जाता है तथा उन सभी स्तरों पर नियोजन की जाती है।

बहु-स्तरीय नियोजन की अवधारणा वास्तव में विभिन्न प्रकार के प्रदेशों का नियोजन है जो साथ मिलकर एक समष्टि तंत्र (macro system) का निर्माण करती हैं। इस प्रकार के नियोजन में प्रत्येक निचला स्तर ऊपर के स्तरों की योजना का आधार बनता है। चूंकि इसमें सहभागिता उच्च स्तर की होती है इसलिये यह नियोजन की अधिक प्रभावी विधि है।

भारत में बहु-स्तरीय नियोजन के कई स्तर हैं-(1) केन्द्र, (2) राज्य, (3) जिला, (4) प्रखण्ड, एवं; (5) ग्राम। वर्ष 1992 में किए गए संवैधानिक संशोधनों (73वें एवं 74वें) के पहले देश में नियोजन केन्द्र एवं राज्यों द्वारा ही किया जाता था तथा निचले स्तर (जिला, प्रखण्ड एवं ग्राम) इस प्रक्रिया का अंग सिर्फ कार्यान्वयन के स्तर पर ही बन पाते थे। लेकिन इन संशोधनों के उपरांत स्थानीय स्तर का नियोजन न सिर्फ एक संवैधानिक प्रक्रिया बन गया है बल्कि इन्हें अपने समुचित विकास के लिए अपने प्रकार की योजना बनाने एवं वित्तीय शक्तियाँ भी मिल गयी हैं। भारत में प्रचलित बहु-स्तरीय नियोजन की रूपरेखा निम्न प्रकार है:

1. केन्द्र-स्तरीय नियोजन (National Level Planning)

भारत की बहु-स्तरीय नियोजन में केन्द्रीय सरकार की योजनाएँ प्रथम स्तर की हैं। इस स्तर के नियोजन में योजना बनाने से लेकर संसाधन जुटाने, कार्यान्यवयन एवं उनकी समीक्षा करने तक का कार्य प्रधानमंत्री की अध्यक्षता वाले निति आयोग द्वारा संपन्न होता है। इसके अंतर्गत केन्द्र द्वारा कार्यान्वित तीन योजनाएँ आती हैं-(i) पंचवर्षीय योजना, (ii) 20-सूत्री कार्यक्रम, एवं (iii) संसद सदस्य स्थानीय क्षेत्र विकास कार्यक्रम।

2. द्वितीय स्तर अथवा राज्यस्तरीय योजना

दूसरे स्तर की योजना राज्यों द्वारा बनायी जाती है। राज्य की कार्यपालिका का प्रधान राज्यपाल होता है, जिनकी नियुक्ति प्रधानमंत्री की सलाह से भारत के राष्ट्रपति करते हैं। पर राष्ट्रपति की तरह ही राज्यपाल संविधान के तहत प्रदत्त अपने अधिकार का प्रत्यक्ष इस्तेमाल नहीं करते, वे मुख्यमंत्री के नेतृत्व में बनी मंत्रिपरिषद की राय पर काम करते हैं। कैबिनेट की राय मानने के लिए राज्यपाल बाध्य हैं। मंत्रिपरिषद सचिवालय के माध्यम से काम करते हैं, जिसका मुखिया सचिव होता है। सचिवालय का मुख्य काम मंत्रियों द्वारा नीति-निर्माण के काम और विधायी जवाबदेही निभाने, नीतियों और कार्यक्रमों में समन्वय करने, निरीक्षण और

व्यय पर नियंत्रण, प्रभावी रूप से प्रशासन चलाने में अपनी सहायता देना है, आदि। मंत्रिपरिषद के मंत्रियों के जिम्मे कुछ विभागों की जिम्मेदारी दी जाती है, जिसे व्यापक रूप से तीन श्रेणियों में विभक्त किया जा सकता है:

(i) अर्द्ध-विकास सम्बन्धी विभाग (इसके तहत कृषि और पशुपालन, ग्रामीण विकास, सार्वजनिक कार्य और उद्योगों के विभाग आते हैं)।

(ii) सामाजिक कल्याण विभाग (इसके अंतर्गत शिक्षा, स्वास्थ्य और सामाजिक कल्याण जैसे कुछ विभाग शामिल किये जाते हैं)।

(iii) समन्वयकारी विभाग (इसमें गृह, राजस्व, वित्त और योजना सम्बन्धी विभाग रखे गये हैं)।

चूंकि भारतीय संघ एक संघीय राज्य है तो हमारे संविधान निर्माताओं ने केंद्र और राज्यों के बीच अधिकारों का समुचित बंटवारा किया है ताकि अपनी शक्तियों का उपयोग करते हुए दोनों सरकारों के बीच टकराव की नौबत कम-से-कम आए। संविधान की सातवीं अनुसूची और अनुच्छेद 246 के अंतर्गत केंद्र और राज्यों के बीच अधिकारों का बंटवारा किया गया है। अनुच्छेद 246 के तहत तीन विषयों को सूचिबद्ध किया गया है– 1. संघीय सूची (इसमें 97 विषयों को शामिल किया गया है), 2. राज्य सूची (इसके अंतर्गत 66 विषय रखे गए हैं), और; 3. समवर्ती सूची (इसमें 49 विषय सम्मिलित किये गए हैं)।

संघीय सूची में रखे गए विषयों पर कानून बनाने का अधिकार केंद्र सरकार को है जबकि राज्य सूची में शामिल किये गए विषयों पर कानून बनाने का अधिकार प्रदेश सरकार को है। जहां तक समवर्ती सूची में सम्मिलित विषयों का प्रश्न है, तो केंद्र और राज्य दोनों सरकारों को उन पर कानून बनाने का अधिकार प्राप्त है, किंतु विवाद की स्थिति उत्पन्न होने पर उस विषय में संघीय कानून अधिमान्य होगा। उद्योग, खनन, रेलवे और दूरसंचार जैसी संगठित गतिविधियां केंद्र की जवाबदेही के दायरे में आती हैं। जबकि कृषि, भू-राजस्व की वसूली, सिंचाई, ऊर्जा, सार्वजनिक स्वास्थ्य, शिक्षा, स्थानीय स्वशासन और अनेक अन्य विभाग राज्य सरकार के नियंत्रण में आते हैं।

3. जिला-स्तरीय नियोजन (District Level Planning)

जिला-स्तरीय नियोजन भारत की बहु-स्तरीय नियोजन प्रक्रिया का तृतीय स्तर है। वास्तव में यहां से स्थानीय स्तर नियोजन (local-level planning) का प्रारंभ होता है, जो 'प्रखंड' (Block) एवं 'ग्राम' स्तरीय तक पहुंचता है।

जिलाधीश की अध्यक्षता वाली जिला नियोजन समिति (DPC) द्वारा निर्मित एवं कार्यान्वित इस योजना का स्थानीय जनजीवन से सबसे नजदीकी संबंध है। इस स्तर के नियोजन के दो भाग हैं- नगरीय एवं ग्रामीण। जहाँ नगरीय नियोजन में 'नगरपालिका' (Municipality) एवं नगर निगम (Corporation) सक्रिय होते हैं, वहीं ग्रामीण नियोजन में 'ग्राम पंचायत' मूल भूमिका निभाता है। इस प्रकार जिला नियोजन समिति स्थानीय नियोजन का शीर्ष है।

4. प्रखंड-स्तरीय नियोजन (Block Level Planning)

जिले/जनपद के नीचे प्रखंड और गांव का क्रम आता है। प्रखंड-स्तरीय नियोजन पहली पंचवर्षीय योजना के अंतर्गत आरम्भ किया गया था। प्रत्येक जिले को कुछ प्रखंडों में विभक्त किया गया है और हरेक प्रखंड के अंतर्गत लगभग 100 गांव आते हैं, जिनकी आबादी प्रायः 60,000 तक होती है। प्रखंड-स्तरीय कार्यक्रम की परिकल्पना (1) स्थानीय संसाधनों का संघटन, और; (2) निर्णय लेने और विकास सम्बन्धी योजना के क्रियान्वयन में स्थानीय लोगों की भागीदारी सुनिश्चित करने के रूप में की गई है। अतः प्रखंड विकास अधिकारी (बीडीओ) के नेतृत्व और विभिन्न विशेषज्ञों और ग्राम-स्तरीय कार्यकर्ताओं की एक टीम के अंतर्गत प्रखंड स्तरीय योजना की नई इकाई का शुभारम्भ किया गया था। प्रखंड के कार्यों के सामान्य निरीक्षण का काम प्रखंड प्रमुख की अध्यक्षता में गठित प्रखंड समिति करती है, जिसमें निर्वाचित जन-प्रतिनिधि भी शामिल होते हैं।

दरअसल, यह संरचना एक प्रखंड विकास पदाधिकारी के अधीन काम करती है, जिनको सहयोग देने के लिए पांच विस्तारित अधिकारी होते हैं। ये पांचों एक-एक कृषि, पशुपालन, सहकारिता, पंचायत और ग्रामीण उद्योग से आते हैं। अन्य कर्मचारियों में एक पर्यवेक्षक, एक सामाजिक शिक्षा संगठक, एक प्रोग्रेस सहायक और गांव स्तर के कार्यकर्ता होते हैं। प्रखंड में, पशुपालन भंडारक, एक चिकित्सा अधिकारी, एक स्वच्छता निरीक्षक और एक महिला हेल्थ विजिटर भी होती हैं, इनमें से कुछ के साथ जरूरी सहयोगी कर्मचारी भी होते हैं। कुछ राज्यों में, महिला और बच्चों से सम्बन्धी कार्यक्रमों के लिए एक एक्सटेंशन अफसर भी होता है।

प्रखंड-स्तरीय योजना ज्यादा स्थानीय समस्याओं के निराकरण पर केंद्रित होती है। उन लक्षित समूहों को सूक्ष्म स्तर पर चिन्हित करना आसान हो जाता है, जो स्थानीय संसाधनों का सर्वाधिक उपयोग करते हैं। प्रखंड स्तरीय योजना सम्पूर्ण कार्यनीति रोजगार योजना, संवृद्धि-केंद्रित योजना और क्रेडिट योजना पर आधारित होती है। प्रखण्ड स्तर पर निम्नलिखित गतिविधियां नियोजित होती हैं:

(i) कृषि
(ii) लघु सिंचाई
(iii) मृदा संरक्षण एवं जल प्रबंधन
(iv) पशुपालन एवं मुर्गीपालन
(v) मछलीपालन
(vi) वानिकी
(vii) साख, विपणन एवं अन्य आगतों की व्यवस्था
(viii) कृषि उत्पादों का प्रसंस्करण
(ix) कुटीर एवं लघु उद्योग
(x) स्थानीय आधारभूत संरचना
(xi) सामाजिक सेवाएँ:
  (a) पेय-जलापूर्ति
  (b) स्वास्थ्य एवं पोषण
  (c) शिक्षा
  (d) आवास
  (e) सफाई
  (f) स्थानीय परिवहन
  (g) कल्याणकारी कार्यक्रम
(xii) युवाओं का प्रशिक्षण एवं स्थानीय जनसंख्या की कुशलता का नवीकरण

5. स्थानीय-स्तर नियोजन (Panchayat Level Planning)

भारत की बहु-स्तरीय नियोजन प्रक्रिया का यह सबसे निचला स्तर है। इस स्तर पर देश में नियोजन के तीन प्रारूप मिलते हैं। स्थानीय स्तर पर भारतीय जनसंख्या की आर्थिक रूपरेखा में पायी जाने वाली विविधता के कारण विकसित ये तीन प्रारूप निम्न प्रकार हैं:

(i) **ग्राम-स्तरीय नियोजन:** इसकी इकाई ग्राम पंचायत है तथा इस स्तर के नियोजन की प्रक्रिया पंचायत समिति के माध्यम से संपन्न होती है।
(ii) **पहाड़ी क्षेत्र नियोजन:** यह उन क्षेत्रों में कार्यान्वित है, जहाँ की आर्थिक गतिविधियाँ ग्राम-स्तरीय नियोजन के प्रदेशों से भिन्न हैं।
(iii) **जनजातीय क्षेत्र नियोजन:** ऐसा नियोजन उन क्षेत्रों में प्रचलित है, जहाँ का न सिर्फ आर्थिक जनजीवन ही भिन्न है बल्कि इनकी सांस्कृतिक बनावट इस स्तर के दो अन्य स्तरों से काफी भिन्न है।

इस स्तर के नियोजन के अंतर्गत शामिल प्रमुख गतिविधियाँ निम्न प्रकार हैं:

(i) कृषि का स्थानीय/जमीनी स्तर पर प्रोत्साहन
(ii) ग्रामीण उद्योग
(iii) चिकित्सा सुविधाएँ

(iv) मातृत्व (प्रसूति), महिला एवं बाल कल्याण

(v) सामुदायिक चारागाह का रख-रखाव

(vi) ग्रामीण सड़क, टैंक एवं कुंए, तथा

(vii) सफाई एवं अन्य सामाजिक-आर्थिक कार्यक्रमों का कार्यान्वयन

पंचायत-स्तरीय योजना

पंचायत गांव स्तर पर निर्वाचित निकाय होती है। पंचायती राज प्रणाली त्रि-स्तरीय ढांचों पर विकसित होती है:

1. गांव स्तर पर
2. प्रखंड स्तर पर, और;
3. जिला/जनपद स्तर पर।

इनमें पहली स्तरीय व्यवस्था गांव स्तर पर होती है, जिसे सामान्यत: ग्राम पंचायत या ग्राम सभा के रूप में जाना जाता है। दूसरी, प्रखंड स्तर पर पंचायत समिति होती है और तीसरी व्यवस्था, जिला स्तर पर जिला परिषद होती है। पंचायती राज अधिनियम, 1996 के अनुसार ग्राम पंचायत के चुनाव प्रत्येक पांच साल पर होते हैं, जहां अनुसूचित जाति-अनुसूचित जनजाति के लिए आनुपातिक सीटें आरक्षित की जाती हैं और एक-तिहाई तक सीटें महिलाओं के लिए आरक्षित रहती हैं। समूचे देश में लगभग 2.20 लाख ग्राम पंचायतें, 5,500 पंचायत समितियां और 600 जिला परिषदें हैं।

हालांकि संविधान संशोधन अधिनियम, 1992 के जरिये पंचायत, जिसे ग्राम सभा भी कहा जाता है, को आर्थिक विकास की योजनाओं की तैयारी और क्रियान्वयन तथा 29 सूचीबद्ध विषयों पर सामाजिक न्याय के लिए भी अधिकृत किया गया है। सम्बद्ध राज्यों को यह विशेष अधिकार दिया गया है कि वह ग्राम सभा को एक खुद मुख्तारी वाली संस्था के रूप में काम करने देने के लिए उसके अधिकार एवं कार्य की स्पष्ट विवेचना करे। राज्य सरकारों को पंचायतों और नगरपालिकाओं द्वारा बनाई गई योजनाओं के समेकन के लिए जिला योजना समिति का गठन करने और सम्पूर्ण जिला स्तर पर एक एकीकृत विकास योजना बनाने की सलाह दी गई है। हरेक पांच साल पर पंचायतों की स्थिति, राज्यों व पंचायतों के बीच राजस्व के बंटवारे के लिए शासन के सिद्धांत की अनुशंसा करने और राज्यों के समेकित कोषागार से पंचायतों के लिए अनुदान और सहायता की राशि के निर्धारण के लिए राज्य वित्तीय आयोग (एसएफसी) गठन करने की भी जिम्मेदारी राज्य सरकारों को दी गई है।

पंचायत स्तर पर योजना के क्रियान्वयन की जवाबदेही ग्राम विकास अधिकारी (वीडीओ) को और इसके निरीक्षण का दायित्व ग्राम सभा को दिया गया है, जिसका मुखिया ग्राम प्रधान होता है। मौजूदा प्रावधान के तहत ग्रामीण विकास के कार्यक्रमों, जैसे-समन्वित ग्रामीण विकास (आईआरडीपी) और जवाहर रोजगार योजना (जेआरवी) के तहत ग्राम-सभा को धन सीधे केंद्र से आवंटित किया जा रहा है।

पंचायतों को (1) कृषि को बढ़ावा देने, (2) ग्रामीण उद्योगों, (3) चिकित्सा सुविधाओं के प्रावधान (4) ग्रामीण सड़कों, तालाब, कुंओं (5) सफाई-स्वच्छता, और अन्य सामाजिक-आर्थिक विकास कार्यक्रमों की जवाबदेही भी दी गई है। इसके साथ ही, पंचायतों को गरीबी निरोधक कार्यक्रमों से लाभान्वितों की पहचान करने की भी जिम्मेदारी दी गई है।

संविधान संशोधन अधिनियम, 1992 के बाद, संविधान द्वारा पंचायतों को प्रदान की गई नई हैसियत ने निर्वाचित जन-प्रतिनिधियों और गांवों के लोगों में उम्मीदों और अपेक्षाओं का स्तर पर बढ़ा दिया है। परन्तु भारतीय राज्यों की सरकारों की राजनैतिक बाध्यता, राज्यस्तरीय राजनीतिक और प्रशासनिक अमलों की सत्ता और प्राधिकरण के साथ भागीदारी की अनिच्छा और कुछ वास्तविक वित्तीय तथा आर्थिक कठिनाइयों के चलते उनके क्रियान्वयन की प्रगति धीमी हो गई है। यह पाया गया है कि, पंचायती राज संस्थाओं के जन-प्रतिनिधि व्यापक तौर पर विकास के राजनैतिक और आर्थिक आयामों से अनजान हैं और उनमें योजना और प्रबंधकीय कुशलता का अभाव है। यह खास कर निर्वाचित महिला प्रतिनिधियों के बारे में भी सच है, जो कुछ दूसरे तरह के गम्भीर अवरोधों के बीच अपना फर्ज निभा रही हैं।

दामोदर घाटी निगम (Damodar Valley Corporation)

झारखंड और प. बंगाल को मिलाकर दामोदर नदी कुल 541 कि.मी. (336 मील) लंबी है। ऊपरी भागों में इसे 'देवनदी' के नाम से भी जाना जाता है। इसका उद्‌गम स्थल झारखंड की छोटानागपुर पहाड़ियों में है तथा दूसरे राँची, हज़ारीबाग, धनबाद और संथाल

परगना जिलों से प्रवाहित होकर प. बंगाल के बांकुरा और बर्दवान जिलों से भी गुजरती है। प. बंगाल में प्रवेश से पहले इसमें बराकर नदी (Barakar River) का मिलन होता है। अंततः यह कोलकाता से लगभग 50 कि.मी. उत्तर फाल्टा के सामने हुगली नदी में मिल जाती है। इसका अपवाह क्षेत्र 25,820 वर्ग कि.मी. है ***(चित्र 15.2)***।

दामोदर नदी का ऊपरी अपवाह क्षेत्र जहाँ खड्डों एवं निर्जन चट्टानों वाला तथा उच्च अपनयित स्थलाकृति वाला है, वहीं प. बंगाल में इसका अपवाह क्षेत्र समतल और उर्वरक जलोढ़ों से बना है। प. बंगाल का यह भाग हरे-भरे धान की फसलों के लिए प्रसिद्ध है। दामोदर के अपवाह क्षेत्र में औसत वार्षिक वर्षा लगभग 125 से.मी. है, जिसकी प्राप्ति मुख्यतया जुलाई, अगस्त और सितंबर महीनों में होती है। जहाँ ऊपरी हिस्से में यह भू-अपरदन करती तथा अवसाद एकत्रित करती हुई द्रुत गति से प्रवाहित होती है, वहीं निचले भागों में मंद गति से प्रवाहमान होकर अत्यधिक अवसाद का निक्षेपण करती हुई बाढ़ की भयावह स्थिति पैदा करती है।

दामोदर द्रोणी (बेसिन) अपार प्राकृतिक संपदाओं से परिपूर्ण है, यथा–उर्वर मृदाएँ, वृहत्त जल संसाधन, वन संपदा, विविध प्रकार के खनिज, इत्यादि। यह क्षेत्र कोयले, लौह-अयस्क, बॉक्साइट, अभ्रक, अग्निसह मिट्टी (Fire Clay), चूना-पत्थर, शीशे, चाँदी, एंटीमनी, स्फटिक, क्रोमाइट, कायनाइट, इत्यादि खनिजों से संपन्न है ***(चित्र 15.3)***। इसके अतिरिक्त इसके ऊपरी हिस्सों में भारत की कुछ प्राचीनतम जनजातियों (ओराँव, हो, संथाल एवं मुंडा) का निवास रहा है।

दामोदर नदी, जिसे 'बंगाल का शोक' (Sorrow of Bengal) भी कहा जाता है, अपने अनिश्चित चरित्र के लिए कुप्रसिद्ध है। पिछले सौ वर्षों में इसने भीषण बाढ़ की स्थितियाँ उत्पन्न की हैं-1901, 1905, 1907, 1913, 1916, 1923, 1935 एवं 1943 जब ग्रामीण क्षेत्रों में जान-माल की अति बर्बादी हुई। सन् 1862 और 1872 के मध्य में इसके द्वारा लायी गयी बाढ़ों ने न सिर्फ भयानक तबाही मचायी बल्कि मलेरिया का प्रकोप महामारी का रूप धारण किया और इसके बाएं कछार की जनसंख्या का लगभग एक-तिहाई हिस्सा मृत्यु को प्राप्त हुआ। इस महामारी को 'बर्दवान बुखार' (Burdwan Fever) के नाम से जाना गया। सन् 1943 की बाढ़ इससे भी अधिक भयानक थी, जिसने बर्दवान के ग्रामीण क्षेत्रों को 6 से 7 फुट तक जलमग्न किया तथा धान के खेतों, रेल यातायात, मवेशियों, पुलों इत्यादि सभी को पूरी तरह बहा ले गयी। इस बाढ़ में 'ग्रैंड ट्रंक' सड़क न केवल टूटी बल्कि पूरे बर्दवान एवं यहाँ तक कि कोलकाता शहर तक को खतरा उत्पन्न हो गया था।

जल-मग्नता एवं बाढ़ की बारंबारता से निपटने, पनबिजली उत्पादन, सिंचाई का विकास करने एवं संबंधित प्रदेश के कृषिगत एवं औद्योगिक विकास करने के उद्देश्यों से भारत सरकार द्वारा तत्कालीन बिहार एवं प. बंगाल सरकारों से विमर्श के उपरांत दामोदर घाटी परियोजना को प्रारंभ किया गया। संयुक्त राज्य अमेरिका के टेनिसी घाटी (Tennessee Valley) प्राधिकरण (TVA) पर आधारित इस परियोजना के प्रारंभिक ज्ञापन को टीवीए (TVA) के एक अग्रणी अभियंता डब्लू.एल. वूर्दुइन (W.L. Voorduin) द्वारा तैयार किया गया था। बाद में दामोदर घाटी निगम (DVC) की स्थापना एक संसदीय अधिनियम, 1948 द्वारा की गई।

यह परियोजना सात बाँधों पर अधारित थी–(i) मैथॉन, (ii) तिलैया, (iii) बाल पहाड़ी (तीनों ही बाँध बराकर नदी पर), (iv) पंचेत पहाड़ी, (v) अैय्यार (दोनों ही दामोदर नदी पर), (v) एक बाँध कोनार नदी तथा (vii) एक बाँध बोकारो नदी पर ***(चित्र 15.4)***। इन सभी बाँधों की सकल संग्रहण क्षमता 8 महीनों की गैर-मानसूनी अवधि में इस प्रदेश को सिंचाई उपलब्ध कराने के लिए समुचित थी। इस प्रकार दामोदर को एक सदानीर नदी में परिवर्तित करने की योजना थी। साथ ही बाढ़ की समस्या का निदान भी इसी में था।

जल विद्युत के उत्पादन के लिए तीन बड़ी पनबिजली परियोजनाओं की योजना थी जिन्हें तिलैया, मैथॉन एवं पंचेत पहाड़ी में स्थापित किया गया। इनकी स्थापित बिजली उत्पादन क्षमता 104,000 किलोवाट थी। बोकारो में 150,000 किलोवाट क्षमता वाले एक ताप विद्युत संयंत्र के स्थापना की योजना थी।

परियोजना के लाभ (Benefits of the Project)

दामोदर घाटी निगम, भारत के प्रादेशिक नियोजन के क्षेत्र में एक मील का पत्थर माना जाता है। इस परियोजना से प्राप्त होने वाले लाभ निम्न प्रकार हैं:

1. झारखंड, बिहार एवं प. बंगाल के बाढ़ प्रभावित क्षेत्रों में बाढ़ नियंत्रण।
2. विभिन्न बाँधों की सहायता से लगभग 260,000 किलोवाट पनबिजली का उत्पादन

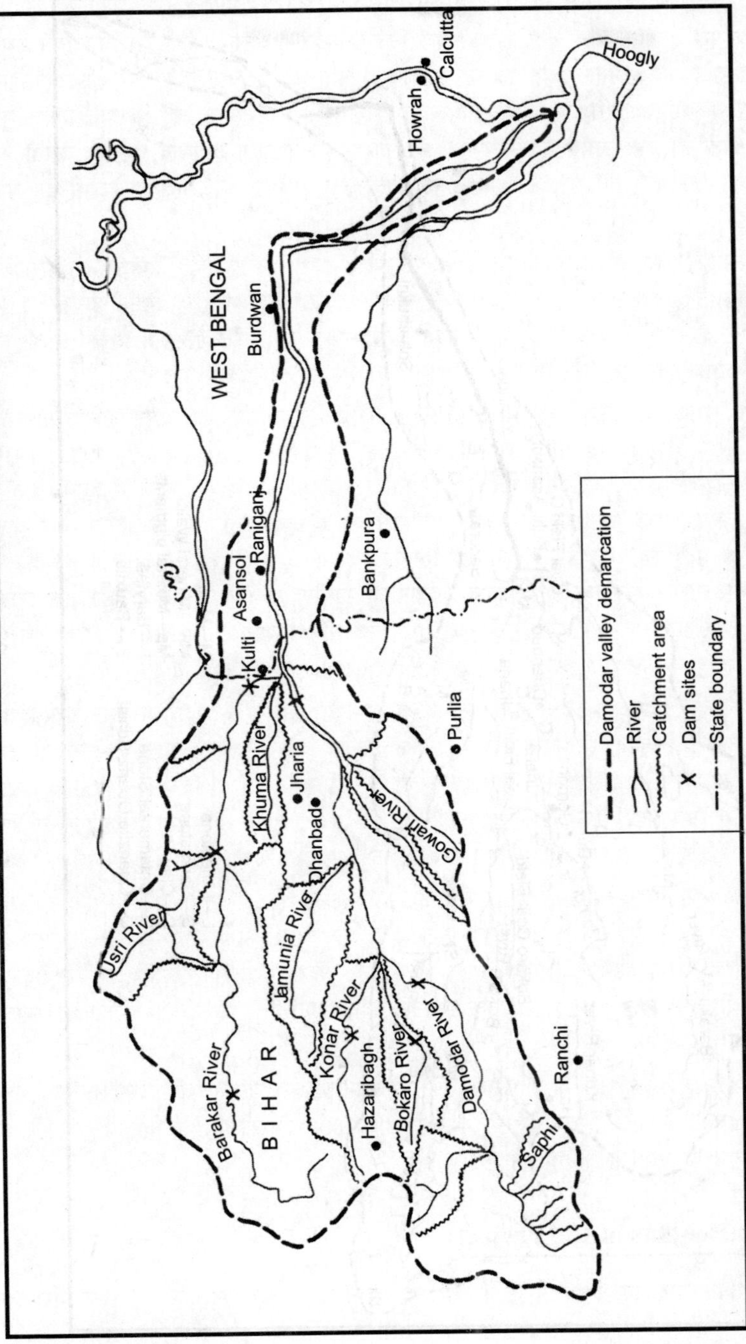

चित्र 15.2 दामोदर घाटी-अपवाह क्षेत्र

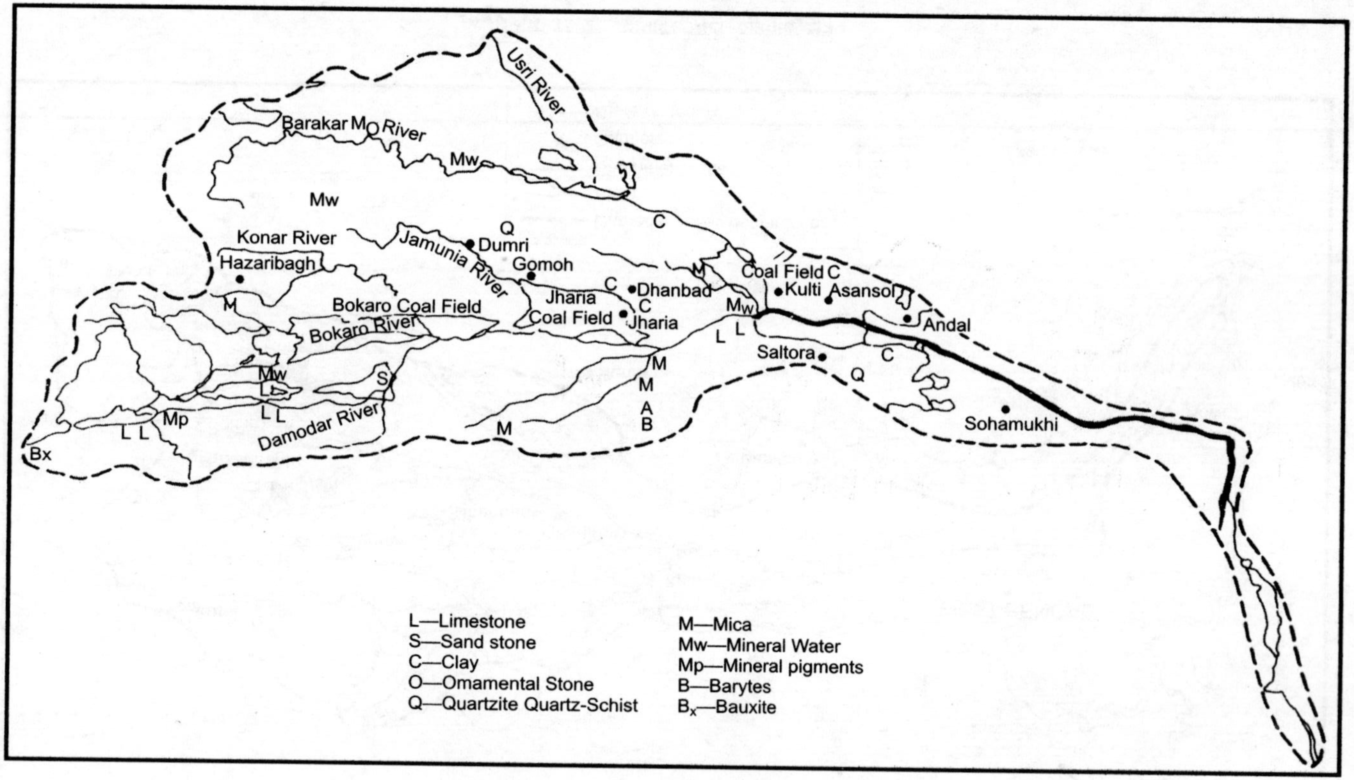

चित्र 15.3 दामोदर घाटी-चुनिंदा खनिज संपदा

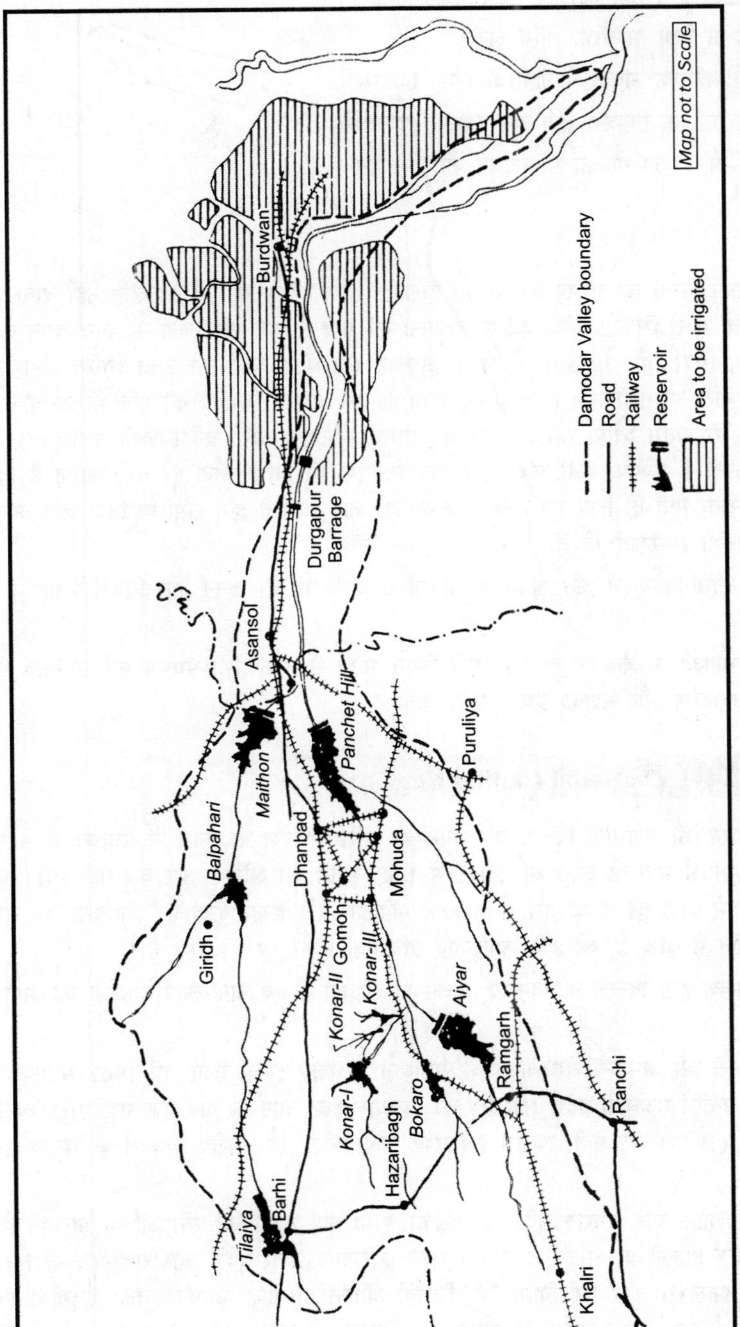

after R.C. Chandna

चित्र 15.4 दामोदर घाटी-विकास योजनाएँ

3. लगभग 5.5 लाख हेक्टेयर भूमि के लिए सिंचाई
4. जल प्रवाह के नियमन द्वारा मृदा अपरदन का नियंत्रण
5. कृषि एवं चारागाह के लिए अतिरिक्त भूमि अर्जन
6. दामोदर एवं इसकी सहायक नदियों में नौपरिवहन का विकास
7. मलेरिया एवं अन्य रोगों के नियंत्रण द्वारा जन-स्वास्थ्य प्रोत्साहन
8. जल संग्राहकों एवं अन्य जल ग्राहकों में मत्स्यन को प्रोत्साहन
9. औद्योगिक विकास
10. पर्यटन प्रोत्साहन

बाढ़ नियंत्रण दामोदर घाटी निगम का प्रमुख उद्देश्य था। हालांकि, इस उद्देश्य में पूर्ण सफलता नहीं प्राप्त हो सकी है। इस परियोजना के प्रस्तावित 7 बाँधों में से सिर्फ 5 बाँधों की ही स्थापना की गयी है। इस परियोजना के कार्यान्वयन के बाद भी भीषण बाढ़ें आयी हैं (1959, 1970, 1971 और 1978)। नदियों के अपवाह क्षेत्र में हुई वनों की उच्च स्तरीय कटाई एवं नये वनों के नहीं लगाये जाने से बाँधों में भारी अवसादीकरण (Siltation) हुआ है। इस क्षेत्र में बिजली की पूर्ति भी अपर्याप्त है, जिस कारण उद्योगों के बंद तक होने का भी खतरा व्याप्त रहा है। बाढ़ की निरंतर संभावना बाँधों को बिजली उत्पादन के लिए उपयोग में लाये जाने में बाधा उत्पन्न करती हैं क्योंकि इन्हीं बाँधों द्वारा बाढ़ नियंत्रण भी किया जाना है। यही कारण है कि इस प्रदेश की बिजली आवश्यकताओं की निरंतर पूर्ति के लिए पन बिजली क्षमता को ताप बिजली द्वारा समर्थित किए जाने का प्रस्ताव था। इस परियोजना के साथ प्रबंधन संबंधी समस्याएँ भी हैं।

दामोदर नदी के किनारे औद्यगिकीकरण और खनन ने खनिजों में कमी की है। खनन और विषैले प्रवाह ने नदी को प्रदूषित किया है।

सभी कमियों एवं आलोचनाओं के बावजूद दामोदर घाटी निगम भारत में नदी द्रोणी प्रबंधन एवं समेकित प्रादेशिक विकास की दिशा में एक महत्वपूर्ण उदाहरण और सशक्त प्रयास माना जाता है।

राष्ट्रीय राजधानी प्रदेश (National Capital Region)

स्वतंत्रता-प्राप्ति के पश्चात् भारत की राजधानी दिल्ली की जनसंख्या वृद्धि दर देश के नगरों में सर्वोच्च में से एक थी। दिल्ली की कुल आबादी, जो सन् 1901 में मात्र दो लाख थी, 2011 में 1.68 करोड़ का आँकड़ा पार कर गई। 1911 की जनगणना के अनुसार दिल्ली के लिंगानुपात में वृद्धि हुई है जो इस समय 868 महिलाएँ प्रति हजार पुरुष है। इस वृद्धि का मुख्य कारण 0-6 वर्ष की आयु वर्ग में लिंगानुपात में वृद्धि है, जो 871 बालिकाएँ प्रति एक हजार पुरुष हो गई है।

तेज गति से बढ़ती जनसंख्या द्वारा दिल्ली की नगरीय आधारभूत संरचनाओं एवं नागरिक सुविधाओं को अति दबाव में डाला है।

आने वाले समय में दिल्ली की अन्यान्य समस्याओं के समाधान के लिए इसके लिए वर्ष 1962 में एक 'मास्टर योजना' (Master Plan) बनायी गयी। राष्ट्रीय राजधानी प्रदेश (NCR) की अवधारणा के आने के बाद एक राष्ट्रीय राजधानी प्रदेश नियोजन बोर्ड (NCRPB) की स्थापना (1973) की गयी, जिससे इस प्रदेश के ग्रामीण एवं नगरीय विकास के समन्वय का कार्य करना तय हुआ।

राष्ट्रीय राजधानी प्रदेश हालांकि एक नगरीय प्रदेश है। इसकी सीमा कई राज्यों की सीमाओं के पार भी है। इस प्रदेश के अंतर्गत पूरे राष्ट्रीय राजधानी क्षेत्र दिल्ली के अतिरिक्त पड़ोसी राज्यों हरियाणा, उत्तर प्रदेश और राजस्थान के हिस्से भी आते हैं। इस नगरीय प्रदेश का कुल क्षेत्रफल 30,242 वर्ग कि.मी. है, जिसके अंतर्गत हरियाणा के फरीदाबाद, गुड़गाँव, रोहतक, सोनीपत, पानीपत, रेवाड़ी एवं महेन्द्रगढ़ (सिर्फ बावल तहसील) जिले; उत्तर प्रदेश के मेरठ, गाजियाबाद, बागपत, गौतम बुद्ध नगर एवं बुलंदशहर जिले और राजस्थान की अलवर, रामगढ़, बहरोड, मंडावर, किशनगढ़ एवं तिजारा तहसीलें शामिल हैं ***(चित्र 15.5)***।

after R.C. Chandna

चित्र 15.5 राष्ट्रीय राजधानी क्षेत्र (NCR)

राष्ट्रीय राजधानी प्रदेश की प्रादेशिक योजना के मुख्य उद्देश्य

राष्ट्रीय राजधानी प्रदेश की प्रादेशिक योजना के मुख्य उद्देश्य निम्न प्रकार हैं:

1. इस प्रदेश के सभी संघटकों के समेकित विकास (Integrated Development) द्वारा जनसंख्या को प्रबंधन सीमाओं के अंदर रखना।
2. इसकी तरफ आकर्षित जनसंख्या को बाहर के नगरों (काउंटर मैग्नेट्स) की तरफ निर्देशित करना, यथा–गाजियाबाद, फरीदाबाद, गुड़गांव, बल्लभगढ़, बहादुरगढ़, लोनी, नरेला, सोनीपत, पानीपत, मुरादनगर, मोदी नगर, बागपत, हापुड़, दादरी, सिकंदराबाद एवं दनकौर, इत्यादि।
3. आर्थिक गतिविधियों का दिल्ली महानगर से बाहर के नगरों की तरफ विकेन्द्रीकरण।
4. बड़े उद्योगों को दिल्ली महानगर क्षेत्र के बाहर रखना।
5. इस प्रदेश में आधारिक संरचनाओं (बिजली, परिवहन, संचार, पेय जल आवास, शिक्षा, चिकित्सा सुविधाएँ, इत्यादि) का विकास करना तथा चुनिंदा सरकारी कार्यालयों को नगरीय क्षेत्र के बाहर स्थापित करने को प्रोत्साहन।
6. इस प्रदेश के ग्रामीण एवं नगरीय विकास में समानता, संतुलन तथा समन्वय की स्थापना।
7. दिल्ली को विश्वस्तरीय शहर बनाना।

प्रदेश की मुख्य समस्याएँ (Major Problems of the Region)

राष्ट्रीय राजधानी प्रदेश की समस्याएँ स्वतंत्रता के बाद तेजी से गंभीर होती गयी हैं। दिल्ली के अनियोजित नगरीय विकास से उत्पन्न होने वाली समस्याओं को निम्न प्रकार देखा जा सकता है:

1. अंतःप्रवसन (In-migration)

इसकी तरफ इस प्रदेश एवं इसके बाहर से होने वाली जनसंख्या का प्रवसन एक गंभीर समस्या है (प्रतिवर्ष ऐसी प्रवसित जनसंख्या लगभग 2 लाख है)।

2. आवश्यक सेवाओं की अपर्याप्तता (Shortage of Essential Services)

जलापूर्ति, बिजली, परिवहन, अवशेष व्ययन, इत्यादि की समस्याएँ दिन–प्रतिदिन गंभीर होती गयी हैं।

3. भीड़-भाड़ (Congestion)

दिल्ली में जीवन की गुणवत्ता में तेजी से ह्रास हो रहा है, जो नियोजकों के लिए एक गहरी चिंता का विषय है।

4. रोजगार के अवसरों को बढ़ावा देना

दिल्ली में रोजगार के अवसरों में वृद्धि हो रही है, जो एक खिंचाव का काम कर रहा है और राजधानी के आसपास के अधिकाधिक लोगों को आकर्षित करने का काम कर रहा है।

5. आधारभूत संरचना पर भारी दबाव

दिल्ली में बड़ी आबादी के नित्य-निरंतर आगमन से (दिल्ली की जनसंख्या हरेक जनगणना में सभी अनुमानों के पार हो गई है) लगभग इसका समूचा सेवागत ढांचा बुरी तरह ध्वस्त हो गया है।

6. जीवन की गुणवत्ता में ह्रास

राष्ट्रीय राजधानी में जीवन की गुणवत्ता में तेजी से गिरावट सभी योजनाकारों के लिए चिंता का विषय है। नतीजा है कि दिल्ली अब विश्व के सर्वाधिक प्रदूषित महानगरों में शुमार हो गई है।

7. *बढ़ती अपराध दर (Increase in Crime Rate)*

दिल्ली में विभिन्न प्रकार के अपराधों की दर बढ़ती गई है। सुंयक्त राष्ट्र संघ के विशेषज्ञों के अनुसार भारत की राजधानी दिल्ली बालक-बालिकाओं के अवैध व्यापार का एक गढ़ बन गया है। दिल्ली में बाल बंधुआ मजदूरों को घरों में काम करने के लिए बाध्य किया जाता है तथा लड़कियों को देह-व्यापार में धकेल दिया जाता है। इस व्यापार में बेदिया, नट तथा कंजर अनुसूचित जन-जातियों की भूमिका विशेष है।

8. *जीवन आनंददायक नहीं*

घनी जनसंख्या के राजधानी प्रदेश में लोगों का जीवन तनावपूर्ण है। अधिकतर लोगों का जीवन सुखी नहीं है।

नियोजन रणनीति (Planning Strategy)

इस प्रदेश के समुचित विकास को ध्यान में रखकर इसके नियोजित विकास में निम्न रणनीति को शामिल किया गया:

(i) दिल्ली शहर की वृद्धि को अत्वरित करना।

(ii) दिल्ली नगरीय क्षेत्र (DMA) की वृद्धि दर को नियंत्रित करना।

(iii) पर्याप्त सेवाओं से संपन्न प्रादेशिक केन्द्रों का विकास ***(चित्र 15.6)***।

(iv) राष्ट्रीय राजधानी प्रदेश की जनसंख्या वृद्धि दर को वर्तमान के 3 से 4% प्रति वर्ष से घटाकर 1.2 प्रतिशत प्रतिवर्ष करना।

(v) प्रतिवर्ष होने वाले अंत:प्रवसन की संख्या को 84,000 करना।

(vi) प्रदेश के अन्य शहरों के प्रकार्यात्मक चरित्र का विविधीकरण।

(vii) स्थगन की स्थिति में पड़ी इस प्रदेश के नगरीय केन्द्रों की अर्थव्यवस्था का पुनरुत्थान।

(viii) प्रदेश के संतुलित त्रिकास के लिए प्राथमिक नगरों का चयन और उनका नियोजित विकास ***(चित्र 15.7)***।

(ix) मेरठ, बुलंदशहर, पानीपत, रेवाड़ी, अलवर, भिवाड़ी, खुर्जा, धारूहेड़ा, रोहतक, पलवल इत्यादि ***(चित्र 15.7)*** जगहों का प्रादेशिक केन्द्रों के रूप में विकास तथा रोजगार के लिए दिल्ली नगर की तरफ प्रवसित जनसंख्या के इन केन्द्रों में प्रवसन को प्रोत्साहन।

(x) अनुमंडलीय कार्यालयों वाले स्थानों एवं अन्य जगहों पर उप-प्रादेशिक केन्द्रों, कृषि विपणन, सेवा केन्द्रों एवं औद्योगिक केन्द्रों का विकास।

दिल्ली को साफ एवं आनंददायक स्थान बनाने एवं इसकी भीड़-भाड़ एवं आधारभूत संरचनाओं पर बढ़ते दबाव को कम करने की दिशा में एन.सी.आर. योजना अहम भूमिका निभाने की क्षमता रखता है:

1. *जनसंख्या का वितरण (Distribution of Population)*

राष्ट्रीय राजधानी प्रदेश की योजना में दिल्ली की बढ़ती जनसंख्या को नियंत्रित करने के लिए अनेक केन्द्रों की सलाह दी गयी है-मेरठ, हापुड़, बुलंदशहर, खुर्जा, पलवल, बल्लभगढ़, रेवाड़ी-भिवाड़ी-धारूहेड़ा, रोहतक, अलवर एवं पानीपत। इन्हें 'केन्द्रक बिन्दु' (Nodal Points) कहा गया है।

2. *आर्थिक गतिविधियों का विकेन्द्रीकरण*

दिल्ली की तरह ही इसके आस-पास (प्रदेश की) के नगरों को अच्छी क्षमता वाले आर्थिक केन्द्र के रूप में विकसित करना ताकि बेहतर आर्थिक गतिविधियों के उद्देश्य से इसकी तरफ प्रवसित जनसंख्या यहाँ के बदले इन नये केन्द्रों की ओर आकर्षित हो सके।

3. परिवहन क्षेत्र (*Transport Sector*)

परिवहन नगरीय आधारभूत संरचना का एक महत्वपूर्ण घटक है। न सिर्फ दिल्ली नगरीय क्षेत्र में इसके उचित विकास और विस्तार की आवश्यकता है, साथ ही राष्ट्रीय राजधानी प्रदेश के प्रादेशिक नगर केन्द्रों की ओर जनसंख्या का आकर्षण अन्य तत्वों के साथ-साथ वहाँ उपलब्ध परिवहन व्यवस्था पर भी निर्भर करता है। यही कारण है कि, दिल्ली में नगरीय परिवहन की रेल आधारित तेज जन-परिवहन का विकास किया गया (मेट्रो रेल), जिसका विस्तार अब इस प्रदेश के अन्य क्षेत्रों (दिल्ली नगर क्षेत्र के बाहर) में भी हो गया है। इसी प्रकार बस आधारित इस प्रकार की परिवहन व्यवस्था के विकास पर भी बल दिया जा रहा है। साथ ही बेहतर सड़कों, फ्लाई ओवर एवं संपर्क मार्गों का भी विकास और विस्तार किया जा रहा है। मेट्रो (Delhi MRTS) के द्वारा दिल्ली को आस-पास के नगरों से जोड़कर, परिवहन की समस्या का समाधान किया जा रहा है।

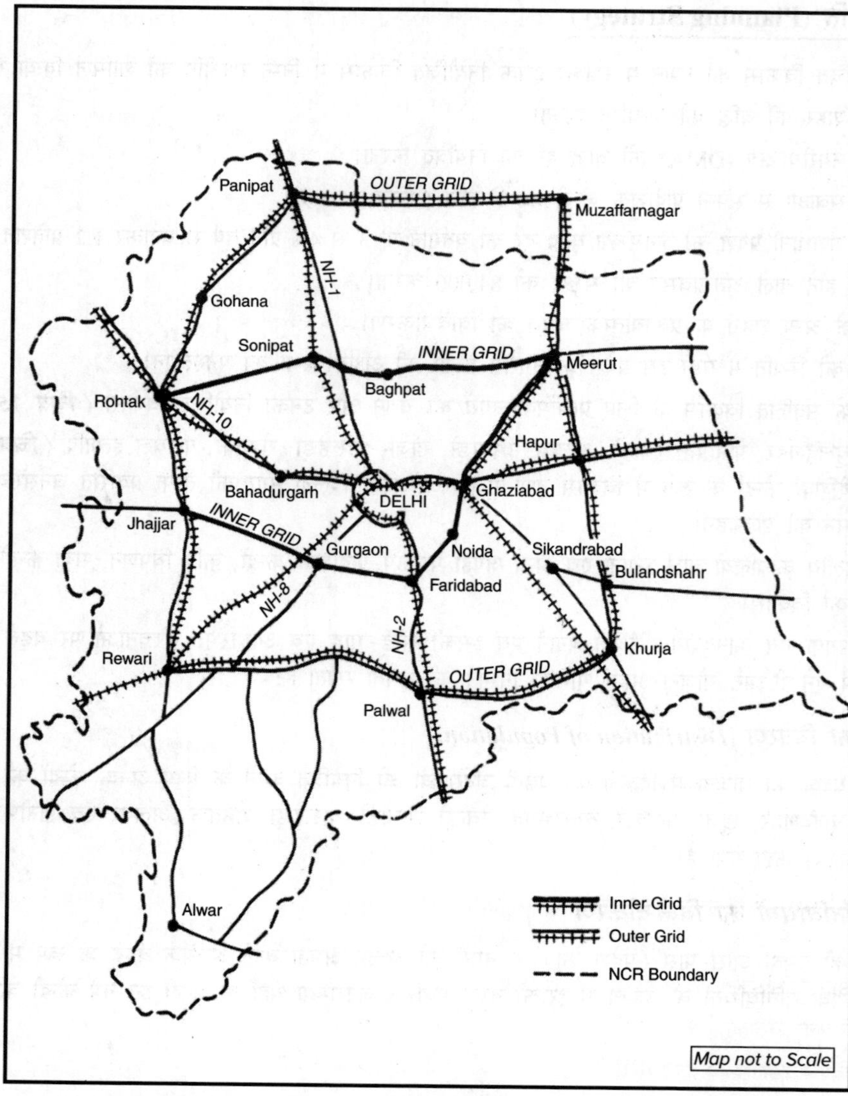

after R.C. Chandna

चित्र 15.6 राष्ट्रीय राजधानी प्रदेश-परिवहन व्यवस्था

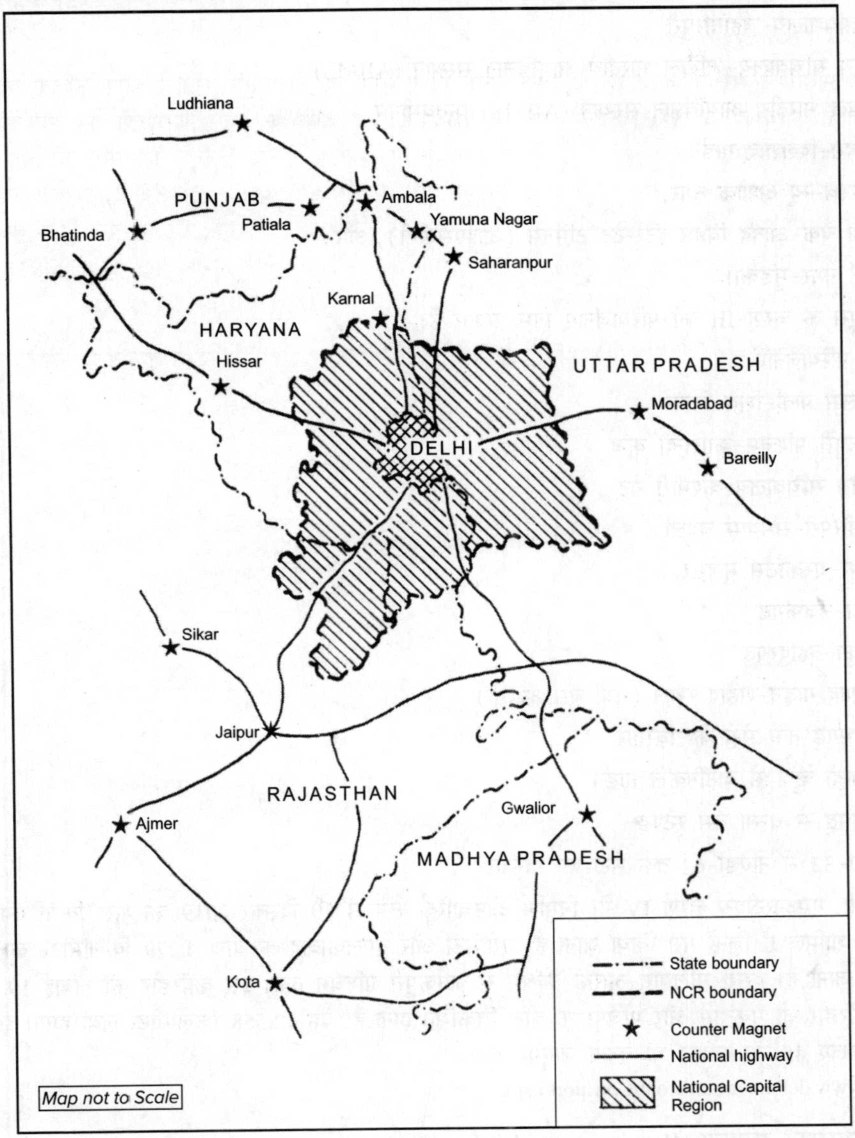

चित्र 15.7 राष्ट्रीय राजधानी प्रदेश-प्रस्तावित प्रादेशिक नगर

दिल्ली मेट्रो रेल प्रणाली जिसे तकनीकी रूप से दिल्ली मॉस रेपिड यातायात तंत्र (MRTs) के नाम से जाना जाता है और लोकप्रिय रूप से दिल्ली मेट्रो कहा जाता है, के चार चरण हैं:

दिल्ली एमआरटीएस चरण-I में निम्नलिखित शामिल हैं:

लाईन-1: दिल्ली-रिठाला

लाईन-2: विश्वविद्यालय-केंद्रीय सचिवालय

लाईन-3: बाराखंभा रोड-द्वारका और लाईन-3 का विस्तार-द्वारका उपशहर और बाराखंभा रोड-इन्द्रप्रस्थ।

दिल्ली एमआरटीएस परियोजना चरण-II (50.07 कि.मी.) की अनुमानित लागत ₹8118 करोड़ है, में निम्नलिखित सरेखण शामिल हैं।

1. विश्वविद्यालय-जहांगीरपुरी
2. केंद्रीय सचिवालय-अखिल भारतीय आयुर्विज्ञान संस्थान (AIIMS)
3. अखिल भारतीय आयुर्विज्ञान संस्थान (AIIMS)-कुतुबमीनार
4. शाहदरा-दिलशाद गार्डन,
5. इन्द्रप्रस्थ-न्यू अशोक नगर,
6. यमुना बैंक-आनंद विहार इंटरस्टेट टर्मिनस (आईएसबीटी), और
6. कीर्ति नगर-मुंडका।

एमआरटीएस के चरण-III की परियोजनाएं निम्न प्रकार है:

चरण-III परियोजनाएं

1. मजलिस पार्क-शिव विहार
2. जनकपुरी पश्चिम-कालिन्दी कुंज
3. केन्द्रीय सचिवालय-कश्मीरी गेट
4. जहांगीरपुरी-समयपुर बदली
5. बदरपुर-एस्कॉर्टस मुजेसर
6. द्वारका-नजफगढ़
7. मुन्डका-बहादुरगढ़
8. दिलशाद गार्डन-शहीद स्थल (नया बस अड्डा)
9. बल्लभगढ़ तक मेट्रो का विस्तार
10. कालिन्दी कुंज से बाटॅनिकल गार्डन
11. नजफगढ़ से धन्सा बस स्टैण्ड
12. नोएडा-32 से नोएडा-62 तक मैट्रो का विस्तार

डीएमआरसी, एमआरटीएस चरण IV पर निर्माण औपचारिक रूप से 30 दिसंबर 2019 को शुरू किया गया था। इस चरण में तीन गलियारे शामिल हैं जिन्हें पूरा किया जाना है। एरोसिटी और तुगलकाबाद के बीच 4.279 किलोमीटर का पहला कॉरिडोर विकसित किया जाना है। दूसरा गलियारा आरके आश्रम से जनकपुरी पश्चिम तक। इस कॉरिडोर की लंबाई 19.520 किलोमीटर होगी। तीसरा कॉरिडोर जो मुकुंदपुर और मौजपुर के बीच विकसित होना है, वह 12.558 किलोमीटर लंबा होगा। इन सभी कॉरिडोर के संचालन के लिए 45 नए स्टेशन भी बनाए जाएंगे।

Source: http://www.delhimetrorail.com/Corridors.aspx

4. *नगरीय आधारभूत संरचना (Development of Infrastructure)*

राष्ट्रीय राजधानी प्रदेश एक नगरीय प्रादेशिक नियोजन है। अतः इस पूरे प्रदेश में नगरीय जनजीवन को बेहतर बनाने संबंधी आधारभूत संरचनाओं का विकास करना अत्यावश्यक है। इसके लिए पेय जल, सफाई, प्रभावी सीवरेज व्यवस्था, बिजली, रसोई गैस, आवास, प्राथमिक एवं अन्य चिकित्सा केन्द्रों के विकास के साथ-साथ इस योजना में पर्यावरण संरक्षण की ओर भी ध्यान दिया गया है। इसके अतिरिक्त पूरे प्रदेश के नियोजित विकास पर विशेष ध्यान दिया जा रहा है।

5. *ग्रामीण विकास (Rural Development)*

राष्ट्रीय राजधानी प्रदेश का एक बड़ा भाग ग्रामीण जन-जीवन का भी है। इन ग्रामीण क्षेत्रों के विकास के लिए भी इस योजना में व्यापक व्यवस्था की गई है। उचित ग्रामीण विकास की निम्न बातों पर ध्यान दिया जा रहा है:

(i) सभी गाँवों में निचले स्तर की सेवाओं की उपलब्धि तथा सेवा केन्द्रों में ऊपरी स्तर की सेवाओं की उपलब्धि,
(ii) गांवों में बैंकों, बाजारों एवं अन्य विशेषीकृत सेवाओं की उपलब्धि,

(iii) सभी गाँवों को नगरीय केन्द्रों से जोड़ने की परिवहन व्यवस्था,
(iv) कृषिगत उत्पादों के लिए उचित विपणन सुविधाएँ,
(v) गाँवों में गैर-कृषि-आधारित रोजगारों का सृजन,
(vi) गाँवों से बहिर्प्रवसन का नियंत्रण,
(vii) गैर-कृषक मजदूरों की कुशलता का विकास,
(viii) उदारीकृत ऋण व्यवस्था द्वारा ग्रामीण आवास को प्रोत्साहन,
(ix) ग्रामीण युवाओं को व्यावसायिक शिक्षा की उपलब्धि,
(x) वयस्क शिक्षा की उचित व्यवस्था, एवं;
(xi) गाँवों में सामुदायिक संगठनों का विकास तथा इनके विकास की प्रक्रिया में जन-सहभागिता का प्रोत्साहन।

6. जन-स्वास्थ्य एवं पर्यावरण (Public Health and Environment)

राष्ट्रीय राजधानी प्रदेश के उचित विकास के लिए इस प्रदेश की निम्न स्तरीय स्वास्थ्य व्यवस्था पर विशेष बल देने की आवश्यकता है। साथ ही प्रदेश के विकास में पर्यावरणीय मुद्दों के प्रति बेहतर संवेदनशीलता के विकास की भी आवश्यकता है। पर्यावरणीय संपोषण की अनदेखी इस प्रदेश के विकास को सततता प्रदान नहीं कर पाएगा।

7. रोजगार के अवसर (Employment Opportunities)

इस प्रदेश के विकास में ग्रामीण एवं शहरी दोनों ही क्षेत्रों में उचित मात्रा में रोजगार सृजन की सबसे बड़ी भूमिका होगी। प्रदेश में रोजगार-सृजन के लिए तीन क्षेत्रों का चयन किया गया है:

(i) सरकारी एवं सार्वजनिक क्षेत्र उपक्रमों, (ii) थोक विक्रय, तथा; (iii) उद्योग।

8. आवास (Housing)

प्रदेश में आवास की पर्याप्त व्यवस्था हो इसके लिए इस योजना में ठोस प्रावधान दिए गए हैं–(i) आवासीय रूप से उचित क्षेत्रों/स्थलों का चुनाव तथा आवास का नियोजित विकास, (ii) शहरी विकास के लिए अतिरिक्त भूमि की व्यवस्था, एवं; (iii) भविष्य में अनियोजित नगर विकास न हो इसके लिए ठीक विधियों का निर्माण तथा इसके लिए विशेष प्राधिकरण (authority) की व्यवस्था।

9. संस्थानिक संरचना (Institutional Structure)

इस नगरीय प्रादेशिक योजना के सभी निर्माण, कार्यान्वयन एवं मूल्याँकन के लिए एक संस्थानिक संरचना का निर्माण किया गया है। अंतर्राज्यीय प्रकृति की योजना होने के कारण यह संरचना न सिर्फ बड़ी और जटिल है बल्कि इसे अपने प्रकार्यों को पूरा करने में भी व्यवहारिक समस्याएँ आती रहती हैं। इस संस्थानिक संरचना (राष्ट्रीय राजधानी प्रदेश नियोजन बोर्ड) के अतिरिक्त इसमें अन्य उपबंध भी हैं–(i) प्रदेश के प्रत्येक उप-प्रदेशों के लिए 'नियोजन कक्ष' (Planning cell) की व्यवस्था, (ii) नियोजन निकायों के अंदर ही प्रबोधन (Monitoring) करने वाली इकाईयों की व्यवस्था, तथा; (iii) प्रत्येक क्षेत्रों एवं प्रत्येक उप-प्रदेशों के नियोजित विकास की त्रैमासिक समीक्षा।

भारत में गरीबी (Poverty in India)

विश्व की लगभग 17% जनसंख्या भारत में रहती है, परन्तु विश्व आय का केवल 2.6% ही भारत की आय है। गरीबी एवं बेराजगारी भारत की सबसे बड़ी समस्याएं हैं। भारत में प्रतिवर्ष 5 लाख से अधिक अर्थात 10 हजार बच्चे प्रतिवर्ष कुपोषण एवं भूख से मर जाते है। बेराजगारि के कराण युवा पीढ़ी अपराध की ओर बढ़ रही है, जो देश की आर्थिक एवं सामाजिक उन्नति में मुख्य रुकावट हैं। भारत में राष्ट्रीय एवं राज्य स्तरों पर गरीबी का आंकलन योजना आयोग द्वारा किया जाता है। इसके लिए आयोग द्वारा राष्ट्रीय सेंपल सर्वेक्षण (NSS) द्वारा इकट्ठा किए गए घरेलू उपभोक्ता व्यय के वार्षिक आँकड़े को आधार बनाया जाता है

जो ग्रामीण व्यक्ति प्रतिमाह ₹369, तथा नगरवासी ₹559 प्रतिमाह से कम खर्च करते है। उनको गरीबी रेखा से नीचे (Below the poverty line) वर्ग में सम्मिलित माना जाता है।

भारत के विभिन्न वर्गों की आय तथा व्यय में भारी अन्तर पाया जाता है। नेशनल सेम्पल सर्वे (NSS) के अनुसार भारत में 5% जनसंख्या के खर्च करने की कोई सीमा नहीं है, जबकि गरीबी रेखा (BPL) से ग्रामीण जनसंख्या प्रति माह ₹616 (₹22.50 प्रति दिन) तथा नगरों में गरीबी रेखा से नीचे के लोग प्रति माह ₹827 (₹27.50 प्रति दिन) खर्च करते हैं। ओडिशा तथा झारखंड में सबसे अधिक गरीब जनसंख्या है, जबकि बिहार राज्य के नगरों में औसत खर्च सबसे कम है। इस प्रकार, भारत के आर्थिक विकास में भारी विविधता पाई जाती है तथा सबका उचित मानव विकास नहीं हो पा रहा है।

पिछले 5 वर्षों के आँकड़ों (2008-09) के आधार पर भारत में गरीबी की मात्रा 26% (31.5 करोड़) है। गैर-सरकारी आँकड़ों के अनुसार दरिद्र (BPL) लोगों की संख्या कहीं अधिक है, जिसमें निरन्तर वृद्धि हो रही है। वर्तमान में (NSSO का 61वां चक्र) भारत की बेरोजगारी वृद्धि दर 3.06% है, जो काफी उच्च है। पिछली सदी के 90 के दशक में भारत के संगठित क्षेत्र, सार्वजनिक क्षेत्र एवं निजी क्षेत्र सभी में रोजगार की मात्रा में कमी आयी। 11वीं पंचवर्षीय योजना में सेवा एवं विनिर्माण (Manufacturing) क्षेत्रों में अतिरिक्त रोजगार सृजन पर बल दिया गया है, साथ ही पर्यटन एवं निर्माण (Construction) क्षेत्रों के द्वारा तथा श्रम आधारित उद्योगों को प्रोत्साहित करके इस लक्ष्य की प्राप्ति का उद्देश्य रखा गया है। जहाँ भारत में गरीबी की आकाशीय स्थिति ***चित्र 15.8*** में दर्शायी गयी है वहीं इसकी राज्यवार प्रतिशतता ***तालिका 15.1*** में वर्णित की गयी है।

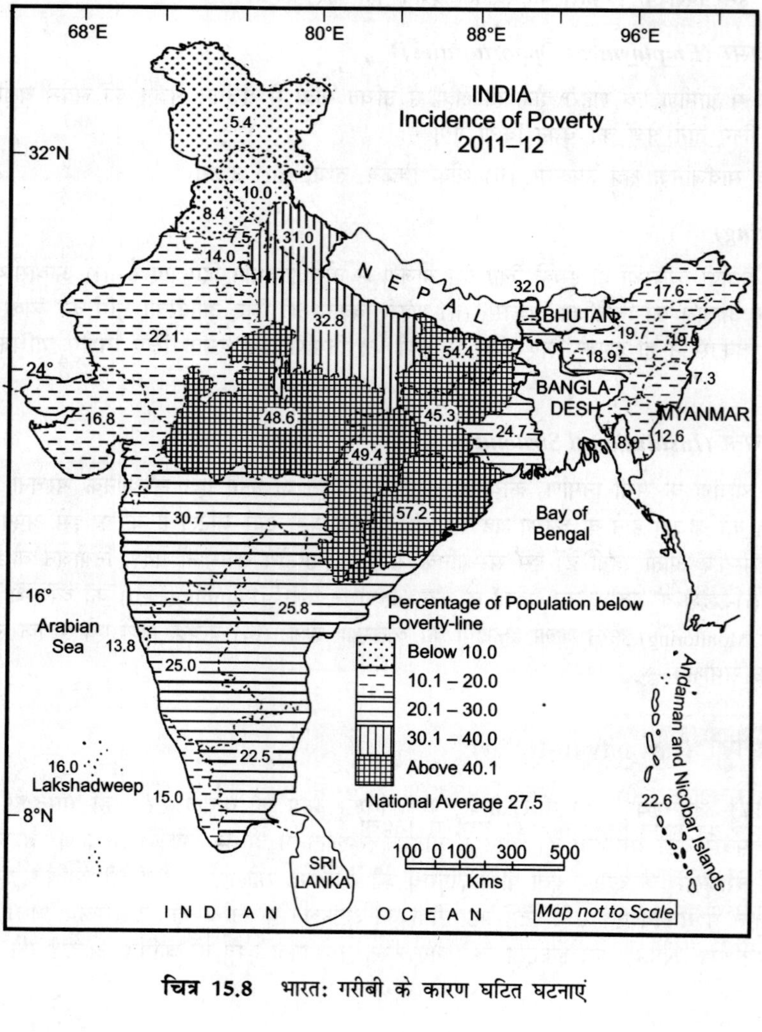

चित्र 15.8 भारतः गरीबी के कारण घटित घटनाएं

तालिका 15.1 मुख्य राज्यों में गरीबी का सम्पात

राज्य	गरीबी-जनसंख्या के प्रतिशत के रूप में (2011-12)
1. आंध्र प्रदेश	39.7
2. अरुणाचल प्रदेश	35.0
3. असम	39.7
4. बिहार	41.4
5. छत्तीसगढ़	54.4
6. गोवा	8.0
7. गुजरात	16.8
8. हरियाणा	14.0
9. हिमाचल प्रदेश	10.0
10. जम्मू एवं कश्मीर	9.0
11. झारखंड	40.3
12. कर्नाटक	25.0
13. केरल	15.0
14. मध्य प्रदेश	38.3
15. महाराष्ट्र	30.7
16. मणिपुर	23.0
17. मेघालय	22.0
18. मिजोरम	16.0
19. नगालैंड	32.0
20. ओडिशा	57.0
21. पंजाब	8.4
22. राजस्थान	22.1
23. सिक्किम	32.0
24. तमिलनाडु	22.5
25. त्रिपुरा	33.0
26. उत्तराखंड	31.0
27. उत्तर प्रदेश	32.8
28. पश्चिम बंगाल	24.7
भारत	**27.5**

स्रोत: आर्थिक सर्वेक्षण 2012-13

मानव विकास सूचकांक, 2017 के अनुसार भारत का विश्व के 188 देशों में 131वां स्थान है। लिंग-असमानता (Gender inequality) में भारत का स्थान विश्व के 144 देशों में 108वां है।

तालिका 15.1 से यह ज्ञात होता है कि ओडिशा (46.4%), बिहार (41.4%) तथा झारखंड (40.3%) में अत्यधिक गरीबी है। सबसे कम गरीबी पंजाब (8.4%), कश्मीर (9.0%), हिमाचल प्रदेश (10.0%), केरल (15%), आंध्र प्रदेश (15%) तथा गुजरात (16.8%) में है। गरीबी का सम्पात राष्ट्रीय औसत (27.5%) से अधिक छत्तीसगढ़, मध्य प्रदेश, महाराष्ट्र, उत्तराखंड तथा उत्तर प्रदेश में है।

जहाँ तक बेरोजगारी का प्रश्न है। 2011-12 में सबसे अधिक 10% बेरोजगारी केरल राज्य में है। छोटे राज्यों में नगालैंड में 27% तथा त्रिपुरा में 15% बेरोजगारी है (NSSO, 2011-12)।

भारत सरकार देश के विभिन्न राज्यों में सार्वजनिक वितरण प्रणाली (PDS) को अधिक मजबूती प्रदान करने की कोशिश कर रही है ताकि गरीबी के प्रतिशत को घटाया जा सके। सार्वजनिक वितरण प्रणाली के माध्यम से सरकार लोगों के लिए खाद्य सुरक्षा सुनिश्चित करती है। कई जगहों पर सार्वजनिक वितरण प्रणाली सुचारू रूप से कार्य नहीं कर रही है तथा इसके अंतर्गत अनाजों के रख-रखाव के लिए पर्याप्त व्यवस्था भी नहीं है। मूल्य स्थिरता को कायम रखने में असफलता तथा भ्रष्टाचार से भी यह प्रणाली ग्रसित है।

राष्ट्रीय पतिदर्श सर्वेक्षण (NSS) के अनुसार 2000 तथा 2012 के समय में गरीब तथा अमीर के अन्तराल में वृद्धि हुई है। ग्रामीण जनसंख्या के धनी 5% वर्ग में व्यय में 60% वृद्धि हुई है जबकि सबसे गरीब 5% ग्रामीण वर्ग में व्यय केवल 30% बढ़ा है। नगरीय जनसंख्या में अमीर 5% वर्ग में व्यय में 63% वृद्धि हुई है। जबकि नगरीय 5% गरीबों के व्यय में केवल 33% वृद्धि हुई है।

गरीबी उन्मूलन एवं रोजगार सृजन कार्यक्रम

गरीबी उन्मूलन के लिए रोजगार सृजन पर बल देना एक आजमाया हुआ तरीका है। भारत में भी गरीबी उन्मूलन के लिए समय-समय पर सरकार द्वारा अनेकानेक रोजगार सृजन कार्यक्रमों को लागू किया गया है। इनमें से कुछ महत्वपूर्ण कार्यक्रम निम्न प्रकार हैं:

1. प्रधानमंत्री ग्रामीण सड़क योजना (PMGSY), 2006: इस कार्यक्रम का मूल उद्देश्य सभी गांवों को सभी मौसम में कनेक्टिविटी प्रदान करना है।
2. इंदिरा आवास योजना (IAY), 1975
3. स्वर्ण जयंती ग्राम स्वरोजगार योजना (SGSY), 1999
4. संपूर्ण ग्रामीण रोजगार योजना (SGRY), 2001
5. सूखा प्रवण क्षेत्र कार्यक्रम (DPAP), 1973-74 मरुस्थल विकास कार्यक्रम (DDP), 1977-78 तथा समेकित बंजर
6. स्वर्ण जयंती शहरी रोजगार योजना (SJSRY), 2006
7. वाल्मिकी अम्बेडकर आवास योजना (VAMBAY), 2001
8. खाद्य सुरक्षा अधिनियम (2013)
9. एकीकृत ग्रामीण विकास कार्यक्रम (IRDP), 1980
10. काम के लिए भोजन कार्यक्रम
11. महात्मा गांधी ग्रामीण रोजगार गारंटी अधिनियम, 2005
12. राष्ट्रीय सामाजिक सहायता कार्यक्रम (NSAP)

अंतर्राष्ट्रीय खाद्य नीति अनुसंधान संस्थान (IFPRI) के अनुसार विश्व के भूख से पीड़ित देशों मे भारत में सबसे अधिक लोग भूख तथा कुपोषण से मरते हैं। लगभग 44% पाँच वर्ष से कम आयु के बच्चों का वजन सामान्य से बहुत कम है। जून 2012 में सैकड़ों बच्चों ने भूख से पीड़ित होकर दम तोड़ दिया। झारखंड, छत्तीसगढ़ तथा ओडिशा में भी कुपोषण तथा भुखमरी से हर साल हजारों बच्चे दम तोड़ देते हैं ***(चित्र 15.8)***।

भूगोल एवं प्रादेशिक नियोजन (Geography and Regional Planning)

प्रादेशिक नियोजन एक बहु-आयामी विषय है। सिद्धान्त एवं व्यवहार दोनों ही में यह अंतर-वैषयिक (Inter-disciplinary) क्षेत्र है। **पैट्रिक गेडिस** (Patric Geddes) के अनुसार, "प्रादेशिक नियोजक का क्रिया स्थल 'प्रदेश' है, जिसके अंतर्गत 'स्थान' (भूगोल), 'लोग' (समाजशास्त्र एवं मानवशास्त्र) एवं 'कार्य' (अर्थशास्त्र) आते हैं।" प्रादेशिक नियोजक को इन तीनों का अपनी क्रिया द्वारा एक सजीव एकीकरण करना होता है।

प्रादेशिक नियोजन न तो सिर्फ आर्थिक नियोजन है न ही भौतिक नियोजन। इसका मर्म भौतिक, सामाजिक, आर्थिक, राजनैतिक एवं सांस्कृतिक तत्वों के समामेलन में निहित है। इसका अर्थ यह है कि, किसी प्रदेश का नियोजन एकाकीपन में नहीं किया जा सकता बल्कि इसे पूरे प्रदेश के परिप्रेक्ष्य में देखना आवश्यक है।

गील्क्सन (Gilkson) के अनुसार, "प्रादेशिक नियोजन समाज के लोगों के कल्याण के लिए एक विशेष नियोजन संरचना (प्रादेशिक तंत्र) वाला नियोजन का प्रकार है।" अर्थात् प्रादेशिक नियोजन अपने स्थानिक परिप्रेक्ष्य में मौलिक रूप से समाज से जुड़ा है। इस नियोजन प्रक्रिया में विभिन्न विषयों के विशेषज्ञों की भूमिका अनिवार्य है।

प्रादेशिक नियोजन में शामिल विभिन्न विषयों से जुड़े विशेषज्ञों में भूगोलवेत्ता सबसे बेहतर स्थिति में सक्षम होता है क्योंकि उसे न सिर्फ प्रादेशिक संसाधनों के आधार की बेहतर समझ होती है बल्कि वह इनसे जुड़ी समस्याओं के समाधान के लिए ज्यादा अच्छा एवं संतुलित सतत् विकास प्रारूप प्रस्तुत कर सकता है। इस प्रक्रिया में भूगोलवेत्ता मूल भूमिका निभाते हैं क्योंकि उन्हें प्राकृतिक एवं मानवीय कारकों के मध्य एक संतुलित एवं तार्किक संबंध स्थापित करने का प्रशिक्षण प्राप्त होता है। प्रादेशिक स्तर पर प्राकृतिक एवं मानवीय कारकों के संबंधों में आने वाले परिवर्तन तथा उनकी दीर्घकालिक समझ के क्षेत्र में भूगोलवेत्ता निश्चित रूप से अग्रणी हैं।

क्षेत्रीय योजनाकार, चाहे वह पुरुष हो या महिला, के अंतर्मन में एक मानवशास्त्री होता है, जो अपने चिंतन को प्रस्तुत करने को प्रासंगिक पाता है, वह विकसित और अविकसित दोनों के भिन्न भू-भाग में प्रचलित संस्कृति का सिद्धांतीकरण करता है। उस क्षेत्र के योजनाकार में मनोवैज्ञानिक का भी गुण होना चाहिए ताकि जो उन्हें अध्ययन किये जाने वाले क्षेत्र के अंतर्गत लोगों के व्यक्तिगत और सामूहिक व्यवहार, आकांक्षाओं और क्षमताओं के बारे में एक समझदारी विकसित करेगा। योजनाकार के भीतर का इंजीनियर परियोजना की डिजाइन में सुविधाओं और आराम की व्यवस्था ज्यादा तर्कसंगत तरीके से और उस क्षेत्र के लोगों और संस्थानों की आवश्यकताओं के नजरिये से समझने में सहयोग करेगा। योजनाकार में अंतर्मन में बैठा वकील सामाजिक न्याय, विशेष कर गरीबों के प्रति, उसे सरोकारी बनाएगा। हड़बड़ी में और त्रुटिपूर्ण तरीके से बनाई गई योजना और उस पर बने ढांचे की कमियों को दूर करने में मदद देगा और उसे अपनी योजना को ठोस बुनियाद पर सही तरीके से बनाने में सहयोग देगा।

इसके विपरीत, एक भूगोलवेत्ता उस क्षेत्र के संसाधनों के आधार पर उसकी समस्याओं को समझने की लाभदायक स्थिति में होता है और इन सबके मद्देनजर वह स्थायी क्षेत्रीय विकास का अधिक-से-अधिक संतुलित मॉडल तैयार कर सकता है। क्षेत्र विशेष के योजनाकार के रूप में भूगोलवेत्ता की एक प्रमुख हैसियत होती है। वह क्षेत्रीय योजना का द्वार खोलने के लिए एक मास्टर चाबी देता है। इसलिए कि यह भूगोलवेत्ता ही है, जो क्षेत्र में नैसर्गिक और मानवीय कारकों के बीच होने वाले व्यवहारों को संतुलन में रखने का सही तरीका जानता है। वह प्रकृति और उभरते मानवीय समाजों के बीच एक जीवंत पुल तैयार कर सकने में सक्षम है। और यही नहीं, यह अकेला भूगोलवेत्ता ही है, जो जानता है कि प्राकृतिक और मानवीय कारकों के बीच संतुलन सभी क्षेत्रों में एक-सा नहीं होता है और यह स्थान तथा समय में अलग-अलग होता है।

नीचे दिए गए बिन्दुओं के द्वारा यह स्पष्ट होता है कि प्रादेशिक नियोजन की दार्शनिक नींव भूगोल में निहित है:

1. **प्रदेशों का निर्धारण भूगोलवेत्ता का मुख्य विषय:** प्रदेश की अवधारणा एक भूगोल का विषय है। इसकी अवधारणा उतनी ही पुरानी है जितना पुराना भूगोल विषय स्वयं है। वास्तव में प्रादेशिक भूगोल को भूगोल का मूल बताया गया है (हार्टशोर्न)।

2. **भूगोल प्रादेशिक संश्लेषण उपलब्ध कराता है:** भूगोलवेत्ता भौतिक एवं मानवीय तत्वों का बेहतर संश्लेषित स्वरूप प्रस्तुत कर सकता है। भूगोलवेत्ता द्वारा किए गए प्रदेशों का चुनाव सामाजिक, आर्थिक एवं सांस्कृतिक दृष्टिकोण से नियोजन का बेहतर एवं तार्किक आधार बन सकता है।

3. भूगोल मूलतः **एक पर्यावरण विज्ञान है:** भूगोल पर्यावरण को एक ऐसा तंत्र मानता है, जो भौगोलिक-पारिस्थितिकी एवं सामाजिक-आर्थिक उप-तंत्रों से बना है। भूगोलवेत्ता को पर्यावरण की सर्वांगीण समझ होती है और किसी भी प्रकार का नियोजन पर्यावरण संबंधी तत्वों की अनदेखी करके नहीं किया जा सकता।

4. **प्रादेशिक मुद्दों में बेहतर प्रशिक्षण:** विश्व के किसी एक देश में विकसित एवं वहां सफल हो चुकी विधि विश्व के दूसरे भाग में सफल ही होगी इस बात की कोई गारंटी नहीं है। इसकी सफलता प्रदेश विशेष के सामाजिक, आर्थिक, राजनैतिक एवं सांस्कृतिक बनावट पर निर्भर करती है। प्रादेशिक मुद्दों की बेहतर समझ होने के कारण प्रादेशिक नियोजन में भूगोलवेत्ता मूल भूमिका निभाते हैं।

5. **क्षेत्रीय परिदृश्य की क्षैतिज एकता भूगोलवेत्ता के लिए सबकः** भूगोल एक विशिष्ट क्षेत्रीय स्थान में क्रियान्वित होने वाले सभी प्रतिभासी क्षैतिजों और शीर्षो की एकता में विश्वास करता है। इसका मतलब है कि, क्षेत्र के सभी प्रतिभासी-प्राकृतिक और मानवीय दोनों ही सम्पूर्णता में एक-दूसरे से गहरे-गहरे तक अविच्छिन्न हैं। सम्पूर्ण सकल परिदृश्य का एक योग भर नहीं है बल्कि यह कुल योग से बहुत ज्यादा है।

6. **भूगोल क्षेत्र की क्षैतिज एकता में मजबूत विश्वास करता हैः** यद्यपि हरेक क्षेत्र का अपना एक विशिष्ट गुण होता है, लेकिन यह अन्य क्षेत्र से जुड़ने वाले अपने पास-पड़ोस से सर्वथा अलग-थलग नहीं रहता। स्थान की समग्रता में इसको जाना जाता है। स्थान की समग्रता का दर्शन का मतलब है कि स्थान का प्रत्येक हिस्सा स्थान के अन्य हिस्से से उसी तरह संघटित है, जैसेकि शरीर की हरेक प्रणाली सम्पूर्ण शरीर से अविच्छिन्न है। अतः प्रत्येक क्षेत्र सकल क्षेत्रीय पद्धति एक उप-पद्धति होती है। क्षेत्र की क्षैतिज एकता का यह दर्शन क्षेत्रीय योजना के दर्शन से भली-भांति एकीकृत है। यह भी कि कोई क्षेत्र अन्य क्षेत्रों से स्वतंत्र होकर योजनाबद्ध नहीं हो सकता। इसलिए ही, जलनिकासी बेसिन पर आधारित क्षेत्रीय योजना सर्वाधिक सफल हुई है क्योंकि समस्त जलनिकासी बेसिन की सम्पूर्णता को ध्यान में रखकर बनाई गई है।

7. **प्रादेशिक कारकों की क्षैतिज एवं ऊर्ध्वाधर एकताः** भूगोल में किसी प्रदेश विशेष के विभिन्न पहलुओं के क्षैतिज एवं ऊर्ध्वाधर एकता पर विशेष बल होता है अर्थात् प्रदेश के सभी प्राकृतिक एवं मानवीय घटनाओं का आपस में एवं समष्टि प्रदेश के साथ एकीकृत होना आवश्यक है। समष्टि प्रदेश विभिन्न प्रदेशों का एक गणितीय योगफल नहीं बल्कि एक प्रकार्यात्मक योग है।

8. **पृथ्वी की परिवर्तित सतह का बेहतर वर्णनः** भूगोल का मानना है कि किसी क्षेत्र का चरित्र स्थान काल के अनुसार परिवर्तित होता रहता है। दो क्षेत्रों का चरित्र समयान्तराल में कभी भी एक जैसा नहीं रह सकता। प्रत्येक प्रदेश, समय के अनुसार, जीव की तरह उद्भव की प्रक्रिया से गुजरता रहता है अर्थात् किसी प्रदेश में स्थैतिक कुछ भी नहीं है बल्कि गतिजता ही गतिजता है।

9. **आँकड़ों का आधारः** भूगोल के पास विभिन्न प्रकार के आंकड़ों का वृहत भंडार होता है। वास्तव में भौगोलिक आंकड़ों में प्रादेशिक आधार एक बहुत बड़ी भूमिका निभाता है। प्रादेशिक विश्लेषण के माध्यम से प्रदेश विशेष के प्राकृतिक एवं मानव संसाधनों की क्षमता, उनकी समस्या एवं समस्याओं के समाधान के लिए सतत् विकास का प्रारूप बनाना भूगोलवेत्ता के लिए सहज होता है।

10. **मानचित्रण का बेहतर प्रशिक्षणः** मानचित्र एवं आरेख प्रादेशिक नियोजन के अपरिहार्य उपकरण हैं। भूगोलवेत्ता मानचित्रण एवं आरेखिकी दोनों ही में सबसे दक्ष विशेषज्ञ हैं।

11. **सर्वेक्षण का बेहतर प्रशिक्षणः** प्रादेशिक नियोजन का आधार प्रादेशिक स्तर के सर्वेक्षण द्वारा प्राप्त किए गए आंकड़े होते हैं। भूगोलवेत्ता सभी प्रकार के सर्वेक्षण करने में सक्षम एवं दक्ष होता है।

इस प्रकार भूगोल एवं विशेषकर प्रादेशिक भूगोल तथा प्रादेशिक नियोजन के बीच एक नजदीकी संबंध है। प्रादेशिक नियोजन में भूगोलवेत्ता की भूमिका अत्यंत महत्वपूर्ण है। इस प्रक्रिया में भूगोलवेत्ता न सिर्फ सैद्धान्तिक आधार उपलब्ध कराता है बल्कि कार्यान्वयन के स्तर पर इनके द्वारा व्यवहारिक आधार भी उपलब्ध कराया जाता है।

भूगोलवेत्ता प्रादेशिक नियोजन में कई तरह से व्यावहारिक सहायता प्रदान करता है– (i) उपर्युक्त आँकड़ों की उपलब्धि, (ii) प्रदेशों का सीमा निर्धारण, (iii) प्रादेशिक सर्वेक्षण का संचालन, (iv) मानचित्रों एवं आरेखों का निर्माण, एवं; (v) भौतिक एवं मानवीय घटनाओं का विशलेषण एवं अंत:संबंधों की विवेचना।

प्रादेशिक नियोजन एवं द्वीपीय क्षेत्रों का विकास (Regional Planning and Development of Island Territories)

बंगाल की खाड़ी एवं अरब सागर में भारत के 1 हजार से अधिक द्वीप हैं। इनमें से अधिकतर द्वीप केन्द्रशासित प्रदेशों अंडमान एवं निकोबार तथा लक्षद्वीप समूह में हैं। उन द्वीपों में, जिन पर मानव का निवास (247) है, से अधिकतर द्वीप बंगाल की खाड़ी (204) में हैं तथा बचे हुए द्वीप अरब सागर (43) में हैं। इन द्वीपों पर भारत की कुछ सबसे पुरानी जनजातीयों का निवास है तथा इनका पारिस्थितिकीय तंत्र देश के अन्य हिस्सों से सर्वथा भिन्न है अर्थात् इनके सामाजिक, आर्थिक विकास की रणनीति ही

निश्चित रूप से विशेष प्रकार की होगी। द्वीप और इनके पुलिन (Beach) पर्यटन की दृष्टि में बड़े आकर्षण के केन्द्र हैं। इसलिए इनके उचित सामाजिक-आर्थिक विकास के संपोषण के लिए विशेष रणनीति की आवश्यकता है। इन द्वीपों के नियोजित विकास के लिए इनकी सामाजिक-आर्थिक समस्याओं की अच्छी समझ आवश्यक है:

अंडमान एवं निकोबार (जनसंख्या 380,581-2011)

अंडमान निकोबार द्वीप समूह में कुल 556 द्वीप हैं। इनमें से 36 द्वीप ऐसे हैं जहाँ पर स्थायी निवास हैं। इसके अधिकतर द्वीप (लगभग 550) अंडमान समूह में हैं जिनमें से 26 पर स्थायी निवास है। निकोबार द्वीप समूह में 22 द्वीप हैं, जिनमें से 10 पर स्थायी निवास हैं। अंडमान एवं निकोबार द्वीप समूहों को लगभग 150 कि.मी. चौड़ा '10° चैनल' पृथक् करता है। अंडमान समूह का क्षेत्रफल लगभग 6408 वर्ग कि.मी. तथा निकोबार द्वीप समूह का क्षेत्रफल लगभग 1841 वर्ग कि.मी. है।

इन द्वीपों पर उष्णकटिबंधीय वर्षा वन की प्रचुरता है। इन वनों की प्रजातियाँ मिश्रित हैं, जिनमें भारतीय, मलेशियाई और म्यंमारीय मूल वंश शामिल हैं। अब तक यहाँ की 2200 पौधों की प्रजातियों को दर्ज किया जा चुका है, जिनमें से 200 देशज हैं तथा 1300 प्रजातियाँ भारतीय मुख्यभूमि में नहीं पायी जाती हैं। अंडमान के वन गुर्जन एवं पादोक जैसी इमारती प्रजातियों से भरे पड़े हैं। यहाँ 50 प्रकार के स्तनपायी, 270 प्रकार के पक्षियों तथा 225 प्रकार की तितलियों का वास है। यहाँ स्थित माउंट हैरियट राष्ट्रीय उद्यान तितलियों एवं कीटों के सबसे विविध उद्यानों में से एक है।

अंडमान के मूल निवासी चार हैं–(i) जरावा, (ii) जांगिल/रूटलैंड जरावा, (iii) ओंग, एवं; (iv) सेन्टिनेली (सबसे एकाकी समूह)। इसी प्रकार निकोबार द्वीप समूह के मूल निवासी–(i) निकोबारी, तथा; (ii) शोमपेन हैं।

इन द्वीपों का कुल कृषित क्षेत्र 48,700 हेक्टेयर है। यहां मछलियों के प्रसंस्कृत उत्पादों से जुड़ी दो निर्यातोन्मुख इकाईयाँ भी हैं। वैसे मानव निवास के सभी द्वीपों पर सीपों एवं लकड़ी आधारित हस्तकला की अनेक इकाईयाँ विद्यमान हैं। इन द्वीपों पर मध्य आकार के चार औद्योगिक निकाय भी हैं। यहाँ स्थित लघु औद्योगिक इकाईयाँ पोलिथिन बैग, पी.वी.सी. पाइप एवं उपस्कर, रंग-रोगन, फाइबर ग्लास, शीतल पेय तथा अन्य पेय के उत्पादन में संलग्न हैं। इसके अतिरिक्त आटा मिल, चावल मिल, बेकरी, सीप कला, फर्नीचर इत्यादि से जुड़े भी लघु उद्योग विद्यमान हैं। इसके नियोजित विकास में अंडमान एवं निकोबार द्वीप समूह समन्वित विकास निगम सक्रिय भूमिका निभा रहा है। निगम के द्वारा पर्यटन, मछली पालन, औद्योगिक साख इत्यादि की भूमिका निभाई जा रही है। यहाँ उपलब्ध एयरलाइंस एयर इंडिया एवं जेट एयरवेज की वायु सेवाओं की आधिकारिक एजेंसी की भूमिका भी यही निगम निभाता है। निति आयोग ने सितम्बर 2016 में अंडमान-निकोबार में पाँच द्वीपों का चयन किया है जहाँ सिंगापुर की भांति पारिस्थितिकी पयर्टन को विकसित किया जायेगा। इन द्वीपों के नाम– 1. स्मिथ (Smith), 2. रोज़ (Rose), 3. लांग (Long), 4. ऐवीज़ (Aves) तथा लघु द्वीप (Little Island) हैं। इन द्वीपों पर्यटकों के अतिरिक्त जल उद्यान (Water park) भी विशेष रूप से विकसित किये जाएंगे। आशा है कि इस योजना से इन द्वीपों के विकास में तीव्रता आयेगी (Times of India, 29.09.2016)।

लक्षद्वीप (जनसंख्या 64,472 -2011)

लक्षद्वीप प्रवाल द्वीपों का एक समूह है, जिसमें 12 एटॉल (Atolls) द्वीप, तीन प्रवाल भित्तियां और पाँच जलमग्न बालू के तट शामिल हैं। लक्षद्वीप में कुल 43 द्वीप हैं, जो केरल के तट से लगभग 200 से 300 कि.मी. दूर अरब सागर में स्थित हैं। लक्षद्वीप का कुल क्षेत्रफल 32 वर्ग कि.मी. है। यहाँ 11 द्वीपों में लोग बसे हुए हैं। लक्षद्वीप के मुख्य द्वीप हैं– (i) अगत्ती, (ii) पित्ती, (iii) अंडरोथ, (iv) कवारत्ती (v) कालपेनी, (vi) सुहेलीपार, (vii) इन्वेस्टिगेटर बैंक, (viii) मिनीकॉय द्वीप। लक्षद्वीप की राजधानी कवारती है।

2011 की जनगणना के अनुसार इस क्षेत्र की कुल आबादी 64,473 थी। द्वीप के लोग जातीय दृष्टि से केरल के मलयाली लोगों के समान हैं तथा इन पर अरब के व्यापारियों का प्रभाव देखा जाता है। मिनीकॉय के लोग मालदीवियाई लोगों के समान हैं। यहाँ के ज्यादातर अधिकतर लोग (99%) इस्लाम के अनुयायी हैं। यहाँ के स्थानीय लोग 'दीव-इ' अथवा 'अमनदीवी' ('मातृभूमि द्वीप से') कहलाते हैं। यहाँ के स्थानीय लोग मुख्यत: मछलियों के व्यापार पर निर्भर हैं, क्योंकि इस प्रवाल द्वीप में मृदा कृषि के अनुकूल नहीं है।

इस द्वीप का प्रवाल पारिस्थितिकी तंत्र तथा मनोरम दृश्य देश तथा विदेश के पर्यटकों को आकर्षित करता है। चूँकि इस क्षेत्र में उद्योगों का विकसित होना संभव नहीं है इसलिए सरकार सक्रिय रूप से पर्यटन, जल कृषि एवं मत्स्यपालन को प्रोत्साहन दे रही है। इसे भारत में पारिस्थितिकी पर्यटन का एक महत्वपूर्ण केन्द्र माना गया है। लक्षद्वीप को 1. बेंगाराम द्वीप, 2. थिन्नकारा द्वीप (Thinnakara Island), 3. सुहेली द्वीप (Suheli Island), 4. चिरयाम द्वीप (Cheriyam Island) तथा 5. मिनिकाय द्वीप (Minicoy Island) को भारत के निति आयोग ने पर्यटन द्वीप बनाने के लिये चयन किया है। इन द्वीपों मे पर्यटकों के लिये मूलभूत सुविधाओं के अतिरिक्त सिंगापुर की भांति वॉटर पार्क (Water Park) बनाये जायेंगे। आशा है इस योजना से लक्षद्वीप समूह के तीव्र विकास मे सहायता मिलेगी (Times of India, 25.09.2016)।

आगत्ती द्वीप में आगत्ती हवाई पट्टी लक्षद्वीप का एकमात्र हवाई अड्डा है। अप्रैल 2007 में किंगफिशर एयरलाइंस ने इस द्वीप में अपनी हवाई सेवाएं उपलब्ध करायी थी। यह हवाई सेवा कोच्चि तथा बंगलुरू को अगत्ती से जोड़ती है। अन्य द्वीपों के लिए हेलिकॉप्टर तथा नौका सेवा उपलब्ध है।

सागर द्वीप (Sagar Island)

सागर द्वीप जिसे गंगा सागर के नाम से भी जाना जाता है, बंगाल की खाड़ी के महाद्वीपीय निमग्न तट पर कोलकाता से लगभग 150 कि.मी. दक्षिण में स्थित है। इस द्वीप का विस्तार 300 वर्ग कि.मी. से भी अधिक है, जो 43 गाँवों में बँटा है तथा इसकी कुल आबादी लगभग 1.6 लाख है।

यह द्वीप प्रसिद्ध 'रॉयल बंगाल टाइगर' की निवास स्थली है तथा गरान (Mangrove) वनस्पतियों के दलदलीय क्षेत्रों एवं छोटी नदियों से भरा है। यह एक प्रसिद्ध हिन्दू तीर्थस्थल है जहाँ मकर संक्रांति (मध्य जनवरी) के अवसर पर लाखों लोग गंगा स्नान के लिए आते हैं। यहाँ स्थित कपिल मुनि का मंदिर भी एक महत्वपूर्ण तीर्थ आकर्षण है। यहाँ पर कोलकाता पोर्ट ट्रस्ट का एक पॉयलट स्टेशन तथा एक दीपस्तंभ (Lighthouse) भी स्थित है ***(चित्र 15.9)***।

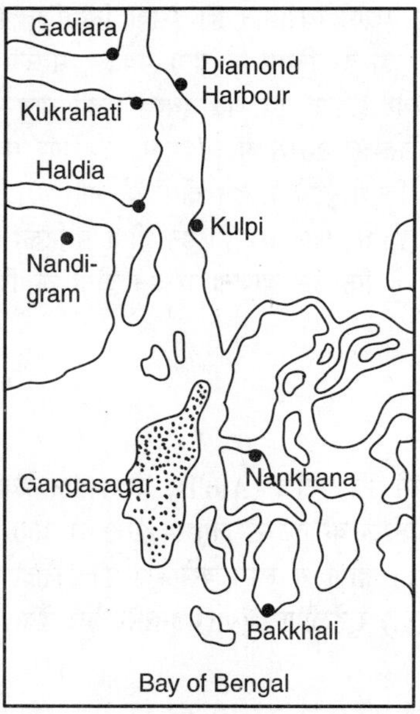

चित्र 15.9 सागर द्वीप

पश्चिम बंगाल सरकार द्वारा सागर द्वीप को मुख्यभूमि से जोड़ने के लिए एक 3.3 कि.मी. लंबे पुल के निर्माण की योजना है, जिस पर लगभग ₹ 6,000 करोड़ खर्च होने का अनुमान है।

ऊपर चर्चित प्रमुख द्वीपों के अतिरिक्त भारत के तटीय क्षेत्र में कई और द्वीप अवस्थित हैं, यथा–काठियावाड़, मुंबई, कोच्चि, तूतीकोरिन के पास तथा तमिलनाडु, आंध्र प्रदेश, ओडिशा एवं प. बंगाल राज्यों में।

विकास की रणनीति

नियोजित विकास की रणनीति तय करने के दृष्टिकोण से हम भारत के द्वीपीय क्षेत्रों को दो वर्गों में विभाजित कर सकते हैं– (i) ऐसे द्वीप जहाँ मानव निवास हैं, तथा; (ii) ऐसे द्वीप जहाँ मानव निवास नहीं हैं।

उन द्वीपों में जहाँ मानव का निवास है, यह देश की कुछ सबसे पुरानी जनजातियों का समाज है। चूंकि इनकी सांस्कृतिक संरचना भारतीय मुख्य भूमि से काफी भिन्न है, इनके संरक्षण का कार्य भी अत्यावश्यक हो जाता है अन्यथा इनके विकास के लिए किया गया कोई भी कार्य इन्की संस्कृति द्वारा अस्वीकृत होने का जोखिम लिए हुए होता है। इन द्वीपों के लोगों के विकास की आम समस्याएँ मुख्यतया- गरीबी, निम्न जीवन स्तर, भुखमरी, कुपोषण, असाक्षरता, बेरोजगारी, आवास एवं स्वास्थ्य सुविधाओं की अपर्याप्तता इत्यादि की हैं।

इन द्वीपों में जहाँ मानव का निवास नहीं है, वहाँ की नियोजित योजनाएँ वहाँ की विशेष जैव-विविधता एवं पारिस्थितिकी तंत्र के गिर्द केन्द्रित हैं। विशेष प्रकार की पौध जगत एवं जीव-जगत तथा विशेष स्थलाकृतीय स्वरूप के कारण इनके संरक्षण एवं संपोषण के लिए सरकार को विशेष प्रकार की योजनाओं का भी निर्माण करना पड़ता है।

भारत के द्वीप क्षेत्रों के नियोजित विकास के लिए सरकार द्वारा प्रायोजित कार्यक्रमों में इन क्षेत्रों की जैव-विविधता एवं पारिस्थितिकी तंत्र के प्रति एक रणनीति है, जिसे मानव बसाव वाले एवं गैर-मानव बसाव वाले द्वीपों, दोनों ही जगह कार्यान्वित किया जा रहा है लेकिन उन द्वीपों जहाँ मानव का बसाव भी है। विकास की रणनीति परिवर्तित हो जाती है। इनके विकास के लिए वहां की जनसंख्या की समस्याओं के समाधान को उनकी भौतिक एवं सांस्कृतिक परिप्रेक्ष्य में देखकर ही योजनाएँ बनायी गयी हैं।

देश के द्वीप क्षेत्रों के नियोजित विकास के लिए सरकार द्वारा किए जा रहे नियोजित प्रयासों में निम्न तत्व शामिल हैं:

1. मानव बसाव वाले द्वीपों की अर्थव्यवस्था वन संपदाओं पर बड़े अर्थों में निर्भर है। इसलिए उनके वनों की सुरक्षा राष्ट्रीय उद्यानों एवं बायोस्फीयर आरक्षित स्थलों के विकास का इनके विकास में योगदान देने पर बल है।
2. द्वीपों की जनसंख्या की सांस्कृतिक रूपरेखा के अंतर्गत ही, इनके विकास की समस्याओं के समाधान के लिए नियोजित प्रयास, यथा-पोषण, शिक्षा, चिकित्सा, सड़क, रोजगार, इत्यादि के विकास की योजनाएँ।
3. यहाँ बसी जनजातियाँ भारत की कुछ सबसे पुरानी आदिम जातियों में आती हैं, जिनकी जनसंख्या तेजी से घटती जा रही है (जरावा, जांगिल, ओंग एवं सेन्टीनेली)। इन जनजातियों एवं इनकी संस्कृतियों के संरक्षण पर बल दिया जा रहा है।
4. सतत् विकास की व्यापक सोच के अंतर्गत यहाँ के लोगों की आर्थिक संवृद्धि के लिए रोजगार सृजन के विभिन्न पहलुओं पर बल दिया जा रहा है-वन आधारित कुटीर उद्योग एवं हस्तशिल्प, रस्सी निर्माण, इत्यादि। इसी प्रकार यहाँ सुपारी, नारियल, आदि के प्रसंस्करण पर भी बल दिया जा रहा है।
5. द्वीपों की जलवायु चूंकि उष्ण एवं आर्द्र है, अतः यहाँ उच्च मृदा अपरदन की समस्या है। इसे नियंत्रित करने पर बल दिया जा रहा है, जिसमें वृक्षारोपण पर भी बल दिया जा रहा है।
6. द्वीप क्षेत्र दलदलीय भू-भागों एवं विशेष प्रकार की वन संपदाओं (गरान किस्म की) से परिपूर्ण हैं। इन दलदलीय क्षेत्रों के उद्धार के साथ-साथ इनके विशेष प्रकार की वन संपदाओं के संरक्षण पर भी बल है। गरान वनस्पतियाँ अपने उपयोगी रसायन 'टैनिन' एवं सबसे अच्छे काष्ठ कोयला के उत्पादन के लिए प्रसिद्ध हैं। इन कार्यों के लिए इनका उपयोग सतत् विकास की व्यापक रूपरेखा के अंतर्गत हो, इस बात पर भी ध्यान देना आवश्यक है।
7. इन द्वीपों की हरी-भरी घटाएँ, इनका एकाकीपन एवं मानव हस्तक्षेप से सर्वाधिक सुरक्षित प्राकृतिक स्वरूप पर्यटन विकास के लिए काफी महत्वपूर्ण हैं। इनके पर्यटन में पारिस्थितिकीय-पर्यटन (ईको-टूरिज्म) पर ध्यान देना आवश्यक है ताकि इन द्वीपों के समुदाय को भी पर्यटन का लाभ प्राप्त हो और द्वीपों का प्राकृतिक संतुलन भी कायम रह सके।

8. इन द्वीपों में जल कृषि एवं मत्स्यपालन के विकास की व्यापक संभावनाएँ हैं, जिसके लिये सरकार नियोजित विकास कर रही है।
9. पौधरोपण के क्षेत्र में यहाँ नारियल, सुपारी, सिनकोना, मसाले, चाय एवं अनार इत्यादि की बागवानी पर बल दिया जा रहा है।
10. उन द्वीपों में जहाँ भूकंप का उच्च खतरा है (जैसे-अंडमान एवं निकोबार द्वीप समूह म्यांमार-सुमात्रा 'सब्डक्शन' प्लेट के काफी नजदीक स्थित है। यह उच्च भूकंपीय क्षेत्र में आता है) भूकंप अवरोधी भवन तकनीकों पर बल, अलार्म प्रणाली और बचाव प्रशिक्षण पर बल देने की आवश्यकता है। इसी प्रकार इन्हें 'सुनामी' से संरक्षण उपलब्ध कराये जाने की भी आवश्यकता है।

भारत के द्वीप क्षेत्रों के नियोजित विकास में उपरोक्त सभी तत्वों को शामिल करने तथा उनमें स्थानीय सहभागिता-आधारित प्रयास करने से प्रतिफल काफी उत्साहजनक होने की हर संभावना है। सरकार के नियोजित विकास में हालांकि इन सभी मदों को शामिल किया गया है लेकिन निष्पादन के स्तर पर सफलता निम्न-स्तरीय ही रही है। अभी इस दिशा में सशक्त प्रयासों की बड़ी संभावना है।

संदर्भ सूची (References)

- Ahmad, E, *Bihar, A Physical, Economic and Regional Geography*. Ranchi: Ranchi University Press, 1965.
- Barthakur, "Jhooming and Its Consequences." *Yojana*, Annual Number, Vol. XXI (1977): 122–123.
- Bhattacharya, SN, *Community Development: An Analysis of the Programme in India*. Calcutta: Academic Publishers, 1970.
- Bowver, H, 1988, Water Conservation Agric. *Water Management*, Vol. 14: 233–241.
- Brengle, M, 1982 *'Principle and Practices of Dryland Farming'* Colorado Associated University Press, Colorado.
- Chakrabarti, M, Mukherjee, D, *Indian Tribes*. New Delhi: Concept, 1971.
- Chandna, RC, *Regional Planning and Development*. New Delhi, Kalyani Publishers. 2004
- Dube, SC, *Tribal Heritage of India*. New Delhi: Vikas Publishing House, 1977.
- Dube, KN (ed.), *Planning and Development in India*. New Delhi: Asia Publishing House, 1990.
- Chaudhuri, MD, "The Problems of Multi-Level Planning and Decision making in India." In *Social Issue in Regional Policy and Regional Planning*. Edited by Antoni Kuklinski . The Hague: Mouton & Co., 1977.
- Geddes, P, *Cities in Evolution*. New Revised Ed. Benn, 1968.
- Gilkson, A, *Regional Planning and Development*. Netherlands: Leiden, 1955.
- Government of India, *Regional Plan, 2001—National Capital Region*, National Capital Region PB, Ministry of Urban Development, New Delhi (1988).
- Government of India, 1974, *Report of the Commissioner for Scheduled Castes and Scheduled Tribes*, 1971–72 and 1972–73.
- Government of India, *India 2009*, and 2012 Publication Division.
- Husain, M, *Human Geography*. Jaipur: Rawat Publications, 2000.
- Mellor, J, et al., *Developing Rural India: Plan and Practice*. Mumbai: Lavani Publishing House, 1972.
- Mitra, A, *Levels of Regional Development in India*. New Delhi: Census of India, 1965.
- Misra, RP, "The Changing Perception of Development Problems." *Pariyojna*, Vol. 3, No. 2 (1982): 3.
- Misra, RP, *Regional Planning: Concept, Technique and Policies*. New Delhi: Concept, 1992.
- Misra, RP, Sundram, KV, Prakasha Rao, VLS, *Regional Development Planning in India: A New Strategy*. New Delhi: Vikas Publishing House, 1974.

- Pandit, TN, ''The Original Inhabitants of Andaman and Nicobar Islands.'' *Yojana*, Vol. XX, Nos. 13, 14 and 15 (1977).
- Pathak, MT, ''Development of Backward Areas: Problems and Prospects.'' *Arth Vikas*, Vol. X, No. 1–2 (1969).
- Patnaik, N, *Tribes and their Development: A Study of Two Tribal Development Blocks in Odisha*. Hyderabad: National Institute of Community Development, 1969.
- Planning Commission, Government of India, *Second and Fifth Five-Year Plans.*
- Prakasha Rao, VLS, *Regional Planning*. New Delhi: Asia Publishing House, 1963.
- Puri, VK, Chand, M, *Regional Planning in India*. New Delhi: Allied Publishers, 2000.
- Roy Burman, BK, ''Perspectives for Administration and Development of the Scheduled Tribes.'' In *NICD,* 1975.
- Sen, LK, et. al. "Planning Rural Growth Centres for Integrated Area Development: A Study in Miryalguda Taluka." *NICD*, Hyderabad (1971).
- Sen Gupta, P, Sdasyuk, G, "Economic Regionalisation in India: Problems and Approaches." In *Geography and Crowding World.* Edited by Wilbur Zelinsky, LA et al. London: University Press, 1968.
- Sundram, KV, Misra, RP. *Micro-Level Planning and Development Processes*, Vol. I. University of Mysore, 1976.
- Tiwari, RC, *Geography of India*. Allahabad: Prayag Pustak Bhawan, 2006.
- Verma, HS, Tripathi, BL, ''Integrating Research, Training and Education.'' In *Planning for Tribal Development*. Edited by Ranjit Gupta. New Delhi: Ankur Publishing House, 1976.
- Verma, S, *Sundary Times January* 15, 2012, New Delhi, p. 1.
- Venugopal Reddy, Y, *Multi-Level Planning in India*. New Delhi: Vikas Publishing House, 1979.
- Vickerman, R, *Infrastructure and Regional Development*. London: Pion, 1991.
- Waterson, A, *Development Planning*. London: John Hopkins Press, 1970.

16

भारत: राजनैतिक परिप्रेक्ष्य (India–Political Aspects)

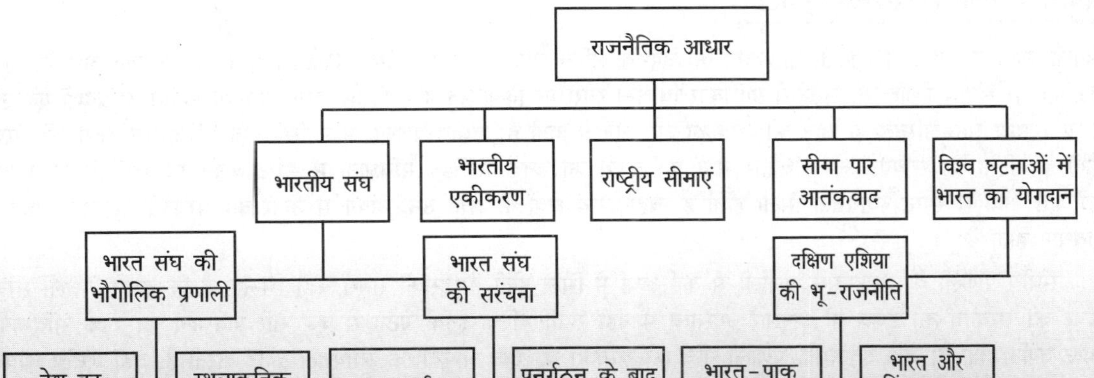

➤ राजनैतिक भूगोल (Political Geography)

मानव भूगोल को तीन उप-विषयों में विभाजित करके अध्ययन किया जाता है–(i) आर्थिक, (ii) सामाजिक, एवं; (iii) राजनैतिक। वर्तमान में राजनैतिक भूगोल वर्ग/समूह व्यवस्था का दिक्कालिक अध्ययन करता है। इसके अध्ययन क्षेत्र में अन्य मुद्दे शामिल

किए जाते हैं, जैसे- भू-राजनैतिक इकाइयों का आकाशीय संगठन, नये राज्यों का गठन, अंतर्राज्यीय मुद्दे, अंतर्राष्ट्रीय शक्ति संबंध, राष्ट्रीयता, सीमा एवं सीमांत क्षेत्र, सैन्य संघर्ष, उप-राष्ट्रीयता, प्रादेशिकतावाद, आतंकवाद, इत्यादि।

राष्ट्रों का आकाशीय राजनैतिक संगठन राजनैतिक भूगोलविदों का एक पसंदीदा क्षेत्र रहा है। राजनैतिक संगठनों का विकास तथा उदय लंबे समय के प्रयोगों एवं अनुभवों के माध्यम से हुआ है और यह प्रक्रिया आज भी जारी है। विश्व के लोकतांत्रिक देशों में दो प्रकार की सरकारें हैं- (i) एकात्मक, और; (ii) संघीय।

एकात्मक प्रणाली (Unitary System)

'यूनिटरी' (Unitary) शब्द लैटिन भाषा के 'यूनिटास' (Unitas) से बना है, जो पुनः इसी भाषा के दूसरे शब्द 'यूनस' (Unus) से आयात है। 'यूनिटास' का अर्थ एकता (Unity) तथा 'यूनस' का अर्थ एक (One) है। इस प्रकार यह शब्द राज्य के एकत्व/एकात्मकता पर बल देता है, जिसमें आंतरिक समरूपता और समरसता विद्यमान हो। वैसे देश जहाँ की जनसंख्या में नृजातीय, भाषायी, धार्मिक, परंपरा संबंधी एवं ऐतिहासिक समरूपता हो वहाँ के लिए एकात्मक प्रणाली (Unitary System) काफी अच्छी है। इस प्रकार की शासन व्यवस्था में केन्द्रीय/संघीय सरकार के पास अंतिम प्राधिकारी शक्ति निहित होती है तथा प्रशासन, पुलिस, कर व्यवस्था इत्यादि का मूल परिचालक भी संघ ही होता है। आधारभूत संरचनाओं के अतिरिक्त स्वास्थ्य, सुरक्षा एवं कल्याण आदि जन-सुविधाओं की उपलब्धि भी केन्द्र सरकार ही करती है। ऐसी सरकारें सैद्धांतिक तौर पर एक मजबूत केन्द्र वाली होती हैं तथा ऐसे राज्यों में मतभेद अपेक्षाकृत कम होते हैं। ऐसी राज व्यवस्था में स्थानीय स्तर पर कार्य कर रहे निकायों के अधिकार एवं शक्तियों का निर्धारण भी केन्द्र सरकार ही करती है। ग्रेट ब्रिटेन (U. K.) एकात्मक प्रणाली (Unitary System) का एक अच्छा उदाहरण है।

संघीय प्रणाली (Federal System)

अंग्रेजी भाषा के 'फेडरल' (Federal) शब्द का उद्भव लैटिन भाषा के 'फोयड्रिस' (Foederis) से है, जिसका अर्थ है–'लीग' (League)। संघीय प्रणाली में सरकारी प्राधिकार विभिन्न स्तरों पर विभाजित होते हैं। ऐसे राज व्यवस्था में विविध प्रदेशों एवं लोगों के एक साथ सह-अस्तित्व में रहने की व्यवस्था और चुनौती होती है। संघीय प्रणाली में न सिर्फ एक से अधिक स्तरों की सरकारें होती हैं बल्कि इन सरकारों के अधिकार क्षेत्रों एवं कार्यों का उनके लिखित संविधानों में स्पष्ट वर्णन भी होता है। इन सरकारों को कुछ क्षेत्रों में स्पष्ट स्वायत्तता मिली होती है, वहीं अन्य क्षेत्रों के लिए उन्हें अपने से ऊपर की सरकारों पर निर्भर रहने का प्रावधान होता है।

संघीय प्रणाली वैसे एकात्मक प्रणाली से कई अर्थों में भिन्न होती है। इसकी सबसे बड़ी भिन्नता है कि इसमें निचली सरकारें ऊपर की सरकारों की इच्छा के अनुसार अस्तित्व में नहीं रहतीं बल्कि इनके गठन से जुड़े सारे प्रावधानों का इनके संविधान में स्पष्ट वर्णन होता है। जहाँ एकात्मक प्रणाली नीचे की सरकारों को एक औपचारिक स्वायत्तता प्रदान करती है, वहीं संघीय व्यवस्था इन्हें संवैधानिक स्वायत्तता की गारंटी देता है अर्थात् एकात्मक शासन प्रणाली में जहाँ सरकारों के बीच शक्तियों का विभाजन 'औपचारिक' होता है, वहीं संघीय व्यवस्था में यह 'संवैधानिक' होता है।

संघीय प्रणाली प्रकार इस राज्य में विद्यमान बहिर्गामी एवं अंतर्गामी शक्तियों के बीच में समझौते जैसा है - इसमें एक राष्ट्रीय तथा अनेक प्रादेशिक प्राधिकारी सरकारें होती हैं, जो अपने-अपने दायरे में रहते हुए अपने शासन कार्यों से प्रत्यक्ष जनता से जुड़ी होती हैं (बर्च, 1955)।

जहाँ संयुक्त राज्य अमेरिका को विश्व का प्रथम तथा सफलतम संघीय राज्य माना जाता है, वहीं विश्व का सबसे वृहत्त लोकतंत्र, भारत एक संसदीय लोकतंत्र (Parliament Democracy) और संघीय राज्य माना जाता है। वैसे विभिन्न राजनैतिक एवं संविधान विषेषज्ञों द्वारा इसे कभी एकात्मक, कभी संघीय तो कभी 'अर्द्ध-संघीय' (Quasi-Federal) कहा गया है। भारत के सर्वोच्च न्यायालय द्वारा भारत के संविधान को स्पष्ट रूप में संघीय बताया गया है।

भारतीय संघवाद (Indian Federalism)

भारत राज्यों का एक संघ है तथा यहाँ संसदीय शासन प्रणाली है। संविधान की उद्देशिका के अनुसार भारत एक संप्रभु, समाजवादी, धर्मनिरपेक्ष, लोकतांत्रिक गणराज्य है। संविधान सभा ने भारत के संविधान को 26 नवंबर, 1949 को स्वीकृति दी तथा 26 जनवरी, 1950 को संविधान लागू हो गया।

भारतीय संसदीय प्रणाली की संरचना संघीय है तथा इसमें एकात्मक विशेषताएँ मौजूद हैं। भारत का राष्ट्रपति संघ की कार्यपालिका का प्रमुख है, जिसे अपने निर्णयों के लिए एक मंत्री परिषद की सलाहों पर निर्भर रहना अनिवार्य है। वैसे राष्ट्रपति को कई स्थितियों में 'स्वविवेक का अधिकार' भी प्राप्त है। साधारणतया, संघ की शक्तियाँ मंत्रिपरिषद में निहित हैं, जिसका प्रमुख प्रधानमंत्री होता है। मंत्रिपरिषद अपने कार्यों के लिए संसद के प्रति उत्तरदायी होती है। इसी प्रकार राज्यों में राज्य की कार्यपालिका शक्तियाँ वैसे राज्यपाल में निहित हैं, इसे सलाह देने के लिए भी एक मंत्रिपरिषद की व्यवस्था है जिसका प्रमुख राज्य का मुख्यमंत्री होता है। संविधान में वर्णित नहीं होने के बावजूद भी राज्यपाल को स्व-विवेक की कुछ शक्तियाँ स्वत: ही प्राप्त हुई हैं। मंत्रिपरिषद अपने कार्यों के लिए सामूहिक रूप से राज्य विधान सभा के प्रति उत्तरदायी है।

संविधान द्वारा संघ एवं राज्यों की शक्तियों का स्पष्ट वर्णन किया गया है। समवर्ती सूची के साथ-साथ संविधान अवशिष्ट शक्तियों का भी वर्णन करता है-अवशिष्ट शक्तियाँ संघ को दी गयी हैं। संविधान संशोधन की शक्ति सिर्फ संसद को ही प्राप्त हैं। संविधान द्वारा न्यायपालिका, नियंत्रक एवं लेखा-परीक्षक, लोक -सेवा आयोग एवं मुख्य चुनाव आयुक्त को स्वतंत्र रखा गया है।

भारतीय संघवाद का एक लंबा इतिहास है। भारत के इतिहास में ढीला ही सही लेकिन एक संघीय स्वरूप व्याप्त रहा है। वैसे भारत अशोक एवं अकबर के शासन कालों के समय भी एक संप्रभु राष्ट्र की तरह का एक समेकित संघ नहीं रहा था। भारत को एकीकृत करने का श्रेय ब्रिटिश शासन काल को जाता है, जिन्होंने पश्चिम में सिंधु से लेकर पूरब में ब्रह्मपुत्र तक तथा उत्तर में हिमालय से लेकर दक्षिण में कन्याकुमारी तक अपने साम्राज्यवादी आधिपत्य की स्थापना की। संघीय (केन्द्रीय) सरकार को मजबूती प्रदान करने के उद्देश्य से ब्रिटिश सरकार द्वारा भारतीय शासन प्रणाली में निम्न प्रावधानों की व्यवस्था की गयी, जिनसे भारत के एकीकरण को काफी बल मिला:

(i) अखिल भारतीय प्रशासनिक सेवाएँ (All India Administrative Sevices),
(ii) एकीकृत परिवहन एवं संचार व्यवस्थाएँ,
(iii) अंग्रेजी माध्यम में शिक्षा की एकीकृत व्यवस्था, तथा;
(iv) आधुनिक न्यायशास्त्र आधारित सार्वभौमिक कानून।

भारत में संघवाद का उदय भारतीय परिषद अधिनियम, 1909 से माना जाता है, जो मिण्टो-मोर्ले सुधार के नाम से भी जाना जाता है। इस अधिनियम द्वारा केन्द्रीय एवं प्रांतीय परिषदों को कुछ अधिक शक्तियाँ प्रदान की गयीं। भारत सरकार अधिनियम, 1919 भारत में संघवादी प्रणाली का आधार बना, जिसे मोंटेग्यू - चेम्सफोर्ड रिपोर्ट के अंतर्गत लागू किया गया। इस अधिनियम के अंतर्गत कई तरह के संघवाद की शुरुआत की गयी - द्वैध शासन प्रणाली (केन्द्रीय एवं प्रांतीय), प्रांतीय सरकारों को कई शक्तियाँ प्रदान की गयीं, जिनसे केन्द्रीय सरकार का इन पर नियंत्रण घटा, प्रांतीय सरकारों को बजट बनाने एवं कर लगाने की शक्तियाँ, इत्यादि। साइमन आयोग रिपोर्ट, 1930 की भारतीय संघवाद में बहुत बड़ी भूमिका रही, जिसके द्वारा भारत के लिए एक संघीय संरचना का समर्थन किया गया। वर्ष 1930 और 1933 के बीच आयोजित सभी गोलमेज सभाओं में भारत की संघीय संरचना पर चर्चाएँ हुईं। वर्ष 1930 में ब्रिटिश सरकार द्वारा भारत में नयी सरकार को अखिल भारतीय संघ के रूप में सैद्धांतिक मान्यता प्रदान की गयी। संयुक्त समिति के सुझावों के आधार पर भारत सरकार अधिनियम, 1935 को लागू किया गया। इस अधिनियम द्वारा संघीय एवं प्रांतीय सरकारों की शक्तियों से संबंधित स्पष्ट सूचियों का प्रावधान किया गया। जहाँ केन्द्रीय सूची में 97, प्रांतीय सूची में 67 मदों को रखा गया, वहीं एक समवर्ती सूची भी बनायी गयी जिसमें मदों की संख्या 47 थी। इस अधिनियम द्वारा, संविधान सभा द्वारा प्रावधानित भारत के संविधान की संघीय व्यवस्था की नींव डाली गयी।

भारतीय संविधान के निर्माताओं को भारत में भाषायिक, धार्मिक, सांस्कृतिक एवं वैचारिक आधार पर निहित विविधताओं के कारण उप-राष्ट्रवादी (प्रादेशिकतावादी) राजनैतिक खतरे की संभावना की वास्तविकता का भी अनुमान था। यही कारण है कि इन विघटनकारी प्रवृत्तियों से निपटने या उन्हें दमित करने के उद्देश्य से संविधान में उनके द्वारा एक मजबूत संघ (केन्द्र) की

व्यवस्था की गयी जो एकात्मक प्रणाली की एक महत्वपूर्ण विशेषता है। वैसे, संविधान सभा द्वारा भारत को स्पष्ट शब्दों में एक संघीय शासन प्रणाली माना गया है।

भारतीय संघवाद का भौगोलिक आधार (Geographical Bases of Indian Federalism)

भारत की संघीय व्यवस्था के भौगोलिक आधार को हम निम्न बिन्दुओं द्वारा स्पष्ट समझ सकते हैं:

1. **देश का वृहत्त आकार:** भारत विश्व का सातवाँ सबसे बड़ा देश है (रूस, कनाडा, चीन, सं. रा. अ., ब्राजील एवं आस्ट्रेलिया के बाद), जिसका भौगोलिक क्षेत्रफल 32,87,263 वर्ग कि.मी. है, जो विश्व के सकल भू-क्षेत्र का लगभग 2.4% है। यहां विश्व की 17.7% जनसंख्या निवास करती है। इसके वृहत्त आकार एवं विविधीकृत विस्तार के कारण यहां भौतिक एवं सांस्कृतिक विविधताओं की प्रचुरता है, जिसके लिये संघीय प्रणाली उपयुक्त है।
2. **स्थलाकृतिक विविधता:** भारत में उच्च-स्तरीय स्थलाकृतिक विविधता विद्यमान है। जहाँ इसके उत्तरी भागों में रुक्ष पर्वत (Rugged Mountains) एवं हिमाच्छादित शिखर तथा खड़ी घाटियाँ हैं, वहीं प्रायद्वीपीय भाग में सपाट पठारों की उपस्थिति तथा हिमालय एवं प्रायद्वीपीय भागों के मध्य सतलज-गंगा-ब्रह्मपुत्र नदियों से निर्मित काफी उपजाऊ मैदान भी हैं। इनमें से प्रत्येक मृदा, वनस्पति भिन्न है, जिन कारणों से यहाँ के भू-उपयोग एवं लोगों की जीवनचर्या में भी उच्च विविधता देखी जाती है। भारत में जहाँ एक ओर विश्व की दूसरी सबसे ऊँची चोटी (K2 8611 मी.) विद्यमान है वहीं काफी गहरा गर्त (सुंडा गर्त, लगभग 7000 मी.) भी विद्यमान है। विंध्य पर्वत श्रेणी उत्तरी मैदानों एवं प्रायद्वीपीय भारत के मध्य एक विभाजक की तरह उपस्थित है। सांस्कृतिक रूप से इन दोनों प्रदेशों के बीच भिन्नता देखी जाती है।
3. **जलवायु में उच्च विविधता:** वैसे तो भारत एक उष्णकटिबंधीय मानसूनी जलवायु का देश है लेकिन यहाँ तापमान एवं वर्षण में उल्लेखनीय विविधता विद्यमान है। वृहत्त आकार, बड़े अक्षांशीय विस्तार, विविध स्थलाकृतियों एवं तीन तरफ से समुद्र से घिरा होना इसकी जलवायु पर अपना प्रत्यक्ष प्रभाव छोड़ते हैं। यहाँ तापमान की वार्षिक विविधता काफी उच्च है। जहाँ सर्दियों में द्रास (Dras) (कारगिल) का तापमान शून्य से 45°C नीचे (28 दिसंबर, 1910) चला जाता है, वहीं गर्मी में यह शून्य से 56°C ऊपर (ब्रियावली, बीकानेर जिला, राजस्थान, 5 जून, 1991) तक पहुँच जाता है। जहाँ उत्तरी भारत में वर्षा की मात्रा पूरब से पश्चिम जाते हुए सामान्यतया घटती जाती है, वहीं प्रायद्वीपीय भाग में ठीक इसके विपरीत स्थिति देखी जाती है। देश में वर्षा की मात्रा का अंतर इस बात से झलकता है कि जहाँ मॉसिनराम (चेरापूँजी के पास) में वार्षिक वर्षा 1150 सेमी. से भी अधिक अंकित की जाती है, वहीं राजस्थान के फलोदी में यह 20 से.मी. से भी कम वर्षा अंकित की जाती है। उच्चावच एवं वर्षा में विद्यमान विविधता के कारण यहाँ के लोगों के व्यवसाय एवं जीवनचर्या में भारी विविधता देखने को मिलती है। देश के मरुस्थलीय एवं बाढ़ग्रस्त क्षेत्रों की समस्याएँ एक-दूसरे से सर्वथा भिन्न हैं। इन विविधताओं के समन्वय एवं सामयिक समाधान के दृष्टिकोण से भारत में संघीय शासन प्रणाली सर्वथा उचित प्रतीत होती है।
4. **अपवाह तंत्रों में उच्च विविधता:** हिमालय से निकलने वाली सदावाही नदियों एवं प्रायद्वीपीय भारत की मौसमी नदियों के अपवाह तंत्रों में काफी अंतर देखने को मिलता है। अपवाह प्रणाली की उच्च विविधता देश में एक ही समय किसी प्रदेश में बाढ़ एवं किसी दूसरे प्रदेश में सूखे की स्थितियाँ उत्पन्न करती हैं। इन समस्याओं तथा जल प्रबंधन की क्षेत्रगत विशेषताओं के उचित समाधान के लिए भारत के लिए संघीय शासन व्यवस्था ही सर्वोत्तम है।
5. **प्रजातीय एवं मानवजातीय विविधता:** मानवजातीय (Ethnic) विविधता संघात्मक शासन प्रणाली की एक महत्वपूर्ण विशेषता है। किसी देश की बहुल जनसंख्या में अन्य प्रजातीय (Racial) एवं मानवजातीय समूहों की उपस्थिति राज्य के आंतरिक राजनैतिक सामंजस्य एवं उसकी एकता के लिए गंभीर समस्याएँ उत्पन्न कर सकती हैं। इस प्रकार की संरचना वाली जनसंख्या के लिए राजव्यवस्था की प्रणाली को संघीय रखना उचित माना जाता है। भारत में प्रजातीय एवं मानवजातीय उच्च विविधता देखने को मिलती है। भारत के अलग-अलग प्रदेशों कहीं द्रविड़, कहीं आर्य तो कहीं मंगोलॉयड, नेग्रीटो एवं प्रोटो-ऑस्ट्रोलॉयड की बहुलता दिखती है। विविध प्रजातीय समूहों का वितरण भी काफी विषम है। इस प्रजातीय समूहों की संस्कृति और जीवनचर्या भारत की बहुल जनसंख्या से सर्वथा भिन्न है। यह भी एक प्रमुख

कारण था जिस कारण भारत द्वारा संघीय प्रणाली का चयन किया गया ताकि विविध समूहों से जुड़ी जनसंख्या के विकास संबंधी विविध आवश्यकताओं की राजनैतिक देखभाल संभव हो सके।

6. **भाषाई विविधता:** भारत एक बहुभाषी देश है। यहाँ लग-अलग प्रदेशों में 22 प्रमुख भाषाएँ और 720 से अधिक बोलियाँ बोली जाती हैं। ये भाषाएँ 13 विभिन्न लिपियों में लिखी जाती हैं। भारत के कुछ महत्वपूर्ण भाषाई समूह हैं: (i) द्रविड़ियन, (ii) इंडो-आर्यन, (iii) ऑस्ट्रिक, और (iv) चीन-तिब्बती। हिंदी (420 मिलियन से अधिक बोलने वालों के साथ) अंग्रेजी के साथ भारत सरकार की दो आधिकारिक भाषाओं में से एक है। भारत की सांस्कृतिक विविधता में छोटी भाषाओं सहित सभी भाषाओं का बहुत महत्व है। प्रत्येक भाषा को बढ़ावा देने और विकसित करने के लिए भारत सरकार ने विभिन्न कदम उठाए हैं। हमारे संविधान में अल्पसंख्यक समूहों द्वारा बोली जाने वाली भाषा के हितों की रक्षा करने की जिम्मेदारियों के साथ भाषाई अल्पसंख्यक के लिए विशेष अधिकारी की नियुक्ति का प्रावधान है।
7. **धार्मिक विविधता:** भारत के संविधान द्वारा भारत को एक धर्म-निरपेक्ष लोकतंत्र माना गया है। वैसे भारतीय जनसंख्या में धार्मिक भावना बहुत महत्वपूर्ण भूमिका निभाती है। वास्तव में भारतीय धार्मिक लोग हैं। वैसे भी विश्व के 6 सबसे प्राचीन एवं सार्वभौमिक धार्मिक विश्वासों (हिन्दू, ईसाई, इस्लाम, बौद्ध, जैन, पारसी एवं सिख) में से 4 का उद्भव भारत में ही हुआ है, अत: यहां धार्मिक विविधता का उच्च होना सर्वथा प्राकृतिक लगता है। इनके अतिरिक्त भारत में अन्य छोटे धार्मिक विश्वासों को मानने वाली जनसंख्या भी अपने पूर्ण धार्मिक अधिकारों के साथ निवास करती है। उच्च स्तरीय धार्मिक त्रिविधता वाले भारत जैसे देश के लिए एक संघीय शासन प्रणाली ही उचित है। धर्मनिरपेक्षता भारत की एक विशेष वैश्विक पहचान है।
8. **अनुसूचित जनजातियों की उपस्थिति:** भारत में विश्व की प्राचीनतम जनजातीय जनसंख्या की भी उपस्थिति है, जो भौगोलिक रूप से अपेक्षाकृत काफी एकाकी स्थलों पर वास करती हैं। इन जनजातियों की सामाजिक-आर्थिक संरचना देश की बहुल जनसंख्या से सर्वथा भिन्न है। इनका जीवन दर्शन काफी भिन्न है- ''प्रत्येक अपनी क्षमता के अनुसार सहयोग देगा तथा अपनी आवश्यकता के अनुसार उपभोग करेगा।'' इनमें ग्राम प्रमुख की अवधारणा काफी प्रबल है। इनकी विकास संबंधी विविध समस्याओं एवं आवश्यकताओं की उचित देख-भाल के लिए संघीय शासन प्रणाली का अनुपालन आवश्यक है।
9. **अनुसूचित जातियों का संकेन्द्रण:** प्राचीन भारतीय समाज व्यवस्था के द्वारा एक बहुत बड़ी जनसंख्या को अति निम्न सामाजिक प्रस्थिति (Status) प्रदान की गयी थी। स्वतंत्रता के पश्चात् इन्हें अनुसूचित जाति का नाम दिया गया, जिनकी आज देश की सकल जनसंख्या में 16.20% हिस्सेदारी है। वैसे इनका क्षेत्रवार संकेन्द्रण काफी विषम है- पंजाब एवं उत्तर प्रदेश में इनकी जनसंख्या क्रमश: 29 एवं 21% है, वहीं मिजोरम, मेघालय, गोवा तथा मणिपुर में इनकी पूर्ण अनुपस्थिति है। इस समूह के अंतर्गत आने वाली अलग-अलग जातियों की विकास संबंधी समस्याएँ भी हैं जिनकी उचित देख-भाल संघीय शासन व्यवस्था ज्यादा अच्छी तरह कर सकता है।
10. **जनांकिकीय विविधता:** किसी राष्ट्र की जनसंख्या संरचना से जुड़े अन्यान्य कारक हैं, यथा-घनत्व, आयु, लिंग, साक्षरता तथा व्यवसायिकता, इत्यादि। भारत में इन सभी जनांकिकीय कारकों में उच्च विविधता देखी जाती है। जनांकिकीय रूप से उच्च भिन्नताओं से पूर्ण भारत के लिए संघीय शासन व्यवस्था सर्वथा उचित है।
11. **प्रादेशिक आर्थिक विषमता:** भारत में आर्थिक संवृद्धि (Growth) एवं विकास (Development) की स्थितियों में प्रादेशिक स्तर पर उच्च विषमता दिखती है। विविध भू-जलवायविक एवं सामाजिक संरचनाओं से परिपूर्ण इस देश के विभिन्न प्रदेशों की आर्थिक क्षमता में भी उच्च भिन्नता है। यही कारण है कि यहाँ पूरे राष्ट्र की आर्थिक देख-रेख के लिए जहाँ एक केन्द्रीय सरकार की व्यवस्था है, वहीं प्रादेशिक स्तर की समस्याओं की उचित देख-भाल के लिए प्राँतीय सरकारों का भी संवैधानिक प्रावधान किया गया है, यथा-संघीय शासन प्रणाली इस कारण भी उचित प्रतीत होती है।
12. **ऐतिहासिक कारक:** भारतीय राष्ट्र के उदय में देश के पुराने रजवाड़ों की बहुत बड़ी भूमिका रही है। इन राजवाड़ों के गठन के पीछे अपने-अपने विविध कारण और तर्क रहे थे। इनसे मिलकर बने भारतीय राष्ट्र में इनकी ऐतिहासिक पृष्ठभूमि को पूर्णत: नकारना संभव नहीं था अर्थात् इनकी ऐतिहासिक पहचान (विविधता) को उचित सम्मान एवं मान्यता प्रदान करते हुए उन्हें एक राष्ट्र का स्वरूप प्रदान किया गया। ऐसी ऐतिहासिक पृष्ठभूमि में उदित होने वाले राष्ट्र के लिए संघीय शासन प्रणाली ही राजनैतिक एवं प्रशासन की दृष्टि से एक सही विकल्प है। इस प्रकार भारतीय राष्ट्र में

हम विविध प्रकार की भौतिक – सांस्कृतिक भिन्नताएँ देखते हैं। इन विविधताओं की सम्यक राजनैतिक देख-भाल करने तथा भारत को एक राष्ट्र के रूप में समेकित विकास के पथ पर अग्रसर करने के लिए संघीय प्रणाली सबसे उचित प्रतीत होती है। वैसे भारतीय संघात्मक व्यवस्था की एक अपनी विशेषता है। जहाँ एक तरफ इसमें विश्व के संघीय शासन व्यवस्थाओं की प्रमुख विशेषताएँ उपस्थित हैं, वहीं विशेष परिस्थितियों के लिए संविधान में ऐसे भी प्रावधान हैं जब यह एक स्पष्ट एकात्मक शासन प्रणाली प्रतीत होती है।

भारतीय संघ की संरचना (Structure of Indian Federation)

भारतीय संविधान के संघीय स्वरूप में केन्द्र सरकार तथा राज्यों के बीच प्रभुसत्ता/संप्रभुता का वितरण शामिल है। शक्तियों का यह विभाजन भारत सरकार अधिनियम, 1935 के अनुसार है। संविधान द्वारा केन्द्र तथा राज्यों के बीच विधायी शक्तियों का विभाजन तीन सूचियों के अन्तर्गत किया गया है। 97 विषयों पर कानून बनाने का एकमात्र अधिकार केन्द्र सरकार को है (संघ सूची), जिनमें रक्षा, राष्ट्रीय-सुरक्षा, विदेशी मामले, बैंकिंग, मुद्रा, परिवहन तथा संचार, वाणिज्य, परमाणु-ऊर्जा, फौजदारी तथा दीवानी कानून का सामान्य ढाँचा, राजस्व एकत्रीकरण, संकट की घड़ी में राज्य सरकार को भंग करने की क्षमता, नागरिकता, अप्रवास, मौद्रिक नीति, आदि शामिल हैं।

राज्य सूची में 66 विषय हैं, जिनमें कृषीय विकास, जल, वन, मत्स्य-उद्योग, वन्य जीवन, घरेलू व्यापार, सार्वजनिक व्यवस्था तथा पुलिस, स्थानीय सरकार, स्वास्थ्य तथा सफाई का प्रबन्धन, राज्य कर एवं शुल्क, आदि शामिल हैं।

तीसरी सूची, जिसे समवर्ती सूची भी कहते हैं, में 47 विषय हैं जिनमें फौजदारी कानून तथा कार्यविधि, दीवानी कार्यविधि, विवाह, श्रम-कल्याण, बीमा, आर्थिक तथा सामाजिक नियोजन, शिक्षा, आदि शामिल हैं। किसी विषय पर यदि राज्य तथा केन्द्र के बीच मतभेद हो तो केन्द्र सरकार को ऐसे मामले में सर्वोपरि शक्ति दी गई है। इसी तरह सभी अवशिष्ट शक्तियाँ केन्द्र में निहित हैं।

राज्य पुनर्गठन (State Re-organisation)

भारतीय राज्यों के क्रम विकास का इतिहास लगभग 5000 वर्ष से भी अधिक पुराना है। राष्ट्र का स्वरूप निरंतर बदलता रहा है लेकिन स्वतंत्रता (1947) से पहले यह एक प्रजातांत्रिक गणराज्य नहीं था, जहाँ मतदाता शासकों का चुनाव करते हैं। इस तरह 5000 वर्षों के इतिहास में भारत को कभी भी आधुनिक अर्थ में एक एकल राज्य के रूप में नहीं देखा गया। दिलचस्प बात यह है कि न तो मौर्य, न ही गुप्त शासकों, न मुगलों की तथा न ही ब्रिटिश शासकों की प्रभुसत्ता पूरे भारतीय क्षेत्र पर कायम थी (पाणिक्कर, 1964)। ब्रिटिश शासकों द्वारा भारतीय अधिग्रहण की राजनैतिक सीमाओं का विस्तार उप-महाद्वीप की परम्परागत सीमाओं तक करने के बाद क्षेत्र में राजनैतिक स्थिरता लाने की कोशिश की गई तथा इस भारत की धारणा को सीमांकित करने की कोशिश की गई। स्पेट एवं लियरमन्थ, (Spate and Learmonth), 1961 में वृहत्त हिमालय को छोड़कर सीमाओं को निर्धारित कर दिया गया। ब्रिटिश शासन अपनी प्रशासनिक शक्तियों का प्रयोग उप-महाद्वीप के पूरे क्षेत्र पर एकसमान नहीं करते थे। राजनैतिक रूप से भारत दो भागों में बँटा हुआ था- (i) ब्रिटिश भारत, जिसका शासन ब्रिटेन के राजा/रानी द्वारा ब्रिटिश संसद के संविधि तथा भारतीय विधायिका के अधिनियमों द्वारा किया जाता था, तथा; (ii) भारतीय रजवाड़े जो राजाओं के व्यक्तिगत शासन के अन्तर्गत थे।

स्वतंत्रता से पहले भारत 14 ब्रिटिश प्रान्तों तथा 600 रियासतों/रजवाड़ों में विभाजित था। रियासतों के विदेशी मामले, रक्षा तथा संचार पर ब्रिटिश सरकार का पूर्ण नियंत्रण था। इन रियासतों में से लगभग आधी रियासत काठियावाड़ प्रायद्वीप में थी तथा अधिकतर बाकी रियासतें राजपूताना (राजस्थान) तथा मध्य भारत में थी। इन रियासतों को आकार, राजस्व, समझौते, शासकों के पद्वी, इत्यादि के आधार पर वर्गीकृत किया गया है।

1947 में भारत का विभाजन व पाकिस्तान का बनना 20वीं सदी के ब्रिटिश उपनिवेशीय नीति का परिणाम था, इस नीति के कारण ही हिन्दू-मुस्लिम एकता में फूट पड़ी। पाकिस्तान को मुस्लिम बहुसंख्यक प्रान्तों तथा रियासतों को काटकर बनाया गया। इसका आधार 1941 की जनगणना थी। भारत को 9 ब्रिटिश प्रान्तों तथा 562 रियासतों का आधिपत्य मिला। रियासतों के समक्ष यह विकल्प था कि वे या तो भारत या पाकिस्तान में सम्मिलित हो सकते थे।

स्वतंत्रता के बाद कुछ रियासतों का उन प्रान्तों के साथ विलय हो गया जो भौगोलिक दृष्टि से संसक्त थे, कुछ राज्यों को संघ में सम्मिलित किया गया तो कुछ को केन्द्रशासित प्रदेश में परिवर्तित कर दिया गया। अधिकतर मामलों में यह एकीकरण तीव्र गति से तथा शान्तिपूर्वक तरीके से किया गया। रियासतों तथा भूतपूर्व ब्रिटिश प्रान्तों के एकीकरण के बाद बने राज्यों की सीमा आर्थिक, प्रशासनिक, भाषाई तथा सांस्कृतिक दृष्टि से असंगत थी। संघवाद के सिद्धान्तों के आधार पर इन राज्यों को चार वर्गों में बाँटा गया- A, B, C तथा D A वर्ग 'A' के राज्यों का शासन राज्यपाल द्वारा किया जाता था तथा इन राज्यों की संख्या 9 थी। वर्ग 'B' के राज्यों की संख्या 7 थी तथा इन राज्यों का शासन राजप्रमुख द्वारा किया जाता था। वर्ग 'C' के राज्यों का शासन केन्द्र द्वारा एकात्मक आधार पर किया जाता था तथा इन्हें कमिश्नर राज्य भी कहा जाता था। वर्ग 'D' में अंडमान तथा निकोबार के द्वीप शामिल थे जिन पर केन्द्र सरकार का शासन था। यह एकीकरण एक रक्तहीन क्रान्ति थी जिसके जैसी विश्व में कोई दूसरी क्रान्ति नहीं है।

भारत में ब्रिटिश प्रान्तों तथा रियासतों के अतिरिक्त पाँच फ्रांसीसी (चंदेरनागौर, पांडिचेरी, कराईकल, माहे और यनम), तथा पाँच पुर्तगाली (दादर, नागर हवेली, गोवा, दमन तथा द्वीप) अधीनस्थ क्षेत्र थे जिसमें अधिकतर तटों के निकट स्थित थे। इन क्षेत्रों का भी विलय भारत में हुआ, यह विलय या तो समझौते के आधार पर या बल प्रयोग कर किया गया। संरक्षित राज्य (Protectorate) सिक्किम का विलय भारत में 26 अप्रैल, 1975 को किया गया।

भारतीय राज्यों का पुनर्गठन (Re-organisation of Indian States)

भारत में रियासतों का विलय तेजी से हुआ। लेकिन 1950 में बनायी गयी इकाइयाँ आर्थिक रूप से व्यवहार्य तथा राजनैतिक रूप से धारणीय नहीं थीं। इसलिए राज्यों को पुनर्गठित करने की आवश्यकता थी। राज्यों के पुनर्गठन में भाषा को आधार बनाया गया जैसा कि 1920 में काँग्रेस पार्टी के नागपुर अधिवेशन के एक प्रस्ताव में कहा गया था तथा जिसकी पुनः पुष्टि 1927, 1937, 1938 तथा 1945-46 में की गई। दिसंबर 1953 में भारत सरकार ने राज्य पुनर्गठन कमीशन का गठन किया गया ताकि भारतीय संघ के राज्यों की समस्या को वस्तुगत तथा निष्पक्ष रूप से सुलझाया जा सके।

राज्य पुनर्गठन कमीशन ने इस समस्या को हल करने के लिए एक तर्कसंगत तथा संतुलित दृष्टिकोण अपनाया। राज्यों के पुनर्गठन के आधार निम्नलिखित थे:

1. 'भाषाई एकरूपता को एक महत्वपूर्ण कारक माना जाना, लेकिन इसे एकमात्र तथा बाध्य सिद्धान्त नहीं मानना।'
2. 'यह सुनिश्चित करना कि विभिन्न भाषाई समूहों की संसर्ग, शैक्षिक तथा सांस्कृतिक आवश्यकताओं को पर्याप्त रूप से पूरा किया जाए।'
3. 'जहाँ संतोषजनक् स्थिति हो तथा जहाँ आर्थिक, राजनैतिक तथा प्रशासनिक स्थिति के बीच संतुलन समेकित राज्य (Composite State) के पक्ष में हो, इन राज्यों को जारी रखना, जिसमें सभी वर्गों के समान अधिकार तथा अवसर सुनिश्चित हों'।
4. 'जन्मभूमि/स्वदेश (Homeland) की अवधारणा का खंडन करना तथा संघ में सभी नागरिकों के समान अधिकारों तथा अवसरों का समर्थन करना'।
5. 'एक भाषा एक राज्य' के सिद्धान्त को नकार देना।
6. 'अन्त में इस बात को मानते हुए कि राज्य स्तर पर एक भाषावाद लोगों के बीच एकनिष्ठा (पक्षपात) की भावना उत्पन्न करेगा, इस भावना को सकारात्मक उपायों द्वारा संतुलित करना, जिससे विभिन्न प्रादेशिक संस्कृतियों की अन्योन्यक्रिया, अन्तर राज्य सहयोग तथा समझौते को बल मिलेगा तथा राज्य व केन्द्र के बीच सम्बन्ध/सम्पर्क का समर्थन करना जिससे राष्ट्रीय नीतियों व कार्यक्रमों के बीच अधिक समन्वय स्थापित हो' (राज्य पुनर्गठन कमीशन, 1955 की रिपोर्ट)। कमीशन ने अपनी रिपोर्ट 30 सितंबर, 1955 को पेश की, जिसमें भारत को 16 राज्यों तथा 3 केंद्रशासित प्रदेशों में पुनर्गठित करने का प्रस्ताव रखा गया। भारत सरकार ने इस रिपोर्ट का विस्तृत रूप से अध्ययन किया तथा भारत को 15 राज्यों तथा 7 केन्द्रशासित प्रदेशों में पुनर्गठित करने का प्रस्ताव रखा। अन्त में संसद ने राज्य पुनर्गठन अधिनियम, 1956 से भारत को 14 राज्यों तथा 6 केन्द्रशासित प्रदेशों में पुनर्गठित किया।

भाषाई आधार पर राज्यों के पुनर्गठन के कुछ ऋणात्मक प्रतिफल भी हैं–(i) प्रादेशिकतावाद/उप-राष्ट्रीयतावाद में वृद्धि, (ii) आर्थिक सहयोग में बाधा, तथा; (iii) पड़ोसी राज्यों के प्रति प्रतिद्विन्दात्मक सोच।

पुनर्गठन के परिणामस्वरूप एक बड़े क्षेत्र तथा जनसंख्या को एक समान प्रशासनिक प्रतिरूप के अन्तर्गत लाया गया। सभी राज्यों की एक समरूप विधायिका, कार्यपालिका तथा न्यायपालिका की संरचना थी। ये गणराज्य के मुख्य अंग थे। मात्र एक छोटा सा भाग (केन्द्र शासित प्रदेश) केन्द्रीय नियंत्रण के अधीन था। राजप्रमुख के संस्थान को हटा दिया गया तथा इस तरह प्रशासन के साथ अंतिम वंशागत तथा सामन्ती सम्बन्ध का अन्त हो गया। क्षेत्रीय अविच्छिन्नता एक अन्य मुख्य उपलब्धि थी। क्षेत्रों के कई खंडों, जो बहि:क्षेत्र (Exclaves) तथा अंत:क्षेत्र (Enclaves) के रूप में थे, का विलय राज्यों के एकीकरण के बाद भी संसक्त इकाईयों के साथ हुआ, केवल एक असंगति (हिमाचल प्रदेश) के रूप में, जो अभी भी दो मुख्य खंडों में था। अधिकतर पुनर्गठित राज्यों के क्षेत्र तथा जनसंख्या में पहले से अधिक वृद्धि हुई। मद्रास तथा बिहार के क्षेत्रों में कुछ कमी हुई, वहीं असम, ओडिशा, उत्तर प्रदेश तथा जम्मू एवं कश्मीर के क्षेत्र में कोई परिवर्तन नहीं हुआ। कुछ पुराने राज्यों, जैसे- हैदराबाद, दुर्ग, भोपाल, सौराष्ट्र, कच्छ, मध्य भारत, विंध्य प्रदेश, अजमेर, मेवाड़, इत्यादि की पहचान मिट गई। सीमाओं में बहुत कम परिवर्तन हुआ, विभिन्न स्तरों की पुरानी सीमाओं को कायम रखा गया। पुनर्गठित राज्यों की संख्या कमीशन द्वारा सरकार को दिए गए प्रस्ताव से कम थी।

उत्तर-पुनर्गठन परिवर्तन (Post-Reorganisation Changes)

राज्यों का पुनर्गठन सभी को संतुष्ट नहीं कर पाया। यह पूरी प्रक्रिया का अन्त नहीं था। भाषाई, जातीय या सांस्कृतिक आधार पर इन राजनैतिक - क्षेत्रीय इकाईयों में परिवर्तन करने की माँग की जाती रही है। इसके बाद के वर्षों में क्षेत्रीय परिवर्तन की प्रवृत्ति का रुख विभाजन तथा विखंडन की ओर था। फलस्वरूप इकाईयों की संख्या में वृद्धि हुई तथा कुछ परिवर्तन प्रशासनिक ढाँचे में भी हुए।

अन्य प्रदेश, जहाँ बड़े क्षेत्रीय बदलाव हुए, उत्तर-पूर्व में हैं। इस क्षेत्र का आंतरिक प्रशासन संगठित था तथा पुराने जनजातीय तरीकों एवं सामाजिक रिवाजों पर आधारित था। नगालैण्ड (1 दिसंबर, 1963) तथा मेघालय (2 अप्रैल, 1970) असम से अलग होकर नए राज्य बने, वहीं मणिपुर (1971), त्रिपुरा (1971), मिज़ोरम (8 दिसंबर, 1986) तथा अरुणाचल प्रदेश (8 दिसंबर, 1986) को केन्द्र शासित प्रदेश की जगह राज्य का दर्जा दे दिया गया। वास्तव में भौगोलिक तथा प्रशासनिक विभिक्त विभिन्न पहाड़ी क्षेत्रों के पिछड़ेपन का कारण था। राजनैतिक अलगाव तथा आर्थिक पिछड़ेपन की इस भावना ने पहाड़ी क्षेत्र के लोगों को पृथक राजनैतिक इकाई की माँग करने के लिए प्रेरित किया। पहाड़ी क्षेत्रों के ये लोग नहीं चाहते थे कि उन पर ब्रह्मपुत्र के मैदानी इलाकों के लोगों का प्रभुत्व स्थापित हो।

हिमाचल प्रदेश को राज्य का दर्जा 26 जनवरी, 1971 में दे दिया गया। सिक्किम (हिमालय का एक शाही राज्य तथा भारत का संरक्षित राज्य) ने भारतीय संघ में सम्मिलित होने का निर्णय अप्रैल 1975 में एक 'सम्बद्ध राज्य' के रूप में लिया तथा बाद में पूर्ण रूप से यह एक राज्य बन गया। 1961 से ही गोवा एक केन्द्रशासित प्रदेश था, 30 मई, 1987 से यह पूर्ण रूप से एक राज्य बन गया जबकि बहि:क्षेत्र (exclave) दमन एवं द्वीप केन्द्रशासित प्रदेश के रूप में ही कायम रहे। छत्तीसगढ़ (2 नवंबर, 2000), उत्तराखंड (9 नवंबर, 2000) तथा झारखंड (15 नवंबर, 2000) राज्य क्रमश: मध्य प्रदेश, उत्तर प्रदेश तथा बिहार राज्यों को विभाजित कर बनाए गए। ये तीनों राज्य देश के 26वाँ, 27वाँ तथा 28वाँ राज्य बनें। इन राज्यों के अतिरिक्त, देश में सात केन्द्रशासित प्रदेश भी हैं। तालिका 16.1 में भारत के कुछ राज्यों के पुनर्गठन की सूचनाएँ प्रस्तुत हैं।

तालिका 16.1 भारत के छोटे राज्यों का गठन

क्र.सं.	राज्य	पुनर्गठन का वर्ष	पूर्व स्थिति
1.	आन्ध्र प्रदेश	1953	मद्रास राज्य का भाग
2.	केरल	1956	ट्रावनकोर और कोचीन राज्य
3.	गुजरात	1960	बम्बई राज्य का भाग
4.	महाराष्ट्र	1960	बम्बई राज्य का भाग
5.	नगालैण्ड	1963	केन्द्र शासित प्रदेश

क्र.सं.	राज्य	पुनर्गठन का वर्ष	पूर्व स्थिति
6.	हरियाणा	1966	पंजाब का भाग
7.	कर्नाटक	1956	मैसूर राज्य का गठन 1953 में हुआ और 1973 में इसका नाम बदला गया।
8.	हिमाचल प्रदेश	1971	केन्द्रशासित प्रदेश
9.	मणीपुर, त्रिपुरा	1972	केन्द्रशासित प्रदेशों
10.	मेघालय	1972	असम राज्य का भाग
11.	सिक्किम	1975	केन्द्रशासित प्रदेश 1972 से 1987
12.	मिजोरम	1987	केन्द्रशासित प्रदेश 1972 से 1987
13.	अरुणाचल प्रदेश	1987	केन्द्रशासित प्रदेश
14.	गोवा	1987	केन्द्रशासित प्रदेश
15.	उत्तराखण्ड	2000	उत्तर प्रदेश का भाग
16.	छत्तीसगढ़	2000	मध्य प्रदेश का भाग
17.	झारखण्ड	2000	बिहार का भाग
18.	तेलंगाना	2014	आन्ध्र प्रदेश का भाग

देश में अभी भी कई राज्यों की माँग हो रही है, जैसे-पश्चिम बंगाल में गोरखालैंड, असम में बोडोलैंड तथा अहोम राज्य की माँग, उत्तर प्रदेश में बृज, बुंदेलखंड, हरित प्रदेश, पूर्वांचल तथा रोहिलखंड की माँग, मध्य प्रदेश में महाकौशल, बाघेलखंड, तथा मालवाँचल की माँग तथा महाराष्ट्र में कोंकण और विदर्भ राज्य की माँग। ये माँगें बेहतर प्रशासन तथा विकास के नाम पर की जा रही हैं लेकिन इस तथ्य को नजरअंदाज कर दिया गया है कि उत्तर-पूर्वी क्षेत्र के छोटे राज्यों में विकास नाम मात्र है।

यह देखा गया है कि छोटे राज्यों की माँग क्षेत्रवाद को बढ़ावा देती है तथा राष्ट्रीय एकता को नुकसान पहुचाँती हैं। इनके द्वारा राज्यों के बीच आर्थिक सहयोग में व्यवधान पड़ता है तथा अकसर ये राज्य एक-दूसरे के प्रति विरोधात्मक रवैया अपना लेते हैं। बहुदलीय शासन के तहत केन्द्र धीरे-धीरे कमजोर पड़ता जा रहा है तथा देश के कुछ राज्य विदेशी ताकतों तथा हमारे पड़ोसी देशों का समर्थन पाकर संप्रभु राज्य की माँग करने लगे हैं।

छोटे राज्यों की मांग

बेहतर प्रशासन और सर्वांगीण विकास के नाम पर छोटे राज्यों की मांग की गई है, लेकिन इस तरह की मांगें इस तथ्य की अनदेखी करती हैं कि उत्तर-पूर्वी क्षेत्र के छोटे राज्यों ने सामाजिक-आर्थिक विकास में इतना अच्छा प्रदर्शन नहीं किया है।

छोटे राज्यों की मांग के पंछे के कारणों का महत्वपूर्ण विश्लेषण के उपरान्त कुछ प्रमुख कारणों को नीचे सूचीबद्ध किया गया है-

1. सभ्यता, भाषा, धर्म, आर्थिक और प्रादेशिक हानि की भावना के जैसे भावनात्मक विचार।
2. देश में बोली जाने वली विभिन्न भाषाओं के कारण प्रशासन में सरकार और प्रशासन को शूलम बनाने की भावना से बड़े राज्यों के उप-विभागों में।
3. छोटे राज्यों में औद्योगिक विकास की कमी और उनके खनिज संसाधनों का दोहन राज्य के विकास देश को लाभांवित करने के कारण छोटे से विकसित करने के लिए छोटे राज्य प्रस्ताविक हुई।
4. छोटे राज्यों को बनाने का मूल उद्देश्य भारतीय अर्थव्यवस्था को उत्तम बनाने, जी.डी.पी. में वृद्धि और उत्तम प्रशासन के लिए।
5. छोटे राज्यों के राजकीय कार्यों में लोगों की सहभागिता की कमी के पक्षपातपूर्ण लोगों के आरोपों में कमी आना।

क्षेत्रीय जागरुकता तथा राष्ट्रीय एकीकरण (Regional Consciousness and National Integration)

किसी क्षेत्र द्वारा अपनी संस्कृति को सुरक्षित रखने तथा इसे प्रोत्साहित करने के प्रयास को क्षेत्रवाद कहते हैं। यह एक औपचारिक प्रयास तब हो सकता है, जब राज्य प्रशासनिक या नियोजन के क्षेत्रों का निर्धारण करता है या एक अनौपचारिक प्रयास तब होता है, जब कोई अल्पसंख्यक समूह क्षेत्र के आधार पर कुछ हद तक स्वतंत्रता प्राप्त करने की कोशिश करे।

राजनैतिक भूगोल में क्षेत्रवाद एक राजनैतिक विचारधारा है, जो किसी क्षेत्र अथवा क्षेत्रों के समूह के हित पर बल देता है चाहे वह परम्परागत हो या औपचारिक (प्रशासनिक भाग, देश, राज्य, राजनैतिक उप-भाग, क्षेत्रीय तथा उप-राष्ट्रीय इकाई)। क्षेत्रवाद क्षेत्र के प्रभाव तथा राजनैतिक शक्ति को बढ़ाने पर केंद्रित है, चाहे वह सीमित स्वायत्तता (राज्यों को अधिक अधिकार सुपुर्द कर, विकेन्द्रीकरण) के लिए आंदोलन शुरू करके किया जाए या अधिक स्वायत्तता (संप्रभुता, पृथक्करण, स्वतंत्रता) के लिए ठोस कदम उठा कर।

भारत में क्षेत्रवाद (Regionalism in India)

भारत विविधता से भरा एक बहुलवादी समाज है। स्वतंत्रता के समय भारत की आबादी मात्र 340 मिलियन थी, जो 2011 में 1210 मिलियन हो गई। स्वतंत्रता के बाद रजवाड़ों को देश में मिलाकर इसे और मजबूत बनाया गया। बाद में कुछ राज्य, जैसे-महाराष्ट्र तथा गुजरात का निर्माण 1960 में तथा पंजाब व हरियाणा का निर्माण 1966 में क्षेत्रीय आकांक्षओं को पूरा करने के लिए किया गया। राज्यों की संख्या में वृद्धि हुई तथा वर्तमान में भारत में 29 राज्य तथा 7 केन्द्रशासित प्रदेश हैं।

क्षेत्रवाद (प्रादेशिकतावाद) के समर्थन तथा विरोध में तर्क दिए गए हैं। कुछ विशेषज्ञों के अनुसार, किसी क्षेत्र के लोगों में क्षेत्रवाद या उप-राष्ट्रवाद की भावना आना गलत नहीं है, क्योंकि:

(i) यह प्रजातांत्रिक प्रवृत्ति की पूर्ति करता है
(ii) यह राजनैतिक प्रबंधन की सुविधा प्रदान करता है
(iii) यह क्षेत्रीय तथा समग्र विकास को आसान बना देता है,
(iv) यह निर्णय लेने की प्रक्रिया में आसान पहुँच तथा भागीदारी प्रदान करता है,
(v) यह स्थानीय उत्तरदायित्व को बढ़ावा देता है, तथा;
(vi) यह राष्ट्रीय एकता को बढ़ाता है।

ये विशेषज्ञ रूस तथा पाकिस्तान का उदाहरण देते हैं, जहाँ अस्थिरता बढ़ती जा रही है क्योंकि यहाँ लोगों की क्षेत्रीय माँग को समायोजित नहीं किया जा सका है। पाकिस्तान के विभाजन का मुख्य कारण बांगला पहचान का आदर न करना तथा इसे मानने से इंकार करना है। सोवियत संघ भी क्षेत्रवाद तथा उप-राष्ट्रवाद के दबाव को सह नहीं पाया तथा इसका विखंडन हो गया।

एक अन्य विचारधारा के अनुसार क्षेत्रवाद देश के विघटन की एक प्रक्रिया है, जो लागों को 'मराठी के लिए महाराष्ट्र' तथा 'असमिया के लिए असम' जैसे नारों पर विभाजित करता है तथा आंदोलन व हिंसा को जन्म देता है। कुछ लोग जम्मू एवं कश्मीर, मणिपुर एवं नगालैंड जैसे राज्यों की स्वायत्तता की माँग को लेकर चिंतित हैं जो अन्य क्षेत्रों के लिए स्वायत्तता की माँग को प्रेरित करेगी। विखंडन की एक प्रक्रिया अन्य विखंडन की प्रक्रियाओं को प्रोत्साहित करती है।

कभी-कभी क्षेत्रवाद की भावना इतनी गहरी होती है कि राज्य एक-दूसरे के साथ पानी (कर्नाटक तथा तमिलनाडु द्वारा कावेरी जल का बँटवारा) या विद्युत (जैसे-पंजाब और दिल्ली) तक बाँटना नहीं चाहते हैं। असम जैसे राज्य का यह कहना है कि यद्यपि देश के आर्थिक विकास में तेल, चाय, जूट तथा लकड़ी के द्वारा उनका एक बड़ा योगदान है लेकिन विकास के कार्यक्रमों का लाभ उसे नहीं मिल पा रहा है, वहीं जम्मू और कश्मीर का यह कहना है कि मुस्लिम-प्रधान राज्य होने के कारण औद्योगिक विकास कार्यक्रम के मामले में उसके साथ भेद-भाव किया जाता है। कई क्षेत्रों में अशांति का मुख्य कारण वहाँ का आर्थिक पिछड़ापन है (जैसे-पश्चिम बंगाल में गोरखलैंड, असम में बोडोलैंड, ऊपरी असम में अहोम, उत्तर प्रदेश में बृज, बुंदेलखंड तथा रोहिलखंड, मध्य प्रदेश में महाकौशल, इत्यादि) तथा कई नए राज्यों की माँग राजनैतिक रूप से प्रेरित है (जैसे–उत्तर प्रदेश में हरित प्रदेश तथा पूर्वांचल राज्यों के गठन की माँग)।

सभी स्तर के लोगों के बीच बढ़ती सामाजिक तथा राजनैतिक जागरुकता के कारण लोगों को एक पृथक राज्य की माँग के लिए संघटित करना मुश्किल नहीं है। यदि लोगों की माँग को नकार दिया गया तो कानून तथा व्यवस्था की समस्या उत्पन्न होगी। इन समस्याओं को लम्बे समय तक समर्थन नहीं मिलता या इन्हें सख्ती से निपटाया नहीं जा सकता है। यह लोगों को हिंसा पर उतर आने को मजबूर करेगा। इनकी आकांक्षाओं को समायोजन तथा समझौते के द्वारा पूरा किया जा सकता है।

कई राज्यों में बढ़ती जनसंख्या को संभाल पाना मुश्किल है। उत्तर प्रदेश, मध्य प्रदेश, बिहार तथा महाराष्ट्र में यह समस्या देखी जा सकती है। 1947 में देश में 300 जिले थे, अब यह संख्या बढ़कर 640 से अधिक हो गई है। क्षेत्र तथा आबादी की दृष्टि से कई जिले संयुक्त राष्ट्र संघ के कुछ सदस्यों से भी बड़े हैं। इसलिए छोटे राज्यों को विघटन या क्षेत्रवाद की बढ़ती समस्या के रूप में नहीं देखा जाना चाहिए। यदि राज्यों की संख्या 28 से 50 तथा जिलों की संख्या 650 से 700 हो जाए तो प्रशासनिक प्रबंधन अधिक सुचारू ढंग से चलेगा, उत्तरदायित्व की दृष्टि से भी इसमें सुधार आएगा, प्रजातांत्रिक सहभागिता बढ़ जाएगी, परन्तु यह तभी संभव है जब नए राज्य आर्थिक दृष्टि से मजबूत हों।

भारत जैसे बड़े तथा विस्तृत देश में क्षेत्रवाद तथा उप-राष्ट्रवाद अपरिहार्य है। क्षेत्रवाद तथा उप-राष्ट्रवाद संघवाद की अवधारणा का मूल है। जैसे ही संघीय राष्ट्र-राज्य अस्तित्व में आता है तथा राष्ट्रीय स्वतंत्रता एक वास्तविकता बन जाती है वैसे ही क्षेत्रीय भावनाएँ तथा माँग भी प्रकट हो जाती हैं। इतिहास ऐसे उदाहरणों से भरा हुआ है।

प्रजातांत्रिक परिप्रेक्ष्य तथा राजनैतिक दृष्टि से भारत में क्षेत्रवाद का अस्तित्व तथा विकास स्वाभाविक है। भारत के प्रदेशों की पहचान लोगों की निम्नलिखित विशेषताओं के आधार पर की जा सकती है– (i) भाषा/बोली, (ii) सामाजिक संयोजन, (iii) नृजातीयता (Ethnicity), (iv) जनसांख्यिकीय विषेषताएँ, (v) क्षेत्र (भौगोलिक संसक्ति), (vi) अर्थव्यवस्था तथा आर्थिक जीवन, (vii) ऐतिहासिक पूर्ववृत्त, (viii) राजनैतिक पृष्ठभूमि, तथा; (ix) मनोवैज्ञानिक बनावट तथा समूह की पहचान के कारण महसूस की गई जागरुकता।

राष्ट्रीय एकीकरण की प्रक्रिया में इन क्षेत्रों का एकीकरण राष्ट्रीय पहचान के विकास की एक पूर्व शर्त है। उदाहरण के लिए 'भारतीय' होने का अर्थ यह नहीं है कि कोई असमिया, बंगाली, गुजराती, कश्मीरी, मराठी, नगा, तमिल, तेलुगू, इत्यादि नहीं हो सकता है। राष्ट्रीय एकता तभी पनप सकती है जब क्षेत्रवाद तथा राष्ट्रवाद के बीच उचित सामंजस्य हो। यह स्पष्ट है कि 'अन्ध-देशभक्ति' (Chauvinism) की तरह ही अनुचित क्षेत्रवाद विघटनकारी तथा एक कैंसर (Cancer) के समान है।

नयी राजनैतिक या प्रशासनिक इकाइयाँ बनने के कारण राष्ट्रीय अखंडता खतरे में नहीं पड़ेगी। क्षेत्रवाद को यदि ढंग से संभाला गया तो यह विघटनकारी नहीं है। नृजातीय भावनाएँ तथा भाषाई एकरूपता नए राज्य बनने का वाँछनीय आधार नहीं भी हो सकती हैं। देश के सम्मुख संसाधनों की एक गंभीर समस्या है। देश के कई भागों में उग्रवाद की भी समस्या है। आंतरिक तथा बाहरी खतरों की छाया स्पष्ट रूप से दिखाई दे रही है। ऐसी स्थिति में नए राज्यों की माँगों की सही रूप से जाँच कर आर्थिक व्यवहार्यता व प्रशासनिक सुविधा के आधार पर इन्हें पूरा किया जा सकता है।

भारतीय राजव्यवस्था का एक मुख्य पक्ष यह है कि यह क्षेत्रों तथा उपक्षेत्रों का एकत्रीकरण है। भारत के प्राकृतिक क्षेत्र के ढाँचे के अन्तर्गत इन क्षेत्रों की एक भिन्न सामाजिक-सांस्कृतिक पहचान है।

भारत की एक सुसंगत संघीय राजव्यवस्था का निर्माण एक स्थायी आधार पर हो सकता है, जिसमें भारत के सामाजिक-सांस्कृतिक क्षेत्रों के साथ सामंजस्य स्थापित किया जाए। दरअसल भारत के प्राचीन तथा मध्यकालीन इतिहास में इन सामाजिक-सांस्कृतिक इकाईयों का अस्तित्व था तथा कई शासकों ने इन्हें मान्यता दी थी। ब्रिटिश साम्राज्य की एक कमी यह रही कि इस अवधि के दौरान हमारी राजव्यवस्था के इन अहम सामाजिक-सांस्कृतिक खंडों का कई मामलों में विरूपण किया गया तो कई मामलों में भंजन।

भारत में राष्ट्रीय एकीकरण (National Integration in India)

भारत एक बहु-भाषी, बहु-धार्मिक तथा बहु-सांस्कृतिक देश है। देश की जातीय, सांस्कृतिक तथा धार्मिक विविधता छोटे तथा बड़े स्तर पर सामाजिक तथा धार्मिक तनाव उत्पन्न करती है।

उप-महाद्वीप के विभाजन के बाद दोनों देशों, भारत तथा पाकिस्तान को राज्यों के विलय, सीमांकन, सम्पत्ति के बँटवारे, जल-संसाधन के बँटवारे, खाद्यान्न की कमी, आंतरिक अस्थिरता, क्षेत्रवाद तथा साम्प्रदायिकता जैसी समस्याओं का सामना करना पड़ा।

इन समस्याओं का सफलतापूर्वक निपटारा करने के बाद भारत को भाषाई साम्प्रदायिकता (linguistic communalism) की समस्या का सामना करना पड़ा।

तेलंगाना आन्दोलन की शुरुआत (1953) के साथ ही भाषाई आधार पर राज्यों के विभाजन के लिए एक व्यापक आंदोलन छेड़ा गया तथा इसी संदर्भ में राज्यों का पुनर्गठन हुआ। भाषा के आधार पर राज्यों के पुनर्गठन के कारण क्षेत्रवाद को प्रोत्साहन मिला तथा अनेक क्षेत्रों की राजनैतिक आकांक्षाओं को पूरा करने के लिए सरकार को कई नए राज्यों का गठन करना पड़ा। इन सभी समस्याओं के साथ ही साम्प्रदायिकता ने भी अपना सिर उठाया, ने देश के धर्मनिरपेक्ष छवि के लिए एक गंभीर चुनौती थी।

राष्ट्रीय एकीकरण के तत्व (Essence of National Integration)

राष्ट्रीय एकीकरण आधुनिकीकरण के लिए आवश्यक है। इसमें लोगों की निष्ठा का पुनः सामंजस्य शामिल है। जनजातीय, सामन्तवादी तथा स्थानिक लोकाचार के मूल्यों ने परस्पर विरोधी क्षेत्रीय विचारों को जन्म दिया तथा एक प्रजातांत्रिक, समतावादी व विकास कर रहे राष्ट्रीय समाज का अन्त हो गया। एकीकरण परम्परावादी निष्ठा की जगह आधुनिक निष्ठा पर बल देता है- यह एक नई राष्ट्रीय पहचान की स्थापना का आंदोलन है।

दूसरे शब्दों में 'राष्ट्रीय एकीकरण' का अर्थ है तथा होना चाहिए 'संसक्ति'; सामंजस्य लेकिन विलय नहीं, समायोजन निष्कासन नहीं, स्वांगीकरण लेकिन विलोपन नहीं, संश्लेषण लेकिन अनस्तित्व नहीं, एकात्मता लेकिन किसी क्षेत्रीय संप्रभुता में लोगों के कई खंडों का संगठन नहीं।

राष्ट्रीय एकीकरण एक ऐसी स्थिति है जहाँ विविधता में एकता होती है, जहाँ सम्पूर्ण इकाई तथा इसके भाग सामान्य रूप से मान्य होते हैं तथा एक-दूसरे पर परस्पर निर्भर होते हैं। राष्ट्रीय एकीकरण विविधता में एकता को मानता है क्योंकि यदि मात्र एकता हो तो एकीकरण आवश्यक नहीं है तथा यदि मात्र विविधिता हो तो एकीकरण संभव नहीं है। यह स्पष्ट है कि एकीकरण विविधता को एकरूपता में परिवर्तित करने की प्रक्रिया नहीं है बल्कि विविधिता में सामंजस्य स्थापित करने की एक प्रक्रिया है जिसमें दोनों, विविधता तथा समानता कायम रहती है। यहाँ यह कहना भी आवश्यक है कि सभी विविधता यह आवश्यक नहीं है कि विभाजन हो। व्यवहार्य बहुल समाज यह मानता है कि विविधता समाधेय है।

भारतीय राष्ट्रीय आंदोलन के विशुद्ध तत्व मानवतावाद तथा मानव भाईचारे का, सांस्कृतिक बाहुलवाद तथा स्वतंत्रता के लिए राष्ट्रीय क्रिया में एकता का, प्रजातांत्रिक निर्माण, धर्मनिरपेक्ष राजव्यवस्था का, सामाजिक न्याय तथा समतावाद का तथा परस्पर निर्भर अन्तर्राष्ट्रवाद के एक भाग के रूप में राष्ट्रवाद का, समर्थन करता था।

साम्प्रदायिक तनाव अक्सर उन लोगों की आकांक्षाओं की अभिव्यक्ति होती है जिन्हें यह महसूस होता है कि उनके साथ धर्म के आधार पर भेद-भाव किया जाता है। साम्प्रदायिक दंगे, भेद-भाव, गरीबी, क्षेत्रवाद तथा अल्पविकास की समस्याओं से निपटने के लिए भारतीय सरकार ने कई कदम उठाए हैं।

राष्ट्रीय एकता परिषद की स्थापना जून 1962 में की गई। इस परिषद ने क्षेत्रवाद तथा साम्प्रदायिकता की समस्याओं से निपटने के लिए दो समितियों का गठन किया लेकिन चीनी आक्रमण के कारण यह प्रयास आगे नहीं बढ़ सका क्योंकि उस समय राष्ट्रीय एकजुटता की जरूरत थी। लेकिन यह स्थिति कम अवधि के लिए बनी रही तथा एक बार फिर 60 के दशक में साम्प्रदायिक हिंसा की शुरुआत हुई जिसके कारण एक अन्य राष्ट्रीय एकता परिषद का गठन 1968 में हुआ। इस बार तीन समितियों का गठन किया गया जिनका सम्बन्ध-(i) साम्प्रदायिकता (ii) क्षेत्रवाद, तथा; (iii) शैक्षिक समस्याओं से था। इन समितियों ने बहुमूल्य सुझाव दिए जिन पर कोई कार्यवाई नहीं हुई। संचालन समिति को 1973 में पुनर्जीवित करने की कोशिश की गई परन्तु यह प्रयास विफल रहा। 1980 में राष्ट्रीय एकता परिषद का दूसरा अवतार सामने आया तथा इसकी बैठक 1980 तथा पुनः 1984 में हुई। इस बार फिर तीन समितियों का गठन किया गया परन्तु ये कुछ खास नहीं कर पायीं। 1986 में राष्ट्रीय एकता परिषद का एक अन्य अवतार सामने आया, जिसका मुख्य बल पंजाब पर था। इस वर्ष सितंबर में हुई बैठक ने एक पाँच-सदस्य वाले उप-समूह का गठन किया, जिसका कार्य अल्पसंख्यकों के हितों की रक्षा का सुझाव देना तथा राष्ट्रीय एकीकरण व साम्प्रदायिक सौहार्द को प्रोत्साहन देना था। इस समूह की रिपोर्ट को परिषद ने अपनाया परन्तु इसकी बैठक अगले तीन साल तक नहीं हुई। 1990 में एक बार फिर राष्ट्रीय एकता परिषद का एक नया अवतार सामने आया जिसके सम्मुख पंजाब, कश्मीर तथा अयोध्या जैसे मुद्दे थे। इस बार फिर तीन समितियों का गठन तथा परिषद का बहिष्कार किया गया। नवंबर 1991 में इसका एक नया अवतार सामने आया जिसकी बैठक में अयोध्या की चर्चा की गई। एक दूसरी बैठक दिसंबर 1991 में हुई, जिसमें मुख्य विषय जम्मू एवं कश्मीर तथा पंजाब

था। इसके बाद राष्ट्रीय एकता परिषद की एक बैठक 18 जुलाई, 1993 को हुई लेकिन राष्ट्रीय एकीकरण के मुद्दे पर अभी तक कोई समाधान नहीं निकल पाया है।

राष्ट्रवाद (Nationalism)

राष्ट्रवाद का सम्बन्ध उस राजनैतिक आंदोलन से है, जो इस धारणा पर आधारित है कि राष्ट्र जिसे प्रायः नृजातीयता या संस्कृति के संदर्भ में परिभाषित किया जाता है, को यह अधिकार है कि वह एक स्वतंत्र अथवा स्वायत्त समुदाय का निर्माण करे जो सामान्य इतिहास तथा सामान्य उद्देश्य पर आधारित हो। अधिकांश राष्ट्रवादी इस बात को मानते हैं कि राज्य की सीमा राष्ट्र की सीमा के समानुरूप होनी चाहिए राष्ट्रवाद का आत्यन्तिक रूप जैसा कि फासीवादी आंदोलन (Fascist Movement) द्वारा 20वीं सदी में प्रचार किया गया यह मानता है कि राष्ट्रीयता किसी की पहचान का सबसे अहम पक्ष है तथा यह राष्ट्र को प्रजाति (Race) तथा नृजातीयता (Ethnicity) के संदर्भ में परिभाषित करने की कोशिश करती है।

राष्ट्रवादी राष्ट्र को लोगों में एक समावेश वर्गीकरण के रूप में देखते हैं तथा प्रत्येक व्यक्ति का एक राष्ट्र निश्चित करते हैं। वास्तव में राष्ट्रवाद अधिकतर मानवीय क्रियाकलापों का राष्ट्रीय स्वरूप देखता है। राष्ट्रों का राष्ट्रीय चिन्ह, राष्ट्रीय संस्कृति, राष्ट्रीय संगीत, राष्ट्रीय साहित्य, राष्ट्रीय लोक संगीत, राष्ट्रीय पुराण तथा कुछ मामलों में राष्ट्रीय धर्म होता है। लोगों का समान राष्ट्रीय मूल्य तथा राष्ट्रीय पहचान होती है, वे राष्ट्रीय नायक का समादर करते हैं, राष्ट्रीय व्यंजन खाते हैं तथा राष्ट्रीय खेल खेलते हैं।

राष्ट्रवादी प्रत्येक राष्ट्र को कुछ मानदण्डों के आधार पर परिभाषित करते हैं, जो एक राष्ट्र को दूसरे राष्ट्र से अलग करता है तथा यह निर्धारित करता है कि प्रत्येक राष्ट्र का सदस्य कौन होगा। इन मानदण्डों में समान भाषा, संस्कृति तथा मूल्य शामिल हैं। राष्ट्रीय पहचान का सम्बन्ध इन मापदण्डों से तथा प्रत्येक समूह की समान परम्परा से होता है। राष्ट्र की सदस्यता प्रायः अनैच्छिक होती है तथा इसका निर्धारण जन्म के आधार पर होता है प्रत्येक राष्ट्रीयता अपने आंतरिक एकरूपता की मात्रा में एक-दूसरे से भिन्न होती हैं; कुछ एकाश्म होते हैं जो राष्ट्रीय मानकों से बहुत कम हद तक भिन्न होते हैं। सैद्धांतिक राष्ट्रवाद (Academic Nationalism) इस बात पर बल देता है कि राष्ट्रीय पहचान विवादित होती है तथा यह भिन्न क्षेत्र, वर्ग, लिंग, भाषा/बोली में प्रतिबिम्बित होती है। एक नई त्रिकास राष्ट्रीय सत संस्कृति (National Core Culture) की धारणा है - जैसा कि जर्मनी के लीट कल्चर (Leit Kulture) में देखा गया है - इसका बल न्यूनतम अपरक्राम्य मूल्यों के एक समूह पर है, यह मुख्य रूप से अप्रवासन की प्रतिक्रिया के रूप में सांस्कृतिक स्वांगीकरण की एक नीति है। राष्ट्रवाद में मजबूत क्षेत्रीय घटक होते हैं, जिसमें क्षेत्र का एक समावेश वर्गीकरण होता है, जो व्यक्तियों के वर्गीकरण से मेल खाता है। प्रत्येक राष्ट्र का एक क्षेत्र होता है, जो जन्मभूमि/स्वदेश (homeland) से जुड़ा हुआ होता है। यह राष्ट्रवाद के भू-राजनैतिक दावे में प्रतिबिम्बित होता है जो विश्व को राष्ट्र-राज्यों के एक क्रम के रूप में देखता है जिसमें प्रत्येक राष्ट्र का आधार उसकी राष्ट्रीय जन्मभूमि है। क्षेत्रीय दावे राष्ट्रीय आंदोलनों की राजनीति की विशेषता हैं। स्थापित राष्ट्र - राज्य एक अप्रत्यक्ष क्षेत्रीय दावा करते हैं ताकि उनका अस्तित्व सुरक्षित रहे, कभी-कभी यह राष्ट्रीय संविधान में विनिर्दिष्ट होता है। राष्ट्रवादी के अनुसार प्रत्येक राष्ट्र को संप्रभु राष्ट्र का नैतिक अधिकार है।

राष्ट्र-राज्य में राष्ट्र के अस्तित्व तथा इसकी भिन्न पहचान को सुरक्षित रखा जाता है तथा एक क्षेत्र प्रदान किया जाता है, जहाँ राष्ट्रीय संस्कृति व लोकाचार का प्रभुत्व होता है। राष्ट्रवाद राज्य का तत्व-ज्ञान है। यह राष्ट्र-राज्य को प्रत्येक राष्ट्र के लिए आवश्यक मानता है; पृथकवादी राष्ट्रीय आंदोलन इस बात की शिकायत करते हैं कि उनके साथ भेद-भाव किया जाता है तथा दूसरे राष्ट्र में अल्पसंख्यक के रूप में वे दूसरे दर्जे के नागरिक वर्ग में आते हैं। वह राज्य के विशेष कर्त्तव्यों की इस दृष्टि से राष्ट्रीय शिक्षा तंत्र तथा राष्ट्रीय, सांस्कृतिक - ऐतिहासिक समूहों से यह अपील करता है कि वे अपने अस्तित्व को उचित सिद्ध करें, तथा राजनैतिक वैधता के लिए जनसंख्या की सत्ता में मौन स्वीकृति चाहता है।

राष्ट्रवादी यह मानते हैं कि गैर-राष्ट्रीय राज्यों का अस्तित्व था तथा है परन्तु उन्हें राज्य के वैध रूप में नहीं देखते हैं। शुरुआती राष्ट्रीय आंदोलन अक्सर ऐसे गैर-राष्ट्रीय राज्यों के विरुद्ध था विशेषकर बहु जातीय (multi-ethnic) साम्राज्य। अधिकांश बहुजातीय साम्राज्य अब खत्म हो गए हैं परन्तु कुछ पृथक्‌वादी आंदोलन अभी भी रूस तथ चीन को राष्ट्रीय, साम्राज्य राज्य मानते हैं। कम से कम एक आधुनिक राज्य राष्ट्र - राज्य नहीं है, 'वैटिकन सिटी' का अस्तित्व केवल रोमन कैथोलिक चर्च को एक संप्रभु क्षेत्रीय इकाई प्रदान करना है।

एक विचारधारा के रूप में राष्ट्रवाद में नैतिक सिद्धान्त शामिल हैं, राष्ट्र के सभी सदस्यों के प्रति व्यक्तियों के नैतिक कर्त्तव्य गैर-सदस्यों के प्रति उनके नैतिक कर्त्तव्यों का दमन करते हैं। राष्ट्रवाद का यह मानना है कि राष्ट्रीय निष्ठा युद्ध के समय स्थानीय निष्ठा, परिवार मित्रों, व्यवसाय, वर्ग, जाति अथवा धर्म के प्रति निष्ठा की अवहेलना करता है।

एन्थोनी डी. स्मिथ (Anthony D. Smith) के अनुसार राष्ट्र के निर्माण की पूर्व शर्तें निम्नलिखित हैं:

1. एक स्थायी जन्मभूमि/स्वदेश (वर्तमान/ऐतिहासिक);
2. अधिक स्वायत्तता (High Autonomy);
3. प्रतिकूल प्रतिवेश (Hostile Surroundings);
4. युद्ध की यादें (Memories of Battles);
5. पवित्र केन्द्र (Sacred Centres);
6. भाषा तथा लिपि (Languages and Scripts);
7. विशेष रीति रिवाज, परम्परा तथा त्यौहार (Special Customs, Traditions and Festivals), एवं;
8. ऐतिहासिक अभिलेख तथा विचार (Historical Records and Thinking)।

ये पूर्व शर्तें एक प्रभावशाली सामान्य पौराणिकी का निर्माण करेंगे। इस तरह काल्पनिक/पौराणिक जन्मभूमि वास्तव में राष्ट्र के अधिकृत क्षेत्र से राष्ट्रीय पहचान के लिए अधिक महत्व रखती हैं। स्मिथ (Smith) का यह भी कहना था कि राष्ट्र के निर्माण में निम्न तथा उच्च वर्ग, कानूनी तथा राजनैतिक संस्थान, राष्ट्रीय विचारधारा, अन्तर्राष्ट्रीय मान्यता तथा सीमाओं का निर्धारण शामिल है।

भारत की अन्तर्राष्ट्रीय सीमा (International Boundries of India)

भारत पूर्णतया उत्तरी गोलार्द्ध में स्थित है। इसकी मुख्य भूमि 8°4' और 37°6' उत्तरी अक्षांश तथा 68°7' और 97°25' पूर्वी देशांतर के बीच फैली हुई है। इसका विस्तार उत्तर से दक्षिण तक 3,214 कि.मी. और पूर्व से पश्चिम तक 2,933 कि.मी. है। इसकी भूमि सीमा लगभग 15,200 कि.मी. है। मुख्य भूमि, लक्षद्वीप समूह और अंडमान-निकोबार द्वीप समूह के समुद्र-तट की कुल लंबाई 7,516.6 कि.मी. है।

भारत की सीमा उत्तर-पश्चिम में अफगानिस्तान तथा पाकिस्तान के साथ, उत्तर में चीन, भूटान तथा नेपाल के साथ, पूर्व में म्यांमार (पश्चिम बंगाल राज्य के पूर्व में बांग्लादेश) के साथ है। मन्नार की खाड़ी और पाक जलडमरूमध्य भारत को श्रीलंका से अलग करते हैं। भारत की सबसे लम्बी सीमा बांग्लादेश के साथ है (4096 कि.मी.), इसके बाद क्रमशः चीन, पाकिस्तान, नेपाल, म्यांमार, भूटान तथा अफगानिस्तान का स्थान आता है। भारत की सबसे कम छाटी सीमा अफगानिस्तान के साथ है (मात्र 80 कि.मी.)।

तालिका 16.2 संलग्न देशों के साथ भारत की सीमा

क्र.सं.	देश	क्षेत्र	सीमा की लम्बाई (कि.मी.)	सीमा की कुल लम्बाई का प्रतिशत
1.	बांग्लादेश	दावकी-तमबिल (Dawki-Tamabil)	4096	26.95
2.	चीन	मैकमोहन (Mc-Mahon)	3917	25.77
3.	पाकिस्तान	(i) वाघा बॉर्डर (Wagah Border)	3310	21.78
		(ii) लोंगेवाला (Longewala)		
		(iii) कच्छ का रण (Rann of Kutch)		
4.	नेपाल	सोनौली (Sonauli)	1752	11.53
5.	म्यांमार	मोरेह (Moreh)	1458	9.59
6.	भूटान	जैगाओं (Jaigaon)	587	3.89
7.	अफगानिस्तान	–	80	0.52
		कुल	**15,200**	**100.00**

भारत-चीन सीमा विवाद (The Sino-India Border Dispute)

चीन के साथ भारत की 3917 कि.मी. लम्बी सीमा है, जो देश की कुल भूमि सीमा का लगभग 26% है। चीन की सीमा भारत के पाँच राज्यों (जम्मू एवं कश्मीर, हिमाचल प्रदेश, उत्तराखंड, सिक्किम तथा अरुणाचल प्रदेश) को छूती है ***(चित्र 16.1)***। यह सीमा मन्चु साम्राज्य (Manchu Dynasty) की नीति, चीनी गणराज्य की नीति तथा ब्रिटिश नीति (British Policy) का परिणाम है।

चूँकि इस क्षेत्र की स्थलाकृतिक विशेषताएँ ऊँचे-नीचे वलित पर्वत हैं तथा यहाँ की जलवायु रुक्ष (Harsh) है, इसलिए इस सीमा को धरातल (जमीन) पर निर्धारित करना संभव नहीं है। भारत को आजादी मिलने से पहले तथा चीन में कम्युनिस्टों द्वारा सत्ता पर काबिज होने (अक्टूबर. 1949) से पहले यह सीमा क्षेत्र शांत रहा।

1954 में भारत ने तिब्बत पर अपना अपारदेशीय अधिकार (Extra-Territorial Rigths) त्याग दिया, इस अधिकार को ब्रिटिश साम्राज्य द्वारा जुलाई 1914 के एंग्लो-तिब्बत व्यापार समझौते के आधार पर व्यवहार में लाया गया था। भारत ने औपचारिक रूप से तिब्बत पर चीन की संप्रभुता को मान्यता दी तथा कई सदियों में पहली बार तिब्बत एक शक्तिशाली सैन्य शासन के प्रत्यक्ष नियंत्रण में आ गया। इस शासन की सक्रिय व आक्रामक नीति थी। सम्पूर्ण हिमालय सीमा के भू-सामरिक महत्व में भारी बदलाव आया। भारत ने तिब्बत के बफर क्षेत्र (Buffer Zone) को खो दिया तथा इस क्षेत्र में भारत और चीन के बीच एक स्पष्ट सीमा स्थापित हो गई।

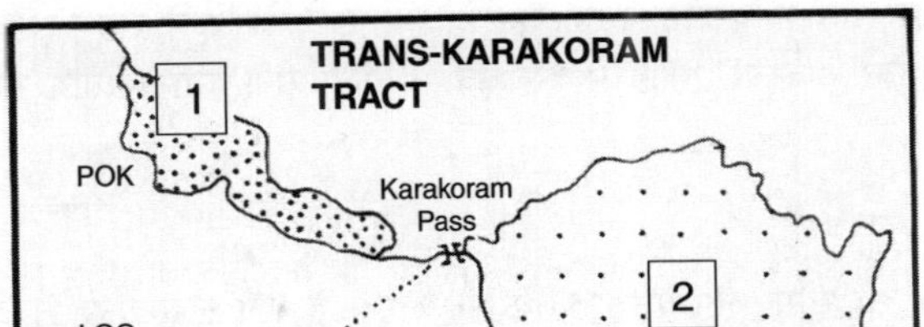

1. Trans-Karakoram Tract
Pakistan handed over this area to China as part of an agreement in 1963. But India said the Trans-Karakoram Tract was part of J&K.

2. Aksai Chin
India accuses China of occupying 8000 Sq. Km. in this region, North-east of Ladakh. Aksai Chin is almost uninhabited.

3. Arunachal Pradesh
China claims 90,000 Sq. Km. of what they call "South Tibet" as their territory, that is almost the whole of Arunachal Pradesh.

चित्र 16.1 भारत एवं चीन के मध्य तीन विवादित सीमा क्षेत्र

परिवर्तित भू-राजनैतिक स्थिति के अन्तर्गत, चीन ने अपने बेहतर सैनिक शक्ति, वृहत्त जनसंख्या तथा साम्यवादी प्रजातांत्रिक मशीनरी का लाभ उठाकर भारतीय प्रतिष्ठा को बदनाम करने तथा तिब्बत के मामले में भारतीय हस्तक्षेप के लिए इसे सबक सिखाने का निश्चय किया।

एक क्रमबद्ध अध्ययन के लिए भारत - चीन सीमा को (i) पश्चिमी खंड, (ii) मध्य खंड, तथा; (iii) पूर्वी खंड में बांटा गया है।

पश्चिमी खंड (The Western Sector)

पश्चिमी खंड में चीन के साथ भारत की सीमा लगभग 2152 कि.मी. लम्बी है। यह भारत के जम्मू एवं कश्मीर राज्य तथा चीन के जिनजिआँग (सिकिआँग) प्रान्त के बीच है। जिनजिआँग तथा पाक-अधिकृत कश्मीर के बीच की सीमा 480 कि.मी. का एक विवादित क्षेत्र शामिल है। बाकी सीमा लद्दाख तथा तिब्बत के बीच है। पश्चिमी खंड में यह सीमा मुश्ताग श्रेणी (Mustagh Range) तथा अगहिल श्रेणी के समानान्तर, काराकोरम दर्रे के पार कारा-ताग (Kara Tagh) दर्रे से होकर, तथा मुख्य कुन लुन (Kun Lun) श्रेणी के समानान्तर गुजरती है। दक्षिण-पूर्व में यह सीमा लानाक ला, कोने ला, पेंगयोंग झील तथा कैलाश श्रेणी से होकर गुजरती है। इस क्षेत्र में यह सीमा भारत सिन्धु नदी तन्त्र तथा चीन खोतन तन्त्र के बीच का जलविभाजक बनती है। इस क्षेत्र में चीन अक्साई-चिन जिला, चाँगमों घाटी, पेनगोंग सो (झील) तथा पूर्वी लद्दाख में लगभग 500 वर्ग कि.मी. क्षेत्र का दावा करता है।

1954 से ही चीन लगातार इस क्षेत्र में घुसपैठ करता रहा है। इस खंड/सेक्टर में लगभग 54,000 वर्ग कि.मी. का भारतीय क्षेत्र चीन के अधिग्रहण में है। सितंबर-अक्टूबर 2009 में इस क्षेत्र में चीनी सेना द्वारा भारतीय सीमा में घुसपैठ के कई समाचार सामने आये ***(चित्र 16.1)***।

मध्य खंड (Middle Sector)

मध्य खंड में चीन के साथ भारत की सीमा लगभग 625 कि.मी. लम्बी है, जो लद्दाख से लेकर नेपाल तक जलविभाजक के समानान्तर गुजरती है। हिमाचल प्रदेश एवं उत्तराखंड राज्य इस सीमा को छूते हैं। हिमाचल प्रदेश की सीमा स्पीति तथा पारा चू नदी के बीच जल विभाजक के समानान्तर गुजरती है तथा सतलज की पूर्वी तथा पश्चिमी सहायक नदियों के बीच भी यह सीमा इस जलविभाजक के समानान्तर गुजरती है। उत्तराखंड की सीमा एक तरफ सतलज तथा दूसरी तरफ काली, अलकनंदा व भागीरथी के बीच जलविभाजक द्वारा निर्धारित है। इसके बाद यह सीमा माना, नीती, कुंगरी-बिंगरी, धर्मा तथा लिपुलेख के जलविभाजक दर्रों के समानान्तर गुजरती है। अन्त में यह उस स्थान में जा मिलती है जहाँ भारत, चीन तथा नेपाल की सीमाओं का सम्मिलन होता है। सीमा के इस भाग का अनुमोदन तिब्बत तथा ब्रिटिश सरकारों द्वारा 1890 तथा 1919 के समझौतों द्वारा किया गया। इस खंड में लगभग 2000 वर्ग कि.मी. क्षेत्र पर चीन का दावा है। उत्तराखंड के चमोली जिले में बाराहोटी के स्थान पर चीन अपना दावा करता है और क्षेत्र में घुसपैठ करता रहता है। वास्तव में बाराहोटी जलविभाजक (Watershed) के दक्षिण में भारत में स्थिति है। 22 जुलाई, 2016 को चीन सिपाहियों ने फिर से बाराहोटी के चरागाहों में घुस पैठ की ***(चित्र 16.2)***।

सिक्किम में स्थिति चुम्बु घाटी तथा टो-प्वाइंट (Toe-Point) पर भी चीन अपना अधिकार मानते हुए भूटान से संधि करना चाहता है। यह सामरिक महत्व का स्थान, सिक्किम तथा भूटान की सीमा पर स्थित है। भारत को चीन का यह दावा स्वीकार नहीं।

पूर्वी खंड (The Eastern Sector)

पूर्वी खंड में चीन के साथ भारत की सीमा 1140 कि.मी. लम्बी है। इस सीमा का विस्तार भूटान के पूर्वी छोर से लेकर तालू दर्रा (Talu Pass) के निकट तक है, जहाँ भारत, म्यांमार तथा तिब्बत (चीन) की सीमाएँ एक-दूसरे से सटती हैं। पूर्वी खंड में भारत-चीन सीमा को मैकमाहोन रेखा (McMahon Line) भी कहा जाता है। यह नाम हेनरी मैकमाहोन, एक ब्रिटिश प्रतिनिधि, के नाम पर है, जिन्होंने 1914 के शिमला समझौते पर हस्ताक्षर किए थे। यह सीमा ब्रह्मपुत्र के उत्तरी जल-विभाजक में हिमालय के शृंग (Crest) के निकट स्थित है, केवल उन स्थानों को छोड़कर जहाँ लोहित, देहाँग, सुबानसीरी तथा के-माँग नदियां इस जलविभाजक को पार करती हैं।

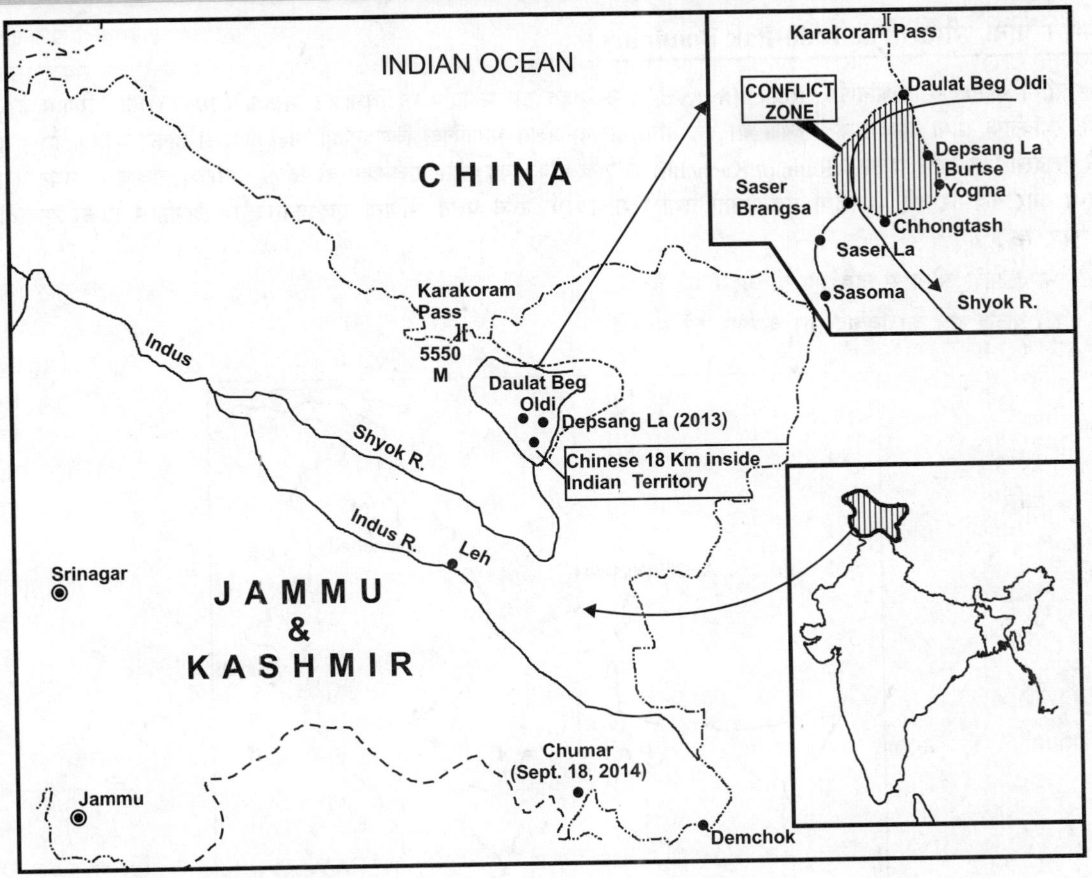

चित्र 16.2 बाराहोटी, चीन एवं भारत के मध्य विवादित सीमा क्षेत्र

पूर्वी खंड में चीन लगभग 90,000 वर्ग कि.मी. भारतीय क्षेत्र पर अपना दावा करता है। चीन मैकमाहोन रेखा को अवैध मानता है तथा इसे स्वीकार नहीं करता है। चीन का कहना है तिब्बत को 1914 के शिमला समझौते पर हस्ताक्षर करने का कोई हक नहीं था।

औपचारिक रूप से चीन की सरकार ने 1959 से पहले कभी भी भारत तथा तिब्बत के बीच हुए समझौते की वैधता पर प्रश्न चिन्ह नहीं लगाया था। 1962 में चीन ने भारत पर आक्रमण कर थाँगला कटक, धोले, सी डोंग, त्वांग, बोमडिला, वालोंग, लोगजू तथा सेला सीमा चौकियों (अरुणाचल प्रदेश) पर अपना कब्जा कर लिया।

इस युद्ध ने यह साबित कर दिया कि हिमालय एक प्रभावी सुरक्षा कवच नहीं है। चीन के साथ मित्रता पर अब विश्वास नहीं किया जा सकता था। भारत को यह भी अहसास हो गया कि 'गुट-निरपेक्षता' सुरक्षा की तैयारी का विकल्प नहीं हो सकता। चीन का आक्रमण (1962) कानून, रीति-रिवाजों, समझौतों, भौगोलिक तथा प्रशासनिक तथ्यों से प्रेरित नहीं था बल्कि विशुद्ध रूप से वैचारिक, राजनैतिक तथा सामरिक महत्व का परिणाम था। वर्तमान में दोनों देश शुरुआती दौर में व्यापार तथा सांस्कृतिक सम्बन्धों में सुधार लाने की कोशिश कर रहे हैं तथा सीमा विवादों पर दूसरे चरण में ध्यान दिया जाएगा।

दुर्भाग्यवश, जनवरी 2013 को चीन ने ब्रह्मपुत्र नदी पर तिब्बत में तीन भारी पनबिजली परियोजनाओं को हरी झंडी दे दी। इन बाँधों के नाम हैं–दागू (640 MW), जान्गुम (510 MW), तथा जियाचा (320 MW)। इन परियोजनाओं से भारत की चिंता स्वाभाविक है। इसके अतिरिक्त अप्रैल 2013 में चीन की फौज ने भारत के दौलत बेग ओल्दी में अपनी चौकियाँ स्थापित कर लीं, जिससे सीमा विवाद और भी बढ़ गया *[चित्र 16.2(A)]*।

भारत-पाक सीमा (The Indo-Pak Boundary)

यह सीमा रेडक्लिफ अधिनिर्णय (Redcliffe Award) के तहत उप-महाद्वीप के विभाजन प्रक्रिया (1947) का परिणाम है। सर सी. रेडक्लिफ सीमा आयोग के अध्यक्ष थे। यह सीमा अलग-अलग भौगोलिक विशेषताओं वाले क्षेत्रों से होकर गुजरती है। गुजरात के दलदली 'रन ऑफ कच्छ' (Rann of Kachchh) से शुरू होकर यह सीमा राजस्थान के रेतीले मरुस्थल, पंजाब के उर्वर मैदानों, जम्मू और कश्मीर की पहाड़ियों एवं पर्वतों तथा हिमालय के ऊँचे पर्वत श्रेणियों एवं काराकोरम श्रेणी से होकर गुजरती है *(चित्र 16.3)*।

भारत-पाक सीमा से जुड़े हुए दो अहम मुद्दे हैं:
(i) कच्छ क्षेत्र का विवाद (ii) कश्मीर की समस्या।

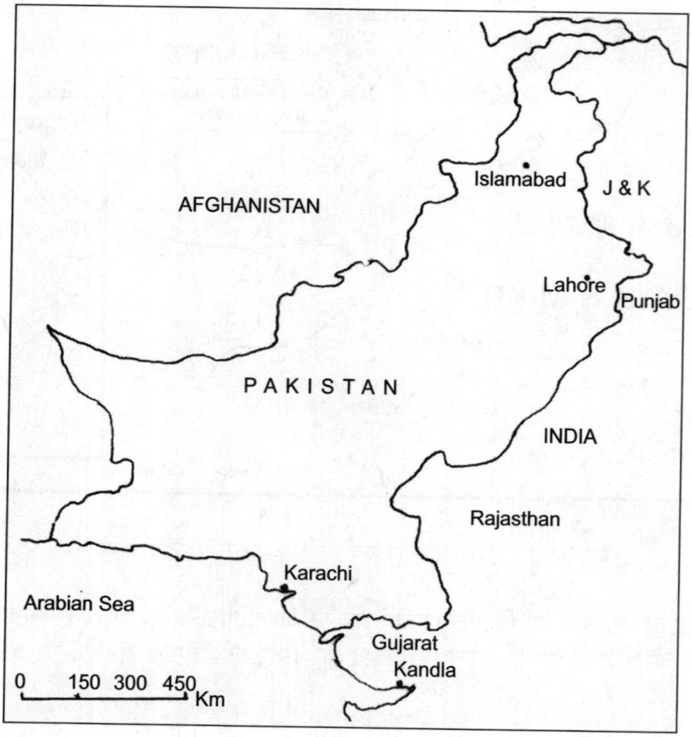

चित्र 16.3 भारत-पाक सीमा

रन कच्छ का विवाद (The Rann of Kachchh Dispute)

कच्छ में भारत-पाक सीमा को स्पष्ट रूप से रेडक्लिफ अधिनिर्णय (Redcliffe Award) के अन्तर्गत निर्धारित किया गया था। पाकिस्तान ने इस बात की वकालत की कि यह सीमा जमीन पर स्पष्ट रूप से निर्धारित नहीं है। पाकिस्तान का कहना था कि, यह एक दलदल नहीं बल्कि स्थल-रुद्ध सागर है तथा इसलिए इसे भारत और पाकिस्तान के बीच समान रूप से विभाजित किया जाना चाहिए। भारत ने इस दावे को नकार दिया और इस बात का सबूत दिया कि यह एक दलदल क्षेत्र है तथा हमेशा से ही कच्छ राज्य (गुजरात) का भाग रहा है, जिसका स्वतंत्रता के बाद भारत के साथ विलय हुआ।

20,720 वर्ग कि.मी. में फैले इस क्षेत्र में लवण-दलदल, खारे पानी की झीलें तथा कुछ ऊँची पथरीली संरचनायें भी शामिल हैं। पाकिस्तान ने कच्छ के 9065 वर्ग कि.मी. के क्षेत्र पर अपना दावा किया तथा 1965 में इस देश की सेना ने भारतीय क्षेत्र पर आक्रमण कर दिया। ब्रिटेन के प्रधानमंत्री के हस्तक्षेप पर विवाद को अन्तर्राष्ट्रीय न्यायालय द्वारा गठित सीमा अदालत को सौंप

दिया गया। गुन्नार लेगरग्रेन (Gunnar Lagergren) (स्विट्जरलैण्ड) की अध्यक्षता वाली इस अदालत ने 9065 वर्ग कि.मी. पाकिस्तान को सौंपे जाने का फैसला सुनाया, दोनों पक्षों ने इस फैसले को स्वीकार किया तथा सीमा का निर्धारण जून 1969 तक पूरा हो गया।

कश्मीर समस्या (The Kashmir Problem)

जम्मू एवं कश्मीर राज्य लगभग 2,22,236 वर्ग कि.मी. के क्षेत्र में फैला हुआ है। इस राज्य की सीमा पाकिस्तान के अतिरिक्त अफगानिस्तान तथा चीन की सीमा को भी छूती है। पूरे जम्मू एवं कश्मीर राज्य में 6 सुस्पष्ट तथा भिन्न क्षेत्र हैं, इन सभी क्षेत्रों को [हुन्जा, गिलगिट, तथा नागर (Nagar) को छोड़कर] महाराज। गुलाब सिंह द्वारा एक एकीकृत राजनैतिक इकाई के अन्तर्गत लाया गया, जिन्होंने 1849 में ब्रिटिश सरकार के साथ भारतीय साम्राज्य के अन्तर्गत एक सन्धि की। कश्मीर के विभिन्न क्षेत्रों में सबसे महत्वपूर्ण कश्मीर घाटी है, यहाँ इस राज्य की ग्रीष्मकालीन राजधानी श्रीनगर है, यह घाटी पर्यटकों के लिए एक बड़ा आकर्षण केन्द्र है। कश्मीर घाटी एक मुस्लिम बहुसंख्यक क्षेत्र है। इस क्षेत्र में परम्परागत रूप से कश्मीरी पंडितों के हाथों में आर्थिक, सामाजिक तथा राजनैतिक शक्ति रही वहीं मुस्लिम किसान-वर्ग बहुत गरीब तथा पिछड़े रहे।

दूसरा क्षेत्र जम्मू राज्य के दक्षिणी भाग में है तथा यह क्षेत्र पूरे राज्य का मात्र सातवाँ भाग है। यहाँ अधिकांश जनसंख्या हिन्दुओं की है। जम्मू शहर राज्य की शीतकालीन राजधानी है तथा राज्य के भूतपूर्व शासकों (डोगरा राजपूत) का निवास भी। तीसरा क्षेत्र लद्दाख है (जिसे लघु तिब्बत भी कहा जाता है), जिसके अन्तर्गत पूरे राज्य का एक-तिहाई क्षेत्र आता है। यह एक वृहत्त बंजर शीत-मरुस्थली पठार है, जहाँ की विशेषतया बन्जर भूमि तथा बिखरे शैल हैं। यहाँ के लोग बौद्ध धर्म के अनुयायी हैं तथा सांस्कृतिक रूप से यह क्षेत्र तिब्बत से मिलता-जुलता है लद्दाख के कारगिल जिले में मुसलमानों की जनसंख्या अधिक है। लद्दाखी मूलतः मंगोल प्रजाति के हैं। चौथा क्षेत्र, गिलगिट राज्य के उत्तरी भाग में है। यह क्षेत्र पर्वतीय क्षेत्र है तथा यहाँ लगभग पूर्णतः मुस्लिम आबादी है। यह क्षेत्र काराकोरम राजमार्ग द्वारा पाकिस्तान से जुड़ा हुआ है। पाँचवाँ क्षेत्र बाल्टीस्तान (Baltistan) है, यह पर्वतीय क्षेत्र राज्य के सबसे उत्तरी छोर में है। यह मुस्लिम बहुसंख्यक क्षेत्र है तथा सिन्धु नदी के समानान्तर एक सड़क द्वारा यहाँ पहुँचा जा सकता है। छठा क्षेत्र पुंछ जम्मू क्षेत्र के उत्तर-पश्चिम तथा कश्मीर घाटी के दक्षिण-पश्चिम में है। यह क्षेत्र मुस्लिम बहुसंख्यक क्षेत्र है। इस क्षेत्र में बहने वाली दो महत्वपूर्ण नदियाँ झेलम तथा चेनाब हैं। इस तरह जम्मू एवं कश्मीर राज्य में अधिक सांस्कृतिक विविधता है।

पाकिस्तान का कश्मीर पर दावा धार्मिक तथा आर्थिक कारणों से प्रेरित है। यह एक मुस्लिम बहुसंख्यक राज्य है, जो पाकिस्तान से सटा हुआ है तथा कई सड़कों द्वारा पाकिस्तान के साथ जुड़ा हुआ है। इसके अतिरिक्त चार नदियाँ—रावी, चेनाब, झेलम तथा सिंधु, जो पाकिस्तान की कृषि के लिए महत्वपूर्ण है, जम्मू एवं कश्मीर होकर बहती हैं। पाकिस्तान का यह कहना है कि जनमत-संग्रह, जिसकी सिफारिश संयुक्त राष्ट्र ने की है, इस समस्या का एकमात्र उपाय है।

दूसरी ओर भारत का यह कहना है कि कश्मीर का भारत में अधिमिलन (accession) इस राज्य पर भारत की प्रभुसत्ता स्थापित करता है। भारत ने शुरुआत में जनमत-संग्रह के लिए स्वीकृति दी लेकिन उसके साथ यह शर्त रखी कि पहले पाकिस्तान अपनी सेना को इस राज्य से हटाए, यह शर्त संयुक्त राष्ट्र के प्रस्ताव में भी थी लेकिन वास्तव में कभी पूरी नहीं की गई। इसलिए पाकिस्तान द्वारा कश्मीर के अधिग्रहण को तथा आजाद कश्मीर की सरकार को भारत वैध नहीं मानता है। भारत का यह कहना है कि कश्मीर का भारत में अधिमिलन (accession) कानूनी रूप से वैध है। इसके अतिरिक्त भी कई कारण हैं, जिसके कारण भारत कश्मीर के मामले में झुक नहीं सकता है। भारत एक धर्मनिरपेक्ष देश है तथा धार्मिक आधार पर किसी राज्य का देश से अलग होना राष्ट्र के मूलभूत सिद्धान्तों के खिलाफ है। चीन के परिप्रेक्ष्य में कश्मीर का भारत के लिए सामरिक महत्व है। 1950 के दशक में चीन की आक्रामक नीति, तिब्बत का अधिग्रहण, बाद में लद्दाख के एक भाग का अधिग्रहण (1965), लद्दाख के अक्साई-चिन क्षेत्र में सड़क का निर्माण तथा भारत के प्रति आक्रामक रुख, इन सभी कारणों से कश्मीर का सामरिक महत्व बढ़ जाता है।

कश्मीर के अधिमिलन/विलय के समझौते पर महाराजा हरिसिंह द्वारा 26 अक्टूबर, 1947 को हस्ताक्षर किया गया तथा इसे महाराज्यपाल द्वारा 27 अक्टूबर, 1947 को स्वीकृति प्रदान की गई। इस तरह कश्मीर संवैधानिक वैध रूप से भारतीय संघ का एक भाग बन गया। पाकिस्तान ने इस विलय को 'छल, धोखा तथा हिंसा' पर आधारित बताया तथा यह कहा कि, यह विलय कश्मीर की जनता की मर्जी के विरुद्ध था।

1947 के बाद भारत तथा पाकिस्तान के बीच कश्मीर के मुद्दे पर 1948, 1965, 1971 तथा 1999 (कारगिल) में युद्ध हुए। पाकिस्तान इन युद्धों में भारत को हराने में असफल रहा, लेकिन कश्मीर में विदेशी भाड़े के सैनिक तथा उग्रवादियों को भेजकर भारत के विरुद्ध एक अप्रत्यक्ष युद्ध (Proxywar) जारी रखा है, जिससे इस प्रदेश की विधि-व्यवस्था को क्षति पहुँची है। कश्मीर के भारत में विलय के छह दशक बाद भी कश्मीर की समस्या को सुलझाया नहीं जा सका है क्योंकि दोनों पक्षों के रवैये में कोई परिवर्तन नजर नहीं आता है। भारत की अखंडता तथा संप्रभुता को कायम रखने के लिए हमारा देश कोई खतरा मोल नहीं लेना चाहता है, खासकर जम्मू एवं कश्मीर के संदर्भ में। कश्मीर में 188 कि.मी. की अन्तर्राष्ट्रीय सीमा, 788 कि.मी. की नियंत्रण रेखा (Line of Control-LoC) तथा 150 कि.मी. के वास्तविक नियंत्रण रेखा (Actual Ground Position Line-AGPL) के निकट एक लाख से अधिक भारतीय सेना के जवान मौजूद हैं। वर्तमान परिस्थिति में चीन तथा पाकिस्तान को इन क्षेत्रों से हटाना संभव नहीं है। यह आवश्यक है कि सभी पक्ष जमीनी वास्तविकता को समझें तथा समस्या का हल सौहार्दपूर्ण तरीके से निकालें।

अनुच्छेद 370 भले ही अभी भी संविधान में मौजूद है लेकिन भारत सरकार ने अगस्त 2019 में इसको 'निष्क्रिय' कर दिया है। भारत सरकार ने जम्मू और कश्मीर पुनर्गठन अधिनियम, 2019 पारित किया। इस अधिनियम ने विधायिका के साथ जम्मू और कश्मीर और विधायिका के बिना लद्दाख को केंद्र शासित प्रदेश के रूप में गठित किया है। इस अधिनियम ने केंद्र सरकार को दोनों केंद्र शासित प्रदेशों के संबंध में कई कार्यकारी आदेश पारित करने की कई शक्तियां भी प्रदान की हैं। भारत सरकार के इस कदम का पाकिस्तान और चीन दोनों ने विरोध किया है। इस अधिनियम को कई याचिकाओं के माध्यम से भारतीय अदालत में भी चुनौती दी गई है।

सियाचिन विवाद (The Siachin Glacier Dispute)

काराकोरम के निकट स्थित सियाचिन हिमनद (Glacier) लगभग 75 कि.मी. लम्बा तथा 2 से 8 कि.मी. चौड़ा है। यह हिमनद समुद्र तल से लगभग 5800 मीटर की ऊँचाई पर है, जहाँ औसत तापमान लगभग -50° सेंटीग्रेड रहता है। यह हिमनद K2 (पाकिस्तान अधिकृत कश्मीर) के उत्तर-पश्चिम में तथा साल्तोरो श्रेणी के मध्य में स्थित है। चीन तथा पाकिस्तान को जोड़ने वाला काराकोरम राजमार्ग हिमनद के बिल्कुल समीप स्थित है इसलिए सियाचिन का सामरिक महत्व अधिक है। भारत के कब्जे में सियाचिन का दो-तिहाई हिस्सा है, यह हिस्सा इसके दक्षिण-पूर्वी भाग में है। यहाँ नुबरा नदी, काराकोरम हिमनद से निकलती है तथा सायोक नदी में जा मिलती है जो सिन्धु नदी की एक सहायक नदी है। इस हिमनद के दर्रे - गेसर, ब्रूम, साल्तोरो तथा विलाफोण्डाला भारत के कब्जे में हैं तथा ग्योंग पाकिस्तान के कब्जे में है।

सियाचिन पर भारत का ध्यान तब गया जब पाकिस्तान ने कुछ जापानी पर्यटकों को इस क्षेत्र में स्कीईंग की अनुमति प्रदान की तथा उन्हें भारत अधीन शिखरों पर चढ़ने दिया। इसके अतिरिक्त पाकिस्तान ने साल्तोरो श्रेणी पर एक चौकी भी स्थापित की। पाकिस्तान के इस कदम का जवाब भारत ने ऑपरेशन मेघदूत से दिया, सेना ने इस ऑपरेशन की शुरुआत 3 अप्रैल, 1984 को की। इस ऑपरेशन के बाद से ही दोनों देशों की सेनाएँ इस क्षेत्र में अपने सैनिकों को रखने के लिए प्रतिदिन ₹20 मिलियन खर्च करती हैं।

सर क्रीक (Sir Creek)

सर क्रीक भारत के गुजरात राज्य तथा पाकिस्तान के सिन्ध प्रान्त के बीच की सीमा है। यह क्षेत्र समुद्री जीवन में धनी है तथा दोनों देश इसे अपने क्षेत्र में शामिल करना चाहते हैं। भारत यह चाहता है कि सर क्रीक के मध्य भाग को अंतर्राष्ट्रीय सीमा निर्धारित किया जाए, जबकि पाकिस्तान सर क्रीक के पूर्वी तट को दोनों देश के बीच की सीमा बनाना चाहता है ***(चित्र 16.4)***।

इस तरह क्रीक दोनों देशों के बीच एक विवादास्पद मुद्दा है क्योंकि पाकिस्तान भारतीय प्रदेश में 40 वर्ग कि.मी. के एक क्षेत्र का दावा करता है।

2004 के शुरुआत से ही भारत द्वारा सीमा पर तनाव कम करने के लिए उठाए गए मित्रता एवं सद्भाव के कदम का पाकिस्तान ने स्वागत किया है।

इस स्थिति को सामान्य बनाने के लिए दोनों पक्ष आवश्यक कदम उठाएं तो दोनों देशों के बीच बेहतर सम्बन्ध स्थापित हो सकते हैं। कुछ प्रस्तावित/उठाए गए कदम निम्नलिखित हैं:

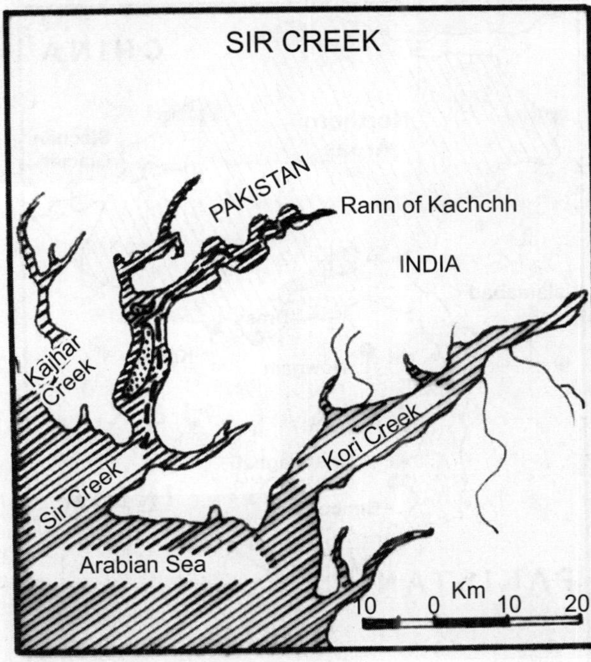

चित्र 16.4 सर क्रीक में भारत-पाक सीमा

1. दिल्ली-लाहौर बस तथा रेल सेवा
2. श्रीनगर- मुजफ्फराबाद बस सेवा
3. कारगिल स्कार्दू बस सेवा
4. मुनाबाओ (राजस्थान) तथा खोखरापार (सिन्ध) के बीच रेल सेवा
5. फिरोजपुर तथा साहीवाल के बीच रेल सेवा
6. नियंत्रण रेखा के दोनों ओर एक-दूसरे से अलग हुए परिवारों के लिए पूंछ, मेन्धार, सुचेतगढ़, उड़ी तथा कारगिल में सम्मिलन केन्द्रों की स्थापना
7. नियन्त्रण रेखा के आर-पार व्यापार
8. तीर्थ यात्रियों को एक-दूसरे देश में जाने की अनुमति प्रदान करना
9. सांस्कृतिक सम्बन्धों तथा सहयोग को प्रोत्साहन देना
10. पर्यटन को प्रोत्साहित करने के लिए दोनों देशों द्वारा संयुक्त अभियान

इन कदमों को उठाने से दोनों देशों के बीच सम्बन्ध बेहतर हो सकते हैं तथा विवादास्पद मुद्दे, जैसे-कश्मीर तथा सियाचिन को सुलझाने में मदद मिल सकती है।

युद्ध-विराम उल्लंघन (Violation of Ceasefire)

भारत-पाकिस्तान की लाइन ऑफ कंट्रोल पर युद्ध-विराम का प्रायः उल्लंघन होता रहता है परन्तु 2015-16 में युद्ध-विराम उल्लंघन की बारम्बारता में तीव्र वृद्धि हुई है। लाइन ऑफ कंट्रोल पर युद्ध-विराम उल्लंघन के प्रमुख सेक्टरों (Sectors) को ***चित्र 16.5*** में दिखाया गया है। इन सेक्टरों में कारगिल, द्रास, नौगांम, ऊरी, पूंछ, कृष्णघाटी, बिम्बर-गली, जम्मू तथा साम्बा मुख्य हैं।

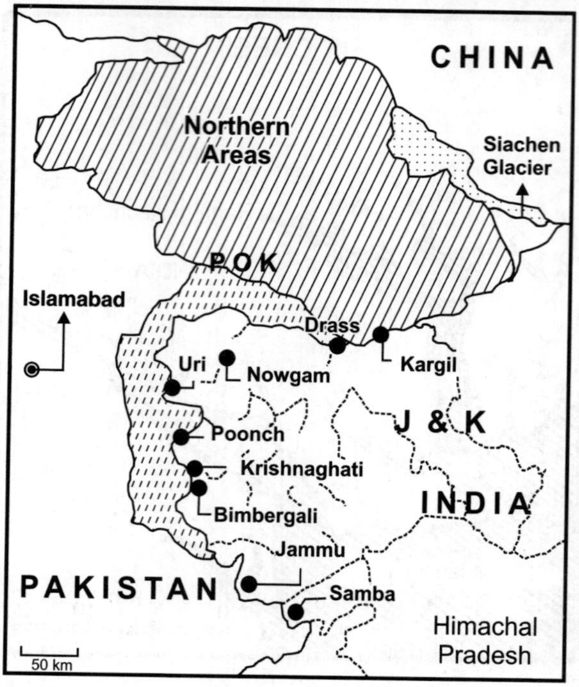

चित्र 16.5 भारत और पाकिस्तान के बीच युद्ध विराम क्षेत्र

भारत-बांग्लादेश सीमा (Indo-Bangladesh Border)

भारत की बांग्लादेश के साथ सीमा 3910 कि.मी. लम्बी ***(चित्र 16.6)*** है, जिसमें 2,450 कि.मी. को जमीन पर निर्धारित किया गया है। रेडक्लिफ अधिनिर्णय (अवॉर्ड) के अन्तर्गत निर्धारित इस सीमा ने बंगाल प्रान्त को दो भागों में विभाजित किया, पूर्वी भाग अथवा पूर्वी पाकिस्तान (वर्तमान में बांग्लादेश) तथा पश्चिमी भाग, जो भारत के साथ पश्चिम बंगाल राज्य के रूप में रह गया। कूच बिहार क्षेत्र में इस सीमा के दोनों ओर अनेक छोटे-छोटे अन्त:क्षेत्र (Enclaves) हैं। इन क्षेत्रों से सम्बन्धित अनेक विवादों को निपटाने के लिए दोनों पक्षों ने अदालत का सहारा लिया जिसमें स्वीडन के ए. बैग को मध्यस्थता के लिए चुना गया।

भारतीय सेना की मदद से 1971 में बांग्लादेश आजाद हुआ। भारत-बांग्लादेश सीमा के निकट चार ऐसे क्षेत्र हैं जिन पर दोनों देश दावा करते हैं। इनमें से पहला क्षेत्र राजशाही (बांग्लादेश) तथा मुर्शिदाबाद (भारत) के बीच है जहाँ गंगा के बदलते जलमार्ग के कारण अन्तर्राष्ट्रीय सीमा में प्राय: परिवर्तन होता रहता है। अधिनिर्णय यहाँ भारत के पक्ष में था तथा जिले की सीमा के उत्तरी भाग को अंतर्राष्ट्रीय सीमा मान लिया गया। एक अन्य विवाद करीमपुर (भारत) तथा दौलतपुर (बांग्लादेश) के बीच है। इस मामले में रेडक्लिफ अधिनिर्णय (अवॉर्ड) को संशोधित किया गया तथा माताभांगा नदी की आधी दूरी तक की रेखा को यहाँ सीमा मान लिया गया। इस संशोधन से बांग्लादेश को लगभग 13 वर्ग कि.मी. के क्षेत्र का लाभ हुआ। तीसरा विवादित क्षेत्र बांग्लादेश के सिल्हट जिले तथा भारत के गारो, खासी तथा जयंतिया पहाड़ी जिलों के मध्य है। यह घने वन का क्षेत्र है तथा यहाँ सीमा का निर्धारण मुश्किल था। यहाँ रेडक्लिफ अवार्ड को माना गया तथा भारत के दावे की पुष्टि हुई। एक चौथा विवाद बारीसारी तथा गोविन्दपुर के बीच सीमा क्षेत्र पर था। अप्रैल 2001 में बांग्लादेश राइफल्स ने जबरन पीरदीवा गाँव (मेघालय) को अपने कब्जे में ले लिया तथा 18 सीमा सुरक्षा बल के जवानों की निर्मम हत्या कर दी। यह दोनों देशों के बीच तनाव का कारण बना।

भारत बांग्लादेश अंत:क्षेत्रों का हस्तांतरण (Exchange of India and Bangladesh Enclaves)

किसी देश का कोई ऐसा भू-भाग (क्षेत्र) जो किसी पड़ोसी अथवा दूसरे देश के क्षेत्र से घिरा हो अंत:क्षेत्र (Enclave) कहलाता है। भारत तथा बांग्लादेश के अंत:क्षेत्रों का हस्तांतरण 31 जुलाई, 2015 की आधी रात को अमल में आया। ये अंत:क्षेत्र (Enclaves)

मुगल साम्राज्य-शासकों तथा कूच-बिहार के स्थानीय शासकों के बीच एक संधि (Treaty) के द्वारा वजूद में आये थे। यह संधि सन 1731 में की गई थी।

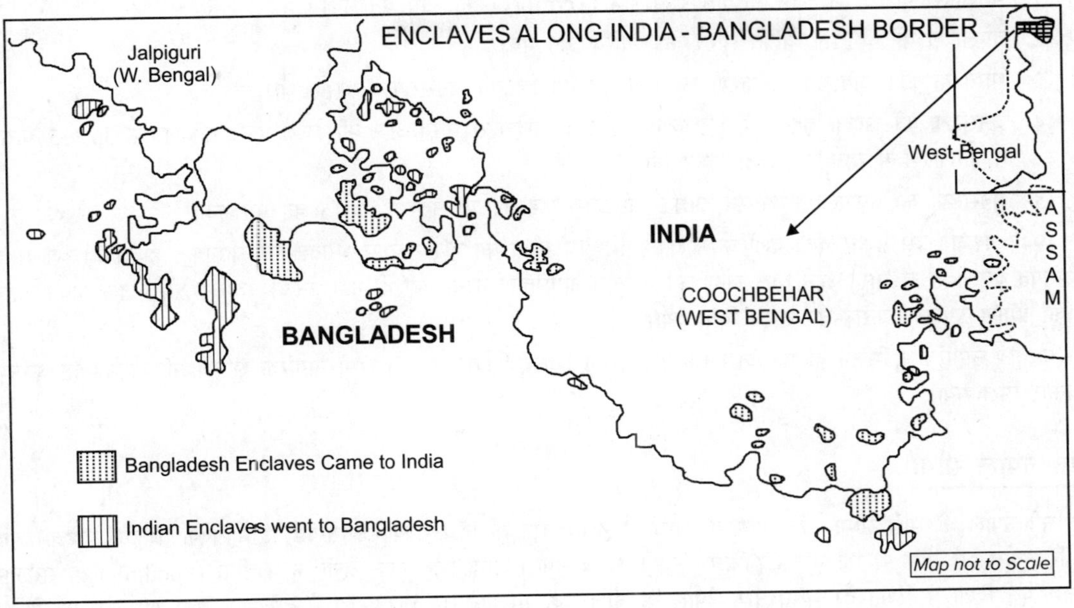

चित्र 16.7 भारत-बांग्लादेश अंत:क्षेत्रों का हस्तांतरण (टाइम्स ऑफ इंडिया, नई दिल्ली 1 अगस्त, 2015)

भारत के 111 अंत:क्षेत्र बांग्लादेश में तथा बांग्लादेश के 51 अंत:क्षेत्र थे। भारत के अंत:क्षेत्रों का क्षेत्रफल 17,160 एकड़ तथा बांग्लादेश के अंत:क्षेत्र 7110 एकड़ था। इन अंत:क्षेत्रों की कुल जनसंख्या 51,549 थी, जिसमें से 37,334 भारतीय बांग्लादेश में तथा 14,215 बांग्लादेशी भारत में स्थित अंत:क्षेत्रों मे आबाद थे। इन अंत:क्षेत्रों में मूलभूत सुविधाओं अर्थात्, स्कूल, हस्पताल, बिजली, पीने का पानी, सड़क इत्यादि की भारी कमी थी। वास्तव में इनमें से कुछ अंत:क्षेत्र तो अपराधियों के गढ़ बन गये थे तथा अपराधीकरण तेजी से बढ़ रहा था ***(चित्र 16.7)***।

1947 में उप-महाद्वीप के विभाजन के समय अंग्रेजों ने बंगाल प्रान्त की सीमा का पूर्ण रूप से सीमांकन नहीं किया था, जिसके कारण बांग्लादेश एंव भारत के बीच ये अंत:क्षेत्र वजूद में आये थे। वर्ष 1958 में भारत तथा बांग्लादेश इन अंत:क्षेत्रों का तबादला करने पर सहमत हो गये थे, परन्तु इस निर्णय पर अमल न हो सका।

वर्ष 1974 में बांग्लादेश के प्रधानमंत्री शेख़-मुजीबुर्रहमान तथा भारत की प्रधानमंत्री के बीच इन अंत:क्षेत्रों के तबदला पर सहमति हो गई, बांग्लादेश संसद ने अनुमति भी दे दी थी, परन्तु भारतीय संसद में इसे सहमति नहीं हो पाई। कुछ ही समय के बाद शेख-मुजीबुर्रहमान की हत्या हो गई और मामला खटाई में पड़ गया।

वर्ष 1974 में भारत सरकार ने इन क्षेत्रों आने जाने के लिए 178 मीटर चौड़े गलियारे (Corridor) की सुविधा प्रदान की, इस गलियारे की सुविधा को तीन बिघा गलियारे के नाम से भी जाना जाता है। इस रास्ते के द्वारा बांग्लादेश के नागरिकों को बेरू-बाड़ी अंत:क्षेत्र में आने-जाने की सुविधा मिली थी।

वर्ष 1992 में प्रधानमंत्री नरसिम्हा के समय, तीन बीघे गलियारे (Corridor) के इस्तेमाल की अनुमति दे दी गई थी परन्तु इस रास्ते पर आगमन प्रतिदिन कुछ घंटों के लिये ही किया जा सकता था। वर्ष 2011 में इस रास्ते को 24 घंटे के लिए खोल दिया गया। सितम्बर 2011, मे प्रधानमंत्री डॉ. मनमोहन सिंह ढाका गये और इस समझौते पर पूर्ण सहमति हो गई।

नवम्बर 2014 में भारत के सभी राजनैतिक-दलों ने संसद में इस समझौते का अनुमोदन कर दिया। जून 2015 में प्रधानमंत्री नरेन्द्र मोदी ढाका गये और इस समझौते को लागू कर दिया गया।

समझौते को लागू करने से पहले अंत:क्षेत्रों के रहने वालों से उनकी इच्छा जानी गई और उनसे पूछा गया कि वह भारत में रहना चाहते है या बांग्लादेश में। इस समझौते के मुख्य बिन्दु निम्न प्रकार है:

1. बांग्लादेश के 51 अंत:क्षेत्र भारतीय राज्य क्षेत्र (Territory) का भाग बन गये।
2. बांग्लादेश के 14,215 व्यक्ति भारत के नागरिक बन गये।
3. भारत के 111 अंत:क्षेत्र बांग्लादेश का भाग बन गये जिनकी जनसंख्या 17,160 थी।
4. जनसंख्या की अदला-बदली में 979 व्यक्तियों ने बांग्लादेश से भारत आने की इच्छा प्रकट की जबकि 36,355 भारतीयों ने बांग्लादेश में रहने की इच्छा प्रकट की।
5. जनसंख्या का तबादला 1 अगस्त, 2015 को आरम्भ होकर 30 नवम्बर, 2015 को पूरा हुआ।

1947 पश्चात् इस प्रकार दोनों देशों के बीच अन्तर्राष्ट्रीय सीमा का पूर्ण रूप से धरातल पर सीमांकन हो सका। इस समझौते के अंतर्गत बांग्लादेश से भारत आने वाले लोगों को भारतीय नागरिकता तुरन्त नहीं दी गई। उनको नवम्बर 2015 तक अपना पहचान पत्र का प्रमाण उपलब्ध कराने का समय दिया गया।

भारतीय नागरिकता मिलने के पश्चात इन नागरिकों को शिक्षा, चिकित्सा तथा सभी नागरिक सुविधाओं का उपयोग करने का अधिकार मिल गया।

भारत-नेपाल सीमा

भारत की नेपाल के साथ सीमा 1752 कि.मी. लम्बी है तथा भारत के पाँच राज्यों–उत्तराखंड, उत्तर प्रदेश, बिहार, पश्चिम बंगाल तथा सिक्किम इस सीमा से सटे हुए हैं ***(चित्र 16.8)***। भारत-नेपाल सीमा शिवालिक श्रेणी के पादगिरि (Foothills) के समानान्तर पश्चिम-पूर्व दिशा में स्थित है। भारत तथा नेपाल के बीच एक समझौते पर 1814-15 में हस्ताक्षर किए गए। इस समझौते का अनुसमर्थन मार्च 1916 में किया गया। इस समझौते के अन्तर्गत हिमालय के जिले-नैनीताल, अल्मोड़ा, गढ़वाल, देहरादून तथा शिमला को ब्रिटिश द्वारा अपने कब्जे में लिया गया तथा पूर्वी क्षेत्र को सिक्किम को दे दिया गया। वर्तमान भारत-नेपाल सीमा का निर्धारण 1858 में ही किया गया था। दोनों सरकारों ने यह निर्णय भी लिया कि ब्रिटिश भारत-नेपाल की सीमा के दोनों ओर 10 गज (Yards) के चौड़ाई वाले आकृष्ट भूमि की एक पट्टी को परिरक्षित क्षेत्र के रूप में रखा जाएगा। जून 1882 के प्रस्ताव में दिए गए सिद्धान्त के आधार पर ब्रिटिश भारत तथा नेपाल के सीमा का निर्धारण किया गया। इस प्रस्ताव का कहना था कि, उन क्षेत्रों को छोड़कर जहाँ प्राकृतिक अवरोध हस्तक्षेप करते हों, स्तम्भ से स्तम्भ तक दोनों देशों की सीमा को बिल्कुल सीधी रेखा में माना जाएगा। वर्तमान भारत-नेपाल सीमा एक शांत क्षेत्र है तथा दोनों देशों के बीच की सीमा को लेकर कोई विवाद नहीं है। भारत-नेपाल सीमा को छिद्रिल (Porous) माना जाता है। इस सीमा से तस्करी एवं उग्रवाद की घटनायें प्राय: होती रहती हैं।

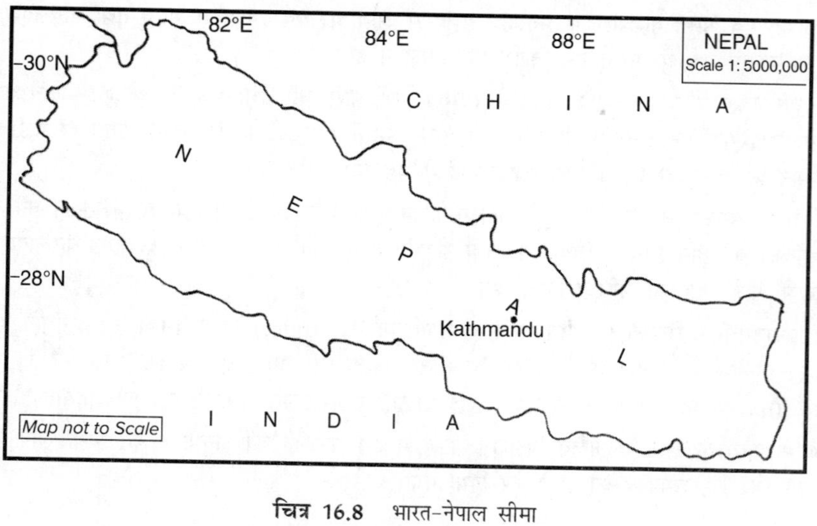

चित्र 16.8 भारत-नेपाल सीमा

मई 2020 में नेपाल की कैबिनेट ने देश के नए विवादास्पद मानचित्र को मंजूरी दी जो लिपुलेख, कालापानी, लिंपियाधुरा के भारतीय क्षेत्रों को अपना दिखाता है। भारत सरकार ने इस एकतरफा कदम को खारिज कर दिया है। पिथौरागढ़ जिले में भारत के क्षेत्र (लिंपियाधुरा, लिपुलेख और कालापानी) शामिल हैं। भारत सरकार के अनुसार "इन दावों का कृत्रिम रूप से विस्तार ऐतिहासिक तथ्य या साक्ष्य पर आधारित नहीं है अतः यह मान्य नहीं है। यह बकाया सीमा मुद्दों पर हमारी बातचीत और मौजूदा समझ का भी उल्लंघन है।"

भारत-भूटान सीमा (Indo-Bhutan Boundary)

1775 से ही ब्रिटिश तथा भूटानियों के बीच सीमा पर झड़पें होती रहीं, भारत-भूटान सीमा झड़पों के इस लम्बे इतिहास का ही परिणाम है। 1865 में भूटान तथा ब्रिटेन के बीच संचुला (Sanchula) में एक समझौते पर हस्ताक्षर किया गया। बंगाल, कूच बिहार तथा असम की सीमा के निकट भूटान के क्षेत्रों को ब्रिटिश सरकार ने अपने कब्जे में ले लिया, जिसके बदले में भूटान को ब्रिटिश सरकार द्वारा ₹ 50,000 प्रतिवर्ष की आर्थिक सहायता निर्धारित की गई, जिसे जून 1911 में बढ़ाकर एक लाख रुपये प्रति वर्ष कर दिया गया।

भारत का भूटान के साथ मित्रतापूर्ण सम्बन्ध 1949 के समझौते पर आधारित है, यह समझौता दोनों देशों के बीच निरंतर शांति तथा मित्रता सुनिश्चित करता है। इस समझौते के द्वारा भारत को यह अधिकार है कि वह भूटान की प्रभुसत्ता तथा सीमाओं की रक्षा करे। भूटान-तिब्बत सीमा के निकट भारतीय सेना की इकाई स्थायी रूप से तैनात हैं।

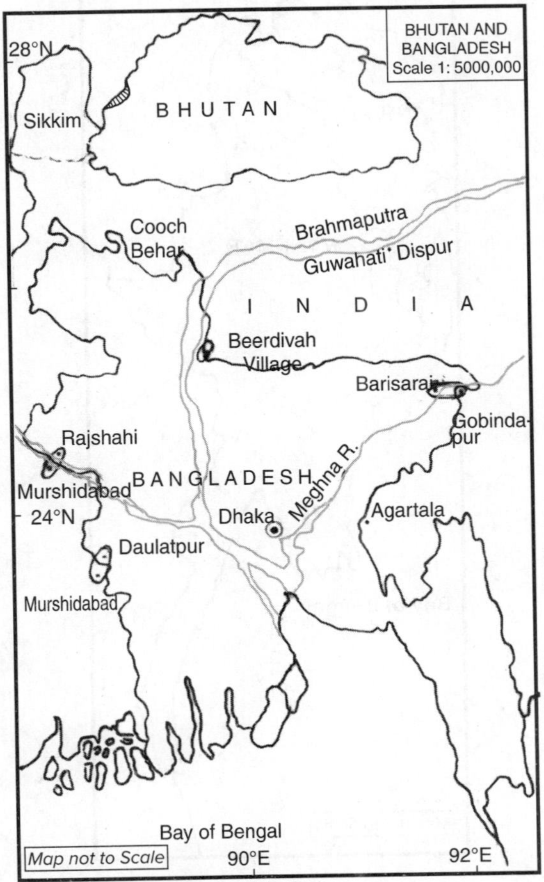

Overlapping Claims

चित्र 16.9 भारत-भूटान सीमा

भारत-म्यांमार सीमा (Indo-Myanmar Boundary)

भारत तथा म्यांमार के बीच की सीमा 1458 कि.मी. लम्बी है। यह सीमा उत्तर में उस स्थान से शुरू होती है जहाँ भारत, चीन तथा म्यांमार की सीमाओं का सम्मिलन केन्द्र है तथा इसका विस्तार मिजोरम के दक्षिणी छोर तक है ***(चित्र 16.10)***। यह सीमा मिजोरम, मणिपुर, नगालैंड तथा अरुणाचल प्रदेश की सीमाओं के साथ-साथ घने जंगल वाली पहाड़ियों से होकर गुजरती है। इस सीमा का निर्धारण एक द्विपक्षीय समझौते के आधार पर किया गया है जिस पर 10 मार्च, 1967 को हस्ताक्षर किया गया। कुछ समस्याएँ दीपहु दर्रे (Dipuh Pass) को लेकर उत्पन्न हुई, यह दर्रा भारत, म्यांमार तथा चीन की सीमाओं का सम्मिलन केन्द्र है। भारत का यह दावा है कि दीपहु दर्रा तीनों देशों के सीमाओं का सम्मिलन केन्द्र नहीं है बल्कि यह स्थान कुछ कि.मी. दक्षिण की ओर है।

भारत-म्यांमार सीमा के निकट विद्रोह तथा तस्करी मुख्य समस्याएँ हैं। म्यांमार में साम्यवादियों के समर्थन से कारनेस, काचीन्स तथा शान्स विद्रोह पर उतर आए हैं तथा वे म्यांमार से स्वतंत्रता की माँग कर रहे हैं। इसी तरह इस सीमा क्षेत्र में भारत की तरफ नगा, मिजो, इत्यादि चीन तथा म्यांमार के साम्यवादियों से समर्थन तथा मदद पा रहे हैं। नशीली दवाओं की तस्करी भी इस सीमा क्षेत्र में तेजी से चल रही है। कुछ घटनाओं को छोड़कर भारत-म्यांमार सीमा एक शान्त क्षेत्र है।

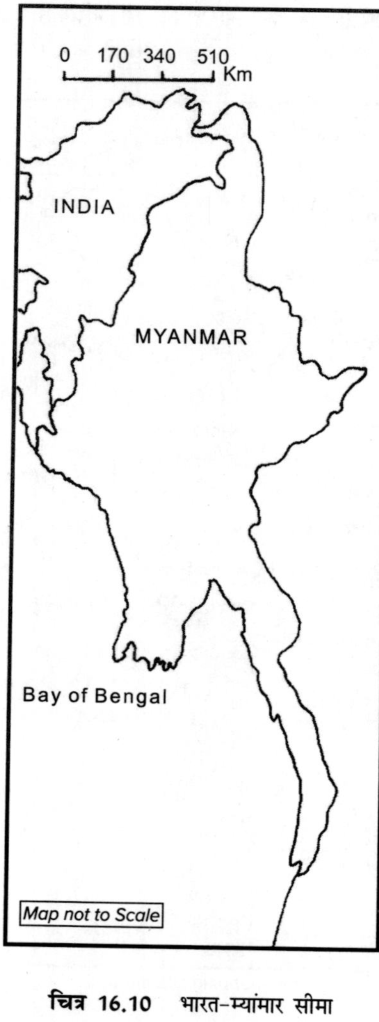

चित्र 16.10 भारत-म्यांमार सीमा

भारत-श्रीलंका सीमा (Indo-Srilanka Boundary)

भारत-श्रीलंका सीमा एक समुद्रीय सीमा है। मन्नार की खाड़ी (Gulf of Mannar) और पाक जल डमरूमध्य (Palk Strait) (30 कि.मी. चौड़ा छिछला सागर) भारत को श्रीलंका से अलग करते हैं। दोनों देशों के एक-दूसरे से सबसे निकटतम स्थान हैं। तमिलनाडु (भारत) में धनुषकोडी (Dhanuskodi) तथा जाफना (Jaffna) (श्रीलंका) में तलाई मन्नार ***(चित्र 16.11)***।

भारत-श्रीलंका सीमा सामान्यतः एक शांत क्षेत्र रहा है। दोनों देशों के बीच कुछ कड़वाहट काचीटीवू द्वीप (क्षेत्रफल 192 वर्ग कि.मी.) को लेकर हुई, जिसे 1947 में श्रीलंका को दे दिया गया। लिट्टे (एल.टी.टी.ई.) द्वारा की जा रही विद्रोही गतिविधियों के कारण कुछ हद तक इस क्षेत्र की शांति भंग हुई है, यह संगठन श्रीलंका में रह रहे तमिलों के लिए एक अलग राज्य की माँग कर रहा है।

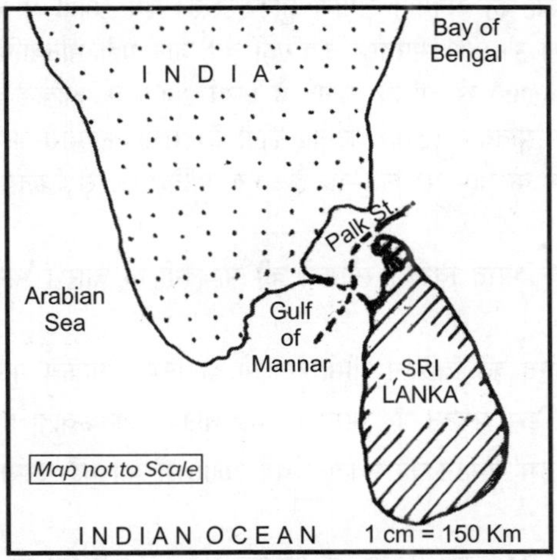

चित्र 16.11 भारत-श्रीलंका सीमा

सीमा पार आतंकवाद (Cross Border Terrorism)

आतंकवाद, खासकर सीमा पार आतंकवाद देश की आंतरिक सुरक्षा के लिए एक गंभीर मुद्दा है। सीमा पार समर्थित आतंकवाद न केवल सरकार के लिए बल्कि लोगों के लिए भी समस्याएँ खड़ी कर रहा है। पाकिस्तान निरंतर भारत विरोधी रुख अपनाए हुए है तथा यह देश राज्य-समर्थित आतंकवाद (State-sponsored terrorism) का उपयोग विदेश नीति के एक साधन के रूप में करता है। भारत को आई.एस.आइ. से गंभीर खतरा है, जिसका मुख्य उद्देश्य भारत की आंतरिक सुरक्षा को क्षति पहुँचाना है।

उत्तर तथा उत्तर-पश्चिमी भारत (Northern and North–western India)

जम्मू एवं कश्मीर में आतंकवाद (Terrorism in Jammu and Kashmir)

जम्मू एवं कश्मीर में विभिन्न रूप में हिंसा होती रही है। बढ़ते विद्रोह के कारण 1989 से अभी तक यहाँ हजारों लोगों की जानें गई हैं। मृतकों में नागरिक, भारतीय सुरक्षा बल के जवान, कश्मीरी तथा गैर-कश्मीरी उग्रवादी शामिल हैं, जिन्हें पाकिस्तान से समर्थन मिलता है।

यद्यपि कई सालों तक इस क्षेत्र में अनेक स्थानों पर छुट-पुट घटनाएँ होती रहीं परन्तु 1980 के दशक के अंत में उग्रवादी गतिविधियों में तेजी आई। इसका कारण यह था कि 1989 में सोवियत-अफगान युद्ध समाप्त होने के बाद पाकिस्तान की मदद से इस क्षेत्र में कई मुजाहिदीन लड़ाकू/चरमपन्थी घुस आए। इनके आते ही हिंसा की घटनाओं में तेजी आई। कई पृथक्तावादियों ने भारतीय नागरिकों तथा भारतीय सेना के प्रतिष्ठानों को अपना निशाना बनाया।

भारत का यह दावा है कि अधिकतर पृथक्तावादी आतंकवाद संगठनों के अड्डे पाकिस्तान तथा पाकिस्तान अधिकृत कश्मीर (जिसे पाकिस्तान द्वारा आजाद कश्मीर भी कहा जाता है) में हैं। कुछ संगठन, जैसे–हुर्रियत कान्फ्रेंस तथा जम्मू एण्ड कश्मीर लिबरेशन फ्रंट, कश्मीर की स्वतंत्रता की माँग करते हैं। अन्य आतंकवादी संगठन, जैसे–लश्कर-ए-तैय्यबा तथा जैश-ए-मोहम्मद कश्मीर के पाकिस्तान के साथ विलय के पक्ष में हैं। इन आतंकवादी संगठनों का सम्पर्क तालिबान तथा ओसामा-बिन-लादेन से है। भारतीय तथा पाकिस्तानी सरकार तथा अन्य देश, जैसे–संयुक्त राज्य अमेरिका, यूनाइटेड किंगडम, इत्यादि द्वारा प्रतिबंध लगाए जाने के कारण ये दोनों आतंकवादी संगठन अब अपने नाम के तहत काम नहीं करते हैं। बड़ी संख्या में सैन्य बल द्वारा मारे जाने के बावजूद इन आतंकवादियों की संख्या अभी भी हजारों में है। कई नए पृथक्तावादी संगठन बन गए हैं। अमेरिकी खुफिया एजेन्सियों के अनुसार अल-कायदा का एक अड्डा पाकिस्तान अधिकृत कश्मीर में भी है, जहाँ से यह जम्मू एवं कश्मीर में आतंकवाद को प्रोत्साहित करता है।

कश्मीर में कुल हताहतों की संख्या का अनुमान लगाना मुश्किल है। वर्ष 2000 में भारत सरकार द्वारा प्रकाशित एक रिपोर्ट के अनुसार कश्मीर में विद्रोह के कारण 31,000 भारतीय नागरिकों की जानें गईं। मानवाधिकार संगठन तथा स्थानीय गैर-सरकारी संगठन कुल हताहतों की संख्या को 84,000 से अधिक मानते हैं (वर्ष 2005 के आँकड़े)। कश्मीर विश्व के सबसे अशांत क्षेत्रों में से एक माना जाता है, जहाँ औसतन प्रतिवर्ष 2,500 घटनाएँ होती हैं। सभी कश्मीरी पृथक्तावादी तथा विद्रोही संगठन एक ही विचारधारा को नहीं मानते हैं। कुछ धर्म के नाम पर लड़ रहे हैं, कुछ पाकिस्तान से विलय के पक्ष में हैं तो कुछ आजाद कश्मीर के लिए।

भारत का यह कहना है कि अनेक भारत विरोधी संगठनों की मौजूदगी के कारण भारत को जम्मू एवं कश्मीर में बड़े पैमाने पर सैन्य बल तैनात करना पड़ा है।

वास्तविक नियंत्रण रेखा सहित भारत की विभिन्न सीमा रेखाओं के निकट सक्रिय मुख्य आतंकवादी संगठन निम्नलिखित हैं:

1. **लश्कर-ए-तैय्यबा (LeT):** इस संगठन पर भारत में कई घातक आतंकवादी हमले करने का आरोप है।
2. **जैश-ए-मोहम्मद (JeM):** इस संगठन की स्थापना वर्ष 2000 में की गई, इसका उद्देश्य जम्मू एवं कश्मीर को भारत से अलग करना है।
3. **हरकत-उल-मुजाहिद्दीन (HuM):** इस संगठन की स्थापना वर्ष 1985 में की गई, यह अफगानिस्तान में सोवियत-विरोधी संगठन के रूप में कार्य करता था।
4. **हरकत-उल-जिहाद-ए-इस्लामी (HjI):** इसकी स्थापना वर्ष 1980 में अफगानिस्तान में सोवियत संघ के सैनिकों से लड़ने के लिए की गई थी।
5. **यूनाइटेड लिबरेशन फ्रन्ट ऑफ असम (ULFA):** इस संगठन की स्थापना 1979 में की गई, जिसका उद्देश्य असम को एक स्वतंत्र राष्ट्र बनाना है।
6. **पीपुल्स वॉर ग्रुप (PWG):** यह संगठन आंध्र प्रदेश, छत्तीसगढ़, झारखंड, पश्चिम बंगाल, इत्यादि राज्यों में सक्रिय है।

पाकिस्तान पर आरोप: एक मानवाधिकार संगठन, "ह्यूमन राइट वॉच ग्रुप" द्वारा 1994 में प्रकाशित एक रिपोर्ट के अनुसार इस बात के पुख्ता सबूत हैं कि कश्मीर में पाकिस्तान उग्रवादियों को समर्थन दे रहा है तथा उन्हें हथियारों की आपूर्ति करता है। पाकिस्तान इन चरमपंथियों के लिए विस्तृत प्रशिक्षण कार्यक्रम भी चला रहा है। लेकिन यह रिपोर्ट भारतीय सरकार के मानवाधिकार रिकॉर्ड की भी अलोचना करती है। रिपोर्ट का कहना है कि कश्मीर तथा पंजाब में मानवाधिकारों का हनन हुआ है तथा कश्मीर में इसके दुरुपयोग में वृद्धि हुई है।

पाकिस्तान कश्मीर के पृथक्तावादियों को 'स्वतंत्रता सेनानी' मानता है तथा कश्मीर के आंदोलन का नैतिक तथा राजनयिक तौर पर समर्थन करता है। पाकिस्तान यद्यपि यह मानता है कि नियंत्रण रेखा के पार उग्रवादियों की घुसपैठ होती है। उन विद्रोहियों के विचारधारा में परिवर्तन हुआ जिन्होंने कश्मीर की स्वतंत्रता के पक्ष में आंदोलन शुरू किया था, अब वे अपने विद्रोह को एक धार्मिक विद्रोह मानते हैं। पाकिस्तान भारत के विरुद्ध एक अप्रत्यक्ष युद्ध छेड़ने की कोशिश कर रहा है तथा अधिकतर आतंकवादी संगठनों को वह 'स्वतंत्रता सेनानी' मानता है।

विश्व में कश्मीर सबसे खतरनाक हिंसा के केन्द्र के रूप में देखा जाता है जहाँ लगभग 10 मिलियन लोग अपनी जीविका के लिए जूझ रहे हैं, इनमें मुस्लिम, हिन्दू तथा बौद्ध धर्म के लोग शामिल हैं। भारत-पाक सीमा पर प्राय: हो रही गोलीबारी से

तथा आतंकवादी आक्रमण के कारण कश्मीरी लोगों के जीवन पर प्रतिकूल प्रभाव पड़ा है। ये लोग गरीबी, निम्न जीवन स्तर तथा मानवाधिकारों के हनन जैसी समस्याओं से जूझ रहे हैं।

पंजाब

1970 के दशक में हरित क्रांति के कारण पंजाब में सिख समुदाय आर्थिक रूप से अधिक सम्पन्न हो गया। इस सम्पन्नता ने सिख समुदाय के बीच बहुत अरसे से चले आ रहे उस भय को पुनरुज्जीवित किया कि उनका विलय हिन्दू समुदाय के साथ हो सकता है। इस धारणा ने सिख विद्रोह को जन्म दिया।

1980 के दशक में यह विद्रोह अधिक हिंसक हो गया तथा चरमपंथी सिखों के लिए एक अलग राष्ट्र 'खालिस्तान' की माँग करने लगे। इस विद्रोह की अगुआई जरनैल सिंह भिंडरवाला ने की। भारत ने पाकिस्तान पर इन आतंकवादियों को समर्थन देने का आरोप लगाया।

इस विद्रोह को दबाने के लिए भारतीय सरकार ने 1984 में 'ऑपरेशन ब्लू स्टार' छेड़ा। इस ऑपरेशन का मुख्य उद्देश्य स्वर्ण मंदिर परिसर को आतंकवादियों की गिरफ्त से छुड़ाना था। इस ऑपरेशन में 493 चरमपंथी मारे गए तथा 68 घायल हुए। मानवाधिकार प्रेक्षक यह मानते हैं कि इस ऑपरेशन में लगभग 500 नागरिक भी हताहत हुए।

इसी वर्ष प्रधानमंत्री श्रीमती इंदिरा गाँधी की हत्या उनके सिख अंगरक्षकों द्वारा की गई, जिसे ब्लू स्टार ऑपरेशन की प्रतिक्रिया के रूप में देखा जाता है। इस हत्या के कारण देशभर में सिख दंगे भड़क उठे। इन दंगों में सबसे अधिक प्रभावित दिल्ली रही। इन दंगों में 2000 से अधिक सिख समुदाय के लोग मारे गए।

प्रत्यक्ष सिख विद्रोह का अन्त 1993 में हो गया तथा यदा-कदा कुछ घटनाएँ शांति को भंग कर देती हैं, कई विद्रोही संगठन अभी भी कुछ हद तक सक्रिय हैं, जिनमें बब्बर-खालसा इंटरनेशनल, खालिस्तान-कमाँडो फोर्स, खालिस्तान-लिबरेशन फोर्स तथा खालिस्तान-जिन्दाबाद फोर्स शामिल हैं।

बिहार

आतंकवाद को बिहार में एक बड़ा मुद्दा नहीं माना जाता है। यद्यपि इस क्षेत्र में कुछ संगठन, जैसे-सी.पी.आई.-एम.एल., पीपुल्स वार ग्रुप, एम.सी.सी., रणवीर सेना तथा बलबीर मलेशिया सक्रिय हैं। इस क्षेत्र के शक्तिशाली नक्सलवादी संगठनों से लड़ने के लिए उच्च जाति के भू-स्वामियों ने एक निजी सेना, रणवीर सेना बनाई है। इस राज्य में कई जनसंहार हुए हैं। प्रायः इन संगठनों का उपयोग राजनीतिज्ञों द्वारा अपने निजी हितों की पूर्ति के लिए किया जाता है।

नई दिल्ली

दिल्ली भी आतंकवाद से अछूता नहीं रहा है। यहाँ हुए अधिकतर विस्फोटों के पीछे आतंकवादी संगठनों का हाथ रहा है। इनमें से 29 अक्टूबर, 2005 को हुए शृंखलात्मक विस्फाटों में (दीपावली के अवसर पर) 60 से अधिक लोग मारे गए तथा कम-से-कम 200 घायल हुए। इसी तरह 13 सितंबर, 2008 को क्रमबद्ध बम विस्फोट हुए, जिसमें 25 से अधिक लोग मारे गए तथा 150 से अधिक लोग घायल हुए।

उत्तर प्रदेश

अयोध्या संकटः एक लम्बे अरसे से चला आ रहा अयोध्या संकट अपनी पराकाष्ठा पर उस दिन पहुँच गया जब 16वीं सदी में निर्मित बाबरी मस्जिद/राम जन्मभूमि के स्थान पर आतंकवादियों द्वारा आक्रमण किया गया (5 जुलाई, 2005)। लगभग दो घंटे तक लश्कर-ए-तैय्यबा के आतंकवादियों तथा पुलिस के बीच गोलाबारी होती रही, जिसमें छह आतंकवादी मारे गए। विपक्ष ने आतंकवादियों के हमले के विरोध में राष्ट्रव्यापी बन्द का आह्वान किया। ऐसा माना जाता है कि इस हमले के पीछे दाऊद इब्राहिम का हाथ था।

वाराणसी बम-धमाकाः हिन्दुओं के पवित्र शहर वाराणसी में 7 मार्च, 2008 को आतंकवादियों द्वारा कई बम धमाके किए गए, जिनमें 15 लोगों की जानें गईं तथा 101 लोग घायल हुए। यह माना जाता है कि, यह हमला लश्कर-ए-तैय्यबा द्वारा किया गया।

उत्तर-पूर्वी भारत में आतंकवाद

उत्तर-पूर्वी भारत में सात राज्य हैं [जिसे 'सात बहनें' (Seven Sisters) भी कहा जाता है], ये हैं-अरुणाचल प्रदेश, असम, मणिपुर, मिजोरम, नगालैंड, मेघालय तथा त्रिपुरा। इन राज्यों तथा केन्द्र सरकार के बीच तनाव रहता है। इन राज्यों के मूलभूत निवासियों तथा अन्य राज्यों से आए प्रवासियों के बीच भी तनाव रहता है। ये राज्य केन्द्र सरकार पर यह आरोप लगाते हैं कि उन राज्यों से सम्बन्धित विषयों पर केन्द्र द्वारा ध्यान नहीं दिया जाता है। इसी कारण से इन राज्यों के मूल निवासियों की स्वशासन में अधिक भागीदारी है। मणिपुर तथा नगालैंड के बीच क्षेत्र को लेकर विवाद है।

असम, मिजोरम, नगालैंड तथा त्रिपुरा में विद्रोही तथा क्षेत्रीय आंदोलन में वृद्धि हुई है। ज्यादातर संगठन स्वतंत्र राज्य का दर्जा, अथवा अधिक स्वायत्तता एवं संप्रभुता की माँग कर रहे हैं।

सबसे पहला तथा सबसे महत्वपूर्ण विद्रोह नगालैंड में हुआ, इस विद्रोह की शुरुआत 1950 के दशक से हुई। 1980 के दशक के शुरुआत में सहयोग तथा निग्रह द्वारा इसे शांत कर दिया गया। नेशनलिस्ट सोशलिस्ट काउंसिल ऑफ नगालैंड-ईसाक-मुईवा (NSCN-IM) एक स्वतंत्र नगालैंड की माँग करता है तथा इस संगठन ने इस क्षेत्र में भारतीय सैन्य प्रतिष्ठानों पर कई आक्रमण भी किए हैं। सरकारी आँकड़ों के अनुसार 1992 से 2000 के मध्य इस क्षेत्र में 599 नागरिक, 235 सुरक्षा बल के सैनिक तथा 862 आतंकवादियों की जानें गईं है।

असम

1976 में पहली बार असम के मूल निवासियों ने यह माँग की कि असम में बांग्लादेश से घुस आए अवैध अप्रवासियों की पहचान की जाए तथा उन्हें वापस भेजा जाए। इस आंदोलन की अगुआई असम छात्रसंघ ने अहिंसात्मक रूप से की, अपने उद्देश्य के लिए उन्होंने सत्याग्रह, बहिष्कार, धरना, गिरफ्तारी देना, इत्यादि का उपयोग किया। इन आन्दोलनकारियों के विरुद्ध पुलिस ने भी कदम उठाए। बोडो लोगों ने भी पृथक् बोडोलैंड की माँग की जिसके कारण बंगालियों, बोडो तथा भारतीय सेना के बीच झड़पें हुईं और कई लोग मारे गए।

ऐसे कई संगठन हैं जो असम की स्वतंत्रता की माँग करते हैं। इनमें से सबसे प्रमुख उल्फा है (यूनाइटेड लिबरेशन फ्रन्ट ऑफ असम)। 1971 में गठित उल्फा (ULFA) के दो मुख्य उद्देश्य हैं - असम की स्वतंत्रता तथा एक समाजवादी सरकार की स्थापना। उल्फा ने इस क्षेत्र में कई आतंकवादी हमले किए हैं, इन हमलों का मुख्य निशाना भारतीय सेना तथा असहाय लोग हैं। यह माना जाता है कि उल्फा का नेशनलिस्ट सोशलिस्ट काउंसिल ऑफ नगालैंड, माओवादी तथा नक्सलवादियों के साथ सम्बन्ध है।

असम उत्तर-पूर्व भारत में एकमात्र ऐसा राज्य है, जहाँ आतंकवाद अभी भी एक बड़ी समस्या है। अन्य क्षेत्रों में भारतीय सेना आतंकवादी संगठनों की गतिविधियों को दबाने में सफल रही है लेकिन मानवाधिकार समूहों ने इसके लिए सेना द्वारा उठाए गए कठोर व सख्त कदमों की निन्दा की है।

त्रिपुरा

1990 के दशक में त्रिपुरा में आतंकवादी गतिविधियों में वृद्धि देखी गई। नई दिल्ली ने बांग्लादेश पर यह आरोप लगाया कि वह इन विद्रोहियों को अपने क्षेत्र में शरण दे रहा है।

मणिपुर

मणिपुर में उग्रवादियों ने "पीपुल्स लिबरेशन आर्मी" का निर्माण किया। इसका मुख्य उद्देश्य म्यांमार की मैत्री जनजाति को अपने साथ जोड़ना तथा एक स्वतंत्र राज्य की माँग करना है। लेकिन इस आंदोलन को भारतीय सेना की मदद द्वारा 1990 के दशक के मध्य में दबा दिया गया।

मिजोरम

मिजो नैशनल फ्रन्ट, स्वतंत्र मिजो राज्य के लिए दो दशकों तक भारतीय सेना से लड़ता रहा अन्य पड़ोसी राज्यों की ही तरह इस विद्रोह बल का प्रयोग कर दबा दिया गया।

दक्षिण भारत

आंध्र प्रदेश

आंध्र प्रदेश में आतंकवाद का मुख्य कारण पीपुल्स वॉर ग्रुप है, जो नक्सलवादी संगठन के रूप में प्रसिद्ध है। यह संगठन दो दशक से भी अधिक समय से सक्रिय है; यह आंध्र प्रदेश के तेलंगाना क्षेत्र में अधिक सक्रिय है। यह संगठन छत्तीसगढ़, झारखंड तथा ओडिशा में भी सक्रिय है। एक पृथक् विचारधारा रखने वाले ये चरमपंथी समाज में समानता लाना चाहते हैं तथा इस-उद्देश्य के लिए वे धनी तथा शक्तिशाली जमींदारों पर हमला करते हैं। भूमिहीन श्रमिकों के अधिकारों के नाम पर ये समूह भारतीय पुलिस, बहुराष्ट्रीय कम्पनियाँ तथा अन्य महत्वपूर्ण संस्थानों को भी अपना निशाना बनाते हैं। यह माना जाता है कि इन नक्सलवादियों के सम्बन्ध नेपाल के माओवादियों से तथा श्रीलंका के लिट्टे (एल.टी.टी.ई.) से हैं।

छत्तीसगढ़

छत्तीसगढ़ माओवाद से पीड़ित राज्य है। दि पीपुल्स लिबरेशन गुरिल्ला आर्मी (पीएलजीए) राज्य में काफी सक्रिय है और उसके माओवादी राज्य के नागरिकों, केंद्रीय रिजर्व पुलिस बल (सीआरपीएफ) व अन्य सुरक्षा बलों के लिए गंभीर समस्या बने हुए हैं। 2013 और 2014 के दौरान जानमाल को काफी नुकसान हुआ था। जुलाई 2010 में माओवादियों के हाथों सीआरपीएफ के 76 जवान मारे गए थे। मई 2013 में विधानसभा चुनावों के पहले माओवादियों ने प्रदेश कांग्रेस के पूरे नेतृत्व का घात लगा कर सफाया कर दिया था। 2014 में सीआरपीएफ के जवान नारायणपुर में 28 जवान, दांतेवाड़ा में 54, सुकमा में 49, बीजापुर में 40, कांकर में 60 और कोंडगांव में 90 जवान मारे गए थे। ये सभी माओवाद के सर्वाधिक दखल वाले इलाके हैं। रंगराजन कमेटी (7 जुलाई, 2014) के अनुसार, छत्तीसगढ़ की सकल आबादी के 40% लोग गरीबी रेखा से नीचे गुजर-बसर करते हैं। अत: लोगों के जीवन स्तर में गुणात्मक सुधार लाने के लिए प्रदेश की भौतिक संरचना को मजबूत किये जाने की महती आवश्यकता है। इस क्षेत्र में माओवाद की समस्या से निबटने के लिए अधिक-से-अधिक रोजगार सृजन किये जाने की भी आवश्यकता है।

अंतर्राष्ट्रीय मामलों में भारत की भूमिका (India's Role in International Affairs)

भारतीय गणराज्य, विश्व का दूसरा सबसे बड़ा आबादी वाला देश तथा एक तेज गति से बढ़ती अर्थव्यवस्था को एक मुख्य शक्ति तथा संभावित महाशक्ति माना जाने लगा है। अंतर्राष्ट्रीय स्तर पर भारत का प्रभाव बढ़ता जा रहा है तथा विश्व के विभिन्न मामलों में इस देश की भूमिका अहम हो गई है।

भारत का विभिन्न देशों के साथ सहयोग का एक लम्बा इतिहास रहा है तथा यह एक प्रमुख व अग्रणी विकासशील देश है। यह संयुक्त राष्ट्र संघ तथा गुट निरपेक्ष आंदोलन का एक संस्थापक सदस्य है तथा अनेक अंतर्राष्ट्रीय संगठनों का एक सक्रिय सदस्य भी है, खासकर विश्व व्यापार संगठन, एशियाई विकास बैंक, दक्षिण एशिया क्षेत्रीय सहयोग संगठन, जी. 8+5 तथा जी. 20 का। शीत युद्ध के दौरान भारत की यह विदेश नीति रही थी कि वह किसी भी महाशक्ति के गुट में शामिल नहीं होना चाहता था। यद्यपि सोवियत संघ के साथ भारत के नजदीकी सम्बन्ध विकसित हुए तथा भारत को उससे व्यापक सैन्य समर्थन भी मिला। शीत युद्ध के समापन ने विश्व के अन्य देशों की तरह ही भारत की विदेश नीति को भी बहुत हद तक प्रभावित किया। भारत अपने राजनयिक तथा आर्थिक सम्बन्ध अमेरिका, चीन, यूरोपीय संघ, जापान, इजराइल, दक्षिण अमेरिका तथा दक्षिण-पूर्व एशियाई देशों के संगठन के साथ मजबूत करना चाहता है। भारत के अफ्रीकी संघ, राष्ट्रमण्डल के देशों तथा अरब के देशों के साथ भी अच्छे सम्बन्ध हैं।

भारत ने संयुक्त राष्ट्र संघ के कई शांति मिशनों में एक सक्रिय भूमिका निभाई है। भारत, संयुक्त-राष्ट्र संघ में बड़ी मात्रा में सैन्य-बल का योगदान करता है तथा संयुक्त-राष्ट्र संघ की सुरक्षा-परिषद में एक स्थायी स्थान का दावा कर रहा है।

भारत की बढ़ती अर्थव्यवस्था, इस देश का सामरिक महत्व, अनुकूल विदेश नीति तथा देश से बाहर बड़े पैमाने पर अप्रवासी भारतीयों की बिखरी हुई आबादी के कारण भारत के मित्र देशों की संख्या अधिक है। कई विकासशील देशों के साथ भी भारत के अच्छे सम्बन्ध हैं। यद्यपि भारत किसी मुख्य सैन्य-सन्धि का भाग नहीं है फिर भी विश्व के अधिकतर शक्तिशाली देशों के साथ इसके नजदीकी सामरिक तथा सैन्य सम्बन्ध हैं। भारत के मित्र देशों में रूसी संघ, इजराइल, भूटान, नेपाल तथा तजाकिस्तान शामिल हैं। सोवियत संघ के विखंडन तथा भारत के आर्थिक उदारीकरण (1992) के बाद संयुक्त राज्य अमेरिका, ब्रिटेन, जर्मनी,

फ्रान्स तथा जापान के साथ उसके सम्बन्ध और घनिष्ठ हो गए हैं। पिछले कुछ वर्षों में संयुक्त राज्य अमेरिका, जापान तथा इजराइल के साथ भारत के सैन्य तथा आर्थिक सम्बन्ध अधिक मजबूत हो गए हैं। भारत के सम्बन्ध विकासशील देशों के साथ भी बेहतर हुए हैं खासकर दक्षिण अफ्रीका, ब्राजील, मैक्सिको तथा चीन के साथ। मैक्सिको, ब्राजील, दक्षिण अफ्रीका तथा भारत अक्सर विश्व के आर्थिक मंचों पर (जैसे-जी. 8, आई.बी.एस.ए., जी.4 तथा विश्व व्यापार संगठन) विकासशील देशों के हितों का प्रतिनिधित्व करते हैं। एक दशक से भी पुराने 'लुक ईस्ट' (पूर्व की ओर देखो) नीति की मदद से भारत के आर्थिक तथा सामरिक सम्बन्ध दक्षिण-पूर्वी एशियाई देशों, दक्षिण कोरिया, चीन, जापान तथा ताइवान के साथ बेहतर हो गए हैं। खाड़ी के देशों तथा अफ्रीकी संघ के साथ भी भारत के बेहतर सम्बन्ध हैं।

चाबहार समझौते की समन्वय परिषद की पहली त्रिपक्षीय बैठक भारत, ईरान और अफगानिस्तान के बीच 2016 में तेहरान में आयोजित की गई थी। इसमें तीन देशों में परिवहन-गमन कोरीडोर बनाने हेतु प्रबन्धन करना था।

भारत और यूनाइटेड स्टेट ने संचार अनुरूपता और सुरक्षा समझौते पर हस्ताक्षर किये जो सुरक्षा संकट में द्विपक्षीय सैनिक सहभागी की सुरक्षा संचार उपकरण सैनिक प्लेटफार्म पर संयावित किये जायेंगे 9 मई 2019 को भारत और चीन ने एक समझौते पर हस्ताक्षर किये जिसका उद्देश्य एम.ओ.यू. और एस.पी.एस. प्रोटोकाल के अन्तर्गत भारत का शीतलनभोजन चीन का निर्यात करना है। श्रीलंका, जापान और भारत ने 28 मई, 2019 को संयुक्त समझौता किया जिससे समीपवर्ती देशों में स्वास्थ्य एवं स्वच्छता के सामाजिक-आर्थिक ढांचे को विकसित करना, जिसमें दो 1600 HP DEMU रेल सेंट आपूर्ति करना है। नेपाल के साथ कोंकण रेलवे ने 10 मई, 2019 को दो 1600 HP DEMU ट्रेन सेट की आपूर्ति के लिए एक समझौते पर हस्ताक्षर किए। 2 अप्रैल, 2019 को नेशनल बैंक फॉर एग्रीकल्चर एंड रूरल डेवलपमेंट कंसल्टेंसी सर्विस (NABCONS) के साथ विदेश मंत्रालय, भारत-अफ्रीका कृषि और ग्रामीण विकास संस्थान की स्थापना मलावी में करेगा।

15 अगस्त, 2021 को; तालिबान ने पूर्व राष्ट्रपति अशरफ गनी को अपदस्थ कर दिया और अफगान सेना के ज्यादा प्रतिरोध का सामना किए बिना अफगानिस्तान की राजधानी काबुल पर कब्जा कर लिया। इस उम्मीद में कि अफगान सेनाएं आतंकवादियों को दूर रखने में सक्षम होंगी, अमेरिका और नाटो की अधिकांश सेनाएं पहले ही देश छोड़ चुकी थीं। फिलहाल अफगानिस्तान तालिबान के कब्जे में है। भारत का सबसे बड़ा डर यह है कि अफगानिस्तान, पाकिस्तान के आतंकियों का अड्डा बन जाएगा। नवंबर 2021 में, भारत ने अफगानिस्तान में वर्तमान सरकार को पड़ोसी देशों में किसी भी आतंकवादी कृत्य के लिए आश्रय, प्रशिक्षण, योजना या वित्त प्रदान नहीं करने देने के लिए अफगानिस्तान पर एक क्षेत्रीय सुरक्षा वार्ता बुलाई। भारत ने एक मजबूत, शांतिपूर्ण, सुरक्षित और स्थिर अफगानिस्तान के लिए अपना समर्थन भी दोहराया।

चतुर्भुज सुरक्षा वार्ता (क्यूएसडी), जिसे आम भाषा में क्वाड कहा जाता है, ऑस्ट्रेलिया, भारत, जापान और संयुक्त राज्य अमेरिका के बीच एक रणनीतिक सुरक्षा संवाद है। यह पहली बार 2007 में स्थापित किया गया था। लेकिन 2008 में ऑस्ट्रेलिया ने संवाद को अप्रभावी बना दिया। फिर मनीला में 2017 आसियान शिखर सम्मेलन के दौरान वार्ता को पुनर्जीवित किया गया। सभी चार मूल सदस्य "इंडो-पैसिफिक" क्षेत्र में, विशेष रूप से दक्षिण चीन सागर में चीन के बढ़ते सैन्य और कूटनीतिक रूप से मुकाबला करने के लिए चतुर्भुज गठबंधन को पुनर्जीवित करने पर सहमत हुए। वार्ता में भारत की सदस्यता ने भारत-प्रशांत क्षेत्र में चीन की बढ़ती सैन्य पैंतरेबाजी के बावजूद इसके भू-राजनैतिक कद में वृद्धि की है। 24 मई 2022 को, भारत के प्रधान मंत्री नरेंद्र मोदी ने वैक्सीन वितरण, जलवायु कार्रवाई, आपूर्ति शृंखला लचीलापन, आपदा प्रतिक्रिया, आर्थिक सहयोग और COVID-19 महामारी से उत्पन्न प्रतिकूल परिस्थितियों के समन्वय में संवाद की भूमिका की सराहना की।

दक्षिण एशिया की भू-राजनीति (Geo-politics of South Asia)

उप-महाद्वीप के अन्य देशों के साथ भारत के सम्बन्धों के कुछ पक्षों का संचालन दक्षिण एशियाई क्षेत्रीय सहयोग संगठन (सार्क) के द्वारा किया जाता है। 1985 में स्थापित यह संगठन कृषि, ग्रामीण विकास, विज्ञान एवं प्रौद्योगिकी, संस्कृति, स्वास्थ्य, जनसंख्या नियंत्रण, नशीली दवाओं पर नियंत्रण तथा आतंकवाद के विरोध में सहयोग को प्रोत्साहन देता है।

सार्क ने हमेशा इन मुख्य मुद्दों पर बल दिया है तथा फूट डालने वाले मुद्दों से अपने आप को दूर रखा है, यद्यपि सार्क के सम्मेलनों के अवसर पर अक्सर द्विपक्षीय वार्ता भी होती है। 1993 में भारत तथा उसके सार्क सहयोगी देशों ने सीमा-शुल्क को कम करने के लिए एक समझौते पर हस्ताक्षर किए। भारत तथा पाकिस्तान के बीच का तनाव इस संगठन के लिए मुख्य अवरोध है तथा कभी-कभी इस तनाव के कारण संगठन की बैठकें भी स्थगित की गई हैं।

नवंबर 1988 में मालदीव सरकार के आग्रह पर भारतीय पैराट्रूप्स तथा नौ-सेना ने वहाँ भाड़े के सैनिकों तथा तख्ता - पलट के प्रयास को भंग कर दिया। कुछ आलोचकों ने भारत के इस कदम को क्षेत्रीय आधिपत्य हासिल करने के प्रयास के रूप में देखा लेकिन संयुक्त राज्य अमेरिका, सोवियत संघ, ब्रिटेन, नेपाल तथा बांग्लादेश ने मित्र देश की मदद करने के लिए इसे एक उचित कदम बताया। यह कदम दक्षिण एशिया में भारत की सामरिक भूमिका का परिचायक था।

भारत-पाकिस्तान सम्बन्ध (India-Pakistan Relations)

भारत तथा पाकिस्तान के बीच मुख्य विवाद का विषय कश्मीर है। 1947 में कश्मीर के हिन्दू राजा हरिसिंह तथा मुस्लिम प्रधानमंत्री शेख अब्दुल्ला ने यह निर्णय लिया कि इस राज्य का विलय भारत के साथ सशर्त तथा अस्थायी रूप से किया जाए। पाकिस्तान के साथ इस राज्य का एक विराम समझौता (Standstill Agreement) था, जिसका उल्लंघन पाकिस्तान के काबायली लड़ाकुओं (अनियमित सैनिक) ने किया, जिसे पाकिस्तान सेना का समर्थन प्राप्त था। कश्मीर का एक बड़ा भाग अभी भी पाकिस्तान के कब्जे में है। भारत का कहना है कि कश्मीर का भारत में विलय अन्य रियासतों के विलय के समान है तथा राज्य में 1947 के बाद हुए चुनावों ने इसे भारत का एक अभिन्न अंग बना दिया है। कश्मीर के कारण भारत तथा पाकिस्तान के बीच 1947 तथा 1965 में युद्ध हुआ तथा एक सीमित युद्ध (कारगिल) इस मुद्दे को लेकर 1999 में भी हुआ। यह राज्य दोनों देशों के बीच नियंत्रण रेखा (LoC) द्वारा विभाजित है, यह 1947 में हुए युद्ध की युद्ध-विराम रेखा है। पाकिस्तान के कब्जे वाले कश्मीर के भाग को भारत पाक अधिकृत कश्मीर (PoK) कहता है तथा पाकिस्तान ने इसे आजाद कश्मीर का नाम दिया है।

भारत-नेपाल सम्बन्ध (India-Nepal Relations)

भारत तथा नेपाल के बीच नजदीकी सम्बन्ध हैं परन्तु इस क्षेत्र के भूगोल, अर्थव्यवस्था, सामान्य जातीय तथा भाषाई पहचान, जो दोनों देशों के सीमाओं का अंशछादन करते हैं, तथा बड़े-देश तथा छोटे-देश के सम्बन्ध में अन्तर्निष्ठ समस्याओं को लेकर दोनों देशों के बीच सम्बन्धों में अक्सर अड़चनें आती हैं। 1950 में नई दिल्ली तथा काठमांडू ने अपने सम्बन्धों की शुरुआत शांति तथा मित्रता के समझौते के साथ की। समझौता-पत्र ने दोनों देशों के सुरक्षा सम्बन्धों तथा द्विपक्षीय व्यापार पर बल दिया।

1950 का समझौता यह कहता है कि, "दोनों देशों में किसी भी एक देश की सरकार दूसरे पर विदेशी आक्रमण के खतरे को सहन नहीं करेगी" तथा "किसी भी पड़ोसी देश के साथ हुए मनमुटाव अथवा गलतफहमी के बारे में दोनों देश एक-दूसरे को सूचित करेंगे ताकि दोनों देशों के बीच सम्बन्ध-विच्छेद नहीं हों।" इस समझौते के कारण भारत तथा नेपाल के बीच एक 'विशेष सम्बन्ध' कायम हैं। भारत, नेपाल को आर्थिक तरजीह देता है तथा भारत में नेपालियों के लिए भारतीय नागरिकों के समान आर्थिक तथा रोजगार के अवसर हैं। वर्ष 2015-16 में भारत एवं नेपाल के सम्बंधों में कुछ समस्या उत्पन्न हुई। नेपाल का झुकाव चीन की ओर बढ़ा है। सड़क और रेल मार्गों का निर्माण करके चीन काठमांडु को ल्हासा (Lhasa) तथा शंघाई बन्दरगाह से जोड़ने में लगा है।

भारत-बांग्लादेश सम्बन्ध (India-Bangladesh Relations)

बांग्लादेश, भारत द्वारा लगभग पूरी तरह घिरा हुआ है तथा भारत के साथ इसके स्थल सीमा का विस्तार लगभग 4096 कि.मी. है। दोनों देशों के बीच सम्बन्धों पर उपमहाद्वीप के पाकिस्तान-भारत ध्रुवीकरण का भी प्रभाव पड़ा है। यह प्रभाव स्पष्ट रूप से मुजीबुररहमान के शासन काल में देखा जा सकता था, जिनकी हत्या के बाद पाकिस्तान ने तुरंत बांग्लादेश को मान्यता दे दी तथा बांग्लादेश को सहायता भी देने की घोषणा की, वहीं भारत का रवैया उदासीन हो गया।

भारत तथा बांग्लादेश के बीच की सीमा विवादों की जड़ है जो भारत के विभाजन का परिणाम है। दोनों देशों के बीच की अन्तर्राष्ट्रीय सीमा सही ढंग से निर्धारित नहीं है। सीमा के दोनों ओर कई गाँव विवादित हैं जिन पर दोनों देश दावा करते हैं।

बांग्लादेश की सरकार का यह कहना है कि 1971 (बांग्लादेश की मुक्ति) से ही भारतीय सेना ने भारत-बांग्लादेश सीमा के बगल में बीरडिवाह गाँव के निकट भूमि के एक छोटे से टुकड़े को अपने कब्जे में कर रखा है। अप्रैल 2001 में बांग्लादेश राइफल्स ने इस विवादित गाँव को अपने कब्जे में ले लिया तथा सीमा सुरक्षा बल के 15 सदस्यों को मार डाला। इस घटना से दोनों देशों के बीच तनाव बढ़ गया।

हाल के वर्षों में भारत की हमेशा यह शिकायत रही है कि बांग्लादेश अपनी भारत-बांग्लादेश सीमा का बार-बार अतिक्रमण करता है। भारत को यह आशंका बनी रहती है कि आर्थिक रूप से पिछड़े बांग्लादेशी भारत में रोजगार के अवसर की तलाश में घुस आएँगे। भारत, बांग्लादेश पर यह भी आरोप लगाता है कि वह भारतीय पृथक्तावादी संगठन जैसे उल्फा तथा अन्य आतंकवादी संगठनों को शरण दे रहा है।

लेकिन दोनों देशों के बीच सम्बन्धों में हाल में कुछ सुनहरे अध्याय भी जुड़े हैं। मई, 2007 में दोनों देशो ने यह घोषणा की 1965 के भारत-पाक युद्ध के 42 वर्षों बाद कोलकाता तथा ढाका के बीच रेल सेवा पुनः प्रारंभ होगी। इसके अलावा 2007 में दोनों देशों के सीमा मुद्दे पर सहयोग की भी बात की गई। जुलाई 2015 भारत तथा बांग्लादेश के बीच अन्तःक्षेत्रों (Exchange of Enclaves) से दोनों देशों के सम्बन्धों में भारी सुधार हुआ है।

भारत तथा हिन्द महासागर की भू-राजनीति (India and the Geo-politics of the Indian Ocean)

प्रशांत महासागर तथा अटलांटिक महासागर के बाद हिन्द महासागर विश्व का तीसरा सबसे बड़ा महासागर है। यह महासागर 73,556,000 वर्ग कि.मी. के क्षेत्र में फैला हुआ है तथा यह पृथ्वी के जल सतह का 20% हिस्सा है। इसके उत्तर में एशिया है, इसके पश्चिम में अफ्रीका, पूर्व में इंडोनेशिया, सुंडा द्वीप तथा ऑस्ट्रेलिया है तथा इसके दक्षिण में दक्षिणी महासागर है। 20° पूर्व देशान्तर हिन्द महासागर को अटलांटिक महासागर से अलग करता है तथा 147° पूर्व देशान्तर इसे प्रशान्त महासागर से अलग करता है। अफ्रीका तथा ऑस्ट्रेलिया के दक्षिणी छोर (सिरे) पर यह महासागर लगभग 10,000 कि.मी. (6200 मील) चौड़ा है

अन्तर्राष्ट्रीय जलराशिक संगठन (International Hydrographic Organisation) ने एक पांचवे महासागर को सीमांकित किया है, यह महासागर हिन्द महासागर के दक्षिणी भाग के निकट है। 60° दक्षिण अक्षांश हिन्द महासागर की दक्षिणी सीमा है जो इसे अण्टार्कटिक महासागर से अलग करती है। हिन्द महासागर विश्व के पाँच महासागरों में तीसरा सबसे बड़ा महासागर है। 65° दक्षिण अक्षांश के दक्षिण की ओर पूरे वर्ष प्रवाही हिमपुंज तथा प्लावी बर्फ पाए जाते हैं। प्लावी बर्फ की औसत उत्तरी सीमा 45° दक्षिणी अक्षांश है।

भारत के दक्षिण में स्थित हिन्द महासागर का भू-राजनैतिक, सामाजिक-सांस्कृतिक तथा आर्थिक महत्व है। यह विश्व का एकमात्र महासागर है जिसका नाम किसी देश के नाम पर है, अर्थात् भारत (हिन्दुस्तान) के नाम पर हिन्द महासागर। हिन्द महासागर का भारत के लिए अत्यधिक सामरिक महत्व है।

इसका भारत के नाम पर नामकरण किए जाने का कारण है कि अतीत में, यानी प्राचीन और मध्य काल के दौरान भारत का इस क्षेत्र में बड़ा दबदबा था। हिन्द महासागर के जरिये भारतीय सभ्यता दक्षिण-पूर्व एशिया और अफ्रीकी देशों तक फैली थी। मारिशस, चागो, सेशेल्स आदि प्रायद्वीप में भारतीय मूल की आबादी का प्रभुत्व है। मुंबई हाई का महाद्वीपीय शेल्फ, खम्बात की घाटी और गोदावरी-कृष्णा का डेल्टा (नदी और महासागर के संगम-स्थल पर एकत्र मृदायुक्त स्थल या मुहाना) पेट्रोलियम, प्राकृतिक गैस, मछली और अपनी जैवविविधता के लिहाज से काफी समृद्ध हैं। भारतीय तटों के साथ मूंगे की उत्पत्ति का पारिस्थितिकीय और आर्थिक दृष्टिकोण से बड़ा ही महत्व है। भारत का 98 फीसदी अंतर्राष्ट्रीय कारोबार हिन्द महासागर के रास्ते होता है। भारत की कुल आवश्यकता का 60 फीसदी पेट्रोलियम हिन्द महासागर के रास्ते ही आयातित होता है। इसलिए हिन्द महासागर को 'भारत की तेल लाइन' (ऑयल-लाइन ऑफ इंडिया) कहा जाता है। इसके अलावा, नमक का विशाल भंडार भी हिन्द महासागर से ही मिलता है। लहरों से मिलने वाली ऊर्जा का, खास कर खम्बात की खाड़ी के साथ वाले समुद्री स्थल पर, प्रचुर भंडार है। भारत हिन्द महासागर के मध्य वृत्त-चाप (सेंट्रल ऑर्क) में अपना अति महत्वपूर्ण भौगोलिक अधिकार रखता है। हिन्द महासागर के तटवर्ती देशों में भारत महत्वपूर्ण आर्थिक और तकनीकी सहयोग के कार्यक्रम चला रहा है। भारत हिन्द महासागर के आसपास बसे इन देशों को प्रौद्योगिकी प्रशिक्षण, भारतीय विशेषज्ञता और परामर्श सेवाएं मुहैया करा रहा है।

स्थल-रुद्ध होने के कारण इस महासागर ने भारत को एक प्रभावशाली स्थान प्रदान किया है। इस महासागर का सामरिक महत्व इसलिए भी है क्योंकि यह पश्चिम तथा पूर्व से संकीर्ण जलसंधियों द्वारा अभिगम्य है। लाल सागर पश्चिम में संकीर्ण जल निकास है तथा पूर्व में मलक्का जलसंधि, तिमोर व अरोफुरा सागर संकीर्ण निकास है। स्वेज नहर द्वारा हिन्द महासागर, भूमध्य सागर तथा यूरोप से जुड़ा हुआ है। स्वेज नहर खुलने (1869) से पहले भारत, अमेरिका तथा यूरोप से दक्षिण अफ्रीका के उत्तमाशा

अंतरीप (Cape of Good Hope) द्वारा जुड़ा हुआ था। इन निकासों को नियंत्रित करके हिन्द महासागर को रुद्ध किया जा सकता है। इसे रुद्ध करने के मुख्य स्थान हैं-बॉब-अल-मनदब, होर्मुज-जलसंधि, मलक्का-जलसंधि, स्वेज नहर का दक्षिणी छोर तथा लोमबोक -जलसंधि।

इस महासागर को 47 वेलांचली देश, 7 द्वीप-देश (मेडागास्कर-विश्व का चौथा सबसे बड़ा द्वीप, कोमोरोस, सेशेल्स, मालदीव, मॉरिशस, सिंगापुर तथा श्रीलंका) तथा 13 स्थलरुद्ध देश (अफगानिस्तान, भूटान, बुरुंडी, इथोपिया, लाओस, लिसोथो, मालावी, नेपाल, रवांडा, स्वाजीलैंड, युगांडा, जाम्बिया तथा जिम्बावे) जो संयुक्त राष्ट्र संघ के सदस्य हैं, घेरे हुए हैं ***(चित्र 16.12)***। इन सभी देशों का हिन्द महासागर से परंपरागत एवं आर्थिक संबंध है। विश्व की लगभग एक-तिहाई जनसंख्या इन्हीं देशों में वास करती है।

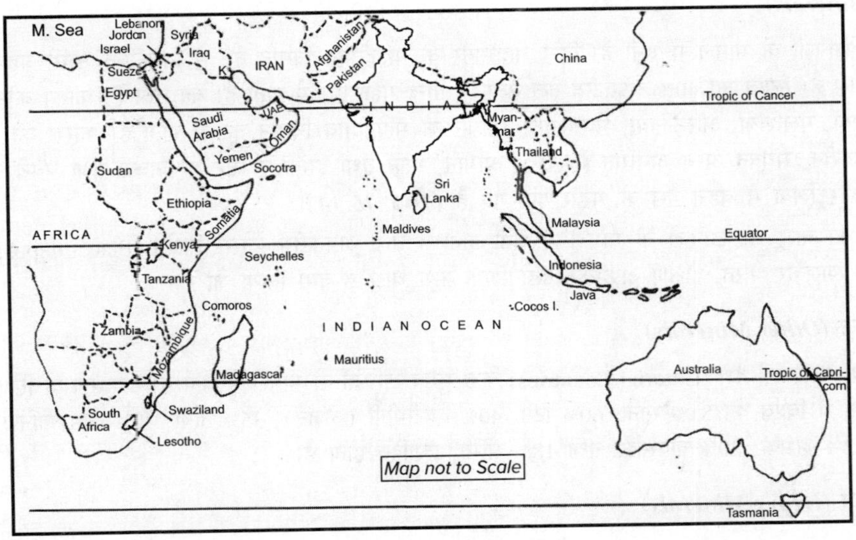

चित्र 16.12 हिन्द महासागर एवं पड़ोसी देश

हिन्द महासागर में उपान्तीय सागर, जैसे-अंडमान सागर, अरब सागर, अराफुरा सागर, लक्षद्वीप सागर, मालागासी सागर, लाल सागर, सावु सागर तथा तिमोर सागर शामिल हैं। हिन्द महासागर की मुख्य खाड़ी, कारपेन्ट्रिया की खाड़ी, ओमान की खाड़ी, मर्तमान की खाड़ी, फारस की खाड़ी तथा स्पेंसर की खाड़ी। इस महासागर की महत्वपूर्ण जलसंधियाँ हैं-बॉस जलसंधि, मलक्का जलसंधि, मोजाम्बिक जलसंधि, पाक जलसंधि, सिंगापुर जलसंधि, सेलात-सुंडा जलसंधि तथा टॉर जलसंधि। अन्य महासागरों की तुलना में यहाँ सबसे अधिक उपान्तीय सागर हैं।

हिन्द महासागर के महासागरीय कटक हैं-सोकोतरा कटक, (Ridges) केगोस कटक, गाव्सबर्ग कटक, मेडागास्कार कटक, सेशेल्स कटक, सेंट पॉल कटक, 90° कटक, कर्ग्यूलेन पठार, प्रिंस एडवर्ड द्वीप (कटक) तथा सेसेल्स-मॉरिशस कटक।

आर्थिक महत्व (Economic Significance)

हिन्द महासागर के आर्थिक महत्व को निम्नलिखित तथ्यों के आधार पर समझा जा सकता है:

1. कृषीय उत्पाद (Agricultural Products)

हिन्द महासागर के वेलांचली देश (Littoral Countries) कुछ मुख्य अनाज तथा नकदी फसल के बड़े उत्पादक हैं। हिन्द महासागर के देशों में विश्व का 77% रबड़, 76% चाय, 60% खजूर, 55% काजू, 45% ऊन, 27% कपास तथा 20% कॉफी उत्पादित होता है। इन नकदी फसलों की माँग यूरोप, अमेरिका तथा जापान में अधिक है। इसके अलावा हिन्द महासागर के वेलांचली देशों

(Littoral Countries) में कुछ अन्य मुख्य फसलों, जैसे–चावल, गेहूँ, मकई, ज्वार, दलहन, खजूर, नारियल, सुपारी, तिलहन तथा गन्ने का उत्पादन होता है ***(चित्र 16.13)***। इंडोनेशिया, मलेशिया, म्यांमार तथा थाइलैण्ड भारी लकड़ी के मुख्य निर्यातक हैं।

2. मत्स्य उद्योग (Fisheries)

हिन्द महासागर का महाद्वीपीय निमग्न तट समुद्री खाद्य पदार्थ, मछलियों, खासकर झींगा (Shrimps) तथा टूना मछलियां जिनकी प्रादेशिक व अन्तर्राष्ट्रीय माँग अधिक है, के मामले में धनी है। इस महासागर में पाई जाने वाली मछलियों का यहाँ के सीमावर्ती देशों के लिए अत्यधिक महत्व है। वे इसका उपयोग घरेलू उपभोग तथा निर्यात के लिए करते हैं। जापान, रूस, दक्षिण कोरिया तथा ताइवान के मत्स्यन बेड़े भी झींगा (Shrimps) तथा टूना (Tuna) मछलियों के लिए हिन्द महासागर आते हैं।

3. खनिज (Minerals)

हिन्द महासागर खनिजों के मामले में धनी है। हिन्द महासागर के महाद्वीपीय निमग्न तट से निष्कर्षित सबसे बहुमूल्य खनिज तेल तथा प्राकृतिक गैस है। विश्व का 40% अपतटीय तेल उत्पादन हिन्द महासागर में होता है। यह उत्पादन फारस की खाड़ी (Persian Gulf), इंडोनेशिया, मलेशिया, ऑस्ट्रेलिया, भारत तथा म्यांमार के महाद्वीपीय निमग्न तट से होता है। फारस की खाड़ी में सऊदी अरब, कुवैत, बहरीन, संयुक्त अरब अमीरात (UAE), ओमान, ईरान तथा इराक के तट के निकट तथा बॉम्बे हाई, इंडोनेशिया, मलेशिया और ऑस्ट्रेलिया में वृहत्त गैस के भंडार पाए गए हैं ***(चित्र 16.14)***।

समुद्र-तट का बालू जो खनिजों के मामले में धनी होता है तथा अपतटीय प्लेसर निक्षेप (Placer deposits) का उपयोग सीमावर्ती राज्यों, खासकर भारत, दक्षिण अफ्रीका, इंडोनेशिया तथा थाइलैंड द्वारा किया जा रहा है।

4. अन्य खनिज (Other Minerals)

हिन्द महासागर के वेलांचली देश (Littorial Countries) कुछ मुख्य खनिजों के मामले में धनी हैं। उदाहरण के लिए हिन्द महासागर के वेलांचली देशों में विश्व का 81% सोना, 60% टिन, 40% ऐण्टीमोनी (अंजन), 35% ताँबा, 30% लौह खनिज, 30% मैगनीज, 25% निकिल, 22% अभ्रक, 20% बॉक्साइट तथा 18% सीसा उत्पादित होता है।

5. भारी खनिज (Heavy Minerals)

हिन्द महासागर के तट पर पाया जाने वाला बालू भारी खनिजों तथा अपतटीय प्लेसर निक्षेप (Placer deposite) के मामले में धनी है, जिसका उपयोग सीमावर्ती देश, खासकर भारत, इंडोनेशिया, मलेशिया, दक्षिण अफ्रीका, श्रीलंका तथा थाइलैंड द्वारा किया जाता है। इन खनिजों के अलावा प्लेसर, बहु-धात्विक पिंड, मैगनीज पिंड तथा धात्विक पिण्डों के भी बड़े भंडार हैं।

6. गैर-परम्परागत ऊर्जा के स्रोत (Non-Conventional Sources of Energy)

हिन्द महासागर के विभिन्न भागों में गैर-परम्परागत ऊर्जा के स्रोतों की अच्छी खासी गुंजाइश है।

7. व्यापार मार्ग (Trade Routes)

मध्य पूर्व अफ्रीका तथा पूर्वी एशिया को यूरोप और अमेरिका से जोड़ने के लिए हिन्द महासागर समुद्री मार्ग प्रदान करता है इस महासागर में समुद्री यातायात अधिक है, खासकर फारस की खाड़ी तथा इंडोनेशिया के तेल-क्षेत्रों से पेट्रोलियम तथा पेट्रोलियम उत्पादों का भारी यातायात। हिन्द महासागर एक शांत क्षेत्र है तथा इसलिए अटलांटिक तथा प्रशांत महासागर से पहले यह व्यापार के लिए खोल दिया गया।

8. पर्यटन (Tourism)

हिन्द महासागर के समुद्री तट (Sea Beaches) यूरोपीय, अमेरिकी, ऑस्ट्रेलियाई तथा जापानी पर्यटकों के लिए आकर्षण का केन्द्र हैं।

9. प्राचीन सभ्यताओं का उद्गम स्थान (Cradle of Ancient Civilizations)

विश्व की प्राचीनतम सभ्यताओं (मिस्र, मेसोपोटामिया तथा सिन्धु) का विकास हिन्द महासागर के निकट हुआ है।

INDIAN OCEAN: AGRICULTURAL RESOURCES

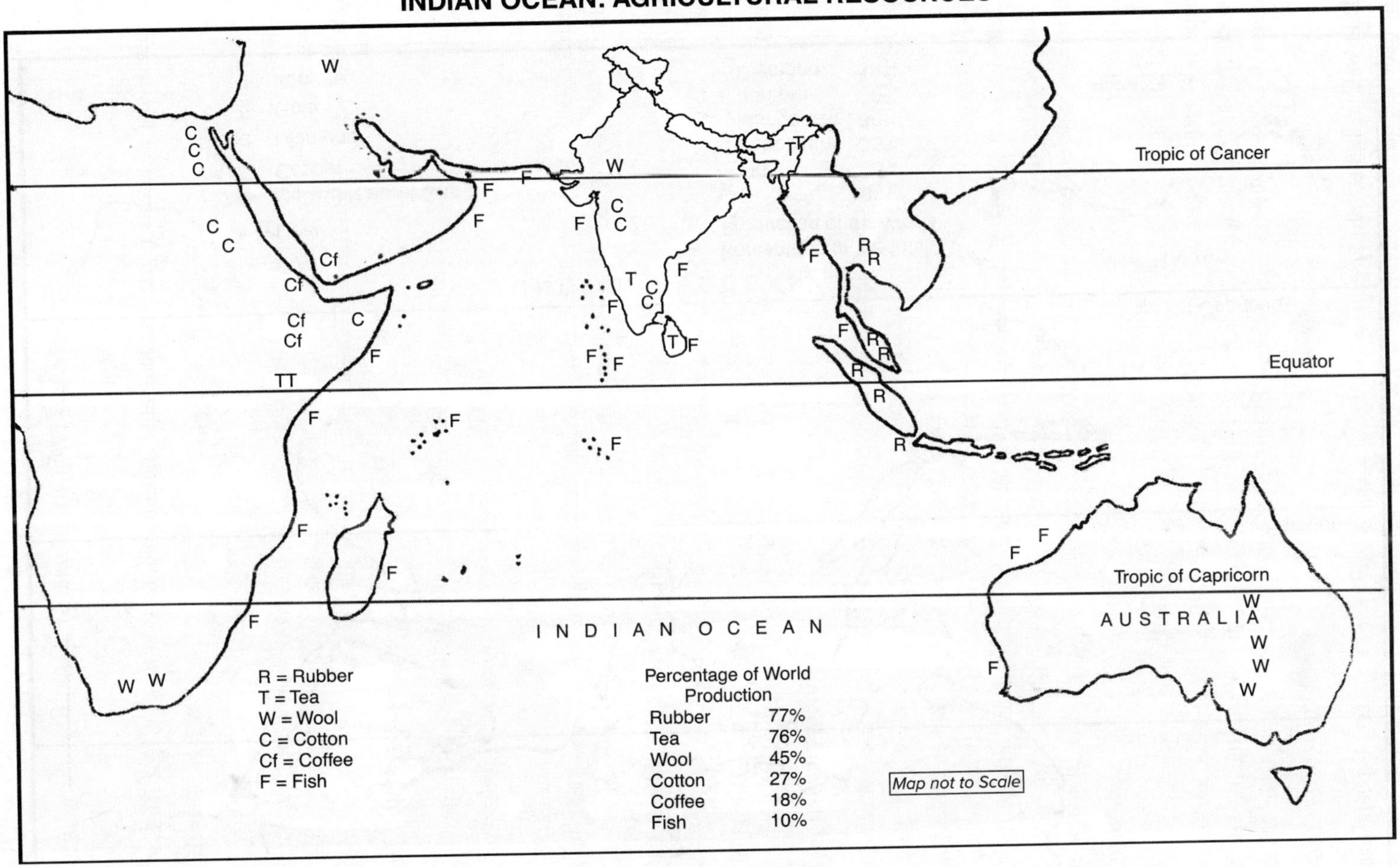

चित्र 16.13 हिन्द महासागर एवं पड़ोसी देशों के कृषि उत्पाद

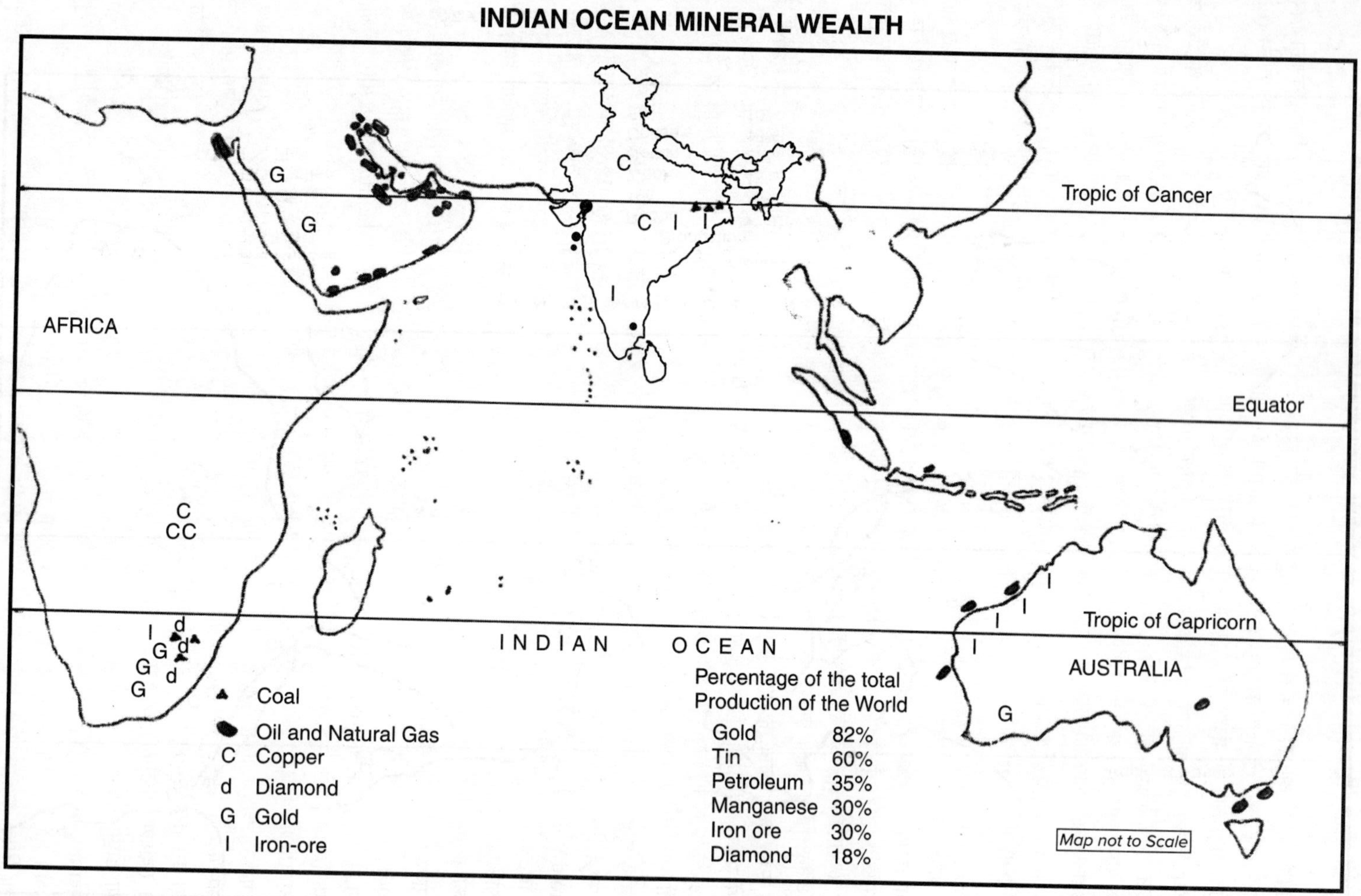

चित्र 16.14 हिन्द महासागर : तटवर्ती देशों के खनिज संसाधन

इतिहास

विश्व की प्राचीनतम सभ्यताओं का विकास हिन्द महासागर के निकट हुआ, जैसे- मेसोपोटामिया, मिस्त्र तथा सिन्धु जिनका विकास क्रमशः टिगरिस - यूफरेट्स, (दजला-फरात) नील तथा सिन्धु नदियों की घाटियों में हुआ। इसके तुरंत बाद फारसी [एल्म (Elm) के साथ शुरुआत] तथा बाद में दक्षिण-पूर्व एशिया (फुनान के साथ शुरुआत) सभ्यताओं का उद्‌भव हुआ।

प्रथम अथवा द्वितीय ई.पू. में हिन्द महासागर को पार करने वाला पहला यूनानी व्यक्ति यूडॉक्सस (Eudoxus) था। यह कहा जाता है कि, इस समय तक हिप्पालस (Hippalus) ने अरब से भारत तक का सीधा मार्ग खोज निकाला था। पहली तथा दूसरी सदी में मिस्त्र के रोमन शासकों तथा दक्षिण भारत में चेर, चोल तथा पांड्या (Pandya) शासकों के तमिल राज्यों के व्यापार सम्बन्ध स्थापित हुए। इंडोनेशियाई लोगों की तरह ही पश्चिम के नाविकों ने भी महासागर को पार करने के लिए मानसून का सहारा लिया।

1405 से 1433 के बीच एडमिरल जेंग (Zheng) ने मिंग वंश (Ming Dynasty) के वृहत्त बेड़ों का उपयोग पश्चिमी महासागर (हिन्द महासागर का चीनी नाम) के कई समुद्र-यात्राओं के लिए किया तथा वे पूर्व अफ्रीका के तटीय देश तक जा पहुँचे।

1498 में वास्को-ड-गामा उत्तमाशा अंतरीप (Cape of Good Hope) से गुजरते हुए यूरोप से भारत पहुँचने वाले पहले नाविक बने। तोप से भरे यूरोप के बेड़ों ने शीघ्र ही व्यापार पर अपना प्रभुत्व कायम कर लिया। पुर्तगालियों ने अपनी श्रेष्ठता साबित करने के लिए कुछ मुख्य जलसंधियों एवं बंदरगाहों के निकट किलों का निर्माण किया लेकिन 17वीं सदी में उन्हें अन्य यूरोपीय शक्तियों ने प्रतिस्थापित कर दिया। ईस्ट इण्डिया कम्पनी (1602-1798) ने हिन्द महासागर के पार पूर्व से व्यापार को नियंत्रित करने की कोशिश की। अंततः ब्रिटेन सबसे प्रमुख शक्ति बनकर उभरा तथा 1815 तक इस क्षेत्र पर अपना प्रभुत्व कायम कर लिया।

1869 में स्वेज नहर खुलने के बाद यूरोपीय देशों ने पूर्व में अपना हित देखा लेकिन कोई भी देश व्यापार पर अपना प्रभुत्व कायम करने में सफल नहीं हुआ। ब्रिटिश द्वारा इस क्षेत्र में एक प्रभावशाली शक्ति बनने के कारण हिन्द महासागर 'ब्रिटिश झील' (British Lake) कहा जाने लगा। इस तरह के.एम. पाणिक्कर की भू-राजनैतिक भविष्यवाणी कि "जिसने समुद्र पर शासन किया वही निकटवर्ती भूमि पर भी शासन करेगा" सही साबित हुई।

द्वितीय विश्व युद्ध के बाद हिन्द महासागर के वेलांचली राज्य स्वतंत्र होने लगे तथा ब्रिटिश शक्ति का पतन होने लगा। 1960 के दशक के मध्य ब्रिटेन व्यवहारिक तौर पर अपने सभी उपनिवेशों को खो चुका था। 16 जनवरी, 1968 को प्रधानमंत्री हेरॉल्ड विल्सन (Harold Wilson) ने यह घोषणा की कि स्वेज के पूर्व से ब्रिटिश सेना की वापसी 1971 तक पूरी हो जाएगी। हिन्द महासागर से ब्रिटेन के हटने के बाद इस क्षेत्र में तत्कालीन महाशक्तियों ने अपना वर्चस्व स्थापित करना चाहा। संयुक्त राज्य अमेरिका ने सोवियत संघ को नियंत्रित करने के लिए तथा इस क्षेत्र में अपने आर्थिक-राजनैतिक हितों को सुरक्षित रखने के लिए इस अवसर को गंवाना ठीक नहीं समझा।

संयुक्त राज्य अमेरिका ने अपनी आशाओं को पूरा करने के लिए ब्रिटेन से हिन्द महासागर का डीएगो गार्सिया द्वीप (Diego-Garcia Island) खरीदा ताकि वहाँ एक सैन्य अड्डे (Military Base) का निर्माण किया जा सके। यह द्वीप मालदीव से 730 कि.मी. दक्षिण में है। यह कन्याकुमारी (भारत) से लगभग 2,225 कि.मी. दूर तथा मॉरिशस (Mauritius) से 2300 कि.मी. उत्तर में है। यह एक छिछला, नाल के आकार का एटॉल (Atoll) है। यह सैन्य अड्डा परमाणु हथियारों से लैस है तथा यहाँ से संयुक्त राज्य अमेरिका दक्षिण पश्चिम एशिया, मध्य एशिया, दक्षिण एशिया, दक्षिण-पूर्व-चीन तथा रूस पर निगरानी रखता है।

डीएगो गार्सिया के अतिरिक्त संयुक्त राज्य अमेरिका ने सामरिक महत्व के अड्डे अस्मारा (इरीट्रिया), वूमेरा तथा हार्स्लड ई. होल्ट (ऑस्ट्रेलिया), बहरीन (संयुक्त अरब अमीरात), दोहा (कतर), दम्मान, जुबेल (सऊदी अरब) तथा माहे (सिसेल्स) में स्थापित किए। इस तरह संयुक्त राज्य अमेरिका तथा ब्रिटेन का संयुक्त सैन्य अड्डा वाकोस (मॉरिशस) गैन द्वीप, मसीराह द्वीप, सिमोन्सटॉउन (दक्षिण अफ्रीका) तथा पोर्ट लुईस (सिसेल्स) में है। हिन्द महासागर के निकट फ्रांसीसी रक्षा प्रतिष्ठान जिबूती, रियूनियन तथा डीएगो स्वरेग में हैं ***(चित्र 16.15)***।

हिन्द महासागर में अमेरिकी नौसेना की मौजूदगी को नियंत्रित करने के लिए रूस ने इस क्षेत्र में 35 युद्धपोतों को रखा है। रूस ने इस क्षेत्र के कई देशों के साथ द्विपक्षीय समझौता भी किया है, जैसे-मॉरिशस, सोमालिया, सिसेल्स, श्रीलंका, भारत, बांग्लादेश तथा मिस्त्र। रूस के सैन्य अड्डे बरबेरा (सोमालिया), मसीराह (ओमान), उमाकास तथा दाहालक द्वीप (लाल सागर) में हैं।

सोवियत संघ के विखंडन के बाद चीन ने भी इस क्षेत्र में दिलचस्पी दिखाई तथा अपने नौसेना का एक अड्डा कैकोस द्वीप (म्यांमार) में स्थापित किया। सोवियत संघ के विखंडन के बाद चीन, अफ्रीकी तथा एशियाई देशों के नेतृत्व को संभालने के प्रयास में है।

पिछले कुछ वर्षों में चीन ने म्यांमार के क्याकपियू (Kyaukpyu) तथा कोको द्वीप में भारी नौसेना के अड्डे स्थापित किए। इसके अतिरिक्त श्रीलंका के हम्बानटोटा (Hambantota) तथा कोलम्बो में अपनी सेना की छावनियाँ स्थापित कीं। इसी प्रकार पाकिस्तान के ग्वाडर (Gwadar) में भारी संख्या में चीन के सिपाही रहते हैं। चीन के इन मिलिट्री अड्डों को रिंग ऑफ पर्ल (Ring of Pearls) कहते हैं ***(चित्र 16.16)***।

हिन्द महासागर में अमेरिका के प्रवेश करने के प्रमुख लक्ष्य निम्न थे:

1. तेल की ड्रिलिंग तथा पाइप लाइन द्वारा उनकी ढुलाई को जारी रखना,
2. एशिया एवं अफ्रीका में साम्यवाद के विस्तार को नियंत्रित करना।
3. हिन्द महासागर में संपन्न होने वाले विश्व व्यापार पर नियंत्रण रखना।
4. वेलांचली राष्ट्रों की राजनीति पर प्रभाव बनाये रखना।
5. अंतर्राष्ट्रीय मामलों पर वेलांचली देशों की राय को प्रभावित करना।

सीमावर्ती देशों की प्रतिक्रिया

जैसा कि पहले कहा जा चुका है कि हिन्द महासागर में 47 वेलांचली देश, 7 द्वीप देश तथा 13 स्थल-रुद्ध देश हैं। ये सभी देश ऐतिहासिक, आर्थिक तथा सांस्कृतिक रूप से हिन्द महासागर से जुड़े हुए हैं। सभी वेलांचली देश आर्थिक विकास, सामाजिक परिवर्तन तथा प्रजातांत्रिक व्यवस्था के निर्माण की प्रक्रिया में हैं। ऑस्ट्रेलिया को छोड़कर सभी गुटनिरपेक्ष आंदोलन के सदस्य हैं। तथा अपने घरेलू मामलों में किसी विदेशी शक्ति का हस्तक्षेप नहीं चाहते हैं। ये सभी देश हिन्द महासागर को 'शांति का क्षेत्र' बनाने का प्रयास कर रहे हैं। इन वेलांचली देशों के शीर्ष नेताओं का पहला सम्मेलन काहिरा में 1964 में हुआ। इसके बाद गुटनिरपेक्ष आंदोलन के तीसरे सम्मेलन (1970, लुसाका) तथा संयुक्त राष्ट्र संघ के 26वें महासभा सत्र (1971) में भी इस बात पर बल दिया गया।

अधिकांश वेलांचली देश छोटे आकार के हैं अथवा आर्थिक दृष्टि से गरीब तथा राजनैतिक दृष्टि से अविकसित हैं। इन देशों के बीच भिन्नता है तथा कई देशों के अपने पड़ोसी देशों के साथ सम्बन्ध अच्छे नहीं हैं। बड़े वेलांचली देश अपने आर्थिक हितों के लिए काम कर रहे हैं। हिन्द महासागर में चीन तथा जापान की बढ़ती सक्रियता के कारण समस्या और जटिल हो गई है। चीन अफ्रीकी-एशियाई क्षेत्र की एक प्रमुख शक्ति बनना चाहता है तो जापान इस क्षेत्र में अपने आर्थिक हितों को देखता है (जापान का 60% व्यापार इस क्षेत्र के माध्यम से होता है)। इराक में अमेरिकी आक्रमण के बाद हिन्द महासागर का विश्व के भू-राजनीतिक में महत्व बढ़ गया है।

इस तरह हिन्द महासागर में न केवल क्षेत्रीय ताकतें बल्कि बाहरी ताकतें भी सक्रिय हैं। हिन्द महासागर के वेलांचली देशों के बीच अधिक आर्थिक सहयोग की आवश्यकता है ताकि उनका शोषण विकसित देशों तथा पुराने उपनिवेशीय शक्तियों द्वारा नहीं किया जा सके। एक क्षेत्रीय संगठन, जैसे-हिन्द महासागर संगठन समय की माँग है। बेहतर यही है कि, यह संगठन शीघ्र स्थापित हो।

तटीय राज्य न केवल इस क्षेत्र में सुपरपॉवर प्रतिद्वंदिता की अभिव्यक्ति की समाप्ति, सैन्य उपस्थिति का विस्तार और वृद्धि को रोकने की भी इच्छा नहीं रखते हैं। बल्कि क्षेत्र से तटीय शक्तियों पर विभिन्न प्रकार के सुरक्षित प्रतिबंध लगाने की भी इच्छा रखते हैं।

हालांकि हिन्द महासागर की शक्ति प्रतिद्वंदिता और अंतर्राष्ट्रीय संघर्ष से मुक्ति को प्राप्त करने के लिए कई बाधाएं हैं। अधिकांश तटीय राज्य या तो छोटे हैं या आर्थिक रूप से कमजोर और राजनैतिक रूप से युवा अवस्था में हैं। कुछ तथ्य क्षेत्रीय शक्तियां जैसे-ऑस्ट्रेलिया, भारत, इंडोनेशिया, ईरान और दक्षिण अफ्रीका अंतर्राष्ट्रीय स्तर पर घटनाओं को प्रभावित करने में सक्षम हैं। तटीय राज्यों के बीच बहुत अधिक विभिन्नता है जिनमें से अधिकांश के बीच सौहार्दपूर्ण और शांतिपूर्ण संबंध नहीं है। यद्यपि

INDIAN OCEAN: NAVEL BASES

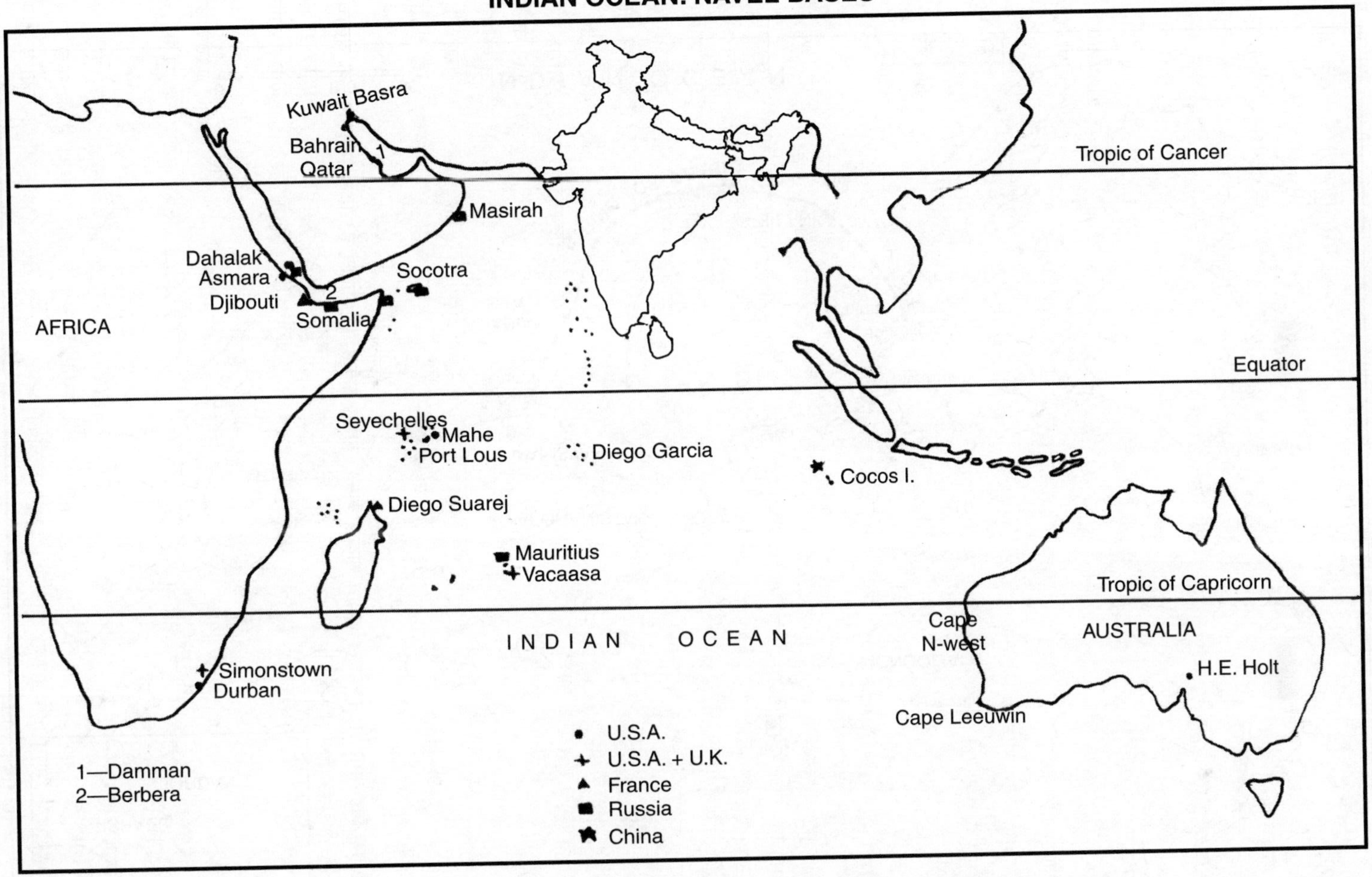

चित्र 16.15 हिन्द महासागर : सामरिक स्थल

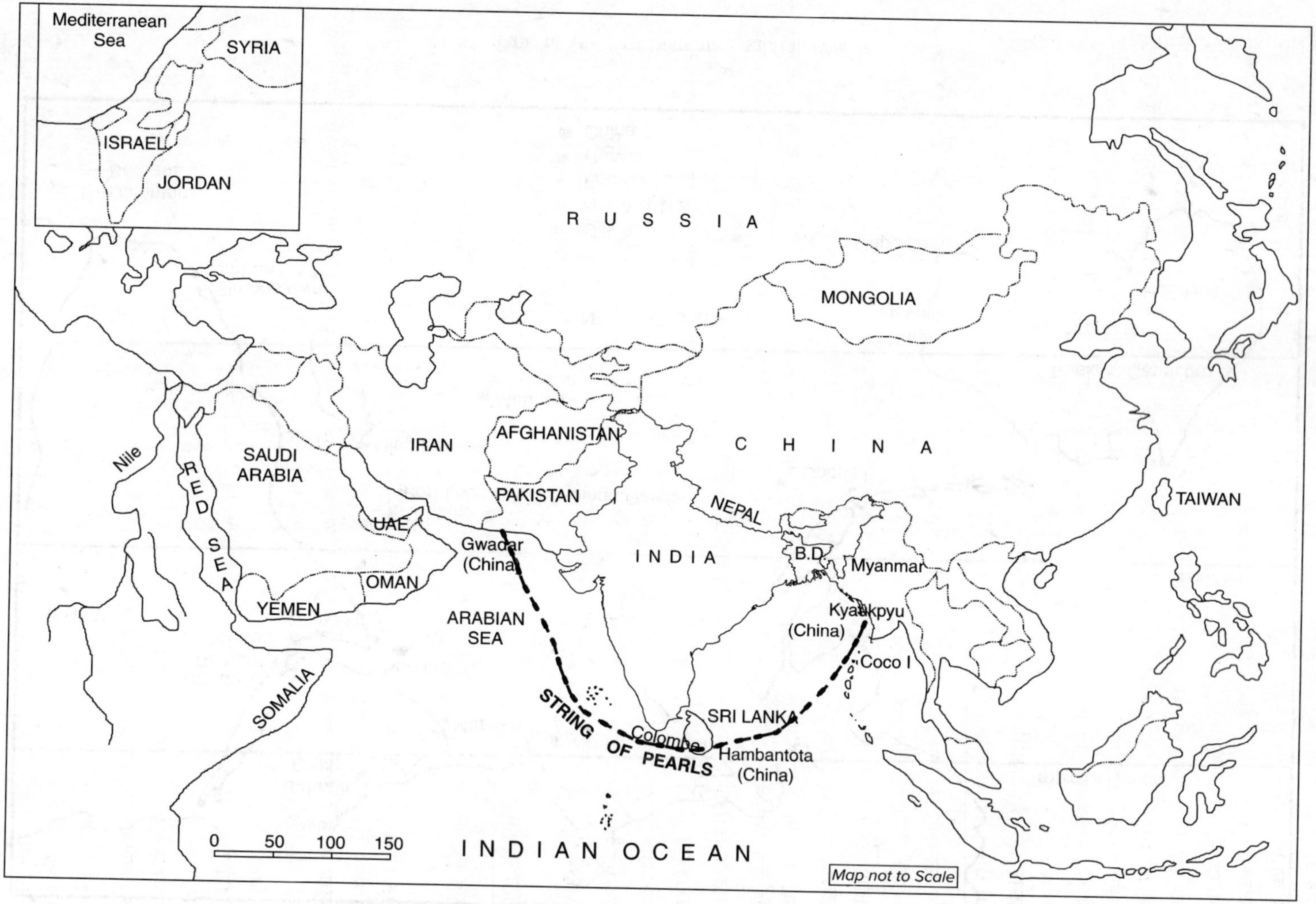

चित्र 16.16 भारतीय समुद्री क्षेत्र में चीन के सैन्य क्षेत्र (चीन का मोतियों का वलय)

बड़े तटीय राज्यों के अपने आर्थिक हित हैं। हिंद महासागर में चीन और जापान की बढ़ती गतिविधियों ने जटिलता को और बढ़ाया है। चीन स्वयं को एक एशियाई क्षेत्र में एक बड़ी शक्ति के रूप में स्थापित करना चाहता है इसी प्रकार जापान के भी इस क्षेत्र में आर्थिक महत्व हैं क्योंकि उसका 60% व्यापार हिंद महासागर से होता है। इराक में अमेरिकी युद्ध के बाद हिंद महासागर को भू-राजनीति में सर्वोपरि मान लिया है

इस प्रकार बाहरी और साथ ही क्षेत्रीय ताकतें हिंद महासागर क्षेत्र में काम कर रही हैं जो इस क्षेत्र को विश्व राजनीति के फोकस में लाने के लिए जिम्मेदार हैं। तटीय राज्यों के बीच अधिकांश आर्थिक सहयोग बढ़ाने की आवश्यकता है जिससे वे अपने को पूर्ववर्ती औपनिवेशिक आकाओं और विकसित देशों के शोषण से बचा सकें। हिंद महासागरीय समुदाय के बीच आज एक क्षेत्रीय संगठन की आवश्यकता है। जितना जल्दी यह किया जाए उतना बेहतर होगा।

हिंद महासागर की भू-राजनीति और भारत (India and the Geo-politics of the Indian Ocean)

- हिंद महासागर का नाम एक देश के नाम पर रखा गया है यह इसलिए है क्योंकि पूर्व में प्राचीन और मध्य युग काल के दौरान भारत की इस क्षेत्र में महत्वपूर्ण स्थिति थी।
- भारतीय संस्कृति हिंद महासागर के माध्यम से दक्षिण-पूर्व एशिया अफ्रीकी देशों में फैली।
- मॉरिशस, चामोस, सेशेल्स आदि द्वीपों में भारतीय मूल की आबादी का प्रभुत्व है।
- मुंबई हाई का महाद्वीपीय शेल्फ, खंभात की खाड़ी और गोदावरी-कृष्णा डेल्टा पैट्रोलियम, प्राकृतिक गैस, मत्स्य पालन और जैव-विविधता में धनी है।
- भारत के अधिकांश नमक की प्राप्ति हिंद महासागर से होती है।
- खंभात की खाड़ी के सहारे ज्वारीय ऊर्जा बहुतायत में है।
- हिंद महासागर के केंद्रींय चाप में भारत एक महत्वपूर्ण भौगोलिक स्थिति रखता है।
- हिंद महासागर के तटीय राज्यों के लिए भारत आर्थिक और तकनीकी कार्यक्रम रखता है। हिंद महासागर के चारों तरफ के देशों के लिए तकनीकी प्रशिक्षण सुविधाएं, भारतीय विशेषज्ञता और परामर्श सेवाएं प्रदान करता रहा है।

समुद्री डकैती (Piracy)

वर्तमान में हिन्द महासागर में समुद्री डकैती का खतरा बढ़ा है। समुद्री डाकुओं के प्रभावित क्षेत्रों को ***चित्र 16.17*** में दिखाया गया है।

चित्र 16.17 के अध्ययन से ज्ञात होता है कि समुद्री डकैती अधिकतर सोमालिया के निकटवर्ती क्षेत्रों, अदन की खाड़ी, सीशैल्स द्वीप समूह (Seychelles Islands), जंजीबार, कोमोरोस द्वीप समूह तथा तंजानिया के सागरीय भागों में केन्द्रित है। फरवरी 2012 को इटली के तेल बरदार-जहाज (Oil Tanker) के नाविकों ने केरल के तट से कुछ दूरी पर दो मछुआरों को गोली का निशाना बनाया, जिससे हिन्द महासागर की राजनीति में एक नए प्रकार की समस्या उत्पन्न हो गई।

ये सारे विवरण दिखाते हैं कि बेशुमार चुनौतियां झेल रहा भारतीय समुद्री क्षेत्र (आईओआर) दिन-प्रतिदिन जटिल होता गया है। इन चुनौतियों में समुद्री डकैती व्यापक स्तरीय परिणामों के साथ एक जीवंत मसला है। इस दृष्टि से, उसे रोकने का उपाय प्राथमिक स्तर पर किया जाना चाहिए। विशेषज्ञ इस बात पर सहमत हैं कि समुद्री डकैती को समुद्र में तो नहीं लेकिन सरजमीं पर ही रोका जा सकता है। समुद्री डाकों के सभी निहित स्वार्थ-सम्बन्धों, डकैती उद्योग में संलिप्त लोगों पर धावा बोलने और सोमालिया के पुनर्निर्माण के जरिये यह काम बखूबी हो सकता है।

दक्षिण-पूर्व एशियाई देशों के परिसंघ, सार्क देशों और भारतीय महासागर तटवर्ती क्षेत्रीय सहयोग संघ (आईओआरएआरसी) क्षेत्रीय आर्थिक और तकनीकी सहयोग का कार्यक्रम चला सकते हैं। इसके अलावा, भारत को सेशेल्स, कोमोरोस, जंजीबार (अफ्रीका के पूर्वी तट पर स्थित प्रायद्वीप यूनाइटेड रिपब्लिक ऑफ तंजानिया का हिस्सा है) और पूर्वी अफ्रीकी देशों एवं यमन जैसे प्रायद्वीपीय देशों के साथ मजबूत सम्बन्ध बनाने की आवश्यकता है। निष्कर्ष यह कि, भारत को भारतीय महासागर क्षेत्र (आईओआर) में अपनी पहचान को मजबूत बनाने के लिए सभी श्रेणियों के हथियार तैनात करने की आवश्यकता है।

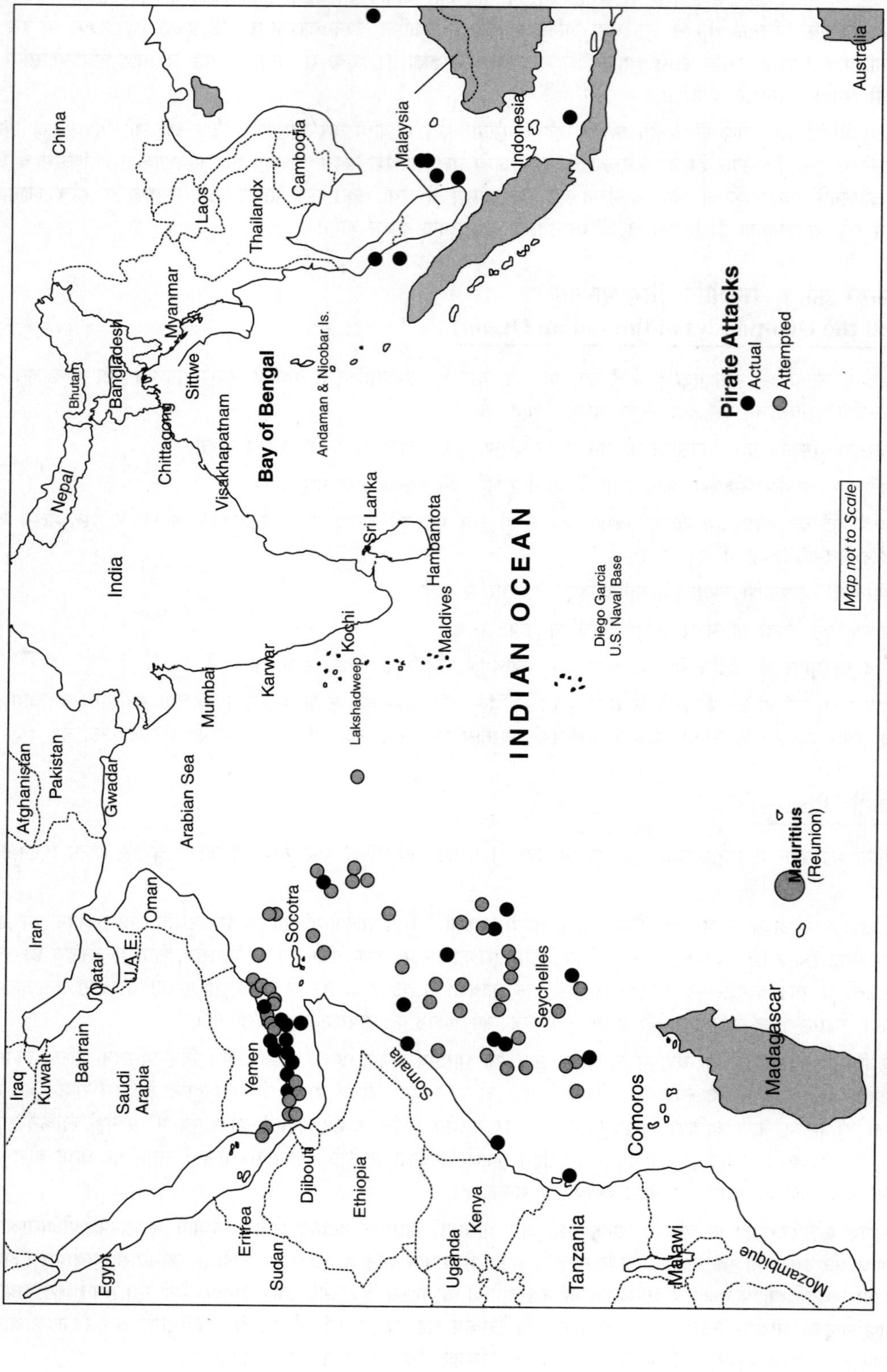

चित्र 16.17 भारतीय समुद्री क्षेत्र में समुद्री डकैती

कोलकाता-कुन्मिंग गलियारा-एक प्रस्तावित उच्च पथ

कोलकाता-कुन्मिंग परियोजना भारत, चीन, म्यांमार और बांग्लादेश को एक-दूसरे से जोड़ती है। यह एक अति महत्वाकांक्षी परियोजना है, जिससे कोलकाता के कुन्मिंग (चीन के युआन प्रांत की राजधानी) से जुड़ जाने की उम्मीद है। चीनी राष्ट्रपति शी जिनपिंग की सरकार ने 2013 में इस परियोजना की घोषणा की थी। इसको 'नया रेशमी पथ आर्थिक क्षेत्र' कहा जाता है।

इस गलियारे का मुख्य उद्देश्य सीमा पार से परिवहन, ऊर्जा, पर्यटन और दूरसंचार के नेटवर्क पर ध्यान केंद्रित करते हुए इस सम्पूर्ण क्षेत्र को आर्थिक रूप से खुशहाल बनाना है। यह भी परिकल्पना की गई है कि यह गलियारा 'वैश्विक आर्थिक पुनर्प्राप्ति (रिकवरी) में एक महत्वपूर्ण भूमिका निभा सकता है। उप क्षेत्रीय सहयोग के आधार पर चल रही इस परियोजना ने नई रफ्तार पकड़ ली है।

इस गलियारे का रास्ता कुछ प्रमुख स्थानों, जैसे–म्यांमार में मांडले, लाशियो और कलेवा होते हुए गुजरता है। इम्फाल (मणिपुर) और सिल्चर (असम) होता हुआ कोलकाता के लिए आगे बढ़ता है। बांग्लादेश को वाया सिलहट और ढाका पार करने के पहले इसके कई छोटे-छोटे मार्ग कोक्स-बाजार और चिटगांव बंदरगाह तक जाते हैं ***(चित्र 16.18)***।

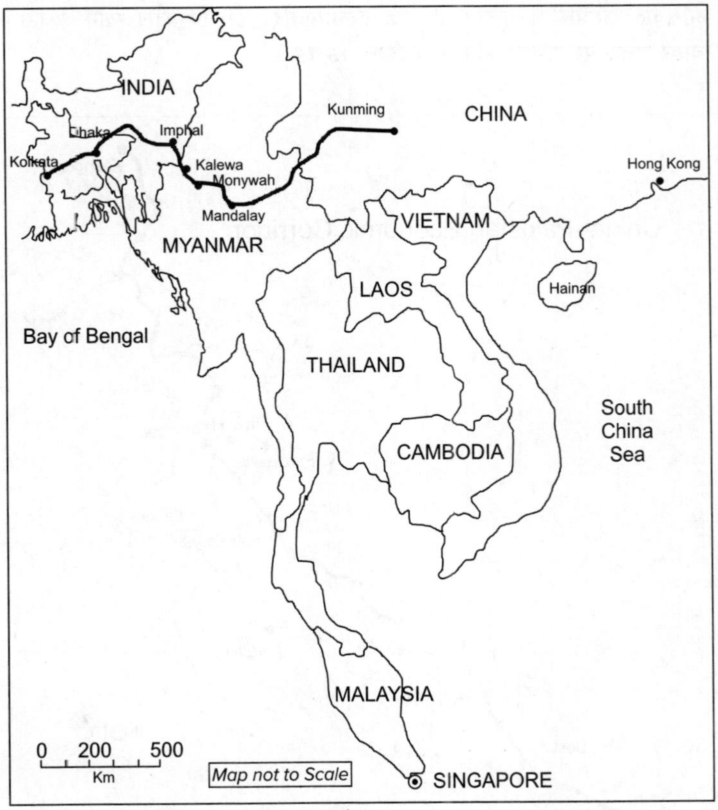

चित्र 16.18 कोलकाता-कुन्मिंग गलियारा

चीन के शीर्ष अध्ययेता इस गलियारे के मद्देनजर एक मजबूत सुरक्षा तंत्र विकसित करने और इस बावत कानून बनाने के लिए बांग्लादेश, चीन, भारत एवं म्यांमार से बातचीत करनी चाहिए। युआन समाज विज्ञान अकादमी के अध्यक्ष रेन जिआ तो बांग्लादेश, चीन, भारत और म्यांमार परियोजना के संदर्भ में गैर-परम्परागत सुरक्षा खतरों से निबटने के लिए चारों देशों के साथ सांस्थनिक सहयोग की वकालत करते हैं।

युआन में चीनी विशेषज्ञ कहते हैं कि सिल्चर (असम) और मणिपुर के बीच 200 किलोमीटर और म्यांमार में कलेवा और मोयवाह के बीच की इतनी ही दूरी को छोड़ कर गलियारे का मुख्य हिस्सा लगभग सुचारू है। भारत के कुछ विशेषज्ञों का विचार है कि यह चीन की अहम रणनीतिक पहल है। यह परियोजना भारत को घेराव में लेती है और उसके समक्ष एक भू-राजनैतिक किस्म की चुनौतियां पेश करती है। ये रणनीतिक चिंताएं बढ़ा-चढ़ा कर पेश की गई मालूम होती हैं और इनका सम्बन्ध इस वास्तविकता से है कि भारत-चीन के बीच कुछ अहम राजनैतिक मसले, खास कर अनसुलझा सीमा विवाद है। इन तमाम चिंताओं और आशंकाओं के बावजूद डॉ. रेन कहते हैं कि जातीय विद्रोह, आतंकवाद, साम्प्रदायिक हिंसा (म्यांमार में बौद्ध और मुसलमानों के बीच खूनी संघर्ष), मादक द्रव्यों की तस्करी और एचआईवी संक्रमण का प्रसार के साथ, बहुमूल्य धरोहरों की तस्करी और सीमा पार से होने वाली मानवीय तस्करी इस परियोजना पर मंडराते खतरे हैं। इस परियोजना को द्विपक्षीय और बहुपक्षीय आधार पर आगे बढ़ाने के लिए चीन ने 2016 में कई देशों का एक शिखर-सम्मेलन बुलाया था।

चीन-पाकिस्तान आर्थिक गलियारा (China-Pakistan Economic Corridor)

चीन-पाकिस्तान आर्थिक गलियार जिंगयांग (सिंकियांग) प्रांत (चीन) को ग्वाडर पत्तन बलूचिस्तान (पाकिस्तान) के साथ जोड़ता है। यह गलियारा पाक अधिकृत कश्मीर से गुजरता है। यह इस्लामाबाद, डेरा इस्माइल खान, क्वेटा और वेसिमा और अंतत: बलूचिस्तान के तट पर ग्वाडर पत्तन पर समाप्त होता है ***(चित्र 16.19)***।

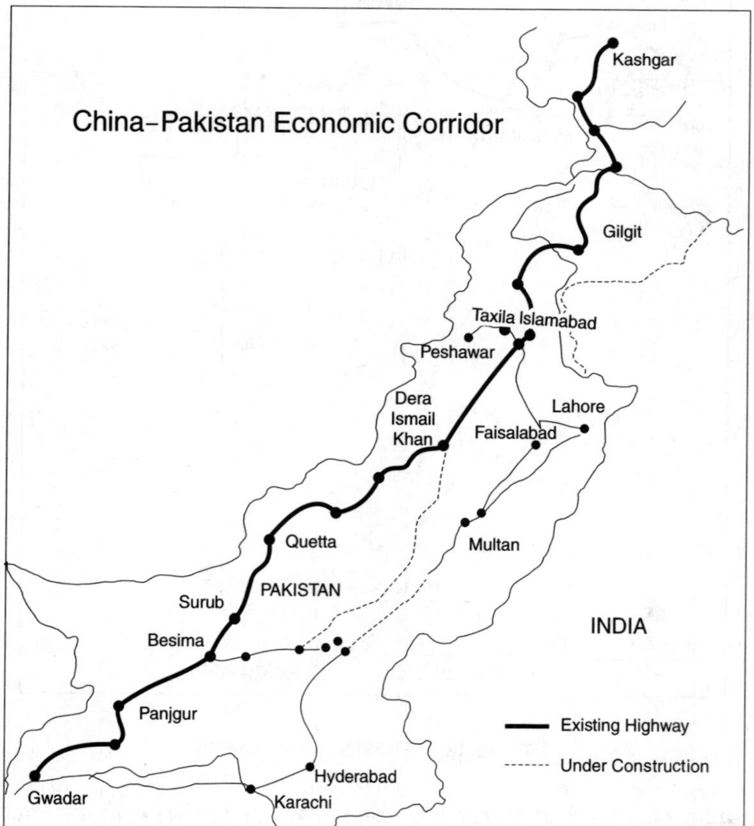

चित्र 16.19 चीन-पाकिस्तान आर्थिक गलियारा

काराकोरम राजमार्ग सड़क, चीन को पाकिस्तान से जोड़ेगी। 3218 कि.मी. लंबे मार्ग की कुल लागत 75 बिलियन डॉलर से अधिक होगी और इसके 2020 तक पूर्ण होने की संभावना है। दोनों देशों के मध्य बेहतर संचार हेतु फाइबर-ऑप्टिक लाइन बिछाई जाएगी। चीन-पाकिस्तान गलियारे को चीन द्वारा किसी अन्य देश में किया जा रहा सबसे बड़ा निवेश बताया जा रहा हैं।

पाकिस्तान को लाभः पाकिस्तान सरकार चीन पाकिस्तान आर्थिक गलियारे (सी.पी.ई.सी.) को गेम चेन्जर का नाम दे रही है और अनेक विश्लेषक कह रहे हैं कि 46 बिलियन डॉलर का निवेश चीन को अगला एशियाई टाइगर बनाएगा। पाकिस्तान को होने वाले लाभ आगे संक्षेप में दिए गए हैं।

(i) इस्लामाबाद का मानना है कि यदि सभी परियोजनाएं लागू की गईं तो यह 1970 के बाद देश में होने वाली सबसे बड़ी एफडीआई होगी।

(ii) पाकिस्तान को आशा है कि 2015 और 2030 के मध्य इससे 7 लाख नौकरियां निर्मित होंगी और इसकी वृद्धि दर में 25% की वृद्धि होगी।

(iii) चूंकि चीन की महत्वपूर्ण ऊर्जा आवश्यकता पाकिस्तान से गुजरेगी, चीन पाकिस्तान की सुरक्षा में सहायता करने के लिए बाध्य होगा।

(iv) ग्वाडर में चीनी परिसंपत्तियां भारत के अरब सागर में प्रभुत्व पर रोक लगाएंगी और पट्टा अवधि के बाद यह पाकिस्तान का दूसरा नौसेना बेस होगा।

चीन को लाभः चीन-पाकिस्तान आर्थिक गलियारे से चीन की अपेक्षाएं निम्नानुसार हैं:

(i) यह गलियारा बीजिंग को मुख्य मध्य-पूर्वी पत्तनों के साथ प्रतिस्पर्द्धा के लिए अत्यधिक लाभ प्रदान करता है।

(ii) यह गलियारा बीजिंग को यूरोप के स्थानों को पश्चिम एशिया से होते हुए 10 दिनों में पहुँचाएगा जबकि वर्तमान में मलक्का स्ट्रेट से अभी इसे तय करने के 45 दिन लगते हैं।

(iii) पर्शियन खाड़ी से बीजिंग के लिए वास्तविक जल मार्ग 12900 कि.मी. है, जो घटकर 200 रह जाएगा।

(iv) यह वैकल्पिक मार्ग अमेरिका की प्रस्तावित (चीन रोको नीति) का समाना करेगा।

(v) यह गलियारा जिंगयांग अर्थव्यवस्था के उत्थान में मदद करेगा, जहाँ दस मिलियन उगर (मुस्लिम) रहते हें।

इन सभी वरीयताओं के बावजूद सुरक्षा की आवश्यकताओं की बढ़ती लागत इस परियोजना को प्रभावी ढंग से आगे बढ़ाने में बड़ी समस्या है। आर्थिक गलियारा कुछ अशांत क्षेत्रों से गुजरता है। जिसमे कश्मीर सम्मिलित है। इसमें अनेक जटिल पर्यावरणीय समस्याएँ हैं। इन्ही समस्याओं के कारण चीन चाहता है कि चीन-पाकिस्तान आर्थिक गलियारे पर कार्यवाही के लिए एक विशिष्ट मंत्रालय या प्राधिकरण हो।

भारत का रुख नई दिल्ली ने चीन पाकिस्तान आर्थिक गलियारे (सी.पी.ई.सी.) के प्रति इस आधार पर आपत्ति जताई है कि यह पाक अधिकृत कश्मीर से गुजरता है, जो भारत का भाग है।

वन बेल्ट वन रोड (नया रेशम मार्ग) (The New Silk Route)

5 मिलियन डॉलर की महत्वाकांक्षी परियोजना 'वन बेल्ट वन रोड' को चीन के राष्ट्रपति शी जिनपिंग के नेतृत्व में चीन की सरकार ने डिजाइन किया है। यह व्यापार छतरी की पहल है जिसमें से कुछ पहले से चल रही है, और नियोजित और भविष्य की इन परियोजनाओं को साथ लाना है। इसमें चीन-पाकिस्तान आर्थिक गलियारा (CPEC) और बांग्लादेश-चीन-भारत-म्यांमार गलियारा जिसका भारत विरोध करता है। भारत पाकिस्तान के कब्जे वाले कश्मीर पर चीन-पाकिस्तान आर्थिक गलियारे का प्रखर विरोध करता है। क्योंकि यह भारत का अभिन्न अंग है हालांकि चीन ने वन बेल्ट वन रोड के बारे में 14 मई, 2017 को बीजिंग में एक बैठक आयोजित की। वन बेल्ट वन रोड परियोजना के प्रमुख उद्देश्य हैं:

1. एशिया अफ्रीका और यूरोप ***(चित्र 16.20)*** के 65 देशों को जोड़ने के लिए एक मार्ग (पुराना रेशम मार्ग) विकसित करना।
2. विश्व की 4.4 बिलियन आबादी को जोड़ना।
3. विश्व अर्थव्यवस्था का लगभग 33% कवर करना।

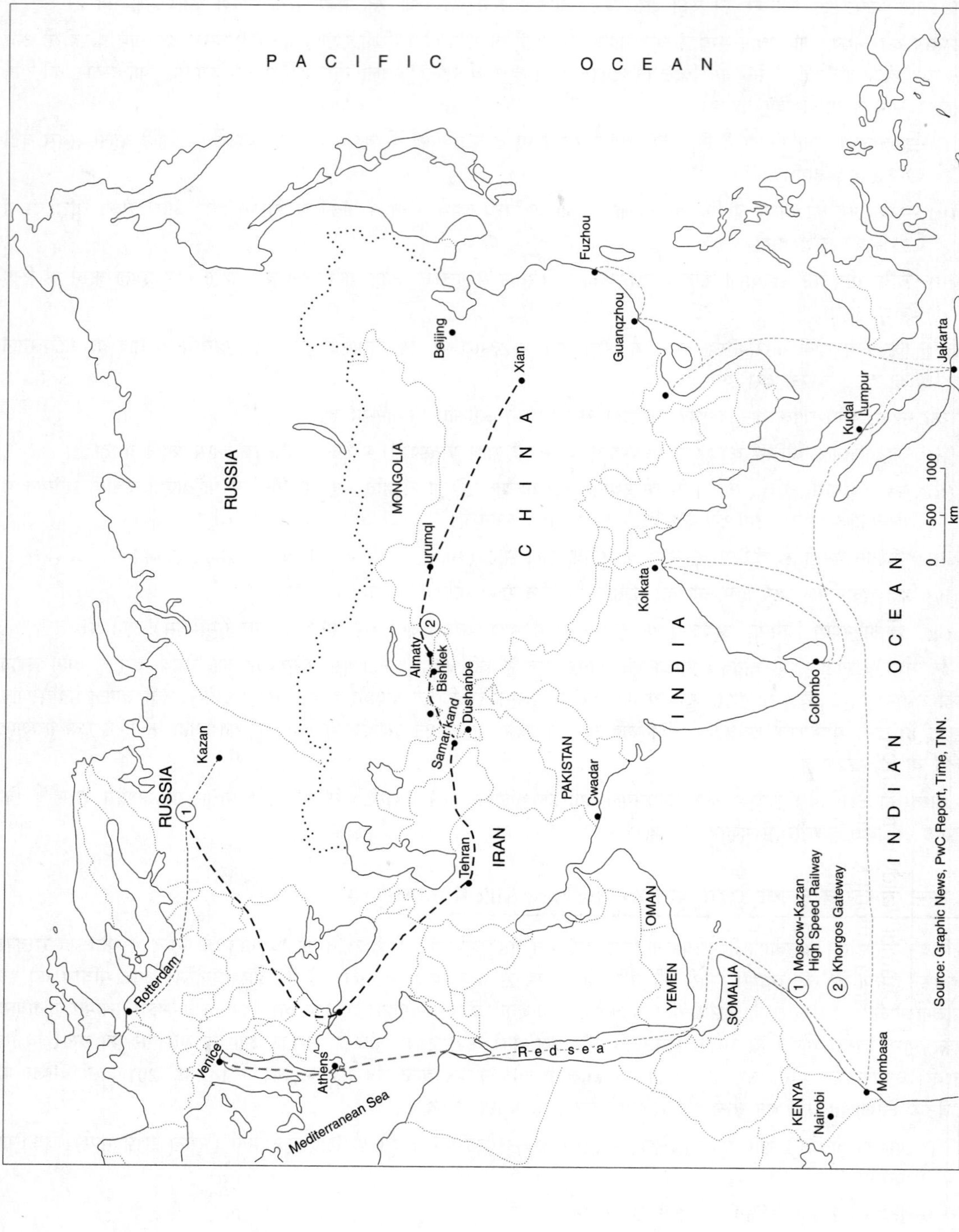

चित्र 16.20 वन बेल्ट वन रोड (द न्यू सिल्क रूट)

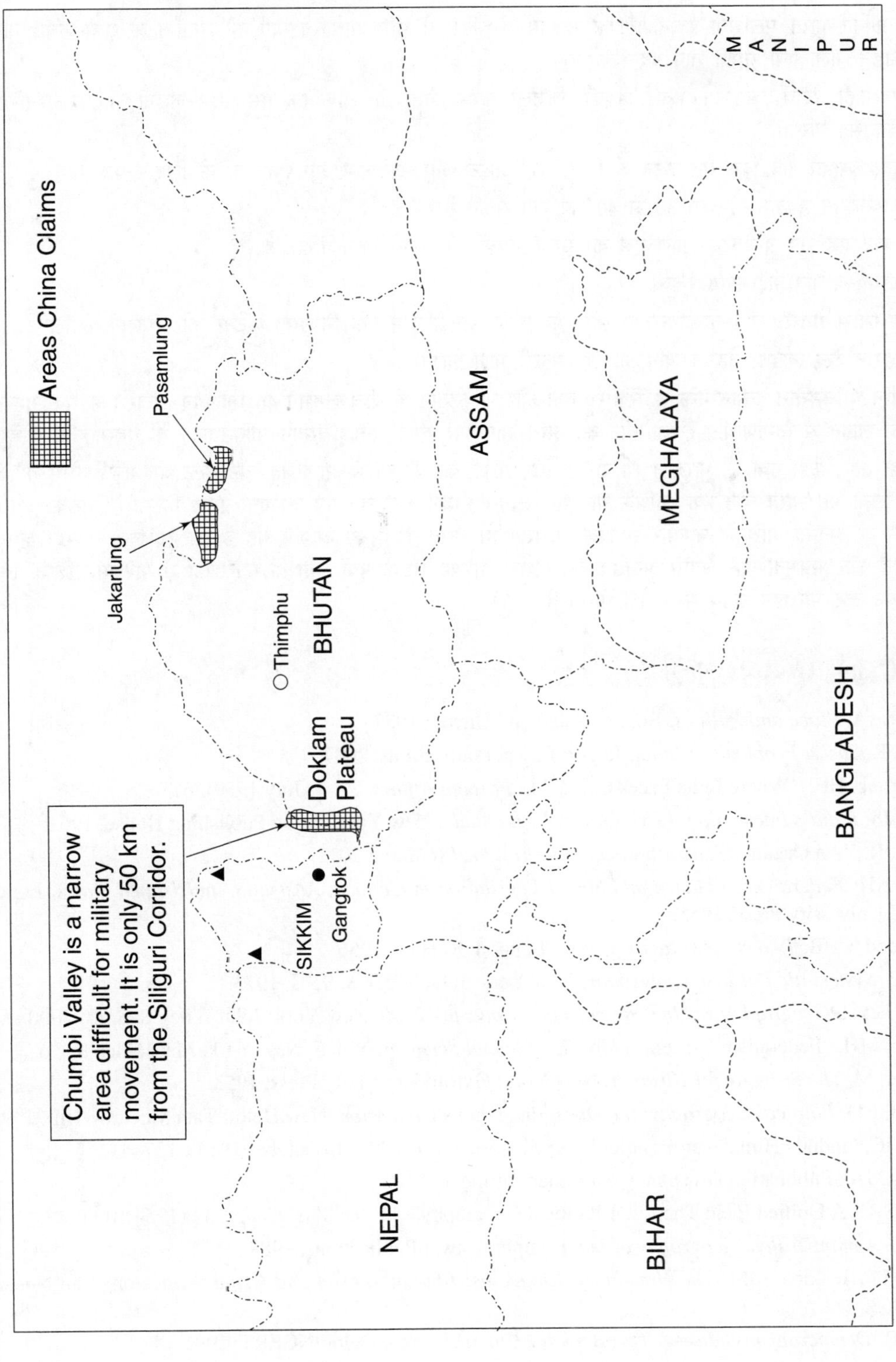

चित्र 16.21 चीन में भारत-सिक्किम सीमा (रजत पंडित के बाद, टाइम्स ऑफ इंडिया, 30.6.2017)

4. चीन के अंदर से दक्षिणी यूरोप के लिए वाया नीदरलैंड भूमि मार्ग प्रदान करना।
5. अफ्रीका-भारत-मलेशिया-इंडोनेशिया के माध्यम से वेनिस में भूमि आधारित मार्ग की समाप्ति के साथ शंघाई पोर्ट को जोड़ने वाला एक समुद्री मार्ग प्रदान करना।
6. बंदरगाहों, रेलवे, वायुमार्ग, हवाई अड्डों, बिजली संयंत्रों, तेल और प्राकृतिक गैस पाइप-लाइनों और रिफाइनरियों को विकसित करना।
7. मुक्त व्यापार क्षेत्र विकसित करने के लिए, और आईटी और टेलीकॉम और फिनटेक के लिए इन्फ्रा में।
8. कार्यान्वयन में कम-से-कम 30 से 40 वर्ष लग सकते हैं।

प्रमुख बेल्ट एंड रोड प्रोजेक्ट्स: प्रोजेक्ट्स की मुख्य सड़कें और रेलवे निम्नलिखित हैं:

1. मॉस्को-कज़ान हाई स्पीड रेलवे।
2. **खोरगोस गेटवे:** चीन-कजाकिस्तान सीमा पर कार्गो-हब प्रतिवर्ष एक मिलियन कंटेनर को संभालने के लिए।
3. **तेहरान रेल लाइन:** तेहरान-चीन के लिए पहली माल लाइन।
4. **चीन पाकिस्तान इकॉनमिक कॉरिडोर:** चीन और पाकिस्तान के बीच लगभग 46 बिलियन डॉलर (आर्थिक गलियारा) की लागत से निर्माणाधीन है जो चीन को अरब सागर पर ग्वादर (बलूचिस्तान-पाकिस्तान) के बंदरगाह से जोड़ेगा।

जैसा कि ऊपर कहा गया है, भारत ने 14 से 15 मई, 2017 को बीजिंग में आयोजित 'वन बेल्ट वन रोड' फोरम की बैठक में भाग नहीं लिया था। भारत चीन एक आर्थिक गलियारे (CPEC), वन बेल्ट वन रोड का एक प्रमुख हिस्सा है। सड़क (OBOR) जो पाकिस्तान के अंतर्गत अधिकृत कश्मीर से होकर गुजरती है। भारत की मुख्य आपत्ति यह है कि अधिकृत कश्मीर भारत का अभिन्न अंग है और संप्रभुता और क्षेत्रीय अखंडता का सवाल है। यह सड़क पूर्वी चीन के कारखानों से पश्चिम एशिया तक 12 दिन से 36 घंटे तक परिवहन समय में कटौती करती है।

संदर्भ सूची (References)

- Agnew, JA, *Place and Politics*. Boston: Allen and Unwin, 1987.
- Ahuja, R, *Social Problems in India*. Jaipur: Rawat Publications, 2007.
- Armstrong, HF, ''Where India Faces China." In *Foreign Affairs*, 37, 4 (July 1959): 617–25.
- Bains, JS, *India's International Disputes: A Legal Study*. New York: Asian Publishing House, 1962.
- Bhatia, R, ''An Ocean of Opportunities.'' *The Hindu*, 7th March 2012.
- Birch, AH, *Federalism, Finance and Social Legislation in Canada, Australia, and United States*. London: Oxford University Press, 1955.
- Birdwood, CBB, *Two Nations and Kashmir*. London: R. Hale, 1956.
- Blij, JB, *Systematic Political Geography*. New York: John Wiley & Sons, 1973.
- Blij, HJ et al, *Geography: Realms, Regions and Concepts-2000*. New York: John Wiley & Sons, 2000.
- Boehm, MH, "Federalism." In *Encyclopedia of Social Sciences*, Vol. 5, New York, MacMillan & Co.
- Brecher, M, *The Struggle for Kashmir*. New York: Oxford University Press, 1953.
- Dikshit, RD, *Political Geography: the Discipline and its Dimension*. New Delhi: Tata McGraw-Hill, 1995.
- Feer, MC, "India's Himalayan Frontier," *Far Eastern Survey*, 22, 11 (October 1953): 137–41.
- *India—2010*, Publication Division, Government of India.
- Jones, SB, "A Unified Field Theory of Political Geography." In *Ann. Ass. Geogr*. 44 (1954): 111–23.
- Kant, S, *Administrative Geography of India*. Jaipur: Rawat Publications, 1988.
- Karan, PP, Jenkins, MM. *The Himalayan Kingdoms: Bhutan, Sikkim and Nepal*. Princeton: Van Nostrand Co., 1963.
- Khan, R, *Democracy in India—A Text Book for Class XII*. New Delhi: NCERT, 1995.

- Khullar, DR, *India: A Comprehensive Geography*. New Delhi: Kalyani Publishers, 2005.
- Kostabade, JT et al., *Essentials of World's Regional Geography*. New York: Harcourt Brace College Publishers, 1993.
- Lamb, A, *The India China Border: The Origin of the Disputed Boundaries*. New York: Oxford University Press, 1964.
- Mackinder, HJ, "On the Scope and Methods of a Geography." In *Proc. Roy. Gogr. Soc.*, 3 (1887): 141–61.
- Maxwell, N, *India's China War*. New York, 1971.
- Mukerji, AB, "Kashmir—A Study in Political Geography." In *Geographical Review of India*, 17, 1 (March 1955): 19–32.
- Muir, R, *Modern Political Geography*. London: Macmillan, 1975.
- Pannikar, KM, *A Survey of Indian History*. Mumbai, 1964.
- Rai, SM, *Partition of the Punjab*. London, 1965.
- Schwartzberg, JE, *A Historical Atlas of South Asia*. Chicago, 1978.
- Short, JR, *An Introduction to Political Geography*. Second edition. London: Routledge and Kegan Paul, 1989.
- Singh, GS, *Maratha Geopolitics and the Indian Nation*. Mumbai, 1966.
- Spate, OHK, Learmonth, ATA, *India and Pakistan: A General and Regional Geography*. London: Methuen & Co. Ltd., 1967.
- Srivastava, RP, "The Changing Map of India," *New Frontiers in Indian Geography*. Edited by L. R. Singh. Allahabad: Prof. R. N. Dubey Foundation, 1996.
- Sukhlal, BL, *India: A Political Geography*. New Delhi: Allied Publishers, 1984.
- Sukhwal, BL, *Modern Political Geography of India*. New Delhi: Sterling Publishers, 1985.
- Taylor, PJ, "A Materialist Framework for Political Geography," *Trans Inst. Br. Geogr*. N.s.7 (1982): 15–54.
- Tayyeb, A, *Pakistan: A Political Geography*. London: Oxford University Press, 1966.
- Tinker, H, *India and Pakistan*. New York, 1962.
- Tiwari, RC, *Geography of India*. Allahabad: Prayag Pustak Bhawan, 2006.
- Wiley, SC, "Kashmir." In *Canadian Geog. J.*, 62, 1 (January 1961).
- http:en.wikipedia.org/wiki/Indian Ocean.

17

समसामयिक मुद्दे (Contemporary Issues)

पर्यावरणीय आपदा (Environmental Hazards)

अधिकतर पर्यावरणीय आपदायें प्राकृतिक हैं, जैसे-भूकम्प, ज्वालामुखी, भूस्खलन, हरिकेन (Hurricane), चक्रवात, टाइफून, वज्रपात, बाढ़, सूखा तथा महामारी। यह अक्सर देखा गया है कि मनुष्य निरंतर प्राकृतिक संकटों की अनदेखी कर देता है। उदाहरण के लिए 2001 के भूकम्प के बाद भी भुज का विकास नहीं रुका, यह 2005 तथा 2007 में पुनः भूकम्प के झटकों के बाद भी जारी रहा। भूगोलवेत्ताओं ने इस दिशा में मनुष्य की जवाबदेही के अभाव को ज्ञानात्मक असंवादिता (Cognitive Dissonance) का एक उदाहरण कहा है। अन्य संकट मानव-जनित हैं, यथा–जल, मृदा एवं वायु तथा ध्वनि प्रदूषण; तेल का रिसाव; कीटनाशक; युद्ध तथा नाभिकीय (Nuclear) आपदाएँ।

प्राकृतिक विपदा (Natural Disasters)

प्रकृति की आपदायें (भूकम्प, ज्वालामुखी उद्गार, भूस्खलन, चक्रवात, सूखा, बाढ़ तथा महामारी) से मनुष्य हमेशा जूझता रहा है। ये घटनाएँ मानव वास स्थान के बड़े क्षेत्र को प्रभावित करती हैं, जिसके कारण जान-माल तथा सम्पत्ति का भारी नुकसान होता है। तकनीकी दृष्टि से हम अपने आप को जितना भी विकसित समझें, प्रकृति की प्रचंडता हमें (Natural Disasters) कभी-कभी यह याद दिलाती है कि पृथ्वी पर हमारा अस्तित्व कितना कमजोर है। इस प्रकार के प्राकृतिक बल के लिए अक्सर हम 'प्राकृतिक आपदा' (Hazard) तथा 'प्राकृतिक प्रचंडता' (Disastar) जैसे शब्दों का प्रयोग करते हैं। क्या इन दोनों शब्दों के बीच कोई अन्तर है? इन शब्दों का वास्तविक अर्थ क्या है इसकी चर्चा करना जरूरी है।

'आपदा' शब्द का प्रयोग हम किसी वस्तु या घटना से नजर आ रहे अप्रकट खतरे के लिए करते हैं। उदाहरण के लिए एक खतरनाक वस्तु या एक खतरनाक कार्य। प्राकृतिक संकट का शाब्दिक रूप से अर्थ-वे प्राकृतिक घटनाएँ हैं, जो मनुष्य के लिए खतरनाक हैं- जो उनके जीवन तथा सम्पत्ति को नुकसान पहुँचाती हैं तथा सामाजिक व आर्थिक जीवन में व्यवधान डालती हैं। हमारे संदर्भ में इनमें विभिन्न किस्म की घटनाएँ शामिल हैं, जैसे-भूकम्प, ज्वालामुखी विस्फोट, भूस्खलन, चक्रवात, सूखा, बाढ़ तथा महामारी। इनमें से कुछ का उद्गम प्राकृतिक है, जैसे-ज्वालामुखी विस्फोट, शैलों का वलन तथा भ्रंश, अन्य दोनों के संयोजन से होते हैं-प्राकृतिक तथा मानव निर्मित कारक, उदाहरण के लिए भूस्खलन, बाढ़ तथा सूखा।

पृथ्वी की सतह अस्थिर है यह स्थान और समय के साथ बदलती रहती है। पृथ्वी पर कुछ परिवर्तन धीमे और अदृश्य होते हैं, जबकि अन्य काफी तीव्र और बोधगम्य होते हैं। महाद्वीपों का विस्थापन और पहाड़ों का बनना धीमी प्रक्रिया है, लेकिन ज्वालामुखी विस्फोट और भूकंप अचानक होने वाली घटनाएं हैं, जो पृथ्वी की सतह पर तेजी से बदलाव लाती हैं। कोई भी विरल और तीव्र गति से होने वाली प्राकृतिक घटना जो जीवन को जोखिम में डाल सकती है उसे प्राकृतिक संकट/प्रकोप कहा जाता है। दूसरे शब्दों में प्राकृतिक संकट/प्रकोप एक प्रक्रिया, घटना या मानवीय गतिविधि है जो जीवन की हानि, चोट या अन्य स्वास्थ्य प्रभावों, संपत्ति की क्षति, सामाजिक और आर्थिक व्यवधान या पर्यावरणीय दुर्दशा का कारण बन सकती है। इनमें से अधिकतर खतरे आवधिक हैं और उनकी भविष्यवाणी की जा सकती है। लेकिन कुछ की भविष्यवाणी करना पाना कठिन है। प्राकृतिक प्रकोपों को निम्नलिखित पांच प्रमुख श्रेणियों के अंतर्गत वर्गीकृत किया जा सकता है ***(चित्र 17.1, 17.2, 17.3, 17.4, और 17.7):***

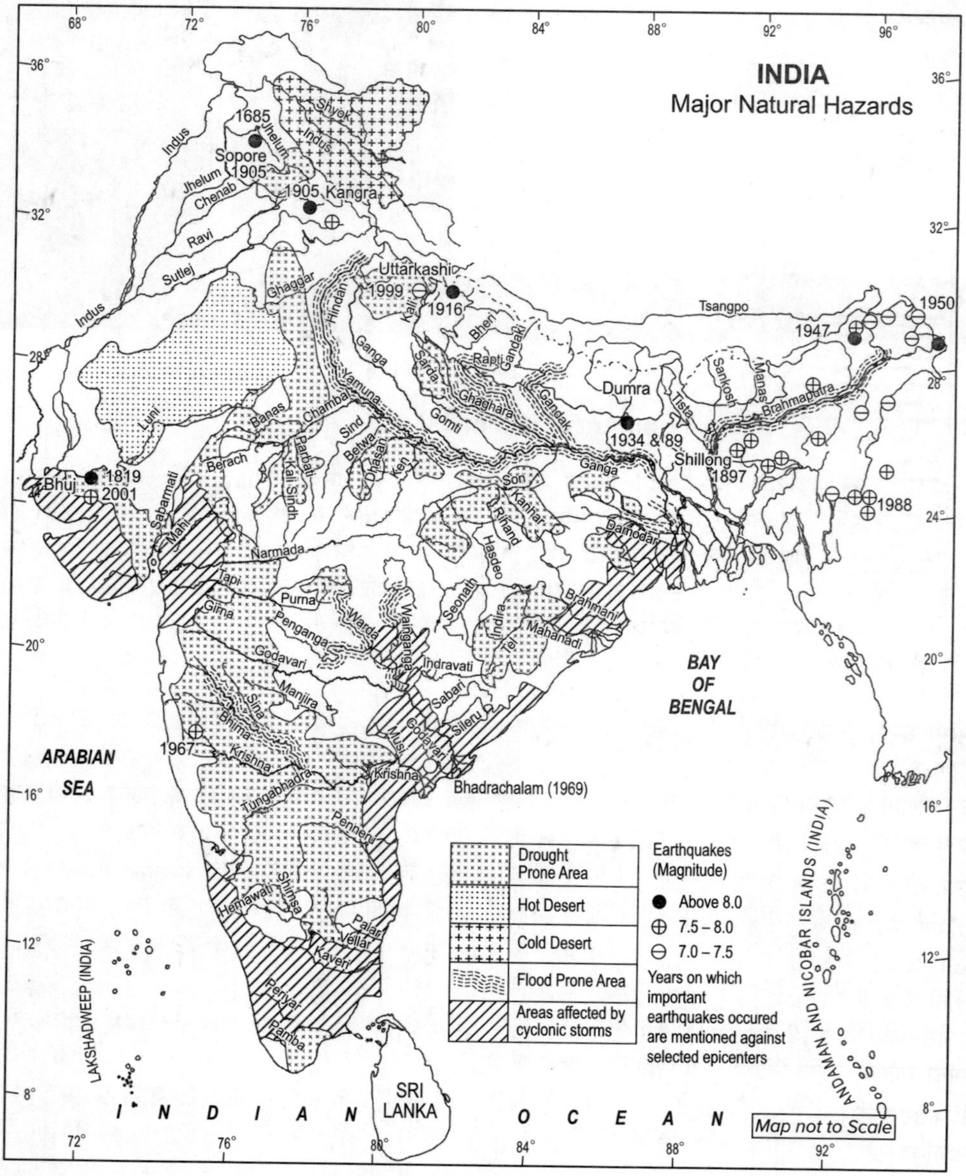

चित्र 17.1 प्रमुख राष्ट्रीय विपदाएँ

1. **भू-भौतिकीय:** विवर्तिकीय और भूकंपीय गतिविधि (जैसे- भूकंप, सुनामी, हिमस्खलन, भूस्खलन और ज्वालामुखी गतिविधि) के कारण ठोस पृथ्वी से उत्पन्न होने वाला संकट।
2. **जलविज्ञान संबंधी:** पृथ्वी पर पानी की घटना, गति और वितरण के कारण (जैसे- बाढ़ और हिमस्खलन) होने वाला संकट।
3. **जलवायु विज्ञान संबंधी:** दीर्घ से से सूक्ष्म पैमाने तक लंबे समय तक रहने वाली वायुमंडलीय प्रक्रियाओं में अंतर-मौसमी से लेकर बहु-दशकीय जलवायु परिवर्तनशीलता (जैसे- सूखा और जंगल की आग) से होने वाला संकट।
4. **मौसम विज्ञान संबंधी:** पृथ्वी के वायुमंडल में परिवर्तन के कारण, विशेष रूप से मौसम की स्थिति से संबंधित (जैसे- चक्रवात और तूफान) प्राकृतिक संकट।
5. **जैविक:** जीवों और उनके विषाक्त पदार्थों या बीमारियों के संपर्क में आने के कारण (जैसे- रोग महामारी और कीट/पशु प्लेग) से उत्पन्न संकट।

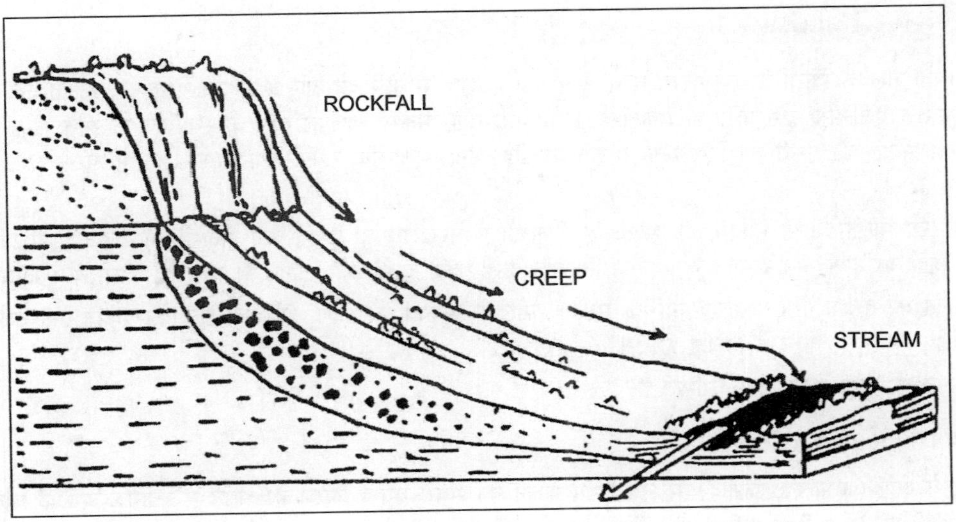

चित्र 17.2 भूस्खलन

ये सभी समान रूप से हानिकारक हैं। स्थान तथा तीव्रता पर निर्भर होने के कारण प्राकृतिक संकट प्राकृतिक विपदा बन जाते हैं। उदाहरण के लिए 20वीं सदी में विश्व में 30 मुख्य प्राकृतिक विपदाएं घटित हुयीं। इनमें 17 भूकम्प, 16 चक्रवात, 2 बाढ़ तथा एक ज्वालामुखी विस्फोट थे। यह स्पष्ट है कि, कई प्राकृतिक संकट कुछ व्यापक बर्बादी का कारण बनते हैं इसलिए इन्हें विपदा कहा जाता है।

मनुष्य जीवन में अनेक जोखिम उठाता है तथा विभिन्न वातावरण के लिए अपने आपको अनुकूल बनाता है।

उदाहरण के लिए कई विकासशील देशों में लोग बाढ़-प्रवण मैदानी क्षेत्रों में रहते हैं तथा प्रत्येक वर्ष नदी के जल-स्तर के ऊपर उठने पर उस क्षेत्र को छोड़कर चले जाते हैं तथा बाढ़ का पानी घटने पर पुनः वापस आ जाते हैं। सामान्यतः ये घटनाएँ चक्रीय होती हैं तथा इनका अनुमान लगाना आसान है, इसलिए अनुकूलन संभव है। लेकिन सामान्य प्रतिरूप में किसी तरह का बदलाव, जैसे-बाढ़ के समय में परिवर्तन तथा जल की मात्रा का बढ़ना लोगों के लिए विध्वंसकारी साबित हो सकता है। इस तरह एक सामान्य वार्षिक घटना विपदा में परिवर्तित हो जाती है।

अधिकतर प्राकृतिक विपदायें विरल तथा अननुमेय (unpredictable) होती हैं। अधिकतर लोग इन घटनाओं के कारण तथा उसके संभावित खतरे से अनभिज्ञ होते हैं। इसलिए संकट से उत्पन्न खतरे को कम करने के लिए लोगों को अपने व्यवहार में परिवर्तन लाना मुश्किल होता है क्योंकि इन संकटों को बहुत कम लोगों ने पहले देखा है। लोगों की आदतों तथा उनके व्यवहार

में परिवर्तन की अपेक्षा उन स्थानों पर नहीं की जा सकती है, जहाँ 50 वर्षों में एक बार चक्रवाती तूफान की संभावना बनती है या फिर 1900 वर्षों में एक बार कोई बड़ा भू-गर्भिक संकट आता है-मौसम से सम्बन्धित विपदा की तुलना में भूगर्भिक विपदा, जैसे–भूकम्प तथा ज्वालामुखी विस्फोट विरल रूप में घटित होते हैं। परन्तु इनके प्रभाव का अनुमान सही रूप में नहीं लगाया जा सकता है। कभी-कभी कम खतरे वाली जगहों पर उनके द्वारा अधिक क्षति पहुँचायी जाती है। उदाहरण के लिए भारतीय प्रायद्वीप को हमेशा से ही भूकम्प की दृष्टि से कम खतरे वाला क्षेत्र माना जाता था परन्तु कोयना (1967) तथा लातूर (1993) के भूकम्प ने इस धारणा को गलत साबित कर दिया। इन भूकम्पों ने जान-माल को अत्यधिक नुकसान पहुँचाया क्योंकि इन क्षेत्रों के लोग ऐसी घटना के लिए पहले से तैयार नहीं थे।

यद्यपि प्रकृति की अधिकतर घटनाओं का अनुमान नहीं लगाया जा सकता है तथा उन्हें नियंत्रित नहीं किया जा सकता है, लेकिन इन घटनाओं के बारे में बेहतर जानकारी उनसे हुये नुकसान को कम करने में मदद करती है। भूकम्प, बाढ़ तथा चक्रवात से प्रभावित क्षेत्रों में रहने वाले लोगों के लिए भारत सरकार ने कुछ निर्देश जारी किए हैं।

भूस्खलन (Landslides)

चट्टानों अथवा शैल के किसी ढेर का गुरुत्व (Gravitational) प्रभाव से नीचे की ओर खिसकना भूस्खलन (Landslide) कहलाता है। यह प्राकृतिक एजेन्सियों द्वारा प्रेरित हो सकता है, जैसे–भारी वर्षा, भूकम्प या फिर ढाल के स्थायित्व के साथ मानवीय हस्तक्षेप के कारण हो सकता है। पृथ्वी का खिसकना, मिट्टी का खिसकना, घूर्णात्मक सर्पण तथा हिमस्खलन भूस्खलन (Avalanches) के उदाहरण हैं।

ज्वालामुखी विस्फोट तथा भूकम्प की घटनाओं की तुलना में भूस्खलन का प्रभाव कम होता है। भूस्खलन धीमी गति से होता है इसलिए जहाँ यह एक ओर सम्पत्ति को कम क्षति पहुँचाता है, वहीं दूसरी ओर लोगों की जान को इससे कम खतरा होता है।

भूस्खलन की तीव्रता तथा परिमाण भूगर्भिक संरचना, ढाल के झुकाव का कोण, अवसादी शैल की प्रकृति तथा ढाल के साथ मानव हस्तक्षेप पर निर्भर करते है ***[चित्र 17.2]***।

भूस्खलन के मुख्य कारण निम्नलिखित हैं:

1. *भूकम्प (Earthquakes)*

वलित पर्वतीय क्षेत्रों (हिमालय, इत्यादि) में भूकम्प भूस्खलन का सबसे प्रमुख कारण है। भारत में तृतीयक युग के वलित पर्वतों में भूस्खलन की घटनाएँ अधिक प्रायिक हैं ***(चित्र 17.3)***। कश्मीर घाटी में 1905 के भूकम्प के कारण लघु तथा दीर्घ हिमालय में कई भूस्खलन हुए, जिसमें कई हजार लोगों की जानें गईं।

2. *वर्षा तथा हिमपात (Rainfall and Snowfall)*

भारी तथा निरंतर वर्षा के कारण खड़ी ढाल वाले क्षेत्रों में जहाँ राष्ट्रीय राजमार्गों तथा सड़कों का निर्माण हुआ है, अनेक भूस्खलन की घटनाएँ होती हैं। बाटोटे (Batote), रामबन (Ramban), रामसू तथा बनिहाल (जम्मू एवं कश्मीर राज्य में) के बीच नाशरी (Nashri) क्षेत्र में अक्सर भूस्खलन की घटनाएँ होती हैं। इस क्षेत्र में वर्षा के मौसम तथा शीत ऋतु में भूस्खलन के द्वारा भारी क्षति होती है तथा कई दिनों तक वाहनों का आवागमन ठप्प पड़ जाता है ***(चित्र 17.5)***।

3. *खनन, उत्खनन और सड़कों का विकास (Mining Quarrying and Development of Roads)*

कोयला, खनिजों तथा पत्थरों की खानों एवं खुली खदानों से निरंतर निष्कर्षण तथा वलित पर्वतों में खड़ी ढालों को काटकर सड़कों का विकास भूस्खलन की घटनाओं के लिए जिम्मेदार है। भूस्खलन की ऐसी घटनाएँ हिमालय एवं पश्चिमी व पूर्वी घाट में देखी जा सकती हैं।

4. *बड़ी संख्या में घरों का निर्माण (Loading by Construction of Houses)*

मृदा व शैलों का परीक्षण किए बिना पहाड़ी क्षेत्रों में शहरों एवं नगरों का अनियोजित विकास भूस्खलन का एक महत्वपूर्ण कारण है। नैनीताल (उत्तराखंड) की पूर्वी ढाल पर बड़ी संख्या में घरों एवं होटलों के निर्माण के कारण वहां भूमि धँसती जा रही है।

5. वनोन्मूलन (Deforestation)

वनोन्मूलन तथा अन्य मानवीय क्रियाकलापों के कारण भी भूस्खलन की घटनाएँ होती हैं। ज्यादातर ऐसे भूस्खलन छोटे होते हैं परन्तु कभी-कभी ये बड़े होते हैं तथा विध्वंस का करण बनते हैं। ये सड़कों, इमारतों तथा अन्य संरचनाओं को दफना देते हैं। पर्वतीय ढाल पर वनोन्मूलन को नियंत्रित कर, ऐसे क्षेत्रों में निर्माण हेतु निर्देश जारी कर तथा खड़ी ढालों पर इमारतों के निर्माण को रोक कर भूस्खलन की घटनाओं को रोका जा सकता है।

भूकम्प (Earthquakes)

प्रत्यास्थ सीमा से अधिक दबाव पड़ने पर दरार तथा शैलों के अचानक गतिशील होने के कारण हुए पृथ्वी के कम्पन को भूकम्प कहते हैं। दूसरे शब्दों में "भूकम्प पृथ्वी के भूतल की गति है, जो एक हल्के झटके से लेकर इमारतों को विध्वंस करने वाले बड़े झटकों को उत्पन्न करती है।"

भूकम्प के मुख्य कारण हैं–(i) पृथ्वी के भूपटल की प्लेटों का गतिशील होना (प्लेट विवर्तनिकी), (ii) ज्वालामुखीय विस्फोट (iii) शैलों का वलन और भ्रंश, (iv) भूस्खलन, तथा; (v) मानव जनित कारक।

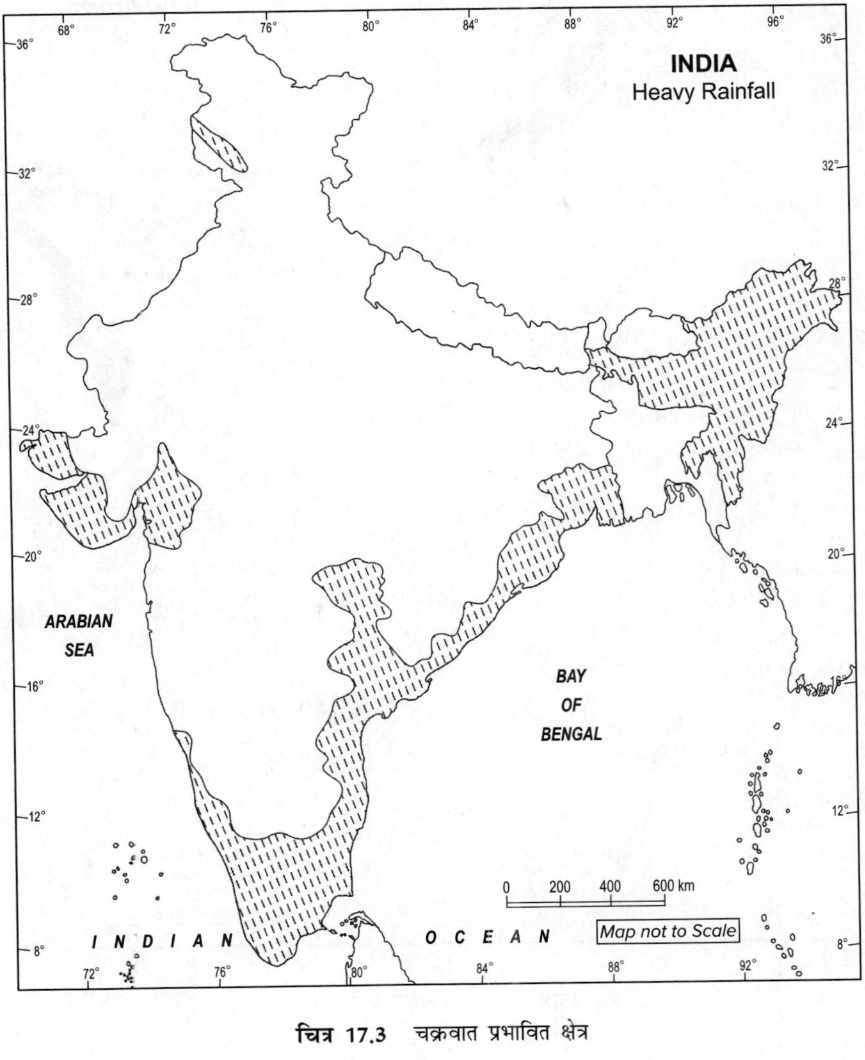

चित्र 17.3 चक्रवात प्रभावित क्षेत्र

पृथ्वी के भूपटल के अचानक सरकाव के कारण भूगर्भ से ऊर्जा बाहर निकलती है। इसके कारण कम्पन होता है अथवा भूकम्प के केन्द्र से तरंगें विभिन्न दिशाओं की ओर जाती हैं। ये तरंगें जल में छोटी लहरों अथवा प्रकाश तरंगों के समान होती हैं। भूकम्पीय तरंगें जिस केन्द्र से निकलती हैं, उसे भूकम्पीय उद्गम केन्द्र (Seismic Focus) कहा जाता है। पृथ्वी के धरातल पर एक ऐसा स्थान जो ठीक भूकम्प केन्द्र के ऊपर स्थित होता है, अधिकेन्द्र (Epicentre) कहलाता है। ज्यादातर भूकम्पों का केन्द्र 60 कि.मी. की गहराई से कम की दूरी पर स्थित होता है। सबसे गहरे भूकम्प का केन्द्र मैंटल में 70 कि.मी. की गहराई पर दर्ज किया गया है। भूकम्प की तीव्रता सबसे अधिक अधिकेन्द्र (Epicentre) पर होती है। अधिकेन्द्र से दूर जाने पर भूकम्प की तीव्रता घटती जाती है।

भूकम्प एक वैज्ञानिक यंत्र भूकम्पमापी (Seismograph) द्वारा दर्ज किया जाता है। भूकम्प की तीव्रता का मूल्यांकन रिक्टर स्केल (Richter Scale) द्वारा किया जाता है। यह भूकम्प द्वारा उत्सर्जित ऊर्जा का मापन करता है।

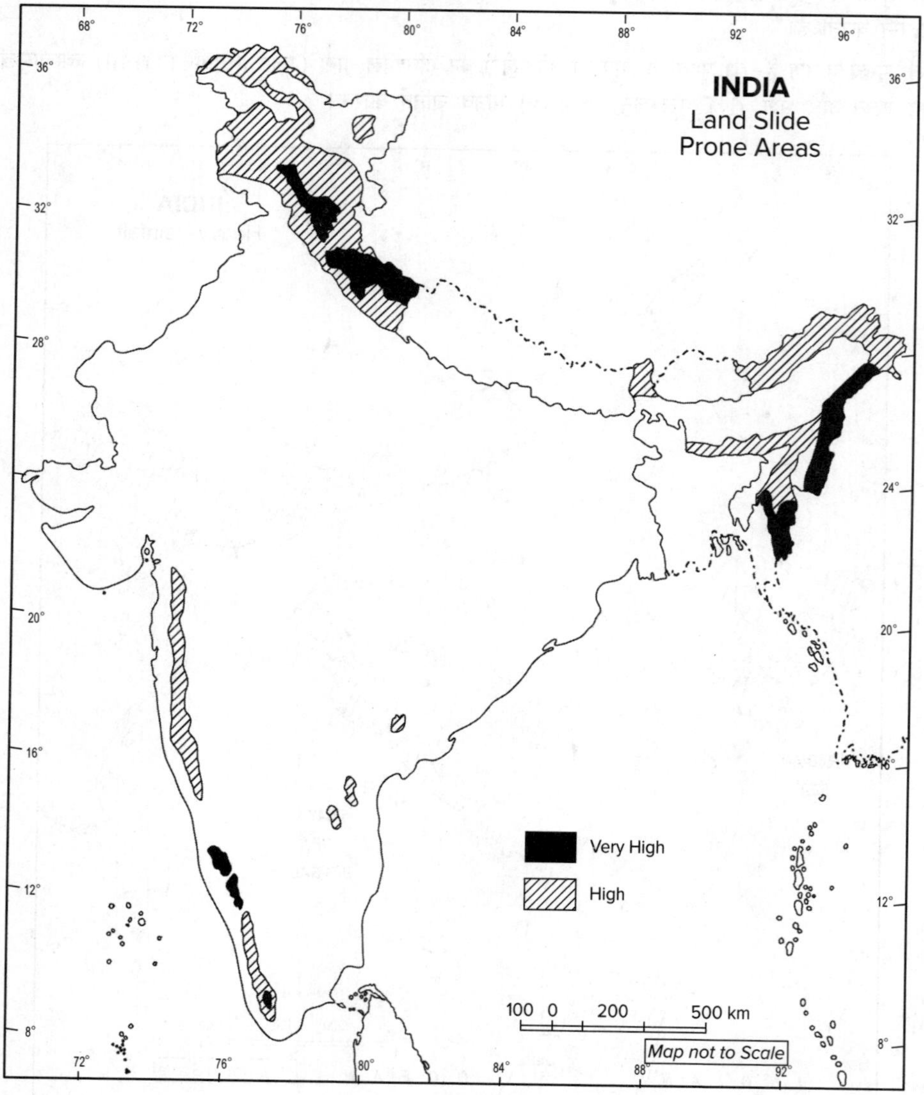

चित्र 17.4 भूस्खलन प्रवण क्षेत्र

हल्की तीव्रता वाले भूकम्प प्रतिदिन घटित होते हैं। परन्तु बड़े कम्पन, जिनसे बड़े पैमाने पर क्षति पहुँचती है, कभी-कभी ही देखे जाते हैं। भूकम्प उस क्षेत्र में अधिक प्रायिक होते हैं, जहाँ प्लेटें एक-दूसरे के निकट आती हैं। भारतीय तथा यूरेपियन (Eurasian) प्लेटों का अभिसरण क्षेत्र (Convergence Zone) अधिक भूकम्प प्रवण क्षेत्र है।

भारत का प्रायद्वीपीय भाग एक स्थायी खंड माना जाता है। यहाँ यदा-कदा छोटी प्लेटों की सीमाओं के नजदीक भूकम्प आते हैं। 1967 में कोयना (Koyna) में आया भूकम्प तथा 1993 में लातूर (Latur) में आया भूकम्प प्रायद्वीपीय भारत में आए भूकम्प के कुछ उदाहरण हैं। 26 जनवरी, 2001 को गुजरात में आए भूकम्प की तीव्रता रिक्टर स्केल पर 8.1 दर्ज की गई। इस भूकम्प का अधिकेन्द्र (Epicentre) 3°8' पूर्व में था-भुज से लगभग 20 कि.मी. उत्तर-पूर्व की ओर ***(चित्र 17.6)***।

भारतीय भूकम्प विज्ञान के विशेषज्ञों ने भारत को पाँच भूकम्प क्षेत्रों (जोन) में विभाजित किया है ***(चित्र 17.7)***।

चित्र 17.7 में यह देखा जा सकता है कि सम्पूर्ण हिमालय क्षेत्र, उत्तर-पूर्वी भारत के राज्य, पश्चिमी तथा उत्तरी पंजाब, हरियाणा, उत्तर प्रदेश, दिल्ली तथा गुजरात के कुछ भाग (कच्छ) अत्यधिक खतरे वाले वर्ग (जोन V तथा जोन VI) के अन्तर्गत आते हैं। प्रायद्वीपीय भारत का अधिकांश क्षेत्र कम खतरे वाले जोन के अन्तर्गत आता है।

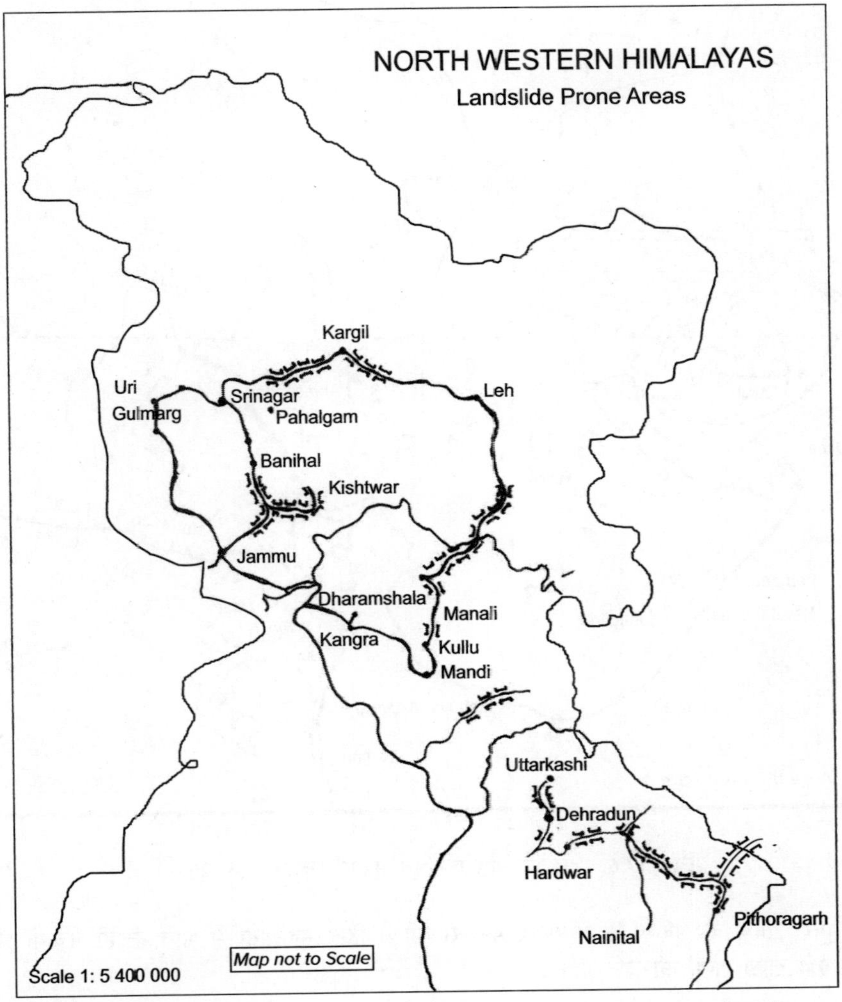

चित्र 17.5 राष्ट्रीय राजमार्ग एवं भूस्खलन क्षेत्र

भूकम्प के परिणाम (Consequences of Earthquakes)

भूकम्प के मुख्य परिणाम निम्नलिखित हैं:

(i) भूपटल के ऊर्ध्वाधर (Vertical) तथा अनुप्रस्थ (Horizontal) गतिशीलता के कारण पृथ्वी की सतह का विरूपण।

(ii) मनुष्यों एवं पशुओं की जान को क्षति।

(iii) मानव निर्मित संस्थानों, भवनों एवं संरचनाओं को नुकसान, जैसे-रेलवे लाइन, सड़क, पुल, बाँध, इत्यादि।

(iv) विध्वंसक आग, आकस्मिक बाढ़ तथा भूमिगत भौमजल स्तर में असंतुलन।

(v) भूस्खलन तथा हिमस्खलन (Avalanches) नदी मार्गों को अवरुद्ध करते हैं, जिसके कारण बाढ़ आ जाती है।

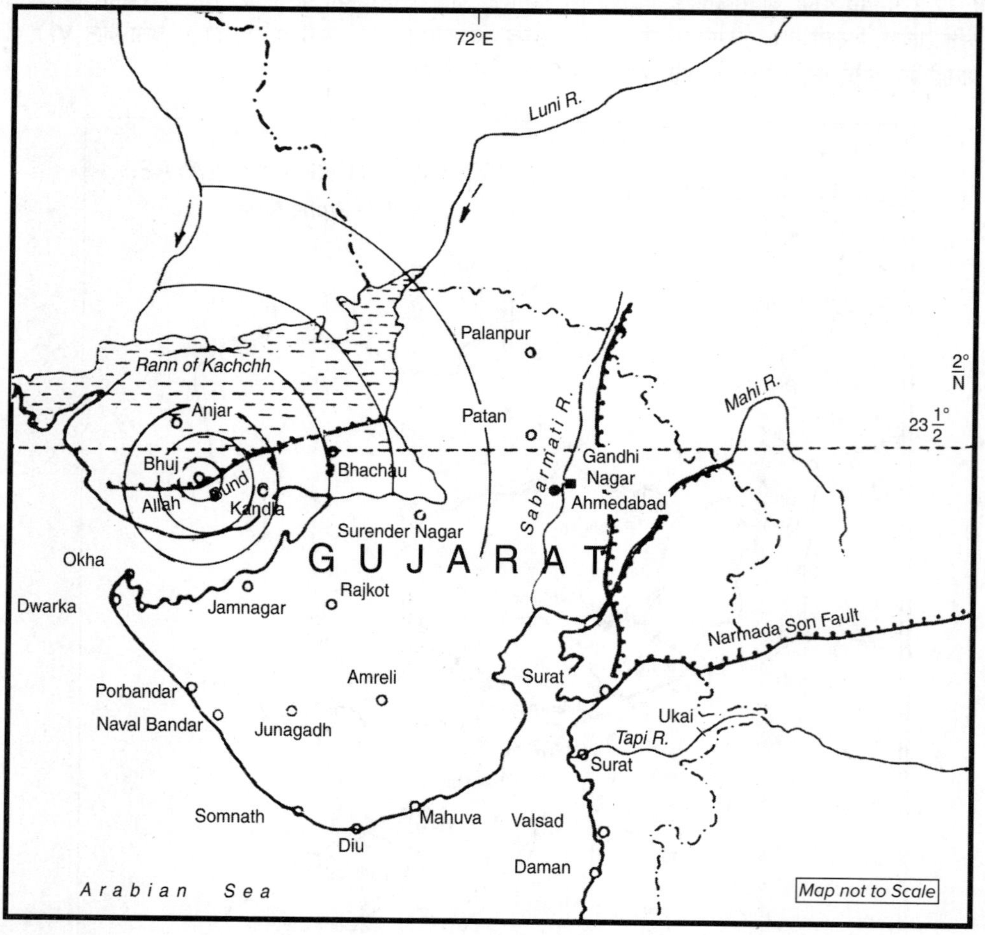

चित्र 17.6 अल्लाह बाँध एवं भुज भूकम्प (जनवरी 26, 2001)

(vi) 26 दिसंबर, 2004 के भूकम्प के कारण उत्पन्न सुनामी ने हिन्द महासागर में भारी तबाही मचायी थी। इसके कारण लगभग 2.4 लाख लोगों की जानें गईं।

11 मार्च, 2011 को जापान के टोहोकू (Tohoku) भूकम्प के फलस्वरूप पाँच मीटर से अधिक ऊँची सुनामी लहरें उत्पन्न हुईं जिससे फुकुशिमा नाभिकीय रिएक्टर (Fukushima Nuclear Power Plant) को भारी क्षति पहुँची तथा 28000 से अधिक व्यक्तियों की मौत हुई।

26 जनवरी, 2001 को सुबह 8 बजकर 46 मिनट पर गुजरात में एक भयंकर भूकम्प आया, जिसकी तीव्रता रिक्टर स्केल पर 8.1 थी। इसका अधिकेन्द्र भुज शहर से लगभग 20 कि.मी. उत्तर-पूर्व में था। भूकम्प वैज्ञानिकों का यह मानना है कि, इस भूकम्प का कारण अल्लाह-बंद भ्रंश (Allah-Bund Fault) का फिर से सक्रिय होना था, यह भ्रंश 1819 में अस्तित्व में आया था। भुज भूकम्प का मुख्य कारण भारतीय प्लेट का उत्तर की ओर खिसकना था। भारतीय प्लेट उत्तर-पूर्वी दिशा में 5 से.मी. प्रति वर्ष की गति से हिमालय के नजदीक यूरेशिया प्लेट की ओर खिसक रही है। पिछले 100 वर्षों में भारतीय उप-महाद्वीप के कुछ महत्वपूर्ण भूकम्पों को ***तालिका 17.1*** में दर्शाया गया है।

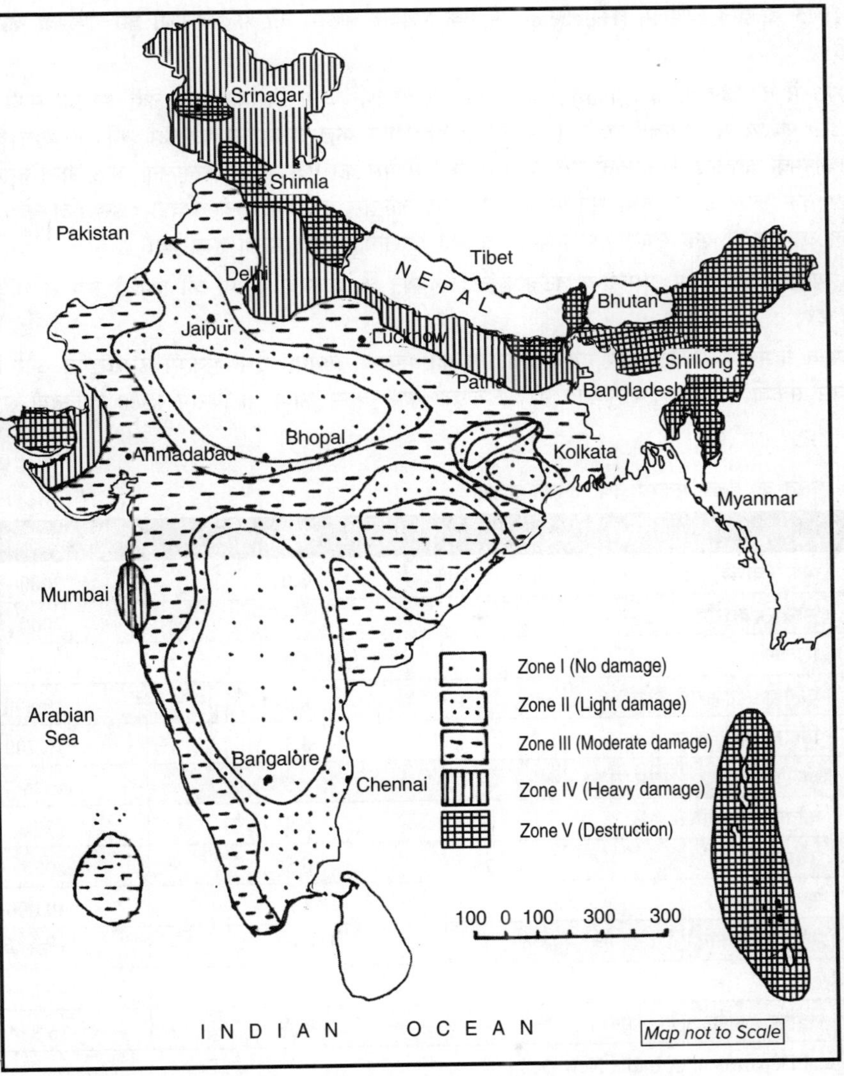

चित्र 17.7 भूकंपीय क्षेत्र

Source: NDMA, National Disaster Management: Guidelines Management of Floods, Government of India, New Delhi

भूकम्पों का पूर्वानुमान (Earthquakes Forcasting)

भूकम्पों का सटीक पूर्वानुमान लगाना एक अत्यन्त कठिन कार्य है। भूकम्प विशेषज्ञ इस पक्ष पर और अधिक ध्यान दे रहे हैं। भूकम्पों की भविष्यवाणी करने का एक तरीका यह हो सकता है कि प्रत्येक प्लेट सीमा के इतिहास का अध्ययन किया जाए तथा

पूर्व में भूकम्पों के प्रायिकता की जाँच की जाए। भूकम्प विशेषज्ञ इस अध्ययन के आधार पर मानचित्र बनाएँगे, जिसके द्वारा भूकम्पीय क्रियाओं का अनुमान लगाया जाएगा। ऐसे शांत क्षेत्र जहाँ लम्बी अवधि तक कोई भूकम्पी गतिविधि नहीं देखी गई हो, उसे भूकम्पी अन्तराल (Seismic gaps) कहते हैं, ऐसे क्षेत्रों में भूकम्प के लिए संचित दबाव देखा जाता है।

चीनी वैज्ञानिकों ने पशुओं के व्यवहार के आधार पर कुछ भूकम्पों की शुद्ध भविष्यवाणी 1970 के दशक में की। चीन के विशेषज्ञों ने जानवरों के सांकेतिक व्यवहार की एक सूची प्रदान की भूकम्प से पहले बतखें पानी में उतरने से इंकार करने लगीं, साँप अपनी शीत निद्रा से बाहर निकल कर आने लगे तथा मछली पानी से बाहर की ओर छलाँग लगाने लगी। जानवरों के व्यवहार के आधार पर 1975 में चीन ने हैचेंग (Haicheng) में एक भयंकर भूकम्प की भविष्यवाणी की, जिसके कारण जान-माल को कम क्षति पहुँची।

लेकिन 1976 में तांगशान (Tang-Shan) भूकम्प की भविष्यवाणी चीनी विशेषज्ञों द्वारा नहीं की जा सकी, जिसमें 750,000 लोग मारे गए। इस भूकम्प से प्रभावित लोगों ने भूकम्प से पहले हुए कुछ असामान्य घटनाओं की जानकारी दी, जैसे–कुँओं के जल स्तर में आकस्मिक बदलाव, निकटवर्ती गाँव के एक कुएँ में गैस का एक फुहारा निकलना, एक अन्य कुएँ में पानी का एक फुहारा कई मीटर तक ऊपर उठना, तथा भूकम्प से पहले कई जानवरों का असामान्य व्यवहार। इस क्षेत्र के लोगों ने भूकम्प से पहले प्रात: काल आकाश में एक लाल प्रकाश देखा जो कई किलोमीटर तक फैला हुआ था।

पशुओं के व्यवहार तथा अन्य असामान्य घटनाओं के अध्ययन के बावजूद भूकम्प की प्रभावी रूप से भविष्यवाणी अभी भी एक दुर्गम लक्ष्य है।

भारत के मध्य हिमालय में 8.5 और अधिक तीव्रता का भूकम्प आयेगा। ऐसा भूकम्प उत्तराखण्ड और हिमाचल प्रदेश में अदृश्य विनाश कर सकता है। 2001 में गुजरात में 7.7 तीव्रता का भूकम्प आया था जिसमें 1300 व्यक्तियों से अधिक की मृत्यु हुई थी।

तालिका 17.1 भारत के मुख्य भूकम्प तथा उनकी तीव्रता

वर्ष	क्षेत्र	तीव्रता	मृतकों की संख्या
1819	भुज (कच्छ)	8.0	2000
1885	सोपोर (कश्मीर)	7.0	2000
1897	शिलाँग	8.7	1542
1905	काँगड़ा (हिमाचल प्रदेश)	8.0	19,500
1934	बिहार-नेपाल सीमा	8.3	10,700
1950	अरुणाचल प्रदेश-असम सीमा	8.5	1526
1967	कोयना (महाराष्ट्र)	6.5	177
1991	उत्तरकाशी	6.6	2000
2001	भुज (गुजरात)	8.1	30,000
2004	अंडमान-निकोबार (बांदा-एके-सुमात्रा)	9.0	भारत = 20,000
			कुल = 240,000
2011	टोहोकू (जापान - 11 मार्च)	9.25	15,854

स्रोत: Meteorological Department of India, New Delhi

सुनामी (Tsunami)

किसी जल-निकाय (Waterbody), जैसे-महासागर का तीव्र गति से विस्थापित तरंगों का एक क्रम उत्पन्न करता है, जिसे सुनामी (Tsunami) कहते हैं। भूकम्प, जल-स्तर के ऊपर या नीचे बड़े पैमाने पर संचलन, ज्वालामुखी विस्फोट तथा अन्तर्जलीय विस्फोट, भूस्खलन, अन्तर्जलीय भूकम्प, बड़े उल्का पिंडों अथवा ग्रहिकाओं का प्रभाव तथा समुद्र में परमाणु परीक्षण सभी सुनामी उत्पन्न करने की क्षमता रखते हैं। छोटे पैमाने पर सुनामी का प्रभाव नगण्य होता है परन्तु बड़े पैमाने पर विध्वंसक होता है।

सुनामी 'शब्द' दो जापानी शब्दों-'सु' (Tsu) अर्थात् बन्दरगाह तथा 'नामी' (Nami) अर्थात तरंग को जोड़कर बना है। जापान के इतिहास में सुनामी एक आम घटना है, इस देश में लगभग 195 सुनामी की घटनाएँ दर्ज की गई हैं।

अपतट पर सुनामी का लघु आयाम (तरंगों की ऊँचाई) (Amplitude) तथा एक शक्तिशाली तरंग-दैर्ध्य (Wave-length) (अक्सर सैकड़ों किलोमीटर तक) होता है, जिसके कारण वे सागर पर नहीं दिखते तथा गुजरते हुए एक हल्के टीले (hump) की तरह नजर आते हैं। सुनामी को पुराने जमाने में ज्वारीय तरंग कहा जाता था क्योंकि तट के नजदीक आते ही यह ज्वार-भाटा की तरह ही प्रचंड रूप धारण कर लेती है। यह तरंग-शृंग (Cresting waves) की तरह नहीं होती है, जो महासागरों पर पवन के प्रभाव से निर्मित होती हैं (जिससे लोग अच्छी तरह अवगत हैं)। चूँकि सुनामी का सम्बन्ध ज्वार-भाटा से नहीं है इसलिए सुनामी को ज्वारीय तरंग कहा जाना उपयुक्त नहीं है तथा समुद्र वैज्ञानिकों ने इस शब्द के उपयोग को रोकने का प्रयास किया है।

सुनामी के कारण (Causes of Tsunami)

सुनामी तब उत्पन्न होती है, जब प्लेटों की सीमाओं के आकस्मिक विरूपण के कारण ऊपरी जल का ऊर्ध्वाधर (Vertical) विस्थापन होता है। पृथ्वी के भूपटल के ऐसे बड़े ऊर्ध्वाधर संचलन प्लेटों की सीमाओं के नजदीक उत्पन्न होते हैं। सबडक्शन (Subduction) भूकम्प सुनामी उत्पन्न करने में आंशिक रूप से प्रभावी होते हैं। 1940 के दशक में हिलो, (Hilo) हवाई (Hawaii) में सुनामी का कारण अलास्का के ऐलुशियन द्वीप (Aluetian Island) में आया भूकम्प था। इस भूकम्प की तीव्रता रिक्टर स्केल पर 7.8 थी। सुनामी एक बड़े भूकम्प से उत्पन्न होती है, जिसके कारण जल के अन्दर की प्लेट ऊपर की ओर उठ जाती हैं तथा एक बड़ी तरंग उत्पन्न होती है।

1950 के दशक में विशेषज्ञ यह मानने लगे थे कि कुछ बड़ी सुनामी के संभावित कारण-भूस्खलन, ज्वालामुखी विस्फोट, परमाणु परीक्षण इत्यादि हो सकते हैं।

ये घटनाएँ तीव्र गति से वड़ी मात्रा में जल को विस्थापित करती हैं। चूँकि मलबों के जल में गिरने तथा विस्तरण से ऊर्जा का जल की ओर स्थानांतरण होता है। इन प्रक्रियाओं से उत्पन्न सुनामी महासागरों की सुनामी की अपेक्षा अधिक जल्दी मिट जाती हैं तथा कभी-कभार ही तट को प्रभावित करती हैं। इस प्रकार की सुनामी का प्रभाव क्षेत्र अत्यन्त छोटा होता है। ये घटनाएँ अधिक बड़ी स्थानीय तरंगों (Solitons) को जन्म दे सकती हैं, जैसे-लिटुया खाड़ी (Lituya Bay) के शीर्ष पर हुए भूस्खलन से 50-150 मीटर के आकार की एक जल तरंग की उत्पत्ती हुई, जो स्थानीय पर्वत के निकट लगभग 524 मीटर की ऊँचाई तक जा पहुँची। एक अत्यन्त बड़ा भूस्खलन एक दीर्घ आकार के सुनामी (Megatsunami) को जन्म दे सकता है, जिसका प्रभाव महासागर में भी देखा जा सकता है। जापान का एक बड़ा भूकम्प 11 मार्च, 2011 को आया जिसका केन्द्र होन्शू द्वीप (Hanshu Island) के निकट उत्तर पूर्व में था। इसकी तीव्रता 9.0 से अधिक थी। इस भूकम्प से उत्पन्न होने वाली लहरों की लपेट में डायची नगर (Daichi city) पूर्ण रूप से बर्बाद हो गया। 15,854 लोगों की जानें गईं, 3274 व्यक्ति लापता हुए तथा 3,20,000 शरण गृहों में रहने को विवश हुए। फुकूशिमा के 54 न्यूक्लियर रिएक्टर में से 52 नष्ट हो गए, जिनमें से केवल दो कार्य कर रहे हैं।

सुनामी के संकेत (Signs of Tsunami)

सुनामी के आगमन का अक्सर कोई संकेत नहीं होता है। चूँकि भूकम्प अक्सर सुनामी का कारण होता है इसलिए किसी जल निकाय (waterbody) के नजदीक भूकम्प की घटना सुनामी के आगमन का संकेत हो सकती है।

यदि तट पर पहुँचने वाला सुनामी का पहला भाग तरंग के शृंग (crest) की बजाय द्रोण (trough) हो तो तट का विस्थापन पीछे की ओर होगा तथा वे क्षेत्र अनावृत्त हो जाएँगे, जो सामान्यत: जलमग्न रहते हैं। यह सुनामी के शृंग के आगमन का एक संकेत हो सकता है परन्तु यह संकेत क्षणिक होता है क्योंकि इस संकेत तथा आगामी खतरे के बीच कुछ सेकण्ड से लेकर एक मिनट तक का अन्तर होता है।

वर्ष 2004 में हिन्द महासागर में आए सुनामी के समय समुद्र का पीछे की ओर विस्थापन न ही अफ्रीकी तट तथा न ही पश्चिमी तट में देखा गया, ज्योंही पूर्व दिशा की ओर से सुनामी इन तटों की तरफ बढ़ी।

सुनामी अधिकतर प्रशांत महासागर में घटित होती हैं लेकिन यह एक विश्वव्यापी घटना है। सुनामी की घटना उन सभी जगहों पर संभव है, जहाँ बड़े जल निकाय (waterbodies) पाए जाते हैं, जिसमें अंत:स्थलीय झील शामिल हैं, यहाँ सुनामी का कारण भूस्खलन होता है। कम तीव्रता वाले भूकम्पों तथा अन्य घटनाओं के कारण अक्सर छोटी सुनामी उत्पन्न होती हैं, जो विध्वंसक नहीं होती तथा बगैर विशेष उपकरण द्वारा इनका पता नहीं चल सकता है।

इतिहास में सुनामी (Tsunami in History)

इतिहास में सुनामी एक दुर्लभ घटना नहीं है। पिछली सदी में लगभग 25 सुनामी की घटनाएँ हुई हैं। इनमें से कई एशिया-प्रशांत क्षेत्र में दर्ज की गई, खासकर जापान में। वर्ष 2004 में आए सुनामी के कारण लाखों लोगों की जानें गईं। मिस्र के नगर सिकंदरिया (Alexandria) के विनाश का कारण अब सुनामी ही माना जाता है।

चेतावनी तथा बचाव (Warning and Prevention)

सुनामी को रोका नहीं जा सकता और न ही इसका सटीक अनुमान लगाया जा सकता है। परन्तु सुनामी के आगमन के कुछ संकेत हैं तथा कई ऐसे तरीके विकसित किए जा रहे हैं, जिससे सुनामी से हुई क्षति को कम किया जा सकेगा।

ऐसे मामले जहाँ तट पर पहुँचने वाली सुनामी का पहला भाग यदि तरंग का द्रोण हो तो तट का विस्थापन पीछे की ओर तरंग के आवागमन से पहले तरंग की आधी अवधि तक होगा। यदि तटीय समुद्र तल का ढाल उथला हो तो यह विस्थापन सैकड़ों मीटर से अधिक हो सकता है। आगामी खतरे (सुनामी के शृंग के आगमन पर) से अनभिज्ञ लोग तट पर अपनी जिज्ञासा वश रहते हैं या फिर अनावृत्त समुद्र तल से मछली एकत्र करने के लिए।

ऐसे क्षेत्र जहाँ सुनामी का खतरा अधिक होता है, वहाँ सुनामी के पूर्वानुमान के लिए सुनामी चेतावनी तंत्र की मदद ली जाती है। संयुक्त राज्य अमेरिका के पश्चिमी तट (इस क्षेत्र में अक्सर प्रशांत महासागर के सुनामी का खतरा बना रहता है) के निकट रह रहे समुदायों के बीच सुनामी के लिए कुछ चेतावनी संकेत प्रचलन में हैं, जो लोगों को सुनामी से उत्पन्न परिस्थिति से निपटने में मदद करते हैं। ये संकेत लोगों को यह सुझाव देते हैं कि सुनामी के आने पर आश्रय के लिए किस ओर जाना चाहिए। कम्प्यूटर मॉडल द्वारा सुनामी के आगमन का पूर्वानुमान लगाया जा सकता है।

सुनामी के प्रभाव का आंकलन इसके कारण से सम्बन्धित सूचनाओं से तथा समुद्र तल के आकार (bathmetry) व तटीय भूमि के आकार (स्थलाकृति) के आधार पर किया जा सकता है।

सुनामी का एक पूर्व संकेत पशुओं के व्यवहार द्वारा भी मिलता है। कई पशु, आने वाले खतरे को समझ लेते हैं तथा ऊँचे स्थानों की ओर चले जाते हैं। लिस्बन भूकम्प यूरोप में जानवरों के असामान्य व्यवहार का दर्ज किया गया पहला मामला है। वर्ष 2004 में हिन्द महासागर में सुनामी आने से पहले पशुओं का असामान्य व्यवहार श्रीलंका में भी देखा गया था।

यद्यपि सुनामी को रोका नहीं जा सकता है परन्तु कुछ सुनामी-प्रवण देशों ने ऐसे कदम उठाए हैं, जिससे तट के निकट हुई क्षति को कम किया जा सकेगा। जापान ने एक व्यापक कार्यक्रम का कार्यान्वयन किया है, जिसके तहत अधिक आबादी वाले तटीय क्षेत्रों में सुनामी से बचाव के लिए 4.5 मीटर (13.5 फीट) ऊँची दीवारों का निर्माण शामिल है।

अन्य स्थानों में बाढ़-द्वार तथा जलमार्गों का निर्माण किया गया है ताकि सुनामी से आने वाले जल की दिशा में परिवर्तन किया जा सके। सुनामी से बचाव के लिए निर्मित दीवारों की प्रभाविता पर प्रश्न चिन्ह खड़े किए गए हैं। चूँकि सुनामी की ऊँचाई इन निर्मित अवरोधों से कहीं अधिक होती है। प्राकृतिक उपायों (जैसै-तट के निकट बड़ी मात्रा में वृक्ष लगाना) के द्वारा सुनामी से हुई क्षति को कम किया जा सकता है। वर्ष 2004 में हिन्द महासागर में आई सुनामी के मार्ग में कई ऐसे स्थान थे, जहाँ क्षति की मात्रा नगण्य थी क्योंकि सुनामी की ऊर्जा को यहाँ मौजूद नारियल, ताड़ तथा मैन्ग्रोव (Mangrove) के वृक्षों द्वारा अशक्त कर दिया गया। भारत के तमिलनाडु राज्य का नालुवेदापथी गाँव 2004 की सुनामी से प्रभावित नहीं हुआ। वृक्षारोपण के कारण यहाँ हुई क्षति नगण्य थी। यह गाँव वर्ष 2002 में समुद्र तट के निकट 80,244 वृक्ष लगाकर गिनीज बुक ऑफ वर्ल्ड रिकॉर्ड में अपना नाम दर्ज करा चुका था।

मई, 2019 में फैनी चक्रवात भारत के पूर्वी तट (ओडिशा) पर आया। इससे निम्न तटीय क्षेत्रों में बाढ़ और तूफान ने 1.5 मिलियन व्यक्तियों को प्रभावित किया था।

बाढ़ (Floods)

किसी नदी अथवा सरिता के किसी भाग में एक ऊँचा जल स्तर जो प्राकृतिक तट को जलमग्न कर दे उसे बाढ़ कहते हैं। इस तरह बाढ़ का सम्बन्ध सामान्यत: किसी धारा अथवा नदी से होता है। किसी धारा में बाढ़ तब आती है, जब उसका जल अपवाह उसके जलमार्ग के क्षमता से अधिक होता है। अतिरिक्त जल नदी तट के ऊपर बहता है तथा निकटवर्ती क्षेत्रों को जलमग्न कर

देता है, जो सामान्यत: सूखे क्षेत्र होते हैं। जब ऐसा होता है तब जलमार्ग तथा बाढ़ के मैदान द्वारा संयुक्त रूप से जल का पारगमन होता है। बाढ़ एक प्राकृतिक घटना है, जो सभी नदी तंत्रों में देखी जा सकती है। कुछ बाढ़ ऋतुनिष्ठ होती हैं, उदाहरण के लिए ऐसी बाढ़, जिनका सम्बन्ध मान्सून की वर्षा से होता है। कभी-कभी आकस्मिक बाढ़ भी आती हैं। बाढ़ के कई कारण हैं। बाढ़ के प्रमुख कारण निम्नलिखित हैं:

1. भारी वर्षा, बादल का फटना तथा लम्बी अवधि के लिए वर्षा
2. भारी मात्रा में बर्फ का पिघलना
3. वृहत अपवाह क्षेत्र
4. नदी की धारा में परिवर्तन
5. नदी तल का अवसादों से भरना
6. बाँधों का टूटना
7. भूस्खलन

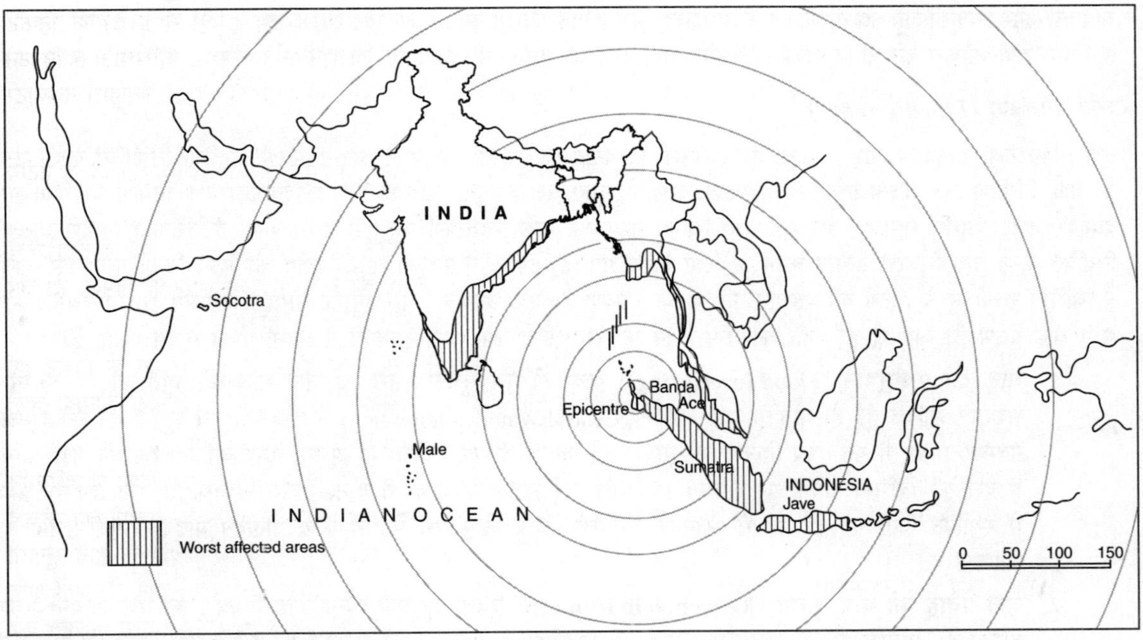

चित्र 17.8 सुनामी-2004

8. वनोन्मूलन
9. अवैज्ञानिक भूमि उपयोग
10. उष्णकटिबंधीय चक्रवात के दौरान समुद्र के जल द्वारा निकटवर्ती तटीय क्षेत्रों का जलमग्न होना
11. सुनामी (Tsunami)

बाढ़ का प्रभाव (Effects of floods)

बाढ़ की प्रायिकता, तीव्रता तथा आकार दिन-प्रतिदिन बढ़ते जा रहे हैं। भारत में किसी अन्य विपदा की अपेक्षा बाढ़ से हुई क्षति कहीं ज्यादा है। इसके कारण पर्यावरण तथा समाज के समक्ष कई समस्याएँ खड़ी होती हैं। बाढ़ प्रत्येक वर्ष भारत में हजारों लोगों

की जान लेती है। बाढ़ के कारण फसलों पर प्रतिकूल प्रभाव पड़ता है, पशुधन को क्षति पहुँचती है तथा परिवहन एंव संचार सुविधाएँ अवरोधित हो जाती हैं। दुर्भाग्यवश बाढ़ की समस्या अधिक प्रायिक (frequent) तथा विध्वंसक होती जा रही हैं।

भारत के बाढ़ प्रभावित क्षेत्र (Flood affected areas in India)

भारत में बाढ़ सर्वव्यापक है। कुछ पर्वतीय तथा पहाड़ी क्षेत्रों को छोड़कर देश के लगभग सभी राज्यों में बाढ़ आती है। बाढ़ की प्रायिकता तथा तीव्रता आंध्र प्रदेश, असम, बिहार, गुजरात, हरियाणा, जम्मू एवं कश्मीर, मणिपुर, ओडिशा, पंजाब, राजस्थान, तमिलनाडु, उत्तर प्रदेश, उत्तराखंड, तथा पश्चिम बंगाल में अधिक है तथा इन क्षेत्रों के लिए एक गंभीर समस्या बनी हुई है। भारत के बाढ़-प्रवण क्षेत्रों को ***चित्र 17.9*** में दर्शाया गया है।

चित्र 17.9 में यह देखा जा सकता है कि मध्य तथा निचले गंगा-ब्रह्मपुत्र के मैदान सबसे अधिक बाढ़ प्रभावित क्षेत्र हैं। महानदी, कृष्णा, कावेरी, माही तथा साबरमती के डेल्टों में एवं पंजाब में सतलज के मैदान क्षेत्र में बाढ़ एक सामान्य घटना है।

ब्रह्मपुत्र, गंगा, यमुना तथा उनकी सहायक नदियों-गंडक, कोसी, महानदी, गोदावरी, झेलम, कृष्णा, कावेरी, माही तथा सतलज में बाढ़ अधिक प्रायिक है, खासकर वर्षा के मौसम में (जुलाई से सितम्बर)।

अगस्त, 2018 में केरल राज्य में शताब्दी की सबसे अधिक बाढ़ आयी। मानसून के मौसम में अत्यधिक वर्षा के कारण वायनाड और इक्कुडी के क्षेत्र भूंस्खलन से प्रभावित रहे। 1 जून, 2018 से 19 अगस्त, 2018 तक 14 में से 13 जिलों में 2346. 6 मिमी. वर्षा अंकित की गई। जबकि सम्भावित वर्षा 1649.5 मिमी. थी। वायनाड जिले के मनन्थावड़ी, वीथिरी में बाढ़ आयी।

बाढ़ नियंत्रण (Flood Control)

वर्ष 1949 तथा 1954 में बाढ़ के द्वारा हुए विध्वंस को देखते हुए भारत सरकार ने बाढ़-नियंत्रण के लिए नियोजित कदम उठाए हैं। बाढ़-नियंत्रण की योजना नियोजन के पहले चरण में मुख्य बल बहुमुखी परियोजनाओं के विकास तथा निर्माण पर दिया गया। दामोदर घाटी, कोसी, भाखड़ा, हीराकुड तथा रिहन्द परियोजना कुछ महत्वपूर्ण बहुमुखी परियोजनाएँ हैं, जिनका निर्माण बाढ़ को नियंत्रित करने तथा बिजली उत्पन्न करने के लिए किया गया है। 1976 में राष्ट्रीय बाढ़ आयोग का गठन किया गया। इस आयोग ने विभिन्न राज्यों में उन क्षेत्रों की पहचान की जो बाढ़-प्रवण हैं। एक आंकलन के अनुसार भारत में लगभग 50 मिलियन हेक्टेयर भूमि बाढ़ प्रवण है। बाढ़ से हुई क्षति को कम करने के लिए केन्द्र तथा राज्य सरकारों ने निम्नलिखित कदम उठाए हैं:

1. **बाढ़ का पूर्वानुमान (Flood forecasting):** बाढ़ की पूर्व सूचना इससे हुई जान-माल की क्षति को कम करने में मददगार साबित हुई है। केन्द्रीय जल आयोग (Central Water Commission) ने बाढ़ की पूर्व सूचना देने की शुरुआत नवम्बर 1958 में की, जब दिल्ली के पुराने रेलवे पुल के निकट पहली पूर्व सूचना केन्द्र की स्थापना की गई। वर्तमान में देश की विभिन्न नदियों पर लगभग 175 बाढ़ पूर्व सूचना केन्द्र हैं। ये केन्द्र 15 राज्यों तथा दो केन्द्र शासित प्रदेशों में स्थापित किए गए हैं। मई से अक्टूबर के बीच (बाढ़ के मौसम में) ये केन्द्र प्रतिदिन बाढ़ की पूर्व सूचना तथा चेतावनी देते हैं।

2. **जल प्रवाह को कम करना (Reduction in Run-off):** प्रवाह को कम करना बाढ़ नियंत्रण का एक अत्यन्त प्रभावी तरीका है। अपवाह क्षेत्र में सतही जल के अन्तःस्यंदन (infiltration) को बढ़ाकर प्रवाह को कम किया जा सकता है। यह वृहत स्तर पर वनरोपण द्वारा किया जा सकता है, खासकर नदी के ऊपरी अपवाह क्षेत्र में।

3. **बाँध का निर्माण (Construction of Dams):** नदियों पर बाँध तथा बहुमुंखी परियोजनाओं का निर्माण किया जा रहा है ताकि अतिरिक्त जल का संचय जलाशयों में किया जा सके। पहली पँचवर्षीय योजना के दौरान अनेक ऐसे जलाशयों का निर्माण किया गया। उत्तरवर्ती योजनाओं में भी कई बाँधों का निर्माण किया गया ताकि नदियों के प्रवाह को कम किया जा सके।

4. **जलमार्ग में सुधार (Channel Improvement):** नदियों के बाढ़-प्रवण जलमार्गों को गहरा एवं चौड़ा कर इनमें सुधार लाया जाता है। इन नदियों से जल का नहरों की ओर अपवर्तन होता है।

5. **तटबंधों का निर्माण (Construction of Embankment):** बाढ़ से होने वाली त्रासदी को रोकने के लिए केन्द्र तथा राज्य सरकारों ने नदियों के किनारे तटबंधों का निर्माण किया है। ऐसे तटबंध ब्रह्मपुत्र, व्यास, गंडक, गंगा, घाघरा, गोदावरी, कावेरी, कोसी, कृष्णा, कावेरी, महानंदा, नर्मदा, रावी, साबरमती, सोन, सतलज, तापी तथा तीस्ता नदी एवं उनकी सहायक नदियों के किनारे बनाए गए हैं।

6. **बाढ़ के मैदान का कटिबंधन (Flood Plain Zoning):** बाढ़ के मैदान का कटिबंधन बाढ़ को नियंत्रित करने में एक महत्वपूर्ण कदम है। यह बाढ़ के मैदान से सम्बन्धित सूचनाओं पर आधारित है। बाढ़ के चक्र का एक गहन अध्ययन कर बाढ़-प्रवण क्षेत्रों का एक विस्तृत मानचित्र तैयार किया जाता है।

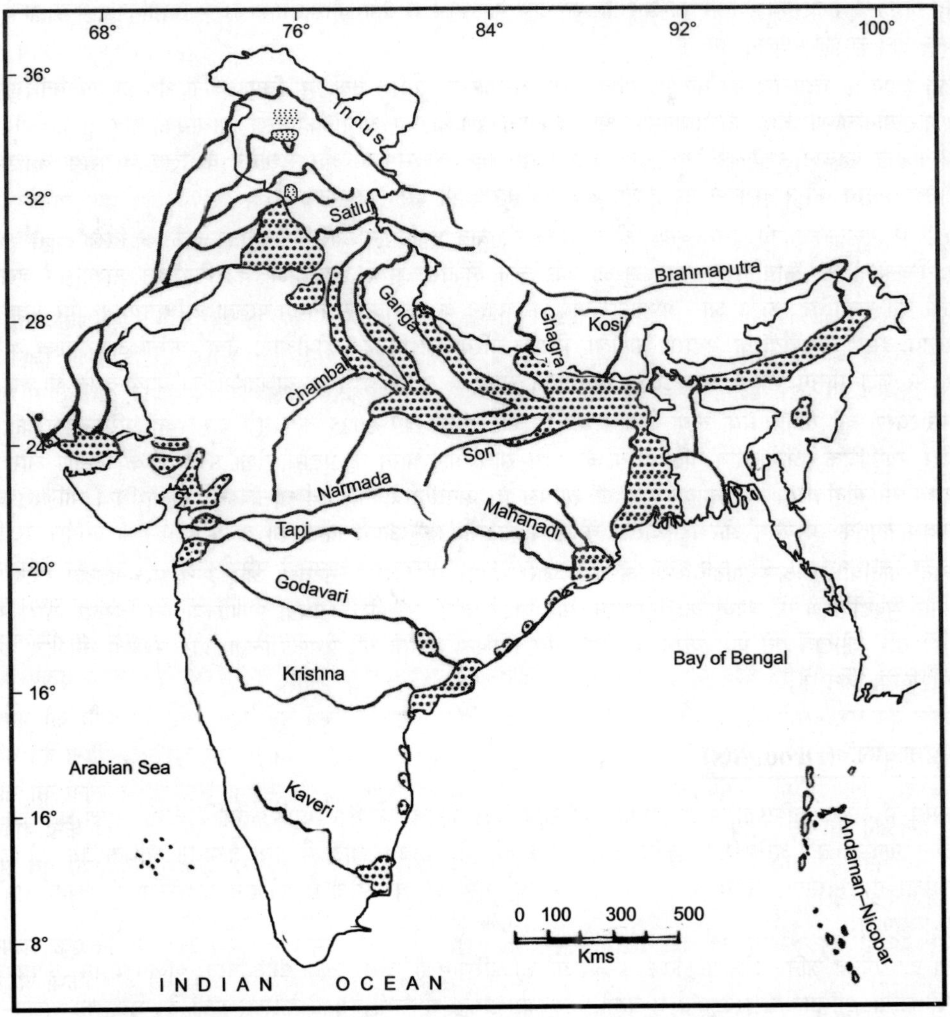

चित्र 17.9 बाढ़ प्रवण क्षेत्र

7. **वैधानिक उपाय (Legal Measures):** उपर्युक्त कदमों के अतिरिक्त बाढ़-प्रवण क्षेत्रों में औद्योगिक तथा आवासीय इकाईयों के निर्माण को रोकने के लिए वैधानिक कदम उठाए गए हैं।

बाढ़ नियंत्रण के लिए NDMA के दिशा निर्देश

भारत में बाढ़ एक बार-बार आने वाली आपदा है और इससे जीवन, संपत्ति, आजीविका प्रणाली, बुनियादी ढांचे और सार्वजनिक सुविधाओं को भारी नुकसान होता है। भारत की भेद्यता (vulnerability) इसके विशाल आकार, भौगोलिक विविधता, जनसंख्या के उच्च घनत्व और उष्णकटिबंधीय मानसूनी जलवायु के कारण हमेशा बहुत अधिक रही है। एनडीएमए के अनुसार, 329 मिलियन हेक्टेयर के भौगोलिक क्षेत्र में से लगभग 40 मिलियन हेक्टेयर में बाढ़ का खतरा है। इससे हर साल औसतन 75 लाख हेक्टेयर

भूमि प्रभावित होती है, 1600 लोगों की जान चली जाती है और फसलों, घरों और सार्वजनिक सुविधाओं को नुकसान होता है। बाढ़ के कारण ₹ 1,805 करोड़ का नुकसान भी होता है। एनडीएमए ने भारत में बाढ़ के प्रभाव के प्रबंधन और उसे कम करने के लिए दिशा-निर्देश भी जारी किए हैं। इन दिशानिर्देशों को विभिन्न एजेंसियों द्वारा विकसित की गई कार्य योजनाओं की प्रभावशीलता सुनिश्चित करने के लिए एक कठोर जोखिम प्रबंधन ढांचे के संदर्भ में तैयार किया गया है। ये दिशानिर्देश कुछ आवर्ती गतिविधियों के अलावा तीन चरणों में लागू होने हैं।

पहले चरण के लिए पहचान की गई गतिविधियों को जनवरी 2010 तक पूरा किया जाना था। इन गतिविधियों में भेद्यता की पहचान और मानचित्रण, बाढ़ का पूर्वानुमान और चेतावनी प्रणाली का आधुनिकीकरण, प्राथमिक बाढ़ सुरक्षा और जल निकासी सुधार कार्यों की पहचान, संचालन नियमावली और नियम वक्र की समीक्षा और संशोधन के लिए जलाशयों की पहचान शामिल है। और नदी कटाव की समस्याओं पर विशेष अध्ययन करना भी इसी का घटक है।

2012 में शुरू किए गए दूसरे चरण की निम्नवत हैं: बाढ़ पूर्वानुमान और चेतावनी नेटवर्क के विस्तार और आधुनिकीकरण के लिए योजनाओं का कार्यान्वयन, बाढ़ सुरक्षा और जल निकासी सुधार योजनाओं का निष्पादन, संशोधित जलाशय संचालन नियमावली को संशोधित करना और अपनाना, बाढ़ के मैदान के क्षेत्रीकरण नियम,योजना अधिनियमन और प्रवर्तन शामिल है। इनके अलावा इसमें जलाशयों के भंडारण के लिए विस्तृत परियोजना रिपोर्ट (डीपीआर) तैयार करना और नेपाल, भूटान और चीन में नदियों पर जल-मौसम संबंधी आंकड़ों के वास्तविक समय के संग्रह के लिए योजनाओं का कार्यान्वयन भी शामिल है।

तीसरे चरण की गतिविधियां लंबी अवधि की हैं और इनको वर्ष 2025 तक पूरा करने की परिकल्पना की गई है। इसमें पर्यावरणीय, सामाजिक, अंतर्राज्यीय गतिविधियों के साथ-साथ और भारत के पड़ोसी देशों में बांधों के निर्माण और जलग्रहण क्षेत्र के उपचार जैसी गतिविधियों का कार्यान्वयन भी शामिल है। अंतर्राष्ट्रीय निहितार्थ वाली इन गतिविधियों को पूरा करने के लिये इनका सावधानीपूर्वक अध्ययन और हितधारकों के साथ बातचीत की आवश्यकता है।

आवर्ती गतिविधियां अन्य गतिविधियों के साथ जारी रहेंगी। इसमें बांधों, तटबंधों और अन्य संरचनात्मक उपायों का निरीक्षण, बहाली और सुदृढ़ीकरण के कार्यों का निष्पादन और बाढ़ पूर्वानुमान और चेतावनी प्रणालियों का विस्तार और आधुनिकीकरण शामिल हैं। बाढ़ जोखिम को कम करने के लिए और विभिन्न उपायों की प्रभावशीलता और स्थिरता के लिए इनको नियमित आधार पर किया जाना है।

सूखा/अनावृष्टि (Droughts)

किसी मौसम में औसत वृष्टिपात से कम वर्षा जहाँ सामान्यत: फसलों के लिए पर्याप्त वर्षा होती है, सूखा कहलाता है। भारत में ग्रीष्मकालीन मानसून की अनियमित प्रकृति जिसमें सूखे की दीर्घ अवधि होती है तथा तापमान अधिक होता है, इस स्थिति के लिए जिम्मेदार है। औसतन, प्रत्येक पाँच वर्षों में एक वर्ष सूखे का वर्ष होता है, लेकिन राजस्थान में प्रत्येक तीन वर्षों में एक वर्ष सूखा पड़ता है।

सूखा कई मानव जनित और प्राकृतिक प्रक्रियाओं का परिणाम है, जैसे- लंबा और निरंतर शुष्क मौसम, अपर्याप्त वर्षा, मिट्टी में नमी की कमी, भूमिगत जल आपूर्ति में कमी और धारा प्रवाह में कमी इसका कारण बनती हैं। सूखे को अलग-अलग विषयों में अलग-अलग तरीके से परिभाषित किया गया है। राष्ट्रीय कृषि आयोग (एनसीए), भारत सरकार के अनुसार, तीन प्रकार के सूखे होते हैं: मौसमविज्ञान सम्बन्धी (meteorological) सूखा, कृषि (agricultural) सूखा, जल विज्ञानी (hydrological) सूखा A: मौसमविज्ञान सम्बन्धी सूखे को किसी क्षेत्र में सामान्य वर्षा (सामान्य के 10% या इससे अधिक) के कम होने की दर के रूप में परिभाषित किया जाता है। जल विज्ञान संबंधी सूखा लंबे समय तक मौसम संबंधी सूखे का परिणाम है और जो सतह और उपसतह जल संसाधनों की कमी में प्रकट होता है। कृषि सूखा एक ऐसी स्थिति है जब किसी क्षेत्र में स्वस्थ फसल वृद्धि का समर्थन करने के लिए मिट्टी की नमी और वर्षा अपर्याप्त होती है।

सूखा नियंत्रण के लिए NDMA के दिशा निर्देश

राष्ट्रीय आपदा प्रबंधन प्राधिकरण, एनडीएमए, भारत में आपदा प्रबंधन के लिए शीर्ष निकाय है। प्राधिकरण ने देश में सूखे के प्रबंधन के लिए निम्नलिखित दिशानिर्देश जारी किये हैं। अन्य आपदाओं की तरह, सूखे को भी सक्रिय दृष्टिकोण अपनाकर प्रबंधित

किया जाना है। भारत के किसी भी हिस्से में इन स्थितियों के प्रभाव से बचने और कम करने के लिए रोकथाम और तैयारी का अभ्यास शामिल है। सूखे के प्रभाव को रोकने और कम करने के लिए निम्नलिखित गतिविधियाँ की जानी चाहिए:

- मंडल एवं ब्लॉक स्तर पर सूखा संभावित क्षेत्र का चित्रण।
- बेहतर नियोजन और संसाधनों के इष्टतम उपयोग के लिए सूखा प्रवण क्षेत्रों का उन्नयन (उच्च, मध्यम, निम्न)
- विशेष रूप से आधुनिक तकनीक का उपयोग करके सूखे की निगरानी
- व्यापक कवरेज के लिए अवलोकन नेटवर्क
- सामुदायिक स्तर पर परामर्श के लिए मध्यम अवधि के मौसम का पूर्वानुमान

सूखे की घटना और गंभीरता के लिए जलवायु परिवर्तन काफी हद तक जिम्मेदार है। जलवायु परिवर्तन की प्रवृत्ति को न केवल उलटने के लिए बल्कि इन परिस्थितियों के प्रभाव को कम करने के लिए निम्नलिखित कदमों की आवश्यकता होगी।

- सतही और भूजल का विवेकपूर्ण उपयोग
- भारत के सूखा संभावित क्षेत्रों में मेघबीजन (cloud seeding)
- सूक्ष्म सिंचाई प्रणाली
- कटाई उपरांत प्रबंधन
- खाद्य सुरक्षा के पोषण संबंधी पहलू
- जल संरक्षण, भंडारण संरचनाएं और प्रबंधन
- निविष्टियों (inputs) की उपलब्धता
- बायो-डीजल प्रजातियों के साथ वनरोपण
- सार्वजनिक वितरण प्रणाली

सूखा प्रबंधन के लिए फसल बीमा, क्षमता विकास और प्रशिक्षण आवश्यक हैं। प्रशिक्षण प्रदान करने वाले विशेष रूप से आवश्यक हैं क्योंकि पेशेवर और सरकारी अधिकारी सूखा आपदाओं के प्रभाव से बचने और कम करने में बहुत मदद कर सकते हैं। इन उपायों के साथ संस्थागत उन्नयन, प्रशासनिक प्रशिक्षण, संस्थानों का सुदृढ़ीकरण, शिक्षा, सामुदायिक जागरुकता, भागीदारी और सभी संबंधित गतिविधियों का दस्तावेजीकरण किया जाना चाहिए।

महामारी (Epidemics)

किसी बीमारी का अचानक ही वृहत्त रूप में किसी आबादी को प्रभावित करना महामारी कहलाता है। महामारी के अंग्रेजी रूपान्तरण 'एपिडेमिक' का शाब्दिक अर्थ 'लोगों पर' (upon the people) है। पहले महामारी शब्द का प्रयोग संक्रामक रोगों के लिए किया जाता था लेकिन वर्तमान में इसका उपयोग मुख्य गैर-संक्रामक रोगों के लिए भी किया जाता है, जैसे-एड्स, कैंसर, इत्यादि। मलेरिया बड़ी माता/चेचक (Small Pox) हैजा, डेंगू, टायफायड, टी.वी., स्वाइन फ्लू, इत्यादि यहां की अन्य महामारियां हैं।

2015 में स्वाइन फ्लू राजस्थान और गुजरात राज्यों से फैला। इस महामारी से 2000 व्यक्तियों से अधिक की मृत्यु हुई। निपाह वायरस से 2018 में कुल 19 लोगों की मृत्यु हुई जिसमें से 17 अकेले केरल में हुई। केरल के कोजिकोड और मल्ला पुरम में जिका वायरस से 3 मृत्यु हुई।

बिहार में जून 2019 में एन्सेफ़लाइटिस सिंड्रोम से 153 बच्चों की मृत्यु हुई थी।

महामारी का फैलाव

महामारी कई प्रकार से फैलती है। उनके कुछ फैलाव के तरीके निम्नलिखित हैं:

1. प्रत्यक्ष सम्पर्क से, उदाहरण के लिए जब कोई रोगी खाँसता या छींकता है तो बिन्दुकों (Droplets) से यह बीमारी साथ में रहने वाले को भी लग जाती हैं।
2. दूषित जल तथा खाद्य सामग्री से।

3. सन्धिपाद (Arthropods) के द्वारा-ये इन बीमारियों के जीवाणुओं के भौतिकीय संवाहक (Mechanical Carrier) हैं जैसा कि पेचिश तथा हैजा में होता है। खून चूसने वाले सन्धिपाद (जैसे–मच्छर) अधिक प्रभावी संवाहक है।

महामारी के फैलाव को प्रभावित करने वाले कारक

मौसम तथा जलवायु के अतिरिक्त महामारी के फैलाव तथा तीव्रता को प्रभावित करने वाले कारक निम्नलिखित हैं:

(i) नृजातीयता (Ethnicity),
(ii) आयु तथा लिंग संयोजन,
(iii) साक्षरता तथा शिक्षा,
(iv) व्यवसाय एवं जीवन शैली,
(v) परिवार का आकार तथा जन-संकुलन की मात्रा,
(vi) आवासीय स्थान,
(vii) खान-पान का तरीका,
(viii) जीवन स्तर,
(ix) धूम्रपान तथा शराब का सेवन, एवं;
(x) जानवरों तथा पक्षियों के साथ संबंध।

आपतन वक्र (Incidence Curve)

विभिन्न महामारियों का आपतन वक्र एकरूप इस अर्थ में होता है कि महामारी से प्रभावित लोगों (रोगी) की संख्या में वृद्धि इसके घटने के मामले से अधिक तीव्र होती है। महामारी में रोगियों की संख्या तीव्र गति से बढ़ती है तथा बहुत मन्द गति से समाप्त होती है।

कोरोना महामारी (Corona Pandemic)

द्वितीय विश्व युद्ध के बाद कोरोना वायरस या COVID-19 महामारी दुनिया के सामने सबसे बड़ी चुनौती है। यह दिसंबर 2019 में चीन के वुहान शहर में प्रकोप के रूप में शुरू हुआ था। यह एक अत्यधिक संक्रमण वाली बीमारी है। इसके लक्षणों में बुखार, खांसी, सांस लेने में तकलीफ, निमोनिया सहित हल्के से गंभीर श्वसन सिंड्रोम शामिल हैं। दस साल से कम उम्र के बच्चों के साथ-साथ कार्डियो वैस्कुलर रोग, मधुमेह, पुरानी सांस की बीमारियों और कैंसर के इतिहास वाले वृद्ध लोगों में कोरोना के घातक होने का खतरा अधिक होता है।

वायरस के संचरण का तरीका लार के माध्यम से होता है, या जब कोई संक्रमित व्यक्ति छींकता या खांसता है तो नाक से स्राव होता है। इस स्राव के वायु में आने से कोई भी व्यक्ति संक्रमित हो सकता है। संक्रमण से बचाव का सबसे अच्छा तरीका मास्क पहनना, बार-बार हाथ धोना, सैनिटाइज करना और 1 मीटर से अधिक की सामाजिक दूरी बनाए रखना है।

सन् 2022 के मध्य तक विश्व में COVID 19 महामारी की कम-से-कम तीन लहरों का अनुभव किया जा चुका है। इनमें से दूसरी लहरबहुत गंभीर थी, इसमें संक्रमण और मृत्युदर दोनों ही काफी अधिक हो गए थे। आवश्यक उपचारों की आपूर्ति कम हो गई, और विशेष रूप से युवा आबादी में मौतों में वृद्धि देखी गई थी। 1 अप्रैल, 2022 तक भारत में सक्रिय मामलों की संख्या 14,307 या (सभी संक्रमित लोगों का 0.03%) थी। 42,489,004 या (98.76%) लोगों को छुट्टी दे दी गई थी, और 521,129 व्यक्तियों की मृत्यु हो चुकी थी। (स्वास्थ्य और परिवार मंत्रालय) का गठन (1.21%) है। कल्याण, स्वास्थ्य एवं परिवार कल्याण मंत्रालय, भारत सरकार)। महाराष्ट्र, उत्तर प्रदेश, तमिलनाडु, गुजरात, दिल्ली और राजस्थान देश में सबसे अधिक मामले दर्ज करने वाले राज्य हैं। दुनिया भर में अब तक रिपोर्ट किए गए 487,918,490 मामले हैं, जिनमें से उपचार के बाद 422,828,936 मरीज ठीक हो गए हैं। और हो गए 6,165,013 लोगों की मौत गई है।

देश में तेजी से बढ़ रहे मामलों को नियंत्रित करने के लिए भारत ने 25 मार्च, 2020 को दुनिया का सबसे बड़ा टोटल लॉकडाउन किया, जिसने 1.3 बिलियन लोगों की आवाजाही को प्रतिबंधित कर दिया।

टिड्डी दल आक्रमण (Locust Infestation)

टिड्डी एक शाकाहारी कीट है और इसका वैज्ञानिक नाम 'एकिडिडे' है और यह अकशेष्की समूह से संबंधित है। इसका आकार साधारणतया 0.5 से 3 इंच तक होता है। टिड्डियों की महामारी ने फरोस के नेतृत्व वाले पुराने मिस्र में समाजों को नष्ट कर दिया था।

सूखे के दौरों में व्यक्तिगत टिड्डे छोटे वनस्पति क्षेत्रों में इक्कठा होते है। सेरोटिन रसायन उनके तंत्रिका तंत्र में स्रावित होता है जो उन्हें सामाजिक बनाता है तथा उनकी गतिशीलता और भूख को बढ़ाता है। टिड्डियों का दल 81 मील/दिन की गति से बड़ी दूरी तय कर सकता है। 1954 में टिड्डी दल ने उत्तर-पश्चिम अफ्रीका से ग्रेट ब्रिटेन के लिए उड़ान भरी जबकि 1988 में प. अफ्रीका से कैरेबियन तक। एक टिड्डी दल एक वर्ग कि.मी. का क्षेत्र घेर सकता है जिसमें 80 लाख टिड्डियाँ होती हैं।

अप्रैल 2020 के महीने में कोरोना संकट के दौरान मरुस्थल टिड्डी दल ने (प्रवासी कीट) देश के उत्तरी भाग (राजस्थान, गुजरात, मध्य प्रदेश, उत्तर प्रदेश, हरियाणा) पर आक्रमण किया। यह तीन दशकों के बाद टिड्डियों का सबसे बड़ा हमला था। यह लगभग 2 या 3 कि.मी. लम्बा था। टिड्डी दल फसलों को गंभीर नुकसान पहुँचाते हैं यहाँ तक कि ये शहरों में भी प्रवेश करते हैं। ये कीट सब्जियों और दलहनी फसलों के लिए खतरा पैदा करते हैं। रबी की फसल कट जाने के कारण इस फसल पर इसका कोई प्रभाव नहीं पड़ा।

मेघ प्रस्फोट (Cloudburst)

मेघ प्रस्फोट (Cloudburst) अकस्मात होने वाली वर्षा है, जिससे अचानक भारी बाढ़ की परिस्थिति उत्पन्न हो जाती है। दूसरे शब्दों में मेघ प्रस्फोट कभी-कभी ओले और गर्जन के साथ वर्षण (Precipitation) की चरम-मात्र है, जो सामान्यतया कुछ मिनटों तक सीमित रहती है। मेघ प्रस्फोट प्रायः भू-स्खलन (Landslides), अवतलन (Subsidence) भूमिसर्पण (Soil creep) और व्यापक तबाही के रूप में विनाशकारी हालात पैदा करने की क्षमता रखता है।

सामान्यतः मेघ प्रस्फोट घने-कपासी मेघों (Cumulus-nimbus clouds) से होता है, जिनकी ऊँचाई सागर-स्तर (Sea-level) से 15 किलोमीटर तक हो सकती है। कई मेघ-प्रस्फोटों में एक घंटे में 13 सेंटीमीटर तक वर्षा रिकॉर्ड की गई है।

मेघ प्रस्फोट की विशेषता भीषण वर्षा, लैंगमुइर वर्षण (Langmuir precipitation) के नाम से जानी जाने वाली प्राकृतिक घटना है। इस प्रकार की वर्षा में वर्षा की बूँद गिरते समय आस-पास की बूँदों से मिलकर बड़ी बूँदों का रूप धारण कर लेती हैं। ये बड़ी बूँदें वेग के साथ धरती पर गिरती हैं। लैंगमुइर वर्षण प्रक्रिया केवल उनमें उत्पन्न होती है, जिनकी ऊपरी परत का तापमान हिमांक बिन्दु से ऊपर रहता है। नीचे गिरती हुई वर्षा की बूँदें एक-दूसरे से टकराती हैं, जिससे बूँदों का आकार बड़ा हो जाता है और उनका नीचे गिरने का वेग भी बढ़ जाता है। तीव्र गति से गिरती हुई वर्षा की बड़ी बूँदे भयानक आवाज उत्पन्न करती हैं, जो कष्टदायक हो जाती है।

मेघ प्रस्फोट यदि कई घंटों तक जारी रहे तो खतरनाक हो सकता है। मेघ प्रस्फोट में अकस्मात बाढ़ का आना एक सामान्य बात है, जिससे प्रभावित क्षेत्र में मानव तथा पशुओं को भारी हानि होती है। बाढ़ में घर, बस्तियाँ तथा नगरों के भवन तक बह जाते हैं।

मेघ प्रस्फोट सामान्यतः गर्मी के मौसम में होता है। किसान समुदायों में कभी-कभी ऐसी तूफानी वर्षा का स्वागत किया जाता है, क्योंकि सूखे से मुरझाई हुई फसलें फिर से हरी-भरी हो जाती हैं। ***तालिका 17.2*** में मेघ प्रस्फोट में भारी वर्षा की चरम (Extreme) घटनाएँ दी गई हैं।

तालिका 17.2 मेघ प्रस्फोट में बरसात की चरम घटनाएँ

अवधि	बरसात	स्थान	दिनांक
1 मिनट	38.10 मि.मी. (1.5 इंच)	बस्से-टेरे, ग्वादेलोप (वेस्ट इंडीज)	26 नवंबर, 1970
15 मिनट	198.12 मि.मी. (9.7 इंच)	प्लंब प्वाइंट, जमैका	12 मई, 1916
1 घंटा	250 मि.मी. (9.84 इंच)	लेह, लद्दाख, भारत	5 अगस्त, 2010

अवधि	बरसात	स्थान	दिनांक
10 घंटे	940 मि.मी. (37 इंच)	मुंबई, भारत	26 जुलाई, 2005
20 घंटे	2329 मि.मी. (91.69 इंच)	गंगा का डेल्टा, भारत	जनवरी, 1966
2 घंटे	220 मि.मी.	उत्तराखंड	16 जून, 2015
	100 मि.मी.	सिंहल क्षेत्र और चनौली जिले	1 जुलाई, 2016
36 घंटे	119 मि.मी.	अरुणाचल प्रदेश (प. केमांग जिला)	8 जुलाई, 2019

भारतीय उप-महाद्वीप में, वर्षा प्रस्फोट सामान्यतया तब होता है, जब आर्द्रता-युक्त मानसूनी बादल, बंगाल की खाड़ी एवं अरब सागर से उठकर उत्तरी भारत एवं हिमालय की ओर बढ़ते हैं और प्रति घंटे 75 मि.मी. जैसी सघन वर्षा करते हैं। भारत में मेघ प्रस्फोट के प्रमुख उदाहरणों तथा उनसे होने वाली हानि को तालिका 17.3 में दिया गया है।

तालिका 17.3 हालिया वर्षों में भारत में मेघ प्रस्फोट से हुई हानि

वर्ष	मेघ प्रस्फोट का स्थान	मृत्यु
अगस्त 1994	ग्वालपाड़ा (असम)	400
जुलाई 1970	अलकनंदा बेसिन (उत्तराखंड)	500
15 अगस्त, 1997	चिरगाँव-शिमला जिला (हिमाचल प्रदेश)	115
17 अगस्त, 1998	मिलपा गाँव, कुमाऊँ संभाग	250
26 जुलाई, 2005	मुंबई मेघ प्रस्फोट	> 5000
6 अगस्त, 2010	लेह-लद्दाख	> 1000
16 जून, 2013	केदारनाथ मेघ प्रस्फोट (उत्तराखंड)	> 10000

(अधिकृत आंकड़े उपलब्ध नहीं)

उत्तराखंड मेघ प्रस्फोट (हिमालयी सुनामी)

'देव भूमि' उत्तराखंड अपनी भव्य हिमाच्छादित शिखरों, हरे-भरे जंगलों और विस्मयजनक नदियों के कारण भारतीय संस्कृति में एक पवित्र स्थान रखता है। लाखों पर्यटक और तीर्थयात्री प्रतिवर्ष उत्तराखंड राज्य में श्रद्धा से आते हैं। इन सभी आकर्षणों के बावजूद उत्तराखंड राज्य अति संवेदनशील पारिस्थितिकी मण्डल (Ecosphere) है। उत्तराखंड में अचानक मेघ प्रस्फोट, भूस्खलन, बर्फीले तूफान तथा आकस्मिक बाढ़ आती रहती है। इसलिये किसी भी विकास परियोजना और पयर्टन की रूपरेखा बनाते समय इस बात पर ध्यान देना चाहिये।

यूँ तो मेघ-प्रस्फोट और आकस्मिक बाढ़ उत्तराखंड में प्रतिवर्ष घटित होती हैं, परन्तु 16 जून, 2013 का मेघ प्रस्फोट एक अभूतपूर्व विपदा थी। इस विपदा से जान-माल की भारी हानि हुई, राजमार्ग क्षतिग्रस्त हुये नदियों के पुल बह गये, होटल धर्मशालायें तथा विश्राम स्थल नष्ट हो गये। ग्रामीण तथा नगरीय अधिवास ध्वस्त हो गये। जीवन, संपत्ति तथा संरचनात्मक ढाँचे की भीषण क्षति के कारण इस मेघ प्रस्फोट विपदा को 'हिमालयी सुनामी' नाम दिया गया है। इस वर्षा-प्रस्फोट से अलकनन्दा, मंदाकिनी तथा भागीरथी नदियों का लगभग 48,000 वर्ग किलोमीटर क्षेत्रफल प्रभावित हुआ है ***(चित्र 17.10)***।

जैसा ऊपर वर्णित है, मेघ प्रस्फोट एक प्राकृतिक घटना है। यह समय की बहुत थोड़ी अवधि (मिनटों या कुछ घंटों) में अत्यधिक वर्षा का विषद रूप है। पर अत्यधिक बरसात 16 जून, 2013 के मेघ प्रस्फोट में देव भूमि उत्तराखंड के विनाश का केवल आंशिक स्पष्टीकरण है। पर्यावरण एवं पारिस्थितिकी के विशेषज्ञों के अनुसार, विपदा घटित होने की प्रतीक्षा में थी। पहाड़ों पर अवैध निर्माण, होटलों के रूप में जर्जर ढाँचों की संख्या में अबाधित वृद्धि, जिनका नाममात्र को रखरखाव किया जाता है। प्राकृतिक संकटों की चेतावनियों के प्रति निरुत्साहपूर्ण रवैया, उत्तराखंड की इस त्रासदी के लिए उत्तरदायी है। कोई भी देख सकता है कि राजमार्गों के विस्तार और विकास, बहुमंजिला इमारतों, होटलों, सरायों, धर्मशालाओं, विश्राम गृहों, कारखानों, सैर-सपाटा स्थलों, पर्यटक आधार शिविरों, कमजोर मृदा स्थिरता और भंगुर पारिस्थितिकी तन्त्र के क्षेत्र में नदियों पर सैकड़ों बड़े-छोटे बाँधों

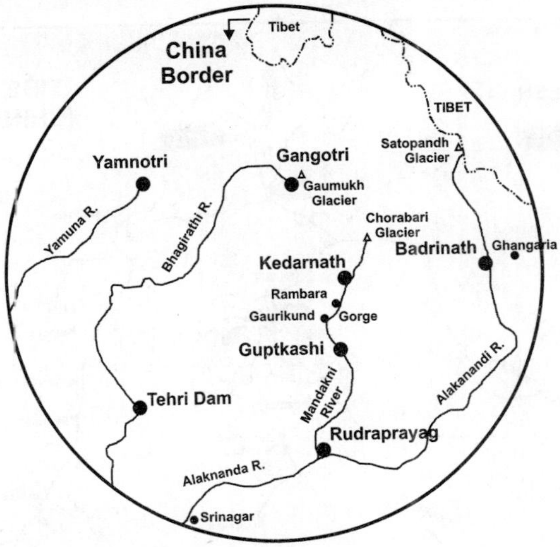

चित्र 17.10 मेघ प्रस्फोट एवं 'फ्लैश फ्लड' से प्रभावित केदारनाथ प्रदेश (16 जून, 2013)

के निर्माण ने प्राकृतिक विपदा के लिये उत्तराखंड की संवेदनशीलता को कई गुणा बढ़ा दिया है। पर निर्णयकर्ताओं और नियोजकों के उत्तराखंड को 'ऊर्जा-प्रदेश' और 'भारत की पयर्टक राजधानी' के रूप में बदलने के महत्वाकांक्षी लक्ष्य पारिस्थितिकी विज्ञान और पर्यावरण के सिद्धान्तों के विरुद्ध हैं।

इसके अतिरिक्त अंधाधुंध वनोन्मूलन, भवनों का अविचारपूर्ण निर्माण, सड़क निर्माण के लिये चट्टानों को विस्फोट से उड़ाना पर्यावरण सिद्धांतों के क्रियान्यवयन का अभाव और 'पर्यावरण प्रभाव आंकलन' (Environmental Impact Assessment) के उदासीनतापूर्ण क्रियान्वयन ने उत्तराखंड राज्य को आपदाओं, प्राकृतिक विपदाओं व संकटों के प्रति उच्च संवेदनशील बना दिया है। वास्तव में, उत्तराखंड में विनाशकारी बाढ़ ने सिद्ध कर दिया है कि प्राकृतिक शक्तियों को मानवीय हस्तक्षेप के द्वारा वश में करना केवल एक भ्रम है। पर्वतीय प्रदेशों के टिकाऊ विकास के लिये, पारिस्थितिकी विज्ञान के सिद्धान्तों पर आधारित एक दीर्घकालिक नियोजन अपनाने की तत्काल आत्रश्यकता है ***(चित्र 17.11)***।

मेघ प्रस्फोट विपदा का प्रबंधन

मेघ प्रस्फोट के घटित होने पर जीवन और संपत्ति की क्षति को कम करने में मदद के लिए कुछ उपायों का विवरण नीचे दिया गया है:

1. वैज्ञानिक एवं विश्वसनीय आँकड़ों पर आधारित पारिस्थितिकी-संवेदनशील क्षेत्रों का सीमांकन करना। नदियों में जल के अधिकतम तथा न्यूनतम जल प्रवाह को निधार्रित करना और छोटी-बड़ी सभी नदियों के जल-अपवाह के बारे में लोगों को जागरुक किया जाना चाहिये।
2. मौसम के बारे में पूर्व सूचना और मौसम संबंधी सूचना वितरण की बेहतर और प्रभावी प्रणाली। मेघ प्रस्फोट जैसी घटनाओं के बारे में अग्रिम मौसमी भविष्यवाणी के लिये मौसम-विज्ञान विभाग को हिमालयी नदियों के ऊपरी क्षेत्रों में डॉप्लर रडार (Doppler-Radars) स्थापित करना चाहिये ताकि मौसम संबंधी विश्वसनीय भविष्यवाणी की जा सके।
3. ग्रामीण एवं नगरीय बस्तियों के लिए उचित स्थल का चयन और नियोजन।
4. सड़कों, मकानों की निर्माण तकनीकों के लिये अपनाई जाने वाली विधियों का व्यापक नवीकरण और पुनरीक्षण किया जाना चाहिये।
5. बाँधों और सड़कों को बनाने के लिये किये जाने वाले विस्फोट, पहाड़ों को कमजोर कर देते हैं और पेड़ों की जड़ों को हिला देते हैं। ऐसे विस्फोट रोक या न्यूनतम किए जाने चाहिए।

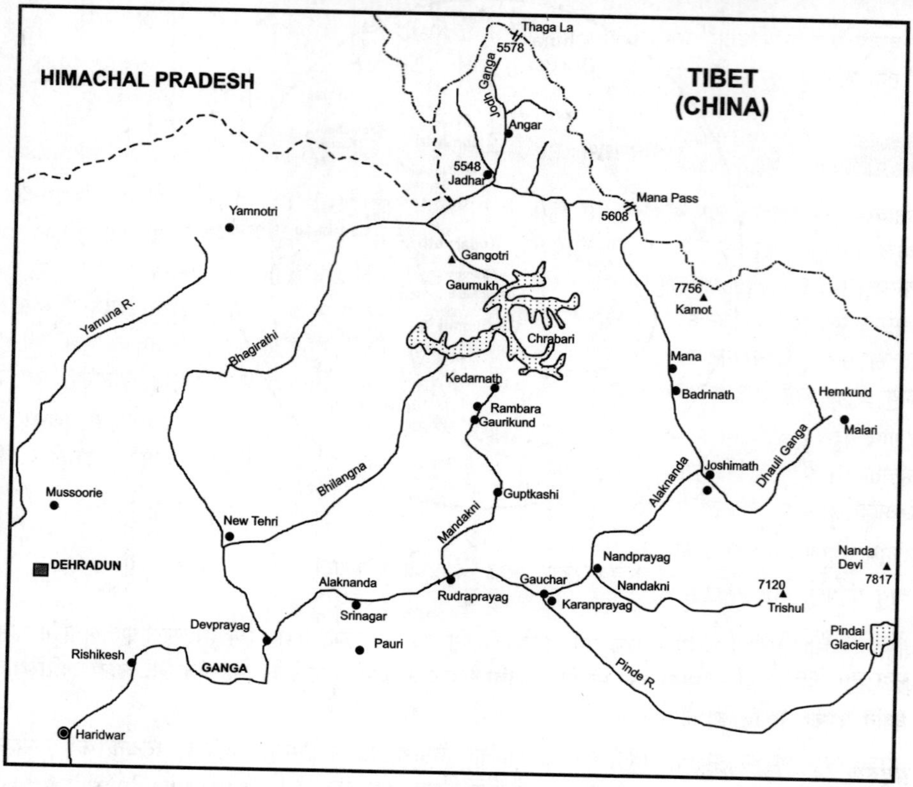

चित्र 17.11 उत्तराखंड के मेघ प्रस्फोट प्रदेश (16 जून, 2013)

6. विकास एवं नियोजन में बड़े बाँधों के स्थान पर लघु जल-विद्युत परियोजनाओं को वरीयता दी जानी चाहिये।
7. हिमालय जैसे युवा-वलनदार पर्वत के भंगुर पारिस्थितिकी तंत्र में सांस्कृतिक (धार्मिक) एवं सौंदर्य-विषयक (Aesthetic) पयर्टन का सख्ती से विनियमन किया जाना चाहिये।
8. दामोदर वैली कॉर्पोरेशन के नमूने पर भागीरथी-अलकनन्दा विकास प्राधिकरण का गठन करने की तत्काल जरूरत है।
9. अनियंत्रित जाम और बढ़ा हुआ प्रदूषण स्तर पहाड़ों के पर्यावरण को तबाह करते हैं। उन्हें नियंत्रित व मर्यादित किया जाना चाहिये।
10. मेघ प्रस्फोट जैसी प्राकृतिक आपदाओं का मुकाबला करने के लिये प्रदेश स्तरीय तथा जिला-स्तरीय आपदा प्रबंधन और प्रशमन केन्द्र (Disaster Management and Mitigation Centres) होने चाहिये।
11. पारिस्थितिकीय दृष्टि से संवेदनशील क्षेत्रों में मनोरंजन केन्द्रों, होटलों आदि के बढ़ते हुए फैलाव पर रोक लगाने की आवश्यकता है।
12. प्राकृतिक आपदा का मुकाबला करने के लिये मानव संसाधनों एवं आधारभूत ढाँचे को मजबूत किया जाना चाहिये।
13. राहत और पुनर्वास उपायों में कोई भेद-भाव नहीं किया जाना चाहिये। बचाव कार्यों में लगे लोगों को प्रभावशाली लोगों व राजनेताओं के हस्तक्षेप की ओर ध्यान नहीं देना चाहिये।
14. नीचे स्थित क्षेत्रों में महामारी के नियंत्रण के लिए वर्षा-प्रस्फोट के पश्चात् कार्रवाई की जरूरत है। जलमग्न क्षेत्रों में मलेरिया और डेंगू की रोक-थाम के लिये उचित उपाय करने की आवश्यकता होती है।
15. मेघ प्रस्फोट प्रभावित इलाकों में पानी की आपूर्ति, बिजली तथा दूरसंचार सुविधाओं को प्राथमिकता के आधार पर बहाल किया जाना चाहिये।

यदि ये कदम एक साथ उठाये जाएं तो मेघ प्रस्फोट जैसी प्राकृतिक आपदाओं से होने वाली जीवन एवं संपत्ति की क्षति को न्यूनतम स्तर तक सीमित किया जा सकता है।

पर्यावरणीय प्रदूषण (Environmental Pollution)

प्राकृतिक वातावरण की भौतिक, रासायनिक अथवा जैविक विशेषताओं में अवांछनीय परिवर्तन लाने वाले पदार्थ को प्रदूषक कहते हैं। यद्यपि कुछ प्राकृतिक प्रदूषक हैं, जैसे-ज्वालामुखी, लेकिन समान्यतः प्रदूषण मानव क्रिया-कलापों के कारण होता है। जैव अवक्रमण योग्य (Bio degradable) प्रदूषक, जैसे-मल-जल का यदि सही ढंग से विसर्जन किया जाए तो यह स्थायी क्षति नहीं पहुँचाता है। परन्तु ऐसे प्रदूषक जिनका जैव अवक्रमण संभव नहीं है, जैसे-सीसा (समंक) आहार-श्रृंखला में ऊपर की ओर बढ़ते हुए संकेन्द्रित हो सकते हैं। वर्तमान में सबसे ज्यादा क्षति वायु प्रदूषण से हो रही है, इसके बाद क्रमशः जल एवं भूमि प्रदूषण का स्थान है। वायु प्रदूषण का सम्बन्ध मूलभूत उद्योगों, जैसे-तेल परिष्करण, रसायन, लौह एवं इस्पात, कोयला, इत्यादि से है।

पर्यावरणीय प्रदूषण के अन्य प्रकार में ध्वनि प्रदूषण तथा जलमार्गों में ऊष्मा का उत्सर्जन शामिल है, जिससे जल जीवन को नुकसान पहुँचता है। प्रदूषण की वर्तमान समस्याओं में अम्ल वर्षा तथा जीवाश्म ईंधन का जलना (इससे अत्यधिक मात्रा में कार्बन-डाई-ऑक्साइड गैस उत्पन्न होती है) शामिल हैं।

पर्यावरणीय प्रदूषण के चार प्रकार हैं:

1. वायु प्रदूषण (Air Pollution)
2. जल प्रदूषण (Water Pollution)
3. मृदा एवं भूमि प्रदूषग (Soil and Land Pollution)
4. ध्वनि प्रदूषण (Noise Pollution)

1. वायु प्रदूषण (Air Pollution)

पृथ्वी के वायुमंडल में मानव निर्मित प्रदूषकों का मौजूद होना वायु प्रदूषण कहलाता है, जिससे सम्पत्ति या पौधों, पशुओं एवं मनुष्य के जीवन पर प्रतिकूल प्रभाव पड़ता है। सामान्यतः वायु प्रदूषण में कार्बन-डाई-ऑक्साइड, कार्बन-मोनोऑक्साइड, सीसा, नाइट्रोजन-ऑक्साइड, ओजोन, (Ozone) धुआँ तथा सल्फर-डाई-ऑक्साइड शामिल होते हैं।

कार्बन-डाई-ऑक्साइड, कार्बन-मोनो-ऑक्साइड, नाइट्रोजन- ऑक्साइड तथा सीसा व भारी धातुओं के निलंबित कणों के उत्सर्जन के कारण नगरीय वातावरण, ग्रामीण वातावरण की अपेक्षा अधिक प्रदूषित होता है। वायु प्रदूषण के कारण कई रोग, जैसे-खाँसी, दमा, श्वासनली-शोथ, जुकाम एवं थकान, निमोनिया, फेफड़े का संक्रामण, रक्तक्षीणता, उच्च रक्तचाप, वातस्फीति, कण्ठ-शूल, हृदय रोग, विभिन्न प्रकार के कैंसर तथा जिगर की बीमारी, इत्यादि, से पीड़ित लोगों की संख्या बढ़ी है।

मानव के अतिरिक्त वायु प्रदूषण का प्रतिकूल प्रभाव वनस्पति, जानवरों तथा सूक्ष्म जीवों पर भी पड़ा है।

कुछ मुख्य उपाय, जिनसे वायु-प्रदूषण को कम किया जा सकता है, वे हैं-(i) वाहनों से उत्सर्जित धुएँ को कम करना, (ii) डीजल तथा पेट्रोलियम की गुणवत्ता में सुधार (iii) ईंधन के वैकल्पिक स्रोतों का उपयोग, जैसे-सी.एन.जी. (संपीड़ित प्राकृतिक गैस), तथा; (iv) एल.पी.जी. (द्रवित पेट्रोलियम गैस), (v) जन-परिवहन का अधिक उपयोग, (vi) वाहनों को विकसित करने की तकनीक में सुधार, तथा; (vii) लोगों में जागरुकता।

2. जल प्रदूषण (Water Pollution)

जल मानव के जीवन का एक महत्वपूर्ण अंग है। स्वच्छ जल स्वास्थ्य तथा मानव विकास के लिए अनिवार्य है। जल की भौतिक, रासायनिक तथा जैविक विशेषताओं में परिवर्तन, जिससे मानव तथा जलीय जीवन पर प्रतिकूल प्रभाव पड़ता हो, जल प्रदूषण कहलाता है। दुर्भाग्यवश भारत में उपलब्ध जल का 70% से अधिक भाग प्रदूषित है। जल प्रदूषण के मुख्य कारण निम्नलिखित हैं:

(i) **नगरीकरण (Urbanisation):** नगरीय केन्द्रों का गैर-योजनाबद्ध विकास अपरिहार्य रूप से अधिक मात्रा में घरेलू व औद्योगिक अपशिष्ट उत्पन्न करता है। नगरीय स्थानों में अत्यधिक ऊर्जा का उपभोग बड़ी मात्रा में अपशिष्ट जल, मल

जल तथा घरेलू कचरा उत्पन्न करता है। मल-निस्तारण व्यवस्था के अपर्याप्त विकास के कारण अधिकतर नदियाँ, झीलें, तलाब तथा कुएँ प्रदूषित हो चुके हैं। भारत में नगर निगम द्वारा प्रदान की गई जल की सफाई की सुविधा अन्तर्राष्ट्रीय स्तर की नहीं है। नगरीय क्षेत्रों में जल का निम्न स्तर है खासकर अप्राधिकृत कॉलोनियों तथा गन्दी बस्तियों में।

(ii) **औद्योगीकरण (Industrialisation):** औद्योगिक अपशिष्ट में ठोस अपशिष्ट तथा कूड़ा के अतिरिक्त रसायन, डिटर्जेन्ट, धातु तथा कृत्रिम यौगिक होते हैं। ये प्रदूषक सामान्यत: नदियों में बहा दिए जाते हैं। फलस्वरूप भारत की अधिकतर नदियाँ, झीलें, तालाब तथा कुएं औद्योगिक अपशिष्टों द्वारा प्रदूषित हुए हैं।

(iii) **नदियों के जल का उपयोग (Withdrawl of Water):** ज्यादातर नदियों के जल का उपयोग सिंचाई, उद्योग तथा घरेलू कामकाजों के लिए किया जाता है। मैदानी क्षेत्रों में सामान्यत: शीत तथा ग्रीष्म ऋतु में जल की मात्रा बहुत कम हो जाती है। इस अवधि में नदी में बहने वाला जल सम्मिलित रूप में छोटी सरिताओं तथा अपवाहिकाओं का जल होता है। दिल्ली के निकट यमुना नदी में जल की मात्रा अत्यधिक कम है। प्रत्येक नदी को अपनी पारिस्थितिकी को बनाए रखने के लिए वर्षभर एक न्यूनतम आस्त्राव कायम रखना जरूरी होता है।

(iv) **फसलों की सुरक्षा के लिए रसायनों का उपयोग (Applicaiton of Plants Protection Chemicals):** कृषि क्षेत्र में अधिक उत्पादकता वाली फसलों की किस्मों की शुरुआत के बाद रासायनिक खादों, कीटनाशकों, पीड़कनाशी, इत्यादि का उपयोग बढ़ गया है। इन निवेशों का सफलतापूर्वक उपयोग उन्हीं क्षेत्रों में किया जा सकता है, जहाँ नियंत्रित सिंचाई उपलब्ध होती हैं। वास्तव में कीटनाशकों के प्रयोग के कारण मृदा की उर्वरता में परिवर्तन हुआ है तथा मृदा में उपयोगी जीवाणु समाप्त होते जा रहे हैं।

(v) **धार्मिक तथा सांस्कृतिक रिवाज (Religious and Cultural Practices):** धार्मिक रिवाजों के कारण नदियों में प्रदूषण बढ़ा है। मवेशियों तथा मनुष्यों के शवों के निस्तारण के कारण भारत में नदियाँ प्रदूषित होती जा रही हैं। इन रिवाजों के कारण पवित्र गंगा सबसे अधिक प्रभावित हुई है।

भौमजल की गुणवत्ता (Ground Water Quality)

भूमिगत जल का मुख्य रूप से उपयोग सिंचाई, पीने के पानी के रूप में तथा औद्योगिक उद्देश्यों के लिए किया जाता है। अत्यधिक रासायनिक खादों के उपयोग के कारण, संदूषित जल के अन्त:स्यंदन के कारण तथा अपशिष्टों के निस्तारण के कारण भूमिगत जल प्रदूषित होता जा रहा है। एक बार प्रदूषित होने पर यह जल अनेक दशकों या सदियों तक इस खतरनाक अवस्था में रह सकता है।

जल प्रदूषण का प्रभाव

प्रदूषित जल का विपरीत प्रभाव भारत में लोगों के स्वास्थ्य पर पड़ा है। प्रदूषित जल के कारण अनेक बीमारियाँ फैलती हैं, जैसे-हैजा, पेचिश, अतिसार, पीलिया तथा क्षय रोग। भारत में पेट से जुड़ी हुई बीमारियों में 80% जल-संक्रामक होती हैं। इन बीमारियों से सबसे अधिक प्रभावित नगरीय गंदी बस्तियों तथा ग्रामीण क्षेत्रों में रहने वाले बच्चे होते हैं।

3. मृदा तथा भूमि-प्रदूषण (Soil and Land Pollution)

मृदा मानवजाति के लिए अत्यन्त उपयोगी व जीवनदायिनी है। मृदा मनुष्यों के क्रिया-कलापों अथवा कभी-कभी पर्यावरणीय संकट के कारण प्रदूषित हो जाती है। मृदा तथा भूमि-प्रदूषण के मुख्य कारक हैं-मृदा अपरदन, रासायनिक खादों तथा फसलों की सुरक्षा हेतु अन्य रसायनों का अत्यधिक उपयोग। नगरीय तथा औद्योगिक क्षेत्रों के द्रवित एवं ठोस अपशिष्टों द्वारा, जंगल की आग, जल के जमाव (Waterlogging), सम्बन्धित केशिका क्रिया तथा खनन अपशिष्टों द्वारा भी मृदा-प्रदूषण होता है।

रासायनिक खादों, कीटनाशक तथा पीड़कनाशी का नियंत्रित प्रयोग कर मृदा-प्रदूषण को कम किया जा सकता है। नगरीय तथा औद्योगिक बर्हि:स्राव की समुचित सफाई कर इसका उपयोग सिंचाई के लिए किया जा सकता है।

4. ध्वनि-प्रदूषण

ध्वनि-प्रदूषण वायुमंडलीय प्रदूषण का एक मुख्य भाग है। किसी अवांछनीय अत्यधिक तीव्र ध्वनि द्वारा लोगों को पहुँची असुविधा एवं अशान्ति को ध्वनि-प्रदूषण कहते हैं। नगरीकरण तथा औद्योगीकरण के कारण भारत में ध्वनि-प्रदूषण बढ़ गया है। ऑटोमोबाइल, फैक्टरी, मशीनें तथा धार्मिक स्थानों पर लाउडस्पीकर ध्वनि-प्रदूषण का मुख्य कारण हैं। ध्वनि-प्रदूषण के कारण श्रवणशक्ति को

नुकसान पहुँचता है। इसके कारण मानसिक तनाव, हृदय रोग, रक्तचाप, चिड़चिड़ाहट, थकान तथा पेट की बीमारियाँ होती हैं। ध्वनि-प्रदूषण को निम्नलिखित तरीकों से कम किया जा सकता है:

(i) ध्वनि-प्रदूषण उत्पन्न करने वाले उद्योगों को आवासीय क्षेत्रों से दूर ले जा कर बसाना

(ii) पुरानी मशीनों का प्रतिस्थापन

(iii) हॉर्न (Horn) का न्यूनतम उपयोग

(iv) रेल पटरियों में सुधार

(v) नई पीढ़ी को ध्वनि-प्रदूषण के प्रतिकूल प्रभाव के बारे में जागरुक करना

पर्यावरण संबंधी जागरुकता (Environmental Awareness)

जनसंख्या वृद्धि तथा आर्थिक विकास के कारण अधिक पर्यावरण अवक्रमण हो रहा है, जिसके कारण पर्यावरण संसाधन घटते जा रहे हैं। इन संसाधनों पर सतत विकास निर्भर करता है। विकास तथा विस्तार जैसे मुद्दों की अपेक्षा पर्यावरणीय प्रदूषण, निःशेषण तथा संसाधनों के अवक्रमण पर ध्यान नहीं दिया जा रहा है। भारत इसमें अपवाद नहीं है, अनियंत्रित जनसंख्या वृद्धि के कारण भारत में पर्यावरण का अपकर्ष अधिक है।

विकासशील देशों, जैसे-भारत, में जनसंख्या की वृद्धि तथा विकसित देशों में बढ़ता उपभोक्तावाद संसाधन व पर्यावरण पर अत्यधिक दबाव डाल रहा है। सीमित प्राकृतिक संसाधनों का सही व विवेचित उपयोग सतत् विकास तथा मानव जाति की उत्तरजीविता के लिए अत्यावश्यक है। दुर्भाग्यवश मानव क्रियाकलापों के कारण विश्व के पर्यावरण में बदलाव आ रहा है। इस बदलाव के अनेक रूप हैं, जैसे-ओजोन क्षरण, (Ozone deplition) उष्णकटिबंधीय वनोन्मूलन, अम्ल निक्षेपण तथा वायुमंडल में गैसों का अधिक संकेन्द्रण। ये गैसें पृथ्वी से विकिरित ऊष्मा को रोकती हैं, जिससे भूमंडलीय ताप वृद्धि बढ़ती है।

भूमंडलीय पर्यावरण में परिवर्तन करने वाले एक एजेन्ट के रूप में मानव क्रियाकलाप प्रकृति से मेल ही नहीं खाता बल्कि उससे अधिक है। पर्यावरण को क्षति पहुँचाने वाले इन क्रियाकलापों पर हाल के वर्षों में अधिक ध्यान दिया जाने लगा है।

ये क्रियाकलाप निम्नलिखित हैं:

1. जीवाश्म ईंधन (Fossil Fuel) का जलना तथा औद्योगिक क्रियाओं में तेजी।
2. वृहत्त पैमाने पर ओजोन की परत का नष्ट होना।
3. उष्णकटिबंधीय वनों का लकड़ी, ईंधन, कृषि उपयोग हेतु तथा आर्थिक विकास के लिए नष्ट होना, जिसके फलस्वरूप पादप ग्रह प्रभाव में वृद्धि होती है, इससे अनेक पौधों तथा जानवरों की प्रजातियाँ भी नष्ट हो रही हैं।
4. जीवाश्म ईंधन के जलने के कारण अम्ल निक्षेपण से झीलों को हुई क्षति।

घटते संसाधनों की समस्या से निपटने के लिए समाज के सभी स्तर पर पर्यावरण संबंधी जागरुकता अनिवार्य है। वैज्ञानिकों, राजनीतिज्ञों, नियोजकों, निर्णयकर्ताओं तथा लोगों को सम्मिलित रूप से पर्यावरण की स्थिति सुधारने के लिए काम करना होगा, जिसके लिए संसाधनों का विवेकपूर्ण उपयोग आवश्यक है। इन उद्देश्यों को पूरा करने के लिए कुछ उपाय निम्नलिखित हो सकते हैं:

1. विकासशील देशों की जनसंख्या नीति में परिवर्तन ताकि अनियंत्रित जनसंख्या वृद्धि को रोका जा सके।
2. विकसित देशों में नियंत्रित उपभोक्तावाद।
3. ग्रीन हॉउस गैसों के उत्सर्जन को घटाना।
4. विकास की नीतियों का मुख्य ध्यान देशज वैज्ञानिक व तकनीकी ज्ञान आधार तथा विकासशील देशों के आधारभूत संरचना में सुधार लाना होना चाहिए।
5. विश्व के सभी विकास कार्यक्रमों का सख्त पर्यावरणीय प्रभाव मूल्यांकन होना चाहिए।
6. सभी स्तर की शिक्षा में पर्यावरण की शिक्षा एक अनिवार्य विषय होना चाहिए।
7. व्यापक शिक्षा तथा पर्यावरण जागरुकता के कार्यक्रमों में निवेश के द्वारा निजी क्षेत्र की सहभागिता जरूरी।

8. सरकारी तथा गैर-सरकारी संस्थानों की मदद से लोगों को पर्यावरण संबंधी मुद्दे के बारे में शिक्षित करना।
9. देश के विभिन्न भागों में पर्यावरण जागरुकता विकसित करने के लिए नियमित सम्मेलनों, गोष्ठियों, टेलीविजन एवं रेडियो वार्ताओं तथा कार्यशालाओं का आयोजन करना।
10. पर्यावरण अनुसंधान के लिए अतिरिक्त निधि (Funds) की आवश्यकता।
11. पर्यावरण जागरुकता में मीडिया एक अहम भूमिका निभा सकती है।
12. जन-मानस में पर्यावरण की पूर्णता और मानव के लिए इसकी महत्ता संबंधी शिक्षा की आवश्यकता पर बल।

भूमि उपयोग के प्रतिरूप में परिवर्तन (Changing Patterns of Land Use)

भूमि उपयोग की दृष्टि से भारत को 1950-51 में निम्नलिखित पाँच वर्गों में बाँटा गया है:

1. वन (Forest)
2. कृषि के लिए अनुपलब्ध भूमि (Land not Available for Cultivation)−(i) गैर-कृषि उपयोग के लिए भूमि, तथा; (ii) बंजर भूमि।
3. अन्य अकृष्ट भूमि परती भूमि को छोड़कर− (i) स्थायी गोचर भूमि तथा अन्य चरागाह, (ii) विविध वृक्ष, तथा; (iii) उपवन, जो शुद्ध/वास्तविक बुआई क्षेत्र में शामिल नहीं हैं।
4. परती भूमि (Fallowland)−(i) पुरानी परती भूमि, तथा; (ii) नई परती भूमि।
5. शुद्ध/वास्तविक बुआई क्षेत्र (Net Sown Area)

भारत में भूमि उपयोग के प्रतिरूप में महत्वपूर्ण स्थानिक तथा अस्थायी परिवर्तन हुए हैं। भूमि उपयोग में मूलभूत परिवर्तन पूरे देश में हुआ है लेकिन कृषीय भूमि उपयोग में परिवर्तन हरित क्रांति के क्षेत्र में महत्वपूर्ण है। कृषीय वर्ष 1950-51 तथा 2009-10 में भूमि उपयोग के बदलते प्रतिरूप को ***तालिका 17.4*** में दर्शाया गया है।

तालिका 17.4 भूमि उपयोग के बदलते प्रतिरूप-1950-51, 2006-07 और 2018-19

भूमि उपयोग		कुल रिपोर्टिंग क्षेत्र के प्रतिशत में क्षेत्रफल (304.8 मिलियन हेक्टेयर)			
		1950-51	2006-07	2017-18	2018-19
1.	जंगल	14.23	22.8	24.39	23.40
2.	खेती के लिए अनुपलब्ध भूमि	14.72	14.2	12.63	14.46
3.	अन्य असिंचित भूमि	17.39	8.6	10.27	8.37
4.	परती भूमि	9.89	8.2	7.13	8.50
5.	शुद्ध बोया गया क्षेत्र	43.77	46.2	46.15	45.27
	कुल	100.00	100.00	100.00	100.00

Source: Directorate of Economics and Statistics, Govt. of India, 2018–19

तालिका 17.4 से यह देखा जा सकता है कि 1950-51 में शुद्ध बोया गया क्षेत्र 43.77% था जो 2009-10 में बढ़कर 45.27% हो गया। वनावरण में लगभग 9.17% की वृद्धि हुई है। इस अवधि के दौरान खेती के लिए उपलब्ध भूमि की श्रेणी के तहत क्षेत्र लगभग समान रहा है, जबकि परती भूमि 1950-51 में लगभग 9.89% से घटकर 2009-10 में 8.50% हो गई है। वास्तव में, दोहरी-फसल और बहु-फसली क्षेत्र में वृद्धि हुई है क्योंकि अधिकांश किसान, विशेष रूप से सिंचाई के क्षेत्रों में, अपनी भूमि को परती रखने में रुचि नहीं रखते हैं (अधिक *विवरण के लिए अध्याय-9 देखें*)।

कृषीय भूमि उपयोग में हुए कुछ महत्वपूर्ण परिवर्तन फसल प्रतिरूप में भी दर्ज किए गए हैं। गेहूँ तथा धान जैसी फसलों के क्षेत्र में वृद्धि हुई है, यह वृद्धि दलहन, ज्वार तथा चारा फसलों की कीमत पर हुई है। तिलहन, गन्ना व सब्जी के क्षेत्रों तथा फलोद्यान में भी वृद्धि हुई है। दुर्भाग्यवश लगभग 7% उच्च दर्जे की कृषीय भूमि पर अब पैदावार नहीं होती है। इसका उपयोग

नगरीकरण, औद्योगीकरण तथा सड़कों व रेल लाइनों के निर्माण, इत्यादि के लिए किया गया है। पुरानी परती भूमि, गोचर भूमि तथा निम्नीकृत वन क्षेत्रों को अब कृषि-योग्य बनाया जा रहा है।

पर्यावरण प्रभाव आंकलन (Environment Impact Assessment)

पर्यावरण प्रभाव आंकलन, पर्यावरण में मानव हस्तक्षेप के कारण संभावित परिणामों पर ध्यान देता है ताकि पर्यावरणीय क्षति को कम किया जा सके। संयुक्त राज्य अमेरिका की राष्ट्रीय पर्यावरणीय नीति अधिनियम, 1969 के अनुसार, यह आंकलन सभी मुख्य संघीय विकास परियोजनाओं के लिए जरूरी था, जो परियोजना के तकनीक तथा स्थान के बारे में जानकारी, संभावित पर्यावरणीय प्रभावों का मूल्यांकन, संभावित विकल्पों की रूपरेखा तथा सीमित संसाधनों के प्रति अनिवार्य वचनबद्धता का आकलन प्रदान कर सकेगा।

किसी भी परियोजना को शुरू करने से पहले पर्यावरण प्रभाव आंकलन अनिवार्य है क्योंकि प्रदूषक, जैसे-ग्रीन हाउस गैसें (Green House Gases) तथा क्लोरो फ्लोरो कार्बन (CFC) ओजोन की परत को नष्ट करते हैं तथा भूमंडलीय ताप वृद्धि, अम्लीकरण, अम्ल वर्षा, मरुस्थलीकरण एवं समग्र रूप से पर्यावरणीय निम्नीकरण को बढ़ाते हैं। पर्यावरण का अपकर्ष मनुष्य के जीवन स्तर तथा उसके उत्तरजीविता पर प्रतिकूल प्रभाव डालता है। पर्यावरण प्रभाव आंकलन, किसी मुख्य परियोजना के शुरू होने से पहले अनिवार्य है। परियोजना, जैसे-बहुद्देशीय परियोजना, तापीय तथा परमाणु ऊर्जा संयन्त्र, रक्षा-संस्थान, आयुध फैक्ट्री, सिंचाई-परियोजना, कृषि-आधारित तथा खनिज-आधारित उद्योग, राष्ट्रीय-राजमार्ग, हवाई अड्डों तथा बंदरगाहों के लिए पर्यावरण प्रभाव आंकलन अनिवार्य है।

पर्यावरण प्रभाव आंकलन में प्रदूषकों की एक तालिका बनायी जाती है, जिसमें निवेश एवं निर्गत की पूरी जानकारी रखी जाती है। इसे पर्यावरणीय ऑडिटिंग (Environmental Auditing) कहा जाता है। सरकार द्वारा प्रदान किए गए मानदंडों को ध्यान में रखते हुए नई परियोजना के सकारात्मक एवं नकारात्मक प्रभावों (अर्थव्यवस्था, समाज तथा पारिस्थितिकी पर) का मूल्यांकन किया जाता है। यह परियोजना आर्थिक रूप से व्यवहार्य (Viable), सामाजिक रूप से मान्य (Acceptable) तथा पारिस्थितिकी दृष्टि से धारणीय (Sustainable) होना चाहिए।

पर्यावरणीय प्रबंधन (Environmental Management)

हमारी आवश्यकताएँ असीमित हैं तथा प्राकृतिक संसाधन सीमित। प्राकृतिक संसाधनों का विवेचित उपयोग इसे धारणीय बनाने के लिए आवश्यक है। इसलिए संसाधनों का संरक्षण जरूरी है। पर्यावरण (संसाधनों) के संरक्षण का अर्थ है कि संसाधनों का इस तरह से उपयोग किया जाए कि वर्तमान पीढ़ी अपनी आवश्यकताओं की पूर्ति आने वाली पीढ़ी की आवश्यकताओं से बगैर समझौता किए कर सके। संरक्षण के मुख्य उद्देश्य निम्नलिखित हैं:

(i) पारिस्थितिकी तंत्र के प्रतिस्कन्दन विशेषताओं (Resilience Characteristics) को कायम रखा जाए।

(ii) जैव विविधता (Biodiversity) को बनाए रखा जाए।

(iii) पर्यावरण की धारणीयता (Sustainability) को बढ़ाना।

इन उद्देश्यों को पूरा करने के लिए कुछ उपाय निम्नलिखित हैं:

1. **वन संरक्षण (Forest Conservation):** वन संसाधन नवीकरणीय है परन्तु अनन्त नहीं। पिछले कुछ दशकों में वनोन्मूलन की दर में वृद्धि हुई है। लगभग चार हजार वर्ष पहले सिन्धु-गंगा के मैदानी क्षेत्र घने वन से ढके हुए थे लेकिन अब इस भू-आकृतिक उर्वर प्रदेश में शायद ही कोई वन देखने को मिलता है। आजादी के बाद की अवधि में तीव्र गति से औद्योगीकरण तथा नगरीकरण के कारण, बड़ी मात्रा में घरों के निर्माण की आवश्यकता के कारण, रेलवे-स्लीपर, कागज, इमारती लकड़ी, ईंधन के लिए लकड़ी व फर्नीचर की बढ़ती माँग के कारण भारत में वनों का बड़े पैमाने पर अपकर्ष हुआ है। इसके अतिरिक्त वन-आग तथा स्थानांतरित कृषि के कारण हरे-भरे क्षेत्र पारिस्थितिकीय गंदी-बस्तियों (Ecological Slums) में परिवर्तित हो गए हैं।

2. **वनरोपण (Afforestation):** कृष्य अपशिष्ट, ग्रामीण समुदाय भूमि, परती भूमि तथा निम्नीकृत वन को सामाजिक वानिकी के अन्तगर्त लाना जरूरी है। प्रत्येक काटे गए वृक्ष को एक वृक्ष द्वारा प्रतिस्थापित किया जाना आवश्यक है। इस उद्देश्य के लिए ग्रामीण महिलाओं तथा युवकों को प्रोत्साहित किया जाना चाहिए। केवल पुराने (mature) वृक्षों को ही गिराया जाना चाहिए। इसी तरह अपशिष्टों को कम करने पर बल देना चाहिए। बेहतर विकास के लिए वृक्षों को छाँटा जाना चाहिए।
3. प्राकृतिक खतरों, जैसे-आग, कीड़े तथा बीमारियों से वनों को बचाना चाहिये।
4. वन क्षेत्रों में आवश्यकता से अधिक चराई (grazing) को रोका जाना चाहिए।
5. संरक्षित वन, राष्ट्रीय उद्यान तथा जीवमंडल संरक्षित क्षेत्र के अंतर्गत और अधिक क्षेत्रों को लाना चाहिये।
6. कृषि-वन-वर्धन (Agri-Silviculture) तथा कृषि-वन- पशुचारी-व्यवस्था (Agri-silvi-pastoral-systems) को प्रोत्साहन दिया जाना चाहिए।
7. फसलों का वैज्ञानिक चक्र कृषीय भूमि को अधिक धारणीय बना देता है।
8. पर्यावरण के संरक्षण के लिए लोगों में अधिक जागरुकता लाना आवश्यक है। (अधिक विवरण के लिए अध्याय 5 तथा 6 देखें)

जनसंख्या विस्फोट तथा खाद्य सुरक्षा (Population Explosion and Food Security)

जनसंख्या की दृष्टि से भारत का विश्व में दूसरा स्थान है तथा यहाँ विश्व की कुल आबादी का लगभग 17% हिस्सा रहता है। भारत की जनसंख्या वृद्धि दर चिंताजनक है। भारत की कुल जनसंख्या 1951 में 361 मिलियन थी (36.1, करोड़), यह वर्ष 2011 में बढ़कर 1210 (121 करोड़) मिलियन हो गई। यदि वर्तमान दर कायम रही तो वर्ष 2025 में जनसंख्या 1400 मिलियन (140 करोड़) हो जाएगी उस वर्ष यह चीन की आबादी को पार कर जाएगी तथा भारत विश्व में सबसे अधिक जनसंख्या वाला देश बन जाएगा। संयुक्त राष्ट्र संघ के जनसंख्या विभाग के अनुसार भारत की जनसंख्या 2060 में स्थिर होगी। उस समय देश की जनसंख्या 170 करोड़ अथवा एक अरब सत्तर करोड़ हो चुकी होगी।

जनसंख्या वृद्धि का अनुमान इस तथ्य से लगाया जा सकता है कि प्रत्येक वर्ष भारत की जनसंख्या में लगभग 20 मिलियन 2 करोड़ की वृद्धि रिकॉर्ड की जाती है अथवा 17 लाख लोगों की वृद्धि प्रति माह अथवा 74 हजार लोग प्रति दिन अथवा 52 व्यक्ति प्रति मिनट। विश्व में हर छठा व्यक्ति एक भारतीय है। चंडीगढ़ की आबादी जितने लोगों की संख्या प्रत्येक सप्ताह भारत की आबादी में जुड़ जाती है तथा ऑस्ट्रेलिया की आबादी जितने लोगों की संख्या प्रति वर्ष।

यदि देश की आबादी वर्तमान दर से बढ़ती गई तो आने वाला समय लोगों के लिए कष्टदायक होगा, चिकित्सा सुविधा प्राप्त करना मुश्किल हो जाएगा, आवास, शिक्षा, इत्यादि पर हुआ खर्च हद से ज्यादा हो जाएगा, तकनीकी तथा व्यवसायिक शिक्षा प्रदान करना समाज के उच्च वर्ग तक ही सीमित रह जाएगा तथा खाद्य की कमी के कारण देश के आधे से अधिक लोग गरीबी रेखा के नीचे चले जाएँगे।

तीव्र जनसंख्या वृद्धि के कारण

भारत में तीव्र जनसंख्या वृद्धि के मुख्य कारण निम्नलिखित हैं:

(i) उच्च जन्म दर, निम्न मृत्यु दर।

(ii) **कम उम्र में विवाह:** 65% से अधिक लड़कियों का विवाह 15 वर्ष से कम की आयु में होता है, इस उम्र में वे सामाजिक व भावनात्मक रूप से विवाह के लिए परिपक्व नहीं होती हैं।

(iii) **असाक्षरता:** स्त्रियों की साक्षरता दर निम्न होती है। परिवार नियोजन का प्रत्यक्ष सम्बन्ध स्त्रियों की शिक्षा, समाज में उनका स्थान, उनकी उर्वरता तथा शिशु मृत्यु दर से है।

(iv) परिवार नियोजन के प्रति विभिन्न धर्मों का रुख धार्मिक रूढ़िवादी परिवार नियोजन के खिलाफ है।

(v) संयुक्त परिवार व्यवस्था तथा युवा दम्पतियों में उत्तरदायित्व का अभाव।

जनसंख्या विस्फोट के परिणाम

जनसंख्या विस्फोट के कारण लोगों के जीवन स्तर पर प्रत्यक्ष प्रभाव पड़ा है। यही कारण है कि कृषि तथा उद्योग में अपूर्व प्रगति के बावजूद प्रति व्यक्ति आय में अधिक वृद्धि नहीं हो पाई है।

जनसंख्या विस्फोट के कारण लगभग 30 मिलियन लोग आवास विहीन हैं, 200 मिलियन से अधिक लोगों को सुरक्षित पेय जल की सुविधा प्राप्त नहीं है तथा 360 मिलियन से अधिक लोग असाक्षर हैं, 40 मिलियन से अधिक लोग बेरोजगार हैं, पाँच वर्ष से नीचे के आयु वर्ग में लगभग 60% बच्चे सामान्य से कम वजन के हैं तथा देश का स्थान मानव विकास रिपोर्ट (2013) में 136वाँ था। नगरों में जनसंख्या वृद्धि के कारण यातायात, विद्युत-चिकित्सा, शैक्षिक व मनोरंजनात्मक सुविधाओं में कमी आती जा रही है। इसके कारण नगरीय तथा अर्द्ध-नगरीय क्षेत्रों में अपराध तथा हिंसा में वृद्धि हुई है। तीव्र जनसंख्या वृद्धि के कारण बेरोजगारों, भूखे लोगों तथा दु:साहसियों की संख्या में बढ़ोत्तरी हुई है, जो देश के सामाजिक, आर्थिक तथा राजनैतिक तंत्र के आधार के लिए खतरा बन गए हैं। सभी को रोजगार देना अथवा सभी को आवास प्रदान करना या फिर सभी को स्वास्थ्य सुविधाएं मुहैया करना संभव नहीं है।

खाद्य सुरक्षा

पहली बार जनसंख्या विस्फोट तथा खाद्य सुरक्षा का मुद्दा रॉबर्ट माल्थस द्वारा (1798) उठाया गया। इसकी चर्चा उन्होंने अपने सिद्धान्त में की, जब उन्होंने कहा कि विश्व जनसंख्या की वृद्धि ज्यामितीय श्रेणी (Geometirc progression) में होती है तथा जीविका के साधनों की वृद्धि समान्तर श्रेणी (Arithmetic progression) में ***(चित्र 17.12)***। 1986 की विश्व विकास रिपोर्ट ने खाद्य सुरक्षा को एक ऐसी स्थिति के रूप में परिभाषित किया जहाँ सभी को, सभी समय पर्याप्त खाद्य एक सक्रिय स्वास्थ्यकर जीवन के लिए उपलब्ध हो। खाद्य तथा कृषि संगठन (Food and Agriculture Organisation) ने 1986 में खाद्य सुरक्षा को एक ऐसी स्थिति के रूप में परिभाषित किया, जहाँ यह सुनिश्चित किया जा सकेगा कि सभी को सभी समय उनकी आवश्यकता अनुसार मूलभूत खाद्य भौतिक तथा आर्थिक दोनों रूपों में प्राप्य हों।

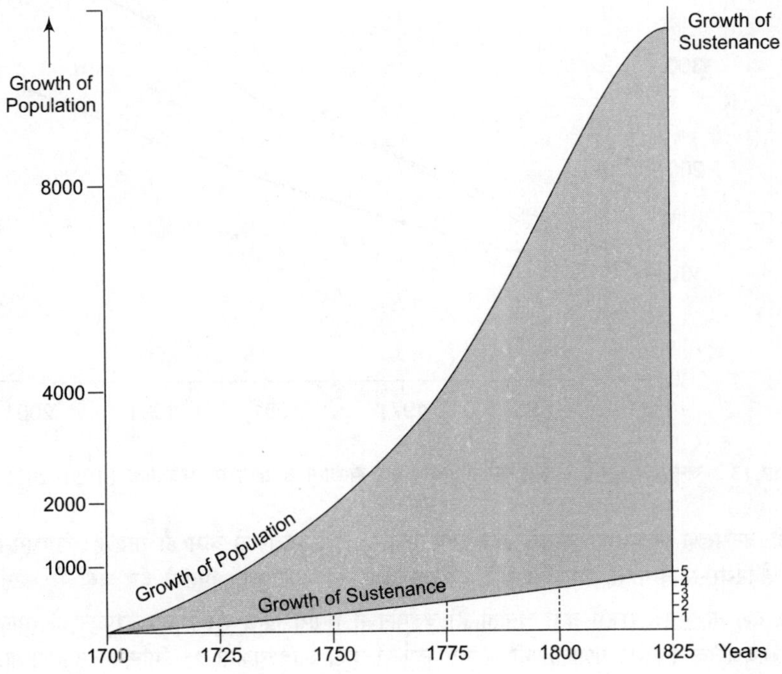

चित्र 17.12 जनसंख्या वृद्धि का माल्थसवादी सिद्धांत

भारत में स्वतंत्रता के पश्चात जनसंख्या वृद्धि कृषीय वृद्धि से अधिक रही है। खाद्य तथा जनसंख्या में एक संतुलन कायम करने के लिए वार्षिक कृषीय विकास दर को 4.5% से अधिक होना चाहिए तथा आर्थिक विकास दर को 7% से अधिक। वर्तमान में वार्षिक कृषीय विकास दर 2% से भी कम है। देश के कुछ भागों में किसान आत्महत्या कर रहे हैं। ***[चित्र 17.13]***।

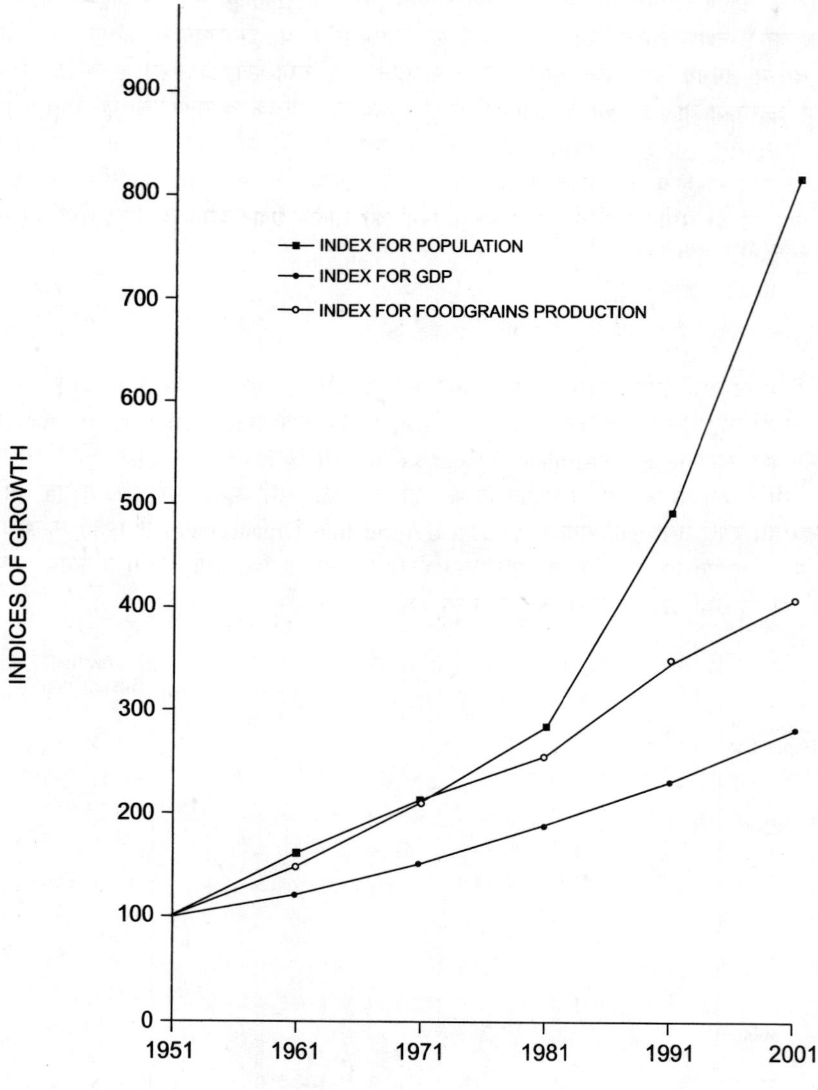

चित्र 17.13 जनसंख्या वृद्धि, सकल घरेलू उत्पाद एवं खाद्यान्न उत्पादन के सूचकांक (1951-2001)

तीव्र गति से बढ़ती जनसंख्या के कारण औसत जोत-क्षेत्र घटकर 1.5 हेक्टेयर से कम हो गया है। लगभग 80% भूमि सम्पत्ति (Land holding) एक हेक्टेयर से कम रह गया है। प्रति व्यक्ति खाद्य की उपलब्धता पिछले दस वर्षों से घटती जा रही है।

जनसंख्या विस्फोट देश के समक्ष सबसे बड़ी चुनौती है। वर्तमान में हमारा खाद्य सुरक्षा तंत्र विफल हो गया है। सुरक्षित भंडार (Buffer Stock) तथा सार्वजनिक वितरण प्रणाली की संयुक्त रूप से कुल आवश्यकता 25 मिलियन टन खाद्यान्न है, जबकि देश में सार्वजनिक भंडार 60 मिलियन टन से अधिक है। इस भंडार का रख-रखाव सही तरीके से नहीं हो रहा है तथा यह लोगों के

उपभोग योग्य नहीं है। दूसरी ओर बढ़ती बेरोजगारी कुपोषण तथा भुखमरी के कारण कई राज्यों में लोगों की जानें गई हैं। सार्वजनिक वितरण प्रणाली विफल हो गयी है। सार्वजनिक वितरण प्रणाली के अन्तर्गत खाद्यानों की सुलभता गरीबों की पहुँच से बाहर है।

जनसंख्या विस्फोट तथा खाद्य सुरक्षा जैसी समस्याओं के लिए निम्नलिखित उपाय आवश्यक हैं:

(i) विवाह योग्य उम्र को बढ़ाना-लड़कियों के लिए यह 21 वर्ष तथा लड़कों के लिए यह 24 वर्ष होनी चाहिए।

(ii) दो बच्चों की नीति का सख्ती से कार्यान्वयन।

(iii) एक कार्यक्षम सार्वजनिक वितरण प्रणाली का कार्यान्वयन।

(iv) धारणीय कृषि सुनिश्चित करना।

(v) ग्रामीण क्षेत्रों में अधिक रोजगार मुहैया कराना।

(vi) अन्न तथा दलहन फसलों (Laguminou crops) के मिश्रण का वैज्ञानिक चक्र।

(vii) जल एकत्रण तथा आर्द्रता संरक्षण।

(viii) कृषि में विविधता लाना।

(ix) ग्रामीण क्षेत्रों के छोटे किसानों तथा बेरोजगार युवकों को ऋण की सुविधा।

(x) समुद्रीय खाद्य संसाधनों का उपयोग।

(xi) भोजन की आदतों में परिवर्तन।

(xii) उच्च दर्जे की कृषीय भूमि पर औद्योगिक व नगरीय अतिक्रमण को रोकना।

नगरीय आपदा (Urban Disasters)

प्रशासन और आर्थिक महत्त्व के केन्द्र होने के कारण नगर विकसित हो रहे है, जिससे अव्यवस्थित और अनियंत्रित जनसंख्या वृद्धि हो रही है। महानगरीयकरण ने छोटे नगरों की वृद्धि रोक दी है। प्रवासी आबादी सीमांत क्षेत्रों जैसे- बाढ़ के मैदानों, अस्थिर ढलानों, अस्वच्छ झुग्गियों और स्क्वैटर बस्तियों में बसती है। जलवायु परिवर्तन का प्रभाव शहरों को पर्यावरणीय जोखिमों के प्रति संवेदनशील बना रहा है। प्राकृतिक प्रकोप का जोखिम नगरीय क्षेत्र के निर्मित रूपों, स्थानिक योजना के जाल, आकस्मिक और आपदाओं के बढ़ते प्रभाव के कारण है।

एक अनुमान के अनुसार वर्ष 2025 तक विश्व की 65% जनसंख्या नगरों में निवास करेगी। विकासशील देश बड़े जोखिम में हैं यह अनुमानित है कि 70% विश्व की जनसख्या गरीब देशों में निवास करेगी। भारत की 31.2% जनसंख्या नगरों में निवास करती है। इसके अलावा, 85% क्षेत्र एक या अधिक खतरों की चपेट में है। भारत के लगभग 59% भूक्षेत्र विभिन्न तीव्रता के भूकम्प और भूस्खलन के लिए उत्मुख है और इसके भौगोलिक क्षेत्र का लगभग 12% (लगभग 40 मिलियन हेक्टेयर) नदी और बाढ़ के अधीन है जिसमें लगभग 8 मिलियन हेक्टेयर वार्षिक बाढ़ के लिए अतिसंवेदनशील है।

भारतीय नगरों में गरीबी, शिक्षा की कमी, जल की सीमित उपलब्धता, स्वच्छता, नगर नियोजन की कमी, प्रशासनिक योगदान की कमी और नगरीय अपदाओं के प्रति उन्मुख है। मेपलक्रॉफ्ट इंडेक्स के अनुसार मुम्बई, चेन्नई, दिल्ली, बंगलुरु, हैदराबाद, नगर उच्च जोखिम में है।

आपदाएँ जैसे- भूकम्प, आग लगना, रासायनिक रिसाव नगरीय आपदाओं में आते हैं। जोन III, IV और V के भीतर आधा मिलियन से अधिक जनसंख्या वाले लगभग 60 शहरों में 5 साल से 50 वर्ष तक के भूकंप की वापसी अवधि के साथ, अत्यधिक जनसंख्या वाले शहरों में भयंकर भूकंप की आशंका है।

नगर जो विभिन्न जलवायु और भूगर्भिक जोनों में स्थित हैं वे विभिन्न प्रकृति के संकटों के प्रति उन्मुख है। ये चुनौतियाँ लचीले शहर में अधिक हैं जो आपदाओं की हद में बसे हैं, उन्हें अधिक सहन करना होगा। रेसीलिटेन्ट नगर का झुकाव आपदाओं की ओर होता है लेकिन वे पूर्णतः ठप नहीं होंगे क्योकि प्रक्रम शक्ति और कार्य एकीकृत है जो उछलन वाली प्रकृति के जोखिम उठाने में समर्थ है। सख्त भवन कानून और शहरी नियोजन, आपदा जोखिम में कमी और परिवहन और सुविधाओं को बहाल करने के लिए आकस्मिक योजना, बेहतर शिक्षा और जागरुकता की आवश्यकता है।

(Source: NIDM, Ministry of Home affairs, govt. of India)

पर्यावरण अवक्रमण (Environmental Degradation)

पर्यावरणीय परिवर्तन एक निरंतर चलने वाली प्रक्रिया है, जो पृथ्वी के अस्तित्व में आने के बाद (लगभग 4600 मिलियन वर्ष पहले) से ही सक्रिय रही है। इसी समय से ऊर्जा स्थानांतरण तथा भौतिक स्थानांतरण का गतिशील तंत्र विश्व स्तर पर काम कर रहा है, जिसके कारण स्थलमंडल, वायुमंडल, जलमंडल तथा जीवमंडल में क्रमिक तथा कभी-कभी विध्वंसकारी परिवर्तन आए हैं। पृथ्वी के इतिहास में परिवर्तन का अधिकतर कारण प्राकृतिक शक्ति रहा है, जैसे–ज्वालामुखी, भूकम्प, पवन, समुद्र की तरंगें, हिमनद, पौधे, जानवर, इत्यादि। लगभग 4.5 मिलियन वर्ष पहले परिवर्तन का एक नया कारक होमोनीड (ऐप/वानर के पूर्वज) उभर कर सामने आया, जो आगे चलकर होमो सेपियन्स (Homosapien) अथवा आधुनिक मानव बना। आधुनिक मानव को पर्यावरणीय परिवर्तन का सबसे शक्तिशाली कारक माना जाता है।

मनुष्य, पृथ्वी की उत्पत्ति है (मिस सेम्पल)। वह सांस्कृतिक भू-दृश्य का सृष्टिकर्ता है तथा भौतिक भू-दृश्य का परिवर्तक। वास्तव में मनुष्य के द्वारा पृथ्वी पर अपनी उत्पत्ति के बाद पारिस्थितिकी पर अपना प्रभुत्व कायम रखा है। विज्ञान तथा प्रौद्योगिकी के विकास के साथ ही ज्ञान की सीमा बढ़ती जा रही है तथा पृथ्वी के वातावरण में बड़े पैमाने पर बदलाव देखा जा सकता है। लोगों ने तकनीकी क्षमता की मदद से अपनी आवश्यकताओं के अनुसार प्राकृतिक भू-दृश्य तथा वातावरण में परिवर्तन किया है। कई उदाहरण ऐसे हैं, जैसे–महानगर (मेगा सिटी), सन्नगर तथा भूमि व समुद्र पर आधुनिक शहर जहाँ मनुष्य की छाप इतनी गहरी है कि प्रकृति के भू-दृश्य में सम्पूर्ण रूप से बदलाव किया गया है तथा इसे मानव-निर्मित सांस्कृतिक वातावरण द्वारा प्रतिस्थापित कर दिया गया है।

लगभग 10,000 वर्ष पहले कृषि काल की शुरूआत हुई। इस काल में मनुष्य ने पौधों तथा पशुओं को पालतू बनाया। कृषि की शुरूआत को क्रान्तिकारी माना जाता है। यह मानव इतिहास में एक महत्वपूर्ण घटना थी। कृषि की शुरुआत से एक अधिक विश्वस्त खाद्य संसाधन उपलब्ध हो गया। इसके कारण स्थायी बस्तियों का विकास हुआ। कृषि की शुरुआत ने मानव समुदायों के विकास में एक महत्वपूर्ण भूमिका निभाई है, जिसके कारण कई महत्वपूर्ण पर्यावरणीय परिवर्तन हुए हैं। प्राकृतिक तंत्र कृषि-पारिस्थितिकी तंत्र परिवर्तित हो गया है। इसके साथ ही होमो सेपियन्स (Homo-sapians) (आधुनिक मानव) का नियंत्रण पारिस्थितिकी तंत्र पर और अधिक हो गया है।

पौधों तथा पशुओं को घरेलू बनाए जाने के कारण भौतिक वातावरण में कई महत्वपूर्ण परिवर्तन हुए हैं। घरेलू बनायी गयी प्रजातियाँ खाद्य का एक स्रोत बन गयीं, जो प्राकृतिक वनस्पति तथा पशु संसाधन के अतिरिक्त था। इस प्रकार प्रजातियों की विविधता बढ़ गई परन्तु चूँकि प्राकृतिक वनस्पति को साफ करके कृषि योग्य भूमि बनाई गई इसलिए वृक्षों प्रजातियों की विविधता कम-से-कम स्थानीय रूप में घट गई। भू-आकृतिक तथा जलीय तंत्र में भी परिवर्तन हुआ। चूँकि कृषि ने प्राकृतिक वनस्पति के विकास को प्रतिस्थापित किया।

गुजरते समय के साथ, कृषि के विस्तार तथा तीव्रीकरण के अतिरिक्त इतिहास में सबसे महत्वपूर्ण घटना ब्रिटेन की औद्योगिक क्रान्ति थी (1779)। इस क्रान्ति के कारण औद्योगीकरण तथा नगरीकरण की शुरुआत हुई। इस औद्योगिक क्रान्ति के कारण न केवल यूरोप तथा एशिया में पर्यावरणीय परिवर्तन हुआ बल्कि अफ्रीका, अमेरिका तथा ऑस्ट्रेलिया भी इससे अछूता नहीं रहा। यूरोपियों द्वारा इन महाद्वीपों में कृषि के विकास तथा विस्तार के लिए बड़े पैमाने पर वनोन्मूलन किया गया, जिसके कारण पारिस्थितिकी तथा पर्यावरण में और अधिक परिवर्तन हुआ।

औद्योगिक विकास के लिए खनिजों का निष्कर्षण आवश्यक है। खनिजों के निष्कर्षण के कारण खनन केन्द्रों के निकट पर्यावरणीय परिवर्तन देखा गया है। खनन के कारण मृदा में, जलीय तथा वायुमंडलीय वातावरण में भी परिवर्तन हुआ है। खनिजों के संसाधन तथा वाहनों में उपयोग किया जाने वाला जीवाश्म ईंधन पादप ग्रह प्रभाव को बढ़ा रहा है। भारी धातुओं, जैसे–सीसा, कैडमियम तथा पारा के कारण भी वातावरण संदूषित हो रहा है।

मनुष्य के क्रियाकलापों के कारण पर्यावरण प्रभावित हुआ है, जिसके कुछ परिणाम निम्नलिखित हैं:

(i) **ग्रीन हॉउस गैसों में वृद्धि (Increase in Greenhouse Gases):** पर्यावरण अवक्रमण का एक प्रमुख कारण जीवाश्म ईंधन का व्यापक उपयोग है। जीवाश्म ईंधन के उपयोग के कारण वायुमंडल में कॉर्बन-डाई-ऑक्साइड की मात्रा बढ़ी है। ग्रीन हॉउस गैसों में वृद्धि जलवायु परिवर्तन तथा समुद्र में जल स्तर के बढ़ने का मुख्य कारण है। फलस्वरूप जीवमंडल तथा जलमंडल पर प्रतिकूल प्रभाव पड़ा है।

(ii) **अम्लीकरण (Acidification):** पारिस्थिति विज्ञानियों के अनुसार अम्लीकरण के कारण समुद्रीय तथा जलीय पारिस्थितिकी तंत्र को नुकसान पहुँचा है। भारत की नदियों में मछलियों की संख्या तीव्र गति से घटने लगी है ***(चित्र 17.14)***।

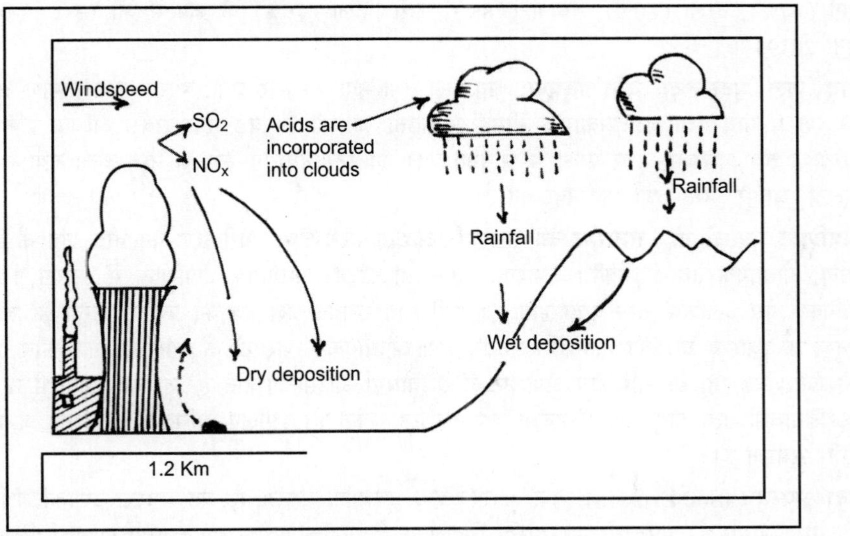

चित्र 17.14 अम्लीकरण

(iii) **ओजोन क्षरण (Ozone Depletion):** वायुमंडल में ओजोन गैस की मौजूदगी इसलिए महत्वपूर्ण है क्योंकि यह सूर्य से आने वाली पराबैंगनी किरणों (ultraviolet rays) को सोख लेती है। पराबैंगनी किरणों (UV - B) से कुछ प्रमुख प्रकार के त्वचा कैंसर, मोतियाबिन्द व आँखों की अन्य बीमारियाँ होती हैं ***(चित्र 17.15)***।

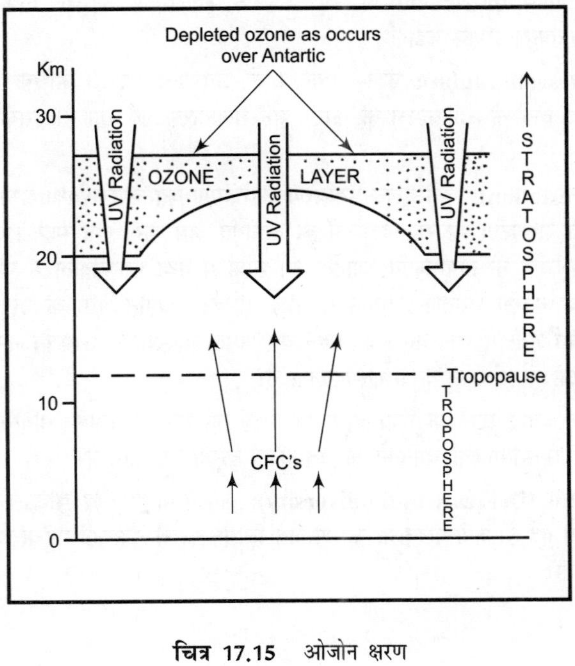

चित्र 17.15 ओजोन क्षरण

विज्ञान और पर्यावरण (सी.एस.ई.) केन्द्र के विश्लेषण से स्पष्ट होता है कि राजधानी नगर ओजोन प्रदूषण को अधिक अनुभव करता है। अनावरण 100 माइक्रोग्राम प्रति घन मीटर है। ओजोन का स्तर 2018 में 5% (106 $\mu g/m^3$) के मुकाबले 16% (122 µg/m3) से अधिक हो गया है। दिल्ली के हॉटस्पॉट की पहचान नजफगढ़ (92%), श्री अरबिंदो मार्ग (87%), नरेला (80%), बवाना (78%), सिरी किला (76%) के रूप में की गई है। (स्रोत: टी.ओ.आई. 20 जून, 2019)

(iv) **वायु, जल, मृदा तथा ध्वनि प्रदूषण:** वायु जल तथा मृदा का स्तर दोनों, नगरीय तथा ग्रामीण क्षेत्रों में घटता जा रहा है। देश में वायु तथा जल संक्रामक बीमारियाँ बढ़ती जा रही हैं। बड़े नगर सबसे अधिक प्रभावित हुए हैं। पंजाब, हरियाणा तथा पश्चिमी उत्तर प्रदेश में भूमिगत जल का स्तर उपभोग-स्तर से नीचे चला गया है। यही हाल भोपाल, दिल्ली, जयपुर, मेरठ तथा सहारनपुर का है।

(v) **अपशिष्ट पदार्थों के निस्तारण की समस्या:** औद्योगीकरण तथा नगरीकरण की तीव्र गति के कारण भारी मात्रा में घरेलू, औद्योगिक तथा नाभिकीय अपशिष्ट उत्पन्न हो रहे हैं। औद्योगिक अपशिष्टों में रसायन, डिटर्जेन्ट, धातु, कृत्रिम यौगिक, ठोस अपशिष्ट तथा कूड़ा होता है। भारी धातु रसायन जल तंत्र को प्रदूषित करती है, जो जलीय जीवन तथा मनुष्य के स्वास्थ्य के लिए खतरा है। नगरीय तथा औद्योगिक अपशिष्टों के अतिरिक्त नाभिकीय ईंधन से भी पर्यावरण को खतरा बढ़ रहा है। नाभिकीय अपशिष्ट में रेडियोधर्मी आइसोटोप होते हैं, जो बड़ी मात्रा में ऊष्मा उत्पन्न करते हैं। ये रेडियोधर्मी तत्व वायुमंडल में हजारों वर्ष तक रह सकते हैं। इसलिए नाभिकीय अपशिष्ट जीवमंडल के लिए एक गंभीर समस्या है।

(vi) **मृदा अपरदन (Soil Erosion):** मृदा अपरदन एक सर्वव्यापी समस्या है। यह समस्या उष्णकटिबंधीय तथा उपोष्ण देशों में अधिक गंभीर है। भारत में यह समस्या चिंताजनक है क्योंकि प्रत्येक वर्ष लगभग 6000 मिलियन टन मृदा अपरदित होती है। एक आंकलन के अनुसार लगभग 80 मिलियन हेक्टेयर भूमि पर मृदा अपरदन का प्रतिकूल प्रभाव पड़ा है, जिसमें 4 मिलयन हेक्टेयर से अधिक पर खड्ड (रेवाइन) तथा अवनालिकाओं का प्रभाव पड़ा है।

मृदा अपरदन न केवल उस क्षेत्र को प्रभावित करता है, जहां की मृदा अपरदित हुई है बल्कि उस क्षेत्र के पारिस्थितिकी तंत्र तथा पर्यावरण को भी प्रभावित करती है, जहाँ अपरदित मृदा निक्षेपित हुई है।

(vii) **लवणीकरण (Salinization):** देश के सिंचित क्षेत्रों में भारी मात्रा में रसायनों का प्रयोग करने से नदियों, झीलों, तलाबों तथा भूमिगत जल-निकायों का जल खारा हो गया है। इसके फलस्वरूप कई जल निकायों तथा आर्द्रभूमि में जीव-जन्तुओं तथा वनस्पति पर प्रतिकूल प्रभाव पड़ा है।

(viii) **मरुस्थलीकरण (Desertification):** मरुस्थलीकरण के अनेक कारण हैं। अधिक चराई (grazing), वनोन्मूलन तथा कृषीय भूमि के लिए वनों के अतिक्रमण के कारण मरुस्थलीकरण बढ़ रहा है। इसका प्रभाव थार मरुस्थल में देखा जा सकता है।

(ix) **वनोन्मूलन (Deforestation):** वनोन्मूलन पर्यावरण अवक्रमण का कारण तथा प्रभाव दोनों है। भारतीय वनों में वृक्षों का घनत्व तीव्र गति से घटता जा रहा है। वनों के अन्तर्गत अब कुल क्षेत्र मात्र 19% ही रह गया है। वनों के कटने के कारण सतह तथा वायु के तापमान में, आर्द्रता की मात्रा में तथा परावर्तकता में परिवर्तन आया है। वनों का घास के मैदान में परिवर्तन के कारण धरातल तापमान में वृद्धि हुई है। वृक्षहीन भूमि के ऊपर वायु तापमान में वृद्धि देखी गई है, जिसके कारण गर्म हवा में जल को रोके रखने की क्षमता बढ़ जाती है। पवन गर्म व शुष्क हो जाती है, निकटवर्ती वनों तथा कृषीय क्षेत्रों पर एक शुष्क प्रभाव डालता है।

पर्यावरण का संतुलन बनाए रखने के लिए वनरोपण समय की माँग है। इसके अतिरिक्त देश की सामुदायिक भूमि तथा अवक्रमित वन क्षेत्रों में सामाजिक वानिकी को विकसित करना अनिवार्य है।

(x) **घटती जैव विविधता (Decrease in Biodiversity):** जनसंख्या में तीव्र वृद्धि के कारण वृक्षों के काटे जाने तथा वनोन्मूलन में बढ़ोत्तरी हुई है। वनोन्मूलन के कारण जैव विविधता को नुकसान पहुँचा है। कई औषधीय पौधे तथा उपयोगी कीड़े अब खतरे में हैं।

कृषीय असन्तोष की समस्या (Problems of Agrarian Unrest)

साठ वर्षों के नियोजन के बाद भी कृषीय तथा औद्योगिक क्षेत्रों में असंतोष व्याप्त है। कृषीय तथा औद्योगिक असन्तोष कृषि व औद्योगिक क्षेत्रों में काम कर रहे श्रमिकों की असंतुष्टता, मोहभंग होने तथा कुंठा का संयुक्त रूप से प्रकटीकरण है। उनके समक्ष मुख्य मुद्दा न्यूनतम वेतन, रोजगार की गारंटी तथा सामाजिक सुख-सुविधाओं का है। इसलिए कृषीय तथा औद्योगिक असन्तोष का मुख्य बल इन मुद्दों पर है। भारतीय किसानों में आत्महत्या तथा अपराध में निरन्तर वृद्धि हो रही है। राष्ट्रीय-अपराध रिकॉर्ड ब्यूरो (National Crime Record Bureau) के अनुसार भारत में 1995 से जुलाई 2012 तक 270,940 किसान आत्महत्या कर चुके हैं। इस सूची में महाराष्ट्र सबसे ऊपर है। वर्ष 2016 में आत्महत्या करने वाले किसानों की संख्या सबसे अधिक मानी जाती है।

रोजगार कार्यालय (Employment Exchange) में दर्ज बेरोजगार लोगों की संख्या वर्ष 1952 में 4.37 लाख थी, जो वर्ष 2011 में बढ़कर 42 मिलियन (5.0 करोड़) हो गई। इस संख्या में लगभग 30 मिलियन लोग प्रत्यक्ष या अप्रत्यक्ष रूप से कृषि पर निर्भर हैं। औद्योगिक तथा तृतीयक क्षेत्रों की अपेक्षा कृषीय क्षेत्र में अधिक बेरोजगारी है।

स्वतंत्रता प्राप्ति के बाद भारत के प्रमुख कृषिक आंदोलन निम्न प्रकार रहे हैं– 1. तेलंगाना आंदोलन (1967), 2. मिल आंदोलन (धुलिया-1967-75), 3. नव-किसान आंदोलन-नासिक (1980), 4. भारतीय किसान यूनियन-उत्तर प्रदेश, हरियाणा तथा पंजाब (1986), 5. गुजरात में भारतीय किसान संघ (बी.के.यू.), 6. तमिलनाडु में तमिलागा व्यासवविगल संघ (टी.वी.एस.), तथा 7. कर्नाटक में कर्नाटक राज्य रयोता संघ (के.आर.आर.एस.)।

ग्रामीण बेरोजगारी के कारण

कृषीय तथा ग्रामीण बेरोजगारी के कारण निम्नलिखित हैं:

(i) **जनसंख्या में अनियंत्रित वृद्धि (Uncontrolled Growth of Population)**: देश के कुछ राज्यों में जनसंख्या विस्फोट के कारण अधिकतर ग्रामीण परिवारों में अधिशेष श्रम (Surplus Labour) है। वास्तव में भारत में श्रम की आपूर्ति माँग से अधिक है।

(ii) **ऋतुनिष्ठ रोजगार (Seasonal Employment)**: रोपण तथा फसल कटने के समय श्रम की माँग अपनी चरम सीमा पर होती है, बाकी के समय कृषीय श्रमिक बेरोजगार रहते हैं, यह सामान्यत: मन्द अवधि होती है। एक आंकलन के अनुसार भारतीय किसान पूरे वर्ष में मात्र 180 दिनों के लिए काम करते हैं तथा कृषि पर निर्भर श्रमिक 6 महीने से भी कम अवधि के लिए काम करते हैं।

(iii) **भू-सम्पत्ति/जोत-क्षेत्र का छोटा आकार (Small size of Holding)**: कृषीय बेरोजगारी जोत-क्षेत्र के घटते आकार के कारण भी बढ़ी हैं क्योंकि छोटे जोत-क्षेत्र परिवार के सभी सदस्यों की जीविका के लिए अपर्याप्त हैं। सामान्यत: भारत में किसान लगभग चार से छह महीने तक बेरोजगार रहता है।

(iv) **प्रौद्योगिकीय बेरोजगारी (Technological Unemployment)**: ट्रैक्टरों तथा अन्य मशीनों का प्रयोग कृषि के क्षेत्र में बढ़ता जा रहा है। ट्रैक्टर तथा फसल काटने वाली मशीनों के कारण कृषीय श्रमिकों का विस्थापन होता है।

(v) **असाक्षरता तथा अपर्याप्त शिक्षा (Illiteracy and Inadequate Education)**: अशिक्षित अथवा अर्द्ध-शिक्षित युवाओं को द्वितीयक तथा तृतीयक क्षेत्रों में रोजगार नहीं मिल रहा है।

(vi) **निम्न सामाजिक स्तर की निशानी (Symbol of Low Social Status)**: अर्द्ध-शिक्षित युवा कृषीय क्षेत्र के कार्यों को निम्न स्तर का समझते हैं।

(vii) **नेताओं की कथनी और करनी में अन्तर (Dishonest Leadership)**: शिक्षा तथा जागरुकता ग्रामीण समाज में बढ़ रही है, जिसके परिणामस्वरूप ग्रामीण अप्रशिक्षित तथा प्रशिक्षित बेरोजगार युवाओं के मन में नेताओं की कथनी और करनी में अन्तर देखकर रोष है।

नेता अपने किए हुए वादे नहीं निभाते, जिससे ग्रामीण युवाओं का मोहभंग हुआ है तथा वे आन्दोलन छेड़कर इसका सामाजिक विरोध करते हैं। यह कृषीय असन्तोष का एक प्रमुख कारक है। कृषीय असन्तोष मुख्यत: बेरोजगारी तथा अवरोजगार की समस्या

के कारण है। बेरोजगारों में असन्तोष इतना गहरा है कि वे कार्य करने की इच्छाशक्ति खो देते हैं, जिससे पूरे समुदाय को नुकसान होता है।

देश के कई भागों में कृषीय असन्तोष ने एक गंभीर संकट का रूप धारण कर लिया है, जो प्रशासन एवं सरकार के लिए एक सिरदर्द है। आंध्र प्रदेश, बिहार, छत्तीसगढ़, झारखंड, कर्नाटक, मध्य प्रदेश तथा पश्चिम बंगाल के कई भागों में नक्सलवादी आंदोलन प्रशासन व सरकार के लिए एक गंभीर चुनौती है। कुछ राज्यों में भूमि सेना तथा रणवीर सेना सक्रिय हैं। उत्तर प्रदेश सरकार ने भूमि सैनिक बल का गठन किया है, जो रोजगार प्रदान करेगा तथा भूमिहीन श्रमिकों को आर्थिक रूप से आत्मनिर्भर बनाएगा। इस योजना के तहत, प्रत्येक सैनिक को एक एकड़ भूमि वनरोपण के लिए प्रदान की जाएगी। आदर्श ग्राम योजना ग्रामीण बेरोजगारों को रोजगार प्रदान करती है।

बेरोजगार बीमा एक सही नीति हो सकती है लेकिन बढ़ती महँगाई के कारण सरकार के लिए इसे निधिबद्ध करना आसान नहीं है। इस समस्या के कई पहलुओं का समाधान करना आवश्यक है। यह अत्यावश्यक है कि सख्ती से दो बच्चों की नीति को अपनाया जाना चाहिए, यह लोगों को शिक्षित कर तथा उनमें जागरुकता लाकर ही संभव है खासतौर पर भारत के हिन्दी भाषी राज्यों में।

कृषीय असन्तोष तथा समाधान

कृषीय असन्तोष तथा उसका समाधान इस बात पर निर्भर करता है कि हमारी कृषीय नीति कैसी है तथा हमारे लक्ष्य क्या हैं? अभी तक हम खाद्यान्न उत्पादन को सबसे अधिक प्राथमिकता दे रहे थे। परन्तु पिछले दस वर्षों में खेती का क्षेत्र तथा खाद्यान्न उत्पादन घटता जा रहा है। प्रति व्यक्ति खाद्यान्न की उपलब्धता अब घटने की प्रवृत्ति दिखा रही है। भारत खाद्य निगम (Food Corporation of India) के गेहूँ घोटाले ने यह खुलासा किया कि कृषीय क्षेत्र किस तरह काम करता है। भारत खाद्य निगम ने उस गेहूँ के भंडार को निर्यात तथा काला बाजार क्षेत्र की ओर अपवर्तित किया है, जिसे घरेलू उपयोग के लिए इस्तेमाल किया जाना था।

भारत सरकार तथा राज्य सरकारों ने कृषीय श्रमिकों के असन्तोष को कम करने के लिए अनेक कदम उठाए हैं। ग्रामीण बेरोजगारी को कम करने के लिए उठाया गया पहला कदम 1972-73 में प्रधानमंत्री नकद योजना की शुरुआत थी। 1980 में 'काम के बदले अनाज योजना' की शुरुआत की गई। एकीकृत 'ग्रामीण विकास योजना' (IRDP) तथा 'जवाहर रोजगार योजना' की 1989 में शुरुआत बढ़ती ग्रामीण बेरोजगारी की समस्या से निपटने के लिए महत्वपूर्ण हैं।

क्या इस देश में वर्तमान परिस्थितियों में 'काम करने का अधिकार' कारगर होगा? 'काम करने का अधिकार' एक अप्रासंगिक, पलायनवादी, स्पर्शी, बेढंगा तथा हास्यास्पद प्रस्ताव है, न तो यह व्यवहार्य है और न ही इसे बगैर वृहत्त निवेश के लागू किया जा सकता है। यह एक कल्पना तथा खोखला वादा है। इसे लागू करना सरल नहीं है क्योंकि हमारे पास 100 मिलियन से अधिक बेरोजगारों को रोजगार प्रदान करने के लिए पर्याप्त राशि की कमी है। नेताओं द्वारा ऐसा लोकप्रिय नारा देना तथा इसके लिए वादा करना उनकी अविश्वसनीयता का परिचायक मात्र है।

ग्रामीण क्षेत्रों में स्वरोजगार के सम्बन्ध में लोगों को जागरुक करना आवश्यक है। ग्रामीण क्षेत्रों में स्वरोजगार निम्न क्षेत्रों में पाया जाता है:

(i) आधुनिक वैज्ञानिक पद्धति के अनुसार खेती
(ii) लघु आधारित उद्योग
(iii) कृषि उद्योग
(iv) वनों पर आधारित उद्योग
(v) डेरी फार्मिंग/डेरी उद्योग
(vi) मुर्गीपालन
(vii) ग्रामीण व कला व शिल्प (जैसे-हाथों से बना कागज, मिट्टी के बर्तन, चमड़े की वस्तुएँ, हाथों से छपाई तथा वस्त्रों, कालीन व गलीचों, इत्यादि की रँगाई)।

औद्योगिक असन्तोष (Industrial Unrest)

औद्योगिक असन्तोष देश के विभिन्न उद्योगों में काम कर रहे श्रमिकों की न्यूनतम वेतन, सुरक्षा उपाय, रोजगार की सुरक्षा तथा कुछ भीतरी व बाहरी सुविधाओं जैसे मुद्दों पर सामूहिक रूप से व्यक्त की गई असंतुष्टता/असंतोष है। दूसरे शब्दों में यह कुछ मुद्दों पर समाज के वर्गों की सामूहिक कुंठा तथा मोहभंग को व्यक्त करता है। इसके अंतर्गत जहाँ औद्यागिक श्रमिक, हड़ताल, घेराव, बंद, रैली एवं प्रदर्शन इत्यादि का सहारा लेते हैं वहीं उद्योगपतियों द्वारा इनके दमन के लिए मजदूरों की छँटनी, तालाबंदी आदि का उपयोग किया जाता है। इन कारणों से उत्पादन में तथा राष्ट्रीय आय में कमी आती है।

औद्योगिक असन्तोष के कारण

औद्योगिक असन्तोष के मुख्य कारण निम्नलिखित हैं:

(i) जन्म दर अधिक होना अथवा जनसंख्या में तीव्र वृद्धि तथा फलस्वरूप अधिशेष श्रम (Surplus Labour) की आपूर्ति

(ii) उद्योगपतियों तथा नियोक्ताओं की ''हायर एंड फायर'' नीति (श्रमिकों का अस्थायी रूप से बहाल करना तथा उद्देश्य की पूर्ति के बाद उन्हें बाहर का मार्ग दिखाना)

(iii) उद्योगों में चक्रीय बेरोजगारी (Cyclical Unemployment), जो व्यापार तथा व्यवसाय के उथल-पुथल का नतीजा है

(iv) ग्रामीण क्षेत्रों से औद्योगिक एवं नगरीय क्षेत्रों में बड़े पैमाने पर लोगों का अधिगमन

(v) उद्योगों को हुई हानि

(vi) उद्योगों का धीमी गति से विकास

(vii) विदेशी उद्योगों से प्रतिस्पर्द्धा

(ix) कल्याण एवं सानाजिक सुरक्षा कार्यक्रम

(x) श्रमिकों की हड़ताल अथवा नियोक्ताओं द्वारा तालाबन्दी तथा पुनर्गठन की नित्य घटनाएँ

(xi) बढ़ती मजदूरी एवं घटती उत्पादकता

(xii) उदारीकरण तथा भूमंडलीकरण

(xiii) नयी जीवन शैली

उपरोक्त कारकों के अतिरिक्त नई तकनीक के कारण भी प्रौद्योगिकीय बेरोजगारी होती है। उद्योग में स्वचलीकरण अथवा अधिक औद्योगिक परिवर्तन के कारण श्रमिकों की संख्या घटी है। सम्पूर्ण आर्थिक विकास के क्रम में, खासकर औद्योगिक क्रान्ति के बाद मनुष्य यन्त्रीकरण की प्रक्रिया से समंजन स्थापित करने पर मजबूर हुआ है। उद्योगों ने आम आदमी की आर्थिक सुरक्षा को कम कर दिया है क्योंकि प्रौद्योगिकी के विकास के कारण मनुष्य के श्रम का विस्थापन हुआ है।

इस तरह यन्त्रीकरण में सुधार, अधिक उत्पादन, निराधार कल्पना, मौद्रिक सफलता पर सामाजिक बल तथा अपरिहार्य उदासी-ये सभी श्रम की माँग को प्रभावित करते हैं, जिसके कारण औद्योगिक असन्तोष उत्पन्न होता है।

केन्द्र तथा राज्य सरकारों ने अनेक उपाय किए हैं, जिससे औद्योगिक श्रमिकों की शिकायतों को दूर किया जा सकेगा लेकिन सही समाधान तब तक नहीं निकल सकता है, जब तक जनसंख्या वृद्धि तथा श्रम की आपूर्ति पर नियंत्रण नहीं किया जाएगा। इसके अतिरिक्त स्वरोजगार की योजनाओं को अधिक शीघ्र रूप से कार्यान्वित करना आवश्यक है।

औद्योगिक असन्तोष को कम किया जा सकता है, यदि-(i) स्वरोजगार के अवसर उत्पन्न किये जायें; (ii) उत्पादन तथा कार्यरत गरीबों की आय में वृद्धि की जाए, तथा; (iii) राहत किस्म के रोजगार के बजाय स्थायी उत्पादनकारी परिसम्पत्ति पर अधिक बल दिया जाए।

आर्थिक विकास में प्रादेशिक असमानता (Regional Disparity in Economic Development)

किसी राष्ट्र के भिन्न-भिन्न प्रदेश के लोगों के जीवन स्तर में असमानता, प्रादेशिक असमानता कहलाती है। किसी प्रदेश की सम्पन्नता अथवा गरीबी का परिमाण निकालना कठिन है परन्तु इसके दो मूल सूचक हैं-पहला सूचक **प्रति व्यक्ति आय** है तथा

दूसरा **बेरोजगारी**। असमानता के अन्य सूचक हैं-उद्योगों के प्रकार, इनका विकास तथा पतन, उच्च शिक्षा में लोगों की संख्या, आवासीय स्तर तथा पर्यावरण की स्थिति। कुछ विशेषज्ञों के अनुसार आर्थिक विकास प्रादेशिक असमानता का कारण है।

प्रादेशिक असमानता, असमान विकास प्रदर्शित करती है। असमान विकास अर्थव्यवस्था की एक ऐसी स्थिति है, जहाँ सभी प्रदेश या समाज के सभी वर्ग अर्थव्यवस्था का लाभ समान रूप से नहीं उठा पाते हैं। यह असमानता 'उपभोक्ता वस्तुओं' तथा 'पूँजीगत वस्तुओं' के उद्योगों के बीच भी हो सकती है तथा अर्थव्यवस्था के विभिन्न क्षेत्रों के बीच भी। इसे पूँजीवाद के नतीजे के रूप में देखा जा सकता है जो प्रतिस्पर्द्धा तथा संचयन पर आधारित है, परन्तु यह सिर्फ पूँजीवाद के लिए ही अनोखा नहीं है। राज्य समाजवाद के कारण किसी एक क्षेत्र पर दूसरे क्षेत्र की अपेक्षा अधिक बल दिया जाता है।

प्रादेशिक असंतुलन तथा समाहीनता एक विश्वव्यापी प्रवृत्ति है। विश्व के अधिकतर देश क्षेत्रीय असमानता की समस्या का सामना कर रहे हैं। यह समस्या भारत जैसे विकासशील देश में अधिक गंभीर है, जहाँ इसके कारण राजनैतिक तथा आर्थिक स्थायित्व खतरे में है।

प्रादेशिक असमानता का कारण न केवल भौतिक है बल्कि ऐतिहासिक, सामाजिक-आर्थिक तथा राजनैतिक भी है। देश के कई भाग प्राकृतिक संसाधनों के मामले में धनी हैं। देश के विभिन्न भागों में प्राकृतिक सम्पदा में भिन्नता प्रादेशिक असमानता को जन्म देती है।

अकबर के शासन के दौरान भारत एक सम्पन्न देश के रूप में विश्व भर में प्रसिद्ध था। यद्यपि भारत की अर्थव्यवस्था मुख्य रूप से कृषि पर आधारित थी फिर भी यह एक अग्रणी उत्पादक राष्ट्र था, इस सम्बन्ध में इसकी गिनती औद्योगीकरण से पहले के यूरोप के बराबर थी। औद्योगिक क्रान्ति के उपरान्त भारत, यूरोप की तुलना में पिछड़ गया।

मुगल काल में भारत की अर्थव्यवस्था गाँवों पर आधरित थी। यद्यपि यह देश 500 वर्षों तक मुस्लिम शासकों के अधीन रहा फिर भी समाज हिन्दू परम्पराओं के आधार पर संगठित था। जाति व्यवस्था अक्षुण्ण रही। सामाजिक असमानता ने अक्सर आर्थिक शोषण को एक अतिरिक्त आयाम दिया। जहाँ एक ओर जजमानी व्यवस्था ने सामाज़िक सुरक्षा सुनिश्चित की, वहीं दूसरी ओर जाति व्यवस्था ने सामाजिक निश्चलता को सुनिश्चित किया।

भारतीय इतिहास के मध्य काल में ऐसे प्रमाण हैं जो यह सूचित करते हैं कि कई प्रदेशों में अधिशेष खाद्य था तो कई प्रदेश इस मामले में पिछड़े थे। भारतीय गाँव सामाजिक तथा आर्थिक रूप से खंडित थे। खेती की भूमि के वितरण में असमानता थी। गाँव के धनी व्यक्तियों की अपेक्षा तटीय शहरों तथा नगरों के व्यापारी अधिक समृद्ध थे। मुगल काल के दौरान अभिजात तथा उच्च वर्ग का जीवन स्तर विलासता तथा ठाट-बाट का पर्याय था। इस बात का कोई साक्ष्य नहीं है कि औरंगजेब का प्यूरिटन (अतिनैतिक) जीवन यापन का तरीका किसी भी तरह अभिजात-वर्ग को प्रभावित कर पाया है।

ब्रिटिश काल के दौरान प्रादेशिक असमानता

भारत की प्रादेशिक विषमता ब्रिटिश काल की देन है। प्रादेशिक विषमता के प्रमुख कारक निम्न प्रकार हैं:

1. कच्चे माल पर आधारित उद्योग

भारत में यांत्रिक औद्योगिक विकास की शुरुआत 19वीं सदी के मध्य में हुई। उद्योगों के स्थान निर्धारण में कच्चे माल की उपलब्धता मुख्य कारक है। ऐसे क्षेत्र जहाँ कच्चे माल की उपलब्धता के कारण अधिक उद्योग लगाए जाते हैं, उन क्षेत्रों में आर्थिक विकास अधिक होता है।

2. ऐतिहासिक कारक

भारत में वर्तमान प्रादेशिक असमानता ब्रिटिश काल की देन हैं। भारत में ऐतिहासिक कारणों के फलस्वरूप बंदरगाह नगर, जैसे-मुंबई (बॉम्बे), कोलकाता (कलकत्ता) तथा चेन्नई (मद्रास) का विकास हुआ। इन तीन नगरों ने क्रमशः महाराष्ट्र, पश्चिम बंगाल तथा तमिलनाडु के विकास में एक केन्द्र के रूप में काम किया जो वर्तमान में देश के अधिक औद्योगीकृत राज्य हैं। दूसरी ओर झारखंड, ओडिशा तथा मध्य प्रदेश जैसे राज्य जहाँ खनिज संसाधनों की भरमार है, पीछे रह गए हैं।

3. प्रवास तथा पूँजी का निवेश

प्रशिक्षित, सक्रिय तथा स्वस्थ्य युवा श्रमिकों का अधिगमन मुंबई (बॉम्बे), कोलकाता (कलकत्ता) तथा चेन्नई (मद्रास) जैसे औद्योगिक केन्द्रों में हुआ, जिसके कारण इन प्रवासियों के उद्‌गम स्थान की आयु संरचना प्रभावित हुई। इस स्थान की आयु संरचना असंतुलित हो गई तथा यहाँ निर्भरता का अनुपात बढ़ गया, जिसके कारण बच्चों एवं वृद्धों का भार अधिक हो गया। इन क्षेत्रों की अर्थव्यवस्था विकास नहीं कर पाई। पूँजी विकसित क्षेत्रों में लगायी गयी क्योंकि यहाँ निवेश के अच्छे अवसर थे तथा अधिक लाभ की संभावना न होने से पिछड़े क्षेत्रों में अधिक निवेश नहीं हो पाया।

4. परिवहन विकास

पूर्व-स्वतंत्रता काल में औद्योगीकरण तथा नगरीकरण की प्रक्रिया मुम्बई, कोलकाता एवं चेन्नई, जैसे–बंदरगाह नगरों से जुड़ी हुई थी। 1853 में भारत में रेलवे की शुरुआत हुई, 1910 तक यह विश्व का चौथा सबसे बड़ा रेलवे तंत्र बन गया। परिवहन के विकास के कारण भी प्रादेशिक असमानता बढ़ गई क्योंकि देश के सभी भाग परिवहन मार्गों से सही ढंग से जुड़े हुए नहीं थे।

5. नहर सिंचाई का विकास

खाद्य की कमी तथा अकाल की समस्या से निपटने के लिए भारत में ब्रिटिश सरकार ने नहर सिंचाई का विकास ऊपरी-गंगा नहर (1854), निचली-गंगा नहर (1878), आगरा नहर (1878) तथा बारी दोआब नहर (1878) इत्यादि का निर्माण करके किया। सिंचाई नहरों के विकास का लाभ ब्रिटिश काल में मुख्यतः उत्तरी, पश्चिमी तथा दक्षिणी प्रान्तों में केन्द्रित था। मध्य तथा पूर्वी भारत पर तुलनात्मक रूप से ध्यान नहीं दिया गया।

ऐतिहासिक विकास प्रक्रियाओं, जिनकी चर्चा ऊपर की गई है, ने भारत के विकास तथा आधुनिकीकरण के पहले चरण में प्रादेशिक असन्तुलन को जन्म दिया।

स्वतंत्रता के उपरान्त प्रादेशिक असमानता

आर्थिक तथा सामाजिक विकास में प्रदेशों के बीच असमानता तथा समाज के विभिन्न वर्गों के बीच अन्तर, भारत में स्वतंत्रता के बाद नियोजन की प्रक्रिया की शुरुआत का मुख्य कारण था। पिछड़े प्रदेशों में वृहत निवेश के अतिरिक्त निजी निवेशकों को प्रोत्साहन दिया गया। यद्यपि प्रादेशिक असमानता को दूर करने के उपाय किए गए लेकिन नतीजे उत्साहजनक नहीं थे। 1970 के दशक के अन्त तक प्रादेशिक असमानता का स्तर अच्छा खासा था। 1980 के दशक के शुरुआत से हुई आर्थिक विकास में तेजी के कारण प्रादेशिक असमानता की समस्या और गहरा गई है।

देश के पंद्रह बड़े राज्यों (यहाँ देश की कुल जनसंख्या का 96% हिस्सा है) को दो वर्गों में बाँटा जा सकता है:

(i) देश के अग्रवर्ती अथवा उन्नत राज्यों का समूह, जिनमें आंध्र प्रदेश, गुजरात, हरियाणा, कर्नाटक, केरल, महाराष्ट्र, पंजाब तथा तमिलनाडु शामिल हैं, तथा;

(ii) देश के पिछड़े राज्यों का समूह, जिनमें असम, बिहार, छत्तीसगढ़, जम्मू एवं कश्मीर, मध्य प्रदेश, उत्तर-पूर्वी पहाड़ी राज्य, ओडिशा, राजस्थान, उत्तराखंड, उत्तर प्रदेश तथा पश्चिम बंगाल शामिल हैं।

भौगोलिक रूप से पंजाब एवं हरियाणा को छोड़कर ये उन्नत राज्य देश के पश्चिमी तथा दक्षिणी भाग में हैं, जबकि पिछड़े राज्य देश के पूर्वी तथा उत्तरी भाग में हैं तथा ये एक सशक्त प्रदेश बनाते हैं ***(चित्र 17.16)***।

अग्रवर्ती राज्यों में जनसंख्या वृद्धि राष्ट्रीय औसत से कम है तथा पिछड़े राज्यों में यह राष्ट्रीय औसत से अधिक है। अग्रवर्ती राज्यों में साक्षरता दर पिछड़े राज्यों की अपेक्षा अधिक है। अग्रवर्ती राज्यों में प्रति व्यक्ति आय बढ़ गयी है जबकि पिछड़े राज्यों में यह घटती जा रही है।

भारत में प्रादेशिक असमानता का एक महत्वपूर्ण पक्ष आर्थिक तथा सामाजिक विकास में प्रादेशिक, अन्तर-जिला तथा अन्तः जिला असमानता है। यह प्रादेशिक तनाव का एक प्रमुख कारण है, जो जन-आन्दोलन तथा कभी-कभी उग्रवादी गतिविधियों को जन्म देता है। इस असमानता के कारण भी कभी-कभी नए राज्य बनाए जाते हैं।

स्वतंत्रता के बाद प्रादेशिक असमानता की कुछ मूल प्रवृत्तियाँ, जो उभर कर सामने आईं, निम्नलिखित हैं:

1. प्रति व्यक्ति आय में असमानता

कई राज्यों की प्रति व्यक्ति आय हमेशा अधिक रही है, जैसे-पंजाब, महाराष्ट्र तथा हरियाणा आदि। कई राज्यों की प्रति व्यक्ति आय हमेशा कम रही है, जैसे-बिहार, उत्तराखंड, मध्य प्रदेश, छत्तीसगढ़, झारखंड, जम्मू एवं कश्मीर, ओडिशा, राजस्थान, उत्तराखंड तथा उत्तर प्रदेश।

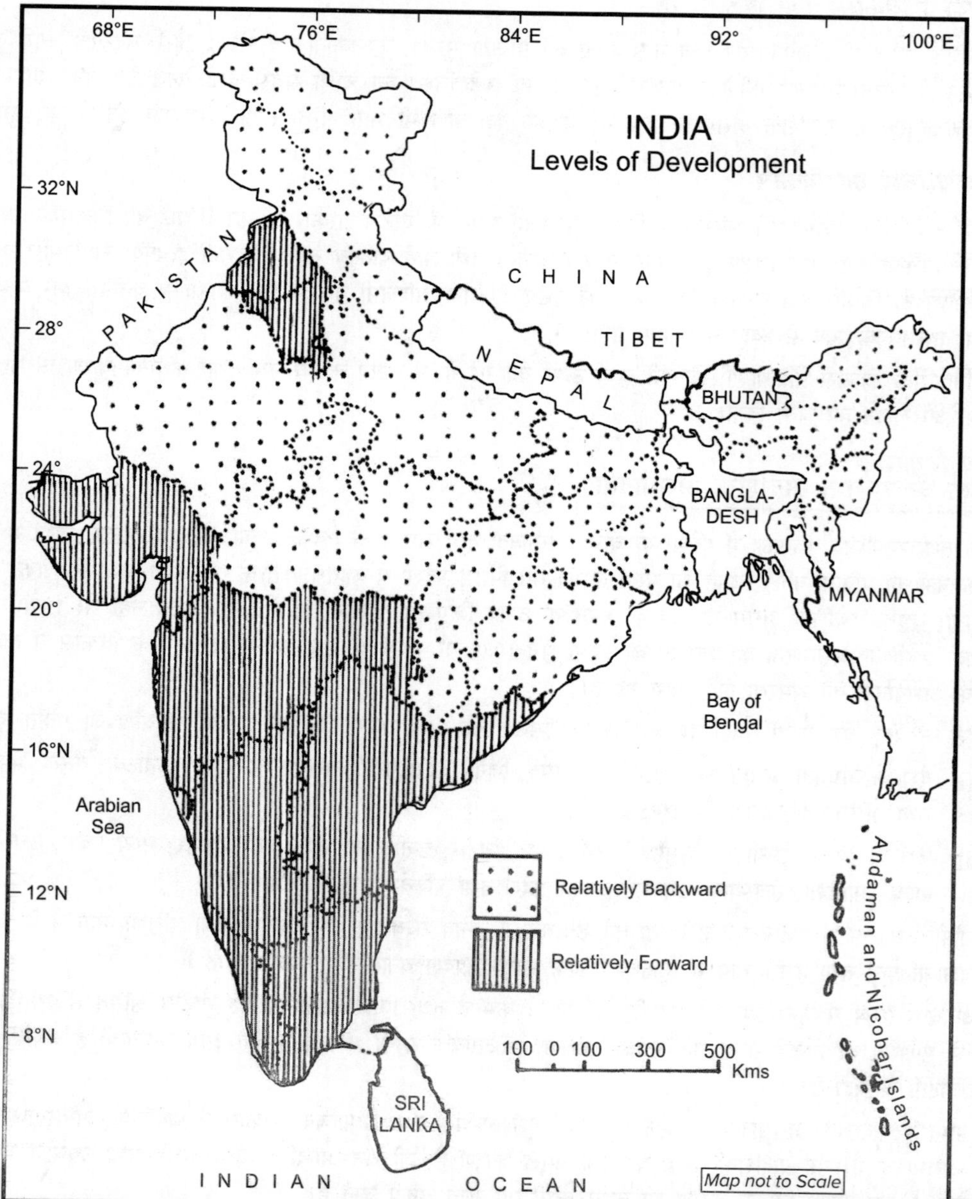

चित्र 17.16 अपेक्षाकृत अगड़े एवं पिछड़े क्षेत्र

2. साक्षरता दर में असमानता

वर्ष 2001 के जनगणना के अनुसार भारत की साक्षरता दर 65% थी, इसका अर्थ है कि देश की कुल जनसंख्या का लगभग 35% अथवा देश में 360 मिलियन (36 करोड़) लोग असाक्षर हैं। अधिकतर असाक्षर पिछड़े राज्यों में रहते हैं, जैसे-असम, मध्य प्रदेश, ओडिशा, राजस्थान तथा उत्तर प्रदेश। इन राज्यों में असाक्षरों की परिशुद्ध संख्या बढ़ती जा रही है। दुर्भाग्यवश देश के अन्य भागों की अपेक्षा हिन्दी भाषीय राज्यों में असाक्षरता अधिक है। आशीष बोस ने देश के चार हिन्दी-भाषीय राज्यों को संयुक्त रूप से बीमारू राज्य (बिहार, मध्य प्रदेश, राजस्थान तथा उत्तर प्रदेश) का दर्जा दिया है।

3. प्रत्याशित आयु में असमानता (Average Life Span)

भारत में औसत प्रत्याशित आयु 1951 में 37 वर्ष थी, जो वर्ष 2001 में बढ़कर 67 वर्ष हो गयी। पंजाब, हरियाणा, गुजरात, महाराष्ट्र, केरल, कर्नाटक तथा तमिलनाडु में प्रत्याशित आयु अधिक है तथा उत्तर प्रदेश में यह 55 वर्ष है।

4. औद्योगिक विकास में असमानता

जैसा कि ऊपर कहा जा चुका है कि उद्योगों का शुरुआती वितरण ऐतिहासिक प्रक्रियाओं द्वारा निर्धारित किया गया, यह परिवहन सुविधाओं के विकास में एवं ब्रिटिश शासकों के हितों में प्रतिबिम्बित हुआ।

इस तरह स्वतंत्रता के समय हमें औद्योगिक विकास का एक असंतुलित प्रतिरूप विरासत में मिला जहाँ अधिकतर उद्योग कुछ केन्द्रों में संकेन्द्रित थे। स्वतंत्रता के बाद अधिकतर उद्योग गुजरात में संकेन्द्रित रहे।

पंजाब तथा हरियाणा ने स्वतंत्रता के बाद कृषि-आधारित उद्योगों में काफी प्रगति की। बिजली की प्रति व्यक्ति खपत सबसे अधिक पंजाब में है, इसके बाद क्रमशः महाराष्ट्र एवं गुजरात का स्थान है। अविकसित राज्य, जैसे-बिहार, मध्य प्रदेश, राजस्थान तथा उत्तर प्रदेश बिजली की औद्योगिक खपत के मामले में बहुत पीछे हैं।

5. कृषीय विकास में असमानता

अधिक पैदावार करने वाली गेहूँ तथा धान की किस्मों के उपयोग के कारण पंजाब, हरियाणा, पश्चिमी उत्तर प्रदेश, गुजरात तथा तमिलनाडु की उत्पादकता में वृद्धि हुई है। कृषि का प्रदर्शन बिहार, छत्तीसगढ़, झारखंड, मध्य प्रदेश, ओडिशा तथा राजस्थान में संतोषजनक नहीं रहा है। कृषि के अनियमित तथा खराब उत्पादन ने लोगों के जीवन स्तर पर खराब प्रभाव डाला है।

6. निजी निवेश में असमानता

निजी निवेश (घरेलू तथा विदेशी) देश के उन प्रदेशों/राज्यों में अधिक हो रहा है, जहाँ बेहतर आधारभूत संरचना की सुविधाएँ हैं। देश के पिछड़े हुए प्रदेश जहाँ समुचित निजी निवेश नहीं हो पाया है, ने स्वतंत्रता के बाद मन्द आर्थिक वृद्धि दर्ज की है। अपर्याप्त तथा निम्न किस्म की आधारभूत संरचना तथा खराब कानून व्यवस्था के कारण इन पिछड़े राज्यों में समुचित निजी निवेश नहीं हो पाया है।

7. अन्य प्रवृत्तियाँ

असाक्षरता, भ्रष्टाचार तथा राजनीतिक दूरदर्शिता की कमी भी भारत में व्याप्त प्रादेशिक विषमता के लिए काफी हद तक जिम्मेदार रहे हैं।

यदि सामाजिक-आर्थिक विकास की यह प्रवृत्ति जारी रही तो भारत जीवन-स्तर के मामले में एक अत्यधिक असमान राष्ट्र हो जाएगा। पूरे देश में आय तथा जीवन स्तर में असमानता देखी जाएगी। देश के पश्चिमी तथा दक्षिणी भाग में लोगों की प्रति व्यक्ति आय अधिक होगी, इन क्षेत्रों में साक्षरता दर अधिक होगी तथा पुरुषों एवं महिलाओं के बीच भेदभाव मिट जाएगा। पिछड़े राज्यों में स्थिति बिल्कुल विपरीत होगी।

विकास के विभिन्न परिदृश्य के लिए प्रादेशिक असमानता की रूपरेखा-2025 (Profile of Regional Disparities for different Growth Scenarios-2025)

ऐतिहासिक तथा स्वतंत्रता के बाद की प्रवृत्ति यह संकेत देती है कि आने वाले दशकों में असमानता बढ़ती जाएगी। पिछड़े हुए प्रदेशों में विकास की रफ्तार अत्यन्त कम है। पिछड़े राज्य, जैसे-बिहार, मध्य प्रदेश, झारखंड, छत्तीसगढ़, ओडिशा, राजस्थान तथा

उत्तर प्रदेश में जनसंख्या में अधिक वृद्धि होने के कारण रोजगार के अवसर कम होते जाएँगे तथा सामाजिक क्षेत्र में निवेश व सम्पूर्ण विकास की गति धीमी हो सकती है।

विकास तथा जनसंख्या के बीच सम्बन्ध (Relationship between Population and Development)

जनसंख्या तथा विकास एक-दूसरे से अन्तर-सम्बन्धित हैं। जनसंख्या की कई विशेषताएँ हैं, जो विकास के मुद्दे को प्रभावित करती हैं। इसी तरह विकास के मुद्दे भी जनसंख्या की विशेषताओं को प्रभावित करते हैं। जिन तरीकों से जनसंख्या के मुद्दे प्रभावित होते हैं, वे एक प्रदेश से दूसरे प्रदेश में भिन्न होते हैं; उदाहरण के लिए औद्योगिक क्रान्ति के बाद पश्चिम में (यूरोप) एक बड़ी जनसंख्या की आवश्यकता थी, जो निर्मित वस्तुओं का उपयोग कर सके।

इसके विपरीत यह कहा जाता है कि विकासशील देशों में जनसंख्या में वृद्धि विकास के लिए एक अवरोध बन गई। यह सीमित संसाधनों तथा उसके उपयोग पर दबाव डालती है। चूँकि बड़े पैमाने पर कोई औद्योगीकरण नहीं होता है इसलिए बढ़ती जनसंख्या की आवश्यकताओं को पूरा नहीं किया जा सकता है। जनसंख्या का एक बड़ा वर्ग कृषि पर निर्भर है, जिसके कारण मानव संसाधन का पूरी तरह से उपयोग नहीं हो पा रहा है।

जब कोई देश विकास करता है तो वहाँ के लोगों के जीवन स्तर में सुधार आता है। यह कई तरीकों से प्रतिबिम्बित होता है-लोगों को स्वास्थ्य सुविधाएँ, सुरक्षित पीने योग्य पानी तथा समुचित मात्रा में खाद्य उपलब्ध होता है। इसके कारण मृत्यु दर में कमी आती है। कई लोग जिनमें महिलाएँ भी शामिल हैं, कामकाज के लिए फैक्ट्री तथा दफ्तर जाते हैं। चूँकि शिशुओं का जीवित रहना सुनिश्चित होता है इस कारण लोगों में छोटे परिवार की प्रवृत्ति देखी गई है। इसके अतिरिक्त बेहतर जीवन स्तर के लिए लोग छोटे परिवार को पसंद करते हैं। इन वर्षों में इन सभी कारकों के कारण जन्म दर घट गयी है। जन्म दर तथा मृत्यु दर घटने के परिणामस्वरूप देश में निम्न प्राकृतिक जनसंख्या वृद्धि दर दर्ज की जाती है। इस तरह एक क्रमिक जनसंख्या वृद्धि देखी जा सकती है।

जब किसी देश की जनसंख्या बढ़ती है तो अधिक मूलभूत सुविधाओं की आवश्यकता होती है, जैसे-खाद्य सामग्री, वस्त्र, आवास, शैक्षिक संस्थान, अस्पताल, पीने योग्य जल, परिवहन तथा बिजली। सरकार को खाद्यान्न की उपलब्धता भी सुनिश्चित करनी पड़ती है। जनसंख्या बढ़ने के साथ ही सरकार की समस्याएँ बढ़ जाती हैं, क्योंकि सभी को आवश्यक सुविधाएँ प्रदान करना आसान नहीं है। इसके कारण वस्तुओं तथा सेवाओं की माँग बढ़ जाती है तथा रोजगार की माँग भी अधिक हो जाती है।

जनसंख्या के विभिन्न पक्ष विकास को भी प्रभावित करते हैं। उदाहरण के लिए जनसंख्या की आयु संरचना देश की विकास गतिविधियों के लिए उपलब्ध संसाधन के वितरण को प्रभावित करती है। किसी देश में यदि युवा वर्ग (उम्र सीमा: 0-14 वर्ष) का अनुपात अधिक होगा तो उन्हें शिक्षा तथा स्वास्थ्य सुविधाएँ मुहैया कराना आवश्यक होता है। इसी तरह वृद्ध लोगों (60 वर्ष की आयु से अधिक) को भी स्वास्थ्य सुविधाएँ तथा सेवानिवृत्ति का लाभ देना आवश्यक है। सरकार के कार्यक्रमों द्वारा जुटाए गए संसाधनों का अपवर्तन कर इन आवश्यकताओं को पूरा किया जा सकता है।

सतत् वृद्धि तथा विकास (Sustainable Growth and Development)

सतत् विकास की अवधारणा को सबसे पहले 1987 में पर्यावरण तथा विकास पर बने विश्व आयोग द्वारा प्रसिद्ध ब्रूंडलैंड रिपोर्ट (Brundtland Report) के अन्तर्गत स्पष्ट किया गया था। इस रिपोर्ट का शीर्षक था 'हमारा सामान्य भविष्य' (Our common future), इसके अन्तर्गत यह कहा गया कि हमारे प्राकृतिक संसाधन असीमित नहीं हैं तथा विकास की प्रक्रिया का उद्देश्य यह होना चाहिए कि आगामी पीढ़ी की आवश्यकताओं के साथ समझौता किए बगैर वर्तमान पीढ़ी की आवश्यकताओं को पूरा किया जाए।

'भूमंडलीय परिवर्तन' (जिसमें जलवायु परिवर्तन, जैव-अतिक्रमण, भूमि उपयोग परिवर्तन तथा जैव-विविधता का क्षीण होना शामिल है) के कारण अब ऐसे आर्थिक विकास पर बल दिया जा रहा है, जो सतत् प्राकृतिक संसाधन प्रबंधन से सम्बन्धित हो। पर्यावरण मुद्दे जिन पर अतिशीघ्र ध्यान देना आवश्यक है, वे हैं-(i) ग्रीन हॉउस गैसों के उत्सर्जन के कारण भूमंडलीय ताप वृद्धि, (ii) मृदा तथा जल का अम्लीकरण, (iii) वायु के स्तर में हुई गिरावट, (iv) खनन गतिविधियों द्वारा खनिज संसाधनों का अन्धाधुन्ध

उपयोग, (v) प्राकृतिक संसाधनों के अत्यधिक उपयोग के कारण भूमि आवरण में भारी परिवर्तन जिसके फलस्वरूप भूदृश्य का मरुस्थलीकरण हो रहा है, तथा; (vi) जैव-विविधता का तीव्र गति से विलोपन, इत्यादि।

विकासशील देशों में लोगों की मूलभूत आवश्यकताओं, जैसे-खाद्य, चारा, ईंधन, वस्त्र तथा आश्रय को पूरा करने के लिए प्राकृतिक संसाधनों का अधिक उपयोग होता है। दूसरी ओर विकसित देशों में अत्यधिक संसाधन उपभोग के स्तर को कायम रखा जाता है चूँकि उन्होंने सबसे पहले औद्योगीकरण की पहल की तथा इसका लाभ उठाया। औद्योगीकृत विश्व द्वारा प्राकृतिक संसाधनों को अक्सर असीमित समझा जाता है।

धारणीयता के मार्गदर्शक मूल तत्व (The Guiding Principles of Sustainability)

इन मार्गदर्शक मूल तत्वों के पारिस्थितिकी, आर्थिक, सामाजिक तथा सांस्कृतिक आयाम होते हैं। ये मूलभूत सिद्धान्त निम्नलिखित हैं:

(i) **अन्तर-पीढ़ी समानता (Inter-generational equity):** वर्तमान को संसाधन प्रदान कर भविष्य के लिए इसे सुरक्षित रखना।

(ii) सांस्कृतिक व जैव-विविधता एवं पारिस्थितिकी अक्षयता का संरक्षण।

(iii) निरंतर स्वभाविक पूँजी तथा 'सतत् आय।'

(iv) संसाधन उपयोग के लिए पूर्वाभासी तथा एहतियाती नीति।

(v) संसाधन उपयोग का तरीका ऐसा होना चाहिए कि बगैर किसी सामाजिक विच्छेद के समानता तथा सामाजिक न्याय के लिए योगदान किया जाना चाहिए।

(vi) पर्यावरण की क्षमता के अन्तर्गत नवीकरणीय संसाधन तथा सम्मिलित अपशिष्टों की आपूर्ति के लिए प्राकृतिक संसाधनों के उपयोग को सीमबद्ध करना।

(vii) लोगों का मात्रात्मक की बजाय गुणात्मक कल्याण।

(viii) सम्पूर्ण पर्यावरणीय तथा सामाजिक खर्च को पूरा करने के लिए पर्यावरणीय उपयोगिता तथा प्राकृतिक संसाधन का मूल्य निर्धारण।

(ix) नियंत्रित जनसंख्या वृद्धि।

(x) पर्यावरणीय मुद्दों का राष्ट्रीय अथवा प्रादेशिक की बजाय अन्तर्राष्ट्रीय परिप्रेक्ष्य।

(xi) सभी समाजों द्वारा संसाधन उपयोग की कार्यक्षमता।

(xii) एक पारिस्थितिकी धारणीय नीति की ओर परिवर्तन की प्रक्रिया के दौरान नीति एवं प्रयोग में सामुदायिक भागीदारी।

पारिस्थितिकी मूल्यांकन के सूचक (Indicators of Ecological Evaluation)

धारणीयता को मापने के पारिस्थितिकी, आर्थिक तथा सामाजिक सूचक हैं। धारणीयता के मुख्य सूचक हैं:

(i) भूमि उपयोग तथा भूमि आवरण (Land cover) में परिवर्तन

(ii) जैव संहति का स्तर तथा मात्रा

(iii) जल की गुणवत्ता तथा मात्रा

(iv) मृदा उर्वरता

(v) ऊर्जा प्रबंधन

धारणीय कृषि (Sustainable Agriculture)

भारत के ग्रामीण वातावरण में कृषि, वानिकी तथा मत्स्य उद्योग परम्परागत गतिविधियाँ हैं। पिछले कुछ दशकों में भारत ने 'हरित क्रान्ति' को आत्मनिर्भरता का मार्ग बनाया है। चावल तथा गेहूँ की उच्च पैदावार वाली किस्मों का प्रयोग 1960 के दशक में शुरू

हुआ तथा परिणाम उत्साहजनक रहा। यद्यपि इसका मूल्य राष्ट्र को चुकाना पड़ा, तीनों ही रूपों में-आर्थिक, सामाजिक तथा पारिस्थितिकीय। जैव भौतिक स्तर पर इसके नकारात्मक प्रभाव रहे हैं, जैसे-जैव कार्बन की क्षीणता, मृदा लवणता में वृद्धि, भौम जलस्तर में परिवर्तन तथा खाद, कीटनाशकों, इत्यादि के कारण रासायनिक प्रदूषण, हरित क्रान्ति के केन्द्र में (सतलज-गंगा के मैदान के उत्तर-पश्चिमी भाग में) अब कृषीय उत्पादन में गिरावट आई है, जो कृषि वैज्ञानिकों के लिए चिन्ता का विषय है। उष्णकटिबंधीय देशों में मृदा का अधिक तापमान तथा ऋतुनिष्ठ मानसून की वर्षा, जैसा कि भारत तथा एशिया के अन्य भाग में देखी जाती है, मृदा अवक्रमण की गति को बढ़ा देती है।

सामाजिक दृष्टि से भी इससे अधिक क्षति हुई है। जनसंख्या वृद्धि की माँग को पूरा करना मुश्किल है। भारत की जनसंख्या के एक बड़े वर्ग के लिए कृषि अभी भी एक महत्वपूर्ण आर्थिक क्रियाकलाप है परन्तु इस वर्ग का एक बड़ा भाग अभी भी परम्परागत कृषि पद्धति का अनुसरण करता है। हरित क्रान्ति के कारण कृषि समुदाय का एक बड़ा वर्ग उपान्तीय (marginal) वर्ग बन गया, इनकी पहुँच संसाधनों तथा बाजार तक कम थी। ग्रामीण भू-दृश्य में वृक्षों का आवरण घट गया है। राष्ट्रीय स्तर पर हम खाद्य के मामले में आत्म-निर्भर कहे जाते हैं परन्तु गरीब अथवा उपान्तीय कृषक (marginal farmer) को अपनी न्यूनतम आवश्यकताओं को पूरा करने की भी क्रय-शक्ति नहीं होती है। इसके अतिरिक्त सरकार की मुख्य कृषीय नीतियों पर धनी किसानों का प्रभाव होता है, जो राष्ट्रीय खाद्य आत्मनिर्भरता में अपना योगदान करते हैं। जनसंख्या की वृद्धि के कारण सामाजिक परिस्थिति और अधिक गंभीर हो जाएगी खासकर छोटे तथा उपान्तीय (marginal) किसानों व भूमिहीन श्रमिकों के लिए।

यह एक विरोधाभास है कि एक तरफ जहाँ देश खाद्यान्न के मामले में लगभग आत्मनिर्भर है, वहीं देश के सूखा-प्रवण क्षेत्रों में समाज के गरीब वर्गों के बीच भुखमरी देखी जा सकती है। भारत में आकाल की समस्या का सम्बन्ध वितरण तथा गरीबी व प्रतिस्पर्द्धा (समृद्ध वर्ग से) से है। यह समाज के कमजोर वर्ग के उपान्तीयकरण का एक परिणाम है। महिला वर्ग पुरुषों की अपेक्षा गरीबी से अधिक प्रभावित होता हैं।

उन क्षेत्रों में जहाँ हरित क्रान्ति को एक सफलता माना गया है फसल प्रतिरूप एक धान्य (एक फसली) कृषि या दो-फसलों कें संयोजन पर आधारित है। ग्रामीण जनसंख्या का एक बड़ा वर्ग (लगभग 60%) जो हरित क्रान्ति के प्रदेश से बाहर रहता है, अभी भी परम्परागत एक फसली उत्पादन की व्यवस्था से जूझ रहा है। जनसंख्या का 15 फीसदी भाग पर्वतीय तथा पहाड़ी क्षेत्रों में रहता है। ये पहाड़ी निवासी भी एक निम्न निवेश वाले, बहुप्रजाति तथा अधिक जटिल कृषि पारिस्थितिकी तंत्र में जुटे रहते हैं।

जल तथा पोषक तत्वों का सफल उपयोग धारणीय कृषि की माँग है जो बड़े पैमाने पर स्थानीय उपलब्ध संसाधनों पर तथा नियमित फसल पर आधारित है, फसल की खेती मृदा उर्वरता को ध्यान में रख कर की जाती है। गलत तकनीक का प्रयोग तथा प्राकृतिक संसाधनों का अत्यधिक उपयोग कम-अवधि के लिए लाभ प्रदान कर सकता है परन्तु इसके कारण पारिस्थितिकी अवक्रमण हो सकता है जो मनुष्य द्वारा धारणीय नहीं है।

कृषीय तंत्र तथा फसल प्रतिरूपों के मामले में भारत में अधिक विविधता है। विभिन्न कृषि-जलवायु तंत्रों के लिए अलग-अलग नीतियां विकसित की जानी चाहिए।

1. स्थानांतरित कृषि (Shifting Cultivation or Jhuming)

स्थानांतरित कृषि मुख्यत: उन पहाड़ी तथा पर्वतीय क्षेत्रों में देखी जा सकती है, जहाँ औसत वर्षा 100 से.मी. से अधिक होती है। कृषि के इस विस्तृत रूप में सामान्यत: एक या दो वर्षों तक खेती होती है तथा लम्बी अवधि तक खेतों को परती छोड़ दिया जाता है। यह एक ऐसी व्यवस्था है जिसमें 6 से लेकर 60 फसलों की खेती मिश्रित रूप से एक ही खेत में की जाती है। इस व्यवस्था के कुल जैव विविधता को मात्र फसलों की ही विविधता से व्यक्त नहीं किया जा सकता है। किसी खेत में प्रजातियों की विविधता 60 से अधिक हो सकती है यदि अपतृण को भी शामिल किया जाए, यदि खेतों के परती चरण को भी शामिल किया जाए तो यह संख्या सौ से अधिक हो सकती है।

बढ़ती जनसंख्या के दबाव के कारण हाल में देश के कई भागों में स्थानांतरित कृषि में भूमि उपयोग की विस्तीर्ण व्यवस्था से अधिक गहन व्यवस्था की ओर परिवर्तन देखा गया है। इसके फलस्वरूप स्थानांतरित कृषि चक्र घटकर (Rotation cycle) मात्र 5 से 6 वर्ष का हो गया है तथा इस तरह से खेतों को परती रखने की अवधि 25 वर्ष से घटकर कम अवधि की हो गयी है। स्थानांतरित कृषि को अधिक उत्पादनकारी तथा धारणीय बनाने के लिए हल्की ढालों (15° से कम) को वेदिकाओं (Terraces) में काटकर स्थानबद्ध कृषि के लिए उपयुक्त बनाया जाता है। 30° तक के ढालों को फलोद्यान तथा चिरस्थायी नकदी फसलों के

लिए उपयोग किया जाता है, तथा 30° से अधिक के ढालों को संरक्षित वनों के लिए छोड़ दिया जाता है, जिनका उपयोग वन उत्पादों के लिए किया जाता है *(चित्र 17.17)*।

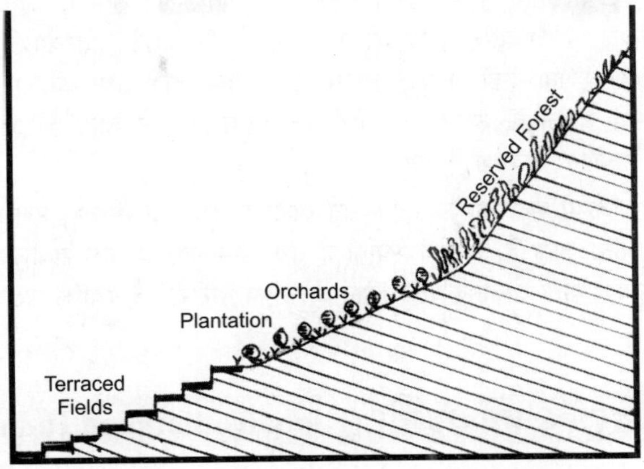

चित्र 17.17 झूम प्रदेश का भू-उपयोग मॉडल

निम्नलिखित का उपयोग कर इस व्यवस्था को और अधिक प्रभावी तथा उत्पादनकारी बनाया जा सकता है:

(i) मिश्रित-कृष्य पशुधन खेती (Mixed arable – livestock farming)
(ii) परम्परागत कृषि-वानिकी व्यवस्था (Traditional agro forestry systems)
(iii) कृषि वन-वर्द्धन (Agri - silviculture)
(iv) वन-पशुचारण्यता (Silvi - pastoralism)
(v) कृषि-वन-पशुचारण्यता (Agri – silvi - pastoralism)
(vi) विशेष नकदी फसल व्यवस्था (अन्नानास, अदरक, रतालू, बाँस, चाय, कॉफी, अमरूद, संतरा इत्यादि) तथा
(vii) मुर्गी पालन एवं मधुमक्खी पालन (Poultry farming and bee keeping)

2. स्थानबद्ध कृषि (Sedentary Agriculture)

पर्याप्त वर्षा वाले क्षेत्रों के स्थानबद्ध कृषि में अंतर-शास्य (intercropping) तथा वीथिका खेती किसानों की आय तथा मृदा की उर्वरता को बढ़ा सकती है।

(i) **अन्तराल सस्य व्यवस्था (Intercropping System):** स्थानबद्ध कृषि में अन्तराल सस्य, मिश्रित फसल तथा लेग्युमिनस फसलों (स्महनउपदवने बतवचे) को अन्न चक्र में शामिल कर मृदा की उर्वरता में सुधार लाया जा सकता है।

(ii) **वीथिका फसल व्यवस्था (Alley Cropping):** इस व्यवस्था में वृक्षों को एक-दूसरे के नजदीक कतार में एक बाड़ के रूप में लगाया जाता है तथा फलों को इनके बीच वीथिकाओं में उगाया जाता है। वृक्षों की नियमित रूप से छँटाई की जाती है, इससे चारा अथवा पतवार प्राप्त होता है तथा जमीन से ऊपर फसलों के साथ प्रतिस्पर्द्धा प्रभाव को घटाया जा सकता है। वीथिका फसल का मुख्य कार्य मृदा उर्वरता में सुधार लाना है, ये सुधार बगैर कृषि में रुकावट लाए किए जाते हैं, (अर्थात् भूमि को परती छोड़कर)। ढाल की भूमि पर समोच्च रेखा के समानान्तर बाढ़ लगाने से मृदा अपरदन बहुत हद तक कम हो जाता है, वृक्षों की छंटाई के कारण अधिक ग्रामीण रोजगार उत्पन्न होता है, इससे ईंधन तथा चारा भी प्राप्त किया जाता है।

3. आधुनिक एकफसली कृषि (Modern Monocropping Agriculture)

उन क्षेत्रों में जहाँ हरित क्रान्ति सफल है, किसान गेहूँ तथा चावल (पंजाब, हरियाणा, पश्चिमी उत्तर प्रदेश तथा दक्षिणी उत्तराखंड) अथवा मात्र चावल (कावेरी डेल्टा) की खेती में दिलचस्पी रखते हैं। इस तरह इन क्षेत्रों में आधुनिक कृषि अधिक पैदावार वाली किस्मों पर, खासकर गेहूँ तथा चावल पर आधारित है जिससे कृषि की जैव विविधता प्रतिस्थापित हो गई है। यह एकरस न केवल इसलिए है कि भू-दृश्य स्तर पर एकरूपता देखी जाती है बल्कि रासायनिक खादों तथा कीटनाशकों पर आधारित बाह्य ऊर्जा के गहन उपयोग के कारण भी जिससे जमीन के ऊपर तथा नीचे जैव विविधता घट जाती है। इसके कुछ उदाहरण हैं-फलोद्यान, सब्जियों की फसलें, गहन अन्न उत्पादन व्यवस्था, इत्यादि।

विविध फसलों का संयोजन, जिसमें मृदा की उर्वरता घटाने वाली फसलों का मिश्रण, मृदा की उर्वरता बढ़ाने वाली फसलों, जैसे–लेग्युम (दलहन) के साथ किया जाता है, अधिक स्थायी हैं तथा कम फसलों वाले संयोजन की अपेक्षा कम हानिकारक है। मिश्रित फसल व्यवस्था अब आधुनिक कृषि वैज्ञानिकों का ध्यान आकर्षित कर रही है क्योंकि यह नाशक जीवों (Pest) के उन्मूलन में महत्वपूर्ण भूमिका निभाती है।

भूमंडलीकरण तथा भारतीय अर्थव्यवस्था (Globalisation and Indian Economy)

ग्लोबलाइजेशन की अवधारणा का भारतीय अर्थव्यवस्था में सबसे पहली बार प्रयोग जुलाई 1991 में किया गया। प्रधानमंत्री नरसिम्हा राव के कार्यकाल के दौरान यह संरचनात्मक समंजन प्रस्ताव (Structural adjustment package) का एक भाग था। सरकार ने जल्दी ही अन्तर्राष्ट्रीय मुद्रा निधि (International Monetary Fund) से $ 2.3 बिलियन के ऋण के लिए आवेदन किया तथा उन पूर्वाभासी शर्तों को पूरा करना शुरू कर दिया, जिससे यह आवेदन स्वीकार कर लिया जाए। इन पूर्वाभासी शर्तों में दो क्रमिक अवमूल्यन (Devaluation) तथा निर्यात के लिए दी जा रही आर्थिक सहायता का हटाया जाना शामिल है। जुलाई 1991 का वार्षिक बजट पूरी तरह संरचनात्मक समंजन प्रस्ताव को प्रतिबिम्बित करता है, जिसे बाद में नई आर्थिक नीति (New Economic Policy - NEP) कहा जाने लगा।

उदारीकरण, निजीकरण तथा ग्लोबलाइजेशन 1991 की नई आर्थिक नीति का मूलभूत अंग था।

उदारीकरण (Liberalisation)

उदारीकरण का सार यह है कि आर्थिक प्रबंधन का भार बाजार पर छोड़ दिया जाना चाहिए। माँग तथा आपूर्ति के बलों की परस्पर क्रियाओं द्वारा मूल्य का निर्धारण चाहे वे वस्तुओं, श्रम शक्ति, पूँजी, भूमि अथवा विदेशी मुद्रा के लिए हो, दोनों दिशाओं में लचीला होना चाहिए तथा इनमें बाजार से निकासी की क्षमता होनी चाहिए।

संसाधनों, वस्तुओं, श्रम शक्ति, विदेशी मुद्रा, इत्यादि का परिणामिक निर्धारण ईष्टम तथा कार्यक्षम होना चाहिए तथा किसी तरह का परिवर्तन वर्जनीय सामाजिक खर्च का भारत डालेगा। यह सुनिश्चित करने के लिए कि बाजार को उनके कार्य का भार लेने की अनुमति हो सभी नियंत्रण तथा विनियमन एवं सभी उपायों को भी जो प्रवेश के लिए बाधा का काम करते हैं, को हटा दिया जाना चाहिए। यह इस बात पर आधारित है कि आर्थिक मामलों में राज्य के अधिकार को कम किया जाए। राज्य का किसी प्रकार का हस्तक्षेप-नियंत्रण, आर्थिक सहायता, चयनात्मक संरक्षण, इत्यादि के रूप में, मूल्यों को बिगाड़ देगा तथा परिणामिक निर्धारण को अक्षम बना देगा जिससे आर्थिक वृद्धि में रुकावट आएगी।

निजीकरण (Privatisation)

यह नई आर्थिक नीति इस धारणा पर आधारित है कि सभी सार्वजनिक क्षेत्र के सक्रिय आथिर्क क्रियाकलापों को बन्द कर देना चाहिए, इन्हें विभिन्न चरणों में समाप्त किया जाना चाहिए, इन्हें कम कर सुव्यवस्थित रूप दिया जाना चाहिए अथवा इन्हें निजी क्षेत्र को सौंप दिया जाना चाहिए। सार्वजनिक क्षेत्र का स्वामित्व मात्र स्वभाविक एकाधिपत्य वाले क्षेत्रों तथा सामरिक महत्व के उद्योगों में कायम रहना चाहिए, जैसे-रक्षा तथा अनुसंधान प्रतिष्ठान। सार्वजनिक क्षेत्र को राज्य संसाधनों का अपक्षय करने से रोका जाना चाहिए। इन उद्यमों का निजीकरण उनकी कार्यक्षमता को बढ़ा देगा तथा वित्तीय घाटे को कम करने के लिए आवश्यक निधि प्रदान करेगा।

भूमंडलीकरण (Globalisation)

नई आर्थिक नीति का तीसरा मुख्य उद्देश्य भूमंडलीकरण (ग्लोबलाइजेशन) है। ग्लोबलाइजेशन का अर्थ है–अन्तर्राष्ट्रीय व्यापार तथा निवेश के लिए अवरोधों को हटाना। ग्लोबलाइजेशन इस धारणा पर आधारित है कि अधिक व्यापार सभी पक्षों के हित में है-कुछ को इससे दूसरों से अधिक लाभ होगा लेकिन अन्ततः सभी को लाभ होगा।

पूँजी, वस्तुओं तथा सेवाओं (सर्विसेज) के स्वतंत्र प्रवाह में किसी क्रिया के हस्तक्षेप से अधो-ईष्टम परिणाम उत्पन्न होंगे। प्रतिस्थापन्न तथा फलस्वरूप संरक्षण उपाय, जैसे–शुल्क, नियंत्रण तथा रोक, घरेलू उत्पादन के खर्च को बढ़ा देता है। इस तरह की नीति निर्यात वस्तुओं के पक्ष में नहीं है जिसका व्यापार अन्तर्राष्ट्रीय बाजार में देश के तुलनात्मक लाभ के आधार पर किया जाता है, यह नीति इसके प्रतिस्पर्द्धा की क्षमता को घटा देती है। इस तरह से आयात प्रतिस्थापन निर्यात को अवरोधित करती है, पिछड़ने लगती है तथा वह विश्वभर में हो रहे तकनीकी तथा अन्य परिवर्तनों से अलग रह जाता है।

उदारीकरण की नीति के अनुसार किसी देश को उन वस्तुओं के उत्पादन तथा निर्यात पर ही विशिष्ट रूप से ध्यान देना चाहिए जिन वस्तुओं का उत्पादन उसके लिए सुविधाजनक हो तथा जहाँ संसाधनों का उसके द्वारा बेहतर प्रयोग किया जा सके। ऐसे निर्यात से हुए उपार्जन द्वारा आवश्यक आयात के खर्च को वहन किया जा सकता है। अधिकतर गरीब देशों में यह तुलनात्मक लाभ श्रम-गहन उत्पादन में होता है जिसमें खाद्य उत्पाद तथा वस्त्रोद्योग शामिल हैं, यह उन बड़े पूँजी वाले उद्योगों में नहीं होता जिसका सगर्भता काल (Gestation Period) लम्बी अवधि का होता है, जैसे- इस्पात, तेल परिष्करण, पेट्रो रसायन अथवा पोत निर्माण।

परिणाम (Consequences)

भूमंडलीकरण के परिणाम संक्षेप में निम्नलिखित हैं:

1. **एक नई व्यापार नीति (A New Trade Policy):** दो दिनों में दो क्रमिक अवमूल्यन के बाद रुपये की विनिमयता का चरणबद्ध नीति (पूँजी खाता को छोड़कर), निर्यात के लिए दी जा रही सहायता का हटाया जाना, आयात का उदारीकरण, मात्रात्मक निबन्धन के शुल्क को पूर्वी तथा दक्षिण-पूर्वी एशियाई देशों के शुल्क-स्तर तक घटाया जाना, 1994 में मराकश गैट (GATT) संधि पर भारत द्वारा हस्ताक्षर तथा जनवरी 1995 में विश्व व्यापार संगठन में एक संस्थापक सदस्य के रूप में सम्मलित होना इस दिशा में सरकार द्वारा उठाए गए अन्य कदम थे।
2. **एक नई औद्योगिक नीति (A New Industrial Policy):** विदेशी इक्विटी की साझीदारी को 40% से बढ़ाकर 51 प्रतिशत कर दिया गया (किसी-किसी मामले में यह 100 प्रतिशत था) तथा 34 मुख्य क्षेत्रों में लाइसेंस आवेदन को स्वीकृति प्रदान करना एक औपचारिकता मात्र रह गया, जिसमें इलेक्ट्रॉनिक्स, खनिज, परिवहन तथा रसायन शामिल थे। कुछ क्षेत्रों को छोड़कर अन्य सभी क्षेत्रों में औद्योगिक लाइसेंस आवश्यक नहीं रहा तथा सम्पूर्ण अर्थव्यवस्था अब निजी क्षेत्र (विदेशी तथा भारतीय) के लिए खोल दी गई।
3. **एक नई बैंकिंग तथा वित्त नीति (A New Banking and Finance Policy):** नई नीति ने निर्दिष्ट ऋण तथा निवेश से अपने को अलग रखा, निजी क्षेत्र की बढ़ती संख्या को दूर रखना चाहा तथा सार्वजनिक क्षेत्र को ऋण देने में कटौती की, सांविधिक तरलता अनुपात (Statutory liquidity ratio) में कटौती की, जिसके कारण सार्वजनिक क्षेत्र की इकाईयों की प्रतिभूतियों में बैंक निवेश को प्रोत्साहन मिलता था। शेयर बाजार में सुधार लाया गया, जिसमें भारत के प्रतिभूति तथा विनिमय बोर्ड (Securities and Exchange Board of India - SEBI) का वैधानिक गठन, शेयरों का आगार (depositories), तथा विदेशी भागीदारी शामिल थे।
4. **वित्तीय सुधार (Fiscal Reform):** राजा चिलैया समिति की सिफारिशों का अनुसरण करते हुए आयात तथा उत्पादन शुल्क पर अधिक बल नहीं दिया गया तथा एक सरल कर व्यवस्था का सुझाव दिया गया, जिसमें दरों में कटौती तथा सख्त प्रवर्तन, कम कर अदायगी के वर्ग, बेहतर ढंग से सभी वर्गों को सम्मिलित करना तथा बेहतर अनुपालन शामिल था।
5. **सार्वजनिक क्षेत्र में सुधार (Public Sector Reform):** सार्वजनिक क्षेत्र की इकाइयों के साथ समझौते की विज्ञप्ति (Memorandum of Understanding–MoU) पर हस्ताक्षर किए गए, जिसमें वित्तीय तथा अन्य आबन्धों का वर्णन

किया गया तथा पूँजी की उगाही में, संसाधनों के परिनियोजन में, कर्मचारी के भर्ती तथा अन्य प्रबंधन के भाग में सार्वजनिक क्षेत्र की स्वायत्तता पर बल दिया गया।

6. **कृषीय सुधार (Agricultural Reform):** खाद, सिंचाई तथा विद्युत (पॉवर) पर दी गई आर्थिक सहायता को कम कर दिया गया, ब्याज दर को घटा दिया गया तथा एक सुव्यवस्थित सार्वजनिक वितरण प्रणाली का प्रस्ताव रखा गया, कृषीय फसलों के खरीद मूल्य को बढ़ा दिया गया, निर्यात को प्रोत्साहन दिया गया तथा खाद्य व कृषीय निवेश (जिसमें बीज तथा खाद शामिल हैं) की आत्मनिर्भरता पर अधिक बल नहीं दिया गया। गरीबी की समस्या का निदान विकास तथा बेहतर कृषीय मूल्यों द्वारा किया जाना था तथा कृषि को और अधिक आधुनिक बनाए जाने पर बल दिया गया। विस्तीर्ण गरीबी उन्मूलन कार्यक्रमों को अब आवश्यक नहीं माना जाने लगा क्योंकि इस समस्या का निदान विकास में था। विदेशी कृषि-व्यवसायिक कंपनियों को निवेश करने के लिए आमंत्रित किया गया। इस नीति में भूमि सुधार की चर्चा नहीं की गई।
7. **श्रम-बाजार में सुधार (Labour Market Reform):** श्रम-बाजार के लिए एक नई नीति सामने आई, जिसके अन्तर्गत वेतन के लचीलेपन की अनुमति प्रदान की गई तथा उद्योगों के मालिक को अस्थायी रूप से कर्मचारियों को नियुक्त करने तथा उन्हें बाहर निकालने (Hire and Fire) का प्रस्ताव रखा गया। भारत में हाल के वर्षों में उत्पादन में वृद्धि के साथ रोजगार के अवसरों में वृद्धि नहीं हुई है। भारतीय अर्थव्यवस्था में अप्रशिक्षित कर्मचारियों के लिए रोजगार के अवसरों को बढ़ाने की आवश्यकता पर बल दिया गया, जो वर्तमान में या तो बेरोजगार हैं या अनियमित क्षेत्र में कार्य कर रहे हैं या फिर श्रम बल में आने वाले वर्षों में शामिल हो जाएँगे। शिक्षित (प्रशिक्षित) वर्ग के लिए आई.टी. (Information Technology) क्षेत्र में रोजगार बढ़ाने पर बल दिया गया।
8. **बेहतर व्यष्टि-आर्थिक प्रबंधन (A Better Macro-Economic Management):** सरकारी खर्च को कम कर, माँगों को नियंत्रित करके कम-से-कम शुरुआती वर्षों के लिए कर तथा सार्वजनिक क्षेत्र के उद्यमों के शेयरों को बेचकर उगाही गई पूँजी का उपयोग वित्तीय घाटे को कम करने के लिए (3-4 वर्षों में इसे 4% से नीचे घटाना) तथा मुद्रास्फीति दर को कम करने (5% से कम) के लिए किया जाना था। यह इस नई नीति का मुख्य उद्देश्य था। दूसरा उद्देश्य ऊपर दिए गए सुधारों के द्वारा एक प्रोत्साहन संरचना (Incentive Structure) स्थापित करना था, जो उत्पादन तथा विकास को प्रोत्साहित करेगी (मुख्यतः निजी प्रबंधन धन के द्वारा)।

कृषि और भूमंडलीकरण (Agriculture and Globalisation)

ऐसा देखा जा रहा है कि उदारीकरण एवं भूमंडलीकरण के दौर में तीसरी दुनिया के देशों के वनों एवं वन आधारित प्राकृतिक संसाधनों पर दबाव बढ़ता गया है। इस परिप्रेक्ष्य में इन देशों सहित भारत के कृषि क्षेत्र एवं फसल पद्धति से संबंधित निम्न परिवर्तन देखने को मिल रहे हैं:

1. **नकदी फसलों पर बल:** सरकारी नीतियों ने उच्च ऊर्जा आधारित कृषि एवं फसल पद्धति को प्रोत्साहित किया है- उदाहरण के लिए दक्षिणी भारत के पश्चिमी घाटों में (कोडागू क्षेत्र) कॉफी, रबड़ गरम मसाले एवं नारियल की खेती बढ़ी है।
2. **कम संख्या के फसल संयोजन पर बल:** भारत के उत्तरी मैदानों के उत्तर पश्चिमी क्षेत्रों में, जहाँ हरित क्रांति सफल रही है, वहाँ गेहूँ और चावल को नकदी फसलों की तरह उपजाया जा रहा है। इस प्रकार इन क्षेत्रों में कृषि बाजारोन्मुख होती जा रही है।
3. **बढ़ती आय विषमता:** छोटे एवं बड़े किसानों के बीच आय की असमानता बढ़ती जा रही है। ग्रामीण समाज धनी एवं गरीबों में ध्रुवीकृत होता जा रहा है। नियोजकों के लिए यह एक गहरी चिन्ता का विषय है।
4. **भूमि एवं वनों का ह्रास:** भूमि के असमपोषणीय दोहन एवं जंगली लकड़ियों के अति दोहन से न सिर्फ वन संपदाओं का तेजी से ह्रास हो रहा है बल्कि भूमि की गुणवत्ता भी तेजी से घट रही है। नये किस्म के खर-पतवारों के आक्रमण से जैव-विविधता मृदा अपरदन की समस्या बढ़ी है।
5. **जैव-विविधता का ह्रास:** अन्यान्य कारणों से प्राकृतिक जैव-विविधता एवं पारिस्थितिकी तंत्र का तेज विनाश जारी है।

6. **जलवायु परिवर्तन:** पृथ्वी ग्रह के लिए जलवायु परिवर्तन एक विशाल विकासशील चुनौती बनकर उभर कर रही है। यह किस स्थान के तापमान और सामान्य मौसम दीर्घकालीन परिवर्तन है। यह पृथ्वी पर भूमि उपयोग, वनविनाश और हरित ग्रह प्रभाव में सारपूर्ण परिवर्तन जलवायु परिवर्तन का कारण है। 'ग्लोबीय तापन' जीवाश्म ईधन के जलाने के परिणामस्वरूप है जो निकलने वाली गैस (कार्बन डाईऑक्साइड) को वायुमण्डल में छोड़ती है। यह गैस वायुमण्डल के आवरण को ढक लेती है और सौर ऊष्मा का सोख लेती है, इससे पृथ्वी का तापमान बढ़ जाता है।

गर्म वायुमण्डल, हाइड्रोलिक चक्रों को ढकेलता है जो वर्षा के अत्याधिक आर्द्र कणों को परिवर्तित करता है। अधिक वाष्पीकरण से झील और जलाशय सूख जाते हैं।

जलवायु परिवर्तन से तापमान और मौसमी प्रारूप अभेद्य हो जाते हैं। उदाहरणार्थ समशीतोष्ण प्रदेशों में अत्यधिक वर्षा होती है तो अन्य वर्षों में बहुत कम वर्षा होती है। ऐसे परिवर्तनों से फसलों की वृद्धि पर बुरा प्रभाव पड़ता है। ऐसे भी पूर्वानुमान हैं जिनसे कुछ क्षेत्रों में वर्षा 50% से अधिक हो जाती है। जलवायु परितर्वत प्रभावशाली, हरीकेन, बाढ़, वर्षा और शीत तूफानों के प्रभाव को बदल देती है।

ध्रुवीय प्रदेशों में ग्लोबीय ऊष्मता से तापमान से हिम चादर और हिमानी पिघलने लगी है। इसके परिणामस्वरूप सागर तल में वृद्धि हुई है। तटीय रेखाए क्षतिग्रस्त हुई हैं और बाढ़ बढ़ गई है।

1 डिग्री सेल्सियस तापमान वृद्धि से गेहूं की उत्पादकता 5 से 10% कम हुई है। इससे भारत में 30% गेहूं उत्पादन कम होगा। जलवायु परिवर्तन के कारण असम की भौगोलिकताओं, दुर्बल सामाजिक आर्थिक दशाओं के कारण आर्थिक बोझ बढ़ गया है। जलवायु परिवर्तन पर राजकीय एक्शन प्लान के अनुसार असम का वार्षिक तापमान 0.59 डिग्री सेल्सियस गत 60 वर्षा में बढ़ गया है, 2050 तक यह 1.7 से 2.2 डिग्री. सेल्सियस बढ़ सकता है। राज्य में अत्यधिक वर्षा की घटनाएँ 30% तक बढ़ सकती हैं।

संसाधनों का उपयोग (Utilisation of Resources)

नागरिकों द्वारा उठाये गए कुछ समझदार कदमों से प्राकृतिक संसाधनों के क्षय को काफी हद तक नियंत्रित किया जा सकता है। इनमें से कुछ कदम निम्न प्रकार हैं:

(i) लोगों को अपनी वैश्विक समझ एवं मूल्य व्यवस्था में परिवर्तन करना चाहिए। उन्हें इस बात का ऐहसास होना चाहिए की प्राकृतिक संसाधन नियत और सीमित हैं।

(ii) लोगों को सोचना चाहिए कि विकास एवं पर्यावरण दोनों ही सहगामी हैं। दूसरे शब्दों में विकास वही और उतना ही सही है जो भविष्य की आर्थिक खुशहाली की गारंटी दे सके।

(iii) विश्व के लोगों को अपनी आज की आवश्यकताओं के साथ-साथ आने वाली पीढ़ियों की आवश्यकताओं को भी ध्यान में रखना चाहिए।

(iv) आत्मनिर्भरता के लिए लोगों को उचित तकनीक का उपयोग करना चाहिए। उदाहरण के लिए गाँव के लोगों को अपनी बिजली आवश्यकता के लिए सौर ऊर्जा पर निर्भर करना चाहिए।

(v) विकासशील देशों में लोगों को जनसंख्या नियंत्रण पर विशेष ध्यान देना चाहिए। इन देशों में महिला उत्थान, शिक्षा, स्वास्थ्य, परिवार नियोजन एवं सामाजिक सेवाओं पर ध्यान देने की आवश्यकता है।

(vi) विकासशील देशों में भूमि के समान वितरण की दिशा में और कदम उठाये जाने चाहिए।

(vii) विकसित देशों में लोगों को अति-उपभोग की मूल्य व्यवस्था को त्यागना चाहिए तथा संपोषणीय उपभोग की संस्कृति अपनानी चाहिए।

(viii) विकसित एवं विकासशील देशों के बीच संपत्ति का पुनर्वितरण किया जाना चाहिए क्योंकि गरीबी पर्यावरण निम्नीकरण का मूलभूत कारण है। सतत् विकास की अवधारणा के प्रतिपादकों का मानना है कि इसका यह अर्थ नहीं है कि धनी देशों द्वारा गरीब देशों को नकदी धन दे दिया जाए। इसके लिए इनके द्वारा कुछ उपाय सुझाए गए हैं, जैसे- विकसित देशों के ऋण देने वाले संस्थानों द्वारा विकासशील देशों के ऋणों को माफ करना एवं विकासशील देशों द्वारा प्राकृतिक

संरक्षण, राष्ट्रीय उद्यान एवं अन्य संरक्षण संबंधी कार्यक्रमों को लागू करने के लिए उनके ऋणों के कुछ भाग को माफ करना इत्यादि।

पर्यावरणीय संरक्षण (Environmental Protection)

विज्ञान हमारी सभी समस्याओं का निदान कर देगा हमें ऐसा नहीं सोचना चाहिए। हमारे निर्णयों एवं आवश्यक क्रियाओं का एक बहुत बड़ा भाग विज्ञान की परिधि के अन्तर्गत नहीं आता, जैसे-मूल्य नैतिकता, दर्शन इत्यादि। पर्यावरणीय समस्याओं का अगर समाधान है तो वह शिक्षा और क्रिया में है।

हममें से प्रत्येक द्वारा लिए गए प्रतिदिन के छोट-बड़े निर्णयों का सामूहिक रूप से भारी प्रभाव पड़ सकता है। पर्यावरणीय संरक्षण एवं सतत विकास की दिशा में हम ऐसे बहुत सारे कदम उठा सकते हैं:

ऊर्जा

(i) इंजन चालित वाहन कुछ कम चलायें। जन-परिवहन व्यवस्था का उपयोग करें तथा साइकिल से एवं पैदल चलें।

(ii) ज्यादा बिजली खपत करने वाली बत्तियों के बदले कम ऊर्जा खपत करने वाली बत्तियों का प्रयोग करें। आवश्यकता न होने पर बिजली से चलने वाले घरेलू उपकरणों को बंद कर दें।

(iii) कम ऊर्जा खपत करने वाले उपकरण एवं कारें खरीदें। अगर ये महंगे भी हैं तो आने वाले समय में ये बड़ी बचत करेंगे।

(iv) अपने घरों को मौसमी प्रभावों के प्रति बेहतर ढंग से सुरक्षित रखें। गर्मी में 'थर्मोस्टैट' (Thermostat) को अपेक्षाकृत उच्च और जाड़े में निम्न रखें।

(v) सौर एवं पवन ऊर्जा संयंत्रों की स्थापना पर बल दें।

(vi) पुनः उपयोग में लायी जा सकने वाली बैटरी खरीदें।

आहार

(i) जिन क्षेत्रों में कीटनाशकों का उपयोग हो रहा हो वहाँ के उत्पाद कम-से-कम खायें। विकसित बंदरगाहों एवं खाड़ियों के समुद्री उत्पाद कभी नहीं खायें।

(ii) हमारे आहार विकल्प पर्यावरण को ऐसे प्रभावित करते हैं इस पर ध्यान दें। आहार शृंखला में आने वाले नीचे के आहारों का उपभोग करें तथा उन क्षेत्रों के आहार कम-से-कम खायें जहां किसी खतरे वाले प्रजाति (जैसे-वर्षा वन) का विनाश किया गया हो।

(iii) बगीचे लगायें।

(iv) ऐसा आहार खरीदें जिनकी पैकेजिंग के लिए उपयोग में लाए गए पदार्थों का पुनः उपयोग किया जा सके।

जल

(i) घरेलू उपयोग में जल को ज्यादा-से-ज्यादा बचत करने वाले उपकरणों एवं उपायों का उपयोग करना चाहिए।

(ii) घरेलू बगीचों की सफाई जल्दी-जल्दी नहीं बल्कि एक समयांतराल पर अच्छी तरह करनी चाहिए। उन पर सूखा-सहिष्णु हरित आच्छादन बेहतर है।

(iii) स्नान कम पानी से करें।

(iv) बरतन साफ करने वाली मशीनों को पूरी भरी हुई स्थिति में ही चलायें।

(v) फुटपाथ आदि पर पक्कीकरण ऐसा करें कि पानी नीचे रिस सके।

विषैले पदार्थ एवं प्रदूषक

(i) घर के आस-पास से विषैले पदार्थों (पुराने डब्बे, ईंजन ऑयल, इत्यादि) को हटाकर उन्हें इन पदार्थों के प्राप्ति स्थल तक पहुँचाएँ।

(ii) उत्पादों को उन पर छपे 'लेबल' (lebel) पढ़कर सबसे कम विषैले पदार्थों को ही खरीदें।
(iii) कीड़ों को भौतिक रूप से मारें, उन पर कीटनाशक नहीं छिड़कें।
(iv) वैसे कपड़े खरीदें, जिन्हें 'ड्राईक्लिनिंग' यथासम्भव कम-से-कम करनी पड़े।

अपशेष नियंत्रण

(i) अखबार, डिब्बों, शीशे एवं प्लास्टिक के उत्पादों को पुनः प्रयोग (Recycling) के लिए दें।
(ii) दोबारा भरे जाने और प्रयोग में लाये जाने लायक उत्पाद खरीदें।
(iii) साफ-सफाई के लिए कागज के (टिश्यू पेपर) बदले पुराने कपड़ों का प्रयोग करें।
(iv) घरेलू सामान की खरीद के लिए पुनः उपयोग में लाये जाने वाले थैलों का उपयोग करें।
(v) समुद्री कछारों, तालाबों एवं अन्य जल-स्थलों की सफाई अभियान में स्वेच्छा से श्रमदान करें।

जीवन एवं पर्यावरण का संरक्षण

(i) वृक्ष लगायें।
(ii) खाली स्थान का संरक्षण करें।
(iii) क्लोरो-फ्लोरो कार्बन (efc) का उपयोग कम-से-कम करना।
(iv) उन संगठनों का बहिष्कार करना जो पर्यावरण संरक्षण को नहीं अपनाते या उनका उल्लंघन करते हैं।
(v) गंदगी नहीं फैलायें तथा पर्यटन स्थलों पर कूड़े को कूड़ेदान में ही डालें।

अन्य बातें

(i) अपने काउंसलर, विधान सेवक को लिखें एवं मिलें।
(ii) 'ग्रीनपीस', 'चिपको आंदोलन' जैसे पर्यावरण संरक्षण से जुड़े संगठनों से जुड़ें।
(iii) पर्यावरण संबंधी मुद्दों पर अपने दोस्तों से बातचीत करें।
(iv) अच्छी गुणवत्ता वाले उत्पाद खरीदें-इसका बेहतर रख-रखाव करके लंबे समय तक उपयोग में लायें।
(v) सूर्योदय या सूर्यास्त के समय समुद्री कछारों पर शांति से बैठें।
(vi) पढ़ें और सुनें।
(vii) परिणाम के बारे में धनात्मक सोच विकसित करें।

सामाजिक मीडिया साधन

(i) भारत की कुल जनसंख्या में से 462 मिलियन व्यक्ति इन्टरनेट सुविधाओं का प्रयोग करते हैं और ऑनलाइन जाते हैं। विश्व में भारत दूसरा बड़ा इन्टरनेट प्रयोग करने वाला (34.8% कुल जनसंख्या में) देश है। 2015 से इसमें 30.5% की महत्त्वपूर्ण वृद्धि हुई है।
(ii) 2017 में 1.06 बिलियन व्यक्ति मोबाइल ग्राहक थे। यह वृद्धि, व्यय, सर्वभ व्याप्त रहने वाला मोबाइल डाटा प्लान की है। 2018 में 326.1 मिलियन सक्रिय सामाजिक मिडिया का प्रयोग करने वाले भारत में फेसबुक सबसे बड़ा सामाजिक नेटवर्क है जिसके 2018 में 281 मिलियन ग्राहक थे। लिकडिन का प्रयोग 33 मिलियन, 30.4 मिलियन हिटर के ग्राहक थे। यह जापान के बाद एशिया-पेसिफिक का दूसरा बड़ा आधार है।
(iii) सोशल मीडिया को नई साइटों में टुम्बर, स्नेपचेट, वी चेट, गूगल, पिलकर, विबर, आर्कुट आदि हैं।

साइबर अपराध

(i) साइबर अपराध में अपराधिक गतिविधियाँ जो कम्प्यूटर वैधता इन्टरनेट होती हैं, सम्मिलित हैं। साइबर अपराधी किसी व्यक्ति को राष्ट्रीय सुरक्षा और वित्त के क्षेत्र में प्रताड़ित कर सकता है। साइबर अपराधी कम्प्यूटर तकनीक का प्रयोग

किसी व्यक्ति की व्यवसायिक गुप्त सूचनाएं प्राप्त कर हानि पहुंचाने के उद्देश्य से करते है। इन निपुण साइबर अपराधियों द्वारा किये जाने वाले कुछ सामान्य अपराध हैं–बुलिंग, साइबरस्टॉकिंग (cyberstalking), साइबर आतंकवाद, साइबर युद्ध, ट्रोल, साइबर निगरानी अपराधी कम्प्यूटर के द्वारा इन्हें पूरा करता है।

(ii) भारत में 1986 में राष्ट्रीय अपराध रिकॉर्ड ब्यूरो की स्थापना हुई थी। यह केंद्रीय नोडल एजेंसी है जो ऑनलाइन 'साइबर क्राइम रिपोर्टिंग पोर्टल' के कार्यों को नियंत्रित और प्रबंधित करती है।

रिर्पोटिग पोटल

(i) यह अपराध और अपराधी ट्रेकिंग सिस्टिम (सी.सी.टी.एस.) है। देश में 2009 में, 15000 पुलिस स्टेशन और 6000 पुलिस के उच्च कार्यालयों को संलग्न किया गया है।

(ii) बंगलुरू शहर (सिलिकॉन घाटी) ने 2018 में सर्वाधिक 5035 प्राथमिकी (FIRs) सहित साइबर अपराध रिकॉर्ड किये थे। दिल्ली में 2017 में 84 अपराध रिकॉर्ड हुए अन्य महानगरों में उच्च साइबर अपराध हैदराबाद, कोलकता और चेन्नई में रिकॉर्ड हुए। लेपटॉप और मोबाइल फोन के प्रयोग ने युवकों पर नकारात्क प्रभाव डाला है। बच्चों और महिलाओं के साइबर अपराधर लगभग 30% हैं। तकनीकी विकास और नवीन परिवर्तनों से साइबर अपराध को ढूंढ़ने की चुनौती है।

नागरिकता संशोधन अधिनियम (CAA)

नागरिकता संशोधन अधिनियम 2019, 11 दिसम्बर 2019 को संसद में पारित किया गया था। इसके द्वारा 1955 के नागरिकता अधिनियम में संशोधन किया गया है। यह अधिनियम ऐसे हिन्दू, सिख, बौद्ध, जैन, पारसी और ईसाई धर्म के अल्पसंख्यकों को भारतीय नागरिकता प्रदान करता है जो पड़ोसी मुस्लिम बाहुल्य देशों–पाकिस्तान, बांग्लादेश और अफगानिस्तान से धार्मिक उत्पीड़न के कारण 2014 से पहले भारत आ गए थे। इस श्रेणी के अल्पसंख्यकों को 6 वर्षों में भारतीय नागरिकता प्रदान की जाएगी।
(Source: E. Times of India Jan 9, 2020)

राष्ट्रीय जनसंख्या रजिस्टर (NPR)

राष्ट्रीय जनसंख्या रजिस्टर भारत के सामान्य निवासियों का सामान्य रजिस्टर है। इसे नागरिकता अधिनियम 1955 और नागरिकता (नागरिकों का पंजीकरण और राष्ट्रीय पहचान पत्र जारी करना) नियम 2008 के प्रावधानों के तहत स्थानीय (गांव/उपनगर) उपजिला, जिला, राज्य और राष्ट्रीय स्तर पर तैयार किया जा रहा है। इसका उद्देश्य देश में हर सामान्य निवासी का एक व्यापक पहचान का आंकड़ा आधार तैयार करना है। इसके जनसांख्यिकीय और बायोमैट्रिक विवरण शामिल होंगे। राष्ट्रीय जनसंख्या रजिस्टर का आधुनिकीकरण (updation) 2021 की जनगणना के चरण में घरों की सूची के साथ अप्रैल से सितम्बर 2020 तक असम को छोड़कर देश के सभी राज्यों व संघशासित क्षेत्रों में पूर्ण किया जाएगा।
(Source: https//conrusindia.gov.in/2011-common/Introduction To Npr.html)

राष्ट्रीय नागरिक रजिस्टर (NRC)

नागरिकों का राष्ट्रीय रजिस्टर भारत सरकार द्वारा मेनटेन्ड किया जाता है। यह उन नागरिकों का सरकारी दस्तावेज (Record) है, जो कानूनन भारतीय नागरिक हैं। इसमें नागरिकता अधिनियम 1955 के अनुसार भारतीय नागरिकों की जनसांख्यिकीय जानकारी शामिल है। यह रजिस्टर सबसे पहले 1951 की जनगणना में तैयार किया गया था। अभी तक असम के लिए आँकड़ा आधार (database) बना हुआ है।

संदर्भ सूची (References)

- Agarwal, A, *Homicide by Pesticides*. New Delhi: Centre for Science and Environment, 1997.
- Ahuja, R, *Social Problems of India*. Jaipur: Rawat Publications, 2007.
- Asada, T, *Earthquake Prediction Techniques*. Tokyo: University of Tokyo Press, 1982.

- Attarchand., *Poverty and Under-development*. New Delhi: Gian Publishing House, 1987.
- Aziz, A, "Cities and Environment." In *Development and Ecology,* edited by Raza Mehdi. Jaipur: Rawat Publications, 1992.
- Berger, WH, et al., *Abrupt Climatic Change*. Boston: D. Radiel Dordrecht.
- Biscree, MR, Carlisle, D, et al., *Illustrated Encyclopaedia of Eath's Resources*. New York: Exeter Books, 1984.
- Bolt, BA,. *Earthquakes*. San Francisco: Freeman, 1993.
- Christopherson, RW, *Elemental Geosystems*. Upper Saddle River: Prentice Hall, 1995.
- Burger, J, *The First People*. London: Gain Books, 1990.
- Fellmann, J, et al., *Human Geography, Landscape of Human Activities*. Dubuque: WC Brown, 1990.
- Forde, CD, *Habitat, Economy and Society*. London: Methuen and Co., 1963.
- Garrison, T, *Essentials of Oceanography*. New York: Wadsworth, 1995.
- Govt. of India, *Approach Paper to the Tenth Five Year Plan*, Planning Commission (2001).
- Govt. of India, 2001, *Task Force on 'Employment Opportunities'*, Planning Commission, Govt. of India.
- Hamblin, WK, *Elemental Geosystems*. New York: Prentice Hall, 1992.
- Husain, M, *Fundamentals of Physical Geography*. Jaipur: Rawat Publications, 2007.
- Husain, M, *Human Geography*. Jaipur: Rawat Publications, 2007.
- Husain, M, *Systematic Agricultural Geography*. Jaipur: Rawat Publications, 2002.
- Husain, M, *Nagaland*. New Delhi: Rima Publications, 1988.
- Husain, M, "Mapping of Environment and Sustainable Devlopment." *Presidential Address to the XX International Conference of the Indian National Cartographic Association*. New Delhi: Jamia Millia Islamia, Central University, 1992.
- Husain, M, 2014, *Ecology and Environment,* 2nd ed. New Delhi, Access Publishing India.
- *India—2010.* Government of India. Publication Division.
- Kerr, R, "Ozone Hole-bodies Ill for the Globe," In *Science* 241 (1988).
- Khullar, DR, *India—A Comprehensive Geography*. New Delhi: Kalyani Publishers, 2006.
- Mannion, AM, *Global Environmental Change*. New York: Longman, 1991.
- Mayhew, S, *Oxford Dictionary of Geography*. Indian Edition. Oxford University Press, 1997.
- Pakiser, LC, *Earthquakes*. Washington, DC: Government Printing Office, 1991.
- Puri, VK and M. Chand, *Regional Planning in India*. New Delhi: Allied Publishers Ltd., 2000.
- Ramakrishnan, PS, *Ecology and Sustainable Development*. National Book Trust of India, 2001.
- Roychaudhary, A, *Slow Murder: The Deadly Story of Vehicular Pollution in India*. New Delhi: Centre for Science and Environment, 1996.
- Sinha, RK (ed.), *Social, Economic and Political Stability*. Centre for Policy Research, New Delhi: Shipra Publications, 2004.
- Sinha, S, *Social Science*. Pt. II. New Delhi, NCERT, 2004.
- Strahler, A, *Physical Geography*. New York, John Wiley & Sons, 1996.
- Tiwari, RC, *Geography of India*. Allahabad, Prayag Pustak Bhawan, 2006.
- Welburn, A, *Air Pollution and Acid Rains: The Biological Impact*. London, Longman, 1988.
- Whittow, J. *The Penguin Dictionary of Physical Geography*. London, Penguin Books.
- Who-UNEP. *Urban Air Quality on Megacities of the World*. Blackwell Publishers, 1992.
- Zaidi. T.H. "The 2010 Pakistan Floods: Environment and Economic Impact", Monograph No. 4, 2014, Published in 2015, Knowledge World Publication, New Delhi

बहुविकल्पीय प्रश्न (Multiple-Choice Questions)

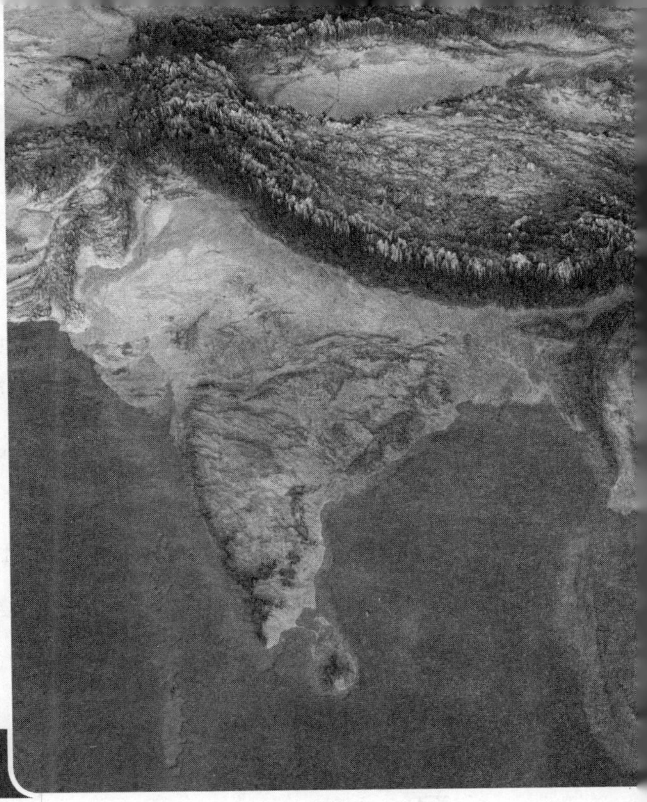

(इस सेट में सावधानीपूर्वक बनाये गये प्रश्न हैं, जो सिविल सेवा प्रारंभिक परीक्षा के सामान्य अध्ययन प्रश्नपत्र-1 के लिये उपयोगी हैं)

मिश्रित प्रश्न

1. बंगाल की खाड़ी का उत्तरी तट पृथ्वी के अन्य भागों की तुलना में प्रलयकारी लहर प्रवृत्त है। इसका कारण है:
   (a) यहाँ उच्च तापमान रहता है जो मजबूत चक्रवातों के पक्ष में है
   (b) क्योंकि यह अक्षाशों के बीच पड़ता है, जो चक्रवातों के पक्ष में है
   (c) तेज हवाएं उत्तर-पूर्व से दक्षिण-पूर्व की ओर बहती हैं
   (d) उपर्युक्त सभी
2. उष्ण कटिबंधीय चक्रवातों को जाना जाता है-
   (a) टॉरनेडोज (b) टाई पेड्स
   (c) हरीकेन्स (d) ब्लिजार्ड्स
3. अम्फान एक सुपर चक्रवात था जो बहुत बड़े नुकसान का कारण बना-
   (a) पश्चिम बंगाल और बांग्लादेश में (b) पश्चिम बंगाल और ओडिशा में
   (c) ओडिशा और बिहार में (d) ओडिशा और मध्य प्रदेश में
4. वुहान शहर किस नदी के तट पर स्थित है?
   (a) हुआंग हो (b) शरिम
   (c) सी कियांग (d) यांग्ट्ज
5. 7 मई 2020 को दक्षिण कोरिया की बैटरी निर्माता कंपनी एल जी कैमिकल्स से स्टेरीन गैस के रिसाव से संबंधित राज्य है

(a) कर्नाटक (b) छत्तीसगढ़
(c) आंध्र प्रदेश (d) तमिलनाडु

6. भूकंप से बारे में निम्नलिखित कथनों पर विचार कीजिए और निम्नलिखित कोड का प्रयोग करते हुए सही उत्तर का चयन कीजिए

1. भारत में भारतीय प्लेट के अभिवरण का क्षेत्र और यूरोपियन प्लेट भूकंप के लिए बहुत महत्वपूर्ण है
2. 8.5 तीव्रता या अधिक का भूकंप भारत के दक्षिणी पठार को हिट करता है

कूट:

(a) केवल (i) सही है (b) दोनों (i) और (ii) सही है
(c) दोनों में कोई सही नहीं है (d) केवल (ii) सही है

7. सूची-I के साथ सूची-II का मिलान करो और नीचे दिए गए कोड का प्रयोग करते हुए सही उत्तर का चयन कीजिए:

सूची-I	सूची-II
A. काली क्रांति	1. कपास
B. भूरी क्रांति	2. मधुमक्खी पालन
C. सुनहरी क्रांति	3. उद्यान
D. श्वेत तन्तु क्रांति	4. पैहोलियन

कूट:

	A	B	C	D
(a)	2	1	4	3
(b)	4	2	3	1
(c)	3	1	2	4
(d)	1	3	4	2

8. मैट्रो लाइन जो मुकुंदपुर डिपो को शिवनगर से जोड़ती है, हैं

(a) रैड लाइन (b) ग्रीन लाइन
(c) ब्लू लाइन (d) पिंक लाइन

9. सरकारी निकाय जिसे 2015 में योजना आयोग के स्थान पर लाया गया है, है

(a) नीति आयोग (b) राष्ट्रीय आयोग
(c) क्षेत्रीय योजना आयोग (d) राष्ट्रीय योजना परिषद

10. सूची-I की आदिवासियों को सूची-II में दिए गए राज्यों से मिलान कीजिए और नीचे दिए गए कोड का प्रयोग करते हुए

सही उत्तर का चयन कीजिए-

सूची-I	**सूची-II**
A. गोंड	1. छत्तीसगढ़
B. लुशाई	2. लद्दाख
C. टोडस	3. तमिलनाडु
D. बोटा	4. मिजोरम

	A	B	C	D
(a)	4	2	1	3
(b)	3	1	4	2
(c)	1	4	3	2
(d)	1	2	4	3

11. रेशम कीड़ा किसकी पत्तियों पर फलता-फूलता है:

(a) मलबरी, महुआ, साल, बेर और कुसुम
(b) मलबरी, नीम, पीपल, जामुन
(c) मलबरी, साल, जामुन, रोजमरी
(d) आम, महुआ, बेर, जामुन

12. हीराकुड जल विद्युत संयंत्र जिस नदी पर स्थित है वह है:

(a) सतलज
(b) गोमती
(c) कावेरी
(d) महानदी

13. भाखड़ा नांगल परियोजना निम्नलिखित राज्यों का एक संयुक्त उपक्रम है:

(a) उत्तराखण्ड, पंजाब, उत्तर प्रदेश
(b) पंजाब, हरियाणा, राजस्थान
(c) उत्तराखण्ड, पंजाब, हरियाणा
(d) उत्तर प्रदेश, पंजाब, हरियाणा

14. एशिया की सबसे बड़ी मलिन बस्ती जो मुम्बई में स्थित है वह है:

(a) लोखंडवाला
(b) वॉर्ली
(c) धारावी
(d) कनकारिया

15. कुमाऊं हिमालय निम्नलिखित नदियों के मध्य स्थित है:

(a) सतलज और झेलम
(b) सतलज और काली
(c) झेलम और गंगा
(d) गंगा और यमुना

अध्याय 1 एवं 2 (भारत की भूवैज्ञानिक सरंचना एवं गठन एवं भू-आकृति)

16. निम्न भौगोलिक प्रणालियों को सही क्रम में व्यवस्थित कीजिये एवं नीचे दिये गये कूटों की सहायता से सही उत्तर का चयन कीजिये:

1. कुडप्पा प्रणाली
2. दक्कन लावा ट्रैप
3. गोंडवाना प्रणाली
4. विंध्य प्रणाली

कूट:

(a) 3, 1, 4 एवं 2
(b) 1, 2 4 एवं 3
(c) 1, 4, 3 एवं 2
(d) 3, 1, 2 एवं 4

17. महान सीमा भ्रंश (Great Boundry Fault) किन दो राज्यों में है?

(a) गुजरात एवं राजस्थान
(b) हिमाचल प्रदेश एवं उत्तराखंड
(c) जम्मू तथा कश्मीर एवं हिमाचल प्रदेश
(d) जम्मू तथा कश्मीर, हिमाचल प्रदेश एवं उत्तराखंड

18. निम्न पर्वत श्रेणियों को उत्तर से दक्षिण की दिशा में सही क्रम में विन्यस्त कीजिये एवं नीचे दिये गये कूटों की सहायता से सही उत्तर का चयन कीजिये:

1. कराकोरम पर्वत श्रेणी
2. लद्दाख पर्वत श्रेणी
3. पीरपंजाल श्रेणी
4. जास्कर श्रेणी

कूटः

(a) 1, 2, 3 एवं 4
(b) 2, 1, 4 एवं 3
(c) 2, 1, 3 एवं 4
(d) 1, 2, 4 एवं 3

19. महान सीमा भ्रंश किसको पृथक करता है?

(a) महान हिमालय से कराकोरम को
(b) लघु हिमालय से महान हिमालय को
(c) शिवालिक से लघु हिमालय को
(d) भारत के महान मैदान से शिवालिक को

20. निम्न में से कौन-सी पर्वत चोटी सही सुमेलित नहीं है?

(a) अमरकंटक-मध्य प्रदेश
(b) दूनगिरि-उत्तराखंड
(c) कैलाश-मेघालय
(d) नीमगिरि-ओडिशा

21. निम्न दर्रों को पश्चिम से पूर्व की ओर सही क्रम में व्यवस्थित कीजिये तथा नीचे दिये गये कूटों की सहायता से सही उत्तर का चयन कीजियेः

1. बालचा धुरा
2. माना ला
3. नीति ला
4. थागा ला

कूटः

(a) 4, 3, 2 एवं 1
(b) 4, 2, 3 एवं 1
(c) 2, 3, 1 एवं 4
(d) 2, 1, 3 एवं 4

22. निम्न कथनों पर विचार कीजिये तथा नीचे दिये गये कूटों की सहायता से सही उत्तर का चयन कीजियेः

1. असम की मिकिर पहाड़िया, प्रायद्वीपीय भारत का एक हिस्सा है।
2. कंजनजंगा विश्व की दूसरी सबसे ऊँची चोटी है।

कूटः

(a) केवल 1 सही है
(b) केवल 2 सही है
(c) 1 एवं 2 दोनों सही हैं
(d) न ही 1 और न ही 2 सही हैं

23. निम्न में से कौन-सा कथन सत्य नहीं है?

(a) के-2 भारत की सबसे ऊँची चोटी है
(b) जोग जलप्रपात, भारत का सबसे ऊँचा जलप्रपात है
(c) चेरापूँजी, भारत का सबसे नम स्थान है
(d) दक्कन का पठार, भारत का सबसे बड़ा पठार है

24. निम्न में से कौन-सा कथन सत्य नहीं है?

(a) गुजरात की समुद्री तट रेखा, भारत की सबसे लंबी तटरेखा है
(b) इंदिरा गाँधी नहर, भारत की सबसे लंबी नहर है
(c) कहरबुदे, भारत की सबसे लंबी सुरंग है
(d) कोवलम, भारत का सबसे लंबा समुद्र तट (Sea-beach) है

25. प्रायद्वीपीय भारत की निम्न चोटियों को ऊँचाई के घटते क्रम में व्यवस्थित कीजिये तथा नीचे दिये गये कूटों की सहायता से सही उत्तर का चयन कीजियेः

1. अरोयाकोंडा
2. देवोदीमुड़ा
3. महेंद्रगिरि
4. नीमगिरि

कूटः

(a) 1, 2, 3 एवं 4
(b) 1, 2, 4 एवं 3
(c) 2, 3, 4 एवं 1
(d) 2, 3, 1 एवं 4

26. निम्न कथनों पर विचार कीजिये तथा नीचे दिये गये कूटों की सहायता से सही उत्तर का चयन कीजिये:

1. भारत के उत्तरी मैदान, एक 'फोरदीप' है, जिनका निर्माण हिमालय के उच्च क्रस्ट तरंगों के सामने हुआ है।
2. भारत के उत्तरी मैदानों के निर्माण की 'फोरदीप' संकल्पना सर एस.जी. बुगार्ड द्वारा दी गयी है।

कूट:

(a) केवल 1 सही है
(b) केवल 2 सही है
(c) 1 एवं 2 दोनों सही हैं
(d) न ही 1 और न ही 2 सही हैं

27. निम्न कथनों पर विचार कीजिये तथा नीचे दिये गये कूटों की सहायता से सही उत्तर का चयन कीजिये:

1. गुजरात तटीय मैदान का निर्माण, समानांतर अनुवर्ती नदियों के जलोढ़ निक्षेपों से हुआ है।
2. गुजरात तटीय मैदान में गोंडवाना चट्टानों एवं क्रिटेशियस लावा संस्तर हैं।

कूट:

(a) केवल 1 सही है
(b) केवल 2 सही है
(c) 1 एवं 2 दोनों सही हैं
(d) न ही 1 और न ही 2 सही हैं

28. सूची-I को सूची-II से सुमेलित कीजिये तथा नीचे दिये गये कूटों की सहायता से सही उत्तर का चयन कीजिये:

सूची-I (ज्वालामुखीयता)	**सूची-II (क्षेत्र)**
A. क्रिटेशियस	1. बीजापुर एवं ग्वालियर श्रेणी
B. कुडप्पा	2. चैंपियन श्रेणी
C. धारवाड़	3. दक्कन ट्रैप
D. विंध्य	4. मलानी श्रेणी

कूट:

	A	B	C	D
(a)	3	1	4	2
(b)	3	1	2	4
(c)	2	3	1	4
(d)	2	3	4	1

29. निम्न में से कौन-सा एक सही सुमेलित नहीं है?

(a) कांगड़ा भूकंप-1934
(b) कोयना भूकंप-1967
(c) लातूर भूकंप-1993
(d) शिलांग भूकंप-1897

30. सूची-I को-II सूची से सुमेलित कीजिये तथा नीचे दिये गये कूटों की सहायता से सही उत्तर का चयन कीजिये:

सूची-I (पर्वतीय दर्रे)	**सूची-II (राज्य)**
A. बूम ला	1. सिक्किम
B. खार्दुंगला	2. जम्मू और कश्मीर
C. नाथू ला	3. हिमाचल प्रदेश
D. शिपकी ला	4. अरुणाचल प्रदेश

कूटः

	A	B	C	D
(a)	2	1	4	3
(b)	2	4	3	1
(c)	4	2	3	1
(d)	4	2	1	3

अध्याय 3 - अपवाह तंत्र

31. निम्न में से कौन पश्चजात (discordant) अपवाह का एक उदाहरण है?

(a) चिनाब
(b) चंबल
(c) नर्मदा
(d) साबरमती

32. निम्न कथनों पर विचार कीजिये तथा नीचे दिये गये कूटों की सहायता से सही उत्तर का चयन कीजिये:

1. भारत में ब्रह्मपुत्र का बेसिन सिंधु बेसिन से ज्यादा बड़ा है।
2. महानदी का अपवाह बेसिन कृष्णा नदी बेसिन से ज्यादा बड़ा है।

कूटः

(a) केवल 1 सही है
(b) केवल 2 सही है
(c) 1 एवं 2 दोनों सही हैं
(d) न ही 1 और न ही 2 सही है

33. निम्न में से कौन सही सुमेलित नहीं है?

(a) जोध गंगा - अलकनंदा
(b) पेनगंगा - गोदावरी
(c) पार्वती - चंबल
(d) पुरना - तापी

34. निम्न में से कौन-सी नदी लंबाई में सबसे कम है?

(a) चंबल
(b) दामोदर
(c) गंडक
(d) कावेरी

35. निम्न कथनों पर विचार कीजिये तथा नीचे दिये गये कूटों की सहायता से सही उत्तर का चयन कीजिये:

1. त्सो मोरिरी एक विवतर्निक (tectonic) झील है।
2. गढ़वाल की गोहाना झील का निर्माण नदियों के निक्षेपणों से हुआ है।

कूटः

(a) केवल 1 सही है
(b) केवल 2 सही है
(c) 1 एवं 2 दोनों सही हैं
(d) न ही 1 और न ही 2 सही है

36. निम्न कथनों पर विचार कीजिये तथा नीचे दिये गये कूटों की सहायता से सही उत्तर का चयन कीजिये:

1. दूधसागर जलप्रपात नर्मदा नदी पर मध्य प्रदेश के जबलपुर जिले में है।
2. गोकक जलप्रपात घाटप्रभा नदी पर कर्नाटक के बेलगाम जिले में है।

कूटः

(a) केवल 1 सही है
(b) केवल 2 सही है
(c) 1 एवं 2 दोनों सही हैं
(d) न ही 1 और न ही 2 सही है

37. निम्न में से कौन-सा एक सही सुमेलित नहीं है?

(a) बाराकाना जलप्रपात, कर्नाटक के शिमोगा जिले में है

(b) दुदामा जलप्रपात, ओडिशा के कोरापुट जिले में है

(c) किलियूर जलप्रपात, नीलगिरि (तमिलनाडु) में है

(d) लोध जलप्रपात, झारखंड में है

38. निम्न कथनों पर विचार कीजिये तथा नीचे दिये गये कूटों की सहायता से सही उत्तर का चयन कीजिये:

1. धंसीरी, ब्रह्मपुत्र नदी की एक दाहिने हाथ की सहायक नदी है।
2. रिनगित, तीस्ता नदी की एक बाएं हाथ की सहायक नदी है।
3. बनास, चंबल नदी की एक बाएं हाथ की सहायक नदी है।
4. अमरावती, कावेरी नदी की एक दाहिने हाथ की सहायक नदी है।

कूट:

(a) 1, 2 एवं 3 सही हैं

(b) 2, 3 एवं 4 सही हैं

(c) 1, 2 एवं 4 सही हैं

(d) 1, 3 एवं 4 सही हैं

39. निम्न में से कौन सही सुमेलित नहीं है?

(a) हाथमारी - माही नदी

(b) माताटीला - बेतवा नदी

(c) नागार्जुन सागर - कृष्णा नदी

(d) उकाई परियोजना - तापी नदी

40. सूची-I को-II सूची से सुमेलित कीजिये तथा नीचे दिये गये कूटों की सहायता से सही उत्तर का चयन कीजिये:

सूची-I (नदी)	**सूची-II (नदी का स्रोत)**
A. चिनाब	1. बारा लाचा
B. झेलम	2. राकस झील
C. रावी	3. रोहतांग दर्रा
D. सतलज	4. वेरीनाग

कूट:

	A	B	C	D
(a)	3	1	4	2
(b)	3	1	2	4
(c)	1	4	2	3
(d)	1	4	3	2

अध्याय 4 - भारत की जलवायु

41. "भारतीय मानसून एक विस्तारित स्थलीय एवं सागरीय समीर है।"

यह कथन किससे संबंधित है?

(a) फ्लोन

(b) हेली

(c) कोटेश्वरम

(d) वॉकर

42. निम्न कथनों पर विचार कीजिये तथा नीचे दिये गये कूटों की सहायता से सही उत्तर का चयन कीजिये:

1. चेन्नई में वर्षा की परिवर्तनीयता मुंबई से अधिक है।
2. चेन्नई में लौटते मानसून से ज्यादा वर्षा होती है।

कूट:

(a) केवल 1 सही है (b) केवल 2 सही है
(c) 1 एवं 2 दोनों सही हैं (d) न ही 1 और न ही 2 सही है

43. निम्न कथनों पर विचार कीजिये तथा नीचे दिये गये कूटों की सहायता से सही उत्तर का चयन कीजिये:

1. पश्चिमी विक्षोभ, भूमध्यसागर से उत्पन्न होते हैं।
2. पश्चिमी विक्षोभ का उद्‌गम, ध्रुवीय फ्रंट सिद्धांत का प्रतिफल है।

कूट:

(a) केवल 1 सही है (b) केवल 2 सही है
(c) 1 एवं 2 दोनों सही हैं (d) न ही 1 और न ही 2 सही है

44. निम्न कथनों पर विचार कीजिये तथा नीचे दिये गये कूटों की सहायता से सही उत्तर का चयन कीजिये:

1. महान हिमालय में लघु हिमालय से ज्यादा वर्षा होती है।
2. लघु हिमालय में पर्यावरणीय अवनयन (environmental degradation) की मात्रा, महान हिमालय से अधिक है।

कूट:

(a) केवल 1 सही है (b) केवल 2 सही है
(c) 1 एवं 2 दोनों सही हैं (d) न ही 1 और न ही 2 सही है

45. निम्न में से कौन-सा विद्वान 'भारत के जलवायु क्षेत्रों' के वर्णन से संबंधित नहीं है?

(a) एच.ई. ब्लैंडफोर्ड (b) जे. कोपैक
(c) ओ.एच.के. स्पेट (d) आर.एल. सिंह

अध्याय 5 - प्राकृतिक वनस्पति एवं वन विकास

46. भारत के वनस्पतिक प्रदेशों की पहचान किसने की है?

(a) सी.सी. काल्डर (b) एस.पी. चटर्जी
(c) बी.एल.सी. जॉनसन (d) वी.पी. सुब्रह्मण्यम

47. जैवमंडलीय आरक्षित क्षेत्रों का कौन-सा जोड़ा, विश्व जैवमंडलीय आरक्षित क्षेत्रों के नेटवर्क में शामिल किया गया है?

(a) मन्नार की खाड़ी, काजीरंगा, नोकरेक एवं शेषाचलम्
(b) नीलगिरि, नोकरेक, पंचमढ़ी एवं शेषाचलम्
(c) नीलगिरि, नोकरेक, पंचमढ़ी एवं पन्ना
(d) मन्नार की खाड़ी, नोकरेक, पंचमढ़ी एवं सिमलीपाल

48. निम्न में से कौन-सा राष्ट्रीय उद्यान सही सुमेलित है?

(a) बालपखरन-मेघालय (b) भगवान महावीर-बिहार
(c) गुइन्दी-तमिलनाडु (d) मोलेम-गोवा

49. भारत में वन क्षेत्र का सर्वाधिक प्रतिशत किस क्षेत्र में है?

(a) पूर्वी घाट (b) हिमालय क्षेत्र
(c) प्रायद्वीपीय पठार (d) पश्चिमी घाट

50. निम्न कथनों पर विचार कीजिये तथा नीचे दिये गये कूटों की सहायता से सही उत्तर का चयन कीजिये:

1. टीक वन, प्रकृति में सदाबहार होते हैं।
2. टीक वनों का सबसे बड़ा क्षेत्र असम में है।

कूट:

(a) केवल 1 सही है (b) केवल 2 सही है

(c) 1 एवं 2 दोनों सही हैं (d) न ही 1 और न ही 2 सही है

51. पश्चिमी घाट को किस वर्ष विश्व जैवमंडलीय आरक्षित क्षेत्रों की सूची में शामिल किया गया था?

(a) 2010 (b) 2011

(c) 2012 (d) 2013

52. निम्न में से किस राज्य में वनों का प्रतिशत सबसे अधिक है?

(a) अरुणाचल प्रदेश (b) मिजोरम

(c) नगालैंड (d) त्रिपुरा

53. निम्न में से किस राज्य का सर्वाधिक भू-क्षेत्र वनों के अंतर्गत आता है?

(a) अरुणाचल प्रदेश (b) छत्तीसगढ़

(c) कर्नाटक (d) मध्य प्रदेश

54. निम्न कथनों पर विचार कीजिये तथा नीचे दिये गये कूटों की सहायता से सही उत्तर का चयन कीजिये:

1. शीशम के वन मुख्यतया उत्तर-पूर्वी राज्यों में पाये जाते हैं।
2. तेंदू के वन सबसे अधिक प्रायद्वीपीय भारत में पाये जाते हैं।

कूट:

(a) केवल 1 सहो है (b) केवल 2 सही है

(c) 1 एवं 2 दोनों सही हैं (d) न ही 1 और न ही 2 सही है

55. निम्न कथनों पर विचार कीजिये तथा नीचे दिये गये कूटों की सहायता से सही उत्तर का चयन कीजिये:

1. जैवमंडलीय आरक्षित क्षेत्र जैविक एवं सांस्कृतिक विविधता से समृद्ध होते हैं।
2. भारत में जैवमंडलीय आरक्षित क्षेत्र कार्यक्रम 1986 में प्रारंभ हुआ।
3. वन्य जीव अभ्यारण्यों में वन्य जीवन एवं कुछ विशिष्ट प्रजातियों का संरक्षण होता है।
4. भारत में कुल 18 वन्य जीव अभ्यारण्य हैं।

कूट:

(a) 1, 2 एवं 3 सही हैं (b) 1, 3 एवं 4 सही हैं

(c) 2, 3 एवं 4 सही हैं (d) 1, 2, 3 एवं 4 सही हैं

अध्याय 6 - मृदा

56. निम्न मृदाओं को क्षेत्र के घटते क्रम में उचित रूप से व्यवस्थित कीजिये तथा नीचे दिये गये कूटों की सहायता से सही उत्तर का चयन कीजिये:

1. जलोढ़ मृदा
2. काली मृदा
3. मरुस्थलीय मृदा
4. लाल मृदा

कूट:

(a) 1, 2, 3 एवं 4 (b) 1, 4, 2 एवं 3

(c) 1, 2, 4 एवं 3 (d) 1, 4, 3 एवं 2

57. मृदा के निम्न कणों को घटते क्रम में उचित रूप से व्यवस्थित कीजिये तथा नीचे दिये गये कूटों की सहायता से सही उत्तर का चयन कीजिये:

1. क्ले
2. ग्रेवल
3. बालू
4. गाद

कूट:

(a) 3, 1, 4, 2 (b) 2, 3, 1, 4

(c) 2, 3, 4, 1 (d) 3, 1, 2, 4

58. भूसर एवं भूरी मृदा कहाँ पायी जाती है?

(a) हरियाणा एवं राजस्थान (b) हरियाणा एवं गुजरात

(c) गुजरात एवं मध्य प्रदेश (d) गुजरात एवं राजस्थान

59. निम्न कथनों पर विचार कीजिये तथा नीचे दिये गये कूटों की सहायता से सही उत्तर का चयन कीजिये:

1. 1956 में भारत में अखिल भारतीय मृदा एवं भू-उपयोग सर्वेक्षण में मृदाओं का वर्गीकरण किया गया।
2. भारतीय कृषि अनुसंधान संस्थान ने 1963 में पहली बार भारत की मृदाओं का मानचित्र प्रकाशित किया।

कूट:

(a) केवल 1 सही है (b) केवल 2 सही है

(c) 1 एवं 2 दोनों सही हैं (d) न ही 1 और न ही 2 सही है

60. निम्न कथनों पर विचार कीजिये तथा नीचे दिये गये कूटों की सहायता से सही उत्तर का चयन कीजिये:

1. भू-क्षमता वर्गीकरण व्यवस्था प्राथमिक तौर पर मृदा संरक्षण से संबंधित है।
2. भू-क्षमता वर्गीकरण व्यवस्था का उद्देश्य भूमि उपयोग का अधिकतम निर्धारण है।

कूट:

(a) केवल 1 सही है (b) केवल 2 सही है

(c) 1 एवं 2 दोनों सही हैं (d) न ही 1 और न ही 2 सही है

अध्याय 7 - भारत के प्राकृतिक संसाधन

61. निम्न में से कौन सही सुमेलित नहीं है?

(a) हजारीबाग-अभ्रक (b) हट्टी-स्वर्ण

(c) जादूगुड़ा-यूरेनियम (d) जेवर-ताँबा

62. निम्न कथनों पर विचार कीजिये तथा नीचे दिये गये कूटों की सहायता से सही उत्तर का चयन कीजिये:

1. महाराष्ट्र, मैगनीज का प्रमुख उत्पादक राज्य है।
2. ओडिशा, लौह अयस्क का प्रमुख उत्पादक राज्य है।

कूट:

(a) केवल 1 सही है (b) केवल 2 सही है

(c) 1 एवं 2 दोनों सही हैं (d) न ही 1 और न ही 2 सही है

63. लौह-अयस्क के उत्पादन के संबंध में निम्न राज्यों को घटते क्रम में उचित रूप से व्यवस्थित कीजिये तथा नीचे दिये गये कूटों की सहायता से सही उत्तर का चयन कीजिये:

1. छत्तीसगढ़
2. गोवा
3. कर्नाटक
4. ओडिशा

कूट:

(a) 3, 4, 1, 2
(b) 3, 4, 2, 1
(c) 4, 3, 2, 1
(d) 4, 1, 3, 2

64. लौह अयस्क के निम्न प्रकारों में लौह अंश की विद्यमानता के आधार पर घटते क्रम में उचित रूप से व्यवस्थित कीजिये तथा नीचे दिये गये कूटों की सहायता से सही उत्तर का चयन कीजिये:

1. हैमेटाइट
2. लिमोनाइट
3. मैग्नेटाइट
4. सीडेराइट

कूट:

(a) 1, 3, 4, 2
(b) 1, 3, 2, 4
(c) 3, 1, 2, 4
(d) 3, 1, 4, 2

65. निम्न में से सबसे अधिक अभ्रक के भंडार कहाँ हैं?

(a) आंध्र प्रदेश
(b) बिहार
(c) झारखंड
(d) राजस्थान

अध्याय 8 - ऊर्जा संसाधन

66. निम्न में से किस कोयला खदान में कोकिंग कोयले की सबसे अच्छी किस्म पायी जाती है?

(a) बैलाडीला
(b) झरिया
(c) रानीगंज
(d) सिंगरौली

67. निम्न में से किस राज्य में कोयले के सर्वाधिक भंडार हैं?

(a) आंध्र प्रदेश
(b) छत्तीसगढ़
(c) झारखंड
(d) मध्य प्रदेश

68. निम्न कथनों पर विचार कीजिये तथा नीचे दिये गये कूटों की सहायता से सही उत्तर का चयन कीजिये:

1. तृतीयक कोयला भंडार का निर्माण इयोसीन काल में अस्तित्व में आया।
2. तृतीयक कोयला भंडार असम एवं अरुणाचल प्रदेश में पाया गया है।

कूट:

(a) केवल 1 सही है
(b) केवल 2 सही है
(c) 1 एवं 2 दोनों सही हैं
(d) न ही 1 और न ही 2 सही है

69. निम्न में से कौन-सा कथन सत्य नहीं है?

(a) कच्चा तेल कायांतरित चट्टानों में पाया जाता है
(b) कच्चा तेल उस स्थान में मिलता है, जहाँ इसका निर्माण होता है
(c) कच्चे तेल के साथ गैसें भी होती हैं
(d) ऐसा माना जाता है कि कच्चे तेल का उद्गम कार्बनिक है

70. निम्न में से कौन-सा राज्य कच्चे तेल का सबसे बड़ा उत्पादक है?

(a) असम
(b) आंध्र प्रदेश
(c) गुजरात
(d) तमिलनाडु

71. निम्न में से किस क्षेत्र में प्राकृतिक गैस के सबसे बड़े भंडार पाये जाते हैं?

(a) बसेइन बेसिन
(b) खंभात की खाड़ी
(c) गोदावरी एवं कृष्णा बेसिन
(d) बाड़मेर (राजस्थान)

72. निम्न कथनों पर विचार कीजिये तथा नीचे दिये गये कूटों की सहायता से सही उत्तर का चयन कीजिये:

1. विद्युत ऊर्जा का स्वच्छ स्रोत है।
2. तुलनात्मक रूप से विद्युत ऊर्जा एक सस्ता, प्रदूषण रहित एवं नवीकरणीय स्रोत है।

कूट:

(a) केवल 1 सही है
(b) केवल 2 सही है
(c) 1 एवं 2 दोनों सही हैं
(d) न ही 1 और न ही 2 सही है

73. निम्न में से कौन-सा सही सुमेलित नहीं है?

(a) धुवाराम-गुजरात
(b) कहलगाँव-बिहार
(c) मानगुरु-आंध्र प्रदेश
(d) ऊँचाहार-पश्चिम बंगाल

74. निम्न में से किन राज्यों में पवन ऊर्जा की सर्वाधिक संभावनाएं हैं?

(a) गुजरात एवं महाराष्ट्र
(b) गुजरात एवं तमिलनाडु
(c) आंध्र प्रदेश एवं तमिलनाडु
(d) आंध्र प्रदेश एवं राजस्थान

75. निम्न में से कौन-सा नाभिकीय संयंत्र सही सुमेलित नहीं है?

(a) बागड़ी-चुटका, छत्तीसगढ़
(b) कवाड़ा, आंध्र प्रदेश
(c) कुम्हारिया, हरियाणा
(d) मीठी विर्दी, गुजरात

अध्याय 9 एवं 10 - कृषि एवं कृषि का स्थानिक संगठन

76. भारत में कुल बोया गया क्षेत्र लगभग है:

(a) 42%
(b) 46%
(c) 50%
(d) 52%

77. भारत में अम्लीयता एवं क्षारीयता से निम्नीकृत भूमि का कितना प्रतिशत पाया जाता है?

(a) 1%
(b) 2%
(c) 3%
(d) 4%

78. खेती योग्य भूमि के संदर्भ में निम्न राज्यों को उचित रूप से व्यवस्थित कीजिये तथा नीचे दिये गये कूटों की सहायता से सही उत्तर का चयन कीजिये:

1. हरियाणा
2. पंजाब
3. उत्तर प्रदेश
4. पश्चिम बंगाल

कूट:

(a) हरियाणा, पंजाब, पश्चिम बंगाल, उत्तर प्रदेश
(b) हरियाणा, पंजाब, उत्तर प्रदेश, पश्चिम बंगाल
(c) पंजाब, हरियाणा, उत्तर प्रदेश, पश्चिम बंगाल
(d) पंजाब, हरियाणा, पश्चिम बंगाल, उत्तर प्रदेश

79. भारत में कुल कृषकों के संबंध में सीमांत कृषकों का प्रतिशत कितना है?

(a) 40% (b) 45%

(c) लगभग 50% (d) लगभग 55%

80. निम्न कथनों पर विचार कीजिये तथा नीचे दिये गये कूटों की सहायता से सही उत्तर का चयन कीजिये:

1. स्वतंत्रता से पहले भारत में नहरें सिंचाई का सबसे प्रमुख साधन थीं।
2. समय के साथ नहरों द्वारा सिंचाई की प्रतिशतता में कमी आयी है।

कूट:

(a) केवल 1 सही है (b) केवल 2 सही है

(c) 1 एवं 2 दोनों सही हैं (d) न ही 1 और न ही 2 सही है

81. निम्न फसलों के क्षेत्र के आधार पर उन्हें घटते क्रम में व्यवस्थित कीजिये तथा नीचे दिये गये कूटों की सहायता से सही उत्तर का चयन कीजिये:

1. बाजरा
2. ज्वार
3. चावल
4. गेहूँ

कूट:

(a) 3, 4, 1, 2 (b) 3, 4, 2, 1

(c) 4, 3, 1, 2 (d) 4, 3, 2, 1

82. निम्न में से भारत का कौन-सा राज्य दालों का सबसे प्रमुख उत्पादक राज्य है?

(a) बिहार (b) कर्नाटक

(c) मध्य प्रदेश (d) उत्तर प्रदेश

83. ऑपरेशन फ्लड का संबंध किससे है?

(a) नीली क्रांति (b) भूरी क्रांति

(c) हरित क्रांति (d) श्वेत क्रांति

84. निम्न में से किसे 'भारत की झींगा राजधानी' कहा जाता है?

(a) चेन्नई (b) मछलीपटट्नम

(c) नागापट्टिनम (d) नेल्लौर

85. निम्न कथनों पर विचार कीजिये तथा नीचे दिये गये कूटों की सहायता से सही उत्तर का चयन कीजिये:

1. चीन, विश्व में चावल का सबसे बड़ा उत्पादक है।
2. चीन में चावल का क्षेत्र विश्व में सबसे अधिक है।

कूट:

(a) केवल 1 सही है (b) केवल 2 सही है

(c) 1 एवं 2 दोनों सही हैं (d) न ही 1 और न ही 2 सही है

86. निम्न कथनों पर विचार कीजिये तथा नीचे दिये गये कूटों की सहायता से सही उत्तर का चयन कीजिये:

1. चावल 39° द. (ऑस्ट्रेलिया) से 50° उ. अक्षांश (चीन) में सफलतापूर्वक उगाया जा सकता है।
2. भारत में चावल 8° उ. से 34° उ. में उगाया जाता है।
3. भारत में चावल कुट्टानाड (केरल) जैसे क्षेत्रों में भी उगाया जाता है, जो समुद्र तल से भी नीचे हैं।
4. जम्मू एवं कश्मीर में चावल 2000 मीटर की ऊँचाई में भी उगाया जाता है

कूटः

(a) 1, 2 एवं 3 सही हैं
(b) 1, 2 एवं 4 सही हैं
(c) 1, 3 एवं 4 सही हैं
(d) 1, 2, 3 एवं 4 सही हैं

87. निम्न कथनों पर विचार कीजिये तथा नीचे दिये गये कूटों की सहायता से सही उत्तर का चयन कीजिये:

1. चावल की खेती के लिये औसतन 20-35° सेंटीग्रेड तापमान की आवश्यकता होती है।
2. चावल सभी प्रकार की मिट्‌टी में उगाया जा सकता है।

कूटः

(a) केवल 1 सही है
(b) केवल 2 सही है
(c) 1 एवं 2 दोनों सही हैं
(d) न ही 1 और न ही 2 सही है

88. निम्न कथनों पर विचार कीजिये तथा नीचे दिये गये कूटों की सहायता से सही उत्तर का चयन कीजिये:

1. गेहूँ की फसल का चक्र विंध्य क्षेत्र के दक्षिण में 100 दिनों का एवं पंजाब में 145 दिनों का होता है।
2. अक्टूबर माह में ऊँचे तापमान से गेहूँ के बीज जल्दी जम जाते हैं।

कूटः

(a) केवल 1 सही है
(b) केवल 2 सही है
(c) 1 एवं 2 दोनों सही हैं
(d) न ही 1 और न ही 2 सही है

89. निम्न कथनों में से कौन-सा कथन सत्य नहीं है?

(a) गन्ने की खेती के लिये 20° सेंटीग्रेड अधिक तथा 35° सेंटीग्रेड कम तापमान की आवश्यकता होती है।
(b) 10° सेंटीग्रेड कम तापमान गन्ने की खेती के लिये हानिकारक होता है।
(c) गन्ने की खेती के लिये 75 से.मी. से 150 से.मी. वर्षा की आवश्यकता होती है।
(d) सही मौसमी दशाओं में गन्ने का उत्पादन अधिक होता है।

90. निम्न कथनों में से कौन-सा कथन सत्य नहीं है?

(a) कपास एक अर्द्ध-शुष्क फसल है।
(b) कपास की खेती के लिये लगभग 85 से.मी. वर्षा की आवश्यकता होती है।
(c) कपास की खेती के लिये 21° सेंटीग्रेड से 27° सेंटीग्रेड तापमान की आवश्यकता होती है
(d) 21° सेंटीग्रेड कम तापमान चावल की खेती के लिये हानिकारक होता है

91. निम्न कथनों पर विचार कीजिये तथा नीचे दिये गये कूटों की सहायता से सही उत्तर का चयन कीजिये:

1. चीन विश्व में कपास का सबसे अधिक उत्पादन करने वाला देश है।
2. कपास का सबसे अधिक क्षेत्र भारत में है।

कूटः

(a) केवल 1 सही है
(b) केवल 2 सही है
(c) 1 एवं 2 दोनों सही हैं
(d) न ही 1 और न ही 2 सही है

92. निम्न कथनों पर विचार कीजिये तथा नीचे दिये गये कूटों की सहायता से सही उत्तर का चयन कीजिये:

1. चाय की खेती के लिये 21° सेंटीग्रेड से 27° सेंटीग्रेड तापमान, आदर्श तापमान होता है।
2. 5° सेंटीग्रेड से कम तापमान चाय की झाड़ियों के लिये हानिकारक होता है।
3. सघन कोहरे एवं ओस से चाय की नयी पत्तियां तेजी से बढ़ती हैं।
4. जब चाय के पौधों को छायादार पेड़ों के नीचे लगाया जाता है तो उनकी वृद्धि तेजी से होती है।

कूट:

(a) 1, 2 एवं 3 सही हैं
(b) 1, 2 एवं 4 सही हैं
(c) 2, 3 एवं 4 सही हैं
(d) 1, 2, 3 एवं 4 सही हैं

93. निम्न में से कौन-सा राज्य भारत में कॉफी का सबसे प्रमुख उत्पादक राज्य है?

(a) आंध्र प्रदेश
(b) कर्नाटक
(c) केरल
(d) तमिलनाडु

94. निम्न में से किसे 'मसालों का राजा' कहा जाता है?

(a) लौंग
(b) इलायची
(c) काली मिर्च
(d) हल्दी

95. निम्न कथनों पर विचार कीजिये तथा नीचे दिये गये कूटों की सहायता से सही उत्तर का चयन कीजिये:

1. भारत, इलायची का प्रमुख उत्पादक एवं निर्यातक देश है।
2. केरल, भारत में मसालों का सबसे प्रमुख उत्पादक राज्य है।

कूट:

(a) केवल 1 सही है
(b) केवल 2 सही है
(c) 1 एवं 2 दोनों सही हैं
(d) न ही 1 और न ही 2 सही है

अध्याय 11 - उद्योग

96. सूती वस्त्रों के उत्पादन की दृष्टि से निम्न राज्यों को घटते क्रम में सजाएं एवं नीचे दिये गये कूटों की सहायता से सही उत्तर का चयन करें:

1. गुजरात
2. महाराष्ट्र
3. पंजाब
4. तमिलनाडु

कूट:

(a) 1, 2, 4, 3
(b) 1, 2, 3, 4
(c) 2, 1, 3, 4
(d) 2, 1, 4, 3

97. भारत में जूट का पहला कारखाना 1854 में कहाँ लगाया गया?

(a) अगरपाड़ा
(b) बज-बज
(c) सेरामपुर
(d) टीटागढ़

98. निम्न में से कौन-सा इस्पात कारखाना सही सुमेलित नहीं है?

(a) बर्नपुर-प. बंगाल
(b) दोल्वी-झारखंड
(c) दियातारी-ओडिशा
(d) विजयनगर-कर्नाटक

99. निम्न कथनों पर विचार कीजिये तथा नीचे दिये गये कूटों की सहायता से सही उत्तर का चयन कीजिये:

1. भिलाई इस्पात कारखाना सरकार के तकनीकी सहयोग से स्थापित किया गया था।
2. दुर्गापुर इस्पात करखाना जर्मनी की फर्म क्रप्स एवं डेमांग के सहयोग से स्थापित किया गया था।

कूट:

(a) केवल 1 सही है
(b) केवल 2 सही है
(c) 1 एवं 2 दोनों सही हैं
(d) न ही 1 और न ही 2 सही है

100. विजयवाड़ा इस्पात संयंत्र के संबंध में निम्न कथनों में से कौन-सा एक सत्य नहीं है?
   (a) यह कर्नाटक के बेल्लारी जिले में स्थित है
   (b) इसे कोयला झरिया की खदानों से मिलता है
   (c) इसे जल विद्युत तुंगभद्रा परियोजना से प्राप्त होती है
   (d) यह कोरेक्स प्रक्रिया से गैर-जलाऊ कोयले का उपयोग करता है

101. दक्षिण कोरिया की पोहांग स्टील कंपनी के सहयोग से किस शहर में एक इस्पात कारखाने की स्थापना की गयी है?
   (a) देइतारी (b) कलिंगनगर
   (c) कोरापुट (d) पारादीप

102. निम्न कथनों पर विचार कीजिये तथा नीचे दिये गये कूटों की सहायता से सही उत्तर का चयन कीजिये:
   1. एल्युमीनियम भारत का दूसरा सबसे प्रमुख धातुकर्म उद्योग है।
   2. इसके संयंत्र की स्थापना बॉक्साइट एवं जल विद्युत की उपलब्धता पर निर्भर करती है।

   कूट:
   (a) केवल 1 सही है (b) केवल 2 सही है
   (c) 1 एवं 2 दोनों सही हैं (d) न ही 1 और न ही 2 सही है

103. निम्न में से कौन-सा एल्युमीनियम कारखाना सही नहीं है?
   (a) बाल्को-कोरबा (b) हिंडाल्को-रेणुकूट
   (c) इंडाल-हीराकुड (d) माल्को-चेन्नई

104. सार्वजनिक क्षेत्र का पहला उर्वरक कारखाना 1951 में स्थापित किया गया:
   (a) दुर्गापुर (b) कोरबा
   (c) रामागुंडम (d) सिंदरी

105. निम्न कथनों पर विचार कीजिये तथा नीचे दिये गये कूटों की सहायता से सही उत्तर का चयन कीजिये:
   1. पहला सफल एवं आधुनिक कागज कारखाना 1870 में बैलीगंज (कोलकाता) में स्थापित किया गया।
   2. 1997 में पेपर उद्योग को लाइसेंस एवं नियंत्रण से मुक्ति दे दी गयी।

   कूट:
   (a) केवल 1 सही है (b) केवल 2 सही है
   (c) 1 एवं 2 दोनों सही हैं (d) न ही 1 और न ही 2 सही है

अध्याय 12 - परिवहन, संचार एवं व्यापार

106. भारत का सबसे लंबा राष्ट्रीय राजमार्ग (पुराना) कौन-सा है?
   (a) NH-5 (b) NH-6
   (c) NH-7 (d) NH-8

107. चार चरणों वाला स्वर्ण चतुर्भुज निम्न शहरों को जोड़ता है
   1. दिल्ली-मुंबई 2. मुंबई-चेन्नई
   3. चेन्नई-कोलकाता 4. कोलकाता-दिल्ली

   उपरोक्त खंडों को घटते क्रम में व्यवस्थित कीजिये तथा नीचे दिये गये कूटों की सहायता से सही उत्तर का चयन कीजिये:

कूटः

(a) 3, 4, 1, 2
(b) 3, 4, 2, 1
(c) 4, 3, 2, 1
(d) 4, 3, 1, 2

108. ईस्ट-वेस्ट कॉरिडोर किसे जोड़ता है?

(a) आइजोल को कन्याकुमारी से
(b) आइजोल को मुंबई से
(c) पोरबंदर को गुवाहाटी से
(d) पोरबंदर को सिल्चर से

109. दक्षिण-मध्य रेलवे का मुख्यालय कहाँ है?

(a) बंगलुरू
(b) हुबली
(c) हैदराबाद
(d) सिकंदराबाद

110. केंद्रीय जल परिवहन निगम का मुख्यालय कहाँ है?

(a) कोलकाता
(b) नई दिल्ली
(c) नोएडा
(d) गुवाहाटी

111. प्रति 1000 वर्ग कि.मी. में पक्की सड़कों की सबसे अधिक लंबाई किस राज्य में है?

(a) गुजरात
(b) केरल
(c) महाराष्ट्र
(d) पंजाब

112. प्रति 1000 वर्ग कि.मी. में रेलवे की सबसे अधिक लंबाई किस राज्य में है?

(a) बिहार
(b) हरियाणा
(c) पंजाब
(d) प. बंगाल

113. तेल एवं प्राकृतिक गैस कहाँ नहीं मिलती है?

(a) अंडमान एवं निकोबार बेसिन
(b) गंगा बेसिन
(c) लक्षदीप बेसिन
(d) सौराष्ट्र कच्छ बेसिन

114. निम्न में से भारत का कौन-सा बंदरगाह सबसे अच्छा प्राकृतिक बंदरगाह है?

(a) कोच्चि
(b) मंगलौर
(c) मुंबई
(d) विशाखापट्टनम

115. निम्न कथनों पर विचार कीजिये तथा नीचे दिये गये कूटों की सहायता से सही उत्तर का चयन कीजियेः

1. एडम्स ब्रिज का निर्माण प्रवाल भित्तियों से किया गया है।
2. एडम्स ब्रिज की लंबाई लगभग 52 कि. मी. है।

कूटः

(a) केवल 1 सही है
(b) केवल 2 सही है
(c) 1 एवं 2 दोनों सही हैं
(d) न ही 1 और न ही 2 सही है

अध्याय 13 - सांस्कृतिक विन्यास

116. अनुसूचित जनजाति की जनसंख्या का सबसे अधिक प्रतिशत किस राज्य में है?

(a) लक्षद्वीप
(b) मेघालय
(c) मिजोरम
(d) नगालैंड

117. अनुसूचित जाति की जनसंख्या का सबसे अधिक प्रतिशत किस राज्य में है?
(a) हरियाणा (b) हिमाचल प्रदेश
(c) पंजाब (d) पश्चिम बंगाल

118. इसाईयों की जनसंख्या का सबसे अधिक प्रतिशत किस राज्य में है?
(a) अरुणाचल प्रदेश (b) मेघालय
(c) मिजोरम (d) नगालैंड

119. 2001-2011 के दशक में सर्वाधिक दशकीय जनसंख्या वृद्धि किस राज्य में रही?
(a) अरुणाचल प्रदेश (b) बिहार
(c) जम्मू एवं कश्मीर (d) मेघालय

120. 2001-2011 के दशक में सबसे कम दशकीय जनसंख्या वृद्धि किस राज्य में रही?
(a) आंध्र प्रदेश (b) केरल
(c) नगालैंड (d) पश्चिम बंगाल

121. किस राज्य में जनसंख्या घनत्व सबसे अधिक है?
(a) बिहार (b) केरल
(c) उत्तर प्रदेश (d) पश्चिम बंगाल

122. किस केंद्रशासित प्रदेश में सबसे कम लिंगानुपात है?
(a) अंडमान एवं निकोबार (b) दमन एवं दीव
(c) दादरा एवं नागर हवेली (d) लक्षद्वीप

123. उलझे बाल, चौड़ा माथा एवं चपटी नाक किसके शारीरिक लक्षण हैं?
(a) भील (b) बोडो
(c) चकमा (d) कादर

124. किस राज्य की महिला साक्षरता दर सबसे कम है?
(a) बिहार (b) झारखंड
(c) राजस्थान (d) उत्तर प्रदेश

125. निम्न कथनों पर विचार कीजिये तथा नीचे दिये गये कूटों की सहायता से सही उत्तर का चयन कीजिये:
1. 2001-2011 के दशक में भारत की जनसंख्या में 181 मिलियन से अधिक की वृद्धि हुयी है।
2. भारत में विश्व की कुल जनसंख्या का लगभग 17.5% भाग रहता है।

कूट:
(a) केवल 1 सही है (b) केवल 2 सही है
(c) 1 एवं 2 दोनों सही हैं (d) न ही 1 और न ही 2 सही है

126. निम्न कथनों पर विचार कीजिये तथा नीचे दिये गये कूटों की सहायता से सही उत्तर का चयन कीजिये:
1. 2001-2011 के दशक में भारत की जनसंख्या में स्वतंत्रता के बाद की सबसे तेज गिरावट दर्ज की गयी है।
2. 2001-2011 के दशक में जनसंख्या की दशकीय वृद्धि दर 17.64% रही है।

कूट:
(a) केवल 1 सही है (b) केवल 2 सही है
(c) 1 एवं 2 दोनों सही हैं (d) न ही 1 और न ही 2 सही है

127. निम्न कथनों पर विचार कीजिये तथा नीचे दिये गये कूटों की सहायता से सही उत्तर का चयन कीजिये:

1. 2011 की जनगणना के अनुसार, 0–6 वर्ष आयु समूह के बच्चों की कुल संख्या लगभग 159 मिलियन है।
2. बिहार में बच्चों की जनसंख्या सबसे कम है।

कूट:

(a) केवल 1 सही है
(b) केवल 2 सही है
(c) 1 एवं 2 दोनों सही हैं
(d) न ही 1 और न ही 2 सही है

128. निम्न में से कौन-सा सही सुमेलित नहीं है?

(a) भारत का जनसंख्या घनत्व 380 व्यक्ति प्रति वर्ग कि.मी. है।
(b) 2011 में सबसे कम लिंगानुपात पंजाब में दर्ज किया गया है।
(c) बड़े राज्यों में सबसे अधिक कृषि घनत्व केरल में पाया गया है।
(d) महिला लिंगानुपात की सबसे कम दर हरियाणा में है।

129. किस राज्य की साक्षरता दर सबसे कम है?

(a) आंध्र प्रदेश
(b) कर्नाटक
(c) ओडिशा
(d) तमिलनाडु

130. किस राज्य का महिला लिंगानुपात सबसे कम है?

(a) गुजरात
(b) मध्य प्रदेश
(c) महाराष्ट्र
(d) राजस्थान

अध्याय 14 – बस्तियां

131. निम्न कथनों पर विचार कीजिये तथा नीचे दिये गये कूटों की सहायता से सही उत्तर का चयन कीजिये:

1. सघन बस्तियों का सुनिश्चित रूप नहीं होता है।
2. हिमालय क्षेत्र में सघन बस्तियां नहीं पायी जाती हैं।

कूट:

(a) केवल 1 सही है
(b) केवल 2 सही है
(c) 1 एवं 2 दोनों सही हैं
(d) न ही 1 और न ही 2 सही है

132. 'ग्रामीण बस्तियों की सामाजिक-स्थानिक संरचना' की अवधारणा किसने दी?

(a) जे.पी. सिंह
(b) एम.पी. सिंह
(c) के.एन. सिंह
(d) आर.एल. सिंह

133. भारत का सबसे अधिक शहरीकृत राज्य कौन-सा है?

(a) कर्नाटक
(b) केरल
(c) महाराष्ट्र
(d) तमिलनाडु

134. भारत का सबसे कम शहरीकृत राज्य कौन-सा है?

(a) छत्तीसगढ़
(b) झारखंड
(c) ओडिशा
(d) राजस्थान

135. सन्नगर की अवधारणा किसने दी?

(a) पी. गेडेस
(b) आर.जे. जांस्टन
(c) एम.जी. केंडाल
(d) जे.सी. वीवर

136. भारत की जनगणना 2011 के अनुसार, भारत में कुल कितने मिलियन नगर हैं?

(a) 35 (b) 43

(c) 53 (d) 63

137. भारत में महानगरों की संख्या है:

(a) 3 (b) 4

(c) 5 (d) 6

138. भारत की जनगणना 2011 के अनुसार, भारत में शहरी जनसंख्या का प्रतिशत है:

(a) 28 (b) 30

(c) 32 (d) 34

139. किस राज्य में गंदी बस्तियों की जनसंख्या सबसे अधिक है?

(a) आंध्र प्रदेश (b) मध्य प्रदेश

(c) महाराष्ट्र (d) उत्तर प्रदेश

140. किस शहर में गंदी बस्तियों की जनसंख्या सबसे अधिक है?

(a) दिल्ली (b) कोलकाता

(c) मुंबई (d) नागपुर

अध्याय 15 - प्रादेशिक विकास एवं आयोजना

141. निम्न में से कौन-सा एक भारत में नियोजन का घटक नहीं है?

(a) राष्ट्रीय विकास परिषद (b) पंचायत स्तर की नियोजन समिति

(c) राज्य स्तरीय नियोजन बोर्ड (d) भारत का योजना आयोग

142. भारत के योजना आयोग के संबंध में निम्न कथनों पर विचार कीजिये एवं नीचे दिये गये कूट की सहायता से सही उत्तर का चयन कीजिये:

1. पंचवर्षीय योजना तैयार करना।
2. राष्ट्रीय आयोजना के कार्य का निरीक्षण करना।
3. नियोजन की प्रक्रिया में लोगों की सहभागिता को प्रोत्साहित करना।
4. समय-समय पर योजना का निरीक्षण करना।

कूट:

(a) 1, 2 एवं 3 सही हैं (b) 1, 3 एवं 4 सही हैं

(c) 2, 3 एवं 4 सही हैं (d) 1, 2, 3 एवं 4 सही हैं

143. निम्न में से किसे भारत की सबसे सफल क्षेत्रीय विकास योजना माना जाता है?

(a) दामोदर घाटी निगम (b) हुगली घाटी निगम

(c) राष्ट्रीय राजधानी क्षेत्र (d) मुंबई निगम क्षेत्र

144. निम्न कथनों पर विचार कीजिये तथा नीचे दिये गये कूटों की सहायता से सही उत्तर का चयन कीजिये:

1. कमान क्षेत्र विकास कार्यक्रम 1974 में प्रारंभ किया गया।
2. वर्ष 2004 में इसकी पुनर्संरचना की गयी तथा इसका नाम बदलकर 'कमान क्षेत्र विकास एवं जल प्रबंधन कार्यक्रम' कर दिया गया।

कूटः

(a) केवल 1 सही है
(b) केवल 2 सही है
(c) 1 एवं 2 दोनों सही हैं
(d) न ही 1 और न ही 2 सही हैं

145. निम्न में से कौन-सा एक एकीकृत ग्रामीण विकास कार्यक्रम का उद्देश्य नहीं है?

(a) स्नातकों के बीच रोजगार को प्रोत्साहित करना।
(b) स्व-रोजगार के अवसरों में सहायता प्रदान करना।
(c) ग्रामीण निर्धनों के लक्षित समूहों को सहायता प्रदान करना।
(d) लक्षित समूह में छोटे एवं सीमांत किसान शामिल होते हैं।

146. दामोदर नदी के निम्न बाँधों को पश्चिम से पूर्व की दिशा में सही क्रम में व्यवस्थित कीजिये तथा नीचे दिये गये कूटों की सहायता से सही उत्तर का चयन कीजियेः

1. बालपारी
2. माइथन
3. तिलैया

कूटः

(a) 1, 2, 3
(b) 2, 3, 1
(c) 3, 2, 1
(d) 3, 1, 2

147. निम्न में किस राज्य में निर्धनता सबसे अधिक है?

(a) बिहार
(b) छत्तीसगढ़
(c) झारखंड
(d) ओडिशा

148. निम्न में किस राज्य में निर्धनता सबसे कम है?

(a) हिमाचल प्रदेश
(b) हरियाणा
(c) जम्मू एवं कश्मीर
(d) केरल

149. भारत के उत्तर-पूर्वी राज्यों में किस राज्य में निर्धनता सबसे कम है?

(a) अरुणाचल प्रदेश
(b) मणिपुर
(c) मेघालय
(d) मिजोरम

150. निम्न कथनों पर विचार कीजिये तथा नीचे दिये गये कूटों की सहायता से सही उत्तर का चयन कीजियेः

1. क्षेत्रीय आयोजना एक विविध विषय है।
2. क्षेत्रीय आयोजना एक प्रकार का कार्यात्मक, सामाजिक, आर्थिक एवं सांस्कृतिक संश्लेषण है।

कूटः

(a) केवल 1 सही है
(b) केवल 2 सही है
(c) 1 एवं 2 दोनों सही हैं
(d) न ही 1 और न ही 2 सही है

अध्याय 16 - भारतः राजनैतिक परिप्रेक्ष्य

151. निम्न कथनों पर विचार कीजिये तथा नीचे दिये गये कूटों की सहायता से सही उत्तर का चयन कीजियेः

1. स्वतंत्रता के समय भारत की कुल जनसंख्या 340 मिलियन थी।
2. गुजरात एवं महाराष्ट्र राज्य का गठन 1960 में हुआ।
3. गुजरात एवं महाराष्ट्र के गठन का मुख्य आधार भाषा था।
4. पंजाब एवं हरियाणा राज्य का गठन 1966 में हुआ।

कूट:

(a) 1, 2, 3 एवं 4 सही हैं
(b) 1, 2 एवं 3 सही हैं
(c) 1, 3 एवं 4 सही हैं
(d) 2, 3 एवं 4 सही हैं

152. भारत की सबसे लंबी सीमा किस देश के साथ लगती है?

(a) बांग्लादेश
(b) चीन
(c) म्यांमार
(d) पाकिस्तान

153. कच्छ के रण में सर क्रीक कहाँ है?

(a) कझार क्रीक के पश्चिम में
(b) कोरी क्रीक के पूर्व में
(c) कोरी क्रीक के पश्चिम में
(d) कोरी एवं कझार क्रीक के पश्चिम में

154. अरब सागर में किस देश के तट में सबसे अधिक समुद्री डकैतों के आक्रमण होते हैं?

(a) केन्या
(b) सोमालिया
(c) तंजानिया
(d) यमन

155. चीन के 'रिंग ऑफ पर्ल' में शामिल हैं:

(a) ग्वाडर-माले-हंबनटोटा
(b) ग्वाडर-हंबनटोटा-क्यूक्यूपू
(c) ग्वाडर-कोलंबो-यांगून
(d) ग्वाडर-माले-क्यूक्यूपू

अध्याय 17 - समसामयिक मुद्दे

156. निम्न में से किस क्षेत्र में भू-स्खलन की सबसे अधिक संभावना रहती है?

(a) महान हिमालय
(b) लघु हिमालय
(c) शिवालिक
(d) पश्चिमी घाट

157. निम्न में से किस राज्य में कभी भी अधिक तीव्रता का भूकंप नहीं आया?

(a) अरुणाचल प्रदेश
(b) मेघालय
(c) मणिपुर
(d) त्रिपुरा

158. किस भूकंप में सबसे अधिक जानमाल का नुकसान हुआ था?

(a) असम-1950
(b) भुज-2011
(c) बिहार-1934
(d) कांगड़ा-1905

159. निम्न में से किस राज्य में कुल भू-क्षेत्र के संदर्भ में सबसे अधिक प्रतिशत वनों का है?

(a) गुजरात
(b) कर्नाटक
(c) मिजोरम
(d) उत्तर प्रदेश

160. सूची-I को सूची-II से सुमेलित कीजिये तथा नीचे दिये गये कूटों की सहायता से सही उत्तर का चयन कीजिये:

सूची-I (पर्वतीय दर्रे)	सूची-II (राज्य)
A. बूम ला	1. सिक्किम
B. खार्दुंगला	2. जम्मू और कश्मीर
C. नाथू ला	3. हिमाचल प्रदेश
D. शिपकी ला	4. अरुणाचल प्रदेश

कूटः

	A	B	C	D
(a)	2	1	4	3
(b)	2	4	3	1
(c)	4	2	3	1
(d)	4	2	1	3

161. निम्न कथनों पर विचार कीजिये तथा नीचे दिये गये कूटों की सहायता से सही उत्तर का चयन कीजियेः

1. भारत के वन क्षेत्र में वृद्धि हो रही है।
2. वनों में पेड़ों के घनत्व में कमी आ रही है।

कूटः

(a) केवल 1 सही है (b) केवल 2 सही है
(c) 1 एवं 2 दोनों सही हैं (d) न ही 1 और न ही 2 सही है

162. मृदा अवनयन (Soil degradation) के संबंध में निम्न कथनों पर विचार कीजिये तथा नीचे दिये गये कूटों की सहायता से सही उत्तर का चयन कीजियेः

मृदा अवनयन के मुख्य कारण हैं:

1. प्राकृतिक वनस्पति का हटना
2. अधिकाधिक चारे की कटाई
3. कृषि संबंधी गतिविधियाँ
4. जैव-औद्योगिक गतिविधियाँ

कूटः

(a) 1, 2 एवं 3 सही हैं (b) 1, 3 एवं 4 सही हैं
(c) 2, 3 एवं 4 सही हैं (d) 1, 2, 3 एवं 4 सही हैं

163. भारत का मूँगफली के उत्पादन में विश्व में कौन-सा स्थान है?

(a) 1 (b) 2
(c) 3 (d) 4

164. निम्न कथनों पर विचार कीजिये तथा नीचे दिये गये कूटों की सहायता से सही उत्तर का चयन कीजियेः

1. विश्व में तिलहन के कुल भू-क्षेत्र का 50% से अधिक हिस्सा सोयाबीन के अंतर्गत आता है।
2. सोयाबीन विश्व को लगभग 60% वानस्पतिक प्रोटीन एवं 30% तेल उपलब्ध कराता है।
3. भारत में मूँगफली के बाद वानस्पतिक तेलों में सोयाबीन का दूसरा स्थान है।

कूटः

(a) 1 एवं 2 सही हैं (b) 1 एवं 3 सही हैं
(c) 2 एवं 3 सही हैं (d) 1, 2 एवं 3 सही हैं

165. निम्न कथनों पर विचार कीजिये तथा नीचे दिये गये कूटों की सहायता से सही उत्तर का चयन कीजियेः

1. भारत के पूरे उत्तरी क्षेत्र में बरसीम रबी की दलहनी फसलों में एक प्रमुख फसल है।
2. बरसीम दुधारू पशुओं के हरे चारे का प्रमुख स्रोत है।
3. यह भूमि की उर्वरता में वृद्धि करती है।
4. बलुआ मिट्टी में इसका विकास अच्छा होता है।

कूट:

(a) 1, 2 एवं 3 सही हैं
(b) 1, 2 एवं 4 सही हैं
(c) 2, 3 एवं 4 सही हैं
(d) 1, 2, 3 एवं 4 सही हैं

उत्तरमाला

1. (a)	2. (c)	3. (b)	4. (d)	5. (c)	6. (a)	7. (b)
8. (d)	9. (a)	10. (c)	11. (a)	12. (d)	13. (b)	14. (c)
15. (b)	16. (c)	17. (a)	18. (d)	19. (c)	20. (a)	21. (b)
22. (a)	23. (c)	24. (d)	25. (b)	26. (a)	27. (c)	28. (b)
29. (a)	30. (d)	31. (b)	32. (b)	33. (a)	34. (c)	35. (a)
36. (b)	37. (c)	38. (b)	39. (a)	40. (d)	41. (b)	42. (c)
43. (a)	44. (b)	45. (b)	46. (a)	47. (d)	48. (b)	49. (c)
50. (a)	51. (c)	52. (b)	53. (d)	54. (b)	55. (d)	56. (b)
57. (c)	58. (d)	59. (c)	60. (c)	61. (d)	62. (c)	63. (a)
64. (b)	65. (a)	66. (b)	67. (c)	68. (c)	69. (a)	70. (c)
71. (a)	72. (c)	73. (d)	74. (b)	75. (a)	76. (b)	77. (b)
78. (d)	79. (c)	80. (c)	81. (b)	82. (c)	83. (d)	84. (d)
85. (a)	86. (d)	87. (c)	88. (c)	89. (d)	90. (b)	91. (c)
92. (d)	93. (b)	94. (c)	95. (b)	96. (d)	97. (c)	98. (b)
99. (a)	100. (b)	101. (d)	102. (c)	103. (d)	104. (d)	105. (c)
106. (c)	107. (a)	108. (d)	109. (d)	110. (a)	111. (b)	112. (c)
113. (c)	114. (d)	115. (a)	116. (a)	117. (c)	118. (d)	119. (a)
120. (c)	121. (a)	122. (b)	123. (d)	124. (c)	125. (b)	126. (c)
127. (a)	128. (b)	129. (a)	130. (a)	131. (d)	132. (c)	133. (d)
134. (c)	135. (a)	136. (c)	137. (a)	138. (b)	139. (a)	140. (c)
141. (b)	142. (d)	143. (a)	144. (c)	145. (a)	146. (d)	147. (d)
148. (c)	149. (d)	150. (c)	151. (a)	152. (a)	153. (c)	154. (d)
155. (b)	156. (b)	157. (d)	158. (b)	159. (c)	160. (d)	161. (c)
162. (d)	163. (b)	164. (d)	165. (a)			